제 3 판

物 理 化 學

G. W. Castellan 著 ● 安 雲 善 譯

探 求 堂

역자 머리말

이 책의 2판을 우리 말로 옮겨 내놓은 지 벌써 15년이 지났다. 그 동안 이 책은 학부 물리화학 교과서로서 많이 애용되어 왔으며, 우리 나라 물리화학 교육에 많은 기여를 하였다고 생각한다. 그러나 그 깊이와 폭이 나날이 급속하게 발전하고 있는 물리화학을 소개함에 있어서 이 책의 내용은 상당히 시대에 뒤진감이 없지 않았다. 이번에 3판을 계기로 분광학, 표면 화학, 반응 속도론 및 고분자 분야 등의 새로운 지식들을 비롯한 많은 새로운 내용이 보충되고, 또한 SI 단위가 도입되어 책의 내용이 참신하게 된 것을 기쁘게 생각하며, 감히 또다시 이 책을 우리 말로 옮기게 된 것이다.

2판을 우리 말로 옮긴 역자들 중 오직 한 사람만이 여기에 참여하게 된 것을 유감스럽게 생각하며, 2판에서와 같은 좋은 번역을 하려고 노력하였다. 미흡한 점이나 잘못된 부분이 있으면 많이 지적하여 주시기 바란다.

끝으로 이 책을 우리 말로 옮기는 데 원고 정리 등 많은 수고를 하여준 성균관대학교 대학원 함 경희 양과 김 명애 양에게 사의를 표하고, 또한 이 책의 출판을 흔쾌히 맡아 주신 탐구당 홍 석우 사장께도 깊은 사의를 표하는 바이다.

1 9 8 5. 5.

역 자.

학생들을 위한 머리말

어느 대학에서나 물리화학 과정은 힘들다는 평판이 나있다. 물리화학이 가장 쉬운 과정은 물론 아니며 또 그렇게 돼서도 안 될 것이다 ; 그러나 객관적으로 말해서 물리화학을 이해하는 데 천재적인 IQ가 필요한 것은 아니다.

물리화학을 배우는 과정에서 제거해야 할 가장 큰 장애물은 수식을 암기해야 할 것이라는 생각이다. 그러나 기본적인 중요한 정의가 아니면 외우느라고 고생할 필요가 없는 것이다. 수식은 이해해야 하는 것이지 암기해야 하는 것은 아니다. 물리학이나 화학에 나오는 기호들은 복잡하게 늘어 놓은 것이 아니며 물리적 양들 사이의 관계를 나타내는 것이다. 공부를 할 때는 연필과 종이를 준비해 놓아라. 최종식을 유도 과정부터 가지고 장난해 보아라. 만일 수식이 압력을 온도의 함수로 나타내는 것이라면 뒤집어서 온도를 압력의 함수로 나타내는 식을 유도해 보아라. 그리고 이 변화가 어떤 효과를 나타내는지 이 함수를 스케치해 보아라. 또 파라미터 하나를 변화시키면 이 스케치가 어떻게 될까? 식 중에 들어있는 여러 항들과 부호의 물리적 뜻을 생각해 보아라. 식의 유도 과정에서 단순화 가정이 도입되었을 경우에는, 이러한 가정을 하지 않을 경우 어떻게 될 것인가를 생각해 보아라. 또 이러한 유도 과정을 다른 특별한 경우에다 적용시켜 보아라. 이 식이 관계되는 문제를 학생 자신이 만들고 풀어 보아라. 또 이 식의 뜻을 이해할 수 있을 때까지 식들을 이리저리 변형시키면서 장난해 보아라.

이 책의 첫 부분에서는 식의 뜻을 설명하는 데 많은 지면을 할애하였다. 조금 지루할 정도가 아니었는가 하는 생각도 들지만 수식에 포함된 물리적 뜻을 해석할 수 있는 능력을 키우는 것이 중요하다고 생각된다.

적용된 기본 원리들을 어떻게 해서든지 파악하는 데 힘을 기울여야 한다. 이들을 외우고 무엇보다도 이해해야 한다. 또 문제를 푸는 데 사용된 방법은 시간을 들여서 이해하여라.

부록 I 에 이 책에서 사용된 가장 중요한 수식들의 개념과 방법들을 간단히 요약해 놓았다. 만일 익숙하지 못한 것이 있으면 수학 책을 보고 복습을 하기 바란다. 변수들 사이의 관계가 일단 확정되면 이들을 수식 처리하는 것은 간단히 기계적으로 이루어지는 것이지만 이러한 수식 처리 방법들은 하나의 정밀한 도구로서 존중해야 한다.

문제를 푸는 것이 어려우면 푸는 기술을 배워라. 예로서 G. Polya의 "문제 푸는 방법"책에 소개된 원리들이 많은 도움이 될 것이다. 이러한 책은 공부할 가치가 있다고 생각한다. 가능한 한 많은 문제를 풀어보기 바란다. 문제의 수치 해답들을 전부 부록Ⅶ에 수록해 놓았다. 학생들 자신이 문제를 해결하도록 노력하여라. 문제는 자신이 풀어야지 선생님이 푸는 것을 보기만 해서는 실력이 붙지 않는다. 이렇게 하기 위해서는 좋은 계산기가 있어야 하며(연속기억 장치가 달린 프로그램식 계산기가 있으면 더 좋을 것이다), 이것을 완전히 이용할 줄 알아야 한다. 계산기의 안내서를 읽으면 시간을 몇 백배 더 절약할 수 있을 것이다.

끝으로 어렵다는 소문만 듣고 물리화학을 뒤로 미루지 말기를 바란다. 많은 학생들이 물리화학을 재미있게 배우고 있다는 것을 인식하기 바란다.

머 리 말

초보 과정의 물리화학에서는 모든 물리화학적 계에 적용될 수 있는 기본 원리를 배우지 않으면 안된다. 이러한 기본 원리들의 설명으로부터 얼마나 더 멀리 나가느냐 하는 데 대해서는 교수들마다 의견이 다르다. 저자는 이 책에서 우선 기본 원리들을 설명하고 이것을 조금 더 깊이있게 응용시키려고 노력하였다. 그리하여 우선적으로 학생들이 힘들여서 읽을 수 있고 이해할 수 있는 책을 쓰려고 노력하였다. 그리고 초보자에게 교수의 도움이 없어도 믿을만하면서 이해할 수 있는 지침서가 되도록 노력하였다. 나는 이 책을 읽기 쉽게 썼으며 그리하여 교수가 지엽적인 문제나 더 기초적인 내용은 과제로 제쳐놓고 강의 시간에는 보다 더 어려운 점에다 주력을 기울일 수 있도록 하였다.

1장, 5장 및 6장 그리고 대부분의 19장은 일반적인 기초 지식을 소개한 것으로써 전적으로 읽기만 하면 되는 것이다.

학생들에게 불필요할 정도로 과중한 부담이 되지 않는 한, 수식적으로 엄밀하게 현상들을 설명하였다. 그러나 초보 미적분학 이상의 수학은 사용하지 않았다. 이와같이 엄밀한 방법을 쓴 이유는 교육적 효과를 위해서이며 설명을 보다 간단히 하기 위해서이다. 초보자에게는 장황한 유도 과정이 우선은 어려울지 모르지만 엄밀하고 합리적인 한, 쫓아갈 수 있을 것이다. 약식 유도 방법은 힘들이지 않고 쫓아갈 수 있지만 이것을 이해하기는 불가능할 것이다.

개정된 내용

이 개정판은 먼저 책에 비해서 몇 가지 중요한 차이점을 가지고 있다. 저자는 매장 끝에 실린 질문 자료를 제공해 주신 University of Colorado의 James T. Hynes 교수에게 사의를 표하고자 한다. 이것은 이 책에 새로 첨가된 중요한 내용이다. 이 질문은 난이도의 폭이 상당히 넓다. 그 중에는 비교적 단순한 것도 있고 또 어떤 것은 그 장의 설명 내용으로부터 긴 추리를 한 다음 그 결과를 직접 그 장에서 설명하지 않았던 문제에다 적용시켜야 하는 어려운 것도 있다. 많은 새로운 문제가 보충되었다. 즉, 전체 문제수가 750개 이상이 되는데, 이것은 2판에서의 수의 약 2배가 되는 것이다. 모든 문제에 대한 답을 부록Ⅶ에 수록해 놓았다. 또한 많은 보기 문제를 집어넣었는데, 이들은 교재 내용과 약간 다른 것들로서 전에는 본문 속에 숨겨져 있던 것들이다. 문제 해설책을 별도로 준비 중인데, 여기에다 대표적인 문제들을 자세히 풀어 놓으려고 한다. 일부 절에 별표를 표시해 놓았다. 이 별표가 붙은 절은 (1) 주제 내용과 관계되는 지엽적인 보충 설명이거나 또는 (2) 보다 더 정도가 높은 과제들을 설명한 것이다.

열역학 분야에서는 일부 잘못되었던 곳을 수정하고, 일부 설명을 뚜렷하게 하고 그리고 새로운 내용 몇 가지를 추가하였다. 열역학의 제법칙들이 경험으로부터 나왔다는 점을 계속해서 강조하였다. 화학 전지에 관한 장을 크게 수정하였으며 전기 화학적 동력원에 관한 설명을 첨가하였다. 또 표면 현상에 관한 장에는 BET 등온 흡착선에 관한 절과 대단히 작은 알맹이에 관한 절을 새로 삽입하였다.

단순한 계의 양자 역학에 관한 장들은 단순한 수정만을 가했지만 공유 결합에 관한 장은 보다 더 자세히 쓰고 분자 에너지 준위에 관한 설명까지도 집어넣었다. 군론의 기본 개념을 도입하였으며 이 개념을 이용하여 간단한 분자에 대한 대칭 적응 분자 궤도 함수(군 분자 궤도 함수)의 만드는 방법을 설명하였다. 원자 분광학에 관한 장을 새로이 마련하였으며, 분자 분광학에 관한 장은 더 자세히 고쳐서 썼다.

통계 열역학에 관한 분야도 대폭 늘려서 간단한 화학 반응의 평형 상수를 계산하는 방법까지 포함시켰다. 책 끝 부분에 광물리학적 운동학과 전기 화학적 운동학에 관한 새로운 절과 중합체에 관한 간단한 장을 첨가시켰다.

술어와 단위

극소수의 예외를 빼놓고는 IUPAC(국제 순수 및 응용 화학 연합)에서 추천한 기호와 술어를 사용하였다. 그러나 파라미터 ξ에 대한 술어인 "반응 진척도(advancement of reaction)"는 IUPAC에서 추천한 것(extent of reaction)을 쓰지 않는다. 이것은 영어에서 진척도란 말이 훨씬 다양한 뜻을 내포하기 때문이다. 열역학 부분에서는 구판에서 사용했던 기호에 관한 규약을 그대로 사용하였다. 저자는 부호에 관한 대용 규약을 이용해서 Carnot 순환과 그 결과를 분명하게 설명해 보려고 노력해 보았다(성공하지는 않았지만). 후에 이 대용 부호 규약을 사용한 다른 근간 서적들을 조사해 본 결과 이들의 제 2 법칙에 관한 설명이 별로 더 뛰어나게 명확하지 않다는 결론을 얻게 되었다. 그리하여 만일 이들 책에서 제 3 법칙을 분명하게 설명하기 위해서 이 대용 규약을 사용했다고 하면 이것은 모두가 헛수고였다고 저자는 생각하게 되었다.

이 책 전체를 통해서 거의 전적으로 SI 단위를 사용하였다. 즉, 1 atm 이나 1 mol/L 를 표준 상태로 사용하는 열역학적 관계식(그리고 비 SI 단위를 이용한 기타 몇 가지 식)들을 제외하면 이 책의 모든 식들을 SI 단위로 썼으며, 그리하여 모든 물리학적 양들의 값을 SI 단위로 나타내면 원하는 양들의 값이 SI 단위로 나오게 된다. 이렇게 하면 물리화학의 문제가 그저 단순해지는 것이 아니라 엄청나게 단순해지는 것이다. 학생들은 많은 물리화학 식들을 이용하기 위해서 필요했던 정신적 잡동사니들을 이제 더 이상 뜯어 맞추고 또 외우고 할 필요가 없다. SI 단위가 학생들에게 주는 큰 선물은 기체 상수, R의 값을 하나만 외우면 된다는 것이다. 이 책에서는 R의 체계적인 값만을 사용하였다. 다른 값을 사용할 경우 얼마나 계산이 복잡해지고 또 많은 수고가 드는지는 금방 알 수 있을 것이다.

사 의

이 3 판에서 저자는 구판의 가장 잘되었던 부분은 남겨두고 기타 부분은 개량하려고 하였다. 저자는 원고 전체나 그 일부를 보아주신 다음 분들에게 많은 신세를 졌다. 우선 Brandeis University 의 Irving Epstein 교수, University of Colorado 의 James T. Hynes 교수, Carnegie-Mellon University 의 Paul J. Karol 교수, University of Michigan 의 Lawrence Lohr 교수, University of Minnesota 의 Alden C. Mead 교수, Cleveland State University 의 Earl Mortenson 교수들에게 최대의 사의를 표하고자 한다. 이들의 평은 철저하고도 건설적이었으며, 이 책은 이들에게 힘입은 바 크다. 깨끗하게 정리되지도 않은 원고들을 항상 기꺼이 보아주신 데 대하여 특히 사의를 표하는 바이다.

저자는 또 지금까지 물리화학 교재를 펴낸 저자분들께도 사의를 표하고자 한다. 저자는 이들 책으로부터 내용을 구상하는데 많은 도움을 얻었다. 그 중에서도 저자의 스승이었던 Karl F. Herzfeld, Walter J. Moore, Francis O. Rice 교수들에게 특히 사의를 표하고자 한다. 저자는 또 "Lectures on Elementary Chemical Thermodynamics"로부터 많은 정의를 빌어다 썼는데, 이것을 허락하여 주신 James A. Beattie 교수에게도 많은 신세를 졌다. 이 뛰어나게 간결한 설명의 영향이 이 책의 열역학 내용 전반에 걸쳐서 두드러지게 나타나 있다. 제 2 법칙 서론을 소개한 8 장은 특히 Beattie 교수의 강의를 참고하였다.

저자는 University of Maryland의 모든 동료 교수들께도 사의를 표하고자 한다. 이분들은 많은 의견을 말해 주거나, 틀린 곳을 지적해 주거나 또는 질문에 답변해 주는 등 여러 가지 면에서 도움을 주었다. 특히 Raj Khanna 교수와 Paul Mazzocchi 교수는 실험실 교재용 스펙트럼들을 제공해 주었고, Robert J. Munn 교수는 색인을 준비할 수 있는 콤퓨터 프로그램을 써 주었으며, 또 Isadore Adler 교수와 James M. Stewart 교수는 x-선 분광학과 x-선 회절에 관한 절을 읽고 논평해 주었다. 그리고 University of Washington의 E.C. Lingafelter 교수는 친절하게도 x-선 회절에 관한 장에 대한 자세한 논평을 써 주었다. 이 모든 분들의 덕분으로 많은 틀린 곳이 바로 잡혔고 또 설명도 명백해졌다고 생각한다. The National Bureau of Standards의 Donald D. Wagman 선생과 David Garvin 선생은 저자의 질문에 응답해 준 것은 물론 친절하게도 NBS Technical Note 270-8을 미처 잉크도 마르기 전에 보여주었다. The University, Newcastle-upon-Tyne의 D.H. Whiffen 교수로부터는 양자 역학에서의 SI 단위 용법에 관한 많은 조언을 얻었다.

저자는 질문, 논평 및 암시를 보내준 모든 교수, 학생 및 일반 독자들에게도 사의를 표하는 바이다. 이분들의 논평 덕분으로 책이 크게 개선되었다고 믿는다.

저자는 또 Addison-Wesley 출판사의 편집 요원과 생산 요원들의 노고에 대해서도 사의를 표하고자 한다. 특히 과학 편집부 Robert L. Rogers 씨는 원고 작성 과정에서의 여러 가지 장해들을 제거해 주었고, 도움이 되는 충고와 시의에 맞는 논평을 하여 주었으며, 또한 신속하고 현명한 편집상의 결정을 하여 주었다. 또 생산부의 Margaret Pinette 씨는 교정 과정에서 항상 즐겁고 좋은 기분으로 많은 수고를 하여 주었다. 그리고 미술 담당 Joseph Vetere 씨도 책 중의 그림 설명 때문에 많은 걸음을 아끼지 않았다. 이 모든 분들과 함께 일한 것을 기쁘게 생각하는 바이다.

끝으로 저자의 처 Joan McDonard Castellan과 아이들 Stephen, Bill, David 및 Susan이 끊임없이 격려를 하여 주고 인내심을 보여준 데 대해서 이루 말할 수 없이 고맙게 생각하는 바이다.

College Park, Md

1982년 10월 G.W.C.

차　　례

29. 구조와 열역학적 성질

30. 운반 성질

31. 전기 전도

33. 화학 반응 속도론 Ⅱ. 이론

34. 화학 반응 속도론 Ⅲ. 불균일 반응, 전기 분해, 광화학

35. 중합체

1
화학의 기본 개념

1.1 서　　론

우선 화학에서의 몇 가지 기초적 개념과 일반적 용어에 대한 간결한 설명부터 시작하여 물리 화학을 배워나가자. 이들은 아주 잘 알려져 있는 것이지만 다시 검토해 볼 가치가 있다.

1.2 물질의 종류

여러 종류의 물질을 크게 두 가지로 분류하여 (1) 순수한 물질과 (2) 혼합물로 나눌 수 있다.

어떤 특정 실험 조건 밑에서는 순수한 물질은 그 과거 상태나 제조 방법에 관계 없이 일정한 물리적 성질과 화학적 성질을 나타낸다. 예컨대 정제한 염화나트륨은 그것이 암염으로부터 얻어진 것이든지 또는 실험실에서 수산화나트륨과 염산으로부터 만든 것이든지 관계 없이 똑같은 성질을 갖는다.

한편 혼합물은 화학적 조성이 넓은 범위에 걸쳐 변할 수 있다. 따라서 그들의 물리적 화학적 성질은 조성에 따라 다르며 또한 제조 방법에 따라서도 다르다. 천연에 존재하는 물질의 거의 대다수는 혼합물이다. 예를 들면 염의 수용액, 한줌의 흙, 나무조각은 모두 혼합물이다.

1.3 순수한 물질의 종류

순수한 물질은 기본 물질인 원소와 화합물의 두 종류로 나눌 수 있다. 원소는 보통의 화학적 방법으로는 보다 더 간단한 물질로 분해될 수 없으나 화합물은 분해될 수 있다. 보통의 화학적 방법에서는 1000 kJ/mol 정도의 에너지가 관여한다.

예를 들면 수은 원소는 $Hg \rightarrow X + Y$ 형의 화학적 분해를 일으키지 않는다. 여기서 X와 Y는 각각 원래 수은의 질량보다 작다. 이 정의의 목적으로부터 보아 X나 Y는 적어도 수소 원자와 같은 크기의 질량을 가져야 한다. 왜냐 하면 반응 $Na \rightarrow Na^+ + e^-$ 는 약 500 kJ/mol 의 에너지를 포함하는 화학 반응이지만 화학적 분해는 아니기 때문이다. 이와 반대로 화합물인 메탄은 다음 반응에서와 같이 그보다 작은 질량을 가진 여러 물질로 화학적 분해를 일으킬 수 있다.

$$CH_4 \longrightarrow C + 2H_2$$

모든 천연 물질을 화학적으로 쪼개면 89 종류의 원소로 된다. 이 이외에 18종의 원소가 근래에 와서 여러 핵물리적 방법(10^8kJ/mol 또는 이 보다 더 큰 크기의 에너지를 포함하는 방법)을 사용하여 만들어졌다. 화학적 방법과 핵물리적 방법에서는 관여하는 에너지에 큰 차이가 있기 때문에 이 두 방법은 혼동될 우려가 없다. 원자의 핵은 화학 반응을 통하여 변화하지 않으며 다만 원자의 가장 바깥쪽 전자, 즉 원자가-전자만이 영향을 받는다.

한 원소의 원자들은 다른 원소의 원자들과 화학적으로 결합하여 분자라고 부르는 미소한 화합물 알맹이를 만들 수 있다. 예로서 4개의 수소 원자는 1개의 탄소 원자와 결합하여 메탄 분자 CH_4를 만들 수 있다. 단일 원소의 원자들이 자신들 끼리 결합하여 그 원소의 분자를 만들 수도 있다. 예로서 H_2, O_2, Cl_2, P_4 및 S_8을 들 수 있다.

1.4 원자 질량과 몰질량

원자는 어떤 것이나 그 중심부에 직경이 약 $\sim 10^{-14}$ m 정도의 작은 핵이 있고, 이 핵은 직경이 $\sim 10^{-10}$ m 정도의 비교적 큰 전자 구름으로 둘러싸여 있다. 이 전자 구름의 음전하는 핵의 양전하를 정확하게 중화시킨다. 각 원자나 핵은 원자번호와 질량수라고 부르는 두 수 Z와 A를 가지고 표시할 수 있는 데, 원자번호는 핵 속에 들어있는 양성자의 수이고, 질량수는 원자번호에다 핵 속에 들어 있는 중성자의 수 N을 더해 준 것이다. 원소가 달라지면 원자번호의 값도 달라진다. 그러나 한 종류의 원소의 원자는 모두 동일한 원자번호를 갖지만 그 질량수는 다를 수 있다. 원자번호가 같으면서 질량수가 다른 원자들은 동위 원소라고 부른다. 그리하여 $Z = 1$이고 $A = 1, 2$ 또는 3인 핵종은 세 개의 수소 동위 원소이며, 이들을 ${}^1_1H$, ${}^2_1H$, 그리고 ${}^3_1H$로 표시한다. 또 탄소의 세 주요 동위 원소는 ${}^{12}_6C$, ${}^{13}_6C$ 및 ${}^{14}_6C$이다.

질량수가 12인 탄소 동위 원소가 원자 질량 척도를 정의하는 원소로 택하여졌다. 원자 질량 단위는 u라는 기호로 나타내며 정확하게 탄소-12 한 원자의 질량의 1/12과 같다고 정의한다. 그리하여 $u = 1.6605655 \times 10^{-27}$ kg이 된다. 또 원자 하나의 질량을 m이라고 할 경우 $A_r = m/u$을 그 원자의 상대적 원자 질량이라고 정의한다. 예로서 $A_r({}^1_1H) = 1.007825$; $A_r({}^{12}_6C) = 12$ (정확하게) ; $A_r({}^{16}_8O) = 15.99491$ 등이다. 시료가 되는 원소의 양을 거시적으로 많이 취하면 그 속에는 여러 상이한 동위 원소들이 자연적인 존재 비율에 따라 섞여 있다. 원자 질량 테이블에 소개되는 값들은 이 자연적 혼합물 속에 들어 있는 모든 원자들의 상대적 원자 질량들을 평균한 값이다. 그리하여 이 혼합물 속에 들어 있는 한 특정한 동위 원소의 원자 분율을 x_i라고 하면 그 평균 $\langle A_r \rangle$가 다음과 같이 주어진다.

$$\langle A_r \rangle = x_1(A_r)_1 + x_2(A_r)_2 + \cdots = \sum_i x_i(A_r)_i \qquad (1.1)$$

보기 1.1 자연계에 존재하는 질소의 동위 원소 조성은 $(A_r)_{14} = 14.00307$인 ${}^{14}_7N$이 99.63% 그리고 $(A_r)_{15} = 15.00011$인 ${}^{15}_7N$이 0.37%이다. 따라서 이 원소의 평균 상대적 원자 질량은 다음과 같이 된다.

$$\langle A_r \rangle = 0.9963(14.00307) + 0.0037(15.00011) = 14.007$$

한 원소의 동위 원소 조성은 그 시료 채취원에 따라 조성이 조금씩 다를 수 있으며 이 때문에 평균 상대적 원자 질량이 불확실해 질 수 있다.

분자의 상대적 몰질량은 분자에 들어 있는 모든 원자들의 상대적 원자 질량을 합하면 나온다. 그리하여 수소의 원자 질량의 4배, 4(1.008)에다 탄소의 원자 질량 12.011을 더하면 메탄 CH_4의 몰질량 16.043이 나온다. 몰질량을 계산하는 이 방법은 탄소 원자가 메탄을 구성하는 4개의 수소 원자와 화합할 때 질량 변화를 나타내지 않는다는 것을 가정하고 있다. 즉, CH_4의 몰질량을 위의 규칙에 따라 계산한다는 것은 다음 반응에서 왼편에 있는 16.043 단위의 질량이 오른편에 있는 16.043 단위의 질량과 같다는 것을 뜻한다.

$$C + 4H \longrightarrow CH_4$$

화학 반응에서 질량이 보존되는지 안 되는지의 문제는 매우 폭넓고 정밀한 실험적 연구를 필요로 하는 과제였다. 이러한 연구의 결과로 화학 반응을 통하여 질량에는 조금도 변화가 없다는 것이 밝혀졌다. 지금까지 이루어진 여러 정밀한 실험 결과 화학 반응에서는 질량 보존의 법칙이 정확하게 성립한다. 화학 반응에 수반될 것으로 생각되는 질량 변화는 상대성 이론의 질량--에너지 관계식으로부터 계산할 수 있다. 화학 반응에 수반되는 에너지 변화를 ΔU라 하고, 질량 변화를 Δm이라고 하면 $\Delta U = (\Delta m)c^2$의 관계가 성립한다. 여기서 c는 빛의 속도로서 3×10^8 m/s이다. 계산 결과에 의하면 반응에 수반되는 질량 변화는 1 kilojoule 마다 10^{-11} g 정도이다. 이 정도의 질량 변화는 너무 작아서 현재의 실험 방법으로는 검출이 안 된다. 따라서 질량 보존의 법칙은 어떠한 화학 반응에서나 엄밀하게 성립한다고 생각해도 좋다.

"원자 질량"과 "물질량"이라는 말은 각각 관습적으로 사용되어 온 "원자량"과 "분자량"과 같다는 것을 주목하기 바란다.

1.5 기호 ; 화학식

원소의 기호는 장구한 세월에 걸쳐 나온 것이다. 원소의 기호는 경우에 따라 여러 가지 뜻을 나타낸다. 즉, 원소의 이름을 단축해 놓은 것에 불과할 수도 있고, 원소의 1 원자를 나타내는 것일 수도 있으며, 또 많은 경우 그 원소의 원자 6.022×10^{23}개, 즉 1 mol 을 나타내기도 한다.

화합물의 화학식도 여러 가지로 해석할 수 있지만 어느 경우에나 대응하는 화합물의 상대 조성을 나타내기는 마찬가지이다. 석영이나 염과 같은 물질에서는 불연속적인 분자가 존재하지 않는다. 따라서 SiO_2 나 NaCl 과 같은 화학식은 실험적인 뜻을 가질 뿐이다. 이러한 경우에는 이들 식이 화합물 속에 들어 있는 원소의 상대적 원자수를 나타낼 따름이다.

개개의 분자로 이루어진 물질의 경우에는 화학식이 성분 원자의 상대적 수와 1 분자 속의 원자의 총수를 나타낸다. 예를 들면 아세틸렌 C_2H_2, 벤젠 C_6H_6, 육플루오르화황 SF_6 등이다.

구조식은 분자 내의 원자의 결합 방식을 나타내는 데 사용된다. 구조식은 2 차원적으로 나타낼 수밖에는 없지만, 그런대로 분자의 기하학적 배치를 나타내고 있다. 즉, 단일 결합, 다중 결합, 전자쌍 및 분자 속의 양전하와 음전하의 중심을 나타내는 규약상의 기호를 사용하여 분자 내의 결합을 나타낸다. 구조식은 물질을 불연속적인 분자로 표시하는 데 매우 편리하다. 그러나 석영이나 소금과 같은 구조가 복잡한 화합물을 간결하게 나타낼 수 있는 만족스런 방법은 고안되어 있지 않다. 따라서 어떠한 구조식을 사용하더라도 마음 속으로 여러 가지를 보충해 주지 않으면 안 된다.

1.6 몰

화학적 측정 과정에서는 물질량의 개념이 대단히 중요하다. 계의 물질량은 그 계 속에 들어 있는 기본 알맹이들의 수에 비례한다. 이 기본 알맹이는 원자나 분자 또는 이온 등일 수 있으며, 이 기본 알맹이 자체가 물질량을 나타내는 자연적 단위인 것이다. 예로서 우리는 철의 한 시료를 2.0×10^{24}개의 Fe 원자라고 말함으로써 그 시료의 물질량을 나타낼 수 있다. 또 NaCl 결정의 물질량을 나타내기 위해서는 그 속에 8.0×10^{20}개의 Na^+Cl^- 이온쌍이 들어 있다고 말할 수도 있을 것이다.

어떤 물질이든 그 실질적인 양의 시료는 엄청나게 많은 수의 원자나 분자로 이루어져 있으므로, 한 개의 기본 알맹이 보다는 훨씬 더 큰 단위를 가지고 물질량을 나타낼 필요가 있다. SI 단위에서는 물질량의 단위로서 몰이 이용되고 있다. 몰이란 정확하게 0.012 kg의 탄소-12의 물질량이다. 그리하여 어떤 물질이든 그 1 mol은 0.012 kg의 탄소-12 속에 들어 있는 것과 똑같은 개수의 기본 알맹이로 이루어져 있다. 이 수가 바로 Avogadro 상수이며, $N_A = 6.022045 \times 10^{23}$ mol^{-1}이다.

1.7 화학 반응식

화학 반응식은 화학 변화를 나타내는 기호이다. 반응식의 왼편에 있는 물질은 **반응물**이라고 부르며 오른편의 물질을 **생성물**이라고 부른다. 예로써 다음 반응식은 이산화망간이 염화수소와 반응하여 염화망간, 물 및 염소를 생성함을 표시한다.

$$MnO_2 + HCl \longrightarrow MnCl_2 + H_2O + Cl_2$$

위에 쓴 화학 반응식만으로서는 어떠한 반응이 일어나고 또 반응에 관여하는 물질이 어떤 화학식을 갖는 가를 나타낼 뿐이다. 그러나 이 반응식을 다음과 같이 균형잡힌 꼴로 나타내 보자.

$$MnO_2 + 4HCl \longrightarrow MnCl_2 + 2H_2O + Cl_2$$

그러면 이 반응식은 반응에 관여하는 원자의 수가 방정식의 양 쪽에서 같아야 한다는 사실을 나타낸다. 균형 화학 반응식이 질량 보존의 법칙을 나타내고 있다는 것은 가장 중요한 사실이다. 이처럼 화학 반응식은 여러 반응물과 생성물 사이의 질량 관계를 나타내는데, 이것은 화학 문제에서 언제나 가장 중요하다.

1.7.1 화학량론

어느 한 계의 초기 조성이 한 세트의 몰수 $n_1^0, n_2^0, \cdots, n_i^0$로 주어진다고 생각하자. 만일 반응이 일어나면 반응이 진행함에 따라 이들 몰수가 변화한다. 그러나 여러 물질종의 몰수가 독립적으로 변하지는 않는다. 즉, 이 변화는 화학 반응식의 화학량적 계수와 관계된다. 예로서 만일 이산화망간과 염화수소의 반응이 위에서 나타냈던 대로 일어나면 1 mol의 반응이 일어났다고 말한다. 이것은 1 mol의 MnO_2와 4 mol의 HCl이 소모되어 1 mol의 $MnCl_2$, 2 mol의 H_2O 그리고 1 mol의 Cl_2가 생성된다는 것을 의미한다. 그리하여 ξ mol의 반응이 일어날 경우의 각 물질들의 몰수는 다음과 같이 된다.

$$n_{MnO_2} = n_{MnO_2}^0 - \xi \qquad n_{HCl} = n_{HCl}^0 - 4\xi$$
$$n_{MnCl_2} = n_{MnCl_2}^0 + \xi \qquad n_{H_2O} = n_{H_2O}^0 + 2\xi \qquad n_{Cl_2} = n_{Cl_2}^0 + \xi \tag{1.2}$$

반응물은 소모되고 생성물이 나타나는 것이므로 (1.2)식에서와 같은 가감 부호가 붙는 것이다.

변수 ξ를 처음 도입한 사람은 DeDonder이며, 그는 이것을 반응의 **진척도**라고 불렀다. (1.2)식에 의하면 어떤 임의의 반응 단계에서나 그 조성을 초기 몰수, 화학량적 계수 그리고 진척도를 가지고 나타낼 수 있다.

이 사실을 일반화시키기 위하여 위의 반응식에서 반응물들을 전부 우변으로 옮겨보자. 즉,

$$0 = MnCl_2 + 2H_2O + Cl_2 + (-1)MnO_2 + (-4)HCl$$

이 식은 모든 화학 반응을 다음과 같이 나타낼 수 있다는 것을 의미한다.

$$0 = \sum_i \nu_i A_i \tag{1.3}$$

여기서 A_i는 반응에 관여하는 여러 화학종들의 화학식을 나타낸다. 그리고 화학량적 계수의 부호는 반응물일 경우 음이고 생성물일 경우 양이 된다. 이렇게 하면 (1.2)식의 각 몰수들이 다음과 같은 식으로 표시된다는 것을 알 수 있다.

$$n_i = n_i^0 + \nu_i \xi \tag{1.4}$$

이 (1.4)식은 어떤 반응에서나 몰수와 진척도 사이의 관계를 나타내는 일반적인 식이다.

이것을 미분하면 다음과 같이 된다.

$$dn_i = \nu_i d\xi$$

즉,

$$\frac{dn_i}{\nu_i} = d\xi \tag{1.5}$$

이 식을 이용하면 모든 몰수의 변화를 변수 ξ의 변화량 $d\xi$로 나타낼 수 있다.

1.7.2 진척 능력

반응이 진행하면 ξ의 값이 증가하고 마침내 한 가지 또는 그 이상의 반응물이 소모될 때 최대값을 나타내게 된다. 이 최대값을 ξ^0로 나타내고 그 반응 혼합물의 진척 능력이라고 부른다. (1.4)식을 $-\nu_i$로 나누면 다음과 같은 결과를 얻을 수 있다.

$$n_i = (-\nu_i)\left(\frac{n_i^0}{-\nu_i} - \xi\right) \tag{1.5}$$

그리고 $\xi_i^0 = n_i^0/(-\nu_i)$와 같은 정의를 도입하면 위의 식은 다음과 같이 된다.

$$n_i = (-\nu_i)(\xi_i^0 - \xi) \tag{1.6}$$

$n_i^0/(-\nu_i) = \xi_i^0$를 i째 번 물질의 진척 능력이라고 부른다. 만일 물질 i가 반응물이면 $-\nu_i$가 양이다. 그리고 반응물들의 진척 능력이 모두 양이 된다. 그리고 만일 ξ_i^0의 값들이 모두 동일하면 이 공통값을 $\xi_i^0 = \xi^0$로 나타낼 수 있고 이것이 바로 반응 혼합물의 진척 능력이 된다. 그러나 ξ_i^0가 모두 같지 않을 경우에는 적어도 어느 하나가 최소치 ξ_j^0를 나타낼 것이다. 이 최소치를 나타내는 물질 j가 한계 반응물이며 이 때는 $\xi_j^0 = \xi^0$가 이 반응 혼합물의 진척 능력이 된다. ξ의 값은 ξ^0를 초과할 수 없다. 이것을 초과한다는 것은 반응물 j의 몰수가 음의 값을 갖는다는 뜻이 된다. 그리하여 ξ^0는 ξ의 최대값이 된다.

마찬가지로 물질 i가 생성물일 때는 $-\nu_i$가 음이며 따라서 $n_i^0/(-\nu_i) = \xi_i^0$가 음이다. 만일 생성물의 n_i가 어느 하나라도 영이 아닐 경우 역방향으로 반응이 진행할 수 있다(ξ가 음이 된다). 이 때는 ξ_i^0가 생성물의 진척 능력이 된다. 그리고 이들 중에서 최소값이 되는 것을 ξ_k^0라고 하면 물질 k가 역반응에 대한 한계 물질이 되며, 이 ξ_k^0가 역반응에 대한 반응 혼합물의 진척 능력이 된다. 이 때도 ξ의 값은 ξ_k^0보다 작을 수가 없다. 만일 더 작다면 생성물 k의 몰수가 음이 되어야 할 것이다. 그리하여 ξ_k^0의 값은 ξ의 최소치 ξ_l과 같다(주의 : 반응 초기에 생성물이 존재하지 않는 경우가 많다. 이 때는 모든 생성물에 대하여 $n_i^0 = 0$이다. 그리고 역반응의 진척 능력이 영이며 ξ는 양의 값만을 가질 수 있다).

만일 반응이 완결될 때까지 진행하면 $\xi = \xi^0$가 되며 각 화학종들의 최종 몰수가 다음과 같이 된다.

$$n_i(\text{final}) = n_i^\circ + \nu_i\xi^0 = (-\nu_i)(\xi_i^\circ - \xi^0) \tag{1.7}$$

그리고 반응 초기에 생성물이 없었을 때는 생성물에 대해서 $n_i(\text{final}) = \nu_i\xi^0$가 된다. 즉, 각 생성물들의 몰수는 반응 혼합물의 진척 능력에다 그 종의 화학량적 계수를 곱한 것과 같게 된다.

위의 식들이 화학량론적 계산에 어떻게 쓰이는 가를 보기 1.2에 나타내었다. 이 보기에서는 각 화학종에 해당하는 양들을 반응식 중에 나오는 그 종의 화학식 밑에다 표시해 놓았다. 이 이외의 다른 용도에 대해서는 앞으로 다른 곳에서 설명하겠다.

■ 보기 1.2　0.80 mol의 산화제2철이 1.20 mol의 탄소와 반응한다고 하자. 반응이 완결되었을 때의 각 화학종들의 물질량을 계산하라.

반응식 :	Fe_2O_3 +	3C ⟶	2Fe +	3CO
ν_i	−1	−3	+2	+3
n_i°	0.80	1.20	0	0
$\xi_i^\circ = n_i^\circ/(-\nu_i)$	0.80	0.40	0	0
따라서, $\xi^0 = 0.40$				
$n_i = (-\nu_i)(\xi_i^\circ - \xi)$	$0.80 - \xi$	$3(0.40 - \xi)$	2ξ	3ξ
따라서 $\xi = \xi^0 = 0.40$이면				
$n_i(\text{final}) = (-\nu_i)(\xi_i^\circ - \xi^0)$	0.40	0	0.80	1.20

1.8 국제 단위 제도, SI

과거에는 여러 가지 미터 단위 제도가 이용되었는데, 이들은 각각의 장단점을 가지고 있다. 근래에 와서 여러 물리적 양들을 한 세트의 단위로 나타내는데 대한 국제적인 합의가 이루어졌으며 또한 이 단위와 그 물리적 양 자체에 대한 기호도 천거된 바 있다. 그리하여 이 책에서도 몇 가지 예외를 제외하고는 이 SI 단위를 사용하였다. 압력의 단위인 기압은 압력의 표준 상태를 정의하는 데 대단히 중요하므로 SI 단위인 파스칼과 함께 그대로 사용하였다. 또 리터 단위도 그대로 사용하였는데 이것은 1 L = 1 dm³(정확하게)이라는 관계가 있다는 것을 이해하기 바란다.

디멘션의 견지에서 서로 독립적인 한 세트의 물리적 성질들이 있으며, 이들의 기본 단위를 어떻게 선정하느냐에 따라서 단위 제도가 결정되는 것이다. 부록Ⅲ에 이러한 기본 단위와 자주 사용되는 유도 단위의 정의를 소개하였으며 이들 단위에 붙이는 접두사들의 표도 수록해 놓았다. 이들 단위와 기호 그리고 접두사들은 이 책에서 아무런 사전 설명없이 사용되고 있으므로 철저히 익혀두기 바란다.

2
기체의 경험적 성질

2.1 Boyle의 법칙과 Charles의 법칙

물질의 세 가지 집합 상태 중에서 기체 상태에 대해서만 비교적 간단한 정량적 표현이 가능하다. 여기서는 질량, 압력, 부피 및 온도와 같은 성질들 사이의 관계를 나타내는 표현만을 고찰하겠다. 그리고 주어진 계는 평형 상태에 있으며 따라서 그 계에 가해지는 외적 조건이 변화하지 않는 한 그 계의 성질들은 시간에 따라 변화하지 않는다고 가정한다.

계의 모든 성질이 일정한 값을 가지면 그 계는 일정한 상태에 있게 된다. 따라서 계의 상태를 나타내려면 그 계의 성질을 전부 또는 일부를 명시해 주어야 한다. 그런데 여기서 가장 문제가 되는 것은 계의 상태를 완전히 표시하는 데 필요한 성질의 수가 과연 50가지냐, 20가지냐 또는 5가지냐 하는 것이다. 물론 그 해답은 계를 어느 정도로 정확하게 표시할 필요가 있느냐에 달려 있다. 만일 계의 성질을 나타내는 데 20개의 유효수자를 쓰는 습관이 있었다고 가정하면(다행하게도 그렇지는 않지만) 아마 상당히 많은 수의 성질을 필요로 했을 것이다. 다행히 대단히 정밀한 실험에서도 질량, 부피, 온도 및 압력과 같은 네 가지 성질들만이 일반적으로 필요할 뿐이다.

계의 **상태 방정식**은 이들 네 가지 성질들 사이의 수학적 관계를 나타내는 식이다. 실제로 상태를 표시하는 데는 이 중의 세 가지만 있으면 충분하고 네째 번 것은 그 계의 실험적 사실로부터 얻어진 상태 방정식으로부터 계산할 수 있다.

기체의 압력-부피 사이의 정량적 관계를 1662년에 최초로 측정한 것은 Robert Boyle이다.

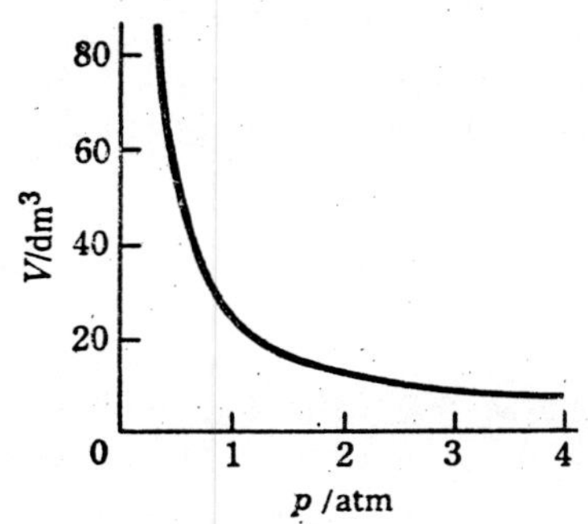

그림 2-1 압력의 함수로서의 부피. Boyle의 법칙($t = 25\ °C$).

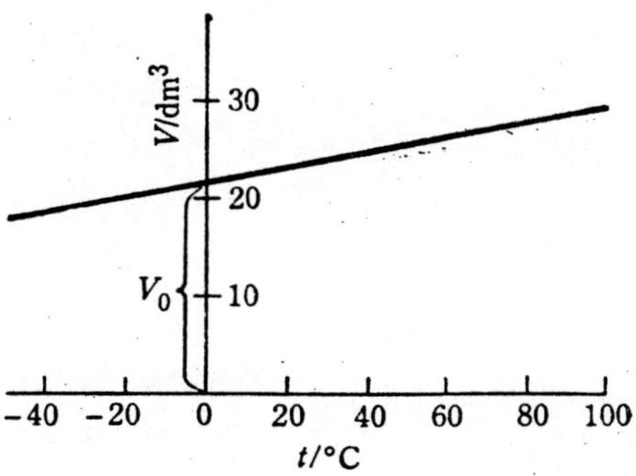

그림 2-2 온도의 함수로서의 부피. Charles의 법칙($p = 1$ atm).

그의 실험 데이터는 기체의 부피가 압력에 반비례한다는 것을 나타내고 있다. 즉, $V=C/p$, 여기서 p는 압력, V는 부피, C는 상수이다. 그림 2-1은 V를 p의 함수로 나타낸 것이다. Boyle의 법칙은 다음과 같은 형식으로 나타낼 수 있다.

$$pV=C \tag{2.1}$$

이 식은 일정한 온도에서 일정한 질량을 갖는 기체에 대해서만 적용된다.

후에 Charles의 실험에 의하여 상수 C는 온도의 함수임을 알게 되었다. 이것은 Charles의 법칙의 대체적인 표현이다.

Gay-Lussac은 일정량의 기체의 부피를 일정 압력 밑에서 측정하여 본 결과 그 부피는 온도의 1차 함수임을 발견하였다. 이 사실은 다음과 같이 표시할 수 있다.

$$V=a+bt \tag{2.2}$$

여기서 t는 온도이며 a 및 b는 상수이다. 부피를 온도의 함수로 도시한 것이 그림 2-2이다. 이 그림에서 세로 축의 절편은 0°C에서의 부피이며 $a=V_0$이다. 직선의 기울기는 도함수 $b=(\partial V/\partial t)_p$로 표시된다. 따라서 (2.2)식은 다음과 같이 써도 된다.

$$V=V_0+\left(\frac{\partial V}{\partial t}\right)_p t \tag{2.3}$$

Charles의 법칙에 의하면 질량과 압력을 일정하게 해 줄 경우, 그가 실험하여 본 모든 기체에 대해서는 온도가 1도 올라갈 때의 부피의 상대적 증가가 똑같다는 것이다. 일정 압력에서 1도 마다의 부피 증가는 $(\partial V/\partial t)_p$이다. 그러므로 1도 마다의 부피의 상대적 증가는 $(1/V_0)\cdot(\partial V/\partial t)_p$이다. 이 양은 0°C에서의 열팽창 계수이며, 다음과 같이 기호 α_0로 표시한다.

$$\alpha_0=\frac{1}{V_0}\left(\frac{\partial V}{\partial t}\right)_p \tag{2.4}$$

따라서 α_0를 사용하면 (2.3)식은 다음과 같이 된다.

$$V=V_0(1+\alpha_0 t)=V_0\alpha_0\left(\frac{1}{\alpha_0}+t\right) \tag{2.5}$$

이 식은 기체의 부피를 0°C에서의 기체 부피와 상수 α_0로 나타내고 있기 때문에 편리하다. 그리고 이 경우 α_0는 모든 기체에 대하여 동일하며 측정이 이루어질 때의 압력에 거의 무관한 상수이다. 여러 압력에서 α_0를 측정해 보면 어떠한 기체에 대해서나 $p=0$에서 α_0가 같은 극한값에 접근한다는 사실을 알 수 있다. (2.5)식은 좌표 변환을 하면 편리하게 된다. 즉, 다음 식으로 나타내는 바와 같은 새로운 온도 척도 T를 옛 온도로 정의한다.

$$T=\frac{1}{\alpha_0}+t \tag{2.6}$$

(2.6)식은 새로운 온도 척도를 정의하는 바, 이것을 **기체 온도 척도** 또는 더 정확하게 이상 기체의 온도 척도라고 부른다. 이 척도의 생명은 α_0, 따라서 $1/\alpha_0$의 극한값이 모든 기체에 대하여 같다는 사실에 있다. 또 한편 α_0는 t를 처음에 어떤 온도 척도로 나타냈는가에 따라서 다르다. 만일 t를 섭씨 온도(기호 : °C)로 나타내면 $1/\alpha_0=273.15$ °C가 된다. 이와같이 했을 때의 T-척도는 8장에서 자세히 설명할 열역학적 온도 척도와 수치가 일치한다. 열역학적 온도의 SI 단위는 Kelvin(기호: K)이다. 열역학적 척도 상의 온도를 흔히 절대 온도 또는 Kelvin 온도라고

부른다. (2.6)식에 따르면 다음과 같은 관계가 성립한다(부록Ⅲ, AⅢ.6절을 참고로 보아라).

$$T = 273.15 + t \tag{2.7}$$

그리고 (2.5)식과 (2.6)식을 결합하면 다음 관계가 나온다.

$$V = \alpha_0 V_0 T \tag{2.8}$$

이 식은 일정 압력 밑에 있는 기체의 부피가 열역학적 온도에 정비례한다는 사실을 나타낸다.

2.2 기체의 분자량. Avogadro의 법칙 ; 이상 기체의 법칙

이제까지 4개의 변수 사이에는 두 가지 관계가 있음을 알게 되었다. 즉, (2.1)식으로 표시되는 Boyle의 법칙(일정 질량, 일정 온도)과 (2.8)식로 표시되는 Gay-Lussac 또는 Charles의 법칙(일정 질량, 일정 압력)이 있다. 0°C에서의 부피 V_0는 Boyle의 법칙에 의해서 압력과의 사이에 $V_0 = C_0/p$와 같은 관계가 성립한다. 여기서 C_0는 $t = 0$에서의 상수값이다. 따라서 이 결과를 (2.8)식에 넣어주면 다음과 같이 위의 두 식이 하나의 일반식으로 결합된다.

$$V = C_0 \alpha_0 T/p \quad (\text{일정 질량}) \tag{2.9}$$

만일 온도와 압력을 일정하게 유지하고 기체의 질량을 2배로 하면 그 부피도 2배로 될 것이다. 이 사실을 감안하면 일정 질량이라는 조건을 제거할 수 있다. 즉, 위의 사실은 상수 C_0가 기체의 질량에 비례한다는 것을 뜻하며, 따라서 $C_0 = Bw$라고 쓸 수 있다. 여기서 B는 상수, w는 기체의 질량이다. 이 결과를 (2.9)식에 대입하면 다음 식이 나온다.

$$V = B \alpha_0 w T/p \tag{2.10}$$

위 식은 4개 변수 V, w, T 및 p 사이의 일반적 관계를 나타낸다. 상수 B의 값은 기체의 종류에 따라 다르다.

(2.10)식을 사용하려면 모든 기체에 대한 B값의 표를 가지고 있어야 한다. 이 번거로움을 피하려면 B를 각 기체의 고유 질량으로 표시하면 된다. 지금 T_0, p_0, V_0의 표준 상태에서 용기 속에 들어 있는 기체의 질량을 M이라고 하자. 표준 온도 T_0와 표준 압력 p_0하에 있는 서로 다른 두 기체가 같은 표준 부피 V_0를 차지한다고 생각하면 (2.10)식에 의해서 각 기체에 대하여 다음과 같은 식이 성립한다.

$$M = \left(\frac{1}{B\alpha_0}\right)\left(\frac{p_0 V_0}{T_0}\right) \tag{2.11}$$

표준 상태는 편리하게끔 알맞게 선택할 수 있으므로 $R = p_0 V_0/T_0$의 값은 선택법에 따라서 일정한 수치를 가지며 어떠한 기체에 대해서나 동일한 값을 갖는다(R을 기체 상수라고 부른다). 그러므로 (2.11)식을 다음과 같이 쓸 수 있다.

$$M = R/B\alpha_0 \quad \text{또는} \quad B = R/M\alpha_0$$

이 관계를 (2.10)식에 대입하면

$$V = (w/M)RT/p \tag{2.12}$$

질량이 w인 기체의 고유 질량 수를 $n = w/M$라고 하면 $V = nRT/p$가 된다. 즉,

$$pV = nRT \tag{2.13}$$

이상 기체의 법칙인 (2.13)식은 기체를 연구하는 데 매우 중요하다. 이 식은 각 기체의 특징을 하나도 포함하지 않으며 따라서 어떠한 기체에 대해서나 적용할 수 있는 일반식이다.

이제 고유 질량 M의 뜻을 생각하기로 하자. Avogadro의 법칙에 의하면 온도와 압력의 조건이 같으면 어떠한 기체나 같은 부피 속에 포함된 기체 분자의 수가 기체의 종류에 관계없이 동일하다. 앞에서 정의한 바와 같이 어떠한 기체이건 그 기체의 고유 질량을 취하면 같은 온도와 같은 압력(T_0, p_0) 밑에서 같은 부피(V_0)를 차지한다. 또한 Avogadro의 법칙에 의하면 이들 고유 질량은 같은 수의 분자를 포함하고 있어야 한다. 만일 이 수가 $N_A = 6.022 \times 10^{23}$과 같도록 p_0, T_0 및 V_0를 택하면 이 고유 질량의 물질량이 1 mol이 되며 M은 몰질량이 된다. 또한 M은 한 분자의 질량 m에다 N_A를 곱한 것과 같다.

$$M = N_A m \tag{2.14}$$

(2.13)식의 n은 존재하는 기체의 몰수가 된다. R의 값은 몰질량을 어떻게 정하느냐에 따르게 되므로 기체는 물론 고체나 액체의 몰 성질을 나타내는 식 속에는 기체 상수가 나타나게 된다.

몰은 본래 위에서 설명한 것과 같은 방식으로 정의되었다. 즉, 우선 정상적인 산소의 동위원소 혼합물 32 g을 몰질량으로 선정하였다. 그리고 부피를 정확하게 알 수 있는 플라스크에다 0 °C, 1 atm의 산소를 채운 다음 이 플라스크 속의 산소의 질량을 측정한다. 끝으로 이 측정 결과를 이용하여 32 g의 산소(0 °C와 1 atm)가 차지하는 부피를 계산한다. 이 부피 V_0가 표준 몰부피이다. 이와같이 하여 V_0를 알게 되면 어떤 기체이든 그 기체 밀도를 측정하여 그 몰질량을 계산할 수 있다.

탄소-12를 이용한 몰 정의에 따라서 구한 V_0의 최신값은 $V_0 = 22.41383$ L/mol $= 22.41383 \times 10^{-3}$ m³/mol이다. $T_0 = 273.15$ K이고 $p_0 = 1$ atm $= 1.01325 \times 10^5$ Pa이므로 R의 값은 다음과 같이 된다.

$$R = \frac{p_0 V_0}{T_0} = \frac{(1.01325 \times 10^5\ \text{Pa})(22.41383 \times 10^{-3}\ \text{m}^3/\text{mol})}{298.15\ \text{K}}$$
$$= 8.31441\ \text{Pa m}^3\ \text{K}^{-1}\ \text{mol}^{-1} = 8.31441\ \text{J K}^{-1}\ \text{mol}^{-1}$$

그러나 대부분의 계산에서는 R의 값을 근사적으로 $R = 8.314\ \text{J K}^{-1}\ \text{mol}^{-1}$로 놓아도 충분하다. 이 R은 energy $\text{Kelvin}^{-1}\ \text{mol}^{-1}$의 단위를 갖는다는 것을 주목하라.

2.2.1 단위에 관한 주의

압력의 SI 단위는 파스칼(Pa)로서 다음과 같이 정의된다.

$$1\ \text{Pa} = 1\ \text{N/m}^2 = 1\ \text{J/m}^3 = 1\ \text{kg m}^{-1}\ \text{s}^{-2}$$

그러나 보통으로 많이 사용되는 압력의 단위들은 기압(atm), 토르(Torr) 및 수은주 밀리미터(mmHg)이다. 1 atm은 다음과 같이 정의된다.

$$1\ \text{atm} = 1.01325 \times 10^5\ \text{Pa}(\text{정확하게})$$

그리고 토르는 다음과 같이 정의된다.

$$760\ \text{Torr} = 1\ \text{atm}(\text{정확하게})$$

관습적으로 사용되고 있는 수은주 밀리미터(mmHg)는 중력 가속도가 정확하게 9.80665 m/s² 인 위치에서 밀도가 정확하게 13.5951 g/cm³ 인 1 mm 높이의 유체 기둥이 나타내는 압력이다.

mmHg는 Torr보다 10^8분의 14 만큼 더 크다. 그러나 보통 목적에서는 1 mmHg = 1 Torr로 계산해도 된다.

부피의 SI 단위는 입방미터이다. 그러나 실질적인 부피 단위는 입방센티미터와 리터(L)이다. 이들 사이의 관계는 다음과 같다.

$$1\,\text{L} = 1\,\text{dm}^3 = 1000\,\text{cm}^3 = 10^{-3}\,\text{m}^3(\text{정확하게})$$

이상 기체 법칙에 관한 계산 문제에서는 온도를 켈빈, 압력을 파스칼, 그리고 부피를 입방미터로 표시한다.

■ **보기 2.1** 1 mol의 이상 기체가 25 °C에서 12 L를 차지한다. 이 기체의 압력은 얼마인가?

이 데이터와 구하는 압력사이의 관계는 이상 기체 법칙으로 나타낼 수 있다. 주어진 데이터를 SI 단위로 나타내면 다음과 같다.

$$T = 273.15 + 25 = 298\,\text{K},\quad V = 12\,\text{L} \times 10^{-3}\,\text{m}^3/\text{L} = 0.012\,\text{m}^3$$

따라서

$$p = \frac{nRT}{V} = \frac{1\,\text{mol}(8.314\,\text{J K}^{-1}\,\text{mol}^{-1})(298\,\text{K})}{0.012\,\text{m}^3} = 2.06 \times 10^5\,\text{J/m}^3$$
$$= 2.06 \times 10^5\,\text{Pa} = 206\,\text{kPa}$$

이 압력을 atm으로 표시하면 $p = 206\,\text{kPa}(1\,\text{atm}/101\,\text{kPa}) = 2.04\,\text{atm}$

■ **보기 2.2** 50 L 속에 들어 있는 기체가 20 °C에서 8 atm을 나타낸다. 이 용기 속의 기체의 몰수는 얼마인가?

이 데이터를 SI 단위로 나타내면

$$T = 273.15 + 20 = 293\,\text{K},\quad V = 50\,\text{L}(10^{-3}\,\text{m}^3/\text{L}) = 0.050\,\text{m}^3$$

그리고

$$p = 8\,\text{atm}(1.013 \times 10^5\,\text{Pa/atm}) = 8(1.013 \times 10^5)\,\text{Pa 이다.}$$

따라서

$$n = \frac{pV}{RT} = \frac{8(1.013 \times 10^5\,\text{Pa})(0.050\,\text{m}^3)}{8.314\,\text{J K}^{-1}\,\text{mol}^{-1}(293\,\text{K})} = 16.6\,\text{mol}$$

2.3 상태 방정식 ; 크기 성질과 세기 성질

이상 기체의 법칙인 $pV = nRT$는 기체의 상태를 나타내는 4개의 변수 사이의 관계식이며, 따라서 이 식을 상태 방정식이라고 한다. 이 식 속의 변수는 두 가지 종류로 분류된다. 즉, n과 V는 크기 성질이며 한편, p와 T는 세기 성질이다.

계의 크기 성질의 값은 그 계의 각 부분에서의 그 성질의 값들을 합하면 나온다. 그림 2-3에서와 같이 어떤 계가 여러 개의 작은 부분으로 세분되었다고 생각하자. 그러면 이 계의 전체 부피는 각 부분의 부피를 합한 것과 같다. 마찬가지로 계 속에 들어 있는 전체 몰수(또는 전체 질량)는 각 부분에 들어 있는 몰수(또는 질량)를 합한 것과 같다. 정의에 의하여 이러한 성질을 크기 성질이라고 한다. 이 경우 합해진 값은 계를 세분하는 방법에 무관하다는 것을 분명히

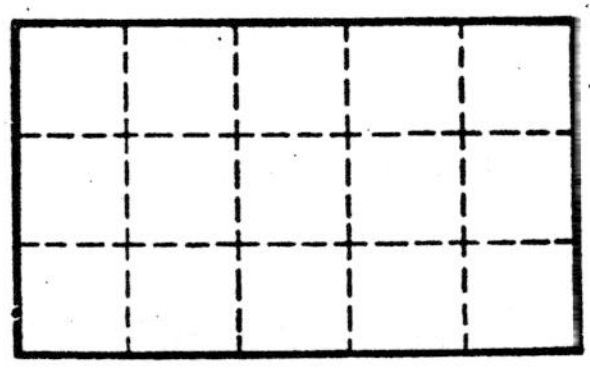

그림 2-3 계의 잘게 나누어짐.

하기 바란다.

세기 성질은 이러한 합셈으로서는 얻어지지 않으며 계 속의 임의의 한 점에서 측정할 수 있고, T나 p 등과 같이 평형에 있는 계 전체에 걸쳐 어느 곳에서나 똑같은 값을 갖는다.

크기 성질은 계의 질량에 비례한다. 이상 기체의 경우에는 $n=w/M$ 및 $V=wRT/Mp$를 예로 들 수 있는 바, n과 V는 둘 다 계의 질량에 비례한다. V를 n으로 나누면 1 mol 의 부피 $\bar{V}$가 나온다.

$$\bar{V}=V/n=RT/p \tag{2.15}$$

n에 대한 V의 비는 질량에 비례하지 않는다. 즉, 이 비가 이루어질 때 질량의 항은 없어지므로 $\bar{V}$는 세기 성질이다. 어떤 두 크기 성질이든지 그 비를 취하면 언제나 세기 성질로 된다.

이상 기체의 법칙을 다음과 같이 써 보자.

$$p\bar{V}=RT \tag{2.16}$$

그러면 이것은 **3개의 세기 성질**, 즉 압력, 온도 및 몰부피 사이의 관계식이 된다. 이 사실은 중요하다. 왜냐 하면 이 관계를 사용하여 이상 기체의 성질을 논하게 되면 10 mol 의 기체를 취급하든 100 만 mol 의 기체를 취급하든 마찬가지가 되기 때문이다. 100 g 을 취해서 연구를 해야 할 것을 우연히 20 g 을 취하였다고 하더라도 그 계의 기본 성질은 하나도 변하지 않는다는 것을 분명히 알 수 있다. 원자폭탄을 만드는 데도 예비 연구에서는 극소량의 물질을 사용하며 그 다음에 이러한 작은 규모의 실험에서 얻은 성질을 근거로 거대한 설비가 세워진다. 만일 기본 성질이 사용하는 물질의 양에 따라서 다르다면 아마 정부에서도 극단적으로 큰 계에 대한 연구를 시켰을 것이라고 상상할 수 있으며, 또한 연구자의 야심에 따라 얼마든지 큰 건물이 필요했을 것이다. 원리를 논의할 때는 세기 성질이 중요하다. 장치의 설계라든지 화학 공학과 같은 데다 실제로 응용을 할 때는 크기 성질도 또한 중요하다. 왜냐 하면 이 성질은 장치의 크기, 엔진의 마력수 또는 플랜트의 생산 능력 등을 결정해야 하기 때문이다.

2.4 이상 기체의 성질

만일 p, $\bar{V}$, T의 세 변수(성질) 중 어느 두 변수가 임의의 값을 가지면 이상 기체의 법칙으로부터 나머지 한 변수의 값을 계산할 수 있다. 따라서 임의로 두 변수를 취하면 그들은 **독립 변수**가 되고 나머지 한 변수는 **종속 변수**가 된다. 어떤 것이든 두 가지 세기 성질만 주면 기체의 상태가 완전히 표시되므로 이러한 계의 상태는 아주 깨끗하게 그림으로 나타낼 수 있다.

그림 2-4에서는 p와 $\bar{V}$를 독립 변수로 택하였다. 예컨대 A점과 같은 임의의 점은 p와 $\bar{V}$의 두 값으로 확정되며 따라서 계의 상태를 충분히 나타낼 수 있다. 따라서 p-$\bar{V}$상한 속의 모든 점(물리적 의미를 가지려면 p, $\bar{V}$는 둘다 양수이어야 한다)은 기체의 상이한 상태를 나타낸다. 더우기 기체의 각 상태는 p-$\bar{V}$그림 속의 어느 한 점으로 표시된다.

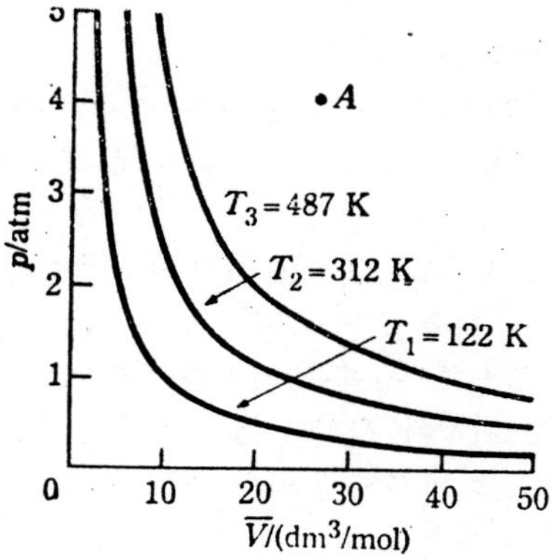

그림 2-4 이상 기체의 등온선.

예컨대 온도를 일정하게 한다든지 하는 제한을 기체의 상태에 가하고 이러한 기체 상태에 대응하는 모든 점을 추려내면 대단히 쓸모가 있다. 그림 2-4에서 T_1, T_2 및 T_3 라고 표시한 곡선은 각각 온도 T_1, T_2 및 T_3에 있는 이상 기체의 상태를 나타내는 모든 점을 연결한 것이다. 이 곡선들을 **등온선**이라고 부른다. 이상 기체의 등온선은 다음 식으로 주어지는 직교 쌍곡선이다.

$$p = RT/\overline{V} \tag{2.17}$$

각 곡선마다 서로 다른 T값을 갖는다.

그림 2-5에서 모든 점은 좌표 $\overline{V}$와 T의 값이 대응하며, 각 점은 또한 그림 2-4에서와 마찬가지로 기체의 상태를 나타낸다. 그림 2-5에서 같은 압력에 해당하는 점들이 한 직선 위에 모여 있으며 이 직선을 **등압선**이라고 부른다. 이상 기체의 등압선은 다음 식으로 표시된다.

$$\overline{V} = (R/p)T \tag{2.18}$$

여기서 압력은 여러 상수값을 나타낸다.

다른 그림에서와 마찬가지로 그림 2-6에서도 각 점마다 p와 T의 값을 나타내므로 각 점은 기체의 상태를 나타낸다. 일정한 몰부피의 직선을 등부피선이라고 하며 다음 식으로 주어진다.

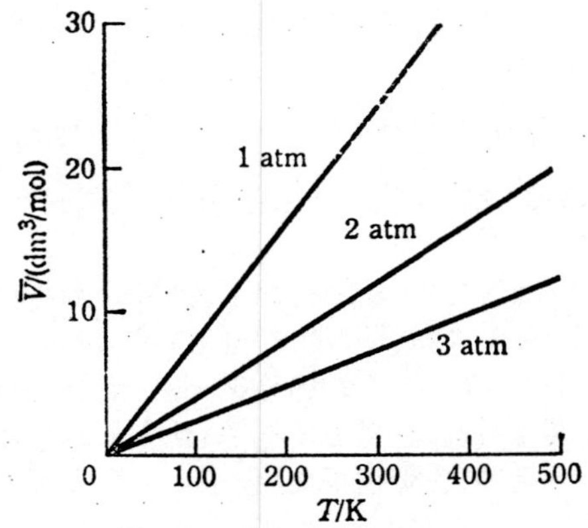

그림 2-5 이상 기체의 등압선.

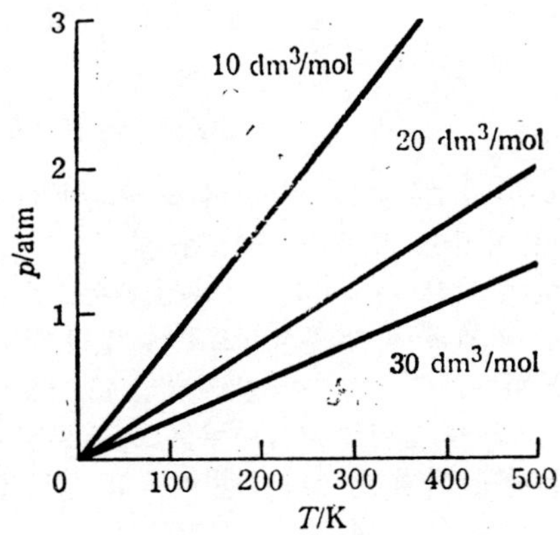

그림 2-6 이상 기체의 등부피선.

$$p=(R/\overline{V})T \tag{2.19}$$

여기서 $\overline{V}$는 여러 주어진 상수값을 나타낸다.

이들 그림은 매우 쓸모가 있는데, 그 이유는 어느 순수한 물질이든 그 기체, 액체 및 고체의 모든 상태가 한 그림으로 표시될 수 있기 때문이다. 이 개념은 특히 12장에서 광범위하게 사용할 것이다.

그림 2-4, 2-5, 2-6 및 (2.17), (2.18), (2.19)식을 주의 깊게 검토하면 이상 기체에 대한 다소 기묘한 결론을 얻게 된다. 예를 들면 그림 2-5와 (2.18)식은 일정 압력 밑에 있는 이상 기체의 부피가 $T=0\,\text{K}$에서 영으로 된다는 사실을 나타낸다. 마찬가지로 그림 2-4와 (2.17)식은 일정 온도로 유지된 이상 기체의 부피가 압력을 무한히 크게 하면 영에 접근한다는 것을 나타낸다. 그러나 낮은 온도와 높은 압력 밑에서 실제 기체의 성질을 조사해 보면 이러한 예상이 맞지 않는다. 일정한 압력 밑에서 실제 기체를 냉각하면 부피는 감소하나 어떤 특정 온도에서 그 기체는 액체화한다. 그리고 액체화한 다음에는 온도를 낮추더라도 부피가 그다지 크게 감소하지 않는다. 실제 기체는 등온 압축하더라도 마찬가지로 액체화한다. 그리고 그 다음부터는 압력이 더 증가하여도 부피가 거의 변하지 않는다. 이러한 사실 때문에 $p\overline{V}=RT$를 이상 기체의 법칙이라고 부른다. 이상 기체의 법칙으로는 낮은 온도와 높은 압력 밑에 있는 실제 기체의 성질을 기술하지 못한다. 실험 결과에 의하면 모든 실제 기체는 압력이 영에 접근함에 따라 이상 기체와 같이 행동한다는 사실이 밝혀졌다.

이상 기체로부터의 벗어남에 대해서는 3장에 자세히 설명하였다. 어떠한 경우에 이상 기체의 법칙을 써서 실제 기체의 성질을 나타낼 수 있는가에 대해서 몇 마디 주의를 하겠다. 실제 문제에서 만일 대체적인 근사치만으로도 충분할 때는 주저없이 이상 기체의 법칙을 사용해도 좋다. 대부분의 경우에는 이러한 대체적인 근사로도 충분하며 약 5% 이내로 맞는다. 이처럼 광범위한 법칙치고서는 이상 기체의 법칙이 여러 실제 문제에서 놀랄 만큼 정확하게 맞는다.

이상 기체의 법칙은 계의 온도가 임계 온도 보다 더 높을수록 또 계의 압력이 임계 압력* 보다 더 낮을수록 더 정확하다. 그러나 정밀한 실험에서는 이상 기체의 법칙을 결코 사용하지 않는다.

2.5 기체와 휘발성 물질의 몰질량 결정

이상 기체의 법칙은 휘발성 물질의 분자량을 결정하는 데 쓸 수 있다. 그러기 위해서는 우선 부피가 알려진 용기에다 압력과 온도를 아는 기체를 채운다. 다음에 용기 속에 들어간 기체의 질량을 측정하면 그 물질의 몰질량을 구할 수 있다. (2.12)식으로부터 $pV=(w/M)RT$가 성립한다. 따라서

$$M=(w/V)(RT/p)=(\rho/p)(RT) \tag{2.20}$$

여기서 ρ는 밀도(질량/cm^3)이며 $\rho=w/V$이다. (2.20)식의 오른편 양들은 모두 실측해서 알 수 있으며 따라서 M을 계산할 수 있다.

어떤 한 물질의 분자식을 정하는 데는 일반적으로 대체적인 몰질량 값만 알아도 충분하다. 예를 들면 기체의 화학 분석으로부터 실험식이 $(CH_2)_n$으로 되었다고 하면 몰질량은 14의 정수배이어야 한다. 즉, 가능한 값은 28, 42, 56, 70 등이다. 그런데 (2.20)식을 써서 구한 몰질량이 만일 54라면 결국 $n=4$이며, 그 물질은 부텐의 일종이라고 결론지을 수 있다. 이 기체가 엄밀하게 이상 기체는 아니지만 이러한 결론을 얻는 데는 아무런 지장도 안 준다. 위의 예에서

* 임계 온도, 임계 압력에서는 액체와 기체를 서로 구별할 수 없다. 3.5절을 보아라.

표 2-1 이 합 체 화

화 합 물	실 험 식	증기에서의 분자식
염화알루미늄	$AlCl_3$	Al_2Cl_6
브롬화알루미늄	$AlBr_3$	Al_2Br_6
포름산	$HCOOH$	$(HCOOH)_2$
아세트산	CH_3COOH	$(CH_3COOH)_2$
삼산화비소	As_2O_3	As_4O_6
오산화비소	As_2O_5	As_4O_{10}
삼산화인	P_2O_3	P_4O_6
오산화인	P_2O_5	P_4O_{10}

는 M이 취할 수 있는 여러 값들이 서로 충분히 떨어져 있으므로(28, 42 … 와 같이), 이상 기체의 법칙을 사용함으로써 5%의 오차가 들어 오더라도 그 기체의 정확한 분자식을 구하는 데는 별 문제가 안 된다. 위의 예에서는 실험 조건만 적절하게 맞추면 이상 기체의 법칙을 사용하더라도 오차가 2%까지 가지 않는다.

몰질량을 구하고 화학 분석을 하면 기체 물질의 분자식이 결정되므로 몰질량의 측정 결과는 매우 중요하다. 예로서 우리 주위에서 흔히 보는 어떤 물질은 두 분자가 합쳐져서 이합체를 만든다. 표 2-1은 이러한 물질의 몇 가지를 수록한 것이며 그들은 모두 실온에서 고체 또는 액체이다. 몰질량은 대상물질을 기화시키기에 충분한 높은 온도에서 측정해야 한다.

기체의 몰질량을 정확하게 결정하려면 압력이 낮아질수록 실제 기체의 행동이 이상 기체의 행동에 가까와진다는 사실을 이용해야 한다. (2.20)식에 의하면 $\rho/p=M/RT$이므로 압력에 대한 밀도의 비는 압력에 무관해야 할 것이다. 이것은 이상 기체에 대해서는 맞는 이야기지만 실제 기체의 경우에는 온도가 같더라도 여러 압력에서 밀도를 측정하여 압력에 대한 밀도의 비를 구하면 그 값이 어느 정도 압력에 의존한다는 것을 알게 된다. 충분히 낮은 압력에서는 ρ/p가 압력의 선형 함수이다. 이 직선을 외삽하면 압력이 영일 때의 ρ/p, 즉 $(\rho/p)_0$가 나오는데, 이 값은 이상 기체에 대한 것이라고 볼 수 있으므로 (2.20)식에 넣어서 정확한 M값을 얻는 데 쓸 수 있다.

$$M=(\rho/p)_0RT \tag{2.21}$$

이 과정을 암모니아에다 적용시킨 것이 그림 2-7이다.

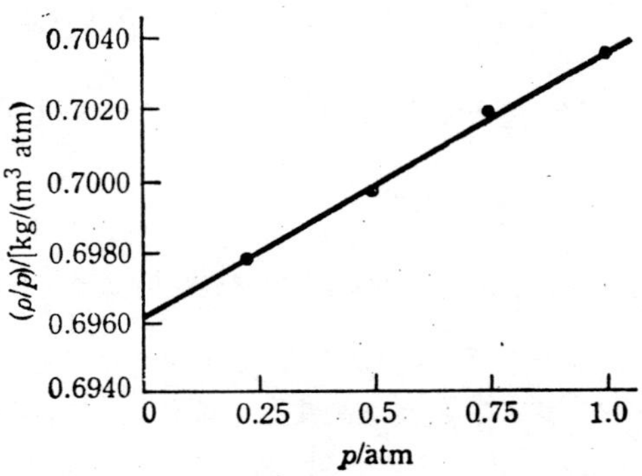

그림 2-7 암모니아에 대한 ρ/p 대 p의 도시.

2.6 혼합물 ; 조성 변수

몇 가지 기체로 된 혼합물의 상태는 압력, 부피 및 온도뿐만 아니라 혼합물의 조성에도 의존한다. 따라서 조성을 나타내는 방법이 필요하다. 가장 간단한 방법은 혼합물 속에 들어 있는 각 물질의 몰수 n_1, n_2, … 를 표시하는 방법일 것이다(질량으로 표시해도 된다). 이 방법은 몰수가 크기 성질이기 때문에 좀 불편하다. 혼합물의 조성은 세기 성질로 나타내는 편이 더 좋다.

두 크기 성질의 비가 세기 성질이 된다는 것은 이미 말하였다. 따라서 몰수를 적당한 크기 성질로 나누어 세기 성질로 바꾸어 줄 수 있다. 여기에는 몇 가지 방법이 있다.

우선 각 물질량을 혼합물의 부피로 나누면 부피 농도가 나온다. 즉,

$$\tilde{c}_i = \frac{n_i}{V} \tag{2.22}$$

부피 농도의 SI 단위는 mol/m³ 이다. 부피 농도에 대한 기호 $\tilde{c}_i$ 는 mol/m³ 의 단위에 대해서 사용한다. 그리고 보다 더 보편적으로 사용되는 mol/L 단위의 부피 농도, 즉 몰농도는 기호 c_i 를 가지고 나타낸다. 부피 농도는 액체 또는 고체 혼합물의 조성을 나타내는 데 적합하다. 왜냐하면 고체나 액체의 부피는 온도와 압력의 영향을 별로 안 받기 때문이다. 기체의 부피는 온도와 압력의 영향을 심하게 받으므로 기체 혼합물의 조성을 나타내는 데는 몰농도가 일반적으로 불편하다.

어떤 한 가지의 몰수를 택하고 이것으로 다른 모든 몰수를 나누면 몰비 r_i 가 얻어진다. 지금 나누는 수로서 n_1 을 택하면 몰비가 다음과 같이 된다.

$$r_i = \frac{n_i}{n_1} \tag{2.23}$$

액체 용액의 경우에는 몰비를 변형시킨 몰랄농도가 흔히 쓰인다. 용매를 성분 1 이라고 하고 그 물질량을 M_1 이라고 하자. 그러면 성분 i 의 몰랄농도는 단위 질량(1 kg)의 용매 속에 들어 있는 성분 i 의 몰수이다. 용매의 질량은 n_1M_1 이므로 용매 1 kg 당의 용질의 몰수는 다음과 같이 주어진다.

$$m_i = \frac{n_i}{n_1M_1} = \frac{r_i}{M_1} \tag{2.24}$$

몰랄농도는 몰비에다 상수 $1/M_1$ 을 곱한 것과 같다. 몰비와 몰랄농도는 온도와 압력에 전혀 무관하므로 어떤 종류의 혼합물이든 이것의 물리 화학적 조성을 표시하는 데는 몰농도보다 몰랄농도가 더 편리하다.

몰분율 x_i 는 존재하는 모든 물질의 몰수의 합, $n_t = n_1 + n_2 + \cdots$ 로 각 몰수를 나눈 것이다. 즉,

$$x_i = \frac{n_i}{n_t} \tag{2.25}$$

혼합물 속에 존재하는 모든 물질의 몰분율의 합은 1이 되어 한다.

$$x_1 + x_2 + x_3 + \cdots\cdots = 1 \tag{2.26}$$

이 관계가 성립하므로 한 물질의 몰분율을 모르더라도, 나머지 물질들의 몰분율만 전부 알면 그 혼합물의 조성을 나타낼 수 있다. 즉, 나머지 한 물질의 몰분율은 (2.26)식으로부터 계산된다. 몰랄농도나 몰비와 마찬가지로 몰분율도 온도나 압력에 무관하며 따라서 어떤 혼합물의

조성을 나타내는 데도 적합하다. 기체 혼합물은 보통 몰분율로 표시한다. 왜냐 하면 몰분율을 쓰면 p-V-T 관계가 간결하고 대칭적인 꼴로 되기 때문이다.

2.7 기체 혼합물의 상태 방정식; Dalton 의 법칙

실험에 의하면 기체 혼합물에 대해서도 이상 기체의 법칙이 성립한다.

$$pV = n_t RT \tag{2.27}$$

여기서 n_t 는 부피 V 속에 들어 있는 모든 기체의 몰수의 합이다. (2.27)식과 한 성분을 제외한 나머지 모든 성분의 몰분율만 있으면 혼합물의 평형 상태를 완전히 나타낼 수 있다.

복잡한 계의 성질은 보다 단순한 계의 성질로 나타내는 것이 바람직하므로 기체 혼합물의 상태를 혼합되지 않은 순수한 기체의 상태로서 나타내도록 해보자. 지금 온도 T 에서 부피가 V 인 그릇 속에 몰수가 n_1, n_2, n_3 인 세 기체가 혼합되어 들어 있다고 하자. 만일 $n_t = n_1 + n_2 + n_3$ 라고 하면, 이 혼합 기체의 압력은 다음 식으로 주어진다.

$$p = \frac{n_t RT}{V} \tag{2.28}$$

여기서 온도가 T 이고 부피가 V 인 그릇 속에 혼합물의 한 성분 기체만이 존재한다고 가정했을 때 나타날 압력을 그 성분 기체의 부분 압력이라고 정의한다. 그러면 부분 압력 p_1, p_2, p_3 는 다음 식으로 주어진다.

$$p_1 = n_1 \frac{RT}{V} \qquad p_2 = n_2 \frac{RT}{V} \qquad p_3 = n_3 \frac{RT}{V} \tag{2.29}$$

이들 식을 더하면 다음과 같이 된다.

$$p_1 + p_2 + p_3 = (n_1 + n_2 + n_3)\left(\frac{RT}{V}\right) = n_t\left(\frac{RT}{V}\right)$$

이 식을 (2.28)식과 비교하면 다음과 같이 된다.

$$p = p_1 + p_2 + p_3 \tag{2.30}$$

이것은 어떤 일정 온도에서 혼합 기체가 나타내는 전체 압력은 그 성분 기체들의 부분 압력의 합과 같다는 것이며, 이것을 부분 압력에 관한 Dalton 의 법칙이라고 한다. 따라서 첫째 번 기체의 부분 압력은 p_1 이고 둘째 번 기체의 부분 압력은 p_2 라고 말할 수 있다. 부분 압력은 (2.29)식을 써서 계산한다.

부분 압력은 혼합물 속에 들어 있는 그 기체의 몰분율과 간단한 관계를 갖는다. 즉, (2.29)식 중 첫째 번 식의 양변을 전체 압력으로 나누면 다음 식이 나온다.

$$p_1/p = n_1(RT/pV) \tag{2.31}$$

그런데 (2.28)식으로부터 $p = n_t RT/V$ 이므로 이 관계를 (2.31)식의 우변에 넣으면 다음 관계가 나온다.

$$p_1/p = n_1/n_t = x_1$$

따라서

$$p_1 = x_1 p \qquad p_2 = x_2 p \qquad p_3 = x_3 p$$

이들 식을 간략하게 다음과 같이 쓸 수 있다.

$$p_i = x_i p \qquad (i = 1, 2, 3 \cdots) \tag{2.32}$$

여기서 p_i는 몰분율이 x_i인 기체의 부분 압력이다. (2.32)식을 사용하면 성분 기체의 몰분율과 혼합 기체의 전체 압력으로부터 모든 성분 기체의 부분 압력을 계산할 수 있다.

(2.32)식에 관해서는 다음과 같은 두 가지 사실을 지적할 수 있다. 즉, 첫째로 몰농도나 몰비를 사용하면 최종 결과가 (2.32)식과 같이 간단하게는 되지 않을 것이다. 둘째로 (2.32)식의 유도 과정을 살펴보면 이 식은 세 가지 성분으로 된 기체 혼합물에만 국한되지 않고 더 많은 종류의 기체로 된 혼합물에 대해서도 성립한다는 것이다.

2.8 부분 압력의 개념

기체 혼합물 속의 각 기체의 부분 압력을 정의한 (2.29)식은 전혀 수학적인 것이므로 부분 압력에 대한 이 수학적 개념이 어떤 물리적 의미를 갖는지 생각하여 보기로 하자. 그림 2-8과 그림 2-9의 두 가지 실험 결과를 가지고 이 의문을 풀어 보기로 하자. 우선 그림 2-8에서와 같은 실험을 고찰하자. 그림 2-8(a)의 용기는 부피가 다같이 V인 두 격실로 나누어져 있다. 위쪽 격실에는 1기압의 수소가 들어 있으며 아래쪽 격실은 진공으로 되어 있다. 압력계의 한쪽 끝은 얇은 팔라듐 박으로 덮어 씌워져 있으며 이것은 수소를 채운 격실에 연결되어 있다. 압력계의 다른 한쪽 끝은 열려져서 1 atm의 압력을 받고 있다. 실험 도중에는 이 압력이 온도와 마찬가지로 일정하게 유지된다. 실험이 시작될 때는 압력계의 두 수은면의 높이가 같다. 이것은 얇은 팔라듐 막이 수소는 투과시키지만 그 이외의 기체는 투과시키지 않는 성질을 갖고 있기 때문에 수소가 압력계 속으로 자유로이 들어가기 때문이다.

간막이를 일단 제거하면 수소는 용기 전체를 차지하게 된다. 그리고 잠시 후에는 수은면이 그림 2-8(b)에 나타낸 최종 위치에 와서 머무르게 된다. 수소가 차지한 부피는 2배가 되었으므로 용기 속의 압력은 처음 값의 1/2로 된다(이 계산에서 압력계의 부피는 무시한다).

다른 또 하나의 실험(그림 2-9)을 해 보자. 이 실험에서는 아래쪽 격실이 1 atm의 질소(이것은 팔라듐 박을 통과하지 못한다)로 채워져 있다. 처음에는 두 수은면의 높이가 같다. 간막

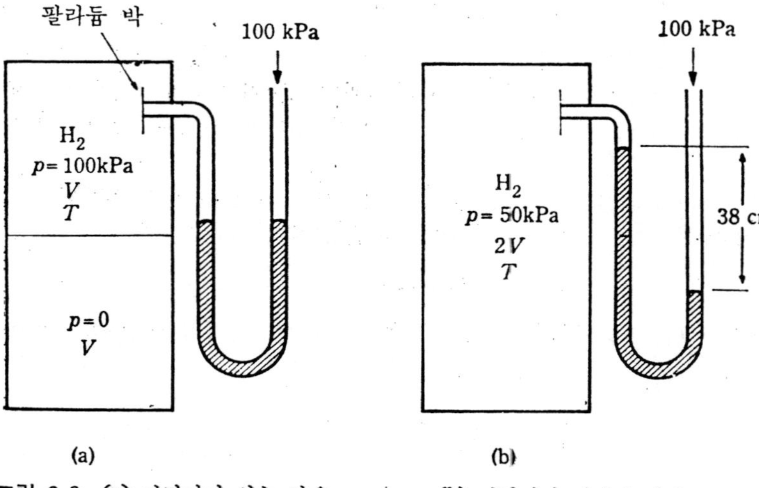

그림 2-8 (a) 간막이가 있는 경우. (b) 간막이가 제거된 경우

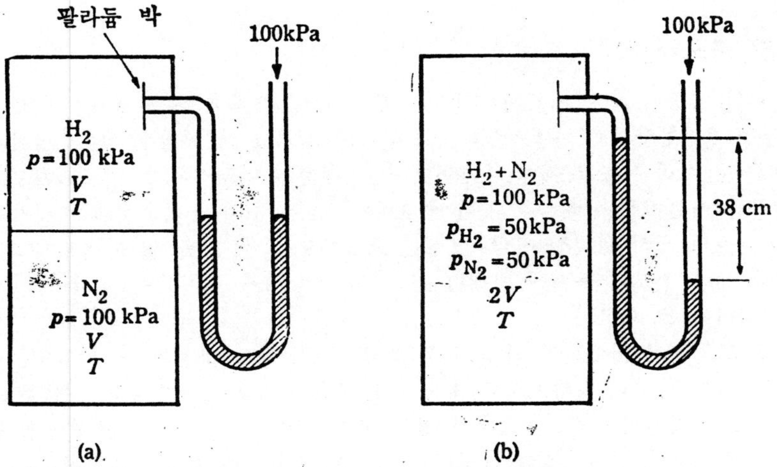

그림 2-9 (a) 간막이가 있는 경우. (b) 간막이가 제거된 경우.

이를 제거하면 용기 전체에 걸쳐 기체가 혼합된다. 그리고 잠시 후에는 수은면이 그림 2-9(b)에 나타낸 바와 같은 위치에 머무르게 된다. 이 실험 결과는 아래쪽 격실을 진공으로 한 첫째 번 실험과 아주 똑같다. 즉, 이 경우 수소의 행동은 질소가 존재하지 않을 때와 똑같다. 이 중요한 결과는 부분 압력의 개념이 수학적 뜻은 물론 물리적 뜻도 갖는다는 사실을 나타낸다.

위의 두 실험 결과는 다음과 같이 간단히 할 수 있다. 즉, 첫째 번 실험에서는 압력계의 압력이 간막이를 제거하기 전과 후의 전체 압력을 나타낸다. 즉,

$$p_{\text{initial}} = n_{H_2}(RT/V) = 1\,\text{atm}$$
$$p_{\text{final}} = n_{H_2}(RT/2V) = \frac{1}{2}\,\text{atm}$$

둘째 번 실험에서는 압력계가 간막이를 제거하기 전에는 전체 압력을 나타내고 간막이를 제거한 후에는 혼합물 속에 들어 있는 수소의 부분 압력을 나타낸다. 즉,

$$p_{\text{initial}} = n_{H_2}(RT/V) = 1\,\text{atm}$$
$$p_{H_2(\text{final})} = n_{H_2}(RT/2V) = \frac{1}{2}\,\text{atm}$$
$$p_{N_2(\text{final})} = n_{N_2}(RT/2V) = \frac{1}{2}\,\text{atm}$$
$$p_{\text{total, final}} = p_{H_2} + p_{N_2} = \frac{1}{2} + \frac{1}{2} = 1\,\text{atm}$$

용기 속의 전체 압력은 간막이를 제거하여도 변화하지 않는다는 사실을 주목하라.

만일 임의의 기체를 한 가지씩만 투과시킬 수 있는 막이 존재한다면 혼합 기체 속에 들어 있는 각 기체의 부분 압력을 직접 측정할 수 있을 것이다. 예를 들면 팔라듐은 수소를 투과시킬 수 있으며 어떤 특수한 유리는 헬륨을 투과시킨다. 현재까지 이러한 막은 불과 몇 가지 밖에 알려져 있지 않지만, 그렇다 하더라도 부분 압력의 개념이 물리적 뜻을 잃은 것은 아니다. 기체가 관여하는 화학 평형에서나 또는 기체가 액체나 고체에 용해되는 것과 같은 물리 평형에서는 혼합 기체 속에 들어 있는 각 기체의 부분 압력이 중요하다는 사실을 나중에 설명하기로 한다(그러면 이 개념의 물리적 뜻이 더욱 확실해질 것이다).

2.9 기압 분포의 법칙

이상 기체의 행동에 관한 지금까지의 논의에서는 용기 속의 어떤 부분에서도 기체의 압력이 동일하다는 것을 암암리에 가정하였다. 엄밀하게 따지면 이 가정은 힘의 장이 존재하지 않을 때만 성립한다. 그러나 모든 실험은 중력장이 존재하는 연구실에서 이루어지므로 이 중력장이 어떤 효과를 미치는지를 이해하는 것이 중요하다. 보통 크기의 기체계에 대해서는 중력장의 영향이 매우 작으며 극히 정밀한 실험 방법을 쓰더라도 알아낼 수 없을 정도라고 말할 수 있다. 액체와 같은 높은 밀도의 유체에 대해서는 그 효과가 아주 현저하며 같은 용기 안에서도 높이에 따라 압력이 서로 다르다.

균일한 온도 T에서 단면적인 A인 원통(그림 2-10) 속에 유체가 들어 있고, 이 유체 알맹이는 중력장에 의해서 아래 방향으로 가속도 g를 받는다고 하자. 수직축 z는 $z=0$인 밑면으로부터 위쪽으로 측정한다. 높이 z에서의 원통 안의 압력은 이 높이보다 위에 있는 유체의 전체 무게에 의해서 정해진다. 이 질량이 아래 방향으로 작용하는 힘은 mg이며, 이 힘을 넓이로 나누면 높이 z에서의 압력이 된다.

$$p = \frac{mg}{A} \tag{2.33}$$

따라서 지금 높이 $z+dz$에서의 압력을 $p+dp$라고 하면 다음과 같은 관계가 성립한다.

$$p + dp = \frac{m'g}{A}$$

여기서 m'은 높이 $z+dz$보다 위에 있는 유체의 질량이다. 만일 z와 $z+dz$사이에 있는 유체의 질량을 dm이라고 하면 이 m'이 다음과 같이 주어진다.

$$m' + dm = m \qquad \text{또는} \qquad m' = m - dm$$

따라서 위의 식이 다음과 같이 된다.

$$p + dp = \frac{(m-dm)g}{A} = \frac{mg}{A} - \frac{g\,dm}{A}$$

이 식에다 (2.33)식의 관계를 이용하면 다음과 같은 결과가 나온다.

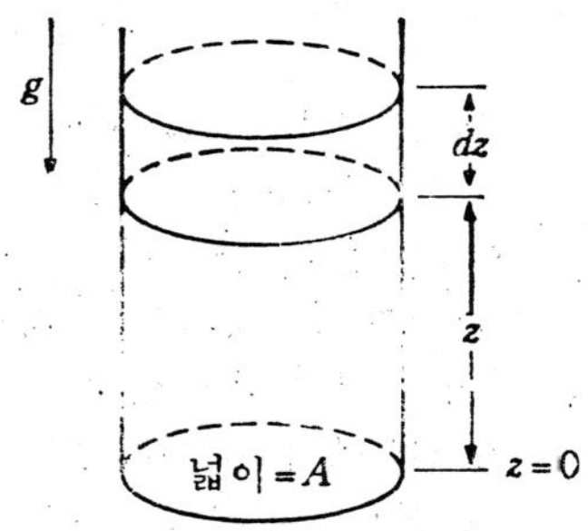

그림 2-10 중력장 속에 있는 유체 기둥.

$$dp = -\frac{g\,dm}{A}$$

만일 ρ를 유체의 밀도라고 하면 $dm = \rho A\,dz$이며 따라서 위의 dp에 관한 식이 다음과 같이 된다.

$$dp = -\rho g\,dz \tag{2.34}$$

이 미분 방정식에 의해서 압력의 변화 dp는 유체의 밀도, 중력 가속도 및 높이 증가 dz의 함수로 표시된다. 이 식에서 음의 부호는 높이가 증가($dz > 0$)하면 유체의 압력이 감소한다는 것을 뜻한다. 높이 변화가 압력에 미치는 효과는 유체의 밀도에 비례한다. 따라서 이 효과는 액체에 대해서는 중요하지만 기체의 경우에는 무시할 수 있다.

액체의 경우에서와 같이 유체의 밀도가 압력에 무관하면 (2.34)식이 쉽게 적분된다. 즉, ρ와 g가 상수이므로 다음과 같이 적분 기호 밖으로 내보낼 수 있다.

$$\int_{p_0}^{p} dp = -\rho g \int_0^z dz$$

이것을 적분하면 다음과 같이 된다.

$$p - p_0 = -\rho g z \tag{2.35}$$

여기서 p_0는 원통 밑바닥에서의 압력이며, p는 원통 밑바닥으로부터 z인 높이에서의 압력이다. (2.35)식은 액체 속의 수압을 나타내는 식이다.

(2.34)식을 기체에 적용할 때는 기체의 밀도가 압력의 함수라는 사실을 유의해야 한다. 이상기체의 경우에는 (2.20)식에 의해서 $\rho = Mp/RT$이므로 이것을 (2.34)식에 대입하여, 다음과 같은 식을 얻을 수 있다.

$$dp = -\frac{Mgp\,dz}{RT}$$

변수를 분리하면 다음과 같이 된다.

$$\frac{dp}{p} = -\frac{Mg\,dz}{RT} \tag{2.36}$$

이 식을 적분하면

$$\ln p = -\frac{Mgz}{RT} + C \tag{2.37}$$

적분 상수 C는 바닥면에서의 압력으로부터 구할 수 있다. 즉, $z = 0$일 때는 $p = p_0$이며 이 값을 (2.37)식에 넣으면 $\ln p_0 = C$가 나온다. 이 값을 대입하고 정리하면 (2.37)식이 다음과 같이 된다.

$$\ln(p/p_0) = -(Mgz/RT) \tag{2.38}$$

또는

$$p = p_0 e^{-Mgz/RT} \tag{2.39}$$

밀도는 압력에 비례하며 또 1 m^3 속에 들어 있는 알맹이 수는 압력에 비례하므로 (2.39)식은 다음과 같은 두 가지 꼴로 나타낼 수도 있다.

$$\rho = \rho_0 e^{-Mgz/RT} \quad \text{또는} \quad \tilde{c} = \tilde{c}_0 e^{-Mgz/RT} \tag{2.40}$$

여기서 ρ, ρ_0 및 $\tilde{c}$, $\tilde{c}_0$는 각각 z 및 $z=0$에서의 밀도와 mol/m^3 단위로 나타낸 농도이다. (2.39)식이나 (2.40)식은 기압 분포의 법칙 또는 중력 분포의 법칙이라고 부른다. 이 식은 원통 속의 기체의 분포를 나타내므로, 일종의 분포 법칙이다. (2.39)식은 임의의 높이 z에서와 압력을 그 높이, 원통의 온도, 기체의 분자량 및 중력장 가속도와 관련시켜 준다. 그림 2-11은 (2.39)식에 따라 세 온도에서 질소의 p/p_0를 z에 대해서 도시한 것이다. 이 그림에 의하면 온도가 높은 경우에는 낮은 경우 보다 분포가 더 고르다. 즉, 높이에 따르는 압력 변화는 온도가 높을수록 작게 된다. 따라서 만일 온도가 무한히 높으면 원통 속의 어느 부분에서나 압력이 같아질 것이다.

분포 법칙이 나타내는 이러한 지수 함수 꼴은 물리나 물리화학에서 Boltzmann의 분포 법칙이라는 보다 더 일반적인 꼴로 자주 나오게 된다. (2.36)식은 지수 함수 분포를 설명하는 데 가장 편리하며 다음과 같이 쓸 수 있다.

$$(-dp/p) = (Mg/RT)dz \tag{2.41}$$

이 식에 의하면 $-dp/p$, 즉 압력의 상대적 감소*는 상수 Mg/RT에다 높이 증가 dz를 곱한 것과 같다. 이 상대적 감소는 원통 속의 어느 곳에서나 같으므로 z의 원점을 어떤 곳에 택하든지 관계없다. 예로서 어떤 기체가 바닥면에서는 압력이 1 atm이고 높이 10 km인 곳에서는 압력이 1/2 atm으로 감소하는 분포를 나타낸다고 생각하자. 그러면 이 기체는 높이가 $z+10$ km에서의 압력이 높이 z인 곳에서의 압력의 1/2로 된다. 그리하여 임의의 높이에서의 압력은 그곳 보다 10 km 아래에서의 압력의 1/2이 된다. 이러한 분포 모양이 그림 2-12에 잘 표시되어 있다.

이 관계는 상대적 감소가 1/2이 안 되더라도 성립한다. 예로서 어떤 기체의 압력이 높이 6.3 km에서는 바닥면에서의 압력의 0.88배가 된다고 하자. 그러면 그곳으로부터 다시 6.3 km 높은 곳에서는 압력이 또 다시 0.88배 만큼 떨어질 것이다. 즉, 2×6.3 km $= 12.6$ km인 높이에서의 압력은 바닥면에서의 압력의 $(0.88)(0.88) = 0.774$배로 될 것이다(문제 2.33 참조).

(2.41)식에서 또 한 가지 주목할 점은 압력의 상대적 감소가 Mg/RT에 비례한다는 것이다. 따라서 어떠한 기체이든 그 압력의 상대적 감소는 온도가 높아질수록 작아진다는 것이다(그림

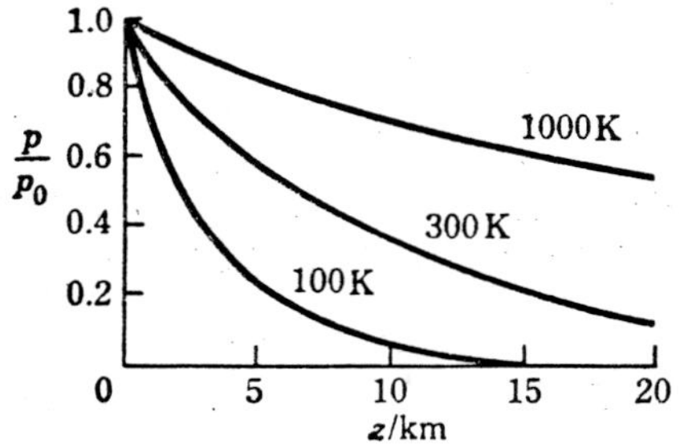

그림 2-11 질소에 대한 p/p_0 대 z의 도시.

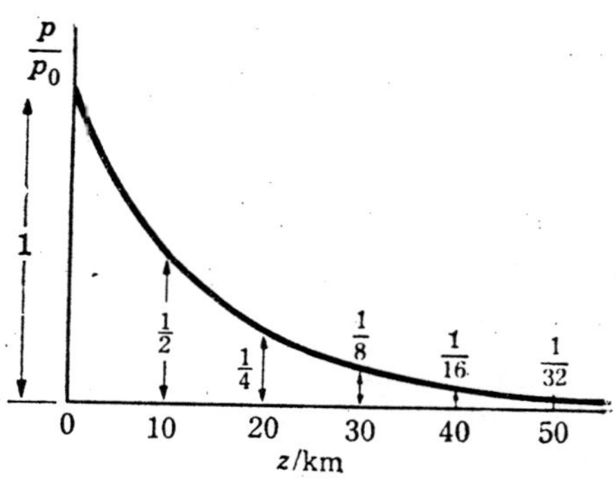

그림 2-12 높이가 같은 크기 만큼씩 증가할 때의 압력의 상대적 감소.

* dp가 증가이므로 $-dp$는 감소이다.

2-11 참조). 특정한 온도에서는 분자량이 작은 기체보다는 분자량이 큰 기체가 큰 상대적 감소를 나타낸다.

중력장 속에 있는 기체 혼합물의 경우에는 각 성분 기체마다 독립적으로 다른 기체와는 관계없이 분포 법칙에 따른다는 것을 증명할 수 있다. 즉, 각 기체에 대해서 다음 식이 성립한다.

$$p_i = p_{i0}e^{-M_igz/RT} \tag{2.42}$$

여기서 p_i는 높이 z에서 기체 혼합물 속의 i째 번 기체가 나타내는 부분 압력이며, p_{i0}는 바닥면에서의 그 기체의 부분 압력이고 또 M_i는 그 기체의 분자량이다. 이 법칙에 의하여 가벼운 기체는 높이에 따르는 부분 압력의 감소가 무거운 기체의 경우보다 작다는 흥미로운 결론을 얻을 수 있다. 따라서 매우 높은 곳에서는 대기의 백분율 조성이 지면 위에서의 조성과 전혀 다르다. 지면 위 100 km에서는 헬륨이나 네온과 같은 가벼운 기체가 지면에서 보다 큰 비율로 존재한다.

(2.42)식을 이용하면 상이한 고도에서의 대기 조성을 구할 수 있다. 비록 대기권이 등온계가 아니고 또 평형 상태에 있는 것도 아니기는 하지만 이와같이 구한 결과가 과히 나쁘지는 않다.

■ **보기 2.3** 대기 속의 아르곤의 부분 압력은 0.0093 atm이다. 대기의 온도가 20 °C라면 50 km 높이에서의 아르곤의 압력은 얼마가 되겠는가? $g = 9.807\ \text{m/s}^2$이다.

SI 단위를 이용하면 $M_{\text{Ar}} = 0.0399\ \text{kg/mol}$, 그리고 $z = 50\ \text{km} = 5 \times 10^4\ \text{m}$이다. 따라서

$$\frac{Mgz}{RT} = \frac{(0.0399\ \text{kg/mol})(9.807\ \text{m/s}^2)(5 \times 10^4\ \text{m})}{(8.314\ \text{J/K mol})(293\ \text{K})} = 8.03$$

$$p = p_0e^{-Mgz/RT} = 0.0093\ \text{atm}\ e^{-8.03} = 3.0 \times 10^{-6}\ \text{atm}$$

★ 2.9.1 콜로이드 용액에서의 알맹이 분포

(2.40)식의 분포 법칙은 기체에 대해서만 적용되는 것이 아니고 또한 액체 용액 속에 분산되어 있는 콜로이드 알맹이나 중합체 알맹이의 농도가 그 용액 속에서의 위치에 어떻게 의존하는가를 나타내 주기도 한다. 높이 z_1과 z_2 사이의 부피 요소 속에 들어있는 물질의 전체 몰수를 dn이라고 하면 이것을 다음과 같이 나타낼 수 있다.

$$dn = \tilde{c}\,dV = \tilde{c}A\,dz \tag{2.43}$$

따라서 z_1과 z_2 사이의 용액 기둥 속에 들어 있는 전체 몰수, $n(z_1, z_2)$를 구하려면 (2.43)식을 적분하면 된다.

$$n(z_1, z_2) = \int_{z_1}^{z_2} dn = \int_{z_1}^{z_2} \tilde{c}A\,dz \tag{2.44}$$

한편 z_1과 z_2 사이의 부피는 다음과 같이 주어진다.

$$V(z_1, z_2) = \int_{z_1}^{z_2} A\,dz$$

따라서 이 영역에서의 평균 농도, $\langle\tilde{c}\rangle$는 다음과 같다.

$$\langle\tilde{c}\rangle = \frac{n(z_1, z_2)}{V(z_1, z_2)} = \frac{\int_{z_1}^{z_2}\tilde{c}A\,dz}{\int_{z_1}^{z_2}A\,dz} \tag{2.45}$$

만일 용액 기둥의 단면이 균일하면 A가 일정하며 그리하여 다음과 같은 결과를 얻을 수 있다.

$$\langle \tilde{c} \rangle = \frac{\int_{z_1}^{z_2} \tilde{c}\, dz}{z_2 - z_1} \tag{2.46}$$

(2.40)식을 이용하여 $\tilde{c}$를 z의 함수로 나타내면 위 식의 적분을 구할 수 있다. 이와같이 하면 이 용액 속의 임의의 부분에서의 농도를 전체 몰수와 관련시킬 수 있다. 이 용액 속에서의 중합체 분자의 분포는 이 중합체의 몰질량에 의해서 결정되므로 이 용액의 상층과 하층 사이의 농도차를 이용하면 이 중합체의 몰질량을 구할 수 있다.

■ 보기 2.4 지구 중력장 속에 있는 20°C의 공기 기둥을 생각해 보자. 고도 20 km 이하의 대기 속에 들어 있는 질소의 분율은 얼마인가?

높이 z 밑에 있는 기체의 몰수는 (2.44)식으로 구할 수 있다.

$$n(0, z) = \int_0^z dn = \int_0^z \tilde{c} A\, dz = A\tilde{c}_0 \int_0^z e^{-Mgz/RT}\, dz = A\,\tilde{c}_0 \frac{RT}{Mg}(1 - e^{-Mgz/RT})$$

또 전체 몰수는 다음과 같다.

$$n(0, \infty) = \int_0^\infty dn = A\tilde{c}_0 \frac{RT}{Mg} \lim_{z\to\infty}(1 - e^{-Mgz/RT}) = A\tilde{c}_0 \frac{RT}{Mg}$$

따라서 z 밑에 있는 기체의 분율은 $n(0, z)/n(0, \infty) = 1 - e^{-Mgz/RT}$이다. 이 문제에서는 $M=0.0280$ kg/mol, $z = 2 \times 10^4$ m, 그리고 $T = 293$ K이다.
따라서

$$\frac{Mgz}{RT} = \frac{(0.0280\ \text{kg/mol})(9.807\ \text{m/s}^2)(2 \times 10^4\ \text{m})}{(8.314\ \text{J/K mol})(293\ \text{K})} = 2.25$$

$$\frac{n(0, 20\text{km})}{n(0, \infty)} = 1 - e^{-2.25} = 1 - 0.10 = 0.90$$

≪질 문≫

2.1 질량, 부피, 온도 및 압력의 네 변수만 가지고는 교류하고 있는 기체와 같은 비평형 기체의 상태를 나타낼 수 없다. 그 이유를 말하라.

2.2 Avogadro의 법칙을 이용하지 않고도 이상 기체 법칙 속의 n을 몰수라고 말할 수 있겠는가?

2.3 Dalton의 법칙에 의하면 대기(즉, 공기)의 압력은 주로 무엇에 의해서 나타나는가?

2.4 대기 속의 기체 분자들이 전부 지표면에 떨어지지 않는 이유는 무엇인가?

2.5 z 방향으로 일정한 세기 E를 갖는 전기장 속에서 음전하 $(-q)$를 갖는 이온은 $F = -qE$의 힘을 받는다. 이러한 이온들을 기체 기둥 속에 넣고 일정한 수직 방향 전기장 E를 작용시키면 그 공간 분포가 어떻게 되겠는지 중력장의 경우와 비슷한 방법으로 계산하라(단, 이온과 기체에 작용하는 중력 효과는 무시하라).

≪연습 문제≫

환산 인자 :

부피 : 1 L = 1 dm^3 = 10^{-3} m^3 (모두 정확)

압력 : 1 atm=760 Torr = 1.01325 × 10^5 Pa (모두 정확)

2.1 5 g의 에탄이 1 dm^3 들이 용기 속에 밀폐되어 있다. 이 용기는 약해서 압력이 1 MPa을 넘으면 깨어진다. 몇 도에서 이 용기는 기체의 압력으로 깨어지겠는가?

2.2 압축된 기체를 저장하는 약 0.050 m^{3}의 큰 실린더가 있다. 만일 300 K에서 15 MPa의 압력으로 기체를 저장하였다고 하면 그 속에는 몇 몰의 기체가 들어 있겠는가? 이 기체를 산소라고 하면 그 질량은 얼마나 되겠는가?

2.3 그림 2-13에 표시한 것과 같은 계 속에 30.2 °C의 헬륨이 들어 있다. 움직일 수 있는 벨브 L을 높혀서 수은을 아래쪽 벨브에 채워 기체를 위쪽으로 압축할 수 있다. 발브 1의 부피는 b표시까지가 100.5 cm^{3}이며 벨브 2의 부피는 a표시부터 b표시까지 110.0 cm^{3}이다. 헬륨이 나타내는 압력은 벨브 속의 수은면과 진공으로 한 압력계 관의 수은면과의 차로써 측정할 수 있다. 수은면이 a에 있을 때의 수은면의 차이는 20.14 mm였다. 30.2 °C에서 수은의 밀도를 13.5212 g/cm^3, 그리고 중력 가속도를 9.80665 m/s^{2}이라고 하면 그 속에 들어있는 헬륨의 질량은 얼마가 되겠는가?

2.4 문제 2.3에서와 같은 형식의 차이를 사용한다. 이 경우에는 부피 v_1을 모르며 벨브 2의 부피인 v_2는 110.0 cm^{3}이다. 수은면이 a에 있을 때의 두 면의 높이차는 15.42 mm이며, 수은면을 b까지 올리면 이 차이가 27.33 mm로 된다. 이 경우 온도는 30.2 °C이다. 수은의 밀도와 g의 값은 문제 2.3에서와 같다.

a) 이 계 속의 헬륨의 질량은 얼마인가?

b) 벨브 1의 부피는 얼마인가?

2.5 원자량의 척도를 세우는 데 표준 조건을 p_0 = 1 atm, V_0 = 0.03 m^3(정확하게), T_0 = 300 K로 하였다고 하자. "기체 상수", "Avogadro 수" 및 수소 원자와 산소 원자의 몰질량을 계산하라.

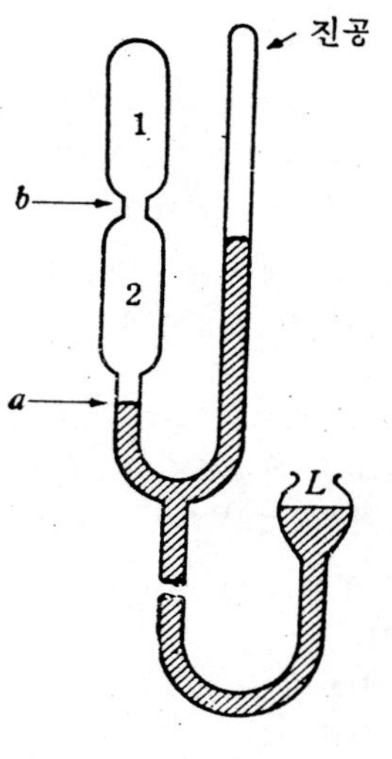

그림 2-13

2.6 열팽창 계수는 $\alpha=(1/V)(\partial V/\partial T)_p$로 정의된다. 상태 방정식을 사용하여 이상 기체의 α값을 계산하라.

2.7 압축 계수는 $\kappa=-(1/V)(\partial V/\partial p)_T$로 정의된다. 이상 기체의 κ값을 계산하라.

2.8 이상 기체에 대한 도함수 $(\partial p/\partial T)_V$를 α와 κ로 나타내라.

2.9 27 °C에서 2 dm^3 플라스크 속에 다음과 같은 혼합 기체가 채워졌다. 각각의 경우 성분 기체의 부분 압력, 전체 압력, 그리고 성분 기체의 mol %를 계산하라. 네 계산 결과들을 비교해 보라.

a) 1 g의 H_2와 1 g의 O_2

b) 1 g의 N_2와 1 g의 O_2

c) 1 g의 CH_4와 1 g의 NH_3

d) 1 g의 H_2와 1 g의 Cl_2

2.10 공기 시료를 20 °C에서 수상 채집하였다. 평형 상태에서 습한 공기 시료의 전체 압력은 1 atm이었다. 20 °C에서 평형 수증기 압력은 17.54 Torr이고, 건조한 공기의 조성은 N_2; 78 mol %, O_2; 21 mol % 및 Ar; 1 mol %이다.

a) 습한 공기 속의 질소, 산소 및 아르곤의 부분 압력을 계산하라.

b) 습한 공기 속의 질소, 산소, 아르곤 및 물의 몰분율을 계산하라.

2.11 60 °C에서 전체 압력이 1atm인 20 L의 습한 공기 시료가 있다. 이 시료 속의 수증기의 부분 압력은 0.120 atm이다. 건조한 상태에서 공기의 조성은 문제 2.10에서와 같다.

a) 이 시료 속에 들어 있는 각 기체의 몰 백분율들은 얼마인가?

b) 고려 대상 온도에서의 물의 평형 증기 압력을 p_{w_0}, 그리고 시료 속에서의 물의 부분 압력을 p_w라고 할 경우 R.H. $=100\,p_w/p_{w_0}$를 백분 상대 습도라고 정의한다. 60 °C에서 상대 습도가 100%가 되면 이 혼합 기체 시료의 부피가 얼마가 되겠는가?

c) 이 혼합물의 전체 압력을 등온적으로 200 atm까지 증가시키면 얼마만한 분율의 물이 응축되겠는가?

2.12 30 °C에서 상자 속에 들어있는 물이 수증기와 평형을 이루고 있다. 30 °C에서 물의 평형 증기 압력은 31.82 Torr이다. 상자의 부피를 증가시키면 액체 물의 일부가 증발되어 평형 증기 압력을 유지하게 된다. 상자 속에 들어있는 물이 0.90 g이라면 상자 크기가 얼마가 되어야 이 물이 전부 증발 되겠는가(액체 물의 부피는 무시하라)?

2.13 산소와 수소 혼합물의 전체 압력이 1.00 atm이다. 이 혼합물을 연소시킨 다음 생성된 물을 제거시켰더니 순수한 수소만이 남았는데, 원래의 혼합물과 같은 T와 V의 조건에서 그 압력이 0.40 atm이었다. 원래의 혼합 기체의 조성(mol %)은 얼마인가?

2.14 질소와 수증기의 혼합물을 어떤 고체 건조제가 들은 플라스크 속에 넣었다. 이것을 넣은 직후에는 플라스크 속의 압력이 760 Torr이었다. 몇 시간 동안 방치하였더니 압력이 평형치인 745 Torr로 되었다.

a) 원래 혼합물의 조성을 mol %로 계산하라.

b) 만일 이 실험을 20 °C에서 하였을 때 건조제의 무게가 0.150 g만큼 증가하였다면 플라스크의 부피는 얼마가 되는가 (건조제가 차지하는 부피는 무시할 수 있다)?

2.15 산소와 수소의 혼합물을 가열한 산화구리 위로 통과시킨 다음 건조관 속으로 통과시켰다. 수소는 다음 식에 따라 산화구리를 환원한다.

$$CuO + H_2 \longrightarrow Cu + H_2O$$

생성된 구리는 다시 산소에 의해서 산화한다.

$$Cu + \frac{1}{2}O_2 \longrightarrow CuO$$

25 °C, 750 Torr 에서 혼합물 100.0 cm³ 를 CuO 와 건조제에 통한 다음 부피를 측정하였더니 25 °C, 750 Torr 에서 84.5 cm³ 의 건조한 산소가 생겼다. 혼합물의 처음 조성은 얼마인가?

2.16 C_2H_6 시료를 공기 중에서 연소시켜 CO_2 와 H_2O 로 변화시켰는데, 공기의 양은 이 연소에 필요한 산소를 2배나 공급할 수 있을 정도로 충분히 많이 취하였다. 연소가 다된 후의 기체 혼합물의 조성(몰분율)은 어떻게 되겠는가? 생성된 물은 전부 수증기 상태로 있고, 공기의 조성은 질소가 78%, 산소가 21%, 그리고 아르곤이 1%라고 가정하라.

2.17 어떤 기체 시료가 에탄과 부탄의 혼합물로 되어 있다. 200.0 cm³ 들이 용기를 20 °C, 100.0 kPa 의 압력에서 이 기체로 채웠다. 용기 속의 기체가 0.3846 g 이라고 하면 혼합물 속의 부탄의 mol %는 얼마인가?

2.18 부피 138.2 mL 의 용기가 756.2 Torr, 100 °C 에서 0.6946 g 의 기체로 채워져 있다. 이 기체의 몰질량은 얼마인가?

2.19 25 °C 에 있는 이상 기체의 등온 기둥이 있다고 하자. 이 기체가 (a) 10 km, (b) 1 km 및 (c) 1 m 에서 지면 압력의 0.80 을 나타낸다면 그 몰질량이 얼마이겠는가? (d) 만일 (c)에서와 같은 크기의 몰질량을 나타낸다면 어떤 종류의 기체라고 생각되는가?

2.20 공기의 평균 몰질량은 28.9 g/mol 이며 대기의 온도는 일정하게 25 °C 라고 가정한다. 해발 1600 m 인 Colorado 주 Denver 에서의 기압을 계산하라. 다음에 해발 4348 m 인 Evans 산 정상에서의 기압을 계산하라. 단 해면에서의 기압은 760 Torr 라고 가정하라.

2.21 이상적 감자 알맹이 기체를 생각하자. 이 기체는 이상 기체의 법칙에 따르며 각 알맹이의 질량은 100 g 이지만 부피는 없다고 생각한다(다시 말하면 이들은 질점이다).

a) 25 °C 에서 1 m³ 속의 알맹이 수가 바닥면에서의 값의 백만분의 1이 될 높이를 구하라.

b) 실제 감자 알맹이는 부피를 차지하고 있다는 것을 인정하고, (a)에서의 계산 결과와 종이 주머니 속에 있는 감자 알맹이의 공간 분포 사이에 어떤 대응 관계가 있겠는지 생각해 보아라.

2.22 공기($M = 0.0289$ kg/mol) 기둥의 10 km 높이에서의 압력을 생각해 보자. 이 공기 기둥의 온도가 300 K 로부터 320 K 로 변할 때 지면에서의 압력이 1atm 을 그대로 유지한다면 10 km 높이에서의 압력은 얼마나 변하겠는가?

2.23 300 K 에서 중력장 속에 있는 어떤 기체 혼합물이 1.00 atm 의 전체 압력을 나타낸다. 이 기체의 조성은 $M = 0.0280$ kg/mol 인 질소의 분율이 0.600 이며, 그 나머지는 $M = 0.0440$ kg/mol 인 이산화탄소이다.

a) 고도 50 km 에서 N_2 와 CO_2 의 부분 압력, 전체 압력 그리고 N_2 의 몰분율을 계산하라.

b) 단면적이 5m² 인 이 공기 기둥의 고도 0과 50 km 사이에는 질소가 몇 mol 이나 들어 있겠는가?

2.24 해면상에서 대기의 근사적 조성은 아래 표*와 같다.

이 표에서 마지막 네 성분을 무시하고 높이 50 km 와 100 km 에서 각 기체의 부분 압력, 전체 압

기체	mol %	기체	mol %
질소	78.09	헬륨	0.0005
산소	20.93	크립톤	0.0001
아르곤	0.93	수소	5×10^{-5}
이산화탄소	0.03	크세논	8×10^{-6}
네온	0.0018	오존	5×10^{-5}

* *Scientific Encyclopedia*, 3rd ed., D. Van Nostrand Co., New York (1958) p. 34 로부터 전재함.

력 및 대기 조성(mol %)을 계산하라. 단 $t = 20\ °C$ 이다.

2.25 $M = 200$ kg/mol 인 중합체 용액을 27 °C 에서 깊이 10 cm 인 용기에 채웠다. 밑바닥에서의 중합체 농도가 c_0 이면 이 용액의 상단부에서의 농도는 어떻게 되겠는가?

2.26 300K 에서 $M = 150$ kg/mol 인 콜로이드 용액이 중력장 속에 놓여 있다. 이 용액의 상단부에서는 콜로이드의 농도가 0.00080 mol/L 이고 밑바닥에서는 0.0010 mol/L 이다.

a) 이 용액의 깊이는 얼마나 되겠는가?

b) 이 용액의 밑부분 0.10 m 속에서는 콜로이드의 평균 농도가 얼마나 되겠는가?

c) 이 용액이 담긴 그릇의 단면적이 20 cm² 라면 밑부분 0.10 m 속에 들어있는 콜로이드의 몰수는 얼마나 되겠는가?

2.27 어떤 중합체 용액의 평균 농도는 $\langle \tilde{c} \rangle = 0.100$ mol/m³ 이고, 평균 몰질량은 20.0 kg/mol 이다. 25 °C 에서 이 용액을 높이 50 cm 인 실린더 속에 채웠다. 이 실린더의 밑바닥과 상부에서의 중합체 농도는 얼마인가?

2.28 300 K 에서 어떤 중합체 용액을 깊이가 0.20 m 인 실린더에 채웠다. 이 실린더의 단면적은 20 cm² 이다.

a) 이 용액의 상부에서의 농도가 밑면에서의 농도의 95%라면 이 중합체의 몰질량은 얼마가 되겠는가?

b) $\tilde{c}_0 = 0.25$ mol/m³ 라면 이 용기 속에 들어있는 중합체의 전체 몰수는 얼마가 되겠는가?

c) 이 용액 속의 중합체의 평균 농도를 계산하라.

2.29 10,000 m³ 들이 풍선에 20 °C, 1 atm 의 헬륨이 채워져 있다. 이 풍선이 땅 표면에서 끌어 올릴 수 있는 질량의 80%인 짐을 싣고 있는 경우 이 풍선은 어떤 정도의 높이까지 올라가서 멈출 것인가? 단, 풍선의 부피는 일정하고 대기는 등온(20 °C)이며 공기의 분자량은 28.9 g/mol 땅 표면에서의 기압은 1 atm 이라고 가정하라. 풍선의 질량은 1.3×10^6 g 이다.

2.30 Julius Caesar 가 숨을 거둘 때 그가 마지막 내어 쉰 숨의 부피는 약 500 cm³ 이었고 배출된 그 공기 속에는 1 mol% 의 아르곤이 들어 있었다. 그 때의 온도는 300 K 이었고, 땅 표면에서의 압력은 1 atm 이었다고 가정한다. 또 온도와 압력은 지구 표면 전체에 걸쳐 균일하며 지금도 그 때와 같은 값을 갖는다고 가정한다. 만일 Caesar 의 아르곤 분자가 대기 속에 모두 그대로 남아 있고 대기 전체에 걸쳐 완전하게 혼합되어 있다고 하면 평균하여 Caesar 의 아르곤 분자 1개를 호흡하려면 몇 번을 호흡(매호흡의 부피, 500 cm³)해야 하는가? 지구의 평균 반경은 6.37×10^6 m 이다.

2.31 성분 i 의 몰분율, 무게 % 및 몰질량을 각각 x_i, y_i 및 M_i 라고 하면 다음과 같은 관계가 성립함을 증명하라.

$$x_i = (y_i/M_i)/[(y_1/M_1) + (y_2/M_2) + \cdots]$$

2.32 기체 혼합물 속의 성분 기체의 부분 압력을 (a) 부피 농도 $\tilde{c}_i$ 및 (b) 몰비 r_i 로 나타내라.

2.33 어떤 기체의 높이 Z 에서의 압력이 p_Z 이고 $z = 0$ 에서의 압력이 p_0 라고 하면 임의의 높이 z 에서는 $p = p_0 f^{z/Z}$ 임을 증명하라. 여기서 $f = p_Z/p_0$ 이다.

2.34 중력장 속에서 특정한 온도에 있는 일정한 몰질량의 이상 기체를 생각해 보자. 고도 5.0 km 에서의 압력이 지면에서의 값의 0.90 이라고 하면 고도 10 km 와 15 km 에서의 압력은 지상에서의 값의 각각 몇 배가 되겠는가?

2.35 a) 기압 분포식을 써서 대기 속에 들어 있는 전체 분자수를 계산한 결과는 높이 $z = RT/Mg$ 에 이르기까지의 압력은 지표면에서의 압력과 같고 그 이상의 높이에서는 압력이 영이라고 가정

하고 계산한 결과와 같게 된다는 것을 증명하라.

b) 대기의 전체 질량은 Ap_0/g 로 주어짐을 증명하라. 여기서 p_0 는 지표면에서의 전체 압력이며 A 는 지구 표면의 면적이다. 이 결과는 대기의 조성에 무관함을 주의하라(이 문제를 풀려면 우선 각 성분의 질량, 몰분율 $= x_i$, 몰질량 $= M_i$ 를 계산하고 그들을 적절하게 합해준다. 그 다음 그 결과를 검토함으로써 이 문제를 쉽게 풀 수 있다).

c) 지구의 평균 반지름이 6.37×10^6 m 이고, $p_0 = 1$ atm 이라면 대기의 질량은 얼마가 되겠는가?

2.36 대기 속의 기체들은 몰질량에 따라 서로 다르게 분포되어 있으므로 각 기체의 평균 백분율은 지표면에서의 백분율과는 다르다. 지표면에서의 성분 i 의 몰분율 x_i^0 는 주어져있다.

(a) 대기 속의 기체의 평균 몰분율과 지표면에서의 그 기체의 몰분율 사이에는 어떤 관계식이 성립하는가?

(b) 지표면에서의 N_2, O_2 및 Ar 의 몰분율이 각각 0.78, 0.21 및 0.01 이라고 하고 대기 속의 N_2, O_2 및 Ar 의 평균 몰분율을 계산하라.

(c) 대기 속의 기체는 어떤 것이든 그 평균 질량분율이 지표면에서의 몰분율과 같음을 증명하라.

2.37 중력장에 있는 기체의 기둥을 생각하자. 이 기체 기둥의 질량을 반으로 나누는 높이는 얼마가 되겠는가?

2.38 25 °C 에서 분해 반응 $N_2O_4 \rightleftharpoons 2\,NO_2$ 에 대한 평형 상수는 $K = 0.115$ 이다. 이 평형 상수와 해리도 α 및 atm 단위로 나타낸 압력 사이에는 $K = 4\alpha^2 p/(1 - \alpha^2)$ 의 관계가 성립한다. N_2O_4 가 해리하지 않는다고 생각할 경우의 몰수를 n 이라고 할 때, $p = 2$ atm, 1 atm 및 0.5 atm 에서의 V/n 을 계산하라. 평형 혼합물은 이상적으로 행동한다고 가정한다. 이 결과를 해리가 일어나지 않을 경우의 부피와 비교하라.

2.39 문제 2.38 의 혼합물의 경우 p 가 영에 접근하면 압축 인자 $Z = pV/nRT$ 가 2 에 접근함을 보여라. 일반적으로 이 값은 1 이다. 이 이유를 설명하라.

3
실제 기체

3.1 이상적 행동으로부터의 벗어남

2장에서 이상 기체의 법칙은 실제 기체의 행동을 정확하게 나타내지 않으므로 이 장에서는 보다 더 실제에 가까운 기체 상태식을 구하고 이들 식의 내용을 살펴보기로 하겠다.

만일 어떤 기체의 압력, 몰부피, 온도의 측정 결과가 측정의 정밀도 범위 내에서 $p\bar{V}=RT$인 관계를 만족시키지 않는 경우, 그 기체는 이상적 성질로부터 벗어나고 있다든가 또는 비이상적 행동을 나타내고 있다고 말한다. 이 벗어남을 더욱 명확하게 하기 위하여 관측된 몰부피 $\bar{V}$와 이상 기체의 몰부피 $\bar{V}_{id}(=RT/p)$와의 비를 일정 온도에서 압력의 함수로서 도시하여 보자. 이 비를 압축 인자 Z라고 부른다. 즉,

$$Z \equiv \frac{\bar{V}}{\bar{V}_{id}} = \frac{p\bar{V}}{RT} \tag{3.1}$$

이상 기체의 경우에는 $Z=1$이며, 압력과 온도에 무관하다. 실제 기체의 경우에는 $Z=Z(T,p)$이며 압력과 온도의 함수이다.

그림 3-1은 0°C에서의 질소, 수소 및 이상 기체에 대한 Z를 압력에 대하여 도시한 것이다. 수소에서는 모든 압력에서 Z가 1(이상값)보다 크다. 질소의 경우에는 낮은 압력의 영역에서

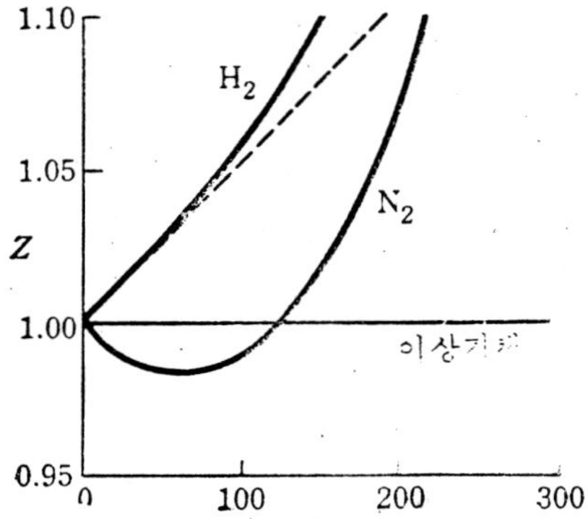

그림 3-1 0°C에서의 H_2, N_2 및 이상 기체에 대한 Z 대 p의 도시.

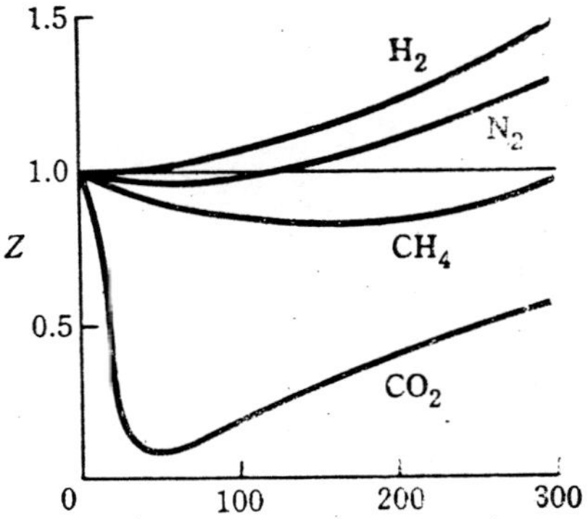

그림 3-2 0°C에서의 몇 가지 기체에 대한 Z 대 p의 도시.

는 Z가 1보다 작으나 아주 높은 압력에서는 1보다 크다. 그림 3-1에서의 압력 범위는 매우 넓다는 것을 주의하라. 1 atm 근처에서는 이 두 기체가 모두 거의 이상적으로 행동한다. 또한 그림 3-1에서는 수직축의 척도가 그림 3-2에서 보다 크게 확대되어 있다는 사실도 주의하라.

그림 3-2는 0°C에서 몇 가지 기체에 대한 Z를 p에 대하여 도시한 것이다. 쉽게 액체화하는 기체에 대해서는 낮은 압력의 영역에서 Z가 이상 기체의 선보다 훨씬 밑으로 내려감을 주의하라.

3.2 이상 기체 상태 방정식의 수정식 ; van der Waals 식

이상 기체의 식을 어떻게 수정하면 실험 데이터를 보다 더 정확하게 나타내는 식이 나올 수 있을까? 우선 이상 기체의 법칙이 나타내는 뚜렷한 결점은 "어떤 유한한 압력 밑에서라도 절대 영도에서는 기체의 부피가 영으로 된다는 것이다. 즉, $\bar{V}=RT/p$가 성립한다"라는 것이다. 이 결점을 우선 보정해 주기로 하자. 실제 기체를 냉각하면 액체화하고 드디어 고체화하는데 일단 액체화한 다음에는 그 부피가 그다지 변하지 않는다. 만일 이상 기체 부피에다 양의 상수 b를 더해 주면 0 K에서의 부피가 유한한 양수로 되는 새로운 식을 얻어 낼 수 있다. 즉,

$$\bar{V}=b+RT/p \tag{3.2}$$

(3.2)식에 의하면 0 K에서의 몰부피는 b이며 따라서 b는 액체 또는 고체의 몰부피와 대체로 맞먹을 것이라고 기대할 수 있다.

또한 (3.2)식은 압력이 무한대로 됨에 따라 몰부피는 한계치 b에 접근한다는 것을 예언하고 있다. 이 예언은 매우 높은 압력에서 몰부피가 영에 접근한다고 하는 이상 기체의 법칙에 의한 예언보다 실험 사실과 더 잘 일치하고 있다.

이제 (3.2)식이 그림 3-1과 그림 3-2의 곡선을 얼마나 잘 나타낼 수 있는가를 살펴 보는 것도 흥미있을 것이다. 정의에 의하여 $Z=p\bar{V}/RT$이므로 (3.2)식에 p/RT를 곱하면 다음과 같이 된다.

$$Z=1+\frac{b}{RT}p \tag{3.3}$$

(3.3)식에 의하면 Z는 압력의 1차 함수이며 그 기울기는 양수인 b/RT를 갖는다. 이 식은 따라서 원점으로부터 음의 기울기를 가지고 출발한 그림 3-1에서의 질소에 대한 곡선과는 맞지 않는다. 그러나 수소의 행동은 (3.3)식으로 나타낼 수 있다. 그림 3-1의 파선은 기점에서 수소의 곡선과 일치되도록 (3.3)식을 도시한 것이다. 낮은 압력의 영역에서 파선은 실험 데이터를 아주 잘 나타내고 있다.

기체 분자가 유한한 크기를 가지고 있다고 가정하면 Z의 값이 1보다 크다는 사실을 (3.3)식으로부터 충분히 설명할 수 있다. 0°C에서 수소가 이상성으로부터 벗어나는 것은 분명히 이 분자 크기의 효과가 주요 원인이 되기 때문이다. 질소나 메탄과 같은 기체의 경우에는 분자 크기의 효과만으로는 낮은 압력에서의 성질을 설명할 수 없으며, 따라서 이상성으로부터 벗어나게 하는 다른 효과가 확실히 있어야 한다. 그러면 이 다른 효과가 무엇인가를 찾아보기로 하자.

Z의 값이 1보다 두드러지게 작은 기체는 메탄이나 이산화탄소와 같은 쉽게 액체화하는 기체라는 것을 이미 지적하였었다. 그리하여 액체화되기 쉬운 정도와 압축 인자 사이에 어떤 관계가 있는가를 우선 살펴보고 또 왜 기체가 액체화되는 가를 생각해 보기로 하자. 우선 첫째로 분자를 액체로부터 끌어내어 증기로 변하게 하려면 증발열에 해당하는 에너지를 공급해 주어야

한다. 이 에너지는 액체 속에서 이웃 분자들 사이에 인력이 미치고 있기 때문에 필요한 것이다. 이 인력은 액체에서와 같이 분자들이 서로 접근하고 있으면 세고, 기체에서와 같이 분자들이 서로 떨어져 있으면 아주 약하다. 이러한 약한 인력의 효과를 어떠한 방법으로 기체의 상태식에 반영시켜 주는가가 문제이다.

기체가 용기 벽에 미치는 압력은 바깥쪽 방향으로 작용한다. 분자 사이의 인력은 그들 자신을 서로 끌어 당기려고 하며 따라서 벽을 향하여 바깥쪽 방향으로 돌진하는 운동이 억제되며 결과적으로 압력은 이상 기체에 의한 값보다 작아진다. 이 압력 감소는 기체 분자들 사이의 인력에 비례해야만 한다.

기체가 들어 있는 용기 속에 어떤 두 개의 작은 부피 요소 v_1 및 v_2를 생각하자(그림 3-3). 각각의 부피 요소는 분자 1개 씩을 포함하며 두 부피 요소 사이에는 어떤 작은 인력 f가 작용한다고 가정하자. 만일 v_1에는 1개의 분자가 그대로 들어 있게 하고 v_2에는 다른 하나의 분자를 추가하면 이들 두 부피 요소 사이에 작용하는 힘이 $2f$로 될 것이며, 제 3의 분자가 다시 v_2에 가해지면 그 힘은 $3f$로 증가해야 한다. 따라서 이 두 부피 요소 사이의 인력은 v_2 속의 분자의 농도 $\tilde{c}_2$에 비례한다. 또 만일 v_2 속의 분자수가 일정히 유지되고 v_1 속에 분자가 가해지면 부피 요소 사이의 힘은 2배, 3배 등으로 증가할 것이다. 따라서 그 힘은 v_1 속의 분자의 농도 $\tilde{c}_1$에 비례한다. 따라서 이 두 부피 요소 사이에 작용하는 힘은 힘 $\propto \tilde{c}_1\tilde{c}_2$와 같이 나타낼 수 있다. 그런데 기체의 농도는 어느 곳에서나 동일하므로 $\tilde{c}_1 = \tilde{c}_2 = \tilde{c}$이며 따라서 힘 $\propto \tilde{c}^2$이다. 그러나 $\tilde{c} = n/V = 1/\overline{V}$이므로 결국 힘 $\propto 1/\overline{V}^2$로 된다.

(3.2)식을 다음과 같이 고쳐 쓰자.

$$p = RT/(\overline{V} - b) \tag{3.4}$$

분자 사이의 인력 때문에 압력은 (3.4)식으로 주어지는 값보다 $1/\overline{V}^2$에 비례하는 양만큼 작아진다. 그리하여 이 식의 오른편에서 $1/\overline{V}^2$에 비례하는 항을 빼주면 다음 식을 얻는다.

$$p = \frac{RT}{\overline{V} - b} - \frac{a}{\overline{V}^2} \tag{3.5}$$

여기서 a는 양수로서 액체의 증발 에너지에 대략 비례하는 상수이다. 이 $a/\overline{V}^2$의 항을 도입하는데는 다음 두 가지 사항에 주의해야 한다. 첫째로 기체 내부에서는 각 부피 요소에 작용하는 힘이 상쇄되어 영으로 되며 용기의 벽 근방에 있는 부피 요소들만이 비대칭적인 힘을 받아서 용기의 내부로 끌리려고 한다. 따라서 용기의 벽부분에서만 인력의 효과가 나타난다. 둘째로 인력이 작용하는 유효 범위는 센티미터 크기의 정도라고 가정하고 이 식을 유도하였다는 것이다. 실제로는 이러한 힘의 작용 범위는 나노미터의 크기이다. 26장에서는 이러한 가정을 쓰지 않고도 똑같은 결과를 유도하게 된다.

(3.5)식은 van der Waals가 제안한 것으로서 **van der Waals식**이라고 부른다. 그는 기체의 압력이 분자의 크기와 분자간 인력에 의해서 영향을 받는다는 사실을 최초로 인식하였었다. 이

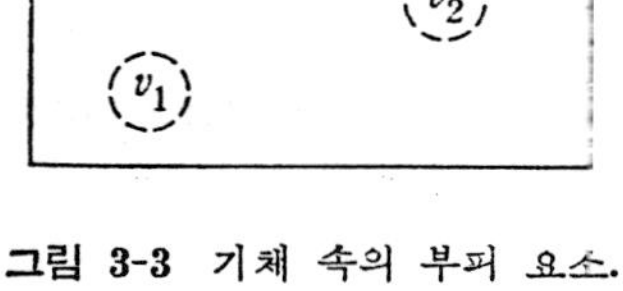

그림 3-3 기체 속의 부피 요소.

표 3-1 van der Waals 상수.

기체	a/Pa m^6 mol^{-2}	$b/10^{-6}$ m^3 mol^{-1}
He	0.00345	23.4
H_2	0.0247	26.6
O_2	0.138	31.8
CO_2	0.366	42.9
H_2O	0.580	31.9
Hg	0.820	17.0

Francis Weston Sears, *An Introduction to Thermodynamics, the Kinetic Theory of Gases, and Statistical Mechanics*. Reading, Mass.: Addison-Wesley, 1950.

약한 인력을 van der Waals의 힘이라고 부른다. 표 3-1에 몇 가지 기체의 van der Waals 상수 a, b를 수록하였다. van der Waals식은 흔히 다음과 같이 나타내기도 한다.

$$\left(p+\frac{a}{\bar{V}^2}\right)(\bar{V}-b)=RT \quad \text{또는} \quad \left(p+\frac{n^2a}{V^2}\right)(V-nb)=nRT \tag{3.6}$$

둘째 번 식에서 사용한 V는 $V=n\bar{V}$이다.

3.3 van der Waals 식에 내포되어 있는 뜻

van der Waals식에는 두 가지 효과가 참작되어 있다. 즉, 첫째는 분자 크기에 의한 영향을 고려하여 (3.2)식을 얻었다.

$$p=RT/(\bar{V}-b)$$

위식의 분모는 이상 기체의 식에서의 분모보다 작으므로 분자 크기에 의한 영향은 압력을 이상치보다 크게 하여 준다. 이 식에 의하면 이상 기체의 법칙을 만족시키는 것은 바로 분자들 사이의 공간, 즉 "자유 부피"이다. 둘째로 (3.5)식에서 분자간 인력의 효과를 고려하였다.

$$p=\frac{RT}{\bar{V}-b}-\frac{a}{\bar{V}^2}$$

인력의 효과는 그 자체가 압력을 이상치보다 낮추어 주는 것이므로 이상 기체의 압력으로부터 한 항을 빼 주었다.

van der Waals 기체에 대한 Z값은 (3.5)식에 $\bar{V}$를 곱하고 RT로 나누면 얻어진다.

$$Z=\frac{p\bar{V}}{RT}=\frac{\bar{V}}{\bar{V}-b}-\frac{a}{RT\bar{V}}$$

이 식의 오른편 첫째 항의 분자와 분모를 $\bar{V}$로 나누면 다음과 같이 된다.

$$Z=\frac{1}{1-b/\bar{V}}-\frac{a}{RT\bar{V}}$$

낮은 압력에서 $b/\bar{V}$는 1에 비하여 작으므로 오른편 첫째 항은 $1/\bar{V}$의 멱급수로 전개할 수 있다. 즉, $1/(1-b/\bar{V})=1+(b/\bar{V})+(b/\bar{V})^2+\cdots$ 이 결과를 Z에 대한 위 식에 넣고 멱수의 항들을 묶어주면 다음 식이 나온다.

$$Z = 1 + \left(b - \frac{a}{RT}\right)\frac{1}{\bar{V}} + \left(\frac{b}{\bar{V}}\right)^2 + \left(\frac{b}{\bar{V}}\right)^3 + \cdots \qquad (3.7)$$

이 식은 Z를 온도와 몰부피의 함수로서 나타내고 있다. 그러나 Z는 온도와 압력의 함수로서 나타내는 것이 바람직하다. 그러나 이렇게 하려면 van der Waals식을 풀어서 $\bar{V}$를 T와 p의 함수로 구한 다음에 그 결과에다 p/RT를 곱해야 Z가 T와 p의 함수로 된다. van der Waals의 식은 $\bar{V}$에 대하여 3차식이므로 그 해는 너무 복잡해서 별로 쓸모가 없다. 그리하여 (3.7)식으로부터 $p \to 0$이면 $(1/\bar{V}) \to 0$이 되며, 따라서 $Z = 1$이 된다는 사실로부터 얻어지는 근사적인 $Z(T,p)$를 가지고 우선 만족하는 수밖에 없다. Z에 관한 이 전개식은 다음과 같이 되며 p^2의 항까지는 정확하다.

$$Z = 1 + \frac{1}{RT}\left(b - \frac{a}{RT}\right)p + \frac{a}{(RT)^3}\left(2b - \frac{a}{RT}\right)p^2 + \cdots \qquad (3.8)$$

p에 대한 정확한 계수는 단순히 (3.7)식 속의 $1/\bar{V}$에다 이상치를 넣기만 해도 나올 것이다. 그러나 이렇게 하면 높은 멱지수를 갖는 p항의 계수가 부정확하게 될 것이다[(3.8)식의 유도는 3.3.1절을 참조하라].

(3.8)식에 의하면 비이상적 행동에 기인하는 항은 압력이 영으로 접근할 때 뿐만 아니라 온도가 무한대로 될 때에도 소멸된다. 따라서 일반적으로 실제 기체는 압력이 낮아지고 온도가 높아질 때는 거의 이상적이 된다.

(3.8)식의 우변의 둘째 항을 분자 부피가 유한하다는 사실만을 고려해 넣고 유도한 (3.3)식의 우변의 둘째 항과 비교해 보아라. Z-p곡선의 기울기는 (3.8)식을 일정 온도에서 압력으로 미분하여 얻을 수 있다. 즉,

$$\left(\frac{\partial Z}{\partial p}\right)_T = \frac{1}{RT}\left(b - \frac{a}{RT}\right) + \frac{2a}{(RT)^3}\left(2b - \frac{a}{RT}\right)p + \cdots$$

$p = 0$에서는 고차의 항들이 모두 떨어져 나가며 따라서 이 도함수는 다음과 같이 간단하게 된다.

$$\left(\frac{\partial Z}{\partial p}\right)_T = \frac{1}{RT}\left(b - \frac{a}{RT}\right) \qquad p = 0 \qquad (3.9)$$

이 도함수는 Z-p곡선의 초기 기울기를 나타낸다. 만일 $b > a/RT$이면 기울기는 양의 값을 가지며 분자 크기의 효과가 그 기체의 행동을 지배한다. 한편 $b < a/RT$이면 이 초기 기울기는 음의 값을 가지며 분자간 인력의 효과가 그 기체의 행동을 지배한다. 따라서 분자 크기의 효과와 분자간 인력의 효과를 둘다 포함하는 van der Waals식은 Z-p곡선의 기울기가 양으로도 될 수 있고 음으로도 될 수 있다는 사실을 설명할 수 있다. 그림 3-2의 경우 0°C에서는 인력의 영향이 메탄과 이산화탄소의 행동을 지배하며, 수소의 행동은 분자 크기의 효과에 의해서 지배된다고 볼 수 있다.

이제까지는 한 온도에서 몇 가지 기체에 대한 Z-p곡선을 조사하였으나 한 가지 기체에 대한 여러 온도에서의 Z-p곡선에다 주의를 집중시켜 보자. (3.9)식에 의하면 온도가 충분히 낮을 때는 a/RT항이 b보다도 크게 되며 따라서 Z-p곡선의 초기 기울기는 음으로 된다. 그러나 온도가 올라감에 따라 a/RT는 점점 작게 되며 온도가 충분히 높아지면 a/RT는 b보다 작게 되어 Z-p곡선의 초기 기울기는 양으로 된다. 온도가 극단적으로 높아지면 마침내 Z-p의 기울기가 영에 접근한다는 것을 (3.9)식으로부터 알 수 있다. 이러한 행동을 그림 3-4에 표시하였다.

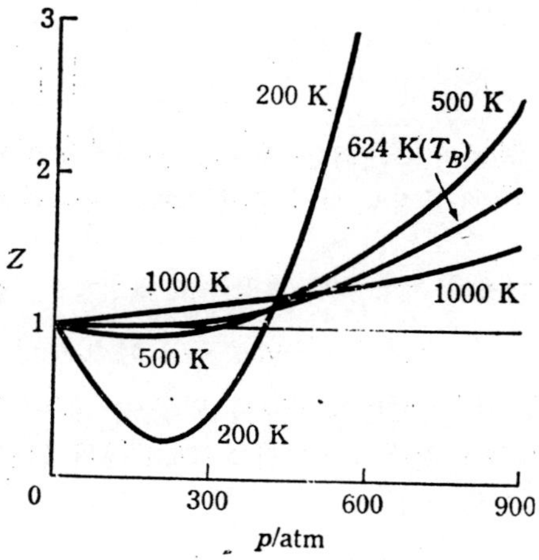

그림 3-4 몇 가지 온도에서의 메탄에 대한 Z 대 p의 도시(T_B=Boyle 온도).

어떤 중간 온도에서는 초기 기울기가 영이 되어야 하는 바, 이 온도를 Boyle 온도라고 부르며 T_B로 표시한다. 이 때의 조건은 (3.9)식에 의해서 $b - a/RT_B = 0$으로 주어진다. 즉, 다음과 같이 된다.

$$T_B = a/Rb \tag{3.10}$$

Boyle 온도에서는 Z-p 곡선이 $p = 0$에서 이상 기체의 곡선에 접하고 있으며, 압력이 높아짐에 따라 매우 느리게 이상 기체 곡선 위쪽으로 올라가고 있다. T_B에서는 (3.8)식의 둘째 항이 없어지며 나머지 항들의 값도 압력이 대단히 높아질 때까지는 작다. 그리하여 Boyle 온도에서는 실제 기체가 넓은 압력 범위에 걸쳐서 이상적인 행동을 하는데 그 이유는 분자의 크기 효과와 분자간 인력의 효과가 대체로 상쇄되기 때문이다. 이것이 또한 그림 3-4에 표시되어 있다. 몇 가지 기체에 대한 Boyle 온도를 표 3-2에 수록하였다.

표 3-2의 데이터를 보면 그림 3-4의 곡선들을 이해할 수 있다. 이들 곡선은 0°C에서 그려진 것이다. 그리하여 수소는 그의 Boyle 온도보다 위에 있으므로 Z값이 언제나 1보다 크다. 다른 기체는 그들의 Boyle 온도보다 아래에 있으므로 낮은 압력 범위에서는 1보다 작은 Z값을 갖는다.

van der Waals식은 이상적 행동으로부터의 벗어남을 정성적으로 설명해 줄 수 있다는 점에서 이상 기체의 법칙보다 훨씬 앞선 식이다. 그러나 이러한 진보는 상당한 희생의 댓가로 얻어진 것이다. 즉, 이상 기체의 법칙은 기체의 종류에 의존하는 항을 하나도 포함하지 않고 있다. 즉, 상수 R은 보편 상수이다. 그러나 van der Waals식은 기체마다 서로 다른 두 개의 상수를 포함하고 있다. 따라서 각 기체마다 서로 다른 van der Waals식을 사용해야만 한다고 생각할

표 3-2 몇 가지 기체에 대한 Boyle 온도.

기체	He	H_2	N_2	Ar	CH_4	CO_2	C_2H_4	NH_3
T_B/K	23.8	116.4	332	410	506	600	624	995

수 있다. 3.8절에서는 van der Waals식을 포함한 다른 여러 상태식에다 이러한 보편성을 되찾아 주어 보겠다.

3.3.1 수학적 요령

이미 van der Waals식을 가지고 지적한 바와 같이 직접적인 방법에 따라 Z를 T와 p의 함수로 구하기는 불가능하다. (3.7)식을 압력의 멱급수로 변화시키는 데는 수학적 요령이 필요하다.

낮은 압력에서는 Z를 다음과 같이 p의 멱급수로 전개할 수 있다.

$$Z = 1 + A_1p + A_2p^2 + A_3p^3 + \cdots$$

여기서 계수 A_1, A_2, A_3, …는 온도만의 함수이다. 이들 계수를 구하려면 (3.1)식의 Z의 정의를 사용하여 $(1/\bar{V}) = p/RTZ$로 놓고, 이것을 (3.7)식의 $(1/\bar{V})$에 대입하여 다음 식을 얻는다.

$$\begin{aligned} &1 + A_1p + A_2p^2 + A_3p^3 + \cdots \\ &\quad = 1 + \left(b - \frac{a}{RT}\right)\frac{p}{RTZ} + \left(\frac{b}{RT}\right)^2\frac{p^2}{Z^2} + \left(\frac{b}{RT}\right)^3\frac{p^3}{Z^3} + \cdots \end{aligned}$$

이 식의 양변으로부터 1을 뺀 다음 p로 나누면 다음 식을 얻는다.

$$\begin{aligned} &A_1 + A_2p + A_3p^2 + \cdots \\ &\quad = \frac{1}{RT}\left(b - \frac{a}{RT}\right)\frac{1}{Z} + \left(\frac{b}{RT}\right)^2\frac{p}{Z^2} + \left(\frac{b}{RT}\right)^3\frac{p^2}{Z^3} + \cdots \end{aligned} \qquad (3.11)$$

압력이 영이 되는 극한에서는 $Z = 1$이며 따라서 이 식은 다음과 같이 된다.

$$A_1 = \frac{1}{RT}\left(b - \frac{a}{RT}\right)$$

이것이 우리가 원하는 A_1의 값이다. (3.11)식에 이 A_1값을 대입하면 다음과 같은 식이 나온다.

$$A_1 + A_2p + A_3p^2 + \cdots = A_1\left(\frac{1}{Z}\right) + \left(\frac{b}{RT}\right)^2\frac{p}{Z^2} + \left(\frac{b}{RT}\right)^3\frac{p^2}{Z^3} + \cdots$$

이 식의 양변으로부터 A_1을 뺀 다음 p로 나누고 압력이 영이 될 때의 극한치를 취하는 조작을 반복한다. 압력이 영이면 $(Z-1)/p = A_1$임을 주의하라. 그러면,

$$A_2 = \left(\frac{b}{RT}\right)^2 - A_1^2 = \frac{a}{(RT)^3}\left(2b - \frac{a}{RT}\right)$$

이것은 바로 (3.8)식에 나왔던 p^2의 계수이다. 이 조작을 반복하면 A_3, A_4, …를 얻을 수 있지만 그 수식 처리가 점점 더 지루해진다.

3.4 실제 기체의 등온선

실제 기체에 대한 압력-부피의 관계를 여러 온도에서 측정하면 그림 3-5와 같은 여러 등온선이 얻어진다. 높은 온도에서는 이들 등온선이 이상 기체에 대한 것과 아주 비슷하나 낮은 온도에서는 전혀 다른 모양을 나타낸다. 특히 낮은 온도의 등온선에서 수평부분이 나타나는 것이

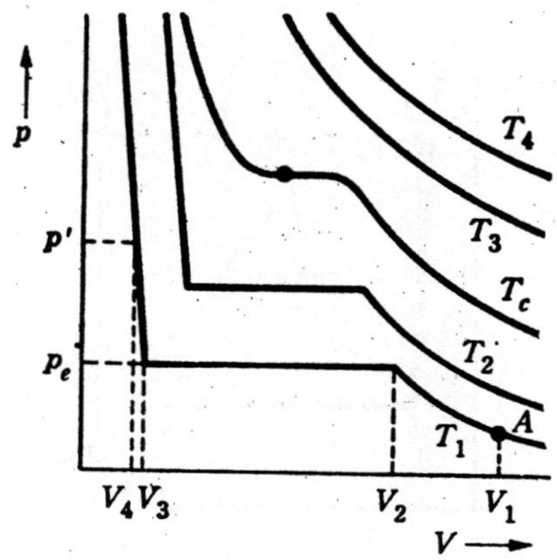

그림 3-5 실제 기체의 등온선.

특이하다. 그림 3-5에서 점 A로 표시되는 상태에 있는 기체의 용기를 생각하여 보자. 이 용기의 한쪽 벽을 움직일 수 있는 것(피스톤)이라고 가정하고 온도를 T_1으로 유지하면서 이 벽을 서서히 밀어 넣어 부피를 줄여보자. 부피가 차츰 작아지면 압력은 부피가 V_2로 될 때까지 곡선에 따라 서서히 올라간다. 그리고 V_2이하로 부피를 줄일 때는 V_3에 도달할 때까지 압력 변화가 생기지 않는다. 그 다음에는 부피가 V_3로부터 V_4까지 조금만 감소되더라도 p_e로부터 p'까지 압력이 매우 크게 증가한다. 압력이 일정하게 p_e로 유지되는 데도 부피가 넓은 범위에 걸쳐 감소한다는 것은 주목할 만한 사실이다.

이러한 변화가 일어나고 있을 때 이 용기 속을 들여다 보면 V_2에서 최초 액체 방울이 나타나는 것을 관찰할 수 있을 것이다. 그리고 부피가 V_2로부터 V_3로 됨에 따라 점점 더 많은 양의 액체가 생기게 될 것이다. 즉, 일정 압력 p_e는 T_1에서의 그 액체의 평형 증기 압력이다. V_3에서 기체의 최후의 흔적이 없어지고 다시 부피를 감소시킨다는 것은 그 액체를 단순히 압축하는 것과 같다. 액체는 거의 압축되지 않으므로 압력이 급격하게 올라가는 것이다. 따라서 이 그림에서 왼쪽 부분의 가파른 선은 액체의 등온선이다. 이보다 어느 정도 더 높은 온도에서도 그 행동은 정성적으로 비슷하지만 서림이 일어나는 부피의 범위가 보다 더 좁아지고 증기 압력이 보다 더 높아진다. 온도가 더 높아져서 임계 온도 T_c가 되면 수평 부분이 점으로 수축하게 된다. 온도가 T_c이상으로 증가함에 따라 등온선은 이상 기체의 등온선과 점점 더 가까와진다. 즉, T_c이상에서는 수평 부분이 나타나지 않는다.

3.5 상태의 연속성

그림 3-5의 수평 부분의 두 끝을 파선으로 연결한 것이 그림 3-6이다. 다른 p-V그림에서와 마찬가지로 그림 3-6에서의 모든 점은 그 계의 상태를 나타내고 있다. 앞절의 논의로부터 이 그림의 왼쪽 끝의 A와 같은 점은 그 물질의 액체 상태를 나타내며 오른쪽의 C와 같은 점은 그 물질의 기체 상태를 나타내고 있음을 알 수 있다. 파선으로 둘러싸인 부분의 점은 액체와 증기가 평형 상태로 공존하고 있는 계의 상태를 나타낸다. 하나의 상이 존재하는 계의 상태와 두 상*

* 여기서 상이란 계 속의 균일한 영역을 말한다. 즉, 화학적 조성이 균일하고 물리적 성질이 균일한 영역을 의미한다. 따라서 액체와 증기를 포함하는 계는 2개의 균일한 영역을 갖고 있다. 증기상에서는 그 밀도가 어느 곳에서나 동일하며 또한 액체상에서도 그 밀도는 균일하나 증기상의 밀도와는 그 값이 다르다.

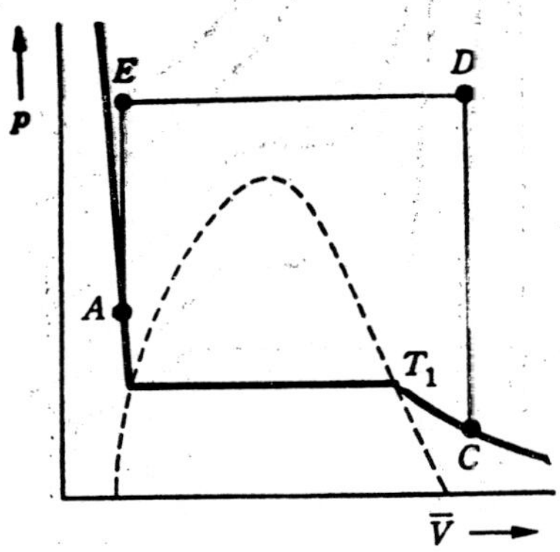

그림 3-6 2상 영역과 상태의 연속성.

이 평형을 이루고 있는 계의 상태, 즉 파선상이나 파선으로 둘러싸인 부분의 점과 그리고 파선 외부의 점과는 뚜렷하게 구별할 수가 있다. 그러나 액체 상태와 기체 상태와의 경계선은 존재하지 않는다는 것을 주의해야 할 것이다. 액체와 기체가 이처럼 분간하기 어렵다는 것을 밝힌 것이 상태의 연속성의 원리이다.

그림 3-6에서 점 A와 C는 같은 등온선 T_1 위에 놓여 있다. 점 C는 분명히 기체 상태를 나타내며 점 A는 분명히 이 기체를 등온적으로 압축해서 얻은 액체를 나타낸다. 그러나 점 C에서 시작하여 부피를 일정하게 유지시키면서 그 기체의 온도를 올리는 경우를 생각하자. 그러면 압력은 선 CD를 따라 올라간다. 점 D에 도달하였을 때 압력을 일정하게 유지시키고 기체를 냉각하면 부피는 선 DE를 따라 감소한다. 점 E에 도달하면 다시 부피를 일정하게 유지시키면서 기체를 냉각시킨다. 그러면 점 A에 이르기까지 압력이 감소한다. 이 모든 변화 과정에서 상태를 나타내는 점은 한 번도 2개의 상이 공존하는 영역을 통과하지 않는다. 즉, 보통으로 말하는 서림은 일어나지 않는다. 따라서 점 A는 고도로 압축된 기체 상태를 나타낸다고 말할 수 있다. 점 A가 액체 상태를 나타낸다는 말은 수정되어야 한다. 액체와 기체 사이의 구별이 언제나 분명한 것은 결코 아니다. 위의 예에서 본 바와 같이 물질의 이들 상태는 서로 연속적으로 바꾸어질 수 있다. 점 A의 영역을 액체 상태로 보느냐 또는 고도로 압축된 기체 상태로 보느냐 하는 것은 그때그때의 편리한 관점에 따라 어느 쪽으로 보아도 된다.

만일 계의 상태가 파선의 안쪽에 있을 때는 액체와 기체가 평형을 이루고 있으며 그들을 분리하고 있는 불연속적인 표면이 존재하기 때문에 액체와 기체가 쉽게 구분된다. 그러나 이러한 불연속적인 표면이 없을 때는 액체와 기체를 구별하는 근본적인 방법이 없다.

3.6 van der Waals 식의 등온선

van der Waals 식을 다음과 같은 꼴로 써 가지고 생각하여 보자.

$$p=\frac{RT}{\bar{V}-b}-\frac{a}{\bar{V}^2} \tag{3.12}$$

$\bar{V}$가 매우 클 때는 $\bar{V}$가 b에 비해서 몹시 크게 되고 또 $a/\bar{V}^2$이 우변의 첫째 항에 비해서 매

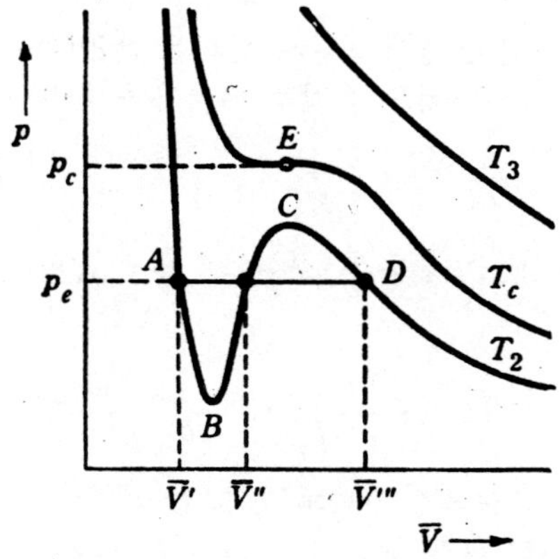

그림 3-7 van der Waals 기체의 등온선.

우 작게 되기 때문에 위의 식은 이상 기체의 법칙과 근사적으로 같아진다. 이 사실은 모든 온도에서 성립한다. 높은 온도에서는 $a/\bar{V}^2$의 항이 $RT/(\bar{V}-b)$에 비해서 작으므로 무시해도 좋다. van der Waals 식으로부터 계산한 p-$\bar{V}$ 등온선은 그림 3-7과 같다. 이 그림을 보면 큰 부피의 영역에서는 등온선의 모양이 높은 온도인 T_3에서의 등온선에서 볼 수 있는 바와 같이 이상 기체의 등온선과 매우 비슷하다.

온도가 낮고 부피가 작을 때는 이 식 중의 항들을 하나도 무시할 수 없다. 그리고 그 결과는 기묘하게 나타난다. 즉, 온도 T_c에서의 등온선에는 점 E에 변곡점이 나타나며 이보다 더욱 낮은 온도의 등온선에서는 극대점과 극소점이 나타난다.

van der Waals의 등온선을 실제 기체의 등온선과 비교하면 어떤 유사성을 찾아 볼 수 있다. 즉, 그림 3-7에서 T_c에서의 곡선은 그림 3-5의 임계 온도에서의 곡선과 비슷하다. 그림 3-7에서 T_2일 때의 곡선을 보면 압력이 p_e일 때는 부피가 3개의 값 $\bar{V}'$, $\bar{V}''$ 및 $\bar{V}'''$을 가질 수 있다. 그림 3-5에서는 압력이 p_e일 때 수평선이 나타나며 따라서 부피가 무한히 많은 수의 값을 가질 수 있다. 그림 3-5에 나타낸 것과 같은 수평 부분은 아무리 복잡한 함수를 쓰더라도 나타낼 수 없다는 것을 인식하기 바란다. 이 영역에서 van der Waals 식이 나타내는 모양은 간단한 연속 함수로부터 얻을 수 있는 모양 중에서 가장 좋은 것이라고 말할 수 있다.

T_2에서의 van der Waals 곡선에서 AB 부분과 DC 부분은 실험적으로도 나온다. 즉 만일 T_2에서 기체의 부피를 서서히 감소시키면 압력은 점 D에 도달할 때까지 등온선에 따라 p_e로 올라간다. 이 점에서는 서림이 일어나야 하지만 액체가 미처 형성되지 않을 수도 있다. 따라서 부피를 더 한층 감소시키면 압력이 DC선에 따라서 증가한다. 이 영역(DC)에서 기체의 압력은 T_2에서의 그 액체의 평형 증기 압력 p_e보다 크게 된다. 따라서 이 점들은 과포화(또는 과냉각) 상태의 증기를 나타낸다. 마찬가지로 만일 온도 T_2에서 액체의 부피를 증가시키면 압력은 점 A에서 p_e로 될 때까지 떨어진다. 이 점에서 증기가 생겨야 할 것이나 미처 증기가 형성되지 않는 수도 있다. 그러므로 더욱 부피를 증가시키면 AB선에 따라 압력이 감소한다. AB선상에서 이 액체가 나타내는 압력은 T_2보다 낮은 온도의 평형 증기 압력과 맞먹는다. 그런데 이 액체의 온도는 T_2이므로 이 점들은 과열된 상태의 액체를 나타낸다. 과열된 액체의 상태와 과냉각된 증기의 상태는 준안정 상태이다. 즉, 이들은 조금만 교란을 시켜주어도 저절로 두 상이 평형을 이루고 있는 안정한 상태로 돌아갈 수 있으며 이런 뜻에서 불안정하다고 말한다.

van der Waals의 등온선에서 BC 부분은 실제로는 나타나지 않는다. 이 영역에서 p-$\bar{V}$ 곡선은 양의 기울기를 갖고 있다. 즉, 이러한 계는 부피를 증가시키면 압력도 증가하고 부피를 감소시키면 압력도 감소한다. 이러한 영역 BC의 상태는 불안정하다. B로부터 C 사이와 같은 상태에 있는 계는 아주 조금만 교란시켜도 폭발해 버리거나 폭삭하고 말 것이다.

3.7 임계 상태

(3.6)식으로 표시되는 van der Waals식은 괄호를 풀고 p로 나눈 다음 정리하면 다음과 같이 된다.

$$\bar{V}^3 - \left(b + \frac{RT}{p}\right)\bar{V}^2 + \frac{a}{p}\bar{V} - \frac{ab}{p} = 0 \tag{3.13}$$

(3.13)식은 3차식이므로 어떤 주어진 압력과 온도 값에 대하여 3개의 실근을 가질 수 있다. 그림 3-7에서 T_2 및 p_e에 대한 이들 세 근은 T_2에서의 등온선과 p_e에서의 수평선과의 교차점으로 주어진다. 세 근은 모두 2개의 상이 존재하는 영역이나 그 경계선상에 있다. 그림 3-6 및 그림 3-7로 알 수 있는 바와 같이 이 2상 영역은 위로 올라갈수록 좁아지며 꼭지점에서는 드디어 한 점으로 오므라든다. 이 사실은 액체와 증기가 공존할 수 있는 어떤 최대 압력 p_c와 최고 온도 T_c가 존재한다는 것을 뜻한다. 이러한 온도와 압력의 조건이 임계점이며 여기에 대응하는 부피가 임계 부피 $\bar{V}_c$이다. 2상 영역이 좁아질수록 van der Waals식의 세 근은 서로 가까와진다. 왜냐 하면 이 세 근은 2상 영역 속이나 경계선 상에 있어야 하기 때문이다. 임계점에서 이들 세 근은 다같이 $\bar{V}_c$가 된다. 3차 식은 세 근을 $\bar{V}'$, $\bar{V}''$, $\bar{V}'''$이라고 할 경우 다음과 같이 나타낼 수 있다.

$$(\bar{V} - \bar{V}')(\bar{V} - \bar{V}'')(\bar{V} - \bar{V}''') = 0$$

임계점에는 $\bar{V}' = \bar{V}'' = \bar{V}''' = \bar{V}_c$이므로 위의 식은 $(\bar{V} - \bar{V}_c)^3 = 0$으로 된다. 그리고 이 식을 전개하면 다음과 같이 된다.

$$\bar{V}^3 - 3\bar{V}_c\bar{V}^2 + 3\bar{V}_c^2\bar{V} - \bar{V}_c^3 = 0 \tag{3.14}$$

또 같은 조건에서 (3.13)식은 다음과 같이 된다.

$$\bar{V}^3 - \left(b + \frac{RT_c}{p_c}\right)\bar{V}^2 + \frac{a}{p_c}\bar{V} - \frac{ab}{p_c} = 0 \tag{3.15}$$

(3.14)식과 (3.15)식은 동일한 식을 다만 다른 방법으로 표현한 것에 불과하므로 개개 $\bar{V}$의 멱의 계수는 두 식에서 같아야 한다. 이들 계수를 같게 놓면 다음과 같은 3개의 식*을 얻는다.

---

* p-$\bar{V}$ 곡선의 변곡점이 임계점 p_c, T_c, $\bar{V}_c$에서 생긴다는 사실을 이용해도 마찬가지로 이들 관계를 얻을 수 있다. 변곡점에 대한 조건은 다음과 같다.

$$(\partial p/\partial \bar{V})_T = 0 \qquad (\partial^2 p/\partial \bar{V}^2)_T = 0$$

van der Waals의 식으로부터

$$\left(\frac{\partial p}{\partial \bar{V}}\right)_T = \frac{-RT}{(\bar{V} - b)^2} + \frac{2a}{\bar{V}^3}$$

$$\left(\frac{\partial^2 p}{\partial \bar{V}^2}\right)_T = \frac{2RT}{(\bar{V} - b)^3} - \frac{6a}{\bar{V}^4}$$

$$3\bar{V}_c = b + \frac{RT_c}{p_c} \qquad 3\bar{V}_c^2 = \frac{a}{p_c} \qquad \bar{V}_c^3 = \frac{ab}{p_c} \tag{3.16}$$

(3.16)식은 다음과 같이 두 가지 면으로 생각할 수 있다. 첫째로 이들 식을 풀어서 $\bar{V}_c$, p_c 및 T_c를 a, b 및 R의 함수로 구할 수 있다. 즉,

$$\bar{V}_c = 3b \qquad p_c = \frac{a}{27b^2} \qquad T_c = \frac{8a}{27Rb} \tag{3.17}$$

a와 b의 값을 알 때는 (3.17)식을 이용하여 $\bar{V}_c$, p_c 및 T_c를 계산할 수 있다.

둘째로는 위 식을 풀어서 a, b 및 R을 p_c, $\bar{V}_c$ 및 T_c의 함수로 구할 수 있다. 즉,

$$b = \frac{\bar{V}_c}{3} \qquad a = 3p_c\bar{V}_c^2 \qquad R = \frac{8p_c\bar{V}_c}{3T_c} \tag{3.18}$$

(3.18)식을 사용하면 임계 데이터로부터 상수 a, b 및 R의 값을 계산할 수 있다. 그러나 이러한 방법으로 구한 R의 값은 이미 알고 있는 R의 값과 잘 맞지 않으며 따라서 약간의 어려운 문제가 생기게 된다.

실험적으로 $\bar{V}_c$를 정확하게 결정하기는 곤란하므로 a와 b를 p_c와 T_c만으로부터 얻을 수 있다면 좋을 것이다. 그러기 위해서는 우선 (3.18)식의 세째 번 식을 다음과 같이 $\bar{V}_c$에 관한 식으로 바꾸어준다.

$$\bar{V}_c = \frac{3RT_c}{8p_c}$$

이 $\bar{V}_c$값을 (3.18)식의 처음 두 식에 대입하면 다음 식을 얻을 수 있다.

$$b = \frac{RT_c}{8p_c} \qquad a = \frac{27(RT_c)^2}{64p_c} \tag{3.19}$$

결국 (3.19)식과 보통 R의 값을 사용하여 p_c와 T_c만으로부터 a와 b를 계산할 수 있다. 이 조작이 보다 더 흔히 쓰이는 것이지만 정직하게 말해서 이러한 경우에는 $\bar{V}_c = 3RT_c/8p_c$의 값과 $\bar{V}_c$의 측정치를 비교해 보아야 한다. 그런데 그 결과는 아주 좋지 않다. 즉, $\bar{V}_c$의 측정치와 계산치는 실험적인 난점에 기인하는 것 이상으로 큰 차이를 나타낸다.

이 모든 두통거리의 원인은 van der Waals식이 임계 상태 근처에서는 그다지 정확하게 맞지 않기 때문인 것이다. 이 사실 뿐만 아니라 van der Waals 상수들은 (직접적이건 또는 간접적이건) 거의 언제나 임계 데이터로부터 계산되기 때문에 van der Waals식은 비록 이상 기체의 법칙보다는 훨씬 더 개량된 것이라고 말할 수 있지만 그래도 기체의 성질을 정확하게 계산하는 데는 사용할 수 없다. van der Waals식을 높이 평가하는 이유는 이 식의 덕분으로 기체의 행동, 기체와 액체 사이의 관계, 그리고 액체화 현상에 대한 본질을 이해할 수 있게 되었기 때문이다. 가장 중요한 점은 이 식이 임계 상태를 예언한다는 것이다. 이 식이 임계 상태의 성질을 여섯자리의 유효수자 정도로 정확하게 묘사하지 못한다는 것은 흠이지만 이것은 2차적인 문제에 불과하다. 즉, 매우 정확한 다른 식을 이용하면 된다. 몇 가지 기체의 임계 데이터를 표 3-3

따라서 임계점에서는

$$0 = -RT_c(\bar{V}_c - b)^2 + 2a/\bar{V}_c^3, \quad 0 = 2RT_c/(\bar{V}_c - b)^3 - 6a/\bar{V}_c^4$$

이들 두 식과 다음과 같은 van der Waals 식으로부터 (3.16)식이 나온다.

$$p_c = RT_c/(\bar{V}_c - b) - a/\bar{V}_c^2$$

표 3-3 기체의 임계 상수.

기 체	p_c/MPa	$\bar{V}_c/10^{-6}m^3$	T_c/K	기 체	p_c/MPa	$\bar{V}_c/10^{-6}m^3$	T_c/K
He	0.229	62	5.25	CO_2	7.40	95	304
H_2	1.30	65	33.2	SO_2	7.8	123	430
N_2	3.40	90	126	H_2O	22.1	57	647
O_2	5.10	75	154	Hg	360	40	1900

Francis Weston Sears, *An Introduction to Thermodynamics, the Kinetic Theory of Gases, and Statistical Mechanics* Reading, Mass.: Addison-Wesley, 1950.

에 수록하였다.

3.8 대응 상태의 법칙

(3.18)식의 a, b 및 R의 값을 쓰면 van der Waals식을 다음과 같은 꼴로 고쳐 쓸 수 있다.

$$p = \frac{8p_c\bar{V}_cT}{3T_c(\bar{V}-\bar{V}_c/3)} - \frac{3p_c\bar{V}_c^2}{\bar{V}^2}$$

이 식을 정리하면 다음과 같이 된다.

$$\frac{p}{p_c} = \frac{8(T/T_c)}{3(\bar{V}/\bar{V}_c)-1} - \frac{3}{(\bar{V}/\bar{V}_c)^2} \tag{3.20}$$

(3.20)식은 p/p_c, T/T_c 및 $\bar{V}/\bar{V}_c$만을 포함하고 있다. 따라서 기체의 특성을 나타내는 데는 p, T 및 $\bar{V}$보다도 오히려 이들 비가 보다 더 의미 있는 변수라고 볼 수 있다. 이들 비는 상태의 환산 변수라고 부르며 π, τ 및 ϕ로 나타낸다. 즉,

$$\pi = p/p_c \qquad \tau = T/T_c \qquad \phi = \bar{V}/\bar{V}_c$$

이들 변수를 사용하면 van der Waals식이 다음과 같이 된다.

$$\pi = \frac{8\tau}{3\phi-1} - \frac{3}{\phi^2} \tag{3.21}$$

(3.21)식은 개개의 기체에 고유한 상수를 전혀 포함하고 있지 않다는 점에서 중요하다. 즉, 이 식은 모든 기체를 묘사할 수 있다. van der Waals식은 이상 기체의 식에 비해서 보편성이 없었지만 이와 같이 하여 보편성을 되찾아 줄 수가 있다. (3.21)식과 같이 환산 변수 중의 어느 하나를 나머지 다른 두 환산 변수로 나타낸 식이 바로 대응 상태의 법칙이다.

같은 환산 온도와 같은 환산 압력 밑에 있는 두 기체는 대응 상태의 법칙에 의하면 이들 두 기체는 모두 동일한 환산 부피를 차지해야 한다. 예를 들면 302 K에서 16 atm의 압력 하에 있는 아르곤과 381 K에서 18 atm의 압력 하에 있는 에탄은 다같이 $\tau=2$와 $\pi=\frac{1}{3}$의 값을 가지므로 대응 상태에 있다.

R이외에 두 가지 상수만을 포함하고 있는 상태식은 어떤 것이든지 환산 변수만으로 나타낼 수 있다. 이러한 이유 때문에 세 가지 이상의 상수를 포함하는 식은 대응 상태의 법칙에 맞지 않는다고 하여 환영을 받지 못한 때가 있었다. 뿐만 아니라 두 개의 상수만을 포함하는 식으로서 실험 데이터와 잘 맞는 식이 유도될 수 있으리라고 크게 기대하였었다. 그러나 대응 상태의 원리가 모든 온도와 압력 범위에서 정확하게 성립하는 식이 아니라는 것이 실험 결과들로부터 밝혀졌기 때문에 이러한 기대는 곧 단념하게 되었다. 대응 상태의 법칙은 정확하지는 않지만 공

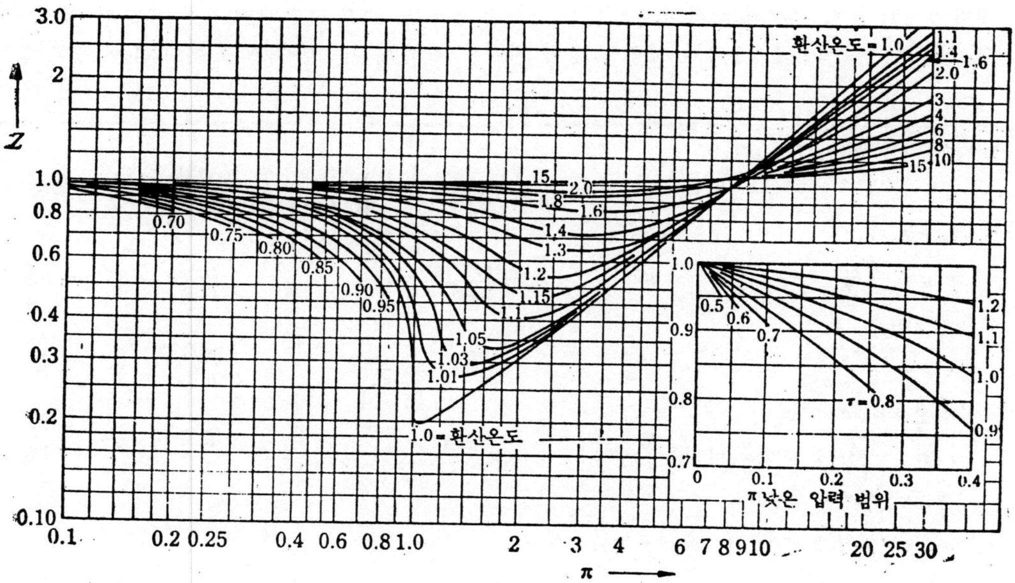

그림 3-8 환산 압력과 환산 온도의 함수로 나타낸 압축 인자(From O.A. Hougen and K.M. Watson, *Chemical Process Principles*, part II. New York: John Wiley and Sons, 1947).

학에서는 상당히 중요하게 쓰이고 있다. 즉, 공업에서 쓰이는 압력과 온도 범위에서 이 법칙으로 충분히 정확한 공학계산을 할 수 있다. 그리고 이 식보다는 여러 환산 온도에서 Z를 p/p_c에 대하여 도시한 그림(그림 3-8)이 보통 잘 이용되고 있다.

3.9 다른 상태 방정식

기체에 대하여 관측된 p-V-T 데이터를 설명하기 위하여 여러 해 동안에 걸쳐 수 많은 식이 제안되어 왔는 바, van der Waals식은 그 중의 한 가지에 불과하다. 표 3-4에 이들 식 중의 몇 가지를 수록하였으며, 2개의 상수를 가진 식에 대해서는 대응 상태의 법칙으로 나타낸 식과 또한 임계비 $RT_c/p_c\overline{V}_c$의 예언치를 수록하였다. 이들 식 중에서 Beattie-Bridgeman식이나 비리알 방정식은 정밀한 연구를 하는 데 가장 적합하다. Beattie-Bridgeman의 식은 R이외에 5개의 상수 A_0, a, B_0, b 및 c를 포함하고 있다. 몇 가지 기체에 대한 Beattie-Bridgeman 상수를 표 3-5에 나타내었다.

표 3-4의 여러 식으로 예언되는 임계비 $RT_c/p_c\overline{V}_c$의 값을 조사해 보면 재미가 있다. H_2와 He를 제외하면 대부분의 무극성 기체는 그 임계비의 평균치가 3.65이다. 따라서 van der Waals 식은 임계치 부근의 온도와 압력에서는 분명히 쓸모가 없을 것이다[(3.6)절 참조]. 임계점 근방에서는 Dieterici의 식이 훨씬 잘 맞는다. 그러나 이 식에는 뜻이 애매한 함수가 포함되어 있기 때문에 잘 사용되지 않는다. 2개의 상수를 가진 식 중에서는 수정된 Berthelot의 식을 써서 계산한 부피가 이상 기체의 식으로 계산한 것보다 더 정확하므로 가장 잘 사용된다. 이 식을 사용하려면 기체의 임계 온도와 임계 압력을 알아야 한다.

끝으로 기체에 대한 모든 상태식은 van der Waals식에 의하여 처음으로 암시된 두 가지 기본 개념에다 기반을 두고 유도되었다는 것을 지적해 두겠다. 즉, (1) 분자는 크기를 갖는다는 개념과 (2) 분자 사이에 힘이 작용한다는 개념을 토대로 해서 모든 상태식이 유도된 것이다. 보다 현대적인 식에서는 분자간 인력이 분자 사이의 거리에 의존한다는 것을 고려에 넣고 있다.

표 3-4 상 태 방 정 식.

van der Waals 식

$$p=\frac{RT}{\bar{V}-b}-\frac{a}{\bar{V}^2} \qquad \pi=\frac{8\tau}{3\phi-1}-\frac{3}{\phi^2} \qquad \frac{RT_c}{p_c\bar{V}_c}=\frac{8}{3}=2.67$$

Dieterici 식

$$p=\frac{RTe^{-a/\bar{V}RT}}{\bar{V}-b} \qquad \pi=\frac{\tau e^{2-2/\phi\tau}}{2\phi-1} \qquad \frac{RT_c}{p_c\bar{V}_c}=\frac{1}{2}e^2=3.69$$

Berthelot 식

$$p=\frac{RT}{\bar{V}-b}-\frac{a}{T\bar{V}^2} \qquad \pi=\frac{8}{3\phi-1}-\frac{3}{\tau\phi^2} \qquad \frac{RT_c}{p_c\bar{V}_c}=\frac{8}{3}=2.67$$

수정된 Berthelot 식

$$p=\frac{RT}{\bar{V}}\left[1+\frac{9}{128\tau}\left(1-\frac{6}{\tau^2}\right)\pi\right] \qquad \pi=\frac{128\tau}{9(4\phi-1)}-\frac{16}{3\tau\phi^2} \qquad \frac{RT_c}{p_c\bar{V}_c}=\frac{32}{9}=3.56$$

일반적인 비리알 방정식

$$p\bar{V}=RT\left(1+\frac{B}{\bar{V}}+\frac{C}{\bar{V}^2}+\frac{D}{\bar{V}^3}+\cdots\right)$$

$B, C, D, \cdots$를 제 2, 제 3, 제 4, … 비리알 계수라고 부른다.

이들은 온도의 함수이다.

압력의 항으로 전개하면 다음과 같이 된다.

$$p\bar{V}=RT(1+B'p+C'p^2+D'p^3+\cdots)$$

B', C' 등은 온도의 함수이다.

Beattie-Bridgeman 식

(1) 비리알 꼴 : $p\bar{V}=RT+\frac{\beta}{\bar{V}}+\frac{\gamma}{\bar{V}^2}+\frac{\delta}{\bar{V}^3}$

(2) 부피로 나타낸 꼴 : $\bar{V}=\frac{RT}{p}+\frac{\beta}{RT}+\gamma'p+\delta'p^2+\cdots$

$$\beta=RT\left(B_0-\frac{A_0}{RT}-\frac{c}{T^3}\right)$$

$$\gamma=RT\left(-B_0b+\frac{A_0a}{RT}-\frac{B_0c}{T^3}\right) \qquad \gamma'=\frac{1}{RT}\left[\frac{\gamma}{RT}-\left(\frac{\beta}{RT}\right)^2\right]$$

$$\delta=RT\left(\frac{B_0bc}{T^3}\right) \qquad \delta'=\frac{1}{(RT)^2}\left[\frac{\delta}{RT}-\frac{3\beta\gamma}{(RT)^2}+2\left(\frac{\beta}{RT}\right)^3\right]$$

표 3-5* Beattie-Bridgeman 식의 상수.

기체	A_0 10^{-3} Pa m^6 mol^{-2}	a 10^{-6} m^3 mol^{-1}	B_0 10^{-6} m^3 mol^{-1}	b 10^{-6}m^{3}mol^{-1}	c K^3 m^3 mol^{-1}
He	2.19	59.84	14.00	0.0	0.040
H_2	20.01	− 5.06	20.96	− 43.59	0.504
O_2	151.09	+ 25.62	46.24	+ 4.208	48.0
CO_2	507.31	71.32	104.76	72.35	660.0
NH_3	242.48	170.31	34.15	191.13	4768.8

* Francis Weston Sears, *An Introduction to Thermodynamics, the Kinetic Theory of Gases, and Statistical Mechanics*, Addison-Wesley Publishing Co., Inc., Reading, Mass, 1950에 주어진 값들을 이용하여 계산하였다.

《질 문》

3. 1 이상 기체의 행동으로부터 벗어나게 하는 두 가지 종류의 분자간 상호 작용을 말하고, 또 이들이 압력에 미치는 효과의 방향을 말하라.

3. 2 기체 상 속의 물분자들 사이에는 분자간 인력이 작용한다. 이것을 나타내는 공통 현상에는 어떤 것이 있는가?

3. 3 동일한 값의 T와 $\bar{V}$에서는 O_2와 H_2O 중의 어느 것이 더 높은 압력을 나타내겠는가(계산은 하지 말고 표 3-1을 사용하라)?

3. 4 그림 3-6에서 액체와 기체를 분간할 수 있는 점 A와 C사이의 경로를 말하라.

3. 5 van der Waals 상수 a가 증가하면 어째서 임계 압력과 임계 온도가 증가해야 하는지 그 물리적 이유를 설명하라.

《연습 문제》

3. 1 0 °C, 1 atm에서 어떤 기체는 $Z = 1.00054$이다. 이 기체에 대한 b의 값을 계산하라.

3. 2 0 °C, 1 atm에서 $Z = 1.00054$이고 Boyle 온도가 107 K인 기체의 a와 b의 값을 계산하라(Z에 관한 식에서 처음 2항만 필요하다).

3. 3 물의 임계 상수는 374 °C, 22.1 MPa 및 0.0566 L/mole이다. a, b 및 R의 값을 계산하고 그 R의 값을 정확한 값과 비교하여 그 벗어남이 얼마나 되는가를 보아라. 또 이 a와 b의 값과 올바른 R의 값을 써서 임계 부피를 계산하고 그 결과를 정확한 값과 비교하라.

3. 4 Berthelot 식의 상수 a, b와 그 임계 상수와의 관계를 구하라.

3. 5 Dieterici 식의 상수 a, b와 그 임계 상수와의 관계를 구하라(이 식의 세 근이 서로 같다고 놓아도 답이 얻어지지 않는다는 것을 유의하라).

3. 6 에탄의 임계 온도는 32.3 °C이며, 임계 압력은 48.2 atm이다. 다음 사항을 이용하여 임계 부피를 계산하라.

a) 이상 기체의 법칙을 사용한다.

b) van der Waals 기체에 대하여는 $p_c\bar{V}_c/RT_c = \frac{3}{8}$이 성립한다고 하고 van der Waals의 식을 사용한다.

c) 수정된 Berthelot의 식을 사용한다.

d) 또 위의 결과를 실험치 0.139 L/mol과 비교하라.

3. 7 물의 증기 압력은 25 °C에서 23.8 Torr이며 100 °C에서는 760 Torr이다. 포화 수증기는 100 °C에서 보다 25 °C에서 이상 기체에 더 가까운 행동을 한다는 것을 van der Waals 식을 써서 증명하라.

3. 8 메탄의 압축 인자는 $Z = 1 + Bp + Cp^2 + Dp^3$으로 주어진다. p를 atm으로 나타내는 경우 상수의 값들은 다음과 같다.

T/K	B	C	D
200	-5.74×10^{-3}	6.86×10^{-6}	18.0×10^{-9}
1000	$+0.189 \times 10^{-6}$	0.275×10^{-6}	0.144×10^{-9}

이 두 온도에서 압력이 0으로부터 1000 atm이 되는 범위에 걸쳐서 Z의 값을 p에 대하여 도시하라.

3. 9 Beattie-Bridgeman식을 이용하여 300 °C와 200 atm에서의 암모니아의 몰부피를 계산하라.

3. 10 400 K와 100 atm에서 Beattie-Bridgeman식과 van der Waals식으로 계산한 이산화탄소의 몰부피를 비교하라.

3. 11 Beattie-Bridgeman식을 써서 O_2와 CO_2의 Boyle온도를 계산하라. 이 결과를 van der Waals식으로부터 구한 결과와 비교하라.

3. 12 a) 300 K에서는 몰부피가 얼마가 되어야 Beattie-Bridgeman식의 $p\bar{V}$에 대한 $1/\bar{V}^2$항의 기여가 $1/\bar{V}$항의 기여와 같게 되겠는가?

b) 이 몰부피에 맞먹는 압력은 얼마이겠는가?

3. 13 낮은 압력에서는 Berthelot식을 다음과 같이 쓸 수 있다.

$$\bar{V}=\frac{RT}{p}+b-\frac{a}{RT^2}$$

여기서 a와 b는 상수이다. 열팽창 계수 α를 T와 p만의 함수로 나타내라. 또 Boyle온도를 a, b 및 R의 함수로 나타내라.

3. 14 $T\alpha=1+T(\partial \ln Z/\partial T)_p$와 $p\kappa=1-p(\partial \ln Z/\partial p)_T$의 관계들이 성립함을 보여라.

3. 15 어떤 기체의 압축 인자를 $Z(p, T)$라고 하면 그 상태식은 $p\bar{V}/RT=Z$라고 적을 수 있다. 이것이 중력장에서의 기체의 분포식에 어떠한 영향을 주는 가를 나타내라. 또 분포를 나타내는 미분식으로부터 Z가 1보다 크면 이상 기체 보다 실제 기체 쪽이 더 넓은 분포를 나타내며, Z가 1보다 작을 때는 이와 반대로 됨을 증명하라. 또 $Z=1+Bp$이고 B는 온도의 함수일 경우 이 식을 적분하고 적분 상수를 구하여 분명한 꼴의 분포 함수를 구하라.

3. 16 높은 압력(작은 부피)에서 van der Waals의 식(3.13식)은 다음과 같은 꼴로 고쳐 쓸 수 있다.

$$\bar{V}=b+\frac{p}{a}\left(b+\frac{RT}{p}\right)\bar{V}^2-\frac{p}{a}\bar{V}^3$$

이 식에서 2차 및 3차 항을 제거하면 이 방정식의 가장 작은 근에 대한 1차 근사로서 $\bar{V}_0=b$를 얻게 된다. 이것은 액체의 부피를 나타낼 것이다. 2차 이상의 항에 대하여 이 $\bar{V}$의 근사치를 쓰면 액체의 부피에 대한 2차 근사치는 $\bar{V}=b+b^2RT/a$로 됨을 증명하라. 또한 이 식으로부터 van der Waals액체의 열팽창 계수에 대한 1차 근사는 $\alpha=bR/a$임을 증명하라.

3. 17 (3.8)식을 얻는 데 쓴 것과 같은 방법을 써서 Beattie-Bridgeman의 식에 대하여 표 3-4에 주어진 γ와 γ' 사이의 관계를 증명하라.

3. 18 van der Waals기체에 대한 Z-p 곡선의 기울기가($p=0$에서) 최대치를 갖게 되는 온도는 얼마인가? 또 그 최대 기울기의 값은 얼마인가?

4
기체의 구조

4.1 서 론

물리학과 화학의 목적은 관찰이 가능한 거시적인 계의 성질을 계의 구성 요소인 분자나 원자의 배열과 종류로서 설명하려는 데 있다. 우리들은 계의 구조를 가지고 그 성질을 설명해 보려는 것이다. 일단 계의 성질을 조사한 다음에는 원자나 분자의 단위로 이루어진 계의 모형을 생각하고 이 원자나 분자 사이의 상호 작용을 생각해 보아야 한다. 그리고 이 모형에다 역학이나 통계 역학의 법칙을 적용시켜서 이러한 이상적 계가 나타낼 성질을 예측해 보아야 한다. 만일 예상되는 성질들이 관찰되는 성질과 잘 맞는다면 그 모형은 좋은 것이다. 한편 예상되는 성질이 관찰되는 성질과 거의 또는 전혀 일치하지 않는다면 그러한 모형은 좋지 않은 것이다. 계의 이러한 이상적 모형은 만족할만한 예상치를 줄 때까지 개량할 수도 있고 다른 모형으로 바꾸어 줄 수도 있다.

구조상으로 볼 때 기체는 자연계에 존재하는 가장 간단한 물질이며 따라서 간단한 모형과 초보적인 계산으로서도 실험과 잘 맞는 결과를 얻을 수 있다. 기체 운동론은 물리학에서 이론과 실험 사이의 관계를 깨끗하게 설명해 주는 중요한 예이며 물질의 성질과 구조 사이의 관계를 연결시켜 주는 방법의 예이기도 하다.

4.2 기체의 운동론; 기본 가정

기체 운동론에서 사용되는 모형은 기체의 구조에 관한 다음과 같은 세 가지 기본적 가정으로 나타낼 수 있다.

1. 기체는 매우 많은 수의 미소한 알맹이(원자 또는 분자)로 되어 있다.
2. 힘의 장이 존재하지 않을 때는 이들 알맹이가 직선 운동을 한다(즉, Newton의 운동 제1법칙을 따른다).
3. 이들 알맹이는 서로 종종 상호 작용(예로서 충돌)을 한다.

이 가정외에 두 분자가 충돌할 때는 충돌 전과 충돌 후에 전체 운동 에너지가 변하지 않는다고 생각한다. 이러한 종류의 충돌을 탄성 충돌이라고 한다.

기체는 운동하고 있는 매우 많은 수의 알맹이로 이루어져 있다고 하면 알맹이의 운동이 완전히 무작정하거나 무질서할 것이다. 알맹이들은 모든 방향으로 어떤 것은 빠르게 또 다른 것은 느리게 다양한 속력을 갖고 운동한다. 설혹 운동이 질서정연하였다고 하더라도(예컨대 직육면체 상자 속에 들어 있는 모든 알맹이가 정확하게 평행한 행로에서 운동하고 있는 경우) 그러한

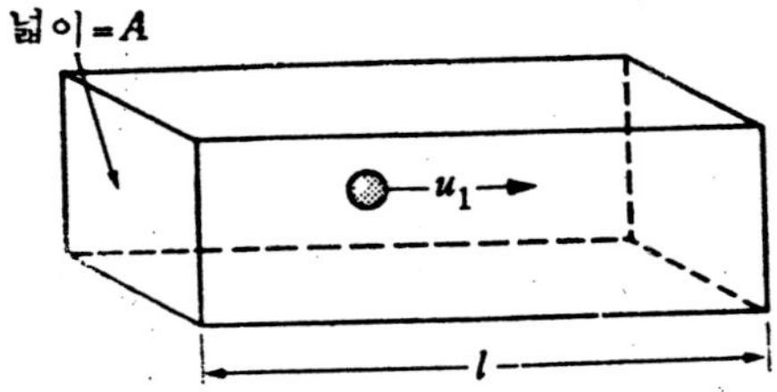

그림 4-1

상태가 오래 가지는 못할 것이다. 상자의 기벽에 미소한 불규칙성이 있게 되면 약간의 알맹이가 그 행로로부터 벗어나게 될 것이다. 그리고 이와 같이 행로를 벗어난 알맹이는 다른 알맹이를 빗나가게 할 것이며 이러한 과정이 연달아 일어날 것이다. 따라서 분명히 이 운동은 얼마 안가서 무질서하게 되고 말 것이다.

4.3 기체 압력의 계산

알맹이가 기벽과 충돌하여 되튕겨져 나온다면 충돌하는 순간 기벽에 힘이 작용할 것이다. 이 힘을 기벽의 면적으로 나누어 주면 알맹이의 충돌에 의해서 벽에 미쳐지는 순간적 압력이 나올 것이다. 많은 알맹이의 충돌로 인해서 벽에 미쳐지는 힘을 계산하면 기체에 의한 압력을 구할 수 있다.

길이가 l 이고 단면적이 A인 직육면체 상자를 생각하자(그림 4-1). 이 상자 속에는 상자의 길이 방향에 평행하게 u_1이라는 속도로 운동하는 질량 m인 알맹이 한 개가 들어 있다. 알맹이가 상자의 오른쪽 끝을 때리면 되튀어 나와 $-u_1$인 속도를 가지고 반대 방향으로 진행한다. 얼마 후에 이 알맹이는 오른쪽 벽으로 다시 되돌아 와서 충돌하고 이것이 계속해서 반복된다. 이러한 단일 알맹이의 충돌을 알아내기에 충분한 감도 높은 압력계를 기벽에 장치해 놓으면 이 압력계에 나타나는 압력이 그림 4-2(a)에 나타낸 바와 같이 시간에 따라 변할 것이다. 이 그림에서 두 봉우리 사이의 시간 간격은 알맹이가 상자의 길이를 가로질러 왕복하는 데 걸리는 시간이 되며, 따라서 이것은 진행 거리를 속력으로 나눈 값, $2l/u_1$이 된다. 만일 보다 더 빠른 속도로 평행 행로를 진행하는 같은 질량을 가진 제 2의 알맹이를 상자 속에 또 넣어주면 압력계의 압력은 그림 4-2(b)에 나타낸 것과 같이 나타날 것이다.

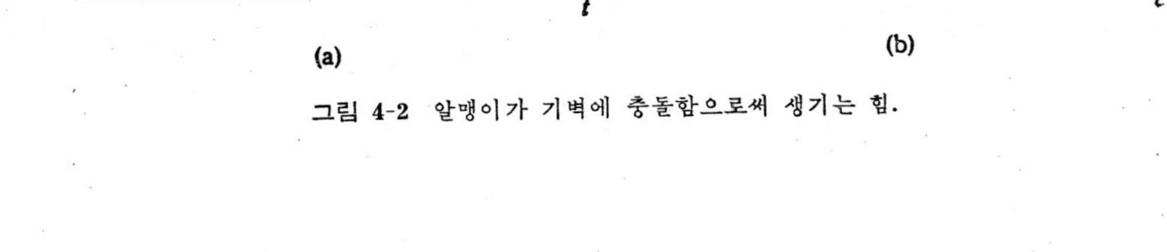

그림 4-2 알맹이가 기벽에 충돌함으로써 생기는 힘.

실제로 개개 분자의 충돌에 감응할 수 있는 압력계는 존재하지 않는다. 어떠한 실험실 상태에서나 압력계가 나타내는 압력은 막대한 수의 분자가 충돌함으로써 나타나는 단위 면적당의 힘의 평균치인 것이다.

이 압력의 평균치를 계산하려면 우선 Newton의 운동의 제 2 법칙으로부터 출발해야 한다. 즉,

$$F = ma = m\frac{du}{dt} = \frac{d(mu)}{dt} \tag{4.1}$$

여기서 F는 질량이 m인 알맹이에 작용하는 힘, a는 알맹이의 가속도, 그리고 u는 그 속도이다. (4.1)식에 의하면 알맹이의 작용하는 힘은 단위 시간당의 운동량의 변화와 같다. 벽에 작용하는 힘은 이 힘과 크기가 같고 부호가 반대이다. 그림 4-1에 나타낸 알맹이의 경우 충돌 전의 운동량은 mu_1이며, 한편 충돌 후의 운동량은 $-mu_1$이다. 그러므로 충돌로 인한 운동량의 변화는 충돌 후의 운동량으로부터 충돌 전의 운동량을 빼 준 차와 같으며 따라서 $(-mu_1)-mu_1 = -2mu_1$이다. 단위 시간 동안에 생기는 운동량의 변화량은 한 번 충돌에 의한 운동량의 변화량에다 1초 동안에 알맹이가 기벽과 충돌하는 회수를 곱한 것과 같다. 충돌과 충돌 사이의 시간은 거리 $2l$을 이동하는 시간과 같으므로 $t=2l/u_1$이 된다. 따라서 1초 사이의 충돌 회수는 $u_1/2l$이 된다. 그리하여 1초 동안에 운동량은 $-2mu_1(u_1/2l)$ 만큼 변한다. 따라서 알맹이에 작용하는 힘은 $F = -mu_1^2/l$이 되며 벽에 작용하는 힘은 $F_w = +mu_1^2/l$이 된다. 그런데 p'은 F_w/A이다. 따라서,

$$p' = mu_1^2/Al = mu_1^2/V \tag{4.2}$$

여기서 V는 상자의 부피로서 $Al = V$이다.

(4.2)식은 알맹이 1개만에 의해서 생기는 압력 p'을 준다. 만일 속력이 각각 u_2, u_3, … 이고 상자의 길이에 평행하게 진행하는 알맹이들이 더 많이 들어 있다면 그 전체의 힘, 즉 전체 압력 p는 각 알맹이에 의해서 생기는 힘의 합이 될 것이다. 즉,

$$p = (m/V)(u_1^2 + u_2^2 + u_3^2 + \cdots) \tag{4.3}$$

평균 제곱 속도 $\langle u^2 \rangle$는 다음과 같이 정의된다.

$$\langle u^2 \rangle = (u_1^2 + u_2^2 + u_3^2 + \cdots)/N \tag{4.4}$$

여기서 N은 상자에 들어 있는 알맹이의 총수이다. (4.3)식 속에 들어 있는 것이 바로 이 평균 제곱 속도이다. (4.3)식에 (4.4)식을 넣어 주면 **1차원 기체***의 압력에 대한 최종식을 얻게 된다.

$$p = Nm\langle u^2 \rangle / V \tag{4.5}$$

(4.5)식을 사용하기 전에 우선 충돌과 운동 방향의 차로 말미암아 어떤 효과가 나타나는가를 보기 위하여 이 유도 과정을 검토해 볼 필요가 있다.

충돌의 효과는 쉽게 알아볼 수 있다. 위에서 알맹이들은 전부 평행한 행로를 운동한다고 가정하였었다. 만일 두 알맹이가 같은 속도 u를 갖는다면 그림 4-3(a)에서와 같은 경우가 나타날 것이다. 또 만일 두 알맹이가 동일한 행로를 진행한다고 하면 그림 4-3(b)와 같은 경우가 나타날 것이다. 후자의 경우에는 분자가 서로 충돌하고 반발할 것이다. 그러면 그 중 한 분자는 절

* 1차원 기체는 모든 분자가 한 방향(또는 그 역방향)으로만 운동한다고 상상되는 기체이다.

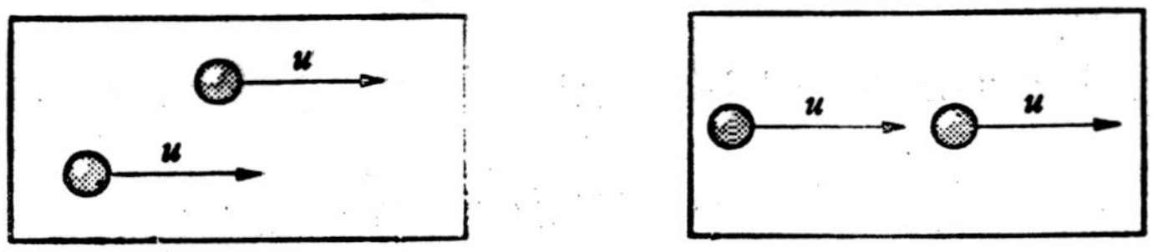

(a) (b)

그림 4-3

때로 오른쪽 벽을 때리지 못할 것이며 따라서 그곳에다 운동량을 전달할 수 없을 것이다. 그러나 또 하나의 다른 분자는 평행 행로의 경우의 2배 만큼의 회수로 오른쪽 벽을 때린다. 그러므로 주어진 시간 동안에 벽에 옮겨지는 운동량은 알맹이가 평행 행로를 진행하든가 또는 동일한 행로를 진행하든가에 관계되지 않는다. 따라서 기체 분자 사이의 충돌은 (4.5)식의 결과에 아무 영향도 주지 않는다고 결론 지을 수 있다. 또한 두 분자가 다른 속도로 운동하더라도 그 결과는 마찬가지가 될 것이다. 위의 사실은 흡사 불을 끄는 물통 부대에다 비유할 수 있다. 즉, 이 부대가 두 사람으로 되어 있을 경우, 그 중 한 사람이 화재 장소와 우물의 중간에서 물통을 다른 한 사람에게 항상 전달해 주거나 또는 각자가 전체 거리를 왔다갔다 하거나에 관계없이 단위 시간당 똑같은 양의 물이 화재 장소에 도착할 것이다.

처음에 가정한 바와는 달리 분자들은 전부가 동일한 방향으로 진행하지 않고 서로 다른 방향으로 진행하고 있기 때문에 결과가 크게 달라진다. 즉, 이 때는 평균적으로 $\frac{1}{3}$에 해당하는 분자들만이 세 방향 중의 각 한 방향으로 운동한다고 어림잡을 수 있으며, 따라서 (4.5)식 중의 N은 $\frac{1}{3}N$으로 바꾸어 놓아야 한다. 따라서 위의 식이 다음과 같이 된다.

$$p = \frac{\frac{1}{3}Nm\langle u^2\rangle}{V} \tag{4.6}$$

이와 같이 간단하게 어림잡더라도 올바른 결과가 나오기는 하지만 그 이유는 이러한 어림을 잡는 이유보다는 훨씬 더 복잡하다. 방향에 의한 효과를 보다 더 자세히 이해하기 위하여 (4.6)식을 다른 방법으로 유도해 보기로 하자.

알맹이의 속도 벡터 c는 벽에 수직한 성분 u와 두 접선 방향의 성분 v와 w로 분해할 수 있다. 그림 4-4에서와 같이 한 알맹이가 어떤 임의의 각도로 벽을 때리고 튀어나간다고 생각하자. 충돌에 의해서 반전되는 속도 성분은 수직 성분 u뿐이다. 접선 방향의 성분 v는 충돌에 의해서 방향과 크기가 변하지 않는다. 그림 4-4에는 표시되지 않았지만 제 2의 접선 방향 성분 w도 마찬가지이다. 문제는 수직 성분만이 반전되므로 벽과 한 번 충돌할 때마다 운동량은 $-2mu$만큼씩 변하며 1초마다 충돌하는 수는 $u/2l$가 된다. 그러므로 (4.5)식은 다음과 같이 쓰고

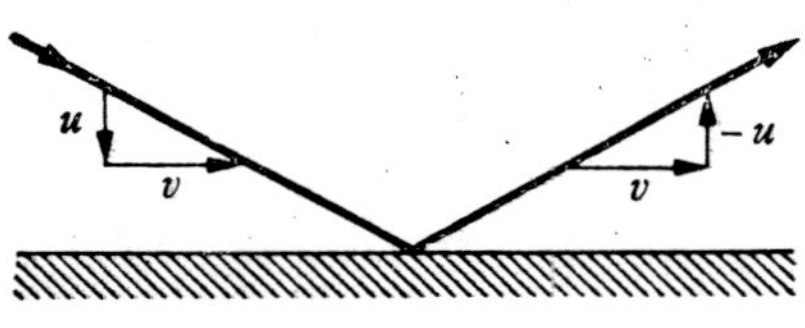

그림 4-4 속도의 수직 성분이 벽에서 반전된다.

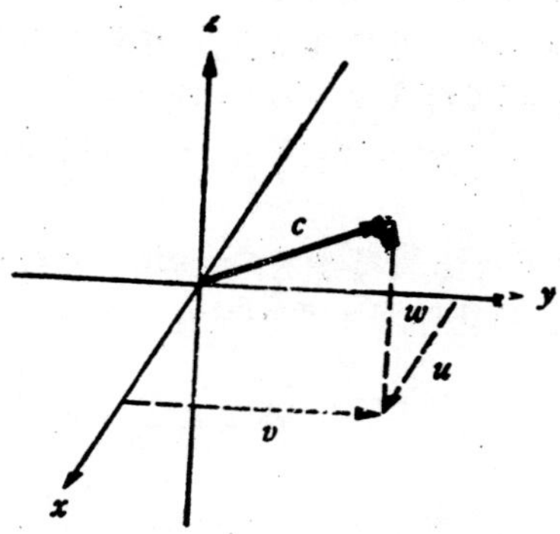

그림 4-5 속도 벡터의 성분.

$\langle u^2 \rangle$는 속도의 수직 성분의 제곱 평균치라고 해석하면 된다.

$$p = \frac{Nm\langle u^2 \rangle}{V} \tag{4.7}$$

그림 4-5에서와 같이 3개의 성분을 x, y, z축에다 잡으면 속도 벡터의 제곱은 다음과 같이 각 성분의 제곱을 합한 것과 같게 된다.

$$c^2 = u^2 + v^2 + w^2 \tag{4.8}$$

모든 분자 마다 그 속도 성분은 전부 다르므로 (4.8)식의 우변의 각 항들은 각각 다른 값을 갖는다. 그러나 (4.8)식은 모든 분자에 관해서 평균할 수 있으므로 다음 식을 얻을 수 있다.

$$\langle c^2 \rangle = \langle u^2 \rangle + \langle v^2 \rangle + \langle w^2 \rangle \tag{4.9}$$

일단 모든 분자에 관해서 평균을 한 다음에는 세 방향 중의 어느 하나를 임의로 택하더라도 상관 없을 것이다. 그러므로 $\langle u^2 \rangle = \langle v^2 \rangle = \langle w^2 \rangle$이라고 볼 수 있다. (4.9)식에 이것을 대입하면 다음과 같이 된다.

$$\langle u^2 \rangle = \frac{1}{3}\langle c^2 \rangle \tag{4.10}$$

x-방향을 벽에 수직한 방향으로 취하면 (4.10)식의 $\langle u^2 \rangle$을 (4.7)식에 넣어서 다음과 같은 압력에 관한 정확한 식을 얻을 수 있다.

$$p = \frac{\frac{1}{3}Nm\langle c^2 \rangle}{V} \tag{4.11}$$

이 식은 어림잡아서 구한 (4.6)식과 동일하다. (4.6)식을 유도할 때는 v와 w가 영이었으므로 (4.6)식에서는 $u = c$였음을 알아두기 바란다.

임의의 분자의 운동 에너지는 $\epsilon = \frac{1}{2}mc^2$이다. 이 식의 양변을 전체 분자에 관해서 평균하여 주면 $\langle \epsilon \rangle = \frac{1}{2}m\langle c^2 \rangle$이 된다. (4.11)식에 이 식을 대입하면 $p = \frac{2}{3}N\langle \epsilon \rangle / V$가 된다. 즉,

$$pV = \frac{2}{3}N\langle \epsilon \rangle \tag{4.12}$$

(4.12)식이 이상 기체의 법칙과 아주 비슷하다는 사실은 고무적인 것이다. 그러므로 부피가 (4.12)식에서와 같은 모양으로 나타나는 이유를 조사해 보자. 그림 4-1에서 만일 용기가 약간 길게 되면 부피가 조금 증가한다. 만일 알맹이의 속도가 동일하다 하면 알맹이가 벽 사이를 왕복하는 데 더 긴 시간이 걸릴 것이며 따라서 벽과 충돌하는 회수가 적어지고 벽에 미치는 압력이 감소할 것이다. 이와같이 부피가 증가하면 어떤 주어진 시간 동안에 벽과 충돌하는 회수가 적게 되어 압력이 감소한다.

그러면 (4.12)식을 이상 기체의 법칙인 $pV=nRT$와 비교하여 보자. 따라서 (4.12)식이 이상 기체를 표시한다면 다음과 같은 관계가 성립해야 한다.

$$nRT=\frac{2}{3}N\langle\epsilon\rangle$$

그런데 N_A를 Avogadro수라고 하면 n과 N 사이에는 $n=N/N_A$의 관계가 성립하므로 다음과 같이 된다.

$$RT=\frac{2}{3}N_A\langle\epsilon\rangle \tag{4.13}$$

1 mol의 기체 분자가 무작정 운동을 할 때 그 기체의 전체 운동 에너지를 U라고 하면 $U=N_A\langle\epsilon\rangle$이 된다. 따라서

$$U=\frac{3}{2}RT \tag{4.14}$$

(4.14)식은 운동론의 가장 매혹적인 성과의 하나이며, 이것으로서 온도를 해석할 수가 있다. 즉, 이 식에 의하면 무작정 운동을 할 때의 운동 에너지는 절대 온도에 비례한다. 이러한 이유 때문에 무작정한, 즉 무질서한 운동을 흔히 분자의 열운동이라고 부른다. 절대 영도에서 이 열 운동은 완전히 멈춘다. 따라서 온도는 무질서한 운동의 평균 운동 에너지의 크기를 나타내는 것이다. 온도를 분자 1개의 운동 에너지와 관련시킬 수는 없으며, 오직 막대한 수의 분자의 평균 운동 에너지와 관련시킬 수 있을 뿐이다. 즉, 온도는 일종의 통계적 개념이다. (4.13)식에 나온 것은 ϵ가 아니라 $\langle\epsilon\rangle$이다. 1개의 분자나 또는 몇몇 개의 분자로 이루어진 계는 정확히 말하면 온도를 가질 수 없을 것이다.

이상 기체의 법칙이 개개 기체의 특성을 전혀 포함하지 않는다는 사실은 온도가 같을 경우 모든 기체가 똑같은 평균 운동 에너지를 갖는다는 것을 의미한다. 서로 다른 두 기체에다 (4.13)식을 적용하면 $\frac{3}{2}RT=N_A\langle\epsilon_1\rangle$ 및 $\frac{3}{2}RT=N_A\langle\epsilon_2\rangle$로 되며 따라서 $\langle\epsilon_1\rangle=\langle\epsilon_2\rangle$ 또는 $\frac{1}{2}m_1\langle c_1^2\rangle=\frac{1}{2}m_2\langle c_2^2\rangle$으로 된다. 근 평균 제곱 속력 c_{rms}는 다음 식으로 정의된다.

$$c_{rms}=\sqrt{\langle c^2\rangle} \tag{4.15}$$

질량이 서로 다른 두 분자의 근 평균 제곱 속력의 비는 그들 질량의 역비의 제곱근과 같다.

$$\frac{(c_{rms})_1}{(c_{rms})_2}=\sqrt{\frac{m_2}{m_1}}=\sqrt{\frac{M_2}{M_1}} \tag{4.16}$$

여기서 $M=N_Am$은 몰질량이다. 보다 무거운 기체일수록 보다 더 작은 근 평균 제곱(rms) 속력을 갖는다.

어떤 기체의 rms 속력은 (4.13)식과 $\bar{\epsilon} = \frac{1}{2}m\langle c^2\rangle$을 써서 계산할 수 있다. 즉, $RT = \frac{2}{3}N_A\frac{1}{2}m\langle c^2\rangle$ 또는 $\langle c^2\rangle = 3RT/M$가 된다. 즉,

$$c_{rms} = \sqrt{3RT/M} \tag{4.17}$$

■ 보기 4.1 $M_1 = 2$g/mol인 수소와 $M_2 = 32$ g/mol인 산소를 비교하면 다음과 같이 된다.

$$(c_{rms})_{H_2} = (c_{rms})_{O_2}\sqrt{\frac{32}{2}} = 4(c_{rms})_{O_2}$$

어떤 온도에서나 수소는 산소보다 4배의 rms 속력을 갖는다. 그러나 이들의 평균 운동 에너지는 똑같다.

■ 보기 4.2 20°C의 산소에 대해서는 $T = 293$ K이고 $M = 0.0320$ kg/mol이므로 다음과 같은 결과가 나온다.

$$c_{rms} = \sqrt{\frac{3(8.314\ \mathrm{J\,K^{-1}mol^{-1}})(293\ \mathrm{K})}{0.0320\ \mathrm{kg\,mol^{-1}}}} = \sqrt{22.8 \times 10^4 \mathrm{m^2/s^2}} = 478\ \mathrm{m/s} = 1720\ \mathrm{km/hr}$$

이 마지막 수치는 분자 속력이 얼마나 큰가를 잘 나타내 주고 있다.

실온에서 분자의 속력은 일반적으로 300으로부터 500 m/sec 사이의 범위에 있다. 수소는 질량이 작기 때문에 유별나게 크며 rms 속력은 약 1900 m/sec이다.

4.4 Dalton의 부분 압력의 법칙

혼합 기체가 나타내는 전체 압력은 각종 분자가 용기 벽에 충돌함으로써 생긴 단위 면적당의 힘의 합이다. 각 종류의 분자가 전체 압력에 기여하는 정도는 (4.11)식과 같은 식으로 주어진다. 따라서 혼합 기체의 전체 압력은 다음과 같이 된다.

$$p = \frac{N_1m_1\langle c_1^2\rangle}{3V} + \frac{N_2m_2\langle c_2^2\rangle}{3V} + \frac{N_3m_3\langle c_3^2\rangle}{3V} + \cdots \tag{4.18}$$

또는

$$p = p_1 + p_2 + p_3 + \cdots \tag{4.19}$$

여기서 $p_1 = N_1m_1\langle c_1^2\rangle/3V$, $p_2 = N_2m_2\langle c_2^2\rangle/3V$, ⋯이다. 따라서 Dalton의 법칙은 기체 분자 운동론으로부터 직접 나온 결과이다.

4.5 분포와 분포 함수

중력장에서의 분자의 분포에 관해서는 이미 설명하였다. 그리고 압력은 높이가 증가함에 따라 규칙적으로 감소한다는 결과를 얻었었다. 이 결과는 매입방센티미터 속에 들어 있는 분자의 수가 낮은 곳에서 보다는 높은 곳에서 더 적어지도록 분포된다는 것을 뜻한다. 이 사실을 나타낸 것이 분포 함수이다. 그리고 이러한 공간 좌표 상의 분포를 공간 분포라고 한다. 기체 운동론에서는 얼마 만큼의 분자가 주어진 범위 내의 속도를 가지는가를 나타내는 속도 분포를 아는 것이 중요하다. 이 속도 분포 함수를 다음 절에서 유도하려는 것이다. 이 문제를 다루기 전에

분포에 관한 몇 가지 중요한 개념을 설명하면 도움이 될 것이다.

우선 첫째 분포라 함은 사물의 한무리를 여러 등급으로 분할하는 것이다. 가령 1000개의 볼베아링과 5개의 상자가 있고 이들 상자 속에다 우리가 원하는 어느 특정한 방법으로 볼베아링을 넣었다고 하면 그 결과가 바로 분포이다. 만일 미국의 인구를 연령에 따라 여러 등급으로 나눈다면 그 결과는 연령 분포이다. 이런 분포는 얼마 만큼의 사람들이 0~20세, 21~40세, 41~60세 사이에 있는가를 나타낸다. 인구를 개인별 저축 금액 또는 전당포에서 채용한 금액에 따라 여러 등급으로 나눌 수도 있다. 이런 분류는 중요성이 크건 작건 각각 하나의 분포를 이룬다.

다음으로 분포는 평균치를 계산하는 데 사용된다. 위에서 말한 분포로부터 우리는 미국인의 평균 연령이라든지, 개인당의 평균 저축 금액이라든지 또는 전당포에서 채용한 평균 금액을 계산할 수 있을 것이다. 이들 평균치가 상당한 정확도를 갖게 하려면 분류 간격의 폭을 선정하는데 주의하지 않으면 안 된다. 즉, 이 간격은 좁게 잡아야 하지만 지나치게 좁게는 잡지 말아야 한다. 연령 분포를 생각해 보자. 간격은 폭으로서 100년을 택한다는 것은 분명히 무의미하다. 이렇게 되면 본질적으로 어떤 무리라도 모두 한 간격 속에 들어가며 따라서 이 무리들은 전혀 분류가 되지 않는다. 그러므로 분류 간격의 폭을 더 좁게 잡아야 한다. 한편 반대로 간격의 폭을 예컨대 1일 정도로 대단히 좁게 잡으면, 10인 정도로 된 작은 집단에서는 10개의 간격에 한 사람씩이 들어가고 그 이외의 모든 간격에는 한 사람도 들어가지 않을 것이다. 큰 집단에 대하여는 그와 같은 세밀한 분포를 기록하는 데만도 막대한 시간이 걸릴 것이다. 뿐만 아니라 정보를 수집한 날짜가 달라지면 전체의 분포가 한쪽으로 밀려가게 될 것이다. 따라서 분포를 시킬 때는 간격의 폭을 충분히 넓게 잡아서 불필요한 명세가 고르게 매만져지도록 해야 함은 물론이지만, 분포의 특색을 충분히 나타내고 뜻있는 평균치를 나타내게 하기 위해서는 어느 정도 좁게 잡아야 한다.

4.6 Maxwell 분포

용기 속에 들어 있는 기체 분자는 그 속에서 저마다 서로 다른 속력을 가지고 여러 방향으로 움직이고 있다. 즉, 분자의 운동은 완전히 무작정이라고 가정한다. 그리하여 방향에는 관계 없이 진행 속력이 c와 $c+dc$ 사이에 있는 분자를 발견할 확률은 얼마냐 라는 문제를 생각해 보기로 하자.

이 문제는 보다 더 간단한 문제로 나누어 생각할 수 있으며, 이 간단한 문제들의 해를 결합시켜서 전체 해를 구할 수 있다. 즉, 우선 u, v 및 w가 각각 x, y 및 z방향에 대한 속도 성분을 나타낸다고 하자. 그리고 dn_u는 x성분의 속도가 u와 $u+du$의 범위에 있는 분자의 수라고 하자. 그러면 이와 같은 분자를 발견할 확률은 정의에 따라 dn_u/N이다. 여기서 N은 용기 속에 들어있는 전체 분자수이다. 속도 간격의 폭 du가 작은 경우, 그 폭을 2배로 하면 그 속도폭 속에 들어 있는 분자수도 2배가 되리라고 기대하여도 무리는 없다. 그러므로 dn_u/N은 du에 비례한다. 따라서 다음과 같이 쓸 수 있다.

$$dn_u/N = f(u^2)du \tag{4.20}$$

여기서 함수 $f(u^2)$이 어떠한 수식으로 주어지는 가는 아직 미정이다.*

* (4.20)식을 이와 같은 꼴로 쓴다는 것은 확률 dn_u/N이 y나 z성분의 값인 v와 w에 조금도 의존하지 않는다는 것을 암암리에 가정하고 있다. 이 가정이 타당한 것이기는 하지만 여기서는 그 증명을 하지 않겠다.

여기서 이 함수가 단순히 u에 의존하지 않고 u^2에 의존하는 이유를 밝혀야겠다. 분자 운동은 무작정이기 때문에 u와 $u+du$ 사이의 x-성분을 갖는 분자를 발견할 확률은 $-u$와 $-(u+du)$사이의 x-성분을 갖는 분자를 발견할 확률과 같아야 할 것이다. 바꾸어 말하면 분자는 어떤 속력으로 동쪽으로 가는 기회와 똑같은 속력으로 서쪽으로 가는 기회가 서로 동일하다. 만일 방향이 관계된다면 그 운동을 무작정이라고 말할 수 없을 것이며 기체의 전체 질량은 어느 한 방향으로의 실효 속도를 가질 것이다. 이러한 대칭성 때문에 $f(u)$ 대신에 $f(u^2)$을 택해야 하는 것이다. 마찬가지로 속도의 y-축 성분이 v와 $v+dv$ 사이의 값을 갖는 분자수를 dn_v라고 하면 v와 $v+dv$ 사이의 y-축 성분을 갖는 분자를 발견할 확률은 다음 식으로 주어진다.

$$dn_v/N = f(v^2)dv \tag{4.21}$$

여기서 함수 $f(v^2)$는 (4.20)식 중의 함수 $f(u^2)$와 똑같은 꼴이 되어야 할 것이다. 즉, 분포의 무작정성으로 말미암아 한 방향만이 다른 것과 달라질 수 없으므로 이들 함수는 같은 꼴을 가져야만 한다.* 마찬가지로 z-성분에 대해서는 다음과 같이 된다.

$$dn_w/N = f(w^2)dw \tag{4.22}$$

조금 더 복잡한 문제로서, x-축 성분의 값이 u와 $u+du$ 사이에 있고 y-축 성분의 값이 v와 $v+dv$ 사이에 있는 분자를 발견할 확률은 얼마나 되겠느냐 라는 문제를 생각하여 보기로 하자. 이 조건을 만족시키는 분자의 수를 dn_{uv}라고 하자. 그러면 그와 같은 분자를 발견할 확률은 정의에 따라 dn_{uv}/N이며 이것은 위의 두 조건을 따로따로 만족시키는 분자를 발견할 확률의 곱과 같다. 즉, $dn_{uv}/N = (dn_u/N)(dn_v/N)$이 되어야 한다. 즉,

$$dn_{uv}/N = f(u^2)\,f(v^2)du\,dv \tag{4.23}$$

그림 4-6은 (4.20)식, (4.21)식 및 (4.23)식의 뜻을 나타낸다. 각 분자에 대한 u와 v의 값은 그림 4-6과 같은 u-v좌표계에서 한 점으로 표시된다. 서로 다른 두 분자가 똑같은 점으로 표시되는 경우도 있을지 모르나 이것은 문제가 안 된다. 다만 여기서 중요한 것은 모든 분자가 이와같이 한 점으로 표시된다는 사실이다. 따라서 점의 수는 용기 속에 들어 있는 분자의 총수 N과 같다. 그러면 속도의 x-축 성분이 u와 $u+du$ 사이에 있는 분자의 수는 u에서 du인

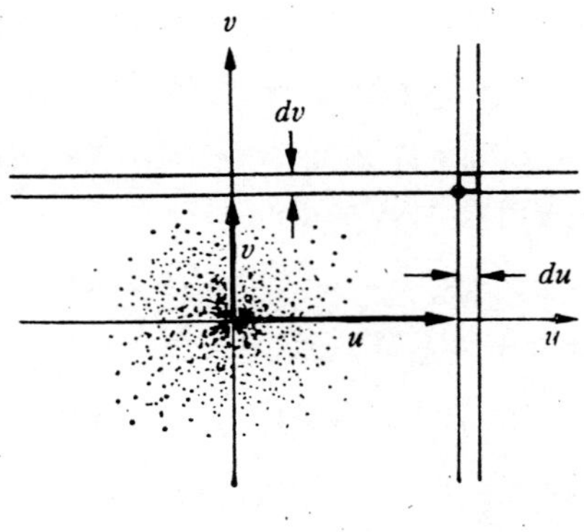

그림 4-6 2차원의 속도 공간.

* 여기서는 중력장과같은 특정한 방향으로 작용하는 힘의 장이 없다고 가정한다.

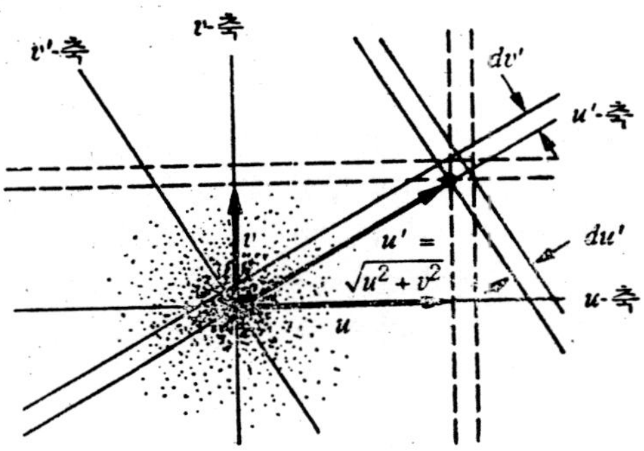

그림 4-7 2개의 서로 다른 좌표계를 써서 나타낸 2차원 속도 공간.

폭을 갖는 수직 소편 속에 들어 있는 점의 수와 같아야 한다. 이 수가 바로 dn_u이며 (4.20)식에 의하여 $Nf(u^2)\,du$와 같다. 마찬가지로 v에서 dv인 폭을 갖는 수평 소편 속에 들어 있는 점의 수는 속도의 y-축 성분이 v와 $v+dv$ 사이에 있는 분자수와 같다. 양쪽 조건을 동시에 만족시키는 분자수는 수직 소편과 수평 소편이 교차해서 만들어진 작은 직사각형 속에 들어 있는 점의 수와 같다. (4.23)식에 의하여 이 분자수가 바로 $dn_{uv}=Nf(u^2)f(v^2)\,du\,dv$이다. 위치 $(u,\ v)$에 있는 점의 밀도는 dn_{uv}를 작은 직사각형의 면적 $du\,dv$로 나눈 것과 같다. 즉,

$$(u,\ v)\text{에서의 점밀도} = dn_{uv}/du\,dv = Nf(u^2)\,f(v^2) \tag{4.24}$$

함수 $f(u^2)$이 어떤 꼴로 주어지는 가를 알기 위하여 이 위치를 그림 4-7에서와 같이 새로운 좌표축 u'과 v'으로서 나타내 보자. 새 좌표계에서는 속도 범위가 du'과 dv'으로 된다. 면적 $du'dv'$ 속에 들어 있는 점의 수는 $dn_{u'v'}=Nf(u'^2)\,f(v'^2)$으로 주어지며 위치 $(u',\ v')$에서의 점의 밀도는 다음과 같다.

$$(u',\ v')\text{에서의 점밀도} = dn_{u'v'}/du'dv' = Nf(u'^2)\,f(v'^2) \tag{4.25}$$

그러나 위치 $(u',\ v')$은 위치 $(u,\ v)$와 동일하므로 그 곳에서의 점의 밀도는 사용한 좌표계에 관계없이 같아야 한다. 따라서 (4.24)식과 (4.25)식으로부터 다음 식을 얻게 된다.

$$Nf(u'^2)\,f(v'^2) = Nf(u^2)\,f(v^2) \tag{4.26}$$

처음 좌표계에서의 위치$(u,\ v)$는 제 2의 좌표계에서 $u'=(u^2+v^2)^{1/2}$, $v'=0$인 위치에 해당한다. (4.26)식에 이 관계를 대입하면 다음과 같이 된다.

$$f(u^2+v^2)\,f(0) = f(u^2)\,f(v^2)$$

$f(0)$는 일정하므로 $f(0)=A$라고 놓는다. 그러면,

$$A\,f(u^2+v^2) = f(u^2)\,f(v^2) \tag{4.27}$$

부록 I에 증명한 바와 같이 (4.27)식을 만족시키는 함수는 다음 두 가지 밖에 없다.

$$f(u^2) = A\,e^{\beta u^2} \quad \text{및} \quad f(u^2) = A\,e^{-\beta u^2}$$

여기서 β는 양의 상수이다. 이 중에서 물리적 뜻을 갖는 함수는 음의 지수를 갖는 것이어야 한

다. 즉,

$$f(u^2) = A\,e^{-\beta u^2} \qquad f(v^2) = A\,e^{-\beta v^2} \tag{4.28}$$

따라서 (4.20)식은 다음과 같이 된다.

$$\frac{dn_u}{N} = A\,e^{-\beta u^2}\,du \tag{4.29}$$

만일 양의 지수를 갖는 함수를 택할 것 같으면 (4.29)식에 의해서 속도 성분 u가 무한히 큰 분자를 발견할 확률이 무한히 크게 될 것이다. 이 경우에는 그 계가 무한히 큰 운동 에너지를 가져야 할 것이며 따라서 이것은 불가능하다. (4.29)식에서와 같이 음의 지수를 가지면 속도의 x 성분이 무한히 큰 분자를 발견할 확률이 영이 될 것이므로 이 식은 물리적 의미를 갖는다.

처음 부분에서 내건 문제가 해결된 것은 아니지만, 그래도 상당한 진전을 보았다. 이 시점에서 무엇이 이루어졌는가를 되돌아 보는 것이 좋겠다. 첫째로 속도의 x-축 성분이 u와 $u+du$ 사이에 있는 분자를 발견할 확률은 u와 그리고 그 폭인 du의 값에만 관계된다는 것을 가정하였다. 이 관계가 $dn_u/N = f(u^2)\,du$로서 (4.20)식에 표시된 것이다. 그리고 확률론을 기초로 한 지루하고 긴 논의의 결과 $f(u^2) = A\exp(-\beta u^2)$이라는 함수꼴을 유도하였다. 전체적으로 볼 때 가장 중요한 점은 무작정도의 개념을 사용한 것이다. 이 유도 과정은 완전히 수학적인 것으로서 운동이 무작정이고 또한 $u \to \infty$로 됨에 따라 $f(u^2)$이 유한한 값을 갖게 된다는 두 가지 물리적 가정만을 이용했을 뿐이다. 즉, 이 두 가지 가정에 의해서 분포 함수의 꼴이 완전히 정해진 것이다. 이러한 처리 방법이 성공함으로써 기체를 완전히 무작정하게 운동하는 분자의 집합체라고 보는 개념이 확실하게 되었다. 무작정한 운동 때문에 확률론을 사용하게 되었으며 그 결과로 얻어진 분포 함수 $A\exp(-\beta u^2)$은 정규 확률 곡선, 즉 오차에 관한 Gauss 곡선으로서 확률 이론에 자주 나오는 유명한 함수의 하나이다. 이 함수는 완전한 무작정 분포를 지배하는 일반 법칙이며 실험 측정의 무작정 오차는 어떤 종류의 것이건 모두 이 법칙에 따라 분포된다.

그러면 이제 처음 문제로 되돌아가서 분자 속도의 분포를 알아내고 분포 함수 중에 나오는 상수 A와 β를 구해 보기로 하자.

분자의 세 속도 성분이 동시적으로 u와 $u+du$ 사이, v와 $v+dv$ 사이 및 w와 $w+dw$ 사이에 있는 분자를 발견할 확률 dn_{uvw}/N는 개개의 확률의 곱, $dn_{uvw}/N = (dn_u/N)(dn_v/N)(dn_w/N)$로 주어진다. 즉,

$$dn_{uvw}/N = f(u^2)\,f(v^2)\,f(w^2)\,du\,dv\,dw$$

(4.28)식에 의해서 이 식은 다음과 같이 쓸 수 있다.

$$dn_{uvw}/N = A^3 e^{-\beta(u^2+v^2+w^2)}du\,dv\,dw \tag{4.30}$$

3차원 속도 공간*은 그림 4-8과 같이 나타낼 수 있다. 이 공간에서 1개의 분자는 속도의 세 성분 u, v, w로 정해지는 하나의 점으로 표시된다. 그리고 (u, v, w)에 있는 평행육면체 속에는 전체로서 dn_{uvw}개의 점이 들어 있다. 따라서 이 평행육면체 속의 점의 밀도는 다음과 같다.

$$(u,\ v,\ w)\text{에서의 점밀도} = dn_{uvw}/du\,dv\,dw = NA^3 e^{-\beta(u^2-v^2+w^2)} \tag{4.31}$$

여기서 마지막 등식은 (4.30)식을 이용해서 얻은 것이다. 그런데 $c^2 = u^2 + v^2 + w^2$[(4.8)식 및

* 그림 4-6과 그림 4-7은 2차원 속도 공간을 나타내는 것이다.

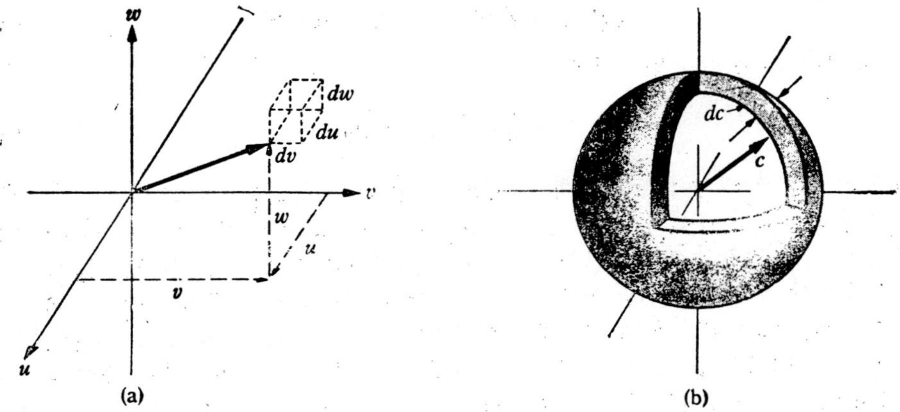

그림 4-8 (a) 3차원 속도 공간. (b) 구형의 껍질.

그림 4-5 참조]이므로 다음 식을 얻을 수 있다.

$$(u,\ v,\ w)\text{에서의 점밀도} = NA^3 e^{-\beta c^2} \tag{4.32}$$

(4.32)식의 우변은 상수, N, A, β 및 c^2에만 의존한다. 따라서 이것은 특정 방향의 속도 벡터에는 전혀 무관하며 다만 벡터의 길이, 즉 속력에만 의존한다. 그러므로 점의 밀도는 그림 4-8 (b)와 같은 속도 공간에서 반지름 c인 구면 위의 어느 곳에서나 같은 값을 갖는다.

그러면 이제 반지름이 c와 $c+dc$인 두 구면 사이의 구각 속에는 얼마 만큼의 점이 들어 있는가를 생각하여 보자. 이 점의 수 dn_c는 방향에 관계 없이 c와 $c+dc$ 사이의 속력을 갖는 분자의 수와 같을 것이다. 구각 속에 들어 있는 점의 수 dn_c는 반지름 c인 구면 위의 점밀도에다 구각의 부피를 곱한 것과 같다.

$$dn_c = \text{구면 위의 점밀도} \times \text{구각의 부피} \tag{4.33}$$

구각의 부피, dV_{shell}은 외부의 구와 내부의 구 사이의 부피로서 다음과 같다.

$$dV_{\text{shell}} = \frac{4\pi}{3}(c+dc)^3 - \frac{4\pi}{3}c^3 = \frac{4\pi}{3}[3c^2\,dc + 3c(dc)^2 + (dc)^3]$$

$(dc)^2$과 $(dc)^3$을 포함하는 우변의 항은 $dc \to 0$인 극한에서 dc보다 훨씬 빠르게 소멸하는 고차의 무한소이다. 이들 고차의 항을 생략해 버리면 $dV_{\text{shell}} = 4\pi c^2\,dc$를 얻을 수 있다. 이 결과와 (4.32)식을 (4.33)식에 넣어주면 다음 식이 나온다.

$$dn_c = 4\pi NA^3 e^{-\beta c^2} c^2\,dc \tag{4.34}$$

c와 $c+dc$ 사이의 속력을 갖는 분자의 수 dn_c는 N, c, dc와 상수인 A와 β에 관계된다. (4.34)식은 일종의 Maxwell 분포이며 또한 이 절 첫머리에서 내건 문제의 해이다. (4.34)식을 사용하려면 상수 A와 β를 구해야 한다.

★ 4.7 필요한 수학 지식

기체 운동론에서는 다음과 같은 형식의 적분을 풀어야 한다.

$$I_n(\beta)=\int_0^\infty x^{2n+1}e^{-\beta x^2}dx \qquad (\beta>0\,;\,n>-1) \tag{4.35}$$

$y=\beta x^2$ 이라고 놓으면 위의 적분은 다음과 같은 간단한 꼴로 된다.

$$I_n(\beta)=\frac{1}{2}\beta^{-(n+1)}\int_0^\infty y^n e^{-y}\,dy$$

그런데 계승 함수 $n!$은 다음 식으로 정의된다.

$$n!=\int_0^\infty y^n e^{-y}\,dy \quad (n>-1) \tag{4.36}$$

따라서

$$I_n(\beta)=\int_0^\infty x^{2n+1}e^{-\beta x^2}\,dx=\frac{1}{2}(n!)\beta^{-(n+1)} \tag{4.37}$$

보다 더 고차의 적분은 낮은 차수의 적분을 미분해서 구할 수 있다. 즉, (4.37)식을 β에 관하여 미분하면 다음과 같이 된다.

$$\frac{dI_n(\beta)}{d\beta}=-\int_0^\infty x^{2n+3}e^{-\beta x^2}dx=-\frac{1}{2}[(n+1)!]\beta^{-(n+2)}=-I_{n+1}(\beta)$$

또는

$$I_{n+1}(\beta)=-dI_n(\beta)/d\beta \tag{4.38}$$

일반적으로 이 식에 대해서는 다음과 같은 두 가지 경우를 생각할 수 있다.

경우 Ⅰ. n이 영이거나 양의 정수인 경우.

이 경우에는 (4.37)식을 직접 사용해도 아무 상관이 없다. 그리하여 가장 간단한 첫째 번 식은 다음과 같이 된다.

$$I_0(\beta)=\frac{1}{2}\beta^{-1}$$

그리고 다른 적분들은 (4.37)식으로부터 얻거나 또는 $I_0(\beta)$를 미분한 다음 (4.38)식을 써서 구할 수 있다.

경우 Ⅱ. $n=-\frac{1}{2}, \frac{1}{2}, \frac{3}{2}$ 즉, $n=m-\frac{1}{2}$로서 m이 영이거나 양의 정수인 경우.

이 경우도 (4.37)식을 직접 사용할 수 있지만 변수인 n의 값이 반정수가 되는 계승 함수의 값을 모르면 곤란할 것이다. 만일 $n=m-\frac{1}{2}$이면 이 함수가 다음과 같이 된다.

$$I_{m-\frac{1}{2}}(\beta)=\int_0^\infty x^{2m}e^{-\beta x^2}\,dx=\frac{1}{2}\Big[\Big(m-\frac{1}{2}\Big)!\Big]\beta^{-(m+\frac{1}{2})} \tag{4.39}$$

만일 $m=0$일 때는 다음과 같이 된다.

$$I_{-\frac{1}{2}}(\beta)=\int_0^\infty e^{-\beta x^2}\,dx=\beta^{-\frac{1}{2}}\int_0^\infty e^{-y^2}\,dy=\beta^{-\frac{1}{2}}I_{-\frac{1}{2}}(1) \tag{4.40}$$

여기서 둘째 번 식에서는 $x=\beta^{-\frac{1}{2}}y$를 사용하였다. 이 결과를 (4.39)식의 마지막 등식과 비교하면 다음 식이 나온다.

$$I_{-\frac{1}{2}}(1)=\int_0^\infty e^{-y^2}\,dy=\frac{1}{2}\left(-\frac{1}{2}\right)! \tag{4.41}$$

적분, $I_{-\frac{1}{2}}(1)$은 간단한 방법으로 계산할 수 없다. 이 적분을 구하려면 우선 이 적분을 다음과 같이 두 가지 꼴로 나타내야 한다.

$$I_{-\frac{1}{2}}(1)=\int_0^\infty e^{-x^2}\,dx \qquad \text{또는} \qquad I_{-\frac{1}{2}}(1)=\int_0^\infty e^{-y^2}\,dy$$

이 두 식을 서로 곱해주면 다음과 같이 된다.

$$I^2_{-\frac{1}{2}}(1)=\int_0^\infty\int_0^\infty e^{-(x^2+y^2)}\,dxdy$$

이 적분은 제 1 상한의 면적에 걸친 것이다. $r^2=x^2+y^2$ 으로 변수를 변환시키고 $dx\,dy$를 극좌표의 면적 요소 $r\,d\phi\,dr$로 바꾸어 놓는다. 제 1 상한 전체에 걸치도록 하려면 ϕ는 0으로부터 $\pi/2$까지 그리고 r은 0으로부터 ∞까지 적분해야 하며 따라서 이 적분은 다음과 같이 된다.

$$I^2_{-\frac{1}{2}}(1)=\int_0^{\pi/2}d\phi\int_0^\infty e^{-r^2}r\,dr=(\pi/2)\left(\frac{1}{2}\right)\int_0^\infty e^{-r^2}\,d(r^2)=(\pi/4)\int_0^\infty e^{-y}\,dy$$

여기서 마지막 적분은 1이므로 양변의 제곱근을 취하면 다음과 같이 된다.

$$I_{-\frac{1}{2}}(1)=\frac{1}{2}\sqrt{\pi} \tag{4.42}$$

(4.41)식과 (4.42)식을 비교하면 $\left(-\frac{1}{2}\right)!=\sqrt{\pi}$가 되므로 (4.40)식과 (4.42)식으로부터 다음 결과가 나온다.

$$I_{-\frac{1}{2}}(\beta)=\frac{1}{2}\sqrt{\pi}\;\beta^{-\frac{1}{2}}$$

이 식을 미분하고 (4.38)식을 이용하면 다음 결과를 얻을 수 있다.

$$I_{\frac{1}{2}}(\beta)=-dI_{-\frac{1}{2}}/d\beta=\frac{1}{2}\sqrt{\pi}\left(\frac{1}{2}\beta^{-3/2}\right)$$

$$I_{\frac{3}{2}}(\beta)=-dI_{\frac{1}{2}}/d\beta=\frac{1}{2}\sqrt{\pi}\left(\frac{1}{2}\cdot\frac{3}{2}\beta^{-5/2}\right)$$

이 과정을 되풀이 하면 최후로 다음 결과를 얻게 된다.

$$I_{m-\frac{1}{2}}(\beta)=\int_0^\infty x^{2m}e^{-\beta x^2}\,dx=\frac{1}{2}\sqrt{\pi}\,\frac{(2m)!}{2^{2m}m!}\beta^{-(m+\frac{1}{2})} \tag{4.43}$$

이 결과를 (4.39)식과 비교하면 다음과 같은 반정수의 계승에 대한 흥미 있는 결과를 얻을 수 있다.

$$\left(m-\frac{1}{2}\right)!=\sqrt{\pi}\,\frac{(2m)!}{2^{2m}m!} \tag{4.44}$$

표 4-1은 가장 보편적으로 사용되는 적분들을 수록한 것이다.

표 4-1 기체 운동론에서 나오는 적분.

(1) $\int_{-\infty}^{\infty} x^{2n} e^{-\beta x^2} dx = 2\int_0^{\infty} x^{2n} e^{-\beta x^2} dx$	(6) $\int_{-\infty}^{\infty} x^{2n+1} e^{-\beta x^2} dx = 0$
(2) $\int_0^{\infty} e^{-\beta x^2} dx = \frac{1}{2}\sqrt{\pi}\,\beta^{-1/2}$	(7) $\int_0^{\infty} x\, e^{-\beta x^2} dx = \frac{1}{2}\beta^{-1}$
(3) $\int_0^{\infty} x^2 e^{-\beta x^2} dx = \frac{1}{2}\sqrt{\pi}\,\frac{1}{2}\beta^{-3/2}$	(8) $\int_0^{\infty} x^3 e^{-\beta x^2} dx = \frac{1}{2}\beta^{-2}$
(4) $\int_0^{\infty} x^4 e^{-\beta x^2} dx = \frac{1}{2}\sqrt{\pi}\,\frac{3}{4}\beta^{-5/2}$	(9) $\int_0^{\infty} x^5 e^{-\beta x^2} dx = \beta^{-3}$
(5) $\int_0^{\infty} x^{2n} e^{-\beta x^2} dx = \frac{1}{2}\sqrt{\pi}\,\frac{(2n)!\,\beta^{-(n+\frac{1}{2})}}{2^{2n} n!}$	(10) $\int_0^{\infty} x^{2n+1} e^{-\beta x^2} dx = \frac{1}{2}(n!)\beta^{-(n+1)}$

★ 4.7.1 오차 함수

위에서 나온 경우 Ⅱ와 같은 종류의 적분에서 그 상한을 무한대로 놓지 않고 어떤 유한한 값으로 놓아야 하는 경우가 흔히 있다. 이러한 적분은 다음과 같이 정의되는 오차 함수(erf)와 관계가 있다.

$$\mathrm{erf}(x) = \frac{2}{\sqrt{\pi}}\int_0^x e^{-u^2} du \qquad (4.45)$$

이 식 중의 적분은 상한이 $x \to \infty$일 때 $\frac{1}{2}\sqrt{\pi}$ 이므로 다음 관계가 성립한다.

$$\mathrm{erf}(\infty) = 1$$

따라서 x가 영으로부터 무한대까지 변함에 따라 erf(x)는 영으로부터 1까지 변한다. 위 식의 양변에다 x로부터 무한대까지의 적분에다 $2/\sqrt{\pi}$를 곱한 것을 더해주면 다음 식을 얻을 수 있다.

$$\mathrm{erf}(x) + \frac{2}{\sqrt{\pi}}\int_x^{\infty} e^{-u^2} du = \frac{2}{\sqrt{\pi}}\left[\int_0^x e^{-u^2} du + \int_x^{\infty} e^{-u^2} du\right] = \frac{2}{\sqrt{\pi}}\int_0^{\infty} e^{-u^2} du = 1$$

따라서

$$\frac{2}{\sqrt{\pi}}\int_x^{\infty} e^{-u^2} du = 1 - \mathrm{erf}(x)$$

그런데 보조 오차 함수 erfc(x)가 다음 식으로 정의된다.

$$\mathrm{erfc}(x) = 1 - \mathrm{erf}(x) \qquad (4.46)$$

따라서

$$\int_x^{\infty} e^{-u^2} du = \frac{\sqrt{\pi}}{2}\mathrm{erfc}(x) \qquad (4.47)$$

표 4-2에 몇 가지 오차 함수의 값을 수록하였다.

표 4-2 오차 함수: $\mathrm{erf}(x)=\frac{2}{\sqrt{\pi}}\int_0^x e^{-u^2}du.$

x	$\mathrm{erf}(x)$	x	$\mathrm{erf}(x)$	x	$\mathrm{erf}(x)$
0.00	0.000	0.80	0.742	1.60	0.976
0.10	0.112	0.90	0.797	1.70	0.984
0.20	0.223	1.00	0.843	1.80	0.989
0.30	0.329	1.10	0.880	1.90	0.993
0.40	0.428	1.20	0.910	2.00	0.995
0.50	0.521	1.30	0.934	2.20	0.998
0.60	0.604	1.40	0.952	2.40	0.9993
0.70	0.678	1.50	0.966	2.50	0.9996

4.8 A와 β의 결정

상수 A와 β를 구하는 데는 분포 함수가 전체 분자수와 평균 운동 에너지를 정확하게 나타내야 한다는 조건을 이용한다. 전체 분자수를 구하려면 c의 값이 영으로부터 무한대에 이르기까지 모든 가능한 값에 걸쳐 dn_c를 합해야 한다. 즉,

$$N=\int_{c=0}^{c=\infty}dn_c \tag{4.48}$$

평균 운동 에너지를 계산하려면 $\frac{1}{2}mc^2$인 운동 에너지를 갖는 분자의 수 dn_c에다 이 운동 에너지를 곱한 다음 c의 모든 가능한 값에 관해서 합하고 다시 이 결과를 전체 분자수 N으로 나누면 된다. 즉,

$$\langle\epsilon\rangle=\frac{\int_{c=0}^{c=\infty}\frac{1}{2}mc^2dn_c}{N} \tag{4.49}$$

(4.48)식과 (4.49)식으로부터 A와 β를 구한다.

(4.48)식 중의 dn_c를 (4.34)식의 값으로 바꾸면 다음과 같이 된다.

$$N=\int_0^\infty 4\pi NA^3e^{-\beta c^2}c^2\,dc$$

이 식의 양변을 N으로 나누고 상수를 적분 기호 밖으로 내놓는다. 그러면

$$1=4\pi A^3\int_0^\infty c^2e^{-\beta c^2}\,dc$$

표 4-1에 의하면 $\int_0^\infty c^2e^{-\beta c^2}\,dc=\pi^{1/2}/4\beta^{3/2}$이다. 따라서 $1=4\pi A^3\pi^{1/2}/4\beta^{3/2}$로 된다. 따라서

$$A^3=(\beta/\pi)^{3/2} \tag{4.50}$$

이 식에 의해서 A^3의 값은 β의 함수로 주어진다.

둘째 조건인 (4.49)식에다 (4.34)식의 dn_c 값을 넣으면 다음과 같이 된다.

$$\langle\epsilon\rangle=\frac{\int_0^\infty\frac{1}{2}mc^2\,4\pi NA^3e^{-\beta c^2}c^2\,dc}{N}$$

이 식에 (4.50)식을 대입하면 다음과 같이 된다.

$$\langle\epsilon\rangle = 2\pi m\left(\frac{\beta}{\pi}\right)^{3/2}\int_0^\infty c^4 e^{-\beta c^2}dc$$

표 4-1에 의하면 $\int_0^\infty c^4 e^{-\beta c^2}dc = 3\pi^{1/2}/8\beta^{5/2}$이므로 $\langle\epsilon\rangle = 3m/4\beta$라는 결과가 나온다. 따라서

$$\beta = 3m/4\langle\epsilon\rangle \tag{4.51}$$

이 식은 β를 한 분자당의 평균 에너지인 $\langle\epsilon\rangle$의 함수로 나타내고 있다. 그런데 (4.13)식에 의하면 한 분자당의 평균 에너지는 다음과 같이 온도와 관계된다.

$$\langle\epsilon\rangle = \frac{3}{2}\left(\frac{R}{N_A}\right)T = \frac{3}{2}kT \tag{4.13a}$$

한 분자당의 기체 상수인 Boltzmann 상수는 $k = R/N_A = 1.3807 \times 10^{-23}$J/K이다. (4.51)식에 이 관계를 넣으면 β를 m와 T의 함수로 얻을 수 있다.

$$\beta = \frac{m}{2kT} \tag{4.52}$$

이 결과를 (4.50)식에 넣으면 A의 값이 나온다.

$$A^3 = \left(\frac{m}{2\pi kT}\right)^{3/2} \qquad A = \left(\frac{m}{2\pi kT}\right)^{1/2} \tag{4.53}$$

(4.34)식 속의 β와 A^3에다 (4.52)식과 (4.53)식의 결과를 넣으면 Maxwell 분포식이 얻어진다.

$$dn_c = 4\pi N\left(\frac{m}{2\pi kT}\right)^{3/2} c^2 e^{-mc^2/2kT}dc \tag{4.54}$$

Maxwell 분포는 c와 $c+dc$ 사이의 속력을 갖는 분자수를 전체 분자수, 분자의 질량, 온도 및 속력의 함수로서 나타낸다(Maxwell 분포식을 이용하는 계산에서는 $m/k = M/R$이라는 사실을 이용하는 것이 간단하다. 여기서 M은 몰질량이다). Maxwell 분포는 세로 좌표에다 함수$(1/N)(dn_c/dc)$을 취하고 가로 좌표에다 c를 취하여 도시하는 것이 보통이다. c와 $c+dc$ 사이의 속력 범위에 있는 분자의 분율은 dn_c/N이다. 이것을 dc로 나누면 단위 구간 속에 들어 있는 이 속력 범위의 분자의 분율이 얻어진다.

$$\frac{1}{N}\frac{dn_c}{dc} = 4\pi\left(\frac{m}{2\pi kT}\right)^{3/2}c^2e^{-mc^2/2kT} \tag{4.55}$$

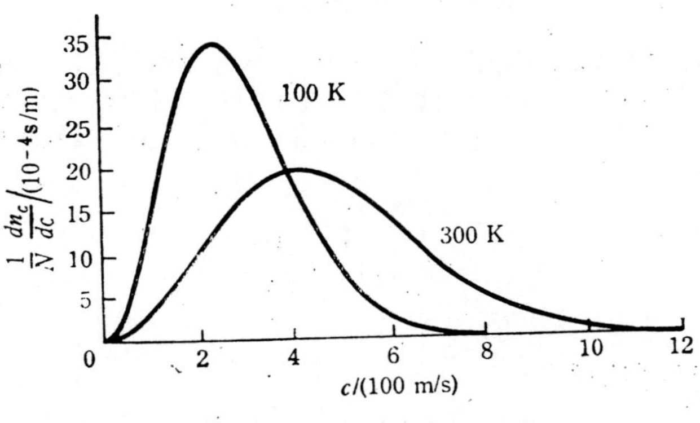

그림 4-9 두 온도에서의 질소의 Maxwell 분포.

두 온도에서 이 함수를 도시한 것이 그림 4-9에 나와 있다.

그림 4-9에 나타낸 함수는 c와 dc 사이의 속력을 갖는 분자를 발견할 확률을 범위의 폭 dc로 나눈 것이다. 대체로 말해서 세로축은 c와 $(c+1)$m/s 사이의 속력을 갖는 분자를 발견할 확률이다. 원점 부근에서는 지수 함수가 대략 1이 되며 c^2이 지배적인 역할을 하므로 이 곡선은 원점 부근에서 포물선이다. c의 값이 큰 곳에서는 지수 인자가 함수의 행동을 지배하므로 확률이 급격하게 감소한다. 이와같이 두 인자는 상반되는 행동을 하기 때문에 두 함수의 곱은 어떤 속력 c_{mp}에서 극대치를 갖는다. 이 속력은 확률 곡선이 극대가 될 때의 값이므로 가장 잦은 속력이라고 부른다. c_{mp}는 수평 접선을 주는 점을 찾으면 되므로 (4.55)식의 우변의 함수를 미분하고 이것을 영으로 놓고 구할 수 있다. 이와같이 하면 다음 결과가 나온다.

$$ce^{-mc^2/2kT}(2 - mc^2/kT) = 0$$

이 곡선에는 3개의 수평 접선이 있다. 즉, 하나는 $c=0$인 점이고, 또 하나는 $\exp\left(-\frac{1}{2}mc^2/kT\right)=0$이 되는 $c\to\infty$인 점이고, 나머지 또 하나는 $2-mc^2/kT=0$이 되는 점이다. 이 최후의 조건으로부터 c_{mp}를 구할 수 있다. 즉,

$$c_{mp} = \sqrt{2kT/m} = \sqrt{2RT/M} \tag{4.56}$$

그림 4-9에 의하면 아주 느린 속력을 갖거나 아주 빠른 속력을 갖는 분자를 발견할 기회가 거의 영이 됨을 나타낸다. 대부분의 분자는 c의 값이 중간 정도가 되는 c_{mp} 근처의 값들을 갖는다.

또한 그림 4-9는 온도가 증가하면 속력 분포가 넓어지며 극대값이 c가 큰쪽으로 이동한다는 것을 나타내고 있다. 그림 4-9에서 두 곡선 아래의 면적은 다같이 1이 되어야 한다. 이와같이 되려면 온도가 올라감에 따라 곡선이 넓게 퍼져야 된다. 또한 속력 분포는 분자의 질량에도 의존한다. 즉, 동일한 온도에서는 무거운 기체는 가벼운 기체의 경우보다 좁은 속력 분포를 나타낸다.

온도가 분포의 파라미터로 들어간다는 사실 때문에 우리는 아직도 불가사의한 온도의 개념을 새로운 각도에서 설명할 수 있게 되었다. 즉, 온도는 속력 분포의 폭을 나타내는 척도이다. 만일 어떤 방법으로 분포의 폭을 좁혀주면, 그 계의 온도가 떨어진다는 것을 발견하게 될 것이다. 절대 영도에서는 분포의 폭이 무한히 좁아지며 모든 분자의 운동 에너지는 다같이 영이 된다.

4.9 Maxwell 분포를 이용한 평균치의 계산

Maxwell 분포를 이용하면 속력에 의존하는 양은 어떤 것이나 그 평균치를 계산할 수 있다. 속력의 어떤 함수인 $g(c)$의 평균치 $\langle g\rangle$를 계산하려면 함수 $g(c)$에다 속력이 c인 분자의 수 dn_c를 곱하고, 그 결과를 영으로부터 무한대까지의 모든 c값에 대하여 적분하고 기체 속의 전체 분자수로 나누면 된다.

$$\langle g\rangle = \frac{\int_{c=0}^{c=\infty} g(c)\,dn_c}{N} \tag{4.57}$$

4.9.1 평균치의 계산 예

■ 보기 4.3 (4.57)식을 이용하는 예로서 우리는 기체 분자의 평균 운동 에너지를 계산할 수

있다. 이 경우에는 $g(c) = \epsilon = \frac{1}{2}mc^2$ 이다. 그리하여 (4.57)식이 다음과 같이 된다.

$$\langle\epsilon\rangle = \frac{\int_{c=0}^{c=\infty} \frac{1}{2}mc^2 dn_c}{N}$$

이 식은 (4.49)식과 동일하다. dn_c의 값을 넣고 적분하면 물론 $\langle\epsilon\rangle = \frac{3}{2}kT$가 나올 것이다. 왜냐하면 분포 함수에 포함된 β를 구하는 데 이 관계를 이미 사용했기 때문이다.

■ **보기 4.4** 또 하나의 중요한 평균치는 평균 속력 $\langle c\rangle$이다. 이것은 (4.57)식에 의해서 다음과 같이 주어진다.

$$\langle c\rangle = \frac{\int_{c=0}^{c=\infty} c\, dn_c}{N}$$

(4.54)식의 dn_c 값을 이용하면 다음 식을 얻을 수 있다.

$$\langle c\rangle = 4\pi\left(\frac{m}{2\pi kT}\right)^{3/2}\int_0^\infty c^3 e^{-mc^2/2kT}dc$$

이 적분은 표 4-1로부터 구할 수도 있고, 또 변수를 $x = \frac{1}{2}mc^2/kT$로 변환시킨 다음에 초보적인 방법으로 계산할 수도 있다. 변수 변환을 하면 이 식이 다음과 같이 된다.

$$\langle c\rangle = \sqrt{\frac{8kT}{\pi m}}\int_0^\infty x\, e^{-x}dx$$

그런데 $\int_0^\infty x\, e^{-x}dx = 1$이다. 따라서

$$\langle c\rangle = \sqrt{8kT/\pi m} = \sqrt{8RT/\pi M} \tag{4.58}$$

평균 속력은 rms 속력, 즉 $c_{rms} = (3kT/m)^{1/2}$과 같지 않으며 약간 작다는 것을 주의해야 한다. 가장 잦은 속력 $c_{mp} = (2kT/m)^{1/2}$은 더욱 작다. 평균 속력이나 rms 속력은 물리화학 문제에서 가장 많이 쓰인다.

분자의 속력은 분포되어 있으므로 한 분자의 속력이 평균치로부터 얼마나 벗어났는가를, 즉 $\delta = c - \langle c\rangle$를 계산해 볼 수가 있다. 평균치로부터의 평균 벗어남은 물론 영이다. 그러나 평균으로부터의 벗어남의 제곱 $\delta^2 = (c - \langle c\rangle)^2$은 그 평균이 영이 아니다. 이 양은 분포의 폭에 대한 척도가 된다. 이러한 종류의 평균치를 계산하면(문제 4.7 및 4.8) 온도의 뜻을(특히 에너지 분포의 경우) 통찰할 수 있다.

★ 4.10 Maxwell 분포를 이용한 에너지 분포식

속력 분포를 나타내는 (4.54)식은 에너지 분포를 나타내는 식으로 바꾸어줄 수 있다. 한 분자의 운동 에너지는 $\epsilon = \frac{1}{2}mc^2$이므로 $c = (2/m)^{1/2}\epsilon^{1/2}$이다. 이 식을 미분하면 $dc = (1/2m)^{1/2}\epsilon^{-1/2}d\epsilon$로 된다. 에너지 범위 $d\epsilon$는 속력 범위 dc에 대응하므로 속력 범위 dc 내에 있는 알맹이의 수 dn_c는 에너지 범위 $d\epsilon$ 내에 있는 알맹이의 수 dn_ϵ에 해당한다. 속도 분포식 속의 c와 dc를 $c = (2/m)^{1/2}\epsilon^{1/2}$와 $dc = (1/2m)^{1/2}\epsilon^{-1/2}d\epsilon$로 바꾸면 에너지 분포식을 얻을 수 있다.

$$dn_\epsilon = 2\pi N\left(\frac{1}{\pi kT}\right)^{3/2}\epsilon^{1/2}e^{-\epsilon/kT}d\epsilon \tag{4.59}$$

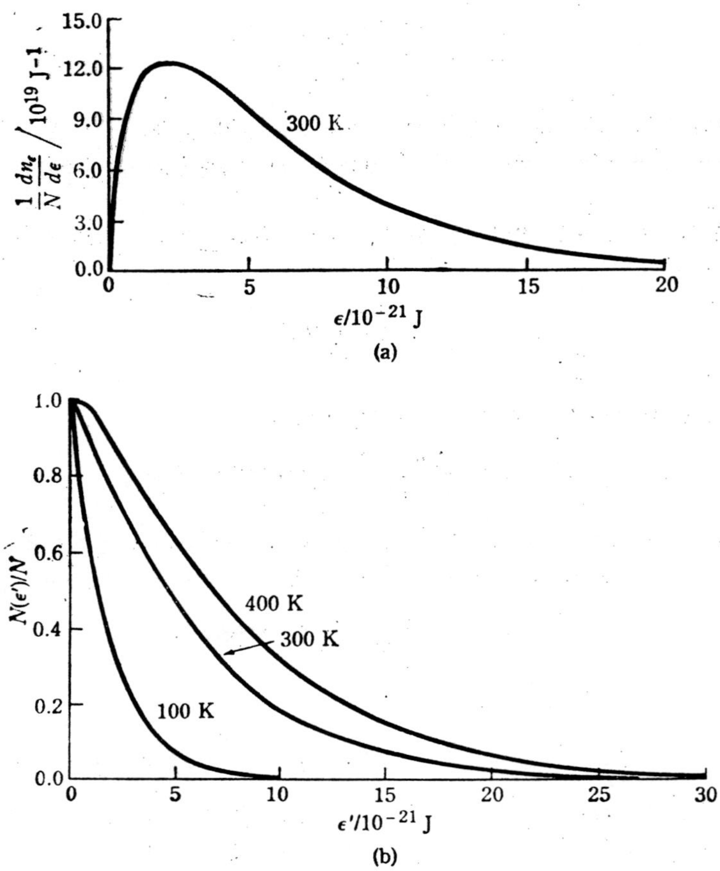

그림 4-10 (a) 300 K 에서의 에너지 분포. (b) ϵ' 보다 큰 에너지를 가진 분자의 분율.

여기서 dn_ϵ 는 ϵ 와 $\epsilon+d\epsilon$ 사이의 운동 에너지를 갖는 분자수이다. 이 형식의 분포 함수를 그림 4-10(a)에 ϵ 의 함수로서 도시하였다. 속력 분포의 곡선에 비하면 이 곡선은 그 모양이 뚜렷하게 다르다는 것을 주의해야 한다. 특히 에너지 분포 곡선은 원점에서 수직 접선이 나타나며, 그리하여 수평 접선을 갖고 시작되는 속도 분포 곡선보다 훨씬 급하게 올라가고 있다. 이 에너지 분포 곡선은 극대점을 지난 다음에는 속도 분포 곡선보다 완만하게 떨어진다. 일반적으로 보다 높은 온도에서는 에너지 분포가 더 넓어지며 더 큰 에너지를 갖는 분자의 수가 훨씬 더 많아진다. 앞에서와 같이 여러 다른 온도에서 곡선 아래의 면적은 모두 같아야 한다.

얼마만한 분율의 기체 분자가 어떤 특정치 ϵ' 보다 큰 운동 에너지를 갖는가를 아는 것은 매우 중요하다. 이 양은 분포 함수로부터 계산할 수 있다. ϵ' 보다 큰 에너지를 갖는 분자의 수를 $N(\epsilon')$이라고 하자. 그러면 $N(\epsilon')$은 ϵ' 이상의 에너지 범위에 있는 분자수의 합이 된다. 즉,

$$N(\epsilon') = \int_{\epsilon'}^{\infty} dn_\epsilon \tag{4.60}$$

ϵ' 이상의 에너지를 가진 분자의 분율은 $N(\epsilon')/N$이다. (4.60)식의 dn_ϵ 에다 (4.59)식을 대입하

면 이 분율이 다음과 같이 된다.

$$\frac{N(\epsilon')}{N}=2\pi\left(\frac{1}{\pi kT}\right)^{3/2}\int_{\epsilon'}^{\infty}\epsilon^{1/2}e^{-\epsilon/kT}d\epsilon \tag{4.61}$$

이 식에다 다음과 같은 관계를 넣어준다.

$$\epsilon=kTx^2 \qquad d\epsilon=kT\,d(x^2) \qquad \epsilon^{1/2}=(kT)^{1/2}x$$

그러면 다음과 같은 간단한 식이 나온다.

$$\frac{N(\epsilon')}{N}=\frac{2}{\sqrt{\pi}}\int_{\sqrt{\epsilon'/kT}}^{\infty}xe^{-x^2}d(x^2)=-\frac{2}{\sqrt{\pi}}\int_{\sqrt{\epsilon'/kT}}^{\infty}x\,d(e^{-x^2})$$

다음에는 이 식을 부분 적분한다.

$$\frac{N(\epsilon')}{N}=-\frac{2}{\sqrt{\pi}}\left[xe^{-x^2}\Big|_{\sqrt{\epsilon'/kT}}^{\infty}-\int_{\sqrt{\epsilon'/kT}}^{\infty}e^{-x^2}dx\right]$$

$$\frac{N(\epsilon')}{N}=2\left(\frac{\epsilon'}{\pi kT}\right)^{1/2}e^{-\epsilon'/kT}+\frac{2}{\sqrt{\pi}}\int_{\sqrt{\epsilon'/kT}}^{\infty}e^{-x^2}dx \tag{4.62}$$

(4.62)식 중의 적분은 (4.47)식으로 정의되는 보조 오차 함수로 나타낼 수 있다.

$$\frac{N(\epsilon')}{N}=2\left(\frac{\epsilon'}{\pi kT}\right)^{1/2}e^{-\epsilon'/kT}+\mathrm{erfc}(\sqrt{\epsilon'/kT}) \tag{4.63}$$

그러나 만일 에너지 ϵ'가 kT보다 훨씬 더 클 때는 (4.62)식 중의 적분이 근사적으로 영이 된다(왜냐 하면 피적분 함수가 나타내는 곡선을 보면 이 곡선 밑의 면적은 큰 적분 하한으로부터 무한대에 이르는 영역에서 매우 작기 때문이다). 이와같이 중요한 경우에는 (4.62)식이 다음과 같이 된다.

$$\frac{N(\epsilon')}{N}=2\left(\frac{\epsilon'}{\pi kT}\right)^{1/2}e^{-\epsilon'/kT} \qquad \epsilon'\gg kT \tag{4.64}$$

이 식의 우변은 낮은 온도에서 특히 온도에 따라 아주 심하게 변한다. 그림 4-10(b)는 세 가지 온도에서 ϵ'에 따르는 $N(\epsilon')/N$의 변화를 (4.62)식으로부터 계산하여 나타낸 것이다. 또한 그림 4-10(b)는 ϵ'보다 큰 에너지를 갖는 분자의 분율이 온도에 따라 현저하게 증가하며, 특히 ϵ'이 높은 에너지 범위에 있을 때 더 한층 현저하다는 사실을 나타내고 있다. 액체나 고체에서도 마찬가지이지만 기체의 이러한 성질은 화학 반응 속도가 온도에 따라 증가한다는 사실과 밀접한 관계를 가지고 있다. 즉, 어떤 최소 에너지 보다 큰 에너지를 갖는 분자들만이 화학적으로 반응하며 또한 이 최소치 보다 큰 에너지를 갖는 분자의 분율이 (4.62)식에 의해서 온도에 따라 증가하므로 화학 반응 속도는 온도에 따라 증가하는 것이다.*

4.11 성분의 평균치 ; 에너지의 균등 분배

속도 성분의 평균치를 계산하는 것은 유익한 일이다. 이러한 목적으로서는 Maxwell 분포를 (4.30)식의 꼴로 나타내는 것이 가장 편리하다. 그러면 u의 평균치가 (4.57)식과 비슷하게 다음과 같이 주어진다.

---

* 다른 조건이 비슷하다면 화학 반응의 속도는 $Ae^{-\epsilon_a/kT}$라는 인자를 통하여 온도에 의존한다. 이 식에서 A는 상수이며 ϵ_a는 특성 에너지이다. 이 인자는 (4.64)식의 우변과 그 꼴이 비슷하다는 것을 주의하라.

$$\langle u\rangle = \frac{\int_{-\infty}^{\infty}\int_{-\infty}^{\infty}\int_{-\infty}^{\infty} u\, dn_{uvw}}{N}$$

이 적분은 모든 세 성분의 가능한 모든 값에 관해서 적분해야 한다. 각 성분마다 $-\infty$로부터 $+\infty$까지 사이의 모든 값을 취할 수 있다는 것을 주의하기 바란다. (4.30)식의 dn_{uvw}를 위식에 넣으면 다음 식을 얻을 수 있다.

$$\begin{aligned}\langle u\rangle &= A^3\int_{-\infty}^{\infty}\int_{-\infty}^{\infty}\int_{-\infty}^{\infty} ue^{-\beta(u^2+v^2+w^2)}du\,dv\,dw \\ &= A^3\int_{-\infty}^{\infty} ue^{-\beta u^2}du\int_{-\infty}^{\infty} e^{-\beta v^2}dv\int_{-\infty}^{\infty} e^{-\beta w^2}dw \qquad (4.65)\end{aligned}$$

표 4-1의 (6)식에 의하면 (4.65)식의 우변에 있는 첫째 항의 적분이 영이다. 따라서 $\langle u\rangle = 0$이다. 다른 성분의 평균치에 대해서도 같은 결과가 나온다. 즉,

$$\langle u\rangle = \langle v\rangle = \langle w\rangle = 0 \qquad (4.66)$$

어떤 성분의 평균치이든 모두 영이 되어야만 한다는 이유는 물리적으로 자명하다. 어떤 한 성분의 평균치가 영 이외의 다른 값을 갖는다고 하면 기체 전체가 어떤 특정 방향으로 이동한다는 것을 뜻하게 될 것이다. 여기서 논의한 것은 정지 상태에 있는 기체에 대해서만 적용되는 것이다.

x-성분에 대한 분포는 다음과 같이 쓸 수 있으며[(4.20), (4.29), (4.52), (4.53)식 참조], 이것을 도시한 것이 그림 4-11이다.

$$\frac{1}{N}\ \frac{dn_u}{du} = f(u^2) = \left(\frac{m}{2\pi kT}\right)^{1/2} e^{-mu^2/2kT} \qquad (4.67)$$

이 함수는 u의 원점에 관하여 대칭이므로 $\langle u\rangle$의 값이 영이 된다. 온도가 분포폭의 척도로 된다는 사실이 그림 4-11의 두 곡선으로 명확하게 표시되어 있다. 각 곡선 아래의 면적은 다같이 1이 되어야 한다. 속도 u인 분자를 발견할 확률은 속도 $-u$인 분자를 발견할 확률과 같다. 이 사실은 처음부터 분포 함수를 u^2에만 의존하는 것으로 선정하였기 때문이다.

성분 u와 $-u$를 갖는 분자의 수는 동일하므로 어느 한 방향에 대한 속도 성분의 평균치는 영이 되지만 어느 한 방향에 대한 운동 에너지의 평균치는 양의 값을 갖는다. 속도 성분 u를 갖는 분자들은 운동 에너지에다 평균 $\frac{1}{2}mu^2$의 기여를 하며 속도 성분 $-u$인 분자도 $\frac{1}{2}m(-u)^2$

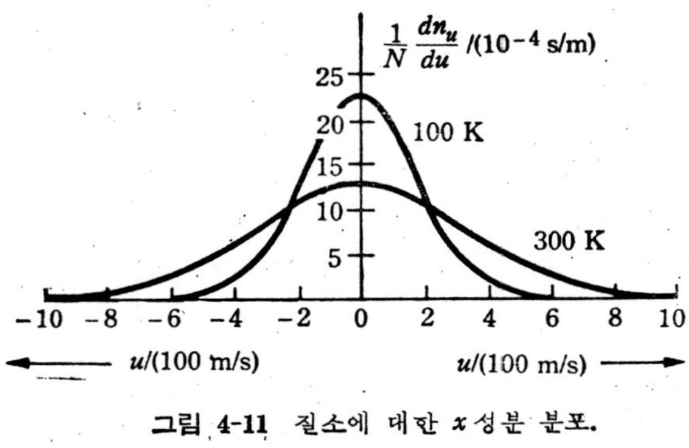

그림 4-11 질소에 대한 x성분 분포.

$=\frac{1}{2}mu^2$의 기여를 한다. 즉, 에너지를 평균할 때는 반대 방향으로 운동하고 있는 알맹이에 의한 기여가 서로 합쳐지지만 반대로 속도 성분을 평균할 경우에는 반대 방향으로 움직이는 알맹이들에 의한 기여가 상쇄된다. $\epsilon_x=\frac{1}{2}mu^2$의 평균치를 구하는 데는 앞에서와 마찬가지 꼴의 Maxwell 분포식을 사용한다. 즉,

$$\langle\epsilon_x\rangle=\frac{\int_{-\infty}^{\infty}\int_{-\infty}^{\infty}\int_{-\infty}^{\infty}\frac{1}{2}mu^2\,dn_{uvw}}{N}$$

이 식에 (4.30)식을 넣어주면 다음과 같이 된다.

$$\langle\epsilon_x\rangle=\frac{1}{2}mA^3\int_{-\infty}^{\infty}\int_{-\infty}^{\infty}\int_{-\infty}^{\infty}u^2\,e^{-\beta(u^2+v^2+w^2)}du\,dv\,dw$$
$$=\frac{1}{2}mA^3\int_{-\infty}^{\infty}u^2\,e^{-\beta u^2}\,du\int_{-\infty}^{\infty}e^{-\beta v^2}\,dv\int_{-\infty}^{\infty}e^{-\beta w^2}\,dw$$

표 4-1의 (1)식과 (2)식을 이용하면 다음 관계가 나온다.

$$\int_{-\infty}^{\infty}e^{-\beta v^2}\,dv=\int_{-\infty}^{\infty}e^{-\beta w^2}\,dw=\left(\frac{\pi}{\beta}\right)^{1/2}$$

표 4-1의 (1)식과 (3)식을 이용하면 다음 관계가 또 나온다.

$$\int_{-\infty}^{\infty}u^2\,e^{-\beta u^2}\,du=\frac{\pi^{1/2}}{2\,\beta^{3/2}}=\frac{1}{2\beta}\left(\frac{\pi}{\beta}\right)^{1/2}$$

이 값들을 위의 적분에 넣으면 다음과 같은 결과가 나온다.

$$\langle\epsilon_x\rangle=\frac{1}{2}mA^3\left(\frac{1}{2\beta}\right)\left(\frac{\pi}{\beta}\right)^{1/2}\left(\frac{\pi}{\beta}\right)^{1/2}\left(\frac{\pi}{\beta}\right)^{1/2}=\frac{mA^3}{4\beta}\left(\frac{\pi}{\beta}\right)^{3/2}$$

(4.53)식의 A^3과 (4.52)식의 β값을 위 식에 넣으면 최후로 다음 식을 얻을 수 있다.

$$\langle\epsilon_x\rangle=\frac{1}{2}kT$$

$\langle\epsilon_y\rangle$와 $\langle\epsilon_z\rangle$에 대해서도 같은 결과가 나온다. 따라서

$$\langle\epsilon_x\rangle=\langle\epsilon_y\rangle=\langle\epsilon_z\rangle=\frac{1}{2}kT \tag{4.68}$$

평균 전체 운동 에너지는 이들 세 값의 합이므로 그 값은 $\frac{3}{2}kT$이며 (4.13a)식으로 주어지는 값과 같다. 즉,

$$\langle\epsilon\rangle=\langle\epsilon_x\rangle+\langle\epsilon_y\rangle+\langle\epsilon_z\rangle=\frac{1}{2}kT+\frac{1}{2}kT+\frac{1}{2}kT=\frac{3}{2}kT \tag{4.69}$$

(4.68)식은 에너지 균등 분배의 법칙이라는 중요한 법칙을 나타낸다. 이 법칙에 의하면 평균 전체 에너지는 독립적인 세 운동 성분으로, 즉 3개의 자유도로 균등하게 분할된다. 분자는 3개의 병진 자유도를 가진다. 이 균등 분배의 법칙은 다음과 같이 말할 수도 있다. 개개 분자의 에너지가 속도 성분이나 좌표 중 어느 하나의 제곱에 비례하는 항들의 합으로 표시될 수 있을 때는 각 제곱항마다 평균 운동 에너지에다 $\frac{1}{2}kT$만큼의 기여를 한다. 예로서 기체에서 각 분자들의 병진 운동 에너지는 다음과 같다.

$$\epsilon=\frac{1}{2}mu^2+\frac{1}{2}mv^2+\frac{1}{2}mw^2 \tag{4.70}$$

각 항은 속도 성분의 제곱에 비례하므로 각 항마다 평균 운동 에너지에다 $\frac{1}{2}kT$ 만큼의 기여를 한다. 따라서 다음과 같이 쓸 수가 있다.

$$\langle\epsilon\rangle = \frac{1}{2}kT + \frac{1}{2}kT + \frac{1}{2}kT = \frac{3}{2}kT \tag{4.71}$$

4.12 에너지의 균등 분배와 양자화

N개의 알맹이로 이루어진 역학적 계를 표시하려면 각 알맹이마다 3개의 좌표, 따라서 전체적으로 $3N$개의 좌표를 명시해 주어야 한다. 그러므로 이러한 계는 $3N$개의 독립 운동 성분, 즉 $3N$개의 자유도를 갖는다. 만일 이 N개의 알맹이가 서로 결합하여 다원자 분자를 이루고 있을 때는 $3N$개의 좌표와 운동 성분을 다음과 같이 선택하는 것이 편리하다.

병진. 3개의 좌표만 있으면 질량 중심의 위치를 나타낼 수 있으며, 이 좌표계에서의 운동은 분자 전체의 병진 운동을 나타낸다. 이러한 운동 방식에 기인되는 에너지는 운동 에너지뿐이며 $\epsilon_{trans} = \frac{1}{2}mu^2 + \frac{1}{2}mv^2 + \frac{1}{2}mw^2$ 이다. 이들 항은 각각 속도 성분의 제곱을 포함하고 있으며, 앞에서 배운 바와 같이 이들은 평균 운동 에너지에다 각각 $\frac{1}{2}kT$ 의 기여를 한다.

회전. 공간 속에 있는 선형 분자의 배향을 나타내려면 2개의 각도가 필요하며 비선형 분자의 경우에는 3개의 각도가 필요하다. 이 좌표계에서의 운동은 두 축(선형 분자인 경우)이나 세 축(비선형 분자인 경우)의 주위를 도는 회전 운동을 나타낸다. 회전 에너지는 다음과 같은 식으로 표시된다.

$$\epsilon_{rot} = \frac{1}{2}I\omega_x^2 + \frac{1}{2}I\omega_y^2 \qquad \text{(선형 분자)}$$

$$\epsilon_{rot} = \frac{1}{2}I_x\omega_x^2 + \frac{1}{2}I_y\omega_y^2 + \frac{1}{2}I_z\omega_z^2 \qquad \text{(비선형 분자)}$$

이 식에서 ω_x, ω_y, ω_z 는 각각 x-, y-, z-축에 관한 각속도이며 I_x, I_y, I_z 는 관성 모멘트이다 (선형인 경우에는 $I_x = I_y = I$ 이다). 이 에너지식 속의 각 항은 속도 성분의 제곱에 비례하므로 평균적으로 각 항마다 다같이 $\frac{1}{2}kT$ 만큼씩의 에너지를 할당받는다. 따라서 선형 분자의 평균 회전 에너지는 $\frac{2}{2}kT$ 이며. 비선형 분자의 평균 회전 에너지는 $\frac{3}{2}kT$ 이다. 2원자 분자의 회전 방식을 그림 4-12에 나타내었다.

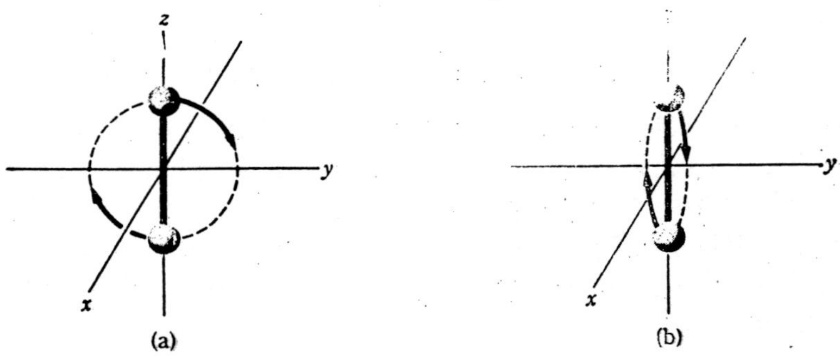

그림 4-12 2원자 분자의 회전 방식. (a) x-축 둘레의 회전. (b) y-축 둘레의 회전.

진동. 병진과 회전에 대한 좌표를 빼면 선형 분자에 대해서는 $(3N-5)$개의 좌표, 비선형 분자에 대해서는 $(3N-6)$개의 좌표가 남는다. 이들 좌표를 사용하면 분자내의 결합 길이와 결합 각을 나타낼 수 있다. 이 좌표계에서의 운동은 분자의 진동(펴짐 또는 굽어짐)을 나타낸다. 따라서 선형 분자는 $(3N-5)$개의 진동 방식을 가지며 비선형 분자는 $(3N-6)$개의 진동 방식을 갖는다. 이들 진동을 조화 진동이라고 가정하면 각 진동 방식의 에너지를 다음과 같이 나타낼 수 있다.

$$\epsilon_{\text{vib}} = \frac{1}{2}\mu\left(\frac{dr}{dt}\right)^2 + \frac{1}{2}k(r-r_0)^2$$

이 식에서 μ는 환산 질량이며 k는 힘 상수, r_0는 좌표 r의 평형 위치, dr/dt는 속도이다. 이 식의 첫째 항은 운동 에너지를 나타내며, 둘째 항은 퍼텐셜 에너지를 나타낸다. 이 식의 첫째 항은 속도의 제곱 항을 갖고 있으므로 에너지 균등 분배의 법칙에 의해서 평균 에너지에다 $\frac{1}{2}kT$ 만큼의 기여를 한다. 둘째 항은 좌표$(r-r_0)$의 제곱이 들어 있으므로 이 항도 또한 평균 에너지에다 $\frac{1}{2}kT$ 만큼의 기여를 한다. 그러므로 각 진동 방식은 계의 평균 에너지에다 $\frac{1}{2}kT + \frac{1}{2}kT = kT$ 만큼의 기여를 한다. 따라서 진동의 평균 에너지는 선형 분자에 대해서는 $(3N-5)kT$이며, 비선형 분자에 대해서는$(3N-6)kT$이다. 그러므로 분자 하나하나의 전체 평균 에너지는 다음과 같이 되어야 한다.

$$\langle\epsilon_i\rangle = \frac{3}{2}kT + \frac{2}{2}kT + (3N-5)kT \qquad \text{(선형 분자)}$$

$$\langle\epsilon_i\rangle = \frac{3}{2}kT + \frac{3}{2}kT + (3N-6)kT \qquad \text{(비선형 분자)}$$

1 mol 당의 평균 에너지로 고치려면 이들 값에다 Avogadro 수, N_A를 곱해야 하며 그리하여 다음과 같은 관계를 얻게 된다.

1원자 분자 기체 :

$$\overline{U} = \frac{3}{2}RT \tag{4.72}$$

다원자 분자 기체 :

$$\overline{U} = \frac{3}{2}RT + \frac{2}{2}RT + (3N-5)RT \qquad \text{(선 형)} \tag{4.73}$$

$$\overline{U} = \frac{3}{2}RT + \frac{3}{2}RT + (3N-6)RT \qquad \text{(비선형)} \tag{4.74}$$

부피를 일정하게 유지시킨 기체 속으로 열을 흘려 들여보내면 그 기체의 에너지는 흘러 들어간 열의 양만큼 증가한다. 이 경우 그 계의 온도 증가에 대한 에너지 증가의 비를 일정 부피에서의 열용량이라고 하며 C_v로 나타낸다. 즉, 정의에 의하여

$$C_v \equiv \left(\frac{\partial U}{\partial T}\right)_V \tag{4.75}$$

따라서 위에서 얻은 몰에너지를 온도에 관하여 미분하면 에너지 균등 분배의 법칙으로부터 예상되는 몰열용량 $\overline{C}_v$를 얻을 수 있다. 즉,

1원자 분자 기체 :

$$\overline{C}_v = \frac{3}{2}R \tag{4.76}$$

표 4-3 기체의 열용량(298.15 K).

1 원자	
화 학 종	$\overline{C}_v/R$
He, Ne, Ar, Kr, Xe	1.5000

2 원자			
화 학 종	$\overline{C}_v/R$	화 학 종	$\overline{C}_v/R$
H_2	2.468	F_2	2.78
N_2, HF, HBr, HCl	2.50	Cl_2	3.08
CO	2.505	ICl	3.26
HI	2.51	Br_2	3.33
O_2	2.531	IBr	3.37
NO	2.591	I_2	3.43

3 원자			
선 형	$\overline{C}_v/R$	비 선 형	$\overline{C}_v/R$
CO_2	3.466	H_2O	3.038
N_2O	3.655	H_2S	3.09
COS	3.99	NO_2	3.56
CS_2	4.490	SO_2	3.79

4 원자			
선 형	$\overline{C}_v/R$	비 선 형	$\overline{C}_v/R$
C_2H_2	4.283	H_2CO	3.25
C_2N_2	6.844	NH_3	3.289
		HN_3	4.042
		P_4	7.05

다원자 분자 기체 :

$$\overline{C}_v = \frac{3}{2}R + \frac{2}{2}R + (3N-5)R \qquad (\text{선 형}) \qquad (4.77)$$

$$\overline{C}_v = \frac{3}{2}R + \frac{3}{2}R + (3N-6)R \qquad (\text{비선형}) \qquad (4.78)$$

이와 같이 구한 열용량의 값을 조사해 보면 1원자 분자에서는 고도로 정밀하게 잘 맞으며 $\overline{C}_v/R = 1.5000$이 된다. 이 값은 매우 넓은 범위에 걸쳐 온도에 무관계하다.

표 4-3에서 다원자 기체에 대한 열용량을 조사해 보면 표의 데이터와 에너지 균등 분배의 법칙으로부터 예측한 값 사이에 두 가지 차이점이 있음을 발견할 수 있다. 즉, 실측한 열용량은 (1) 예상치 보다 언제나 실질적으로 낮으며, (2) 현저하게 온도에 의존한다. 에너지 균등 분배의 원리는 고전 물리의 법칙이며, 이러한 어긋남은 고전 역학이 분자적 특성을 나타내는 데 적합하지 않다는 것을 나타내는 첫 징조이기도 했었다. 이러한 난점을 설명하기 위하여 선형 분자인 2원자 분자의 경우를 생각해 보자. 2원자 분자에서는 $N=2$이며, 따라서 에너지 균등 분배의 법칙으로부터 다음과 같은 결과가 나온다.

$$\overline{C}_v/R = \frac{3}{2} + \frac{2}{2} + 1 = \frac{7}{2} = 3.5$$

상온에서 2원자 분자에 대한 실측치는 H_2를 제외하면 2.5에서 3.5 사이의 값을 가지며 그 중의 상당수는 2.5에 매우 가까운 값을 갖는다. 병진 운동에 의한 값 1.5는 1원자 분자에서 실측치와 대단히 정확하게 일치하므로 이러한 난점은 회전 운동이나 진동 운동으로 말미암은 것이 아닌가 생각된다. 그리고 비선형 분자의 $\overline{C}_v/R$가 3.0보다 크다는 사실을 주목할 때 이 문제의 범위는 자연히 진동 운동으로 좁혀지게 된다.

이러한 측정 사실을 설명하려면 진동 운동이 양자화되어 있다는 사실을 이용해야 한다. 진동자의 에너지는 어떤 불연속적인 값만을 가질 수 있으며 그 이외의 값은 가질 수 없다. 이 사실은 어떠한 에너지값이라도 다 가질 수 있는 고전적 진동자와 정반대가 되는 것이다. 그리하여 여러 진동자들의 에너지는 전체 에너지 범위에 걸쳐 연속적으로 분포될 수가 없고, 그 대신에 이들 진동자는 여러 양자 상태(에너지 준위)에 분포된다. 최저 에너지의 상태를 바닥 상태, 그리고 그 이외의 다른 상태들을 들뜬 상태라고 부른다. 조화 진동자가 가질 수 있는 에너지 값은 다음 식으로 주어진다.

$$\epsilon_s = \left(s + \frac{1}{2}\right)h\nu \qquad s = 0, 1, 2, \cdots \tag{4.79}$$

여기서 s는 양자수로서 영이나 양의 정수이며, h는 Planck의 상수로서 $h = 6.626 \times 10^{-34}$ Js이며, ν는 진동자의 고전 진동수로서 $\nu = (1/2\pi)\sqrt{k/\mu}$이다. 여기서 k는 힘 상수이며 μ는 진동자의 환산 질량이다.

에너지 균등 법칙은 충돌하는 두 알맹이의 여러 운동 방식들 사이에서 에너지가 자유롭게 교환될 수 있을 때만 성립한다. 병진 운동과 회전 운동의 경우에는 이 조건이 만족된다. 즉, 분자는 이러한 방식의 에너지를 에너지와 운동량이 보존되는 조건 하에서 어떤 크기로나 다 받을 수 있다. 그러나 진동 방식은 양자화되어 있으므로 진동 양자 $h\nu$와 맞먹는 양의 에너지만을 받아들일 수 있다. 산소 분자와 같은 경우에는 이 에너지 양자가 25°C에서의 평균 분자 운동 에너지보다 7배나 더 크다. 따라서 두 분자가 평균 운동 에너지를 가지고 충돌하더라도 어느 하나도 보다 더 높은 진동 상태로 올라가지 못한다. 왜냐 하면 이렇게 되려면 분자들이 가지고 있는 에너지보다 훨씬 더 큰 에너지가 필요하기 때문이다. 결과적으로 거의 모든 분자들은 바닥 진동 상태에 머물러 있게 되고 기체들은 진동 열용량을 나타내지 않게 된다. 그러나 온도를 충분히 높여서 평균 열운동 에너지를 진동 양자 $h\nu$와 비슷하게 해주면 균등 분배 법칙으로 예상되는 열용량을 나타내게 된다. 높여 주어야 하는 온도는 진동 종류에 따라 다르다.

★ 4.13 진동 열용량의 계산

진동자의 분포는 다음과 같이 지수 법칙에 따른다(그 증명은 29.1절을 참조하라).

$$n_s = (N/Q)e^{-\epsilon_s/kT} \tag{4.80}$$

여기서 n_s는 에너지 ϵ_s를 갖는 진동자의 수이다. 상태 함수라고 부르는 Q는 모든 에너지 준위의 진동자 수를 합한 것이 전체 진동자의 수 N과 같아야 한다는 조건으로부터 구해진다. 즉,

$$\sum_{s=0}^{\infty} n_s = N \tag{4.81}$$

여기에다 (4.80)식의 n_s를 대입하면 다음과 같이 된다.

$$\sum_{s=0}^{\infty}\left(\frac{N}{Q}\right)e^{-\alpha\epsilon_s}=N$$

따라서

$$Q=\sum_{s=0}^{\infty}e^{-\alpha\epsilon_s} \tag{4.82}$$

여기서는 수학적 편의상 임시로 $\alpha=1/kT$라고 놓았다. 진동자의 평균 에너지를 구하려면 각 준위의 에너지에다 그 준위에 있는 진동자 수를 곱하고 이것을 모든 에너지 준위에 걸쳐서 합해준 다음에 전체 진동자수로 나누면 된다. 즉,

$$\langle\epsilon\rangle=\frac{\sum_{s=0}^{\infty}\epsilon_s n_s}{N}$$

(4.80)식의 n_s/N값을 위식에 대입하면 다음과 같이 된다.

$$\langle\epsilon\rangle=\sum_{s=0}^{\infty}\epsilon_s\left(\frac{1}{Q}\right)e^{-\alpha\epsilon_s}=\frac{1}{Q}\sum_{s=0}^{\infty}\epsilon_s e^{-\alpha\epsilon_s}$$

(4.82)식을 α에 관해서 미분하면 다음과 같은 결과가 나온다.

$$\frac{dQ}{d\alpha}=-\sum_{s=0}^{\infty}\epsilon_s e^{-\alpha\epsilon_s} \tag{4.83}$$

이 결과를 $\langle\epsilon\rangle$에 관한 식에 넣어 준다.

$$\langle\epsilon\rangle=-\frac{1}{Q}\frac{dQ}{d\alpha}=-\frac{d\ln Q}{d\alpha} \tag{4.84}$$

Q를 구하려면 Q에 관한 식에다 $\epsilon_s=\left(s+\frac{1}{2}\right)h\nu$를 대입하면 된다. 즉,

$$Q=\sum_{s=0}^{\infty}e^{-\alpha h\nu(s+\frac{1}{2})}=e^{-\alpha h\nu/2}\sum_{s=0}^{\infty}e^{-\alpha h\nu s}=e^{-\alpha h\nu/2}\sum_{s=0}^{\infty}x^s$$

오른쪽 등식에서는 $x=e^{-\alpha h\nu}$를 취했다. 그런데 $\sum_{s=0}^{\infty}x^s=1+x+x^2+x^3+\cdots$이며, 이 급수는 $1/(1-x)$을 전개한 것이므로 다음 식을 얻을 수 있다.

$$Q=\frac{e^{-\alpha h\nu/2}}{1-x}=\frac{e^{-\alpha h\nu/2}}{1-e^{-\alpha h\nu}}$$

따라서

$$\ln Q=-\frac{\alpha h\nu}{2}-\ln(1-e^{-\alpha h\nu})$$

이것을 미분하면 다음과 같이 된다.

$$\frac{d\ln Q}{d\alpha}=-\frac{h\nu}{2}-\frac{h\nu e^{-\alpha h\nu}}{1-e^{-\alpha h\nu}}=-\frac{h\nu}{2}-\frac{h\nu}{e^{\alpha h\nu}-1}$$

이 식을 $\langle\epsilon\rangle$에 대한 (4.84)식에 넣은 다음 $\alpha=1/kT$라고 놓으면 다음 식을 얻을 수 있다.

$$\langle\epsilon\rangle=\frac{h\nu}{2}+\frac{h\nu}{e^{h\nu/kT}-1} \tag{4.85}$$

이 식을 보면 평균 에너지는 양자론적 진동자가 가질 수 있는 최저 에너지인 영점 에너지 $\frac{1}{2}h\nu$와 온도에 의존하는 항과의 합으로 이루어진다.

매우 낮은 온도에서는 $h\nu/kT \gg 1$이며 따라서 $\exp(h\nu/kT) \gg 1$이므로 위 식의 둘째 항은 대단히 작아진다. 따라서

$$\langle\epsilon\rangle = \frac{1}{2}h\nu \quad \text{및} \quad \overline{C}_v = 0$$

사실상 진동자는 모두 $s = 0$인 최저의 양자 상태에 있다.

$h\nu/kT \ll 1$과 같이 되는 매우 높은 온도에서는 지수 함수를 $e^{h\nu/kT} \approx 1 + h\nu/kT$와 같이 전개할 수 있으므로 $e^{h\nu/kT} - 1 \approx h\nu/kT$로 되며 따라서 다음과 같이 된다.

$$\langle\epsilon\rangle = \frac{h\nu}{2} + kT$$

1 mol에 대해서는

$$\overline{U} = N_A \frac{1}{2} h\nu + RT \quad \text{및} \quad \overline{C}_v = R$$

따라서 높은 온도에서만 진동 운동의 열용량이 고전적인 값 R에 도달한다.

그런데 각 진동자에 대해서 특성 온도 $\theta = h\nu/k$를 정의하여 위의 결과를 다음과 같이 나타내는 것이 관례로 되어 있다.

$$\langle\epsilon\rangle = \frac{h\nu}{2} + \frac{k\theta}{e^{\theta/T} - 1} \tag{4.86}$$

$$\overline{U} = N_A\langle\epsilon\rangle = N_A\frac{h\nu}{2} + \frac{R\theta}{e^{\theta/T} - 1} \tag{4.87}$$

$$\overline{C}_v(\text{vib})/R = \left(\frac{\theta}{T}\right)^2 \frac{e^{\theta/T}}{(e^{\theta/T} - 1)^2} \tag{4.88}$$

(4.88)식의 우변에 나오는 함수를 Einstein 함수라고 부른다. Einstein 함수를 그림 4-13에 (T/θ)의 함수로서 표시하였다. 그러므로 2원자 분자에 대한 열용량은 다음과 같이 된다.

$$\overline{C}_v/R = \frac{5}{2} + \left(\frac{\theta}{T}\right)^2 \frac{e^{\theta/T}}{(e^{\theta/T} - 1)^2}$$

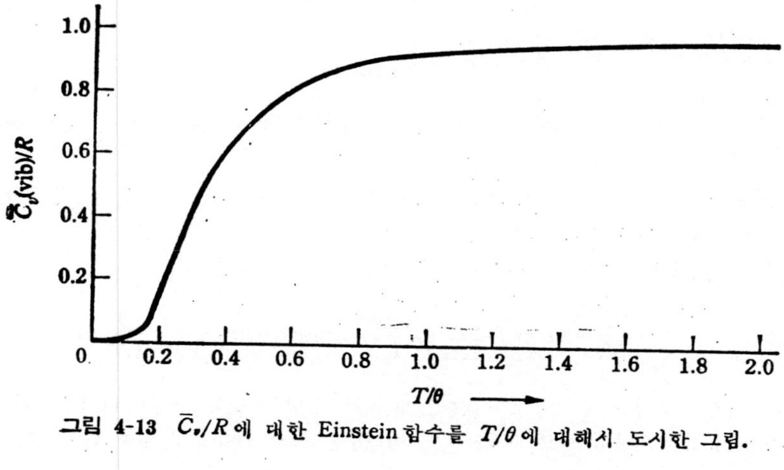

그림 4-13 $\overline{C}_v/R$에 대한 Einstein 함수를 T/θ에 대해서 도시한 그림.

표 4-4 여러 가지 기체에 대한 θ/k의 값.

H_2	6210	Br_2	470
N_2	3340	I_2	310
O_2	2230	CO_2	$\theta_1 = 1890$
CO	3070		$\theta_2 = 3360$
NO	2690		$\theta_3 = \theta_4 = 954$
HCl	4140		
HBr	3700	H_2O	$\theta^1 = 5410$
HI	3200		$\theta_2 = 5250$
Cl_2	810		$\theta_3 = 2290$

Terrell L. Hill, *Introduction to Statistical Thermodynamics*. Reading, Mass.: Addison-Wesley, 1960.

하나 이상의 진동 방식을 가진 다원자 분자(예컨대 세 진동 방식을 가진 H_2O)의 경우에는 서로 다른 세 가지 진동수, 따라서 서로 다른 세 가지 특성 온도를 갖게 되며, 그리하여 열용량에 관한 식에도 세 개의 상이한 Einstein 함수가 들어간다. 즉,

$$\overline{C}_v/R = 3.0 + \left(\frac{\theta_1}{T}\right)^2 \frac{e^{\theta_1/T}}{(e^{\theta_1/T}-1)^2} + \left(\frac{\theta_2}{T}\right)^2 \frac{e^{\theta_2/T}}{(e^{\theta_2/T}-1)^2} + \left(\frac{\theta_3}{T}\right)^2 \frac{e^{\theta_3/T}}{(e^{\theta_3/T}-1)^2}$$

여러 가지 분자에 대한 특성 온도를 표 4-4에 수록하였다.

✱ 4.14 Maxwell-Boltzmann 분포 법칙

지금까지 두 가지 종류의 분포 함수, 즉 중력장 속에서의 공간 분포를 나타내는 Boltzmann 분포와 기체 분자의 속력 분포를 나타내는 Maxwell 분포에 대하여 설명하였다. 이 두 분포 법칙은 하나로 묶어서 나타낼 수 있는 바, 이것을 Maxwell-Boltzmann 분포 법칙이라고 부른다.

중력장 속에서의 기체의 공간 분포를 나타내는 압력 분포식은 다음과 같다.

$$\tilde{N} = \tilde{N}_0 e^{-Mgz/RT} \tag{4.89}$$

여기서 $\tilde{N}$와 $\tilde{N}_0$는 각각 높이가 z와 영인 곳에서 1 m³ 속에 들어 있는 알맹이의 수이다. 알맹이가 위치에 의존하는 퍼텐셜 에너지를 갖는 계는 어떤 것이나 그 공간 분포를 Boltzmann 분포 법칙으로 나타낼 수 있다. 즉, 임의의 퍼텐셜 장에서의 분포를 다음과 같은 꼴의 Boltzmann 분포로 나타낼 수 있다.

$$\tilde{N} = \tilde{N}_0 e^{-\epsilon_p/kT} \tag{4.90}$$

여기서 ϵ_p는 (x, y, z)점에서 알맹이의 퍼텐셜 에너지이며 $\tilde{N}$는 이 점에서 1 m³ 속에 들어 있는 알맹이의 수이다.

중력장과 같은 특별한 경우에는 $\epsilon_p = mgz$이다. (4.90)식의 ϵ_p에 이 값을 대입하면 $m/k = M/R$이므로 이 식이 (4.89)식으로 환원된다.

속도 분포와 공간 분포를 함께 나타내는 식은 다음과 같이 된다.

$$\frac{d\tilde{N}^*}{\tilde{N}_0} = 4\pi\left(\frac{m}{2\pi kT}\right)^{3/2} c^2 e^{-(mc^2/2+\epsilon_p)/kT} dc \tag{4.91}$$

여기서 $d\tilde{N}^*$는 (x, y, z)점에서 c와 $c+dc$인 범위의 속력을 갖는 알맹이의 1 m³ 당의 수이다. (4.91)식은 Maxwell-Boltzmann 분포 법칙이며, 이 식은 Maxwell 분포식과 꼴이 비슷하지만 지

수 인자가 운동 에너지만으로 되어 있지 않고 운동 에너지와 퍼텐셜 에너지를 합한 전체 에너지로 되어 있다는 점이 다르다.

공간 속의 어떤 주어진 위치에서는 ϵ_p가 어떤 일정한 상수로 되며, 따라서 $\exp(-\epsilon_p/kT)$가 상수이다. 이 경우에 (4.91)식의 우변은 Maxwell 분포에다 상수를 곱한 것에 불과하다. 이것은 따라서 임의의 위치에서의 속력 분포가 그 점에서의 퍼텐셜 에너지 값에 관계없이 Maxwell 분포에 따른다는 것을 뜻한다. 또 중력장 속의 기체에 대해서는 50 km 높이의 위치에서는 1 m^3 당의 분자수가 지표면에서보다는 적지만 주어진 범위의 속력을 갖는 분자의 분율은 두 위치에서 동일하다는 것을 뜻한다.

★ 4.15 Maxwell 분포 법칙의 실험적 증명

Maxwell 분포 법칙의 정확성을 입증하는 간접적 증거는 얼마든지 있다. 분포 법칙과 화학 반응 속도 사이의 관계는 이미 간단하게 언급하였다(4.10절). 또 반응 속도 상수의 온도 의존성을 나타내는 실험식은 함수꼴이 Maxwell 분포로부터 예상되는 것과 일치한다는 것을 후에 알게 될 것이다. 이러한 일치는 Maxwell 분포와 반응 속도에 관한 우리의 개념이 정확하다는 것을 나타내는 간접적인 증거라고 볼 수 있다.

편의상 속력이 분포되지 않고 모든 분자가 동일한 속도로 움직인다고 가정하여 보자. 이제 이러한 기체에 미치는 중력장의 효과를 생각해 보자. 만일 지표면에서 모든 분자의 수직 속도 성분이 다같이 W라고 하면 이들은 전부 $\frac{1}{2}mW^2$인 운동 에너지를 가질 것이다. 분자가 도달할 수 있는 최고 위치는 지표면에서의 운동 에너지가 전부 퍼텐셜 에너지로 전환되는 곳이다. 이 최고 높이 H는 $mgH=\frac{1}{2}mW^2$ 또는 $H=W^2/2g$로부터 구할 수 있다. 어떠한 분자도 H보다 더 높이 올라가지는 못할 것이며, 이 때는 대기가 명확한 상부 경계를 가질 것이다. 뿐만 아니라 지표면 보다 높은 위치에 있는 분자는 느리게 운동하며 그 결과 이러한 높은 위치에서 그들 분자가 머물게 되는 시간이 길어지므로 지표면으로부터 위로 올라갈수록 대기의 밀도는 증가할 것이다. 이러한 예상은 하나도 실제로 나타나지 않는다. 그러나 Maxwell 분포 법칙에

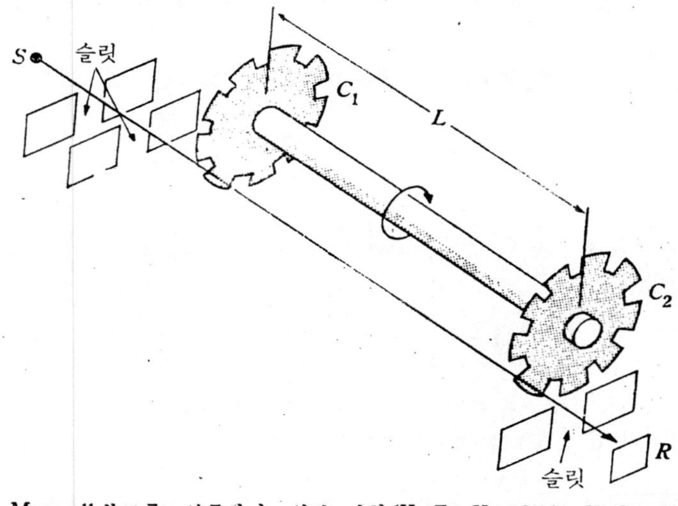

그림 4-14 Maxwell 분포를 입증하기 위한 실험(K. F. Herzfeld, H. Smallwood, *A Treatise on Physical Chemistry*, H.S. Taylor, S. Glasstone eds., p. 37, Vol. Ⅱ, 3rd ed., New York, D. Van Nostrand Co. Inc., (1951)로부터 전재함).

의하면 약간의 분자는 큰 운동 에너지를 가지며 따라서 매우 높은 위치에 도달할 수 있다. 그러나 이와 같은 큰 운동 에너지를 갖는 분자의 비율은 적다. Maxwell 분포 법칙에 의하면 높이 올라갈수록 대기의 밀도는 감소하며, 또 상부 경계도 명확하지 않게 된다.

속도 분포를 직접 구하는 실험이 많이 이루어졌는데 이들은 모두 실험 오차 범위 내에서 Maxwell 분포 법칙이 맞는다는 것을 보여주고 있다. 실험이 어려우므로 실험 오차는 약간 크다. 그 중 한 방법에서 사용하는 장치의 약도를 그림 4-14에 나타내었다. 이 장치는 전체를 고도의 진공 속에 완전히 밀폐시켜 놓는다. 출구 S에 있는 바늘 구멍을 거쳐 빠져나온 분자는 슬릿에 의하여 조준되며 그 다음 톱니 바퀴 C_1의 틈 하나를 빠져나간다. 톱니 바퀴 C_1과 C_2는 같은 축에 고정되어 있으며 빠르게 회전된다. 톱니 바퀴가 그 톱니 틈의 넓이 만큼 돌아가는 시간 동안에 길이 L을 진행할 정도의 속력을 가진 분자만이 R에 있는 탐지기에 도달할 수 있다. 톱니 바퀴의 회전 속도를 변화시킴으로써 속력이 다른 분자를 R에 도달하도록 할 수 있다. 이 방법은 빛의 속도를 측정하는 Fizeau의 방법과 비슷하다는 것을 주의하라.*

《질 문》

4. 1 기체 분자를 설명하는데 어째서 확률 법칙이 필요한지 그 이유를 말하라.

4. 2 이상 기체의 $p \propto V^{-1}$ 관계를 운동론으로 어떻게 설명할 수 있는가?

4. 3 주어진 T와 V에서 1 mol의 O_2 기체 분자가 나타내는 압력은 2 mol의 O 기체 원자가 나타내는 압력의 $\frac{1}{2}$이 되는 이유를 운동론으로 설명하라.

4. 4 높은 속력에 대한 Maxwell 분포가 영이 되는 이유를 말하라(이러한 분자가 기벽에 어떤 작용을 하겠는가를 상상해 보아라). 속도가 영인 경우의 분포는 어떻게 되겠는가(기체상 속에 정지하고 있던 기체가 결국 어떻게 되겠는가를 생각해 보아라)?

4. 5 무거운 기체 분자가 가벼운 기체 분자보다 느리게 움직인다면 어째서 평균 운동 에너지가 질량에 무관한가?

4. 6 흐르는 기체의 경우 기체 분자의 평균 속도 성분들이 모두 영이 되겠는가?

《연습 문제》

4. 1 300 K와 500 K에서 산소 분자의 rms 속력, 평균 속력 및 가장 잦은 속력을 계산하고 이것을 수소에 대한 값과 비교하라.

4. 2 a) 20 °C에서 산소 분자의 평균 속력과 사염화탄소 분자의 평균 속력을 비교하라.
b) 이들의 평균 운동 에너지를 비교하라.

4. 3 a) 300 K와 500 K에서 기체 1 mol의 운동 에너지를 계산하라.
b) 300 K에서의 한 분자의 평균 운동 에너지를 계산하라.

---

* 속도 분포를 직접 측정하는 여러 가지 방법에 대해서는 K.F. Herzfeld, H. Smallwood, *A Treatise on Physical Chemistry*, H.S. Taylor, S. Glasstone, eds., Vol. Ⅱ, 3rd ed., D. Van Nostrand Co. Inc., New York (1951) p. 35와 그 이하를 참조하라.

4. 4 운동론은 감자와 같은 큰 알맹이에도 적용되어야 하지 않겠느냐 라는 이유로 한 때 비난을 받았었다. 무게 100 g인 감자의 25 °C에서의 평균 열운동 속력을 계산하라. 지구의 중력장이 작용하지 않는다고 가정하면 감자가 1 km 이동하는데 얼마 만큼의 시간이 걸리겠는가(이 문제를 푼 다음에 문제 2.21의 결과와 비교하라)?

4. 5 산소 분자가 300 K에서의 평균 속력을 갖고 지표면으로부터 위쪽을 향해서 날아가게 하였다. 이 분자가 다른 분자와 충돌하지 않고 날아간다면 얼마나 되는 높이에서 멈추게 되겠는가? 또 만일 이 분자가 300 K에서의 평균 운동 에너지를 가졌었다면 얼마나 되는 높이까지 올라갈 수 있었겠는가?

4. 6 용기 속의 분자는 초기에 전부 동일 병진 운동 에너지 2.0×10^{-21} J을 갖는다고 가정한다. 시간이 지나면 이 운동은 무질서하게 되고 마침내 그 에너지는 Maxwell 분포 법칙에 따라서 분포된다.

a) 이 계의 최종 온도를 계산하라.

b) 최종적으로 1.98×10^{-21} J과 2.02×10^{-21} J 사이의 에너지를 갖는 분자의 분율은 얼마가 되는가[힌트 : (b)의 문제에서는 에너지 범위가 작으므로 Maxwell 분포식의 미분꼴을 쓰면 된다]?

4. 7 $(c - \langle c \rangle)^2 = c^2 - 2c\langle c \rangle + \langle c^2 \rangle$은 평균 속력으로부터의 분자 속력의 벗어남에 대한 제곱이다. Maxwell 분포를 사용하여 이 양의 평균치를 구한 다음 이 결과의 제곱근, 즉 근 평균 제곱 편차를 계산하라. 이 값이 온도와 분자의 질량에 어떻게 의존하는가를 살펴보아라.

4. 8 $(\epsilon - \langle \epsilon \rangle)^2 = \epsilon^2 - 2\epsilon\langle \epsilon \rangle + \langle \epsilon \rangle^2$은 평균 에너지로부터의 분자 에너지의 벗어남에 대한 제곱이다. Maxwell 분포를 사용하여 이 양의 평균치를 계산하라. 이 양의 제곱근은 이 분포에 대한 근 평균 제곱 편차이다. 이것이 온도와 분자의 질량에 어떻게 의존하는가를 살펴보아라.

4. 9 한 분자가 1 m를 날아가는데 필요한 시간은 $1/c$이다.

a) 이 분자가 1 m를 날아가는데 필요한 평균 시간을 계산하라.

b) 이 시간의 평균 시간으로부터의 근 평균 제곱 편차를 계산하라.

c) 1 m를 날아가는데 평균 시간보다 더 많은 시간을 필요로 하는 분자들의 분율은 얼마인가?

4. 10 $\langle \epsilon \rangle - \frac{1}{2}kT$와 $\langle \epsilon \rangle + \frac{1}{2}kT$의 범위 내의 에너지를 갖는 분자의 분율은 얼마인가?

4. 11 에너지 분포 곡선의 극대에 해당하는 에너지를 계산하라.

4. 12 kT, $2kT$, $5kT$ 및 $10kT$보다 큰 에너지를 갖는 분자의 분율은 각각 얼마인가?

4. 13 평균 에너지로부터의 근 평균 제곱 편차를 $\delta\epsilon$라고 할 경우, $\langle \epsilon \rangle - \delta\epsilon$와 $\langle \epsilon \rangle + \delta\epsilon$ 사이의 에너지를 갖는 분자의 분율은 얼마인가?

4. 14 평균 속력으로부터의 근 평균 제곱 편차를 δc라고 할 경우, $\langle c \rangle - \delta c$와 $\langle c \rangle + \delta c$ 사이의 속력을 갖는 분자의 분율은 얼마인가?

4. 15 유성 표면으로부터 도망쳐 나가는 알맹이의 속도는 $v_e = \sqrt{2gR}$로 주어진다. 지구상에서는 중력 가속도가 $g = 9.80$ m/s² 이며 지구의 반지름은 $R = 6.37 \times 10^6$ m이다. 300 K에서 다음 조건을 만족시키는 기체 분자의 분율은 각각 얼마인가?

a) 도망 속도보다 큰 속도를 갖는 수소 분자.

b) 도망 속도보다 큰 속도를 갖는 질소 분자.

달 위에서는 $g = 1.67$ m/s² 이며 $R = 1.74 \times 10^6$ m이다. 온도가 300 K라면 다음과 같은 분자들의 분율은 각각 얼마가 되는가?

c) 도망 속도보다 큰 속도를 갖는 수소 분자.

d) 도망 속도보다 큰 속도를 갖는 질소 분자.

4.16 298.15 K, 500 K 및 700 K 에서 들뜬 진동 상태에 있는 Cl_2 ($\theta = 810$ K)분자의 분율은 각각 얼마인가?

4.17 염소에 대한 특성 진동 온도는 810 K 이다. 298.15 K, 500 K 및 700 K 에서의 염소의 열용량을 계산하라.

4.18 CO_2 에서의 진동수는 $7.002 \times 10^{13}\ s^{-1}$, $3.939 \times 10^{13}\ s^{-1}$ 및 $1.988 \times 10^{13}\ s^{-1}$ 이다. 해당하는 특성 온도를 구하고, 298.15 K 에서 이 진동들은 각각 열용량에 얼마 만한 기여를 하는가를 계산하라.

4.19 298.15 K 에서 F_2 의 열용량은 $\overline{C}_v/R = 2.78$ 이다. 특성 진동수를 계산하라.

4.20 $T = 0.1\theta$, 0.2θ, 0.5θ, θ, 1.5θ 에서는 $\overline{C}_v(\text{vib})/R$ 에 대한 기여가 각각 얼마쯤 되겠는가?

4.21 물분자의 세 진동수는 각각 $11.27 \times 10^{13}\ s^{-1}$, $10.94 \times 10^{13}\ s^{-1}$, $4.767 \times 10^{13}\ s^{-1}$ 이다. 298.15 K 에서 진동 열용량에 가장 큰 기여를 하는 것은 어느 것인가? 또 298.15 K, 500 K, 1000 K 및 2000 K 에서 전체 열용량은 얼마인가?

4.22 a) $\theta = 310$ K 인 I_2 분자의 경우 300 K 에서 첫째 번 들뜬 진동 상태에 있는 분자의 분율은 얼마인가? b) $\theta = 6210$ K 인 H_2 분자의 경우에는 이 분율이 얼마가 되는가?

4.23 CO_2 의 두 굽힘 진동은 $\nu = 1.988 \times 10^{13}\ s^{-1}$ 이다. 300 K 에서 첫째 번, 둘째 번, 그리고 세째 번 들뜬 상태에 있는 이 분자의 분율은 얼마인가?

4.24 반 이하의 분자가 바닥 진동 상태에 있으려면 T/θ 의 값이 얼마가 되어야 하겠는가? $\theta = 310$ K 인 I_2 의 경우에는 이것이 몇 도의 온도에 해당하는가?

4.25 다음과 같은 상태에 있는 분자들의 분율을 θ/T 의 함수로 그려 보아라. a) 바닥 진동 상태. b) 첫째 번 들뜬 상태. c) 둘째 번 들뜬 상태.

5
액체와 고체의 성질

5.1 응 축 상

액체와 고체를 통틀어서 응축상이라고 한다. 이 명칭은 액체나 고체의 밀도가 기체에 비해서 높다는 것을 강조하는 것이다. 이러한 밀도 차이는 액체나 고체가 기체와 현저하게 다른 점의 한 가지이다. 보통 크기의 방안에 들어 있는 공기의 질량은 200 *lb* 를 넘지 않을 것이다. 그러나 똑같은 크기의 방을 채우는 데 필요한 액체의 질량은 수백 톤이 될 것이다. 반대로 1 mol 의 부피를 보면 기체의 경우는 매우 크며 액체나 고체의 경우는 아주 작다. 표준 상태에서 기체는 22,400 cm^3/mol 을 차지하지만 대다수의 액체나 고체는 10 내지 100 cm^3/mol 을 차지한다. 이러한 조건 밑에서는 기체의 몰부피가 액체나 고체의 몰부피보다 500 내지 1000 배 더 크다.

기체의 부피와 액체의 부피와의 비가 1000 이라고 하면 기체 분자들 사이의 거리와 액체 분자들 사이의 거리와의 비는 그 부피 비의 세제곱근인 10 이 된다. 즉, 기체 분자들은 액체 분자들보다 평균적으로 10 배나 더 멀리 떨어져 있다. 액체에서 분자 사이의 거리는 대략 분자의 지름과 동일하다. 따라서 기체에서는 분자들이 평균적으로 분자 지름의 10 배의 거리만큼 서로 떨어져 있다. 기체가 액체에 비해서 이처럼 큰 간격을 갖기 때문에 기체의 여러 독특한 성질이 나타나는 것이며 또한 이러한 성질이 액체의 성질과 대조적으로 되는 것이다. 이것은 단순히 분자간 인력, 즉 van der Waals 힘이 근거리적 성격을 갖기 때문에 생기는 것이다. 이 힘의 영향은 분자 사이의 거리가 증가함에 따라 매우 급격하게 감소하며, 분자 지름의 4 내지 5 배의 거리에서는 거의 무시할 수 있을 정도의 값으로 떨어진다. 이 힘의 크기를 van der Waals 상속에 있는 a/V^2 로써 나타낸다면 액체로부터 기체로 될 때 1000 배 정도의 부피 증가가 있을 경우 a/V^2 의 값은 10^6 분의 1 로 감소한다. 반대로 액체에서는 van der Waals 힘의 효과가 기체에서 보다 100 만배 만큼 더 커진다.

기체에서는 분자 자체가 차지하는 부피는 전체 부피에 비해서 작으며 분자간 인력의 영향은 매우 작다. 따라서 1 차 근사로서 이들 효과는 무시되며 어떤 기체이든 이상 기체의 법칙으로 나타낼 수 있다. 이상 기체의 법칙은 $p = 0$ 에서만 엄밀하게 성립하는 법칙이다. 이러한 상태에서는 분자가 서로 무한히 멀리 떨어져 있다는 것을 의미하며, 분자간 인력은 정확하게 영으로 되고 분자의 부피도 완전히 무시할 수 있게 될 것이다.

이상 기체의 법칙과 마찬가지의 보편성을 갖는 고체나 액체의 상태식을 발견할 수 있을 것일까? 지금까지 이야기한 것을 기초로 한다면 그 답은 부정적이다. 액체나 고체에서는 분자간 거리가 매우 작으며 또 분자간 인력의 영향도 그에 따라 매우 크다. 그 결과 응축상의 성질은 분자 사이에 작용하는 힘의 세세한 내용에 따라 다르다. 따라서 각각 서로 다른 고체나 액체에 대한 상태식도 서로 다를 것이라고 생각해야 한다. 만일 여러 분자들 사이에 작용하는 힘의 법칙이 특히 간단하고 또한 모든 분자에 대하여 똑같은 꼴의 해석 함수로 주어진다고 하면 대응 상태의 법칙은 이상 기체가 갖는 것과 같은 보편성을 가질 것이라고 기대할 수 있을 것이다. 그러나 실제에 있어서 분자간 인력은 그러한 간단한 법칙에는 엄밀하게 따르지 않는다. 그러므로 대응 상태의 법칙도 완전한 보편성을 갖지 못한다고 생각해야만 한다. 그러나 대부분의 실제 경우에는 손쉬운 근사를 써도 된다.

5.2 열팽창 계수와 압축 계수

일정한 압력에서 고체나 액체의 부피에 미치는 온도의 영향은 다음 식으로 표시할 수 있다.

$$V = V_0(1 + \alpha t) \tag{5.1}$$

여기서 t는 섭씨 온도, V_0는 0°C에서의 액체나 고체의 부피이며 α는 열팽창 계수이다. (5.1)식은 기체의 부피와 온도 사이의 관계를 나타내는 (2.5)식과 그 꼴이 같다. 이 두 식 사이의 큰 차이점은 기체의 경우에는 α의 값이 모두 거의 같았지만 액체나 고체는 제각기 고유한 α값을 갖는다는 것이다. 어떤 물질이든지 고체 상태에서의 α값과 액체 상태에서의 α값은 서로 다르다. α의 값은 한정된 온도 범위에서는 일정하다. 그러나 만일 넓은 온도 범위에 걸쳐 정확하게 표시하려면 t의 고차 항을 포함하는 다음과 같은 식이 필요하다.

$$V = V_0(1 + at + bt^2 + \cdots) \tag{5.2}$$

여기서 a와 b는 상수이다. 기체와 고체에 대해서는 α가 항상 양수이지만 액체에 대해서는 보통 양수이다. 그러나 어떤 좁은 온도 범위에서 α의 값이 음수가 되는 액체도 몇 가지 있다. 예를 들면 0~4°C에서 물은 음의 α값을 갖는다. 이 좁은 온도 간격에서 물의 비부피는 온도가 올라감에 따라 작아진다.

(5.1)식에서 V_0는 압력의 함수이다. 실험 결과에 의하면 부피와 압력 사이의 관계는 다음과 같이 주어진다.

$$V_0 = V_0^\circ[1 - \kappa(p - 1)] \tag{5.3}$$

여기서 V_0°은 1 atm과 0°C에서의 부피이며, p는 기압 단위로 나타낸 압력이고 κ는 압축 계수이다. 한 물질의 κ값은 상당히 넓은 압력 범위에 걸쳐서 일정한 상수이다. 그러나 κ의 값은 물질에 따라 다르며, 또한 같은 물질이라도 액체 상태와 고체 상태에서 그 값이 다르다. 물질이 역학적으로 안정할 필요 조건은 κ가 양수이어야만 한다는 것인데 이것은 9.2절에서 증명하겠다.

(5.3)식에 의하면 고체나 액체의 부피는 압력에 따라 선형적으로 감소한다. 이 행동은 부피가 압력에 반비례하는 기체의 행동과 퍽 대조적이다. 뿐만 아니라 액체나 고체의 κ값은 극히 작으며 $10^{-5} \sim 10^{-6}\,\text{atm}^{-1}$ 정도이다. $\kappa = 10^{-5}$이라면 압력이 2 atm일 때 응축상의 부피는 (5.3)식에 의해서 $V = V_0^\circ[1 - 10^{-5}(1)]$이다. 즉, 압력이 1 atm으로부터 2 atm으로 될 때의 부피 감소는 0.001%이다. 기체가 이와 같은 압력 변화를 받았다고 하면 그 부피가 반으로 감소할 것이다. 보통 크기의 압력 변화로는 액체나 고체의 부피가 대단히 미소하게 변화할 따름이므로 1차근사로서 이들을 비압축성($\kappa = 0$)이라고 생각하는 것이 때로는 편리하다.

계수 α와 κ는 (5.1)식이나 (5.3)식이 나타내는 것보다는 더 좀 일반적으로 다음과 같이 나타내는 것이 보통이다.

$$\alpha = \frac{1}{V}\left(\frac{\partial V}{\partial t}\right)_p \qquad \kappa = -\frac{1}{V}\left(\frac{\partial V}{\partial p}\right)_T \tag{5.4}$$

(5.4)식에 의하면 α는 일정 압력에서 온도가 1도 상승할 때의 부피의 상대적 증가($\partial V/V$)이며, 마찬가지로 κ는 일정 온도에서 압력이 1 atm 증가할 때의 부피의 상대적 감소($-\partial V/V$)이다.

온도 상승이 작을 때는 α의 일반적 정의로부터 (5.1)식의 결과가 나올 수 있다. (5.4)식은 다음과 같이 고쳐 쓸 수 있다.

$$\frac{dV}{V} = \alpha\, dT \tag{5.5}$$

온도가 T_0로부터 T로 변화하면 (0°C로부터 t°C로 변하는 것에 해당), 부피는 V_0로부터 V로 변화한다. α를 상수로 가정하고 위 식을 적분하면 $\ln(V/V_0) = \alpha(T - T_0)$, 즉 $V = V_0 e^{\alpha(T-T_0)}$로 된다. 만일 $\alpha(T - T_0) \ll 1$이면 이 식의 지수 항을 전개하여 $V = V_0[1 + \alpha(T - T_0)]$을 얻을 수 있는데, 이 식은 $T_0 = 273.15$ K일 경우 (5.1)식과 동일하다. 마찬가지 방법으로 압력 증가가 미소할 때는 κ의 정의가 (5.3)식으로 환원된다.

(5.1)식과 (5.3)식을 결합하여 V_0을 소거하면 응축상에 대한 상태식이 얻어진다.

$$V = V_0^{\circ}[1 + \alpha(T - T_0)][1 - \kappa(p - 1)] \tag{5.6}$$

이 식을 특정 액체나 고체에다 적용하려면 그 물질에 대한 α와 κ의 값을 알아야 한다. 몇 가지 보통 고체와 액체에 대한 α와 κ의 값을 표 5-1에 수록하였다.

5.3 용융열 ; 증발열 ; 승화열

온도 변화를 수반하지 않는 열의 흡수나 방출은 물질의 응집 상태가 달라질 때 일어나는 특징이다. 고체가 액체로 변할 때 흡수하는 열량은 용융열이며, 액체로부터 기체로 변할 때 흡수하는 열량은 증발열이다. 고체가 기체로 직접 변하는 현상을 승화라고 하며, 이 때 흡수하는 열량을 승화열이라고 하는데, 승화열은 녹음열과 증발열의 합과 대략 같다.

응축상에 관한 중요하면서 명백한 사실은 분자간 인력에 의해서 분자들이 서로 함께 묶여 있다는 것이다. 따라서 액체를 증발시키려면 분자간 인력으로부터 분자를 떼어 놓아야 한다. 여기에 필요한 에너지는 증발열을 가지고 정량적으로 측정된다. 마찬가지로 분자가 규칙적으로 배치되어 있는 결정을 불규칙한 배열 상태를 갖는 액체로 바꾸려면 분자 사이의 거리를 약간 증

표 5-1 열팽창 계수 및 압축 계수(20 °C).

	고체					
	구리	흑연	백금	석영	은	NaCl
$\alpha/10^{-4}\,K^{-1}$	0.492	0.24	0.265	0.15	0.583	1.21
$\kappa/10^{-6}\,atm^{-1}$	0.78	3.0	0.38	2.8	1.0	4.2
	액체					
	C_6H_6	CCl_4	C_2H_5OH	CH_3OH	H_2O	Hg
$\alpha/10^{-4}\,K^{-1}$	12.4	12.4	11.2	12.0	2.07	1.81
$\kappa/10^{-6}\,atm^{-1}$	94	103	110	120	45.3	3.85

기시켜야 하며 따라서 에너지가 필요한 것이다. 이 에너지는 용융열로서 측정된다.

상호간에 비교적 센 힘이 작용하는 분자로 된 액체는 큰 증발열을 가지며 한편 약한 상호 작용을 가진 분자로 된 액체는 작은 증발열을 갖는다. van der Waals 상수 a는 분자간 인력의 세기를 나타내는 척도이며 a의 값과 물질의 증발열은 같은 정도의 크기일 것으로 예상된다. 이것은 실제로 그러하며 van der Waals 유체에 대해서는 1 mol 당의 증발열 Q_{vap}가 a/b와 같다는 것을 증명할 수 있다.

5.4 증기 압력

일정한 양의 순수한 액체를 그 액체의 부피보다 크고 진공으로 된 용기 속에 넣으면 액체의 일부가 증발되어 용기의 나머지 부피가 증기로 채워진다. 평형이 이루어진 후에도 액체의 일부가 용기 속에 남아 있을 때는 용기 속의 증기의 압력이 그 계의 온도만의 함수가 된다. 이 때 나타나는 압력이 그 액체의 증기 압력인 바, 이것은 그 액체의 특성의 하나이다. 증기 압력은 온도에 따라 급격하게 상승한다. 증기 압력이 1 atm과 같게 되는 온도를 그 액체의 정상 끓는점이라고 하며, T_b로 표시한다. 어떤 고체는 휘발성이 충분히 커서 상온에서도 측정할 수 있을 만한 증기 압력을 나타낸다. 고체의 증기 압력이 그 고체의 녹는점보다 낮은 온도에서 1 atm에 도달할 것 같으면 그 고체는 승화한다. 이 온도를 정상 승화점 T_s라고 부른다. 끓는점이나 승화점은 물질에 가해진 압력에 따라서 다르다.

증기 압력이 존재하고 또 이것이 온도에 따라 증가하는 것은 Maxwell-Boltzmann의 에너지 분포 때문이다. 낮은 온도에서도 액체 분자의 일부는 에너지 분포 때문에 그 액체의 응집 에너지보다 큰 에너지를 갖는다. 4.10절에서 설명한 바와 같이 이 분율은 온도가 증가함에 따라 급격하게 증가한다. 그 결과 온도가 올라가면 증기 압력이 급격하게 증가하는 것이다. 휘발성 고체의 경우도 마찬가지이다.

이 논법에 의하면 어떤 정해진 온도에서는 큰 응집 에너지를 갖는 액체(즉, 몰증발열 Q_{vap}가 큰 액체)는 작은 응집 에너지를 갖는 액체보다 작은 증기 압력을 나타낸다. 20 °C에서 물의 증발열은 44 kJ/mol이나 사염화탄소의 증발열은 32 kJ/mol이다. 그리하여 이 온도에서 물의 증기 압력은 2.33 k Pa이며 사염화탄소의 증기 압력은 12.13 k Pa이다.

일반적인 Boltzmann 분포를 이용하더라도 증기 압력과 증발열 사이의 관계를 그럴듯하게 설명할 수 있다. 액체와 증기가 평형을 이루고 있는 계는 분자의 퍼텐셜 에너지의 값이 서로 다른 두 영역을 갖고 있다. 분자간 인력의 큰 영향으로 말미암아 액체에서는 퍼텐셜 에너지가 낮다. 이 값을 $W=0$으로 놓으면, 여기에 비해서 기체의 퍼텐셜 에너지는 W만큼 높다. 그러면 Boltzmann의 법칙인 (4.90)식에 의해서 1 m³ 당의 기체의 몰수는 $\tilde{N}=A\exp(-W/RT)$가 된다. 여기서 A는 상수이다. 기체에서는 1 m³ 당의 몰수가 증기 압력에 비례하므로 $p=B\exp(-W/RT)$가 된다. 여기서 B는 새로운 상수이다. 액체 분자 하나를 기체 속으로 들여 보내려면 증발 에너지 W가 필요하다. 나중에 설명하겠지만 증발열 Q_{vap}와 W 사이에는 $Q_{vap}=W+RT$라는 관계가 성립한다. 이 W값을 p에 관한 식에다 넣으면 다음 식이 나온다.

$$p=p_\infty e^{-Q_{vap}/RT} \tag{5.7}$$

여기서 p_∞도 또한 상수이다. (5.7)식은 증기 압력, 온도 및 증발열 사이의 관계를 나타낸다. 이 식은 Clausius-Clapeyron 식의 한 가지 형식이며, 12.9절에서 보다 더 엄밀하게 유도될 것이다. 상수 p_∞는 p와 같은 단위를 가지며 Q_{vap}와 정상 끓는점 T_b로부터 구할 수 있다. T_b에서는 증기 압력이 1 atm이며, 따라서 $1\text{ atm}=p_\infty e^{-Q_{vap}/RT_b}$이다. 따라서

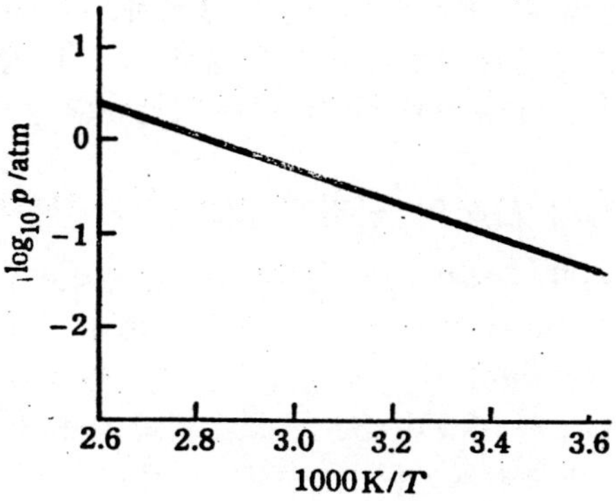

그림 5-1 벤젠에 대한 $\log_{10}p$ 대 $1/T$의 도시.

$$p_\infty = (1\ \text{atm})e^{+Q_{vap}/RT_b} \tag{5.8}$$

이 식을 이용하면 상수 p_∞를 충분히 구할 수 있다.

(5.7)식의 대수를 취하면 다음과 같이 된다.

$$\ln p = -\frac{Q_{vap}}{RT} + \ln p_\infty \tag{5.9}$$

이 식은 온도에 따르는 증기 압력의 변화를 그래프로 나타내는 데 매우 편리하다. 즉, 함수 $\ln p$를 $1/T$에 대해서 도시하는 것이다. 그러면 (5.9)식은 직선을 나타내며 그 기울기는 $-Q_{vap}/R$이 된다(상용 대수를 사용하면 기울기가 $-Q_{vap}/2.303\,R$로 된다). $1/T=0$에서의 절편은 $\ln p_\infty$이다(또는 $\log_{10}p_\infty$). 그림 5-1은 이러한 종류의 도시를 나타내는 대표적인 예이며, 벤젠에 대한 증기 압력 데이터를 나타낸 것이다.

액체의 증발열을 결정하는 편리한 방법은 여러 온도에서 그 액체의 증기 압력을 측정하는 것이다. 즉, 실험 데이터를 그림 5-1의 방법에 따라 도시한 다음, 직선의 기울기를 측정하면 이것으로부터 Q_{vap}를 계산할 수 있다. 이 방법에서는 간단한 장치를 사용하더라도 간단한 열계량 장치로 구한 것보다 훨씬 더 정밀한 Q_{vap}를 얻을 수 있다.

5.5 액체의 그밖의 성질

액체의 점성도, 즉 보다 더 정확히 말해서 점성도 계수는 응력을 받는 액체가 나타내는 흐름에 대한 저항의 크기를 나타낸다. 액체 분자는 서로 밀접하게 붙어 있으므로 액체는 기체보다 점성이 크다. 이 밀접한 간격과 분자간 인력의 두 가지 때문에 흐름에 대한 저항이 나타나는 것이다. 점성도에 대해서는 30장에서 상당히 상세하게 설명하겠다.

액체 내부의 분자는 그 주위의 분자들로부터 같은 크기의 인력을 받고 있으며, 시간 간격을 길게 잡으면 어떤 특정 방향으로 불균형적인 힘을 받지 않는 결과가 된다. 액체의 표면층에 있는 분자도 인접 분자에 의해서 끌리기는 하지만, 인접 분자는 그 분자의 아래쪽, 즉 액체 내부에만 있으므로 표면층의 분자는 액체 내부 쪽으로만 끌린다. 이와같이 표면층의 분자는 한쪽 편에 있는 분자들하고만 결합하고 있으므로 그들은 액체 내부에 있는 분자처럼 낮은 에너지를 갖지 않는다. 따라서 액체 내부로부터 표면으로 분자를 이동시키려면 에너지가 필요하다. 한편 표면에 다른 분자가 더 들어 가게 되면 액체의 표면적이 증가하므로 액체의 표면적을 증가시키려면 에너지를 공급해야만 한다. 표면을 $1\,m^2$ 만큼 증가시키는 데 필요한 에너지를 그 액체의 표면 장력이라고 한다. 표면 장력은 표면의 성질에 관한 장에서 상세히 다루기로 하겠으며 여기서는 우선 분자 사이의 힘이 이 현상과 관계된다는 사실만을 말하는 데 그치겠다.

5.6 고체, 액체 및 기체 사이의 구조적 차이점에 관한 요약

기체의 구조는 다만 분자의 무질서 운동(열운동)만을 가지고 나타낼 수가 있었다. 기체 분자는 분자 자체의 지름에 비하여 매우 큰 거리로 서로 떨어져 있다. 분자간 인력과 분자 크기의 영향은 매우 작으므로 압력이 영이 되는 극한에서는 이러한 영향이 없어져 버린다.

액체 속에서는 분자들이 분자 지름과 같은 정도의 거리 만큼 서로 떨어져 있으므로 액체가 차지하는 부피는 분자 자체의 부피와 거의 비슷하다. 이와같이 밀접한 거리에서는 분자간 인력의 영향이 매우 크며, 각 분자는 기체 상태에 있을 때보다 낮은 퍼텐셜 에너지를 갖게 된다. 기체와 액체 사이의 이 퍼텐셜 에너지 차가 바로 액체를 증발시키는 데 필요한 에너지가 된다. 액체 속에서는 분자의 운동이 여전히 무질서하지만 액체는 기체 보다 훨씬 작은 부피를 차지하므로 분자의 공간 분포가 그만큼 덜 불규칙적이다. 액체에서는 분자 사이에 빈 공간이 거의 없으므로 압축 계수가 매우 작다. 액체 분자는 그들이 차지하고 있는 부피 속을 마음대로 돌아다닐 수 있는 자유도를 가지고 있으므로 응력을 받으면 흐를 수가 있다. 그러나 그렇게 되려면 인접한 다른 분자를 밀어제쳐야 하므로 흐름에 대한 저항은 기체의 경우 보다 크다.

고체 속의 분자는 규칙적인 모양으로 고착되어 있으며, 기체나 액체에서와는 달리 그 공간 배열이 완전히 규칙적이다. 기체와 액체와는 달리 고체는 작은 응력을 받더라도 흐르지 않고 약간 변형될 따름이며 응력을 제거해 주면 곧 원형태로 되돌아간다. 이러한 고도의 규칙적인 배열에는 언제나 보다 더 낮은 퍼텐셜 에너지가 수반되며, 그 결과 고체를 액체로 전환시키려면 에너지가 필요하게 된다. 이러한 규칙적인 배열로 말미암아 고체는 일반적으로 액체보다 작은 부피를 갖지만, 그 차는 얼마 안 된다(대략 5~10%의 차가 있다). 고체의 압축 계수는 액체의 압축 계수와 거의 비슷하다.

고체나 액체에서는 에너지 분포가 기체에서와 본질적으로 같으며, 온도가 충분히 높기만 하면 Maxwell-Boltzmann 분포 함수로 나타낼 수 있다. 기체 분자의 운동은 운동 에너지만으로 그 특성을 나타낼 수 있지만 고체와 액체에서는 이 이외에 퍼텐셜 에너지가 또한 필요하다. 고체에서는 분자들이 순전히 진동 운동만을 한다. 액체에서는 일부 분자가 액체 속을 운동하며 나머지 일부 분자는 인접 분자에 의해서 순간적으로 만들어지는 "우리" 속에 갇히면 그 속에서 진동한다. 따라서 액체 속에서의 분자 운동은 어떤 면에서는 기체에서와 같은 자유로운 운동의 특징을 가지며 또 다른 면에서는 고체에서와 같은 진동 운동의 특징을 가지고 있다. 그러나 종합적으로 말하면 액체는 기체 보다 고체와 더 비슷하다.

《질 문》

5. 1 수압 펌프에 기체를 쓰지 않고 액체를 쓰는 이유는 무엇인가?

5. 2 $\alpha = 10^{-3}\,K^{-1}$ 및 $\kappa = 10^{-4}\,atm^{-1}$인 한 전형적인 액체를 10 K 만큼 가열하였다. 이 액체의 밀도를 일정하게 유지시키려면 외부 압력을 얼마로 해주어야 하겠는가?

5. 3 대부분의 분자성 물질은 그 증발열이 용융열보다 수 배나 더 크다. 이 액체의 구조와 분자간 힘을

가지고 이 사실을 설명하라.

5. 4 고체 나프탈렌(좀약)은 실온에서 상당히 높은 증기 압력을 갖는다. 이 이유를 설명하라.

5. 5 H_2O의 증발열은 CCl_4의 증발열보다 약 1.5나 더 크다. 어떤 액체가 더 큰 표면 장력을 갖겠는가?

《연습 문제》

5. 1 25 °C에서 밀폐된 단단한 용기 속에다 액체물을 가득 채웠다. 온도를 10 °C 올리면 용기 속의 압력이 얼마로 되겠는가? 단, 물에 대해서는 $\alpha = 2.07 \times 10^{-4}\,K^{-1}$이며, $\kappa = 4.50 \times 10^{-5}\,atm^{-1}$이다.

5. 2 선팽창 계수는 $a = (1/l)(dl/dt)$로 정의된다. 어떤 고체에서 a가 매우 작고 어떤 방향에 대해서나 그 값이 같다면 부피팽창 계수 α가 대략 $3a$와 같게 됨을 증명하라.

5. 3 van der Waals의 상태 방정식에서 압력에 대한 보정항, $a/\bar{V}^2$는 단위 부피당의 에너지라는 디멘션을 갖는다. 따라서 $a/\bar{V}$의 디멘션은 몰당 에너지가 된다. 어떤 van der Waals 유체의 몰당 에너지가 $\bar{U} = f(T) - a/\bar{V}$인 꼴로 표시된다고 생각하자. 어떤 한 온도에서 $\bar{V}_{gas} = 24\,dm^3/mol$, $\bar{V}_{liq} = 18\,cm^3/mol$이라고 놓고, 수증기의 에너지와 액체 물의 에너지와의 차를 구하라. 물에 대해서는 $a = 0.580\,m^6\,Pa\,mol^{-2}$이다. 이 에너지차를 증발열, 44.016 kJ/mol과 비교하라.

5. 4 물의 증발열은 44.016 kJ/mol이며 정상(1 atm) 끓는점은 100 °C이다. (5.7)식 중의 p_∞의 값과 25 °C에서의 물의 증기 압력을 계산하라.

5. 5 Clausius-Clapeyron의 식은 평형 증기 압력 p와 온도 T 사이의 관계를 나타내는 식이다. 즉, 액체에 작용하는 압력이 p일 때는, 이 액체가 온도 T에서 끓는다는 것을 뜻한다. 이 개념과 Boltzmann의 분포 법칙을 써서 액체의 끓는점 T, 1 atm 밑에서의 끓는점 T_0 및 해면 상의 높이 z 사이의 관계를 유도하라. 해면 상에서의 압력은 $p_0 = 1$ atm이라고 가정한다. 또 대기의 온도는 T_a이다. 대기의 온도가 27 °C일 때 해면으로부터 2 km 위에 있는 물의 끓는점을 계산하라. 단 $Q_{vap} = 44.016$ kJ/mol, $T_0 = 373$ K이다.

5. 6 $\alpha = (1/V)(\partial V/\partial T)_p$이면 $\alpha = -(1/\rho)(\partial \rho/\partial T)_p$임을 증명하라. 여기서 ρ는 밀도이다.

5. 7 $(d\rho/\rho) = -\alpha\,dT + \kappa\,dp$임을 증명하라. 여기서 ρ는 밀도로서, $\rho = w/V$이며, 질량 w는 일정하고 V는 부피이다.

5. 8 2개의 변수를 갖는 함수의 2차 도함수는 미분의 순서에 관계없으므로 $(\partial^2 V/\partial T\partial p) = (\partial^2 V/\partial p\,\partial T)$이다. 이 관계를 사용하여 $(\partial\alpha/\partial p)_T = -(\partial\kappa/\partial T)_P$임을 증명하라.

5. 9 다음 증기 압력 데이터는 액체 금속 아연에 대한 것이다.

p/mmHg	10	40	100	400
t/°C	593	673	736	844

이 데이터를 적절하게 도시하여 아연의 증발열과 정상 끓는점을 구하라.

5.10 α의 일반적인 정의로부터 $V = V_0 \exp(\int_0^t \alpha\,dt)$인 관계를 얻을 수 있다. 만일 $\alpha = \alpha_0 + \alpha' t + (\alpha''/2)t^2$이고, α_0, α' 및 α''이 상수라면 α_0, α' 및 α''과 다음 식 중의 a, b 및 c 사이에는 어떤 관계가 성립하겠는가?

$$V = V_0(1 + at + bt^2 + ct^3)$$

6
열역학의 여러 법칙 ; 그 개요와 제 0 법칙

6.1 에너지의 종류와 열역학 제 1 법칙

물리적 계는 여러 가지 형태의 에너지를 가질 수 있으므로 여러 가지 종류의 에너지를 이야기하게 된다. 즉,

1. 운동 에너지: 물체가 운동을 하기 때문에 갖게 되는 에너지.
2. 퍼텐셜 에너지: 물체가 힘의 장에 위치하기 때문에 갖게 되는 에너지. 예로서 중력장 속에 있는 질량이나, 자기장 속에 있는 하전 알맹이를 들 수 있다.
3. 열 에너지: 물체가 그 온도 때문에 갖게 되는 에너지.
4. 물질의 구성에 기인하는 에너지: 예로서 화합물은 "화학" 에너지를 가지며, 원자핵은 "핵" 에너지를 갖는다.
5. 물질의 질량에 기인하는 에너지: 상대성 이론에 의하면 질량과 에너지는 동등하다.
6. 발전기는 전기적 에너지를 "만든다".
7. 모우터는 기계적 에너지를 "만든다".

이 이외에도 자기적 에너지, 변형 에너지, 표면 에너지 등 많은 예를 들 수 있다. 열역학의 목적은 여러 종류의 에너지와 이들이 나타내는 여러 가지 법칙 사이의 상호 관계를 논리적으로 추구하는 데 있다. 즉, 어떤 한 종류의 에너지가 다른 종류의 에너지로 전환될 때는 열역학의 여러 법칙의 지배를 받을 것이다.

위에 들은 에너지의 예 중, 끝의 두 가지에서는 에너지가 "발생"한다고 말하였다. 그러나 발전기 만으로는 전기적 에너지가 발생하지 않는다. 발전기를 돌리려면 터어빈과 같은 기계적 장치가 필요한 것이다. 즉, 기계적 에너지가 소비되고 전기적 에너지가 나오는 것이다. 발전기로부터 나온 전기적 에너지에다 마찰 손실을 합해준 것은 그 터어빈에서 "없어진" 기계적 에너지와 똑같다. 마찬가지로 마지막 예에서는 모우터로부터 발생하는 기계적 에너지와 마찰 손실을 합한 것이 전원으로부터 모우터에 공급된 전기적 에너지와 정확하게 일치한다. 이러한 에너지의 보존 법칙은 대단히 주의깊고 힘든 수많은 직접적인 실험과 무수한 간접적인 실험에 의하여 그 타당성이 확립된 것이다.

열역학 제 1 법칙은 이러한 에너지 보존 법칙을 가장 총체적으로 표현한 것으로서, 이 법칙에 대한 예외는 하나도 없다. 에너지 보존 법칙은 경험으로부터 얻어진 것이며, 다른 어떠한 원리로 부터 유도된 것이 아니다.

6.2 에너지 형태의 전환에 관한 제한

열역학 제 1 법칙에 의하면 에너지가 어떤 한 형태로부터 다른 형태로 전환되는 데 아무 제한도 받지 않는다. 이 법칙은 다만 전체 에너지가 전환 전후에 동일해야 한다는 사실만을 나타낼 뿐이다.

어떤 종류의 에너지라도 그것을 이와 동일한 양의 열 에너지로 항상 전환시킬 수가 있다. 예를 들면 전기에서 나오는 에너지는 물통 속에 담근 전열기를 발열시키는 데 사용할 수 있다. 물과 전열기의 열 에너지는 소모된 전기적 에너지 만큼 증가한다. 전기 모우터는 물통 속의 물갈퀴를 회전시킬 수 있으며(Joule의 실험에서와 같이) 이 때 기계적 에너지는 물의 열 에너지를 증가 시키는데, 이것은 물의 온도가 오르는 사실로부터 증명된다. 모든 종류의 에너지는 완전히 열 에너지로 전환시킬 수 있는 바, 이것은 물과 같은 어떤 물질의 온도 상승을 가지고 알아 볼 수 있다. 이 경우 관여한 에너지의 양은 일정량의 물의 온도를 측정함으로써 계량할 수 있다.

중력에 역행해서 물질을 들어 올리면 그 물질의 퍼텐셜 에너지가 증가하는데, 물질의 이러한 퍼텐셜 에너지를 증가시킬 수 있는 능력에 따라서도 또한 에너지를 구분할 수 있다. 여러 종류의 에너지 중에서 한정된 일부의 것만이 중력에 역행해서 물질을 위로 들어 올리는 에너지로 완전히 전환될 수 있다. 모우터에서 나오는 기계적 에너지가 그 한 예이다. 증기 보일러의 열 에너지나 화합물의 화학적 에너지는 그 일부분만이 물질을 위로 들어 올리는 에너지로 전환된다. 에너지의 형태가 전환할 때는 이처럼 한계가 있으며 그리하여 열역학 제 2 법칙이 나온 것이다.

6.3 열역학 제 2 법칙

다음과 같은 경우를 생각해 보자. 단단한 쇠구슬이 단단한 강철판 위로부터 높이 h인 곳에 걸려 있다. 이 쇠구슬을 아래로 떨어뜨리면 퍼텐셜 에너지를 잃는 동시에 그 속도, 따라서 운동 에너지가 증가한다. 그리고 쇠구슬이 강철판을 때린 다음에는 다시 튀어 올라간다. 강철판과의 이 충돌을 탄성적이라고 가정하자. 즉, 이 쇠구슬은 충돌을 할 때 강철판에다 에너지를 주지 않는다고 가정하자. 그러면 충돌한 쇠구슬은 다시 튀어 올라가며, 처음 높이 h로 되돌아갈 때까지 퍼텐셜 에너지를 얻으면서 운동 에너지를 잃는다. 이 위치에서 쇠구슬은 원래의 퍼텐셜 에너지 mgh를 가지며 운동 에너지는 원래의 값인 영으로 된다. 이 점에서 우리는 쇠구슬의 운동을 멈추게 할 수도 있고 또 그 운동을 계속해서 얼마든지 반복시킬 수도 있다. 이 경우에는 열역학 제 1 법칙이 단순한 기계적 에너지의 보존 법칙이 된다. 즉, 퍼텐셜 에너지와 운동 에너지의 총합은 이 운동 과정을 통해서 일정하게 유지되어야 한다. 제 1 법칙은 쇠구슬의 에너지의 얼마만큼이 퍼텐셜 에너지로 되는지, 즉 얼마 만큼이 운동 에너지로 되는지에 대해서는 조금도 관여하지 않으며, 다만 그들의 총합이 일정하게 되어야 한다는 것만을 요구한다.

그러면 이번에는 약간 다른 문제를 생각해 보자. 즉, 물이 담긴 비이커 위에 쇠구슬이 걸려 있는 경우를 생각해 보자. 쇠구슬을 떨어뜨리면 퍼텐셜 에너지를 잃으면서 운동 에너지를 얻으며 이어서 물 속으로 들어가 비이커 밑바닥에서 멎게 된다. 처음에는 쇠구슬이 퍼텐셜 에너지를 지녔었는데 최종 상태에서는 퍼텐셜 에너지나 운동 에너지의 어느 것도 가지지 않으므로 순전히 역학적인 입장에서 본다면 마치 에너지가 소실된 것 같이 보인다. 역학에서는 이 "소실"된 에너지의 행방을 말하지 않는다. 그러나 이 계를 주의깊게 조사해 보면 쇠구슬이 물 속에 들어가서 그 밑바닥에 멎고난 다음에는 물의 온도가 처음보다 약간 높아졌다는 것을 발견할 것이다. 즉, 쇠구슬의 퍼텐셜 에너지가 쇠구슬과 물의 열 에너지로 전환된 것이다. 열역학 제 1 법칙에 의하면 쇠구슬과 비이커의 물을 다같이 계에다 포함시켜야 하며, 쇠구슬과 물의 퍼텐셜 에너지, 운동 에너지 및 열 에너지의 전체합이 일정하게 유지되어야 한다. 쇠구슬과 물의 에너지를 각각 E_b 및 E_w라고 하면 이 조건을 다음과 같이 나타낼 수 있다.

$$E_{b(kin)}+E_{w(kin)}+E_{b(pot)}+E_{w(pot)}+E_{b(therm)}+E_{w(therm)}=\text{일정}$$

쇠구슬과 강철판의 경우에서와 마찬가지로 제 1 법칙은 이 일정량의 에너지가 여러 가지 형태의 에너지로 어떻게 분배되는가에 대해서는 전혀 관계하지 않는다.

강철판의 경우와 비이커 속의 물의 경우와의 사이에는 중요한 차이가 있다. 쇠구슬은 강철판 위에서는 얼마든지 오랫동안 튕겨 올라갔다 내려갔다 할 수 있지만 비이커의 물 속으로는 단 한번만 떨어져 들어 간다. 다행히도 비이커의 물 속에 들어 있는 쇠구슬이 비이커로부터 갑자기 튀어나오고, 비이커 속의 물이 쇠구슬이 잠겨 있을 때보다 조금 차갑게 되는 일은 절대로 일어나지 않는다. 그러나 열역학 제 1 법칙에 의하면 이러한 뜻밖의 일도 불가능하지 않다는 사실을 중시해야 한다.

쇠구슬과 비이커의 물의 행동은 어떤 면에서 보면 실제로 일어나는 모든 현상의 전형적인 예이다. 실제로 일어나는 과정은 모두 자연적이라고 인식되는 어떤 순서를 가지고 있다. 그리고 이와 반대의 순서로 일어나는 것은 부자연한 것이다. 쇠구슬이 떨어지고 물 속에서 정지하는 것은 자연적인 순서라고 인정할 수 있다. 만일 비이커 속에 정지하고 있던 쇠구슬이 물 밖으로 튀어 나온다고 하면 이것은 자연적인 순서의 일이라고 인정할 수 없을 것이다.

열역학 제 2 법칙은 자연적인 과정의 방향과 관계되는 법칙이다. 따라서 이것을 제 1 법칙과 결합시키면 어떤 방향의 과정이 자발적인가를 예측할 수 있으며, 또한 결과적으로 평형 상태를 예측할 수 있다. 복잡한 예로서 휘발유 탱크와 바퀴가 달린 모우터로 된 계를 생각하여 보자. 제 2 법칙에 의하면 이 계가 일으키는 과정의 자연적 순서는 휘발유가 소모되고 이산화탄소와 물이 생기고, 또 이 장치 전체가 전진하는 것이라고 예상된다. 제 2 법칙을 이용하면 휘발유의 화학적 에너지를 기계적 에너지로 전환시키는 가능한 최대 효율을 계산할 수 있다. 또한 제 2 법칙에 의하면 배기 장치 속으로 이산화탄소와 물을 넣고 이 장치를 길 위에서 밀어주더라도 휘발유는 합성되지 않는다는 것을 짐작할 수 있다. 이것은 비록 이 장치를 처음과 반대 방향으로 밀어주더라도 마찬가지이다.

열역학이 이러한 종류의 결과를 예언할 수 있다는 것은 매우 중요하다고 하지 않을 수 없다. 열역학은 이처럼 위대한 이론적 결과를 내포하고 있을 뿐 아니라 굉장히 실용적인 과학이다. 제 2 법칙이 화학자에게 중요하다는 것은 다음과 같은 간단한 예로서 알 수 있다. 즉, 제 2 법칙으로부터 임의의 화학반응에 대한 평형점을 계산할 수 있으며 또한 그 평형을 특징지는 예컨대 평형 상수와 같은 파라미터를 구할 수 있다는 것이다.

여기서는 열역학 제 3 법칙을 취급하지 않겠다. 화학에서의 제 3 법칙의 주요 용도는 오로지 열계량 데이터(열량 데이터)로부터 평형 상수를 계산하는 일이다.

6.4 열역학 제 0 법칙

열평형에 관한 법칙인 열역학 제 0 법칙도 또한 중요한 법칙이다. 온도의 개념을 정의하는 데 중요한 이 법칙은 열역학의 다른 영역이 상당히 발전한 단계에 이를 때까지도 미처 인식을 못하고 있었다. 제 0 법칙이라는 이상한 명칭도 그래서 생긴 것이다.

제 0 법칙을 설명하기 위하여 두 기체 시료를 생각하자. 두 시료는 각각 부피 V_1 및 V_2 속에 밀폐되어 있으며 그 압력은 각각 p_1과 p_2라고 하자. 처음에는 이 두 계가 서로 분리되어 있으

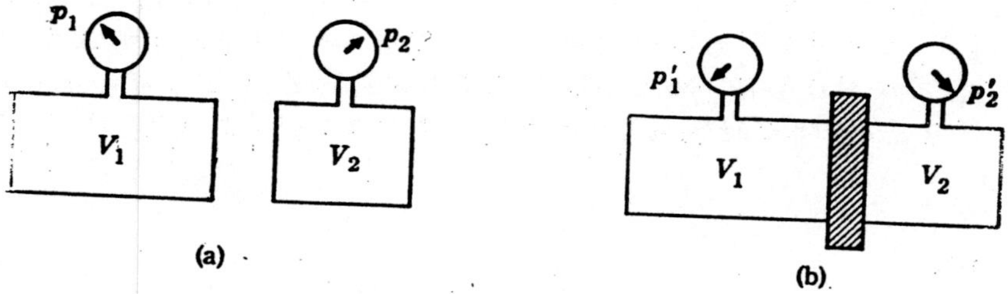

그림 6-1 (a) 계가 분리되어 있다. (b) 계가 열적으로 접촉되어 있다.

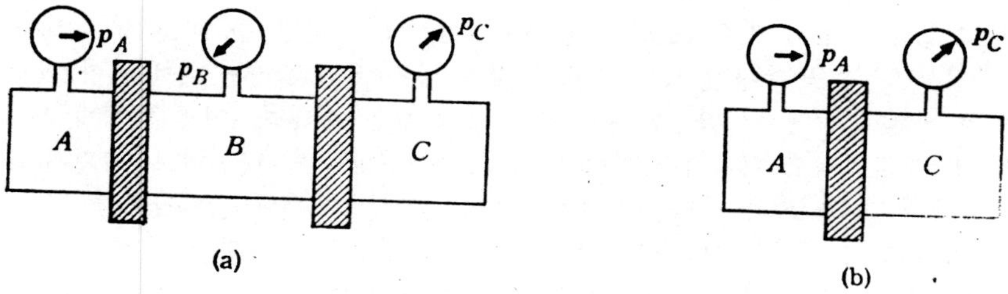

그림 6-2 제0법칙.

며 각각 완전히 평형 상태에 있다. 각 용기의 부피는 고정되어 있으며 그림 6-1(a)에 나타낸 바와 같이 각각 압력계가 달려 있다.*

다음에 이 두 계를 벽을 통해서 접촉시킨다. 그러면 다음과 같은 두 가지 경우가 가능하게 된다. 즉, 벽을 통하여 접촉되었을 때 두 계는 서로 영향을 주는 경우와 그렇지 않은 경우이다. 계가 서로 영향을 미치지 않을 때는 그 벽은 절연벽, 즉 단열벽이다. 물론 이 경우에는 계를 서로 접촉시키더라도 두 계의 압력이 영향을 받지 않는다. 계를 서로 접촉시켰을 때 두 계가 서로 영향을 줄 것 같으면 압력계의 눈금이 시간에 따라 변화하며 마침내 그림 6-1(b)에 나타낸 바와 같이 새로운 압력 p_1' 과 p_2' 에 도달하며 시간이 흐르더라도 더 이상 변하지 않게 된다. 이러한 경우에는 벽은 열전도벽이며 이 계는 열적 접촉을 하고 있다고 한다. 열적 접촉을 하고 있는 두 계의 성질이 일정한 값을 갖고 시간에 따라 변하지 않을 때는 이 두 계가 열적 평형에 있다고 말한다. 그러면 이 두 계는 열적 평형을 나타내는 공통적인 한 성질을 갖게 된다.

그림 6-2(a)에서와 같이 배열된 3개의 계 A, B 및 C를 생각하자. 계 A와 B는 열적으로 접촉하고 있으며 또 계 B는 C와 열적으로 접촉하고 있다. 이 전체 계를 열적 평형에 도달하도록 충분한 시간 동안 놓아 두었다고 하자. 그러면 A는 B와 열적 평형을 이루고, 또 C는 B와 열적 평형을 이룬다. 다음에 A와 C를 이들이 접촉하고 있는 B로부터 떼어 내어 그림 6-2(b)에 나타낸 바와 같이 서로 열적으로 접촉시킨다. 그러면 A와 C의 성질이 시간에 따라 변하지 않는다는 것을 관측할 수 있다. 따라서 A와 C는 서로 열적 평형에 있는 것이다. 이 사실을 요약한 것이 열역학 제0법칙이다. 즉, 이 법칙에 의하면 제3의 계와 각각 열적 평형에 있는 두 계는 서로 열적 평형에 있다.

온도의 개념은 다음 두 표현으로 명확하게 나타낼 수 있다. (1) 서로 열적 평형에 있는 계는 같은 온도를 갖는다. (2) 서로 열적 평형에 있지 않는 계는 각각 다른 온도를 갖는다. 따라서

* 여기서 논하는 것은 기체가 실제 기체이든 또는 이상 기체이든 전혀 관계가 없으며 액체나 고체를 택하더라도 마찬가지이다.

제 0 법칙은 "뜨겁다"든가 "차갑다"든가 하는 생리적 감각에 의존하지 않는 온도에 대한 실질적인 정의를 준다. 열적 평형에 있는 두 물체는 뜨거운 정도에 관한한 똑같게 느껴지므로 이 정의는 생리적인 것과 일치한다. 제 0 법칙은 열적 접촉을 하고 있는 계는 같은 정도로 뜨거워질 때까지는, 즉 같은 온도에 도달할 때까지는 서로 완전한 평형을 이루지 못한다는 경험으로부터 나온 것이다.

6.5 온도 측정

제 0 법칙에 의해서 임의의 계의 온도를 측정할 수 있는 방법이 가능하게 되었다. 측정이 용이하고 또한 온도에 따라 비교적 빠르게 변화하는 성질 y를 가진 계를 온도계로 취해 보자. 이 온도계를 녹고 있는 얼음과 같은 온도가 언제나 일정하게 재연될 수 있는 계와 열적 평형에 도달하게 한 다음 y의 값을 측정한다. 압력계가 달린 일정 부피의 상자 속에 들어 있는 소량의 기체를 온도계로 택했다고 생각하자. 이 온도계가 녹고 있는 얼음과 열적 평형에 도달한 다음에는 압력계의 바늘이 일정한 위치에서 멈출 것이다. 이 위치에다 마음대로 임의의 수치를 표시해 놓을 수 있는데, Celsius에 따라 이 위치에다 0을 표시해 놓자. 다음에는 이 온도계를 일정한 온도를 가지고 있는 다른 계, 즉 1 atm 밑에서의 끓는 물과 열적 평형에 도달하게 한다. 그러면 바늘은 어떤 새로운 위치에 서게 되는데, 이 위치에다 임의의 어떤 수치를 표시해 줄 수 있다. Celsius에 따라 이 새 위치를 100이라고 표시한다. 이 0과 100 사이에다 같은 간격의 눈금 99개를 매긴다. 100 이상이 되는 곳과 0 이하가 되는 곳에도 똑같은 간격으로 나눈다. 이와 같이 하면 온도계가 만들어진 것이다. 어떤 물체의 온도를 측정하려면 이 온도계가 그 물체와 열적 평형에 도달하도록 해준다. 그러면 바늘의 위치가 그 물체의 온도를 도의 단위로 가리키게 된다. 여기서 주의해야 할 것은 온도 측정에 이용되는 성질은 온도계의 사용 범위 내에서 온도가 올라감에 따라 그 값이 연속적으로 증가하든지 또는 연속적으로 감소해야 한다는 것이다. 온도계가 사용되는 온도 범위에서 온도 측정에 이용되는 성질이 최대치나 최소치나 또는 일정치를 가지면 안 된다.

6.5.1 온도 측정식

이 조작은 쉽게 수식화할 수 있으며, 이 식을 이용하면 온도 측정 성질 y의 측정치로부터 온도를 계산할 수가 있다. 물의 어는점에서의 측정치를 y_i라 하고 물의 끓는점에서의 값을 y_s라고 하자. 이 두 점 사이의 간격은 100도이다. 따라서

$$\frac{dy}{dt} = \frac{y_s - y_i}{100 - 0} = \frac{y_s - y_i}{100}$$

이 식의 우변은 일정하다. 양변에다 dt를 곱한 다음 적분하면 다음과 같이 된다.

$$y = \frac{y_s - y_i}{100} t + C \tag{6.1}$$

여기서 C는 적분 상수이다. 그런데 $t = 0$일 때는 $y = y_i$가 되며, 이들 값을 (6.1)식에 넣어 주면 $y_i = C$가 된다. 이 C의 값을 넣어주면 (6.1)식이 다음과 같이 된다.

$$y = \frac{y_s - y_i}{100} t + y_i$$

이 식을 t에 관해서 풀면 다음과 같이 된다.

$$t=\frac{y-y_i}{y_s-y_i}100 \tag{6.2}$$

이 식은 온도를 나타내는 식이다. 온도 측정 성질인 y의 값을 측정하면 이 특정한 척도에 따르는 온도를 계산할 수 있다.

보다 더 일반적으로 두 고정 온도를 택하고 이들 온도의 값을 t_1과 t_2라고 놓자. 이들 온도에서의 온도 측정 성질의 값이 y_1과 y_2라고 하면 온도 측정식인 (6.2)식이 다음과 같이 된다.

$$t=t_1+\frac{y-y_1}{y_2-y_1}(t_2-t_1) \tag{6.3}$$

그리하여 이 경우에도 y의 측정 결과로부터 t를 계산할 수 있다.

이 방법에서는 온도 측정 성질이 온도의 선형 함수가 되어야 한다는 이유 때문에 이 방법에 대한 반대 의견이 나올 수도 있다. 그러나 이 반대 의견은 본질로부터 벗어나 있다. 왜냐 하면 온도를 측정하는 어떤 방법을 선정하기 전에는 어떤 성질이 온도의 선형 함수인지 아닌지 알 도리가 없기 때문이다. 사실 이 측정 방법은 그 자체가 자동적으로 온도 측정 성질을 특정한 척도로 측정한 온도의 선형 함수가 되게 한다. 이러한 사실은 온도 측정이 실제로 매우 어렵다는 것을 가리킨다. 어떠한 성질을 온도 측정 성질로 택하느냐에 따라서 온도의 척도도 달라진다. 한 가지 물질을 쓰더라도 어떤 성질을 온도 측정 성질로 택하느냐에 따라서 상이한 온도 척도가 얻어지게 된다. 이것은 참으로 곤란한 일이다. 지금 길이를 측정하는 데도 이와 비슷한 일이 일어난다고 하면 어떤 결과가 생기겠는가를 생각해 보자. 센티미터의 크기는 자가 금속, 나무 또는 종이 중 어떤 것으로 만들어졌는가에 따라 다르게 될 것이다.

온도에 따라서 대단히 비슷한 방식으로 변하는 성질을 갖는 한 무리의 물질을 찾아내면 이러한 난관을 피할 수 있다. 이러한 목적으로는 기체가 생각날 것이다. 일정한 부피 하에선 주어진 온도 변화에 대한 압력의 상대적인 변화(또는 일정한 압력 하에서의 부피의 상대적인 변화)는 어떤 실제 기체에서나 거의 같은 값이 된다. 실제 기체의 행동은 압력이 영인 극한 상태에서는 이상 기체의 행동으로 일반화시킬 수 있다. 따라서 이상 기체를 온도계에 사용하고 이상 기체 척도의 온도를 정의할 수 있다. 이 방법은 2장에서 이미 배운 바와 같이 매우 쓸모가 있다. 이와같이 쓸모가 있음에도 불구하고 이상 기체 척도의 온도는 온도 측정 상의 난점을 해결해 주지 못한다. 우선 첫째로 기체의 종류가 다르면 각각 다른 온도 척도가 생기며 적어도 이들 척도는 각각 실제 물질의 성질에 관계한다. 이상 기체의 척도는 일반화된 것임에 틀림은 없지만 그 척도는 이상 기체라는 하나의 가상 물질이 가진 성질에 의존한다.

6.5.2 열역학적 온도 척도

다행히도 이러한 난관을 피할 방법이 있다. 즉, 열역학 제2법칙을 사용하면 실제로 존재하는 물질이거나 가상적으로 존재하는 물질이거나 관계 없이 그 특정 성질에 무관하게 온도 척도를 정할 수 있다. 이 척도가 곧 절대 온도 또는 열역학적 온도 척도이다. 이 척도는 Kelvin경이 처음으로 그 가능성을 증명하였기 때문에 그의 이름을 따서 Kelvin척도라고도 부른다. 온도 크기를 동일하게 취하고 몰에 관한 일반 개념을 적용하면 Kelvin척도와 이상 기체에 의한 온도 척도가 동일하게 된다. 그러나 이와같이 동일하게 된다고 해서 Kelvin척도의 보다 더 보편적인 특성이 없어지는 것은 아니다. 이상 기체 온도 척도와 일치되게 한 것은 이것이 다른 가능한 여러 온도 척도에 비해서 편리하기 때문이다.

기본적인 난점이 해결되었으므로 우리는 마음 놓고 모든 종류의 온도계를 사용할 수 있게 되었다. 다만 두 물체 A와 B의 온도를 서로 다른 온도계로 측정할 때 모든 온도계가 $t_A > t_B$로 되거나, $t_A = t_B$ 또는 $t_A < t_B$로 되기만 하면 된다. 서로 다른 온도계들이 다같이 동일한 수치의 t_A나 t_B를 나타내지 않아도 된다. 필요하면 각 온도계가 나타내는 온도를 Kelvin 온도로 바꾸어 줄 수 있으며 그렇게 하면 각 온도계가 나타내는 수치가 모두 동일하게 될 것이다.

본래 Kelvin 척도 상에서의 어는점은 일정-부피 기체 온도계로 압력을 측정해서 정하였으며 이 어느점과 끓는점 사이를 100 도로 나누었다. 이 100 등분 기체 척도에 의하면 온도가 다음과 같이 주어진다.

$$t = \frac{p - p_i}{p_s - p_i}(100)$$

여기서 p는 t에서의 압력이며, p_i와 p_s는 각각 어는점과 끓는점에서의 압력이다. p_i가 영이 되는 극한에서는 다음과 같은 양이 온도계의 기체 종류에 무관한 보편 상수가 된다.

$$T_0 = \lim_{p_i \to 0} \frac{100\, p_i}{p_s - p_i}$$

그리고 열역학적 온도 T는 다음과 같이 결정한다.

$$T = \lim_{p_i \to 0} \frac{100\, p}{p_s - p_i}$$

불행히도 T_0의 값은 기체에 의존하지 않지만 이 값은 p_i와 p_s의 값을 얼마나 정확하게 측정하느냐에 따라 달라진다. 측정 정확도를 증가시킴에 따라 이 값은 273.13 으로부터 273.17 로 변한다. 보통의 온도에서는 이 정도의 차이가 아무런 골치거리도 안 되겠지만 대단히 낮은 온도 조건에서 실험을 하는 사람에게는 이 차이를 무시할 수 없다. 1.00 K 에서 ±0.01 K 의 원점의 불확실성은 ±4 °C 의 물의 끓는점 오차와 대등할 정도이다.

6.5.3 온도 척도의 최신 정의

현재 사용되고 있는 온도 척도의 정의는 물의 삼중점을 기준으로 한 것이다. 즉, 이 삼중점에서의 온도를 정확하게 273.16 K 라고 정의한다(물의 삼중점은 순수한 액체 상태 물과 얼음, 그리고 수증기가 평형을 이루는 온도이다). 이 정의를 이용하면 열역학적 온도 척도 상의 1 도, 즉 1 kelvin 의 크기가 결정된다. 섭씨 온도에서는 1 °C 의 크기가 1 kelvin 과 정확하게 같으며, 273.15 K 를 정확하게 그 원점이라고 정의한다. 이 점은 물의 어는점 $t = +0.0002$ °C 와 대단히 가깝다. 마찬가지로 100 °C 역시 끓는점에 대단히 가깝기는 하지만 일치하지는 않는다. 이 차이는 너무 작아서 별로 걱정할 정도가 못된다.

≪질 문≫

6.1 진공 속에서는 흔들리는 추가 무한히 계속해서 흔들리지만 공기 속에서는 곧 멈추어진다. 제 1 법칙과 제 2 법칙이 이 경우에 어떻게 적용되겠는가?

6.2 보통의 수은 온도계에서 어떤 온도 계량 성질이 이용되고 있는가?

《연습 문제》

환산 인자 :

1 watt = 1 joule/second

6.1 일정한 시간 동안 모우터를 돌리는 데 1 kw-hr 가 필요하다. 이 동안에 모우터는 3200 kilojoule 의 기계적인 일을 한다. 얼마나 되는 에너지가 모우터의 회전과 마찰로 소모되었는가?

6.2 질량 10 g 의 쇠구슬이 1 m 를 낙하한 다음에 정지하였다. 몇 칼로리의 에너지가 열 에너지로 소모되었는가?

6.3 질량 30 g 의 소총알이 900 m/sec 의 속도로 총구를 떠난다. 소총알이 정지되려면 몇 칼로리의 에너지가 소모되어야 하는가?

6.4 합성 연료를 개발하는 한 연구 계획에 의하면 수증기를 지하의 석탄층 틈에 불어 넣어서 석탄을 다음 반응에 따라 수성 가스인 CO 와 H_2 의 혼합 기체로 변환시킬 수 있다고 한다.

$$C + H_2O \longrightarrow CO + H_2$$

이 반응을 일어나게 하려면 탄소 1 mol 마다 175.30 kJ 의 에너지가 필요하다. 이어서 수증기를 통해주는 것이다. 탄소가 연소되면 다음과 같은 반응에 따라 탄소 1 mol 마다 393.51 kJ 의 에너지를 공급해줄 수 있다.

$$C + O_2 \longrightarrow CO_2$$

발생되어 나오는 기체가 연료로 사용될 때는 CO 1 mol 마다 282.98 kJ 과 H_2 1 mol 마다 285.83 kJ 의 에너지가 재생된다.

a) 수성 가스 반응을 일으키려면 얼마만한 분율의 석탄을 CO_2 로 연소시켜야 하겠는가?

b) 연소되는 석탄의 양을 알맞게 조절하여 이 과정을 일으켰다고 하자. CO 와 H_2 로 만들어서 연소시키면 석탄을 직접 연소시키는 것보다 얼마나 더 많은 에너지를 얻을 수 있겠는가?

6.5 a) 온도 측정 성질로서 물의 평형 증기 압력을 사용하여 어떤 특정 온도 t 의 눈금을 확정시키고자 한다. 보통 섭씨 온도 t 를 쓰면 물의 증기 압력(mmHg 단위의 근사치로 나타낸)은 다음과 같다.

t/°C	0	25	50	75	100
p/mmHg	5	24	93	289	760

t' 척도로 물의 어는점과 끓는점이 100 도 만큼 떨어져 있다면 $t = 0$, 25, 50, 75 및 100 °C 에 대응하는 온도 t' 은 얼마가 되겠는가? t 와 t' 사이의 관계를 도시하라.

b) 벤젠과 물의 증기 압력을 섭씨 온도로 나타내면 다음과 같다.

t/°C	7.6	26.1	60.6	80.1
$p(C_6H_6)$/mmHg	40	100	400	760
$p(H_2O)$/mmHg	8	25	154	356

벤젠의 증기 압력을 수증기 압력의 척도로 나타낸 온도 t' 의 함수로 도시하라.

6.6 어떤 금속 막대의 길이는 보통 섭씨 온도 t 로 다음과 같이 주어진다.

$$l = l_0(1 + at + bt^2)$$

여기서 a와 b는 상수이다. 이 금속 막대의 길이로 온도 척도 t'을 정의하는 데 물의 어는점과 끓는점 사이를 100 도로 놓았다. t'과 t 사이의 관계를 구하라.

6.7 현재 사용하고 있는 절대 온도 척도에 의하면 섭씨 0 도는 정확하게 273.15 K이다. 섭씨 0 도가 정확하게 300 K'가 되도록 절대 온도 척도 T'을 정의했다고 생각하자. 이 T' 척도에서는 물의 끓는점이 몇 도가 되겠는가?

7
에너지와 열역학 제 1 법칙 ; 열화학

7.1 열역학적 용어 : 정의

열역학을 배우기 전에 우선 열역학에서 사용되는 용어를 자세히 이해하는 것이 중요하다. 다음 몇 가지 정의는 J.A. Beattie*가 간명하게 표현한 것들이다.

계, 경계, 주위. 열역학적 **계**라 함은 그의 성질이 조사 대상으로 된 물리적 세계의 일부분을 말한다.…

계는 **경계**에 의해서 공간의 어떤 한정된 곳에 갇혀 있으며 그리하여 그 이외의 세계, 즉 **주위**로부터 분리되어 있다.…

계가 그 경계 때문에 주위와 어떠한 상호 작용도 할 수 없을 때는 고립되었다고 한다. 고립계는 그 주위에다 어떠한 관측 가능한 효과나 방해도 미치지 않는다.…

계의 경계를 통해서 질량이 드나들 수 있을 때 그 계는 열려 있다고 말하며, 경계를 통해서 질량이 드나들 수 없을 때는 닫혀져 있다고 말한다.…

계의 성질. 계의 성질이라고 하는 것은 감각으로써 알아내거나 또는 어떤 실험적 방법으로 감지될 수 있는 물리적인 성질을 말한다. 이들 성질은 두 종류로 분류된다 : (1) 계를 구성하는 물질의 종류라든가 물질 내부의 집합 상태와 같은 측정 불가능한 것과, (2) 압력이나 부피와 같이 직접 또는 간접적으로 어떤 표준 상태와 비교함으로써 수치를 부여할 수 있는 측정 가능한 것의 두 가지이다.

계의 상태. 계의 모든 성질이 각각 일정한 값을 가질 때 그 계는 일정한 상태에 있게 된다. 계의 상태를 원하는 정도까지 정확하게 정의하는 데 필요한 성질들이 어떤 것들인가는 그 계나 또는 유사한 계에 관한 실험 결과로부터 알아내야 한다.

상태의 변화, 경로, 순환, 과정. 계의 상태가 한 특정한 처음 상태로부터 다른 한 특정한 최종 상태로 변화한다고 하자.

처음 상태와 최종 상태가 명시되면 **상태의 변화**가 완전히 정의된다.

상태 변화의 **경로**는 계의 처음 상태, 그 계가 연달아 거쳐 나가는 일련의 중간 상태 및 최종 상태를 줌으로써 정의된다.

과정이란 상태에 변화를 주는 조작의 방식이다. 과정을 표시하려면 다음 사항의 일부 또는 전부를 말해주어야 한다. 즉, (1) 경계 (2) 상태의 변화, 경로, 또는 그 과정의 하나하나의 단계가 계에 미치는 영향 (3) 과정의 하나하나의 단계가 주위에 미치는 영향 등이다.

지금 상태의 변화를 일으킨 계가 다시 처음 상태로 되돌아갔다고 생각하자. 이러한 변환의 경로를 **순환**이라고 부르며 이러한 변환을 일으키게 하는 과정을 순환 과정이라고 한다.

상태 변수… 상태 변수라 함은 계의 상태가 명시되었을 때 일정한 값을 갖는 변수를 말한다.…

* J. A. Beattie, *Lectures on Elementary Chemical Thermodynamics* 로부터 전재함.

이러한 간결하고도 명확한 정의를 잘못 이해하지 않도록 하여야 할 것이다. 이들의 의미는 겉보기로는 "간명"하지만 엄밀한 것이다. 이들 정의는 완전히 이해를 해야 하며, 이들 용어가 나올 경우에는 곧 그 정확한 뜻이 떠오를 수 있도록 해야 한다. 머리 속으로 예컨대 다음과 같은 질문을 해보는 것도 좋다. 즉, 계란 무엇이냐? 경계는 어디에 있느냐? 처음 상태란 무엇이냐? 최종 상태는 어떤 것이냐? 변화의 경로란 무엇이냐? 이러한 질문이나 또는 이와 관계되는 다른 질문을 머리 속으로 설명을 해보면 설명을 분명하게 이해하는 데 크게 도움이 될 것이며 또한 이것은 문제를 풀기 전에 꼭 해보아야 할 일이다.

계는 보통으로 어떤 용기 속에 들어 있어야 하기 때문에 그 경계는 일반적으로 그 용기의 안쪽 벽에 위치한다. 이미 2장에서 설명한 바와 같이 계의 상태를 나타내려면 충분한 수의 상태 변수의 값을 주어야 한다. 예로서 순수한 물질의 경우에는 T 및 p와 같은 두 가지 세기 변수만으로 보통 충분하다.

7.2 일 및 열

열역학에서 일과 열의 개념은 근본적으로 중요한 것이며 이들에 대한 정의는 완전히 이해하고 있어야 한다. 왜냐 하면 열역학에서 일이란 용어는 물리학에서 일반적으로 사용되는 경우보다 제한된 뜻을 갖고 있으며, 또한 열이란 용어도 일상 용어로서의 열과는 전혀 다른 뜻으로 사용되기 때문이다. 다음에 소개하는 정의들은 역시 J.A. Beattie에 의한 것이다.*

> **일.** 열역학에서 일이라 함은 계의 상태가 변화하는 동안에 그 계의 경계를 거쳐 흐르는 양으로서, 주위에 있는 추를 쳐들어 올리는 데 완전히 이용될 수 있는 것이라고 정의할 수 있다.

일에 대한 이 정의 중에는 주의해야 할 사항이 몇 가지 있다.

1. 일은 계의 경계에서만 나타난다.
2. 일은 계의 상태가 변화하는 동안에만 나타난다.
3. 일은 주위에서 일어나는 효과로서 인식된다.
4. 일의 양은 mgh와 동일하다. 여기서 m은 쳐들어 올려진 질량, g는 중력에 의한 가속도, h는 저울 추가 쳐들어 올려진 높이이다.
5. 일은 대수학적인 양이다. 즉, 저울 추가 쳐들어 올려질 때는($h > 0$) 일의 값이 양이 되며, 이 경우에는 주위에 일이 하여진다, 또는 주위로 일이 흘러 나간다고 말한다. 저울 추가 내려질 경우에는($h < 0$) 일의 양은 음이며, 이 경우에는 주위에서 일이 소실되었다, 또는 주위로부터 일이 흘러 들어갔다고 말한다.**

> **열.** 높은 온도의 계로부터 낮은 온도의 계쪽으로 열량 Q가 흘러감으로써 두 계는 열적 평형에 도달한다고 말한다.
>
> 열역학에서는 계와 그 주위 사이의 온도차 때문에 계의 상태가 변화하는 동안에 계의 경계를 통하여 온도가 보다 높은 곳으로부터 보다 낮은 부분으로 흐르는 어떤 양을 열이라고 정의한다.***

여기서도 몇 가지 강조해야 할 것이 있다.

1. 열은 계의 경계에서만 나타난다.
2. 열은 상태가 변화하는 동안에만 나타난다.

---

* 앞에 인용한 J. A. Beattie의 문헌.

** 이 구절은 대부분 Beattie의 설명과 같으며, 저자로부터 허가를 얻었다.

*** 앞에 인용한 J. A. Beattie의 문헌.

3. 열은 주위에서 일어나는 효과로서 인식된다.
4. 열량은 특정한 압력 하에서 처음 온도로부터 1°C 만큼 온도가 올라간 주위의 물의 g 수에 비례한다(어느 한 특정한 온도계를 쓴다고 생각해야 한다).
5. 열은 대수학적인 양이다. 주위에 있는 물이 냉각되면 열량이 양이 되며, 이 때 열은 주위로부터 흘러 들어간다고 말한다. 또 주위의 물이 더워질 때는 이 양이 음이 되며 이 때는 열이 주위로 흘러 나간다고 말한다.*

일과 열에 관한 이들 정의에서 가장 중요한 것은 어떤 변환 과정에서 열이나 일의 흐름이 있었는가를 주위에 생긴 효과를 보아야 판단할 수 있지, 계 속에서 일어나는 것을 가지고는 판단할 수 없다는 것이다. 다음 예는 이러한 점은 물론 일과 열 사이의 차이점도 명확하게 해줄 것이다.

1 atm인 일정 압력 밑에서 열린 비이커 속에 들어 있는 10 g의 물을 생각하여 보자. 처음에 이 물의 온도는 25°C이고, 따라서 처음 상태는 $p=1$ atm, $t=25$°C로 표시된다고 하자. 다음에 이 계를 온도가 90°C인 100 g의 물에 담근다. 이 계를 100 g의 물의 온도가 89°C로 내려갈 때까지 담궈 놓았다가 끌어내었다고 하자. 그러면 이 때 주위에 있는 100 g의 물은 온도가 1°C 내려가므로 100 단위의 열이 주위로부터 계 속으로 흘러들어 갔다고 말할 수 있다. 계의 최종 상태는 $p=1$ atm, $t=35$°C라고 표시할 수 있다.

다음에는 $p=1$ atm, $t=25$°C인 10 g의 물로 된 똑같은 계에다 추가 내려감으로써 회전하게 되는 물갈퀴를 담궜다고 생각하자(그림 7-1). 추의 질량과 그것이 떨어지는 높이를 적당히 조절함으로써 이 추가 한 번 떨어지면 계의 온도가 35°C로 올라간다고 하자. 그러면 최종 상태는 $p=1$ atm, $t=35$°C가 된다. 이 실험에서 계의 상태 변화는 앞의 실험에서와 똑같다. 여기서는 열의 흐름 대신에 일의 흐름만이 있었다. 그리고 주위에서는 추의 위치가 낮아졌다.

만일 상태 변화가 일어나기 전과 일어난 다음에만 계를 관찰하고 상태 변화가 일어나는 동안에는 실험자와 등을 맞대고 있었다면 열의 흐름이 있었는지 일의 흐름이 있었는지 전혀 짐작이 안 될 것이다. 우리가 내릴 수 있는 결론은 다만 계의 온도가 처음보다 후에 더 높아졌다는 것뿐이다. 나중에 알게 되겠지만 이것은 계의 에너지 증가를 뜻한다. 그러나 한편 변화 전후에 주위의 상태를 살폈더라면 첫째 번 실험에서의 물의 온도가 내려갔고 둘째 번 실험에서는 추의 위치가 내려갔다는 것을 발견했을 것이다. 주위에 관한 이러한 관찰로부터 우리는 변화 과정에서 흐르는 열과 일의 양을 곧 유도할 수 있을 것이다.**

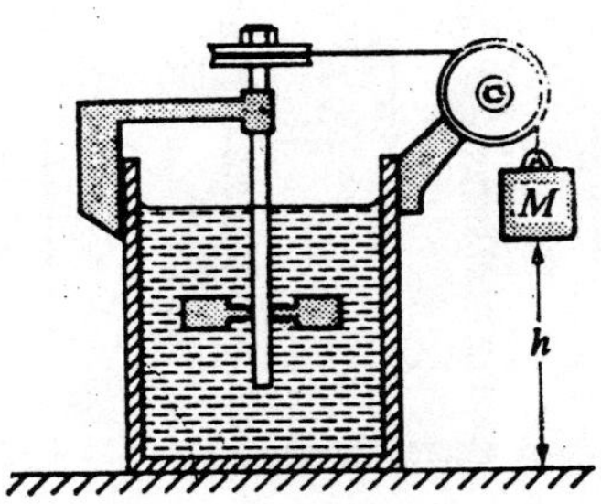

그림 7-1

* 앞에 인용한 J. A. Beattie의 문헌.
** 온도 상승에 수반되는 팽창에 의한 일은 무시할 수 있을 정도로 작으므로 설명을 애매하지 않게 하기 위해서 그 효과를 무시했다.

어떤 한 변환 과정에 의해서 계가 보다 더 뜨거워졌다고 해서, 즉 계의 온도가 높아졌다고 해서 계가 보다 더 많은 열을 가졌다고 생각하면 안 된다. 또 그 계가 더 많은 일을 가졌다고 생각해도 안 된다. 계는 열도 안 갖고 있으며 또한 일도 안 갖고 있다. 이들 용어를 이러한 뜻으로는 사용하지 말아야 할 것이다. 이것은 열과 온도의 개념을 혼동하고 있기 때문에 생기는 일일 것이다.

그림 7-1의 실험은 "열의 일 해당량"에 관한 Joule의 고전적인 실험이다. 이 실험과 이에 앞선 Rumford의 실험으로 말미암아 열에 관한 연소설이 뒤엎어졌고 "열"도 어떤 의미에서는 보통의 기계적 에너지와 동등하다는 것이 증명되었다. 오늘날까지도 이 실험은 "일이 열로 전환됐다"라는 말로 설명되고 있다. 현대식 정의로 말할 것 같으면 Joule의 실험에는 열이 관계하지 않아야 한다. Joule의 실험 결과를 현대식으로 설명하려면 주위에서 소실된 일이 계의 온도를 높여 주었다라고 말해야 한다. 좀 더 풀어서 말하자면 주위에서의 일은 계의 열 에너지로 전환됐다고 해야 한다.

뜨거운 물 속에 계를 담그는 실험과 계 속에서 물갈퀴를 회전시키는 실험과의 두 실험에서 상태 변화는 똑같이 일어났지만 열과 일의 효과는 서로 다르다. 흐르는 열과 일의 양은 과정에 따라 다르며 따라서 처음 상태로부터 최종 상태에 이르는 경로에 따라 다르다. 열과 일은 경로 함수라고 불린다.

7.3 팽창의 일

외부 압력에 맞서서 계의 부피가 변화하는 경우에는 주위에 일 효과가 생긴다. 실제의 많은 경우에 이러한 팽창의 일이 나타난다. 그림 7-2(a)에서와 같이 피스톤 D를 장치한 실린더 속에 들어 있는 일정량의 기체를 계라고 하자. 피스톤은 무게가 없고 마찰없이 움직인다고 가정한다. 실린더는 항온기 속에 잠겨져 있으며 따라서 계의 온도는 상태가 변화하는 동안 일정하게 유지된다. 앞으로 이러한 실린더를 사용하는 실험에서는 별다른 언급이 없는한 언제나 피스톤 위의 공간은 진공으로 되어 있어서 피스톤을 아래쪽으로 밀어 내리는 공기 압력이 없다고 생각한다.

처음 상태에서는 피스톤 D는 기체의 압력 때문에 한벌의 쐐기 S에 걸려서 멈추고 있다. 둘째 번 쐐기 S'은 첫째 번 쐐기를 뽑아냈을 때 피스톤을 멈추게 하기 위하여 마련된 것이다. 계의

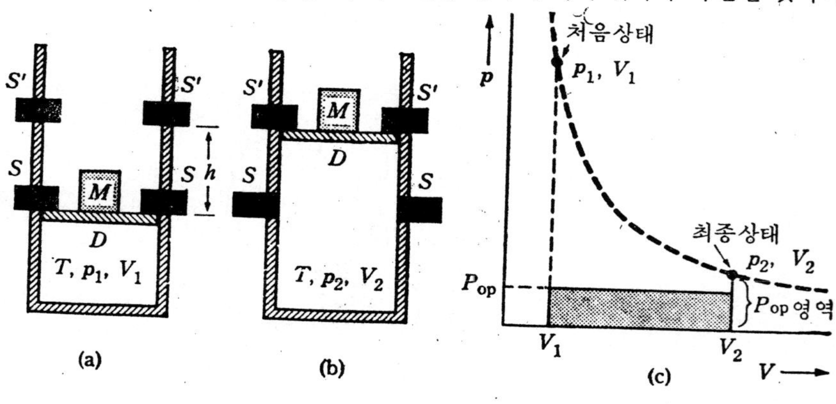

그림 7-2 단일 단계 팽창.
(a) 처음 상태. (b) 최종 상태. (c) 단일 단계 팽창에서 이루어지는 일, $W = P_{op}(V_2 - V_1)$.

처음 상태를 T, p_1, V_1으로 나타낸다. 그리고 피스톤 위에 작은 질량 M을 올려 놓는다. 이 질량은 쐐기 S를 빼냈을 때 피스톤이 쐐기 S'까지 올라가 붙어 있을 수 있을 만큼 작아야 한다. 계의 최종 상태는 T, p_2, V_2이다 ; 그림 7-2(b). 계의 경계는 피스톤과 실린더의 안쪽 벽이다. 이 변화에서는 경계가 팽창되어 보다 큰 부피 V_2를 둘러싸게 된다. 이 변화에서는 주위에 있는 질량 M이 중력 Mg에 맞서서 수직 방향으로 거리 h만큼 쳐들어 올려졌기 때문에 일이 생긴다. 이 때 생긴 일은 다음과 같다.

$$W = Mgh \tag{7.1}$$

피스톤의 면적을 A라고 하면 피스톤에 작용하는 아래쪽 방향의 압력은 $Mg/A = P_{op}$이며, 이 압력이 피스톤의 운동을 억제하는 것이다. 따라서 $Mg = P_{op}A$가 성립한다. (7.1)식에 이 값을 대입하면 다음과 같이 된다.

$$W = P_{op}Ah$$

그런데 Ah는 이 상태 변화에서 경계로 둘러싸인 부피의 증가에 지나지 않는다. 따라서 $Ah = V_2 - V_1 = \Delta V$이므로 다음 식을 얻을 수 있다.*

$$W = P_{op}(V_2 - V_1) \tag{7.2}$$

상태 변화에서 이루어진 일, 즉 (7.2)식은 그림 7-2(c)의 p-V 그림 중 빗금을 친 부분의 면적과 같다. 점선으로 나타낸 곡선은 이 기체의 등온 곡선이며 그 위에 처음 상태와 최종 상태가 표시되어 있다. M은 영으로부터 어떤 상한 까지의 값 중에서 임의의 값을 가질 수 있으며, 피스톤을 쐐기 S'까지 올라가게 할 수만 있으면 된다. 따라서 P_{op}는 $0 \leq P_{op} \leq p_2$ 범위의 어떠한 값이라도 가질 수 있으며, 따라서 생기는 일의 양도 영으로부터 어떤 상한 사이의 어떤 한 값을 가질 수 있다. 따라서 일은 경로의 함수이다. 여기서 P_{op}는 임의의 값이며 계의 압력과는 무관하다는 사실을 명심하지 않으면 안 된다.

$P_{op} = Mg/A$는 언제나 양수이기 때문에 W의 부호는 ΔV의 부호에 따라서 정해진다. 팽창할 때는 $\Delta V = +$이며 따라서 $W = +$이고, 질량 M이 올라간다. 압축될 때는 $\Delta V = -$, $W = -$이며, 질량 M이 내려간다.

7.3.1 2단계 팽창

상태가 변화하는 전체 과정을 통하여 P_{op}가 일정하기만 하다면 (7.2)식은 그대로 맞는 식이다. 그런데 보다 더 복잡하게 팽창시키는 방법도 쉽게 생각할 수가 있다. 즉, V_1으로부터 어떤 중간 부피 V'까지의 첫째 번 팽창 단계에서는 피스톤 위에 무거운 질량을 올려놓고, 그 다음에 V'으로부터 V_2로의 팽창 단계에서는 무거운 질량을 좀더 가벼운 것으로 바꾸어 놓았다고 생각하자. 이러한 2단계 팽창에서는 각각의 단계에다 (7.2)식을 적용시켜야 하며, 각 단계마다 P_{op}값이 서로 다르다. 그러면 생긴 전체 일은 각 단계에서 생긴 일의 합과 같다.

$$W = W_{\text{first stage}} + W_{\text{second stage}} = P'_{op}(V' - V_1) + P''_{op}(V_2 - V')$$

$P''_{op} = p_2$인 특별한 경우에 대해서 이 2단계 팽창으로 생긴 일의 양은 그림 7-3의 빗금을 친

* 열역학에서는 처음 상태와 최종 상태에서의 상태 함수 값의 차를 자주 대하게 되므로 여기에 대한 독특한 약호를 사용한다. 즉, 상태 함수의 기호 앞에 희랍어의 대문자 Δ를 붙인다. 그리하여 기호 ΔV는 "델타 브이"라고 읽거나, 또는 "부피의 증가" 또는 "부피의 차"라고 읽는다. 기호 Δ는 항상 두 값의 차를 의미하며 그 차는 언제나 최종 상태의 값으로부터 처음 상태의 값을 뺀 것이다.

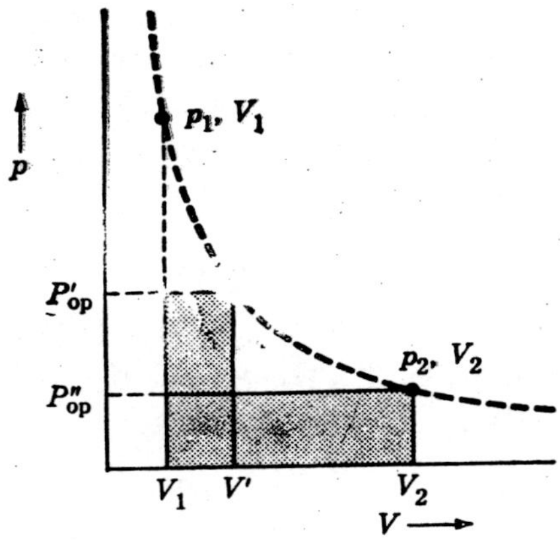

그림 7-3 2 단계 팽창에서 생긴 일.
$W = P'_{op}(V' - V_1) + P''_{op}(V_2 - V')$.

면적과 같다.

그림 7-2(c)와 그림 7-3을 비교하면 똑같은 상태 변화에서도 1 단계 팽창으로 생기는 일보다는 2 단계 팽창으로 생기는 일의 양이 더 많다는 것을 알 수 있다. 만일 이들 변화에서의 열량을 측정해 본다면 이 두 경로에 관계한 열량도 또한 서로 다르다는 것을 알 수 있을 것이다.

7.3.2 다단계 팽창

다단계 팽창에서 생기는 일은 각 단계에서 생기는 적은 일의 합과 같다. 만일 부피가 무한소량 dV만큼 증가하는 동안에 P_{op}가 일정하다고 하면 미소한 일의 양 $đW$는 다음 식으로 주어진다.

$$đW = P_{op}dV \tag{7.3}$$

그리고 V_1으로부터 V_2로 팽창할 때 생기는 일의 전체량은 다음 적분으로 주어진다.

$$W = \int_1^2 đW = \int_{V_1}^{V_2} P_{op}\,dV \tag{7.4}$$

이 식은 팽창의 일을 나타내는 일반식이며 어떠한 계에 대해서나 적용된다. 일단 P_{op}가 부피의 어떤 함수인가를 알게 되면 보통 방법으로 이 적분의 값을 구할 수 있다.

미분 $đW$는 보통 방법으로는 적분되지 않는다는 사실을 알아야 할 것이다. 보통의 미분인 dx의 정적분은 다음과 같은 유한한 차를 준다.

$$\int_{x_1}^{x_2} dx = x_2 - x_1 = \Delta x$$

그러나 $đW$의 적분은 경로의 각 요소에서 생기는 적은 양의 일들의 합이다. 즉,

$$\int_1^2 đW = W$$

여기서 W는 생긴 일의 전체량이다. d대신 $đ$를 쓴 이유는 이 때문이다. 미분 $đW$는 불완전

미분이며 dx는 완전 미분이다. 이에 관해서는 후에 다시 설명하겠다.

7.4 압축의 일

압축에 소모되는 일은 팽창에서 생기는 일을 계산하는 데 쓴 것과 같은 식으로 계산할 수 있다. 압축에서는 최종 부피가 처음 부피보다 작으며, 따라서 각 단계에서 ΔV가 음으로 된다. 따라서 압축에서 소모되는 전체 일은 음이다. (7.4)식의 적분에서 최종 상태의 부피를 상한으로 하고 처음 상태의 부피를 하한으로 하면 적분 과정에서 이 부호가 자동적으로 결정된다. 그러나 압축의 일과 팽창의 일을 비교하면 부호의 변화보다도 더 큰 다른 관계를 찾아볼 수 있다. 즉, 기체를 압축하려면 팽창할 때 올려준 질량보다 더 무거운 질량을 피스톤 위에다 올려놓아야 한다. 따라서 기체가 압축될 때는 대응하는 팽창에서 생기는 일보다 더 많은 일이 소모된다. 기체의 1단계 압축이 이 점을 잘 설명해 주고 있다.

계는 앞의 경우에서와 같이 기체이며, 일정한 온도 T로 유지되어 있다. 그러나 이 때는 팽창되어 있는 상태, 즉 T, p_2, V_2인 상태가 처음 상태이며 최종 상태는 압축된 상태, T, p_1, V_1이다. 피스톤의 쐐기는 피스톤이 그 위에서 멈추어지도록 마련되어 있다. 그림 7-4(a), (b)에서 보는 바와 같이 기체를 한 단계로 최종 부피 V_1까지 압축시키려면 적어도 최종의 압력 p_1과 같은 크기의 압력 P_{op}가 기체를 내려누를 수 있도록 무거운 질량을 올려놓아야만 한다. 질량이 이 보다 더 큰 것은 좋지만 작은 것은 안 된다. 만일 사용하는 질량 M을 $P_{op}=p_1$이 되도록 해 주었다고 하면 압축에 소모되는 일은 그림 7-4(c)에서 빗금을 친 직사각형의 면적과 같게 되며, 그 부호는 물론 음이다.

$$W = P_{op}(V_1 - V_2)$$

1단계 압축에서 소모되는 이 일은 그림 7-2(c)에 나타낸 바와 같은 1단계 팽창에서 생기는 일보다 훨씬 더 크다. 질량이 더 커지면 압축에서 소모되는 이 일의 양이 얼마든지 더 커질 수 있다.

만일 이 압축이 두 단계로 이루어지게 하여 처음에는 조금 가벼운 추로 중간 부피까지 압축하고 다음에 보다 더 무거운 추로 최종 부피까지 압축하면 소모되는 일도 작게 된다. 즉, 이 경우에 소모되는 일은 그림 7-5의 빗금을 친 직사각형의 면적과 같다.

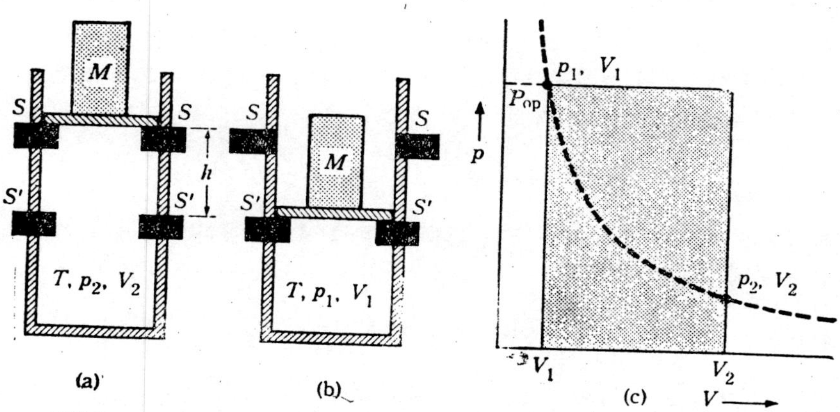

그림 7-4 1단계 압축. (a) 처음 상태. (b) 최종 상태. (c) 1단계 압축에서 소모되는 일, $W = P_{op}(V_1 - V_2)$.

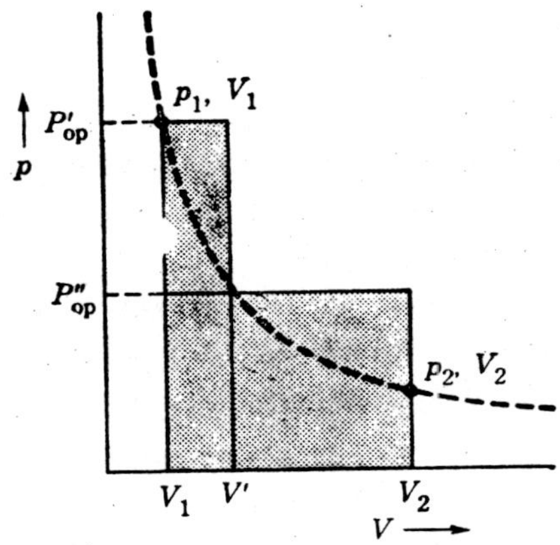

그림 7-5 2 단계 압축에서 소모되는 일, $W = P''_{op}(V' - V_2) + P'_{op}(V_1 - V')$.

7.5 최대일과 최소일

2 단계 팽창에서는 1 단계 팽창에서보다 많은 일이 생긴다. 만일 처음에는 큰 질량을 쓰고 팽창이 진행됨에 따라 점차적으로 질량이 가볍게 되도록 함으로써 팽창이 다단계적으로 이루어지게 하면 더 많은 일이 생길 것이라고 생각할 수 있다. 이 생각이 옳기는 하지만 조작을 하는 데는 어떤 제한이 따르게 된다. 즉, 질량이 너무 커서 계를 팽창시키지 못하고 오히려 압축시키게 되면 안 된다. 팽창시키는 단계의 수를 점차적으로 증가시키면 생기는 일도 점차적으로 증가하여 어떤 일정한 최대치로 될 것이다.* 마찬가지로 2 단계 압축에서 소모되는 일은 1 단계 압축에서 소모되는 일보다 적다. 다단계 압축에서는 보다 더 적은 일이 소모된다.

팽창의 일은 다음 식으로 주어진다.

$$W=\int_{V_i}^{V_f} P_{op}\, dV$$

이 적분이 최대치를 가지려면 팽창 과정의 각 단계에서 P_{op}가 가능한 한 최대치를 가져야 한다. 그러나 기체가 팽창하는 경우 P_{op}는 기체의 압력보다는 작아야 한다. 따라서 최대일을 얻기 위해서는 각각의 단계에서 기체를 누르는 압력이 $P_{op} = p - dp$가 되도록 조절해 주어야 한다. 즉, 기체의 압력 보다 무한소량 만큼 작게 해준다. 따라서,

$$W_m = \int_{V_i}^{V_f} (p - dp) dV = \int_{V_i}^{V_f} (p\, dV - dp\, dV)$$

여기서 V_i 및 V_f는 처음 부피와 최종 부피이다. 적분 중 둘째 번 항은 첫째 번 항보다 고차의 무한소이므로 극한에서는 영이 된다. 따라서 팽창에서의 최대일은 다음과 같이 된다.

$$W_m = \int_{V_i}^{V_f} p\, dV \tag{7.5}$$

마찬가지로 각 단계에서의 P_{op}의 값을 기체의 압력보다 무한소량 만큼 크게, 즉 $P_{op} = p + dp$

* 상태 변화의 경로에서 온도가 일정할 때만 이것이 가능하다. 만일 경로에 따라 온도가 변할 수 있을 때는 생기는 일의 상한이 없어진다.

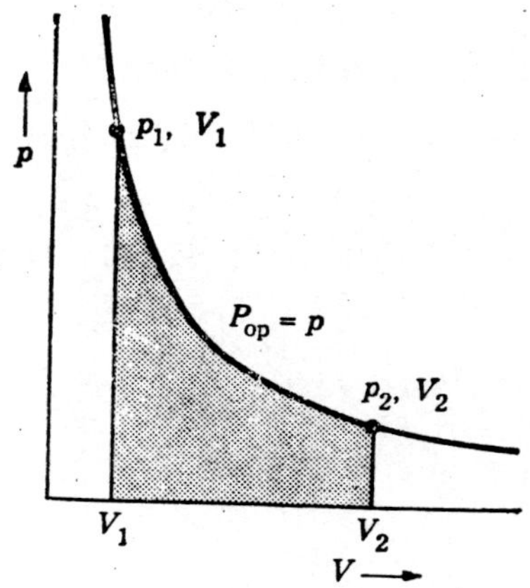

그림 7-6 W_{max} 또는 W_{min}.

로 되게 해 주면 압축에 필요한 일이 최소가 된다는 것을 알 수 있다. 이렇게 생각하면 처음 부피와 최종 부피를 각각 V_i와 V_f라고 할 때 압축에 필요한 최소일을 구하는 식도 당연히 (7.5)식과 같게 된다는 것을 알 수 있다. 물론 (7.5)식은 기체에만 국한되지 않는 일반식이다.

이상 기체에 대해서는 팽창에서 생기는 최대일의 양이나 압축에서 소모되는 최소일의 양이 그림 7-6의 등온선 밑의 빗금을 친 부분의 면적과 같다. 상태의 등온 변화에서의 최대일이나 최소일은 $p = nRT/V$의 관계로부터 쉽게 계산할 수 있다. 즉, 이 압력을 (7.5)식에 넣으면 다음과 같은 결과가 나온다.

$$W_{max,min} = \int_{V_i}^{V_f} \frac{nRT}{V} dV = nRT \int_{V_i}^{V_f} \frac{dV}{V} = nRT \ln \frac{V_f}{V_i} \tag{7.6}$$

위에서 말한 조건 밑에서는 상태가 변화하는 동안 n과 T가 상수이므로 적분 기호 밖으로 내보낼 수 있다. 팽창에서는 $V_f > V_i$이므로 이 비의 대수는 양이며, 또 압축에서는 $V_f < V_i$이므로 이 비는 1보다 작으며 따라서 그 대수는 음임을 주목하라. 이와 같이 하여 W의 부호는 자동적으로 정해진다.

7.6 가역 변화와 비가역 변화

일정한 온도에서 실린더 속에 들어 있는 일정량의 기체, 즉 앞에서와 같은 계를 생각하여 보자. 이 기체를 T, p_1, V_1인 상태로부터 T, p_2, V_2인 상태로 팽창시켰다가 다시 처음 상태로 압축시킨다. 즉, 이 기체는 순환 변화를 하여 결국 처음 상태로 되돌아간다. 이 순환을 다음과 같은 서로 다른 두 과정으로 일으킨다고 생각하고 각 과정에 대한 실효 일효과 W_{cy}를 계산해 보자.

과 정 I. $P_{op} = p_2$로 놓고 단일-단계 팽창을 시킨 다음 $P_{op} = p_1$으로 놓고 단일-단계 압축을 시킨다.

팽창에서 생기는 일은 (7.4)식에 의해서 다음과 같이 된다.

$$W_{exp} = p_2(V_2 - V_1)$$

한편 압축에서 소모되는 일은 다음과 같다.

$$W_{comp} = p_1(V_1 - V_2)$$

이 순환에서의 실효 일효과는 이들 두 일의 합과 같다.

$$W_{cy} = p_2(V_2 - V_1) + p_1(V_1 - V_2) = (p_2 - p_1)(V_2 - V_1)$$

$V_2 - V_1$은 양이며 $p_2 - p_1$은 음이므로 W_{cy}는 음으로 된다. 따라서 이 순환에서는 실효 일이 소모된 셈이다. 그리하여 계는 처음 상태로 되돌아 가지만 주위는 처음 상태로 되돌아 가지 않는다. 즉, 이 순환이 일어난 다음에는 주위에 있는 질량이 밑으로 내려간다.

과 정 Ⅱ. $P_{op} = p$로 놓고 극한 다단계 팽창을 시킨 다음 $P_{op} = p$로 놓고 극한 다단계 압축을 시킨다.

(7.5)식에 의하여 팽창에서 생긴 일은 다음과 같다.

$$W_{exp} = \int_{V_1}^{V_2} p\,dV$$

한편 압축에서 소모된 일은 (7.5)식으로부터 다음과 같이 주어진다.

$$W_{comp} = \int_{V_2}^{V_1} p\,dV$$

이 순환에서의 실효 일효과는 다음과 같다.

$$W_{cy} = \int_{V_1}^{V_2} p\,dV + \int_{V_2}^{V_1} p\,dV = \int_{V_1}^{V_2} p\,dV - \int_{V_1}^{V_2} p\,dV = 0$$

(둘째 번 적분의 부호가 변화한 것은 적분의 한계를 바꾸었기 때문이다.) 변화가 제 2 의 방법으로 이루어지면 계는 처음 상태로 돌아가고 주위도 또한 처음 상태로 돌아간다. 왜냐 하면 실효 일효과가 없기 때문이다.

어떤 계가 특정한 순서의 중간 상태를 거쳐 상태 변화를 받은 다음 다시 이 순서의 경로를 역으로 거쳐 원상태로 되돌아 간다고 생각하자. 만일 이 경우에 주위도 또한 원상태로 되돌아 간다면 정방향과 역방향의 두 변화는 모두 가역적이다. 그리고 이 과정은 가역 과정이다. 만일 순환 변화 후에 주위가 원상태로 되돌아 가지 않으면 그 변화와 과정은 비가역적이다.

위에서 언급한 과정Ⅱ는 분명히 가역 과정이지만 첫째 번 과정은 비가역적이다. 가역 과정과 비가역 과정에는 또 하나의 중요한 특징이 있다. 위에서 말한 비가역 과정에서는 한 개의 질량을 피스톤 위에 올려 놓았었고 쐐기를 떼어 내면 피스톤이 갑자기 위쪽으로 올라가 최종 위치에서 정지한다. 이렇게 되면 기체의 내부 평형은 완전히 깨지고 대류가 일어나기 시작하여 온도가 불균일하게 된다. 기체가 새로운 조건 하에서 평형에 도달하려면 어떤 시간이 필요하다. 비가역 압축에서도 비슷한 상황이 일어난다. 이러한 행동은 팽창의 각 단계에서 대항하는 압력이 계의 평형 압력과 무한소량 만큼 달라서 그의 부피가 무한소량 만큼씩 증가하는 가역적 팽창과는 대조적이다. 가역 과정에서는 기체의 내부 평형이 무한소량 만큼만 교란될 뿐이며 그 극한에서는 전혀 교란되지 않는다. 따라서 가역 과정에서는 어떤 단계에서나 계가 평형 상태로부터 무한소량 이상으로는 벗어나지 않는다.

분명히 실제에 있어서 가역적으로 변화를 일으킬 수는 없다. 만일 각 단계에서의 부피 증가가 실제로 무한소라고 하면 무한히 긴 시간이 필요할 것이다. 따라서 가역 과정은 실제 과정이 아니며 다만 이상적인 과정에 불과하다. 즉, 실제 과정은 항상 비가역적이다. 인내와 숙달로 가역 과정에 거의 가깝게 가져갈 수는 있지만 완전한 가역 과정으로 가져갈 수는 없다. 가역 과정은 그 때 이루어지는 일이 최대 또는 최소로 되기 때문에 중요하다. 따라서 어느 한 특정한 변환이 만들어 낼 수 있는 일에도 자동적으로 한계가 있게 된다. 그리고 우리가 실제로 얻는 일은 그보다 작으며 그보다 더 많은 일을 얻으려고는 생각하지 말아야 한다.

위에서 말한 등온 순환에서는 비가역 순환에서 생기는 실효 일이 음이였다. 즉, 실효 일이 소모되었다. 이것은 모든 비가역 과정, 따라서 모든 실제 등온 순환 변화에 대한 중요한 특징이다. 어떤 계이던 일정한 온도 하에서 비가역 과정(실제 과정)에 의하여 순환 변화를 하게 된다면 주위에서 실효 일이 소모된다. 사실은 이것이 바로 열역학 제 2 법칙이다. 가역적인 등온 순환에서는 최대의 일효과가 생기며, 위에서 설명한 바와 같이 이 최대 일효과는 $W_{cy}=0$이다. 따라서 일정한 온도로 유지된 계의 순환 변환에 의해서 주위에다 일을 생기게 할 수는 없을 것이다.

위에서 설명한 논의를 검토하여 보면 거기서 얻은 일반적 결론이 편의상 기체로 된 계를 택한 사실과는 무관하다는 것을 알 수 있다. 즉, 이 일반적 결론은 그 계가 어떻게 구성되어 있는가에는 관계 없이 성립한다. 따라서 어떠한 계이든 그 계의 변화에 의해서 생기는 팽창일을 계산하려면 (7.4)식을 사용해야 하며, 가역 변화에서 생기는 일을 계산하려면 $P_{op}=p$로 놓고 (7.5)식을 써야 한다.

이 논의를 적당히 수정해 주면 위에서 얻은 일반적 결론을 다른 어떠한 종류의 일, 예컨대 전기적인 일이나 자기장에 맞서는 일 등에 대해서도 적용시킬 수 있다는 것을 증명할 수 있다. 이와 같은 다른 종류의 일의 양을 계산하려면 물론 압력을 부피에 대해서 적분하는 대신에 적당한 힘을 대응하는 변위에 대해서 적분해 주어야 할 것이다.

7.7 열역학 제 1 법칙

순환 과정에서 생기는 일은 그 순환 과정의 각 단계에서 생기는 소량의 일 $đW$의 총합과 같다. 마찬가지로 순환 과정에서 주위로부터 흡수되는 열은 그 순환의 각 단계에서 흡수되는 소량의 열 $đQ$의 총합과 같다. 이들 총합은 $đW$와 $đQ$의 순환 적분으로 표시된다.

$$W_{cy}=\oint đW \qquad Q_{cy}=\oint đQ$$

일반적으로 W_{cy}와 Q_{cy}는 영이 아닌데, 이것은 경로 함수의 특징이다.

이와 반대로 계의 상태량의 미분을 임의의 순환 과정에 대해서 합하면 그 전체차, 즉 순환 적분이 영이 되어야 한다. 어떠한 순환에서나 계는 최종적으로 그 원상태로 되돌아가므로 어떤 상태량이든 그 값의 전체차는 영이 되어야 한다. 거꾸로 어떤 미분 dy가 다음과 같은 관계를 만족시킬 때는 이 미분은 계의 어떤 상태 함수의 미분이 된다.

$$\oint dy=0\ (\text{모든 순환에 대하여}) \tag{7.7}$$

이것은 순전히 수학적인 정리인 바, 여기서는 이것을 물리적으로 나타내었다. 이 정리와 열역학 제 1 법칙을 이용하면 계의 상태량인 에너지의 존재를 증명할 수 있다.

열역학 제 1 법칙은 다음과 같은 보편적 경험을 나타낸 것이다. 즉, 만일 어떤 계가 임의의 순환 변환을 하면 주위에서 생긴 일이 주위로부터 빠져나간 열량과 같다. 수학적으로 이 열역학 제 1 법칙은 다음과 같이 표현할 수 있다.

$$\oint đW = đQ\ (\text{모든 순환에 대하여}) \tag{7.8}$$

이 순환에서 계는 아무 실효 변화도 받지 않으나 주위의 상태는 변화한다. 즉, 만일 주위에 있는 추가 순환 변화를 한 다음에 전보다 더 높게 올라가 있다면 주위에 있는 어떤 물체가 더 차거워져야 한다. 만일 추가 내려가 있으면 어떤 물체가 더 뜨거워져야 한다.

(7.8)식은 다음과 같이 고쳐 쓸 수 있다.

$$\oint(đQ - đW) = 0 \text{ (모든 순환에 대하여)} \tag{7.9}$$

그러나 (7.9)식이 성립할 경우에는 수학적으로 볼 때 적분 기호 속의 양이 계의 어떤 상태 함수의 미분이어야 한다. 이 상태 함수를 계의 에너지 U라고 하며 그 미분 dU는 다음과 같이 정의된다.

$$dU \equiv đQ - đW \tag{7.10}$$

그러면 다음과 같은 관계가 성립한다.

$$\oint dU = 0 \text{ (모든 순환에 대하여)} \tag{7.11}$$

따라서 순환 변환에 의해서 생기는 주위의 열과 일효과 사이의 관계를 나타내는 제 1법칙으로부터 우리는 계의 상태 함수인 에너지가 존재한다는 것을 알 수 있게 되었다. (7.10)식은 제 1법칙의 한 표현 방법이다.

(7.10)식은 미소량의 열 $đQ$와 미소량의 일 $đW$가 경계에서 나타날 때 계의 에너지가 dU만큼 변한다는 것을 나타낸다. 계가 유한한 상태 변화를 할 때는 (7.10)식을 적분해야 한다. 즉,

$$\int_i^f dU = \int_i^f đQ - \int_i^f đW$$

$$\Delta U = Q - W \tag{7.12}$$

여기서 $\Delta U = U_{\text{final}} - U_{\text{initial}}$이다. 여기서 주의해야 할 것은 차인 dU나 ΔU만이 정의되며 따라서 상태 변화에 따르는 에너지 차는 계산할 수 있지만 어떤 특정 상태에 있는 계의 에너지의 절대치는 정할 수 없다는 것이다.

어떠한 상태 변화에서나 에너지는 보존된다는 것을 증명할 수 있다. 지금 계 A에서 일어나는 임의의 변환을 생각해 보자. 그러면 다음과 같은 관계가 성립한다.

$$\Delta U_{\text{A}} = Q - W$$

여기서 Q와 W는 열량과 일효과로서, 이 계에 인접하는 주위의 온도 변화와 질량의 위치 변화로부터 알아낼 수 있다. 계 A와 그 인접 주위를 다 포함할 수 있는 경계를 택하고, A에서 변환이 일어나더라도 이 경계 밖에서는 아무런 효과도 나타나지 않는다고 생각하자. 그리하여 이 경계는 본래의 계 A와 그 인접 주위 M으로 된 새로운 복합계를 그 나머지 우주로부터 분리시켜 주게 된다. 이 복합계 바깥쪽에서는 열이나 일효과가 나타나지 않으므로 이 복합계의 에너지 변화는 영이 된다. 즉,

$$\Delta U_{\text{A+M}} = 0$$

그러나 이 복합계의 에너지 변화는 계 A와 M의 에너지 변화를 합한 것과 같다. 따라서

$$\Delta U_{\text{A+M}} = \Delta U_{\text{A}} + \Delta U_{\text{M}} = 0 \quad \text{즉} \quad \Delta U_{\text{A}} = -\Delta U_{\text{M}}$$

결국 어떠한 변환에서나 계 A의 에너지 증가는 주위의 에너지 감소와 정확하게 같다. 위의 결과를 다음과 같이 쓸 수 있다.

$$U_A(\text{final}) - U_A(\text{initial}) + U_M(\text{final}) - U_M(\text{initial}) = 0$$

또는

$$U_A(\text{final}) + U_M(\text{final}) = U_A(\text{initial}) + U_M(\text{initial})$$

즉, 복합계의 에너지는 일정한 값을 갖는다.

만일 $\Delta U = 0$인 이러한 복합계가 수없이 많이 모여서 우주가 이루어졌다고 생각하면 이 우주에 대해서도 $\Delta U = 0$이 성립해야 한다. 이것이 바로 "우주의 에너지는 일정하다"라는 열역학 제 1 법칙에 관한 Clausius의 유명한 표현이다.

7.8 에너지의 성질

어떤 특정한 상태 변화에서 증가하는 계의 에너지 ΔU는 계의 처음 상태와 최종 상태에만 의존하며 이들 상태를 연결하는 경로에는 무관하다. Q와 W는 둘다 경로에 의존하지만 그 차 $Q - W = \Delta U$는 경로에 무관하다. 이것은 $đQ$와 $đW$는 불완전 미분이지만 dU는 완전 미분이다 라는 말과 같은 것이다.

에너지는 크기 성질을 갖는 상태 함수이다. 즉, T 및 p가 각각 동일한 조건일 때 10 mol의 물질로 된 계는 1 mol의 물질로 된 계보다 10배의 에너지를 갖는다. 1 mol 당의 에너지는 계의 세기 성질의 상태 함수이다.

모든 변환에서 에너지는 보존된다. 제 1 종의 영구 기관이란 그것의 운동으로 계의 어떤 변환에 의해서 에너지를 창조해내는 기관이다. 열역학 제 1 법칙은 이러한 종류의 기관은 제작 불능이라고 단언하고 있다. 사람들이 그 시도를 안 해본 것은 아니다. 그러나 아무도 성공한 사람이 없으며, 이와 관련된 유명한 사기 행각들이 있었을 뿐이다.

7.9 필요한 수학 지식; 완전 미분과 불완전 미분

완전 미분을 적분하면 $\int_1^2 dU = U_2 - U_1$과 같이 유한한 차가 나오며 이 차는 경로에 무관하다. 불완전 미분을 적분하면 경로에 의존하는 어떤 전체량 $\int_1^2 đQ = Q$가 나온다. (7.7)식에 나타낸 바와 같이 완전 미분의 순환 적분은 영이 된다. 그러나 불완전 미분의 순환 적분은 일반적으로 영이 아니다.

ΔQ나 ΔW와 같은 기호를 쓴다는 것은 무의미하다는 것을 주의하기 바란다. 만일 ΔW가 어떤 뜻을 갖는다면 그것은 $W_2 - W_1$을 뜻해야 할 것이다. 그런데 계는 처음 상태와 최종 상태에서 W_1이나 W_2라는 어떤 일을 갖지 않으며, 또한 Q_1이나 Q_2라는 어떤 열량도 갖지 않는다. 일이나 열은 상태가 변화하는 과정에서만 나타나며, 이들은 상태 함수가 아니고 경로 함수인 것이다.

T, p, V, U와 같은 계의 상태 함수는 그 미분이 완전 미분이다. 그리고 Q나 W와 같은 경로 함수의 미분은 불완전 미분이다. 완전 미분과 불완전 미분에 관한 보다 더 자세한 성질은 9.6절을 참조하라.

7.10 계의 성질의 변화에 수반하는 에너지 변화

제 1 법칙을 다음과 같은 꼴로 나타내자.

$$\Delta U = Q - W$$

그러면 주위에서 생긴 변화량 Q와 W의 실측치로부터 상태 변화에 수반되는 ΔU를 계산할 수 있다. 그런데 계의 상태가 변한다는 것은 T 및 V와 같은 계의 성질이 변한다는 것을 뜻한다. 계의 이러한 성질들은 처음 상태와 최종 상태에서 쉽게 측정할 수 있으며 따라서 계의 에너지 변화를 계의 온도나 부피의 변화와 같은 것과 관련시켜주면 편리하다. 우리의 관심을 집중시켜야 할 문제가 바로 이러한 것이다.

일정한 질량의 계를 생각하면 그의 상태는 T와 V로 표시할 수 있다. 따라서 $U = U(T, V)$이며, 에너지의 변화 dU는 다음과 같은 전미분식을 통하여 온도 변화 dT와 부피 변화 dV와 관계된다.

$$dU = \left(\frac{\partial U}{\partial T}\right)_V dT + \left(\frac{\partial U}{\partial V}\right)_T dV \tag{7.13}$$

상태 함수의 미분, 즉 완전 미분은 모두 (7.13)식의 꼴로 쓸 수 있다(부록 I 참조). 이러한 종류의 식은 자주 사용되므로 그 물리적 뜻과 수학적 뜻을 이해하는 것이 중요하다. (7.13)식에 의하면 만일 온도가 dT만큼 증가하고 부피가 dV만큼 증가할 경우에는 에너지의 전체 증가 dU가 두 기여의 합과 같게 된다. 즉, 첫째 번 기여인 $(\partial U/\partial T)_V dT$는 온도 증가에만 연유하는 에너지 증가이며, 둘째 번 기여인 $(\partial U/\partial V)_T dV$는 부피 증가만으로부터 생기는 에너지 증가이다. 위의 식에서 첫째 항은 일정 부피에서의 온도에 대한 에너지 증가율 $(\partial U/\partial T)_V$에다 온도 증가를 곱한 것이다. 둘째 번 항도 이와 비슷하게 설명할 수 있다. 이러한 종류의 식이 나올 때마다 하나하나의 항을 이러한 식으로 해석하는 습관이 붙을 때까지 노력을 해야 한다. 식 속의 물리적 뜻을 읽어 내는 습관이 붙으면 다음 단계의 유도를 명확하게 이해하는 데 크게 도움이 될 것이다.

에너지는 계의 중요한 성질이므로 편도함수 $(\partial U/\partial T)_V$와 $(\partial U/\partial V)_T$도 또한 계의 중요한 성질이다. 이들 도함수는 일정 부피에서의 온도 변화에 따르는 에너지 변화율과 일정 온도에서의 부피 변화에 따르는 에너지 변화율을 나타낸다. 만일 이들 도함수의 값을 알고 있으면 (7.13)식을 적분할 수 있으며, 계의 온도와 부피의 변화로부터 오는 에너지 변화를 구할 수 있다. 따라서 이들 도함수를 측정 가능한 양의 함수로 나타내주지 않으면 안 된다.

우선 (7.10)식과 (7.13)식을 결합하여 다음과 같은 식부터 구해 보자.

$$đQ - P_{op} dV = \left(\frac{\partial U}{\partial T}\right)_V dT + \left(\frac{\partial U}{\partial V}\right)_T dV \tag{7.14}$$

여기서는 $đW$를 $P_{op}\,dV$로 바꾸어 놓고 팽창 이외의 일은 무시하였다(만일 다른 종류의 일을 포함시켜야만 한다면 $đW = P_{op}\,dV + đW_a$라고 놓으면 된다. 여기서 $đW_a$는 소량의 다른 종류의 일을 나타낸다). 다음에는 (7.14)식을 여러 가지 상태 변화에 적용시켜 본다.

7.11 일정 부피에서의 상태 변화

계의 상태가 변화하는 동안 부피가 일정하면 $dV = 0$이며, 따라서 제 1 법칙인 (7.10)식이 다음과 같이 된다.

$$dU = đQ_V \tag{7.15}$$

여기서 첨자는 일정 부피라는 제한을 나타낸다. 그러나 일정 부피에서 (7.14)식은 다음과 같이 된다.

$$đQ_V = \left(\frac{\partial U}{\partial T}\right)_V dT \tag{7.16}$$

이 식은 주위로부터 흡수한 열량 $đQ_V$와 일정 부피에서의 계의 온도 증가 dT 사이의 관계를 나타낸다. $đQ_V$와 dT는 둘 다 쉽게 측정할 수 있다. 주위로부터 흡수한 열과 계의 온도 증가와의 비, $đQ_V/dT$는 일정 부피에서의 계의 열용량 C_v이다. 따라서 (7.16)식을 dT로 나누면 다음 식을 얻게 된다.

$$C_v \equiv \frac{đQ_V}{dT} = \left(\frac{\partial U}{\partial T}\right)_V \tag{7.17}$$

(7.17)식은 둘 다 모두 C_v의 정의이다. (7.17)식은 편도함수 $(\partial U/\partial T)_V$가 쉽게 측정할 수 있는 양 C_v와 같다는 것을 보였다는 점에서 중요하다. (7.13)식의 도함수에 C_v를 넣어주면 $dV = 0$이므로 다음 관계를 얻게 된다.

$$dU = C_v\, dT \text{ (미소한 변화)} \tag{7.18}$$

또 이 식을 적분하면 다음과 같이 된다.

$$\Delta U = \int_{T_1}^{T_2} C_v\, dT \text{ (유한한 변화)} \tag{7.19}$$

(7.19)식을 사용하면 전적으로 계의 성질만을 갖고 ΔU를 계산할 수 있다. (7.15)식을 적분하면 또 하나의 새로운 관계를 얻을 수 있다.

$$\Delta U = Q_V \text{ (유한한 변화)} \tag{7.20}$$

(7.19)식과 (7.20)식은 다같이 일정 부피에서의 변환에 따르는 에너지 변화를 측정 가능한 양으로 나타내 준다. 이들 식은 고체, 액체, 기체, 혼합물, 낡은 면도칼날 등 어떠한 계에든지 적용된다.

(7.20)식에서 ΔU와 Q_v는 같은 부호를 갖는다는 데 주의해야 한다. Q에 대한 규약에 따르면 만일 열이 주위로부터 계로 흘러 들어갈 때는 $Q_V > 0$이며, 따라서 $\Delta U > 0$이다. 즉, 계의 에너지는 증가한다. 만일 열이 주위로 흘러 나가면 Q_V와 ΔU는 둘 다 음이 되며, 계의 에너지는 감소한다. 뿐만 아니라 C_v는 항상 양이므로 (7.18)식에 의해서 온도가 올라가면 $(dT > 0)$ 계의 에너지는 증가한다. 반대로 온도가 내려가면, 즉 $dT < 0$이면 계의 에너지는 감소한다. 즉, $\Delta U < 0$으로 된다. 부피가 일정하게 유지된 계에서는 계의 온도가 바로 그 계의 에너지를 나타내는 척도가 된다.

계의 에너지는 크기 성질의 상태 함수이므로 열용량도 또한 크기 성질이다. 1 mol 당의 열용량 C_v는 세기 성질이며, 이 값은 여러 가지 표에서 찾아 볼 수 있다. 만일 고려 대상이 되는 온도 범위에서 계의 열용량이 일정하면 (7.19)식은 다음과 같은 특별한 꼴로 된다.

$$\Delta U = C_v\, \Delta T \tag{7.21}$$

이 식은 특히 온도 범위 ΔT가 그다지 크지 않을 때 매우 쓸모가 있다. 좁은 온도 범위에서는 대다수의 물질의 열용량이 별로 변화하지 않는다.

(7.19)식과 (7.20)식은 일정 부피 하에서의 과정에 대하여 완전히 성립하는 일반식이지만 계가 액체나 고체로만 이루어져 있을 때는 실용상의 곤란이 생긴다. 액체나 고체를 일정한 부피의 용기 속에 밀폐시켜 놓고 온도를 조금만 올려주면 액체의 압축률이 매우 작기 때문에 압력이 굉장히 크게 올라간다. 그러므로 보통 용기는 어떠한 것이든 변형되면서 부피가 증가하거나 파열해 버릴 것이다. 실험적인 입장에서 보면 적어도 부분적으로나마 기체가 섞여 있는 계에 대해서만 일정 부피 하에서의 과정이 가능하다.

■ 보기 7.1 1 mol의 헬륨이 일정 부피에서 25°C로부터 45°C로 변하였다. 이 변화에서의 ΔU와 Q_V를 계산하라. $\overline{C}_v = \frac{3}{2}R$이다.

일정 부피에서는 다음과 같이 된다.

$$\Delta U = \int_{T_1}^{T_2} C_v\, dT = \frac{3}{2}R\int_{T_1}^{T_2} dT = \frac{3}{2}R\,\Delta T = \frac{3}{2}R(20\,\mathrm{K})$$

$$Q_V = \Delta U = \frac{3}{2}(8.314\ \mathrm{J/K\ mol})(20\ \mathrm{K}) = 250\ \mathrm{J/mol}$$

7.12 $(\partial U/\partial V)_T$의 측정 ; Joule의 실험

미분 계수 $(\partial U/\partial V)_T$를 간단하게 측정할 수 있는 양으로 나타내기란 그리 쉬운 일이 아니다. 기체에 대해서는 적어도 원리상으로나마 Joule이 고안한 실험이 가능하다. 즉, 우선 두 개의 용기 A와 B를 마개를 통하여 연결시킨다. 처음 상태에서는 압력 p인 기체가 A에만 채워져있고 B는 진공으로 되어 있다. 이 장치를 큰 물통 속에 담궈서 물과 열적 평형을 이루게 한다. 물통의 온도 T는 그림 7-7에서와 같이 온도계로 읽는다. 물이 빨리 열적 평형을 이루게 하기 위하여 그것을 맹렬하게 휘저어 준다. 다음에 마개를 열고 기체를 팽창시켜서 용기 A와 B에 균일하게 채워지도록 한다. 이 계가 물통 속의 물과 새로운 열적 평형을 이룰 때까지 기다렸다가 물의 온도를 다시 읽는다. Joule의 실험에서는 마개를 열기 전과 연 후에 물의 온도차가 생기지 않았었다.

이 실험 결과는 다음과 같이 해석할 수 있다. 우선 첫째로 주위에는 아무 일도 생기지 않는다. 처음에 용기 A의 내벽에 따라 존재하던 경계는 언제나 기체의 전체 질량을 둘러싸도록 이동한다. 따라서 경계는 영인 대항 압력에 맞서서 팽창하므로 일이 생기지 않는다. 이것을 기

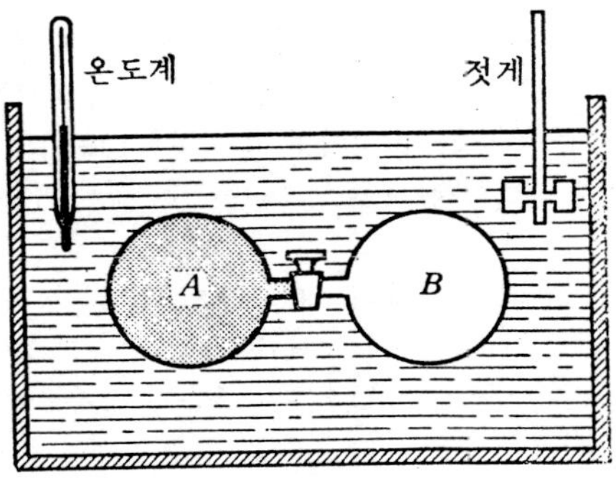

그림 7-7 Joule의 팽창 실험.

계의 자유 팽창이라고 말한다. $đW=0$으로 놓으면 제 1 법칙은 $dU=đQ$로 된다. 그런데 주위(물)의 온도는 변화하지 않았으므로 $đQ=0$이다. 따라서 $dU=0$이다. 계와 물은 열적 평형에 있으므로 계의 온도도 또한 변하지 않으며 $dT=0$이다. 이러한 경우에는 (7.13)식이 다음과 같이 된다.

$$dU=\left(\frac{\partial U}{\partial V}\right)_T dV=0$$

그런데 $dV\neq 0$이다. 따라서

$$\left(\frac{\partial U}{\partial V}\right)_T=0 \tag{7.22}$$

부피에 관한 에너지의 도함수가 영이면 에너지는 부피에 무관하게 된다. 즉, 기체의 에너지는 온도만의 함수임을 뜻한다. 이러한 성질을 Joule의 법칙이라고 부르는데, 이 법칙은 (7.22)식이나 $U=U(T)$의 어느 하나로 표시할 수 있다.

그 후의 실험, 그 중에서도 특히 Joule-Thomson의 실험에 의하면 Joule의 법칙이 실제 기체에 대해서는 엄밀하게 성립하지 않는다는 것이 밝혀졌다. Joule의 장치에서는 물통의 큰 열용량과 기체의 작은 열용량 때문에 온도 변화의 정도가 측정 한계 이하로 내려갔었다. 실제 기체의 경우 도함수 $(\partial U/\partial V)_T$는 그 값이 매우 작으며 일반적으로 양이다. 이상 기체는 엄밀하게 Joule의 법칙에 따른다.

도함수 $(\partial U/\partial V)_T$를 쉽게 측정할 수 있는 양으로 나타내는 문제는 열역학 제 2 법칙으로부터 나오는 관계식들을 쓰기 전에는 아무래도 어려운 일이다. Joule의 실험은 기체에 대해서도 그다지 적합하지 않을 뿐더러 액체나 고체에 대해서는 완전히 부적합하다. 그러나 액체나 고체에 대해서는 다행스럽게도 이 문제를 간단히 처리할 수 있는 경우가 있다. 일정한 온도 하에서 액체나 고체의 부피는 아주 조금만 변화시키려고 하더라도 대단히 큰 압력이 필요하다. 액체나 고체의 부피를 등온 변화시키는 데 수반하는 에너지 변화는 (7.13)식을 $dT=0$으로 하고 적분하면 나온다. 즉,

$$\Delta U=\int_{V_1}^{V_2}\left(\frac{\partial U}{\partial V}\right)_T dV$$

처음 부피 V_1과 최종 부피 V_2는 거의 같으므로 이 작은 부피 변화 범위에서는 이 도함수를 상수로 볼 수 있다. 따라서 이 도함수를 적분 기호 밖으로 내놓고 dV를 적분하면 위의 식이 다음과 같이 된다.

$$\Delta U=\left(\frac{\partial U}{\partial V}\right)_T \Delta V \tag{7.23}$$

비록 액체나 고체에 대해서는 이 도함수의 값이 매우 크지만 ΔV의 값이 아주 작으므로 (7.23)식에 나오는 곱은 거의 영에 가깝다. 결과적으로 모든 물질의 에너지는 근사적으로 온도만의 함수라고 생각할 수 있다. 이 말이 이상 기체에 대해서만은 엄밀하게 성립한다. 유도 과정에서 틀리는 것을 피하기 위하여 이 도함수를 그대로 놓아 두기로 하자. $(\partial U/\partial T)_V$는 C_v와 같다는 것이 밝혀졌으므로 앞으로 U의 전미분인 (7.13)식을 다음과 같은 꼴로 쓸 수 있게 되었다.

$$dU=C_v\,dT+\left(\frac{\partial U}{\partial V}\right)_T dV \tag{7.24}$$

7.13 일정 압력에서의 상태 변화

실험실에서는 대부분의 상태 변화가 일정한 대기 압력(이것은 계의 압력과 같다) 하에서 이루어진다. 일정 압력 하에서의 상태 변화로서는 추를 올려 놓은 피스톤으로 실린더 속에 들어 있는 계를 밀폐시키고, 그 피스톤을 쐐기로 어떤 위치에 고정시키지 말고 자유로이 움직일 수 있게 해놓은 경우를 상상하면 된다(그림 7-8). 피스톤은 자유로이 움직일 수 있으므로 계의 압력과 추의 질량 M에 의해서 생기는 반대 방향 압력이 같아지는 위치에서 피스톤은 평형을 이루게 된다. 계를 어떻게 해주든 그 피스톤은 $p = P_{op}$인 조건에 도달할 때까지 움직일 것이다. 계의 압력 p는 추의 질량을 적당하게 조절함으로써 어떤 일정한 값으로 조절해 줄 수 있다. 보통 실험실 조건에서는 계 위에 있는 공기 기둥의 질량이 계 위에 얹혀 있으며 그리하여 압력을 일정한 값 p로 유지시키고 있다.

일정한 압력 하에서의 상태 변화에서는 $P_{op} = p$이므로 제 1 법칙이 다음과 같이 된다.

$$dU = dQ_p - p\,dV \tag{7.25}$$

p는 일정하므로 이 식을 적분하면 곧 다음과 같이 된다.

$$\int_1^2 dU = \int_1^2 dQ_p - \int_{V_1}^{V_2} p\,dV$$
$$U_2 - U_1 = Q_p - p(V_2 - V_1)$$

이 식은 다음과 같이 고쳐 쓸 수도 있다.

$$(U_2 + pV_2) - (U_1 + pV_1) = Q_p \tag{7.26}$$

(7.26)식에서는 $p_1 = p_2 = p$이므로 첫째 번 p를 p_2로, 둘째 번 p를 p_1으로 바꾸어 줄 수 있다.

$$(U_2 + p_2V_2) - (U_1 + p_1V_1) = Q_p \tag{7.27}$$

계의 압력과 부피는 상태에만 의존하므로 그들의 곱 pV도 계의 상태에만 의존된다. 그리하여 함수 $U + pV$는 상태 변수로 이루어지며 따라서 그 자신도 또한 상태 변수이다. 즉, 이 상태 변수 H는 다음과 같이 정의된다.

$$H \equiv U + pV \tag{7.28}$$

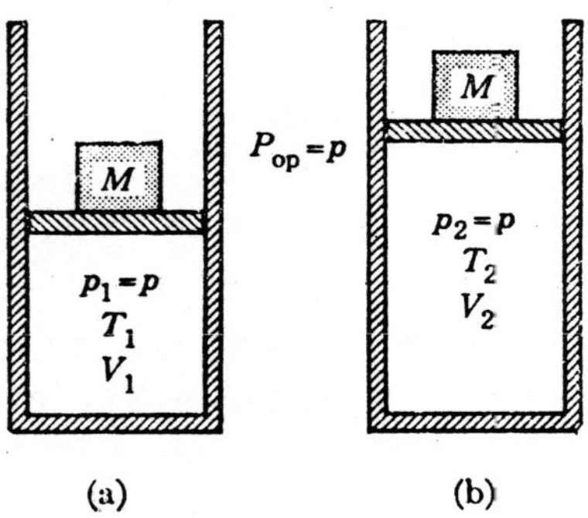

그림 7-8 일정 압력에서의 상태 변화.
(a) 처음 상태. (b) 최종 상태.

H는 엔탈피라고 부르는 계*의 크기 성질의 상태 함수이다.

H의 정의를 사용하면 (7.27)식을 $H_2 - H_1 = Q_p$라고 고쳐 쓸 수 있다. 즉,

$$\Delta H = Q_p \tag{7.29}$$

이 식은 일정 압력의 과정에서 주위로부터 받아들인 열은 계의 엔탈피 증가와 같다는 것을 나타내고 있다. 일반적으로 열 효과는 일정 압력 하에서 측정한다. 따라서 이들 열 효과는 계의 엔탈피 변화를 나타내는 것이며 계의 에너지 변화를 나타내는 것은 아니다. 일정 압력 과정에서의 에너지 변화를 계산하려면 (7.26)식을 다음과 같이 써야 한다.

$$\Delta U + p\Delta V = Q_p \tag{7.30}$$

따라서 부피 변화 ΔV를 알면 ΔU의 값을 계산할 수 있다.

(7.29)식은 일정 압력과 일정 온도 하에서의 액체의 증발에 직접 적용시킬 수 있다. 주위로부터 흡수하는 열은 증발열 Q_{vap}이며, 이 변환은 일정 압력 하에서 이루어지므로 $Q_{\text{vap}} = \Delta H_{\text{vap}}$이다. 마찬가지로 고체의 녹음열은 녹는 과정에서의 엔탈피 증가와 같다. 즉, $Q_{\text{fus}} = \Delta H_{\text{fus}}$이다.

계의 상태가 미소한 변화를 할 때는 (7.29)식이 다음과 같은 꼴로 된다.

$$dH = đQ_p \tag{7.31}$$

H는 상태 함수이므로 dH는 완전 미분이다. H의 변수를 T와 p로 택하면 그 전미분은 다음과 같이 된다.

$$dH = \left(\frac{\partial H}{\partial T}\right)_p dT + \left(\frac{\partial H}{\partial p}\right)_T dp \tag{7.32}$$

일정한 압력 하에서의 변환에 대해서는 $dp = 0$이며 따라서 (7.32)식은 $dH = (\partial H/\partial T)_p dT$로 된다. 이 식과 (7.31)식으로부터 다음 식을 얻을 수 있다.

$$đQ_p = \left(\frac{\partial H}{\partial T}\right)_p dT$$

이 식은 주위로부터 흡수하는 열량과 계의 온도 증가 사이의 관계를 나타낸다. $đQ_p/dT$는 일정 압력 하에서의 열용량 C_p이다. 따라서 다음과 같이 된다.

$$C_p \equiv \frac{đQ_p}{dT} = \left(\frac{\partial H}{\partial T}\right)_p \tag{7.33}$$

이 식은 중요한 편도함수 $(\partial H/\partial T)_p$가 측정 가능한 양 C_p와 같다는 것을 나타내고 있다. 그리하여 이제부터는 (7.32)식의 전미분을 다음과 같이 나타내기로 한다.

$$dH = C_p\, dT + \left(\frac{\partial H}{\partial p}\right)_T dp \tag{7.34}$$

일정한 압력 하에서의 변환에 대해서는 $dp = 0$이므로 (7.34)식은 다음과 같이 간단하게 된다.

$$dH = C_p\, dT \tag{7.35}$$

또 계의 상태가 T_1으로부터 T_2까지 유한한 변화를 할 때는 이 식이 다음과 같이 된다.

* 엔탈피의 정의에 pV가 나타나는 것은 팽창의 일을 나타내는 식에서 온 것이며, 이상 기체 법칙의 pV 곱과는 전혀 관계가 없다는 것을 주의하기 바란다.

$$\Delta H = \int_{T_1}^{T_2} C_p\, dT \tag{7.36}$$

만일 고려의 대상이 되는 온도 범위에서 C_p가 일정하다면 (7.36)식은 다음과 같이 된다.

$$\Delta H = C_p \Delta T \tag{7.37}$$

이 절에 나온 관계식들은 아주 일반적인 것이며, 일정 질량을 갖는 어떠한 계에 대해서나 그 계가 상 변화나 화학 변화를 일으키지 않는 한 그 계가 일으키는 모든 일정 압력 하에서의 변환에다 이 식들을 적용시킬 수 있다.

■ **보기 7.2** 은의 열용량은 $\overline{C}_p/(\text{J/K mol}) = 23.43 + 0.00628\,T$이다. 1 atm의 압력 하에서 3 mol의 은을 25 °C로부터 그 녹는점인 961 °C까지 가열하였다. ΔH를 계산하라.

일정한 압력하에서 1 mol에 대해서는

$$\Delta H = \int_{T_1}^{T_2} C_p\, dT = \int_{T_1}^{T_2} (23.43 + 0.00628T)\, dT$$

$$\Delta H = 23.43(T_2 - T_1) + \frac{1}{2}(0.00628)(T_2^2 - T_1^2)\text{ J/mol}$$

한편 $T_1 = 273.15 + 25 = 298.15$, $T_2 = 273.15 + 961 = 1234.15$이며, $T_2 - T_1 = 936$ K이다. 따라서

$$\Delta H = 23.43(936) + \frac{1}{2}(0.00628)(1234^2 - 298^2) = 21930 + 4500 = 26430\text{ J/mol}$$

따라서 3 mol에 대해서는 $\Delta H = 3\text{ mol}(26430\text{ J/mol}) = 79290$ J이다.

7.14 C_p와 C_v 사이의 관계

일정한 온도 변화 dT를 수반하는 계의 특정한 상태 변화에서 계가 주위로부터 흡수하는 열은 여러 가지 값이 될 수 있다. 왜냐 하면 흡수되는 열량은 상태 변화의 경로에 의존하기 때문이다. 따라서 계가 두 가지 이상의 열용량 값을 갖더라도 놀라울 일이 못된다. 사실상 계의 열용량은 마이너스 무한대로부터 플러스 무한대까지의 어떠한 값이라도 가질 수 있다. 그러나 C_p와 C_v의 두 값만이 매우 중요하다. 이들 값은 서로 같지 않으므로 그들 사이의 관계를 알아 보는 것이 중요하다.

이 문제를 다루기 위하여 우선 (7.14)식을 다음과 같이 쓰고 이것을 이용하여 일정 압력에서 흡수되는 열량을 계산하여 보자.

$$đQ = C_v\, dT + \left(\frac{\partial U}{\partial V}\right)_T dV + P_{op} dV$$

$P_{op} = p$인 일정 압력 하에서의 변화에 대해서는 이 식이 다음과 같이 된다.

$$đQ_p = C_v\, dT + \left[p + \left(\frac{\partial U}{\partial V}\right)_T\right] dV$$

$C_p = đQ_p/dT$이므로 위식을 dT로 나누면 다음과 같이 된다.

$$C_p = C_v + \left[p + \left(\frac{\partial U}{\partial V}\right)_T\right]\left(\frac{\partial V}{\partial T}\right)_p \tag{7.38}$$

이 식이 우리가 원하는 C_p와 C_v 사이의 관계식이다. 이 식은 보통 다음과 같은 꼴로 쓴다.

$$C_p - C_v = \left[p + \left(\frac{\partial U}{\partial V}\right)_T\right]\left(\frac{\partial V}{\partial T}\right)_p \tag{7.39}$$

이 식은 C_p와 C_v 사이의 관계를 나타내는 일반식이다. 후에 증명하겠지만 이 식의 우변은 항상 양이다. 따라서 어떤 물질에 대서나 C_p는 C_v보다 항상 크다. 그리고 C_p와 C_v와의 차는 두 항의 합으로 주어진다. 첫째 항은 일정한 압력의 과정에서 온도가 단위량 만큼 증가할 때 생기는 일 pdV이다. 즉,

$$p\left(\frac{\partial V}{\partial T}\right)_p$$

둘째 항은 분자 사이의 인력과 맞서서 분자들을 서로 멀리 떼어 놓는 데 필요한 에너지이다. 즉,

$$\left(\frac{\partial U}{\partial V}\right)_T\left(\frac{\partial V}{\partial T}\right)_p$$

기체를 팽창시키려면 분자 사이의 평균 거리가 증가한다. 분자 사이의 인력과 맞서서 분자들을 이처럼 서로 멀리 떼어 놓으려면 소량의 에너지를 기체에다 공급해 주어야 한다. 부피를 단위량 만큼 증가시키는 데 필요한 에너지는 도함수 $(\partial U/\partial V)_T$로 주어진다. 일정 부피 과정에서는 일이 생기지 않으며 분자 사이의 평균 거리도 변하지 않는다. 따라서 열용량이 작다. 즉, 흡수된 열은 모두 분자의 무질서한 운동에 쓰이며, 이것이 온도 상승으로 나타난다. 일정 압력의 과정에서는 계는 반대 방향의 압력에 맞서서 팽창하며 따라서 주위에 일이 생긴다. 즉, 주위로부터 얻은 열은 세 부분으로 나누어진다. 첫째 부분은 주위에 일을 생기게 하는 데 쓰인다; 둘째 부분은 분자들을 서로 멀리 떼어 놓는 데 필요한 에너지로 쓰인다; 세째 부분은 분자의 무질서한 운동의 에너지를 증가시키는 데 쓰인다. 이 마지막 부분만이 온도 상승 효과를 나타낸다. 따라서 온도가 1도 올라가기 위해서 흡수해야 하는 열량은 일정 부피 과정에서보다는 일정 압력 과정에서 더 크게 된다. 즉, C_p는 C_v보다 크다.

또 하나 중요하게 쓰이는 양은 열용량의 비, γ이며 다음과 같이 정의된다.

$$\gamma \equiv \frac{C_p}{C_v} \tag{7.40}$$

지금까지 설명한 사실을 생각할 때 분명히 γ는 항상 1보다 크다.

이상 기체에 대해서는 $(\partial U/\partial V)_T = 0$은 Joule의 법칙이므로 열용량의 차가 특히 간단한 꼴로 표시된다. 즉, (7.39)식이 다음과 같이 된다.

$$C_p - C_v = p\left(\frac{\partial V}{\partial T}\right)_p \tag{7.41}$$

몰열용량을 생각하면 도함수 속의 부피는 몰부피이어야 한다. 몰부피는 상태 방정식으로부터 $\overline{V} = RT/p$이다. 이것을 압력을 일정하게 하고 온도에 관해서 미분하면 $(\partial V/\partial T)_p = R/p$이 된다. 이 값을 (7.41)식에 대입하면 다음과 같은 간단한 결과가 나온다.

$$\overline{C}_p - \overline{C}_v = R \tag{7.42}$$

(7.42)식은 이상 기체에 대해서만 엄밀하게 성립하지만 실제 기체에 대해서도 근사적으로 쓸 수 있다.

액체나 고체의 경우에는 열용량의 차가 일반적으로 대단히 작으며 극히 정밀한 일에서가 아니면 이들을 같다고 놓아도 충분하다. 즉,

$$C_p = C_v \tag{7.43}$$

그러나 여기에 대한 현저한 예외도 몇 가지 있다. C_p와 C_v가 근사적으로 같다는 데에 대한 물리적 이유는 지극히 간단하다. 고체나 액체의 열팽창 계수는 매우 작으며, 따라서 온도가 1도 올라가더라도 부피는 대단히 조금 변한다. 결과적으로 팽창에 의해서 생기는 일은 작으며 또한 분자 사이의 간격을 조금 증가시키는 데 소량의 에너지만이 필요하게 된다. 주위로부터 흡수하는 열량의 거의 전부는 분자의 무질서한 운동의 에너지를 증가시키는 데 사용되며, 그 결과 일정 부피 과정에서와 거의 같은 정도의 온도 상승을 나타내게 된다. 7.11절의 끝 부분에서 설명한 이유 때문에 액체나 고체의 C_v를 직접 측정하기는 현실적으로 불가능하다. 그러나 C_p는 쉽게 측정할 수 있다. 편람에 나오는 액체나 고체의 열용량은 모두 C_p의 값이다.

7.15 $(\partial H/\partial p)_T$의 측정 ; Joule-Thomson 의 실험

편도함수 $(\partial H/\partial p)_T$를 실험적으로 쉽게 측정할 수 있는 양으로 나타내는 문제는 7.12절에서 설명한 $(\partial U/\partial V)_T$의 경우와 마찬가지로 어렵다. 이 두 도함수는 서로 관계가 있다. 우선 $H = U + pV$를 미분하면 다음과 같이 된다.

$$dH = dU + p\,dV + V\,dp$$

dU와 dH에 관한 (7.24)식과 (7.34)식의 값을 위 식에 넣으면 다음과 같이 된다.

$$C_p\,dT + \left(\frac{\partial H}{\partial p}\right)_T dp = C_v\,dT + \left[\left(\frac{\partial U}{\partial V}\right)_T + p\right] dV + V\,dp \tag{7.44}$$

이 복잡한 식에다 일정 온도의 조건, $dT = 0$을 넣고 dp로 나누면 다음과 같이 간단한 식이 나온다.

$$\left(\frac{\partial H}{\partial p}\right)_T = \left[p + \left(\frac{\partial U}{\partial V}\right)_T\right]\left(\frac{\partial V}{\partial p}\right)_T + V \tag{7.45}$$

그러나 이 식도 여전히 복잡하다.

액체나 고체에 대해서는 (7.45)식의 우변의 첫째 항이 둘째 항보다 보통 대단히 작으므로 근사적으로 다음과 같이 쓸 수 있다.

$$\left(\frac{\partial H}{\partial p}\right)_T = V \quad \text{(고체 또는 액체)} \tag{7.46}$$

액체나 고체의 몰부피는 매우 작으므로 압력 변화가 엄청나게 크지 않은 한, 압력에 따르는 엔탈피의 변화는 무시할 수 있다.

이상 기체에 대해서는 다음과 같이 된다.

$$\left(\frac{\partial H}{\partial p}\right)_T = 0 \tag{7.47}$$

이 결과는 $H = U + pV$의 정의로부터 쉽게 나온다. 우선 이상 기체에 대해서는 $p\overline{V} = RT$이므로, 이것을 다음과 같이 쓸 수 있다.

$$\overline{H} = \overline{U} + RT \tag{7.48}$$

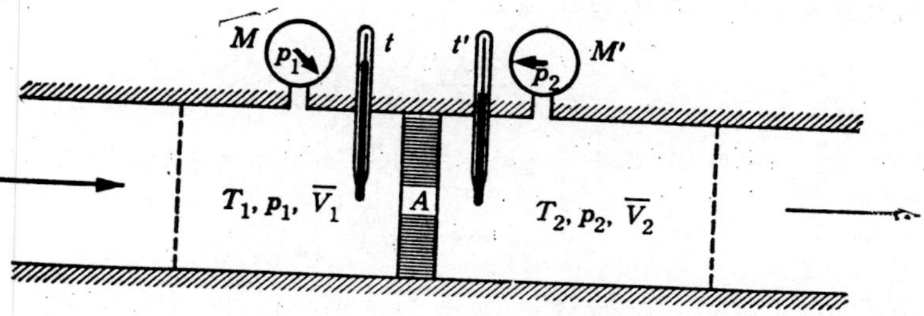

그림 7-9 Joule-Thomson의 실험.

이상 기체의 에너지는 온도만의 함수이므로 (7.48)식에 의해서 엔탈피도 또한 온도만의 함수가 되며 압력에 무관하게 된다. (7.47)식의 결과는 또한 (7.45)식과 Joule의 법칙으로부터 구할 수도 있다.

실제 기체에 대해서는 도함수 $(\partial H/\partial p)_T$의 값이 대단히 작지만 측정할 수는 있다. 기체를 자유 팽창시킨 Joule의 실험에서는 처음 상태와 최종 상태 사이의 온도차를 측정하는 데 실패하였었다. 그 후에 Joule과 Thomson은 다른 방법으로 실험을 하였는데, 이것을 Joule-Thomson의 실험이라고 한다(그림 7-9).

열 절연체의 파이프 속으로 화살표의 방향에 따라서 일정한 속도로 기체를 흐르게 한다. 위치 A에는 다공질의 원판이나 작은 구멍이 뚫린 격막이나 또는 처음 실험에서와 같이 명주 손수건같은 것으로 장애물을 설치한다. 그러면 왼쪽으로부터 오른쪽으로 기체가 통과할 때 장벽 때문에 압력차가 나타나는데 이것을 압력계 M과 M'으로 측정한다. 온도차가 조금만 생기더라도 이것을 온도계 t와 t'으로 측정할 수 있다. 계의 경계는 항상 같은 양의 기체가 포함되도록 기체와 함께 이동한다. 지금 1 mol의 기체가 장벽을 통해서 나갔다고 생각해 보자. 왼쪽에서는 부피가 몰부피 $\overline{V}_1$ 만큼 감소한다. 그런데 이 기체는 p_1의 압력을 갖는 기체가 뒤에서 밀어 주는 것이므로 다음과 같은 일이 생긴다.

$$W_{\text{left}} = \int_{\overline{V}_1}^{0} p_1\, dV$$

오른쪽에서는 부피가 $\overline{V}_2$ 만큼 증가한다. 장벽을 빠져나온 기체는 p_2라는 반대 방향 압력을 나타내는 그 앞쪽의 기체를 앞으로 밀어내야 한다. 따라서 다음과 같은 일이 생긴다.

$$W_{\text{right}} = \int_{0}^{\overline{V}_2} p_2\, dV$$

실효일은 이들 두 일을 합한 것과 같다.

$$W = \int_{\overline{V}_1}^{0} p_1\, dV + \int_{0}^{\overline{V}_2} p_2\, dV = p_1(-\overline{V}_1) + p_2\overline{V}_2 = p_2\overline{V}_2 - p_1\overline{V}_1$$

이 파이프는 단열되어 있으므로 $Q = 0$이며, 따라서 제 1 법칙이 다음과 같이 된다.

$$\overline{U}_2 - \overline{U}_1 = Q - W = -(p_2\overline{V}_2 - p_1\overline{V}_1)$$

이 식을 고쳐 쓰면 다음과 같이 된다.

$$\overline{U}_2 + p_2\overline{V}_2 = \overline{U}_1 + p_1\overline{V}_1 \qquad \overline{H}_2 = \overline{H}_1$$

Joule-Thomson 팽창에서는 기체의 엔탈피가 일정하다. 측정된 온도 내림 $-\Delta T$와 압력 내림

$-\Delta P$의 비를 취하면 다음과 같이 된다.

$$\left(\frac{-\Delta T}{-\Delta p}\right)_H = \left(\frac{\Delta T}{\Delta p}\right)_H$$

Δp가 영에 접근할 때의 이 비의 극한치를 Joule-Thomson 계수 μ_{JT}라고 정의한다. 즉,

$$\mu_{JT} = \left(\frac{\partial T}{\partial p}\right)_H \tag{7.49}$$

이 실험에서 특히 압력차가 클 경우, 온도의 내림(Joule-Thomson 효과)을 쉽게 측정할 수 있다. 소음이 나기는 하지만 이 효과가 나타나는 것을 볼려면 압축 질소 탱크의 밸브를 조금만 열어 보면 된다. 즉, 밸브를 열은 다음 몇 분 경과하면 밸브가 충분히 냉각되어 공기 속의 수분이 서려 눈으로 덮혀진다(수소나 산소로 이 실험을 하면 폭발이나 화재의 위험이 있으므로 안된다!). 만일 탱크 속에 기체가 가득 차 있을 때는 내미는 압력이 약 150 atm이 되며 빠져나오는 압력이 1 atm이 된다. 압력이 이 정도로 떨어지면 온도도 상당히 많이 내려간다.

μ_{JT}와 도함수 $(\partial H/\partial p)_T$ 사이의 관계는 간단하다. 우선 T와 p가 변할 때의 변화는 다음과 같은 H의 전미분으로 표시된다.

$$dH = C_p\,dT + \left(\frac{\partial H}{\partial p}\right)_T dp$$

H를 변화시키지 않고 T와 p를 변화시키는 방법을 생각하자. 이와같이 하면 $dH=0$인 조건이 얻어진다. 이 조건 하에서는 위 식이 다음과 같이 된다.

$$0 = C_p\,dT + \left(\frac{\partial H}{\partial p}\right)_T dp$$

이 식을 dp로 나누면 다음 식을 얻을 수 있다.

$$0 = C_p\left(\frac{\partial T}{\partial p}\right)_H + \left(\frac{\partial H}{\partial p}\right)_T$$

μ_{JT}의 정의를 사용하면 위 식을 다음과 같이 고쳐 쓸 수 있다.

$$\left(\frac{\partial H}{\partial p}\right)_T = -C_p\,\mu_{JT} \tag{7.50}$$

따라서 C_p와 μ_{JT}를 측정하면 (7.50)식으로부터 $(\partial H/\partial p)_T$의 값을 계산할 수 있다. (7.50)식과 (7.45)식을 이용하면 $(\partial U/\partial V)_T$의 값도 측정 가능한 양으로 나타낼 수 있다는 것을 주의하기 바란다.

수소와 헬륨을 제외하면 모든 기체의 Joule-Thomson 계수가 실온과 그 이하의 온도에서 양이다. 이 두 기체는 Joule-Thomson 계수가 음이며 같은 종류의 팽창에 의해서 온도가 더 높아진다. 모든 기체는 Joule-Thomson 계수가 음으로 되는 특성 온도를 가지고 있다. 이 온도가 Joule-Thomson의 반전 온도이다. 수소의 반전 온도는 약 $-80\,°C$이며, 이 온도 이하에서는 Joule-Thomson 팽창에 의해서 온도가 내려간다. 대부분의 기체의 반전 온도는 실온보다 매우 높다.

Joule-Thomson 효과는 냉각 장치의 기본 원리가 되고 있다. 압력이 낮은쪽의 냉각된 기체를 높은 압력의 배관으로 보내어 팽창시킬 기체의 온도를 떨어뜨린다. 이 조작을 되풀이 하면 높은 압력 쪽의 온도를 상당히 낮은 값까지 낮출 수 있다. 온도가 충분히 낮아지면 팽창되면서 온도가 끓는점 이하로 떨어져서 액체 방울이 생긴다. 이 방법은 액체 공기 제조의 Linde 법에서

쓰이고 있는 주요 원리이다. 보통 가정용 냉장고에서는 팽창 밸브에 의해서 저압 부분과 부분이 분리되어 있지만 저압 부분에서 액체 냉각제를 증발시킴으로써 냉각이 이루어지게 되어 있다. 즉, 냉각제는 고압 부분에서 압축되어 액체화된다.

7.16 단열 상태 변화

상태가 변화하는 동안에 열의 출입이 없으면 $đQ=0$이며, 이와 같은 상태 변화는 단열적이다. 계를 단열제로 둘러싸든지 또는 진공병 속에 넣어주면 근사적으로나마 실험적으로 이러한 단열 조건이 이루어진다. 단열 상태 변화에서는 $đQ=0$이므로 제 1 법칙이 다음과 같이 된다.

$$dU=-đW \tag{7.51}$$

또 유한한 상태 변화에 대해서는 다음과 같이 된다.

$$\Delta U=-W \tag{7.52}$$

(7.52)식은 $W=-\Delta U$와 같이 바꾸어 놓을 수도 있으며 이 식은 생성되는 일 W가 계의 에너지 감소 $-\Delta U$에 의해서 이루어진다는 것을 뜻한다. 계의 에너지 감소는 계의 온도가 낮아지는 사실로부터 거의 전적으로 입증된다. 따라서 단열 상태 변화에서 일이 생성되면 그 계의 온도가 내려간다. 만일 단열 변화에서 일이 소모되면 W는 $-$가 되고 따라서 ΔU는 $+$로 된다. 즉, 일이 소모되면 계의 에너지가 증가하고 계의 온도가 올라간다.

만일 압력-부피일 만이 관여한다면 (7.51)식은 다음과 같이 된다.

$$dU=-P_{op}dV \tag{7.53}$$

따라서 팽창에서는 dV가 $+$이며 dU는 $-$로 된다. 즉, 이 때는 에너지가 감소하며, 따라서 온도가 내려간다. 계가 단열적으로 압축되면 dV는 $-$이며 dU는 $+$로 된다. 즉, 이 때는 계의 에너지와 온도가 둘 다 높아진다.

7.16.1 특수한 경우 : 이상 기체의 단열 상태 변화

Joule의 법칙 때문에 이상 기체에 대해서는 $dU=C_v dT$이다. 이 관계를 (7.53)식에 넣으면 다음 결과가 나온다.

$$C_v dT=-P_{op}dV \tag{7.54}$$

이 식에 의하면 dT와 dV는 서로 반대 부호를 갖는다. 온도의 내림은 P_{op}에 비례하며, 일정한 부피 증가에 대해서는 P_{op}가 최대치를 가질 때, 즉 $P_{op}=p$일 때 최대로 될 것이다. 따라서 어떤 일정한 부피 변화에서는 가역적 단열 팽창이 온도를 최대로 떨어뜨린다. 반대로 가역적 단열 압축의 경우 일정한 부피 변화에서 생기는 온도 증가는 최소가 된다.

이상 기체가 가역적으로 단열 상태 변화를 할 때는 $P_{op}=p$이며, (7.54)식은 다음과 같이 된다.

$$C_v dT=-p\,dV \tag{7.55}$$

이 식을 적분하려면 C_v와 p를 적분 변수인 T와 V의 함수로 나타내야 한다. U가 온도만의 함수이므로 C_v는 온도만의 함수이며, 또한 이상 기체의 상태 방정식에 의해서 $p=nRT/V$이다. 따라서 (7.55)식은 다음과 같이 된다.

$$C_v dT = -nRT\frac{dV}{V}$$

변수를 분리하기 위하여 T로 나누고 $\overline{C}_v = C_v/n$의 관계를 이용하면 다음 식을 얻을 수 있다.

$$\overline{C}_v \frac{dT}{T} = -R\frac{dV}{V}$$

처음 상태를 T_1, V_1, 그리고 최종 상태를 T_2, V_2로 나타내고 위 식을 적분한다. 즉,

$$\int_{T_1}^{T_2} \overline{C}_v \frac{dT}{T} = -R\int_{V_1}^{V_2}\frac{dV}{V}$$

$\overline{C}_v$가 상수일 때는 이것을 적분 기호 밖으로 내놓을 수 있다. 따라서 적분 결과는 다음과 같이 된다.

$$\overline{C}_v \ln\left(\frac{T_2}{T_1}\right) = -R\ln\frac{V_2}{V_1} \tag{7.56}$$

한편 $R = \overline{C}_p - \overline{C}_v$이므로 $R/\overline{C}_v = (\overline{C}_p/\overline{C}_v) - 1 = \gamma - 1$이다. 이 $R/\overline{C}_v$의 값을 이용하면 (7.56)식이 다음과 같이 간소화된다.

$$\ln\left(\frac{T_2}{T_1}\right) = -(\gamma - 1)\ln\left(\frac{V_2}{V_1}\right)$$

이 식은 다음과 같이 쓸 수도 있다.

$$\frac{T_2}{T_1} = \left(\frac{V_1}{V_2}\right)^{\gamma-1}$$

$$T_1 V_1^{\gamma-1} = T_2 V_2^{\gamma-1} \tag{7.57}$$

이상 기체의 법칙을 이용하면 이 식은 다음과 같은 꼴로 변환시킬 수 있다.

$$T_1^{\gamma} p_1^{1-\gamma} = T_2^{\gamma} p_2^{1-\gamma} \tag{7.58}$$

$$p_1 V_1^{\gamma} = p_2 V_2^{\gamma} \tag{7.59}$$

(7.59)식은 가역적인 단열 과정으로 이상 기체의 상태가 변할 때는 "pV^{γ} = 일정"이라는 조건이 충족된다는 것을 나타낸다. (7.57)식과 (7.58)식도 비슷하게 해석할 수 있다. 이 두 식은 어느 정도 특별한 것이지만 그래도 가끔 이용하게 될 것이다.

7.17 문제를 푸는 요령

지금까지 50개 이상의 관계식을 취급하였다. 이와같이 현혹될 정도로 많은 관계식 중에서 적합한 관계식을 찾아내어 문제를 풀려면 엄청난 일이 될 것이다. 그러므로 문제를 푸는 데는 기본적인 관계식만을 써야 한다. 문제에 나오는 조건에 의해서 이들 기본 관계식들로부터 간단한 꼴의 식이 나오고 이것으로부터 문제가 요구하는 미지수를 계산할 수 있다. 지금까지 나온 기본 관계식은 다음의 7개뿐이다.

1. 팽창일에 대한 식 : $đW = P_{op}dV$
2. 에너지의 정의 : $dU = đQ - dW$
3. 엔탈피의 정의 : $H = U + pV$
4. 열용량의 정의 :

$$C_v = \frac{đQ_V}{dT} = \left(\frac{\partial U}{\partial T}\right)_V \qquad C_p = \frac{đQ_p}{dT} = \left(\frac{\partial H}{\partial T}\right)_p$$

5. 순전히 수학적으로 유도된 식 :

$$dU = C_v\,dT + \left(\frac{\partial U}{\partial V}\right)_T dV \qquad dH = C_p\,dT + \left(\frac{\partial H}{\partial p}\right)_T dp$$

물론 이들 관계식의 뜻을 비롯하여 등온, 단열 가역적 등과 같은 술어의 뜻은 필수적으로 이해하고 있어야 한다. 이러한 술어에 의해서 이들 관계식으로부터 특정한 수학적 결론이 나오게 된다. 이상 기체에 관한 문제에서는 상태 방정식을 알아야 하고 Joule의 법칙의 수학적 결과라든가 열용량 사이의 관계도 알고 있어야 한다. 문제를 푸는 데 필요한 식은 이러한 몇 가지 기본 관계식으로부터 유도해야 한다. 될 수 있는 한 많은 관계식을 암기해서 문제를 풀려고 하면 고통과 무능과 편집병만을 초래할 뿐이다.

■ **보기 7.3** $\overline{C}_v = \frac{5}{2}R$인 이상 기체를 1 atm의 일정 압력에 맞서서 단열적으로 팽창시켜 그 부피가 두 배로 되게 하였다. 만일 처음 온도가 25 °C이고 처음 압력이 5 atm이라면 T_2는 얼마가 되겠는가? 이어서 이 변화에서 기체 1 mol에 대한 Q, W, ΔU 및 ΔH를 계산하라.

데이터 : 처음 상태, T_1, p_1, V_1 최종 상태 : T_2, p_2, V_2

기체의 몰수 $= n$(주어지지 않았음) $P_{op} = 1\,\text{atm}$

제 1 법칙 $dU = đQ - P_{op}dV$

조건 : 단열이다. 따라서 $đQ = 0$, $Q = 0$이다. 그리하여 이상 기체의 경우에는 $dU = C_v\,dT$. 이들 결과를 이용하면 제 1 법칙이 $C_v\,dT = -P_{op}dV$와 같이 된다.

C_v와 P_{op}는 둘 다 일정하며 따라서 제 1 법칙이 다음과 같이 적분된다.

$$C_v\int_{T_1}^{T_2} dT = -P_{op}\int_{V_1}^{V_2} dV \qquad \text{즉} \qquad C_v(T_2 - T_1) = -P_{op}(V_2 - V_1)$$

그리고 또 다음과 같은 조건을 이용할 수 있다.

$$C_v = n\overline{C}_v = n\frac{5}{2}R \qquad V_2 - V_1 = 2V_1 - V_1 = V_1 = nRT_1/p_1$$

그러면 제 1 법칙이 다음과 같이 된다.

$$n\frac{5}{2}R(T_2 - T_1) = -P_{op}nRT_1/p_1$$

이 식을 풀어서 T_2를 구한다.

$$T_2 = T_1\left(1 - \frac{2P_{op}}{5p_1}\right) = 298\,\text{K}\left[1 - \frac{2}{5}\left(\frac{1\,\text{atm}}{5\,\text{atm}}\right)\right] = 274\,\text{K}$$

이 값을 넣어주면 다음과 같은 결과가 나온다.

$$\Delta U = \overline{C}_v(T_2 - T_1) = \frac{5}{2}R(274\,\text{K} - 298\,\text{K}) = \frac{5}{2}(8.314\,\text{J/K mol})(-24\,\text{K})$$

$$= -500\,\text{J/mol}$$

따라서 $W = -\Delta U = 500\,\text{J/mol}$

$$\Delta H = \int_{T_1}^{T_2} C_p \, dT = (\overline{C}_v + R)(T_2 - T_1)$$
$$= \left(\frac{5}{2}R + R\right)(-24\,\text{K}) = -\frac{7}{2}(8.314\ \text{J/K mol})(24\ \text{K})$$
$$= -700\ \text{J/mol}$$

주의 1 : 이 기체는 이상적이므로 $\overline{C}_p = \overline{C}_v + R$ 로 놓았다.
주의 2 : T_2 를 계산하는 데는 n 의 값이 필요없다. n 이 주어지지 않았으므로 이 기체 1 mol 당의 W, ΔU 및 ΔH 값들만을 계산할 수 있다.

7.18 화학 반응에 대한 열역학 제 1 법칙의 응용. 반응열

계 속에서 화학 반응이 일어나면 반응 직후의 계의 온도는 일반적으로 반응 직전의 온도와 다르다. 이 계가 처음 온도로 되돌아가려면 주위로부터 열을 흡수하거나 주위에다 열을 내보내야 한다. 즉, 반응 후의 계가 반응 전보다 뜨거워졌을 때는 열이 주위로 흘러 나가야만 계가 처음 온도로 되돌아간다. 이 경우의 반응은 발열 반응이며 열흐름에 대한 규약에 따라 이 때의 반응열은 음이다. 또 만일 반응 후의 계가 반응 전보다 차가와졌을 때는 주위로부터 열을 흡수해야만 계가 처음 온도로 되돌아 간다. 이 경우의 반응은 흡열 반응이며 반응열은 양이다. 반응열은 어떤 T, p 의 상태에 있는 반응물을 똑같은 T, p 의 상태의 생성물로 변환시킬 때 주위로부터 흡수하는 열량과 같다.

실험실에서는 대부분의 화학 반응이 일정한 압력 하에서 이루어진다. 따라서 주위로부터 흡수하는 열은 계의 엔탈피 변화와 같다. 이러한 화학 반응에 관하여는 엔탈피 변화를 계의 온도와 압력 변화에 수반되는 엔탈피 변화와 혼동하지 않기 위하여 계의 처음 상태와 최종 상태는 같은 온도와 압력을 갖게 해야 하는 것이다.

예로서 다음 반응을 생각하여 보자.

$$Fe_2O_3(s) + 3\,H_2(g) \longrightarrow 2\,Fe(s) + 3\,H_2O(l)$$

여기서 처음 상태와 최종 상태는 다음과 같이 된다.

처 음 상 태	최 종 상 태
T, p	T, p
1 mol 의 고체 Fe_2O_3	2 mol 의 고체 Fe
3 mol 의 기체 H_2	3 mol 의 액체 H_2O

각 물질의 집합 상태를 명시해 주어야 하므로 각 물질의 화학식 다음에다 기호 s, l, g 를 괄호로 묶어 붙였다. 위의 상태 변화가 2 단계를 거쳐 일어난다고 생각하여 보자. 즉, 1 단계에서는 T, p 에 있는 반응물이 단열적으로 T', p 에 있는 생성물로 변화한다고 생각한다. 즉,

단 계 1 :

$$\underbrace{Fe_2O_3(s) + 3\,H_2(g)}_{T,\ p} \longrightarrow \underbrace{2\,Fe(s) + 3H_2O(l)}_{T',\ p}$$

일정 압력에서는 $\Delta H = Q_p$ 이다. 그러나 이 단계는 단열적이므로 $(Q_p)_1 = 0$ 및 $\Delta H_1 = 0$ 이다. 2 단계에서는 이 계를 처음 온도 T 의 항온기 속에 넣어준다. 생성물이 처음 온도로 돌아가려면 항온기로부터 열이 흘러 나오거나 또는 그 속으로 흘러 들어가야 한다.

단 계 2:

$$\underbrace{2\,Fe(s) + 3\,H_2O(l)}_{T',\ p} \longrightarrow \underbrace{2\,Fe(s) + 3\,H_2O(l)}_{T,\ p}$$

이 변화에서는 $\Delta H_2 = Q_p$ 이다. 위의 두 단계를 합하면 전체 상태 변화가 나온다. 즉,

$$Fe_2O_3(s) + 3\,H_2(g) \longrightarrow 2\,Fe(s) + 3\,H_2O(l)$$

그리고 전체 반응에 대한 ΔH 는 두 단계에서의 엔탈피 변화의 합이 된다. 즉, $\Delta H = \Delta H_1 + \Delta H_2 = 0 + Q_p$ 이다. 즉,

$$\Delta H = Q_p \tag{7.60}$$

여기서 Q_p 는 반응열이며 화학 반응에 의한 계의 엔탈피 증가와 같다.

화학 반응에서의 엔탈피 증가는 다른 각도로 생각할 수도 있다. 어떤 주어진 온도와 압력 하에서는 각 물질의 몰엔탈피 $\overline{H}$ 가 일정한 값을 갖는다. 따라서 어떠한 반응에 대해서나 다음과 같이 쓸 수 있다.

$$\Delta H = H_{\text{final}} - H_{\text{initial}} \tag{7.61}$$

그런데 처음 상태나 최종 상태의 엔탈피는 처음이나 마지막에 존재하는 물질들의 엔탈피의 합이다. 따라서 위의 예에 대해서는 다음과 같이 된다.

$$H_{\text{final}} = 2\,\overline{H}(\text{Fe, s}) + 3\,\overline{H}(\text{H}_2\text{O, l})$$
$$H_{\text{initial}} = \overline{H}(\text{Fe}_2\text{O}_3\text{, s}) + 3\,\overline{H}(\text{H}_2\text{, g})$$

그리고 (7.61)식은 다음과 같이 된다.

$$\Delta H = [2\,\overline{H}(\text{Fe, s}) + 3\,\overline{H}(\text{H}_2\text{O, l})] - [\overline{H}(\text{Fe}_2\text{O}_3\text{, s}) + 3\,\overline{H}(\text{H}_2\text{, g})] \tag{7.62}$$

결국 ΔH 를 측정하면 궁극적으로 (7.62)식 속에 있는 4개의 몰엔탈피 값을 구할 수 있을 것 같이 생각된다. 그러나 식은 하나고 "미지수"는 넷이나 된다. 몇 가지 다른 반응의 반응열을 측정할 수도 있지만 그렇게 되면 점점 더 많은 "미지수"가 들어오게 될 것이다. 이 문제는 다음 두 절에서 설명하겠다.

7.19 생성 반응

화합물의 생성 반응을 생각하면 (7.62)식의 결과를 간소화시킬 수 있다. 화합물의 생성 반응은 반응식의 생성물쪽에 1 mol 의 화합물만 나오고 다른 것은 아무 것도 나오지 않는 반응이다. 이러한 반응에서의 엔탈피 증가를 그 화합물의 **생성열** 또는 **생성 엔탈피**라고 하며 ΔH_f 로 표시한다. 다음 반응들은 생성 반응의 예들이다.

$$H_2(g) + \frac{1}{2}O_2(g) \longrightarrow H_2O(l)$$

$$2\,Fe(s) + \frac{3}{2}O_2(g) \longrightarrow Fe_2O_3(s)$$

$$\frac{1}{2}H_2(g) + \frac{1}{2}Br_2(l) \longrightarrow HBr(g)$$

$$\frac{1}{2}N_2(g) + 2\,H_2(g) + \frac{1}{2}Cl_2(g) \longrightarrow NH_4Cl(s)$$

이들 반응에 대한 ΔH를 각 물질의 몰엔탈피로 나타내면 위의 처음 두 반응의 경우, 다음과 같이 된다.

$$\Delta H_f(\mathrm{H_2O,\ l}) = \bar{H}(\mathrm{H_2O,\ l}) - \bar{H}(\mathrm{H_2,\ g}) - \frac{1}{2}\bar{H}(\mathrm{O_2,\ g})$$

$$\Delta H(\mathrm{Fe_2O_3,\ s}) = \bar{H}(\mathrm{Fe_2O_3,\ s}) - 2\bar{H}(\mathrm{Fe,\ s}) - \frac{3}{2}\bar{H}(\mathrm{O_2,\ g})$$

이들 각 경우에 화합물의 몰엔탈피에 관해서 풀면 다음과 같이 된다.

$$\bar{H}(\mathrm{H_2O,\ l}) = \bar{H}(\mathrm{H_2,\ g}) + \frac{1}{2}\bar{H}(\mathrm{O_2,\ g}) + \Delta H_f(\mathrm{H_2O,\ l})$$
$$\bar{H}(\mathrm{Fe_2O_3,\ s}) = 2\bar{H}(\mathrm{Fe,\ s}) + \frac{3}{2}\bar{H}(\mathrm{O_2,\ g}) + \Delta H_f(\mathrm{Fe_2O_3,\ s}) \tag{7.63}$$

이들 식에 의하면 화합물의 몰엔탈피는 성분 원소들의 전체 엔탈피에다 그 화합물의 생성 엔탈피를 합해준 것과 같다. 그리하여 어떤 화합물에 대해서나 다음과 같이 나타낼 수 있다.

$$\bar{H}(\mathrm{compound}) = \sum H(\mathrm{element}) + \Delta H_f(\mathrm{compound}) \tag{7.64}$$

여기서 $\sum H(\mathrm{element})$는 화합물(안정한 집합 상태) 속에 들어있는 원소들의 총엔탈피이다.

다음에는 (7.63)식으로 주어지는 $\bar{H}(\mathrm{H_2O,\ l})$와 $\bar{H}(\mathrm{Fe_2O_3,\ s})$의 값을 (7.62)식에 넣어준다. 그러면 다음과 같은 결과가 나온다.

$$\Delta H = 2\bar{H}(\mathrm{Fe,\ s}) + 3[\bar{H}(\mathrm{H_2,\ g}) + \frac{1}{2}\bar{H}(\mathrm{O_2,\ g}) + \Delta H_f(\mathrm{H_2O,\ l})]$$
$$- [2\bar{H}(\mathrm{Fe,\ s}) + \frac{3}{2}\bar{H}(\mathrm{O_2,\ g}) + \Delta H_f(\mathrm{Fe_2O_3,\ s})] - 3\bar{H}(\mathrm{H_2,\ g})$$

이것을 정리하면 다음과 같이 된다.

$$\Delta H = 3\Delta H_f(\mathrm{H_2O,\ l}) - \Delta H_f(\mathrm{Fe_2O_3,\ s}) \tag{7.65}$$

(7.65)식에 의하면 화학 반응의 엔탈피 변화는 반응 화합물들의 생성 엔탈피에만 의존한다. 즉, 반응 엔탈피 변화는 안정한 집합 상태에 있는 원소들의 엔탈피에는 의존하지 않는다.

(7.64)식을 다시 한번 생각해보면 반응 엔탈피 변화가 원소들의 엔탈피 값에 무관하다는 바로 위의 관계가 어떤 화학 반응에서나 성립하지 않으면 안 된다는 것을 알 수 있다. 반응의 ΔH를 나타내는 식에서 모든 화합물의 몰엔탈피를 (7.64)식으로 나타내면 반응물을 이루는 원소들의 엔탈피의 총합과 생성물을 이루는 원소들의 엔탈피의 총합이 같아야만 한다. 즉, 균형 화학 반응식이 되기 위해서는 이 관계가 성립해야 하는 것이다. 따라서 원소들의 엔탈피가 반응 엔탈피 변화식에서 상쇄되어 없어지는 것이다. 그리하여 반응에 관여하는 화합물들의 생성 엔탈피들만을 적절하게 결합시키면 된다. 이 사실은 어떠한 온도와 압력에서나 성립할 것이다.

1 atm 하에서의 화합물의 생성 엔탈피를 **표준 생성 엔탈피**라고 하며 ΔH_f°으로 표시한다. 여러 화합물의 25°C에서의 ΔH_f° 값을 부록 V의 표 A-V에 수록해 놓았다.

■ **보기 7.4** 표 A-V의 ΔH_f° 값을 이용하여 다음 반응의 반응열을 계산하라.

$$\mathrm{Fe_2O_3(s) + 3\,H_2(g) \longrightarrow 2\,Fe(s) + 3\,H_2O(l)}$$

표 A-V로부터 다음과 같은 값들을 구할 수 있다.

$$\Delta H_f^\circ(\mathrm{H_2O,\ l}) = -285.830\ \mathrm{kJ/mol} \qquad \Delta H_f^\circ(\mathrm{Fe_2O_3,\ s}) = -824.2\ \mathrm{kJ/mol}$$

따라서

$$\Delta H = 3(-285.830\ \mathrm{kJ/mol}) - 1(-824.2\ \mathrm{kJ/mol}) = (-857.5 + 824.2)\mathrm{kJ/mol} = -33.3\ \mathrm{kJ/mol}$$

음의 부호는 이 반응이 발열 반응이라는 것을 나타낸다. 위의 식에서 화학량적 계수들은 단위가 없는 순수한 수임을 주의하라. 그리고 ΔH의 단위는 kJ/mol이다. 이것은 반응 1 mol에 대한 것임을 뜻한다. 화학 반응을 위에서와 같이 일단 한 특정한 방법으로 균형 맞춰 주면 그것이 반응몰을 정의해 주게 된다. 만일 위의 반응을 다음과 같이 상이하게 균형 맞추어 주었다고 하자.

$$\frac{1}{2}\mathrm{Fe_2O_3(s)} + \frac{3}{2}\mathrm{H_2(g)} \longrightarrow \mathrm{Fe(s)} + \frac{3}{2}\mathrm{H_2O(l)}$$

그러면 이 반응량이 1반응몰이 되며 ΔH는 다음과 같이된다.

$$\Delta H = \frac{3}{2}(-285.830\ \mathrm{kJ/mol}) - \frac{1}{2}(-824.2\ \mathrm{kJ/mol}) = -428.7 + 412.1 = -16.6\ \mathrm{kJ/mol}$$

7.20 몰엔탈피의 값

어떠한 물질이든 물질의 몰엔탈피 $\overline{H}$는 T와 p의 함수이다. 즉, $\overline{H} = \overline{H}(T, p)$이다. 표준 압력을 $p = 1\ \mathrm{atm}$으로 택하고 한 물질의 표준 몰엔탈피 $\overline{H}^\circ$를 다음과 같이 정의한다.

$$\overline{H}^\circ = \overline{H}(T,\ 1\ \mathrm{atm}) \tag{7.66}$$

이것으로부터 $\overline{H}^\circ$는 온도만의 함수인 것이 분명하다. 어떠한 열역학적 양이든 영이라는 상첨자가 붙어 있으면 그것은 표준 압력에서의 값이라는 것을 나타낸다(엔탈피의 압력 의존도는 매우 작으므로 (7.15절) 1 atm 이외의 압력에서도 표준 엔탈피를 자주 사용한다. 예컨대 1000 atm과 같은 매우 높은 압력에서가 아니면 그 오차가 그다지 대수롭지 않다).

이미 7.19절에서 설명한 바와 같이 어떤 화학 반응에서나 거기에 수반되는 엔탈피 변화는 화합물들을 이루고 있는 원소들의 엔탈피 값에는 의존하지 않는다. 이 때문에 한 선정된 온도와 압력에서 안정한 상태에 있는 원소의 엔탈피에다 임의의 편리한 값을 부여해도 되는 것이다. 만일 이 필요한 값을 전화 번호책 같은 데서 무작정하게 골라 잡는다면 분명히 수치 계산이 복잡해질 것이다. 이 수치는 어떤 것이든 관계없으므로 이들을 모두 똑같게 취해도 된다. 그리고 이들을 전부 똑같게 취한다면 이들을 전부 영으로 놓고 수치 계산을 복잡하지 않게 하는 것이 좋다. 1 atm과 298.15 K에서 가장 안정한 집합 상태에 있는 원소의 엔탈피는 모두 영으로 정한다. 예로서 1 atm과 298.15 K에서 브롬의 안정한 집합 상태는 액체 상태이다. 따라서 액체 브롬, 기체 수소, 고체 아연, 고체(비등축정형) 황 및 고체(흑연) 탄소는 모두 $\overline{H}^\circ_{298.15} = 0$이다(앞으로 $H_{298.15}$를 간단히 H_{298}이라고 줄여서 쓰겠다).

두 가지 이상의 결정 꼴로 존재하는 고체 원소에 대해서는 25°C와 1 atm에서 안정한 꼴에다 $\overline{H}^\circ = 0$이라는 값을 준다. 예로서 영이 되는 것이 일사축황이 아니라 비등축황이고, 또 다이아몬드가 아니라 흑연이다. 두 가지 이상의 분자종이 가능한 경우에는(예를 들면 산소 원자 O, 2원자 분자인 산소 O_2, 오존 O_3) 25°C와 1 atm에서 안정한 분자종에다 영의 엔탈피 값을 준다. 298.15 K에서 원소의 표준 엔탈피 값을 일단 정해주면 다른 모든 온도에서의 값을 계산할 수 있다. 즉, 일정한 압력에서는 $d\overline{H}^\circ = \overline{C}_p^\circ dT$이므로 다음과 같이 된다.

$$\int_{298}^{T} d\overline{H}^{\circ} = \int_{298}^{T} \overline{C}_{p}^{\circ} dT, \quad \overline{H}_{T}^{\circ} - \overline{H}_{298}^{\circ} = \int_{298}^{T} \overline{C}_{p}^{\circ} dT$$

$$\overline{H}_{T}^{\circ} = \overline{H}_{298}^{\circ} + \int_{298}^{T} \overline{C}_{p}^{\circ} dT \tag{7.67}$$

이 관계는 원소뿐만 아니라 화합물에 대해서도 성립한다. 원소에 대해서는 우변의 첫째 항이 영이 된다.

생성 반응이 주어졌을 경우 (7.63)식이나 (7.64)식의 생성열에 관한 식에다 $\overline{H}^{\circ}(\text{element}) = 0$을 넣어주면 다음과 같은 어떤 화합물에 대해서나 적용될 수 있는 일반식이 나오게 된다.

$$\overline{H}^{\circ} = \Delta H_{f}^{\circ} \tag{7.68}$$

표준 생성열 ΔH_{f}°는 성분 원소들에 대한 상대적인 화합물의 몰엔탈피이다. 따라서 어떤 한 화학 반응에 관여하는 모든 화합물의 생성열 ΔH_{f}°을 알게 되면 그 반응의 반응열식 (7.62)식의 방법으로 수식화하여 계산할 수 있다.

7.21 생성열의 결정

경우에 따라서는 열량계 속에서 생성 반응을 일어나게 하고, 그 결과 생기는 열효과를 측정함으로써 화합물의 생성열을 직접 결정할 수 있다. 두 가지 중요한 예를 들면 다음과 같다.

$$\text{C(graphite)} + \text{O}_2(\text{g}) \longrightarrow \text{CO}_2(\text{g}), \quad \Delta H_{f}^{\circ} = -393.51\ \text{kJ/mol}$$

$$\text{H}_2(\text{g}) + \frac{1}{2}\text{O}_2(\text{g}) \longrightarrow \text{H}_2\text{O(l)}, \quad \Delta H_{f}^{\circ} = -285.830\ \text{kJ/mol}$$

이들 반응은 열량계 속에서 쉽게 일으킬 수 있다. 이 반응은 완전히 진행하며 한 가지 생성물만이 생기도록 조건을 쉽게 조정할 수 있다. 이들 두 반응은 중요하기 때문에 그 반응열의 값이 대단히 정확하게 결정되어 있다.

대부분의 생성 반응은 열량계로 측정하기가 적합하지 않다. 따라서 이러한 생성열은 간접적인 방법으로 구해야 한다. 예로서 다음과 같은 반응을 들어보자.

$$\text{C(graphite)} + 2\,\text{H}_2(\text{g}) \longrightarrow \text{CH}_4(\text{g})$$

이 반응은 열량계로 측정하기가 불가능하다. 즉, 흑연과 수소는 쉽게 결합하지 않으며, 설사 열량계 속에서 이 반응을 일으켰다 하더라도 순수한 메탄만이 생성되지 않고 복잡한 여러 탄화수소의 혼합물이 나올 것이다. 혼합 생성물을 분석하는 데 성공하였다 하더라도 이러한 실험결과는 해석하기가 불가능할 것이다.

그러나 만일 화합물이 쉽게 연소해서 일정한 생성물들로 될 경우에는 다음과 같은 한 가지의 방법을 일반적으로 쓸 수 있다. 즉, 어떤 한 화합물의 생성열은 그 화합물의 연소열을 측정하여 계산할 수 있다. 연소 반응에서는 연소되어야 할 물질 1mol이 반응물쪽에 있어야 하고 이와 함께 이것을 완전히 연소시킬 충분한 양의 산소도 또한 있어야 한다. 탄소, 수소 및 산소만을 포함하는 유기 화합물이 연소되면 기체 상태의 이산화탄소와 액체 물로 된다.

$$\text{CH}_4(\text{g}) + 2\,\text{O}_2(\text{g}) \longrightarrow \text{CO}_2(\text{g}) + 2\,\text{H}_2\text{O(l)}$$

측정한 연소열은 $\Delta H_{\text{comb}}^{\circ} = -890.36\ \text{kJ/mol}$이며, 이것을 각 물질의 엔탈피로 나타내면 다음과 같이 된다.

$$\Delta\overline{H}^{\circ}_{\text{comb}} = \overline{H}^{\circ}(\text{CO}_2,\ \text{g}) + 2\,\overline{H}^{\circ}(\text{H}_2\text{O},\ \text{l}) - \overline{H}^{\circ}(\text{CH}_4,\ \text{g})$$

따라서

$$\overline{H}^{\circ}(\text{CH}_4,\ \text{g}) = \overline{H}^{\circ}(\text{CO}_2,\ \text{g}) + 2\,\overline{H}^{\circ}(\text{H}_2\text{O},\ \text{l}) - \Delta H^{\circ}_{\text{comb}} \qquad (7.69)$$

CO_2와 H_2O의 몰엔탈피는 매우 정확하게 알려져 있다. 따라서 이들 값과 연소열의 측정치로부터 메탄의 몰엔탈피(생성열)를 (7.69)식으로부터 계산할 수 있다. 즉,

$$\begin{aligned}\overline{H}^{\circ}(\text{CH}_4,\ \text{g}) &= -393.51 + 2(-285.83) - (-890.36)\\ &= -965.17 + 890.36 = -74.81\ \text{kJ/mol}\end{aligned}$$

탄소, 수소 및 산소만을 포함하는 모든 유기 화합물의 생성열은 이와 같이 연소열을 측정하여 구한다. 이들 화합물은 열량계 속에서 완전히 연소되어 이산화탄소와 물로 된다. 이 연소법은 황이나 질소를 함유하는 유기 화합물에도 쓰인다. 그러나 이 경우에는 반응 생성물이 그다지 일정하지 않다. 황은 아황산이나 황산으로 될 수 있으며, 질소는 원소 상태나 또는 산소산의 혼합물로 될 수 있다. 이러한 경우에는 반응 조건을 정한다든가 생성물을 분석하는 데 상당한 슬기와 숙련이 필요하다. 이러한 화합물에 대해서 얻는 실험치는 탄소, 수소 및 산소만을 포함하는 화합물에 대해서 얻는 실험치보다 그 정밀도가 훨씬 낮다.

어떤 화합물에 대해서나 그 생성열을 구하려면, 첫째로 그 화합물이 관여하는 화합 반응으로서, 열계량이 용이한 반응을 찾아내고 다음에는 그 반응의 반응열을 측정해야 한다. 만일 이 반응에 관여하는 다른 모든 화합물의 생성열을 알면 문제가 해결된다. 만일 이 반응에 관여하는 다른 물질 중 어느 한 물질의 생성열이 알려져 있지 않으면 그 물질에 대해서 열계량을 할 수 있는 반응을 찾아내어야 한다. 어떤 특정 화합물의 생성열 값을 정확하게 구하려면 어떠한 반응들을 어떻게 결합해 주어야 하는가가 결국은 문제로 된다. 열계량에 이용되는 반응은 적어도 수분 안에 반응이 끝날 수 있을 정도로 빨리 일어나야 하며 될 수 있는대로 부반응이 적고, 되도록이면 전혀 부반응이 없는 것이어야 한다. 부반응이 따르지 않는 화학 반응은 극히 드물지만 반응 조건을 조절함으로써 될 수 있는 한 주반응만 일어나도록 하면 부반응의 영향을 최소한으로 되게 할 수 있다. 최종 생성물은 주의해서 분석해야 하며, 측정된 값으로부터 부반응에 의한 열효과를 빼주어야 한다. 정밀한 열계량이란 대단히 힘든 일이다.

7.22 반응의 순서 ; Hess의 법칙

계의 상태는 주어진 화학 반응에 의해서 일정한 변화를 받는다. 그리고 엔탈피는 상태 함수이기 때문에 이 변화에 수반되는 엔탈피 변화도 일정하게 된다. 따라서 만일 특정한 상태의 반응계를 어떤 특정한 상태의 생성계로 변환시키는 데 두 가지 이상의 반응 순서가 가능하다고 하면 어떠한 순서를 거쳐서 반응이 일어나더라도 그 전체 엔탈피 변화는 마찬가지가 되어야 한다. 이 법칙은 열역학 제1법칙의 귀결이며 처음에는 Hess의 "반응열 가감의 법칙"으로서 알려졌던 것이다. 나트륨과 염소로부터 염화나트륨을 합성하는 두 가지 다른 방법을 비교해 보자.

방 법 1.

$$\text{Na(s)} + \text{H}_2\text{O(l)} \longrightarrow \text{NaOH(s)} + \tfrac{1}{2}\text{H}_2\text{(g)} \qquad \Delta H = -139.78\ \text{kJ/mol}$$

$$\tfrac{1}{2}\text{H}_2\text{(g)} + \tfrac{1}{2}\text{Cl}_2\text{(g)} \longrightarrow \text{HCl(g)} \qquad \Delta H = -\ \ 92.31\ \text{kJ/mol}$$

$$HCl(g) + NaOH(s) \longrightarrow NaCl(s) + H_2O(l) \qquad \Delta H = -179.06 \text{ kJ/mol}$$

실효 변화 : $Na(s) + \frac{1}{2}Cl_2(g) \longrightarrow NaCl(s) \qquad \Delta H_{net} = -411.15 \text{ kJ/mol}$

방 법 2.

$$\frac{1}{2}H_2(g) + \frac{1}{2}Cl_2(g) \longrightarrow HCl(g) \qquad \Delta H = -92.31 \text{ kJ/mol}$$

$$Na(s) + HCl(g) \longrightarrow NaCl(s) + \frac{1}{2}H_2(g) \qquad \Delta H = -318.84 \text{ kJ/mol}$$

실효 변화 : $Na(s) + \frac{1}{2}Cl_2(g) \longrightarrow NaCl(s) \qquad \Delta H_{net} = -411.15 \text{ kJ/mol}$

실효 화학 변화는 각 단계의 반응을 합하면 나온다. 그리고 실효 엔탈피 변화도 각 단계의 엔탈피 변화를 합하면 나온다. 같은 실효 화학 변화를 나타내기만 하면 어떠한 반응 순서에서나 실효 엔탈피 변화가 동일해야 한다. 우리가 원하는 화학 반응을 얻기 위해서는 몇 개의 반응이라도 서로 가감할 수 있으며, 각 반응의 엔탈피 변화도 같은 방식으로 가감할 수가 있다.

어떤 일정한 화학 반응을 그의 역반응과 차례로 결합해 주면 실효 화학 변화가 일어나지 않으며, 이 결합 반응에 대해서는 $\Delta H = 0$이 된다. 따라서 역반응의 ΔH는 정반응의 값과 크기는 같으나 그 부호가 반대로 된다는 결론이 나온다.

이러한 반응 순서의 성질은 바로 계의 엔탈피 변화가 변화 경로에 무관하다는 사실을 나타내는 것에 불과한 것으로서 다음 예에서 보는 바와 같이 매우 쓸모가 있다.

1) $$C(graphite) + \frac{1}{2}O_2(g) \longrightarrow CO(g) \qquad \Delta H_1$$

2) $$CO(g) + \frac{1}{2}O_2(g) \longrightarrow CO_2(g) \qquad \Delta H_2$$

이 반응 서열에서의 실효 변화는 다음과 같다.

3) $$C(graphite) + O_2(g) \longrightarrow CO_2(g) \qquad \Delta H_3$$

따라서 $\Delta H_3 = \Delta H_1 + \Delta H_2$로 된다. 이 특별한 예에서는 ΔH_2와 ΔH_3는 열량계로 쉽게 측정할 수 있으나 ΔH_1은 그렇지 못하다. ΔH_1은 다른 두 값으로부터 계산할 수 있으므로 이것을 측정할 필요가 없다.

마찬가지로 반응 (1)에서 반응 (2)를 빼면 다음과 같이 된다.

4) $$C(graphite) + CO_2(g) \longrightarrow 2\,CO(g) \qquad \Delta H_4 = \Delta H_1 - \Delta H_2$$

이 반응의 반응열도 또한 측정치들로부터 구할 수 있다.

★ 7.23 용해열과 묽힘열

일정한 온도와 압력에서 일정량의 용질을 일정량의 용매에다 가할 때 생기는 엔탈피 변화를 용해열이라고 한다. 여기서는 편의상 용매로서 물을 취하겠지만 여기서 말하는 것은 다른 모든 용매에 대해서도 조금만 수정하면 마찬가지로 적용시킬 수 있다. 이 경우의 상태 변화는 다음과 같이 나타낼 수 있다.

$$X + n\text{Aq} \longrightarrow X\cdot n\text{Aq} \qquad \Delta H_S$$

1 mol의 용질 X가 n mol의 물에 가해진 것이다. 이 식에서는 물을 기호 Aq로 나타냈는데, 이것은 이러한 용액 반응에 있어 물의 엔탈피를 영이라고 규정해 놓는 것이 편리하기 때문이다.

다음 예를 생각해 보자.

$$\mathrm{HCl(g)} + 10\,\mathrm{Aq} \longrightarrow \mathrm{HCl\cdot 10\,Aq} \qquad \Delta H_1 = -69.01\,\mathrm{kJ/mol}$$
$$\mathrm{HCl(g)} + 25\,\mathrm{Aq} \longrightarrow \mathrm{HCl\cdot 25\,Aq} \qquad \Delta H_2 = -72.03\,\mathrm{kJ/mol}$$
$$\mathrm{HCl(g)} + 40\,\mathrm{Aq} \longrightarrow \mathrm{HCl\cdot 40\,Aq} \qquad \Delta H_3 = -72.79\,\mathrm{kJ/mol}$$
$$\mathrm{HCl(g)} + 200\,\mathrm{Aq} \longrightarrow \mathrm{HCl\cdot 200\,Aq} \qquad \Delta H_4 = -73.96\,\mathrm{kJ/mol}$$
$$\mathrm{HCl(g)} + \infty\,\mathrm{Aq} \longrightarrow \mathrm{HCl\cdot \infty\,Aq} \qquad \Delta H_5 = -74.85\,\mathrm{kJ/mol}$$

이들 ΔH의 값을 보면 용해열이 일반적으로 용매의 양에 의존한다는 사실을 알 수 있다. 즉, 용매의 양이 많아질수록 용해열은 어떤 극한치, 즉 무한히 묽은 용액에서의 값에 접근한다. HCl의 경우 이 극한치는 ΔH_5이다.

위의 둘째 식에서 첫째 식을 빼면 다음 결과가 나온다.

$$\mathrm{HCl\cdot 10\,Aq} + 15\,\mathrm{Aq} \longrightarrow \mathrm{HCl\cdot 25\,Aq} \qquad \Delta H = \Delta H_2 - \Delta H_1 = -3.02\,\mathrm{kJ/mol}$$

이 ΔH의 값은 묽힘열이며, 용액에다 용매를 더 가할 때 주위로부터 흡수되는 열량이다. 용액의 묽힘열은 용액의 처음 농도와 가해지는 용매의 양에 의존한다.

염산을 예로 들 경우 용액의 생성열은 다음과 같은 반응에서의 엔탈피 변화이다.

$$\frac{1}{2}\mathrm{H_2(g)} + \frac{1}{2}\mathrm{Cl_2(g)} + n\mathrm{Aq} \longrightarrow \mathrm{HCl\cdot}n\mathrm{Aq} \qquad \Delta H_f^\circ$$

여기서 용매 Aq의 엔탈피는 영으로 놓고 계산한다.

위에서 정의한 용해열은 적분 용해열이다. 적분 용해열은 11.24절에서 정의되는 미분 용해열과는 다르다.

7.24 일정 부피에서의 반응열

열계량을 할 반응의 반응물이나 생성물 중에 기체 물질이 있으면 이 반응을 밀폐된 통 속에서 일으켜야 한다. 이러한 조건에서는 계의 압력이 일정하게 유지되는 것이 아니라 계의 부피가 처음 상태와 최종 상태에서 일정하게 유지된다. 일정 부피 하에서 측정한 반응열은 에너지 증가와 같으며 엔탈피 증가와는 다르다. 즉,

$$Q_V = \Delta U \tag{7.70}$$

그리고 이 경우의 상태 변화는 다음과 같다.

$$\mathrm{R}(T,\ V,\ p) \longrightarrow \mathrm{P}(T,\ V,\ p')$$

여기서 $\mathrm{R}(T,\ V,\ p)$는 $T,\ V,\ p$의 처음 조건 하에 있는 반응물을 나타내며, $\mathrm{P}(T,\ V,\ p')$는 $T,\ V,\ p'$의 최종 조건 하에 있는 생성물을 나타낸다. 이 변환에서 온도와 부피는 일정하게 유지되지만 압력은 p로부터 p'으로 변할 수 있다.

(7.70)식의 ΔU를 대응하는 ΔH로 바꾸려면 계의 처음 상태와 최종 상태에다 H의 정의를 적용시키면 된다.

$$H_{\mathrm{final}} = U_{\mathrm{final}} + p'V \qquad H_{\mathrm{initial}} = U_{\mathrm{initial}} + pV$$

첫째 식으로부터 둘째 식을 빼면 다음과 같이 된다.

$$\Delta H = \Delta U + (p' - p)V \tag{7.71}$$

통 속의 처음 압력과 최종 압력은 각각 처음과 마지막에 존재하는 기체의 몰수로부터 구할 수 있다. 기체가 이상적으로 행동한다고 가정하면 다음과 같이 된다.

$$p = n_R RT/V \qquad p' = n_P RT/V$$

여기서 n_R과 n_P는 각각 이 반응에서의 기체 반응물과 기체 생성물의 전체 몰수이다. 따라서 (7.71)식은 다음과 같이 된다.

$$\Delta H = \Delta U + (n_P - n_R)RT$$
$$\Delta H = \Delta U + \Delta nRT \tag{7.72}$$

엄밀하게 말하면 (7.72)식의 ΔH는 일정 부피 변환에 대한 ΔH이다. 이 값을 일정 압력 변환에서의 값으로 환산하려면 다음 과정에 대한 엔탈피 변화를 더 해주어야 한다.

$$\mathrm{P}(T,\ V,\ p') \longrightarrow \mathrm{P}(T,\ V',\ p)$$

일정한 온도에서는 이 압력 변화에 대한 엔탈피 변화가 거의 영에 가까우며(7.15절) 이상 기체가 관여하는 경우에 한해서 정확하게 영이 된다. 따라서 실제로 이용할 때는 (7.72)식의 ΔH가 일정 압력 과정에서의 ΔH와 동일하며, ΔU는 일정 부피 변환에서의 값이 된다. 아주 근사적으로 (7.72)식은 다음과 같이 해석할 수 있다.

$$Q_p = Q_V + \Delta nRT \tag{7.73}$$

(7.72)식이나 (7.73)식을 이용하면 봄열량계로 측정한 $Q_V = \Delta U$로부터 $Q_p = \Delta H$를 구할 수 있다. 정밀한 실험에서는 기체의 비이상성에 의한 효과나 압력에 의한 생성계의 엔탈피 변화 효과를 고려에 넣어야 할 것이다. 이것은 실험에 사용된 조건에 따를 것이다.

■ **보기 7.5** 봄열량계 속에서 벤조산이 연소한다고 생각해 보자.

$$C_6H_5COOH(s) + \frac{15}{2}O_2(g) \longrightarrow 7\,CO_2(g) + 3\,H_2O(l)$$

이 반응에서는 $n_P = 7$이며 $n_R = \frac{15}{2}$이므로 $\Delta n = 7 - (15/2) = -(1/2)$이다. $T = 298.15\ \mathrm{K}$를 이용하면 다음과 같이 된다.

$$Q_p = Q_V - \frac{1}{2}(8.3144\ \mathrm{J/Kmol})(298.15\ \mathrm{K}) \qquad Q_p = Q_V - 1239\ \mathrm{J/mol}$$

Δn은 기체 물질의 몰수만으로부터 계산한다는 것을 주의하기 바란다.

7.25 반응열의 온도 의존

어떤 특정 온도 말하자면 25°C에서의 어떤 한 반응의 ΔH° 값을 알고, 이 반응에 관여하는 모든 물질의 열용량을 알 경우에는 다른 임의의 온도에서의 반응열을 계산할 수 있다. 어떤 한 반응에 대해서나 그 ΔH°는 다음과 같이 된다.

$$\Delta H^\circ = H^\circ(\text{products}) - H^\circ(\text{reactants})$$

이 양의 온도 의존성을 구하려면 온도에 관하여 미분하면 된다.

$$\frac{d\,\Delta H^\circ}{dT} = \frac{dH^\circ}{dT}(\text{products}) - \frac{dH^\circ}{dT}(\text{reactants})$$

그런데 정의에 따라 $dH^\circ/dT = C_p^\circ$ 이므로 다음과 같이 된다.

$$\frac{d\,\Delta H^\circ}{dT} = C_p^\circ(\text{products}) - C_p^\circ(\text{reactants})$$

$$\frac{d\,\Delta H^\circ}{dT} = \Delta C_p^\circ \tag{7.74}$$

H° 와 ΔH° 는 온도만의 함수이므로 (7.20절) 이들은 편도함수가 안 되고 보통 도함수가 된다.

ΔC° 의 값은 마치 ΔH° 의 값을 각 물질의 몰엔탈피값으로부터 계산하는 것과 똑같은 방법으로 각 물질의 열용량으로부터 계산할 수 있다. 즉, 각 생성물의 몰열용량에다 반응에서 생기는 그 생성물의 몰수를 곱하고, 모든 생성물에 대하여 이와 같이 구한 값들을 합하면 전체 생성물의 열용량이 나온다. 전체 반응물의 열용량도 마찬가지 방법으로 구할 수 있다. 전체 생성물의 열용량에서 전체 반응물의 열용량을 빼면 ΔC_p 가 된다.

(7.74)식은 다음과 같이 미분꼴로 나타낼 수 있다.

$$d\Delta H^\circ = \Delta C_p^\circ\, dT$$

어떤 정해진 온도 T_0 와 다른 임의의 온도 T 사이의 적분을 취하면 다음과 같이 된다.

$$\int_{T_0}^{T} d\Delta H^\circ = \int_{T_0}^{T} \Delta C_p^\circ\, dT$$

좌변의 미분을 적분하면 ΔH° 가 되며, 이것은 적분 한계 사이에서 구하면 다음과 같이 된다.

$$\Delta H_T^\circ - \Delta H_{T_0}^\circ = \int_{T_0}^{T} \Delta C_p^\circ\, dT$$

이 식은 다음과 같이 고쳐 쓸 수 있다.

$$\Delta H_T^\circ = \Delta H_{T_0}^\circ + \int_{T_0}^{T} \Delta C_p^\circ\, dT \tag{7.75}$$

정해진 온도 T_0 에서의 엔탈피 증가를 알면 (7.75)식을 사용해서 다른 임의의 온도 T 에서의 값을 계산할 수 있다. 만일 이 온도 범위에서 어떠한 물질이든 그 집합 상태가 실질적으로 변화하면 여기에 해당하는 엔탈피 변화를 고려해 주어야 한다.

(7.75)식에서 적분하는 온도 범위가 좁으면 관여하는 물질의 열용량을 전부 일정하다고 생각해도 좋다. 만일 온도 범위가 매우 크면 열용량을 온도의 함수로 놓아야 한다. 여러 가지 물질의 열용량은 다음과 같은 꼴의 온도 함수로 주어진다.

$$C_p = a + bT + cT^2 + dT^3 + \cdots \tag{7.76}$$

여기서 a, b, c, d 는 물질에 따라서 다른 상수이다. 여러 가지 물질에 대한 이들 상수의 값을 R 의 배수로 표 7-1에 수록하였다.

표 7-1 온도의 함수로 나타낸 기체의 열용량.
$\bar{C}_p/R = a + bT + cT^2 + dT^3$
적용 범위 : 300 K~1500 K

	a	$b/10^{-3}\,K^{-1}$	$c/10^{-7}\,K^{-2}$	$d/10^{-9}\,K^{-3}$
H_2	3.4958	−0.1006	2.419	
O_2	3.0673	+1.6371	−5.118	
Cl_2	3.8122	1.2200	−4.856	
Br_2	4.2385	0.4901	−1.789	
N_2	3.2454	0.7108	−0.406	
CO	3.1916	0.9241	−1.410	
HCl	3.3876	0.2176	+1.860	
HBr	3.3100	0.4805	0.796	
NO	3.5326	−0.186	12.81	−0.547
CO_2	3.205	+5.083	−17.13	
H_2O	3.633	1.195	+1.34	
NH_3	3.114	3.969	−3.66	
H_2S	3.213	2.870	−6.09	
SO_2	3.093	6.967	−45.81	+1.035
CH_4	1.701	9.080	−21.64	
C_2H_6	1.131	19.224	−55.60	
C_2H_4	1.424	14.393	−43.91	
C_2H_2	3.689	6.352	−19.57	
C_3H_8	1.213	28.782	−88.23	
C_3H_6	1.637	22.703	−69.74	
C_3H_4	3.187	15.595	−47.59	
C_6H_6	−0.206	39.061	−133.00	
$C_6H_5CH_3$	+0.290	47.048	−157.14	
C(graphite)	−0.637	7.049	−51.99	1.384

Calculated from the compilations of H.M. Spencer and J.L. Justice, *J. Am. Chem. Soc.*, **56** : 2311 (1934) ; H.M. Spencer and G.N. Flanagan, *J. Am. Chem. Soc.*, **64** : 2511 (1942) ; H.M. Spencer, *Ind. Eng. Chem.*, **40** : 2152 (1948).

■ 보기 7.6 아래의 데이터를 이용해서 다음 반응에 대한 85 °C에서의 $\Delta H°$ 를 계산하라.

$$Fe_2O_3(s) + 3\,H_2(g) \longrightarrow 2\,Fe(s) + 3\,H_2O(l)$$

단, $\Delta H°_{298} = -33.29$ kJ/mol 이다.

물 질	$Fe_2O_3(s)$	Fe(s)	$H_2O(l)$	$H_2(g)$
$\bar{C}_p°/(J/K\,mol)$	103.8	25.1	75.3	28.8

우선 $\Delta C_p°$ 를 계산한다.

$$\Delta C_p° = 2\bar{C}_p°(Fe,\ s) + 3\bar{C}_p°(H_2O,\ l) - [\bar{C}_p°(Fe_2O_3,\ s) + 3\bar{C}_p°(H_2,\ g)]$$
$$= 2(25.1) + 3(75.3) - [103.8 + 3(28.8)] = 85.9\ J/K\,mol$$

85 °C = 358 K 이므로 다음 결과를 얻을 수 있다.

$$\Delta H^\circ_{358} = \Delta H^\circ_{298} + \int_{298}^{358} 85.9\, dT$$

$$= -33.29\ \text{kJ/mol} + 85.9(358 - 298)\ \text{J/mol}$$
$$= -33.29\ \text{kJ/mol} + 85.9(60)\ \text{J/mol} = -33.29\ \text{kJ/mol} + 5150\ \text{J/mol}$$
$$= -33.29\ \text{kJ/mol} + 5.15\ \text{kJ/mol} = -28.14\ \text{kJ/mol}$$

두 항을 서로 더할 때 다같이 kJ이나 J로 나타내도록 주의해야 한다.

■ **보기 7.7** 다음 반응에 대한 1000 °C = 1273 K 에서의 반응열을 계산하라.

$$\frac{1}{2}H_2(g) + \frac{1}{2}Cl_2(g) \longrightarrow HCl(g)$$

단, $\Delta H^\circ_{298} = 92.312$ kJ/mol

$$\overline{C}^\circ(H_2)/R = 3.4958 - 0.1006(10^{-3})T + 2.419(10^{-7})T^2$$
$$\overline{C}^\circ_p(Cl_2)/R = 3.8122 + 1.2200(10^{-3})T - 4.856(10^{-7})T^2$$
$$\overline{C}^\circ_p(HCl)/R = 3.3876 + 0.2176(10^{-3})T + 1.860(10^{-7})T^2$$

우선 (7.75)식의 적분을 하기 위하여 $\Delta C^\circ_p/R$ 값부터 계산하기 시작한다. 다음과 같이 같은 멱수의 항을 세로줄로 나타내는 것이 좋다.

$$\Delta C^\circ_p/R = 3.3876 + 0.2176(10^{-3})T + 1.860(10^{-7})T^2$$
$$-\frac{1}{2}[3.4958 - 0.1006(10^{-3})T + 2.419(10^{-7})T^2]$$
$$-\frac{1}{2}[3.8122 + 1.2200(10^{-3})T - 4.856(10^{-7})T^2]$$
$$\Delta C^\circ_p = R[-0.2664 - 0.3421(10^{-3})T + 3.079(10^{-7})T^2]$$

$$\int_{298}^{1273} \Delta C^\circ_p\, dT = R\Big[-0.2664\int_{298}^{1273} dT - 0.3421(10^{-3})\int_{298}^{1273} T\, dT$$
$$+ 3.079(10^{-7})\int_{298}^{1273} T^2\, dT\Big]$$
$$= R[-0.2664(1273 - 298) - \frac{1}{2}(0.3421)(10^{-3})(1273^2 - 298^2)$$
$$+ \frac{1}{3}(3.079)(10^{-7})(1273^3 - 298^3)]$$
$$= R(-259.7 - 262.0 + 209.0) = (8.3144\text{J/K mol})(-312.7\text{K})$$
$$= -2.600\ \text{kJ/mol}$$

따라서

$$\Delta H^\circ_{1273} = \Delta H^\circ_{288} + \int_{298}^{1273} \Delta C^\circ_p\, dT = -92.312\ \text{kJ/mol} - 2.600\ \text{kJ/mol}$$
$$= -94.912\ \text{kJ/mol}$$

반응에 관여하는 물질의 열용량은 어떤 것이나 모두 고려 해주어야 한다. 즉, 엔탈피의 차를 계산할 때와는 달리 원소를 제외할 수 없다.

7.26 결합 엔탈피

다음과 같은 기체상 2원자 분자의 원자화 반응을 생각하여 보자.

$$O_2(g) \longrightarrow 2\,O(g) \qquad \Delta H^\circ_{298} = 498.34\ \text{kJ/mol}$$

이 498.34 kJ/mol 을 산소 분자의 결합 엔탈피라고 부른다.

다음과 같은 경우에도 마찬가지로 말할 수 있다.

$$H_2O(g) \longrightarrow 2\,H(g) + O(g) \qquad \Delta H^\circ_{298} = 926.98\ \text{kJ/mol}$$

즉, 이 때는 $\frac{1}{2}(926.98) = 463.49$ kJ/mol 을 물분자에서의 O—H 결합의 평균 결합 엔탈피라고 말할 수 있다. H_2O, NH_3, CH_4 에서와 같이 동일한 결합들을 갖는 분자만을 생각하면 계산 절차가 간단하다. 이와 반대로 H_2O_2 에서와 같이 서로 다른 결합 2개가 들어 있는 분자의 경우에는 어떤 가정을 도입하지 않으면 안 된다. 즉, H_2O_2 에서의 O—H 결합의 세기는 물에서와 같다고 보통 가정하는 것이다. H_2O_2 의 원자화 엔탈피는 다음과 같다.

$$H_2O_2(g) \longrightarrow 2H(g) + 2\,O(g) \qquad \Delta H^\circ_{298} = 254.33\ \text{kcal}$$

따라서 이 값으로부터 물의 두 O—H 결합 에너지 값을 빼면 O—O 단일 결합의 세기가 나온다. 즉, 1070.6 − 927.0 = 143.6 kJ/mol 이 나온다. 분명히 이 방법은 각 결합의 값이 일정하게 유지된다는 것을 보장하지 못하며 따라서 산소—산소 단일 결합의 세기는 대략 144 kJ/mol 정도라고 말해야 하는 것이다.

결합의 세기를 구하려면 원자의 생성열을 알아야 한다. 몇 가지 생성열값을 표 7-2에 수록하였다.

★ 7.26.1 결합 에너지

결합 에너지를 구하려면 모든 종들이 이상 기체와 같이 행동한다고 가정하고 다음 관계를 이용해야 한다.

$$\Delta U = \Delta H - \Delta nRT$$

예로서 산소 분자의 경우에는 $\Delta n = 1$ 이며, 따라서 다음과 같이 된다.

$$\begin{aligned}\Delta U &= 498.34\ \text{kJ/mol} - (1)(8.3144\ \text{J/K mol})(298.15\ \text{K})(10^{-3}\ \text{kJ/J}) \\ &= 498.34\ \text{kJ/mol} - 2.48\ \text{kJ/mol} = 495.86\ \text{kJ/mol}\end{aligned}$$

그리하여 25 °C 에서 산소 분자 속에 들어있는 1 mol 의 결합을 끊으려면 이만큼의 평균 에너지가 필요하다. 이 온도에서 어떤 분자들은 들뜬 회전 상태와 진동 상태를 나타낸다. 이러한 분자들의 경우에는 바닥 상태에 있는 분자들의 경우보다 결합을 끊는 데 필요한 에너지가 적게

표 7-2 25 °C 에서의 기체상 원자의 생성열.

원 자	ΔH_f/(kJ/mol)	원 자	ΔH_f/(kJ/mol)	원 자	ΔH_f/(kJ/mol)
O	249.17	Br	111.86	N	472.68
H	217.997	I	106.762	P	316.5
F	79.39	S	276.98	C	716.67
Cl	121.302	Se	202.4	Si	450

필요할 것이다. 0 K에서는 모든 분자들이 바닥 상태에 있게 되며 따라서 어떤 분자에서나 결합을 끊는 데 필요한 에너지가 같게 된다. ΔU의 값을 다음과 같은 식을 이용하여 0 K의 것으로 보정해주면 결합 에너지를 얻게 될 것이다.

$$\Delta U_{298} = \Delta U_0 + \int_0^{298} \Delta C_v \, dT$$

$\overline{C}_v(\text{O, g}) = \frac{3}{2}R$ 그리고 $\overline{C}_v(\text{O}_2\text{, g}) = \frac{5}{2}R$이며, 이들 값은 온도에 무관하므로 $\Delta C_v = 2(\frac{3}{2}R) - \frac{5}{2}R = \frac{1}{2}R$이 된다. 따라서

$$\Delta U_0 = \Delta U_{298} - \frac{1}{2}R\int_0^{298} dT = 495.86\ \text{kJ/mol} - \frac{1}{2}(8.314\ \text{J/Kmol})(298.15\ \text{K})(10^{-3}\ \text{kJ/J})$$
$$= 495.86\ \text{kJ/mol} - 1.24\ \text{kJ/mol} = 494.62\ \text{kJ/mol}$$

이것이 바로 산소—산소 2중 결합의 결합 에너지이다. 어떤 분자에 대해서나 데이터만 있으면 위에서와 같이 계산을 쉽게 할 수 있다. 25°C에서의 결합 엔탈피 ΔH°_{298}와 결합 에너지 ΔU_0 사이의 차이는 500 kJ 중의 불과 3.72 kJ 밖에 안 된다는 것을 주목하라. 이것은 0.7%밖에 안된다. 이 두 양 사이의 차는 일반적으로 이 정도의 크기이며 따라서 이 차이에다 너무 신경을 쓰지 않아도 된다.

★ 7.27 열계량 측정

열계량 실험에서 측정된 양으로부터 어떻게 반응열을 계산하는가를 설명하는 것도 의미 있는 일이다. 제한된 지면을 갖고 모든 종류의 열량계를 설명하거나 일일이 모든 경우에서의 정밀 실험에 필요한 개량되고 향상된 기술을 전부 설명할 수는 없다. 그리하여 고도로 이상적인 경우를 예로 들어서 필요한 열계량법을 설명하겠다.

단열 열량계를 쓰는 경우는 아주 간단하다. 실험실에서 사용되는 이 장치는 아주 공들여 만들어진 정교한 것이다. 그러나 지면상으로 간단히 설명하자면 계를 담는 용기가 완전히 단열되어 있어서 계로부터 열이 흘러 나가거나 그 속으로 들어가지 않게 되어 있는 것이라고 말할 수 있다. 일정한 압력 하에서는 이 열량계 속에서 일어나는 어떠한 변환에 대해서나 제 1 법칙이 다음과 같이 표시된다.

$$\Delta H = Q_p = 0 \tag{7.77}$$

이 경우 상태 변화는 다음과 같이 나타낼 수 있다.

$$K(T_1) + R(T_1) \longrightarrow K(T_2) + P(T_2) \quad (p = \text{일정})$$

여기서 K는 열량계를, R은 반응계를, 그리고 P는 생성계를 나타낸다. 이 계는 단열되어 있으므로 최종 온도 T_2는 처음 온도 T_1과 다르다. 이 두 온도를 감도가 높은 온도계를 써서 될 수 있는대로 정확하게 측정한다.

이 상태 변화는 다음과 같이 두 단계로 일어난다고 생각할 수 있다.

1) $$R(T_1) \longrightarrow P(T_1) \qquad \Delta H_{T_1}$$

2) $$K(T_1) + P(T_1) \longrightarrow K(T_2) + P(T_2) \qquad \Delta H_2$$

(7.77)식에 의하면 전체적으로는 $\Delta H = 0$이며, 따라서 $\Delta H_{T_1} + \Delta H_2 = 0$, 즉 $\Delta H_{T_1} = -\Delta H_2$가 된다. 제 2 단계는 열량계와 반응 생성물의 온도 변화에 불과하다. 따라서

$$\Delta H_2 = \int_{T_1}^{T_2}[C_p(K) + C_p(P)]dT$$

따라서 T_1 에서의 반응열은 다음과 같이 된다.

$$\Delta H_{T_1} = -\int_{T_1}^{T_2}[C_p(K) + C_p(P)]dT \qquad (7.78)$$

열량계와 반응 생성물의 열용량을 알면 측정된 온도 T_1과 T_2로부터 T_1에서의 반응열을 계산할 수 있다.

필요한 열용량을 모를 경우에는 ΔH_2의 값을 다음과 같이 측정할 수 있다. 즉, 우선 열량계와 생성물을 처음 온도인 T_1으로 냉각시킨다(여기에서는 T_2가 T_1보다 크다고 가정한다). 다음에는 열량계 속에 저항을 넣고 전류를 흐르게 하여 열량계와 생성물의 온도를 T_1으로부터 다시 T_2로 올려준다. 이 단계에서의 엔탈피 변화는 ΔH_2와 같다. 이 값은 저항선에서 소비된 전기적 일과 관계되며, 이 전기적 일은 전류와 저항에 걸린 전위차와 시간의 곱이므로 아주 정확하게 측정할 수 있다.

일정한 압력에서 전기적 일 $đW_{el}$까지 포함시키면 제 1 법칙이 다음과 같이 된다.

$$dU = đQ - p\,dV - đW_{el} \qquad (7.79)$$

일정 압력의 조건 하에서 $H = U + pV$를 미분하면 $dH = dU + p\,dV$가 나온다. 이 식을 (7.79)식과 합하면 다음 식이 된다.

$$dH = đQ - đW_{el} \qquad (7.80)$$

단열 과정에 대해서는 $đQ = 0$이므로 (7.80)식을 적분하면 다음과 같이 된다.

$$\Delta H = -W_{el} \qquad (7.81)$$

생성물과 열량계를 처음 온도로부터 최종 온도로 옮기게 하는 전기적 방법에다 (7.81)식을 적용하면 $\Delta H_2 = -W_{el}$로 되며 또한 $\Delta H_{T_1} + \Delta H_2 = 0$이므로 결과적으로 다음 관계를 얻을 수 있다.

$$\Delta H_{T_1} = W_{el} \qquad (7.82)$$

주위에서 소모된 일은 W_{el}이므로 ΔH_{T_1}은 음이다. 이 반응은 발열 반응이며, 이것은 T_2가 T_1보다 크다고 가정한 결과이다. 흡열 반응에 대해서도 이 방법을 적용시킬 수 있다.

이 반응이 다음과 같은 단계를 거쳐서 일어난다고 상상할 수도 있다.

3) $K(T_1) + R(T_1) \longrightarrow K(T_2) + R(T_2) \qquad \Delta H_3$

4) $R(T_2) \longrightarrow P(T_2) \qquad \Delta H_{T_2}$

이 때도 마찬가지로 전체적으로는 $\Delta H = 0$이므로 $\Delta H_3 + \Delta H_{T_2} = 0$이 된다. 따라서

$$\Delta H_{T_2} = -\Delta H_3 = -\int_{T_1}^{T_2}[C_p(K) + C_p(R)]dT \qquad (7.83)$$

열량계와 반응 물질의 열용량을 알면 (7.83)식을 써서 T_2에서의 반응열을 계산할 수 있다.

봄열량계를 사용하는 경우에는 압력 대신에 부피가 일정하지만 위의 논법을 그대로 적용시킬 수 있다. 다만 모든 관계식에서 ΔH 대신에 ΔU를 넣고 또 C_p 대신에 C_v를 넣기만 하면 된다.

《질 문》

7. 1 에너지와 열은 어떻게 다른가? 또 일과 열은 어떻게 다른가?

7. 2 교과서에 따라서는 주위에서 추가 내려갈 때, 즉 주위가 일을 할 때 일 W'이 양이 되도록 정의하고 있다. 이 때는 Q와 W'으로 제 1 법칙을 어떻게 나타내야 하겠는가?

7. 3 기체가 실제적 팽창에서 하는 일은 가역 팽창에서 하는 일보다 크기가 $\mathscr{U}/\langle U\rangle$정도인 편차를 나타낸다. 여기서 $\langle U\rangle$는 평균 분자 속도이고 $\mathscr{U}$는 피스톤의 속력이다. 가역적 일로부터 10%를 벗어나게 하려면 피스톤의 속력이 얼마가 되어야 하겠는가?

7. 4 엔탈피가 어째서 편리한 양이라고 생각하는가?

7. 5 일정 압력 과정에서는 $\Delta H = Q_p$이다. 이것이 곧 Q_p가 상태 함수라는 뜻인가? 그 이유를 말하라.

7. 6 열역학적 에너지가 부피에 의존하는 것을 분자 수준에서 설명하라.

7. 7 Hess의 법칙과 엔탈피가 상태 함수라는 사실 사이에는 어떤 연관성이 있는가?

7. 8 이상 기체의 경우 C_p가 C_v보다 큰 이유는 무엇인가? 분자 수준에서 그 이유를 설명하라.

7. 9 $\Delta H°$를 엄밀하게 계산하려면 어째서 열용량에 관한 적분이 필요한가?

7. 10 대부분의 화학 반응에 대한 ΔU는 200 ～ 400 kJ/mol 사이의 값을 갖는다. 10%수준에서 ΔH와 ΔU 사이에는 얼마나 차이가 있겠는가?

《연습 문제》

문제를 풀기 전에 7. 17절을 다시 한번 읽기 바란다.

7. 1 1 mol의 이상 기체가 상태 변화를 일으켰다. $\bar{C}_v = 12.47$ J/K mol이다. 각 경우에서의 온도 변화는 얼마인가?

a) 512 J의 열이 흘러나가고 134 J의 일이 소모되었다.
b) 500 J의 열이 흘러들어가고 500 J의 일이 생겼다.
c) 열의 흐름은 없고 126 J의 일이 소모되었다.

7. 2 어떤 한 상태 변화에서 44 J의 일이 소모되고 170 J의 내부 에너지가 증가하였다. 이 계의 온도가 10 K 올라갔다면 이 계의 열용량이 얼마이겠는가?

7. 3 100 k Pa의 일정한 반대 방향 압력에 맞서서 3 mol의 이상 기체가 20 dm^3로부터 60 dm^3로 등온 팽창하였다. Q, W, ΔU 및 ΔH를 계산하라.

7. 4 a) 1 atm이라는 일정한 압력에 대항해서 3 mol의 이상 기체가 20 dm^3로부터 60 dm^3로 등온 팽창한다. W, Q, ΔU 및 ΔH를 계산하라.
b) 같은 기체가 27 °C에서 60 dm^3로부터 20 dm^3로 등온 가역 압축된다면 Q, W, ΔU 및 ΔH가 얼마나 되겠는가?

7. 5 5 atm의 압력을 이용하여 3 mol의 이상 기체를 60 L로부터 20 L로 등온 압축하였다. Q, W, ΔU 및 ΔH를 계산하라.

7. 6 다음과 같은 상태 방정식을 만족시키는 기체가 $\bar{V}_1$로부터 $\bar{V}_2$로 등온 가역 팽창할 때 생기는 일

은 어떤 식으로 주어지는지 유도하라.

$$p\overline{V} = RT + (bRT - a)\left(\frac{1}{\overline{V}}\right)$$

7.7 300 K 에서 1 mol 의 van der Waals 기체가 20 dm³ 로부터 60 dm³ 로 등온 가역 팽창을 하였다 ($a = 0.556$ m⁶ Pa mol⁻¹ ; $b = 0.064$ dm³/mol). van der Waals 기체에 대해서는 $(\partial U/\partial V)_T = a/\overline{V}^2$ 이다. 이 변화에 수반되는 W, Q, ΔU 및 ΔH 를 계산하라.

7.8 1 mol 의 이상 기체가 $P_{op} = p = 200$ k Pa 인 일정한 압력 하에서 밀폐되어 있다. 온도는 100 °C 로부터 25 °C 로 변화하였다. $\overline{C}_v = \frac{3}{2}R$ 이라고 하고 W, Q, ΔU 및 ΔH 를 계산하라.

7.9 $\overline{C}_v = 20.8$ J/K mol 인 이상 기체 1 mol 이 일정 부피에서 0 °C 로부터 75 °C 로 변하였다. Q, W, ΔU 및 ΔH 를 계산하라.

7.10 1 mol 의 이상 기체가 27 °C 와 1 atm 으로부터 327 °C 와 17 atm 으로 변화할 때의 ΔH 와 ΔU 를 계산하라. $\overline{C}_p = 20.9 + 0.042\,T$ J/K mol 이다.

7.11 이상 기체가 가역적으로 비등온적인 팽창을 할 때는 $PV^n = C$ 인 관계가 성립한다. C 와 n 은 상수이며 $n > 1$ 이다.

a) 1 mol 의 기체가 V_1 으로부터 V_2 로 팽창하고 $T_1 = 300$ K, $T_2 = 200$ K 및 $n = 2$ 일 때는 W 의 값이 얼마가 되는가?

b) $\overline{C}_v = \frac{5}{2}R$ 이면 Q, ΔU 및 ΔH 가 얼마가 되는가?

7.12 25 °C 에서 물의 열팽창 계수 $\alpha = 2.07 \times 10^{-4}$ K⁻¹ 이며, 밀도는 0.9970 g/cm³ 이다. 200 g 의 물의 온도를 101 k Pa 의 일정 압력 하에서 25 °C 로부터 50 °C 로 높여주었다.

a) W 를 계산하라.

b) $\overline{C}_p$/(J/K mol) = 75.30 으로 놓고 Q, ΔH 및 ΔU 를 계산하라.

7.13 1.00 M Pa 인 일정한 외부 압력에 맞서 1 mol 의 이상 기체가 1 단계에서 단열적으로 압축되었다. 이 기체는 처음에 27 °C, 0.100 M Pa 이었으며 최종 압력은 1.00 M Pa 이 되었다. 이 기체의 최종 온도, Q, W, ΔU 및 ΔH 를 계산하라. 다음 두 경우에 대하여 이들 값을 구하라.

경우 Ⅰ. 1 원자 분자의 기체로서 $\overline{C}_v = \frac{3}{2}R$.

경우 Ⅱ. 2 원자 분자의 기체로서 $\overline{C}_v = \frac{5}{2}R$.

만일 1 mol 의 기체 대신 n mol 의 기체를 사용하면 여러 가지 값들이 어떻게 변하겠는가?

7.14 27 °C 및 0.100 M Pa 에 있는 1 mol 의 이상 기체를 단열 가역적으로 압축하였더니 최종 압력이 1.00 M Pa 으로 되었다. 최종 온도, Q, W, ΔU 및 ΔH 를 문제 7.13 에서와 같은 두 경우에 대하여 계산하라.

7.15 27 °C, 1.00 M Pa 에 있는 1 mol 의 이상 기체를 0.100 M Pa 의 일정한 외부 압력에 맞서 단열적으로 팽창시켰더니 최종 압력이 0.100 M Pa 으로 되었다. 최종 온도, Q, W, ΔU 및 ΔH 를 $\overline{C}_v = \frac{3}{2}R$ 과 $\overline{C}_v = \frac{5}{2}R$ 인 두 경우에 대하여 계산하라.

7.16 27 °C 와 1.0 M Pa 의 이상 기체 1 mol 을 압력이 0.100 M Pa 로 될 때까지 단열 가역적으로 팽창시켰다. $\overline{C}_v = \frac{3}{2}R$ 과 $\frac{5}{2}R$ 인 두 경우에 대해서 최종 온도, Q, W, ΔU 및 ΔH 를 계산하라.

7.17 처음 온도가 25 °C 인 이상 기체 1 mol 을 단열 팽창시키는 과정에서 1200 J 이 일이 생겼다. $\overline{C}_v = \frac{3}{2}R$ 로 놓고 최종 온도, Q, W, ΔU 및 ΔH 를 계산하라.

7.18 $\overline{C}_v = \frac{5}{2}R$ 인 이상 기체 1 mol 을 온도가 20 °C 로부터 10 °C 로 떨어질 때까지 단열적으로 팽창시켰다. 이 변화에 수반되는 Q, W, ΔU 및 ΔH 를 계산하라.

7.19 자동차 타이어 속에 들어 있는 공기의 전체 압력이 20 °C 에서 320 k Pa 이다. 밸브를 열어서 타이

어 안의 공기를 100 k Pa 의 일정한 외부 압력에 맞서서 안팎의 압력이 같아질 때까지 단열적으로 팽창시켰다. 공기는 이상 기체라고 생각할 수 있으며 그 몰열용량은 $\bar{C}_v = \frac{5}{2}R$이다. 타이어 속의 공기의 최종 온도, 1 mol 당의 Q, W, ΔU 및 ΔH를 계산하라.

7.20 어떤 병 속에 들어 있는 이상 기체를 21.0 °C 에서 126.4 kPa 의 일정한 대기 압력에 맞서서 단열 팽창시켰다. 틀림없이 병으로부터 기체 일부가 도망갔을 것이다. 병 속의 압력이 101.9 k Pa 이 되었을 때 고무 마개를 재빠르게 닫았다. 그리고 단열 팽창 때문에 냉각되었던 병 속의 기체가 서서히 더워져서 마침내 21.0 °C 가 되게 하였다. 병 속의 최종 압력은 얼마가 되겠는가?

a) 병 속의 기체는 1 원자 분자이며 $\bar{C}_v/R = \frac{3}{2}$이다.

b) 병 속의 기체는 2 원자 분자이며 $\bar{C}_v/R = \frac{5}{2}$이다.

7.21 문제 7.20 에서 사용한 방법은 열용량 비 γ를 결정하는 Clément-Désormes 방법이다. 어떤 한 실험에서 용기 속에 들어있는 기체의 처음 압력 p_1은 151.2 k Pa 이고, 용기 주위의 압력이 $p_2 = 100.8$ k Pa 이었다. 그리고 온도 평형에 도달한 후의 압력은 $p_3 = 116.3$ k Pa 이었다. 이 기체의 γ를 계산하라. 이 기체는 이상 기체라고 가정하라.

7.22 $\bar{C}_v = \frac{5}{2}R$인 1 mol 의 이상 기체를 단열 압축하였더니 그 온도가 20 °C 로부터 50 °C 로 올라갔다. Q, W, ΔU 및 ΔH를 계산하라.

7.23 $\bar{C}_v = \frac{5}{2}R$인 1 mol 의 이상 기체가 처음에는 25 °C 와 100 k Pa 이었는데, 일정한 외부 압력을 가하여 이 기체의 압력이 이 외부 압력과 같아질 때까지 단열 압축시켰다. 이 과정에서 기체의 온도가 325 °C 로 올라갔다. 이 기체의 최종 압력, Q, W, ΔU 및 ΔH를 계산하라.

7.24 $\bar{C}_v = \frac{3}{2}R$이고 처음 상태가 20 °C 와 10 MPa 인 1 mol 의 이상 기체를 2 단계로 변화시켰다. 각 단계에 대해서는 물론, 전체적 변화에 대한 Q, W, ΔU 및 ΔH를 계산하라.

a) 단계 Ⅰ: 처음 부피의 2 배가 될 때까지 등온 가역 팽창을 시킨다.

b) 단계 Ⅱ: 단계 Ⅰ이 끝난 다음 부피를 일정하게 유지하면서 온도를 80 °C 로 높여준다.

7.25 $\bar{C}_v = \frac{5}{2}R$인 1 mol 의 이상 기체의 상태를 연속적으로 두 단계에 걸쳐 변화시켰다. 즉,

a) 25 °C 와 100 k Pa 로부터 20 k Pa 의 일정 압력에 맞서서 등온 팽창시켜 그 부피가 2 배로 늘어나게 하였다.

b) 첫째 번 단계에 이어서 이 기체를 일정 부피로 유지하면서 25 °C 로부터 −25 °C 로 냉각시켰다. (a)와 (b)의 각 단계와 (a) + (b)의 전체적 변화에 대한 Q, W, ΔU 및 ΔH를 계산하라.

7.26 a) 이상 기체가 일정한 외부 압력에 맞서 T, p_1, V_1으로부터 T, p_2, V_2로 1 단계 팽창을 한다. 이 팽창으로 높이 h만큼 올라갈 수 있는 최대 질량 M의 값은 얼마인가?

b) (a)의 계가 1 단계 압축에 의해서 처음 상태로 되돌아 간다. 추를 h만큼 떨어뜨려서 계를 처음 상태로 되돌아가게 하려면 추의 최소 질량이 얼마나 되겠는가?

c) (a)와 (b)에서의 순환 변환을 통하여 높이 h만큼 낙하하는 실효 질량은 얼마인가?

d) 만일 $h = 10$ cm, $p_1 = 1.0$ M Pa, $p_2 = 0.5$ M Pa, $T = 300$ K, $n = 1$ mol 이면 (a), (b) 및 (c)에서의 질량은 얼마가 되겠는가?

7.27 1 mol 의 이상 기체가 아래와 같은 2 단계 팽창을 한다.

	팽창에 맞서는 압력	부 피 변 화
제 1 단 계	P'(일정)	V_1으로부터 V'으로
제 2 단 계	P_2(일정)	V'으로부터 V_2로

P', V'의 점은 온도가 T인 등온선 위에 있다.

a) 이 팽창에서 생기는 일을 T, p_1, p_2 및 P'의 함수로 나타내라.
b) P'의 값이 얼마일 때 이 2단계 팽창에서의 일이 최대치를 갖게 되는가?
c) 생성된 일의 최대치는 얼마인가?

7.28 고체인 산화납 PbO의 열용량은 다음과 같다.

$$\overline{C}_p/(\text{J/K mol}) = 44.35 + 1.67 \times 10^{-3}\,T$$

일정한 압력 하에서 이 물질을 500 K로부터 300 K로 냉각시키려면 엔탈피가 얼마나 변하겠는가?

7.29 표 7-1에 표시한 산소의 $\overline{C}_p$값으로부터 다음과 같은 상태 변화에 수반되는 Q, W, ΔU 및 ΔH를 계산하라.

a) p = 일정, 100 °C로부터 300 °C.
b) V = 일정, 100 °C로부터 300 °C.

7.30 van der Waals 기체의 Joule-Thomson 계수는 $\mu_{JT} = [(2a/RT) - b]/\overline{C}_p$이다. 1 mol의 질소 기체가 1 atm으로부터 500 atm까지 300 K에서 등온 압축될 때의 ΔH값을 계산하라. 단, $a = 0.136$ m^6 Pa mol^{-2}, $b = 0.0391$ dm^3/mol이다.

7.31 질소의 끓는점은 −196 °C이며, $\overline{C}_p = \frac{7}{2}R$이다. van der Waals 상수와 μ_{JT}는 문제 7.30에서와 같다. 1단계의 Joule-Thomson 팽창에 의해서 질소의 온도가 25 °C로부터 그의 끓는점까지 내려가려면 처음 압력이 얼마가 되어야 하겠는가(최종 압력은 1 atm이 되어야 한다)?

7.32 문제 7.31의 계산을 암모니아에 대해서 되풀이하여 보아라. 단, b.p. = −34 °C, $\overline{C}_p$=35.6 J/K mol, $a = 0.423$ m^6 Pa/mol^2, $b = 0.037$ dm^3/mol이다.

7.33 van der Waals 기체는 $(\partial U/\partial V)_T = a/\overline{V}^2$의 관계를 만족시킨다. 20 °C의 van der Waals 기체 1 mol을 20.0 dm^{3}로부터 60.0 dm^{3}로 가역 단열 팽창시켰다. Q, W, ΔU 및 ΔH를 계산하라. 단, $\overline{C}_v = 4.79\,R$; $a = 0.556$ m^6 Pa mol^{-2}; $b = 64 \times 10^{-6}$ m^3/mol이다.

7.34 $(\partial U/\partial V)_T = a/\overline{V}^2$의 관계를 만족시키는 van der Waals 기체 1 mol을 액체 부피와 똑같은 부피인 b로부터 20.0 L로 팽창시켰다. 이 변화에 대한 ΔU를 계산하라; $a = 0.136$ m^6 Pa mol^{-2}; $b = 0.0391$ dm^3/mol.

7.35 표 A-Ⅴ의 데이터를 보고 다음 각 반응에 대한 ΔH°_{298}의 값을 계산하라.
a) $2\,O_3(g) \longrightarrow 3\,O_2(g)$
b) $H_2S(g) + \frac{3}{2}O_2(g) \longrightarrow H_2O(l) + SO_2(g)$
c) $TiO_2(s) + 2\,Cl_2(g) \longrightarrow TiCl_4(l) + O_2(g)$
d) $C(graphite) + CO_2(g) \longrightarrow 2\,CO(g)$
e) $CO(g) + 2H_2(g) \longrightarrow CH_3OH(l)$
f) $Fe_2O_3(s) + 2Al(s) \longrightarrow Al_2O_3(s) + 2\,Fe(s)$
g) $NaOH(s) + HCl(g) \longrightarrow NaCl(s) + H_2O(l)$
h) $CaC_2(s) + 2\,H_2O(l) \longrightarrow Ca(OH)_2(s) + C_2H_2(g)$
i) $CaCO_3(s) \longrightarrow CaO(s) + CO_2(g)$

7.36 이상 기체를 가정하고 문제 7.35의 각 반응에 대한 ΔU°_{298}의 값을 계산하라.

7.37 다음은 25 °C, 1 atm에서의 데이터이다.

물질	$H_2(g)$	C(graphite)	$C_6H_6(l)$	$C_2H_2(g)$
$\Delta H^\circ_{combustion}$/(kJ/mol)	−285.83	−393.51	−3267.62	−1299.58

a) 액체 벤젠의 생성열 $\Delta H°$ 를 계산하라.

b) $3\,C_2H_2(g) \longrightarrow C_6H_6(l)$ 반응의 $\Delta H°$ 를 계산하라.

7.38 다음은 25 °C 에서의 반응에 관한 데이터이다.

	$\Delta H°/(kJ/mol)$
$CaC_2(s) + 2\,H_2O(l) \longrightarrow Ca(OH)_2(s) + C_2H_2(g)$	− 127.9
$Ca(s) + \frac{1}{2}O_2(g) \longrightarrow CaO(s)$	− 635.1
$CaO(s) + H_2O(l) \longrightarrow Ca(OH)_2(s)$	− 65.2

또 흑연의 연소열은 − 393.51 kJ/mol 이고, $C_2H_2(g)$의 연소열은 − 1299.58 kJ/mol 이다. 25 °C 에서의 $CaC_2(s)$의 생성열을 계산하라.

7.39 슈크로오스($C_{12}H_{22}O_{11}$)의 시료 0.1265 g 을 봄열량계 속에 넣고 연소시켰다. 반응이 끝난 다음 전기적으로 같은 크기의 온도 상승이 생기게 하려면 2082.3 J 이 소비되어야 한다는 것을 알았다.

a) 슈크로오스의 연소열을 계산하라.

b) 이 연소열과 표 A-V의 데이터로부터 슈크로오스의 생성열을 계산하라.

c) 이 실험에서 온도가 1.743 °C 만큼 올라 갔다면 열량계와 내용물의 열용량은 얼마인가?

7.40 3.0539 g 의 액체 에틸알코올, C_2H_5OH 를 봄열량계 속에 넣고 25 °C 에서 완전 연소시키면 90.447 kJ 의 열이 나온다.

a) 25 °C 에서의 에틸알코올의 연소 $\Delta H°$를 계산하라.

b) $CO_2(g)$와 $H_2O(l)$의 $\Delta H_f°$가 각각 − 393.51 kJ/mol 과 − 285.83 kJ/mol 이다. 에틸알코올의 $\Delta H_f°$를 계산하라.

7.41 25 °C 에서의 다음 데이터를 보고 $FeO(s)$ 및 $Fe_2O_3(s)$의 표준 생성열을 계산하라.

$$Fe_2O_3(s) + 3\,C(graphite) \longrightarrow 2\,Fe(s) + 3\,CO(g) \qquad \Delta H° = 492.6\ kJ/mol$$
$$FeO(s) + C(graphite) \longrightarrow Fe(s) + CO(g) \qquad \Delta H° = 155.8\ kJ/mol$$
$$C(graphite) + O_2(g) \longrightarrow CO_2(g) \qquad \Delta H° = -393.51\ kJ/mol$$
$$CO(g) + \frac{1}{2}O_2(g) \longrightarrow CO_2(g) \qquad \Delta H° = -282.98\ kJ/mol$$

7.42 다음 데이터는 25 °C 에서의 값이다.

$$O_2(g) \longrightarrow 2\,O(g) \qquad \Delta H° = 498.34\ kJ/mol$$
$$Fe(s) \longrightarrow Fe(g) \qquad \Delta H° = 416.3\ kJ/mol$$

그리고 $FeO(s)$의 생성열은 − 272 kJ/mol 이다.

a) 다음 반응에 대한 25 °C 에서의 $\Delta H°$를 계산하라.

$$Fe(g) + O(g) \longrightarrow FeO(s)$$

b) 기체들이 이상적이라고 가정하고 이 반응에 대한 $\Delta U°$ 를 계산하라(이 값의 음수인 + 933 kJ/mol 은 이 결정의 응집 에너지이다).

7.43 다음 생성 엔탈피는 25 °C 에서의 값이다.

화합물	$SO_2(g)$	$H_2O(l)$
$\Delta H_f°/(kJ/mol)$	− 296.81	− 285.83

그리고 다음 반응 엔탈피도 25 °C 에서의 값이다.

$$2\,H_2S(g) + Fe(s) \longrightarrow FeS_2(s) + 2\,H_2(g) \qquad \Delta H° = -137.0\ kJ/mol$$
$$H_2S(g) + \frac{3}{2}O_2(g) \longrightarrow H_2O(l) + SO_2(g) \qquad \Delta H° = -562.0\ kJ/mol$$

$H_2S(g)$와 $FeS_2(s)$의 생성열을 계산하라.

7.44 다음은 25 °C에서의 데이터이다.

화합물	Fe(s)	$FeS_2(s)$	$Fe_2O_3(s)$	S(rhombic)	$SO_2(g)$
$\Delta H_f^\circ/(kJ/mol)$			−824.2		−296.81
$\bar{C}_p/R$	3.02	7.48		2.72	

그리고 다음 반응 엔탈피도 25 °C에서의 값이다.

$$2\,FeS_2(s) + \frac{11}{2}O_2(g) \longrightarrow Fe_2O_3(s) + 4\,SO_2(g) \qquad \Delta H^\circ = -1655\ kJ/mol$$

300 °C에서의 $FeS_2(s)$의 ΔH_f°를 계산하라.

7.45 a) 표 A-V의 데이터를 보고 25 °C에서의 물의 증발열을 계산하라.
b) 1 atm의 일정 압력 하에서 25 °C의 물 1 mol이 증발할 때 생기는 일을 계산하라.
c) 25 °C에서 물이 증발할 때의 ΔU를 계산하라.
d) 수증기와 물의 $\bar{C}_p/(J/K\,mol)$ 값은 각각 33.577과 75.291이다. 100 °C에서의 증발열을 계산하라.

7.46 다음 1000 K에서의 데이터를 이용하여 300 K에서의 NH_3의 생성열을 계산하라.

$$N_2(g) + 3\,H_2(g) \longrightarrow 2\,NH_3(g) \qquad \Delta H^\circ = -123.77\ kJ/mol$$

물질	N_2	H_2	NH_3
$\bar{C}_p/R$	3.502	3.466	4.217

7.47 다음 반응에 대한 ΔH_{298}°는 131.28 kJ/mol이다.

$$C(graphite) + H_2O(g) \longrightarrow CO(g) + H_2(g)$$

$\bar{C}_p/(J/K\,mol)$의 값은 흑연, 8.53; $H_2O(g)$, 33.58; CO(g), 29.12; 및 $H_2(g)$, 28.82이다. 125 °C에서의 ΔH° 값을 계산하라.

7.48 표 7-1 및 표 A-V의 데이터를 보고 다음 반응에 대한 ΔH_{1000}°를 계산하라.

$$2\,C(graphite) + O_2(g) \longrightarrow 2\,CO(g)$$

7.49 C_p의 값을 표시한 표 7-1과 다음 데이터를 이용하여 반응 $\frac{1}{2}H_2(g) + \frac{1}{2}Br_2(g) \longrightarrow HBr(g)$에 대한 ΔH_{1000}°를 계산하라.

$$\frac{1}{2}H_2(g) + \frac{1}{2}Br_2(l) \longrightarrow HBr(g) \qquad \Delta H_{298}^\circ = 36.38\ kJ/mol$$

$$Br_2(l) \longrightarrow Br_2(g) \qquad \Delta H_{298}^\circ = 30.91\ kJ/mol$$

7.50 부록 V와 표 7-1의 데이터를 이용하여 다음 반응에 대한 ΔH_{1000}°를 계산하라.

$$C_2H_2(g) + \frac{5}{2}O_2(g) \longrightarrow 2\,CO_2(g) + H_2O(g)$$

7.51 다음과 같은 데이터가 있다.

$$CH_3COOH(l) + 2\,O_2(g) \longrightarrow 2\,CO_2(g) + 2\,H_2O(l) \qquad \Delta H_{298}^\circ = -871.5\ kJ/mol$$

$$H_2O(l) \longrightarrow H_2O(g) \qquad \Delta H_{373.15}^\circ = 40.656\ kJ/mol$$

$$CH_3COOH(l) \longrightarrow CH_3COOH(g) \qquad \Delta H_{391.4}^\circ = 24.4\ kJ/mol$$

물 질	$CH_3COOH(l)$	$O_2(g)$	$CO_2(g)$	$H_2O(l)$	$H_2O(g)$
$\bar{C}_p/R$	14.9	3.53	[illegible].46	9.055	4.038

다음 반응에 대한 $\Delta H^\circ_{391.4}$ 를 계산하라.

$$CH_3COOH(g) + 2\,O_2(g) \longrightarrow 2\,CO_2(g) + 2H_2O(g)$$

7.52 다음은 25 °C 에서의 데이터이다.

화 합 물	$TiO_2(s)$	$Cl_2(g)$	C(graphite)	CO(g)	$TiCl_4(l)$
ΔH°_f/(kJ/mol)	− 945			− 110.5	
$\bar{C}^\circ_p$/(J/K mol)	55.06	33.91	8.53	29.12	145.2

그리고

$$TiO_2(s) + 2\,C(graphite) + 2\,Cl_2(g) \longrightarrow 2\,CO(g) + TiCl_4(l) \quad \Delta H^\circ_{298} = -80\ \text{kJ/mol}$$

a) $TiCl_4$ 의 끓는점인 135.8 °C 에서의 이 반응의 ΔH° 를 계산하라.
b) 25 °C 에서의 $TiCl_4(l)$의 ΔH°_f 를 계산하라.

7.53 다음은 25 °C 에서의 용해열이다.

$$HCl(g) + 100\ Aq \longrightarrow HCl\cdot 100\ Aq \qquad \Delta H^\circ = -73.61\ \text{kJ/mol}$$
$$NaOH(s) + 100\ Aq \longrightarrow NaOH\cdot 100\ Aq \qquad \Delta H^\circ = -44.04\ \text{kJ/mol}$$
$$NaCl(s) + 200\ Aq \longrightarrow NaCl\cdot 200\ Aq \qquad \Delta H^\circ = +4.23\text{k J/mol}$$

또한 HCl(g), NaOH(s), NaCl(s) 및 $H_2O(l)$의 생성열은 표 A-V에 수록되어 있다. 다음 반응의 ΔH° 를 계산하라.

$$HCl\cdot 100\ Aq + NaOH\cdot 100\ Aq \longrightarrow NaCl\cdot 200\ Aq + H_2O(l)$$

7.54 다음은 25 °C 에서의 생성열이다.

용 액	$H_2SO_4\cdot 600$ Aq	KOH·200 Aq	$KHSO_4\cdot 800$ Aq	$K_2SO_4\cdot 1000$ Aq
ΔH°/(kJ/mol)	− 890.98	− 481.74	− 1148.8	− 1412.98

다음 반응의 ΔH° 를 계산하라.

$$H_2SO_4\cdot 600\ Aq + KOH\cdot 200\ Aq \longrightarrow KHSO_4\cdot 800\ Aq + H_2O(l)$$
$$KHSO_4\cdot 800\ Aq + KOH\cdot 200\ Aq \longrightarrow K_2SO_4\cdot 1000\ Aq + H_2O(l)$$

$H_2O(l)$의 생성열은 표 A-V를 보아라.

7.55 다음은 25 °C 에서의 생성열이다.

용 액	ΔH°/(kJ/mol)	용 액	ΔH°/(kJ/mol)
$H_2SO_4(l)$	− 813.99	$H_2SO_4\cdot 10$ Aq	− 880.53
$H_2SO_4\cdot 1$ Aq	− 841.79	$H_2SO_4\cdot 20$ Aq	− 884.92
$H_2SO_4\cdot 2$ Aq	− 855.44	$H_2SO_4\cdot 100$ Aq	− 887.64
$H_2SO_4\cdot 4$ Aq	− 867.88	$H_2SO_4\cdot \infty$ Aq	− 909.27

여러 용액에 대한 황산의 용해열을 계산하고 ΔH_S 를 용액 속의 물의 몰분율에 대해서 도시하라.

7.56 다음 데이터는 25 °C 에서의 값이다.

$$\frac{1}{2}H_2(g) + \frac{1}{2}O_2(g) \longrightarrow OH(g) \qquad \Delta H^\circ = 38.95\ \text{kJ/mol}$$
$$H_2(g) + \frac{1}{2}O_2(g) \longrightarrow H_2O(g) \qquad \Delta H^\circ = -241.814\ \text{kJ/mol}$$

$$H_2(g) \longrightarrow 2\,H(g) \qquad \Delta H^\circ = 435.994\ kJ/mol$$
$$O_2(g) \longrightarrow 2\,O(g) \qquad \Delta H^\circ = 498.34\ kJ/mol$$

다음 세 반응에 대한 ΔH°를 계산하라.

a) $OH(g) \longrightarrow H(g) + O(g)$

b) $H_2O(g) \longrightarrow 2\,H(g) + O(g)$

c) $H_2O(g) \longrightarrow H(g) + OH(g)$

d) 이 기체들이 이상적이라고 가정하고 이들 세 반응에 대한 ΔE의 값을 계산하라[주 : (a)에서의 에너지 변화를 OH 라디칼의 결합 에너지라고 부른다. (b)에서의 에너지 변화의 1/2은 H_2O에서의 O—H 평균 결합 에너지이다. (c)에서의 에너지 변화는 H_2O의 O—H 결합의 결합 해리 에너지이다].

7.57 몇 가지 기체상 화합물의 25 °C에서의 생성열은 다음과 같다.

화 합 물	SiF_4	$SiCl_4$	CF_4	NF_3	OF_2	HF
ΔH_f°/(kJ/mol)	− 1614.9	− 657.0	− 925	− 125	− 22	− 271

표 A-V의 데이터를 함께 이용해서 다음의 단일 결합 에너지를 계산하라.

Si—F ; Si—Cl ; C—F ; N—F ; O—F ; H—F.

7.58 표 A-V의 데이터를 이용해서 다음 결합 에너지를 계산하라.

a) CH_4 중의 C—H결합

b) C_2H_6 중의 C—C단일 결합

c) C_2H_4 중의 C=C이중 결합

d) C_2H_2 중의 C≡C삼중 결합

7.59 표 A-V의 데이터를 이용하여 오존 중의 산소—산소 결합 엔탈피를 계산하라.

7.60 1 mol의 물질을 특정한 조건 하에서 단열적으로 연소시킬 때 그 계가 도달할 수 있는 최종 온도를 단열 불꽃 온도라고 한다. 표 4-3의 $\overline{C}_p$와 표 A-V 의 데이터로 유도한 $\overline{C}_p$값을 이용하여 수소를 (a) 산소 중에서, 그리고 (b) 공기 중에서 연소시킬 때의 단열 불꽃 온도를 계산하라. (c) 수증기의 경우에는 $\overline{C}_p/R = 4.0 + f(\theta_1/T) + f(\theta_2/T) + f(\theta_3/T)$이며, 여기서 $f(\theta/T)$는 (4.88)식으로 정의한 Einstein 함수이고, θ_1, θ_2, θ_3의 값들은 표 4-4에 수록되어 있다. 이 식을 이용하여 산소 속에서의 단열 불꽃 온도를 계산하고, 그 결과를 (a)의 결과와 비교하라.

7.61 글리코겐의 연소열은 탄소 1 mol 당 약 476 kJ/mol이다. 성인 남자의 평균 열 손실률은 150 watt 이고, 이 열이 전부 글리코겐의 산화에서 나온다고 가정하라. 하루에 몇 단위의 글리코겐(1 단위마다 탄소 1 mol이 포함된다)이 산화되어야 이 열 손실을 감당할 수 있겠는가?

7.62 교실의 크기가 5 m × 10 m × 3 m이고, 처음에는 $t = 20\ °C$, $p = 1\ atm$이었다. 이 교실 속에 50 명의 학생이 들어가서 각자마다 평균 150 watt의 속도로 이 교실에다 에너지를 내놓는다. 이 교실의 벽, 천정, 마루 및 가구들은 모두 완전한 절연체이고 열을 하나도 흡수하지 않는다고 가정한다. 이 교실의 공기의 온도가 체온인 37 °C와 같아지는 데 얼마만한 시간이 걸리는가? 단, 공기의 $\overline{C}_p = \frac{7}{2}R$이며, 또 온도가 올라감에 따라 외부로 빠져나가는 공기의 손실은 무시할 수 있다고 생각하라.

7.63 액체 물($\overline{V} = 18.0\ cm^3$)에 가해지는 압력을 일정한 온도에서 10 atm만큼 증가시킬 때의 엔탈피 변화를 구하라. 또 일정한 압력에서 온도를 10 °C만큼 높여 줄 때의 엔탈피 변화를 구하고, 이 두 값을 비교하라. $\overline{C}_p = 75.3\ J/K\ mol$이다.

7.64 Dewar 병 속에서 21 °C의 물 100 g에다 −5 °C의 얼음 20 g을 가해주면 최종 온도가 얼마가 되

겠는가? $H_2O(s) \longrightarrow H_2O(l)$변화에 대한 $\Delta H°$는 6009 J/mol이며, $\overline{C}_p(H_2O,\ s)/(J/K\ mol) = 37.7$, 그리고 $\overline{C}_p(H_2O,l)/(J/K\ mol) = 75.3$이다.

7.65 에너지 균등 분배 법칙과 제 1 법칙을 이용하여 (a) 1원자 분자, (b) 2원자 분자, 그리고 (c) 비선형 3원자 분자로 된 이상 기체의 γ값을 계산하라; (d) 에너지 균등 분배 법칙으로부터 예측 되는 값을 표 4-3의 (a) Ar, (b) N_2 및 I_2, (c) H_2O에 대한 값과 비교하라; (e) 에너지 균등 분배 법칙이 성립할 경우, 분자 속의 원자수가 대단히 크게 되면 γ의 극한값이 얼마로 되겠는가?

7.66 (7.45)식과 Joule의 법칙을 사용하여 이상 기체의 경우 $(\partial H/\partial p)_T = 0$이 됨을 증명하라.

7.67 이상 기체의 법칙과 (7.57)식으로부터 (7.58)식과 (7.59)식을 유도하라.

7.68 일정 부피 변환에다 (7.44)식을 적용하여 다음 식을 증명하라.

$$C_p - C_v = [V - (\partial H/\partial p)_T](\partial p/\partial T)_v$$

8
열역학 제 2 법칙 서론

8.1 개 요

6장에서 실제의 변화는 모두 자발적이라고 생각되는 방향으로 일어난다고 하였다. 그 반대 방향의 변환은 비자발적이며 실제로 일어나지도 않는다. 자연에서, 강은 산에서 바다로 흐르지 결코 그 반대로는 흐르지 않는다. 나무에 꽃이 피고, 열매가 맺은 다음에는 잎이 떨어진다. 가랑잎이 나무에 올라가 붙고, 후에 이것이 봉오리로 오무라진다는 생각은 기괴한 것이다. 처음에 한쪽 끝이 뜨겁고 다른 끝이 차갑던 격리된 금속 막대는 균일한 온도로 되나, 처음에 균일한 온도이던 그런 금속 막대가 자발적으로 한쪽 끝은 뜨거워지고 다른 한쪽 끝은 차가워지는 일은 결코 없다.

그렇지만 열역학 제 1 법칙은 어느 방향의 변환이 더 우선적으로 일어나는지 전혀 말해주지 않는다. 제 1 법칙은 변화 전후에서 우주의 에너지가 똑같게 유지되어야 한다는 것만을 요구할 뿐이다. 위에서 설명한 변화에서 우주의 에너지는 조금도 달라지지 않으며, 변환이 어느 방향으로 일어나건 제 1 법칙을 만족시킨다.

만약 계가 자발적으로 변할 때에는 항상 어느 한 방향으로만 변하고, 계가 "비자발적 변화"를 한다고 할 경우에는 그 반대 방향으로 변하는 어떤 성질을 계가 가지고 있다면 도움이 될 것이다. 다행히도, 계는 엔트로피와 이로부터 유도되는 몇 개의 그러한 성질을 가지고 있다. 엔트로피의 수학적 정의에 대한 기초를 마련하기 위하여 우선 순환 변환의 성질을 조사해보기로 하자. 그리고 나서 화학적 계로 되돌아와서 제 2 법칙을 화학 문제에다 적용시켜 보자.

8.2 Carnot 순환

1824년에 프랑스의 공학자, Sadi Carnot는 열 에너지, 즉 "열"을 기계적 에너지인 일로 변환시킬 때 만족시켜야 하는 원리를 조사했다. 그는 Carnot 순환이라고 부르는 계의 순환 변환을 기초로 해서 이 문제를 생각하였다. Carnot 순환은 4개의 가역 단계로 되어 있으며, 따라서 이것은 가역 순환이다. 이 순환에서는 계의 상태가 다음과 같은 가역 변화를 연속적으로 일으킨다.

단계 1. 등온 팽창　　단계 2. 단열 팽창　　단계 3. 등온 압축　　단계 4. 단열 압축

계의 질량은 고정되므로, 상태는 T, p, V 중의 임의의 두 변수로 표시할 수 있다. 이런 종류의 계는 주위에다 열과 일의 효과만을 미치며 열기관이라고 부른다.

표 8-1

단계	초 기 상 태	최 종 상 태	제 1 법 칙
1	T_1, p_1, V_1	T_1, p_2, V_2	$\Delta U_1 = Q_1 - W_1$
2	T_1, p_2, V_2	T_2, p_3, V_3	$\Delta U_2 = -W_2$
3	T_2, p_3, V_3	T_2, p_4, V_4	$\Delta U_3 = Q_2 - W_3$
4	T_2, p_4, V_4	T_1, p_1, V_1	$\Delta U_4 = -W_4$

여기서 열원이란 말을 확실히 이해해야 한다. 열원이란 어느 부분에서나 온도가 다 같은 계이다. 열원에서 필요한 만큼의 열량을 빼내거나 그 안으로 들여보내더라도 열원의 온도는 영향을 받지 않는다.

계를 이루는 물질, 즉 작용 물질이 피스톤이 달린 실린더 속에 들어 있다고 하자. 단계 1 에서는 실린더를 온도 T_1의 열원에 담그고, 처음 부피 V_1이 V_2로 될 때까지 등온 팽창시킨다. 단계 2 에서는 실린더를 열원에서 꺼내어 절연시키고, V_2에서 V_3로 단열 팽창시킨다, 이 과정에서 계의 온도는 T_1에서 더 낮은 온도 T_2로 떨어진다. 다음에는 절연을 제거하고, 실린더를 T_2의 열원에 넣는다. 단계 3 에서는 계의 부피를 V_3에서 V_4로 등온 압축시킨다. 실린더를 열원에서 꺼내 다시 절연시킨다. 단계 4 에서는 계의 부피를 V_4에서 원래의 부피 V_1으로 단열 압축시킨다. 이 단열 압축에서 온도는 T_2에서 원래의 온도인 T_1으로 올라간다. 따라서 이 순환 과정에서도 당연히 계는 그 처음 상태로 되돌아간다.

처음 상태와 최종 상태 그리고 Carnot 순환에서의 각 단계에서 제 1 법칙을 적용시킨 결과가 표 8-1 에 설명되어 있다. 이 순환에서는 $\Delta U = 0 = Q_{cy} - W_{cy}$이다. 즉,

$$W_{cy} = Q_{cy} \tag{8.1}$$

4 단계에다 제 1 법칙을 적용시킨 결과를 합하면 다음과 같다.

$$W_{cy} = W_1 + W_2 + W_3 + W_4 \tag{8.2}$$

$$Q_{cy} = Q_1 + Q_2 \tag{8.3}$$

(8.1)식과 (8.3)식을 합하면 다음과 같이 된다.

$$W_{cy} = Q_1 + Q_2 \tag{8.4}$$

(Q에 붙인 첨자는 T의 경우와 일치하게 택했음을 주목하라.) W_{cy}가 양일 때는 주위의 열에너지가 소모되면서 일이 생긴다. 계는 이 순환에서 실효 변화를 받지 않는다.

8.3 열역학 제 2 법칙

(8.4)식에서 중요한 점은 W_{cy}가 서로 다른 온도에 관계되는 두 항의 합으로 되어 있다는 것이다. 온도가 서로 다른 열원이 관여하는 복잡한 순환도 가정할 수 있는 바, 이 경우에는 다음 관계가 성립한다.

$$W_{cy} = Q_1 + Q_2 + Q_3 + Q_4 + \cdots$$

여기서 Q_1은 T_1의 열원으로부터 뽑아낸 열이며, Q_2는 T_2의 열원으로부터 뽑아낸 열, 그리고 이하 마찬가지이다. 어떤 Q값들은 양이며, 또 어떤 Q값은 음일 것이다. 그리고 이 순환에서의 실효 일효과는 모든 Q값의 대수적 합이 된다.

W_{cy}가 양수가 되도록 순환 과정을 만들 수 있다. 즉, 순환 후 주위에 있는 추가 위로 올라가게 하는 것이다. 이것은 여러 다른 온도의 열원을 써서 복잡한 방법으로 할 수도 있고 또 Carnot 순환에서처럼 온도가 서로 다른 두 열원만을 사용해서 할 수도 있다. 그러나 경험에 비추어 하나의 열원만을 써서 이러한 기관을 만들 수는 없다(7.6절과 비교하여 보아라). 따라서 다음과 같은 경우가 있다고 하자.

$$W_{cy} = Q_1$$

여기서 Q_1은 균일한 온도의 한 열원에서 끌어낸 열이다. 그러면 이 때는 W_{cy}가 음이거나 또는 기껏해서 영이라야 한다. 즉,

$$W_{cy} \leq 0$$

이 경험을 나타낸 것이 열역학 제 2 법칙이다. 이 법칙에 의하면 순환적으로 가동하며 한 열원에 연결된 계가 주위에 일을 해 준다는 것은 불가능하다. 이 표현은 1850년경에 Kelvin이 제안한 것과 동등한 것이다.

8.4 가역 순환의 특징

제 2 법칙에 의하면, 주위에 일이 생기게 할 수 있는 가장 간단한 순환 과정은 온도가 서로 다른 열원을 적어도 둘은 써야 한다. Carnot 기관이 바로 이러한 순환으로 가동한다. 이 기관은 간단하기 때문에 순환 열기관의 원형으로 취급되어 왔다. Carnot 순환의 중요한 성질은 가역적이라는 사실이다. 순환 변환이 가역적으로 일어날 때는 정방향으로 완전히 한 번 순환하고 이어서 역방향으로 완전히 한 번 순환했을 때 주위가 처음과 똑같은 조건으로 되돌아가야 한다. 이것을 열원과 질량이 처음 조건으로 되돌아가야 한다는 것을 뜻하며, 이와 같이 되려면 순환을 역으로 할 때 W와 Q_1, Q_2의 부호가 각각 반대로 되어야 한다. W와 Q의 값들은 가역적 기관을 역방향으로 돌리더라도 부호만 변하고 크기는 변하지 않는다. 그러므로 가역 기관에서는 다음과 같은 관계가 성립한다.

정방향의 순환 :	W_{cy},	Q_1,	Q_2,	$W_{cy} = Q_1 + Q_2$
역방향의 순환 :	$-W_{cy}$,	$-Q_1$,	$-Q_2$,	$-W_{cy} = -Q_1 + (-Q_2)$

8.5 제 2 종 영구 운동 기관

Carnot 기관과 그의 두 열원은 보통 그림 8-1과 같은 개략적인 그림으로 표시한다. 가역 기관 E_r에 의해서 주위에 생기는 일 W는 계로부터 바깥쪽으로 향한 화살표로 나타낸다. 지금부터 나오는 설명에서는 T_1을 더 높은 온도로 택한다.

제 2 법칙에 의하면 Q_1과 Q_2는 같은 부호를 가질 수 없다. 이것을 증명하기 위하여 이와 반대되는 가정을 하여보자. 즉, Q_1과 Q_2를 둘 다 양이라고 가정한다. 그러면 Q_1과 Q_2의 합인 W도 역시 양이다. Q_2가 양이면, 그림 8-1의 화살표가 나타나는대로 T_2의 열원으로부터 열이 흘러 나온다. 이 Q_2의 열량을 T_2의 열원에 되돌려 주기 위하여 그림 8-2에서와 같이 두 열원을 금속 막대로 연결하여 높은 온도의 열원에서 낮은 온도의 열원으로 이만한 열이 직접 흐를 수 있도록 했다고 가정하자. 막대의 모양과 크기를 적당히 조절하면, 이 기관이 한 번 순환하면서 열원으로부터 Q_2를 뽑아내는 동안에 같은 열량 Q_2가 막대를 통해서 이 열원으로 흘러 들어가도록 할 수 있다. 그러므로, 한 순환을 한 뒤에는 T_2의 열원이 처음 상태로 되돌아간다.

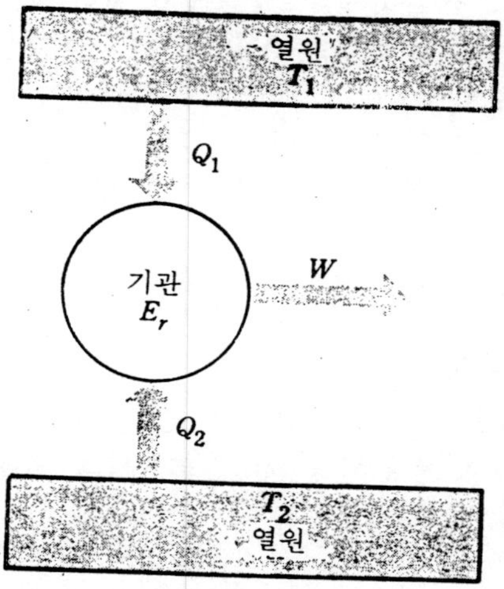

그림 8-1 Carnot 기관의 도해식 그림.

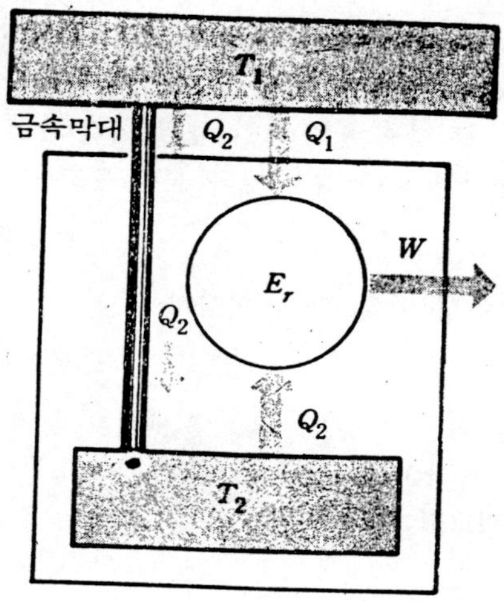

그림 8-2 불가능한 기관.

따라서 이 기관과 T_2의 열원을 함께 묶어서 그림 8-2의 가는 선으로 둘러 싼 하나의 합성 순환 기관을 만들 수 있다. 이 합성 순환 기관은 T_1인 단일 열원에 연결되어 있으면서 일을 한다. 제 2법칙에 의하면 이런 기관은 불가능하다. 결국 Q_1과 Q_2가 둘다 양이라고 가정했기 때문에 제 2법칙과 모순되는 결과가 나왔다. Q_1과 Q_2가 둘다 음이라고 가정하면 W도 음이 된다. 그리고 이 기관을 역방향으로 돌리면, Q_1, Q_2, W가 모두 양으로 되고, 앞에서와 똑같은 증명이 나온다. 따라서 Q_1과 Q_2는 그 부호가 달라야 한다. 그렇지 않으면 이러한 불가능한 기관이 만들어질 수 있을 것이다.

가상적으로, 그림 8-2에 보인 불가능한 기관을 응접실에 설치했다고 생각해 보자. 그러면 방 자체가 열원의 역할을 할 것이다. 이 기관을 가동시켜 보자. 이 때 플러그를 끼울 필요가 없음을 주목하라. 그러면 이 기관은 방으로부터 열을 빼앗아 기계적인 일을 할 것이다. 조금이라도 절약을 하려는 사람이면 누구나 이 일을 이용해서 발전기를 돌릴 것이다. 그리고 전기 회사에다 이제는 더 이상 그들의 전기가 필요치 않다고 즐겁게 편지를 쓰면서, 방이 점점 서늘해지는 것을 느낄 것이다. 여름에는 냉방이 되어 대단히 좋지만 확실히 겨울에는 딱하게 될 것이다. 그러나 겨울에는 이 기계를 옥외에다 설치할 수 있다. 그러면 대기로부터 열을 뽑아낼 것이며, 이 기계가 상당시간 동안 돌더라도 대기의 온도는 미처 1도가 안 내려갈 것이다. 전기값도 내지 않을 것이다. 이 기관의 매혹적인 점은 대기가 영구적으로 차거워지지 않는다는 것이다. 즉, 저장시킨 전기 에너지를 쓰면 이것이 "열"의 형태로 되어 우주로 되돌아간다. 그러나 불행하게도 이 기막힌 기계를 살 수 없는 것이다. 사실인즉, 지금까지의 경험에 의하면 그런 기계는 만들 수 없는 것이다. 이것은 제 2종의 영구 운동 기관이다.

8.6 열기관의 효율

경험에 의하면, 열기관이 두 열원 사이에서 가동하여 일을 할 때에는, 높은 온도의 열원에서 뽑아내는 열 Q_1은 양이고, 낮은 온도의 열원에서 뽑아내는 열 Q_2는 음이다. Q_2의 값이 음이라는 것은 열이 낮은 온도의 열원으로 흘러 들어간다는 것을 뜻한다. 즉, 기관이 일을 하려면 높은 온도의 열원에서 Q 만큼의 열을 뽑아내고 낮은 온도의 열원에다 $-Q_2$라는 열을 내준다. 그러므로 그림 8-1과 8-2에서 T_2와 기관 사이의 화살표는 속임수같이 보일 것이다. 그러나, 화살표의 방향을 그대로 놓아 두고 어떤 경우에서나 Q중의 어느 하나가 음수라는 것을 명심하기로 하자. 이렇게 하면 Q에 대한 원래의 부호 규약이 그대로 적용된다. 즉, 주위로부터 흘러 들어오면 양수가 되며, 이랬다 저랬다 하지 않아도 부호가 자동적으로 결정될 것이다.

열기관의 효율 ϵ은 생긴 일과 높은 온도의 열원으로부터 빼낸 열량과의 비로서 정의된다. 즉,

$$\epsilon \equiv W/Q_1 \tag{8.5}$$

그런데 $W = Q_1 + Q_2$이다. 따라서

$$\epsilon = 1 + Q_2/Q_1 \tag{8.6}$$

Q_1과 Q_2는 부호가 다르므로, (8.6)식의 둘째 항은 음수이며. 따라서 효율은 1보다 작다. 효율은 순환 과정에서 높은 온도의 열원으로부터 빼낸 열의 얼마만한 분율이 일로 변환되는가를 나타내는 것이다.

8.7 다른 불가능한 기관

같은 두 열원 사이에서 순환 운동을 하는 두 기관 E_r과 E'을 생각해 보자. 이 두 기관의 효율이 다를 수 있을까? 이 두 기관은 설계가 다를 수도 있고, 상이한 작용 물질을 쓸 수도 있다: 지금 E_r을 가역 기관이라 하고 E'은 가역적이든 아니든 상관없는 아무 종류의 기관이라도 좋다고 하자. 두 열원의 온도는 T_1과 T_2이며 $T_1 > T_2$이다. 그러면 기관 E_r에 대해서는 다음과 같이 쓸 수 있다.

$$W = Q_1 + Q_2 \qquad \text{(정방향의 순환)}$$
$$-W = -Q_1 + (-Q_2) \qquad \text{(역방향의 순환)}$$

기관 E'에 대해서는 다음과 같이 된다.

$$W' = Q_1' + Q_2' \qquad \text{(정방향의 순환)}$$

지금 기관 E_r을 역방향으로 순환시키고 이것을 정방향으로 순환하는 기관 E'과 짝지운다고 해 보자. 이와 같이 하면 합성된 순환 기관이 생기며, 이 기관의 열과 일 효과는 성분 기관들이 나타내는 효과의 합에 지나지 않게 된다. 즉,

$$-W + W' = -Q_1 + (-Q_2) + Q_1' + Q_2' \tag{8.7}$$

기관 E_r을 적당한 크기로 만들어서 합성된 기관이 주위에 아무런 일 효과를 내지 않도록 조정한다. 즉, $-W + W' = 0$이 되게 E_r을 조절한다.

$$W = W' \tag{8.8}$$

그러면 (8.7)식은 따라서 다음과 같이 정리될 수 있다.

$$Q_1 - Q_1' = -(Q_2 - Q_2') \tag{8.9}$$

이제 E'의 효율이 E_r의 효율보다 크다고 가정해 보자. 즉,

$$\epsilon' > \epsilon$$

그리고 열원에서의 이런 열 효과를 검토해 보자. 효율의 정의에 의하면 위의 가정을 다음과 같

이 나타낼 수 있다.

$$W'/Q_1' > W/Q_1$$

그런데 (8.8)식에 의하면 $W = W'$ 이므로 이 부등식은 다음과 같이 된다.

$$\frac{1}{Q_1'} > \frac{1}{Q_1}$$

이것은 $Q_1 > Q_1'$ 과 같다. 따라서

$$Q_1' - Q_1 < 0 \qquad \text{(음수의 양)}$$

즉, T_1의 열원으로부터 뽑아내는 열은 정방향으로 가동하는 E'에 의한 것이 되고, 역방향으로 가동하는 E_r에 의한 것이 $-Q_1$이 된다. T_1으로부터 뽑아내는 전체 열은 이 둘의 합, 즉 $Q_1' - Q_1$이고, 이 값은 위에서 증명한 바와 같이 음이다. 열원으로부터 뽑아내는 열이 음이면 실질적으로 열이 그 열원으로 흘러 들어간다. 따라서 이 기관은 T_1의 열원으로 열을 넣어 준다. 같은 방법으로 T_2의 열원으로부터 뽑아내는 열은 $Q_2' - Q_2$이다. 같은 논법과 (8.9)식을 이용하면 이 열량이 양이라는 것을 증명할 수 있다. 따라서 T_2의 열원으로부터 열이 빠진다. 이들 여러 가지 양을 표 8-2에 나타냈다. 합성 기관에 대한 양은 성분 기관에 대한 양들의 합과 같으며 표 8-2에서 앞에 나온 두 난의 합이 된다.

오른쪽 난에 의하면 합성 기관은 T_1의 열원으로부터 $Q_1' - Q_1$이라는 음의 열량을 받는다. 결과적으로 이 기관은 높은 온도의 열원에다 열을 집어넣고, 같은 양의 열을 낮은 온도의 열원으로부터 뽑아낸다. 이 기관의 주목할 점은 이 기관이 아무 일도 하지 않으며 또 가동시키는 데도 일이 필요하지 않다는 것이다.

다시 가상적으로 이 기관을 방에다 설치해 보자. 한쪽 끝에다 뜨거운 물 한 통을 붓고 다른 한 끝에는 찬물 한 통을 부은 다음, 기계를 돌아가게 해 보자. 이 기관은 차거운 쪽으로부터 뜨거운 쪽으로 열을 보내기 시작할 것이다. 그리고 얼마 안 가서 뜨거운 쪽의 물은 끓고 차거운 쪽의 물은 얼 것이다. 선견지명이 있는 설계자라면 차거운 끝을 절연된 통모양으로 만들고 그 속에 맥주를 넣어 둘 것이며 뜨거운 끝에서는 커피를 끓일 것이다. 검소한 주부라면 이 장치를 흡족해 할 것이다. 얼마나 희한한 부엌 설비인가! 스토브—냉장고의 결합이라니! 물론 전기회사로부터도 고지서가 안 온다. 그러나 경험에 의하면 이런 기관은 만들 수 없다. 이것도 역시 제2종의 영구 운동인 것이다. 이 불가능한 기관은 제1법칙과 한 가정에다 그 근거를 두고 있다. 결국 E'의 효율이 E_r의 효율보다 크다는 가정이 틀린 것이다. 그러므로, 두 기관이 같은 두 열원 사이에서 가동할 때는 임의의 기관 E'의 효율이 가역 기관 E_r의 효율보다 작거나 같아야 한다고 결론 지을 수 있다. 즉,

$$\epsilon' \leq \epsilon \tag{8.10}$$

(8.10)식의 관계는 제2법칙의 중요한 또 하나의 결과이다. 기관 E'은 어떤 종류의 기관이

표 8-2

	E_r(정방향)	E_r(역방향)	E'(정방향)	합성된 기관 E_r(역방향) + E'(정방향)
생긴 일	W	$-W$	W	0
T_1에서 나온 열	Q_1	$-Q_1$	Q_1'	$Q_1' - Q_1 = -$
T_2에서 나온 열	Q_2	$-Q_2$	Q_2'	$Q_2' - Q_2 = +$
제1법칙	$W = Q_1 + Q_2$	$-W = -Q_1 - Q_2$	$W' = Q_1' + Q_2'$	$0 = (Q_1' - Q_1) + (Q_2' - Q_2)$

라도 되며 또 기관 E_r 역시 어떤 가역 기관이라도 된다. 효율 ϵ_1과 ϵ_2인 두 가역 기관을 생각해 보자. 둘째 것을 가역적이라고 생각했으므로 (8.10)식에 의해서 처음 것의 효율은 둘째 것보다 작거나 혹은 같아야 한다. 즉,

$$\epsilon_1 \leq \epsilon_2 \tag{8.11}$$

그러나 첫째 번 기관은 가역이므로, (8.10)식에 따라 둘째 기관의 효율은 첫째 것보다 작거나 혹은 같아야 한다. 즉,

$$\epsilon_2 \leq \epsilon_1 \tag{8.12}$$

(8.11)식과 (8.12)식이 둘 다 동시에 만족될 수 있는 한 가지 길은 다음과 같은 것이다.

$$\epsilon_1 = \epsilon_2 \tag{8.13}$$

제 2 법칙의 결과로서 얻어지는 (8.13)식은 같은 두 열원 사이에서 가동하는 모든 가역 기관은 같은 효율을 갖는다는 것을 뜻한다.

(8.13)식에 의하면 효율은 기관에 따라 달라지지 않으므로, 기관의 설계나 기관에 쓰이는 작용 물질에는 무관하다. 즉, 열원에만 의존하는데 열원은 온도에 의해서만 특정지워지므로 효율은 열원의 온도만의 함수이다. 즉,

$$\epsilon = f(T_1, T_2) \tag{8.14}$$

(8.6)식에 의하면 $\epsilon = 1 + Q_2/Q_1$이므로, Q_2/Q_1의 비는 온도만의 함수이어야 한다. 즉,

$$Q_2/Q_1 = g(T_1, T_2) \tag{8.15}$$

가역이라는 개념으로 보면 비가역 기관에 의해서 생기는 주위의 열과 일 효과는 가역 기관에 의한 것과 다를 것이다. 그러므로 비가역 기관의 효율은 가역 기관의 효율과 다르며 더 클 수는 없고 더 작아야 한다.

8.8 열역학적 온도 척도

가역 기관에서는, 효율과 Q_2/Q_1의 두 가지를 측정 가능한 양들인 일과 주위로 흘러간 열로부터 직접 계산할 수 있다. 따라서 어느 특수한 종류의 물질의 성질에는 무관하고 온도에만 의존하는 측정 가능한 성질을 찾아낸 셈이다. 그리하여 하나하나의 물질의 성질에 무관한 온도 척도를 세울 수 있게 되었다. 이렇게 되면 6.5절에서 설명한 실험적인 온도 척도에 관련된 난점을 극복할 수가 있다. 이 척도가 바로 절대 온도 척도 또는 열역학적 온도 척도인 것이다.

가역 열기관을 다음과 같은 방법으로 가동시키자. 낮은 온도의 열원은 어떤 고정된 낮은 온도 t_0에 있다. 이 t_0는 임의의 실험 척도상의 온도이다. 이 열원에서 뽑아낸 열은 Q_0이다. 만일 이 기관을 t라는 높은 온도의 열원에다 연결시켜서 돌리면 Q라는 열량이 이 열원으로부터 흘러나오고 양의 일이 생길 것이다. t_0와 Q_0를 일정하게 유지하면서, 나머지 한 열원의 온도를 더 높은 온도 t'으로 올려준다. 실험 결과에 의하면 이 때 더 많은 열 Q'이 t'의 열원으로부터 빠져나온다. 즉, 높은 온도의 열원으로부터 빠져 나온 열량은 온도가 높을수록 커진다. 이런 이유 때문에 높은 온도의 열원으로부터 빠져 나오는 열을 온도 측정의 성질로 택하는 것이다. 열역학적 온도 θ는 다음과 같이 정의할 수 있다.

$$Q = a\theta \tag{8.16}$$

여기서 a는 상수이고, Q는 열원으로부터 빠진 열이다. (8.15)식을 이 경우에다 적용시키면 $Q_0/Q = g(t, t_0)$가 된다. 그리하여 Q_0와 t_0가 상수이면 Q가 t만의 함수라는 것이 분명해진다. (8.16)식에서 간단하고 합리적인 절대 온도의 함수로서 Q를 임의로 택했다.

순환 과정에서 생긴 일은 $W = Q + Q_0$이며 (8.16)식을 이용하면 이 식이 다음과 같이 된다.

$$W = a\theta + Q_0 \tag{8.17}$$

이제 높은 온도의 열원을 차거운 열원의 온도 θ_0에 이를 때까지 식힌다면, 순환 과정은 등온 순환이 되며 일이 생길 수 없다. 이 경우에는 가역 순환이므로 $W = 0$이고, 따라서 $0 = a\theta_0 + Q_0$이다. 그러므로 $Q_0 = -a\theta_0$가 되며 (8.17)식은 다음과 같이 된다.

$$W = a(\theta - \theta_0) \tag{8.18}$$

효율에 대해서는 다음을 얻는다.

$$\epsilon = \frac{\theta - \theta_0}{\theta} \tag{8.19}$$

(8.18)식과 (8.19)식에는 차거운 열원의 온도에 대해서 $\theta > \theta_0$이라는 조건 이외에는 아무런 조건도 나타나 있지 않으므로 이 두 식은 두 열역학적 온도 θ와 θ_0가 얼마가 되든 그 사이에서 가동하는 어떠한 가역적 열기관에 대해서나 적용된다. (8.18)식에 의하면 가역 열기관에서 생기는 일은 열역학적 척도상의 온도 차이에 직접 비례하며, 한편 효율은 온도차와 뜨거운 열원의 온도와의 비와 같다. 가역 기관의 효율을 열원의 온도와 관계짓는 (8.19)식, 즉 Carnot의 식은 아마도 모든 열역학에서 가장 유명한 식일 것이다.

Kelvin경은 가역 기관의 성질을 이용해서 처음으로 절대 온도 척도를 정의했으며, 그에게 경의를 표시하기 위하여 그의 이름을 따서 부르고 있다. Kelvin척도에서 물의 어는점과 끓는점 사이가 100도가 되도록 온도 간격을 잡고, (8.16)식의 비례 상수 a를 조절하여, 이상 기체 1 mol의 보통 정의와 같아지게 하면 이상 기체의 온도 척도와 Kelvin척도가 수자적으로 같아진다. 그렇지만, Kelvin척도가 기본적인 것이다. 이제부터는 θ라는 것을 강조할 필요가 없는 한 항상 $\theta = T$로 놓고 T를 열역학적 온도로 사용하겠다.

일단 어느 한 열역학적 온도를 양으로 놓으면 모든 다른 온도들도 양이 되어야 한다. 그렇지 않으면 경우에 따라서는 두 열원에 대한 Q의 값이 같은 부호를 가질 것이다. 이미 설명한 바와 같이 이렇게 되면 영구 운동이 가능해질 것이다.

8.9 회 고

특별히 간단한 종류의 열기관인 Carnot기관의 특성과, 어떤 종류의 기관은 만들 수 없다는 가설로부터, 같은 두 열원 사이에서 가동하는 모든 가역 열기관의 효율은 다 같고, 열원의 온도에만 관계된다는 결론을 얻었다. 그리하여 하나하나의 물질의 성질에 무관한 열역학적 온도 척도를 세울 수가 있었고, 열기관의 효율을 다음과 같이 이 척도상의 온도와 관계지을 수가 있었다.

$$\epsilon = \frac{\theta_1 - \theta_2}{\theta_1} = \frac{T_1 - T_2}{T_1}$$

여기서 $\theta = T_1$은 뜨거운 열원의 온도이다.

순환 과정에 따라 가동하고, 한 온도만의 열원에 연결된 기관은 주위에 일을 생기게 할 수 없다는 의미로 제 2법칙을 표현하였다. 이것은 제 2법칙에 대한 Kelvin-Planck의 표현과 동일한 것이다. 다른 한 종류의 기관도 불가능하다는 것이 증명되었다. 순환 운동을 하는 기관이 오로지 낮은 온도의 열원으로부터 높은 온도의 열원으로 열을 이동시키기만 할 수는 없다. 이것은 제 2법칙에 관한 Clausius의 표현 내용이다. 이러한 두 기관은 다 제 2종의 영구 운동 기관이다. 만약 그중 어느 하나를 만들 수 있다면 다른 하나도 만들 수 있을 것이다(이것의 증명은 연습으로 문제 8.1로 남긴다). 열역학 제 2법칙에 대한 Kelvin-Planck의 표현과 Clausius의 표현은 물론 완전히 같은 것이다.

지금까지 열역학적 기관을 배운 목적은 어떤 상태 함수를 찾아내어 상태 변화에 수반되는 이 함수의 변화량을 가지고 이 상태 변화가 자발적인가의 여부를 알려는 데 있었다. 이제 이 상태 함수를 정의할 수 있는 고비에 이르렀다. 그러나, 우선 작용 물질로서 이상 기체를 사용하는 Carnot 순환을 살피고, 또 Carnot 냉장고의 작용을 먼저 설명하겠다.

8.10 이상 기체를 쓴 Carnot 순환

Carnot 기관에서 이상 기체를 작용 물질로 쓰면 순환의 각 단계에다 제 1법칙을 적용시킨 결과가 표 8-3의 도표에 나타낸 것과 같이 된다. W_1과 W_3의 값은 이상 기체의 등온 가역 팽창에서 생기는 일의 양으로서 (7.6)식으로부터 얻어진다. 또 ΔU의 값은 $dU = C_v dT$를 적분해서 계산한다. 순환 과정에서 생기는 전체 일은 각 단계에서 생기는 일들의 합과 같다. 즉,

$$W = RT_1 \ln\left(\frac{V_2}{V_1}\right) - \int_{T_1}^{T_2} C_v\, dT + RT_2 \ln\left(\frac{V_4}{V_3}\right) - \int_{T_2}^{T_1} C_v\, dT$$

두 적분 항은 그 중 하나의 적분 한계를 바꾸어 줌으로써 부호를 바꾸면 그 합이 영이 된다. 따라서

$$W = RT_1 \ln\left(\frac{V_2}{V_1}\right) - RT_2 \ln\left(\frac{V_3}{V_4}\right) \tag{8.20}$$

여기서 둘째 항의 부호는 대수의 변수를 거꾸로 했기 때문에 바뀌었다.

부피 V_2와 V_3는 단열 가역 변환에 의해서 서로 관계되므로 (8.20)식은 더 간소화시킬 수 있다. V_4와 V_1에 대해서도 마찬가지이다. 즉, (7.57)식에 의하면

$$T_1 V_2^{\gamma-1} = T_2 V_3^{\gamma-1} \quad T_1 V_1^{\gamma-1} = T_2 V_4^{\gamma-1}$$

첫째 식을 둘째 식으로 나눈다.

$$\left(\frac{V_2}{V_1}\right)^{\gamma-1} = \left(\frac{V_3}{V_4}\right)^{\gamma-1} \qquad \text{또는} \qquad \frac{V_2}{V_1} = \frac{V_3}{V_4}$$

이 결과를 (8.20)식에 넣으면 다음과 같이 된다.

$$W = R(T_1 - T_2) \ln\left(\frac{V_2}{V_1}\right) \tag{8.21}$$

표 8-3

단계	일반적인 경우	이상 기체의 경우
1	$\Delta U_1 = Q_1 - W_1$	$0 = Q_1 - RT_1 \ln(V_2/V_1)$
2	$\Delta U_2 = -W_2$	$\int_{T_1}^{T_2} C_v\, dT = -W_2$
3	$\Delta U_3 = Q_2 - W_3$	$0 = Q_2 - RT_2 \ln(V_4/V_3)$
4	$\Delta U_4 = -W_4$	$\int_{T_2}^{T_1} C_v\, dT = -W_4$

이 순환의 첫 단계에 대한 식으로부터 다음 결과가 나온다.

$$Q_1 = RT_1 \ln\left(\frac{V_2}{V_1}\right)$$

그리고 효율은 다음과 같이 주어진다.

$$\epsilon = \frac{W}{Q_1} = \frac{T_1 - T_2}{T_1} = 1 - \frac{T_2}{T_1} \tag{8.22}$$

(8.21)식에 의하면 생긴 전체의 일은 두 열원 사이의 온도차[(8.18)식과 비교하라]와 부피의 비 V_2/V_1(압축비)에 의존한다. 그리고 효율은 두 온도만의 함수이다[(8.19)식과 비교하라]. (8.22) 식에 의하면 효율이 1이 되기 위해서는 차거운 열원의 온도가 $T_2 = 0$이 되든지 또는 뜨거운 열원의 T_1이 무한대로 되어야 한다. 그러나 이 두 경우 다 같이 실제적으로 실현 불가능한 것이다.

8.11 Carnot 냉장고

가역 열기관이 가동하여 주위에 일이 생길 때는 뜨거운 열원으로부터 열을 뽑아내고 차거운 열원에다 열을 내 준다. 이것을 이 기관의 정방향의 순환이라고 부르기로 하자. 이 기관을 역으로 돌리면 열과 일의 모든 부호가 바뀐다. 즉, 일은 소모되어 $W<0$이 되며, 열은 차거운 열원에서 빠져나오고 뜨거운 열원으로 들어간다. 이 역방향의 순환에서는 일이 소모되면서 열이 차거운 열원으로부터 뜨거운 열원으로 뽑혀 간다. 이 기계가 바로 냉장고이다. 그러나 냉장고는 기계의 차거운 끝에서 뜨거운 쪽으로 열이 뽑혀 가는 불가능한 기관과 전혀 다르다. 불가능한 기관은 냉장고와는 달리 가동 과정에서 일을 소모하지 않는다. 두 방식의 가동에서 생기는 일과 열의 부호를 표 8-4에 나타냈다(T_1이 더 높은 온도이다).

냉장고의 "성능 계수" η는 낮은 온도의 열원으로부터 빼내는 일과 소모되는 일과의 비율이다.

$$\eta \equiv \frac{Q_2}{-W} = \frac{Q_2}{-(Q_1 + Q_2)} \tag{8.23}$$

여기서는 $W = Q_1 + Q_2$라는 사실을 이용하였다. 또한, $(Q_2/Q_1) = -(T_2/T_1)$이므로 다음 결과가 나온다.

$$\eta = \frac{T_2}{T_1 - T_2} \tag{8.24}$$

"성능 계수"는 단위량의 일이 소모될 때마다 차거운 상자로부터 뽑아지는 열량과 같다. (8.24)식을 보면 차거운 상자 안의 온도 T_2가 낮아짐에 따라 성능 계수가 아주 빠르게 떨어진다는 것을 알 수 있다. 이것은 (8.24)식의 분자가 작아지고 분모가 커지기 때문이다. 따라서 상자 속의 온도가 내려감에 따라 상자 속으로 일정하게 새어 들어가는 열에 대항해서 차거운 온도를 유지하기 위해 소모되어야 할 일의 양은 급격히 증가한다.

표 8-4

순 환 과 정	Q_1	Q_2	W
정 방 향	+	−	+
역 방 향	−	+	−

8.12 열 펌프

Carnot 기관을 역방향으로 돌아가게 하여 냉장고의 역할을 하게 한다고 가정하자. 그러나 이 경우에는 냉장고의 내부를 찬 열원으로 쓰지 않고 옥외를 찬 열원으로 사용하고 실내를 뜨거운 열원으로 사용한다. 그러면 이 냉장고는 옥외로부터 Q_2 라는 열량을 뽑아내어 가지고 실내에다 $-Q_1$ 이라는 열을 내놓는다. 이 열 펌프의 성능 계수 η_{hp} 는 고열원에다 펌프질해서 넣어준 열량 $-Q_1$ 을 소모될 일, $-W$ 로 나눈 값과 같다. 즉,

$$\eta_{hp} \equiv \frac{-Q_1}{-W} = \frac{Q_1}{W} = \frac{Q_1}{Q_1+Q_2} \tag{8.25}$$

한편 $Q_2/Q_1 = -T_2/T_1$ 이다. 따라서

$$\eta_{hp} = \frac{T_1}{T_1 - T_2} \tag{8.26}$$

이 놀라운 식의 결과를 이용하는 보기를 생각하여 보자. 실외의 온도는 5°C이고 실내의 온도는 20°C라고 하자. 그러면 $-W=1$ kJ일 경우 집안으로 펌프질해서 넣은 열량은 다음과 같이 된다.

$$-Q_1 = \frac{T_1}{T_1-T_2}(-W) = \frac{293\,\text{K}}{15\,\text{K}}(1\text{kJ}) = 20\,\text{kJ}$$

이것은 전기 저항열을 사용하는 집과 열 펌프를 사용하는 집을 비교할 경우, 저항열에다 1 kJ을 소비하면 1 kJ의 열이 집안에 생기지만 열 펌프에다 1 kJ을 소비하면 20 kJ의 열이 집안에 생긴다는 것을 의미한다. 실제 기계의 성능 계수가 열역학의 제 2법칙으로 주어지는 이론적 최대치보다 훨씬 낮기는 하겠지만 그렇더라도 열 펌프가 저항 열 장치보다 유리하리라는 것은 분명하다. 여기서 주어진 온도에서는 실제 기계의 성능 계수가 2내지 3이다. 그러나 실외 온도가 5°C이하로 떨어지면 열 펌프가 문제를 일으킨다. 즉, 일반적으로 요구되는 가열을 하려고 할 때 차가운 코일을 주위 온도로 유지시킬 수 있을 만큼 찬 공기를 충분히 빠르게 공급하기가 어렵다. 그리하여 이 코일의 온도가 떨어지고, (8.26)식에 의해서 일 성능 계수가 감소하게 된다.

열 펌프를 사용할 때와 화학 연료를 직접 연소시킬 때의 경제성을 비교한다고 하자. 열 펌프를 돌리는 전기 에너지가 화석 연료로부터 나온다면 이 동력 장치가 Carnot 제한을 받아야 한다는 것을 유의해야 한다. 최신식 증기 동력 장치의 전체적인 효율은 약 35%이다. 따라서 화석 연료를 쓸 때보다 조금도 손해가 없게 하려면 열 펌프의 성능 계수를 최소한 1/0.35 = 2.9로 되게 해야 한다.

8.13 엔트로피의 정의

제 1법칙이 에너지를 정의해 준 것과 마찬가지로, 제 2법칙도 역시 계의 상태 함수인 엔트로피를 정의해 준다. 한 순환에 수반되는 상태 함수의 변화량의 합은 영이 된다는 것이 상태 함수의 특징이다. 예로서 한 순환에 수반되는 계의 에너지 변화량의 합은 $\oint dU = 0$ 로 주어진다. 제 2법칙으로부터 한 순환에 수반되는 변화량의 합이 영이 되는 어떤 새로운 양을 찾아내야 하는 것이다.

우선 열역학적 온도 θ_1과 θ_2의 두 열원 사이에서 가동하는 간단한 가역 열기관의 효율에 관한 다음 두 식을 비교해 보자.

$$\epsilon = 1 + \frac{Q_2}{Q_1} \quad \text{그리고} \quad \epsilon = 1 - \frac{\theta_2}{\theta_1}$$

이 두 식을 서로 빼 주면 다음과 같이 된다.

$$\frac{Q_2}{Q_1} + \frac{\theta_2}{\theta_1} = 0$$

이 식을 다음과 같이 정리할 수 있다.

$$\frac{Q_1}{\theta_1} + \frac{Q_2}{\theta_2} = 0 \tag{8.27}$$

(8.27)식의 좌변은 Q/θ라는 양을 한 순환에 걸쳐서 합해 준 것에 불과하다. 따라서 이것은 $đQ/\theta$와 같은 미분량의 순환 적분으로 나타낼 수 있다. 즉,

$$\oint \frac{đQ}{\theta} = 0 \quad (\text{가역 순환}) \tag{8.28}$$

$đQ/\theta$를 한 순환에 걸쳐서 합한 것이 영이 되므로, 이 양은 어떤 상태 함수의 미분이 된다. 이 성질을 계의 엔트로피라고 부르며, 부호 S로 표시한다. 결국 엔트로피가 다음과 같은 식으로 정의되는 것이다.

$$dS \equiv \frac{đQ_{\text{rev}}}{T} \tag{8.29}$$

여기서 하첨자 "rev"는 가역 순환에 대해서만 적용된다는 것을 뜻한다. 그리고 열역학적 온도를 θ 대신에 더 보편적인 부호 T로 바꿨다. $đQ_{\text{rev}}$은 상태 함수의 미분이 아니지만, $đQ_{\text{rev}}/T$는 상태 함수의 미분이라는 것을 주목하라. $đQ_{\text{rev}}/T$는 <u>완전</u> 미분이다.

8.14 일반적 증명

$đQ_{\text{rev}}/T$의 순환 적분이 영이 된다는 것을 두 온도만을 포함하는 순환을 갖고 증명하였다. 그러나 이 결과는 어떠한 순환에 대해서나 일반적으로 성립할 수 있다는 것을 증명할 수 있다.

Carnot 기관을 생각하면 한 순환 과정에서 다음 관계가 성립한다.

$$W = \oint đQ \tag{8.30}$$

그리고 Carnot 기관에 대해서는 다음 관계가 성립한다는 것을 증명하였었다.

$$\oint \frac{đQ}{T} = 0 \tag{8.31}$$

(Carnot 순환의 정의에 따라 Q는 가역적인 Q이다.) 다른 또 하나의 기관 E'을 생각해 보자. 그러면 제1법칙에 의해서 한 순환에 대하여 다음 관계가 성립한다.

$$W' = \oint đQ' \tag{8.32}$$

그러나 이 기관에 대해서는 다음 관계가 성립한다고 가정해 보자.

$$\oint \frac{đQ'}{T} > 0 \tag{8.33}$$

이 둘째 번 기관은 아무리 복잡한 순환을 하는 것이라도 상관없다. 즉, 여러 개의 열원을 가질 수도 있고, 또 작용 물질이 어떤 것이라도 좋다.

이 두 기관을 짝지어서 한 개의 합성 순환 기관을 만들어 보자. 합성 기관이 그 순환 과정에서 하는 일은 $W_c = W + W'$ 이고 또 이것은 (8.30)식과 (8.32)식에 의해서 다음과 같이 된다.

$$W_c = \oint (đQ + đQ') = \oint đQ_c \tag{8.34}$$

여기서 $đQ_c = đQ + đQ'$ 이다.

(8.31)식과 (8.33)식을 더하면 다음 결과를 얻는다.

$$\oint \frac{(đQ + đQ')}{T} > 0$$

$$\oint \frac{đQ_c}{T} > 0 \tag{8.35}$$

이제 Carnot 기관의 가동 방향과 크기를 조절해서 합성 기관이 아무 일도 하지 않게 한다. E' 을 가동하는 데 필요한 일은 Carnot 기관에 의해 공급되거나 또는 그와 반대이다. 그러면 $W_c = 0$ 이고 (8.34)식은 다음과 같이 된다.

$$\oint đQ_c = 0 \tag{8.36}$$

어떤 조건에서 (8.35)식과 (8.36)식이 양립할 수 있을까?

각 순환 적분은 여러 항들의 합으로 생각할 수 있으므로 (8.36)식과 (8.35)식은 다음과 같이 쓸 수 있다.

$$Q_1 + Q_2 + Q_3 + Q_4 + \cdots = 0 \tag{8.37}$$

$$\frac{Q_1}{T_1} + \frac{Q_2}{T_2} + \frac{Q_3}{T_3} + \frac{Q_4}{T_4} + \cdots > 0 \tag{8.38}$$

(8.37)식의 좌변의 합은 음수와 양수인 여러 항들로 되어 있다. 그러나 양수의 항과 음수의 항이 꼭 맞먹기 때문에 그 합은 영이 된다. (8.37)식의 각 항을 어떤 적당한 수로 나눔으로써 양수의 항이 우세해져서 (8.38)식의 부등 조건이 만족되는 그 어떤 적당한 수(온도)를 찾아내야 하는 것이다. 만일 (8.37)식의 양수의 항을 작은 수로 나누고 음수의 항을 큰 수로 나누면 양수의 항을 우세하게 만들 수 있다. 그러나 이렇게 하면 양수값의 Q 가 낮은 온도와 관련되고 음수값의 Q 가 높은 온도와 관련된다. 이것은 합성 기관이 가동할 때 낮은 온도의 열원으로부터 열을 뽑아내어 높은 온도의 열원으로 내준다는 것을 의미한다. 따라서 이 합성 기관은 불가능한 기관이고, (8.33)식의 가정이 틀린 것임에 틀림없다. 그러므로 어느 기관 E' 에 대해서나 다음 조건이 만족되어야 한다.

$$\oint \frac{đQ'}{T} \leq 0 \tag{8.39}$$

이 두 가지 경우를 나누어 생각해 보자.

경우 I. 기관 E' 이 가역적일 때.

(8.33)식으로 표시되는 조건은 불가능하다는 것을 알았다. 그리하여 E'에 대해서 다음과 같은 조건이 성립한다고 가정해 보자.

$$\oint \frac{đQ'}{T} < 0$$

이 기관을 거꾸로 돌릴 수 있으며 그렇게 되면 Q의 크기는 변하지 않지만 그 부호는 모두 바뀐다. 그러면 다음 이 조건이 성립하게 된다.

$$\oint \frac{đQ'}{T} > 0$$

여기서부터는 앞에서와 똑같은 증명을 해줄 수 있다. 따라서 어떤 가역 기관을 막론하고 다음 조건이 성립된다.

$$\oint \frac{đQ_{\text{rev}}}{T} = 0 \qquad \text{(모든 가역 순환 과정)} \tag{8.40}$$

따라서 어느 계든지 다음과 같이 정의되는 상태 함수, 엔트로피 S를 갖는다.

$$dS = \frac{đQ_{\text{rev}}}{T} \tag{8.41}$$

엔트로피의 성질은 다음 장에서 배우게 될 것이다.

<u>경우 Ⅱ.</u> 기관 E'이 가역적이 아닐 때.

어느 기관에 대해서나 (8.39)식으로 표현되는 조건만이 가능하다. 그리고 가역 기관에 대해서는 등식이 성립한다는 것을 증명하였다. 비가역 순환에서 생기는 열과 일의 효과는 가역 순환의 경우와 틀리므로, 가역 순환에서와는 달리 비가역 순환에서는 $\oint đQ/T$의 값이 영이 아닐 것이다. 그런데 어느 기관에 대해서나 이 값이 영보다 클 수는 없다는 것을 앞에서 증명하였다. 따라서 이 값은 영보다 작아야만 한다. 즉, 비가역 순환에서는 다음 조건이 성립해야 한다.

$$\oint \frac{đQ}{T} < 0 \qquad \text{(모든 비가역 순환 과정)} \tag{8.42}$$

8.15 Clausius 부등식

다음 순환을 생각해 보자. 즉, 계의 상태가 비가역적으로 상태 1로부터 상태 2로 변환되고, 이어서 가역적으로 상태 2로부터 1로 되돌아간다. 그러면 순환 적분은 다음과 같이 되며, 비가역 순환이므로 (8.42)식에 의해서 0보다 작다.

$$\oint \frac{đQ}{T} = \int_1^2 \frac{đQ_{\text{irr}}}{T} + \int_2^1 \frac{đQ_{\text{rev}}}{T} < 0$$

dS에 관한 정의를 이용하면 이 관계식은 다음과 같이 된다.

$$\int_1^2 \frac{đQ_{\text{irr}}}{T} + \int_2^1 dS < 0$$

둘째 번 적분의 적분 한계를 바꾸어 주고 그 부호를 바꾸어 준다(그러나 첫째 적분은 그대로 놓아 두어야 한다!). 그러면

$$\int_1^2 \frac{đQ_{irr}}{T} - \int_1^2 dS < 0$$

즉,

$$\int_1^2 dS > \int_1^2 \frac{đQ_{irr}}{T} \tag{8.43}$$

상태 1에서 상태 2로 되는 변화가 미소 변화일 때는 다음과 같게 된다.

$$dS > \frac{đQ_{irr}}{T} \tag{8.44}$$

이것이 Clausius의 부등식으로서, 실제 변환에 대한 기본적인 필수 조건이다. 부등식 (8.44)를 이용하면 어떤 한 변환이 자연적으로 일어날 수 있는 것인가의 여부를 알 수 있다. 보통 (8.44)식을 그대로는 쓰지 않으며, $đQ_{irr}$과 같은 경로 함수 대신에 계의 상태 함수로 나타낸 부등식을 만들어서 쓰게 된다.

Clausius 부등식은 고립된 계에서의 변화에다 직접 적용시킬 수 있다. 고립된 계의 상태 변화에 대해서는 항상 $đQ_{irr} = 0$이다. 따라서 이 부등식은 다음과 같이 된다.

$$dS > 0 \tag{8.45}$$

즉, 고립된 계에서 실제 변환이 일어나려면 dS가 양이어야 한다. 즉, 엔트로피가 증가해야 한다. 고립된 계에서 일어나는 자발적인 변화는 어느 것이나 계의 엔트로피를 증가시킨다. 고립된 계의 엔트로피는 그 안에서 변화가 일어나는 한 계속해서 증가한다. 변화가 그치면 계는 평형이 되고, 엔트로피는 최대값에 이르게 된다. 따라서 고립된 계에서의 평형 조건은 엔트로피가 최대값을 갖는다는 것이다.

따라서 엔트로피의 기본 성질을 다음과 같이 나타낼 수도 있다. 즉, (1) 고립된 계의 엔트로피는 그 안에서 어떤 자발적 변화가 일어나든 증가하며, (2) 고립된 계의 엔트로피는 평형에서 최대값을 갖는다. 고립되지 않은 계에서 변화가 일어나면 그 계와 그 바로 주위가 영향을 받는다. 계와 그 바로 주위를 함께 묶어서 합성 고립계로 볼 수 있고 이 안에서 자발적 변화가 일어나면 엔트로피가 증가한다. 그리하여 우주에서는 자발적 변화가 일어나고 있으므로 엔트로피가 계속해서 증가한다.

Clausius는 열역학의 두 법칙을 다음과 같은 명구로 나타냈다. "우주의 에너지는 일정하며, 엔트로피는 최대값에 도달하려고 한다."

8.16 결 론

약간 긴 듯 싶은 과정이기는 하였지만, 결국 엔트로피라는 계의 성질이 존재한다는 것을 증명하였다. 이 성질이 존재하는 것은 열역학 제 2법칙 때문이다. 제 0법칙에 의해서 계의 온도가 정의되었고, 제 1법칙에 의해서는 에너지가 그리고 제 2법칙에 의해서는 엔트로피가 정의되었다. 제 2법칙이 우리의 관심을 끄는 이유는 이 법칙이 자발적 변환의 방향이 무엇인가를 알려주기 때문이다. 이 법칙은 아무런 영향도 남기지 않고 찬 계로부터 뜨거운 열원으로 열을 흐르게 하는 기계 장치를 만들 수 없다고 말한다. 마찬가지로 제 2법칙은 화학 반응의 자발적 방향을 확인하여 준다. 제 2법칙에 의하면 어떤 경우에는 화학 반응이 어느 방향으로 일어나든 그것은 자발적이 아니라는 것을 말하여 준다. 이 때는 반응이 평형에 있기 때문이다. 이와같이 화학 반응에다 제 2 법칙을 적용시킴으로써 화학 평형이라는 문제를 가장 성공적으로 다룰 수 있게 되었다. 그리고 다행히도 이것을 적용시키기가 아주 쉬우며, 순환 기관을 끝없이 결합시키지 않아도 된다.

≪질 문≫

8. 1 7.6 절의 생각을 이용하여 8.3 절의 Kelvin 의 표현, $W_{cy} \leqslant 0$ 을 어떻게 (a) 가역 순환에서는 $W_{cy} = 0$ 그리고 (b) 비가역 순환에서는 $W_{cy} < 0$ 에다 확대시킬 수 있겠는지 말하라.

8. 2 Carnot 기관 효율을 더 증가시키려면 (a) T_2 를 고정시키고 T_1 을 증가시켜야 하는가 또는 (b) T_1 을 고정시키고 T_2 를 감소시켜야 하겠는가? 이유를 설명하라.

8. 3 $đQ_{rev}$ 의 순환 적분이 유한한데도 $\oint đQ_{rev}/T$ 는 어째서 영이 되는가?

8. 4 (a) 이상 기체가 부피 V_1 으로부터 부피 V_2 로 비가역 Joule 팽창을 할 때(그림 7.7)의 $\int đQ_{irr}/T$ 를 구함으로써, 그리고 (b) 이 기체가 같은 두 부피 사이에서 등온 가역 팽창할 때의 $\int đQ_{rev}/T$ 를 구함으로써 (8.43)식 [(8.41)과 함께]을 증명하라.

≪연습 문제≫

환산 인자 :

1 watt = 1 joule per second(1W = 1J/s)
1 horsepower = 746 watts(1hp = 746W)

8. 1 a) 단 하나의 열원에 연결되고 주위에 아무런 일을 하지 않는 불가능한 기관을 생각하라. 이 불가능한 기관을 보통의 Carnot 기관과 결합시켜서 "난로-냉장고"의 역할을 하는 합성 기관을 만들어라.

b) 이 "난로-냉장고"를 보통의 Carnot 기관과 결합시켜서 등온 순환 과정에서 일을 만들어내는 합성 기관을 만들어라.

8. 2 가압 하에서 125 °C 에서 끓는 물의 뜨거운 열원과 25 °C 의 차거운 열원을 갖는 열기관의 가능한 최대 효율은 얼마인가?

8. 3 미국의 Washington, D.C. 와 그 주변 Maryland 지역에 전력을 공급하는 최신식 수증기 발전소가 Maryland 주의 Chalk Point 라는 곳에 있다. 1 호 발전 시설과 2 호 발전 시설의 총 발전 용량은 710 MW 이다. 수증기 압력은 3600 lbs/in² = 25 M Pa 이며 과열기의 배출 온도는 540 °C(1000 °F) 이다. 응축 온도는 30 °C(86 °F)이다.

a) 이 기관의 Carnot 효율은 얼마인가?

b) 보일러의 효율이 91.2%, Carnot 효율과 기계적 효율을 포함한 터어빈의 총체적 효율이 46.7%, 그리고 발전기의 효율이 98.4%라면 이 발전 시설의 총체적 효율은 얼마가 되겠는가(다른 시설 손실 때문에 전체의 5%를 또 빼주어야 한다는 것을 주의하라)?

c) 석탄 연소식 발전 시설 중의 하나가 355 MW 를 내놓는다. 석탄의 연소열이 29.0 MJ/kg 이라면 매시간 몇 톤(1 톤 = 1 Mg)의 석탄을 태워야 이 시설로부터 최대 출력을 얻을 수 있겠는가?

d) 문제 (c)의 시설이 가동할 때 30 °C 열원에다 내버리는 열량은 매 분 얼마나 되겠는가?

e) 냉각기를 통해서 250,000 gallon/minute 의 물이 흐른다면 물의 온도가 얼마나 올라가겠는가?

단, $C_p = 4.18$ J/kg; 1gallon = 3.79 litre; 밀도 =1.0 kg/L 이다.

8.4 a) 액체 헬륨은 약 4 K 에서 끓고, 액체 수소는 약 20 K 에서 끓는다. 이 두 온도의 열원 사이에서 가동하는 가역 기관의 효율은 얼마인가?

b) 차거운 열원의 온도가 300 K 인 기관이 (a)에서와 같은 효율을 갖게 되려면 뜨거운 열원의 온도가 몇 도이어야 되는가?

8.5 태양열 유량은 약 4 J/cm² min 이다. 비 초점식 집열판의 온도가 약 90 °C 까지 올라갈 수 있다. 이 집열판을 고열원으로 쓰고 또 25 °C 의 저열원을 이용하는 열기관을 만들려고 한다. 집열판의 넓이를 얼마로 해야 1 마력의 출력을 얻을 수 있겠는가? 이 열기관은 최대 효율을 나타낸다고 가정하라.

8.6 $\frac{1}{4}$-hp 의 모우터에 의해서 가동되는 냉장고가 있다. 외부의 최대 온도가 35 °C 일 때 냉장고 내부의 온도를 −20 °C 로 유지시키려면 그 속으로 얼마까지의 열(watt)이 흘러 들어가는 것을 허용할 수 있겠는가? 성능 계수는 가역 기관의 값의 75%라고 가정하라.

8.7 Carnot 냉장고를 가동시키기 위해서 전기 모우터로 일을 공급해 준다고 가정하자. 이 냉장고 속으로의 열의 수입이 1200 J/s, 냉장고의 내부 온도가 −10 °C 그리고 외부 온도가 30 °C 라면 어떤 크기(마력)의 모우터가 필요하겠는가(이 모우터는 계속적으로 돈다고 가정한다)? 여기서 관련되는 효율들은 모두 최대의 가능한 값들을 갖는다고 가정하라.

8.8 Carnot 냉장고를 가동시키기 위해서 전기 모우터로 일을 공급해 준다고 가정하자. 이 냉장고는 내부 온도가 0 °C 이며, 0 °C 의 물을 받아들여서 0 °C 의 얼음으로 만들어 준다. 1 g 의 얼음을 1 g 의 물로 만들려면 $\Delta H_{fus} = 334$ J/g 이 필요하다. 외부 온도가 20 °C 일 경우 $\frac{1}{4}$-hp 모우터를 계속적으로 돌리면 매분 얼마만한 얼음이 생기겠는가? 이 냉장고는 완전하게 단열이 되어 있으며, 관련되는 효율들이 모두 최대의 가능한 값들을 갖는다고 가정하라.

8.9 1atm 의 압력 하에서는 헬륨이 4.216 K 에서 끓으며, 그 증발열은 84 J/mol 이다. 이 냉장고로 매초 2 mol 의 헬륨 기체(4.216 K)를 4.216 K 의 액체로 응축시키려면 얼마만한 마력수의 모우터를 이용해야 하겠는가? 주위 온도는 300 K 이고 냉장고의 성능 계수는 가능한 최대값의 50%라고 가정하라.

8.10 0.1 horsepower 의 모우터를 이용해서 Carnot 냉장고를 가동시키려고 한다. 외부 온도가 20 °C 이고, 냉장고 속으로의 열 수입이 500 J/s 라면 이 모우터를 계속해서 돌릴 경우 냉장고 내부의 온도가 얼마까지 내려가겠는가? 이 장치의 효율은 최대라고 가정하라.

8.11 열 펌프를 이용하여 1 °C 의 외부 열원으로부터 실내 온도를 21 °C 로 유지시켜 주려면 그 최대 성능 계수가 얼마라야 되겠는가? 이 열 펌프의 차거운 끝이 태양열 집열기가 되게 하였다. 이 집열판의 넓이를 얼마로 해주어야 집안에다 2 kJ/s 의 열을 뽑아 넣으면서 온도를 1 °C 로 유지시킬 수 있겠는가? 태양열 유량은 40 kJ m^{-2} min^{-1} 라고 가정하라.

8.12 540 °C 와 50 °C 사이에서 작동하는 화석 연료 발전 시설을 이용하여 25 °C 와 5 °C 사이에서 작용하는 열 펌프에다 전력을 공급하려고 한다. 이 발전 시설의 보일러로부터 뽑아내는 단위량의 열을 가지고 얼마만한 열을 집안으로 펌프해 넣을 수 있겠는가?

a) 효율들은 이론적인 최대치와 같다고 가정하라.

b) 발전 시설의 효율은 최대치의 70%이고 열 펌프의 성능 계수는 최대치의 10%라고 가정하라.

c) 난로를 이용하면 화석 연료 에너지의 80%가 집안을 덥히는 데 이용될 수 있다. 전체적인 화석 연료 소모면에서 볼 때 열 펌프와 난로 중의 어느 것이 더 경제적이겠는가? (a)와 (b)의 경우에 대해서 이 계산을 하라.

8.13 23600 BTU/hr 에어콘이 7.5의 에너지 효율 등급(EER; energy efficiency rating)을 갖는다. EER은 실내로부터 뽑아낸 BTU/hr 수를 소모된 전력(watts 단위)으로 나눈 값이다. (1BTU=1.055kJ)

a) 이 에어콘의 실질적인 성능 계수는 얼마가 되겠는가?

b) 바깥 온도가 32°C, 내부 온도가 22°C라면 이 에어콘의 성능 계수는 이론적 최대치의 몇 %가 되겠는가?

8.14 고온 가열시의 열 펌프의 성능 계수를 결정하는 데는 70°F의 내부 온도와 47°F의 외부 온도를 표준 온도로 이용한다. 그리고 저온 가열의 경우에는 70°F와 17°F가 표준 온도로 이용되고 있다. 이들 두 조건에서 이 열 펌프의 이론적 성능 계수를 계산하라. 시판 열 펌프가 나타내는 성능 계수는 저온 가열의 경우 1.0[sic]로부터 2.4사이이며, 고온 가열의 경우 1.7내지 3.2이다.

8.15 에어콘을 평가하는 표준 조건은 내부 온도 80°F와 외부 온도 95°F이다. 이들 조건 하에서의 이론적 성능 계수를 계산하라. 이 성능 계수는 얼마 만한 값의 EER과 맞먹는가(EER은 문제 8.13에서 정의하였다.)? 주의: 시판 에어콘의 EER 값은 4.35 내지 12.8사이이다.

8.16 a) 가역 기관의 효율을 열역학적 온도 척도를 위한 온도 측정 성질로서 쓴다고 하자. 차거운 열원의 온도는 고정시킨다. 뜨거운 열원의 온도가 물의 어는점인 0도와 물의 끓는점인 100도일 때 이 기관의 효율은 각각 얼마가 되겠는가? 이 척도상의 온도 t와 보통의 열역학적 온도 T사이의 관계식을 구하라.

b) 뜨거운 열원의 온도를 고정시키고 차거운 열원의 온도를 끓는점과 어는점에다 놓고 효율을 측정해서 온도 척도를 정의한다고 가정하자. 이 경우에 대한 t와 T사이의 관계식을 구하라(물의 어는점과 끓는점 사이를 100도로 택하라).

8.17 초기 상태가 25°C, 1 atm인 1 mol의 이상 기체를 써서 다음과 같은 순환을 시켰다.

단계 1. 영인 압력에 대항해서 등온 팽창(Joule의 팽창)을 시켜 부피를 두 배로 해 준다.

단계 2. 등온 가역 압축에 의해서 압력을 $\frac{1}{2}$atm에서 1 atm으로 해준다.

a) $\oint dQ/T$의 값을 계산하라. 부호가 (8.42)식과 일치함을 주목하라.

b) 단계 2에 대한 ΔS를 계산하라.

c) 이 순환에서 $\Delta S_{cycle}=0$이라는 것을 기억하고, 단계 1에 대한 ΔS를 구하라.

d) 단계 1에서의 ΔS는 단계 1에서의 Q를 T로 나눈 값과 같지 않다는 것을 증명하라.

9
엔트로피의 성질과 열역학 제 3 법칙

9.1 엔트로피의 성질

해마다 "엔트로피란 무엇인가?"하는 질문이 물리화학 강의에서 되풀이된다. 그리고 질문한 학생이 대답을 만족스럽게 생각하는 일이 거의 없다. 계를 적당한 각도에서 보기만 한다면 엔트로피를 볼 수도 있고 느낄 수도 있고 또 병에 넣을 수도 있지 않을가 하는 이상한 생각을 대부분의 사람이 갖고 있기 때문에 이러한 질문이 나오는 것이다. 여기에는 어려운 점이 두 가지 있다. 첫째로 엔트로피는 열이나 일의 양보다 더 막연하다는 사실을 인정해야 한다는 것이다. 둘째로는 질문 자체가 의도한 바와는 달리 막연하다는 것이다. 우선 적어도 "무엇이 엔트로피인가?" 하는 막연한 의문을 간단히 무시하고, 엔트로피에 관한 구체적인 질문과 설명을 되씹어보면 훨씬 이해가 쉬울 것이다. 일정한 압력 하에서 엔트로피는 온도에 따라 어떻게 달라지는가? 여러 가지 경우에 엔트로피가 어떻게 되는가를 알게 되면 그것이 과연 "무엇인가?"에 대해 많이 알게 될 것이다. 나중에 엔트로피를 성분 알맹이들의 공간 배치나 에너지 분포의 "무작정성"과 관련시킬 것이다. 그런데 "무작정성"과의 이 관계는 계의 구조 모형을 어떻게 가정하느냐에 관계되지만, 순수한 열역학적 정의는 구조 모형에 무관하며 실상 그런 모형을 필요로 하지도 않는다. 엔트로피는 다음과 같이 미분 방정식으로 정의된다.

$$dS = đQ_{\mathrm{rev}}/T \tag{9.1}$$

따라서 엔트로피는 1가인 동시에 크기 성질을 갖는 상태 함수이다. 미분 dS는 완전 미분이다. 상태 1에서 상태 2로 변하는 유한한 상태 변화를 할 때는 (9.1)식으로부터 다음 결과가 나온다.

$$\Delta S = S_2 - S_1 = \int_1^2 đQ_{\mathrm{rev}}/T \tag{9.2}$$

S_2와 S_1의 값은 상태 2와 1에만 의존하므로, 상태 변화가 가역적이든 비가역적이든 전혀 상관없다. 즉, ΔS는 같은 값이 된다. 그러나 (9.2)식을 써서 ΔS를 구하려면 두 상태를 임의의 가역 과정으로 연결하고 그 과정에 따라서 흡수하는 열을 써서 계산해야만 한다.

9.2 계의 열적 및 역학적 안정 조건

엔트로피의 성질을 자세히 설명하기 전에 두 가지 사실을 명백히 해 두겠다. 즉, 첫째로는 한 가지 집합 상태에 있는 순수한 물질의 경우 일정 부피에서의 열용량 C_v는 항상 양의 수가 된다는 것이다. 그리고 둘째로는 그러한 물질에 대해서는 압축률 κ도 항상 양이라는 사실이다. 이 두 가지 사실은 모두 제 2 법칙으로부터 수학적으로 깨끗하게 증명할 수 있지만 우선은 간단한 물리적 설명으로도 충분할 것이다.

가령 어떤 정해진 계에 대한 C_v가 음수이고, 이 계의 부피가 일정하게 유지된다고 가정해 보자. 계에 더운 바람이 불어와서 닿으면 $đQ_V = +$의 열량이 주위로부터 흘러 들어가며, 정의에 따라 $đQ_V = C_v dT$의 관계가 성립한다. $đQ_V$는 양수이고 C_v는 가정한대로 음수이므로 위의 관계식을 만족시키려면 dT는 음수가 되어야 할 것이다. 따라서 이 계에 흘러든 열은 계의 온도를 낮추고, 그렇게 되면 더 많은 열이 들어가며 계는 더 식는 결과가 된다. 결국, 바람이 우연히 불었다는 이유만으로 계는 아주 차겁게 될 것이다. 같은 논리에 따르면, 찬 공기는 계를 아주 뜨겁게 만드는 결과가 될 것이다. 단지 바람 때문에 방안에 있는 물건이 빨갛게 달고 또 언다는 것은 너무 억지일 것이다. 그러므로, 계가 외부 온도의 우연한 변화에 대해 열적으로 안정하려면 C_v는 양이라야 한다.

압축률은 (5.4)식으로 정의한 바와 같이 다음과 같다.

$$\kappa = -\frac{1}{V}\left(\frac{\partial V}{\partial p}\right)_T \tag{9.3}$$

따라서 일정한 온도에서는 $dp = -(dV/V\kappa)$가 된다. 일정한 온도에서 우연히 계가 안쪽으로 조금 밀렸다고 가정하면, dV가 음수로 된다. 만약 κ가 음수라면 이 관계를 만족시키기 위해서 dp는 음수가 되어야 한다. 즉, 계의 압력은 내려갈 것이며 이렇게 되면 외부 압력은 계를 조금 더 안으로 밀어넣게 되고 계의 압력은 더 낮아진다. 결국 계는 쭈그러들 것이다. 계의 부피가 어쩌다 늘어났다면 계는 파열될 것이다. 결국 우연한 부피 변화에 대해서 계가 역학적으로 안정하려면 κ가 양의 수라야만 한다고 결론 지을 수 있다.

9.3 등온 변환에서의 엔트로피 변화

등온 상태 변화에서는 T가 일정하므로 (9.2)식의 적분에서 T를 적분 기호 밖으로 빼낼 수 있고, 따라서 다음과 같이 간단히 된다.

$$\Delta S = Q_{\text{rev}}/T \tag{9.4}$$

상태 변환에 따르는 엔트로피 변화량은 이 변환을 가역적으로 일으키는 데 필요한 열량으로부터 계산할 수 있다.

(9.4)식은 집합 상태가 평형 온도에서 변화할 때 일어나는 엔트로피 변화를 계산하는 데 쓰인다. 1 atm 하에서 증기와 평형을 이루고 있는 액체를 생각해 보자. 온도는 평형 온도, 즉 액체의 정상 끓는점이 된다. 이 계는 그림 9-1(a)에서와 같이 1 atm에 해당하는 추를 단 가동적인

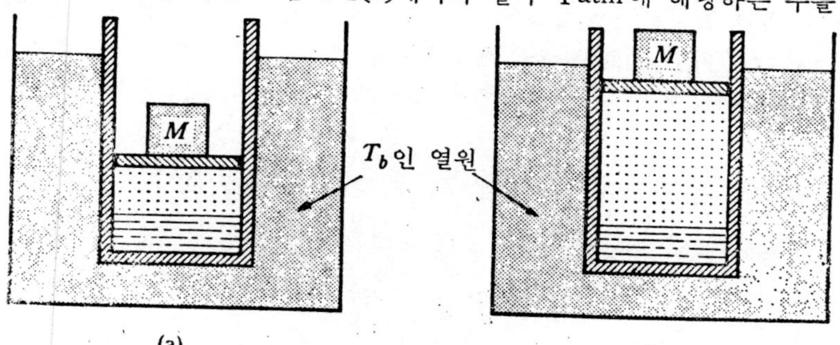

그림 9-1 액체의 가역 증발.

피스톤에 의해서 실린더 속에 갇혀 있다고 상상하자. 이 실린더는 평형 온도 T_b로 유지된 열원에 잠겨 있다. 열원의 온도를 미분소만큼 올려주면 소량의 열이 열원에서 계로 흐르고 약간의 액체가 증발되며 질량 M은 올라가게 된다[그림 9-1(b)]. 다음에 열원의 온도를 미분소 만큼 내리면 같은 양의 열이 열원으로 도로 흘러 들어간다. 그리고 처음에 생겼던 증기는 응축되고 피스톤은 원래의 위치로 떨어진다. 이 작은 순환에서 계와 열원은 둘 다 처음 상태로 되돌아가며, 이 변환은 가역적이다. 이 때 소용되는 열량은 Q_{rev}이다. 압력이 일정하므로 $Q_p = \Delta H$이며 따라서 끓는점에서 액체가 증발할 때는 (9.4)식이 다음과 같이 된다.

$$\Delta S_{vap} = \Delta H_{vap}/T_b \tag{9.5}$$

같은 이치로, 녹는점에서의 녹음 엔트로피는 다음과 같이 주어진다.

$$\Delta S_{fus} = \Delta H_{fus}/T_m \tag{9.6}$$

여기서 ΔH_{fus}는 녹는점 T_m에서의 녹음열이다. 평형 온도 T_e에서 일어나는 상 변화에 대해서는 항상 그 전이 엔트로피가 다음과 같이 주어진다.

$$\Delta S = \Delta H/T_e \tag{9.7}$$

여기서 ΔH는 T_e에서의 전이열이다.

9.3.1 Trouton의 규칙

많은 액체의 경우 정상 끓는점에서의 증발 엔트로피는 대략 서로 같다. 즉,

$$\Delta S_{vap} \approx 90\text{J/K mol} \tag{9.8}$$

(9.8)식이 Trouton의 규칙이다. 따라서 이 규칙을 만족시키는 액체에 대해서는 다음 관계가 성립한다.

$$\Delta H_{vap} = (90\text{J/K mol})\, T_b \tag{9.9}$$

따라서 끓는점을 알면 이 식으로부터 그 액체의 근사적인 증발열을 구할 수 있다.

Trouton의 규칙은 물, 알코올, 아민 같이 회합을 하는 액체에 대해서는 맞지 않는다. 또 끓는점이 150 K 이하인 물질에도 적용시킬 수 없다. 좀 나중에 소개할 Hildebrand의 규칙은 끓는점이 낮은 물체에도 적용되지만 회합 액체에는 적용이 안 된다.

녹는점에서의 녹음 엔트로피에 대해서는 이러한 일반적인 법칙이 없다. 대부분의 물질은 그 녹음 엔트로피가 보통 R부터 $4R$ 사이의 값을 가지며 증발 엔트로피보다 훨씬 작다. 금속에서처럼 구성 알맹이가 원자인 물질의 녹음 엔트로피는 R 정도이다. 물체를 이루는 분자가 긴 사슬의 탄화수소처럼 제법 클 경우에는 그 녹음 엔트로피가 $15R$ 정도의 큰 값을 갖기도 한다.

9.4 필요한 수학. 완전 미분에 관한 기타 성질. 순환 규칙

2변수 함수 $f(x,y)$의 전미분은 다음과 같은 꼴로 쓸 수 있다.

$$df = \frac{\partial f}{\partial x}dx + \frac{\partial f}{\partial y}dy \tag{9.10}$$

미분 계수 $(\partial f/\partial x)$와 $(\partial f/\partial y)$는 x와 y의 함수이므로 다음과 같이 쓸 수 있다.

$$M(x,y) = \frac{\partial f}{\partial x} \qquad N(x,y) = \frac{\partial f}{\partial y} \tag{9.11}$$

그러면 (9.10)식이 다음과 같이 된다.

$$df = M(x,y)dx + N(x,y)dy \tag{9.12}$$

함수 $f(x,y)$의 2차 도함수는 몇 가지가 있을 수 있다. 즉, $(\partial f/\partial x)$는 x나 y에 관해서 미분할 수 있으며, $(\partial f/\partial y)$도 마찬가지이다. 즉, 다음과 같은 것들이 가능하다.

$$\frac{\partial^2 f}{\partial x^2}, \quad \frac{\partial^2 f}{\partial y\, \partial x}, \quad \frac{\partial^2 f}{\partial x\, \partial y}, \quad \frac{\partial^2 f}{\partial y^2}$$

이 넷 중에서 셋만이 서로 다르다. 즉, 변수가 여러 개인 함수를 두 변수에 관해서 미분하면 그 혼합 도함수는 미분 순서에 관계 없이 일정한 값을 갖는다. 즉, x와 y를 두 변수라고 하면 다음 관계가 성립한다.

$$\frac{\partial^2 f}{\partial y\, \partial x} = \frac{\partial^2 f}{\partial x\, \partial y} \tag{9.13}$$

(9.11)식의 첫째 번 식을 y에 관해서 미분하고, 둘째 번 식을 x에 관해서 미분하면 다음과 같이 된다.

$$\frac{\partial M}{\partial y} = \frac{\partial^2 f}{\partial y \partial x} \qquad \frac{\partial N}{\partial x} = \frac{\partial^2 f}{\partial x \partial y}$$

(9.13)식을 빌면 이 두 식으로부터 다음 관계가 나온다.

$$\frac{\partial M}{\partial y} = \frac{\partial N}{\partial x} \tag{9.14}$$

(9.12)식의 전미분을 고려하여 (9.14)식의 도함수를 "교차-도함수"라고도 부른다(위의 식에서는 모든 도함수를 간단히 쓰기 위해서 x나 y를 일정하게 유지한다는 뜻의 첨자를 생략했다).

■ 보기 9.1 제 1 법칙을 $dU = đQ_{rev} - p\,dV$로 나타내고 (9.1)식을 $đQ_{rev} = TdS$로 놓으면 이 두 식으로부터 다음과 같은 관계식이 나온다.

$$dU = TdS - p\,dV$$

여기에다 (9.14)식의 교차-도함수 규칙을 적용시키면 다음과 같은 관계를 얻을 수 있다.

$$\left(\frac{\partial T}{\partial V}\right)_S = -\left(\frac{\partial p}{\partial S}\right)_V \tag{9.15}$$

(9.15)식은 Maxwell 관계식이라고 부르는 중요한 한 무리의 식 중의 하나이다. 이 식의 의미는 나중에 그 무리의 다른 식들과 함께 설명하겠다. 교차-도함수가 같다는 사실은 앞으로도 자주 쓰이게 된다.

(9.14)식의 규칙은 미분 $M\,dx + N\,dy$가 어떤 함수 $f(x,y)$의 전미분이란 사실로부터 얻어진다. 즉, $M\,dx + N\,dy$는 완전 미분이다. 그 반대도 역시 성립한다. 예로서 다음 미분을 생각해 보자.

$$R(x,y)dx + Q(x,y)dy \tag{9.16}$$

이것이 완전 미분이 될 유일한 조건은 다음 식을 만족시키는 것 뿐이다.

$$\frac{\partial R}{\partial y} = \frac{\partial Q}{\partial x} \tag{9.17}$$

(9.17)식이 만족되면 x와 y의 어떤 함수인 $g(x,y)$가 존재하며 $g(x,y)$에 대해서는 또 다음 관계가 성립한다.

$$dg = R\,dx + Q\,dy$$

만일 (9.17)식이 성립되지 않는다면 $g(x,y)$와 같은 함수는 존재하지 않으며 (9.16)의 미분은 불완전 미분이 된다.

9.4.1 순환 규칙

편도함수에 관한 또 하나 유용한 관계식은 순환 규칙이다. 함수 $z(x,y)$의 전미분은 다음과 같이 된다.

$$dz = \left(\frac{\partial z}{\partial x}\right)_y dx + \left(\frac{\partial z}{\partial y}\right)_x dy \tag{9.18}$$

지금 (9.18)식에서 x와 y는 변하지만 z값은 변하지 않는다는 제약을 가해 보자. 그러면 $dz = 0$이 될 것이다. 따라서

$$0 = \left(\frac{\partial z}{\partial x}\right)_y (\partial x)_z + \left(\frac{\partial z}{\partial y}\right)_x (\partial y)_z$$

이것을 $(\partial y)_z$로 나누면 다음과 같이 된다.

$$0 = \left(\frac{\partial z}{\partial x}\right)_y \left(\frac{\partial x}{\partial y}\right)_z + \left(\frac{\partial z}{\partial y}\right)_x$$

둘째 항의 역수인 $\left(\frac{\partial y}{\partial z}\right)_x$를 곱하면 다음 관계가 나온다.

$$0 = \left(\frac{\partial z}{\partial x}\right)_y \left(\frac{\partial x}{\partial y}\right)_z \left(\frac{\partial y}{\partial z}\right)_x + 1$$

다음에는 이 식을 약간 정리하여 준다.

$$\left(\frac{\partial x}{\partial y}\right)_z \left(\frac{\partial y}{\partial z}\right)_x \left(\frac{\partial z}{\partial x}\right)_y = -1 \tag{9.19}$$

이 관계를 순환 규칙이라고 한다. 분자에 있는 변수 x, y, z는 분모에 든 y, z, x 그리고 첨자 z, x, y와 순환 순열의 관계가 있다. 어떤 세 변수가 하나의 함수 관계로 연관될 때에는 3개의 편도함수가 (9.19)식과 같은 형태의 관계를 만족시킨다. 열역학에서는 많은 경우에 상태 함수가 2개의 변수의 함수이므로, (9.19)식이 자주 쓰인다. (9.19)식과 같은 형식의 방정식은 외울 필요가 없다는 점에서 멋진 식이다. 세 변수 x, y, z를 어떤 순서로 적고 그 밑에다 세로 칸의 변수끼리 서로 겹치지 않도록 이 변수들을 다시 적어 보자. 이 때 가능한 방법은 두 가지 뿐이다. 즉,

$$\begin{array}{cc} xyz & xyz \\ yzx & zxy \end{array}$$

첫 줄은 도함수의 분자가 되고, 둘째 줄은 분모가 된다. 어느 도함수에서나 같은 기호는 두 번

나타날 수 없으므로 첨자를 쉽게 알아낼 수 있다. 도표를 보고 적으면 다음과 같다.

$$\left(\frac{\partial x}{\partial y}\right)_z\left(\frac{\partial y}{\partial z}\right)_x\left(\frac{\partial z}{\partial x}\right)_y = -1 \quad \text{및} \quad \left(\frac{\partial x}{\partial z}\right)_y\left(\frac{\partial y}{\partial x}\right)_z\left(\frac{\partial z}{\partial y}\right)_x = -1$$

첫 식은 (9.19)식이고 둘째 것은 (9.19)식의 역수이다. -1의 역수도 역시 -1이므로 이 식을 틀리게 쓸 가능성은 거의 없다.

9.4.2 순환 규칙의 응용

가령 세 변수가 압력, 온도, 부피라고 하자. 변수 p, T, V를 써서 다음과 같은 순환 규칙을 만들 수 있다.

$$\left(\frac{\partial p}{\partial T}\right)_V\left(\frac{\partial T}{\partial V}\right)_p\left(\frac{\partial V}{\partial p}\right)_T = -1$$

열팽창 계수와 압축 계수의 정의에 의하면 다음 관계가 성립한다.

$$\left(\frac{\partial V}{\partial T}\right)_p = V\alpha \quad \text{및} \quad \left(\frac{\partial V}{\partial p}\right)_T = -V\kappa$$

이 α와 κ의 정의를 이용하면 순환 규칙이 다음과 같이 된다.

$$\left(\frac{\partial p}{\partial T}\right)_V\frac{1}{V\alpha}(-V\kappa) = -1$$

따라서

$$\left(\frac{\partial p}{\partial T}\right)_V = \frac{\alpha}{\kappa} \tag{9.20}$$

교차-도함수 규칙과 순환 규칙을 마음대로 다룰 수 있게 되면 많은 열역학 방정식을 편리한 꼴로 쉽게 바꾸어 놓을 수 있다.

《연　습》

1. 다음 함수들 하나하나에 대해서 $\partial f/\partial x$와 $\partial f/\partial y$를 계산하고, 이어서 혼성 2차 도함수들이 같다는 것을 증명하라. (a) x^2+y^2; (b) xy; (c) $x^2y^3+2x^3y^2-5x^5+xy^4$; (d) x/y; (e) $\sin xy^2$.
2. 다음 중의 어느 것이 완전 미분인지 결정하라. (a) $2dx-3dy$; (b) $y\,dx+x\,dy$; (c) $y\,dx-x\,dy$; (d) $3x^2y\,dx+x^3\,dy$; (e) $y^2\,dx+x^2\,dy$.
3. $z=xy^3$일 경우 다음 방법에 따라 $(\partial y/\partial x)_z$를 계산하라. (a) y를 z와 x의 함수로 풀어가지고 직접 미분한다. (b) 순환 규칙을 이용한다.

9.5 상태 변수의 변화에 따르는 엔트로피 변화

엔트로피를 정의하는 식은 다음과 같은 것이다.

$$dS = đQ_{rev}/T \tag{9.21}$$

이 식은 엔트로피의 변화와 주위가 받는 영향 $đQ_{rev}$ 사이의 관계를 나타낸다. 이 식을 변환시켜서 계의 엔트로피 변화를 다른 상태 성질의 변화량과 관련시켜 주면 매우 유용할 것이다. 이렇게 하기는 아주 쉽다.

압력-부피 일만이 이루어질 때는, 가역 변환의 경우 외부 압력이 계의 압력과 같게 되어 $P_{op} = p$가 되므로 제 1 법칙은 다음과 같이 된다.

$$đQ_{rev} = dU + p\,dV \tag{9.22}$$

(9.22)식을 T로 나누고 dS의 정의를 쓰면 다음 결과가 나온다.

$$dS = \frac{1}{T}dU + \frac{p}{T}dV \tag{9.23}$$

이 식은 계의 엔트로피 변화 dS를 계의 에너지 변화 dU, 부피의 변화 dV, 압력 및 온도와 관련시켜준다. (9.23)식은 열역학의 제 1 법칙과 제 2 법칙을 결합시킨 것으로서 열역학의 기본 방정식이다. 계의 평형 성질을 논의하려면 모두 이 식이나 이 식에 직접 관계되는 식을 가지고 시작한다.

지금으로서는 미분 계수 $1/T$과 p/T가 모두 항상 양수라고만 말해도 충분하다. (9.23)식을 보면 계의 엔트로피를 변화시키는 데는 두 가지 독립적인 방법이 있을 수 있다. 즉, 에너지를 변화시키거나 또는 부피를 변화시키는 두 가지 방법이 있다. 만일 부피가 일정하면($dV = 0$) 에너지의 증가(dU는 $+$)가 엔트로피 증가를 뜻한다. 마찬가지로 에너지가 일정하면($dU = 0$) 부피 증가(dV는 $+$)가 엔트로피 증가를 의미한다. 이런 성질은 엔트로피의 기본적 특성의 하나이다. 일정한 부피에서는 에너지가 올라가면 엔트로피가 올라간다. 일정한 에너지에서는 부피가 커짐에 따라 엔트로피가 커진다.

실험실에서 계의 에너지를 직접 조정하는 경우는 흔하지 않다. 그 대신에 온도와 부피, 또는 온도와 압력은 쉽게 조절할 수 있으므로 (9.23)식을 변수가 T와 V가 되거나 또는 T와 p가 되게 변환시키면 더 쓸모가 있게 된다.

9.6 온도와 부피의 함수로서의 엔트로피

엔트로피를 T와 V의 함수로 놓으면 $S = S(T, V)$가 되며 그 전미분은 다음과 같이 된다.

$$dS = \left(\frac{\partial S}{\partial T}\right)_V dT + \left(\frac{\partial S}{\partial V}\right)_T dV \tag{9.24}$$

dU를 dT와 dV의 항으로 나타내면 (9.23)식을 (9.24)식과 같은 꼴로 가져갈 수 있다. 즉, 이러한 변수를 쓰면 dU가 다음과 같이 된다.

$$dU = C_v\,dT + \left(\frac{\partial U}{\partial V}\right)_T dV \tag{9.25}$$

이것을 (9.23)식의 dU에 넣으면 다음 결과가 나온다.

$$dS = \frac{C_v}{T}dT + \frac{1}{T}\left[p + \left(\frac{\partial U}{\partial V}\right)_T\right]dV \tag{9.26}$$

(9.26)식은 엔트로피 변화를 T와 V의 변화로서 표시한 것이므로 마찬가지로 표시된 (9.24)식과 같아야 한다. 이 둘이 같다는 조건으로부터 다음 관계가 생긴다.

$$\left(\frac{\partial S}{\partial T}\right)_V = \frac{C_v}{T} \tag{9.27}$$

$$\left(\frac{\partial S}{\partial V}\right)_T = \frac{1}{T}\left[p + \left(\frac{\partial U}{\partial V}\right)_T\right] \tag{9.28}$$

C_v/T는 항상 양수이므로(9.2절) (9.27)식으로부터 일정한 부피하에서 온도가 올라가면 엔트로피가 증가한다는 중요한 사실을 알 수 있다. 미분 계수가 해당하는 열용량을 온도로 나눈 것과 같으므로 온도에 대한 엔트로피의 의존 관계는 간단하다. 즉, 일정한 부피 하에서는 온도가 유한한 변화를 하는 경우 다음과 같이 된다.

$$\Delta S = \int_{T_1}^{T_2} \frac{C_v}{T} dT \tag{9.29}$$

■ **보기 9.2** 아르곤 1 mol을 일정한 부피 하에서 300 K로부터 500 K로 가열하였다 $\overline{C}_v = \frac{3}{2}R$로 놓고 이 상태 변화에 대한 엔트로피 변화를 계산하라.

$$\Delta S = \int_{300}^{500} \frac{\frac{3}{2}R}{T} dT = \frac{3}{2} R \ln \frac{500\ \mathrm{K}}{300\ \mathrm{K}} = 0.766\,R = 0.766(8.314\ \mathrm{J/K\ mol}) = 6.37\ \mathrm{J/K\ mol}$$

만일 2 mol을 사용하였다면 C_v는 두 배가 되고 따라서 엔트로피 변화도 두 배가 될 것이다.

온도 의존 관계는 이처럼 간단하지만 일정한 온도 하에서의 부피 의존 관계는 (9.28)식이 나타내는 바와 같이 상당히 복잡하다. 에너지를 일정히 유지시킬 때의 부피 의존 관계는 (9.23)식에 의해서 매우 간단하게 주어진다는 것을 기억하기 바란다. 등온에서 엔트로피의 부피 의존 관계를 나타내는 간단한 식을 얻으려면 다음과 같이 하면 된다. 즉, 우선 온도를 일정하게 유지하고, (9.27)식을 부피에 관해서 미분하면 다음과 같이 된다.

$$\frac{\partial^2 S}{\partial V \partial T} = \frac{1}{T} \frac{\partial C_v}{\partial V} = \frac{1}{T} \frac{\partial^2 U}{\partial V \partial T}$$

오른쪽 등식은 C_v를 $(\partial U/\partial T)_V$로 놓으면 나온다. 마찬가지로 (9.28)식을 일정한 부피 하에서 온도에 관해 미분하면 다음 관계를 얻을 수 있다.

$$\frac{\partial^2 S}{\partial T \partial V} = \frac{1}{T}\left[\left(\frac{\partial p}{\partial T}\right)_V + \frac{\partial^2 U}{\partial T \partial V}\right] - \frac{1}{T^2}\left[p + \left(\frac{\partial U}{\partial V}\right)_T\right]$$

그런데, S는 T와 V의 함수이므로(dS는 완전 미분이다.) 혼성 2차 도함수는 같아야 한다. 즉,

$$\frac{\partial^2 S}{\partial V \partial T} = \frac{\partial^2 S}{\partial T \partial V}$$

또는

$$\frac{1}{T}\left(\frac{\partial^2 U}{\partial V \partial T}\right) = \frac{1}{T}\left(\frac{\partial p}{\partial T}\right)_V + \frac{1}{T}\left(\frac{\partial^2 U}{\partial T \partial V}\right) - \frac{1}{T^2}\left[p + \left(\frac{\partial U}{\partial V}\right)_T\right]$$

U의 경우에도 이 식 중에 포함된 U의 두 혼성 2차 도함수가 서로 같아야 한다. 따라서 바로 위의 식은 다음과 같이 된다.

$$p + \left(\frac{\partial U}{\partial V}\right)_T = T\left(\frac{\partial p}{\partial T}\right)_V \tag{9.30}$$

(9.30)식과 (9.28)식을 비교하면 다음 관계가 얻어진다.

$$\left(\frac{\partial S}{\partial V}\right)_T = \left(\frac{\partial p}{\partial T}\right)_V \tag{9.31}$$

(9.31)식의 엔트로피가 등온 부피 변화에 따라 어떻게 달라지는가를 측정하기 쉬운 $(\partial p/\partial T)_V$로

써 나타낸 비교적 간단한 식이다. 순환 규칙인 (9.20)식에 의하면 $(\partial p/\partial T)_V = \alpha/\kappa$이며 이 결과를 이용하면 다음 관계를 얻을 수 있다.

$$\left(\frac{\partial S}{\partial V}\right)_T = \alpha/\kappa \tag{9.32}$$

κ가 양이므로 이 도함수의 부호는 α의 부호에 달려 있다. 대부분의 물질은 온도가 올라가면 그 부피가 늘며 따라서 α가 양이다. 따라서 (9.32)식에 의하여 대부분의 물질은 그 부피가 커지면 엔트로피가 증가할 것이다. 0°C부터 4°C 사이에서 물은 음의 α값을 가지며 따라서 이 규칙에서 제외된다.

이 절에서 소개한 식들은 어떤 물체에 대해서나 다 적용된다. 그러므로 어떤 물체에 대해서나 그 엔트로피의 전미분을 다음과 같이 T와 V의 함수로 나타낼 수 있다.

$$dS = \frac{C_v}{T}dT + \frac{\alpha}{\kappa}dV \tag{9.33}$$

기체를 제외하면 거의 대부분의 경우 일정 온도에서의 엔트로피의 부피 의존도는 무시할 수 있을 정도로 작다.

9.7 온도와 압력의 함수로서의 엔트로피

엔트로피를 온도와 압력의 함수, 즉 $S = S(T,p)$로 놓으면 전미분은 다음과 같이 된다.

$$dS = \left(\frac{\partial S}{\partial T}\right)_p dT + \left(\frac{\partial S}{\partial p}\right)_T dp \tag{9.34}$$

(9.23)식을 이러한 형태로 만들기 위해서 에너지와 엔탈피 사이의 관계식 $U = H - pV$를 이용하자. 이 관계를 미분하면 다음과 같이 된다.

$$dU = dH - p\,dV - V\,dp$$

이 dU값을 (9.23)식에 넣으면 다음과 같이 된다.

$$dS = \frac{1}{T}dH - \frac{V}{T}dp \tag{9.35}$$

이 식은 기본식 (9.23)의 새로운 또 하나의 변형이다. 이 식은 dS를 엔탈피 변화 및 압력 변화와 관련지워 준다. 앞에서 한 바와 같이 dH는 dT와 dp의 항으로 나타낼 수 있다.

$$dH = C_p\,dT + \left(\frac{\partial H}{\partial p}\right)_T dp \tag{9.36}$$

이 dH값을 (9.35)식에 넣으면 다음과 같이 된다.

$$dS = \frac{C_p}{T}dT + \frac{1}{T}\left[\left(\frac{\partial H}{\partial p}\right)_T - V\right]dp \tag{9.37}$$

(9.34)식과 (9.37)식은 둘 다 dS를 dT와 dp의 항으로 나타낸 것이므로 서로 같아야 한다. 이 두 식이 같으려면 다음 관계가 성립해야 한다.

$$\left(\frac{\partial S}{\partial T}\right)_p = \frac{C_p}{T} \tag{9.38}$$

$$\left(\frac{\partial S}{\partial p}\right)_T = \frac{1}{T}\left[\left(\frac{\partial H}{\partial p}\right)_T - V\right] \tag{9.39}$$

어떤 물질에 대해서나 C_p/T값은 항상 양이다. 그러므로 (9.38)식에 의하면 일정한 압력에서는 엔트로피가 온도에 따라 항상 증가한다. 여기서도 또한 엔트로피의 온도 의존 관계는 간단하며, 그 도함수는 해당하는 열용량과 온도와의 비와 같다.

(9.39)식이 나타내는 바와 같이 일정한 온도에서 엔트로피의 압력에 대한 의존 관계는 비교적 복잡하다. 이 관계를 간단히 하려면 혼성 2차 도함수를 만들어서 이들을 같게 놓아야 한다. (9.38)식을 일정한 온도에서 압력에 관하여 미분하면 다음과 같이 된다.

$$\frac{\partial^2 S}{\partial p\,\partial T} = \frac{1}{T}\left(\frac{\partial C_p}{\partial p}\right)_T = \frac{1}{T}\frac{\partial^2 H}{\partial p\,\partial T}$$

오른쪽 등식은 $C_p = (\partial H/\partial T)_p$로 놓으면 얻어진다. 마찬가지로 (9.39)식을 온도에 관해서 미분하면 다음과 같이 된다.

$$\frac{\partial^2 S}{\partial T\partial p} = \frac{1}{T}\left[\frac{\partial^2 H}{\partial T\partial p} - \left(\frac{\partial V}{\partial T}\right)_p\right] - \frac{1}{T^2}\left[\left(\frac{\partial H}{\partial p}\right)_T - V\right]$$

이 두 혼성 도함수를 같다고 놓으면 다음 관계가 생긴다.

$$\frac{1}{T}\frac{\partial^2 H}{\partial p\partial T} = \frac{1}{T}\frac{\partial^2 H}{\partial T\partial p} - \frac{1}{T}\left(\frac{\partial V}{\partial T}\right)_p - \frac{1}{T^2}\left[\left(\frac{\partial H}{\partial p}\right)_T - V\right]$$

H의 혼성 2차 도함수도 또한 같으므로 이 식은 다음과 같이 된다.

$$\left(\frac{\partial H}{\partial p}\right)_T - V = -T\left(\frac{\partial V}{\partial T}\right)_p \tag{9.40}$$

이 결과와 (9.39)식으로부터 다음 관계가 얻어진다.

$$\left(\frac{\partial S}{\partial p}\right)_T = -\left(\frac{\partial V}{\partial T}\right)_p = -V\alpha \tag{9.41}$$

오른쪽 등식은 α의 정의로부터 나왔다. (9.41)식은 등온에서 엔트로피의 압력에 대한 의존 관계를 어떤 계에 대해서나 쉽게 측정할 수 있는 V와 α의 항으로 표시한 것이다. 엔트로피는 다음과 같이 온도와 압력의 함수로 나타낼 수 있다.

$$dS = \frac{C_p}{T}\,dT - V\alpha\,dp \tag{9.42}$$

9.7.1 압력에 따르는 액체의 엔트로피 변화

고체에 대해서는 $\alpha \approx 10^{-4}\,\mathrm{K^{-1}}$이거나 그 이하이며, 액체에 대해서는 $\alpha \approx 10^{-3}\,\mathrm{K^{-1}}$이거나 그 이하이다. 지금 어떤 한 액체의 몰부피를 $100\,\mathrm{cm^3/mol} = 10^{-4}\mathrm{m^3/mol}$이라고 하자. 일정한 온도에서 압력을 $1\,\mathrm{atm} = 10^5\,\mathrm{Pa}$만큼 증가시키면 엔트로피가 얼마나 증가할까 생각해 보자.

온도가 일정하므로 (9.42)식에서 $dT = 0$으로 놓으면 $dS = -V\alpha\,dp$를 얻는다. V와 α는 상수들이므로 적분 기호 밖으로 내보낼 수 있으며 따라서 다음과 같은 결과를 얻을 수 있다.

$$\begin{aligned}\Delta S &= -\int_{p_1}^{p_2} V\alpha\,dp = -V\alpha\,\Delta p = -(10^{-4}\,\mathrm{m^3/mol})(10^{-3}\,\mathrm{K^{-1}})(10^5\,\mathrm{Pa}) \\ &= -0.01\,\mathrm{J/K\,mol}\end{aligned}$$

엔트로피를 1 J/K 만큼 줄이려면 적어도 100 atm 의 압력을 액체에 가해야 한다. 액체나 고체의 엔트로피는 압력에 따르는 변화가 아주 적으므로 보통 완전히 무시한다. 기체의 압력이 1 atm 에서 2 atm 으로 증가되면 거기에 따르는 엔트로피 변화가 $\Delta S = -5.76$ J/K mol 이 된다. 즉, 부피가 크게 줄었다는 이유만으로 이처럼 크게 감소된다. 그리하여 압력 변화에 따르는 기체의 엔트로피 변화는 무시할 수 없다.

9.8 엔트로피의 온도 의존

일정한 부피와 일정한 압력의 두 경우에 엔트로피의 온도에 대한 의존 관계는 간단하다는 것을 알게 되었다. 이러한 결과는 엔트로피의 기본적 정의로부터 생긴 것이다. 만일 계의 상태가 온도와 어떤 다른 독립변수 x 로 표시된다면 x 를 일정하게 놓고 가역 변환시킬 때의 열용량은 정의에 따라 $C_x = (đQ_{rev})_x/dT$ 가 된다. 이 식에다 dS 의 정의를 적용시키면 x 를 일정하게 놓을 때 다음 관계가 성립한다.

$$dS = \frac{C_x}{T}dT \quad \text{또는} \quad \left(\frac{\partial S}{\partial T}\right)_x = \frac{C_x}{T} \tag{9.43}$$

이와같이 어떤 제한 밑에서 엔트로피의 온도 의존은 간단하게 표시된다. 즉, 엔트로피의 미분계수는 항상 해당하는 열용량을 온도로 나눈 값이 된다. 대부분의 실제 문제에서는 x 가 V 나 p 중 하나이다. 따라서 마찬가지 정의이지만 열용량을 다음과 같이 정의할 수 있다.

$$C_v = T\left(\frac{\partial S}{\partial T}\right)_v \quad \text{및} \quad C_p = T\left(\frac{\partial S}{\partial T}\right)_p \tag{9.44}$$

보기 9.3 일정한 압력 하에서 1 mol 의 금을 25 °C 로부터 100 °C 로 가열하였다. $\overline{C}_p/(\text{J/K mol}) = 23.7 + 0.00519\,T$ 이다. 이 변환에 수반되는 ΔS 를 계산하라.

$$\Delta S = \int_{T_1}^{T_2}\frac{C_p}{T}dT = \int_{298.15}^{373.15}\frac{(23.7+0.00519\,T)}{T}dT$$

$$= 23.7\int_{298.15}^{373.15}\frac{dT}{T} + 0.00519\int_{298.15}^{373.15}dT$$

$$= 23.7\ln\frac{373.15}{298.15} + 0.00519(373.15-298.15) = 5.318 + 0.389 = 5.71\text{J/K mol}$$

9.9 이상 기체의 엔트로피 변화

앞 절에서 유도한 관계식들은 어떤 계에 대해서는 모두 적용된다. 이상 기체에 적용될 때에는 특히 간단한 꼴의 식으로 되는데, 그 이유는 이상 기체에서는 에너지와 온도가 같은 변수이기 때문이다. 즉, $dU = C_v dT$ 이기 때문이다. (9.23)식의 dU 에 이 값을 넣으면 곧 다음 결과가 나온다.

$$dS = \frac{C_v}{T}dT + \frac{p}{T}dV \tag{9.45}$$

(9.26)식에다 Joule 의 법칙, 즉 $(\partial U/\partial V)_T = 0$ 을 적용해도 같은 결과가 생긴다. (9.45)식을 이용하려면 식 중의 모든 양들을 T 와 V 의 함수로 나타내어야 한다. 따라서 압력에 대해서는

$p = nRT/V$의 관계를 써야 한다.

$$dS = \frac{C_v}{T}dT + \frac{nR}{V}dV \tag{9.46}$$

(9.46)식을 (9.24)식과 비교하면 다음 관계가 성립한다.

$$\left(\frac{\partial S}{\partial V}\right)_T = \frac{nR}{V} \tag{9.47}$$

이 도함수는 항상 양이며 따라서 등온 변환에서 이상 기체의 엔트로피는 부피가 증가하면 커진다. 이 증가 속도는 V가 분모에 있으므로 부피가 클 때는 작아진다.

상태 변화가 유한할 때는 (9.46)식은 다음과 같이 적분해야 한다.

$$\Delta S = \int_{T_1}^{T_2}\frac{C_v}{T}\,dT + nR\int_{V_1}^{V_2}\frac{dV}{V}$$

C_v가 일정할 경우에는 이 식은 곧 적분된다.

$$\Delta S = C_v \ln(T_2/T_1) + nR\ln(V_2/V_1) \tag{9.48}$$

(9.35)식에서 이상 기체의 성질인 $dH = C_p\,dT$를 적용시키면 이상 기체의 엔트로피가 T와 p의 함수로 표시된다. 즉,

$$dS = \frac{C_p}{T}dT - \frac{V}{T}dp$$

변수들을 모두 T와 p로 바꾸기 위해서 $V = nRT/p$를 넣어주면 이 식이 다음과 같이 된다.

$$dS = \frac{C_p}{T}dT - \frac{nR}{p}dp \tag{9.49}$$

(9.49)식을 (9.34)식과 비교하면 다음 관계가 얻어진다.

$$\left(\frac{\partial S}{\partial p}\right)_T = -\frac{nR}{p} \tag{9.50}$$

이 식은 등온에서 압력이 커지면 엔트로피가 감소함을 보여주는 것으로서, 이 결과는 엔트로피의 부피 의존 관계로부터 예측되는 결과이다. 상태 변화가 유한한 때는 (9.49)식이 다음과 같이 적분된다.

$$\Delta S = C_p \ln\left(\frac{T_2}{T_1}\right) - nR\ln\left(\frac{p_2}{p_1}\right) \tag{9.51}$$

이 적분 과정에서 C_p는 상수로 놓았다.

■ **보기 9.4** $\overline{C}_p = \frac{5}{2}R$인 이상 기체 1 mol을 20 °C와 1 atm의 초기 상태로부터 50 °C와 8 atm의 상태로 변환시켰다. ΔS를 계산하라. $T_1 = 293.15\ \mathrm{K}$ 그리고 $T_2 = 323.15\ \mathrm{K}$로 놓고 (9.51)식을 이용하면 다음과 같은 결과를 얻게된다.

$$\Delta S = \frac{5}{2}R\ln\frac{323.15\ \mathrm{K}}{293.15\ \mathrm{K}} - R\ln\frac{8\ \mathrm{atm}}{1\ \mathrm{atm}} = \frac{5}{2}R(0.0974) - 2.079R$$
$$= -1.836R = -1.836(8.314\ \mathrm{J/K\ mol}) = -15.26\ \mathrm{J/K\ mol}$$

앞의 보기에서와 마찬가지로 이 보기에서도 온도는 kelvin 으로 표시해야 한다는 것을 주의하라. 또 압력의 비만을 고려하는 이 문제의 둘째 항에서는 압력을 어떤 단위로 나타내든 그것이 pascal 에 비례하는 것이면 상관없다는 것을 주의하라. 압력의 비를 구하는 과정에서는 환산 인자들이 상쇄되어 버리며 그리하여 처음부터 이것을 넣어줄 필요가 없는 것이다.

9.9.1 이상 기체의 엔트로피에 관한 표준 상태

일정한 온도에서 일어나는 상태 변화에 대해서는 (9.50)식이 다음과 같이 된다.

$$d\bar{S} = -\frac{R}{p}dp$$

이 식을 $p = 1\text{atm}$ 으로부터 어떤 압력 p 까지 적분하면 다음과 같이 된다.

$$\bar{S} - \bar{S}^{\circ} = -R\ln\left(\frac{p}{1\text{ atm}}\right) \qquad (9.52)$$

여기서 $\bar{S}^{\circ}$ 는 1 atm 하에서의 몰엔트로피 값으로서, 문제로 삼는 온도에서의 표준 엔트로피이다.

(9.52)식의 우변에 있는 대수값을 계산하려면 압력 p 를 반드시 기압으로 표시해야 한다. 그러면 $(p/1\text{ atm})$은 순수한 수가 되어 대수를 취할 수 있다(사과 5개의 대수는 취할 수 없음을 주의하라). (9.52)식을 보통 다음과 같이 간략하게 쓴다.

$$\bar{S} - \bar{S}^{\circ} = -R\ln p \qquad (9.53)$$

(9.53)식에 나오는 p 의 값은 순수한 수자로서, atm 으로 표시한 압력을 1 atm 으로 나누어 얻은 것임을 명심해야 한다.

$\bar{S} - \bar{S}^{\circ}$ 라는 양은 1 atm 에서의 몰엔트로피를 기준으로 한 압력 p 에서의 몰엔트로피이다.

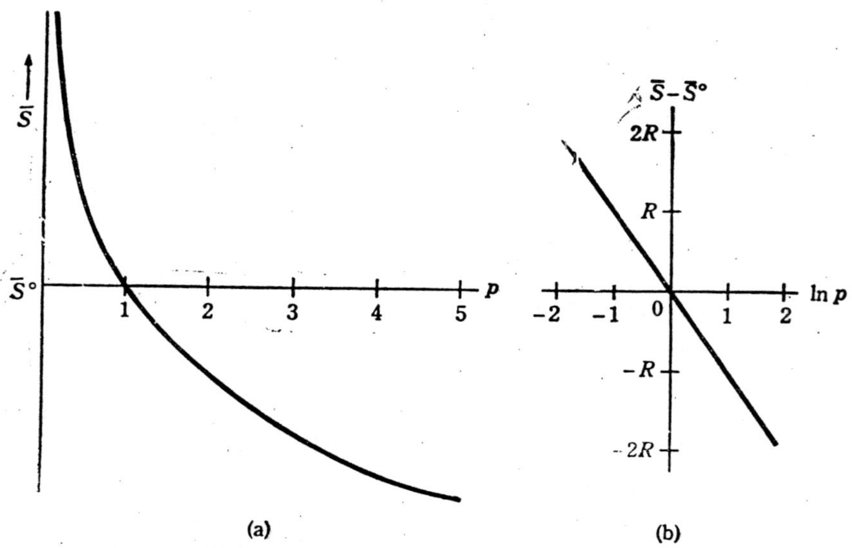

그림 9-2 a) 압력의 함수로 나타낸 이상 기체의 엔트로피.
b) $\ln p$ 에 대해서 도시한 이상 기체의 엔트로피.

그림 9-2(a)는 이상 기체의 $\bar{S}-\bar{S}^0$를 압력의 함수로서 도시한 것이다. 엔트로피가 압력에 따라 줄어드는 속도는 낮은 압력에서는 빠르고 높은 압력이 되면 좀 느려진다. 이 경우에는 그림 9-2(b)에서와 같이 $\bar{S}-\bar{S}^0$를 $\ln p$에 대해서 도시하는 것이 확실히 유리하다. 이 도시 결과는 직선으로 되며, 꽤 넓은 범위의 압력을 적당한 길이의 척도로 나타낼 수 있다.

9.10 열역학 제 3법칙

고체가 일정한 압력에서 절대 온도 영으로부터 그 녹는점보다 낮은 어떤 온도 T까지 변환한다고 생각해 보자. 즉, 고체$(0\,\mathrm{K},p)\rightarrow$고체$(T,p)$. 엔트로피 변화는 (9.38)식에 의해서 다음과 같이 주어진다.

$$\Delta S=S_T-S_0=\int_0^T\frac{C_p}{T}\,dT$$

$$S_T=S_0+\int_0^T\frac{C_p}{T}\,dT \tag{9.54}$$

C_p는 양이므로 (9.54)식의 적분 항은 양이다. 따라서 엔트로피는 온도가 올라가면 증가하기만 한다. 따라서 0 K에서는 엔트로피가 최소의 가능한 값 S_0를 갖는다. 이보다 높은 온도에서는 어떤 온도에서나 그 엔트로피가 S_0보다 크게 된다. 1913년에 M. Planck는 순수하고 완전한 결정체는 모두 그 S_0의 값이 영이라고 말하였다. 이것이 열역학 제 3법칙이다. 즉, 순수하고 완전한 결정체의 엔트로피는 절대 온도 영도에서 영이다.

열역학 제 3법칙을 (9.54)식에 적용시키면 다음과 같이 된다.

$$S_T=\int_0^T\frac{C_p}{T}\,dT \tag{9.55}$$

여기서 S_T는 온도 T와 압력 p에서의 고체의 제 3법칙 엔트로피라고 부르며, 또 간단히 엔트로피라고도 부른다. 압력이 1 atm인 경우에는 이 엔트로피 역시 표준 엔트로피 S_T°가 된다. 표 9-1은 여러 가지 종류의 물질에 대한 엔트로피 값을 뽑은 것이다.

집합 상태가 변화(녹거나 증발)할 때는 엔트로피가 증가하므로, 액체나 기체의 엔트로피를 계산하려면 이러한 기여를 포함시켜야 한다. 녹는점보다 높은 온도에서의 액체의 표준 엔트로피는 다음과 같다.

$$S_T^\circ=\int_0^{T_m}\frac{C_p^\circ(\mathrm{s})}{T}\,dT+\frac{\Delta H_{\mathrm{fus}}^\circ}{T_m}+\int_{T_m}^T\frac{C_p^\circ(\mathrm{l})}{T}\,dT \tag{9.56}$$

마찬가지로 끓는점 위에서의 기체에 대해서는 다음과 같이 된다.

$$S_T^\circ=\int_0^{T_m}\frac{C_p^\circ(\mathrm{s})}{T}\,dT+\frac{\Delta H_{\mathrm{fus}}^\circ}{T_m}+\int_{T_m}^{T_b}\frac{C_p^\circ(\mathrm{l})}{T}\,dT+\frac{\Delta H_{\mathrm{vap}}^\circ}{T_b}+\int_{T_b}^T\frac{C_p^\circ(\mathrm{g})}{T}\,dT \tag{9.57}$$

고체가 한 결정 형태로부터 다른 형태로 전이될 때는 그 평형 온도에서의 전이 엔트로피를 또한 더해 주어야 한다. 어떤 물체의 엔트로피를 계산하려면 그 물체의 여러 가지 집합 상태에서의 열용량을 절대 영도로부터 다루려는 온도까지의 넓은 범위에 걸쳐서 정확하게 재야한다. 전이열과 전이 온도 값도 역시 측정해야 한다. 이런 측정은 모두 열량계로 할 수 있다. 고체에 따라서는 절대 영도보다 불과 백분의 수도 위밖에 안 되는 저온에서도 그 열용량이 측정되었다. 그렇지만 이런 예는 극히 드물다. 일반적으로 열용량은 10 K 내지 15 K 사이의 저온 T'까지만 측정된다. 이런 저온에서는 고체의 열용량이 다음과 같은 Debye의 "T-세제곱" 법칙을 정확하게 만족시킨다.

$$C_v = aT^3 \tag{9.58}$$

여기서 a는 물질에 따라서 다른 상수이다. 이런 저온에서는 C_p와 C_v가 구별되지 않으며, 따라서 0 K에서 측정 최저 온도 T'까지 사이에서는 Debye의 법칙을 이용하여 C_p/T를 적분할 수 있다. 상수 a는 T'에서 측정한 $C_p(=C_v)$의 값으로부터 결정한다. 즉, Debye 법칙을 이용하면 $a=(C_p)_{T'}/T'^3$이 된다. T'보다 높은 온도 범위에서는, C_p/T를 T에 대해서 도시하거나 또는 C_p를 $\log_{10}T$에 대해서 도시하여 다음 적분을 그래프 식으로 구한다. 즉, 이 곡선 밑의 넓이가 이 적분값이 된다.

$$\int_{T'}^{T}\frac{C_p}{T}dT=\int_{T'}^{T}C_p\,d(\ln T)=2.303\int_{T'}^{T}C_p\,d(\log_{10}T)$$

그림 9-3은 12 K로부터 298 K까지의 온도 범위에서 고체에 대한 C_p를 $\log_{10}T$에 대해 도시한 것이다. 곡선 아래의 전면적에 2.303을 곱하면 $\bar{S}^\circ_{298}$의 값 32.6 J/K mol을 얻는다.

끝으로 한 마디 더 말하자면 열역학 제 3 법칙은 1906 년에 Nernst가 처음으로 발표하였으며, 이것을 "Nernst의 열정리"라고 부른다. 이 법칙에 의하면 순수한 결정들만이 관여하는 화학 반응에서는 언제나 그 엔트로피 변화가 0 K에서 영이 된다. 이 표현은 Planck의 표현보다 제한이 적다.

열역학 제 3 법칙은 다른 법칙들과는 달리 일반성이 모자란다. 즉, 이 법칙은 모든 물질에 적용되지 않으며 순수한 결정형의 물질에만 적용된다. 이런 제한이 있기는 하지만, 제 3 법칙은 매우 쓸모 있는 것이다. 이 법칙에 대한 예외가 존재하는 이유를 보다 더 잘 이해하려면 통계역학적으로 엔트로피가 어떻게 설명되는가를 공부한 다음이어야만 한다. 제 3 법칙의 예외에 관한 설명은 모두 그 때까지 미루기로 한다.

다음은 표 9-1에 실린 엔트로피 값에 대한 일반적인 특징이다.

1. 기체의 엔트로피는 액체의 엔트로피보다 크며, 또 액체의 엔트로피는 고체의 엔트로피보다 크다. 이것은 (9.7)식으로부터 곧 나오는 결과이다.
2. 기체의 엔트로피는 질량에 따라서 대수 함수적으로 커진다. 이것은 1 원자 기체들이나 HF, HCl, HBr, HI와 같은 2 원자 분자들의 값을 보면 알 수 있다.

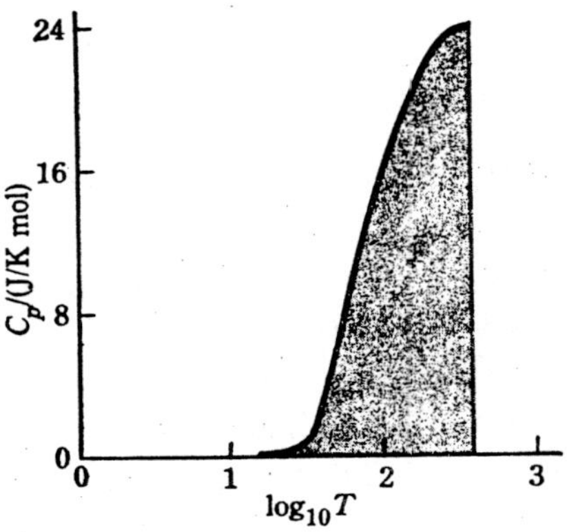

그림 9-3 $\log_{10}T$에 대한 C_p의 도시

3. 같은 질량의 Ne, HF, H_2O 기체를 비교해 보면 회전 운동이 열용량에 어떤 영향을 미치는가를 알 수 있다. 즉, Ne에서 HF로 가면 두 개의 회전 자유도 때문에 $3.302\,R = 27.45$ J/K mol가 늘어난다. HF에 비해서는 H_2O가 회전 자유도를 하나 더 갖고 있으며 그리하여 $1.811\,R = 15.06$ J/K mol이 증가한다. 마찬가지로 H_2O와 NH_3는 거의 같은 엔트로피를 갖는다(둘 다 회전 자유도가 3이다). 질량과 열량은 같으나 그 분자 모양이 다를 경우에는 대칭성이 큰 분자의 엔트로피가 더 낮다. 꼭 들어맞는 예는 거의 없지만 N_2와 CO, 그리고 NH_3와 CH_4를 비교해 보아라.

4. 단순한 단일 알맹이로 이루어진 고체에서는 열용량이 진동 운동에 의한 것 뿐이다. 단단하게 결합된 고체(큰 응집 에너지)는 높은 고유 진동수를 가지며(4.13절), 따라서 열용량이 낮고 엔트로피도 낮다. 예로서 금강석은 응집 에너지가 대단히 크며 엔트로피가 매우 낮다. 규소는 응집 에너지가 이보다 약하고(큰 질량 때문에 진동수도 작다.), 따라서 엔트로피가 이보다 높다.

5. 둘, 셋 또는 그 이상의 단순한 알맹이로 이루어진 고체는 한 개의 단순한 알맹이로 된 고체보다 대략 2배, 3배 등의 큰 엔트로피를 갖는다. 통틀어서 알맹이당 엔트로피는 대략 같다.

6. 한 개의 복잡한 알맹이로 된 고체는 van der Waals 힘(아주 약한 결합력)으로 결합되어 있다. 따라서 그 엔트로피가 높다. 이 표에 나온 예에서는 질량이 비교적 크다는 것을 주목하라.

7. 여러 가지의 복잡한 단위들로 된 고체에서는 이들 단위가 갖는 여분의 자유도 때문에 열용량이 커지므로 엔트로피도 그 만큼 더 크다.

9.11 화학 반응에서의 엔트로피 변화

화학 반응에 수반되는 표준 엔트로피 변화는 표준 엔탈피 변화를 얻을 때와 거의 같은 방법으로 표에 나온 데이터를 써서 계산한다. 그러나 한 가지 중요한 다른 점이 있다. 즉, 원소의 표준 엔트로피를 영이라고 매기지 않는다는 것이다. 25°C, 1 atm에서의 각 원소의 고유한 엔트로피값은 제 3 법칙으로부터 알아낸다. 예로서 다음 반응을 생각해 보자.

$$Fe_2O_3(s) + 3\,H_2(g) \longrightarrow 2\,Fe(s) + 3H_2O(l)$$

위 반응에서 표준 엔트로피 변화는 다음과 같다.

$$\Delta S^\circ = S^\circ_{(\text{final})} - S^\circ_{(\text{initial})} \tag{9.59}$$

따라서

$$\Delta S^\circ = 2\,\bar{S}^\circ(\text{Fe, s}) + 3\,\bar{S}^\circ(\text{H}_2\text{O, l}) - \bar{S}^\circ(\text{Fe}_2\text{O}_3\text{, s}) - 3\,\bar{S}^\circ(\text{H}_2\text{, g}) \tag{9.60}$$

표 9-1에서 해당하는 값들을 찾아 넣으면 25°C에서의 이 반응에 대한 값이 나온다. 즉,

$$\begin{aligned}\Delta S^\circ &= R[2(3.28) + 3(8.4131) - 10.51 - 3(15.7041)]\\ &= -25.82R = -25.82(8.314\ \text{J/K mol}) = -214.7\ \text{J/K mol}\end{aligned}$$

기체의 엔트로피는 응축상의 엔트로피 보다 훨씬 크므로 기체인 수소가 소모되어 응축된 물질이 생기는 이 반응에서는 엔트로피가 크게 감소한다. 반대로 응축된 물질이 없어지면서 기체

표 9-1 298.15 K 에서의 표준 엔트로피.

물 질	$S^\circ_{298.15}/R$	물 질	$S^\circ_{298.15}/R$
고 체		액 체	
단순한 단일 알맹이		Hg	9.129
C(diamond)	0.286	Br_2	18.3068
Si	2.262	H_2O	8.4131
Sn(white)	6.156	$TiCl_4$	30.35
Pb	7.79	CH_3OH	15.2
Cu	3.987	C_2H_5OH	19.3
Fe	3.28		
Al	3.410	기 체	
Ca	5.00	1 원자	
Na	6.170	He	15.1591
K	7.779	Ne	17.5856
복잡한 단일 알맹이		Ar	18.6101
I_2	13.968	Kr	19.7213
P_4	19.77	Xe	20.3951
S_8(rhombic)	30.842	2 원자	
C(graphite)	0.690	H_2	15.7041
단순한 2 단위 알맹이		HF	20.8872
SnO	6.876	HCl	22.4653
PbS	11.0	HBr	23.8844
HgO(red)	8.449	HI	24.8340
AgCl	11.57	Cl_2	26.8167
FeO(wustite)	6.91	O_2	24.6604
MgO	3.241	N_2	23.0325
CaO	4.58	NO	25.336
NaCl	8.68	CO	23.7607
KCl	9.93	3 원자	
KBr	11.53	H_2O	22.6984
KI	12.79	O_3	28.72
복잡한 2 단위 알맹이		NO_2	28.86
FeS_2(pyrite)	6.37	N_2O	26.43
NH_4Cl	11.4	CO_2	25.6996
$CaCO_3$(calcite)	11.2	4 원자	
$NaNO_3$	14.01	SO_3	30.87
$KClO_3$	17.2	NH_3	23.173
단순한 3 단위 알맹이		P_4	33.66
SiO_2(α-quartz)	4.987	PCl_3	37.49
Cu_2O	11.20	C_2H_2	24.15
Ag_2O	14.6	5 원자	
Na_2O	9.03	CH_4	22.389
단순한 5 단위 알맹이		SiH_4	24.60
Fe_2O_3	10.51	SiF_4	33.995

NBS Technical Notes 270-3 through 270-8. U.S. Government Printing Office, 1968~81 ; and in No. 28 CODATA Recommended Values for Thermodynamics 1977. (April 1978) International Council of Scientific Unions 에 나온 값들로부터 계산하였음.

가 생기는 반응에서는 엔트로피가 현저하게 커진다.

$$Cu_2O(s) + C(s) \longrightarrow 2\,Cu(s) + CO(g) \qquad \Delta S^\circ_{298} = +158\ \mathrm{J/K\ mol}$$

어느 한 특정 온도 T_0에서의 반응에 대한 ΔS° 를 알면 (9.38)식을 써서 다른 임의의 온도에서의 값을 쉽게 계산할 수 있다. 우선 반응의 ΔS° 를 다음과 같이 나타내자.

$$\Delta S^\circ = S^\circ(\text{products}) - S^\circ(\text{reactants})$$

이것을 일정한 압력에서 온도에 관해 미분하면 다음 결과가 나온다.

$$\left(\frac{\partial \Delta S^\circ}{\partial T}\right)_p = \left(\frac{\partial S^\circ(\text{products})}{\partial T}\right)_p - \left(\frac{\partial S^\circ(\text{reactants})}{\partial T}\right)_p$$
$$= \frac{C_p^\circ(\text{products})}{T} - \frac{C_p^\circ(\text{reactants})}{T} = \frac{\Delta C_p^\circ}{T} \qquad (9.61)$$

(9.61)식을 미분형으로 쓰고 기준 온도 T_0와 임의의 다른 온도 T 사이에서 적분하면 다음과 같은 식을 얻게 된다.

$$\int_{T_0}^{T} d(\Delta S^\circ) = \int_{T_0}^{T} \frac{\Delta C_p^\circ}{T}\, dT$$
$$\Delta S_T^\circ = \Delta S_{T_0}^\circ + \int_{T_0}^{T} \frac{\Delta C_p^\circ}{T}\, dT \qquad (9.62)$$

이 식은 T_0와 T 사이에서 반응물이나 생성물 중의 어느 것이 그 집합 상태를 바꾸지 않는 한 어떤 화학 반응에 대해서나 적용된다.

9.12 엔트로피와 확률

일정한 상태에 있는 계의 엔트로피는 이른바 그 상태의 확률과 관련시킬 수 있다. 이 관계를 찾아내고 또 상태의 확률이 무엇을 뜻하는가를 정의하려면 계에 대한 어떤 구조 모형이 필요하다. 이와는 대조적으로 제 2 법칙으로부터 엔트로피를 정의하는 데는 구조 모형이 필요하지 않으며 계가 원자와 분자로 이루어졌다고 생각하거나 혹은 휴지와 야구 방망이로 이루어졌다고 생각하거나 전혀 상관이 없다. 생각을 간단히 하기 위해서 계는 수많은 작은 알맹이 또는 분자로 되어 있다고 가정하기로 하자.

다음의 경우를 상상해 보자. 큰 방을 완전히 봉하고 진공으로 해놓는다. 방 한쪽 구석에는 대기압의 기체가 채워진 작은 상자가 있다. 이 상자를 열어서 기체 분자들이 방 안으로 자유로이 퍼져나가게 한다. 그러면 얼마 안 되어서 기체가 방안 전체에 골고루 퍼지게 될 것이다. 물질 알맹이를 고전 역학적 개념으로 보면 상자가 열리는 순간에 각 기체 분자는 일정한 위치와 속도를 갖는다. 기체가 방을 채운 다음 각 기체 분자의 어느 한 순간에서의 위치와 속도는 상자가 열린 순간에 모든 기체가 가졌던 위치와 속도하고 복잡한 관계를 갖는다. 이 나중 순간에 각 분자의 모든 속도 성분들이 정반대로 되었다고 생각해 보자. 그러면 분자는 그 원래 운동과 정반대의 운동을 하게 되어, 시간이 흐르면 상자를 열기 전에 있던 자리로 기체 분자가 되돌아갈 것이다.

여기서 이상스런 점은 방을 골고루 채우려는 한 특정한 운동이 거꾸로 일어나면 기체가 방 한 구석으로 몰리게 되는데 그 정방향의 운동이 일어날 확률이 반대 방향의 운동이 일어날 확률보다 커야할 이유가 하나도 없다는 것이다. 만약 그렇다면 방안의 공기가 방의 어느 한 부분에 모이지 않는 이유는 무엇일까? 우리 주위에서 일어나는 운동과 똑같이 가능한 운동이 실제로는 일어나지 않는데 이 사실을 Boltzmann의 역설이라고 부른다.

이 역설은 다음과 같이 설명된다. 어떤 엄밀하게 명시된 분자 운동이 일어날 확률이 다른 어떤 엄밀하게 명시된 운동이 일어날 확률과 같다는 것은 사실이다. 그러나 한 무리의 분자를 생각할 때 모든 가능한 엄밀하게 명시된 운동 중에서 허용된 공간을 골고루 채워 주는 운동의 전체수는 허용된 공간의 일부만을 채워주는 운동의 수보다 굉장히 크다는 것도 또한 사실이다. 그러므로 계의 개개의 운동은 모두 같은 확률을 갖지만, 허용된 공간이 고르게 채워질 확률은 이러한 결과를 초래하는 운동의 총수에 비례한다. 결과적으로 골고루 채워지는 확률은 어느 다른 확률보다도 크다.

여러 알맹이의 경우는 제쳐 놓더라도 우리는 단 한 알맹이의 자세한 운동 조차도 상상하기가 어렵다. 다행히도 확률 계산을 하는 데 알맹이의 운동을 따질 필요는 없으며, 알맹이를 주어진 부피에다 분포시키는 방법의 수만 따지면 된다. 균일한 본포의 확률이 균일하지 않은 분포의 확률과 어떻게 다른가를 비교하는 데는 간단한 경우를 가지고 충분히 설명할 수 있을 것이다.

공 1개씩이 들어갈 수 있는 방을 4개 갖고 있는 상자가 있다고 하자. 그림 9-4(a)에서 처럼 네 방을 반으로 나누어 그 한쪽에 각각 2개의 방이 들어가게 한다. 이 방들에 공 2개를 집어 넣으면 그림 9-4(b)에서와 같은 배치가 가능하다(○은 빈 방이고 ⊗은 채워진 방을 나타낸다). 이 여섯 가지 배치 중에서 4개는 균일하게 채워진 배치로서, 상자의 반 쪽마다 1개의 공이 들어 있다. 그러므로 골고루 채워질 확률은 $\frac{4}{6}=\frac{2}{3}$가 되며 상자의 어느 한 쪽으로 공 2개가 다 들어갈 확률은 $\frac{2}{6}=\frac{1}{3}$이 된다. 어느 한 특정한 배치의 확률은 $\frac{1}{6}$이다. 그러나 네 가지 특정한 배치는 고르게 채워지는 결과를 주고, 두 가지 배치만이 불균일하게 채워지는 결과를 준다.

가령 8개의 방과 2개의 공이 있다면 가능한 배치 방법의 총수가 28이 된다. 이 28가지 배치 가운데서 16가지는 상자 반 쪽마다 한 개의 공이 들어가는 것이다. 따라서 균일하게 분배될 확률은 $\frac{16}{28}=\frac{4}{7}$가 된다. 방의 수효가 무한히 늘어남에 따라 상자의 반 쪽에 공 1개가 들어가고 다른 반 쪽에 나머지 공 1개가 들어갈 확률은 $\frac{1}{2}$에 가까워진다는 것을 쉽게 알 수 있다.

이 정도로 해놓고 이런 모든 것이 엔트로피와 무슨 관계가 있는지 알아보는게 타당할 것 같다. 어떤 정해진 상태에 있는 계의 엔트로피는 계의 구성 알맹이를 그러한 상태가 되게 배열시킬 수 있는 방법의 수로써 정의할 수 있다. 그러한 가능한 배열을 각각 계의 상황이라고 부른다. Boltzmann에 의하면 엔트로피는 다음과 같이 정의된다.

$$S = k \ln \Omega \tag{9.63}$$

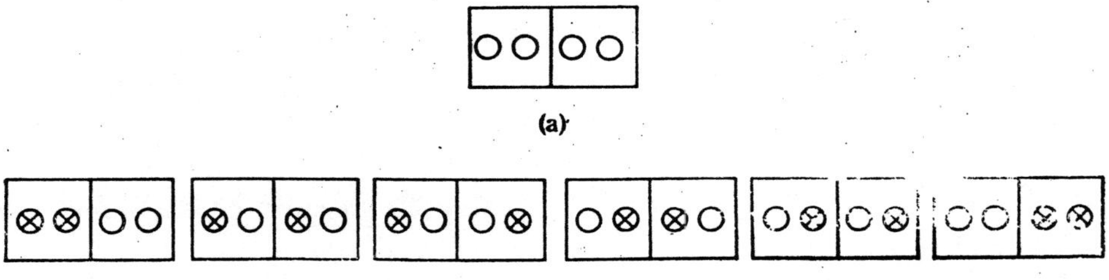

(a)

(b)

그림 9-4

여기서 k는 Boltzmann 상수로서 $k = R/N_A$이고, Ω는 계의 정해진 상태와 일치하는 계의 상황의 수이다. 계의 정해진 상태에 대한 확률은 그 상태를 만드는 상황의 수에 비례하므로, (9.63)식으로부터 엔트로피는 상태의 확률의 대수에 의존한다는 것이 분명하다.

앞의 예에서 나온 두 경우에 대한 엔트로피를 계산해 보자.

경우 1. 2개의 공이 상자 왼쪽 반에 들어 있다. 이런 경우가 되는 배치(상황)는 하나뿐이므로 $\Omega = 1$이다. 따라서

$$S_1 = k\ln(1) = 0$$

이 상태의 엔트로피는 0이다.

경우 2. 2개의 공이 상자 어디에나 있을 수 있다. 앞서 본 바와 같이, 이런 경우에 해당하는 상황은 6이므로 $\Omega = 6$이다. 따라서

$$S_2 = k\ln(6)$$

따라서 방이 2개에서 4개로 되게 계를 팽창 시킬 때의 엔트로피 증가는 다음과 같이 된다.

$$\Delta S = S_2 - S_1 = k\ln 6 \qquad \text{공 2개에 대해서}$$
$$= (k/2)\ln 6 \quad \text{공 1개에 대해서}$$

이 결과는 N개의 방을 갖는 상자에 적용되도록 쉽게 일반화시킬 수 있다. N개의 방에 2개의 공이 들어간다면 몇 가지의 배치가 가능할까? 첫째 번 공을 넣는 데는 N개 중에서 한 방을 선택할 수 있다. 첫째 번 공이 방 하나를 택하면 어떤 경우에나 둘째 번 공은 $N-1$ 중의 하나를 선택할 수 있다. 따라서 N개의 방에 2개의 공을 배치하는 방법의 총수는 분명히 $N(N-1)$이다. 그렇지만, x위치에 공 1이 있고, y위치에 공 2가 있는 배치와 y위치에 공 1이 있고 x위치에 공 2가 있는 배치와는 분간할 수가 없으므로 이 수를 2로 나누어야만 별개의 배치수가 나온다. 따라서

$$\Omega_1 = \frac{N(N-1)}{2}$$

이 계의 엔트로피는 (9.63)식에 의해서 다음과 같이 된다.

$$S_1 = k\ln\left[\frac{1}{2}N(N-1)\right]$$

방의 수를 N'으로 늘리면, $\Omega_2 = \frac{1}{2}N'(N'-1)$이 되고 다음 결과가 나온다.

$$S_2 = k\ln\left[\frac{1}{2}N'(N'-1)\right]$$

따라서 방의 수를 N에서 N'으로 늘리는 데 따르는 엔트로피 증가는 다음과 같다.

$$\Delta S = S_2 - S_1 = k\ln\left[\frac{N'(N'-1)}{N(N-1)}\right] \tag{9.64}$$

$N' = 4$, $N = 2$로 놓으면 방의 수를 2에서 4로 늘렸던 앞의 결과와 일치하게 된다.

N과 N'이 둘 다 대단히 커서 $N-1$을 N으로, 또 $N'-1$을 N'으로 놓을 수 있는 경우에

는 (9.64)식을 더 쓸모 있는 꼴로 나타낼 수 있다. 즉, 이 경우에는 (9.64)식이 다음과 같이 된다.

$$\Delta S = k\ln\left(\frac{N'}{N}\right)^2 = 2k\ln\left(\frac{N'}{N}\right) \tag{9.65}$$

방에 공을 이렇게 닥치는대로 집어 넣는 것이 어떤 물리적 경우에 적용될 것인가를 생각해 보면 우선 이상 기체가 생각날 것이다. 이상 기체에서는 어느 순간에서의 분자의 위치가 순전히 우연적으로 정해진다. 다른 분자가 가까이 있다고 해서 이 분자가 그 위치에 있을 기회가 달라지는 것은 아니다. (9.65)식을 이상 기체에 적용하면, 공은 분자가 되고 방의 수는 기체가 차지하는 부피에 비례한다. 그러므로 $N'/N = V'/V$가 되고 (9.65)식은 다음과 같이 된다.

$$\Delta S(2\text{ 분자}) = 2\,k\ln(V'/V) \qquad \Delta S(1\text{ 분자}) = k\ln(V'/V)$$

1 mol 에 대해서는 $N_A k = R$(기체 상수)이므로 다음 결과가 나온다.

$$\Delta S(1\text{ mol}) = R\ln(V'/V) \tag{9.66}$$

이것은 (9.48)식의 둘째 항, 즉 1 mol 의 이상 기체의 부피를 V에서 V' 으로 등온 팽창시킬 때의 엔트로피 증가를 나타내는 항과 같다.

엔트로피를 이와 같이 구조를 생각하고 통계 역학적으로 정의해 놓고 보면, 적은 부피보다는 큰 부피에다 주어진 수의 분자를 배치하는 방법의 수가 많아지므로 기체를 등온 팽창시키면 엔트로피가 증가해야 하는 것이다. 어느 한 주어진 상태의 확률은 그 상태에서 분자를 배열하는 방법의 수에 비례하므로 큰 부피의 기체는 적은 부피의 기체보다 더 높은 확률의 상태에 있게 된다. 평형 상태에 있는 기체는 가장 확률이 높은 상태에 있다고 가정한다면 방에 있는 기체가 좁은 구석으로 몰리지 않는 까닭을 이해할 수 있을 것이다. 기체는 가능한 한 많은 부피를 차지함으로써 가장 확률이 높은 상태에 있으려고 한다. 평형 상태는 계에 가해진 속박을 만족시키는 범위에서 최대의 확률을 가지며, 따라서 최대의 엔트로피를 갖는다.

9.13 오메가를 나타내는 일반식

N개의 방에 3개의 알맹이를 배열하는 방법의 수를 먼저와 같은 방법으로 계산해 보자. 첫째 공을 넣는 데는 N개의 선택이 있고, 둘째 것은 $N-1$, 셋째 것은 $N-2$개의 선택이 있다. 따라서 전체로 $N(N-1)(N-2)$개의 배열이 가능한 것처럼 보일 것이다. 그러나 여기서도 방 x, y, z 사이에서 세 알맹이가 자리 바꿈만을 한 배열은 구별이 안 된다. 이러한 순열은 xyz, xzy, yxz, yzx, zxy, zyx 의 3! 개이다. 따라서 N개의 방에 들어 있는 세 알맹이에 대해서는 상황의 수가 다음과 같이 된다.

$$\Omega = \frac{N(N-1)(N-2)}{3!} \tag{9.67}$$

다시 여기서도 방의 수 N이 알맹이의 수보다 훨씬 클 경우에는, 세 알맹이에 관한 위 식이 다음과 같이 된다.

$$\Omega = \frac{N^3}{3!}$$

따라서 N_a 개의 알맹이에 비해서 N이 훨씬 클 경우에는 근사적으로 다음과 같이 써줄 수 있다.

$$\Omega = \frac{N^{N_a}}{N_a!} \tag{9.68}$$

한편 Ω에 관한 정확한 식이 필요할 때는 (9.67)식을 N_a개의 알맹이에 대해서 다음과 같이 일반화할 수 있다.

$$\Omega = \frac{N(N-1)(N-2)(N-3)\cdots(N-N_a+1)}{N_a!}$$

이 나중 식의 분모 분자 양쪽에 $(N-N_a)!$를 곱하면 다음과 같이 된다.

$$\Omega = \frac{N!}{N_a!(N-N_a)!} \tag{9.69}$$

방의 수를 N에서 N'으로 늘리는 데 따르는 엔트로피 변화는 (9.68)식을 써서 쉽게 계산된다. 즉, 우선 방의 수가 N개일 때와 N'개일 때의 엔트로피는 각각 다음과 같이 된다.

$$S = k[\ln N^{N_a} - \ln(N_a!)]$$
$$S' = k[\ln N'^{N_a} - \ln(N_a!)]$$

따라서 ΔS 값은 다음과 같이 된다.

$$\Delta S = S' - S = N_a k \ln\left(\frac{N'}{N}\right)$$

앞에서와 같이 $N'/N = V'/V$로 취하며 $N_a = N_A$일 때 이 식은 (9.66)식과 같아진다.

$$\Delta S = R\ln(V'/V)$$

9. 14 에너지 분포

방에다 공을 배열시키는 방법은 작은 부피 요소에다 분자를 배열시키는 물리적 경우에다 비교적 쉽게 적용시킬 수 있다. 부피 요소에다 분자를 배열시키면 분자의 공간 분포를 얻게 된다. 공간 분포의 문제는 주어진 한 부피 요소에 기껏해야 분자 1개가 들어간다고 가정하면 상당히 간단해진다.

방에서의 공의 배열을 에너지 분포 문제에 적용시키기는 별로 더 어려운 문제가 아니다. 우선 분자들은 어떤 것이나 영에서 무한대 사이의 에너지 값을 가질 수 있다고 가정한다. 그리고 이 전체 에너지 범위를 폭이 $d\epsilon$인 작은 구간으로 나눈다. 이 구간들은 그림 9-5에서와 같이 가장 낮은 에너지를 갖는 것부터 차례로 ϵ_1, ϵ_2, ϵ_3, $\cdots$로 표시해 준다. 에너지 분포를 표시하려면 첫째 번 구간에 해당하는 에너지를 가진 분자수를 n_1, 둘째 구간에 해당하는 것을 n_2 등으로 나타내면 된다.

N개의 분자로 된 집단을 생각하고 이 집단의 에너지 분포가 n_1, n_2, n_3, n_4, n_5, $\cdots$로 표시된다고 하자. 이 특수한 분포가 이루어지는 방법의 수는 몇 가지나 될까? 우선 ϵ_1에 분자 3개가 있다고 해보자. 첫째 번 분자를 택하는 데는 N가지 방법, 둘째는 $(N-1)$, 그리고 셋째를

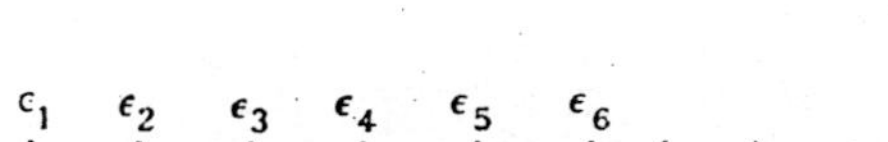

그림 9-5 에너지 범위의 구간 분할.

택하는 데는 $(N-2)$가지 방법이 있다. 그러므로 N분자 중에서 3개를 택하는 데는 $N(N-1)$ $(N-2)$가지 방법이 있는 것처럼 보인다. 그러나 고르는 순서에는 상관없으므로 분자 1, 2 및 3을 택할 경우에는 그 순서가 123, 132, 213, 231, 312, 321 중의 어느 것이 되든 마찬가지의 분포가 얻어진다. 따라서 선택 방법의 전체수를 3! 로 나누어야만 서로 분간이 되는 방법의 수를 얻을 수 있다. 즉,

$$\frac{N(N-1)(N-2)}{3!}$$

둘째 구간에는 분자 2개가 있다고 하자. 이것은 남아 있는 $N-3$개의 분자로부터 골라야 한다. 첫째 것은 $N-3$방법으로, 둘째 것은 $N-4$방법으로 고를 수 있다. 여기서는 그 순서에는 관계없으므로 2! 로 나눈다. 둘째 번 구간의 분자 2개를 고를 수 있는 상이한 방법의 수는 다음과 같다.

$$\frac{(N-3)(N-4)}{2!}$$

첫째 번 구간의 분자 3개와 둘째 번 구간의 분자 2개를 고르는 방법의 총수는 위의 두 값의 곱으로 주어진다.

$$\frac{N(N-1)(N-2)(N-3)(N-4)}{3!\,2!}$$

다음에는 남은 $N-5$개의 분자 중에서 세째 번 구간에 들어가는 분자를 선택하는 방법의 수를 구하고 이런 식으로 계속한다. 결국 이런 과정을 반복해 나가면 구간 1에 분자 n_1을 넣고, 구간 2에 분자 n_2개를 넣고, 이런 식으로 계속해 나가면서 넣는 방법의 총수 Ω를 얻을 수 있다. 즉,

$$\Omega = \frac{N!}{n_1!\,n_2!\,n_3!\,n_4!\cdots} \tag{9.70}$$

(9.70)식으로 주어지는 Ω 값은 특정한 분포에 대한 상황의 수를 나타내는 것으로서 꽤 복잡해 보인다. 그렇지만 필요한 정보를 얻는 데 이 식이 그렇게 많이 관계되지는 않는다. 일반적으로 어느 에너지 범위에 걸쳐서 분자를 분포시켰을 때 이 분포에 기인되는 엔트로피는 상황의 수와 $S=k\ln\Omega$ 의 관계를 갖는다. Ω가 매우 크면 엔트로피는 커질 것이다. (9.70)식에 의하면 각 구간의 분자수 n_1, n_2, n_3, … 가 적을수록 Ω의 값은 커진다. 예로서 구간마다 비어 있거나 단 한 개의 분자가 들어 있다면 분모가 되는 인수는 모두 0! 이거나 1! 이 될 것이다. 그러면 분모는 1이 되고 $\Omega=N!$ 이 될 것이다. 이것은 Ω의 가능한 값 중 가장 큰 것이며 엔트로피의 최대값에 대응하는 것이다. 이런 경우에는 분자가 아주 넓은 에너지 범위에 걸쳐 퍼져 있다는 것을 알아야 한다. 따라서 넓은 에너지 분포는 높은 엔트로피를 뜻한다.

반대로 모든 분자들이 하나만 빼 놓고는 모두 첫 준위에 몰려 있는 경우를 생각해 보자. 그러면 다음 결과가 나온다.

$$\Omega = \frac{N!}{(N-1)!\,1!\,0!\,0!} = N$$

N이 클 때는 N이 N' 보다 훨씬 더 작아진다. 이 경우의 엔트로피는 넓게 분포되었을 때 보다 훨씬 작다.

그러므로 마치 기체 분자가 허용되는 공간을 모두 차지하려 들 듯이 분자들은 가능한 한 넓은 에너지 분포로 퍼져서 큰 엔트로피를 가지려고 할 것이다. 공간 분포는 용기의 벽으로 제한된다. 에너지 분포도 그와 비슷한 제한을 받는다. 한 주어진 상태에서는 계의 총에너지가 일정한 값을 갖는다. 이 값은 그 분포로부터 다음과 같이 된다.

$$U = n_1\epsilon_1 + n_2\epsilon_2 + n_3\epsilon_3 + n_4\epsilon_4 + \cdots$$

계의 높은 에너지 구간에 많은 분자가 채워지지 않는다는 것은 분명하다. 그렇지 않을 때는 그 분포가 주어진 상태에서 가져야 할 값보다도 더 큰 값의 에너지를 가져야 한다. 이 제한으로 해서 계의 상황수는 아주 엄격한 제한을 받게 된다. 그러나 Ω의 값은 고정된 U값을 넘지 않는 한도에서 최대값에 이르게 된다. 그리고 정해진 전체 에너지값을 만족시키는 한도내에서 가능한 한 넓은 범위의 에너지에 걸쳐서 분자들이 분포된다.

계의 에너지가 증가하면 분포도 넓게 되고, 따라서 계의 상황수와 엔트로피가 증가한다. 이것은 (9.12)의 기본식이 나타내는 사실을 통계적으로 설명한 것이다. 아래 식은 (9.12)식을 다시 옮겨 놓은 것이다.

$$dS = \frac{1}{T}dU + \frac{p}{T}dV$$

이 식으로부터 다음과 같은 미분 계수를 얻게 된다.

$$\left(\frac{\partial S}{\partial U}\right)_V = \frac{1}{T}$$

9.5절에서 설명한 바와 같이 이 계수는 항상 양이다. 여기서는 에너지가 증가하면 상황수와 엔트로피가 증가한다는 통계 역학적 결과와 이 미분 계수가 양이라는 사실이 부합된다는 것을 지적해 두기만 하겠다.

계의 엔트로피를 변화시키는 이 기본식의 두 가지 방법은 모두 계의 분포를 더 넓게 해 주는 것들이라고 해석할 수 있다. 즉, 부피를 크게 하면 공간 분포가 넓어지고, 에너지를 증가시키면 에너지 분포가 넓어진다. 분포의 폭이 넓어지면 분포를 시키는 방법의 수가 많아지므로 확률이 더 큰 상태가 된다.

이제 액체와 고체의 경우 압력이 변하더라도 그 엔트로피가 거의 달라지지 않는 까닭을 쉽게 이해할 수 있을 것이다. 응축된 물질의 부피는 압력에 의해서 거의 변하지 않으므로 공간 분포의 폭이 거의 그대로 유지된다. 따라서 엔트로피가 거의 같은 값에 머무르게 된다.

기체를 단열 가역 팽창시킬 때의 현상도 또한 설명할 수 있다. 이런 팽창에서는 $đQ_{rev} = 0$이므로 $dS = 0$이다. 부피가 커지므로 공간 분포의 폭이 넓어지고 이것으로 인한 엔트로피가 증가한다. 따라서 전체 엔트로피 변화가 영이 되려면 에너지의 분포가 좁아져야 한다. 이것은 에너지 감소를 뜻하는 것으로서 기체의 온도 강하가 이 사실을 말해 주고 있다. 기체가 이런 단열 팽창을 할 때 생기는 일은 계의 에너지를 소모함으로써 나오는 것이다.

4장에서 기체의 운동 에너지의 Maxwell 분포를 자세히 설명하였다. 그리고 평균 에너지는 $3RT/2$로 된다는 것을 알았다. 따라서 온도가 올라가면 기체의 에너지가 증가한다. 이것은 또한 에너지 분포가 넓어진다는 것을 말하는 것이다. 온도가 올라갈 때 이처럼 에너지 분포가 넓어진다는 것은 이미 그 때에도 강조해서 설명하였었다.

지금까지 설명한 것으로 보아 자발적 변화의 방향이 이 계의 확률을 증가시키는 방향과 일치하리라는 것을 기대할 수 있을 것이다. 따라서 자발적 변화에서는 계의 엔트로피가 증가하리라고 기대할 수 있을 것이다. 그러나 이것은 전혀 사실이 아니다. 자발적 변화에서는 계와 주위가 둘다 관여한다. 따라서 어떠한 자발적 변화에서나 우주가 보다 더 높은 확률의 상태, 따라서 보다 더 높은 엔트로피의 상태에 도달해야 하는 것이다. 자발적 변화에서는 계의 엔트로피가 감소할 수도 있는 것이며 이 때는 주위의 엔트로피가 이것을 상쇄하고도 남을 만큼 증가해야 하는 것이다. 변환에 따르는 엔트로피 변화는 변환의 자발적 방향을 찾아내는 강력한 실마리가 된다.

9.15 혼합 엔트로피와 열역학 제 3법칙의 예외

열역학 제 3법칙은 절대 온도 영도에서 완전히 규칙적인 배열을 이루는 물질에 한해서 적용된다. 예를 들면, 순수한 결정에서는 원자가 엄밀한 격자 모양의 자리에 위치하고 있다. N개의 자리에 N개의 원자가 배열되는 상황의 수를 계산하려면, 우선 원자를 배열하는 방법은 $N!$개이지만 원자들이 동등하므로 이런 배열 방법들은 단지 원자를 택하는 순서만이 다르다는 것을 생각해야 한다. 즉, 이 배열들은 서로 분간이 안 되므로 $N!$로 나누어야 하며 따라서 완전히 규칙적인 결정에 대해서는 $\Omega=1$이 된다. 그러므로 엔트로피는 다음과 같이 영이 된다.

$$S=k\ln(1)=0$$

서로 다른 두 종류의 원자 A와 B를 결정의 N개 자리에 배열한다고 하자. A원자의 수를 N_a, B원자의 수를 N_b라고 하면 이들의 합이 전체 자리수가 되어야 한다. 즉, $N_a+N_b=N$이어야 한다. A원자가 N_a개의 자리를 차지하고 B원자가 N_b개의 자리를 차지하는 상이한 방법의 수는 몇 가지나 될까? 이 값은 (9.70)식에 의해서 다음과 같이 주어진다.

$$\Omega=\frac{N!}{N_a!N_b!} \tag{9.71}$$

따라서 이 혼성 결정의 엔트로피는 다음과 같이 주어진다.

$$S=k\ln\frac{N!}{N_a!N_b!} \tag{9.72}$$

이 식을 계산하려면 Stirling 근사식을 이용해야 한다. 이 근사식은 N이 매우 클 때 다음과 같이 된다.

$$\ln N!=N\ln N-N \tag{9.73}$$

그러면 엔트로피에 대한 식이 다음과 같이 된다.

$$S=k(N\ln N-N-N_a\ln N_a+N_a-N_b\ln N_b+N_b)$$

그런데 $N=N_a+N_b$이므로, 이 식은 또 다음과 같이 된다.

$$S=-k(N_a\ln N_a+N_b\ln N_b-N\ln N)$$

그러나 A의 몰분율을 x_a, B의 몰분율을 x_b라고 하면 $N_a=x_aN$과 $N_b=x_bN$의 관계가 성립하며, 따라서 엔트로피에 관한 위의 식은 다음과 같이 된다.

$$S_{\text{mix}}=-Nk(x_a\ln x_a+x_b\ln x_b) \tag{9.74}$$

여기서 괄호 안의 항들은 음이므로(분수의 대수는 음이다) 혼성 결정의 엔트로피는 양이다. 혼성 결정이 다음과 같이 순수한 A의 결정과 순수한 B의 결정으로부터 이루어진다고 하자.

$$\text{순수한 } A+\text{순수한 } B\longrightarrow\text{혼성 결정}$$

이 경우의 엔트로피 변화는 다음과 같이 된다.

$$\Delta S_{\text{mix}} = S(\text{혼성 결정}) - S(\text{순수한 } A) - S(\text{순수한 } B)$$

순수한 결정의 엔트로피는 영이므로 혼합 엔트로피 ΔS 는 다음과 같이 간단히 주어진다.

$$\Delta S_{\text{mix}} = -Nk\,(x_a \ln x_a + x_b \ln x_b) \tag{9.75}$$

이 값은 양이다.

불순한 결정은 어느 것이나 절대 영도에서 최소한 혼합 엔트로피를 가지므로 그 엔트로피는 영이 될 수 없다. 그런 물질은 열역학 제 3 법칙을 만족시키지 않는다. 화학적 견지에서 순수한 물질이라도 더러는 그 결정이 절대 영도에서 완전히 규칙적이 되어야 한다는 조건을 충족시키지 못한다. 일산화탄소 CO 와 산화질소 NO 는 대표적인 예이다. CO 와 NO 의 결정에서는 일부 분자들이 나머지 다른 것과 다르게 배열된다. CO 의 완전 결정에서는 예컨대 산소가 북쪽을 보고 탄소가 남쪽을 보도록 모든 분자가 늘어서야 할 것이다. 그러나 실제의 결정에서는 분자의 양끝이 제멋대로 배향된다. 이것은 마치 두 종류의 일산화탄소가 반반씩 섞여 있는 것과 같다. 그리고 그 혼합 엔트로피는 다음과 같이 되어야 한다.

$$\Delta S = -N_A k\left(\frac{1}{2}\ln\frac{1}{2} + \frac{1}{2}\ln\frac{1}{2}\right) = N_A k \ln 2$$
$$= R\ln 2 = 0.693\,R = 5.76\ \text{J/K mol}$$

결정형 일산화탄소의 실제 잔류 엔트로피 값은 $0.55\,R = 4.6$ J/K mol 이며 따라서 반반씩 섞여 있는 것 같지는 않다. NO 의 경우에는 잔류 엔트로피가 $0.33\,R = 2.8$ J/K mol 로서 5.76 J/K mol 의 반쯤 된다. 이것은 NO 의 결정에서 분자가 이합체 $(NO)_2$ 로 되어 있기 때문인 것으로 설명된다. 그러므로 NO 1 mol 은 $1/2\,N_A$ 개의 이합체 분자로 되어 있다. 따라서 잔류 엔트로피가 반으로 주는 것이다.

얼음에서는 물분자의 수소 결합 때문에 결정이 무질서하게 되어 절대 영도에서 잔류 엔트로피가 남아 있게 된다. 이 잔류 엔트로피를 계산한 결과는 측정 결과와 잘 일치한다.

수소 결정은 절대 영도에서 잔류 엔트로피가 $0.750\,R = 6.23$ J/K mol 이나 된다는 것이 알려졌다. 이 엔트로피는 결정의 불규칙성 때문이 아니며, 여러 양자 상태로 분포되어 있기 때문이다. 보통의 수소는 오르토-수소와 파라-수소의 혼합물이며, 이들은 핵 스핀의 각 운동량이 서로 다르다. 이 차이로 인해서 낮은 온도에서도 파라-수소는 그 회전 에너지가 영이 되지만 오르토-수소의 회전 에너지는 영이 되지 않고 유한한 값은 갖게 된다. 오르토-수소는 에너지가 모두 같은 9개의 상태 중의 어느 한 상태로 있게 되는 반면, 파라-수소는 한 상태로만 존재한다. 이처럼 두 종류의 수소가 섞여 있고 또 오르토-수소는 아홉 가지 다른 에너지 상태에 분포되므로 이 계는 불규칙하고 따라서 잔류 엔트로피를 갖는다. 순수한 파라-수소는 낮은 온도에서 한 상태로만 있으므로 잔류 엔트로피가 없을 것이고 따라서 제 3 법칙을 만족시킬 것이다. 순수한 오르토-수소는 절대 영도에서 9개의 상태에 분포될 것이고 잔류 엔트로피를 가질 것이다.

지금까지 말한 것으로부터 유리나 비결정질 물질은 조성 알맹이가 불규칙하게 배열되기 때문에 절대 영도에서 잔류 엔트로피를 갖는다는 것이 확실하다. 그러므로 제 3 법칙은 순수한 결정성의 물질에 대해서만 적용된다. 제 3 법칙을 적용하는 데는 마지막으로 또 하나의 제한이 있다. 즉, 물질이 단 하나의 양자 상태를 가져야 한다는 것이다. 이 마지막 조건에 의해서 수소의 경우에 일어나는 문제가 해결되는 것이다.

≪질 문≫

9. 1 어떤 특별한 경우에 $\Delta S = \Delta H/T$가 성립하는가?

9. 2 평면에서의 Green의 정리(미적분학 책을 보아라)는 다음과 같이 표시된다.

$$\oint df = \int_A dx\, dy \left[\frac{\partial^2 f}{\partial x\, \partial y} - \frac{\partial^2 f}{\partial y\, \partial x} \right]$$

즉, 함수 $f(x,y)$의 미분을 한 순환 경로에 따라 적분한 결과는 위의 식에 나타낸 것과 같은 혼성 도함수의 차이를 순환 경로로 둘러싸인 전체 넓이 A에 걸쳐서 적분한 것과 같다. 이 정리를 이용하여 f가 열역학적 상태 함수일 경우 (9.13)식이 성립한다는 것을 보여라.

9. 3 0°C와 4°C 사이에서 물의 α값이 음이 되는 것은 얼음으로부터 물로 넘어가면서 수소 결합 구조의 일부가 파괴되기 때문이다. 이 개념을 이용하여 이 온도 범위에서 물의 V에 따르는 S의 변화 모양을 합리적으로 설명하라.

9. 4 다음 각 쌍의 경우 성분들의 표준 엔트로피의 차가 어떤 방향으로 나타나는지 설명하라.
(a) C(diamond)와 C(graphite) (b) Ar과 F_2 (c) NH_3와 PCl_3

9. 5 제 3법칙이 유용한 이유를 말하라.

9. 6 (a) 이상 기체의 가역 등온 압축과 (b) 가역 단열 압축에 대한 엔트로피 변화를 비교하여 대조하라. 이것을 공간 분포와 에너지를 가지고 논하라.

≪연습 문제≫

9. 1 이상 기체 1 mol의 온도를 100 K로부터 300 K로 높여주었다. $\bar{C}_v = \frac{3}{2}R$
a) 부피를 일정하게 했을 때의 ΔS를 계산하라.
b) 압력을 일정하게 했을 때의 ΔS를 계산하라.
c) 1 mol 대신에 3 mol을 썼을 때의 ΔS는 어떻게 되겠는가?

9. 2 수소 기체 1 mol을 일정한 압력 하에서 300 K로부터 1500 K로 가열하였다.
a) 표 7-1의 열용량 데이터를 이용하여 이 변화에 수반되는 엔트로피 변화를 계산하라.
b) 수소의 표준 제 3법칙 엔트로피는 300 K에서 130.592 J/K mol이다. 1500 K에서의 수소의 엔트로피는 얼마가 되겠는가?

9. 3 1원자 고체의 열용량은 $\bar{C}_p = 3.1R$이다. 일정한 압력 하에서 온도를 300 K로부터 500 K로 올려 주면 이 고체 1 mol의 엔트로피는 얼마나 증가하겠는가?

9. 4 알루미늄의 열용량은 $\bar{C}_p/(\text{J/K mol}) = 20.67 + 12.38 \times 10^{-3}\, T$이다.
a) 1 mol의 알루미늄을 25°C로부터 200°C로 가열할 때의 ΔS는 얼마인가?
b) 만일 $\bar{S}^\circ_{298} = 28.35$ J/K mol이면 200°C에서의 알루미늄의 엔트로피는 얼마가 되겠는가?

9. 5 문제 9.4에서 알루미늄의 열용량을 주었다. 300 K와 400 K 사이의 영역에서 알루미늄의 평균 열용량을 계산하라.

9. 6 MoF_6의 증발열은 그의 끓는점인 35°C에서 25.1 kJ/mol이다. ΔS°_{vap}를 계산하라.

9. 7 a) 사방황으로부터 단사황으로의 전이열은 그의 전이 온도인 95.4°C에서 0.38 kJ/mol이다. 전이

엔트로피를 계산하라.

b) 단사황의 용융열은 그의 녹는점인 119 °C 에서 1.23 kJ/mol 이다. 용융 엔트로피를 계산하라.

c) 문제 (a)와 (b)에서 준 값들은 1 mol 의 S, 즉 32 g 에 대한 것이다. 결정성 황이나 액체 황의 분자는 S_8 이다. 문제 (a)와 (b)에서 준 값들을 S_8 분자에 해당되는 것으로 바꾸어라. 이 바꾼 값들이 보통의 용융 엔트로피와 전이 엔트로피를 나타내는 것이라고 생각할 수 있다.

9.8 a) 물 1 mol 이 일정한 압력 하에서 0 °C 로부터 100 °C 로 덥혀질 때의 엔트로피 변화는 얼마인가? $\bar{C}_p = 75.291$ J/K mol 이다.

b) 녹는점은 0 °C 이고 융해열은 6.0095 kJ/mol 이다. 끓는점은 100 °C 이고 증발열은 40.6563 kJ/mol 이다. 다음 전이에 대한 ΔS 를 계산하라.

$$\text{얼음 (0 °C 1atm)} \longrightarrow \text{수증기 (100 °C, 1atm)}$$

9.9 25 °C 와 1 atm 에서 액체 물의 엔트로피는 69.950 J/K mol 이다. 200 °C 와 0.5 atm 에서의 수증기의 엔트로피를 계산하라. 단, $\bar{C}_p(\mathrm{l})/(\mathrm{J/K\ mol}) = 75.291$; $\bar{C}_p(\mathrm{g})/(\mathrm{J/K\ mol}) = 33.577$. 끓는점인 100°C 에서의 $\Delta H^\circ_{vap} = 40.6563$ kJ/mol 이다. 또 수증기는 이상 기체라고 가정해도 좋다.

9.10 25 °C 에서 납의 표준 엔트로피는 $\bar{S}^\circ_{298} = 64.80$ J/K mol 이다. 고체 납의 열용량은 $\bar{C}_p(\mathrm{s})/(\mathrm{J/K\ mol}) = 22.13 + 0.01172\,T + 0.96 \times 10^5\,T^{-2}$ 이다. 그리고 액체 납의 열용량은 $\bar{C}_p(\mathrm{l})/(\mathrm{J/K\ mol}) = 32.51 - 0.00301\,T$ 이다.

a) 500 °C 에서의 액체 납의 표준 엔트로피를 계산하라.

b) 25 °C 의 고체 납으로부터 500 °C 의 액체 납으로 변할 때의 ΔH 를 계산하라.

9.11 다음은 흑연에 관한 데이터이다.

$$\bar{S}^\circ_{298} = 5.74\ \mathrm{J/K\ mol} \quad \bar{C}_p/(\mathrm{J/K\ mol}) = -5.293 + 58.609 \times 10^{-3}\,T - 432.24 \times 10^{-7}\,T^2 + 11.510 \times 10^{-9}\,T^3$$

1500 K 에서의 흑연의 몰엔트로피를 계산하라.

9.12 0 °C 와 100 °C 사이에서 액체 수은의 열용량은 $\bar{C}_p/(\mathrm{J/K\ mol}) = 30.093 - 4.944 \times 10^{-3}\,T$ 이다. 1 mol 의 수은의 온도를 일정한 압력 하에서 0 °C 로부터 100 °C 로 가열할 때의 ΔH 와 ΔS 를 계산하라.

9.13 이상 기체 1 mol 이 원래 부피의 두 배로 등온 팽창된다.

a) ΔS 를 계산하라.

b) 이상 기체 5 mol 이 등온에서 2 배의 부피로 팽창되었다면 ΔS 값이 얼마가 되겠는가?

9.14 1 mol 의 일산화탄소를 25 °C 와 5 atm 인 상태로부터 125 °C 와 2 atm 인 상태로 변화시켰다. $\bar{C}_p/R = 3.1916 + 0.9241 \times 10^{-3}\,T - 1.410 \times 10^{-7}\,T^2$ 으로 놓고 ΔS 를 계산하라. 이 기체는 이상적이라고 가정하라.

9.15 $\bar{C}_v = \frac{3}{2}R$ 인 이상 기체 1 mol 을 0 °C, 2 atm 에서 −40 °C, 0.4 atm 으로 변화시켰다. 이 상태 변화에 대한 ΔS 를 계산하라.

9.16 1 mol 의 이상 기체를 25 °C 와 1 atm 인 처음 상태로부터 40 °C 와 0.5 atm 인 상태로 변화시켰다. 이 변화에서 300 J 의 일이 주위에 생겨났다. $\bar{C}_v = \frac{3}{2}R$ 로 놓고, Q, ΔU, ΔH 및 ΔS 를 계산하라.

9.17 1 mol 의 van der Waals 기체가 27 °C 에서 0.020 m³ 으로부터 0.060 m³ 으로 등온 가역 팽창을 하였다. 이 van der Waals 기체에 대해서는 $(\partial U/\partial V)_T = a/\bar{V}^2$; $a = 0.556\ \mathrm{Pa\ m^6/mol^2}$; $b = 64 \times 10^{-6}\ \mathrm{m^3/mol}$ 이다. 이 변화에서의 Q, W, ΔU, ΔH 및 ΔS 를 계산하라.

9.18 $\bar{C}_v = \frac{3}{2}R$ 인 이상 기체 1 mol 이 300 K 와 1 atm 의 상태에 있다. 다음 (a)부터 (g)까지의 각 변

환에 대한 Q, W, ΔU, ΔH 및 ΔS를 계산하라. ΔS를 Q/T와 비교해 보아라.

a) 일정 부피에서 이 기체를 400 K로 가열하라.

b) 1 atm의 일정 압력에서 이 기체를 400 K로 가열하였다.

c) 이 기체를 압력이 1/2 atm으로 떨어질 때까지 등온 가역적으로 팽창시켰다.

d) $\frac{1}{2}$ atm의 일정한 외부 압력에 맞서서 이 기체의 압력이 $\frac{1}{2}$ atm으로 떨어질 때까지 등온 팽창시켰다.

e) 맞서는 외부 압력이 영일 때 이 기체를 등온 팽창시켜(Joule 팽창) 기체의 압력을 $\frac{1}{2}$ atm까지 내려가게 하였다.

f) $\frac{1}{2}$ atm의 일정한 압력에 맞서서 이 기체를 단열 팽창시켰더니 최종 압력이 $\frac{1}{2}$ atm까지 내려갔다.

g) 이 기체의 최종 압력이 $\frac{1}{2}$ atm이 될 때까지 단열 가역적으로 팽창시켰다.

9.19 아래 표는 금속 아연의 $\bar{C}_p$ 값을 온도의 함수로 나타낸 것이다. 100 K에서의 아연에 대한 $\bar{S}°$를 계산하라.

T/K	$\bar{C}_p$/(J/K mol)	T/K	$\bar{C}_p$/(J/K mol)	T/K	$\bar{C}_p$/(J/K mol)
1	0.000720	10	0.1636	50	11.175
2	0.001828	15	0.720	60	13.598
3	0.003791	20	1.699	70	15.426
4	0.00720	25	3.205	80	16.866
6	0.01895	30	4.966	90	18.108
8	0.0628	40	8.171	100	19.154

9.20 문제 9.19에 나온 0부터 4 K 사이의 데이터를 $\bar{C}_p = \gamma T + aT^3$ 곡선에 맞추어라. 이 식의 첫째 항은 금속 속의 전자 기체의 열용량에 대한 기여를 나타낸다. 힌트 ; 상수 γ와 a를 찾는 데는 열용량 식을 $\bar{C}_p/T = \gamma + aT^2$의 꼴로 고친 다음 $\bar{C}_p/T$를 T^2에 대해서 도시하거나 또는 최소 자승법을 이용한다(부록 I의 AI.7절을 보아라).

9.21 실리카, SiO_2의 열용량은 다음과 같다.

$$\bar{C}_p(\alpha\text{-quartz,s})/(\text{J/K mol}) = 46.94 + 34.31 \times 10^{-3}\, T - 11.30 \times 10^5\, T^{-2}$$

열팽창 계수는 $0.3530 \times 10^{-4}\,\text{K}^{-1}$이고 몰부피는 $22.6\,\text{cm}^3/\text{mol}$이다. 이 실리카의 처음 상태가 25 °C와 1 atm이고 최종 상태가 225 °C와 1000 atm이라면 1 mol에 대한 ΔS는 얼마가 되겠는가?

9.22 25 °C에서 액체 상태 물은 $\alpha = 2.07 \times 10^{-4}\,\text{K}^{-1}$이며, 밀도가 $1.00\,\text{g/cm}^3$이다. 25 °C의 액체 물 1 mol을 1 atm에서 1000 atm으로 등온 압축시켰다. 물의 성질을 다음과 같이 가정하고 ΔS를 계산하라.

a) 물이 압축 안 되며 $\kappa = 0$이다.

b) $\kappa = 4.53 \times 10^{-5}\,\text{atm}^{-1}$이다.

9.23 25 °C의 구리는 $\alpha = 0.492 \times 10^{-4}\,\text{K}^{-1}$, $\kappa = 0.78 \times 10^{-6}\,\text{atm}^{-1}$이며, 밀도가 $8.92\,\text{g/cm}^3$이다. 문제 9.22와 같은 두 조건 아래에서 구리 1 mol을 1 atm에서 1000 atm으로 등온 압축시킬 때의 ΔS를 각각 계산하라.

9.24 $T = 0\,\text{K}$의 극한에서는 고체의 열팽창 계수 값이 $\alpha \rightarrow 0$임을 실험적으로 알게 되었다. 이 결과 때문에 0 K에서는 엔트로피가 압력에 무관하게 되고, 따라서 제 3법칙을 나타내는 데 압력을 명시할 필요가 없다는 것을 증명하라.

9.25 다음 식을 생각하자.

$$dS = \frac{C_p}{T}\,dT - V\alpha\,dp$$

물은 $\overline{V} = 18\,\text{cm}^3/\text{mol}$, $\overline{C}_p = 75.3\,\text{J/K mol}$ 및 $\alpha = 2.07 \times 10^{-4}\,\text{K}^{-1}$의 값을 갖는다. 25 °C, 1000 atm의 물을 단열 가역적으로 1 atm까지 내려주면 온도가 얼마나 내려 가겠는가? $\kappa = 0$으로 가정하라.

9.26 $(\partial\alpha/\partial p)_T = -(\partial\kappa/\partial T)_p$를 증명하라.

9.27 Dewar 플라스크(단열 용기)에서 +25 °C의 물 30 g에 −5 °C의 얼음 20 g을 가해주었다. 열용량이 $C_p(H_2O,l) = 4.18\,\text{J/K g}$ 및 $C_p(H_2O,s) = 2.09\,\text{J/K g}$이라면, 계의 마지막 상태는 무엇인가? 압력은 일정하다. $\Delta H_{fusion} = 334\,\text{J/g}$이다. 이 변환에 대한 ΔS와 ΔH를 계산하라.

9.28 다음 조건을 만족시키려면 −5 °C의 얼음 20 g이 들어있는 Dewar 플라스크 속에 25 °C의 물을 몇 g이나 넣어주어야 하겠는가? 각 경우에 대한 엔트로피 변화를 계산하라.

a) 마지막 온도가 −2 °C이고, 물이 모두 언다.

b) 마지막 온도가 0 °C이고, 물의 반이 언다.

c) 마지막 온도가 0 °C이고, 얼음의 반이 녹는다.

d) 마지막 온도가 10 °C이고, 얼음이 모두 녹는다.

계산을 하기 전에 각 경우마다 ΔS의 부호를 예측하여 보아라(문제 9.27의 데이터를 써라).

9.29 120 °C의 수증기 20 g과 25 °C의 물 300 g을 절연 플라스크 속에 함께 넣었다. 압력은 언제나 1 atm을 유지한다.

$C_p(H_2O,l) = 4.18\,\text{J/K g}$, $C_p(H_2O\ g) = 1.86\,\text{J/K g}$ 및 100 °C에서 $\Delta H_{vap} = 2557\,\text{J/g}$이다.

a) 계의 최종 온도는 얼마이고 또 어떤 상 또는 상들이 존재하겠는가?

b) 이 전이 ΔS를 계산하라.

9.30 질량이 1 kg이고 열용량이 0.39 J/K g인 구리 주괴가 500 °C의 온도를 나타내고 있다.

a) 이 주괴를 적절한 양의 25 °C 물 속에서 담근질을 하여 최종적으로 물, 수증기 및 구리의 온도가 100 °C로 되고 물의 절반이 수증기로 변환된 상태가 되게 하려고 한다. 적절한 물의 질량은 얼마가 되어야 하겠는가? 물의 열용량은 4.18 J/K g이고 증발열은 2257 J/g이다.

b) 이 변환에서의 ΔS는 얼마인가?

9.31 다음 경우에 대하여 가능한 상이한 배열을 그림으로 나타내라.

a) 6개의 방에 들어 있는 2개의 공.

b) 6개의 방의 들어 있는 4개의 공.

c) 각 경우에서 균일하게 분포되는 확률은 얼마인가?

9.32 분간되지 않는 분자 3개를 세 에너지 준위에다 분포시켰다. 이 에너지 준위는 0, 1, 2 단위로 되어 있다.

a) 세 분자의 에너지가 아무 제한도 받지 않는다면 몇 개의 상황이 가능한가?

b) 세 분자의 총에너지가 1단위로 고정된다면 몇 개의 상황이 가능하겠는가?

c) 총에너지가 2단위일 때의 상황수를 알아보고, 1에서 2 단위로 에너지가 증가하는 데 따르는 엔트로피 증가를 계산하라.

9.33 지금 N개의 분간 가능한 구슬을 N_c개의 구멍에 분포시키려고 한다.

a) 한 구멍에 몇 개의 구슬이 들어가든 상관없다고 하면 상황의 수가 얼마나 있을 수 있겠는가?

b) 한 구멍에 구슬이 1개 이상 들어가지 못하게 분포되면 상황의 수가 얼마나 있을 수 있겠는가?

c) 문제 (a)와 (b)의 결과를 이용하여 23명의 집단이 아무도 같은 생일날을 갖지 않을 확률을 계산하라.

9.34 순수한 오르토-수소는 절대 영도에서 아홉 가지 양자 상태 중의 어느 한 상태로 존재할 수 있다. 이 9종의 오르토-수소의 혼합물의 엔트로피를 계산하라. 각 종의 몰분율은 1/9이다.

9.35 순수한 성분을 기준으로 한 2성분 혼합물의 상대적 엔트로피는 (9.74)식으로 주어진다. $x_a + x_b = 1$인 관계를 이용해서 혼합물의 엔트로피를 x_a나 x_b만으로 나타내고, $x_a = x_b = 1/2$일 때의 엔트로피가 최대로 됨을 증명하라. x_a=0, 0.2, 0.4, 0.5, 0.6, 0.8 및 1일 때 S_{mix}의 값을 계산하라. S_{mix}의 이 값들을 x_a의 함수로 도시하라.

10
자발성과 평형

10.1 평형과 자발성에 대한 일반적 조건

여기서는 비가역적(실제적) 변환과 가역적(이상적) 변환을 구별하는 특성이 무엇인가를 알아내려고 한다. 우선 변환에 따르는 엔트로피 변화와 비가역적 열의 흐름 사이에 어떤 관계가 있는가를 알아보자. 가역 변환의 각 단계에서는 계의 평형으로부터 무한소만큼만 벗어난다. 계의 상태가 변환되더라도 그 변화가 가역적으로 일어날 때는 그 변화 과정을 통하여 계는 실질적으로 평형을 유지하게 된다. 그러므로 가역 조건은 바로 평형 조건이 된다. dS를 정의하는 식에 의하면 이러한 가역 조건은 다음과 같이 주어진다.

$$TdS = đQ_{rev} \tag{10.1}$$

따라서 (10.1)식은 평형 조건이다.

비가역적 상태 변화에 대한 조건은 Clausius 부등식, 즉 (8.44)식이며, 이것은 다음과 같은 꼴로 나타낼 수 있다.

$$TdS > đQ \tag{10.2}$$

비가역 변화는 실제 변화로서 자연적 변화 또는 자발적 변화라고 부른다. 우리는 자연적으로 일어나는 방향의 변화를 자발적 변화라고 부르며, (10.2)식을 이 자발적 변화의 조건으로 삼는다. (10.1)식과 (10.2)식의 두 관계를 다음과 같이 하나로 합쳐서 나타낼 수 있다.

$$TdS \geq đQ \tag{10.3}$$

여기서 등호는 $đQ$가 가역적인 값을 가질 때 성립한다.

제 1 법칙을 $đQ = dU + đW$의 꼴로 쓰면 식이 다음과 같이 된다.

$$TdS \geq dU + đW$$

또는

$$-dU - đW + TdS \geq 0 \tag{10.4}$$

여기서 $đW$는 모든 종류의 일을 포함하며, 따라서 $đW = P_{op}dV + đW_a$이다. $đW$에 대한 이 값을 (10.4)식에 대입하면 다음과 같이 된다.

$$-dU - P_{op}dV - đW_a + TdS \geq 0 \tag{10.5}$$

(10.4)와 (10.5) 두 식은 변환에 대한 평형의 조건(=)과 자발성의 조건(>)을 나타내는 것으로서, 이들 조건을 계의 성질 변화인 dU, dV, dS와 변환에 따르는 일의 양인 $đW$나 $đW_a$의 함수로 나타내고 있다.

10.2 속박된 평형과 자발성의 조건

실험실에서 일반적으로 가해지는 여러 제약들을 고려하면 (10.4)식과 (10.5)식을 간단하고 편리한 항으로 표시할 수 있다. 이 여러 가지 제약들을 하나씩 생각해 보자.

10.2.1 고립계에서의 변환

고립계에서는 $dU=0$, $đW=0$, $đQ=0$이며, 따라서 (10.4)식은 곧 다음과 같이 된다.

$$dS \geq 0 \tag{10.6}$$

고립계에 대한 이 조건은 이미 8.14절에서 자세히 설명하였다. 즉, 고립계에서는 엔트로피가 증가하기만 하며 평형에서 최대값에 도달한다.

(10.6)식에 의하면 평형 상태에 있는 고립계는 어느 부분에서나 온도가 같아야 한다. 가령 한 계를 α와 β의 두 부분으로 나누었다고 생각해 보자. 만일 양의 열량 $đQ_{rev}$가 영역 α로부터 영역 β로 가역적으로 옮겨간다고 하면 다음 관계가 성립해야 한다.

$$dS_\alpha = \frac{-đQ_{rev}}{T_\alpha} \quad \text{및} \quad dS_\beta = \frac{đQ_{rev}}{T_\beta}$$

따라서 전체 엔트로피 변화는 다음과 같이 된다.

$$dS = dS_\alpha + dS_\beta = \left(\frac{1}{T_\beta} - \frac{1}{T_\alpha}\right) đQ_{rev}$$

만일 이 열 흐름이 가역적으로 일어나면 (10.6)식의 관계에 따라 $dS>0$이 되어야 한다. 그런데 $đQ_{rev}$는 양이므로 다음과 같은 결과가 나와야 한다.

$$\frac{1}{T_\beta} - \frac{1}{T_\alpha} > 0 \quad \text{즉} \quad T_\alpha > T_\beta$$

따라서 높은 온도의 영역 α로부터 낮은 온도의 영역 β로 열이 자발적으로 흐른다. 그러나 평형에서는 $dS=0$이다. 따라서 이 때는 다음과 같은 결과가 성립되어야 한다.

$$T_\alpha = T_\beta$$

이것이 곧 열적 평형의 조건이다. 즉, 평형 상태의 계는 그 어느 부분에서나 온도가 똑같아야 한다.

10.2.2 일정한 온도에서의 변환

계가 등온 상태 변화를 하면 $TdS = d(TS)$가 되며 (10.4)식은 다음과 같이 된다.

$$-dU + d(TS) \geq đW$$
$$-d(U-TS) \geq đW \tag{10.7}$$

변수의 결합인 $U-TS$는 자주 나오므로 특별한 부호 A로 나타낸다. 즉,

$$A \equiv U - TS \tag{10.8}$$

A는 다른 상태 함수들을 결합한 것이므로 역시 상태 함수이다. A는 계의 **Helmholtz** 에너지라고 부른다.* 그러면 (10.7)식이 다음과 같이 된다.

$$-dA \geq đW \tag{10.9}$$

이 식은 다음과 같은 적분된 꼴로도 나타낼 수 있다.

$$-\Delta A \geq W \tag{10.10}$$

A의 의미는 (10.10)식으로 주어진다. 즉, 등온 변환에서 생기는 일은 일함수의 감소량과 같거나 혹은 그보다 적다. 등호는 가역 변환에 적용되며, 따라서 등온 상태 변화에서 얻을 수 있는 최대 일은 일함수의 감소량과 같다. 이 최대 일은 변환에서 생기는 모든 종류의 일을 포함하는 것이다.

10.2.3 일정한 온도와 일정한 압력에서의 변환

계는 일정한 압력, 즉 $P_{op} = p$를 받고 있으며 이 압력은 계의 평형 압력과 같다고 하자. p가 일정하므로 $p\,dV = d(pV)$이며, 또 온도가 일정하므로 $T\,dS = d(TS)$이다. 따라서 (10.5)식은 다음과 같이 된다.

$$-[dU + d(pV) - d(TS)] \geq đW_a$$
$$-d(U + pV - TS) \geq đW_a \tag{10.11}$$

변수의 결합, $U + pV - TS$는 자주 나오는 것으로서 특수한 기호 G로 쓴다. 즉, G를 다음과 같이 정의한다.

$$G \equiv U + pV - TS = H - TS = A + pV \tag{10.12}$$

G는 계의 상태 함수들을 결합한 것이므로 역시 상태 함수이다. G를 계의 **Gibbs** 에너지라고 부른다. 그러나 흔히 계의 자유 에너지라고 부른다.**

(10.12)식을 이용하면, (10.11)식이 다음과 같이 된다.

$$-dG > đW_a \tag{10.13}$$

또 이것은 다음과 같은 적분된 꼴로 나타낼 수 있다.

$$-\Delta G \geq W_a \tag{10.14}$$

(10.14)식에서 등호가 성립하는 경우만을 생각하면 다음과 같다.

$$-\Delta G = W_{a,rev} \tag{10.15}$$

---

* A라는 양은 여러 가지 이름을 갖고 있으며, 일함수, 최대 일함수, **Helmholtz** 함수, **Helmholtz** 자유 에너지 또는 단순히 자유 에너지라고도 부른다. IUPAC 협정에서는 이것을 기호 A로 나타내고 Helmholtz 에너지라고 부르기로 하였다.

** 과거에는 G를 Gibbs 함수, Gibbs 자유 에너지, 또는 간단히 자유 에너지라고 불렀다. IUPAC 협정에서는 이것을 기호 G로 나타내고 Gibbs 에너지라고 부르기로 하였다. 열역학적 데이터 표를 사용하여 보면 많은 표들이 Gibbs 에너지를 F로 표시하고 있다. 불행히도 과거에 F는 A에 대한 기호로도 사용되었었다. 따라서 어떠한 데이터 표를 사용하든 우선 그 기호들이 무엇을 나타내는가를 확실히 해두는 것이 매우 중요하다.

이 식은 Gibbs 에너지의 중요한 성질을 보여주는 것이다. 즉, 일정한 T와 p에서 상태 변화에 따르는 Gibbs 에너지의 감소($-\Delta G$)는 변환에서 얻을 수 있는 일 중 팽창에 의한 일을 제외한 나머지 일의 최대량 $W_{a,rev}$와 같다. (10.14)식에 의하면 일정한 T와 p하에서 실제적 변환이 일어날 때 얻어지는 일 중에서 팽창일을 제외한 것은 그 상태 변환에 따르는 Gibbs 에너지 감소량보다 작다.

일, W_a를 실험실에서 보려면 일을 생산할 수 있는 장치 속에서 변환을 일으켜야 한다. 이러한 화학적인 장치의 예로서 가장 보편적인 것은 화학 전지이다. 아연 알맹이들을 황산구리 용액 속에 넣으면 다음 식에 따라서 금속 구리가 침전되고 아연이 녹는다.

$$Zn + Cu^{2+} \longrightarrow Cu + Zn^{2+}$$

이 반응을 이러한 방식으로 일으키면 팽창일이 유일한 일이 되며, 그 양도 얼마 안 된다. 반면에 이와 똑같은 화학 반응에 의해서 우리는 전기적 일 $W_a = W_{el}$을 만들어 낼 수도 있다. 그림 17-1과 같은 Daniell 전지에서는 아연 전극이 황산아연 용액에 잠겨 있고, 구리 전극이 황산구리 용액에 잠겨 있다. 두 용액은 서로 섞이지 않도록 다공성 간막이를 통해서 전기적으로만 접촉되어 있다. Daniell 전지는 전기적 일 W_{el}을 만들 수 있으며, 이 일은 이 화학 반응의 Gibbs 에너지 감소 $-\Delta G$와 (10.14)식의 관계를 갖는다. 만일 이 전지가 가역적으로 작용하면 생기는 전기적 일이 Gibbs 에너지 감소와 같아진다. 화학 전지의 작동에 대해서는 17장에서 자세히 설명하겠다.

자발적 변환은 어떤 것이나 팽창일 이외에 다른 종류의 일도 할 수 있도록 동력화시킬 수 있으나 반드시 그렇게 동력화시킬 필요는 없다. 지금으로서는 우리가 관심을 갖는 것은 특수한 종류의 일을 하지 않는, 즉 동력화되지 않은 변환이다. 이런 경우에는 $đW_a = 0$이며, 일정한 p와 T에서의 변환에 대한 평형과 자발성의 조건인 (10.14)식은 다음과 같이 된다.

$$-dG \geq 0 \tag{10.16}$$

또 유한한 변화에 대해서는 다음과 같이 된다.

$$-\Delta G \geq 0 \tag{10.17}$$

(10.16)식과 (10.17)식에 의하면 일정한 T와 p에서 일어나는 실제 변환에서는 항상 Gibbs 에너지가 감소해야 한다. Gibbs 에너지가 감소하면 ΔG는 음이 되고 $-\Delta G$는 양이 된다. 자발적 변화는 계의 Gibbs 에너지가 감소할 수 있는 한 계속해서 일어날 수 있다. 다시 말해서 계의 Gibbs 에너지의 최저값에 이를 때까지 계속해서 일어날 수 있다. 평형에 있는 계는 Gibbs 에너지가 최소값이 된다. (10.16)식의 등호, 즉 $dG = 0$은 이러한 평형 조건을 나타내는 것인 바, 이것은 수학에서 최소치를 나타내는 일반 조건이기도 하다.

평형과 자발성에 대한 여러 기준 가운데서 가장 많이 쓰이는 것은 dG나 ΔG이다. 그 이유는 오로지 대부분의 화학 반응과 상의 변환이 일정한 T와 p의 조건 하에서 일어나기 때문이다. 만일 임의의 변환에 대한 Gibbs 에너지 변화를 어떻게 계산하는지 알 것 같으면 ΔG의 대수학적 부호로서 이 변환이 상상한 방향대로 일어날 수 있는지를 알게 된다. 여기에는 세 가지 가능성이 있다.

1. ΔG가 $-$인 경우 : 변환은 자발적, 즉 자연적으로 일어날 수 있다.
2. $\Delta G = 0$인 경우 : 계는 이 변환에 관하여 평형에 있다.
3. ΔG가 $+$인 경우 : 자연적으로 일어나는 방향은 상상했던 것과 반대이다(그 변환은 비자

발적이다).

이 세째 번 경우는 다음과 같은 예를 가지고 설명할 수 있다. 즉, 물이 언덕 위로 흐를 수 있는가를 생각해 보자. 이 변환은 다음과 같이 쓸 수 있다.

$$H_2O(\text{낮은 면}) \longrightarrow H_2O(\text{높은 면}) \quad (T\text{와 } p\text{는 일정})$$

이 변환에 대한 ΔG값을 계산해 보면 양수가 된다. 따라서 이 변환은 위에 쓴 바와 같은 방향으로는 자발적으로 일어나지 않으며, 자연적, 즉 자발적 방향은 이 식에 쓰인 것과는 반대라고 결론할 수 있다. 인위적 조작이 없이는 높은 데의 물은 낮은 쪽으로 흐를 것이다. 물이 아래쪽으로 흐를 때의 ΔG는 물이 위쪽으로 흐르는 경우와 크기는 같지만 부호가 반대이다. ΔG값이 양인 변환은, 물이 높은 데로 흐른다거나, 물이 든 유리잔에서 볼베어링이 튀어 나온다거나, 자동차가 길에서 밀릴 때에 물과 이산화탄소로부터 휘발유가 생산되거나 하는 것과 같은 기이한 것들이다.

10.3 복 습

실제 변환을 가역 변환과 비교함으로써 Clausius 부등식, $dS > đQ/T$를 얻었는 바, 이 식은 실제로 일어나는 자발적 변환에 대한 기준이 된다. 수학적 처리를 해 줌으로써 이 기준을 엔트로피 변화나 혹은 새로운 두 함수 A와 G의 변화로서 간단히 나타낼 수 있게 되었다. 그리하여 ΔS나 ΔA나, 혹은 ΔG의 부호를 알아보면, 문제의 변환이 자발적으로 일어날 수 있는지 아닌지의 여부를 결정할 수 있게 되었다. 이와 동시에 변환에 대한 평형 조건도 얻었다. 자발성과 평형의 이러한 조건을 표 10-1에 요약하였다. 표 10-1에 나온 모든 조건 중에서, 마지막 줄의 것이 가장 많이 쓰이는데, 그 이유는 $W_a = 0$ 및 T와 p가 일정하다는 제한이 실험실에서 가장 흔하게 이용되기 때문이다.

상태 변화에 적용되는 열역학적 뜻의 "자발적"이란 말을 너무 광범위한 뜻으로 사용해서는 안 된다. 이것은 상태 변화가 가능하다는 것을 의미할 뿐이다. 상태의 변화가 얼마나 긴 시간을 필요로 하는지에 대해서는 열역학이 아무런 도움도 되지 못한다. 예로서 열역학적으로는 25°C와 1 atm에서 수소와 산소로부터 물이 생성되는 반응은 자발적이다. 그러나 촉매라든가 또는 불꽃과 같은 반응을 촉발시키는 것이 없을 때에는 시간이 오래 지나도 물이 생성되는 반응이 일어나지 않는다. 자발적인 변환이 평형에 이르는 데 필요한 시간을 알려면 열역학보다도 반응 속도론을 이용해야 한다. 열역학은 무엇이 일어날 수 있는가를 말해 주며, 반응 속도론은 그 변화가 일년이 걸려서 일어날지 또는 백만분의 일초 사이에 일어날지를 말해 준다. 일단 어떤 반

표 10-1

제 한	자발성의 조건		평형 조건	
없 음	$-(dU+p\,dV-T\,dS)-đW_a=+$		$-(dU+p\,dV-T\,dS)-đW_a=0$	
	미소 변화	유한한 변화	미소 변화	유한한 변화
고립계	$dS=+$	$\Delta S=+$	$dS=0$	$\Delta S=0$
T 일정	$dA+đW=-$	$\Delta A+W=-$	$dA+đW=0$	$\Delta A+W=0$
T, p 일정	$dG+đW_a=-$	$\Delta G+W_a=-$	$dG+đW_a=0$	$\Delta G+W_a=0$
$W_a=0$; T, V 일정	$dA=-$	$\Delta A=-$	$dA=0$	$\Delta A=0$
$W_a=0$; T, p 일정	$dG=-$	$\Delta G=-$	$dG=0$	$\Delta G=0$

응이 일어날 수 있다는 것을 알기만 하면 그 반응을 빨리 평형에 도달시키는 촉매를 찾아야 한다. 열역학적으로 불가능한 반응의 촉매를 찾는다는 것은 쓸데 없는 일이다. ΔG가 양이고 열역학적으로 불가능한, 즉 비자발적인 변환에 대해서 어떻게 하면 될까? 어떤 변화에 대해서 "불가능"이라는 판단이 내려졌더라도 인간의 본성은 이것을 가볍게 순순히 받아들이려 하지 않는다. 물을 높은 데로 흐르게 하기는 "불가능"하지만 더 많은 양의 다른 물질을 낮은 쪽으로 흐르게 하는 자발적 변화와 결합시켜 줌으로써 이 불가능한 변화를 "가능하게"만들 수 있다. 이것은 변환 과정을 통하여 변하지 않는 촉매를 이용한 것이 아니다. 무거운 추가 저절로 마루 바닥에서 석자 가량 뛰어올라갈 수는 없지만, 활차를 써서 석자 떨어지는 더 무거운 추와 연결시켜 주면 위로 올라가게 할 수가 있다. 가벼운 추가 올라가고 무거운 추가 내려가는 합성 변화에서는 Gibbs 에너지가 감소하며 따라서 이 변화는 "가능한" 변화이다. 나중에 설명하겠지만, 한 상태 변화를 다른 것과 결합시키려는 이 생각은 화학 반응을 다루는 데 있어서 커다란 도움이 된다.

10.4 자연적 변화에 대한 추진력

일정한 온도와 압력 하에서 자연적 변화가 일어나려면 ΔG가 음이라야 한다. $G=H-TS$라는 정의에 의해서 일정한 온도에서는 다음 관계가 성립한다.

$$\Delta G=\Delta H-T\Delta S \tag{10.18}$$

(10.18)식에 의하면 ΔG 값은 두 가지의 기여로 이루어진다. 즉, 하나는 에너지의 기여인 ΔH이고, 또 하나는 엔트로피의 기여인 $T\Delta S$이다. (10.18)식에서 보면 ΔG가 음이 되려면 ΔH가 음이고(발열 변환) ΔS가 양인 경우가 가장 확실하다. 자연적 변화에서는 계의 엔탈피가 최저로 되고(대략 최저의 에너지) 엔트로피가 최고로 되려고 한다. (10.18)식에 의하면 상태 변화가 일어날 때 엔트로피가 감소할 수도 있다. 즉, 이 때는 첫째 항이 큰 음수여서 양수인 둘째 항을 상쇄하고도 남는 것이다. 마찬가지로 ΔS가 충분히 큰 양수여서 둘째 항이 첫 항을 상쇄하고도 남을 정도라면 ΔH가 양이라도 된다. 이러한 경우에는 엔탈피가 적당히 낮아지고 엔트로피가 적당히 커져서 평형에서의 Gibbs 에너지가 최소로 되는 것이다. 자연적 방향으로 일어나는 보통 화학 반응은 대부분이 발열 반응이며, 경우에 따라서는 그 발열량이 너무 커서 평형 위치를 결정하는 데 $T\Delta S$의 항이 거의 영향을 미치지 않는 경우가 있다. 자연적 방향으로 일어나는 반응이 흡열 반응일 경우에는 $T\Delta S$항이 평형 위치를 결정하는데 가장 중요하다.

10.5 열역학의 기본식

계는 역학적 성질 p와 V 외에도 열역학의 여러 법칙에 의해 정의되는 T, U, S의 세 기본 성질과 H, A, G의 세 혼성 성질을 갖는다. 이제, 이러한 성질들을 서로 관계짓는 중요한 미분 방정식들을 설명할 차례가 되었다.

여기서는 팽창일 만을 하는, 즉 $đW_a=0$인 계에 대해서만 설명하기로 한다. 이 제한이 있을 때는 평형의 일반적 조건이 다음과 같이 된다.

$$dU=TdS-p\,dV \tag{10.19}$$

열역학의 제 1 법칙과 제 2 법칙을 결합시킨 이 식은 열역학의 기본식이다. 혼성 함수의 정의를 다시 한번 써 보자.

$$H = U + pV \quad A = U - TS \quad G = U + pV - TS$$

이들을 미분하면 다음과 같은 결과를 얻을 수 있다.

$$dH = dU + pdV + Vdp$$
$$dA = dU - TdS - SdT$$
$$dG = dU + pdV + Vdp - TdS - SdT$$

이 세 식에다 각각 (10.19)식의 dU를 넣으면 다음과 같이 된다. (10.19)식을 첫줄에다 다시 썼다.

$$dU = TdS - pdV \tag{10.19}$$
$$dH = TdS + Vdp \tag{10.20}$$
$$dA = -SdT - pdV \tag{10.21}$$
$$dG = -SdT + Vdp \tag{10.22}$$

이들 네 식을 열역학의 네 기본식이라고 부르기도 한다. 사실상, 이들은 (10.19)식을 네 가지로 다르게 나타낸 것에 불과하다.

(10.19)식은 에너지 변화를 엔트로피와 부피 변화의 함수로 나타낸 식이다. (10.20)식은 엔탈피 변화를 엔트로피와 압력의 변화로 나타낸 식이다. (10.21)식은 일함수의 변화 dA를 온도와 부피의 변화로 나타낸 식이다. 그리고 (10.22)식은 Gibbs 에너지 변화를 온도와 압력로 나타낸 식이다. 이런 식들은 간단하므로, S와 V를 에너지에 대한 자연적 변수, S와 p를 엔탈피에 대한 자연적 변수, T와 V를 Helmholtz 에너지에 대한 자연적 변수, 그리고 T와 p를 Gibbs 에너지에 대한 자연적 변수라고 한다.

이들 식의 우변은 각각 완전 미분식이므로 교차-도함수들이 같아진다. 이 관계로부터 다음과 같은 Maxwell 관계식이 쉽게 얻어진다.

$$\left(\frac{\partial T}{\partial V}\right)_S = -\left(\frac{\partial p}{\partial S}\right)_V \tag{10.23}$$

$$\left(\frac{\partial T}{\partial p}\right)_S = \left(\frac{\partial V}{\partial S}\right)_p \tag{10.24}$$

$$\left(\frac{\partial S}{\partial V}\right)_T = \left(\frac{\partial p}{\partial T}\right)_V \tag{10.25}$$

$$-\left(\frac{\partial S}{\partial p}\right)_T = \left(\frac{\partial V}{\partial T}\right)_p \tag{10.26}$$

이 중의 처음 두 식은 일정한 엔트로피 하에서의 상태 변화, 즉 단열 가역 상태 변화에 관한 것이다. 즉, 도함수 $(\partial T/\partial V)_S$는 가역 단열 변환에서 온도의 부피에 대한 변화율을 나타낸다. (10.23)식과 (10.24)식은 별로 많이 취급하게 되지 않는다.

(10.25)식과 (10.26)식은 등온 조건 하에서 엔트로피의 부피 의존도와 압력 의존도를 쉽게 측정할 수 있는 양들로 나타낸 것이므로 대단히 중요하다. 이보다 더 앞에서 dS가 완전 미분이라는 사실을 이용하여 이런 관계식을 얻었었다. 이것이 (9.31)식과 (9.41)식이다. 여기서는 dA와 dG가 완전 미분이라는 사실을 이용하여 훨씬 간단한 수학적 방법으로 이 결과를 얻었다. S가 상태 함수이어야만 A와 G도 상태 함수가 되므로 이 두 가지 유도 방법은 확실히 같은 것이다.

10.6 열역학적 상태 방정식

이제까지 설명한 이상 기체 법칙이나 van der Waals 방정식 등과 같은 상태 방정식은 기체의 행동에 대한 실험 데이터를 이용하거나 또는 기체 분자의 크기와 인력이 기체의 행동에 미치는 효과를 고려하여 얻은 p, V 및 T 사이의 관계식에 불과하다. 액체나 고체에 대한 상태 방정식은 실험으로 결정한 열팽창 계수와 압축 계수를 써서 간단히 표시하였었다. 이런 관계식들을 평형에 있는 계에 적용시켰지만 평형에 대해서는 더 일반적인 조건이 있다. 즉, 열역학 제 2 법칙에 의해서 평형 조건은 (10.19)식으로 주어진다. 즉,

$$dU = TdS - p\,dV$$

이 식으로부터 어떠한 계에 대해서나 모두 적용되는 상태 방정식을 유도할 수 있다. (10.19)식의 U, S, V의 변화를 일정한 T에서의 변화라고 하자. 즉,

$$(\partial U)_T = T(\partial S)_T - p(\partial V)_T$$

이것을 $(\partial V)_T$로 나누면 다음 결과가 나온다.

$$\left(\frac{\partial U}{\partial V}\right)_T = T\left(\frac{\partial S}{\partial V}\right)_T - p \qquad (10.27)$$

여기서 U와 S는 도함수가 나타내듯이 T와 V의 함수라고 생각할 수 있다. 따라서 (10.27)식의 편도함수들은 T와 V의 함수이다. 그리하여 이 식은 압력을 T와 V의 함수에다 관계시킨 것으로서, 하나의 상태 방정식이다. (10.25)식의 $(\partial S/\partial V)_T$ 값을 이용하면 (10.27)식이 다음과 같이 된다.

$$p = T\left(\frac{\partial p}{\partial T}\right)_V - \left(\frac{\partial U}{\partial V}\right)_T \qquad (10.28)$$

이것은 더 깨끗한 식이라고 볼 수 있다.

둘째 기본식인 (10.20)식을 일정한 온도의 조건에서 쓰기로 하고 $(\partial p)_T$로 나누면 다음과 같이 된다.

$$\left(\frac{\partial H}{\partial p}\right)_T = T\left(\frac{\partial S}{\partial p}\right)_T + V \qquad (10.29)$$

(10.26)식을 이용하면 이 식은 다음과 같이 된다.

$$V = T\left(\frac{\partial V}{\partial T}\right)_p + \left(\frac{\partial H}{\partial p}\right)_T \qquad (10.30)$$

이것은 부피를 온도와 압력의 함수에다 관련시킨 것이며, 역시 일반적인 상태 방정식이다. 이런 상태 방정식들은 어떠한 종류의 물질에 대해서나 적용된다. (10.28)식과 (10.30)식은 앞에서 나온 (9.30)식과 (9.40)식 하고 똑같은 것이지만 그 때는 이러한 점을 설명하지 않았었다.

10.6.1 열역학적 상태 방정식의 응용

어느 한 물질에 대해서 $(\partial U/\partial V)_T$나 $(\partial H/\partial p)_T$의 값을 알면 (10.28)식이나 (10.30)식으로부터 그 상태 방정식을 알 수 있게 된다. 그러나 이런 도함수의 값들을 알지 못하는 경우가 더 많으므로 (10.28)식은 다음과 같은 꼴로 나타낸다.

$$\left(\frac{\partial U}{\partial V}\right)_T = T\left(\frac{\partial p}{\partial T}\right)_V - p \tag{10.31}$$

실험적 상태 방정식을 이용하면 (10.31)식의 우변을 구할 수 있으며 따라서 도함수 $(\partial U/\partial V)_T$를 구할 수 있다. 예로서 이상 기체에 대해서는 $p = nRT/V$이므로 $(\partial p/\partial T)_V = nR/V$가 된다. (10.31)식에 이 값들을 넣으면 $(\partial U/\partial V)_T = nRT/V - p = p - p = 0$이 나온다. 이 결과는 앞에서 나온 Joule의 법칙이다. 이 결과는 이들 열역학적 상태 방정식이 이상 기체에 대해서 잘 맞는다는 것을 입증하는 것이다.

(9.23)식에 의하면 $(\partial p/\partial T)_V = \alpha/\kappa$이므로 흔히 (10.31)식과 (10.30)식은 각각 다음과 같이 나타낸다.

$$\left(\frac{\partial U}{\partial V}\right)_T = T\frac{\alpha}{\kappa} - p = \frac{\alpha T - \kappa p}{\kappa} \tag{10.32}$$

$$\left(\frac{\partial H}{\partial p}\right)_T = V(1 - \alpha T) \tag{10.33}$$

이제 (10.32)식과 (10.33)식을 이용하면 U와 H의 전미분을 측정하기 쉬운 양만을 포함하는 식으로 바꿔줄 수 있다.

$$dU = C_v\,dT + \frac{(\alpha T - \kappa p)}{\kappa}dV \tag{10.34}$$

$$dH = C_p\,dT + V(1 - \alpha T)dp \tag{10.35}$$

이들 식을 dS에 관한 (9.33)식 및 (9.42)식과 함께 이용하면, 다른 식들을 유도하는 데 퍽 도움이 된다.

(10.32)식을 쓰면 $C_p - C_v$에 대한 간단한 식을 얻을 수 있다. 우선 (7.39)식을 다시 써 보자.

$$C_p - C_v = \left[p + \left(\frac{\partial U}{\partial V}\right)_T\right]V\alpha$$

이 식에다 (10.32)식의 $(\partial U/\partial V)_T$의 값을 넣으면 다음 결과를 얻게 된다.

$$C_p - C_v = \frac{TV\alpha^2}{\kappa} \tag{10.36}$$

이 식을 쓰면 어떤 물질에 대해서나 측정이 용이한 양으로부터 $C_p - C_v$의 값을 계산할 수 있다. T, V, κ와 α^2은 모두 양이어야 하므로 C_p는 항상 C_v보다 크다.

Joule-Thomson 계수는 (7.50)식으로 표시되었었다. 즉,

$$C_p\,\mu_{JT} = -(\partial H/\partial p)_T$$

이 식에다 (10.33)식을 이용하면, μ_{JT}를 얻을 수 있다.

$$C_p\,\mu_{JT} = V(\alpha T - 1) \tag{10.37}$$

따라서 기체의 C_p, V및 α를 알면 μ_{JT}가 계산된다.

이런 양은 μ_{JT} 자체보다 훨씬 쉽게 측정할 수 있다. Joule-Thomson 반전 온도에서는 μ_{JT}의 부호가 바뀐다. 즉, $\mu_{JT} = 0$이다. (10.37)식에 이 조건을 넣으면 반전 온도에서 $T_{inv}\,\alpha - 1 = 0$을 얻는다.

10.7 A의 성질

Helmholtz 에너지 A의 성질은 기본 방정식의 하나인 (10.21)식으로 주어진다.

$$dA = -SdT - pdV$$

이 식은 A를 T와 V의 함수로 본 것이며, 따라서 다음 관계가 성립한다.

$$dA = \left(\frac{\partial A}{\partial T}\right)_V dT + \left(\frac{\partial A}{\partial V}\right)_T dV$$

이 두 식을 비교하면 다음 결과가 나온다.

$$\left(\frac{\partial A}{\partial T}\right)_V = -S \tag{10.38}$$

$$\left(\frac{\partial A}{\partial V}\right)_T = -p \tag{10.39}$$

어떤 물질이든 그의 엔트로피는 양이므로 (10.38)식에 의해서 모든 물질의 Helmholtz 에너지는 온도가 높아짐에 따라 감소한다는(−부호) 것을 알 수 있다. 이 감소율은 그 물질의 엔트로피가 클수록 커진다. 높은 엔트로피를 가진 기체에 대해서는 온도에 따르는 A의 감소율이 엔트로피가 비교적 작은 액체나 고체에 비해서 더 크다.

마찬가지로 (10.39)식의 음의 부호는 부피가 증가할 때 Helmholtz 에너지가 감소한다는 것을 말한다. 이 감소율은 압력이 클수록 커진다.

10.7.1 역학적 평형의 조건

온도와 전체 부피가 일정한 계를 α와 β의 두 영역으로 소분하였다고 생각하자. 지금 이 영역 α가 가역적으로 dV_α만큼 팽창한다면 전체 부피가 일정해야 하므로 영역 β의 부피가 $dV_\beta = -dV_\alpha$만큼 줄어들게 될 것이다. 그러면 (10.39)식에 의해서 다음과 같은 관계가 성립하게 된다.

$$dA_\alpha = -p_\alpha dV_\alpha \quad 및 \quad dA_\beta = -p_\beta dV_\beta$$

또 A의 전체 변화는 다음과 같이 될 것이다.

$$dA = dA_\alpha + dA_\beta = -p_\alpha dV_\alpha - p_\beta dV_\beta = (p_\beta - p_\alpha)dV_\alpha$$

이 변화에서는 일이 생기지 않으므로 $đW = 0$이고, 또 이 변환이 자발적이라면 (10.9)식에 의해서 $dA < 0$이라야 한다. 그런데 dV_α는 양이며, 따라서 $p_\alpha > p_\beta$가 되어야 한다. 결국 높은 압력의 영역이 팽창되고 낮은 압력의 영역은 그만큼 압축된다. 평형에서는 $dA = 0$이 되어야 하며, 따라서 다음과 같이 되어야 한다.

$$p_\alpha = p_\beta$$

이것이 바로 역학적 평형 조건이다. 즉, 계가 역학적 평형을 이루고 있을 때는 어느 부분에서나 그 압력이 똑같아야 한다.

10.8 G의 성질

다음 기본 방정식 (10.22)식을 생각하자.

$$dG = -S\,dT + V\,dp$$

이 식은 Gibbs 에너지를 온도와 압력의 함수로 본 것이며, 따라서 다음 관계가 성립한다.

$$dG = \left(\frac{\partial G}{\partial T}\right)_p dT + \left(\frac{\partial G}{\partial p}\right)_T dp \tag{10.40}$$

이 두 식을 비교하면 다음 결과가 나온다.

$$\left(\frac{\partial G}{\partial T}\right)_p = -S \tag{10.41}$$

$$\left(\frac{\partial G}{\partial p}\right)_T = V \tag{10.42}$$

Gibbs 에너지는 매우 중요하므로 (10.41)식과 (10.42)식은 열역학에서 가장 중요한 식들이다. 여기서도 어떤 물질이든 그의 엔트로피는 양이므로, (10.41)식의 음의 부호로 말미암아 일정한 압력 하에서 온도가 올라가면 Gibbs 에너지가 감소해야 한다. 이 감소율은 작은 엔트로피를 갖는 액체나 고체보다 큰 엔트로피를 갖는 기체에서 더 크다. V가 항상 양이므로 (10.42)식에 의해서 온도가 일정할 때는 압력이 증가하면 Gibbs 에너지가 증가하게 된다. 계의 부피가 클수록 주어진 압력 증가에 대한 Gibbs 에너지 증가가 커진다. 기체는 액체나 고체에 비해서 비교적 큰 부피를 갖기 때문에 기체의 Gibbs 에너지는 압력에 따라 훨씬 빠르게 증가된다.

순수한 물질의 Gibbs 에너지는 (10.42)식을 일정한 온도에서 표준 압력 $p^\circ = 1$ atm 으로부터 임의의 다른 압력 p까지 적분해 준 것으로 나타낼 수 있다. 즉,

$$\int_{p^\circ}^{p} dG = \int_{p^\circ}^{p} V dp \qquad G - G^\circ = \int_{p^\circ}^{p} V dp$$

$$G = G^\circ(T) + \int_{p^\circ}^{p} V dp \tag{10.43}$$

여기서 $G^\circ(T)$는 1 atm 의 압력 하에서의 그 물질의 Gibbs 에너지, 즉 표준 **Gibbs 자유** 에너지로서 온도의 함수이다.

대상 물질이 액체이거나 고체일 경우에는, 부피가 압력에 거의 무관하므로 이것을 적분 기호 밖으로 빼낼 수 있다. 따라서

$$G(T,\ p) = G^\circ(T) + V(p - p^\circ) \quad (\text{액체와 고체}) \tag{10.44}$$

액체와 고체의 부피는 작으므로 압력이 대단히 크지 않은 한 (10.44)식의 우변의 둘째 항은 무시할 정도로 작다. 따라서 응축상에 대해서는 일반적으로 G의 압력 의존성을 무시하고 다음과 같이 간단히 써 준다.

$$G = G^\circ(T) \tag{10.45}$$

기체의 부피는 액체나 고체에서보다 대단히 크고 압력에 따라 예민하게 달라진다. (10.43)식을 이상 기체에 적용시키면 다음과 같이 된다.

$$G = G^\circ(T) + \int_{p^\circ}^{p} \frac{nRT}{p} dp$$

$$\frac{G}{n} = \frac{G^\circ(T)}{n} + RT\ln\left(\frac{p\,\text{atm}}{1\,\text{atm}}\right)$$

1 mol 당 Gibbs 에너지에 대해서는 특수한 부호 μ를 쓰는 것이 관례이다. 즉,

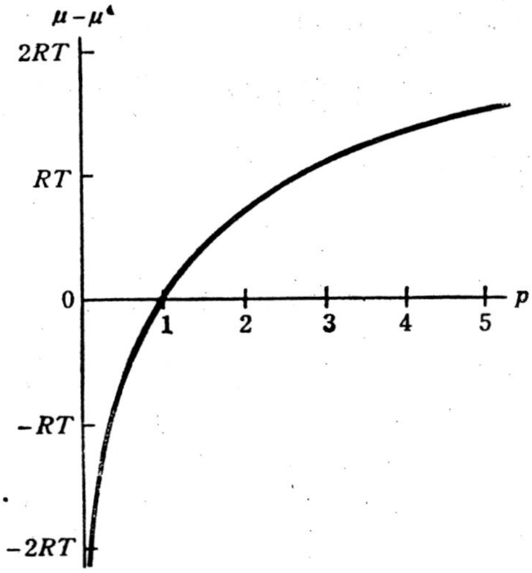

그림 10-1 압력의 함수로 표시한 이상 기체의 Gibbs 에너지.

$$\mu = G/n \tag{10.46}$$

따라서 이상 기체에 대한 몰 Gibbs 에너지는 다음과 같다.

$$\mu = \mu°(T) + RT\ln p \tag{10.47}$$

9.11 절에서와 같이 (10.47)식의 기호 p는 순수한 수자이며 1 atm으로 곱하면 atm 단위로 나타낸 압력의 값을 준다.

(10.47)식의 대수항은 대부분의 경우에 아주 크므로 무시할 수 없다. 이 식에 의하면 어느 특정한 온도에서의 이상 기체의 Gibbs 에너지는 압력에 의해서 결정된다는 것을 알 수 있다. 즉, 압력이 높을수록 자유 에너지가 크다(그림 10-1).

$G(T, p)$의 함수 꼴을 알 때는 이것을 미분한 다음 (10.41)식과 (10.42)식을 이용하고 또 여러 정의와 결합시킴으로써 모든 다른 열역학적 함수를 얻을 수 있다(문제 10.29를 보아라).

10.9 실제 기체의 Gibbs 에너지

(10.47)식은 그 꼴이 특히 간단하고 편리하다. 실제 기체의 몰 Gibbs 에너지도 같은 수식 형태로 나타낼 수 있다면 편리할 것이다. 그리하여 실제 기체의 몰 Gibbs 에너지가 다음 식으로 주어질 수 있도록 하는 새로운 상태 함수를 만든다.

$$\mu = \mu°(T) + RT\ln f \tag{10.48}$$

이 함수 f를 기체의 퓨가시티라고 부른다. 분명히 퓨가시티는 압력이 이상 기체의 Gibbs 에너지를 나타내는 척도가 되는 것과 마찬가지로 실제 기체의 Gibbs 에너지를 나타내는 척도가 된다.

퓨가시티와 같은 고안된 함수는 측정할 수 있는 기체 성질과 관련되어야만 비로소 유용하게 된다. 기본 방정식 (10.22)식을 기체의 몰수 n으로 나누고 일정한 온도, 즉 $dT=0$인 경우에만 적용시키기로 하면 실제 기체에서는 $d\mu = \overline{V}dp$가 되고, 이상 기체에 대해서는 $d\mu_{id} = \overline{V}_{id}dp$

가 된다. 여기서 $\overline{V}$와 $\overline{V}_{id}$는 각각 실제 기체와 이상 기체의 몰부피이다. 이 두 식을 서로 빼주면 $d(\mu - \mu_{id}) = (\overline{V} - \overline{V}_{id})dp$가 나온다. 이 식을 p^*로부터 p까지 적분하면 다음과 같이 된다.

$$(\mu - \mu_{id}) - (\mu^* - \mu_{id}^*) = \int_{p^*}^{p} (\overline{V} - \overline{V}_{id})dp$$

여기서 $p^* \to 0$으로 놓자. 어떤 실제 기체이든 압력이 영에 가까와지면 그 성질이 이상적인 값에 접근한다. 따라서 $p^* \to 0$이면 $\mu^* \to \mu_{id}^*$가 된다. 그리고 위의 식은 다음과 같이 된다.

$$\mu - \mu_{id} = \int_0^p (\overline{V} - \overline{V}_{id})dp \qquad (10.49)$$

그러나 (10.47)식에 의하면 $\mu_{id} = \mu^\circ(T) + RT\ln p$이고, 또 f는 (10.48)식, 즉 $\mu = \mu^\circ(T) + RT\ln f$에 의해서 정의된다. μ와 μ_{id}에 대한 이 값들을 (10.49)식에 넣으면 다음 결과가 나온다.

$$RT(\ln f - \ln p) = \int_0^p (\overline{V} - \overline{V}_{id})dp$$

$$\ln f = \ln p + \frac{1}{RT}\int_0^p (\overline{V} - \overline{V}_{id})dp \qquad (10.50)$$

(10.50)식의 적분은 그래프 방법으로 구할 수 있다. 즉, $\overline{V}$를 압력의 함수로 구하면 $(\overline{V} - \overline{V}_{id})/RT$를 압력의 함수로 도시할 수 있다. 그러면 $p = 0$에서 p까지의 곡선 아래의 면적은 (10.50)식의 우변의 둘째 항의 값이 된다. 또 $\overline{V}$가 상태 방정식에 의해서 압력의 함수로 표시될 수 있는 경우에는 $\overline{V}_{id} = RT/p$이므로 적분 항은 해석적으로 구할 수 있다. 이 적분은 압축인자 Z를 써서 깨끗하게 표시할 수도 있다. 즉, 정의에 따라 $\overline{V} = Z\overline{V}_{id}$이므로, 이 값과 $\overline{V}_{id} = RT/p$를 (10.50)식의 적분에 넣으면 다음과 같이 된다.

$$\ln f = \ln p + \int_0^p \frac{(Z-1)}{p} dp \qquad (10.51)$$

(10.51)식의 적분은 $(Z-1)/p$를 p에 대해 도시한 그래프에서 곡선 아래의 면적을 재어 구한다. Boyle 온도 이하의 기체에서는 보통의 압력에서 $Z - 1$이 음수이고, 따라서 (10.51)식에 의하여 퓨가시티는 압력보다 작다. Boyle 온도 이상의 기체에 대해서는 퓨가시티가 압력보다 더 크다.

일반적으로 기체의 Gibbs 에너지는 기체를 이상적인 것처럼 생각하고 (10.47)식을 써서 계산하면 된다. 실제 기체의 경우에는 똑같은 식을 써서 계산하지만, 다만 최종 결과에다 압력 대신 퓨가시티를 바꾸어 넣으면 된다. 이 때 퓨가시티는 압력뿐만 아니라 온도에도 의존한다는 것을 염두에 두어야 한다.

10.10 Gibbs 에너지의 온도 의존성

Gibbs 에너지의 온도에 대한 관계는 문제에 따라서 편의상 몇 가지 방식으로 표현된다. (10.41)식을 다시 쓰자.

$$\left(\frac{\partial G}{\partial T}\right)_p = -S \qquad (10.52)$$

$G = H - TS$라는 정의를 이용하면 $-S = (G - H)/T$가 되며, 따라서 (10.52)식은 다음과

같이 된다.

$$\left(\frac{\partial G}{\partial T}\right)_p = \frac{G-H}{T} \tag{10.53}$$

이 식은 때에 따라서는 유용하다.

함수 G/T가 온도에 어떻게 의존하는가를 꼭 알아야 할 때가 자주 있다. 보통대로 이것을 미분하면 다음과 같이 된다.

$$\left(\frac{\partial(G/T)}{\partial T}\right)_p = \frac{1}{T}\left(\frac{\partial G}{\partial T}\right)_p - \frac{1}{T^2}G$$

(10.52)식을 이용하면 이 식이 다음과 같이 된다.

$$\left(\frac{\partial(G/T)}{\partial T}\right)_p = -\frac{TS+G}{T^2}$$

이 식은 다음과 같이 간단히 된다.

$$\left(\frac{\partial(G/T)}{\partial T}\right)_p = -\frac{H}{T^2} \tag{10.54}$$

이것이 자주 쓰이는 Gibbs-Helmholtz 식이다.

$d(1/T) = -(1/T^2)dT$이므로 (10.54)식의 도함수에서 ∂T를 $-T^2\partial(1/T)$로 바꾸어 주면 다음과 같은 식이 나온다.

$$\left(\frac{\partial(G/T)}{\partial(1/T)}\right)_p = H \tag{10.55}$$

이것도 자주 쓰이는 관계식이다.

(10.52), (10.53), (10.54) 및 (10.55)식은 어느 것이나 기본 방정식인 (10.52)식을 달리 표현한 것일 따름이다. 이들 식은 각각 Gibbs-Helmholtz 식의 첫째, 둘째, 세째, 네째 형식이라고 부르기도 한다.

《질 문》

10. 1 (a) A나 (b) G는 어떤 종류의 실험 조건에서 자발성의 표시가 되는가?

10. 2 제 2 법칙에 의하면 우주(계와 주위)의 엔트로피는 자발적인 과정에서 증가한다. 즉, $\Delta S_{syst} + \Delta S_{surr} \geq 0$이다. 일정한 T와 p에서는 ΔS_{surr}와 계의 엔탈피 변화 사이에 $\Delta S_{surr} = -\Delta H_{syst}/T$의 관계가 성립한다는 것을 논하라.

10. 3 열역학에서의 "자발적"이라는 말의 뜻을 논하라.

10. 4 ΔH와 ΔS의 각각이 두 가능한 부호를 갖는 네 가지 가능한 결합 방식을 포함하도록 ΔH와 ΔS의 표를 만들어라. 이렇게 해서 생기는 ΔG의 부호와 자발성에 대해서 논하라.

10. 5 실온에서 소금(NaCl)과 물이 용액을 형성하는 흡열 과정은 자발적이다. 이온들은 고체 속에서 보다는 용액 속에서 더 높은 엔트로피를 갖는데도 불구하고 어째서 이 용액 형성이 자발적으로 일어날 수 있는지 설명하라.

10. 6 이상 기체의 경우 p가 증가할 때 μ가 증가하는 것은 엔탈피의 효과이겠는가 또는 엔트로피의

효과이겠는가?

10. 7 (10.17)식과 (10.47)식을 이용하여 일정한 온도에서는 어째서 이상 기체가 그 자체의 압력을 자발적으로 감소시키려고 하지 않는지 설명하라.

《연습 문제》

10. 1 열역학적 상태 방정식과 van der Waals식을 이용해서, van der Waals 기체에 대한 $(\partial U/\partial V)_T$를 구하라.

10. 2 van der Waals 기체에 대한 전미분 dU를 적분해서, 만일 C_v가 상수면 $U = U' + C_vT - na/\overline{V}$가 된다는 것을 증명하라. U'은 적분 상수이다(문제 10.1의 답이 이 문제에 필요하다).

10. 3 van der Waals기체 1 mol을 20 dm³/mol로부터 80 dm³/mol로 등온 팽창시킬 때의 ΔU를 계산하라. $a = 0.141$ m⁶ Pa mol⁻²(질소)의 경우와 $a = 3.19$ m⁶ Pa mol⁻²(헵탄)의 경우에 대해서 구하라.

10. 4 a) van der Waals기체에 대한 $(\partial S/\partial V)_T$의 값을 구하라.

b) van der Waals기체 1 mol을 V_1에서 V_2로 등온 팽창시킬 때의 엔트로피 변화를 나타내는 식을 유도하라.

c) (b)의 결과를 이상 기체에 대한 식과 비교하라. 같은 부피 증가에 대해서는 van der Waals기체와 이상 기체 중에서 어느 쪽의 엔트로피 증가가 더 크겠는가?

10. 5 Berthelot식과 Dieterici식을 이용하여 도함수 $(\partial U/\partial V)_T$를 구하라.

10. 6 a) Joule의 법칙을 만족시키는 물질에 대한 열역학적 상태 방정식을 써라.

b) (a)에서 얻은 미분 방정식을 적분해서, 일정한 부피 하에서는 이런 물질의 압력이 절대 온도에 비례한다는 것을 증명하라.

10. 7 일차 근사로 van der Waals기체에 대한 압축 인자는 다음과 같이 주어진다.

$$p\overline{V}/RT = 1 + [b - (a/RT)](p/RT)$$

이 식과 열역학적 상태 방정식을 이용하여 $(\partial \overline{H}/\partial p)_T = b - (2a/RT)$의 관계를 보여라.

10. 8 문제 10.7의 압축 인자에 관한 식을 이용하여 van der Waals기체의 경우 다음 관계가 성립함을 보여라.

$$\left(\frac{\partial \overline{S}}{\partial p}\right)_T = -\left[\frac{R}{p} + \frac{R_a}{(RT)^2}\right]$$

10. 9 문제 10.7과 10.8의 결과를 이용하여 CO_2의 압력이 등온적으로 0.100 M Pa로부터 10.0 M Pa로 증가할 때의 ΔH와 ΔS를 계산하라. CO_2는 van der Waals기체라고 가정하고 $a = 0.366$ m⁶ Pa mol⁻², $b = 42.9 \times 10^{-6}$ m³/mol로 놓아라.

a) 300 K에서

b) 400 K에서

c) 이상 기체에 대한 값과 비교하라.

10. 10 Beattie-Bridgeman식과 표 3-5의 데이터를 이용하여 암모니아가 700 K에서 0.1013 MPa로부터 50.00 MPa로 압축될 때의 ΔH와 ΔS를 계산하라.

10. 11 실제 기체에서는 다음 관계가 성립함을 보여라.

$$\bar{C}_p \mu_{JT} = \frac{RT^2}{p}\left(\frac{\partial Z}{\partial T}\right)_p$$

여기서 μ_{JT}는 Joule-Thomson 계수이고, $Z = p\bar{V}/RT$는 기체의 압축 인자이다[(7.50)식과 비교하라].

10.12 문제 10.7에서 준 van der Waals 기체에 대한 Z값을 써서 μ_{JT}의 값을 계산하라. μ_{JT}는 반전 온도, $T_{inv} = 2a/Rb$에서 부호가 바뀐다는 것을 증명하라.

10.13 a) (10.31)식은 다음과 같이 쓸 수 있음을 증명하라.

$$\left(\frac{\partial U}{\partial V}\right)_T = T^2\left[\frac{\partial(p/T)}{\partial T}\right]_V = -\left[\frac{\partial(p/T)}{\partial(1/T)}\right]_V$$

b) (10.30)식은 다음과 같이 쓸 수 있음을 증명하라.

$$\left(\frac{\partial H}{\partial p}\right)_T = -T^2\left[\frac{\partial(V/T)}{\partial T}\right]_p = \left[\frac{\partial(V/T)}{\partial(1/T)}\right]_p$$

10.14 25 °C에서 1 mol의 이상 기체가 10 L로부터 40 L로 등온 팽창할 때의 ΔA의 값을 계산하라.

10.15 (10.39)식을 적분해서 다음 기체의 Helmholtz 애너지를 나타내는 식을 유도하라.
a) 이상 기체
b) van der Waals 기체(적분 "상수"를 빠뜨리지 말 것!)

10.16 이상 기체가 5000 kPa로부터 200 kPa로 등온(300 K) 팽창할 때의 ΔG를 계산하라.

10.17 1 mol의 기체가 1 atm으로부터 p로 등온 압축될 때의 ΔG에 관한 식을 문제 10.7에서 준 것과 같은 꼴의 van der Waals식을 이용하여 유도하라.

10.18 van der Waals 기체가 300 K에서 5000 k Pa로부터 200 k Pa로 등온 팽창할 때의 ΔG를 계산하라. 이것을 O_2에 관한 문제 10.16의 결과와 비교하라. $a = 0.138\ m^6\ Pa\ mol^{-2}$, $b = 31.8 \times 10^{-6}\ m^3/mol$이다.

10.19 1 mol의 물질의 압력을 300 K의 일정한 온도에서 100 k Pa로부터 1000 k Pa로 증가시켰다. (a)로부터 (d)까지의 각 물질에 대한 ΔG를 계산하고 그 수치들을 비교하라.
a) 이상 기체
b) 액체 상태 물 : $\bar{V} = 18\ cm^3/mol$
c) 구리 : $\bar{V} = 7.1\ cm^3/mol$
d) 염화나트륨 : $\bar{V} = 27\ cm^3/mol$

10.20 문제 10.7에서 준 꼴의 van der Waals식을 이용하여 이 기체의 퓨가시티에 관한 식을 유도하라.

10.21 퓨가시티의 정의와 Gibbs-Helmholtz식으로부터 실제 기체의 몰엔탈피 $\bar{H}$와 이상 기체의 몰엔탈피 $\bar{H}^\circ$와의 사이에는 다음 관계가 있음을 증명하라.

$$\bar{H} = \bar{H}^\circ - RT^2\left(\frac{\partial \ln f}{\partial T}\right)_p$$

또 몰엔트로피 $\bar{S}$는 이상 기체의 표준 몰엔트로피 $\bar{S}^\circ$와 다음과 같이 관계된다는 것을 보여라.

$$\bar{S} = \bar{S}^\circ - R\left[\ln f + T\left(\frac{\partial \ln f}{\partial T}\right)_p\right]$$

끝으로 dG에 관한 미분식을 이용하여 $V = RT(\partial \ln f/\partial p)_T$의 관계가 성립함을 보여라.

10.22 문제 10.20와 10.21의 결과를 결합시켜서 van der Waals 기체의 엔탈피가 다음과 같음을 보여라.

$$\bar{H} = \bar{H}^\circ + \left(b - \frac{2a}{RT}\right)p$$

10.23 다음 완전 미분의 순수한 수학적 성질을 써서 $(\partial U/\partial V)_T$가 부피만의 함수라면 C_v는 온도만의 함수가 된다는 것을 증명하라.

$$dU = C_v\,dT + \left(\frac{\partial U}{\partial V}\right)_T dV$$

10.24 (10.23)식의 양변의 역수를 취하면 $(\partial S/\partial p)_V = -(\partial V/\partial T)_S$가 된다. 이 식과 V, T, S 사이의 순환 관계를 이용해서 $(\partial S/\partial p)_V = \kappa C_v/\alpha T$임을 증명하라.

10.25 $dU = C_v dT + [(T\alpha - p\kappa)/\kappa]dV$가 주어지면, $dU = [C_v + (TV\alpha^2/\kappa) - pV\alpha]dT + V(p\kappa - T\alpha)dp$가 됨을 증명하라[요령 : dV를 dT와 dp를 써서 전개하라].

10.26 문제 10.25의 결과와 20 °C에서의 사염화탄소에 대한 데이터 $\alpha = 12.4 \times 10^{-4}\,K^{-1}$; $\kappa = 103 \times 10^{-6}\,atm^{-1}$; 밀도=1.5942 g/cm³ 그리고 $M = 153.8$ g/mol로부터 1 atm 근처에서는 $(\partial U/\partial p)_T \approx -VT\alpha$임을 증명하라. 20 °C에서 1 atm당 몰 에너지 변화를 J/atm 단위로 계산하라.

10.27 문제 10.7에서 준 압축 인자의 근사치를 써서 van der Waals 기체에 대해 다음을 보여라.

a) $\bar{C}_p - \bar{C}_v = R + 2ap/RT^2$

b) $(\partial\bar{U}/\partial p)_T = -a/RT$ [요령 : 문제 10.25 참조]

c) $(\partial\bar{U}/\partial T)_p = \bar{C}_v + ap/RT^2$

10.28 $dS = (C_p/T)dT - V\alpha\,dp$를 이용하여 다음을 증명하라.

a) $(\partial S/\partial p)_V = \kappa\,C_v/T\alpha$

b) $(\partial S/\partial V)_p = C_p/TV\alpha$

c) $-(1/V)(\partial V/\partial p)_S = \kappa/\gamma$, 여기서 $\gamma \equiv C_p/C_v$이다.

10.29 기본 미분 방정식과 함수의 정의들을 이용해서 다음에 대한 $\bar{S}$, $\bar{V}$, $\bar{H}$, $\bar{U}$의 함수가 어떤 식으로 주어지는지 구하라.

a) 이상 기체의 경우 : $\mu = \mu^\circ(T) + RT\ln p$가 주어졌다.

b) van der Waals 기체의 경우 : $\mu = \mu^\circ(T) + RT\ln p + (b - a/RT)p$가 주어졌다.

10.30 $Z = 1 + B(T)p$이면 $f = pe^{Z-1}$가 된다는 것을 증명하라. 또 이것은 낮은 압력으로부터 보통 압력까지의 사이에서는 $f \approx pZ$이고 $p^2 = fp_{ideal}$가 된다는 것을 뜻함을 증명하라(이 마지막 관계식은 압력이 이상적인 압력과 퓨가시티의 기하 평균임을 말한다).

11
조성이 변하는 계 ; 화학 평형

11.1 기 본 식

이제까지는 계가 순수한 물질로 이루어졌거나 혹은 혼합물로 이루어졌거나 그 조성이 상태 변화 과정에서 달라지지 않는다고 가정했다. 화학 반응이 진행하면 계의 조성이 달라지며, 따라서 열역학적 성질도 변한다. 따라서 열역학 식에다 조성을 반영시켜 주어야 한다. Gibbs 에너지 G가 가장 많이 이용되므로 우선 G에 대해서 생각해 보기로 하자.

순수한 물질이나 혹은 고정된 조성을 갖는 혼합물에 대해서는 Gibbs 에너지에 대한 기본식은 다음과 같다.

$$dG = -S\,dT + V\,dp \tag{11.1}$$

만일 계를 이루는 물질의 몰수 n_1, n_2, … 가 변하는 경우에는, $G = G(T, p, n_1, n_2, \cdots)$가 되며 전미분은 다음과 같이 된다.

$$dG = \left(\frac{\partial G}{\partial T}\right)_{p,n_i} dT + \left(\frac{\partial G}{\partial P}\right)_{T,n_i} dp + \left(\frac{\partial G}{\partial n_1}\right)_{T,p,n_j} dn_1 + \left(\frac{\partial G}{\partial n_2}\right)_{T,p,n_j} dn_2 + \cdots \tag{11.2}$$

여기서 편도함수의 하첨자 n_i는 모든 몰수를 일정하게 놓고 미분하라는 뜻이며, 하첨자 n_j는 그 도함수에 나오는 몰수를 제외한 나머지 모든 몰수를 일정하게 놓고 미분하라는 뜻이다. 예를 들면, $(\partial G/\partial n_2)_{T,p,n_j}$는 T와 p, 그리고 n_2를 제외한 모든 몰수를 일정하게 놓고 미분하라는 뜻이다.

계의 조성이 전혀 변하지 않을 때는 다음 관계가 성립한다.

$$dn_1 = 0 \qquad dn_2 = 0$$

그리고 (11.2)식이 다음과 같이 된다.

$$dG = \left(\frac{\partial G}{\partial T}\right)_{p,n_i} dT + \left(\frac{\partial G}{\partial p}\right)_{T,n_i} dp \tag{11.3}$$

(11.3)식을 (11.1)식과 비교하면 다음 관계가 나온다.

$$\left(\frac{\partial G}{\partial T}\right)_{p,n_i} = -S \quad \text{및} \quad \left(\frac{\partial G}{\partial p}\right)_{T,n_i} = V \tag{11.4 a, b}$$

그리고 간편을 기하기 위하여 다음과 같은 정의를 도입하자.

$$\mu_i = \left(\frac{\partial G}{\partial n_i}\right)_{T,p,n_j} \tag{11.5}$$

그러면 (11.4)식과 (11.5)식에 의해서 (11.2)식의 전미분이 다음과 같이 된다.

$$dG = -S\,dT + V\,dp + \mu_1\,dn_1 + \mu_2\,dn_2 + \cdots \tag{11.6}$$

(11.6)식은 Gibbs 에너지 변화를 온도, 압력 및 몰수의 변화와 관계짓는 식이다. 이 식은 보통 다음과 같은 더 간결한 꼴로 쓴다.

$$dG = -S\,dT + V\,dp + \sum_i \mu_i\,dn_i \tag{11.7}$$

여기서 합셈은 혼합물의 모든 성분을 포함한다.

11.2 μ_i의 성질

T와 p 그리고 성분 i를 제외한 모든 다른 성분의 몰수를 일정하게 놓고 성분 i를 dn_i mol 만큼 계에 가해주었다고 하자. 그러면 이 때의 Gibbs 에너지 증가는 (11.7)식으로부터 간소화된 $dG = \mu_i\,dn_i$로 주어진다. 따라서 가해 준 물질의 1 mol 당 Gibbs 에너지 증가는 다음과 같이 된다.

$$(\partial G/\partial n_i)_{T,p,n_j} = \mu_i$$

이 식은 μ_i의 직접적인 뜻을 나타내는 것이며 이것은 (11.5)식에 있는 μ_i의 정의에 불과하다. 혼합물 중의 성분 i에 대한 μ_i의 값은 그 물질을 미소량 만큼 혼합물에다 가했을 때의 mol 당 Gibbs 에너지 증가와 같다(가해진 양이 미소하므로 혼합물의 조성, 따라서 μ_i의 값은 변하지 않는다).

관점을 바꾸어서 극단적으로 큰 계, 말하자면 방안에 가득히 찬 설탕물 용액을 생각해 보자. 이런 큰 계에는 물 1 mol을 더 넣어 주더라도 계의 조성이 실질적으로 변하지 않으며, 따라서 물의 μ_{H_2O}는 일정하다. 방에 가득찬 용액에다 물 1 mol을 더 넣어 줄 때의 Gibbs 에너지 증가가 바로 이 용액에서의 μ_{H_2O} 값이다.

μ_i는 한 크기 성질을 다른 크기 성질로 미분한 것이므로 계의 세기 성질이 되며, 평형에 있는 계의 어느 부분에서나 같은 값을 가져야 한다.

가령 계의 두 부분 A와 B에서 μ_i가 각각 μ_i^A와 μ_i^B라는 상이한 값들을 갖는다고 해보자. 다음에 T와 p, 그리고 모든 다른 몰수를 일정하게 유지하면서 dn_i mol의 i를 A에서 B로 옮긴다고 가정하자. 그러면 $+dn_i$ mol이 B로 들어가고 $-dn_i$ mol이 A로 들어가므로 두 부분에서의 Gibbs 에너지 증가는 (11.7)식으로부터 $dG^A = \mu_i^A(-dn_i)$와 $dG^B = \mu_i^B\,dn_i$로 주어진다. 따라서 계의 Gibbs 에너지의 전체 변화는 $dG = dG^A + dG^B$가 된다. 즉,

$$dG = (\mu_i^B - \mu_i^A)dn_i$$

여기서 μ_i^B가 μ_i^A보다 작다면 dG는 음이 되며, 따라서 물질의 이런 이동으로 계의 Gibbs 에너지가 감소한다. 그러므로 이동은 자발적으로 일어난다. 따라서, 물질 i는 높은 μ_i를 가진 부분에서 낮은 μ_i의 부분으로 자발적으로 흐르며, 이 흐름은 μ_i 값이 계 전체를 통해 같아질 때까지, 즉 계가 평형에 이를 때까지 계속된다. 계 전체를 통해서 μ_i가 같은 값을 가져야 한다는 사실은 하나의 중요한 평형 조건이며 앞으로도 계속해서 쓰일 것이다.

성질 μ_i는 물질 i의 화학 퍼텐셜*이라고 부른다. 전류가 높은 전기 퍼텐셜(전위)의 영역에서

낮은 전기 퍼텐셜 쪽으로 자발적으로 흐르는 것이나, 또는 질량이 높은 중력 퍼텐셜(위치 에너지)의 위치에서 낮은 중력 퍼텐셜 쪽으로 자발적으로 흐르는 것과 마찬가지로 물질은 높은 화학 퍼텐셜의 부분에서 낮은 화학 퍼텐셜 부분으로 자발적으로 흐른다. μ_i를 흔히 i의 산일 경향이라고도 한다. 만일 계 중의 어느 한 성분의 화학 퍼텐셜이 높다면 그 성분은 산일 경향이 크고, 반면에 화학 퍼텐셜이 낮으면 산일 경향도 작다.

11.3 혼합물의 Gibbs 에너지

μ_i가 세기 성질이라는 사실은 이것이 온도, 압력, 그리고 몰비나 몰분율 등과 같은 다른 세기 성질에만 의존한다는 것을 뜻한다. μ_i는 세기 성질인 조성 변수를 통해서만 몰수에 관계되므로 이들 사이의 중요한 관계식을 쉽게 유도할 수 있다.

우선 다음과 같은 변환을 생각하여 보자.

	처음 상태			나중 상태		
	T, P			T, P		
물 질	1	2	3	1	2	3
몰 수	0	0	0	n_1	n_2	n_3
Gibbs 에너지	$G=0$			G		

일정한 온도와 일정한 압력에서 평형에 있는 균일한 조성의 대다량의 혼합물을 가지고 이 변환을 일으켜 보자. 작은 공처럼 생긴 닫힌 기하학적 표면을 열역학적 계의 경계면이라고 하고 이것을 이 혼합물 속에 완전히 담구어 두었다고 하자. 이 계의 Gibbs 에너지를 G^*로 표시하고, 계의 i째 번 화학종의 몰수를 n_i^*로 표시하자. 이제 이 기하학적 표면을 넓혀서 더 많은 양의 혼합물을 둘러싸게 하면 계의 Gibbs 에너지가 얼마나 증가하는가 알아보자. 이 경계를 넓히는 동시에 혼합물이 들어있는 용기의 모양과 같은 꼴로 변형시켜 가지고 그 용기 속에 들어있는 것과 똑같은 양의 혼합물을 둘러싸게 했다고 하자. 넓어진 계의 Gibbs 에너지를 G, 몰수를 n_i라고 하자. 이 때의 Gibbs 에너지 변화는 (11.7)식을 일정한 T와 p에서 적분하면 나온다. 즉,

$$\int_{G^*}^{G} dG = \sum_i \mu_i \int_{n_i^*}^{n_i} dn_i$$

$$G - G^* = \sum_i \mu_i (n_i - n_i^*) \tag{11.8}$$

위에서 설명한 바와 같이 평형에 있는 계는 어디서나 그 μ_i의 값이 같아야 하므로, μ_i는 적분 기호 밖으로 빼냈다. 여기서, 처음의 작은 경계로 둘러싸이는 부피가 영이 되는 극한을 처음 상태라고 하자. 그러면 $n_i^* = 0$이고 $G^* = 0$이다. 그러면 (11.8)식이 다음과 같이 된다.

$$G = \sum_i n_i \mu_i \tag{11.9}$$

(11.9)식의 가감 규칙은 화학 퍼텐셜의 대단히 중요한 성질이다. 혼합물의 각 성분의 화학 퍼텐셜과 몰수를 알면 (11.9)식을 이용해서 특정한 온도와 압력에서의 혼합물의 전체 Gibbs 에너지 G를 계산할 수 있다. 계가 단 하나의 물질로 되어 있을 경우에는, (11.9)식이 $G = n\mu$로 된다.

* 엄밀하게 말해서 화학 퍼텐셜은 $(\partial G/\partial m_i)_{T,p,m_j}$이다. 여기서 m_i는 i째 번 물질의 질량이다. 화학 변화에서는 분자량의 변화를 따지므로 (11.5)식으로 정의해도 아무 지장이 없다.

따라서,

$$\mu = G/n \tag{11.10}$$

이 식에 의하면 순수한 물질의 μ는 단순히 몰 **Gibbs** 에너지와 같다. 이런 까닭으로 10.8절에서 몰 Gibbs 에너지를 μ로 표시한 것이다. 혼합물에서는 μ_i가 물질 i의 분몰 **Gibbs** 에너지가 된다.

11.4 순수한 이상 기체의 화학 퍼텐셜

순수한 이상 기체의 화학 퍼텐셜은 (10.47)식으로 주어진다. 즉,

$$\mu = \mu^\circ(T) + RT\ln p \tag{11.11}$$

이 식에 의하면 주어진 온도에서는 압력이 기체의 화학 퍼텐셜의 척도가 된다. 만일 용기 속의 기체 압력이 균일하게 될 때까지 높은 압력(높은 화학 퍼텐셜) 부분으로부터 낮은 압력(낮은 화학 퍼텐셜) 쪽으로 물질이 흐를 것이다. 용기 속에서는 어디서나 화학 퍼텐셜이 같아야 한다는 평형 조건은 용기 전체를 통해서 균일해야 한다는 것을 뜻한다. 이상 기체가 아닌 경우에는 퓨가시티가 그릇 전체를 통해서 균일해야 한다. 그러나 퓨가시티는 온도와 압력의 함수이므로 주어진 온도에서 퓨가시티의 값이 같으면 압력도 같아진다.

11.5 이상 기체 혼합물 속에 들어 있는 한 이상 기체의 화학 퍼텐셜

그림 11-1과 같은 계를 생각해 보자. 오른쪽 구간에는 부분 압력이 p_{H_2}인 수소와 부분 압력이 p_{N_2}인 질소와의 혼합물이 들어있고 전체 압력은 $p = p_{H_2} + p_{N_2}$이다. 이 혼합물은 팔라듐 막으로 왼쪽과 분리되어 있다. 수소는 이 막을 자유로이 통과할 수 있으므로 왼쪽에는 순수한 수소가 들어있다. 평형에 도달하면, 왼쪽의 순수한 수소의 압력은 정의에 따라 혼합물에서의 수소의 부분 압력과 같다(2.8절을 보라). 평형 조건에 의하면 양쪽 구간에서 수소의 화학 퍼텐셜이 같아야 한다. 즉,

$$\mu_{H_2(\text{pure})} = \mu_{H_2(\text{mix})}$$

압력이 p_{H_2}인 순수한 수소의 화학 퍼텐셜은 (11.11)식으로 주어진다. 즉,

$$\mu_{H_2(\text{pure})} = \mu^\circ_{H_2}(T) + RT\ln p_{H_2}$$

따라서 혼합물에서는 다음과 같아야 한다.

$$\mu_{H_2(\text{mix})} = \mu^\circ_{H_2}(T) + RT\ln p_{H_2}$$

이 식에 의하면 혼합물에서 수소의 화학 퍼텐셜은 수소의 부분 압력의 대수 함수가 된다. 여러 이상 기체의 혼합물의 경우에도 물질 i만이 투과하는 막*을 사용하면서 위에서와 같은 방법을 이용하면 혼합물에서의 물질 i의 화학 퍼텐셜이 다음과 같이 주어진다.

$$\mu^\circ_i = \mu_i(T) + RT\ln p_i \tag{11.12}$$

여기서 p_i는 혼합물에서 물질 i가 나타내는 부분 압력이다. $\mu^\circ_i(T)$는 순수한 기체의 경우와 같은 의미를 갖는다. 즉, 온도 T에서 1 atm 하에 있는 순수한 기체의 화학 퍼텐셜이다.

* 이러한 막은 몇 가지 기체에 대한 것만이 알려져 있으나 이론적으로는 얼마든지 있다고 보아도 상관없다.

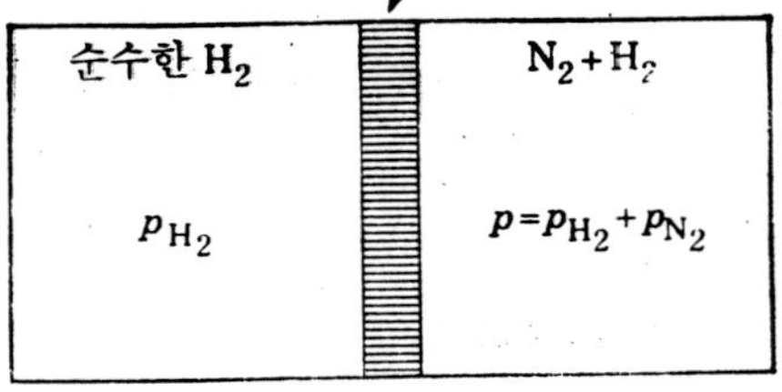

그림 11-1 혼합물 속에 들어있는 기체의 화학 퍼텐셜.

혼합물에서 물질 i의 몰분율을 x_i, 전체 압력을 p라고 하면, $p_i = x_i p$라는 관계가 성립하며, 이것을 (11.12)식에 넣어주고 대수를 전개하면 다음 결과가 나온다.

$$\mu_i = \mu_i^\circ(T) + RT\ln p + RT\ln x_i \tag{11.13}$$

(11.11)식에 의하면 (11.13)식의 처음 두 항은 압력 p에서의 순수한 i에 대한 μ가 되므로 (11.13)식은 다음과 같이 된다.

$$\mu_i = \mu_{i(\text{pure})}(T,\ p) + RT\ln x_i \tag{11.14}$$

x_i는 몰분율이며 그 대수는 음이므로, (11.14)식은 혼합물에서의 어느 한 기체의 화학 퍼텐셜은 같은 전체 압력 하에서의 순수한 그 기체의 화학 퍼텐셜보다 항상 작다는 것을 나타낸다. 압력이 p인 순수한 기체를 전체 압력이 p인 혼합물과 접촉시키면 순수한 기체는 혼합물 속으로 자발적으로 흘러들어간다. 이것은 기체가 확산된다는 사실을 열역학적으로 설명한 것으로서 액체나 고체의 경우에도 마찬가지로 적용된다.

(11.14)식은 그 형식으로 보아 일반식임을 짐작할 수 있다. 고체나 액체나 또는 기체 중의 어느 한 집합 상태에 있는 용액에서 각 종의 화학 퍼텐셜이 다음과 같이 주어질 때 그 용액을 이상 혼합물, 즉 이상 용액이라고 정의해 보자.

$$\mu_i = \mu_i^\circ(T,\ p) + RT\ln x_i \tag{11.14 a}$$

(11.14 a)식에서 $\mu_i^\circ(T,\ p)$는 혼합물과 똑같은 집합 상태에 있는 순수한 i의 화학 퍼텐셜이다. 즉, 액체 혼합물의 경우 $\mu_i^\circ(T,\ p)$는 온도가 T이고 압력이 p인 순수한 액체 i의 화학 퍼텐셜, 즉 몰 Gibbs 에너지이며, x_i는 액체 혼합물에서의 i의 몰분율이다. (11.14)식을 이처럼 일반화시켜도 된다는 실험적 증거는 13장에서 소개하겠다.

11.6 혼합 Gibbs 에너지와 엔트로피

순수한 성분으로부터 혼합물이 생성되는 변화는 항상 자발적으로 일어나므로, 이 과정에서는 Gibbs 에너지가 감소해야 한다. 여기서는 이러한 혼합 Gibbs 에너지를 계산해 보기로 하자. 처음 상태는 그림 11-2(a)와 같다고 하자. 각 구간은 압력이 p인 순수한 물질이 들어있다. 물질을 분리하고 있는 간막이를 제거해 내면 그림 11-2(b)에서와 같이 압력이 처음과 같이 p인 혼합물이 최종 상태가 된다. 온도는 처음이나 마지막이나 같다. 순수한 물질의 Gibbs 에너지는 다음과 같다.

$$G_1 = n_1\mu_1^\circ \qquad G_2 = n_2\mu_2^\circ \qquad G_3 = n_3\mu_3^\circ$$

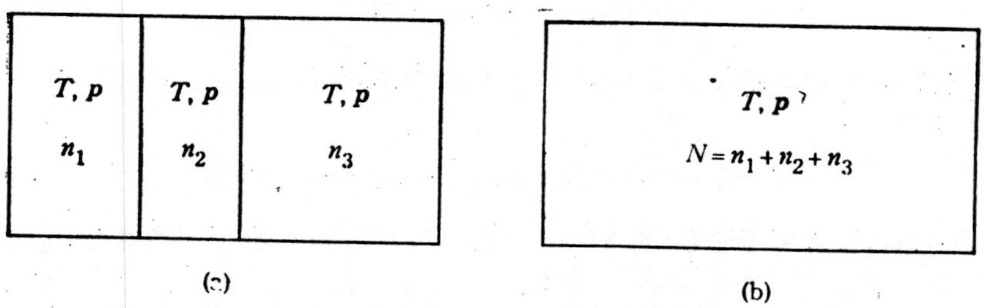

그림 11-2 혼합 Gibbs 에너지 (a) 처음 상태. (b) 최종 상태.

처음 상태의 Gibbs 에너지는 간단히 이들의 합으로 주어진다.

$$G_{\text{initial}} = G_1 + G_2 + G_3 = n_1\mu_1^\circ + n_2\mu_2^\circ + n_3\mu_3^\circ = \sum_i n_i\mu_i^\circ$$

최종 상태의 Gibbs 에너지는 가감 규칙인 (11.9)식에 의해서 다음과 같이 주어진다.

$$G_{\text{final}} = n_1\mu_1 + n_2\mu_2 + n_3\mu_3 = \sum_i n_i\mu_i$$

G_{final}과 G_{initial}의 값을 이용하면 혼합 Gibbs 에너지, $\Delta G_{\text{mix}} = G_{\text{final}} - G_{\text{initial}}$이 다음과 같이 된다.

$$\Delta G_{\text{mix}} = n_1(\mu_1 - \mu_1^\circ) + n_2(\mu_2 - \mu_2^\circ) + n_3(\mu_3 - \mu_3^\circ) = \sum_i n_i(\mu_i - \mu_i^\circ)$$

여기에다 (11.14 a)식의 $\mu_i - \mu_i^\circ$ 값을 넣으면 다음 결과가 얻어진다.

$$\Delta G_{\text{mix}} = RT(n_1 \ln x_1 + n_2 \ln x_2 + n_3 \ln x_3) = RT\sum_i n_i \ln x_i$$

이 식에다 $n_i = x_i n$을 넣으면 좀 더 편리한 형태로 만들 수 있다. 여기서 n은 혼합물의 전체 몰수이고 x_i는 i의 몰분율이다. 그러면

$$\Delta G_{\text{mix}} = nRT(x_1 \ln x_1 + x_2 \ln x_2 + x_3 \ln x_3) \qquad (11.15)$$

이 식은 혼합물 성분의 몰분율로써 표시한 혼합 엔트로피의 식이다. 우변의 각 항은 모두 음수이므로 그 합은 항상 음이다. 지금까지의 유도 과정으로 보아 여러 가지 종으로 된 이상 혼합물이 만들어질 경우에는 혼합 Gibbs 에너지가 다음과 같이 된다는 것을 알 수 있다.

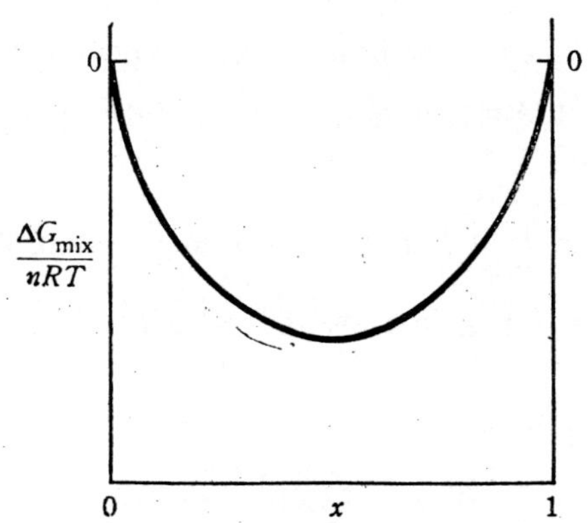

그림 11-3 2성분 이상 혼합물에 대한 $\Delta G_{\text{mix}}/nRT$.

$$\Delta G_{\text{mix}} = nRT\sum_i x_i \ln x_i \tag{11.16}$$

혼합물이 두 가지 물질로만 되어 있다면, $x_1 = x$로 놓을 경우, $x_2 = 1 - x$가 되고 (11.16)식은 다음과 같이 된다.

$$\Delta G_{\text{mix}} = nRT[x \ln x + (1-x)\ln(1-x)] \tag{11.17}$$

그림 11-3은 (11.17)식의 함수를 도시한 것이다. 곡선은 $x = \frac{1}{2}$에 관해서 대칭이다. 따라서 두 성분이 같은 몰수로 혼합될 때는 Gibbs 에너지가 가장 많이 감소한다. 3성분계에서는 각 성분의 몰분율이 모두 1/3이 되게 혼합할 때 Gibbs 에너지가 가장 많이 감소한다.

$\Delta G_{\text{mix}} = G_{\text{final}} - G_{\text{initial}}$을 온도에 관해서 미분하면 (11.14 a)식에 의해서 ΔS_{mix}를 얻을 수 있다. 즉,

$$\left(\frac{\partial \Delta G_{\text{mix}}}{\partial T}\right)_{p,n_i} = \left(\frac{\partial G_{\text{final}}}{\partial T}\right)_{p,n_i} - \left(\frac{\partial G_{\text{initial}}}{\partial T}\right)_{p,n_i} = -(S_{\text{final}} - S_{\text{initial}})$$

$$\left(\frac{\partial \Delta G_{\text{mix}}}{\partial T}\right)_{p,n_i} = -\Delta S_{\text{mix}} \tag{11.18}$$

(11.16)식의 양변을 온도에 관해서 미분하면 다음과 같이 된다.

$$\left(\frac{\partial \Delta G_{\text{mix}}}{\partial T}\right)_{p,n_i} = nR\sum_i x_i \ln x_i$$

따라서 (11.18)식은 다음과 같이 되어 우리가 원하는 식을 얻게 된다.

$$\Delta S_{\text{mix}} = -nR\sum_i x_i \ln x_i \tag{11.19}$$

혼합 엔트로피에 관한 이 식은 T가 인수로서 들어있지 않다는 점과, − 부호가 들어있다는 점을 제외하면 그 모양이 혼합 Gibbs 에너지에 대한 식과 같다. − 부호는 혼합 엔트로피가 항상 양이라는 것을 나타낸다. 혼합 Gibbs 에너지는 이와 반대로 항상 음이 된다. 혼합 엔트로피가 양이라는 사실은 여러 종류의 분자가 섞일 때 불규칙성이 증가한다는 사실과 맞먹는다. 혼합 엔트로피에 대한 (11.19)식을 통계 역학적으로 얻었던 (9.75)식과 비교해 보아라. (9.75)식에서는 n이 분자수였으며 반면에 (11.19)식의 n은 몰수라는 것을 주목하라. 이 두 식이 각각 서로 다른 상수 R과 k를 포함하는 것은 이 때문이다.

그림 11-4는 다음 식을 이용해서 2성분 혼합물의 혼합 엔트로피를 도시한 것이다.

$$\Delta S_{\text{mix}} = -nR[x \ln x + (1-x)\ln(1-x)] \tag{11.20}$$

혼합 엔트로피는 $x = 1/2$에서 최대값이 된다. (11.20)식에서 $x = 1/2$일 때의 혼합물 1 mol 당 혼합 엔트로피는 다음과 같다.

$$\Delta S_{\text{mix}}/n = -R\left(\frac{1}{2}\ln\frac{1}{2} + \frac{1}{2}\ln\frac{1}{2}\right) = -R\ln\frac{1}{2} = +0.693\,R = 5.76\ \text{J/K mol}$$

두 물질로만 된 혼합물에서는 혼합물의 mol 당 혼합 엔트로피가 그 조성에 따라 0에서 5.76 J/K까지 변화한다.

혼합열은 다음 식에 의해서 계산된다.

$$\Delta G_{\text{mix}} = \Delta H_{\text{mix}} - T\Delta S_{\text{mix}} \tag{11.21}$$

즉, 이 식에다 (11.16)식과 (11.19)식의 혼합 Gibbs 에너지와 혼합 엔트로피의 값을 넣으면 다

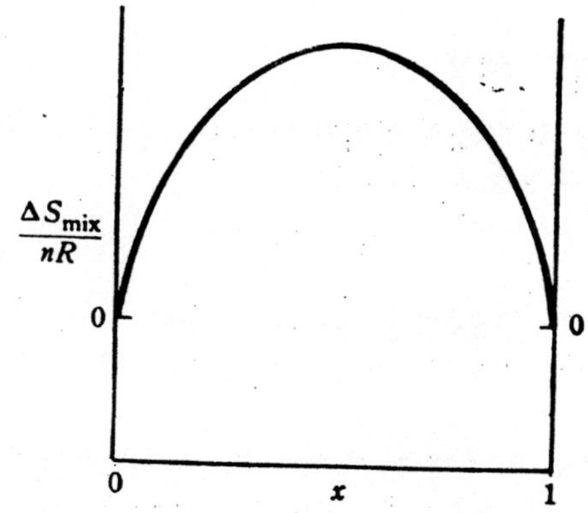

그림 11-4 2성분 이상 혼합물에 대한 $\Delta S_{mix}/nR$.

음과 같이 된다. 즉,

$$nRT\sum_i x_i \ln x_i = \Delta H_{mix} + nRT\sum_i x_i \ln x_i$$

따라서

$$\Delta H_{mix} = 0 \tag{11.22}$$

즉, 이상 혼합물이 생길 때는 열 효과가 안 나타난다.

$\Delta H_{mix} = 0$ 라는 결과를 이용하면 (11.21)식이 다음과 같이 된다.

$$-\Delta G_{mix} = T\Delta S_{mix} \tag{11.23}$$

결국 (11.23)식을 보면 혼합을 시키는 추진력인 $-\Delta G_{mix}$는 전적으로 엔트로피 효과임을 알 수 있다. 혼합된 상태는 더 불규칙한 상태이고 따라서 더 확률이 큰 상태이다. 혼합 엔트로피의 값이 5.76 J/K mol 이라면, $T = 300$ K 에서는 $\Delta G_{mix} = -(300\text{ K})(5.76\text{ J/K mol}) = -1730\text{ J/mol}$ 이다. 따라서 이상적인 2성분 혼합물의 혼합 Gibbs 에너지는 0 으로부터 -1730 J/mol 의 범위에 있다. -1730 J/mol 은 과히 큰 값이 아니다. 따라서 혼합열이 영이 아닌 비이상 혼합물이 자발적으로 생기려면 혼합열이 음이 되거나 또는 매우 작은 양이어야 한다. 만일 혼합열이 대략 1300 내지 1600 J/mol 보다 더 큰 양의 값이 되면, ΔG_{mix}는 양이 되며, 따라서 액체가 섞이는 것이 아니라 두 층으로 분리된다.

온도와 조성을 일정하게 유지하고 혼합 Gibbs 에너지를 압력에 관해서 미분하면 혼합 부피가 얻어진다.

$$\Delta V_{mix} = \left(\frac{\partial \Delta G_{mix}}{\partial p}\right)_{T, n_i}$$

그러나 (11.16)식을 조사해 보면 혼합 Gibbs 에너지는 압력에 상관없음을 알 수 있고, 따라서 이 도함수는 영이 된다. 즉,

$$\Delta V_{mix} = 0 \tag{11.24}$$

이상 혼합물은 부피 변화가 전혀 없이 생성된다.

11.7 혼합물에서의 화학 평형

닫힌 계가 일정한 온도와 일정한 전체 압력 하에 있다고 하자. 계는 다음 식에 따라 반응할 수 있는 여러 가지 화학종의 혼합물로 되어 있다.

$$0 = \sum_i \nu_i A_i \tag{11.25}$$

여기서 A_i는 물질의 화학식을 나타내고, ν는 화학량적 계수를 나타낸다. 이 기호들은 1.7.1 절에서 화학 반응을 나타낼 때 사용했던 것들이다. 반응물에 대해서는 ν_i가 음이고 생성물에 대해서는 ν_i가 양이다.

이제 반응이 화살표 방향으로 진행할 때 혼합물의 Gibbs 에너지가 증가할 것인지 또는 감소될 것인지를 조사해 보자. 반응이 진행함에 따라 Gibbs 에너지가 감소하는 경우에는 반응은 화살표 방향으로 자발적으로 일어난다. 즉, 계의 Gibbs 에너지의 최저값이 될 때까지 반응은 진행되고 Gibbs 에너지도 그 때까지 계속해서 줄어든다. 계의 에너지가 가장 낮을 때에 반응은 평형에 있게 된다. 만일 반응이 화살표 방향으로 진행한다고 했을 때 계의 Gibbs 에너지가 증가한다면, Gibbs 에너지가 감소하는 자발적인 반응은 그 반대 방향으로 일어날 것이다. 이 경우에도 혼합물의 Gibbs 에너지는 평형 위치에서 최저값이 된다.

T와 p는 일정하므로 반응이 진행할 때의 계의 Gibbs 에너지 변화는 (11.7)식에 위해서 다음과 같이 된다.

$$dG = \sum_i \mu_i \, dn_i \tag{11.26}$$

여기서 몰수의 변화, dn_i는 화학 반응 결과로 생긴 것이다. 물질은 화학량적 비율에 따라서 반응하므로 이런 변화량들은 독립적이 아니다. 반응 진척도를 ξ로 나타내었을 때, 반응이 ξ mol 만큼 진행하였다고 하자. 그러면 남아있는 각 물질의 몰수가 다음과 같이 된다.

$$n_i = n_i^\circ + \nu_i \xi \tag{11.27}$$

여기서 n_i°들은 반응이 ξ mol 만큼 진척되기 전에 존재하는 물질의 몰수이다. n_i°들은 상수이므로 (11.27)식들을 미분하면 다음과 같이 된다.

$$dn_i = \nu_i \, d\xi \tag{11.28}$$

(11.26)식에 (11.28)식을 넣으면 다음 결과가 나온다.

$$dG = \left(\sum_i \nu_i \mu_i\right) d\xi$$

이것은 다음과 같이도 쓸 수 있다.

$$\left(\frac{\partial G}{\partial \xi}\right)_{T,p} = \sum_i \nu_i \mu_i \tag{11.29}$$

도함수 $(\partial G/\partial \xi)_{T,p}$는 반응 진척도 ξ에 대한 혼합물의 Gibbs 에너지 증가율이다. 이 도함수가 음이면 혼합물의 Gibbs 에너지는 반응이 화살표 방향으로 진행됨에 따라 감소하며, 따라서 반응이 자발적이라는 것을 말해준다. 만일 이 도함수가 양이면, 정방향으로의 반응에 의해서 계의 Gibbs 에너지가 증가해야 한다. 이것은 있을 수 없으므로, 역반응이 자발적으로 일어날 것이다. $(\partial G/\partial \xi)_{T,p}$가 영인 경우에는, Gibbs 에너지는 최저값이 되고 반응은 평형을 이룬다. 즉, 화학 반응에 대한 평형 조건은 다음과 같다.

$$\left(\frac{\partial G}{\partial \xi}\right)_{T,p,\mathrm{eq}} = 0 \tag{11.30}$$

$$\left(\sum_i \nu_i \mu_i\right)_{\mathrm{eq}} = 0 \tag{11.31}$$

(11.29)식의 도함수는 생성물의 Gibbs 에너지의 합에서 반응물의 Gibbs 에너지의 합을 뺀 것으로서 반응에 따르는 Gibbs 에너지의 증가 ΔG와 같다. 따라서 $(\partial G/\partial \xi)_{T,p}$를 ΔG로 쓰고, 반응 Gibbs 에너지라고 부른다. 위의 유도 과정을 생각하면 어떤 화학 반응에 대해서나 다음 관계가 성립해야 한다.

$$\Delta G = \sum_i \nu_i \mu_i \tag{11.32}$$

어떤 화학 반응이든간에 그 평형 조건은 다음과 같이 된다.

$$\Delta G = \left(\sum_i \nu_i \mu_i\right)_{\mathrm{eq}} = 0 \tag{11.33}$$

(11.31)식과 (11.33)식의 괄호에다 eq라는 첨자를 붙인 이유는 평형에서의 μ값들이 이들 식에서 처럼 특수한 방식으로 상관된다는 사실을 강조하기 위해서이다. 각 μ_i는 $\mu_i(T, p, n_1^\circ, n_2^\circ, \cdots, \xi)$이므로, 이 평형 조건에 의해서 ξ_e를 T, p 및 처음 몰수 값의 함수로서 구할 수 있다.

11.8 ξ 함수로서 본 G의 일반적 성질

그림 11-5(a)는 G의 일반적인 성질을 진척도의 함수로서 나타낸 것이다. 진척도 ξ는 작은 값 ξ_1과 큰 값 ξ_g 사이의 한정된 변화 영역을 갖는다. ξ_1에서는 한 가지 또는 그 이상의 생성물이 없어지고, 한편 ξ_g에서는 한 가지 또는 그 이상의 반응물이 없어진다. 어떤 중간값 ξ_e에서 G는 최소값을 나타낸다. ξ_e 값은 진척도의 평형값이다. 최소값의 왼쪽에서는 $\partial G/\partial \xi$가 음이어서 정방향의 반응이 자발적으로 일어나며, 반면 최소값의 오른쪽에서는 $\partial G/\partial \xi$가 양이어서 역방향의 반응이 자발적으로 일어난다. 이 그림의 예에서는 생성물의 Gibbs 에너지가 반응물의 Gibbs 에너지보다 높은 데도 불구하고 얼마 만큼의 생성물이 형성된다. 이런 결과는 혼합 Gibbs 에너지의 기여 때문이다.

어떠한 조성에서나 혼합물의 Gibbs 에너지는 다음 식으로 주어진다.

$$G = \sum_i n_i \mu_i$$

만일 각 항에다 순수한 화학종 i의 화학 퍼텐셜 $\mu_i^\circ(T, p)$를 더하고 빼주면 다음 결과가 나온다.

$$G = \sum_i n_i(\mu_i^\circ + \mu_i - \mu_i^\circ) = \sum_i n_i \mu_i^\circ(T, p) + \sum_i n_i(\mu_i - \mu_i^\circ)$$

여기서 첫째 번 합은 순수한 기체들이 따로따로 있을 때의 Gibbs 에너지의 총합, G_{pure}이며, 마지막 합은 혼합 Gibbs 에너지, ΔG_{mix}이다. 즉, 계의 Gibbs 에너지는 다음과 같이 된다.

$$G = G_{\mathrm{pure}} + \Delta G_{\mathrm{mix}} \tag{11.34}$$

그림 11-5(b)는 G_{pure}와 ΔG_{mix}를 진척도의 함수로 나타낸 것이다. G_{pure}는 n_i를 통해서 간접적으로 ξ에 의존하지만 n_i가 ξ의 선형 함수이므로 G_{pure}는 ξ의 선형 함수임을 알 수 있다.

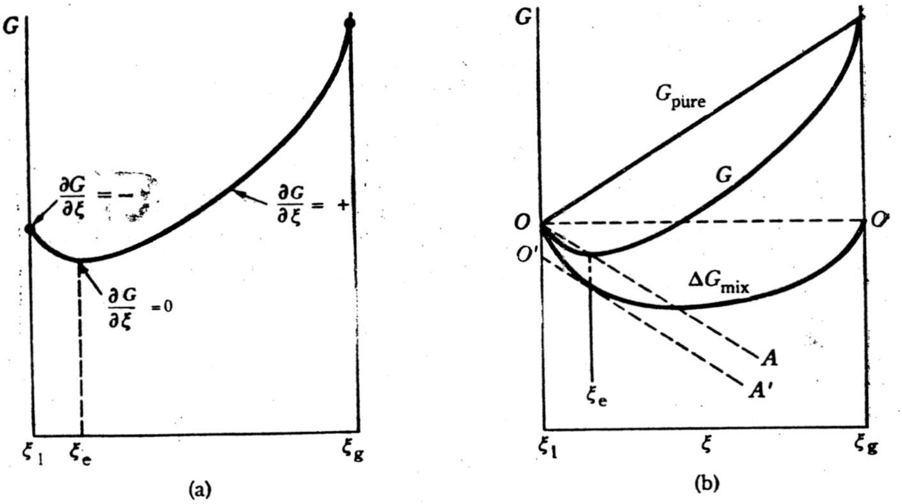

그림 11-5 진척도의 함수로 나타낸 Gibbs에너지.

G의 최소값은 ΔG_{mix}의 감소율과 G_{pure}의 증가율이 같아지는 점에서 나타난다. 이것을 증명하기 위하여 (11.34)식을 미분하여 보자.

$$\left(\frac{\partial G}{\partial \xi}\right)_{T,p} = \left(\frac{\partial G_{pure}}{\partial \xi}\right)_{T,p} + \left(\frac{\partial \Delta G_{mix}}{\partial \xi}\right)_{T,p}$$

평형에서는 다음 관계가 성립해야 하며, 따라서 필요한 증명이 끝나는 것이다.

$$\left(\frac{\partial G_{pure}}{\partial \xi}\right)_{eq} = -\left(\frac{\partial \Delta G_{mix}}{\partial \xi}\right)_{eq}$$

이 조건을 그림 위에서 찾으려면 우선 G_{pure}의 직선을 수평선 OO에 대해서 반전시켜 직선 OA를 얻은 다음에 OA에 평행한 ΔG_{mix}의 접선 $O'A'$을 그려준다. 그러면 그 접점이 평형 진척도 값이 된다. (11.34)식은 균일계에서 이루어지는 어떤 평형에 대해서나 성립한다. 실상 (11.34)식은 형식상 어떤 평형에 대해서나 성립하지만, 적어도 한 상이 혼합물이 아니면 G_{mix}항이 영이 될 것이고 첫째 항인 G_{pure}만이 남게 될 것이다.

(11.34)식에 의하면 계는 낮은 Gibbs에너지의 물질을 만듦으로써 Gibbs에너지가 최소로 되는 평형 상태에 도달하려고 한다. 이렇게 되면 G_{pure}가 작아지는 것이다. 이 식에 의하면 또한 계는 생성물과 반응물을 혼합시켜 줌으로써 Gibbs에너지를 줄이려고 한다. 그리하여 실제로 이루어지는 평형에서는 이 두 경향, 즉 Gibbs에너지가 낮은 순수한 물질이 생성되려는 경향과 고도의 혼합이 이루어지려는 경향 사이에 절충이 이루어지고 있는 것이다.

11.9 이상 기체 혼합물에서의 화학 평형

(11.12)식에 의하면 기체 혼합물 속에 들어 있는 이상 기체의 μ는 다음과 같다.

$$\mu_i = \mu_i^\circ + RT \ln p_i \tag{11.35}$$

여기서 p_i는 혼합물에서 그 기체가 나타내는 부분 압력이다. 이 μ_i 값을 (11.29)식에 넣어주면 다음과 같은 반응에 대한 ΔG를 계산할 수 있다.

$$\alpha A + \beta B \longrightarrow \gamma C + \delta D$$

여기서 A, B, C 및 D는 반응 물질들의 화학식이고, α, β, γ 및 δ 는 화학량적 계수를 나타낸다. 그러면 이 ΔG가 다음과 같이 된다.

$$\begin{aligned}\Delta G &= \gamma\mu_C^\circ + \gamma RT\ln p_C + \delta\mu_D^\circ + \delta RT\ln p_D - \alpha\mu_A^\circ - \alpha RT\ln p_A - \beta\mu_B^\circ - \beta RT\ln p_B \\ &= \gamma\mu_C^\circ + \delta\mu_D^\circ - (\alpha\mu_A^\circ + \beta\mu_B^\circ) + RT[\gamma\ln p_C + \delta\ln p_D - (\alpha\ln p_A + \beta\ln p_B)]\end{aligned}$$

다음과 같이 주어지는 ΔG° 를 **표준 반응 Gibbs** 에너지라고 정의한다.

$$\Delta G^\circ = \gamma\mu_C^\circ + \delta\mu_D^\circ - (\alpha\mu_A^\circ + \beta\mu_B^\circ) \tag{11.36}$$

이 정의를 이용하고 대수항들을 묶으면 다음 결과가 나온다.

$$\Delta G = \Delta G^\circ + RT\ln\frac{p_C^\gamma p_D^\delta}{p_A^\alpha p_B^\beta} \tag{11.37}$$

대수의 변수를 반응 압력 곱비라고 한다. 여기서 분자는 생성물의 부분 압력을 화학량론적 계수 만큼 제곱해 준 것들의 곱이고, 한편 분모는 반응물의 부분 압력을 화학량론적 계수 만큼 제곱해 준 것들의 곱이다. 일반적으로 이 비는 간단히 부호 Q_p로 나타낸다. 즉,

$$Q_p = \frac{p_C^\gamma p_D^\delta}{p_A^\alpha p_B^\beta} \tag{11.38}$$

이렇게 하면 (11.37)식이 다음과 같이 된다.

$$\Delta G = \Delta G^\circ + RT\ln Q_p \tag{11.39}$$

주어진 온도에서 ΔG°는 반응에 고유한 상수이므로 ΔG의 부호는 $\ln Q_p$의 부호와 크기에 따라 결정된다. 예로서 만일 반응물의 부분 압력이 아주 크고 반면에 생성물의 부분 압력은 아주 작은 혼합물을 만들었다면 Q_p는 작은 분수값이 되며 $\ln Q_p$는 큰 음수가 된다. 이렇게 되면 ΔG가 큰 음수가 되어 생성물이 생기는 경향이 커진다.

평형에서는 $\Delta G = 0$이고 (11.37)식은 다음과 같이 된다.

$$0 = \Delta G^\circ + RT\ln\frac{(p_C)_e^\gamma (p_D)_e^\delta}{(p_A)_e^\alpha (p_B)_e^\beta} \tag{11.40}$$

여기서 하첨자 e는 이들이 평형 부분 압력이라는 것을 나타낸다. 이 평형 부분 압력의 비는 압력 평형 상수 K_p이다.

$$K_p = \frac{(p_C)_e^\gamma (p_D)_e^\delta}{(p_A)_e^\alpha (p_B)_e^\beta} \tag{11.41}$$

보다 더 일반적인 기호를 이용하기 위하여 (11.35)식의 μ_i값을 (11.29)식에 넣어주면 다음과 같은 식이 나온다.

$$\Delta G = \left(\frac{\partial G}{\partial \xi}\right)_{T,p} = \sum_i \nu_i(\mu_i^\circ + RT\ln p_i)$$

이 식은 다음과 같이 나타낼 수도 있다.

$$\Delta G = \sum_i \nu_i\mu_i^\circ + RT\sum_i \nu_i\ln p_i$$

여기서 우변의 첫째 항은 표준 반응 Gibbs 에너지이며 둘째 항은 $\nu_i \ln p_i = \ln p_i^{\nu_i}$ 이다. 즉,

$$\sum_i \nu_i \mu_i^\circ = \Delta G^\circ \tag{11.36 a}$$

따라서 앞의 식은 다음과 같이 쓸 수 있다.

$$\Delta G = \Delta G^\circ + RT \sum_i \ln p_i^{\nu_i} \tag{11.37 a}$$

한편 대수의 합셈은 곱의 대수와 같다. 즉,

$$\ln p_1^{\nu_1} + \ln p_2^{\nu_2} + \ln p_3^{\nu_3} + \cdots = \ln(p_1^{\nu_1} p_2^{\nu_2} p_3^{\nu_3} \cdots)$$

이 연속적인 곱셈을 다음과 같이 나타낸다.

$$\prod_i p_i^{\nu_i} = p_1^{\nu_1} p_2^{\nu_2} p_3^{\nu_3} \cdots$$

그리고 이것을 압력 곱비라고 부르며 Q_p 로 나타낸다. 즉,

$$Q_p \equiv \prod_i p_i^{\nu_i} \tag{11.38 a}$$

반응물에 대한 ν_i 는 음이므로 여기서 생각하는 반응에 대해서는 다음과 같은 관계가 성립한다.

$$\nu_1 = -\alpha \quad \nu_2 = -\beta \quad \nu_3 = \gamma \quad \nu_4 = \delta$$

$$Q_p = p_A^{-\alpha} p_B^{-\beta} p_C^{\gamma} p_D^{\delta} = \frac{p_C^{\gamma} p_D^{\delta}}{p_A^{\alpha} p_B^{\beta}} \tag{11.38 b}$$

따라서 K_p 는 다음과 같이 쓸 수 있다.

$$K_p \equiv \prod_i (p_i)_e^{\nu_i} \tag{11.41 a}$$

(11.40)식은 다음과 같이 된다.

$$\Delta G^\circ = -RT \ln K_p \tag{11.42}$$

ΔG° 는 온도만의 함수인 μ° 값들의 결합이므로 온도만의 함수이고 따라서 K_p 도 온도만의 함수이다. 반응의 평형 상수를 측정하면 (11.42)식으로부터 ΔG° 를 계산할 수 있다. 이것이 임의의 반응에 대한 ΔG° 값을 얻는 방법이다.

■ **보기 11.1** 다음 반응을 생각하자.

$$\frac{1}{2}N_2(g) + \frac{3}{2}H_2(g) \rightleftharpoons NH_3(g)$$

이 반응에 대한 평형 상수는 450 °C 에서 6.59×10^{-3} 이다. 450 °C 에서의 표준 반응 Gibbs 에너지를 계산하라.

풀이

$$\Delta G^\circ = -(8.314\ \text{J/K mol})(723\ \text{K}) \ln(6.59 \times 10^{-3})$$
$$\equiv -(6010\ \text{J/mol})(-5.02) = +30200\ \text{J/mol}$$

이것은 암모니아의 생성 반응이므로, 30200 J/mol 은 450 °C 에서의 암모니아의 표준 생성 Gibbs 에너지이다.

11.10 실제 기체 혼합물에서의 화학 평형

실제 기체에 대해서도 (10.48)식을 이용해서 똑같은 수학 처리를 해주면 (11.41)식과 동등한

식이 나온다. 즉,

$$K_f = \frac{(f_C)_e^\gamma (f_D)_e^\delta}{(f_A)_e^\alpha (f_B)_e^\beta} \tag{11.43}$$

또한 (11.42)식에 해당하는 식도 다음과 같이 나온다.

$$\Delta G^\circ = -RT \ln K_f \tag{11.44}$$

실제 기체에서는 K_p 대신에 K_f가 온도만의 함수이다.

11.11 평형 상수 K_x와 K_c

경우에 따라서는 기체로 된 계의 평형 상수를 부분 압력보다는 몰분율 x_i나 몰농도 $\tilde{c}_i$로 나타내는 것이 유리하다. 부분 압력 p_i, 몰분율 및 전체 압력 p 사이에는 $p_i = x_i p$인 관계가 있다. 평형 상수의 부분 압력에다 이 관계를 넣으면 (11.41)식으로부터 다음 관계가 나온다.

$$K_p = \frac{(p_C)_e^\gamma (p_D)_e^\delta}{(p_A)_e^\alpha (p_B)_e^\beta} = \frac{(x_C p)_e^\gamma (x_D p)_e^\delta}{(x_A p)_e^\alpha (x_B p)_e^\beta} = \frac{(x_C)_e^\gamma (x_D)_e^\delta}{(x_A)_e^\alpha (x_B)_e^\beta} p^{\gamma+\delta-\alpha-\beta}$$

그런데 몰분율 평형 상수는 다음과 같이 정의된다.

$$K_x = \frac{(x_C)_e^\gamma (x_D)_e^\delta}{(x_A)_e^\alpha (x_B)_e^\beta} \tag{11.45}$$

따라서

$$K_p = K_x p^{\Delta\nu} \tag{11.46}$$

여기서 $\Delta\nu$는 화학 방정식의 우변에 있는 화학량적 계수의 합에서 좌변의 계수의 합을 뺀 것이다. (11.46)식은 $K_x = K_p p^{-\Delta\nu}$와 같이 나타낼 수도 있다. K_p는 압력에 무관하므로 K_x는 $\Delta\nu$가 영이 아닌 한 압력에 의존한다.

평형 상수 K_p 속에 들어있는 p_i는 순수한 수, 즉 $p_i/(1\,\text{atm})$로서 p_i/p°로 써야 할 것이라는 사실을 염두에 두기 바란다. (9.52)식, (9.53)식 및 (10.47)식을 참고하라. 즉, 이것은 $p/p^\circ = p/(1\,\text{atm})$을 약기한 것이다.

마찬가지로 기체의 부분 압력은 $p_i = n_i RT/V$이고, 또 농도는 $\tilde{c}_i = n_i/V$이므로 $p_i = \tilde{c}_i RT$이다. 이것은 다음과 같이 표준 압력을 분명하게 넣어서 나타낼 수도 있다.

$$\frac{p_i}{p_0} = \frac{\tilde{c}_i RT}{p^\circ}$$

이것을 K_p에 넣어주기 전에 $\tilde{c}_i$를 무디멘션 비로 만들면 편리하다. 그리하여 다음과 같이 표준 농도 $\tilde{c}^\circ$를 곱하고 나누어 준다.

$$\frac{p_i}{p^\circ} = \left(\frac{\tilde{c}_i}{\tilde{c}^\circ}\right)\left(\frac{\tilde{c}^\circ RT}{p^\circ}\right) \tag{11.47}$$

지금까지는 농도를 SI 단위로 나타내었는데, 이 $\tilde{c}_i$ 및 $\tilde{c}^\circ$와 해당하는 몰농도(mol/L) c_i 및 c° 사이에는 다음과 같은 관계가 성립한다.

$$\frac{\tilde{c}_i}{\tilde{c}^\circ} = \frac{c_i}{c^\circ}$$

앞에서와 마찬가지로 p_i/p° 를 p_i 로, 그리고 $c_i/c_i^\circ = c_i/(1\text{mol/L})$를 c_i 로 약기하면 (11.47)식이 다음과 같이 표시된다.

$$p_i = c_i\left(\frac{\tilde{c}^\circ RT}{p^\circ}\right) \tag{11.48}$$

즉, 이 식에서 p_i 와 c_i 는 순수한 수로서 각각 $p_i/(1\text{ atm})$과 $c_i/(1\text{ mol/L})$와 같은 것이다. 이들 p_i 의 값을 K_p 에 넣어주고 (11.46)식을 얻는 데 사용했던 것과 같은 방법을 이용하면 다음과 같은 결과를 얻을 수 있다.

$$K_p = K_c\left(\frac{\tilde{c}^\circ RT}{p^\circ}\right)^{\Delta\nu} \tag{11.49}$$

여기서 K_c 는 농도를 나타낸 평형 상수이며, 온도만의 함수이다.

표준 농도는 $c^\circ = 1\text{ mol/L}$ 이므로 이에 맞먹는 표준 mol 농도는 $\tilde{c}^\circ = 10^3\text{ mol/m}^3$ 이다. 따라서

$$\frac{\tilde{c}^\circ RT}{p^\circ} = \frac{(10^3\text{ mol/m}^3)(8.31441\text{ J/K mol})T}{101325\text{ Pa}} = 0.0820568\ T/\text{K}$$

그리고

$$K_p = K_c\left(\frac{RT}{101.325\text{ J/mol}}\right)^{\Delta\nu} = K_c(0.0820568\text{ T/K})^{\Delta\nu} \tag{11.50}$$

괄호 속의 양은 K_p 나 K_c 와 마찬가지로 무디멘션이라는 것을 주의하라.

11.12 표준 생성 Gibbs 에너지

평형 상수를 측정하여 ΔG° 값을 구하면, 이것으로부터 개개의 화합물에 대한 규약상의 표준 Gibbs 에너지 μ° 값을 계산할 수 있다. 표준 엔탈피의 경우와 마찬가지로, 25 °C, 1 atm 에서 안정한 집합 상태에 있는 원소의 Gibbs 에너지를 임의로 영으로 정한다. 예컨대 25 °C 에서 다음과 같이 정한다.

$$\mu^\circ(\text{H}_2,\ \text{g}) = 0 \qquad \mu^\circ(\text{Br}_2,\ \text{l}) = 0 \qquad \mu^\circ(\text{S, rhombic}) = 0$$

CO 와 같은 화합물의 생성 반응에 대해서는 다음과 같이 준다.

$$\text{C (graphite)} + \frac{1}{2}\text{O}_2(\text{g}) \longrightarrow \text{CO(g)}$$

$$\Delta G_f^\circ = \mu^\circ(\text{CO, g}) - \left[\mu^\circ(\text{C, graphite}) + \frac{1}{2}\mu^\circ(\text{O}_2,\ \text{g})\right]$$

규약에 의해서 $\mu^\circ(\text{C, graphite}) = 0$ 이고 $\mu^\circ(\text{O}_2,\ \text{g}) = 0$ 이므로 다음과 같이 된다.

$$\Delta G_f^\circ = \mu^\circ(\text{CO, g}) \tag{11.51}$$

따라서, 어떤 화합물이든 그 표준 생성 Gibbs 에너지는 그 화합물의 규약상의 표준 몰 Gibbs 에너지와 같다. 25 °C 에서의 표준 생성 Gibbs 에너지의 값을 표 A-V 에 주었다.

평형 혼합물의 조성은 언제나 평형 진척도의 값 ξ_e, 처음 몰수 n_i°, 그리고 화학량적 계수 ν_i 의 함수로 나타낼 수 있다. 여기에 대한 보기 두 개를 소개 하겠다.

■ 보기 11.2　　4 산화 2 질소의 해리

$$N_2O_4(g) \rightleftharpoons 2NO_2(g)$$

실험실에서 이 평형은 평형 혼합물의 증기 밀도를 측정해서 연구할 수 있다. 우선 아래 표기에서와 같이 균형 화학 반응식의 화학식 밑에다 여러 가지 양들을 표시한다. N_2O_4의 처음 몰수를 n°, 평형 진척도를 ξ_e, 평형에서의 해리 분율을 $\alpha_e = \xi_e/n^\circ$ 라고 하자.

	$N_2O_4(g)$ ⇌	$2\,NO_2(g)$
화학량적 계수	-1	$+2$
처음 몰수 n_i°	n°	0
평형 몰수 n_i	$n^\circ - \xi_e$	$0 + 2\xi_e$
전체 몰수 $n = n^\circ + \xi_e$	$\dfrac{n^\circ - \xi_e}{n^\circ + \xi_e}$	$\dfrac{2\xi_e}{n^\circ + \xi_e}$
몰분율 x_i 또는 $\alpha_e = \xi_e/n^\circ$ 를 이용하여	$\dfrac{1-\alpha_e}{1+\alpha_e}$	$\dfrac{2\alpha_e}{1+\alpha_e}$
부분 압력 $p_i = x_i p$	$\left(\dfrac{1-\alpha_e}{1+\alpha_e}\right)p$	$\left(\dfrac{2\alpha_e}{1+\alpha_e}\right)p$

이 부분 압력 값을 이용하면 다음과 같은 결과를 얻을 수 있다.

$$K_p = \frac{p_{NO_2}^2}{p_{N_2O_4}} = \frac{\left(\dfrac{2\alpha_e}{1+\alpha_e}p\right)^2}{\dfrac{1-\alpha_e}{1+\alpha_e}} = \frac{4\alpha_e^2 p}{1-\alpha_e^2} \tag{11.52}$$

이상 기체 법칙에 의하면 $pV = nRT$이며, $n = (1+\alpha_e)n^\circ$ 이다. 따라서 $pV = n^\circ(1+\alpha_e)RT$ 이다. 그러나 부피 V 속에 들어 있는 기체의 질량을 w, 그리고 N_2O_4의 몰질량을 M이라고 할 경우 $n^\circ = w/M$이다. 따라서 p, T, V 및 w를 알면 α_e를 계산할 수 있고, 이어서 (11.52)식의 K_p를 구할 수 있다.

어떤 임의의 압력 p에서 α_e를 측정하면 K_p를 결정할 수 있다. 이 K_p로부터 ΔG°를 계산할 수 있다. α_e의 압력에 관한 의존도는 (11.52)식을 α_e에 관해 풀면 얻을 수 있다. 즉,

$$\alpha_e = \sqrt{\frac{K_p}{K_p + 4p}}$$

따라서 $p \to 0$이면 $\alpha_e \to 1$이고, $p \to \infty$이면 $\alpha_e \to 0$이 된다. 이것은 LeChatelier의 원리로부터 예측되는 것과 똑같은 결과이다. 적당히 높은 압력에서는 $K_p \ll 4p$이고 대략적으로 $\alpha_e = \frac{1}{2}K_p^{1/2}/p^{1/2}$ 이다.

■ 보기 11.3　　암모니아 합성

1 mol 의 N_2와 3 mol 의 H_2를 섞어서(화학량적 비율) 다음과 같은 평형에 도달시켰다고 생각하자.

	$N_2(g)$ +	$3H_2(g)$	$\rightleftharpoons 2NH_3(g)$
화학량적 계수	-1	-3	2
처음 몰수 n_i°	1	3	0
평형 몰수 n_i	$1-\xi$	$3-3\xi$	2ξ
전체 몰수 $n=4-2\xi$			
몰분율 x_i	$\dfrac{1-\xi}{2(2-\xi)}$	$\dfrac{3(1-\xi)}{2(2-\xi)}$	$\dfrac{2\xi}{2(2-\xi)}$
부분 압력 $p_i=x_ip$	$\dfrac{1-\xi}{2(2-\xi)}p$	$\dfrac{3(1-\xi)}{2(2-\xi)}p$	$\dfrac{2\xi p}{2(2-\xi)}$

여기서 보면 $p_{H_2}=3p_{N_2}$의 관계가 항상 성립한다. 이들 값을 K_p에 넣어주면 다음과 같이 된다.

$$K_p=\frac{p_{NH_3}^2}{p_{N_2}p_{H_2}^3}=\frac{p_{NH_3}^2}{p_{N_2}(3p_{N_2})^3}=\frac{p_{NH_3}^2}{3^3p_{N_2}^4}$$

이것의 제곱근을 취한다.

$$\frac{p_{NH_3}}{p_{N_2}^2}=3^{3/2}K_p^{1/2}$$

여기에다 위에서 구한 부분 압력을 넣어준다.

$$3^{3/2}K_p^{1/2}=\frac{\dfrac{2\xi p}{2(2-\xi)}}{\left[\dfrac{(1-\xi)p}{2(2-\xi)}\right]^2}=2^2\frac{\xi(2-\xi)}{(1-\xi)^2p}$$

평형 혼합물을 분석해서 x_{NH_3}의 값을 구하면 ξ의 값을 얻을 수 있다. 이 ξ의 실험값으로부터 K_p를 계산할 수 있고 그리하여 ΔG°를 계산할 수 있다. 우리는 이 관계를 p_{NH_3}와 전체 압력을 이용해서 구할 수도 있다. 즉, $p=p_{N_2}+p_{H_2}+p_{NH_3}$ 및 $p_{H_2}=3p_{N_2}$의 관계를 이용하면 $p=4p_{N_2}+p_{NH_3}$, 즉 $p_{N_2}=\frac{1}{4}(p-p_{NH_3})$이다. 따라서 바로 위의 식 대신에 다음과 같은 식을 얻을 수 있다.

$$\frac{p_{NH_3}}{(p-p_{NH_3})^2}=\frac{3^{3/2}K_p^{1/2}}{16}$$

이 관계식을 이용하면 어떠한 전체 압력에서나 NH_3의 부분 압력을 계산할 수 있다. NH_3가 조금밖에 생성되지 않을 때는 $p-p_{NH_3}\approx p$이고 $p_{NH_3}=0.325K_p^{1/2}p^2$이므로 결국 암모니아의 부분 압력은 대략 전체 압력의 2제곱에 비례하게 된다. 반응물이 화학량적 비로 섞이지 않았을 경우에는 조금 복잡한 식이 나온다.

어떤 주어진 온도와 압력에서 NH_3의 평형 부분 압력을 측정하면 결국 이 반응에 대한 ΔG°의 값을 얻게 되는데, 이것은 이 온도에서 NH_3의 규약상의 표준 몰 Gibbs 에너지의 2배가 된다.

지금까지 ξ_e 및 $(p_{NH_3})_e$ 등과 같은 기호를 간단히 나타내기 위해서 첨자를 떼고 사용하였다. 앞으로도 혼돈의 염려가 없을 때는 첨자를 생략할 것이다. 평형 상수 속에 나오는 양들은 모두 평형값들이라고 보면 된다.

11.13 평형 상수의 온도 의존

평형 상수는 다음과 같이 쓸 수 있다.

$$\ln K_p = -\frac{\Delta G^\circ}{RT} \tag{11.53}$$

이것을 미분하면 다음 식이 나온다.

$$\frac{d\ln K_p}{dT} = -\frac{1}{R}\frac{d(\Delta G^\circ/T)}{dT} \tag{11.54}$$

또 (11.36 a)식을 T로 나누면 다음과 같이 된다.

$$\frac{\Delta G^\circ}{T} = \sum_i \nu_i\left(\frac{\mu_i^\circ}{T}\right)$$

이것을 미분하면 다음과 같이 된다.

$$\frac{d(\Delta G^\circ/T)}{dT} = \sum_i \nu_i \frac{d(\mu_i^\circ/T)}{dT} \tag{11.55}$$

여기서 μ_i°의 값은 순수한 물질의 표준 몰 Gibbs 에너지이다. Gibbs-Helmholtz 식, 즉 (10.54)식은 몰값을 쓸 경우, $d(\mu_i^\circ/T)/dT = -\overline{H}_i^\circ/T^2$가 된다. 이 식을 이용하면 (11.55)식이 다음과 같이 된다.

$$\frac{d(\Delta G^\circ/T)}{dT} = -\frac{1}{T^2}\sum_i \nu_i \overline{H}_i^\circ = -\frac{\Delta H^\circ}{T^2} \tag{11.56}$$

여기서 합셈은 이 반응에 따른 표준 엔탈피 증가 ΔH°와 같다. 또 (11.56)식을 이용하면 (11.54)식이 다음과 같이 된다.

$$\frac{d\ln K_p}{dT} = \frac{\Delta H^\circ}{RT^2} \quad \text{또는} \quad \frac{d\log_{10} K_p}{dT} = \frac{\Delta H^\circ}{2.303\,RT^2} \tag{11.57}$$

이 식도 또한 Gibbs-Helmholtz 식이라고 부른다.

발열 반응일 경우에는 ΔH°가 음이며 평형 상수는 온도 상승에 따라 감소한다. 흡열 반응일 때는 ΔH°가 양이고, K_p는 온도가 올라감에 따라 증가한다. 평형 상수가 커지는 것은 생성물의 수득률이 커지는 것을 의미하므로, (11.57)식은 LeChatelier 원리의 일면을 수식으로 나타낸 것이다.

(11.57)식은 도시하기 쉬운 꼴로 나타낼 수 있다. 즉,

$$d\ln K_p = \frac{\Delta H^\circ}{R}\frac{dT}{T^2} = -\frac{\Delta H^\circ}{R}d\left(\frac{1}{T}\right)$$

$$\frac{d\ln K_p}{d(1/T)} = -\frac{\Delta H^\circ}{R} \qquad \frac{d\log_{10} K_p}{d(1/T)} = -\frac{\Delta H^\circ}{2.303\,R} \tag{11.58}$$

(11.58)식에 의하면 $\ln K_p$를 $1/T$에 대해서 도시할 때 기울기가 $-\Delta H^\circ/R$인 곡선이 나온다. 적당한 온도 범위에서는 ΔH°가 거의 상수이므로 도시 결과가 보통 직선으로 된다.

여러 온도에서 K_p를 측정하고 그 데이터를 이용해서 $\ln K_p$를 $1/T$에 대해서 도시하면, 그 기울기로부터 (11.58)식을 써서 반응에 대한 ΔH°의 값을 구할 수 있다. 따라서 어떤 온도 범위에 걸쳐 평형 상수를 측정하면 반응열을 결정할 수 있다. 이 방법으로 얻은 반응열의 값은 일

반적으로 정밀한 열계량법으로 얻은 것보다 정밀하지 못하다. 그러나, 이 평형 방법은 직접 열계량을 할 수 없는 반응에 이용할 수가 있다. 나중에 설명하겠지만 어떤 평형 상수는 열계량법으로 측정한 양들만을 써서 구할 수 있다.

여러 온도에서의 ΔG° 값들을 구하고 또 (11.58)식의 도시로부터 ΔH°의 값을 구하면 다음 식에 의하여 각 온도에서의 ΔS° 값들을 계산할 수 있다.

$$\Delta G^\circ = \Delta H^\circ - T\Delta S^\circ \tag{11.59}$$

(11.57)식을 적분하면 평형 상수를 온도의 함수로서 나타낼 수 있다. 우선 어떤 온도 T_0에서 평형상 수의 값이 $(K_p)_0$이고 또 다른 어떤 온도 T에서는 K_p라고 하자. 그러면

$$\int_{\ln(K_p)_0}^{\ln K_p} d(\ln K_p) = \int_{T_0}^{T} \frac{\Delta H^\circ}{RT^2} dT \qquad \ln K_p - \ln(K_p)_0 = \int_{T_0}^{T} \frac{\Delta H^\circ}{RT^2} dT$$

$$\ln K_p = \ln(K_p)_0 + \int_{T_0}^{T} \frac{\Delta H^\circ}{RT^2} dT \tag{11.60}$$

ΔH°가 일정할 경우에는 다음과 같이 된다.

$$\ln K_p = \ln(K_p)_0 + \frac{\Delta H^\circ}{R}\left(\frac{1}{T} - \frac{1}{T_0}\right) \tag{11.61}$$

따라서 ΔH°와 어떤 한 온도 T_0에서의 $(K_p)_0$ 값을 알면 다른 임의의 온도에서의 K_p를 계산할 수 있다.

만일 (11.53)식에다 $\Delta G^\circ = \Delta H^\circ - T\Delta S^\circ$의 관계를 넣어주면 다음과 같은 결과를 얻을 수 있다.

$$\ln K_p = -\frac{\Delta H^\circ}{RT} + \frac{\Delta S^\circ}{R} \tag{11.61 a}$$

이 관계는 항상 성립해야 한다. 만일 ΔH°가 일정할 것 같으면 ΔS°도 또한 일정해야 하며, 이 식은 (11.61)식과 동일한 식이 된다(ΔH°가 일정하는 것은 $\Delta C_p^\circ = 0$을 의미하며, 또 $\Delta C_p^\circ = 0$이면 ΔS°가 또한 일정해야 한다는 것을 의미한다).

ΔH°가 상수가 아닌 경우에는 일반적으로 이것을 온도의 멱급수로 표시할 수 있다(7.24절). 즉,

$$\Delta H^\circ = \Delta H_0^\circ + A'T + B'T^2 + C'T^3 + \cdots$$

(11.60)식에다 이 ΔH° 값을 넣고 적분하면 다음과 같이 된다.

$$\ln K_p = \ln(K_p)_0 - \frac{\Delta H_0^\circ}{R}\left(\frac{1}{T} - \frac{1}{T_0}\right) + \frac{A'}{R}\ln\left(\frac{T}{T_0}\right) + \frac{B'}{R}(T - T_0) + \frac{C'}{2R}(T^2 - T_0^2) + \cdots \tag{11.62}$$

이것은 다음과 같은 일반식으로 나타낼 수 있다.

$$\ln K_p = A/T + B + C\ln T + DT + ET^2 + \cdots \tag{11.63}$$

여기서 A, B, C, D 및 E는 상수이다. (11.63)식과 같은 일반식을 이용하면 25°C에서의 평형 상수를 어느 다른(보통 더 높은) 온도에서 측정한 평형 상수로부터 구할 수 있다. 이 상수를 정하려면 ΔH°와 모든 반응물과 생성물의 열용량의 값을 알아야만 한다.

11.14 이상 기체와 순수한 응축상 사이의 평형

화학 평형에 관여하는 물질이 두 가지 이상의 상을 이루고 있을 때는 불균일 평형이 이루어진다. 모든 물질이 한 가지 상으로만 존재할 때 균일 평형이 이루어진다. 이제까지는 기체에서의 균일 평형만을 다루었다. 화학 반응이 기체 이외에도 한 가지 이상의 순수한 액체나 또는 고체를 포함한다면, 평형 상수에 대한 표현이 약간 달라진다.

11.14.1 석회석의 분해

다음 반응을 생각해 보자.

$$CaCO_3(s) \rightleftharpoons CaO(s) + CO_2(g)$$

이 경우의 평형 조건은 다음과 같다.

$$[\mu(CaO,\ s) + \mu(CO_2,\ g) - \mu(CaCO_3,\ s)]_{eq} = 0$$

CO_2에 대해서는 $[\mu(CO_2,\ g)]_{eq} = \mu^\circ(CO_2,\ g) + RT\ln(p_{CO_2})_e$이며, 어떠한 기체에 대해서나 마찬가지이다. 한편 순수한 고체에 대해서는(순수한 액체가 들어 있다면 이것에 대해서도) 응축상의 Gibbs 에너지가 압력 변화에 둔하므로 다음과 같이 줄 수 있다.

$$\mu(CaCO_3,\ s) = \mu^\circ(CaCO_3,\ s) \quad \mu(CaO,\ s) = \mu^\circ(CaO,\ s)$$

따라서 평형 조건은 다음과 같이 된다.

$$0 = \mu^\circ(CaO,\ s) + \mu^\circ(CO_2,\ g) - \mu^\circ(CaCO_3,\ s) + RT\ln(p_{CO_2})_e$$

$$0 = \Delta G^\circ + RT\ln(p_{CO_2})_e \qquad (11.64)$$

그리하여 이 경우에는 평형 상수가 다음과 같이 간단히 된다.

$$K_p = (p_{CO_2})_e$$

평형 상수에는 기체의 압력만이 포함되지만, ΔG°에는 모든 반응물과 생성물의 표준 Gibbs 에너지가 포함된다.

표 A-V 에 의하면, 25 °C 에서의 데이터들은 다음과 같다.

	$CaCO_3(s)$	$CaO(s)$	$CO_2(g)$
μ°/(kJ/mol)	− 1128.8	− 604.0	− 394.36
ΔH_f°/(kJ/mol)	− 1206.9	− 635.09	− 393.51

따라서 이 반응에 대해서 다음과 같은 결과를 얻을 수 있다.

$$\Delta G^\circ = -604.0 - 394.4 - (-1128.8) = 130.4\ \text{kJ/mol}$$

$$\Delta H^\circ = -635.1 - 393.5 - (-1206.9) = 178.3\ \text{kJ/mol}$$

그리고 (11.64)식을 이용해서 평형 압력을 계산할 수 있다.

$$\ln(p_{CO_2})_e = -\frac{130400\ \text{J/mol}}{(8.314\ \text{J/K mol})(298.15\ \text{K})} = -52.60$$

$$(p_{CO_2})_e = 1.43 \times 10^{-23}\ \text{atm} \quad (298\ \text{K 에서})$$

(11.61)식을 이용하면 다음과 같이 다른 온도, 예로서 1100 K 에서의 값을 구할 수 있다.

$$\ln(p_{CO_2})_{1100} = \ln(p_{CO_2})_{298} - \frac{\Delta H^\circ}{R}\left(\frac{1}{T} - \frac{1}{T_0}\right)$$

$$= -52.60 - \frac{178300\ \text{J/mol}}{8.314\ \text{J/Kmol}}\left(\frac{1}{1100\ \text{K}} - \frac{1}{298.15\ \text{K}}\right) = 0.17$$

$$(p_{CO_2})_{1100} = 0.84\ \text{atm}$$

11.14.2 산화수은의 분해

다음과 같은 반응을 생각해보자.

$$\text{HgO(s)} \rightleftharpoons \text{Hg(l)} + \frac{1}{2}\text{O}_2\text{(g)}$$

이 반응의 평형 상수는 $K_p = (p_{O_2})_e^{1/2}$ 이다. 그리고

$$\Delta G^\circ = \mu^\circ(\text{Hg, l}) + \frac{1}{2}\mu^\circ(\text{O}_2,\ \text{g}) - \mu^\circ(\text{HgO, s}) = -\mu^\circ(\text{HgO, s}) = 58.56\ \text{kJ/mol}$$

따라서

$$\ln(p_{O_2})_e = -\frac{58560\ \text{J/mol}}{(8.314\ \text{J/K mol})(298.15\ \text{K})} = -23.62$$

$$(p_{O_2})_e = 5.50 \times 10^{-11}\ \text{atm}$$

11.14.3 증발 평형

이상 기체와 순수한 응축상 사이의 평형으로서는 순수한 액체와 그 증기 사이의 평형이 중요한 예이다.

$$\text{A(l)} \rightleftharpoons \text{A(g)}$$

평형 증기 압력을 p 라고 놓자. 그러면

$$K_p = p \quad \text{그리고} \quad \Delta G^\circ = \mu^\circ(\text{g}) - \mu^\circ(\text{l})$$

이 계에다 Gibbs-Helmholtz 식, 즉 (11.57)식을 적용하면 다음과 같이 된다.

$$\frac{d\ln p}{dT} = \frac{\Delta H^\circ_{vap}}{RT^2} \tag{11.65}$$

이것은 Clausius-Clapeyron 식이다. 이 식은 액체의 증기 압력의 온도에 대한 의존 관계를 증발열로서 나타낸 것이다. 고체의 승화에 대해서도 마찬가지 식이 성립한다.

$$\text{A(s)} \rightleftharpoons \text{A(g)} \qquad K_p = p \ \text{와}\ \Delta G^\circ = \mu^\circ(\text{g}) - \mu^\circ(\text{s})$$

여기서 p 는 고체의 평형 증기 압력이다. 위와 마찬가지 논법으로 다음 관계가 나온다.

$$\frac{d\ln p}{dT} = \frac{\Delta H^\circ_{sub}}{RT^2} \tag{11.66}$$

여기서 ΔH°_{sub} 는 고체의 승화열이다. 어느 경우에서나 $\ln p$ 를 $1/T$ 에 대해서 도시하면 기울기가 $-\Delta H^\circ/R$ 인 거의 직선이 나온다.

★ 11.15 LeChatelier의 원리

온도나 압력의 변화가 반응 진척도의 평형값, ξ_e에 어떤 영향을 미치는가를 알아 보기는 아주 쉽다. 이것은 그저 도함수 $(\partial\xi_e/\partial T)_p$와 $(\partial\xi_e/\partial p)_T$의 부호를 결정하기만 하면 된다. 우선 다음과 같이 놓고 생각해 보자.

$$\left(\frac{\partial G}{\partial \xi}\right)_{T,p} = \Delta G \tag{11.67}$$

$(\partial G/\partial \xi)_{T,p}$ 자체가 T, p, ξ의 함수이므로 이것의 전미분을 다음과 같이 쓸 수 있다.

$$d\left(\frac{\partial G}{\partial \xi}\right) = \frac{\partial}{\partial T}\left(\frac{\partial G}{\partial \xi}\right)dT + \frac{\partial}{\partial p}\left(\frac{\partial G}{\partial \xi}\right)dp + \frac{\partial}{\partial \xi}\left(\frac{\partial G}{\partial \xi}\right)d\xi \tag{11.68}$$

(11.67)식을 이용하고 또 $(\partial^2 G/\partial \xi^2) = G''$이라고 놓으면 (11.68)식이 다음과 같이 된다.

$$d\left(\frac{\partial G}{\partial \xi}\right) = \frac{\partial \Delta G}{\partial T}dT + \frac{\partial \Delta G}{\partial p}dp + G''d\xi$$

기본 방정식에 의하면 $(\partial\Delta G/\partial T) = -\Delta S$이고 $(\partial \Delta G/\partial p) = \Delta V$이다. 여기서 ΔS는 반응에 대한 엔트로피 변화이고 ΔV는 반응할 때의 부피 변화이다. 그러므로

$$d\left(\frac{\partial G}{\partial \xi}\right) = -\Delta S\, dT + \Delta V\, dp + G''\, d\xi$$

만일 반응을 시종 평형 상태로 유지시키면서 온도, 압력, 진척도를 이와 같이 변분시킨다면 $\partial G/\partial \xi = 0$이 될 것이고, 따라서 $d(\partial G/\partial \xi) = 0$이 된다. 또 평형에서는 $\Delta S = \Delta H/T$이므로 위의 식은 다음과 같이 된다.

$$0 = -\left(\frac{\Delta H}{T}\right)(dT)_{eq} + \Delta V(dp)_{eq} + G_e''(d\xi_e) \tag{11.69}$$

평형에서 G는 최소이므로 G_e''은 양수라야 한다.

일정한 압력 하에서는 $dp = 0$이므로 (11.69)식은 다음과 같이 된다.

$$\left(\frac{\partial \xi_e}{\partial T}\right)_p = \frac{\Delta H}{TG_e''} \tag{11.70}$$

또 일정한 온도 하에서는 $dT = 0$이므로 (11.69)식은 다음과 같이 된다.

$$\left(\frac{\partial \xi_e}{\partial p}\right)_T = -\frac{\Delta V}{G_e''} \tag{11.71}$$

(11.70)식과 (11.71)식은 LeChatelier의 원리를 정량적으로 나타낸 것이다. 이들 식은 평형에서의 반응 진척도가 온도나 압력에 어떻게 의존하는가를 나타내고 있다. G_e''은 양이므로, $(\partial\xi_e/\partial T)_p$의 부호는 ΔH의 부호에 의해서 결정된다. ΔH가 +이면, 즉 흡열 반응에서는 $(\partial\xi_e/\partial T)_p$가 +이고, 온도를 올리면 평형에서의 진척도가 커진다. 발열 반응에서는 ΔH가 −이므로 $(\partial\xi_e/\partial T)_p$가 −이다. 즉, 온도의 상승은 반응의 평형 진척도를 감소시킨다.

마찬가지로, $(\partial\xi_e/\partial p)_T$의 부호는 ΔV에 의해서 결정된다. ΔV가 −, 즉 생성물의 부피가 반응물의 부피보다 작으면 $(\partial\xi_e/\partial p)_T$가 양이고, 따라서 압력의 증가는 평형 진척도를 증가시킨다. 반대로 ΔV가 +이면 $(\partial\xi_e/\partial p)_T$가 −이고, 압력의 증가는 평형 진척도를 감소시킨다.

결국 압력을 증가시키면 부피가 작아지는 쪽으로 평형이 이동하고 한편 압력을 감소시키면 부피가 커지는 쪽으로 평형이 이동하는 것이다. 마찬가지로 온도를 높여주면 엔탈피가 높은쪽으로 평형이 이동하며, 반면에 온도를 내려주면 엔탈피가 낮은쪽으로 평형이 이동한다.

LeChatelier의 원리는 다음과 같이 말할 수도 있다. 어떤 외부 조건 하에서 평형이 이루어져 있을 때 그 외부 조건을 변화시키면 그 변화의 효과를 완화시키려는 방향으로 평형이 이동한다.

예로서 비반응계의 부피를 일정량 만큼 감소시키면 그만큼 압력이 증가할 것이다. 그러나 반응계에서는 부피가 작아지는 쪽으로($\Delta V \fallingdotseq 0$일 때) 평형이 이동하기 때문에 압력 증가가 비반응계에서보다는 작게 된다. 즉, 계에 미치는 영향이 평형점의 이동으로 완화되는 것이다. 그리하여 반응계의 압축률은 비반응계의 압축률보다 훨씬 크게 되는 것이다(문제 11.39를 보아라).

마찬가지로, 비반응계로부터 일정량의 열을 빼내면 온도가 일정량 만큼 내려간다. 그러나 반응계에서는 엔탈피가 낮아지는 쪽으로 평형이 이동하기 때문에($\Delta H \fallingdotseq 0$일 때) 같은 양의 열을 빼내더라도 온도의 감소가 그리 크지 않게 된다. 이것은 반응계의 열용량이 비반응계에서보다 훨씬 크다는 것을 의미한다(문제 11.40을 보아라). 계가 열 전달 매질로서 이용될 수 있을 때는 이 현상이 매우 유용할 것이다.

여기서 주목해야 할 것은 LeChatelier의 원리를 전혀 만족시키지 않는 계가 있다는 것이다(예로서 열린계). LeChatelier의 원리는 일반적인 타당성을 갖는 것이라고 말하고 있다. 그렇지만, 이 원리가 그렇게 광범위하게 적용되려면 이 책이나 다른 일반적 교과서에 나타낸 것보다 훨씬 더 복잡하게 표현되어야 할 것이다.

★ 11.16 열계량법에 의한 평형 상수의 결정. 제 3 법칙의 역사적 배경

Gibbs-Helmholtz식을 이용하면, 한 온도 T_0에서의 평형 상수와 반응의 ΔH°로부터 다른 임의의 온도 T에서의 평형 상수를 계산할 수 있다. 편의상 (11.60)식을 다시 적자.

$$\ln K_p = \ln(K_p)_0 + \int_{T_0}^{T} \frac{\Delta H^\circ}{RT^2}\, dT$$

어느 반응에 관한 ΔH°와 그 온도 의존도는 순전히 열계량에 의해서 결정할 수 있다. 그러므로 어느 한 온도에서 평형 상수를 측정하고 또 열계량에 의해서 ΔH°와 ΔC_p를 측정하면 (11.60)식에 의해서 임의의 다른 온도에서의 K_p값을 충분히 구할 수 있다.

열계량에 의해서 구한 양들만을 가지고 평형 상수를 계산할 수는 없겠느냐는 생각도 자연히 떠오를 것이다. ΔG°를 안다면 $\Delta G^\circ = -RT\ln K_p$인 관계가 있으므로 평형 상수를 계산할 수 있다. 그런데 이 ΔG°는 임의의 온도 T에서 다음과 같이 정의된다.

$$\Delta G^\circ = \Delta H^\circ - T\Delta S^\circ \tag{11.72}$$

ΔH°는 열계량에 의해서 얻을 수 있으므로 결국 문제는 ΔS°를 열계량만으로 구해질 수 있는가에 귀착된다.

단일 물질에 대해서 다음 관계가 성립한다.

$$S_T^\circ = S_0^\circ + S_{0\to T}^\circ \tag{11.73}$$

여기서 S_T°는 온도 T에서의 이 물질의 엔트로피이며 S_0°는 0 K에서의 엔트로피이고 $S_{0\to T}^\circ$는 이 물질을 0 K에서 온도 T로 올릴 때의 엔트로피 증가이다. $S_{0\to T}^\circ$는 열계량에 의해서 측정할 수 있다. 화학 반응이 일어날 때는 각 물질에다 (11.73)식을 적용시켜서 다음과 같은 관계를 얻을 수 있다.

$$\Delta S^\circ = \Delta S^\circ_0 + \Delta S^\circ_{0\to T}$$

이 결과를 (11.72)식에 넣으면 다음과 같이 된다.

$$\Delta G^\circ = \Delta H^\circ - T\Delta S^\circ_0 - T\Delta S^\circ_{0\to T}$$

그러므로

$$\ln K = \frac{\Delta S^\circ_0}{R} + \frac{\Delta S^\circ_{0\to T}}{R} - \frac{\Delta H^\circ}{RT} \qquad (11.74)$$

(11.74)식의 마지막 두 항은 열용량과 반응열로부터 계산할 수가 있다. 그리하여 단 한 가지 문제가 되는 것은 0 K에서의 반응 엔트로피 변화, 즉 ΔS°_0이다. 1906년에 Nernst는 순수한 고체 결정만이 관여하는 화학 반응에서는 절대 영도에서의 ΔS°_0가 영이라고 말하였다. 이것이 **Nernst의 열정리**이다. 1913년, Planck는 ΔS°_0가 영인 까닭은 그런 반응에 참여하는 개개의 각 물질의 엔트로피가 영이기 때문이라고 말하였다. Planck의 표현이 Nernst의 정리를 포함한다는 것은 분명하다. 그러나, 열계량에 의해서 평형 상수를 결정하는 데는 이 둘 중 어느 것이나 다 쓸 수 있다. (11.74)식에서 $\Delta S^\circ_0 = 0$이라고 놓으면 다음과 같이 된다.

$$\ln K = \frac{\Delta S^\circ}{R} - \frac{\Delta H^\circ}{RT} \qquad (11.75)$$

여기서 ΔS°는 온도 T에서 반응에 관여하는 물질의 제 3 법칙 엔트로피의 차이다. 따라서 반응하는 모든 물질이 제 3 법칙을 따른다면, 열계량 데이터만으로 평형 상수를 계산할 수 있다.

Nernst는 여러 화학 반응의 데이터를 근거로 해서 열정리를 얻게 되었다. 이 데이터에 의하면 이러한 반응에 대해서는 ΔG°는 온도가 내려감에 따라 ΔH°에 가까와진다. (11.72)식을 다음과 같이 쓰자.

$$\Delta G^\circ - \Delta H^\circ = -T\Delta S^\circ$$

온도가 내려감에 따라 ΔG°와 ΔH°의 값이 서로 가까와지면 $T\Delta S^\circ \to 0$이 된다. 이것은 T가 점점 작아지기 때문일 수도 있다. 그러나 T의 값이 아직 250 K 근방에서도 이러한 결과가 관찰되었다. 이것은 $T\to 0$일 때 $\Delta S^\circ \to 0$이라는 Nernst의 열정리를 뒷받침해 주는 것이다.

제 3 법칙의 타당성을 알아보기 위해서 제 3 법칙 엔트로피로부터 계산한 반응 엔트로피 변화를 평형 상수의 측정치로부터 계산한 엔트로피 변화와 비교하여 보았다. 반응하는 물질 중의 어느 하나라도 제 3 법칙을 따르지 않는 경우에는 이 두 값이 일치하지 않게 된다. 제 3 법칙에 대한 이러한 예외 몇 가지를 9.17절에서 설명하였었다.

★ 11.17 화학 반응과 우주의 엔트로피

화학 반응은 어떤 임의의 처음 상태로부터 평형 상태까지 진행한다. 처음 상태의 성질이 T, p, G_1, H_1, S_1이고 평형 상태의 성질이 T, p, G_e, H_e, S_e라고 하면 반응에 의한 계의 Gibbs 에너지 변화는 $\Delta G = G_e - G_1$, 엔탈피 변화는 $\Delta H = H_e - H_1$, 그리고 엔트로피 변화는 $\Delta S = S_e - S_1$이 된다. 그리고 온도가 일정하므로 다음 관계가 성립한다.

$$\Delta G = \Delta H - T\Delta S$$

그리고 압력이 일정하므로 $Q_p = \Delta H$이고 주위로 흘러들어가는 열은 $Q_s = -Q_p = -\Delta H$이다.

온도 T에서 Q_s가 바로 주위로 가역적으로 이동한다고 하면, 주위의 엔트로피 증가는 $\Delta S_s = \Delta Q_s/T = -\Delta H/T$가 된다. 즉, $\Delta H = -T\Delta S_s$가 된다. 이 관계로부터 다음 결과를 얻을 수 있다.

$$\Delta G = -T(\Delta S_s + \Delta S)$$

계와 그 바로 주위의 엔트로피 변화를 합한 것은 우주의 엔트로피 변화가 되며 따라서 다음과 같이 쓸 수 있다.

$$\Delta G = -T\Delta S_{\text{universe}}$$

이 식으로 자발성에 대한 두 가지 기준이 동일하다는 것을 알 수 있다. 즉, 계의 Gibbs 에너지 감소와 우주의 엔트로피 증가라는 두 기준이 동일한 것이다. $\Delta S_{\text{universe}}$가 양이면 ΔG는 음이다. 자발적 반응이라고 하여 계의 엔트로피가 반드시 증가하지는 않는다. 예로서 $Na + \frac{1}{2}Cl_2 \rightarrow NaCl$과 같은 많은 자발적 반응에서는 계의 엔트로피가 감소한다는 것을 주목해야 한다. 그러나 어떠한 자발적 변환에서도 우주의 엔트로피는 증가해야 한다.

★ 11.18 짝지어진 반응

원하는 생성물을 만드는 반응이 양의 ΔG값을 갖는 수가 흔히 있다. 예로서 다음 반응을 들어보자.

$$TiO_2(s) + 2\,Cl_2(g) \longrightarrow TiCl_4(l) + O_2(g)$$
$$\Delta G^\circ_{298} = +152.3\ \text{kJ/mol}$$

이 반응은 보통의 TiO_2 광석으로부터 사염화티탄을 만들어 내는 데 꼭 알맞다. ΔG°의 값이 큰 양수이므로 평형에서 $TiCl_4$와 O_2는 미량만이 생기게 된다. 온도를 올리면 $TiCl_4$의 수득률이 커지기는 하지만 이 반응의 실용 가치는 여전히 나쁘다. 그러나, 만일 이 반응을 ΔG가 -152.3 kJ/mol 보다 더 음수인 다른 반응과 짝짓는다면, 혼성된 반응은 자발적으로 일어날 수 있다. 첫 반응을 계속해서 일으키려면, 생성물 하나가 둘째 반응에서 소모되어야 한다. $TiCl_4$는 얻고자 하는 생성물이므로, 둘째 반응은 산소를 소모해야 한다. 이 둘째 반응으로서는 다음과 같은 반응이 적당할 것이다.

$$C(s) + O_2(g) \longrightarrow CO_2(g) \qquad \Delta G^\circ_{298} = -394.36\ \text{kJ/mol}$$

이 반응은 다음과 같이 요약할 수 있다.

$$\text{짝지어진 반응:} \begin{cases} TiO_2(s) + 2Cl_2(g) \longrightarrow TiCl_4(l) + O_2(g) & \Delta G^\circ_{298} = +152.3\ \text{kJ/mol} \\ C(s) + O_2(g) \longrightarrow CO_2(g) & \Delta G^\circ_{298} = -394.4\ \text{kJ/mol} \end{cases}$$

$$\text{전체 반응:} \quad C(s) + TiO_2(s) + 2\,Cl_2(g) \longrightarrow TiCl_4(l) + CO_2(g)$$
$$\Delta G^\circ_{298} = -242.1\ \text{kJ/mol}$$

전체 반응은 ΔG°가 큰 음수이므로 자발적이다. 금속 산화물이 간단한 치환에 의해 염화물로 바뀌지 않는다는 것은 일반적인 통칙이다. 그러나 탄소가 존재할 때는 염화 반응이 쉽게 일어난다.

짝지어진 반응은 생체계에서 대단히 중요하다. 생물체에서는 흔히 양수의 ΔG를 갖는 반응에 의해서 생명 기능이 가능하게 된다. 이런 반응은 큰 음수의 ΔG값을 갖는 대사 반응과 짝지어져 있다. 하찮은 예지만 미스터 유니버스가 무거운 짐을 치켜올리는 것은 Gibbs 에너지가 크게 증가 하는 비자발적 현상이다. 짐이 올라가게 되는 것은 이 현상이 생체내의 대사 과정과 짝지어지고 이 대사 과정에 수반되는 Gibbs 에너지 감소가 무게를 들어 올리는 데 수반되는 Gibbs 에너지 증가를 상쇄하고도 남기 때문이다.

11.19 다른 열열학적 함수들의 조성 의존도

Gibbs 에너지와 조성 사이의 관계가 확립되었으므로 다른 열역학적 함수와 조성 사이의 관계는 쉽게 얻을 수 있다. 기본식인 (11.7)식을 생각해 보자.

$$dG = -S\,dT + V\,dp + \sum_i \mu_i\,dn_i$$

그리고 다른 함수들을 G를 써서 정의해 보자.

$$U = G - pV + TS$$
$$H = G + TS$$
$$A = G - pV$$

이 정의를 각각 미분하면 다음과 같이 된다.

$$dU = dG - p\,dV - V\,dp + T\,dS + S\,dT$$
$$dH = dG + T\,dS + S\,dT$$
$$dA = dG - p\,dV - V\,dp$$

(11.7)식의 dG 값을 넣으면 다음과 같이 된다.

$$dU = TdS - pdV + \sum_i \mu_i dn_i \tag{11.76}$$
$$dH = TdS + Vdp + \sum_i \mu_i dn_i \tag{11.77}$$
$$dA = -SdT - pdV + \sum_i \mu_i dn_i \tag{11.78}$$
$$dG = -SdT + Vdp + \sum_i \mu_i dn_i \tag{11.79}$$

(11.76), (11.77), (11.78), (11.79)식은 조성이 변하는 계에 대한 기본 방정식으로서, μ_i가 네 가지 다른 뜻으로 해석될 수 있다는 것을 말한다. 즉,

$$\mu_i = \left(\frac{\partial U}{\partial n_i}\right)_{S,V,n_j} = \left(\frac{\partial H}{\partial n_i}\right)_{S,p,n_j} = \left(\frac{\partial A}{\partial n_i}\right)_{T,V,n_j} = \left(\frac{\partial G}{\partial n_i}\right)_{T,p,n_j} \tag{11.80}$$

(11.80)식의 마지막 등식은 앞에서 이미 사용했던 것이다. 즉,

$$\mu_i = \left(\frac{\partial G}{\partial n_i}\right)_{T,p,n_j} \tag{11.81}$$

11.20 분몰량과 가감 규칙

혼합물의 크기 성질은 어떤 것이나 T, p, n_1, n_2, …의 함수로 생각할 수 있다. 따라서 U, V, S, H, A, G 등의 크기 성질에 대해서는 $\overline{U}_i$, $\overline{V}_i$, $\overline{S}_i$, $\overline{H}_i$, $\overline{A}_i$, $\overline{G}_i$ 등의 분몰 성질을 생각할 수 있다. 분몰량은 다음과 같이 정의된다.

$$\begin{aligned} \overline{U}_i &= \left(\frac{\partial U}{\partial n_i}\right)_{T,p,n_j} & \overline{H}_i &= \left(\frac{\partial H}{\partial n_i}\right)_{T,p,n_j} & \overline{S}_i &= \left(\frac{\partial S}{\partial n_i}\right)_{T,p,n_j} \\ \overline{V}_i &= \left(\frac{\partial V}{\partial n_i}\right)_{T,p,n_j} & \overline{A}_i &= \left(\frac{\partial A}{\partial n_i}\right)_{T,p,n_j} & \overline{G}_i &= \mu_i = \left(\frac{\partial G}{\partial n_i}\right)_{T,p,n_j} \end{aligned} \tag{11.82}$$

H, A 및 G를 정의하는 식을 T, p, n_j를 일정하게 유지하면서 n_i에 관해서 미분하고, (11.82)식의 정의를 이용하면 다음 관계가 나온다.

$$\bar{H}_i = \bar{U}_i + p\bar{V}_i \qquad \bar{A}_i = \bar{U}_i - T\bar{S}_i \qquad \mu_i = \bar{H}_i - T\bar{S}_i \tag{11.83}$$

(11.83)식에 의하면 결국 분몰량들 사이에도 전체량과 마찬가지의 관계가 성립한다(분몰 Gibbs 에너지는 $\bar{G}_i$ 대신에 μ_i를 쓰는 것이 보통이다).

어떤 크기 성질이든 그의 전미분은 (11.7)식과 비슷한 형식을 갖는다. 예로서 S, V, H에 대해서는 다음과 같이 된다.

$$dS = \left(\frac{\partial S}{\partial T}\right)_{p, n_i} dT + \left(\frac{\partial S}{\partial p}\right)_{T, n_i} dp + \sum_i \bar{S}_i\, dn_i \tag{11.84}$$

$$dV = \left(\frac{\partial V}{\partial T}\right)_{p, n_i} dT + \left(\frac{\partial V}{\partial p}\right)_{T, n_i} dp + \sum_i \bar{V}_i\, dn_i \tag{11.85}$$

$$dH = \left(\frac{\partial H}{\partial T}\right)_{p, n_i} dT + \left(\frac{\partial H}{\partial p}\right)_{T, n_i} dp + \sum_i \bar{H}_i\, dn_i \tag{11.86}$$

$\bar{S}_i$, $\bar{V}_i$, $\bar{H}_i$는 세기 성질이므로 평형에서는 계의 어느 부분에서나 그 값들이 같아야 한다. 따라서 11.3절에서 G에다 적용했던 것과 똑같은 방법을 쓰면 다음과 같은 가감 규칙이 얻어진다.

$$S = \sum_i n_i \bar{S}_i \qquad V = \sum_i n_i \bar{V}_i \qquad H = \sum_i n_i \bar{H}_i \tag{11.87}$$

이 관계를 다음과 같이 다른 방법을 써서 구하면 조금 더 많은 뜻을 이해할 수 있을 것이다.

혼합물의 Gibbs 에너지는 (11.9)식에 의해서 $G = \sum_i n_i \mu_i$로 주어진다. 이것을 온도에 관해서 (p와 n_i는 일정하게 유지하고) 미분한다. 즉,

$$\left(\frac{\partial G}{\partial T}\right)_{p, n_i} = \sum_i n_i \left(\frac{\partial \mu_i}{\partial T}\right)_{p, n_i} \tag{11.88}$$

(11.79)식에 의하면 (11.88)식의 좌변에 있는 도함수는 $-S$와 같다. 또 우변의 도함수는 (11.81)식을 T에 관해서 미분하여 구한다(간단히 쓰기 위해 하첨자를 생략한다).

$$\left(\frac{\partial \mu_i}{\partial T}\right)_{p, n_i} = \frac{\partial}{\partial T}\left(\frac{\partial G}{\partial n_i}\right) = \frac{\partial}{\partial n_i}\left(\frac{\partial G}{\partial T}\right) = -\left(\frac{\partial S}{\partial n_i}\right)_{T, p, n_j} = -\bar{S}_i$$

둘째 번 등식이 성립하는 이유는 미분의 순서에 상관없기 때문이다(9.6절). 세째 번 등식은 $\partial G/\partial T = -S$에서 나왔다. 그리하여 (11.88)식은 다음과 같이 된다.

$$S = \sum_i n_i \bar{S}_i \tag{11.89}$$

이것은 엔트로피에 관한 가감 규칙이다.

T와 n_i를 일정하게 놓고 (11.9)식을 p에 관해서 미분하면 다음과 같이 된다.

$$\left(\frac{\partial G}{\partial p}\right)_{T, n_i} = \sum_i n_i \left(\frac{\partial \mu_i}{\partial p}\right)_{T, n_i} \tag{11.90}$$

또 (11.81)식을 p에 관해서 미분하고 $(\partial G/\partial p)_{T, n_i} = V$의 관계를 이용하면 다음과 같이 된다.

$$\left(\frac{\partial \mu_i}{\partial p}\right)_{T, n_i} = \frac{\partial}{\partial p}\left(\frac{\partial G}{\partial n_i}\right) = \frac{\partial}{\partial n_i}\left(\frac{\partial G}{\partial p}\right) = \left(\frac{\partial V}{\partial n_i}\right)_{T, p, n_j} = \bar{V}_i$$

따라서 (11.90)식은 다음과 같이 된다.

$$V = \sum_i n_i \overline{V}_i \tag{11.91}$$

이것이 부피에 대한 가감 규칙이다. (11.83)식 중의 어느 한 식을 택하면 이들로부터 다른 가감 규칙을 얻을 수 있다. 예로서 마지막 식에다 n_i를 곱하고 더해 보자. 그러면

$$\sum_i n_i \mu_i = \sum_i n_i \overline{H}_i - T\sum_i n_i \overline{S}_i$$

(11.9)식과 (11.89)식에 의해서 이것은 다음과 같이 된다.

$$G = \sum_i n_i \overline{H}_i - TS$$

정의에 따라 $G = H - TS$이므로

$$H = \sum_i n_i \overline{H}_i \tag{11.92}$$

마찬가지 방법으로 U와 A에 관한 가감 규칙도 유도할 수 있다.

계의 크기 성질 J는 어떤 것이나 가감 규칙을 만족시킨다. 즉,

$$J = \sum_i n_i \overline{J}_i \tag{11.93}$$

여기서 $\overline{J}_i$는 분몰량이다. 즉,

$$\overline{J}_i = \left(\frac{\partial J}{\partial n_i}\right)_{T,p,n_j} \tag{11.94}$$

이 관계는 전체 몰수에 대해서도 성립하며, 그리하여 $N = \sum_i n_i$이다. 또 전체 질량에 대해서도 마찬가지이며 $M = \sum_i n_i M_i$이다. 끝으로 분몰 몰수는 모두 1이며, 분몰 질량은 그 물질의 분자량이 된다.

11.21 Gibbs-Duhem 식

(11.9)식을 미분하면 μ_i 사이의 다른 관계를 구할 수 있다. 즉,

$$dG = \sum_i (n_i\, d\mu_i + \mu_i\, dn_i)$$

그러나 기본 방정식에 의하면 다음과 같이 되어야 한다.

$$dG = -S\,dT + V\,dp + \sum_i \mu_i\, dn_i$$

두 식의 차를 구하면 다음과 같이 된다.

$$\sum_i n_i\, d\mu_i = -S\,dT + V\,dp \tag{11.95}$$

이것을 Gibbs-Duhem 식이라고 한다. 특히 온도와 압력이 일정하고 조성만이 변화할 때는 이 식이 다음과 같이 된다.

$$\sum_i n_i\, d\mu_i = 0 \quad (T,\ p\ \text{일정}) \tag{11.96}$$

이 식은 조성이 달라질 때에 화학 퍼텐셜이 독립적으로 변하는 것이 아니라 서로가 관련되게 변한다는 것을 말해 준다. 예로서 2성분계에 대해서는 (11.96)식이 다음과 같이 된다.

$$n_1\, d\mu_1 + n_2\, d\mu_2 = 0 \quad (T,\ p\ \text{일정})$$

이 식은 다음과 같이 정리된다.

$$d\mu_2 = -(n_1/n_2)d\mu_1 \tag{11.97}$$

만일 조성을 변화시켜서 첫째 성분의 화학 퍼텐셜을 $d\mu_1$ 만큼 달라지게 하면 (11.97)식에 따라서 둘째 성분의 화학 퍼텐셜도 $d\mu_2$ 만큼 변화한다.

마찬가지 논법으로, 어떤 분몰량이든지 조성에 따른 변화는 다음 식과 같은 관계를 갖는다.

$$\sum_i n_i d\bar{J}_i = 0 \quad (T,\ p \text{ 일정}) \tag{11.98}$$

여기서 $\bar{J}_i$는 임의의 분몰량을 가리킨다.

11.22 이상 기체 혼합물에서의 분몰량

이상 기체에 관한 여러 가지 분몰량은 μ_i로부터 얻을 수 있다. 우선 (11.13) 식을 생각하여 보자.

$$\mu_i = \mu_i^\circ(T) + RT\ln p + RT\ln x_i = \mu_{i(\text{pure})} + RT\ln x_i$$

이것을 미분하면 다음과 같이 된다.

$$\left(\frac{\partial\mu_i}{\partial T}\right)_{p,n_i} = \left(\frac{\partial\mu_i^\circ}{\partial T}\right)_{p,n_i} + R\ln p + R\ln x_i$$

그러나 $(\partial\mu_i/\partial T)_{p,n_i} = -\bar{S}_i$ 이므로 다음 관계가 나온다.

$$\bar{S}_i = \bar{S}_i^\circ - R\ln p - R\ln x_i = \bar{S}_{i(\text{pure})} - R\ln x_i \tag{11.99}$$

마찬가지로, T와 모든 n_i를 일정하게 유지하고 μ_i를 압력에 관해서 미분하면 다음과 같다.

$$\left(\frac{\partial\mu_i}{\partial p}\right)_{T,n_i} = \frac{RT}{p}$$

그런데 $(\partial\mu_i/\partial p)_{T,n_i} = \bar{V}_i$ 이다. 따라서 다음 관계가 나온다.

$$\bar{V}_i = RT/p \tag{11.100}$$

이상 기체 혼합물에 대해서는 $V = nRT/p$ 이다. 여기서 n은 혼합물 속에 들어 있는 모든 기체의 전체 몰수이다. 따라서 다음 관계가 성립한다.

$$\bar{V}_i = V/n \tag{11.101}$$

이 식은 이상 기체의 혼합물에서는 분몰부피가 평균 몰부피에 불과하고 혼합물 속에 들어 있는 모든 기체의 분몰부피는 모두 같다는 것을 보여준다.

(11.13), (11.83), (11.99), (11.100)식으로부터 $\bar{H}_i = \mu_i^\circ + T\bar{S}_i^\circ = \bar{H}_i^\circ$ 와 $\bar{U}_i = \bar{H}_i^\circ - RT = \bar{U}_i^\circ$ 의 관계도 쉽게 증명할 수 있다.

★ 11.23 미분 용해열

몰엔탈피가 $\bar{H}_i^\circ$ 인 순수한 고체 i의 dn mol을 일정한 T와 p에서 분몰 엔탈피가 $\bar{H}_i$ 인 용액에 가할 때 흡수하는 열은 $đq = dH = (\bar{H}_i - \bar{H}_i^\circ)dn$ 이다(계는 고체와 용액을 둘 다 포함한다). $đq/dn$을 미분 용해열이라고 정의한다. 따라서

$$đq/dn = \overline{H}_i - \overline{H}_i^\circ \quad (11.102)$$

미분 용해열은 7.22절에서 정의한 적분 용해열보다 더 일반적으로 쓰이는 식이다.

《질 문》

11. 1 화학 퍼텐셜의 중요성은 무엇인가? 또 이것을 어떻게 해석해야 하는가?

11. 2 화학 평형으로의 추진력으로서 $-\partial G/\partial \xi$를 어떻게 보아야 하는가?

11. 3 $\Delta G^\circ < 0$인 반응에 대해서 G 대 ξ의 스케치를 그려라. 평형 위치를 결정하는 데 ΔG°와 혼합 Gibbs 에너지는 어떤 역할을 하는가?

11. 4 기체상 반응에서 K_p와 Q_p는 어떻게 다른가?

11. 5 어떤 반응계의 경우 처음에는 $Q_p < K_p$였다. $\Delta G = \partial G/\partial \xi$의 부호를 말하라. 이 계를 구성하는 화학종들의 압력들은 어떤 변화를 받겠는가? 같은 설명을 $Q_p > K_p$인 경우에 대해서도 하라.

11. 6 외부 압력 P_{ext}이 $\exp[-\Delta G^\circ/RT]$보다 작을 경우, 같을 경우, 그리고 보다 클 경우에 $A(l) \rightleftharpoons A(g)$ 반응에 대한 G를 ξ에 대해서 도시하면 어떻게 되겠는가(ξ는 기체 상태에 있는 A의 분율이다)? 평형 조건 $\partial G/\partial \xi = 0$을 이용하여 평형 증기 압력을 P_{ext}의 함수로 구하라.

11. 7 평형에 미치는 온도의 영향을 나타낸 (11.58)식과 (11.70)식 사이에는 어떤 관계가 있는가?

11. 8 LeChatelier의 원리, (11.71)식을 이용하여 다음 기체상 평형에 미치는 압력의 효과를 말하라.
(a) $N_2 + 3H_2 \rightleftharpoons 2NH_3$ (b) $N_2O_4 \rightleftharpoons 2NO_2$

11. 9 평행 상수를 계산하는 데 있어서 Nernst의 열정리는 어떤 실질적 가치가 있는 것인가?

11.10 $\Delta H^\circ \ll 0$ 및 $\Delta S^\circ < 0$인 반응에서 증가되는 우주 엔트로피는 어디에서 유래되는 것인가?

《연습 문제》

아래의 모든 문제에서 기체들은 이상적이라고 가정하라.

11. 1 이상 기체에 대한 $(\mu - \mu^\circ)/RT$의 값을 압력의 함수로서 도시하라.

11. 2 25 °C에서 암모니아의 표준 Gibbs 에너지는 -16.5 kJ/mol이다. $\frac{1}{2}$, 2, 10 및 100 atm에서의 몰 Gibbs 에너지를 계산하라.

11. 3 순수한 기체 A와 B가 각각 25 °C, 1 atm에 있다고 하자. 이들이 섞이지 않고 있을 때에 비해서 다음 두 경우의 Gibbs 에너지는 얼마나 더 많겠는가?
a) A 10 mol과 B 10 mol의 혼합물.
b) A 10 mol과 B 20 mol의 혼합물.
c) B 10 mol을 A 10 mol과 B 10 mol의 혼합물에 더할 때의 Gibbs 에너지의 변화를 계산하라.

11. 4 a) 수소 3 mol과 질소 1 mol을 섞을 때의 혼합 엔트로피를 계산하라.
b) 25 °C에서의 혼합 Gibbs 에너지를 계산하라.
c) 25 °C에서, 질소 $1-\xi$ mol, 수소 $3(1-\xi)$ mol, 암모니아 2ξ mol을 섞을 때의 Gibbs 에너지를 ξ의 함수로서 계산하라. 그 값을 $\xi = 0$부터 $\xi = 1$까지 0.2 간격을 두고 도시하라.

d) 25 °C 에서 $\Delta G_f^\circ(NH_3) = -16.5$ kJ/mol 이다. 혼합물의 Gibbs 에너지를 $\xi = 0$부터 $\xi = 1$ 사이에서 0.2 간격으로 계산하라. 처음 상태를 1 mol 의 N_2 와 3 mol 의 H_2 의 혼합물로 놓고 G 를 ξ 에 대해서 도시하라. 이 결과를 그림 11-5 와 비교하라.

e) $p = 1$ atm 일 때 ξ_e 에서의 G 를 계산하라.

11. 5 $T = 300$ K 와 $p = 1$ atm 에서 4 mol 의 질소, n mol 의 수소 그리고 $(8-n)$mol 의 산소를 혼합하였다.

a) 이 혼합물 1 mol 당의 ΔG_{mix} 를 나타내는 식을 써라.

b) ΔG_{mix}/mol 이 최소가 되는 n 값을 계산하라.

c) ΔG_{mix}/mol 의 최소값을 계산하라.

11. 6 이상적인 3 성분 혼합물에서는 $x_1 = x_2 = x_3 = \frac{1}{3}$ 일 때 Gibbs 에너지가 최소로 된다는 것을 보여라.

11. 7 반응 $H_2(g) + I_2(g) \rightarrow 2\,HI(g)$에 대해 생각하자.

a) 반응이 진행되기 전에는 H_2 가 1 mol, I_2 가 1 mol, 그리고 HI 가 0 mol 이었다. 반응 혼합물의 Gibbs 에너지를 진척도 ξ 를 써서 나타내어라.

b) 요오드가 고체로서 들어 있었다면 G 에 대한 식이 어떤 꼴로 되겠는가?

11. 8 500 K 에서 다음과 같은 데이터를 얻었다.

물 질	ΔH°_{500}/(kJ/mol)	S°_{500}/(J/K mol)
HI(g)	32.41	221.63
H_2(g)	5.88	145.64
I_2(g)	69.75	279.94

500 K 에서 1 mol 의 H_2 와 1 mol 의 I_2 를 용기 속에 넣었다. 이 온도에서는 기체만이 존재하며 다음과 같은 평형을 이루었다.

$$H_2(g) + I_2(g) \rightleftharpoons 2\,HI(g)$$

500 K 에서의 평형 상수를 계산하고, 이 온도와 1 atm 에서 존재하는 HI 의 몰분율을 계산하라. 500 K 와 10 atm 에서는 HI 의 몰분율이 얼마나 되겠는가?

11. 9 a) H_2 와 CO 를 같은 몰씩 섞는다. 표 A-V 의 데이터를 이용해서 25 °C 에서의 포름알데히드, HCHO (g) 의 평형 몰분율을 전체 압력의 함수로서 계산하라. 전체 압력이 1 atm 과 10 atm 일 때의 몰분율을 계산하여라.

b) 25 °C 에서 1 mol 의 HCHO(g)를 용기 속에 넣었을 때 H_2(g)와 CO(g)로 해리되는 해리도를 1 atm 과 10 atm 의 전체 압력에 대해서 계산하라.

c) 10 atm 에서의 K_x와, HCHO 합성에 대한 K_c를 계산하라.

11. 10 25 °C 에서 오존의 생성 Gibbs 에너지는 $\Delta G_f^\circ = 163.2$ kJ/mol 이다.

a) 25 °C 에서의 다음 반응의 평형 상수를 계산하라.

$$3\,O_2(g) \rightleftharpoons 2\,O_3(g)$$

b) 평형에서의 진척도 ξ_e 가 1 에 비해서 대단히 작다고 가정하고 $\xi_e = \frac{3}{2}\sqrt{pK_p}$ 가 성립함을 보여라(O_2 의 처음 몰수는 3 이고, O_3 의 처음 몰수는 영이라고 놓아라).

c) 5 atm 에서의 K_x 와 K_c 를 계산하라.

11. 11 $2\,NO(g) + Cl_2(g) \rightleftharpoons 2\,NOCl(g)$ 반응의 평형을 생각하자. 25 °C 에서 NOCl(g) 에 대해서는 $\Delta G_f^\circ =$

66.07 kJ/mol 이고, NO(g)에 대해서는 $\Delta G_f^\circ = 86.57$ kJ/mol 이다. NO 와 Cl_2 를 몰비율이 2 : 1 이 되게 섞으면 평형에서는 $x_{NO} = (2/pK_p)^{1/3}$ 과 $x_{NOCl} = 1 - \frac{3}{2}(2/pK_p)^{1/3}$ 이 됨을 보여라($x_{NOCl} \approx 1$ 임을 가정하라). 이들 각각의 양이 압력에 어떻게 의존하는가를 살펴 보아라. 1 atm 과 10 atm 에서의 x_{NO} 를 계산하라.

11.12 25° C 에서 사산화질소의 해리 반응을 생각하자. $N_2O_4(g) = 2\,NO_2(g)$. 1 atm 에서 N_2O_4 1 mol 을 그릇에 담았다고 가정하자. 표 A-V 의 데이터를 이용해서 계산하라.

a) 해리도.

b) 5 mol 의 아르곤을 넣고 혼합물이 1 atm 이 되게 해 주었을 때의 해리도.

c) (a)에서 평형이 이루어진 다음 용기의 부피를 일정하게 유지한 채로 5 mol 의 아르곤을 넣었을 때의 해리도.

11.13 표 A-V 의 데이터로부터 반응 $H_2(g) + S(\text{rhombic}) \rightleftharpoons H_2S(g)$에 대한 25 °C 에서의 K_p 를 계산하라. 평형에서 기체상으로 존재하는 H_2 의 몰분율은 얼마인가?

11.14 25 ° C 에서 다음 평형을 생각하자.

$$PCl_5(g) \rightleftharpoons PCl_3(g) + Cl_2(g)$$

a) 표 A-V 의 데이터로부터 25 °C 에서의 ΔG° 와 ΔH° 를 계산하라.

b) 600 K 에서 K_p 의 값을 계산하라.

c) 600 K 에서 전체 압력이 각각 1 atm 과 5 atm 일 때의 해리도를 계산하라.

11.15 25° C에서 다음과 같은 데이터를 얻었다.

화 합 물	ΔG_f°/(kJ/mol)	ΔH_f°/(kJ/mol)
$C_2H_4(g)$	68.1	52.3
$C_2H_2(g)$	209.2	226.7

a) 다음 반응에 대한 25 °C 에서의 K_p 를 계산하라.

$$C_2H_4(g) \rightleftharpoons C_2H_2(g) + H_2(g)$$

b) 1 atm 의 전체 압력에서 25%의 C_2H_4 가 C_2H_2 와 H_2 로 분해되려면 K_p 의 값이 얼마나 되어야 하겠는가?

c) 어떤 온도에서 K_p 가 (b)에서의 값을 갖겠는가?

11.16 25 °C 에서 다음 반응의 $\Delta G^\circ = 161.67$ kJ/mol 이고 $\Delta H^\circ = 192.81$ kJ/mol 이다.

$$Br_2(g) \rightleftharpoons 2\,Br(g)$$

a) 25 °C, 1 atm 에서 평형이 이루어졌을 때 브롬 원자의 몰분율은 얼마가 되겠는가?

b) $p = 1$ atm 에서 10 mol%의 브롬 원자가 브롬 증기와 평형을 이루게 하려면 온도를 얼마로 해 주어야 되겠는가?

11.17 다음 반응의 K_p 는 448 °C 에서 50.0, 그리고 350 °C 에서 66.9 이다.

$$H_2(g) + I_2(g) \rightleftharpoons 2\,HI(g)$$

이 반응에서 ΔH° 를 계산하라

11.18 600 K 에서 $PCl_5(g)$는 다음과 같이 해리되며, 그 해리도는 5 atm 에서 0.920 이다.

$$PCl_5(g) \rightleftharpoons PCl_3(g) + Cl_2(g)$$

a) 1 atm 에서의 해리도는 얼마인가?

b) 520 K, 1 atm 에서의 해리도가 0.80 이면 이 온도에서의 $\Delta H°$, $\Delta G°$ 및 $\Delta S°$ 는 각각 얼마인가?

11.19 800 K 와 1 atm 의 전체 압력에서 2 mol 의 NO와 1 mol 의 O_2 를 혼합시켰더니 다음과 같은 평형이 이루어졌다.

$$2\,NO(g) + O_2(g) \rightleftharpoons 2\,NO_2(g)$$

평형에서 0.71 mol 의 산소가 존재한다는 분석 결과를 얻었다.

a) 이 반응의 평형 상수를 계산하라.

b) 800 K 에서의 이 반응의 $\Delta G°$ 를 계산하라.

11.20 1000 K 와 1 atm 에서 C_2H_6 를 용기에 넣었더니 다음과 같은 평형이 이루어졌다.

$$C_2H_6(g) \rightleftharpoons C_2H_4(g) + H_2(g)$$

평형에서 이 혼합물은 26 mol%의 H_2, 26 mol %의 C_2H_4, 그리고 48 mol%의 C_2H_6 로 되어 있었다.

a) 1000 K 에서의 K_p 를 계산하라.

b) $\Delta H° = 137.0$ kJ/mol 로 놓고 298.15 K 에서의 K_p 값을 계산하라.

c) 이 반응의 298.15 K 에서의 $\Delta G°$ 를 계산하라.

11.21 다음과 같은 평형이 이루어졌다고 생각하자.

$$NO_2(g) \rightleftharpoons NO(g) + \frac{1}{2}O_2(g)$$

1 mol 의 NO_2 를 용기에 넣고 1 atm 의 전체 압력 하에서 평형에 도달시켰더니 다음과 같은 결과를 나타내었다.

T	700 K	800 K
p_{NO}/p_{NO_2}	0.872	2.50

a) 700 K 와 800 K 에서의 K_p 를 계산하라.

b) $\Delta G°$ 와 $\Delta H°$ 를 계산하라.

11.22 다음과 같은 평형이 이루어졌다고 생각하자.

$$CO(g) + H_2O(g) \rightleftharpoons CO_2(g) + H_2(g)$$

a) 1000 K 에서 이 평형 혼합물 시료는 다음과 같은 조성을 나타내었다.

물 질	CO_2	H_2	CO	H_2O
mol%	27.1	27.1	22.9	22.9

이 온도에서의 K_p 와 $\Delta G°$ 를 계산하라.

b) (a)의 답과 다음 데이터를 이용하여 298.15 K 에서의 이 반응의 $\Delta G°$ 를 계산하라.

물 질	$CO_2(g)$	$H_2(g)$	CO(g)	$H_2O(g)$
$\Delta H_f°$/(kJ/mol)	− 393.51	0	− 110.52	− 241.81

11.23 삼산화질소는 다음과 같이 해리된다.

$$N_2O_3(g) \rightleftharpoons NO_2(g) + NO(g)$$

25 °C, 1 atm 에서의 해리도가 0.30 이라면 이 온도에서의 $\Delta G°$ 는 얼마가 되겠는가?

11.24 다음과 같은 포름알데히드의 합성 반응을 생각하자.

$$CO(g) + H_2(g) \rightleftharpoons CH_2O(g)$$

25 °C 에서 $\Delta G° = 24$ kJ/mol 이고 $\Delta H° = -7$kJ/mol 이다. $CH_2O(g)$의 열용량은 $\bar{C}_p/R = 2.263 + 7.021(10^{-3})T - 1.877(10^{-6})T^2$ 이고 $H_2(g)$와 $CO(g)$의 열용량은 표 7-1 에 주어져 있다.

a) $\Delta H°$ 가 온도에 무관하다고 가정하고 1000 K 에서의 K_p 값을 계산하라.

b) $\Delta H°$ 가 온도에 따라 변화한다고 보면 1000 K 에서의 K_p 값이 어떻게 되겠는가? (a)의 결과와 비교하라.

c) 1000 K 에서 압력이 1 atm 일 때와 10 atm 일 때의 K_x 값을 비교하라.

11.25 25 °C 에서 다음 반응의 $\Delta H°$ 는 44.016 kJ/mol 이다.

$$H_2O(l) \longrightarrow H_2O(g)$$

$\bar{C}_p(l) = 75.29$ J/K mol, 그리고 $\bar{C}_p(g) = 33.58$ J/K mol 로 놓고 100 °C 에서의 이 반응의 $\Delta H°$ 를 계산하라.

11.26 액체 브롬은 58.2 °C 에서 끓으며, 9.3 °C 에서의 증기 압력은 100 torr 이다. 25 °C 에서 $Br_2(g)$의 표준 Gibbs 에너지를 계산하라.

11.27 다음과 같은 반응을 생각하라.

$$FeO(s) + CO(g) \rightleftharpoons Fe(S) + CO_2(g)$$

이 반응에 대해서 다음과 같은 데이터를 얻었다.

t/°C	600	1000
K_p	0.900	0.396

a) 이 반응에 대한 600 °C 에서의 $\Delta H°$, $\Delta G°$ 및 $\Delta S°$ 를 계산하라.

b) 600 °C 에서 기체상 속의 CO_2 의 몰분율을 계산하라.

11.28 다음 반응이 1 atm 의 전체 압력 하에서 평형을 이루었다.

$$Fe_2N(s) + \frac{3}{2}H_2(g) \rightleftharpoons 2\,Fe(s) + NH_3(g)$$

초기에 과량의 Fe_2N 과 H_2만 존재했을 경우 700 K 와 800 K 에서 분석을 하여본 결과 p_{NH_3}/p_{H_2} 의 값이 각각 2.165 와 1.083 이 됨을 알았다. 다음을 계산하라.

a) 700 K 와 800 K 에서의 K_p

b) $\Delta H°$ 와 $\Delta S°$

c) 298.15 K 에서의 $\Delta G°$

11.29 표 A-V 의 데이터로부터 다음 반응에 대한 $\Delta G°$ 와 $\Delta H°$ 의 값을 구하라.

$$MCO_3(s) \rightleftharpoons MO(s) + CO_2(g) \qquad (M = Mg,\ Ca,\ Sr,\ Ba)$$

좀 지나치지만 이 반응에 대한 $\Delta H°$ 가 온도에 무관하다고 가정하고 이 탄산염-산화물 계에서 CO_2 의 평형압력이 1 atm 이 되는 온도를 계산하라(이것은 탄산염의 분해 온도이다).

11.30 고체 흰 인은 25 °C 에서 표준 Gibbs 에너지 값이 영이다. 녹는점은 44.2 °C 이고 $\Delta H°_{fus} = 2510$ J/mol P_4 이다. 또 그 증기 압력은 다음과 같다.

t/°C	76.6	128.0	197.3
p/Torr	1	10	100

a) 액체 인의 ΔH°_{vap} 를 계산하라.
b) 액체의 끓는점을 계산하라.
c) 녹는점에서의 증기 압력을 계산하라.
d) 녹는점에서 고체, 액체 및 기체 인 사이에 평형이 이루어진다고 가정하고, 25 °C 에서의 고체 흰 인의 증기 압력을 계산하라.
e) 25 °C 에서 기체 인의 표준 Gibbs 에너지를 계산하라.

11.31 다음 반응의 경우 25 °C 에서는 $\Delta G^\circ = -369.43$ kJ/mol과 $\Delta H^\circ = -415.05$ kJ/mol 이다.

$$Zn(s) + Cl_2(g) \rightleftharpoons ZnCl_2(s)$$

이 반응의 ΔG° 를 298 K 와 1500 K 사이의 영역에서 온도의 함수로 스케치하여 보아라. 각 온도에서 모든 물질들은 그 안정한 집합 상태에 있다고 가정하라. 필요한 데이터는 다음과 같다(T_m = 녹는점, T_b = 끓는점).

	T_m/K	ΔH_{fus}/(kJ/mol)	T_b/K	ΔH_{vap}/(kJ/mol)
Zn	692.7	7.385	1180	114.77
$ZnCl_2$	548	23.0	1029	129.3

11.32 다음과 같은 반응을 생각하자.

$$Hg(l) + \frac{1}{2}O_2(g) \rightleftharpoons HgO(s)$$

$$\Delta G^\circ/(J/mol) = -91044 + 1.54\,T\ln T - 10.33(10^{-3})T^2 - \frac{0.42\times10^5}{T} + 103.81\,T$$

a) 600 K 에서 액체 수은 및 고체 HgO 와 함께 존재하는 산소의 증기 압력은 얼마인가?
b) $\ln p$, ΔH° 및 ΔS° 를 온도의 함수로 나타내라.

11.33 반응 $Ag_2O(s) \rightleftharpoons 2Ag(s) + \frac{1}{2}O_2(g)$의 경우 $\Delta G^\circ/(J/mol) = 32384 + 17.32\,T\log_{10}T - 116.48\,T$ 가 된다.
a) 산소의 평형압력이 1 atm 이 되는 온도는 얼마인가?
b) $\log_{10}K_p$, ΔH°, ΔS° 를 온도의 함수로서 나타내라.

11.34 다음 반응에 대한 ΔG° 와 ΔH° 의 값은 표 A-V 의 데이터로부터 얻을 수 있다.

$$C(graphite) + \frac{1}{2}O_2(g) \rightleftharpoons CO(g) \qquad CO(g) + \frac{1}{2}O_2(g) \rightleftharpoons CO_2(g)$$

a) ΔH° 의 값이 온도에 따라 변하지 않는다고 가정하고 전체 압력이 1 atm 일 때 고체 흑연과 평형에 있는 기체의 조성(몰 %)을 600 K 와 1000 K 에서 계산하라. 정상적으로 압력이 커진다면 조성은 어떻게 변하겠는가?
b) 표 7-1 의 열용량 데이터를 이용해서 600 K 와 1000 K(1 atm)에서의 조성을 계산하고 결과를 (a)의 경우와 비교하라.
c) (b)에서 구한 평형 상수를 이용해서 1000 K 와 10 atm 에서의 조성을 계산하라.

11.35 25 °C 에서 기체상 C_5H_{10} 의 여러 이성질체에 대한 데이터는 다음과 같다.

물 질	$\Delta H_f^\circ/(kJ/mol)$	$\Delta G_f^\circ/(kJ/mol)$	$\log_{10} K_f$
A = 1-pentene	− 20.920	78.605	− 13.7704
B = *cis*-2-pentene	− 28.075	71.852	− 12.5874
C = *trans*-2-pentene	− 31.757	69.350	− 12.1495
D = 2-methyl-1-butene	− 36.317	64.890	− 11.3680
E = 3-methyl-1-butene	− 28.953	74.785	− 13.1017
F = 2-methyl-2-butene	− 42.551	59.693	− 10.4572
G = cyclopentane	− 77.24	38.62	− 6.7643

적당한 촉매를 써서 다음과 같은 평형이 이루어지게 했다고 하자.

$$A \rightleftharpoons B \rightleftharpoons C \rightleftharpoons D \rightleftharpoons E \rightleftharpoons F \rightleftharpoons G$$

a) 25 °C 에서 평형이 이루어졌다면 (A/G), (B/G), …, (F/G)의 몰비가 각각 어떻게 되겠는가?
b) 이 비율은 전체 압력에 따라 달라지겠는가?
c) 평형 혼합물 속에 들어있는 여러 종의 몰백분율을 계산하라.
d) 500 K 에서 평형 혼합물의 조성을 계산하라.

11.36 다음 데이터는 25 °C 에서의 값이다.

화 합 물	CuO(s)	$Cu_2O(s)$	Cu(s)	$O_2(g)$
$\Delta H_f^\circ/(kJ/mol)$	− 157	− 169	—	—
$\Delta G_f^\circ/(kJ/mol)$	− 130	− 146	—	—
$C_p^\circ/(J/K\ mol)$	42.3	63.6	24.4	29.4

a) 900 K 와 1200 K 에서 구리와 산화제 2 구리하고 공존하는 산소의 평형 압력을 계산하라. 즉, 다음 반응에 대한 평형 상수를 구하라는 것이다.

$$2\,CuO(s) \rightleftharpoons 2\,Cu(s) + O_2(g)$$

b) 900 K 와 1200 K 에서 Cu_2O 와 Cu 하고 공존하는 산소의 평형 압력을 계산하라.
c) Cu, CuO, Cu_2O, O_2 가 평형으로 공존하는 온도와 압력은?

11.37 인의 Gibbs 에너지가 영이 되는 표준 상태는 고체 흰 인, 즉 $P_4(s)$이다. 25 °C 에서 다음과 같은 평형이 이루어진다.

$$P_4(s) \rightleftharpoons P_4(g) \qquad \Delta H^\circ = 58.9\,kJ/mol \qquad \Delta G^\circ = 24.5\,kJ/mol$$
$$\frac{1}{4}P_4(s) \rightleftharpoons P(g) \qquad \Delta H^\circ = 316.5\,kJ/mol \qquad \Delta G^\circ = 280.1\,kJ/mol$$
$$\frac{1}{2}P_4(s) \rightleftharpoons P_2(g) \qquad \Delta H^\circ = 144.0\,kJ/mol \qquad \Delta G^\circ = 103.5\,kJ/mol$$

a) P_4 분자는 4 면체의 네 귀에 인 원자가 위치하는 구조를 가지고 있다. 이 4 면체에서의 P—P 결합의 결합 세기를 계산하라. P_2 에서의 결합 세기를 계산하라.
b) 900 K 와 1200 K 에서 전체 압력이 1 atm 인 증기 속에 들어 있는 P, P_2 및 P_4 의 몰분율을 계산하라.

11.38 중력장에서 어떤 화학종의 화학 퍼텐셜을 증가시켰는데, 그 증가량은 그 물질 1 mol 을 지표면에서 높이 z 까지 올리는 데 필요한 퍼텐셜 에너지와 같았었다. 그러면 $\mu_i(T, p, z) = \mu_i(T, p) + M_i g z$ 이다. 여기서 $\mu_i(T, p)$는 지표면에서의 μ_i 값이고 M_i 는 몰질량, g 는 중력 가속도이다.
a) 이상 기체의 기둥이 등온이고 어디서나 그 화학 퍼텐셜이 같다면, 이러한 꼴의 화학 퍼텐셜로

부터 압력 분포 법칙, $p_i = p_{i0}\exp(-M_i gz/RT)$가 나온다는 것을 보여라.

b) 화학 평형의 조건은 중력장이 있든 없든 상관없다는 것을 증명하라.

c) 엔트로피와 엔탈피에 대한 식을 z의 함수로서 유도하라[힌트 : μ_i의 미분을 dT, dp, dz를 써서 나타내라].

11.39 N_2O_4의 해리도 α는 압력의 함수이다. 압력을 변화시킬 때 이 혼합물이 그대로 평형을 유지한다면 겉보기의 압축률이 $(-1/V)(\partial V/\partial p)_T = (1/p)\left[1+\frac{1}{2}\alpha_e(1-\alpha_e)\right]$임을 증명하라. 괄호 속의 양은 $p = \frac{3}{4}K_p$일 때 최대가 된다는 것을 보여라.

11.40 1 mol의 N_2O_4를 용기에 넣고 다음과 같은 평형이 이루어지게 하였다.

$$N_2O_4(g) \rightleftharpoons 2\,NO_2$$

이 평형 혼합물의 엔탈피는 다음과 같이 나타낼 수 있다.

$$H = (1-\xi_e)\overline{H}(N_2O_4) + 2\,\xi_e\overline{H}(NO_2)$$

온도를 올렸을 때 이 혼합물이 계속해서 평형을 유지하면,

a) 열용량이 다음과 같이 주어짐을 보여라.

$$C_p/R = \overline{C}_p(N_2O_4)/R + \xi_e\,\Delta C_p/R + \frac{1}{2}\xi_e(1-\xi_e^2)(\Delta H^\circ/RT)^2$$

b) 이 평형 혼합물에 대한 엔탈피의 마지막 항은 $\xi_e = \frac{1}{3}\sqrt{3}$일 때 최대가 됨을 보여라.

c) $p = 1$ atm일 때 200 K와 500 K 사이에서의 C_p/R을 T에 대해서 도시하라.

$\overline{C}_p(N_2O_4)/R = 9.29$ $\overline{C}_p(NO_2)/R = 4.47$ $\Delta H^\circ_{298} = 57.20$ kJ/mol $\Delta G^\circ_{298} = 4.77$ kJ/mol

11.41 다음과 같은 평형을 생각해 보자.

$$TiO_2(s) + 2Cl_2(g) \rightleftharpoons TiCl_4(l) + O_2(g)$$

$TiCl_4$의 정상 끓는점인 409 K에서 $\Delta H^\circ_{vap}(TiCl_4) = 35.1$ kJ/mol이고, 298.15 K에서의 데이터들은 다음과 같다.

물 질	$TiO_2(s)$	$TiCl_4(l)$
$\Delta H^\circ_f/(kJ/mol)$	− 945	− 804
$\Delta G^\circ_f/(kJ/mol)$	− 890	− 737

a) 1 atm 하에서 500 K 및 1000 K일 때의 이 반응의 K_p를 계산하라.

b) 표 A-V로부터 $C(graphite) + O_2(g) \rightleftharpoons CO_2(g)$ 반응에 대한 데이터를 이용하여 500 K와 1000 K에서의 다음 반응에 대한 K_p값을 계산하라.

$$C(graphite) + TiO_2(s) + 2\,Cl_2(g) \rightleftharpoons TiCl_4(g) + CO_2(g)$$

c) 1 mol의 TiO_2와 2 mol의 Cl_2(그리고 필요할 때는 1 mol의 C)를 용기에 넣고 전체 압력을 1 atm으로 유지시켰다. 500 K와 1000 K에서 얼마만한 분율의 TiO_2가 $TiCl_4$로 변하겠는가? (a)와 (b) 에서의 반응에 대해서도 이 계산을 하라. (a)에서의 수득률을 (b)에서의 수득률과 비교하라.

11.42 다음과 같은 두 평형에서 ΔG°, 따라서 K_p가 서로 같다고 가정하자.

$$A_2 \rightleftharpoons 2\,A$$
$$AB \rightleftharpoons A + B$$

ξ_1의 평형값이 ξ_2의 평형값보다 큼을 보여라. 이 결과에 대한 물리적 이유를 말하라.

11.43 한 역도 선수가 50 kg의 추를 수직으로 2.0 m 들어 올렸다. $g = 9.8\ m/s^2$. 이 추를 발전기에 연결시켜 2.0 m를 떨어지게 하였다. 이 발전기는 같은 양의 일을 하며, 이 일을 이용하여 다음과 같은 Hall 전해 과정에 따라 알루미늄을 만들 수 있다.

$$Al_2O_3(sln) + 3\,C(graphite) \longrightarrow 2\,Al(l) + 3\,CO(g)$$

$\Delta G° = 593\ kJ/mol$ 이다. 음료수 캔($\approx 27\ g$) 한 개를 만들 수 있는 Gibbs 에너지를 얻으려면 이 운동 선수가 이 추를 몇 번이나 들어올려야 하겠는가? [주 : 이것은 알루미늄의 전해에 필요한 에너지이다. 원광으로부터 알루미늄을 만드는 데 필요한 전체 에너지는 전해에 필요한 에너지의 약 3 배이다 .

12
간단한 계에서의 상평형 ; 상 규칙

12.1 평형 조건

평형에 있는 계에서는 각 성분의 화학 퍼텐셜이 계의 어디에서나 같아야 한다. 여러 상이 존재할 때는 각 물질의 화학 퍼텐셜이 어느 상 속에 그 물질이 들어 있든 항상 같은 값을 가져야 한다.

1성분의 계에서는 $\mu = G/n$이다. 그리고 기본식을 n으로 나누면 다음 관계가 나온다.

$$d\mu = -\bar{S}\,dT + \bar{V}\,dp \qquad (12.1)$$

여기서 $\bar{S}$와 $\bar{V}$는 몰엔트로피와 몰부피이다. 따라서 다음 관계가 나온다.

$$\left(\frac{\partial \mu}{\partial T}\right)_p = -\bar{S} \quad \text{및} \quad \left(\frac{\partial \mu}{\partial p}\right)_T = \bar{V} \qquad (12.2\ \text{a,b})$$

(12.2 a,b)의 두 함수는 각각 μ 대 T 곡선의 기울기와 μ 대 p 곡선의 기울기이다.

12.2 순수한 물질의 상의 안정도

열역학 제3법칙에 의해서 물질의 엔트로피는 항상 양이다. 이 사실과 (12.2a)식을 결합시켜 보면 $(\partial\mu/\partial T)_p$는 항상 음임을 알 수 있다. 따라서, 일정한 압력에서 μ를 T에 대해서 도시하면 음의 기울기를 갖는 곡선이 나온다.

한 물질의 세 가지 상에 대해서는 다음과 같이 된다.

$$\left(\frac{\partial \mu_{\text{solid}}}{\partial T}\right)_p = -\bar{S}_{\text{solid}} \qquad \left(\frac{\partial \mu_{\text{liq}}}{\partial T}\right)_p = -\bar{S}_{\text{liq}} \qquad \left(\frac{\partial \mu_{\text{gas}}}{\partial T}\right)_p = -\bar{S}_{\text{gas}} \qquad (12.3)$$

어느 온도에서나 $\bar{S}_{\text{gas}} \gg \bar{S}_{\text{liq}} > \bar{S}_{\text{solid}}$이다. 고체의 엔트로피는 대단히 작으므로 그림 12-1의 곡선 S에서와 같이 고체의 μ를 T에 대해서 도시하면 작은 음의 기울기를 갖는 곡선이 나온다. 액체에서는 μ를 T에 대해서 도시한 곡선이 L로 표시되며 고체에서보다는 약간 더 음인 기울기를 갖는다. 기체의 엔트로피는 액체의 경우보다 훨씬 더 크므로 곡선 G의 기울기는 큰 음수 값을 갖는다. 곡선들을 직선으로 표시하였지만, 사실은 아래쪽으로 약간 오목해야 한다. 그러나 이렇게 놓더라도 여기서의 논리는 마찬가지이다.

일정한 압력에서 여러 상 사이에 평형이 이루어질 수 있는 열역학적 조건이 그림 12-1에 명백히 나타나 있다. 고체와 액체는 $\mu_{\text{solid}} = \mu_{\text{liq}}$일 때 평형을 이루며 공존한다. 즉, 곡선 S와 L

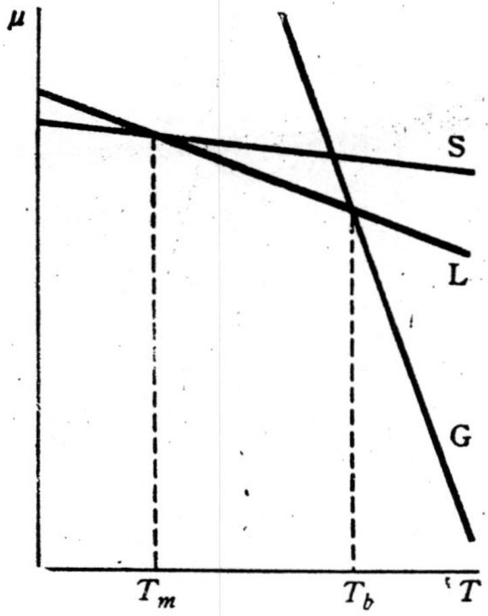

그림 12-1 일정한 압력에서의 μ 대 T 곡선.

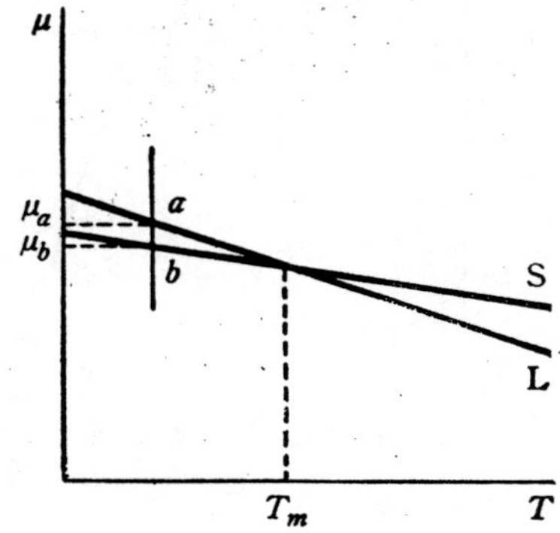

그림 12-2 일정한 압력에서의 μ 대 T 곡선.

의 만나는 점에서 평형이 이루어진다. 해당하는 온도 T_m은 녹는점이다. 마찬가지로 액체와 기체는 $\mu_{\rm liq}=\mu_{\rm gas}$가 되는 점, 즉 선 L과 G가 만나는 점인 T_b에서 평형을 이루며 공존한다.

그리하여 온도 축을 세 구간으로 나눌 수 있다. T_m 이하의 온도에서는 고체의 화학 퍼텐셜이 가장 낮다. T_m과 T_b 사이에서는 액체의 화학 퍼텐셜이 가장 낮다. T_b 이상에서는 기체의 화학 퍼텐셜이 가장 낮다. 가장 낮은 화학 퍼텐셜을 갖는 상이 안전한 상이다. 그림 12-2에서와 같이 보다 낮은 온도에서 계 속에 액체가 존재하면 액체의 화학 퍼텐셜은 T_m이 되고 고체는 μ_a 값을 가져야 한다. 따라서 이 온도에서 액체가 얼면 Gibbs 에너지가 감소하므로 액체는 자발적으로 얼게 된다. T_m보다 높은 온도에서는 사정이 달라진다. 즉, 고체의 μ는 액체의 μ보다 더 크고, 고체는 자발적으로 녹아서 계의 Gibbs 에너지를 감소시킨다. T_m에서는 액체와 고체의 화학 퍼텐셜이 같아지므로 어느 한 상만이 존재하지 않고 두 상이 평형을 이루어 공존하게 된다. T_b 근처에서도 상황이 아주 비슷하게 된다. 즉, T_b 바로 아래서는 액체가 안정하지만, 바로 위에서는 기체가 안정한 상이다.

이 그림은 일정한 압력에서 고체를 가열할 때 흔히 볼 수 있는 상 변화의 순서를 잘 설명해 준다. 즉, 낮은 온도에서는 계가 완전히 고체이다. 그리고 온도 T_m에서는 액체가 생긴다. 이 액체는 온도 T_b에서 증발될 때까지 안정하다. 이러한 상의 서열은 엔트로피 값의 서열에 기인하는 것이며, 따라서 이것은 고체로부터 액체로 그리고 액체로부터 기체로 변환될 때에 열이 흡수된다는 사실의 직접적인 결과이기도 하다.

12.3 μ 대 T 곡선의 압력 의존

이제 압력이 변하면 이들 곡선이 어떻게 달라지는가를 알아볼 차례이다. 이 문제는 (12.2b)식을 $d\mu=\overline{V}dp$로 놓고 이용하면 곧 해결된다. 압력을 낮추면 dp는 음이 되며 $\overline{V}$는 양이다. 따라서 $d\mu$는 음이 되고 화학 퍼텐셜은 상의 부피에 비례해서 감소한다. 액체와 고체의 몰부피는 아주 작으므로, μ의 값은 약간만 줄게 된다. 즉, 그림 12-3(a)에서와 같이 고체는 a에서 a'으로, 액체는 b에서 b'으로 줄어든다. 기체의 부피는 고체나 액체의 경우보다 1000배 정도나 더

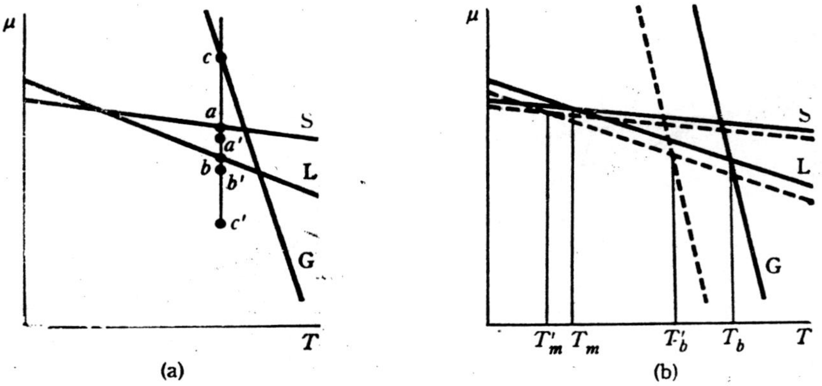

그림 12-3 녹는점과 끓는점에 미치는 압력의 영향. 실선은 높은 압력을, 점선은 낮은 압력을 나타낸다.

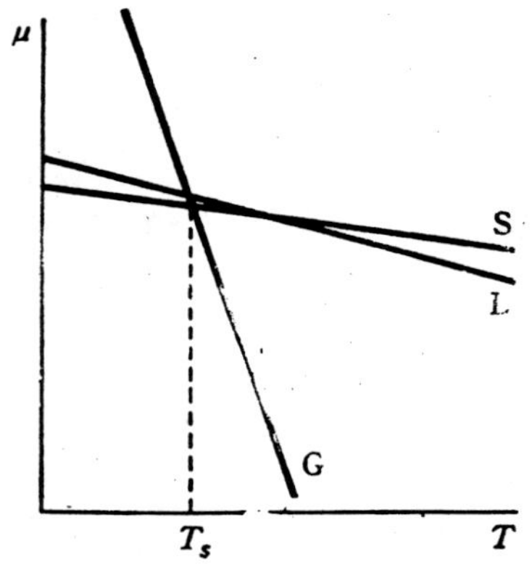

그림 12-4 승화하는 물질에 대한 μ 대 T 곡선.

크므로, 기체의 μ는 c에서 c'으로 크게 줄어든다. 낮은 압력에서의 곡선을 그림 12-3(b)에다 원래 직선에 평행하게 점선으로 나타내었다(그림은 $\overline{V}_{\text{liq}} > \overline{V}_{\text{solid}}$의 경우에 대한 것이다). 그림 12-3(b)는 평형 온도가 둘 다(서로 만나는 두 점) 옮겨진 것을 보여준다. 녹는점의 변화는 작은 반면에 끓는점의 변화는 비교적 크다. 이 그림에서는 녹는점의 이동을 과장해서 강조하였지만 사실은 매우 작은 것이다. 압력 감소에 따르는 액체의 끓는점 내림이 깨끗하게 나타나 있다. 낮은 압력에서는 액체의 안정 범위가 현저하게 줄어든다. 압력을 충분히 낮추어 주면 액체의 끓는점이 고체의 녹는점보다도 더 아래로 떨어질 수 있다(그림 12-4). 이 때는 액체가 안정한 온도는 없으며 고체는 승화한다. 온도 T_S에서 고체와 증기는 평형을 이루면서 공존하게 된다. 온도 T_S는 고체의 승화 온도이며, 이것은 압력에 크게 의존된다.

확실히 어떤 한 압력에서는 이들 세 곡선이 동일한 온도에서 교차하게 될 것이다. 이 온도와 압력이 삼중점을 나타내는 것이다. 삼중점에서는 세 개의 상이 모두 공존할 수 있다.

어느 물질이 낮은 압력에서 녹지 않고 승화할 것인가 아닌가는 전적으로 그 물질의 특성에 달려 있다. 예로서 물은 611 Pa 이하의 압력에서는 승화한다. 녹는점이 높을수록, 그리고 1 atm에서의 녹는점과 끓는점 사이의 차가 작을수록, 승화가 일어날 수 있는 압력은 높아진다.

Trouton 의 규칙을 만족시키는 물질은 다음 식으로 주어지는 압력(atm 단위로)에서 승화가 일어난다.

$$\ln p = -10.8\left(\frac{T_b - T_m}{T_m}\right) \tag{12.4}$$

12.4 Clapeyron 식

순수한 물질의 두 상, α와 β사이에 평형이 이루어지는 조건은 다음과 같다.

$$\mu_\alpha(T,p) = \mu_\beta(T,p) \tag{12.5}$$

함수 μ_α와 μ_β가 어떤 꼴의 해석 함수인가를 알면 원칙상으로 (12.5)식을 풀어서 다음과 같은 관계를 얻을 수 있을 것이다.

$$T = f(p) \quad \text{또는} \quad p = g(T) \tag{12.6 a,b}$$

(12.6 a)식은 그림 12-3(b)에서 설명한 바와 같이 이 평형 온도가 압력에 의존한다는 사실을 말해 준다.

함수 μ_α와 μ_β를 자세히 모르는 경우에도 온도의 압력에 관한 도함수값은 구할 수 있다. 압력 p에서 두 상 α와 T사이에 평형이 이루어졌다고 생각해 보자. 평형 온도는 T이다. 그러면 T와 p에서는 다음 관계가 성립한다.

$$\mu_\alpha(T,p) = \mu_\beta(T,p) \tag{12.7}$$

압력을 $p + dp$로 변화시키면 평형 온도는 $T + dT$로 변하고 μ는 $\mu + d\mu$로 변할 것이다. 따라서 $T + dT$와 $p + dp$에서의 평형 조건은 다음과 같이 된다.

$$\mu_\alpha(T,p) + d\mu_\alpha = \mu_\beta(T,p) + d\mu_\beta \tag{12.8}$$

(12.8)식에서 (12.7)식을 빼주면 다음 관계가 나온다.

$$d\mu_\alpha = d\mu_\beta \tag{12.9}$$

기본식인 (12.1)식을 이용하면 $d\mu$를 dp와 dT의 항으로 나타낼 수 있다. 즉,

$$d\mu_\alpha = -\bar{S}_\alpha dT + \bar{V}_\alpha dp \qquad d\mu_\beta = -\bar{S}_\beta dT + \bar{V}_\beta dp \tag{12.10}$$

이 식을 (12.9)식에 넣으면 다음과 같이 된다.

$$-\bar{S}_\alpha dT + \bar{V}_\alpha dp = -S_\beta dT + \bar{V}_\beta dp$$

이 식을 고쳐 쓰면 다음과 같이 된다.

$$(\bar{S}_\beta - \bar{S}_\alpha)dT = (\bar{V}_\beta - \bar{V}_\alpha)dp \tag{12.11}$$

만일 변화를 $\alpha \to \beta$로 나타내면 $\Delta S = \bar{S}_\beta - \bar{S}_\alpha$, $\Delta V = \bar{V}_\beta - \bar{V}_\alpha$이고, (12.11)식은 다음과 같이 된다.

$$\frac{dT}{dp} = \frac{\Delta V}{\Delta S} \quad \text{또는} \quad \frac{dp}{dT} = \frac{\Delta S}{\Delta V} \tag{12.12 a,b}$$

(12.12)식은 둘 다 Clapeyron 식이라고 부른다.

Clapeyron 식은 순수한 물질의 두 상 사이에 이루어지는 평형을 취급하는 데 기본이 되는 식이다. 이 식의 좌변이 편도함수가 아니라 보통의 도함수라는 것을 주목하라. 그 이유는 (12.6) 식을 보면 명백하게 된다.

그림 12-3(b)를 보면 교차점이 압력에 의존하므로 평형 온도는 압력에 의존함을 알 수 있다. Clapeyron 식, (12.12a)식은 평형 온도의 압력에 대한 의존 관계를, 그리고 (12.12b)식은 평형 압력의 온도에 대한 의존 관계를 정량적으로 나타낸다. 이 식을 이용하면, 임의의 상 변환에 대해서 평형 압력을 온도에 대하여 도시할 수가 있다.

12.4.1 고체-액체 평형

고체 → 액체의 변환에다 Clapeyron 식을 적용하면 다음과 같이 된다.

$$\Delta S = \bar{S}_{\text{liq}} - \bar{S}_{\text{solid}} = \Delta S_{\text{fus}} \quad \Delta V = \bar{V}_{\text{liq}} - \bar{V}_{\text{solid}} = \Delta V_{\text{fus}}$$

평형 온도에서는 이 변환이 가역적이므로 $\Delta S_{\text{fus}} = \Delta H_{\text{fus}}/T$이다. 고체로부터 액체로의 변환은 항상 열의 흡수를 수반한다(ΔH_{fus}는 +이다). 따라서

$$\Delta S_{\text{fus}} \text{은} + \qquad (\text{모든 물질})$$

ΔV_{fus}은 고체의 밀도가 액체보다 크냐 작으냐에 따라서 양수나 음수가 된다. 따라서

$$\Delta V_{\text{fus}} \text{은} + \qquad (\text{대부분의 물질})$$
$$\Delta V_{\text{fus}} \text{은} - \qquad (H_2O \text{와 같은 몇 가지 물질})$$

이들 양은 보통 다음과 같은 정도의 값을 갖는다.

$$\Delta S_{\text{fus}} = 8 \sim 25\ \text{J/(K mol)} \qquad \Delta V_{\text{fus}} = \pm(1 \sim 10)\text{cm}^3/\text{mol}$$

예로서 $\Delta S_{\text{fus}} = 16\ \text{J/(K mol)}$과 $\Delta V_{\text{fus}} = \pm 4\ \text{cm}^3/\text{mol}$인 고체-액체 평형을 생각하면 다음과 같은 결과가 나온다.

$$\frac{dp}{dT} = \frac{16\text{J/(K mol)}}{\pm 4(10^{-6})\text{m}^3/\text{mol}} = \pm 4(10^6)\text{Pa/K} = \pm 40\ \text{atm/K}$$

이 식을 역으로 놓으면 $dT/dp = \pm 0.02\text{K/atm}$이 나온다. 이 값은 압력이 1 atm 만큼 변하면 녹는점이 백분의 몇 kelvin 정도로 변한다는 것을 나타낸다. 압력을 온도의 함수로서 도시하면 그 기울기는 (12.12b)식으로 주어진다(위의 예에서는 40 atm/K 가 된다). 이 기울기는 매우 크며 따라서 곡선은 거의 수직이 된다. 그림 12-5(a)는 dp/dT가 +인 경우를 나타낸 것이다. 상당한 압력 범위에서 이 곡선은 선형이다.

그림 12-5(a)의 선은 고체와 액체가 평형을 이루며 공존하는 모든 점(T,p)의 궤적이다. 이 선의 왼쪽에 있는 점들은 녹는점보다 낮은 온도에 해당한다. 이런 점들은 고체만이 안정한 조건(T,p)을 가지고 있다. 선의 바로 오른쪽에 있는 점들은 녹는점보다 높은 온도에 해당한다. 그러므로 이런 점은 액체가 안정한 조건(T,p)을 나타낸다.

12.4.2 액체-기체 평형

액체 → 기체 변환에다 Clapeyron 식을 적용하면 다음 관계가 나온다.

$$\Delta S = \bar{S}_{\text{gas}} - \bar{S}_{\text{liq}} = \frac{\Delta H_{\text{vap}}}{T} = + \qquad (\text{모든 물질})$$

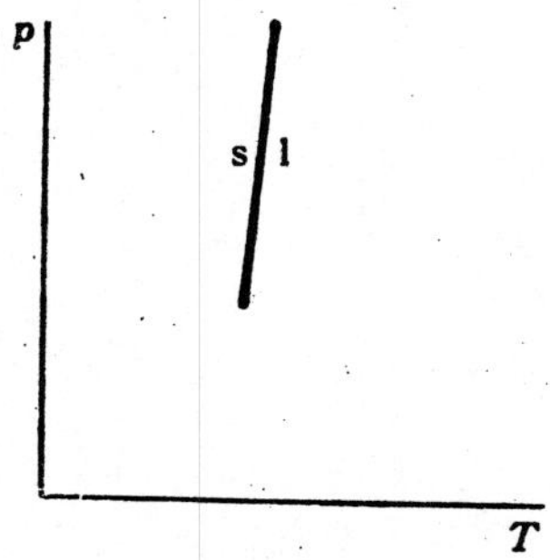

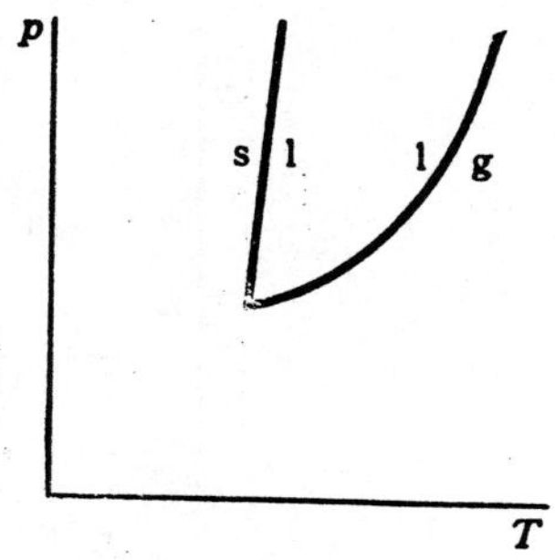

그림 12-5 평형선 (a) 고체-액체. (b) 액체-증기.

$$\Delta V = \overline{V}_{\text{gas}} - \overline{V}_{\text{liq}} = + \qquad (\text{모든 물질})$$

따라서

$$\frac{dp}{dT} = \frac{\Delta S}{\Delta V} = + \qquad (\text{모든 물질})$$

액체-기체 평형선은 항상 그 기울기가 양이다. 보통의 T와 p에서 ΔS와 ΔV의 크기가 다음과 같다.

$$\Delta S \approx +90 \text{ J/K mol} \qquad \Delta V \approx +20,000 \text{ cm}^3 = 0.02 \text{ m}^3$$

그러나 $\overline{V}_{\text{gas}}$는 T와 p에 따라 크게 달라지므로 ΔV도 T와 p에 따라 크게 달라진다. 액체-기체 곡선의 기울기는 고체-액체의 경우에 비해서 작다. 즉,

$$\left(\frac{dp}{dT}\right)_{\text{liq,gas}} \approx \frac{90 \text{ J/K mol}}{0.02 \text{m}^3/\text{mol}} = 4000 \text{ Pa/K} = 0.04 \text{ atm/K}$$

그림 12-5(b)는 s-l 곡선과 l-g 곡선을 함께 나타낸 것이다. 그림 12-5(b)에서 곡선 l-g는 액체와 기체가 평형을 이루며 공존하는 모든 점(T,p)의 궤적이다. l-g의 바로 왼쪽의 점들은 끓는 점보다 낮으며 따라서 액체가 안정한 조건이 된다. l-g의 오른쪽 점들은 기체가 안정한 조건이 된다.

곡선 s-l과 l-g가 만나는 점은 고체, 액체 및 기체가 평형을 이루며 다같이 공존하는 온도와 압력에 해당한다. 이 점에서의 T와 p의 값은 다음 조건에 의해서 결정된다.

$$\mu_{\text{solid}}(T,p) = \mu_{\text{liq}}(T,p) \quad \text{및} \quad \mu_{\text{liq}}(T,p) = \mu_{\text{gas}}(T,p) \tag{12.13}$$

원칙적으로는 (12.13)식을 풀어서 T와 p의 값을 구할 수 있다. 즉, 삼중점 온도와 압력을 구할 수 있다.

$$T = T_t \qquad p = p_t \tag{12.14}$$

여기서 T_t와 p_t는 삼중점 온도와 압력이다. 특정한 세 가지 상(예로서, 고체-액체-기체)이 평형을 이루며, 공존할 수 있는 삼중점이란 단 하나 뿐이다.

12.4.3 고체-기체 평형

고체 → 기체 변환에 대해서는 다음과 같이 된다.

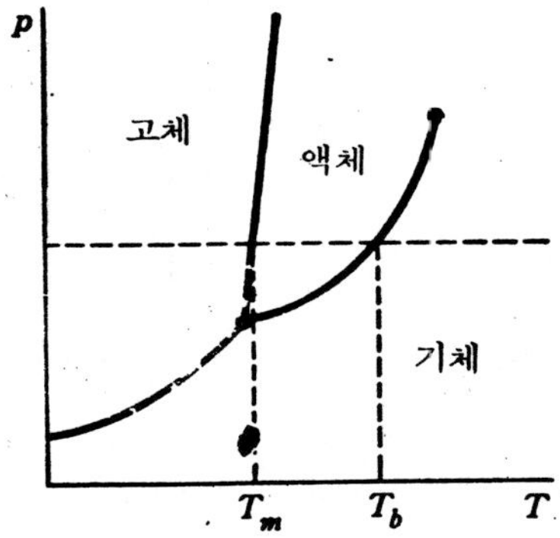

그림 12-6 단순한 물질에 대한 상평형.

$$\Delta S = \bar{S}_{gas} - \bar{S}_{solid} = \frac{\Delta H_{sub}}{T} = + \qquad \text{(모든 물질)}$$

$$\Delta V = \bar{V}_{gas} - \bar{V}_{solid} = + \qquad \text{(모든 물질)}$$

Clapeyron의 식은 다음과 같다.

$$\left(\frac{dp}{dT}\right)_{s-g} = \frac{\Delta S}{\Delta V} = + \qquad \text{(모든 물질)}$$

삼중점에서는 s-g 곡선의 기울기가 l-g 곡선의 기울기보다 더 가파르다. 삼중점에서는 $\Delta H_{sub} = \Delta H_{fus} + \Delta H_{vap}$이다. 따라서

$$\left(\frac{dp}{dT}\right)_{l-g} = \frac{\Delta H_{vap}}{T\Delta V} \quad \text{및} \quad \left(\frac{dp}{dT}\right)_{s-g} = \frac{\Delta H_{sub}}{T\Delta V}$$

두 식에서 ΔV의 값은 거의 똑같다. 그런데 ΔH_{sub}이 ΔH_{vap}보다 크므로 그림 12-6에서 s-g 곡선의 기울기는 l-g 곡선보다 더 가파른 것이다.

곡선 s-g 상의 점은 고체가 증기와 평형을 이루고 공존하는 온도와 압력이다. 선의 왼쪽에 있는 점은 승화 온도보다 아래에 있으므로 고체가 안정한 조건에 해당한다. 또 s-g 곡선의 오른쪽에 있는 점들은 승화 온도보다 위에 있는 점들이며 따라서 기체가 안정한 상을 이루는 조건이다. s-g 곡선은 (12.13)식의 조건 때문에 삼중점에서 다른 곡선들과 만나야 한다.

12.5 상평형 그림

그림 12-6에서 수평한 점선은 일정한 압력을 나타내며, 이러한 조건 하에서 이 그림을 고찰하면, 녹는점은 이 수평선과 s-l 곡선과의 교차점이고 끓는점은 l-g 곡선과의 교차점이 된다. 이들 교차점은 그림 12-1에서 μ-T 곡선의 교차점에 해당한다. T_m보다 낮은 온도에서는 고체가 안정하며 T_m과 T_b 사이의 점에서는 액체가 안정하고 T_b보다 위에서는 기체가 안정하다. 그림 12-6은 그림 12-1이나 12-3(b)보다 더 많은 정보를 제공해 주는 것으로서 상평형 그림 또는 평형 그림이라고 부른다.

상평형 그림은 한눈에 녹는점, 끓는점, 전이점, 삼중점과 같은 성질을 나타내준다. 상평형 그림 상의 점들은 어느 것이나 T와 p의 값을 나타내는 것이므로 계의 상태를 나타내는 것이다.

상평형 그림은 선에 의해서 고체, 액체, 기체의 부분으로 구분된다. 그리고 계의 상태를 나타내는 점이 고체 부분에 들어 있으면 그 물질은 고체로서 존재한다. 또 점이 액체 영역에 있으면 그 물질은 액체로 존재한다. 점이 l-g 같은 선 위에 있으면 그 물질은 액체와 증기로서 평형를 이루고 존재한다.

l-g 곡선은 임계 압력과 온도에서 한계치에 이르게 되는데, 그 까닭은 압력과 온도가 이보다 더 높아지면 액체와 기체를 구별할 수 없기 때문이다.

12.5.1 이산화탄소의 상평형 그림

이산화탄소의 상평형 그림을 그림 12-7에 나타내었다. CO_2에서는 $\overline{V}_{liq} > \overline{V}_{solid}$이므로 고체-액체 선의 기울기는 약간 오른쪽으로 기울어진다. 액체 CO_2는 5 atm 이하의 압력에서는 안정하지 못하다는 것을 주목하라. "드라이 아이스"가 보통 대기압 하에서 건조한 상태로 있는 것은 이 때문이다. 25 °C에서 이산화탄소를 실린더에 넣을 때에는, 압력이 67 atm이 되면 액체 CO_2가 생긴다는 것을 그림으로부터 알 수 있다. CO_2의 시판용 실린더에는 보통 액체와 기체가 평형을 이루어 들어 있다. 왜냐 하면 실린더 속의 압력이 25 °C에서 67 atm 쯤 되기 때문이다.

12.5.2 물의 상평형 그림

그림 12-8은 보통 정도의 압력 하에 있는 물에 대한 상평형 그림이다. 고체-액체 선은 $\overline{V}_{liq} < \overline{V}_{solid}$이므로 약간 왼쪽으로 기울어진다. 삼중점은 0.01 °C와 611 Pa에 위치한다. 압력이 증가하면 물의 녹는점이 내려간다. 스케이트를 탈 수 있는 까닭은 다는 사람의 무게 때문에 스케이트 칼날을 통해 압력이 가해져서 녹는점이 내려가기 때문에 가능하다. 이런 효과와 마찰로 생기는 열이 합쳐져서 얼음과 날 사이에 액체 물의 미끄러운 막을 생기게 한다. 이 관계로 온도가 너무 낮을 때에는 스케이트 타기가 좋지 않은데, 이것은 흥미있는 일이다.

아주 높은 압력 하에서는 물이 여러 가지 결정 모양의 얼음을 만든다. 이 때의 평형 그림이 그림 12-9에 나와 있다. 얼음 I은 보통의 얼음이며 얼음 II, III, V, VI, VII은 높은 압력에서 안정하다. 그림 12-9에서는 압력의 범위가 너무 큰 고로, s-g와 l-g 곡선이 가로축 바로 위에 오게 된다. 이 그림에는 이 곡선들이 나타나지 않았다. 매우 높은 압력 하에서는 꽤 뜨거운 온도에서 얼음이 녹는데 이것은 놀라운 일이다. 25000 atm 하에서는 얼음 VII이 100 °C 근처에서 녹는다.

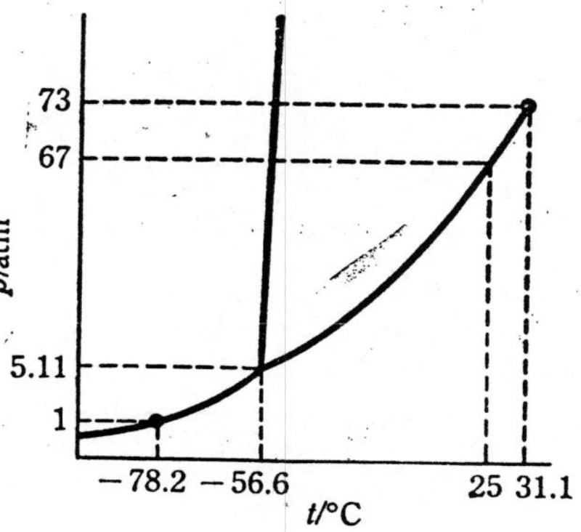

그림 12-7 CO_2의 상평형 그림.

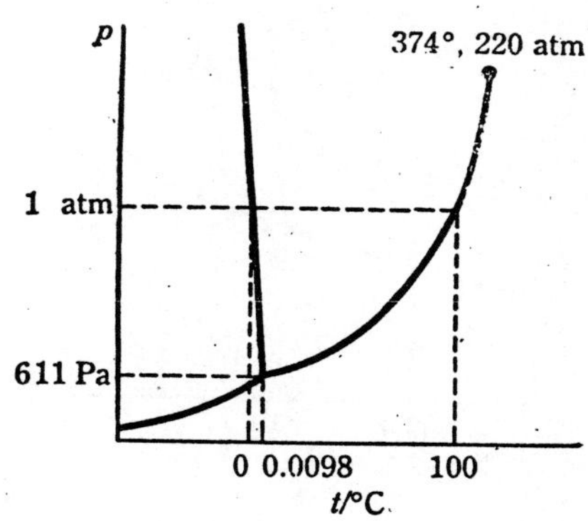

그림 12-8 물의 상평형 그림.

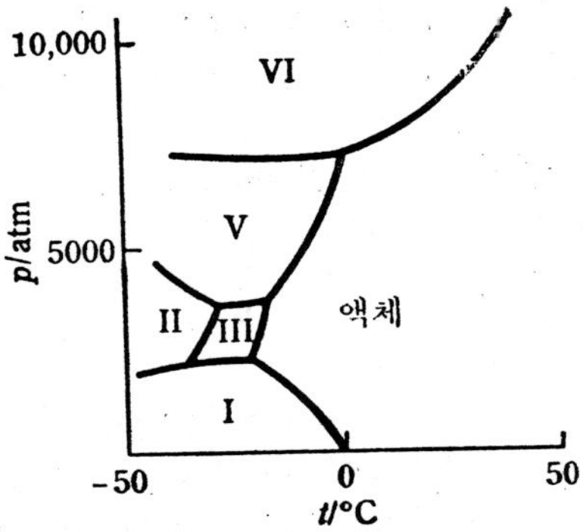

그림 12-9 높은 압력에서의 물의 상평형 그림 (National Academy Sciences의 양해를 얻어 *International Critical Tables of Numerical Data*를 전재하였음).

12.5.3 황의 상평형 그림

그림 12-10은 황에 관한 두 가지 상평형 그림이다. 보통의 온도와 1 atm에서 황의 안정한 형태는 사방(비등축)황인데, 이를 천천히 가열하면 95.4 °C에서 고체 단사(일사축)황으로 바뀐다 [그림 12-10(a)]. 95.4 °C부터 119 °C사이에서는 단사황이 안정하다. 단사황은 119 °C에서 녹는다. 액체황은 끓는점, 444.6 °C까지 안정하다. 한 결정 형태가 다른 결정 형태로 변환되는 속도는 아주 느리기 때문에, 사방황을 빨리 가열하면 114 °C까지 올라가서 녹는다. 사방황의 이 녹는점을 압력의 함수로서 그림 12-10(b)에 나타내었다. 평형 S(비등축) $\rightleftharpoons$ S(액체)은 준안정 평형의 한 예이다. 왜냐 하면 그림 12-10(b)의 점선이 나타내는 바와 같은 단사황이 안정

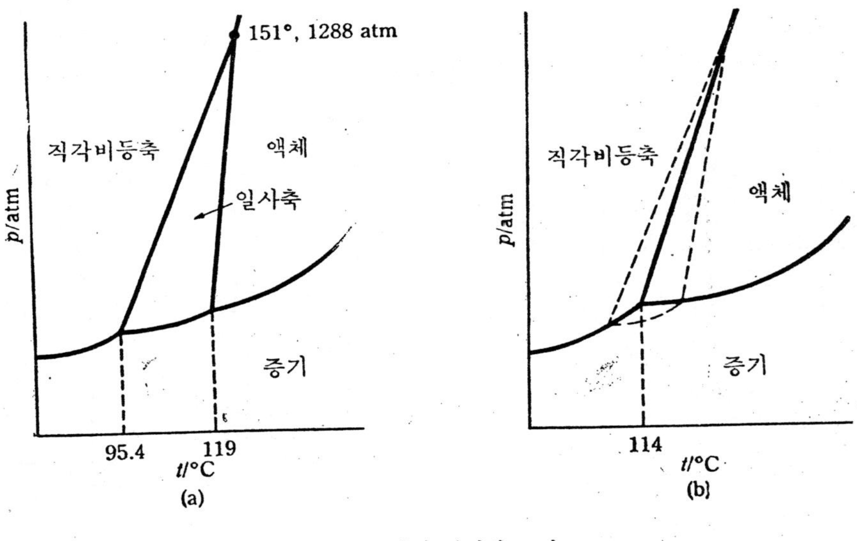

그림 12-10 황의 상평형 그림.

한 영역에 이 평형선이 있기 때문이다. 이 부분에서는 다음 두 반응이 다 가능하다.

S(비등축) ⟶ S(일사축) 및 S(액체) ⟶ S(일사축)

이 두 반응에서는 다같이 Gibbs 에너지가 감소된다.

그림 12-10(a)에는 3개의 삼중점이 있으며, 그 평형 조건은 다음과 같다.

95.4 °C 에서 : $\mu_{rh} = \mu_{mono} = \mu_{gas}$
119 °C 에서 : $\mu_{mono} = \mu_{liq} = \mu_{gas}$
151 °C 에서 : $\mu_{rh} = \mu_{mono} = \mu_{liq}$

12.6 Clapeyron 식의 적분

12.6.1 고체-액체 평형

Clapeyron 의 식은 다음과 같았었다.

$$\frac{dp}{dT} = \frac{\Delta S_{fus}}{\Delta V_{fus}}$$

따라서,

$$\int_{p_1}^{p_2} dp = \int_{T_m}^{T'_m} \frac{\Delta H_{fus}}{\Delta V_{fus}} \frac{dT}{T}$$

ΔH_{fus} 와 ΔV_{fus} 이 T와 p에 거의 무관하다면, 위 식은 다음과 같이 적분된다.

$$p_2 - p_1 = \frac{\Delta H_{fus}}{\Delta V_{fus}} \ln \frac{T'_m}{T_m} \tag{12.15}$$

여기서 T'_m은 p_2 하에서의 녹는점, T_m은 p_1 하에서의 녹는점이다. $T'_m - T_m$은 보통 아주 작으므로 다음과 같은 대수의 전개가 가능하다.

$$\ln(T'_m/T_m) = \ln\left(\frac{T_m + T'_m - T_m}{T_m}\right) = \ln\left(1 + \frac{T'_m - T_m}{T_m}\right) \approx \frac{T'_m - T_m}{T_m}$$

따라서 (12.15)식이 다음과 같이 된다.

$$\Delta p = \frac{\Delta H_{fus}}{\Delta V_{fus}} \frac{\Delta T}{T_m} \tag{12.16}$$

여기서 ΔT는 압력 증가 Δp에 기인하는 녹는점의 증가이다.

12.6.2 응축상-기체 평형

고체나 액체인 응축상과 증기와의 평형에 대해서는 다음 관계가 성립한다.

$$\frac{dp}{dT} = \frac{\Delta S}{\Delta V} = \frac{\Delta H}{T(\overline{V}_g - \overline{V}_c)}$$

여기서 ΔH는 액체의 몰증발열이거나 또는 고체의 몰승화열이고, $\overline{V}_c$는 고체나 액체의 몰부피이다. 대부분의 경우 $\overline{V}_g - \overline{V}_c \approx \overline{V}_g$이며, 기체가 이상적이라고 가정하면 RT/p와 같아진다. 따라서 이 식은 다음과 같이 된다.

$$\frac{d\ln p}{dT} = \frac{\Delta H}{RT^2} \tag{12.17}$$

이것은 Clausius-Clapeyron 의 식으로서 액체(고체)의 증기 압력을 증발열(승화열)과 온도에다 관계시켜 주는 식이다. ΔH가 온도에 무관하다는 가정 하에서 이 식을 적분하면 다음과 같이 된다.

$$\int_{p_0}^{p} d\ln p = \int_{T_0}^{T} \frac{\Delta H}{RT^2} dT$$

$$\ln\frac{p}{p_0} = -\frac{\Delta H}{R}\left[\frac{1}{T} - \frac{1}{T_0}\right] = -\frac{\Delta H}{RT} + \frac{\Delta H}{RT_0} \tag{12.18}$$

여기서 p_0는 T_0에서의 증기 압력이고, p는 T에서의 증기 압력이다(5.4절에서 이 식을 다른 방법으로 유도하였었다). $p_0 = 1\,\text{atm}$이면 T_0는 액체의 표준 끓는점(고체의 표준 승화점)이다. 그러면

$$\ln p = \frac{\Delta H}{RT_0} - \frac{\Delta H}{RT} \qquad \log_{10} p = \frac{\Delta H}{2.303\,RT_0} - \frac{\Delta H}{2.303\,RT} \tag{12.19}$$

(12.19)식에 의하면 $\ln p$나 $\log_{10} p$를 $1/T$에 대해 도시할 때 기울기가 $-\Delta H/R$이거나 또는 $-\Delta H/2.303\,R$인 직선이 얻어진다. $1/T = 0$에서의 절편은 $\Delta H/RT_0$의 값이 된다. 따라서 기울기와 절편으로부터 ΔH와 T_0를 계산할 수 있다. 증발열과 승화열은 흔히 증기 압력을 온도의 함수로서 측정하여 구한다. 그림 12-11은 물의 $\log_{10} p$를 $1/T$에 대해서 도시한 것이며, 그림 12-12는 고체 CO_2(드라이 아이스)에 대한 똑같은 도시이다.

증기 압력의 데이터는 $\log_{10} p = A + B/T$형태의 식을 이용해서 나타내고, 여러 가지 물질에 대한 A와 B값의 표를 만든다. 이 식은 그 꼴이 (12.19)식과 비슷하다.

Trouton 의 규칙을 만족시키는 물질에 대해서는 (12.19)식이 특별히 간단한 꼴로 되며, 끓는점을 알 경우에는 이 식을 이용하여 임의의 온도 T에서의 증기 압력을 구할 수 있다(문제 12.11).

12.7 증기 압력에 미치는 압력의 영향

액체-증기 평형에 관한 앞의 논의에서는 암암리에 두 상이 같은 압력 p를 받는다고 가정하였

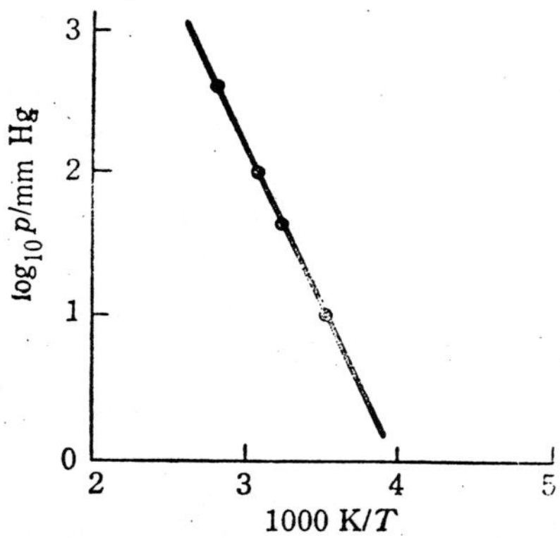

그림 12-11 물의 $1/T$에 대한 $\log_{10} p$/mmHg.

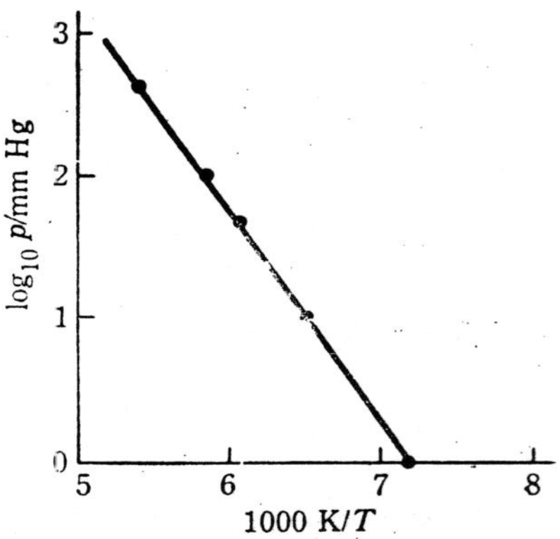

그림 12-12 고체 CO_2의 $1/T$에 대한 $\log_{10} p$/mmHg.

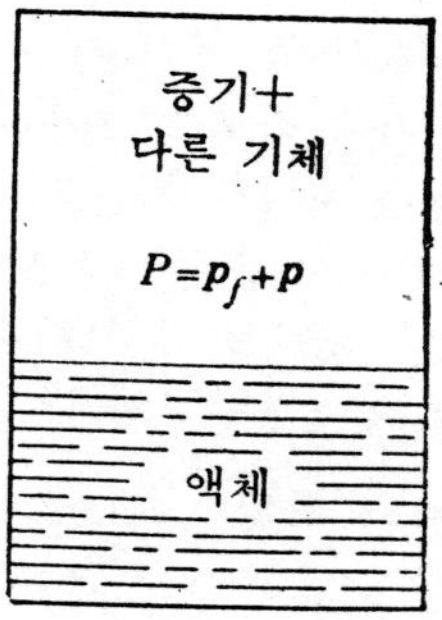

그림 12-13

다. 만일 어떤 방법으로 액체는 압력 P를 받게 하고 증기의 압력은 증기 압력 p와 같게 해 준다면 이 증기 압력이 P에 의존하게 된다. 그림 12-13에서와 같은 그릇에다 액체를 넣었다고 하자. 그러면 액체 위의 공간에는 증기와 그리고 액체에 녹아들지 않는 어떤 다른 기체가 함께 들어 있게 된다. 증기 압력 p와 다른 기체의 압력을 더하면 액체에 작용하는 전체 압력 P가 나온다. 통례대로, 평형 조건은 다음과 같다.

$$\mu_{\text{vap}}(T,p) = \mu_{\text{liq}}(T,P) \tag{12.20}$$

이 식에 의하면 일정한 온도에서는 $p=f(P)$라는 함수 관계가 성립한다는 것을 알 수 있다. 이 함수 관계를 구체적으로 찾아보기 위해서, (12.20)식을 일정한 T에서 P에 관하여 미분해 보자. 즉,

$$\left(\frac{\partial \mu_{\text{vap}}}{\partial p}\right)_T\left(\frac{\partial p}{\partial P}\right)_T = \left(\frac{\partial \mu_{\text{liq}}}{\partial P}\right)_T$$

기본식 (12.2 b)식을 이용하면, 이것은 다음과 같이 된다.

$$\overline{V}_{\text{vap}}\left(\frac{\partial p}{\partial P}\right)_T = \overline{V}_{\text{liq}} \quad \text{또는} \quad \left(\frac{\partial p}{\partial P}\right)_T = \frac{\overline{V}_{\text{liq}}}{\overline{V}_{\text{vap}}} \tag{12.21}$$

이 식은 Gibbs식으로서 액체의 증기 압력은 액체에 작용하는 전체 압력에 따라 증가한다는 것을 보여준다. $\overline{V}_{\text{liq}}$는 $\overline{V}_{\text{vap}}$보다 훨씬 작으므로 증가율은 아주 작다. 증기가 이상적으로 행동하면 (12.21)식을 다음과 같이 쓸 수 있다.

$$\frac{RT}{p}dp = \overline{V}_{\text{liq}}dP \qquad RT\int_{p_0}^{p}\frac{dp}{p} = \overline{V}_{\text{liq}}\int_{p_0}^{p} dP$$

여기서 p는 압력 P에서의 증기 압력을 나타내며, p_0는 액체에 작용하는 압력이 증기에 작용하는 압력과 같을 때의 증기 압력으로서 평형 압력이다. 따라서

$$RT\ln(p/p_0) = \overline{V}_{\text{liq}}(P - p_0) \tag{12.22}$$

(12.22)식과 (12.21)식은 용액의 삼투압을 논할 때 쓰인다.

12.8 상 규칙

두 상이 평형을 이루면서 공존하는 조건은 다음과 같다.

$$\mu_\alpha(T,p) = \mu_\beta(T,p) \tag{12.23}$$

이것은 계의 상태를 표시하는 데 필요한 두 세기 변수가 독립적이 아니라 서로 관계된다는 것을 의미한다. 이런 관계 때문에 이 계의 상태를 표사하려면 온도나 압력 중의 어느 한 세기 변수만이 필요하게 된다. 이 때 이 계는 하나의 **자유도**를 갖는다고 말하며, 또 이 계는 **1변수계**이다 라고도 말한다. 이와 반면에 하나의 상만이 존재할 때는 상태를 표시하는 데 2개의 변수가 필요하며, 그 계는 자유도가 둘인 계라고 부르거나 또는 **2변수계**라고 부른다. 세 가지 상이 있을 때는 T와 p 사이에 다음과 같은 두 관계식이 성립한다.

$$\mu_\alpha(T,p) = \mu_\beta(T,p) \qquad \mu_\alpha(T,p) = \mu_\gamma(T,p) \tag{12.24}$$

이들 두 관계식에 의해서 T와 p가 완전히 결정된다. 따라서 이러한 계의 상태를 표시하는 데는 아무 것도 필요치가 않다. 이러한 계는 **불변수계**이며 자유도를 전혀 갖지 않는다. 표 12-1은 1성분계에 대한 자유도의 수와 존재하는 상의 수 사이의 관계를 보여준다. 이 표는 자유도의 수 F와 상의 수 P사이에 다음과 같은 법칙이 성립한다는 것을 암시한다.

$$F = 3 - P \tag{12.25}$$

이 식은 1성분* 계에 대한 상 규칙이다.

계를 표시하는 데 몇 개의 독립 변수가 필요한가를 결정할 수 있는 간단한 법칙이 있다면 큰 도움이 될 것이다. 특히 많은 성분과 여러 상이 들어 있는 계를 연구하는 데는 어떤 방법으로든지 문제를 간단히 하는 것이 좋다.

우선 C개의 성분과 P개의 상을 포함하는 계의 상태를 표시하는 데 필요한 세기 변수의 총수를 있을 법 한대로 모두 찾아내 보자. 이것을 기록한 것이 표 12-2이다. 이런 변수들을 관계지어 주는 식들은 각각 변수 하나를 독립적인 것으로부터 종속적인 것으로 바꾼다. 따라서 변수들을 관계짓는 식의 전체수를 찾아내야 한다. 이것을 표 12-3에 나타내었다.

독립 변수의 수 F는 변수의 총수로부터 식의 총수를 빼면 얻어진다. 즉,

$$F = PC + 2 - P - C(P-1)$$
$$F = C - P + 2 \tag{12.26}$$

표 12-1

존재하는 상의 수	1	2	3
자유도	2	1	0

표 12-2

변 수 의 종 류	변수의 총수
온도와 압력	2
조성 변수(각 상에 대해서 성분의 몰분율을 명시 해야 한다. 그리하여 한 상에 대해서는 C개의 몰분율이 필요하고, P개의 상을 표시하려면 PC개가 필요하다)	PC
변수의 총수	$PC+2$

* "성분"이란 말은 12.9절에서 정의된다.

표 12-3

식의 종류	식의 총수
각 상에서마다 몰분율 사이에 다음 관계식이 성립한다. $x_1 + x_2 + \cdots + x_c = 1$ P개의 상에 대해서는 P개의 식이 성립한다.	P
평형 조건 : 각 성분에 대해서 다음 한 벌의 식이 성립한다. $\mu_i^\alpha = \mu_i^\beta = \mu_i^\gamma = \cdots = \mu_i^P$ 이 식의 수는 $P-1$이다. 성분은 C개이며, 따라서 $C(P-1)$개의 식이 성립한다.	$C(P-1)$
식의 총수 :	$P + C(P-1)$

(12.26)식은 J. Willard Gibbs의 상 규칙이다. 상 규칙을 기억하는 가장 좋은 방법은 첫째로 성분의 수를 늘리면 변수가 많아지므로 C가 양의 부호로 들어가야 한다는 것과, 둘째로 상의 수를 증가시키면 평형 조건의 수와 식의 수가 증가하므로 변수의 수가 약간 줄고 따라서 P가 음의 부호로 된다는 것을 기억하는 것이다.

1성분계에서는 $C=1$이므로 $F=3-P$이다. 이 결과는 물론 표 12-1을 이용해서 얻은 (12.25)식과 똑같다. (12.25)식에 의하면 1성분계에서는 평형을 이루며 공존할 수 있는 상의 최대수가 3이다. 예로서 황의 계에서 비등축, 일사축, 액체, 기체의 네 상이 서로 평형을 이루어 공존할 수는 없다. 이러한 4중의 평형이 이루어지려면 두 변수에다 3개의 독립 조건을 줄 수 있어야 하는데 이런 것은 불가능하다.

1성분계에 대해서는 표 12-1에서 한 것과 같이 상 규칙의 결과를 쉽게 유도할 수 있다. 이 장에 나왔던 형태의 2차원 그림표에서 선과 그 교차점으로 이러한 계의 평형을 쉽게 표시할 수 있다. 이런 경우에는 거의 상 규칙을 설명할 필요가 없다. 그렇지만, 계가 두 성분을 가질 때는 3개의 변수가 필요하며, 상평형 그림은 3차원의 면과 그 교차점으로 이루어진다. 세 성분이 들어 있으면 4차원 공간에서의 면이 필요하다. 3차원에서의 전체 경우를 눈에 떠오르게 하기는 어려우며, 4차원 이상이 되면 그나마도 불가능하게 된다. 그렇지만, 더할나위 없이 간단한 이 상 규칙은 이러한 다차원 공간에서의 면의 교차에 대한 한계를 표시한다. 이런 이유로 해서, Gibbs의 상 규칙은 정말로 훌륭한 자연 과학의 한 법칙으로 꼽힌다.

12.9 성　분

계의 성분의 수는 그 계의 모든 상의 조성을 표시하는 데 필요한 화학적으로 독립된 화학종의 최소수라고 정의한다. 액면 상으로는 이 정의가 꽤 간단해 보이며, 실제로 일반적인 경우에는 간단하다. 그러나 많은 경우에 "화학적으로 독립된"이라는 이 짧은 문구가 골탕을 먹이는 것이다.

■ **보 기 12.1** 화학종 PCl_5, PCl_3, Cl_2로 된 계에서는 다음 평형이 성립한다.

$$PCl_5 \rightleftharpoons PCl_3 + Cl_2$$

따라서 세 가지 화학종이 있지만 성분은 둘뿐이다. 이 세 가지 화학종 중에서 두 가지는 그 몰수를 마음대로 변화시킬 수 있으나 나머지 하나의 몰수는 평형 조건, $K_x = x_{PCl_3}x_{Cl_2}/x_{PCl_5}$에 의해 고정되어 버린다. 따라서, 이들 종의 어느 둘만이 화학적으로 독립적이며 세째 번 종은 그렇지 않다. 즉, 성분은 단 둘뿐이다.

■ 보 기 12.2 액체 물은 아마 H_2O, $(H_2O)_2$, $(H_2O)_3$, ⋯, $(H_2O)_n$ 등의 무수한 화학종을 포함하고 있을 것이다. 그러나 이러한 화학종들이 있을 때는 항상 다음과 같은 평형이 성립되므로 성분은 하나뿐이다.

$$H_2O + H_2O \rightleftharpoons (H_2O)_2$$
$$H_2O + (H_2O)_2 \rightleftharpoons (H_2O)_3$$
$$\vdots$$
$$H_2O + (H_2O)_{n-1} \rightleftharpoons (H_2O)_n$$

즉, n개의 종이 있지만 그들을 연결하는 $n-1$개의 평형이 있으므로 한 종만이 화학적으로 독립적이다. 즉, 성분은 하나뿐이며, 가장 간단한 화학종인 H_2O를 성분으로 택할 수 있다.

■ 보 기 12.3 물-에틸알코올의 계에는 두 화학종이 있다. 보통 온도에서는 그들을 관계짓는 평형이 없으므로 성분도 둘이 된다.

■ 보 기 12.4 $CaCO_3$-CaO-CO_2의 계는 세 가지 화학종이 있다. 즉, 고체 $CaCO_3$, 고체 CaO와 기체 CO_2의 세 가지 다른 상이 있다. 그리고 $CaCO_3 \rightleftharpoons CaO + CO_2$와 같은 평형이 성립하므로 성분은 둘밖에 안 되며 가장 간단하게 CaO와 CO_2를 성분으로 택한다. $CaCO_3$상의 조성은 CO_2성분 1 mol에 CaO성분 1 mol을 더한 것이 된다. $CaCO_3$와 CO_2를 성분으로 택할 수도 있는데 이 경우에는, CaO의 조성이 $CaCO_3$ 1 mol에서 CO_2 1 mol을 빼준 것이 된다.

성분의 수에 관해서 아직 한 가지 더 밝혀 둘 것이 있다. 여기에 대한 기준은 계에서 화학 평형이 이루어진다는 사실이었다. 즉, 이러한 평형이 존재하면 성분의 수가 줄어든다. 이러한 방법이 분명하지 않은 경우도 있다. 물, 에틸렌, 에틸알코올의 예를 들어보자. 높은 온도에서는 이 계에서 여러 가지 평형이 이루어진다. 그 중에서 $C_2H_5OH \rightleftharpoons C_2H_4 + H_2O$ 하나만을 생각해 보자. 실온에서는 확실히 3성분계이며 높은 온도에서는 2성분인데, 이 변화를 일으키는 온도가 몇도이냐 라는 것이 문제이다. 그 대답은 계를 연속적으로 측정하는 데 얼마나 오랜 시간이 걸리는가에 달려 있다. 일련의 압력 하에서 계의 어떤 성질을 측정한다고 하자. 만일 측정 시간에 비해서 계가 압력 변화에 따르는 평형에 도달하는 시간이 대단히 길 경우에는 이 계를 사실상 3성분계라고 보아야 한다. 이러한 평형은 없는 것이라고 볼 수 있다. 반면에 압력 변화에 따르는 평형이 짧은 시간내에 이루어질 경우에는, 즉 이 시간이 측정 시간보다도 짧을 경우에는 평형이라는 사실이 크게 상관이 되고 이 계는 참으로 2성분계가 된다.

액체 물이 이 두 경우에 대한 좋은 예이다. 물의 여러 가지 중합체 사이의 평형은 아주 빨리 이루어지며, 그 시간은 기껏해야 10^{-11}초 이내이다. 보통의 측정에서는 이보다 훨씬 더 긴 시간이 필요하므로 계는 실제로 1성분계이다. 이와는 반대로 H_2, O_2 및 H_2O의 계는 3성분계이다. 성분의 수를 줄일 수 있는 평형은 $H_2 + \frac{1}{2}O_2 \rightleftharpoons H_2O$이지만, 촉매가 없이는 이 평형이 한 위치에서 다른 데로 이동하는 데 영겁이라는 시간이 걸리고도 남는다. 실제 목적에서는 이 평형이 성립되지 않는다.

계의 성분수를 정확하게 매기려면 그 계에 대한 실험적인 지식이 있어야 한다. 이것은 상 규칙을 이용함에 있어서 피할 수 없는 함정이다. 계에서 예상하지 못했던 평형이 이루어진 것을 깨닫지 못한 탓으로 열역학 제 2 법칙을 재발견하게 되는 경우가 있다.

≪질 문≫

12. 1 ΔS_{fus}과 ΔS_{sub}이 항상 양이라는 사실 때문에 낮은 온도에서는 고체상이 가장 안정하다는 것을 μ 대 T 도시 곡선을 가지고 설명하라.

12. 2 그림 12-3(b)의 $T = T_b$ 에서의 액체상 선과 기체상 선을 가지고 LeChatelier 원리인 (11.71)식을 설명하라.

12. 3 겨울철에 얼어붙은 호수의 밑에는 액체 상태의 물이 남아 있다(이 때문에 많은 종들이 생존할 수 있다). 그림 12-8을 이용해서 이 현상을 설명하라.

12. 4 동결 건조법으로 혼합물 속의 수분을 제거시키는 과정은 우선 0 °C 이하로 냉각시키고, 압력을 삼중점 이하로 떨어뜨리고 이어서 가열하는 것이다. 이것을 그림 12-8을 이용해서 설명하라.

12. 5 황의 두 상평형 그림을 이용하여 상 규칙에 대한 성분 문제를 설명하라.

≪연습 문제≫

12. 1 드라이 아이스의 증기 압력은 −77.2 °C에서 1 atm, 그리고 −69.1 °C에서 2 atm이다. 드라이 아이스의 승화 ΔH를 계산하라.

12. 2 액체 브롬의 증기 압력은 9.3 °C에서 100 Torr이다. 그 증발열이 30910 J/mol이면 끓는점은 얼마가 되겠는가?

12. 3 디에틸에테르의 증기 압력은 −11.5 °C에서 100 Torr이고 17.9 °C에서 400 Torr이다. 다음을 계산하라.

a) 증발열.

b) 표준 끓는점과 대기 압력이 620 Torr인 지방에서의 끓는점.

c) 끓는점에서의 증발 엔트로피.

d) 25 °C에서의 증발 $\Delta G°$.

12. 4 표준 끓는점인 100 °C에서 물의 증발열은 40670 J/mol이다. 미국 Denver 지역의 대기 압력은 약 620 Torr이다.

a) Denver에서의 물의 끓는점은 얼마인가?

b) 3 atm 하에서의 끓는점은 얼마인가?

12. 5 25 °C에서 $\Delta G_f^\circ(H_2O,g) = -228.589$kJ/mol이고 $\Delta G_f^\circ(H_2O,l) = -237.178$ kJ/mol이다. 298.15 K에서 물의 증기 압력은 얼마인가?

12. 6 액체 나트륨의 증기 압력은 다음과 같다.

t/°C	439	549	701
p/Torr	1	10	100

이 데이터를 적절하게 도시해서 액체 나트륨의 끓는점, 증발열, 끓는점에서의 증발 엔트로피를 계산하라.

12. 7 나프탈렌, $C_{10}H_8$은 80 °C에서 녹는다. 액체의 증기 압력은 85.8 °C에서 10 Torr, 119.3 °C에서 40 Torr이고, 고체의 증기 압력은 52.6 °C에서 1 Torr이다. 다음을 계산하라.

a) 액체의 ΔH_{vap}, 끓는점, T_b에서의 ΔS_{vap}.

b) 녹는점에서의 증기 압력.

c) 녹는점과 삼중점 온도가 같다는 가정 하에 고체의 ΔH_{sub}과 ΔH_{fus}을 계산하라.

d) 고체의 증기 압력이 10^{-5} Torr보다 작으려면 온도가 몇 도라야 되는가?

12. 8 요오드는 183.0 °C에서 끓으며 116.5 °C에서 액체의 증기 압력은 100 Torr이다. $\Delta H^\circ_{fus} = 15.65$ kJ/mol이고 고체의 증기 압력이 38.7 °C에서 1 Torr이다. 다음을 계산하라.

a) 삼중점 온도와 압력.

b) ΔH°_{vap}와 ΔS°_{vap}.

c) 298.15 K에서의 $\Delta G^\circ_f(I_2, g)$.

12. 9 암모니아의 증기 압력은 다음과 같다.

t/°C	4.7	25.7	50.1	78.9
p/atm	5	10	20	40

이 데이터를 도시하거나 최소 자승법을 이용하여 ln$p$ 대 $1/T$ 직선을 구해서 ΔH_{vap}과 표준 끓는점을 계산하라.

12. 10 a) 기압 분포 법칙과 Clausius-Clapeyron 식을 결합하여 액체의 끓는점을 대기의 온도 T_a와 고도 h의 함수로 나타내는 식을 유도하라. (b)와 (c)에서 $t_a = 20$ °C로 취하라.

b) 물은 1 atm에서 $t_b = 100$ °C이고, $\Delta H_{vap} = 40.670$ kJ/mol이다. 14260 ft 높이의 산정에서는 몇 도에서 끓겠는가?

c) 디에틸에테르는 1 atm에서 $t_b = 34.6$ °C이고 $\Delta H_{vap} = 29.86$ kJ/mol이다. (b)의 산정에서는 몇 도에서 끓겠는가?

12. 11 a) 액체의 끓는점 T_b와, 액체가 Trouton의 규칙을 만족시킨다는 가정으로부터 임의의 온도 T에서의 증기 압력을 계산하라.

b) 디에틸에테르의 끓는점은 34.6 °C이다. 25 °C에서의 증기 압력을 계산하라.

12. 12 황은 1mol의 S당 $\Delta S^\circ_{vap} = 14.6$ J/K이고, 인은 1 mol의 P당 $\Delta S^\circ_{vap} = 22.5$ J/K이다. 이들의 분자식은 S_8과 P_4이다. 정확한 분자량을 사용하면 이 물질들의 증발 엔트로피가 보다 더 정상적인 값을 갖는다는 것을 보여라.

12. 13 본문에 나오는 (12.4)식을 유도하라.

12. 14 증기가 이상 기체라면, 증기 압력 p와 증기에서의 농도 $\tilde{c}$(mol/m³) 사이에는 간단한 관계가 성립한다. 그 증기와 평형을 이룬 액체를 생각해 보자. 이런 계에서 $\tilde{c}$가 온도에 어떻게 의존하는가를 보이는 식을 유도하라.

12. 15 증기는 이상적이고 ΔH_{vap}는 온도에 무관하다고 가정하고 다음을 계산하라.

a) 액체의 끓는점 T_b에서 이 증기의 몰농도.

b) 문제 12.14의 결과를 이용해서, T_H를 ΔH_{vap}과 T_b의 함수로 나타낸 식을 구하라. T_H는 Hildebrand 온도로서, 증기 농도가 (1/22.414)mol/L가 되는 온도이다.

c) 대부분의 보통 액체의 경우 Hildebrand 엔트로피, $\Delta S_H = \Delta H_{vap}/T_H$는 거의 일정하다. $\Delta S_H = 92.5$ J/K mol일 때, (b)의 결과를 이용해서 여러 가지 T_H 값에 대한 T_b의 값을 계산하라. T_H를 T_b 함수로서 도시하라($T_H = 50, 100, 200, 300, 400$ K일 때의 T_b를 계산하라).

d) 다음 액체들에 대하여 ΔS_H 와 Trouton 엔트로피, $\Delta S_T = \Delta H_{vap}/T_b$ 를 계산하라. ΔS_H 가 ΔS_T 보다 더 일정함(Hildebrand 의 규칙)을 주목하라.

액 체	$\Delta H_{vap}/(kJ/mol)$	T_b/K
아르곤	6.519	87.29
산 소	6.820	90.19
메 탄	8.180	111.67
크립톤	9.029	119.93
크세논	12.640	165.1
이황화탄소	26.78	319.41

12.16 다이아몬드의 밀도는 3.52 g/cm³ 인 반면 흑연의 밀도는 2.25 g/cm³ 이다. 25 °C 에서 흑연으로부터 다이아몬드가 생성되는 반응의 Gibbs 에너지는 2.900 kJ/mol 이다. 25 °C 에서 다이아몬드와 흑연이 평형을 이루게 하려면 얼마나 큰 압력을 작용해야 되겠는가?

12.17 얼음은 1 atm 의 압력 하에서 273.15 K 에서 녹는다. $\Delta H_{fus} = 6.009$ kJ/mol, 얼음의 밀도 = 0.92 g/cm³ 그리고 액체의 밀도 = 1.00g/cm³ 이다.

a) 50 atm 하에서의 얼음의 녹는점은 얼마인가?

b) 스케이트의 양쪽 칼날을 갈아서 칼날의 나비가 0.001 in 가 되게하고, 얼음과 접촉하는 칼날의 길이를 3 in 로 하였다. 150 lb 의 사람이 이 스케이트로 얼음에 미치는 압력을 계산하라.

c) 이 압력 하에서는 얼음이 몇 도에서 녹겠는가?

12.18 25 °C 에서 사방황은 $\Delta G_f^\circ = 0$, $S^\circ = 31.88 \pm 0.17$ J/K mol 이고, 단사황은 $\Delta G_f^\circ = 63$ J/mol, $S^\circ = 32.55 \pm 0.25$ J/K mol 이다. 엔트로피가 온도에 따라 변하지 않는다고 가정하고, 두 형태의 황에 관해 μ 의 값을 T 에 대해서 스케치하라. 위의 데이터를 보고 비등축황에서 일사축황으로 변화되는 평형 온도를 구하라. S° 값의 불확정성을 고려하면서 이 온도를 실험치인 95.4 °C 와 비교하라.

12.19 18 °C, 1 atm 에서 다음과 같은 전이 평형이 이루어졌다.

$$Sn(s, gray) \rightleftharpoons Sn(s, white)$$

18 °C 에서의 전이 $\Delta S = 8.8$ J/K mol 이고, 회색 주석의 밀도는 5.7 g/cm³, 그리고 흰 주석의 밀도는 7.28 g/cm³ 이다. 100 atm 하에서의 전이 온도를 계산하라.

12.20 사방황-단사황의 전이 ΔS 의 값은 양이다. 전이 온도는 압력이 증가함에 따라 올라간다. 사방황과 단사황 중의 어느 것의 밀도가 더 높겠는가? 이 답을 수학적으로 증명하라.

12.21 25 °C 에서 1 atm 의 공기 압력을 받는 액체 물은 공기 압력이 없을 때보다 큰 증기 압력을 갖는다. 대기의 압력에 의해서 물의 증기 압력이 얼마나 증가하는가를 계산하라. 물의 밀도 = 1g/cm³ ; 증기 압력(공기 압력이 없을 때) = 3167.2 Pa 이다.

13
용 액

I. 이상 용액과 총괄성

13.1 용액의 종류

용액이란 화학종이 분자 수준에서 균일하게 분산된 혼합물이다. 이 정의에 의하면 용액은 하나의 상이다. 용액은 기체일 수도 있고, 또 액체나 고체일 수도 있다. 2성분 용액은 두 성분으로 되며, 3성분 용액은 셋, 4성분 용액은 네 성분으로 된다. 가장 양이 많은 성분은 보통 용매라고 부르며, 한편 비교적 소량으로 들어 있는 성분들은 모두 용질이라 부른다. 용매와 용질사이의 구별은 편의에 따라 멋대로 정할 수 있어, 비교적 소량으로 존재하는 성분을 용매로 택하는 경우도 있다. 용매와 용질 사이에는 아무런 근본적 차이가 없으며, 이 말들은 보통의 습관에 따라 쓰기로 한다. 표 13-1은 여러 종류의 용액을 적은 것이다.

기체 혼합물은 11장에서 어느 정도 자세히 설명했다. 이 장과 14장에서는 액체 용액만 다루기로 한다. 고체 용액은 다른 제목과 관련되어 나오는 대로 취급하겠다.

13.2 이상 용액의 정의

이상 기체 법칙은 극한 법칙의 한 중요한 예이다. 압력이 영에 접근함에 따라 실제 기체는 어느 것이나 극한으로서 이상 기체의 행동에 가까와진다. 그러므로 모든 실제 기체는 압력 영에서 이상적으로 행동하며, 실제 목적으로는 낮은 유한한 압력에서 이상적이라고 보아도 좋다. 이러한 일반적인 실험 사실을 고려하여, 이상 기체란 어떤 압력에서나 모두 이상적으로 행동하는 기체라고 정의한다.

용액의 행동을 관찰할 때도 마찬가지의 극한 법칙을 얻게 된다. 간단하게, 휘발성 용매와 한 가지 이상의 비휘발성 용질로 이루어진 용액을 택해서 용액과 증기 사이의 평형을 고찰해 보

표 13-1

기체 용액	기체나 증기의 혼합물
액체 용액	고체, 액체 또는 기체가 액체 속에 녹아 있다.
고체 용액	
고체 속에 기체가 녹음	팔라듐에 H_2가 그리고 티탄에 N_2가 녹은 것.
고체 속에 액체가 녹음	금에 수은이 녹은 것.
고체 속에 고체가 녹음	금에 구리가 녹은 것, 구리에 아연이 녹은 것 (놋쇠) 등 여러 가지 합금.

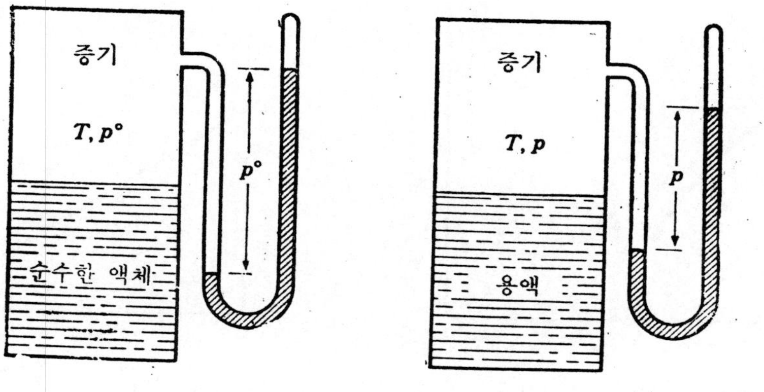

(a) (b)

그림 13-1 비휘발성 용질에 의한 증기 압력의 내림.

자. 만일 처음에 진공이었던 그릇 속에 순수한 액체를 넣는다면, 액체 위의 공간이 증기로 채워질 때까지 그 액체가 증발하게 된다. 그 계의 온도를 일정하게 유지시키면 평형이 되었을 때 증기는 순수한 액체의 증기 압력 $p°$ 를 나타낸다[그림 13-1(a)]. 비휘발성 물질을 액체에 녹이면 용액 위의 평형 증기 압력 p 가 순수한 액체 위의 증기 압력보다 작아진다[그림 13-1(b)].

용질은 비휘발성이므로, 증기는 순수한 용매로 되어 있다. 비휘발성 물질을 더 가하면 증기상에서의 압력이 감소한다. 용매의 증기 압력을 용액 속의 비휘발성 용질의 몰분율, x_2 에 대해서 도시한 것이 그림 13-2에 실선으로 표시되어 있다. $x_2 = 0$ 에서는 $p = p°$ 이며, x_2 가 커짐에 따라 p 는 감소한다. 그림 13-2의 중요한 요점은 묽은 용액(x_2 가 영 근처)의 증기 압력이 $p°$ 와 영을 잇는 점선에 접근한다는 것이다. 어떤 용매와 용질을 택하느냐에 따라서 용질의 농도가 클 때의 증기 압력 곡선이 그림 13-2의 점선보다 위로 가는 수도 있고 밑으로 가는 수도 있다. 그러나 어떤 용액에 대해서나 실험 증기 압력 곡선은 $x_2 = 0$ 에서 점선에 접하며 용액이 묽을수록 점선에 아주 가깝게 접근한다. 이상적인 선(점선)은 다음과 같은 식으로 표시된다.

$$p = p° - p°x_2 = p°(1 - x_2)$$

용액 속의 용매의 몰분율을 x 라고 하면 $x + x_2 = 1$ 이며, 따라서 이 식은 다음과 같이 된다.

$$p = xp° \tag{13.1}$$

이것을 **Raoult 의 법칙**이라고 한다. 이 법칙에 의하면 용액과 평형을 이루고 있는 용매의 증기 압력은 순수한 용매의 증기 압력에다 그 용액 속에 들어 있는 용매의 몰분율을 곱한 것과 같다.

Raoult 의 법칙도 또한 극한 법칙의 한 예이다. 실제 용액은 묽을수록 Raoult 의 법칙을 더 잘 만족시킨다. 이상 용액이란 모든 농도 범위에 걸쳐서 Raoult 의 법칙을 만족시키는 용액이라고 정의된다. 그림 13-3은 용질이 비휘발성인 이상 용액의 증기 압력이다. 모든 실제 용액은 용질의 농도가 영에 가까와지면 이상적으로 행동한다.

(13.1)식을 이용하면 증기 압력 내림 $p° - p$ 를 계산할 수 있다. 즉,

$$p° - p = p° - xp° = (1 - x)p°$$

$$p° - p = x_2 p° \tag{13.2}$$

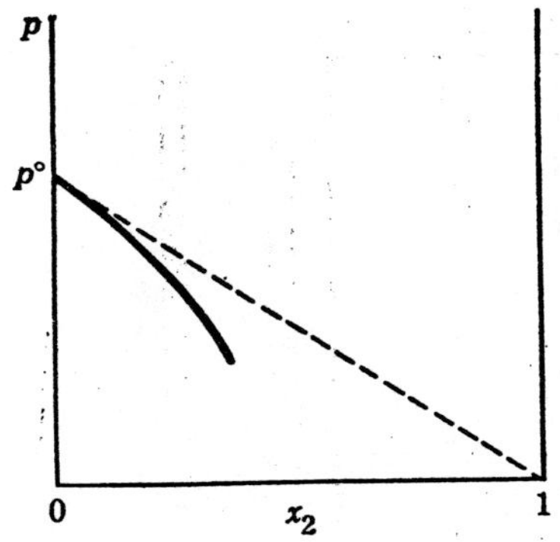

그림 13-2 x_2의 함수로 나타낸 증기 압력.

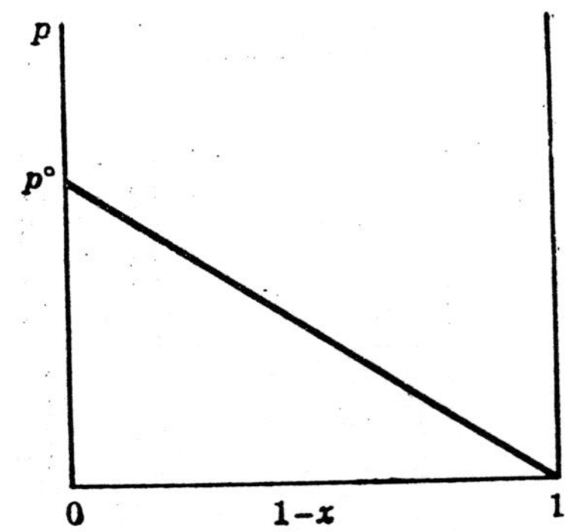

그림 13-3 용매에 대한 Raoult의 법칙.

증기 압력 내림은 용질의 몰분율에 비례한다. 여러 가지 용질 2, 3, … 이 존재하는 경우에도 $p = xp^\circ$ 는 여전히 성립한다. 그러나 이 경우에는 $1 - x = x_2 + x_3 + \cdots$ 이고 다음과 같이 된다.

$$p^\circ - p = (x_2 + x_3 + \cdots)p^\circ \tag{13.3}$$

여러 가지 비휘발성 용질을 포함하는 용액에서는 증기 압력 내림이 여러 용질의 몰분율의 총합에 관계된다. 특히 주목할 것은, 비휘발성이라는 것 외에는 존재하는 용질의 종류에 무관하다는 것이다. 즉, 증기 압력은 용질 분자의 상대적인 수에만 관계될 뿐이다.

기체 혼합물의 경우, 수증기의 부분 압력과 순수한 물의 같은 온도에서의 증기 압력과의 비를 상대 습도라고 한다. 그리고 여기에다 100을 곱하면 % 상대 습도가 된다. 즉,

$$\text{상대 습도} = \frac{p}{p^\circ} \quad \text{및} \quad \%\ \text{상대 습도} = \frac{p}{p^\circ}(100)$$

Raoult의 법칙을 만족시키는 수용액의 경우에는 이 상대 습도가 용액 속에 들어 있는 물의 몰분율과 같다.

13.3 이상 액체 용액에서의 화학 퍼텐셜

실제 용액의 행동을 일반화시킨 이상 용액은 모든 농도 범위에서 Raoult의 법칙을 따른다. 이러한 이상 액체 용액의 정의를 택하고 이것을 일반적인 평형 조건과 결합시키면 이상 용액에서의 용매의 화학 퍼텐셜에 대한 식을 얻을 수 있다. 용액이 증기와 평형에 있을 때에는 제 2 법칙에 의해서 용액에서의 용매의 화학 퍼텐셜이 증기의 화학 퍼텐셜과 같아야 한다. 즉,

$$\mu_{\text{liq}} = \mu_{\text{vap}} \tag{13.4}$$

여기서 μ_{liq}는 액체상 속의 용매의 화학 퍼텐셜, μ_{vap}는 증기 속의 용매의 화학 퍼텐셜이다. 증기는 압력 p인 순수한 용매이므로, μ_{vap}는 (10.47)식으로 나타낼 수 있다. 즉, 증기를 이상 기체라고 가정하면 $\mu_{\text{vap}} = \mu^\circ_{\text{vap}} + RT\ln p$이며, 따라서 (13.4)식은 다음과 같이 된다.

$$\mu_{\text{liq}} = \mu^\circ_{\text{vap}} + RT\ln p$$

이 식에 Raoult의 법칙, $p = xp^\circ$ 를 이용하고 대수항을 전개하면 다음과 같이 된다.

$$\mu_{\text{liq}} = \mu^\circ_{\text{vap}} + RT\ln p^\circ + RT\ln x$$

만일 순수한 용매가 증기와 평형에 있다면 압력은 p° 이며, 평형 조건은 다음과 같이 된다.

$$\mu_{\text{liq}}^{\circ} = \mu_{\text{vap}}^{\circ} + RT\ln p^{\circ}$$

여기서 μ_{liq}° 는 순수한 액체 용매의 화학 퍼텐셜이다. 앞의 식으로부터 이 식을 빼면 다음 결과가 나온다.

$$\mu_{\text{liq}} - \mu_{\text{liq}}^{\circ} = RT\ln x$$

이 식은 증기상에 관계되는 항을 포함하지 않으며, 따라서 liq 라는 하첨자를 약하고 다음과 같이 쓸 수 있다.

$$\mu = \mu^{\circ} + RT\ln x \tag{13.5}$$

(13.5)식의 부호는 그 뜻을 확실히 이해해야 한다. μ 는 용액 속의 용매의 화학 퍼텐셜이고, μ° 는 T 와 p 의 함수로서 순수한 액체 용매의 화학 퍼텐셜이며, 또 x 는 용액 속에 있는 용매의 몰분율이다. 이 식은 이상 기체 혼합물 속에 들어있는 성분 기체들의 μ 를 일반화시킨 11.5절의 결과와 동일한 것이다.

13.4 2성분 이상 용액 속에 들어있는 용질의 화학 퍼텐셜 ; Gibbs-Duhem 식의 응용

Gibbs-Duhem 식을 이용하면 2성분 이상 용액 속의 용매의 화학 퍼텐셜로부터 용질의 화학 퍼텐셜을 계산할 수 있다. 2성분계에 대한 Gibbs-Duhem 식은 (11.96)식과 같다(T, p 일정).

$$n\,d\mu + n_2\,d\mu_2 = 0 \tag{13.6}$$

이 식에서 하첨자가 없는 부호는 용매에 대한 것을 그리고 하첨자 2가 붙은 것은 용질에 대한 것을 나타낸다. (13.6)식에 의하면 $d\mu_2 = -(n/n_2)d\mu$ 이고, 또 $n/n_2 = x/x_2$ 이므로 다음 결과가 나온다.

$$d\mu_2 = -\frac{x}{x_2}d\mu$$

T 와 p 를 일정하게 놓고 (13.5)식을 미분하면 용매에 대해서 $d\mu = (RT/x)dx$ 가 되므로 $d\mu_2$ 는 다음과 같이 된다.

$$d\mu_2 = -RT\frac{dx}{x_2}$$

한편 $x + x_2 = 1$ 이므로 $dx + dx_2 = 0$, 즉 $dx = -dx_2$ 가 된다. 따라서

$$d\mu_2 = RT\frac{dx_2}{x_2}$$

이 식을 적분하면 다음과 같이 된다.

$$\mu_2 = RT\ln x_2 + C \tag{13.7}$$

여기서 C 는 적분 상수이다. 이 계산에서는 언제나 T 와 p 를 일정하게 놓았으므로 C 는 T 와 p 의 함수가 될 수 있으며, 또한 이 적분에 대한 상수이기도 하다. 액체에서의 x_2 값을 증가시켜서 1이 되게 하면 액체는 순수한 액체 용질이 되며, μ_2 는 순수한 액체 용질의 화학 퍼텐셜 μ_2° 가 되어야 한다. 즉, $x_2 = 1$ 이면 $\mu_2 = \mu_2^{\circ}$ 이다. (13.7)식에 이들 값을 넣으면 $\mu_2^{\circ} = C$ 가 되며,

따라서 다음 결과가 나온다.

$$\mu_2 = \mu_2^\circ + RT\ln x_2 \tag{13.8}$$

(13.8)식은 용질의 화학 퍼텐셜을 용액에서의 용질의 분율에다 관계시켜 주는 식이다. 이 표현은 (13.5)식과 비슷하며 부호들도 그에 맞먹는 뜻을 갖는다. 용질도 용매와 똑같은 꼴의 μ를 가지므로 이상적으로 행동한다. 이것은 용액과 공존하는 증기에서 용질의 부분 압력이 Raoult 의 법칙으로 주어짐을 의미한다. 즉,

$$p_2 = x_2 p_2^\circ \tag{13.9}$$

용질이 비휘발성이면 p_2°는 측정이 안될 정도로 작으므로 (13.9)식을 실험적으로 증명할 길은 없고, 이런 경우는 학술적인 흥미만 있다.

13.5 총 괄 성

(13.5)식의 둘째 항이 음수이므로 용액 속에 들어 있는 용매의 화학 퍼텐셜은 순수한 용매의 화학 퍼텐셜보다 $-RT\ln x$ 만큼 작다. 용액의 몇 가지 성질들은 화학 퍼텐셜의 값이 이렇게 낮다는 데 원인이 있다. 이런 성질로서는 (1) 13.2절에서 설명한 증기 압력 내림, (2)어는점 내림, (3)끓는점 오름 및 (4)삼투압이 있다. 이런 성질은 모두 공통된 원인을 갖는 것이므로 한데 묶어서 총괄성(라틴어의 *co-*; together, *ligare*; to bind에서 유래함)이라고 부른다. 이런 성질은 모두 용질의 성질에는 무관하고, 들어 있는 총분자수에 대한 용질 분자의 상대적 수에만 의존한다는 공통된 특성을 가지고 있다.

μ를 T에 대해서 도시한 그림을 보면 어는점 내림과 끓는점 오름이 명백하게 나타난다. 그림 13-4(a)에서 실선은 순수한 용매에 대한 것이다. 용질은 비휘발성이므로 기체상에 나타나지 않으며, 따라서 기체에 대한 곡선은 순수한 기체에서와 같다. 고체는 용매만을 포함한다고 하면 고체에 대한 곡선도 달라지지 않는다. 그러나 액체는 용질을 포함하므로 용매의 μ는 각 온도에서 마다 $-RT\ln x$ 만큼 낮아진다. 그림 13-4(a)의 점선은 이상 용액에서의 용매에 관한 곡선이다. 이 그림은 고체와 기체에 대한 두 곡선의 교차점들이 옮겨지는 것을 직접 보여준다. 새로운 교차점은 용액의 어는점 T'_f과 끓는점 T'_b이다. 확실히 용액은 순수한 용매보다 그 끓는점이 높으며(끓는점 오름), 반면에 용액의 어는점은 더 낮다(어는점 내림). 그림에서 보면,

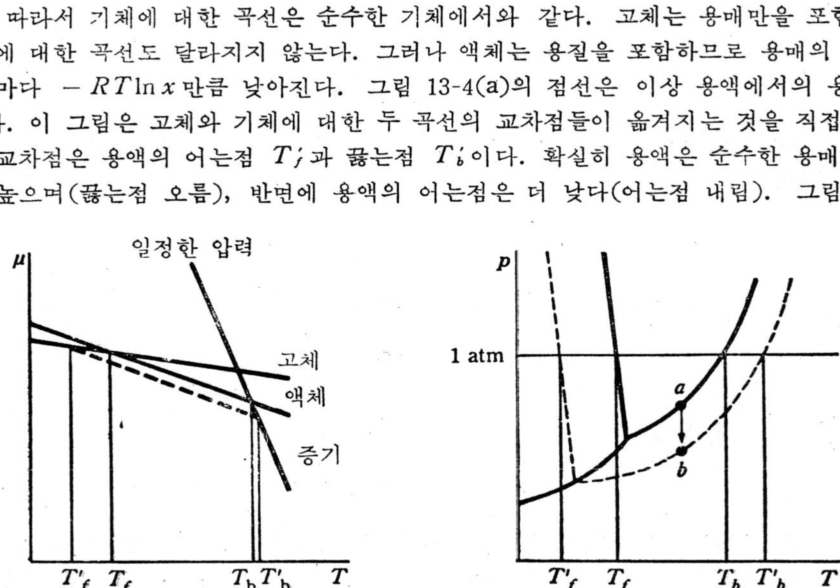

그림 13-4 총 괄 성.

용액의 농도가 같을 때는 어는점의 변화가 끓는점의 변화보다 더 크다는 것을 분명히 알 수 있다.

어는점 내림과 끓는점 오름은 물에 대한 그림 13-4(b)의 실선과 같은 용매의 일반적인 상평형 그림을 가지고 설명할 수 있다. 비휘발성 용질을 액체 용매에 넣으면 증기 압력은 예로서 점 a로부터 점 b로 내려가는 것과 같이 각 온도에서 내려간다. 용액에 관한 증기 압력 곡선을 점선으로 표시하였다. 이 점선은 새로운 어는점을 압력의 함수로 나타내고 있다. 그리하여 1 atm 하에서의 어는점과 끓는점은 실선과 점선이 1 atm의 수평선과 만나는 점으로 주어진다. 이 그림은 또 주어진 용질의 농도가 끓는점보다는 어는점에 더 큰 영향을 준다는 것도 보여준다.

용액의 어는점과 끓는점은 용액 속의 용매와 순수한 고체 용매나 또는 순수한 용매 증기와의 사이에 이루어지는 평형에 의존한다. 다른 또 하나의 가능한 평형으로서는 용액 중의 용매와 순수한 액체 용매 사이에 이루어지는 것이다. 이런 평형이 이루어지게 하려면 용액 위의 압력을 충분히 크게 해서 용액 속의 용매의 μ를 순수한 용매의 μ까지 올리면 된다. 용액 속에 들어 있는 용매의 μ와 순수한 용매의 μ를 같게 해주기 위해서 용액에 가해야 하는 여분의 압력을 그 용액의 삼투압이라고 한다.

13.6 어는점 내림

순수한 고체 용매와 평형에 있는 용액을 생각해 보자. 평형 조건은 다음과 같다.

$$\mu(T,\ p,\ x) = \mu_{\text{solid}}(T,\ p) \tag{13.10}$$

여기서 $\mu(T, p, x)$는 용액 속의 용매의 화학 퍼텐셜이고 $\mu_{\text{solid}}(T, p)$는 순수한 고체의 화학 퍼텐셜이다. 고체는 순수하므로, μ_{solid}는 어떠한 조성 변수에도 의존하지 않는다. (13.10)식에서 T는 평형 온도, 즉 용액의 어는점이다. (13.10)식의 형식을 보면 T는 압력과 용액 속의 용매의 몰분율 x와의 어떤 함수이다. 압력이 일정하면 T는 x만의 함수가 된다.

용액이 이상적이면, 용액에서의 $\mu(T, p, x)$는 (13.5)식으로 주어지며, 따라서 (13.10)식은 다음과 같이 된다.

$$\mu^\circ(T,\ p) + RT\ln x = \mu_{\text{solid}}(T,\ p)$$

이 식은 다음과 같이 정리할 수 있다.

$$\ln x = -\frac{\mu^\circ(T,\ p) - \mu_{\text{solid}}(T,\ p)}{RT} \tag{13.11}$$

μ°는 순수한 액체의 화학 퍼텐셜이므로, $\mu^\circ(T, p) - \mu_{\text{solid}}(T, p) = \Delta G_{\text{fus}}$이 된다. 여기서 ΔG_{fus}는 온도 T에서 순수한 용매의 용융 몰 Gibbs 에너지이다. 따라서 (13.11)식은 다음과 같이 된다.

$$\ln x = -\frac{\Delta G_{\text{fus}}}{RT} \tag{13.12}$$

T가 x에 어떻게 의존하는가를 알기 위해서 $(\partial T/\partial x)_p$를 구해 보자. (13.12)식을 p를 일정하게 놓고 x에 관해서 미분하면 다음과 같이 된다.

$$\frac{1}{x} = -\frac{1}{R}\left[\frac{\partial(\Delta G_{\text{fus}}/T)}{\partial T}\right]_p\left(\frac{\partial T}{\partial x}\right)_p$$

Gibbs-Helmholtz 식인 (10.54)식은 $[\partial(\Delta G/T)/\partial T]_p = -\Delta H/T^2$이고, 이것을 이용하면 다음

과 같이 된다.

$$\frac{1}{x} = \frac{\Delta H_{\text{fus}}}{RT^2}\left(\frac{\partial T}{\partial x}\right)_p \qquad (13.13)$$

(13.13)식에서 ΔH_{fus}은 온도 T에서의 순수한 용매의 용융열이다. 이제 지금까지의 과정을 거꾸로 해서, (13.13)식을 미분 꼴로 쓴 뒤에 적분한다. 즉,

$$\int_1^x \frac{dx}{x} = \int_{T_0}^{T} \frac{\Delta H_{\text{fus}}}{RT^2} dT \qquad (13.14)$$

하한 $x = 1$은 어는점 T_0를 갖는 순수한 용매에 해당한다. 상한 x는 어는점 T를 갖는 용액에 해당한다. 첫째 번 적분은 곧 계산되며, 둘째 번 적분은 ΔH_{fus}이 온도의 어떤 함수인가를 알아야 가능하다. 간단하게 T_0으로부터 T까지의 온도 범위에서 ΔH_{fus}이 상수라고 하면 (13.14)식은 다음과 같이 된다.

$$\ln x = -\frac{\Delta H_{\text{fus}}}{R}\left(\frac{1}{T} - \frac{1}{T_0}\right) \qquad (13.15)$$

이 식은 어는점 T나 또는 더 편리한 $1/T$에 관해서 풀 수 있다. 즉,

$$\frac{1}{T} = \frac{1}{T_0} - \frac{R\ln x}{\Delta H_{\text{fus}}} \qquad (13.16)$$

이 식은 이상 용액의 어는점을 순수한 용매의 어는점 T_0, 용매의 용융열 및 용액 속의 용매의 몰분율 x에 관계되게 하는 식이다.

어는점과 용액의 조성 사이의 관계는 용액이 묽을 경우에 상당히 간소화시킬 수 있다. 그러기 위해서는 우선 어는점 내림 $-dT$를 용질의 총몰랄농도 m의 함수로 나타내는 것이 좋다. 이 m은 $m_2 + m_3 + \cdots$와 같다. 지금 용매의 몰수와 몰질량을 각각 n과 M이라고 하자. 그러면 용매의 질량은 nM이 된다. 그리고 $m_2 = n_2/nM$; $m_3 = n_3/nM$; $\cdots$, 즉 $n_2 = nMm_2$; $n_3 = nMm_3, \cdots$ 등이 된다. 따라서 용매의 몰분율은 다음과 같이 주어진다.

$$x = \frac{n}{n + n_2 + n_3 + \cdots} = \frac{n}{n + nM(m_2 + m_3 + \cdots)}$$

$$x = \frac{1}{1 + Mm} \qquad (13.17)$$

이 식의 대수를 취해서 미분해 보자.

$$\ln x = -\ln[1 + Mm]$$

$$d\ln x = -\frac{M\,dm}{1 + Mm} \qquad (13.18)$$

(13.13)식은 다음과 같이 쓸 수 있다.

$$dT = \frac{RT^2}{\Delta H_{\text{fus}}} d\ln x$$

(13.18)식의 $d\ln x$를 이 식에 넣으면 다음 결과가 나온다.

$$dT = -\frac{MRT^2}{\Delta H_{\text{fus}}}\,\frac{dm}{(1 + Mm)} \qquad (13.19)$$

모든 용질이 아주 묽게 녹아 있는 용액이라면, m은 영에 가까와지고 T는 T_0에 접근하며, 따라서 (13.19)식은 다음과 같이 된다.

$$-\left(\frac{\partial T}{\partial m}\right)_{p,m=0} = \frac{MRT_0^2}{\Delta H_{fus}} = K_f \tag{13.20}$$

하첨자 $m=0$은 도함수의 극한치를 나타내며, K_f는 어는점 내림 상수이다. 어는점 내림은 $\theta_f = T_0 - T$이고, 따라서 $d\theta_f = -dT$이므로 묽은 용액에 대해서는 다음과 같이 된다.

$$\left(\frac{\partial \theta_f}{\partial m}\right)_{p,m=0} = K_f \tag{13.21}$$

m이 작을 때는 이 식이 다음과 같이 쉽게 적분된다.

$$\theta_f = K_f m \tag{13.22}$$

상수 K_f는 순수한 용매의 성질에만 의존한다. 물에 대해서는 $M = 0.0180152$ kg/mol, $T_0 = 273.15$ K, $\Delta H_{fus} = 6009.5$ J/mol 이다. 따라서

$$K_f = \frac{(0.0180152\ \text{kg/mol})(8.31441\ \text{J/K mol})(273.15\ \text{K})^2}{6009.5\ \text{J/mol}} = 1.8597\ \text{K kg/mol}$$

(13.22)식은 묽은 이상 용액에서의 어는점 내림과 용질의 몰랄농도 사이의 간단한 관계를 나타내는 것으로서, 녹아 있는 용질의 몰질량을 구하는 데 흔히 쓰인다. 미지의 몰질량 M_2를 갖는 용질 w_2 kg을 용매 w kg에 녹이면, 용질의 몰랄농도는 $m = w_2/wM_2$가 된다. 이 m값을 (13.22)식에 넣은 다음 M_2에 대해서 풀면 다음과 같이 된다.

$$M_2 = \frac{K_f}{\theta_f}\frac{w_2}{w}$$

용매의 K_f를 알 경우에는 θ_f, w_2 및 w를 측정하여 M_2를 구할 수 있다. m의 값이 주어졌을 때는 분명히 용매의 K_f 값이 클수록 θ_f가 커진다. 그리고 θ_f의 값이 클수록 측정이 쉬워지고 정확하게 된다. 따라서, 큰 K_f 값을 갖는 용매를 택하는 것이 좋다. (13.20)식을 살펴보면 어떤 종류의 화합물이 큰 K_f 값을 갖는지 알 수 있다. 우선 무엇보다 (13.20)식에서 ΔH_{fus}를 $T_0 \Delta S_{fus}$으로 바꾸어서 간소화시켜 보자. 즉,

$$K_f = \frac{RMT_0}{\Delta S_{fus}} \tag{13.23}$$

이 식은 MT_0가 커질수록 K_f가 커진다는 것을 보여준다. T_0가 보통 M이 클수록 커지므로,

표 13-2 어는점 내림 상수.

화 합 물	M/(kg/mol)	t_m/°C	K_f/(K kg/mol)
물	0.0180	0	1.86
아세트산	0.0600	16.6	3.57
벤젠	0.0781	5.45	5.07
디옥산	0.0881	11.7	4.71
나프탈렌	0.1283	80.1	6.98
p-디클로로벤젠	0.1470	52.7	7.11
캄파	0.1522	178.4	37.7
p-디브로모벤젠	0.2359	86	12.5

K_f는 용매의 몰질량이 커질수록 급격하게 증가한다. 그러나 이러한 증가가 고르지는 못한데, 그 이유는 M이 특히 클 때는 ΔS_{fus}이 상당히 많이 달라질 수 있기 때문이다. 표 13-2는 K_f의 값을 M이 증가하는 차례로 나타낸 것이다. ΔS_{fus} 값의 변화 때문에 현저한 예외가 생기기는 하지만 일반적 경향은 명백하다.

★ 13.7 용 해 도

고체 용매와 용액 사이의 평형을 13.6절에서 생각하였다. 똑같은 평형을 다른 관점에서 생각해 볼 수도 있다. "용매"란 말은 이미 설명한 바와 같이 애매한 것이다. 가령 용액 속의 용질과 순수한 고체 용질 사이의 평형을 고찰한다고 해보자. 이 조건에서는 용액이 용질로 포화되어 있다고 볼 수 있다. 평형 조건은 용질의 μ가 어디서나 같아야 한다는 것이다. 즉,

$$\mu_2(T,\ p,\ x_2) = \mu_{2(\text{solid})}(T,\ p) \tag{13.24}$$

x_2는 포화 용액에서의 용질의 몰분율이므로, 몰분율로 표시한 용질의 용해도이다. 용액이 이상적일 때는 이 식이 다음과 같이 된다.

$$\mu_2^\circ(T,\ p) + RT\ln x_2 = \mu_{2(\text{solid})}(T,\ p)$$

여기서 $\mu_2^\circ(T,\ p)$는 순수한 액체 용질의 화학 퍼텐셜이다. 이 식에다 어는점 내림에서와 똑같은 방법을 적용시킨다. 그러면 기호들이 용질을 나타내게 하고 (13.15)식에 대응하는 식을 얻을 수 있다. 즉,

$$\ln x_2 = -\frac{\Delta H_{fus}}{R}\left(\frac{1}{T} - \frac{1}{T_0}\right) \tag{13.25}$$

ΔH_{fus}은 순수한 용질의 용융열이고, T_0는 순수한 용질의 어는점이다. $\Delta H_{fus} = T_0\,\Delta S_{fus}$을 (13.25)식에 넣으면 다음과 같이 된다.

$$\ln x_2 = \frac{\Delta S_{fus}}{R}\left(1 - \frac{T_0}{T}\right) \tag{13.26}$$

(13.25)식과 (13.26)식은 모두 용해도에 관한 이상 법칙이다. 이 법칙에 의하면, 한 물질의 용해도는 용매가 무엇이든 그것이 용질과 이상 용액을 만들기만 하면 용매의 종류에 관계없이 모두 똑같다. 이상 용액에서의 한 물질의 용해도는 그 물질의 성질에만 관계된다. 녹는점 T_0가 낮고 또 용융열이 낮으면 용해도가 커진다. 그림 13-5는 용융 엔트로피는 같지만 녹는점이 다른 두 물질의 용해도 x를 온도의 함수로서 표시한 것이다.

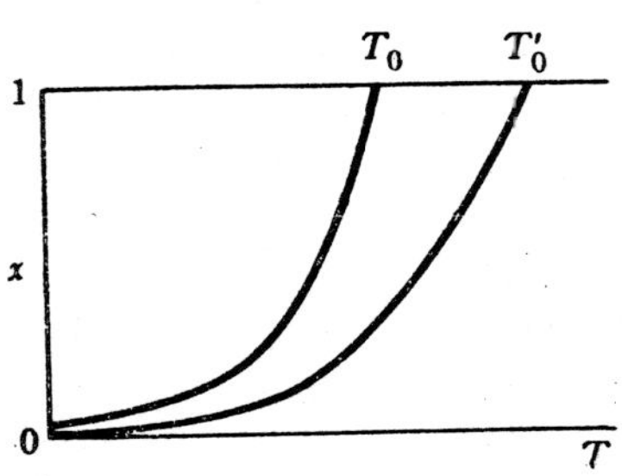

그림 13-5 T에 대해서 도시한 이상 용해도.

표 13-3

용매	용해도 x_2	용매	용해도 x_2
클로로벤젠	0.256	아닐린	0.130
벤젠	0.241	니트로벤젠	0.243
톨루엔	0.224	아세톤	0.183
CCl_4	0.205	메틸알코올	0.0180
헥산	0.090	아세트산	0.0456

J.H. Hildebrand와 R.L. Scott, *The Solubility of Nonelectrolytes*, 3rd ed. Reinhold Publishing Corp., New York, 1950, p. 283에서 인용.

나프탈렌의 용해도를 가지고 (13.25)식의 용도를 설명해 보자. 녹는점은 80.0°C, 용융열은 19080 J/mol이다. 이 데이터를 (13.25)식에 넣으면 20°C에서의 이상 용해도 $x=0.264$를 얻는다. 여러 가지 용매를 써서 측정한 용해도는 표 13-3과 같다.

용해도의 이상 법칙은 고체의 녹는점보다 훨씬 아래의 온도에서는 흔히 틀리게 되는데, 그 까닭은 ΔH_{fus}을 온도에 무관하다고 본 가정이 이 때는 별로 좋지 않기 때문이다. 또 이 법칙은 이온성 물질이 물에 녹는 경우에는 전혀 정확하지 못하다. 그 이유는 이런 물질의 포화 용액은 이상적인 것과는 거리가 멀며 그 어는점보다 훨씬 아래에 있기 때문이다. 나프탈렌의 용해도 표에서 보는 바와 같이, 수소 결합을 가진 용매는 수소 결합을 갖지 않은 물질에 대해서는 좋지 않은 용매이다.

13.8 끓는점 오름

순수한 용매의 증기와 평형에 있는 용액을 생각해 보자. 평형 조건은 다음과 같다.

$$\mu(T,\ p,\ x)=\mu_{vap}(T,\ p) \tag{13.27}$$

이 용액이 이상적일 때는 다음 관계가 성립한다.

$$\mu^{\circ}(T,\ p)+RT\ln x=\mu_{vap}(T,\ p)$$

따라서,

$$\ln x=\frac{\mu_{vap}-\mu^{\circ}(T,\ p)}{RT}$$

조 몰증발 Gibbs에너지는 다음과 같다.

$$\Delta G_{vap}=\mu_{vap}(T,\ p)-\mu^{\circ}(T,\ p)$$

따라서,

$$\ln x=\frac{\Delta G_{vap}}{RT} \tag{13.28}$$

(13.28)식은 우변의 부호가 바뀐 것 외에는 (13.12)식과 그 꼴이 같다는 것을 주목하라. 그 다음의 수식 처리는 어는점 내림에 관한 식을 유도하는 데 썼던 것과 똑같으며 다만 ΔG나 ΔH가 들어간 항들의 부호가 바뀐다는 것만이 다르다. 부호가 이렇게 변하는 것은 어는점은 내려가는 반면에 끓는점은 올라간다는 것을 의미할 뿐이다.

우리는 (13.15)식과 (13.16)식에 맞먹는 최종식을 다음과 같이 직접 내려 쓸 수 있다.

$$\ln x = \frac{\Delta H_{vap}}{R}\left(\frac{1}{T} - \frac{1}{T_0}\right) \quad \text{또는} \quad \frac{1}{T} = \frac{1}{T_0} + \frac{R \ln x}{\Delta H_{vap}} \tag{13.29}$$

그리하여 용액의 끓는점 T는 순수한 용매의 증발열 ΔH_{vap}과 끓는점 T_0, 그리고 용액 속의 용매의 몰분율 x의 함수로 표시된다. 용액 속에 들어있는 용질들이 모두 묽으면 m은 영에 접근하고 또 T는 T_0에 접근한다. 한편 끓는점 오름 상수는 다음 식으로 정의한다.

$$K_b = \left(\frac{\partial T}{\partial m}\right)_{p, m=0} = \frac{MRT_0^2}{\Delta H_{vap}} \tag{13.30}$$

끓는점 오름은 $\theta_b = T - T_0$이므로 $d\theta_b = dT$가 된다. 따라서 m이 작은 한도에서는 (13.30)식이 다음과 같이 적분된다.

$$\theta_b = K_b m \tag{13.31}$$

물은 $M = 0.0180152$ kg/mol, $T_0 = 373.15$ K, $\Delta H_{vap} = 40656$ J/mol이므로 $K_b = 0.51299$ K kg/mol이 된다. 끓는점 오름과 묽은 이상 용액의 몰랄농도 사이의 관계식인 (13.31)식은 어는점 내림과 몰랄농도 사이의 관계식과 맞먹는다. 어느 액체에서나 K_b는 K_f보다 작다.

끓는점 오름은 어는점 내림과 마찬가지로 용질의 몰질량을 결정하는 데 쓰인다. 그리고 용매는 K_b값이 큰 것을 쓰는 것이 좋다. (13.30)식에서 ΔH_{vap} 대신 $T_0 \Delta S_{vap}$을 넣으면 다음과 같이 된다.

$$K_b = \frac{RMT_0}{\Delta S_{vap}}$$

여러 액체는 Trouton의 규칙을 만족시키며 $\Delta S_{vap} \approx 90$ J/K mol이다. $R = 8.3$ J/K mol이므로 대략 $K_b \approx 10^{-1} MT_0$가 된다. 따라서 용매의 몰질량이 클수록 K_b의 값은 커진다. 표 13-4의 데이터는 이 관계를 설명해 준다.

끓는점 T_0는 압력의 함수이므로, K_b도 압력의 함수이다. 그 영향이 비교적 작긴 하지만 정밀한 측정에서는 반드시 고려해야 한다. Clausius-Clapeyron식을 이용하면 T_0와 p사이의 관계를 구할 수 있으며 이것으로부터 그 영향의 크기를 계산할 수 있다.

13.9 삼 투 압

삼투압 현상은 그림 13-6에 보인 장치로 설명할 수 있다. 콜로디온 주머니를 고무 마개에 매달고 이 마개를 통해서 유리 모세관을 꽂는다. 주머니에는 물에 탄 묽은 설탕 용액을 채우고

표 13-4 끓는점 오름 상수.

화 합 물	M/(kg/mol)	t_b/°C	K_b/(K kg/mol)
물	0.0180	100	0.51
메틸알코올	0.0320	64.7	0.86
에틸알코올	0.0461	78.5	1.23
아세톤	0.0581	56.1	1.71
아세트산	0.0600	118.3	3.07
벤젠	0.0781	80.2	2.53
시클로헥산	0.0842	81.4	2.79
브롬화에틸	0.1090	38.3	2.93

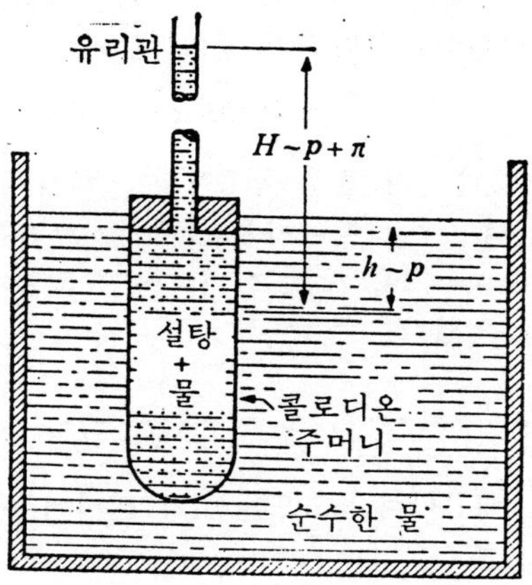

그림 13-6 간단한 삼투압 실험.

순수한 물이 든 비이커에 담근다. 관 속의 설탕 용액면이 어떤 일정한 높이까지 올라가는데, 그 높이는 용액의 농도에 의존한다. 관 속의 설탕 용액면과 순수한 물 표면의 높이 차이에서 생기는 정수압이 그 용액의 삼투압이다. 실험 결과에 의하면 설탕은 막을 통해서 비이커의 순수한 물로 빠져 나가지 않는다. 용액의 부피가 늘어 관 속의 액면이 올라가는 것은 물이 막을 통해서 주머니 속으로 들어가기 때문이다. 콜로디온은 반투막의 역할을 하며 그리하여 물은 자유로이 통과시키지만 설탕은 통과시키지 않는다. 계가 평형에 이르면 순수한 물의 표면보다 밑에 있는 설탕 용액은 관 속의 설탕 용액이 갖는 여분의 높이 때문에 여분의 정수압을 받게 된다. 문제는 이런 압력차이를 어떻게 계산하고 또 이것을 용액의 농도와 어떻게 관계시켜 주는가이다.

13.9.1 van't Hoff 식

평형 조건은 물의 화학 퍼텐셜이 비이커의 어느 깊이에서나 막의 양쪽에서 다 같은 값이어야 한다는 것이다. 막의 양쪽에서 화학 퍼텐셜이 같아지는 것은 막의 양쪽에서의 압력차 때문이다. 그림 13-6에서처럼 깊이가 h인 경우를 생각해 보자. 이 깊이에서 용매는 압력 p를 받으며 한편 용액은 압력 $p+\pi$를 받는다. $\mu(T, p+\pi, x)$를 $p+\pi$의 압력을 받는 용액 속의 용매의 화학 퍼텐셜이라 하고 $\mu^\circ(T, p)$를 압력 p하에서의 순수한 용매의 화학 퍼텐셜이라고 하면 평형 조건은 다음과 같이 된다.

$$\mu(T, p+\pi, x) = \mu^\circ(T, p) \tag{13.32}$$

$$\mu^\circ(T, p+\pi) + RT\ln x = \mu^\circ(T, p) \tag{13.33}$$

문제는 압력 $p+\pi$하에서의 용매의 μ를 압력 p하에서의 용매의 μ를 써서 나타내야 하는 것이다. 기본식에 의하면 일정한 T에서는 $d\mu^\circ = \overline{V}^\circ\, dp$이다. 이것을 적분하면 다음과 같이 된다.

$$\mu^\circ(T, p+\pi) - \mu^\circ(T, p) = \int_p^{p+\pi} \overline{V}^\circ\, dp \tag{13.34}$$

이것을 이용하면 (13.33)식이 다음과 같이 바뀐다.

$$\int_p^{p+\pi} \overline{V}^\circ\, dp + RT\ln x = 0 \tag{13.35}$$

(13.35)식에서 $\overline{V}^\circ$ 는 순수한 용매의 몰부피이다. 용매가 비압축성이면, $\overline{V}^\circ$ 는 압력에 무관하고 적분 기호 밖으로 낼 수 있다. 그러면 다음과 같이 된다.

$$\overline{V}^\circ \pi + RT \ln x = 0 \qquad (13.36)$$

이것은 삼투압 π 와 용액 속의 용매의 몰분율 사이의 관계식이다. (13.36)식에는 두 가지 가정이 들어 있다. 즉, 첫째는 용액이 이상적이라는 것이며, 둘째는 용매가 비압축성이라는 것이다.

용질의 농도를 이용하면, $\ln x = \ln(1 - x_2)$이다. 용액이 묽다면 $x_2 \ll 1$ 이므로 대수항을 급수로 전개하여 첫 항만을 취할 수 있다. 즉,

$$\ln(1 - x_2) = -x_2 = -\frac{n_2}{n + n_2} \approx -\frac{n_2}{n}$$

묽은 용액에서는 $n_2 \ll n$ 이기 때문이다. 그러면 (13.36)식이 다음과 같이 된다.

$$\pi = \frac{n_2 RT}{n\overline{V}^\circ} \qquad (13.37)$$

가감 규칙에 의해서 이상 용액의 부피는 $V = n\overline{V}^\circ + n_2\overline{V}_2^\circ$ 이다. 용액이 묽다면, n_2 가 아주 작으므로 $V \approx n\overline{V}^\circ$ 가 되며, 따라서 (13.37)식은 다음과 같이 된다.

$$\pi = n_2 RT/V \quad \text{또는} \quad \pi = \tilde{c}RT \qquad (13.38)$$

(13.38)식에서 $\tilde{c} = n_2/V$ 는 용액 속의 용질의 mol/m^3 농도이다. (13.38)식을 삼투압에 관한 van't Hoff의 식이라고 한다.

여기서 꼭 주목해야 할 것은 van't Hoff 식이 이상 기체 법칙과 그 꼴이 아주 비슷하다는 점이다. van't Hoff 식에서 n_2 는 용질의 몰수이다. 용매에 분산된 용질 분자는 빈 공간에 분산된 기체 분자와 흡사하다. 즉, 용매는 기체 분자 사이의 빈 공간과 비슷하다. 그림 13-7에 보인 실험에서는 막이 움직일 수 있는 피스톤에 붙어 있다. 용매는 막을 통해서 확산되기 때문에 피스톤은 오른쪽으로 밀리며, 마침내 피스톤이 오른쪽 벽에 닿을 것이다. 겉으로 나타나는 효과는 마치 용액이 막에 압력을 미쳐서 오른쪽으로 밀어내는 것과 같다. 이것은 기체가 진공 속으로 자유 팽창하는 것과 비슷하다. 이 실험에서 용액의 부피를 두 배로 해주면 용액이 묽어져서 최종 삼투압의 원래 값의 반으로 줄어드는데, 마치 이것은 부피를 배로 할 때 기체의 압력이 반값으로 떨어지는 것과 비슷하다.

이런 유사성이 있기는 하지만 삼투압을 용질이 나타내는 압력의 일종이라고 생각하는 것은 잘못이다. 막을 통해 용매가 통과해 나가는 삼투란, 막의 양쪽에서 화학 퍼텐셜이 같지 않기 때문에 일어난다. 막의 종류에는 관계 없으며 용매만 투과시키면 된다. 용질의 성질도 관계가 없으며 막을 통과하지 못하는 외부 물질이 용매 속에 녹아 있기만 하면 된다.

용매가 막을 투과하는 메카니즘은 막의 종류에 따라 각각 다를지도 모른다. 어떤 막은 아마

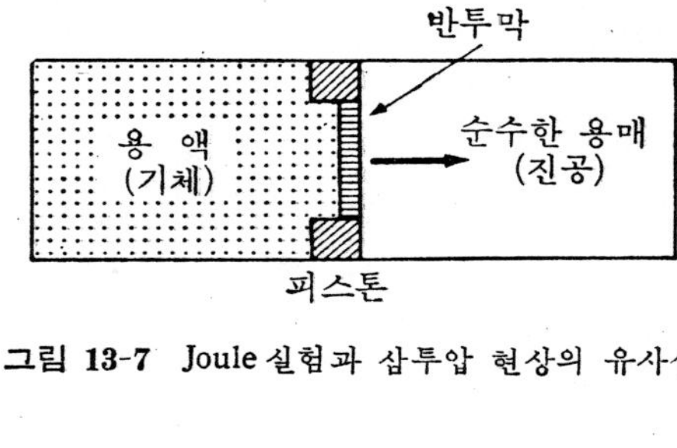

그림 13-7 Joule 실험과 삼투압 현상의 유사성.

도 체와 비슷해서 물처럼 작은 분자는 그 구멍을 통해 나가게 하지만 큰 분자는 막을 것이다. 또 어떤 막은 용매를 녹여 투과시키는 한편 용질은 녹이지 않을지도 모른다. 용매가 막을 통해 지나가는 메카니즘의 규명은 각각의 막-용매 쌍에 대해서 화학 반응 속도론적인 방법으로 연구해야 할 문제이다. 평형 결과가 모든 막에 대해서 같으므로 열역학으로는 해결할 수가 없다.

13.9.2 삼투압의 측정

삼투압의 측정은 용매에 아주 조금밖에 녹지 않는 물질이나 또는 흰자질, 여러 종류의 중합체 및 콜로이드처럼 몰질량이 아주 큰 물질의 몰질량을 결정하는 데 유용하다. 이런 측정이 용이한 이유는 삼투압의 값이 크기 때문이다.

25 °C 에서는 $RT \approx 2480$ J/mol 이므로 1 mol/L 용액($\tilde{c} = 1000$ mol/m³)에 대해서는 삼투압이 다음과 같이 된다.

$$\pi = \tilde{c}RT = 2.48 \times 10^6 \text{ Pa} = 24.5 \text{ atm}$$

이 압력은 800 ft 정도의 물기둥 높이에 해당한다. 실험실 안에서 실험을 하려면 용액의 몰농도를 0.01 이하로 해야 하며 0.001 정도가 바람직하다. 이것은 그림 13-6과 같은 종류의 장치를 쓸 때의 이야기다. H.N. Morse와 J.C.W. Frazer나 그리고 Berkeley경과 E.G.J. Hartley는 특별한 장치를 써서 수백 기압까지의 삼투압을 아주 정확하게 측정했다.

몰질량을 결정하는 실험에서 용질 w_2g 을 부피 V에 녹였다고 하면 $\pi = w_2RT/M_2V$가 되어야 한다. 즉,

$$M_2 = \frac{w_2RT}{\pi V}$$

w_2가 작고 M_2가 큰 때라도 π값은 충분히 측정할 수가 있으며 이 결과로부터 M_2값을 구할 수 있다.

삼투 현상은 생명체의 기능에서 중요한 역할을 한다. 세포를 순수한 물에 담그면 원형질 분해를 일으킨다. 세포막은 세포 속으로 물이 흘러들게 하며, 그에 따라서 세포가 팽창되어 마침내 세포막이 터지거나 또는 세포막이 늘어나서 세포 속에 든 용질이 새어 나가게 된다. 반대로 세포를 진한 염용액에 담그면 세포로부터 더 진한 염용액 속으로 물이 흘러나가 세포가 오그라든다. 세포가 줄어들거나 팽창되지 않을 정도의 농도를 갖는 염용액을 등장성 용액이라고 한다.

삼투 현상은 "오얏의 원리"라고도 부를 수 있을 것이다. 즉, 오얏의 껍질은 물을 투과시키는 막으로 작용하며 오얏 속의 당분은 용질이 된다. 물이 껍질을 통해 확산되어 들어가면 이 과실은 껍질이 터지거나 또는 새게 될 때까지 팽창한다. 여러 동식물의 막이 이런 작용을 하기는 하나 엄밀한 반투막은 아니다. 생명체에서는 물 이외의 다른 물질도 통과시킬 수 있어야 하는 것이다. 의학적으로도 이 삼투 효과가 이용되고 있다. 그 예로서는 몸에 비정상적으로 수분이 많은 환자에게는 소금기 없는 음식물만을 먹게 하는 것을 들 수 있겠다.

《질 문》

13. 1 이상 용액에서 용매의 화학 퍼텐셜 내림(13.5식)은 엔탈피 효과인가 또는 엔트로피 효과인가? 이유를 설명하라.

13. 2 (a) 어는점 내림과 (b) 끓는점 오름을 산일 경향의 척도인 μ를 가지고 설명하라.

13. 3 고체가 액체 속에 녹는 용해도는 온도에 의존하는데 이 관계를 LeChatelier 원리로 설명하라.

13. 4 역삼투 현상은 바다물(대체적으로 NaCl—H_2O 용액)을 정제하는 데 이용할 수 있다. 적절한 반투막을 써서 이 현상을 어떻게 일으키는지 설명하고, 용액에다 가해주어야 하는 압력에 특별한 주의를 하라.

《연습 문제》

13. 1 용질 20 g을 25 °C에서 물 100 g에 녹였다. 순수한 물의 증기 압력은 23.76 mmHg이고 용액의 증기 압력은 22.41 Torr이었다.

a) 용질의 분자량을 계산하라.

b) 증기 압력을 순수한 물의 증기 압력의 반으로 줄이려면 물 100 g에 이 용질 몇 g을 녹여야 하는가?

13. 2 90 g의 물에 몇 g의 설탕 $C_{12}H_{22}O_{11}$을 녹이면 용액이 80%의 상대 습도를 나타내겠는가? 용액은 이상적이라고 가정하라.

13. 3 용매로서 물 180 g과 비휘발성 용질 10 g을 써서 일련의 용액을 만든다고 하자. 용질의 몰질량이 100 g/mol, 200 g/mol, 10,000 g/mol이라면 상대 증기 압력 내림은 각각 얼마인가?

13. 4 a) 이상 용액에 대해서 $p/p°$의 값을 용질의 몰분율 x_2의 함수로서 도시하라.

b) 물이 용매일 때, $p/p°$를 용질의 몰랄농도의 함수로 도시하라.

c) 예로서 용매가 톨루엔처럼 큰 몰질량을 갖는다고 하자. 그러면 m에 대한 $p/p°$의 도시 결과에 어떤 영향을 미치겠는가? 또 x_2에 대한 $p/p°$의 도시 결과에는 어떤 영향을 미치겠는가?

d) $(p° - p)/p°$를 m으로 미분한 도함수는 $m \rightarrow 0$일 때 어떻게 주어지는가?

13. 5 주위 압력이 100.56 k Pa일 때 20.0 °C에서 플라스크에 액체 벤젠을 넣고 그 속으로 공기 기류를 서서히 불어 넣었다. 20.0 °C와 100.56 k Pa에서 4.80 L의 벤젠 증기가 포함되지 않은 공기를 통과시킨 결과 1.705 g의 벤젠이 증발되어 나갔다. 플라스크를 통해 나가는 공기가 벤젠 증기로 포화된다고 가정하고 20.0 °C에서의 벤젠의 평형 증기 압력을 계산하라.

13. 6 K_f = 4.90 K kg/mol인 벤젠 25 g에 벤조산 2 g을 녹이면 어는점 내림이 1.62 K가 된다. 몰질량을 계산하라. 이것을 벤조산의 화학식, C_6H_5COOH로부터 얻는 몰질량과 비교하라.

13. 7 아세트산은 녹는점 16.61 °C에서 그 융융열이 11.72 kJ/mol이다. 아세트산의 K_f를 계산하라.

13. 8 어는점에서 물의 융융열은 6009.5 J/mol이다. 물의 몰분율이 각각 1.0, 0.8, 0.6, 0.4 및 0.2인 용액에서의 물의 어는점을 계산하라. x에 대해 T의 값을 도시하라.

13. 9 에틸렌글리콜, $C_2H_4(OH)_2$는 흔히 부동액으로서 쓰인다. 물과의 혼합물은 이상적이라고 가정하고, 그 어는점을 혼합물 중의 에틸렌글리콜의 부피 백분율 0%, 20%, 40%, 60% 및 80%에서 계산하

여 도시하라. 물과 글리콜의 밀도는 각각 1.00 g/cm³과 1.11 g/cm³이며, $\Delta H_{fus}(H_2O) = 6009.5$ J/mol이다.

13.10 ΔH_{fus}은 온도에 무관하고 온도계는 정확도 ±0.01 K까지 어는점 내림을 잴 수 있다고 가정하자. 어는점 내림에 대한 간단한 법칙인 $\theta_f = K_f m$은 $m = 0$ 라는 극한 조건에 근거한 것이다. 수용액의 경우 몰랄농도가 얼마가 되면 어 근사를 써서 실험 오차 이내의 결과를 얻지 못하게 되는가?

13.11 용융열이 다음과 같이 온도에 의존한다고 하자.

$$\Delta H_{fus} = \Delta H_0 + \Delta C_p(T - T_0)$$

여기서 ΔC_p는 상수이다. 그러면 θ_f는 $\theta_f = am + bm^2 + \cdots$ 로 주어지는데, a와 b는 상수이다. a와 b의 값을 계산하라[요령 : 이것은 Taylor 급수이므로 $m = 0$에서의 $(\partial^2\theta/\partial m^2)$를 구하라].

13.12 CCl_4는 $K_b = 5.03$ K kg/mol과 $K_f = 31.8$ K kg/mol이다. CCl_4 100 g에 어떤 물질 3.00 g을 녹였더니 끓는점이 0.60 K만큼 올라갔다. 어는점 내림, 상대적 증기 압력 내림, 25°C에서의 삼투압, 그리고 이 물질에 몰질량을 계산하라. CCl_4의 밀도는 1.59 g/cm³이며, 그 몰질량은 153.823 g/mol이다.

13.13 다음 물질의 끓는점 오름 상수를 각각 계산하라.

물 질	t_b/°C	ΔH_{vap}/(J/g)
아세톤, $(CH_3)_2CO$	56.1	520.9
벤젠, C_6H_6	80.2	394.6
클로로포름, $CHCl_3$	61.5	247
메탄, CH_4	−159	577
초산에틸, $CH_3CO_2C_2H_5$	77.2	426.8

그리고 이 K_b의 값을 MT_b에 대해서 도시하라.

13.14 액체의 끓는점은 압력에 의존하므로 K_b는 압력의 함수이다. 이 교재의 데이터를 이용하여 750 mmHg와 740 mmHg에서의 물의 K_b 값을 계산하라. ΔH_{vap}은 일정하다고 가정하라.

13.15 a) p-디브로모벤젠, $C_6H_4Br_2$의 용융열은 85.8 J/g이며, 녹는점은 86°C이다. 25°C에서의 이상적 용해도를 구하라.

b) p-디클로로벤젠, $C_6H_4Cl_2$의 용융열은 124.3 J/g이고, 녹는점은 52.7°C이다. 25°C에서의 이상적 용해도를 계산하라.

13.16 요오드의 녹는점은 113.6°C이고, 용융열은 15.64 kJ/mol이다.

a) 25°C에서 요오드의 이상적 용해도는 얼마인가?

b) 25°C에서 100 g의 헥산에는 몇 g의 요오드가 용해되겠는가?

13.17 100.0 g의 벤젠에 용해되는 나프탈렌 $C_{10}H_8$의 양은 25°C에서 70.85 g이고, 35°C에서 103.66 g이다. 나프탈렌의 ΔH_{fus}과 T_m을 계산하라.

13.18 27°C에서 1 L의 용액 속에 요소, $(NH_2)_2CO$ 6.00 g이 녹아 있다. 27°C에서 이 용액의 삼투압을 계산하라.

13.19 단면적이 1.00 cm²인 수직관을 생각하자. 관의 밑바닥을 반투막으로 막고 포도당, $C_6H_{12}O_6$ 1.00 g을 관에 넣었다. 반투막으로 막은 관의 끝을 순수한 물에 담근다면 평형에서 관의 액체면은 얼마나 높아지겠는가? 용액의 밀도는 1.00 g/cm²로 보아라. 포도당의 농도는 용액에서 고르다고 가

정한다. 평형에서 삼투압은 얼마인가(25 °C; 잠긴 깊이는 무시할 수 있다고 가정하라)?

13.20 25 °C에서 250.0 cm^3의 용액 속에 2.50 g의 시료가 녹아 있는 용액이 400 Pa의 삼투압을 나타내었다. 시료 물질의 몰질량을 계산하라.

13.21 a) 삼투압에 관한 엄밀한 식은 (13.36)식이다. 그런데 $\tilde{c} = n_2/V$이고 $V = nV^\circ + n_2 V_2^\circ$이며, 또 V°와 V_2°는 상수이므로 몰수 n과 n_2는 V, $\overline{V}^\circ$, $\overline{V}_2^\circ$ 및 $\tilde{c}$를 써서 나타낼 수 있다. 이들을 써서 $x = n/(n + n_2)$의 값을 구하라. 다음에 $\tilde{c} = 0$에서의 $(\partial\pi/\partial\tilde{c})_T$를 구하고 이것이 RT와 같다는 것을 보여라.

b) $\tilde{c} = 0$에서의 $(\partial^2\pi/\partial\tilde{c}^2)_T$를 구해서 $\pi = \tilde{c}RT(1 + V'\tilde{c})$임을 증명하라. 여기서 $V' = V_2^\circ - \frac{1}{2}V^\circ$이다. 이것은 수정된 van der Waals식, $\pi = n_2RT/(V - n_2V')$을 쓴 다음 멱급수로 전개한 것과 같음을 주목하라.

14
용 액
Ⅱ. 두 가지 이상의 휘발성 성분; 묽은 이상 용액

14.1 이상 용액의 일반적 특성

13장에서는 용매가 유일한 휘발성 성분으로 들어 있는 이상 용액만 논했다. 이상 용액의 개념은 여러 휘발 성분을 포함하는 용액에까지 확장된다. 앞에서처럼, 이 개념은 실제 용액의 실험적 성질을 일반화시킨 것이 그 기초가 되며, 모든 실제 용액의 극한 행동을 나타내는 것이다.

여러 휘발성 물질로 된 용액이 처음에는 진공이었던 용기에 들어 있다고 생각하자. 성분이 모두 휘발성이므로 용액의 일부가 증발되어 액체 위의 공간이 증기로 채워질 것이다. 온도 T에서 용액과 증기가 평형에 이르면, 그릇 속의 전체 압력은 용액의 여러 성분의 부분 압력의 합이 된다. 즉,

$$p = p_1 + p_2 + \cdots + p_i + \cdots \tag{14.1}$$

이 부분 압력은 액체의 평형 몰분율, $x_1, \cdots, x_i, \cdots$,와 마찬가지로 측정이 가능하다. 이 중의 한 성분 i가 다른 성분에 비해서 비교적 많이 들어 있다고 하자. 그러면 다음 관계가 성립한다는 것이 실험적으로 밝혀졌다.

$$p_i = x_i p_i^{\circ} \tag{14.2}$$

여기서 p_i°는 순수한 액체 성분 i의 증기 압력이다. (14.2)식은 Raoult의 법칙이며, 실험적으로 이 식은 어떤 용액에 대해서나 또 많이 존재하는 성분이 어떤 것이건 관계없이 x_i가 1에 접근할 때 항상 성립한다. 어떤 용액에서나 용매를 제외한 모든 성분이 묽을 때에는 용매가 항상 Raoult의 법칙을 만족시킨다. 그런데 모든 성분이 휘발성이므로 어느 성분이든지 모두 용매로 표시할 수 있다. 따라서 이상 용액이란 각 성분이 어떠한 조성에서나 모두 Raoult의 법칙, 즉 (14.2)식을 만족시키는 것이라고 정의할 수 있다. 기호를 되풀이해서 설명하면 p_i는 증기상에서의 i의 부분 압력, p_i°는 순수한 액체 i의 증기 압력, 그리고 x_i는 액체 혼합물에서의 i의 몰분율이다.

이상 용액은 이 이외에도 두 가지의 중요한 성질을 갖고 있다. 즉, 순수한 성분을 섞어 용액을 만들 때의 혼합열이 영이고 또 혼합 부피가 영이다. 이런 성질은 모든 실제 용액이 나타내는 극한 성질이다. 모든 용질이 묽게 녹아 있는 용액에다 용매를 더 넣을 때에는 용액이 묽을수록 그 혼합열이 영에 가까와진다. 그리고 이런 경우에는 모든 실제 용액의 혼합 부피가 영에 접근 한다.

14.2 이상 용액에서의 화학 퍼텐셜

고정된 온도 T에서 그 증기와 평형에 있는 이상 용액을 생각해 보자. 각 성분에 대한 평형 조건은 용액에서 i의 화학 퍼텐셜을 μ_i, 증기상에서 i의 화학 퍼텐셜을 $\mu_{i(\mathrm{vap})}$라고 할 경우 $\mu_i = \mu_{i(\mathrm{vap})}$이다. 증기가 이상적이면, 13.3절에서와 같은 논법으로 μ_i의 값이 다음과 같이 된다.

$$\mu_i = \mu_i^\circ(T,\ p) + RT\ln x_i \tag{14.3}$$

여기서 $\mu_i^\circ(T,\ p)$는 온도 T에서 압력 p하에 있는 순수한 액체의 화학 퍼텐셜이다. 용액 i의 성분은 어떤 것이나 그 화학 퍼텐셜이 각각 (14.3)식으로 주어진다. 그림 14-1은 $\mu_i - \mu_i^\circ$를 x_i의 함수로서 도시한 것이다. x_i가 작아질수록 μ_i의 값은 아주 급격하게 감소한다. 어떠한 x_i의 값에서나 μ_i는 μ_i° 보다 작다.

(14.3)식은 기체 혼합물 속에 들어 있는 이상 기체의 μ에 대한 (11.14)식과 그 모양이 같으므로 11.6절에서와 마찬가지 방법에 의해서 다음과 같은 결과를 얻을 수 있다.

$$\Delta G_{\mathrm{mix}} = nRT\sum_i x_i \ln x_i \tag{14.4}$$

$$\Delta S_{\mathrm{mix}} = -nR\sum_i x_i \ln x_i \tag{14.5}$$

$$\Delta H_{\mathrm{mix}} = 0 \qquad \Delta V_{\mathrm{mix}} = 0 \tag{14.6}$$

여기서 n은 혼합물의 전체 몰수이다. 이상 용액의 세 가지 성질(Raoult의 법칙, 혼합열이 영, 혼합 부피가 영)은 서로 밀접한 관계를 갖고 있다. 즉, 모든 성분에 대해서 Raoult의 법칙이 성립하면 혼합열과 혼합 부피가 영이 되어야 한다(이 표현의 역은 성립되지 않는다. 즉, 혼합 부피와 혼합열이 모두 영이라고 해서 Raoult의 법칙이 성립한다고는 말할 수 없다).

14.3 2성분 용액

두 성분이 모두 휘발성인 2성분 용액에다 Raoult의 법칙을 적용시켰을 때의 결과를 살펴보자. 2성분 용액에서는 $x_1 + x_2 = 1$이다. 따라서

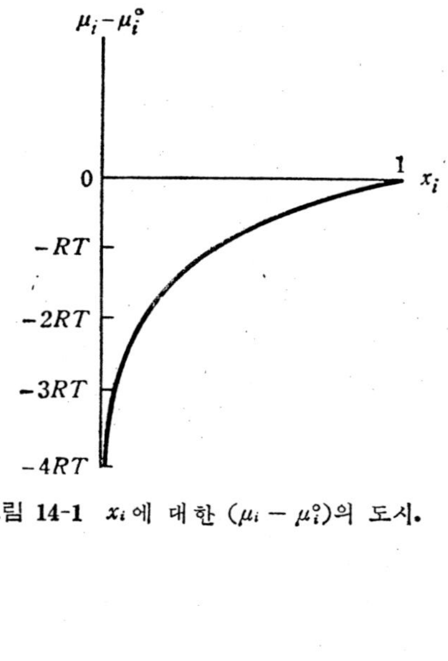

그림 14-1 x_i에 대한 $(\mu_i - \mu_i^\circ)$의 도시.

$$p_1 = x_1 p_1^\circ \tag{14.7}$$

$$p_2 = x_2 p_2^\circ = (1 - x_1) p_2^\circ \tag{14.8}$$

따라서 용액 위의 전체 압력을 p라고 하면 다음 결과가 성립한다.

$$p = p_1 + p_2 = x_1 p_1^\circ + (1 - x_1) p_2^\circ$$

$$p = p_2^\circ + (p_1^\circ - p_2^\circ) x_1 \tag{14.9}$$

이것은 혼합물 위의 전체 압력과 액체 속에 들어 있는 성분 1의 몰분율과의 관계식이다. 이 식에 의하면 p는 x의 선형 함수이다[그림 14-2(a)]. 그림 14-2(a)를 볼 때 용액에다 용질을 넣으면 어느 것이 더 휘발성인가에 따라서 용매의 증기 압력이 올라가기도 하고 또 내려가기도 한다는 것을 확실히 알 수 있다.

전체 압력은 또한 증기 속에 들어 있는 성분 1의 몰분율, y_1으로 나타낼 수도 있다. 우선 부분 압력의 정의를 다음과 같이 나타내 보자.

$$y_1 = p_1 / p \tag{14.10}$$

(14.7)식과 (14.9)식의 p_1과 p를 이 식에 넣으면 다음 결과가 나온다.

$$y_1 = \frac{x_1 p_1^\circ}{p_2^\circ + (p_1^\circ - p_2^\circ) x_1}$$

이 식을 x_1에 대해서 풀 수 있다. 즉,

$$x_1 = \frac{y_1 p_2^\circ}{p_1^\circ + (p_2^\circ - p_1^\circ) y_1} \tag{14.11}$$

(14.9)식에다 (14.11)식의 x_1 값을 넣어주고 조금 정리를 하면 다음 결과가 나온다.

$$p = \frac{p_1^\circ p_2^\circ}{p_1^\circ + (p_2^\circ - p_1^\circ) y_1} \tag{14.12}$$

(14.12)식은 p를 증기 속에 들어 있는 성분 1의 몰분율 y_1의 함수로서 표시한다. 그림 14-2(b)

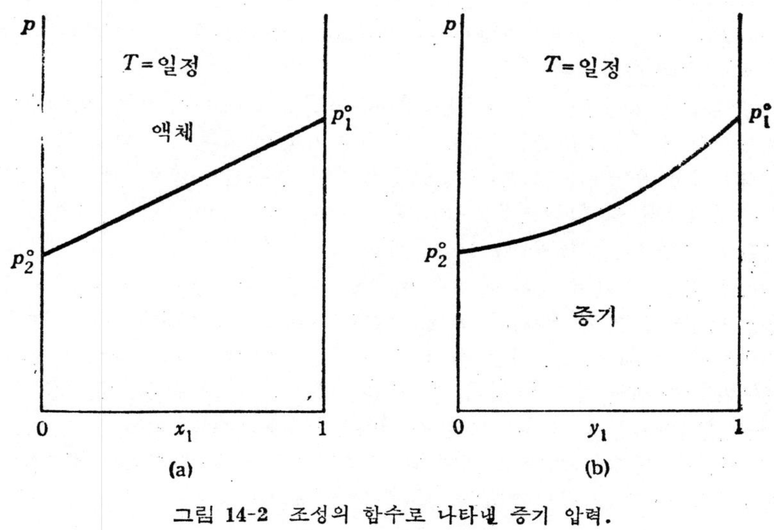

그림 14-2 조성의 함수로 나타낸 증기 압력.

에다 이 함수를 도시하였다. (14.12)식은 더 편리하고 대칭적인 식으로 바꾸어 놓을 수 있다. 즉,

$$1/p = y_1/p_1^\circ + y_2/p_2^\circ \tag{14.12a}$$

2성분계는 $C = 2$이므로 상 규칙은 $F = 4 - P$가 된다. 그런데 P는 1이거나 그보다 커야 하므로 계를 표시하려면 최대로 3개까지의 변수를 명시해야 한다. 그림 14-2(a)와 (b)는 특정한 온도에서 그린 것이므로 계의 상태를 완전히 설명하는 데 2개의 변수만 있으면 된다. 이 두 변수는 (p, x_1)일 수도 있고 또 (p, y_1)일 수도 있다. 따라서 그림 14-2(a)나 (b)에서의 점들은 계의 상태를 표시한다.

여기서 곤란한 문제가 하나 생긴다. 즉, 액체에서의 몰분율인 변수 x_1을 가지고 기체만으로 된 계의 상태를 표시할 수 없다는 것이다. 마찬가지로 y_1도 완전한 액체 상태인 계를 표시하지 못한다. 그러므로 액체 상태라든가 또는 액체와 증기가 공존하는 직선상의 상태만이 그림 14-2(a)에 의해서 표시된다. 마찬가지로, 그림 14-2(b)는 기체 상태라든가 또는 증기와 액체가 공존하는 곡선상의 상태만을 표시한다. 완전한 액체 상태란 높은 압력의 상태로서 그림 14-2(a)의 직선 위쪽의 상태이다. 또 완전한 기체 상태는 낮은 압력에서 안정하며 그림 14-2(b)에서 곡선 아래에 있는 상태이다. 이런 안정한 영역이 그림에 표시되어 있다.

만약 모든 상태를 한 그림에 다 표시할 수 있다면 훨씬 더 간단해질 것이다. 액체만이 존재할 때는 x_1으로 액체의 조성과 전체 계의 조성을 표시할 수 있다. 또 증기만이 존재할 경우에는 y_1으로 증기의 조성과 전체 계의 조성을 표시할 수 있다. 그리하여 압력을 전체 계 속에 들어 있는 성분 1의 몰분율 X_1에 대해서 도시하는 것이 합리적일 것같이 생각된다. 그림 14-3(a)는 p를 X_1에 대해서 도시한 것인데 그림 14-2(a)와 (b)의 두 곡선이 함께 그려져 있다. 위의 곡선은 액체 곡선이며 밑의 곡선은 증기 곡선이다. 그리하여 계는 한 그림으로 깨끗이 표시되었는데, 액체 곡선 위에서는 액체가 안정하고 증기 곡선 밑에서는 증기가 안정하다. 그러면 두 곡선 사이에 있는 점들은 무슨 의미를 갖게 되는가? 액체 곡선 바로 위에 있는 점은 액체가 홀로 존재할 수 있는 가장 낮은 압력에 해당한다. 그 이유는 곡선상에 점이 있을 때는 증기가 나타나야 하기 때문이다. 그리고 액체 곡선 아래에서는 액체만이 홀로 존재할 수 없다. 같은 논리로 증기 곡선 위에서는 증기만이 홀로 존재할 수 없다. 두 곡선 사이의 점은 액체와 증기가 평형을 이루며 공존하는 계의 상태를 나타내는 것이라고 보아야 한다. 따라서 두 곡선으로 둘러싸인 영역은 액체-증기 영역이다.

액체-증기 영역의 점 a를 생각해 보자[그림 14-3(b)]. a에 해당하는 X_1값은 액체와 증기를 합한 전체 계에서의 성분 1의 몰분율이다. 압력이 p_a인 증기와 공존하는 액체의 조성은 어떤 것일까? 이 압력에서 수평선을 그으면 일정한 압력의 연결선이 나오는데, 이 연결선이 액체 곡선과 만나는 점 l로부터 액체의 조성을 표시하는 x_1의 값이 얻어진다. 반면에 증기 곡선과 만나는 점 v로부터는 증기의 조성을 나타내는 y_1의 값이 나온다.

만약 액체와 증기의 두 가지 상이 평형을 이루게 되면, 계의 변수는 $F = 4 - 2 = 2$가 된다. 그런데 온도가 고정되어 있다. 따라서 p, x_1, y_1중의 어느 한 변수만 있으면 계를 충분히 표시할 수 있다. 이제까지는 계를 표시하는 데 x_1이나 y_1을 이용했다. $x_1 + x_2 = 1$이고 $y_1 + y_2 = 1$이므로, x_2와 y_2를 택해도 좋을 것이다. 두 가지 상의 계를 표시하는 데 압력을 택한다면 그 압력에서의 수평선이 액체 및 증기의 곡선과 만나는 점들로부터 직접 x_1과 y_1의 값이 구해진다. 또 계를 표시하는 변수를 x_1으로 택할 때는 x_1에서의 수직선이 액체 곡선과 만나는 점에서 p의 값을 구하고, 또 이 p로부터 y_1값을 구할 수 있다.

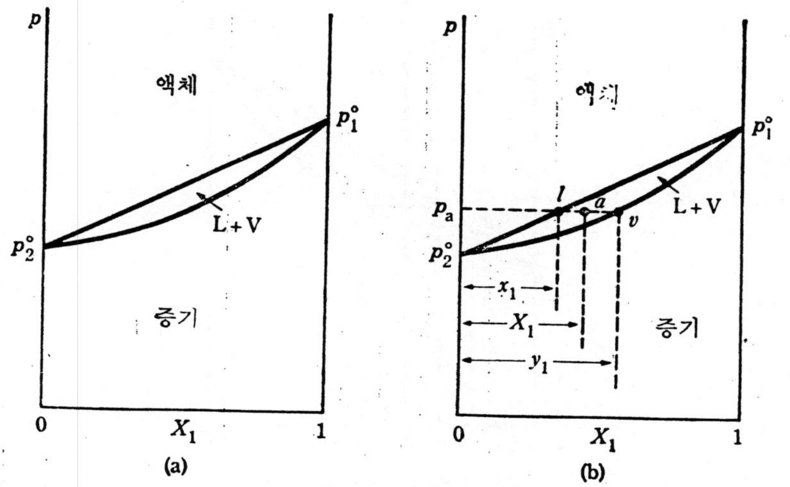

그림 14-3 p-X 그림의 해석.

14.4 지레 규칙

그림 14-3(b)의 L-V와 같은 두 상이 존재하는 영역에서는, 액체와 증기의 상대적 존재량에 따라서 전체 계의 조성이 x_1과 y_1 사이의 값을 갖는다. 상태를 표시하는 점 a가 액체선 아주 가까이에 있다면 그 계는 많은 양의 액체와 비교적 적은 양의 증기로 이루어질 것이다. 또 a가 증기선 근처에 있다면 존재하는 액체의 양은 증기의 양에 비해서 적다.

들어 있는 액체와 증기의 상대적 양은 지레 규칙으로 계산한다. 그림 14-3(b)에서 a와 l 사이의 길이를 $(\overline{al})$, a와 v 사이의 길이를 $(\overline{av})$라고 놓자. 다음에 $n_{1(\text{liq})}$와 $n_{1(\text{vap})}$를 각각 액체에서와 그리고 증기에서의 성분 1의 몰수라고 하고, $n_1 = n_{1(\text{liq})} + n_{1(\text{vap})}$라고 놓자. n_{liq}와 n_{vap}가 각각 존재하는 액체와 증기의 전체 몰수, 그리고 $n = n_{\text{liq}} + n_{\text{vap}}$라고 하면 그림 14-3(b)로부터 다음 결과가 얻어진다.

$$(\overline{al}) = X_1 - x_1 = \frac{n_1}{n} - \frac{n_{1(\text{liq})}}{n_{\text{liq}}} \qquad (\overline{av}) = y_1 - X_1 = \frac{n_{1(\text{vap})}}{n_{\text{vap}}} - \frac{n_1}{n}$$

$(\overline{al})$에다 n_{liq}를 곱한 것에서, $(\overline{av})$에다 n_{vap}를 곱한 것을 빼준다. 그러면

$$n_{\text{liq}}(\overline{al}) - n_{\text{vap}}(\overline{av}) = \frac{n_1}{n}(n_{\text{liq}} + n_{\text{vap}}) - (n_{1(\text{liq})} + n_{1(\text{vap})}) = n_1 - n_1 = 0$$

따라서

$$n_{\text{liq}}(\overline{al}) = n_{\text{vap}}(\overline{av}) \quad \text{또는} \quad \frac{n_{\text{liq}}}{n_{\text{vap}}} = \frac{(\overline{av})}{(\overline{al})} \tag{14.13}$$

이것을 지레 규칙이라고 부르며, 점 a는 "지렛대 받침"이다. 그리하여 액체의 몰수에다 a에서 액체선까지의 거리인 $(\overline{al})$을 곱한 것은 증기의 몰수에다 a에서 증기선까지의 거리인 $(\overline{av})$를 곱한 것과 같다. 또는 액체의 몰수와 증기의 몰수와의 비는 a로부터 v까지의 길이와 a로부터

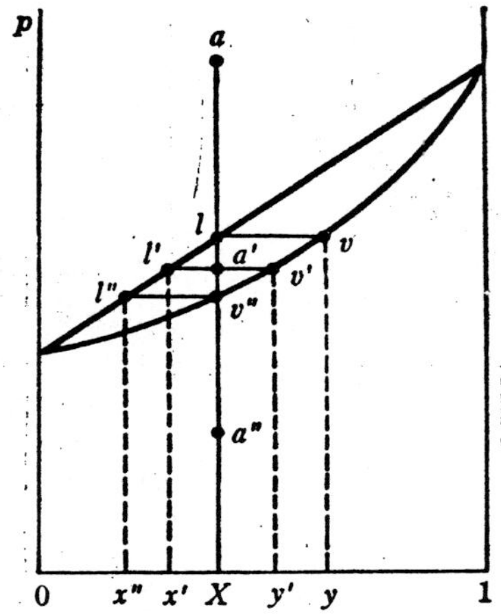

그림 14-4 등온 압력 변화.

l 까지의 길이의 비로 주어진다고 말할 수도 있다. 그러므로 a가 v에 아주 가까우면 $(\overline{av})$가 아주 작아서 $n_{\text{liq}} \ll n_{\text{vap}}$이며 계는 주로 증기로 이루어진다. 마찬가지로 a가 l에 가까울 때는 $n_{\text{vap}} \ll n_{\text{liq}}$이며 계는 주로 액체로 이루어진다.

지레 규칙의 유도는 질량의 균형만을 생각하여 유도된 것이므로 이 규칙은 2성분계의 두 상이 어떤 것이든 관계없이 그 두 상의 상대적 양을 계산하는 데 쓸 수 있다. 만일 몰분율 대신에 질량 분율로써 이 그림을 나타내더라도 이 지레 규칙은 여전히 성립하며, 이 때는 두 상의 몰수 대신에 상대적 질량을 나타낼 것이다.

14.5 압력이 등온적으로 내려갈 때의 상태 변화

전체 조성을 성분 1의 몰분율이 X가 되도록 일정하게 유지하면서, 계의 압력을 아주 높은 값에서 아주 낮은 값으로 내리면 계가 어떻게 행동할 것인가를 검토하기로 하자. 그림 14-4의 점 a에서 계는 완전히 액체이며, 압력이 점 l로 낮아질 때까지는 그대로 액체이다. 점 l에서는 조성 y를 갖는 증기가 나타나기 시작한다. 주목할 것은 처음 생기는 증기는 액체보다 성분 1을 상당히 더 많이 포함한다는 것이다. 즉, 성분 1의 휘발성이 더 크다. 압력을 더 내리면 점이 a'으로 내려간다. 압력이 이렇게 줄어드는 동안에 액체의 조성은 선 ll'을 따라 움직이고, 한편 증기의 조성은 vv'을 따라 이동한다. a'에서 액체는 조성 x'을 갖는 한편, 증기는 조성 y'을 갖는다. 점 a'에서 액체와 증기와의 몰수 비는 지레 규칙으로부터 $(\overline{a'v'})/(\overline{a'l'})$가 된다. 계속해서 압력을 낮추면 상태를 나타내는 점이 v''으로 옮겨간다. 이 점에서는 조성 x''의 액체는 흔적만 남게 되고 증기는 조성 X를 갖는다. 남아 있는 액체 속에는 휘발성이 작은 성분 2가 더 많이 들어 있다. 압력이 내려감에 따라서 상태를 나타내는 점은 증기 영역으로 옮겨 들어가며, v''에서 a''까지의 압력 감소는 단순한 증기 팽창에 해당한다. 최종 상태 a''에서 증기는 물론 원래의 액체와 똑같은 조성을 갖는다.

압력을 낮출 때 액체 위에 생기는 증기가 액체보다 어느 특정한 성분을 더 많이 포함한다는 사실을 이용한 것이 등온 증류 분리법이다. 보통의 방법으로 증류할 때 분해되기 쉬운 혼합물은 이 등온 증류법을 쓰는 것이 좋다. 그러나 이 방법은 상당히 불편하기 때문에 다른 방법이 적당치

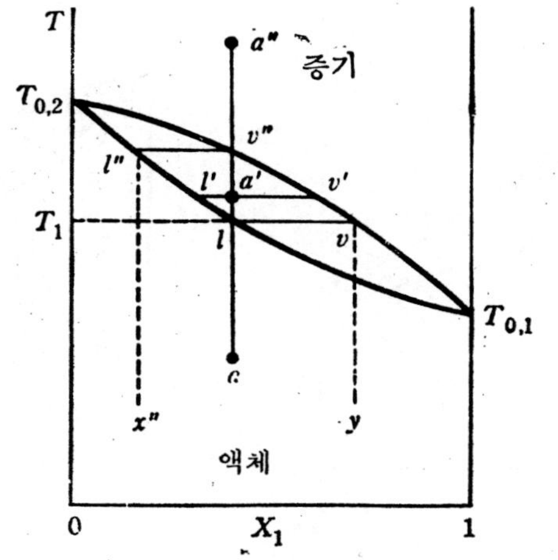

그림 14-5 온도의 등압 변화.

않을 때에만 사용된다.

위에서 설명한 계는 이상 용액이다. 이상적인 행동에서 크게 벗어나지 않는다면, 액체 조성 곡선이 직선이 아니라는 것 외에는 대개 비슷한 그림이 얻어질 것이다. 그리고 이러한 경우의 해석도 이상 용액에 대한 것과 완전히 똑같다.

14.6 온도-조성 상평형 그림

14.5절의 그림에서는 온도가 일정했었다. 따라서 계의 평형 압력은 (14.9)식이나 (14.12)식에 의해서 x_1이나 y_1의 함수가 되었었다. 그리고 이 두 식에서 p_1°와 p_2°는 온도의 함수였다. 만일 (14.9)식과 (14.12)식에서 전체 압력 p를 일정하다고 생각하면, 이 식은 평형 온도인 끓는점과 x_1(또는 y_1) 사이의 관계식이 된다. 관계식 $T=f(x_1)$과 $T=g(y_1)$은 압력과 조성 사이의 관계식처럼 그렇게 단순하지는 않지만, Clapeyron 식을 이용해서 이론적으로 구할 수도 있고, 또 액체 혼합물의 조성을 변화시키면서 그 끓는점과 증기의 조성을 측정하여 실험적으로 구할 수도 있다.

그림 14-3에 나타낸 이상 용액의 끓는점을 일정한 압력에서 조성에 관하여 도시하면 그림 14-5가 나온다. 여기서는 액체 곡선과 증기 곡선이 모두 직선이 아닌데 이 점을 제외하면 그림 14-3과 비슷하다. 그러나 볼록 렌즈 모양의 액체-증기 영역은 왼쪽에서 오른쪽으로 비스듬히 기울어져 내려갔다. 이것은 성분 1이 더 큰 증기 압력을 갖고 따라서 더 낮은 끓는점을 갖는다는 사실과 일치한다. 또한 그림 14-5에서는 액체 영역이 아래쪽으로 갔는데, 그 이유는 일정한 압력하에서는 낮은 온도에서 액체가 더 안정하기 때문이다. 낮은쪽 곡선은 액체 조성을 나타내며 위의 곡선은 증기 조성을 나타낸다. p-X 그림의 영역을 무심하게 T-X 그림의 영역과 혼동하는 수가 흔히 있다. 상식으로 판단해서, 액체는 낮은 온도에서 안정하므로 T-X 그림의 아래 부분에 해당하며, 또 증기는 높은 압력에서 안정하므로 p-X 그림에서는 위 부분에 해당한다. 이처럼 판단하기가 아주 쉬우므로 액체나 증기 부분의 위치를 외우려고 애쓴다는 것은 어리석은 일이다.

p-X 그림을 설명하는 원리는 T-X 그림에도 거의 그대로 적용될 수 있다. 계의 압력은 일정하며, 따라서 상 규칙으로부터 최대로 2개의 변수만 더 있으면 계를 표시할 수 있다. T-X그

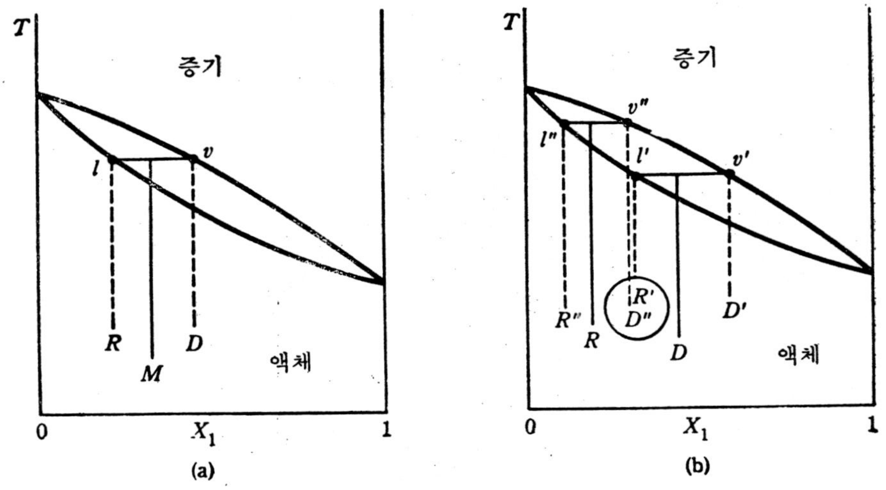

그림 14-6 증류.

림 상의 점은 어느 것이나 그 계의 상태를 표시한다. 즉, 그림의 가장 위 부분에 있는 점은 계의 기체 상태이며, 아래 부분은 액체 상태이다. 가운데 부분의 점은 액체와 증기가 평형을 이루며 공존하는 상태를 표시한다. 액체-증기 영역의 연결선은 그 온도에서 공존하는 증기와 액체의 조성을 연결해 준다. T-A 그림에도 물론 지레 규칙이 적용된다.

14.7 온도 증가에 따르는 상태 변화

일정한 압력 하에서 액체 혼합물을 그림 14-5의 점 a에 해당하는 낮은 온도로부터 점 a''의 높은 온도까지 가열할 때 일어나는 일련의 현상을 살펴보자. a에서는 계가 전적으로 액체로 되어 있다. 온도를 높이면 점 l에 이르기까지는 계는 완전히 액체로 남아 있다. 이 온도 T_1에서 조성 y를 갖는 증기가 처음 생기기 시작한다. 그 증기에는 낮은 끓는점의 성분 1이 액체에서보다 훨씬 많이 들어있다. 이 사실은 휘발성 혼합물을 증류에 의해서 분리해 내는 방법의 기초가 된다. 온도가 올라감에 따라 상태점은 a'으로 이동하고, 액체 조성은 선 ll'을 따라 연속적으로 변한다. 그리고 증기 조성은 vv' 선을 따라 연속적으로 변한다. a'에서는 액체와 증기의 상대적이 몰수가 $(a'v')/(a'l')$의 비로 주어진다. 온도를 더 올리면 v''에서 조성 x''인 액체의 마지막 흔적이 없어져 버린다. a''에서 계는 완전한 증기로 된다.

14.8 분별 증류

14.7절에서 설명한 일련의 현상은 온도를 올리면서 계로부터 아무런 물질도 제거하지 않을 경우에는 일어나는 현상이다. 이 과정의 처음 단계에서 생성된 증기의 일부를 계로부터 제거해서 응축시키면 그 응축물, 즉 증류물 속에는 휘발성이 더 큰 성분이 많이 들어가고 한편 찌꺼 속에는 휘발성이 더 큰 성분이 적어지게 된다. 가령 혼합물 M의 온도를 높여서 그 반은 증기로 가고 나머지 반은 액체로 남게 해 주었다고 해보자[그림 14-6(a)]. 그러면 증기의 조성은 v가 되고 찌끼 R의 조성은 l이 된다. 증기를 제거해서 응축시켜 조성이 v인 증류물 D를 만든다. 다음에 이 증류물을 다시 가열하여 그 반은 증기로 되고 나머지 반은 그대로 액체로 남게

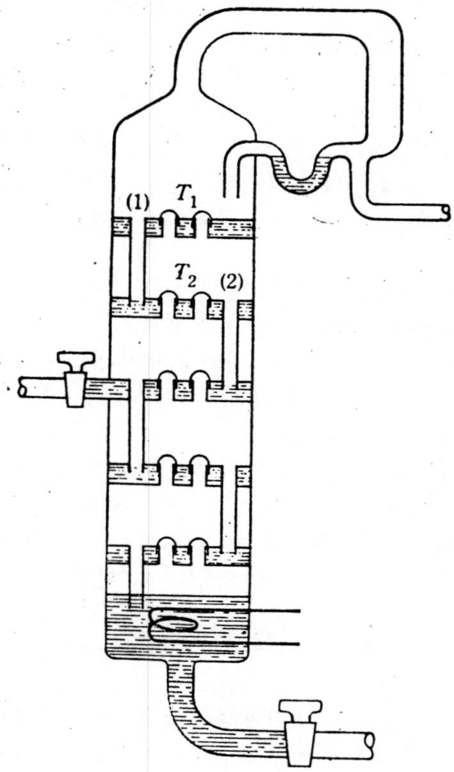

그림 14-7 기포-뚜껑 증류탑(Findlay, Campbell, Smith, ***The Phase Rule and Its Applications***, 9 th ed. New York: Dover, 1951 에서 인용).

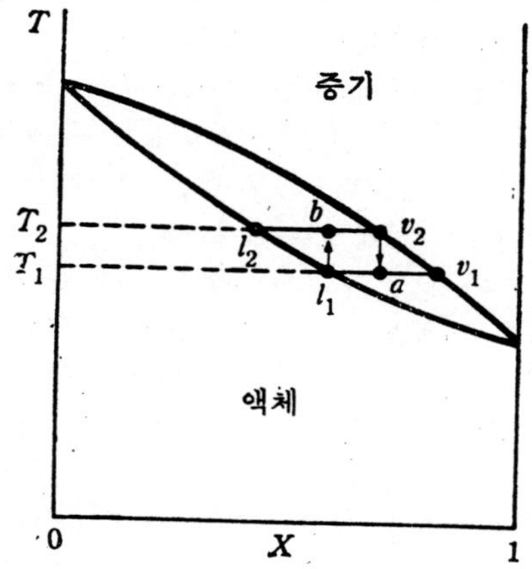

그림 14-8 증류탑에서의 액체와 증기의 교환.

한다[그림 14-6(b)]. 이 증기를 제거해서 응축시켜 조성이 v' 인 증류물 D' 과 조성이 l' 인 찌끼 R' 을 만든다. 처음 찌끼 R 도 마찬가지로 처리해서, 증류물 D'' 과 찌끼 R'' 을 만든다. D'' 과 R' 은 거의 같은 조성을 가지므로 이 둘을 합친다. 그리고 R'', $(D''+R')$, D' 의 세 부분에다 이 과정을 되풀이 시킨다. 이런 과정을 계속하면 결국 이 혼합물은 휘발성이 큰 액체와 가까운 조성의 증류물과, 휘발성이 작은 액체와 가까운 조성의 찌끼와 그리고 그 중간 조성을 갖는 여러 부분으로 분류가 된다.

이런 배치법으로 분류를 시키려면 시간과 노력이 과중하게 들기 때문에 그림 14-7과 같은 분별 증류관을 이용하는 연속적 방법을 쓴다. 그림과 같은 형태의 탑은 기포-뚜껑 증류탑이다. 이 탑은 아래에서 가열하는데, 높이에 따라 온도가 다르며 위쪽은 아래보다 차겁다. 탑 꼭대기의 온도는 T_1 이고, 이 점에서 나오는 증기는 판 1에 붙잡힌 액체와 평형에 있다고 가정해 보자. 이 액체와 증기의 조성은 그림 14-8의 l_1 과 v_1 으로 표시된다. 둘째 번 판 2의 온도는 약간 높아서 T_2 가 되고 여기서 나오는 증기는 조성 v_2 를 갖는다. 이 증기가 판 1로 올라가면 식어서 온도가 T_1 인 점 a 로 된다. 이것은 증기 v_2 의 일부가 응축되어 l_1 이 생긴다는 것을 의미한다. l_1 은 휘발성이 작은 성분을 많이 포함하므로 남아 있는 증기에는 휘발성이 큰 성분이 많게 되며 평형에서는 조성 v_1을 갖는다. 이것은 탑 속의 어느 판에서나 일어난다. 증기는 탑 위로 올라가면서 식으며, 그리하여 휘발성이 작은 성분이 우선적으로 응축되고 위로 올라갈수록 점점 휘발성이 큰 성분이 증기 속에 많이 들어가게 된다. 탑의 각 부분에서 액체와 증기가 평형을 이루면, 증기의 조성은 그림 14-8의 증기 조성 곡선으로 주어질 것이다. 온도는 탑의 위치의 함수라는 것을 알아야 한다.

꼭대기 판에 있는 액체 l_1이 다음 판으로 흘러내려가면 온도가 T_2로 올라가고 액체의 상태점은 b가 된다(그림 14-8). 이 때 휘발성이 큰 성분은 약간 증발되어 v_2를 만들고 액체의 조성은 l_2로 옮아간다. 그리하여 탑을 통해서 내려감에 따라 액체는 휘발성이 작은 성분을 점점 더 많이 포함하게 된다.

증기는 탑 위로 올라가고 액체는 아래로 내려가면서, 액체와 증기상 사이에서 두 성분의 연속적인 재분배가 일어나서 탑의 각 위치(즉, 각 온도)에서 평형이 성립된다. 각 위치에서 평형이 이루어지려면 이런 재분배가 빨리 일어나야 한다. 그러므로 액체와 증기가 효율적으로 접해야 한다. 기포-뚜껑 증류탑에서는 위로 올라가는 증기가 각 판에 있는 액체를 통과해 나가게 함으로써 효과적인 접촉이 이루어지게 하고 있다. 실험실에서 쓰는 Hempel 관에서는 유리 구슬 위로 액체를 퍼지게 하고 증기는 구슬 사이의 틈을 통해서 위로 올라가게 하여 두 상을 접촉시키고 있다. 공업용 증류 장치에는 여러 가지의 물질을 채워 넣는데, 안장-모양의 사기 조각을 많이 채운다. 이 채우는 물질이나 장치가 액체를 탑의 특수한 길을 따라 흘러내리게 하면 안된다. 그 이유는 액체를 비교적 얇은 층으로 고루 퍼지게 해서 성분의 재분배가 빨리 일어나도록 해야하기 때문이다.

탑의 어느 일부분을 특정한 온도로 고정시키면, 평형에서 액체와 증기의 조성이 그 온도에 적절한 값을 갖는다는 것을 주목해야 한다. 일정한 압력 하에서는, 계의 변수가 $F=3-P$이며 두 상이 존재하므로 $F=1$이 된다. 이 결과 탑의 각 위치마다 온도를 고정시키면 평형에서 탑의 각 위치의 액체와 증기 조성이 고정된다. 그러므로 탑 속의 온도를 적절하게 분배시켜 주면 탑의 각 부분에서의 증기와 액체의 평형 조성도 그에 따라서 적절하게 분배된다.

"평형에 있는" 상이란 말이 증류탑을 설명하는 데 많이 쓰이고 있지만, 실제로 이 탑은 전혀 평형에 있지 않고 오히려 정류 상태에 있는 것이다. 탑 속을 따라 온도가 같지 않으므로, 열역학적 의미에서 이 계가 참말로 평형에 있다고는 볼 수 없다. 이런 이유 때문에 이 경우에는 상규칙을 엄밀하게 적용시킬 수 없다. 그러나 이것을 지침으로는 삼을 수 있다. 이 이외에도 어려운 문제들이 있다. 즉, 압력이 꼭대기보다 탑 아래쪽에서 더 높다든가 또 액체와 증기의 항류 등과 같은 비평형 현상도 역시 문제가 되고 있다.

실제로는 탑의 각 부분에서 평형이 이루어지지 않으며, 임의의 한 위치에서의 증기는 오히려 약간 더 아래 위치에 있는 액체와 평형에 있는 조성을 갖는다. 두 위치 사이의 거리를 h라고 하면 그 탑은 길이 h에서 이론 단수 하나를 갖는다고 말한다. 탑의 이론 단수의 수효는 탑의 기하적 형태, 채우는 물질의 종류와 배열 및 탑이 가동되는 방식에 따라 다르다. 이것은 주어진 조작 조건에 대해서 실험적으로 결정해야 한다.

개개의 성분의 끓는점이 서로 크게 다를 때에는 이론 단수가 몇 개 안 되는 증류탑을 쓰더라도 그 혼합물을 충분히 분리할 수 있다. 반면에 끓는점이 서로 비슷한 경우에는 많은 이론 단수의 탑이 필요하다.

14.9 불변 끓는점 혼합물

이상적이거나 또는 이상적인 것으로부터 아주 약간 벗어나는 혼합물은 분별 증류에 의해서 그

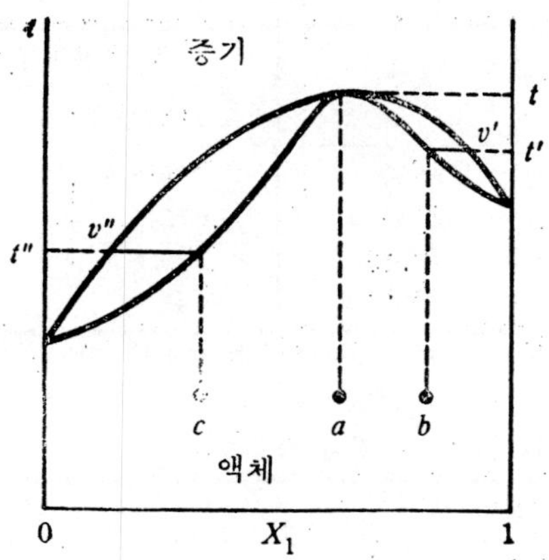

그림 14-9 극대 끓는점을 갖는 t-X 그림.

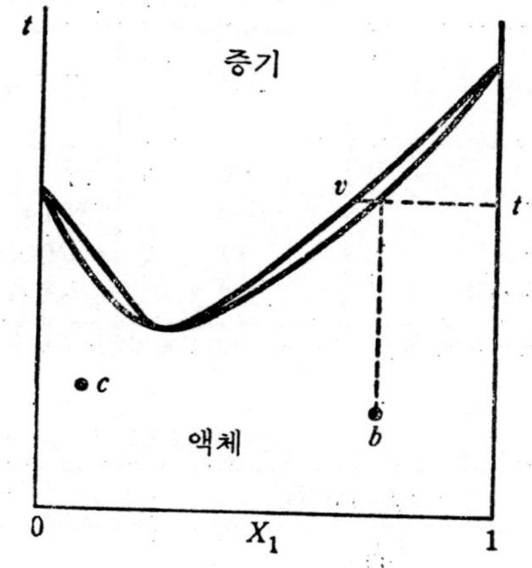

그림 14-10 극소 끓는점을 갖는 t-X 그림.

성분들을 분리할 수 있다. 반면에, Raoult의 법칙으로부터 크게 벗어나서 증기 압력 곡선에 극대값이나 극소값이 나타나는 경우에는, 끓는점 곡선에도 거기에 대응하는 극소점 또는 극대점이 나타난다. 이런 혼합물은 분별 증류에 의해 그 성분을 완전히 갈라낼 수 없다. 증기 압력 곡선이 극대 또는 극소값을 갖는 경우에는, 그 점에서 액체와 증기 곡선이 서로 접하고, 액체와 증기는 같은 조성을 가져야 한다는 것을 증명할 수 있다(Gibbs-Konovalov의 정리). 극대나 극소의 증기 압력을 갖는 혼합물을 불변 끓는점 혼합물(azeotrope : 변치않고 끓는다는 희랍어에 연유함)이라고 부른다.

그림 14-9와 같이 극대 끓는점을 나타내는 계를 생각해 보자. 불변 끓는점 조성을 갖는 혼합물, 즉 점 a로 표시되는 혼합물을 가열하면 온도 t에서 처음으로 증기가 생길 것이다. 그 증기는 액체와 똑같은 조성을 가지며, 따라서 얻어진 증류물은 원래의 액체와 똑같은 조성을 가지므로 분리가 안 된다. 그림 14-9에서 b로 표시되는 혼합물을 가열하면 첫 증기는 t'에서 생기며 조성 v'을 갖는다. 이 증기는 끓는점이 높은 성분을 더 많이 포함한다. 분별 증류하면 혼합물에서 순수한 성분 1이 증류물로서 분리되고 불변 끓는점 혼합물이 그릇에 남는다. 또 c로 표시되는 혼합물은 처음에 t''에서 끓으며, 증기는 v''의 조성을 갖는다. 결국 이 혼합물을 분별 증류하면 순수한 성분 2가 증류물로 나오고 그릇에는 불변 끓는점 혼합물이 남는다.

그림 14-10과 같은 극소 끓는점을 갖는 불변 끓는점 혼합물도 위와 비슷하게 행동한다. 불변 끓는점 혼합물은 증류하더라도 조성이 변치 않는다. 점 b로 표시되는 혼합물은 t에서 끓기

표 14.1(a) 극소 끓는점의 불변 끓는점 혼합물(1 atm).

성 분 A	t_a/°C	성 분 B	t_b/°C	불변 끓는점 혼합물	
				A의 질량 %	t_c/°C
H_2O	100	C_2H_5OH	78.3	4.0	78.174
H_2O	100	$CH_3COC_2H_5$	79.6	11.3	73.41
CCl_4	76.75	CH_3OH	64.7	79.44	55.7
CS_2	46.25	CH_3COCH_3	56.15	67	39.25
$CHCl_3$	61.2	CH_3OH	64.7	87.4	53.43

표 14.1(b) 극대 끓는점의 불변 끓는점 혼합물(1 atm).

성 분 *A*	t_b/°C	성 분 *B*	t_b/°C	불변 끓는점 혼합물	
				A의 질량 %	t_b/°C
H_2O	100	HCl	−80	79.778	108.584
H_2O	100	HNO_3	86	32	120.5
$CHCl_3$	61.2	CH_3COCH_3	56.10	78.5	64.43
C_6H_5OH	182.2	$C_6H_5NH_2$	184.35	42	186.2

Azeotropic Data; Advances in Chemistry Series No. 6. Washington, D.C.: American Chemical Society, 1952에서 인용.

표 14-2 불변 끓는점의 끓는 온도와 조성의 압력 의존.

압력/mmHg	HCl의 질량 %	t_b/°C
500	20.916	97.578
700	20.360	106.424
760	20.222	108.584
800	20.155	110.007

W.D. Bonner, R.E. Wallace, *J. Amer. Chem. Soc.* **52**: 1747(1930).

시작하며 그 증기는 조성 v를 갖는다. 이 혼합물을 분별 증류하면 불변 끓는점 혼합물이 증류물로 얻어지고, 순수한 성분 1이 그릇에 남는다. 마찬가지로, c로 표시되는 혼합물을 분별 증류하면 불변 끓는점 혼합물이 증류물로 얻어지고 순수한 성분 2가 그릇에 남게 된다.

표 14-1에는 여러 가지의 불변 끓는점 혼합물과 아울러 그 성질이 실려 있다. 보통의 혼합물은 넓은 온도 범위에 걸쳐서 끓는데 반해서 불변 끓는점 혼합물은 어떤 일정한 온도에서 끓는데, 이러한 성질에서 보면 이 혼합물은 순수한 화합물과 닮았다. 그러나 압력을 변화시키면 불변 끓는점 혼합물의 끓는점은 물론 그 조성도 변화하므로 이 혼합물은 순수한 화합물이 될 수 없다. 불변 끓는점 염산은 그러한 예의 하나이다. 압력에 따르는 그 조성의 변화를 표 14-2에 실었다. 이 조성은 대단히 정확하게 측정된 것이므로 불변 끓는점 염산을 묽혀서 표준 산 용액을 만들 수 있다.

14.10 이상적 묽은 용액

이상 용액에서는 모든 성분이 전체 조성 범위에 걸쳐서 Raoult의 법칙을 만족시켜야 한다는 엄격한 조건이 요구되지만 이상적 묽은 용액에서는 그렇게 엄격하지 않아도 된다. 묽은 용액에서 성립하는 법칙을 얻으려면 이런 용액의 실험적 행동을 검토해야 한다. 세 가지 계에 대한 증기 압력 곡선을 아래에서 설명하였다.

14.10.1 벤젠-톨루엔

그림 14-11은 벤젠-톨루엔 계의 증기 압력을 벤젠의 몰분율에 대해서 도시한 것으로서, 이 계는 전체 조성 범위에서 비교적 정확하게 이상적으로 행동한다. 벤젠과 톨루엔의 부분 압력은 Raoult의 법칙이 성립되므로 그림에서와 같이 벤젠의 몰분율의 선형 함수이다.

14.10.2 아세톤-이황화탄소

그림 14-12(a)는 이황화탄소와 아세톤 혼합물의 부분 압력 곡선과 전체 증기 압력을 나타낸 것

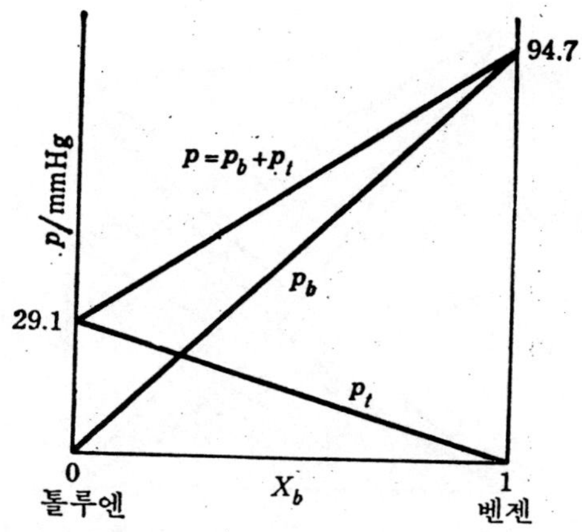

그림 14-11 벤젠-톨루엔 계의 증기 압력.

이다. 이 계에서는, 개개의 부분 압력 곡선이 점선으로 나타낸 Raoult의 법칙으로부터 훨씬 위로 올라가 있다. 전체 증기 압력은 어느 성분의 증기 압력보다도 큰 극대치를 나타낸다.

그림 14-12(b)는 이 계의 또 하나의 흥미 있는 특색을 나타낸다. 이 그림은 이황화탄소의 부분 압력만을 나타낸 것이다. CS_2가 용매일 때는 $X_{CS_2}=1$ 근처의 영역에서 부분 압력 곡선의 Raoult의 법칙의 선에 접한다. 그러나 $X_{CS_2}=0$ 근처에서는 CS_2가 작은 농도로 들어 있는 용질이 되며, 이 때는 부분 압력 곡선이 선형이 된다. 즉,

$$p_{CS_2} = K_{CS_2} X_{CS_2} \tag{14.14}$$

여기서 K_{CS_2}는 상수이다. 이 영역에서의 선의 기울기는 Raoult의 법칙의 기울기와 다르다. 이

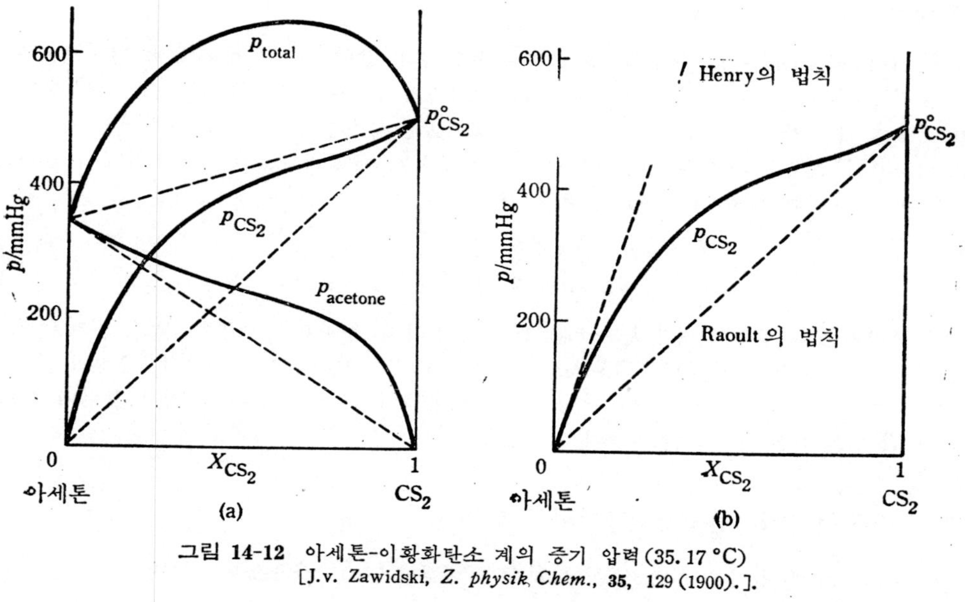

그림 14-12 아세톤-이황화탄소 계의 증기 압력(35.17 °C)
[J.v. Zawidski, *Z. physik. Chem.*, **35**, 129 (1900).].

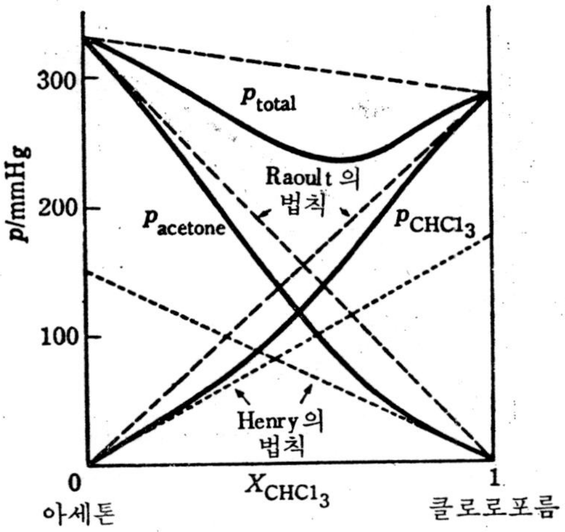

그림 14-13 아세톤-클로로포름 계의 증기 압력(35.17° C)
[J.v. Zawidski, *Z. physik Chem.* **35**, 129(1900).].

때는 용질이 **Henry 의 법칙**, 즉 (14.14)식을 만족시킨다. K_{CS_2} 는 Henry 의 법칙 상수이다. 아세톤의 부분 압력 곡선을 조사해 보아도 같은 형태의 행동을 한다는 것을 알 수 있다. 즉,

$$X_{acetone} = 1 \text{ 근처에서} \qquad p_{acetone} = X_{acetone}\, p^{\circ}{}_{acetone}$$
$$X_{acetone} = 0 \text{ 근처에서는} \qquad p_{acetone} = K_{acetone}\, X_{acetone}$$

여기서 주목할 것은 만일 이상 용액이라면, K 와 p° 가 같을 것이고, Henry 의 법칙과 Raoult 의 법칙은 둘다 같은 결과를 나타내리라는 것이다.

14.10.3 아세톤-클로로포름

그림 14-13에 보인 아세톤-클로로포름 계에서는 증기 압력 곡선이 Raoult 의 법칙으로부터 예측되는 것보다 아래쪽으로 간다. 이 계는 Raoult 의 법칙으로부터 음의 편차를 나타낸다. 전체 증기 압력은 어느 순수한 성분의 증기 압력보다도 낮은 극소값을 갖는다. 그림에서 촘촘한 점선으로 나타낸 Henry 의 법칙의 선은 이 계에서 Raoult 의 법칙의 선보다 역시 아래에 있다.

묽은 이상 용액의 성질은 다음과 같은 식으로 나타낼 수가 있다.

$$\text{용매(Raoult 의 법칙)}: \quad p_1 = x_1 p_1^{\circ} \tag{14.15}$$
$$\text{용질(Henry 의 법칙)}: \quad p_j = K_j x_j \tag{14.16}$$

여기서 하첨자 j 는 임의의 용질을 나타내고 하첨자 1은 용매를 나타낸다. 모든 실제 용액은 충분히 묽을 때 (14.15)식과 (14.16)식으로 나타낸 성질에 가까와진다. 여러 용질이 들어 있는 경우에도 마찬가지 결과가 되는데, 다만 이 때는 용액이 모든 용질에 관해서 묽어야 한다. 용질마다 K_j 값은 다르다.

14.11 이상적 묽은 용액에서의 화학 퍼텐셜

용매는 Raoult 의 법칙을 따르므로 그 화학 퍼텐셜은 (14.3)식으로 주어지며, 이것을 다시 쓰

면 다음과 같다.

$$\mu_1 = \mu_1^\circ(T, p) + RT \ln x_1$$

여느 때와 마찬가지로 용질의 화학 퍼텐셜은 액체에서의 값 $\mu_j(\mathrm{l})$와 증기에서의 값 $\mu_j(\mathrm{g})$가 같아야 한다.

$$\mu_j(\mathrm{l}) = \mu_j(\mathrm{g}) = \mu_j^\circ(\mathrm{g}) + RT \ln p_j$$

Henry 법칙, 즉 (14.16)식으로 주어지는 p_j를 이 식에 넣어주면 다음과 같은 식이 나온다.

$$\mu_j(\mathrm{l}) = \mu_j^\circ(\mathrm{g}) + RT \ln K_j + RT \ln x_j$$

표준 자유 에너지 $\mu_j^*(\mathrm{l})$를 다음과 같이 정한다.

$$\mu_j^*(\mathrm{l}) = \mu_j^\circ(\mathrm{g}) + RT \ln K_j \tag{14.17}$$

일반적으로, μ_j^*는 온도와 압력의 함수이지만 조성의 함수는 아니다. 그러면 액체 상태의 μ_j에 대한 식이 다음과 같이 된다.

$$\mu_j = \mu_j^* + RT \ln x_j \tag{14.18}$$

(14.18)식에 의하면 만일 $0 \leq x_j \leq 1$의 전체 범위에서 Henry의 법칙이 성립한다면 $x_j = 1$인 가상적 상태에서 용질 j는 μ_j^*라는 화학 퍼텐셜을 갖게 될 것이다.

이상 용액의 개념은 비휘발성 용질에도 확장시킬 수 있으며, 이런 용질의 화학 퍼텐셜도 역시 (14.18)식과 같은 형식으로 주어지기만 하면 된다.

묽은 용액에서는 용질의 농도를 몰분율 x_j로 나타내는 것이 불편하다. 그리하여 몰랄농도 m_j나 몰농도 c_j가 보다 더 보편적으로 이용된다. (14.18)식을 이용하면 m_j나 c_j의 함수로 된 화학 퍼텐셜을 얻을 수 있다. 이 목적을 위해서는 우선 x_j를 m_j나 c_j의 함수로 나타내야 한다.

용매의 몰수를 n이라고 하면 정의에 따라 $x_j = n_j/(n + \sum_j n_j)$이다. 그리고 몰랄농도는 단위 질량(1kg)의 용매 속에 들어있는 j의 몰수이다. 따라서 용매의 몰질량(kg/mol)을 M이라고 하면 다음과 같은 관계들이 성립한다.

$$m_j = \frac{n_j}{nM} \qquad \text{즉} \qquad n_j = nMm_j \tag{14.19}$$

이 관계를 x_j에 관한 식 속의 n_j에 넣어주면 다음과 같은 결과가 나온다.

$$x_j = \frac{Mm_j}{1 + Mm} \tag{14.20}$$

여기서 m은 모든 용질의 총몰랄농도이며 $m = \sum_j m_j$이다. 묽은 용액에서는 m이 영에 접근하며 따라서 다음과 같은 관계가 성립한다.

$$\lim_{m=0}\left(\frac{x_j}{m_j}\right) = \lim_{m=0}\frac{M}{1 + mM} = M$$

즉, $m = 0$ 근처에서는 다음과 같이 된다.

$$x_j = Mm_j \tag{14.21}$$

이 식은 표준 몰랄농도 $m^\circ = 1\mathrm{mol/kg}$를 도입하여 다음과 같은 꼴로 나타낼 수 있다.

$$x_j = Mm^\circ\left(\frac{m_j}{m^\circ}\right) \tag{14.22}$$

이 x_j 값을 이용하면 (14.18)식이 다음과 같이 된다.

$$\mu_j = \mu_j^* + RT\ln Mm^\circ + RT\ln\left(\frac{m_j}{m^\circ}\right)$$

그리고 $\mu_j^{**} = \mu_j^* + RT\ln Mm^\circ$ 라고 정의하면 이 식이 다음과 같이 표시된다.

$$\mu_j = \mu_j^{**} + RT\ln m_j \tag{14.23}$$

이 식에서 m_j 는 $m_j/(1\text{mol/kg})$을 줄여 쓴 것으로서 순수한 수치를 나타낸다. (14.23)식은 묽은 용액에서의 μ_j 를 편리한 m_j 의 함수로 나타낸 것이다. 표준 화학 퍼텐셜 μ_j^{**} 는 용액이 $0 \leqslant m_j \leqslant 1$ 의 전체 영역에서 이상적 묽은 용액의 성질을 나타낸다고 가정할 경우 단위 몰랄농도의 가상적 상태에서 가지는 μ_j 의 값이다.

용질의 화학 퍼텐셜 μ_j 를 c_j 의 함수로 표시하려면 우선 m_j 와 $\tilde{c}_j$, 즉 SI 단위로 나타낸 mol/m³ 사이의 관계를 구해야 한다. 이 $\tilde{c}_j$ 는 정의에 따라서 다음과 같다.

$$\tilde{c}_j = \frac{n_j}{V} = \frac{nMm_j}{V}$$

용액의 질량은 $w = nM + \sum_j n_jM_j = nM + \sum_j nMm_jM_j$ 이므로 용액의 밀도를 ρ_s 라고 하면 $V = w/\rho_s$ 이다. 즉,

$$V = \frac{nM}{\rho_s}(1 + \sum_j m_jM_j)$$

따라서,

$$\tilde{c}_j = \frac{\rho_s m_j}{1 + \sum_j m_jM_j} \tag{14.24}$$

따라서 m_j 가 모두 영에 접근하면 순수한 용매의 밀도를 ρ 라고 할 경우 다음과 같은 관계가 성립한다.

$$\lim_{m_j=0}\left(\frac{\tilde{c}_j}{m_j}\right) = \lim_{m_j=0}\frac{\rho_s}{1 + \sum_j m_jM_j} = \rho$$

즉, 묽은 용액에서는 다음과 같은 관계가 성립한다.

$$\tilde{c}_j = \rho m_j \qquad \text{또는} \qquad m_j = \frac{\tilde{c}_j}{\rho} \tag{14.25}$$

디멘션을 없애기 위해서 (14.25)식을 다음과 같이 바꾸어 쓸 수도 있다.

$$\frac{m_j}{m^\circ} = \frac{\tilde{c}^\circ}{\rho m^\circ}\left(\frac{\tilde{c}_j}{\tilde{c}^\circ}\right) \qquad \text{또는} \qquad \frac{m_j}{m^\circ} = \frac{\tilde{c}^\circ}{\rho m^\circ}\left(\frac{c_j}{c^\circ}\right)$$

여기서는 $\tilde{c}_j/\tilde{c}^\circ = c_j/c^\circ$ 의 관계를 이용하였다. 이 m_j/m° 값을 넣어주면 (14.23)이 다음과 같이 된다.

$$\mu_j = \mu_j^{**} + RT\ln\left(\frac{\tilde{c}^\circ}{\rho m^\circ}\right) + RT\ln\frac{c_j}{c^\circ}$$

이 식은 다음과 같이 간단히 나타낸다.

$$\mu_j = \mu_j^{\square} + RT \ln c_j \tag{14.26}$$

여기서 c_j는 $c_j/(1\text{mol/L})$를 약해서 나타낸 순수한 수치이며 $\mu_j^{\square}$는 다음과 같은 양이다.

$$\mu_j^{\square} = \mu_j^{**} + RT \ln\left(\frac{\tilde{c}^{\circ}}{\rho m^{\circ}}\right) \tag{14.27}$$

(14.26)식은 묽은 용액에서의 μ_j를 mol/L 농도 c_j로 나타낸 식이다. 이 식은 (14.23)식 만큼 자주 쓰이지는 않는다. $\mu_j^{\square}$는 용액이 1 mol/L의 농도까지 이상적 행동을 한다고 가정했을 때 이 1 mol/L인 가상적 상태에서의 화학 퍼텐셜이다.

$\mu_j^{\square}$와 μ_j^{**} 사이의 차는 별로 크지 않다. $c^{\circ} = 1$ mol/L이므로 여기에 맞먹는 $\tilde{c}^{\circ}$의 값은 10^3mol/m^{3}이다. 그리고 $m^{\circ} = 1$ mol/kg이고 25 °C에서는 $\rho = 997.044$ kg/m^{3}이다. 따라서,

$$\frac{\tilde{c}^{\circ}}{\rho m^{\circ}} = \frac{10^3 \text{ mol/m}^3}{(997.044 \text{ kg/m}^3)(1 \text{ mol/kg})} = 1.002965$$

(14.27)식의 둘째 항은(8.314 J/K mol)(298.15 K)ln(1.002965) = 7.339 J/mol이다. 대부분의 경우 이 값은 실험치의 불확정도보다 작으며, 따라서 m_j와 c_j의 표준 상태들이 나타내는 차이는 무시할 수 있다.

14.12 Henry의 법칙과 기체의 용해도

Henry의 법칙, (14.16)식은 증기상 속의 용질의 부분 압력과 용액 속의 용질의 몰분율 사이를 관계짓는다. 이 관계를 다른 관점에서 보면, Henry의 법칙은 평형 몰분율, 즉 j의 용해도를 증기에서의 j의 부분 압력에 연관시키는 것이라고 볼 수 있다. 즉,

$$x_j = \frac{1}{K_j} p_j \tag{14.28}$$

(14.28)식은 휘발성 성분의 용해도 x_j는 액체와 평형에 있는 그 성분의 부분 압력에 비례한다는 것을 나타낸다. (14.28)식은 액체에 기체가 녹는 용해도 데이터를 연관시키는 데 이용된다. 용매와 기체가 화학적으로 반응하지만 않으면 액체에 대한 기체의 용해도는 일반적으로 작기 때문에 묽다는 조건이 충족된다. 부분 압력은 이러한 물리적 의미도 갖고 있는 것이다.

기체의 용해도는 흔히 Bunsen 흡수 계수, α로도 나타내는데, 이것은 기체의 부분 압력이 1 atm일 때 단위 부피의 용매에 녹는 기체의 부피를 0 °C, 1 atm에서의 부피로 환산한 값이다.

$$\alpha_j = \frac{V_j^{\circ}(\text{g})}{V(\text{l})} \tag{14.29}$$

한편 용매의 몰수를 n, 몰질량을 M, 그리고 밀도를 ρ라고 하면 $V_j^{\circ}(\text{g}) = n_j^{\circ} RT_0/p_0$이고, 용매의 부피는 $V(\text{l}) = nM/\rho$이다. 따라서

$$\alpha_j = \frac{n_j^{\circ} RT_0/p_0}{nM/\rho} \tag{14.30}$$

기체의 부분 압력이 $p_j = p^{\circ} = 1$ atm일 때는 Henry의 법칙에 의해서 용해도가 x_j°이다.

표 14-3 25 °C의 물에 대한 Bunsen 흡수 계수.

기 체	t_b/°C	α
헬 륨	− 268.9	0.0087
수 소	− 252.8	0.0175
질 소	− 195.8	0.0143
산 소	− 182.96	0.0283
메 탄	− 161.5	0.0300
에 탄	− 88.3	0.0410

$$x_j^\circ = \frac{n_j^\circ}{n + n_j^\circ} = \frac{1}{K_j}$$

용액이 묽을 때는 $n_j^\circ \ll n$이다. 따라서

$$\frac{n_j^\circ}{n} = \frac{1}{K_j} \tag{14.31}$$

이 관계를 (14.30)식에 넣어주면 다음과 같은 관계를 얻게 된다.

$$\alpha_j K_j = \left(\frac{RT_0}{p_0}\right)\left(\frac{\rho}{M}\right) = (0.022414\ \text{m}^3/\text{mol})\frac{\rho}{M} \tag{14.32}$$

이 식은 Henry의 법칙 상수 K_j와 Bunsen 흡수 계수 α_j 사이의 관계를 나타내는 식이다. 이 식을 이용하면 어느 한 상수를 알면 다른 상수를 계산할 수 있다. 용해도를 단위 부피의 용매에 녹는 기체의 몰수, 즉 $n_j^\circ/(nM/\rho)$로 나타내면 이것이 (14.30)식에 의해서 j에 직접 비례한다. 이 때문에 기체의 용해도를 논할 때는 K_j보다 α_j를 이용하는 것이 더 편리하다. 물에 대한 여러 기체의 α 값을 표 14-3에 실었다. 기체의 끓는점이 높을수록 α가 크다는 것을 주목하라.

14.13 두 용매 사이의 용질 분배

요오드의 묽은 수용액을 사염화탄소와 함께 흔들면, 요오드는 섞이지 않는 두 용매 사이에 분배된다. μ와 μ'을 각각 물과 사염화탄소에서의 요오드의 화학 퍼텐셜이라고 하면 평형에서 $\mu = \mu'$이다. 두 용액이 다 묽은 이상 용액이라면, (14.18)식을 써서 μ와 μ'을 표시할 수 있으며 그리하여 평형 조건은 $\mu^* + RT\ln x = \mu'^* + RT\ln x'$이 되고, 이것은 다음과 같이 정리된다.

$$RT\ln\frac{x'}{x} = -(\mu'^* - \mu^*) \tag{14.33}$$

μ'^*와 μ^*는 둘 다 조성에 무관하므로 다음과 같이 놓을 수 있다.

$$x'/x = K \tag{14.34}$$

여기서 K는 분포 계수 또는 분배 계수라고 부르는데, 이것은 두 층에서의 요오드의 농도에 무관하다. $\mu'^* - \mu^*$는 다음 변환에 대한 표준 Gibbs 에너지 ΔG^*이다.

$$I_2(H_2O\ 의) \longrightarrow I_2(CCl_4\ 의)$$

따라서 (14.33)식은 다음과 같이 된다.

$$RT\ln K = -\Delta G^* \tag{14.35}$$

이것은 표준 Gibbs 에너지 변화와 화학 반응의 평형 상수간의 보통 관계식이다.

용액이 아주 묽으면 몰분율은 몰랄농도나 몰농도에 비례하며, 따라서 다음 관계가 성립한다.

$$K' = m'/m \qquad \text{및} \qquad K'' = c'/c \tag{14.36}$$

여기서 K' 과 K'' 은 두 층에서의 농도에 무관하다. (14.36)식은 W. Nernst 가 처음 제안한 것으로 Nernst 의 분배 법칙이라고 부른다.

14.14 이상 용액에서의 화학 평형

11.7절에서 화학 평형의 조건은 다음과 같다는 것을 보였다.

$$\left(\sum_i \nu_i \mu_i\right)_{eq} = 0 \tag{14.37}$$

여기서 ν_i 는 화학량적 계수이다. 이 조건을 이상 용액에서의 화학 평형에 적용시키려면 단순히 (14.3)식의 μ_i를 이용하기만 하면 된다. 그러면 곧 다음 관계가 얻어진다.

$$\sum_i \nu_i \mu_i^\circ + RT \sum_i \ln(x_i)_e^{\nu_i} = 0$$

이것은 보통 방식대로 다음과 같이 쓸 수 있다.

$$\Delta G^\circ = -RT \ln K \tag{14.38}$$

여기서 ΔG° 는 반응에 따른 표준 Gibbs 에너지 변화이며, K 는 평형 몰분율 곱비이다. 따라서 이상 용액에서는 평형 상수가 몰분율 곱비가 된다.

용액이 묽은 이상 용액이면 용질 사이만의 반응에서 μ_j 는 (14.18)식으로 주어진다. 즉,

$$\mu_i = \mu_j^* + RT \ln x_j$$

따라서 평형 조건은 다음과 같이 된다.

$$\Delta G^* = -RT \ln K \tag{14.39}$$

여기서도 K 는 평형 몰분율 곱비이다. μ_j 는 분명히 (14.23)식이나 (14.26)식의 어느 것을 써서 나타내도 좋다. 그렇게 하면 다음 결과가 나온다.

$$\Delta G^{**} = -RT \ln K' \quad \text{또는} \quad \Delta G^{\square} = -RT \ln K'' \tag{14.40}$$

K' 은 평형 몰랄농도 곱비이고 K'' 은 평형 몰농도 곱비이다. ΔG^{**} 와 $\Delta G^{\square}$ 는 해당하는 표준 Gibbs 에너지 변화들이다.

표준 Gibbs 에너지 변화의 값은 기체상에서의 반응의 경우와 마찬가지 방식으로 평형 상수를 결정해서 얻는다. 용액에서의 용질들의 개개의 표준 Gibbs 에너지 값은 기체 반응에서와 마찬가지로 여러 반응에 관한 Gibbs 에너지 변화를 결합시켜 얻는다.

이들 평형 상수의 온도 의존 관계는 다른 보통의 평형 상수에서와 같다. 즉,

$$\left(\frac{\partial \ln K'}{\partial T}\right)_p = \frac{\Delta H^{**}}{RT^2} \quad \text{및} \quad \left(\frac{\partial \ln K''}{\partial T}\right)_p = \frac{\Delta H^{\square}}{RT^2} \tag{14.41}$$

여기서 ΔH^{**} 와 $\Delta H^{\square}$ 는 해당하는 표준 엔탈피 변화이다.

화학 반응에 용매가 포함되는 경우에는, 평형 상수의 모양이 약간 달라진다. 예로서 수용액 속에서 이루어지는 다음 평형을 생각해 보자.

$$CH_3COOH + C_2H_5OH \rightleftharpoons CH_3COOC_2H_5 + H_2O$$

용액이 충분히 묽을 때는 용질의 Gibbs 에너지를 몰농도로 표시할 수 있으며 또한 Raoult 의 법칙이 용매에 대해서 성립한다. 따라서 이 때는 평형 상수가 다음과 같이 주어진다.

$$K'' = \frac{c_{EtAc}x_{H_2O}}{c_{HAc}c_{EtOH}} \tag{14.42}$$

묽은 용액에서는 $x_{H_2O} \approx 1$ 이므로 K'' 은 다음과 같이 된다.

$$K'' = \frac{c_{EtAc}}{c_{HAc}c_{EtOH}} \tag{14.43}$$

(14.40)식에 의해서 K'' 에 대한 표준 Gibbs 에너지 변화는 $\Delta G^\square$ 가 되 $\mu^\square_{H_2O}$ 를 포함해야 한다. 즉,

$$\Delta G^\square = \mu^\square_{EtAc} + \mu^\square_{H_2O} - \mu^\square_{HAc} - \mu^\square_{EtOH} \tag{14.44}$$

여기서 $\mu^\square_{H_2O}$ 는 순수한 물의 몰 Gibbs 에너지이다. 그리고 $\mu^\square_i$ 는 단위 몰농도의 가상적인 이상 용액에서의 용질의 화학 퍼텐셜이다.

《질 문》

14. 1 노르말-알칸족 화합물의 증발열은 C_6H_{14}, C_8H_{18}, $C_{10}H_{22}$ 의 순서로 커진다. 옥탄이 용매일 경우 증기 압력을 낮추려면 헥산을 가해야 하는가, 또는 데칸을 가해야 하는가?

14. 2 CCl_4-CH_3OH 용액을 분별 증류하여 순수한 메탄올을 얻으려고 한다. 이 용액은 처음에 CCl_4 의 처음 질량 %가 79.44 보다 커야 하는가, 같아야 하는가, 또는 작아야 하는가? [표 14-1(a)를 참고하라.]

14. 3 A와 B의 분자로 된 액체 용액이 있다. 만일 A분자들 사이, B분자들 사이, 그리고 A와 B분자들 사이의 분자간 상호 작용이 모두 비슷하면 이상 용액의 조건인 (14.4)식~(14.6)식이 일반적으로 만족된다. 이 이유를 말하라. 또 이 근거에 따라서 벤젠-톨루엔 용액이 거의 이상적 행동을 하는 이유를 설명하라(그림 14-11).

14. 4 아세톤과 클로로포름 분자들 사이에는 상당히 센 수소 결합이 형성되지만 순수한 액체들은 수소 결합을 형성하지 않는다. 그림 14-13 에서 이 계가 나타내는 음의 편차를 분자 수준에서 설명하라.

14. 5 액체 속에 기체가 녹는 과정은 발열 과정이다. 이상 기체를 가정하고 이 이를 분자간 힘을 이용해서 설명하라. 기체의 끓는점이 높을수록 그 Bunsen 흡수 계수 α 가 증가하는 이유를 분자 수준에서 설명하라.

14. 6 많은 유기 반응들은 비활성 용매에 묽게 녹아 있는 반응물들 사이에서 일어난다. 이러한 반응의 평형을 나타내려면 (14.38)식과 (14.39)식 중의 어느 것이 더 적합하겠는가?

《연습 문제》

14. 1 벤젠과 톨루엔은 거의 이상 용액을 형성한다. 300 K 에서는 $p^\circ_{toluene} = 32.06$ mmHg 이고 $p^\circ_{benzene} =$ 103.01 mm Hg 이다.

a) 3 mol의 톨루엔과 2 mol의 벤젠을 혼합시켜서 액체 용액을 만들었다. 300 K에서 이 용액에 작용하는 압력을 감소시키면 압력이 얼마로 될 때 증기가 나타나겠는가?

b) 처음 생기는 증기의 조성은 어떻게 되겠는가?

c) 압력을 계속해서 감소시키면 압력이 얼마로 될 때 액체의 마지막 흔적이 없어지겠는가?

d) 마지막 액체 흔적의 조성은 어떻게 되겠는가?

e) 1 mol의 용액이 증발되었을 때의 압력, 액체의 조성 및 증기의 조성은 어떻게 되겠는가?

14. 2 A와 B의 두 액체가 이상 용액을 만든다. 어떤 특정한 온도에서 순수한 A의 증기 압력은 200 mm Hg이고 순수한 B의 증기 압력은 75 mm Hg이다. 이 용액과 공존하는 증기가 50 mol %의 A로 되어있다면 액체 속의 A의 mol %는 얼마겠는가?

14. 3 −31.2 °C에서 다음과 같은 데이터를 얻었다.

화합물	프로판	*n*-부탄
증기압력 $p°$/mmHg	1200	200

a) 760 mm Hg의 압력 하에서 −31.2 °C에서 끓는 액체 혼합물 속에 들어있는 프로판의 몰분율은 얼마인가.

b) (a)의 용액과 평형을 이루고 있는 증기 속의 프로판의 몰분율을 계산하라.

14. 4 −47 °C에서 브롬화에틸의 증기 압력은 40 mm Hg이다. 이 두 물질은 이상 용액을 만든다. 액체는 흔적량만 있고 증기상 속의 염화에틸의 몰분율은 0.80이다.

a) 전체 압력은 얼마이고 또 액체 속의 염화에틸의 몰분율은 얼마인가?

b) (a)에서와 같은 압력 하에서 5 mol의 액체와 3 mol의 증기가 존재한다면 이 계의 전체적인 조성은 어떻게 되는가?

14. 5 두 물질의 기체 혼합물이 전체 압력 0.8 atm에서 이상적 액체 용액과 평형을 이루고 있다. 물질 A의 몰분율은 기체상에서 0.5이고 액체상에는 0.2이다. 두 순수한 물질의 증기 압력들은 각각 얼마인가?

14. 6 2성분 이상 용액과 공존하는 증기의 조성은 액체의 조성으로 나타낼 수 있다. x_1과 y_1을 각각 액체와 증기 속에 들어 있는 성분 1의 몰분율이라면 $y_1 - x_1$이 최대값은 갖는 x_1의 값은 얼마인가? 또 이 조성에서의 압력은 얼마인가?

14. 7 어느 이상 용액 위의 증기는 n_1 mol의 성분 1과 n_2 mol의 성분 2로 되어 있으며, 압력 $p = p_1 + p_2$에서 부피가 V라고 하자. 만일 $\bar{V}_2^\circ = RT/p_2^\circ$, $\bar{V}_1^\circ = RT/p_1^\circ$라고 정의하면 Raoult의 법칙으로부터 $\bar{V} = n_1\bar{V}_1^\circ + n_2\bar{V}_2^\circ$인 관계가 나옴을 보여라.

14. 8 2성분 이상 용액의 증기 압력은 두 액체 성분의 몰분율의 선형 함수이며, 또 압력의 역수는 두 기체 성분의 몰분율의 선형 함수라는 것을 증명하라.

14. 9 순수한 액체들의 증기 압력과 계의 총체적 조성이 주어졌을 경우 액체와 증기가 평형을 이루고 공존할 수 있는 압력의 상한과 하한은 어떻게 주어지겠는가?

14. 10 a) 순수한 벤젠과 톨루엔의 끓는점은 1 atm 하에서 각각 80.1 °C와 110.6 °C이다. 끓는점에서의 증발 엔트로피가 똑같이 90 J/K mol이라고 가정하고 각각에 Clausius-Clapeyron의 식을 적용해서 이 두 액체의 혼합물의 끓는점을 벤젠의 몰분율 x_b의 함수로서 나타내는 식을 유도하라.

b) 95 °C에서 끓는 액체의 조성을 구하라.

14. 11 어떤 비이상적인 계가 식 $p_1 = x_1^a p_1^\circ$와 $p_2 = x_2^a p_2^\circ$로 표시된다. 상수 a가 1보다 크면 전체 압력이 극소점을 나타내고, 반면에 a가 1보다 작으면 전체 압력이 극대점을 나타낸다는 것을 보여라.

14.12 a) 어떤 묽은 이상 용액에서 용액의 증기 압력이 p_1°, 그리고 용질에 대한 Henry의 법칙 상수가 K_h이다. 이 용액에 작용하는 전체 압력을 용질의 몰분율 x의 함수로 나타내는 식을 구하라.

b) y_1과 전체 증기 압력 사이의 관계식을 구하라.

14.13 물에서의 산소와 질소의 Bunsen 흡수 계수는 25 °C에서 0.0283과 0.0143이다. 1 atm의 공기와 평형을 이루고 있는 물 100 cm³에 녹아 들어가는 공기의 부피를 STP에서의 cm³ 수로 구하라. 공기는 20%의 산소와 80%의 질소로 되어 있다고 가정하라. 압력이 10 atm이라면 얼마가 녹겠는가? 녹은 기체의 몰비 N_2/O_2는 얼마가 되겠는가?

14.14 물에서의 아르곤에 대한 Henry의 법칙 상수는 0 °C에서 2.17×10^4이고 30 °C에서 3.97×10^4다. 아르곤이 물에 녹을 때의 표준 용해열을 계산하라.

14.15 25 °C에서 2 atm의 CO_2와 평형을 이룬 탄산수가 250 cm³ 들이 병에 들어 있다. CO_2의 Bunsen 흡수 계수가 0.76이라면 이 탄산수에 녹은 CO_2의 전체 부피는 STP에서 얼마가 되겠는가?

14.16 25 °C에서 CO_2의 경우 $\mu^\circ(g) = -394.36$ kJ/mol, $\mu^{**}(aq) = -386.02$ kJ/mol, $\bar{H}^\circ(g) = -393.51$ kJ/mol, 그리고 $\bar{H}^{**}(aq) = -413.80$ kJ/mol이다. $CO_2(g) \rightleftharpoons CO_2(aq)$ 평형에 대해서 다음을 계산하라.

a) 1 atm과 25 °C 및 35 °C에서 물 속에 녹아있는 CO_2의 몰랄농도.

b) 25 °C와 35 °C에서 물에 대한 CO_2의 Bunsen 흡수 계수. 단, $\rho_{H_2O} = 1.00$ g/cm³이다.

14.17 25 °C에서 비활성 기체가 단위 몰랄농도의 수용액을 만들 때의 표준 생성 Gibbs 에너지는 다음과 같다.

기 체	He	Ne	Ar	Kr	Xe
μ_j^{**}/(kJ/mol)	19.2	19.2	16.3	15.1	13.4

이들 각 기체의 Bunsen 흡수 계수를 계산하라. 단, $\rho_{H_2O} = 1.00$ g/cm³이다.

14.18 725 °C에서 니켈에 대한 수소의 Bunsen 흡수 계수는 62이다. 그리고 수소는 다음과 같은 평형을 이룬다.

$$H_2(g) \rightleftharpoons 2\,H(Ni)$$

a) 수소가 니켈에 녹을 때는 그 용해도가 Sievert의 법칙, $x_H = K_s p_{H_2}^{1/2}$을 만족시킴을 보여라. Sievert 법칙 상수 K_s를 계산하라.

b) $p_{H_2} = 1$ atm과 4 atm에서 니켈에 녹는 수소의 용해도(Ni 한 원자당 수소 원자의 수)를 계산하라. 단, $\rho_{Ni} = 8.7$ g/cm³이다.

14.19 800 °C에서 1.6×10^{-4} mol의 O_2가 1 mol의 은에 녹는다. 은에 대한 산소의 Bunsen 흡수 계수를 계산하라. 단, $\rho_{(Ag)} = 10.0$ g/cm³이다.

14.20 CCl_4와 H_2O 사이에서의 요오드의 분배 계수는 $c_{CCl_4}/c_{H_2O} = K = 85$이다. 여기서 c_s는 용매 s 속에서의 요오드의 농도(mol/L)를 나타낸다.

a) 100 cm³의 수용액 속에 녹아있는 요오드의 90%를 한 단계로 추출해 내려면 얼마만한 부피의 CCl_4가 필요하겠는가?

b) 똑같은 부피의 CCl_4로 두 번에 걸쳐 이것을 추출해 내려면 전체적으로 얼마만한 부피의 CCl_4가 필요하겠는가?

c) 똑같은 부피의 CCl_4로 n번 추출하면 요오드가 물 속에 처음 양의 β분율 만큼 남는다고 하자. $n \to \infty$일 때 필요한 CCl_4의 극한 총부피는 단위 부피의 수용액 당 $K^{-1}\ln(1/\beta)$임을 보여라.

14.21 25 °C 에서 다음 반응에 대한 평형 상수는 $K = 2.58 \times 10^{-3}$ 이다.

$$CO_2(aq) + H_2O(l) \rightleftharpoons H_2CO_3(aq)$$

만일 $\Delta G_f^\circ(CO_2,\ aq) = -386.0\ \mathrm{kJ/mol}$ 그리고 $\Delta G_f^\circ(H_2O,\ l) = -237.18\ \mathrm{kJ/mol}$ 이라면 $\Delta G_f^\circ(H_2CO_3,\ aq)$의 값은 얼마가 되겠는가?

14.22 25 °C 의 수용액에서의 $\mu_j^{**} - \mu_j^{*}$ 를 계산하라.

14.23 이상적 묽은 용액에 녹아있는 용질에 대해서 $\mu_j = \mu_j^{\circ\circ} + RT \ln \tilde{c}_j$ 를 쓴다고 생각하자. $\tilde{c}_j$ 는 $c_j/(1\mathrm{mol/m^3})$를 약해서 쓴 것이다. 25 °C 의 수용액에서의 $\mu_j^{\circ\circ}$와 $\mu_j^{\Box}$ 사이의 차를 구하라.

15
응축상간의 평형

15.1 액체-액체 평형

소량의 톨루엔을 순수한 벤젠이 든 비이커에 가하면 톨루엔의 양에 관계없이 이 혼합물은 하나의 액체상을 이룬다. 즉, 두 액체는 완전히 섞인다. 이와는 대조적으로 물을 니트로벤젠에 가하면 분리된 두 액체 층이 생긴다. 물 층에는 미량의 니트로벤젠이 녹아 드는 한편, 니트로벤젠 층에는 미량의 물이 녹아 들어간다. 이러한 액체는 섞이지 않는다. 소량의 페놀을 물에 가하면 처음에 페놀이 녹아서 하나의 상을 이루지만, 더 넣으면 어느 점에서 물이 포화되고, 계속해서 페놀을 더 넣으면 물이 많은 층과 페놀이 많은 층의 두 액체 층이 생긴다. 이러한 액체는 부분적으로 섞인다. 여기서 취급하려는 것은 바로 이러한 계이다.

평형을 이룬 두 액체 층, 즉 두 액체상으로 된 계를 생각해 보자. 이 액체 층의 하나는 순수한 액체 A이고, 다른 한 층은 액체 B에 A가 포화된 용액이라고 하자. 평형에 관한 열역학적 조건은 용액 속의 A의 화학 퍼텐셜 μ_A가 순수한 액체 μ_A°와 같아야 한다는 것이다. 따라서 $\mu_A = \mu_A^\circ$이다. 즉,

$$\mu_A - \mu_A^\circ = 0 \tag{15.1}$$

우선 (15.1)식이 이상 용액에서 만족될 수 있는가를 알아보자. 이상 용액에서는 (14.3)식에 의해서 다음과 같이 된다.

$$\mu_A - \mu_A^\circ = RT \ln x_A \tag{15.2}$$

(15.2)식에 의하면 A와 B의 혼합물에서 $x_A = 1$이 되지 않는 한, 즉 다시 말해서 혼합물에 B가 들어 있는 한 $RT \ln x_A$는 절대로 영이 되지 않는다. 그림 15-1의 실선은 이상용액의 경우 $\mu_A - \mu_A^\circ$를 x_A에 대해서 도시한 것이다. 이상 용액에서는 $\mu_A - \mu_A^\circ$의 값이 이상 용액의 어떠한 조성에서나 음이다. 이것은 순수한 A가 항상 Gibbs 에너지를 감소시키면서 이상 용액 속으로 옮겨간다는 것을 뜻한다. 따라서 이상 용액을 만드는 물질들은 서로 완전히 섞여야 한다.

부분적으로 섞일 때는 $\mu_A - \mu_A^\circ$의 값이 용액의 어느 중간 조성에서 영이 되어야 한다. 따라서 $\mu_A - \mu_A^\circ$는 그림 15-1의 점선과 같은 곡선을 따라야 한다. 점 x_A'에서 $\mu_A - \mu_A^\circ$의 값은 영이 되며, 계는 A의 몰분율이 x_A인 용액과 순수한 액체 A의 두 분리된 층으로 존재할 수 있다. x_A'의 값은 B에 녹는 A의 용해도를 몰분율로 표시한 것이다. B에 녹는 A의 몰분율이 이 값을 넘으면, 그림 15-1에 의해서 $\mu_A - \mu_A^\circ$가 양이 되어야 한다. 즉, $\mu_A > \mu_A^\circ$이어야 한다.

그림 15-1의 두 곡선이 나타내는 바와 같이, 부분적으로만 섞이는 액체들로 된 용액은 이상

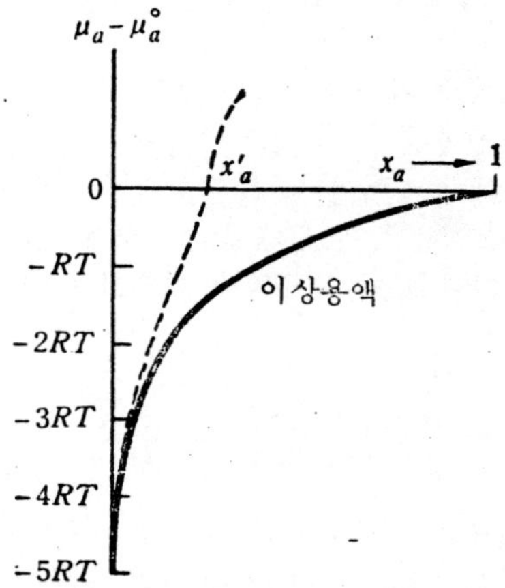

그림 15-1 비이상 용액에서의 화학 퍼텐셜.

용액과는 거리가 멀다. 여기서는 이러한 용액의 수학적인 면을 자세히 다루기 보다는 상 규칙으로 설명되는 실험 결과를 설명하는 데 그치기로 한다.

주어진 온도 T_1에서 액체 A를 조금씩 액체 B에 연속적으로 가한다고 생각하자. 처음에 가한 소량의 A는 완전히 녹아 들어가며, 둘째 번, 세째 번으로 가한 것도 마찬가지로 녹아 들어간다. 이 때의 상태점은 일정한 압력에서 그린 그림 15-2(a)와 같은 T-X 그림으로 나타낼 수 있다. 점 a, b, c는 순수한 B에다 소량의 A를 세 번 가하였을 때의 조성을 나타낸 것이다. 가해진 A는 모두 다 녹으므로 이 점들은 모두 상이 하나인 영역에 자리잡는다. A를 얼마쯤 가하면 마침내 용해도 한계인 점 l_1에 도달한다. 계속해서 A를 더 넣으면 A가 더 이상 녹지 않을 것이므로 제 2의 층이 형성된다. 따라서 점 l_1의 오른쪽 부분은 두 상의 영역이다.

B를 A에 가해가면 오른쪽에서도 똑같은 현상이 일어난다. 즉, 처음에는 B가 녹아서 점 d, e, f로 표시되는 균일한(한 가지 상) 계를 만든다. l_2에서는 B가 A에 녹는 용해도 한계에 이른다. 그리고 l_2의 왼쪽에 있는 점들은 두 상의 계를 나타낸다. l_1과 l_2 사이의 영역에서는 짝용액이라고 부르는 두 액체 층이 공존한다. 즉, B에 A가 포화된 용액인 l_1층이 A에 B가

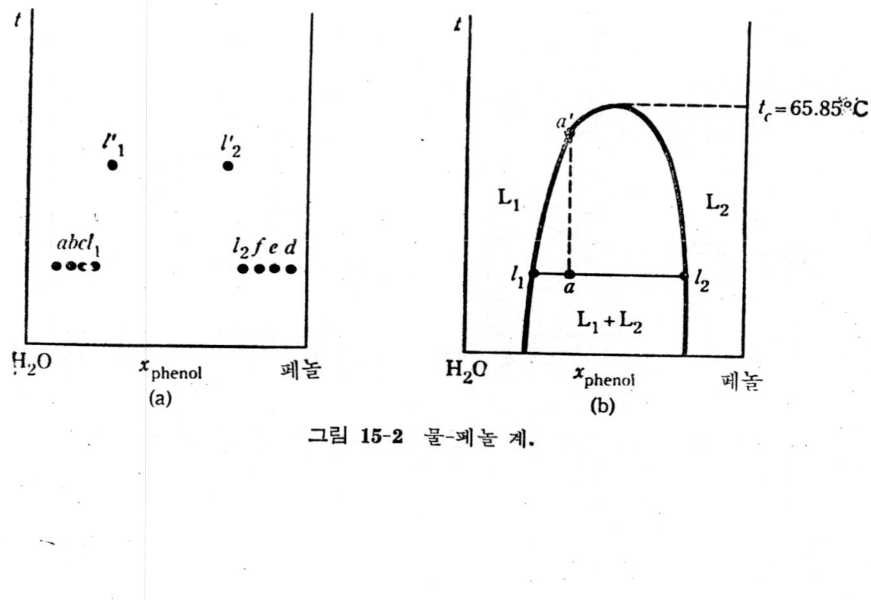

그림 15-2 물-페놀 계.

포화된 용액인 l_2층과 평형을 이루게 된다. 더 높은 온도에서 실험을 하면 용해도 한계가 l_1과 l_2로 변한다.

페놀-물 계에 대한 T대 X의 도시 결과는 그림 15-2(b)와 같다. 온도가 올라감에 따라 한 성분이 다른 것에 녹는 용해도가 증가한다. 용해도 곡선은 위쪽 완전 혼합 온도 또는 임계 용해 온도라고도 부르는 t_c점에서 완만하게 합쳐진다. t_c이상에서는 물과 페놀이 완전히 섞인다. 환상선 아래에 있는 임의의 점 a는 조성이 l_1인 용액 L_1과 조성이 l_2인 용액 L_2의 두 층으로 된 계의 상태점이다. 두 층의 상대적 질량은 지레 규칙에 의해서 연결선 $(\overline{l_1 l_2})$상의 선분의 비로 주어진다. 즉,

$$\frac{l_1 \text{의 몰수}}{l_2 \text{의 몰수}} = \frac{(\overline{al_2})}{(\overline{al_1})}$$

이 계의 온도를 올리면, 상태점은 점선 aa'을 따라서 이동하며, L_1은 페놀이 더 진해지고 한편 L_2에는 물이 점점 더 진해진다. 온도가 올라감에 따라 $(\overline{al_2})/(\overline{al_1})$비는 더 커지며, L_2의 양은 감소한다. 점 a'에서 L_2의 마지막 흔적이 사라지고 계는 균일하게 된다.

온도가 올라가면 용해도가 감소하는 계도 있다. 이런 계에서는 아래쪽 완전 혼합 온도가 나타난다. 그림 15-3(a)는 트리에틸아민-물 계를 나타낸 것이다. 아래쪽 완전 혼합 온도는 18.5 °C이다. 이 곡선은 아주 편편해서 완전 혼합 온도에 해당하는 용액의 조성을 결정하기가 어려우나 트리에틸아민의 무게가 30% 정도인 것 같다. 상태점 a인 용액을 가열하면 온도가 18.5 °C가 될 때까지는 그대로 균일하며 점 a'에서 두 층으로 갈라진다. 더 높은 온도 a''에서는 l_1과 l_2의 조성을 갖는 두 용액으로 된다. 지레 규칙으로 보아 l_1의 양은 l_2의 양보다 좀 더 많을것이다. 일반적으로 이런 형태의 용해도 그림을 갖는 액체쌍은 서로 흐슨하게 결합된 화합물을 만드는 경향이 있다. 따라서 낮은 온도에서는 그 용해도가 증가한다. 그러나 온도가 올라가면 이 화합물이 해리되고 상호 용해도도 줄게 된다.

어떤 물질은 위쪽과 아래쪽 완전 혼합 온도를 둘 다 나타낸다. 니코틴-물 계에 대한 그림이 그림 15-3(b)이다. 아래쪽 완전 혼합 온도는 약 61 °C이고 위쪽은 약 210 °C이다. 닫힌 환상선 내부의 점은 모든 두 상이 존재하는 상태이며, 반면에 환상선 바깥쪽의 점은 균일한 상태의 계를 나타낸다.

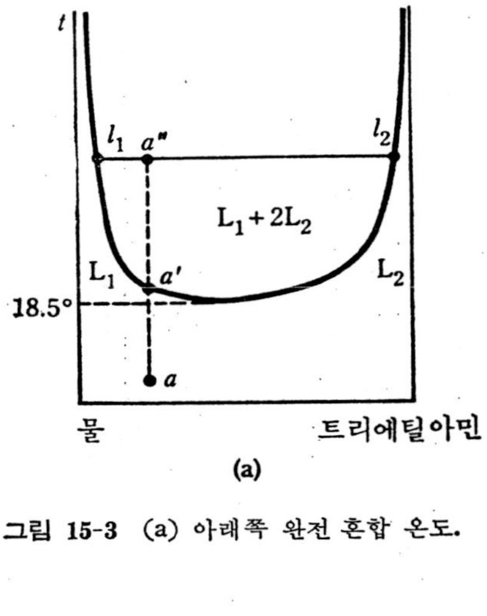

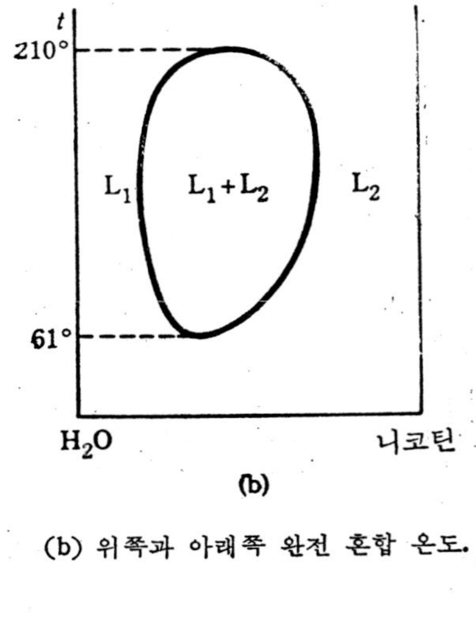

그림 15-3 (a) 아래쪽 완전 혼합 온도. (b) 위쪽과 아래쪽 완전 혼합 온도.

일정한 압력 하에서는 계에 대한 상 규칙이 $F' = C - P + 1$이다. 여기서 F'은 계를 표시하는 데 필요한 압력 이외의 변수의 수이다. 2성분계에서는 $F' = 3 - P$이다. 두 상이 존재한다면, 계를 표시하는 데 하나의 변수만이 필요하다. 두 상의 영역에서 온도가 주어지면 연결선과 곡선이 만나는 점으로부터 두 짝용액의 조성을 구할 수 있다. 마찬가지로 한 쪽 용액의 조성을 알면 다른 한 쪽 짝용액의 조성과 온도를 결정할 수 있다. 하나의 상만이 존재하면 $F' = 2$이고, 온도와 용액의 조성을 둘 다 명시해야 한다.

15.2 부분적으로 섞이는 액체 및 섞이지 않는 액체의 증류

15.1절에서는 압력이 충분히 높아서 문제로 하는 온도 범위에서 증기가 생기지 않는다고 가정했다. 이런 이유 때문에 액체-증기 곡선이 그림에서 빠져 있다. 그림 15-4(a)는 압력이 아주 낮지는 않지만 그래도 상당히 낮은 압력에서의 전형적인 액체-증기 곡선을 나타낸 것이다. 그림 15-4(a)에는 별로 새로이 설명할 문제가 없다. 그림의 위쪽과 아래쪽 부분을 따로따로 앞에서 설명한 원리를 이용하여 논의할 수 있다. 낮은 온도에서 부분적으로 섞이는 액체는 항상 그렇지는 않지만 일반적으로 그림 15-4(a)에서처럼 최저 불변 끓는점 혼합물을 이룬다. 부분적으로 섞이는 액체를 섞으면 두 성분의 산일 경향이 이상 용액에서 보다 더 크다. 이렇게 산일 경향이 크면 증기 압력-조성 곡선에 극대점이 나타나고 그리하여 끓는점-조성 곡선에는 극소점이 생기게 된다.

그림 15-4(a)에 보인 계의 압력을 낮추면 끓는점들이 모두 아래쪽으로 옮겨가며, 충분히 낮은 압력에서는 끓는점 곡선이 액체-액체 용해도 곡선과 교차하게 된다. 이 결과를 나타낸 것이 그림 15-4(b)인데, 이 그림은 1 atm 하에 있는 물-*n*-부탄올 계에 대한 것이다.

그림 15-4(b)에서는 새로운 특징을 몇 가지 찾아볼 수 있다. 점 a로 표시되는 균일한 액체의 온도를 올리면 t_A에서 조성이 b인 증기가 생긴다. 이런 성질은 극히 보편적인 것이라고 볼 수 있다. 그러나 이 증기를 식혀서 c점으로 내리면 두 액체 층의 응축물이 생기는데, 이것은 c가 두 액체상 영역에 있기 때문이다. 따라서 균일한 액체 a를 증류했을 때 나오는 첫 증류물은 조성

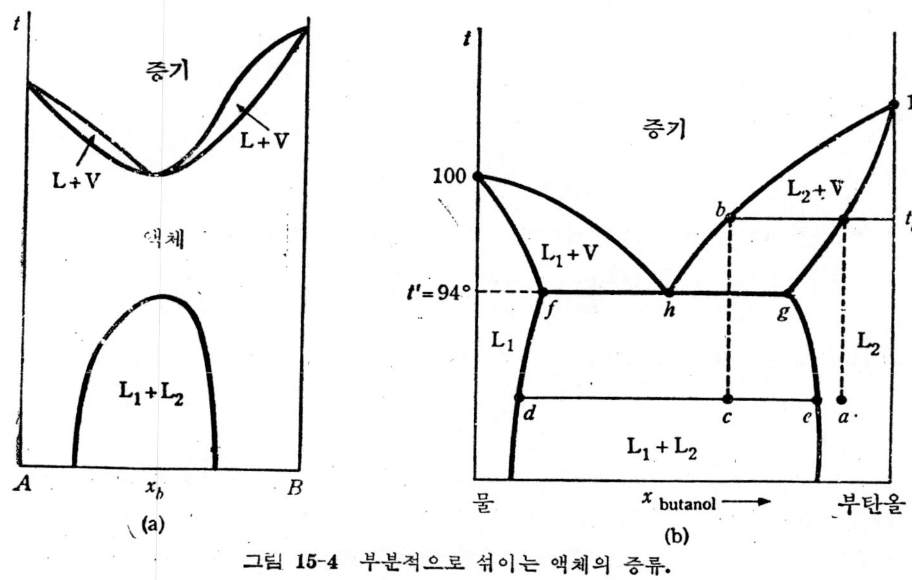

그림 15-4 부분적으로 섞이는 액체의 증류.

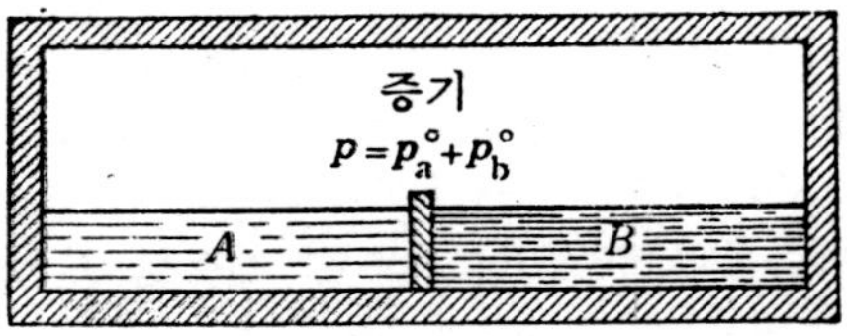

그림 15-5 증기와 평형에 있는 섞이지 않는 액체.

이 d와 e인 두 액층으로 분리된다. L_1 영역에 해당하는 조성을 갖는 혼합물도 마찬가지 행동을 한다.

전체 조성이 c인 두 액체 계의 온도를 올리면 짝용액의 조성이 약간 달라진다. 이 영역에서는 $F'=3-P=1$이 되므로 단일 변수의 계가 된다. 온도 t'에서 짝용액의 조성은 f와 g이며 조성이 h인 증기가 나타난다. 즉, 액체 f와 g, 그리고 증기 h의 세 상이 존재한다. 이 때는 $F'=0$이고 무변수 계가 된다. 즉, 이 세 상이 남아 있는 한 그 조성과 온도는 고정된다. 예로서 계에다 열을 가해도 온도는 변하지 않고, 다만 두 용액이 줄어들면서 증기가 더 생기게 된다. 이 때 생기는 증기 h는 원래의 조성 c보다 물을 더 많이 포함하므로 물이 많은 층이 우선적으로 증발된다. 물이 많은 층이 없어진 다음에는 온도가 올라가고, 증기 조성은 곡선 hb를 따라 변한다. 마지막 액체는 조성이 a이며 t_A에서 사라진다.

조성이 f와 h사이의 영역에 있는 2-상 계를 가열하면 t'에서 액체 f와 g로 되며, 증기 h가 나타난다. t'에서 이 계는 무변수 계가 된다. 증기는 원래의 전체 조성보다 부탄올을 더 많이 포함하므로, 부탄올이 많은 층이 먼저 증발되며 그리하여 액체 f와 증기 h가 남게 된다. 온도가 올라감에 따라 액체 층의 부탄올 함량은 점점 감소하며, 최후에는 증기만이 남는다.

점 h는 불변 끓는점 혼합물의 성질을 갖는다. 즉, 이러한 조성의 계는 조성이 일정한 채로 증류되며, 증류에 의해서 성분으로 분리되지 않는다.

섞이지 않는 물질의 증류는 다른 관점으로부터 아주 쉽게 설명할 수 있다. 특정한 온도에서 증기와 평형에 있는 두 섞이지 않는 액체를 생각해 보자(그림 15-5). 간막이는 액체를 서로 닿지 않게 할 뿐이므로 두 액체가 섞이지 않을 때는 간막이가 있으나 마나 하다. 전체 증기 압력은 순수한 두 액체의 증기 압력의 합이다. 즉, $p=p_A^\circ+p_B^\circ$이다. 그리면 증기의 몰분율 y_A와 y_B는 다음과 같이 된다.

$$y_A=\frac{p_A^\circ}{p} \qquad y_B=\frac{p_B^\circ}{p}$$

n_A와 n_B를 증기에서의 A와 B의 몰수라고 하면 다음 결과가 나온다.

$$\frac{n_A}{n_B}=\frac{y_A}{y_B}=\frac{p_A^\circ/p}{p_B^\circ/p}=\frac{p_A^\circ}{p_B^\circ}$$

또 A와 B의 질량은 $w_A=n_AM_A$, $w_B=n_BM_B$이다. 따라서

$$\frac{w_A}{w_B}=\frac{M_Ap_A^\circ}{M_Bp_B^\circ} \tag{15.3}$$

이 식은 증기 속에 존재하는 두 물질의 상대적 질량을 그 분자량과 증기 압력으로 나타내 준다. 만일 이 증기를 응축시키면, 응축물에서의 A와 B의 상대적 질량은 (15.3)식으로 표시될 것이다. 가령 98.4 °C에서의 아닐린(A)-물(B)계를 생각해 보자. 이 온도에서 아닐린의 증기 압력

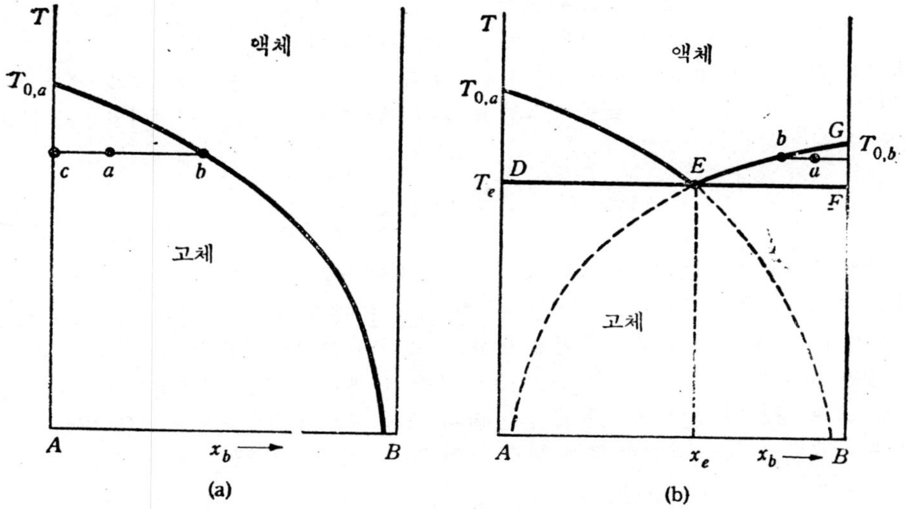

그림 15-6 2성분계에서의 고체-액체 평형.

은 약 42 mm Hg, 물의 증기 압력은 약 718 mm Hg 이다. 그리하여 전체 증기 압력이 718 + 42 = 760 mm Hg 가 되므로 이 혼합물은 1 atm 하에서는 98.4 °C 에서 끓는다. 따라서 물 100 g 과 함께 증류되는 아닐린의 질량은 다음과 같이 된다.

$$w_A = 100\,\mathrm{g}\frac{(94\,\mathrm{g/mol})(42\,\mathrm{mm\,Hg})}{(18\,\mathrm{g/mol})(718\,\mathrm{mm\,Hg})} \approx 31\,\mathrm{g}$$

(15.3)식은 액체를 수증기 증류하는 데 적용할 수 있다. 보통 방법으로 증류하면 분해하는 액체로서 물의 끓는점 근처에서 상당히 휘발성일 것 같으면 수증기 증류를 할 수 있다. 실험실에서는 수증기를 수증기 증류하려는 액체 속으로 통과시킨다. 그러면 증기 압력이 어느 성분의 것보다도 크므로 끓는점은 두 액체의 끓는점들보다 낮게 된다. 또한 끓는점은 두 액체상과 증기가 존재하는 한 불변의 온도이다.

100 °C 근처의 온도 범위에서 물질의 증기 압력을 알 경우에는 수증기 증류가 일어나는 온도와 증류물에서의 질량비를 재어서 (15.3)식으로부터 그 물질의 분자량을 구할 수 있다.

15.3 고체-액체 평형 ; 간단한 함께 녹는점 그림

두 물질 A와 B의 액체 용액을 식히면 충분히 낮은 온도에서는 고체가 나타난다. 이 온도는 그 용액의 어는점이며 조성에 따라 그 값이 달라진다. 13.6절에서 어는점 내림을 설명할 때 순수한 고체 A가 액체 이상 용액과 평형에 있다고 가정하고 다음 식을 얻었었다.

$$\ln x_A = -\frac{\Delta H_{\mathrm{fus,A}}}{R}\left(\frac{1}{T} - \frac{1}{T_{0A}}\right) \tag{15.4}$$

(15.4)식은 용액의 어는점과 용액에서의 A의 몰분율 x_A 사이의 관계식이다. 그림 15-6(a)는 이 함수를 도시한 것이다. 곡선 위쪽의 점은 계의 액체 상태를 표시하고, 곡선 아래쪽의 점은 순수한 고체 A가 용액과 평형으로 공존하는 상태를 나타낸다. 곡선은 액체화 곡선이라고 부른다.

a와 같은 점은 순수한, 즉 조성 c인 고체 A와 평형에 있는 조성 b의 용액을 나타낸다. 지레 규칙에 의해서 용액의 몰수와 고체 A의 몰수와의 비는 연결선의 선분비 $\overline{ac}/\overline{ab}$와 같다. 전체 조성이 같을 경우에는 온도가 낮을수록 고체의 상대적 양이 많아진다.

이 곡선은 모든 조성 범위를 전부 나타내지 못한다. 즉, $x_B \to 1$이 되면 고체 B는 이 영역의 곡선이 나타내는 것 보다 훨씬 높은 온도에서 얼기 때문이다. 용액이 이상적일 때는 물질 B에 대해서도 같은 법칙이 성립한다.

$$\ln x_B = -\frac{\Delta H_{fus,B}}{R}\left(\frac{1}{T} - \frac{1}{T_{0B}}\right) \tag{15.5}$$

여기서 T는 용액에서의 B의 어는점이다. 그림 15-6(b)에는 이 곡선과 함께 그림 15-6(a)의 A에 대한 곡선이 그려져 있다. 그 곡선들은 함께 녹는 온도 T_e에서 만난다. 조성 x_e는 함께 녹는 조성이다. 선 GE는 B의 녹는점을 조성에 대해서 도시한 것이다. 이 곡선 아래쪽에 있는 a와 같은 점은 순수한 고체 B가 조성 b의 용액과 평형에 있는 상태를 나타낸다. EF상의 점은 조성 x_e의 용액과 평형을 이룬 순수한 고체 B를 표시한다. 그러나 DE상의 점은 조성 x_e의 용액과 평형에 있는 순수한 고체 A를 나타낸다. 따라서 함께 녹는 조성 x_e를 갖는 용액은 순수한 고체 A와 순수한 고체 B 양쪽과 평형에 있다. 세 가지 상이 존재하면 $F' = 3 - P = 3 - 3 = 0$이며, 계는 이 온도에서 불변이다. 이런 계에서는 열이 흘러나가더라도 하나의 상이 없어질 때까지 온도가 일정하게 유지되며, 세 가지 상의 상대적 양만이 변화한다. 즉, 액체의 양이 줄어들면서 두 고체의 양이 증가한다. 직선 DEF 아래쪽은 순수한 고체 A와 순수한 고체 B의 두 가지 상만이 존재하는 상태를 나타낸다.

15.3.1 납-안티몬 계

납-안티몬 계는 그림 15-7에서와 같이 함께 녹는점을 갖는 간단한 형태의 상평형 그림을 나타낸다. 이 그림에서 L은 액체를, 그리고 Sb와 Pb는 각각 순수한 고체 안티몬과 고체 납을 나타낸다. 함께 녹는 온도는 246°C이며, 함께 녹는 혼합물의 조성은 Pb가 무게로 87%이다.

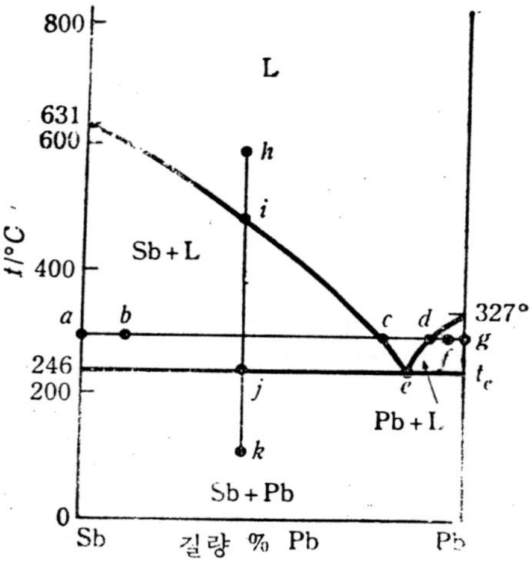

그림 15-7 안티몬-납 계.

납-안티몬 계에서는 (15.4) 및 (15.5)식에서 계산한 t_e와 x_e의 값이 실험치와 만족스럽게 일치한다. 이것은 액체가 거의 이상 용액임을 뜻한다.

300 °C에서의 계의 등온 행동, 즉 수평선 *abcdfg*에서의 행동을 생각해 보자. 점 *a*는 300 °C에서의 순수한 고체 안티몬을 나타낸다. 고체 납을 충분히 넣어서 조성을 점 *b*로 바꾼다고 해 보자. 이 점 *b*는 Sb + L 영역에 있으므로 고체 안티몬은 조성 *c*의 액체와 공존한다. 즉, 가한 납은 모두 녹으며 이 녹은 납은 충분한 양의 고체 안티몬을 녹여서 조성이 *c*인 액체로 된다. 지레 규칙에 의하면 점 *b*에서는 액체의 상대적 양이 대단히 작으므로 액체는 거의 보이지 않는다. 그러나 평형에서이 액체가 존재하기는 한다. 납을 계속해서 더 넣으면 계속해서 녹고, 고체 안티몬이 더 녹아 들어가서 용액 *c*를 만든다. 그리고 상태점은 *b*로부터 *c*로 옮아간다. 상태점이 *c*에 이르면 가해진 납이 원래 들어 있던 안티몬을 전부 녹여서 안티몬의 포화 용액을 만든다. 납을 더 가하면 이 용액은 묽어지기만 하고, 상태점은 액체 부분 *c*를 거쳐 *d*까지 옮겨간다. *d*에서는 용액이 납으로 포화되며 납을 더 가해도 아무 변화가 없다. 그동안 상태점은 *f*로 이동한다. 만약 순수한 납인 *g*에서 시작해서 안티몬을 넣어 *f*에 이르면, 안티몬의 녹는점보다 330 °C나 더 아래의 온도이기는 하지만 가해진 안티몬이 전부 녹으며, 여기에 충분한 납이 녹아들어가서 용액 *d*를 만든다.

등조성선이란 그림 15-7의 *hijk*와 같은 일정한 조성의 직선을 말한다. *h*에서는 계가 완전한 액체이다. 계가 식으면 *i*에서 고체 안티몬이 나타난다. 안티몬이 결정화함에 따라 포화된 액체에는 납이 많아지므로 액체 조성은 곡선 *ice*를 따라 이동한다. *j*에서는 용액이 함께 녹는 조성 *e*를 가지며 납이 여전히 포화되어 있으므로 납이 침전되기 시작한다. 이 조건에서 계는 불변이므로 열이 밖으로 흘러 나가더라도 계의 온도는 그대로 유지된다. 이 때는 액체의 양이 줄어들고 고체 납과 안티몬의 양은 증가한다. 그리하여 마침내 액체는 고체화하고, 혼합된 고체의 온도는 직선 *jk*를 따라 내려간다. 과정을 거꾸로 해서 고체 납과 고체 안티몬의 혼합물을 *k*로부터 가열한다면 상태점은 *k*로부터 *j*로 이동한다. 그리고 *j*에서 조성 *e*의 액체가 생긴다. 여기서 주목할 것은 생기는 액체의 조성이 고체 혼합물과는 다르다는 것이다. 계는 불변이므로 납이 모두 녹을 때까지 온도는 246 °C에 머무른다. 그리고 액체는 원래의 혼합물보다 납을 많이 포함하고 있으므로 납은 완전히 녹지만 고체 안티몬의 일부는 그대로 남는다. 납이 녹은 뒤에는 온도가 오르고, 안티몬이 녹아 들어가서 액체의 조성을 *e*로부터 *i*로 이동시킨다. *i*에서는 안티몬의 마지막 흔적이 녹아 들어가고 *i*보다 위에서는 계가 균일하게 된다.

함께 녹는(entectic; 희랍어로 쉽게 녹는다는 뜻)점이란 말은 그 조성이 가장 낮은 녹는점을 가진다는 사실에서 나온 것이다. 함께 녹는 혼합물은 t_e에서 갑자기 녹아 같은 조성의 액체를 만드는 반면에, 다른 혼합물은 넓은 온도 범위에 걸쳐 녹는다. 뚜렷한 녹는점 때문에 함께 녹는 혼합물을 처음에는 화합물인 줄로 알았었다. 수용액 계에서는 이런 "화합물"을 저온 수화물이라고 하며, 함께 녹는점은 저온 수화점이라고 한다. 배율이 큰 현미경으로 함께 녹는 혼합물을 조사하면 그 불균일성이 드러난다. 즉, 화합물이 아닌 혼합물인 것이다. 납-안티몬 계와 같은 합금 계에서는 함께 녹는 혼합물이 아주 미세한 입자로 되어 있다. 그러나 현미경으로 보면 납과 안티몬이 따로따로 결정을 이루고 있다는 것을 알 수 있다.

15.3.2 열법 분석

어는점 곡선의 모양은 열법 분석에 의해서 실험적으로 결정할 수 있다. 이 방법에서는 우선 조성을 아는 혼합물을 충분히 높은 온도로 가열해서 균일하게 만든다. 다음에는 일정한 속도로 식히면서, 계의 온도를 시간의 함수로서 도시한다. 그림 15-8은 계 A-B의 여러 조성에서 얻

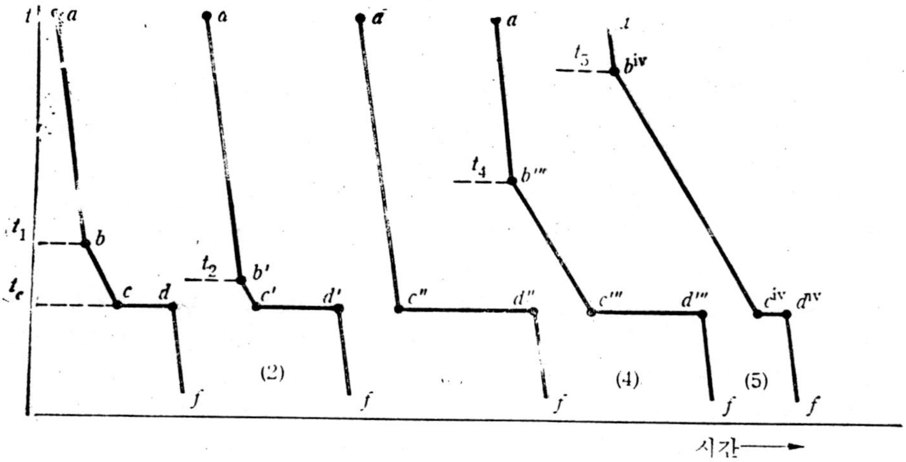

그림 15-8 냉각 곡선.

은 곡선이다. 첫째 번 곡선에서는 균일한 액체가 곡선 ab를 따라서 냉각되며, b에서 조성 A의 첫 결정이 생긴다. 그러면 용융 잠열이 방출되므로 식는 속도가 느려지고, 따라서 b에서 선이 꺾인다. 온도 t_1은 이 조성에 대한 액체화 곡선상의 한 점이다. 계는 bc를 따라 계속해서 식고, c에서 함께 녹는 조성의 액체가 되며, 다음에는 고체 B가 나타난다. 함께 녹는 온도에서는 계가 불변이므로 모든 액체가 고체화하는 점에 이르기까지 온도가 일정하게 유지된다. 수평선 cd는 함께 녹는 멈춤이라고 부른다. 액체가 고체화한 다음에는 두 고체가 곡선 df를 따라서 급격히 식는다. 둘째 곡선은 B가 더 많이 든 액체에 대한 것으로서, 그 설명은 마찬가지이다. 다만 이 때는 함께 녹는 멈춤이 더 길며, t_2가 액체화 곡선의 점이 된다. 세째 번 곡선은 함께 녹는 혼합물의 냉각을 나타낸 것으로서 함께 녹는 멈춤이 가장 길다. 넷째와 다섯째 곡선은 함께 녹는 혼합물보다 B가 더 많이 들어 있는 조성에 대한 것으로서 t_4와 t_5가 각각 액체화 곡선상의 점이 된다. 함께 녹는 멈춤의 길이는 조성이 함께 녹는 조성으로부터 벗어날수록 줄어든다. 그

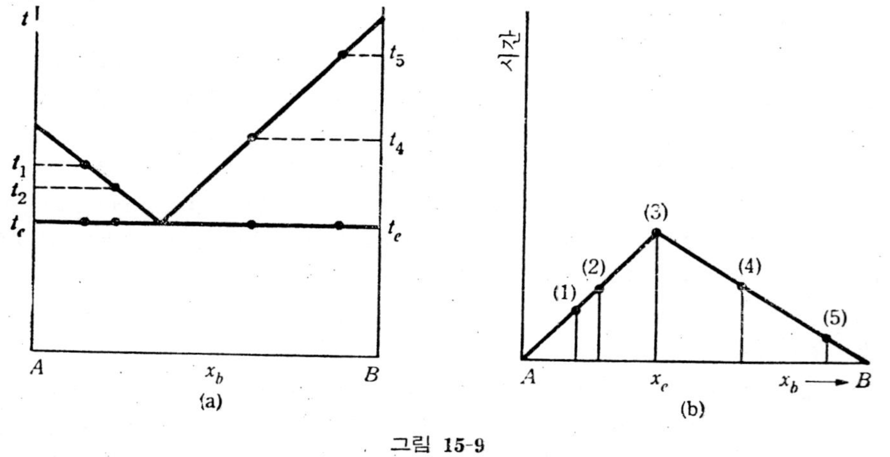

그림 15-9

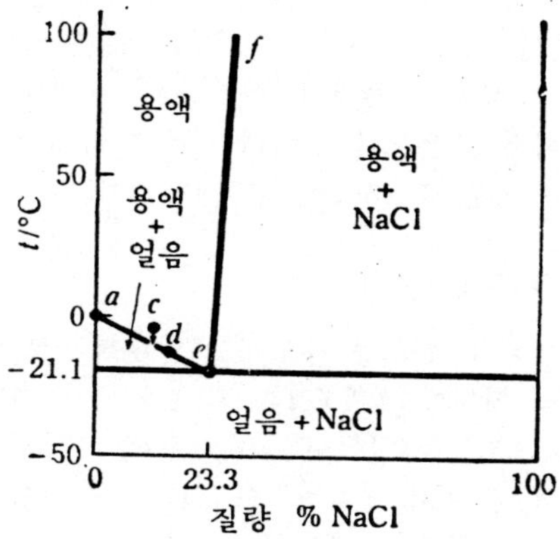

그림 15-10 H_2O-NaCl 계에서의 어는점.

림 15-9(a)는 온도 t_1, t_2, t_4, t_5, t_e를 조성에 대하여 도시한 것이다. 만일 여러 점을 취하면 두 용해도 곡선의 만나는 점으로부터 함께 녹는 혼합물의 조성을 결정할 수 있을 것이다. 또한 그림 15-9(b)처럼 함께 녹는 멈춤의 길이(시간으로)를 조성의 함수로 도시하면 두 곡선이 만나는 점이 함께 녹는 멈춤의 최대값이 되며, 따라서 함께 녹는 조성이 얻어진다.

★ 15.3.3 다른 간단한 함께 녹는 혼합물

이상적이거나 비이상적인 많은 2성분계들이 간단한 함께 녹는 혼합물 형태의 상평형 그림을 나타낸다. 물-염의 계는 염이 안정한 수화물을 만들지 않는 한, 그 상평형 그림이 함께 녹는점을 가진 간단한 것으로 된다. 그림 15-10은 H_2O-NaCl에 대한 것이다. 곡선 *ae*는 물의 어는점 곡선, *ef*는 NaCl의 용해도 곡선 또는 어는점 곡선이다.

함께 녹는점에서는 계가 불변이므로 함께 녹는 혼합물은 항온기로 쓸 수 있다. 고체 염화나트륨을 0 °C의 얼음과 진공 플라스크에다 섞어 넣는다고 하자. 조성을 나타내는 조성점은 NaCl이 0%인 점에서 어느 일정한 값의 점으로 이동한다. 이 조성에서는 얼음의 어는점이 0 °C보다 낮으므로 얼음이 얼마쯤은 녹는다. 그리고 계는 절연된 플라스크 속에 있으므로, 얼음이 녹으면서 혼합물의 온도가 내려간다. 충분한 양의 NaCl을 넣으면 온도는 함께 녹는 온도인 −21.1 °C까지 떨어진다. 함께 녹는 온도에서는 얼음, 고체 소금, 포화 용액이 평형을 이루며 공존한다. 플라스크 속으로 천천히 열이 새어 들어가서 남아 있는 얼음이 녹을 때까지 계의 온도는 함께

표 15-1

염	함께 녹는 온도 °C	함께 녹는 혼합물에서의 무수염의 무게 백분율
염화나트륨	−21.1	23.3
브롬화나트륨	−28.0	40.3
황산나트륨	−1.1	3.84
염화칼륨	−10.7	19.7
염화암모늄	−15.4	19.7

A. Findlay, A.N. Campbell, N.O. Smith, *The Phase Rule and Its Applications*, 9th ed. New York: Dover Publications, Inc. 1951, p.141로부터 인용.

녹는 온도를 유지한다.

차길과 보도 위의 얼음을 녹이는 데 암염이나 염화칼슘이 사용되는데, 그 역할은 상평형 그림으로 설명할 수 있다. 충분한 고체 소금을 $-5°C$의 얼음 위에 뿌려서 계의 상태점을 그림 15-10의 c로 옮겼다고 하자. c에서는 용액이 안정하며, 따라서 등온계에서는 얼음이 완전히 녹을 것이다. 그러나 단열계에서는 온도가 상태점이 d에 이를 때까지 떨어질 것이다. 몇 가지의 얼음-염 계의 함께 녹는 온도를 표 15-1에 실었다.

15.4 화합물이 생성될 때의 어는점 그림

두 물질이 하나 이상의 화합물을 만드는 경우에는 일반적으로 어는점 그림은 둘 이상의 간단한 함께 녹는점 그림을 나란히 잇대어 놓은 것과 같은 모양이 된다. 그림 15-11은 화합물 AB_2가 생성되는 계에 대한 어는점-조성 그림이다. 이 그림은 두 간단한 함께 녹는점 그림을 그림 15-11의 화살표 위치에서 합친 것으로 생각할 수 있다. 상태점이 화살표의 오른쪽에 있을 때는 AB_2-B계에 대한 간단한 함께 녹는점 그림에서의 행동을 생각하면 되고, 상태점이 화살표의 왼쪽에 있을 경우에는 A-AB_2계에서의 행동을 생각하면 된다. 합성된 그림에서는 함께 녹는점이 둘이 되는바, 그 하나는 A-AB_2-액체에 대한 것이고 다른 하나는 AB_2-B-액체에 대한 것이다. 화합물의 녹는점은 곡선의 극대점이 되며, 녹는점-조성 곡선에서 극대점이 나타나면 거의 언제나 화합물이 생성된다고 볼 수 있다. 다른 이유 때문에 극대점이 나타나는 수도 있지만 이러한 계는 극히 적다. 두 함께 녹는점 사이의 조성을 갖는 용액이 냉각될 때는 고체 화합물이 먼저 석출된다.

두 물질 사이에서 둘 이상의 화합물이 생길 수도 있다. 이것은 염과 물의 경우에서 흔히 볼 수 있다. 염은 여러 가지 수화물을 만든다. 극단적인 예로서 염화철(Ⅲ)-물 계를 들 수 있다. 그림 15-12. 이 그림은 다섯 개의 간단한 함께 녹는점 그림으로 나눌 수 있다.

15.5 비합치 녹는점을 갖는 화합물

그림 15-11에서는 화합물의 녹는점이 두 성분의 녹는점 보다 높았었다. 이런 경우의 그림은

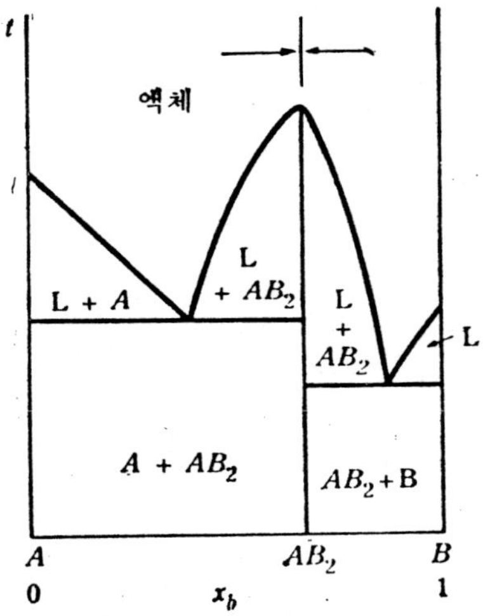

그림 15-11 화합물 생성.

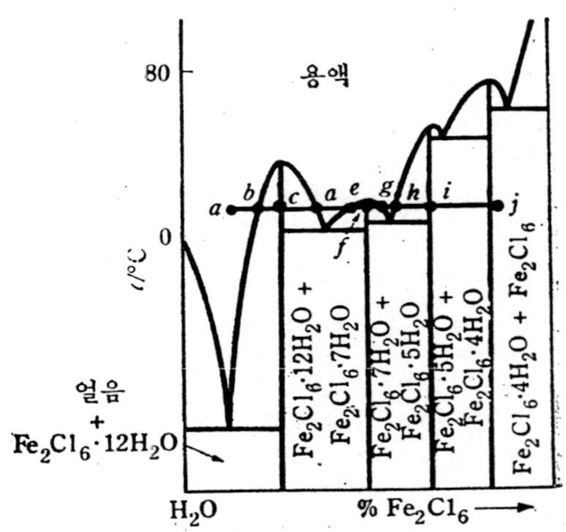

그림 15-12 H_2O-Fe_2Cl_6 계의 어는점.

항상 그림 15-11과 같은 모양이 되며, 두 개의 함께 녹는점이 나타난다. 그러나 화합물의 녹는점이 어느 한 성분의 녹는점보다 낮을 때는 두 가지 가능성이 생긴다. 즉, 첫째로는 그림 15-12에서 처럼 함께 녹는점들을 가진 간단한 그림이 되는 것으로서, 그림의 각 부분을 그림 15-11과 같은 보다 더 간단한 것으로 나누어 생각할 수 있다. 둘째 번으로는 그림 15-13에 보인 칼륨-나트륨 합금 계로서 나트륨의 용해도 곡선이 Na_2K와 순수한 Na 사이로 떨어지지 않고 Na_2K의 왼쪽으로 완만하게 내려와서 다른 용해도 곡선과 점 *c*에서 만난다. Na-K 계에서는 이 점이 7°C이다.

우선 순수한 고체 화합물의 행동을 검토하자. 온도를 올리면 상태점이 직선 *ab*를 따라 이동한다. *b*에서는 조성 *c*의 액체가 생긴다. 이 액체에는 원래의 화합물보다 칼륨이 많이 들어 있으므로 고체 나트륨 *d*가 얼마간 녹지 않고 남는다. 따라서 이 화합물은 녹으면서 다음 반응을 일으킨다.

$$Na_2K(s) \longrightarrow Na(s) + c(l)$$

이것을 따로 녹는 반응 또는 상반응이라고 한다. 또 용해물의 조성이 화합물과 틀리므로, 그 화합물은 비합치되어 녹는다고 한다(그림 15-11과 15-12에서 설명한 화합물은 합치되어 녹으며 조성이 변하지 않는다). 이 때는 고체 Na_2K, 고체 나트륨 및 액체의 세 가지 상이 존재하므로 계는 불변이다. 계로 열이 흘러 들어가더라도 고체 화합물이 완전히 녹기까지는 계의 온도가 그대로 유지된다. 고체 화합물이 모두 녹으면 온도가 올라가서 상태점은 직선 *bef*를 따라 이동하고 계는 고체 나트륨과 액체로 된다. *f*에서는 고체 나트륨의 마지막 부분이 녹아들어가고 *f* 위에서는 계가 액체상만으로 된다. 조성 *g*를 식히면 이러한 변화들이 거꾸로 일어난다. 즉, *f*에서 고체 나트륨이 나타나고, 액체 조성은 *fc*를 따라 이동한다. *b*에서는 조성 *c*의 액체가 고체 나트륨 및 고체 Na_2K와 공존한다. 그리고 액체와 고체 나트륨이 둘다 동시에 소모될 때까지 역방향의 상반응이 일어난 후에는 Na_2K만이 남고 상태점은 *ba*를 따라 이동한다.

조성이 *i*인 계를 식히면 나트륨의 첫 결정이 *j*에서 생기며, 액체 조성은 더 많은 나트륨이 결정화함에 따라 *jc*를 따라 이동한다. *k*에서는 다음과 같은 따로 녹는 반응 때문에 고체 Na_2K가 생긴다.

$$c(l) + Na(s) \longrightarrow Na_2K(s)$$

조성이 *i*일 때는 나트륨의 양이 액체 *c*를 완전히 화합물로 바꾸어 줄 정도가 못된다. 따라

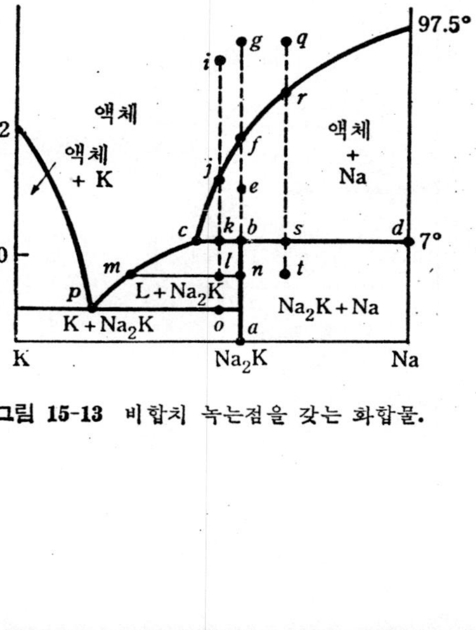

그림 15-13 비합치 녹는점을 갖는 화합물.

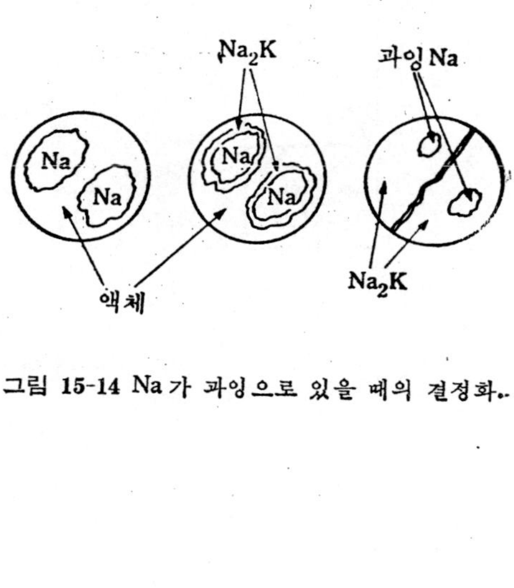

그림 15-14 Na가 과잉으로 있을 때의 결정화.

서 처음에 생겼던 나트륨 결정이 완전히 소모된다. 나트륨이 없어진 뒤에는 온도가 내려가면서 Na_2K가 결정으로 되고 액체 조성은 cm을 따라 이동한다. l에서는 연결선을 보면 Na_2K, 즉 n과 액체 m이 공존하게 된다. 온도가 o에 이르면 액체는 함께 녹는 조성 p를 가지며 순수한 칼륨이 결정화되기 시작한다. 계는 액체가 사라질 때까지 불변이며, 마지막에는 고체 칼륨과 고체 Na_2K의 혼합물이 남는다.

조성이 q인 액체를 식히면 나트륨의 첫 결정이 r에서 생기며, 계속해서 식히면 더 많은 나트륨이 결정되고, 액체 조성은 rc를 따라 이동한다. s에서는 따로 녹는 반응으로 고체 Na_2K가 생긴다. 액체는 완전히 소모되고 상태점은 t로 떨어지며, 계는 고체 Na_2K와 고체 나트륨의 혼합물로 된다. 처음에 생긴 나트륨과 액체가 반응하여 화합물이 생성되므로 고체 혼합물은 그 구조가 특이하다. 이 반응의 단계들이 그림 15-14에 설명되어 있다. 최종 혼합물은 화합물로된 껍질 속에 나트륨의 첫 결정이 핵심으로 들어 있다. 상반응은 화합물 층으로 둘러싸인 나트륨 결정과 액체 사이에서 일어나므로 이런 계에서는 평형이 성립되기 어렵다. 그러나 실험을 충분히 길게 해서 어느 한 반응물이 화합물의 층을 통해 확산되게 하면 평형이 이루어질 수 있다. 이 특수한 계에 대한 흥미로운 점은 나트륨과 칼륨의 합금이 실온에서 액체로 되었을 때 넓은 범위의 조성을 나타낸다는 것이다.

★ 15.5.1 황산나트륨-물 계

황산나트륨-물 계는 비합치 녹는점 화합물, $Na_2SO_4 \cdot 10H_2O$를 만든다[그림 15-15(a)]. 선 e_b는 10수화물의 용해도 곡선이고 선 ba는 무수염의 용해도 곡선이다. 이 그림은 10수화물의 용해도는 온도에 따라 증가하지만 무수염의 용해도는 온도가 올라가면 줄어든다는 것을 나타낸다. 따로 녹는점은 b이다. bc 선상에서는 Na_2SO_4, $Na_2SO_4 \cdot 10H_2O$, 포화 용액의 세 가지 상이 공존하며 그 계는 불변이고 따로 녹는점 32.383 °C가 고정된다. 이 온도는 온도계의 보정점으로 자주 쓰인다. 실온에서 진공인 병에 무수 Na_2SO_4와 소량의 물을 넣으면 물과 염이 반응해서 10수화물을 만든다. 이 반응은 발열이어서 계의 온도가 32.383 °C로 올라가고, 세 가지 상이 존재하는 한 그 온도를 유지한다.

조성이 g인 불포화 용액을 가열하면 f에서 무수염이 석출되고, 냉각시키면 h에서 10수화물이 석출된다. h아래의 온도까지 용액을 과냉각시킬 수도 있는데, 이 때는 그림 15-15(b)에서

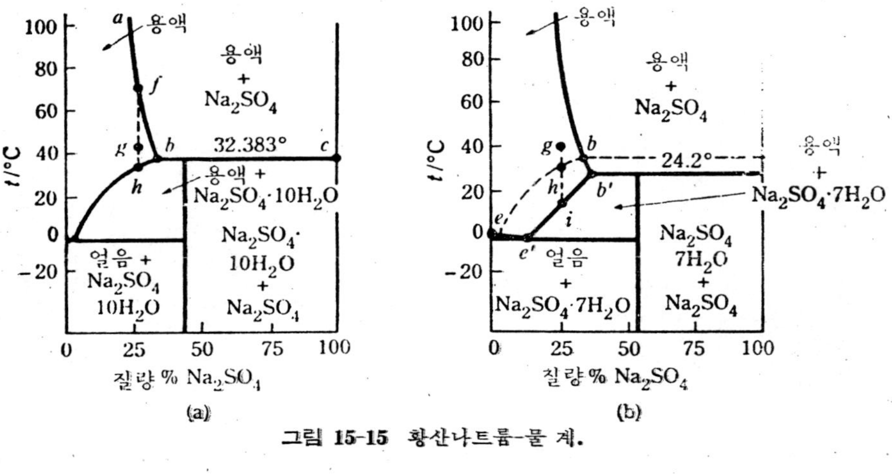

그림 15-15 황산나트륨-물 계.

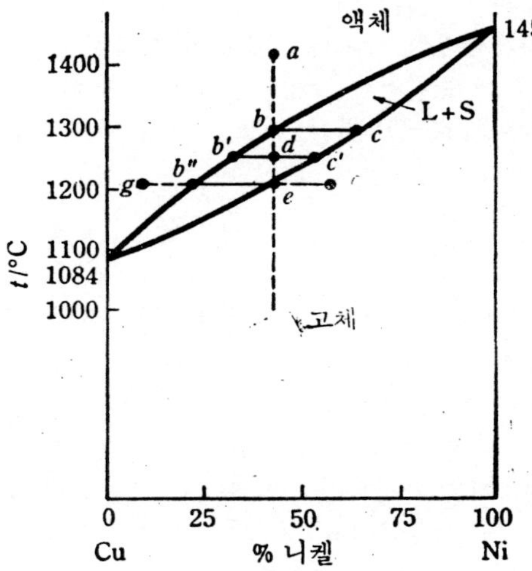

그림 15-16 구리-니켈 계.

처럼 i 에서 7수화물이 결정화한다. 곡선 $e'b'$ 은 7수화물 $Na_2SO_4 \cdot 7H_2O$ 의 용해도 곡선이다. 무수염-7수화물-포화 용액의 비합치 녹는점은 24.2°C 이다. 그림 15-15(b)에서 점선은 10수화물에 대한 곡선이다. 7수화물의 용해도 곡선은 대부분이 고체 10수화물-포화 용액의 안정한 영역 속에 자리잡고 있다. 따라서 고체 7수화물과 그 포화 용액 사이의 평형은 준안정한 것이며, 이런 상태에 있는 계는 덜 녹는 10수화물을 자발적으로 침전시킬 수 있다.

★ 15.6 고체 상태에서의 섞임

이제까지 설명한 계에서는 순수한 고체만이 관여하였었다. 그러나 많은 고체는 다른 물질을 녹여서 고체 용액을 만들 수 있다. 예로서 구리와 니켈은 고체 상태에서 상호간에 어떠한 비율로나 녹아 들어간다. 구리-니켈 계의 상평형 그림을 그림 15-16 에 나타내었다.

그림 15-16 의 위쪽 곡선은 액체화 곡선이며 아래쪽은 고체화 곡선이다. 점 a 로 표시되는 계를 b 로 식히면 조성 c 를 갖는 고체 용액이 나타난다. 점 d 에서 계는 조성 c' 의 고체 용액과 평형에 있는 조성 b' 의 액체로 된다. 이 그림의 해석은 14.6절에 나온 액체-증기 그림의 경우와 비슷하다. 이런 형태의 계는 실험하기가 어렵다. 계를 a 로부터 e 로 급하게 식혔다고 하자. 만약 계기 평형을 잘 유지했다면, 액체의 마지막 흔적 b'' 은 전체적으로 균일한 조성 e 를 가진 고체와 공존할 것이다. 그러나 갑자기 식히면 고체의 조성이 균일하게 될 시간이 없다. 첫 결정은 조성 c 를 가지며 c 부터 e 까지의 조성을 갖는 층이 첫 결정의 바깥쪽에 형성된다. 그리하여 결정화된 고체의 평균 조성은 아마 점 f 근처가 될 것이며 들어 있어야 할 양보다 많은 니켈이 들어 있다. 즉, 조성이 e 의 오른쪽이 된다. 따라서 액체에는 들어 있어야 할 양보다 많은 구리가 들어 있게 되며 그 조성점은 g 근처가 될 것이다. 따라서 이 온도에서는 약간의 액체가 남게 되고, 계가 완전히 고체화하려면 더 식혀야 한다. 이런 어려움은 실험에서 심각한 문제를 일으킨다. 고체가 각 온도에서 균일한 조성을 이룰 수 있도록 하기 위해서 극히 느린 속도로 계를 식혀야만 한다. 지금까지 그림을 설명하는 데는 평형이 이루어졌다고 가정했으며, 이것이 뜻하는 실험상의 어려움을 무시하였다.

전체 조성 범위에 걸쳐서 고체 용액을 만들고, 녹는점에서 극대나 극소를 나타내는 2성분계가 여럿 알려져 있다. 이러한 계의 액체화-고체화 곡선은 불변 끓는점 혼합물을 만드는 계의 액체 증기 곡선의 모양과 비슷하다. 곡선의 극대나 극소점에 해당하는 조성의 혼합물은 갑자기 녹으며, 이런 점에서 볼 때는 순수한 물질처럼 보인다. 이것은 마치 끓는점 혼합물이 일정한 온도에서 끓고 조성이 변하지 않는 채로 증류되어 나오는 것과 비슷하다. 녹는점 곡선에 극대를 나타내는 혼합물은 비교적 드물다.

★ 15.7 어는점 오름

13.6절에서는 다른 물질이 가해지면 순수한 고체의 녹는점이 항상 내려간다는 것을 배웠다. 그런데 그림 15-16에서는 다른 물질이 들어가면 한 성분의 녹는점이 올라간다는 것을 보여준다. 즉, 이 그림에서는 구리의 녹는점이 올라간다. 녹는점이 이렇게 오르는 것은 액체와 평형에 있는 고체가 순수한 것이 아니라 고체 용액일 때에만 생길 수 있다.

고체 용액이 이상 고체 용액이라고 가정하자. 그 정의는 이상 기체 용액이나, 이상 액체 용액의 경우와 비슷하며 각 성분에 대해서 $\mu_i = = \mu_i^\circ + RT\ln x_i$ 라는 조건이 성립해야 한다. 여기서 μ_i°는 순수한 고체의 화학 퍼텐셜, x_i는 고체 용액에서의 몰분율이다. 고체 용액이 액체 용액과 평형에 있을 때는 임의의 한 성분에 대해서 $\mu_1(\mathrm{s}) = \mu_1(\mathrm{l})$라는 조건이 만족되어야 한다. 양쪽 용액이 모두 이상적일 때는 다음 관계가 성립한다.

$$\mu_1^\circ(\mathrm{s}) + RT\ln x_1(\mathrm{s}) = \mu_1^\circ(\mathrm{l}) + RT\ln x_1(\mathrm{l}) \tag{15.6}$$

온도 T에서 순수한 성분의 녹음 Gibbs 에너지를 $\Delta G_1^\circ = \mu_1^\circ(\mathrm{l}) - \mu_1^\circ(\mathrm{s})$라고 놓으면 (15.6)식이 다음과 같이 된다.

$$\ln\left(\frac{x_1(\mathrm{l})}{x_1(\mathrm{s})}\right) = -\frac{\Delta G_1^\circ}{RT} \tag{15.7}$$

한편 $\Delta G_1^\circ = \Delta H_1^\circ - T\Delta S_1^\circ$ 이고, 또 순수한 물질의 녹는점 T_{01}에서는 $\Delta S_1^\circ = \Delta H_1^\circ/T_{01}$이므로 이 식은 다음과 같이 된다.

$$\ln\left(\frac{x_1(\mathrm{l})}{x_1(\mathrm{s})}\right) = -\frac{\Delta H^\circ}{R}\left(\frac{1}{T} - \frac{1}{T_{01}}\right)$$

이 식을 T에 관해서 풀면 다음과 같이 된다.

$$T = T_{01}\left\{\frac{\Delta H^\circ}{\Delta H^\circ + RT_{01}\ln[x_1(\mathrm{s})/x_1(\mathrm{l})]}\right\} \tag{15.8}$$

순수한 고체가 존재한다면 $x_1(\mathrm{s}) = 1$이 될 것이다. 그리고 이 경우에는 (15.8)식의 분모의 둘째 항이 양수로 되어서 괄호 안의 분수가 1보다 작아질 것이다. 따라서 어는점 T는 T_{01}보다 낮아진다. 평형에서 고체 용액이 존재할 때는 $x_1(\mathrm{s}) < x_1(\mathrm{l})$일 때 분모의 둘째 항이 음수가 되고 괄호 안의 분수는 1보다 커져서 녹는점은 T_{01}보다 높아진다.

그림 15-16에서는 고체 용액 속의 구리의 몰분율 $x_{\mathrm{Cu}}(\mathrm{s})$가 액체 용액 속의 구리의 몰분율 $x_{\mathrm{Cu}}(\mathrm{l})$보다 항상 작다는 것을 보여준다. 따라서 구리의 녹는점은 올라간다. 둘째 번 성분에 대해서도 비슷한 식을 쓸 수 있으며 이 식으로부터 니켈의 녹는점이 내려간다는 결론을 얻게 된다. 지금까지의 설명에서는 ΔH°와 ΔS°가 온도에 따라 변하지 않는다고 가정했다. 이것은 옳지 않은 가정이지만 일반적인 결론에는 영향을 미치지 않는다.

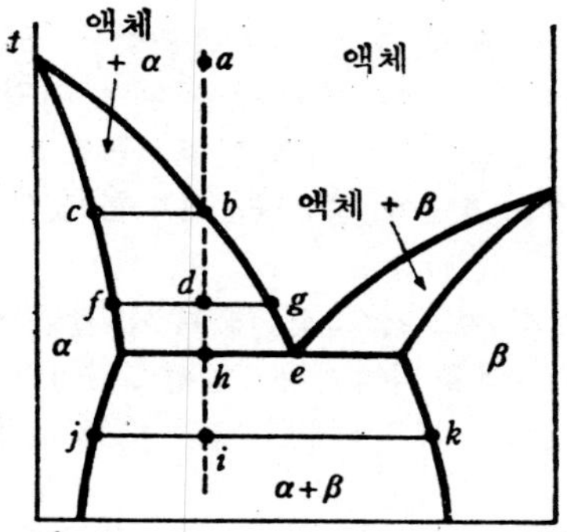

그림 15-17 고체 상태에서의 부분적 섞임.

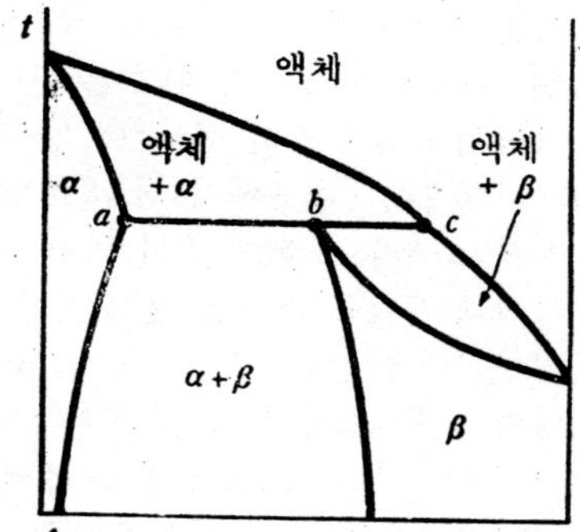

그림 15-18 전이 온도를 가지는 계.

★ 15.8 고체 상태에서의 부분적 섞임

고체 상태에서 두 물질이 전혀 안 섞이거나 또는 완전히 섞이거나 하는 대신에 한 물질이 다른 한 물질에 대해서 한정된 용해도를 갖는 경우가 흔히 있다. 이런 경우의 가장 보편적인 상평형 그림은 그림 15-17과 같은 형태가 된다. α 영역의 점은 B가 A에 녹은 고체 용액을, 한편 β 영역의 점은 A가 B에 녹은 고체 용액을 나타낸다. $\alpha+\beta$ 영역의 점은 α와 β의 두 포화된 고체 용액 상이 평형을 이루며 공존하는 상태를 나타낸다. a로 표시되는 계를 식히면 b에서 조성 c를 갖는 고체 용액 α가 나타난다. 온도가 더 내려가면, 고체와 액체의 조성이 이동하며 d에서는 조성 f와 g가 평형을 이룬다. h에서는 액체가 함께 녹는 조성 e를 가지며 고체 용액 β가 나타나고, 따라서 α, β 및 액체가 공존하여 계는 불변이 된다. i로 식히면 두 고체 용액이 공존하게 되는데, 하나는 조성이 j인 α이고 또 하나는 조성이 k인 β이다.

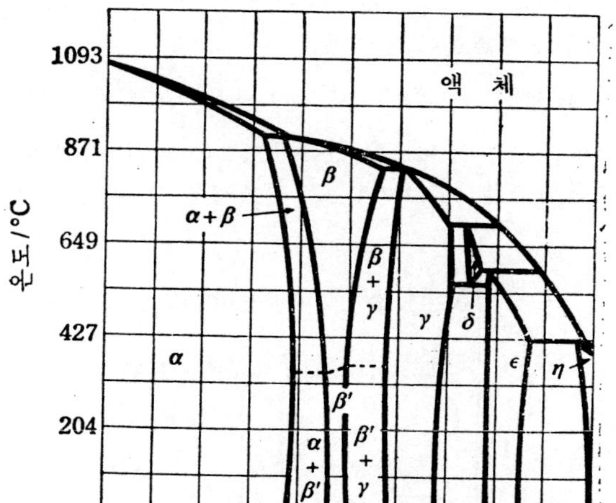

그림 15-19 놋쇠의 상평형 그림(A.G. Guy, *Physical Metallurgy for Engineers*, Addison-Wesley Publishing Co. Inc., Reading, Mass., 1962로부터 인용).

고체 용액을 만드는 다른 형태의 계를 그림 15-18에 나타내었다. 이 계는 함께 녹는점 대신에 전이점을 가지고 있다. 직선 *abc* 상의 점은 모두 α, β 및 조성 *c* 의 용융물이 공존하는 불변의 계를 나타낸다. *abc* 의 온도는 전이 온도이다. 점이 *a* 와 *b* 사이에 있을 때는 식혔을 때 용융물이 없어지고 α + β가 남는다. 점이 *b* 와 *c* 사이에 있을 때는 식혔을 때 우선 α가 없어지고 β + L이 남으며, 계속해서 더 식히면 액체가 사라지고 β만이 남는다. 온도를 올릴 때, *abc* 의 점은 모두 α + L로 되며 β가 없어진다.

여러 고체 용액을 만드는 흥미 있는 계는 Cu-Zn(놋쇠)계로서 그림 15-19와 같은 상평형 그림을 나타낸다. 부호 α, β, γ, δ, ε, η는 균일한 고체 용액을 가리키며, 한편 α + β, β + γ 로 표시한 영역은 두 고체 용액이 공존하는 영역을 가리킨다. 이 그림에는 많은 수의 전이 온도가 나타나며 함께 녹는 온도는 없음을 주목하라.

상평형 그림은 고체 용액, 화합물 생성, 함께 녹는점, 전이점 등 여러 가지 특징을 나타내고 있다. 그리고 일단 이러한 개개의 특징을 설명할 수 있으면 복잡한 상평형 그림을 어렵지 않게 해석할 수 있다.

★ 15.9 기체-고체 평형 ; 수화된 염의 증기 압력

지금까지 고체와 액체 사이의 평형을 설명하는 데는 계에 가해진 압력이 충분히 높아서 계에서 증기가 나타나지 않는다고 가정했었다. 그러나 보다 낮은 압력에서는 하나 또는 그 이상의 성분이 휘발성인 경우에 평형에서 증기가 존재할 수도 있다. 고체와 액체 사이의 평형에 대한 중요한 예는 염의 수화물과 수증기 사이의 평형이다.

고정된 온도에서 물-$CuSO_4$ 계의 증기 압력을 생각해 보자. 그림 15-20은 황산구리의 증기 압력을 농도의 함수로서 표시한 것이다. 무수 $CuSO_4$ 를 액체물에 가하면 계의 증기 압력이 곡선 *ab* 를 따라 떨어진다(Raoult 의 법칙). *b* 에서는 용액이 5수화물, $CuSO_4 \cdot 5H_2O$ 로 포화된다. *bc* 에서는 포화 용액, 고체 $CuSO_4 \cdot 5H_2O$ 및 증기의 세 상이 일정한 온도에서 존재하므로 계는 불변이다. 무수 $CuSO_4$ 를 가해도 압력은 변하지 않으며, 용액의 일부가 5수화물로 바뀔 뿐이다. *c* 에서는 모든 물이 $CuSO_4$ 와 결합해서 5수화물을 만든다. $CuSO_4$ 를 더 가하면 압력이 *de* 의 값으로 떨어지며 약간의 3수화물이 생긴다.

$$2\,CuSO_4 + 3\,CuSO_4 \cdot 5\,H_2O \longrightarrow 5\,CuSO_4 \cdot 3\,H_2O$$

de 선상에서는 계가 불변이며 증기, $CuSO_4 \cdot 5H_2O$ 및 $CuSO_4 \cdot 3H_2O$ 의 세 상이 존재한다. *e* 에서는 계가 전부 $CuSO_4 \cdot 3H_2O$ 로 되고, $CuSO_4$ 를 계속해서 더 가하면 3수화물의 약간이 1수화

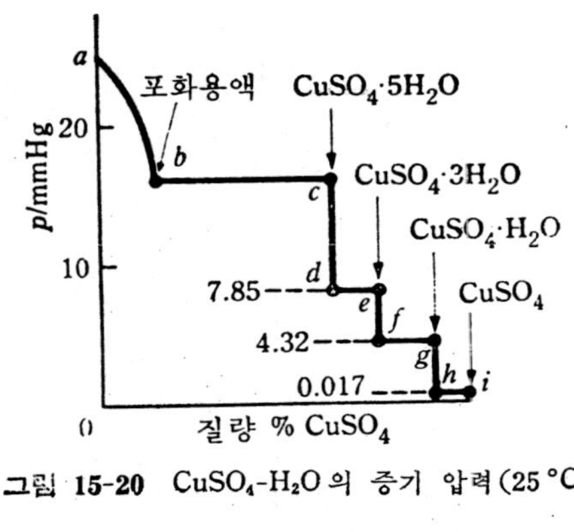

그림 15-20 $CuSO_4$-H_2O 의 증기 압력(25 °C).

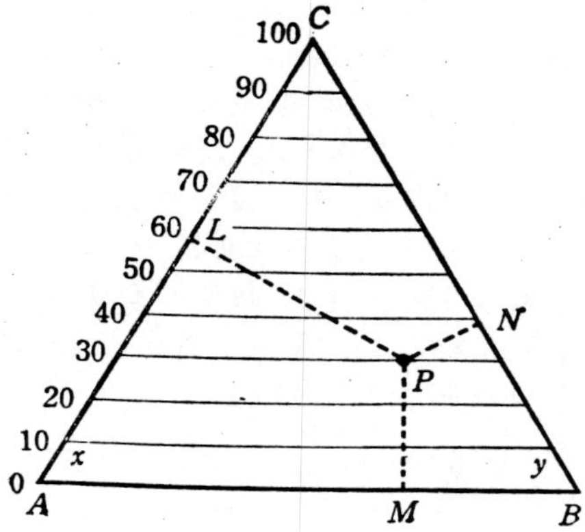

그림 15-21 삼각형의 상평형 그림.

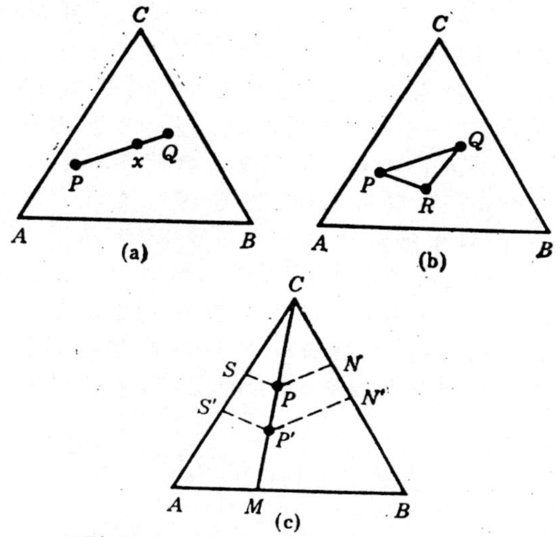

그림 15-22 삼각형 상평형 그림의 성질.

물로 바뀌며 압력은 fg의 값으로 떨어진다. 끝으로 hi선상에서도 계는 불변으로 되며, 이 때는 증기, $CuSO_4 \cdot H_2O$ 및 $CuSO_4$가 공존한다.

염의 수화물계에서 일정한 압력이 이루어지려면 세 상이 공존해야 한다. 하나의 수화물은 일정한 증기 압력을 갖지 못한다. 예로서 3수화물은 e부터 f사이의 어떤 수증기 압력과도 평형을 이루며 공존한다. 5수화물과 3수화물이 공존할 때는 압력이 de값으로 고정된다.

11장에서 설명한 바와 같이 다음 반응에 대한 평형 상수는 $K = p_e^2$이며, p_e는 3수화물과 5수화물의 혼합물과 평형에 있는 수증기의 평형 압력이다.

$$CuSO_4 \cdot 5\,H_2O(s) \longrightarrow CuSO_4 \cdot 3\,H_2O(s) + 2\,H_2O(g)$$

그리고 증기 압력의 온도 의존 관계는 이 평형 상수 식에다 Gibbs-Helmholtz식을 적용시키면 쉽게 구해진다.

✶ 15.10 3성분계

3성분계에서는 변수가 $F = 3 - P + 2 = 5 - P$이다. 계가 하나의 상만으로 되어 있을 때는 계를 표시하는데 네 개의 변수가 필요하며, T, p, x_1, x_2의 네 개를 택하면 편리하다. 이런 계를 완전하게 그림으로 나타내려면 3차원으로도 불가능하고 2차원으로는 더 말할 필요도 없다. 따라서 이러한 계는 일정한 온도와 일정한 압력에서 표시하는 것이 보통이다. 그러면 변수는 $F' = 3 - P$가 되므로 계는 기껏해야 2개의 변수를 가지며 평면 위에 표시할 수가 있다. 온도와 압력을 고정시키면 남아 있는 변수는 $x_1 + x_2 + x_3 = 1$의 관계를 갖는 조성 변수 x_1, x_2, x_3이다. 이 중의 어느 둘을 명시하면 세째 번 값이 정해진다. Gibbs와 Roozeboom은 정삼각형을 써서 계의 상태를 그림으로 표시하였다. 그림 15-21은 이 방법의 원리를 설명해 준다. 삼각형의 꼭지점 A, B, C는 100% A, 100% B, 100% C를 표시한다. AB에 평행한 선은 C의 여러 가지 퍼센트를 나타낸다. 선 AB 위의 점은 모두 0%의 C를 포함하는 계를 나타내며 xy 위의 점은 모두 10% 의 C를 포함하는 계를 나타낸다. 점 P는 30% C를 포함하는 계를 나타낸다. 삼각형의 어느 주어진 변에 수직된 길이는 그 변의 반대쪽 꼭지점에 있는 성분의 퍼센트를 나타낸다. 따라서 길이 PM은 C의 퍼센트, 길이 PN은 A의 퍼센트, 길이 PL은 B의 퍼센트를 나타낸다(AC와 CB에 평행한 선은 명확하게 하기 위해서 생략했다). 이런 수선의 길이를 합하면 삼각형의 높이와 항상 같아지는데 이 높이를 100%로 취한다. 이 방법을 이용하면 3성분계의 임의의 조성을 삼각형 안의 한 점으로 표시할 수 있다.

이 그림에서 다음 두 성질도 또한 중요하다. 그 하나가 그림 15-22(a)에 설명되어 있다, 즉, 조성이 P와 Q로 표시되는 두 계를 함께 섞으면 얻어진 혼합물의 조성은 점 P와 Q를 연결하는 선 위의 어느 점 x로 표시된다. 또 점 P, Q, R로 표시되는 세 가지 계를 섞으면 혼합물의 조성은 삼각형 PQR 안에 있게 된다. 둘째 번 중요한 성질은 꼭지점을 지나는 선 위의 점으로 표시되는 계들은 모든 다른 두 성분을 같은 비율로 포함한다는 것이다. 예로서 CM 위의 점으로 표시되는 계는 모두 A와 B를 같은 비율로 포함한다. 그림 15-22(c)에서처럼 두 점 P와 P'에서 수선을 세우고, 닮은 삼각형의 성질을 이용하면 다음 관계를 얻게 된다.

$$\frac{PS}{P'S'} = \frac{CP}{CP'} \quad \text{및} \quad \frac{PN}{P'N'} = \frac{CP}{CP'}$$

따라서,

$$\frac{PS}{P'S'} = \frac{PN}{P'N'} \quad \text{또는} \quad \frac{PS}{PN} = \frac{P'S'}{P'N'}$$

이것이 증명하려던 성질이다. 이런 성질은 두 성분의 양은 변화시키지 않고, 나머지 한 성분을 넣거나 또는 뽑아낼 때의 현상을 논의하는 데 중요하게 쓰인다.

★ 15.11 액체-액체 평형

3성분계로서 가장 간단한 행동을 하는 것은 클로로포름-물-아세트산 계이다. 클로로포름-아세트산쌍과 물-아세트산쌍은 완전히 섞인다. 그러나 클로로포름-물쌍은 섞이지 않는다. 그림 15-23은 이 계에 대한 액체-액체 평형을 나타낸 것이다. 점 a와 b는 아세트산이 없는 경우의 짝액체 층을 나타낸다. 계의 전체 조성이 c이고 따라서 지레 규칙에 의해서 층 a보다 층 b가 더 많다고 하자. 계에 아세트산을 조금 가하면 조성은 c점과 아세트산의 꼭지점을 연결하는 선을 따라 점 c'으로 이동한다. 아세트산을 가하면 두 층의 조성은 a'과 b'으로 변한다. 아세트산은 물이 많은 층 b'으로 더 잘 들어가므로 짝용액 a'과 b'을 잇는 연결선은 ab에 평행하지 않다는 것을 주목하라. a'과 b'의 상대적 양은 지레 규칙으로 주어진다. 즉, 연결선 $a'b'$의 선분비로 주어진다. 아세트산을 계속해서 가하면 조성은 점선 cC를 따라 더 이동한다. 물이 많은 층은 더 늘어나고 한편 클로로포름이 많은 층이 차차 없어진다. c''에서는 클로로포름이 많은 층은 흔적만이 남게 되며 c''보다 위에서는 계가 균일하게 된다.

연결선이 평행이 아니므로 두 짝용액은 곡선의 꼭대기에서 조성이 같아지지 않고, 한 쪽으로 치우친 점 k에서 같아진다. 이 점을 주름점이라고 한다. 조성이 d인 계에다 아세트산을 가하면, dk를 따라 조성이 변한다. k 바로 아래에서는 두 층의 양은 서로 비슷하며, k에서는 계가 균일해지므로 두 용액 사이의 경계면이 없어진다. 이런 행동은 짝 층의 하나가 흔적만 남게 되는 c''에서의 행동과 대조적이다.

온도가 올라가면 2-상 영역의 모양과 크기가 달라진다. 온도가 올라감에 따라 상호 용해도가 증가하는 계의 전형적인 상평형 그림이 그림 15-24에 나와 있다. 이 그림에서처럼 세째 번 축으로서 온도를 택하여 도시하면 2-상 영역이 빵덩어리 모양의 영역이 된다. 이 그림에서 P는

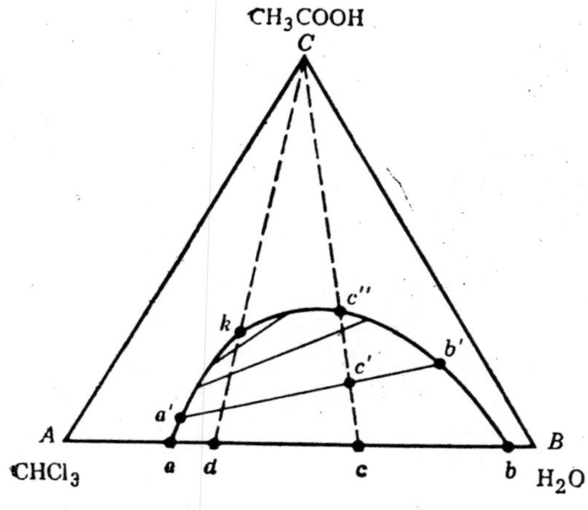

그림 15-23 부분적으로 섞이는 두 액체.

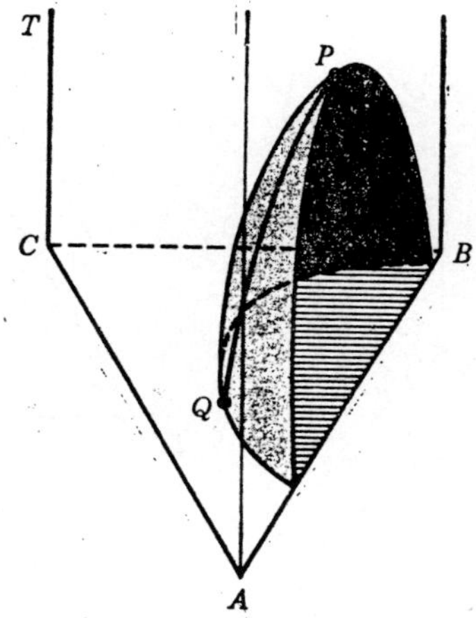

그림 15-24 부분적으로 섞이는 쌍에 대한 온도의 영향.

2성분계 A-B의 완전 혼합온도이다. 선 PQ는 여러 온도에서의 주름점을 연결한 것이다.

A-B와 B-C의 두 쌍이 부분적으로 섞이는 경우에는 더 복잡해진다. 그림 15-25(a)에서처럼 두 개의 두 마디 곡선이 나타난다. 그리고 온도가 더 낮아지면, 그림 15-25(a)의 두 마디 곡선들이 겹쳐지는 수도 있다. 주름점이 서로 합쳐지게 겹치는 경우에는 2-상 영역이 그림 15-25(b)에서 처럼 띠모양으로 된다. 그러나 두 마디 곡선이 주름점에서 합쳐지지 않는 경우에는 그림 15-25(c)에 나타낸 모양이 된다. 삼각형 abc 안의 점은 조성 a, b, c를 갖는 3개의 액 층이 공존하는 계의 상태를 표시한다. 이런 계는 등온에서 불변이다.

★ 15.12 염의 용해도 ; 공통 이온 효과

하나의 공통 이온을 갖는 두 염과 물을 포함하는 계는 실용적인 면에서 큰 관심거리이다. 이 경우에는 염들이 서로가 용해도에 영향을 미친다. 30 °C 에서의 NH_4Cl, $(NH_4)_2SO_4$, H_2O에 대한 그림이 그림 15-26에 나와 있다. 점 a는 $(NH_4)_2SO_4$가 없을 때의 NH_4Cl의 포화 수용액을 나타낸다. A와 a 사이의 점들은 포화 용액 a와 평형을 이룬 고체 NH_4Cl의 여러 양을 나타낸다. a와 C 사이의 점은 NH_4Cl의 불포화 용액을 표시한다. 마찬가지로 b는 NH_4Cl이 없을 때의 $(NH_4)_2SO_4$의 용해도를 나타낸다. Cb 위의 점은 불포화 용액을 나타내는 한편, bB 위의 점

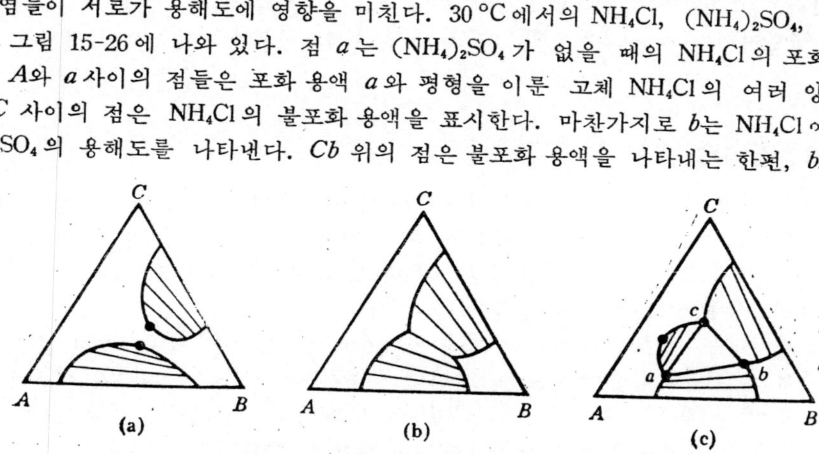

그림 15-25 부분적으로 섞이는 두 쌍.

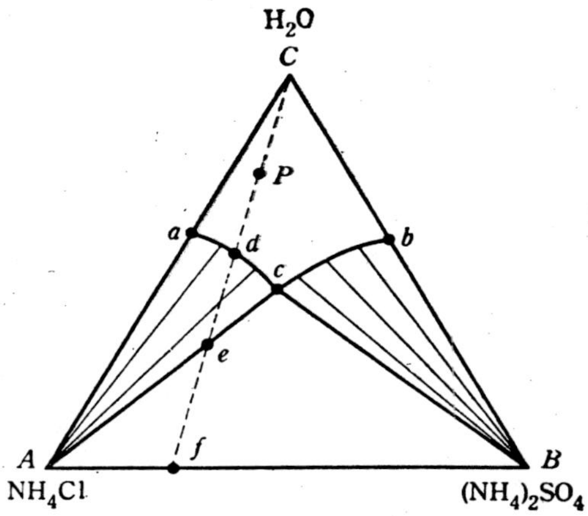

그림 15-26 공통 이온 효과.

표 15-2

부분	계	변수
Cacb	불포화 용액	2
Aac	NH_4Cl + 포화 용액	1
Bbc	$(NH_4)_2SO_4$ + 포화 용액	1
AcB	$NH_4Cl + (NH_4)_2SO_4$ + 포화 용액	0

은 포화 용액과 평형에 있는 고체 $(NH_4)_2SO_4$를 표시한다. $(NH_4)_2SO_4$가 존재하면 NH_4Cl의 용해도는 선 ac를 따라 변화하며, NH_4Cl이 존재하면 $(NH_4)_2SO_4$의 용해도가 선 bc를 따라 변화한다. 따라서 점 c는 NH_4Cl과 $(NH_4)_2SO_4$가 둘 다 포화된 용액을 나타낸다. 연결선은 포화 용액의 조성과 고체를 연결시킨 것이다. 안정한 영역들을 표 15-2에 나타내었다.

P로 표시되는 불포화 용액을 등온 증발시킨다고 하자. 상태점은 꼭지점 C와 점 P를 거쳐 그린 직선 $Pdef$를 따라 이동해야 한다. d에서 NH_4Cl은 결정화하며 용액의 조성은 선 dc를 따라 이동한다. 점 e에서는 용액의 조성이 c로 되고 $(NH_4)_2SO_4$가 결정으로 나오기 시작한다. 계속해서 증발시키면 NH_4Cl과 $(NH_4)_2SO_4$가 석출되고 용액이 완전히 사라져서 점 f에 이르게 된다.

★ 15.13 겹염의 생성

두 염이 한 화합물, 즉 겹염을 만들 경우에는 이 화합물의 용해도가 상평형 그림에 나타날 수 있다. 그림 15-27은 화합물이 형성되는 두 전형적인 경우를 나타낸 것이다. 이 두 그림에서 ab는 A의 용해도, bc는 화합물 AB의 용해도, cd는 B의 용해도이다. 각 영역과 이들 영역이 나타내는 상들을 표 15-3에 실었다.

두 계가 나타내는 성질의 차이는 두 가지 방법으로 설명할 수 있다. 우선 마른 상태의 고체 화합물로부터 출발해서 물을 가해보자. 그러면 상태점은 선 DC를 따라서 이동하게 된다. 그리고 그림 15-27(a)에서는 화합물과 이 화합물의 포화 용액이 공존하는 영역으로 상태점이 이동한다. 그러므로 이 화합물은 합치 포화가 된다고 말한다. 그림 15-27(b)에서는 화합물 AB에 물

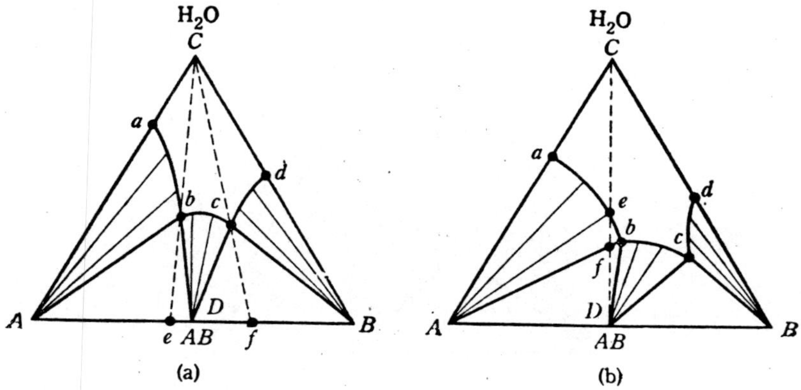

그림 15-27 (a) 합치 포화가 되는 화합물. (b) 비합치 포화가 되는 화합물.

표 15-3

영역	계	변수
Cabcd	불포화 용액	2
abA	A + 포화 용액	1
AbD	$A + AB$ + 포화 용액 b	0
Dbc	AB + 포화 용액	1
DcB	$AB + B$ + 포화 용액 c	0
cdB	B + 포화 용액	1

을 가하면, DC를 따르는 상태점이 $A + AB$ + 포화 용액 b가 안정한 영역으로 이동한다. 그러므로 물을 가하면 화합물은 고체 A와 용액으로 분해한다. 이 화합물은 비합치 포화가 된다고 말한다. 마찬가지로 그림 15-27(b)의 화합물은 A와 B를 같은 몰비로 포함하는 용액을 증발시켜서 얻을 수 없다. 즉, 이런 용액을 증발시키면 점 e에서 고체 A가 결정으로 나오며, 점 f에서는 고체 A가 용액 b와 반응해서 AB가 침전된다. D에 이르면 A는 모두 사라지고 화합물만이 남는다. 상태점이 f와 D 사이에 있을 때 고체를 걸러내면 화합물의 결정은 A의 결정과

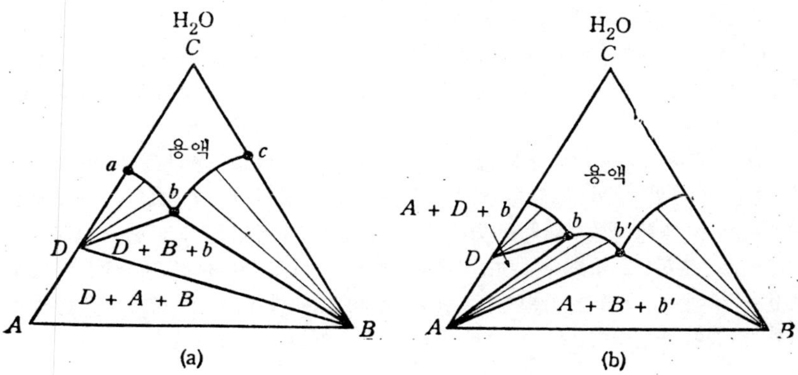

그림 15-28 수화물 형성.

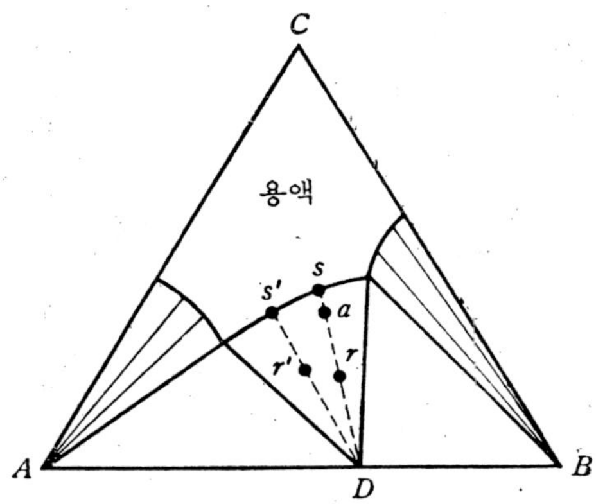

그림 15-29 젖은 찌끼 방법.

섞여서 존재하게 될 것이다. 실험실에서 이것이 얼마나 귀찮은지 이해할 수 있을 것이다. 겹염계에 내한 상평형 그림을 알면 이것을 만드는 데 큰 도움이 될 것이다.

염 하나가 조성 D인 수화물을 만드는 경우에는 상평형 그림이 그림 15-28(a)와 같은 꼴로 된다. 이 그림에서 흥미로운 특징은 상태점이 삼각형 ADB 안에 있을 때에는 계가 전적으로 세 가지의 고체 D, B, A로 되어 있다는 것이다. 일반적으로 더 높은 온도에서는 그림 15-28(b)에서와 같은 모양으로 무수염이 나타나게 된다.

★ 15.14 "젖은 찌끼" 방법

3성분계의 평형 곡선은 어느 면에서는 2성분계의 경우보다 간단하게 결정할 수 있다. 우선 그림 15-29와 같은 상평형 그림을 생각해 보자. 그리고 계가 고체와 평형에 있는 용액으로 되어 있고 상태점은 a라고 가정하자. a의 위치를 모르기는 하지만 여하튼 고체 조성과 액체 조성을 잇는 연결선 위에 있다는 것은 확실하다. 이 포화된 액체의 일부를 빼서 A와 B를 분석하면 평형선 위의 점 s가 결정된다. 포화 용액의 일부를 빼앗았으므로 나머지 계의 상태점은 점 r로 가서 있어야 한다. 나머지 계, 즉 상층액과 고체를 "젖은 찌끼"라고 부르는데, 이것을 두 성분에 관해서 분석하면 점 r이 결정된다. 다음에는 s와 r을 지나가는 연결선을 긋는다. 다음에는 두 성분이 약간 다른 비율로 들어 있는 계에 대해서 같은 과정을 되풀이한다. 즉, 용액을 분석하여 점 s'을 얻고, 젖은 찌끼를 분석하여 점 r'을 구한다. 다음에는 s'과 r'을 지나도록 연결선을 긋는다. 그러면 이 두 연결선이 존재하는 고체의 조성에서 서로 만나야 한다. 이 계에서는 점 D에서 만날 것이다. 이 만나는 점으로부터 액체와 평형을 이루고 있는 고체상 D의 조성이 나온다.

2성분계에서는 액체상과 고체상을 분리한 다음에 따로따로 분석하는 조작이 필요한데, 여기에 비하면 젖은 찌끼의 방법이 훨씬 좋은 방법이라고 생각할 수 있다. 액체상으로부터 고체상을 분리해 낼 때는 액체가 고체에 흡착되므로 순수한 고체상을 분리해 내기는 실제로 불가능하다. 이런 이유로 흔히 2성분계에다 제 3의 물질을 가한 뒤에 젖은 찌끼 방법으로 고체상의 조성과 평형선을 구하여 세모꼴 상평형 그림을 그리고, 이것으로부터 2성분계에서의 고체의 조성을 추측하는 것이 더 쉽다.

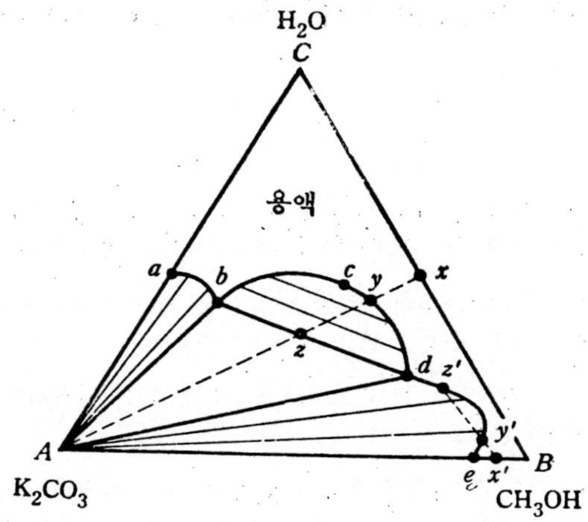

그림 15-30 염-알코올-물의 상평형 그림.

✱ 15.15 "염 석"

유기화학 실험에서는 흔히 물과 유기액체와의 혼합물에 염을 가해서 이들을 분리시킨다. 예로서 유기물이 완전히 섞인 계에다 염을 가하면 유기액체가 많이 든 액층과 물이 많이 든 액층으로 분리되는 수가 있다. 전형적인 염-물-알코올 계인 K_2CO_3-H_2O-CH_3OH 계의 상평형 그림이 그림 15-30에 나와 있으며, 상 사이의 관계가 표 15-4에 주어져 있다.

이 계는 두 가지 액체가 존재하는 영역인 bcd 가 나타나기 때문에 특이하다. 조성이 x 인 알코올과 물의 혼합물에 고체 K_2CO_3 를 가한다고 하자. 그러면 상태점은 선 $xyzA$ 를 따라 이동할 것이다. y 에서는 두 액층이 생긴다. z 에서는 K_2CO_3 가 더 이상 녹아 들어가지 않고 고체 K_2CO_3 와 액체 b 와 그리고 액체 a 가 공존하게 된다. 액체 d 는 알코올이 많은 층이며, 이 층은 물이 많은 층 b 로부터 분리시킬 수 있다. 염이 녹아 들어가지 않게 된 다음에는 염을 더 가하더라도 층 b 와 d 의 조성이 전혀 변하지 않는다는 것을 주목하라. 그 이유는 계가 삼각형 Abd 안에서 등온일 때 불변이 되기 때문이다.

이 그림은 또한 염의 포화 용액에다 알코올을 넣으면 염이 침전된다는 것을 설명하는 데 이용할 수도 있다. 이 때는 상태점이 a 로부터 a 와 B 를 연결하는 직선을 따라 이동한다. 이 특수한 경우에는 소량의 염이 침전된 다음에 곧 두 액층이 생기기 때문에 이 방법이 별로 유용하지는 않다. K_2CO_3 를 알코올에 녹인 불포화 용액의 조성을 x' 이라고 할 때, 이 용액에다 물을 가하면 재미있는 현상이 나타난다. x' 과 C 를 연결하는 선을 보면 이 용액에 물이 가해졌을 때

표 15-4

부분	계
Aab	물이 많이 든 포화 용액과 평형에 있는 K_2CO_3
Aed	알코올이 많이 든 포화 용액과 평형에 있는 K_2CO_3
bcd	연결선에 의해 합쳐진 두 짝 액체
Abd	짝 액체 b 와 d 하고 평형에 있는 K_2CO_3

y' 에서 K_2CO_3 가 침전된다는 것을 알 수 있다. 물이 더 많이 들어가면 z' 에서 K_2CO_3 가 다시 녹을 것이다.

《질 문》

15. 1 용액의 위쪽 임계 용해 온도와 액체-기체 임계 온도와의 유사점을 말하라.

15. 2 두 액체의 용해 과정이 발열일 경우 위쪽 임계 용해 온도가 존재하겠는가 또는 아래쪽 임계 용해 온도가 존재하겠는가? 또 흡열일 때는 어떻겠는가?

15. 3 합금은 보다 더 고운 알맹이로 되어 있을수록 그 굳기가 더 커진다. 함께 녹는점 혼합물 합금이 특히 굳은 이유는 무엇인가?

15. 4 Cu 와 Ni 은 원자 반경이 거의 같으며 비슷한 고체 격자 구조를 갖는다. 또 고체 용액이 형성될 때 (14.6)식과 같은 관계가 성립한다. Cu 와 Ni 이 거의 이상적인 고체 용액을 만드는 이유를 설명하라.

15. 5 고체 용액에서의 고체의 "산일 경향"을 가지고 고체 용액의 어느점 오름을 해석하라.

《연습 문제》

15. 1 몇 가지 온도에 클로로벤젠과 물의 증기 압력은 다음과 같다.

t/°C	90	100	110
$p°(\phi Cl)$/mm Hg	204	289	402
$p°(H_2O)$/mm Hg	526	760	1075

a) 90 °C 에서는 압력이 얼마일 때 ϕCl 이 수증기-증류가 되는가?
b) 800 mm Hg 의 전체 압력 하에서는 온도가 얼마일 때 ϕCl 이 수증기-증류가 되는가?
c) (a) 90 °C 와 (b) 800 Torr 의 전체 압력 하에서 10.0 g 의 ϕCl 을 증류시키려면 몇 g 의 수증기가 필요하겠는가?

15. 2 60 °C 에서 100 g 의 물과 80 g 의 페놀을 섞으면 두 액체 층이 생긴다. 한 액체 층 L_1 속에는 질량으로 44.9%의 물이 들어있고, 또 하나의 액체 층 L_2 속에는 질량으로 83.2%의 물이 들어있다.
a) L_1 과 L_2 의 질량은 각각 얼마인가?
b) L_1 과 L_2 의 총몰수는 각각 얼마인가?

15. 3 납과 안티몬의 녹는점과 융융열은 다음과 같다.

	Pb	Sb
t_m/°C	327.4	630.5
ΔH_{fus}/(kJ/mol)	5.10	20.1

고체-액체 평형선을 계산하라. 함께 녹는 조성을 그래프에 의해서 구하고, 함께 녹는점을 계산하라. 이 결과를 그림 15-7 에 나타낸 값과 비교하라.

15. 4 a) Al 과 Cu 의 혼합물의 녹는점을 나타낸 다음 표를 이용하여 녹는점 곡선을 그려라.

질량 % Cu	0	20	40	60	80	100
$t/°C$	660	600	540	610	930	1083

b) 구리는 $T_m/K = 1356$과 $\Delta H^{\circ}_{fus}(Cu) = 13.05\ kJ/mol$이며, 알루미늄은 $T_m/K = 933$과 $\Delta H^{\circ}_{fus}(Al) = 10.75\ kJ/mol$이다. 이상적 용해도 곡선을 그리고 (a)에서의 실험 곡선과 비교하라.

15. 5 물에 대한 KBr의 용해도는 다음과 같다.

$t/°C$	0	20	40	60	80	100
g KBr/g H_2O	0.54	0.64	0.76	0.86	0.95	1.04

1몰랄의 KBr 수용액은 어는점이 3.29 °C 내려간다. KBr-H_2O계에 대한 함께 녹는 온도를 그래프로 구하라.

15. 6 KBr은 그 수용액을 100 °C에서 포화시킨 다음 20 °C로 식혀서 재결정시킨다. 얻어진 결정을 다시 물에 녹인 다음 그 용액을 100 °C에서 증발시켜 포화 용액으로 만든다. 이것을 다시 20 °C로 식히면 둘째 번의 결정이 나온다. 이와 같이 두 번 재결정시키면 순수한 KBr의 백분 수득률이 얼마가 되겠는가? 문제 15.5의 데이터를 이용하라.

15. 7 두 KBr 결정을 다음과 같이 해서 얻었다. 즉, 100 °C에서 포화된 용액을 20 °C로 식힌다. 생긴 결정을 걸러서 다음 모액을 100 °C로 가열 증발시켜서 다시 포화 용액이 되게 한다. 이것을 20° C로 식히면 둘째 번 결정이 생긴다. 이 방법에 의해서 회수된 전체 KBr의 분율을 계산하라(문제 15.5의 데이터를 이용하라).

15. 8 그림 15-16은 구리-니켈 계에서의 액체 용액과 고체 용액 사이의 평형을 나타낸 것이다. 고체 용액과 액체 용액이 둘 다 이상적이라고 가정하면 평형 조건으로부터 (15.8)식과 같은 형식의 식이 두 개 나온다. 이 중 하나는 구리에, 다른 하나는 니켈에 적용된다. 이들 식의 역수를 취하면 다음과 같이 된다.

$$1/T = (1/T_{Cu})[1 + (R/\Delta S_{Cu})\ln(x'_{Cu}/x_{Cu})]$$
$$1/T = (1/T_{Ni})[1 + (R/\Delta S_{Ni})\ln(x'_{Ni}/x_{Ni})]$$

여기서 x'은 고체 용액에서의 몰분율이고 x는 액체에서의 몰분율이다. 이 이외에도 $x'_{Cu} + x'_{Ni} = 1$과 $x_{Cu} + x_{Ni} = 1$의 두 식이 성립한다. 그리하여 식은 4개가 되고, 변수는 T, x'_{Cu}, x'_{Ni}, x_{Cu}, x_{Ni}의 5개가 된다. $x_{Cu} = 0.1$일 경우에 다른 모든 변수의 값을 구하라. $T_{Cu} = 1356.2\ K$, $T_{Ni} = 1728\ K$이며, $\Delta S_{Cu} = \Delta S_{Ni} = 9.83\ J/K\ mol$이라고 가정하라[요령 : 처음 두 식에 x_{Cu} 값을 넣은 다음 그들 사이에서 T를 제거하라. 얻어진 식으로부터 시행 오차법에 의해서 x'_{Cu}이나 또는 x'_{Ni}을 구한다. 그러면 T는 쉽게 계산된다. x_{Cu}의 값을 바꾸어서 이 과정을 되풀이하면 전체 상평형 그림을 얻을 수 있다].

15. 9 그림 15-18에서 각 영역에서의 변수는 얼마인가? 압력은 일정하다는 것을 명심하라. 또 선 *abc* 위에서는 변수가 얼마인가?

15.10 그림 15-30의 각 영역에서의 변수는 얼마인가?

15.11 a) 50%의 K_2CO_3와 50%의 CH_3OH로 된 계에다 물을 가하면 어떤 변화가 일어나는지 그림 15-30을 이용해서 말하라.

b) 90%의 물과 10%의 K_2CO_3로 된 계에다 메탄올을 가하면 어떤 변화가 일어나겠는가? 또 30%의 물과 70%의 K_2CO_3로 된 계의 경우는 어떻게 되겠는가?

15.12 a) 그림 15-15(a)의 각 영역에서의 변수는 얼마인가?
b) Na_2SO_4의 불포화 용액을 25 °C에서 증발시킬 때 일어나는 변화를 설명하라. 또 35 °C일 때에 대해서도 설명하라.

15.13 그림 15-12의 계에서 물을 직선 *aj*를 따라 등온 증발시킬 때 일어나는 변화를 설명하라.

16
비이상계에서의 평형

16.1 활동도의 개념

앞의 여러 절에서 논의한 수학적 관계식들은 순수한 이상 기체라든가 또는 기체, 액체 또는 고체 상태의 이상 혼합물 등 이상적 행동을 하는 계에 대해서만 적용된다. 그러나 15장에서 나온 바와 같이 수많은 계들은 이상적이 아니다. 이러한 비이상계를 수학적으로 어떻게 취급할 것인가가 문제이다. G.N. Lewis가 처음으로 도입한 퓨가시티와 활동도의 개념을 이용하면 이러한 계를 간편하게 처리할 수 있다.

혼합물 중의 어느 한 성분의 화학 퍼텐셜은 일반적으로 그 혼합물의 온도, 압력 및 조성의 함수이다. 기체 혼합물의 경우에는 각 성분의 화학 퍼텐셜을 다음과 같이 두 항의 합으로 나타낼 수 있다.

$$\mu_i = \mu_i^\circ(T) + RT\ln f_i \tag{16.1}$$

여기서 첫째 항 μ_i°는 온도만의 함수이고, 둘째 항 중의 퓨가시티 f_i는 온도, 압력 및 혼합물의 조성에 의존한다. 퓨가시티는 혼합물 속에 들어 있는 기체 i의 화학 퍼텐셜을 나타내는 척도이다. 순수한 기체의 퓨가시티를 구하는 방법에 관해서는 이미 10.9절에서 설명한 바 있다.

앞으로는 액체 용액에 한해서만 설명을 하겠는데, 이 설명은 고체 용액에도 그대로 적용시킬 수 있다. 액체 혼합물 중의 임의의 성분 i에 대해서는 다음과 같은 관계가 성립한다.

$$\mu_i = g_i(T, p) + RT\ln a_i \tag{16.2}$$

여기서 $g_i(T, p)$는 온도와 압력만의 함수이며, a_i는 성분 i의 활동도로서 온도, 압력 및 조성의 함수이다. (16.2)식을 그대로 놓고 보면 특별한 뜻을 찾아낼 수 없지만, 그래도 일정한 온도와 압력 하에서는 활동도가 증가할수록 그 물질의 화학 퍼텐셜이 증가한다는 사실만은 알 수 있다. (16.2)식과 같은 꼴로 주어지는 활동도와 화학 퍼텐셜 사이의 당량 관계는 활동도가 갖는 기본 성질이다. 이 성질로 말미암아 우리는 화학 퍼텐셜 대신에 활동도를 가지고 평형 이론을 전개시킬 수 있는 것이다. 문제에 따라서는 이렇게 하는 것이 훨씬 간편한 것이다.

(16.2)식을 이용하려면 우선 함수 $g_i(T, p)$의 뜻을 정확하게 설명할 필요가 있다. 그러면 a_i의 정확한 뜻도 알게 될 것이다. $g_i(T, p)$를 설명하는 데는 두 가지 방법이 있으며, 활동도도 거기에 따라서 두 가지 제도가 가능하게 된다. 그러나 어떠한 제도를 쓰건 한 성분의 활동도는 그 성분의 화학 퍼텐셜을 나타내는 척도가 된다.

16.2 유리 활동도 제도

유리 제도에서는 $g_i(T, p)$가 순수한 액체의 화학 퍼텐셜 $\mu_i^\circ(T, p)$와 같아진다.

$$g_i(T, p) = \mu_i^\circ(T, p) \tag{16.3}$$

따라서 (16.2)식이 다음과 같이 된다.

$$\mu_i = \mu_i^\circ + RT \ln a_i \tag{16.4}$$

$x_i \to 1$로 되면 계가 순수한 i에 가까와지며 따라서 μ_i는 μ_i°로 접근하게 된다. 즉,

$$x_i \to 1 \text{ 이면} \qquad \mu_i - \mu_i^\circ = 0$$

이 사실을 (16.4)식에 이용하면, $x_i \to 1$일 때 $\ln a_i = 0$이라는 결과가 나온다. 즉,

$$x_i \to 1 \text{ 이면} \qquad a_i = 1 \tag{16.5}$$

따라서 순수한 액체의 활동도는 1이 된다.

(16.4)식을 다음과 같은 이상 액체 용액의 μ_i와 비교하여 보자.

$$\mu_i^{\text{id}} = \mu_i^\circ + RT \ln x_i \tag{16.6}$$

(16.4)식으로부터 (16.6)식을 빼면 다음과 같이 된다.

$$\mu_i - \mu_i^{\text{id}} = RT \ln (a_i/x_i) \tag{16.7}$$

성분 i의 유리 활동도 계수 γ_i는 다음과 같이 정의된다.

$$\gamma_i = a_i/x_i \tag{16.8}$$

이 정의를 이용하면 (16.7)식을 다음과 같이 쓸 수 있다.

$$\mu_i = \mu_i^{\text{id}} + RT \ln \gamma_i \tag{16.9}$$

따라서 $\ln \gamma_i$는 이상성으로부터 얼마나 벗어나는가를 나타낸다고 볼 수 있다. (16.5)식의 관계와 γ_i의 정의로부터 다음과 같은 결과를 얻는다.

$$x_i \to 1 \text{ 이면} \qquad \gamma_i = 1 \tag{16.10}$$

아세톤과 클로로포름과의 액체 혼합물에서처럼 모든 성분의 몰분율이 영으로부터 1까지 변할 수 있는 계에 대해서는 유리 활동도 계수를 쓰는 것이 편리하다.

16.2.1 유리 활동도 ; 휘발성 물질

액체 혼합물 중의 휘발성 성분의 유리 활동도는 액체와 평형을 이루고 있는 기체상 속에서 그 성분이 나타내는 부분 압력을 측정하면 쉽게 구할 수 있다. 평형 상태에서는 각 성분의 화학 퍼텐셜이 액체상에서나 기체상에서 같아야 하므로 $\mu_i(\text{l}) = \mu_i(\text{g})$이다. $\mu_i(\text{l})$에 관한 (16.4)식을 대입하고, 기체가 이상적이라고 가정하면 성분 i의 부분 압력이 p_i일 때 다음과 같은 관계가 성립한다.

$$\mu_i^\circ(\text{l}) + RT \ln a_i = \mu_i^\circ(\text{g}) + RT \ln p_i$$

한편 순수한 액체에 대해서는 다음 관계가 성립한다.

$$\mu_i^\circ(\text{l}) = \mu_i^\circ(\text{g}) + RT \ln p_i^\circ$$

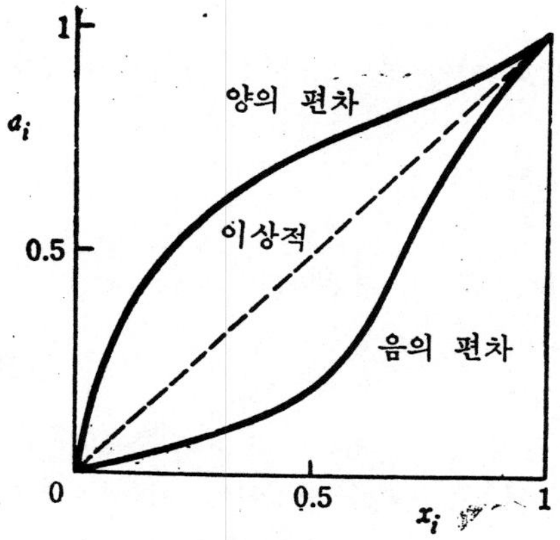

그림 16-1 활동도 대 몰분율.

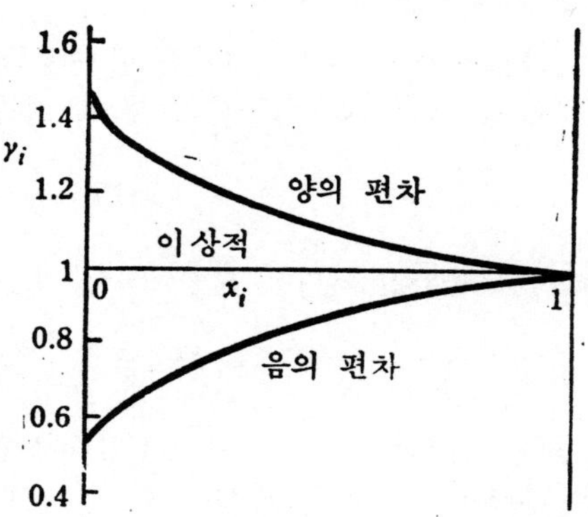

그림 16-2 활동도 계수 대 몰분율.

여기서 p_i°는 순수한 액체의 증기 압력이다. 처음 식에서 둘째 번 식을 뺀 다음에 RT로 나누면 $\ln a_i = \ln(p_i/p_i^\circ)$의 관계를 얻을 수 있다. 따라서

$$a_i = p_i/p_i^\circ \tag{16.11}$$

이 관계는 비이상 용액에 대한 Raoult의 법칙과 유사하다. 따라서 용액과 평형에 있는 p_i를 측정하고 p_i°를 알면 a_i의 값이 나온다. 여러 x_i 값에서 a_i를 측정하면 a_i를 x_i의 함수로 도시할 수 있다. 활동도 계수도 마찬가지 방법으로 (16.8)식을 이용하여 계산할 수 있으며 x_i의 함수로서 도시할 수 있다. 그림 16-1과 16-2는 Raoult의 법칙으로부터 양의 편차와 음의 편차를 나타내는 2성분계의 a_i와 γ_i를 x_i에 대해서 도시한 것이다. 용액이 이상적일 때는 모든 x_i 값에 대해서 $a_i = x_i$ 및 $\gamma_i = 1$이다.

계에 따라서는 성분의 활동도 계수가 1보다 클 때도 있고 작을 때도 있다. 이상성으로부터 양의 편차를 나타내는 계에서는 활동도 계수, 따라서 산일 경향이 같은 농도의 이상 용액에서보다 크다. 그러나 Raoult의 법칙으로부터 음의 편차를 나타내는 용액에서는 성분의 산일 경향이 같은 농도의 이상 용액에서보다 작으며 γ는 1보다 작다.

16.3 총 괄 성

비휘발성 용질의 용액에서는 용액의 총괄성을 용매의 유리 활동도로 간단히 나타낼 수 있다.

16.3.1 증기 압력

용액과 평형을 이루고 있는 용매의 증기 압력을 p, 그리고 용매의 활동도를 a라고 하면 (16.11)식에 의해서 다음 관계가 성립해야 한다.

$$a = \frac{p}{p^\circ} \tag{16.11 a}$$

여러 농도에서 증기 압력을 측정하여 a를 구하면 이것을 가지고 임의의 농도에서의 어는점 내림, 끓는점 오름 및 삼투압을 계산할 수 있다.

16.3.2 어는점 내림

순수한 고체 용매가 용액과 평형을 이루면 $\mu(\mathrm{l}) = \mu^\circ(\mathrm{s})$인 평형 조건이 성립하며 (16.4)식에 의해서 $\mu^\circ(\mathrm{l}) + RT\ln a = \mu^\circ(\mathrm{s})$가 된다. 따라서

$$\ln a = -\frac{\Delta G^\circ_{\mathrm{fus}}}{RT}$$

13.6절에서와 똑같은 처리를 되풀이하면 다음과 같은 결과가 나온다.

$$\ln a = -\frac{\Delta H^\circ_{\mathrm{fus}}}{R}\left(\frac{1}{T} - \frac{1}{T_0}\right) \tag{16.12}$$

이 식은 이상 용액에 대한 (13.15)식과 비슷하다. 증기 압력을 측정하여 a를 구하면 (16.12)식으로부터 용액의 어는점을 계산할 수 있다. 반대로 어는점 T를 측정하면 이 식으로부터 a를 구할 수 있다.

16.3.3 끓는점 오름

비슷한 과정에 의해서 용액의 끓는점을 다음과 같이 용매의 증발열 $\Delta H^\circ_{\mathrm{vap}}$와 끓는점 T_0로 나타낼 수 있다.

$$\ln a = \frac{\Delta H^\circ_{\mathrm{vap}}}{R}\left(\frac{1}{T} - \frac{1}{T_0}\right) \tag{16.13}$$

이 식은 이상 용액에 대한 (13.29)식과 비슷하다.

16.3.4 삼 투 압

삼투압은 다음과 같이 주어진다.

$$\bar{V}^\circ \pi = -RT\ln a \tag{16.14}$$

이 식은 (13.36)식과 비슷하다.

(16.11a)식, (16.12)식, (16.13)식 및 (16.14)식에서 a는 용액의 유리 활동도이다. 어느 한 총괄성을 측정하면 이들 식 중의 어느 하나를 이용해서 a의 값을 구할 수 있다.

16.4 실용 제도

용매의 몰분율만이 1에 가깝고 용질은 모두 비교적 조금만 들어 있는 용액에서는 실용 제도의 활동도와 활동도 계수를 쓰는 것이 편리하다. 이러한 계에 대해서는 용매의 활동도를 유리 제도로 나타내고 용질의 활동도는 실용 제도로 나타낸다. 용질의 농도가 대단히 작아지면 어떠한 실제 용액이라도 그 성질이 이상적인 묽은 용액에 가까와진다. 용질을 하첨자 j로 표시하면 이상적인 묽은 용액에 대해서 다음과 같은 관계가 성립한다(14.11절).

$$\mu_j^{\mathrm{id}} = \mu_j^{**} + RT\ln m_j$$

한편 용질에 대해서는 (16.2)식이 다음과 같이 된다.

$$\mu_j = g_j(T, p) + RT\ln a_j \tag{16.16}$$

(16.16)식으로부터 (16.15)식을 빼고 $g_j(T, p) = \mu_j^{**}$로 놓으면 다음 관계가 성립한다.

$$\mu_j - \mu_j^{\mathrm{id}} = RT\ln\frac{a_j}{m_j} \tag{16.17}$$

$g_j(T, p)$를 μ_j^{**}와 같게 놓는 것이 바로 실용 활동도 제도이다. 실용 활동도 계수 γ_j는 다음과 같이 정의된다.

$$\gamma_j = a_j/m_j \tag{16.18}$$

(16.17)식과 (16.18)식에 의하면 $\ln\gamma_j$는 용질이 이상적인 묽은 용액에서의 행동으로부터 얼마나 이탈하는가를 나타내는 척도가 된다. 끝으로 $m_j \to 0$일 때는 용질이 이상적인 묽은 용액에서처럼 행동해야 한다. 따라서

$$m_j \to 0 \quad \text{이면} \quad \gamma_j = 1 \tag{16.19}$$

따라서 $m_j = 0$이면 $a_j = m_j$이다. 따라서 실용 제도에서는 용질의 화학 퍼텐셜이 다음과 같이 된다.

$$\mu_j = \mu_j^{**} + RT\ln a_j \tag{16.20}$$

만일 1몰랄 용액에서 용질이 이상적인 묽은 용액의 법칙에 따라 행동한다면 이 용질의 화학 퍼텐셜이 μ_j^{**}인 것이다. 이러한 표준 상태를 단위 몰랄농도의 이상 용액이라고 부른다. 이것은 물론 가상적인 상태이다. (16.20)식에 의하면, 실용 활동도는 용질의 화학 퍼텐셜이 가상적인 단위 활동도의 이상 용액에서보다 얼마나 다른가를 나타내는 척도가 된다. (16.20)식은 휘발성 용질과 비휘발성 용질에 다같이 적용될 수 있다.

16.4.1 휘발성 용질인 경우

휘발성 용질 j가 용액과 증기 사이에 분배될 때의 평형 조건은 $\mu_j(\mathrm{g}) = \mu_j(\mathrm{l})$이다. (16.20)식을 이용하고 기체가 이상적이라고 가정하면 다음과 같은 관계가 성립한다.

$$\mu_j^\circ + RT\ln p_j = \mu_j^{**} + RT\ln a_j$$

μ_j°와 μ_j^{**}는 T와 p에만 의존하고 조성에는 의존하지 않으므로 다음과 같이 조성에 무관한 상수 K'_j을 정의할 수 있다.

$$RT\ln K'_j = -(\mu_j^\circ - \mu_j^{**})$$

그러면 p_j와 a_j 사이의 관계가 다음과 같이 주어진다.

$$p_j = K'_j a_j \tag{16.21}$$

상수 K'_j은 수정된 Henry의 법칙 상수이다. K'_j의 값을 알면 p_j의 측정치로부터 쉽게 a_j를 계산할 수 있다. (16.21)식을 m_j로 나누면 다음과 같이 된다.

$$\frac{p_j}{m_j} = K'_j\left(\frac{a_j}{m_j}\right) \tag{16.22}$$

p_j/m_j의 측정치를 m_j의 함수로 도시하고 이 곡선을 $m_j = 0$으로 외삽시킨다. 그러면 $m_j \to 0$일 때 $(a_j/m_j) = 1$이므로 p_j/m_j의 외삽값이 K'_j과 같게 된다. 즉,

$$\left(\frac{p_j}{m_j}\right)_{m_j=0} = K'_j$$

이와 같이 K'_j의 값을 일단 구하면 (16.21)식에 의해서 p_j의 측정치로부터 a_j의 값을 계산할 수 있다.

16.4.2 비휘발성 용질인 경우 ; 총괄성과 용질의 활동도

16.3절에서는 용매의 유리 활동도와 총괄성 사이의 관계를 살펴 보았지만, 여기서는 용질의 활동도와 총괄성 사이의 관계를 살펴 보기로 하자. 용매의 성질은 하첨자 없는 기호로 표시하고, 문제를 간단히 하기 위하여 한 가지 용질만이 존재한다고 생각하여 용질의 성질에는 하첨자 2를 붙인 기호를 쓰기로 한다. 단, 용질의 몰랄농도 m에는 하첨자를 안 붙이기로 한다. 그러면 화학 퍼텐셜을 다음과 같이 쓸 수 있다.

$$\text{용매:} \quad \mu = \mu^\circ + RT\ln a$$
$$\text{용질:} \quad \mu_2 = \mu_2^{**} + RT\ln a_2$$

이 두 화학 퍼텐셜 사이에는 (11.97)식의 Gibbs-Duhem 식이 성립한다.

$$d\mu = -\frac{n_2}{n}d\mu_2 \qquad (T,\ p\text{는 일정})$$

T와 p를 일정하게 유지하면서 μ와 μ_2를 미분하면 다음과 같이 된다.

$$d\mu = RT\,d\ln a \qquad \text{및} \qquad d\mu_2 = RT\,d\ln a_2$$

이 결과를 Gibbs-Duhem 식에 넣으면 다음과 같이 된다.

$$d\ln a = -\frac{n_2}{n}d\ln a_2$$

그런데 $n_2/n = Mm$이며, 여기서 M은 용매의 몰질량이고 m은 용질의 몰랄농도이다. 따라서

$$d\ln a = -Mm\,d\ln a_2 \tag{16.23}$$

이 식은 우리가 원하는 용매의 활동도와 용질의 활동도 사이의 관계식이다.

16.4.3 어는점 내림

(16.12)식을 미분하고 (16.23)식의 $d\ln a$ 값을 이용하면 다음 결과가 나온다.

$$d\ln a_2 = -\frac{\Delta H^\circ_{\text{fus}}}{MRT^2m}dT = \frac{d\theta}{K_fm(1-\theta/T_0)^2}$$

여기서 $K_f = MRT_0^2/\Delta H^\circ_{\text{fus}}$이며, $\theta = T_0 - T$는 어는점 내림이고, $d\theta = -dT$이다. 따라서 $\theta/T_0 \ll 1$이면 위의 식이 다음과 같이 된다.

$$d\ln a_2 = \frac{d\theta}{K_fm} \tag{16.24}$$

끓는점 오름에 대해서도 비슷한 식을 유도할 수 있다.

(16.24)식을 그대로 놓고서는 이상성으로부터의 편차가 어떻게 되는지 분명하지 않다. 보다 더 분명한 함수로 바꾸어 나타내기 위하여 다음과 같이 정의되는 삼투 계수 $(1-j)$를 도입하여

보자.

$$\theta = K_f m(1-j) \tag{16.25}$$

이상적인 묽은 용액에서는 $\theta = K_f m$ 이며 따라서 $j=0$ 이 되지만, 비이상 용액에서는 j 가 영이 아니다. (16.25)식을 미분하면 다음과 같이 된다.

$$d\theta = K_f[(1-j)\,dm - m\,dj]$$

(16.18)식에 의하면 $a_2 = \gamma_2 m$ 이며, 이것으로부터 $\ln a_2$ 의 미분을 구할 수 있다.

$$d\ln a_2 = d\ln\gamma_2 + d\ln m = d\ln\gamma_2 + \frac{dm}{m}$$

위의 두 식을 (16.24)식에 넣으면 다음과 같이 된다.

$$d\ln\gamma_2 = -dj - \left(\frac{j}{m}\right)dm$$

이 식을 $m=0$ 으로부터 m 까지 적분한다. $m=0$ 에서는 $\gamma_2 = 1$ 및 $j=0$ 이다. 따라서,

$$\int_0^{\ln\gamma_2} d\ln\gamma_2 = -\int_0^j dj - \int_0^m \left(\frac{j}{m}\right)dm$$

$$\ln\gamma_2 = -j - \int_0^m \left(\frac{j}{m}\right)dm \tag{16.26}$$

(16.26)식 중의 적분은 그래프 방법으로 구한다. 즉, (16.25)식을 이용하여 θ 와 m 의 값으로부터 j 를 구한다. 다음에 j/m 을 m 에 관하여 도시하면 그 곡선 밑의 넓이가 바로 적분값이 된다. 이와같이 해서 γ_2 를 구하면 $a_2 = \gamma_2 m$ 의 관계로부터 a_2 를 구할 수 있다.

여기서는 $\Delta H^\circ_{\text{fus}}$ 가 온도에 무관하고 θ 가 T_0 보다 훨씬 작다고 가정하였다. 엄밀한 결과를 얻으려면 이러한 가정을 쓰지 않은 식을 이용해야 한다. 결국 어떠한 총괄성이든 용질의 활동도를 가지고 해석할 수 있는 것이다.

16.5 활동도와 반응 평형

화학 반응이 비이상 용액 속에서 일어날 때는 (16.4)식이나 (16.20)식으로 주어지는 화학 퍼텐셜을 써서 반응 평형식을 나타내야 한다. 일반적으로는 (16.20)식의 실용 제도가 많이 쓰이고 있다. 평형의 조건은 다음과 같이 쓸 수 있다.

$$\Delta G^{**} = -RT\ln K_a \tag{16.27}$$

여기서 ΔG^{**} 는 표준 Gibbs 에너지 변화이며, K_a 는 평형 활동도 곱비이다. ΔG^{**} 는 T 와 p 만의 함수이므로 K_a 는 T 와 p 만의 함수이며 조성에 무관하다. 활동도는 모두 $a_i = \gamma_i m_i$ 의 꼴로 주어지므로 다음과 같이 쓸 수 있다.

$$K_a = K_\gamma K_m \tag{16.28}$$

여기서 K_γ 와 K_m 은 각각 활동도 계수 곱비와 몰랄농도 곱비이다. γ 는 조성에 의존하므로 (16.28)식에 의하여 K_m 도 또한 조성에 의존하게 된다. 묽은 실제 용액에서는 모든 γ 가 1에 가까와지므로 K_γ 도 1에 가까와지며 따라서 K_m 은 K_a 에 가까와진다. 활동도 계수를 특히 구해야 할 경우를 제외하면 K_m 을 조성에 무관한 것처럼 보아도 된다. 이렇게 하면 평형 문제를 대단히

간단하게 처리할 수 있다.

용액에서의 평형을 일차적으로 다루는 데는 일반적으로 평형 몰농도 곱비 K_c를 평형 상수로 쓴다. 활동도와 활동도 계수는 몰랄농도 대신에 몰농도를 써서 전개할 수 있다. 즉, $a = \gamma_c c$와 같이 쓸 수 있으며, 여기서 c는 몰농도이고 γ_c는 대응하는 활동도 계수이다. c가 영으로 접근하면 γ_c도 1로 접근해야 한다. 이러한 활동도 제도에 대해서는 더 이상 자세히 설명하지 않기로 하고, 다만 묽은 용액에서는 몰농도를 기초로 한 제도나 몰랄농도를 기초로 한 것이 거의 같다는 것만을 보이는데 그치겠다. (14.25)식에 의하면 묽은 용액에서는 몰농도 c_j와 몰랄농도 m_j 사이에 $\tilde{c}_j = \rho m_j$, 즉 $c_j = \rho m_j/(1000\ \mathrm{L/m^3})$의 관계가 성립한다. 여기서 ρ는 순수한 용매의 밀도이다. 25°C에서 물의 밀도는 0.997044 g/cm³이다. 따라서 일반적인 경우에는 몰랄농도를 몰농도로 바꾸어 놓더라도 그 오차를 무시할 수 있다. 표준 Gibbs 에너지에 미치는 오차도 실험오차 이하가 된다. 용액의 농도가 클 때는 c_j와 m_j 사이의 관계가 (14.24)식으로 주어져서 간단하지 않으며, 두 활동도 제도도 상이하다.

쉽게 설명할 목적으로 앞으로는 일반적으로 몰농도를 써서 평형 상수를 나타낼 예정인데, 이러한 경우에도 활동도를 써야 엄밀하다는 것을 잊지 말기 바란다. 활동도를 이와같이 농도로 바꾸어 놓는 것에 대해서 오해를 하지 말기 바란다. 활동도를 마치 "유효 농도"인 것처럼 생각한다. 이 생각이 형식상 올바른 것이기는 하지만, 이 생각은 자칫하면 활동도를 마치 혼합물 속에서의 농도가 얼마나 되는가를 나타내기 위한 것으로 착각하게 할 염려가 있다. 활동도는 다만 혼합물 속에서의 화학 퍼텐셜이 얼마나 되는가를 나타내기 위하여 도입되었을 따름이다. 즉, 묽은 용액에서 활동도와 농도는 서로 어느 한 쪽에 대한 척도가 되는 것이 아니며, 이 둘이 다같이 화학 퍼텐셜의 척도가 되는 것이다. 오히려 이상 용액에서의 농도를 유효 활동도로 보는 편이 더 좋을 것이다.

16.6 전해질 용액에서의 활동도

전해질 용액에서의 활동도를 정의하는 문제는 비전해질에서의 경우보다 훨씬 더 복잡하다. 비전해질 용액일 것 같으면 충분히 이상적으로 행동할 수 있는 낮은 농도에서도 센 전해질의 용액은 이상적 성질로부터 심하게 벗어나는 행동을 한다. 결과적으로 센 전해질 용액에서는 활동도와 활동도 계수를 구하는 것이 그만큼 더 중요하게 된다. 가능한 한 기호를 간단하게 나타내기 위하여 용매의 성질에는 하첨자 s를 사용하고 용질에 대해서는 하첨자를 안 붙이겠다. 또 양이온과 음이온의 성질은 하첨자 + 와 − 로 표시하겠다.

이온으로 완전히 해리하는 전해질의 용액을 생각하여 보자. 그러면 가감 성질에 의해서 용액의 Gibbs 에너지가 용매, 양이온 및 음이온의 Gibbs 에너지의 합과 같아야 한다. 즉,

$$G = n_s\mu_s + n_+\mu_+ + n_-\mu_- \tag{16.29}$$

만일 용액 속에 n mol의 전해질이 녹아 있고 이 전해질 1 mol이 해리하여 ν_+mol의 양이온과 ν_-mol의 음이온으로 된다고 하자. 그러면 $n_+ = \nu_+ n$이고 $n_- = \nu_- n$이며, (16.29)식은 다음과 같이 된다.

$$G = n_s\mu_s + n(\nu_+\mu_+ + \nu_-\mu_-) \tag{16.30}$$

용액 속에서의 전해질의 화학 퍼텐셜을 μ라고 하면 다음과 같은 관계가 또한 성립한다.

$$G = n_s\mu_s + n\mu \tag{16.31}$$

(16.30)식과 (16.31)식으로부터 다음 관계가 나온다.

$$\mu = \nu_+\mu_+ + \nu_-\mu_- \tag{16.32}$$

1 mol의 전해질로부터 생기는 이온들의 전체 몰수는 $\nu = \nu_+ + \nu_-$이다. 따라서 평균 이온 화학 퍼텐셜 $\mu_\pm$를 다음과 같이 정의할 수 있다.

$$\nu\mu_\pm = \nu_+\mu_+ + \nu_-\mu_- \tag{16.33}$$

그러면 이제 순전히 기계적으로 여러 활동도를 다음과 같이 정의할 수 있다.*

$$\mu = \mu^\circ + RT \ln a \tag{16.34}$$
$$\mu_\pm = \mu_\pm^\circ + RT \ln a_\pm \tag{16.35}$$
$$\mu_+ = \mu_+^\circ + RT \ln a_+ \tag{16.36}$$
$$\mu_- = \mu_-^\circ + RT \ln a_- \tag{16.37}$$

위의 식에서 a는 전해질의 활동도, $a_\pm$는 평균 이온 활동도, 그리고 a_+와 a_-는 각 이온의 활동도이다. 여러 활동도를 완전히 정의하기 위해서는 다음과 같은 관계식도 필요하게 된다.

$$\mu^\circ = \nu_+\mu_+^\circ + \nu_-\mu_-^\circ \tag{16.38}$$
$$\nu\mu_\pm^\circ = \nu_+\mu_+^\circ + \nu_-\mu_-^\circ \tag{16.39}$$

우선 a와 $a_\pm$ 사이의 관계부터 알아보자. (16.32)식과 (16.33)식에 의하면 $\mu = \nu\mu_\pm$이다. 여기에다 (16.34)식의 μ와 (16.35)식의 $\mu_\pm$를 넣으면 다음과 같은 관계식을 얻을 수 있다.

$$\mu^\circ + RT \ln a = \nu\mu_\pm^\circ + \nu RT \ln a_\pm$$

(16.38)식과 (16.39)식을 이용하면 이 식은 다음과 같이 간단하게 된다.

$$a = a_\pm^\nu \tag{16.40}$$

다음에는 $a_\pm$, a_+ 및 a_- 사이의 관계를 알아보자. (16.35)식, (16.36)식 및 (16.37)식의 $\mu_\pm$, μ_+ 및 μ_-를 (16.33)식에 넣으면 다음과 같이 된다.

$$\nu\mu_\pm^\circ + \nu RT \ln a_\pm = \nu_+\mu_+^\circ + \nu_-\mu_-^\circ + RT(\nu_+ \ln a_+ + \nu_- \ln a_-)$$

이 식으로부터 (16.39)식을 빼면 다음과 같이 된다.

$$a_\pm^\nu = a_+^{\nu_+} a_-^{\nu_-} \tag{16.41}$$

즉, 평균 이온 활동도는 각 이온 활동도의 기하 평균과 같다.

여러 활동도 계수는 다음과 같은 관계식으로 정의된다.

$$a_\pm = \gamma_\pm m_\pm \tag{16.42}$$
$$a_+ = \gamma_+ m_+ \tag{16.43}$$
$$a_- = \gamma_- m_- \tag{16.44}$$

여기서 $\gamma_\pm$는 평균 이온 활동도 계수, $m_\pm$는 평균 이온 몰랄농도 등이다. (16.42)식, (16.43)식 및 (16.44)식의 $a_\pm$, a_+ 및 a_-를 (16.41)식에 넣으면 다음과 같이 된다.

$$\gamma_\pm^\nu m_\pm^\nu = \gamma_+^{\nu_+}\gamma_-^{\nu_-} m_+^{\nu_+} m_-^{\nu_-}$$

* 몰랄농도를 쓰는 것이므로 일관성 있게 하려면 μ의 표준치를 μ^{**}의 기호로 나타내야 할 것이다. 그러나 이렇게 하면 기호가 너무 복잡해질 것이다.

따라서 다음 관계가 성립해야 한다.

$$\gamma_\pm^\nu = \gamma_+^{\nu_+}\gamma_-^{\nu_-} \tag{16.45}$$
$$m_\pm^\nu = m_+^{\nu_+}m_-^{\nu_-} \tag{16.46}$$

즉, $\gamma_\pm$와 $m_\pm$도 또한 각 이온들에 대한 기하 평균이 된다. 전해질의 몰랄농도를 이용해서 다음과 같은 식을 쓸 수 있다.

$$m_+ = \nu_+ m \qquad m_- = \nu_- m$$

따라서 평균 이온 몰랄농도는 다음과 같이 된다.

$$m_\pm = (\nu_+^{\nu_+}\nu_-^{\nu_-})^{1/\nu} m \tag{16.47}$$

따라서 전해질의 화학식을 알면 m으로부터 $m_\pm$를 쉽게 구할 수 있다.

■ 보기 16.1 NaCl과 같은 1 : 1 전해질이나 $MgSO_4$와 같은 2 : 2 전해질에서는 다음 관계가 성립한다.

$$\nu_+ = \nu_- = 1 \qquad \nu = 2 \qquad m_\pm = m$$

또 Na_2SO_4와 같은 1 : 2 전해질에서는 다음 관계가 성립한다.

$$\nu_+ = 2 \quad \nu_- = 1 \quad \nu = 3 \quad m_\pm = (2^2 \cdot 1^1)^{1/3} m = \sqrt[3]{4}\, m = 1.587\, m$$

(16.34)식과 (16.40)식을 이용하면 화학 퍼텐셜을 평균 이온 활동도로 나타낼 수 있다.

$$\mu = \mu^\circ + RT \ln a_\pm^\nu \tag{16.48}$$

(16.42)식과 (16.47)식을 이용하면 이것은 또 다음과 같이 된다.

$$\mu = \mu^\circ + RT \ln[\gamma_\pm^\nu(\nu_+^{\nu_+}\nu_-^{\nu_-})m^\nu]$$

이것은 다음과 같은 꼴로 나타낼 수 있다.

$$\mu = \mu^\circ + RT \ln(\nu_+^{\nu_+}\nu_-^{\nu_-}) + \nu RT \ln m + \nu RT \ln \gamma_\pm \tag{16.49}$$

(16.49)식에서 우변의 둘째 항은 전해질의 화학식으로부터 나오는 상수이다. 세째 항은 몰랄농도에 의존한다. 그리고 네째 항은 용액의 어는점 내림이나 그 이외의 다른 총괄성을 측정하면 구할 수 있다.

★ 16.6.1 어는점 내림과 평균 이온 활동도 계수

어는점 내림 θ와 평균 이온 활동도 계수 사이의 관계는 쉽게 구할 수 있다. 용질의 활동도를 a로 나타내면 (16.24)식이 다음과 같이 된다.

$$d \ln a = d\theta / K_f m \tag{16.50}$$

한편 16.6절에 의하면

$$a = a_\pm^\nu = \gamma_\pm^\nu m_\pm^\nu = \gamma_\pm^\nu(\nu_+^{\nu_+}\nu_-^{\nu_-})m^\nu$$

따라서,

$$d \ln a = \nu\, d \ln m + \nu\, d \ln \gamma_\pm \tag{16.51}$$

표 16-1 센 전해질의 활동도 계수.

m	0.001	0.005	0.01	0.05	0.1	0.5	1.0
HCl	0.966	0.928	0.904	0.830	0.796	0.758	0.809
$NaOH$	—	—	—	0.82	—	0.69	0.68
KOH	—	0.92	0.90	0.82	0.80	0.73	0.76
KCl	0.965	0.927	0.901	0.815	0.769	0.651	0.606
$NaBr$	0.966	0.934	0.914	0.844	0.800	0.695	0.686
H_2SO_4	0.830	0.639	0.544	0.340	0.265	0.154	0.130
K_2SO_4	0.89	0.78	0.71	0.52	0.43	—	—
$Ca(NO_3)_2$	0.88	0.77	0.71	0.54	0.48	0.38	0.35
$CuSO_4$	0.74	0.53	0.41	0.21	0.16	0.068	0.047
$MgSO_4$	—	—	0.40	0.22	0.18	0.088	0.064
$La(NO_3)_3$	—	—	0.57	0.39	0.33	—	—
$In_2(SO_4)_3$	—	—	0.142	0.054	0.035	—	—

Wendell M. Latimer; *The Oxidation States of the Elements and Their Potentials in Aqueous Solutions*, 2 nd ed., Prentice-Hall, Inc., Englewood Cliffs, N.J., 1952, pp. 354~356.

따라서 (16.50)식이 다음과 같이 된다.

$$\nu\, dm/m + \nu\, d \ln \gamma_{\pm} = d\theta / K_f m \tag{16.52}$$

용액이 이상적일 때는 $\gamma_{\pm} = 1$이며, 위의 식이 다음과 같이 된다.

$$d\theta = \nu K_f\, dm$$
$$\theta = \nu K_f m \tag{16.53}$$

결국 대단히 묽은 전해질 용액에서는 어는점 내림이 비전해질일 때의 값에다 ν를 곱한 것과 같게 된다. ν는 1 mol 의 전해질이 해리될 때 생기는 이온의 총몰수이다.

전해질 용액의 삼투 계수는 다음과 같이 정의된다.

$$\theta = \nu K_f m (1 - j) \tag{16.54}$$

이와 같이 j를 정의하면, 16.4.3절에서와 같은 방법에 의해서 (16.52)식이 다음과 같이 된다.

$$\ln \gamma_{\pm} = -j - \int_0^m \left(\frac{j}{m}\right) dm \tag{16.55}$$

이것은 (16.26)식과 같은 꼴이다.

25 °C 에서 몇 가지 전해질 수용액의 평균 이온 활동도 계수는 표 16-1 과 같다. 또 그림 16-3 은 25 °C 에서 몇 가지 전해질 수용액의 $\gamma_{\pm}$를 $m^{1/2}$에 대해서 도시한 것이다.

$\gamma_{\pm}$의 값은 같은 결합 형식의 전해질일 경우 그 이온의 종류에 거의 무관하다. 예로서 KCl과 $NaBr$은 농도가 같을 경우 그 활동도 계수가 같으며, K_2SO_4와 $Ca(NO_3)_2$도 또한 마찬가지이다. 16.7절에서 Debye와 Hückel의 이론에 의하면 충분히 묽은 용액에서는 평균 이온 활동도 계수가 이온의 전하수와 농도에만 의존하고, 이온의 기타 성질에는 의존하지 않는다는 것을 배우게 될 것이다.

용해된 물질이 전해질이든 비전해질이든 그 활동도 계수는 어느 총괄성으로부터든지 구할 수 있다. 그 중에서도 어는점 내림이 훨씬 많이 쓰이는데, 그 이유는 이 실험이 다른 경우에 비해서 약간 덜 복잡한 실험 장치를 쓸 수 있기 때문이다. 이 방법의 단점은 용매의 어는점 근처에

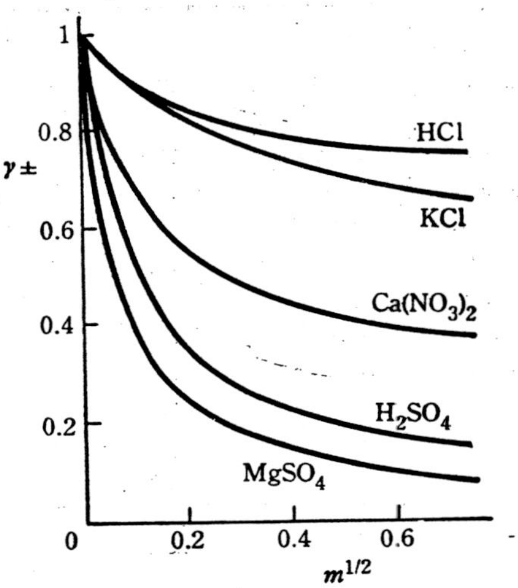

그림 16-3 $m^{1/2}$의 함수로 나타낸 평균 이온 활동도 계수.

서만 γ값을 얻을 수 있다는 것이다. 증기 압력을 측정하면 이러한 단점이 안 나타나지만 실험적으로는 훨씬 더 복잡하다. 화학 전지의 emf 측정치로부터 평균 이온 활동도 계수를 구하는 방법을 17장에서 설명하겠다. 이 화학 전지 방법은 쉽게 실험할 수 있으며, 임의의 편리한 온도에서 사용할 수 있다.

16.7 묽은 전해질 용액의 구조에 관한 Debye-Hückel 이론

우선 전해질 용액의 구조를 어느 정도 자세히 살펴보기로 하자. 묽은 비전해질 용액의 용질은 열역학적으로 다음 식에 따라서 충분히 나타낼 수 있다.

$$\mu = \mu^\circ + RT \ln m \tag{16.56}$$

이 화학 퍼텐셜은 조성에 무관한 μ°와 조성에 의존하는 항과의 두 항으로 되어 있다. (16.56)식은 대부분의 비전해질의 경우 0.1 m인 높은 농도에서까지도 성립하며, 심지어는 그보다 더 높은 농도에서도 성립하는 경우가 많이 있다. 그러나 전해질 용액에 대해서는 (16.56)식과 같은 간단한 식이 성립하지 않는다. 즉, 0.001 m인 농도에서도 심한 편차가 나타나는 것이다. 그리고 여러 개의 이온이 생성된다는 사실을 이 식에다 반영시켜 주어도 결과는 여전히 마찬가지이다.

묽은 용액에서 전해질의 행동을 나타내려면 화학 퍼텐셜을 (16.49)식에 의해서 다음과 같이 써야 한다.

$$\mu = \mu^\circ + \nu RT \ln m + \nu RT \ln \gamma_\pm \tag{16.57}$$

이 식에서 μ°는 (16.49)식의 첫째 항과 둘째 항을 함께 묶어 놓은 것이며 조성에 무관하다. 둘째와 세째 항은 조성에 의존한다.

(16.57)식의 $\nu RT \ln \gamma_\pm$ 항이 나타내는 여분의 Gibbs 에너지는 주로 이온 전하 사이의 상호 작용 에너지 때문에 나온다. 1 mol의 전해질 속에는 νN_A개의 이온이 존재하므로 이 상호 작용에

너지는 이온 한 개마다 평균 $kT\ln\gamma_{\pm}$이다. 여기서 k는 Boltzmann 상수로서 R/N_A와 같다. 중성 알맹이인 용매와 용질, 분자 사이에 작용하는 van der Waals 힘은 약하고 또 대단히 가까운 거리까지에만 미치지만, 여기에 반해서 이온 사이라든가 이온과 중성 용매 분자 사이에 작용하는 쿨롱힘은 훨씬 강하며 또 먼 거리에까지 미친다. 이러한 힘의 작용 거리의 차로 말미암아 전해질 용액에서는 이온이 충분히 멀리 떨어져 있을 정도의 묽은 농도에서도 이상성으로부터 큰 편차를 나타내는 것이다. 이 전기적 작용이 Gibbs 에너지에 얼마만한 기여를 하는가를 계산하면 된다.

전해질 용액 속의 이온은 반지름이 a인 하전된 전도체 구가 유전 상수 ϵ인 용매 속에 잠겨 있는 것이라고 생각할 수 있다. 이 이온의 전하를 q라고 하자. 만일 이 이온이 전하를 갖지 않았었다면 $q=0$이 되고 μ는 (16.56)식으로 주어질 것이다. 그러나 이 이온은 하전되어 있기 때문에 μ는 여분의 항, $kT\ln\gamma_{\pm}$를 포함해야 하는 것이다. 따라서 우리가 계산코자 하는 이 여분의 항은 이온의 전하 q를 0에서부터 q로 올려주는 데 필요한 일과 같아야 한다. 지금 이 구 표면의 전위를 ϕ_a라고 하면 ϕ_a는 q의 함수가 된다. 정의에 의하면 이 구의 전위는 단위 양전하를 무한한 거리로부터 구의 표면까지 가져오는 데 필요한 일과 같다. 따라서 전하 dq를 무한한 거리로부터 표면까지 가져오려면 $dW=\phi_a\,dq$의 일이 필요할 것이다. 이것을 영으로부터 q까지 적분하여 주면 이온을 하전시키는 데 필요한 일이 나온다.

$$W=\int_0^q \phi_a\,dq \tag{16.58}$$

여기서 W는 이온이 그 전하 때문에 갖는 여분의 에너지와 같게 된다. 즉, 이온의 Gibbs 에너지는 중성 알맹이보다 W만큼 더 크다. 이 여분의 에너지는 두 가지 이유 때문에 생긴다.

$$W=W_s+W_i \tag{16.59}$$

여기서 W_s는 유전 매질 속에 잠겨 있는 고립된 구가 하전되는 데 필요한 에너지이며, 하전된 구의 자체 에너지이다. W_s는 이온 농도에 무관하므로 μ°의 값 속에 포함시킬 수 있다. 다른 모든 이온들이 존재하는 환경 하에서 이온을 하전시키려면 W_s 이외에도 상호 작용 에너지 W_i가 여분으로 더 필요하며, 이 값은 이온의 농도에 크게 의존한다. 이 W_i가 바로 $kT\ln\gamma_{\pm}$가 된다.

$$kT\ln\gamma_{\pm}=W_i=W-W_s \tag{16.60}$$

고전 전자기 이론에 의하면 유전 상수가 ϵ인 매질 속에 잠겨 있는 고립된 전도체 구의 퍼텐셜은 $\phi_a=q/4\pi\epsilon a$와 같다. 이 값을 (16.58)식에 넣으면 W_s 값이 나온다.

$$W_s=\int_0^q \frac{q}{4\pi\epsilon a}dq=\frac{q^2}{8\pi\epsilon a} \tag{16.61}$$

이와 같이 W_s의 값이 나왔으므로 W의 값만 알 수 있으면 W_i의 값이 곧 나온다. W를 계산하려면 (16.58)식을 써야 하므로 우선 ϕ_a를 계산해야 한다. 계산에 앞서서 우선 W_i의 값이 음이리라는 것을 충분히 짐작할 수 있다. 즉, 우선 양이온을 가지고 생각하면 이것은 음이온은 끌어당기고 다른 양이온은 밀어낼 것이다. 따라서 평균적으로 양이온 주위에는 음이온이 다른 양이온보다 더 가까이 몰려 있을 것이며 그리하여 이온은 전화를 갖지 않았을 때보다 낮은 에너지를 갖게 된다. 그런데 우리가 관심을 갖는 에너지는 하전되지 않은 알맹이의 에너지를 기준으로 하는 것이므로 W_i는 영보다 작아야 하는 것이다. 1923년에 P. Debye와 E.Hückel은 ϕ_a의 값을 구하는 데 성공하였는 바, 그들이 사용한 방법을 요약해서 설명하면 다음과 같다.

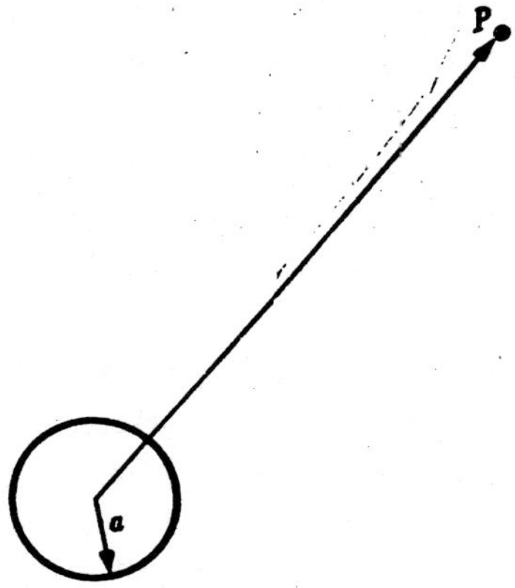

그림 16-4

그림 16-4에서와 같이 양이온의 중심에다 극좌표의 원점을 갖다 놓고, 원점으로부터 r 만큼 떨어진 P 점을 생각하여 보자. P 점에서의 전위는 Poisson 식에 의해서 다음과 같이 단위 부피 당의 전하 밀도 ρ 와 관계된다(이 식의 유도는 부록 Ⅱ를 보아라).

$$\frac{1}{r^2}\frac{d}{dr}\left(r^2\frac{d\phi}{dr}\right)=-\frac{\rho}{\epsilon} \tag{16.62}$$

여기서 ρ 를 ϕ 나 r 의 함수로 나타낼 수 있으면 (16.62)식을 적분하여 ϕ 를 r 의 함수로 구할 수 있고, 이것으로부터 ϕ_a 를 곧 구할 수 있다.

ρ 를 계산하기 위하여 음이온과 양이온의 몰농도를 각각 $\tilde{c}_+$ 와 $\tilde{c}_-$ 라고 하자. 만일 이온의 원자가를 z_+ 와 z_-(부호를 포함해서)라 하고 전자의 전하량을 e 라고 하면 1 mol 의 양이온이 갖는 전하는 z_+F 가 되므로 단위 부피 속의 양전하는 $\tilde{c}_+z_+F$ 가 된다. 여기서 F 는 Faraday 상수이며 $F=96484.56$ C/mol 이다. 전하 밀도 ρ 는 단위 부피 속에 들어있는 양전하와 음전하의 전체 합과 같다. 따라서

$$\rho=\tilde{c}_+z_+F+\tilde{c}_-z_-F=F(\tilde{c}_+z_++\tilde{c}_-z_-) \tag{16.63}$$

P 점에서의 전위를 ϕ 라고 하면 이 점에서 양이온과 음이온의 퍼텐셜 에너지는 각각 $ez_+\phi$ 와 $ez_-\phi$ 가 된다. Debye 와 Hückel 은 이 이온들이 Boltzmann 분포 법칙에 따라서 분포된다고 가정하였다(4.14 절). 즉,

$$\tilde{c}_+=\tilde{c}_+^{\circ}e^{-z_+e\phi/kT} \quad \text{및} \quad \tilde{c}_-=\tilde{c}_-^{\circ}e^{-z_-e\phi/kT}$$

여기서 $\tilde{c}_+^{\circ}$ 와 $\tilde{c}_-^{\circ}$ 는 $\phi=0$ 인 영역에서의 농도이다. 그러나 $\phi=0$ 인 곳에서는 이온들이 균일하게 분포되며 용액은 전기적으로 중성이어야 하므로 ρ 는 영이 되어야 한다. 즉,

$$\tilde{c}_+^{\circ}z_++\tilde{c}_-^{\circ}z_-=0$$

위의 $\tilde{c}_+$ 와 $\tilde{c}_-$ 의 값을 ρ 에 관한 식에 넣으면 다음과 같이 된다.

$$\rho=F(z_+\tilde{c}_+^{\circ}e^{-z_+e\phi/kT}+z_-\tilde{c}_-^{\circ}e^{-z_-e\phi/kT})$$

$ze\phi/kT\ll1$ 이라고 가정하여, 지수항을 $e^{-x}\approx1-x+\cdots$ 와 같은 꼴로 전개하면 ρ 가 다음과 같이 된다.

$$\rho = F\left[\tilde{c}_+^\circ z_+ + \tilde{c}_-^\circ z_- - \frac{e\phi}{kT}(\tilde{c}_+^\circ z_+^2 + \tilde{c}_-^\circ z_-^2)\right]$$

용액은 전기적으로 중성이어야 한다는 조건에 의해서 처음 두 항은 떨어져 나간다. 그리고 $e/k = F/R$이므로 다음과 같이 된다.

$$\rho = -\frac{F^2\phi}{RT}\sum_i \tilde{c}_i^\circ z_i^2 \tag{16.64}$$

합셈은 용액 속에 존재하는 모든 종류의 이온에 관해서 주어야 한다. 이 경우에는 이온이 두 종류이다. 이 관계를 이용하면 다음과 같은 관계를 얻을 수 있다.

$$-\frac{\rho}{\epsilon} = \left(\frac{F^2}{\epsilon RT}\sum_i \tilde{c}_i^\circ z_i^2\right)\phi = \kappa^2\phi \tag{16.65}$$

여기서 κ^2은 다음과 같이 정의되는 양이다.

$$\kappa^2 \equiv \frac{F^2}{\epsilon RT}\sum_i \tilde{c}_i^\circ z_i^2 \tag{16.66}$$

이 $-\rho/\epsilon$의 값을 이용하면 (16.62)식의 Poisson 식이 다음과 같이 된다.

$$\frac{1}{r^2}\frac{d}{dr}\left(r^2\frac{d\phi}{dr}\right) - \kappa^2\phi = 0 \tag{16.67}$$

이 식에다 $\phi = v/r$을 넣으면 다음과 같이 된다.

$$\frac{d^2v}{dr^2} - \kappa^2 v = 0 \tag{16.68}$$

이 식의 해는 다음과 같다.*

$$v = Ae^{-\kappa r} + Be^{\kappa r}$$

여기서 A와 B는 임의의 상수이다. 따라서 ϕ의 값은 다음과 같이 된다.

$$\phi = A\frac{e^{-\kappa r}}{r} + B\frac{e^{\kappa r}}{r} \tag{16.69}$$

$r \to \infty$가 되면 우변의 둘째 항이 무한대로 된다.** 그러나 $r \to \infty$가 되더라도 전위는 유한해야 하므로 이 둘째 항은 물리적 해의 일부가 될 수 없다. 따라서 $B = 0$으로 놓아야 하며 해는 다음과 같이 된다.

$$\phi = A\frac{e^{-\kappa r}}{r} \tag{16.70}$$

지수항을 전개한 다음에 처음 두 항만을 남기면 다음과 같이 된다.

$$\phi = A\left(\frac{1-\kappa r}{r}\right) = \frac{A}{r} - A\kappa \tag{16.71}$$

만일 이온들의 농도가 영이면 $\kappa = 0$이 되고 P점에서의 전위는 중심 이온만에 의한 것이 된다. 즉, $\phi = z_+e/4\pi\epsilon r$이 된다. 한편 $\kappa = 0$이면 (16.71)식은 $\phi = A/r$가 되고 따라서 $A = z_+e/4\pi\epsilon$이 된다. 따라서 (16.71)식은 다음과 같이 된다.

---

* 이 치환을 한 다음에 (16.67)식으로부터 (16.68)식을 자세히 유도하라.

** L'Hopital의 규칙을 이용해서 증명하라.

$$\phi = \frac{z_+e}{4\pi\epsilon r} - \frac{z_+e\kappa}{4\pi\epsilon} \tag{16.72}$$

$r = a$에서는 다음과 같이 된다.

$$\phi_a = \frac{z_+e}{4\pi\epsilon a} - \frac{z_+e\kappa}{4\pi\epsilon} \tag{16.73}$$

만일 중심 양이온을 제외한 용액 속의 모든 다른 이온이 완전히 하전되어 있다면, 다른 모든 이온의 존재 하에서 이 양이온을 하전시키는 데 필요한 일이 (16.58)식에 의해서 다음과 같이 주어질 것이다.

$$W_+ = \int_0^q \phi_a\, dq$$

그런데 $q = z_+e$이므로 $dq = e\,dz_+$이다. 그리고 (16.73)식의 ϕ_a를 이용하면 위의 식이 다음과 같이 된다.

$$W_+ = \int_0^{z_+}\left(\frac{z_+e^2}{4\pi\epsilon a} - \frac{z_+e^2\kappa}{4\pi\epsilon}\right)dz_+ = \left(\frac{e^2}{4\pi\epsilon a} - \frac{e^2\kappa}{4\pi\epsilon}\right)\int_0^{z_+} z_+dz_+$$

$$W_+ = \frac{(z_+e)^2}{8\pi\epsilon a} - \frac{(z_+e)^2\kappa}{8\pi\epsilon} \tag{16.74}$$

여기서 첫째 항은 자체에너지 $W_{s,+}$이며, 둘째 항은 상호 작용 에너지 $W_{i,+}$로서 다른 이온들이 존재하기 때문에 이 양이온이 여분으로 갖게 되는 Gibbs에너지이다. 따라서 (16.61)식을 이용 다음과 같이 쓸 수 있다.

$$kT\ln\gamma_+ = -\frac{(z_+e)^2\kappa}{8\pi\epsilon} \tag{16.75}$$

음이온에 대해서도 같은 관계가 성립할 것이다. 즉,

$$kT\ln\gamma_- = -\frac{(z_-e)^2\kappa}{8\pi\epsilon} \tag{16.76}$$

평균 이온 활동도 계수는 (16.45)식을 이용해서 계산할 수 있다.

$$\gamma_\pm^\nu = \gamma_+^{\nu_+}\gamma_-^{\nu_-}$$

이것의 대수를 취하면 다음과 같이 된다.

$$\nu\ln\gamma_\pm = \nu_+\ln\gamma_+ + \nu_-\ln\gamma_-$$

(16.75)식과 (16.76)식을 이용하면 이 식이 다음과 같이 된다.

$$\nu\ln\gamma_\pm = -\frac{e^2\kappa}{8\pi\epsilon kT}(\nu_+z_+^2 + \nu_-z_-^2)$$

한편 전해질은 그 자체로서 전기적 중성이 유지되어야 하므로 다음 관계가 만족되어야 한다.

$$\nu_+z_+ + \nu_-z_- = 0$$

z_+를 곱하면 : $\quad \nu_+z_+^2 = -\nu_-z_+z_-$

z_-를 곱하면 : $\quad \nu_-z_-^2 = -\nu_+z_+z_-$

더하면 : $\quad \nu_+z_+^2 + \nu_-z_-^2 = -(\nu_+ + \nu_-)z_+z_- = -\nu z_+z_-$

이 관계를 이용하면 다음과 같은 결과를 얻을 수 있다.

$$\ln \gamma_{\pm} = \frac{e^2 \kappa}{8 \pi \epsilon k T} z_+ z_- = \frac{F^2 \kappa}{8 \pi \epsilon N_A RT} z_+ z_- \tag{16.77}$$

상용대수로 바꾸고 (16.66)식의 κ 값을 넣으면 다음과 같이 된다.

$$\log_{10} \gamma_{\pm} = \frac{1}{(2.303) 8 \pi N_A} \left(\frac{F^2}{\epsilon RT} \right)^{3/2} \left(\sum_i \tilde{c}_i^\circ z_i^2 \right)^{1/2} z_+ z_- \tag{16.78}$$

다음과 같이 이온 세기를 정의한다.

$$I_c = \frac{1}{2} \sum_i c_i z_i^2 \tag{16.79}$$

여기서 c_i 는 mol/L 단위로 나타낸 i 째 번 이온의 농도이다. $\tilde{c}_i^\circ = (1000 \mathrm{L/m^3}) c_i$ 이므로 다음 관계가 성립한다.

$$\sum_i \tilde{c}_i^\circ z_i^2 = (1000 \mathrm{~L/m^3}) \sum_i c_i z_i^2 = 2 (1000 \mathrm{~L/m^3}) I_c$$

그러면 결국 다음과 같은 결과를 얻을 수 있다.

$$\log_{10} \gamma_{\pm} = \left[\frac{(2000 \mathrm{~L/m^3})^{1/2}}{(2.303) 8 \pi N_A} \left(\frac{F^2}{\epsilon RT} \right)^{3/2} \right] z_+ z_- I_c^{1/2} \tag{16.80}$$

이 식에서 괄호 속의 인자는 보편적 상수와 ϵ 및 T 로 되어있다. 연속적인 매질 속에서는 그 매질의 유전 상수를 ϵ_r 이라고 할 경우 $\epsilon = \epsilon_r \epsilon_0$ 가 된다. 이러한 상수의 값들을 넣어 주면 위의 식이 다음과 같이 된다.

$$\log_{10} \gamma_{\pm} = \frac{(1.8248 \times 10^6 \mathrm{~K^{3/2} ~L^{1/2}/mol^{1/2}})}{(\epsilon_r T)^{3/2}} z_+ z_- I_c^{1/2} \tag{16.81}$$

25 °C 의 물에서는 $\epsilon_r = 78.54$ 이다. 따라서 위의 결과가 다음과 같이 된다.

$$\log_{10} \gamma_{\pm} = (0.5092 \mathrm{~L^{1/2}/mol^{1/2}}) z_+ z_- I_c^{1/2} \tag{16.82}$$

(16.81)식이나 (16.82)식을 **Debye-Hückel** 의 **극한 법칙**이라고 부른다. 이 극한 법칙에 의하면 평균 이온 활동도 계수의 대수는 이온 세기의 제곱근의 선형 함수이며, 이 직선의 기울기는 양이온과 음이온의 원자가의 곱에 비례해야 한다(z_- 가 음수이므로 음의 기울기를 갖는다). 이 관계는 센 전해질의 묽은 용액을 써서 실험적으로 확인되었다. 그림 16-5 는 $\log_{10} \gamma_{\pm}$ 를 $I_c^{1/2}$ 에 대해서 도시한 것으로서, 실선은 실험 결과를 나타내며 점선은 극한 법칙인 (16.82)식으로부터 예상되는 값을 나타낸다.

이 이론은 근사적으로 유도된 것이므로 대단히 묽은 용액에 대해서만 엄밀하게 성립한다. 이 극한 법칙은 몰농도가 0.005 내지 0.01 인 영역에서도 상당한 편차를 나타낸다. 보다 더 엄밀한 식이 유도되어 약간 더 진한 용액에다 이 이론을 적용할 수는 있게 되었지만, 0.01 mol/L 이상의 진한 용액에 까지도 적용시킬 수 있는 만족할만한 이론식은 아직껏 유도되지 못하였다.

Debye-Hückel 이론은 묽은 이온 용액에서의 활동도 계수의 극한 성질을 엄밀하게 나타낼 뿐만 아니라 이온 용액의 구조 개념도 짐작할 수 있게 한다. 이미 앞에서 지적한 바와 같이 양이온은 다른 양이온을 밀어내므로 그 주위에는 음이온이 더 많이 모여 있다. 이러한 면에서, 모든 이온은 반대 전하의 이온 분위기로 둘러싸여 있으며, 이 이온 분위기의 전체 전하량은 중심 이온의 전하량과 크기가 같고 부호는 반대이다 라고 말할 수 있다. 이온 분위기의 평균 반지름은 $1/\kappa$

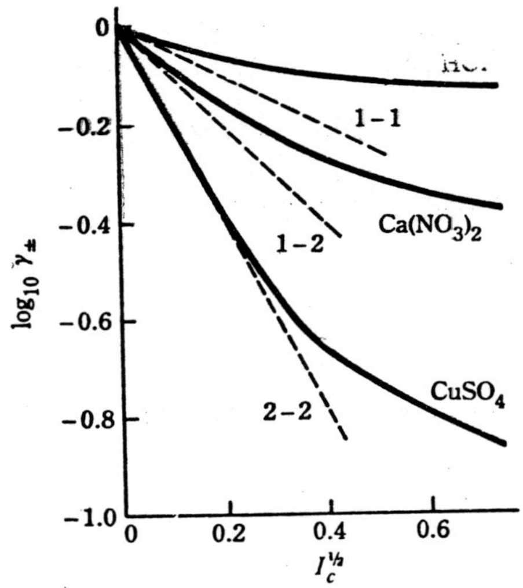

그림 16-5 $\log_{10}\nu_{\pm}$ 대 $I_c^{1/2}$.

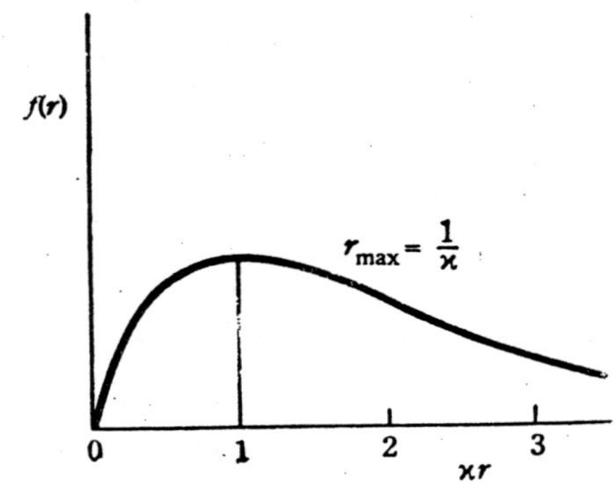

그림 16-5 이온 분위기의 전하 분포.

로 주어지며, 이것을 Debye 길이라고 부른다. κ는 이온 세기에 비례하므로 이온 세기가 커지면 이온 분위기가 중심 이온에 더 가까와 진다. 이온 분위기의 개념과 이 개념이 담긴 수식은 전해질 용액의 많은 성질을 밝혀주는 데 크게 성공하였다.

전하 밀도를 이온으로부터의 거리의 함수로서 계산하면 이온 분위기의 개념이 더 한층 명백해 진다. 전하 밀도를 ϕ의 함수로 나타낸 마지막 식에다 (16.70)식의 ϕ와 A의 값을 넣으면 다음 관계가 나온다.

$$\rho = -\frac{z_+ e\,\kappa^2}{4\pi}\,\frac{e^{-\kappa r}}{r} \tag{16.83}$$

반지름이 각각 r과 $r+dr$이 되는 두 구로 둘러싸인 구각 속의 총전하는 전하 밀도에다 이 구각의 부피 $4\pi r^2\,dr$을 곱한 것과 같다. 즉,

$$-z_+e\kappa^2 re^{-\kappa r}dr$$

이 값을 영으로부터 무한대까지 적분하면 이온 분위기의 전체 전하가 나오는데 그 값은 $-z_+e$가 된다. 단위 두께의 구각 속에 들어 있는 전체 전하의 분율을 $f(r)$이라고 하자. 그러면

$$f(r)=\kappa^2 re^{-\kappa r} \qquad (16.84)$$

함수 $f(r)$은 이온 분위기의 전하에 대한 분포 함수이다. $f(r)$을 r에 대해서 도시하면 그림 16-6과 같다. 이 곡선의 극대치는 Debye길이인 $r_{max}=1/\kappa$에서 나타난다. 원자가가 대칭형인 1 : 1, 2 : 2 등의 전해질의 경우에는 중심 이온으로부터 r인 거리에 있는 두께 dr인 구각 안에서 반대 이온을 발견할 확률이 바로 $f(r)\,dr$이다 라고 말할 수 있다. 이온 세기가 큰 용액에서는 반대 이온이 중심 이온에 가까이 붙어 있으며 $1/\kappa$가 작다. 그러나 이온 세기가 낮아지면 $1/\kappa$가 커지고 반대 이온이 멀리 떨어져 있게 된다.

16.8 이온 용액에서의 평형

Debye-Hückel의 극한 법칙인 (16.78)식에 의하면 $\ln\gamma_\pm$는 음의 값을 가지며, 따라서 전해질 용액에서 한 이온이 다른 이온과 상호 작용을 하면 그 Gibbs에너지가 감소된다는 사실을 알 수 있다. 이 Gibbs에너지 감소는 용액 속에서 전하를 갖는 이온은 전하를 갖지 않을 때보다 더 안정하다는 것을 뜻한다. 이 여분의 안정도를 나타내는 척도가 바로 화학 퍼텐셜식 속에 들어 있는 $kT\ln\gamma_\pm$의 항이다. 실제로 이 여분의 안정도가 약산의 이온화와 극히 조금 녹는 염의 용해도에 어떤 영향을 미치는가를 살펴 보기로 하자.

다음과 같은 약산의 해리 평형을 생각하여 보자.

$$HA \rightleftharpoons H^+ + A^-$$

평형 상수는 다음과 같은 활동도 곱비로 주어진다.

$$K=\frac{a_{H^+}a_{A^-}}{a_{HA}} \qquad (16.85)$$

정의에 따라서 활동도는 다음과 같이 쓸 수 있다.

$$a_{H^+}=\gamma_+m_{H^+} \qquad a_{A^-}=\gamma_-m_{A^-} \qquad a_{HA}=\gamma_{HA}m_{HA}$$

따라서,

$$K=\left(\frac{\gamma_+\gamma_-}{\gamma_{HA}}\right)\frac{m_{H^+}m_{A^-}}{m_{HA}}=\frac{\gamma_\pm^2}{\gamma_{HA}}\ \frac{m_{H^+}m_{A^-}}{m_{HA}}$$

여기서는 $\gamma_+\gamma_-=\gamma_\pm^2$인 관계를 이용하였다. 산의 전체 몰랄농도를 m이라 하고 해리도를 α라고 하자. 그러면

$$m_{H^+}=\alpha m \qquad m_{A^-}=\alpha m \qquad m_{HA}=(1-\alpha)m$$

따라서

$$K=\frac{\gamma_\pm^2\alpha^2 m}{\gamma_{HA}(1-\alpha)} \qquad (16.86)$$

HA는 전하를 갖고 있지 않으므로 묽은 용액에서는 $\gamma_{HA}=1$로 놓을 수 있다. 또 K가 작을 때

는 $1-\alpha \approx 1$이며 따라서 (16.86)식은 다음과 같이 된다.

$$\alpha = \left(\frac{K}{m}\right)^{1/2}\frac{1}{\gamma_\pm} \tag{16.87}$$

이온 상호 작용을 무시하면 $\gamma_\pm = 1$이 될 것이고, $\alpha_0 = (K/m)^{1/2}$을 계산할 수 있을 것이다. 그러면 (16.87)식을 다음과 같이 나타낼 수 있다.

$$\alpha = \alpha_0/\gamma_\pm \tag{16.88}$$

극한 법칙에 의하면 $\gamma_\pm < 1$이므로 (16.88)식의 정확한 α값은 이온 상호 작용을 무시하는 근사치 α_0보다 크다. 다른 이온들의 존재로 말미암아 이온이 안정화되면 더 많은 이온이 생기는 쪽으로 평형이 이동하며 그리하여 해리도가 증가한다.

용액의 이온 농도가 충분히 묽을 때는 $\gamma_\pm$를 (16.82)식의 극한 법칙으로부터 계산할 수 있다. 1:1 전해질에 대해서는 그 값이 다음과 같이 된다.

$$\gamma_\pm = 10^{-0.51(\alpha_0 m)^{1/2}} = e^{-1.17(\alpha_0 m)^{1/2}}$$

여기서는 이온 세기가 $I_c = \alpha_0 m$이다(여기서는 c와 m사이의 차를 무시하였다). α와 α_0는 큰 차가 없으므로 α_0의 값을 이용해서 I_c를 계산할 수 있다. 이 결과를 (16.88)식에 넣으면 다음 결과가 나온다.

$$\alpha = \alpha_0 e^{1.17(\alpha_0 m)^{1/2}} = \alpha_0[1 + 1.17(\alpha_0 m)^{1/2}]$$

둘째 번 등식은 지수 함수를 전개하면 나온다. 아세트산의 경우 $K = 1.75 \times 10^{-5}$이며, 0.1몰랄 농도에서는 해리도가 약 4% 증가한다. 이 경우에는 해리에 의해서 많은 이온이 생성되지 않으므로 그 효과가 얼마 안 된다.

H^+나 A^-를 포함하지 않는 제 3의 전해질을 많이 가하면 약산의 해리도가 상당히 크게 변한다. 예로서 KCl에 관하여 $0.1\,m$인 약산의 용액을 생각하여 보자. 이 용액의 이온 세기는 너무 커서 극한 법칙을 쓸 수 없지만 $\gamma_\pm$의 값은 표 16-1로부터 구할 수 있다. 1:1 전해질의 경우 $0.1\,m$ 용액에서는 $\gamma_\pm$의 값이 약 0.8이다. $0.1\,m$ KCl 용액 속에 들어 있는 H^+와 A^- 이온에 대해서도 $\gamma_\pm$의 이 값이 근사적으로 맞는다고 가정하면 (16.88)식이 다음과 같이 된다.

$$\alpha = \alpha_0/0.8 = 1.25\,\alpha_0$$

그리하여 제 3의 전해질이 많이 존재할 때는 해리도가 크게 변화한다. 이러한 현상을 염효과라고 부르는데, 이 효과는 전해질의 농도가 커질수록 크게 나타난다.

염화은과 같이 극히 조금 녹는 염의 평형을 생각하여 보자.

$$AgCl(s) \rightleftharpoons Ag^+ + Cl^-$$

용해도곱 상수는 다음과 같이 된다.

$$K_{sp} = a_{Ag^+}a_{Cl^-} = (\gamma_+ m_+)(\gamma_- m_-)$$

염의 용해도 s를 1 kg의 물 속에 녹는 몰수로 나타내면 $m_+ = m_- = s$이다. 따라서

$$K_{sp} = \gamma_\pm^2 s^2$$

이온 상호 작용을 무시하고 계산한 용해도를 s_0라고 하면 $s_0^2 = K_{sp}$이며, 따라서 다음 관계가 성립한다.

$$s = s_0/\gamma_{\pm} \qquad (16.89)$$

즉, 용해도는 이온 상호 작용에 의해서 커진다. 약산의 해리를 논했을 때와 같은 방법을 이용하면 KNO_3 와 같은 제 3의 전해질이 0.1 *m* 인 용액 속에서는 염화은의 용해도가 25% 증가한다. 제 3의 전해질에 의해서 용해도가 커지는 현상을 "염해"라고 부르기도 한다. 제 3의 전해질이 $BaSO_4$ 와 같은 염의 용해도에 미치는 효과는 이보다 훨씬 큰데, 그 이유는 Ba^{2+} 와 SO_4^{2-} 이온이 큰 전하를 갖기 때문이다. 제 3의 전해질이 용해도에 미치는 이 염효과를 "공통 이온" 효과와 혼동하지 말기 바란다. 공통 이온을 가진 전해질은 극히 조금 녹는 염의 용해도를 감소시켜 주는데, 이러한 공통 이온 효과는 제 3의 전해질에 의한 염효과에 비해서 상당히 크게 나타난다.

《질　문》

16. 1 활동도란 어떤 것인가? 이것은 농도와 어떻게 관계되며 또 농도와 어떻게 다른가?

16. 2 비이상성은 이상 용액의 경우에 비해서 (a) 어는점 내림, (b) 끓는점 오름 및 (c) 삼투압에 어떤 방향의 영향(예로서 Raoult의 법칙으로부터 양의 편차)을 미치겠는가?

16. 3 전해질 용액은 비전해질 용액보다 훨씬 더 낮은 농도에서 이상성으로부터 벗어나기 시작한다. 그 이유를 설명하라.

16. 4 (a) 온도, (b) 유전 상수 및 (c) 이온 세기가 증가하면 Debye 길이가 어떤 영향을 받는지 설명하라.

16. 5 다음 비활성 전해질이 아세트산의 해리를 증가시키는 순서를 말하라;
0.01 *m* NaCl, 0.001 *m* KBr, 0.01 *m* $CuCl_2$.

《연습 문제》

16. 1 여러 농도의 설탕($C_{12}H_{22}O_{11}$) 용액에서 겉보기 K_f 값은 다음과 같다.

m/(mol/kg)	0.10	0.20	0.50	1.00	1.50	2.00
K_f/(K kg/mol)	1.88	1.90	1.96	2.06	2.17	2.30

a) 각 용액에서의 물의 활동도를 계산하라.
b) 각 용액에서의 물의 활동도 계수를 계산하라.
c) a와 γ의 값을 물의 몰분율에 대해서 도시하라.
d) 1몰랄용액 속의 설탕의 활동도와 활동도 계수를 계산하라.

16. 2 증기 압력을 atm으로 나타내고 클로로포름의 농도를 몰분율로 나타낼 때, 35.17°C의 아세톤에 대한 클로로포름의 Henry의 법칙 상수는 0.199이다. 여러 몰분율에서 클로로포름의 부분 압력은 다음과 같다.

x_{CHCl_3}	0.059	0.123	0.185
p_{CHCl_3}/mmHg	9.2	20.4	31.9

$a = \gamma x$이면 $x \to 0$일 때 $\gamma \to 1$이다. 세 용액에서의 클로로포름의 a와 γ 값을 계산하라.

16. 3 문제 16.2에서와 같은 농도에서 아세톤의 부분 압력은 각각 323.2, 299.3 및 275.4 mm Hg이다. 순수한 아세톤의 증기 압력은 344.5 mm Hg이다. 이들 세 용액에서의 활동도와 활동도 계수를 계산하라($a = \gamma x$이고, $x \to 1$이면 $\gamma \to 1$이다).

16. 4 25 °C에서 이소프로필알코올-벤젠의 액체-증기 평형을 한 조성 영역에서 조사하여 다음과 같은 데이터를 얻었다. 증기는 이상 기체라고 가정할 수 있다. 액체 속에 들어 있는 이소프로필알코올의 몰분율을 x_1, 그리고 증기 속의 이 알코올의 부분 압력을 p_1으로 나타내었다.

x_1	1.000	0.924	0.836
p_1/mm Hg	44.0	42.2	39.5

a) $x_1 = 1.000$, $x_1 = 0.924$ 및 $x_1 = 0.836$에서 이소프로필알코올의 유리 활동도를 계산하라.
b) (a)의 세 조성에서 이소프로필알코올의 유리 활동도 계수를 계산하라.
c) $x_1 = 0.836$에서 이 알코올의 화학 퍼텐셜은 이상 용액에서의 값과 얼마나 다른가?

16. 5 정규 2성분 액체 용액은 다음 식으로 정의된다.

$$\mu_i = \mu_i^\circ + RT\ln x_i + w(1 - x_i)^2$$

여기서 w는 상수이다.
a) μ_i°의 뜻을 말하라.
b) $\ln\gamma_i$를 w의 함수로 나타내라. 단, γ_i는 유리 활동도 계수이다.
c) 25 °C에서, 벤젠과 사염화탄소와의 혼합물에 대해서는 $w = 324$ J/mole이다. $x_{CCl_4} = 0$, 0.25, 0.50, 0.75 및 1.0인 용액에서의 CCl_4의 γ값을 계산하라.

16. 6 에탄올 수용액의 어는점 내림은 다음과 같다.

m/(mol/kg H_2O)	θ/K	m/(mol/kg H_2O)	θ/K
0.07423	0.13708	0.13477	0.24821
0.09517	0.17552	0.16668	0.30654
0.10944	0.20172	0.2307	0.42353

몰랄농도가 0.10 및 0.20인 수용액에서의 에탄올의 활동도와 활동도 계수를 계산하라.

16. 7 NaCl 수용액의 어는점 내림은 다음과 같다.

m/(mol/kg)	0.001	0.002	0.005	0.01	0.02	0.05	0.1
θ/K	0.003676	0.007322	0.01817	0.03606	0.07144	0.1758	0.3470

a) 이들 각 용액의 j값을 계산하라.
b) j/m을 m에 대해서 도시하고, 각 용액의 $-\log_{10}\gamma_\pm$를 구하라. $K_f = 1.858$ Kkg/mol이다. Debye-Hückel의 극한 법칙을 이용하면 $\int_0^{0.001}(j/m)dm = 0.0226$이다[G. Scatchard 및 S.S. Prentice, *J.A.C.S.*, **55**, 4355 (1933)].

16. 8 표 16-1을 이용하여 다음 용질의 0.1 몰랄용액에서의 전해질의 활동도와 이온의 평균 활동도를 계산하여라.
a) KCl b) H_2SO_4 c) $CuSO_4$ d) $La(NO_3)_3$ e) $In_2(SO_4)_3$

16. 9 a) $Ca(NO_3)_2$, NaOH, $MgSO_4$ 및 $AlCl_3$의 0.05 몰랄용액에서는 평균 이온 몰랄농도 $m_\pm$는 얼마인가?

b) (a)의 각 용액에 대한 이온 세기를 구하여라.

16.10 극한 법칙을 이용하여, HCl, $CaCl_2$ 및 $ZnSO_4$의 10^{-4} 및 10^{-3} 몰랄용액에서의 $\gamma_\pm$ 값을 25°C에서 계산하라.

16.11 KBr의 0.01 몰랄 및 1 몰랄용액에서 25°C일 때의 $1/\kappa$ 값을 계산하라. 물의 ϵ_r 값은 78.54이다.

16.12 a) 중심 이온으로부터 $1/\kappa$ 보다 더 먼 거리에서 반대 이온을 발견할 전체 확률은 얼마인가?
b) 중심 이온 주위의 구가 얼마만한 반지름을 가지면 그 구의 내부에서 반대 이온을 발견할 확률이 0.5가 되겠는가?

16.13 아세트산의 해리 상수는 25°C에서 1.75×10^{-5}이다. 극한 법칙을 이용하여 0.010, 0.10, 및 1.0 몰랄용액에서의 해리도를 계산하라. 이 값을 이온 상호 작용을 무시하고 구한 값과 비교해 보아라.

16.14 0.5 몰랄 KCl, 0.5 몰랄 $Ca(NO_3)_2$ 및 0.5 몰랄 $MgSO_4$ 용액 속에서 0.10 몰랄 아세트산의 해리도를 구하라. 아세트산의 K값은 1.75×10^{-5}이다.

16.15 염화은의 경우 25°C에서는 $K_{sp} = 1.56 \times 10^{-10}$이다. 표 16-1를 이용하여 0.001, 0.01 및 1.0 몰랄 KNO_3 수용액에 대한 AgCl의 용해도를 계산하라. 그리고 $\log_{10} s$를 $m^{1/2}$에 대해서 도시하라.

16.16 a) 0.1 몰랄 NaBr 및 b) 0.1 몰랄 $Ca(NO_3)_2$ 용액 속에서의 $BaSO_4$의 용해도를 구하라. $BaSO_4$의 K_{sp}는 1.08×10^{-10}이다.

17
화학 전지에서의 평형

17.1 서 론

화학 전지란 주위에다 전기적 일을 해줄 수 있는 장치이다. 예로서 봉해진 실린더 속으로부터 두 개의 놋쇠 단자가 튀어나와 있는 건전지를 들 수 있다. 한 단자에는 + 부호가 박혀 있고 또 하나의 단자에는 − 부호가 박혀 있는데, 이 두 단자를 작은 모우터에 연결하면 건전지의 − 단자로부터 전자가 흘러 나와서 모우터를 통하여 + 단자로 흘러 들어간다. 전지는 이 때 주위에 일을 하며 전지 내부에서는 일종의 화학 반응인 전지 반응이 일어난다. 주위에 하여진 일 W_{el} 은 (10.14)식에 의하면 전지 반응에 수반되는 Gibbs 에너지 감소보다 작거나 또는 이것과 같다. 즉,

$$W_{el} \leq -\Delta G \tag{17.1}$$

이러한 계에 대한 열역학적 관계식을 유도하기 전에 우선 정전기학에 관해서 살펴 보기로 하자.

17.2 정 의

공간 속에 있는 임의의 한 점의 전위는 무한히 먼 곳으로부터 그 점까지 단위 전하를 가지고 오는 데 필요한 일이라고 정의한다. 무한히 먼 곳의 전위는 물론 영이다. 따라서 어떤 점의 전위가 ϕ이고, 전하 Q를 무한히 먼 곳으로부터 그 점까지 가져오는 데 W가 필요하다고 하면 다음과 같은 관계가 성립한다.

$$\phi = W/Q \tag{17.2}$$

마찬가지로 공간 속의 어떤 두 점의 전위를 각각 ϕ_1과 ϕ_2라고 하고, 전하 Q를 무한대 거리로부터 이 두 점까지 가져오는 데 필요한 일을 각각 W_1과 W_2라고 하면 다음과 같은 관계가 성립한다.

$$W_1 + W_{12} = W_2 \tag{17.3}$$

여기서 W_{12}는 전하 Q를 점 1로부터 점 2까지 가져오는 데 필요한 일이다. 이 관계가 성립하는 이유는 전하 Q를 점 2까지 가져오는 데 필요한 일의 양은 이 전하를 직접 점 2까지 가져오거나 또는 점 1을 거쳐서 가져오거나 같아야 하기 때문이다. 따라서 $W_{12} = W_2 - W_1$이 성립하며 (17.2)식으로부터 다음 관계가 나온다.

$$\phi_2 - \phi_1 = W_{12}/Q \tag{17.4}$$

즉, 두 점 사이의 전위차는 단위 양전하를 점 1로부터 점 2까지 가져오는 데 필요한 일과 같다.

미분량의 전하가 이동하는 경우에다 (17.4)식을 적용시키면 계에 하여지는 일의 미소량이 다음과 같이 주어진다.

$$W_{12} = -dW_{el} = \mathscr{E}\, dQ \tag{17.5}$$

여기서 $\mathscr{E}$는 전위차 $\phi_2 - \phi_1$을 나타내며, dW_{el}은 주위에 하여지는 일을 나타낸다.

17.3 하전된 종의 화학 퍼텐셜

어떤 한 상 속에 들어 있는 이온이나 전자 등과 같은 하전 알갱이의 산일도는 그 상의 전위에 의존한다. 분명히 금속 조각에다 큰 음전위를 주면 음전하 알갱이의 산일도는 증가한다. 전위와 산일도, 즉 화학 퍼텐셜 사이의 관계를 알아보기 위하여 같은 금속으로 된 두 개의 구 M과 M′을 생각하여 보자. 이 두 구의 전위를 각각 ϕ와 ϕ'이라고 하자. 그러면 전하 dQ와 맞먹는 갯수의 전자를 M으로부터 M′ 쪽으로 이동시킬 경우 해주어야 하는 일은 (17.4)식에 의해서 $-dW_{el} = (\phi' - \phi)dQ$가 되어야 한다. 즉, 주위에 dW_{el}만큼의 일 효과가 나타난다. 만일 전자가 가역적으로 이동한다면 (10.13)식에 의해서 계가 하는 일의 양과 Gibbs 에너지 감소량이 같아야 한다. 즉, $dW_{el} = -dG$이다. 따라서

$$dG = (\phi' - \phi)dQ$$

전자의 화학 퍼텐셜을 $\tilde{\mu}_{e^-}$라 하고, 이동한 전자의 몰수를 dn이라고 하면 다음 관계가 성립해야 한다.

$$dG = \tilde{\mu}'_{e^-}dn - \tilde{\mu}_{e^-}dn$$

dn mol의 전자가 운반하는 전하량은 $dQ = -F\,dn$이다. F는 전자 1 mol의 전하로서 96484.56 C/mol이다. 위의 두 관계식을 결합한 다음 dn으로 나누면 다음과 같이 된다.

$$\tilde{\mu}'_{e^-} - \tilde{\mu}_{e^-} = -F(\phi' - \phi)$$

이 식을 고쳐 쓰면 다음과 같이 된다.

$$\tilde{\mu}_{e^-} = \tilde{\mu}'_{e^-} + F\phi' - F\phi$$

M의 ϕ가 영일 때 그 속에 들어 있는 전자의 화학 퍼텐셜을 μ_{e^-}라고 하자. 그러면 $\mu_{e^-} = \tilde{\mu}'_{e^-} + F\phi'$가 되며, 이 결과를 위의 식에 넣으면 다음과 같이 된다.

$$\tilde{\mu}_{e^-} = \mu_{e^-} - F\phi \tag{17.6}$$

(17.6)식은 어느 한 상 속에 들어 있는 전자의 산일도 $\tilde{\mu}_{e^-}$와 그 상의 전위 ϕ 사이의 관계를 나타낸다. 산일도는 ϕ의 선형 함수이며, (17.6)식에 의하면 ϕ가 양일 때보다는 음일 때 μ_{e^-}가 더 크다.

같은 논법으로 전하가 z_i인 하전체에 대해서는 다음과 같은 관계가 나온다.

$$\tilde{\mu}_i = \mu_i + z_iF\phi \tag{17.7}$$

전자에 대해서는 $z_{e^-} = -1$이므로, (17.7)식이 (17.6)식으로 된다. (17.7)식에 의하면 하전체의 화학 퍼텐셜이 2개의 항으로 나누어진다. 첫째 항 μ_i는 산일도에 대한 "화학적" 기여인 바,

이것은 하전체가 처해 있는 화학적 환경 때문에 생긴다. μ_i는 T, p 및 조성만의 함수이므로 화학적 조성이 똑같은 두 상에서는 그 값이 같게 된다. 둘째 번 항 $z_i F\phi$는 산일도에 대한 전기적 기여이며, 이것은 ϕ의 값으로 표시되는 상의 전기적 조건에 의존한다. 화학 퍼텐셜은 이처럼 두 기여로 나누는 것이 편리하므로 보통의 화학 퍼텐셜과 구별하기 위해서 전기 화학 퍼텐셜 $\tilde{\mu}_i$를 도입하는 것이다.

17.3.1 하전된 종의 화학 퍼텐셜에 대한 규약

수용액 속의 이온

수용액 속의 이온에 대해서는 용액 속에서의 ϕ를 영이라고 놓는다. 그러면 $\tilde{\mu}_i = \mu_i$가 되며 이들 이온에 대해서는 보통의 μ_i를 사용할 수 있다. 전해질 용액에서는 ϕ의 값이 계산 과정에서 떨어져 나가므로 이렇게 놓아도 괜찮다. 실제로 ϕ의 값을 결정할 수 있는 방법은 없으며 따라서 영으로 놓고 수학적 번거로움을 피하는 것이다.

금속 내부의 전자

우리는 화학적 조성이 동일한 두 금속 도선(예로서 전지의 두 단자)의 전위를 자주 비교해야 하므로 계의 금속 부분에서의 전위를 떼어 버릴 수 없다. 그러나 단일 조각의 금속 내부에서는 화학 퍼텐셜을 화학적 부분과 전기적 부분으로 나누는 것은 완전히 임의적이며 편의상의 문제이다. 왜냐 하면 산일도의 화학적 부분은 어떤 물질 조각이든 그것을 구성하는 하전된 알맹이들 사이의 상호 작용 때문에 생기는 것이므로 단일 금속편 내에서는 어디까지가 "화학적" 부분이고 어디서부터가 "전기적" 부분이라고 구분할 수 없기 때문이다.

$\tilde{\mu}_i$를 가능한 한 편리하게 임의적으로 나누기 위해서는 모든 금속에서 $\tilde{\mu}_{e^-}$의 "화학적" 부분을 가장 편리한 값인 영으로 놓는다. 이 규약에 의하면 모든 금속에서 다음과 같이 된다.

$$\mu_{e^-} = 0 \tag{17.8}$$

따라서 모든 금속의 전자에 대하여 (17.6)식이 다음과 같이 된다.

$$\tilde{\mu}_{e^-} = -F\phi \tag{17.9}$$

순수한 금속 내부의 이온

(17.9)식과 같은 정의를 취하면 금속내의 금속 이온에 대한 화학 퍼텐셜을 간단한 꼴로 표시할 수 있다. 어떠한 금속 내부에서나 금속 원자 M과 그 이온 M^{z+} 및 전자 사이에는 다음과 같은 평형이 이루어진다.

$$M \rightleftharpoons M^{z+} + ze^-$$

이 평형 조건은 다음과 같다.

$$\mu_M = \tilde{\mu}_{M^{z+}} + z\tilde{\mu}_{e^-}$$

$\tilde{\mu}_{M^{z+}}$에 대해서 (17.7)식을, 그리고 $\tilde{\mu}_{e^-}$에 대해서 (17.9)식을 이용하면 $\mu_M = \mu_{M^{z+}} + zF\phi - zF\phi$, 즉 $\mu_M = \mu_{M^{z+}}$와 같은 결과를 얻게 된다. 25 °C, 1 atm에서 순수한 금속에 대해서는 $\mu_M^\circ = \mu_{M^{z+}}^\circ$이다. 그리고 앞에서의 규약에 따라 이러한 조건 하에서는 순수한 원소일 경우 $\mu^\circ = 0$이다. 따라서,

$$\mu^\circ_{M^{z+}} = 0 \qquad (17.10)$$

표준 조건 하에 있는 순수한 금속 내에서는 금속 이온의 산일도의 "화학적" 부분이 영이다. 따라서 (17.7)식에 의해서 다음 관계가 나온다.

$$\tilde{\mu}_{M^{z+}} = zF\phi \qquad (17.11)$$

(17.9)식과 (17.11)식은 순수한 금속 내부의 전자와 금속 이온에 대한 화학 퍼텐셜의 규약상의 값이다.

표준 수소 전극

표준 수소 전극(SHE, standard hydrogen electrode)이란 백금 조각을 단위 퓨가시티의 수소 기체와 그리고 단위 활동도의 수소 이온의 산용액하고 접하게 해놓은 것이다. SHE의 전위는 규약에 따라 영이다. 즉,

$$\phi^\circ_{H^+, H_2} = \phi_{SHE} = 0 \qquad (17.12)$$

후에 보이겠지만 이 규약은 수용액 속에 들어 있는 수소 이온의 표준 Gibbs에너지가 영이라는 것을 의미한다.

$$\mu^\circ_{H^+} = 0 \qquad (17.13)$$

이 값을 기준으로 사용하여 우리는 수용액 속에 들어있는 다른 이온들의 Gibbs에너지를 측정할 수 있다.

17.4 전지의 표시법

화학 전지는 전기적 활성을 갖는 물질의 산화된 꼴과 환원된 꼴은 물론 기타 전극 반응에 관여하는 모든 화학종을 나타내는 그림으로 표시한다. 금속 전극(또는 비활성 금속 포집체)은 이

규약과 표준 상태($T = 298.15$ K; $p = 1$ atm)의 요약

안정한 집합 상태에 있는 원소:

표준 상태 $\mu_{element} = 0$

하전된 알맹이:

일반식 $\tilde{\mu}_i = \mu_i + z_i F\phi$ (17.7)

a) 수용액 속의 이온 $\phi_{aq} = 0$

표준 상태 $\mu^\circ_{H^+} = 0$

일반식 $\tilde{\mu}_i = \mu_i = \mu_i^\circ + RT \ln a_i$ (17.13)

b) 금속 내부의 전자

표준 상태 $\mu^\circ_{e^-(SHE)} = 0$, 즉 $\phi_{SHE} = 0$ (17.12)

일반식 $\tilde{\mu}_{e^-} = -F\phi$ (17.9)

c) 순수한 금속 내부의 이온

표준 상태 $\mu^\circ_{M^{z+}} = 0$ (17.10)

일반식 $\tilde{\mu}_{M^{z+}} = zF\phi$ (17.11)

그림의 끝에 표시하고, 불용성 물질이나 기체는 금속 전극에 붙여서 안쪽에 표시해 놓는다. 그리고 가용성 화학종을 전지 그림의 가운데 부분에 표시해 놓는다. 전지 그림을 완전하게 표시하려면 모든 물질의 집합 상태와 모든 가용성 물질들의 농도나 활동도를 나타내 주어야 한다. 그러나 약식으로 이러한 내용들 중에서 불필요하거나 또는 오해할 염려가 없는 것은 표시하지 않을 수도 있다. 상 경계는 수직 실선으로 표시한다. 서로 섞일 수 있는 두 액체상이 접하고 있을 때는 단일 수직 점선으로 표시하며, 서로 섞일 수 있는 두 액체상이 접촉 전위가 나타나지 않게 접하고 있을 때는 2중 수직 점선으로 표시한다(예로서 KCl이 포화된 우무 젤리와 같은 염다리를 두 용액 사이에다 설치하여 접촉 전위를 제거한다). 같은 상 속에 들어있는 상이한 가용성 종들은 코머를 붙여서 떼어 놓는다. 다음 보기들은 이러한 규약을 이용한 것이다.

완전한 표시 $Pt_I(s)|Zn(s)|Zn^{2+}(a_{Zn^{2+}}=0.35)\,\vdots\vdots\,Cu^{2+}(a_{Cu^{2+}}=0.49)|Cu(s)|Pt_{II}(s)$
약식 표시 $Zn|Zn^{2+}\,\vdots\vdots\,Cu^{2+}|Cu$

완전한 표시 $Pt|H_2(g,\ p=0.80)|H_2SO_4(aq,\ a=0.42)|Hg_2SO_4(s)|Hg(l)$
약식 표시 $Pt|H_2|H_2SO_4(aq)|Hg_2SO_4(s)|Hg$

완전한 표시 $Ag(s)|AgCl(s)|FeCl_2(m=0.540),\ FeCl_3(m=0.221)|Pt$
약식 표시 $Ag|AgCl(s)|FeCl_2(aq),\ FeCl_3(aq)|Pt$

17.5 Daniell 전지

그림 17-1에 나타낸 화학 전지, 즉 Daniell 전지를 생각해 보자. 이 전지는 염다리로 이어진 두 전극계, 즉 두 반쪽 전지로 되어 있다. 이 염다리는 두 용액을 섞이지 않게 하면서 이들 사이로 전류를 흐르게 하여 준다. 각 반쪽 전지는 아연 또는 구리 금속을 용해성이 큰 $ZnSO_4$나 $CuSO_4$와 같은 그들 금속염의 용액에 담근 것이다. 전극들은 백금 도선을 가지고 외부에서 연결되고 있다. 이 전지는 따라서 다음과 같이 표시할 수 있다.

$$Pt_I(s)|Zn(s)|Zn^{2+}(aq)\,\vdots\vdots\,Cu^{2+}(aq)|Cu(s)|Pt_{II}(s)$$

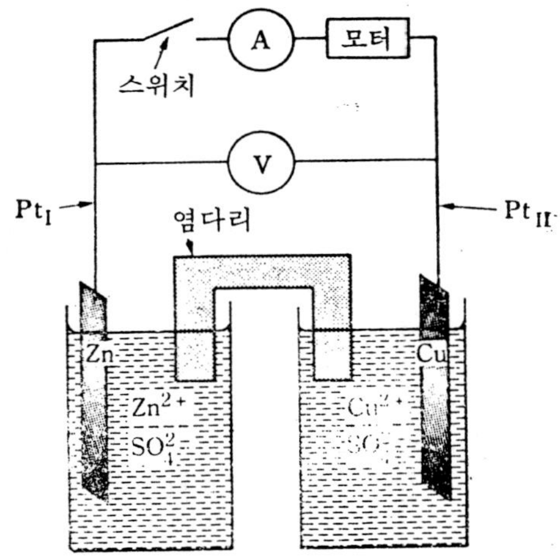

그림 17-1 Daniell 전지.

지금 외부 회로의 스위치를 끊고, 상 경계면들과 본체 상 속에서 국부적인 전기 화학적 평형을 이루게 하였다고 생각해 보자. $Pt_I|Zn$ 경계면과 $Cu|Pt_{II}$ 경계면에서는 전자들이 자유로이 통과함으로써 평형이 이루어진다. 따라서 이들 경계면에서의 평형 조건은 다음과 같다.

$$\tilde{\mu}_{e^-}(Pt_I) = \tilde{\mu}_{e^-}(Zn) \quad 및 \quad \tilde{\mu}_{e}(Cu) = \tilde{\mu}_{e^-}(Pt_{II}) \tag{17.14}$$

따라서 (17.9)식으로부터 다음과 같은 관계를 얻을 수 있다.

$$\phi_I = \phi_{Zn} \qquad \phi_{Cu} = \phi_{II} \tag{17.15}$$

여기서 ϕ_I과 ϕ_{II}는 두 백금 조각의 전위이고, ϕ_{Zn}은 아연 이온의 용액과 접하고 있는 아연 전극의 전위이다. 전지의 전위차는 어떤 전지이든 다음과 같이 정의된다.

$$\mathscr{E} = \phi_{right} - \phi_{left} \tag{17.16}$$

여기서 예로 들고 있는 전지의 경우에는 이 전위차가 다음과 같이 된다.

$$\mathscr{E} = \phi_{II} - \phi_I = \phi_{Cu} - \phi_{Zn} \tag{17.17}$$

$\phi_{II} - \phi_I$은 화학적 조성이 같은 두 상(둘이 모두 백금) 사이의 전위차이므로 측정이 가능하다.

지금 두 백금 도선을 전류계로 통해서 작은 모우터에 연결시켰다고 생각하자. 그러면 (1) 아연이 일부 용해되고, (2) 구리 전극에 약간의 구리가 석출되고, (3) 외부 회로를 통해서 아연 전극으로부터 구리 전극으로 전자가 흐르며, 또 (4) 모우터가 돌아갈 것이다. 전지에서 일어나는 이러한 변화들은 다음과 같이 나타낼 수 있다.

왼쪽 전극에서	$Zn(s) \longrightarrow Zn^{2+}(aq) + 2\,e^-(Zn)$
외부 전극에서	$2\,e^-(Zn) \longrightarrow 2\,e^-(Cu)$
오른쪽 전극에서	$Cu^{2+}(aq) + 2\,e^-(Cu) \longrightarrow Cu(s)$

이 변화들을 합하면 다음과 같은 전체적인 변화가 나온다.

$$Zn(s) + Cu^{2+}(aq) \longrightarrow Zn^{2+}(aq) + Cu(s)$$

이 화학 반응이 바로 전지 반응이며, 이 반응의 ΔG는 다음과 같다.

$$\Delta G = \Delta G^\circ + RT\ln\frac{a_{Zn^{2+}}}{a_{Cu^{2+}}} \tag{17.18}$$

아연 전극으로부터 구리 전극으로 전자를 이동시키기 위해서 이 계에다 해주어야 하는 일은 $-W_{el}$이며, 이것은 (17.17)식을 이용해서 다음과 같이 주어진다.

$$-W_{el} = Q(\phi_{II} - \phi_I) = -2F\mathscr{E}$$

따라서 이 때 생기는 일은 다음과 같다.

$$W_{el} = 2F\mathscr{E} \tag{17.19}$$

이 W_I의 값을 (17.1)식에 넣어준다.

$$2F\mathscr{E} \leq -\Delta G \tag{17.20}$$

여기서 ΔG는 이 전지 반응에 수반되는 Gibbs 에너지 변화이다.

전지 반응이 가역적으로 일어나면 생긴 일이 Gibbs 에너지 감소량과 같다. 즉, $W_{el} = -\Delta G$이다. 따라서,

$$2F\mathscr{E} = -\Delta G \qquad (17.21)$$

이 식은 (17.18)식에 의해서 다음과 같이 된다.

$$2F\mathscr{E} = -\Delta G^\circ - RT\ln\frac{a_{Zn^{2+}}}{a_{Cu^{2+}}}$$

두 전극이 모두 표준 상태에 있을 때는 $a_{Zn^{2+}} = 1$과 $a_{Cu^{2+}} = 1$이 되며, 전지 전위는 표준 전지 전위 $\mathscr{E}^\circ$가 된다. 따라서 위의 식은 다음과 같이 된다.

$$\mathscr{E} = \mathscr{E}^\circ - \frac{RT}{2F}\ln\frac{a_{Zn^{2+}}}{a_{Cu^{2+}}} \qquad (17.22)$$

이 식은 이 전지에 대한 Nernst 식이다. 이 식은 전지 전위를 그 표준치와 그리고 전지 반응의 활동도 곱비의 함수로 나타내준다.

17.6 Gibbs 에너지와 전지 전위

Daniell 전지를 가지고 얻은 (17.20)식의 결과는 완전히 일반적인 것이다. 만일 2개 대신에 n개의 전자가 포함되도록 전지 반응이 표시될 때는 이 식이 다음과 같이 된다.

$$nF\mathscr{E} \leq -\Delta G \qquad (17.23)$$

이 식은 전극 전위와 전지 반응에 수반되는 Gibbs 에너지 변화 사이의 기본 관계식이다.

실험 결과에 의하면 $\mathscr{E}$의 값은 외부 회로로 뽑아내는 전류에 의존한다. 이 전류가 영으로 접근할 때의 $\mathscr{E}$의 극한치를 전지의 기전력(전지 emf) 또는 가역적 전지 전위라고 부르고 $\mathscr{E}_{rev}$로 표시한다. 즉,

$$\lim_{I\to 0}\mathscr{E} = \mathscr{E}_{rev}$$

그리하여 (17.23)식은 다음과 같이 표시할 수 있다.

$$nF\mathscr{E}_{rev} = -\Delta G \qquad (17.24)$$

이와 같이 전지 emf는 $(-\Delta G/n)$, 즉 전지 반응의 이전 전자 당 Gibbs 에너지 감소에 비례한다. 따라서 전지 emf는 그 계의 세기 성질이다. 이것은 전지의 크기에 의존하지 않으며, 또 전지 반응의 화학 반응식을 균형 맞추어 주는 계수를 어떻게 취하든 관계없다.

부호를 복잡하지 않게 하기 위해서 앞으로는 전지 emf에 붙인 첨자 rev을 떼어버리겠다. 그러나 열역학적 등식은 가역적 전지 전위(전지 emf)에 대해서만 성립한다는 것을 명심하기 바란다.

반응의 자발성은 해당하는 전지 전위를 가지고 판단할 수 있다. (17.24)식에 의하면 ΔG가 음일 때 $\mathscr{E}$가 양이 된다. 따라서 다음과 같은 기준을 얻을 수 있다.

ΔG	$\mathscr{E}$	전 지 반 응
−	+	자 발 적
+	−	비 자 발 적
0	0	평 형

17.7 Nernst 식

임의의 화학 반응에 대한 반응 Gibbs 에너지는 다음과 같다.

$$\Delta G = \Delta G^\circ + RT\ln Q \tag{17.25}$$

여기서 Q는 활동도 곱비이다. 이 식을 (17.24)식과 결합하면 다음과 같은 결과가 나온다.

$$-nF\mathscr{E} = \Delta G^\circ + RT\ln Q$$

또 전지의 표준 전위는 다음과 같이 정의된다.

$$-nF\mathscr{E}^\circ = \Delta G^\circ \tag{17.26}$$

이 ΔG° 값을 넣은 다음에 $-nF$ 로 나누면 다음과 같이 된다.

$$\mathscr{E} = \mathscr{E}^\circ - \frac{RT}{nF}\ln Q \tag{17.27 a}$$

$$\mathscr{E} = \mathscr{E}^\circ - \frac{2.303\,RT}{nF}\log_{10} Q \tag{17.27 b}$$

$$\mathscr{E} = \mathscr{E}^\circ - \frac{0.05916\ \mathrm{V}}{n}\log_{10} Q \quad (25\ ^\circ\mathrm{C}\ 에서) \tag{17.27 c}$$

(17.27)의 식들은 전지에 대한 Nernst 식이다. Nernst 식에 의하면 전지 전위는 표준 전지 전위와 전지 반응에 관여하는 화학종들의 활동도와의 함수로 표시된다. 따라서 $\mathscr{E}^\circ$의 값과 활동도를 알면 전지 전위를 계산할 수 있다.

17.8 수소 전극

전지 전위를 결정하려면 한 전극을 오른쪽에 놓고 다른 또 하나의 전극을 왼쪽에 놓아야 한다. 그러면 (17.16)식에 의해서 전지 전위가 다음과 같이 주어진다.

$$\mathscr{E} = \phi_{\mathrm{right}} - \phi_{\mathrm{left}}$$

관습적으로는 보다 큰 양의 값을 갖는 전극을 오른쪽에 놓는다. 이미 지적한 바와 같이 전지 전위는 조성이 같은 두 도선 사이의 전위차를 가지고 언제나 측정한다. 이것을 측정하면 어느 전극이 상대적으로 더 큰 양전위를 갖는지 알 수 있다. 예로서 구리 전극은 아연 전극보다 더 양이다. 그러나 이 측정 결과로부터 어느 쪽 전극이든 그 전위의 절대치를 알아낼 수는 없다. 그리하여 임의로 영전위를 정해주어야 하는데, 표준 상태에 있는 수소 전극의 전위를 영이라고 놓고 있다.

그림 17-2는 수소 전극을 나타내었다. 순수한 수소 기체를 산과 접하고 있는 백금 전극 위로 통과시킨다. 그러면 전극 표면에서 다음과 같은 평형이 이루어진다.

$$\mathrm{H^+(aq)} + \mathrm{e^-(Pt)} \rightleftharpoons \frac{1}{2}\mathrm{H_2(g)}$$

평형 조건은 역시 다음과 같이 된다.

$$\mu_{\mathrm{H^+(aq)}} + \bar{\mu}_{\mathrm{e^-(Pt)}} = \frac{1}{2}\mu_{\mathrm{H_2(g)}}$$

$\bar{\mu}_{\mathrm{e^-(Pt)}}$ 에다 (17.9)식을, 또 $\mu_{\mathrm{H^+(aq)}}$ 와 $\mu_{\mathrm{H_2}}$ 에다 일반적으로 쓰는 식을 넣으면 다음 식이 나

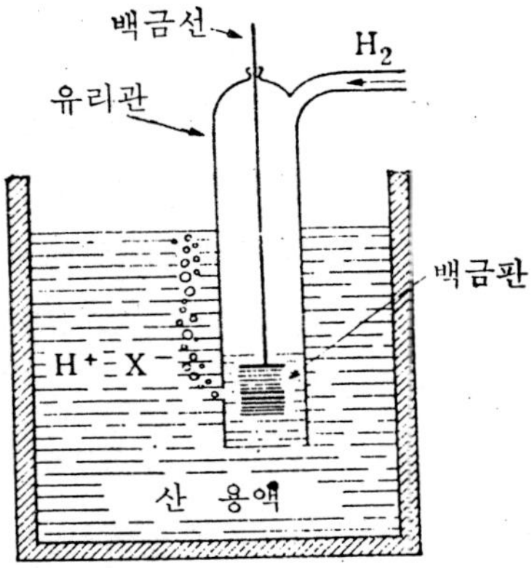

그림 17-2 수소 전극.

온다.

$$\mu^\circ_{H^+} + RT\ln a_{H^+} - F\phi_{H^+/H_2} = \frac{1}{2}\mu^\circ_{H_2} + \frac{1}{2}RT\ln f$$

여기서 f는 H_2의 퓨가시티이고, a_{H^+}는 용액 속에 들어 있는 수소 이온의 활동도이다.

$$\phi_{H^+/H_2} = \frac{\mu^\circ_{H^+} - \frac{1}{2}\mu^\circ_{H_2}}{F} - \frac{RT}{F}\ln\frac{f^{1/2}}{a_{H^+}} \qquad (17.28)$$

백금 조각이 단위 퓨가시티의 수소 기체와 접하고 동시에 또 단위 활동도의 수소 이온이 들어 있는 산용액과 접하고 있을 때는 이 전극이 표준 상태에 있게 되며 이 때의 전위는 표준 전위, 즉 $\phi^\circ_{H^+/H_2}$가 된다. (17.28)식에서 $f=1$, 그리고 $a_{H^+}=1$이라고 놓으면 다음 결과가 나온다.

$$\phi^\circ_{H^+/H_2} = \frac{\mu^\circ_{H^+} - \frac{1}{2}\mu^\circ_{H_2}}{F} = \frac{\mu^\circ_{H^+}}{F} \qquad (17.29)$$

둘째 등식은 $\mu^\circ_{H_2}=0$이기 때문이다. (17.28)식으로부터 (17.29)식을 빼면 다음과 같은 결과가 나온다.

$$\phi_{H^+/H_2} = \phi^\circ_{H^+/H_2} - \frac{RT}{F}\ln\frac{f^{1/2}}{a_{H^+}} \qquad (17.30)$$

이 식은 수소 전극에 대한 Nernst 식으로서 수소 전극 전위를 a_{H^+}와 f의 함수로 나타내 준다. 그런데 표준 수소 전극의 백금 내부에 있는 전자는 일정한 표준 상태에 있게 되며, 전자의 Gibbs 에너지를 영으로 놓는 표준 상태를 바로 이 SHE에서의 상태로 취하는 것이다. (17.9)식에 의하면 $\tilde{\mu}_e = -F\phi$이므로 다음 관계가 성립한다.

$$\tilde{\mu}_{e^-(SHE)} = 0 \quad 및 \quad \phi^\circ_{H^+/H_2} = 0 \qquad (17.31)$$

임의의 금속 내부에 있는 전자의 Gibbs 에너지는 표준 수소 전극에서의 값을 기준으로 하여 측정한다. (17.31)식의 기준을 이용하면 수용액 속의 수소 이온에 대한 Gibbs 에너지 영점이 나온다. 즉, (17.29)식에다 (17.31)식을 넣으면 다음과 같이 된다.

$$\mu^{\circ}_{H^+} = 0 \tag{17.32}$$

수용액 속에 있는 다른 이온의 표준 Gibbs 에너지는 표준 Gibbs 에너지가 영인 상태의 H^+ 이온을 기준해서 측정한다.

그리하여 수소 전극에 대한 Nernst 식인 (17.30)식은 다음과 같이 된다.

$$\phi_{H^+/H_2} = -\frac{RT}{F}\ln\frac{f^{1/2}}{a_{H^+}} \tag{17.33}$$

여기서 주목할 것은 전극 반응에서 전자의 존재를 무시하고 그 나머지에 대한 퓨가시티와 활동도 만으로 만든 곱비가 대수의 인수로 된다는 것이다. (17.33)식을 이용하면, 어떠한 값의 f_{H_2} 나 a_{H}^{+} 의 값을 갖는 수소 전극이든 그 전극 전위를 SHE 에 기준해서 계산할 수 있다.

17.9 전극 전위

수소 전극의 전위를 이와 같이 영으로 놓았으므로 이제는 다른 모든 전극계의 전위를 표준 수소 전극의 전위와 비교하여 보자. 우선 다음과 같은 전지의 전위를 생각해 보자.

$$Pt_{I}|H_2(g, f=1)|H^+(a_{H^+}=1)\,\vdots\vdots\,Cu^{2+}(a_{Cu^{2+}})|Cu|Pt_{II}$$

이 전지 전위를 $\mathscr{E}_{Cu^{2+}/Cu}$ 라고 표시하면 이것은 다음과 같이 된다.

$$\mathscr{E}_{Cu^{2+}/Cu} = \phi_{II} - \phi_{I} = \phi_{Cu} - \phi_{SHE} = \phi_{Cu} \tag{17.34}$$

이 $\mathscr{E}_{Cu^{2+}/Cu}$ 는 구리 전극의 규약 상의 전위 ϕ_{Cu} 와 같다. 한편 이 전지 반응은 다음과 같다.

$$H_2(f=1) + Cu^{2+}(a_{Cu^{2+}}) \rightleftharpoons 2\,H^+(a_{H^+}=1) + Cu \tag{17.35}$$

또 SHE 에서는 다음과 같은 평형이 이루어진다.

$$H_2(f=1) \rightleftharpoons 2\,H^+(a_{H^+}=1) + 2\,e^-_{SHE} \tag{17.36}$$

규약에 따라서 이 반응에 관여하는 종들의 Gibbs 에너지는 모두 영이다. (17.36)식의 평형을 (17.35)식의 평형으로부터 빼주면 다음과 같은 결과가 나온다.

$$Cu^{2+}(a_{Cu^{2+}}) + 2\,e^-_{SHE} \rightleftharpoons Cu \tag{17.37}$$

이것은 바로 (17.35)식을 줄여서 쓴 것에 불과한데, 이것을 반쪽-전지 반응이라고 부른다. 이 전지의 전위는 구리와 구리 이온의 규약 상의 Gibbs 에너지에만 의존하며 반쪽-전지 전위 또는 $Cu^{2+}|Cu$ 전극의 전극 전위라고 부른다.

이 반쪽-전지 전위는 (17.37)식으로 표시되는 반응의 Gibbs 에너지 변화하고 다음과 같은 관계를 갖는다.

$$2F\mathscr{E} = -\Delta G$$

SHE 의 전자의 Gibbs 에너지는 영이라는 것을 명심하라. (17.37)식을 이용하면 이 전극에 대한 Nernst 식이 다음과 같이 된다.

$$\mathscr{E}_{Cu^{2+}/Cu} = \mathscr{E}^{\circ}_{Cu^{2+}/Cu} - \frac{RT}{2F}\ln\frac{1}{a_{Cu^{2+}}} \tag{17.38}$$

따라서 Cu^{2+} 의 여러 농도에서 전지 전위를 측정하면 $\mathscr{E}^{\circ}_{Cu^{2+}/Cu} = \phi^{\circ}_{Cu^{2+}/Cu}$ 를 결정할 수 있다. 이 표준 전위를 다른 반쪽-전지의 표준 전위와 함께 표 17-1 에 수록해 놓았다. 이러한 반쪽-전지 전

표 17-1 25 °C 에서의 표준 전극 전위.

전 극 반 응	$\phi°$/V
$K^+ + e^- = K$	− 2.925
$Na^+ + e^- = Na$	− 2.714
$H_2 + 2e^- = 2H^-$	− 2.25
$Al^{3+} + 3e^- = Al$	− 1.66
$Zn(CN)_4^{2-} + 2e^- = Zn + 4CN^-$	− 1.26
$ZnO_2^{2-} + 2H_2O + 2e^- = Zn + 4OH^-$	− 1.216
$Zn(NH_3)_4^{2+} + 2e^- = Zn + 4NH_3$	− 1.03
$Sn(OH)_6^{2-} + 2e^- = HSnO_2^- + H_2O + 3OH^-$	− 0.90
$Fe(OH)_2 + 2e^- = Fe + 2OH^-$	− 0.877
$2H_2O + 2e^- = H_2 + 2OH^-$	− 0.828
$Fe(OH)_3 + 3e^- = Fe + 3OH^-$	− 0.77
$Zn^{2+} + 2e^- = Zn$	− 0.763
$Ag_2S + 2e^- = 2Ag + S^{2-}$	− 0.69
$Fe^{2+} + 2e^- = Fe$	− 0.440
$Bi_2O_3 + 3H_2O + 6e^- = 2Bi + 6OH^-$	− 0.44
$PbSO_4 + 2e^- = Pb + SO_4^{2-}$	− 0.356
$Ag(CN)_2^- + e^- = Ag + 2CN^-$	− 0.31
$Ni^{2+} + 2e^- = Ni$	− 0.250
$AgI + e^- = Ag + I^-$	− 0.151
$Sn^{2+} + 2e^- = Sn$	− 0.136
$Pb^{2+} + 2e^- = Pb$	− 0.126
$Cu(NH_3)_4^{2+} + 2e^- = Cu + 4NH_3$	− 0.12
$Fe^{3+} + 3e^- = Fe$	− 0.036
$2H^+ + 2e^- = H_2$	0.000
$AgBr + e^- = Ag + Br^-$	+ 0.095
$HgO(r) + H_2O + 2e^- = Hg + 2OH^-$	+ 0.098
$Sn^{4+} + 2e^- = Sn^{2+}$	+ 0.15
$AgCl + e^- = Ag + Cl^-$	+ 0.222
$Hg_2Cl_2 + 2e^- = 2Hg + 2Cl^-$	+ 0.2676
$Cu^{2+} + 2e^- = Cu$	+ 0.337
$Ag(NH_3)_2^+ + e^- = Ag + 2NH_3$	+ 0.373
$Hg_2SO_4 + 2e^- = 2Hg + SO_4^{2-}$	+ 0.6151
$Fe^{3+} + e^- = Fe^{2+}$	+ 0.771
$Ag^+ + e^- = Ag$	+ 0.7991
$O_2 + 4H^+ + 4e^- = 2H_2O$	+ 1.229
$PbO_2 + SO_4^{2-} + 4H^+ + 2e^- = PbSO_4 + 2H_2O$	+ 1.685
$O_3 + 2H^+ + 2e^- = O_2 + H_2O$	+ 2.07

이 값들은 다음 책에서 따온 것이다 : W.M. Latimer, *The Oxidation States of the Elements and Their Potentials in Aqueous Solution*, 2d ed. Englewood Cliffs, N.J.: Prentice-Hall, 1952.

치, 즉 전극 전위의 표는 표준 Gibbs 에너지의 표와 동등한 것으로서, 이것으로부터 우리는 용액 속에서 일어나는 화학 반응의 평형 상수 값을 계산할 수 있다. 표준 전극 전위는 모든 반응 종들이 단위 활동도, $a = 1$ 로 존재할 때의 전극 전위라는 것을 명심하기 바란다.

이 상황은 다음과 같이 요약할 수 있다. 즉, 만일 반쪽-전지 반응을 SHE 의 전자가 반응물 속에 가도록 나타내면 모든 전극계의 반응을 다음과 같이 나타낼 수 있다.

$$\text{산화종} + ne^-_{\text{SHE}} \rightleftharpoons \text{환원종}$$

그러면 다음과 같은 관계들이 성립한다.

$$\mathscr{E} = \phi \tag{17.39}$$

$$\Delta G = -nF\mathscr{E} \tag{17.40}$$

$$\phi = \phi^\circ - \frac{RT}{nF}\ln Q \tag{17.41}$$

■ 보기 17.1 구리 이온/구리 전극에 대해서는 다음과 같은 관계가 성립한다.

$$2F\phi^\circ_{Cu^{2+}/Cu} = -\Delta G^\circ = -(\mu^\circ_{Cu} - \mu^\circ_{Cu^{2+}})$$

이 식은 $\mu^\circ_{Cu} = 0$ 이므로 다음과 같이 된다.

$$\mu^\circ_{Cu^{2+}} = 2F\phi^\circ_{Cu^{2+}/Cu}$$

실험 결과에 의하면 $\phi^\circ_{Cu^{2+}/Cu} = +0.337\text{ V}$ 이다. 따라서,

$$\mu^\circ_{Cu^{2+}} = 2(96\,484\text{ C/mol})(+0.337\text{ V}) = 65.0\times10^3\text{ J/mol} = 65.0\text{ kJ/mol}$$

■ 보기 17.2 Sn^{4+}/Sn^{2+} 전극에 대해서 $\phi^\circ_{Sn^{4+}/Sn^{2+}} = 0.15\text{ V}$ 이고, Sn^{2+}/Sn 전극에 대해서는 $\phi^\circ_{Sn^{2+}/Sn} = -0.136\text{ V}$ 이다. $\mu^\circ_{Sn^{4+}}$, $\mu^\circ_{Sn^{2+}}$ 및 $\phi^\circ_{Sn^{4+}/Sn}$ 를 계산하라.

전극 반응들은 다음과 같다.

$$Sn^{4+} + 2e^- \rightleftharpoons Sn^{2+} \qquad 2F(0.15\text{ V}) = -(\mu^\circ_{Sn^{2+}} - \mu^\circ_{Sn^{4+}})$$

$$Sn^{2+} + 2e^- \rightleftharpoons Sn \qquad 2F(-0.136\text{ V}) = -(\mu^\circ_{Sn} - \mu^\circ_{Sn^{2+}})$$

둘째 식으로부터 다음과 같은 결과를 얻을 수 있다.

$$\mu^\circ_{Sn^{2+}} = 2(96\,484\text{ J/mol})(-0.136\text{ V})(10^{-3}\text{ kJ/J}) = -26.2\text{ kJ/mol}$$

또 첫째 식으로부터 다음과 같은 결과를 얻을 수 있다.

$$\mu^\circ_{Sn^{4+}} - \mu^\circ_{Sn^{2+}} = 2(96\,484\text{ C/mol})(0.15\text{ V})(10^{-3}\text{kJ/J}) = 29\text{ kJ/mol}$$

따라서,

$$\mu^\circ_{Sn^{4+}} = 29\text{ kJ/mol} + \mu_{Sn^{2+}} = 29 - 26.2 = 3\text{ kJ/mol}$$

$\phi^\circ_{Sn^{4+}/Sn}$ 을 구하기 위해서 우선 반쪽-전지 반응을 써보자.

$$Sn^{4+} + 4e^- \rightleftharpoons Sn$$

그러면

$$4F\phi^\circ_{Sn^{4+}/Sn} = -(\mu^\circ_{Sn} - \mu^\circ_{Sn^{4+}}) = \mu^\circ_{Sn^{4+}}$$

$$\phi^\circ_{Sn^{4+}/Sn} = \frac{3000\text{ J/mol}}{4(96\,484\text{ C/mol})} = 0.008\text{ V}$$

17.10 전지 전위의 온도 의존

$nF\mathscr{E} = -\Delta G$ 를 온도에 관해서 미분하면 다음과 같은 결과가 나온다.

$$nF\left(\frac{\partial \mathscr{E}}{\partial T}\right)_p = -\left(\frac{\partial \Delta G}{\partial T}\right)_p = \Delta S$$

$$\left(\frac{\partial \mathscr{E}}{\partial T}\right)_p = \frac{\Delta S}{nF} \tag{17.42}$$

전지 속에 기체 전극이 들어 있지 않을 때는 용액 속에서 일어나는 반응의 엔트로피 변화가 일반적으로 작으므로, 즉 50 J/K 이하 밖에 안 되므로 전지 전위의 온도 미분 계수는 일반적으로 10^{-4} 내지 10^{-5} V/K 정도로 된다. 따라서 보통의 실험 장치를 써서 전지 전위를 측정하여 가지고 그 온도 미분 계수를 구하고자 할 때는 가능한 한 넓은 온도 범위에서 실험을 해야 한다.

ΔS 의 값은 근사적으로 온도에 무관하며, 따라서 기준 온도 T_0 와 임의의 온도 T 사이에서 (17.42)식을 적분하면 다음 결과를 얻을 수 있다.

$$\mathscr{E} = \mathscr{E}_{T_0} + \frac{\Delta S}{nF}(T - T_0)$$

또는

$$\mathscr{E} = \mathscr{E}_{25\,°C} + \frac{\Delta S}{nF}(t - 25) \tag{17.43}$$

여기서 t 는 °C 로 나타낸 온도이다. 전지 전위는 온도의 선형 함수이다.

(17.42)식을 이용하면 임의의 온도에서 측정한 전지 전위의 온도 미분 계수로부터 ΔS 값을 구할 수 있다. 그리고 이 결과와 그 온도에서의 $\mathscr{E}$ 값으로부터 전지 반응에 대한 ΔH 를 계산할 수 있다. 즉, $\Delta H = \Delta G + T\Delta S$ 이므로 다음과 같이 된다.

$$\Delta H = -nF\left[\mathscr{E} - T\left(\frac{\partial \mathscr{E}}{\partial T}\right)_p\right] \tag{17.44}$$

따라서 $\mathscr{E}$ 과 $(\partial \mathscr{E}/\partial T)_p$ 를 측정하면 전지 반응에 대한 열역학적 성질 ΔG, ΔH, ΔS 를 구할 수 있다.

■ **보기 17.3** 다음과 같은 전지 반응을 생각하여 보자.

$$Hg_2Cl_2(s) + H_2(1\ atm) \longrightarrow 2\,Hg(l) + 2\,H^+(a=1) + 2\,Cl^-(a=1)$$

$\mathscr{E}^\circ_{298.15} = +0.2676$ V 및 $(\partial \mathscr{E}^\circ/\partial T)_p = -3.19 \times 10^{-4}$ V/K 이다. $n = 2$ 이므로

$$\Delta G^\circ = -2(96\,484\ \mathrm{C/mol})(0.2676\ \mathrm{V})(10^{-3}\ \mathrm{kJ/J}) = -51.64\ \mathrm{kJ/mol}$$

$$\begin{aligned}\Delta H^\circ &= -2(96\,484\ \mathrm{C/mol})[0.2676\ \mathrm{V} - 298.15\ \mathrm{K}(-3.19 \times 10^{-4}\ \mathrm{V/K})](10^{-3}\ \mathrm{kJ/J}) \\ &= -69.99\ \mathrm{kJ/mol}\end{aligned}$$

$$\Delta S^\circ = 2(96\,484\ \mathrm{C/mol})(-3.19 \times 10^{-4}\ \mathrm{V/K}) = -61.6\ \mathrm{J/K\ mol}$$

★ 17.10.1 가역 전지에서의 열 효과

보기 17.3 에서는 전지 전위와 그 온도 미분 계수로부터 전지 반응에 대한 ΔH° 를 계산하였

다. 만일 반응물들을 그대로 섞어서 이 반응을 비가역적으로 일으킨다면 $\Delta H°$는 반응 과정에서 계 안으로 흘러 들어가는 열량이 되며 $\Delta H = Q_p$와 같은 일반적 관계식을 만족시킨다. 그러나 이 반응을 전지 안에서 가역적으로 일어나게 하면 $W_{el,rev}$만큼의 전기적 일이 생긴다. 따라서 이 경우에는 (9.4)식의 ΔS 정의에 의해서 다음 관계가 성립한다.

$$Q_{p(rev)} = T\Delta S \tag{17.45}$$

보기 17.3을 이용하면 $\Delta Q_{p(rev)} = 298.15\,\mathrm{K}(-61.6\,\mathrm{J/K\,mol}) = -18\,350\,\mathrm{J/mol}$이 된다. 즉, 전지에서 반응이 일어날 때는 18.35 kJ/mol 만의 열이 주위로 흘러나간다. 그러나 반응물을 직접 섞을 때는 69.99 kJ/mol의 열이 주위로 흘러나간다. 물론 이 반응의 $\Delta H°$는 -69.99 kJ/mol이며 이 반응이 어떤 방식으로 일어나든 마찬가지이다.

17.11 전극의 종류

이제 몇 가지 중요한 종류의 전극을 간단히 설명하고, 이들에 대한 반쪽-전지 반응과 Nernst 식을 나타내 보겠다.

17.11.1 기체-이온 전극

기체-이온 전극에서는 백금이나 흑연과 같은 비활성의 전자 포집체가 기체와 가용성 이온하고 접촉되어 있다. 17.18절에서 자세히 설명한 $H_2|H^+$ 전극은 그 한 예이다. 또 하나의 예는 염소 전극, $Cl_2|Cl^-|$graphite이다.

$$Cl_2(g) + 2\,e^- \rightleftharpoons 2\,Cl^-(aq) \qquad \phi = \phi° - \frac{RT}{2F}\ln\frac{a_{Cl^-}^2}{p_{Cl_2}} \tag{17.46}$$

17.11.2 금속 이온-금속 전극

이 전극은 금속 막대를 그 금속 이온이 들어 있는 $Zn^{2+}|Zn$ 전극과 $Cu^{2+}|Cu$ 전극을 예로 들 수 있다.

$$M^{n+} + ne^- \rightleftharpoons M \qquad \phi = \phi° - \frac{RT}{nF}\ln\frac{1}{a_{M^{n+}}} \tag{17.47}$$

17.11.3 금속-불용성 염-음이온 전극

이 전극은 "제 2 종의 전극"이라고도 부른다. 이 전극은 금속 막대를 그 금속의 불용성 고체 염과 그 염의 음이온을 포함하는 용액 속에 담근 것이다. 이러한 종류의 전극으로서는 잘 알려진 것만도 10여 가지가 있는데, 여기서는 그 중 몇 가지 만을 이야기하겠다.

은-염화은 전극. $Cl^-|AgCl(s)|Ag(s)$: (그림 17-3).

$$AgCl(s) + e^- \rightleftharpoons Ag(s) + Cl^-(aq) \qquad \phi = \phi° - \frac{RT}{F}\ln a_{Cl^-} \tag{17.48}$$

AgCl은 순수한 고체이므로 AgCl의 활동도는 활동도 곱비에 나타나지 않는다. 전극 전위는 염화 이온의 농도에 예민하게 의존하므로 그 농도를 측정하는 데 이용할 수 있다. 은-염화은 전극

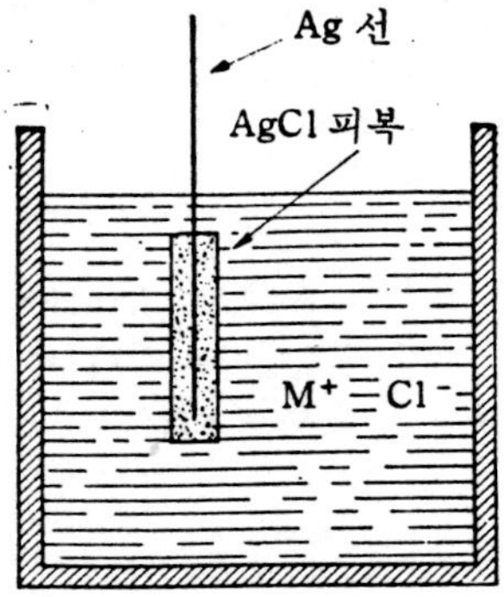

그림 17-3 은-염화은 전극.

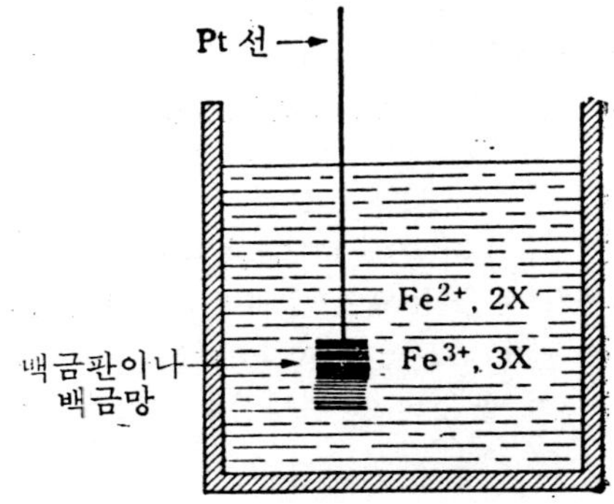

그림 17-4 철(Ⅲ)-철(Ⅱ) 전극.

은 대단히 보편적으로 사용되는 기준 전극이다.

보편적으로 이용되는 수은 계통의 여러 기준 전극도 이 종류의 전극에 속한다.

칼로멜 전극. 수은을 칼로멜(염화제일수은)의 반죽과 KCl 용액으로 덮어 놓은 것이다.

$$Hg_2Cl_2(s) + 2\,e^- \rightleftharpoons 2\,Hg(l) + 2\,Cl^-(aq) \qquad \phi = \phi^\circ - \frac{RT}{2F}\ln a^2_{Cl^-}$$

수은-산화수은 전극. 수은을 고체 HgO의 반죽과 염기 용액으로 덮어 놓은 것이다.

$$HgO(s) + H_2O(l) + 2\,e^- \rightleftharpoons Hg(l) + 2\,OH^-(aq) \qquad \phi = \phi^\circ - \frac{RT}{2F}\ln a^2_{OH^-}$$

은-황산제일수은 전극. 수은을 고체 Hg_2SO_4의 반죽과 황산 이온 용액으로 덮어 놓는 것이다.

$$Hg_2SO_4(s) + 2\,e^- \rightleftharpoons 2\,Hg(l) + SO_4^{2-}(aq) \qquad \phi = \phi^\circ - \frac{RT}{2F}\ln a_{SO_4^{2-}}$$

17.11.4 "산화-환원" 전극

어떠한 전극이든 그 반응 과정에서 산화와 환원이 다 일어나지만 특별히 "산화-환원" 전극이라고 부르는 전극이 있다. 이 전극은 동일 원소로서 산화 상태가 다른 두 이온이 들어 있는 용액속에다 백금과 같은 전자 포집용의 비활성 금속을 담근 것이다. 예로써 철(Ⅲ)-철(Ⅱ) 이온 전극을 들 수 있다(그림 17-4).

$$Fe^{3+} + e^- \rightleftharpoons Fe^{2+} \qquad \phi = \phi^\circ - \frac{RT}{F}\ln\frac{a_{Fe^{2+}}}{a_{Fe^{3+}}} \tag{17.49}$$

17.12 표준 반쪽-전지로부터 평형 상수를 계산하는 방법

화학 반응은 어떤 것이나 두 반쪽-전지 반응의 결합으로 나타낼 수 있으며, 따라서 전지 전위와 관련시켜 줄 수 있다. $\mathscr{E}$의 값은 $nF\mathscr{E} = -\Delta G$의 관계로부터 결정할 수 있다. 어떤 화학 반응이든 그 평형 조건은 $\Delta G^\circ = -RT\ln K$이다. 한편 $\Delta G^\circ = -nF\mathscr{E}^\circ$이므로 우리는 다음과 같은 관계를 얻을 수 있다.

$$RT\ln K = nF\mathscr{E}^\circ \quad \text{또는} \quad \log_{10} K = \frac{n\mathscr{E}^\circ}{0.05916\ \mathrm{V}} \quad (25\ {}^\circ\mathrm{C}\ \text{에서}) \qquad (17.50)$$

이 식을 이용하면 임의의 화학 반응에 대한 평형 상수를 그 표준 전지 전위로부터 계산할 수 있으며, 또 이 표준 전지 전위는 표준 반쪽-전위 표로부터 구할 수 있다. $\mathscr{E}^\circ$ 의 정확한 값(부호를 포함해서)을 얻는 과정을 다음 방법과 보기에서 설명하겠다.

단계 1. 전지 반응을 2개의 반쪽-전지 반응으로 나눈다.

a. 전지 반응의 반응물 쪽에 나타나는 산화종을 첫째 번 반쪽-전지 반응(오른쪽 전극)으로 택한 다음 필요한 환원종들이 들어간 평형식을 만든다.

b. 전지 반응의 생성물 쪽에 나타나는 산화종을 둘째 번 반쪽-전지 반응(왼쪽 전극)으로 택하고 필요한 환원종들이 들어간 평형식을 만든다.

이 두 반쪽-전지 반응은 모두 전자가 반응물 쪽에 가도록 쓴다.

단계 2. 이 두 반쪽-전지 반응에서 n 이 서로 같아지도록 계수를 맞춘다.

단계 3. 첫째 번 반쪽-전지 반응에서 둘째 번 것을 빼주면 전체적인 전지 반응이 나온다. 이렇게 되는가를 확인한다. 같은 방향으로 전극 전위를 빼주면(첫째로부터 둘째를 뺀다) 표준 전지 전위 $\mathscr{E}^\circ$ 가 나온다.

단계 4. (17.50)식을 써서 K 를 계산한다.

■ **보기 17.4** $2\,Fe^{3+} + Sn^{2+} \rightleftharpoons 2\,Fe^{2+} + Sn^{4+}$

단계 1. 반응물 쪽에 있는 산화종 Fe^{3+} 를 첫째 번 반쪽-전지 반응에 나오게 한다. 그리고 생성물 쪽에 있는 산화종 Sn^{4+} 를 둘째 번 반쪽-전지 반응에 대한 것으로 택한다. 이들 반쪽-전지 반응은 다음과 같다.

$$Fe^{3+} + e^- \rightleftharpoons Fe^{2+} \qquad \phi^\circ = 0.771\ \mathrm{V}$$
$$Sn^{4+} + 2\,e^- \rightleftharpoons Sn^{2+} \qquad \phi^\circ = 0.15\ \mathrm{V}$$

단계 2. 첫째 번 반쪽-전지 반응에다 2를 곱하여 두 반쪽-전지 반응이 같은 수의 전자를 포함하게 한다.

단계 3. 첫째 번 반쪽-전지 반응으로부터 둘째 번 것을 뺀다. 이렇게 하면 본래의 반응식이 나온다. 다음에 첫째 번 전위로부터 둘째 번 것을 빼주면 $\mathscr{E}^\circ$ 가 나온다. 즉, $\mathscr{E}^\circ = 0.771 - 0.15 = 0.62\ \mathrm{V}$.

단계 4. 여기서는 $n = 2$ 이므로 K 가 다음과 같이 된다.

$$\log_{10} K = \frac{n\mathscr{E}^\circ}{0.05916\ \mathrm{V}} = \frac{2(0.62\ \mathrm{V})}{0.05916\ \mathrm{V}} = 21, \quad \text{따라서} \quad K = 10^{21}$$

■ **보기 17.5** $2\,MnO_4^- + 6\,H^+ + 5\,H_2C_2O_4 \rightleftharpoons 2\,Mn^{2+} + 8\,H_2O + 10\,CO_2$

반쪽-전지 반응은 다음과 같다(반응물 쪽에 있는 MnO_4^- 를 첫째 번 반쪽-전지 반응에 오게 한다).

$$MnO_4^- + 8\,H^+ + 5\,e^- \rightleftharpoons Mn^{2+} + 4\,H_2O \qquad \mathscr{E}^\circ = 1.51\ \mathrm{V}$$
$$2\,CO_2 + 2\,H^+ + 2\,e^- \rightleftharpoons H_2C_2O_4 \qquad \mathscr{E}^\circ = -0.49\ \mathrm{V}$$

첫째 번 반응은 2배를 하고, 둘째 번 반응은 5배를 한다.

$$2\,MnO_4^- + 16\,H^+ + 10\,e^- \rightleftharpoons 2\,Mn^{2+} + 8\,H_2O \qquad \mathscr{E}^\circ = 1.51\ V$$
$$10\,CO_2 + 10\,H^+ + 10\,e^- \rightleftharpoons 5\,H_2C_2O_4 \qquad \mathscr{E}^\circ = -0.49\ V$$

빼면 다음과 같이 된다.

$$2\,MnO_4^- + 6\,H^+ + 5\,H_2C_2O_4 \rightleftharpoons 2\,Mn^{2+} + 8\,H_2O + 10\,CO_2$$
$$\mathscr{E}^\circ = 1.51 - (-0.49) = 1.51 + 0.49 = 2.00\ V$$

$n = 10$ 이므로

$$\log_{10} K = \frac{10(2.00)}{0.05916} = 338, \quad \text{따라서} \quad K = 10^{338}$$

보기 17.6 $Cd^{2+} + 4NH_3 \rightleftharpoons Cd(NH_3)_4^{2+}$

이 반응은 산화-환원 반응이 아니다. 그러나 이 반응도 2개의 반쪽-전지 반응으로 나눌 수 있다. Cd^{2+}를 첫째 번 반쪽-전지 반응에 대한 산화종으로 택하면 해당하는 환원종이 없다는 것을 깨닫게 될 것이다. $Cd(NH_3)_4^{2+}$를 둘째 번 반쪽-전지 반응으로 택하는 경우에도 똑같은 상황이 일어난다. 그리하여 두 반응에 공통되는 환원종을 잠정적으로 도입하는 데 이 목적으로 Cd 금속을 택하여 보자. 그러면 반쪽-전지 반응들이 다음과 같이 된다.

$$Cd^{2+} + 4\,NH_3 \rightleftharpoons Cd(NH_3)_4^{2+}$$

이 반응은 산화-환원 반응이 아니다. 그러나 다음과 같은 2개의 반쪽 반응으로 나눌 수 있다.

$$Cd^{2+} + 2\,e^- \rightleftharpoons Cd \qquad \mathscr{E}^\circ = -0.40\ V$$
$$Cd(NH_3)_4^{2+} + 2\,e^- \rightleftharpoons Cd + 4\,NH_3 \qquad \mathscr{E}^\circ = -0.61\ V$$

빼면 다음과 같이 된다.

$$Cd^{2+} + 4NH_3 \rightleftharpoons Cd(NH_3)_4^{2+} \qquad \mathscr{E}^\circ = -0.40 - (-0.61) = +0.21\ V$$
$$\log_{10} K = \frac{2(0.21)}{0.05916} = 7.10, \quad \text{따라서} \quad K = 1.3 \times 10^7$$

이것은 이 착이온의 안정도 상수이다.

보기 17.7 $Cu(OH)_2 \rightleftharpoons Cu^{2+} + 2\,OH^-$

$$Cu(OH)_2 + 2\,e^- \rightleftharpoons Cu + 2\,OH^- \qquad \mathscr{E}^\circ = -0.224\ V$$
$$Cu^{2+} + 2\,e^- \rightleftharpoons Cu \qquad \mathscr{E}^\circ = +0.337\ V$$

빼면 다음과 같이 된다.

$$Cu(OH)_2 \rightleftharpoons Cu^{2+} + 2\,OH^- \qquad \mathscr{E}^\circ = -0.224 - (+0.337) = -0.561\ V$$
$$\log_{10} K = \frac{2(-0.561)}{0.05916} = -18.97, \quad \text{따라서} \quad K = 1.1 \times 10^{-19}$$

이것은 수산화구리의 용해도곱이다.

17.13 반쪽-전지 전위의 의의

금속 이온/금속 전극의 경우 반쪽-전지 전위는 반응 $M^{n+} + ne^- \rightleftharpoons M$이 일어나려는 경향의 척도가 된다. 그리하여 이것은 M^{n+}가 단위 퓨가시티의 H_2로 환원되어 금속 M과 단위 활동도의 H^+ 이온이 되려는 경향의 척도가 된다. 보기 17.1에서 보인 바와 같이 M^{n+}/M 전극에 대해서도 다음 관계가 성립한다.

$$\mu^\circ_{M^{n+}} = nF\phi^\circ_{M^{n+}/M} \tag{17.51}$$

따라서 표준 전극 전위는 금속 이온의 수소 이온에 대한 상대적 표준 몰 Gibbs 에너지의 척도이다.

Zn, Na 또는 Mg 와 같은 활성금속의 표준 전위는 높은 음의 값을 갖는다. 그리하여 이들의 화합물은 수소로 환원되지 않으며 오히려 금속 자체가 수소 이온으로 산화되면서 H_2를 만든다. 한편 Cu 나 Ag 와 같은 귀금속의 ϕ° 는 양이며, 이들 금속의 화합물은 H_2로 쉽게 환원시킬 수 있다. 그러나 금속 자체는 수소 이온에 의해서 산화되지 않는다.

금속의 전위는 용액 속에 있는 그 금속 이온의 활동도에 따라 다르므로 이온의 활동도에 영향을 미치는 인자들은 전극 전위에도 영향을 미친다. 은의 경우를 예로 들면 Nernst 식이

$$\phi_{Ag^+/Ag} = 0.7991\ \text{V} - (0.05916\ \text{V})\log_{10}\frac{1}{a_{Ag^+}} \tag{17.52}$$

따라서 a_{Ag^+} 의 값이 감소하면 $\phi_{Ag^+/Ag}$ 의 값도 감소한다. (17.52)식에다 여러 a_{Ag^+} 값을 넣어주면 다음과 같은 결과를 얻을 수 있다.

a_{Ag^+}	1.0	10^{-2}	10^{-4}	10^{-6}	10^{-8}	10^{-10}
$\phi^\circ_{Ag^+/Ag}/\text{V}$	0.7991	0.6808	0.5625	0.4441	0.3258	0.2075

그리하여 은이온의 활동도가 10배 감소하면 전위가 59.16 mV 씩 감소한다.

은이온의 용액을 묽히면 그 활동도가 감소되기는 하지만 그 보다는 침전제를 가하거나 또는 은이온과 세게 결합할 수 있는 착화제를 가하면 은이온의 활동도와 전극 전위가 급격하게 떨어질 것이다.

예로서 Ag^+/Ag 전극의 $AgNO_3$ 용액에다 충분한 양의 HCl 을 가하여 은이온을 AgCl 로 완전히 침전시킬 뿐만 아니라 염화 이온이 단위 활동도를 갖게 하면 이 전극이 표준 $Ag|AgCl|Cl^-$ 전극으로 변한다. 이 전극에서는 다음과 같은 평형이 이루어진다.

$$AgCl(s) + e^- \rightleftharpoons Ag(s) + Cl^- \qquad \phi^\circ = 0.222\ \text{V}$$

이 전위는 $Ag^+|Ag$ 전극에 대한 Nernst 식을 쓸 경우 다음과 같은 은이온 활동도와 맞먹는다.

$$0.222\ \text{V} = 0.799\text{V} - (0.05916\ \text{V})\log_{10}\frac{1}{a_{Ag^+}} \quad \text{또는} \quad a_{Ag^+} = 1.8 \times 10^{-10}$$

이 때는 다음과 같은 용해도 평형이 또한 만족되어야 한다. 즉,

$$AgCl(s) \rightleftharpoons Ag^+ + Cl^- \qquad K_{SP} = a_{Ag^+}a_{Cl^-}$$

$a_{Ag^+} = 1.8 \times 10^{-10}$ 이고 $a_{Cl^-} = 1$ 이므로 다음과 같은 결과를 얻을 수 있다.

$$K_{SP} = a_{Ag^+}a_{Cl^-} = 1.8(10^{-10})(1) = 1.8 \times 10^{-10}$$

따라서 적절한 화학 전지의 표준 전위를 측정함으로써 극히 조금 밖에 녹지 않는 물질의 용해도를 결정할 수 있다(17.12절의 보기 17.6 및 17.7과 비교하라).

위에서 논의한 바에 의하면 은이온과 결합한 화학종이 보다 더 안정할수록 은의 전극 전위는 보다 더 낮아지게 될 것이다. 은과의 여러 가지 종에 대한 ϕ° 값을 표 17-2에 나타내었다. 이

표 17-2

짝	$\phi°$/V
$Ag^+ + e^- \rightleftharpoons Ag$	0.7991
$AgCl(s) + e^- \rightleftharpoons Ag + Cl^-$	0.2222
$AgBr(s) + e^- \rightleftharpoons Ag + Br^-$	0.03
$AgI(s) + e^- \rightleftharpoons Ag + I^-$	− 0.151
$Ag_2S(s) + 2e^- \rightleftharpoons 2\,Ag + S^=$	− 0.69

표에 의하면 요오드화 이온은 브롬화 이온이나 염화 이온보다 더 효과적으로 Ag^+ 이온과 결합한다는 것을 알 수 있다. 즉, AgI는 AgCl이나 AgBr보다 적게 용해한다. 또 요오드화은-은 쌍의 전위가 음이라는 사실은 은이 HI에 녹으면서 수소를 내놓는다는 것을 뜻한다. 그러나 AgI가 조금만 생성되면 표면에 불용성 피막을 형성하고 내부를 보호하여 주기 때문에 이 반응은 곧 정지되어 버린다.

금속 이온과 가용성 착물을 형성하는 물질도 또한 그 금속의 전극 전위를 떨어뜨린다. 예로서

$$Ag(NH_3)_2^+ + e^- \rightleftharpoons Ag + 2\,NH_3 \qquad \phi° = +0.373\ V$$
$$Ag(CN)_2^- + e^- \rightleftharpoons Ag + 2\,CN^- \qquad \phi° = -0.31\ V$$

금속은 환경에 따라서 귀금속이 될 수도 있고 활성금속이 될 수도 있다. 예로서 은은 일반적으로 귀금속이지만 요오드화 이온, 황화 이온, 시안화 이온 등이 존재할 때는 활성금속이다(전위의 영점을 활성금속과 귀금속과의 분계점으로 생각할 경우).

17.14 전지 전위의 측정

화학 전지의 전위를 측정하는 가장 간단한 방법은 이 전지의 전위와 크기가 같고 부호가 반대인 전위차계의 전위와 평형을 이루게 해주는 것이다. 그림 17-5는 전위차계의 회로를 나타낸 것으로서 전지가 그 안에 연결되어 있다. 축전지 B는 저항선 R을 통하여 전류 i를 흐르게 하며, 접촉점 S는 검류계 G가 전류의 흐름이 없음을 가리키도록, 즉 영점을 가리키도록 조절해준다. 이 영점에서 전지의 전위는 저항선의 S점과 P점 사이의 전위차하고 맞먹게 된다. 저항선에는 S점과 P점 사이의 전위차 ir을 직접 읽을 수 있도록 눈금이 들어 있다. 만일 전지의 저항이 대단히 클 경우에는 연결점을 멀리 이동시키더라도 검류계의 바늘이 거의 움직이지 않

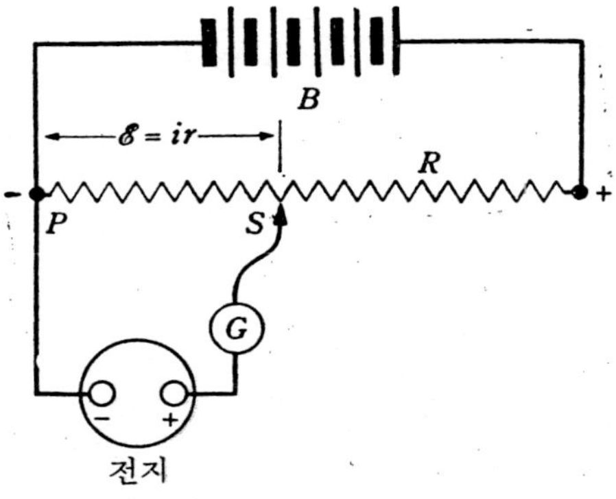

그림 17-5 전위차계 회로.

는다. 이러한 경우에는 진공관 전압계와 같은 보다 더 정교한 기기를 사용해야 한다.

17.15 가 역 성

지금까지 취급한 전극이나 전지에서는 전극이나 전지가 화학적 및 전기적 변환에 관해서 평형을 이루고 있다는 것을 암암리에 가정하였다. 이러한 전극이나 전지는 가역적이라고 정의한다. 전지 전위의 측정치와 Nernst 식으로 계산한 전위가 일치되려면 측정치는 평형 상태에서의 값이라야 한다. 전위차계로 측정할 때는 전지로부터 전류가 흘러나오지 않으므로 전위차계는 가역 전위를 측정하는 데 안성마춤이다.

17.9절에서 취급한 바 있는 $Pt|H_2|H^+ \vdots\vdots Cu^{2+}|Cu$ 전지를 생각하여 보자. 이 전지의 전지 반응은 다음과 같다.

$$Cu^{2+} + H_2 \rightleftharpoons 2H^+ + Cu$$

이 전지에서는 구리가 $+$ 전극이고 백금이 $-$ 전극이다. 이 전지가 그림 17-5에서와 같이 전위차계와 균형을 이루고 있다고 하자. 만일 전위차계의 접촉점 S의 오른쪽으로 약간 이동시키면 구리가 더 큰 양의 값을 갖게 된다. 따라서 Cu가 Cu^{2+}로 되어 전극으로부터 떨어져 나가고 전자는 외부 회로를 통하여 오른쪽으로부터 왼쪽으로 이동한다. 백금 전극에서 이 전자는 H^+와 결합하여 H_2를 만든다. 그리하여 전체 반응이 오른쪽으로부터 왼쪽으로 역방향으로 일어난다. 반대로 접촉점을 왼쪽으로 이동시키면 전자가 외부 회로를 통해서 왼쪽으로부터 오른쪽으로 이동할 것이다. 그리고 H_2는 H^+로 이온화되며 Cu^{2+}가 구리로 환원될 것이다. 이 경우에는 전지에 의해서 일이 생겨나지만 먼저의 경우에는 일이 소실된다.

만일 전위차계의 접촉점을 균형점의 어느 한 쪽으로 약간 이동시켰다가 다시 반대쪽으로 가져갈 때 전류와 화학 반응의 방향이 바뀌면 그 전지는 가역적으로 행동하는 전지이다. 실제적으로 접촉점이 가역적인가 보기 위해서 조절을 할 때마다 반응이 예측되는 방향으로 진행하는가를 확인하기 위하여 반응물과 생성물의 양을 분석해 볼 필요는 없다. 전지가 비가역적일 때는 전위차계를 균형점에서 조금만 벗어나게 하더라도 일반적으로 상당량의 전류가 흐르게 되며, 가역적일 때는 균형에서 조금벗어났을 경우, 다만 소량의 전류가 흘러야 하는 것이다. 뿐만 아니라 비가역 전지의 경우에는 회로의 균형을 일단 약간만 변화시키더라도 새로운 균형점은 처음 균형점과 현저히 다른 곳에 나타나는 것이 보통이다. 이러한 이유 때문에 비가역 전지는 엉뚱한 성질을 나타내며, 전위차계와 균형을 이루게 할 수가 없다.

17.16 반쪽-전지의 $\mathscr{E}^\circ$ 결정

표준 반쪽-전지 전위를 알면 평형 상수를 계산할 수 있으므로 반쪽-전지의 $\mathscr{E}^\circ$ 값을 구하는 방법은 대단히 중요하다. 우선 은-은 이온 전극의 $\mathscr{E}^\circ$를 측정한다고 하자. 그러면 이 전극과 그리고 전위가 알려져 있는 또 하나의 전극을 가지고 전지를 만들어야 한다. 편의상 이 또 하나의 전극으로서 SHE를 택했다고 하자. 그러면 다음과 같은 전지가 된다.

$$\text{SHE} \vdots\vdots Ag^+|Ag$$

전지 반응은 $Ag^+ + e^-_{SHE} \rightleftharpoons Ag$이며, 전지 전위는 다음과 같이 주어진다.

$$\mathscr{E} = \mathscr{E}_{Ag^+/Ag} = \mathscr{E}^\circ_{Ag^+/Ag} - \frac{RT}{F}\ln\frac{1}{a_{Ag^+}}$$

25 °C 에서는

$$\mathscr{E} = \mathscr{E}^\circ_{Ag^+/Ag} + (0.05916\ \mathrm{V}) \log_{10} a_{Ag^+} \qquad (17.53)$$

이 용액이 이상적인 묽은 용액이라면 a_{Ag^+}를 음염의 몰랄농도 $m_+ = m$으로 바꾸어 넣을 수 있을 것이며, (17.53)식이 다음과 같이 될 것이다.

$$\mathscr{E} = \mathscr{E}^\circ_{Ag^+/Ag} + (0.05916\ \mathrm{V}) \log_{10} m$$

m의 여러 값에서 $\mathscr{E}$를 측정하고, $\mathscr{E}$를 $\log_{10} m$에 대해서 도시하면 그림 17-6(a)에서와 같이 기울기가 0.05916 V 인 직선을 얻을 수 있을 것이다. 그리고 $m = 1$인 점에서의 절편이 $\mathscr{E}^\circ$의 값이 될 것이다. 그러나 만사가 이처럼 간단하지는 않다. a_{Ag^+}는 m으로 바꾸어 놓을 수 없으며 그렇게 하면 식의 엄밀성을 기대할 수 없다. 전해질 용액에서는 이온의 활동도를 평균 이온 활동도 $a_\pm = \gamma_\pm m_\pm$로 나타낼 수 있다. 따라서 이 용액 속에 질산은만이 들어 있을 때는 $m_\pm = m$이며 (17.53)식이 다음과 같이 된다.

$$\mathscr{E} = \mathscr{E}^\circ_{Ag^+/Ag} + (0.05916\ \mathrm{V})\log_{10} m + (0.05916\ \mathrm{V})\log_{10} \gamma_\pm$$

만일 충분히 묽은 용액을 가지고 실험을 하게 되면 Debye-Hückel의 극한 법칙인 (16.82)식이 성립할 것이며 따라서 $\log_{10} \gamma_\pm = -(0.5092\ \mathrm{V kg^{1/2}/mol^{1/2}}) m^{1/2}$이 되고 위의 식이 다음과 같이 될 것이다.

$$\mathscr{E} - (0.05916\ \mathrm{V})\log_{10} m = \mathscr{E}^\circ_{Ag^+/Ag} - (0.03012\ \mathrm{V\ kg^{1/2}/mol^{1/2}}) m^{1/2} \qquad (17.54)$$

$\mathscr{E}$와 m의 측정치로부터 이 식의 좌변을 계산할 수 있다. 이 좌변을 $m^{1/2}$에 대해서 도시하고 이 곡선을 $m^{1/2} = 0$으로 외삽하면 그 절편이 $\mathscr{E}^\circ_{Ag^+/Ag}$와 같게 된다. 그림 17-6(b)는 이러한 도시를 나타낸 것이다. 이 방법을 이용하면 임의의 반쪽 전지의 $\mathscr{E}$값을 측정하여 가지고 엄밀한 $\mathscr{E}^\circ$ 값을 얻을 수 있다.

17.17 전지 전위로부터 활동도와 활동도 계수를 결정하는 방법

전지의 정확한 $\mathscr{E}^\circ$ 값을 일단 구하면, 전위의 측정치로부터 활동도 계수의 값을 직접 계산할 수 있다. 예로서 다음과 같은 전지를 생각해 보자.

$$\mathrm{Pt}|\mathrm{H_2}(f = 1)|\mathrm{H^+},\ \mathrm{Cl^-}|\mathrm{AgCl}|\mathrm{Ag}$$

이 전지의 반응은 다음과 같다.

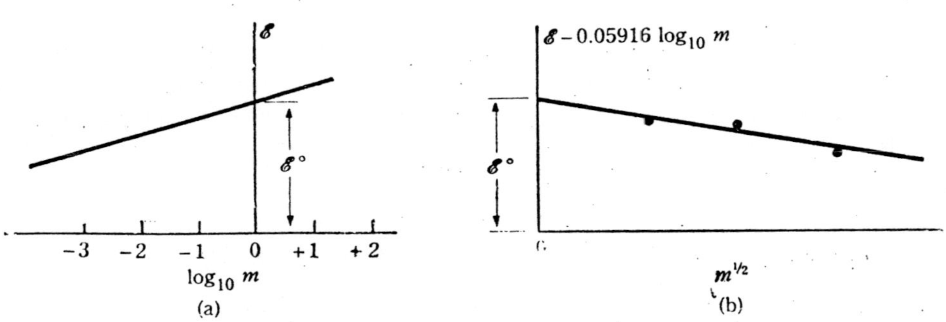

그림 17-6 (a) $\mathscr{E}$와 m 사이의 "이상적" 관계. (b) 외삽법으로 $\mathscr{E}^\circ$를 얻는 방법.

$$AgCl(s) + \frac{1}{2}H_2(f=1) \rightleftharpoons Ag + H^+ + Cl^-$$

그리고 전지 전위는 다음과 같이 표시된다.

$$\mathscr{E} = \mathscr{E}^\circ - \frac{RT}{F}\ln(a_{H^+}a_{Cl^-}) \tag{17.55}$$

이 식에 의하면 전지의 전위는 개개 이온의 활동도에 의존하지 않고 $a_{H^+}a_{Cl^-}$에 의존한다. 개개 이온의 활동도에 의존하는 양으로서 측정가능한 것은 없다. 그리하여 $a_{H^+}a_{Cl^-}$를 $a_\pm^2$으로 놓는다. HCl에서는 $m_\pm = m$이므로 $a_\pm^2 = (\gamma_\pm m)^2$이 된다. 따라서 (17.55)식이 다음과 같이 된다.

$$\mathscr{E} = \mathscr{E}^\circ - \frac{2RT}{F}\ln m - \frac{2RT}{F}\ln\gamma_\pm \tag{17.56}$$

25 °C 에서는

$$\mathscr{E} = \mathscr{E}^\circ - (0.1183\ \mathrm{V})\log_{10} m - (0.1183\ \mathrm{V})\log_{10}\gamma_\pm \tag{17.57}$$

17.16절에서 설명한대로 외삽법에 의해서 $\mathscr{E}^\circ$의 값이 결정되므로 $\mathscr{E}$의 값으로부터 모든 m에서의 $\gamma_\pm$값이 결정된다. 반대로 모든 m값에서 $\gamma_\pm$의 값을 알 경우에는 (17.56)식이나 (17.57)식을 써서 전지의 기전력 $\mathscr{E}$를 m의 함수로 계산할 수 있다.

전해질의 활동도 값을 구하는 데는 이와같이 전지 전위를 측정하는 것이 가장 적절한 방법이다. 대부분의 경우 이 방법은 총괄성을 측정하는 것보다 훨씬 다루기가 편리하다. 뿐만 아니라 이 방법은 넓은 온도 범위에 걸쳐서 사용할 수 있다. 전지 전위는 비수용매 속에서도 측정할 수 있지만 이 경우에는 일반적으로 전극 평형이 쉽게 이루어지지 않기 때문에 실험상의 애로가 매우 많다.

★ 17.18 농도차 전지

전지의 두 전극 계가 각각 상이한 조성의 전해질 용액을 포함하고 있을 때는 두 용액의 경계면에 전위차가 발생한다. 이 전위차를 액간 접촉 전위 또는 확산 전위라고 부른다. 이러한 전위차가 어떻게 생기는가를 설명하기 위하여 그림 17-7(a)에서와 같이 활동도가 a_1인 진한 HCl 용액과 접하고 있는 은-염화은 전극과 그리고 활동도가 a_2인 묽은 HCl 용액과 접하고 있는 다른 은-염화은 전극의 두 전극을 생각하여 보자. 두 용액의 경계면이 열려 있을 때는 H^+ 이온과 Cl^- 이

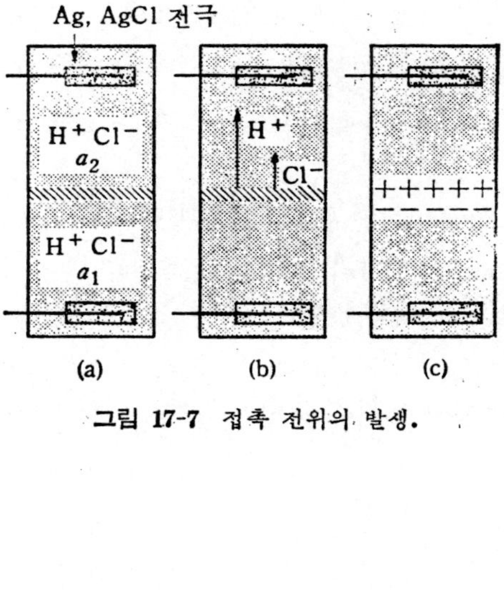

그림 17-7 접촉 전위의 발생.

온이 진한 용액으로부터 묽은 용액 속으로 확산되어 들어갈 것이다. 그런데 그림 17-7(b)에서와 같이 H^+ 이온은 Cl^- 이온보다 훨씬 더 빨리 확산된다. H^+ 이온이 Cl^- 이온을 앞질러 나가기 시작하면 그림 17-7(c)에서와 같이 두 용액의 경계면에 전기적 2중층이 생긴다. 이 2중층에서의 전위차로 말미암아 전기장이 생기고, 이 전기장은 빠른 이온을 느리게 해주고 느린 이온은 빠르게 해준다. 그리하여 마침내 두 이온이 같은 속도로 이동하는 정류 상태가 이루어진다. 이 상태에서는 처음에 보다 빨랐던 이온이 앞장을 서서 이동하다.

진한 용액으로부터 묽은 용액으로의 확산은 비가역 변화이다. 그러나 이 과정이 대단히 느려서 측정하는 사이에 그 경계면의 운동을 무시할 수 있다. 그러나 두 액체의 접촉면에서 생기는 여분의 전위차가 전지 전위 측정치에 나타날 것이다.

아래쪽 전극을 왼쪽 전극으로 취하면 이 전지를 다음과 같이 표시할 수 있다.

$$\mathrm{Ag}|\mathrm{AgCl}|\mathrm{Cl^-}(a_1)\vdots\mathrm{Cl^-}(a_2)|\mathrm{AgCl}|\mathrm{Ag}$$

여기서 수직 점선은 두 액체상이 접촉하고 있다는 것을 표시하는 것이다.

만일 전지를 통하여 1 mol 의 전자 전하가 흐르는 동안에 모든 변화가 가역적으로 일어난다고 가정하면 그 전지의 전위를 계산할 수 있다. 즉, 그 전지 전위는 다음과 같이 주어진다.

$$-F\mathscr{E} = \sum_i \Delta G_i \tag{17.58}$$

여기서 $\sum\Delta G_i$ 는 1 mol 의 양전하가 전지를 통하여 위쪽으로 흐를 때 수반되는 전지 내부에서의 모든 Gibbs 에너지 변화를 합한 것이 된다. 이러한 Gibbs 에너지 변화는 다음과 같은 반응에 의한 것이다.

밑의 전극 : $\mathrm{Ag(s)} + \mathrm{Cl^-}(a_1) \longrightarrow \mathrm{AgCl(s)} + \mathrm{e^-}$

위의 전극 : $\mathrm{AgCl(s)} + \mathrm{e^-} \longrightarrow \mathrm{Cl^-}(a_2) + \mathrm{Ag(s)}$

두 전극에서의 실효 변화 : $\mathrm{Cl^-}(a_1) \longrightarrow \mathrm{Cl^-}(a_2)$

그 이외에 두 용액의 경계면에서 전류의 t_+분율이 H^+ 이온에 의해서 운반되고 t_- 분율이 Cl^- 이온에 의해서 운반된다. 분율 t_+ 와 t_- 를 각각 해당하는 이온의 운반율이라고 부른다. 따라서 1 mol 의 양전하가 경계면을 통하여 흐르려면 t_+ mol 의 H^+ 이온이 용액 a_1 으로부터 용액 a_2 로 올라가야 하고, t_-mol 의 Cl^- 이온이 a_2 로부터 a_1 으로 내려와야 한다. 즉, 경계면에서 다음과 같은 변화가 일어난다.

$$t_+\mathrm{H^+}(a_1) \longrightarrow t_+\mathrm{H^+}(a_2) \qquad t_-\mathrm{Cl^-}(a_2) \longrightarrow t_-\mathrm{Cl^-}(a_1)$$

전지 내부에서의 전체 변화는 전극에서의 변화와 경계면에서의 변화를 합한 것이다. 즉,

$$t_+\mathrm{H^+}(a_1) + \mathrm{Cl^-}(a_1) + t_-\mathrm{Cl^-}(a_2) \longrightarrow t_+\mathrm{H^+}(a_2) + \mathrm{Cl^-}(a_2) + t_-\mathrm{Cl^-}(a_1)$$

한편 운반율의 합은 1이므로 $t_- = 1 - t_+$ 이다. 이 t_- 의 값을 위의 식에 넣고 정리하면 다음과 같은 관계가 나온다.

$$t_+\mathrm{H^+}(a_1) + t_+\mathrm{Cl^-}(a_1) \longrightarrow t_+\mathrm{H^+}(a_2) + t_+\mathrm{Cl^-}(a_2) \tag{17.59}$$

(17.59)식의 전지 반응은 t_+mol 의 HCl 이 용액 a_1 으로부터 용액 a_2 로 이동한 것을 나타낸다. 따라서 전체 Gibbs 에너지 변화는 다음과 같이 된다.

$$\begin{aligned}\Delta G = t_+[&\mu^\circ_{\mathrm{H^+}} + RT\ln(a_{\mathrm{H^+}})_2 + \mu^\circ_{\mathrm{Cl^-}} - RT\ln(a_{\mathrm{Cl^-}})_2 \\ &- \mu^\circ_{\mathrm{H^+}} - RT\ln(a_{\mathrm{H^+}})_1 - \mu^\circ_{\mathrm{Cl^-}} + RT\ln(a_{\mathrm{Cl^-}})_1]\end{aligned}$$

$$\Delta G = t_+RT\ln\frac{(a_{H^+}a_{Cl^-})_2}{(a_{H^+}a_{Cl^-})_1} = 2t_+RT\ln\frac{(a_\pm)_2}{(a_\pm)_1}$$

여기서는 $a_{H^+}a_{Cl^-} = a_\pm^2$ 인 관계를 이용하였다. (17.58)식을 이용하면 이온의 운반이 수반되는 전지의 전위가 다음과 같이 주어진다.

$$\mathscr{E}_{wt} = -\frac{2t_+RT}{F}\ln\frac{(a_\pm)_2}{(a_\pm)_1} \qquad (17.60)$$

만일 두 용액 사이의 경계면이 전지의 기전력에 영향을 주지 않을 때는 전극에서의 변화가 전지 내부에서 일어나는 유일한 변화가 된다. 즉,

$$Cl^-(a_1) \longrightarrow Cl^-(a_2)$$

해당하는 ΔG 의 값은 다음과 같이 된다.

$$\begin{aligned}\Delta G &= \mu^\circ_{Cl^-} + RT\ln(a_{Cl^-})_2 - \mu^\circ_{Cl^-} - RT\ln(a_{Cl^-})_1\\ &= RT\ln\frac{(a_\pm)_2}{(a_\pm)_1}\end{aligned}$$

여기서는 a_{Cl^-} 를 평균 이온 활동도 $a_\pm$ 로 바꾸었다. 이 전지는 이온의 운반을 수반하지 않으며 그 전위는 다음과 같이 된다.

$$\mathscr{E}_{wot} = -\frac{\Delta G}{F} = -\frac{RT}{F}\ln\frac{(a_\pm)_2}{(a_\pm)_1} \qquad (17.61)$$

이온 운반이 수반되는 전지의 전체 전위는 이온 운반이 수반 안 되는 전지의 전위에다 접촉 전위 $\mathscr{E}_j$ 를 합한 것과 같다. 즉, $\mathscr{E}_{wt} = \mathscr{E}_{wot} + \mathscr{E}_j$ 이다. 따라서

$$\mathscr{E}_j = \mathscr{E}_{wt} - \mathscr{E}_{wot} \qquad (17.62)$$

(17.60)식과 (17.61)식을 사용하면 이 식이 다음과 같이 된다.

$$\mathscr{E}_j = (1-2t_+)\frac{RT}{F}\ln\frac{(a_\pm)_2}{(a_\pm)_1} \qquad (17.63)$$

(17.63)식에 의하면 만일 t_+ 가 0.5 근처일 때 액간 접촉 전위는 작아진다. 이 관계는 전지 안에 들어있는 두 전해질에 의해서 용액 속에 두 이온이 생성될 때만 성립한다. 이온 운반이 수반되는 전지와 수반되지 않는 전지의 전위를 측정하면 $\mathscr{E}_j$ 와 t_+ 를 구할 수 있다. (17.60)식과 (17.61)식을 비교하면 다음과 같은 관계가 성립한다.

$$\mathscr{E}_{wt} = 2t_+\mathscr{E}_{wot} \qquad (17.64)$$

위에 설명한 전체 과정에서 문제점이 되는 것은 예민한 경계면을 어떻게 만들어서 재현성 있는 $\mathscr{E}_{wt}$ 를 측정하느냐 하는 것과 또 $\mathscr{E}_j$ 가 안 나타나는 전지를 어떻게 만들어서 $\mathscr{E}_{wot}$ 를 측정하느냐 하는 것이다. 두 용액 사이의 경계면을 예민하게 만드는 방법은 여러 가지가 있다. 여기서는 설명을 하지 않겠다. 그러나 액간 접촉이 없는 전지를 어떻게 만드느냐 하는 둘째 번 문제는 여기서 더 설명을 할 필요가 있다.

이온 운반이 수반 안 되는, 즉 액간 접촉이 없는 농도차 전지는 그림 17-8에 나타내었다. 이 전지는 두 전지를 직렬로 연결한 것으로서 다음과 같은 기호로 나타낼 수 있다.

$$Pt|H_2(p)|H^+,\ Cl^-(a_\pm)_1|AgCl|Ag \quad Ag|AgCl|Cl^-,H^+(a_\pm)_2|H_2(p)|Pt$$

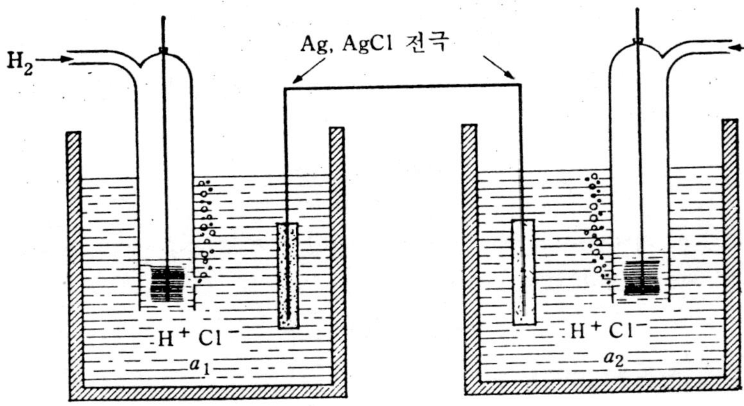

그림 17-8 이온 운반이 수반되지 않는 농도차 전지.

그리고 그 전위는 두 전지의 전위를 합한 것과 같다. 즉,

$$\mathscr{E} = [\phi(\text{AgCl/Ag}) - \phi(\text{H}^+/\text{H}_2)]_1 + [\phi(\text{H}^+/\text{H}_2) - (\text{AgCl/Ag})]_2$$

각 전위에 대해서 Nernst 식을 넣으면 다음과 같이 된다.

$$\mathscr{E} = \left[\phi^\circ_{\text{AgCl/Ag/Cl}^-} - \frac{RT}{F}\ln(a_{\text{Cl}^-})_1 + \frac{RT}{F}\ln\frac{p^{1/2}}{(a_{\text{H}^+})_1}\right]$$
$$+\left[-\frac{RT}{F}\ln\frac{p^{1/2}}{(a_{\text{H}^+})_2} - \phi^\circ_{\text{AgCl/Ag/Cl}^-} + \frac{RT}{F}\ln(a_{\text{Cl}^-})_2\right]$$
$$\mathscr{E} = \frac{RT}{F}\ln\frac{(a_{\text{H}^+}a_{\text{Cl}^-})_2}{(a_{\text{H}^+}a_{\text{Cl}^-})_1} = \frac{2RT}{F}\ln\frac{(a_\pm)_2}{(a_\pm)_1}$$

이 식을 (17.61)식과 비교하면 다음 결과가 나온다.

$$\mathscr{E} = -2\mathscr{E}_{\text{wot}} \tag{17.65}$$

따라서 이 이중 전지의 전위를 측정하면 $\mathscr{E}_{\text{wot}}$의 값이 나온다.

상이한 전해질을 포함하는 두 전극으로 전지를 만들면 그 전위를 측정할 때마다 두 전해질 사이의 액간 접촉 전위가 항상 문제로 된다. 이 문제를 해결하려면 접촉 전위를 측정하든가 또는 제거하든가 하는 두 가지 방법밖에 없다. 위에서 설명한 대로 실험을 하면 액간 접촉이 안 생기므로 접촉 전위를 제거시킬 수 있다. 그러나 2개의 전지를 사용하기보다는 오히려 조사하고자 하는 전극과 동일한 전해질을 갖는 기준 전극을 택하는 것이 편리한다. 이것은 액간 접촉을 제거하는 가장 좋은 방법이지만 항상 가능하지는 않다.

KCl이나 NH_4NO_3을 포화시킨 우무가사리 젤리의 염다리가 두 전극칸을 연결시키는 데 자주 쓰이고 있다. 이 염다리는 2개의 액간 접촉을 만드는 데 이 액간 접촉의 전위는 서로 거의 상쇄되어 실효 액간 접촉 전위가 대단히 작아진다. 이 두 전위가 상쇄되는 물리적 이유는 대단히 복잡하다. 또 젤리를 사용하는 것은 그 자체로서 약간의 이점을 갖고 있는데, 그것은 두 전극칸의 전해질 용액이 각각 다른 높이의 수면을 갖더라도 빨대 작용을 나타내지 않으며, 이온의 확산 속도를 대단히 느리게 하여 액간 접촉 전위가 어떤 것이든 그 값을 재현성 있게 만들어 준다.

17.19 전기 화학적 과정의 공업적 이용

실질적으로 전기 화학적 과정은 전력-소모 과정과 전력-생산 과정의 둘로 나눌 수 있다. 산업적 전기분해 제조 과정은 전력을 소모하여 고-에너지 물질을 만들어 내는 것이다. 음극에서 생성되는 전형적인 물질로는 염수를 전기분해할 때의 수소와 수산화나트륨, 그리고 용융된 알칼리금속 염이나 알칼리토금속 염을 전기분해할 때의 이들 금속을 들 수 있다. 전기 도금이나 금속의 전해 정제들도 중요한 공업적 음극 과정이다. 양극에서 생성되는 전형적인 물질로는 물을 전기분해할 때의 산소, 염수나 용융된 염화물을 전기분해 할 때의 염소, 과산화수소, 염소산칼륨 및 양극화 처리를 한 알루미늄 표면의 산화 피막 등을 들 수 있다. 또 금속의 양극 용해는 금속의 전해 정제나 전기 기계 공작에 중요하게 이용되고 있다.

전력-생산 과정은 화학 전지 속에서 일어나는 과정이다. 이 과정에서는 고-에너지 물질이 소모되고 전력이 생산된다.

화학 전지는 1800년에 Alessandre Volta가 발견한 것이지만 사실은 흥미롭게도 이것이 재발견인 것이다. 근동 지역의 근대의 고고학적 발굴 결과에 의해서 철과 구리로 된 전지가 출토되었다. 이 장치는 300 B.C. 와 300 A.D. 사이의 것으로 추정된다. 또 일찌기 2500 B.C. 경에도 애급인들이 전기 도금을 할 줄 알았다는 약간의 증거가 있다.

17.20 전력원으로서의 전지

원리상 화학 반응은 어떤 것이나 화학 전지에서 일을 하도록 이용할 수 있다. 만일 이 전지가 가역적으로 작용하면 얻어지는 전기적 일이 $W_{el} = -\Delta G$가 된다. 따라서,

$$W_{el} = -\Delta H + T\Delta S = -\Delta H + Q_{rev}$$
$$= -\Delta H\left(1 - \frac{Q_{rev}}{\Delta H}\right)$$

대부분의 실용적인 과정에서는 엔트로피의 증가가 그다지 크지 않으며 따라서 $T\Delta S/\Delta H$가 비교적 작다. 따라서,

$$W_{el} \approx -\Delta H$$

이것은 생성되는 전기적 일이 이 반응에 수반되는 엔탈피 감소보다 조금밖에 작지 않다는 것을 의미한다. 만일 이 반응을 일을 하지 않게 하고서 일어나게 하면 $-\Delta H$만큼의 열이 방출된다. 이 열로 보일러를 가열하고 또 이 보일러로 터어빈을 돌릴 수도 있다. 그러나 이렇게 만든 기관은 Carnot 제약을 받아야 한다. 그리하여 터어빈으로 돌아가는 발전기로 만들어 낼 수 있는 전기적 일은 다음과 같다.

$$W_{el} = -\Delta H\left(\frac{T_1 - T_2}{T_1}\right)$$

이 일의 양은 같은 화학 반응으로부터 전기 화학적으로 얻을 수 있는 일보다 상당히 작다(보통 3내지 5배나 작다). 따라서 화학 전지를 이용하면 화학적 에너지원으로부터 전기적 에너지를 다른 어떤 방법과도 비교할 수 없이 효과적으로 만들어낼 수 있을 것이다.

17.20.1 화학 전지의 분류

전기 에너지를 마련해 주는 화학 전지는 세 가지 일반 종류로 분류할 수 있다.

1. 1차 전지. 이 전지는 고-에너지 물질을 이용하여 만든 것으로서 이 물질이 화학적 반응을 일으키면서 전력을 만들어 낸다. 전지 반응은 비가역적이며, 물질들이 다 소모되면 이 전지가 못쓰게 된다. 1차 전지의 전형적인 예로서 보통의 회중 전등용 건전지와 카메라, 벽시계, 보청기, 손목시계 등에 쓰는 아연-수소 전지를 들 수 있다.

2. 2차 전지. 이 전지는 가역적이다. 이 전지에서는 전력을 이용한 다음에 외부 전원으로부터 전류를 역방향으로 흐르게 하여 고-에너지 물질을 재생시킬 수 있다. 즉, 전지 반응을 역방향으로 일어나게 하여 전지를 충전시키는 것이다.

가장 중요한 2차 전지는 자동차에 쓰는 납 축전지이다. 이 외에도 Edison전지 그리고 계산기나 플래시 전구에 쓰는 니켈-카드뮴 재충전식 전지가 있다.

3. 연료 전지. 연료 전지는 1차 전지와 마찬가지로 고-에너지 물질을 써서 전력을 나오게 하는 것이다. 연료 전지가 화학 전지와 다른 점은 연료를 연속적으로 공급받을 수 있다는 점인데, 이 연료는 수소, 탄소 및 탄화수소와 같은 보통의 연료들이다. 궁극적으로 우리는 석탄이나 원유를 이용하는 연료 전지도 가능하리라고 기대하고 있다.

17.20.2 전원의 조건

전지로부터 나오는 전력은 다음과 같이 전지 전위와 전류와의 곱이므로 전지의 가용 수명 기간중 이 곱이 거의 일정한 값을 나타내야 한다.

$$P = \mathscr{E}I \tag{17.66}$$

전류 I는 전극의 전체 넓이 A를 통해서 흐른다. 단위 넓이의 전극 표면을 통해서 흐르는 전류는 전류 밀도라고 한다.

$$i = \frac{I}{A} \tag{17.67}$$

따라서 전류 밀도가 일정하려면 단위 넓이의 전극에서 일정한 속도로 반응이 일어나야 한다. 지금 전지로부터 전류 I를 끌어낸다고 생각하고 편의상 $-$전극을 수소 전극이라고 하자. 그러면 단위 넓이의 전극으로부터 전하가 $i = (1/A)dQ/dt = I/A$의 비율로 빠져 나가야 한다. H^+/H_2 전극의 백금으로부터 전자가 떨어져 나가면 H_2가 그만큼 $H_2 \rightarrow 2H^+ + 2e^-$로 산화되어야지 그렇지 않으면 이 전극의 전위가 보다 낮은 음의 값을 갖게 될 것이다. 만일 수소의 이온화에 의한 전자의 생성 속도가 백금으로부터 외부 회로로 들어가는 속도와 같을 때는 전극의 전위가 열린-회로의 전위와 같을 것이다. 반대로 전극 반응이 너무 느려서 외부 회로로 빠져나가는 전자를 빨리 보충해 주지 못할 때는 전극의 전위가 열린-회로의 전위로부터 상당히 벗어날 것이다. 마찬가지로 $+$전극 상에서의 전극 반응이 느릴 때는 외부 회로로부터 들어오는 전자를 전극 반응이 신속하게 소모시키지 못하며 $+$전극이 보다 낮은 양의 값을 가지게 될 것이다. 그리하여 전지로부터 전력을 뽑아 쓸 때 $+$전극은 덜 양으로 되고 또 $-$전극은 덜 음으로 되므로 전지 전위가 떨어진다.

그림 17-9의 곡선들은 전류 밀도 i_1을 끌어내게 부하시킨 여러 가지 전지의 전지 전위를 시간의 함수로 나타낸 것이다. 전지 A와 전지 B에서는 전극 반응이 너무 느려서 끌려나가는 전류를 뒤따라갈 수가 없다. 그리하여 전지 전위가 급격하게 영으로 떨어지고 전력 $\mathscr{E}I$도 또한 영으로 된다. 이 두 전지는 처음에는 소량의 전력을 공급해주지만 실용적인 전력원으로서는 적합하

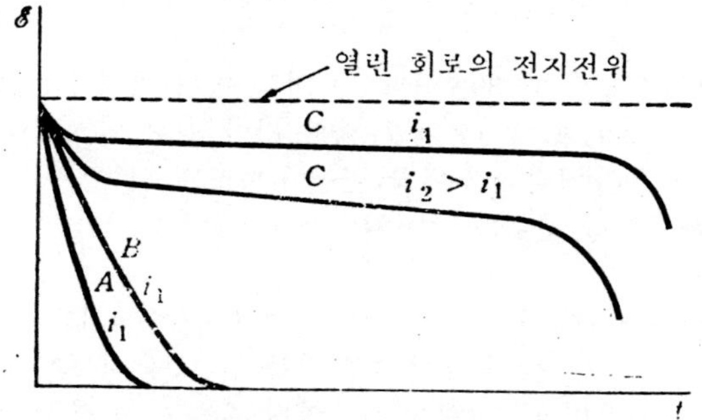

그림 17-9 부하된 전지의 전위가 시간에 따라 변하는 모양.

지 않다. 반면에 전지 C에서는 전극 반응이 충분히 빨라서 전극의 전하를 신속하게 보충시켜 준다. 전지 전위가 약간 떨어지기는 하지만 오랫동안 비교적 높은 값을 꾸준히 유지하며, 따라서 상당한 전력 $\mathscr{E}I$를 공급할 수 있다. 이 전지 C로부터 큰 전류를 끌어내면$(i_2 > i_1)$ 전지 전위가 조금 더 떨어지지만 여전히 비교적 높다. 이러한 경우에도 이 전지 C는 실용적인 전원이 될 수 있다. 곡선 C의 끝에서 전지 전위가 급속하게 떨어지는 것은 활성 물질, 즉 연료가 다 소모되었다는 신호이다. 만일 연료가 더 많이 공급되면 이 곡선이 더 평평하게 유지되고 계속해서 전력을 공급할 수 있을 것이다.

결론적으로 말해서 전지가 실용적이 되려면 전극 반응이 빠르게 일어나야 한다. 즉, 전극 반응이 빠르게 일어나서 전지 전위를 열린-회로 전위보다 극히 조금밖에 떨어지지 않게 해주어야 한다. 석탄을 연소시키는 연료 전지를 개발하는 데 있어서의 문제점도 역시 적합한 온도에서 반응을 빠르게 일어나게 할 수 있는 전극 표면을 찾는 일이다. 과연 이러한 촉매의 개발이 가능할까? 시간이 대답해 줄 수 있을 것이다.

17.21 두 가지의 실용적 전원

17.21.1 납 축전지

우선 납-황산 축전지를 생각해 보자. 이 전지로부터 전류를 끌어내면 +극, 즉 음극에서 PbO_2가 $PbSO_4$로 환원된다.

$$PbO_2(s) + 4\,H^+ + SO_4^{2-} + 2\,e^- \longrightarrow PbSO_4(s) + 2\,H_2O$$

그리고 −극, 즉 양극에서는 납이 산화되어 $PbSO_4$가 생긴다.

$$Pb(s) + SO_4^{2-} \longrightarrow PbSO_4(s) + 2\,e^-$$

이 전지의 전위는 2.0 V이다. 이 전지로부터 전류를 끌어내도 전지 전위는 별로 크게 떨어지지 않으며 그리하여 전력 $\mathscr{E}I$는 거의 가역치인 $\mathscr{E}_{rev}I$와 비슷한 값을 나타낸다. 실제로 완전히 충전시켰을 때는 수백 암페어의 큰 전류를 끌어내어도 전지 전위가 심하게 떨어지지 않는다.

이 전지를 충전시킬 때는 외부 전원으로부터 이 전지에다 역방향으로 전류를 통과시킨다. 이렇게 되면 +극이 양극이 되며, 여기에서 $PbSO_4$가 PbO_2로 산화되고, 또 −극은 음극이 되며 여기서 $PbSO_4$가 Pb로 환원된다. 이 전지를 충전시키기 위해서 걸어주는 전위차는 방전될 때의 전위차보다 커야 하지만 너무 크게 해주면 안 된다. 이 전지의 전압 효율은 다음과 같이 정의된다.

$$전압\ 효율 = \frac{방전시의\ 평균\ 전압}{충전시의\ 평균\ 전압}$$

납-황산 축전지의 전압 효율은 약 80%이다. 이처럼 거의 가역적인 값을 나타내는 것은 전지 반응이 빠르게 일어나기 때문이다. 이미 배운 바와 같이 열린-회로 전위에 가까운 전위에서 큰 전류를 공급할 수 있다는 것은 전극에서 화학 반응이 빠르게 일어난다는 것을 의미한다. 즉, 전류에 의해서 전하가 빠져나가면 전위가 떨어져야 하지만 화학 반응이 빠른 속도로 일어나서 전위를 회복시켜 준다.

납-황산 축전지로부터 얻을 수 있는 전하량과 이 전지를 충전시키기 위해서 통과시켜야 하는 전하량과의 비는 90 내지 95%이며, 특별한 경우에는 이 보다 더 클 때도 있다. 이것은 충전 전류가 거의 곁반응(물의 전기분해와 같은)을 일으키지 않는다는 것을 의미한다. 전체적으로 말해서 납 축전지는 놀라운 장치이며, 고도로 효과적이다. 대형의 제품은 수명이 20년 내지 30년이나 되며(조심스럽게 쓰면), 수천 번까지 충전을 해줄 수 있다. 이것의 큰 단점은 무겁다는 것(에너지 축적량과 무게와의 비가 낮다)과 또한 부분적으로 충전된 조건에서 쓰지 않고 방치해 두면 단시일 내에 비교적 큰 $PbSO_4$ 결정이 자라나는데, 결정은 충전에 의해서 쉽게 환원되거나 산화되지 않으므로 결국 전지가 못쓰게 된다는 것이다. 이 현상을 "황산화"라고 부른다.

납-황산 축전지에서의 표준 Gibbs 에너지 변화는 다음과 같다(2전자 변화에 대한 것이다).

$$\Delta G^\circ = -376.97\ \text{kJ/mol}$$
$$\Delta H^\circ = -227.58\ \text{kJ/mol}$$
$$Q_{rev} = T\Delta S^\circ = +149.39\ \text{kJ/mol}$$

전지가 가역적으로 작용하면 그 반응이 흡열 반응이라는 것을 명심하라. 따라서 이들 수치는 에너지 변화 ΔH가 전기적 일로 이용될 수 있을 뿐만 아니라 전지를 등온적으로 유지하기 위해서 주위로부터 흘러 들어가는 열량 $Q_{rev} = T\Delta S$가 또한 전기적 일로 변환될 수 있다는 것을 의미한다. 생성될 수 있는 전기적 일과 전지 반응의 엔탈피 감소와의 비는 다음과 같이 나타낼 수 있다.

전기 화학적 술어

일단 전지가 주어지면 그 전위를 측정할 수 있고 또 어떤 전극이 + 전극이고 어떤 전극이 − 전극인가를 결정할 수 있다. 이렇게 결정된 사실은 후에 어떤 변화가 일어나도 변하지 않는다.

뿐만 아니라 산화는 언제나 양극에서 일어나며 환원은 음극에서 일어난다. 한 전극이 음극이냐 또는 양극이냐는 전류의 흐르는 방향에 따라 정해진다. 어떠한 2차 전지에서나 이 관계는 다음과 같다.

전극판	방전	충전
+극	음극	양극
−극	양극	음극

1차 전지에서는 방전만이 일어나며 따라서 위의 관계에서 방전에 해당하는 난이 적용된다.

$$\frac{-\Delta G^\circ}{-\Delta H^\circ} = \frac{376.97}{277.58} = 1.36$$

이 여분의 36%는 주위로부터 흘러 들어가는 에너지이다.

17.21.2 연료 전지

문제는 통상적으로 우리가 "연료"라고 생각하는 물질(석탄, 석유, 천연 가스 등)의 반응들이 전기 화학적 방식에 따라서 연료 연소 반응으로 결합되느냐라는 것이다.

지금까지 개발된 가장 성공적인 연료 전지는 우주선에서 이용되고 있는 수소-산소 전지이다. 전극은 백금 촉매 층으로 피복된 다공성 티탄 막으로 되어 있다. 전해질은 가소성 물질과 혼합시켜서 판상으로 성형시킨 양이온 교환 수지이다. 이 가소성 막이 중간에 들어 있는 두 전극 사이의 두께는 불과 0.5 mm 밖에 안 된다. 이 장치의 약도를 나타낸 것이 그림 17-10이다. 수지는 심지에 의해서 물로 포화시키며, 전지가 작용할 때 생기는 물이 이 심지를 통해서 배수되어 음료수로 이용된다. 이 전지들을 여러 개 결합하면 전압을 실용치까지 높여줄 수 있으며, 또 병렬로 연결하여 전류를 많이 뽑아낼 수도 있다. 이렇게 하면 약 1 kilowatt의 전력을 얻을 수 있다.

여기서 나오는 전력이 얼마 안 되는 것은 음극 표면에서 산소의 환원 반응, $O_2 + 4H^+ + 4e^- \longrightarrow 2H_2O$가 비교적 느리게 일어나기 때문이다. 이것은 산소 전극을 사용하는 모든 연료 전지들이 안고 있는 문제거리이다. 현재로서는 백금이 가장 좋은 촉매로 생각되지만 이 백금도 우리가 원하는 만큼 좋은 것은 아니다. 양극 반응, 즉 백금 표면에서 일어나는 수소의 산화 반응

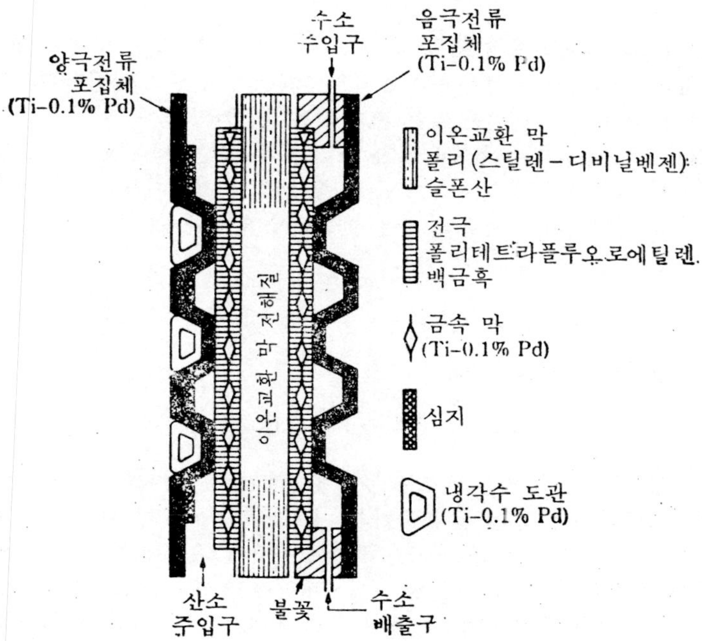

그림 17-10 Gemini 수소-산소 연료 전지의 약도(H.A. Leibhafsky and E.J. Cairns, *Fuel Cells and Fuel Batteries*. New York, Wiley, 1968).

표 17-3 가능한 연료 전지 반응의 25 °C 에서의 열역학적 성질.

반 응	$\frac{-\Delta G}{\text{kJ/mol}}$	$\frac{-\Delta H}{\text{kJ/mol}}$	$\frac{-\Delta G°}{-\Delta H°}$	$\frac{T\Delta S°}{\text{kJ/mol}}$	$\frac{\mathscr{E}°}{\text{V}}$
$H_2 + \frac{1}{2}O_2 \rightarrow H_2O$	237.178	285.830	0.83	− 48.651	1.23
$C + O_2 \rightarrow CO_2$	394.359	393.509	1.002	+ 0.857	1.02
$C + \frac{1}{2}O_2 \rightarrow CO$	137.152	110.524	1.24	26.628	1.42
$CO + \frac{1}{2}O_2 \rightarrow CO_2$	257.207	282.985	0.91	− 25.77	1.33
$CH_4 + 2\,O_2 \rightarrow CO_2 + 2\,H_2O$	817.96	890.36	0.92	− 72.38	1.06
$CH_3OH + \frac{3}{2}O_2 \rightarrow CO_2 + 2\,H_2O$	702.36	726.51	0.97	− 24.11	1.21
$C_8H_{18} + \frac{25}{2}O_2 \rightarrow 8\,CO_2 + 9\,H_2O$	5306.80	5512.10	0.96	− 205.19	1.10
$C_2H_5OH + 3\,O_2 \rightarrow 2\,CO_2 + 3\,H_2O$	1325.36	1366.82	0.97	− 41.36	1.15

$H_2 \rightarrow 2\,H^+ + 2\,e^-$ 는 비교적 빠르게 일어난다. 그러나 백금보다 조금 값이 싼 다른 물질을 촉매로 이용할 수 있다면 대단히 좋을 것이다. 온도를 높여주면 전극 반응들이 더 빠르게 일어날 수 있으며 그리하여 전지의 성능이 더 좋아진다.

연료 전지 반응으로서 바람직한 몇 가지 반응들에 대한 열역학적 성질(25 °C 에서)을 표 17-3 에 수록해 놓았다. 이론상 이들 산화될 수 있는 물질은 모두 전극 표면에서 산화 평형을 이루게 할 수 있다. 예로서 메탄올의 산화는 다음과 같이 나타낼 수 있다.

$$CH_3OH + H_2O \longrightarrow CO_2 + 6\,H^+ + 6\,e^-$$

이 전극을 산소 전극과 결합하면 1.21 V 의 열린-회로 전위를 갖는 전지가 된다. KOH 용액 속에서 메탄올과 공기를 이용하는 연료 전지는 TV 중개소의 전원으로 이용되고 있다. 표 17-3 의 반응들을 이용하면 약 1 V 의 전위를 갖는 전지를 만들 수 있다.

탄소가 이산화탄소로 산화되는 반응을 이용한 전지가 개발되었는데, 이것은 비교적 높은 온도(500 내지 700 °C)에서 기능을 발휘한다. 이 종류의 한 전지에서는 용융된 탄산나트륨 전해질을 사용하는데 그 전극에서는 다음과 같은 반응들이 일어난다.

양 극: $C + 2CO_3^{2-} \longrightarrow 3\,CO_2 + 4\,e^-$

음 극: $O_2 + 2\,CO_2 + 4\,e^- \longrightarrow 2\,CO_3^{2-}$

따라서 전체 반응은 다음과 같이 된다.

$$C + O_2 \longrightarrow CO_2$$

고온 전지에서의 한 가지 문제점은 구조물질이 대단히 빨리 부식될 수 있다는 것이다. 이 손실을 고온에서 작용시킴으로써 얻은 전력 증가와 저울질하지 않으면 안 된다.

메탄, 프로판 및 데칸과 같은 탄화수소는 100 °C 이하의 온도에서도 연료 전지 속에서 산화시킬 수 있다. 이러한 전지는 앞으로 더 많이 개선되리라고 기대된다.

전극에서 탄화수소를 직접 산화시키는 대신에 고온에서 다음과 같은 반응에 따라 이 물질을 수소로 바꾼 다음, 이 수소를 양극에서 산화시킬 수도 있다.

$$CH_4 + 2\,H_2O \longrightarrow CO_2 + 4\,H_2$$

장래에 가서는 이 방법이 탄화수소나 탄소를 전기 화학적 연료로 이용하는 가장 성공적인 방법이 될 수 있을 것이다.

《질 문》

17. 1 금속 이온 M^{+z}를 무한이 먼 곳으로부터 전위가 ϕ인 금속 M 속으로 가져오는 데 필요한 가역적 일을 가지고 (17.11)식의 물리적 뜻을 설명하라.

17. 2 수소 전극의 전위 ϕ_{H^+/H_2}를 a_{H^+}에 대해서 스케치하라. H_2에 대해서는 $f = p = 1$이라고 가정하라. Pt 전자와 수용액 속의 H^+ 이온의 "산일 경향"을 가지고 a_{H^+}가 증가하면 어째서 전극 전위가 증가하는지를 설명하라.

17. 3 표 17-1에서 K가 가장 활성이 큰 알칼리금속이라는 결론을 논리적으로 끌어내 보아라.

17. 4 보기 17.4에서와 같은 두 반쪽-전지로 된 전지를 생각해 보자. 이온 활동도가 얼마일 때 전지 전위의 측정치가 $\mathscr{E}^\circ = \mathscr{E}^\circ_{Fe^{3+}/Fe} - \mathscr{E}^\circ_{Sn^{4+}/Sn^{2+}}$로 되겠는가? 총체적인 반응의 평형 상수는 어떻게 계산할 수 있는가? 이 방법을 K를 직접 측정할 때의 난점과 비교해 보아라.

17. 5 표 17-1를 이용하여 금속 아연이 구리 이온을 환원시킬 수 있는지, 즉 $Zn(s) + Cu^{2+}(aq) \longrightarrow Zn^{2+}(aq) + Cu(s)$의 반응이 일어날 수 있는지 알아 보아라.

17. 6 전지는 일을 할 수 있다. 두 수소 전극 A와 B가 외부 회로에 의해서 연결되어 있고 두 산 용액 사이에 적절한 전기적 접촉이 이루어져 있다고 생각하자. 또 $a_{H^+}(A) = a_{H^+}(B)$이고, A와 B에 대해서 $f = p$라고 가정하라. 만일 $p_{H_2}(B) = 2p_{H_2}(A)$이면 실효 전지 반응이 기체 팽창과 맞먹는다는 것을 보여라. 외부 회로에 생성되는 전류를 가지고 이 전지가 하는 일을 논하라.

17. 7 17.10.1절의 전지-반응 예에서 주위로 흘러나가지 않는 에너지는 종국적으로 어떻게 되겠는가?

《연습 문제》

특별한 언급이 없는 한 아래 문제에서는 온도를 25 °C라고 가정한다.

17. 1 다음 전지의 기전력을 계산하고 그 전지 반응을 써 보아라(표 17-1를 이용하라).

a) $Ag(s)|Ag^+(aq,\ a_\pm = 0.01)\,\vdots\vdots\,Zn^{2+}(a_\pm = 0.1)|Zn(s)$
b) $Pt(s)|Fe^{2+}(aq,\ a_\pm = 1.0),\ Fe^{3+}(aq,\ a_\pm = 0.1)\,\vdots\vdots\,Cl^-(aq,\ a_\pm = 0.001)|AgCl(s)|Ag(s)$
c) $Zn(s)|ZnO_2^{2-}(aq,\ a_\pm = 0.1),\ OH^-(aq,\ a_\pm = 1)|HgO(s)|Hg(l)$

각 경우에 전지 반응은 반응식이 표시하는 방향에 따라서 자발적으로 일어날 수 있는가?

17. 2 문제 17.1의 각 전지 반응에 대한 평형 상수를 계산하라.

17. 3 표 17-1를 사용하여 다음 반응에 대한 평형 상수를 계산하라.

a) $Cu^{2+} + Zn \rightleftharpoons Cu + Zn^{2+}$
b) $Zn^{2+} + 4\,CN^- \rightleftharpoons Zn(CN)_4^{2-}$
c) $3\,H_2O + Fe = Fe(OH)_3(s) + \frac{3}{2}H_2$
d) $Fe + 2\,Fe^{3+} \rightleftharpoons 3\,Fe^{2+}$
e) $3\,HSnO_2^- + Bi_2O_3 + 6\,H_2O + 3\,OH^- \rightleftharpoons 2\,Bi + 3\,Sn(OH)_6^{2-}$
f) $PbSO_4(s) \rightleftharpoons Pb^{2+} + SO_4^{2-}$

17. 4 Edison 축전지는 다음과 같이 나타낼 수 있다.

$$Fe(s)|FeO(s)|KOH(aq,\ a)|Ni_2O_3(s)|NiO(s)|Ni(s)$$

그리고 그 반쪽-전지 반응을 다음과 같다.

$$Ni_2O_3(s) + H_2O(l) + 2\,e^- \rightleftharpoons 2\,NiO(s) + 2\,OH^- \qquad \phi^\circ = 0.4\ V$$
$$FeO(s) + H_2O(l) + 2\,e^- \rightleftharpoons Fe(s) + 2\,OH^- \qquad \phi^\circ = -0.87\ V$$

a) 전지 반응을 나타내어라.
b) 전지 전위는 KOH의 활동도에 어떻게 의존하는가?
c) 이 전지의 활성 물질 1 kg 당 얼마만한 전기 에너지를 얻을 수 있겠는가?

17. 5 다음과 같은 납 축전지에는 $\phi^\circ_{SO_4^{2-}/PbSO_4/Pb} = -0.356\ V$, $\phi^\circ_{SO_4^{2-}/PbO_2/PbSO_4/Pb} = +1.685\ V$ 이다.

$$Pb(s)|Pb\,SO_4(s)|H_2SO_4(aq,\ a)|PbSO_4(s)|PbO_2(s)|Pb(s)$$

a) 전지 전위가 2.016 V가 되게 하려면 황산의 활동도가 얼마가 되어야 하는가?
b) 전지 반응을 써라. 이 전지 반응은 자발적이 되겠는가?
c) 이 전지가 일을 하면(즉, 방전이 되면) 전지 반응이 한쪽으로 진행하고, 일을 소모할 때는(충전이 될 때) 반대 방향으로 반응이 진행한다. 충전 도중의 평균 전위가 2.15 V이면 1 mol의 PbO^2가 생성될 때 얼마만한 일이 소모되어야 하는가?
d) 전지 전위가 황산의 활동도에 어떻게 의존하는지 그림으로 나타내어라.
e) 이 전지에서 활성 물질 1 kg 당 얻어지는 전기적 에너지는 얼마나 되겠는가?

17. 6 다음과 같은 전지를 생각하자.

$$Hg(l)|Hg_2SO_4(s)|FeSO_4(aq, a = 0.01)|Fe(s)$$

a) 전지 반응을 써라.
b) 전지 전위, 이 전지 반응의 평형 상수, 그리고 25 °C에서의 표준 Gibbs 에너지 변화 ΔG°를 계산하라(표 17-1의 데이터를 이용하라).

17. 7 $SO_4^{2-}(aq,\ a_{SO_4^{2-}})|PbSO_4(s)|Pb(s)$ 전극의 전위는 $\phi^\circ = -0.356\ V$이다.
a) 이 전극이 오른쪽 전극이고 SHE가 왼쪽 전극이면 전지 전위가 -0.245 V이다. 이 전지에서 황산 이온의 활동도는 얼마인가?
b) 다음 전지의 전지 전위가 -0.220 V이면 황산의 평균 활동도가 얼마인가?

$$Pt(s)|H_2(g,\ 1\ atm)|H_2SO_4(aq,\ a)|PbSO_4(s)|Pb(s)$$

(왼쪽 전극이 SHE가 아니라는 것을 주의하라.)

17. 8 다음과 같은 전지를 생각하자.

$$Pt(s)|H_2(g,\ 1\ atm)|H^+(aq,\ a = 1),\ Fe^{3+}(aq),\ Fe^{2+}(aq)|Pt(s)$$

그리고 $Fe^{3+} + e^- \rightleftharpoons Fe^{2+}$ 전극의 전위는 $\phi^\circ = 0.771$ V이다.
a) 전지 전위가 0.712 V이면 Fe^{2+}와 Fe^{3+}의 농도비가 얼마이겠는가?
b) 전지 전위가 0.83 V이면 이들 농도비가 얼마이겠는가?
c) $\phi = 0.650$ V, 0.700 V, 0.750 V, 0.771 V, 0.800 V, 0.850 V 및 0.900 V일 때 Fe^{3+}로 있는 전체 철의 분율을 계산하라. 이 분율을 ϕ의 함수로 스케치하라.

17. 9 25 °C에서 다음과 같은 표준 전위를 알고 있다.

$$Pd^{2+}(aq) + 2\,e^- \rightleftharpoons Pd(s) \qquad \phi^\circ = 0.83\ V$$

$$PdCl_4^{2-}(aq) + 2e^- \rightleftharpoons Pd(s) + 4Cl^-(aq) \qquad \phi^\circ = 0.64\ V$$

a) $Pd^{2+} + 4Cl^- \rightleftharpoons PdCl_4^{2-}$ 반응의 평형 상수를 계산하라.

b) 이 반응의 ΔG° 를 계산하라.

17.10 a) Ag^+ 의 활동도가 각각 1, 0.1, 0.01 및 0.001일 때 $Ag^+|Ag$ 전극의 전위를 계산하라. 단 $\phi^\circ = 0.80\ V$ 이다.

b) AgI 의 K_{sp} 는 8.7×10^{-17} 이다. AgI 의 포화 용액 속에 있는 $Ag^+|Ag$ 전극의 전위는 얼마가 되겠는가?

c) $I^-|AgI|Ag$ 전극의 표준 전위를 계산하라.

17.11 NaCl 의 0.1 mol/L 를 $AgNO_3$ 로 적정하였다. 이 적정을 지시 전극으로서 은도선을 쓰고 또 적절한 기준 전극을 써서 전위차 계량법으로 측정하였다. 가해준 $AgNO_3$ 의 양이 화학량론적으로 필요한 양의 50%, 90%, 99%, 99.9%, 100%, 100.1%, 101%, 110% 및 150%를 가했을 때 은도선이 나타내는 전위를 계산하라(용액의 부피 변화는 무시하라).

$$\phi^\circ_{Cl^-/AgCl/Ag} = 0.222\ V \qquad \phi^\circ_{Ag^+/Ag} = 0.799\ V$$

그리고 염화은의 용해도 상수 $K_{sp} = 1.7 \times 10^{-10}$ 이다.

17.12 산화-환원 짝 $O + e^- \rightleftharpoons R$ 에서 산화꼴과 환원꼴의 활동도가 각각 단위값을 갖는다고 하자. 환원제 R이 다음 용액으로부터 1 atm 의 수소를 발생시키려면 이 짝의 ϕ° 값이 얼마가 되어야 하는가?

a) $a_{H^+} = 1$ 인 산 용액

b) pH = 7 인 물

c) 수소가 보다 더 좋은 환원제로 작용하는 것은 산 용액 속에서인가 또는 염기 용액 속에서인가?

17.13 문제 17.12에서와 똑같은 산화-환원 짝이 똑같은 조건 하에 있다고 생각하자. 다음과 같은 반쪽-전지 반응에 의해서 이 산화제가 아래 용액으로부터 1 atm 의 산소를 유리시키려면 이 짝의 ϕ° 값이 얼마가 되어야 하는가. 단,

$$O_2(g) + 2H_2O(l) + 4e^- = 4OH^- \qquad \phi^\circ = 0.401\ V$$

a) $a_{OH^-} = 1$ 인 염기 용액

b) $a_{H^+} = 1$ 인 산 용액

c) pH = 7 인 물

d) 산소가 보다 더 좋은 산화제로 작용하는 것은 산 용액 속에서인가 또는 염기 용액 속에서인가?

17.14 표 17-1 의 표준 전위값으로부터 Na^+, Pb^{2+}, Ag^+ 의 표준 몰 Gibbs 에너지 μ° 를 계산하라.

17.15 $\phi^\circ_{Fe^{3+}/Fe^{2+}} = +0.771\ V$, $\phi^\circ_{Fe^{2+}/Fe} = -0.440\ V$ 이다. 이 값으로부터 $\mu^\circ_{Fe^{3+}}$를 계산하라.

17.16 다음과 같은 반쪽-전지 반응을 생각하자.

$$AgCl(s) + e^- \rightleftharpoons Ag(s) + Cl^-(aq)$$

만일 $\mu^\circ(AgCl) = -109.721\ kJ/mol$ 이고, 또 이 반쪽-전지에 대해서 $\phi^\circ = +0.222\ V$ 이면 $Cl^-(aq)$의 표준 Gibbs 에너지가 얼마이겠는가?

17.17 다음과 같은 전지를 생각하자.

$$Pt|H_2(g,\ f=1)|HCl(aq,\ m)|AgCl(s)|Ag(s)$$

25 °C 에서 이 전지의 전위를 HCl 의 몰랄농도 m 의 함수로 나타낸 것이 다음이다.

m/(mol/kg)	$\mathscr{E}$/V	m/(mol/kg)	$\mathscr{E}$/V	m/(mol/kg)	$\mathscr{E}$/V
0.001	0.57915	0.02	0.43024	0.5	0.27231
0.002	0.54425	0.05	0.38588	1	0.23328
0.005	0.49846	0.1	0.35241	1.5	0.20719
0.01	0.46417	0.2	0.31874	2	0.18631
				3	0.15183

$\mathscr{E}^\circ$ 와 $m = 0.001$, 0.01, 0.1, 1, 3 일 때의 HCl 의 $\gamma_\pm$ 를 계산하라.

17.18 퀸히드론 전극의 표준 전위는 $\phi^\circ = 0.6994$ V 이며, 그 반쪽-전지 반응은 다음과 같다.

$$Q(s) + 2H^+ + 2e^- \rightleftharpoons QH_2(s)$$

$\phi^\circ_{Cl^-/Hg_2Cl_2/Hg} = 0.2676$ V 인 칼로멜 전극을 기준으로 써서 다음과 같은 전지를 만들었다고 하자.

$$Hg(l)|Hg_2Cl_2(s)|HCl(aq, a)|Q\cdot QH_2(s)|Au(s)$$

표 16-1에 준 HCl에 대한 활동도 계수를 이용하여 $m_{HCl} = 0.001$, 0.005, 0.01일 때 이 전지의 전위차를 계산하라.

17.19 H.S. Harned와 W.J. Hamer [*J. Amer. Chem. Soc.* **57**, 33(1935)]는 넓은 온도 범위와 H_2SO_4 의 여러 농도에서 다음 전지의 전위 값을 조사하였다.

$$Pb(s)|PbSO_4(s)|H_2SO_4(aq,\ a)|PbSO_4(s)|PbO_2(s)|Pt(s)$$

1 m H_2SO_4 용액에서는 0 °C 와 60 °C 사이에서 그 값이 다음과 같이 되었다.

$$\mathscr{E}/V = 1.91737 + 56.1(10^{-6})t + 108(10^{-8})t^2$$

여기서 t 는 섭씨 온도이다.

a) 0 °C 와 25 °C 에서 이 전지 반응의 ΔG, ΔH 및 ΔS 를 계산하라.
b) 25 °C 에서 반쪽-전지 반응과 그 전위는 다음과 같다.

$$PbO_2(s) + SO_4^{2-} + 4H^+ + 2e^- \rightleftharpoons PbSO_4(s) + 2H_2O \qquad \phi^\circ = 1.6849 \text{ V}$$
$$PbSO_4(s) + 2e^- \rightleftharpoons Pb(s) + SO_4^{2-} \qquad \phi^\circ = -0.3553 \text{ V}$$

1 m H_2SO_4 에서의 평균 이온 활동도 계수를 25 °C 에서 계산하라. 물의 활동도는 1 이라고 가정하라.

17.20 다음과 같은 전지를 생각하자.

$$Pt(s)|H_2(g,\ f=1)|H_2SO_4(aq,\ a)|Hg_2SO_4(s)|Hg(l)$$

25 °C 에서 이 전지의 전위는 4 m H_2SO_4 일 때 0.61201 V 이고, $\mathscr{E}^\circ = 0.61515$ V 이다. 4 m H_2SO_4 에서의 평균 이온 활동도 계수를 계산하라[H.S. Harned and W.J. Hamer, *J. Amer. Chem. Soc.* **57**, 27(1933)].

17.21 4 m H_2SO_4 일 때는 문제 17.19 에서의 전지의 전위가 25 °C 에서 2.0529 V 이다. 문제 17.20 의 결과를 이용하여 4m H_2SO_4 속에 있는 물의 활동도값을 계산하라.

17.22 다음과 같은 전지를 생각하자.

$$Pt(s)|H_2(g,\ f=1)|HCl(aq,\ m=0.1)|AgCl(s)|Ag(s)$$

0 °C 와 90 °C 사이에서 이 전지의 전위는 다음과 같이 주어진다.

$$\mathscr{E}/\mathrm{V} = 0.35510 - 0.3422(10^{-4})t - 3.2347(10^{-6})t^2 + 6.314(10^{-9})t^3$$

여기서 t는 섭씨 온도이다. 전지 반응을 써라. 그리고 50 °C에서 이 전지에 대한 ΔG, ΔH 및 ΔS를 계산하라.

17.23 이온 운반이 수반되지 않는 다음 전지의 전지 반응을 쓰고 그 전위를 계산하라.

a) $Pt(s)|H_2(g, p = 1\ atm)|HCl(aq, a)|H_2(g, p = 0.5\ atm)|Pt(s)$

b) $Zn(s)|Zn^{2+}(aq, a = 0.01) \vdots\vdots Zn^{2+}(aq, a = 0.1)|Zn(s)$

17.24 이온 운반이 수반되는 다음 전지의 전위는 25 °C에서 0.02802 V이다.

$$Pt(s)|H_2(g, f = 1)|HCl(aq, a_\pm = 0.009048) \vdots HCl(aq, a_\pm = 0.01751)|H_2(g, f = 1)|Pt(s)$$

이 전지가 이온 운반을 수반하지 않을 때 전위는 0.01696 V이다. H^+이온의 운반율과 접촉 전위를 계산하라.

17.25 다음과 같은 반응을 생각하자.

$$Sn + Sn^{4+} \rightleftharpoons 2\,Sn^{2+}$$

$a_{Sn^{2+}} = 0.100$인 Sn^{2+} 용액과 금속 주석이 평형을 이루고 있으면 Sn^{4+}이온의 평형 활동도가 얼마이겠는가? 표 17-1의 데이터를 이용하라.

17.26 + 극 칸에 100 cm³의 1.00 mol/L $CuSO_4$ 용액이 들어있고, − 전극 칸에 100 cm³의 1.00 mol/L $ZnSO_4$ 용액이 들어있는 Daniell 전지를 생각하자. 아연 전극은 충분히 커서 아연 때문에 반응이 중단되지는 않는다.

a) 황산구리가 0%, 50%, 90%, 99%, 99.9% 그리고 99.99% 소모되었을 때의 전지 전위를 계산하라.

b) 이 전지로부터 끌어낼 수 있는 전체 전기 에너지는 얼마냐? $\Delta G_{total} = \int_0^{\xi_e} (\partial G/\partial \xi)_{T,p}\, d\xi$ 임을 주의하라.

c) 전지 전위를 뽑아낸 전체 에너지의 분율의 함수로서 도시하라.

17.27 Fe^{2+}와 Fe^{3+} 이온의 농도 합이 0.100 mol/L인 용액 100 mL 속에 백금 전극을 담궜다.

a) Fe^{3+}로서 존재하는 이온의 분율을 전극 전위의 함수로 스케치하라.

b) 이 용액에 Sn^{2+}를 가하면 $2\,Fe^{3+} + Sn^{2+} \rightleftharpoons 2\,Fe^{2+} + Sn^{4+}$의 반응이 일어난다. 처음에 철은 모두 Fe^{3+}의 상태로 존재한다고 가정하라. 0.100 mol/L의 Sn^{2+} 용액을 40 mL, 49.0 mL, 49.9 mL, 49.99 mL, 50.0 mL, 50.01 mL, 50.10 mL, 51.0 mL 그리고 60 mL 만큼 가했을 때의 백금의 전위를 계산하여 그 결과를 도시하라.

18
표면 현상

18.1 표면 에너지와 표면 장력

구형 분자가 촘촘히 쌓인 구조로 되어 있는 고체를 생각하자. 분자들은 응집 에너지 E(몰당), 즉 $\epsilon = E/N$(분자당)에 의해서 결합되어 있다. 각각의 분자는 12개의 다른 분자와 결합하고 있으며, 그 결합의 세기는 $\epsilon/12$이다. 표면층이 촘촘히 쌓여져 있다면 표면 위의 한 분자는 단지 9개의 이웃 분자와 결합하고 있다. 따라서 표면 분자의 총 결합 에너지는 $9\epsilon/12 = \frac{3}{4}\epsilon$이다. 이와 같은 대략적인 생각으로부터 표면 분자는 내부 분자의 결합 에너지의 75% 만으로써 결합되어 있다고 말할 수 있다. 따라서 표면 분자의 에너지는 고체 내부 분자의 에너지보다 높고 고체 내부에 있는 분자를 표면으로 옮기기 위해서는 에너지가 소비되어야만 한다. 이것은 액체에 대해서도 똑같이 말할 수 있다.

그림 18-1에서 처럼 철사틀 위에 펼쳐진 액체 막을 생각해 보자. 막의 넓이를 dA만큼 증가시키려면 적절한 양의 일을 해주어야 한다. 단위 넓이당의 표면 Gibbs에너지를 γ라고 하면 이 막의 Gibbs에너지는 $\gamma\, dA$만큼 증가한다. 이 Gibbs에너지 증가는 철사의 움직임이 f란 힘의 저항을 받는다는 것을 의미한다. 따라서 철사가 dx만큼의 거리를 움직이려면 $f\,dx$만큼의 일이 필요하다. 이들 두 에너지 증가량은 같다. 따라서,

$$f\,dx = \gamma\, dA$$

움직이는 철사의 길이를 l이라고 하면 넓이의 증가는 $2(l\,dx)$이다. 막은 양쪽에 표면을 가지고 있으므로 2란 인자가 나타난다. 따라서,

$$f dx = \gamma(2\,l) dx \quad \text{즉} \quad f = 2\,l\,\gamma$$

움직이는 철사와 접촉된 막의 길이는 양쪽에서 각각 l cm로서 전체로 $2\,l$ cm이고, 막과 접촉되어 있는 철사의 단위 길이 마다에 작용하는 힘은 $f/2\,l = \gamma$이다. 표면 장력은 그 액체의 표면 넓이 증가를 억제하는 힘으로서 작용한다. 표면 장력의 SI 단위는 newton/meter이며, 수치상으로

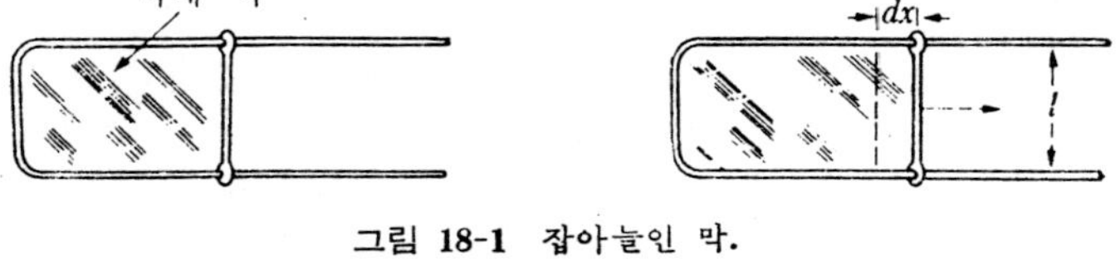

그림 18-1 잡아늘인 막.

표 18-1 20°C에서의 액체의 표면 장력.

액 체	$\gamma/(10^{-3}\ N/m)$	액 체	$\gamma/(10^{-3}\ N/m)$
아세톤	23.70	에틸에테르	17.01
벤젠	28.85	*n*-헥산	18.43
사염화탄소	26.95	메틸알코올	22.61
초산에틸	23.9	톨루엔	28.5
에틸알코올	22.75	물	72.75

는 넓이에 따른 표면 Gibbs에너지의 증가율 joule/m² 와 같다. 표 18-1에 몇 가지 액체의 표면 장력 값을 실었다.

18.2 표면 장력의 크기

앞의 절에서 대충 추정한 값에 의하면 표면 원자는 내부 원자보다 대략 25% 정도의 높은 에너지를 가지고 있다. 이 여분의 에너지는 보통 크기의 계에서는 나타나지 않는다. 그것은 표면에 있는 분자수가 계의 총분자수에 비해 무시할 수 있을 정도로 작기 때문이다. 한 모서리가 a인 정6면체를 생각해 보자. 분자 지름이 10^{-10} m라면 $10^{10}a$개의 분자가 한 모서리 위에 놓일 수 있고, 이 6면체 속의 분자수는 $(10^{10}a)^3 = 10^{30}a^3$이다. 각 면 상에는 $(10^{10}a)^2 = 10^{20}a^2$개의 분자가 있을 것이고 6면이 있으므로 표면 분자의 총수는 $6(10^{20}a^2)$이다. 따라서 표면 위에 있는 분자의 분율은 $6(10^{20}a^2)/10^{30}a^3 = 6\times10^{-10}/a$이다. 만일 $a = 1$ meter이면 100억개 중의 6개 분자가 표면상에 있게 되며, 또 $a = 1$ cm이면 1억개 중의 6개 분자가 표면 상에 있게 된다. 결과적으로 표면 에너지를 특별히 고려하는 것이 아니면 앞서의 모든 열역학적 토론에서 한 바와 같이 표면 에너지의 존재를 무시할 수 있다.

계의 부피에 대한 표면의 비율이 매우 크면 표면 에너지의 영향이 싫든 좋든 나타나게 된다. 우리는 표면 에너지가 전체 에너지의 1% 정도를 기여하게 되는 알맹이의 크기를 계산할 수 있다. 계의 에너지는 다음과 같이 쓸 수 있다.

$$E = E_v V + E_s A$$

여기서 V와 A는 부피와 넓이이고, E_v와 E_s는 각각 단위 부피당 에너지와 단위 넓이당 에너지이다. 본체와 표면에서 한 분자당 에너지를 ϵ_v와 ϵ_s, 그리고 단위 부피와 단위 넓이 속의 분자수를 각각 N_v와 N_s라고 하면 $E_v = \epsilon_v N_v$ 및 $E_s = \epsilon_s N_s$이다. 따라서,

$$E = E_v V\left(1 + \frac{E_s A}{E_v V}\right) = E_v V\left(1 + \frac{N_s \epsilon_s A}{N_v \epsilon_v V}\right)$$

그런데 $N_s = 10^{20}\ m^{-2}$ 및 $N_v = 10^{30}\ m^{-3}$이므로 $N_s/N_v = 10^{-10}$ m이다. 그리고 또 $(\epsilon_s/\epsilon_v) = 1.25 \approx 1$이다. 그러므로,

$$E = E_v V\left(1 + 10^{-10}\frac{A}{V}\right)$$

둘째 항이 첫째 항의 값의 1%가 되려면 $0.01 = 10^{-10}(A/V)$이다. 따라서 $(A/V) = 10^8$이어야 한다. 정6면체의 한 모서리가 a라면 넓이는 $6a^2$이고 부피는 a^3이다. 그러므로, $(A/V) = 6/a$이다. 따라서 $6/a = 10^8$이고 $a = 6\times10^{-8}$ m $= 0.06\ \mu$m이다. 이것은 표면 에너지의 영향이 뚜렷이 나타나게 되는 알맹이의 최대 크기로서, 약간 개략적으로 얻은 것이기는 하지만

합리적인 값이다. 실제로 직경이 0.5 μm 이하인 알맹이에서는 표면 효과가 현저하게 나타난다.

18.3 표면 장력의 측정

원리상으로는 그림 18-1에 나타낸 것과 같은 철사틀을 가지고 액체막을 잡아늘리는 데 필요한 힘을 측정하여 표면 장력을 측정할 수 있다. 그러나 실제로는 다른 편리한 장치들을 이용하고 있다. 그림 18-2에 나타낸 duNouy 장력계가 바로 이러한 장치들 중의 하나이다. 저울대 끝에다 아주 작은 질량을 매달은 다음 이 저울대를 수평으로 유지시키는 데 필요한 비틀림 척도를 정하면 비틀림 줄에 대한 눈금을 매길 수 있다. 표면 장력을 측정하기 위해서는 저울대에다 고리를 매달고, 이어서 받침대에 올려 놓은 시험 액체를 이 고리가 잠길 때까지 서서히 올려준다. 그리고 받침대를 수평으로 해준다(비틀림 줄을 눈금 영에 놓기 위해서). 다음에 비틀림 줄을 돌려 고리를 서서히 끌어내면서 저울대를 수평으로 유지해 주기 위하여 받침대의 위치를 밑으로 내려준다. 고리가 액체에서 떨어져 나오면 비틀림 척도 상의 눈금을 읽고 이것으로부터 여기에 해당하는 힘 F를 환산한다. 이 힘은 고리의 길이 $2(2\pi R)$에다 단위 길이당의 힘 γ를 곱한 것과 같다. 따라서,

$$F = 2(2\pi R)\gamma \tag{18.1}$$

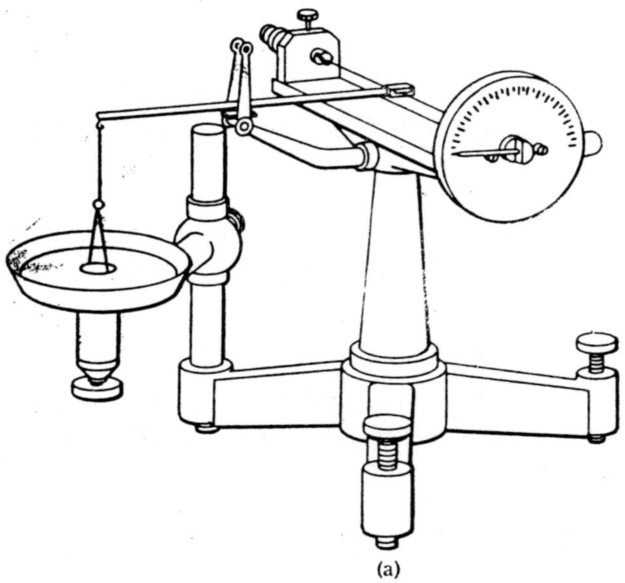

(a)

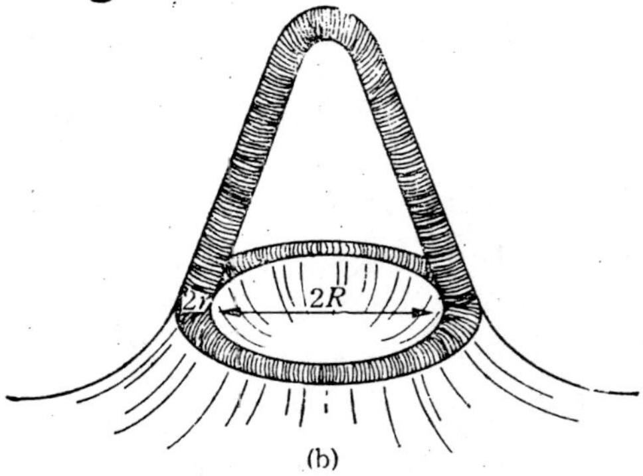

(b)

그림 18-2 (a) 표면 장력을 측정하는 데 사용하는 duNouy 장력계.
(b) 고리의 자세한 그림(F. Daniels, J.H. Matthews, P. Bender, R.A. Alberty, *Experimental Physical Chemistry*, 5th ed., McGraw-Hill, 1956).

고리의 길이를 2배로 취한 것은 액체가 고리의 안과 바깥의 양쪽과 접하고 있기 때문이다[그림 18-2(b)]. 이 방법을 이용하는 데는 끌려 올라오는 액체 모양을 고려해 주고, 또 고리 철사체의 직경($2r$)을 고려해 주는 실험적 보정 인자 f가 필요하다. 그리하여 (18.1)식을 다음과 같이 쓴다.

$$F = 4\pi R\gamma f \tag{18.1 a}$$

R과 r의 함수로 표시된 보정 인자 f의 표를 문헌에서 찾아볼 수 있다. (18.1 a)식을 사용하면 이 방법으로 상당히 정확한 결과를 얻을 수 있다. (18.1)식은 너무 조잡하여 정확한 연구 목적에는 적합하지 않다.

Wilhelmy의 슬라이드 방법은 duNouy 장력계와 약간 비슷하다. 현미경용 슬라이드나 운모판 같은 대단히 얇은 슬라이드 판을 천칭의 한쪽 팔에 걸은 다음 용액 속에 잠근다(그림 18-3). 이 슬라이드의 둘레의 길이를 p라고 하면 이 슬라이드는 표면 장력 때문에 밑쪽으로 γp만큼의 힘을 받는다. 따라서 슬라이드가 표면과 접하고 있을 때와 공기 중에 매달려 있을 때 밑방향으로 끄는 힘을 각각 F와 F_a라고 하면 다음과 같은 관계가 성립해야 한다.

$$F = F_a + \gamma p \tag{18.2}$$

여기서는 잠기는 깊이를 무시하였는데, 만일 이것을 무시할 수 없을 때는 (18.2)식의 우변으로부터 부력을 빼주어야 한다. 이 방법은 γ의 차를 측정하는 데 특히 편리하다(예로서 Langmuir 접시로 이용하는 측정에서는 담그는 깊이가 일정하기 때문).

다른 모든 분단법에서와 마찬가지로 방울-무게법에서도 액체 기둥을 두동강나지 않게 붙들어 놓고 있는 힘은 그 기둥의 둘레와 표면 장력과의 곱과 같다고 가정한다. 그림 18-4(a)에서와 같이 이 힘이 액체 기둥의 아래 부분의 질량과 균형을 이루면 액체 방울이 끊어질 수 있으며, 따라서 다음과 같은 식이 성립한다.

$$2\pi R\gamma = mg \tag{18.3}$$

여기서 m은 액체 방울의 질량이다. 그림 18-4(b)와 같은 장치 속의 액체량을 조절하면 방울의 형성 시간을 조절할 수 있다. 이 방법을 이용해서 정확한 결과를 얻으려면 방울이 서서히 형성되어야 함은 물론이지만 이렇게 하더라도 실험적 보정 인자를 쓰지 않으면 안 된다. 이 보정 인

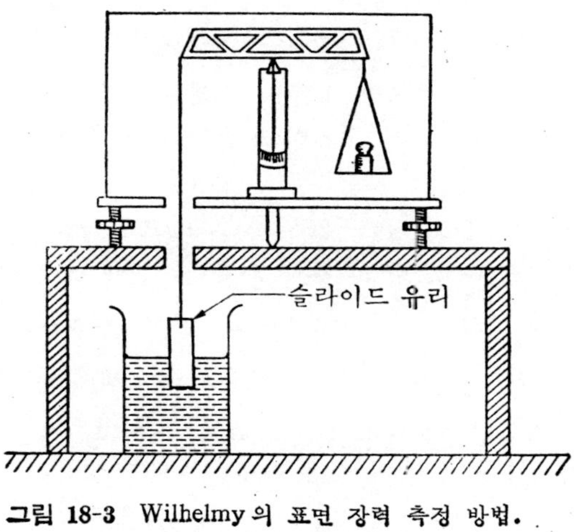

그림 18-3 Wilhelmy의 표면 장력 측정 방법.

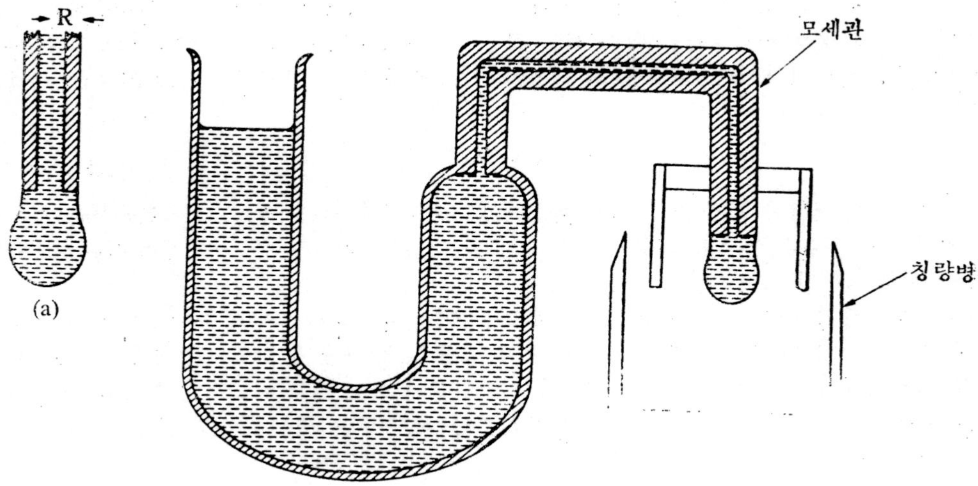

그림 18-4 방울-무게 방법에 의한 표면 장력 측정(F. Daniels, J.H. Matthew, P. Bender, R.A. Alberty, *Experimental Physical Chemistry*, 5th ed., McGraw-Hill, 1956).

자들의 표를 문헌에서 찾을 수 있다.

이 이외의 다른 측정 방법들을 생각하려면 우선 이 계에 대한 열역학적 관계를 알 필요가 있다.

18.4 열역학적 관계식

두 개의 상과 그들 사이의 계면을 생각해 보자. 이 계가 원통형 경계면 B로 둘러싸인 두 개의 상 M_1과 M_2, 그리고 계면 I의 부분으로 되어 있다고 하자[그림 18-5(a)]. 이 계의 계면이 새로운 위치 I'으로 움직였다면 이에 따른 에너지의 변화는 다음과 같이 될 것이다.

$$M_1\text{에서는}: \quad dU_1 = T\,dS_1 - p_1\,dV_1 \tag{18.4}$$

$$M_2\text{에서는}: \quad dU_2 = T\,dS_2 - p_2\,dV_2 \tag{18.5}$$

$$\text{표면에서는}: \quad dU^\sigma = T\,dS^\sigma + \gamma\,dA \tag{18.6}$$

마지막 식은 다른 식들과 비슷하게 쓰여졌는데, 그것은 $dW = -\gamma\,dA$이기 때문이다. 표면은 분명히 부피를 갖지 않으므로, 표면에 있어서는 $p\,dV$항이 존재하지 않는다. 총 에너지 변화는 다음과 같다.

$$\begin{aligned} dU = dU_1 + dU_2 + dU^\sigma &= T\,d(S_1 + S_2 + S^\sigma) - p_1\,dV_1 - p_2\,dV_2 + \gamma\,dA \\ &= T\,dS - p_1\,dV_1 - p_2\,dV_2 + \gamma\,dA \end{aligned}$$

전체 부피는 $V = V_1 + V_2$이므로 $dV_1 = dV - dV_2$이다. 따라서,

$$dU = T\,dS - p_1\,dV + (p_1 - p_2)\,dV_2 + \gamma\,dA \tag{18.7}$$

엔트로피와 부피가 일정하다면 $dS = 0$, 그리고 $dV = 0$이고, 평형에서는 에너지가 극소값을 가지므로 $dU = 0$이다. 이 결과 위의 식은 다음과 같이 된다.

$$(p_1 - p_2)\,dV_2 + \gamma\,dA = 0 \tag{18.8}$$

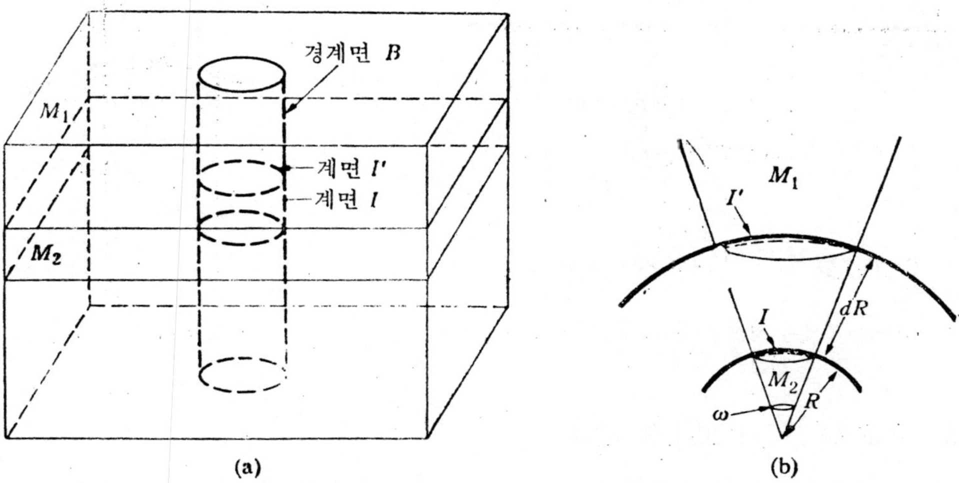

그림 18-5 계면의 이동. (a) 평면 계면. (b) 구형 계면.

그림 18-5(a)에 보인 바와 같이 계면이 평면이고 경계면 B가 계면에 수직인 측면을 갖는 원통이라면 계면의 넓이는 변하지 않는다. 즉, $dA=0$이다. 한편 $dV_2 \neq 0$이므로 (18.8)식을 만족시키려면 $p_1=p_2$이어야 한다. 따라서 평면에 의해서 나누어진 두 상은 같은 크기의 압력을 갖는다.

계면이 평면이 아니면 계면의 이동에 따라 그 넓이가 변한다. 이렇게 되면 두 상에서의 압력이 같지 않게 된다. 그림 18-5(b)에서와 같이 경계면이 원뿔형이어서 계면이 곡률 반경 R의 구면 뚜껑과 같다고 생각하자. 그러면 이 뚜껑의 넓이는 $A=\omega R^2$이고, 이 원뿔과 뚜껑으로 둘러싸인 M_2의 부피는 $V_2=\omega R^3/3$이다. 여기서 ω는 이 뚜껑에 대한 입체각이다. 한편 $dV_2 = \omega R^2\,dR$, 그리고 $dA=2\omega R\,dR$이다. 따라서 (18.8)식은 다음과 같이 된다.

$$(p_2-p_1)\omega R^2\,dR=\gamma\,2\,\omega R\,dR$$

이 식은 다음과 같이 간소화된다.

$$p_2=p_1+\frac{2\gamma}{R} \tag{18.9}$$

(18.9)식은 볼록 표면을 가진 상의 안쪽에서는 압력이 바깥쪽에서보다 크다는 중요한 결과를 나타내고 있다. 곡면 안팎의 압력의 차는 다음 절에서 배울 모세관 오름과 모세관 내림의 물리적 이유가 된다. 기포의 경우에는 내부의 압력이 바깥의 압력보다 $4\gamma/R$만큼 크다는 것을 주의하라. 이것은 이 표면이 2개의 계면을 갖기 때문에 (18.9)식으로 주어지는 값의 2배가 되기 때문이다.

표면이 구형이 아니고 R과 R'의 주 곡률 반경을 가질 때는 (18.9)식이 다음과 같이 된다.

$$p_2=p_1+\gamma\left(\frac{1}{R}+\frac{1}{R'}\right) \tag{18.10}$$

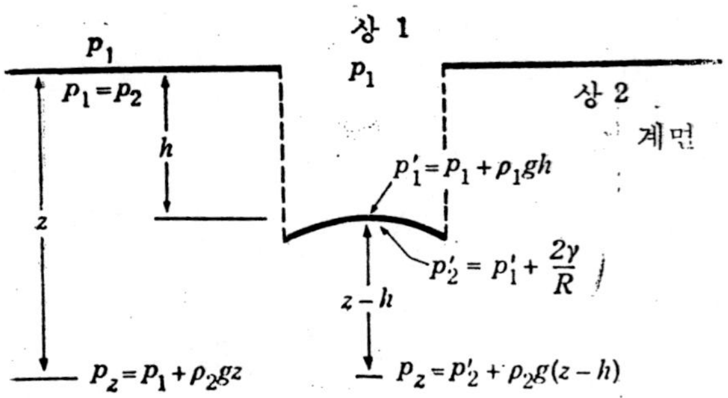

그림 18-6 표면의 평면 부분과 곡면 부분 아래 에서의 압력.

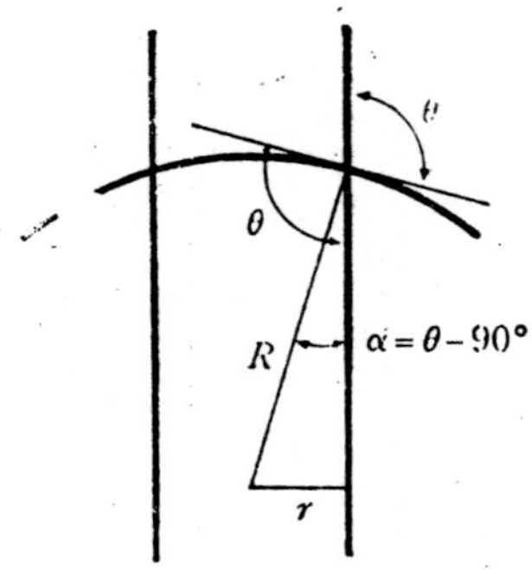

그림 18-7 접촉각.

18.5 모세관 오름과 모세관 내림

모세관의 일부를 액체 속에 담그면 관 속에서는 액체-증기 계면이 곡면을 이루고 관 밖에서는 이 계면이 평면을 이루기 때문에 관의 안쪽과 바깥쪽에서의 액체면의 높이가 달라진다. 계에 작용하는 중력의 영향을 고려하고 (18.9)식을 이용하면 액체면의 높이 차, 표면 장력 및 두 상의 상대적 밀도 사이의 관계를 구할 수 있다.

그림 18-6은 상 1과 상 2사이의 경계면이 대부분 평면을 이루고 있으나 일부분에서는 상 2가 볼록하게 되어 있는 계를 나타낸 것이다. 계면의 높이는 평면인 부분과 곡면인 부분이 다르다. 두 상의 밀도는 ρ_1과 ρ_2이다. 두 상을 분리하고 있는 평표면에서의 상 1의 압력을 p_1이라고 하자. 이 위치를 아래쪽으로 뻗힌 z축의 원점($z=0$)으로 취하자. 그러면 다른 위치에서의 압력은 그림에 표시한 것과 같이 된다. p'_1과 p'_2은 곡계면에서의 상 1과 2쪽의 압력이며, 이들 사이에는 (18.9)식과 같은 관계가 성립한다. 이 계가 평형에 있으려면 계면의 평면이나 곡면 부분보다 아래에 있는 깊이 z에서의 압력이 어느 곳에서나 다 같아야 한다. 그렇지 않으면 같은 깊이 z에서도 한 위치로부터 다른 위치로 물체의 흐름이 일어날 것이다. 깊이 z에서의 압력이 같으려면 다음과 같은 조건이 성립해야 한다.

$$p_1 + \rho_2 gz = p'_2 + \rho_2 g(z-h) \tag{18.11}$$

$p'_2 = p'_1 + 2\gamma/R$ 및 $p'_1 = p_1 + \rho_1 gh$이므로 (18.11)식은 다음과 같이 된다.

$$(\rho_2 - \rho_1)gh = \frac{2\gamma}{R} \tag{18.12}$$

이 식은 모세관 내림 h와 표면 장력, 두 상의 밀도 및 곡면의 곡률 반경 사이의 관계를 나타낸다. 여기서 우리는 액체상인 상 2의 표면이 볼록하다고 가정하였다. 만일 액체의 표면이 오목하다면 R이 음수가 되며 따라서 모세관 내림 h가 음이 된다. 그러므로 오목 표면을 갖는 액체는 모세관 오름을 나타낸다. 물은 유리 모세관 속을 올라가고 수은은 유리관 속을 내려간다.

모세관 내림으로부터 표면 장력을 계산해 내는 데 (18.12)식을 쓰려면, 곡률 반경과 관의 반경 사이의 관계를 알아야 한다. 그림 18-7은 곡률 반경 R, 관의 반경 r 및 접촉각 θ 사이의 관계를 나타낸 것이다. 접촉각은 관의 벽과 관의 벽에서 액체 표면에 그은 접선이 액체쪽에서 이루는 각이다. 이 그림에 의하면 $r/R = \sin\phi = \sin(\theta - 90°) = -\cos\theta$ 이며 따라서 $R = -r/\cos\theta$ 이다. 따라서 관의 반경을 가지고 (18.12)식을 다음과 같이 나타낼 수 있다.

$$-\gamma\cos\theta = \frac{1}{2}(\rho_2 - \rho_1)grh$$

h는 모세관 내림이므로 이것을 모세관 오름 $-h$로 대치하는 것이 편리하다. 이렇게 하면 음의 부호가 없어진다.

$$\gamma\cos\theta = \frac{1}{2}(\rho_2 - \rho_1)grH \qquad (18.13)$$

(18.13)식에서 H는 모세관 오름이다. $\theta < 90°$ 이면 액체의 메니스커스는 오목면이고 H는 양이다. $\theta > 90°$ 일 때는 메니스커스는 볼록면이고, $\cos\theta$ 나 H는 모두 음이 된다.

관을 적시는 액체는 θ의 값이 $90°$ 보다 작고 한편 관을 적시지 않는 액체는 $90°$ 보다 큰 값을 갖는다. 측정을 할 때는 $\theta = 0°$(또는 $180°$)가 되기에 충분할 정도로 가는 관을 선택한다. θ의 값을 이와 같이 선택하는 이유는 θ값을 다르게 할 경우 재현성이 좋지 않기 때문이다.

18.6 대단히 작은 알맹이의 성질

알맹이가 충분히 작으면 표면 에너지에 의해서 이 계의 성질이 큰 영향을 받는다. 이러한 예로서 작은 액체 방울의 증기 압력 증가와 고운 알맹이의 용해도 증가를 들 수 있다.

18.6.1 증기 압력 증가

액체와 증기의 두 상이 평면 계면을 갖고 평형을 이루고 있다고 하자. 이 때의 증기 압력을 p_0라고 하자. 이 때는 계면이 평면이므로 (18.9)식에 의해서 액체 내부의 압력도 또한 p_0가 된다. 여기에 반해서 반경이 r인 작은 액체 방울을 떠있게 했을 때에는 표면이 곡률을 가지므로 (18.9)식에 의해서 액체 방울 내부의 압력이 기체상의 압력보다 높다. 이 압력 증가 때문에 액체의 화학 퍼텐셜이 $d\mu^l = \overline{V}^l dp^l$ 만큼 증가한다. 여기서 $\overline{V}^l$은 액체의 몰부피이다. 따라서 증기가 이 액체 방울과 평형을 이루려면 그 화학 퍼텐셜이 그만큼 증가해야 할 것이다. 즉,

$$d\mu^g = d\mu^l$$

T를 일정하게 놓고 (10.22)식의 기본 관계를 넣어주면 이 식이 다음과 같이 된다.

$$\overline{V}^g dp = \overline{V}^l dp^l$$

여기서 p는 증기의 압력이다. 이 증기가 이상적 행동을 한다고 가정하고 이 식을 적분하여 보자.

$$\int_{p_1}^{p} \frac{RT}{p} dp = \int_{p_1}^{p_2} \overline{V}^l dp^l$$

따라서 $\overline{V}^l$이 일정하면 다음과 같이 된다.

$$RT\ln\frac{p}{p_1} = V_m^l(p_2 - p_1)$$

그리고 계면 양쪽에서의 압력차에다 (18.9)식을 넣어준다.

$$RT\ln\frac{p}{p_1} = \bar{V}^1\left(\frac{2\gamma}{r}\right)$$

$r \to \infty$이면 계면이 평면으로 되고 $p = p_1 = p_0$가 된다. 따라서 이 식은 다음과 같이 된다.

$$\ln\frac{p}{p_0} = \frac{\bar{V}^1}{RT}\,\frac{2\gamma}{r} \qquad (18.14)$$

M을 몰질량, 그리고 ρ를 밀도라고 하면 $\bar{V}^1 = M/\rho$이다. 25 °C의 물의 경우에는 $M = 0.018$ kg/mol, $\rho = 1.0 \times 10^3$ kg/m³, $\gamma = 72 \times 10^{-3}$ N/m이다. 따라서

$$\ln\frac{p}{p_0} = \left(\frac{0.018\ \text{kg/mol}}{1.0 \times 10^3\ \text{kg/m}^3}\right)\left(\frac{2(72 \times 10^{-3}\ \text{N/m})}{8.314\ \text{JK}^{-1}\text{mol}^{-1}(298\text{K})r}\right) = \frac{1.0 \times 10^{-9}\ \text{m}}{r}$$

p/p_0의 값을 r의 함수로 나타내면 다음과 같다.

r/m	10^{-6}	10^{-7}	10^{-8}	10^{-9}
p/p_0	1.0010	1.010	1.11	2.7

반경이 10^{-9}m인 물방울은 그 직경의 길이가 약 물분자 10개의 길이에 맞먹으며, 이 물방울 속에 약 100개의 물분자가 들어 있다. 따라서 액체상이 없을 때 수증기를 압축하면 압력이 포화 증기 압력의 2.7배까지 올라가야 100개의 분자로 된 물방울이 생길 수 있다. 따라서 수증기가 응집할 수 있는 외부핵이 없을 때는 증기가 상당한 정도까지 과포화될 수 있다. 이 효과를 이용한 것이 Wilson의 안개 상자인데, 여기서는 포화 증기를 단열 팽창시켜서 과포화 상태를 만든다. 이 과포화 증기는 응축되지 않으며 하전된 알맹이(α-선이나 β-선)를 통과시켜 기체 상태의 이온을 만들어 주어야 비로소 여기에 물방울이 응축되고, 그 결과 하전 알맹이의 경로가 나타나게 된다. 마찬가지로 구름 속에도 고운 알맹이 상태의 AgI를 씨앗으로서 뿌리면 포화 대기속의 물이 그 위에 응축되어 비나 눈이 형성된다.

(18.14)식으로 설명되는 또 한 가지 현상은 포화 증기 압력보다 낮은 압력의 증기가 가는 모세관 속에 응축되는 현상이다. 이 때는 이 증기의 액체가 모세관을 적실 수 있어야 하며, r은 음이고 따라서 액체 표면이 오목하다. 마찬가지 이치로 모세관 속의 액체는 포화 증기 압력보다 낮은 압력에서 증발할 수가 있다.

18.6.2 용해도 증가

고체의 용해도 역시 알맹이 크기에 의존한다. 용해 평형 조건은 다음과 같이 나타낼 수 있다.

$$\mu^{\text{sln}} = \mu^{\text{s}}$$

여기서 첨자 sln은 용액을 표시한다. 용액이 이상적이면 몰분율 용해도 x라고 할 경우 화학 퍼텐셜이 다음과 같이 표시된다.

$$\mu^{\text{sln}} = \mu^{\circ 1} + RT\ln x$$

한편 고체에 대해서는 다음과 같다.

$$\mu^{\text{s}} = \mu^{\circ \text{s}} + \gamma\bar{A}$$

여기서 $\bar{A}$는 고체 1 mol의 넓이이다. 1 mol의 이 고체가 한변이 a인 n개의 작은 입방체로 되어있다면 그 몰부피 $\bar{V}^{\text{s}}$를 다음과 같이 나타낼 수 있다.

$$\bar{V}^s = na^3 \quad \text{또는} \quad n = \frac{\bar{V}^s}{a^3}$$

그리고 몰표면적 $\bar{A}$는 다음과 같이 된다.

$$\bar{A} = n(6\,a^2) = \frac{\bar{V}^s}{a^3} 6\,a^2 = \frac{6\,\bar{V}^s}{a}$$

이 $\bar{A}$의 값을 이용하면 평형 조건이 다음과 같이 된다.

$$\mu^{\circ 1} + RT\ln x = \mu^{\circ s} + \bar{V}^s\left(\frac{6\gamma}{a}\right)$$

만일 a가 ∞로 되면 x는 큰 결정의 용해도 x_0와 같게 된다. 따라서

$$\mu^{\circ 1} + RT\ln x_0 = \mu^{\circ s}$$

이 식을 그 앞의 식으로부터 빼주고 정리하면 다음과 같은 결과를 얻을 수 있다.

$$\ln\frac{x}{x_0} = \frac{\bar{V}^s}{RT}\left(\frac{6\gamma}{a}\right) \tag{18.15}$$

이 식은 (18.14)식과 같으며 다만 $(2/r)$대신에 $(6/a)$가 들어갔다는 점만이 다르다. 결정은 실제에 있어서 입방체가 아니며 일방적으로 인자 $(6/a)$를 (α/a)로 놓는다. 여기서 α는 한 자리의 수치를 갖는 인자로서 결정의 형태에 의존한다. 그리고 a는 결정의 평균 직경이다. (18.14)식은 고운 액체 방울의 증기 압력이 증가하는 사실을 나타내는 것이지만 (18.15)식은 고운 분말로 된 고체의 용해도가 증가한다는 사실을 나타낸다. 일부 고체의 표면 장력은 보통 액체의 표면 장력보다 5내지 10배 정도나 크므로 증기 압력 증가를 눈에 뜨일 만큼 나타낼 수 있는 액체 알맹이의 크기에 비하면 고체 알맹이는 그 크기가 어느 정도 더 크더라도 눈에 뜨일 정도의 용해도 증가를 나타낸다.

새로 침전시킨 AgCl이나 $BaSO_4$ 시료를 포화 용액 속에다 장시간 방치하거나 또는 조금 더 효과적으로 온도를 높여서 여러 시간 동안 방치하면 알맹이들이 평균적으로 더 커지는 것을 볼 수 있다. 고운 알맹이일수록 용해도가 증가하므로 이들은 큰 알맹이의 용해도에 비해서 과포화된 용액을 만든다. 따라서 큰 알맹이는 점점 더 커지고 고운 알맹이는 궁극적으로 없어져서 이러한 현상이 나타나는 것이다.

von Weimarn의 법칙

von Weimarn 효과는 용해도 증대와 관계되는 한 효과로서 결정 성장과 중요한 관계를 갖는다. 용액이 크게 과포화된 다음에 결정의 핵이 나타날 때는 일시에 많은 수의 핵이 나타난다. 그리하여 대단히 작은 결정들이 생긴다. 그러나 조금 과포화된 다음에 핵이 형성되면 적은 수의 큰 결정이 생긴다. 극단적인 경우에는 포화 용액 속에 단 하나의 결정 씨를 넣어놓을 수 있으며 이어서 이 용액을 과포화되지 않게 서서히 냉각시키면 하나의 큰 결정을 만들 수 있다.

von Weimarn의 법칙에 의하면 형성되는 결정들의 평균 크기는 과포화비에 반비례한다. 과포화비란 결정이 생기기 시작하는 농도와 그 온도에서의 포화 농도와의 비이다. 예로서 $CaCl_2$와 Na_2CO_3의 뜨거운 묽은 용액을 섞으면 비교적 낮은 과포화 상태에서 $CaCO_3$가 침전되어 비교적 큰 결정들이 생긴다. 여기에 반해서 같은 염들의 차고 진한 용액을 섞으면 높은 과포화 상태가 이루어지고 대단히 많은 수의 핵이 형성된다. 그리하여 $CaCO_3$의 알맹이들이 콜로이드 상태의 크기로 되어 겔을 형성하게 된다. 이 계를 한 동안 방치하면 이들 결정이 자라서 겔이

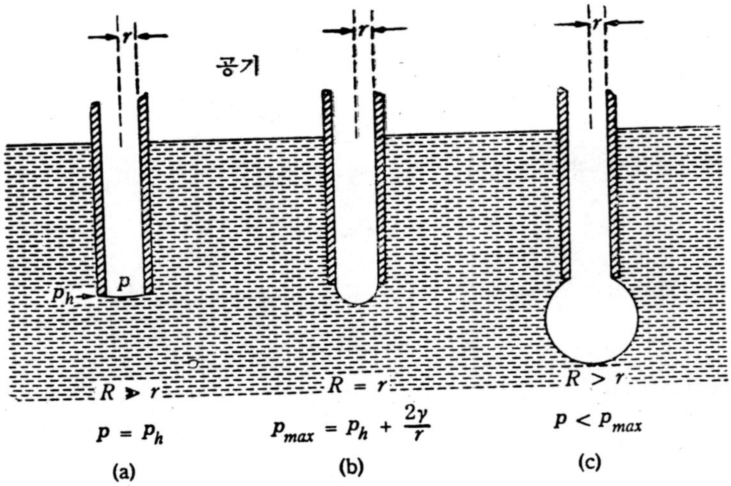

그림 18-8 최대 거품 압력을 이용한 표면 장력 측정 방법.

풀리고 결정 알맹이가 밑바닥으로 가라 앉게 된다. 이러한 성질은 von Weimarn 법칙의 고전적 예이다.

18.7 기포와 액체 방울

액체 속에 담근 모세관 끝에다 거품을 불어넣는 데 필요한 최대 압력을 측정하면 그 액체의 표면 장력을 구할 수 있다. 그림 18-8에 거품이 생기는 세 단계를 나타내었다. 첫째 단계에서는 거품의 곡률 반경이 대단히 크며 따라서 계면 양쪽의 압력차도 작다. 거품이 커져가면 R은 점점 감소하고 거품 속의 압력은 증가한다. 그리고 마침내는 이 거품의 반경 R이 모세관의 반경 r과 같아져서 거품이 반 구형으로 된다. 이 점을 지나면 거품이 커짐에 따라서 R이 r보다 커지고, 내부의 압력이 떨어지며 공기가 몰려 들어간다. 즉, 거품이 불안정하게 된다. 그리하여 그림 18-8(b)의 경우에 반경이 최소로 되며 (18.9)식에 의해서 거품의 압력은 최대가 된다. 이 최대 거품 압력을 측정하면 γ의 값을 구할 수 있다. 지금 거품을 불어만드는 데 필요한 최대 압력을 p_{max}, 그리고 모세관 끝이 위치하는 깊이 h에서의 압력을 p_h라고 하면 다음과 같은 관계가 성립한다.

$$p_{max} = p_h + \frac{2\gamma}{r}$$

이 경우에도 r이 크면 보정을 해주어야 한다.

적셔지지 않는 표면 위에 액체 방울을 생기게 하면 그 모양이 표면 장력에 따라 다르게 나타난다. 따라서 액체 방울의 모양을 나타내는 파라미터들을 정확하게 측정하면 그 표면 장력을 측정할 수 있다. 그림 18-9에 액체 방울의 측면을 나타내었는데, 액체 방울이 클 때는 다음과 같은 관계가 성립한다.

$$\gamma = \frac{1}{2}(\rho_2 - \rho_1)gh^2 \tag{18.16}$$

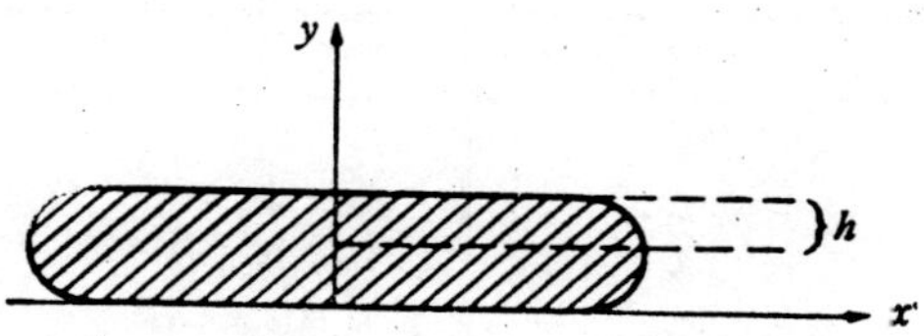

그림 18-9 앉은 액체 방울의 측면도.

여기서 h는 액체 방울의 정상과 $dy/dx \to \infty$이 되는 적도 사이의 높이 차이다. y는 액체 방울의 측면 모양을 나타내는 식으로서 $y = y(x)$이다. 보통으로 액체 방울의 측면 사진 상에서 이것을 측정을 하여 표면 장력을 구한다. $y(x)$에 관한 미분 방정식은 정확한 꼴의 해를 갖지 않으며, 여러 가지의 수치 계산법과 근사법들이 문헌에 소개되어 있다.

✶ 18.8 액체-액체 및 고체-액체 계면

두 액체상 α와 β 사이에는 계면 장력이 작용하며 이것을 $\gamma^{\alpha\beta}$로 표시한다. 지금 이 계면이 단위 넓이를 갖는다고 가정하자. 두 상을 잡아 떼어 놓으면 순수한 상 α와 β의 단위 표면이 생길 것이며 이들 표면은 각각 $\gamma^{\alpha V}$와 $\gamma^{\beta V}$의 표면 Gibbs 에너지를 가질 것이다(그림 18-10). 이 변환이 일어날 때의 Gibbs 에너지 변화는 다음과 같이 된다.

$$\Delta G = w_A^{\alpha\beta} = \gamma^{\alpha V} + \gamma^{\beta V} - \gamma^{\alpha\beta} \tag{18.17}$$

이 Gibbs 에너지 변화를 상 α와 β 사이의 부착일($w_A^{\alpha\beta}$)이라고 부른다. 순수한 상 α와 β는 증기상과 접하므로 $\gamma^{\alpha V}$는 상 α와 증기상 사이의 계면 장력을 나타낸다. 그리고 $\gamma^{\beta V}$는 상 β와 평형 증기상 사이의 계면 장력이다.

다음에 순수한 상 α의 기둥을 잡아 떼어서 $2\,m^2$의 표면이 생기게 하면 다음과 같은 Gibbs 에너지 변화가 일어날 것이다.

$$\Delta G = w_C^{\alpha} = 2\gamma^{\alpha V}$$

이 Gibbs 에너지 변화를 상 α의 응집일(w_C^{α})이라고 한다. 마찬가지로 $w_C^{\beta} = 2\gamma^{\beta V}$이며 따라서 부착일이 다음과 같이 표시된다.

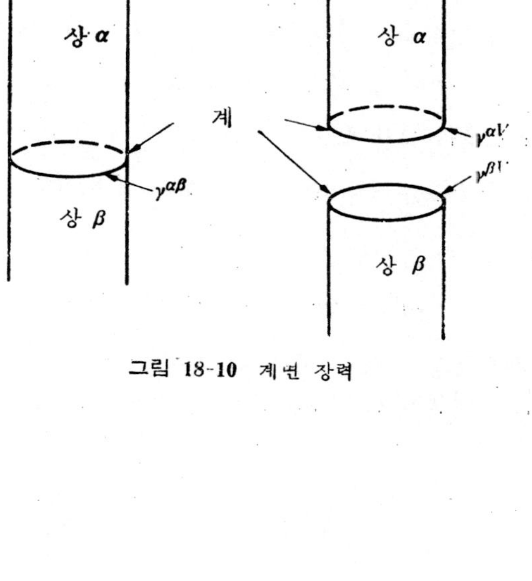

그림 18-10 계면 장력

표 18-2 물(α)과 여러 액체(β)들 사이의 20 °C에서의 계면 장력.

액 체	$\gamma^{\alpha\beta}/(10^{-3}$ N/m)	액 체	$\gamma^{\alpha\beta}/(10^{-3}$ N/m)
Hg	375		
n-C_6H_{14}	51.1	$C_2H_5OC_2H_5$	10.7
n-C_7H_{16}	50.2	n-$C_8H_{17}OH$	8.5
n-C_8H_{18}	50.8	$C_6H_{13}COOH$	7.0
C_6H_6	35.0	$CH_3COOC_2H_5$	6.8
C_6H_5CHO	15.5	n-C_4H_9OH	1.8

$$w_A^{\alpha\beta} = \frac{1}{2}w_C^{\alpha} + \frac{1}{2}w_C^{\beta} - \gamma^{\alpha\beta}$$

또는

$$\gamma^{\alpha\beta} = \frac{1}{2}(w_C^{\alpha} + w_C^{\beta}) - w_C^{\alpha\beta} \tag{18.18}$$

따라서 상 α와 β사이의 부착 Gibbs에너지가 증가하면 $\gamma^{\alpha\beta}$가 감소한다. $\gamma^{\alpha\beta}=0$일 때는 상 α와 β사이의 계면이 전혀 저항을 받지 않고 확대될 수 있으며, 두 액체가 자발적으로 혼합된다. 이 경우의 부착일은 두 액체의 응집일의 평균치와 같게 된다. 즉,

$$w_A^{\alpha\beta} = \frac{1}{2}(w_C^{\alpha} + w_C^{\beta}) \tag{18.19}$$

표 18-2는 물과 여러 액체들 사이의 계면 장력을 나타낸 것이다. 물과 거의 완전히 혼합되는 액체일수록(예로서 n-부틸알코올) 물과 그 액체 사이의 계면 장력이 대단히 작다는 것을 주목하기 바란다.

이와 비슷한 관계들이 고체와 액체사이의 계면 장력에 대해서도 성립한다. 그리하여 (18.17)식과 비슷한 다음과 같은 관계식이 성립한다.

$$w_A^{sl} = \gamma^{sv} + \gamma^{lv} - \gamma^{sl} \tag{18.20}$$

비록 γ^{sv}와 γ^{sl}은 측정할 수 없지만 $\gamma^{sv}-\gamma^{sl}$, 접촉각 θ, 그리고 γ^{lv} 사이의 관계는 알 수가 있다. 이 관계를 구하기 위해서 그림 18-11에서와 같은 고체 표면에 앉아있는 액체 방울을 생각해 보자.

지금 액체 표면을 약간 변형시켜서 고체-액체 계면의 넓이를 dA만큼 증가시켰다고 하자. 그러면 이 때의 Gibbs에너지 변화를 다음과 같이 나타낼 수 있을 것이다.

$$dG = \gamma^{sl}\,dA_{sl} + \gamma^{sv}\,dA_{sv} + \gamma^{lv}\,dA_{lv}$$

그림 18-11에 의하면 계면들의 넓이 변화가 다음과 같이 된다.

$$dA_{sv} = -\,dA_{sl} \qquad dA_{lv} = dA_{sl}\cos\theta$$

따라서,

$$dG = (\gamma^{sl} - \gamma^{sv} + \gamma^{lv}\cos\theta)dA_{sl} \tag{18.21}$$

각도 θ의 변화는 dG에다 2차 항의 기여를 할 뿐이며 따라서 이것까지 고려해 줄 필요는 없다. 따라서 고체 위에서의 액체의 퍼짐 미분계수 σ^{ls}를 다음과 같이 정의할 수 있다.

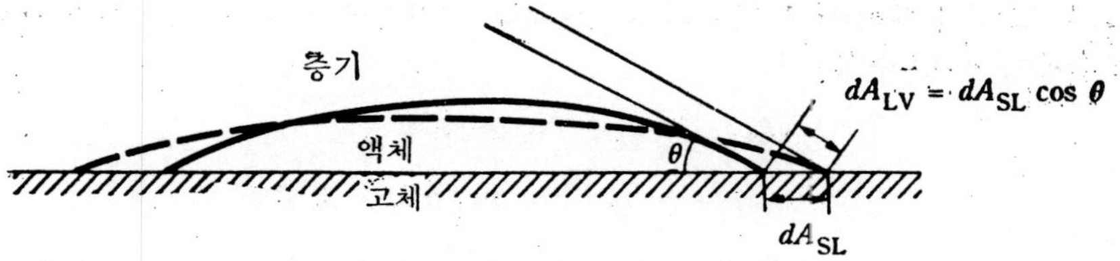

그림 18-11 고체 표면에서의 액체의 퍼짐.

$$\sigma^{ls} = -\frac{\partial G}{\partial A_{sl}} \tag{18.22}$$

만일 σ^{ls}가 양이면 $(\partial G/\partial A_{sl})$이 음이며, 고체-액체 계면이 확대됨에 따라 Gibbs에너지가 감소한다. 그리하여 액체가 자발적으로 퍼진다. 이 미분 계수를 이용하면 (18.21)식이 다음과 같이 된다.

$$\sigma^{ls} = \gamma^{sv} - \gamma^{sl} - \gamma^{lv}\cos\theta \tag{18.23}$$

액체가 안정하여 넓이 변화를 일으키지 않으려고 하면 $\sigma^{ls} = 0$이며 따라서 다음 관계가 성립한다.

$$\gamma^{sv} - \gamma^{sl} = \gamma^{lv}\cos\theta \tag{18.24}$$

이 관계를 (18.20)식에 넣어서 $\gamma^{sv} - \gamma^{sl}$을 없애 준다.

$$w_A^{sl} = \gamma^{lv}(1 + \cos\theta) \tag{18.25}$$

만일 $\theta = 0$이면 $w_A^{sl} = 2\gamma^{lv}$가 된다. 즉, 고체와 액체사이의 부착일이 액체의 응집일과 같게 된다. 따라서 이 때는 에너지 면에서 볼 때 액체가 그 자신과 접하거나 고체와 접하거나 마찬가지이므로 액체는 고체 위로 무한히 퍼져나갈 수 있다. 한편 $\theta = 180°$이면 $\cos\theta = -1$이고 따라서 $w_A^{sl} = 0$이 된다. 이 때는 고체와 액체를 분리시키는 데 Gibbs에너지가 필요하지 않다. 따라서 액체가 고체를 적시지 않으며 고체 위로 퍼지지 않는다. 한 액체가 다른 액체 위에 퍼질 때의 퍼짐 미분 계수도 같은 방식으로 정의할 수 있는데, 다만 $\cos\theta = 1$이 되는 점이 다르다. 따라서,

$$\sigma^{\alpha\beta} = \gamma^{\beta V} - \gamma^{\alpha\beta} - \gamma^{\alpha V}$$

한 액체가 다른 액체 위로 퍼져나가면 퍼짐 미분 계수가 변하게 된다는 것을 주의해야 한다. 예로서 순수한 물 표면에 벤젠이 퍼질 때는 처음에는 $\sigma^{BW} \approx 9 \times 10^{-3}$ N/m이다. 그러나 물이 벤젠으로 포화되고 또 벤젠이 물로 포화된 다음에는 $(\sigma^{BW})_{sat} \approx -2 \times 10^{-3}$ N/m가 되며, 포화시키고 남은 벤젠이 물 위에서 렌즈를 만든다.

18.9 표면 장력과 흡착

그림 18-5(a)에서 보는 바와 같은 계, 즉 두 상이 평계면에 의해서 분리된 계를 생각하자. 계면이 평면이므로 $p_1 = p_2 = p$이고 Gibbs에너지는 손쉬운 함수 꼴로 된다. 이 계가 다성분계라면 각 성분마다 그 화학 퍼텐셜이 각 상과 계면에서 같은 값을 가져야 한다. 이 계의 전체 Gibbs에너지 변화는 다음과 같이 주어진다.

$$dG = -S\,dT + V\,dp + \gamma\,dA + \sum_i \mu_i\,dn_i \tag{18.26}$$

여기서 $\gamma\,dA$는 넓이 변화에 따른 계의 Gibbs 에너지 증가이다. 또 각 상에서의 Gibbs 에너지 증가량은 다음과 같이 주어진다.

$$dG_1 = -S_1\,dT + V_1\,dp + \sum_i \mu_i\,dn_i^{(1)}$$

$$dG_2 = -S_2\,dT + V_2\,dp + \sum_i \mu_i\,dn_i^{(2)}$$

여기서 $n_i^{(1)}$과 $n_i^{(2)}$는 각각 상 1과 상 2 속에 들어 있는 성분 i의 몰수이다. 전체 Gibbs 에너지 변화에 대한 식으로부터 이 두 식을 빼면 다음 식이 얻어진다.

$$d(G - G_1 - G_2) = -(S - S_1 - S_2)dT + (V - V_1 - V_2)dp$$

$$+ \gamma dA + \sum_i \mu_i\,d(n_i - n_i^{(1)} - n_i^{(2)})$$

만일 계면의 존재가 아무런 물리적 효과를 나타내지 않는다면 전체 Gibbs 에너지 G와 내부 상들의 Gibbs 에너지의 합인 $G_1 + G_2$와의 차가 영일 것이다. 그러나 계면이 존재하면 물리적 효과를 나타내므로 $G - (G_1 + G_2)$의 차는 계면의 존재에 기인하는 것이라고 볼 수 있으며 이것을 표면 Gibbs 에너지 G^σ라고 정의한다. 따라서,

$$G^\sigma = G - G_1 - G_2 \qquad S^\sigma = S - S_1 - S_2 \qquad n_i^\sigma = n_i - n_i^{(1)} - n_i^{(2)}$$

계면이 존재하더라도 $V = V_1 + V_2$란 기하학적 조건은 달라지지 않는다는 것을 유의하라. 이들을 앞의 식에 넣어주면 다음과 같이 된다.

$$dG^\sigma = -S^\sigma\,dT + \gamma dA + \sum_i \mu_i\,dn_i^\sigma \tag{18.27}$$

일정한 온도, 압력 및 조성 하에서 그림 18-5(a)의 원통 B측 경계 표면의 반경을 영으로부터 어떤 유한한 크기로 증가시키자. 그러면 계면의 넓이는 영으로부터 A까지 증가하고, n_i^σ는 영으로부터 n_i^σ까지 증가하며 한편 γ와 모든 μ_i는 일정하다. 그러면 (18.27)식은 아래와 같이 적분된다.

$$\int_0^{G^\sigma} dG^\sigma = \gamma\int_0^A dA + \sum_i \mu_i \int_0^{n_i^\sigma} dn_i^\sigma$$

$$G^\sigma = \gamma A + \sum_i \mu_i n_i^\sigma \tag{18.28}$$

이 식은 Gibbs 에너지에 대한 보통의 가감 규칙과 같으나 추가로 γA를 포함하고 있다. 이 식을 A로 나누었을 때 나오는 다음과 같은 양을 표면 과잉이라고 정의한다.

$$\Gamma_i = \frac{n_i^\sigma}{A} \tag{18.29}$$

그러면 단위 넓이당의 Gibbs 에너지, $g^\sigma = G^\sigma/A$가 다음과 같이 주어진다.

$$g^\sigma = \gamma + \sum_i \mu_i \Gamma_i \tag{18.30}$$

이 식은 본체 상들에 대한 가감 규칙과 비슷하지만 γ라는 항을 여분으로 가지고 있다.

(18.28)식을 미분하면 다음과 같이 된다.

$$dG^\sigma = \gamma\, dA + A\, d\gamma + \sum_i \mu_i\, dn_i^\sigma + \sum_i n_i^\sigma\, d\mu_i \tag{18.31}$$

(18.31)식으로부터 (18.27)식을 빼면 아래와 같은 Gibbs-Duhem 식에 맞먹는 식을 얻는다.

$$0 = S^\sigma\, dT + A\, d\gamma + \sum_i n_i^\sigma\, d\mu_i$$

이 식을 A로 나누고 단위 넓이의 엔트로피 $s^\sigma = S^\sigma/A$ 및 표면 과잉 Γ_i를 도입하면 다음과 같은 식이 된다.

$$d\gamma = -\, s^\sigma\, dT - \sum_i \Gamma_i\, d\mu_i \tag{18.32}$$

일정 온도와 압력 하에서는 이 식이 다음과 같이 된다.

$$d\gamma = -\, (\Gamma_1\, d\mu_1 + \Gamma_2\, d\mu_2 + \cdots) \tag{18.33}$$

이 식은 표면 장력 γ의 변화와 μ_i의 변환 사이의 관계를 나타낸다. 일정 온도와 압력에는 μ_i의 변화를 조성의 변화로부터 구할 수 있다.

아래에서 보이겠지만 단일-성분 계에서는 표면 과잉 Γ_1이 영이 되도록 계면의 위치를 택할 수 있다. 그러면 (18.30)식과 (18.32)식이 다음과 같이 된다.

$$g^\sigma = \gamma \quad \text{및} \quad s^\sigma = -\left(\frac{\partial \gamma}{\partial T}\right)_A \tag{18.34 a,b}$$

한편 $g^\sigma = u^\sigma - Ts^\sigma$의 관계를 이용하면 단위 넓이당의 표면 에너지 u^σ를 얻을 수 있다.

$$u^\sigma = \gamma - T\left(\frac{\partial \gamma}{\partial T}\right)_A \tag{18.35}$$

표면 과잉량의 분명한 뜻을 얻기 위하여 일정한 단면적 A의 원통을 생각하자. 상 1은 높이 $z=0$으로 부터 z_0 사이의 공간을 차지하고 $V_1 = Az_0$의 부피를 갖는다. 상 2는 z_0으로부터 Z까지를 차지하며 $V_2 = A(Z - z_0)$의 부피를 갖는다. 그림 18-12에 물질종 i의 몰농도 c_i를 높이 z의 함수로 나타내었다. 두 상 사이의 계면은 근사적으로 z_0에 있다. z_0 부근에서는 농도가 상 1의 내부값인 $c_i^{(1)}$로부터 상 2의 내부값인 $c_i^{(2)}$로 연속적으로 변한다. 그림 18-12에서는 이 부위의 폭을 크게 과장해서 나타내었다. 계 속의 성분 i의 실제 몰수를 계산하기 위하여 c_i를 부피 요소, $dV = A\,dz$로 곱한 다음 영으로 부터 Z에 이르는 계의 전체 길이에 걸처

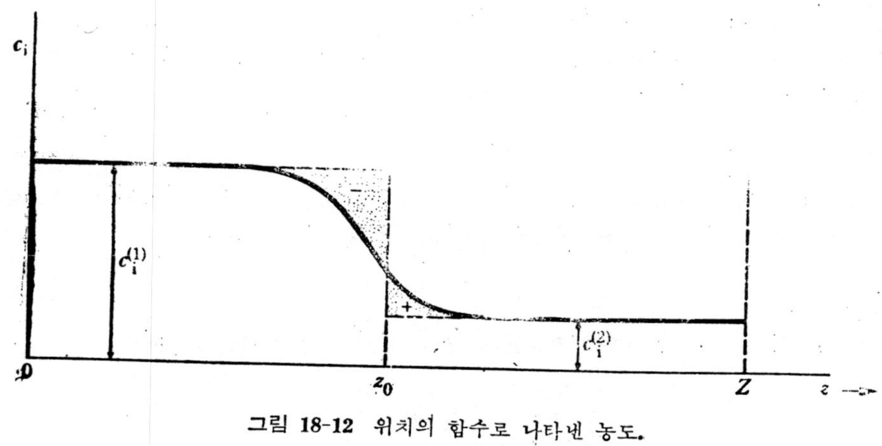

그림 18-12 위치의 함수로 나타낸 농도.

적분하여 보자.

$$n_i = \int_0^Z c_i A\, dz = A\int_0^Z c_i\, dz \tag{18.36}$$

그림 18-12에서 보는 바와 같이 농도 c_i는 z의 함수이다. 이와 같이 계산한 n_i의 값이 정확하며, 또한 기준 표면 z_0를 어떤 위치에 취하느냐에는 전혀 관계되지 않는 다는 것을 분명히 알 수 있다.

상 1 속의 i의 총몰수 $n_i^{(1)}$과, 상 2 속의 총몰수 $n_i^{(2)}$를 본체 농도 $c_i^{(1)}$ 및 $c_i^{(2)}$로 나타내면 다음과 같이 된다.

$$n_i^{(1)} = c_i^{(1)} V_1 = c_i^{(1)} A z_0 = A\int_0^{z_0} c_i^{(1)} dz$$

$$n_i^{(2)} = c_i^{(2)} V_2 = c_i^{(2)} A(Z - z_0) = A\int_{z_0}^{Z} c_i^{(2)} dz$$

이들 식과 (18.36)식, 그리고 n_i^{σ}의 정의를 이용하면 다음과 같은 식을 얻을 수 있다.

$$\begin{aligned} n_i^{\sigma} &= n_i - n_i^{(1)} - n_i^{(2)} \\ &= A\left[\int_0^Z c_i\, dz - \int_0^{z_0} c_i^{(1)} dz - \int_{z_0}^{Z} c_i^{(2)} dz\right] \end{aligned}$$

한편 $\Gamma_i = n_i^{(\sigma)}/A$이고, 또

$$\int_0^Z c_i\, dz = \int_0^{z_0} c_i\, dz + \int_{z_0}^{Z} c_i\, dz$$

따라서,

$$\Gamma_i = \int_0^{z_0} (c_i - c_i^{(1)}) dz + \int_{z_0}^{Z} (c_i - c_i^{(2)}) dz \tag{18.37}$$

첫째 번 적분은 그림 18-12에서 선 z_0의 왼쪽에 있는 그늘진 부분의 넓이의 음수이고, 둘째 적분은 z_0의 오른쪽에 있는 그늘진 부분의 넓이이다. 이 그림으로 봐서는 이 두 적분 항의 합 Γ_i는 분명히 음이다. 그러나, 이 Γ_i의 값은 분명히 기준 평면 z_0을 택하는 위치에 전적으로 달려 있다. z_0을 조금 왼쪽으로 옮기면 Γ_i는 양의 값을 가질 것이며 다시 오른쪽으로 옮기면 그 값이 감소하여 영으로 될 것이다. z_0를 더욱 오른쪽으로 옮기면 Γ_i는 음으로 될 것이다. 이와같이 표면 과잉의 수치를 기준 표면 z_0의 위치를 조절하여서 마음대로 바꿀 수 있다. 지금 기준 표면의 위치를 한 성분의 표면 과잉량이 영이 되도록 조절하였다고 하자. 이 성분을 보통 용매로 취하여 성분 1이라고 표시한다. 그러면 결과적으로

$$\Gamma_1 = 0$$

그러나, 이 표준 표면의 위치는 일반으로 다른 성분의 표면 과잉의 값이 영이 되게 하지는 않는다. 그러므로 2성분계에 대해서는 (18.33)식이 다음과 같은 꼴로 된다.

$$-d\gamma = \Gamma_2\, d\mu_2 \tag{18.38}$$

이상적 묽은 용액에서는, $\mu_2 = \mu_2^{\circ} + RT\ln c_2$로 $d\mu_2 = RT(dc_2/c_2)$이다. 따라서,

$$-\left(\frac{\partial\gamma}{\partial c_2}\right)_{T,p} = \Gamma_2 \frac{RT}{c_2}$$

또는

$$\Gamma_2 = -\frac{1}{RT}\left(\frac{\partial\gamma}{\partial \ln c_2}\right)_{T,p} \tag{18.39}$$

이 식이 Gibbs의 흡착 등온식이다. 만일 용액의 표면 장력이 용질 농도의 증가에 따라 감소한다면 $(\partial\gamma/\partial c_2)$는 음수이고 Γ_2는 양이 된다. 즉, 계면에서 용질이 과잉으로 존재한다. 이러한 현상은 표면 활성 물질들이 나타내는 일반적 성질이다. 즉 이러한 물질들이 계면에 축적되면 표면 장력이 저하된다. 다음 절에 기술할 Langmuir의 표면막은 대표적인 이러한 예이다.

18.10 표 면 막

어떤 녹지 않는 물질들은 물과 같은 액체의 표면 위로 퍼져서 마침내 단분자막을 형성한다. 사슬이 긴 지방산인 스테아르산이나 올레산은 그 대표적인 예이다. 분자의 한쪽 끝에 있는 —COOH기는 물에 세게 끌리고 한편 긴 탄화수소 사슬은 소수성이다.

얕은 쟁반, 즉 Langmuir 쟁반을 물이 넘치도록 채운다(그림 18-13). 부표와 칸막이 사이의 구역에다 벤젠에 녹인 스테아르산이 묽게 녹아있는 벤젠 한 방울을 떨어뜨려 얇은 막을 퍼게 한다. 그러면 벤젠은 증발하고 표면 위에는 스테아르산만이 남는다. 이 부표는 상부 구조에 단단히 부착되어 있고, 화살표로 나타낸 측면힘을 비틀림 선으로 측정할 수 있게 되어 있다.

칸막이를 움직여서 표면막을 가두어 둔 구역의 넓이를 변화시킬 수 있다. 넓이를 줄여가면 어떤 임계 넓이에 도달할 때까지는 칸막이에 작용하는 힘이 실질적으로 영이었다가 갑자기 상승한다[그림 18-14(a)]. 이 임계 넓이를 외삽한 값은 분자당 0.205 nm² 이 된다. 이것은 표면막이 촘촘히 모였을 때의 넓이이며, 이 상태에서 표막의 분자들은 극성끝을 표면에 대고 탄화수소 꼬리를 위쪽으로 뻗히고 있다. 따라서 분자의 단면적은 0.205 nm² 이다.

힘 F는 막으로 덮인 표면의 표면 장력이 깨끗한 표면의 표면 장력에 비해서 낮기 때문에 생긴 것이다. 칸막이의 접촉 길이가 l이고 이것이 dx만큼 움직였다면 막의 넓이는 $l\,dx$만큼 감소하고, 칸막이 뒤의 깨끗한 표면의 넓이는 $l\,dx$만큼 증가한다. 에너지 증가는 $\gamma_0 l\,dx - \gamma l\,dx$이며 여기서 γ_0와 γ는 각각 물의 표면 장력과 막으로 덮인 표면의 표면 장력이다. 이 에너지는 힘 Fl에 맞서서 거리 dx를 이동하는 칸막이에 의해서 공급된다. 그러므로,

$$Fl\,dx = (\gamma_0 - \gamma)l\,dx$$

따라서

$$F = \gamma_0 - \gamma \tag{18.40}$$

이 F는 칸막이의 단위 길이에 작용하는 힘이며, 부표에 작용하는 힘과 같다는 것을 주목하라. 그림 18-14(a)의 곡선 1과 (18.40)식에 의하면 막으로 덮인 표면의 표면 장력은 막이 촘촘히

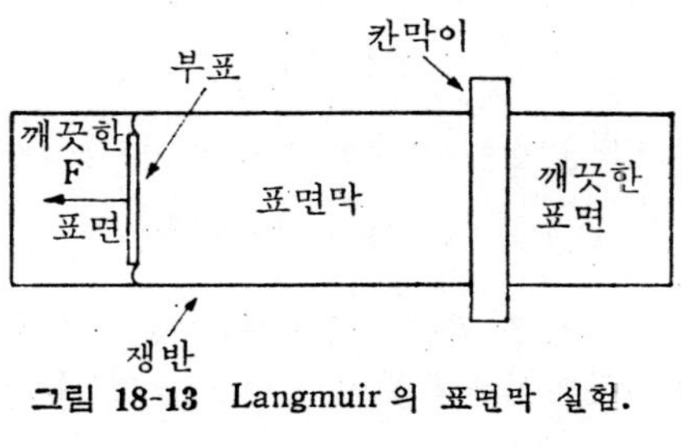

그림 18-13 Langmuir의 표면막 실험.

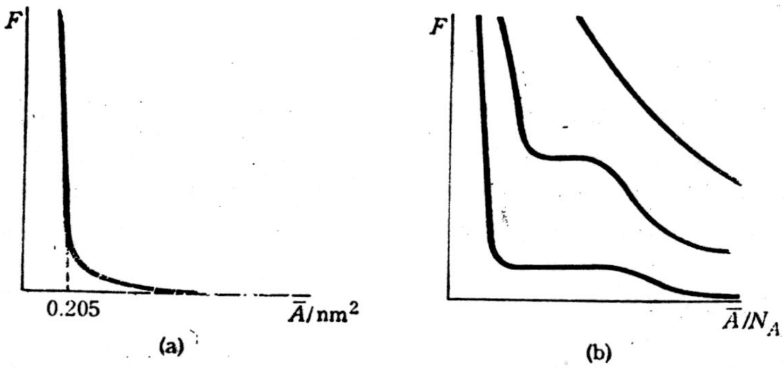

그림 18-14 힘-넓이 곡선. (a) 높은 표면 압력의 경우. (b) 낮은 표면 압력의 경우.

모이거까지는 깨끗한 표면의 표면 장력과 별로 다르지 않다는 것을 알 수 있다.

그림 18-14(b)는 넓이가 매우 크고 표면 압력 F가 매우 낮을 때의 표면 압력의 행동을 보여 주고 있다. 곡선들은 실제 기체의 등온 곡선과 매우 비슷하게 보인다. 사실 맨 위의 곡선은 이상기체 법칙과 아주 비슷한 아래의 법칙에 따른다.

$$FA = n_i^s RT \tag{18.41}$$

여기서 A는 넓이이고, n_i^s는 표면막을 이루는 물질의 몰수이다. (18.41)식은 이 "기체"가 2차원 기체라고 가정하면 운동론으로부터 쉽게 유도할 수 있다. 그림 18-14(b)의 수평 부분은 액화와 비슷한 현상을 나타낸다.

(18.41)식은 다음과 같은 꼴로 나타낸 Gibbs 흡착 등온식으로부터 구할 수도 있다.

$$d\gamma = -RT\Gamma_2 \frac{dc_2}{c_2}$$

막이 덮힌 표면의 γ를 깨끗한 표면의 γ_0와 비교한 표면 장력의 차를 생각해 보자. 낮은 농도에서는 표면 농도가 본체 농도에 비례하며 따라서 $\Gamma_2 = Kc_2$이다. 이 관계를 Gibbs 흡착 등온식에 넣어주면 $d\gamma = -RTKdc_2$가 나오고, 이것을 적분하면 $\gamma - \gamma_0 = -RTKc_2$가 된다. 즉,

$$\gamma - \gamma_0 = -RT\Gamma_2$$

한편 $F = \gamma_0 - \gamma$이다. 따라서,

$$F = RT\Gamma_2$$

그런데 $\Gamma_2 = n_i^s/A$이다. 따라서 이 값을 넣어주면 이 식이 다음과 같이 된다.

$$FA = n_i^s RT$$

이것은 바로 (18.41)식이다. 몰당 넓이를 $\bar{A}$라고 하면 이 식을 다음과 같이 쓸 수 있다.

$$F\bar{A} = RT \tag{18.42}$$

슬라이드 유리를 촘촘히 모인 막을 꿰뚫어 담궜다가 끌어 올리면 스테아르산 분자의 극성 끝이 유리에 달라 붙어 오른다. 슬라이드를 다시 밀어 넣으면 물 표면 위의 탄화수소 꼬리가 슬

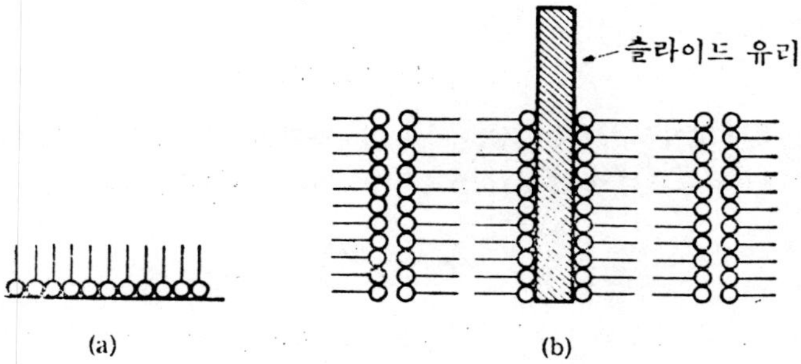

그림 18-15 표면막. (a) 표면 위의 스테아르산의 단분자막. (b) 단분자막에 유리 슬라이드를 담궈서 얻은 다분자막.

라이드 유리 위의 탄화수소 꼬리에 붙게 된다. 그림 18-15는 물 표면에서와 슬라이드 위에서의 분자의 배열을 보여주고 있다. 반복하여 담그면 분자층의 수를 아는 스테아르산의 분자층을 슬라이드 위에 만들 수 있다. 약 스무 번 정도를 담그면 분자층은 간섭색을 나타낼 정도의 두께로 되고 이로써 층의 두께가 계산된다. 담근 회수로부터 슬라이드 위의 분자층의 수를 알 수 있으므로 분자 길이를 계산할 수 있다. Langmuir와 Blodgett의 이 방법은 분자 크기를 직접 측정하는 놀라울 정도로 간단한 방법이다. 그 결과는 X-선 회절법으로 얻은 값과 잘 일치한다.

Langmuir의 표면막을 이용하면 극히 다양한 표면 현상들을 연구할 수 있다. 표면막의 점성도, 표면에서의 확산, 표면막을 통한 확산, 표면 퍼텐셜, 단분자층의 퍼짐, 그리고 단분자층 속에서의 화학 반응 측정들은 지금까지 연구되어온 몇 가지 예에 불과하다. 또 한 가지 재미있는 응용 예는 긴 사슬의 알코올을 이용해서 저수지의 증발을 막아 물을 보존하는 것이다. "거친 바다에 기름을 뿌린다"는 말은 단분자막이 바람의 힘을 보다 더 고르게 분포시켜서 물결을 가라앉힌다는 것을 반영하는 말이다. 표면막에는 이 이외에도 여러 가지 다른 종류가 있다. 이 절에서 취급한 것은 그중 가장 간단한 것이다.

18.11 고체 위의 흡착

곱게 가루로 한 고체를 묽은 물감 용액에 넣고 휘저으면 용액의 색깔이 매우 묽어진다. 또한 곱게 가루로 한 고체를 낮은 압력의 기체에 노출시키면 압력이 눈에 띄게 감소한다. 이러한 경우는 물감이나 기체가 고체 표면에 흡착되는 것이다. 이 효과의 정도는 온도, 흡착되는 물질(흡착질)의 성질, 흡착제(곱게 가루로 한 고체)의 성질과 잘게 나뉘어진 상태 및 물감의 농도나 기체 압력에 의존한다.

흡착된 물질의 양과 용액 속의 그 물질의 농도 사이의 관계를 나타내는 최초의 식은 Freundlich의 등온식이다.

$$m = kc^{1/n} \tag{18.43}$$

여기서 m은 단위 질량의 흡착제에 흡착된 질량이고, c는 농도, 그리고 k와 n은 상수이다. m을 c의 함수로 측정하여 $\log_{10} m$을 $\log_{10} c$에 대하여 도시하면 그 선의 기울기와 절편의 값으로부터 n과 k의 값을 결정할 수 있다. 흡착질의 농도(또는 압력)가 너무 높을 경우에는 Freundlich의 등온식이 잘 맞지 않는다.

흡착 과정은 화학식으로도 나타낼 수 있다. 즉, 흡착질이 기체일 경우 흡착 평형을 다음과 같이 나타낸다.

$$A(g) + S \rightleftharpoons AS$$

여기서 A는 기체 흡착질이고, S는 표면 위의 빈 자리, AS는 흡착된 A분자나 또는 표면의 점유된 자리를 나타낸다. 그러면 평형 상수를 다음과 같이 나타낼 수 있다.

$$K = \frac{x_{AS}}{x_S p} \tag{18.44}$$

여기서 x_{AS}는 표면 위의 점유된 자리의 몰분율이고, x_S는 표면 위의 빈 자리의 몰분율이며, p는 기체의 압력이다. 보통은 x_{AS}를 θ로 표기한다. 그러면, $x_S = (1-\theta)$이고 위의 식은 다음과 같이 된다.

$$\frac{\theta}{1-\theta} = Kp \tag{18.45}$$

이 식이 Langmuir의 등온식이다. K는 흡착의 평형 상수이다. 이 식을 θ에 대해서 풀면 다음과 같이 된다.

$$\theta = \frac{Kp}{1+Kp} \tag{18.46}$$

용액 속에 녹아 있는 물질의 흡착을 다룰 때는 (18.46)식에다 p 대신에 몰농도 c를 넣어서 쓰면 된다.

흡착된 물질의 양 m은 한 특정 흡착제에서는 θ에 비례할 것이고, 따라서 $m = b\theta$가 된다. 여기서 b는 상수이다. 그러면,

$$m = \frac{bKp}{1+Kp} \tag{18.47}$$

이 식은 다음과 같이 고쳐쓸 수 있다.

$$\frac{1}{m} = \frac{1}{b} + \frac{1}{bKp} \tag{18.48}$$

$1/m$을 $1/p$에 대해 도시하여서 그 선의 기울기와 절편의 값으로부터 상수 K와 b를 정할 수

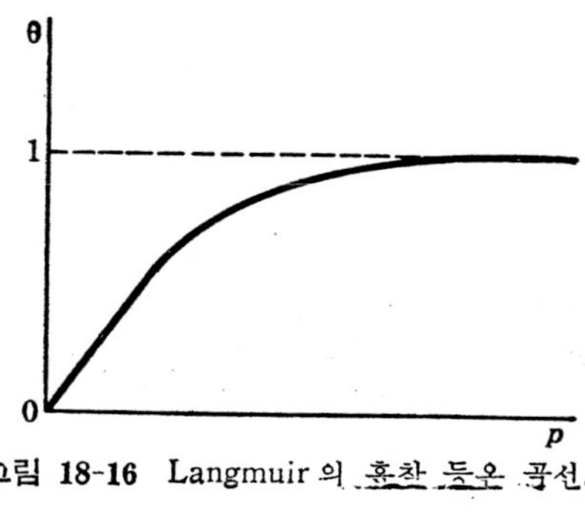

그림 18-16 Langmuir의 흡착 등온 곡선.

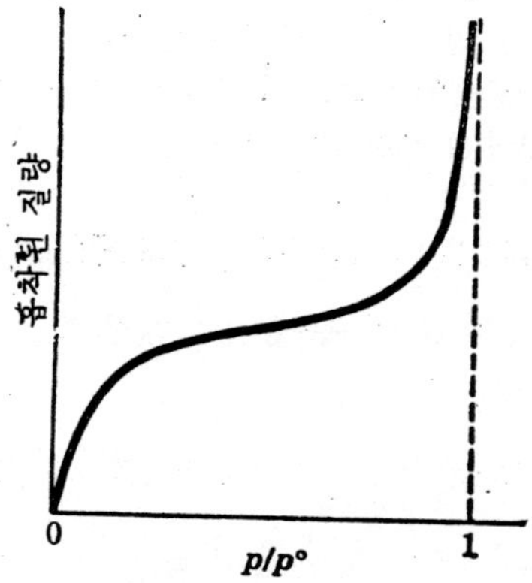

그림 18-17 다분자층 흡착.

있다. K를 알면 (18.46)식으로부터 덮인 표면의 분율을 계산할 수 있다.

흡착이 단분자층만을 형성하는 경우에는 일반적으로 (18.46)식과 같은 모양의 Langmuir 등온식을 쓰는 것이 Freundlich 등온식을 쓰는 것보다 데이터를 보다 더 성공적으로 설명해 줄 수 있다. θ를 p에 대하여 도시한 것이 그림 18-16이다. 낮은 압력에서는 $Kp \ll 1$, 따라서 $\theta = Kp$이므로 θ는 압력에 따라 선형으로 증가한다. 높은 압력에서는 $Kp \gg 1$이므로 $\theta \approx 1$이다. 높은 압력에서는 표면이 거의 완전히 단분자층으로 덮여있으므로 압력이 변하더라도 흡착량에는 변화가 안 일어난다.

18.12 물리 흡착과 화학 흡착

흡착질과 흡착제 표면 사이의 상호 작용이 van der Waals 힘만이라면 이를 **물리 흡착** 또는 van der Waals 흡착이라고 말한다. 흡착된 분자는 표면에 약하게 묶여 있고, 흡착열은 적으며 (기껏해야 수 킬로주울이다) 흡착질의 증발열 정도이다. 온도가 올라가면 흡착량은 현저하게 감소한다.

van der Waals 힘은 액화를 일으키는 힘과 같은 것이므로, 기체 흡착질의 임계 온도보다 훨씬 높은 온도에서는 흡착이 일어나지 않는다. 또, 기체 압력이 액체 흡착질의 평형 증기 압력에 가까운 값을 갖게 되면 다량 흡착이 일어나 다분자층 흡착을 이룬다. 흡착된 물질의 양을 p/p°에 대해 도시한 것이 그림 18-17이다. 여기서 p°는 그 액체의 증기 압력이다. $p/p^\circ = 1$의 근처에서는 더욱 더 많은 기체가 흡착된다. 흡착이 이처럼 크게 증가하는 것은 기체가 완전히 액화하기 시작하는 때문이다. 고체가 존재하지 않을 때는 p°에서 액화가 일어난다.

흡착된 분자가 표면과 화학적으로 반응한다면 이 현상을 **화학 흡착**이라고 부른다. 화학 흡착의 과정에서는 화학 결합들이 끊어지기도 하고 또 생성되기도 하므로, 흡착열은 수 킬로주울로부터 400 kJ 정도에 이르는 화학 반응열의 값과 비슷한 크기를 갖는다. 화학 흡착은 표면 위에 단분자층 이상을 형성하지 않는다. 이 때문에 단분자층 흡착만을 가정한 Langmuir 형의 등온식이 데이터를 설명하는데 아주 알맞다. Langmuir의 흡착 등온식에 의하면 흡착열은 평형에서 덮인 표면의 분율 θ에는 무관하다. 그러나 수많은 계에서 흡착열은 표면의 덮임률이 증가함에 따라 감소한다는 것이 알려졌다. 흡착열이 덮임률에 의존한다면 Langmuir의 등온식보다 더 정교한 등온식을 써야만 한다.

물리 흡착과 화학 흡착의 차이는 질소가 철 위에 흡착되는 행동으로 잘 나타낼 수 있다. 액체 질소의 온도인 $-190\,°C$에서는 질소가 질소 분자인 N_2로서 철 위에 물리 흡착된다. N_2의 흡착량은 온도가 올라감에 따라 급속하게 감소한다. 실온에서는 질소가 철 위에 전혀 흡착되지 않는다. $500\,°C$ 정도의 높은 온도에서는 질소가 질소 원자로서 철 표면에 화학 흡착된다.

18.13 Brunauer, Emmet 및 Teller(BET) 흡착 등온식

Brunauer, Emmet 및 Teller는 다분자층 흡착에 관한 이론을 연구하였다. 이들은 흡착의 첫 단계를 다음과 같이 가정하였다.

$$A(g) + S \rightleftharpoons AS \qquad K_1 = \frac{\theta_1}{\theta_v p} \tag{18.49}$$

여기서 K_1은 평형 상수, θ_1은 단일 분자로 덮인 표면 흡착 자리의 분율, 그리고 θ_v는 빈 자리의 분율이다. 여기까지는 간단한 Langmuir 흡착 등온식(18.11절)과 같다.

이들은 이어서 다음 단계로 분자들이 서로 위에 올라앉아 다양한 다분자층을 형성한다고 가정하였다. 이들은 이 과정을 순차적인 화학 반응과 같으며, 이 반응들이 다음과 같은 평형을 이룬다고 생각하였다.

$$A(g) + AS \rightleftharpoons A_2S \qquad K_2 = \frac{\theta_2}{\theta_1 p}$$

$$A(g) + A_2S \rightleftharpoons A_3S \qquad K_3 = \frac{\theta_3}{\theta_2 p}$$

$$A(g) + A_{n-1}S \rightleftharpoons A_nS \qquad K_n = \frac{\theta_n}{\theta_{n-1} p}$$

여기서 A_3S는 3개의 A분자가 한 자리 위에 한 줄로 올라 앉은 표면 자리를 나타낸다. θ_i는 A분자가 i분자층 두께로 올라 앉은 표면 자리의 분율이다. 첫째 번 A분자와 표면 자리 사이의 상호 작용은 A분자와 표면의 성질에 따라 다르다. 그러나 둘째 A분자가 첫째 A분자 위에 올라 앉을 때는 그 상호 작용이 두 A분자가 액체 상태에서 나타내는 상호 작용과 별로 다르지 않을 것이다. 그리고 세째 분자가 둘째 분자 위에 올라 앉을 때도 마찬가지일 것이다. 결국 첫째 번 과정을 제외하면 모든 흡착 과정이 액체화 과정과 근본적으로 같으며 따라서 각 과정들의 평형 상수가 모두 동일한 값을 나타내야 한다. 즉, BET 방법에서는 다음과 같은 가정을 하는 것이다.

$$K_2 = K_3 = K_4 = \cdots = K_n = K \tag{18.50}$$

여기서 K는 $A(g) \rightleftharpoons A(\text{liquid})$반응에 대한 평형 상수이며, 액체의 평형 증기 압력을 $p°$라고 할때 다음과 같이 주어진다.

$$K = \frac{1}{p°} \tag{18.51}$$

이 평형 조건을 이용하면 여러 θ_i들의 값들을 계산할 수 있다. 즉,

$$\theta_2 = \theta_1 Kp, \qquad \theta_3 = \theta_2 Kp, \qquad \theta_4 = \theta_3 Kp \cdots \tag{18.52}$$

처음 두 식을 결합하면 $\theta_3 = \theta_1(Kp)^2$이 되며, 이것을 되풀이하여 다음과 같은 일반식을 얻을 수 있다.

$$\theta_i = \theta_1 (Kp)^{i-1} \tag{18.53}$$

이 모든 분율들의 합은 1이 되어야 한다.

$$1 = \theta_v + \sum_{i=1} \theta_i = \theta_v + \sum_i \theta_1 (Kp)^{i-1}$$

둘째 등식에서는 (18.53)식의 θ_i를 넣어주었다. 잠정적으로 $Kp = x$라고 놓으면 이 식은 다음과 같이 된다.

$$1 = \theta_v + \theta_1(1 + x + x^2 + x^3 + \cdots)$$

여기서 만일 흡착 과정이 끝없이 일어날 수 있다고 가정하면 $n \to \infty$가 되며 이 식 속의 수열은 $1/(-x)$를 전개한 것에 불과하게 된다. 따라서,

$$1 = \theta_v + \frac{\theta_1}{1-x} \tag{18.54}$$

첫째 번 흡착에 대한 평형 조건에 의하면 $\theta_v = \dfrac{\theta_1}{K_1 p}$이다. 따라서 새로운 상수 $c = K_1/K$를 이용하면 이 관계가 다음과 같이 표시된다.

$$\theta_v = \frac{\theta_1}{cx}$$

그리고 (18.54)식은 다음과 같이 된다.

$$1 = \theta_1\left(\frac{1}{cx} + \frac{1}{1-x}\right)$$

$$\theta_1 = \frac{cx(1-x)}{1+(c-1)x} \tag{18.55}$$

단위 질량의 흡착제에 흡착된 총분자수를 N, 그리고 단위 질량당 총 표면 자리수를 c_s라고 하자. 그러면 $c_s\theta_1$은 1개의 분자가 올라 앉은 자리수, $c_s\theta_2$는 2개의 분자가 올라 앉은 자리수 등과 같이 된다. 따라서

$$N = c_s(1\,\theta_1 + 2\,\theta_2 + 3\,\theta_3 + \cdots) = c_s \sum_i i\,\theta_i$$

한편 (18.53)식에 의하면 $\theta_i = \theta_1 x^{i-1}$이다. 이 관계를 이용하면 N이 다음과 같이 된다.

$$N = c_s\,\theta_1 \sum_{i=1} i\,x^{i-1} = c_s\,\theta_1(1 + 2x + 3x^2 + \cdots)$$

이 식 속의 급수는 앞에 나왔던 급수의 도함수와 같다. 즉,

$$1 + 2x + 3x^2 + \cdots = \frac{d}{dx}(1 + x + x^2 + x^3 + \cdots)$$

$$= \frac{d}{dx}\left(\frac{1}{1-x}\right) = \frac{1}{(1-x)^2}$$

이 관계를 N에 관한 식에 넣어준다. 그러면

$$N = \frac{c_s\,\theta_1}{(1-x)^2}$$

만일 전체 표면이 단분자층으로 덮인다면 N_m개의 분자가 흡착될 것이며, 따라서 $N_m = c_s$가 되고 N은 다음과 같이 주어진다.

$$N = \frac{N_m\,\theta_1}{(1-x)^2}$$

(18.55)식의 θ_1을 넣어주면 이 식은 다음과 같이 된다.

$$N = \frac{N_m cx}{(1-x)[1+(c-1)x]} \tag{18.56}$$

흡착량은 일반적으로 흡착된 기체의 부피를 STP에서의 값으로 환산해서 나타낸다. 이 부피는 물론 N에 비례하며 그리하여 $N/N_m = v/v_m$이 된다. 따라서 위의 식을 다음과 같이 나타낼 수 있다.

$$v = \frac{v_m cx}{(1-x)[1+(c-1)x]} \tag{18.57}$$

여기에다 $x = Kp$와 $K = 1/p^\circ$를 넣어주면 마침내 BET 흡착 등온식이 나온다.

$$v = \frac{v_m cp}{(p^\circ - p)[1+(c-1)(p/p^\circ)]} \tag{18.58}$$

이 부피 v를 p°의 함수로 측정하면 v_m과 c의 값을 구할 수 있다. $p = p^\circ$일 때는 이 식이 특이성을 나타내며 $v \to \infty$가 된다. 압력이 p°로 접근할 때 흡착 등온 곡선이 급격하게 상승하는 것은 이 때문이다(그림 18-17).

상수 c와 v_m을 얻기 위해서는 (18.58)식의 양변에다 $(p^\circ - p)/p$를 곱해준다.

$$\frac{v(p^\circ - p)}{p} = \frac{v_m c}{1+(c-1)(p/p^\circ)}$$

다음에는 양변의 역수를 취한다.

$$\frac{p}{v(p^\circ - p)} = \frac{1}{v_m c} + \left(\frac{c-1}{v_m c}\right)\left(\frac{p}{p^\circ}\right) \tag{18.59}$$

측정치들로부터 좌변의 양을 구한 다음 이것을 p에 대해서 도시한다. 그러면 대부분의 경우 직선이 나타난다. 그리하여 절편 $(1/v_m c)$와 기울기 $(c-1)/v_m cp^\circ$로부터 v_m과 c의 값들을 구할 수 있다. 이와 같이 구한 값들은 매우 합리적이며 그리하여 이 이론이 타당하다고 볼 수 있다.

STP에서의 v_m의 값으로부터 우리는 다음 식을 이용하여 N_m을 계산할 수 있다.

$$N_m = N_A \frac{v_m}{0.022414\ \mathrm{m^3/mol}} \tag{18.60}$$

이 N_m은 단위 질량의 흡착제를 단분자층으로 덮는 데 필요한 분자수이므로 한 분자가 차지하는 넓이 a를 알면 이 흡착제의 단위 질량이 갖는 표면적을 계산할 수 있다. 즉,

$$\frac{\text{넓 이}}{\text{단위 질량}} = N_m a \tag{18.61}$$

이 방법은 고운 고체 분말의 표면적을 측정하는 데 편리하게 이용되고 있다.

평형 상수 K_1과 K는 해당하는 변환의 표준 Gibbs 에너지 변화로 나타낼 수 있다.

$$K_1 = e^{-\Delta G_1^\circ/RT} \qquad \text{및} \qquad K = e^{-\Delta G_{liq}^\circ/RT} \tag{18.62}$$

그리하여 ΔG_1°는 첫째 번 흡착층의 흡착 표준 Gibbs 에너지이며, ΔG_{liq}°는 액체화 표준 Gibbs 에너지이다. (18.62)식의 첫 식을 둘째 식으로 나누면 c가 된다.

$$c = \frac{K_1}{K} = e^{-(\Delta G_1^\circ - \Delta G_{liq}^\circ)/RT} \tag{18.63}$$

한편 표준 Gibbs 에너지 변화는 다음과 같이 표시할 수 있다.

$$\Delta G_1^\circ = \Delta H_1^\circ - T\Delta S_1^\circ \qquad \text{및} \qquad \Delta G_{liq}^\circ = \Delta H_{liq}^\circ - T\Delta S_{liq}^\circ$$

그런데 $\Delta S_1^\circ \approx \Delta S_{liq}^\circ$ 라고 가정할 수 있다(즉, 기체 분자가 어떤 층에 올라앉든 엔트로피가 같은 양 만큼씩 감소한다). 따라서 (18.63)식은 다음과 같이 된다.

$$c = e^{-(\Delta H_1^\circ - \Delta H_{liq}^\circ)/RT} \tag{18.64}$$

액체화열 ΔH_{liq}° 는 증발열 ΔH_{vap}° 의 음수이므로 $\Delta H_{liq}^\circ = -\Delta H_{vap}^\circ$ 이다. 따라서,

$$c = e^{-(\Delta H_1^\circ + \Delta H_{vap}^\circ)/RT}$$

양변의 대수를 취한 다음 정리하면 다음과 같이 된다.

$$\Delta H_1^\circ = -\Delta H_{vap}^\circ - RT\ln c$$

흡착질의 ΔH_{vap}° 값은 잘 알려져 있으므로 우리는 c 의 측정치로부터 ΔH_1° 를 계산할 수 있다. 일반적으로 $c > 1$ 이라는 사실이 밝혀졌으며 따라서 $\Delta H_1^\circ < \Delta H_{liq}^\circ$ 이다. 즉, 첫째 층의 흡착은 액체화보다 더 발열적이다.

표면 넓이와 ΔH_1° 를 측정함으로써 표면 구조에 관한 지식이 크게 향상되었으며, 또 촉매 연구에도 특히 귀중한 지식을 얻게 되었다. 한 가지 명심해야 할 중요한 점은 고체 표면의 실제 넓이가 그의 기하학적 겉보기 넓이보다 상당히 크다는 것이다. 거울처럼 매끄러운 표면이라도 원자 척도에서 보면 언덕과 골짜기가 있으며, 그리하여 실제 표면적은 겉보기 표면적의 2 내지 3 배가 된다. 미세한 분말이나 다공성 물질의 경우에는 10 내지 1000 배까지도 되는 수가 있다.

18.14 계면에서의 전기 현상 ; 2중층

화학 조성이 다른 두 상이 접속하면 두 상 사이에 전위차가 생긴다. 이 전위차는 전하의 분리를 수반하며, 그리하여 계면의 한 쪽은 양으로 하전되고 다른 쪽은 음으로 하전된다.

편의상 한 상은 금속이고, 다른쪽 상은 전해질 용액이라고 가정하자[그림 18-18(a)]. 그리고 이 금속은 양으로 하전되어 있고 전해질 용액은 그와 맞먹는 음전하를 갖는다고 하자. 이 때는 그림 18-18에 보인 바와 같은 여러 가지 전하 분포가 가능하다. 이 그림에서 금속은 $x \leq 0$ 인 영역을 차지하며 전해질 용액은 $x \geq 0$ 인 영역을 차지하고 있다. 수직축 상의 전위는 용액 속에서의 전위를 기준으로 한 것이다. 첫째로 가능한 구조는 Helmholtz 가 제안한 것으로서, 대응하는 음전하가 고체 표면으로부터 짧은 거리 δ 만큼 떨어진 곳에 있는 평면상에 전적으로 존재한다. 그림 18-18(b)에 용액 안의 전위를 x 의 함수로 나타내었다. 이와 같이 고정된 거리의 전하들로 이루어진 2중층을 Helmholtz 2중층이라고 부른다. Gcuy 와 Chapman 이 제안한 둘째로 가능한 구조는 대응하는 음전하가 용액 속으로 확산 분포 되어 있다(마치 용액 속에 있는 이온 주위의 확산 분위기와 같이). 이러한 경우의 전위 변화를 나타낸 것이 그림 18-18(c)이다. 이 확산층은 Gouy 층, 또는 Gouy-Chapman 층이라고 부른다.

농도가 $c \geq 1\ \text{mol/dm}^3$ 인 진한 용액에서는 Helmholtz 모형이 비교적 잘 맞는다. 그러나 이보다 묽은 용액에서는 위의 두 모형이 다 맞지 않는다. 그리하여 Stern 은 고정층과 확산층이 결합된 모형을 제안하였다. 거리가 δ 만큼 떨어져서 음전하의 고정층이 있는데, 이 전하는 금속의 양전하와 균형을 이룰 정도가 못되며 나머지 음전하가 고정층 너머에 있는 확산층에 들어 있다[그림 18-18(d)]. 또 고정층이 금속의 양전하와 균형을 이루고도 남을 정도의 큰 음전하를 갖을 때도 있다. 이 때는 확산층이 양전하를 갖게 된다. 이 경우의 전위 변화를 그림 18-18(e)

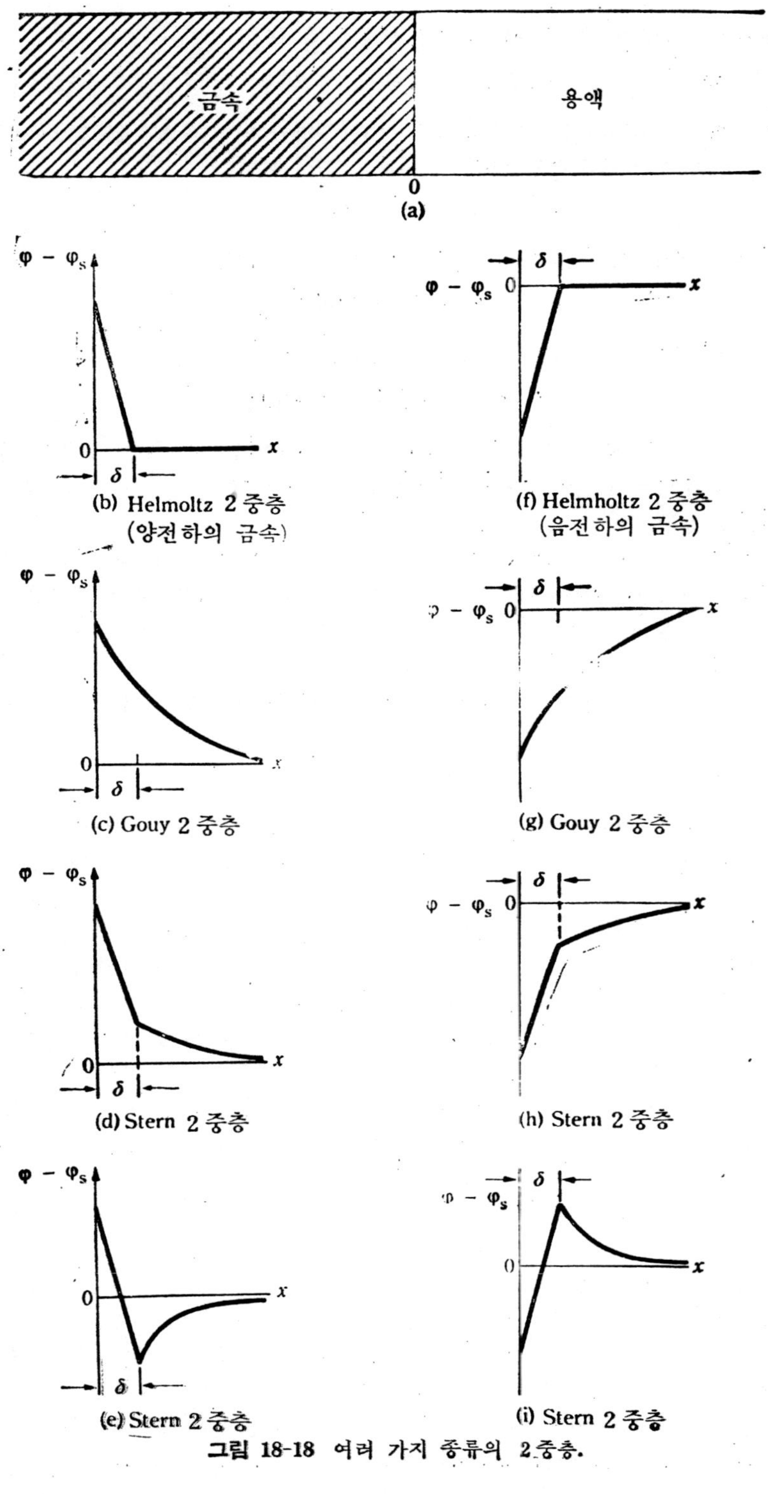

그림 18-18 여러 가지 종류의 2 중층.

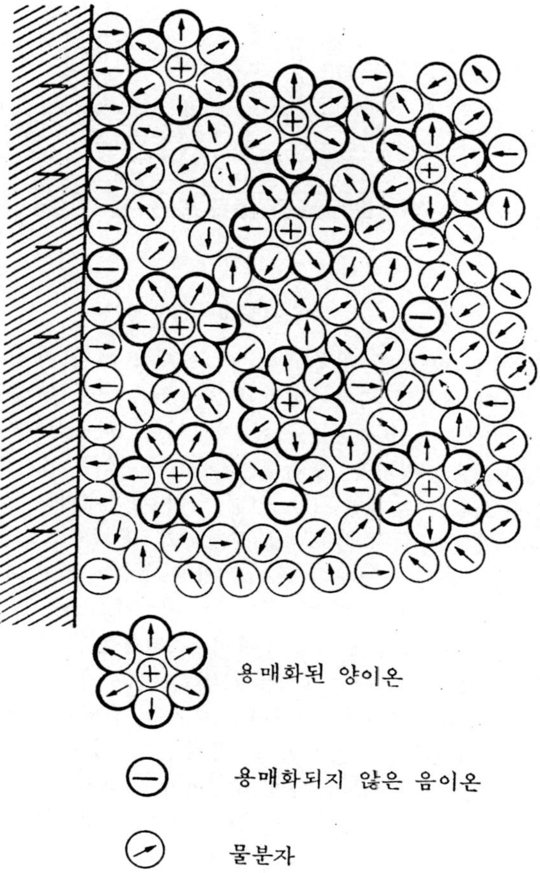

그림 18-19 하전된 계면의 구조 모형. 작은 양이온은 잘 용매화되지만 큰 이온은 일반적으로 수화되지 않는다(J.O'M. Bockris and A.K.V. Reddy, *Modern Electrochemistry*, vol. 1. New York: Plenum, 1970).

에 나타내었다. 이러한 결합층들을 모두 Stern 2중층이라고 부른다. Stern은 음이온이나 양이온이 표면에 흡착되는 경우도 고려하였다. 금속이 음전하를 가질 때는 지금까지 생각했던 것과 유사한 네 가지 구조가 또 가능할 것이다[그림 18-18 (f), (g), (h) 및 (i)].

Graham은 상이한 두 이온면으로 된 훌륭하고도 성공적인 모형을 제안하였다. 금속 표면에 가장 가까운 곳에는 내부-Helmholtz면이라고 하는 이온면이 나타난다. 이 면은 이 표면에 화학흡착되는 음이온의 중심이 접근할 수 있는 가장 가까운 거리에 위치하는 것이다. 이 면의 조금 너머에는 바깥-Helmholtz면이 존재하는데, 이것은 수화된 양이온이 접근할 수 있는 가장 가까운 거리에 위치한다. 이 바깥-Helmholtz면에서부터 확산층이 시작된다. 이 모형을 그림 18-19에 나타내었는데, 이것은 전기 2중층과 관계되는 현상들을 매우 성공적으로 설명해 줄 수 있다.

18.15 계면 동전기 효과

전기 2중층의 존재로 말미암아 네 가지 계면 동전기 효과가 생긴다. 이들은 전기 삼투, 흐름

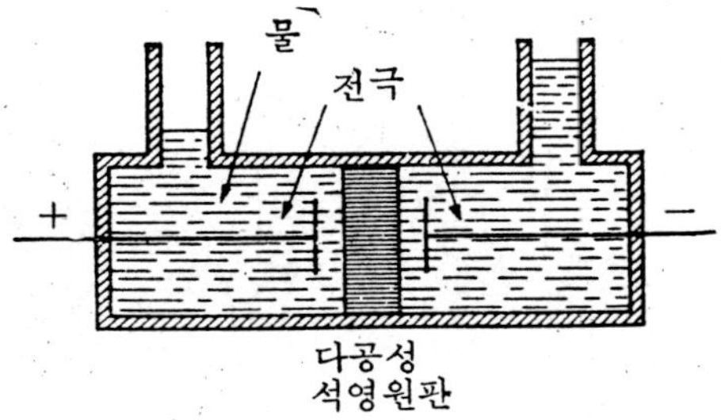

그림 18-20 전기 삼투.

전위, 전기 삼투 역압력 및 흐름 전류이다. 이 이외에 전기 이동과 침강 전위(Dorn 효과)가 또한 전기 2중층의 존재 때문에 나타난다. 이 효과들은 모두 2중층의 일부가 고체 표면에 흐슨하게 붙어 있어서 움직일 수 있다는 사실에 기인한다. 다공성 석영 원판이 고정되어 있고 물로 채워진 그림 18-20과 같은 장치를 생각해 보자. 두 전극 사이에 전위차를 주면 음극이 들어있는 칸쪽으로 물의 흐름이 일어난다. 석영과 물의 경우에서는 액체 속의 2중층의 확산(움직일 수 있는) 부분이 양으로 하전된다. 이 양전하가 음극쪽으로 움직이고 그와 함께 물이 흐른다(전기 삼투). 거꾸로 물을 석영판의 가는 구멍을 통하여 강제로 흘러나가게 하면 물이 전하를 석영판의 한쪽에서 다른쪽으로 운반하며 두 전극 사이에 흐름 전위라고 부르는 전위차가 생긴다.

액체 속에 떠 있는 아주 곱게 쪼개진 알맹이는 전하를 가지고 있다. 이 전하는 알맹이 자신의 전하에다 2중층의 고정 부분의 전하를 더해준 것과 같다. 이러한 서스펜션에 전기장을 걸어주면, 알맹이들은 그들의 전하에 의해서 정해지는 방향으로 움직인다(전기 이동). 2중층의 확산 부분은 반대 전하를 가지고 있으며 또 움직일 수 있으므로 다른 전극쪽으로 끌린다. 반대로 서스펜션의 알맹이들을 가라앉게 하면 알맹이들은 그들의 전하를 그릇 바닥쪽으로 운반하고 확산층의 전자를 그릇의 위쪽에 남긴다. 이로 말미암아 용기의 위와 아래 사이에 침강 전위라는 전위차가 생긴다.

모든 계면 동전기 효과들의 크기는 얼마 만큼의 전하가 2중층의 움직일 수 있는 부분에 있느냐에 달렸다. 2중층의 고정 부분과 움직일 수 있는 부분 사이의 분계선에서의 전위를 **제타 전위**(ζ-전위)라고 한다. 2중층의 움직일 수 있는 부분의 전하는 ζ-전위에 관계되므로 모든 계면 동전기 효과들의 크기는 ζ-전위에 따라 결정된다. 보통으로 2중층의 모든 확산층의 부분이 움직일 수 있다고 생각되므로 이것이 사실이라면 ζ-전위는 그림 18-19에서 $x=\delta$ 위치에서의 ϕ 값이다. 그러나 확산층의 일부는 고정될 가능성이 있으므로 ζ의 값은 δ의 2 내지 3 배의 거리에서의 ϕ의 값에 해당한다. 그러나 어느 경우에서나 ζ는 $x=\delta$에서의 ϕ의 값과 같은 부호 및 대충 같은 크기를 갖는다.

18.16 콜로이드

관습적으로 콜로이드 분산은 작은 알맹이를 연속적인 매질 속에 분산시킨 것이라고 정의하여 왔다. 콜로이드 분산은 빛을 산란시키고 또 삼투압을 나타내지 않으므로 이들 알맹이는 물, 알코올, 또는 벤젠과 같은 단순한 작은 분자나 또는 NaCl과 같은 단순한 염에 비해서 훨씬 크다고 생각하였었다. 이 알맹이들은 많은 작은 분자들이 무정형 상태의 집합체를 이루고 있는 것으로서 통상적인 결정 상태와는 전혀 다르다고 가정하였었다. 오늘날에 와서는 이러한 집합체들의 상당수가 실은 대단히 큰 몰질량을 가진 단일 분자라는 것을 알게 되었다. 분산 알맹이의 크기 한계를 정확하게 말하기는 어렵지만 대체적으로 1 μm와 1 nm 사이일 것 같으면 그 계를 콜로이드 분산이라고 말할 수 있다. 넓적한 쪽의 길이가 1.91 nm인 안트라센 분자가 이러한 크기 범위에 속하는 예이다. 모든 안트라센 용액을 콜로이드라고 말해야 할른지는 분명하지 않다. 그러나 이러한 치수의 구형 알맹이면 약 27개의 물분자 덩어리에 해당한다. 이 정도의 집합체를 콜로이드 알맹이라고 부르면 편리하다.

콜로이드 계는 관습적으로 두 종류로 나눈다. 즉, 용매를 좋아하는 친액성 콜로이드(또는 겔이라고도 부른다)와 용매를 싫어하는 소액성 콜로이드(또는 졸)의 두 가지이다.

18.16.1 친액성 콜로이드

친액성 콜로이드는 항상 한 가지 또는 몇 가지의 중합체 분자들이며, 그리하여 그 용액은 단일 분자의 분산으로 이루어져 있다. 친액성 콜로이드의 안정도는 센 용매-용질 상호 작용에 기인 한다. 전형적인 친액성 콜로이드 계로서는 물 속의 단백질(특히 젤라틴)이나 녹말, 벤젠 속의 고무 및 아세톤 속의 질산 셀룰로오즈나 아세트산 셀룰로오즈 등을 들 수 있다. 이러한 콜로이드의 용해는 매우 느리게 일어난다. 용매를 처음 가해줄 때는 이것이 고체 속으로 서서히 흡수되어 고체를 부풀게 한다(이 단계를 흡수라고 한다). 주물럭거리면서 용매를 더 가해주면 서서히 용매와 용질이 균일하게 섞인다. 보통의 젤라틴의 경우에는 온도가 올라가면 용해 과정이 상당히 쉽게 일어난다. 이렇게 만든 용액을 냉각시키면 긴 꼬인 모양의 단백질 분자들이 그물 모양으로 서로 엉키고 분자들 사이에 많은 공간이 생기게 된다. 이러한 그물 조직 틈새에 갇힌 물분자들은 단백질 분자들 때문에 약간의 구조를 이루게 된다. 이것이 바로 겔이다. 친액성 겔에다 다량의 염을 가하면 결국은 단백질이 침전된다. 이것은 용매인 물분자를 놓고 단백질과 염이 경쟁을 하기 때문이다. 리튬 염이 특히 효과적인데, 그 이유는 리튬 이온이 다량의 물과 결합하기 때문이다. 이온의 전하가 그 이온의 침전 작용 효과를 좌우하는 것은 아니다. 친액성 콜로이드의 빛 산란, 침강, 침전 및 삼투 등의 성질은 35장에서 중합체 분자를 설명할 때 함께 설명하겠다.

18.16.2 소액성 콜로이드

소액성 콜로이드는 어김없이 분산매 속에 매우 조금밖에 녹지 않는 물질들이며, 일반적으로 작은 분자들의 집합체이다(AgI와 같은 분자가 아닌 물질의 경우에는 많은 수의 화학식 단위로 되어 있다). 소액성 분산은 "콜로이드 밀"속에서 고체를 분산매와 함께 갈아서 만드는데, 충분히 긴 시간에 걸쳐서 갈면 1 μm 이하의 콜로이드 영역 크기로 된다. 소액성 분산, 즉 졸은 많은 수의 침전 핵을 형성시키면서 그 성장은 억제시킬 수 있는 특수한 조건 하에서 침전을 형성시켜 만들기도 한다. 졸을 만드는 전형적 화학 반응에는 다음과 같은 것들이 있다.

가수 분해 : $$FeCl_3 + 3H_2O \longrightarrow Fe(OH)_3(\text{colloid}) + 3H^+ + 3Cl^-$$

즉, $FeCl_3$의 용액을 뜨거운 물이 담긴 비이커에 가해주면 $Fe(OH)_3$의 진홍색 졸이 생긴다.

치환 반응 : $$AgNO_3 + KI \longrightarrow AgI(\text{colloid}) + K^+ + NO_3^-$$

환원 반응 : $$SO_2 + 2H_2S \longrightarrow 2S(\text{colloid}) + 2H_2O$$

$$2AuCl_3 + 3H_2O + 3CH_2O \longrightarrow 2Au(\text{colloid}) + 3HCOOH + 6H^+ + 6Cl^-$$

금속 졸을 만드는 한 가지 고전적 방법은 원하는 금속으로 된 전극을 물 속에 담그고 그 사이로 전기 아이크를 튀게 하는 것이다(Bredig 아이크법). 그러면 증발한 금속이 서려서 콜로이드 크기의 집합체를 만든다.

졸은 전해질의 존재에 매우 예민하므로 졸을 만드는 반응은 전해질의 생성을 수반하지 않는 것이 그것을 수반하는 것보다 더 좋다. 전해질 때문에 졸이 침전되는 것을 막으려면 투석에 의해서 졸을 정제해야 한다. 즉, 졸을 콜로디온 주머니에 넣고, 이 주머니를 흐르는 물 속에 담궈준다. 그러면 작은 이온들은 콜로디온을 통해서 확산되어 나가고 큰 콜로이드 알맹이들 만이 주머니 속에 처지게 된다. 콜로디온 주머니의 동공 크기는 제조 방법을 변화시킴으로써 상당히 크게 변화시킬 수 있다. 그러나 졸은 전기 2중층이 그 알맹이 위에 형성되어야 안정하므로 극히 흔적량의 전해질이 콜로이드 안정제로서 필요하다. 실제로 AgI를 너무 깨끗하게 씻어주면 졸이 침전된다. 그러나 여기에다 흔적량의 $AgNO_3$를 가해서 Ag^+이온의 흡착층을 생기게 해 주거나 또는 KI를 가해서 I^-이온의 흡착층을 생기게 해주면 다시 콜로이드 분산이 이루어진다. 이 과정을 해교라고 한다.

18.16.3 전기 2중층과 소액성 콜로이드의 안정성

소액성 콜로이드가 안정한 것은 콜로이드 알맹이 표면에 있는 전기 2중층 때문이다. 예로서 불용성 물질의 알맹이 2개가 2중층을 갖지 않고 서로 접근하게 되면 van der Waals 인력에 의해서 서로 들러붙게 될 것이다. 이와 반대로 그림 18-21에서와 같이 알맹이들이 2중층을 갖는다고 생각해보자. 이러한 알맹이들이 서로 접근하면 같은 종류의 전하들 사이의 거리가 상이한 전하들 사이의 거리보다 짧으므로(평균적으로) 이들 알맹이는 상당히 먼 거리에서 서로 반발하게 된다. 이 반발 때문에 알맹이들은 가깝게 접근할 수 없고 그리하여 콜로이드가 안정화된다. 그림 18-22의 곡선 (a)는 van der Waals 인력에 의한 퍼텐셜 에너지를 두 알맹이 사이의 거리의 함수로 나타낸 것이며 곡선 (b)는 반발 에너지이다. 이들 2중층 반발과 van der Waals 인력을 합한 결과가 곡선 (c)이다. 이 곡선 (c)가 극대치를 나타내면 콜로이드가 안정도를 가지게 된다.

졸에다 전해질을 가하면 확산 2중층을 억제하고 ζ-전위를 감소시킨다. 이렇게 되면 콜로이드 알맹이들 사이의 정전기적 반발이 급격하게 떨어지고 콜로이드가 침전된다. 콜로이드는 반대 부호의 이온에 특히 예민하다. 예로서 양으로 하전된 산화제2철의 졸은 Cl^-나 SO_4^{2-}와 같은 음이온을 가하면 침전된다. 이러한 이온들은 2중층의 고정층 속에 들어가 박혀서 알맹이의 실효 전하를 감소시킨다. 그리하여 ζ-전위를 감시소키고, 또 이 ζ-전위의 감소는 알맹이들 사이의 반발을 감소시킨다. 마찬가지 이치로 음전하를 띤 졸은 양이온을 가하면 안정도가 떨어진다. 이러한 이온의 전하가 높을수록 콜로이드를 엉기게 하는 효과가 더 크다(Schulz-Hardy 규칙). 콜로이드를 급속히 엉기게 하는 데 필요한 전해질의 최소 농도는 이온의 전하수가 3, 2, 1

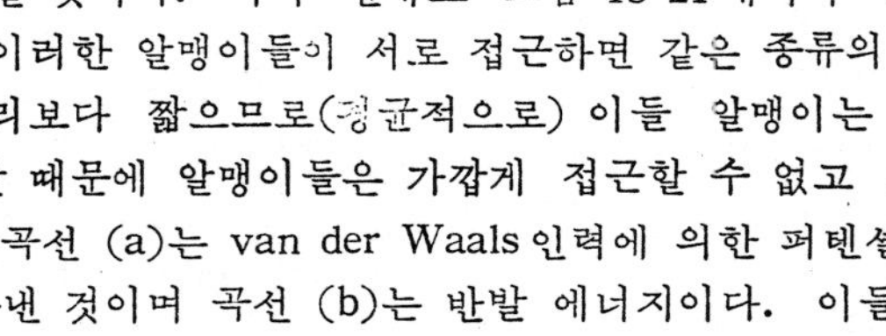

그림 8-21 두 알맹이 상의 전기 2중층.

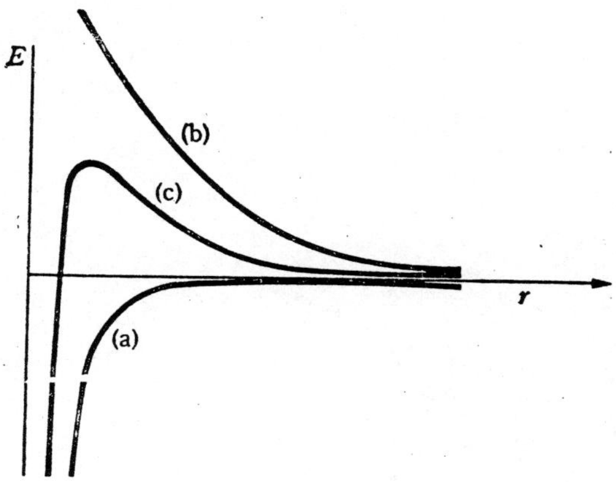

그림 18-22 콜로이드 알맹이들 사이의 상호 작용 에너지를 거리의 함수로 나타낸 그림.

일 때 대체적으로 1 : 10 : 500의 비율이 된다. 콜로이드 알맹이와 똑같은 전하를 가진 이온은 2중층의 확산 부분을 억제하는 보조 역할은 하지만 콜로이드를 엉기게 하는 효과는 거의 없다. 전기 2중층 속에는 극소수의 이온이 들어있으므로 불과 얼마 안 되는 농도의 전해질을 가지고 충분히 2중층을 억제하고 콜로이드를 침전시킬 수 있다.

18.17 콜로이드 전해질 ; 비누와 세탁제

사슬이 긴 지방산의 금속염이 비누이며, 스테아르산나트륨, $C_{17}H_{35}COO^{-}Na^{+}$이 가장 흔한 예이다. 낮은 농도에서는 스테아르산나트륨의 용액은 보통의 염용액과 마찬가지로 용액 전체를 통하여 분산된 개개의 나트륨 이온과 스테아르산 이온으로 되어 있다. 그러나 임계 미셀 농도라고 하는 어떤 특정한 농도에 다다르면 스테아르산 이온은 미셀이라고 불리는 덩어리로 집합한다(그림 18-23). 미셀은 대체로 50에서 100개 정도의 스테아르산 이온으로 되어있다. 미셀은 대충 구형이고 탄화수소 사슬은 안쪽으로, 극성기 $—COO^{-}$는 바깥 표면으로 나오게 배향한다. 물과 접촉하는 쪽이 바깥 표면이고 바깥 표면의 극성기들은 수용액 속에서의 미셀을 안정화한다. 미셀은 콜로이드 알맹이의 크기며, 전하를 가지고 있으므로 콜로이드 이온이다. 미셀은 상당히 많은 수의 양이온을 상대 이온으로서 그의 표면에 붙이며, 그 결과 그의 전하는 상당히 감소된다.

미셀이 생기면 결과적으로 전해질 1 mol 당의 전기 전도도가 크게 떨어진다. 그 이유를 설명하기 위하여 100개의 나트륨 이온과 100개의 스테아르산 이온이 따로따로 있다고 생각하여 보자. 만일 스테아르산 이온이 미셀로 집합하고 이 미셀이 70개의 Na^{+}을 상대 이온으로 결합시킨다면 30개의 Na^{+} 이온과 -30 단위의 전하를 가진 1개의 미셀 이온, 합계 31개의 이온이 있을 것이다. 같은 양의 스테아르산나트륨은 200개의 이온을 생성할테지만 미셀이 형성되는 경우에는 31개의 이온만이 생긴다. 이와같은 이온 수의 급격한 감소로 말미암아 전기 전도도가 급격하게 감소하는 것이다. 미셀의 형성은 용액의 삼투압을 또한 감소시킨다. 평균 분자량, 따라서 미셀 속의 스테아르산 이온의 평균수는 삼투압으로부터 추정할 수 있다.

미셀의 탄화수소 사슬 내부에는 탄화수소 분자가 끼어들어갈 수 있으므로 비누 용액은 탄화수소를 용해시키는 용매와 같이 행동할 수 있다. 세제로서의 비누의 작용은 부분적으로 이와같은 기름을 서스펜션으로 되게 하는 능력 때문에 생기는 것이다.

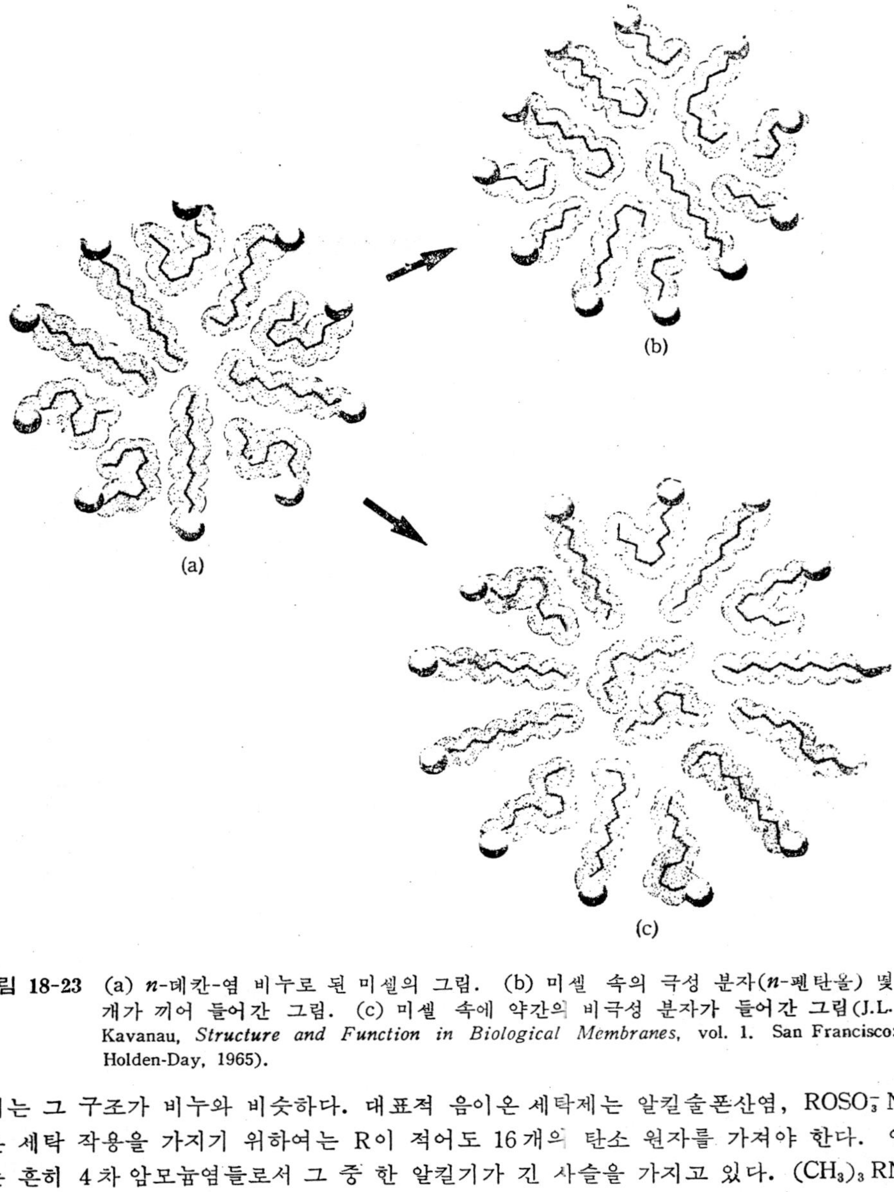

그림 18-23 (a) *n*-데칸-염 비누로 된 미셀의 그림. (b) 미셀 속의 극성 분자(*n*-펜탄올) 몇 개가 끼어 들어간 그림. (c) 미셀 속에 약간의 비극성 분자가 들어간 그림(J.L. Kavanau, *Structure and Function in Biological Membranes*, vol. 1. San Francisco: Holden-Day, 1965).

세탁제는 그 구조가 비누와 비슷하다. 대표적 음이온 세탁제는 알킬술폰산염, $ROSO_3^- Na^+$ 이다. 좋은 세탁 작용을 가지기 위하여는 R이 적어도 16개의 탄소 원자를 가져야 한다. 양이온 세탁제는 흔히 4차 암모늄염들로서 그 중 한 알킬기가 긴 사슬을 가지고 있다. $(CH_3)_3RN^+ Cl^-$ 은 그 한 예로서 R은 12에서 18 사이의 탄소 원자를 갖는다.

18.18 에멀젼과 거품

물과 기름을 세게 저으면 물 속에 잘게 쪼개진 기름 방울의 서스펜션, 즉 **에멀젼이** 생긴다. 마요네에즈는 흔한 가정 식품으로 에멀젼의 한 예이다. 또 기름의 연속상 속에 물방울이 떠 있는 에멀젼(예로 버터)도 만들 수 있다. 이 두 가지 형태의 에멀젼은 모두 물과 기름 사이의 계면 장력이 크고 또 계면의 넓이가 매우 크기 때문에 에멀젼은 2개의 상으로 분리되어 있을 때보다 큰 Gibbs 에너지를 가질 것이다. 이 Gibbs 에너지를 공급하기 위하여 이와 맞먹는 양의 기계적 일이 저어주는 데 소모되어야만 한다.

비누나 세탁제나 또는 한쪽 끝이 극성이고 다른 쪽이 큰 탄화수소 사슬로 되어있는 분자들과 같은 계면 활성제를 물과 기름이 분리되어 있는 계에 가하면 계면 장력이 현저하게 낮아진다. 이와 같은 방법으로 에멀젼을 형성하는 데 요구되는 Gibbs 에너지를 낮출 수 있다. 이와 같은 첨가제를 에멀젼화제라고 부른다. 계면 활성제가 계면에 흡착될 때는 그의 활성 끝을 물 속으로 내고, 탄화수소 끝을 기름 속으로 보내기 때문에 계면 장력이 떨어진다. 이것은 마치 Langmuir의 실험에서 스테아르산의 단분자막을 물 표면에 폈을 때 표면 장력이 감소하는 것과 같다.

거품은 연속적인 액체상 속에 많은 수의 작은 기체 기포가 들어 있는 것이다. 얇은 액체막이 기체 기포 사이를 갈라놓고 있다. 에멀젼의 경우에서와 같이 표면 에너지는 높으며, 액체와 기체 사이의 계면 장력을 낮추기 위하여는 거품화제를 가해주어야 한다. 거품화제는 에멀젼화제와 같이 같은 형의 계면 활성제이다. 거품 속의 기포들은 깨지기 쉬우므로 거품에 탄력성을 주어 기계적 충격에 대하여 거품을 안정화시키는 다른 첨가물이 필요하다. 사슬이 긴 알코올(또는 비누를 거품화제로 썼을 때는 해리하지 않은 산)은 거품 안정제의 구실을 할 수 있다.

《질 문》

18. 1 액체 방울이 왜 구형으로 되는지 Gibbs 에너지를 가지고 설명하라.

18. 2 기체-액체 임계점에서는 표면 장력이 어떻게 되겠는가?

18. 3 높은 기체 압력에서 Langmuir 흡착 등온식이 물리 흡착보다 화학 흡착에 더 잘 적용되는 까닭은 무엇인가?

18. 4 전해질 용액 속에 잠겨있는 같은 전하의 콜로이드 알맹이들 사이에는 van der Waals 인력이 작용하고 또한 Debye 가리움 상호 작용에 의한 반발력이 작용한다. 용액의 이온 세기를 증가시킴에 따라 엉김이 더 쉽게 일어날 수 있는 까닭을 말하라.

18. 5 미셀의 내부와 외부가 세탁 작용에서 어떤 역할을 하는지 설명하라.

《연습 문제》

18. 1 물 1 cm^3를 반지름이 10^{-5} cm인 방울로 쪼갰다. 물의 표면 장력이 20 °C에서 72.75×10^{-3} N/m라면 이 고운 물방울의 Gibbs 에너지는 물에 비하여 얼마나 되는가?

18. 2 물 속의 톨루엔의 에멀젼은 물에다 톨루엔의 알코올 용액을 부어서 만든다. 알코올은 물 속으로 확산해 들어가고 톨루엔을 작은 방울로 남긴다. 질량으로 에틸알코올 15%와 톨루엔 85%로 된 용액 10 g을 10 g의 물에 부었더니 에멀젼이 자발적으로 생겼다고 하자. 떠 있는 톨루엔 방울과 물-알코올 혼합물 사이의 계면 장력이 0.036 N/m이고, 방울의 평균 직경이 10^{-4} cm이며, 톨루엔의 밀도는 0.87 g/cm^3이었다. 이 방울 형성에 수반된 Gibbs 에너지의 증가를 계산하라. 이 Gibbs 에너지 증가와 25 °C에서의 알코올과 물의 혼합 Gibbs 에너지와를 비교하라.

18. 3 증기가 서려 액체가 되고 그 방울의 크기가 자랄 때는 방울의 Gibbs 에너지가 그 방울의 크기에 따라 변한다. 큰 덩어리 액체에 대하여는 $G_{vap} - G_{liq} = \Delta H_{vap} - T\Delta S_{vap}$이며, ΔH_{vap}와 ΔS_{vap}가 온도에 무관하다면 $\Delta S_{vap} = \Delta H_{vap}/T_b$이다. 여기서 T_b는 끓는점이다. 따라서 $G_{vap} = 0$으로

취하면, $G_{liq} = -\Delta H_{vap}\cdot(1 - T/T_b)$이 된다. 만일 G_{liq}와 ΔH_{vap}이 액체 단위 부피 마다의 값이라고 한다면 부피가 V인 물 덩어리 액체의 전체 Gibbs에너지는 $G' = VG_{liq} = -V\Delta H_{vap}(1 - T/T_b)$가 된다. 큰 덩어리 액체 대신에 고운 액체 방울을 다룰 때는 다음과 같이 γA항을 이 식에 더해 주어야만 한다. 여기서 A는 방울의 표면적이다 :

$$G' = -V\Delta H_{vap}(1 - T/T_b) + \gamma A$$

a) 구형 액체 방울에 대하여 방울의 Gibbs에너지는 방울이 작을 때 양의 값이며 반지름이 증가함에 따라 최대값을 거쳐서 급속히 감소함을 증명하라. $T < T_b$이라면, 반지름 r이 어떤 값을 가질 때 $G' = 0$이 되는가? r의 값이 클 때는 G'이 음이 됨을 증명하라. $G_{vap} = 0$로 취했음을 잊지말고 액체 방울이 증기의 서림으로 자발적으로 자랄 수 있게 되려면 그 방울의 반지름이 얼마로 되어야 하는가를 계산하라.

b) 25 °C에서 물은 $\gamma = 71.97 \times 10^{-3}$ J/m², $\Delta H_{vap} = 2443.3$ J/g이고 밀도는 0.9970 g/cm³이다. 물방울이 자발적으로 자라나려면 방울의 반지름은 얼마이어야 하는가?

18. 4 duNouy장력계로는 액체 표면에 놓은 가는 쇠줄고리를 끌어 올리는 데 드는 힘을 측정한다. 고리의 지름의 1.0 cm이고, 고리의 안쪽과 바깥쪽의 둘레에 액체의 표면이 달라붙은 고리를 끌어 올리는 데 든 힘이 6.77 mN이었다. 이 액체의 표면 장력은 얼마인가?

18. 5 25 °C에서 수은의 밀도는 13.53 g/cm³이고 표면 장력은 0.484 N/m이다. 내경이 1 mm인 유리관 속에서의 수은의 모세관 내림은 얼마이겠는가? $\theta = 180°$로 가정하고 공기의 밀도는 무시하라.

18. 6 유리관 속에서 물의 모세관 오름이 2 cm이었다. $\rho = 0.9982$ gm/cm³이고 $\gamma = 72.75 \times 10^{-3}$N/m라면 관의 지름은 얼마이겠는가? ($\theta = 0°$)

18. 7 30 m 높이의 나무가 모세관 상승 작용에 의해서 수액을 공급받는다고 하면, 수액이 통과하는 모세관의 반경은 얼마인가? 수액의 밀도는 1.0 g/cm³, $\theta = 0°$, 그리고 $\gamma = 73 \times 10^{-3}$ N/m이다. 공기의 밀도는 무시하라(실제에 있어서는 수액이 주로 삼투압에 의해서 올라간다).

18. 8 둘레가 2.10 cm인 현미경용 슬라이드 유리를 Wilhelmy장치에 이용하였다. 10 mL의 물을 용기에 넣고 저울대의 균형을 맞추었다. 이 물을 버리고 그 대신에 5.00%, 10.00% 및 20.00% 아세톤(질량 %) 시료 10 mL를 채운 다음 저울대의 균형을 잡아주는 데 각각 35.27 mg, 49.40 mg 및 66.11 mg의 추를 덜어 내었다. 물의 표면 장력이 71.97×10^{-3}N/m이라면 각각의 표면 장력을 계산하라. 밀도차에 의한 효과는 무시하라.

18. 9 반경이 0.05 cm인 모세관을 표면 장력이 0.072 N/m인 액체에 살짝 담궜다. 모세관과 같은 반경의 기포를 불어 넣으려면 얼마만한 압력이 여분으로 더 필요하겠는가? 모세관이 잠긴 깊이는 무시할 수 있다고 가정하라.

18. 10 직경이 0.300 mm인 모세관을 아세톤에 담그고, 그 끝에 반구형 기포를 생기게하는 데 364 Pa의 압력이 여분으로 필요하였다. γ를 계산하라.

18. 11 반경이 $r_1 = 1.00$ cm와 $r_2 = 2.00$ cm인 두 비누 방울이 있다. 비누물의 표면 장력이 $\gamma = 0.030$ N/m이면 이 비누 방울 속의 여분의 압력은 각각 얼마가 되겠는가? 이 두 비누 방울이 충돌해서 들러붙게 되면 그들 사이에 얇은 막이 형성된다. 이 막의 곡률 반경을 구하라. 곡률의 중심은 어느쪽에 위치하겠는가? 비누 방울 밖에서 안으로 들어가려면 두 계면을 지나야 한다는 것을 명심하라.

18. 12 반경이 다른 두 비누 방울을 가는 관으로 연결시키면 어떤 현상이 일어나겠는가?

18. 13 20 °C에서 물과 벤젠 사이의 계면 장력은 35 mN/m이다. 벤젠과 물의 표면 장력을 각각 28.85 mN/m와 72.75 mN/m로 놓고 다음을 계산하라($\theta = 0$으로 놓고).

a) 물과 벤젠 사이의 부착 에너지
b) 벤젠과 물의 응집 에너지
c) 물 표면에서의 벤젠의 퍼짐 계수

18.14 20 °C 에서 순수한 CH_2I_2 의 $\gamma = 50.76$ m J/m², 순수한 물의 $\gamma = 72.75$ mJ/m², 그리고 계면 장력은 45.9 m J/m² 이다. 다음을 계산하라.
a) 물 표면에서의 CH_2I_2 의 퍼짐 계수
b) CH_2I_2 와 H_2O 사이의 부착 에너지

18.15 한변의 길이가 δ 인 입방체 모양의 아주 작은 얼음 결정으로 물이 얼 때의 어는점은 큰 결정으로 될 때의 어는점에 비해서 얼마나 다르겠는가? $T_0 = 273.15$ K 이다. 계면 장력은 25 m N/m ; $\Delta H^\circ_{fus} = 6.0$ k J/mol ; $\bar{V}^s = 20$cm³/mol 를 취하라. $\delta = 10\ \mu$m, 1 μm, 0.1 μm, 0.01 μm 및 0.001 μm 인 경우에 대해서 계산하라.

18.16 20 °C 에서 변의 길이가 1 μm, 0.1 μm 및 0.01 μm 인 $BaSO_4$ 결정의 용해도와 큰 결정의 용해도와의 비를 계산하라. $\gamma = 500$ m J/m², $\rho = 4.50$ g/cm³ 으로 취하라.

18.17 20 °C 에서 CCl_4 의 밀도는 1.59 g/cm³ 이고 $\gamma = 26.95$ m N/m 이다. 그리고 증기 압력은 11.50 kPa 이다. 반경이 0.1 μm 와 0.001 μm 인 액체 방울의 증기 압력을 계산하라.

18.18 물의 표면 장력은 다음과 같이 온도에 의존한다.

$$\gamma = \gamma_0\left(1 - \frac{t}{368}\right)^{1.2}$$

여기서 t 는 섭씨 온도이고 $\gamma_0 = 75.5 \times 10^{-3}$ J/m² 이다. g^σ, s^σ 및 u^σ 의 값을 0 °C 부터 368 °C 까지 30 도 간격으로 계산하라. 이 값들을 t 의 함수로 도시하라(물의 임계 온도는 374 °C 이다).

18.19 스테아르산, $C_{17}H_{35}COOH$ 의 밀도는 0.85 g/cm³ 이다. 촘촘히 모인 표면막에서 한 분자는 0.205 nm² 의 넓이를 차지한다. 분자의 길이를 계산하라.

18.20 헥사데칸올, $C_{16}H_{33}OH$ 는 저수지의 물 위에 단분자막을 만들어서 물의 증발을 늦추는 데 이용한다. 촘촘히 모인 표면층에서 이 알코올 분자는 0.20 nm² 의 넓이를 차지한다. 10 에이커(= 40000 m²)의 호수를 덮을려면 이 알코올이 몇 그램이나 필요하겠는가?

18.21 0 °C 의 여러 압력 하에서 1 g 의 숯에 흡착된 메탄의 부피는 표준 상태로 환산해서 다음 표와 같다.

p/mm Hg	100	200	300	400
흡착된 cm³ 수	9.75	14.5	18.2	21.4

Freundlich 의 등온식을 써서 데이터를 도시하여 상수 k 와 $1/n$ 을 결정하라.

18.22 a) 0 °C 의 여러 압력에서 숯 시료 위에 흡착된 염화에틸의 양은 다음 표와 같다.

p/mm Hg	20	50	100	200	300
흡착된 g 수	3.0	3.8	4.3	4.7	4.8

Langmuir 의 등온식을 써서 각 압력에서의 덮인 표면의 분율을 결정하라.
b) 염화에틸 분자의 분자 넓이를 0.260 mm² 이라고 하면 숯의 표면적은 얼마인가?

18.23 0 °C 에서 NiO 분말에 흡착되는 부탄의 부피를 STP 에서의 값으로 환산하였더니 아래와 같이 되

었다.

p/kPa	7.543	11.852	16.448	20.260	22.959
$v/(cm^3/g)$	16.46	20.72	24.38	27.13	29.08

a) 이 분말을 단분자층으로 덮으려면 이 기체가 STP에서의 부피로 얼마나 필요한지 BET 등온식을 이용해서 구하라. 단, $p° = 103.24$ kPa이다.

b) 부탄 분자의 단면적이 44.6×10^{-20} m^{2}이라면 이 분말 1 g의 넓이는 얼마나 되겠는가?

c) 10 kPa와 20 kPa에서의 θ_1, θ_2, θ_3 및 θ_v를 계산하라.

d) Langmuir 등온식을 이용하여 10 kPa와 20 kPa에서의 θ를 계산하고 표면적을 구하라. 이것을 (b)의 결과와 비교하라.

18.24 기체와 표면 사이의 화학 반응을 근거로 Langmuir의 등온식을 유도하였던 바, 2원자 분자 기체가 표면에 원자로서 흡착된다면 $\theta = K^{1/2}p^{1/2}/(1 + K^{1/2}p^{1/2})$이 성립됨을 증명하라.

18.25 a) 30 °C에서 아세트산 수용액의 표면 장력은 다음과 같다.

아세트산의 wt %	2.475	5.001	10.01	30.09	49.96	69.91
$\gamma/(10^{-3}$ N/m)	64.40	60.10	54.60	43.60	38.40	34.30

γ를 $\ln m$에 대해서 도시하고 Gibbs 등온식을 이용하여 아세트산의 표면 과잉을 구하라(주의 : 등온식에다 몰농도 c_2 대신에 몰랄농도 m을 이용할 수 있다).

b) 25 °C에서 프로피온산 수용액의 표면 장력은 다음과 같다.

프로피온산의 wt %	1.91	5.84	9.80	21.70
$\gamma/(10^{-3}$ N/m)	60.00	49.00	44.00	36.00

프로피온산의 표면 과잉을 계산하라.

18.26 두 개의 200 mL 비이커에 각각 10 cm^{3}의 액체 물과 10 cm^{3}의 액체 수은이 담겨있다. 유리 표면의 물은 $\theta = 0°$이고, 유리 표면의 수은은 $\theta = 180°$를 나타낸다. 중력장이 작용하지 않는다면 이들 계가 각각 어떻게 행동하겠는가?

19
물질의 구조

19.1 서 론

물질이 불연속적인 불가분의 알맹이(원자)로 되어 있다는 생각은 대단히 오래 된 것이다. 기원전의 작가인 Lucretius와 Democritus는 물질이 원자로 이루어져 있다는 가정하에 형이하학을 발전시켰다. 그러나 이 초기의 원자론은 실험적인 뒷받침이 없었던 탓으로 저마다 내키는대로 긍정할 수도 있고 부정할 수도 있었으며, 그리하여 열매를 맺지 못하고 말았다.

현대의 원자론은 정량적인 자연 관찰을 밑받침으로 삼고 있다. Dalton에 의해서 현대의 원자론이 처음으로 제창된 것은 과학 연구에서 정량적 측정을 중시하게 된 후의 일이다. 그리고 초기의 이론과는 대조적으로 현대의 원자론은 대단한 성과를 이루었다.

현대의 원자론을 대략 설명하려면 그 발전 과정을 적어도 줄거리 정도로나마 회고해 볼 필요가 있다. 그렇다고 격식을 갖춘 역사를 말하려는 것은 물론 아니며 다만 주요한 이정표가 되었던 사실과 사고 과정만을 이야기하는 데 그치겠다.

19.2 19세기

1775년부터 1780년 사이에 Lavoisier는 화학 반응을 통하여 전체 질량은 변하지 않는다는 것을 증명함으로써 화학을 정량적인 과학으로 이끌어 올렸다. 화학 반응에서의 질량 보존은 플로지스톤설에다 마침내 최후의 일격을 가한 셈이 되었다. Lavoisier에 이어서 바로 Proust와 Dalton은 일정 성분비의 법칙과 배수 비례의 법칙을 제안하였다. 1803년에는 Dalton이 그의 원자설을 내놓았다. 물질은 원자라고 부르는 대단히 작은 알맹이로 되어 있다. 각 종류의 원자마다 일정한 질량을 가지고 있으며, 상이한 원소의 원자는 그 질량이 다르다. 이러한 원자들이 일정한 완전수의 비로 결합하면 화합물이 이루어진다. 이 설은 그 당시까지에 밝혀진 정량적인 사실들을 설명하는 데 충분하였었다.

1808년에 있은 기체 부피에 관한 Gay-Lussac의 실험은 기체 반응의 법칙을 낳게 하였다. 반응 기체의 부피와 생성 기체의 부피 사이에는 간단한 완전수의 비가 성립한다. Gay-Lussac은 어떠한 기체라도 같은 부피 속에는 동일수의 원자가 들어 있을 것이라고 말하였다. 그러나 이 제안은 용인되지 않았었다. 그 당시에는 원자량표를 만들려는 시도가 난처한 부조리에 빠져 있었는데 그 이유는 두 원소로 된 단순 화합물은 그 두 원소의 단일 원자 두 개가 결합해서 형성된다고 생각했었기 때문이었다. 예로서 물과 암모니아의 생성 반응을 다음과 같이 써야했던 것이다.

$$H + O \longrightarrow OH \quad \text{및} \quad H + N \longrightarrow NH$$

이와 같이 되려면 원자량의 비가 N/O = 7/12 가 되어야만 한다. 그런데 질소의 산소로 된 화합물로서 그 결합 무게의 비가 이와 같이 되는 화합물은 없다.

Avogadro(1811)는 화학 변화에 참여할 수 있는 최소 단위의 알맹이인 원자와 영구적으로 존재할 수 있는 최소 알맹이인 분자와를 서로 같지 않게 보고, 몇몇 기본 기체가 H_2, N_2, O_2, Cl_2 와 같이 2원자 분자로 되어 있다고 가정함으로써 이러한 질량 비율 상의 모순을 제거하였다. 그는 또 오늘날 Avogadro 법칙이라고 부르는 것을 제안하였는데, 온도 및 압력이 같은 조건 하에 있을 때는 어떠한 기체이든 같은 부피 속에 같은 갯수의 분자가 들어 있다는 것이다. 1858년에 Cannizaro 는 이 생각과 Dulong-Petit 의 법칙을 함께 써서 합리적인 원자량표를 만들었는데 그 때까지 Gay-Lussac 의 이 제안은 묵살된 채로 잊혀져 있었다. 그리하여 원자설이 발표되고 나서부터 실질적으로 오늘날의 것과 거의 같은 원자량표가 완성될 때까지의 55년 동안은 화학식을 놓고 대혼란을 겪던 때였다.

1832년에 Faraday 가 전기분해에 관한 법칙들을 발표하고 나서부터 또 하나의 분야가 평행하게 발전되기 시작하였다. 전기분해에 관한 첫째 번 법칙은 전극에서 생성되는 물질의 양이 그 전극을 통하여 흐른 전기량에 비례한다는 것이다. 그 둘째 번 법칙은 전극에서 생성되는 물질의 양이 전기량만 같다면 그 물질의 화학 당량에 비례한다는 것이다. 원자설과 Faraday 의 법칙을 인정하자면 별 수 없이 음전기나 양전기를 불연속적인 어떤 전기 소량으로 이루어졌다고 보아야 하는데, 이 사실은 1881년에 이르러서야 비로소 Helmholtz 에 의해서 밝혀졌다. 오늘날 당연하다고 생각되는 이 결론이 결국 50년이나 걸려서 나온 것이다. 1880년부터 기체 속에서의 전기전도 현상을 연구함으로써 자유 전자(J.J. Thomson, 1897)와 양극선과 그리고 x-선(Roentgen, 1895)이 발견되었다. 전자의 전하가 직접 측정된 것은 Millikan 에 의해서이며 1913년의 일이다.

Rumford 백작이 단단한 철판에다 끝이 뭉툭한 보어러를 비벼주는 실험을 한 결과(1798) 또 하나의 분야가 평행하게 발전하기 시작하였다. 그는 당시에 대포의 포신을 뚫고 있었는데, 그의 조수들이 그가 조금 돌았다고 생각했음은 물론이다. 그는 보어러와 철판을 물 속에 넣었는데 마침내 물이 끓었다. 그리하여 그는 "열"이 유체가 아니라 일종의 운동일 것이라고 생각하였다. 그 후의 실험들, 특히 1840년에 있었던 Joule 의 세심한 실험 등에 의해서 드디어 열역학의 제1법칙이 1847년에 발견되었다. 이와 별도로 Helmholtz 는 1847년에 에너지 보존의 법칙을 제안하였다. 1850년대에 Kelvin 과 Clausius 는 열역학의 제2법칙을 수식화하였는데, 이것은 1824년에 있었던 Carnot 의 연구가 밑받침이 되었다.

1850년대 말에는 기체 분자 운동론이 상당한 발전을 이루어 상당한 성공을 거두었다. 분자 운동론은 원자설에다 그 기초를 두고 있으며, "열"과 운동 사이의 관계를 밝힌 Rumford 의 생각에도 크게 의존하고 있다.

19세기에는 화학 분야에서도 특히 합성화학과 분석화학 분야에서 수없이 많은 성과가 있었는데, 여기서는 불과 몇 가지만을 들어 보겠다. Woehler 가 1824년에 요소를 합성한 후에 유기화학이 발전하였으며, van't Hoff, LeBel 및 Pasteur 는 입체 화학을 연구하였다. 탄소 원자가 사면체 결합을 이룬다는 것이 화학적으로 증명되었고, Kekule 에 의해서 벤젠의 구조가 밝혀졌다. Werner 는 무기착물의 입체 화학을 연구하였으며, Stas 는 정밀한 원자량을 구하였고, 또 Arrhenius 는 전해질 용액의 이론을 내놓았다. Gibbs 는 불균일 반응의 평형과 상 규칙을 발전시켰다. 끝으로 원소의 주기성 발견을 들겠는데, 이것은 Döbereiner 의 설과 Newland 의 설을 거쳐 Mendeleev 와 Meyer 의 주기율(1869~1870)이 나옴으로써 열매를 맺게 된 것이다.

이상의 이야기에서는 주로 원자의 개념을 확립시킨 성과들 만을 [illegible]서 소개하였다. 그러나 Maxwell이 발전시킨 전자기파 이론, 즉 파동론도 또한 중요한 역할을 하였다. 19세기 말에는 여러 가지 스펙트럼에 관한 실험이 많이 이루어졌는데, 이것도 결과적으로 중요한 영향을 미쳤다.

1890년대의 물리학자들이 가지고 있던 만족감은 오늘날 상상할 수도 없을 정도였다. 고전 물리학은 마치 질서 정연한 집과 같았다. 역학, 열역학, 분자 운동론, 광학, 전자기론 등이 그 기초가 되었으며 실로 당당한 모습이었다. 그리고 알맞는 분야에서 연장을 뽑아 가지고 어떠한 문제나 다 풀 수가 있었다. 물론 말썽이 된 문제가 몇 개 있었지만, 누구나 이것이 곧 보통의 방법으로 해결되리라는 것을 확신하고 있었다. 이 물리의 집은 두 부분으로 되어 있는데, 하나는 알맹이이고 다른 하나는 파동이었다. 물질은 알맹이의 성질을 가지며, 빛은 파동의 성질을 가지고 서로 남남지간이었다. 즉, 물질과 빛 사이의 연결은 별로 수월한 것 같지 않았다.

19.3 격 동

그 다음부터는 모든 일이 너무나 급격히 일어났기 때문에 어떠한 일들이 일어났었다고 말하기가 매우 어렵다. 불과 35년 사이에 고전 물리학은 그 밑기둥까지 뒤흔들렸었다. 그런데 이런 격동을 겪고도 그 기초는 그런대로 못쓰지 않을 정도로 남아 있었지만, 완전히 새 분야의 물리학이 등장하게 되었던 것이다. 이 경우에 대해서도 여기서는 우선 그 줄거리만을 이야기하는데 그치겠다. 즉, 1887년에는 Hertz가 광전 효과를 발견하였으며, 1895년에는 Roentgen이 x-선을 발견하였고, 또 1896년에는 Becquerel이 방사능을 발견하였다. 이어서 1897년에는 J. J. Thomson이 전자를 발견하였고, 1900년에는 Planck가 흑체 복사에 관한 양자론을 제안하였다. 1905년에는 Einstein이 광전 효과에다 양자론을 적용하였고, 1907년에는 Thomson의 원자 모형이 나왔다. 1909년에는 Geiger, Marsden 및 Rutherford에 의해서 α-알맹이의 산란 실험이 있었고, 1911년에는 Rutherford가 원자의 핵 모형을 발표하였다. 1913년에는 Geiger와 Marsden이 Rutherford의 산란 이론을 실험적으로 확인하였으며, 1913년에는 Bohr가 양자론을 원자에다 적용하여 이른바 Bohr의 원자 모형을 제안하였다. 여기서 우리에게 직접 관계는 안 되지만 20세기의 처음 10년간에 이루어진 또 하나의 발전은 Einstein의 상대성 이론이다.

1913년은 과학사에서 절정을 이루었던 해이다. 흑체 복사에 관한 Planck의 양자론이나 또 Einstein에 의한 이 양자론의 광전 효과에 대한 적용은 불신을 받았고 증오의 대상이 되기도 하였었다. 그러나 Bohr가 이 양자론을 수소 원자의 이론에다 적용함으로써, 이 양자론은 안 믿을 수가 없게 되었고 사고 방식에도 일대 변화가 일어났다. 다음 10년 동안에 이 지식은 급격하게 동화되기 시작하였으며, 스펙트럼이나 원소의 주기성을 설명하는 데 성공적으로 적용되었다.

20세기의 세째 번 10년 동안에는 새로운 발견들이 또 이루어졌다. 즉, 1924년에는 de Broglie가 물질의 파동성을 이론적으로 규명하였으며, 1927년에는 Davisson과 Germer가 전자의 파장을 측정함으로써 물질의 파동성을 실험적으로 증명하였다. 1927년에는 Heisenberg와 Schrödinger에 의해서 양자 역학이 이루어졌고, 그 이후 이 양자 역학은 원자에 관한 모든 문제에 성공적으로 적용이 되어 왔다. 원리적으로는 어떠한 화학 문제든지 Schrödinger 식을 써서 종이 위에다 풀 수 있게 되었다. 그러나 실제에 있어서는 대부분의 화학 문제가 너무 복잡해서 계산이 잘 안 되며 따라서 아마 앞으로도 당분간은 실험 화학 분야가 더 활발할 것이다. 그러나 이 처지는 1890년대에 물리학자들이 가졌던 만족감과는 전혀 구별되어야 한다. 비록 화학 문제를 푸는 이론적 기초는 오늘날 잘 알려져 있고, 또 이 기초가 뒤집힐 것 같지는 않지만 거기에는 너무 많은 제약이 있는 것이다. 연대기는 1927년까지로서 이만 그치겠으며, 그 후에 이루어진 발견들은 그때그때 필요에 따라서 취급하기로 하겠다.

1927년 이전에 이루어진 이상과 같은 발전을 돌이켜 봄으로써, 우리는 두 가지의 주요한 결론이 얻어졌음을 알게 되었다. 고전 물리학에서 파동 현상이라고만 생각하였던 복사가 알맹이성을 가지고 있다는 사실이 Planck, Einstein 및 Bohr에 의해서 밝혀졌으며, 또 한편 고전적인 관점에서 알맹이라고 여겼던 전자나 원자는 파동성을 가지고 있다는 사실이 de Broglie, Schrödinger 및 Heisenberg의 연구로 밝혀진 것이다. 그리고 원만하게 결합되지 못하였던 고전 물리학의 두 분야가 양자 역학에 의해서 단일화되었다. 물질과 빛이 파동성과 알맹이성을 함께 갖는다는, 즉 이중성을 갖는다는 사실에 의해서 이 단일화가 이루어진 것이다.

19.4 전자의 발견

Dalton의 시대 이후 원자는 불가분의 알맹이었다. 1897년에 J. J. Thomson이 전자를 발견함으로써 원자보다 더 작은 알맹이가 존재한다는 것을 처음으로 알게 되었다. Thomson의 발견으로 원자의 내부 구조를 고찰하게 되었고, 이러한 고찰의 결과가 실험적으로 증명될 수도 있으리라고 생각하게 되었다.

기체 속에서의 전기 전도 현상을 연구한 결과 음극선이 발견되었다. 유리관 내부의 양쪽 끝에 두 개의 전극을 봉입해 넣고 고전압의 전원에다 연결한 다음 유리관을 진공화시키면 두 전극 사이에서 방전이 일어나 불꽃이 튀기 시작한다. 관 내부의 압력을 더 낮추어주면 방전 불꽃이 점차로 퍼져서 밝은 빛이 관 내부를 채우게 되고, 더 한층 압력을 낮추면 빛나는 기체 사이에 여러 줄기의 검은 띠가 나타나게 된다. 대단히 낮은 압력 하에서는 관 내부 전체가 어두워지지만, 관벽에서 형광이 나타나는데 이 형광의 색은 유리의 종류에 따라서 달라진다. 얼마 안 있다가 음극으로부터 음극선이라고 부르는 것이 나온다는 것을 알게 되었는데, 바로 이것이 유리벽과 충돌해서 형광을 나타냈던 것이다. 이 음극선의 통로에다 물체를 놓아 두면 관 벽에 그림자가 나타난다. 그리고 또 이 음극선은 전기장이나 자기장에 의해서 그 경로가 휘어진다. 그림 19-1은 J.J. Thomson이 고안한 유명한 실험 장치로서, 그는 이것으로 음극선이 알맹이의 흐름이라는 것을 알아내었다. 이 알맹이는 후에 전자라고 불리게 되었다.

이 관을 고도로 진공화시키면 음극 C로부터 음극선이 나온다. 홈이 파진 두 개의 금속판 A와 A'은 양극의 역할을 한다. 이 두 홈을 통과함으로써 음극선은 조준이 되며 똑바로 점 P까지 가서 그 곳에 형광을 나타낸다. 판 M과 M' 사이에는 전기장을 걸을 수 있으며, 또 이 전

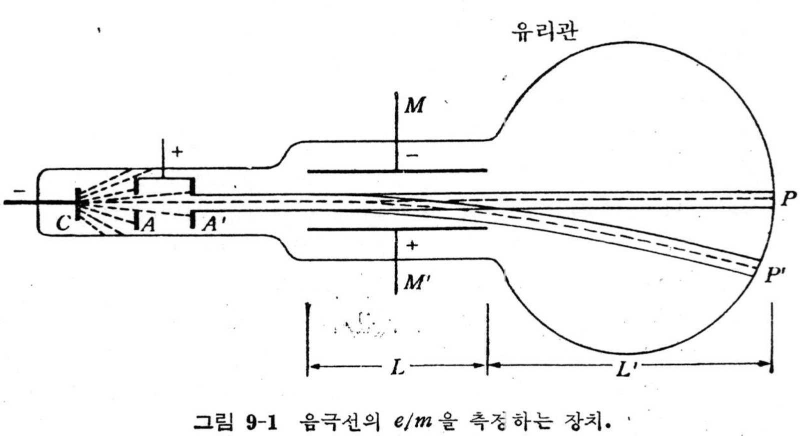

그림 9-1 음극선의 e/m을 측정하는 장치.

기장과 직각 방향으로 자기장을 걸어줄 수도 있다. 음극선이 이러한 장의 영향을 받으면 수직 방향의 힘을 받는 결과가 되고 따라서 음극선의 수평 속도 성분은 아무 영향도 받지 않는다. 이 실험은 두 조작으로 이루어진다.

전기장 E를 작용시켜서 음극선을 밑으로 휘게 하여 점 P'에 형광점이 나타나게 한다. 이어서 유량 밀도가 B인 자기장을 작용시키는데 그 세기를 적절하게 조절하여 형광점을 다시 P로 되돌아가게 한다. 만일 음극선이 전하가 e이고 질량이 m인 알맹이로 되어 있다면, 이 음극선은 전기장에 의해서 eE의 힘을 받고 자기장에 의해서 Bev의 힘을 받을 것이다. 여기서 v는 알맹이의 수평 속도 성분이다. 이 두 힘은 맞먹으므로 $eE = Bev$이며, 따라서 수평 속도 성분을 E와 H의 함수로 나타낼 수 있다. 즉,

$$v = \frac{E}{B} \tag{19.1}$$

둘째 번 조작에서는 자기장을 끄고 전기장만을 작용시켰을 때의 빗나간 거리 PP'을 측정한다. 이 때 작용하는 힘은 eE이므로 수직 가속도는 eE/m이 된다. 알맹이가 전기장을 통과하는 시간은 $t = L/v$이다. 이 시간이 경과하였을 때의 수직 속도 성분은 $w = (eE/m)t$이며, 수직 변위는 $s = (eE/m)t^2/2$이다. s의 값은 변위 PP'과 거리 L'으로부터 구할 수 있다. s에 관한 식에다 t를 대입하면 $e/m = 2sv^2/EL^2$이 되고, 이어서 v의 값을 넣으면 다음과 같은 식을 얻을 수 있다.

$$\frac{e}{m} = \frac{2sE}{B^2L^2} \tag{19.2}$$

결국 이 실험으로 알맹이에 대한 e/m의 값을 얻게 되는데, 이 비의 현재값은 다음과 같다.

$$\frac{e}{m} = 1.758804 \times 10^{11}\ \mathrm{C/kg}$$

휘어지는 방향으로 보아 e의 값은 음임이 분명하다.

전기분해에 관한 초기의 실험으로부터 가장 가벼운 원자인 수소 원자에 대한 전하 대 질량의 비가 측정되었는데 그 현재값은 다음과 같다.

$$\left(\frac{e}{m}\right)_{\mathrm{H}} = 9.57354 \times 10^{7}\ \mathrm{C/kg}$$

따라서 음극선 알맹이는 수소 원자보다 e/m의 값이 약 1837배나 더 크다. 당시에는 이 차이가 전하의 차 때문에 생기는 것인지 질량의 차 때문에 생기는 것인지 또는 이 둘이 전부 다르기 때문에 생기는 것인지 알 수 없었다. 1913년에 R.A. Millikan은 기름 방울 실험으로 전자의 전하를 직접 측정하였다. 그 현재값은 다음과 같다.

$$e = 1.6021892 \times 10^{-19}\ \mathrm{C}$$

이 값을 e/m의 값과 결합하면 전자의 질량을 얻게 된다.

$$m = 9.109534 \times 10^{-31}\ \mathrm{kg}$$

수소의 원자량과 분자 운동론으로부터 구한 Avogadro수로부터 수소 원자의 평균 질량을 구할 수 있는데, 그 현재값은 다음과 같다.

$$m_{\mathrm{H}} = 1.6737 \times 10^{-27}\ \mathrm{kg}$$

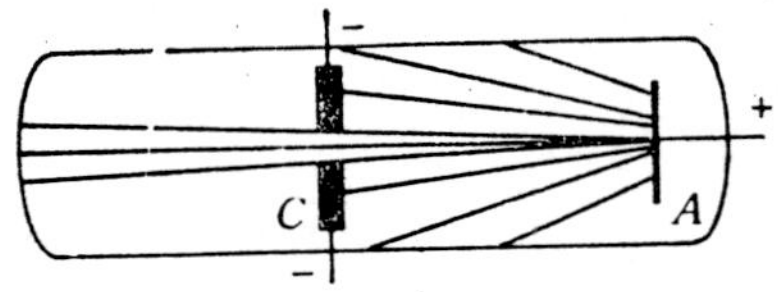

그림 19-2 간단한 양선관.

결국 수소 원자의 전하는 전자의 전하와 크기는 같지만 부호가 반대라는 사실과, 또 전자의 질량은 수소 원자의 질량에 비해서 1837.151 분의 1 밖에 안 된다는 사실을 알게 되었다. 이처럼 전자는 원자보다 질량이 작으므로 원자보다 더 기본적인 알맹이이다. 따라서 원자는 음전하의 전자와 질량이 큰 양전하의 알맹이로 이루어진 것이라고 생각할 수 있게 되었다. Thomson의 연구 이후로 원자가 어떻게 이런 기본 알맹이들로 이루어져 있는가를 생각할 수 있게 된 것이다.

19.5 양선과 동위 원소

1886 년에 Goldstein 은 양선을 발견하였는데, 이것은 기체 속에서의 전기 전도를 연구함으로써 얻어진 또 하나의 중요한 결과이었다. 이 장치는 그림 19-2 와 같다.

음극 C 에는 홈이 뚫려 있다. A 와 C 사이에서는 보통의 전기 방전이 일어나며 또 음극의 왼쪽을 향하여 홈으로부터 빛나는 흐름이 흘러나간다. 이 흐름은 양전하를 띠고 있으며 따라서 양선이라고 부르게 되었다. 양선에 대한 체계적인 연구는 오랫동안 이루어지지 못했었지만, 양선의 성질이 관 속에 남아 있는 기체의 종류에 따라 달라진다는 사실은 알고 있었다. 이와 반대로 음극선은 관 속에 남아 있는 기체의 종류에 무관하였었다.

Thomson 은 전자에 대해서 하였던 것과 똑같은 실험 방법으로 양선의 e/m 값을 측정하고 있었으며, 그 결과 1913 년에는 네온이 두 종류의 상이한 원자로 되어 있음을 발견하였다. 즉, 하나는 질량이 20 인 것이고 또 하나는 질량이 22 인 것이다. 같은 원소에 속하는 상이한 원자들을 동위 원소라고 부르는데, 이것은 주기율표 상에서 같은 자리를 차지한다는 뜻이다. 같은 원소의 원자라도 질량이 서로 다를 수 있다는 이 발견이 이루어지고 난 후에 모든 원소들의 동위 원소 조성이 결정되었다. 뿐만 아니라 잘 알고 있는 바와 같이 근래에 와서는 많은 인공 동위 원소가 고에너지 물리학 분야에서 합성되었다.

한 원소의 동위 원소들은 외부 전자 배치가 같기 때문에 화학적으로 거의 구별이 안 된다. 그러나 동위 원소들은 질량이 다르기 때문에 그 물리적 성질이 조금씩 다르다. 특히 가벼운 원소의 경우에는 그 질량의 차가 상대적으로 더 커지기 때문에 물리적 성질의 차도 가장 크게 나타난다. 동위 원소의 이러한 성질차는 양선관 내부에서 가장 두드러지게 나타난다. 그리하여 전기장과 자기장의 세기를 적절하게 조절함으로써 양선을 각각의 e/m 값에 따라서 질량 스펙트럼이라고 부르는 일종의 스펙트럼으로 나눌 수 있다. 현대적인 질량 분석계는 Thomson 의 e/m 측정 장치로부터 발전된 것이다.

19.6 방 사 능

X-선의 발견에 이어서 1896 년에 H. Becquerel 은 혹시 형광 물질이 x-선을 내놓는 것이 아닌가 하는 실험을 하였다. 그리하여 그는 우라늄의 형광성 염이 투과력이 큰 방사선을 내놓으며, 이 방사선은 형광과 아무 관계도 없다는 것을 발견하였다. 이 방사선은 사진 건판을 싸는 검은

종이를 여러 겹 통과할 수 있고 또 얇은 금속의 박도 통과해 나갈 수 있다. 이 방사선은 센 자기장 하에서 α-선, β-선 및 γ-선의 세 성분으로 분해될 수 있으며 따라서 x-선과는 다르다. β-선은 e/m의 값이 전자의 경우와 같으며, γ-선은 자기장 하에서 진로가 휘지 않는다. 또 α-선은 양전하를 띠고 있으며, 그 e/m의 값이 수소 원자의 값의 1/2이다. β-선은 전자의 흐름이고, α-선은 헬륨 원자핵의 흐름이며, 또 γ-선은 파장이 극히 짧은 전자기파이다. 방사능은 발견되고 나서부터 그 연구에 많은 노력이 기울여졌다. Pierre Curie와 Marie Curie에 의해서 폴로늄과 라듐의 새로운 두 원소가 발견된 것은 그 중에서도 가장 큰 성과이었다.

방사선은 화학적 환경, 온도, 압력, 전기장 또는 자기장 등과 같은 외적 조건이 크게 변하더라도 그 방출 속도가 전혀 변하지 않는데, 이것은 방사능의 가장 두드러진 성질이라고 말할 수 있다. 방사선은 원자핵으로부터 방출된다. 따라서 외적 조건에 의해서 그 방출 속도가 전혀 영향을 받지 않는다는 것은 원자핵이 이러한 외적 요소의 영향을 안 받는다는 것을 뜻한다. 방사선의 에너지는 백만 전자볼트의 크기를 갖는다(1 eV $\approx$ 96 kJ). 이 에너지는 화학 반응에 수반되는 에너지에 비해서 엄청나게 크다.

원자핵의 방사성 붕괴 속도에 관한 법칙은 32.4.1절에서 설명하겠다.

19.7 알파선의 산란

1908년에 Thomson은 원자 모형을 제안하였다. 즉, 이 모형에 의하면 원자란 양전하가 일정한 반경의 구에 고르게 분포되어 있는 것이며, 그 속에 전자가 박혀 있어서 전기적인 중성이 유지된다는 것이다. 고전론적으로 볼 때 원자가 안정하려면 전자가 멈춰 있어야 한다. 수소 원자의 경우에는 전자가 구의 중심에 있다고 봄으로써 이 조건이 만족될 수 있다. 그러나 얇은 금속 박에 의한 α-선의 산란 실험 결과 이 모형은 전혀 맞지 않는다는 사실이 판명되었다.

1909년에 Geiger와 Marsden은 얇은 금박에다 α-알맹이의 흐름을 쪼였더니 그 중 몇 개의 알맹이가 되돌아 나온다는 것을 발견하였다. 그림 19-3은 이 실험의 대체적인 윤곽을 나타낸 것이다. 대부분의 α-알맹이는 금박을 그대로 통과해 나가며 A점에서 검출된다. 약간의 알맹이는 작은 각도 θ로 산란되어 나가며 A'에서 검출된다. 그리고 극히 소수가 θ'과 같은 큰 각도로 산란되어 A''에서 검출된다.

이러한 산란은 α-알맹이의 양전하가 금박 원자의 양전하에 의해서 반발되기 때문에 일어난다. Thomson의 모형에서와 같이 만일 금원자의 양전하가 고르게 퍼져 있다면, α-알맹이가 박 속으로 들어가면서 점차적으로 그 진로가 휘어져서 산란이 일어날 것이다. 따라서 산란 각도도 대단히 작아야 한다. Rutherford는 큰 각도의 산란이 일어나는 이유를 α-알맹이가 양전하의 중심에 대단히 가까이 접근하였다가 반발되기 때문에 일어나는 것이라고 생각하였다. 즉, 이것은

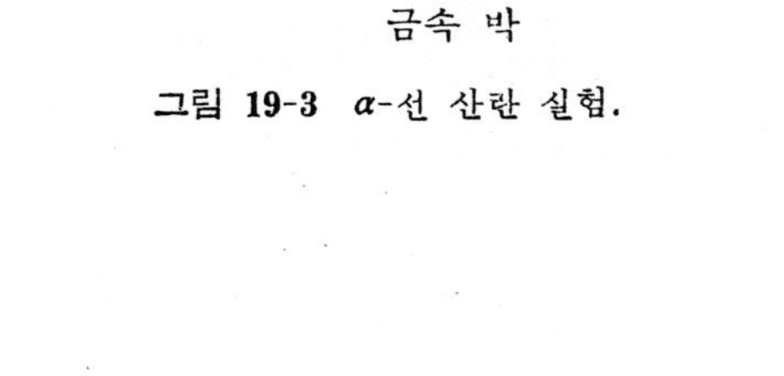

그림 19-3 α-선 산란 실험.

단 한 번의 충돌에 의해서 일어나는 것이라고 생각하였다. Rutherford는 단 한 번의 충돌로 이와 같이 큰 각도의 산란이 일어나려면, α-알맹이가 산란 원자의 양전하에 대단히 가깝게, 즉 10^{-14}m 이 내로 접근해야 한다는 것을 계산상으로 밝혀냈다. 원자의 크기는 약 10^{-10} m이다. 그런데 원자의 질량은 원자의 양전하 부분에 속하는 것이므로 Rutherford의 계산에 따르자면 원자의 양전하와 질량은 원자 전체의 부피에 비해서 훨씬 더 작은 공간 속에 집중되어 있어야 한다.

Rutherford는 원자란 질량이 거의 무시되는 구로 되어 있으며, 그 중에는 질량이 큰 양전하의 핵이 있다고 가정한 것이다. Rutherford는 이러한 핵모형을 가정하여 α-알맹이의 산란이 각도에 따라 어떻게 분포되겠는가를 계산하였으며, 후에 Geiger와 Marsden은 산란 분포 결과가 이 예상값과 모든 면에서 엄밀하게 일치한다는 것을 실험적으로 증명하였다.

Rutherford의 원자 모형은 몇 가지 난점을 가지고 있다. 음전하가 고르게 퍼져 있는 구는 전자가 알맹이라는 개념과 일치하지 않는다. 고전론적으로 볼 때 전자는 알맹이이며, 공간에 편재되어 있어야 하기 때문에 고르게 구에 퍼져 있을 수 없다. 그렇다고 양전하의 알맹이와 음전하의 알맹이가 일정한 거리를 유지한 채로 멈춰 있다고 볼 수도 없다. 반대 부호의 전하 사이에는 인력이 미치므로 전자가 핵으로 끌려 가야 하기 때문이다. Thomson의 모형에서는 이러한 형태의 모순이 없었다. 전자가 회전 운동을 하여 마치 유성 주위를 도는 위성과 같이 안정하게 된다고 생각하더라도 역시 문제가 해결되지 않는다. 전기적 인력이 원심력과 평형을 이룰 수는 있지만 그보다도 더 근본적인 문제가 생기게 된다. 전자가 궤도 운동을 하려면 중심 방향으로 계속해서 가속되어야지 그렇지 않으면 궤도 운동이 이루어지지 않는다. Hertz가 전파를 발견함으로써 확인된 고전 전자기 이론에 의하면, 가속되는 전하는 복사선을 내놓아야 한다. 전자가 복사선을 내놓음으로써 에너지를 잃게 되면 나선 운동을 하면서 핵 쪽으로 접근해야 한다. 이 모순을 해결할 도리가 없었던 것이다. 그러나 약 2년 후에는 Niels Bohr가 이 해결책을 마련하였다. Bohr의 이론을 이해하려면 1900년으로 거슬러 올라가서 다른 일련의 발견 과정을 살펴 볼 필요가 있다.

19.8 복사와 물체

1900년까지에는 Maxwell의 전자기 이론으로 말미암아 빛의 파동성을 확신하게 되었다. 그러나 한 가지 문제가 해결되지 못했었는데 그것은 공동 또는 흑체가 내놓는 복사파의 파장 분포 문제였다. 당시에 용인되었던 원리로서는 측정된 파장 분포를 설명할 수 없었다. 1900년에 Max Planck는 전혀 새로운 방법으로 파장 분포를 실험 오차 내에서 계산하였다. Planck의 이 이론은 궁극적으로 모든 원자 문제를 해결하는 열쇠가 되었다. 그러나 첫 눈에 보면 이 이론은 원자 문제와 거의 관계가 없는 것 같이 보인다.

완전한 흑체는 쪼여지는 복사선을 완전히 흡수한다. 실험용의 거의 완벽한 흑체는 바늘 구멍이 뚫린 공동체이다. 바늘 구멍에 쪼여지는 복사선은 공동으로 들어가서 그 속에 갇혀 버린다(즉, 흡수된다). 지금 공동 안의 복사장이 공동 기벽과 온도 T에서 열적 평형에 있다고 생각하자. 복사파는 에너지를 가지고 있으므로 공동 내부는 에너지를 가지며 그 값은 $u = U/V$이다. 여기서 U는 에너지, V는 부피, 그리고 u는 에너지 밀도이다. 전자기 이론에 의하면 복사파의 압력은 $p = u/3$이며, 실험 결과 에너지 밀도는 부피에 무관하게 $u = u(T)$라는 것이 알려졌다. u와 T 사이의 관계는 다음과 같은 열역학적 상태 방정식으로부터 구할 수 있다.

$$\left(\frac{\partial U}{\partial V}\right)_T = T\left(\frac{\partial p}{\partial T}\right)_V - p$$

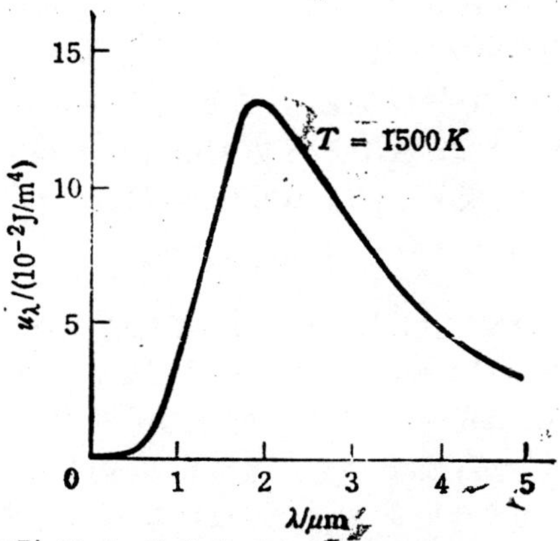

그림 19-4 흑체 복사선의 스펙트럼 분포.

그런데 $U=u(T)V$이므로 $(\partial U/\partial V)_T=u(T)$이며, 또 $p=\frac{1}{3}u(T)$이므로 $(\partial p/\partial T)_V=\frac{1}{3}(du/dT)$이다. 따라서 상태 방정식은 $du/dT=4u/T$가 되며 이것을 적분하여 다음 식을 얻을 수 있다.

$$u=\alpha T^4 \tag{19.3}$$

여기서 α는 상수이며 $7.5657\times10^{-16}\,\text{J/m}^3\text{K}^4$이다. 공동으로부터 단위 넓이의 바늘 구멍을 통하여 방출되는 에너지 방출 속도는 공동 내부의 에너지 밀도에 비례한다. 그리고 이 에너지 방출 속도는 바로 총방출력 e_t와 같다. 즉,

$$e_t=\frac{1}{4}cu=\sigma T^4 \tag{19.4}$$

여기서 σ는 Stefan-Boltzmann 상수이며 $\sigma=\frac{1}{4}c\alpha=5.6703\times10^{-8}\,\text{J/m}^2\,\text{s}\,\text{K}^4$이다. (19.4)식은 Stefan-Boltzmann의 법칙이라고 부르는데, 이 식은 특히 대단히 높은 온도에서 절대 온도 척도를 확정하는 데 이용된다.

여기까지는 모든 것이 순조로우며, 열역학의 제 2법칙을 그대로 받아들일 수 있다. 그런데 여기서 문제가 되는 것은 공동의 에너지가 파장이 다른 여러 광파들의 에너지의 합과 같다는 것이다. 지금 λ와 $\lambda+d\lambda$ 사이의 파장을 갖는 광파가 에너지 밀드에다 $u_\lambda\,d\lambda$의 기여를 한다고 하면 전체 에너지 밀도 u는 다음과 같이 주어질 것이다.

$$u=\int_0^\infty u_\lambda\,d\lambda \tag{19.5}$$

이 적분에서는 파장을 영으로부터 무한대까지 취하였다. 분포 함수 u_λ는 그림 19-4에 나타낸 바와 같이 쉽게 측정된다. 실험 결과에 의하면 이 스펙트럼 분포의 최대치가 나타나는 파장은 다음과 같이 온도에 반비례한다.

$$\lambda_m T=2.8979\times10^{-3}\,\text{m K}$$

이 관계를 Wien의 변위 법칙이라고 부른다. 그림 19-4와 같은 곡선 모양이나 Wien의 변위 법칙은 고전론적으로 설명이 안 된다. 즉, Rayleigh와 Jeans는 에너지가 모든 자유도에 똑같게 분배된다는 고전 법칙을 적용함으로써 긴 파장 부분을 잘 설명하였는데, 파장이 짧은 자외선 부분에서는 실패를 하였다. 즉, "자외선 파국"이라는 결과를 얻었다.

Rayleigh-Jeans의 방법에서는 공동 내부의 각 진동 방식에다 kT의 에너지를 부여하였다. 고전론에 의하면 각 진동 방식마다 평균적으로 $\frac{1}{2}kT$의 운동 에너지와 $\frac{1}{2}kT$의 퍼텐셜 에너지를 갖는다. 파장이 λ부터 $\lambda+d\lambda$ 사이의 값을 가지는 진동 방식의 수는 단위 부피의 공동 속에 $dn=8\pi\,d\lambda/\lambda^4$만큼 들어 있다.* 또 이러한 파장 범위에서의 에너지 밀도는 $u_\lambda\,d\lambda$이며, 이것은 진동 방식의 수에다 kT를 곱한 것과 같다. 따라서 $u_\lambda\,d\lambda=8\pi kT\,d\lambda/\lambda^4$이다. 즉,

$$u_\lambda = 8\pi kT/\lambda^4 \tag{19.6}$$

이것이 바로 Rayleigh-Jeans의 식이다. 이 식에 의하면 $\lambda\to 0$일 때 에너지 밀도가 무한대로 된다. 그리하여 공동 내부의 총에너지 밀도가 터무니없게도 무한대로 된다.

만일 한 진동 방식이 영으로부터 무한대 사이의 임의의 에너지 값을 가질 수 있다면 Rayleigh-Jeans의 식이 틀릴 이유가 아무 것도 없다. 편의상 진동자가 임의의 에너지를 갖지 못하고 다만 어떤 에너지 단위 ϵ의 정수배만을 가질 수 있다고 생각하여 보자. 그러면 이들 진동자의 집합은 다음 표에서와 같이 불연속적으로 분포될 것이다. 더 나아가서 이 분포가 Boltzmann 법칙 $n_i=n_0e^{-\epsilon i/kT}$에 따른다고 가정하자. 이러한 생각으로 전체 진동자의 수 N과 전체 에너지를 계산하여 보자. 즉,

에 너 지	0	ϵ	2ϵ	3ϵ	4ϵ	…
수	n_0	n_1	n_2	n_3	n_4	…

$$N=\sum_i n_i = n_0+n_0e^{-\epsilon/kT}+n_0e^{-2\epsilon/kT}+n_0e^{-3\epsilon/kT}+\cdots$$

여기서 $x=e^{-\epsilon/kT}$라고 놓으면 위의 식이 다음과 같이 된다.

$$N=n_0(1+x+x^2+x^3+\cdots)$$

이 급수는 $1/(1-x)$를 전개한 것과 같으므로 다음 식을 얻을 수 있다.

$$N=n_0/(1-x) \tag{19.7}$$

평균 에너지 $\langle U\rangle$는 다음과 같이 줄 수 있다.

$$\begin{aligned} N\langle U\rangle &= n_0(0)+n_1\epsilon+n_2(2\epsilon)+n_3(3\epsilon)+\cdots \\ &= n_0\epsilon(x+2x^2+3x^3+\cdots)=n_0\epsilon x(1+2x+3x^2+\cdots) \end{aligned}$$

한편

$$\begin{aligned} (1+2x+3x^2+\cdots) &= \frac{d}{dx}(1+x+x^2+x^3+\cdots) \\ &= \frac{d}{dx}\left[\frac{1}{1-x}\right]=\frac{1}{(1-x)^2} \end{aligned}$$

따라서

$$N\langle U\rangle = \frac{n_0\epsilon x}{(1-x)^2}$$

이 식에다 N과 x의 값을 넣으면 다음과 같이 된다.

* 이 식의 유도는 이 책의 정도를 넘어선다.

$$\langle U \rangle = \frac{\epsilon e^{-\epsilon/kT}}{1-e^{-\epsilon/kT}} = \frac{\epsilon}{e^{\epsilon/kT}-1} \tag{19.8}$$

(19.8)식으로 주어지는 값을 진동 방식의 평균 에너지로 취할 경우에는, 이 값에다 어느 한 파장 영역의 진동 방식 수를 곱함으로써 그 파장 영역의 에너지 밀도 u_λ를 구할 수 있다.

$$u_\lambda = \frac{8\pi}{\lambda^4}\left(\frac{\epsilon}{e^{\epsilon/kT}-1}\right) \tag{19.9}$$

(19.9)식에서 ϵ을 상수로 보면 Rayleigh와 Jeans의 경우와 마찬가지의 결과를 얻는다.

Planck는 ϵ이 파장에 반비례한다는 색다른 가정을 도입하였는데, 이렇게 하면 Wien의 변위 법칙이 나온다는 것을 알았던 것이다. 진동수에다 파장을 곱하면 속도가 나오므로, $1/\lambda = \nu/c$이다. 여기서 ν는 진동수이고 c는 속드이다. 따라서 ϵ이 $1/\lambda$에 비례한다는 것은 진동수에 비례한다는 것과 같다. 따라서

$$\epsilon = h\nu = \frac{hc}{\lambda} \tag{19.10}$$

여기서 h는 Planck의 상수이며 6.626176×10^{-34} J s이다. (19.10)식의 ϵ을 (19.9)식에 넣으면 다음과 같은 분포 함수가 나온다.

$$u_\lambda = \frac{8\pi hc}{\lambda^5}\,\frac{1}{e^{hc/\lambda kT}-1} \tag{19.11}$$

상수 h의 값을 적당히 취하면 (19.11)식은 측정된 분포 결과와 실험 오차 내에서 잘 맞는다. $du_\lambda/d\lambda = 0$으로 놓으면 극대 파장을 구할 수 있고 또 Wien의 변위 법칙을 다음과 같은 꼴로 구할 수 있다.

$$\lambda_m T = hc/4.965\,k \tag{19.12}$$

ϵ의 값은 진동수가 같은 여러 진동자들 사이의 에너지 차이다. 고전론적으로는 이 에너지 차가 영이며 따라서 진동자의 에너지는 연속적인 분포를 나타낸다고 생각한다. 에너지 차가 $\epsilon = h\nu$로서 유한하다는 Planck의 가정은 파장이 무한히 긴 경우에 한해서 고전론적 값인 영으로 접근 한다는 것을 의미한다.

Planck의 이론은 고전 물리학의 논리와 맞지 않으며 또 깊은 속뜻을 지니고 있다는 것이 문제점이었다. 즉, 만일 공동 내부의 복사선이 $h\nu$의 정수배인 에너지만을 가질 수 있다면, 복사선이 기벽의 진동자와 교환할 수 있는 에너지도 역시 $h\nu$의 정수배이어야 하는 것이다. 따라서 에너지는 한 묶음, 즉 한 다발씩 불연속적으로 교환되어야 한다. 이 한 다발의 에너지를 양자라고 부르는데, 진동자의 에너지 양자는 따라서 $h\nu$이다.

빛의 성질은 이제 단순하게 생각할 수 없게 되었다. 이제까지 단순한 파동 운동이라고만 생각했던 것이 Planck의 연구로 알맹이성을 띠게 된 것이다. 광파는 양자라고 부르는 본질적으로 불연속적인 소량 단위의 에너지를 갖는다.

19.9 광전 효과

Planck의 발견은 별로 흥미를 불러 일으키지 못하였으며 또 논난의 대상도 되지 못하였었는데, 이것은 쉽게 짐작할 수 있을 것이다. 대부분의 사람들은 "무시하면 그 이론은 없어지겠지"라는 식으로 받아들였었다. 만일 Einstein이 광전 효과를 설명하는 데 이 이론을 쓰지 않았더라

면 아마 이 이론은 그대로 내버려지고 말았을 것이다. 광전 효과는 고전 물리학이 봉착했던 또 하나의 오랜 두통거리였었다.

진공 속에서 깨끗한 금속판에다 빛을 쪼이면 금속판으로부터 전자가 튀어나온다. 이 효과는 1887년에 Hertz에 의해서 발견되어 철저히 연구가 되었으며, 그 결과 고전론을 뒤흔들어 놓은 두 가지 현상이 발견되었다.

1. 금속판으로부터 전자가 방출되고 안 되고는 빛의 진동수에 달렸으며 빛의 세기와는 전혀 관계가 없다. 방출되는 전자의 수는 빛의 세기에 비례한다.
2. 빛이 금속판에 닿자 마자 전자가 튀어 나오며, 조금도 시간이 지체되지 않는다.

금속 내부의 전자는 퍼텐셜 에너지 ω에 의해서 붙들려 있으며, 전자를 금속 밖으로 끌어내려면 이만한 에너지를 공급해야 한다. 뿐만 아니라 금속 밖으로 나온 전자는 운동 에너지를 가지므로 전자의 전체 에너지는 다음과 같이 된다.

$$E_t = \frac{1}{2}mv^2 + \omega \tag{19.13}$$

전자는 이 에너지를 빛으로부터 받아야 할 것이다. 고전론에 의하면 빛살의 에너지는 그 빛의 세기에 따라 다르며, 이 에너지는 금속판에 의해서 연속적으로 흡수되어야 한다. 따라서 빛의 세기가 약하고 ω의 값이 과히 낮지 않을 경우에는, 며칠간 내지 수년간이라는 오랜 시일 동안에 걸쳐 빛을 쪼여야만 전자의 에너지가 금속을 박차고 나올 수 있을 정도로 증가될 것이다. 따라서 이 기간이 경과한 다음부터는 충분한 에너지를 갖는 전자의 수가 많아질 것이므로 일정한 비율로 전자가 흘러나와야 한다. 그리고 빛의 세기를 증가시키면 지체되는 시간도 그만큼 짧아져야 할 것이다. 그런데 실제에 있어서는 시간 지체가 전혀 없다는 것이다. 그리하여 전자의 방출 속도가 빛의 세기에 비례한다는 것은 고전론적으로도 합리적이지만 시간 지체가 안 된다는 것은 설명할 도리가 없다.

1905년에 Albert Einstein은 이 문제를 새로운 관점에서 생각하였다. 고전론적으로는 빛살의 에너지가 금속판에 의해서 연속적으로 흡수되고, 금속판 속의 전자들이 이 에너지를 골고루 조금씩 나누어 차지한다. 그런데 빛살의 에너지가 만일 Planck의 에너지 양자 $h\nu$에 집중되어 있다고 가정하면 어떻게 될까 생각하여 보자. 더 나아가서 전자 하나가 이 전체 에너지 양자를 흡수하고 다른 전자들과 나누어 갖지 않는다고 가정하여 보자. 그러면 이 양자를 받는 즉시로 전자의 에너지가 $h\nu$로 될 것이고, 이것이 방출된 후의 전체 에너지가 될 것이다. 즉, (19.13)식의 전체 에너지는 $h\nu$가 되어야 하며, 따라서 다음 관계가 성립한다.

$$h\nu = \frac{1}{2}mv^2 + \omega \tag{19.14}$$

(19.14)식은 Einstein의 광전 효과 식이다. 이 식에 의하면 $h\nu_0 = \omega$로 정의되는 한계 진동수 ν_0 이하에서는 전자가 금속을 빠져나올만한 에너지를 빛 양자로부터 얻지 못한다. 이것으로 "하한" 진동수 ν_0가 나타나는 이유를 설명할 수 있다. 빛의 세기가 증가한다는 것은 단위 시간에 흡수되는 양자수가 증가되어 더 많은 전자가 방출됨을 뜻하며, 방출된 전자의 에너지는 빛의 세기와 전혀 무관하다.

h의 값을 Planck가 흑체 복사 문제에서 썼던 것과 같게 취하면 Einstein식이 광전 효과를 만족스럽게 설명하여 준다. Einstein은 $h\nu$라는 에너지를 갖는 빛의 알맹이를 광자라고 불렀다. Planck의 개념은 기반을 굳혀가는 것 같이 보였으며, 난처한 결과가 되고 말았다.

19.10 Bohr의 원자 모형

분광학은 19세기 전반을 통하여 가장 인기있는 연구 분야였었다. 많은 스펙트럼선의 파장이 엄밀하게 측정되었으며, 그 목록이 작성되었다. 스펙트럼선들 사이의 간격이 규칙적으로 벌어져 있다는 것을 알게 되었으며, 여기에 대한 실험식이 발표되었다. 이러한 실험식들 중에서 가장 유명한 것은 1885년에 발표된 Balmer의 것이다. Balmer는 수소의 가시 및 근자외부 스펙트럼에 나오는 9개의 스펙트럼선의 파장이 다음과 같은 식으로 표시된다는 것을 발견하였던 것이다.

$$\frac{\lambda}{10^{-10}\,\mathrm{m}} = 3645.6\left(\frac{n^2}{n^2-2^2}\right) \tag{19.15}$$

여기서 n은 3, 4, 5, …, 11 등의 정수이다. 이 정수값들을 (19.15)식의 n에 대입하면 아홉 개의 파장이 나오며 이들 파장은 측정치와 정확하게 일치한다. 조금 후에 Ritz는 수소 원자에 대한 보다 더 일반적인 식을 다음과 같이 제의하였다.

$$\frac{1}{\lambda} = \tilde{\nu} = R_{\mathrm{H}}\left(\frac{1}{k^2} - \frac{1}{n^2}\right) \tag{19.16}$$

여기서 k와 n은 둘 다 정수이며, R_{H}는 수소에 대한 Rydberg 상수이다. $\tilde{\nu}$는 파수로서 파장의 역수이다. k가 2일 때는 이 Rydberg식이 Balmer식으로 환원된다. Rydberg식은 대단히 정확하며, 조금만 수정하면 다른 많은 원자들의 스펙트럼에 나오는 파장을 나타낼 수 있다. 이 식이 정확하고 또 파장이 엄밀하게 측정되므로 Rydberg 상수는 대단히 정밀하게 구할 수 있다. 현재값은 $R_{\mathrm{H}} = 10967758.5 \pm 0.8\,\mathrm{m}^{-1}$으로서 측정 오차가 천만분의 일 이내이다.

원자가 내놓는 스펙트럼은 분명히 그 원자의 구조와 관계된다. 그러나 1913년까지만 해도 스펙트럼을 원자 모형과 어떻게 관련시켜야 할지 모르고 있었다. 1913년까지에는 원자가 양전하의 핵을 갖는다는 것이 Rutherford에 의해서 밝혀졌지만 이 핵의 원자 모형은 고전 전자기 이론면에서 볼 때 불안정하였다. 이 어려운 문제가 Niels Bohr에 의해서 1913년에 풀린 것이다.

Bohr에 의하면, 수소 원자는 전하가 $+e$인 중심 핵과 전하가 $-e$인 전자로 되어 있으며, 전자는 핵 주위를 반경 r인 궤도에 따라서 속도 v로 회전한다는 것이다(그림 19-5). 역학적으로 안정하려면, 정전기적 인력 $-e^2/4\pi\epsilon_0 r^2$이 원심력 mv^2/r과 맞비겨야 한다. 즉,

$$-\frac{e^2}{4\pi\epsilon_0 r^2} + \frac{mv^2}{r} = 0$$

또는

$$mv^2 = \frac{e^2}{4\pi\epsilon_0 r} \tag{19.17}$$

또 전체 에너지는 운동 에너지 $mv^2/2$과 퍼텐셜 에너지 $-e^2/4\pi\epsilon_0 r$과의 합이다. 즉,

$$E = \frac{mv^2}{2} - \frac{e^2}{4\pi\epsilon_0 r}$$

(19.17)식을 여기에 넣으면 다음과 같이 된다.

$$E = -\frac{e^2}{8\pi\epsilon_0 r} \tag{19.18}$$

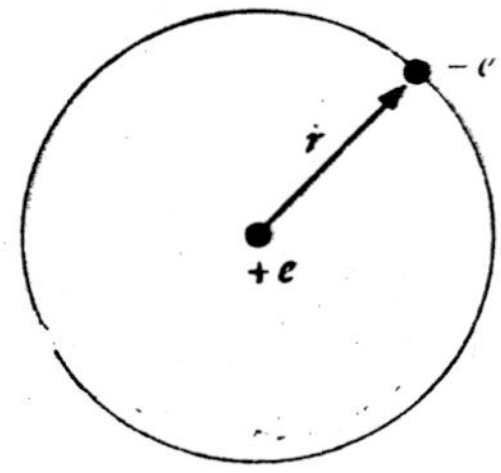

그림 19-5

고전론에 의하면 전자는 가속되고 있으므로 복사선을 내놓아야 한다. 이러한 난점을 피하기 위하여 Bohr는 전통을 완전히 깨고, 다음과 같은 가정을 하였다. 즉, (1) 전자는 핵 주위를 특정한 궤도에 따라서만 돌고 다른 궤도에는 있을 수 없다(고전론적으로 보면 모든 궤도가 같으며 특정한 궤도가 있을 수 없다); (2) 이들 허용된 궤도는 각각 원자의 정상 상태에 해당하며, 원자가 정상 상태에 있을 때는 안정하여 복사선을 내놓지 않는다(이와 같이 특별한 경우에는 이렇게 하더라도 문제가 안 된다고 간단히 가정함으로써 Bohr는 고전론적인 난점을 피하였다*); (3) 전자가 한 정상 상태로부터 다른 정상 상태로 이전할 때는 다음 식으로 주어지는 파장의 복사선이 방출되거나 흡수된다.

$$h\nu = \Delta E$$

여기서 ΔE는 두 정상 상태 사이의 에너지 차이며, h는 Planck의 상수이다(이 식은 Planck의 상수가 들어 있을 뿐이며, 비고전적이 아니라고는 볼 수 없다).

다음에는 수많은 궤도 중에서 어느 것을 특별히 뽑아내야 하느냐라는 문제가 남는다. Bohr는 각운동량 mvr이 $\hbar = h/2\pi$의 정수배가 되는 궤도만이 허용된다고 가정하였다. 즉,

$$mvr = n\hbar \qquad n = 1,\ 2,\ \cdots \tag{19.19}$$

이 조건은 어떤 의미에서는 진동자에 관한 Planck의 조건과 동등하다.

(19.17)식과 (19.19)식으로부터 v와 r을 구하면 다음과 같이 된다.

$$v = \frac{e^2}{4\pi\epsilon_0 n\hbar} \qquad \text{및} \qquad r = \frac{4\pi\epsilon_0 n^2 \hbar^2}{me^2}$$

n이 1일 때의 반경을 Bohr 반경이라고 부르며 a_0로 표시한다. 따라서

$$a_0 = 4\pi\epsilon_0 \hbar^2/me^2 = 0.529177 \times 10^{-10}\ \text{m} = 52.9177\ \text{pm} \tag{19.20}$$

그리고

$$r = n^2 a_0 \tag{19.21}$$

(19.18)식에다 이 r값을 넣으면, 전체 에너지가 다음과 같이 주어진다.

$$E_n = -\frac{e^2}{8\pi\epsilon_0 a_0}\left(\frac{1}{n^2}\right) \tag{19.22}$$

전체 에너지는 정수 n에 따라서 다르기 때문에 E에다 첨자를 붙였다. (19.22)식에 의하면,

---

* 물리화학의 문제를 푸는 데 이러한 Bohr의 방법을 쓰면 안 된다.

에너지를 완전히 e, h, m 및 n 등의 기본 상수만 가지고 나타낼 수 있다. 지금 정수 n과 k로 표시되는 두 정상 상태를 생각하여 보자. 이 두 정상 상태의 에너지 차는 다음과 같을 것이다.

$$\Delta E_{nk} = E_n - E_k = \frac{e^2}{2\,a_0}\left(\frac{1}{k^2} - \frac{1}{n^2}\right)$$

Bohr는 세째 번 가정으로서 이 에너지 차가 $h\nu$와 같다고 놓았다. 즉,

$$h\nu = \frac{e^2}{8\,\pi\epsilon_0\,a_0}\left(\frac{1}{k^2} - \frac{1}{n^2}\right)$$

이 식에서 ν 대신에 $\nu = c/\lambda = c\bar{\nu}$를 쓰면 다음과 같이 Rydberg 식이 나온다.

$$\bar{\nu} = \frac{e^2}{8\,\pi\epsilon_0\,a_0\,hc}\left(\frac{1}{k^2} - \frac{1}{n^2}\right) \tag{19.23}$$

따라서 Bohr의 이론에 의하면 Rydberg 상수의 값이 다음과 같이 주어진다.

$$R_{\mathrm{H}} = \frac{e^2}{8\,\pi\epsilon_0\,a_0\,hc} \tag{19.24}$$

Bohr는 이 식으로부터 R_{H}의 값을 계산하였는데, 이 값은 여러 상수들이 갖는 불확정도 범위 내에서 실험치와 일치하였다.

그리하여 Bohr는 좋게 말해서 그저 부당할 뿐인 방법에 의해서 가장 정밀하게 알려진 실험 물리 상수를 계산하였다. 빛의 알맹이성이 확실하게 되었고 이제 무시할 수 없게 되었다. 이렇게 짧은 시간에 Bohr처럼 많은 변화를 가져다 준 전도사는 일찍이 없었다.

물체와 복사 사이의 이 관계는 곧 단탄하게 굳어졌다. Bohr의 발견 이후 약 10년 사이에 이른바 고전 양자론이 급속도로 발전한 것이다. 스펙트럼에 관한 체계적 해석도 일사천리로 이루어져 나갔다. 원형 궤도 뿐만 아니라 타원형 궤도까지도 사용하는 Bohr-Sommerfeld의 원자 모형이 제안되어 효과적으로 이용되었다. Bohr는 스펙트럼을 연구하여 이론적인 주기율표를 만들었는데, 이것은 화학자들이 사용하는 주기율표와 일치하였다. 세부적으로는 맞지 않는 곳도 있었는데, 예르서 72번 원소의 경우 화학자들은 이 원소를 희토류 원소 중에서 찾아내려고 노력하였었지만 Bohr는 이 원소를 티탄이나 지르콘과 같이 4족 원소로 분류하였다. 이보다 조금후에 von Hevesy는 지르콘의 스펙트럼 속에서 72번 원소의 스펙트럼선을 발견하였다. 이 지르콘은 다름 아닌 지르콘과 72번 원소와의 혼합물이었던 것이다. 이 새로운 원소는 덴마아크 사람인 Bohr를 축복하기 위하여 코펜하겐의 옛 이름을 따서 하프늄이라고 부르게 되었다. 하프늄이 발견됨으로써 오래 지속되었던 지르콘의 원자량에 관한 논쟁이 끝을 맺게 되었다. 사람마다 하프늄 함량이 다른 시료를 썼기 때문에 그 차이가 크게 나타났던 것이다.

원자에 관한 Bohr의 이론은 양자 개념에 대한 마지막 저항을 무너뜨렸다. 그런데 빛이 파동성도 또한 가져야 한다는 사실, 즉 빛이 이중성을 가져야 한다는 사실을 간과하면 안 된다. 빛의 이 이중성이 처음에는 비록 쓰게 느껴졌지만 오늘날에는 잘 이해되고 있다.

19.11 알맹이와 Louis de Broglie

1924년에 Louis de Broglie는 이론적인 이유에서 알맹이들은 그 알맹이에 고유한 파장을 가져야 할 것이라고 말하였다. 이 파장은 다음과 같은 de Broglie 식으로 주어진다. 여기서 p는

$$\lambda = h/p = h/mv \tag{19.25}$$

알맹이의 운동량으로서 mv 와 같다. de Broglie 의 이론을 이해하려면 전자기 이론과 상대성 이론의 지식이 필요하므로 여기에서 소개하기는 어렵다. 그러나 만일 알맹이가 파장을 가지고 있다면 이 사실이 실험적으로는 증명되어야 한다.

1927 년에 Davisson 과 Germer 는 전자가 파동성을 갖는다는 것을 실험적으로 증명하였다. 회절발에 의해서 반사된 빛은 회절 무늬를 만드는데, 이러한 회절 성질은 전적으로 파동 운동 때문에 일어난다. Davisson 과 Germer 는 전자살을 니켈 결정에다 조사시켰다. 이 때 열지어 선 니켈 원자가 발로서 작용하는 것이다. 그들은 회절 된 빛의 세기를 각도의 함수로 측정하였으며, 회절 각도가 특정한 값을 가질 때 빛의 세기가 극대로 된다는 것을 발견하였다. 그리고 극대값을 주는 회절 각도의 값과 회절 공식을 써서 그들은 전자의 파장을 계산하였다. 이와 같이 구한 파장은 de Broglie 식으로 계산한 이 전자의 파장과 일치하였다.

de Broglie 의 예측이 확인됨으로써 기본 알맹이가 이중성을 갖는다는 것이 판명되었다. 즉, 알맹이는 단순하게 알맹이로만 그치는 것이 아니라 파동성을 가지고 있는 것이다. 이 개념으로 말미암아 파동 역학, 즉 양자 역학이 Heisenberg 와 Schrödinger 에 의해서 급속도로 발전되었다. 원자 구조나 분자 구조에 관한 모든 현대적인 개념은 파동 역학이 그 토대를 이루고 있다.

19 세기 물리학에서 전혀 별개의 것으로 취급하였던 알맹이와 파동의 개념이 이제 떼어놓을 수 없게 융합되었다. 전자나 광자가 알맹이냐 파동이냐 하는 문제는 전혀 무의미하게 되었다. 그리고 어떠한 경우에 전자를 알맹이로 보고 광자를 파동으로 보아야 하느냐라는 것은 말할 수 있다. 또 어느 경우에 고전적인 뜻의 알맹이를 파동으로 보고 또 고전적인 뜻의 파동을 알맹이로 취급해야 하는가도 우리는 잘 알고 있다. 알맹이나 파동으로 종국적으로 구분하는 것은 인위적인 것이다. 알맹이와 파동은 각각 그 이름이 지닌 것보다는 더 넓은 일반적인 성질을 가지고 있으며 따라서 이러한 성질을 충분히 인식하면서 재래식 명칭을 써야 한다.

1927 년에 Werner Heisenberg 와 Erwin Schrödinger 는 독립적으로 알맹이의 운동 법칙을 발표하였다. 이 책에서는 주로 Schrödinger 의 방법에 대해서 이야기하겠다.

★ 19.12 고전 파동 방정식

파동 운동에 관한 고전 법칙은 다음과 같은 파동 방정식이다.

$$\frac{\partial^2 D}{\partial x^2}+\frac{\partial^2 D}{\partial y^2}+\frac{\partial^2 D}{\partial z^2}=\frac{1}{v^2}\ \frac{\partial^2 D}{\partial t^2} \tag{19.26}$$

여기서 x, y, z 는 좌표이며, t 는 시간, v 는 전파 속도, 그리고 D 는 파동의 변위이다. v 가 시간의 함수가 아닐 때는 다음과 같이 좌표의 함수인 $\psi(x, y, z)$와 시간의 함수인 $e^{i2\pi\nu t}$ 와의 곱으로서 변위를 나타낼 수 있다.

$$D=\psi(x,\ y,\ z)e^{i2\pi\nu t} \tag{19.27}$$

여기서 ν 는 파동의 진동수이며, i 는 $\sqrt{-1}$ 이다. 이 식에 의하면, 만일 고정된 위치 x, y, z 에 앉아서 ν 의 값을 측정할 경우 시간 $t=0$ 에서는 $e^{i2\pi\nu 0}=1$ 이 되고 따라서 $D=\psi$ 이다. 또 시간이 $1/\nu$ 만큼 지났을 때는,

$$t=0+1/\nu \qquad e^{i2\pi\nu/\nu}=c^{i2\pi}=1^*$$

따라서 $t=0$ 일 때와 마찬가지로 $D=\psi$ 이다. 그리하여 어느 한 점에서의 D 값은 $t_0=1/\nu$ 의

* $e^{ix}=\cos x+i\sin x$ 이며, 따라서 e^{ix} 는 2π 의 주기를 갖는다.

주기를 가지고 변한다. 평균치의 정리에 의하면 시간 t_0 사이에서의 D의 평균치는 다음 식으로 주어진다.

$$\langle D\rangle = \frac{1}{t_0}\int_0^{t_0} D\,dt = \frac{1}{t_0}\psi(x,\ y,\ z)\int_0^{t_0} e^{i2\pi\nu t}\,dt$$

적분을 하면 $\langle D\rangle = 0$인 결과가 나온다. 이 결과는 물리적으로 당연하다. 왜냐 하면 주기가 한 번 지나는 사이에 전반부에서는 D가 양의 값을 가지고 후반부에서는 D가 음의 값을 가지기 때문이다. 이러한 난점을 피하려면 변위 함수의 절대치의 제곱을 평균해야 한다. 즉,

$$\langle |D|^2\rangle = \frac{1}{t_0}\int_0^{t_0} |D|^2\,dt$$

여기서 D는 복소함수일 수도 있으므로 $|D|^2$의 값은 $|D|^2 = D^*D$의 관계를 이용해서 구해야 한다. D^*는 D에서 i가 $-i$로 치환된 것이며, D의 공액 복소함수라고 부른다. 따라서

$$|D|^2 = \psi^*\psi e^{i2\pi\nu t}\,e^{-i2\pi\nu t} = \psi^*\psi$$

이 값을 적분식에 넣으면 다음 식을 얻게 된다.

$$\langle |D|^2\rangle = \psi^*\psi\frac{1}{t_0}\int_0^{t_0} dt = \psi^*\psi = |\psi|^2 \qquad (19.28)$$

(19.28)식에 의하면 변위의 절대치의 제곱을 시간 평균한 것은 위치 함수 ψ의 절대치의 제곱과 같다. 함수 ψ는 파동의 진폭이라고 부른다.

(19.27)식으로 주어지는 D의 값을 써서 2차 도함수를 구하고, 이 결과를 파동 방정식인 (19.26)식에 대입한 다음에 $e^{i2\pi\nu t}$로 나누면 다음과 같은 식을 얻게 된다.

$$\frac{\partial^2\psi}{\partial x^2} + \frac{\partial^2\psi}{\partial y^2} + \frac{\partial^2\psi}{\partial z^2} + \frac{4\pi^2\nu^2\psi}{v^2} = 0 \qquad (19.29)$$

(19.29)식은 공간 좌표만을 포함하고 있으며, 따라서 진폭 ψ가 위치에 어떻게 의존하는가를 나타낸다. 이 미분 방정식을 ψ에 관해서 풀면 ψ^*의 값도 저절로 얻어진다. 그리고 (19.28)식에 따라서 ψ와 ψ^*를 곱하면 변위의 절대치의 제곱에 대한 시간 평균을 얻을 수 있다. 이 시간 평균은 정상 상태를 논의할 때 이용된다.

★ 19.13 Schrödinger 방정식

이제 그만 하면 Schrödinger 방정식을 끌어낼 수 있게 되었다*. de Broglie가 말한 바와 같이 만일 알맹이가 파동의 성질을 갖는다면 이 알맹이는 마땅히 고전적 파동의 변위와 유사한 어떤 성질을 가져야 할 것이라고 생각할 수 있다. 원자계에서는 알맹이가 시간에 따라 어떻게 운동하는가를 자세히 알 수 없다. 따라서 변위와 유사한 함수의 시간 평균치를 생각해야 하는데, 이러한 함수는 진폭만 알면 계산할 수 있다. 고전 진폭 ψ는 (19.29)식에 따라서 정의되며, 또 이 식은 de Broglie의 식 $\lambda = h/mv$를 이용해서 비고전적인 식으로 바꿀 수 있다. 그러나 고전적이건 비고전적이건 어떠한 파동에 대해서나 진동수에다 파장을 곱한 것이 속도가 된다는 관계, 즉 $\lambda\nu = v$의 관계는 항상 성립한다. 이 관계를 de Broglie의 관계식과 결합하면 $\nu/v = mv/h$가 되며, 다시 이것을 (19.29)식에 넣으면 다음과 같은 식을 얻게 된다.

* 이 식은 그저 끌어내는 것이지 증명이나 유도는 안 된다.

$$\frac{\partial^2 \psi}{\partial x^2} + \frac{\partial^2 \psi}{\partial y^2} + \frac{\partial^2 \psi}{\partial z^2} + \frac{4\pi^2 m^2 v^2}{h^2}\psi = 0 \qquad (19.30)$$

당분간 이 ψ를 고전적인 진폭과 유사한 함수라고 생각하자. 아직 ψ가 어떤 뜻을 갖는 것인지는 모르지만, 잘 알려진 역학변수인 속도 v를 ψ와 그 도함수로 나타낼 수 있게 되었다. 지금 (19.30)식을 대수적으로 풀어서 v를 구하고, 또 이것으로부터 운동 에너지 $\frac{1}{2}mv^2$을 계산한다고 생각하여 보자. 그러면 다음과 같은 결과가 나온다.

$$E_{\text{kin}}\psi = \frac{1}{2m}\left[-\hbar^2\frac{\partial^2 \psi}{\partial x^2} - \hbar^2\frac{\partial^2 \psi}{\partial y^2} - \hbar^2\frac{\partial^2 \psi}{\partial z^2}\right] \qquad (19.31)$$

여기서 $\hbar = h/2\pi$이다. ψ함수만 아니라면 (19.31)식은 다음과 같은 고전 역학의 관계식과 닮았다고 말할 수 있다.

$$E_{\text{kin}} = \frac{1}{2m}(p_x^2 + p_y^2 + p_z^2) \qquad (19.32)$$

(19.31)식에서 거치적거리는 ψ를 떼어 놓고 그 자리를 빈 채로 남겨 놓으면 다음과 같은 관계가 얻어진다.

$$\mathbf{K} = \frac{1}{2m}\left[-\hbar^2\frac{\partial^2}{\partial x^2} - \hbar^2\frac{\partial^2}{\partial y^2} - \hbar^2\frac{\partial^2}{\partial z^2}\right] \qquad (19.33)$$

이 식의 우변은 연산자이므로 E_{kin} 대신에 $\mathbf{K}$를 썼다. 이 연산자는 어떤 함수의 2차 편도함수를 구하고 거기에다 $-\hbar^2/2m$을 곱한 다음에 전부 합하라는 말과 같다. 고전 역학의 관계식 (19.32)와 (19.33)식은 유사하다고 볼 수 있다. 즉, 고전적인 E_{kin}에 대응하여 양자 역학에서는 연산자 $\mathbf{K}$가 존재한다. 그리고 고전적인 운동량 p_x에 대응하여 양자 역학에서는 연산자 $\mathbf{p}_x$가 존재한다. 예로서 p_x를 써서 운동량의 연산자를 구할 수 있다. 즉, (19.32)식과 (19.33)식을 비교하여 다음의 식을 얻을 수 있다.

$$\mathbf{p}_x^2 = -\hbar^2\frac{\partial^2}{\partial x^2} = i^2\hbar^2\frac{\partial^2}{\partial x^2} = \left(-i\hbar\frac{\partial}{\partial x}\right)\left(-i\hbar\frac{\partial}{\partial x}\right)$$

여기서 $i = \sqrt{-1}$이다. 따라서 세 방향의 운동량에 대한 연산자는 다음과 같다.

$$\mathbf{p}_x = -i\hbar\frac{\partial}{\partial x} \qquad \mathbf{p}_y = -i\hbar\frac{\partial}{\partial y} \qquad \mathbf{p}_z = -i\hbar\frac{\partial}{\partial z} \qquad (19.34)$$

이 모든 것이 퍽 어리둥절하게 느껴지겠지만 한 걸음 더 나아가 보자. 즉, (19.31)식을 써서 총에너지 $E = E_{\text{kin}} + V$를 계산하여 보자. V는 퍼텐셜 에너지로서 일반적으로 좌표의 함수이다. 그러면

$$E\psi = \frac{1}{2m}\left[-\hbar^2\frac{\partial^2 \psi}{\partial x^2} - \hbar^2\frac{\partial^2 \psi}{\partial y^2} - \hbar^2\frac{\partial^2 \psi}{\partial z^2}\right] + V(x, y, z)\psi \qquad (19.35)$$

이 식은 다음과 같은 연산자 꼴로도 쓸 수 있다.

$$E\psi = \mathbf{K}\psi + \mathbf{V}\psi \qquad (19.36)$$

(19.35)식이나 (19.36)식을 Schrödinger 방정식이라고 부르는데, 이것은 에너지 보존에 관한 다음 고전 역학의 관계식과 비슷하다.

$$E = E_{\text{kin}} + E_{\text{pot}} \qquad (19.37)$$

사실에 있어서, Schrödinger 방정식은 이 고전적 식의 양자 역학적 대응식인 것이다.

★ 19.14 ψ의 해석

(19.36)식의 한 가지 흠은 이러한 종류의 편미분 방정식이 흔히 실수와 허수로 되어 있는 복소함수의 해를 갖는다는 것이다. 그런데 우리가 측정하는 물리적 양은 실수이다. 이 식의 양변에다 ψ의 공액 복소함수를 곱하면 실수만을 포함하는 식으로 바꿀 수 있다. 즉,

$$\psi^*E\psi = \psi^*\mathbf{K}\psi + \psi^*\mathbf{V}\psi$$

여기서 E는 상수이고, 또 $\psi^*\psi = |\psi|^2$이고 $\mathbf{V}\psi = V(x, y, z)\psi$이며, 따라서 이 식은 다음과 같이 쓸 수 있다.

$$E|\psi|^2 = \psi^*\mathbf{K}\psi + V(x, y, z)|\psi|^2 \tag{19.38}$$

실수만을 포함하는 이 식을 유도하였으니 잠시 다른 문제를 생각하여 보자.

1차원에서 운동하는 고전 알맹이의 간격 X에서의 평균 퍼텐셜 에너지를 계산한다고 하자. 그러면 V가 x만의 함수일 경우 미적분학의 평균치 이론에 의해서 그 평균치가 다음과 같이 된다.

$$\langle V\rangle = \frac{1}{X}\int_0^X V\,dx = \int_0^X V\left(\frac{1}{X}\right)dx$$

여기서 dx/X는 x와 $x+dx$ 사이에서 알맹이가 발견될 확률이다.

만일 V가 세 좌표의 함수일 때는 이 식을 다음과 같이 쓸 수 있다.

$$\langle V\rangle = \int V\left(\frac{1}{\phi}\right)d\tau$$

여기서 $d\tau$는 부피의 미분 요소이며, $1/\phi$는 x, y, z인 점에서 알맹이를 발견할 단위 부피당 확률이다.

이와 비슷한 조작을 (19.38)식에 대해서도 할 수 있다. 즉, 우선 이 식에다 부피의 미분 요소 $d\tau$를 곱하여 준다.

$$E|\psi|^2\,d\tau = \psi^*\mathbf{K}\psi\,d\tau + V(x, y, z)|\psi|^2\,d\tau$$

만일 $|\psi|^2$을 단위 부피당 확률이라고 볼 것 같으면, 우변의 둘째 항은 점 x, y, z에서의 퍼텐셜 에너지에다 그 점을 포함하는 부피 요소에서 알맹이를 발견할 확률을 곱한 것과 같게 된다. 전공간에 대하여 적분을 하면 둘째 항이 평균 퍼텐셜 에너지가 되어야 한다. 즉,

$$E\int|\psi|^2\,d\tau = \int\psi^*\mathbf{K}\psi\,d\tau + \int V(x, y, z)|\psi|^2\,d\tau \tag{19.39}$$

이 적분은 전공간에 대한 것이며, E는 상수이기 때문에 적분 기호 밖으로 내놓았다. 확률 밀도 $|\psi|^2$에다 $d\tau$를 곱한 것의 총합은 알맹이를 발견할 전체 확률이 되어야 하며, 알맹이는 공간 어느 곳엔가 반드시 존재하여야 하므로 전체 확률은 1이 되어야 한다.

$$\int|\psi|^2\,d\tau = 1 \tag{19.40}$$

(19.40)식을 정규화 조건이라고 부르며, 이러한 조건을 만족시키는 ψ를 정규화된 파동 함수라고 부른다. 따라서 (19.39)식은 다음과 같이 된다.

$$E = \int \psi^* \mathbf{K} \psi \, d\tau + \int V |\psi|^2 \, d\tau$$

또는 대칭적으로 써서

$$E = \int \psi^* \mathbf{K} \psi \, d\tau + \int \psi^* \mathbf{V} \psi \, d\tau \tag{19.41}$$

이 식은 다음과 같이 쓸 수도 있다.

$$E = \langle E_{\mathrm{kin}} \rangle + \langle V \rangle \tag{19.42}$$

여기서

$$\langle E_{\mathrm{kin}} \rangle = \int \psi^* \mathbf{K} \psi \, d\tau \qquad \text{및} \qquad \langle V \rangle = \int \psi^* \mathbf{V} \psi \, d\tau \tag{19.43}$$

$\langle E_{\mathrm{kin}} \rangle$와 $\langle V \rangle$는 평균치이며, 이들은 고전 역학적 성질과 아주 비슷한 성질들이다. 이제 우리는 파동 함수에다 이름을 붙일 수 있게 되었다. 즉, $|\psi|^2$이 확률 밀도이므로 ψ는 확률 진폭이라고 부른다.

Schrödinger 방정식 (19.36)은 다음과 같은 꼴로 쓸 수 있다.

$$\mathbf{H}\psi = E\psi \tag{19.44}$$

여기서

$$\mathbf{H} = \mathbf{K} + \mathbf{V} \tag{19.45}$$

Hamilton 연산자 **H**는 운동 에너지와 퍼텐셜 에너지에 대한 연산자들의 합이며, 따라서 계의 총 에너지에 대한 연산자이다.

19.15 요 약

Schrödinger 방정식은 다음과 같이 쓸 수 있다.

$$\mathbf{H}\psi = E\psi$$

이 미분 방정식을 풀면 알맹이의 성질인 파동 함수 ψ를 얻을 수 있다. 이 파동 함수는 그 자체로서는 아무런 물리적 뜻도 갖지 않는다. 그러나 $|\psi|^2 d\tau$라는 양은 점 x, y, z에 있는 부피 요소 $d\tau$ 속에서 알맹이를 발견할 확률이라고 해석할 수 있다. 파동 함수는 연속적이므로 이러한 해석에 따를 것 같으면, 공간 속의 어느 곳이든 모두 알맹이를 발견할 유한한 확률을 가지게 된다. 알맹이가 완전히 편재되어 있다고 보는 고전 개념과는 현저하게 대조적인 결론이다. 예로서 수소 원자에 대한 Bohr 모형과 Schrödinger 모형은 개념적으로 볼 때 완전히 상이한 것이다. 즉, 우리의 몸 크기를 줄일 수 있어서 Bohr 원자의 핵에 올라 앉았다고 하면, 핵 주위를 반경 a_0인 원궤도에 따라서 돌고 있는 전자를 볼 수 있을 것이다. 그러나 Schrödinger 원자의 핵에 앉았을 때는 음전하의 안개를 보게 될 것이다(이 가정은 우리의 눈이 전자의 운동을 순간 노출 장치처럼 볼 수 있다고 생각하는 것이다). 핵 근처에서는 이 안개의 밀도가 크지만, 핵에서 멀어질수록 점점 엷어질 것이다. 그리고 원자 반경의 몇 배쯤 되는 거리에서는 구형의 음전하 구름이 보일 것이고, 예민한 눈에는 이 구름의 중심에 있는 핵이 보일 것이다(고르게 퍼진 음전하의 구 속에 핵이 박혀 있다는 Rutherford의 모형도 결국 과히 틀리지 않는 것이다!). Bohr의 원자 모형에서는 전자가 마치 유성 주위의 위성처럼 궤도 운동을 하며, Schrödinger의 원자 모형에서는

전자가 마치 솜사탕처럼 퍼져서 전자 구름을 이루고 있다.

《질 문》

19. 1 자외선 파국과 이것을 Planck 복사 법칙으로 어떻게 해결하였는지 설명하라.

19. 2 Rutherford의 α-알맹이 산란 실험이 어떻게 (a) Thomson의 원자 모형을 뒤엎었으며 또 (b) 고전 물리학의 예상과 모순되는 결과를 초래하였는지 설명하라.

19. 3 광자란 무엇인가? 또 어떤 성질을 가지고 있는가?

19. 4 Bohr의 원자 모형에서 n의 값이 커질수록 에너지가 높아지는 까닭은 무엇인가?

19. 5 (19.41)식은 확률 밀도 $|\psi|^2$에 관한 표준 평균과 어떻게 다른가?

《연습 문제》

19. 1 100 K, 300 K 및 1000 K에서 공동 내부의 복사선의 에너지 밀도를 계산하라.

19. 2 a) 1000 K의 공동 안에서 780 nm와 800 nm 사이의 파장 영역의 빛이 에너지 밀도에 기여하는 분율은 얼마나 되겠는가?

b) 같은 계산을 2500 K에서 하라.

19. 3 다음 (a)부터 (c)까지의 각 경우, 가시 영역, 즉 400 nm와 800 nm 사이의 복사 에너지 분율을 구하라. 각 경우의 물체들은 모두 흑체라고 가정하라(요령 : u_λ에 관한 식의 분모에서 $\exp(hc/\lambda kT)-1 \simeq \exp(hc/\lambda kT)$로 놓아라. λ를 c/ν로 치환하면 적분이 간단해진다).

a) 난로 속에서 타는 석탄 : $T = 1000$ K

b) 백열 전구의 필라멘트 : $T = 2800$ K

c) 태양 표면 : $T = 6000$ K

19. 4 온도가 a) 300 K와 b) 500 K에서 흑체 복사가 일어날 때, 에너지 밀도 분포 함수가 극대가 되는 파장을 계산하라.

19. 5 에너지 밀도 분포 함수가 600 nm에서 극대치를 가지려면 온도가 얼마라야 하겠는가?

19. 6 300 K의 철판이 주위로부터 아무런 복사도 받지 않는다. 이 철판의 크기는 10 cm × 10 cm × 0.1 cm이며, 열용량은 25 J/K이다. 또 밀도는 7.86 g/cm^{3}이다.

a) 처음에는 매초당 몇 주울이 복사선으로서 방출되겠는가? 한쪽 면만이 공간으로 복사선을 내보낸다고 가정하라.

b) 20분 후에는 이 철판의 온도가 얼마로 되겠는가?

19. 7 태양의 반경은 7×10^5 km이고, 표면 온도는 6000 K이다. 태양 표면으로부터 매초 얼마만한 에너지가 방출되겠는가? 이 에너지를 내놓으려면 매초 몇 톤의 물질이 핵반응에 의해서 소모되겠는가?

19. 8 (19.11)식으로부터 Wien의 변위 법칙을 유도하라.

19. 9 백금 내부의 전자를 밖으로 끌어내는 데는 5 eV가 필요하다.

a) 백금에서 광전 효과가 나타나게 하려면 쪼여 주어야 할 빛의 최저 진동수는 얼마이겠는가?

b) 백금에다 $\lambda = 200$ nm의 빛을 쪼였을 때 튀어나오는 전자의 속도는 얼마가 되겠는가?

19.10 a) 수소 원자에서 n의 값이 3으로부터 2로 변할 때 방출되는 빛의 파장을 계산하라.
b) Bohr 원자가 최저 에너지 상태에 있을 때의 각운동량은 얼마인가?
c) $n = 1$인 상태에 있는 전자의 속도는 얼마인가?

19.11 전자는 전위차가 1 V인 전기장을 통과하면 1 eV의 에너지를 얻는다.
a) 전자가 0.1 nm의 파장을 가지려면 통과해야 하는 전기장의 전위차가 얼마이겠는가?
b) 이 전자의 속도는 얼마인가?

19.12 양성자가 0.1 nm의 파장을 가지려면 얼마만한 전위차의 전기장을 통과해야 하는가?

19.13 하전된 알맹이의 파장은 그 알맹이를 가속시켜준 전위차의 제곱근에 역비례한다는 것을 보여라.

19.14 질량이 10 g이고 속도가 10 cm/s인 구의 파장은 얼마인가?

19.15 파장이 10 nm인 전자의 운동 에너지는 얼마인가?

19.16 (19.27)식의 D값을 (19.26)식에 넣어서 (19.29)식을 증명하라.

20
양자 역학 원리 서론

20.1 서　　론

19장에서 de Broglie의 관계식을 고전 파동 방정식에다 끼워 맞추어 가지고 그럴듯하게 시간 의존 Schrödinger 방정식을 끌어내었지만, 이 방법은 모호하기만 하다. 어떻게 생각하면 이것은 Pythagoras의 천상 음악을 가지고 Newton 역학을 정당화시키려는 시도와도 같은 것이다. Schrödinger 방정식이 원자나 분자 문제에 대해서 잘 맞는다는 것은 경험적으로 입증이 되었으며, 따라서 이 식이 다른 식으로부터 유도되고 안 되고는 여기서 별로 문제가 안 된다. 원자나 분자 문제를 체계적으로 처리해 나가려면 우선 일련의 가정을 도입하고, 이 가정을 써서 계의 성질을 논의하는 것이 가장 쉽다.

20.2 양자 역학의 가정

20.2.1 가 정 I

파동 함수 또는 확률 진폭이라고도 부르는 좌표와 시간의 함수 $\Psi(x, y, z, t)$가 존재한다. 이 파동 함수는 일반적으로 다음과 같은 복소함수이다.

$$\Psi(x, y, z, t) = u(x, y, z, t) + iv(x, y, z, t) \tag{20.1}$$

여기서 $i = \sqrt{-1}$이며, u와 v는 각각 위치와 시간의 실함수이다. Ψ의 복소공액은 Ψ^*로 나타내며, 이것은 Ψ에서 i를 $-i$로 바꾸면 얻어진다. 즉,

$$\Psi^* = u(x, y, z, t) - iv(x, y, z, t) \tag{20.2}$$

Ψ와 Ψ^*의 곱인 $\Psi^*\Psi$는 x, y, z 및 t의 실함수이다.

$$\Psi^*\Psi = |\Psi|^2 = u^2(x, y, z, t) + v^2(x, y, z, t) \tag{20.3}$$

또한 이것은 Ψ의 절대치의 제곱과 같다. $\Psi^*\Psi\, dx\, dy\, dz = \Psi^*\Psi d\tau$는 계가 t시각에 위치 x, y, z에 있는 부피 요소 $d\tau$ 속에 들어 있을 확률과 같다. 따라서 $\Psi^*\Psi$는 확률 밀도이다. 이러한 까닭에 만일 부피 요소 $d\tau$ 속에서 계를 발견할 확률을 가능한 모든 부피 요소에 관해서 합하면 그 결과는 1이 된다. 계를 어느 곳에서이건 발견할 확률은 1이 되어야 하기 때문이다. 따라서 다음과 같은 성질을 얻게 된다.

$$\int \Psi^*\Psi\, d\tau = \int_{-\infty}^{\infty} dx \int_{-\infty}^{\infty} dy \int_{-\infty}^{\infty} \Psi^*(x, y, z, t)\, \Psi(x, y, z, t)\, dz = 1 \tag{20.4}$$

여기서 처음 적분의 한계는 전공간이 포함되게 취한 것이다. (20.4)식의 적분 결과는 시간 t에 무관해야 한다. 따라서 파동 함수의 시간 의존 관계는 다음과 같아야 한다.

$$\Psi(x, y, z, t) = \psi(x, y, z)e^{if(q,t)} \tag{20.5}$$

여기서 $f(q, t)$는 좌표 q와 시간의 어떤 실함수이다. (20.5)식을 (20.4)식에 넣으면 다음 식을 얻게 된다.

$$\int \psi^*(x, y, z)\, \psi(x, y, z)\, d\tau = 1 \tag{20.6}$$

(20.4)식과 (20.6)식에 의하면 파동 함수는 2차 적분이 가능하며, 이 조건으로 말미암아 ψ는 몇 가지의 제약을 받게 된다. 즉, 파동 함수는 일가, 연속이어야 하며, 특이점을 포함하지 않아야 한다. 특이점이 있으면 (20.6)식의 적분이 수렴하지 않는다. 특히 직교 좌표의 극한인 $x = \pm\infty$, $y = \pm\infty$ 및 $z = \pm\infty$에서는 파동 함수와 그 도함수가 소멸되어야 한다.

20.2.2 가 정 II

임의의 가관측 성질의 기대치 $\langle A \rangle$는 그 계의 파동함수와 다음과 같은 관계를 갖는다.

$$\langle A \rangle = \frac{\int \psi^* \mathbf{A}\, \psi\, d\tau}{\int \psi^* \psi\, d\tau} \tag{20.7}$$

여기서 $\mathbf{A}$는 가관측 성질 A에 대응하는 연산자이다. 파동 함수가 정규화되어 있으면 (20.6)식이 만족되며 따라서 (20.7)식이 간단히 다음과 같이 된다.

$$\langle A \rangle = \int \psi^* \mathbf{A} \psi\, d\tau \tag{20.8}$$

좌표만의 함수인 파동 함수를 사용하게 되므로 19.14절에서 지적한 바와 같이 임의의 위치 함수의 평균치를 얻으려면, 이 함수에다 확률 밀도 $\psi^*\psi$를 곱한 다음에 전공간에 걸쳐서 적분해야 한다. 따라서 함수 $f(x, y, z)$에 대해서 다음과 같은 관계가 성립한다.

$$\langle f \rangle = \int f(x, y, z)\psi^*\psi\, d\tau = \int \psi^* f(x, y, z)\, \psi\, d\tau = \int \psi^*\, \mathbf{f} \psi\, d\tau \tag{20.9}$$

따라서 임의의 좌표만의 함수에 대응하는 연산자로 연산한 것은 그 함수를 곱한 것과 같다고 결론할 수 있다. 즉,

$$\mathbf{f}\psi = f(x, y, z)\psi \tag{20.10}$$

그러나 가관측 성질이 운동량의 함수일 때는 문제가 이처럼 간단하지는 않다. 이 경우에는 다음 예에서와 같은 결과가 나온다.

$$\mathbf{p}_x \psi = -i\hbar \frac{\partial \psi}{\partial x} \tag{20.11}$$

이 결과는 19.13절에서 그럴듯하게 끌어낸 바 있었지만, 그 증명은 이 책의 범위를 넘어선다. 임의의 카아티이젼 좌표축 q방향의 운동량 성분에 대해서는 다음과 같은 미분 연산자가 대응한다.

$$\mathbf{p}_q = \frac{h}{2\pi i} \frac{\partial}{\partial q} = -i\hbar \frac{\partial}{\partial q} \tag{20.12}$$

(20.8)식의 $\langle A\rangle$를 때로는 A의 "평균"치라고 부르는데, 19.4절에서 이미 이러한 술어를 쓴 바 있다. 여기서 쓴 "평균"이란 말의 뜻은 오해하기가 쉬운데, 여기에 관해서는 20.4절의 (20.29)식으로부터 (20.31)식 사이의 설명을 참고하기 바란다.

20.3 필요한 수학 : 연산자 대수

연산자는 일정한 규칙에 따라 한 함수를 다른 함수로 바꾸어 준다. 예로서 함수 $w(x, y, z)$와 연산자 $\mathbf{x}$가 다음과 같이 정의된다고 하자.

$$\mathbf{x}\, w\,(x, y, z) = x\, w\,(x, y, z) \tag{20.13}$$

함수 $w(x, y, z)$를 연산 함수라고 부른다. w에 연산자가 작용하면 w가 xw로 변한다. 이것은 (20.10)식에서 설명한 것과 같은 종류의 연산자이다. 연산자에는 (20.12)식에 나온 것과 같은 미분 연산자도 있다.

$$\mathbf{p}_x w = -i\hbar\frac{\partial w}{\partial x} \tag{20.14}$$

이 연산자가 함수 w에 작용하면, x에 관한 w의 편도함수에다 상수 $-i\hbar$를 곱하여 준 것으로 된다.

연산자는 합산이 가능하다. 즉, $\boldsymbol{\alpha}$와 $\boldsymbol{\beta}$가 어떤 한 함수의 연산자일 때는 다음 관계가 성립한다.

$$(\boldsymbol{\alpha} + \boldsymbol{\beta})w = \boldsymbol{\alpha}w + \boldsymbol{\beta}w \tag{20.15}$$

새로운 함수 $\boldsymbol{\alpha}w$와 $\boldsymbol{\beta}w$는 단순한 함수이므로 연산자의 합산은 교환적이다.

$$(\boldsymbol{\alpha} + \boldsymbol{\beta})w = (\boldsymbol{\beta} + \boldsymbol{\alpha})w \tag{20.16}$$

연산자는 다음과 같이 곱셈이 된다.

$$\boldsymbol{\alpha\beta}w = \boldsymbol{\alpha}(\boldsymbol{\beta}w) \tag{20.17}$$

즉, $\boldsymbol{\alpha\beta}w$에 대응하는 함수를 얻으려면 우선 함수 $\boldsymbol{\beta}w$를 구한 다음에 여기에다 연산 $\boldsymbol{\alpha}$를 하여 준다. 예로서 $w(x, y, z)$에 대한 다음과 같은 연산자가 있다고 하자.

$$\boldsymbol{\alpha}w = xw \quad \text{및} \quad \boldsymbol{\beta}w = \frac{\partial w}{\partial x}$$

그러면

$$\boldsymbol{\alpha\beta}w = \boldsymbol{\alpha}(\boldsymbol{\beta}w) = \boldsymbol{\alpha}\left(\frac{\partial w}{\partial x}\right) = x\frac{\partial w}{\partial x} \tag{20.18}$$

그러나

$$\boldsymbol{\beta\alpha}w = \boldsymbol{\beta}(\boldsymbol{\alpha}w) = \boldsymbol{\beta}(xw) = \frac{\partial(xw)}{\partial x} = w + x\frac{\partial w}{\partial x} \tag{20.19}$$

이것으로써 연산자의 곱셈에서는 교환 관계가 일반적으로 성립하지는 않는다는 것을 알 수 있다. 즉,

$$\boldsymbol{\alpha\beta}w \neq \boldsymbol{\beta\alpha}w$$

$\alpha\beta - \beta\alpha = \gamma$ 라고 정의되는 γ 를 교환자라고 부른다. 이 예에서는 $(\alpha\beta - \beta\alpha)w = -w$ 이며, 따라서 교환자 γ 는 -1 을 곱하는 것과 같다. 즉, $\gamma w = -w$ 이다. 만일 모든 w 에 대해서 다음 관계가 성립하면 두 연산자는 가환이라고 한다.

$$(\alpha\beta - \beta\alpha)w = 0 \tag{20.20}$$

20.4 절에서 알게 되겠지만, 양자 역학적 연산자의 교환 성질은 그 계의 성질과 중요한 관계를 갖고 있다.

한 연산자는 (20.17)식에서와 같은 방법으로 반복 적용시킬 수 있다.

$$\alpha^2 w = \alpha(\alpha w)$$

예로서 $\alpha w = xw$ 일 때는

$$\alpha^2 w = \alpha(\alpha w) = \alpha(xw) = x(xw) = x^2 w$$

또 $\alpha w = \partial w/\partial x$ 일 때는

$$\alpha^2 w = \alpha(\alpha w) = \alpha\left(\frac{\partial w}{\partial x}\right) = \frac{\partial}{\partial x}\left(\frac{\partial w}{\partial x}\right) = \frac{\partial^2 w}{\partial x^2}$$

만일 연산자 α 가 상이한 두 연산 함수 v 와 w 에 적용할 때 다음과 같은 관계가 성립하면, α 를 선형 연산자라고 한다.

$$\alpha[c_1 v + c_2 w] = c_1 \alpha v + c_2 \alpha w \tag{20.21}$$

여기서 c_1 과 c_2 는 상수이다. 예로서 $\alpha = \partial/\partial x$ 일 때는

$$\frac{\partial}{\partial x}(c_1 v + c_2 w) = c_1 \frac{\partial v}{\partial x} + c_2 \frac{\partial w}{\partial x}$$

따라서 미분 연산자는 선형이다. 양자 역학적 연산자는 전부 선형이다. 비선형 연산자의 예로서, $\alpha f = e^f$ 와 $\alpha g = e^g$ 를 생각하여 보자. 이 때는 $\alpha(c_1 f + c_2 g) = e^{c_1 f + c_2 g}$ 이며, 이것은 분명히 $c_1 e^f + c_2 e^g$ 가 안 된다. 이 연산자는 따라서 선형이 아니다.

20.4 Schrödinger 방정식

20.4.1 가 정 Ⅲ

H 를 Hamilton 연산자라고 할 때, 확률 진폭 $\Psi(x, y, z, t)$는 다음과 같은 미분 방정식을 만족시켜야 한다.

$$\mathbf{H}\Psi - i\hbar\frac{\partial\Psi}{\partial t} = 0 \tag{20.22}$$

알맹이 하나에 대한 Hamilton 연산자는 다음과 같이 구한다. 즉, 우선 총에너지를 다음과 같이 고전적으로 쓴다.

$$\frac{1}{2m}(p_x^2 + p_y^2 + p_z^2) + V(x, y, z)$$

여기서 처음 세 항은 운동 에너지이며, 네째 번 항은 퍼텐셜 에너지이다. 다음에 고전 운동량 성분을 다음과 같이 양자 역학적 연산자로 바꾼다. 즉,

$$p_x \longrightarrow \mathbf{p}_x = -i\hbar\frac{\partial}{\partial x}$$

$$p_x^2 \longrightarrow \mathbf{p}_x^2 = -i\hbar\frac{\partial}{\partial x}\left(-i\hbar\frac{\partial}{\partial x}\right) = -\hbar^2\frac{\partial^2}{\partial x^2}$$

그러므로

$$\mathbf{H} = -\frac{\hbar^2}{2m}\left[\frac{\partial^2}{\partial x^2} + \frac{\partial^2}{\partial y^2} + \frac{\partial^2}{\partial z^2}\right] + V(x, y, z) \tag{20.23}$$

다음과 같은 Laplace 연산자 ∇^2을 쓰면 이 식을 간단하게 나타낼 수 있다.

$$\nabla^2 \equiv \frac{\partial^2}{\partial x^2} + \frac{\partial^2}{\partial y^2} + \frac{\partial^2}{\partial z^2} \tag{20.24}$$

$$\mathbf{H} = -\frac{\hbar^2}{2m}\nabla^2 + V(x, y, z) \tag{20.25}$$

여기서 우변의 첫째 항은 알맹이의 운동 에너지에 대한 연산자이다. 즉,

$$\mathbf{K} = -\frac{\hbar^2}{2m}\nabla^2$$

그리고 둘째 항은 퍼텐셜 에너지에 대한 연산자이다.

$$\mathbf{V} = V(x, y, z)$$

질량이 m_1과 m_2이고, 좌표가 x_1, y_1, z_1과 x_2, y_2, z_2인 두 알맹이가 있을 때는 고전 에너지를 다음과 같이 쓸 수 있다.

$$E = \frac{1}{2m_1}(p_{x_1}^2 + p_{y_1}^2 + p_{z_1}^2) + \frac{1}{2m_2}(p_{x_2}^2 + p_{y_2}^2 + p_{z_2}^2) + V(x_1, y_1, z_1, x_2, y_2, z_2)$$

따라서 대응하는 Hamilton 연산자는 다음과 같다.

$$\mathbf{H} = -\frac{\hbar^2}{2m_1}\nabla_1^2 - \frac{\hbar^2}{2m_2}\nabla_2^2 + V(x_1, y_1, z_1, x_2, y_2, z_2)$$

여기서 ∇_1^2은 첫째 번 알맹이의 좌표를 포함하는 Laplace 연산자이며, ∇_2^2은 둘째 번 알맹이의 좌표를 포함하는 연산자이다. 여러 개의 알맹이로 된 계에 대해서도 마찬가지로 생각할 수 있다.

퍼텐셜 에너지가 시간에 무관한 간단한 경우에는 (20.22)식의 해가 다음과 같은 꼴로 된다.

$$\Psi(x, y, z, t) = \psi(x, y, z)f(t) \tag{20.26}$$

그러면 $\mathbf{H}\Psi = f(t)\,\mathbf{H}\,\psi$이며, Schrödinger 방정식인 (20.22)식이 다음과 같이 된다.

$$f(t)\mathbf{H}\psi - i\hbar\psi\frac{df}{dt} = 0$$

이 식을 ψf로 나눈 다음에 이항을 하면 다음과 같이 된다.

$$\frac{1}{\psi}\mathbf{H}\psi = \frac{i\hbar}{f(t)}\ \frac{df}{dt} \tag{20.27}$$

이 식의 좌변은 좌표만의 함수이며, 한편 우변은 시간만의 함수이다. 시간을 고정시키고 좌표만을 변화시킬 것 같으면 좌변이 변할 것 같이 생각되겠지만, 사실은 우변이 변하지 않으므로

좌변도 변하지 않는다. 따라서 양변이 다같이 어떤 상수 E와 같게 된다. 따라서

$$\frac{1}{f}\frac{df}{dt}=\frac{E}{i\hbar}=-\frac{iE}{\hbar}$$

그러므로

$$f=Ae^{-iEt/\hbar} \tag{20.28}$$

여기서 A는 상수이다. 그리고 또

$$\mathbf{H}\psi=E\psi \tag{20.29}$$

(20.29)식은 미분 방정식이며, 이것을 시간 독립 Schrödinger 방정식이라고 부른다. Schrödinger 방정식을 풀면 함수 $\psi(x, y, z)$를 얻을 수 있고, 또 이 함수로부터 이 계의 가관측 성질의 기대값을 (20.8)식에 따라서 계산할 수 있다.

Schrödinger 방정식은 다음과 같은 형식을 가진 일종의 특별한 방정식이다.

$$\alpha f=af \tag{20.30}$$

즉, 이 경우에 연산자 α와 상수 a가 위의 식에서와 같은 관계를 갖는데, 이러한 형식의 식에서는 항상 a를 연산자 α의 고유치라고 부르며 또 f를 이 연산자의 고유 함수라고 부른다.

따라서 (20.29)식에 의해서 ψ는 Hamilton 연산자의 고유 함수이고, E는 해당하는 고유치이다. 이것은 계의 에너지가 엄밀한 값 E를 갖는다는 것을 의미한다. Hamilton 연산자는 계의 총에너지에 대응하므로 총에너지의 기대치 $\langle E\rangle$는 (20.8)식에 따라서 다음과 같이 계산할 수 있다.

$$\langle E\rangle=\int\psi^*\mathbf{H}\,\psi\,d\tau$$

이 식에다 (20.29)식의 $\mathbf{H}$를 대입하면 다음 관계를 얻게 된다.

$$\langle E\rangle=\int\psi^*E\,\psi\,d\tau=E\int\psi^*\,\psi d\,\tau$$
$$\langle E\rangle=E \tag{20.31}$$

여기서 둘째 번 식은 E가 상수이기 때문에 나왔으며, 또 마지막 식은 $\int\psi^*\,\psi\,d\tau=1$이기 때문에 나왔다. 결국, 계의 총에너지의 기대치는 (20.22)식이나 (20.27)식을 풀 때 도입한 상수와 똑같다.

(20.31)식의 결과는 대단히 중요하므로 이와 관련된 이야기를 조금 더 하겠다. 지금 계의 에너지의 제곱의 기대치를 계산하여 보다.

$$\langle E^2\rangle=\int\psi^*\mathbf{H}^2\,\psi\,d\tau=\int\psi^*\mathbf{H}\,(\mathbf{H}\psi)\,d\tau$$
$$=\int\psi^*\mathbf{H}\,(E\psi)\,d\tau=E\int\psi^*\,(\mathbf{H}\psi)\,d\tau=E\int\psi^*E\,\psi\,d\tau$$
$$\langle E^2\rangle=E^2=\langle E\rangle^2 \tag{20.32}$$

결국 에너지의 제곱의 기대치는 에너지의 기대치의 제곱과 같다. 따라서 만일 에너지가 어떤 방식으로 분포되어 있다고 하면 (20.32)식의 결과가 나오지 않을 것이다. 예로서 독자들은 분자 속도에 관한 Maxwell 분포를 다룰 때 다음과 같은 결과를 얻었음을 기억할 것이다.

$$\langle c^2 \rangle = \frac{3RT}{M} \qquad \langle c \rangle = \sqrt{\frac{8RT}{\pi M}}$$

즉, $\langle c^2 \rangle$은 $\langle c \rangle^2$과 같지 않다. 분포된 값의 제곱을 평균할 때는 항상 큰 값이 과중한 기여를 한다. (20.32)식이 맞는다는 사실은 $\psi^*\psi$가 일종의 분포 함수가 아니며, 따라서 이 식은 이곳 저곳에 조금씩 분포된 에너지를 평균한 것이 아님을 뜻하는 것이다. 공간에 분포된 에너지의 평균은 (20.32)식으로 구할 수 없다. ψ라는 상태에 있는 계의 에너지는 Schrödinger 방정식으로부터 구해지는 여러 엄밀한 값들 중의 하나이다. 이러한 계의 상태를 그 계의 고유 상태라고 부른다.

이 결과는 일반적인 것으로서, 다음과 같이 말할 수 있다. 즉, 계의 파동 함수가 어떤 가관측 성질에 대응하는 연산자의 고유 함수일 때는 항상 그 가관측 성질이 엄밀한 값을 갖는다.

일반적으로 한 계에 대한 Schrödinger 방정식을 풀면 한 세트의 함수 $\psi_j(j = 1, 2, \cdots)$들이 나오는데, 이들은 각각 계의 특정한 상태들을 나타낸다. 그리고 이 특정한 상태들은 각각 특정한 값의 가관측 성질 기대치를 갖는다. 지금 계가 임의의 상태에서 두 가관측 성질 A와 B가 어떤 엄밀한 값들을 갖는다고 하자. 이것은 ψ_j가 두 연산자 **A**와 **B**의 고유 함수라는 것을 뜻한다. 즉,

$$\mathbf{A}\,\psi_j = a_j\,\psi_j \qquad \mathbf{B}\,\psi_j = b_j\psi_j$$

여기서 a와 b는 고유치이다. 따라서 ψ가 정규화되어 있을 때는 다음과 같이 된다.

$$\langle A \rangle = \int \psi_j^* (\mathbf{A}\psi_j)\, d\tau = \int \psi_j^*\, a_j\, \psi_j\, d\tau = a_j$$

$$\langle B \rangle = \int \psi_j^* (\mathbf{B}\psi_j)\, d\tau = \int \psi_j^*\, b_j\, \psi_j\, d\tau = b_j$$

교환자 $\mathbf{AB} - \mathbf{BA}$를 만들어서 파동 함수에다 연산시켜 보자.

$$\begin{aligned}(\mathbf{AB} - \mathbf{BA})\psi_j &= \mathbf{A}(\mathbf{B}\psi_j) - \mathbf{B}(\mathbf{A}\psi_j) = \mathbf{A}(b_j\psi_j) - \mathbf{B}(a_j\psi_j) \\ &= b_j(\mathbf{A}\psi_j) - a_j(\mathbf{B}\psi_j) = b_j\,a_j\,\psi_j - a_j\,b_j\,\psi_j = (b_j\,a_j - a_j\,b_j)\psi_j = 0\end{aligned}$$

따라서

$$\mathbf{AB}\psi_j = \mathbf{BA}\psi_j$$

이러한 경우에는 연산자 **A**와 **B**가 가환이다.

반대로 두 가관측 성질에 대한 연산자들이 가환일 때는 이 두 가관측 성질이 엄밀한 값을 동시적으로 갖는다는 것을 증명할 수 있다. 만일 이 두 연산자가 가환이 아닐 때는 해당하는 가관측 성질들이 엄밀한 값을 동시적으로 가질 수 없다. 지금 위치의 x-축 성분과 운동량의 x-축 성분에 대한 연산자들을 생각하여 보자. 이 때는 $\mathbf{x}\psi = x\psi$, $\mathbf{p}_x\psi = -i\hbar\,\partial\psi/\partial x$이며 따라서 다음과 관계가 성립한다.

$$\mathbf{x}\,\mathbf{p}_x\psi - \mathbf{p}_x\,\mathbf{x}\psi = -i\hbar\left[x\frac{\partial\psi}{\partial x} - \frac{\partial}{\partial x}(x\psi)\right] = -i\hbar[-\psi] = i\hbar\,\psi$$

즉, 이 두 연산자는 비가환이며, 따라서 동시적으로 엄밀한 값을 가질 수 없다. 이 결과는 Heisenberg의 불확정성 원리의 기초가 되는 것으로 후에 자세히 설명하겠다.

Schrödinger 방정식에 관해서 끝으로 한 가지 더 이야기하겠다. 물리적인 뜻으로 볼 때 상수 E, 즉 에너지는 실수이어야 한다. 따라서 $E^* = E$이다. 그런데,

$$E = \int \psi^* (\mathbf{H}\psi)\, d\tau \quad \text{및} \quad E^* = \int \psi\, (\mathbf{H}\psi)^*\, d\tau$$

따라서 다음 결과가 성립해야 한다.

$$\int \psi^*(\mathbf{H}\psi)\, d\tau = \int \psi(\mathbf{H}\psi)^*\, d\tau \tag{20.33}$$

(20.33)식의 조건을 만족시키는 연산자를 **Hermite 연산자**라고 부른다. 반대로 Hermite 연산자의 고유치는 전부 실수이다 라고 말할 수도 있다. 양자 역학에서는 Hermite 연산자만을 취급하게 된다. 그러나 Hermite 연산자는 (20.33)식이 뜻하는 바 보다는 더 좀 일반적으로 다음과 같이 정의된다. 즉, 다음과 같은 식을 만족시키는 연산자 $\mathbf{H}$를 Hermite 연산자라고 한다.

$$\int \psi_1^* (\mathbf{H}\psi_2)\, d\tau = \int \psi_2\, (\mathbf{H}\psi_1)^*\, d\tau \tag{20.34}$$

여기서 ψ_1과 ψ_2의 두 연산 함수는 동일할 수도 있고 상이할 수도 있다.

20.5 고유치 스펙트럼

Schrödinger 방정식의 해를 생각하여 보자.

$$\mathbf{H}\psi = \mathbf{K}\psi + \mathbf{V}\psi = E\psi$$

이 해는 퍼텐셜 함수 V의 성질에 따라서 다양한 값을 가질 것이다. 그러나 이 해는 어떤 제약을 받아야 한다. 즉, 특정한 퍼텐셜 함수가 주어졌을 때 많은 해가 나오드라도 그 중에는 받아들일 수 없는 해가 있게 된다. 예로서 파동 함수는 일가인 함수만이 허용되며, 또한 2차 적분이 가능한 것이라야만 한다. 문제가 요구하는 특별한 경계 조건 때문에 허용되는 해의 수가 감소되기도 한다.

이러한 여러 제약 때문에 경우에 따라서는 E가 임의의 값을 가질 수도 있다. 이러한 경우에는 E의 고유치가 연속 스펙트럼을 갖는다고 말한다. 경우에 따라서는 E가 제한된 어떤 특별한 값들만을 가지게 되는데, 이 때는 고유치가 불연속 스펙트럼을 갖는다. 이 둘째 번 경우에는 E가 양자화되었다고 말한다. 일반적으로 제약 조건이 가해질 때마다 어떤 가관측 성질이 양자화된다.

만일 에너지가 양자화되어 E_1, E_2, E_3, …, E_n, … 등의 제한된 값들만을 가질 수 있을 때는, 이들 하나하나의 값에 대응하여 다음 관계를 만족시키는 적어도 하나씩의 고유 함수 ψ_n이 존재한다.

$$\mathbf{H}\psi_n = E_n\, \psi_n$$

그리하여 일반적으로 한 세트의 고유 함수 ψ_1, ψ_2, …, ψ_n을 생각해야 한다. 만일 각 에너지 준위(고유치)마다 단 하나의 고유 함수만 존재하면 그 한 벌의 고유 함수와 한 벌의 고유 상태가 퇴화되어 있지 않다고 말한다. 만일 n째 번 고유 상태에 대응해서 g_n개의 고유 함수 ψ_{n1}, ψ_{n2}, …가 존재하여 다음 조건을 만족시킬 때는 n째 번 고유 상태가 g_n중으로 퇴화되었다고 한다.

$$\mathbf{H}\,\psi_{nk} = E_n\,\psi_{nk} \qquad k = 1,\ 2,\ \cdots,\ g_n \tag{20.35}$$

그리하여 에너지가 삼중으로 퇴화되어 있다는 것은 어떤 한 특정한 에너지 준위에 대응해서 3개의 고유 함수가 있다는 뜻이 된다.

퇴화가 되어 있을 때는 계의 상태를 어떻게 기술해 줄 것인가 하는 문제가 생긴다. 예로서 에너지가 E인 고유 상태가 삼중으로 퇴화되어 있으며 각각의 고유 함수가 ψ_1, ψ_2 및 ψ_3라고 생각하여 보자. 즉,

$$\mathbf{H}\psi_1 = E\psi_1 \qquad \mathbf{H}\psi_2 = E\psi_2 \qquad \mathbf{H}\psi_3 = E\psi_3$$

다음에 이들 고유 함수의 선형 결합을 생각하여 보자.

$$\phi_1 = c_{11}\psi_1 + c_{12}\psi_2 + c_{13}\psi_3$$

여기서 c_{11}, c_{12} 및 c_{13}는 상수이다. 그러면 Hamilton 연산자가 선형 연산자이므로 다음 관계가 성립할 것이다.

$$\begin{aligned}\mathbf{H}\phi_1 &= c_{11}\mathbf{H}\psi_1 + c_{12}\mathbf{H}\psi_2 + c_{13}\mathbf{H}\psi_3\\ &= c_{11}E\psi_1 + c_{12}E\psi_2 + c_{13}E\psi_3\\ &= E(c_{11}\psi_1 + c_{12}\psi_2 + c_{13}\psi_3)\\ \mathbf{H}\phi_1 &= E\phi_1\end{aligned}$$

즉, 선형 결합 ϕ_1도 또한 고유치가 E인 Hamilton 연산자의 고유 함수이다. 따라서 ϕ_1도 또한 하나의 고유 상태를 나타낸다. 이러한 형태의 독립 선형 결합 두 개를 더 만들 수 있다.

$$\begin{aligned}\phi_2 &= c_{21}\psi_1 + c_{22}\psi_2 + c_{23}\psi_3\\ \phi_3 &= c_{31}\psi_1 + c_{32}\psi_2 + c_{33}\psi_3\end{aligned}$$

일반적으로 ψ_1, ψ_2, ψ_3을 ϕ_1, ϕ_2, ϕ_3보다 우선적으로 취할 수는 없으며, 어떠한 3개의 선형 독립 고유 함수*를 택하든 상관 없다. 그저 편리한 대로 취하면 된다. 그러나 후에 설명하는 바와 같이 계가 대칭성을 가지고 있는 경우에는 어떤 정해진 선형 결합만을 택하게 된다.

위에서 설명한 사실들은 일종의 중첩 원리이다. 계의 상태가 가령 두 함수 중의 어느 것으로나 동등하게 표시될 수 있을 때는 Schrödinger 방정식의 선형성(즉, Hamilton 연산자의 선형성) 때문에 이 두 함수를 선형 결합시킨 두 독립 함수 중의 어느 것으로라도 이 상태가 동등하게 표시될 수 있다.

✶ 20.6 전개 이론

양자 역학적 연산자는 Hermite 연산자이기 때문에 중요한 결과를 낳게 한다. 지금 ψ_n과 ψ_k를 Hamilton 연산자의 두 고유 함수라고 하자. 즉,

$$\mathbf{H}\psi_n = E_n\psi_n \quad 및 \quad \mathbf{H}\psi_k = E_k\psi_k \tag{20.36}$$

둘째 번 식의 복소공액식 $(\mathbf{H}\psi_k)^* = E_k\psi_k^*$를 만들고 여기에다 ψ_n을 곱하고, 또 (20.36)식의 첫째 번 식에는 ψ_k^*를 곱한 다음에 각각 전공간에 걸쳐서 적분하면 다음 결과가 나온다.

$$\int\psi_k^*\mathbf{H}\psi_n\,d\tau = E_n\int\psi_k^*\psi_n\,d\tau \qquad \int\psi_n(\mathbf{H}\psi)_k^*\,d\tau = E_k\int\psi_k^*\psi_n\,d\tau$$

이 두 식의 차를 구하면 다음과 같다.

* 만일 $a_1\phi_1 + a_2\phi_2 + a_3\phi_3 = 0$인 관계가 성립하지 않을 경우에는 이들 함수를 독립적이라고 부른다. 단, 이 때 상수 a_1, a_2, a_3는 $a_1 = a_2 = a_3 = 0$이 아니어야 한다.

$$(E_n - E_k)\int \psi_k^* \psi_n \, d\tau = \int \psi_k^*(\mathbf{H}\psi_n) \, d\tau - \int \psi_n(\mathbf{H}\psi_k)^* \, d\tau$$

(20.34)식의 Hermite 성질 때문에 위 식의 우변에 있는 두 적분은 같게 된다. 따라서

$$(E_n - E_k)\int \psi_k^* \psi_n \, d\tau = 0$$

만일 $E_n \neq E_k$ 일 경우에는

$$\int \psi_k^* \psi_n \, d\tau = 0 \qquad k \neq n \tag{20.37}$$

(20.37)식은 직교 관계식이다. 즉, 선형 Hermite 연산자의 두 고유 함수가 각각 상이한 고유치를 가질 때는 이 두 고유 함수가 서로 직교한다.* 그러나 $k = n$ 인 경우에는 정규화 조건 때문에 다음과 같이 된다.

$$\int \psi_n^* \psi_n \, d\tau = 1 \tag{20.38}$$

그리고 이 두 조건을 합쳐서 다음과 같이 나타낸다.

$$\int \psi_k^* \psi_n d\tau = \delta_{nk} \tag{20.39}$$

여기서 함수 δ_{nk} 는 Kronecker 델타라고 부르며 다음과 같이 정의된다.

$$\begin{aligned} \delta_{nk} &= 1 \qquad n = k \\ \delta_{nk} &= 0 \qquad n \neq k \end{aligned} \tag{20.40}$$

($\delta_{nk} = \delta_{kn}$이다.) (20.39)식을 만족시키는 한 세트의 함수 ψ_n을 직교 정규화 함수 세트라고 부른다. Hermite 연산자의 고유 함수가 가진 이러한 성질로 말미암아 우리는 임의의 함수를 같은 영역에서의 직교 정규화 함수들의 항으로 전개시킬 수 있다.

지금 한 세트의 직교 정규화 함수와 같은 영역 내에서 정의되는 임의의 함수를 ϕ 라고 하자. 그리고 ϕ 를 다음과 같이 급수로 전개 가능하다고 가정하자.

$$\phi = \sum_{n=1}^{\infty} c_n \psi_n \tag{20.41}$$

여기서 계수 c_n 은 상수이다. 이 계수는 결정하려면 이 급수에다 ψ_k^* 를 곱한 다음에 전공간에 걸쳐서 적분하면 구할 수 있다.

$$\int \psi_k^* \phi \, d\tau = \sum_{n=1}^{\infty} c_n \int \psi_k^* \psi_n \, d\tau$$

---

* 이 직교성의 개념은 3차원 공간에서의 벡터의 직교 개념을 확장한 것이다. 이 두 벡터의 x-축, y-축, z-축 성분을 각각 a_x, a_y, a_z, 그리고 b_x, b_y, b_z 라고 할 때 이 두 벡터가 직교하려면 다음 조건이 성립해야 한다.

$$a_x b_x + a_y b_y + a_z b_z = 0 \qquad 즉 \quad \sum_{i=1}^{3} a_i b_i = 0$$

문제를 간단히 하기 위하여 첫째 번 벡터는 x-축을 향하고 둘째 번 벡터는 y-축을 향한다고 하자. 그러면, $a_y = a_z = 0$ 이고 $b_x = b_z = 0$ 이다. 따라서 위 식의 좌변은 $a_x \cdot 0 + 0 \cdot b_y + 0 \cdot 0$ 가 되며, 이것은 분명히 영이다. 이 좌변의 곱셈의 합을 두 벡터의 스칼라곱이라고 부르는데, 합셈은 모든 성분을 다 취한다. (20.37)식의 적분은 두 함수 ψ_k 와 ψ_n 의 Hermite 스칼라곱이라고 부르는데, 모든 벡터 성분에 대한 합셈 대신에 여기서는 함수의 변수에 관한 적분으로 바뀌었다.

이 식은 (20.39)식에 의해서 다음과 같이 된다.

$$\int \psi_k^* \phi \, d\tau = \sum_{n=1}^{\infty} c_n \delta_{nk}$$

δ_{nk}의 성질로 볼 때 우변의 합셈은 c_k를 제외한 모든 항이 영으로 된다. 따라서

$$c_k = \int \psi_k^* \phi \, d\tau \tag{20.42}$$

한 함수를 한 세트의 직교 정규화 함수의 항으로 전개하는 이 간단하고 깨끗한 방법은 양자 역학에서 뿐만 아니라 다른 많은 이론 물리학 분야에서 극히 중요하게 쓰이고 있다.

20.7 일반식들에 관한 결론

지금까지 어느 한 특정한 계의 파동 방정식을 전개시켜온 것은 아니었지만, 그래도 정상 상태에 있는 계를 주대상으로 하여 왔다. 이러한 계는 그 에너지가 엄밀하게 정의되며 또 이 에너지가 시간에 의존하지 않는다.

조금 더 일반적인 견지에서 본다면 훨씬 더 많은 것을 고려해야 한다. 예로서 불확정성 원리에 관해서는 아직 조금도 이야기를 하지 않았다. 또 양자 역학의 가정도 전부 소개하지를 못하였다. 그러나 지금까지 설명한 뼈대만 가지고서도 거기에다 조금만 살을 더 붙이면 그럭저럭 납득이 될 것으로 믿고 이제부터는 특수한 문제들을 고려하여 보겠다.

19장에서 우리는 고전 파동 방정식과 Schrödinger 방정식을 연관시켜 보았는데, 이 점에 관해서 마지막으로 한 두 가지 주의를 하겠다. 즉, Schrödinger 방정식이 맞는 것인지 아닌지는 이 방정식이 계의 행동을 잘 설명해 주느냐 못하느냐에 달려 있는 것이지, 고전 파동 방정식으로부터 유도되느냐 안 되느냐에는 전혀 관계없다는 것이다. 한편 Planck의 상수가 영으로 접근한다든가 또는 질량과 거리가 커지든가 하는 극한 조건에서는 Schrödinger의 방법이 Newton 역학으로 환원되어야 한다. 이러한 경우에 Schrödinger 방정식이 환원된다고 충분히 말할 수 있다.

끝으로 한 마디 더 하자면 $|\psi|^2$이 단위 부피에 대한 확률이라는 것이다. 따라서 3차원 공간에서는 ψ가 (길이)$^{-3/2}$의 디멘션을 갖는다. 1차원 문제에서는 부피가 길이와 같으므로 ψ의 디멘션이 (길이)$^{-1/2}$와 같게 된다.

《질 문》

20. 1 두 연산자가 가환일 때는 측정 결과들이 어떻게 되는가? 이들이 가환이 아닐 때는 어떤가?

20. 2 운동량의 x-축 성분 기대치 $\langle p_x \rangle$를 $\int (-i\hbar\,\partial/\partial x)(\psi^*\psi)\,d\tau$나 또는 $\int \psi^*\psi(-i\hbar\,\partial/\partial x)d\tau$와 같이 쓸 수 없는 이유는 무엇인가?

20. 3 연산자와 이 연산자의 고유치는 어떻게 다른가?

20. 4 양자 역학적 연산자들은 어째서 Hermite 연산자인가?

20. 5 다음 표현을 어떻게 생각하는가? "두 파동 함수 ψ_1과 ψ_2가 직교일 때는 ψ_2가 유한한 모든 곳에서 ψ_1이 영으로 된다."

《연습 문제》

20. 1 미분 방정식 $d^2u/dx^2 + k^2u = 0$ 을 생각하여 보자. 이 방정식의 가능한 두 해는 $u_1 = \sin kx$ 와 $u_2 = \cos kx$ 임을 증명하라. 그리고 a_1과 a_2가 상수일 경우에는 $a_1u_1 + a_2u_2$ 도 또한 해임을 증명하라.

20. 2 함수 Ae^{ax} 는 미분 연산자 d/dx 의 고유 함수임을 증명하라.

20. 3 $f = x^n$ 이면 $x(df/dx) = nf$ 이고, 따라서 f 는 연산자 $x(d/dx)$의 고유 함수임을 증명하라.

20. 4 x^2 과 d^2/dx^2 의 교환자를 구하라.

20. 5 각운동량 성분의 연산자는 다음과 같다.

$$\mathbf{M}_x = -i\hbar\left(y\frac{\partial}{\partial z} - z\frac{\partial}{\partial y}\right) \quad \mathbf{M}_y = -i\hbar\left(z\frac{\partial}{\partial x} - x\frac{\partial}{\partial z}\right) \quad \mathbf{M}_z = -i\hbar\left(x\frac{\partial}{\partial y} - y\frac{\partial}{\partial x}\right)$$

$\mathbf{M}_x\mathbf{M}_y - \mathbf{M}_y\mathbf{M}_x = i\hbar\mathbf{M}_z$ 와 $\mathbf{M}^2\mathbf{M}_z = \mathbf{M}_z\mathbf{M}^2$ 의 두 관계를 증명하라. 여기서 $\mathbf{M}^2 \equiv \mathbf{M}_x^2 + \mathbf{M}_y^2 + \mathbf{M}_z^2$ 이다. 또 $\mathbf{M}_y$와 $\mathbf{M}_z$ 사이, $\mathbf{M}_z$ 와 $\mathbf{M}_x$ 사이, 그리고 $\mathbf{M}^2$ 과 $\mathbf{M}_x$ 및 $\mathbf{M}_y$ 사이의 교환 관계를 유도하라.

20. 6 함수 $f(x) = 3x^2 - 1$ 은 연산자 $\mathbf{A} = -(1-x^2)(d^2/dx^2) + 2x(d/dx)$의 고유 함수이다. 이 고유 함수에 대응하는 고유치를 구하라.

20. 7 함수 $f(y) = (16y^2 - 48y^2 + 12)e^{-y^2/2}$ 는 연산자 $\mathbf{B} = -(d^2/dy^2) + y^2$ 의 고유 함수임을 보이고 또한 그 고유치를 계산하라.

20. 8 함수 $f(y) = y(6-y)e^{-y/3}$ 은 연산자 $\mathbf{F} = -(d^2/dy^2) - (2/y)(d/dy) - (2/y) + (2/y^2)$의 고유 함수임을 보이고 또한 그 고유치를 계산하라.

20. 9 구간 $-1 \le x \le +1$ 에서 다항식 $P_0(x) = a_0$, $P_1(x) = a_1 + b_1x$, $P_2(x) = a_2 + b_2x + c_2x^2$ 은 한 세트의 직교 함수들 중의 처음 함수들임을 증명하라. 상수 a_0, a_1, b_1, … 등을 셈하라.

20. 10 구간 $0 \le \phi \le 2\pi$ 에서 함수 $e^{in\phi}$ 는 한 셋트의 직교 함수가 됨을 증명하라. 단, $n = 0, \pm1, \pm2,$ …이다.

21
간단한 계의 양자 역학

21.1 서 론

계를 양자 역학적으로 취급하려면 아래와 같은 일반 원칙을 따라야 한다. 즉, 첫째로 계에 대한 Schrödinger 방정식을 풀어서 계의 파동 함수를 원칙적으로 구해야 한다. 그러나 실제 문제에 있어서는 파동 함수의 꼴을 짐작으로 구하는 수도 있다. 둘째로는, 파동 함수를 구한 다음 밑의 식에 의해서 임의의 가관측 성질에 대한 기대치를 계산한다.

$$\langle a \rangle = \int \psi^* \alpha \, \psi \, d\tau \tag{21.1}$$

여기서 α는 가관측 성질 a에 대응하는 연산자이다. 따라서 파동 함수가 직접적인 물리적 뜻을 가지지는 않지만, 간접적으로는 계의 상태를 완전하게 나타내는 함수이다. 실제로 ψ를 "계의 파동 함수"라고 부르지 않고 "계의 표시"라고 부르는 경우가 흔히 있다.

세째로 파동 함수의 곱인 $\psi^*\psi = |\psi|^2$은 확률 밀도로 나타낸다. 따라서 $|\psi|^2 d\tau$는 부피 요소 $d\tau$ 속에서 알맹이를 발견할 확률이 된다. 그리고 알맹이가 공간의 어느 곳엔가에 있을 확률은 1이 되므로 다음 관계가 성립한다.

$$\int |\psi|^2 \, d\tau = 1 \tag{21.2}$$

여기서 적분은 전체 좌표 공간에 걸친 것이다.

끝으로 Schrödinger 방정식은 선형 미분 방정식이다. 이 방정식의 해는 함수 $\psi_1, \psi_2, \psi_3, \psi_4, \cdots$이며, 이들은 각각 계의 상태를 표시한다. 또 미분 방정식이 선형이기 때문에 이들 표시의 선형 결합도 역시 계를 표시한다. 따라서 계의 표시를 선형 결합시키면 그 계의 새로운 표시를 얻게 된다. 이것이 바로 중첩 원리이다. 예로서, ψ_1과 ψ_2가 계의 두 표시일 때는 다음의 두 선형 결합도 역시 계의 표시가 된다.

$$\phi_1 = a_1\psi_1 + a_2\psi_2 \qquad \phi_2 = b_1\psi_1 + b_2\psi_2 \tag{21.3}$$

여기서 a, b 등은 임의의 상수이다.

이상의 네 기본 성질만 이해하고 있으면 상당히 많은 양자 역학적 결론을 이해할 수 있다. 간단한 문제들로부터 우선 자세히 살펴보기로 하자.

21.2 자유 알맹이

질량이 m인 알맹이가 외부로부터 힘을 받지 않고 x-축에 따라서 운동한다고 생각하자. 힘이 작용하지 않으면 퍼텐셜 에너지가 일정하므로 편의상 $V=0$으로 놓을 수 있다. 운동량의 y-축과 z-축 성분은 영이며, x-축 성분은 p_x이다. 또 계의 총에너지는 일정하며 운동 에너지와 같다. 즉, 고전적으로

$$E=\frac{p_x^2}{2m} \tag{21.4}$$

20.4절에서 설명한대로 p_x를 $\mathbf{p}_x$로 바꾸어주면 이 계에 대한 Schrödinger 방정식을 얻을 수 있다.

$$E\psi=-\frac{\hbar^2}{2m}\frac{d^2\psi}{dx^2}$$

또는

$$\frac{d^2\psi}{dx^2}+\left(\frac{2mE}{\hbar^2}\right)\psi=0 \tag{21.5}$$

E는 상수이므로 이 미분 방정식은 다음과 같은 두 해를 갖는다*.

$$\psi_1=Ae^{i\sqrt{2mE}x/\hbar} \qquad \text{및} \qquad \psi_2=Be^{-i\sqrt{2mE}x/\hbar}$$

여기서 A와 B는 임의의 상수이다.

각운동량 연산자를 ψ_1에 작용시키면 아래와 같은 결과를 얻게 된다.

$$\begin{aligned}\mathbf{p}_x\psi_1&=-i\hbar\frac{d\psi_1}{dx}=-i\hbar(i\sqrt{2mE}/\hbar)\psi_1\\&=\sqrt{2mE}\end{aligned}$$

마찬가지로

$$\mathbf{p}_x\psi_2=-\sqrt{2mE}\,\psi_2$$

이 두 식은 전형적인 고유 관계식이며, 우변의 상수 $\sqrt{2mE}$는 운동량 연산자의 고유치이다.

따라서 알맹이가 ψ_1으로 표시되는 상태에 있을 때는 그 운동량이 엄밀하게 고정된 값 $\sqrt{2mE}$를 가진다고 말할 수 있다. (21.4)식에 의하면 고전적인 운동량은 $p_x=\pm\sqrt{2mE}$이다. 따라서 ψ_1은 고전적인 운동량 $(p_x>0)$을 갖고 $+x$-축으로 운동하는 알맹이를 표시하며, 한편 ψ_2는 고전적인 운동량 $(p_x<0)$을 갖고 $-x$-축으로 운동하는 알맹이를 표시한다. 이 경우에는 별다른 조건이 없으므로 에너지가 임의의 값을 취할 수 있으며, 따라서 운동량도 임의의 값을 가진다. 즉, 에너지 고유치의 스펙트럼과 운동량 고유치의 스트럼은 연속적이다.

ψ_1을 이용해서 확률 밀도 $\psi_1^*\psi_1$을 계산하여 보자.

$$\psi_1=Ae^{i\sqrt{2mE}x/\hbar} \qquad \psi_1^*=A^*e^{i\sqrt{2mE}x/\hbar}$$

따라서

$$|\psi_1|^2=\psi_1^*\psi_1=A^*e^{-i\sqrt{2mE}x/\hbar}Ae^{i\sqrt{2mE}x/\hbar}=A^*A=|A|^2 \tag{21.6}$$

* 이 해를 식에다 직접 넣어보면 증명이 될 것이다.

그런데 A가 상수이므로 $|A|^2$도 상수이며 x의 값에 무관하다. 즉, 알맹이를 발견할 확률은 x-축 상의 어느 점에서나 마찬가지이다. 따라서 알맹이의 위치를 이야기할 수가 없다. 운동량은 p_x라는 일정한 값을 가지지만 알맹이의 위치에 관해서는 말할 수가 없다. ψ_2를 쓰는 경우에도 운동량은 엄밀하게 $-p_x$의 값을 갖지만 위치에 관해서는 ψ_1의 경우와 마찬가지로 완전히 막연하다.

21.3 상자 속의 알맹이

21.3.1 파동 함수

자유 알맹이의 위치가 막연하였다는 점을 고려하여, 알맹이를 상자 속에 넣어서 그 위치가 상자안에 머물도록 하자. 이러한 상자는 다음과 같이 나타낼 수 있다. 즉, 상자 내부에서는 알맹이의 퍼텐셜 에너지가 영으로 되고 상자의 기벽과 외부에서는 그 퍼텐셜 에너지가 무한대로 된다고 생각하는 것이다. 알맹이의 퍼텐셜 에너지가 무한대로 될 수는 없으므로 이 알맹이는 퍼텐셜 에너지가 영이 되는 상자 속에만 머무르게 된다. 이 경우에도 알맹이는 x-축에 따라서만 운동한다고 생각하자. 그림 21-1은 이 퍼텐셜 에너지를 x의 함수로 나타낸 것이다. 여기서 L은 상자의 나비이다.

상자 내부에서는 $V=0$이므로, Schrödinger 방정식은 자유 알맹이의 경우와 같으며, 따라서 그 해는 다음과 같다.

$$\psi_1 = Ae^{i\sqrt{2mE}x/\hbar} \qquad \psi_2 = Be^{-i\sqrt{2mE}x/\hbar}$$

그러나 이번에는 파동 함수가 다음과 같은 경계 조건을 만족시켜야 한다(그림 21-1).

$$x \leq 0 \text{일 때} \qquad \psi = 0$$
$$x \geq L \text{일 때} \qquad \psi = 0$$

이 조건이 만족 안 되면 퍼텐셜 에너지가 무한대인 상자의 기벽이나 외부에서도 확률 밀도 $\psi^*\psi$가 유한하게 된다. 이것은 불가능한 일이다.

ψ_1이나 ψ_2는 이러한 조건을 단독적으로 만족시키지 못한다. 즉, 예컨대 $x=0$에서는 $\psi_1(0)=A$이며, 따라서 $\psi_1=0$인 조건을 만족시키기 위해서는 A가 영이 되어야 한다. 그런데 만일

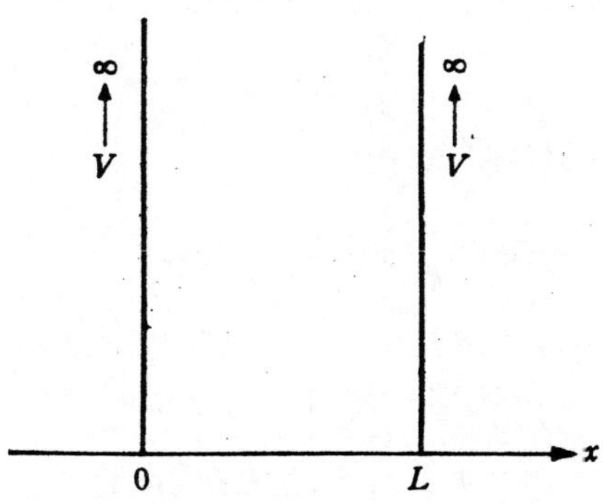

그림 21-1 퍼텐셜 에너지 상자.

A가 영이면 ψ_1은 어느 곳에서나 영이 된다. 따라서 어느 곳에서나 $|\psi_1|^2 = 0$이 되며, 알맹이는 아무 곳에도 없다는 이야기가 된다. ψ_2를 쓰는 경우에도 결과는 마찬가지이다. 이 모순을 피하려면 중첩 원리를 이용하여 보다 더 일반적인 파동 함수를 만들어야 한다.

$$\psi = Ae^{i\sqrt{2mE}x/\hbar} + Be^{-i\sqrt{2mE}x/\hbar} \tag{21.7}$$

이 ψ에다 경계 조건을 적용시킨다.

$x = 0$에서는 $\psi = 0$이며, 따라서 (21.7)식은 $0 = A + B$, 즉 $B = -A$로 된다. 따라서 다음 식을 얻게 된다.

$$\psi = A(e^{i\sqrt{2mE}x/\hbar} - e^{-i\sqrt{2mE}x/\hbar})$$

Euler의 식, $e^{iy} - e^{-iy} = 2i\sin y$를 이용하면 이 식은 다음과 같이 된다.

$$\psi = 2iA\sin\left(\frac{\sqrt{2mE}x}{\hbar}\right) = C\sin\left(\frac{\sqrt{2mE}x}{\hbar}\right) \tag{21.8}$$

첫째 번 조건이 만족되었으므로 둘째 번 조건을 생각하여 보자. 즉, $x = L$에서 $\psi = 0$이 되어야 한다. 따라서

$$\psi(L) = C\sin(\sqrt{2mE}L/\hbar) = 0$$

이 조건은 $C = 0$으로 놓아 가지고는 만족되지 않는다. 이렇게 하면 알맹이가 아무 곳에도 없다는 결과가 된다. 이 조건은 $\sin(\sqrt{2mE}L/\hbar) = 0$이 되어야만 한다. 만일 sin의 자변수가 π의 정수배이면 이의 sin이 영이 된다. 즉,

$$\sin(\pm n\pi) = 0 \qquad n = 1, 2, 3, 4, \cdots$$

따라서 이 경계 조건은 다음과 같은 경우에만 만족된다. 즉,

$$\sqrt{2mE_n}L/\hbar = \pm n\pi \qquad n = 1, 2, 3, \cdots \tag{21.9}$$

(21.9)식에 의하면 에너지가 n에 의존하므로 E를 E_n으로 바꾸어 놓았다. 이 결과를 (21.8)식에 넣으면 다음 결과를 얻는다.

$$\psi_n = \pm C\sin(n\pi x/L) \tag{21.10}$$

마지막 조건은 상자 속에서 알맹이를 발견할 확률이 1이라는 것이다. 즉,

$$\int_0^L \psi_n^* \psi_n \, dx = 1$$

그런데 $\psi_n^* = \pm C^*\sin(n\pi x/L)$이다. 따라서

$$C^*C\int_0^L \sin^2\left(\frac{n\pi x}{L}\right)dx = 1$$

이 적분은 $L/2$와 같으며 따라서 $C^*CL/2 = 1$, 즉 $|C|^2 = 2/L$이다. 따라서 C를 실수로 취하면 $C = \sqrt{2/L}$이 된다. 그리고 파동 함수는 최후로 다음과 같이 된다.

$$\psi_n = \sqrt{2/L}\sin(n\pi x/L) \tag{21.11}$$

이 문제에서는 몇 가지 특이한 성질을 볼 수 있다.

우선 첫째로 (21.9)식을 다음과 같이 써 보자.

$$E_n = \frac{n^2\pi^2\hbar^2}{2mL^2} \qquad n = 1, 2, 3, \cdots \tag{21.12}$$

n은 정수의 값만을 가지므로 E는 (21.12)식으로 주어지는 특별한 값들만을 가질 수 있으며 다른 값은 전혀 가질 수 없다. 즉, 이 계의 에너지는 양자화되어 있으며, 이 때 정수 n을 양자수라고 부른다. 즉, 에너지 고유치의 스펙트럼은 불연속적이다. 자유 알맹이의 에너지가 임의의 값을 가졌던 것과는 대조적이다. 전에 설명한 바와 같이 알맹이를 상자 내부에다 구속시켰기 때문에 양자화가 된 것이다.

에너지값 E_n에 대응하는 고전 운동량은 다음과 같이 주어진다.

$$p_x = \pm\frac{n\pi\hbar}{L} = \pm\frac{nh}{2L} \qquad n = 1, 2, 3, \cdots \tag{21.13}$$

de Broglie 파장을 (21.13)식에 넣으면 또하나의 특이성이 나타난다. de Broglie의 관계식에 의하면 $\lambda = h/|p_x|$이다. λ는 벡터가 아니므로 p_x의 절대치를 사용한 것이다. 이 관계를 이용하면 (21.13)식은 다음과 같이 된다.

$$L = n(\lambda/2) \tag{21.14}$$

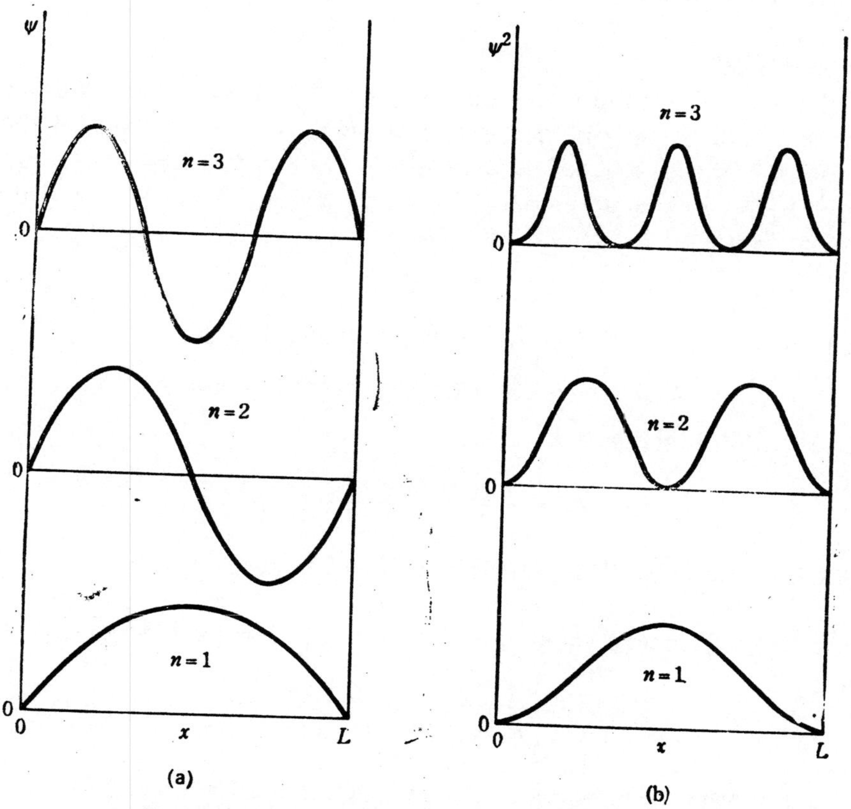

그림 21-2 상자 속의 알맹이에 대한 파동 함수와 확률 밀도.

즉, 반파장의 정수배와 길이 L이 일치한다. 이것은 마치 길이가 L인 끈이 나타내는 진동과 흡사하다. 즉, 끈의 가능한 진동 방식이 (21.14)식과 같은 꼴로 주어진다. 몇 가지 n값에 대한 파동 함수와 $\psi^*\psi$의 값들은 각각 그림 21-2의 (a) 및 (b)와 같다. 그림 21-2(a)에서 ψ의 값은 마치 0점과 L점에 고정된 끈이 진동할 때의 변위와 똑같게 보인다.

그림 21-2(b)에 나타낸 확률 밀도는 특이하다. n이 1일 때는 확률이 최대로 되는 점이 $L/2$이며, 상자 안에서는 어느 곳에서나 확률 밀도가 비교적 크다. n이 2일 때는 $L/2$에서 $\psi^*\psi$가 영이 된다! 즉, 알맹이가 $L/2$에 있을 확률이 영이 된다. 그러나 중심점의 양쪽에서는 그 확률이 비교적 높다. 이 현상은 다음의 두 방법으로 설명할 수 있다.

1. 알맹이는 중심점의 어느 한쪽에서 다른 한쪽으로 중심점을 거치지 않고 통과할 수 있다. 이것은 놀라웁게 보이겠지만 실제로 일어나는 현상이다.

2. 알맹이는 전 공간에 걸쳐서 퍼져 있으며, 이 퍼진 밀도는 양쪽 부분에서 크고 중앙에서는 영이다. 이러한 관점은 앞으로도 자주 쓰일 것이다. 퍼진 알맹이의 개념에 익숙해지기만 하면 이 생각이 매우 편리하다는 것을 깨닫게 될 것이다. 알맹이가 이곳에 있다가 저곳으로 가는데 그 중간점에는 나타나지 않는다 라는 생각보다는 이 퍼진 알맹이의 개념이 조금 더 이해하기 쉬울 것이다. 알맹이가 이곳 저곳에 있다는 생각은 또한 고전 역학의 개념과 혼동되기 쉽다. 퍼진 알맹이란 마치 빛나는 알맹이를 장시간 노출시켜 얻은 사진과 같이 생각할 수도 있다. 그리고 그림 21-2(b)의 확률 밀도는 이러한 시간 평균을 나타내는 것으로 생각할 수 있다.

21.3.2 에너지 준위

(21.12)식으로 주어지는 허용된 에너지값들을 계의 에너지 준위라고 부른다. 알맹이가 가질 수 있는 최저 에너지 E_0를 영점 에너지 또는 바다 상태 에너지라고 부른다. 한 가지 주의할 점은 $n=0$일 때는 파동 함수가 영이 되어 알맹이가 없어진다는 결과가 나오는 일이다. 따라서 상자 속의 알맹이가 가질 수 있는 최저 에너지는 $n=1$인 값이며, 그리하여 $E_0=\pi^2\hbar^2/2mL^2=h^2/8mL^2$이다. 따라서

$$E_n = n^2E_0 \tag{21.15}$$

그리고 $n+1$과 n의 두 에너지 준위 사이의 차는 아래와 같이 된다.

$$E_{n+1}-E_n=[(n+1)^2-n^2]E_0=(2n+1)E_0 \tag{21.16}$$

또 $h=6.626\times10^{-34}$ J s이므로,

$$E_0=\frac{5.49\times10^{-68}\ \mathrm{J^2s^2}}{mL^2} \tag{21.17}$$

(21.15)식으로부터 (21.17)식까지의 결과를 다음 세 경우에 적용하여 보자.

■ **보기 21.1** 길이가 10 cm(0.1m)인 상자 속에 들어 있는 $m=1$ g (0.001 kg)인 구를 생각하자. 이 때는

$$E_0=5.49\times10^{-63}\ \mathrm{J}$$

이 구의 속도가 1 cm이면 운동 에너지는 $\frac{1}{2}(0.001\ \mathrm{kg})(0.01\ \mathrm{m/s})^2=5\times10^{-8}$ J이고, 양자수는 다음과 같다.

$$n^2 = \frac{E_n}{E_0} = \frac{5 \times 10^{-8}\,\mathrm{J}}{5.49 \times 10^{-63}\,\mathrm{J}} \approx 10^{55}$$

따라서 $n = 3 \times 10^{27}$이며, 이러한 n값의 에너지 준위 차는 다음과 같다.

$$[2(3 \times 10^{27}) + 1]5.49(10^{-63}\,\mathrm{J}) \approx 3 \times 10^{-35}\,\mathrm{J}$$

따라서 이 계가 양자화되어 있다는 것을 확인하려면 5×10^{-8} J과 $5 \times 10^{-8} \pm 3 \times 10^{-35}$ J 사이의 에너지 차를 알아내야 할 것이다. 이 정도의 정밀도는 물론 얻을 수 없으며 따라서 이 구의 운동 에너지가 양자화되어 있음을 인식할 수 없게 된다. 즉, 이 구는 마치 모든 값의 운동 에너지를 갖는 것처럼 행동하며, 그리하여 Newton의 고전 운동 법칙을 이용해서 이 계를 취급하는 것이 가장 편리하다. 이 예는 Bohr의 "대응 원리"를 입증하는 것이다. 이 원리를 대체적으로 표현하면, 양자수가 극한으로 커지면 양자 역학의 결과가 고전 역학의 결과와 같게 된다는 것이다. 쇠구슬이나 골프공과 같이 큰 알맹이의 경우에는 언제나 양자 역학이 고전 역학으로 환원된다.

■ **보기 21.2** 원자의 크기와 같은 10^{-10} m의 상자 속에 들어 있는 $m \approx 10^{-30}$ kg인 전자를 생각하자. 그러면

$$E_0 = 5.5 \times 10^{-18}\,\mathrm{J} \approx 34\,\mathrm{eV}$$

34 eV는 극히 짧은 x-선의 에너지와 같은 것이다. $n = 1$과 $n = 2$인 두 에너지 준위의 차는 $E_2 - E_1 = 102$ eV이다. 전자가 준위 2로부터 준위 1로 떨어질 때는 에너지 102 eV인 x-선의 한 양자가 방출된다. 따라서 이 경우에는 에너지 양자화를 쉽게 인식할 수 있다.

■ **보기 21.3** 원자핵의 크기와 같은 10^{-14} m의 상자 속에 들어 있는 $m \approx 10^{-30}$ kg인 전자를 생각하자. 그러면

$$E_0 = 5.5 \times 10^{-10}\,\mathrm{J} = 3.5 \times 10^9\,\mathrm{eV} = 3500\,\mathrm{MeV}$$

이것은 굉장한 에너지이다. 전자를 핵 속에 붙들어 놓는 데 필요한 쿨롱 에너지를 계산하여 보자.

$$V = \frac{-e^2}{4\pi\epsilon_0 r} = \frac{-(1.6 \times 10^{-19}\,\mathrm{C})^2}{4\pi(8.85 \times 10^{-12}\,\mathrm{C/V\,m})(10^{-14}\,\mathrm{m})} = -2.3 \times 10^{-14}\,\mathrm{J} = -0.14\,\mathrm{MeV}$$

따라서 만일 전자가 핵 속에 갇혀 있다면 그 운동 에너지는 양전하에 의한 정전기적 인력에 비해서 엄청나게 커야 한다. 따라서 전자는 핵 속에 붙들려 있지 못한다. 다른 것보다도 특히 이러한 이유 때문에 양성자나 중성자와 같은 무거운 알맹이들 만이 핵 속에 존재한다고 생각된다. 수소 원자에서 전자가 핵으로 끌려 들어가지 못하는 이유도 또한 이것으로 설명된다. 핵 속에 존재하려면 이처럼 엄청나게 큰 운동 에너지를 가져야 한다.

끝으로 상자 속의 알맹이가 허용되는 에너지 값을 가질 때는 그 알맹이의 반파장의 정수배가 상자의 크기와 일치해야 한다. 따라서 만일 전자를 핵 속에 집어 넣으려면 전자의 파장을 핵의 크기와 같거나 작게 해주어야 한다. 그리고 이처럼 파장이 작으려면 de Broglie식 $p = h/\lambda$에 의해서 그 운동량이 대단히 커야 하며, 결과적으로 운동 에너지가 엄청나게 커야 한다.

21.3.3 위치와 운동량의 기대치

이제 계의 합성 표시인 (21.7)식으로 돌아가자. (21.7)식의 첫째 항은 알맹이가 $+x$-축 방향

으로 운동하여 $+p_x$인 운동량을 갖는다는 것을 나타내며, 둘째 항은 알맹이가 $-x$-축 방향으로 운동하여 그 운동량이 $-p_x$라는 것을 나타낸다. 알맹이를 상자 속에 가두면 양쪽 방향의 운동을 함께 나타내는 합성 표시를 써야만 한다. 그리하여 어떤 뜻에서는 알맹이가 양쪽 방향으로 운동한다고 보아야 한다! 다시 말해서 이 표시를 가지고서는 알맹이가 오는 것인지 가는 것인지 알 수 없는 것이다!

(21.10)식을 다음과 같은 꼴로 다시 써서, 상자 속에 있는 알맹이의 운동량 기대치를 계산하여 보자.

$$\psi_n = A(e^{in\pi x/L} - e^{-in\pi x/L})$$

정규화시키면 $A=(1/\sqrt{2L})$이 된다. 즉,

$$\psi_n = \frac{1}{\sqrt{2L}}(e^{in\pi x/L} - e^{-in\pi x/L}) \qquad (21.18)$$

잠시 다음 함수들을 생각하여 보자.

$$\phi_n = \frac{1}{\sqrt{L}}e^{in\pi x/L} \qquad \phi_{-n} = \frac{1}{\sqrt{L}}e^{-in\pi x/L} \qquad (21.19)$$

아래에서 보는 바와 같이 이 함수들은 각각 상이한 불연속적 고유치에 대응하는 운동량 연산자의 고유 함수들이다.

$$\mathbf{p}_x\phi_n = -i\hbar\frac{\partial\phi_n}{\partial x} = \frac{n\pi\hbar}{L}\phi_n = p_n\phi_n$$
$$\mathbf{p}_x\phi_{-n} = -i\hbar\frac{\partial\phi_{-n}}{\partial x} = -\frac{n\pi\hbar}{L}\phi_{-n} = -p_n\phi_{-n}$$

따라서 ϕ_n과 ϕ_{-n}은 구간 $0 \leq x \leq L$에서 직교 정규화 함수가 된다($\mathbf{p}_x$의 고유치가 연속 스펙트럼을 이루는 자유 알맹이의 경우에는 이러한 관계가 성립하지 않았었다). 따라서 (21.18)식은 다음과 같이 쓸 수 있다.

$$\psi_n = \frac{1}{\sqrt{2}}(\phi_n - \phi_{-n})$$
$$\psi_n = c_n\phi_n + c_{-n}\phi_{-n}$$

이것은 ψ_n을 직교 정규화 함수로 전개한 결과에 불과하며, 계수 $c_n = -c_{-n} = 1/\sqrt{2}$은 ψ_n을 정규화시킬 수 있는 전개 계수이다.

■ **보기 21.4** p_x의 기대치를 구하여 보자. p_x의 기대치는 다음과 같다.

$$\begin{aligned}\langle p_x\rangle &= \int_0^L \psi_n^* \mathbf{p}_x \psi_n\,dx = \int_0^L (c_n^*\phi_n^* + c_{-n}^*\phi_{-n}^*)(c_n\mathbf{p}_x\phi_n + c_{-n}\mathbf{p}_x\phi_{-n})\,dx \\ &= \int_0^L (c_n^*\phi_n^* + c_{-n}^*\phi_{-n}^*)[c_n p_n\phi_n + c_{-n}(-p_n)\phi_{-n}]\,dx \\ &= c_n^* c_n p_n\int_0^L \phi_n^*\phi_n\,dx + c_n^* c_{-n}(-p_n)\int_0^L \phi_n^*\phi_{-n}\,dx \\ &\quad + c_{-n}^* c_n p_n\int_0^L \phi_{-n}^*\phi_n\,dx + c_{-n}^* c_{-n}(-p_n)\int_0^L \phi_{-n}^*\phi_{-n}\,dx\end{aligned}$$

다음과 같은 정규화 조건을 이용할 수 있다.

$$\int_0^L \phi_n^* \phi_n \, dx = \int_0^L \phi_{-n}^* \phi_{-n} \, dx = 1 \qquad \text{및} \qquad \int_0^L \phi_{-n}^* \phi_n \, dx = \int_0^L \phi_n^* \phi_{-n} \, dx = 0$$

따라서 $\langle p_x \rangle$는 다음과 같이 된다.

$$\langle p_x \rangle = c_n^* c_n p_n + c_{-n}^* c_{-n}(-p_n) = |c_n|^2 p_n + |c_{-n}|^2(-p_n)$$

여기에다 $|c_n|^2 = |c_{-n}|^2 = \frac{1}{2}$을 넣으면 다음과 같이 된다.

$$\langle p_x \rangle = \frac{1}{2} p_n + \frac{1}{2}(-p_n) = 0 \tag{21.20}$$

즉, p_x의 기대치는 영이다. 이 결과는 (21.11)의 ψ_n을 이용해서 훨씬 더 쉽게 얻을 수도 있다. 즉,

$$\langle p_x \rangle = \int_0^L \sqrt{\frac{2}{L}} \sin\left(\frac{n\pi x}{L}\right)\left(-i\hbar \frac{d[\sqrt{2/L}\sin(n\pi x/L)]}{dx}\right) dx = -\frac{i\hbar}{L}\sin^2\left(\frac{n\pi x}{L}\right)\Big|_0^L = 0$$

그러나 앞에서와 같은 긴 조작이 보다 더 교육적이기는 하다. 짧은 계산은 자칫하면 알맹이의 운동량을 마치 영인 것처럼 생각케 할 염려가 있다. 긴 계산 결과에 의하면 운동량이 영이 되는 이유는 알맹이가 $p_x = +n\pi\hbar/L$을 가지고 운동할 확률이 50%이고, 또 $p_x = -n\pi\hbar/L$을 가지고 운동할 확률이 50%이기 때문이라는 것을 뚜렷하게 알 수 있다(전개 계수의 절대치의 제곱 $|c_n|^2$은 알맹이가 ϕ_n이라는 상태에 있을 확률을 나타낸다).

고전적으로는 임의의 어떤 시각 t_0에서 운동량 p_x의 값이 엄밀하게 정의되며, 그 시각 이후의 운동량은 고전 역학의 법칙으로부터 엄밀하게 계산이 된다. 양자 역학에서는 이 엄밀성이 확률로 대치된 것이다. 임의의 마구잡이로 택한 시각에 요술을 부려서 상자 속에 있는 알맹이보고 운동량이 얼마냐고 묻는다면, 그 알맹이는 "$+n\pi\hbar/L$인데 그 확률이 50%이다" 또는 "$-n\pi\hbar/L$인데 그 확률이 50%이다"라고 밖에는 대답할 도리가 없을 것이다. 따라서 양자 역학에는 통계적인 요소가 존재하는 것이다. 고전 역학의 확실성이 양자 역학에서는 확률이나 불확정성으로 대치되어 있다.

어떤 가관측 성질에 대한 기대치로부터의 평균 제곱 편차의 제곱근을 그 가관측 성질의 불확정성이라고 정의한다. 따라서 지금 p_x의 불확정성을 Δp_x라고 하자. 그러면

$$\begin{aligned}(\Delta p_x)^2 &= \langle (p_x - \langle p_x \rangle)^2 \rangle \\ &= \langle (p_x^2 - 2p_x\langle p_x \rangle + \langle p_x \rangle^2) \rangle = \langle p_x^2 \rangle - \langle p_x \rangle^2 \\ \Delta p_x &= \sqrt{\langle p_x^2 \rangle - \langle p_x \rangle^2}\end{aligned} \tag{21.21}$$

■ **보기 21.5** p_x의 불확정도를 구하여 보자. $\langle p_x \rangle = 0$이고, $\mathbf{p}_x^2 = 2m\mathbf{H}$이다. 따라서

$$\begin{aligned}\langle p_x^2 \rangle &= \int_0^L \psi_n^* \mathbf{p}_x^2 \psi_n \, dx = 2m\int_0^L \psi_n^* \mathbf{H} \psi_n \, dx = 2mE_n \int_0^L \psi_n^* \psi_n \, dx \\ &= 2mE_n = \frac{n^2\pi^2\hbar^2}{L^2}\end{aligned}$$

따라서

$$\Delta p_x = \sqrt{\frac{n^2\pi^2\hbar^2}{L^2}} = \frac{n\pi\hbar}{L} = \frac{nh}{2L} \tag{21.22}$$

■ **보기 21.6** $\langle x \rangle$와 $\langle x^2 \rangle$을 구하여 보자. 알맹이의 위치의 평균치도 마찬가지 방법으로 계산

할 수 있다.

$$\langle x\rangle = \int_0^L \psi_n^* (\mathbf{x}\,\psi_n)\,dx = \int_0^L \psi_n^*\, x\,\psi_n\,dx$$

(21.11)식의 ψ_n과 ψ_n^*를 넣어주면 다음과 같이 된다.

$$\langle x\rangle = \frac{2}{L}\int_0^L x\sin^2\frac{n\pi x}{L}\,dx$$

이것을 적분하면 다음과 같이 된다.

$$\langle x\rangle = \frac{1}{2}L \tag{21.23}$$

당연히 알맹이의 위치의 기대치는 상자의 중심이다. (21.11)식의 ψ_n을 써서 $\langle x^2\rangle$도 계산할 수 있다.

$$\langle x^2\rangle = \int_0^L \psi_n^* x^2 \psi_n dx = \frac{2}{L}\int_0^L x^2\sin^2\left(\frac{n\pi x}{L}\right)dx$$

이 식을 적분하면 다음 식이 나온다.

$$\langle x^2\rangle = \left(\frac{L}{2n\pi}\right)^2\left[\frac{(2n\pi)^2}{3} - 2\right]$$

그러면 위치의 불확정성을 Δp_x를 구했을 때와 비슷한 방법으로 구할 수 있다.

$$\Delta x = \sqrt{\langle x^2\rangle - \langle x\rangle^2}$$

$$\Delta x = \sqrt{\left(\frac{L}{2n\pi}\right)^2\left[\frac{(2n\pi)^2}{3} - 2\right] - \frac{L^2(n\pi)^2}{4(n\pi)^2}} = \frac{L}{2n\pi}\sqrt{\frac{(n\pi)^2}{3} - 2} = \frac{L}{2n\pi}\sqrt{1 + \frac{n^2\pi^2 - 3^2}{3}}$$

Δp_x와 Δx를 곱하면 다음과 같이 된다.

$$\Delta p_x\,\Delta x = \frac{h}{4\pi}\sqrt{1 + \frac{n^2\pi^2 - 3^2}{3}}$$

n이 어떠한 값을 갖더라도 근의 값은 1보다 크므로 다음과 같은 결과를 얻게 된다.

$$\Delta p_x\,\Delta x > \frac{h}{4\pi} \tag{21.24}$$

(21.24)식은 상자 속의 알맹이에 대한 Heisenberg의 불확정성 원리이다.

21.4 불확정성 원리

자유 알맹이가 상자 속의 알맹이와 다른 점은 다음과 같이 요약할 수 있다.

1. 자유 알맹이는 그 운동량이 엄밀하게 정의되지만 위치는 완전히 막연하다.
2. 알맹이를 길이 L 속에 가두어 가지고 그 위치에 대한 정보를 얻으려면 그 운동량에 불확정성이 도입된다. 이 두 불확정성의 곱은 (21.24)식에서와 같이 $\Delta p_x\,\Delta x > h/4\pi$가 된다.
3. 만일 $L \to 0$으로 하여 알맹이의 위치를 정확하게 나타내려면 (21.24)식에 의해서 $\Delta p_x \to \infty$로 된다. 즉, 운동량이 완전히 막연하게 된다.

이러한 사실들을 일반적으로 나타낸 것이 Heisenberg의 불확정성 원리이다. 이 원리에 의하면, 위치의 불확정성과 그 공액 운동량의 불확정성의 곱은 적어도 $h/4\pi$ 보다는 커야 한다(어떤 한 좌표의 공액 운동량이란 그 좌표에 연한 운동량 성분을 말한다). 카아티이젼 좌표계를 쓰면 불확정성 원리를 다음과 같이 나타낼 수 있다.

$$\Delta p_x \cdot \Delta x \geq h/4\pi \qquad \Delta p_y \cdot \Delta y \geq h/4\pi \qquad \Delta p_z \cdot \Delta z \geq h/4\pi \tag{21.25}$$

내친 걸음에 한 가지 더 강조할 것은 p_x 와 x 에 대한 연산자들이 비가환이라는 사실이다. 어떠한 변수들이건 그 연산자가 비가환이면 (21.25)식과 같은 불확정성을 만족시켜야 한다. 따라서 x-방향의 위치와 운동량의 x-축 성분을 동시적으로 엄밀하게 측정할 수는 없다. 위치나 그 공액 운동량 중의 어느 하나를 얼마든지 정확하게 측정할 수는 있다. 그러나 어느 한 값의 정밀도가 증가되면 다른 값의 정밀도가 감소되는 것이다.

가령 지금 현미경을 써서 알맹이의 위치를 정밀하게 측정한다고 하자. 현미경의 배율은 조명 광선의 파장에 따라서 다르다. 사용하는 빛의 파장이 짧을수록(즉, 진동수가 클수록) 알맹이의 위치는 더 엄밀하게 정의될 수 있다. 따라서 위치를 대단히 정확하게 측정하려면 γ-선과 같은 진동수가 대단히 큰 빛을 써야 한다. 그리고 알맹이가 보이려면 이 γ-선이 알맹이에서 산란되어 현미경의 대물렌즈로 들어와야 한다. 그러나 γ-선과 같이 진동수가 큰 빛은 큰 운동량을 가지고 있으며, 이 빛이 알맹이와 충돌하면 그 운동량의 일부가 알맹이 쪽으로 넘어가서 알맹이를 임의의 방향으로 움직이게 한다. 그리하여 위치를 측정하는 바로 이 조작에 의해서 알맹이의 운동량은 불확정성을 나타내게 된다.

작은 알맹이에 의한 γ-선의 산란과 이 때 수반되는 알맹이의 되튀김 현상을 Compton 효과라고 부른다(그림 21-3). 지금 충돌 후의 알맹이의 운동량을 p 라고 하자. γ-선의 운동량은 그 에너지 $h\nu$ 가 Einstein 식에 의해서 $m_\gamma c^2$ 과 같으므로 이 관계로부터 구할 수 있다. 그리하여 γ-선의 운동량은 충돌 전에는 $m_\gamma c = h\nu/c$ 이고 충돌 후에는 $h\nu'/c$ 이다. 또 충돌 전후에 에너지가 보존되어야 하므로 다음 관계가 성립한다.

$$h\nu = h\nu' + \frac{p^2}{2m}$$

또 운동량의 x-축 성분도 보존되어야 한다. 즉,

$$\frac{h\nu}{c} = \frac{h\nu'}{c}\cos\phi + p\cos\theta$$

운동량의 y-축 성분도 또한 보존되어야 한다. 즉,

$$0 = \frac{h\nu'}{c}\sin\phi - p\sin\theta$$

이 세 개의 식 속에는 처음 진동수 ν 이외에도 ν', p, ϕ 및 θ 의 네 변수가 포함되어 있다. 이 세 식 중의 두 식을 이용해서 θ 와 ν' 을 소거하면 p 와 ϕ 사이의 관계를 나타내는 식을 얻게 된다. 알맹이가 보이려면 γ-선이 산란되어 현미경의 대물렌즈로 들어가야 한다. 즉, $\Delta\phi$ 라는 유한한 각도 안으로 산란된 γ-선이 들어가야 한다. 그런데 $\Delta\phi$ 는 유한하므로 알맹이의 운동량 p 도 여기에 대응하는 유한한 범위의 값을 가지게 된다. 즉, 운동량이 불확정성을 가지게 된다. 계는 이 측정 과정 자체로 말미암아 섭동이 되며, 따라서 계의 운동량이 처음에는 명확한 값을 가졌었다 하더라도 결국 불확실하게 된다. 이러한 난점을 피할 수 있는 측정 방법은 생각할 수 없으므로 불확정성 원리는 자연의 섭리라고 말할 수 있다. Compton 효과에 관한 식들을 음미하여 보면 전자나 원자와 같은 질량이 작은 알맹이에 대해서만 이러한 난점이 문제거리로 된

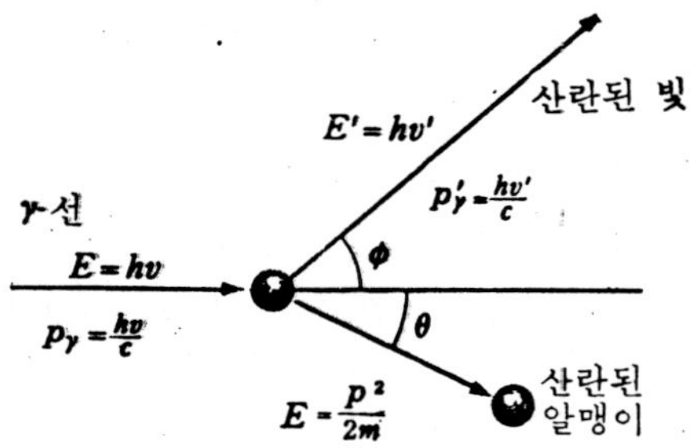

그림 21-3 Compton 效과.

다는 것을 알게 된다. 골프 공과 같은 경우에는 문제가 안 된다.

시간-의존 계에 대해서도 또 하나의 중요한 불확정성 관계를 찾아볼 수 있다. 상자 속의 알맹이에 대해서 얻었던 결과를 가지고 이 문제를 살펴보자. 고전적으로 이 계에 대해서는 $E=p_x^2/2m$ 의 관계가 있다. 따라서 운동량이 Δp_x 라는 불확정성을 가지면, 에너지에도 이와 맞먹는 불확정성 $\Delta E=(\partial E/\partial p_x)\Delta p_x$ 가 존재하게 된다. 따라서

$$\Delta E=(1/m)p_x\,\Delta p_x=(1/m)(mv_x)\Delta p_x=v_x\,\Delta p_x$$

한편 속도 v 는 $v_x=\Delta x/\Delta t$ 라고 쓸 수 있다. 이 결과를 ΔE 에 관한 식에 넣으면 $\Delta E\cdot\Delta t=\Delta p_x\cdot\Delta x$ 의 관계가 나온다. 이 결과를 일반적인 경우에 확장시켜서 다음과 같이 나타내고 있다.

$$\Delta E\cdot\Delta t\geq h/4\pi \tag{21.26}$$

즉, 알맹이의 에너지는 불확정성을 가지고 있으며 또한 이 알맹이가 어떤 지점을 통과하는 시각에도 불확정성이 나타나는데, 이 두 불확정성의 곱은 $h/4\pi$ 와 같거나 그보다 커야 한다.

Heisenberg 는 불확정성 원리로부터 양자 역학을 발전시켜서 양자 역학적 방정식을 유도하였다. 그리고 Schrödinger 는 파동 방정식으로부터 출발을 하였는데 위에서 보인 바와 같이 이 결과로부터 거꾸로 불확정성 원리가 유도될 수 있는 것이다.

21.5 조화 진동자

"상자" 속의 알맹이는 무한히 높은 퍼텐셜 에너지 "벽"으로 둘러싸인 일정한 공간 영역 안에 꼭 갇혀 있는 것이라고 생각했다. 이와는 달리 만일 퍼텐셜 에너지 벽이 어느 특정한 점에서 무한히 높아지는 대신에 점차적으로 증가해서 무한대로 된다고 하면 계가 어떻게 행동할 것인지를 살펴보자. 이러한 성질을 갖는 가장 간단한 퍼텐셜 에너지 함수는 $V(x)=\frac{1}{2}kx^2$ 으로서 k 는 상수이다. 이러한 퍼텐셜 에너지는 그림 21-4 와 같이 포물선형이다. 이러한 퍼텐셜 에너지 함수를 택하는 데는 이중의 이점이 있다. 즉, 이것은 조화 진동자에 대한 퍼텐셜 에너지 함수이므로 만일 벽이 무한히 높지 않다면 그 결과를 조화 진동을 하는 실제의 진동자에다 적용시킬 수 있는 것이다. 실제 진동자의 예로서는 N_2 나 O_2 와 같은 2 원자 분자를 들 수 있는데 이들은 낮은 에너지 상태에서 실질적으로 조화 진동을 하고 있다. 조화 진동자를 우선 고전 역학적으로 간단히 설명한 후에 양자 역학적으로 설명을 하겠다.

21.5.1 고전 역학

x-축에 따라서 1 차원 운동을 하는 알맹이가 Hooke 의 법칙에 따라서 복귀력 $-kx$ 를 받고 원

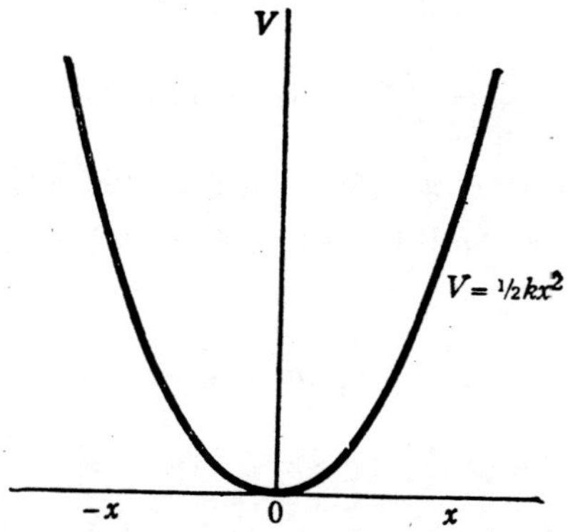

그림 21-4 조화 진동자에 대한 퍼텐셜 에너지.

점($x = 0$)에 묶여 있다고 하자. Newton의 법칙에 의하면 $ma = F$이며, 따라서 $m(d^2x/dt^2) = -kx$이므로 다음과 같이 쓸 수 있다.

$$\frac{d^2x}{dt^2} + \frac{k}{m}x = 0 \tag{21.27}$$

회전 진동수를 ω라고 하면 $\omega^2 = k/m$가 되며 또 $\omega = 2\pi\nu$, 따라서 $\nu = (1/2\pi)\sqrt{k/m}$의 관계가 성립한다. 또 (21.27)식은 다음과 같이 된다.

$$\frac{d^2x}{dt^2} + \omega^2 x = 0$$

이 식은 다음과 같은 해를 갖는다.

$$x = Ae^{i\omega t} + Be^{-i\omega t} \tag{21.28}$$

(21.28)식을 미분하면 속도 $v = dx/dt$가 나온다.

$$v = i\omega[Ae^{i\omega t} - Be^{-i\omega t}] \tag{21.29}$$

상수 A와 B는 임의의 시각 t_0에서의 위치와 속도로부터 결정할 수 있다. 우선 간단히 $t = t_0$일 때 $x = x_0$이며 또 $v = 0$라고 하자. 그러면 (21.28)식과 (21.29)식이 다음과 같이 된다.

$$x_0 = Ae^{i\omega t_0} + Be^{-i\omega t_0}$$
$$0 = Ae^{i\omega t_0} - Be^{-i\omega t_0}$$

이 두 식으로부터 A와 B를 구하면 다음과 같다.

$$A = \frac{1}{2}x_0 e^{-i\omega t_0} \qquad B = \frac{1}{2}x_0 e^{i\omega t_0}$$

이것을 (21.28)식에 넣는다.

$$x = \frac{1}{2}x_0(e^{i\omega(t-t_0)} + e^{-i\omega(t-t_0)})$$

한편 $\cos y = (e^{iy} + e^{-iy})/2$이고 $\sin y = (e^{iy} + e^{-iy})/2$이므로 위의 식은 다음과 같이 된다.

$$x = x_0 \cos \omega (t - t_0) \tag{21.30}$$

따라서

$$v = \frac{dx}{dt} = -\omega x_0 \sin \omega (t - t_0) \tag{21.31}$$

(21.30)식에 의하면 알맹이는 $-x_0$와 $+x_0$ 사이에서 파형 운동을 한다. 또 (21.31)식에 의하면 속도는 $-\omega x_0$와 $+\omega x_0$ 사이에서 변하며, 위치와 90° 의 위상차를 나타낸다. 총에너지는 다음과 같다.

$$E = \frac{1}{2}mv^2 + \frac{1}{2}kx^2 \tag{21.32}$$

여기에다 (21.30)식과 (21.31)식의 결과를 넣으면 다음과 같이 된다.

$$E = \frac{1}{2}m[\omega^2 x_0^2 \sin^2 \omega (t - t_0)] + \frac{1}{2} k x_0^2 \cos^2 \omega (t - t_0)$$

한편 $\omega^2 = k/m$ 이다. 따라서 이 결과는 다음과 같다.

$$E = \frac{1}{2} kx_0^2 \tag{21.33}$$

그리하여 고전 진동자의 에너지는 힘상수 k와 최대 변위 x_0에만 의존한다는 것을 알 수 있다. 따라서 x_0의 값을 잡는데 따라 진동자의 총에너지는 임의의 값을 가질 수 있다.

임의의 시각에 있어서의 총에너지는 운동량 $p = mv$의 함수로도 나타낼 수 있다.

$$E = \frac{p^2}{2m} + \frac{k}{2} x^2 \tag{21.34}$$

운동 과정에서는 총에너지가 일정하게 된다. 즉, 알맹이가 극한치 $\pm x_0$에 도달하면 운동량이 영이 된다. 또 $x = 0$일 때는 운동량이 최대의 값을 갖는다. 그리하여 최대 변위점 근처에서는 알맹이가 서서히 운동하며, $x = 0$ 근처에서는 대단히 빨리 운동한다.

21.5.2 양자 역학

조화 진동자의 고전 에너지는 (21.34)식과 같다. Hamilton 연산자를 얻기 위하여 p를 $\mathbf{p} = -i\hbar(d/dx)$로 바꾸면 $\mathbf{H} = (-\hbar^2/2m)(d^2/dx^2) + \frac{1}{2}kx^2$을 얻게 된다. 따라서 Schrödinger 방정식은 다음과 같이 된다.

$$-\frac{\hbar^2}{2m}\frac{d^2\psi}{dx^2} + \frac{1}{2}kx^2\psi = E\psi \tag{21.35}$$

(21.35)식과 같은 미분 방정식을 풀려면 우선 디멘션이 없는 변수를 도입하는 것이 편리하다. 즉, $x = \beta\xi$로 놓는데, β는 길이의 단위를 갖는 상수며 ξ는 디멘션이 없는 변수이다. 그러면 (21.35)식이 다음과 같이 된다.

$$-\left(\frac{\hbar^2}{2m\beta^2}\right)\frac{d^2\psi}{d\xi^2} + \frac{1}{2}k\beta^2\xi^2\psi = E\psi$$

이 식을 보면 각 항마다 ψ가 포함되어 있으므로 ψ는 어떠한 디멘션을 갖든 상관없게 된다. 그런데 이 식의 우변은 ψ에다 E를 곱한 것이므로 이 식 중의 다른 모든 항들도 에너지를 갖

것과 같아야 한다. 따라서 $\hbar^2/2m\beta^2$과 $\frac{1}{2}k\beta^2$이 둘 다 에너지의 디멘션을 가져야 한다. 그리고 β의 값을 적당히 택하면 이 두 에너지량이 같게 될 것이다. 이 조건을 만족시키는 β의 값은 다음과 같다.

$$\frac{\hbar^2}{2m\beta^2}=\frac{1}{2}k\beta^2 \qquad \text{또는} \qquad \beta^4=\frac{\hbar^2}{mk} \qquad \text{또는} \qquad \beta^2=\frac{\hbar}{\sqrt{mk}} \tag{21.36}$$

따라서 에너지의 단위가 다음과 같이 된다.

$$\frac{1}{2}k\beta^2=\frac{1}{2}k\left(\frac{h}{2\pi}\right)\frac{1}{\sqrt{mk}}=\left(\frac{h}{2}\right)\frac{1}{2\pi}\sqrt{\frac{k}{m}}=\frac{1}{2}h\nu \tag{21.37}$$

그러면 이 에너지 단위의 배수가 바로 에너지와 같게 된다.

$$E=\frac{1}{2}h\nu(2n+1) \tag{21.38}$$

여기서 n은 디멘션이 없는 파라미터이다($E=\frac{1}{2}h\nu\alpha$로 놓고, α를 디멘션이 없는 파라미터로 볼 수도 있다. α 대신에 $2n+1$을 택한 것은 이렇게 함으로써 잘 알려진 표준식이 나오기 때문이다). (21.36)식으로부터 (21.38)식까지를 Schrödinger 방정식에 넣은 다음 $\frac{1}{2}h\nu$로 나누면 다음 결과가 나온다.

$$\frac{d^2\psi}{d\xi^2}+(2n+1-\xi^2)\psi=0 \tag{21.39}$$

이것은 (21.35)식보다 훨씬 덜 복잡하다.

이 식을 풀기 위하여 ξ가 대단히 커서 $\xi^2 \gg 2n+1$이 되는 경우를 생각하여 보자. 즉,

$$\frac{d^2\psi}{d\xi^2}=\xi^2\psi$$

이 식은 다음과 같은 근사해를 갖는다.

$$\psi_1=e^{\xi^2/2} \qquad \text{및} \qquad \psi_2=e^{-\xi^2/2}$$

첫째 번 해 ψ_1은 그 ψ_1^2의 2차 적분이 불가능하므로 파동 함수로 받아 들일 수 없다. 둘째 번 해는 $\xi=\pm\infty$에서 영이 되며 2차 적분이 가능하다.

근사해 $e^{-\xi^2/2}$를 얻었으므로, 다음에는 (21.39)식의 정확한 해를 다음과 같은 꼴로 취하여 보자.

$$\psi=u(\xi)\,e^{-\xi^2/2} \tag{21.40}$$

프라임 표시와 이중 프라임 표시를 가지고 1차 함수와 2차 함수를 나타 내기로 하면 위의 식으로부터 다음 결과가 나온다.

$$\psi''=u''\,e^{-\xi^2/2}-2\xi u'e^{-\xi^2/2}+u(-1+\xi^2)\,e^{-\xi^2/2}$$

이 ψ''의 값과 (21.40)식의 ψ를 (21.39)식에 넣은 다음에 $e^{-\xi^2/2}$로 나누면 다음 결과가 나온다.

$$u''-2\xi u'+2nu=0 \tag{21.41}$$

이 식은 Hermite의 미분 방정식인데 두 가지 경우가 가능하다.

경우 I. 파라미터 n이 정수가 아니거나 또는 음의 정수인 경우. n이 정수가 아닐 때는 (21.41)

식의 해가 ξ의 값이 클 경우 마치 e^{ξ^2}과 같이 행동한다. 따라서 ξ가 클 경우에는 $\psi = e^{\xi^2}e^{-\xi^2/2} = e^{\xi^2/2}$인 결과가 된다. 이 함수는 2차 적분이 안 되며 따라서 받아들일 수 없다. n이 음의 정수일 경우에도 2차 적분이 안 되는 함수가 나온다.

경우 II. 파라미터 n이 영이거나 양의 정수인 경우. 이 경우에는 (21.41)식의 해가 n차의 다항식인 Hermite 다항식이 되는데, 이것을 $H_n(\xi)$로 나타낸다. 따라서 파동 함수는 다음과 같은 꼴을 갖는다.

$$\psi_n = \beta^{-1/2}A_nH_n(\xi)e^{-\xi^2/2} \tag{21.42}$$

여기서 A_n은 상수이다. $H_n^2(\xi)$는 $2n$차의 다항식이며, 이 다항식에다 $e^{-\xi^2}$을 곱한 것의 적분은 수렴하므로 다음 관계가 성립한다.

$$\int_{-\infty}^{\infty}\psi_n^2\,dx = A_n^2\int_{-\infty}^{\infty}H_n^2\,(\xi)\,e^{-\xi^2}\,d\xi = 1$$

상수 A_n은 위의 적분으로부터 구할 수 있는데 그 값은 다음과 같다.

$$A_n = \left(\frac{1}{\sqrt{\pi}\,2^n n!}\right)^{1/2} \tag{21.43}$$

이 모든 것의 총결론을 말하자면 2차 적분이 가능해야 한다는 조건으로 말미암아 n이 양의 정수이거나 영이어야 한다는 것이다. (21.38)식을 다시 한 번 생각하면 바로 이 n이 에너지를 좌우한다. 즉,

$$E_n = \left(n + \frac{1}{2}\right)h\nu \qquad n = 0, 1, 2, \cdots \tag{21.44}$$

상자 속의 알맹이의 경우에서와 같이 에너지는 양자화되어 있다. 에너지는 (21.44)식으로 주어지는 값들만이 허용되는데, 이들을 조화 진동자의 에너지 준위라고 부른다. 이들 에너지 준위는 $E_{n+1} - E_n = h\nu$의 등간격을 이루고 있는데, 이것은 상자 속의 알맹이의 경우 그 에너지 간격이 n에 따라서 증가하는 것과 대조적이다. 허용되는 최저 에너지를 영점 에너지라고 하는데, 이것은 (21.44)식으로부터 $n=0$으로 놓고 구할 수 있다.

$$E_0 = \frac{1}{2}\,h\nu_0$$

이 최저 에너지 상태에서도 진동자는 약간의 진동 운동을 하게 된다. 만일 이 운동이 완전히 멈추어지면 정확하게 $p_x = 0$, 그리고 $x = 0$이 되어야 한다. 이것은 허용될 수 없는 일이다. 그리하여 작은 잔류 운동이 남아 있으므로서 위치와 운동량의 불확정성이 불확정성 원리를 만족시키는 것이다.

파동 함수도 물론 흥미로운 면을 가지고 있다. 우선 Hermite 다항식에 대한 일반식부터 시작하자.

$$H_n(\xi) = (-1)^n\,e^{\xi^2}\,\frac{d^n(e^{-\xi^2})}{d\xi^n} \tag{21.45}$$

이것은 다음과 같이 나타낼 수도 있다.

$$H_n(\xi) = \sum_{k=0}\frac{(-1)^k n!\,(2\xi)^{n-2k}}{(n-2k)!\,k!} \tag{21.46}$$

표 21-1 Hermite 다항식.

n 짝수	n 홀수
$H_0(\xi) = 1$	$H_1(\xi) = 2\xi$
$H_2(\xi) = 4\xi^2 - 2$	$H_3(\xi) = 8\xi^3 - 12\xi$
$H_4(\xi) = 16\xi^4 - 48\xi^2 + 12$	$H_5(\xi) = 32\xi^5 - 160\xi^3 + 120\xi$
$H_6(\xi) = 64\xi^6 - 480\xi^4 + 720\xi^2 - 120$	$H_7(\xi) = 128\xi^7 - 1344\xi^5 + 3360\xi^3 - 1680\xi$

음의 정수의 계승은 무한이므로 $2k > n$인 모든 항들의 계수는 영이 되어야 하며 따라서 이 급수는 다항식으로 간소화된다. n이 짝수일 때는 k의 상한이 $n/2$이며, n이 홀수일 때는 상한이 $(n-1)/2$이다. 처음 몇 개의 다항식을 표 21-1에 실었다.

함수 $\psi_n = \beta^{-1/2} A_n H_n(\xi) e^{-\xi^2/2}$은 Hermite 연산자의 고유 함수이므로 이 함수들은 $-\infty < \xi < +\infty$의 구간에서 한 세트의 직교 정규화 함수를 이룬다. 즉,

$$\int_{-\infty}^{\infty} \psi_m \psi_n \, dx = \delta_{mn}$$

또는

$$\int_{-\infty}^{\infty} A_m A_n H_m(\xi) H_n(\xi) e^{-\xi^2} d\xi = \delta_{mn} \tag{21.47}$$

즉, 두 Hermite 다항식의 곱을 적분하면 수렴 안 하지만, 각 다항식에다 $e^{-\xi^2/2}$를 곱하면 그 적분이 수렴한다는 것을 알 수 있다. 즉, 이 다항식은 $e^{-\xi^2/2}$가 곱하여짐으로써 직교 정규화가 된다.

(21.45)식이나 (21.46)식을 이용하면 $H_n(-\xi) = (-1)^n H_n(\xi)$의 관계가 쉽게 나온다. 즉, 이 다항식은 n이 짝수인가 홀수인가에 따라서 우함수나 기함수로 된다.

Hermite 다항식이 포함된 적분을 하려면 다음과 같은 식들을 이용하는 것이 편리하다. 그 하나는 다음과 같은 미분식이다.

$$\frac{dH_n(\xi)}{d\xi} = 2n H_{n-1}(\xi) \tag{21.48}$$

그리고 또 하나는 다음과 같은 점화공식이다.

$$\xi H_n(\xi) = n H_{n-1}(\xi) + \frac{1}{2} H_{n+1}(\xi) \tag{21.49}$$

(21.48)식은 (21.45)식이나 (21.46)식으로부터 쉽게 유도할 수 있으며, (21.49)식은 (21.48)식과 (21.41)식을 이용해서 구할 수 있다.

■ 보기 21.7 $\langle\xi\rangle$의 값을 구하라. $\langle\xi\rangle$를 구하기 위해서는 다음 적분을 해야 한다.

$$\langle\xi\rangle = \int_{-\infty}^{\infty} \psi_n \xi \psi_n \, dx = \int_{-\infty}^{\infty} A_n^2 H_n(\xi) \xi H_n(\xi) e^{-\xi^2} d\xi$$

(21.49)식을 이용하면 이 적분은 다음과 같이 된다.

$$\langle\xi\rangle = A_n^2 \int_{-\infty}^{\infty} H_n(\xi) [nH_{n-1}(\xi) + \frac{1}{2} H_{n+1}(\xi)] e^{-\xi^2} d\xi$$

$$\langle\xi\rangle = n A_n^2 \int_{-\infty}^{\infty} H_n(\xi) H_{n-1}(\xi) e^{-\xi^2} d\xi + \frac{1}{2} A_n^2 \int_{-\infty}^{\infty} H_n(\xi) H_{n+1}(\xi) e^{-\xi^2} d\xi$$

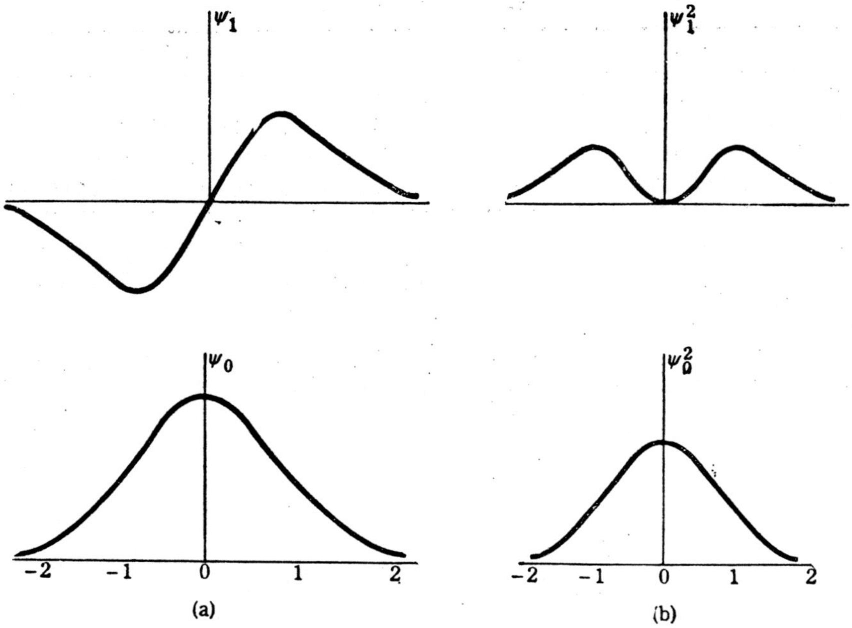

그림 21-5 조화 진동자 (a) 파동 함수. (b) 확률 밀도.

(21.47)식의 직교 관계에 의해서 이 적분은 둘 다 영이므로 $\langle \xi \rangle = 0$이 된다. 이 결과는 $H_n^2(\xi)e^{-\xi^2}$이 ξ의 우함수라는 사실로부터도 쉽게 예측될 수 있다. 즉, 이 우함수에다 ξ를 곱하면 기함수가 되고, 이 기함수를 대칭 구간에서 적분하면 영이 된다.

그림 21-5의 파동 함수를 보면 $x = 0$으로부터 무한히 떨어진 거리에서 알맹이가 발견될 확률은 유한하다. 고전 역학에 의하면 알맹이는 운동 에너지가 영이 되는 점, 즉 퍼텐셜 에너지가 총에너지와 같아지는 점을 넘어가지 못한다. 고전적으로 허용되는 최대 변위를 x_0라고 하면 $\frac{1}{2}kx_0^2 = E$, 즉 $\frac{1}{2}k\beta^2\xi_0^2 = \left(n+\frac{1}{2}\right)h\nu$가 되며 따라서 $\xi_0^2 = 2n+1$이 된다. 따라서 $n = 0$일때 고전적으로 허용되는 최대 변위는 $\xi_0 = \pm 1$인 값이다. 그림 21-5(b)를 보면 확률 밀도 함수가 $\xi_0 = \pm 1$에서 최대가 된다.

■ 보기 21.8 고전적으로 형용되지 않는 영역에서 알맹이를 발견할 확률 $P(n)$은 어떻게 되는가? 이 $P(n)$은 확률 밀도를 이 영역에 걸쳐서 적분하면 나온다. 즉,

$$P(n) = \int_{-\infty}^{-\sqrt{2n+1}} A_n^2 H_n^2(\xi)e^{-\xi^2}\,d\xi + \int_{+\sqrt{2n+1}}^{\infty} A_n^2 H_n^2(\xi)e^{-\xi^2}\,d\xi$$

대칭성으로 보아 두 적분은 같으므로 다음과 같이 쓸 수 있다.

$$P(n) = 2A_n^2\int_{\sqrt{2n+1}}^{\infty} H_n^2(\xi)e^{-\xi^2}\,d\xi$$

특히 $n = 0$이면 $A_0^2 = \dfrac{1}{\sqrt{\pi}}$, $H_0^2(\xi) = 1$이다. 따라서

$$P(0) = \frac{2}{\sqrt{\pi}}\int_1^{\infty} e^{-\xi^2}d\xi = 1 - \mathrm{erf}(1)$$

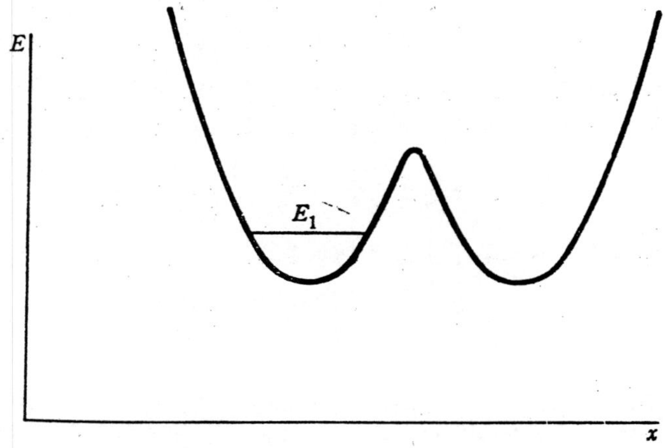

그림 21-6 터널 효과를 일으키는 장벽.

여기서 erf(x)은 x의 오차 함수이다. 표 4-2에 의하면 erf(1) = 0.8427이므로 $P(0) = 0.1573$이다. 즉, 바닥 상태에 있는 알맹이는 15.73%의 시간을 고전적으로 허용 안 되는 영역에서 보내게 된다. 이것은 결코 무시할 수 없는 수치이다. 몇 가지 n값에 대한 이 확률은 다음 표와 같다.

n	0	1	2	3	4
$P(n)$	0.1573	0.1116	0.0951	0.0855	0.0785

n이 증가함에 따라 $P(n)$은 감소하며, $n \to \infty$로 되면 이 값도 고전적인 값인 영에 접근한다.

알맹이가 고전적으로 금지된 영역 안으로 침투해 들어갈 수 있다는 이 사실은 양자 역학적 "터널 효과"의 기초가 되는 것이다. 예로서 그림 21-6과 같은 위치 함수를 갖는 알맹이를 생각하여 보자. 이 그림에서 퍼텐셜 에너지가 낮은 두 영역이 장벽으로 분리되어 있다. 우선 알맹이는 E_1이라는 총에너지를 갖고 왼쪽 영역에 있다고 보자. E_1이라는 에너지는 에너지 장벽의 높이보다 낮으며 따라서 고전적으로 생각할 때 이 알맹이는 왼쪽 영역 안에만 있어야 한다. 그러나 양자 역학적으로는, 금지된 영역 안에서 알맹이를 발견할 확률이 유한하며 따라서 알맹이가 이 장벽을 새어나갈 확률이 있는 것이다. 그러나 이러한 사건의 확률은 알맹이의 질량이 증가하고 장벽이 높고 넓어질수록 감소한다.

21.6 다차원 문제

21.6.1 3차원 상자 속의 알맹이

우리가 관심을 갖는 대부분의 문제는 2개 이상의 좌표와 운동량을 포함하고 있다. 그 결과 Schrödinger 방정식이 편미분 방정식으로 되며 그 해도 더 한층 복잡하게 된다. 이러한 편미분 방정식의 일반 해법을 설명하기 위한 가장 간단한 예로서는 3차원 상자 속에 들어 있는 알맹이의 문제를 들 수 있다.

퍼텐셜 에너지가 다음과 같이 정의된다고 가정하자.

$$V=0 \; ; \quad 0<x<L_1 \quad 0<y<L_2 \quad 0<z<L_3$$
$$V\to+\infty \; ; \quad x\le 0,\ x\ge L_1 \quad y\le 0,\ y\ge L_2 \quad z\le 0,\ z\ge L_3$$

퍼텐셜 에너지가 무한대인 영역 속에는 알맹이가 존재할 수 없으므로 상자의 외부나 기벽에서는 $\psi=0$이다. 그리고 상자 내부에서는 $V=0$이므로 Schrödinger 방정식이 다음과 같이 된다.

$$-\frac{\hbar^2}{2m}\left(\frac{\partial^2\psi}{\partial x^2}+\frac{\partial^2\psi}{\partial y^2}+\frac{\partial^2\psi}{\partial z^2}\right)=E\psi \tag{21.50}$$

여기서 ψ는 좌표 하나씩을 포함하는 함수들의 곱과 같다고 가정한다. 즉,

$$\psi(x,y,z)=X(x)\cdot Y(y)\cdot Z(z) \tag{21.51}$$

그러면

$$\frac{\partial^2\psi}{\partial x^2}=Y(y)\cdot Z(z)\cdot\frac{d^2X}{dx^2} \qquad \frac{\partial^2\psi}{\partial y^2}=X(x)\cdot Z(z)\cdot\frac{d^2Y}{dy^2} \text{ 등}$$

이 결과를 Schrödinger 방정식에 넣은 다음에 ψ로 나누면 다음과 같은 식이 나온다.

$$-\frac{\hbar^2}{2m}\left(\frac{1}{X(x)}\frac{d^2X}{dx^2}\right)-\frac{\hbar^2}{2m}\left(\frac{1}{Y(y)}\frac{d^2Y}{dy^2}\right)-\frac{\hbar^2}{2m}\left(\frac{1}{Z(z)}\frac{d^2Z}{dz^2}\right)=E \tag{21.52}$$

여기서 x와 y를 일정하게 유지한다고 생각하면 위 식의 첫째 항과 둘째 항은 각각 x와 y에 의존하므로 일정한 상수값을 유지하게 된다. 다음에 z를 변화시키면 z에 의존하는 세째 항이 변할 것 같이 보이지만, 처음 두 상수 항에다 이 세째 항을 더한 것이 상수 E와 같아야 하므로 실제로는 세째 항도 변하지 않는다. 따라서

$$-\frac{\hbar^2}{2m}\left(\frac{1}{Z(z)}\frac{d^2Z}{dz^2}\right)=E_z$$

여기서 E_z는 상수이다. (21.52)식의 첫째 항과 둘째 항에 대해서도 같은 생각을 적용시킬 수 있으므로 이들도 각각 상수 E_x 및 E_y와 같게 된다. 따라서 Schrödinger의 편미분 방정식은 다음과 같은 세 개의 보통 미분 방정식으로 줄어든다.

$$\frac{d^2X}{dx^2}+\frac{2mE_x}{\hbar^2}X=0 \qquad \frac{d^2Y}{dy^2}+\frac{2mE_y}{\hbar^2}Y=0$$
$$\frac{d^2Z}{dz^2}+\frac{2mE_z}{\hbar^2}Z=0 \tag{21.53}$$

이 세 식은 각각 1차원 상자 속에 들어 있는 알맹이에 대한 식과 똑같으며, 그 경계 조건도 또한 같다. 따라서 해가 다음과 같이 된다.

$$X(x)=\sqrt{\frac{2}{L_1}}\sin\left(\frac{n_x\pi x}{L_1}\right) \qquad n_x=1,2,3,\cdots$$
$$Y(y)=\sqrt{\frac{2}{L_2}}\sin\left(\frac{n_y\pi y}{L_2}\right) \qquad n_y=1,2,3,\cdots$$
$$Z(z)=\sqrt{\frac{2}{L_3}}\sin\left(\frac{n_z\pi z}{L_3}\right) \qquad n_z=1,2,3,\cdots$$

따라서 (21.51)식에 의하여

$$\psi(x,y,z)=\sqrt{\frac{8}{L_1L_2L_3}}\sin\left(\frac{n_x\pi x}{L_1}\right)\sin\left(\frac{n_y\pi y}{L_2}\right)\sin\left(\frac{n_z\pi z}{L_3}\right) \tag{21.54}$$

에너지는 $E=E_x+E_y+E_z$로 주어지며, 각 항은 1차원 상자 속의 알맹이의 경우와 같은 꼴로 주어지므로 다음 결과를 얻게 된다.

$$E_{n_x,n_y,n_z}=\frac{n_x^2h^2}{8mL_1^2}+\frac{n_y^2h^2}{8mL_2^2}+\frac{n_z^2h^2}{8mL_3^2} \qquad \left.\begin{matrix}n_x\\n_y\\n_z\end{matrix}\right\}=1,2,3,\cdots \tag{21.55}$$

상자의 디멘션이 전부 같아서 $L_1=L_2=L_3=L$일 경우에는 다음과 같이 된다.

$$E_{n_x,n_y,n_z}=\frac{(n_x^2+n_y^2+n_z^2)h^2}{8mL^2}$$

이 경우에는 재미있는 중첩도가 나타난다. 즉, 예컨대 양자수의 결합 $(n_x,n_y,n_z)=(112)$, (121), (211)는 각각 상이한 상태들을 나타내면서도 같은 에너지를 갖는 것이다. 즉, 이 에너지 상태는 삼중으로 퇴화되어 있다.

21.6.2 변수 분리

상자 속에 들어 있는 3차원 알맹이에 대한 결과를 아래와 같은 방법으로 일반화시킬 수 있다. 즉, Hamilton 연산자를 여러 항의 합으로 나타낼 수 있고 각 항이 한 좌표나 한 세트의 좌표에만 의존할 경우에는 파동 함수를 한 좌표나 한 세트의 좌표만에 의존하는 함수들의 곱으로 나타낼 수 있다. 따라서 전체 에너지도 각각의 좌표나 각 세트의 좌표에 관계되는 에너지들의 합으로 주어진다.

예로서 좌표가 q_1과 q_2의 둘이라고 하자. 뿐만 아니라 Hamilton 연산자도 다음과 같은 꼴로 주어진다고 가정하자.

$$\mathbf{H}=\mathbf{H}_1+\mathbf{H}_2$$

여기서 $\mathbf{H}_1$은 첫째 번 좌표 q_1에만 의존하고 $\mathbf{H}_2$는 둘째 번 좌표 q_2에만 의존한다. 그러면 이 때는 파동 함수가 $\psi=f_1(q_1)\cdot f_2(q_2)$와 같이 되며, 에너지가 $E=E_1+E_2$로 된다. 이 증명은 다음과 같이 간단히 할 수 있다. 즉,

$$\mathbf{H}\psi=E\psi$$
$$(\mathbf{H}_1+\mathbf{H}_2)f_1f_2=Ef_1f_2$$
$$f_2(\mathbf{H}_1f_1)+f_1(\mathbf{H}_2f_2)=Ef_1f_2$$

양변을 f_1f_2로 나누면

$$\frac{1}{f_1}(\mathbf{H}_1f_1)+\frac{1}{f_2}(\mathbf{H}_2f_2)=E$$

첫째 번 항은 q_1에만 의존하고, 둘째 항은 q_2에만 의존한다. q_1을 일정하게 유지하면서 q_2를 변화시켜 보면 둘째 항이 상수 E_2와 같게 됨을 알 수 있다. 마찬가지로 첫째 항도 상수 E_1이 되어야 한다. 따라서

$$\mathbf{H}_1f_1=E_1f_1 \qquad \mathbf{H}_2f_2=E_2f_2 \tag{21.56}$$
$$E=E_1+E_2 \tag{21.57}$$

따라서 만일 계의 에너지가 각각 독립된 운동 방식들로부터의 기여로 이루어진다면, 계의 전체 파동 함수는 각각 독립된 운동 방식을 표시하는 파동 함수들의 곱으로 주어질 것이다. 예로서 2 원자 분자의 내부 에너지가 1차 근사로서 다음과 같이 주어진다고 하자.

$$E = E_{\text{electronic}} + E_{\text{rotational}} + E_{\text{vibrational}}$$

그러면 파동 함수를 1차 근사로서 다음과 같이 나타낼 수 있다.

$$\psi = \psi_{\text{electronic}} \cdot \psi_{\text{rotational}} \cdot \psi_{\text{vibrational}}$$

여기서 $\psi_{\text{electronic}}$ 는 전자의 좌표에만 의존하며, $\psi_{\text{rotational}}$ 은 각 좌표에만 의존하고, 끝으로 $\psi_{\text{vibrational}}$ 은 진동 좌표, 즉 이 경우에는 핵간 거리에만 의존한다. 앞으로 이러한 원리는 상당히 많이 이용될 것이다.

21.7 2체 문제

질량이 m_1 과 m_2 인 두 질점계의 고전 에너지는 다음과 같다.

$$E = \frac{1}{2m_1}(p_{x_1}^2 + p_{y_1}^2 + p_{z_1}^2) + \frac{1}{2m_2}(p_{x_2}^2 + p_{y_2}^2 + p_{z_2}^2) + V(x_1, y_1, z_1, x_2, y_2, z_2)$$

여기서 x_1, y_1, z_1, 및 x_2, y_2, z_2 는 각각 질량 m_1 과 m_2 의 좌표이다. 여기서 운동량을 해당하는 양자 역학적 연산자로 바꾸어 놓으면 Hamilton 연산자가 나온다.

$$\mathbf{H} = -\frac{\hbar^2}{2m_1}\left(\frac{\partial^2}{\partial x_1^2} + \frac{\partial^2}{\partial y_1^2} + \frac{\partial^2}{\partial z_1^2}\right) - \frac{\hbar^2}{2m_2}\left(\frac{\partial^2}{\partial x_2^2} + \frac{\partial^2}{\partial y_2^2} + \frac{\partial^2}{\partial z_2^2}\right)$$
$$+ V(x_1, y_1, z_1, x_2, y_2, z_2)$$

일반적으로 퍼텐셜 에너지는 6개의 카아티이젼 좌표 중의 일부만을 포함하는 항들로 분리가 안 된다. 따라서 문제를 간단히 하려면 이 여섯 개의 카아티이젼 좌표를 질량 중심의 좌표 X, Y, Z 와 내부 좌표 x, y, z 로 변환시켜야 한다.

★ 21.7.1 변수 변환

질량 중심 좌표 (X, Y, Z)는 질점 중심에 대한 1차 질량 모멘트의 합이 영이 된다는 조건을 이용해서 구할 수 있다. 즉,

$$m_1(x_1 - X) + m_2(x_2 - X) = 0 \qquad X = \frac{m_1x_1 + m_2x_2}{m_1 + m_2}$$
$$m_1(y_1 - Y) + m_2(y_2 - Y) = 0 \quad \text{또는} \quad Y = \frac{m_1y_1 + m_2y_2}{m_1 + m_2}$$
$$m_1(z_1 - Z) + m_2(z_2 - Z) = 0 \qquad Z = \frac{m_1z_1 + m_2z_2}{m_1 + m_2}$$

내부 좌표 x, y, z 는 다음과 같이 정의된다.

$$x = x_2 - x_1 \qquad y = y_2 - y_1 \qquad z = z_2 - z_1$$

x_1 과 x_2 는 X 와 x 에만 의존하므로 다음 관계가 성립한다.

$$\frac{\partial}{\partial x_1} = \left(\frac{\partial X}{\partial x_1}\right)\frac{\partial}{\partial X} + \left(\frac{\partial x}{\partial x_1}\right)\frac{\partial}{\partial x} = \left(\frac{m_1}{m_1+m_2}\right)\frac{\partial}{\partial X} - \frac{\partial}{\partial x}$$

둘째 번 등식은 X와 x의 정의로부터 도함수를 구하면 나온다. 따라서

$$\frac{\partial^2}{\partial x_1^2} = \left[\left(\frac{m_1}{m_1+m_2}\right)\frac{\partial}{\partial X} - \frac{\partial}{\partial x}\right]\left[\left(\frac{m_1}{m_1+m_2}\right)\frac{\partial}{\partial X} - \frac{\partial}{\partial x}\right]$$
$$= \left(\frac{m_1}{m_1+m_2}\right)^2\frac{\partial^2}{\partial X^2} - \frac{2m_1}{m_1+m_2}\frac{\partial^2}{\partial X\partial x} + \frac{\partial^2}{\partial x^2}$$

마찬가지로

$$\frac{\partial}{\partial x_2} = \left(\frac{m_2}{m_1+m_2}\right)\frac{\partial}{\partial X} + \frac{\partial}{\partial x}$$

따라서

$$\frac{\partial^2}{\partial x_2^2} = \left(\frac{m_2}{m_1+m_2}\right)^2\frac{\partial^2}{\partial X^2} + \left(\frac{2m_2}{m_1+m_2}\right)\frac{\partial^2}{\partial X\partial x} + \frac{\partial^2}{\partial x^2}$$

위의 결과를 Hamilton 연산자에서와 같은 꼴이 되게 결합시킨다. 즉,

$$\frac{1}{m_1}\frac{\partial^2}{\partial x_1^2} + \frac{1}{m_2}\frac{\partial^2}{\partial x_2^2} = \frac{m_1}{(m_1+m_2)^2}\frac{\partial^2}{\partial X^2} - \frac{2}{m_1+m_2}\frac{\partial^2}{\partial X\partial x} + \frac{1}{m_1}\frac{\partial^2}{\partial x^2}$$
$$+ \frac{m_2}{(m_1+m_2)^2}\frac{\partial^2}{\partial X^2} + \frac{2}{m_1+m_2}\frac{\partial^2}{\partial X\partial x} + \frac{1}{m_2}\frac{\partial^2}{\partial x^2}$$
$$= \frac{1}{m_1+m_2}\frac{\partial^2}{\partial X^2} + \left(\frac{1}{m_1} + \frac{1}{m_2}\right)\frac{\partial^2}{\partial x^2}$$

y_1, y_2 및 z_1, z_2에 관해서도 똑같은 처리를 하면 다음과 같은 Hamilton 연산자를 얻을 수 있다.

$$\mathbf{H} = -\frac{\hbar^2}{2(m_1+m_2)}\left(\frac{\partial^2}{\partial X^2} + \frac{\partial^2}{\partial Y^2} + \frac{\partial^2}{\partial Z^2}\right) - \frac{\hbar^2}{2\mu}\left(\frac{\partial^2}{\partial x^2} + \frac{\partial^2}{\partial y^2} + \frac{\partial^2}{\partial z^2}\right)$$
$$+ V(x,y,z)$$

여기서 μ를 "환산 질량"이라고 부르는데, 이것은 $1/\mu = 1/m_1 + 1/m_2$로 정의된다. 이 문제에서는 퍼텐셜 에너지가 질량 중심점의 위치에 무관하므로 $V(x,y,z)$라고 놓았다.

21.7.2 내부 운동의 파동 함수

이 변환의 결과 Hamilton 연산자가 두 부분으로 분리된 것이다. 즉, 하나는 X, Y, Z에만 의존하는 부분이고 또 하나는 x, y, z에만 의존하는 부분으로 분리되었다. 따라서 (21.56)식의 이론을 이용하면 다음 관계가 성립한다.

$$\psi_{\text{total}} = \psi_{\text{trans}}(X,Y,Z)\cdot\psi(x,y,z)$$
$$E_{\text{total}} = E_{\text{trans}} + E$$

$$-\frac{\hbar^2}{2(m_1+m_2)}\left(\frac{\partial^2}{\partial X^2} + \frac{\partial^2}{\partial Y^2} + \frac{\partial^2}{\partial Z^2}\right)\psi_{\text{trans}}(X,Y,Z) = E_{\text{trans}}\psi_{\text{trans}}(X,Y,Z)$$
$$-\frac{\hbar^2}{2\mu}\left(\frac{\partial^2\psi}{2x^2} + \frac{\partial^2\psi}{\partial y^2} + \frac{\partial^2\psi}{\partial z^2}\right) + V(x,y,z)\psi = E\psi \qquad (21.58)$$

여기서 파동 함수 ψ_{trans}은 계의 질량 중심점에 따라 운동하고 $m_1 + m_2$의 질량을 갖는 자유 알맹

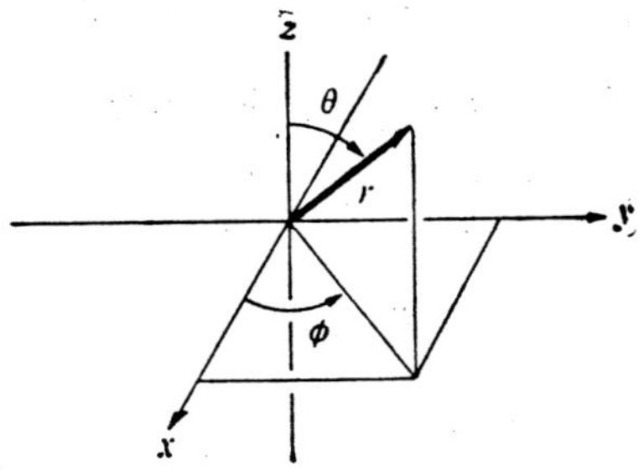

그림 21-7 구좌표.

이의 파동 함수이다. 따라서 E_{trans}은 전체 계의 운동 에너지이다. 이 운동은 특별한 관심거리가 못되므로 더 이상 생각할 필요가 없다. 우리의 관심사가 되는 것은 계의 내부 운동을 표시하는 $\psi = \psi(x,y,z)$이다. E는 이러한 내부 운동의 에너지이다. 어떠한 계에 대해서나 질량 중심점의 좌표를 이러한 방법으로 항상 분리해 버릴 수 있으며, 중심점의 운동과 관계되는 에너지를 없애고 내부 좌표만을 고려하는 것이다. 앞으로의 문제에서는 이러한 처리를 벌써 해주었다고 생각한다.

(21.58)식을 구좌표로 변환시켜, m_1이 그 원점에 오고 m_2의 좌표가 r,θ,ϕ가 되도록 하면 편리하다(그림 21-7을 보아라). 이 변환식은 다음과 같다.

$$x = r\sin\theta\cos\phi \qquad\qquad r = \sqrt{x^2+y^2+z^2}$$
$$y = r\sin\theta\sin\phi \quad \text{또는} \quad \cos\theta = z/\sqrt{x^2+y^2+z^2} \tag{21.59}$$
$$z = r\cos\theta \qquad\qquad \tan\phi = y/x$$

미분 연산자는 앞에서의 방법에 따라 다음과 같은 식으로 변환시킬 수도 있지만 지루하다.

$$\frac{\partial}{\partial x} = \frac{\partial r}{\partial x}\frac{\partial}{\partial r} + \frac{\partial\theta}{\partial x}\frac{\partial}{\partial\theta} + \frac{\partial\phi}{\partial x}\frac{\partial}{\partial\phi} \text{ 등}$$

그 결과만을 소개하면 다음과 같다.

$$-\frac{\hbar^2}{2\mu}\left[\frac{1}{r^2}\frac{\partial}{\partial r}\left(r^2\frac{\partial\psi}{\partial r}\right) + \frac{1}{r^2\sin\theta}\frac{\partial}{\partial\theta}\left(\sin\theta\frac{\partial\psi}{\partial\theta}\right) + \frac{1}{r^2\sin^2\theta}\frac{\partial^2\psi}{\partial\phi^2}\right] + V(r,\theta,\phi)\psi = E\psi \tag{21.60}$$

이 식은 퍼텐셜 에너지만 맞추면 다른 많은 문제에다 적용시킬 수 있다. 하나씩 차례로 생각하여 보자.

구좌표계에서는 부피 요소가 다음과 같아 된다.

$$d\tau = r^2\sin\theta\, d\theta\, d\phi\, dr \tag{21.61}$$

만일 전체 공간 좌표를 취하려면 적분 한계를 $0\leq\theta\leq\pi$; $0\leq\phi\leq 2\pi$; $0\leq r\leq\infty$로 놓으면 된다.

21.8 강체 회전자

두 질점이 일정한 간격 r_0를 유지하도록 서로 묶여 있다고 생각하자. 그러면 r-방향에 따라서는 운동량이 없으므로 r에 관한 도함수는 영이 된다. 이계는 또 자유 회전을 하므로 퍼텐셜 에

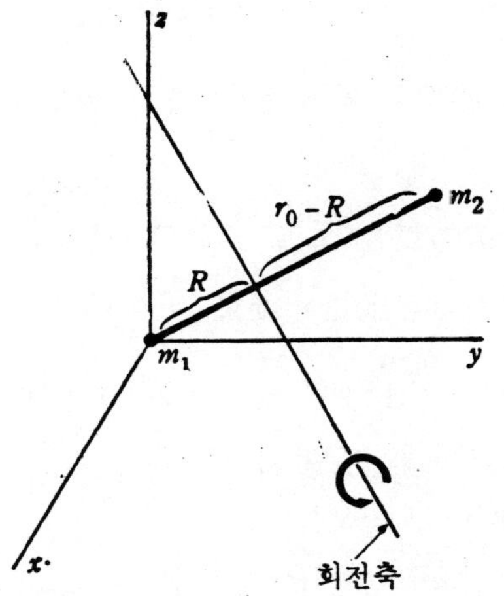

그림 21-8 관성 모멘트의 계산을 위한 그림.

여지가 영이다. 따라서 (21.60)식은 다음과 같이 된다.

$$-\frac{\hbar^2}{2\mu r_0^2}\left[\frac{1}{\sin\theta}\frac{\partial}{\partial\theta}\left(\sin\theta\frac{\partial Y(\theta,\phi)}{\partial\theta}\right)+\frac{1}{\sin^2\theta}\frac{\partial^2 Y(\theta,\phi)}{\partial\phi^2}\right]=EY(\theta,\phi) \quad (21.62)$$

여기서는 파동 함수를 $Y(\theta,\phi)$로 나타내었다.

질량 중심이 R인 점에 있다고 하자. 그러면 질량 중심점에 관한 질량의 2차 질량 모멘트의 합은 회전자의 축과 직교하는 축에 관한 관성 모멘트 I가 된다(그림 21-8). 즉, 다음의 그림으로부터 $I=m_1(0-R)^2+m_2(r_0-R)^2$이다. 또 R은 1차 모멘트의 합이 영이 된다는 조건으로부터 구할 수 있다.

$$0=m_1(-R)+m_2(r_0-R) \qquad 즉 \qquad R=\frac{m_2}{m_1+m_2}r_0$$

$$I=m_1\left(\frac{m_2}{m_1+m_2}\right)^2 r_0^2+m_2\left(1-\frac{m_2}{m_1+m_2}\right)^2 r_0^2=\frac{m_1 m_2}{m_1+m_2}r_0^2=\mu r_0^2$$

이 결과를 (21.62) 식에 넣으면 다음과 같이 된다.

$$-\frac{\hbar^2}{2I}\left[\frac{1}{\sin\theta}\frac{\partial}{\partial\theta}\left(\sin\theta\frac{\partial Y}{\partial\theta}\right)+\frac{1}{\sin^2\theta}\frac{\partial^2 Y}{\partial\phi^2}\right]=EY \quad (21.63)$$

강체 회전자의 고전 에너지는 다음과 같다.

$$\frac{M^2}{2I}=E$$

여기서 M^2은 계의 전체 각운동량의 제곱이다. 따라서 이들 식을 비교하면 전체 각운동량의 제곱에 대한 연산자를 다음과 같이 쓸 수 있다.

$$\mathbf{M}^2=-\hbar^2\left[\frac{1}{\sin\theta}\frac{\partial}{\partial\theta}\left(\sin\theta\frac{\partial}{\partial\theta}\right)+\frac{1}{\sin^2\theta}\frac{\partial^2}{\partial\phi^2}\right] \quad (21.64)$$

또 디멘션의 면에서 볼 때, 에너지 E는 $\hbar^2/2I$의 배수가 되어야 하므로 다음과 같이 쓸 수 있다.

$$E_J = J(J+1)\frac{\hbar^2}{2I} \tag{21.65}$$

여기서 J는 우선 임의의 파라미터라고 생각한다. 그러면 (21.63)식을 다음과 같이 정리할 수 있다.

$$\frac{1}{\sin\theta}\frac{\partial}{\partial\theta}\left(\sin\theta\frac{\partial Y}{\partial\theta}\right) + \frac{1}{\sin^2\theta}\frac{\partial^2 Y}{\partial\phi^2} + J(J+1)Y = 0$$

이 식에다 $\sin^2\theta$를 곱하면 다음과 같이 된다.

$$\sin\theta\frac{\partial}{\partial\theta}\left(\sin\theta\frac{\partial Y}{\partial\theta}\right) + J(J+1)\sin^2\theta\, Y + \frac{\partial^2 Y}{\partial\phi^2} = 0$$

여기서 마지막 항만이 ϕ에 의존하므로 이미 앞에서 한 것처럼 $Y(\theta,\phi)=\Theta(\theta)\Phi(\phi)$를 대입한 다음에 그 결과를 $\Theta(\theta)\Phi(\phi)$로 나눈다.

$$\frac{1}{\Theta(\theta)}\sin\theta\frac{d}{d\theta}\left(\sin\theta\frac{d\Theta}{d\theta}\right) + J(J+1)\sin^2\theta + \frac{1}{\Phi(\phi)}\frac{d^2\Phi}{d\phi^2} = 0$$

이 편미분 방정식은 θ에 의존하는 부분과 ϕ에 의존하는 항으로 분리되어 있다. 따라서 이 두 부분은 각각 상수가 되어야 한다. 따라서

$$\frac{1}{\Phi}\frac{d^2\Phi}{d\phi^2} = -m^2 \qquad \text{즉} \qquad \frac{d^2\Phi}{d\phi^2} = -m^2\Phi$$

이 식의 해는 $\Phi = Ae^{im\phi}$이다. 또 $\phi\to\phi+2\pi$가 되면 다시 제자리로 돌아오므로 다음과 같은 경계 조건이 성립해야 한다.

$$\Phi(\phi+2\pi) = \Phi(\phi)$$
$$Ae^{im(\phi+2\pi)} = Ae^{im\phi}$$
$$e^{im2\pi} = 1$$

이 조건이 만족되려면 m이 영이거나 양 또는 음의 정수이어야 한다. 따라서

$$\Phi_m(\phi) = Ae^{im\phi} \qquad m = 0, \pm1, \pm2, \cdots$$

ϕ는 0으로부터 2π까지 변하므로 정규화 조건은 다음과 같이 된다.

$$\int_0^{2\pi}\Phi_m^*\Phi_m d\phi = 1 \qquad A^*A\int_0^{2\pi}e^{-im\phi}e^{im\phi}d\phi = 1$$
$$|A|^2\int_0^{2\pi}d\phi = 1 \qquad A = \frac{1}{\sqrt{2\pi}}$$

여기서 A는 실수로 택하였다. 따라서

$$\Phi_m(\phi) = \frac{1}{\sqrt{2\pi}}e^{im\phi} \quad m = 0,\ \pm1,\ \pm2,\ \pm3, \cdots \tag{21.66}$$

상수가 되는 나머지 한 부분은 다음과 같이 쓸 수 있다.

$$\sin\theta\frac{d}{d\theta}\left(\sin\theta\frac{d\Theta}{d\theta}\right) + [J(J+1)\sin^2\theta - m^2]\Theta = 0 \tag{21.67}$$

이 식에다 $\xi=\cos\theta$의 변수 변환을 해준다. 그러면 $d/d\theta = (d\xi/d\theta)(d/d\xi)$가 되고 $d\xi/d\theta = -$

$\sin\theta$, $\sin^2\theta = 1 - \cos^2\theta = 1 - \xi^2$이 된다. 따라서 (21.67)식은 $\Theta(\theta) = P(\xi)$로 바꾸어 가지고 다음과 같이 쓸 수 있다.

$$(1-\xi^2)\frac{d}{d\xi}\left[(1-\xi^2)\frac{dP(\xi)}{d\xi}\right] + [J(J+1)(1-\xi^2) - m^2]P(\xi) = 0$$

이 식을 다시 $(1-\xi^2)$으로 나누면 다음과 같이 된다.

$$(1-\xi^2)\frac{d^2P}{d\xi^2} - 2\xi\frac{dP}{d\xi} + \left[J(J+1) - \frac{m^2}{(1-\xi^2)}\right]P = 0 \qquad (21.68)$$

여기서 $\xi = \cos\theta$이고 θ의 한계는 0과 π이므로 ξ의 한계는 +1과 −1이 된다. (21.68)식은 Legendre의 배다항식이라고 부른다. 이 식이 $-1 \le \xi \le +1$의 구간에서 연속이고 1가이며 또한 2차 적분이 가능한 해를 가지려면 J가 양의 정수이거나 영이어야 한다. 이 해는 정수 J와 정수 m에 의존하며 $P_J^{|m|}(\xi)$로 표시한다. (21.68)식에는 m^2만이 들어 있으므로 $P_J^{|m|}(\xi)$가 m의 절대치에만 의존한다는 것은 분명하다. 함수 $P_J^{|m|}(\xi)$는 $|m|$차의 J계 Legendre 배다함수라고 부른다. 이 함수의 처음 몇을 표 21-2에 수록해 놓았다.

이 결과와 (21.64)식으로부터 강체 회전자의 에너지가 양자화되어 있음을 알 수 있다. 즉,

$$E_J = J(J+1)\frac{\hbar^2}{2I} \qquad J = 0,\ 1,\ 2,\ 3, \cdots \qquad (21.69)$$

마찬가지로 $E = M^2/2I$이므로 전체 각운동량의 제곱도 양자화된다.

$$M^2 = J(J+1)\hbar^2 \qquad J = 0,\ 1,\ 2,\ 3, \cdots \qquad (21.70)$$

여기서 흥미롭게 생각되는 점은 상자 속의 알맹이나 조화 진동자의 경우와는 달리 $J = 0$일 때의 최저 에너지가 영이 되며 따라서 이 때의 각운동량이 엄밀한 값인 영을 갖는다는 것이다. 이것이 가능한 이유는 배위 각도 θ와 ϕ가 전혀 명시 안 되어 있어서 불확정성 원리와 모순이 안 되기 때문이다.

정수 m의 뜻을 음미하여 보기 위해서 우선 고전적인 각운동량의 카아티이젼 좌표에서의 z-축 성분을 살펴보자. 즉,

$$M_z = xp_y - yp_x$$

이것에 대응하는 양자 역학적 연산자는 다음과 같다.

$$\mathbf{M}_z = -i\hbar\left(x\frac{\partial}{\partial y} - y\frac{\partial}{\partial x}\right) \qquad (21.71)$$

표 21-2 Legendre 배다함수.

n \ m	0	1	2	3	4
0	1	ξ	$\frac{1}{2}(3\xi^2-1)$	$\frac{1}{2}(5\xi^3-3\xi)$	$\frac{1}{8}(35\xi^4-30\xi^2+3)$
1	—	$(1-\xi^2)^{1/2}$	$3\xi(1-\xi^2)^{1/2}$	$\frac{3}{2}(5\xi^2-1)(1-\xi^2)^{1/2}$	$\frac{5}{2}(7\xi^3-3\xi)(1-\xi^2)^{1/2}$
2	—	—	$3(1-\xi^2)$	$15\xi(1-\xi^2)$	$\frac{15}{2}(7\xi^2-1)(1-\xi^2)$
3	—	—	—	$15(1-\xi^2)^{3/2}$	$105\xi(1-\xi^2)^{3/2}$
4	—	—	—	—	$105(1-\xi^2)^2$

이것을 앞에서 하였던 방법에 따라 구좌표로 변환시키면 다음과 같은 간단한 결과가 나온다.

$$\mathbf{M}_z = -i\hbar\frac{\partial}{\partial\phi} \tag{21.72}$$

강체 회전자의 파동 함수는 다음과 같다.

$$Y_{J,m}(\xi,\phi) = A_{J,m}P^{|m|}_J(\xi)\frac{3}{\sqrt{2\pi}}e^{im\phi} \tag{21.73}$$

여기서 $A_{J,m}$은 규격화 상수로서 다음과 같다.

$$A_{J,m} = \left[\left(\frac{2J+1}{2}\right)\frac{(J-|m|)!}{(J+|m|)!}\right]^{1/2} \tag{21.74}$$

따라서

$$\begin{aligned}\mathbf{M}_zY_{J,m} &= A_{J,m}P^{|m|}_J(\xi)\frac{1}{\sqrt{2\pi}}\mathbf{M}_ze^{im\phi}\\ &= -i\hbar(im)Y_{J,m}\\ \mathbf{M}_zY_{J,m} &= m\hbar Y_{J,m}\end{aligned} \tag{21.75}$$

그리하여 $Y_{J,m}$은 고유치가 $m\hbar$인 $\mathbf{M}_z$의 고유 함수이다. 따라서 각운동량의 z-축 성분은 양자화되어 있으며 그 양자수는 $m=0,\ \pm1,\ \pm2$ 등이다. 각운동량의 z-축 성분 역시 각도 ϕ가 전혀 명시되어 있지 않기 때문에 엄밀한 값을 가질 수 있다. $\mathbf{M}_z$를 (21.75)식에 또 한 번 적용시키면 다음과 같이 된다.

$$\mathbf{M}_z^2Y_{J,m} = m\hbar(\mathbf{M}_zY_{J,m}) = m^2\hbar^2Y_{J,m} \tag{21.76}$$

따라서 각운동량의 z-축 성분의 제곱은 $m^2\hbar^2$이다. 전체 각운동량의 제곱은 성분의 제곱의 합과 같다.

$$M^2 = M_x^2 + M_y^2 + M_z^2 \tag{21.77}$$

M^2과 M_z^2 대신에 (21.70)식과 (21.76)식의 값을 넣은 다음 정리하면 다음 결과를 얻을 수 있다.

$$[J(J+1) - m^2]\hbar^2 = M_x^2 + M_y^2$$

우변은 제곱의 합이므로 음수가 될 수 없으며 따라서 다음과 같은 조건을 얻게 된다.

$$J(J+1) - m^2 \geq 0$$

이 조건이 만족되려면 $|m| \leq J$이어야 한다. 따라서 m의 값은 $m=0,\ \pm1,\ \pm2,\cdots,\pm J$라는 제약을 받는다. J의 값이 주어질 경우 m은 $2J+1$개의 값을 가질 수 있다. 에너지는 J에 의해서만 결정되므로 각각의 에너지 준위는 $2J+1$의 중첩도를 갖는다.

$J=1$일 때 각운동량 벡터가 나타낼 수 있는 배향을 그림 21-9에 나타냈다. $J=1$일 때는

$$\begin{aligned}\sqrt{M^2} &= \sqrt{J(J+1)}\hbar\\ &= \sqrt{2}\hbar\end{aligned}$$

그림 21-9에서 (c)의 원뿔 면 상에 있는 벡터는 모두 z-축 상에다 $+\hbar$의 벡터 사영을 만들고, (a)의 원뿔 면 상에 있는 벡터는 z-축 상에다 $-\hbar$의 사영을 만든다. $J=2$일 때의 가능

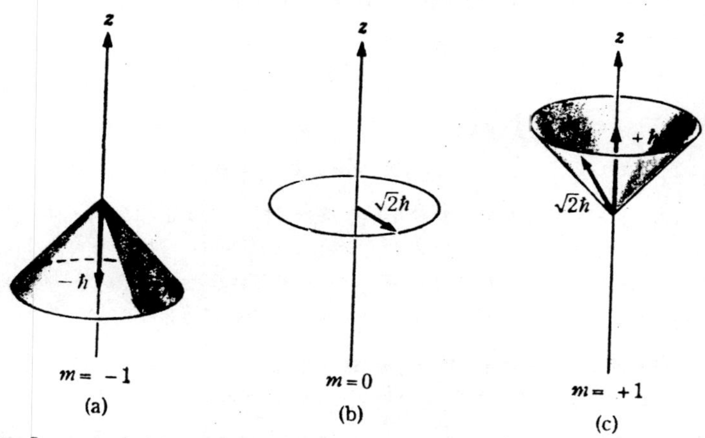

그림 21-9 $J=1$일 때의 각운동량의 z-축 성분 (a) $m=-1$. (b) $m=0$. (c) $m=+1$.

한 사영은 $\pm 2\hbar$, $\pm\hbar$ 및 0이다.

≪질 문≫

21. 1 상자 속의 알맹이가 양자화되는 물리적 원인은 무엇인가? 조화 진동자의 경우는 어떤가? 또 강체 회긴자의 경우는 어떤가?

21. 2 상자 속의 알맹이에 대한 고유 함수는 n이 증가함에 따라 공간 속에서 더 빠르게 진동한다. 이 성질을 n의 증가에 따라 운동량 크기가 증가하는 사실과 연결시켜라.

21. 3 1차원 상자 속의 알맹이가 바닥 상태에 있을 때는 $(\Delta p_x)^2=\langle p_x^2\rangle=2mE_0$이다. 불확정성 원리를 이용하여 영점 에너지 E_0를 구하라.

21. 4 자유 알맹이가 영점 에너지를 갖지 않는 이유를 말하라.

21. 5 $\Delta p_x\cdot\Delta y$에 대해서 불확정성 원리가 적용되지 않는 이유는 무엇인가?

21. 6 $n=0$부터 $n=5$까지의 조화 진동자에 대한 ψ_n^2을 변이에 대해서 스케치하라. n의 증가에 따르는 ψ_n^2의 진동 증가와 운동량 크기 증가 사이에는 어떤 관계가 있는가?

21. 7 조화 진동자의 ψ_0와 ψ_1이 직교하는 성질을 그림으로 그려서 설명하라.

21. 8 (21.61)식에서 $\sin\theta\, d\theta\, d\phi$는 단위 반지름의 구면 상에 있는 넓이 요소 dA를 나타낸다. $\theta=0°$ 근처와 $\theta=90°$ 근처에서 이 넓이 요소를 구면 상에 스케치한 다음 $\sin\theta$항이 dA속에 있어야 하는 이유를 설명하라.

21. 9 강체 회전자가 2개의 양자수를 갖는 이유는 무엇인가? 그 물리적 뜻을 말하라.

21. 10 완전히 z-축에 연한 각운동량을 갖는 강체 회전자는 고전적으로는 완전히 xy-평면 상에서 회전한다. 양자 회전체의 경우에는 이렇게 되면 불확정성 원리에 위배된다는 것을 설명하라.

21. 11 어떤 계의 파동 함수가 다음과 같은 선형 결합으로 주어진다.

$$\psi=\sqrt{\frac{1}{4}}\psi_1+\sqrt{\frac{3}{4}}\psi_2$$

여기서 ψ_1과 ψ_2은 각각 에너지 고유치 E_1과 E_2를 갖는 고유 함수(퇴화되지 않음)이다. 계의 에너지가 E_1이 될 확률은 얼마인가? 또 E_2가 될 확률은 얼마인가?

≪연습 문제≫

21. 1 상자 속의 알갱이가 $\frac{1}{4}L$과 $\frac{3}{4}L$ 사이의 영역에서 발견될 확률을 계산하라.

21. 2 진공관 속의 전자는 필라멘트와 양극사이의 폭이 약 0.1 cm인 영역(일종의 상자라고 볼 수 있음) 속에 갇혀 있다고 볼 수 있다. 이 경우 에너지 준위 사이의 간격은 얼마가 되겠는가? 이 전자는 파동과 같이 행동하겠는가 또는 골프 공과 같이 행동하겠는가? 간단한 진공관에서는 전자의 에너지가 약 100 eV 쯤 된다. 이 전자의 양자수는 얼마나 되겠는가?

21. 3 전자의 에너지가 5 eV일 경우, 얼마만한 크기의 상자 속에 가두어야 이 전자가 파동성을 나타내겠는가? 전체 에너지의 0.1%를 관측할 수 있다고 가정하라.

21. 4 소총알의 총구 속도는 약 900 m/s이다. 이 총알의 무게는 30 g이다. 운동량을 100만분의 1이상 섭동시키지 않고 측정할 수 있는 위치의 정확도는 얼마나 되겠는가?

21. 5 조화 진동자에 대한 $\langle x^2\rangle$을 계산한 다음에 다음 값을 계산하라.

$$\Delta x = [\langle x^2\rangle - \langle x\rangle^2]^{1/2}$$

21. 6 조화 진동자에 대한 $\langle p_x^2\rangle$과 $\langle p_x\rangle^2$을 계산하여 가지고 운동량의 불확정성 Δp_x를 계산하라.

21. 7 문제 21.6과 21.7의 결과를 결합하여 조화 진동자에 대한 불확정성 관계식을 구하라.

21. 8 $n = 0$과 $n = 1$인 상태에 있는 조화 진동자의 운동 에너지와 퍼텐셜 에너지에 대한 기대치를 계산하라.

21. 9 $n = 0$과 $n = 1$인 상태에서의 운동 에너지 값의 불확정도를 계산하라.

21. 10 조화 진동자가 고전적으로 금지된 영역에서 발견될 확률은 $n = 1$일 때 0.1116임을 증명하라.

21. 11 본문에서 암시한 바에 따라 (21.49)식을 유도하라.

21. 12 $L_1 = L_2 = L_3 = L$인 상자 속에 들어 있는 알맹이가 있다. 밑으로 8개의 에너지 준위와, 각 준위의 퇴화도를 표로 만들어라.

21. 13 다음 분자가 $J = 1$인 회전 상태에 있을 때의 관성 모멘트 각운동량 및 에너지를 계산하라.
a) H_2 $r_0 = 74.6$ pm ; $M_H = 1.007825$ g/mol
b) O_2 $r_0 = 120.8$ pm ; $M_O = 15.99491$ g/mol

21. 14 (21.70)식과 (21.59)식의 정의로부터 (21.71)식을 증명하라.

22
수소 원자

22.1 중심-장 문제

(21.60)식으로 돌아가서 $V(r,\theta,\phi)$가 두 알맹이 사이의 거리 r에만 의존하는 함수일 경우를 생각하여 보자. 이 때는 두 알맹이의 중심을 연결하는 선 상에 따라서만 힘이 작용하게 되는데, 이것이 바로 "중심-장" 문제이다. 중심-장 문제를 다루려면 우선 (21.60)식에다 $2\mu r^2$을 곱한 다음에 다음과 같이 정리해야 한다.

$$-\hbar^2\frac{\partial}{\partial r}\left(r^2\frac{\partial\psi}{\partial r}\right)-\hbar^2\left[\left(\frac{1}{\sin\theta}\frac{\partial}{\partial\theta}\left(\sin\theta\frac{\partial\psi}{\partial\theta}\right)+\frac{1}{\sin^2\theta}\frac{\partial^2\psi}{\theta\phi^2}\right]\right.$$
$$+2\mu r^2[V(r)-E]\psi=0 \tag{22.1}$$

이 식 속에는 (21.64)식에 소개한 바 있는 전체 각운동량의 연산자가 눈에 뜨이며, 따라서 이 식을 다음과 같이 쓸 수 있다.

$$-\hbar^2\frac{\partial}{\partial r}\left(r^2\frac{\partial\psi}{\partial r}\right)+\mathbf{M}^2\psi+2\mu r^2[V(r)-E]\psi=0$$

$\mathbf{M}^2\psi$는 θ와 ϕ에만 의존하고 r에는 의존하지 않으므로 파동 함수를 다음과 같이 나타낼 수 있다.

$$\psi(r,\theta,\phi)=R(r)Y_{J,m}(\theta,\phi)$$

그런데 $\mathbf{M}^2Y_{J,m}=J(J+1)\hbar^2Y_{J,m}$이므로, $\mathbf{M}^2\psi=R(r)\mathbf{M}^2Y_{J,m}(\theta,\phi)=J(J+1)\hbar^2R(r)Y_{J,m}(\theta,\phi)$이다. 이 결과를 파동 방정식에 넣은 다음에 $Y_{J,m}(\theta,\phi)$와 $2\mu r^2$으로 나누면 다음과 같이 된다.

$$-\frac{\hbar^2}{2\mu r^2}\frac{d}{dr}\left(r^2\frac{dR}{dr}\right)+\left[\frac{J(J+1)\hbar^2}{2\mu r^2}+V(r)-E\right]R(r)=0 \tag{22.2}$$

이 결과에 의하면 중심-장이 존재할 때는 각운동량이 강체 회전자의 경우와 똑같게 양자화된다는 것을 알 수 있다. 이와 반면에 r이 상수가 아니라는 사실 때문에 에너지의 영향을 받으며, 따라서 관성 모멘트는 상수가 아니다.

(22.2)식으로부터 우리는 또한 에너지가 세 부분의 기여로 이루어진다는 것을 알 수 있다. 즉, 첫째 항은 두 중심의 연결선에 따라서 운동하는 운동 에너지의 기여이며, 둘째 항은 회전 운동 에너지이고 세째 항은 퍼텐셜 에너지 $V(r)$이다.

22.2 수소 원자

수소 원자는 중심-장 문제의 전형적인 예이다. 그림 19-5에 나타난 바와 같이 $+e$의 전하를 가진 양성자는 중심에 있고 $-e$의 전하를 가진 전자는 r인 거리에 있다. 두 중심의 연결선에 따라서 쿨롱힘이 작용하며 이것은 퍼텐셜 에너지에 해당하므로 $V(r) = -e^2/4\pi\epsilon_0 r$이다.

따라서 (22.2)식은 다음과 같이 고쳐 쓸 수 있다.

$$-\frac{\hbar^2}{2\mu r^2}\frac{d}{dr}\left(r^2\frac{dR}{dr}\right)+\left[\frac{l(l+1)\hbar^2}{2\mu r^2}-\frac{e^2}{4\pi\epsilon_0 r}\right]R=ER \qquad (22.3)$$

여기서는 회전 양자수 J를 l로 바꾸어 놓았는데, 원자계에서는 이 기호를 일반적으로 쓰고 있다. 양자수 l은 방위 양자수라고 부르며 원자의 전체 각운동량과 다음과 같이 관계된다.

$$M^2 = l(l+1)\hbar^2 \qquad l = 0, 1, 2, 3, \cdots$$

양자수 m은 앞에서와 똑같은 뜻을 가지며 운동량의 z-축 성분과 관계된다. 즉,

$$M_z = m\hbar \qquad m = -l,\ -(l-1), \cdots, -1, 0, 1, \cdots, (l-1), l$$

이 때 m을 자기 양자수라고 부르는데, 그 이유는 후에 알게 될 것이다.

★ 22.2.1 수학적 처리 ; 방사 방향 방정식의 해

여기서도 디멘션이 없는 변수를 도입하여 $r = \beta\rho$ 및 $E = -(1/n^2)(\hbar^2/2\mu\beta^2)$이 되게 놓는데, 여기서 n은 에너지와 관계되는 파라미터이다. 에너지는 음의 값이 되게 취하였음을 주의하라. 이것은 구속된 상태의 수소 원자만을 다루기 위해서이다. 퍼텐셜 에너지의 영점은 $r\to\infty$인 상태이며 이러한 상태에서는 두 알맹이가 독립적으로 운동한다. 이러한 조건에서는 위의 식이 다음과 같이 된다.

$$-\frac{\hbar^2}{2\mu\beta^2}\left[\frac{1}{\rho^2}\frac{d}{d\rho}\left(\rho^2\frac{dR}{d\rho}\right)\right]+\left\{\frac{l(l+1)}{\rho^2}\left(\frac{\hbar^2}{2\mu\beta^2}\right)-\frac{2}{\rho}\left(\frac{e^2}{8\pi\epsilon_0\beta}\right)\right\}R$$
$$=-\frac{1}{n^2}\left(\frac{\hbar^2}{2\mu\beta^2}\right)R$$

β는 다음과 같은 조건을 만족시키게 택하는 것이 편리하다.

$$\frac{\hbar^2}{2\mu\beta^2}=\frac{e^2}{8\pi\epsilon_0\beta} \qquad \text{즉} \qquad \beta=\frac{4\pi\epsilon_0\hbar^2}{\mu e^2}=a_0$$

여기서 a_0는 Bohr 반경이다. (19.20)식과 비교하여 보면 다음과 같은 식을 얻게 된다.

$$\frac{1}{\rho^2}\frac{d}{d\rho}\left(\rho^2\frac{dR}{d\rho}\right)+\left(\frac{2}{\rho}-\frac{l(l+1)}{\rho^2}-\frac{1}{n^2}\right)R=0$$

즉,

$$\frac{d^2R}{d\rho^2}+\frac{2}{\rho}\frac{dR}{d\rho}+\left(\frac{2}{\rho}-\frac{l(l+1)}{\rho^2}-\frac{1}{n^2}\right)R=0 \qquad (22.4)$$

$\rho\to\infty$가 되면 이 식은 $d^2R/d\rho^2 = (1/n^2)R$이 되며 다음과 같은 값이 나온다.

$$R_\infty = e^{\rho/n} \qquad \text{및} \qquad R_\infty = e^{-\rho/n}$$

이 중에서 둘째 번 값만이 $\rho = \infty$에서 유한하며 따라서 해를 다음과 같은 꼴로 취할 수 있다.

$$R = u(\rho)e^{-\rho/n} \qquad (22.5)$$

이것으로부터 $d^2R/d\rho^2$과 $dR/d\rho$를 계산하여 (22.4)식에 넣은 다음, $e^{-\rho/n}$으로 나눈다.

$$\frac{d^2u}{d\rho^2}+\frac{1}{\rho}\left(2-\frac{2\rho}{n}\right)\frac{du}{d\rho}+\frac{1}{\rho^2}\left[\frac{2\rho}{n}(n-1)-l(l+1)\right]u=0$$

이 식에서 $(2\rho/n)=x$로 놓으면 다음과 같은 간단한 식이 나온다.

$$\frac{d^2u}{dx^2}+\left(\frac{2-x}{x}\right)\frac{du}{dx}+\frac{1}{x^2}[(n-1)x-l(l+1)]u=0 \tag{22.6}$$

이 식의 해는 다음과 같은 꼴이 된다.

$$u(x)=x^l L(x) \tag{22.7}$$

따라서,

$$\frac{du}{dx}=x^l\frac{dL}{dx}+l\,x^{l-1}L$$

$$\frac{d^2u}{dx^2}=x^l\frac{d^2L}{dx^2}+2l\,x^{l-1}\frac{dL}{dx}+l(l-1)x^{l-2}L$$

이 값들을 (22.6)식에 넣은 후에 x^{l-1}로 나누면 다음과 같이 간소화된다.

$$x\frac{d^2L}{dx^2}+[2(l+1)-x]\frac{dL}{dx}+[n-(l+1)]L=0 \tag{22.8}$$

이 식의 해, $L(x)$가 2차 적분이 가능하려면 식 속의 L의 계수가 영이 되거나 양의 정수가 되어야 한다. 이 조건이 만족되려면 n은 $n-(l+1)\geq 0$, 즉 $n\geq l+1$의 관계를 만족시키는 정수이어야 한다. 그런데 l의 최소값은 영이므로 다음과 같은 양자화 조건을 얻게 된다.

$$n=1,2,3,\cdots \qquad 0\leq l\leq n-1 \tag{22.9}$$

이 조건은 우리가 잘 알고 있는 바와 같이 수소 원자의 주 양자수 n이 만족시켜야 할 조건이다.

함수 $L(x)$은 Laguerre 다항식으로서 n과 l에 의존한다. 만일 $s=n+l$, 그리고 $t=2l+1$이

표 22-1 Laguerre 다항식.

$n=1;$	$l=0$	$L_1^1(x)=-1$	$x=2\rho$
$n=2;$	$l=0$	$L_2^1(x)=-2!(2-x)$	$x=\rho$
	$l=1$	$L_3^3(x)=-3!$	
$n=3;$	$l=0$	$L_3^1(x)=-3!(3-3x+\frac{1}{2}x^2)$	$x=\frac{2}{3}\rho$
	$l=1$	$L_4^3(x)=-4!(4-x)$	
	$l=2$	$L_5^5(x)=-5!$	
$n=4;$	$l=0$	$L_4^1(x)=-4!(4-6x+2x^2-\frac{1}{6}x^3)$	$x=\frac{1}{2}\rho$
	$l=1$	$L_5^3(x)=-5!(10-5x+\frac{1}{2}x^2)$	
	$l=2$	$L_6^5(x)=-6!(6-x)$	
	$l=3$	$L_7^7(x)=-7!$	
$n=5;$	$l=0$	$L_5^1(x)=-5!(5-10x+5x^2-\frac{5}{6}x^3+\frac{1}{24}x^4)$	$x=\frac{2}{5}\rho$
	$l=1$	$L_6^3(x)=-6!(20-15x+3x^2-\frac{1}{6}x^3$	
	$l=2$	$L_7^5(x)=-7!(21-7x+\frac{1}{2}x^2)$	
	$l=3$	$L_8^7(x)=-8!(8-x)$	
	$l=4$	$L_9^9(x)=-9!$	

라고 쓰면 (22.8)식은 다음과 같이 된다.

$$\frac{xd^2L_s^t(x)}{dx^2}+(t+1-x)\frac{dL_s^t(x)}{dx}+(s-t)L_s^t(x)=0 \qquad (22.10)$$

다항식 $L_s^t(x)$는 다음과 같은 일반식으로 주어진다.

$$L_s^t(x)=-\sum_{k=0}^{s-t}(-1)^k\frac{(s!)^2x^k}{(s-t-k)!(t+k)!k!} \qquad (22.11)$$

Hermite 다항식이나 Legendre 다항식과는 달리 Laguerre 다항식은 x의 멱수가 짝수인 것과 홀수인 것을 다 포함하고 있다. 이 다항식의 일부를 표 22-1에 나타내었다.

22.2.2 수소 원자의 파동 함수

정규화된 방사 방향 파동 함수는 다음과 같이 된다.

$$R_{nl}(r)=-\frac{2}{n^2a_0^{3/2}}\left[\frac{(n-l-1)!}{[(n+l)!]^3}\right]^{1/2}e^{-x/2}x^lL_{n+l}^{2l+1}(x) \qquad (22.12)$$

여기서 $x=2r/na_0$이다.

따라서 수소 원자의 완전한 파동 함수는 다음과 같이 된다.

$$\psi_{n,l,m}(r,\theta,\phi)$$
$$=-\frac{2}{n^3a_0^{3/2}}\left\{\frac{(n-l-1)!(2l+1)(l-|m|)!}{[(n+l)!]^34\pi(l+|m|)!}\right\}^{1/2}e^{-x/2}x^lL_{n+l}^{2l+1}(x)P_l^{|m|}(\cos\theta)e^{im\phi} \qquad (22.13)$$

수소 원자의 완전한 파동 함수의 일부를 표 22-2에 소개하였다.

표 22-2 수소 원자의 완전한 파동 함수 $\psi_{n,l,m}(r,\theta,\phi)(\rho=r/a_0)$.

$n=1,\ l=0,\ m=0$	$\psi_{100}=\left(\frac{1}{\pi a_0^3}\right)^{1/2}e^{-\rho}$
$n=2,\ l=0,\ m=0$	$\psi_{200}=\frac{1}{8}\left(\frac{2}{\pi a_0^3}\right)^{1/2}(2-\rho)e^{-\rho/2}$
$n=2,\ l=1,\ m=0$	$\psi_{210}=\frac{1}{8}\left(\frac{2}{\pi a_0^3}\right)^{1/2}\rho e^{-\rho/2}\cos\theta$
$n=2,\ l=1,\ m=\pm1$	$\psi_{211}=\frac{1}{8}\left(\frac{1}{\pi a_0^3}\right)^{1/2}\rho e^{-\rho/2}\sin\theta\, e^{i\phi}$
	$\psi_{21-1}=\frac{1}{8}\left(\frac{1}{\pi a_0^3}\right)^{1/2}\rho e^{-\rho/2}\sin\theta\, e^{-i\phi}$
$n=3,\ l=0,\ m=0$	$\psi_{300}=\frac{1}{243}\left(\frac{3}{\pi a_0^3}\right)^{1/2}(27-18\rho+2\rho^2)e^{-\rho/3}$
$n=3,\ l=1,\ m=0$	$\psi_{310}=\frac{1}{81}\left(\frac{2}{\pi a_0^3}\right)^{1/2}\rho(6-\rho)e^{-\rho/3}\cos\theta$
$n=3,\ l=1,\ m=\pm1$	$\psi_{311}=\frac{1}{81}\left(\frac{1}{\pi a_0^3}\right)^{1/2}\rho(6-\rho)e^{-\rho/3}\sin\theta\, e^{i\phi}$
	$\psi_{31-1}=\frac{1}{81}\left(\frac{1}{\pi a_0^3}\right)^{1/2}\rho(6-\rho)e^{-\rho/3}\sin\theta\, e^{-i\phi}$
$n=3,\ l=2,\ m=0$	$\psi_{320}=\frac{1}{486}\left(\frac{6}{\pi a_0^3}\right)^{1/2}\rho^2e^{-\rho/3}(3\cos^2\theta-1)$
$n=3,\ l=2,\ m=\pm1$	$\psi_{321}=\frac{1}{81}\left(\frac{1}{\pi a_0^3}\right)^{1/2}\rho^2e^{-\rho/3}\sin\theta\cos\theta\, e^{i\phi}$
	$\psi_{32-1}=\frac{1}{81}\left(\frac{1}{\pi a_0^3}\right)^{1/2}\rho^2e^{-\rho/3}\sin\theta\cos\theta\, e^{-i\phi}$
$n=3,\ l=2,\ m=\pm2$	$\psi_{322}=\frac{1}{162}\left(\frac{1}{\pi a_0^3}\right)^{1/2}\rho^2e^{-\rho/3}\sin^2\theta\, e^{i2\phi}$
	$\psi_{32-2}=\frac{1}{162}\left(\frac{1}{\pi a_0^3}\right)^{1/2}\rho^2e^{-\rho/3}\sin^2\theta\, e^{-i2\phi}$

22.2.3 수소 원자에 관한 요약

수소 원자는 양성자와 전자의 두 알맹이로 되어 있다. 각 알맹이에 대해서 3개의 좌표와 3개의 운동량, 따라서 전체적으로 6개의 좌표와 6개의 운동량을 알아야 이 계의 운동 상태를 표시할 수 있다. 이와 같은 계의 6개의 좌표는 항상 계의 질량 중심을 나타내는 3개의 좌표와 3개의 내부 좌표로 변환시켜 줄 수 있다. 이러한 조작을 하면 Schrödinger 방정식이 2개의 독립 방정식으로 분리된다. 즉, 그 하나는 질량 중심점의 좌표만을 포함하는 것으로서 원자 전체로서의 운동 에너지와 관계되는 것이다. 병진 운동을 나타내는 이 방정식에 대해서는 별다른 흥미의 대상이 안 되므로 고려를 하지 않는다. 나머지 또 하나의 식은 원자의 내부 좌표를 포함하는 것으로서 내부 에너지에 관한 식이다. 우리의 관심거리가 되는 것은 바로 이 내부 에너지와 내부 운동을 나타내는 표시이다. 앞으로 이 내부 에너지를 간단히 줄여서 원자의 에너지라고 말하겠다.

내부 좌표는 보통의 구좌표 r, θ 및 ϕ를 써서 나타내는데, 구좌표와 카아티이젼 좌표 사이의 관계는 그림 21-7에 나타낸 바와 같다. 이 구좌표계를 쓸 때는 원자핵이 원점에 오게 하고, 핵에서부터 r인 거리에 전자가 오게 하고, 핵과 전자를 연결하는 지름 벡터가 z-축과 이루는 각은 θ가 되고, 또 이 지름 벡터가 만드는 xy-평면 상의 사영이 x-축과 이루는 각은 ϕ가 되도록 한다. 퍼텐셜 에너지는 $-e^2/4\pi\epsilon_0 r$인 바, 이것은 핵의 $+e$와 전자의 $-e$ 전하 사이의 정전기적 인력으로 생기는 것이다. Schrödinger 방정식을 풀면 ψ를 r, θ 및 ϕ의 함수로 얻게 되는데, 이것은 수소 원자의 상태를 표시하는 함수이다.

Schrödinger 방정식의 해가 물리적인 뜻을 갖도록 하려면 양자수라고 부르는 정수를 도입해야 한다. 상자 속의 알맹이의 경우에서와 마찬가지로, 이러한 양자수는 계에 가해진 제약 때문에 등장하게 된다. 예컨대 확률 밀도 $|\psi|^2$이 어느 곳에서나 일의적인 값을 가지려면 ψ는 $\phi=2\pi$와 $\phi=0$에서 똑같은 값을 가져야 한다. 이러한 제약과 방정식의 모양으로 말미암아 ψ는 $e^{im\phi}$나 $e^{-im\phi}$와 같게 되어야 하며 이 때 m이 정수가 되는 것이다. 확률 밀도가 어느 곳에서나 유한해야 한다는 조건 때문에 다른 두 개의 양자수 n과 l이 도입된다. 전자를 임의의 장소에서 발견할 확률이 무한대로 될 수 없다는 것은 당연한 일이다.

최종적인 표시 ψ_{nlm}, 즉 $\psi_{nlm}(r, \theta, \phi)$는 좌표 r, θ, ϕ와 양자수 n, l, m의 함수이다. ψ_{nlm}은 양자수에 일의적으로 의존하기 때문에 간단하게 양자수 자체만 가지고도 계를 표시할 수 있다. 양자수만 알면 여기에 대응하는 ψ_{nlm}을 표 22-2로부터 필요한 때마다 찾아 볼 수 있다. 앞으로는 대부분의 경우 양자수만을 가지고 계를 표시하겠다.

22.3 수소 원자에서의 양자수의 의의

22.3.1 주 양자수

주 양자수 n은 다음 식에 따라서 수소 원자의 에너지를 표시한다.

$$E_n = -\frac{1}{2n^2}\left(\frac{e^2}{4\pi\epsilon_0 a_0}\right) = -\left(\frac{1}{2n^2}\right)E_h \tag{22.14}$$

여기서 $n=1, 2, 3, \cdots$만이 허용된다. 그리고 a_0는 제 1 Bohr 반경이며 E_h는 hartree 에너지로서 $e^2/4\pi\epsilon_0 a_0$와 같다. (22.14)식으로 주어지는 에너지 값들은 Bohr가 (19.22)식을 써서 처음으로 계산한 값들과 일치한다. 그러나 Schrödinger의 방법에서는 n과 각운동량 사이에 직접적

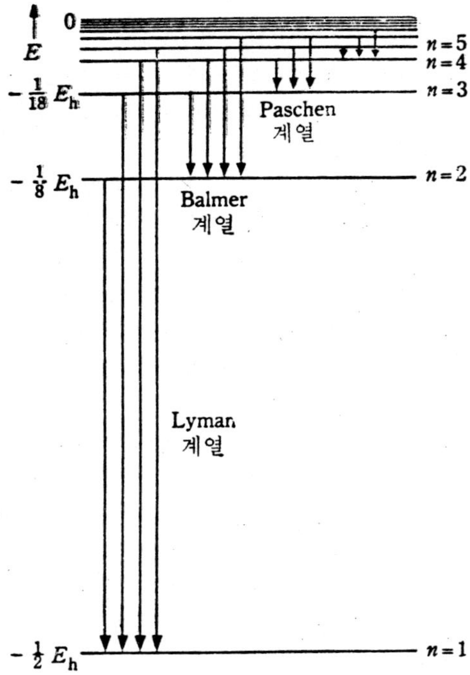

그림 22-1 수소 원자의 에너지 준위.

인 관계가 없으며, 한편 Bohr 모형에서는 n값에 의해서 계의 각운동량이 결정되었다. 이러한 해석의 차이를 기억하고 있기 바란다.

수소 원자의 에너지는 양자화되어 있으며 따라서 수소 원자는 에너지 준위를 가지고 있다. 허용되는 최저 에너지는 (22.14)식에서 $n=1$일 때의 값이다. 즉,

$$-\frac{1}{2}E_h = -\frac{e^2}{8\pi\epsilon_0 a_0} = -2.17872\times10^{-18}\text{J}$$

따라서 허용되는 에너지들은 $-\frac{1}{2}E_h$, $-\frac{1}{8}E_h$, $-\frac{1}{18}E_h$, $-\frac{1}{32}E_h$, … 등이다. 여러 에너지 준위와 그들 사이에서 일어날 수 있는 전이는 그림 22-1과 같다.

높은 에너지 상태와 낮은 에너지 상태 사이에서 전이가 일어날 때는 $h\nu=\Delta E$를 만족시키는 진동수를 가진 빛 양자가 원자로부터 방출된다. 여기서 ΔE는 두 상태의 에너지 차이다. 따라서 원자의 스펙트럼을 이루는 선들은 각각 가능한 에너지 차에 대응하는 진동수를 갖는다. 그림 22-1의 화살표의 길이는 이러한 가능한 에너지 차를 나타낸 것이다. (22.14)식을 이용하면 두 상태의 에너지 차가 다음과 같은 일반식으로 주어진다.

$$\Delta E = h\nu_{nk} = \frac{1}{2}E_h\left(\frac{1}{n^2}-\frac{1}{k^2}\right) \tag{22.15}$$

이것은 (19.16)식, 즉 Rydberg 식과 똑같다.

높은 에너지 상태로부터 $n=1$인 바닥 상태로 전이가 일어날 때는 많은 에너지 차가 수반되며, Lyman 계열이라고 부르는 선들이 자외선 영역에 나타난다. 또 높은 준위에서 $n=2$인 준

위로 전이가 일어날 때는 보다 작은 에너지 차가 수반되며 Balmer 계열의 선들이 가시 영역이나 근자외선 영역에 나타난다. $n=3$ 인 준위로 전이될 때는 Paschen 계열의 선이 적외선 영역에 나타난다. $n=4$ 인 준위와 $n=5$ 인 준위로 전이될 때는 각각 Brackett 와 Pfund 계열이 원적외선 영역에 나타난다. 어느 한 준위로의 전이가 점점 더 높은 준위로부터 일어날수록 그 에너지 차, 따라서 진동수는 점점 비슷하여진다는 것을 인식할 수 있을 것이다. 그리하여 스펙트럼의 선들은 점점 가까와져서 마침내 계열의 한계치에 도달한다.

수소 원자가 빛을 흡수할 때는 허용되는 에너지 차에 들어맞는 진동수의 빛만이 흡수된다. 따라서 흡수 스펙트럼과 방출 스펙트럼은 동일한 선들을 갖게 된다. 흡수된 양자는 수소 원자의 에너지를 다른 허용된 준위로 올려 놓는다.

22.3.2 방위 양자수

방위 양자수 l 은 수소 원자의 전체 각운동량과 다음과 같은 관계를 가지고 있다.

$$M^2 = l(l+1)\hbar^2 \tag{22.16}$$

여기서 허용되는 l 의 값은 $0, 1, 2, \cdots, n-1$ 뿐이며, M^2 은 전체 각운동량의 제곱과 같다. 주 양자수 n 은 영을 제외한 임의의 양의 정수를 가질 수 있는 데 반하여 l 은 영일 수도 있고 또한 $n-1$ 을 초과하지 못한다. l 의 값은 관습에 따라 다음과 같이 문자로 표시한다.

l 의 값 :	0	1	2	3	4	5
문자 표시 :	s	p	d	f	g	h

s, p, d, f 의 기호는 스펙트럼의 선과 계열을 표시하는 데 사용하였던 sharp, principal, diffuse 및 fundamental 이란 단어의 첫 글자를 딴 것이다. $l=3$ 이후의 문자 표시는 알파베트 순서와 같다. n 과 l 의 가능한 조합을 $n=1$ 부터 $n=4$ 까지 나타내면 다음과 같다.

n 의 값 :	1	2		3			4			
l 의 값 :	0	0	1	0	1	2	0	1	2	3
기 호 :	1s	2s	2p	3s	3p	3d	4s	4p	4d	4f

세째 줄의 기호는 n 과 l 의 특정한 조합을 나타내는 데 일반적으로 쓰인다. 즉, 수자는 n 의 값이고 문자는 l 의 값을 표시하는 것이다.

복사선을 흡수하거나 방출하여 한 상태로부터 다른 상태로 전이될 때는 l 값이 선택률이라고 부르는 제약을 받는다. 즉, 선택률에 의하면 l 의 값은 ± 1 만큼 변해야 한다. 따라서 바닥 상태, 즉 1s 상태에 있는 수소 원자가 복사선을 흡수하여 $n=2$ 인 준위로 올라갈 때는 2p 상태가 되어야 한다. $n=1$ 인 준위와 $n=2$ 인 준위 사이의 다른 어떠한 전이도 선택률에 의해서 불가능하다. 이 선택률은 스펙트럼을 해석하는 데 큰 도움이 된다.

(22.16)식을 이용하면 전체 각운동량의 크기를 알 수 있지만 그 부호는 알 수 없다. 즉, 각운동량 벡터의 배향은 일정치 않으며, 그리하여 궤도의 배위도 일정하지 않다.

Bohr 의 모형과 Schrödinger 의 모형에 의한 각운동량의 값이 서로 어떻게 다른지 비교하여 보자.

Bohr:	$M^2 = n^2\hbar^2$	$n = 1, 2, \cdots$
Schrödinger:	$M^2 = l(l+1)\hbar^2$	$l = 0, 1, 2, \cdots$

(부수적인 이야기이지만 Bohr-Sommerfeld 모형에서는 각운동량이 Schrödinger 의 값을 갖는다.)

Bohr 원자에서는 각운동량이 항상 영보다 컸었는데 반하여, 현대 이론에서는 $l=0$, 즉 s 상태에서 각운동량이 영이 된다. s 상태에 있는 전자의 각운동량이 영이라는 사실은 고전적인 궤도 운동의 개념으로는 상상할 수 없다. 이러한 시도는 안 하는 것이 좋다. 전자의 운동을 머리 속에 그리기 위하여 전자가 마치 고전적인 궤도 운동을 하는 것처럼 표시하는 수도 있지만, 이 개념을 글자 그대로 받아들여서는 안 되고 비유적인 것으로 받아들여야 한다.

22.3.3 자기 양자수

자기 양자수 m은 다음 식에 따라서 각운동량의 z-축 성분을 나타낸다.

$$M_z = m\hbar \tag{22.17}$$

여기서 m의 값은 $-l$, $-l+1$, $-l+2, \cdots$, -1, 0, $+1$, $+2, \cdots$, $+l$만이 허용된다. 따라서 주어진 l값에 대하여 $2l+1$개의 m값이 존재하게 된다. 예로서 $l=0$일 때는 $m=0$이지만 $l=1$일 때는 m이 -1, 0, $+1$의 값을 가질 수 있다. 또 $l=2$일 때는 m이 -2, -1, 0, $+1$, $+2$의 값을 가질 수 있다. 빛의 양자가 흡수되거나 방출될 때는 $\Delta m=0$이나 또는 $\Delta m=\pm 1$이라는 선택률이 만족되어야 한다.

22.4 수소 원자에서의 전자 구름의 확률 분포

22.4.1 s 상태에서의 확률 분포

불확정성 원리로 말미암아 수소 원자는 "음전하 구름"속에 핵이 박혀 있는 것이라고 볼 필요가 있다. 이 전자 구름은 원자의 상태에 따라서 그 모양이 다르며, 이 모양을 알려면 우선 해당하는 상태의 확률 밀도 $|\psi_{nlm}|^2$을 알아야 한다.

바닥 상태인 $1s$ 상태에 있는 수소 원자의 파동 함수는 다음과 같다.

$$\psi_{1s} = \frac{1}{(\pi a_0^3)^{1/2}} e^{-r/a_0} \tag{22.18}$$

이 식에 의하면, $1s$ 상태에서는 파동 함수와 확률 밀도가 θ와 ϕ에 무관하다. 따라서 전자 구름은 구대칭이다. 확률 밀도를 $P(r)$이라고 하자. 그러면

$$P_{1s}(r) = \psi_{1s}^2 = \frac{e^{-2r/a_0}}{\pi a_0^3} \tag{22.19}$$

이 함수를 그림 22-2(a)에 나타내었다. 확률 밀도는 핵에 가까울수록 커지며, r이 증가하면 급격하게 감소한다. 그러나 핵 근처의 부피는 대단히 작으므로 핵 근처에 있는 전체 전하 구름의 양은 대단히 작다. 따라서 관점을 바꾸어서, 반경이 r과 $r+dr$인 두 구면으로 둘러싸인 구각 속에는 전자 구름이 얼마나 들어있는 가를 생각하여 보기로 하자.

이 구각의 부피는 $dV_{\text{shell}} = 4\pi r^2\,dr$이므로 이 구각 속에 들어 있는 전자 구름의 양은 $P_{1s}(r)4\pi r^2\,dr$이다. $4\pi r^2 P(r)$을 방사 방향 분포 함수라고 부르며 $f(r)$로 표시한다.

$$f_{1s}(r) = 4\pi r^2 P_{1s}(r) = \frac{4r^2}{a_0^3} e^{-2r/a_0} \tag{22.20}$$

방사 방향 분포 함수는 구각 속에서 전자를 발견할 전체 확률이 된다[그림 22-2(b)]. $1s$ 상태에서는 반지름이 a_0인 구각 속에서 전자를 발견할 확률이 최대로 된다. 핵 근처의 구각 속에서 전

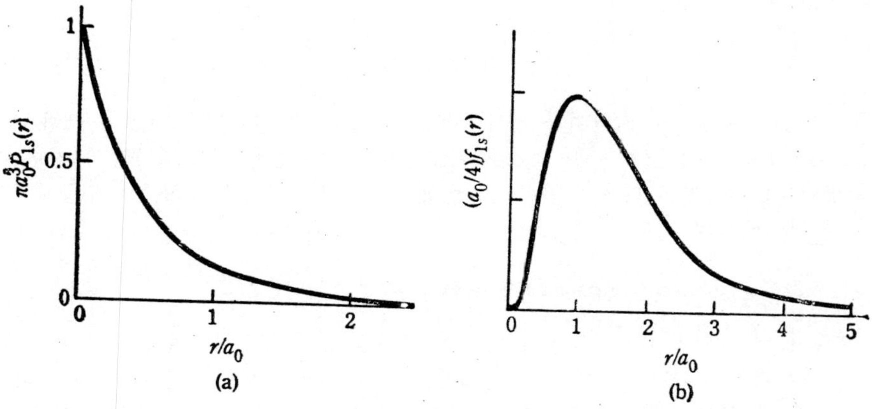

그림 22-2 1s 상태의 수소 원자. (a) 확률 밀도. (b) 방사 방향 분포 함수.

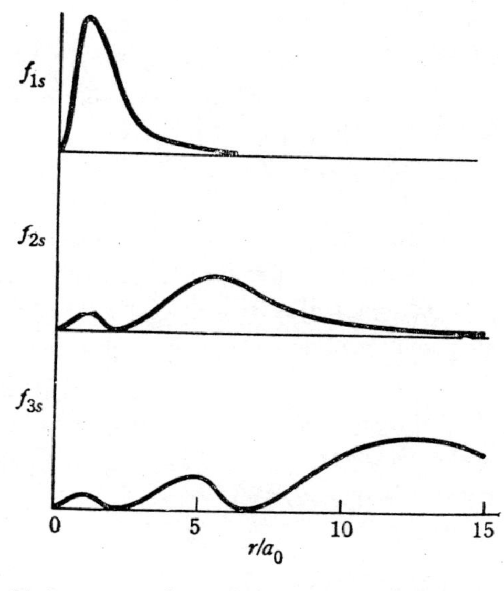

그림 22-3 1 s, 2 s 및 3 s 상태에 대한 방사 방향 분포 함수.

자를 발견할 확률은 극히 작으며, 핵으로부터 멀리 떨어진 구각에서의 확률도 대단히 작다.

기대치에 관한 (20.7)식을 이용하면 1s 상태의 전자가 핵으로부터 얼마나 떨어져 있는가를 계산할 수 있다. s 상태의 경우에는 구각의 부피를 부피 요소로 택할 수 있다. r의 연산자는 그대로 r과 같으므로 다음과 같은 관계를 얻게 된다.

$$\langle r_{1s}\rangle = \int \psi_{1s}\, r\, \psi_{1s}\, d\tau = \int \psi_{1s}\, r\, \psi_{1s}\, d\tau$$

ψ_{1s}와 부피 요소의 값을 넣으면 다음과 같이 된다.

$$\langle r_{1s}\rangle = \frac{a_0}{4}\int_0^\infty \left(\frac{2r}{a_0}\right)^3 e^{-2r/a_0}\, d\left(\frac{2r}{a_0}\right) = \frac{a_0}{4}\, 3! = \frac{3}{2}\, a_0 \qquad (22.21)$$

마찬가지 방법에 의해서, 임의의 주 양자수의 s 상태에 대해서도 해당하는 파동 함수를 사용하면 다음과 같은 결과가 나온다.

$$\langle r_{ns} \rangle = n^2 \frac{3}{2} a_0 \tag{22.22}$$

따라서 n값이 커지면, 즉 에너지가 높아지면 핵과 전자 사이의 평균 거리가 보다 더 멀어진다. 그림 22-3은 $1s$, $2s$ 및 $3s$ 상태에 있는 수소 원자의 방사 방향 분포 함수를 나타낸 것인데, 위에서 설명한 사실을 잘 나타내고 있다. 또한 n이 증가하면 이 분포 함수가 두툼해지는데, 이것은 이러한 상태에서의 운동 에너지가 더 큰 값을 갖기 때문이다.

22.4.2 각운동량을 갖는 상태에서의 확률 분포

각운동량이 영이 아닐 때는 그 z-축 성분이 엄밀한 값을 갖는다. 따라서 이 사실이 불확정성 원리와 양립하려면, z-축 둘레에 대한 전자의 배향 각도가 완전히 불확정이라야 한다. 즉, 전자가 z-축 둘레에 어떠한 각도로 배향이 되든 그 확률은 모두 같으며, 따라서 전자 구름은 z-축에 관해서 대칭이다. 구형 대칭을 갖는 s상태와는 달리 각운동량을 갖는 상태는 축대칭을 가지며, 편의상 z-축을 대칭축으로 택하고 있다.

구체적으로 p상태를 고려하여 보자. p상태에서는 $l=1$이며, (22.16)식에 의해서 전체 각운동량이 $M=\sqrt{l(l+1)}\hbar=\sqrt{2}\hbar$이다. 이 경우에 m은 -1, 0, $+1$이 될 수 있으므로 가능한 z-축 성분은 (22.17)식에 의해서 다음과 같다.

$$M_z = -\hbar,\ 0,\ +\hbar$$

그림 22-4(a)는 각운동량이 $\sqrt{2}\hbar$이고 $M_z=-\hbar$인 각운동량 벡터의 배향을 나타낸 것이다. 원뿔의 면상에 놓인 벡터는 모두 이 조건을 만족시킨다. 그림 22-4(b)에 의하면, xy-평면 상의 벡터는 모두 $M_z=0$이다. 또 그림 22-4(c)의 원뿔면 상의 벡터는 모두 $M_z=+\hbar$이다.

여기에 대응하는 전하 밀도 분포가 그림 22-5이다. 이 그림에 의하면 z-축 성분이 클 때는 그 값이 양이든 음이든 마찬가지로 전하 구름이 xy-평면 근처에 몰려 있다. $M_z=0$일 때는 xy-평면 상의 전하 구름 밀도가 영이 된다. $M_z=-\hbar$일 때는 전자가 시계 방향으로 회전하며, $M_z=-\hbar$일 때는 전자가 시계와 반대 방향으로 회전하는데, 이 두 상태에 대응하는 전하 구름은 $M_z=+\hbar$와 $-\hbar$를 중첩시켜야 구별이 된다.

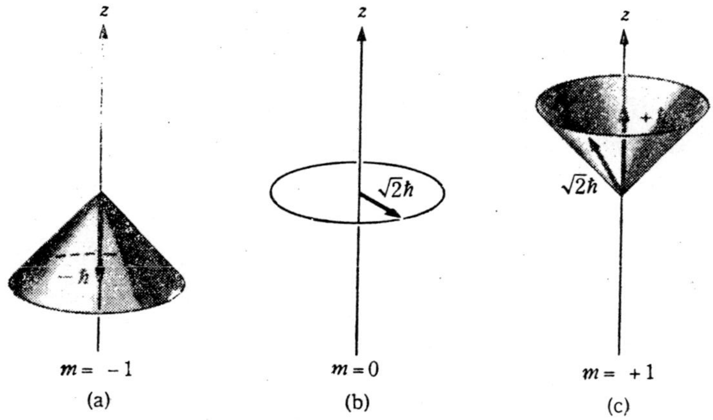

그림 22-4 $l=1$인 각운동량의 z-축 성분. (a) $m=-1$, (b) $m=0$, (c) $m=+1$.

표 22-3

결합 전의 표시	새로운 표시	두 표시 사이의 관계
$p_{+1}(m=+1)$	p_x	$p_x=\frac{1}{2}\sqrt{2}(p_{+1}+p_{-1})$
$p_{-1}(m=-1)$	p_y	$p_y=-i\frac{1}{2}\sqrt{2}(p_{+1}-p_{-1})$
$p_0(m=0)$	p_z	$p_z=p_0$

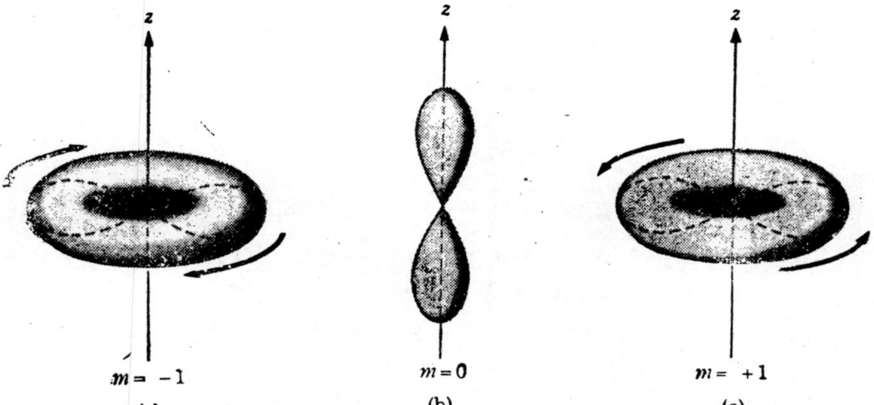

그림 22-5 p 상태에 대한 전하 구름.

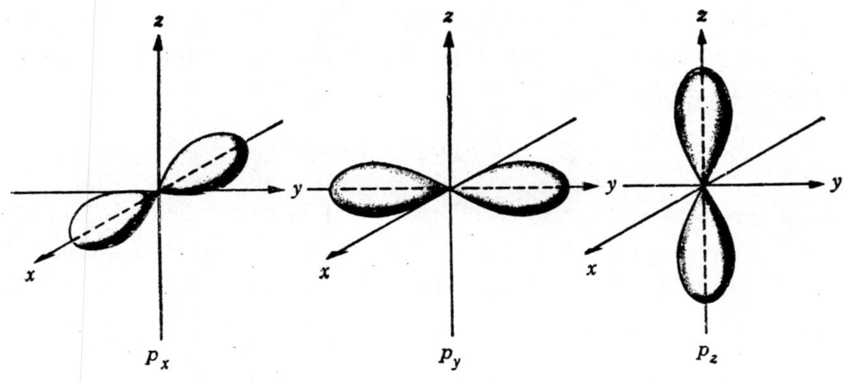

그림 22-6 p_x, p_y, p_z 에 대한 전하 구름.

즉, $m=\pm1$ 에 대해서는 그 전하 구름의 모양을 구별할 수 없으므로 중첩의 원리를 이용하여 새로운 파동 함수를 만든다. 지금 $m=\pm1$ 일 때의 p 를 각각 p_+ 와 p_- 라고 표시하자. 이들을 표 22-3과 같이 선형 결합시키면 새로운 표시 p_x 와 p_y 를 얻게 된다. 이 새로운 표시를 사용하면 그림 22-6에서와 같이 p_x, p_y, p_z 의 세 전하 구름이 동등하게 보인다. 즉, 각 표시마다 각각 x-, y-, z-축에 따라서 양쪽으로 돌출된 구형의 전하 구름을 갖는다. 함수 p_x 는 $M_x=0$ 에 대응하며, 또는 p_y 는 $M_y=0$ 에, 그리고 p_z 는 $M_z=0$ 에 대응하며, 이 새로운 표시의 p 함수는

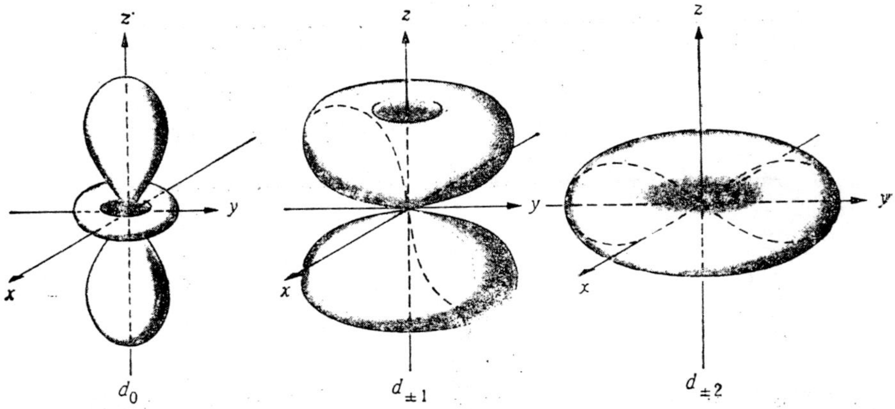

그림 22-7 d 상태에서의 전하 구름.

각각 해당하는 축방향에 따라서 최대의 확률 밀도를 나타낸다. 그리고 이 축에 수직한 좌표축-평면상에서는 그림 22-6에서 보는 바와 같이 확률 밀도가 영이 된다.

d 상태에는 $m = -2, \ -1, 0, \ +1, \ +2$의 다섯 가지 상태가 있을 수 있으며, 이러한 상태들의 전하 구름은 그림 22-7과 같다. d_{+2}와 d_{-2}의 전하 구름은 그 모양이 같지만, d_{+2}일 때는 시계와 반대 방향의 운동을 하고, d_{-2}일 때는 시계 방향의 운동을 한다. d_{+1}과 d_{-1}의 경우에도 마찬가지이다. d 함수를 새로운 파동 함수로 바꾸어 줄 수 있지만 이 정도로 그치겠다. 그림 22-7에서 보는 바와 같이 어떠한 m의 값에 대해서나 축대칭성이 나타나며, 또 전하 구름은 m의 값이 커질수록 xy-평면에 더 가까와진다는 사실을 주목하기 바란다.

어떤 한 상태에서 이 전자 구름이 공간 속으로 얼마나 멀리 퍼져나가 있는가를 계산하려면 전자와 핵 사이의 평균 거리를 계산해야 한다. (22.21)식으로 $\langle r_{1s} \rangle$를 구한 것과 마찬가지 방법으로 해당하는 파동 함수를 써서 이 평균 거리를 계산할 수 있다. 이 지루한 계산을 생략하고 결과만을 소개하면 다음과 같이 간단하다.

$$\langle r_{nl} \rangle = \frac{1}{2} a_0 [3n^2 - l(l+1)] \tag{22.23}$$

이 식에 의하면 전자와 핵 사이의 평균 거리는 n과 l에만 의존한다. 그리고 n값이 주어졌을 때는 각운동량이 높은 상태일수록, 즉 l의 값이 클수록 전자와 핵 사이의 평균 거리는 더 가까와진다. 나중에 설명하겠지만, 희토류 원소의 화학적 성질이 대단히 비슷한 것은 바로 이 때문이다.

22.5 전자 스핀과 원자의 자기적 성질

Schrödinger 방정식이 발전되기 전에 Uhlenbeck와 Goudsmit는 원자 스펙트럼의 어떤 말썽거리 성질을 설명하려면 전자가 자체의 각운동량을 갖는다고 보아야 한다는 것을 증명하였다. 엄밀한 생각은 못 되지만 전자는 자전 운동을 하는 음전하의 구와 같다고 볼 수 있다는 것이다. 즉, 전체 스핀 각운동량의 제곱을 $M^2_{\text{spin}} = s(s+1)\hbar^2$ 이라 하고, $s = \frac{1}{2}$이라고 하면 실험 사실이 잘 설명된다. 그리고 스핀 각운동량의 z-축 성분은 다음과 같은 값을 갖는다.

$$M_{z(\text{spin})} = m_s \hbar \tag{22.24}$$

여기서 m_s는 스핀 양자수인데 그 값은 $+\frac{1}{2}$이나 $-\frac{1}{2}$의 둘 뿐이다. 보통의 Schrödinger 방정식만 가지고서는 전자 스핀이 존재한다는 것을 알아낼 수 없다. 그러나 상대성 이론을 만족시키도록 Schrödinger 방정식을 고치면 수소 원자의 해가 4개의 양자수를 갖는다는 것이 Dirac에 의해서 밝혀졌는데, 이 네째 번 양자수가 바로 전자의 스핀 양자수이다. 따라서 스핀은 기본 이론에서 나온 것이지 미봉책으로 끌어다 댄 것이 아니다.

전자는 전하를 가지고 있으므로 전자가 자전 운동을 하면 자전축 주위로 전류가 흐르는 것과 같게 된다. 이러한 전류의 흐름 때문에 전자는 자기 모멘트를 가진다. 이것은 코일에 전류가 흐르면 코일이 자기 모멘트를 가지게 되는 것과 같은 현상이다. 자기 모멘트는 전류가 흐르는 면에 수직하며, 따라서 각운동량 벡터와 평행하지만 전자가 음전하를 띠고 있기 때문에 그 방향이 서로 반대이다. (22.24)식에 의하면 스핀 각운동량의 z-축 성분은 $+\frac{1}{2}\hbar$나 또는 $-\frac{1}{2}\hbar$이다. 따라서 자기 모멘트의 z-축 성분도 $-\mu_B$나 $+\mu_B$중의 어느 한 값을 갖게 된다. 여기서 μ_B는 Bohr 마그네톤으로서 자기 모멘트의 자연 단위이다. 전자의 자기 모멘트 때문에 스핀 성질이 처음으로 관측될 수 있었다.

만일 어떤 한 원자에서 궤도 각운동량이 영이 아니면, 즉 $l \neq 0$이면, 그 원자는 전자 스핀에 의한 자기 모멘트와 함께 궤도 자기 모멘트를 가지게 된다. 각운동량을 가지는 상태에서는 전자의 운동이 바로 원자 주위의 전류와 같으며 따라서 원자가 자기 모멘트를 나타낸다.

이 궤도 자기 모멘트의 z-축 성분은 각운동량의 z-축 성분에 비례하며 $-m\mu_B$와 같다. m을 자기 양자수라고 부르는 것은 이 때문이다. 한 원자 속에 들어 있는 2개의 전자가 스핀 양자수만을 다르게 가질 때 이들을 쌍을 이룬 전자라고 한다. 이 때는 둘째 전자의 스핀 각운동량의 z-축 성분이 첫째 전자의 것과 크기는 같지만 부호가 반대이다. 따라서 전자쌍의 스핀 각운동량의 실효 z-축 성분은 $\frac{1}{2}\hbar+\left(-\frac{1}{2}\right)\hbar$이다. 그리하여 전자쌍의 스핀 각운동량과 자기 모멘트의 임의의 축방향 실효 성분 값이 영이 된다. 전자의 스핀이 쌍을 이루는 것을 흔히 ⇅와 같은 기호로 표시한다. 위로 향하는 화살표는 $m_s=+\frac{1}{2}$인 전자를 나타내고, 아래를 향하는 화살표는 $m_s=-\frac{1}{2}$인 전자를 나타낸다.

마찬가지로 완성된 부껍질의 궤도 각운동량은 영이 된다. 우선 s준위에서는 궤도 각운동량이 정의에 따라서 영이 된다. p준위에서는 가능한 m의 값이 $-1,\ 0,\ +1$이다. 이들 각 준위에다 전자쌍을 채워 넣으면, $m=-1$인 전자가 둘, $m=+1$인 전자가 둘, 그리고 $m=0$인 전자가 둘이 된다. 이 모든 전자들의 각운동량의 z-축성분은 $2(-1)+2(0)+2(+1)=0$이기 때문에 영이 된다. 즉, 완성된 부껍질은 임의의 축에 대한 궤도 각운동량 성분이 영이 되며, 따라서 궤도 운동의 자기 모멘트에도 전혀 기여를 하지 못한다.

원자의 자기 모멘트는 부분적으로 채워진 부껍질과 쌍을 이루지 못한 스핀 때문에 생긴다. 완성된 부껍질은 영구 자기 모멘트에 대한 기여를 하지 못한다. 이런 면에서 볼 때, 분자들은 일반적으로 스핀이 쌍을 이룬 짝수 개의 전자를 가지고 있으며, 그 부껍질도 모두 일반적으로 완성되어 있기 때문에 궤도 운동에 의한 자기 모멘트가 없는 것이라고 생각할 수 있다. 분자가 영구 자기 모멘트를 갖는 경우는 흔하지 않다. 영구 자기 모멘트는 분자의 전자 배치를 알아내는 데 큰 도움이 된다.

22.6 복잡한 원자의 구조

복잡한 원자(전자를 둘 이상 가지고 있는 원자)의 전자도 수소 원자에서와 같이 4개의 양자수 $n,\ l,\ m,\ m_s$로 표시할 수 있다고 가정한다. 뿐만 아니라 복잡한 원자의 에너지 준위도 또한 일반적으로 수소 원자의 에너지 준위와 비슷하다고 가정한다. 우리가 관심을 갖는 것은 원자의 바닥 상태, 즉 가장 낮은 에너지의 상태이다. 한 가지 명심해야 할 것은 논의의 대상이 유리된 원자의 구조라는 사실이다. 즉, 예컨대 금속 나트륨에서처럼 서로 가깝게 붙어 있는 나트륨 원자의 구조를 논하는 것이 아니라 유리된 나트륨 원자의 구조를 논한다는 것이다.

수소 원자에서는 전자가 1s 상태에 있으면 최저 에너지 상태가 된다. 6개의 전자를 갖는 탄소나 11개의 원자를 갖는 나트륨 등과 같은 다전자 원자에서는 모든 전자가 만일 1s 준위에 있게 되면 그 원자를 갖는 나트륨 등과 같은 다전자 원자에서는 모든 전자가 만일 1s 준위에 있게 되면 그 원자가 최저의 에너지를 갖게 되리라고 생각할 수 있다. 탄소와 나트륨의 이러한 구조는 각각 $(1s)^6$ 및 $(1s)^{11}$로 나타낼 수 있다. 그러나 이러한 결과는 사실과 맞지 않는 데, 지금까지의 이야기만으로는 맞지 않아야 할 아무런 이유도 없다. 그러나 그렇게 되지 않는 이유는 양자역학의 기본 가정인 Pauli 의 배타 원리에서 나온다. 이 원리에 의하면 두 전자가 똑같은 값의 네 양자수를 가질 수 없다. 1s 준위에 대해서는 두 세트의 네 양자수가 있을 수 있다. 즉, 이 두 세트를 n, l, m, m_s의 순으로 나타내면 $\left(100|\frac{1}{2}\right)$과 $\left(100|-\frac{1}{2}\right)$이다. 만일 셋 이상의 전자가 1$s$ 준위에 있게 되려면 적어도 어느 한 세트가 중복되어야 하므로 Pauli 의 원리에 위배된다. 이것으로서 탄소의 $(1s)^6$ 구조와 나트륨의 $(1s)^{11}$ 구조가 왜 틀리는가를 알 수 있게 되었다.

복잡한 원자의 전자는 다음과 같은 원리에 따라서 배치된다.

1. 복잡한 원자의 전자는 한 세트의 네 양자수로 표시되며, 이들 양자수는 수소 원자의 상태를 표시하는 데 썼던 것과 똑같다.
2. 복잡한 원자의 에너지 준위 서열은 수소 원자에서와 대체로 비슷하다. 복잡한 원자에서는 Pauli 원리의 제약이 충족되고 또한 계의 에너지가 최소로 되는 준위에 전자가 배치된다.

에너지 준위는 껍질과 부껍질로 나누는데, 주양자수의 값이 같은 준위를 통틀어 껍질이라고 하며 같은 껍질에서도 방위 양자수의 값이 같은 것을 부껍질이라고 부른다. 특정한 l 값에 대해서는 $2l+1$개의 m값이 있을 수 있으며, 또 특정한 m값에 대해서는 2개의 m_s값을 전자가 가질 수 있다. 따라서 m과 m_s의 결합 방법의 수는 $2(2l+1)$개가 된다. 이것은 바로 임의의 부껍질이 수용할 수 있는 최대의 전자수가 된다. 그리하여 s 부껍질은 $l=0$이며, 따라서 이 부껍질을 차지하는 전자는 단 2개뿐이다. p 부껍질은 $l=1$이며 따라서 p 부껍질을 채우려면 6개의 전자가 필요하다. 또 $l=2$인 d 부껍질을 채우려면 10개의 전자가 필요하다. $n=1$인 껍질은 K 껍질이며, $n=2$인 것은 L 껍질, $n=3$인 것은 M 껍질 등이다. 껍질을 채우는 데 필요한 전자의 수는 표 22-4와 같다. 이 표의 마지막 난에 있는 2, 8, 18, 32, … 등의 수자는 $2n^2$에서 나온 것이며 n은 주양자수이다. 이 유명한 수열의 수치는 주기율표의 주기를 이루는 원소수와 같다.

부껍질 속에 들어 있는 전자의 수는 그 부껍질의 기호에다 상첨자로 표시한다. 위에 말한 원리들을 이용하면 수소와 헬륨의 전자 배치를 다음과 같이 쓸 수 있다.

표 22-4

n의 값	부껍질의 종류	채워진 껍질의 전자수
1(K껍질)	s	2
2(L껍질)	s, p	$2+6=8$
3(M껍질)	s, p, d	$2+6+10=18$
4(N껍질)	s, p, d, f	$2+6+10+14=32$

$$\mathrm{H}:\quad 1s. \qquad\qquad \mathrm{He}:\quad 1s^2$$

K 껍질은 헬륨으로서 완성된다. 전자가 하나 더 들어가려면 $n=2$ 인 껍질로 들어가야 한다. 그런데 문제는 $2s$ 부껍질과 $2p$ 부껍질의 어느 쪽이 먼저 채워지느냐이다. 수소 원자의 경우에는 이 두 껍질의 에너지가 같지만 복잡한 원자에서는 에너지가 n 에는 물론 l 에도 의존한다. n 의 값이 같을 때는 부준위의 순서가 $s, p, d, \cdots$ 로 되며 s 부껍질이 제일 낮은 에너지를 갖는다. 따라서 리튬에서는 $2s$ 준위가 $2p$ 준위보다 낮으며, 그 구조는 Li: $(1s)^2 2s$ 가 된다. Li 의 다음에는 Be: $(1s)^2(2s)^2$ 가 된다. 그 다음에 계속되는 여섯 원소에서는 $2p$ 부껍질이 채워지며, 그리하여 B: $(1s)^2(2s)^2 2p$, C: $(1s)^2(2s)^2(2p)^2$ 와 같이 채워지다가 끝으로 네온에 가서 Ne: $(1s)^2$

표 22-5 기체 상태 원자의 전자 배치.

1	H	$1s$
2	He	$1s^2$
3	Li	He $2s$
4	Be	He $2s^2$
5	B	He $2s^2\,2p$
6	C	He $2s^2\,2p^2$
7	N	He $2s^2\,2p^3$
8	O	He $2s^2\,2p^4$
9	F	He $2s^2\,2p^5$
10	Ne	He $2s^2\,2p^6$
11	Na	Ne $3s$
12	Mg	Ne $3s^2$
13	Al	Ne $3s^2\,3p$
14	Si	Ne $3s^2\,3p^2$
15	P	Ne $3s^2\,3p^3$
16	S	Ne $3s^2\,3p^4$
17	Cl	Ne $3s^2\,3p^5$
18	Ar	Ne $3s^2\,3p^6$
19	K	Ar $4s$
20	Ca	Ar $4s^2$
21	Sc	Ar $3d\ 4s^2$
22	Ti	Ar $3d^2\ 4s^2$
23	V	Ar $3d^3\ 4s^2$
24	Cr	Ar $3d^5\ 4s$
25	Mn	Ar $3d^5\ 4s^2$
26	Fe	Ar $3d^6\ 4s^2$
27	Co	Ar $3d^7\ 4s^2$
28	Ni	Ar $3d^8\ 4s^2$
29	Cu	Ar $3d^{10}\,4s$
30	Zn	Ar $3d^{10}\,4s^2$
31	Ga	Ar $3d^{10}\,4s^2\,4p$
32	Ge	Ar $3d^{10}\,4s^2\,4p^2$
33	As	Ar $3d^{10}\,4s^2\,4p^3$
34	Se	Ar $3d^{10}\,4s^2\,4p^4$
35	Br	Ar $3d^{10}\,4s^2\,4p^5$
36	Kr	Ar $3d^{10}\,4s^2\,4p^6$
37	Rb	Kr $5s$
38	Sr	Kr $5s^2$
39	Y	Kr $4d\ 5s^2$
40	Zr	Kr $4d^2\ 5s^2$
41	Nb	Kr $4d^4\ 5s$
42	Mo	Kr $4d^5\ 5s$
43	Tc	Kr $4d^6\ 5s$
44	Ru	Kr $4d^7\ 5s$
45	Rh	Kr $4d^8\ 5s$
46	Pd	Kr $4d^{10}$
47	Ag	Kr $4d^{10}\,5s$
48	Cd	Kr $4d^{10}\,5s^2$
49	In	Kr $4d^{10}\,5s^2\,5p$
50	Sn	Kr $4d^{10}\,5s^2\,5p^2$
51	Sb	Kr $4d^{10}\,4s^2\,5p^3$
52	Te	Kr $4d^{10}\,5s^2\,5p^4$
53	I	Kr $4d^{10}\,5s^2\,5p^5$
54	Xe	Kr $4d^{10}\,5s^2\,5p^6$
55	Cs	Xe $6s$
56	Ba	Xe $6s^2$
57	La	Xe $5d\ 6s^2$
58	Ce	Xe $4f^2\ 6s^2$
59	Pr	Xe $4f^3\ 6s^2$
60	Nd	Xe $4f^4\ 6s^2$
61	Pm	Xe $4f^5\ 6s^2$
62	Sm	Xe $4f^6\ 6s^2$
63	Eu	Xe $4f^7\ 6s^2$
64	Gd	Xe $4f^7\,5d\ 6s^2$
65	Tb	Xe $4f^9\ 6s^2$
66	Dy	Xe $4f^{10}$
67	Ho	Xe $4f^{11}\ 6s^2$
68	Er	Xe $4f^{12}\ 6s^2$
69	Tm	Xe $4f^{13}\ 6s^2$
70	Yb	Xe $4f^{14}\ 6s^2$
71	Lu	Xe $4f^{14}\,5d\ 6s^2$
72	Hf	Xe $4f^{14}\,5d^2\ 6s^2$
73	Ta	Xe $4f^{14}\,5d^3\ 6s^2$
74	W	Xe $4f^{14}\,5d^4\ 6s$
75	Re	Xe $4f^{14}\,5d^5\ 6s^2$
76	Os	Xe $4f^{14}\,5d^6\ 6s^2$
77	Ir	Xe $4f^{14}\,5d^9$
78	Pt	Xe $4f^{14}\,5d^9\ 6s$
79	Au	Xe $4f^{14}\,5d^{10}\,6s$
80	Hg	Xe $4f^{14}\,5d^{10}\,6s^2$
81	Tl	Xe $4f^{14}\,5d^{10}\,6s^2\,6p$
82	Pb	Xe $4f^{14}\,5d^{10}\,6x^2\,6p^2$
83	Bi	Xe $4f^{14}\,5d^{10}\,6s^2\,6p^3$
84	Po	Xe $4f^{14}\,5d^{10}\,6s^2\,6p^4$
85	At	Xe $4f^{14}\,5d^{10}\,6s^2\,6p^5$
86	Rn	Xe $4f^{14}\,5d^{10}\,6s^2\,6p^6$
87	Fr	Rn $7s$
88	Ra	Rn $7s^2$
89	Ac	Rn $6d\ 7s^2$
90	Th	Rn $6d^2\ 7s^2$
91	Pa	Rn $5f^2\ 6d\ 7s^2$
92	U	Rn $5f^3\ 6d\ 7s^2$
93	Np	Rn $5f^4\ 6d\ 7s^2$
94	Pu	Rn $5f^6\ 7s^2$
95	Am	Rn $5f^7\ 7s^2$
96	Cm	Rn $5f^7\ 6d\ 7s^2$
97	Bk	Rn $5f^8\ 6d\ 7s^2$
98	Cf	Rn $5f^{10}\ 7s^2$
99	Es	Rn $5f^{11}\ 7s^2$
100	Fm	Rn $5f^{12}\ 7s^2$
101	Md	Rn $5f^{13}\ 7s^2$

$(2s)^2(2p)^6$이 된다. 네온에 이르러서 L껍질이 완전히 채워진다. 헬륨이나 네온과 같이 전자껍질이 완성된 원자는 화학적으로 안정하다. $(ns)^2(np)^6$을 완성시키는 8개 전자를 옥테트라고 하며, 이것은 헬륨을 제외한 모든 비활성 기체의 전자 배치로서 화학적으로 매우 안정한 전자 배치이다. 화학 결합에 관한 Lewis 법칙은 이러한 전자 배치가 안정하다는 사실에 일부 입각해서 나온 것이다.

표 22-5는 모든 원소의 전자 배치를 전자수가 증가하는 차례대로 나타낸 것이다. 이 표를 보고 즉각적으로 알 수 있는 것은 화학적 성질이 비슷한 원자들은 외부 전자 배치가 동일하다는 사실이다. 예로서 모든 알칼리 금속 원소는 8개의 전자로 된 껍질 바깥에 ns전자가 있는 배치를 가지고 있다. 또 구리족 금속은 $[(n-1)d]^{10}ns$의 전자 배치를 가지고 있는데, 이 때는 외톨이 전자가 s^2p^6껍질의 바깥이 아니라 완성된 d부껍질의 바깥쪽에 배치되어 있다. 구리족 금속이 알칼리 금속과 상이한 성질을 갖는 이유는 바로 이 때문이다. 이 이외에도 할로겐 원소나 비활성 기체 등에서도 동일한 전자 배치를 쉽게 찾아낼 수 있다.

표 22-5에 관해서 몇 가지 점을 지적할 수 있다. 우선 아르곤은 $(1s)^2(2s)^2(2p)^6(3s)^2(3p)^6$의 전자 배치를 가지고 있다. 논리적으로 볼 때 아르곤 다음에 오는 원소에서는 $3d$ 부껍질이 채워지기 시작해야 한다. 그러나 전자들의 상호 작용 때문에 $4s$준위가 $3d$준위보다 낮은 에너지를 가지며, 따라서 칼륨과 칼슘 원소에서는 $4s$준위가 먼저 채워진다. 그리하여 스칸듐에서 시작하여 니켈에서 끝나는 전이 원소에서 $3d$준위가 차례로 채워진다. 따라서 전이 원소는 부분적으로 채워진 d부껍질을 가지고 있다. 비슷한 현상이 크립톤 이후에도 나타난다. 즉, $5s$준위가 먼저 채워진 다음에 $4d$준위가 채워진다. $4f$부껍질은 $5s$, $5p$ 및 $6s$준위가 완성되기 전에는 채워지지 않는다. 바륨 다음에 란탄에 이르러서 $5d$준위에 전자가 하나 들어간다. 그 다음에는 세륨에서부터 루테튬까지의 희토류 원소, 즉 내부 전이 원소에서 $4f$준위가 14개의 전자로 채워진다. 따라서 내부 전이 원소는 부분적으로 채워진 부껍질을 2개($5d$와 $4f$) 가지고 있다.

$l=3$인 f준위와 같이 각운동량이 큰 준위에 있는 전자는 같은 주양자수를 갖는 다른 전자보다 핵에 훨씬 더 가까이 있다[(22.23)식]. 란탄과 그 다음에 오는 14개의 원소, 즉 희토류 원소에서는 $4f$ 전자들의 l값이 크고 또 주양자수가 원자가-껍질의 6에 비해서 4밖에 안되므로 이들 전자가 원자 내부에 파묻혀 있다. 그리하여 화학적 성질을 좌우하는 외부 전자는 f전자의 수가 얼마가 되든 별 영향을 받지 않는다. 희토류 원소는 $4f$전자의 수만 다르기 때문에 그 화학적 성질이 대단히 비슷하다.

22.7 주기율의 일반적 성질

22.7.1 원자 반경

바닥 상태에 있는 수소 원자의 지름은 약 100 picometer이다. (22.23)식에 의하면 $3s$상태에서는 원자의 지름이 약 2500 pm나 된다. 그러나 이 값은 가장 큰 원자의 지름보다도 훨씬 더 큰 것이다. 수소 원자로부터 보다 더 무거운 원자로 옮겨갈수록 핵전하가 증가하므로 전자들은 간단한 수소 원자에서 보다는 훨씬 더 핵에 가까이 끌리고 있다. 따라서 (22.23)식은 수소 원자의 경우를 제외하면 정확한 원자 반지름을 나타내지 못한다.

주기율표 상의 한 족, 예컨대 알칼리 금속의 원자 크기를 비교해 보면 주기율표에서 밑으로 내려간 것일수록 그 크기가 커진다. 리튬으로부터 프랑슘으로 옮겨감에 따라 그 원자가-전자는 $2s$, $3s$, $4s$, $5s$, $6s$, $7s$준위를 차지한다. 따라서 일반적으로 원자가-껍질에 있는 전자의 주-

양자수가 증가하면 그 원자의 반지름이 커진다고 말할 수 있다. 물론 급격히 커가는 것은 아니다.

또 주기율표 상의 한 주기에서는 원자 크기가 알칼리 금속에서 제일 크며, 급격하게 작아져서 3족 근처에서는 극소로 되고 불규칙적이기는 하지만 점차로 다시 커져서 다음 알칼리 금속에 이르러 다시 극대로 된다. 이러한 성질은 두 가지 요인에서 오는 것으로 생각할 수 있다. 즉, 예컨대 리튬에서 베릴륨으로 옮길 때는 핵전하가 증가하며 그리하여 전자를 끌어당겨서 원자를 작게 만들려고 한다. 그러나 한편 전자의 수도 늘어남으로 전자 구름 사이에 상호 반발력이 작용하게 되며 결과적으로 원자가 커지려는 경향을 나타낸다. 주기의 첫머리에서는 전자들이 서로 떨어져 있으므로 핵전하에 의한 영향이 우세하게 되어 원자 크기가 작아진다. 그러나 주기의 중간과 끝부분에서는 껍질 속에 들어있는 전자들 사이의 상호 반발이 커지며 따라서 핵전하의 증가로 인한 효과를 상쇄하고도 남기 때문에 원자 크기가 증가한다.

원자 크기를 말할 때 명심해야 할 것은 전자 구름의 경계가 명확하게 그어지지 않는다는 사실이다. 원자 반지름은 실험적 양이며, 원자를 어떤 환경에 놓고 측정하느냐에 따라서 그 값이 크게 달라진다. 예로서 아르곤의 분자 지름은 다음과 같이 측정 방법에 따라 그 값이 다르다.

측정 방법	기체 점성도	액체 밀도	고체 밀도
지 름	297 pm	404 pm	384 pm

이와 같이 여러 값이 나오는 이유는 원자 반지름에 대한 정의가 명확하지 못하기 때문인 것으로 생각된다. 따라서 원자 반지름을 비교하려면 같은 환경에서 측정한 값을 쓰도록 해야 한다. 이온 반지름이나 공유 결합 반지름이나 또는 금속 반지름에 대해서도 일관성이 있는 값의 표를 만들 수 있다. 가능하면 주위에 배위되는 원자 수가 모두 같게 되는 조건 하에서 원자 반지름을 측정하여 가지고 비교하는 것이 제일 좋다.

22.7.2 이온화 에너지

원자의 이온화 에너지는 전자가 그 원자에 얼마나 세게 묶여 있는가를 나타내는 척도가 된다. 그리하여 어떤 한 원자의 첫째 번 이온화 에너지는 다음 식에서와 같이 원자로부터 전자 하나를 무한히 먼 곳으로 떼어 놓는 데 필요한 에너지와 같다.

$$A \longrightarrow A^+ + e^-$$

둘째 번 이온화 에너지는 단일 전하의 이온에서 전자 하나를 더 떼어내는 데 필요한 에너지와 같다.

$$A^+ \longrightarrow A^{++} + e^-$$

따라서 원자의 이온화 에너지는 그 원자가 가지고 있는 전자의 수만큼 있을 수 있다.

몇 가지 원자의 첫째 번 이온화 에너지와 둘째 번 이온화 에너지를 서로 비교할 수 있도록 표 22-6에 수록하였다. 여기에 소개한 원자들은 모두 8개의 전자를 가진 비활성 기체의 전자 껍질

표 22-6 이온화 에너지.

원 소	H	Li	Na	K	Rb	Cs
전자 배치	1*s*	2*s*	3*s*	4*s*	5*s*	6*s*
I /(kJ/mol)	1311.7	520.1	495.7	418.6	402.9	375.6
II /(kJ/mol)		7296	4563	3069	2640	2260

표 22-7

원 소	H	He	Li	Be	Na
전자 배치	$1s$	$1s^2$	$1s^22s$	$1s^22s^2$	$1s^22s^22p^63s$
Ⅰ/(kJ/mol)	1311.7	2371.6	520.1	899.2	495.7
Ⅱ/(kJ/mol)		5249	7296	1756.6	4563
Ⅲ/(kJ/mol)			11810	14840	21000

보다 위에 s전자 하나씩을 가지고 있다. 이 표에 의하면 양자수가 증가할수록 전자가 쉽게 떨어져 나간다는 사실을 알 수 있다. 이것은 주로 핵과 외부 전자 사이의 거리가 양자수가 증가함에 따라 증가하기 때문이다. 수소와 리튬은 큰 이온화 에너지의 차를 나타내고 있으며, 또 각 비활성 기체의 이온화 에너지는 다음과 같이 대단히 높다.

	He	Ne	Ar	Kr	Xe
이온화 에너지 (kJ/mol)	2371.6	2080.1	1520.1	1350.4	1170.1

이렇게 높은 값 때문에 이 원소들은 He^+ 나 Ne^+ 등의 이온이 들어간 화합물을 만들지 못한다.

원자의 둘째 번 이온화 에너지는 첫째 번 것보다 6내지 15배나 더 크다. 여기에는 두 가지 이유가 있는데, 그 첫째는 둘째 번 이온화 에너지가 원자의 전하 때문에 첫째 번 이온화 에너지 보다 커지기 때문이다. 둘째는 이들 원자로부터 둘째 번 전자를 떼어내려면 대단히 안정한 닫혀진 전자 껍질, 즉 8개 전자의 껍질이 열려야 하기 때문이다. 이 때는 굉장히 많은 에너지가 소요된다.

만일 닫혀진 껍질을 깨뜨리지 않고 둘째 번 전자를 떼어낼 수 있을 때는 둘째 번 이온화 에너지가 첫째 번 것보다 그렇게 엄청나게 크지 못하며, 일반적으로 첫째 번 이온화 에너지의 2내지 3배가 된다. 둘째 번 전자를 떼어내려면 첫째 번 전자를 떼어낼 때보다 항상 더 많은 에너지가 필요하며, 또 세째 번 전자를 떼어내는 데는 둘째 번에서 보다 더 많은 에너지가 필요하다. 대체적으로 말해서 8개 전자의 닫힌 껍질이 깨지지 않을 경우 둘째 번 전자는 첫째 번 전자보다 2내지 3배의 더 큰 에너지를 필요로 하며, 세째 번 전자는 둘째 번 전자보다 1.5내지 2배의 더 큰 에너지를 필요로 한다, 만일 8개 전자의 닫힌 껍질이 열려야 할 때는 훨씬 더 큰 에너지가 필요하다. 표 22-7은 이러한 사실을 잘 설명하고 있다.

《질 문》

22. 1 Coulomb 퍼텐셜은 전자를 수소 원자에 묶어 놓는다는 사실과 양자수 n의 근원 사이에는 어떤 관계가 있는가?

22. 2 수소 원자가 양자수 l과 m을 갖게 되는 물리적 원인은 무엇인가?

22. 3 $1s$상태의 방사 방향 분포가 $r=0$ 근처에서 그림 22-2(b)와 같이 되는 이유를 불확정성 원리를 가지고 정성적으로 설명하라(즉, 핵 근처에서 전자가 발견될 확률이 무시할 수 있을 정도로 작아지는 사실을 설명하라).

22. 4 수소 원자의 $n=2$ 상태들을 회전 운동 에너지의 증가 순으로 말하라.

22. 5 p_x 상태에 있는 전자가 $+1$, -1 및 0인 M_z 값을 나타낼 확률을 말하라.

22. 6 전자의 궤도 각운동량과 스핀 각운동량 사이에는 어떤 유사점과 상이점이 있는가?

22. 7 만일 m_s가 2개가 아니고 3개의 상이한 값을 가질 수 있다면 몇 가지 원소가 주기율 표의 세째 주기에 속하겠는가?

22. 8 비활성 기체의 원자 반경과 첫째 이온화 에너지가 나타내는 경향들을 서로 관련시켜 보아라.

22. 9 다음과 같은 원소에서는 각각 몇째 번 이온화 에너지(첫째, 둘째, …등)가 갑자기 크게 증가하겠는가? Li, Be, B, C

≪연습 문제≫

22. 1 a) Lyman, Balmer, Paschen 계열의 처음 세 스펙트럼선의 파장을 계산하라. b) 이들 각 계열의 극한, 즉 가장 짧은 파장을 구하라.

22. 2 $1s$ 상태의 수소 원자에 대한 방사 방향 분포 함수는 (22.20)식으로 주어진다. 이 함수는 $r = a_0$에서 극대가 된다는 것을 증명하라.

22. 3 수소 원자가 a) $1s$, b) $2s$, c) $2p$, d) $3s$ 상태에 있을 때, 그 전자 구름을 90% 포함하는 구의 반지름은 각각 얼마가 되겠는가?

22. 4 수소 원자의 p_z 파동 함수는 $f(r)\cos\theta$이다. 여기서 θ는 지름 벡터와 z-축 사이의 각도이며 0에서부터 π까지 변한다. r 값이 일정할 때의 확률 밀도를 θ의 함수로 그려 보아라.

22. 5 a) $1s$, $2s$, $2p$ 및 $3s$ 상태에 있는 수소 원자의 $\langle r \rangle$을 구하고, (22.23)식으로부터 얻은 결과와 비교하라.

b) 문제 (a)에서와 같은 상태에 있는 수소 원자의 $(r - \langle r \rangle)^2$에 대한 기대치를 계산하라.

22. 6 수소 원자의 운동량의 방사 방향 성분에 대한 연산자는 다음과 같다.

$$\mathrm{p}_r = -i\hbar\left(\frac{\partial}{\partial r} + \frac{1}{r}\right)$$

a) $1s$, $2s$, $2p$ 및 $3s$ 상태의 수소 원자에 대한 p_r과 p_r^2의 기대치, 그리고 p_r의 불확정도를 계산하라.

b) 문제 (a)의 결과를 문제 22.5의 결과와 함께 이용하여 수소 원자가 이러한 상태들에 있을 때의 방사 방향 좌표와 운동량에 대한 Heisenberg의 불확정성 원리를 구하라.

22. 7 수소 원자가 $1s$, $2s$, $2p$ 및 $3s$ 상태에 있을 때, 퍼텐셜 에너지 $V(r) = -e^2/4\pi\epsilon_0 r$의 기대치를 계산하라. 또 그 운동 에너지의 기대치를 계산하라.

22. 8 수소 원자에서 양성자와 전자 사이에 작용하는 힘은 $F = -e^2/4\pi\epsilon_0 r^2$이다. 이 원자가 $1s$, $2s$ 및 $2p$ 상태에 있을 때의 이 힘의 기대치를 계산하라.

22. 9 a) $2p$, $3p$ 및 $3d$ 상태에 있는 수소 원자에서 전자의 회전 에너지, 즉 회전 운동 에너지에 대한 기대치를 구하라. 이들 각각을 이러한 상태에서의 전체 운동 에너지 값과 비교하라.

b) 이들 세 상태에 대한 회전 운동의 z-축 성분과 관계되는 회전 에너지의 분율을 계산하라.

22. 10 $1s$, $2s$, $2p$, 및 $3s$, $3p$ 및 $3d$ 상태에 있는 수소 원자의 관성 모멘트 기대치를 계산하라.

22. 11 원자 속의 전자가 가질 수 있는 자기 모멘트의 z-축 성분 값은 $\mu_z = -(m + 2m_s)\mu_B$로 주어진다. s, p, d 및 f 전자에 대한 μ_z의 가능한 값들을 구하라.

23
공유 결합

23.1 개　　요

양자 역학이 발전하기 전에는 분자가 왜 안정한지 그 이유가 알려지지 않았었다. 이온 결정의 응집력은 고전 전자기 이론에 따라서 반대 전하의 이온 사이에 전기적 인력이 적용하기 때문이라고 적절하게 설명할 수 있었다. 더 나아가서 모든 원자들의 상호 작용을 양전하, 음전하, 전기 쌍극자, 유발 쌍극자 등의 전기적 상호 작용으로 설명하였었다. 그러나 이러한 고전론적 계산 결과에 의하면, 두 수소 원자 사이의 결합과 같은 동일한 두 원자 사이의 결합이 실제보다 훨씬 약하게 나타났었다. 이것은 고전 물리학이 해결하지 못한 또 하나의 문제이었다.

양자 역학적으로는 분자를 이루는 각 원자들의 에너지를 우선 계산한 다음에 분자 자체의 에너지를 계산한다. 만일 분자의 에너지가 성분 원자들의 에너지의 합보다 작으면 그 분자는 안정하다. 또 이 에너지 차는 분자의 결합 세기의 척도가 된다. 이것을 말로는 이처럼 하기가 쉽지만 엄밀한 계산은 거의 불가능하다. 그러나 몇몇 경우에는 다행히도 간단히 되는 수가 있다.

무엇보다도 우선 수소 분자, H_2를 생각하여 보자. 수소 분자는 4개의 알맹이, 즉 2개의 양성자와 2개의 전자로 되어 있다. 양자 역학적으로도 마찬가지이지만 고전적으로 3체 운동의 문제는 정확한 해가 나오지 않는다. 알맹이 수가 많아지면 문제가 더 한층 어려워질 따름이다. 그러나 원자핵은 전자보다 대단히 무거우므로 상대적으로 볼 때 핵의 운동은 둔하며, 전자는 핵의 위치가 어떻게 변하든 거기에 적응될 정도로 충분히 빠르게 운동한다. 따라서 근사적으로 핵운동을 분자의 진동 및 회전과 전혀 독립적인 문제로 취급할 수 있다. 이 방법을 Born-Oppenheimer 근사라고 부른다. 따라서 핵간 거리와 핵의 상대 배향을 전자 운동 문제에다 파라미터로 넣어줄 수 있다. 그리하여 이 파라미터를 변화시키면서 분자의 에너지가 어떻게 변하는 가를 볼 수 있다.

분자의 에너지는 다음과 같은 식으로 주어진다.

$$E = \int \psi^* \mathbf{H} \psi \, d\tau \tag{23.1}$$

여기서 ψ는 분자 속에 들어 있는 모든 전자들의 파동 함수이며, $\mathbf{H}$는 모든 전자들의 운동 에너지와 퍼텐셜 에너지를 합한 전체 에너지에 대한 연산자이다. 여기서 또 한 가지 다행한 일은, (23.1)식에다 엄밀한 파동 함수를 쓰지 않고 근사적인 함수(심지어는 짐작으로도 구할 수 있다!)를 쓸 경우에 그 적분값이 분자의 실제 바닥 상태 에너지보다 항상 크게 나온다는 것이다. 이 사실을 변분 원리라고 부른다.

계가 가질 수 있는 최저 에너지, 즉 바닥 상태 에너지를 E_0 라고 하자, 만일 근사적인 파동 함수를 ϕ 라고 하면 다음 관계가 성립한다.

$$\int \phi^* \mathbf{H} \phi \, d\tau > E_0 \qquad (23.2)$$

이것이 변분 원리이다. 이 원리에 의해서 우리는 파동 함수 ϕ 를 짐작해 내고, 조절할 수 있는 상수를 이 짐작으로 구한 함수에다 넣은 다음에 위의 적분을 할 수 있다. 이어서 이 적분값이 최소가 되도록 상수를 조절해 준다. 이와 같이 해서 얻은 최소값은 변분 원리에 의해서 여전히 바닥 상태 에너지보다 크다. 숙달이 되면 보다 더 세련된 짐작을 할 수 있게 되고 그리하여 정확한 에너지 값에 한 층 더 가까운 값을 구할 수 있다. 짐작으로 얻은 파동 함수를 써서 구한 에너지가 정확한 값보다 절대로 작을 수 없다는 이 원리는 대단히 쓸모가 있다.

만족스러운 계의 근사 파동 함수를 구하면 이것을 이용해서 화학 결합의 성질을 통찰할 수 있다. 근사 파동 함수를 구하는 방법은 크게 둘로 나눌 수 있다. 하나는 주로 Heitler, London, Slater 및 Pauling에 의해서 발전된 원자가-결합 방법인 바, 이 방법에서는 2개의 전자가 있어야 화학 결합이 형성된다는 사실을 고려하여 이 전자쌍의 성질을 브는 것이다. 분자 속의 각 결합 전자쌍은 간단한 방법으로 표시되며, 이들 표시를 이용해서 전체 분자의 파동 함수를 구한다. Hund와 Mulliken이 발전시킨 분자 궤도 함수*법에서는 각 분자의 핵 골격을 중시하고, 분자는 마치 수소 원자가 일련의 에너지 준위를 가지듯 각 분자에 고유한 일련의 에너지 준위를 가져야 한다고 본다. 이 에너지 준위에다 Pauli 원리에 모순되지 않게 분자의 전자를 채워서 분자의 전자 구조 표시를 얻는다. 이 방법은 복잡한 원자의 전자 구조를 표시하는 데 사용했던 방법을 분자에 적용되도록 고쳐 놓은 것이다.

분자 궤도 함수 이론은 이론상 깨끗하지만 편재된 화학 결합에다 중점을 둔 것이 아니므로 대부분의 화학자들은 이러한 화학 결합을 쉽게 머리 속으로 그릴 수 있는 원자가-결합 방법을 애용하고 있다. 그러나 이 두 방법의 차는 대수로운 것이 안 된다. 수정이 될대로 다 된 오늘날의 원자가-결합 이론과 분자 궤도 함수 이론은 거의 번 차가 없다.

23.2 전 자 쌍

분자의 전자쌍을 표시하기 위하여, 분자의 핵이 형성하는 전기장 속에서 동일한 이 두 알맹이가 어떻게 행동하는가를 조사하여 보자. 우선 문제를 간단히 하기 위하여 두 전자 사이에는 전기적 반발력이 작용하지 않으며 각 전자마다 독립적인 운동을 한다고 생각하자. 첫째 번 전자의 상태는 파동 함수 $\psi_n(x_1, y_1, z_1)$으로 표시하고 마찬가지로 둘째 번 전자는 파동 함수 $\psi_k(x_2, y_2, z_2)$로 표시한다. 이것을 간단히 $\psi_n(1)$과 $\psi_k(2)$로 표시하는데, 여기서 (1)은 전자 1의 좌표 (x_1, y_1, z_1)을, 그리고 (2)는 전자 2의 좌표 (x_2, y_2, z_2)를 나타낸다.

첨자 n과 k는 두 전자의 상태가 다를 수 있음을 표시한다. 이 전자들은 독립적으로 운동하므로 전자쌍의 에너지는 각 전자의 에너지의 합과 같다. 즉, $E = E_n + E_k$ 이다. 계의 에너지가 이와 같이 합으로 주어질 때는 Schrödinger 방정식을 만족시키는 전자쌍의 파동 함수가 각 전자의 파동 함수의 곱과 같아야 한다. 즉, 전자쌍의 파동 함수는 다음과 같이 되어야 한다.

$$\psi_1 = \psi_n(1)\psi_k(2) \qquad (23.3)$$

전자는 서로 구별이 안 되므로 어느 것이 k 상태에 있고 어느 것이 n 상태에 있는지 구별할 도

* 궤도 함수(orbital)는 궤도(orbit)의 별명이 아니며 파동 함수와 똑같은 뜻으로 쓰이는 말이다.

리가 없다. 따라서 다음과 같은 파동 함수도 또한 맞는 것이다.

$$\psi_{II} = \psi_k(1)\psi_n(2) \qquad (23.4)$$

이것은 알맹이의 좌표만을 교환한 것과 같은 결과이다. (23.4)식의 파동 함수와 (23.3)식의 파동 함수는 똑같은 에너지를 가진다(동일한 에너지의 상태를 퇴화된 상태라고 하며, 여기서의 두 상태는 좌표를 교환했다는 점만이 다르므로 교환 퇴화라고 한다). 이 두 알맹이는 상호 작용을 하지 않으므로 위의 파동 함수 중의 어느 하나나 또는 이들의 선형 결합은 완전히 정확한 것이라고 볼 수 있다.

그러나 전자 사이의 반발력을 고려하려면 선형 결합 함수를 써야만 한다. 그리고 허용되는 조합은 다음과 같다.

$$\psi_S = \frac{1}{\sqrt{2}}[\psi_n(1)\psi_k(2) + \psi_n(2)\psi_k(1)] \qquad (23.5)$$

$$\psi_A = \frac{1}{\sqrt{2}}[\psi_n(1)\psi_k(2) - \psi_n(2)\psi_k(1)] \qquad (23.6)$$

ψ_S와 ψ_A의 두 함수가 갖는 대칭성은 중요하다. 즉, 전자 1과 2의 좌표를 교환하면(괄호 속의 1과 2를 상호 교환한다) ψ_S 함수는 변하지 않는다. 즉, ψ_S는 이러한 조작에 관해서 대칭이다. ψ_A 함수는 이러한 조작에 의해서 부호가 바뀌며 따라서 반대칭이다.

문제는 이들 두 표시 중에서 어느 것이 두 원자 사이의 결합을 나타내느냐이다. 비교적 가까이 붙어 있는 2개의 양성자와 2개의 전자로 되어 있는 수소 분자, H_2를 가지고 이 문제를 생각하여 보자. 두 양성자는 그 자체만으로서는 상호 반발할 것이다. 따라서 안정한 분자를 형성하려면 이 반발력이 감소되어야 한다. 이 반발력이 감소되려면 두 전자가 대체로 두 핵 사이의 좁은 공간내에 머물러 있어야 한다. 이것은 두 전자가 서로 비교적 가까이 붙어 있어야 함을 뜻한다. 좌표 1과 좌표 2의 값이 서로 가까와지면 다음과 같은 관계가 성립한다.

$$\psi_n(1) \approx \psi_n(2) \qquad \text{및} \qquad \psi_k(1) \approx \psi_k(2)$$

이 관계를 (23.5)식과 (23.6)식에 넣으면 다음 관계가 나온다.

$$\psi_S \approx \frac{2}{\sqrt{2}}\psi_n(1)\psi_k(2) \qquad \text{및} \qquad \psi_A \approx 0$$

따라서 두 전자가 ψ_A로 표시될 때는 근접된 두 전자를 발견할 확률 $|\psi_A|^2$이 대단히 작으며, 한편 두 전자가 ψ_S로 표시될 때는 근접된 두 전자를 발견할 확률 $|\psi_S|^2$이 상당히 크다. 따라서 두 핵을 결합시키는 전자의 상태는 ψ_S라고 결론지을 수 있다. 이 결론은 분자의 에너지를 세밀하게 계산해 봄으로써 확인되었다.

그러나 Pauli 원리에 의하면 계의 파동 함수는 알맹이의 좌표를 상호 교환하는 조작에 관해서 반대칭이어야 한다. 이 입장을 살리려면 전자쌍의 전체 파동 함수가 공간 부분(ψ_S 또는 ψ_A)과 스핀 부분의 곱으로 주어진다는 사실을 이용하면 된다. 스핀 부분도 역시 알맹이의 상호 교환에 관해서 대칭 Σ_S이거나 또는 반대칭 Σ_A일 수 있다. 따라서 전체 파동 함수가 반대칭이 되게 공간 함수와 스핀 함수를 결합하면 된다. 즉,

$$\psi_1 = \psi_S\,\Sigma_A \qquad \text{및} \qquad \psi_2 = \psi_A\,\Sigma_S$$

이 중에서 화학 결합에 필요한 파동 함수를 포함하고 있는 것은 첫째 번 함수, 즉 ψ_1이다. 여기서 스핀이 반대칭이라는 것은 결합 전자쌍이 되는 두 전자의 스핀이 반대이어야 한다는 사실을 뜻

하며, 따라서 그 자기 모멘트는 상쇄되어 버린다. 대부분의 분자가 자기 모멘트를 갖지 않는 것은 바로 이 때문이다. 그리고 자기 모멘트를 갖는 분자는 쌍을 이루지 않은 전자를 가졌음을 뜻한다.

결합 전자쌍에 관한 결론은 다음과 같이 요약할 수 있다. 파동 함수는 Pauli 원리를 만족시켜야 하며, 즉 동일 알맹이의 교환에 관해서 반대칭이어야 하며 따라서 전자는 핵 사이의 좁은 공간에 집중되어야 한다. 그리고 이 조건으로 말미암아, 화학 결합을 이루는 전자쌍은 다음과 같은 함수로 표시할 수밖에 없다.

$$\psi_1 = \psi_S \Sigma_A \tag{23.7}$$

대칭 공간 함수 ψ_S는 핵 사이의 전자 구름 밀도를 크게 하여 핵 사이의 전기적 반발력을 억제한다. 또 반대칭 스핀 함수는 두 전자의 자기 모멘트가 서로 반대 방향으로 배향되게 한다. 그리하여 원자가 전자쌍에 의해서 결합된다는 1916년의 G.N. Lewis의 제의는 양자 역학적으로 확인되고 보다 넓은 뜻을 갖게 되었다. 세밀한 계산 결과에 의하면 ψ_S로 표시되는 상태의 에너지는 ψ_A로 표시되는 상태의 에너지보다 훨씬 더 낮다. 이 결론은 일반적인 것으로서, 임의의 두 원자를 결합시키고 있는 모든 전자쌍에 적용시킬 수 있다. 수소 분자를 예로 들어서 세밀하게 살펴보기로 하자.

23.3 수소 분자 ; 원자가-결합 방법

우선 양성자를 a와 b, 그리고 전자를 1과 2로 나타내자. 두 수소 원자가 무한히 멀리 떨어져 있으면 두 전자 사이나 두 양성자 사이에 상호 작용이 안 일어날 것이다. 전자 1이 양성자 a에 붙어 있을 때는 $\psi_a(1)$로 표시하는데, 이것은 수소 원자 a의 파동 함수이다. 마찬가지로 양성자 b와 결합한 전자 2는 $\psi_b(2)$로 표시하는데, $\psi_b(2)$는 수소 원자 b의 파동 함수이다. 우리가 관심을 갖는 것은 최저 에너지의 상태뿐이므로, ψ_a와 ψ_b로서는 각 원자의 $1s$함수를 택한다. 23.2절에서 설명한 바와 같이 2전자계의 표시는 $\psi_a(1)\psi_b(2)$나 $\psi_a(2)\psi_b(1)$의 어느 하나가 된다. 어느 것을 쓰던지 무한히 떨어져 있는 계의 에너지는 $E = 2E_{1s}$로서, $1s$상태에 있는 개개 원자의 에너지의 합과 같다.

이러한 양자 역학적 표시에 대응하는 다음과 같은 이른바 일종의 "화학"구조가 관습적으로 쓰이고 있다.

기호	"화학"구조	표 시	에너지
I	$H_a\!:^1 \quad {}^2\!\cdot H_b$	$\psi_I = \psi_a(1)\psi_b(2)$	$E_I = 2E_{1s}$
II	$H_a\!:^2 \quad {}^1\!\cdot H_b$	$\psi_{II} = \psi_a(2)\psi_b(1)$	$E_{II} = 2E_{1s}$

두 원자가 서로 접근하면 전자는 서로 독립적인 운동을 할 수 없으며 상호간에 영향을 미치며 양쪽 핵의 영향도 받게 된다. 이렇게 되면 ψ_I과 ψ_{II}는 이미 정확하지 않고, 근사 파동 함수로서도 불충분하다. 그리하여 다음 중의 어느 한 선형 결합을 택해야 한다.

$$\psi_S = N(\psi_I + \psi_{II}) \tag{23.8}$$

$$\psi_A = N'(\psi_I - \psi_{II}) \tag{23.9}$$

여기서 N과 N'은 정규화 상수이다. 앞에서 설명한 바와 같이, 두 원자가 안정하게 결합된 분자의 파동 함수는 ψ_S이다. 아직까지 ψ_S 표시를 간단한 화학 구조로 나타내는 방법은 알려져 있지 않다. 다만 공명 구조라고 불리는 구조 I과 II를 써가지고, 정확한 구조는 이 두 구조의 공명

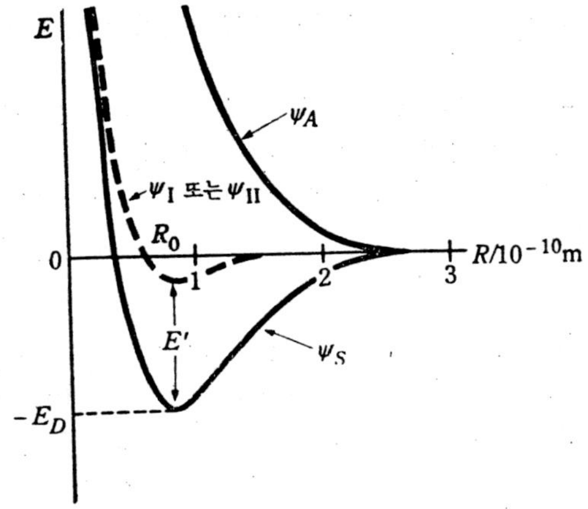

그림 23-1 R의 함수로 나타낸 H_2의 에너지.

잡종이라고 말하고 있다.

ψ_S를 이용해서 분자의 에너지를 핵간 거리 R의 함수로 계산할 수 있는 바, 무한히 떨어져 있는 원자를 기준으로 계산한 이 에너지 값은 그림 23-1의 ψ_S로 표시한 곡선과 같다. 파동 함수를 사용하면 평형 핵간 거리 R_0에서 계의 에너지가 극소로 된다. 이와 같이 극소치가 존재한다는 것은 안정한 분자가 형성된다는 것을 뜻하며, 극소치의 깊이 E_D는 분자의 결합 에너지, 즉 해리 에너지와 같다.

그림 23-1에서 ψ_A에 대한 에너지 곡선을 보면 R이 어떤 값을 가지든 관계없이 계의 에너지가 분리된 원자들의 에너지보다 크다. 따라서 에너지가 최소로 되는 것은 원자가 서로 떨어져 있을 때이다. 이 상태는 반결합 상태, 즉 반발 상태이다.

만일 이러한 원리들을 무시하고 ψ_I 이나 ψ_{II} 자체만을 이용해서 에너지를 계산하면 그림 23-1의 점선이 나온다. 이 곡선과 ψ_S에 대한 곡선과의 에너지차를 **공명 안정 에너지 또는 공명 에너지**라고 부른다. 분자의 안정도는 공명 에너지에 의해서 크게 좌우된다. ψ_I 이나 ψ_{II} 와 같은 간단한 표시만으로서는 왜 분자를 나타내기에 부적합한지 그 이유를 쉽게 이해할 수 있다. 즉, 두 원자를 가까이 가져오면 한 원자의 전자를 양쪽의 양전하 핵이 끌기 때문인 것이다. 이 때 전자 자신은 양쪽 핵으로 퍼진다. 주목할 만한 사실은 이처럼 전자가 양쪽 핵에 퍼지면 계의 에너지가 크게 감소한다는 사실이다.

전자 구름의 확률 밀도는 파동 함수를 제곱하면 나온다. ψ_S와 ψ_A에 대해서 결합축 상의 밀도를 나타낸 것이 그림 23-2이다. ψ_S로 표시되는 결합 상태에서는 두 핵 사이의 전자 밀도가 대단히

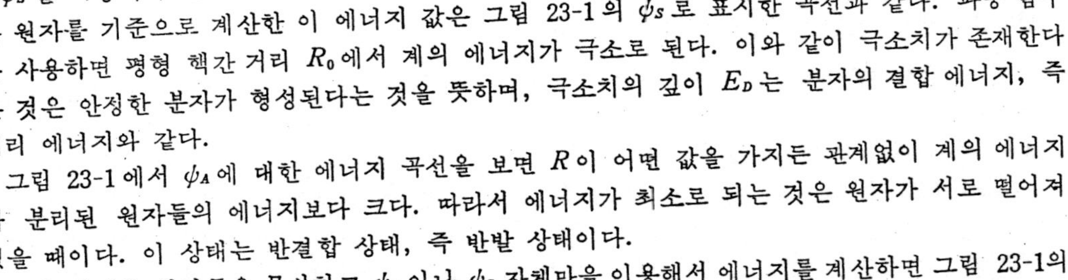

그림 23-2 H_2의 두 상태에 대한 전자 밀도.

높으며, ψ_A로 표시되는 상태에서는 핵 사이의 전자 구름이 비교적 엷다. 결합 상태의 분자에서 핵 사이의 전자 밀도는 각 원자의 전자 구름이 겹쳐져서 서로 뚫고 들어가 있기 때문에 나타나는 것이라고 생각할 수 있다. 정성적으로 말해서 두 전자 구름이 많이 겹쳐질수록 두 원자 사이의 결합은 강해진다. 이것을 Pauling의 최대 겹침의 원리라고 한다.

파동 함수 ψ_S와 ψ_A가 정규화되려면 다음 조건을 만족시켜야 한다.

$$\int \psi_S^2 \, d\tau = 1 \quad \text{및} \quad \int \psi_A^2 \, d\tau = 1$$

(23.8)식을 이용하면 $\int \psi_S^2 \, d\tau$가 다음과 같이 된다.

$$N^2 \int (\psi_{\mathrm{I}} + \psi_{\mathrm{II}})^2 \, d\tau = N^2 \left(\int \psi_{\mathrm{I}}^2 \, d\tau + 2 \int \psi_{\mathrm{I}} \, \psi_{\mathrm{II}} \, d\tau + \int \psi_{\mathrm{II}}^2 \, d\tau \right) = 1$$

이 식은 ψ_{I}과 ψ_{II}는 정규화되어 있으므로 다음과 같이 된다.

$$N^2 \left(2 + 2 \int \psi_{\mathrm{I}} \, \psi_{\mathrm{II}} \, d\tau \right) = 1 \tag{23.10}$$

ψ_{I}과 ψ_{II}의 정의를 이용하여 이 식 속의 적분을 다음과 같이 쓸 수 있다.

$$\int \psi_{\mathrm{I}} \, \psi_{\mathrm{II}} \, d\tau = \int \psi_a(1) \psi_b(2) \psi_a(2) \psi_b(1) d\tau_1 \, d\tau_2$$

여기서는 일반적 부피 요소 $d\tau$를 두 전자에 대한 부피 요소 $d\tau_1$과 $d\tau_2$로 바꾸어 놓았다. 이 적분은 다음과 같이 분리시킬 수 있다.

$$\int \psi_{\mathrm{I}} \, \psi_{\mathrm{II}} \, d\tau = \int \psi_a(1) \psi_b(1) d\tau_1 \int \psi_a(2) \psi_b(2) d\tau_2$$

우변의 두 적분은 좌표의 표시만이 다를 뿐이므로 실제로는 동일한 것이다. 이들을 각각 겹침 적분이라고 한다. 즉,

$$S = \int \psi_a(1) \psi_b(1) d\tau_1 = \int \psi_a(2) \psi_b(2) d\tau_2 \tag{23.11}$$

따라서,

$$\int \psi_{\mathrm{I}} \, \psi_{\mathrm{II}} \, d\tau = S^2 \tag{23.12}$$

(23.12)식을 이용하면 (23.10)식으로부터 N^2을 구할 수 있다.

$$N^2 = \frac{1}{2(1 + S^2)} \quad \text{즉} \quad N = \frac{1}{\sqrt{2(1 + S^2)}} \tag{23.13}$$

비슷한 방법을 이용하여 ψ_A를 정규화시키면 N'을 구할 수 있다.

$$N' = \frac{1}{\sqrt{2(1 - S^2)}} \tag{23.14}$$

★ 23.3.1 적합한 파동 함수를 만드는 방법

(23.12)식에 의하면 S가 영이 아닐 때는(즉, R이 무한대가 아닐 때) ψ_{I}과 ψ_{II}가 직교하지 않는다. 따라서 R이 무한대가 아닐 때는 ψ_{I}과 ψ_{II}를 계의 적합한 파동 함수라고 볼 수 없다.

ψ_{I}과 ψ_{II}를 선형 결합하면 2개의 직교 파동 함수가 나오는데, 이들이 이 계의 근사적 파동 함수 역할을 할 수 있다.

이제부터 두 전자의 상호 교환에 대해서 대칭이나 반대칭이 되는 적합한 파동 함수를 만들어 보자. 두 전자의 좌표를 상호 교환시키는 연산자를 **I**라고 하자. 그러면

$$\mathbf{I}\psi_{\mathrm{I}} = \mathbf{I}[\psi_a(1)\psi_b(2)] = \psi_a(2)\psi_b(1) = \psi_{\mathrm{II}} \tag{23.15}$$

마찬가지로

$$\mathbf{I}\psi_{\mathrm{II}} = \psi_{\mathrm{I}} \tag{23.16}$$

다음과 같은 선형 결합을 생각하자.

$$\psi_S = N\psi_{\mathrm{I}} + \lambda\psi_{\mathrm{II}}$$

여기서 N과 λ는 상수이며, 다음과 같은 조건을 만족시킨다.

$$\mathbf{I}\psi_S = \psi_S \tag{23.17}$$

그런데

$$\mathbf{I}\psi_S = N(\mathbf{I}\psi_{\mathrm{I}}) + \lambda(\mathbf{I}\psi_{\mathrm{II}}) = N\psi_{\mathrm{II}} + \lambda\psi_{\mathrm{I}}$$

따라서 (23.17)식이 만족되려면 다음과 같이 되어야 한다.

$$N\psi_{\mathrm{II}} + \lambda\psi_{\mathrm{I}} = N\psi_{\mathrm{I}} + \lambda\psi_{\mathrm{II}}$$

즉,

$$(N-\lambda)(\psi_{\mathrm{II}} - \psi_{\mathrm{I}}) = 0$$

$\psi_{\mathrm{II}} - \psi_{\mathrm{I}}$이 영이 아니면서 이 조건이 만족되려면 $\lambda = N$이어야 한다. 따라서,

$$\psi_S = N(\psi_{\mathrm{I}} + \psi_{\mathrm{II}}) \tag{23.18}$$

상수 N은 (23.13)식으로 주어진다.

파동 함수를 반대칭으로 만들어야 할 때, 즉 $\mathbf{I}\psi_A = -\psi_A$가 되어야 할 때도 마찬가지 방법에 의해서 다음과 같은 관계를 얻을 수 있다.

$$\psi_A = N'(\psi_{\mathrm{I}} - \psi_{\mathrm{II}})$$

여기서 N'은 (23.14)식으로 주어진다. 이와같이 구한 ψ_S와 ψ_A가 직교한다는 것은 쉽게 보여줄 수 있다.

이들 파동 함수에 대응하는 에너지는 다음 적분으로 구할 수 있다.

$$E = \int \psi \mathbf{H} \psi \, d\tau \tag{23.19}$$

R이 유한할 때는 이들 파동 함수가 엄밀하지 않으므로 이러한 방법으로 구한 에너지는 변분 원리에 의해서 계의 실제 바닥 상태 에너지보다 항상 크다.

23.4 공유 결합

임의의 두 원자 A와 B사이의 공유 결합은 수소 분자에 대한 ψ_S와 비슷한 파동 함수로 표시할

수 있다. 우선 다음과 같은 구조로 생각하여 보자.

$$\text{I} \qquad \text{A}\cdot^{1}\ ^{2}\cdot\text{B} \qquad \psi_{\text{I}} = \psi_a(1)\psi_b(2)$$

$$\text{II} \qquad \text{A}\cdot^{2}\ ^{1}\cdot\text{B} \qquad \psi_{\text{II}} = \psi_a(2)\psi_b(1)$$

여기서 ψ_a와 ψ_b는 각각 A원자와 B원자에 대한 파동 함수이다. 분자의 실제 구조는 ψ_{I}과 ψ_{II}의 대칭 결합으로 표시된다. 즉,

$$\psi_S = \frac{1}{\sqrt{2(1+S^2)}}(\psi_{\text{I}} + \psi_{\text{II}})$$

이 표시는 결합이 형성될 수 있는 최저 에너지를 나타낸다. 이 ψ_S로 계산한 에너지와 ψ_{I}이나 ψ_{II}로 계산한 에너지와의 차를 구하면 이것이 곧 공명 에너지가 된다.

결합의 안정성은 주로 공명 에너지에 의존하므로 공명 에너지의 크기에 영향을 미치는 요인이 어떤 것인가를 알아보는 것은 매우 중요하다. 만일 공명에 기여하는 구조들의 에너지가 똑같거나 거의 같을 때는 공명 에너지는 가능한 최대의 값을 갖는다. 기여하는 구조들 사이의 에너지 차가 크면 클수록 공명에 의한 안정성은 작아진다. 어떤 임의의 분자 AB에서 구조 I과 II가 전자 좌표를 교환했다는 점만의 차를 갖는 경우에는 이 두 구조가 완전히 똑같은 에너지를 가진다. 따라서 이러한 구조 I과 II 사이의 공명으로 기인되는 안정성은 크다.

분자 AB의 이온 구조로서는 다음과 같은 것을 생각할 수 있다.

$$\text{III} \qquad \text{A}^+ \qquad \overset{1}{\underset{2}{:}}\text{B}^-$$

$$\text{IV} \qquad \text{A}\overset{1}{\underset{2}{:}}^- \qquad \text{B}^+$$

이들 구조는 역시 분자의 전체 구조에 기여를 하지만, 그 중 한 구조는 다른 구조에 비해서 일반적으로 훨씬 에너지가 낮다. 뿐만 아니라 이 두 구조의 에너지는 구조 I이나 II의 에너지와도 다르다. 많은 분자에서 한 가지 또는 그 이상의 이온 구조가 분자의 전체 구조에 기여를 하고 있다. 예로서 염화수소 분자의 경우에는 다음과 같은 세 가지 구조가 중요하다.

$$\text{I} \quad \text{H}\cdot^{1}\ ^{2}\cdot\text{Cl} \qquad \text{II} \quad \text{H}\cdot^{2}\ ^{1}\cdot\text{Cl} \qquad \text{III} \quad \text{H}^+\ \overset{1}{\underset{2}{:}}\text{Cl}^-$$

염화수소 분자의 전체 구조는 구조 I, II 및 III의 공명 잡종이며, 이 분자에 대한 양자 역학적 표시는 다음과 같은 선형 결합으로 주어진다.

$$\psi = c[\psi_{\text{I}} + \psi_{\text{II}} + \lambda\psi_{\text{III}}]$$

여기서 ψ_{I}과 ψ_{II}의 계수는 같으며, 이 둘이 전체 구조에 똑같은 기여를 하고 있음을 나타낸다. ψ_{III}의 계수는 다른 둘과 같지 않으며 ψ_{III}의 기여가 같지 않음을 나타낸다. HCl에서 이 세 구조의 기여는 각각 I, 26%; II, 26%; III, 48%이다. 구조 I과 II는 공유 구조이며, 따라서 HCl에서의 결합은 공유 결합이 52%이고 이온 결합이 48%라고 말할 수 있다. 이온 결합의 기여가 큰 결합은 부분적 이온성을 가진 공유 결합이라고 부른다.

모든 결합은 다소간의 이온성을 가지고 있다. 같은 종류의 두 원자가 결합된 경우에도 작기는 하지만 이온 구조의 기여가 있으며, H_2의 경우 이온 구조의 기여가 약 3% 정도 된다. 그렇지만 같은 종류의 두 원자 사이의 결합은 일반적으로 순수한 공유 결합이라고 부른다.

분자의 혼성 구조에 기여할 수 있는 구조는 몇 가지 제약을 받는다. 즉, 공명으로 혼성 구조를 만드는 구조들은 (1) 쌍을 이루지 않은 전자의 수가 같아야 하며, (2) 핵의 배치가 같아야 한다. 공명이 잘 되려면, 기여하는 구조들의 에너지가 별 차를 나타내지 않아야 한다.

23.5 공유 결합의 겹침과 방향성

공유 결합이 이루어지려면 우선 스핀이 서로 반대인 전자쌍이 있어야 하며, 그리고 각 원자의 원자가-전자 껍질에 있는 궤도 함수가 안정한 것이어야 한다. 결합의 세기는 두 원자의 전하 구름이 겹치는 정도에 정성적으로 비례한다. 두 전하 구름이 겹치는 정도를 나타내는 것이 겹침 적분 S 이다.

$$S = \int \psi_a(1)\psi_b(1)d\tau_1 \tag{23.20}$$

임의의 점을 생각하면, 핵 a 와 핵 b 로부터 확장되어 나온 파동 함수는 각각 그 점에서 특정한 값을 가지게 된다. 이 두 값의 곱을 전공간에 걸쳐서 합한 것이 겹치기 적분이다. 두 핵이 멀리 떨어져 있을 때는, 핵 a 근처에서 $\psi_a(1)$의 값은 크지만 $\psi_b(1)$의 값은 극히 작으므로 이 두 값의 곱은 극히 작게 된다. 마찬가지로 b 의 근처에서는 $\psi_b(1)$이 크지만 $\psi_a(1)$이 극히 작으므로 이 두 값의 곱은 극히 작다. 따라서 핵이 서로 멀리 떨어져 있을 때는 S 의 값이 작으며 특히 R 이 무한대일 때는 영이 된다. 두 핵이 가까와지면 S 가 점점 커진다. S 는 전자 구름이 두 핵으로 서로 뚫고 들어가는 정도, 즉 전자 구름이 겹치는 정도를 나타내는 적분이라고 생각할 수 있으며, 겹침 적분이라는 이름도 여기서 나왔다.

한 원자의 s 궤도 함수에 있는 전자를 생각하여 보자. s 궤도 함수는 각도 θ 와 ϕ 에 의존하지 않는다. 따라서 s 궤도 함수는 구로 나타낼 수 있고 2차원으로는 원으로 나타낼 수 있다. 이 구 속에 얼마만한 분율의 전하를 포함시킬 것인가에 따라서 우리는 이 구의 크기를 얼마든지 크게 만들 수 있을 것이다. 이 구를 경계 표면이라고 부른다.

다음에는 $2p_z$ 함수를 생각하여 보자. 표 22-2에 의하면 이 함수는 다음과 같다.

$$\psi_{2p_z} = \psi_{210} = C_{210}\, \rho e^{-\rho/2} \cos\theta$$

이 함수는 ϕ 를 가지고 있지 않으므로 z-축 주위에 대해서 대칭이다. 그리고 또 한 가지 중요한 사실은 $\theta = \frac{\pi}{2}$일 때 함수의 부호가 바뀐다는 것이다. 따라서 xy-면의 위쪽에서는 이 함수가 양이 되지만 아래쪽에서는 음이 된다. 그러나 이 함수를 제곱해서 전하 밀도를 구할 때는 음의 부호가 없어지고 전하 밀도는 xy-면의 아래 위에서 다같이 양이 된다. 만일 $|\psi_{2p_z}|^2$을 일정한 상수 값으로 놓으면 ρ 와 θ 사이의 관계를 얻을 수 있을 것이며, 이것으로 부터 전하 밀도가 일정한 아령 모양의 경계 표면을 얻을 수 있을 것이다. 그리고 이 상수 값을 적절히 취하면 원하는

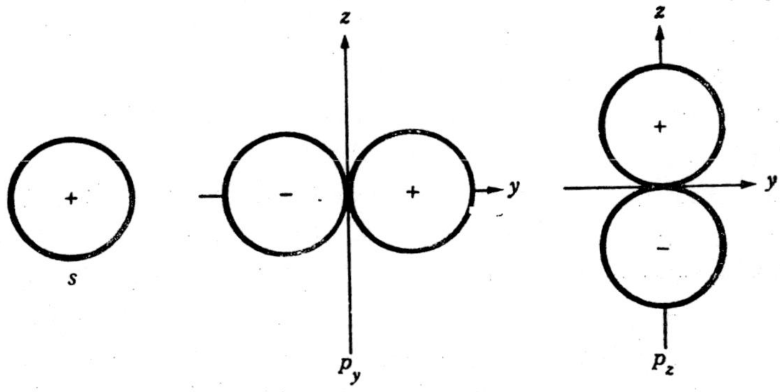

그림 23-3 s 함수와 p 함수의 경계 표면.

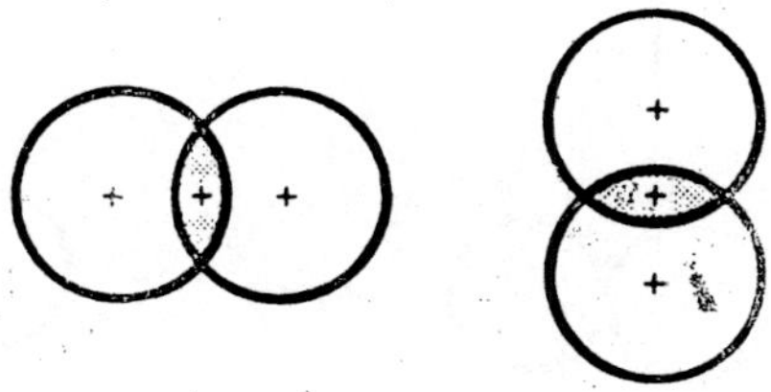

그림 23-4 s 함수의 겹침.

분을 만큼의 전하를 이 경계 표면 안에 포함시킬 수 있을 것이다. $2p_z$ 파동 함수를 나타내기 위해서 이 경계 표면을 정확하게 표시할 필요는 없으며 간단히 2개의 원을 그려서 나타내도 충분하다. 그림 23-3은 s, p_y 및 p_z 궤도 함수에 대한 경계면을 2차원적으로 나타낸 것이다. s 궤도 함수의 경계면은 구형이므로 2차원적으로 나타내면 원이 되다. p 궤도 함수의 경우에는 2차원적으로는 8자 비슷하게 된다. 그림 23-3의 +와 −부츠는 해당 영역에서의 파동 함수의 대수학적 부호이다.

23.5.1 s 궤도 함수들의 겹침

두 원자의 전자가 다같이 s 궤도 함수를 차지할 때는 두 전자 구름이 겹치는 정도가 접근 방향에 무관하게 된다. 그림 23-4는 2개의 상이한 방향으로 접근한 H_2의 겹침을 나타낸 것이다. 두 함수는 모두 양이므로 (23.20)식의 겹침 적분은 영보다 크다.

23.5.2 s 궤도 함수와 p 궤도 함수 사이의 겹침

결합을 형성하는 전자가 한 원자 상에서는 s 궤도 함수에 있고 다른 한 원자 상에서는 p 궤도 함수에 있을 때는 겹치는 정도가 두 원자의 접근 방향에 따라 다르다. 그림 23-5의 (a)는 s 전자가 p 전자로 접근하는 것을 나타낸 것이다. p 함수는 핵의 면을 통과하면 부호가 바뀌며, s 함수는 어떤 공간에서나 양의 값을 갖는다. 적분 $\psi_s\psi_p d\tau$ 는 $\psi_s\psi_p$ 의 값을 전공간에 걸쳐서 합한 것이다. 면 P의 왼쪽에서는 ψ_s 와 ψ_p 가 양이므로 $\psi_s\psi_p$ 는 항상 양이다. 이 영역의 부분은 양쪽 핵에 가까우며 파동 함수가 큰 값을 가지므로 $\psi_s\psi_p$ 의 값은 상당히 크다. 따라서 이 영역에서의 적분은 양의 기여들을 합한 것과 같다. 면 P의 오른쪽에서는 ψ_p 는 음이고 ψ_s 는 양이다. 이 두 함수의 곱은 따라서 음이며, 적분은 이러한 음의 기여들을 합한 것과 같다. 따라서 전체 적분은 양의 기여에다 음의 기여가 조금 들어간 것이 된다. ψ_s 의 값은 중심 핵으로부터의 거리가 멀어질수록 작아지며, 그리하여 P의 오른쪽에서는 그 값이 매우 작아지므로 양의 기여가 지배적으로 된다. 따라서 s 전자와 p 전자가 이러한 방향으로 접근하면 겹침 적분은 양의 값을 가지며 그리하여 결합이 형성될 수 있다.

s 전자와 p 전자가 그림 23-5의 (b)에서와 같은 방향으로 접근하는 경우를 생각하여 보자. p 함수는 면의 위부분에서는 양이고 밑부분에서는 음이다. 따라서 $\psi_s\psi_p$ 도 위부분에서는 양이고 밑부분에서는 음이다. s 전자 구름과 p 전자 구름은 면에 대해서 대칭이므로 양의 기여와 음의 기여는 똑같으며 겹침 적분은 영이 된다. 따라서 이러한 방향으로 접근할 때는 겹침이 일어나지 않으며, 결합이 형성될 수 없다. 두 전하 구름이 그림 23-5(a)에서와 같이 p 전자 구름의 축방향에 따라서 접근해야 두 전자 구름이 최대로 겹친다는 것을 쉽게 짐작할 수 있다. 가장 센 결합은 이러한 방식으로 형성되는 것이다.

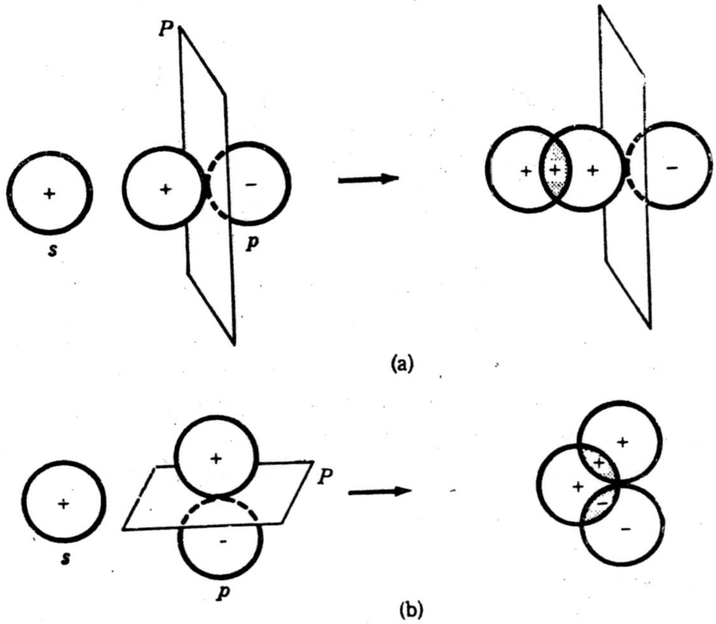

그림 23-5 s 궤도 함수와 p 궤도 함수의 겹침.

23.5.3 p 궤도 함수와 p 궤도 함수 사이의 겹침

p 전자를 가진 두 원자가 접근할 때는 그림 23-6에서와 같이 여러 가지 가능성을 생각할 수 있다. 앞절에서와 비슷한 논법으로 그림 23-6(b)에서와 같이 접근하면 겹침이 안 일어나며 그림 23-6(a)에서는 최대의 겹침이 일어나고, 끝으로 그림 23-6(c)에서는 중간 정도의 겹침이 일어난다. 그림 23-6(c)에서 주목할 것은 평면상에서는 파동 함수가 둘다 영이며, 두 핵의 연결축도 바로 이 면상에 있다는 것이다. 즉, 이러한 형태의 결합(π 결합)에서는 연결축 상의 전하 밀도가 영이 됨을 나타낸다.

원자가 특정한 상대 방향으로 공유 결합을 형성하는 첫째 이유는 이러한 전자 구름의 겹침 방식

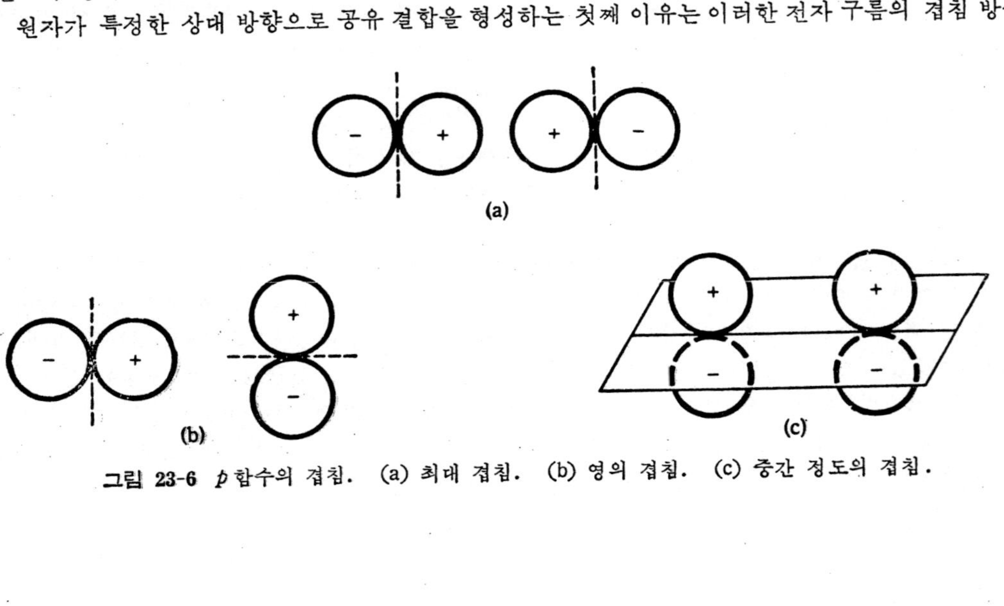

그림 23-6 p 함수의 겹침. (a) 최대 겹침. (b) 영의 겹침. (c) 중간 정도의 겹침.

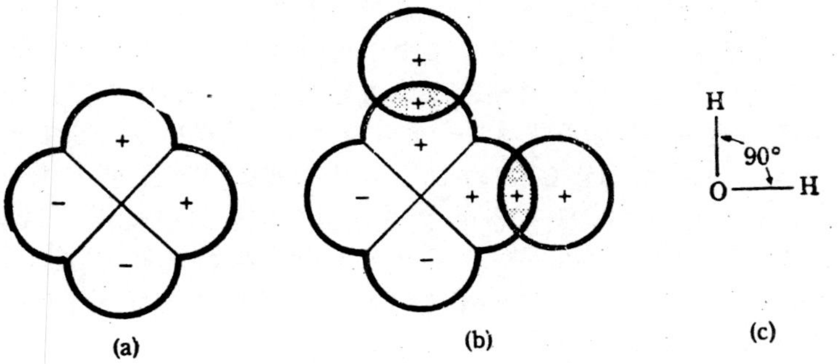

그림 23-7 (a) 산소 원자. (b) 물 분자. (c) 물에서의 결합 각도 예상치.

때문이다. 공유 결합의 두드러진 특징은 바로 이러한 방향성이며, 다른 형태의 결합에서는 특별한 방향성이 안 나타난다. 한 원자가 형성하는 결합의 수와 그 기하학적 모양을 설명하거나 예상할 수 있다는 것은 양자 역학의 큰 성과 중의 하나이다. 근사적인 방법만 가지고도 충분히 정성적인 설명을 할 수 있는 예들을 다음 여러 절에서 들겠다.

23.6 분자의 입체 구조

결합을 형성하는 두 원자의 궤도 함수들은 두 원자의 접근 방향에 따라 겹치는 정도가 다르다는 것을 알았으므로 우리는 이제 분자의 입체 구조를 논할 수 있게 되었다.

주기율표의 첫째 주기 원소들은 $2s$, $2p_x$, $2p_y$ 및 $2p_z$의 네 원자가-궤도 함수만을 가지고 있다. 원자가 결합을 형성하려면 각 결합마다 원자가-껍질 속에 궤도 함수를 하나씩 가져야 하므로 이들 원소가 만들 수 있는 결합의 수는 최고로 넷이다.

다음과 같은 전자 배치를 갖는 산소 원자를 생각하여 보자.

$$\text{O:} \quad 1s^2 \quad 2s^2 \quad 2p_x^2 \quad 2p_y^1 \quad 2p_z^1$$

두 원자가 결합을 형성하려면 원자가-궤도 함수와 전자쌍이 있어야 한다. 산소 원자는 쌍을 이루지 않은 전자 2개를 가지고 있으며, 이들이 점유하고 있는 p궤도 함수들은 서로 직교하는 축상에 놓여 있다. 2개의 수소 원자를 서로 90°가 되게 가져오면 최대의 겹침이 일어날 수 있고 그리하여 최대의 결합 세기가 나타날 것이다(그림 23-7). 그리하여 H_2O에서의 결합 각도는 90°가 될 것으로 예상된다. 이와 마찬가지로 질소 원자의 쌍을 이루지 않은 3개의 전자는 서로 직교하는 3개의 상이한 p궤도 함수를 차지하고 있으므로 NH_3에서의 결합 각도들은 90°가 될 것으로 예상된다. 그러나 실제로 물에서의 결합 각도(104.5°)와 NH_3에서의 결합 각도(107.3°)는 예상되는 값보다 훨씬 더 크다. 따라서 위의 개념은 어느 정도의 수정이 필요하다.

이미 배운 바와 같이 우리는 중첩 원리에 의해서 파동 함수들을 선형 결합하여 새로운 파동 함수를 만들 수 있다. 그리하여 Pauling은 s, p_x, p_y 및 p_z 궤도 함수들을 선형 결합하여 다음과 같이 t_1, t_2, t_3 및 t_4로 표시되는 파동 함수를 구하였다.

$$\begin{aligned}
t_1 &= a_{11}\psi_{2s} + a_{12}\psi_{2p_x} + a_{13}\psi_{2p_y} + a_{14}\psi_{2p_z} \\
t_2 &= a_{21}\psi_{2s} + a_{22}\psi_{2p_x} + a_{23}\psi_{2p_y} + a_{24}\psi_{2p_z} \\
t_3 &= a_{31}\psi_{2s} + \cdots\cdots\cdots\cdots + \vdots \\
t_4 &= a_{41}\psi_{2s} + \cdots\cdots\cdots\cdots + a_{44}\psi_{2p_z}
\end{aligned}$$

상수 a_{11}, a_{12}, … 등은 다음과 같은 두 조건으로부터 구한다. 즉, (1) 새로운 4개의 표시는 공간으로의 확장이 동등해야 하며, (2) 궤도 함수의 이 퍼짐은 최대의 겹침을 일으키도록 가능한 한 크게 되어야 한다. 즉, 최대의 겹침을 일으키는 4개의 동등한 궤도 함수가 형성되도록 계수 a_{11}, a_{12}, …를 정한다. 이 4개의 새로운 궤도 함수는 4면체의 정점을 향하는 것이다. 이 궤도 함수 중의 하나의 모양이 그림 23-8(a)이며, 4개의 궤도 함수를 함께 나타낸 것이 그림 23-8(b)이다. 궤도 함수 t_1, t_2, t_3 및 t_4를 혼성 궤도 함수라고 부른다. 선형 결합을 시키는 과정을 혼성이라고 부른다. 탄소 원자의 이러한 혼성을 4면체 혼성 또는 sp^3 혼성이라고 부른다. 이 혼성 궤도 함수는 s 궤도 함수나 p 궤도 함수 자체보다 훨씬 더 많이 확장되어 있으며, 따라서 겹침이 커지기 때문에 그 만큼 결합 세기도 커진다.

우리는 산소 원자를 다음과 같은 전자 배치를 가진 것이라고 생각할 수 있다.

$$\text{O}: \quad 1s^2\, t_1^2\, t_2^2\, t_3\, t_4$$

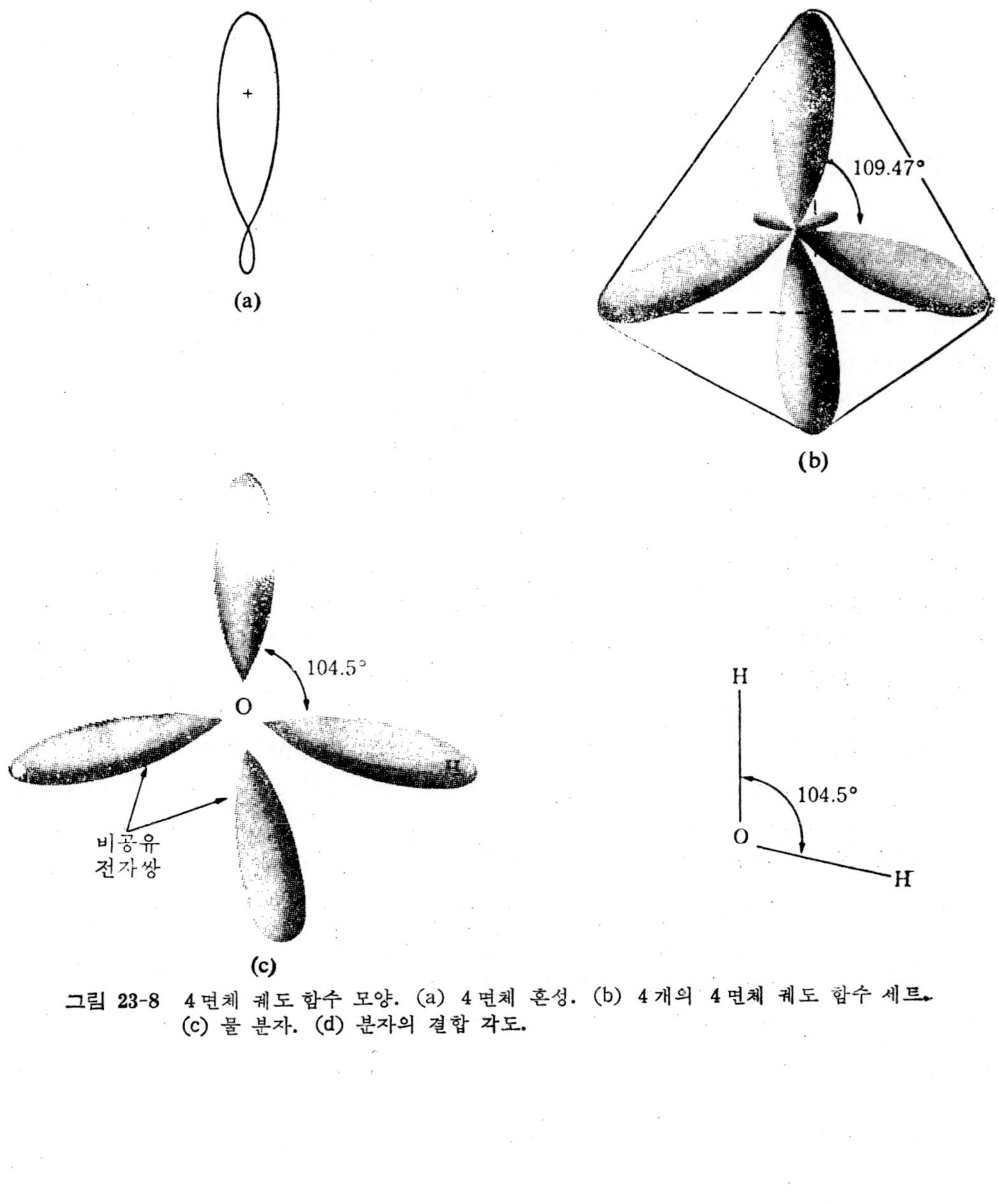

그림 23-8 4면체 궤도 함수 모양. (a) 4면체 혼성. (b) 4개의 4면체 궤도 함수 세트. (c) 물 분자. (d) 분자의 결합 각도.

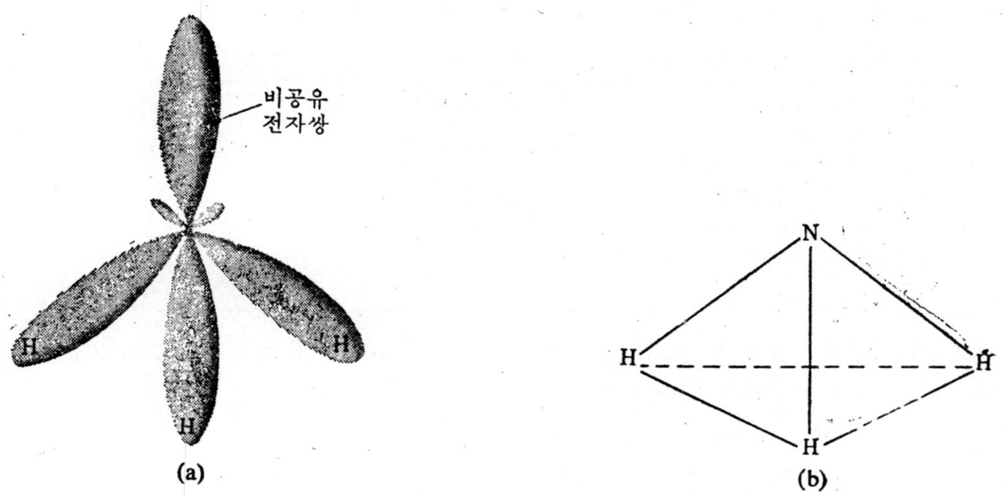

그림 23-9 암모니아의 입체적 모양. (a) 4면체 궤도 함수 모양. (b) 피라밋 모양의 분자 구조.

4면체 혼성 중의 t_1과 t_2에는 이미 전자쌍이 들어가 있으며, 나머지 t_3와 t_4에는 전자가 하나씩만 들어가 있어서 수소와 같은 원자들과 결합을 형성할 수 있다[그림 23-8(c) 및 (d)]. 이들 결합 사이의 각도는 4면체 각인 109.47°가 되어야 한다. 이 값은 단순한 p 궤도 함수들 사이의 각도를 근거로 해서 예상한 90°보다 실제 물에서의 각도 104.5°에 훨씬 더 가깝다.

마찬가지로 질소 원자의 전자 배치는 다음과 같이 나타낼 수 있다.

$$\mathrm{N:}\quad 1s^2\ t_1^2\,t_2\,t_3\,t_4$$

따라서 NH_3에서는 수소 원자의 $1s$ 파동 함수가 질소 원자의 세 4면체 혼성 파동 함수와 겹치게 된다. 나머지 하나의 4면체 혼성 궤도 함수는 비공유 전자쌍이 차지하고 있다. NH_3에서는 결합 각도는 107.3°인데 이것은 4면체에서의 값인 109.5°에 매우 가까운 값이다. 따라서 암모니아 분자는 3각 피라밋형으로서 그 정점을 질소가 차지하고 3개의 수소 원자는 그 밑면을 형성하고 있다. 궤도 함수와 분자의 입체적 모양을 그림 23-9에 나타내었다. 탄소 원자는 다음과 같은 전자 구조를 가지고 있다.

$$\mathrm{C:}\quad 1s^2\ 2s^2\,2p^3$$

만일 탄소 원자를 들뜨게 하여 $2s$ 전자쌍을 떼어놓으면(이렇게 하는 데는 약간의 에너지가 필요하다) 다음과 같은 전자 배치를 갖게 된다.

$$\mathrm{C^*:}\quad 1s^2\ t_1\,t_2\,t_3\,t_4$$

즉, 각 4면체 혼성 궤도 함수에 쌍을 이루지 않은 전자가 하나씩 들어 있는 배치가 된다. 따라서 탄소는 4개의 수소 원자와 결합을 형성할 수 있다. 예로서 메탄 분자 CH_4는 정 4면체의 중심에 탄소 원자가 있고 네 꼭지점에 수소 원자가 위치하는 구조를 나타낸다. H—C—H 각도는 실험 오차 안에서 109.5°이다.

일반적으로 s, p_x, p_y, p_z 궤도 함수로 된 원자가-껍질을 가진 원자가 단일 결합만을 이용해서 화합물을 만들때는 4면체 궤도 함수에 입각한 입체 모양의 분자가 생긴다. 분자 내의 핵 배치,

즉 분자의 기하학적 모양은 몇 개의 4면체 궤도 함수가 비공유 전자쌍으로 점유되었느냐에 따라 결정된다. 아래 등전자 화학종들이 이러한 관계를 잘 설명해 주고 있다.

4면체 궤도 함수의 점유 상태	분 자	분자 모양의 입체 모양
4개의 단일 결합	BH_4^- CH_4 NH_4^+	4 면 체
3개의 단일 결합 + 1개의 비공유 전자쌍	$:NH_3$ $:OH_3^+$	피라밋형
2개의 단일 결합 + 2개의 비공유 전자쌍	$:\ddot{N}H_2^-$ $\dot{O}H_2$	비 선 형
1개의 단일 결합 + 3개의 비공유 전자쌍	$:\ddot{N}H^{2-}$ $:\ddot{O}H^-$	선 형

다음과 같은 황과 염소의 등전자 산소산 음이온들도 이러한 4면체 궤도 함수 구조에 입각한 분자의 입체 모양을 나타내는 좋은 예들이다.

4면체	피라밋형	비선형	선형
ClO_4^-	$:ClO_3^-$	$:\ddot{C}lO_2^-$	$:\ddot{C}lO^-$
SO_4^{2-}	$:SO_3^{2-}$		

이러한 분자 모양은 원자가-껍질 전자쌍 반발(VSEPR, valence shell electron pair repulsion) 이론을 가지고 더 자세히 해석할 수 있다. 이 이론은 전자쌍들이 서로 반발한다는 사실에 기초를 두고 있으며 모든 전자쌍들 사이의 반발이 최소가 되는 입체 구조의 분자가 생긴다는 것이다. 따라서 분자 속에 4개의 동등한 전자쌍이 들어있을 때는 이들 사이의 반발이 최소가 되기 위해서 이들이 차지하는 궤도 함수가 4면체의 꼭지점을 향한다. 이와 마찬가지로 결합 각도가 4면체에서의 값과 맞지 않는 것도 전자쌍들 사이의 반발력을 가지고 설명할 수 있다. 예로서 물 분자에서는 비공유 전자쌍들 사이의 반발이 공유 전자쌍들 사이의 반발보다 더 세다. 이 때문에 결합 각도가 약간 오므라든 것이다. 암모니아에서도 결합 전자쌍들 사이의 반발은 비공유 전자쌍과 결합 전자쌍 사이의 반발보다 약하며 따라서 각도가 약간 오므라든다.

23.7 다중 결합을 갖는 구조

중심 원자의 결합 속에 2중 결합 하나가 들어있는 구조식의 분자는 s, p_x 및 p_y 궤도 함수들로만 이루어진 혼성 궤도 함수가 결합에 관여하며 p_z 궤도 함수는 그대로 남아 있다. 이 혼성 궤도 함수는 다음과 같은 3각 혼성 궤도 함수이다.

$$
\begin{aligned}
tr_1 &= a_{11}\psi_{2s} + a_{12}\psi_{2p_x} + a_{13}\psi_{2p_y} \\
tr_2 &= a_{21}\psi_{2s} + \quad \cdots \\
tr_3 &= a_{31}\psi_{2s} + \quad \cdots \quad + a_{33}\psi_{2p_y}
\end{aligned}
$$

이들 세 혼성 궤도 함수 tr이 최대로 확장되고 또한 동등해야 한다는 조건을 만족시켜 주기 위해서는 이들 세 궤도 함수가 xy-평면 상에서 등변 3각형의 꼭지점들을 향해야 한다. 이 sp^2 혼성 궤도 함수 세트를 그림 23-10에 나타내었다. 혼성에 참여하지 않은 p_z 궤도 함수는 혼성 궤도 함수면의 상하에 그 전하 밀도를 나타나게 한다.

첫째 번 주기의 여러 원자들이 나타내는 전자 배치는 다음과 같다.

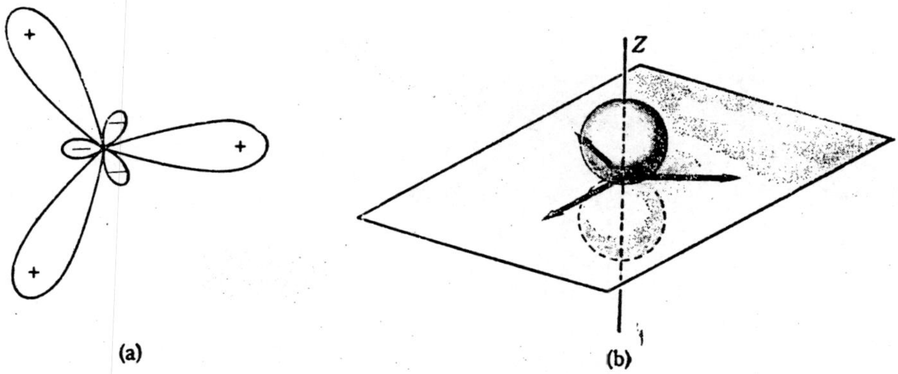

그림 23-10 (a) sp^2 혼성 궤도 함수. (b) sp^2 혼성 궤도 함수와 p_z 궤도 함수.

B: $1s^2\ tr_1\,tr_2\,tr_3$

C: $1s^2\ tr_1\,tr_2\,tr_3\,2p_z$

N: $1s^2\ tr_1^2\,tr_2\,tr_3\,2p_z$

O: $1s^2\ tr_1^2\,tr_2^2\,tr_3\,2p_z$

가장 간단한 예는 포름알데히드, H_2CO 로서, 다음과 같은 고전적 구조식을 가지고 있다.

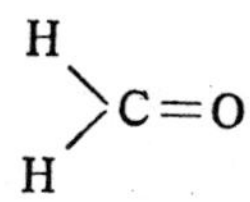

탄소 원자와 산소 원자가 모두 sp^2 혼성을 이루면 결합 구조가 그림 23-11 에서와 같이 나타날 것이다. 탄소 원자는 두 수소 원자 및 산소 원자와 3개의 σ 결합을 형성한다(σ 결합이란 두 결합 원자의 핵을 연결하는 선상에 전하 밀도가 집중되는 결합이다). 이 분자의 나머지 한 결합은 탄소와 산소 원자가 가지고 있는 $2p_z$ 전자들이 겹쳐져서 형성된 것이다. 이 겹침은 xy-면의 위와 아래에서 일어나며 따라서 그 전하 구름은 xy-면에서의 밀도가 영이 된다. 이러한 방식으로 형성되는 결합을 π 결합이라고 한다.

에틸렌에서는 2개의 탄소 원자가 이처럼 혼성되어 있으며, 두 탄소 원자의 혼성 궤도 함수가 겹쳐져서 강한 σ 결합을 이루고 있다. 각 탄소 원자의 나머지 2개씩의 혼성 궤도 함수는 4개의 수

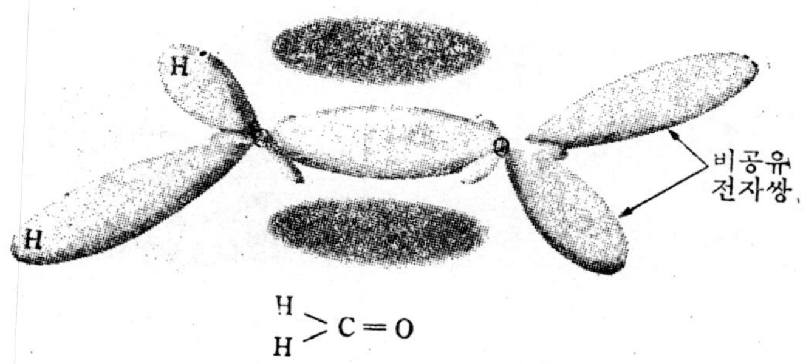

그림 23-11 포름알데히드에서의 전하 구름.

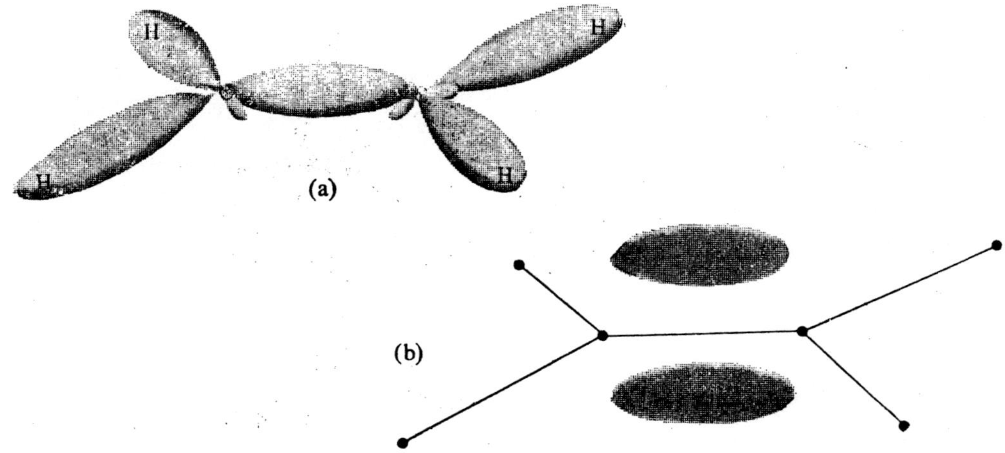

그림 23-12 (a) 에틸렌의 σ결합. (b) 에틸렌의 π결합.

소 원자의 s궤도 함수와 σ결합을 이루고 있다. 따라서 모든 원자들은 동일 평면 상에 놓여 있다. 각 탄소 원자의 p_z궤도 함수가 겹쳐지면 두 탄소 원자 사이에 제 2의 결합인 π결합이 형성된다. π결합에서의 전자 구름은 원자의 상하에 위치한다. 그림 23-12의 (a)와 (b)는 결합의 상대적 위치를 나타낼 것이다.

p_z궤도 함수의 겹침으로 π결합이 형성됨으로써 분자는 더 큰 안정도를 얻게 되며 분자 구조는 평면적인 것으로 고정된다. 만일 한 CH_2기의 면과 다른 CH_2기의 면이 직각을 이룬다면 p_z궤도 함수의 겹침은 일어날 수 없을 것이다. 이러한 배치를 갖는 분자는 훨씬 덜 안정할 것이다. 이중 결합축 둘레의 회전이 불가능하고 또 에틸렌의 2치환체가 시스꼴과 트란스꼴의 기하 이성질체를 만들 수 있는 것도 이 때문이다.

안정한 화합물에서 3개의 원자와 결합한 탄소 원자는 모두 이러한 모양으로 혼성되어 있다. 불포화 지방족 탄화수소는 이러한 종류의 결합을 가지고 있는 유일한 종류의 화합물이다. 벤젠은 모든 탄소 원자가 3개의 원자하고만 결합한 화합물의 중요한 예이다. 벤젠의 탄소 원자는 모두 sp^2혼성을 하고 있으며 따라서 그 결합각은 120°로서 모두 동일 평면상에 있다. 벤젠의 탄소 골격은 그림 23-13(a)와 같다. 6개의 탄소 원자의 p_z궤도 함수는 벤젠 고리를 포함하는 면의 상하로 튀어 나와 있다. 따라서 p_z궤도 함수의 겹침은 고리면의 상하에 도우넛 모양의 전하 구름

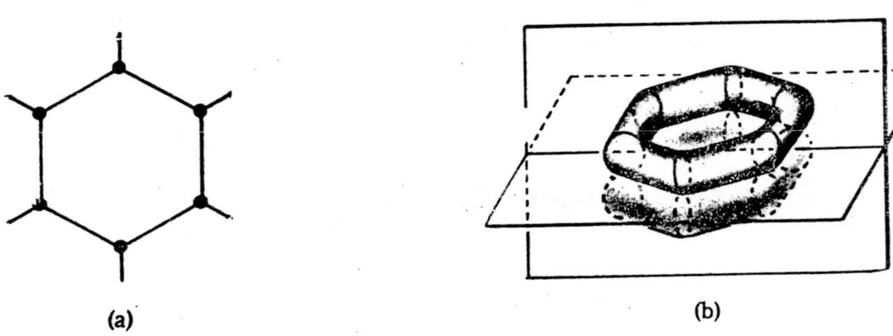

그림 23-13 (a) 벤젠의 탄소 골격. (b) 벤젠의 π결합.

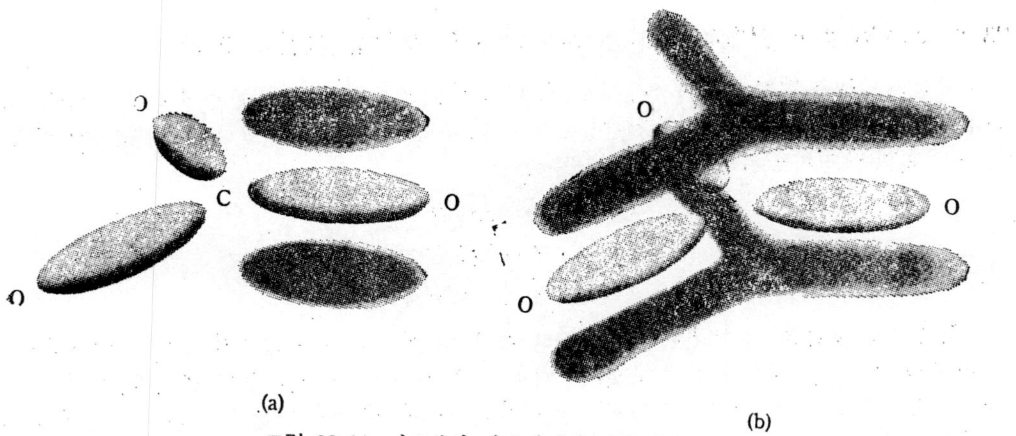

그림 23-14 카르본산 이온에서의 전하 구름.

을 만든다. 이 도우넛 속에는 6개의 전자가 퍼져 있는데, 고전적으로 볼 때는 6개의 전자로 3개의 결합만을 형성할 수 있는 것이다. 이 3개의 결합이 6개의 자리에 퍼져 있는 셈이므로 벤젠에서의 탄소—탄소 결합은 모두 $\frac{1}{2}$의 이중 결합성을 가지게 된다.

한 가지 명심할 것은 sp^2 혼성에서의 결합각이 모두 똑같지(120°) 않아도 된다는 것이다. 그러나 중심 원자에 3개의 동등한 원자들이 결합될 때는 예외이다. 예로서 포름알데히드의 경우에는 H—C—H 결합각은 126°이고 나머지 두 결합각은 117°이다.

카르본산 이온은 고전적으로 다음과 같은 공명 구조를 가지고 있다.

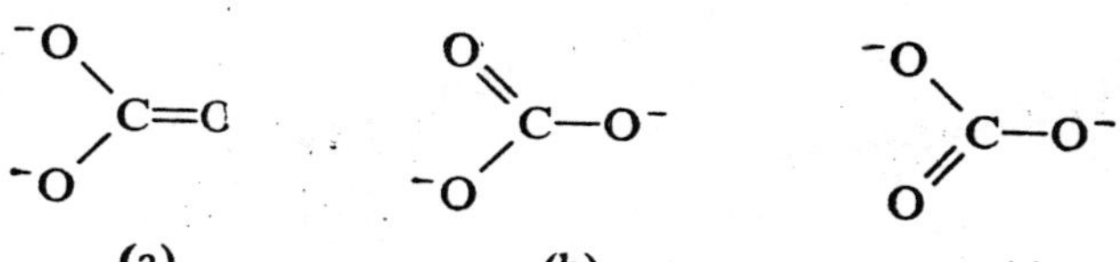

(a) (b) (c)

여기서 탄소 원자와 산소 원자는 sp^2 혼성을 이루고 있다. 구조 (a)에 맞먹는 전자 분포를 그림 23-14(a)에 나타내었으며, 또한 총체적인 분포를 그림 23-14(b)에 나타내었다. 여기서는 π결합이 3개의 산소 원자에 동등하게 분포되어 있으며 따라서 각각의 CO결합마다 2중 결합성을 1/3만큼씩 가지고 있다. 그리고 각 산소 원자마다 2/3단위의 음전하를 가지고 있으며 결합각은 120°이다.

등전자 종인 BO_3^{3-}, CO_3^{2-} 및 NO_3^-는 모두 똑같은 전자 구조를 가지고 있으며 이들 분자에서 산소 원자는 등변 3각형의 꼭지점을 차지하고, B, C, 또는 N은 그 중심에 위치하고 있다.

BF_3분자도 또한 평면 구조이며 F—B—F각이 120°이다. 만일 6개의 전자만이 관여한다고 가정하면 이러한 배치를 나타낼 때 결합 전자쌍들 사이의 반발이 최소가 될 것이므로 이 구조를 납득할 수가 있다. 그러나 이 화학종은 CO_3^{2-}이온과 등전자 화합물이며 따라서 다음과 같은 CO_3^{2-}구조 형태의 화합물이라고 보아야 한다.

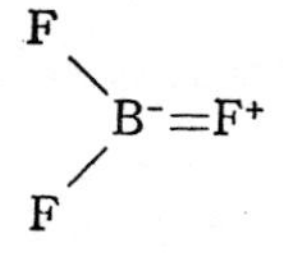

23.8 2개의 2중 결합이나 또는 하나의 3중 결합을 가진 화합물

만일 s와 $2p_z$ 궤도 함수가 혼성되면(sp 혼성) 2개의 sp 혼성 궤도 함수 l_1과 l_2가 생긴다. 이들은 그림 23-15(a)에서와 같이 직선상에서 서로 반대 쪽을 향하고 있다. 이러한 전자 배치를 갖는 흥미있는 원자종은 다음과 같은 것들이다.

$$\begin{aligned} C \ &: 1s^2\ l_1 l_2\ 2p_x\ 2p_y \\ N^+ &: 1s^2\ l_1 l_2\ 2p_x\ 2p_y \\ N \ &: 1s^2\ l_1^2 l_2\ 2p_x\ 2p_y \end{aligned}$$

3중 결합을 갖는 가장 간단한 화합물은 그림 23-15에 나타낸 질소 분자이다. 이 분자는 σ결합 외에 2개의 π결합을 가지고 있다. 비공유 전자쌍은 σ결합으로부터 180°인 분자의 양쪽 끝을 차지하고 있다. 2개의 π결합이 이루어지면 분자축 주위에 원통형 칼집과 같은 모양의 전하 구름이 생긴다(그림 22-5의 $m = \pm 1$인 것과 비교하라). 질소 분자와 등전자 화학종, 즉 동일 전자 구조를 갖는 종은 $C \equiv O$, $^-C \equiv N$ 및 $^-C \equiv C^-$ 등이다.

아세틸렌 분자에서는 두 탄소 원자가 모두 이런 방식으로 혼성되며, 그림 23-16에서와 같은 σ결합과 π결합이 이루어진다. 질소와 아세틸렌은 등전자 종이라는 것을 명심하라.

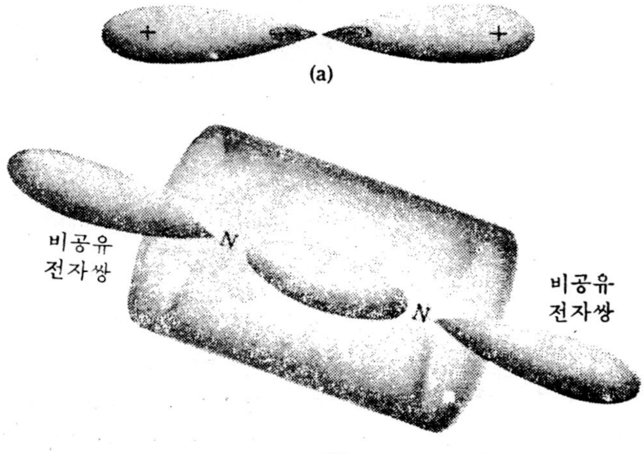

그림 23-15 (a) 선형 sp 혼성 궤도 함수. (b) 질소에서의 두 π결합.

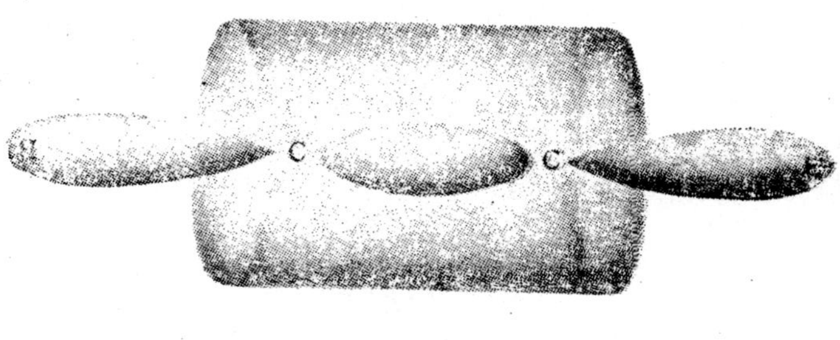

그림 23-16 아세틸렌에서의 전하 구름.

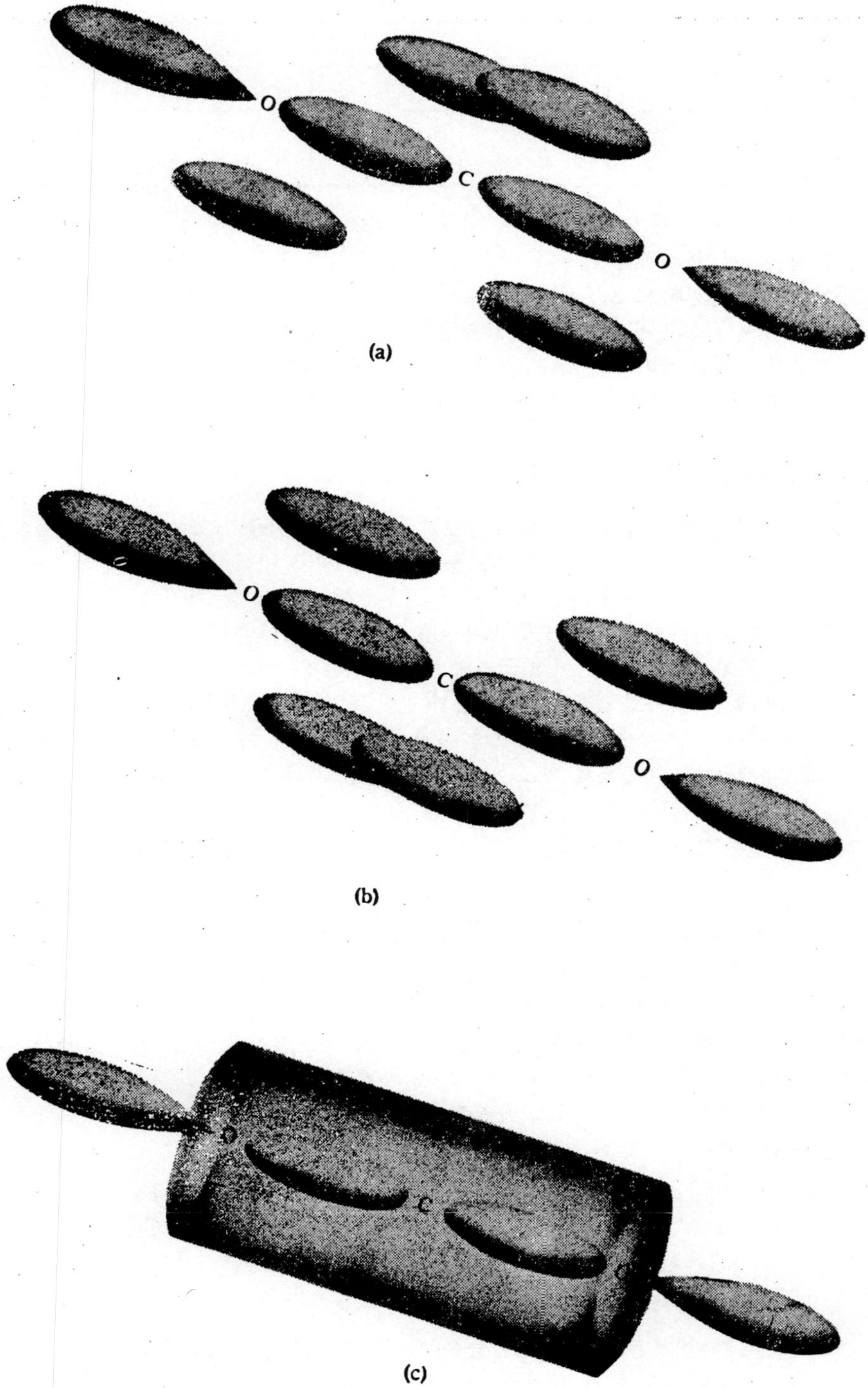

그림 23-17 (a)와 (b) CO_2에서의 π결합의 겹침 방식. (c) CO_2에서의 실제 전하 구름.

표 23-1

	물질				
	다이아몬드	흑 연	벤 젠	에 틸 렌	아 세 틸 렌
결 합 차 수	1.0	1.33	1.50	2.0	3.0
C—C 결합 길이, A	1.54	1.42	1.39	1.35	1.20

이산화탄소에서는 탄소는 *sp* 혼성을 이루고, 산소는 sp^2 혼성을 이룬다. 그리하여 선형 분자가 생기게 된다. 이 분자에서의 전하 구름을 그림 23-17(a)에 나타내었다. π 결합은 왼쪽 결합과는 아래위에서 형성되고 오른쪽 결합과는 지면의 전후에서 형성된다[그림 23-17(b)]. 그리하여 N_2 에서와 같이 CO_2 분자의 축 주위에 원통형 칼집 모양의 전하 구름이 형성된다. 그러나 이 칼집에서의 전하 밀도는 세기가 반밖에 안 된다[그림 23-17 (c)]. CO_2 와 등전자 종에는 $^-N=C=O$, $^-N=C=N^-$, $^-N=N^+=O$, $O=N^+=O$, $^-N=N^+=N^-$ 등이 있다.

23.9 결합 차수와 결합 길이

두 원자 사이의 이중 결합이 단일 결합보다 강하고 또 삼중 결합이 이중 결합보다 강하다는 것을 일반적 규칙이다. 또 결합의 세기가 증가하면 두 원자 사이의 거리인 결합 길이가 짧아진다는 것도 또한 일반적 규칙이다. 표 23-1 에서 보는 바와 같이 몇 가지 간단한 탄소 화합물에서의 탄소—탄소 결합 길이와 결합 차수를 보면 이 관계가 잘 나타나 있다. 이 표에 나타낸 바와 같은 상호 관계는 여러 공명 구조가 전체 구조에 어떠한 기여를 하고 있는 가를 모를 때 유용하게 쓰인다. 결합 길이를 결정하면 결합 차수 대 결합 길이의 도시 결과로부터 그 결합 차수를 어림잡을 수 있다. 이와 같이 결합 차수를 어림잡으면 여러 공명 구조의 기여를 알아내는 실마리가 된다. 이러한 상호 관계는 물론 문제로 하고 있는 특정 결합을 가지고 살펴야 한다.

23.10 제 2 주기 및 더 높은 주기에 속하는 원소의 공유 결합

제 2 주기나 그보다 더 높은 주기에 속하는 원소는 그 원자가-껍질 속에 *s* 궤도 함수와 *p* 궤도 함수 이외에도 *d* 궤도 함수를 또 가지고 있다. 이 원소들은 결합 형성에 이용할 수 있는 9 개의 궤도 함수, 즉 1개의 *s* 궤도 함수와 3개의 *p* 궤도 함수와 그리고 5개의 *d* 궤도 함수를 가지고 있다. 따라서 한 원자가 9 개의 다른 원자와 결합할 수 있으리라고 생각할 수 있다. 그러나 이러한 배위수는 아직 알려지지 않았으며 중심 원자에 결합되는 원자의 수는 6 개를 넘지 않는 것이 보통인데, 7 개나 8 개의 원자가 결합되어 있는 화합물도 몇 가지 있다.

이들 원소의 가장 보편적인 최고 배위수는 6 이며, 제 1 및 제 2 주기 원소의 플루오르화물 중에서 그 예를 찾아볼 수 있다.

제 1 주기 :	CF_4	NF_3	OF_2	F_2
제 2 주기 :	SiF_4	PF_3	S_2F_2	ClF_3
	SiF_6^{2-}	PF_5	SF_4	
		PF_6^-	SF_6	

플루오르화물을 택한 것은 플루오르가 높은 배위수를 가지게 하는 성질이 있기 때문이다.

인 원자는 다음과 같은 전자 배치를 가지고 있다.

$$P: \quad 3s^2\ 3p_x\ 3p_y\ 3p_z$$

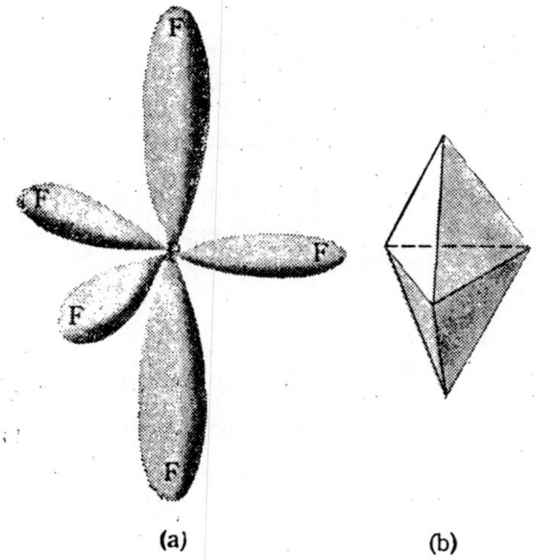

그림 23-18 (a) PF_5 (b) 삼각 쌍뿔.

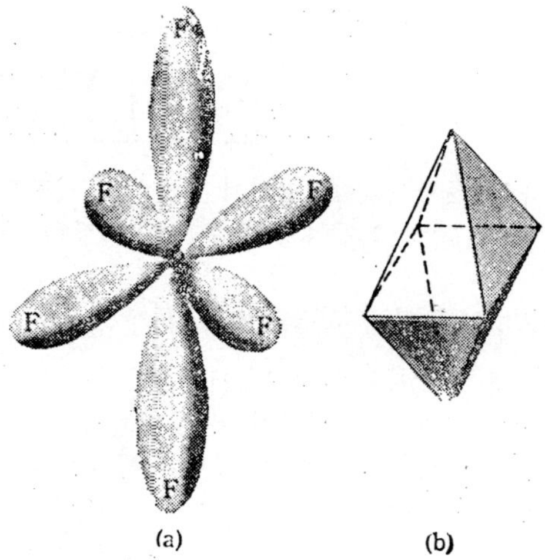

그림 23-19 (a) PF_6^- (b) 팔면체.

쌍을 이루지 않은 전자는 셋뿐이므로 원자가는 3이 된다. 이러한 상태의 인 원자는 질소와 마찬가지로 3가의 화합물 NH_3, PH_3, NF_3, PF_3을 만든다. 그러나 인 원자는 원자가-전자 껍질에 빈 d 궤도 함수를 가지고 있다. 따라서 비교적 적은 에너지를 이용해서 쌍을 이루지 않은 전자 5개를 가진 5가의 P* 을 만들 수 있다.

$$\text{P*:} \quad 3s\ 3p_x\ 3p_y\ 3p_z\ 3d$$

이러한 상태의 인 원자는 PF_5 나 FCl_5 에서처럼 5개의 인접 원자와 결합을 형성할 수 있다. 여기에 이용되는 궤도 함수는 sp^3d 혼성 궤도 함수로서, 그림 23-18에서처럼 삼각 쌍뿔의 꼭지점을 향하고 있다. 즉, 인 원자와 3개의 플루오르 원자가 동일 평면 상에 놓여 있고 나머지 2개의 플루오르 원자는 이 면의 상하에 대칭적으로 놓여 있다. 질소의 경우에는 전자의 준위가 높아지려면 원자가-전자 껍질로부터 전자를 끌어내어 이것을 높은 주양자수의 껍질에 보내야 한다. 그런데 여기에 필요한 에너지는 너무 크기 때문에 2개의 결합이 여분으로 형성되더라도 보충이 안 된다.

만일 5가의 인에다 전자 하나를 더 넣으면 6가의 P^- 가 생긴다.

$$\text{P}^-: \quad 3s\ 3p_x\ 3p_y\ 3p_z\ 3d\ 3d$$

PF_6^- 이온은 이러한 P^- 가 6개의 중성 플루오르 원자와 결합한 화합물이라고 생각할 수 있다. sp^3d^2 혼성은 그림 23-19(a)에서와 같이 6개의 동등한 결합을 형성하며, 이들은 정팔면체의 꼭지점을 향한다(팔면체는 8개의 면을 가지며 꼭지점은 6개이다). 황 원자도 이와 마찬가지로 6개의 원자와 결합하여 SF_6을 만드는데, 그 혼성은 sp^3d^2이며 기하학적 배위는 그림 23-19(b)에서와 같이 팔면체이다.

PF_5, PF_6^-, SF_6은 옥테트 법칙에 대한 예외이다. 즉, PF_5에서는 인 원자 주위에 10개의 원자가 전자가 있으며, PF_6^-과 SF_6에서는 12개의 원자가 전자가 있다. 한편 첫째 번 주기의 원소들은 옥테트 법칙에 꼭 들어 맞게 결합한다.

전이 원소는 원자가-전자 껍질에 있는 빈 d 궤도 함수를 이용할 수 있으므로 다양한 착화합물

표 23-2

혼 성	입 체 구 조	혼 성	입 체 구 조
sp	선 형	$sp^2 d$	평면 4각형
sp^2	평면 삼각형	$sp^3 d$	삼 각 쌍 뿔
sp^3	4 면 체	$sp^3 d^2$	팔면체

을 만들 수 있다. 결합에 이용되는 전자쌍은 NH_3이나 CN^-와 같은 분자나 원자단으로부터 나온다. 가장 보편적인 혼성 궤도 함수와 그 입체 구조를 표 23-2에 요약하였다.

23.11 분자 에너지 준위

분자 궤도 함수 방법에서는, 한 분자내의 모든 핵에 의하여 생긴 퍼텐셜 장에서 전자가 운동한다고 생각한다. 따라서 우선 원자핵을 정해진 고정 위치에다 배치시켜 놓는다. 예로서 그림 23-4에서는 a, b, c, d의 네 핵이 각각 Z_a, Z_b, Z_c, Z_d의 양전하를 가지고 있다. 그러면 a_0와 E_h 단위를 가지고 전자 하나에 대한 Hamilton 연산자를 다음과 같이 쓸 수 있다.

$$\mathbf{H} = -\frac{1}{2}\nabla_1^2 - \frac{Z_a}{r_{a1}} - \frac{Z_b}{r_{b1}} - \frac{Z_c}{r_{c1}} - \frac{Z_d}{r_{d1}} + C \tag{23.21}$$

상수 C는 핵 사이의 반발 에너지를 합한 것이며 전자의 위치에 무관하다. 따라서 만일 $\psi(1)$이 적합한 파동 함수일 때는 핵 사이의 반발에서 오는 에너지 기여는 $\int\psi C \psi\, d\tau = C\int\psi\psi\, d\tau = C$가 된다. 따라서 처음부터 Hamilton 연산자 속의 핵간 반발항을 무시하고, 계산 끝머리에 가서 간단히 집어 넣으면 된다. 원리상으로는 분자 골격 구조 속에서 운동하는 한 전자에 대한 Schrödinger 방정식을 풀 수 있으며, 그리하여 한 세트의 파동 함수와 에너지 준위를 구할 수 있다. 이러한 파동 함수를 분자 궤도 함수(MO)라고 한다. 주어진 분자 골격에 대한 이와 같은 파동 함수 세트를 일단 구하면, 수소의 파동 함수를 바탕으로 해서 원자의 전자 구조를 만들어 나갔던 것과 대단히 비슷한 방법으로 분자의 전자 구조를 얻을 수 있다. 예로서 탄소 원자의 구조를 만드는 데는 각 원자 준위에 2개씩 6개의 전자를 가장 낮은 에너지의 궤도 함수에다 채웠었다.

마찬가지 방법으로 N_2와 같은 분자의 전자 구조는 가장 낮은 분자 에너지 준위부터 각 준위에 2개씩 14개의 전자를 채우면 얻을 수 있다. 우선 수소 원자의 파동 함수를 정성적인 방법으로 구한다. 수소 분자를 예로 들어서 이것을 설명하겠다.

두 양성자로 된 수소 분자 골격 구조를 생각하면 그림 23-4에서 핵 c와 d가 없어지고 $Z_a = Z_b = 1$이 된다. 잠정적으로 핵간 반발 에너지를 무시하면 Hamilton 연산자가 다음과 같이 된다.

$$\mathbf{H} = -\frac{1}{2}\nabla_1^2 - \frac{1}{r_{a1}} - \frac{1}{r_{b1}} \tag{23.22}$$

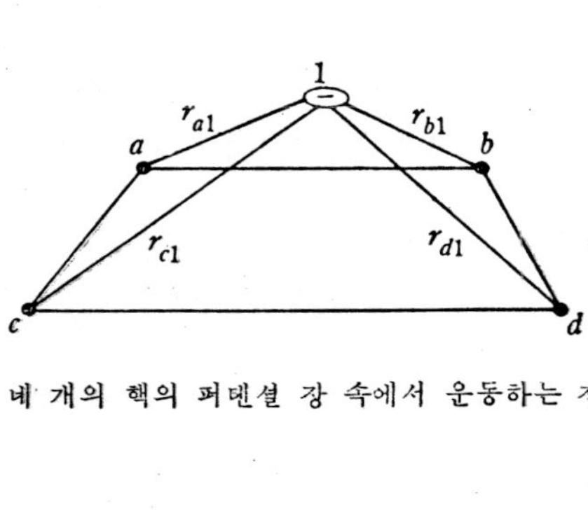

그림 23-20 네 개의 핵의 퍼텐셜 장 속에서 운동하는 전자의 좌표.

지금 양성자 a와 b가 서로 무한히 멀리 떨어져 있다고 생각하자. 전자 하나를 이 계에다 넣는다면 이것이 핵 a에 속하게 되거나 또는 핵 b에 속하게 되며 최저 에너지 상태에서의 파동 함수는 $\psi_a(1) = 1s_a$이거나 또는 $\psi_b(1) = 1s_b$가 되어야 한다. 즉, 핵이 무한히 떨어져 있는 한은 $\psi_a(1)$이나 $\psi_b(1)$이 적합한 파동 함수가 될 수 있다. 그러나 두 핵이 서로 가까와지면 전체 분자에 대한 파동 함수가 필요하게 된다. 특히 양성자 a와 b는 동등하므로 이 파동 함수는 핵의 상호 교환에 관해서 대칭이 되거나 또는 반대칭이 되어야 한다. 우선 핵 좌표를 상호 교환해 주는 연산자를 $\mathbf{I}_N$이라고 하자. 그러면 다음 관계가 성립해야 한다.

$$\mathbf{I}_N \psi_a(1) = \psi_b(1) \qquad \text{및} \qquad \mathbf{I}_N \psi_b(1) = \psi_a(1)$$

이 두 관계를 이용하면 다음과 같이 선형 결합에 의해서 대칭 함수 $\psi_g(1)$과 반대칭 함수 $\psi_u(1)$을 얻을 수 있다.

$$\psi_g(1) = \frac{1}{\sqrt{2(1+S)}}[\psi_a(1) + \psi_b(1)] \tag{23.23}$$

$$\psi_u(1) = \frac{1}{\sqrt{2(1-S)}}[\psi_a(1) - \psi_b(1)] \tag{23.24}$$

이들 두 함수의 에너지 준위를 각각 E_g와 E_u라고 하자. 핵간 거리 R이 무한대일 때는 $E_g = E_u$가 되며, 핵들이 서로 접근하면 E_u는 커지고 E_g는 작아진다. 그리하여 두 상이한 파동 함수에 맞먹는 두 상이한 에너지 준위가 존재하게 된다.

최저 에너지 준위 E_g에 있는 전자쌍의 파동 함수는 따라서 전자들이 독립적으로 운동한다고 가정할 경우 다음과 같이 줄 수 있다.

$$\Psi = \frac{1}{2(1+S)}[\psi_a(1) + \psi_b(1)][\psi_a(2) + \psi_b(2)] \tag{23.25}$$

(23.25)식의 파동 함수를 전개하면 다음과 같이 된다.

$$\Psi = \frac{1}{2(1+S)}[\psi_a(1)\psi_a(2) + \psi_b(1)\psi_b(2) + \psi_a(1)\psi_b(2) + \psi_b(1)\psi_a(2)] \tag{23.26}$$

여기서 마지막 두 항은 앞에서 전자쌍 결합을 설명할 때 썼던 함수들이다. 그러나 이 MO 표시 속에는 2개의 항이 여분으로 들어 있는데, 그 하나는 $\psi_a(1)\psi_a(2)$로서 두 전자가 모두 양성자 a에 속하는 것을 나타내는 항이고, 또 하나는 $\psi_b(1)\psi_b(2)$로서 두 전자가 양성자 b에 속하는 것을 나타내는 항이다. 즉, 다음과 같은 화학 구조에 해당하는 항들이다.

$$\text{III} \qquad \mathrm{H}_a\!:^{1-}_{2} \qquad \mathrm{H}_b^+$$

$$\text{IV} \qquad \mathrm{H}_a^+ \qquad {}^{1}_{2}\!:\!\mathrm{H}_b^-$$

구조 III과 IV는 이온 구조이다. 이들 구조가 수소 분자의 전체 구조에 기여하는 정도는 약 3%미만으로서 대단히 적다. 여기서 소개한 바와 같은 간단한 분자 궤도 함수법에서는 이온 구조 III과 IV가 공유 결합 구조 I과 II하고 동등한 비중을 차지하고 있다. 그러나 더 개량된 방법을 쓰면 이온 구조의 기여가 훨씬 줄어들어 보다 더 현실적인 수준으로 내려간다.

핵 a와 핵 b상의 두 동등한 궤도 함수를 가지고 우리는 (23.23)식과 (23.24)식과 비교되는 선형 결합을 만들 수 있다. 두 원자의 $1s$ 궤도 함수를 이용하면 이것을 다음과 같이 나타낼 수 있을 것이다.

$$1s\sigma_g = 1s_a + 1s_b \tag{23.27}$$

$$1s\sigma_u = 1s_a - 1s_b \tag{23.28}$$

여기서 기호 σ는 핵간 결합축 상에 전하 밀도가 집중되는 MO를 나타낸다. 핵간 결합축 상에 전하 밀도가 영이 되는 MO는 기호 π로 표시한다.

s 궤도 함수와 p 궤도 함수의 여러 가지 결합이 나타내는 대칭을 그림 23-21에 나타내었다. 오른쪽 끝에는 파동 함수를, 바로 그 옆에는 두 핵이 분리되었을 때의 궤도 함수에 대한 경계 표면을, 중앙에는 MO의 경계 표면을, 그리고 왼쪽 끝에는 "합병 원자"의 경계 표면을 나타내었다.

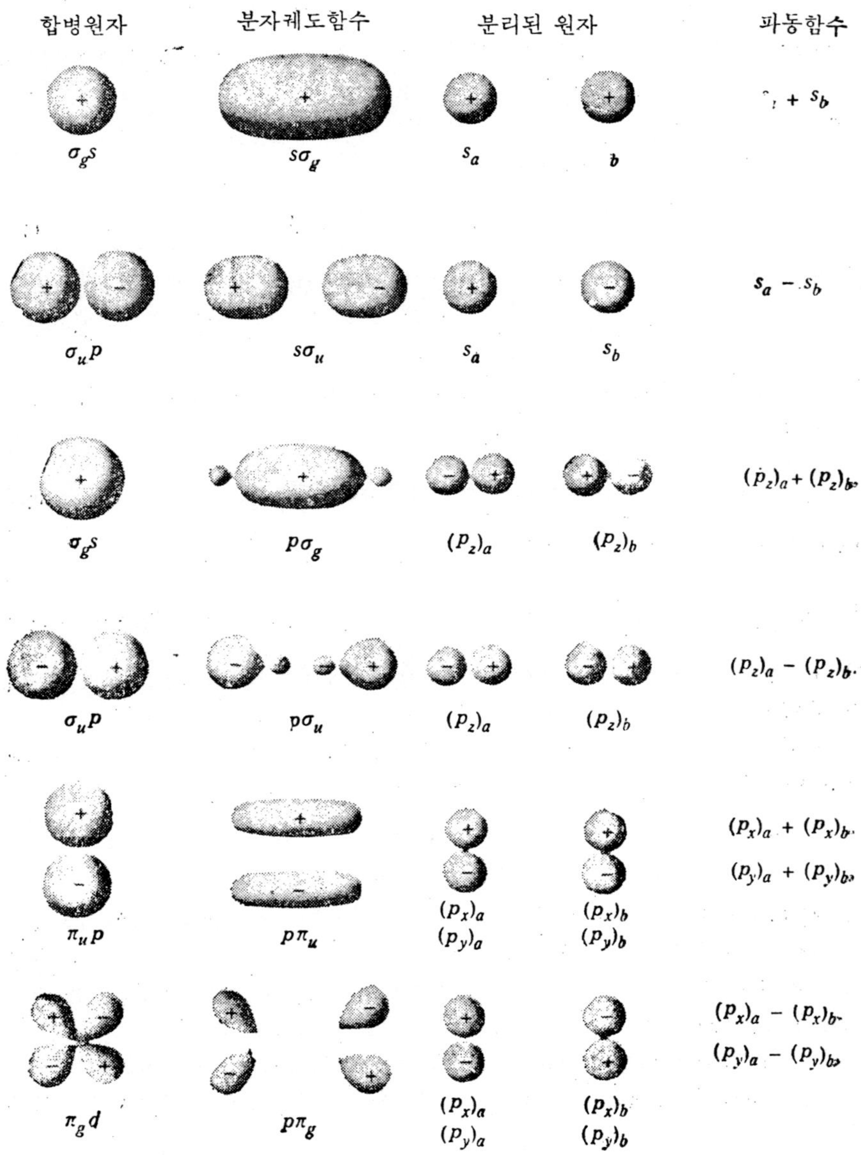

그림 23-21

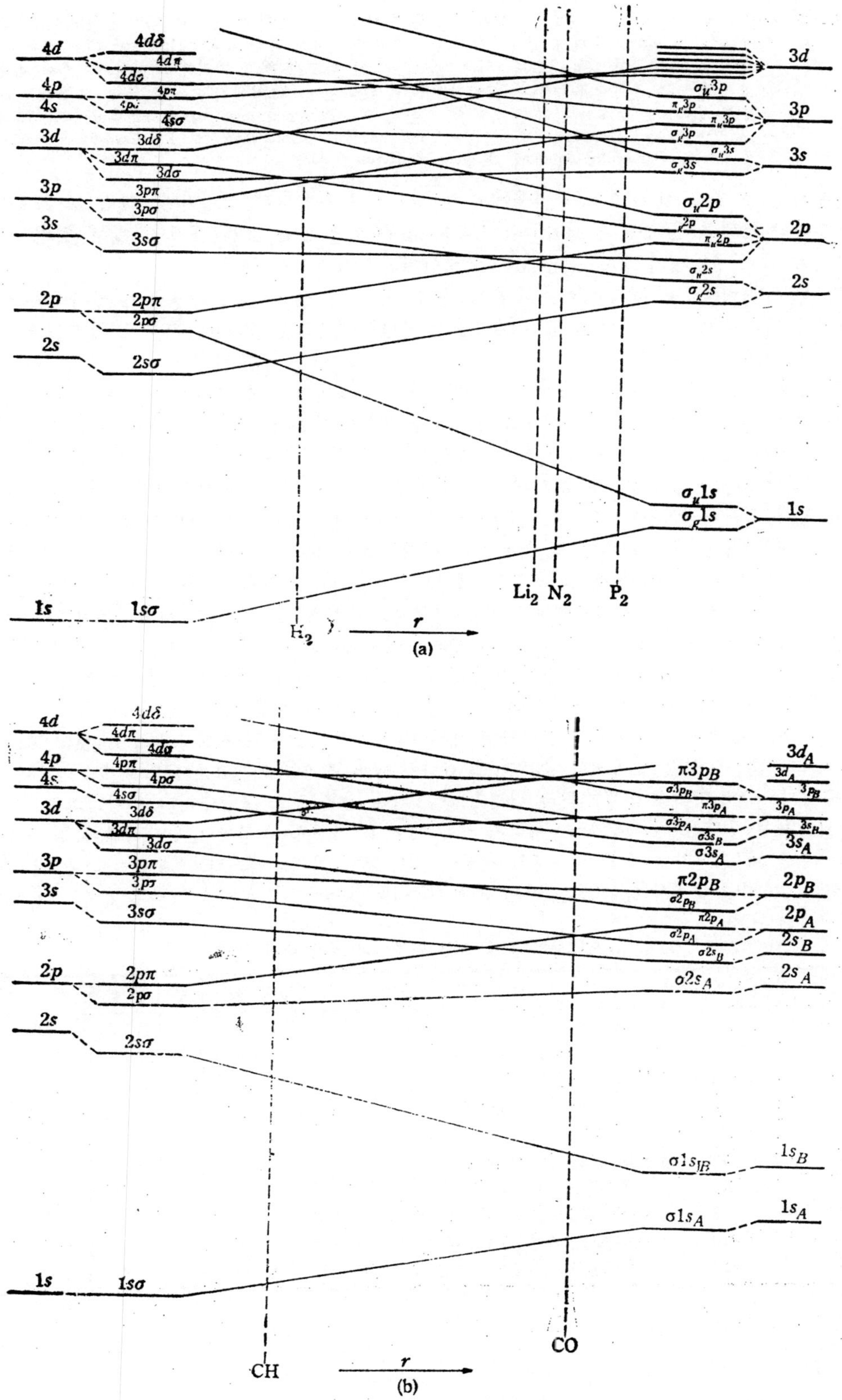
4d
4dδ
4dπ
4dσ
4p
4pπ
4s
4sσ
3d
3dδ
3dπ
3dσ
3p
3pπ
3pσ
3s
3sσ
2p
2pπ
2pσ
2s
2sσ
1s
1sσ
H2
r
(a)
Li2
N2
P2
3d
σu3p
πg3p
πu3p
σg3p
σu3s
σg3s
3p
3s
σu2p
πg2p
πu2p
2p
σu2s
σg2s
2s
σu1s
σg1s
1s
4d
4dδ
4dπ
4dσ
4p
4pπ
4pσ
4s
4sσ
3d
3dδ
3dπ
3dσ
3p
3pπ
3s
3sσ
2p
2pπ
2pσ
2s
2sσ
1s
1sσ
CH
CO
r
(b)
π3pB
σ3pB
π3pA
σ3pA
σ3sB
σ3sA
π2pB
σ2pB
π2pA
σ2pA
σ2sB
σ2sA
σ1sB
σ1sA
3dA
3pB
3pA
3sB
3sA
2pB
2pA
2sB
2sA
1sB
1sA

그림 23-22 2원자 분자의 상관 관계. 왼쪽 끝과 오른쪽 끝에는 각각 합병 원자와 분리된 원자의 궤도 함수가 나와 있다. 그리고 그 옆에는 핵간 거리가 대단히 작을 때와 대단히 클 때의 분자의 궤도 함수들을 각각 나타내었다. 중간 영역은 중간 정도의 핵간 거리에 해당한다. 수직 점선은 표시해 놓은 분자에 해당하는 대체적 위치를 나타낸다. 그림에서 r의 척도는 오른쪽으로 갈수록 선형적으로가 아니라 급격하게 작아진다(From *Molecular Spectra and Molecular Structure*, Vol. 1, by G. Herzberg. © 1950 by Litton Educational Publishing, Inc. Reprinted by permission of Wadsworth Publishing Company, Belmont, California 94002).

합병 원자란 두 핵을 한 점으로 밀어붙여서 한 덩어리로 합병시킨 모형이다. 그림 23-21의 요점은 오른쪽 끝에 있는 분리된 원자들의 상태가 왼쪽 끝에 있는 동일 대칭을 갖는 합병 원자의 상태와 서로 관련되지 않으면 안 된다는 것이다.

파동 함수의 대칭성을 나타내는 g와 u에 관해서는 이미 설명하였다. 유리된 원자들의 상태와 합병된 원자들의 상태 사이의 상관 관계는 상이한 대칭 성질에 따라, 즉 파동 함수에 나타나는 마디의 위치에 따라 다르다.

파동 함수의 마디는 그 파동 함수가 영이 되는 점이나 경계면에 나타난다. 2개의 동등한 파동 함수를 감법으로 결합하면 언제나 두 핵 사이의 한복판에 있는 면에 마디가 나타난다. 이 마디는 $R=\infty$로 되거나 또는 $R=0$이 되거나 관계없이 두 핵의 한복판에 머물게 된다. 이 때문에 $s_a - s_b$는 합병 원자의 p 함수처럼 보인다. 즉, 합병 원자의 p 함수와 상관된다. $(p_z)_a + (p_z)_b$에서와 같이 2개의 p 함수가 양 부호의 머리를 서로 맞대고 합해져서 마디가 도입될 경우에는 처음에 두 핵사이에 있던 마디가 핵의 위치의 바깥쪽으로 약간 이동한다. 그리고 두 핵이 서로 가까와지면 마디면의 위치가 핵으로부터 점점 더 멀어지고, 마침내 두 핵이 합병 원자로 뭉쳐지면 마디가 $+\infty$와 $-\infty$로 이동하고 파동 함수는 s 함수와 같이 보이게 된다. 그리하여 $(p_z)_a + (p_z)_b$는 합병 원자의 s 함수와 상관된다. 합병 원자는 $z_a + z_b$의 핵전하를 가지게 되므로 이 원자의 에너지 준위는 분리 상태의 원자가 갖는 해당 궤도 함수의 에너지보다 일반적으로 훨씬 더 낮다. 그림 23-22에 이 에너지 준위들과 이들 사이의 상관 관계를 나타내었다.

분리 원자보다 낮은 에너지를 갖는 합병 원자의 궤도 함수와 상관되는 궤도 함수는 결합 궤도 함수이다. 그리고 더 높은 에너지를 갖는 합병 원자의 궤도 함수와 상관되는 궤도 함수는 반결합 궤도 함수이다. 그리고 결합쌍의 수에서 반결합쌍의 수를 뺀 것을 결합수라고 한다. 그림 23-22에서 해당하는 수직선 위치에 있는 에너지 준위 순서를 이용하여 최저 준위에서부터 각 준위에다 전자쌍을 채워 나가면 2원자 분자의 결합을 설명할 수 있다. 이러한 결과를 나타낸 것이 표 23-3이다. 여기서 주목할 만한 것은 분자 궤도 함수 모형을 이용하면 O_2의 상자기성을 설명할 수

표 23-3 등핵 2원자 분자의 전자 배치.

분 자	전자의 수	전 자 배 치	결합 쌍	반결합 쌍	결 합
H_2	2	$(1s\sigma_g)^2$	1	0	1
He_2	4	$(1s\sigma_g)^2(1s\sigma_u)^2$	1	1	0
Li_2	6	$(He)_2(2s\sigma_g)^2$	2	1	1
Be_2	8	$(He)_2(2s\sigma_g)^2(2s\sigma_u)^2$	2	2	0
B_2	10	$(Be)_2(2p\sigma_g)^2$	3	2	1
C_2	12	$(Be)_2(2p\sigma_g)^2(2p\pi_u)^2$	4	2	2
N_2	14	$(Be)_2(2p\sigma_g)^2(2p\pi_u)^4$	5	2	3
O_2	16	$(Be)_2(2p\sigma_g)^2(2p\pi_u)^4(2p\pi_g)^2$	5	3	2
F_2	18	$(Be)_2(2p\sigma_g)^2(2p\pi_u)^4(2p\pi_g)^4$	5	4	1
Ne_2	20	$(Be)_2(2p\sigma_g)^2(2p\pi_u)^4(2p\pi_g)^4(2p\sigma_u)^2$	5	5	0

있다는 것이다. 즉, 맨 바깥 궤도 함수인 $(2p\pi_g)$에는 전자가 2개 밖에 들어있지 않다. 에너지가 같고 배향만이 다른 2개의 $(2p\pi_g)$궤도 함수가 있으므로 여기에는 4개의 전자가 들어갈 수 있다. 따라서 산소 분자의 $(2p\pi_g)$궤도 함수에 들어있는 두 전자의 스핀은 쌍을 이루지 않으며 이 때문에 이 분자가 자기 모멘트를 갖게 된다.

이 방법은 쉽게 이종핵 2원자 분자에다 확장시킬 수 있다. 이종핵 분자는 핵 교환 대칭을 갖지 않으므로 g와 u성질을 갖지 않지만 다른 기호들은 그대로 이용된다. 그러나 상이한 두 원자의 전자 에너지는 서로 다르기 때문에 상관 그림은 훨씬 더 복잡하다. 여기서 주목할 만한 것은 N ≡ N, C ≡ O, $^-$C ≡ N, $^-$C ≡ C$^-$, N ≡ O$^+$와 같은 등전자 종들이 모두 근본적으로 표 23-3의 N ≡ N과 똑같은 전자 배치를 갖고 있으며 다만 이종핵 화학종의 경우에는 g와 u의 성질이 없다는 것이다. 이 방법을 비선형 분자에 확장시키려면 궤도 함수의 대칭을 설명하기 위해서 복잡한 방법을 써야 한다. 그리고 대칭 형태에 대한 군론 기호를 이용해야 한다.

2원자 분자의 분자 궤도 함수에 대한 에너지 준위계를 그림 23-23과 같이 나타내는 경우가 흔히 있다. 여기서 두 분리 상태 원자의 에너지 준위는 이 그림의 양쪽 끝에 표시하고 분자의 에너지 준위는 가운데에다 표시한다. 이 그림은 원자가 서로 접근함에 따라 원자 에너지 준위가 갈라

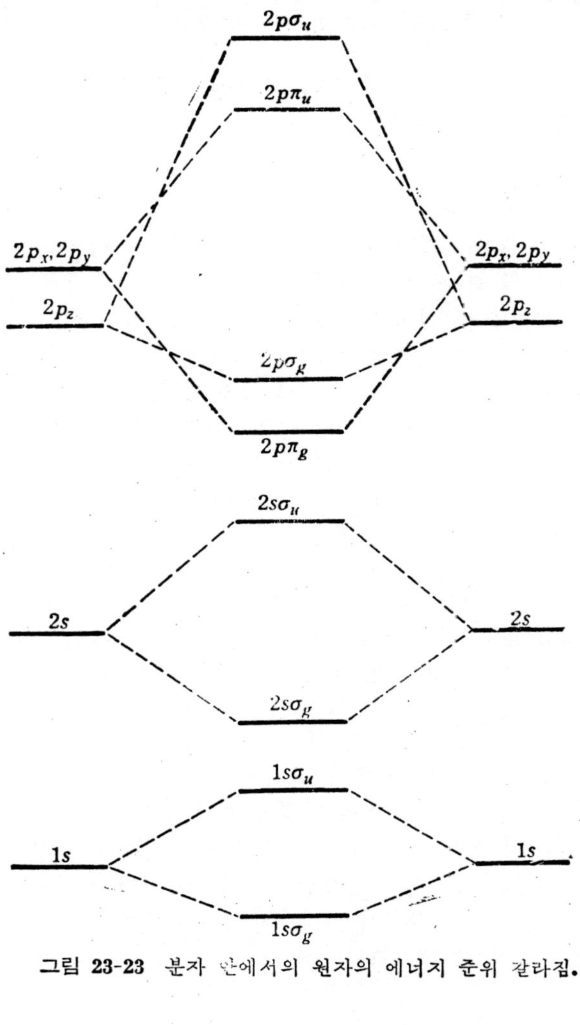

그림 23-23 분자 안에서의 원자의 에너지 준위 갈라짐.

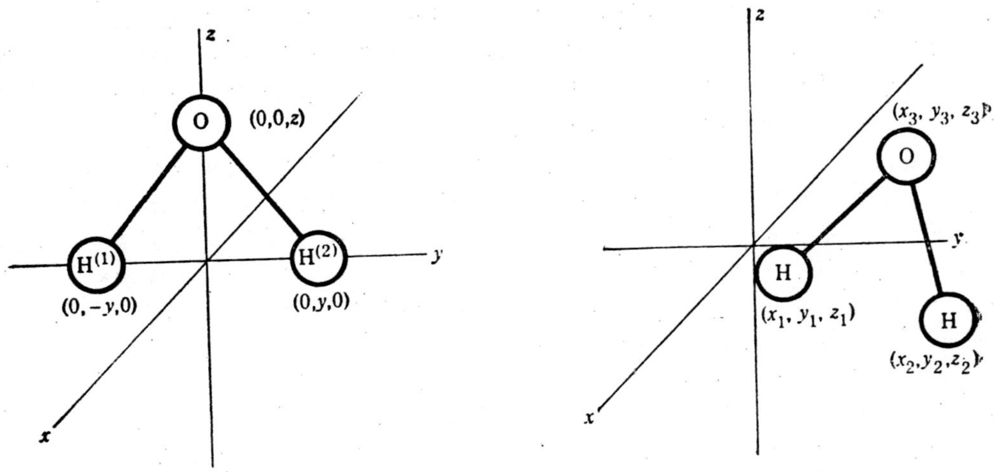

(a) 용이하다 (b) 복잡하다

그림 23-24 H_2O 분자를 나타내는 좌표계.

지는 것을 강조하는 것이다. 그림 23-1에 $1s\sigma_g$와 $1s\sigma_u$의 경우에 대해서 이 갈라짐을 핵간 거리의 함수로서 나타내었다.

23.12 파동 함수의 대칭성

분자의 에너지와 같은 스칼라 성질은 어떤 좌표계를 가지고 분자를 나타내던 관계없다. 예로서 그림 23-24에서와 같이 물 분자를 상이한 두 좌표계를 가지고 생각해보자. 어느 좌표를 써서나 이 분자의 에너지를 계산할 수 있다고 가정하면 최종 결과가 같게 나와야 한다. 그림 23-24(b)의 좌표계를 써서 계산하는 것이 훨씬 더 복잡하겠지만 결과는 같게 나올 것이다.

우선 H_2O와 같은 퇴화되지 않은 파동 함수 만을 가진 대칭 분자를 생각해 보자. 이 분자를 그림 23-24(a)에서와 같은 좌표계의 편리한 자리에 놓았다고 하자. 이 분자에다 대칭 조작을 하여 주더라도(분자의 모든 부분을 같은 위치로 가져가거나 또는 분자의 동등한 부분들을 상호 교환시켜 주는 조작) Hamilton 연산자는 이러한 대칭 조작에 의해서 변하지 않으며, 또 파동 함수는 이러한 대칭 조작에 의해서 변하지 않거나 대수적 부호만이 달라진다. 분자의 에너지는 $\psi^*(\mathbf{H}\psi)$를 적분한 것인데, 파동 함수의 부호가 바뀌더라도 이 피적분 함수는 그대로 불변이다. 즉, 대수적 부호가 ψ^*에서 한 번, 그리고 또 $\mathbf{H}\psi$에서 한 번 변하므로 이 두 함수의 곱에서는 부호가 두 번 변한다. 따라서 대칭 조작에 의해서 ψ의 부호가 변하더라도 이 피적분 함수는 변하지 않는 것이다. 결국 분자에 대한 대칭 조작의 연산자를 $\mathbf{R}$이라고 하면 파동 함수는 다음 조건을 만족시키게 된다.

$$\mathbf{R}\psi=\psi \qquad \text{또는} \qquad \mathbf{R}\psi=-\psi \tag{23.29}$$

만일 ψ가 대칭 조작에 의해서 부호를 바꾸지 않을 때는 이러한 조작에 관해서 ψ가 대칭이다 라고 말한다. 그리고 $\mathbf{R}$에 의해서 ψ가 부호를 바꾸면 ψ를 반대칭이라고 한다.

대칭도가 높은 분자의 파동 함수는 퇴화된 파동 함수 세트 중의 하나일 수가 있다. 이러한 경우에는 파동 함수에다 대칭 조작을 하여서 이것을 퇴화된 파동 함수 세트들의 선형 결합이 되게 한다. 분자의 에너지는 이러한 대칭 조작에 의해서도 여전히 불변이다. 후에 NH_3 분자를 설명할 때 이러한 복잡한 예를 다루게 될 것이다.

대칭 조작에 대해서 나타내는 파동 함수의 이러한 성질들 때문에 어떤 결과들이 생기는지를 살피기 전에 잠시 군론에서 사용되는 용어들을 설명하겠다.

23.13 필요한 수학

우리는 그림이나 분자같은 것이 대칭 요소를 갖는다고 말한다. 이 대칭 요소들은 저마다 하나 또는 그 이상의 대칭 조작을 수반한다. 대칭 조작은 그림의 일부나 전부를 동일 위치에 남겨두거나 또는 그림의 모든 동일한 부분을 상호 교환시켜 준다.

대칭 요소에는 네 가지가 있다. 이들 대칭 요소와 해당하는 대칭 조작 및 기호는 다음과 같다.

대칭 요소	대칭 조작	대칭 조작의 기호
대칭면	면에서의 반사.	σ
대칭 중심	대칭 중심을 통한 반전. 이 조작을 하여주면 모든 알맹이들의 전체 좌표의 부호를 변화시킨다.	i
n-중 대칭축	이 축 주위로 $(2\pi/n)$, $2(2\pi/n)$, $3(2\pi/n)$, … $(n-1)(2\pi/n)$만큼 회전시킨다.	C_n, C_n^2, C_n^3, …, C_n^{n-1}
반사-회전 대칭축	$2\pi/n$만큼 회전시킨 다음 회전축에 수직한 면에서 반사를 시킨다.	S_n

대칭으로부터 나오는 한 가지 중요한 결과는 어떤 그림이든지 그 그림에 대한 대칭 조작들이 수학적 군을 만든다는 것이다. 그러면 군의 성질을 이용하여 우리는 분자 계의 성질을 계산할 수 있고 또 이 계가 나타내는 성질을 이해할 수도 있다.

23.13.1 군의 성질

분자 구조를 군론으로 다루는 데는 군론의 모든 성질을 다 알지 않아도 된다. 그러나 군론에서 사용되는 용어와 군의 성질을 어느 정도는 알아야 한다.

군이란 다음과 같은 네 가지 성질을 갖는 원소들의 세트이다.

1. 군의 한 원소와 다른 원소와의 곱셈 방법을 정의하는 규약을 군 곱셈 규약이라고 한다. 이 규약에 따라 군의 임의의 원소를 그 자신이나 다른 원소와 곱한 것은 역시 군의 한 원소가 된다. 이것을 배합 법칙이라고 한다. 이 법칙에 의하면 군의 원소를 A, B, C, D … 라고 하면 두 원소의 곱 AB는 군의 한 원소가 되어야 한다.

$$AB = C \qquad (23.30)$$

여기서 C는 군의 한 원소이다. 곱셈의 순서가 중요하다는 것을 명심하기 바란다. 일반적으로 $AB \neq BA$이다. AB는 B에다 앞의 A를 곱한다고 말하고 또 BA는 뒤의 A를 곱한다고 말한다.

2. 군은 단위 원소 또는 동등 원소라고 하는 원소를 가지고 있다. 이 단위 원소를 군의 다른 원소 A에다 곱해주면 다음과 같은 결과가 된다.

$$EA = AE = A \qquad (23.31)$$

3. 각 원소 A는 역 원소 A^{-1}을 가지고 있다. A에다 앞의 역 원소 A^{-1}을 곱하거나 또는

뒤의 역 원소 A^{-1}을 곱하면 단위 원소가 나온다. 즉,

$$A^{-1}A = AA^{-1} = E \tag{23.32}$$

4. 군의 곱셈에서는 결합 법칙이 성립한다. 즉, 만일 A, B, C를 군의 원소라고 하면 다음 관계가 성립해야 한다.

$$A(BC) = (AB)C \tag{23.33}$$

군의 원소들은 급으로 나눌 수 있다. 원소 X를 군의 모든 원소를 차례로 바꾸면서 곱셈 $X^{-1}AX$를 만들면 원소 A가 속하는 급의 모든 원소들을 얻을 수 있다. 또 $X^{-1}BX$를 가지고 같은 조작을 되풀이하면 B가 속하는 급의 모든 원소들을 구할 수 있으며, C, D, …등에 대해서 같은 조작을 되풀이할 수 있다. 군의 원소들은 한 급에만 속하고 두 가지 이상의 급에는 속할 수 없다.

23.14 물분자(C_{2v} 군) : 보기

한 그림이나 분자에 적용되는 대칭 조작은 군의 원소가 된다. 첫째 번 예로서 물분자를 생각해 보자. 대칭 요소는 2중 대칭축 1개[그림 23-24(a)의 z-축]와 대칭면 2개(xz-면과 yz-면)이다. 그리고 대칭 작용은 다음과 같은 네 가지이다.

E : 동등 조작. 이 조작은 모든 점을 제자리로 보낸다. 즉, $x_i \to x_i$, $y_i \to y_i$, $z_i \to z_i$이다. 이 조작은 무의미한 것같이 보이지만 동등 조작을 꼭 포함시켜야 한다. 이것이 빠진 다른 대칭 요소들만으로는 수학적 군이 형성되지 않는다.

C_2 : z-축 주위를 반시계 방향으로 180° 회전시킨다. 이 변화에 의해서 산소 원자의 좌표는 변하지 않는다. 그러나 두 수소 원자의 좌표는 상호 교환된다.

$\sigma_v(xz)$: xz-면에서 반사시킨다. 이 조작은 두 수소 원자의 좌표를 상호 교환해 준다. 그러나 산소 원자는 제자리에 남겨둔다.

$\sigma_v'(yz)$: yz-면에서 반사시킨다. 이 조작은 모든 원자를 제자리에 남겨둔다.

이 대칭 조작들은 대칭군 C_{2v}를 이룬다.

이들 대칭 조작이 한점에 나타내는 효과를 그림 23-25에 나타내었다. 각 경우마다 점 P가 점 P'으로 변환되는 데, 이들 변환을 다음과 같이 요약할 수 있다.

$$\begin{aligned} \mathrm{E}(x, y, z) &= (x, y, z) \\ \mathrm{C}_2(x, y, z) &= (-x, -y, z) \\ \sigma_v(xz)(x, y, z) &= (x, -y, z) \\ \sigma_v'(yz)(x, y, z) &= (-x, y, z) \end{aligned} \tag{23.34}$$

이 관계를 이용해서 우리는 이 군의 곱셈 표를 만들 수 있다. 예로서 $C_2\sigma_v$는 이 그림에서 두 조

표 23-4 C_{2v}의 곱셈 표.

	E	C_2	$\sigma_v(xz)$	$\sigma_v'(yz)$
E	E	C_2	σ_v	σ_v'
C_2	C_2	E	σ_v'	σ_v
$\sigma_v(xz)$	σ_v	σ_v'	E	C_2
$\sigma_v'(yz)$	σ_v'	σ_v	C_2	E

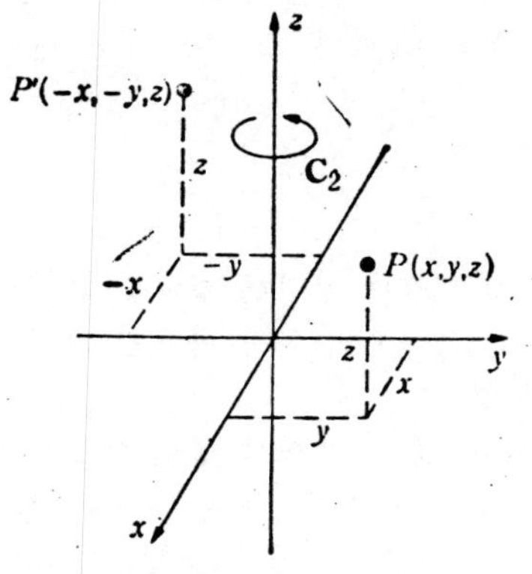

(a) $\mathbf{C}_2(x,y,z)=(-x,-y,z)$

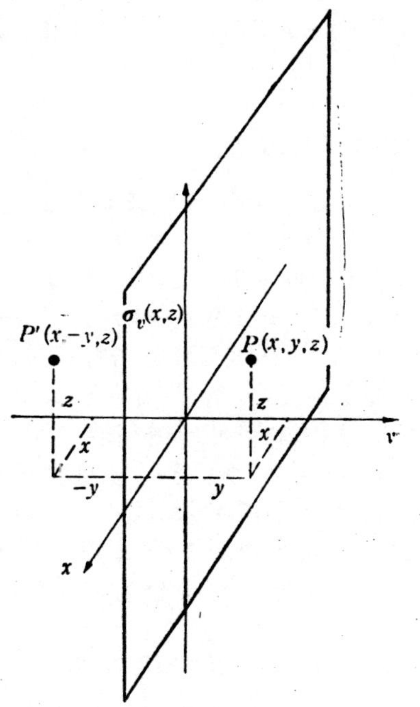

(b) $\boldsymbol{\sigma}_v(xz)\ (x,y,z)=(x,-y,z)$

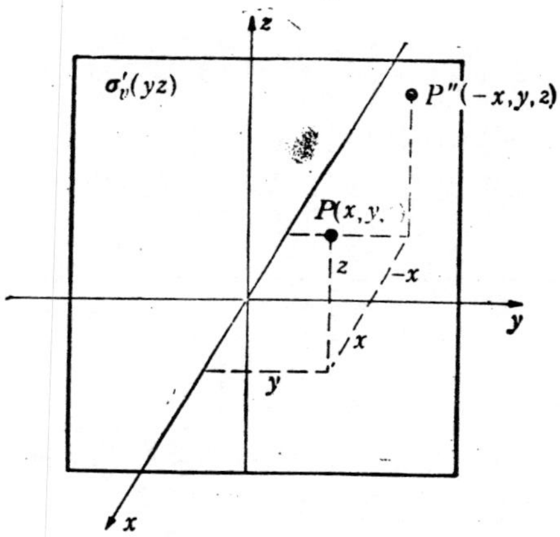

(c) $\boldsymbol{\sigma}'_u(yz)\ (x,y,z)=(-x,y,z)$

그림 **23-25** 두 조작의 곱. $\mathbf{C}_2\,\sigma_v=\sigma'_v$.

작(먼저 σ_v를 하고 이어서 $\mathbf{C}_2$)을 한다는 뜻이다. 이 점 P가 σ_v 조작을 받으면 그림 23-25(b)에서와 같이 점 P가 점 P'으로 이동한다. 이 점에서 $\mathbf{C}_2$ 조작을 하여 주면 이 점이 그림 23-25(c)에서와 같이 점 P''으로 옮겨간다. 그리하여 σ_v 조작과 $\mathbf{C}_2$ 조작에 대한 군 곱셈 법칙은 $\mathbf{C}_2\,\sigma_v=\sigma'_v$이라고 말할 수 있다. 수학적으로 (23.24)식을 이용해도 같은 결과를 얻을 수 있다. 즉, (23.34)식을 이용하면 $\mathbf{C}_2\,\sigma_v$가 다음과 같이 된다.

$$\mathbf{C}_2\,\sigma_v(x,\ y,\ z)=\mathbf{C}_2(x,\ -y,\ z)=(-x,\ y,\ z)$$

(23.34)식에 의하면 $\sigma'_v(x,\ y,\ z)=(-x,\ y,\ z)$이며 따라서 위의 결과와 비교해서 다음과 같은 결과를 얻게된다.

$$\mathbf{C}_2\,\sigma_v=\sigma'_v$$

이와 같은 방법으로 군 원소들 사이의 모든 곱셈 관계를 구하면 표 23-4와 같은 군 곱셈 표를 얻을 수 있다. 이 표에서 $C_2\sigma_v$는 σ_v라고 표시한 행과 C_2라고 표시한 열이 만나는 점의 원소와 같다.

23.15 군의 표현

한 군과 똑같은 곱셈 표를 갖는 한 세트의 수나 한 세트의 정방형 행렬을 그 군의 표현이라고 부른다. 군의 표현은 몇 개든지 만들 수 있다. 이들 표현은 임의의 차수를 가질 수 있지만, 한 표현에 속하는 행렬들은 모두 같은 차수를 가져야 한다.

주어진 표현의 행렬 세트는 일반적으로 차수가 더 낮은 동등한 행렬 세트로 변환시켜줄 수 있다. 한 주어진 변환을 가지고 한 표현에 속하는 모든 행렬을 낮은 차수의 행렬로 변환시킬 수 없을 때는 이 행렬 세트를 그 군의 **기약 표현**이라고 한다. 어떤 군이든지 한 군의 기약 표현의 수는 그 군의 급의 수와 같다.

기약 표현의 행렬을 일단 알게 되면 각 행렬의 주 대각선 원소의 합을 구할 수 있다. 이 합을 그 행렬의 지표라고 한다. 한 기약 표현 속에 들어있는 행렬의 지표의 세트는 그 표현의 지표이다. 군의 지표 표에 모아 놓은 수들이 바로 이 지표인데, 이것은 군론을 분자에다 응용하는 데 가장 중요한 역할을 하는 것이다.

23.15.1 C_{2v} 군의 표현의 지표 : 보기

표 23-5는 C_{2v} 군의 지표 표이다. 이 C_{2v} 군은 4개의 상이한 기약 표현을 가지고 있는데, 이들은 모두 1차 행렬 세트들이다. 첫째 번 표현 a_1은 1×1 행렬의 세트들이며, 각 행렬 속에 $+1$이 다음과 같이 자리하고 있다.

	E	C_2	σ_v	σ_v'
a_1	[1]	[1]	[1]	[1]

따라서 대각선 원소의 합은 이 행렬의 원소인 $+1$과 같으며, 지표는 다음과 같이 된다.

	E	C_2	σ_v	σ_v'
a_1	1	1	1	1

다른 세 기약 표현도 1차원 행렬의 세트들이며 그 지표들 역시 행렬을 이루는 단위 원소와 같다(표 23-5). 1차원 기약 행렬은 관습에 따라 a_1, a_2, b_1, b_2로 표시한다(대문자를 쓰는 경우도 더러 있다).

어느 좌표이든 그 좌표가 군의 대칭 조작에 대해서 나타내는 성질은 어느 한 기약 표현의 지

표 23-5 C_{2v} 군의 지표 표.

	E	C_2	$\sigma_v(xz)$	$\sigma_v'(yz)$		
a_1	1	1	1	1	z	x^2, y^2, z^2
a_2	1	1	-1	-1	R_z	xy
b_1	1	-1	1	-1	x, R_y	xz
b_2	1	-1	-1	1	y, R_x	yz

표를 가지고 나타낼 수 있다. 예로서 x좌표는 다음과 같이 변환된다.

$$\mathbf{E}x = +x \quad \mathbf{C}_2x = -x \quad \sigma_v(xz)x = +x \quad \sigma_v'(yz)x = -x$$

우변의 계수들은 다음과 같다.

E	C_2	σ_v	σ_v'
1	−1	1	−1

이 수들의 세트를 지표 표와 비교해 보면 x가 기약 표현 b_1에 속한다는 것을 알 수 있다. 이와 비슷한 방법을 이용하면 y는 b_2에 속한다는 것을 알 수 있다. 한편 군의 임의의 조작을 $\mathbf{R}$이라고 하면 $\mathbf{R}z = z$이므로 z는 완전히 대칭이며 따라서 완전한 대칭 표현 a_1에 속한다(a_1의 지표는 모두 +1이다).

좌표들이 어떤 기약 표현에 속하는지를 알면(예로서 x는 b_1에 속하고, y는 b_2에 속한다) 표현들의 직접곱 $b_1 \times b_2$를 만들어 봄으로써 함수들의 곱이 어떤 표현에 속하는지를 알 수 있다. 예로서 직접곱 $b_1 \times b_2$의 표는 다음과 같다.

	E	C_2	σ_v	σ_v'
$b_1 \times b_2$	(+1)(+1)	(−1)(−1)	(+1)(−1)	(−1)(+1)

또는

	E	C_2	σ_v	σ_v'
$b_1 \times b_2$	1	1	−1	−1

이것은 표현 a_2와 같다. 따라서 이 관계를 다음과 같이 나타낼 수 있다.

$$b_1 \times b_2 = a_2$$

그리하여 두 함수의 곱 xy는 표현 a_2에 속한다는 것을 알 수 있다. 한편 완전한 대칭 표현 a_1의 지표는 모두 +1이며 따라서 a_1과 다른 임의의 기약 표현과의 직접곱은 항상 후자의 표현에 속하게 된다. 즉,

$$a_1 \times a_1 = a_1 \qquad a_1 \times a_2 = a_2 \qquad a_1 \times b_1 = b_1 \qquad a_1 \times b_2 = b_2$$

또 어떤 기약 표현이든 그 자신들 끼리의 직접곱(예로서 $b_1 \times b_2$)은 완전한 대칭 표현 a_1에 속한다는 것을 주목하기 바란다. 따라서 함수 x^2, y^2, z^2들은 모두 a_1에 속한다. 표 23-5에서와 같이 지표 표에는 이러한 간단한 함수들이 포함되어 있다. 기호 R_x, R_y, R_z는 x-, y-, z-축 주위의 회전이 속하는 표현을 나타낸다. 몇 가지 대칭군의 지표 표를 부록 Ⅵ에 수록해 놓았다.

23.15.2 C_{3v} 군의 표현: 보기

이러한 대칭 원리를 응용하기 전에 우선 기약 표현의 어느 하나(또는 그 이상)가 2차원(또는 3차원)일 때는 어떻게 되는가를 설명하기 위해서 약간 더 일반적인 예를 들어 보겠다. 2차원 기약 표현을 갖는 가장 간단한 군은 C_{3v}이다. 이 군은 암모니아 분자(그림 23-26)가 갖는 대칭 요소를 가지고 있다. 이 원자들의 xy-면 상의 사영을 그림 23-26(b)에 나타내었다. 이들

에 대한 대칭 조작은 다음과 같다.

E : 동 등

$\mathbf{C}_3$: z-축 주위로 반시계 방향으로 120° 회전

$\overline{\mathbf{C}}_3$: z-축 주위로 시계 방향으로 120° 회전

$\sigma_v^{(1)}$: z-축과 수소 원자 1이 포함되는 수직면에서의 반사

$\sigma_v^{(2)}$: z-축과 수소 원자 2가 포함되는 수직면에서의 반사

$\sigma_v^{(3)}$: z-축과 수소 원자 3이 포함되는 수직면에서의 반사

C_{2v} 대칭군에서는 각 좌표가 대칭 조작에 의해서 불변이거나 부호만이 변했다. 그러나 C_{3v} 군에서는 상황이 조금 복잡하다. z-좌표의 경우에는 이 군의 임의의 조작을 **R**이라고 할 경우 $\mathbf{R}z = z$의 관계가 여전히 성립하며, 따라서 C_{3v}에서는 C_{2v}에서와 마찬가지로 z가 완전 대칭 표현에 속하게 된다. 그러나 x와 y는 간단하게 변환되지 않는다. 예로서 $\mathbf{C}_3$ 조작은 다음과 같이 변환을 일으킨다.

$$\mathbf{C}_3 x = x\cos\frac{2}{3}\pi - y\sin\frac{2}{3}\pi$$
$$\mathbf{C}_3 y = x\sin\frac{2}{3}\pi + y\cos\frac{2}{3}\pi$$

이 관계는 다음과 같이 행렬 기호(부록 I.8.2참조)로 나타낼 수 있다.

$$\mathbf{C}_3\begin{bmatrix} x \\ y \end{bmatrix} = \begin{bmatrix} \cos\frac{2}{3}\pi & -\sin\frac{2}{3}\pi \\ \sin\frac{2}{3}\pi & \cos\frac{2}{3}\pi \end{bmatrix}\begin{bmatrix} x \\ y \end{bmatrix}$$

마찬가지로 다음과 같은 관계도 얻을 수 있다.

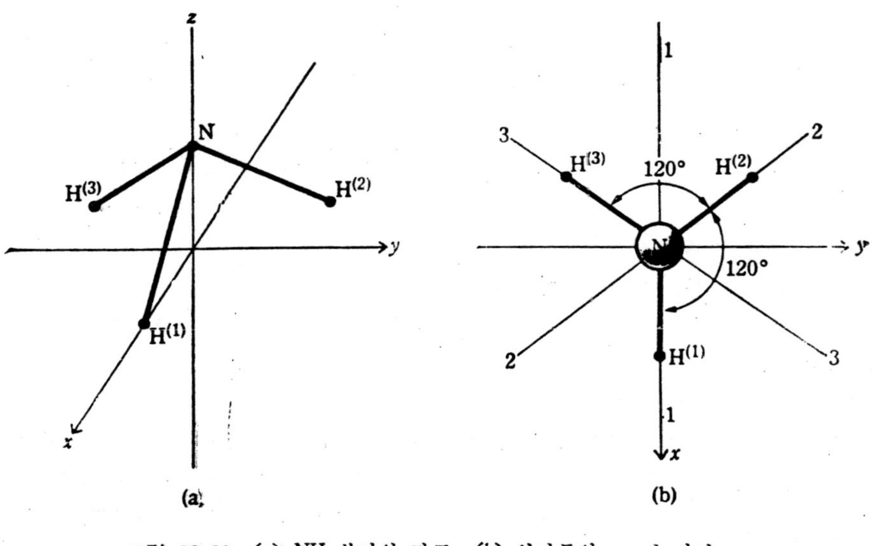

그림 23-26 (a) NH_3 분자의 좌표. (b) 원자들의 xy-면 사영.

$$\overline{C}_3\begin{bmatrix}x\\y\end{bmatrix}=\begin{bmatrix}\cos\frac{2}{3}\pi & \sin\frac{2}{3}\pi\\-\sin\frac{2}{3}\pi & \cos\frac{2}{3}\pi\end{bmatrix}\begin{bmatrix}x\\y\end{bmatrix}$$

즉, C_3 나 $\overline{C}_3$ 는 행렬로 나타낼 수가 있다. $\cos\frac{2}{3}\pi=-\frac{1}{2}$이고 $\sin\frac{2}{3}\pi=\frac{1}{2}\sqrt{3}$이므로 이 행렬들은 다음과 같이 된다.

$$C_3=\begin{bmatrix}-\frac{1}{2} & -\frac{1}{2}\sqrt{3}\\\frac{1}{2}\sqrt{3} & -\frac{1}{2}\end{bmatrix}\qquad \overline{C}_3=\begin{bmatrix}-\frac{1}{2} & \frac{1}{2}\sqrt{3}\\-\frac{1}{2}\sqrt{3} & -\frac{1}{2}\end{bmatrix}$$

C_3 와 $\overline{C}_3$ 의 주 대각선 원소들의 합은 다같이 $-\frac{1}{2}+\left(-\frac{1}{2}\right)=-1$ 임을 주목하라. 이들 조작은 동일한 지표를 갖는다.

반사 조작 $\sigma_v^{(1)}$ 은 다음과 같은 효과를 나타낸다.

$$\sigma_v^{(1)}x=x\qquad \sigma_v^{(1)}y=-y$$

이 관계도 행렬을 이용해서 나타낼 수 있다.

$$\sigma_v^{(1)}\begin{bmatrix}x\\y\end{bmatrix}=\begin{bmatrix}1 & 0\\0 & -1\end{bmatrix}\begin{bmatrix}x\\y\end{bmatrix}=\begin{bmatrix}x\\-y\end{bmatrix}$$

$\sigma_v^{(1)}$에 맞먹는 행렬의 지표는 $1+(-1)=0$ 이다. 다른 두 면에서의 반사는 이보다 조금 더 복잡하며 다음과 같은 효과를 나타낸다.

$$\sigma_v^{(2)}x=-\frac{1}{2}x-\frac{1}{2}\sqrt{3}y\qquad \sigma_v^{(3)}x=-\frac{1}{2}x+\frac{1}{2}\sqrt{3}y$$

$$\sigma_v^{(2)}y=-\frac{1}{2}\sqrt{3}x+\frac{1}{2}y\qquad \sigma_v^{(3)}y=\frac{1}{2}\sqrt{3}x+\frac{1}{2}y$$

즉, 면 2와 면 3에서의 반사를 통해서 x와 y는 모두 x와 y의 선형 결합으로 변환된다. 행렬을 이용하면 이 변환을 다음과 같이 나타낼 수 있다.

$$\sigma_v^{(2)}\begin{bmatrix}x\\y\end{bmatrix}=\begin{bmatrix}-\frac{1}{2} & -\frac{1}{2}\sqrt{3}\\-\frac{1}{2}\sqrt{3} & \frac{1}{2}\end{bmatrix}\begin{bmatrix}x\\y\end{bmatrix}\quad \text{및}\quad \sigma_v^{(3)}\begin{bmatrix}x\\y\end{bmatrix}=\begin{bmatrix}-\frac{1}{2} & \frac{1}{2}\sqrt{3}\\\frac{1}{2}\sqrt{3} & \frac{1}{2}\end{bmatrix}\begin{bmatrix}x\\y\end{bmatrix}$$

따라서 반사 조작에 맞먹는 행렬들을 다음과 같이 나타낼 수 있다.

$$\sigma_v^{(1)}=\begin{bmatrix}1 & 0\\0 & -1\end{bmatrix}\qquad \sigma_v^{(2)}=\begin{bmatrix}-\frac{1}{2} & -\frac{1}{2}\sqrt{3}\\-\frac{1}{2}\sqrt{3} & \frac{1}{2}\end{bmatrix}\qquad \sigma_v^{(3)}=\begin{bmatrix}-\frac{1}{2} & \frac{1}{2}\sqrt{3}\\\frac{1}{2}\sqrt{3} & \frac{1}{2}\end{bmatrix}$$

이 행렬들은 각각 주대각 원소의 합이 영이 된다. 그리하여 모든 반사 조작들의 지표는 다같이 영이다.

동등 조작에 대한 표현은 언제나 단위 행렬로 나타낼 수 있다. 즉,

$$E=\begin{bmatrix}1 & 0\\0 & 1\end{bmatrix}$$

표 23-6 C_{3v} 군의 지표 표.

	E	$2C_3$	$3\sigma_v$		
a_1	1	1	1	z	$x^2+y^2,\ z^2$
a_2	1	1	-1	R_z	
e	2	-1	0	$(x,\ y)(R_x,\ R_y)$	$(x^2-y^2,\ xy)(xz,\ yz)$

이 행렬의 지표는 2이다.

군의 각 원소에 대해서 하나씩인 이 행렬의 세트는 이 군의 2차원 기약 표현이다. 그리고 이 표현의 지표는 다음과 같이 요약할 수 있다.

E	C_3	$\overline{C}_3$	$\sigma_v^{(1)}$	$\sigma_v^{(2)}$	$\sigma_v^{(3)}$
2	-1	-1	0	0	0

여기서 두 회전 조작의 지표는 같으며, 또한 세 반사 조작의 지표도 또 모두 같다는 것을 주목하라. 두 회전은 같은 급의 원소들이며, 세 회전도 서로 같은 급의 원소들이다. 그리고 동등 원소는 그 자신이 한 급이다. 같은 급의 원소들의 표현은 언제나 동일한 지표를 갖는다. 이 때문에 지표 표는 표 23-6에서와 같이 간결한 꼴로 나타내는 것이 보통이다(이 군은 또한 2개의 1차원 표현 a_1과 a_2를 가지고 있으며 이들은 표 23-6에 표시한 바와 같은 지표를 갖는다는 것을 주목하라).

이 표에서 $(x,\ y)$기호는 좌표쌍 $(x,\ y)$가 군의 조작에 의해서 x와 y의 선형 결합으로 변환된다는 것을 나타낸다. 일반적으로 a_1은 완전 대칭 표현이다.

23.16 가약 표현 ; 직교 정리

우리는 다음과 같은 직접곱을 만들 수 있다.

$$a_1\times a_1=a_1 \qquad a_1\times a_2=a_2 \qquad a_1\times e=e$$
$$a_2\times a_2=a_1 \qquad a_2\times e=e$$

이 기약 표현들의 직접곱들은 그 자신들이 또한 기약 표현이다. 반면에 $e\times e$과 같은 직접곱을 만들면 다음과 같은 지표들을 얻게 된다.

	E	$2C_3$	$3\sigma_v$
$e\times e$	4	1	0

이 지표 값들은 어느 기약 표현의 지표하고 같지 않다. 따라서 직접곱 $e\times e$는 가약 표현에 속한다. 가약 표현의 지표는 그 가약 표현을 구성하는 기약 표현들의 지표를 합한 것과 같다. 이 특별히 간단한 보기에서는 지표 표를 보고 간단히 다음과 같은 관계를 알아낼 수 있다.

$$e\times e=a_1+a_2+e$$

우리는 직접곱 $e\times e$속에 기약 표현 a_1, a_2 및 e가 들어있다고 말한다.

복잡한 경우에는 눈으로 보고 이러한 결과를 얻을 수 없다. 이러한 경우에는 직교 정리를 이용해야 하는데, 이 정리를 여기서 증명하지는 않겠다. 이 정리는 다음과 같이 나타낼 수 있다.

$$\sum_R \chi_i(R)\chi_j(R) = h\delta_{ij} \tag{23.35}$$

여기서 $\chi_i(R)$과 $\chi_j(R)$은 두 기약 표현 i와 j의 지표이며, h는 군의 원소수, R은 군의 조작, 그리고 δ_{ij}는 Kronecker 델타이다. (23.35)식에 의하면 상이한($i \neq j$) 두 기약 표현의 지표를 군의 모든 조작에 관해서 합해 주면 영이 되며, 또 어떤 기약 표현이든 그 지표의 제곱을 군의 조작에 대해서 합해 주면 h가 된다. 예로서 $i = a_1$, 그리고 $j = a_2$라고 하자. 그러면

$$\begin{aligned} & \qquad\qquad\quad\ E \qquad\quad 2C_3 \qquad\quad 3\sigma_v \\ \sum_R \chi_{a_1}(R)\chi_{a_2}(R) &= (1)(1) + 2(1)(1) + 3(1)(-1) = 0 \end{aligned}$$

우변의 둘째 항 (1)(1)은 C_3에 대해서 한 번, 그리고 $\bar{C}_3$에 대해서 또 한 번, 즉 두 번 나온다. 그리고 셋째 항 (1)(−1)은 각 반사에 대해서 한 번씩 도합 세 번 나온다. 또 만일 $i = j = e$라고 하면 다음과 같은 결과가 나온다.

$$\sum_R \chi_e(R)\chi_e(R) = (2)(2) + 2(-1)(-1) + 3(0)(0) = 6$$

지금 지표가 $\chi(R)$인 가약 표현이 있다고 하자. 그러면 지표는 이 가약 표현 속에 들어있는 기약 표현들의 지표의 합과 같아야 한다. 따라서 어떤 조작에 대해서나 다음 관계가 성립해야 한다.

$$\chi(R) = \sum_i \alpha_i \chi_i(R), \tag{23.36}$$

즉, 이 가약 표현 속에는 기약 표현 i가 α_i만큼 들어있다. 이 식의 합셈은 모든 기약 표현에 관해서 해주어야 한다. 이 식의 양변에다 기약 표현 j의 지표인 $\chi_j(R)$을 곱한 다음 양변을 군의 모든 조작에 관해서 합해 주면 다음과 같은 결과를 얻을 수 있다.

$$\begin{aligned} \sum_R \chi(R)\chi_j(R) &= \sum_R \sum_i \alpha_i \chi_i(R)\chi_j(R) \\ &= \sum_i \alpha_i \sum_R \chi_i(R)\chi_j(R) \end{aligned}$$

(23.35)식의 직교 정리를 우변의 둘째 합셈에다 적용시키면 다음과 같은 결과를 얻을 수 있다.

$$\sum_R \chi(R)\chi_j(R) = \sum_i \alpha_i h\delta_{ij}$$

i에 관한 합셈을 하여 주면 우변이 $h\alpha_j$가 되고 따라서 다음과 같은 결과를 얻을 수 있다.

$$\alpha_j = \frac{1}{h}\sum_R \chi(R)\chi_j(R) \tag{23.37}$$

이 식을 이용하면 임의의 가약 표현 속에 기약 표현 j가 몇 번 들어 있는가를 결정할 수 있다.

23.16.1 가약 표현의 기약 표현으로의 분해 : 보기

3개 수소 원자의 $1s$ 궤도 함수와 질소 원자의 $2s$, $2p_x$, $2p_y$ 및 $2p_z$ 궤도 함수를 선형 결합하여 NH_3의 분자 궤도 함수를 만들 때는 이 분자 궤도 함수가 다음과 같은 지표를 가진 C_{3v} 군의 가약 표현에 속하게 된다는 것을 보일 수 있다.

	E	$2C_3$	$3\sigma_v$
$\chi(R)$	7	1	3

그러면 이 분자 궤도 함수들은 어떤 기약 표현에 속하는 것일까? 이 해답을 얻기 위해서 우선 (23.37)식의 우변을 $j = a_1$인 경우에 대해서 구해보자. 그러면

$$\alpha_{a_1} = \frac{1}{6}[(7)(1) + 2(1)(1) + 3(3)(1)] = \frac{18}{6} = 3$$

이 가약 표현에는 a_1이 세 번 들어있다는 것을 알 수 있다. 다음에는 a_2인 경우에 대해서 같은 조작을 해준다.

$$\alpha_{a_2} = \frac{1}{6}[(7)(1) + 2(1)(1) + 3(3)(-1)] = 0$$

따라서 이 가약 표현 속에는 a_2가 들어있지 않다. 다음에는 e에 대해서 이 조작을 되풀이해 준다.

$$\alpha_e = \frac{1}{6}[(7)(2) + 2(1)(-1) + 3(3)(0)] = \frac{12}{6} = 2$$

따라서 이 가약 표현 속에는 표현 e가 두 번 들어있다. 그리하여 이 가약 표현은 $3a_1 + 2e$로 되어 있다. 우리는 이 기약 표현들의 결합에 대한 지표의 합이 가약 표현의 지표와 같다는 것을 보일 수 있다.

여기서 한 가지 중요한 점은 a_1이나 a_2와 같은 1차원 표현에 속하는 분자 궤도 함수는 퇴화되지 않는다는 것이다. 2차원 표현에 속하는 분자 궤도 함수는 2중으로 퇴화되며 두 파동 함수가 동일한 에너지를 갖는다. 3차원 표현 t가 나타나는 대칭군에서는 해당하는 파동 함수가 3중으로 퇴화된다.

1차원 기약 표현은 언제나 a나 b(또는 A나 B)로 표시하며 여기에다 필요한 만큼의 첨자를 붙인다. 2차원 가약 표현은 e(또는 E)로 표시하고 3차원 표현은 t(또는 T)로 표시한다. 주 대칭축 주위의 회전에 대해서 대칭인 1차원 표현은 a로 나타내고, 이 조작에 대해서 반대칭인 것은 b로 표시한다.

23.16.2 분자 궤도 함수 만들기: 보기

정확한 파동 함수는 어떤 것이나 군의 기약 표현의 행렬들이 정해주는 방식의 대칭 조작에 의해서 변환될 수 있어야 한다. 이 조건 때문에 분자의 파동 함수의 꼴이 심한 제약을 받는다. 물 분자의 경우에는 네 가지 종류의 함수, C_{2v}군의 네 기약 표현에 속하는 종류의 함수들 만이 이 조건을 만족시킨다. "대칭 종"이란 말이 "기약 표현"의 동의어로 사용되고 있다. 따라서 물 분자의 파동 함수는 네 대칭 종 a_1, a_2, b_1 및 b_2 중의 어느 하나에 속한다.

대칭이 다른 분자에 대해서는 다른 지표 표를 써야 하며 대칭 종도 비슷한 기호를 써서 나타낸다. 비대칭 분자의 파동 함수는 대칭 종으로 구분할 수가 없다.

지금까지 논의한 내용은 파동 함수의 구체적인 함수꼴과 무관하게 얻어진 것이며 Schrödinger 방정식을 풀 필요가 없었다. 즉, 이러한 내용은 대칭 성질에만 입각해서 대칭군의 수학적 성질로부터 얻어진 것이다.

그러나 계의 근사적인 파동 함수를 만들려고 할 때는 대칭 성질이 파동 함수를 구하는 강력한 수단으로써 이용될 수 있다. 예로서 원자 궤도 함수의 선형 결합(LCAO, linear combination of atomic orbitals)을 이용해서 물분자의 분자 궤도 함수를 쉽게 구할 수 있다. 지금 원자 궤도 함수*

* 원자 궤도 함수에 대한 일반적 기호와 지표에 대한 기호가 유감스럽게도 모두 같은 희랍 문자 χ로 표시되고 있다. 일반적으로 이렇게 하더라도 별 문제가 없지만 초보자들은 이들을 혼동하지 않도록 주의해야 한다.

(AO)를 χ_i 라고 나타내자.

$$\begin{aligned}
\chi_1 &= (1s)_1 && \text{(H 원자 1의 1s 궤도 함수)} \\
\chi_2 &= (1s)_2 && \text{(H 원자 2의 1s 궤도 함수)} \\
\chi_3 &= (2s)_O && \text{(O 원자의 2s 궤도 함수)} \\
\chi_4 &= (2p_z)_O && \text{(O 원자의 } 2p_z \text{ 궤도 함수)} \\
\chi_5 &= (2p_x)_O && \text{(O 원자의 } 2p_x \text{ 궤도 함수)} \\
\chi_6 &= (2p_y)_O && \text{(O 원자의 } 2p_y \text{ 궤도 함수)}
\end{aligned} \tag{23.38}$$

산소의 1s 전자는 핵 가까이 깊숙이 파묻혀 있어서 결합에는 관여하지 않는다고 가정한다. 가장 일반적인 LCAO MO는 다음과 같은 꼴이 될 것이다.

$$\begin{aligned}
\phi_1 &= c_{11}\chi_1 + c_{12}\chi_2 + c_{13}\chi_3 + c_{14}\chi_4 + c_{15}\chi_5 + c_{16}\chi_6 \\
\phi_2 &= c_{21}\chi_1 + c_{22}\chi_2 + \cdots \\
\phi_3 &= \vdots \\
\phi_4 &= \vdots \\
\phi_5 &= \vdots \\
\phi_6 &= c_{61}\chi_1 + \cdots \qquad \cdots + c_{66}\chi_6
\end{aligned} \tag{23.39}$$

여기서 c_{ij} 는 상수이다. 그러나 만일 ϕ_1, ϕ_2, …, ϕ_6 들이 필요한 대칭 성질을 가지려면 모든 원자 궤도 함수들이 ϕ에 기여할 수가 없다. 따라서 많은 c_{ij} 들이 영이 된다.

우선 각 χ_i 의 대칭 성질부터 조사해 보자. 산소 원자의 2s 함수인 χ_3 를 본다고 하자. χ_3 는 이 군의 각 대칭 조작에 의해서 변하지 않는다. 따라서 지표 표로부터 χ_3 는 a_1 형의 함수라고 말할 수 있다. 또한 여러 대칭 조작에 의해서 그림 23-27의 그림이 어떻게 되는가를 보면 χ_4, χ_5 및 χ_6 가 이들 대칭 조작에 의해서 어떤 성질을 나타내는지도 알 수 있다. 우선 $(2p_z)_O$ 함수인 χ_4 를 생각해 보자. 그러면

$$C_2\chi_4 = \chi_4 \qquad \sigma_v\chi_4 = \chi_4 \qquad \sigma_v'\chi_4 = \chi_4$$

따라서 χ_4 도 또한 완전 대칭이며 a_1 함수이다. 또 $\chi_5 = (2p_x)_O$ 와 $\chi_6 = (2p_y)_O$ 함수들은 다음과 같이 변환된다.

$$\begin{aligned}
C_2\chi_5 &= -\chi_5 \qquad \sigma_v\chi_5 = \chi_5 \qquad \sigma_v'\chi_5 = -\chi_5 \\
C_2\chi_6 &= -\chi_6 \qquad \sigma_v\chi_6 = -\chi_6 \qquad \sigma_v'\chi_6 = \chi_6
\end{aligned}$$

이 결과들을 지표 표와 비교해보면 χ_5 는 b_1 에 속하고 χ_6 는 b_2 에 속한다는 것을 알 수 있다. 또 χ_1 과 χ_2 에 대해서는 다음과 같이 된다.

$$\begin{aligned}
C_2\chi_1 &= \chi_2 \qquad \sigma_v\chi_1 = \chi_2 \qquad \sigma_v'\chi_1 = \chi_1 \\
C_2\chi_2 &= \chi_1 \qquad \sigma_v\chi_2 = \chi_1 \qquad \sigma_v'\chi_2 = \chi_2
\end{aligned}$$

여기서 두 대칭 조작이 χ_1 과 χ_2 를 상호 교환시킨다. 이러한 경우에는 필요한 대칭 성질을 만족시키도록 두 함수를 선형 결합시켜야 한다. 그리하여 다음과 같은 두 선형 결합을 만들었다고 하자.

$$\chi_1' = \chi_1 + \chi_2 \qquad \chi_2' = \chi_1 - \chi_2$$

이 함수들은 다음과 같은 대칭 성질을 나타낸다.

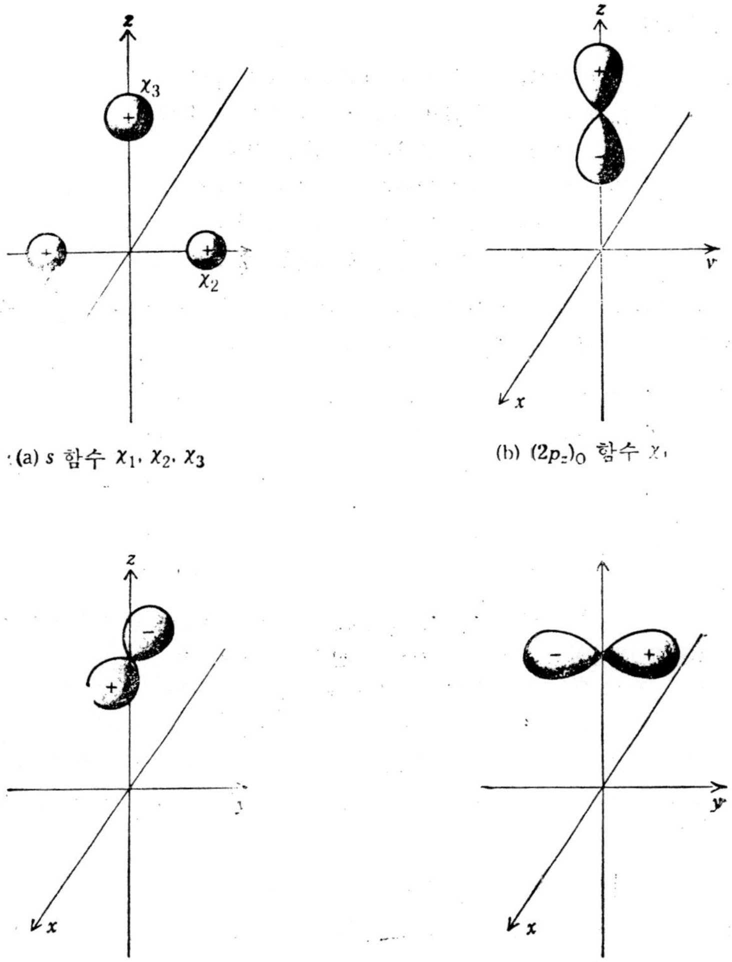

(a) s 함수 χ_1, χ_2, χ_3

(b) $(2p_z)_O$ 함수 χ_4

(c) $(2p_x)_O$, χ_5

(d) $(2p_y)_O$, χ_6

그림 23-27 H_2O 분자의 원자 궤도 함수들에 대한 경계 표면.

$$\mathbf{C}_2\chi'_1 = \mathbf{C}_2\chi_1 + \mathbf{C}_2\chi_2 = \chi_2 + \chi_1 = \chi'_1$$
$$\sigma_v\chi'_1 = \sigma_v\chi_1 + \sigma_v\chi_2 = \chi_2 + \chi_1 = \chi'_1$$
$$\sigma'_v\chi'_1 = \sigma'_v\chi_1 + \sigma'_v\chi_2 = \chi_1 + \chi_2 = \chi'_1$$

따라서 χ'_1은 a_1 함수라고 말할 수 있다.

다음에 χ'_2의 성질을 조사해 보면 다음과 같이 된다.

$$\mathbf{C}_2\chi'_2 = \mathbf{C}_2\chi_1 - \mathbf{C}_2\chi_2 = \chi_2 - \chi_1 = -(\chi_1 - \chi_2) = -\chi'_2$$
$$\sigma_v\chi'_2 = \sigma_v\chi_1 - \sigma_v\chi_2 = \chi_2 - \chi_1 = -(\chi_1 - \chi_2) = -\chi'_2$$
$$\sigma'_v\chi'_2 = \sigma'_v\chi_1 - \sigma'_v\chi_2 = \chi_1 - \chi_2 = \chi_1 - \chi_2 = \chi'_2$$

따라서 χ'_2은 b_2 함수임을 알 수 있다. 지금까지의 결과들을 다음과 같이 요약할 수 있다.

대 칭 종	함 수
a_1	$(\chi_1+\chi_2)$, χ_3, χ_4
a_2	없음
b_1	χ_5
b_2	$(\chi_1-\chi_2)$, χ_6

그리하여 이 한정된 원자 궤도 함수들로부터 우리는 세 대칭종 a_1, b_1 및 b_2에만 속하는 분자 파동 함수를 만들 수 있다. 즉, 우선 가장 일반적인 a_1 함수는 $(\chi_1+\chi_2)$, χ_3 및 χ_4의 선형 결합이 될 것이다. 만일 다른 함수를 여기에 포함시키면 대칭 관계가 파괴될 것이다. 여기서는 3개의 독립 함수를 결합시키는 것이므로 3개의 독립적인 a_1 함수를 얻을 수 있다.

$$
a_1 \quad \begin{aligned} \phi_1 &= c_{11}(\chi_1+\chi_2)+c_{13}\chi_3+c_{14}\chi_4 \\ \phi_2 &= c_{21}(\chi_1+\chi_2)+c_{23}\chi_3+c_{24}\chi_4 \\ \phi_3 &= c_{31}(\chi_1+\chi_2)+c_{33}\chi_3+c_{34}\chi_4 \end{aligned} \qquad (23.40)
$$

b_1 함수의 대칭을 갖는 함수는 하나 뿐이다. 따라서,

$$
b_1 \quad \phi_4 = \chi_5
$$

b_2 함수에는 $\chi_1-\chi_2$와 χ_6의 두 함수가 속한다. 따라서,

$$
b_2 \quad \begin{aligned} \phi_5 &= c_{51}(\chi_1-\chi_2)+c_{56}\chi_6 \\ \phi_6 &= c_{61}(\chi_1-\chi_2)+c_{66}\chi_6 \end{aligned} \qquad (23.42)
$$

상이한 대칭종에 속하는 파동 함수들의 가장 중요한 성질은 이들이 서로 직교한다는 것이다. 따라서 이들 대칭 궤도 함수 ϕ_i를 만들면 이들은 자동적으로 비퇴화 상태의 파동 함수가 가져야 하는 직교 조건을 만족시킨다. 그리하여 ϕ_1, ϕ_2 및 ϕ_3는 ϕ_4, ϕ_5 및 ϕ_6와 직교하며, 또 ϕ_4는 ϕ_5 및 ϕ_6에 직교한다. 그리고 상수 c_{ij}를 적절하게 조절하면 ϕ_1, ϕ_2 및 ϕ_3를 서로 직교하게 만들 수 있고, 또 ϕ_5와 ϕ_6도 서로 직교하게 만들 수 있다.

물분자의 MO의 에너지 서열은 다음과 같다.

$$
\begin{matrix} 1a_1 < & 2a_1 < & 1b_2 < & 3a_1 < & 1b_1 < & 4a_1 < & 2b_2 < & 5a_1 \\ \phi_1 & \phi_5 & \phi_2 & \phi_4 & \phi_3 & \phi_6 & & \end{matrix}
$$

동일한 대칭의 상태들은 최저 에너지의 상태부터 시작해서, 예컨대 $1a_1$, $2a_2$, $3a_1$, … 과 같은 순서로 표시한다. $1a_1$ 상태는 산소 원자의 $1s$전자가 들어있는 a_1 궤도 함수이며, 여기서는 이 상태에 대해서 고려를 하지 않았다. 3개의 a_1 상태인 ϕ_1, ϕ_2, ϕ_3는 $2a_1$, $3a_1$, $4a_1$에 해당하는 것이고, ϕ_4는 $1b_1$, 그리고 ϕ_5와 ϕ_6는 $1b_2$과 $2b_2$에 해당한다. 물분자의 에너지 준위 그림은 25장의 그림 25-12에 나타내었다. 이 그림에 의하면 물분자의 전자 배치는 다음과 같다.

$$
H_2O: \quad (1a_1)^2(2a_1)^2(1b_2)^2(3a_1)^2(1b_1)^2
$$

또는

$$
H_2O: \quad K(2a_1)^2(1b_2)^2(3a_1)^2(1b_1)^2
$$

여기서는 채워진 $(1a_1)^2$(산소의 $1s$ 껍질)은 원자의 채워진 K 껍질이라는 것을 표시하기 위해서 이것을 K로 표시하였다. 모든 점유된 궤도 함수들이 채워져 있으므로 이 상태는 완전히 대칭적이다. 그리하여 물분자의 바닥 상태에 대한 항 기호는 $^1A_1$으로 표시한다. 여기서 왼쪽의 상첨자

는 단일 상태라는 것을 표시한다(전체 전자 배치의 대칭을 나타내는 데는 대문자를 사용한다).

그림 25-12에 보인 것과 같은 에너지 준위 서열은 이론적으로 계산해서 결정한다. 이 계산이 복잡하고 또 불가피하게 근사를 해야 하는데도 불구하고 계산 결과는 대단히 만족스럽다. 이 결과를 실험 결과와 비교하는 데는 (a) 계의 전체 결합 에너지, (b) 분자의 여러 상이한 준위에 있는 전자의 이온화 에너지, 그리고 (c) 흡수띠와 방출띠의 진동수에 대한 실험치와 이론치를 비교하는 방법들이 있다. 분자의 완전한 에너지 준위를 알아내는 일은 마치 많은 수수께끼를 끼워 맞추는 것과 같은 복잡한 일이다. 대칭에 관한 내용은 분광학에서 선택률을 설명할 때 다시 설명하겠다.

《질 문》

23. 1 Born-Oppenheimer 근사에서는 어떻게 2원자 분자의 에너지를 핵간 거리의 함수로 되게 하는가 (그리고 전자의 좌표에는 무관하게 하는가)?

23. 2 변분 원리란 어떤 것인가? 또 그 중요성은 무엇인가?

23. 3 화학 결합력은 포화된다. 즉, 한 결합에는 2개의 전자만이 관여한다. H_2를 예로 들어서 (23.8)식의 궤도 함수에 또 하나의 전자를 넣을 수 있는 가를 조사함으로써 이 문제를 생각해 보아라. 스핀에다 주의를 하라.

23. 4 두 동등한 핵이 (a) $\psi_a = \psi_b = \psi_{1s}$일 때와 (b) $\psi_a = \psi_{1s}$이고 $\psi_b = \psi_{2pz}(\theta = \pi/2)$일 때의 겹침 적분(23.20식)을 핵간 거리에 대해서 스케치하고 그 성질을 설명하라.

23. 5 혼성, σ 결합과 π 결합의 형성, 그리고 에틸렌과 아세틸렌의 입체 구조를 설명하라.

23. 6 에틸렌의 에너지를 CH_2 기의 면들이 이루는 각도에 대해서 도시 했을 때의 결과를 스케치하고 또 그 결과에 대한 설명을 하라.

23. 7 SF_4와 SF_6의 입체 구조를 예상해 보아라.

23. 8 분자 궤도 함수는 어떤 파동 함수인가? 이것은 원자가-결합 파동 함수와 어떻게 다른가?

23. 9 분자 궤도 함수 이론을 이용해서 일련의 동핵 2원자 분자 Li_2—Ne_2에 대한 결합 차수와 결합 길이 사이의 관계를 스케치해 보아라.

23. 10 분자 궤도 함수를 이용해서 NO와 CO에서의 결합을 설명하라.

23. 11 H_2O, NH_3, C_2H_4 및 PCl_5에 대한 대칭 조작을 말하고 이들이 어떤 군에 속하는지를 결정하라.

《연습 문제》

23. 1 만일 ψ_m과 ψ_k가 직교하면 (23.5)식과 (23.6)식의 ψ_S와 ψ_A가 직교함을 보여라.

23. 2 전자 스핀 양자수는 2개의 값을 가질 수 있는 바, 대응하는 두 스핀 파동 함수를 α와 β라고 하자. 그리고 $\alpha(1)$은 전자 1이 스핀 α를 가졌다는 것을 나타낸다고 하자. 그러면 두 전자에 대한 가능한 스핀 파동 함수는 $\sigma_1 = \alpha(1)\alpha(2)$, $\sigma_2 = \alpha(1)\beta(2)$, $\sigma_3 = \beta(1)\alpha(2)$, $\sigma_4 = \beta(1)\beta(2)$이다. 필요한 대로 이들을 선형 결합시키면 그 중에서 3개의 함수는 두 전자의 교환에 관해서 대칭(삼중 상태)이고 나머지 하나는 반대칭(단일 상태)이 됨을 증명하라.

23. 3 다음 중에서 겹침 적분이 영이 되는 것은 어느 것인가?
a) z-축에 따라서 s 함수가 p_z 함수에 접근한다.
b) x-축에 따라서 s 함수가 p_y 함수에 접근한다.
c) y-축에 따라서 p_y 함수가 p_z 함수에 접근한다.
d) y-축에 따라서 두 p_x 함수가 상호 접근한다.

24. 4 a) 1,3-부타디엔의 이중 결합을 그려 보아라.
b) 1,3-부타디엔의 이중 결합과 1,4-펜타디엔의 이중 결합을 비교하라.
c) 짝 이중 결합을 가진 탄화수소는 콘쥬게이션 영역에서 평면 구조임을 보여라.

23. 5 질소가 3개의 인접 원자와 결합한 화합물은 두 가지 유형으로 나눌 수 있다. 즉, 암모니아나 아민은 삼자루 모양의 배위를 하고 있으며. NO_3^- 이온에서는 평면 구조를 이루고 있다. 이 두 경우에 어떠한 혼성이 이루어지는지 그려 보아라[요령: N^+는 탄소와 등전자체이다].

23. 6 H_2^+에서는 다음과 같은 구조들의 공명으로 "1전자 결합"이 안정하게 형성된다.

$$H^+ \ \cdot H \quad 및 \quad H\cdot \ H^+$$

상이한 두 원자 A와 B 사이에서는 "1전자 결합"이 이루어지지 않으며, 따라서 $(A\cdot B)^+$와 같은 화합물이 형성되지 않는다. 그 이유를 설명하라.

23. 7 니켈 이온, Ni^{2+}는 두 형태의 4배위 착화합물을 만든다. 하나는 4면체이고 또 하나는 평면사각형이다. 전자 스핀이 짝을 이루지 않아서 자기 모멘트를 나타내는 것은 어느 형태이겠는가?

23. 8 C_{3v} 군의 곱셈 표를 만들어라.

23. 9 2등변 3각형의 정점에 3개의 수소 원자가 있는 가상적인 H_3 분자를 생각해 보자. 이 분자는 $H^{(2)}$와 $H^{(3)}$가 동등한 C_{2v} 군에 속한다. 세 수소 원자의 $1s$ 함수를 이용해서 대칭 분자 궤도 함수를 만들어라.

23. 10 C_{2v} 대칭군에 속하는 포름알데히드 분자, $H_2C=O$의 대칭 분자 궤도 함수를 만들어라. 수소 원자의 $1s$ 궤도 함수와 탄소 및 산소 원자의 $2s$, $2p_x$, $2p_y$, $2p_z$ 궤도 함수를 이용하며, χ_1 부터 χ_{10} 까지의 궤도 함수들은 $(1s)_{H(1)}$, $(1s)_{H(2)}$, $(2s)_C$, $(2p_x)_C$, $(2p_y)_C$, $(2p_z)_C$, $(2s)_O$, $(2p_x)_O$, $(2p_y)_O$, $(2p_z)_O$의 순서로 표시하라.

23. 11 오존 분자는 비선형이며 따라서 C_{2v}의 대칭을 가지고 있다. 세 산소 원자들이 갖는 원자가-껍질 궤도 함수를 이용하여 대칭 궤도 함수를 만들어라. $(2s_1)$, $(2p_x)_1$, $(2p_y)_1$, $(2p_z)_1$, $(2s)_2$, $(2s)_3$, $(2p_x)_2$, $(2p_x)_3$, $(2p_y)_2$, $(2p_y)_3$, $(2p_z)_2$, $(2p_z)_3$의 순서로 χ_1 부터 χ_{12} 까지를 표시하라.

23. 12 D_{2h} 대칭군에 속하는 에틸렌 분자, $H_2C=CH_2$의 대칭 분자 궤도 함수를 만들어라. 수소 원자의 $1s$ 궤도 함수와 두 탄소 원자의 $2s$, $2p_x$, $2p_y$, $2p_z$ 궤도 함수를 이용하라. 탄소 원자 1의 수소 원자는 1과 2로 표시하고 탄소 원자 2의 수소 원자는 3과 4로 표시하라. 지표 표는 부록 VI에 수록해 놓았다. 연산자 i는 분자 중심을 통한 반전이다. 그리고 궤도 함수 χ_1 부터 χ_{12} 까지는 $(1s)_{H(1)}$, $(1s)_{H(2)}$, $(1s)_{H(3)}$, $(1s)_{H(4)}$, $(2s)_{C(1)}$, $(2s)_{C(2)}$, $(2p_x)_{C(1)}$, $(2p_x)_{C(2)}$, $(2p_y)_{C(1)}$, $(2p_y)_{C(2)}$, $(2p_z)_{C(1)}$, $(2p_z)_{C(2)}$의 순서로 표시하라.

23. 13 D_{2h} 대칭군에 속하는 디보란 분자, $H_2BH_2BH_2$의 대칭 분자 궤도 함수를 만들어라. 디보란에서는 두 수소 원자를 제외한 다른 원자들이 평면 상에 위치하여 에틸렌과 같은 모양을 나타내며, 두 붕소 원자의 중간을 이 면에 수직하게 통과하는 축 상에 나머지 두 수소 원자가 위치하고 있다. 궤도 함수의 표시는 다음과 같은 순서로 붙인다. 즉, χ_1 부터 χ_4 까지는 동등한 네 수소 원자의 $1s$ 궤도 함수, χ_5 부터 χ_6 까지는 다리 결합 수소 원자의 $1s$ 궤도 함수, 그리고 χ_7 부터 χ_{14} 까지는 $(2s)_{B(1)}$,

$(2s)_{B(2)}$, $(2p_x)_{B(1)}$, $(2p_x)_{B(2)}$, $(2p_y)_{B(1)}$, $(2p_y)_{B(2)}$, $(2p_z)_{B(1)}$, $(2p_z)_{B(2)}$ 의 순서이다.

23.14 모든 원자들이 동일면 상에 있는 트란스형 과산화수소 H_2O_2 는 C_{2h} 의 대칭을 갖는다(σ_h 는 수평면, 즉 분자면에서의 반사 조작이다). 이 분자의 대칭 분자 궤도 함수를 구하라. χ_1 부터 χ_{10} 까지의 궤도 함수는 문제 23.13 에서와 같이 $(1s)_{H(1)}$, $(1s)_{H(2)}$, $(2s)_{O(1)}$, $(2s)_{O(2)}$ 등의 순서로 표시된다.

23.15 트란스-디플루오르에틸렌은 C_{2h} 의 대칭을 가지고 있다. 이 분자의 대칭 분자 궤도 함수를 만들어라. 궤도 함수 $\chi_1 - \chi_{18}$ 은 $(1s)_{H(1)}$, $(1s)_{H(2)}$, $(2s)_{F(1)}$, $(2s)_{F(2)}$, $(2p_x)_{F(1)}$, ……, $(2p_z)_{F(2)}$, $(2s)_{C(1)}$, $(2s)_{C(2)}$, $(2p_x)_{C(1)}$, …, $(2p_z)_{C(2)}$ 의 순서이다.

23.16 NF_3 분자의 질소 원자와 세 플루오르 원자에 대한 $2s$, $2p_x$, $2p_y$ 및 $2p_z$ 궤도 함수를 C_{3v} 군의 표현에 대한 기저로 사용하면 이 표현의 지표가 다음과 같이 된다.

E	$2C_3$	$3\sigma_v$
16	1	4

이 표현은 어떤 기약 표현들로 이루어져 있는가?

23.17 오존에서 산소 원자의 원자가-껍질 궤도 함수를 C_{2v} 군의 표현에 대한 지저로 사용하면 이 표현의 지표가 다음과 같이 된다.

E	C_2	σ_v	σ_v'
12	0	2	6

이 표현은 어떤 기약 표현들로 이루어져 있는가?

24
원자 분광학

24.1 분광학적 영역

빛살은 진동 전기장과 자기장을 갖는 전자기파이다. 그림 24-1 에 z 방향으로 전파하는 평면파에 대한 이러한 장 벡터들의 변화 관계를 나타내었다.

빛살의 고유한 성질에는 진동수, 파장, 파수 및 에너지가 있다. **진동수**는 빛살의 기본 성질로서 매초당 장 벡터가 진동하는 수이다. 이 진동수는 빛살이 통과하는 매질에 무관하며 일반적으로 희랍 문자 ν(뮤)로 나타낸다. 그리고 그 단위는 hertz 이며, $1\ \mathrm{Hz} = 1\ \mathrm{s}^{-1}$ 이다. 진동수의 역수는 한 진동의 주기 T와 같으며, $T = 1/\nu$ 이다.

파장은 빛의 전기장 벡터나 자기장 벡터가 한번 완전히 진동하는 사이에 광파가 진행하는 거리이다. 이 파장은 빛살이 통과하는 매질에 의존하며, 매질 속에서의 빛의 속도를 c 라고 할 경우 파장 λ는 진동수하고 다음과 같은 관계를 갖는다.

$$\lambda\nu = c \tag{24.1}$$

진공 속에서는 $c = 2.99792458 \times 10^8\ \mathrm{m/s} \approx 3 \times 10^8\ \mathrm{m/s}$ 이다.

파수는 파장의 역수이며 기호 $\bar{\nu}$로 나타낸다. 즉,

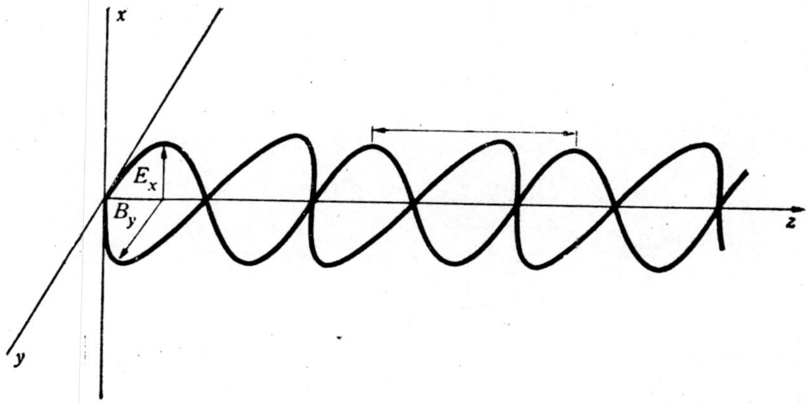

그림 24-1 z 방향으로 전파하는 평면파의 장 벡터.

	ν	$\tilde{\nu}$	λ	E	E
X-선	10^{19} Hz			1 GJ/mol	40 keV
X-선		10^{8} cm^{-1}	100 pm		
X-선	10^{18} Hz			400 MJ/mol	4 keV
X-선		10^{7} cm^{-1}	1 nm		
자외선	10^{17} Hz			40 MJ/mol	400 eV
자외선		10^{6} cm^{-1}	10 nm		
자외선	10^{16} Hz			4 MJ/mol	40 eV
자외선		10^{5} cm^{-1}	100 nm		
가시선	10^{15} Hz			400 kJ/mol	4 eV
가시선		10^{4} cm^{-1}	1 μm		
적외선 분광학	10^{14} Hz			40 kJ/mol	400 meV
적외선 분광학		1000 cm^{-1}	10 μm		
적외선 분광학	10^{13} Hz			4 kJ/mol	40 meV
적외선 분광학		100 cm^{-1}	100 μm		
적외선 분광학	10^{12} Hz = 1 THz			400 J/mol	4 meV
적외선 분광학		10 cm^{-1}	1 mm		
마이크로파 분광학	100 GHz			40 J/mol	400 μeV
마이크로파 분광학		100 m^{-1} = 1 cm^{-1}	1 cm		
마이크로파 분광학	10 GHz			4 J/mol	40 μeV
마이크로파 분광학		10 m^{-1}	10 cm		
	10^{9} Hz = 1 GHz			400 mJ/mol	4 μeV
		1 m^{-1}	1 m		
NMR	100 MHz			40 mJ/mol	400 neV
NMR	30 MHz	0.1 m^{-1}	10 m	12 mJ/mol	120 neV
NMR	10^{7} Hz = 10 MHz			4 mJ/mol	40 neV

그림 24-2 분광학적 영역.

$$\tilde{\nu} \equiv \frac{1}{\lambda} \tag{24.2}$$

파수는 단위 거리에서의 전기장 벡터나 자기장 벡터의 진동수와 같다. 이것의 SI 기본 단위는 m^{-1}이지만 문헌값은 거의 전부 cm^{-1}이다. (24.1)식을 이용하면 파수를 다음과 같이 나타낼 수도 있다.

$$\tilde{\nu} = \frac{\nu}{c} \tag{24.3}$$

빛의 양자 하나가 갖는 에너지는 다음과 같은 Planck 관계식으로 주어진다.

$$E = h\nu \qquad \text{또는} \qquad E = hc\tilde{\nu} \tag{24.4}$$

따라서 이 에너지는 진동수나 또는 파수에 비례한다. 그리고 1 mol의 양자의 에너지는 다음과 같이 된다.

$$E_m = N_A h\nu \tag{24.5}$$

이 양을 종전에는 einstein이라고 불렀었다. $4.3 \times 10^{14}\,s^{-1}$ 내지 $7.5 \times 10^{14}\,s^{-1}$ 영역의 진동수를 갖는 가시광선의 에너지는 170 내지 300 kJ/mol이며, 보통 화학 반응의 에너지 범위와 같다. 이 진동수의 빛이 눈에 보이는 이유는 이 때문이다.

원자나 분자 문제에서 관심 대상이 되는 진동수는 $\nu \approx 3 \times 10^{19}$ Hz와 $E = 1.2 \times 10^7$ kJ/mol의 짧은 x-선 영역으로부터 $\nu \approx 3 \times 10^7\,\text{Hz} = 30\,\text{MHz}$와 $E \approx 0.012$ J/mol의 긴 라디오파 진동수(NMR) 영역에 이른다. 이들 영역을 그림 24-2에 대수 척도로 나타내었다.

24.2 기본적 분광학 실험

일반적으로 들뜬 물체가 방출하는 빛은 많은 진동수들의 복사선으로 되어 있다. 이 빛을 그 성분 진동수들로 분해시키는 장치가 분광기이다. 그림 24-3에 간단한 분광 실험 장치를 설명해 놓았다.

슬릿을 통해 나오는 빛은 렌즈에 의해서 시준이 되어 프리즘으로 통하게 되어 있다. 프리즘은 진동수가 다른 빛들을 정도가 다르게 굴절시키며, 예로서 백색광과 같은 빛을 그의 성분 진동수(색)로 분해시킨다. 그리하여 이들 상이한 진동수들이 감광판상의 상이한 위치에 나타난다. 일반적으로 광전관과 같은 검파기가 이 감광판 자리를 따라 이동하면서 각 진동수의 빛의 세기를 측정하게 되어 있다. 감광판에는 파장이나 또는 진동수 척도가 표시되어 있다.

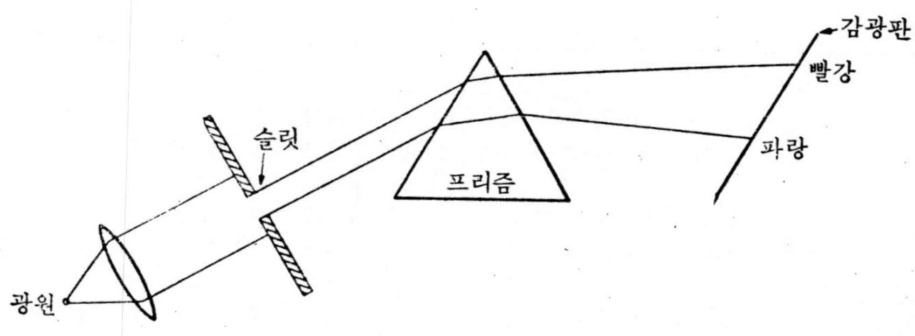

그림 24-3 빛을 그 성분 진동수로 분해시키는 실험.

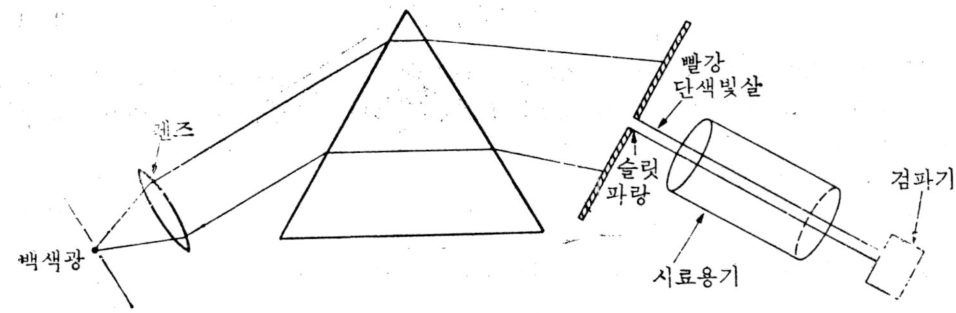

그림 24-4 흡광 실험 장치의 도해식 그림.

방출 분광기는 어떤 것이나 세 가지 기본 요소로 되어 있다. 첫째 요소는 연구 대상 물질이 담겨 있는 광원으로서 시료 물질을 들뜨게 하여 그의 고유한 복사선을 방출케 하는 부분이다. 둘째 요소는 방출되는 복사선을 성분 진동수로 분해시키는 장치이며, 세째 요소는 분해된 여러 진동수의 복사선의 세기를 측정하는 검파기이다. 이들 요소로서 어떤 장치를 택할 것인가는 연구 대상이 되는 분광 영역에 따라 다르다.

흡수 분광학을 연구하려면 백색 광원을 택하고 연구 대상이 되는 시료 물질을 이 빛살에 넣는다. 그리고 통과되어 나오는 빛살을 분광 장치로 보내고 이어서 복사선의 세기를 진동수의 함수로 측정하면 된다. 이와는 달리 백색광을 성분 진동수로 분해한 다음 슬릿을 이용해서 일정한 좁은 영역의 빛(단색광)을 택하여, 연구 대상 시료에다 통과시킬 수도 있다. 이 선정된 진동수의 투과된 빛의 세기를 검파기로 측정하는 것이다. 이 장치를 적절히 조절하면 상이한 진동수의 빛을 슬릿에 집중시킬 수 있으며 그리하여 투과되는 빛의 세기를 진동수의 함수로 측정할 수가 있다. 이러한 장치를 설명한 것이 그림 24-4이다.

24.3 스펙트럼의 원인

원자계나 분자계의 상태가 변할 때 방출되거나 흡수되는 진동수는 다음과 같이 두 상태 사이의 에너지 차에 의해서 결정된다.

$$h\nu = |\Delta E| \tag{24.6}$$

빛 양자의 에너지는 분자 전이 에너지를 나타내며 따라서 어떤 종류의 전이가 일어나는가를 말

표 24-1

복사선	과정	얻을 수 있는 정보
X-선	원자의 내부 전자의 전이	전자 구조에 관한 자세한 지식
자외선 및 가시선	원자나 분자의 외부(또는 원자가) 전자 전이	분자에서의 전자 구조와 결합 에너지에 관한 자세한 지식
적외선	분자의 진동-회전 상태 변화	핵간 거리
원적외선 및 마이크로파	회전 상태만의 변화	핵간 거리
라디오 주파수	자기장에서의 핵 스핀의 배향 변화	스핀 운동을 하는 핵의 자기적 환경을 조사하여 구조를 짐작한다.

해주는 것이다. 즉, 스펙트럼의 영역에 따라서 여러 상이한 종류의 전이가 나타나는 것이다. 여러 스펙트럼 영역의 복사선이 나타나는 과정들을 표 24-1에 요약해 놓았다.

스펙트럼을 해석하기 위해서는 다음과 같은 세 가지 개념을 유의하고 있어야 한다.

1. 원자나 분자계는 어느 것이나 어떤 특정한 양의 에너지만을 가질 수 있으며 이것을 그 계의 에너지 준위라고 부른다. 계가 이러한 에너지 준위들 사이에서 전이를 일으킬 때는 빛이 방출되거나 흡수된다. 이 빛의 진동수가 (24.6)식으로 주어지는데, 이것은 분광학의 기본이 되는 식이다. 전이가 일어나면서 계의 에너지가 감소하면 이 에너지의 빛 양자가 방출된다. 만일 빛 양자가 흡수되면 원자계의 에너지가 그만큼 증가한다.

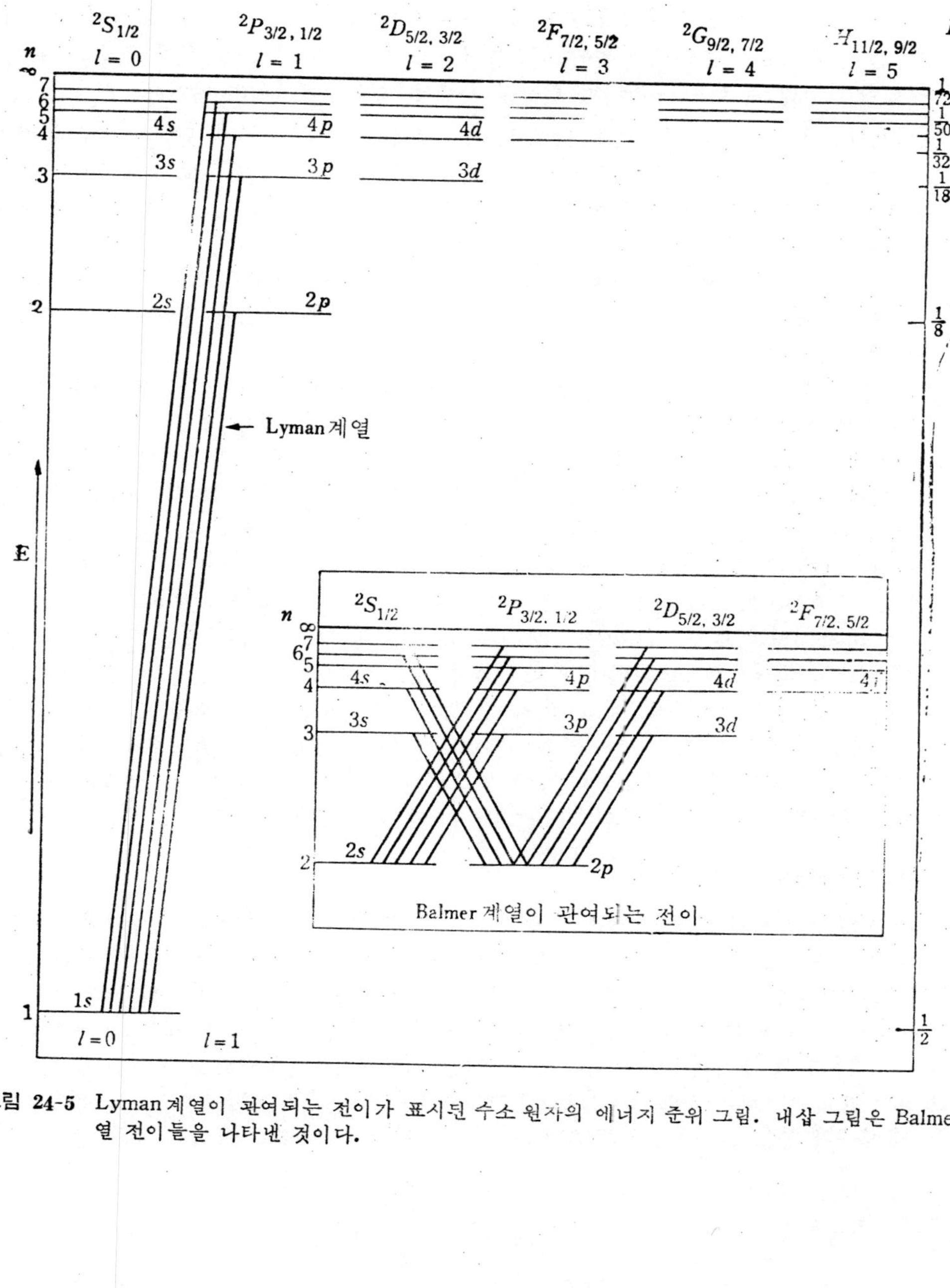

그림 24-5 Lyman 계열이 관여되는 전이가 표시된 수소 원자의 에너지 준위 그림. 내삽 그림은 Balmer 계열 전이들을 나타낸 것이다.

2. 에너지 준위들 사이의 전이는 <u>선택 규칙</u>이라고 하는 제약을 받는데, 이 규칙은 두 상태에서의 파동 함수의 대칭 때문에 생기는 것이다. 예로서 그림 24-5에 나타낸 수소 원자의 에너지 준위들을 생각하여 보자. 이들 준위의 에너지는 (22.14)식에 의해서 $E_n = -E_h/2n^2$ 으로 주어진다. 여기서 n은 주 양자수이고 E_h는 hartree 에너지로서 $e^2/4\pi\epsilon_0 a_0$이다. 여기서는 대단히 많은 수의 수소 원자들 만으로 된 계를 생각하는 것이다. 그림 24-5에서는 에너지 준위들을 방위 양자수인 l 값에 따라서 무리들로 나누어 놓았다. 이 무리들은 $l = 0, 1, 2, 3, \cdots$에 따라서 $S, P, D, F, \cdots$라고 표시하였으며, 수평축에 따라서 배열시켰다. 왼쪽의 상첨자는 전자의 스핀 양자수가 $+\frac{1}{2}$이나 $-\frac{1}{2}$의 두 값을 가질 수 있다는 것을 표시한다. 전이가 일어날 때는 l의 값이 한 단위만 변해야 한다는 선택 규칙 때문에 에너지 준위들을 이처럼 l 값에 따라 무리별로 나누는 것이 편리하다. 그리하여 S와 P상태 사이, P와 D상태 사이, 그리고 D와 F상태 사이의 전이는 양쪽으로 모두 일어날 수 있다. 그러나 S와 D사이나 또는 P와 F상태 사이, 또는 두 상이한 S상태 사이나 두 상이한 P상태 사이의 전이는 허용되지 않는다.

3. 스펙트럼선이 관측되려면 상당수의 원자(또는 분자)가 처음 에너지 준위에 있어야 한다.
경우 **1.** 흡수 스펙트럼. 수소 원자가 모두 바닥 상태, 즉 $1S$ 상태에 있다고 생각하자. 이 계는 더 낮은 에너지 상태가 없으므로 빛을 방출하지 못한다. 그러나 이 계는 $1S$ 상태와 다른 임의의 P상태 사이의 전이에 해당하는 빛을 흡수할 수 있다. 이러한 전이들을 그림 24-5에 $1s$와 여러 p준위들 사이의 선으로 표시해 놓았다. 이 에너지 차는 상당히 크며 따라서 이들 선은 자외선 영역에 속한다. 높은 에너지 상태에는 실질적으로 분자가 없기 때문에 다른 진동수의 빛은 흡수되지 않는다.
경우 **2.** 방출 스펙트럼. 방출 스펙트럼을 얻으려면 수소 원자를 전기 아아크 속에 넣어서 대단히 높은 온도로 들뜨게 해야 한다. 이렇게 하면 높은 에너지 준위들이 모두 상당한 수의 수소 원자들로 채워지게 된다. 그리고 이 높은 준위에 있는 원자들이 빛을 방출하면서 낮은 에너지 상태로 떨어진다. 그리하여 P 상태에 있는 원자들은 $1S$ 상태로 떨어지면서 Lyman 계열의 자외선 영역 선들을 내놓을 수 있다. 스펙트럼의 진동수들은 경우 1 에서 흡수되었던 것과 똑같은 것들이다. 그러나 이 경우에는 다른 계열이 또한 나타날 수 있다. 즉, (1) 높은 s 준위($3s$, $4s, \cdots$)로부터 $2p$준위로 전이되고, (2) 높은 p준위들로부터 $2s$준위로 전이되는 세 가지 방식에 따라 Balmer 계열의 선들이 생길 수 있다. 그림 24-5에 이러한 전이들을 삽입해 놓았다. 이 전이의 에너지 차는 Lyman 계열에 비해서 훨씬 작으며, 그리하여 가시선과 근-자외선 영역에 이들 Balmer 계열이 나타난다. 다음 계열인 Paschen 계열들은 근-적외선 영역에 나타난다. 이 Paschen 계열은 최종 준위의 주양자수가 $n = 3$인 전이에 해당한다. 따라서 Paschen 계열은 다섯 가지 방식, 즉 높은 s로부터 $3p$로, 높은 p로부터 $3s$로, 높은 d로부터 $3p$로, 높은 p로부터 $3d$로, 그리고 높은 f로부터 $3d$로의 전이에 의해서 나타나게 된다.

24.4 빛의 흡수 ; Beer 의 법칙

두께가 dx인 흡수체의 박편을 통해서 단색 빛살이 통과한다고 생각하자. 입사되는 빛살의 세기는 I이고, 통과해 나오는 빛살의 세기는 $I + dI$라고 하자(그림 24-6). 빛살의 세기는 그 빛살의 방향에 수직한 단위 넓이의 면을 단위 시간에 통과하는 빛 양자의 수이다. 즉, 이 수가 I이다. 따라서 $-dI$는 거리 dx에서 흡수되는 양자의 수와 같다. 그리고 거리 dx에서 흡수될 확률은 $-dI/I$가 될 것이다. 만일 이 박편이 얇을 경우에는 이 흡수되는 확률이 박편의 두께에 비례하며 또한 이 박편 속에 들어있는 흡광 분자의 수, 즉 흡광종의 농도에도 비례할 것이다. 즉, 흡광종의 농도(mol/m³)를 $\tilde{c}$, 그리고 박편의 두께를 dx라고 하면 다음과 같은 관계가

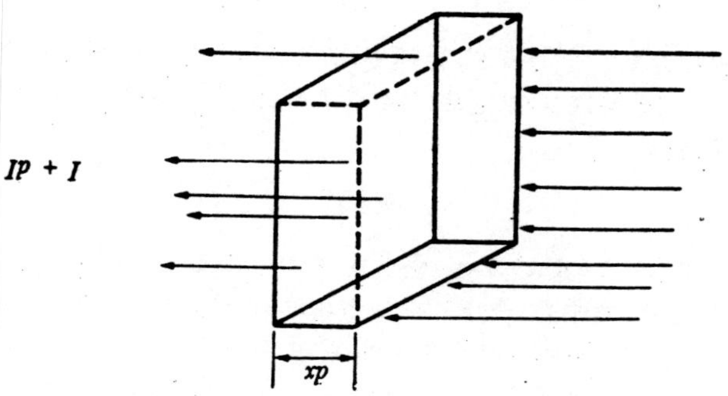

그림 24-6 흡수체를 통과하는 빛살의 약화.

성립할 것이다.

$$-\frac{dI}{I} = k\tilde{c}\,dx \qquad (24.7)$$

여기서 k는 비례 상수이다.

(24.7)식에 의하면 빛살의 세기의 상대적 감소는 박편 속에 들어있는 흡광 분자수에 비례한다. 고려 대상이 되는 진동수의 빛을 흡수하는 능력이 상이한 여러 종류의 분자들이 이 박편 속에 들어 있을 때는 이 관계를 다음과 같이 나타낼 수 있다.

$$-\frac{dI}{I} = (k_1\tilde{c}_1 + k_2\tilde{c}_2 + \cdots)\,dx \qquad (24.8)$$

비례 상수 k_1, k_2, …는 흡광 물질에 따라 다르며, 한 물질에 대해서는 파장에 의존한다. 어떤 특정한 파장에서 한 물질이 투명하면 모든 빛이 통과하며 모든 k가 영이 된다. 그리고 어떠한 특정한 파장에서 한 가지를 제외한 모든 물질이 투명할 경우에는 (24.8)식이 (24.7)식으로 줄어든다. (24.7)식은 다음과 같이 적분할 수 있다.

$$\int_{I_0}^{I}\frac{dI}{I} = -k\tilde{c}\int_0^l dx$$

여기서 I_0는 입사되는 빛살의 세기이며 I는 시료 용기의 전체 길이를 통과하고 나오는 빛살의 세기다. 이 적분 결과는 다음과 같이 된다.

$$\ln\left(\frac{I}{I_0}\right) = -k\tilde{c}l \qquad \text{또는} \qquad I = I_0\,e^{-k\tilde{c}l} \qquad (24.9)$$

분광계량에서는 자연 대수보다 상용 대수를 관례에 따라 많이 사용한다. 따라서 (24.9)식에서 자연 대수의 기수 e를 $10^{0.43429\cdots}$로 바꾸면 $I = I_0\,10^{-0.4343k\tilde{c}l}$로 된다. 여기서 $\epsilon \equiv 0.4343\,k$와 같은 양을 정의하면 이것을 다음과 같이 나타낼 수 있다.

$$I = I_0\,10^{-\epsilon\tilde{c}l} \qquad (24.10)$$

상수 ϵ을 몰 흡광 계수라고 부른다. 그리고 투광도 T를 다음과 같이 정의한다.

$$T \equiv \frac{I}{I_0} \qquad (24.11)$$

또한 다음과 같은 양을 흡광도라고 한다.

$$A \equiv -\log_{10} T \qquad \text{또는} \qquad T = 10^{-A} \tag{24.12}$$

따라서 흡광도가 한 단위 감소하면 투광도가 10분의 1로 떨어진다. (24.10)식은 Beer-Lambert 법칙인데, 흔히 Beer의 법칙이라고 간단히 부른다. Beer의 법칙이 성립할 경우에는 흡광도를 다음과 같이 나타낼 수 있다.

$$A = \epsilon \tilde{c} l \tag{24.13}$$

여기서 $\tilde{c}$는 mol/m^3, l은 m, 그리고 A는 순수한 수치이므로 ϵ의 SI 단위는 m^2/mol이 되어야 한다. 관례적으로는 몰 흡광 계수를 $A = \epsilon cb$로 정의하고 써왔다. 여기서 c는 mol/L이고 b는 cm로 나타낸 시료 용기의 길이이다. 따라서 ϵ의 단위는 $\text{L mol}^{-1}\,\text{cm}^{-1}$가 된다. 결국 고전적인 단위와 SI 단위로 나타낸 몰 흡광 계수 ϵ과 $\tilde{\epsilon}$ 사이에는 $\epsilon = 10\tilde{\epsilon}$의 관계가 성립한다.

계의 조성이 변하지 않을 때는 $I/I_0 = e^{-\alpha x}$가 된다. 여기서 α는 흡광 계수라고 하며 x는 빛살의 통과 길이이다. 용액의 흡광도는 다음과 같이 나타낼 수 있다.

$$A = \tilde{\epsilon}_1 \tilde{c}_1 l + \tilde{\epsilon}_2 \tilde{c}_2 l + \cdots, \tag{24.14}$$

여기서 $\tilde{\epsilon}_1$, $\tilde{\epsilon}_2$, …는 흡광종 1, 2, …의 몰 흡광 계수이며 $\tilde{c}_1$, $\tilde{c}_2$, …는 이들의 농도이다. 이 식은 용액 속에 들어있는 여러 흡광종의 농도를 결정하는 데 일반적으로 이용되고 있다. 이 경우에는 각 물질의 몰 흡광 계수를 파장의 함수로서 알아야 한다. 그리하여 두 흡광종의 농도를 결정할 때는 두 상이한 파장에서의 용액의 흡광도를 측정해야 한다.

상이한 두 화학종들 사이에 화학 평형이 이루어지면 흡광종들의 농도가 일반적으로 겉보기 전체 농도에 정비례하지 않으므로 Beer의 법칙이 일반적으로는 성립하지 않는다. 예로서 산-염기 지시약 HX의 경우 HX가 흡광종이라고 생각해 보자. 이 물질은 다음과 같은 평형을 이룬다.

$$\text{HX} \rightleftharpoons \text{H}^+ + \text{X}^- \qquad \text{및} \qquad K = \frac{c_{\text{H}^+} c_{\text{X}^-}}{c_{\text{HX}}}$$

HX와 X^-의 전체 농도는 $c = c_{\text{HX}} + c_{\text{X}^-}$이다. 가장 간단한 경우에는 $c_{\text{H}^+} = c_{\text{X}^-} = c - c_{\text{HX}}$이며, 따라서 $K = (c - c_{\text{HX}})^2/c_{\text{HX}}$이다. 그리하여 c_{HX}는 간단하게 c에 비례하지 않으며 Beer 법칙이 만족되지 않는다. 평형 상수는 흡광도를 농도의 함수로 측정하면 구할 수 있다. 이것은 단 한 가지의 화학종이 문제의 파장을 크게 흡수한다는 것을 가정해야 한다.

24.5 원자 스펙트럼 이론

가장 간단한 스펙트럼은 들뜬 원자로부터 나온 것이다. 수소 원자를 제외하면 모든 원자들이 2개 이상의 전자를 가지고 있으므로 우선 역학적으로 다전자 원자를 어떻게 나타내는지를 생각해 보기로 하자.

수소 원자의 경우에는 22장에서 취급한 바와 같이 Schrödinger 방정식을 정확하게 풀 수 있다. 그러나 헬륨 원자에 대한 Schrödinger 방정식을 풀려면 3체(핵과 두 전자) 문제의 역학을 다루어야 하는데, 이것은 고전 역학적으로나 또는 양자 역학적으로나 완전하게 풀어지지가 않는다. 따라서 근사적인 방법을 쓰는 수밖에 없다.

지금 핵이 전하 $+Ze$를 갖고, 전자 1로부터 거리 r_1, 그리고 전자 2로부터 거리 r_2만큼 떨어져 있다고 하자. 또 전자 1과 전자 2 사이의 거리는 r_{12}라고 하자(그림 24-7). 핵은 전자에 비해서 질량이 대단히 크므로 이 핵은 이 계의 질량 중심에 고정되어 있다고 생각할 수 있다. 그러면 2개의 전자가 핵의 장과 상호간의 장 속에서 운동한다고 볼 수 있으므로 이 계의

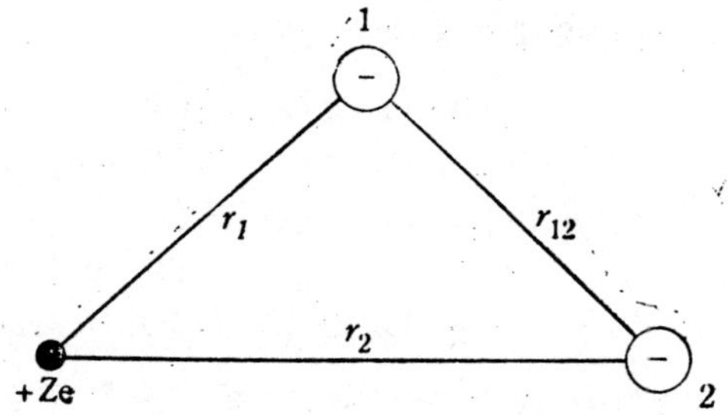

그림 24-7 2개의 전자를 가진 핵.

Hamilton 연산자는 마치 2개의 전자로 된 계에 대한 것과 같게 된다. 에너지를 E_h, 즉 hatree의 배수로, 그리고 거리를 a_0의 배수로 나타내면 이 Hamilton이 다음과 같이 된다.

$$\mathbf{H} = -\frac{1}{2}\nabla_1^2 - \frac{1}{2}\nabla_2^2 - \frac{Z}{r_1} - \frac{Z}{r_2} + \frac{1}{r_{12}} \tag{24.15}$$

여기서 $-\frac{1}{2}\nabla_1^2$은 전자 1에 대한 운동 에너지 연산자이며, 전자 1의 좌표 (r_1, θ_1, ϕ_1) 만을 포함한다. 마찬가지로 $-\frac{1}{2}\nabla_2^2$은 전자 2의 좌표 (r_2, θ_2, ϕ_2) 만을 포함한다. 여기서 다음과 같은 연산자들을 정의하자.

$$\mathbf{H}_1 = -\frac{1}{2}\nabla_1^2 - \frac{Z}{r_1} \quad \text{및} \quad \mathbf{H}_2 = -\frac{1}{2}\nabla_2^2 - \frac{Z}{r_2} \tag{24.16}$$

그러면 Hamilton 연산자를 다음과 같이 나타낼 수 있다.

$$\mathbf{H} = \mathbf{H}_1 + \mathbf{H}_2 + \frac{1}{r_{12}} \tag{24.17}$$

여기서 $1/r_{12}$는 두 전자 사이의 반발 퍼텐셜 에너지이다. 전자들은 서로 밀어내므로 이 효과는 전자들을 멀리 떨어져 있게 하려고 한다. 따라서 이 전자들은 핵의 인력을 받으므로 r_1과 r_2의 값이 작아지는 조건을 만족시키는 한도내에서 r_{12}의 값이 가능한 한 최대로 되어야 한다.

이 반발항을 완전히 떼어 버리면 문제를 간단하게 풀 수 있다. 다전자 원자에서도 이와 마찬가지로 첫째 번 근사로서는 이 전자 반발항을 무시한다. 그리하여 어떤 다전자 원자에 대해서나 Hamilton 연산자를 다음과 같이 놓는다.

$$\mathbf{H} = \mathbf{H}_1 + \mathbf{H}_2 + \mathbf{H}_3 + \cdots \tag{24.18}$$

여기서 $\mathbf{H}_1$은 전자 1의 좌표에만 의존하는 항들로 되어 있고, $\mathbf{H}_2$는 전자 2의 좌표에만 의존하는 항들로 되어 있고, 또 계속해서 마찬가지이므로 파동 함수는 21.8절의 이론에 따라서 "1-전자" 파동 함수들의 곱을 가지고 나타낼 수 있다.

$$\psi = \phi_a(1)\,\phi_b(2)\,\phi_c(3)\cdots \tag{24.19}$$

여기서 (1)은 전자 1의 좌표를 나타내는 약자이다. 즉,

$$\phi_a(1) = \phi_a(x_1, y_1, z_1) \quad \text{및} \quad \phi_a(2) = \phi_a(x_2, y_2, z_2)$$

그리고 ϕ_a, ϕ_b, … 등은 1-전자 파동 함수이다.

파동 함수는 임의의 두 전자를 상호 교환할 때 반대칭이 되어야 하며 이 조건을 만족시키려면 이 곱함수로 된 파동 함수를 적절히 선형 결합해야 한다. 임의의 두 전자를 상호 교환할 때 반대칭이 되게 하는 선형 결합은 다음과 같은 행렬식이다.

$$\Psi = \frac{1}{\sqrt{N!}} \begin{vmatrix} \phi_a(1) & \phi_a(2) & \phi_a(3) & \cdots & \phi_a(N) \\ \phi_b(1) & \phi_b(2) & \phi_b(3) & \cdots & \phi_b(N) \\ \phi_c(1) & \phi_c(2) & \phi_c(3) & \cdots & \phi_c(N) \\ \vdots & \vdots & \vdots & \cdots & \vdots \\ \phi_N(1) & \phi_N(2) & \phi_N(3) & \cdots & \phi_N(N) \end{vmatrix} \tag{24.20}$$

임의의 두 전자를 상호 교환하는 것은 행렬식의 해당하는 두 열을 상호 교환하는 것과 맞먹으며, 이것은 행렬식의 부호를 바꾸어 준다. 그리하여 Pauli 의 배타 원리가 만족된다. 행렬식은 흔히 그 대각선 상의 함수들의 곱을 두 수직선 사이에 넣어서 간략하게 표시하기도 한다. 따라서 위의 선형 결합을 다음과 같이 표시한다.

$$\Psi = \frac{1}{\sqrt{N!}} |\phi_a(1)\,\phi_b(2)\,\phi_c(3)\cdots\phi_N(N)| \tag{24.21}$$

이 파동 함수에 맞먹는 전체 에너지는 각 1-전자 에너지들의 합과 같다.

$$E = E_a + E_b + E_c + \cdots \tag{24.22}$$

그리고 각각의 1-전자 파동 함수는 다음과 같은 수소꼴 Schrödinger 방정식의 해이다.

$$\mathbf{H}_1\,\phi_a(1) = E_a\,\phi_a(1) \tag{24.23}$$

이 방정식은 핵 전하를 단위량으로부터 Z 로 바꿔 놓은 것을 제외하면 수소 원자의 파동 방정식과 똑같다. 따라서 이 원자 속의 각 전자들에 대해서 n, l, m, m_s 의 양자수가 필요하다. Z 때문에 파동 함수는 달라지지만 양자수는 변하지 않는다. 예로서 1s 파동 함수는 다음과 같이 된다.

$$\phi_{1s} = \left(\frac{Z^3}{\pi a_0^3}\right)^{1/2} e^{-Zr/a_0} \tag{23.24}$$

여기서는 자세한 파동 함수를 이용할 필요가 없으므로 다른 파동 함수의 예는 들지 않았다. 그러나 만일 다른 파동 함수들이 필요할 경우에는 표 22-2 의 함수에다 a_0 대신 a_0/Z 를 넣어서 쓰면 된다.

지금까지의 근사법에서는 각 전자들이 그들 자신의 4 개의 양자수를 갖는다. 22 장에서 주기율표를 해석하는 데 이용한 원자의 전자 구조 모형은 바로 이러한 가정을 근거로 한 것이다.

수소 원자에서는 파동 함수가 각운동량 연산자 M^2, M_z 및 $(M_s)_z$ 들의 고유 함수였다. 여기서 사용한 근사법에서도 다전자 원자의 파동 함수들은 또한 각운동량 연산자들의 고유 함수이다. 이제 이러한 다전자 계에서의 각운동량 연산자들의 고유치를 생각해 보기로 하자.

24.6 다전자 원자에서의 양자수

수소 원자에서의 단일 전자에 대한 양자수 l, m, s 및 m_s 에 대응해서 다전자 원자에서는 양자수 L, M_L, S, M_S 가 필요하다.

양자수 L 은 다음과 같은 식에 의해서 모든 전자들의 총 궤도 각운동량의 제곱을 나타낸다.

$$M^2 = L(L+1)\hbar^2 \tag{24.25}$$

원자의 에너지 상태를 항으로 나타내는데, 이것은 L값에 따라 다음과 같은 문자 기호로 나타낸다.

L	0	1	2	3	4	…
문 자 기 호	S	P	D	F	G	…

허용되는 L값을 얻는 데는 닫힌 부껍질 바깥에 있는 전자들의 l_i값들 만을 고려해 주면 된다. 즉, 이들 l_i값 중에서 최대의 값을 갖는 것을 택한 다음 남은 모든 l_i값들의 합을 이 값으로부터 빼주면 허용되는 최소의 L값이 나온다. 만일 이 빼준 값이 음이 되면 L의 최소치는 영이 된다. L의 최대치는 모든 l_i값들을 합한 것과 같다. 그리고 이 최대치와 최소치 사이의 모든 정수값이 허용되는 L의 값들이다. 즉,

$$L = L_{\max}, L_{\max} - 1, L_{\max} - 2, \cdots, L_{\text{least}}$$

보기 24.1 전자 배치가 p^2f인 경우를 생각해 보자. 이 때는 $l_1 = 1$, $l_2 = 1$, $l_3 = 3$이다. 따라서 L의 최소치는 $L_{\text{least}} = 3 - (1+1) = 1$이며, 최대치는 $L_{\max} = 3 + 1 + 1 = 5$이다. 그리고 허용되는 L의 값들은 $L = 5, 4, 3, 2, 1$이다.

궤도 각운동량의 허용되는 z-축 성분 값은 다음과 같이 M_L로 주어진다.

$$M_z = M_L \hbar \qquad M_L = 0, \pm 1, \pm 2, \cdots, \pm L \tag{24.26}$$

이 M_L의 값은 원자 속에 들어있는 모든 전자들의 자기 양자수 m을 합한 것과 같다. 즉,

$$M_L = \sum_i m_i \tag{24.27}$$

양자수 S는 다음 관계식에 따라서 총 스핀 각운동량의 제곱을 나타낸다.

$$M^2_{\text{spin}} = S(S+1)\hbar^2 \tag{24.28}$$

또 스핀 각운동량의 가능한 z-축 성분 값은 다음과 같이 양자수 M_S를 가지고 주어진다.

$$M_{\text{spin}, z} = M_S \hbar \tag{24.29}$$

이 M_S의 값은 전자 속에 들어있는 모든 전자들의 스핀 양자수 m_s의 값을 합한 것과 같다.

$$M_S = \sum_i (m_s)_i \tag{24.30}$$

스핀 각운동량의 z-축 성분이 가질 수 있는 값의 수는 $2S+1$이며 이것을 해당하는 상태의 다중도라고 한다.

궤도 각운동량과 스핀 각운동량을 결합하면 다음과 같이 양자수 J로 주어지는 총각운동량이 나온다.

$$M^2_{\text{total}} = J(J+1)\hbar^2 \tag{24.31}$$

여기서 허용되는 J의 값은 다음과 같다.

$$J = L+S, L+S-1, L+S-2, \cdots, L-S \tag{24.32}$$

양자수 L과 S의 이러한 특정한 결합 방식은 가장 보편적인 결합 방식이며, Russell-Saunders 결합이라고 한다. 전자들의 궤도 각운동량은 여러 전자들의 스핀 각운동량과 마찬가지로 세

게 상호 작용을 한다. 그리하여 총 궤도 각운동량이 총 스핀 각운동량과 보다 약하게 상호 작용을 하여 J로 결정되는 총각운동량 벡터를 나타낸다. 이 때의 J의 값은 전자의 수가 짝수냐 홀수냐에 따라서 정수 또는 반정수가 된다.

양자수 M_J는 다음 관계식에 따라서 총각운동량(궤도와 스핀)의 z-성분을 결정해 준다.

$$M_{\text{total},z} = M_J \hbar \tag{24.33}$$

M_J의 허용되는 값은 모두 $2J+1$개이다.

$$M_J = 0, \pm 1, \pm 2, \cdots, \pm J \quad \text{(전자의 수가 짝수일 때)}$$
$$M_J = \pm\frac{1}{2}, \pm\frac{3}{2}, \pm\frac{5}{2}, \cdots, \pm J \quad \text{(전자의 수가 홀수일 때)}$$

24.7 원자 분광학; 항 기호

수소 원자의 경우에는 에너지가 주양자수 n에만 의존하고, l이나 s의 값에는 의존하지 않는다. 궤도 각운동량이나 스핀 각운동량을 갖는 전자는 어느 것이나 자기 모멘트를 갖는다. 2개 이상의 전자가 들어 있는 원자에서는 이 전자들의 자기 모멘트가 상호 작용을 하며 이 때문에 원자의 에너지 준위가 총 궤도 각운동량과 총 스핀 각운동량에 의존하게 된다(즉, 에너지 준위가 L과 S에 의존한다). Hund의 규칙에 의하면 동등한 전자(n과 l의 값이 같은 전자들)의 상태들 사이에서는 최대의 다중도를 갖는 상태가 가장 낮은 에너지를 갖는다. 그리고 다중도가 같은 상태들 사이에서는 L의 값이 최대인 상태가 최저의 에너지를 갖는다.

원자 분광학에서는 원자의 에너지 준위를 항 또는 분광학적 항이라고 부른다. 그리고 이 항은 예에서와 같이 항 기호로 나타낸다.

$^1S_0$, "단일 상태 S 제로"라고 읽는다.
$^2P_{3/2}$, "2중 상태 P 2분의 3"이라고 읽는다.
$^3D_2$, "3중 상태 D 2"라고 읽는다.

항 기호 속의 문자는 L의 값을 나타내는 문자 기호이다. 왼쪽의 상첨자는 다중도, 즉 $2S+1$을 나타내며, 단일 상태, 2중 상태, 3중 상태, 4중 상태 등이라고 부른다. 그리고 오른쪽 첨자는 J의 값이다. 경우에 따라서는 해당 상태의 주양자수를 항 기호 앞에 쓰기도 한다.

■ **보기 24.2** 수소 원자를 생각해 보자. 이 때는 전자가 하나뿐이므로 언제나 $L=l$이다. 그리하여 s배치는 모두 S항, p배치는 모두 P항이 된다. 스핀 각운동량은 $s=\frac{1}{2}$이다. 따라서 $S=\frac{1}{2}$이며, 다중도는 $2S+1=2\left(\frac{1}{2}\right)+1=2$이다. 그리하여 $l=0$일 때는 허용되는 J의 값이 $J=\frac{1}{2}$ 뿐이다. 즉, 하나의 상태만이 존재하며 따라서 진짜 2중 상태가 아니다. 다른 모든 경우에는 각 J의 값마다 두 상태가 있게 된다. 즉,

l	0	1	2	3
J	$\frac{1}{2}$	$\frac{3}{2}$, $\frac{1}{2}$	$\frac{5}{2}$, $\frac{3}{2}$	$\frac{7}{2}$, $\frac{5}{2}$
항 기호	$^2S_{1/2}$	$^2P_{3/2}$, $^2P_{1/2}$	$^2D_{5/2}$, $^2D_{3/2}$	$^2F_{7/2}$, $^2F_{5/2}$

그림 24-5에서는 이들 항 기호를 가지고 에너지 준위들을 표시하였다.

24.8 닫힌 껍질을 가진 원자

전자 배치가 주어졌을 때 해당하는 가능한 항들을 결정하려면 우선 M_L과 M_S를 계산해야 한다. 이들 값을 알면 L과 S를 알 수 있다.

M_L과 M_S의 값들은 (24.27)식과 (24.30)식을 이용해서 구한다. 그리하여 닫힌 전자 껍질(채워진 부껍질)은 원자의 궤도 각운동량이나 스핀 각운동량에 아무런 기여도 하지 않는다. 닫힌 껍질속의 전자들은 모두 짝진 스핀을 갖는다. 따라서 s^2, p^6, d^{10}, f^{14}, … 등의 전자 배치에서는 $m_s = +\frac{1}{2}$과 $m_s = -\frac{1}{2}$의 값들이 같은 회수만큼씩 나타난다. 결과적으로 닫힌 껍질은 어떤 것이나 $M_S = \sum_i (m_s)_i = 0$이 된다. 이와 같이 가능한 M_S의 값이 영뿐이므로 양자수 S도 또한 영이 되지 않으면 안 된다(만일 S가 영이 아니라면 총 스핀 각운동량의 z-축 성분이 어떤 영이 아닌 값을 가져야 할 것이다). $S=0$이므로 다중도는 $2S+1=1$이 되며, 그리하여 닫힌 껍질 배치는 모두 단일 상태가 된다.

마찬가지로 p^6와 같은 채워진 부껍질 속의 전자들은 다음과 같은 양자수를 갖는다.

전 자	1	2	3	4	5	6
m	-1	-1	0	0	$+1$	$+1$
m_s	$+\frac{1}{2}$	$-\frac{1}{2}$	$+\frac{1}{2}$	$-\frac{1}{2}$	$+\frac{1}{2}$	$-\frac{1}{2}$

분명히 $m=+1$과 $m=-1$이 같은 회수씩 나타나며, 그리하여 어떤 채워진 부껍질에 대해서나 $M_L = 0$이 된다.

$$M_L = \sum_i m_i = (-1) + (-1) + 0 + 0 + 1 + 1 = 0$$

이번에도 $L=0$ 뿐이라야만 궤도 각운동량의 가능한 z-축 성분 값이 영뿐이므로 채워진 부껍질에서는 $L=0$이 된다. 따라서 채워진 부껍질에만 전자가 들어있는 원자는 모두 ^1S 상태($L=0$, $S=0$)에 있다.

결론적으로 원자의 각운동량을 나타내는 데는 채워진 부껍질 바깥에 있는 전자들만을 생각하면 된다. 똑같은 이치에 따라서 동등한 전자들의 상보적 배치들은 동일한 항을 갖는다(동등한 전자란 동일한 n과 l의 값을 갖는 전자들이다). 상보적 전자 배치의 예로서는 p^x와 p^{6-x}, d^x와 d^{10-x}, f^x와 f^{14-x} 등을 들 수 있다. 예로서 상보적 배치인 p^2와 p^4를 생각해 보자. 채워진 부껍질은 p^6이므로 다음 관계가 성립한다.

$$M_L = \sum_{i=1}^{6} m_i = 0 \qquad \text{또는} \qquad \sum_{i=1}^{4} m_i + \sum_{i=5}^{6} m_i = 0$$

따라서

$$\sum_{i=1}^{4} m_i = -\sum_{i=5}^{6} m_i$$

그리하여 p^4 배치에 대한 M_L의 값은 부호가 반대로 된다는 점을 제외하면 p^2 배치에 대한 M_L의 값과 똑같다. 이것은 m_i의 값들이 상이한 차례로 배열되었을 뿐이라는 것을 의미하는 것이다. 따라서 p^4에 대한 M_L은 p^2에 대한 M_L과 똑같다. 그리하여 M_S와 S의 경우에서와 같이 이 두 배치에 대한 L의 값은 똑같다.

24.9 전자 배치로부터 항 기호를 얻는 방법

바닥 상태의 탄소 원자에 들어 있는 두 바깥 전자에 대한 $2p^2$ 배치를 생각해 보자. 이 두 전자는 모두 $n=2$와 $l=1$이므로 이들은 동등한 전자들이다. 이들의 가능한 1-전자 고유 함수를 기호 $[m_i, (m_s)_i]$로 표시하면 다음과 같이 된다.

항　수	f_1	f_2	f_3	f_4	f_5	f_6
전 자 1	$\left(1\frac{1}{2}\right)$	$\left(1\frac{\bar{1}}{2}\right)$	$\left(0\frac{1}{2}\right)$	$\left(0\frac{\bar{1}}{2}\right)$	$\left(\bar{1}\frac{1}{2}\right)$	$\left(1\frac{\bar{1}}{2}\right)$
전 자 2	$\left(1\frac{1}{2}\right)$	$\left(1\frac{\bar{1}}{2}\right)$	$\left(0\frac{1}{2}\right)$	$\left(0\frac{\bar{1}}{2}\right)$	$\left(\bar{1}\frac{1}{2}\right)$	$\left(1\frac{\bar{1}}{2}\right)$

(위에 붙인 막대 표는 음의 값을 나타낸다.)

가능한 곱함수는 $f_i f_j$이며, $i \neq j$라야 한다. 만일 $i=j$이면 두 전자가 동일한 양자수들을 가지게 되어 Pauli의 원리에 저촉된다. 그리하여 6개의 함수들은 각각 다른 5개의 함수와 결합될 수 있으므로 전체적으로 $6 \times 5 = 30$개의 함수가 가능하게 된다. 이 중에서 독립적인 곱함수는 15개뿐이며, 나머지 15개의 함수로부터 유도되는 것들이다.

만일 $m_1 = +1, 0, -1$이고 $m_2 = +1, 0, -1$이면 가능한 $M_L = m_1 + m_2$의 값은 2, 1, 0, 1, 0, -1, 0, -1, -2가 되는데, 이들은 다음과 같은 세트들로 나눌 수 있다.

$$
\begin{array}{lll}
M_L = 2,\ 1,\ 0,\ -1,\ -2 & L=2 & D \\
M_L = \quad 1,\ 0,\ -1 & L=1 & P \\
M_L = \qquad 0 & L=0 & S
\end{array}
$$

M_L의 값들로부터 L의 값을 추정할 수 있으며 이것을 가운데 열에 나타내었다. 그리고 여기에 맞먹는 항 기호를 세째 열에 표시하였다.

$M_L = 2$이거나 -2일 때는 $m_1 = m_2 = 1$이거나 $m_1 = m_2 = -1$이 되므로 Pauli의 원리에 저촉되지 않으려면 스핀이 서로 달라야 한다. 따라서 이 항의 경우에는 $M_S = \frac{1}{2} + \left(-\frac{1}{2}\right) = 0$이다. 그리고 $M_S = 0$이므로 $S=0$이라야 한다. 그리하여 D항은 단일 상태, 즉 ^1D가 되어야 한다. 이 때는 $L+S=2$, 그리고 $L-S=2$이므로 가능한 J의 값은 2뿐이다. 따라서 완전한 항 기호는 $^1D_2$이다. 한편 $2J+1=5$이므로 이 항으로 표시되는 곱함수는 5개이며, 이들 5개의 곱함수로부터 5개의 행렬식 파동 함수를 만들 수 있다. 항에 속하는 곱함수들이 어떤 것이고, 또 행렬식 함수를 어떻게 만드는지를 여기서 자세히 설명할 필요는 없다.

다음 세트의 M_L 값은 $M_L = 1, 0, -1$이며 $L=1$, 따라서 P항에 속한다. 이 때는 $\left(1\frac{1}{2}\right)\left(0\frac{1}{2}\right)$과 $\left(0\frac{1}{2}\right)\left(1\frac{1}{2}\right)$의 결합이며, $M_L = 1$이거나 -1이며 $M_S = 1$이다. 이 M_S의 값은 $M_S = 1$, 0, -1의 경우에만 나타날 수 있으며, 그리하여 $S=1$이 되어야 한다. 따라서 $2S+1=3$이 되며, 이 항은 3중 상태인 ^3P가 된다. 다음에 $L+S=1+1=2$, 그리고 $L-S=1-1=0$이다. 따라서 가능한 J의 값은 $J=2, 1, 0$이다. 여기에 해당하는 $2J+1$의 값은 5, 3, 1이고, 그리하여 해당하는 항은 $^3P_2$(5개의 함수), $^3P_1$(3개의 함수), 그리고 $^3P_0$(1개의 함수)있다. 이들 항과 $^1D_2$항에 속하는 곱함수는 모두 14개가 된다. 15개 중 나머지는 $M_L = 0$의 값을 갖는다. 따라서 $L=0$이며, 항은 S이다. 함수가 하나뿐이므로 $M_S = 0$, 그리고 $S=0$이다. 그리고 또 $J = L + S = 0$이다. 항 기호는 $^1S_0$이다. 이 때는 $2J+1=1$이므로 이 항에 속하는 곱함수는 하나뿐이다.

2개의 p 전자가 동등하지 않은 $2p3p$와 같은 배치의 경우에도 각 전자에 대해서 6개의 함수가 가능하다. 이 때는 Pauli 원리가 아무런 제약도 주지 않으므로(주양자수들이 상이하기 때문에) 36개의 곱함수가 모두 허용되며, 이들이 또한 모두 독립적이다. 이 때도 M_L의 값은 다음과 같은 세트로 나눌 수 있다.

$$
\begin{array}{lll}
M_L = 2,\ 1,\ 0,\ -1,\ -2 & L = 2 & D \\
M_L = \quad 1,\ 0,\ -1, & L = 1 & P \\
M_L = \qquad 0 & L = 0 & S
\end{array}
$$

이 경우에는 그러나 각각의 L값에 대해서 단일 상태와 3중 상태가 나타날 수 있다. 그리하여 가능한 L, S 및 J의 값들이 다음과 같이 된다.

L	S	J	$2J+1$	항
2	1	3, 2, 1	7, 5, 3	${}^3D_3$, ${}^3D_2$, ${}^3D_1$
2	0	2	5	${}^1D_2$
1	1	2, 1, 0	5, 3, 1	${}^3P_2$, ${}^3P_1$, ${}^3P_0$
1	0	1	3	${}^1P_1$
0	1	1	3	${}^3S_1$
0	0	0	1	${}^1S_0$

$2J+1$의 값을 합하면 곱함수의 총수인 36이 나온다.

다음에는 질소 원자의 바닥 상태 배치인 $2p^3$ 배치를 생각해 보자. 이 경우에는 $m_1 = 1, 0, -1$; $m_2 = 1, 0, -1$; 그리고 $m_3 = 1, 0, -1$이므로 가능한 L의 값은 3, 2, 1, 0이 되고, 그리하여 F, D, P 및 S항이 가능하다. 그러나 $M_L = 3$ 또는 -3이 되려면 $m_1 = m_2 = m_3 = 1$이나 또는 $m_1 = m_2 = m_3 = -1$이 되어야 한다. 그런데 $m_s = +\frac{1}{2}$이거나 $-\frac{1}{2}$이므로 $M_L = 3$, 즉 $L = 3$인 경우에는 Pauli 원리를 만족시킬 방법이 없다. 따라서 F항은 나타날 수 없다.

$L = 2$인 D항의 경우에는 M_L의 값이 2, 1, 0, -1, -2가 되어야 한다. 두 스핀이 짝지어지면, 즉 $(1\frac{1}{2})(1\overline{\frac{1}{2}})(0\frac{1}{2})$과 같이 결합되는 경우에는 $M_L = 2$가 될 수 있다. 따라서 D항에서는 $M_S = \sum_i (m_s)_i = \frac{1}{2} - \frac{1}{2} + \frac{1}{2} = \frac{1}{2}$이며, $M_S = -\frac{1}{2}$도 물론 똑같이 나타날 수 있다. 따라서 $S = \frac{1}{2}$이며 $2S+1 = 2$가 되므로 이 항은 2중 상태, 즉 ${}^2D$가 된다. 한편 $L + S = 2 + \frac{1}{2} = \frac{5}{2}$이고 $L - S = 2 - \frac{1}{2} = \frac{3}{2}$이므로 허용되는 J의 값은 $J = \frac{5}{2}$와 $\frac{3}{2}$뿐이다. 그리고 여기에 맞먹는 $2J+1$의 값은 6과 4이다. 따라서 ${}^2D$항에 속하는 함수는 10개 된다. 즉, ${}^2D_{5/2}$(6개의 함수)와 ${}^2D_{3/2}$(4개의 함수)가 된다.

$L = 1$인 P항의 경우에는 $M_L = 1, 0, -1$이 되어야 한다. $M_L = 1$이 되는 것은 $(1\frac{1}{2})(0\frac{1}{2})(0\overline{\frac{1}{2}})$나 또는 $(1\frac{1}{2})(1\overline{\frac{1}{2}})(\bar{1}\frac{1}{2})$과 같은 결합일 때이므로 $M_S = \frac{1}{2}$ 또는 $-\frac{1}{2}$, 그리고 $S = \frac{1}{2}$이다. 따라서 이 때에도 2중 상태, ${}^2P$가 된다. 한편 $L + S = 1 + \frac{1}{2} = \frac{3}{2}$이고 $L - S = 1 - \frac{1}{2} = \frac{1}{2}$이므로 허용되는 J의 값은 $J = \frac{3}{2}$, $\frac{1}{2}$뿐이다. 그리고 $2J+1$은 4와 2이다. 그리하여 완전한 항 기호는 ${}^2P_{3/2}$(4개의 함수)와 ${}^2P_{1/2}$(2개의 함수)이다.

나머지 상태의 $M_L = 0$ 및 $L = 0$의 값들은 $m_1 = m_2 = m_3 = 0$으로부터 올 수 없다. 이렇게 되면 Pauli의 원리에 저촉된다. 따라서 $L = 0$은 $m_1 = 1$, $m_2 = -1$, $m_3 = 0$과 같은 결합으로부터 나온다. 이와 같이 m의 세 값이 상이하면 스핀 양자수들이 같은 값들을 가질 수 있다. 따라서 가능한 M_S의 값은 $M_S = \frac{3}{2}$, $\frac{1}{2}$, $-\frac{1}{2}$, $-\frac{3}{2}$이 되며, S의 값은 $\frac{3}{2}$이 된다. 그리고 J의 값은 $\frac{3}{2}$

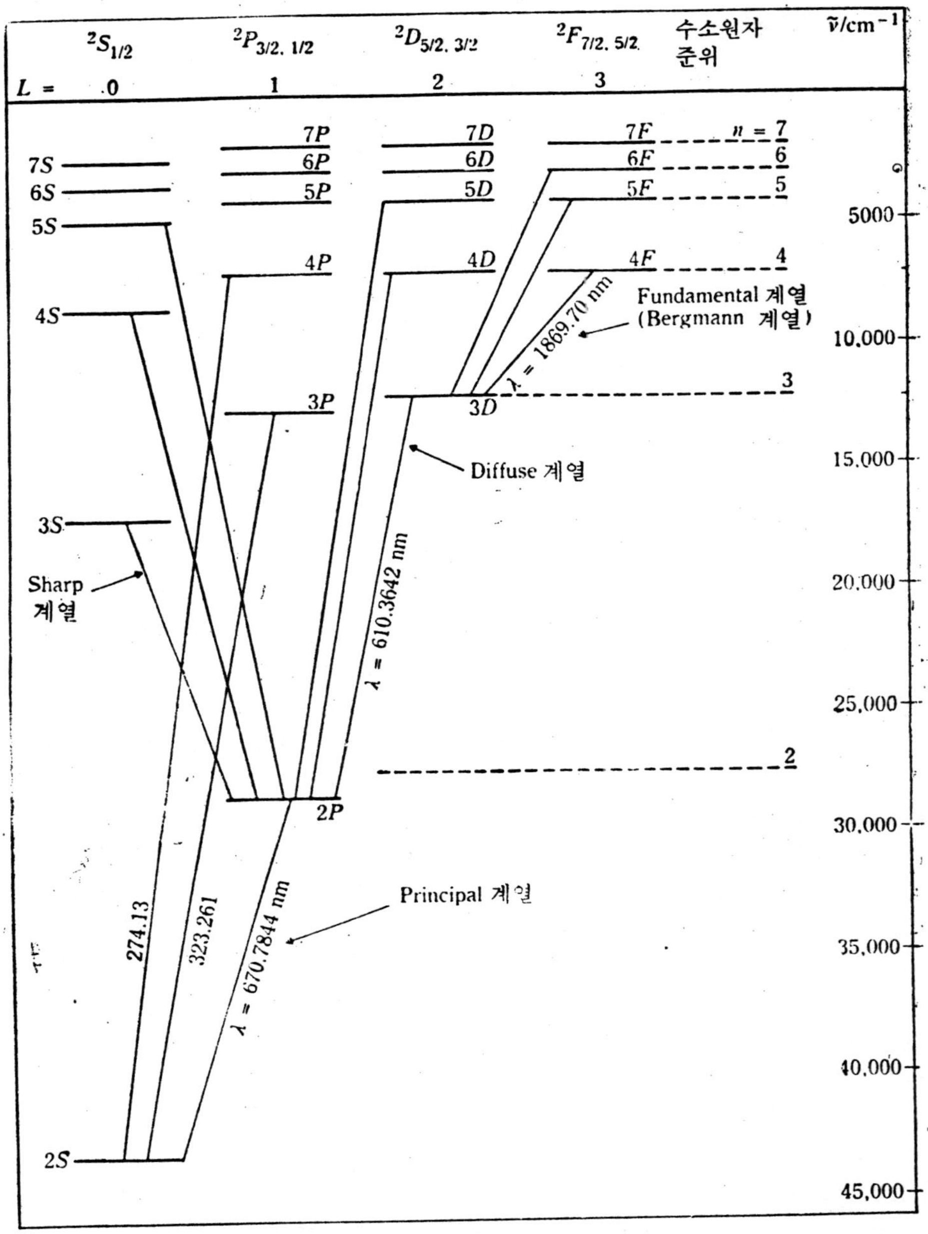

그림 24-8 리튬 원자의 에너지 준위 그림. 점선은 맞먹는 수소 원자 준위들이며, 전이 스펙트럼선상의 숫자는 nanometer로 나타낸 파장들이다.

뿐이며 완전한 항 기호는 $^4S_{3/2}$이다. 이것으로서 모든 가능한 함수를 다 생각하였다.

결국 전자 배치가 $2p^3$인 질소 원자의 상태는 ^2D, ^2P 및 ^4S이다. 그리고 24.7절의 Hund의 규칙에 따라서 이러한 상태들의 에너지는 $^4S < {}^2D < {}^2P$의 순서가 된다.

24.10 원자 스펙트럼의 예

24.10.1 1전자계

수소 원자의 에너지는 앞에서 생각하였었다. 리튬 원자의 에너지 준위들을 그림 24-8에 나타내었다. 최저의 채워진 준위인 $1s^2$는 나타내지 않았다. 바닥 상태에서는 항이 $2\,^2S$이다. 선택 규칙에 의하면 $\Delta l = \Delta L = \pm 1$이므로 에너지가 흡수되는 전이는 다음과 같은 경우뿐이다.

$$
\begin{array}{ll}
2\,^2S \longrightarrow 2\,^2P & \lambda = 670.7844\ \text{nm} \\
2\,^2S \longrightarrow 3\,^2P & \lambda = 323.261\ \text{nm} \\
2\,^2S \longrightarrow 4\,^2P & \lambda = 274.13\ \text{nm} \\
\cdots & \lambda_{\text{lim}} = 230\ \text{nm}
\end{array}
$$

이 스펙트럼선들이 소위 principal 계열이다. 리튬 원자를 전기 아아크나 불꽃 속에서 들뜨게 하면 높은 준위의 상태들이 채워지며, 이러한 원자들이 낮은 준위의 상태로 전이될 때 빛을 내놓게 된다. 즉, 자외선, 가시선 및 근적외선 영역에서 다음과 같은 4계열의 빛이 나온다.

1. principal 계열 : 높은 ^2P 상태로부터 $2\,^2S$ 상태로 되는 전이에 의해서 나타난다.
2. sharp 계열 : 높은 ^2S 상태로부터 $2\,^2P$ 상태로 되는 전이에 의해서 나타난다.
3. diffuse 계열 : 높은 ^2D 상태로부터 $2\,^2P$ 상태로 되는 전이에 의해서 나타난다.
4. fundamental 계열 : 높은 ^2F 상태로부터 $3\,^2D$ 상태로 되는 전이에 의해서 나타난다.

그림 24-8에는 수소 원자의 에너지 준위를 비교할 수 있도록 나타내었다. 높은 양자 상태에서는 리튬 원자의 에너지 준위, 특히 각운동량을 갖는 상태들의 준위들이 수소 원자의 에너지 준위와 거의 일치한다. 이것은 리튬의 원자가 전자가 $1s^2$ 핵심부로부터 멀어질수록 전자간 상호작용 효과가 없어져서 실질적으로 이 전자는 과량의 단일 양전하, 즉 양성자의 작용만을 받게 되기 때문이다. 이 효과는 더 높은 알칼리 금속에서도 또한 나타나지만 핵심부 전자가 큰 부피를 차지하기 때문에 리튬에서처럼 현저하지는 않다.

모든 알칼리 금속의 스펙트럼은 리튬의 스펙트럼과 비슷하다. 이들은 모두 같은 종류의 에너지 준위(항)에서 나오는 것이다. 이 스펙트럼선들은 자세히 조사해 보면 각각 이중선으로 되어 있으며, 이들 이중선의 두 선 사이 간격은 Li, Na, K, Rb, Cs의 순서에 따라 현저하게 증가한다. 다전자 계에서는 에너지가 n과 L의 값뿐만 아니라 J의 값에도 의존하기 때문에 이러한 간격차가 나타나는 것이다. 그리하여 $^2S_{1/2}$항에서는 가능한 J의 값이 $J=\frac{1}{2}$ 하나뿐이므로 이 항은 갈라지지 않는다. 여기에 비해서 ^2P항은 $J=\frac{3}{2}$과 $J=\frac{1}{2}$이 가능하며 $^2P_{3/2}$의 에너지가 $^2P_{1/2}$의 에너지보다 약간 높다. 이보다 높은 ^2D, ^2F, … 항들도 갈라지기는 하지만, 그 간격이 대단히 작아서 거의 보이지 않는다. 그리하여 실질적으로는 ^2P 준위만이 갈라지며, 이 준위로부터 출발하거나 이 준위로 떨어지는 전이는 어떤 것이나 2개의 근접된 선들을 나타낸다. 예로부터 가장 잘 알려진 예가 바로 나트륨의 황색 2중선(나트륨 D선)인데, 이들은 $3\,^2P \rightarrow 3\,^2S$ 전이에서 방출되는 589.592 nm와 588.995 nm 선이다(그림 24-9).

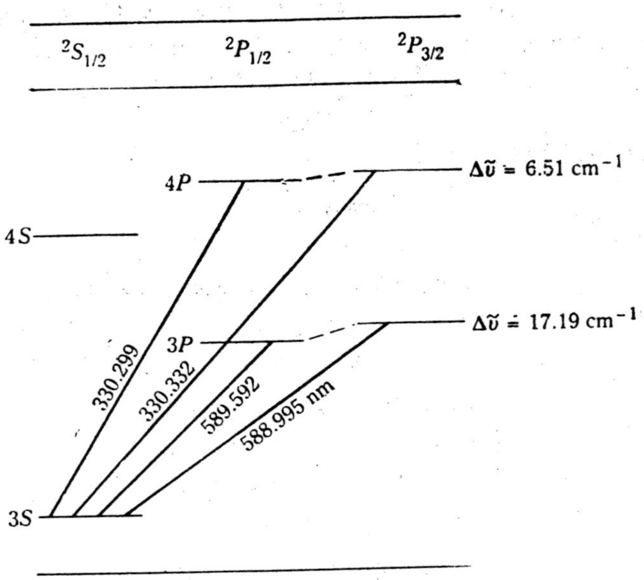

그림 24-9 2중 갈라짐을 보여주는 나트륨의 에너지 준위 그림. ^2P 준위 갈라짐을 파장해서 나타냈으며, 파장은 nm 단위로 나타내었다.

24.10.2 2전자계 ; 알칼리 토금속

칼슘 원자의 에너지 준위를 그림 24-10에 나타내었다. 준위들은 단일 상태와 3중 상태의 두 무리로 되어 있다. 선택 규칙에 의하면 $\Delta S = 0$이며 따라서 다중도가 달라지는 전이는 불가능하므로 단일 상태 항과 3중 상태 항 사이의 전이는 일어나지 않는다. 이 때문에 방출 스펙트럼은 독립적인 두 계열의 선들을 나타낸다. 즉, 단일 상태 항들 사이의 전이에 기인하는 계열과 3중 상태 항들 사이의 전이에 기인하는 또 하나의 계열이 나타난다.

칼슘의 흡수 스펙트럼은 $4\,^1S$ 상태로부터 $n\,^1P$ 상태로의 전이에 기인하는 계열로만 이루어진다. 이 전이 에너지는 상당히 크기 때문에 이 선들은 가시선의 단파장 끝과 자외선 영역에서 나타난다. 그리하여 $\lambda = 422.673$ nm, 272.165 nm, 239.858 nm, … 등이 나타나며, 이 계열의 극한치는 $\lambda_{\text{lim}} = 152.995$ nm 인데, 이것은 칼슘 원자를 이온화시키는 데 필요한 에너지 781.898kJ/mol과 맞먹는다.

방출 스펙트럼은 principal 계열뿐만 아니라 다음과 같은 단일 선 계열들도 나타낸다.

높은 ^1P 로부터 $5\,^1S$ 로
높은 ^1S 로부터 $4\,^1P$ 로, 높은 ^1D 로부터 $4\,^1P$ 로
높은 ^1P 로부터 3^1D 로, 높은 ^1F 로부터 $3\,^1D$ 로

이들 계열의 선들은 모두 단일 선이다.

3중 상태 스펙트럼의 계열들은 가시선으로부터 적외선에 이르는 긴 파장 영역에서 나타난다. 3중 상태 스펙트럼의 각 선들은 근접된 여러 개의 선들로 되어 있으며, 2-전자 원자 계에서는 원자 번호가 증가할수록, 즉 He, Be, Mg, Ca, Sr, Ba, Zn, Cd, Hg의 순으로 이들 선 사이의 거리가 급격하게 증가한다. 칼슘 원자가 $5\,^3S$ 로부터 $4\,^3P$ 로의 전이될 때 나오는 sharp 계열의 첫

째 번 선을 생각하여 보자. $5\,^3S$ 준위는 단일 준위이지만 $4\,^3P$ 준위는 세 준위로 갈라져 있으므로 이 선은 $\lambda = 610.272$ nm, 612.222 nm 및 616.218 nm의 세 밀집된 선들로 되어 있다. $4\,^3D$로부터 $4\,^3P$로의 전이는 6개의 밀집된 한 무리의 선들을 나타낸다. 알칼리 금속의 경우에는 ^2D 준위가 갈라지지 않았지만 칼슘의 경우에는 ^3D 준위가 3개의 준위로 갈라져 있다. ^3D의 이들 준위들이 각각 ^3P의 각 준위들과 결합한다면 9개의 선들이 나타나야 할 것이다. 그러나 실제

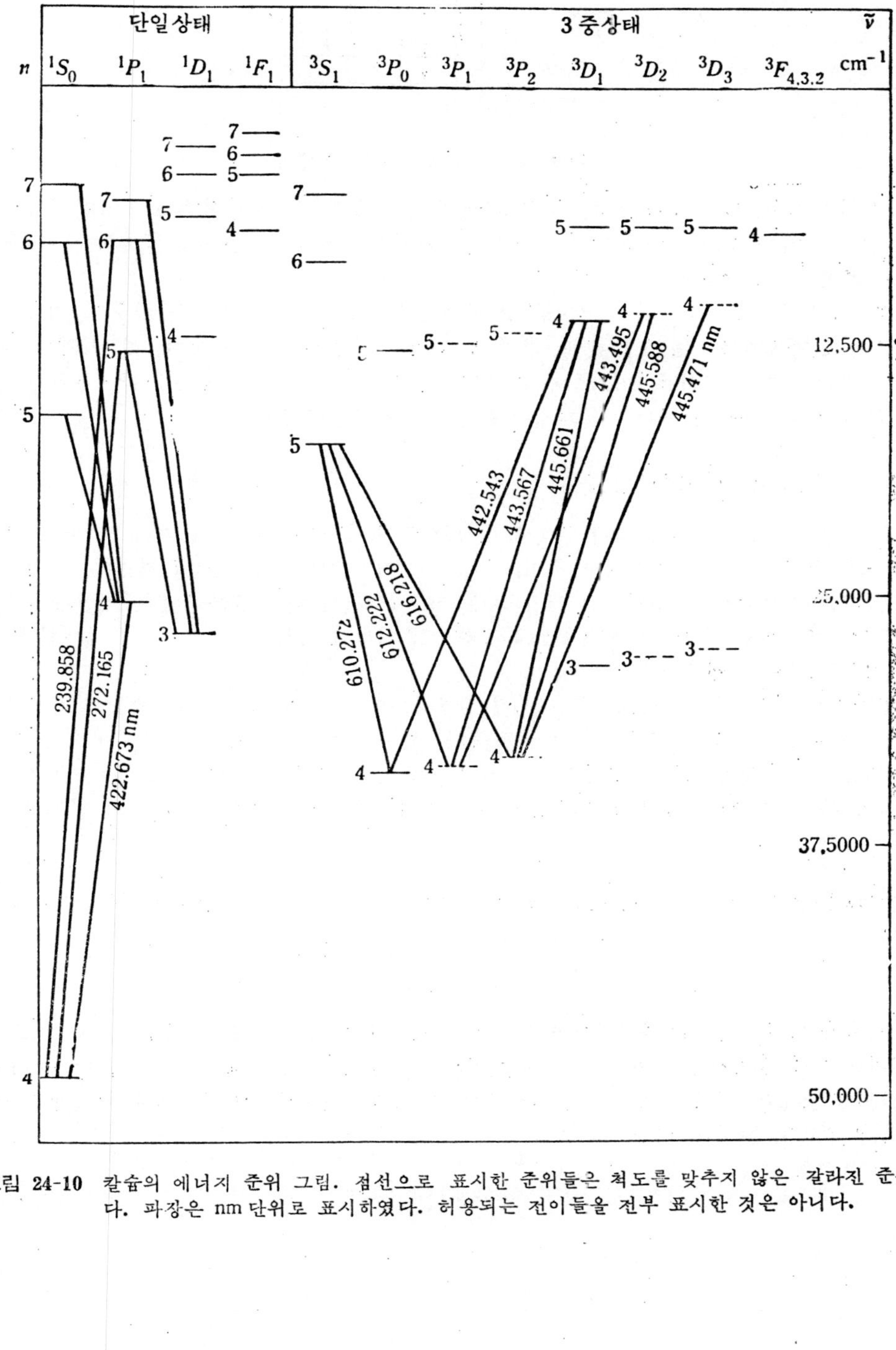

그림 24-10 칼슘의 에너지 준위 그림. 점선으로 표시한 준위들은 척도를 맞추지 않은 갈라진 준위들이다. 파장은 nm 단위로 표시하였다. 허용되는 전이들을 전부 표시한 것은 아니다.

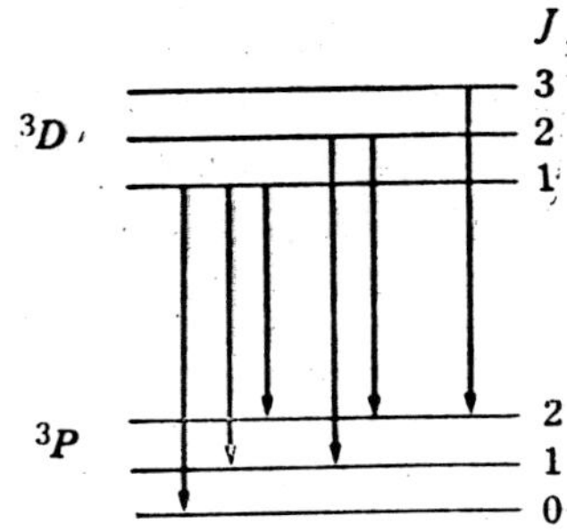

그림 24-11 허용되는 $^3D \leftrightarrow {}^3P$ 전이

에 있어서는 $\Delta J = 0, \pm 1$의 선택 규칙 때문에 이중의 셋은 나타나지 않으며 6개의 선들만이 나타난다. 이러한 상황을 나타낸 것이 그림 24-11이다. 즉, $J = 2 \rightarrow 0$, $3 \rightarrow 1$, $3 \rightarrow 0$의 전이가 일어날 수 없는 것이다.

3개, 4개 또는 그 이상의 전자를 갖는 계들은 여러 가지 다중도의 항들을 가질 수 있다. 예로서 3-전자계에서는 2중 상태 항과 4중 상태 항들이 나타나는데, 이 2중 준위와 4중 준위 사이의 전이는 허용되지 않는다. 그리고 4-전자계에서는 단일 상태 항, 3중 상태 항, 및 4중 상태 항들이 나타나며, 이들 사이의 전이는 허용되지 않는다.

24.11 원자들의 자기적 성질

전자들은 전하를 가지고 있기 때문에 전자가 그의 축 주위로 스핀을 하면 그 축 주위로 전류가 흐르는 것과 같다. 이 전류는 전자로 하여금 자기 모멘트를 가지게 하는데, 이것은 코일을 따라 흐르는 전류가 그 코일에다 자기 모멘트를 나타나게 하는 것과 같은 현상이다. 이 자기 모멘트는 전류가 흐르는 면에 수직하므로 각운동량 벡터와 평행하지만, 전자가 음전하를 갖기 때문에 서로 방향이 반대이다.

마찬가지로 원자 속에 들어있는 전자의 각운동량이 영이 아닐 때는 축 주위로 전류가 흐르고 있으며, 따라서 이 계는 자기 모멘트를 갖는다. 원자의 자기 모멘트는 원자 속에 있는 모든 전자들의 스핀 각운동량과 궤도 각운동량에 기인하는 전체 모멘트에 의해서 생기는 것이다.

고리형 도선에 따라 전류 I가 흐르면 이 고리가 다음과 같은 자기 모멘트를 가지게 된다.

$$\mu = IA \tag{24.34}$$

여기서 A는 이 고리의 넓이이다. 따라서 원형 고리의 반경이 r일 때는 이 식이 다음과 같이 된다.

$$\mu = I\pi r^2 \tag{24.35}$$

이제 전자가 반경 r인 궤도를 따라 속도 v로 운동한다고 생각하면 이 궤도 상의 임의의 한점을 단위 시간에 통과하는 전자의 회수는 전자의 속도를 궤도의 둘레로 나눈 값, 즉 $v/2\pi r$와 같다. 이 값에다 전자의 전하 $-e$를 곱해주면 그 점을 단위 시간에 통과하는 전하량이 되는데 이것이 바로 전류 I이다. 즉,

$$I = -e\left(\frac{v}{2\pi r}\right) \tag{24.36}$$

이 궤도가 xy-면 상에 있을 때는 각운동량이 $M_z = mvr$ 이다. 따라서 $v = M_z/mr$ 이므로 전류가 다음과 같이 된다.

$$I = -\frac{eM_z}{2\pi mr^2} \tag{24.37}$$

이 I의 값을 (24.35)식에 넣어주면 다음과 같은 결과가 나온다.

$$\mu_z = -\left(\frac{eM_z}{2\pi mr^2}\right)\pi r^2 = -\frac{eM_z}{2m} \tag{24.38}$$

이 결과로부터 자기 회전비 γ를 구할 수 있다.

$$\gamma = \frac{\mu_z}{M_z} = -\frac{e}{2m} = -8.794024 \times 10^{10}\ \mathrm{C\,kg^{-1}} \tag{24.39}$$

전자의 궤도 각운동량의 경우에 대해서만은 고전 물리로부터 나온 이 값이 정확하게 맞는다. 여기서 음의 부호는 자기 모멘트가 각운동량 벡터와 방향이 반대라는 것을 나타낼 뿐이다. 그러나 스핀의 경우에는 γ의 값이 (24.39)식의 값에 비해서 약 2배(정확하게 2.00232배)가 된다. 따라서 전자의 자기 모멘트는 일반적으로 다음과 같이 나타낸다.

$$\mu_z = -g\left(\frac{e}{2m}\right)M_z \tag{24.40}$$

여기서 g는 J, L 및 S값에 의존하는 유리수로서 Lande의 g인자라고 부른다.

위의 식에다 $M_z = M_J\hbar$를 넣어주면 다음과 같이 된다.

$$\mu_z = -g\left(\frac{e\hbar}{2m}\right)M_J \tag{24.41}$$

여기서 $M_J = 0, \pm1, \cdots, \pm J$이며, J는 총각운동량의 양자수이다. 자기 모멘트를 나타내는 자연적 단위는 다음과 같이 정의되는 Bohr 마그네톤 μ_B이다.

$$\mu_B = \frac{e\hbar}{2m} = 9.274078 \times 10^{-24}\ \mathrm{m^2\,A} \tag{24.42}$$

따라서 자기 모멘트가 다음과 같이 된다.

$$\mu_z = -g\mu_B M_J \tag{24.43}$$

원자의 총각운동량을 M_{total}이라고 하면 그 자기 모멘트 μ가 다음과 같이 주어진다.

$$\mu = -g\left(\frac{e}{2m}\right)M_{\text{total}} \tag{24.44}$$

그런데 $M_{\text{total}} = \sqrt{J(J+1)}\,\hbar$이다. 따라서 원자의 자기 모멘트는 다음과 같이 된다.

$$\mu = -g\left(\frac{e\hbar}{2m}\right)\sqrt{J(J+1)} = -g\sqrt{J(J+1)}\,\mu_B \tag{24.45}$$

궤도 각운동량을 갖지 않는 단일 전자의 경우에는 $g = 2$이며 또 $J = S = \frac{1}{2}$이다. 따라서 (24.45)식에 의해서 $\mu_{\text{spin}} = -\sqrt{3}\,\mu_B$가 된다. 한편 $J = \frac{1}{2}$이므로 $M_J = \pm\frac{1}{2}$이다. 따라서 (24.43)식에 의해서 자기 모멘트의 z-축 성분은 $(\mu_{\text{spin}})_z = \mp\mu_B$가 된다. 그리하여 스핀 자기 모멘트의 z-축 방향 성분의 허용되는 값은 $\pm$ Bohr 마그네톤이 된다.

★24. 11. 1 Zeeman 효과

원자계의 스펙트럼을 조사하여 보면 센 자기장을 작용시킬 경우 그 선들이 여러 성분으로 갈라진다는 것을 알 수 있다. 이것이 바로 Zeeman 효과이다. 지금 한 원자계에다 세기가 B인 균일한 자기장을 작용시켰다고 생각하자. 그리고 이 자기장의 방향이 z-축과 같다고 하자. 그러면 이 자기장 속에서의 원자의 에너지는 그 자기 모멘트의 자기장 방향 성분에 의존할 것이다. 즉, 자기장을 작용시키면 원자의 에너지가 $\mu_z B$만큼 감소한다. 따라서 본래의 에너지를 E_0라고 하면 자기장이 존재할 경우의 에너지 E는 다음과 같이 된다.

$$E = E_0 - \mu_z B \tag{24.46}$$

이 식에 의하면 자기 모멘트와 자기장이 같은 방향일 때 에너지가 낮아진다. 자기장 B(자기 유량 밀도)의 SI 단위는 tesla(T)이며, $1\ \mathrm{T} = 1\ \mathrm{kg/s^2\,A}$(또는 $1\ \mathrm{T} = 10^4$ gauss)이다. 따라서 μ의 단위는 $\mathrm{m^2A = Js^2\,A/kg = J/T}$이다.

(24. 43)식의 μ_z를 (24. 46)식에 넣어 주면 다음과 같은 결과를 얻게 된다.

$$E = E_0 + g\mu_B M_J B \tag{24.47}$$

허용되는 M_J의 값은 $2J+1$개이므로 본래의 에너지 준위가 상이한 $2J+1$개의 새로운 준위로 갈라지는 것이다. 그리하여 $^1S_0$ 준위를 제외한 모든 에너지 준위가 자기장에 의해서 갈라지게 되므로 스펙트럼선들이 여러 성분으로 갈라지는 것이다. 그리고 이 갈라지는 선들 사이의 간격은 자기장 세기에 비례한다.

우리의 궁극적인 관심 대상은 두 상태들 사이의 에너지 차와 방출되는 스펙트럼선들의 진동수이다. 따라서 다음과 같이 정의되는 Larmor 진동수 ν_L을 이용하는 것이 편리하다.

$$\nu_L \equiv \left(\frac{\mu_B B}{h}\right) = \frac{1}{2\pi}\left(\frac{eB}{2m}\right) \tag{24.48}$$

그리하여 (24. 47)식에서 $\mu_B B$를 $h\nu_L$로 바꾸어 준다.

$$E = E_0 + gM_J h\nu_L \tag{24.49}$$

이 식에 의하면 Zeeman 효과에 의한 스펙트럼선들은 Larmor 진동수를 유리수배 한 것만큼 변이된다.

(24. 49)식을 이용하려면 g의 값을 알아야 하는데, 이것은 다음과 같다는 것을 보일 수 있다.

$$g = 1 + \frac{(J+1) + S(S+1) - L(L+1)}{2J(J+1)} \tag{24.50}$$

(24. 50)식이 적용되는 가장 간단한 경우가 단일 상태 계이다. 단일 상태 계에서의 모든 가능한 전이에 대해서는 $S=0$이므로 $J=L$, 그리고 $g=1$이 된다. 따라서 (24. 49)식이 다음과 같이 된다.

$$E = E_0 + M_J h\nu_L \tag{24.51}$$

$^1S_0$항의 경우에는 가능한 M_J의 값이 $M_J=0$뿐이다. 따라서 이 항은 갈라지지 않으며 (24. 51)식이 다음과 같이 된다.

$$E(^1S_0) = E_0(^1S_0)$$

그러나 $^1P_1$항의 경우에는 가능한 M_J의 값이 $M_J = 0, \pm 1$이며 따라서 (24. 51)식으로부터 다음과 같은 세 에너지 값이 나온다.

$$E_3(^1P_1) = E_0(^1P_1) + h\nu_L$$
$$E_2(^1P_1) = E_0(^1P_1)$$
$$E_1(^1P_1) = E_0(^1P_1) - h\nu_L$$

또 $^1D_2$ 항의 경우에는 가능한 M_J 의 값이 $M_J = 0, \pm 1, \pm 2$ 이며, 그리하여 $^1D_2$ 는 다음과 같은 5개의 준위로 갈라진다.

$$E_5(^1D_2) = E_0(^1D_2) + 2\,h\nu_L$$
$$E_4(^1D_2) = E_0(^1D_2) + 1\,h\nu_L$$
$$E_3(^1D_2) = E_0(^1D_2)$$
$$E_2(^1D_2) = E_0(^1D_2) - 1\,h\nu_L$$
$$E_1(^1D_2) = E_0(^1D_2) - 2\,h\nu_L$$

이 에너지 준위들을 그림 24-12에 나타내었다.

준위들의 간격은 $^1P_1$ 항에서나 $^1D_2$ 항에서 모두 같으며 또한 선택 규칙에 의해서 $\Delta M_J = 0, \pm 1$ 이므로, 스펙트럼의 각 선들은 3개의 선으로 갈라진다. 즉, 중간선은 본래의 진동수에 위치하며, 나머지 두 선은 본래의 진동수의 양쪽에 같은 간격 만큼 떨어져서 나타난다. 이것을 정상 Zeeman 효과라고 한다.

자기장이 없을 때 한 상태로부터 다른 상태로 전이가 일어날 때 방출되는 진동수를 ν_0 라고 하면 자기장이 존재할 때는 세 스펙트럼선들이 다음과 같은 진동수를 가지게 된다.

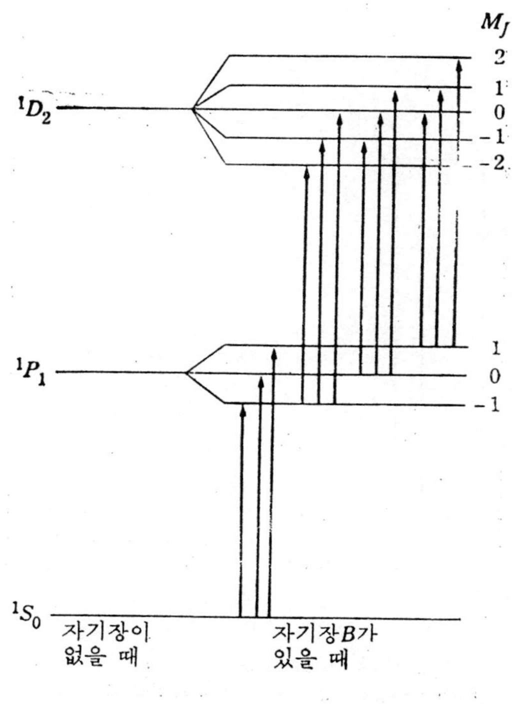

그림 24-12 자기장 속에서의 갈라짐.

$$\nu_1 = \nu_0 - \nu_L \qquad \nu_2 = \nu_0 \qquad \nu_3 = \nu_0 + \nu_L$$

단일 상태가 아닌 다른 상태의 계에서는 g의 값이 1이 아니다. 그리고 이 경우에는 <u>비정상 Zeeman 효과</u>라고 부르는 복잡한 갈라짐이 일어난다. 예로서 수소나 알칼리 금속과 같은 2중 상태 계를 생각하여 보자. 가장 낮은 항은 $^2S_{1/2}$이다. 이 항의 경우에는 $L=0$, $J=S=\frac{1}{2}$이며, 따라서 $M_J=\frac{1}{2}$, $-\frac{1}{2}$, 그리고 $g=2$이다. 그리하여 $gM_J=2\left(\pm\frac{1}{2}\right)=\pm 1$이 된다. 이 값을 (24.49)에 넣어주면 다음과 같은 결과가 나온다.

$$E(^2S_{1/2}) = E_0(^2S_{1/2}) \pm h\nu_L$$

즉, 이 항은 두 준위로 갈라진다.

다음에 ^2P항의 경우에는 $L=1$, $S=\frac{1}{2}$, $J=\frac{3}{2}$, $\frac{1}{2}$이다. $^2P_{1/2}$항에 대해서는 (24.50)식에 의해서 $g=\frac{2}{3}$이다. 따라서 $M_J=\pm\frac{1}{2}$이므로, $gM_J=\frac{2}{3}\left(\pm\frac{1}{2}\right)=\pm\frac{1}{3}$이 된다. 따라서 에너지 준위가 다음과 같이 갈라진다.

$$E(^2P_{1/2}) = E_0(^2P_{1/2}) \pm \frac{1}{3}h\nu_L$$

이와 같이 두 항이 상이하게 갈라지므로, $(^2P_{1/2} \to {}^2S_{1/2})$의 2중 상태 전이는 4개의 선으로 갈라진다. 즉, 자기장이 없을 때의 스펙트럼선의 진동수를 ν_1이라고 하면 이들 4개의 선들의 진동수가 다음과 같이 된다.

$$\nu = \nu_1 \pm \frac{2}{3}\nu_L \qquad \text{및} \qquad \nu = \nu_1 \pm \frac{4}{3}\nu_L$$

본래의 진동수는 나타나지 않는다는 것을 주의하라.

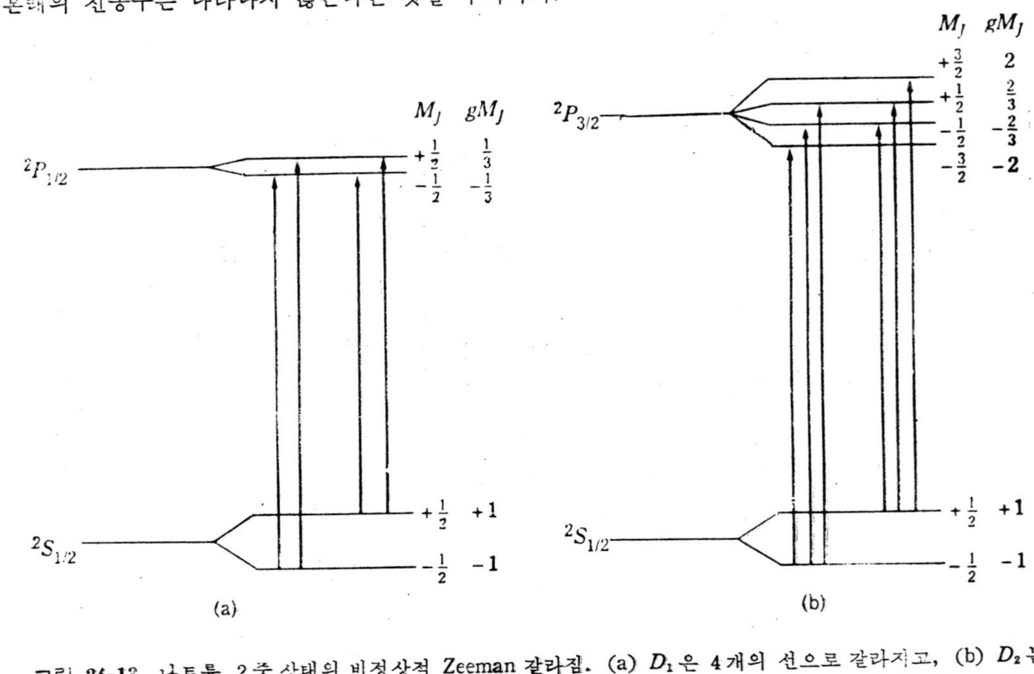

그림 24-13 나트륨 2중 상태의 비정상적 Zeeman 갈라짐. (a) D_1은 4개의 선으로 갈라지고, (b) D_2는 6개의 선으로 갈라진다(From *Atomic Spectra and Atomic Structure* by G. Herzberg, 1944, Dover Publications. Inc. N.Y).

$^2P_{3/2}$ 항에 대해서는 $L=1$, $S=\frac{1}{2}$, $J=\frac{3}{2}$이다. 이 값들을 이용하면 $g=\frac{4}{3}$가 나온다. 가능한 M_J의 값은 $M_J=\frac{3}{2}$, $\frac{1}{2}$, $-\frac{1}{2}$, $-\frac{3}{2}$이며, 따라서 $^2P_{3/2}$항은 4개의 준위로 갈라진다. 이에 맞먹는 gM_J의 값은 2, $\frac{2}{3}$, $-\frac{2}{3}$, -2이다. 선택 규칙은 $\Delta M_J=0$, ±1이므로 전이는 낮은 $^2S_{1/2}$와 최저의 세 $^2P_{3/2}$ 준위들 사이에서만 일어날 수 있으며, 그리하여 3개의 스펙트럼선이 나타나고, 또 높은 $^2S_{1/2}$ 준위와 최고의 $^2P_{3/2}$ 준위들 사이에서만도 전이가 일어날 수 있으므로 또다른 3개의 스펙트럼선이 나타날 수 있다. 그리하여 ($^2P_{3/2}\to{}^2S_{1/2}$)의 2중 상태 전이는 6개의 선으로 갈라진다. 자기장이 없을 때의 진동수를 ν_2라고 하면 자기장이 존재할 때의 이들 진동수가 다음과 같이 된다.

$$\nu=\nu_2\pm\frac{1}{3}\nu_L \qquad \nu=\nu_2\pm\nu_L \qquad \nu=\nu_2\pm\frac{5}{3}\nu_L$$

이러한 상항들을 나타낸 것이 그림 24-13이다.

24.11.2 자기 공명 분광학

자기장 속에서 자기 쌍극자의 양자 준위들 사이의 에너지 차를 탐지하는 자기 공명 분광학, 즉 전자 스핀 공명(ESR, EPR)과 핵 자기 공명(NMR)을 고찰함으로써 원자의 자기적 성질에 관한 논의를 끝내겠다. 24.11.1절에서 Zeeman 효과를 설명할 때 지적한 바와 같이 z-축 방향의 자기장 속에서 자기 쌍극자가 갖는 에너지는 (24.46)식으로 주어지며, 전자의 μ_z는 (24.43)식으로 주어진다.

핵 자기 모멘트는 (24.43)식과 마찬가지로 다음과 같이 된다.

$$\mu=g_N\mu_N I \qquad \text{및} \qquad \mu_z=g_N\mu_N M_I \tag{24.52}$$

여기서 g_N은 핵 g 인자, μ_N은 핵 마그네톤, I는 핵 스핀 각운동량의 양자수, 그리고 $M_I=I$, $I-1$, $I-2$, …, $-I$는 핵 스핀 각운동량의 z-축 성분에 대한 가능한 양자수이다.

질량이 m_p인 양성자의 경우에는 (24.42)식에 대응해서 핵 마그네톤이 다음과 같이 정의된다.

$$\mu_N=\frac{e\hbar}{2m_p}=5.050824\times10^{-27}\ \text{J/T} \tag{24.53}$$

그리고 실험적 인자 g_N은 5.5856912이다.

자기장 속에서 양성자는 다음과 같은 에너지를 갖는다.

$$E=E_0+g_N\mu_N M_I B \tag{24.54}$$

여기서 M_I는 $+\frac{1}{2}$이거나 $-\frac{1}{2}$이므로 이들 두 스핀 상태 사이의 에너지 차는 다음과 같이 된다.

$$\Delta E=g_N\mu_N B\left(\frac{1}{2}\right)-g_N\mu_N B\left(-\frac{1}{2}\right)=g_N\mu_N B \tag{24.55}$$

이 전이에서 방출되거나 흡수되는 진동수가 Larmor 진동수 ν_L이다. 즉,

$$\nu_L=\frac{\Delta E}{h}=\frac{g_N\mu_N B}{h}=\frac{g_N e B}{4\pi m_p} \tag{24.56}$$

즉, 이 상태들 사이의 에너지 차, 그리하여 ν_L은 자기장에 따라서 선형적으로 증가한다. 자기장이 $B=1.00$ tesla라고 하면 양성자의 경우에는 ν_L이 다음과 같이 된다.

$$\nu_L = \frac{5.586(1.602 \times 10^{-19}\,\mathrm{C})(1.00\,\mathrm{T})}{4(3.1416)(1.673 \times 10^{-27}\,\mathrm{kg})} = 4.257 \times 10^7\,\mathrm{Hz} = 42.6\,\mathrm{MHz}$$

그리하여 1 tesla 의 자기장 속에서는 양성자가 42.6 MHz 에서 에너지를 흡수해야 한다. 가장 통속적인 핵 자기 공명 분광계에서 사용하는 진동수는 60 MHz 이며, 이 진동수에서 양성자가 에너지를 흡수해려면 $B = 1.41$ tesla 가 되어야 한다.

전자에 대해서는 $g = 2$ 이므로 해당하는 ν_L 의 값은 다음과 같다.

$$\nu_L = \frac{2(1.602 \times 10^{-19}\,\mathrm{C})(1.00\,\mathrm{T})}{4(3.1416)(9.1095 \times 10^{-31}\,\mathrm{kg})} = 28.0\,\mathrm{GHz}$$

따라서 전자와 양성자에 대한 ν_L 의 비는 다음과 같다.

$$\frac{(\nu_L)_{\mathrm{electron}}}{(\nu_L)_{\mathrm{proton}}} \approx 658$$

따라서 전자의 에너지 변화는 양성자의 에너지 변화보다 658 배나 더 크다.

24.11.3 핵 자기 공명

우선 약간 이상적인 핵 자기 공명 실험부터 설명하겠는데, 이 장치를 나타낸 것이 그림 24-14 이다. 시료는 대단히 센 전자석의 극 사이에 놓는다. 시료관 둘레에는 코일을 감고 이 코일을 진동수가 작은 범위에서 변할 수 있는 라디오 진동수의 진동자에 연결시킨다. 이 진동자의 진동수가 Larmor 진동수에 도달하면 이 진동자가 보내는 복사선을 이 계가 흡수하게 된다. 이 흡수가 일어나면 라디오-진동수 회로의 임피이던스가 변화한다. 이 임피이던스의 변화를 브리지 회로로 측정하여 증폭시킨 다음 차트 기록계에 나타나게 한다. 이 기록계의 시간 축은 주사되는 진동수 영역을 나타낸다. 공명 진동수를 통과한 후에는 임피이던스가 다시 정상치로 돌아간다. 차트에는 그림 24-15 에서와 같은 모양이 기록된다.

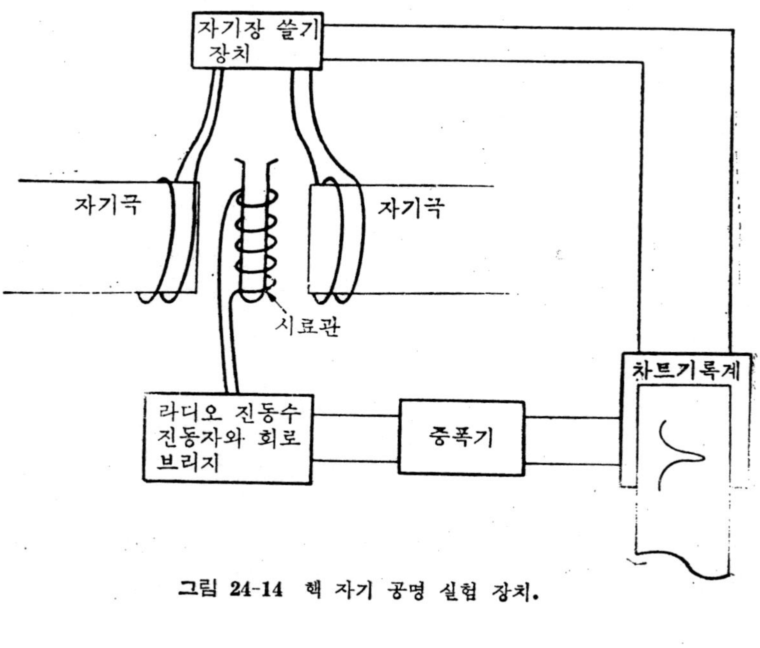

그림 24-14 핵 자기 공명 실험 장치.

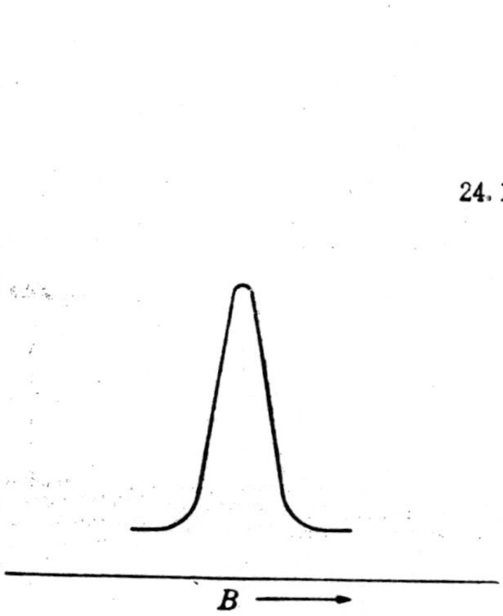

그림 24-15 전형적인 양성자 공명 봉우리.

실제에 있어서는 필요한 정확도의 가변 진동수 진동자를 만들기 어렵다. 그리하여(입사 복사선의 진동수를 변화시키는 대신에) 공명 진동수가 자기장에 의존하므로 자기장을 변화시켜서 공명 진동수 ν_L을 변화시킨다. 이 때는 라디오-진동수 진동자를 설계된 진동수에 맞추어 고정시켜 놓는다. 60 MHz가 가장 보편적으로 이용되고 있지만, 감도를 높이고 분해능을 좋게 하기 위해서는 100 MHz나 또는 그 이상의 진동수도 또한 이용되고 있다. 자석은 필요한 높은 자기장을 만들어 주며, 작은 코일이 이 자기장을 작은 범위에 걸쳐서 변화시켜 준다. 자기장이 Larmor 진동수를 설계 상의 진동수와 같게 해 줄 때는 에너지가 흡수되며 회로 특성의 변화가 차트 기록계에 나타난다.

양성자가 에너지를 흡수하는 진동수는 고정된 것이 아니며 그 양성자의 자기적 환경에 의존한다. 만일 자기적 환경이 변하면 양성자가 에너지를 흡수하는 자기장의 세기도 또한 변한다. 이러한 성질을 나타내는 전형적인 예가 에틸알코올, CH_3CH_2OH인데, 이것의 스펙트럼은 세 무리의 근접된 선들을 나타낸다(그림 24-16). 이것은 CH_3 양성자의 자기적 환경이 CH_2 양성자의 것과 다르며, 또 CH_2 양성자의 자기적 환경이 OH 양성자의 것과 다르기 때문이다. 따라서 이들은 조금씩 상이한 값의 자기장에서 공명을 일으킨다. 그리고 이 봉우리들의 넓이는 3 : 2 : 1의 비가 된다.

이 자기적 환경의 차를 다음과 같이 정의되는 화학적 이동 δ로 나타낸다.

$$\delta(\text{ppm}) = \frac{B_r - B}{B_r} \times 10^6 \qquad (24.57)$$

이 정의는 상대적인 것으로서 어떤 기준 물질의 공명 자기장 B_r로부터의 변이를 백만분율로 나타낸 것이다. 보편적으로 사용되는 기준 물질은 테트라메틸실란(TMS, tetramethyl silane), $Si(CH_3)_4$이다. 이 물질의 양성자는 모두 동일하고 12개나 되며 그리하여 예민하고 진한 단일 공명을 일으킨다. 뿐만 아니라 TMS의 양성자는 다른 대부분의 화합물의 양성자들 보다 높은 자기장에서 공명을 일으키므로 대부분의 화학적 이동이 양의 값을 나타내게 된다(즉, TMS에서보다 낮은 자기장에서 공명이 일어난다). 공명 자기장의 절대치를 정확하게 측정하기는 대단히 힘들지만, 그 차이는 쉽게 측정할 수 있으므로 δ를 $\Delta B/B_r$의 비(수치를 크게 해주기 위해서 10^6을 곱한다)로 나타내는 것이 편리하다. B_r 대신 B로 나누어 주더라도 ΔB가 너무 작기 때문에 별 차이가 없다. 양성자의 경우 B의 범위는 약 25 μT이며, 이것은 약 1000 Hz의 진동수 영역과 맞먹는다.

CH_3CH_2OH의 경우 그림 24-16에 나타난 δ의 값들은 다음과 같다.

메틸 양성자 $\delta = 1.22$

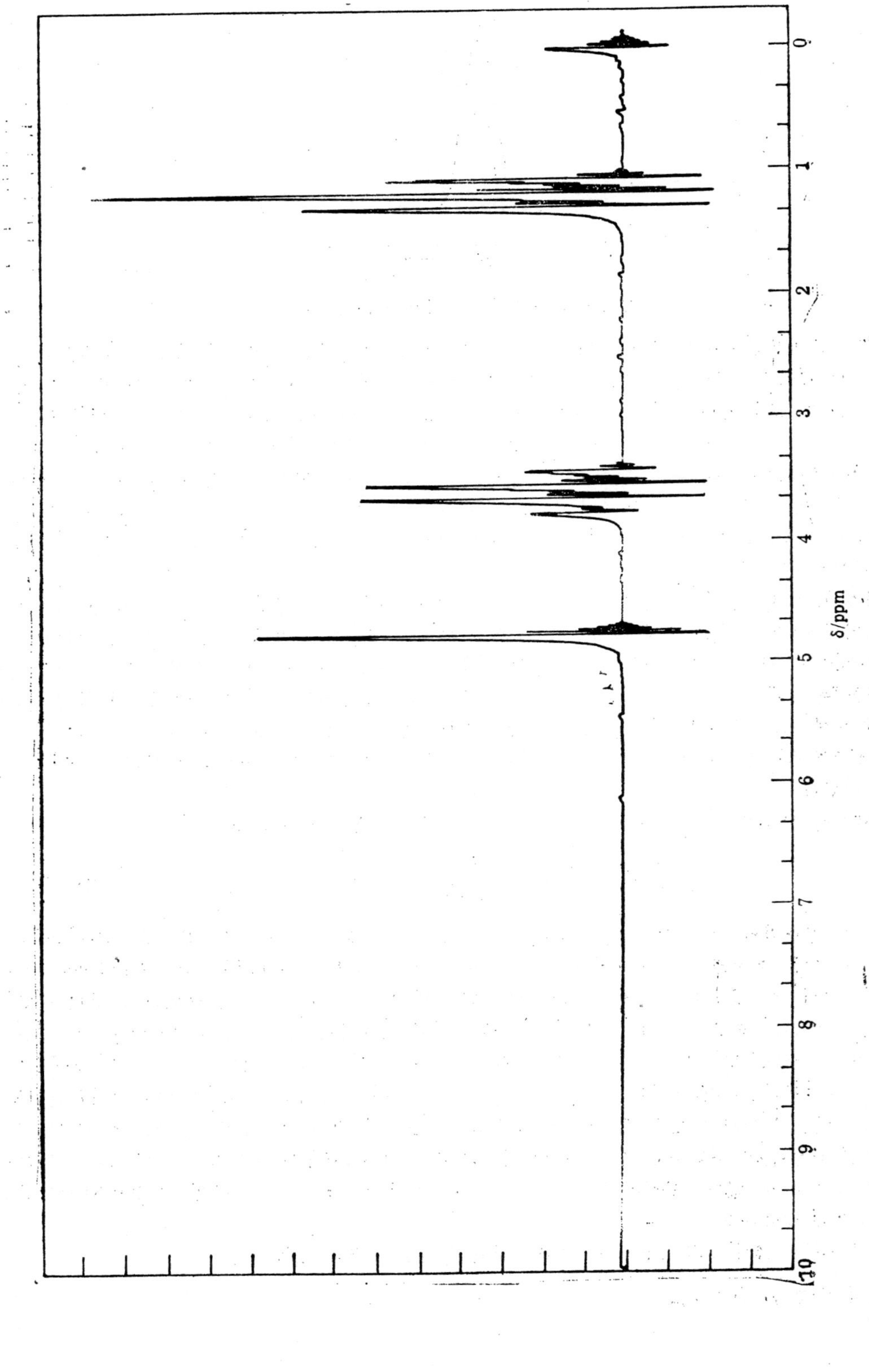

그림 24-16 에탄올의 고-분해능 NMR 스펙트럼.

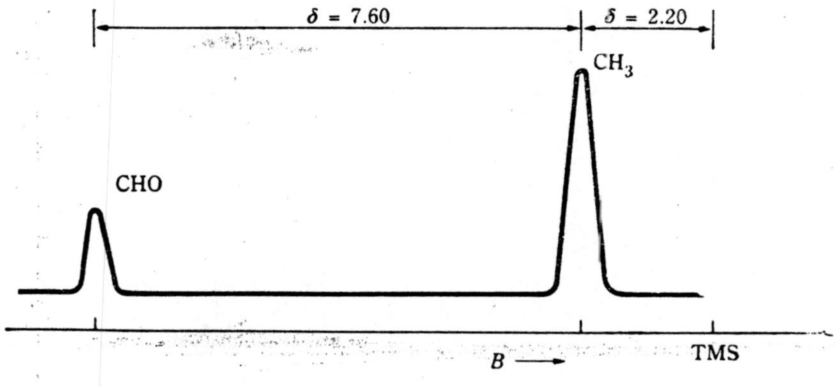

그림 24-17 아세트알데히드의 저-분해능 NMR 스펙트럼.

메틸렌 양성자 $\delta = 3.70$
히드록실 양성자 $\delta = 4.80$

또 하나의 예로서 CH_3CHO 의 스펙트럼을 그림 24-17 에 나타내었다. 이 경우에는 메틸 양성자에 대해서는 $\delta = 2.20$ 이고 —CHO 양성자에 대해서는 $\delta = 9.80$ 이다. 그리고 이들 봉우리의 넓이는 3 : 1 의 비를 나타낸다.

고-분해능 스펙트럼에서는 봉우리들이 흔히 다중선으로 갈라진다(그림 24-18). 예로서 아세트알데히드의 경우 3개의 메틸 양성자의 가능한 스핀 양자수는 $\frac{3}{2}$, $\frac{1}{2}$, $-\frac{1}{2}$, $-\frac{3}{2}$이며, 이 스핀 상태들은 1, 3, 3, 1 의 통계적 비중을 갖는다. 이들 네 스핀 상태는 —CHO 기의 양성자에다 네 개의 상이한 효과를 미치며, 이 때문에 고-분해능 스펙트럼의 낮은 자기장 끝쪽에 4개의 선이 나타난다. 한편 알데히드 양성자의 가능한 스핀 배향은 $+\frac{1}{2}$과 $-\frac{1}{2}$이다. 그러하여 이 양성자들은 메틸 양성자에다 두 상이한 효과를 미치며 메틸 양성자의 공명 봉우리를 2개의 선으로 갈라지게 한다. 알데히드 양성자 봉우리와 메틸 양성자 봉우리는 이와같이 갈라진 후에도 그 전체 넓이의 비가 그대로 1 : 3 의 비를 유지한다.

NMR 은 여러 가지 화합물은 구조와 성질을 확인하는 데 상례적으로 이용되고 있다. 또 스펙트럼을 해석하기가 비교적 쉽기 때문에 단 시간내에 많은 정보를 얻을 수 있다.

24.12 X-선 분광학

그림 24-19 와 같은 보통의 x-선관에서는 전자살이 구리나 텅스텐과 같은 금속의 양극을 때린다. 전자가 이와 같이 표적을 때리면서 정지하게 되면 전자가 가졌던 에너지의 일부 또는 전부가 복사선으로서 방출된다. 전자가 단일 충돌에서 그 전체 에너지를 잃을 때는 다음과 같은 진동수의 빛이 방출된다.

$$h\nu_m = E_{kin} \tag{24.58}$$

여기서 E_{kin} 은 전자의 운동 에너지이다. 전자의 이 운동 에너지는 음극으로부터 양극까지 가는 동안에 통과하는 전위차에 의해서 결정된다. 즉,

$$E_{kin} = eV \tag{24.59}$$

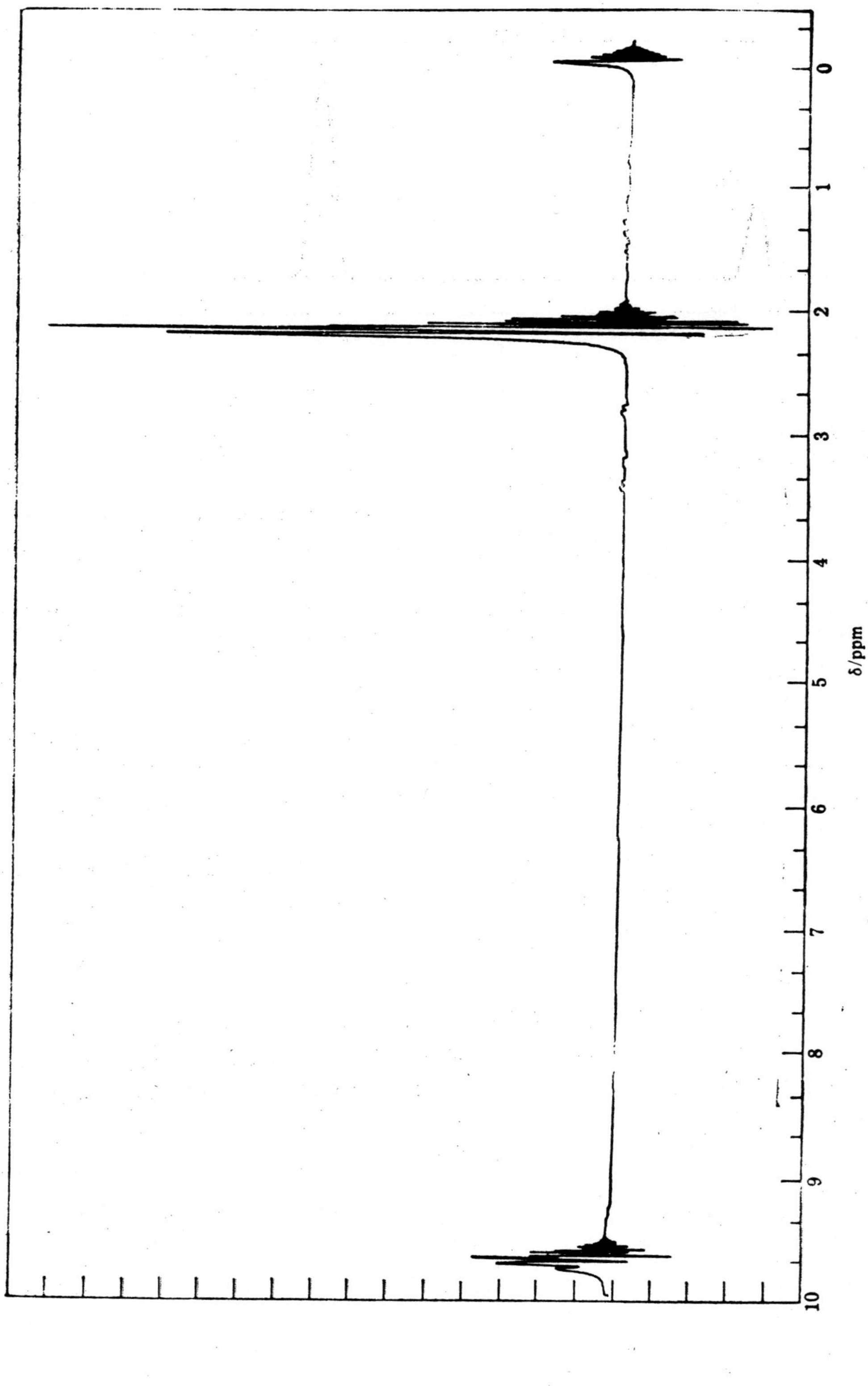

그림 24-18 아세트알데히드의 고-분해능 NMR 스펙트럼.

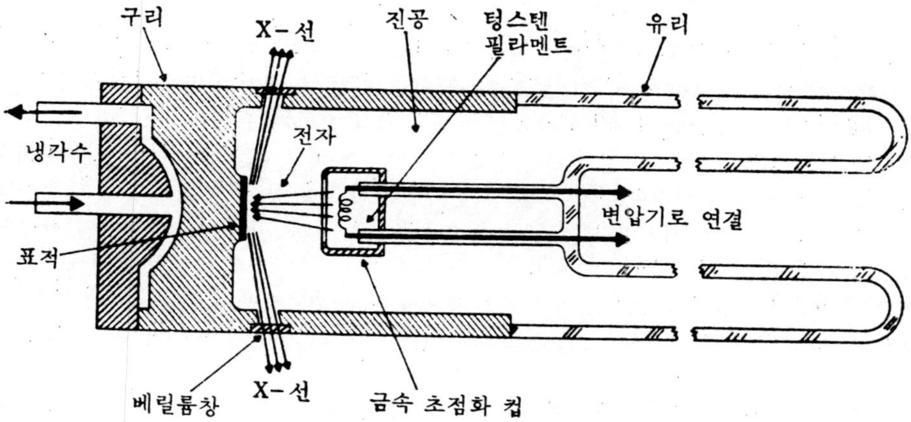

그림 24-19 봉입된 필라멘트 X-선관의 단면도(From B.D. Cullity, *Elements of X-ray Diffraction*. Reading, Mass.: Addison-Wesley, 1956).

여기서 eV는 전자의 전하이며, V는 X-선관 사이에 걸어준 전위이다. 따라서 $h\nu_m = eV$가 된다. 즉, 방출되는 X-선의 최대 진동수는 다음과 같이 된다.

$$\nu_m = \frac{e}{h}V \tag{24.60}$$

전자들은 이 충돌 과정에서 그 에너지의 일부만을 잃기도 하므로 이보다 낮은 진동수의 연속 스펙트럼이 나타날 수 있다. 이 연속 X-선 스펙트럼을 그림 24-20에 파장의 함수로 나타내었다. 최대 진동수 ν_m에 맞먹는 파장이 최소 파장 λ_{min}이 된다는 것을 명심하기 바란다. 즉,

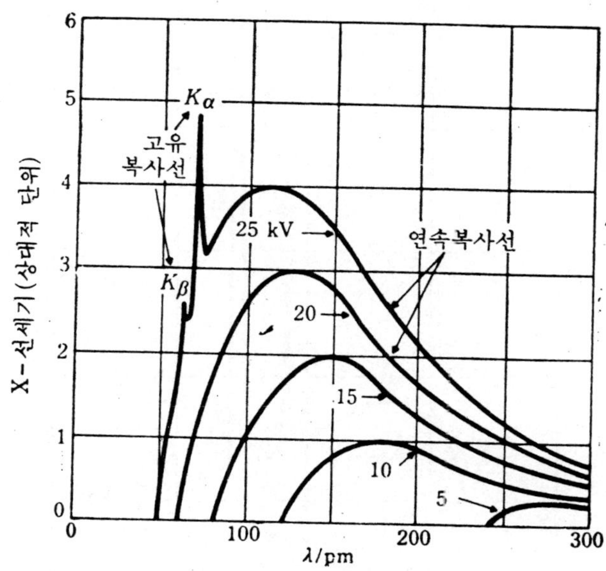

그림 24-20 걸어준 전압의 함수로 나타낸 몰리브덴의 X-선 스펙트럼. 선폭을 척도에 맞추지 않았다(B.D. Cullity, *Elements of X-ray Diffraction*. Reading, Mass.: Addison-Wesley, 1956).

$$\lambda_{\min} = \frac{c}{\nu_m} = \frac{hc}{eV} = \frac{1239.8 \times 10^3 \text{ pm-V}}{V} \tag{24.61}$$

충분히 높은 전압을 걸어줄 때는 표적 원소에 고유한 선 스펙트럼이 연속 스펙트럼 위에 겹쳐 나온다(그림 24-21). 표적의 이 선 스펙트럼을 들뜨게 할 수 있는 충분한 에너지를 가진 전자가 이 표적을 때린다고 가정하자. 입사되는 전자는 표적 원자와 충돌하여 그 원자의 내부 껍질, 예로서 1s 껍질(K껍질)에 있는 전자를 내쫓기에 충분한 에너지를 가지고 있다. 이렇게 해서 생긴 이온은 최저 준위가 비어있고 많은 높은 준위들이 채워져 있는 대단히 높이 들뜬 상태에 있게 된다. 그리하여 원자 내부에서 전자가 재배치면서 X-선의 여러 스펙트럼선이 방출된다. 예로서 전자가 L 껍질($n = 2$)로부터 K 껍질로 떨어지면 K_α 선이라고 부르는 진동수가 방출된다. 또 전자가 M 껍질($n = 3$)로부터 K 껍질로 떨어질 때는 K_β 선이 방출된다. L 껍질과 M 껍질에는 2개 이상의 준위들이 들어 있으므로 K_α 선과 K_β 선은 각각 2개 이상의 선들로 되어 있다.

L 선은 $M, N, \cdots$ 껍질의 전자가 L 껍질로 떨어질 때 나오는 선들이며, 또 M 선은 $N, O, \cdots$ 껍질의 전자가 M 준위로 떨어질 때 나오는 선들이다. 여기서는 주 초점이 되는 것이 최고 에너지

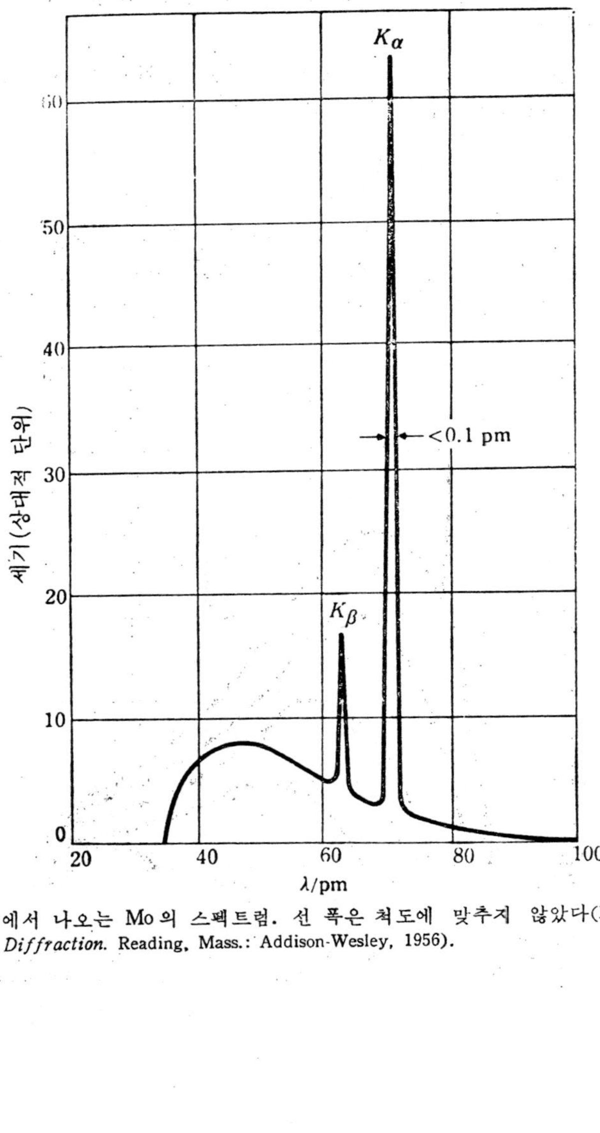

그림 24-21　35 kV 에서 나오는 Mo 의 스펙트럼. 선 폭은 척도에 맞추지 않았다(B.D. Cullity, *Elements of X-ray Diffraction*. Reading, Mass.: Addison-Wesley, 1956).

상태인 K-상태인데, 이 준위 체계는 주 초점이 바닥 상태가 되는 광학적 스펙트럼에서의 체계와 비교하면 거꾸로 되어 있다고 볼 수 있다.

그림 24-22에 x-선을 방출하는 에너지 준위들을 표시하였다. 최고 에너지 준위인 K 상태는 K 전자 하나가 빠진 이온이 나타내는 상태이다. L 준위의 전자가 이 K 준위로 떨어지면 x-선 광자가 방출되고 L 준위가 비어있는 낮은 에너지의 이온으로 된다. 이 상태를 L 상태라고 부른다. 떨어지는 전자가 어떤 L 준위에 있었느냐에 따라서 K_{α_1} 선이나 K_{α_2} 선이 방출된다. 여기서 사용되는 기호는 광학적 스펙트럼에서와 똑같으며, 선택 규칙도 똑같다. K_{α_1}, K_{α_2} 이중선은 광학적 스펙트럼에서의 나트륨의 이중 D 선과 근본적으로 같은 것이다.

또 하나 명심해야 할 사실은 한 원소의 x-선 스펙트럼이 다른 원소의 것과 대단히 비슷하다는 것이다. 예로서 K_α 선들은 어떤 원소에서나 동일한 전이로부터 나오는 것이다. 진동수만이 이동할 뿐인데, 이것이 바로 Moseley의 법칙이다. Moseley는 전체 원소들의 K_α 선의 정확한

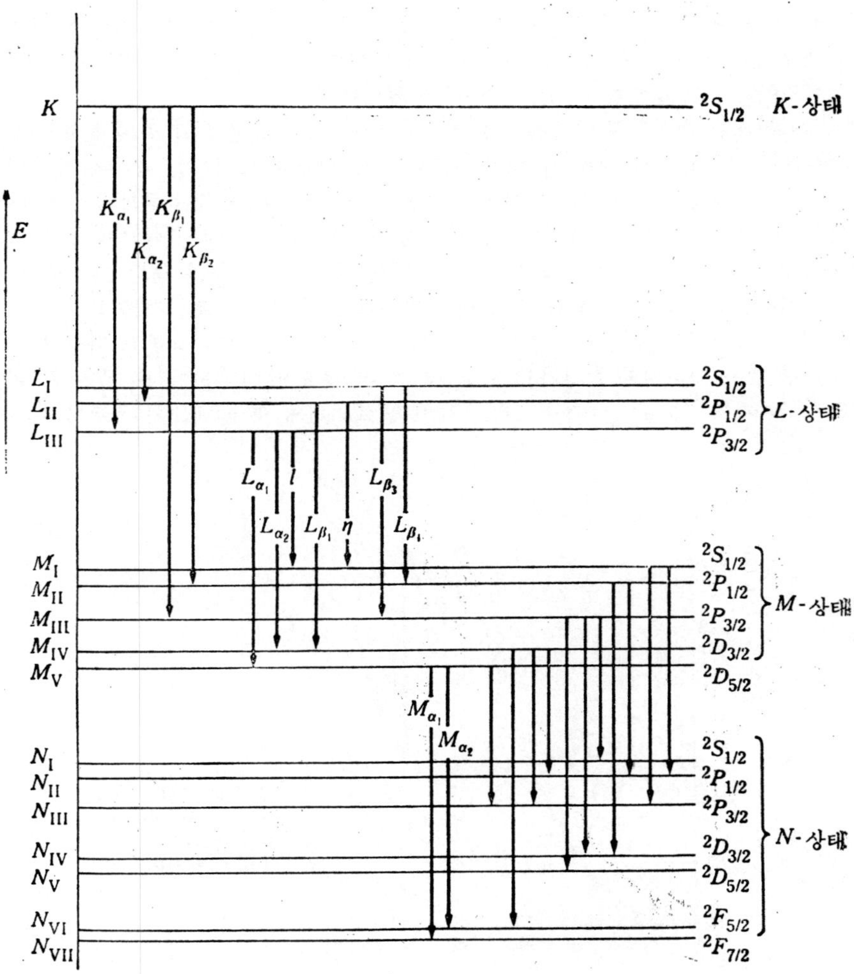

그림 24-22 X-선 방출 에너지 준위.

파장을 측정하였으며, 그 결과 동일 종류의 선들, 예로서 K_α 선들의 제곱근은 원소의 원자 번호의 선형 함수가 된다는 것을 발견하였다. Moseley의 법칙은 다음과 같이 나타낼 수 있다.

$$\sqrt{\nu} = 4.98 \times 10^7 (Z-1) \mathrm{Hz}^{1/2} \tag{24.62}$$

Moseley는 이 기본적인 성질, 즉 원소들의 x-선 스펙트럼선 진동수를 결정하는 중요한 요인이 원자 질량이 아니라 원자 번호라는 것을 증명하였다.

원자의 광학적 스펙트럼에서는 바깥 전자들만이 관여한다. 광학적 스펙트럼의 특징은 상태 m으로부터 상태 n으로 전이하면서 특정한 진동수를 방출할 수 있는 원자는 상태 n으로부터 상태 m으로 역방향의 전이를 하면서 똑같은 진동수를 흡수할 수 있다는 것이다. 그러나 x-선에서는 이러한 현상이 일어나지 않는다. 즉, 한 원자로부터 K_α선이 방출되더라도 이웃 원자는 L 준위가 채워져 있기 때문에($Z>10$일 경우) K 전자를 이 자리로 올려놓지 못하며 따라서 이 K_α선을 흡수하지 못한다. 즉, K 전자가 옮겨갈 수 있는 빈 L 준위가 없는 것이다. 그러나 K_α 복사선의 에너지는 대단히 크기 때문에 덜 세게 결합된 전자, 예로서 L 껍질이나 M 껍질의 전자를 때려 내보내는 등의 다른 과정을 일으키면서 흡수될 수 있다. 그리하여 그림 24-23에 보인 바와 같이 질량 흡수 계수가 파장에 따라서 변화한다.

파장이 최저일 때는 광자들의 에너지가 K 전자를 쫓아낼 수 있을 정도로 충분히 크다. 이 파장이 K 흡수끝에 도달할수록 흡수 계수는 증가하는데, 이것은 입사되는 광자의 에너지가 전자를 방출시키는 데 필요한 에너지와 가까와질수록 전자를 방출시킬 확률이 증가하기 때문이다. 파장이 14.088 pm보다 커지면 광자의 에너지가 K 전자를 방출시키기에 부족하며 흡수 계수가 예민하게 떨어진다. 광전자 효과의 관점에서 볼 때 입사 광자의 진동수가 문턱 진동수 이하로 떨어진 것이다. 14.088 pm와 78.196 pm 사이에서 일어나는 흡수는 주로 L 준위로부터 전자를 방출시키는 것이며, 그리하여 L_{I}, L_{II} 또는 L_{III} 상태의 이온이 생긴다. 그리고 파장이 L_{I} 흡수끝에 접근해 가면 광자 에너지와 L 전자를 방출시키는 데 필요한 에너지가 더 가까와지기 때문에 흡수 계수가 증가한다. 그리고 파장이 78.196 pm를 초과하면 흡수 계수가 급격하게 떨어진다.

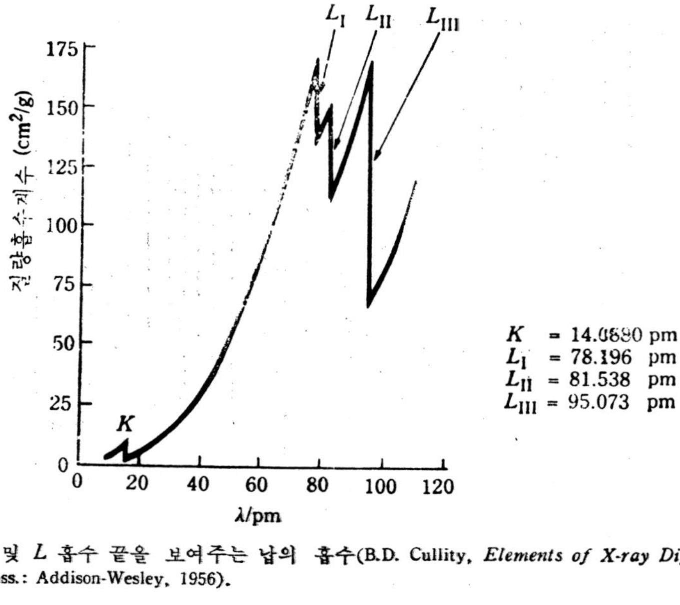

그림 24-23 K 및 L 흡수 끝을 보여주는 납의 흡수(B.D. Cullity, *Elements of X-ray Diffraction*. Reading, Mass.: Addison-Wesley, 1956).

즉, 광자가 L_I 상태로부터 전자를 몰아낼 만큼의 충분한 에너지를 가지고 있지 않다. 그러나 이 때에도 광자는 여전히 L_{II} 상태와 L_{III} 상태를 만들 수 있는 에너지를 가지고 있으므로 흡수 계수가 떨어지더라도 상당히 큰 값을 유지할 수 있다. 81.538 pm 를 지나면 L_{III} 상태와 5개의 M 상태들만이 흡수에 기여하게 되므로 흡수 계수가 크게 떨어진다. 95.073 pm 에서 흡수 계수는 또한번 크게 떨어진다. 이 파장을 지나면 M 상태들만이 형성될 수 있다. 5개의 M 상태들에 대한 흡수 끝은 321.7 pm 와 495.5 pm 사이에 위치하며 그림 24-23에는 나타나지 않는다.

X-선 스펙트럼은 비교적 단순하기 때문에(복잡한 광학적 스펙트럼에 비해서) x-선 분광학은 분석과 연구 기기로서 대단히 중요하게 쓰이고 있다. 이중에서 x-선 형광 분광학, 전자 탐침 미량 분석 및 x-선 광전자 분광학의 세 가지를 설명하겠다.

24.13 X-선 형광 분광학

X-선 형광 분광학에서는 텅스텐과 같은 중금속 표적을 갖춘 x-선 관으로부터 센 연속적 특성 스펙트럼을 나오게 한 다음, 이 복사선으로 시료를 쪼여준다. x-선 관은 100 kV 정도까지 올라가는 높은 전위를 걸어주어 가능한 한 넓은 영역의 파장을 내놓게 한다. 이 복사선을 원자에 쪼이면 K 흡수 끝과 같거나 보다 작은 파장의 x-선에 의해서 이 원자의 K 전자가 튀어 나가게 된다. K 전자가 튀어나가고 나면 원자 내부에서 폭포 현상이 일어난다. 처음에 K 선이 형광 복사선으로 방출된다고 생각하자. 이렇게 되면 L 준위에 빈 자리가 생기게 되고 제 3의 준위에 있는 전자가 이 빈 자리로 떨어져 들어가면서 새로운 특성 스펙트럼 선을 내놓는다. 그리고 다른 전자가 또 이 세째 번 빈 자리로 떨어져 들어가고 하는 과정이 계속된다. 마찬가지로 L 껍질과 M 껍질 전자가 튀어나가고 그리하여 L 선과 M 선이 방출될 수도 있다. 이와같이 방출되는 형광 복사선들을 분석기에 통과시켜 성분 파장으로 분리시킨다. 이 분석기는 일반적으로 LiF 와 같은 결정인데, 이것이 회절발의 작용을 하는 것이다. 이어서 탐지기가 여러 파장을 주사하면서 각각의 세기를 측정한다. 이러한 x-선 분광계의 약도를 그림 24-24에 나타내었었다.

2θ 각도에서 탐지되는 복사선의 파장은 Bragg 조건, $n\lambda = 2d \sin\theta$ 에 의해서 결정된다. 여기서 n은 한 정수이다(27.11절을 보아라). 거리 d는 결정에서의 면간 거리이며, 결정의 종류가 바뀌거나 결정이 같더라도 면이 바뀌면 달라진다. 결정을 θ 만큼 돌리면 탐지기가 2θ 만큼 돌아가도록 동조되어 있다. 그리하여 결정이 90° 회전하는 동안에 0부터 $2d$ 사이의 파장 영역이

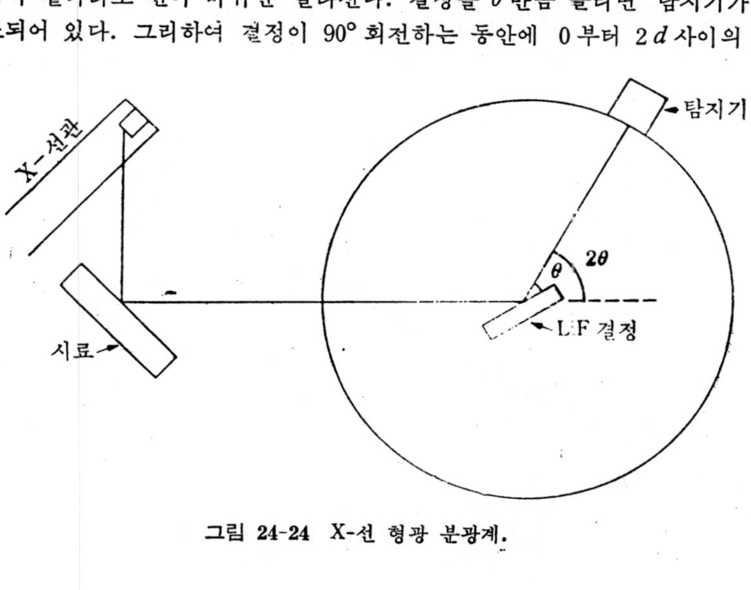

그림 24-24 X-선 형광 분광계.

주사된다.

시료 속에 들어있는 원소들은 파장을 가지고 알아낼 수 있으며, 또 그 세기로부터 각 원소들의 양도 결정할 수 있다. 그러나 이 방법은 다른 모든 형광 방법에서와 마찬가지로 형광 복사선의 세기가 낮은데서 오는 제약을 받는다. 그렇지만 수 ppm 정도의 원소들까지도 쉽게 검출할 수가 있다(정량 분석을 하려면 기지 조성의 표준 물질과 비교를 해야 한다). 이 방법의 장점은 신속하고 시료를 손상시키지 않는다는 것이다.

24.14 전자 탐침을 이용한 x-선 미량 분석

이 방법에서는 시료에다 예리하게 초점을 맞추어서 전자살을 입사시킨다(그림 24-25). 이 전자살의 폭은 약 1 μm 정도이지만 시료 속에 들어있는 여러 원소들의 x-선 스펙트럼을 들뜨게 하는 데는 충분하다. 방출된 x-선 스펙트럼을 분석하여 원소를 검출하고 또한 정량도 한다. 이 방법은 대단히 유용하지만, 시료를 전자총이 들어있는 진공 장치 내부에 넣어야 하는 것이 단점이다. 시료는 조절 가능 시료대 위에 올려 놓고, 시료의 조사시킬 점을 정확하게 맞추어 고정시킨다. 그리고 필요에 따라서는 재연시킬 수도 있다. 시료를 이동시켜 가면서 분석을 되풀이 하면 위치에 따르는 조성 변화를 연구할 수 있다.

주사식 미시적 탐침 장치에서는 전자살이 100 μm × 100 μm 정도의 넓이를 주사할 수 있다. 만일 (a) 주사하는 동안 탐지기를 특성 x-선의 스펙트럼선에 고착시키고, (b) 전자살의 주사에 동조시킨 오실로스코프 영상 세기를 입력을 이용해서 탐지기에다 맞추어 주면 스크린에 나타나는 영상의 세기를 한 특정 원소의 농도 변화에 따라 변하게 할 수 있을 것이다. 이렇게 하여 우리는 이 주사된 영역에서의 그 원소의 분포 그림을 얻을 수 있다. 탐지기를 다음 번 원소의 K_α선에 고착시켜 놓고 같은 실험을 되풀이 하면 이 둘째 번 원소의 분포 그림을 구할 수 있다. 그리고 원소를 바꾸어가면서 이 실험을 되풀이한다. 그림 24-26은 광물 시료를 가지고 얻은 여러 상이한 원소들의 사진을 나타낸 것이다. 이 방법을 이용하면 표면의 불균일성을 뚜렷하게 볼 수 있다.

24.15 X-선 광전자 분광학

X-선 광전자 분광법에서는 단색 x-선 살을 시료에다 조사시킨다. 그러면 입사되는 광자가

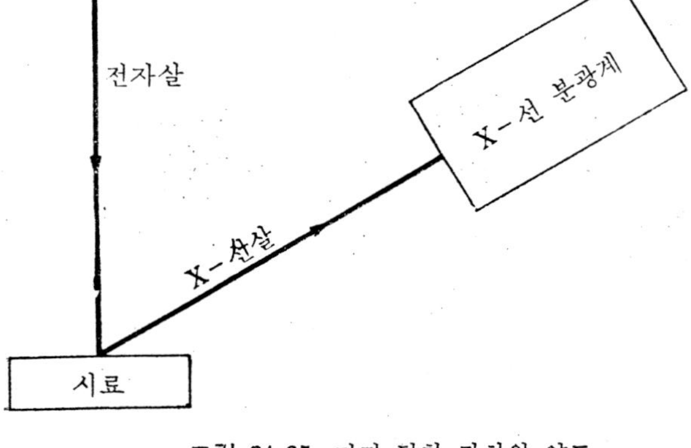

그림 24-25 전자 탐침 장치의 약도.

(a) 표면의 사진

(b) 황에 대한 주사

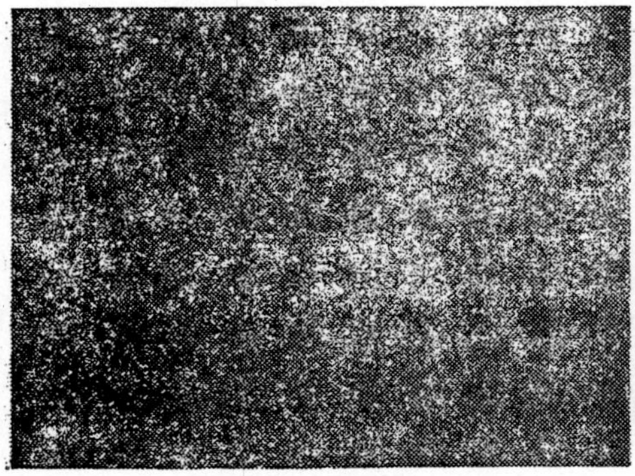

(c) 철에 대한 주사

(d) 아연에 대한 주사

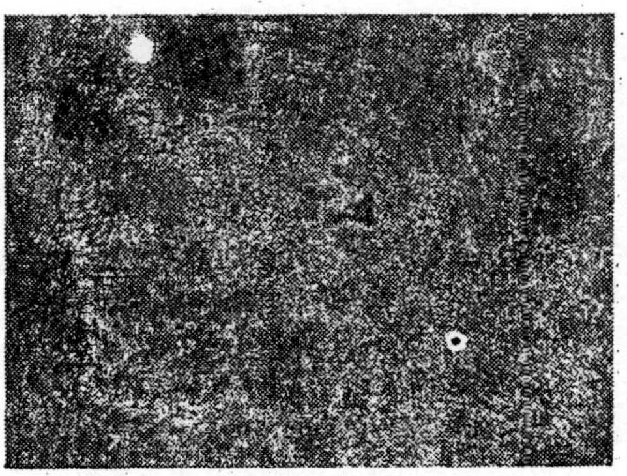

(e) 규소에 대한 주사

그림 24-26 황화물 광석의 표면 사진과 전자살 주사 그림. 이 결정은 우상귀에 섬아연광(ZnS) 결정을, 좌하귀에 황철광(FeS_2) 결정을, 그리고 왼쪽으로부터 오른쪽으로 내려간 대각선에 따라 쐐기 모양의 석영(SiO_2) 결정을 가지고 있다. 황의 주사 사진 (b)에 의하면 좌하귀에서 농도가 크고 우상귀에서는 농도가 낮다. 철, 아연 및 규소에 대한 사진 (c), (d) 및 (e)에 의하면 ZnS 가 우상귀에, FeS_2 가 좌하귀에 그리고 SiO_2 가 주로 우하귀에 있다(Courtesy M.E. Taylor and M.C. Carney, *Electron Microscope Central Ficility, Institute for Physical Science and Technology*, University of Maryland, College Park).

원자로부터 전자를 튀어 나오게 하고 이 전자로 하여금 운동 에너지를 갖게 한다. 그리하여 전자를 튀나오게 하는 데 필요한 에너지 E_b와 전자의 운동 에너지 E_k를 합한 것이 광자로부터 공급되는 에너지 $h\nu$와 같아야 한다. 즉,

$$h\nu = E_b + E_k \tag{24.63}$$

이것은 광전 효과에 관한 식이다(19.9절 참조). 입사되는 광자의 진동수는 대단히 정확하게 알 수 있다($E = 1253.6$ eV 인 Mg $K_{\alpha_1\alpha_2}$ 복사선이나, $E = 1486.6$ eV 인 Al $K_{\alpha_1\alpha_2}$ 복사선이 일반적으로 이용된다). 이 분광법에서는 전자의 운동 에너지를 측정하고, 이것으로부터 전자의 결합 에너지 E_b를 직접 얻게 된다. 튀어 나오는 전자는 원자나 분자의 어떤 에너지 준위로부터도 나올 수 있으므로 우리는 이 측정 결과로부터 그 계 속의 모든 점유된 준위들의 결합 에너지를 알 수 있다(입사되는 광자가 충분히 큰 에너지를 갖는 경우). 이 결합 에너지는 존재하는 원소에 고유한 것이므로 이것으로부터 원소들을 알아낼 수 있다. 이러한 목적으로 이용되는 광전자 분광법을 ESCA라고 부르는데, 이것은 electron spectroscopy for chemical analysis의 두문자어이다.

이 장치의 약도를 그림 24-27에 나타내었다. 시료로부터 나오는 전자는 입사되는 x-선 살과 직각을 이루며, 운동 에너지 분석기에 집속되어 초점이 맞추어진다. 이 운동 에너지 분석기에서는 반구형 전극 사이의 전기장을 조절하여 특정한 에너지의 전자들만을 출구 슬릿으로 통과시켜 검출기로 보낸다. 이 검출기로부터 나오는 출력을 적절한 기록계에 옮기면 방출되는 전자의 수가 그 운동 에너지의 함수로 표시된다. 이와같이 얻은 스펙트럼은 연구 대상 원자나 분자의 에너지 준위들을 나타낸다.

첫째 번 주기 원소들의 1s 전자의 결합 에너지는 다음과 같다.

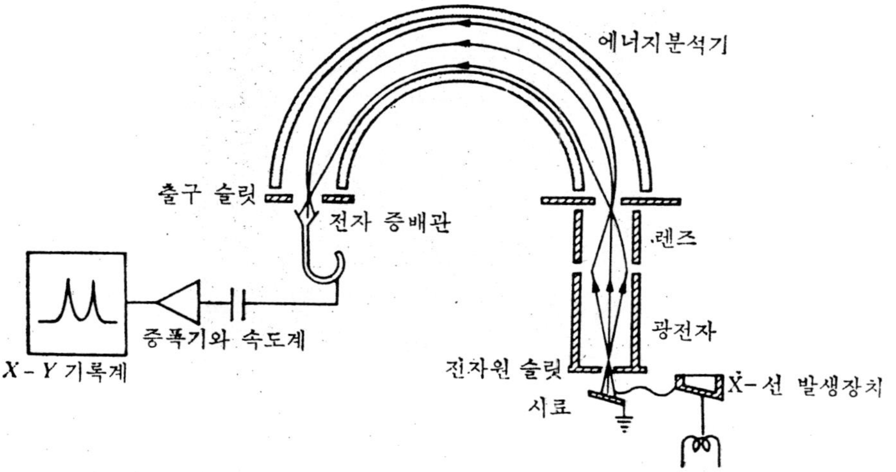

그림 24-27 지연 렌즈계와 반구형 정전기 분석기를 사용하는 x-선 광전자 분광계의 기본 구조를 나타낸 약도(P.M.A. Sherwood in *Spectroscopy*, vol. 3. B.P. Straughan and S. Walker, eds. London: Chapman and Hall, Ltd., 1976).

원 소	Li	Be	B	C	N	O	F	Ne	Na
E_b/eV	55	111	188	284	399	532	686	867	1072

이웃하는 두 원소는 56 eV 부터 205 eV 까지의 차를 나타낸다. 따라서 이 분광법을 이용하면 원소들을 쉽게 확인할 수 있다. 결합 에너지는 화학적 환경에도 약간 의존한다. 그러나 이 변화는 보통 10 eV 미만이므로 원소들을 확인하는 데는 장애가 되지 않는다.

그림 24-28 은 트리플루오로아세트산 에틸에서의 탄소 원자의 1*s* 전자에 대한 화학적 이동을 나타낸 것이다. 각 봉우리들은 모두 넓이가 같으며, 각 탄소 원자마다 상이한 화학적 환경 하에 있다는 것을 나타내고 있다. 이 분자의 구조를 생각할 때 이것은 당연한 결과이다.

그림 24-28 에는 NaN_3의 스펙트럼 일부도 나와 있다. 여기서 약 400 eV 의 결합 에너지는 질소 원자에 속하는 봉우리이다. 이 봉우리가 둘로 갈라진 것은 아지드화 이온속에 결합 에너지가 약간 다른 두 종류의 질소 원자가 들어 있다는 것을 나타내는 것이다($^-N{=}N^+{=}N^-$). 두 봉우리의 넓이는 2 : 1 인데, 이것은 보다 낮은 결합 에너지의 1*s* 전자를 가진 질소 원자가 2 개이고, 보다 세게 결합된 1*s* 전자를 가진 질소 원자가 하나라는 사실을 나타내는 것이다. 이 분자의 Lewis 구조를 생각할 때 말단 질소 원자는 음전하를 가지므로 덜 세게 결합되어 있어야 한다. 일반적으로 원자가 보다 큰 양의 형식 전하를 가질수록 전자가 보다 더 세게 결합된다. 이 사실은 $CF_3COCCH_2CH_3$ 에서도 분명하게 나타나고 있다. 이와같이 봉우리 넓이가 주어진 환경 하에 있는 원자수에 비례하므로 이 방법은 화합물의 구조를 분석하거나 해석하는 데 대단히 중요하다.

24.16 자외선 광전자 분광학

자외선 광전자 분광법에서 이용하는 원리와 측정 방법은 x-선 광전자 분광법에서와 똑같으며, 다만 x-선 대신에 자외선 영역의 복사선을 입사시킨다는 점이 다르다. 이 방법에서는 일반적으로 헬륨의 $^1P_1 \longrightarrow {}^1S_0$ 전이에서 나오는 58.433 nm 의 스펙트럼선이나 또는 헬륨 이온, He^+ 의 $^2P \longrightarrow {}^2S_{1/2}$ 전이에서 나오는 30.378 nm 의 스펙트럼선을 가지고 시료를 들뜨게 한다. 이 방법으로 얻은 스펙트럼은 x-선 광전자 분광법으로 얻은 스펙트럼과 비슷하지만 낮은 에너지 영역, 즉 원자가-전자의 에너지 상태를 대단히 자세하게 나타낸다.

그림 24-29 는 아르곤, 크립톤 및 크세논과 같은 단순한 원자들의 스펙트럼이다. 이들 비교적 예민한 스펙트럼은 이 기기를 검정하는 데 이용되는데, 이들은 원자의 $^1S_0$ 상태와 그 이온의 $^2P_{3/2}$ 및 $^2P_{1/2}$ 상태들 사이의 에너지 차에 해당하는 것이다.

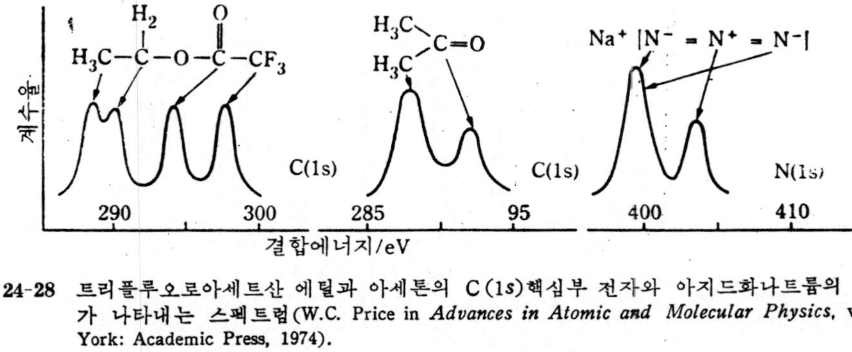

그림 24-28 트리플루오로아세트산 에틸과 아세톤의 C(1*s*)핵심부 전자와 아지드화나트륨의 N(1*s*)전자가 나타내는 스펙트럼(W.C. Price in *Advances in Atomic and Molecular Physics*, vol. 10. New York: Academic Press, 1974).

그림 24-30은 물의 광전자 스펙트럼이다. 세 개의 뚜렷한 띠가 나타나고 있는데, 이들의 에너지는 바닥 상태의 물 분자를 H_2O^+의 세 최저 상태, 즉 $^2B_1$, $^2A_1$ 및 $^2B_2$로 표시되는 상태로 들뜨게 하는 데 필요한 에너지이다. 이 상태들은 대칭 분자 파동 함수에 해당하는 상태들이다(23. 16.1절을 보아라). 미세 구조는 각 상태들이 가지고 있는 다수의 진동 준위 때문에 생기는 것들이다. 따라서 이들 각 상태에는 에너지가 극히 조금씩 밖에 상이하지 않은 많은 상태들이 존재하는 것이다.

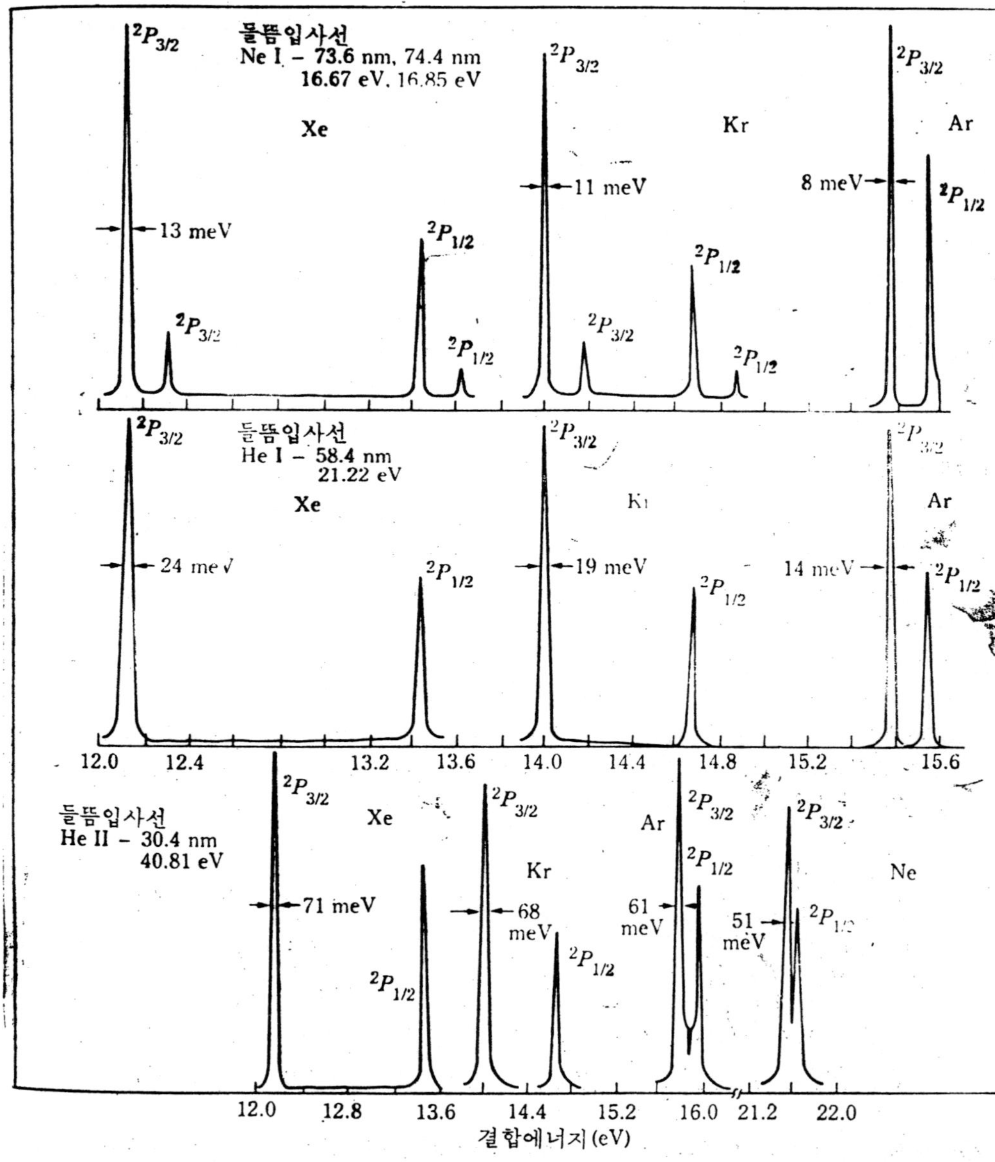

그림 24-29 Ne I, He I 및 He II 공명 복사선을 입사시켜서 얻은 비활성 기체의 $^2P_{3/2}$ 및 $^2P_{1/2}$ 선(J.W. Rabelais, T.P. Debies, J.L. Berkosky, J.J. Huang, and F.O. Ellison. *J. Chem. Phys.* **61**: 516, 1974).

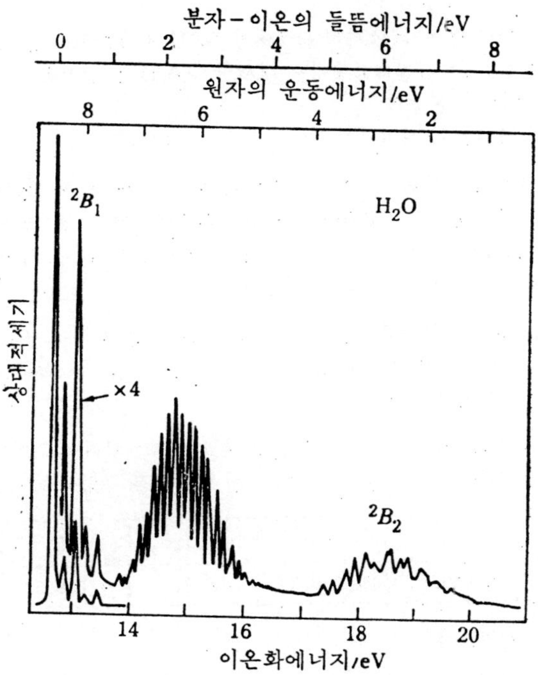

그림 24-30 물의 He I 광전자 스펙트럼(J.W. Rabelais, *Principles of Ultraviolet Photo electron Spectroscopy*, New York: Wiley, 1977).

《질 문》

24. 1 한 무리의 수소 원자들이 2*s* 상태에서 눈에 뜨일 정도(약 10%)의 확률로 빛을 흡수하게 되려며 온도가 어느 정도로 되어야 하겠는가?

24. 2 Pauli 원리는 어떻게 전자 스핀 각운동량을 짝지게 하는가?

24. 3 반발 전자들은 서로 멀리 떨어지기 위해서 가능하면 상이한 궤도 함수를 차지하려고 한다. 탄소의 2*p* 전자를 가지고 이것을 설명하라. 전자들 사이의 Coulomb 반발이 궤도 각운동량을 어떻게 결합시키는지 설명하라.

24. 4 Hund의 규칙이 탄소의 2*p* 전자에 어떻게 적용되는가?

24. 5 (a) 베릴륨 원자와 (b) 붕소 원자의 바닥 상태로부터 어떤 전이들이 허용되는가?

24. 6 2*p* 상태의 수소 원자가 자기장 속에서 나타낼 수 있는 전자 궤도 각운동량 벡터와 자기 모멘트 벡터의 배향을 스케치하라(스핀을 무시하라). 높은 에너지 배향과 낮은 에너지의 배향을 표시하라.

24. 7 자기장 속에 있는 수소 원자의 에너지 준위를 그린 다음 1*s* 및 2*p* 준위의 간격을 나타내라.

24. 8 한 분자 속의 상이한 양성자들이 상이한 자기적 환경을 갖는 까닭은 무엇인가(자기들 사이의 상호 작용을 생각하라)?

24. 9 원소들의 특성 x-선 진동수는 어째서 원자 질량이 아니라 원자 번호와 관계되는가?

《연습 문제》

24. 1 두께가 2 mm 인 유리 필터가 440 nm 파장에서 0.810의 투광도를 갖는다.

a) 이 파장의 빛은 몇 %가 8 mm 두께의 필터를 통과할 수 있겠는가?

b) 흡광 계수는 얼마가 되는가?

c) 2 mm 필터의 흡광도는 얼마인가?

24. 2 540 nm 파장에서 MnO_4^- 이온의 몰 흡광 계수는 202.5 m²/mol 이다. 20.000 g 의 합금을 용해시키고, 그 중의 망간을 MnO_4^- 로 산화시킨 다음, 이 용액을 메스플라스크 속에서 500.0 mL 로 희석시켰다. 이것을 1.00 cm 시료 용기에 넣고 투광도를 측정하였더니 540 nm 의 파장에서 0.325 가 나왔다. 시료 속에는 망간이 몇 % 들어 있겠는가?

24. 3 몰질량이 425 g/mol 인 염료 0.100 g 을 100 mL 의 알코올에 녹였다. 이 용액 1.00 mL 를 250.0 mL 로 묽힌 다음, 1.00 cm 시료 용기에 넣고 투광도를 측정하였더니 0.550 이 나왔다. 이 파장에서 이 시료의 몰 흡광 계수를 계산하라.

24. 4 몰 흡광 계수가 2.44×10^4 L mol⁻¹ cm⁻¹ 인 약한 1 양성자 산의 염료가 있다. 이 염료의 흡광은 전적으로 음이온에 의한 것이며, 여러 pH 에서 다음과 같은 투광도를 나타낸다.

pH	3.01	3.64	4.12	5.23	5.79	6.17
T	0.976	0.912	0.812	0.613	0.586	0.580

이 염료의 pK 를 계산하라.

24. 5 어떤 용액의 몰 흡광 계수가 475 m²/mol 이다. 투과된 빛의 세기가 입사광의 20%로 되려면 용액층의 두께가 얼마라야 하겠는가? 이 용액의 농도는 0.126 mol/dm³ 이다.

24. 6 직경이 15 cm 인 병 속에 $KMnO_4$ 용액이 들어 있다. 540 nm 의 빛의 75%가 이 병을 통과해 나간다면 이 염의 농도가 얼마이겠는가? MnO_4^- 의 몰 흡광 계수는 540 nm 에서 202.5 m²/mol 이다.

24. 7 농도가 $c = 2.0 \times 10^{-6}$ mol/L 인 $[(CH_3)_2NC_6H_4]_2CS$ 의 시료 용기에 넣었을 때의 투광도는 520 nm 의 파장에서 0.380 이며, 농도가 $c = 1.0 \times 10^{-6}$ mol/L 일 때는 0.617 이다. 몰 흡광 계수를 계산하라.

24. 8 전자 배치가 각각 s^2, sp, sd, pd, d^2 인 전자들의 주양자수가 a) 같을 때와, b) 상이할 때의 가능한 L, S 및 J의 값을 구하라(가능하면 해당하는 항 기호도 표시하라).

24. 9 다음 전이들 중 원자에서 허용되는 것은 어느 것인가?

a) $^3P \leftrightarrow {}^1D$ e) $^2F \leftrightarrow {}^2G$ h) $^4F \leftrightarrow {}^2D$

b) $^3P \leftrightarrow {}^3S$ f) $^3S \leftrightarrow {}^1S$ i) $^2F \leftrightarrow {}^2P$

c) $^1P \leftrightarrow {}^1D$ g) $^3S \leftrightarrow {}^1P$ j) $^3P \leftrightarrow {}^3D$

d) $^2F \leftrightarrow {}^1S$

24. 10 2개의 전자를 가진 어떤 원자가 $2p^2$의 배치를 갖는다고 하자. 24.9절에서 배운 바와 같이 항들을 구하고 각 항에 맞먹는 자기 모멘트의 z-축 성분을 구하라.

24. 11 문제 24.10를 두 p-전자가 동등하지 않다고 보고 되풀이하라.

24. 12 다음과 같은 전이에서는 Zeeman 효과에 의해서 몇 개의 선이 나타나며, 또 그 진동수는 ν_0 와 Larmor 진동수로 어떻게 표시되는가(선택 규칙은 $\Delta J = 0, \pm 1$, 그리고 $\Delta M_J = 0, \pm 1$ 이다. 또 $\Delta J = 0$ 일 때를 제외하면 $M_J = 0$ 과 $M_J = 0$ 과의 결합이 허용되지 않는다)?

a) ${}^3S_1 \leftrightarrow {}^3P_2$, ${}^3S_1 \leftrightarrow {}^3P_1$, ${}^3S_1 \leftrightarrow {}^3P_0$

b) ${}^3P_2 \leftrightarrow {}^3D_3$, ${}^3P_2 \leftrightarrow {}^3D_2$, ${}^3P_2 \leftrightarrow {}^3D_1$, ${}^3P_1 \leftrightarrow {}^3D_2$, ${}^3P_1 \leftrightarrow {}^3D_1$, ${}^3P_0 \leftrightarrow {}^3D_1$

c) ${}^2P_{3/2} \leftrightarrow {}^2D_{5/2}$, ${}^2P_{3/2} \leftrightarrow {}^2D_{3/2}$

24.13 a) 1 tesla의 자기장 속에서 다음 핵들의 공명 진동수는 얼마인가?

핵	^{11}B	^{13}C	^{19}F	^{31}P
μ/μ_N	2.6880	0.70216	2.6273	1.1305
I	$\frac{3}{2}$	$\frac{1}{2}$	$\frac{1}{2}$	$\frac{1}{2}$

b) 60 MHz의 장치를 사용할 때 어떤 세기의 자기장에서 (a)의 핵들이 공명을 일으키겠는가? 또 100 MHz의 장치를 사용할 때는 어떻게 되는가?

24.14 B = 0.1750 tesla의 영구 자석을 사용하는 장치가 있다. 이 장치를 사용할 때의 양성자의 공명 진동수를 구하여라.

24.15 3 양성자 계(예로서 CH_3기)에 대한 핵 스핀 함수를 만들고, 이어서 $\frac{3}{2}$, $\frac{1}{2}$, $-\frac{1}{2}$, $-\frac{3}{2}$의 네 상태에 대한 통계적 비중이 각각 1, 3, 3, 1임을 보여라. $M_I = +\frac{1}{2}$과 $-\frac{1}{2}$을 각각 α와 β로 표시하면 3 양성자 계의 스핀 함수가 $\alpha(1)\,\alpha(2)\,\alpha(3)$, $\alpha(1)\,\beta(2)\,\alpha(3)$ 등과 같은 곱으로 주어진다는 것을 주의하라.

24.16 30 kV 전자로 표적을 때릴 경우에 방출되는 x-선의 가장 짧은 파장은 얼마가 되겠는가?

24.17 몇 가지 원소들이 내놓는 K_{α_1}선의 파장은 아래와 같다. $\sqrt{\nu}$를 Z에 대해서 도시하라. 그리고 이 직선의 기울기와 수평축 상의 절편을 구하라.

원 소	S	CI	K	Ca	Sc	Ti	V	Cr	Mn	Fe
λ/pm	537.21	472.77	374.12	335.85	303.11	274.84	250.34	228.96	210.17	193.60

24.18 X-선은 $I/I_0 = e^{-\mu x}$에 따라서 흡수되는데, I_0는 두께가 x인 슬라브에 입사되는 세기이고, I는 투과된 세기, 그리고 μ는 흡수 계수이다. 밀도가 ρ일 때 μ/ρ를 질량 흡수 계수라고 부른다. 다음 원소로 된 1.0 cm 슬라브의 투광도들을 비교하라. 여기에 소개한 질량 흡광 계수는 λ = 20 pm의 복사선에 대한 것이다.

원 소	C	Mg	Fe	Cu	Pt	Pb
$(\mu/\rho)/(\text{cm}^2/\text{g})$	0.175	0.250	1.10	1.55	4.25	4.90
$\rho/(\text{g/cm}^3)$	2.25	1.74	7.86	8.92	21.45	11.3

24.19 20 pm 복사선의 세기를 입사될 때의 값의 1%이하로 줄이려면 Pb, Fe 및 C의 두께를 얼마로 해 주어야 하는가? 문제 24.18의 데이터를 이용하라.

24.20 텅스텐의 K_{α_1}선은 208.99 pm이다. 텅스텐 표적으로부터 K_{α_1}선을 방출시키려면 x-선 관에다 최소 얼마만한 전압을 걸어주어야 하겠는가?

24.21 산소 기체에다 에너지가 1253.6 eV인 Mg $K_{\alpha_1\alpha_2}$ x-선을 조사시켰더니 710.5 eV의 운동 에너지를 갖는 광전자의 봉우리가 나타났다. O_2분자에서 이 전자의 결합 에너지는 얼마인가?

24.22 물에다 에너지가 21.22 eV인 He I 복사선을 조사시켰더니 약 3.0, 6.4 및 8.6 eV의 운동 에너지를 갖는 전자들이 방출되었다(이들은 대체적인 떠중심의 값들이다. 그림 24-30과 비교하라). 이들 전자의 결합 에너지를 계산하라.

25
분자 분광학

25.1 핵 운동; 회전과 진동

우리는 분자의 스펙트럼으로부터 분자의 모양(결합 길이)과 에너지 상태에 관한 실험적 지식을 얻을 수 있다. 이와 같이 얻은 에너지 상태로부터 결합의 세기가 궁극적으로 얻어진다. 분자 스펙트럼은 핵 운동과 전자 운동 상태를 나타낸다. 23.1절에서는 Born-Oppenheimer 근사법을 빌어서, 원자간의 결합을 형성시키는 전자 운동을 핵의 운동과 분리시켜서 논의하였다. 분광학을 설명하기 전에 우선 핵 운동에 관한 설명을 간단히 되풀이 하겠다.

핵 운동에는 세 종류가 있다. 즉, 분자 전체로서의 병진 운동(여기서는 논의할 필요가 없음)과 분자의 회전 운동 및 분자내에서의 핵의 진동이다. 근사적으로 이들 운동은 서로 독립적이라고 볼 수 있으며 따로 따로 분리시켜서 논의할 수 있다.

N개의 원자로 된 분자는 $3N$개에 핵 좌표와 $3N$개의 운동량을 가지므로 $3N$개의 독립된 운동 방식, 즉 $3N$개의 자유도를 가진다. 분자 전체로서의 병진 운동에 따른 3개의 좌표와 3개의 운동량을 제외하면 $3N-3$개의 자유도가 남는다. 만일 분자가 선형이고 분자의 축을 z-축으로 잡으면 x-축과 y-축에 관한 2개의 독립된 회전 방식이 있을 수 있다. 따라서 선형 분자에 대해서는 진동을 표시하는 데 필요한 좌표와 운동량의 수가 $3N-3-2=3N-5$가 된다.

비선형 분자는 서로 수직인 3개의 축 주위로 회전하는 독립적인 회전 방정식의 수가 3개이므로 진동을 표시할 좌표와 운동량의 수가 $3N-3-3=3N-6$개 남는다. 각 운동 형태의 운동방식 수를 표 25-1에 나타내었다.

스펙트럼선과 띠의 모양은 선택률이 양자수의 변화에 어떤 제약을 주느냐에 따라서도 달라지지만, 분자가 쌍극자 모멘트를 갖느냐 안 갖느냐에 따라서도 제약을 받는다. 만일 한 진동 상태나 회전 상태로부터 다른 상태로 전이될 때 복사선이 흡수되거나 방출되려면 이 진동이나 회전에 의해서 분자의 쌍극자 모멘트의 크기가 진동해야 한다.

전기적 쌍극자는 양전하 $+q$와 음전하 $-q$가 거리 r만큼 떨어져 있는 것을 말한다.

표 25-1

분자	선형	비선형
총 자유도 수	$3N$	$3N$
병진 자유도 수	3	3
회전 자유도 수	2	3
진동 자유도 수	$3N-5$	$3N-6$

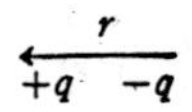

이 때 쌍극자 모멘트 μ는 다음과 같이 정의된다.

$$\mu = qr$$

이것은 벡터량이며 그 방향은 음전하쪽으로부터 양전하쪽으로 화살표를 그어서 나타낸다. 분자의 양전하와 음전하의 중심이 일치하지 않으면 그 분자는 영구 쌍극자 모멘트를 가지게 된다.

H_2, O_2, N_2 처럼 대칭(등핵) 2원자 분자에서는 전하가 비대칭으로 분포될 수 없으므로 영구 쌍극자 모멘트를 가지지 않는다. 대칭적인 진동은 쌍극자 모멘트를 변화시키지 않으며, 따라서 이러한 분자들은 적외선을 방출하거나 흡수하지 않는다. 이러한 진동은 적외선에서 허락되지 않는다고 말한다.

HCl 처럼 다른 종의 핵으로 된 분자에서는 양전하와 음전하의 중심이 일치하지 않으며, 그리하여 이 분자는 영구 쌍극자 모멘트를 가진다. 이러한 분자가 진동할 때는 전하의 중심 사이의 거리가 달라져서 쌍극자 모멘트의 크기가 변한다. 따라서 대응하는 진동-회전 스펙트럼 띠가 적외선 부분에 나타난다. HCl 분자가 회전하면 특정 축에 따라서 쌍극자 모멘트의 성분이 진동하게 되며, 따라서 HCl 은 원적외선에서 순수한 회전 스펙트럼을 가진다.

25.2 회 전

편의상 우선 선형 분자에 대해서만 설명하겠다. 좌표축의 원점을 분자의 질량 중심에 고정시키고 핵들을 z-축에 놓으면 x-축과 y-축 주위의 회전이 2개의 독립된 운동 방식이 된다. 어느 방식에 대해서나 그 관성 모멘트는 다음과 같이 주어진다.

$$I = \sum_i m_i r_i^2 \tag{25.1}$$

여기서 m_i는 i째 원자의 질량이며 r_i는 회전축으로부터 그 원자까지의 수직 거리이다. 이 운동에 대한 Schrödinger 방정식의 해를 구하면 각운동량 M이 다음과 같이 양자화된다.

$$M^2 = J(J+1)\hbar^2 \qquad J = 0,\ 1,\ 2,\ \cdots \tag{25.2}$$

여기서 회전 양자수 J는 임의의 양의 정수이거나 영으로 될 수 있다. 회전 에너지는 다음과 같다.

$$E_J = \frac{M^2}{2I} = J(J+1)\frac{\hbar^2}{2I} \tag{25.3}$$

25.3 회전 스펙트럼

분자가 한 회전 상태로부터 다른 회전 상태로 바뀌려면 그 에너지 차에 해당하는 복사선의 양자가 방출되거나 흡수되어야 한다. 선형 분자의 회전 상태가 전이될 때는 $\Delta J = \pm 1$ 이라는 선택률이 만족되어야 한다. 따라서 이웃하는 두 상태 사이의 에너지차는 다음과 같이 된다.

$$E_{J+1} - E_J = \frac{\hbar^2}{2I}[(J+1)(J+2) - J(J+1)] = \frac{\hbar^2}{I}(J+1)$$

이 전이에 수반되는 진동수 ν_J는 $h\nu_J = E_{J+1} - E_J$의 관계로부터 구할 수 있다. 따라서 $\hbar = h/2\pi$ 이므로 다음 관계가 얻어진다.

$$\nu_J = \frac{h}{4\pi^2 I}(J+1) \tag{25.4}$$

일반적으로 빛의 진동수 ν는 그 파수* $\tilde{\nu} = 1/\lambda = \nu/c$로 나타내는 것이 보통이다. (25.4)식은 이 관계를 이용하여 다음과 같이 파수로 표시할 수 있다.

$$\tilde{\nu}_J = \frac{h}{4\pi^2 cI}(J+1) = 2B(J+1) \tag{25.5}$$

여기서 $B = h/8\pi^2 cI$는 주어진 분자의 회전 상수이다. $J=1$로부터 $J=0$으로의 전이에서 방출되는 기본 회전 진동수는 $2B$이다. 각 J값마다 진동수가 $\tilde{\nu}_J$인 선이 회전 스펙트럼에 나타나는데, 이 선들은 원적외선이나 초단파 영역에 나타난다.

각 선 사이의 간격은 $\tilde{\nu}_{J+1} - \tilde{\nu}_J = 2B$가 된다. 따라서 회전 스펙트럼의 선사이의 간격을 측정하면 분자의 관성 모멘트를 알 수 있다. 2원자 분자에서는 관성 모멘트로부터 원자간 거리가 곧바로 계산된다.

실제 분자는 강체 회전자가 아니며, 따라서 회전과 진동이 관성 모멘트에 미치는 영향을 고려해 주어야 한다. 회전 에너지 준위는 근사적으로 다음과 같이 주어진다.

$$E_J = hcBJ(J+1) - hcD[J(J+1)]^2 \tag{25.6}$$

여기서 둘째 항은 회전 에너지가 클 때 원심력 작용 신장에 기인하는 관성 모멘트의 증가를 고려해 주는 항이다. 둘째 항 속의 상수 D는 진동수에 관계되며 $D = 4B^3/\tilde{\nu}_0^2$이다. 진동수가 높을 때는 원자들이 단단하게 결합되어 있으며, D가 작고 회전에 의해서 관성 모멘트가 크게 변하지는 않는다.

스펙트럼선의 진동수는 $\tilde{\nu}_J = (E_{J+1} - E_J)/hc$이므로 다음과 같이 된다.

$$\tilde{\nu}_J = 2B(J+1) - 4D(J+1)^3 \tag{25.7}$$

따라서 선들 사이의 간격은 이제 더 이상 일정하지 않으며 J가 증가함에 따라 다음과 같이 약간씩 감소한다.

$$\tilde{\nu}_{J+1} - \tilde{\nu}_J = 2B - 4D[3(J+1)(J+2)+1] \tag{25.8}$$

관성 모멘트는 또한 분자의 진동 상태에도 의존한다. 진동 양자수를 v라고 할 경우, 이 효과를 고려해 주면 다음과 같은 결과를 얻게 된다.

$$B_v = B_e - \alpha_e\left(v+\frac{1}{2}\right) \quad \text{및} \quad D_v = D_e + \beta_e\left(v+\frac{1}{2}\right) \tag{25.9}$$

진동 양자 상태가 높을수록 관성 모멘트가 커지고 B_v의 값이 작아진다. 일반적으로 진동 상태가 원심력항에 미치는 효과는 무시할 수 있을 정도이며, 따라서 $\beta_e = 0$으로 놓는다. 그러면 회전 에너지에 대한 식이 다음과 같이 된다.

$$E_J = hcB_e J(J+1) - hc\,\alpha_e\left(v+\frac{1}{2}\right)J(J+1) - hcD[J(J+1)]^2 \tag{25.10}$$

그러면 스펙트럼선의 진동수 $\tilde{\nu}_J = (E_{J+1} - E_J)/hc$는 진동 양자수에 약간 의존하게 된다.

---

* 파수 $\tilde{\nu}$를 통상적으로 "진동수"라고도 부른다. 예로서 "이산화탄소는 667 cm^{-1}의 고유 진동수를 갖는다"고 말한다. 진동수라는 말은 s^{-1} 단위의 ν를 지칭할 수도 있고 cm^{-1} 단위의 $\tilde{\nu}$를 지칭할 수도 있다. 따라서 이 둘을 혼동할 우려는 없다. $\tilde{\nu}$의 SI 단위는 m^{-1}이다. 따라서 기본 상수를 이용해서 계산하면 m^{-1} 단위로 값이 나온다. 그러나 문헌치는 거의 전부 cm^{-1}로 되어 있다. $1\ cm^{-1} = 100\ m^{-1}$이다.

$$\tilde{\nu}_J = 2B_e(J+1) - 2\alpha_e\left(v+\frac{1}{2}\right)(J+1) - 4D(J+1)^3 \qquad (25.11)$$

α_e와 B_e를 구하려면 두 상이한 진동 상태에서 분자의 회전 상태 변화를 측정해야 한다. 일반적으로 높은 진동 상태에 있는 분자수는 대단히 작으며 그 결과 흡수 스펙트럼선이 대단히 약하게 나타난다. 따라서 진동수가 높으면 고온에서 측정해야 한다.

다원자 분자의 회전 스펙트럼에 대한 설명은 진동-회전 스펙트럼 다음으로 미루겠다.

25.4 진 동

편의상 개개의 분자 진동을 조화 단진동이라고 가정하자. 조화 단진동은 질량 μ와 Hook 법칙 상수 k로서 특성지워진다. 조화 단진동의 파동 함수는 단 하나의 양자수, 즉 진동 양자수 v에 의해서 결정되며, 진동자의 에너지는 다음과 같다.

$$E_v = \left(v+\frac{1}{2}\right)h\nu_0 \qquad v = 0,\ 1,\ \cdots \qquad (25.12)$$

여기서 $\nu_0 = (1/2\pi)\sqrt{k/\mu}$는 고전적인 진동수이다. 각 진동 자유도마다 기본 진동수 ν_0의 값이 다르다.

2원자 분자는 두 원자가 중심선을 따라서 진동하는 1개의 진동 방식만을 가지며, 분자 진동에 관한 가장 간단한 예가 된다.

25.5 진동-회전 스펙트럼

분자는 순수한 진동 스펙트럼을 가지지 못한다. 그 이유는 선택률에 의하면 분자의 진동 상태가 변할 때 회전 상태도 함께 변해야 하기 때문이다. 그리하여 스펙트럼의 적외선 부분에는 진동-회전 스펙트럼 띠가 나타나는데, 이들 띠는 각각 밀집된 수많은 선으로 되어 있다. 띠가 나타나는 것은 분자의 진동 에너지와 회전 에너지가 합쳐질 수 있다는 생각을 하면 쉽게 설명할 수 있다. 편의상 선형 분자를 생각해 보자. 그 에너지는 다음과 같다.

$$E_{\text{vib-rot}} = hc\tilde{\nu}_0\left(v+\frac{1}{2}\right) + hcBJ(J+1) \qquad (25.13)$$

따라서 에너지가 E'인 상태로부터 E인 상태로 전이할 때는 다음 관계가 성립한다.

$$\Delta E = (E'-E)_{\text{vib-rot}} = hc\tilde{\nu}_0(v'-v) + hcB[J'(J'+1) - J(J+1)]$$

진동에 대한 선택률은 $\Delta v = \pm 1$이고 방출되는 복사파의 진동수는 $\tilde{\nu} = \Delta E/hc$이므로 위의 식은 다음과 같이 된다.

$$\tilde{\nu} = \tilde{\nu}_0 + B[J'(J'+1) - J(J+1)] \qquad (25.14)$$

회전 양자수에 대한 선택률은 $J' = J+1$이거나 $J' = J-1$이다. 따라서 $\tilde{\nu}_R$와 $\tilde{\nu}_P$로 표시되는 두 세트의 진동수 값을 얻을 수 있다. 즉,

$$J' = J+1 \text{이면}: \qquad \tilde{\nu}_R = \tilde{\nu}_0 + 2B(J+1) \qquad J = 0,\ 1,\ 2,\ \cdots$$
$$J' = J-1 \text{이면}: \qquad \tilde{\nu}_P = \tilde{\nu}_0 - 2BJ \qquad J = 1,\ 2,\ 3,\ \cdots$$

이 식들은 $J=0$인 경우를 없애고 다음과 같이 간략하게 적을 수도 있다.

$$\left.\begin{aligned} \nu_R &= \nu_0 + 2BJ \\ \nu_P &= \nu_0 - 2BJ \end{aligned}\right\} \qquad J = 1,\ 2,\ 3,\ \cdots \qquad (25.15)$$

진동-회전 스펙트럼의 띠는 P 가지와 R 가지의 두 세트의 스펙트럼선으로 되어 있다. J는 영이 될 수 없으므로 기본 진동수 $\tilde{\nu}_0$는 스펙트럼에 나타나지 않는다. 즉, 띠의 선들은 $\tilde{\nu}_0$의 양쪽에 나타난다.

그림 25-1에 HCl과 같은 분자의 진동-회전 스펙트럼 띠를 나타내었다. 기본 진동수 ν_0에서는 흡수가 일어나지 않는다. 선 사이의 간격은 $\Delta\tilde{\nu} = \tilde{\nu}_{J+1} - \tilde{\nu}_J = 2B$이다. B 속에는 관성 모멘트가 들어 있으므로 선 사이의 간격을 재면 I의 값이 나온다. 스펙트럼선들 사이의 간격은 진동-회전 스펙트럼 띠에서나 순수한 회전 스펙트럼에서나 다같이 $2B$이다. 회전 스펙트럼은 $2B$의 위치에 첫째 번 스펙트럼선이 나타난다. 그러나 진동-회전 띠의 위치는 진동수에 의해서 결정된다.

강체 회전자에 대한 식에다 원심력 효과와 진동 운동과의 상호 작용 효과를 고려해 주는 보정을 해준 것과 마찬가지로 조화 진동에 대한 식도 비조화 진동을 고려해 줄 수 있도록 고쳐주어야 한다. 분자의 퍼텐셜 에너지 표면은 대칭적이 아니다(그림 25-2). 이 그림에서 조화 진동의 퍼텐셜 에너지는 실선으로 표시되며 따라서 진동은 비조화적이다. 이러한 계의 진동 에너지 준위는 근사적으로 다음과 같은 급수로 표시된다.

$$E_v = h\nu_0\left(v + \frac{1}{2}\right) - x_e h\nu_0\left(v + \frac{1}{2}\right)^2 + y_e h\nu_0\left(v + \frac{1}{2}\right)^3 + \cdots \tag{25.16}$$

여기서 상수 x_e와 y_e는 비조화성 상수라고 한다. 일반적으로 세째 항부터는 무시할 수 있을 정도이며 따라서 앞으로는 이 항들을 빼겠다.

비조화성에 대한 보정을 하여주면 모든 에너지 준위가 낮아지지만 그 낮아지는 정도는 에너지 준위가 높을수록 더 크다. 따라서 인접 준위 사이의 간격, $E_{v+1} - E_v$는 v가 커질수록 작아진다.

$$E_{v+1} - E_v = h\nu_0 - 2x_e h\nu_0(v+1) = h\nu_0[1 - 2x_e(v+1)] \tag{25.17}$$

진동에 관한 (25.16)식과 회전에 관한 (25.10)식을 결합하면 분자의 진동-회전 에너지를 얻을 수 있다.

$$E_{vr} = h\nu_0\left(v + \frac{1}{2}\right)\left[1 - x_e\left(v + \frac{1}{2}\right)\right] + hc\left[B_e - \alpha_e\left(v + \frac{1}{2}\right) - DJ(J+1)\right]J(J+1) \tag{25.18}$$

만일 v와 J인 상태와 v'과 J'인 상태 사이에서 전이가 일어나면 $\tilde{\nu} = [E(v', J') - E(\nu, J)]/hc$가 될 것이다. 즉,

$$\begin{aligned}\tilde{\nu} = {} & \tilde{\nu}_0(v' - v)[1 - x_e(v' + v + 1)] + B_e(J' - J)(J' + J + 1) \\ & - \alpha_e\left[J'(J'+1)\left(v' + \frac{1}{2}\right) - J(J+1)\left(v + \frac{1}{2}\right)\right] \\ & - D(J' - J)(J' + J + 1)[J'(J'+1) + J(J+1)]\end{aligned} \tag{25.19}$$

이 식이 응용되는 경우를 편의상 몇 가지로 나눌 수 있다.

경우 1. $\Delta v = 1$. 엄밀한 선택률에 따라 $\Delta v = 1$이 되어야 하며, 따라서 보통으로 $v = 0$으로부터 $v' = 1$로 흡수가 일어난다. 따라서,

$$\begin{aligned}\tilde{\nu} = {} & \tilde{\nu}_0(1 - 2x_e) + B_e(J' - J)(J' + J + 1) - \frac{1}{2}\alpha_e[3J'(J'+1) - J(J+1)] \\ & - D(J' - J)(J' + J + 1)[J'(J'+1) + J(J+1)]\end{aligned} \tag{25.20}$$

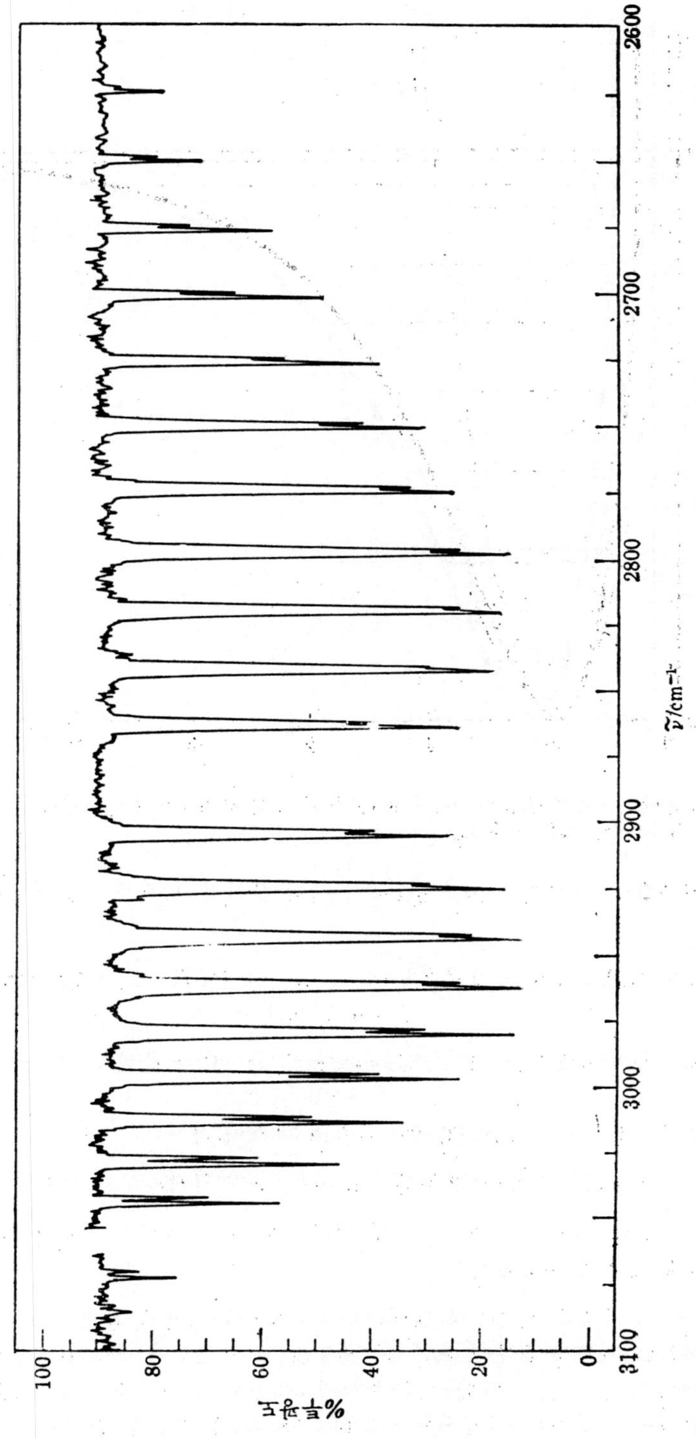

그림 25-1 HCl의 진동-회전 스펙트럼.

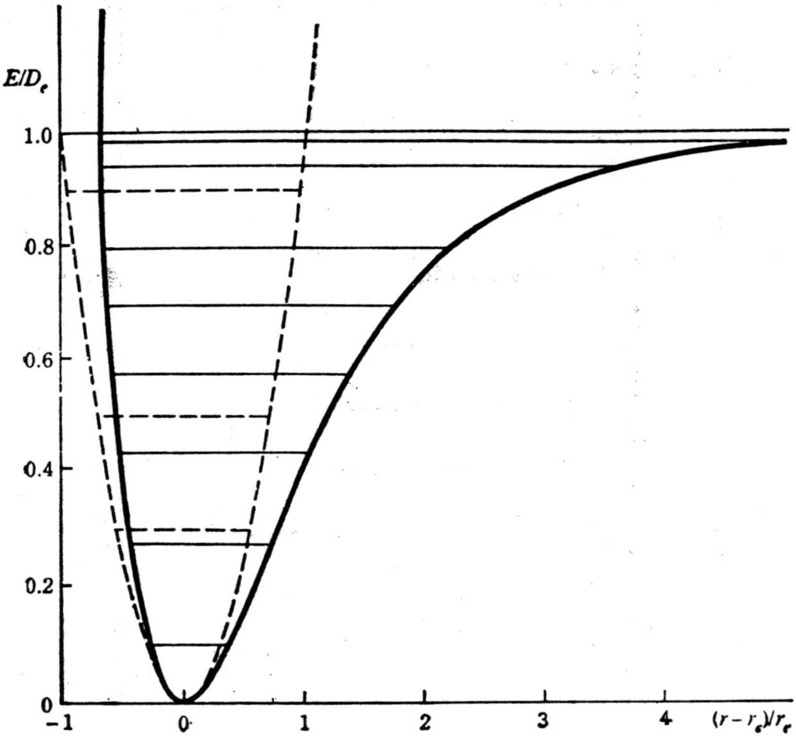

그림 25-2 2원자 분자의 퍼텐셜 에너지 곡선(실선)과 조화 진동자의 퍼텐셜 에너지 곡선(파선). 진동 준위들 사이의 차를 주목하라.

회전 전이의 선택률에 의하면 $\Delta J = \pm 1$이 되어야 하며 따라서 $J' = J+1$일 때는 다음과 같이 된다.

$$\tilde{\nu}_R = \tilde{\nu}_0(1-2x_e) + 2B_e(J+1) - \alpha_e(J+1)(J+3) - 4D(J+1)^3 \qquad J = 0,\ 1,\ 2,\ \cdots \tag{25.21}$$

이 진동수는 진동자의 진동수 $\tilde{\nu}_0(1-2x_e)$보다 크며, 이 한 무리의 선들을 스펙트럼 띠의 R가지라고 한다.

또 만일 $J' = J-1$일 때는 (25.20)식이 다음과 같이 된다.

$$\tilde{\nu}_P = \tilde{\nu}_0(1-2x_e) - 2B_eJ - \alpha_eJ(J-2) + 4DJ^3 \qquad J = 1,\ 2,\ 3\cdots \tag{25.22}$$

이것은 스펙트럼의 낮은 진동수 가지, 즉 P가지에 대한 식이며 진동자의 진동수보다 모두 낮은 진동수를 갖는 무리의 선들이다.

경우 2. $\Delta v \neq \pm 1$. 비조화 진동에 대해서는 $\Delta v = \pm 1$이 되어야 한다는 선택률이 엄밀하게 요구되지 않는다. 그리하여 확률이 작기는 하지만 $\Delta v = \pm 2$인 전이가 가능하며 또한 확률이 더 작기는 하지만 $\Delta v = \pm 3$인 전이도 가능하다. 이러한 조건들, 즉 $v' = 2$와 $v = 0$인 조건을 (25.19)식에 넣어주면 첫째 번 배진동수 $2\tilde{\nu}_0(1-3x_e)$에 중심을 둔 P가지와 R가지에 대한 식

[(25.21)식과 (25.22)식에 유사한]이 나온다. 배진동수는 기본 진동수의 약 2배이다. 이 배진동 띠는 기본 진동 띠보다 훨씬 약하다. 만일 $v' = 3$과 $v = 0$이면 첫째 배진동보다 훨씬 더 약한 둘째 배진동을 얻게 된다. 이들 경우에도 $\Delta J = \pm 1$인 조건은 여전히 성립한다.

25.6 다원자 분자의 회전 및 진동-회전 스펙트럼

HCl과 같은 2원자 분자의 진동-회전 스펙트럼에서 선들 사이의 간격을 측정하면 핵간 거리를 직접 계산할 수 있다. 그러나 다원자 분자에서는 특별한 경우를 제외하면 이러한 계산이 간단하지 않다. 여기서는 몇 가지 간단한 경우만을 예로 들어서 설명하겠다.

■ **보기 25.1** CO_2: 이 분자는 선형, 대칭 3원자 분자이다.

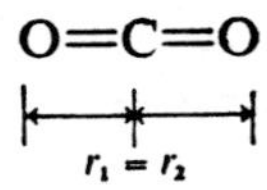

분자가 대칭이므로 두 결합 길이가 같다. 따라서 관성 모멘트는 한 핵간 거리만으로 표시된다. 이 핵간 거리는 HCl에서와 같은 방법으로 진동-회전 스펙트럼 띠 선들 사이의 간격으로부터 직접 구할 수 있다. 더 어려울 것이 하나도 없다. 이산화탄소 분자는 그림 25-3에 나타낸 것과 같은 4개의 진동 방식을 가지고 있다. 첫째 번 진동 방식은 완전한 대칭 신축 진동으로서 $\tilde{\nu}_1 = 1388.3\ \text{cm}^{-1}$이다. 이 진동은 쌍극자 모멘트를 진동시키지 않으며 따라서 스펙트럼 띠를 나타내지 않는다. 둘째와 세째 진동은 그림 25-3에서와 같이 서로 수직이 되는 면에서의 굽힘 진동이다. 따라서 이 진동은 2중으로 퇴화되어 있으며, 진동수가 다같이 $\tilde{\nu}_2 = 667.3\ \text{cm}^{-1}$이다. 네째 진동 방식은 비대칭 신축 진동이며 진동수가 $\tilde{\nu}_3 = 2349.3\ \text{cm}^{-1}$이다.

비조화성을 무시하면 CO_2 분자의 진동 에너지는 다음과 같은 여러 항들의 합으로 나타낼 수 있다.

$$E_v = hc\tilde{\nu}_1\left(v_1 + \frac{1}{2}\right) + hc\tilde{\nu}_2\left(v_2 + \frac{1}{2}\right) + hc\tilde{\nu}_2\left(v_2' + \frac{1}{2}\right) + hc\tilde{\nu}_3\left(v_3 + \frac{1}{2}\right)$$

$$E_v = hc\tilde{\nu}_1\left(v_1 + \frac{1}{2}\right) + hc\tilde{\nu}_2(v_2 + v_2' + 1) + hc\tilde{\nu}_3\left(v_3 + \frac{1}{2}\right) \tag{25.23}$$

양자수 v_1, v_2, v_2', v_3들은 영을 포함한 양의 정수이다. 이 식은 모든 선형 3원자 분자에 적용될 수 있다.

CO_2 분자는 진동 쌍극자 모멘트를 일으키는 두 진동 방식 $\tilde{\nu}_2$와 $\tilde{\nu}_3$를 중심으로 센 흡수 띠를 나타낸다. 굽힘 진동은 분자축에 수직하게 진동 쌍극자를 생기게 하므로 $\Delta J = 0$의 전이가 허용된다($\Delta J = \pm 1$인 회전 선택률도 물론 성립한다). 그리하여 (25.20)식에 $J' = J$를 넣어 주면 다음과 같은 Q가지의 스펙트럼선들이 나온다.

$$\tilde{\nu}_Q = \tilde{\nu}_0(1 - 2x_e) - \alpha_e J(J+1) \qquad J = 0, 1, 2, \cdots \tag{25.24}$$

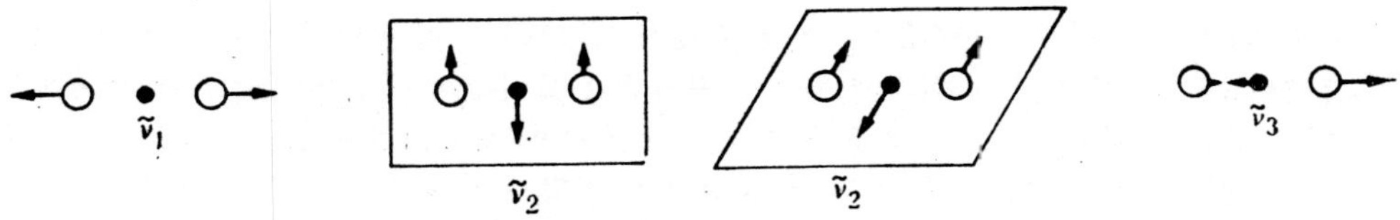

그림 25-3 CO_2의 진동.

따라서 Q가지는 기본 진동수 $\tilde{\nu}_0$에 대단히 가까운 진동수 $\tilde{\nu}_0(1-2x_e)$에 중심을 둔다. α_e는 대단히 작으므로 Q가지의 선들은 모두 중심선에 대단히 가까이 밀집되어 있다. Q가지가 존재하면 그 스펙트럼 띠가 굽힘 진동에 속한다는 것을 표시한다(그림 25-4).

■ **보기 25.2** N_2O : 선형, 비대칭 3원자 분자이다.

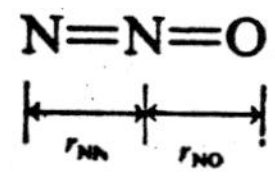

N_2O에서는 두 핵간 거리 r_{NN}과 r_{NO}가 서로 다르며, 관성 모멘트는 $I=\sum m_i r_i^2$으로 주어진다. 여기서 r_i는 질량 중심으로부터 질량 m_i까지의 거리이다. 한편 질량 중심의 좌표 X는 $\sum_i m_i(x_i - X) = 0$인 조건을 이용해서 구할 수 있다.

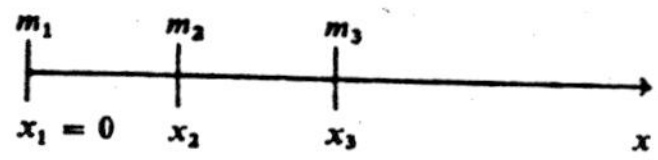

따라서 분자의 질량 중심을 구하기 위해서 질량이 m_1인 x-축 상의 원자 1에다 원점을 취하면 다음 관계가 성립한다.

$$X=\frac{m_2x_2+m_3x_3}{M}$$

그리고 관성 모멘트는 다음과 같이 된다.

$$I=m_1\left[\frac{m_2x_2+m_3x_3}{M}\right]^2+m_2\left[x_2-\frac{m_2x_2+m_3x_3}{M}\right]^2+m_3\left[x_3-\frac{m_2x_2+m_3x_3}{M}\right]^2$$

이 식을 정리하면 다음과 같은 대칭꼴을 갖게 된다.

$$I=\frac{1}{M}[m_1m_2x_{21}^2+m_2m_3x_{32}^2+m_1m_3x_{31}^2] \qquad (25.25)$$

여기서 $M=m_1+m_2+m_3$이며, 또 $x_{21}=x_2-x_1$, $x_{32}=x_3-x_2$, $x_{31}=x_3-x_1$이다. 두 결합 길이는 x_{21}과 x_{32}이며, 한편 $x_{31}=x_{32}+x_{21}$이다. 어떤 경우에나 회전 스펙트럼의 선 간격을 측정하면 I의 값을 구할 수 있으나 이것만 가지고는 두 결합 길이를 결정할 수가 없다. 그러하여 동위 원소 분자의 관성 모멘트를 측정하지 않으면 안 된다. 예로서 $N=N={}^{16}O$과 $N=N={}^{18}O$의 두 관성 모멘트를 측정하면 두 핵간 거리를 결정할 수 있다. 이러한 목적으로는 N_2O의 마이크로파 스펙트럼이 이용된다.

N_2O의 진동-회전 스펙트럼을 조사하면 적외선 영역에 2개가 아닌 3개의 띠가 나타난다. 이것은 이 분자가 대칭 중심을 가지고 있지 않다는 직접적인 증거이다. 기본 진동수들은 $\tilde{\nu}_1=1285.0\ cm^{-1}$(대칭 신축), $\tilde{\nu}_2=588.8\ cm^{-1}$(퇴화된 굽힘 진동) 및 $\tilde{\nu}_3=2223.5\ cm^{-1}$(비대칭 신축)이다.

■ **보기 25.3** 비선형 분자: 2개의 똑같은 관성 모멘트를 가진 선형 분자와는 달리 비선형 분자는 3개의 관성 모멘트를 가지고 있다. 이 분자들은 3개의 관성 모멘트들 사이의 관계에 따라 몇 가지 종류로 나눌 수 있다. 예로서 주분자축 주위의 관성 모멘트를 I_A, 그리고 분자축에 수직한 축들 주위의 관성 모멘트를 I_B와 I_C라고 하면 선형 분자의 경우에는 $I_A=0$이고 $I_B=I_C=I$이다. 비선형 분자의 경우 만일 $I_A=I_B=I_C$이면 이 분자를 구형 팽이라고 한다. 예로서 CH_4와

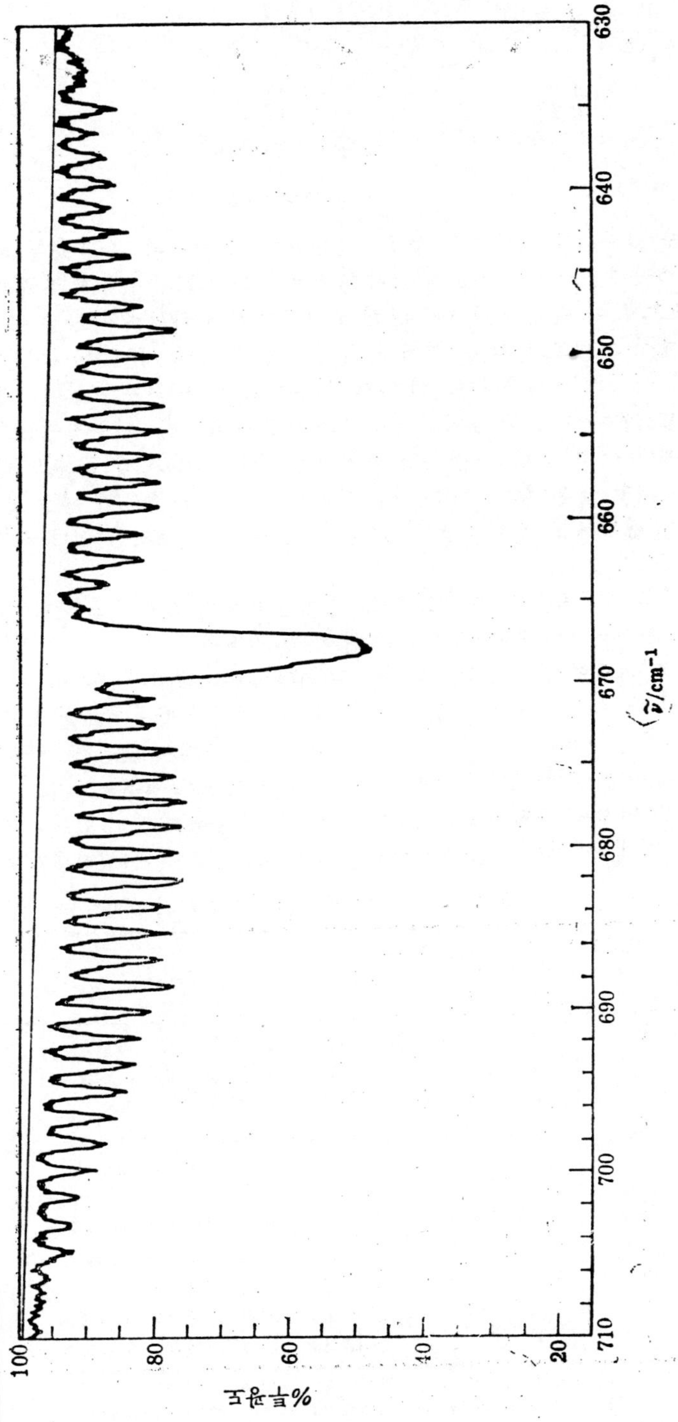

그림 25-4 CO_2의 진동-회전 스펙트럼.

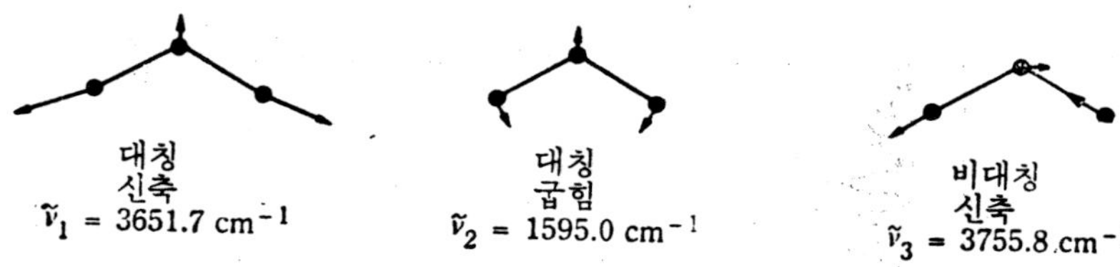

그림 25-5

SF_6를 들 수 있다. 이 분자들은 높은 대칭도(2개 이상의 3중 또는 더 고도의 회전축)를 가지고 있기 때문에 쌍극자 모멘트를 갖지 않으며 따라서 회전 운동에 의해서 진동 쌍극자 모멘트가 생기지 않으므로 이 분자들은 순수한 회전 스펙트럼을 나타내지 않는다.

만일 두 관성 모멘트가 같고 나머지 하나가 영이 아닐 때는 그 분자를 대칭 팽이라고 한다. 주축은 3중 이상의 대칭축이다. 대칭 팽이 분자에는 두 종류가 있다. 대칭도가 제일 큰 축 주위의 관성 모멘트가 다른 두 동일한 관성 모멘트보다 작으면 그 분자를 뾰죽 대칭 팽이라고 한다. 뾰죽 대칭 팽이(여송연 모양) 분자의 예로서는 NH_3, CH_3Cl 및 CH_3CN 등을 들 수 있다. 또 만일 대칭도가 제일 높은 축 주위의 관성 모멘트가 다른 두 동일한 관성 모멘트보다 크면 그 분자를 납짝 대칭 팽이라고 한다. 납짝 대칭 팽이 분자의 예로서는 평면 삼각형 분자인 BCl_3와 벤젠 C_6H_6을 들 수 있다.

만일 두 관성 모멘트가 같지 않으면 그 분자를 비대칭 팽이라고 한다. H_2O나 SO_2와 같은 간단한 분자를 포함한 대부분의 분자들은 이 범주에 속한다.

가장 간단한 비선형 분자는 H_2O나 SO_2와 같은 대칭 3원자 분자이다. 이러한 분자들에 대해서는 O—H나 S—O 결합 길이와 결합 각을 결정해 주어야 한다. 이들 분자에서는 3개의 관성 모멘트와 전체 회전 에너지 사이의 관계가 간단하게 주어지지 않는다. 물의 마이크로파 스펙트럼은 복잡하지만 이것을 해석하여 결합 길이와 결합 각도가 결정되었다.

H_2O와 같은 비선형 3원자 분자는 3개의 진동 방식을 가지고 있다. 이중 둘은 세 원자의 대칭적 운동과 관계되는 것이다. 이 진동 운동을 그림 25-5에 나타내었다. 이 진동들은 모두가

표 25-2 물의 적외선 흡수 스펙트럼 띠*.

최종 상태			진동수 (cm⁻¹)	비고
v_1	v_2	v_3		
0	1	0	1595	기본 진동, $\tilde{\nu}_2$
0	2	0	3152	첫째 배진동, $2\tilde{\nu}_2$
1	0	0	3652	기본 진동, $\tilde{\nu}_1$
0	0	1	3756	기본 진동, $\tilde{\nu}_3$
0	1	1	5331	복합 진동, $\tilde{\nu}_2+\tilde{\nu}_3$
1	1	1	8807	복합 진동, $\tilde{\nu}_1+\tilde{\nu}_2+\tilde{\nu}_3$
2	0	1	10613	복합 진동, $2\tilde{\nu}_1+\tilde{\nu}_3$
0	0	3	11032	둘째 배진동, $3\tilde{\nu}_3$
2	1	1	12151	복합 진동, $2\tilde{\nu}_1+\tilde{\nu}_2+\tilde{\nu}_3$
0	1	3	12565	복합 진동, $\tilde{\nu}_2+3\tilde{\nu}_3$
3	1	1	15348	복합 진동, $3\tilde{\nu}_1+\tilde{\nu}_2+\tilde{\nu}_3$

* 바닥 상태는 $v_1=v_2=v_3=0$이라고 가정한다. 진동수가 증가하는 순으로 수록하였음(From I.N. Levine, *Molecular Spectroscopy*, Wiley-Interscience, N.Y. 1975, p.263).

쌍극자 모멘트를 진동시키며 따라서 세 기본 진동띠가 적외선 영역에서 $\tilde{\nu}_1 = 3651.7\,cm^{-1}$, $\tilde{\nu}_2 = 159.0\,cm^{-1}$ 및 $\tilde{\nu}_3 = 3755.8\,cm^{-1}$를 중심으로 나타난다.

다원자 분자에서는 기본 진동수에 중심을 둔 띠들 이외에 다른 띠가 또한 나타난다. 이미 설명한 바와 같이 2원자 분자의 경우에는 비조화성 때문에 선택률, $\Delta v = \pm 1$이 엄밀하게 성립하지 않으며 이 때문에 스펙트럼에 배진동수 띠가 또한 나타난다. 예로서 물의 경우 흡수된 양자가 갈라져서 v_1을 0으로부터 1로, 그리고 v_2를 0으로부터 1로 올려줄 때는 복합 진동수 $\tilde{\nu}_1 + \tilde{\nu}_2$를 중심으로 진동-회전 띠가 나타난다. 그러나 다원자 분자의 경우에는 복합 띠가 또한 나타난다. 예로서 물의 경우 흡수된 양자가 갈라져서 v_1을 0으로부터 1로, 그리고 v_2를 0으로부터 1로 올려줄 때는 복합 진동수 $\tilde{\nu}_1 + \tilde{\nu}_2$를 중심으로 진동-회전 띠가 나타난다. 그러나 이 과정이 일어날 확률은 각 기본 진동수에서 단일 양자가 흡수되는 확률보다 낮으며 따라서 복합 진동수 띠는 세기가 비교적 약하다. 그러나 이 복합 진동수 띠는 상당한 세기를 가지며 이 때문에 다원자 분자가 고유한 적외선 스펙트럼 모양을 나타내게 된다. 물과 같은 분자의 경우에도 많은 뚜렷한 복합 띠가 나타나는데, 그 중 몇을 표 25-2에 수록하였다.

25.7 적외선 분광학의 이용

적외선 분광학은 혼합물 속에 들어 있는 여러 가지 물질들을 밝혀내고 또 그 양을 정량적으로 알아 내는 데 일반적으로 이용되고 있다. 대단히 간단한 분자의 적외선 스펙트럼을 예로 들어서 이것을 설명하겠다. 이러한 스펙트럼의 모양이 달라지며 띠가 훨씬 더 넓어진다.

특성기는 어떤 화합물에 들어 있든 관계없이 대체적으로 비슷한 진동수 값을 나타내며 이 성질을 이용하면 화합물을 확인할 수가 있다. 이러한 전형적인 기들은 $-C=O$, $-C\equiv N$, $-N=N-$, $-C=C-$ 등과 같은 다중 결합을 갖는 것들이다. 이 중에서 $C=O$기는 일반적으로 $1650\,cm^{-1}$와 $1850\,cm^{-1}$ 사이의 영역에서 센 스펙트럼 띠를 나타낸다. 그러나 그 정확한 위치는 화합물의 종류에 의존한다. 예로서 지방족 케톤에서는 이 진동수가 $1710\,cm^{-1}$와 $1720\,cm^{-1}$ 사이의 영역에 있다. 또 하나의 중요한 띠는 —O—H 신축 진동인데, 이것은 $2500\,cm^{-1}$와 $3650\,cm^{-1}$ 사이에서 나타난다. 분자가 달라지면 특성기의 진동수가 조금씩 이동하므로 이 방법을 사용하려면 약간의 경험이 필요하다. 아세톤의 스펙트럼을 그림 25-6에 나타내었다. $1715 cm^{-1}$에 있는 띠는 카르보닐기의 진동수이며, 3008, 2960, 2925, 1440, 1425 및 $1361\,cm^{-1}$에 있는 띠들은 메틸기에 의한 것이다.

25.8 Raman 효과

물질에다 단색광의 센 빛살을 통과시키면 빛의 일부가 이 물질의 분자에 의해서 산란된다. 분자안의 전자 구름은 전기장에 의해서 편극된다(즉, 일그러진다). 따라서 분자에다 진동 전기장(광파의 전기장 벡터)을 걸어주면 전자 구름의 일그러짐이 입사 광선의 진동수 ν_0에 따라서 진동하게 될 것이다. 이 전자 구름의 진동 때문에 진동 쌍극자가 생기고 이 진동 쌍극자는 입사광과 똑같은 진동수의 복사선을 내놓게 된다. 이 과정을 Rayliegh 산란이라고 부른다. Rayleigh 산란 복사선은 모든 방향으로 방출되며, 입사 광선의 방향과 수직이 되는 선상에 놓은 검출 장치로 이것을 관측할 수 있다(그림 25-7). 입사 광선의 불과 약 0.1%가 산란되므로 가능하면 센 광원을 써야 한다. 이러한 목적으로는 레이저가 안성 마춤이다. 그리하여 그림에서와 같이 거울을 이용해서 산란 복사선을 가능한 한 많이 집속시켜 준다.

Rayleigh 산란 이외에 Raman 산란이라고 하는 또 하나의 산란 효과가 나타난다. 입사 복사선

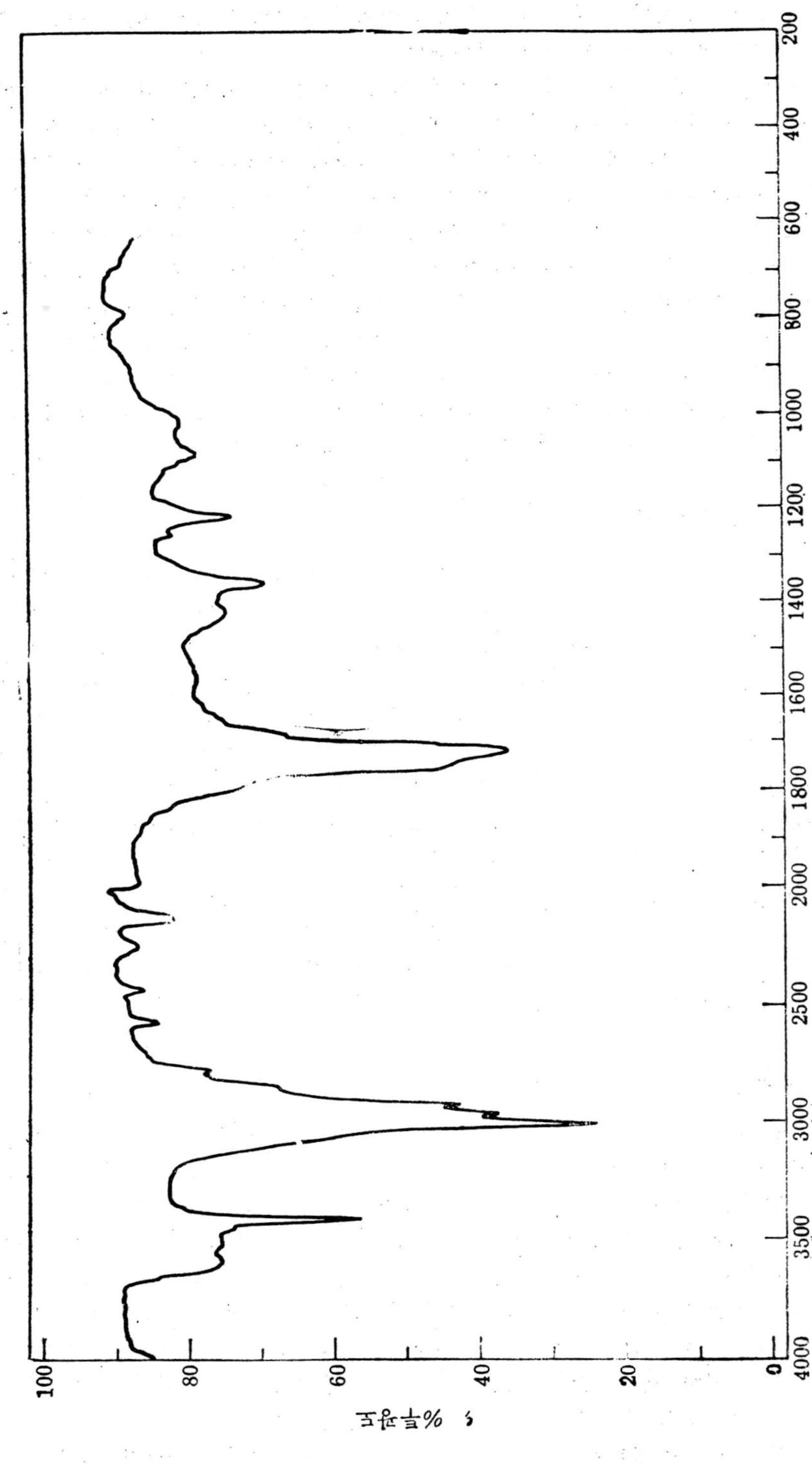

그림 25-6 액체 아세톤의 적외선 스펙트럼.

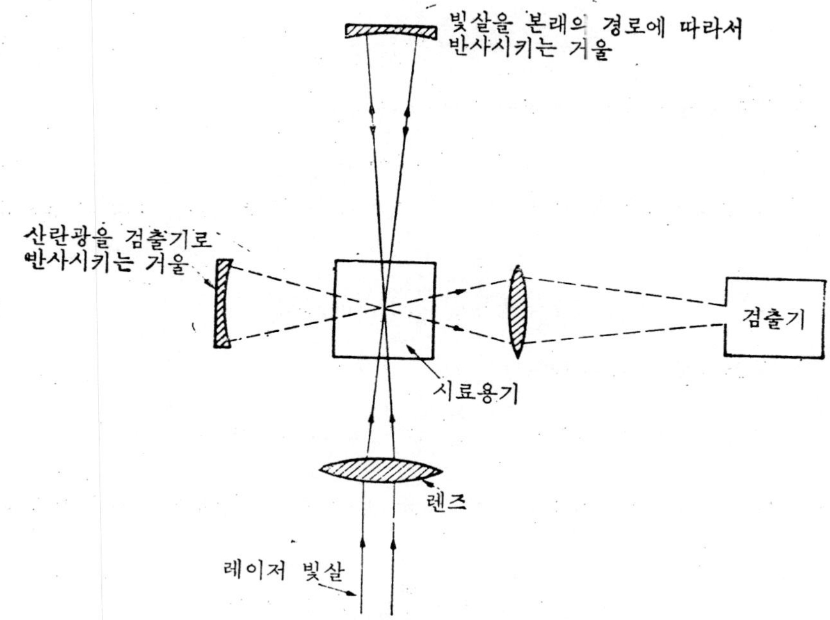

그림 25-7 Raman 효과 실험 장치.

은 그 에너지의 일부를 분자의 한 진동 방식이나 회전 방식에다 내줄 수 있는데, 그 확률은 작기는 하지만 무시할 수 있을 정도는 아니다. 따라서 산란 복사선의 진동수는 $\nu_0 - \nu_m$이 될 것이다. ν_m은 분자 진동수이다. 이와 비슷하게 들뜬 진동 또는 회전 상태에 있는 분자가 빛살에다 에너지를 내줄 확률도 약간 있다. 이 경우에는 산란 진동수가 $\nu_0 + \nu_m$이 될 것이다. 따라서 산란 복사선에는 세 개의 선들이 나타난다. 즉, ν_0에서 나타나는 Rayleigh 산란에 해당하는 선과 $\nu_0 + \nu_m$에서 나타나는 반-Stokes 선과 $\nu_0 - \nu_m$에서 나타나는 Stokes 선의 두 Raman 선들이다. 이 두 Raman 선들은 Rayleigh 산란광의 세기에 비해서 극히 약하다. 그리고 산란광의 전체 세기는 입사광의 약 1/1000 정도이다. 이 산란 세기의 불과 약 10^{-4}이 Raman 선이며 따라서 Raman 세기는 입사광의 세기의 10^{-7} 이하이다. 처음에는 이 Raman 효과를 측정하기 위해서 사진 건판을 장시간 동안 노출시키지 않으면 안 되었었다.

고전 이론으로는 Raman 효과를 다음과 같이 수식적으로 표시할 수 있다. 전기장 E에 의해서 유발되는 쌍극자 모멘트를 μ라고 하자. 그러면 편극도 α가 다음과 같이 정의된다.

$$\mu = \alpha E \tag{25.26}$$

즉, 편극도는 단위 전기장에 의해서 유발되는 쌍극자 모멘트와 같다. 한편 빛살의 전기 벡터는 다음과 같이 주어진다.

$$E = E^0 \sin 2\pi\nu_0 t \tag{25.27}$$

여기서 E^0는 진동 전기 벡터의 진폭, ν_0는 빛살의 진동수, 그리고 t는 시간이다. 따라서

$$\mu = \alpha E^0 \sin 2\pi\nu_0 t \tag{25.28}$$

그리하여 쌍극자 모멘트는 진동수 ν_0를 가지고 진동하여 Rayleigh 산란 빛살을 내놓는다. 그러

나 분자 진동이 일어남에 따라 편극도가 약간 변할 수 있다. 즉,

$$\alpha = \alpha_0 + \left(\frac{\partial \alpha}{\partial q}\right) q \tag{25.29}$$

여기서 q는 분자 진동을 나타내는 좌표이다. 따라서,

$$q = q_0 \sin 2\pi\nu_m t \tag{25.30}$$

여기서 ν_m은 분자 진동의 진동수이며 q_0는 그 진폭이다. 이 식을 앞의 식과 결합하면 다음과 같이 된다.

$$\alpha = \alpha_0 + \left(\frac{\partial \alpha}{\partial q}\right) q_0 \sin 2\pi\nu_m t \tag{25.31}$$

이 α의 값을 (25.28)식에 넣어준다.

$$\mu = \alpha_0 E^0 \sin 2\pi\nu_0 t + \left(\frac{\partial \alpha}{\partial q}\right) q_0 E^0 \sin 2\pi\nu_0 t \sin 2\pi\nu_m t \tag{25.32}$$

이 식에다 $\sin x \sin y = \frac{1}{2}[\cos(x-y) - \cos(x+y)]$의 관계를 이용하면 다음과 같은 관계를 얻을 수 있다.

$$\mu = \alpha_0 E^0 \sin 2\pi\nu_0 t + \frac{1}{2}\left(\frac{\partial \alpha}{\partial q}\right) q_0 E^0 \cos 2\pi(\nu_0 - \nu_m)t - \frac{1}{2}\left(\frac{\partial \alpha}{\partial q}\right) q_0 E^0 \cos 2\pi(\nu_0 + \nu_m)t \tag{25.33}$$

결국 쌍극자 모멘트는 3개의 뚜렷한 진동수를 가지고 진동한다. 하나는 진폭이 $\alpha_0 E^0$인 진동수 ν_0이고, 나머지는 훨씬 약한 진폭 $\frac{1}{2}(\partial\alpha/\partial q)\, q_0 E^0$의 두 진동수 $\nu_0 - \nu_m$와 $\nu_0 + \nu_m$이다. 따라서 비교적 센 빛살이 한 진동수에서 나타나고, 그 약간 위와 아래에 2개의 대단히 약한 빛살이 나타난다.

양자 역학적으로는 다음과 같이 설명할 수 있다. 우선 입사 광자가 산란될 때 분자는 최저 진동 상태로부터 $v=1$인 상태로 전이를 일으킬 수 있다. 이 때는 에너지를 흡수해야 하므로 산란 광자는 감소된 에너지 $h(\nu_0 - \nu_m)$을 갖게 된다. 그리하여 산란되는 빛은 스펙트럼의 붉은색 쪽으로 이동한다. 이것이 Stokes 선이다. 한편 광자가 산란될 때 분자가 $v=1$인 높은 상태로부터 바닥 상태로 전이를 일으키는 수도 있다. 이 때는 산란 광자의 에너지가 $h(\nu_0 + \nu_m)$으로 되어 더 커진다. 그리하여 산란광은 스펙트럼의 푸른색 쪽으로 이동한다. 높은 진동 상태에 있는 분자수는 낮은 상태에 있는 것보다 적으므로 청색-변이 스펙트럼선, 즉 반-Stokes 선의 세기는 적색-변이 선인 Stokes 선보다 훨씬 약하다.

Raman 효과가 일어나기 위해서는 진동이 일어날 때 편극도가 변해야 하므로 Raman 효과에 대한 선택률은 적외선 스펙트럼에 대한 것과 다르다. 특히 대칭 중심을 갖는 분자의 경우 완전한 대칭 진동은 Raman 활성이지만, 이 진동은 쌍극자 모멘트를 변화시키지 않으므로 적외선에 대해서는 비활성이다. 따라서 H_2, O_2, N_2 등의 등핵 2원자 분자는 Raman 효과는 나타내지만 적외선은 흡수하지 않는다. 이들 분자들은 또한 순수한 회전 Raman 효과도 나타낸다. 그러나 이 때는 $\Delta J = \pm 2$가 성립해야 한다. 따라서 회전 Stokes 선의 진동수는 다음과 같이 된다.

$$\tilde{\nu}_J = \tilde{\nu}_0 - 2B(2J+3) \qquad J = 0, 1, 2, \cdots$$

그리고 선들 사이의 간격은 다음과 같다.

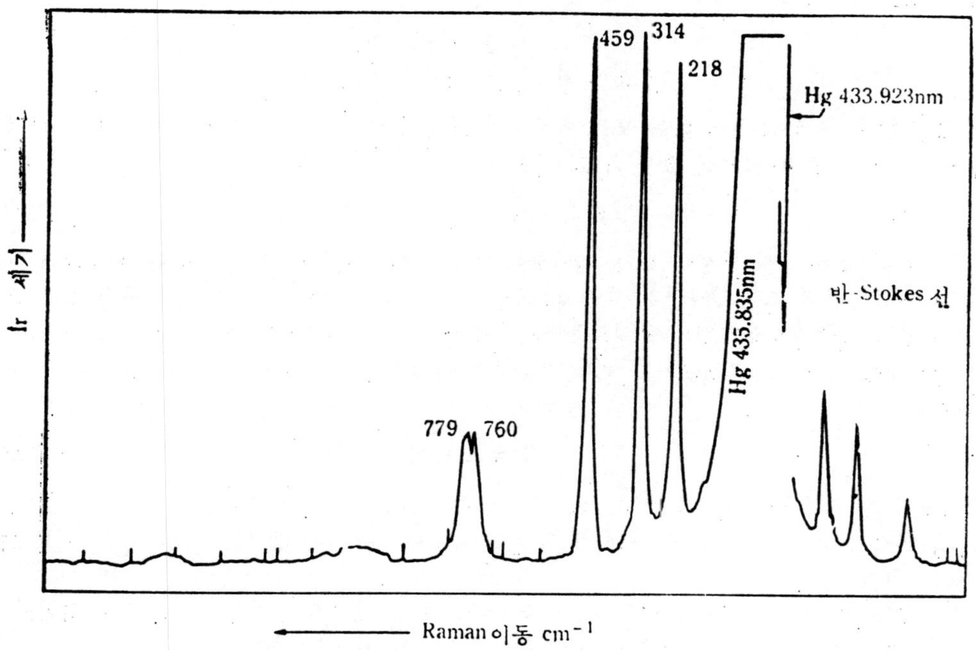

그림 25-8 Stokes선과 반-Stokes선의 상대적 세기를 보여 주는 CCl_4의 Raman 스펙트럼. 들뜸 선원은 수은의 433.923 nm 선이다.

$$\Delta\tilde{\nu} = 4B \tag{25.34}$$

이것은 먼 적외선이나 마이크로파 영역에서 나타나는 순수한 회전 스펙트럼에서의 선간격에 비해서 2배나 된다.

25.9 전자 스펙트럼

앞에서 수소 분자의 분자 궤도 함수를 논할 때 우리는 다음과 같은 두 파동 함수에 해당하는 두 에너지 준위를 얻었었다.

파동 함수	에너지
$\psi_g = \dfrac{1}{\sqrt{2(1+S)}}[\psi_a(1) + \psi_b(1)]$	E_g
$\psi_u = \dfrac{1}{\sqrt{2(1-S)}}[\psi_a(1) - \psi_b(1)]$	E_u

이 결과는 일반적인 것으로서 우리는 원자의 파동 함수들을 이와 비슷하게 결합하여 보다 높은 에너지의 대칭 및 반대칭 상태를 얻을 수 있다. 이제 이러한 전자 상태들의 체계적인 표시 방법을 설명하겠다.

2원자 분자의 경우에는 Schrödinger 방정식에 의해서 그 각운동량의 분자축 성분이 양자화되어야 한다. 이 성분을 양자수 Λ로 나타내는데 이것이 2원자 분자의 항 기호의 기초가 된다. 이 양자수 Λ는 0, 1, 2, …의 값을 가질 수 있는데, 2원자 분자에 대해서는 Λ를 다음과 같이 희랍 문자로 표시한다.

	0	1	2	3
Λ의 기호	Σ	Π	Δ	Φ

Λ의 값은 분자 속에 들어 있는 모든 전자들에 대한 전체 궤도 각운동량의 양자수 L에 의해서 정해지며 L부터 0 사이의 값을 가질 수 있다. 즉,

$$\Lambda = L,\ L-1,\ L-2,\ \cdots,\ 2,\ 1,\ 0 \qquad (25.35)$$

마찬가지로 닫힌 껍질 바깥에 있는 전자들의 스핀 양자수를 합하면 전체 스핀 양자수 S를 얻을 수 있다. 이 전체 스핀 양자수의 성분 $S,\ S-1,\ \cdots,\ -(S-1),\ -S$를 양자수 Σ로 표시하는데, 이것은 원자에서의 M_S와 맞먹는다. Σ의 값은 $2S+1$개가 가능하며 $2S+1$을 그 분자의 다중도라고 한다. 또 분자의 전체 각운동량은 Ω로 표시하는데, 이것은 다음과 같은 값을 갖는다.

$$\Omega = \Lambda + \Sigma \qquad (25.36)$$

전형적인 항 기호는 $^1\Sigma$, $^3\Sigma$, $^1\Pi$, $^3\Delta$, $^1\Delta$, … 등인데, 예로서 $^3\Pi$의 경우에는 Λ의 값이 1이고 Σ의 값이 1, 0, −1이다. 따라서 $\Omega = 2, 1, 0$이 되며 이 상태들의 항 기호는 $^3\Pi_2$, $^3\Pi_1$, $^3\Pi_0$가 된다.

$\Lambda = 0$인 Σ상태는 그 파동 함수가 분자축을 포함하는 면에서의 반사 조작에 의해서 어떻게 되느냐에 따라 Σ^+ 또는 Σ^-로 표시한다. 즉, 이 조작에 의해서 파동 함수가 불변일 때는 Σ^+로 나타내고, 또 부호가 바뀔 때는 Σ^-로 표시한다. 또 등핵 2원자 분자의 항 기호에는 오른쪽에다 g나 u라는 첨자를 붙인다. 분자의 대칭 중심을 통해서 모든 전자의 좌표를 반전시킬 때 파동 함수의 부호가 불변이면 g를 붙이고, 부호가 변하면 u를 붙인다.

따라서 2원자 분자에 대해서는 다음과 같은 함수들이 가능하다.

	등 핵	이종핵
$\Lambda = 0$	Σ_g^+, Σ_g^-, Σ_u^+, Σ_u^-	Σ^+, Σ^-
$\Lambda = 1$	Π_g Π_u	Π
$\Lambda = 2$	Δ_g Δ_u	Δ

이 경우에는 다음과 같은 선택률이 성립한다.

$$\Delta\Lambda = 0, \pm 1 \qquad \Delta S = 0$$

따라서 전이는 단일항 계 사이에서나 또는 삼중항 계 사이 등같은 다중항 계 사이에서만 일어날 수 있다.

Σ^+와 Σ^- 상태 사이에서는 다음과 같은 전이들만이 허용된다.

$$\Sigma^+ \longleftrightarrow \Sigma^+ \quad 및 \quad \Sigma^- \longleftrightarrow \Sigma^-$$

그리고 $\Sigma^+ \leftrightarrow \Sigma^-$ 전이는 금지된다. 등핵 분자에 대해서는 $g \leftrightarrow u$ 전이는 허용되지만 $g \leftrightarrow g$ 전이와 $u \leftrightarrow u$ 전이는 금지된다. 이들 조건이 성립되는 전이에서는 회전 양자수가 또한 $\Delta J = \pm 1$의 제약을 받는다. 그러나 진동 양자수는 아무런 제약도 받지 않는다.

여러 운동 방식들 사이에 상호 작용을 무시할 수 있을 때는 분자의 에너지를 전자 에너지, 진

동 에너지, 그리고 회전 에너지의 합으로 나타낼 수 있다. 즉,

$$E = E_{elec} + E_{vib} + E_{rot} \tag{25.37}$$

따라서 상태가 변할 때 수반되는 복사파의 파수는 다음과 같이 된다.

$$\tilde{\nu} = \frac{\Delta E}{hc} = \frac{\Delta E_{elec}}{hc} + \frac{\Delta E_{vib}}{hc} + \frac{\Delta E_{rot}}{hc} \tag{25.38}$$

그리하여 전이에 따르는 파수는 각 전이 종류에 대한 파수의 합과 같게 된다.

$$\tilde{\nu} = \tilde{\nu}_{elec} + \tilde{\nu}_{vib} + \tilde{\nu}_{rot} \tag{25.39}$$

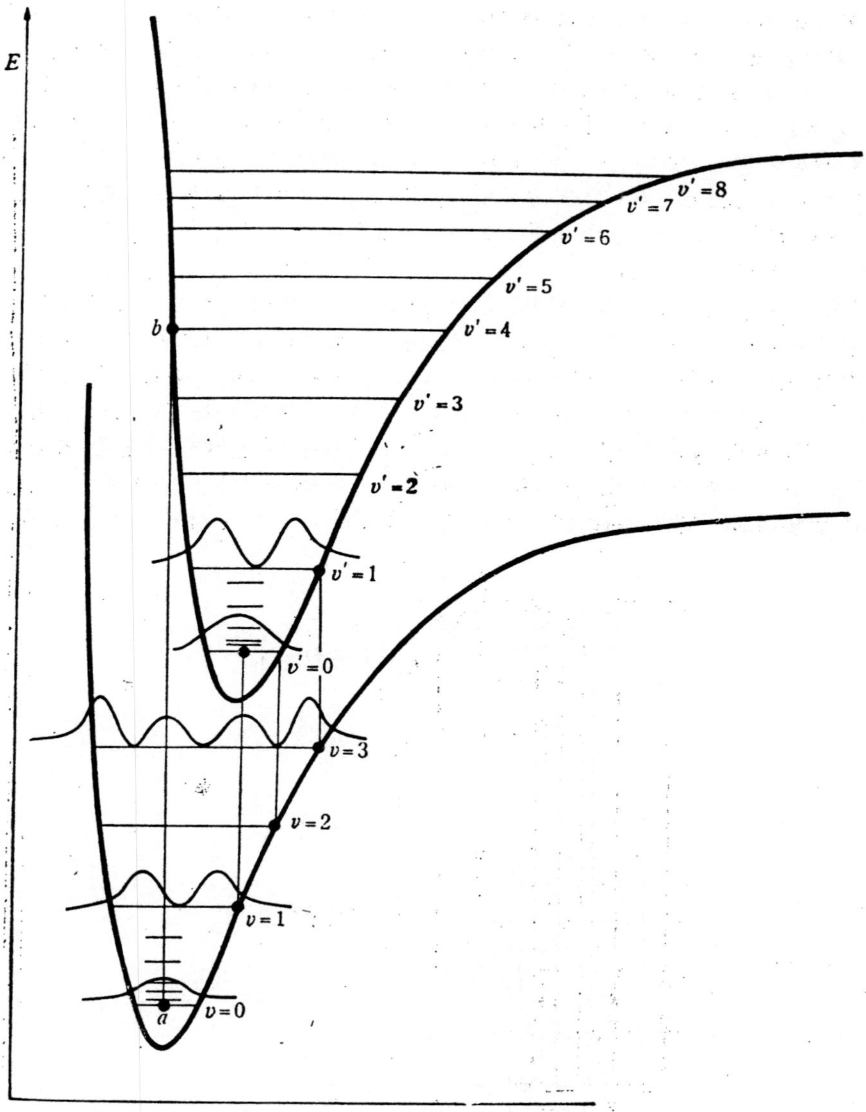

그림 25-9 전자 전이에 대한 에너지 표면.

어떤 두 전자 상태 사이에 전이가 일어날 수 있다고 하자. 그림 25-9의 두 곡선은 이러한 두 상태의 에너지가 핵간 거리에 어떻게 의존하는가를 나타낸 것이다. 진동 에너지 준위는 수평선으로 나타내었으며 진동 양자수를 표시해 놓았다. 이 이외에도 각 진동 준위들은 대단히 조밀한 회전 준위들을 가지고 있다. 이 준위들은 각 전자 상태의 둘째 번 최저 준위까지만 나타내었다.

진동 양자수가 영이고 전자 상태가 1인 분자가 양자를 흡수할 때는 수직선 ab에 따라서 전이가 일어나야 한다. 이것은 Franck-Condon 원리 때문인데, 이 원리에 의하면 전자 전이가 일어나는 데 걸리는 시간은 핵이 다소간의 거리를 이동하는 데 걸리는 시간에 비해서 훨씬 더 짧다. 이 때문에 전이가 수직으로(r이 일정) 일어나게 된다.

Δv에 대한 선택률은 없으므로 진동 파동 함수가 최대의 값을 갖는 위치들 사이에서 전이가 가장 쉽게 일어날 것이다. 바닥 상태의 경우에는 이 위치가 진동의 중간점인 점 a이다. 들뜬 상태의 경우에는 진동의 끝자리에서 파동 함수가 그 최대값을 갖는다. 낮은 상태에서의 진동 파동 함수의 제곱을 그림에 스케치해 놓았다. 그리하여 바닥 상태(아래쪽 곡선에서 $v=0$인 상태)로부터의 전이는 $v'=4$인 상태, 즉 a로부터의 수직선이 높은 전자 상태의 에너지 표면과 만나는 점 b로 일어난다. 또 다른 가능한 전이는 $v=1$로부터 $v'=0$으로 되는 것과 $v=3$으로부터 $v'=1$로 되는 것들이다. 다른 전이도 일어나기는 하지만 그 확률은 상당히 낮다. 예로서 $v=0$으로부터 $v'=4$로의 전이 이외에도 $v=0$으로부터 $v'=0, 1, 2, 3, 5$ 또는 그 이상으로의 전이가 모두 일어날 수 있다.

흡수되는 에너지는 수직선의 높이와 같으며 따라서 이 높이에 맞먹는 진동수의 양자가 흡수된다. 그런데 $v=0$인 바닥 진동 상태로부터 높은 전자 상태로 뛰어오를 때는 바닥 전자 상태의 $v=0$인 여러 회전 상태들 중의 어느 하나로부터 높은 전자 상태에 속하는 진동 상태의 회전 상태들 중 $\Delta J=\pm 1$의 선택률로 정해지는 두 회전 상태 중의 어느 하나로 올라가야 한다. 이 때문에 여러 진동수에서 흡수가 일어난다. 그리고 이 밀집된 한 무리의 선을 **전자 스펙트럼** 따라고 부른다. 분자가 여러 개 모여 있는 집단에서는 각 진동 상태마다 몇 개씩의 분자가 있게 된다. 따라서 낮은 전자 상태에 있는 임의의 진동 상태로부터 그와 짝이 되기만 하면 높은 전자

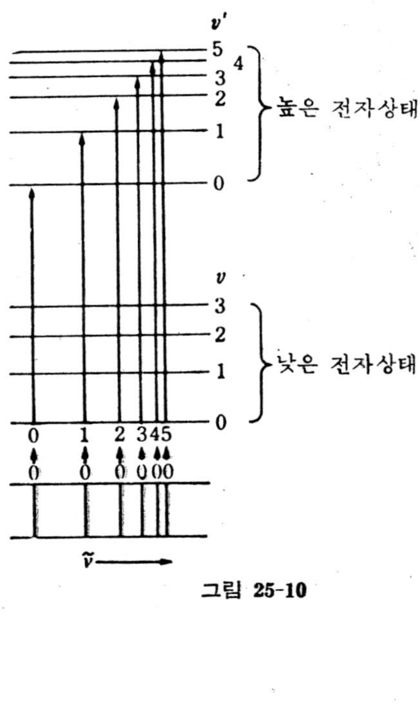

그림 25-10

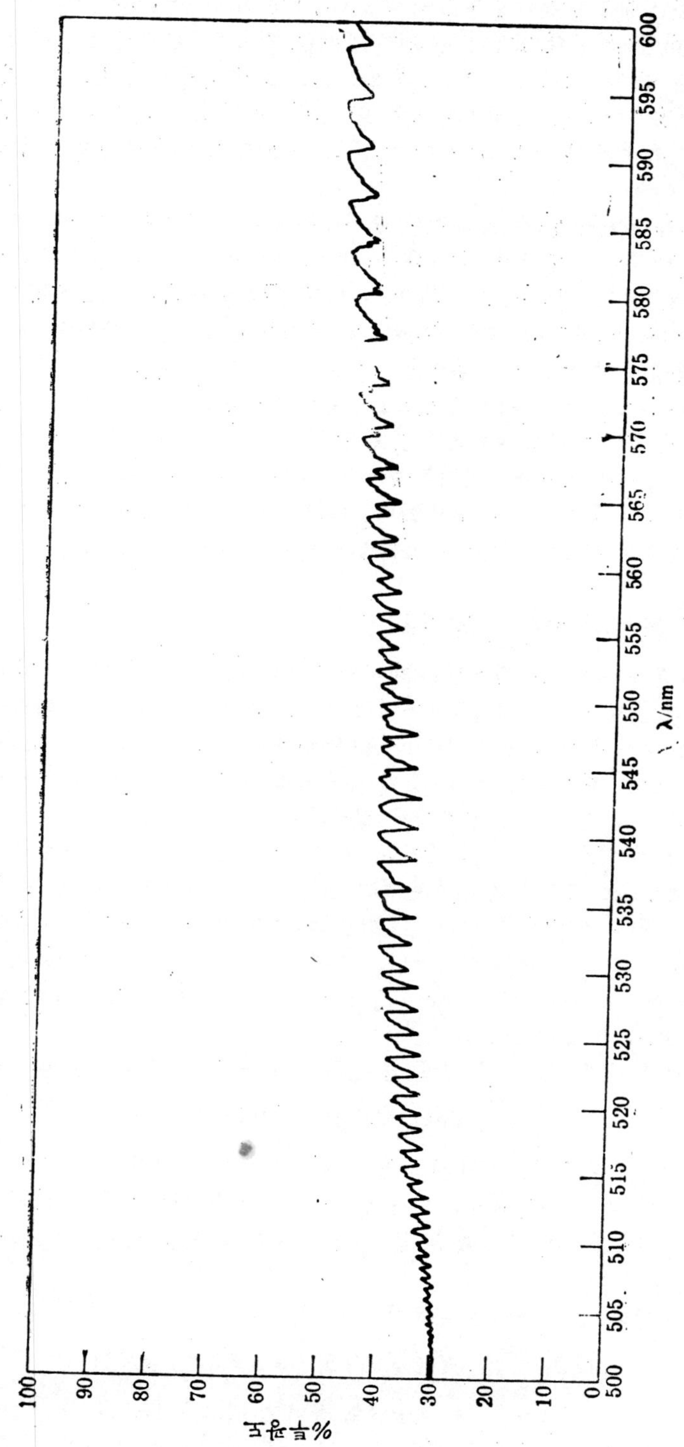

그림 25-11 I_2의 전자 스펙트럼.

상태의 어떤 진동 상태로나 전이가 일어날 수 있다. 이러한 가능한 전이마다 각각 하나씩의 띠를 만들어 낸다. 이러한 띠들의 집합이 띠 계라고 하는 것이다. 이에 덧붙여서 전이가 일어날 수 있는 전자 상태는 둘뿐만이 아니라 여러 개가 있으므로 분자의 전자 스펙트럼은 몇 개의 띠 계로 이루어진다. 스펙트럼에 나오는 선들의 파장을 세밀하게 해석해 내면 여러 전자 상태에 대한 에너지 곡선을 핵간 거리 r의 함수로 구할 수 있고 또 진동의 힘 상수와 결합 에너지도 계산할 수 있다.

그림 25-10은 바닥 전자 상태인 $v=0$의 준위로부터 시작되는 흡수선들을 도식적으로 나타낸 것이다. 이들 각 선 주위에 회전 띠가 나타나는데 이 그림에서는 이것을 나타내지 않았다. 이 그림이 그림 25-9와 맞먹는 것이라면 0→4의 띠가 가장 진하게 나타나고 이것을 중심으로 한 양쪽의 띠들은 그 세기가 감소되 나가야 한다. v'이 증가함에 따라 진동수 차가 줄어가며 그리하여 높은 진동수에서 수렴 극한이 나타난다는 것을 주의하기 바란다.

전자 스펙트럼의 중요한 점은 적외선 스펙트럼에 나타나지 않는 기본 진동수를 알아낼 수 있다는 것이다. 예로서 등핵 2원자 분자에서는 진동 쌍극자 모멘트가 없기 때문에 진동 운동이 적외선에 나타나지 않으나 전자 스펙트럼에는 진동에 의한 띠가 나타난다.

전자 전이에 수반되는 에너지는 비교적 크며, 따라서 가시 영역과 자외선 영역의 스펙트럼에 띠와 띠 계가 나타난다. 예로서 요오드의 보라빛은 전자 전이에 기인하는 것이다(그림 25-11).

25.10 다원자 분자의 전자 스펙트럼

비선형 다원자 분자의 전자 스펙트럼은 대단히 복잡하다. 이 경우에는 서로 다른 관성 모멘트를 가진 3개의 회전 방식 이외에 $3N-6$개의 진동 방식이 존재한다. 적외선이나 Raman 스펙트럼에서는 이들 방식 중의 일부가 대칭성 때문에 허용되지 않았었지만 전자 스펙트럼에서는 이들이 모두 허용되며 이 때문에 스펙트럼이 엄청나게 복잡해지는 것이다. 여기서는 간단히 몇 가지 기본적인 점과 한 가지 예에 대해서만 설명하겠다.

다원자 분자의 파동 함수와 에너지 준위는 그들의 대칭을 가지고 나타낼 수 있다(23.14절과 23.16.2절을 참조하라). 예로서 물 분자의 분자 파동 함수는 어떤 것이나 모두 분자의 대칭성 때문에 모든 대칭 조작에 의해서 불변이거나 또는 대수적 부호만이 바뀐다. 이러한 조건을 만족시키는 파동 함수는 그 꼴이 극히 제한된다. 이 파동 함수들은 a_1, a_2, b_1 및 b_2로 표시되는 네 가지 종류뿐이며 각각 특수한 대칭종에 속한다. 이들 각 파동 함수들의 대칭 성질은 표 23-5에 있는 C_{2v} 군의 지표 표에 요약되어 있다.

이미 23.16.2절에서 지적한 바와 같이 물 분자의 바닥 상태 전자 배치는 다음과 같다.

$$K(2a_1)^2(1b_2)^2(3a_1)^2(1b_1)^2$$

여기서 a_1, b_1 및 b_2는 분자 궤도 함수의 대칭종을 표시한다. 여기서는 모든 준위에 전자가 2개씩 들어 있으므로 이 분자의 전체적인 파동 함수는 완전히 대칭이며 이것을 기호 $^1A_1$(singlet A one이라고 읽음)으로 표시한다. 이것은 곧 바닥 상태에 대한 항 기호이다. 왼쪽의 상첨자는 이 상태의 다중도를 나타낸다.

물의 최저 들뜬 상태 전자 배치는 다음과 같다.

$$H_2O \qquad K(2a_1)^2(1b_2)^2(3a_1)^2(1b_1)^1(4a_1)^1$$

즉, 전자 하나가 $(1b_1)$ 준위로부터 $(4a_1)$ 준위로 옮겨졌다(그림 25-12). 이 상태의 대칭은 B_1이다. 이 때는 전자가 쌍을 이룰 수도 있고 안 이룰 수도 있으므로 이 상태는 $^1B_1$이나 $^3B_1$이다.

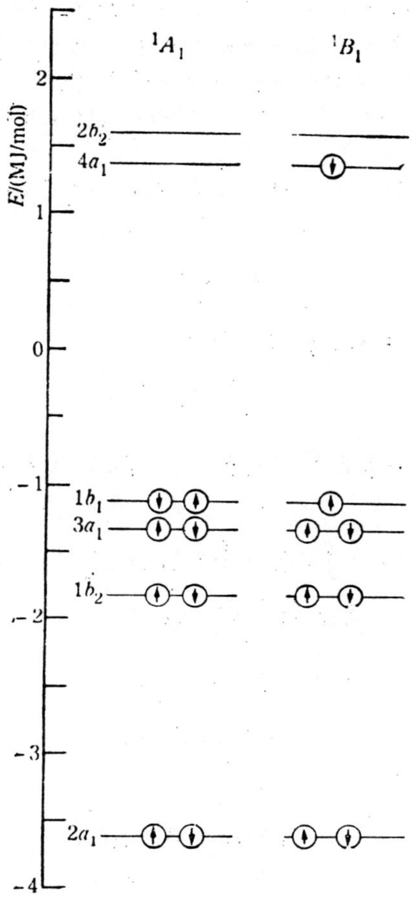

그림 25-12 H_2O 분자의 바닥 상태 $^1A_1$과 첫째 번 상태 $^1B_1$의 전자 배치.

$^1B_1$ 상태보다는 $^3B_1$ 상태가 더 낮은 에너지를 갖지만 $^1A_1$ 으로부터 $^3B_1$ 으로의 단일 상태-삼중 상태 전이는 허용되지 않는다.

대칭 성질을 이용하면 상태들 사이의 전이에 대한 선택률을 정할 수 있다. C_{2v} 군에 대해서는 a_1 과 a_2 상태 사이하고 b_1 과 b_2 상태 사이의 전이가 금지된다. 그 이외의 다른 전이는 모두 허용된다. 따라서 $^1A_1 \leftrightarrow {}^1B_1$ 사이의 전이는 스핀상으로나 대칭상으로 모두 허용되며 따라서 물 분자가 나타내는 하나의 가능한 흡수 방식이 된다. 이 전이는 대단히 큰 에너지가 있어야 하며 그리하여 물의 전자 전이에서 흡수되는 파장은 가장 긴 것이라고 하더라도 진공 자외선의 150 nm와 180 nm 사이의 영역에 들어간다.

★ 25.11 시간-의존 계의 양자 역학적 표시

지금까지 취급한 양자 역학에서는 정상 상태, 즉 시간에 의존하지 않는 계만을 취급하였다. 뿐만 아니라 계가 특정한 양자수들로서 표시되는 어떤 특정한 상태에 있다는 것을 알기만 하면 그 계에 관한 충분한 지식을 얻었다고 여겨 왔다. 예로서 조화 진동자의 경우, 마치 그 진동자는 파동 함수가 ψ_v 이고 또 에너지가 $E_v = \left(v + \frac{1}{2}\right)h\nu$ 인 v째 번 상태에 있다는 것을 아는 듯이 말하여 왔으며, 또 수소 원자의 경우에도 한 세트의 수 n, l, m 에 의해서 표시되는 상태에 있다는 것을 아는 듯이 말하여 왔다. 이러한 생각은 여러 종류의 계에 대한 양자 역학적 성질을 처음 논의하는 데 아주 편리하다. 그러나 계가 어느 한 특정한 상태에 있다는 것을 전제해야 할 이유는 없다.

Schrödinger 방정식의 특수해 ψ_n 의 한 세트를 구하면, 다음과 같이 이들을 선형 결합시켜서 일반 해를 얻을 수 있다.

$$\psi = \sum_n a_n \psi_n \tag{25.40}$$

이 함수는 다음과 같은 정규화 조건을 만족시킨다.

$$\int \psi^* \psi \, d\tau = 1 \tag{25.41}$$

이것은 계가 어떤 상태에서 발견될 전체 확률이다. (25.40)식을 (25.41)식에 넣으면 다음과 같이 된다.

$$\begin{aligned} 1 = \int \psi^* \psi \, d\tau &= \int \left(\sum_m a_m^* \psi_m^*\right)\left(\sum_n a_n \psi_n\right) d\tau \\ &= \sum_m \sum_n a_m^* a_n \int \psi_m^* \psi_n \, d\tau \end{aligned}$$

특수 해들은 직교하므로 다음 관계가 성립한다.

$$\int \psi_m^* \psi_n \, d\tau = \delta_{mn} \tag{25.42}$$

그러므로

$$1 = \sum_m \sum_n a_m^* a_n \delta_{mn}$$

m 에 관해서 합하면 다음과 같이 된다.

$$1 = \sum_n a_n^* a_n = \sum_n |a_n|^2 \tag{25.43}$$

(25.43)식에 의하면 (25.40)식의 급수에서 계수 a_n 의 절대값의 제곱들을 합한 것이 1이 되어야 한다. (25.43)식의 유도 과정을 보면 이 식의 우변이 확률이 된다. 따라서 $|a_n|^2$ 은 계가 ψ_n 으로 표시되는 상태에 있을 확률이라고 해석할 수 있다. (25.43)식에 의하면 계가 어떤 고유 상태에서나 발견될 전체 확률은 1이다.

예로서 $|a_k|^2 = 1$ 이고, $n \neq k$ 인 모든 n 에 대해서 $|a_n|^2 = 0$ 이라고 하자. 그러면 이 계는 k 상태에 있고 ψ_k 로 완전히 표시할 수 있다. 이러한 종류의 용어는 지금까지 종종 사용해 왔다. 그러나 한 상태로부터 다른 상태로 전이가 일어난다고 생각하면 a_n 이 시간의 함수가 되어 $a_n(t)$ 가 되어야 한다. 지금 $t = 0$ 에서 k 상태에 있던 계가 t 시간 후에는 그 사이에 전이를 일으켜서 m 상태에 있을 확률이 있다고 생각하자. 이 상태는 다음과 같이 표시할 수 있다.

$$\begin{aligned} &|a_k(0)|^2 = 1 && |a_k(t)|^2 < 1 \\ &|a_m(0)|^2 = 0 \qquad (m \neq k) && |a_m(t)|^2 > 0 \end{aligned}$$

문제는 이 계수 $a_n(t)$ 가 시간에 어떻게 의존하는가를 알아내는 것이다. 전이가 일어나는 한 가지 방법은 복사선을 흡수하거나 방출하는 것이므로 이 문제는 분광학을 논의하는 데 핵심이 된다.

★ 25.12 시간에 따른 계의 상태 변화

시간이 영일 때 n째 상태에 있을 확률이 1인 계에다 빛살을 시간 t만큼 조사시켰을 때 이 계가 m째 상태에 있을 확률이 $|a_m(t)|^2$으로 된다고 하자. 지금부터 이 계수 a_m이 시간에 따라 어떻게 변하는가를 생각해 보자. 이 경우에는 다음과 같은 관계가 성립하는 것을 보일 수 있다.

$$\frac{da_m}{dt} = -\frac{i}{\hbar}\int \Psi_m^{0*}\, \mathbf{H}'\, \Psi_n^0\, d\tau \tag{25.44}$$

여기서 Ψ_m^0와 Ψ_n^0는 다음과 같은 시간-의존 파동 함수이다.

$$\Psi_n^0(x, y, z, t) = \psi_n^0(x, y, z)e^{-iE_n t/\hbar} \tag{25.45}$$

그리고 $\mathbf{H}'$은 분자의 전하와 입사 광파의 전기장의 상호 작용에 해당하는 연산자이다.

입사 파동의 진동 전기장은 분자의 전하를 약간 변위시킨다. x 방향으로 이 변이를 일으키는 에너지는 $E_x(\sum e_j x_j) = \mu_x E_x$이다. 여기서 E_x는 전기장의 x 방향 성분이며, $\mu_x = \sum e_j x_j$는 x 방향의 유발 쌍극자 모멘트이다. 이 합셈은 전하 e_j와 그 x 방향 변위 x_j와의 곱을 모든 전하에 대해서 합해야 한다. 광파의 전기장은 진동하므로 광파의 각 진동수를 $\omega = 2\pi\nu$, 그리고 이 전기장의 x-축 성분 진폭을 E_x^0라고 하면 $E_x = E_x^0 \cos\omega t$가 된다. 광파에 의한 전체 에너지 효과는 y-축과 z-축 방향의 효과도 마찬가지로 고려해야 하므로 다음과 같이 나타낼 수 있다.

$$\mathbf{H}' = (\mu_x E_x^0 + \mu_y E_y^0 + \mu_z E_z^0)\cos\omega t \tag{25.46}$$

(25.44)식은 da_m/dt의 도함수를 이용해서 계수 a_m이 시간에 어떻게 의존하는 가를 나타낸다. 이 식을 이용하면 $a_m(t)$에 대한 식을 얻을 수 있다.

(25.46)식에 의하면 $\mathbf{H}'$의 첫 항은 μ_x에 비례한다. (25.44)식의 적분은 좌표에 관해서만 하는 것이므로 $\mathbf{H}'$과 파동 함수에 들어 있는 시간 의존 인자는 적분 기호 밖으로 내보낼 수 있다. 따라서 (25.44)식의 적분들은 다음과 같은 꼴의 적분에 비례할 것이다.

$$(\mu_x)_{mn} = \int\psi_m^{0*}\,\mu_x\,\psi_n^0\,d\tau \qquad (\mu_y)_{mn} = \int\psi_m^{0*}\,\mu_y\,\psi_n^0\,d\tau \qquad (\mu_z)_{mn} = \int\psi_m^{0*}\,\mu_z\,\psi_n^0\,d\tau \tag{25.47}$$

이들을 전이-모멘트 적분이라고 한다. μ_{mn}^2을 다음과 같이 정의하자.

$$\mu_{mn}^2 = |(\mu_x)_{mn}|^2 + |(\mu_y)_{mn}|^2 + |(\mu_z)_{mn}|^2 \tag{25.48}$$

$t=0$에서는 계가 상태 n에 있었다는 조건 하에서 (25.44)식을 풀면 최종적으로 다음과 같은 결과를 얻는다.

$$|a_m(t)|^2 = \frac{\rho(\nu_{mn})\mu_{mn}^2 t}{6\epsilon_0\hbar^2} \tag{25.49}$$

여기서 $\rho(\nu_{mn})$은 $h\nu_{mn} = |E_m - E_n|$로 정의되는 진동수 ν_{mn}의 복사선 밀도이고, ϵ_0는 진공의 유전 상수이다.

단위 시간에 상태 n으로부터 상태 m으로 전이가 일어날 확률은 다음과 같이 주어진다.

$$\frac{\rho(\nu_{mn})\mu_{mn}^2}{6\epsilon_0\hbar^2} = B_{nm}\,\rho(\nu_{mn}) \tag{25.50}$$

여기서,

$$B_{mn} = \frac{\mu_{mn}^2}{6\epsilon_0 \hbar^2} \tag{25.51}$$

즉, B_{mn}은 진동수가 ν_{mn}인 복사선에 대한 Einstein의 흡수 계수이다. (25.49)식은 기본적인 중요한 식으로서 분광학을 이해하는 데 절대적으로 필요한 식이다.

$t=0$에서 n상태에 있던 계가 빛살의 존재 하에서 짧은 t시간 후에 m상태로 될 확률은 (25.49)식의 $|a_m(t)|^2$ 값으로 주어진다. 이 확률은 t에 비례한다. 또한 이것은 n으로부터 m으로 전이하는 데 필요한 진동수 $\nu_{mn} = |E_m - E_n|/h$인 빛살의 에너지 밀도 $\rho(\nu_{mn})$에도 비례한다. 빛살이 ν_{mn}의 성분을 적게 포함하고 있으면 $\rho(\nu_{mn})$이 작아지고, 따라서 n으로부터 m으로 전이 될 확률이 작게 된다. 가장 중요한 것은 계의 상태가 m이 될 확률이 전이 모멘트 μ_{mn}의 절대값의 제곱에 비례한다는 것이다. 이 마지막 관계는 스펙트럼에 선이 나타나고 나타나지 않고를 좌우하는 선택률의 근거가 된다. 만일 $\mu_{mn}=0$이면 상태 n으로부터 상태 m으로의 전이는 금지된 전이가 된다.

★ 25.13 조화 진동자에 대한 선택률

유효 전하 $+q$와 $-q$가 거리 r만큼 떨어져 있기 때문에 쌍극자 모멘트를 가지는 2원자 분자를 생각해 보자. 그러면 $\mu = qr$이고, 따라서 두 전하 사이의 평형 거리를 r_e라고 하면 이것을 다음과 같이 쓸 수 있다.

$$\begin{aligned} \mu &= q(r_e + r - r_e) = qr_e + q(r - r_e) \\ \mu &= \mu_e + q(r - r_e) \end{aligned} \tag{25.52}$$

여기서 μ_e는 전하가 평형 거리 r_e에 정지되었을 때의 쌍극자 모멘트이며, $q(r-r_e)$ 항은 r의 변화 때문에 생기는 쌍극자 모멘트의 변화이다. 이 식은 μ를 $(r-r_e)$항으로 Taylor 전개했을 때 나오는 처음 두 항이라고 볼 수 있다. 즉,

$$\mu = \mu_e + \left(\frac{d\mu}{dr}\right)_{r_e}(r - r_e)$$

쌍극자 모멘트 적분은 다음과 같은 꼴이 된다(r은 장의 방향으로 취한다).

$$\mu_{mn} = \int_{-\infty}^{\infty} \psi_m^{0*}\left[\mu_e + \left(\frac{d\mu}{dr}\right)_{r_e}(r - r_e)\right]\psi_n^0\, dr$$

$$\mu_{mn} = \mu_e\int_{-\infty}^{\infty} \psi_m^{0*}\psi_n\, dr + \left(\frac{d\mu}{dr}\right)_{re}\int_{-\infty}^{\infty}\psi_m^{0*}(r - r_e)\,\psi_n^0\, dr \tag{25.53}$$

여기서 첫째 번 적분은 ψ_m^0와 ψ_n^0가 직교하고, $m \neq n$이므로 소멸된다. 정규화된 조화 진동자 함수는 (21.42)식에 의해서 다음과 같다.

$$\psi_n^0 = \left(\frac{1}{\beta\sqrt{\pi}\,2^n n!}\right)^{1/2} H_n(\xi)e^{-\xi^2/2} = \frac{A_n}{\beta^{1/2}}H_n(\xi)e^{-\xi^2/2} \tag{25.54}$$

여기서 $\xi = (r - r_e)/\beta$이다. 이 결과를 이용하면 (25.53)식이 다음과 같이 간소화된다.

$$\mu_{mn} = \beta\left(\frac{d\mu}{dr}\right)_{r_e} A_m A_n \int_{-\infty}^{\infty} H_m(\xi)\,\xi\, H_n(\xi)e^{-\xi^2}\, d\xi$$

이 적분을 계산하기 위하여 (21.49)의 점화식을 이용하자.

$$\xi H_n(\xi) = nH_{n-1}(\xi) + \frac{1}{2} H_{n+1}(\xi)$$

이것을 이용하면 μ_{mn}이 다음과 같은 꼴로 된다.

$$\mu_{mn} = \beta\left(\frac{d\mu}{dr}\right)_{r_e} A_m A_n \left[n\int_{-\infty}^{\infty} H_m(\xi)\, H_{n-1}(\xi) e^{-\xi^2}\, d\xi + \frac{1}{2}\int_{-\infty}^{\infty} H_m(\xi) H_{n+1}(\xi) e^{-\xi^2}\, d\xi\right]$$

그러나 이 식 중의 두 적분은 (21.47)식에 의해서 다음과 같이 된다.

$$\int_{-\infty}^{\infty} H_m(\xi) H_{n-1}(\xi) e^{-\xi^2}\, d\xi = \frac{\delta_{m,\,n-1}}{A_m A_{n-1}}$$

$$\int_{-\infty}^{\infty} H_m(\xi)\, H_{n+1}(\xi) e^{-\xi^2}\, d\xi = \frac{\delta_{m,\,n+1}}{A_m A_{n+1}}$$

따라서 μ_{mn}이 다음과 같이 된다.

$$\mu_{mn} = \beta\left(\frac{d\mu}{dr}\right)_{r_e}\left[n\frac{A_n}{A_{n-1}}\delta_{m,\,n-1} + \frac{1}{2}\frac{A_n}{A_{n+1}}\delta_{m,\,n+1}\right]$$

또 (25.54)식의 A_n 값을 넣으면 다음 결과가 얻어진다.

$$\mu_{mn} = \beta\left(\frac{d\mu}{dr}\right)_{r_e}\left[\sqrt{\frac{n}{2}}\delta_{m,\,n-1} + \sqrt{\frac{n+1}{2}}\delta_{m,\,n+1}\right] \qquad (25.55)$$

$m = n+1$일 때는 계는 $n \to n+1$의 전이를 일으키므로 복사선이 흡수된다.

$$\mu^2_{n+1,\,n} = \frac{\beta^2}{2}\left(\frac{d\mu}{dr}\right)^2_{r_e}(n+1) \qquad n = 0,\ 1,\ 2,\ \cdots \qquad (25.56)$$

$m = n-1$일 때는 최종 상태 m이 처음 상태 n보다 낮은 에너지를 가지므로 복사선이 방출된다(자극 방출). 이 때는 들뜬 분자가 입사광에 의해서 자극되어 복사선을 방출하는 것이다.

$$\mu^2_{n-1,\,n} = \frac{\beta^2}{2}\left(\frac{d\mu}{dr}\right)^2_{r_e} n \qquad n = 1,\ 2,\ \cdots \qquad (25.57)$$

이 식에서는 n이 가질 수 있는 최소값이 1이라는 것을 주의하라.

조화 진동자에 대한 선택률인 (25.55)식에 의하면 $\Delta n = \pm 1$이 되어야 한다. 즉, 빛살의 영향하에서는 조화 진동자가 처음 상태의 바로 위나 바로 아래로만 전이될 수 있다. 선택률 때문에 스펙트럼의 해석이 아주 간단해진다.

전이가 일어나는 데 필요한 또 하나의 조건은 도함수$\left(\frac{d\mu}{dr}\right)_{r_e}$가 영이 되지 않아야 한다는 것이다. 즉, 분자가 쌍극자 모멘트를 가지고 있느냐 없느냐가 중요한 것은 아니며, 진동이 일어날 때 쌍극자 모멘트가 변해야만 되는 것이다. 예로서 HCl 분자는 영구 쌍극자 모멘트를 가지고 있으며 분자가 진동함에 따라서 쌍극자 모멘트가 변한다. 따라서 이 분자는 $\frac{d\mu}{dr} \neq 0$이며 진동 스펙트럼을 나타낸다. 반면에 CO_2 분자는 음양의 전하가 대칭적으로 분포되어 있기 때문에 영구 쌍극자 모멘트를 가지지 않는다. 그림 25-3의 대칭 진동에서는 전하의 대칭 분포가 변하지 않으며, 따라서 이 진동을 통하여 쌍극자 모멘트는 변함없이 영이다. 따라서 $\frac{d\mu}{dr} = 0$이며, 이 진동이 스펙트럼에 나타나지 않는다. 둘째 번의 정규 진동에서는 대칭성이 깨어진다. 진동하는 동안에 쌍극자 모멘트가 변하므로 이 진동은 스펙트럼에 나타난다. 나머지의 두 굽힘 진동은 서로 다른 평면에서 진동하는 것만이 다르므로 이들은 중첩되어 있으며, 이 진동이 일어나면 대칭성이 깨어지고 쌍극자 모멘트가 변한다. 따라서 이 진동은 스펙트럼에 나타난다.

★ 25.14 선택률과 대칭

(25.49)식에 의하면 상태 n에 있던 계가 얼마 후에 상태 m에 있게 될 확률은 μ_{mn}^2에 비례한다. 전이 모멘트 μ_{mn}은 다음과 같은 적분으로 주어지는 성분을 가진다.

$$(\mu_x)_{mn} = q\int \psi_m^{0*}\, x\, \psi_n^0\, d\tau \qquad (25.58)$$

여기서 x는 x, y 및 z좌표 중의 어느 것이라도 된다. 계의 대칭성을 이용하면 어떤 m과 n을 결합시킨 적분이 영으로 안 되는가를 결정할 수 있을 때가 많이 있다. 이러한 m과 n의 결합이 그 계에 대한 "허용되는" 전이가 된다. 만일 어떤 특수한 m과 n을 결합시켰을 때 이 적분이 영이 되면 전이가 일어날 확률은 영이 되며, 이것은 "금지된" 전이이다. 앞절에서 자세한 계산을 통하여 배운 바와 같이 (25.58)식은 선택률을 만드는 근거가 된다. 이 선택률은 어떤 종류의 상태 사이에서 전이가 가능한 가를 결정해 주는 것이다.

대칭 관계를 이용하면 최소 한도의 계산을 가지고 일반적인 선택률을 얻을 수 있다. 우선 임의의 계에 대한 일반적인 파동 함수 $\psi(x, y, z)$와 알맹이를 발견할 전체 확률에 대한 다음 적분을 생각해 보자.

$$\int\psi^*(x, y, z)\,\psi(x, y, z)\,d\tau = 1 \qquad (25.59)$$

(25.59)식의 적분은 실제의 물리적 양이므로 그 값은 좌표계의 배향에는 무관하다. 그러므로 피적분 함수 $\psi^*\psi$는 좌표계를 변환시키더라도 변하지 않는다. 이와 같이 되려면 좌표계를 변환시켰을 때 ψ가 변치 않거나 또는 부호만이 변해야 한다.

지금 계에다 반전 조작을 시킨다고 생각해 보자. 반전 연산자는 $\mathbf{i}$로 표시하는데, 이것은 세 축의 방향을 모두 바꾸어 주는 것이다. 따라서 이 조작은 모든 좌표의 부호를 바꾸어 주기만 한다. 즉,

$$\mathbf{i}\psi(x, y, z) = \psi(-x, -y, -z)$$

(25.59)식의 피적분 함수에 이 조작을 시키면 다음 결과가 나온다.

$$\begin{aligned}\mathbf{i}[\psi^*(x, y, z)\,\psi(x, y, z)] &= [\mathbf{i}\psi^*(x, y, z)][\mathbf{i}\psi(x, y, z)]\\ &= \psi^*(-x, -y, -z)\,\psi(-x, -y, -z)\end{aligned}$$

이 조작에 대해서 피적분 함수가 불변이 되려면 기껏해야 파동 함수의 부호가 변하는 것 뿐이라야 한다. 따라서 다음과 같은 두 가지의 가능성이 있게 된다.

$$\mathbf{i}\psi_g(x, y, z) = \psi_g(-x, -y, -z) = \psi_g(x, y, z) \qquad (\text{대칭})$$
$$\mathbf{i}\psi_u(x, y, z) = \psi_u(-x, -y, -z) = -\psi_u(x, y, z) \qquad (\text{반대칭})$$

그 복소 공액 함수에 대해서도 마찬가지이다. 첫째 번의 경우 파동 함수는 반전에 대해서 대칭이다 라고 말하거나 또는 "우" 함수이다 라고 말하며, 둘째 번 경우에는 파동 함수는 반전에 대해서 반대칭이다 라고 말하거나 또는 "기"함수이다 라고 말한다. 하첨자 g와 u는 독일어에서 짝수를 뜻하는 gerade와 홀수를 뜻하는 ungerade의 첫글자를 딴 것이며 이 두 종류의 파동 함수를 표시한다.

이 반전 조작을 (25.58)식의 전이 모멘트에 관한 피적분 함수에 하여줄 경우, 좌표 x(또는 y나 z)는 반전에 대해서 기함수가 된다. 즉, $\mathbf{i}x = -x$가 된다. 따라서 만일 $\psi_m^* x \psi_n$이 반전에 대해서 불변이 되려면 $\psi_m^* \psi_n$이 기함수이어야 한다. 이렇게 되려면 ψ_m이 우함수일 때는 ψ_n이 기함

수가 되거나 또는 그 역이 되어야 한다. 결국 전이는 우함수의 상태와 기함수의 상태 사이에서만 허용된다는 중요한 결론이 나온다. 두 기함수의 상태 사이에서나 두 우함수의 상태 사이에서는 전이가 금지된다. 이것은 쌍극자 복사에 대한 근본 선택률이다. 계가 여러 개의 알갱이로 되어 있을 때도 그 논법은 달라지지 않으며 똑같은 결과가 나온다.

이 규칙을 조화 단진동의 경우에 적용시켜 보려면 전이 모멘트 적분을 다음과 같이 쓸 수 있다.

$$\int_{-\infty}^{\infty} H_m(\xi)\xi H_n(\xi)e^{-\xi^2}\,d\xi$$

Hermite 다항식에다 반전 연산자를 작용시키면 $\mathrm{i}H_n(\xi) = H_n(-\xi) = (-1)^n H_n(\xi)$가 된다. 마지막 등식은 Hermite 다항식의 한 성질로서 (21.46)식의 정의로부터 쉽게 얻어진다. 따라서 $H_n(\xi)$는 n이 짝수냐 홀수냐에 따라서 우함수나 또는 기함수가 된다. 따라서 허용되는 전이에서는 양자수가 짝수로부터 홀수로 변하거나 또는 홀수로부터 짝수로 변해야 한다. Hermite 다항식에 대한 점화식을 써서 이 적분을 상세히 계산하면(25.13절) $m=n\pm1$이 아닌 경우에는 영이 된다. 즉, 선택률은 일반적으로 $\Delta n = \pm 1$이라고 쓸 수 있다.

강체 회전자에 대한 선택률을 얻으려면 대칭 관계를 조금 더 자세히 검토해 보아야 한다. 회전자를 표시하려면 두 개의 각 θ와 ϕ가 필요하며 그 파동 함수(규격화 상수를 생략하고)는 다음과 같은 꼴로 표시된다.

$$\psi_{J,m} = P_J^m(\cos\theta)e^{im\phi} \tag{25.60}$$

지금 z-축의 방향을 고정시키고 x-축과 y-축의 위치는 각 ϕ가 이루어지도록 잡았다고 하자. x-축과 y-축을 z-축에 관해서 회전시켜 새로운 위치로 오게 하면 ϕ는 새 좌표계에서 $\phi+\alpha$가 되고 물리적인 변화는 일어나지 않는다. 이 회전을 연산자 $\mathbf{C}_\alpha$로 표시하자. 이 조작이 θ에는 조금도 영향을 주지 않는다. 함수 $e^{im\phi}$에 미치는 영향을 조사해 보면 다음과 같이 된다.

$$\mathbf{C}_\alpha\, e^{im\phi} = e^{im(\phi+\alpha)} = e^{im\alpha}\, e^{im\phi} \tag{25.61}$$

복소 공액 $e^{-im\phi}$에 대해서도 마찬가지 관계가 성립한다.

$$\mathbf{C}_\alpha\, e^{-im\phi} = e^{-im\alpha}\, e^{-im\phi} \tag{25.62}$$

$\mathbf{C}_\alpha$가 $x = r\sin\theta\cos\phi$와 $y = r\sin\theta\sin\phi$에 주는 영향을 알아보기 위하여 x와 iy의 합과 차를 구해 보자. 이들은 $\cos\phi + i\sin\phi = e^{i\phi}$의 관계를 이용하여 다음과 같이 나타낼 수 있다.

$$x + iy = r\sin\theta e^{i\phi}$$
$$x - iy = r\sin\theta e^{-i\phi}$$

따라서,

$$\mathbf{C}_\alpha(x+iy) = r\sin\theta\,\mathbf{C}_\alpha\, e^{i\phi} = r\sin\theta\, e^{i(\phi+\alpha)} = (x-iy)e^{i\alpha}$$
$$\mathbf{C}_\alpha(x-iy) = (x-iy)e^{-i\alpha}$$

다음에는 아래와 같은 전이 모멘트 적분의 결합을 생각해 보자.

$$\psi^*_{J',m'}(x+iy)\psi_{J,m}\,d\tau = \mu_x + i\mu_y$$

이 식은 다음과 같이 된다.

$$\mu_x + i\mu_y = r\int_0^{\pi} P_{J'}^{|m'|}(\cos\theta)\sin\theta\;\; P_J^{|m|}(\cos\theta)\sin\theta\, d\theta \int_0^{2\pi} e^{-im'\phi}\, e^{i\phi}\, e^{im\phi}\, d\phi \tag{25.63}$$

우선 (25.63)식의 ϕ에 관한 적분을 생각해 보자. 즉,

$$I_{+1}(m', m) = \int_0^{2\pi} e^{i(m-m'+1)\phi}\, d\phi$$

그러면

$$\mathbf{C}_\alpha I_{+1}(m', m) = \int_0^{2\pi} \mathbf{C}_\alpha\, e^{i(m-m'+1)\phi}\, d\phi = e^{i(m-m'+1)\alpha} I_{+1}(m', m)$$

이 경우에는 이 적분이 α에 무관해야 하므로 다음 관계가 성립해야 한다.

$$\mathbf{C}_\alpha I_{+1}(m', m) = I_{+1}(m', m)$$

따라서 이 적분이 α에 무관하게 되는 것은 $e^{i(m-m'+1)\alpha} = 1$인 경우, 즉 $m - m' + 1 = 0$ 인 경우에 한해서만 가능하다. 따라서 이러한 회전 연산에 대해서 이 적분이 불변이 되려면 $\Delta m = +1$이어야 한다. 여기서 $\Delta m = m' - m$이다. 또 다음 적분에 대해서도 마찬가지 생각을 해 보자.

$$I_{-1}(m', m) = \int_0^{2\pi} e^{i(m-m'-1)\phi}\, d\phi$$

이 적분은 $\mu_x - i\mu_y$가 되는 결합에서 나타나는데, 이 적분 역시 회전 조작에 관해서 불변이 되려면 $\Delta m = -1$이 되어야 한다. 전이 모멘트 적분의 z-성분에는 $z = r\cos\theta$가 나오므로 z는 ϕ에 무관하다. 따라서 다음 적분은 회전에 관해서 불변이어야 한다.

$$I_0(m', m) = \int_0^{2\pi} e^{i(m-m')\phi}\, d\phi$$

그리고 이 때는 불변이 되는 조건이 $\Delta m = 0$이다.

m에 관한 선택률을 다시 요약하면 다음과 같이 된다. 즉, 전이 모멘트의 x-성분이나 y-성분에 대해서는 $\Delta m = \pm 1$이고 z-성분에 대해서는 $\Delta m = 0$이다.

둘째 번으로 고려해야 할 대칭은 z-축의 배향인 바, 이 배향도 문제가 되지 않는다는 것을 알 수 있다. z-축은 위쪽이나 아래쪽으로 향할 수 있다. 따라서 이 적분은 수평면에서의 반사에 무관하다는 것을 뜻한다. 이 조작은 σ_h로 나타낸다. 이 조작은 θ를 $\pi - \theta$로 또는 $\xi = \cos\xi$를 $\cos(\pi - \theta) = -\cos\theta = -\xi$로 변화시킨다. 전이 모멘트의 x- 및 y-성분에 대한 적분은 둘 다 다음과 같은 꼴이 된다.

$$I_{x,y} = \int_0^{\pi} P_J^{|m'|}(\cos\theta)\sin\theta\, P_J^{|m|}(\cos\theta)\sin\theta\, d\theta = \int_{-1}^{1} P_J^{|m'|}(\xi)(1-\xi^2)^{1/2} P_J^{|m|}(\xi)\, d\xi$$

이 적분에다 수평 반사 조작을 시키면 다음 결과가 나온다.

$$\sigma_h I_{x,y} = \int_{-1}^{1} P_{J'}^{|m'|}(-\xi)[1-(-\xi)^2]^{1/2} P_J^{|m|}(-\xi)\, d\xi$$

그런데 $P_J^{|m|}(-\xi) = (-1)^{J-|m|} P_J^{|m|}(\xi)$이므로 이 관계를 사용하면 다음과 같이 된다.

$$\sigma_h I_{x,y} = (-1)^{J'-|m'|+J-|m|} I_{x,y}$$

여기서 $J' = J + \Delta J$, $|m'| = |m| + \Delta|m|$이라 놓자. 그러면

$$\sigma_h I_{x,y} = (-1)^{2J+\Delta J-2|m|-\Delta|m|} I_{x,y} = (-1)^{\Delta J-\Delta|m|} I_{x,y}$$

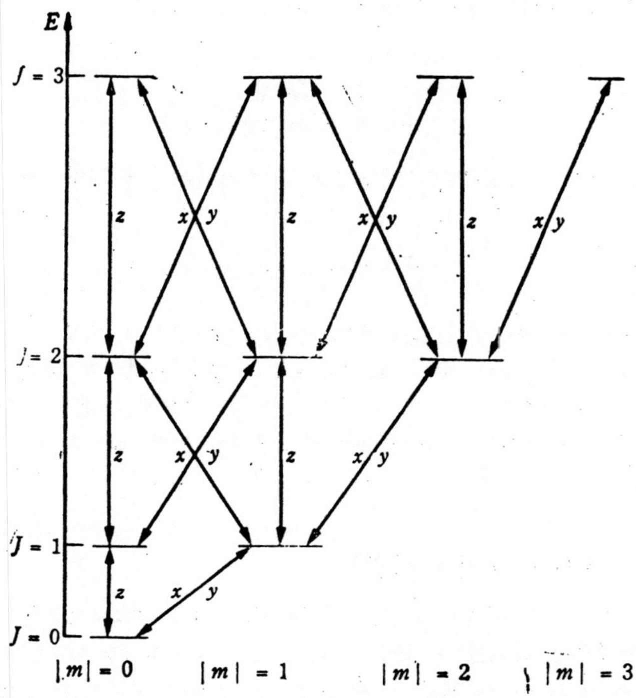

그림 25-13 여러 편극에서 강체 회전자에 대한 허용 전이.

$I_{x,y}$가 불변이 되려면 $\Delta J - \Delta|m|$은 짝수이어야 한다. 그런데 x-나 y-성분에 대해서는 $\Delta|m| = \pm 1$이므로 ΔJ는 홀수이어야 한다. 점화식을 써서 상세히 계산해 보면 $\Delta J = \pm 1$만이 허용된다.

z-성분에 대해서는 $z = r\cos\theta$이고 또 $|m'| = |m|$이어야 하므로 이 적분은 다음과 같은 꼴이 된다.

$$I_z = \int_0^{\pi} P_{J'}^{|m|}(\cos\theta)\cos\theta\, P_J^{|m|}(\cos\theta)\sin\theta\, d\theta = \int_{-1}^{1} P_{J'}^{|m|}(\xi)\xi\, P_J^{|m|}(\xi)d\xi$$

따라서,

$$\begin{aligned}\sigma_h I_z &= \int_0^{\pi} P_{J'}^{|m|}(-\xi)(-\xi)\, P_J^{|m|}(-\xi)d\xi = (-1)^{J'|m|+1+J-|m|} I_z \\ &= (-1)^{\Delta J+1} I_z\end{aligned}$$

여기서도 반사 조작에 대해서 이 적분이 불변이 되려면 ΔJ가 홀수이어야 한다. 점화식을 써서 상세히 계산해 보면 $\Delta J = \pm 1$만이 허용된다.

그림 25-13에 여러 종류의 전이와 이들 전이를 일으키는 편극들을 나타내었다. 수직축은 에너지를 나타내고, 수평축은 일정한 J 값에 맞먹는 $|m|$의 값을 적당한 간격으로 벌려 놓은 것이다.

★ 25.15 수소 원자에 대한 선택률

수소 원자에 대한 파동 함수는 방사 방향 함수(r만의 함수)와 강체 회전자의 함수와의 곱이다.

회전자에 대한 선택률은 앞서 설명한 바와 같아야만 한다. 즉,

$$\Delta l = \pm 1$$
$$\Delta |m| = 0 \qquad (z\text{-성분})$$
$$\Delta |m| = \pm 1 \quad (x\text{- 및 } y\text{-성분})$$

따라서 남은 문제는 방사 방향 함수에 관련된 것 뿐이다. 여기에 대한 전이 모멘트 적분은 다음과 같은 꼴이다.

$$\int_0^\infty R_{nl}(r) r\, R_{n'l'}(r) r^2\, dr$$

그러나 이 적분은 r만의 함수이므로 축의 회전이나 평면에서의 반사에 의한 영향을 받지 않는다. 따라서 어떠한 대칭 조작에 의해서도 r이나 r의 함수는 변하지 않는다.

이와 같이 대칭에 의한 제약을 받지 않으므로 주양자수 n에 대해서는 선택률이 없다. 이 결과는 대칭 관계를 생각함으로써 대단히 쉽게 얻어졌지만 전이 모멘트 적분을 직접 계산하여 증명하려면 매우 힘들다.

★ 25.16 다원자 분자에 대한 선택률

우리는 23장에서 물 분자의 파동 함수를 논하였으며 이들은 기약 표현, 즉 대칭종에 따라서 분류될 수 있다는 결론을 얻었었다. 뿐만 아니라 x, y, z, xy, yz, xz 등과 같은 함수들이 대칭종에 따라서 어떻게 분류되는가 보았다. 대칭 성질은 광학적 전이에 대한 선택률을 구하는 데 이용할 수 있다.

다음과 같은 전이 모멘트 적분들을 생각하여 보자.

$$\int \psi_m^{0*} x \psi_n^0\, d\tau \qquad \int \psi_m^{0*} y \psi_n^0\, d\tau \qquad \int \psi_m^{0*} z \psi_n^0\, d\tau$$

이 적분들이 영이 아닐 때는 피적분 함수가 대칭군의 모든 조작에 대해서 불변이라야 한다. 야렇게 되기 위해서는 오로지 피적분 함수가 완전 대칭 표현 A_1에 속해야 한다. 만일 ψ_m^{0*}와 ψ_n^0에 대한 표현들의 직접곱이 어느 한 좌표의 표현과 같거나 이것을 포함하고 있으면 $\psi_m^{0*}\psi_n^0$와 이 좌표와의 직접곱은 완전 대칭 표현 A_1에 속하게 된다고 말할 수 있다. C_{2v}군의 지표 표(표 23-5)를 이용하여 우리는 ψ_m^{0*}와 ψ_n^0에 대한 표현들 사이의 가능한 직접곱을 구할 수 있으며, 이들 곱을 아래에다 곱셈표의 꼴로 모아 놓았다.

ψ_m^* \ ψ_n	A_1	A_2	B_1	B_2
A_1	A_1	A_2	B_1	B_2
A_2	A_2	A_1	B_2	B_1
B_1	B_1	B_2	A_1	A_2
B_2	B_2	B_1	A_2	A_1

이 표에서 A_1이나 B_1이나 또는 B_2가 나타내는 곳이면 어디에서나 좌표들이 A_1, B_1 및 B_2에 속한다. 이 때는 전이 모멘트 적분 중의 어느 하나가 소멸되지 않으므로 이러한 전이는 허용된다. 한편 A_2가 나타나지 않는 곳이면 어디에서나 A_2와 좌표에 속하는 표현의 어느 하나와의 직접곱이 A_1으로 될 수 없으므로 이러한 전이는 금지된다. 따라서 물 분자에 대해서는 다음

과 같은 전이들이 허용되지 않는다.

$$A_1 \longleftrightarrow A_2 \quad \text{및} \quad B_1 \longleftrightarrow B_2$$

이 이외의 다른 전이들은 모두 허용된다.

《질 문》

25. 1 Born-Oppenheimer 근사법에 의하면 2원자 분자의 전자 에너지는 핵간 거리에만 의존한다. 이 지식을 이용하여 H_2와 D_2에 대한 처음 몇 진동 준위의 상대적 위치를 스케치하고 설명하라.

25. 2 2원자 분자의 진동-회전 스펙트럼에 기본 진동수 $\tilde{\nu}_0$에서의 흡수가 나오지 않는 이유를 회전 선택률을 이용해서 설명하라.

25. 3 다음 분자들을 구형 팽이, 뾰죽 대칭 팽이, 납짝 대칭 팽이 및 비대칭 팽이로 분류하라 : O_3, $AlCl_3$, NH_4^+, CH_2Cl_2, CH_3Br, $CHCl_3$, CCl_4.

25. 4 다음 분자들 중에서 어느 것이 적외선 흡수를 일으키는가? I_2, HBr, CH_3Cl, CCl_4, SO_2, CS_2, NH_3.

25. 5 다음 분자들 중에서 어느 것이 회전 마이크로파 스펙트럼을 나타내는가? H_2O, CS_2, CH_4, OCS, $HC \equiv CH$, Br_2, HBr.

25. 6 다음 선형 분자들 중에서 진동 Raman 스펙트럼은 나타내지만 적외선 스펙트럼은 나타내지 않는 것은 어느 것인가? O_2, CO_2, OCS, HCN, N_2, NO.

25. 7 배진동수 띠와 복합 띠는 비조화성에 관해서 어떤 것을 나타내는가?

25. 8 Franck-Condon 원리를 말하고 그 타당성을 말하라. 또 이 원리의 중요성을 말하라.

25. 9 동핵 2원자 분자의 진동 상태에 관해서 알려면 어떤 종류의 스펙트럼을 이용해야 하는가?

25. 10 두 진동자 상태 쌍에 대한 전이 모멘트 적분 μ_{mn}의 피적분 함수를 스케치하고 허용되는 진동자 전이와 허용되지 않는 진동자 전이를 논하라.

25. 11 회전자에 대한 전이 모멘트 적분 I_z에 대해서 질문 25. 10의 내용을 되풀이하라.

《연습 문제》

25. 1 HCl의 회전 스펙트럼선의 파수는 다음 식으로 나타낼 수 있다.

$$\tilde{\nu}/\text{cm}^{-1} = 20.794(J+1) - 1.64 \times 10^{-3}(J+1)^3$$

$H^{35}Cl$ 분자의 관성 모멘트와 핵간 거리를 계산하라. H = 1.007825 g/mol, ^{35}Cl = 34.96885 g/mol 이다. $H^{35}Cl$의 진동수를 또한 구하라.

25. 2 요오드의 원자 질량은 126.9045g/mol이고 수소의 원자 질량은 1.007825 g/mol이다. HI에서의 핵간 거리가 160.4 pm인 경우 관성 모멘트와 그리고 회전 진동수들 사이의 간격을 계산하라.

25. 3 다음 선형 분자들의 질량 중심의 위치, 관성 모멘트, 그리고 회전 스펙트럼선들 사이의 간격을 계산하라. ^{12}C = 12.0000, ^{14}N = 14.00307, ^{16}O = 15.99491, ^{1}H = 1.007825g/mol이다.

a) 비대칭 분자 $N^-{=}N^+{=}O$, 결합 길이는 $N^-{=}N^+$가 112.6 pm이고 N=O가 119.1 pm이다.

b) 대칭 분자 O=C=O, C=O의 결합 길이는 116.2 pm이다.

c) H—C≡C—C≡N, 결합 길이는 C—H 가 105.7 pm, C≡C 가 120.3 pm, C—C 가 138.2 pm, 그리고 C≡N 이 115.7pm 이다.

25. 4 $^{35}Cl_2$ 분자의 기본 진동수는 $1.6780 \times 10^{13}\ s^{-1}$ 이다. 처음 세 진동 준위의 에너지와 힘 상수를 계산하라. $M(^{35}Cl) = 34.96885$ g/mol 이다.

25. 5 $^{79}Br_2$ 에서의 힘 상수는 246.053 N/m 이고, ^{79}Br 와 ^{81}Br 의 질량(g/mol)은 각각 78.9183 과 80.9163 이다. $^{79}Br_2$, $^{79}Br\,^{81}Br$, 및 $^{81}Br_2$ 에서의 기본 진동수와 영점 에너지를 계산하라.

25. 6 $H^{35}Cl$ 의 처음 다섯 진동띠($v = 0 \to 1,\ 0 \to 2,\ \cdots,\ 0 \to 5$)는 파수 $\tilde{\nu}/cm^{-1} = 2886,\ 5668,\ 8347,\ 10923,\ 13397$ 에 중심을 두고 있다. HCl 분자의 기본 진동수, 비조화성 상수, 환산 질량 및 힘 상수를 계산하라. $H = 1.007825$ g/mol, $^{35}Cl = 34.96885$ g/mol 이다.

25. 7 아르곤-크립톤 레이저의 파장은 $\lambda = 488.0$ nm 이며 벤젠의 Raman 스펙트럼을 얻는 데 이용된다. 벤젠은 30개의 기준 진동 방식을 가지고 있는데, 이 중 2개의 진동수는 $\tilde{\nu}_1/cm^{-1} = 3062$ 와 $\tilde{\nu}_2/cm^{-1} = 992$ 이다. 이들 진동수에 대한 Raman 스펙트럼선의 파장은 얼마가 되겠는가?

25. 8 다음 분자들의 전자 스펙트럼에 대한 선택률을 유도하라.

a) $C_2H_4(D_{2h})$ b) $NH_3(C_{3v})$ c) $BF_3(D_{3h})$

25. 9 원자 질량(g/mol)은 $H = 1.007825$, $D = 2.01410$, $^{35}Cl = 34.96885$, $^{37}Cl = 36.96590$ 이며 $H^{35}Cl$ 의 기본 진동수는 2990.946 cm^{-1} 이다.

a) $H^{37}Cl$, $D^{35}Cl$ 및 $D^{37}Cl$ 에서 힘 상수가 변하지 않는다고 가정하고 이들 분자의 환산 질량과 기본 진동수를 계산하라.

b) 핵간 거리를 모두 128.65 pm 로 취하고 $H^{35}Cl$, $H^{37}Cl$, $D^{35}Cl$ 및 $D^{37}Cl$ 의 관성 모멘트와 회전 스펙트럼선의 간격을 계산하라.

25. 10 a) 1차원 상자 속에 들어있는 알맹이에 대한 전이 모멘트 적분을 구하라.

b) 이 계에 대한 선택률은 어떻게 되는가?

25. 11 선형 분자는 어떤 것이나 그 질량 중심의 위치를 X 라고 할 경우 $I = \sum_i m_i(x_i^2 - X^2)$ 이 됨을 보여라

26
분자간 힘

26.1 서　　론

두 메탄 분자나 두 아르곤 원자처럼 화학적으로 포화된 두 알맹이가 서로 접근하면 인력을 받는다. 이러한 분자간 힘은 전기에서 유래되는 것이며, 기체의 비이상성이나 액화 현상의 원인이 되기 때문에 흔히 van der Waals 힘이라고 한다. 이 힘은 액체의 증발 에너지로서 그 척도를 삼을 수 있다. 왜냐 하면 증발 에너지는 서로 아주 접근된 상태에 있는 액체 상태의 분자를 떼어 내어 서로 멀찍이 떨어져 있는 기체 상태로 가져가는 데 드는 에너지와 같기 때문이다. 증발 에너지는 일정한 압력 하에서의 액체의 증발열과 다음과 같은 간단한 관계가 있다.

$$Q_{\text{vap}} = \Delta H_{\text{vap}} = \Delta U_{\text{vap}} + p(\overline{V}_{\text{gas}} - \overline{V}_{\text{liq}})$$

그런데 근사적으로 $\overline{V}_{\text{gas}} - \overline{V}_{\text{liq}} = \overline{V}_{\text{gas}} = RT/p$이다. 따라서 $\Delta H_{\text{vap}} = \Delta U_{\text{vap}} + RT$이다. 표준 끓는점에서는 $\Delta H_{\text{vap}} = T_b \Delta S_{\text{vap}}$이므로 $\Delta U_{\text{vap}} = T_b(\Delta S_{\text{vap}} - R)$이고, 정상 액체에서는 Trouton의 규칙(9.3.1절)이 성립하므로 $\Delta S_{\text{vap}} = 90$ J/K mol 이다. 따라서

$$\Delta U_{\text{vap}} \approx (82\ T_b \text{J/K})/\text{mol} \tag{26.1}$$

Trouton의 규칙을 만족시키지 못하는 물질에서 일지라도 ΔU_{vap}와 끓는점 사이에는 어느 정도의 비례 관계가 성립한다. 그리하여 (26.1)식에 의해서 액체의 끓는점은 응집 에너지에 대한 편리한 척도가 되며, 또 이 응집 에너지는 분자간 힘의 세기에 의존한다.

분자간 힘은 한 분자에 의해서 생긴 전기장이 다른 분자에 어떤 영향을 주느냐에 의존하므로 우선 이 전기장이 전체 물질에 주는 영향을 알아보고 나서 개개의 분자에 주는 영향을 알아보기로 하겠다. 여기서 필요한 정전기학의 기본식들은 부록 Ⅱ에 유도해 놓았다.

26.2 유전체 안에서의 편극

일정한 거리로 떨어진 두 평행 금속판(평행판 축전기) 사이에 전기장 E가 작용하면 그림 26-1 (a)에서처럼 한 판은 양전하를 띠고 다른 한 판은 음전하를 띤다. 판의 단위 넓이당의 전하를 전하밀도 σ라고 한다. 전하는 판 상에 균일하게 분포되어 있으므로 전기장은 이 판에 수직하며, 즉 $E_n = E$이며 접선 방향의 전기장은 영이다.

양쪽 판을 포함하는 gauss 표면 S를 그려보면 이 면에 포함되는 전체 전하는 $q = \sigma A + (-\sigma)A = 0$이 된다. 여기서 A는 축전기 판에 평행한 gauss 표면의 넓이이다. 따라서 (A.Ⅱ.14)식의

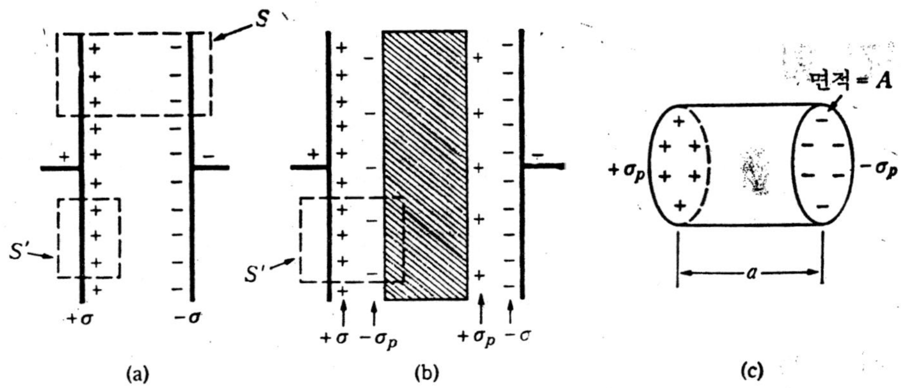

그림 26-1 (a) 하전된 축전기. (b) 유전체를 가진 축전기.
(c) 유전체의 원통형 단면.

Gauss 법칙에 의해서 다음과 같은 관계가 성립한다.

$$\int_S E da = 0$$

이렇게 되려면 $E=0$이 되어야 한다. 즉, 축전기 판의 뒤쪽 공간에서는 전기장이 소멸된다.

축전기 판 사이에서의 전기장을 구하기 위해서 표면 S'에다 Gauss의 법칙을 적용시켜 보자 [그림 26-1(a)]. 그러면 $q=\sigma A$이고, $E_n=E$이므로 다음과 같은 관계가 성립한다.

$$\int_{S'} E da = \frac{\sigma A}{\epsilon_0}$$

전기장의 접선 방향 성분은 영이므로 축전기 판에 수직한 표면으로부터의 유량은 영이다. 따라서 위 식은 다음과 같이 된다.

$$\int_{\text{바깥 표면}} E da + \int_{\text{내부 표면}} E da = \frac{\sigma A}{\epsilon_0}$$

그러나 앞에서 보인 바와 같이 바깥 표면에서는 E가 영이며 따라서 첫째 번 적분은 영이 된다. 그리고 전하 밀도는 균일하므로 E는 표면의 어느 곳에서나 일정하며 그리하여 이것을 적분 기호 밖으로 내보낼 수 있다. 그러면 위의 식은 $EA=\sigma A/\epsilon_0$이 된다. 즉,

$$E = \frac{\sigma}{\epsilon_0} \quad (\text{진공에서}) \tag{26.2}$$

두 축전기 판 사이에 유전체를 넣으면 전기장이 작용할 때 유전체 안에서 음전하가 양극판으로 약간 끌리고 양전하는 음극판 쪽으로 약간 끌린다. 그리하여 유전체가 편극된다. 음극판 앞의 유전체 표면은 $+\sigma_p$의 전하 밀도를 가지며 양극판 앞의 표면은 $-\sigma_p$의 전하 밀도를 갖는다 [그림 26-1(b)]. 이 σ_p를 유전체의 편극이라고 부른다.

그림 26-1(c)에 있는 것은 유전체의 원통형 요소로서 그 축은 편극을 일으키는 장의 방향과 일치한다. 원통면의 면적을 A라고 하면 면상의 전하는 $+\sigma_p A$와 $-\sigma_p A$가 된다. 이 전하는 원통의 길이 a만큼 떨어져 있으므로 원통은 $(\sigma_p A)a$만큼의 쌍극자 모멘트를 갖는다. 그런데 원통의 부피는 aA이다. 따라서 단위 부피당의 쌍극자 모멘트는 다음과 같이 된다.

$$\text{쌍극자 모멘트/부피} = \sigma_p \tag{26.3}$$

따라서 편극 σ_p는 표면의 전하 밀도가 되는 동시에 유전체의 단위 부피당의 쌍극자 모멘트가 되기도 한다.

유전체 상에 유발된 표면 전하는 표면 S' 상의 단위 넓이당 실효 전하를 $\sigma - \sigma_p$로 감소시킨다. 따라서 유전체 내에서는 전기장이 다음과 같이 된다.

$$E = \frac{\sigma - \sigma_p}{\epsilon_0} \tag{26.4}$$

한편 편극은 그 자체가 유전체 내부의 전기장에 비례한다. 즉, 다음과 같은 관계가 성립한다.

$$\sigma_p = (\epsilon_r - 1)\epsilon_0 E \tag{26.5}$$

여기서 ϵ_r은 매질의 비유전율인데 유전 상수라고도 많이 부른다. 매질의 유전율은 $\epsilon = \epsilon_r\epsilon_0$이다.

이 σ_p의 값을 (26.4)식에 넣고 E에 관해서 풀면 다음과 같은 식이 나온다.

$$E = \frac{\sigma}{\epsilon_r\epsilon_0} = \frac{\sigma}{\epsilon} \tag{26.6}$$

이 식을 (26.2)식과 비교하면 유전체가 존재할 때는 유효 전하 밀도가 σ로부터 σ/ϵ_r로 감소된다는 것을 알 수 있다. 이 결과는 이것을 유도하기 위해서 이용한 그림 26-1과 같은 구조 모양에는 무관하다. 극히 일반적으로 전하 q를 생기게 하는 전기장을 q/ϵ_r를 생기게 하는 것으로 바꾸어 주기만 하면 진공 속에서의 정전기적 관계식들을 유전체 내에서 이용할 수가 있다. 이것은 ϵ_0를 ϵ으로 바꾸어 주는 것과 맞먹는다(엄밀하게 말해서 이 결과는 액체나 기체와 같이 전기적 등방성을 갖는 매질에 대해서만 성립한다. 대부분의 고체는 등방성이 아니므로 이 방법으로는 엄밀한 결과를 얻을 수 없다).

다음에는 유전체 속에 잠긴 분자에 작용하는 전기장을 계산하여 보자. 우선 유전체가 채워진 평행판 축전기를 생각하여 보자. 그리고 이 유전체 속의 구형 공동의 중심에 한 분자가 있다고 하자. 이 공동은 축전기의 거시적 치수에 비하면 무시할 수 있을 정도로 작지만 분자 크기에 비하면 상당히 크다고 생각하자[그림 26-2(a)].

공동안의 전기장은 (26.4)식으로 주어지는 유전체 내에서의 전기장과 공동 기벽상의 유발 전하에 의한 전기장이 합쳐진 것이다. 그 기벽 상의 전하에 기인하는 전기장을 계산하기 위해서 그림 26-2(b)에서와 같은 편극 벡터 σ_p를 생각해 보자. 이 벡터는 z-축에 평행하며 왼쪽으로부터 오른쪽을 향하고 있다. 이 벡터의 OP선 상의 성분은 $\sigma_p \cos\theta$이다. σ_p는 수직 면상에서의 전하 밀도이지만 $\sigma_p\cos\theta$는 구표면의 (r,θ)위치에서의 전하 밀도이다. 따라서 넓이 요소 da상의 전체 전하는 $\sigma_p\cos\theta\, da$가 된다. 그리고 이 전하에 의해서 공동 중심에 생기는 전기장은 Coulomb의 법칙에 의해서 다음과 같이 주어진다.

$$\frac{\sigma_p \cos\theta\, da}{4\pi\epsilon_0 r^2}.$$

이 전기장 벡터는 선 PO의 방향을 향하고 있다. 따라서 이 벡터에다 $\cos\theta$를 곱하면 수평 성분을 얻을 수 있다.

$$\frac{\sigma_p \cos^2\theta\, da}{4\pi\epsilon_0 r^2}$$

양전하에 의한 전체 효과를 얻으려면 왼쪽 반구에 걸쳐서 적분을 해야 한다. 그리하여 $da = (r\sin\theta\, d\phi) r\, d\theta$이므로 $\phi = 0$부터 2π까지, 그리고 $\theta = 0$부터 $\frac{1}{2}\pi$까지 적분을 해야한다.

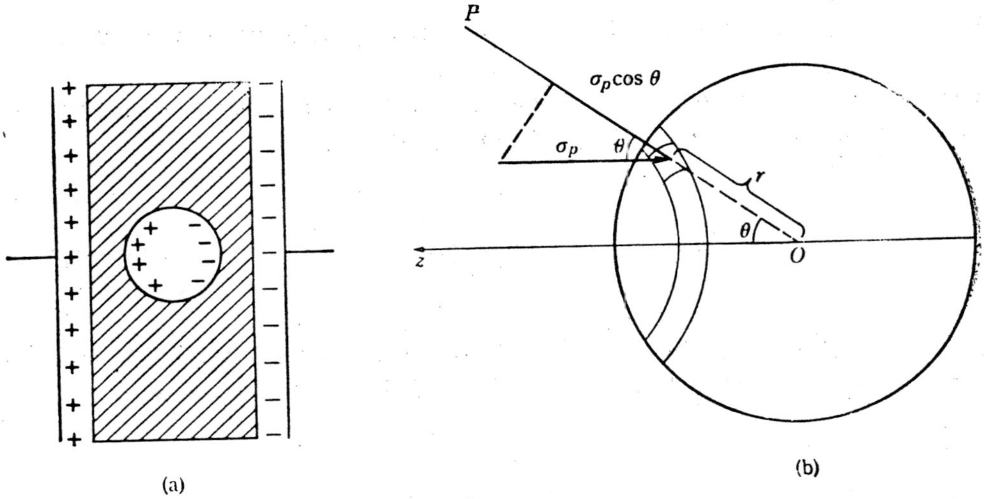

그림 26-2 유전체 안의 공동에서의 전기장 계산.

따라서,

$$\int_0^{\pi/2} \frac{\sigma_p \cos^2\theta\, r^2 \sin\theta\, d\theta}{4\pi\epsilon_0 r^2} \int_0^{2\pi} d\phi = \frac{\sigma_p}{2\epsilon_0} \int_0^{\pi/2} \cos^2\theta\, d(-\cos\theta) = \frac{\sigma_p}{6\epsilon_0}$$

오른쪽 반구상의 음전하에 의한 효과는 왼쪽 반구상의 양전하에 의한 효과와 똑같으며 같은 방향으로 작용한다. 따라서 전체 효과는 위의 값의 2배, 즉 $2\sigma_p/6\epsilon_0 = \sigma_p/3\epsilon_0$가 된다. 그리고 공동 중심에서의 전기장은 다음과 같이 된다.

$$E_{\text{cav}} = E + \frac{\sigma_p}{3\epsilon_0}$$

(26.5)식에 의하면 $E = \sigma_p/(\epsilon_r - 1)\epsilon_0$이므로 이 식은 다음과 같이 된다.

$$E_{\text{cav}} = \frac{\sigma_p}{(\epsilon_r - 1)\epsilon_0} + \frac{\sigma_p}{3\epsilon_0} = \frac{\sigma_p(\epsilon_r + 2)}{3\epsilon_0(\epsilon_r - 1)}$$

이 식을 σ_p에 대해서 풀면 다음과 같이 된다.

$$\sigma_p = \frac{3\epsilon_0(\epsilon_r - 1)E_{\text{cav}}}{\epsilon_r + 2} \tag{26.7}$$

(26.7)식은 완전히 고전 정전기학으로부터 유도된 것이며 유전체의 원자 구조나 분자 구조에는 전혀 의존하지 않는다는 것을 주목하라. 거시적 성질인 ϵ_r은 쉽게 측정할 수 있다. 즉, 이것은 유전체가 채워진 축전기의 용량과 진공에서의 이 축전기의 용량과의 비와 같다.

$$\epsilon_r = \frac{C}{C_{\text{vac}}} \tag{26.8}$$

26.3 몰편극

유전체 단위 부피당의 쌍극자 모멘트는 단위 부피속에 들어 있는 모든 분자들로부터의 기여로 이루어진다. 단위 부피의 유전체 속에 들어 있는 분자수를 $\tilde{N}$, 그리고 장에 의해서 유발되는 한 분자당의 평균 쌍극자 모멘트를 m이라고 하면 단위 부피당의 쌍극자 모멘트는 $m\tilde{N}$가 된다.

$$\sigma_p = m\tilde{N} \tag{26.9}$$

이 결과를 (26.7)식에 넣는다. 그러면

$$m = \frac{3\epsilon_0(\epsilon_r - 1)E_{cav}}{\tilde{N}(\epsilon_r + 2)} \tag{26.10}$$

이것은 m의 값을 거시적인 성질 E_{cav}와 ϵ_r로 나타내는 식이다. 이러한 관계를 얻었으므로 이제는 쌍극자 모멘트 m이 전기장의 방향으로 어떻게 생기는가 조사해 보자.

영구 쌍극자 모멘트가 없는 분자를 전기장에 놓으면 전자 구름이 양극쪽으로 약간 쏠린다. 이렇게 일그러진 분자는 쌍극자 모멘트 m을 가지며, 이것은 가해 준 전기장에 비례한다. 즉,

$$m = \alpha_0 E \tag{26.11}$$

비례 상수 α_0를 분자의 일그러짐 편극률이라고 한다. 편극률은 단위 세기의 전기장을 가하였을 때 생기는 쌍극자 모멘트와 같다.

어떠한 물질에 대해서나 다음과 같은 관계가 성립한다는 것을 보일 수 있다.

$$m = \alpha E \tag{26.12}$$

여기서 α는 그 물질의 편극률이다. 만일 이 물질이 영구 쌍극자 모멘트를 가질 경우에는 편극률이 다음과 같이 두 항의 합으로 주어진다.

$$\alpha = \alpha_0 + \alpha_\mu \tag{26.13}$$

여기서 α_0는 일그러짐 편극률이고, α_μ는 배향 편극률이다. 배향 편극률은 영구 쌍극자 모멘트가 가해진 전기장의 방향으로 배향하려는 경향 때문에 생긴다.

유전체 속의 분자에 작용하는 전기장은 E_{cav}이며, 따라서 $m = \alpha E_{cav}$이다. m에 대한 이 결과를 (26.10)식에 넣고 정리를 하면 다음과 같은 식이 나온다.

$$\frac{\epsilon_r - 1}{\epsilon_r + 2} = \frac{\tilde{N}\alpha}{3\epsilon_0} \tag{26.14}$$

한편 이 물질의 밀도를 ρ, 그리고 몰질량을 M이라고 하면 $\tilde{N} = N_A\rho/M$이 되므로 위의 식은 다음과 같이 된다.

$$\left(\frac{\epsilon_r - 1}{\epsilon_r + 2}\right)\left(\frac{M}{\rho}\right) = \frac{N_A\alpha}{3\epsilon_0} \tag{26.15}$$

이 식을 Clausius-Mosotti 식이라고 한다. 그리고 몰편극 P를 다음과 같이 정의한다.

$$P = \left(\frac{\epsilon_r - 1}{\epsilon_r + 2}\right)\left(\frac{M}{\rho}\right) \tag{26.16}$$

여기서 거시적 성질들은 쉽게 측정되므로 P를 구할 수 있다. 그러면

$$P = \frac{N_A\alpha}{3\epsilon_0} \tag{26.17}$$

α가 분자에 고유한 상수이면 P도 상수가 되며, (26.16)식은 그 물질의 유전 상수와 밀도 사이의 관계식이 된다. 뿐만 아니라 α가 분자에 고유한 성질이라면 α와 몰편극 P는 온도에 무관

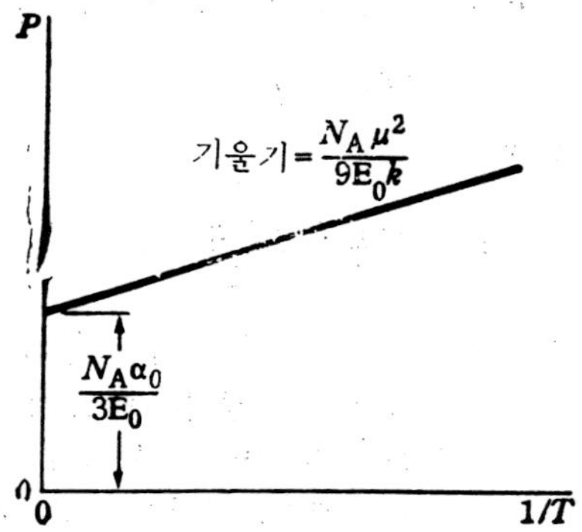

그림 26-3 $1/T$에 대한 P의 전형적인 Debye 도시.

하게 된다. 이 관계는 영구 쌍극자 모멘트가 없는 비극성 분자에 대해서 실험적으로 증명되었다.

26. 3. 1 배향 편극률

영구 쌍극자 모멘트 μ를 가진 극성 분자 여러 개를 축전기의 극판 사이에 놓았다고 하자. 전기장이 없고, 온도가 비교적 높을 때는 열운동으로 말미암아 분자들이 무질서하게 배향되므로 실효 쌍극자 모멘트가 어느 방향으로도 나타나지 않는다. 그러나 축전기의 판 사이로 전기장을 작용시키면 쌍극 분자들이 장의 방향으로 배향되므로 이 방향으로 실효 쌍극자 모멘트가 나타난다. 유발된 실효 쌍극자 모멘트를 분자수로 나눈 것이 장의 방향으로의 분자당 평균 쌍극자 모멘트 $\overline{m}$이다. 이 평균 쌍극자 모멘트는 다음과 같이 주어진다는 것을 볼 수 있다.

$$\overline{m} = \mu^2 E/3kT \tag{26.18}$$

이 식은 $\overline{m}$가 전기장 E에 비례한다는 것을 보여 준다.* 배향 편극률 α_μ는 $\overline{m} = \alpha_\mu E$로서 정의되며 (26. 18)식에 의하여 다음과 같이 주어진다.

$$\alpha_\mu = \mu^2/3kT \tag{26.19}$$

높은 온도에서는 $\overline{m}$와 α_μ가 낮은 온도에서보다 훨씬 더 작아진다. 높은 온도에서는 열운동이 커지기 때문에 장의 방향으로 배향되기가 어려워진다.

어느 분자이건 그의 전체 편극률은 (26. 13)식에 준 바와 같이 일그러짐 편극률과 배향 편극률의 합이다. 즉,

$$\alpha = \alpha_0 + \alpha_\mu = \alpha_0 + \frac{\mu^2}{3kT} \tag{26.20}$$

이 결과를 (26. 15)식에 넣으면 Debye 식이 얻어진다.

$$\left(\frac{\epsilon_r - 1}{\epsilon_r + 2}\right)\left(\frac{M}{\rho}\right) = \frac{N_A \alpha_0}{3\epsilon_0} + \frac{N_A \mu^2}{9\epsilon_0 kT} \tag{26.21}$$

이 식은 여러 온도에서 측정한 유전 상수의 값으로부터 분자의 쌍극자 모멘트를 구하는 데 이용

* 장이 세지면 $\overline{m}$가 E에 비례하지 않게 되고 포화 효과가 일어난다. 모든 분자들이 완전히 배향되면 장이 커져도 $\overline{m}$는 더 이상 커지지 않는다.

표 26-1 분자의 쌍극자 모멘트.

분 자	$\mu/10^{-30}$ C m	분 자	$\mu/10^{-30}$ C m	분 자	$\mu/10^{-30}$ C m
HF	6.37	H_2O	6.17	NH_3	4.90
HCl	3.57	H_2S	3.07	PH_3	1.83
HBr	2.67			AsH_3	0.53
HI	1.40				
CH_3F	6.04	CH_3OCH_3	4.34	C_6H_5Cl	5.67
CH_3OH	5.67	$CH_2—CH_2$ (O 고리)	6.34	C_6H_5Br	5.67
CH_3NH_2	4.20			$C_6H_5NO_2$	14.2
o-$C_6H_4Cl_2$	8.34	o-$C_6H_4(NO_2)_2$	20		
m-$C_6H_4Cl_2$	5.74	m-$C_6H_4(NO_2)_2$	13.0		
p-$C_6H_4Cl_2$	0	p-$C_6H_4(NO_2)_2$	0		

주의 : 쌍극자 모멘트의 cgs 단위는 debye 이다.

된다. 즉, 몇몇 온도에서의 ϵ_r 과 ρ 의 값으로부터 몰편극의 값(이 식의 왼쪽)을 계산한다. 그리고 이 몰편극을 온도의 역수에 대해서 도시하면 직선이 얻어진다. (26.21)식에 의하면 이 직선의 기울기가 $N_A\mu^2/9\epsilon_0 k$ 가 되고 절편이 $N_A\alpha_0/3\epsilon_0$ 가 된다. 그림 26-3은 이러한 종류의 전형적인 도시를 나타낸 것이다. 이 기울기와 절편으로부터 분자의 쌍극자 모멘트 μ 와 일그러짐 편극률 α_0 를 구할 수 있다. 표 26-1에 몇 가지 분자의 μ 값을 실었다.

26.3.2 몰굴절

유전 상수는 보통으로 교류 회로를 써서 측정한다. 축전기에 작용하는 장의 방향은 가해 주는 전위의 진동수에 맞추어서 앞뒤로 바뀐다. 이 축전기 판 사이에 하나의 극성 분자가 있다고 보자. 진동수가 과히 크지 않을 때는 이 분자가 장이 진동하는대로 제주를 넘으면서 항상 장의 방향과 일치되는 배향을 할 것이다.

그러나, 분자가 이와같이 배향을 맞추려면 유한한 시간이 걸린다. 이 시간을 완화 시간이라고 하는데, 만일 이 시간이 장의 한 주기에 비해서 아주 짧으면 분자는 쉽게 장의 방향에 따라가면서 배향할 것이다. 그러나 장의 진동수를 증가시키면 마침내 분자가 장의 방향의 변화에 맞추어 재배향할 시간이 없게 되는 점에 이르게 된다. 따라서 아주 높은 진동수에서는 분자의 배향은 장에 전혀 무관하게 되어 영구 쌍극자 모멘트가 몰편극에 기여를 하지 못하게 되고 일그러짐 편극만이 남게 된다.

높은 진동수에서는 영구 쌍극자 모멘트를 가진 분자일지라도 (26.15)식이 다음과 같이 된다.

$$\left(\frac{\epsilon_r-1}{\epsilon_r+2}\right)\left(\frac{M}{\rho}\right)=\frac{N_A\alpha_0}{3\epsilon_0} \tag{26.22}$$

진동수가 높아지더라도 전자 구름은 전기장의 변화에 충분히 따라갈 수 있을 정도로 빨리 움직이므로 일그러짐 편극은 그대로 남는다.

진동수가 10^{14} Hz 인 전자파는 광파와 맞먹는다. 따라서 이 때는 $\epsilon_r=r^2$ 임을 증명할 수 있다. 여기서 r 은 빛의 굴절률이다. 그러면 (26.22)식이 다음과 같이 된다.

$$\left(\frac{r^2-1}{r^2+2}\right)\left(\frac{M}{\rho}\right)=\frac{N_A\alpha_0}{3\epsilon_0} \tag{26.23}$$

좌변의 양을 몰굴절이라고 하며 R로 표시한다. 즉,

$$R = \left(\frac{r^2 - 1}{r^2 + 2}\right)\left(\frac{M}{\rho}\right) = \frac{N_A \alpha_0}{3\epsilon_0} \tag{26.24}$$

액체나 고체의 굴절률을 측정하면 R값을 계산할 수 있다. 그러면 (26.24)식을 (26.21)식에 대입하여 낮은 진동수에서의 유전 상수에 관한 식을 얻을 수 있다.

$$\left(\frac{\epsilon_r - 1}{\epsilon_r + 2}\right)\left(\frac{M}{\rho}\right) = R + \frac{N_A \mu^2}{9\epsilon_0 kT} \tag{26.25}$$

어떤 물질의 몰굴절은 대체로 그 물질 속에 들어 있는 전자단들의 몰굴절의 합과 같다. 예로서 NaCl의 몰굴절은 Na^+이온과 Cl^-이온의 굴절의 합이다. 나트륨의 D-선을 쓸 때의 몰굴절 몇 가지를 표 26-2에 실었다. 비활성 기체의 몰굴절은 직접 측정할 수가 있다. 염의 몰굴절로부터 개개 이온의 몰굴절을 얻으려면 적어도 어느 한 이온의 몰굴절 값을 알아야 한다. 플루오르화 이온의 몰굴절은 양자 역학적으로 정밀하게 계산할 수 있으므로, Li^+이나 Na^+이온들의 몰굴절을 그들의 플루오르화물의 몰굴절로부터 계산해낼 수 있다. 표 26-2는 이와같이 하여 얻은 것이다.

표 26-2에서 보면 특정한 전자단의 몰굴절은 핵의 전하가 클수록 작아진다. 즉, 2전자단의 몰굴절을 보면 He에서는 0.50 cm^3/mol이지만 C^{4+}에서는 0.03 cm^3/mol 밖에 안 된다. 둘째 번 줄에 있는 10전자단의 경우에는 O^{2-}가 7 cm^3/mol라는 높은 값을 갖지만 Si^{4+}에 이르면 0.1 cm^3/mol라는 낮은 값으로 떨어진다. 10전자단에서는 내부 전자껍질에 있는 두 전자가 기여하는 것이 무시될 정도로 작아진다는 것을 알 수 있다. 몰굴절은 주로 외부 껍질에 있는 8전자단에 의한 것이다. 전자가 중심 핵에 단단히 매어 있을수록 걸어주는 전기장에 의해서 덜 일그러지며, 따라서 화합물의 몰굴절에도 더 적은 기여를 하게 된다. 전자 구름이 크고 흐슨하고 그리고 또 흐트러져 있으면 장에 의해서 쉽게 일그러지며, 따라서 몰굴절이 커진다. 그렇기 때문에 몰굴절(cm^3/mol)은 대략 그 물질의 몰부피(cm^3/mol)와 비례한다.

이와 같은 생각은 공유 결합 분자에 있는 전자단에도 적용된다. 메탄의 몰굴절은 탄소와 수소 원자들을 결합시키는 4개의 동등한 전자단의 굴절에 기인된다. 즉, 탄소-수소 결합의 몰굴절은 $R_{C-H} = \frac{1}{4}R_{CH_4}$로 줄 수 있다. 따라서 에탄의 몰굴절 값으로부터 C—C결합에 대한 값을 얻을 수 있다. 즉, $R_{C_2H_6} = 6R_{C-H} + R_{C-C}$이다. 이와 같이 하면 $R_{C-H} = 1.70\ cm^3/mol$, $R_{C-C} = 1.21\ cm^3/mol$이 나오는 바, 이러한 값을 이용하면 모든 포화 탄화수소의 몰굴절이 계산된다.

몰굴절에 대한 2중 결합이나 3중 결합의 기여는 $H_2C=CH_2$나 $HC\equiv CH$의 몰굴절로부터 얻

표 26-2 이온의 몰굴절.

Ion			He	Li^+	Be^{2+}	B^{3+}	C^{4+}	
$R_D/(cm^3/mol)$			0.50	0.20	0.09	0.05	0.03	
Ion	O^{2-}	F^-	Ne	Na^+	Mg^{2+}	Al^{3+}	Si^{4+}	
$R_D/(cm^3/mol)$	7	2.5	1.00	0.50	0.29	0.17	0.1	
Ion	S^{2-}	Cl^-	Ar	K^+	Ca^{2+}	Sc^{3+}	Ti^{4+}	Zn^{2+}
$R_D/(cm^3/mol)$	15	8.7	4.20	2.2	1.35	1.0	0.7	0.3
Ion	Se^{2-}	Br^-	Kr	Rb^+	Sr^{2+}	Y^{3+}	Zr^{4+}	Cd^{2+}
$R_D/(cm^3/mol)$	16.3	12.2	6.37	3.6	2.3	2.6	2.0	2.4
Ion	Te^{2-}	I^-	Xe	Cs^+	Ba^{2+}	La^{3+}	Ce^{4+}	Hg^{2+}
$R_D/(cm^3/mol)$	24.4	18.5	10.42	6.3	4.3	4.0	3.1	5.0

C.P. Smyth, *Dielectric Behavior and Structure*. New York: McGraw-Hill, 1955에서 인용함.

표 26-3 전자단의 몰굴절.

원 자 단	R_D/(cm³/mol)	원 자 단	R_D/(cm³/mol)	원 자 단	R_D/(cm³/mol)
H — H	2.08	H—Ö—H	3.76	C—Ö—C	2.85
C — H	1.70				
C — C	1.21				
C = C	4.15	C—Ö—H	3.23	C = Ö	3.42
C ≡ C	6.03				

C.P. Smyth, *Dielectric Behavior and Structure*, New York: McGraw-Hill, 1955에서 인용함.

을 수 있다. 표 26-3은 몇 가지 화학 결합에 대한 몰굴절 값이다. 탄소-탄소 결합에서는 단일, 2중, 3중으로 결합 차수가 늘어남에 따라서 몰굴절이 증가함을 볼 수 있다. 이것은 π결합을 하는 전자들은 단일 결합에서보다 흐슨하기 때문이다. 이 표에서 산소를 포함한 원자단의 값을 보면 산소가 붙은 방식에 따라서 그 값이 다르다. 즉, 산소의 비결합 전자쌍 2개와 결합 전자쌍은 케톤, 에테르 및 알코올에서 각각 상이한 몰굴절을 나타낸다.

간단한 화합물에서는 원자단의 몰굴절의 합과 화합물의 몰굴절이 잘 일치한다. 짝이중 결합이 있는 경우는 예상한 것보다 높은 몰굴절을 가지므로 곤란하다. 짝이중 결합계에서는 π-결합의 전자가 분자 전체 속을 자유로이 돌아다닐 수 있다. 따라서 이 전자들은 보다 더 "흐슨"하며 쉽게 일그러진다. 몰굴절에 대한 이와 같은 가외의 기여를 "상승 효과"라고 한다.

26.4 분자간 힘

지금까지 편극률이나 쌍극자 모멘트와 같은 성질을 얻는 방법을 설명했으니 인제는 분자간 힘의 문제로 돌아가 보자. 두 극성 분자가 적당한 배열을 하면 양극 끝과 음극 끝 사이에 상호 인력이 생긴다. 뿐만 아니라 한 극성 분자는 다른 극성 분자의 전자 구름을 일그러뜨려서 쌍극자 모멘트를 유발시키는데, 이 효과에 의해서도 분자간의 상호 인력이 생긴다. 극성 분자에 대해서는 이와 같은 상호 인력을 근거로 하는 순수한 정전기 이론을 이용하더라도 분자간 힘을 다룰 수 있다.

두 쌍극자간에 작용하는 에너지를 계산하기 위하여, 그림 26-4에서처럼 두 쌍극자 끝이 접근한다고 생각해 보자. 쌍극자 끝의 전하를 q, 전하 사이의 거리를 a라고 하자. 왼쪽 쌍극자를 좌표축의 원점에 고정시키는데, 이 쌍극자에 의해서 전기장 E가 생긴다고 하자. 정의에 의하면 어느 한 점에서의 전기장이란 그 점에 있는 단위 양전하에 미치는 힘이다. $+q$와 $-q$의 두 전하를 하나씩 첫째 번 쌍극자로부터 r만큼 떨어진 자리로 갖고 와서 둘째 번 쌍극자를 형성시켜 보자. 전하 $-q$를 무한 원점으로부터 r점까지 가져오는 데 필요한 일은 이 전하에 미치는 힘 $E(-q)$와 이동한 거리 $-dr$을 곱하여 적분한 것이다. 즉, $\int_\infty^r E(-q)(-dr)$이다. 마찬가지로 전하 $+q$를 무한 원점으로부터 $r+a$점까지 가져오는 데 필요한 일은 $\int_\infty^{r+a} E(+q)(-dr)$이다. r점에 있는 쌍극자의 전체 퍼텐셜 에너지는 이들 두 적분의 합이다. 즉,

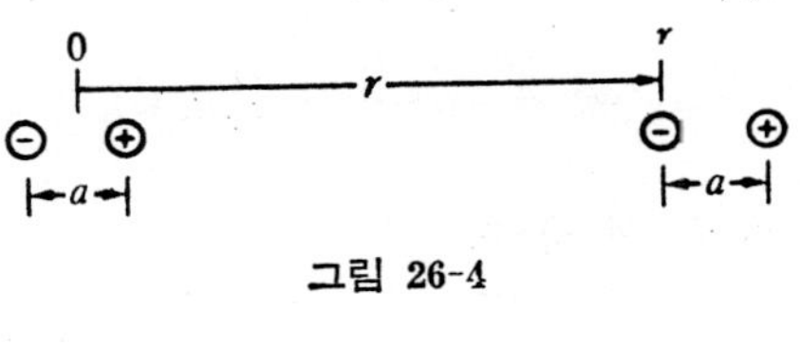

그림 26-4

$$W=\int_{\infty}^{r} Eq\,dr-\int_{\infty}^{r+a} Eq\,dr=-\int_{r}^{\infty} Eq\,dr+\int_{r+a}^{\infty} Eq\,dr$$

여기서 둘째 번 식은 적분의 상하한을 교환했기 때문에 부호가 변한 것이다. 첫째 번 적분을 두 항으로 나누어 쓰면 다음과 같이 된다.

$$W=-\left[\int_{r}^{r+a} Eq\,dr+\int_{r+a}^{\infty} Eq\,dr\right]+\int_{r+a}^{\infty} Eq\,dr=-\int_{r}^{r+a} Eq\,dr$$

$a \to 0$인 극한에서는 적분 영역에서 Eq의 양이 일정하므로 $W=-Eqa$가 된다. 그런데 쌍극자 모멘트는 $m=qa$이다. 따라서

$$W=-Em \tag{26.26}$$

여기서 W는 모멘트가 m인 쌍극자가 다른 쌍극자에 기인하는 전기장 E 속에서 받는 퍼텐셜 에너지이다.

정전기학적으로 볼 때, 전하가 일정한 거리를 떨어져 있는 고전적 쌍극자에 대해서는 (26.26)식이 옳다. 그러나 분자의 경우는 그렇게 간단치가 않다. 영구 쌍극자 모멘트 μ를 가지고 공간에서 일정한 배향을 하고 있는 분자 1에 분자 2가 접근한다고 하자. 분자 1에 대한 분자 2의 쌍극자 축의 배향은 완전히 임의이다. 분자 1에 의해서 생긴 전기장은 분자 2에 미쳐서 쌍극자 모멘트를 유발시킨다. 유발된 모멘트는 영구 쌍극자 모멘트가 일그러지거나 배향됨으로써 생길 수도 있다. 어느 경우나 유발 모멘트는 전기장의 방향으로 놓이게 된다. 분자 1의 전기장 E_1에 의해서 유발되는 분자 2의 유발 모멘트 m_2는 다음과 같다.

$$m_2=\alpha_2 E_1 \tag{26.27}$$

여기서 α_2는 분자 2의 편극률이다[(26.12)식과 비교하라].

쌍극자 모멘트를 유발시키려면 전하 q를 거리 a만큼 이동시켜야 하며, 이 과정에서 한 일의 요소 dW'은 힘 E_1q에다 움직인 거리 da를 곱한 것과 같다. 즉, $dW'=E_1q\,da$이다. 그리고 $m_2=qa$이므로 $dm_2=q\,da$이다. 따라서

$$W'=\int dW'=\int_0^{m_2} E_1\,dm_2$$

또 (26.27)식에 의하면 $E_1=\dfrac{m_2}{\alpha_2}$이다. 따라서,

$$W'=\int_0^{m_2}\frac{m_2}{\alpha_2}\,dm_2=\frac{m_2^2}{2\alpha_2}$$

(26.27)식을 이용하면 이 식을 E_1의 함수로 나타낼 수 있다. 즉,

$$W'=\frac{1}{2}\alpha_2 E_1^2 \tag{26.28}$$

분자 1의 전기장에 있는 분자 2의 전체 에너지는 (26.26)식으로 주어지는 위치에 의존되는 퍼텐셜 에너지와 (26.28)식으로 주어지는 일그러짐이나 배향에 의한 에너지의 합과 같다. 즉,

$$W_2=-E_1 m_2+\frac{1}{2}\alpha_2 E_1^2$$

이 식은 (26.27)식에 의해서 다음과 같이 된다.

$$W_2 = -\alpha_2 E_1^2 + \frac{1}{2}\alpha_2 E_1^2 = -\frac{1}{2}\alpha_2 E_1^2$$

분자 2의 전기장에 있는 분자 1의 에너지도 역시 마찬가지 형식인 $W_1 = -\frac{1}{2}\alpha_1 E_2^2$ 으로 나타낼 수 있다. 따라서 한 분자당의 작용 에너지 W_i 는 다음과 같은 합으로 주어진다.

$$W_i = \frac{1}{2}(W_1 + W_2) = -\frac{1}{4}\alpha_1 E_2^2 - \frac{1}{4}\alpha_2 E_1^2$$

분자들이 같은 종류이면 $\alpha_1 = \alpha_2 = \alpha$ 이고 $E_1 = E_2 = E$ 이다. 따라서

$$W_i = -\frac{1}{2}\alpha E^2 \qquad (26.29)$$

α와 E^2은 양이므로 상호 작용 에너지는 음이다. 분자는 $r = \infty$($r = \infty$ 에서는 $E = 0$)에서 보다 거리 r에서 더 낮은 에너지를 갖는다. 이 낮은 에너지는 상호 영향 때문에 분자들이 서로 끌어당기고 있음을 뜻한다.

끝으로 또 하나의 어려운 점은 전기장이 두 분자의 접근하는 각도에 의존한다는 것이다. E^2을 접근할 수 있는 모든 각도에 대해서 평균하면 $\langle E^2\rangle = 2\mu^2/(4\pi\epsilon_0)^2 r^6$ 이 된다. 이 $\langle E^2\rangle$의 값을 (26.29)식에 넣으면 다음 결과가 나온다.

$$W_i = -\frac{\alpha\mu^2}{(4\pi\epsilon_0)^2 r^6} \qquad (26.30)$$

그러나 (26.20)식에 의하면 $\alpha = \alpha_0 + \mu^2/3kT$ 이다. 따라서

$$W_i = -\frac{\mu^2}{(4\pi\epsilon_0)^2 r^6}\left(\alpha_0 + \frac{\mu^2}{3kT}\right) \qquad (26.31)$$

여기서 처음 항은 한 분자의 전자 구름이 다른 분자의 영구 쌍극자 모멘트에 의해서 일그러지기 때문에 생기는 인력을 나타내며, 다음 항은 한 분자의 영구 쌍극자 모멘트의 배향이 다른 분자의 전기장에 의해서 유발되기 때문에 생기는 인력을 나타낸다. W_i의 크기 정도는 쉽게 추산할 수 있다. $\mu \approx 3 \times 10^{-30}$ C m, $\alpha \approx 10^{-40}$ C m²/V, $4\pi\epsilon_0 \approx 10^{-10}$ C V/m 이고, 분자들이 서로 밀접했을 때는 $r \approx 10^{-10}$ m 이다. 그리하여 (26.30)식으로부터 다음 결과가 나온다.

$$W_i \approx -\frac{(10^{-40}\text{ C m}^2/\text{V})(3\times 10^{-30}\text{ C m})^2}{(10^{-10}\text{ C/V m})^2(10^{-10}\text{ m})^6} = -9\times 10^{-20}\text{ J} \approx -50\text{ kJ/mol}$$

이것은 액체의 증발 에너지와 크기 정도가 같으므로, 이것은 액체의 응집 에너지를 설명해 주는 좋은 방법이라고 볼 수 있다.

26.4.1 분산 에너지

26.4절에서 분자간 힘을 취급했을 때는 분자가 영구 쌍극자 모멘트를 가졌다는 것을 전제로 했었다. 이 절에서는 H_2, CH_4 또는 아르곤처럼 영구 쌍극자 모멘트가 없는 두 분자 사이에는 어떻게 해서 상호 인력이 작용하는가를 생각해 보려고 한다. 이 문제에 관해서는 F. London이 처음으로 고찰을 했으며, 그리하여 이러한 종류의 힘을 London 힘 또는 분산 힘이라고도 한다.

물리적 현상을 알아보기 위해서 헬륨이나 아르곤같은 비활성 기체 원자를 생각해 보자. 전자는 양전하핵 주위에 구형으로 분포되어 있기 때문에 실효 쌍극자 모멘트는 없다. 그러나 이러한 전자 분포는 시간에 대한 평균값이다(19.12절을 보아라). 핵에 대해서 상대적인 운동을 하는 전

자들의 위치를 시간에 대해서 평균하면 구형의 전자 구름이 나오기는 하지만, 어떤 임의의 한 순간에서는 원자가 양전하와 음전하로 분리되어 쌍극자 모멘트를 갖는다. 이러한 운동이 계속되면 쌍극자 모멘트 벡터의 배향이 계속적으로 변하여 평균 쌍극자 모멘트가 영이 된다.

이러한 원자 둘을 서로 가까이 가져오면 각 원자는 순간적 쌍극자를 가지며, 이들 순간적 쌍극자 사이에 전기적 인력이 미치도록 두 원자의 전자들이 짝지워져서 운동하게 된다. 즉, 두 원자의 전자 운동이 동조되어 순간적 쌍극자 사이에 계속해서 인력이 미치게 되고, 따라서 계의 에너지가 낮아진다. 이 작용 에너지는 다음과 같이 주어진다.

$$U_d = -\frac{3}{4}h\nu_0\left(\frac{\alpha_0}{4\pi\epsilon_0}\right)^2\left(\frac{1}{r^6}\right) \tag{26.32}$$

대부분의 간단한 분자에서는 $h\nu_0$의 값이 그 분자의 이온화 에너지와 같다. 편극률 α_0는 액체의 몰굴절로부터 계산할 수 있다.

α_0 값은 분자 부피에 비례한다. 따라서 작은 분자보다 큰 분자의 분산 에너지가 더 크다. 큰 요오드 분자와 작은 플루오르 분자를 비교해 보면 상온에서 요오드는 고체이나 플루오르는 기체이다. 이것은 요오드에서의 분자간 힘이 플루오르에서의 분자간 힘보다 크다는 것을 의미한다. $h\nu_0$의 값들도 약간은 다르지만 이 영향은 커다란 분자 부피의 영향에 비하면 근소하다. 일반적으로 쌍극자 모멘트를 갖는 분자의 경우에도 분자간 작용은 주로 분산 에너지에 의해서 좌우된다. 어떤 분자에서나 한 쌍의 분자 사이의 상호 작용 에너지 U_i는 (26.31)식과 (26.32)식의 합이 된다.

$$U_i = -\frac{2\mu^2\alpha_0}{(4\pi\epsilon_0)^2 r^6} - \frac{2\mu^4}{3(4\pi\epsilon_0)^2 kTr^6} - \frac{3\alpha_0^2 h\nu_0}{4(4\pi\epsilon_0)^2 r^6} \tag{26.33}$$

★ 26.5 상호 작용 에너지와 van der Waals 상수 "*a*"

이제까지 설명한 인력은 분자간 거리 r의 6승에 반비례하므로 (26.33)식을 다음과 같은 형식으로 쓸 수 있다.

$$U_i = -A/r^6 \tag{26.34}$$

여기서 A는 비례 상수로서 분자의 종류에 따라서 값이 다르다. 에너지 U_i는 r만큼 떨어진 한 쌍의 분자 사이에 작용하는 에너지이다. 기체에서는 분자 사이의 거리가 모두 다르다. 그러면 기체의 모든 분자간에 작용하는 평균 에너지에는 얼마나 될까?

이 문제를 풀기 위해서 반지름이 R이고 부피가 $v = 4\pi R^3/3$인 구형 용기의 중심에 있는 분자를 생각해 보자. 이 용기 속에 N개의 분자가 있으면 단위 부피당의 분자수는 $\tilde{N}$이다. 몇 개의 분자가 중심 분자로부터 r 내지 $r+dr$ 사이에 있을 것인가? 반지름이 r와 $r+dr$인 2개의 구로 둘러싸인 구각의 부피는 $dV_{shell} = 4\pi r^2 dr$이고 이 구각 속에 있는 분자수는 $dN = (\tilde{N})4\pi r^2 dr$이다. 이 분자들과 중심에 있는 분자의 작용 에너지는 $U_i dN$이고, 중심의 분자와 다른 모든 분자와의 평균 작용 에너지는 다음과 같다.

$$\langle U_i \rangle = \int U_i \, dN/N$$

(26.34)식의 U_i를 넣고 dN값을 넣으면 다음과 같이 된다.

$$\langle U_i \rangle = -\frac{4\pi A\tilde{N}}{N}\int_\sigma^R \frac{dr}{r^4} = \frac{4\pi A\tilde{N}}{3N}\left(\frac{1}{R^3} - \frac{1}{\sigma^3}\right) \tag{26.35}$$

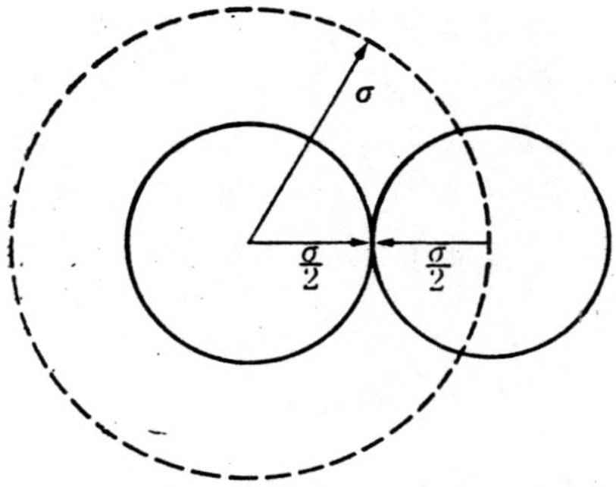

그림 26-5 배제된 부피.

여기서 하한 σ는 분자가 가장 가까이 접근했을 때 두 분자의 중심 사이의 거리, 즉 분자 지름이다(그림 26-5).

어느 경우에서나 그릇의 반지름 R은 σ보다 훨씬 크므로 (26.35)식은 다음과 같이 된다.

$$\langle U_i \rangle = -\frac{4\pi A\tilde{N}}{3\sigma^3 N} \tag{26.36}$$

이것이 기체에서 분자 한 쌍 당의 평균 상호 작용 에너지이다. 여기에다 분자쌍의 수를 곱하면 전체 상호 작용 에너지가 얻어진다. 분자수가 N이면 한 쌍 중의 처음 분자 하나를 취하는 방법수는 N이고 다음 분자를 취하는 방법수는 $N-1$이므로 분자쌍의 수는 $N(N-1)$이 된다. 그런데 N은 아주 크므로 $N(N-1)$은 N^2과 실질적으로 같다. 그러나 이처럼 쌍의 수를 세면 a와 b분자의 쌍과 b와 a 분자의 쌍이 다 세지게 되므로 2로 나누어서 $\frac{1}{2}N^2$을 취해야 한다. 그리하여 전체 상호 작용 에너지는 다음과 같이 된다.

$$U = \frac{1}{2}N^2\langle U_i \rangle = -\frac{2\pi N\tilde{N}A}{3\sigma^3}$$

몰당 에너지는 $\overline{U} = N_A U/N = -2\pi N_A \tilde{N}A/3\sigma^3$이고 몰당 부피는 $\overline{V} = N_A/\tilde{N}$이다. 따라서

$$\overline{U} = -\frac{2\pi N_A^2 A}{3\sigma^3 \overline{V}} \tag{26.37}$$

이것을 미분하면 다음과 같이 된다.

$$\left(\frac{\partial \overline{U}}{\partial \overline{V}}\right)_T = \frac{2\pi N_A^2 A}{3\sigma^3 \overline{V}^2} \tag{26.38}$$

문제 10.1은 van der Waals 기체에 대해서 $(\partial\overline{U}/\partial\overline{V})_T = a/\overline{V}^2$이 된다는 것을 증명하라는 것이다. 이 결과를 (26.38)식과 비교하면 van der Waals 상수 a가 다음과 같이 주어진다.

$$a = \frac{2\pi N_A^2 A}{3\sigma^3} \tag{26.39}$$

(26.38)식의 꼴은 실제로 van der Waals 식에서 $q/\overline{V}^2$항의 꼴이 타당하다는 것을 뒷받침하는 것이다. van der Waals의 a는 상호 작용 에너지의 계수 A에 비례한다. (26.33)식과 (26.34)식을 비교해 보면, 분자가 영구 쌍극자 모멘트를 갖는 경우는 A가 온도에 의존한다는 것을 알

수 있다. 따라서 a를 온도에 의존하게 취하면 van der Waals식이 상당히 개선될 것이다.

van der Waals의 b는 분자의 부피 따라서 σ에 의존한다는 사실까지도 살펴보자. 그림 26-5에서 보면 한 분자의 중심은 다른 분자의 중심에 σ보다 더 가까이 접근할 수 없다. 따라서 한 분자는 부피 $v_x = 4\pi\sigma^3/3$을 배제한다. 만일 분자를 한 개씩 그릇에 넣는다면 처음 분자가 차지할 수 있는 부피는 $\bar{V}$이고 다음 분자가 차지할 수 있는 부피는 $\bar{V} - v_x$이다. 그리고 i째 번 분자가 차지할 수 있는 부피 v_i는 $v_i = \bar{V} - (i-1)v_x$이다. 따라서 평균적으로 차지할 수 있는 부피는 $\bar{V} - b = (\sum v_i)/N_A$이다. 그런데 $(\sum v_i)/N_A = \bar{V} - \frac{1}{2}N_A v_x$라는 관계는 곧 증명이 된다. 따라서,

$$b = \frac{1}{2}N_A v_x = \frac{2}{3}\pi N_A \sigma^3 \tag{26.40}$$

그러나 분자의 부피는 $v_m = \frac{4}{3}\pi(\sigma/2)^3 = v_x/8$이다. 따라서,

$$b = \frac{1}{2}N_A(8v_m) = 4N_A v_m \tag{26.41}$$

$N_A v_m$은 분자들의 부피이므로 b는 분자들의 부피의 4배가 된다. (26.40)식을 써서 (26.39)식의 σ^3을 b로 바꾸면 다음과 같이 된다.

$$a = \frac{4\pi^2 N_A^3 A}{9b} \tag{26.42}$$

(26.40)식에 의해서 분자 지름 σ로부터 b를 계산할 수 있다. 그리고 A를 알면 (26.42)식을 써서 상수 a를 계산할 수 있다.

26.6 상호 작용의 법칙

van der Waals식이 p-V-T 데이터를 설명하는 데 특별히 좋은 것이 아니라는 점을 생각하면 상수 a와 b의 계산이 가능하게 되었다는 것도 별로 실속이 없는 성과에 지나지 않을런지 모른다. 그러나 여기에서는 사용한 방법이 더 중요하다. 즉, 두 분자의 상호 작용 에너지로부터 어떻게 해서 거시적인 상수 a와 b를 구하는가를 알게 되면 van der Waals식보다 더 정밀한 상태 방정식을 얻을 수 있는 세련된 안목을 얻을 수도 있을 것이다. 이러한 안목을 못 얻더라도 van der Waals상수를 외관상 아무 관계도 없는 것같은 굴절률, 유전 상수, 분자의 이온화 퍼텐셜 등의 성질로부터 계산할 수 있다는 것은 큰 성과이다.

두 분자 사이의 상호 작용 에너지를 거리의 함수로 볼 때 먼 거리에서의 에너지는 r의 값이 σ가 될 때까지 $1/r^6$에 따라서 감소한다. 그러나 $r \leq \sigma$에서는 무한히 큰 양수로 된다. 그림 26-6(a)의 수직선은 이 관계를 나타낸 것이다. 이러한 꼴의 상호 작용 에너지는 분자가 지름 σ인 "강체 구"라고 가정했기 때문에 나온 것이다.

분자 주위의 확산된 전자 구름을 생각할 때 분자가 일정한 지름을 갖는 구처럼 행동한다고는 생각하기 어렵다. 분자의 전자 구름이 상대방의 영역으로 서로 침투하기 시작하면 점차적으로 분자간에 반발이 생기기 시작한다. 이러한 반발 에너지는 여러 가지 상이한 수식으로 표시되고 있다. 가장 잘 쓰이는 식은 $1/r^n$에 비례하는 항으로 표시한 것이다. 여기서 n은 큰 정수이다. 그러면 전체 상호 작용 에너지가 다음과 같이 표시된다.

$$U_i = -\frac{A}{r^6} + \frac{B}{r^n} \tag{26.43}$$

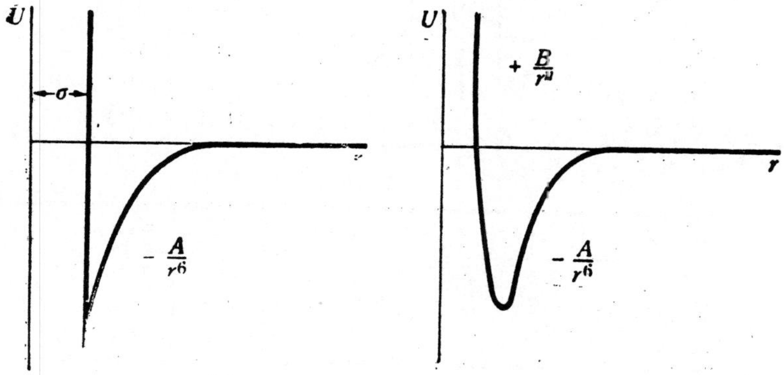

(a) (b)

그림 26-6 분자간 거리의 함수로 나타낸 상호 작용 에너지.
(a) van der Waals 퍼텐셜. (b) Lennard-Jones 퍼텐셜.

이와 같은 상호 작용 법칙을 Lennard-Jones 퍼텐셜이라고 한다. 실제로는 $n=12$로 취하는 것이 편리하며, 이것을 6-12 퍼텐셜이라고도 한다. 그림 26-6(b)는 이러한 Lennard-Jones 퍼텐셜의 모양을 나타낸 것이다.

쌍극자-4 극자 상호 작용에 대한 $1/r^8$의 인력항이라든가 또는 더 높은 다극자들의 상호 작용에 대한 고차의 인력항들을 더해서 상호 작용 에너지를 수정해 줄 수 있다. 이러한 고차항이 나타나는 것은 분자 쌍극자에서의 양전하와 음전하간의 거리가 무한소가 아니고 유한한 값이 되기 때문이다. 이 고차항이 상호 작용 에너지에 기여하는 정도는 비교적 작다.

26.7 상호 작용 에너지에 대한 기여의 비교

26.1 절에서 물질의 끓는점은 분자 사이에 상호 작용하는 에너지에 대한 정성적인 척도가 된다는 것을 배웠다. 상호 작용 에너지는 세 가지의 기여로 이루어지고 있다.

1. 분자의 영구 쌍극자 모멘트의 상호 작용에 의해서 생기는 배향 효과.
2. 한 분자의 유발 쌍극자 모멘트와 다른 분자의 영구 쌍극자 모멘트와의 상호 작용에 의해서 생기는 일그러짐 효과.
3. 두 분자의 전자 운동이 동조되어서 순간적 쌍극자 모멘트가 분자간에 인력을 미치도록 배향되기 때문에 생기는 분산 효과.

우선 영구 쌍극자 모멘트가 없는 분자의 상호 작용 에너지와 끓는점을 비교해 보자. 상호 작용 에너지는 분산 효과에 의한 것 뿐이며, 따라서 이것은 (26.32)식에 의해서 편극률 α_0와 $h\nu_0$에 의존한다. $h\nu_0$는 가장 호슨하게 결합된 전자의 결합 에너지라고 할 수 있다. 대부분의 분자에서는 $h\nu_0 \approx 10\,\text{eV} \approx 1\,\text{M J/mol}$이며 분자에 따라서 그렇게 달라지지 않는다. 따라서 앞으로 논의할 분자들은 모두 이 값이 같다고 가정한다. 표 26-4는 영구 쌍극자 모멘트를 갖지 않은 몇 가지 간단한 분자의 전자수 N과 편극률 α_0와 그리고 끓는점 T_b를 나타낸 것이다. 예측한 바와 같이 끓는점은 α_0값에 따라서 증가한다. 전자가 많은 원자일수록 그 전자 구름은 크고 느슨하며, 전기장에서 쉽게 일그러진다. 따라서 편극률이 크며, 그리하여 상호 작용 에너지가 커지고 끓는점이 높아진다.

표 26-4

분 자	He	Ne	Ar	Kr	Xe
N	2	10	18	36	54
$\alpha_0/(10^{-40}\ \mathrm{C\ m^2/V})$	0.226	0.436	1.81	2.74	4.46
T_b/K	4.216	27.3	87.3	119.9	165.1

표 26-5

분 자	H_2	N_2	O_2	CH_4	C_2H_6	C_3H_8
N	2	14	16	10	18	26
$\alpha_0/(10^{-40}\ \mathrm{C\ m^2/V})$	0.90	1.91	1.72	2.9	5.0	7.1
T_b/K	20.4	77.3	90.2	111.7	184.5	231

표 26-6

분 자	이 소 부 탄	이소부틸렌	트리메틸아민
화 학 식	$(CH_3)_3CH$	$(CH_3)_2C{=}CH_2$	$(CH_3)_3N$
$\alpha_0/(10^{-40}\ \mathrm{C\ m^2/V})$	9.30	9.30	8.99
$\mu/10^{-30}\ \mathrm{C\ m}$	0.440	1.63	2.23
T_b/K	263	267	278

표 26-7

분 자	프 로 판	디메틸에테르	산화에틸렌
화 학 식	$(CH_3)_2CH_2$	$(CH_3)_2O$	C_2H_4O
$\alpha_0/(10^{-40}\ \mathrm{C\ m^2/V})$	7.1	6.7	5.8
$\mu/10^{-30}\ \mathrm{C\ m}$	0.28	4.34	6.34
T_b/K	231	248	284

표 26-8

	디클로로벤젠			디니트로벤젠		
	파 라	메 타	오르토	파 라	메 타	오르토
$\mu/10^{-30}\ \mathrm{C\ m}$	0	5.74	8.34	0	13.0	20
T_b/K	446	445	453	572(subl)	576	592

일반적으로 전자를 많이 가진 분자일수록 전자 구름은 크고 흐슨하게 결합되어 있다. 크고 흐슨한 전자 구름은 쉽게 일그러지므로 편극률, 분산 에너지 및 끓는점이 모두 크다. 이에 대한 예로서 $\mu=0$인 분자 몇 가지의 것을 표 26-5에 실었다. 이 표에서 탄화수소의 끓는점이 분자량이 증가함에 따라서 높아지고 있는데, 이것은 물론 큰 질량에 직접적인 관계가 있는 것이 아니고 전자의 수가 크기 때문인 것이다.

다음에는 영구 쌍극자 모멘트의 영향을 조사해 보기 위해서 표 26-6에 소개한 바와 같은 전자수가 대략 비슷하고 따라서 α_0가 대략 비슷한 작은 분자들을 생각해 보자. 이소부틸렌과 트리메틸아민은 쌍극자 모멘트를 갖기 때문에 끓는점이 약간 높다. 쌍극자 모멘트가 대단히 크지 않는 한 그 영향은 대단치 않다. 보통 크기의 분자에서 높은 쌍극자 모멘트가 나타내는 영향은

표 26-7에 실은 화합물을 가지고 알아볼 수 있다. 이 화합물들은 편극률이 대략 같지만, 쌍극자 모멘트가 크고 따라서 끓는점이 큰 영향을 받는다.

분자가 아주 크면(많은 전자를 가지면) 표 26-8에서 보는 바와 같이 쌍극자 모멘트의 유무가 끓는점에 별로 큰 영향을 주지 않는다. 세 디클로로벤젠은 α_0의 값이 모두 17×10^{-40} C m²/V 이며, 세 디니트로벤젠은 모두 $\alpha_0 = 21 \times 10^{-40}$ C m²/V 이다. 이와 같이 큰 분자에서는 분산 작용이 응집력에서 가장 중요한 비중을 차지한다. 디클로로벤젠에서는 쌍극자 모멘트의 유무가 끓는점에 거의 영향을 미치지 않으며, 디니트로벤젠의 경우에는 쌍극자 모멘트가 0으로부터 20×10^{-30} C m로 커지지만 끓는점은 다만 20 K 밖에 변하지 않는다. 이 결과는 μ가 0으로부터 6.34×10^{-30} C m로 증가함에 따라서 끓는점이 53 K나 달라지는 프로판과 산화에틸렌의 경우와 좋은 대조가 된다.

분자가 크고 복잡해지면 쌍극자 모멘트의 유무가 상호 작용 에너지에 별로 영향을 주지 않는다. 큰 분자에서는 상호 작용 에너지에 영향을 미치려면 쌍극자 모멘트가 매우 커야 한다.

26.7.1 플루오르화수소, 물, 알코올, 아민

작은 분자로 돌아가서 에틸알코올을 생각해 보자.

$$\alpha = 5.8 \times 10^{-40}\ \mathrm{C\,m^2/V} \qquad \mu = 5.67 \times 10^{-30}\ \mathrm{C\,m}$$

디메틸에테르와 산화에틸렌의 끓는점으로 보아서 이 알코올의 끓는점은 이들의 중간값, 즉 284 K 보다 다소 아래의 값이 될 것으로 예상된다. 그러나 실제값은 약 70 K나 높은 352 K이다. 또 $\alpha_0 = 0.9 \times 10^{-40}$ C m²/V, $\mu = 6.37 \times 10^{-30}$ C m인 HF를 비교해 볼 수도 있다. HF는 산화에틸렌과 같은 μ값을 가지며 α_0가 좀 낮으므로 284 K보다 아래에서 끓을 것이 예상되나 실제로는 291 K에서 끓는다. 물과 암모니아도 마찬가지다. 몇 가지 화합물의 성질을 표 26-9에 실었다. 표 26-9에서 산화에틸렌과 그 왼편에 있는 화합물들을 비교하면 모두가 284 K보다 낮은 끓는점을 가질 것으로 예상된다. 메탄과 네온은 이 예상과 맞는다. 암모니아는 끓는점이 약간 낮지만 예상한 만큼 낮지는 않다. 물은 산화에틸렌보다 90 K 위에서 끓는다 NH_3, HF, H_2O는 매우 작은 분자이므로, 상호 작용 에너지의 이러한 증가는 아주 가까운 거리에서는 쌍극자-쌍극자 작용에 기인될 것이라고 생각할 수 있다. 그러나 실제로는 그렇지가 않으며, 표 26-10에서 보는 바와 같이 비교적 크기가 같은 플루오르화메틸과 메틸알코올이 이 사실을 잘 나타내고 있다. 메틸알코올은 α_0와 μ값이 낮으므로 낮은 끓는점을 가져야 하는 데도 불구하고 실제로는 143 K가 더 높다. 마지막 예로서 디메틸에테르와 에틸알코올을 들어보자. 표 26-11에 보인 것처럼 이 분자들은 대략 크기가 같으나 에틸알코올의 끓는점이 약 100 K나 더 높다.

OH, NH, NH_2 등의 원자단을 포함한 분자들은 대부분이 쌍극자 모멘트와 편극률로부터 예측한 것보다 높은 끓는점을 갖는다. 플루오르화물 중에서는 HF만이 이와 같은 비정상성을 가지며 나머지 플루오르화물은 정상적이다.

표 26-9

분　자	네　온	메　탄	암모니아	물	플루오르화 수 소	산화에틸렌
화 학 식	Ne	CH_4	NH_3	H_2O	HF	C_2H_4O
$\alpha_0/(10^{-40}$ C m² V)	0.436	2.88	2.60	1.77	0.89	5.8
$\mu 10^{-30}$ C m	0	0	4.87	6.17	6.37	6.34
T_b/K	27.3	111.7	240	373	293	284

표 26-10

화 학 식	CH_3F	CH_3OH
$\alpha_0/(10^{-40}\,C\,m^2/V)$	4.27	3.3
$\mu/10^{-30}\,C\,m$	6.04	5.67
T_b/K	195	338

표 26-11

화 학 식	CH_3OCH_3	C_2H_5OH
$\alpha_0/(10^{-40}\,C\,m^2/V)$	6.7	5.18
$\mu/10^{-30}\,C\,m$	4.34	5.67
T_b/K	248	352

26.8 수소 결합

히드록실기, 아미노기, 이미노기 등의 원자단을 포함한 분자가 비정상적인 끓는점을 갖는 것은 van der Waals 상호 작용 에너지 이외에 다른 상호 작용 에너지가 있음을 뜻한다. 이 가외의 상호 에너지는 van der Waals 상호 작용 에너지와 비슷하게 20 내지 40 kJ/mol 정도이다. 이 가외의 상호 에너지는 두 메탄올 분자를 예로 들 경우 두 산소 원자 사이에 약한 결합이 이루어지기 때문이다. 결합된 두 산소 원자 사이에는 수소 원자가 끼어 있다. 이러한 결합을 수소 결합이라고 하며 보통 O…H—O와 같은 구조 표시를 한다. 수소 결합은 전기 음성도가 아주 큰 두 원자 사이에서 이루어질 수 있다. 따라서 수소 결합은 플루오르, 산소 및 질소에 한정되며, F—H…F, O—H…O, N—H…N과 같은 꼴이라든가 또는 N—H…O 등과 같은 꼴로 되어 있다. S와 Cl에서는 수소 결합의 영향이 아주 작다.

지금까지 수소 결합의 안정성을 설명하려고 많은 노력들을 하였지만 그 근본적인 원인은 아직도 애매하다. 한 수소 원자가 2개의 공유 결합을 갖는다고 생각하기가 싫어서 이 결합을 순수한 정전기적인 근거에서 설명하려고 많은 노력을 했으며, 그 결과 수소 결합의 몇 가지 성질을 설명하는 데 성공하였다. 최근에는 보통의 공유 결합과는 다른 결합에 의해서 수소 원자가 2개 이상의 다른 원자와 결합할 수 있다는 것을 알게 되었다. 이 결합에는 2개가 아니라 3개의 핵이 관여하므로 보통의 공유 결합과는 다르지만 그래도 약간의 공유 결합성을 띠고 있다.

그림 26-7에 Ⅳ, Ⅴ, Ⅵ, Ⅶ족 원소의 수소화물의 끓는점을 나타내었는데, 이것은 수소 결합이 물리적인 성질에 미치는 영향을 설명해 주는 가장 알닻는 예이다. 가로축은 화합물을 하나씩 떨어뜨려서 나타내기 위한 것에 불과하다. 이 화합물들의 녹는점도 비슷한 비정상성을 보인다. 물, 암모니아, 알코올, 아민, 플루오르화수소 등이 높은 끓는점을 나타내는 것은 이 물질이 액체상에서 수소 결합을 하여 중합체로 되기 때문이다. 예로서 액체 알코올은 다음과 같은 중합체의 혼합물이라고 할 수 있다.

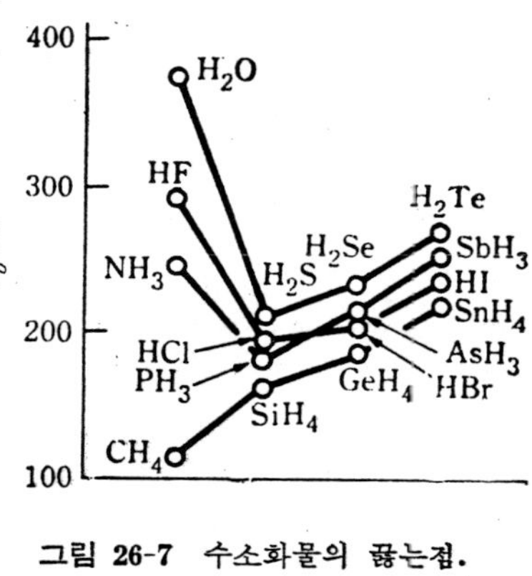

그림 26-7 수소화물의 끓는점.

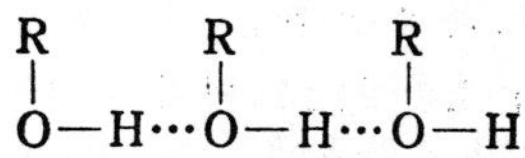

이러한 종류의 화합물이 회합할 수 있다는 견해를 일단 받아들이면 여러 가지 관찰 사실을 함께 묶어서 설명할 수가 있다.

알코올, 당, 유기산, 그리고 H_2SO_4, HNO_3, H_3BO_3과 같은 간단한 무기산 등이 보통 높은 녹는점과 끓는점을 갖는 것은 수소 결합 때문이다. 요소, $NH_2-CO-NH_2$, 같은 화합물은 상온에서 고체이나, 이것과 똑같은 수의 전자를 가진 아세톤, $CH_3-CO-CH_3$, 은 휘발성 액체이다. 요소는 수소 결합을 하고 있으며, 아세톤은 엔올 형태, $CH_2=C(OH)CH_3$, 로서만이 수소 결합을 이룰 수 있다. 또 BF_3는 상온에서 기체이므로, 이것과 같은 수의 전자를 가진 붕산은 기체이거나 아니면 적어도 휘발성 액체이어야 할 것이나, 사실은 비휘발성 고체이며 185 °C에서 분해하면서 녹는다. 붕산의 분자식을 $B(OH)_3$처럼 옳게 나타내면 수소 결합의 가능성이 드러난다.

이와 같이 회합한 액체가 어째서 비정상적인 증발 엔트로피 값을 갖는지 이해가 될 것이다. 이른바 정상 액체라는 것의 증발 엔트로피는 약 90 J/K mol인데 수소 결합을 한 화합물은 보통으로(항상 그렇지는 않지만) 이보다 높은 값을 갖는다. 다음 데이터가 이를 설명한다.

화 합 물	H_2O	NH_3	CH_3OH	CH_3NH_2	HF	CH_3COOH
ΔS_{vap}(J/K mol)	109	97	105	97	26	62

ΔS_{vap}가 정상치보다 높은 경우에는 그 액체가 회합의 결과로 정상 액체에서 보다 더 정돈되어 있다. 따라서 액체에서 기체로의 전이는 비정상적으로 큰 엔트로피 증가가 따르게 된다. 비정상적으로 낮은 ΔS_{vap} 값을 가진 HF나 아세트산같은 물질은 증기 상태에서도 중합되어 있다. 중합은 증기에서의 무질서한 정도를 줄여서 ΔS_{vap} 값을 작게 한다. HF가 증기 상태에서 심하게 중합되어 있다는 것은 다른 방법으로도 확인되고 있다. 이 중합체는 다음과 같은 갈지(之)자 꼴의 사슬(또는 고리)이다.

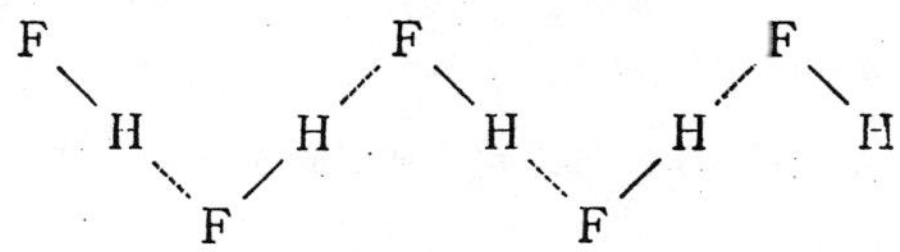

아세트산 증기에는 상당량의 이합체가 포함되어 있다.

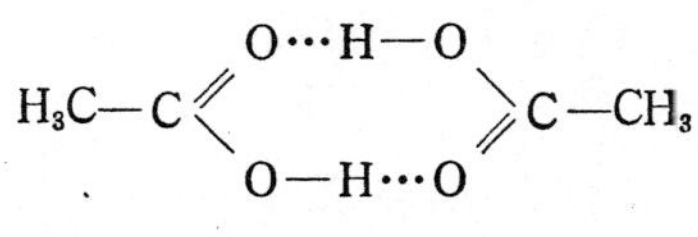

이 물질의 ΔS_{vap} 값이 낮은 것은 이 때문이다.

수소 결합은 또한 적외선 스펙트럼에도 영향을 준다. OH원자단은 3500 cm^{-1}의 진동파를 흡수한다. 히드록실 화합물의 스펙트럼을 증기상에서 재면, 수소 결합이 없을 경우에는 이 진동수를 중심으로 하는 예민한 피이크가 나타난다. 그러나 만일 수소 결합을 한 화합물의 스펙트럼을 조사해 보면, 피이크가 넓게 퍼지고 그 중심이 낮은 진동수 쪽으로 이동한다. 흡수 피이크의 퍼짐은 수소 결합의 특성이다.

고체에서의 수소 결합에 관한 또 하나의 증거는 결정의 x-선 회절 연구로부터 나온다. 히드록실기를 포함한 물질의 결정에서는 산소—산소 거리가 비정상적으로 짧은데, 이것은 산소 사이에 결합이 이루어졌음을 뜻하는 것이다. 이 짧은 거리는 히드록실기 중의 수소 때문임이 분명하다.

《질 문》

26. 1 HF, HCl, HBr 및 HI 기체들에 대한 Debye 도시를 스케치하라. 절편과 기울기의 상대적 크기를 나타내어라.

26. 2 극성 분자들 사이의 실효 인력은 어째서 T가 증가할수록 감소하는지 설명하라. 외부 전기장 속에서 극성 물질의 몰편극이 T에 의존한다는 사실을 이것과 비교해서 설명하라.

26. 3 극성 물질의 편극을 외부 전기장의 진동수의 함수로서 스케치하고 설명하라.

26. 4 분자가 클수록 분산 에너지가 크며 또 끓는점이 높다. 이 개념과 극성 인력 에너지의 T의존성을 이용하여 끓는점에 미치는 μ의 상대적 효과가 표 26-6, 26-7 및 26-8에서와 같이 나타나는 이유를 설명하라.

《연습 문제》

26. 1 열역학적 상태 방정식과 van der Waals 식을 결합하면 $(\partial\bar{U}/\partial\bar{V})_T = a/\bar{V}^2$를 얻을 수 있다. 임계온도 아래에서는 van der Waals 식에 의하면 대략 액체의 부피가 b와 같고 기체의 부피가 RT/p와 같음을 보여준다. van der Waals 식을 만족시키는 물질 1 mol을 등온 팽창시켜서 액체의 부피로부터 기체의 부피가 되게 할 때 수반되는 에너지 증가는 얼마나 되겠는가?

26. 2 A.D. Buckingham and R.E. Raab [*J. Chem. Soc.* 5511 (1961)]은 아세토니트릴 기체에 대한 몰편극률의 $p=0$에서의 극한값을 온도의 함수로 측정하였다.

t/°C	80.64	100.48	131.69	160.00
P/(cm³/mol)	273.68	258.50	239.26	224.01

최소 자승법을 이용해서 이 데이터로부터 CH_3CN의 α_0와 μ를 구하라.

26. 3 표 26-3의 값을 써서 부탄, 프로펜 및 아세톤의 몰굴절을 계산하라.

26. 4 표 26-3의 R_D값을 써서 물의 편극률을 계산하라.

26. 5 몰부피가 20 cm³인 액체와 몰부피가 20,000 cm³인 기체에서 두 분자 사이에 작용하는 평균 에너지의 크기를 비교해 보아라.

26. 6 Lennard-Jones 퍼텐셜 $\epsilon = -A/r^6 + B/r^n$는 에너지 최소값 ϵ_m과 에너지 최소에서의 떨어진 거리 r_0의 항으로 나타낼 수 있다. A와 B를 r_0, ϵ_m 및 n의 함수로 구하라. 그리고 이 퍼텐셜을 새로운 파라미타의 항으로 나타내어라. $\epsilon = 0$일 때의 떨어진 거리를 σ라 하고 r_0와 σ 사이의 관계를 구하라.

26. 7 문제 26.6의 결과를 써서 $n=12$이면 ϵ이 간단한 꼴로 표시될 수 있다. $n=12$일 때 ϵ을 ϵ_m과 r_0의 함수로, 그리고 또 r_0와 a의 함수로 나타내어라.

26. 8 다음 분자들의 경우 두 분자간 거리가 500 pm일 때 나타나는 분산 상호 작용 에너지를 계산하라.

a) 네 온 $\alpha_0 = 0.436 \times 10^{-40}\ \mathrm{C\,m^2/V}$ $N_A h\nu_0 = 2.080\ \mathrm{MJ/mol}$
b) 아르곤 $\alpha_0 = 1.81 \times 10^{-40}\ \mathrm{C\,m^2/V}$ $N_A h\nu_0 = 1.520\ \mathrm{MJ/mol}$
c) 크립톤 $\alpha_0 = 2.74 \times 10^{-40}\ \mathrm{C\,m^2/V}$ $N_A h\nu_0 = 1.350\ \mathrm{MJ/mol}$
d) 크세논 $\alpha_0 = 4.46 \times 10^{-40}\ \mathrm{C\,m^2/V}$ $N_A h\nu_0 = 1.170\ \mathrm{MJ/mol}$
e) 이들 각각의 끓는점(표 26-4)을 분산 에너지의 함수로 도시하라.

26. 9 물의 경우에는 $\alpha_0 = 1.77 \times 10^{-40}\ \mathrm{C\,m^2/V}$, $\mu = 6.17 \times 10^{-30}\ \mathrm{C\,m}$, $N_A h\nu_0 = 1.216\ \mathrm{MJ/mol}$, 그리고 $\sigma = 276\ \mathrm{pm}$ 이다. 20 °C 에서 한 쌍의 물 분자가 서로 가장 가까이 접근할 수 있는 거리에 있을 때 세 가지 상호 작용 에너지의 크기를 구하라.

26.10 고전 정전기학에 의하면 진공 속에 있는 반경 r 인 구형의 완전 도체가 나타내는 편극률은 $4\pi\epsilon_0 r^3$ 과 같다. 이 관계와 표 26-2 의 데이터를 이용해서 표 26-2 의 둘째 줄의 화학종 O^{2-}, F^-, Ne 등의 반지름 계산치를 비교하라.

27
고체의 구조

27.1 고체와 액체 사이의 구조적 차이

"고체"라는 말은 결정성인 고체에만 적용된다. 결정성인 고체는 액체나 비결정질 "고체"와 같은 비결정성인 상과 항상 구별할 수가 있다. 구조상으로 볼 때 결정성 고체의 구성 알맹이인 원자나 분자나 또는 이온 등은 규칙적으로 반복되는 3차원 무늬의 모양을 이루도록 배열되어 있다. 결정의 어떤 작은 영역에서 일단 이 무늬를 관찰해 놓으면 관찰한 영역에서 멀리 떨어진 결정 영역에 있는 구성 알맹이의 위치를 정확히 예측할 수 있다. 결정은 원거리 질서를 갖고 있다.

액체를 구성하는 알맹이는 그렇게 정밀한 모양으로는 배열되지 않는다. 액체의 작은 영역에서는 무늬 모양의 배열이 나타날 수 있다. 그러나 인접한 영역을 관찰해 보면 무늬가 약간 다르며, 또 거의 비슷할 경우에도 처음 영역과 꼭 들어맞게 연결되지 않는다. 알맹이의 배열면에서 볼 때 액체는 근거리 질서를 갖고 있으나 고체의 특정인 원거리 질서는 갖고 있지 않다. 그림 27-1은 2차원에서의 그 차이를 나타낸 것이다. 고체와 액체간의 차이는 상자에 베아링 구를 넣는 두 방법의 차이와 같다. 즉, 구를 상자 속에 조심스럽게 한줄씩 차곡차곡 쌓거나 그냥 쏟아 넣었을 때 나타나는 차이와 같다.

액체에서는 알맹이의 무질서한 배열 때문에 구조 전체에 걸쳐서 여기 저기에 공간 또는 구멍이 생긴다. 그림 27-1(b)에서 보는 바와 같이 대부분의 알맹이 주위에는 거의 규칙적인 배열이 나타남을 주목하기 바란다. 구멍이 있기 때문에 대개의 경우 액체의 부피는 고체의 부피보

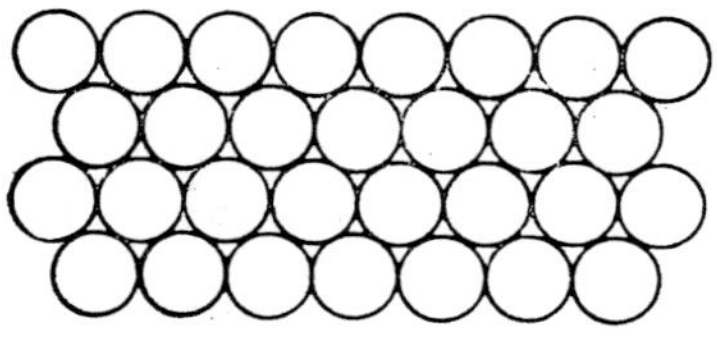

(a)

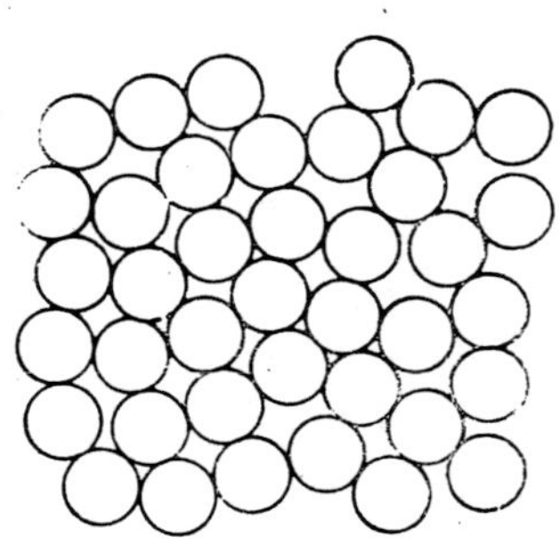

(b)

그림 27-1 결정(a)과 액체(b) 구조의 약도.

다 크다. 액체가 쉽게 흐르는 것도 이와 같은 큰 부피에 관계된다. 비결정성 "고체"는 액체와 같은 구조를 가지고 있으며, 따라서 점성이 매우 큰 액체로 보는 것이 편하다.

27.2 고체 종류의 경험적 분류

고체를 분류하는 획일적인 방법은 없다. 어떠한 방법을 택하는가는 그 목적에 따라서 아주 달라진다. 여기서는 고체의 구성 성분을 결합시키는 결합 형식에 따라서 고체를 분류해 보자.

개개의 화학종을 결합시켜 결정을 이루게 하는 결합 형태는 네 가지가 있다. 이러한 관점에서 고체를 (1) 금속, (2) 이온 결정, (3) van der Waals 결정 및 (4) 공유 결합 결정의 네 가지로 구분할 수 있다. 수소 결합으로 이루어진 결정은 보통으로 van der Waals 결정에 속하게 된다. 이것은 두 형태에서의 결합 세기가 서로 같은 정도의 크기를 갖기 때문이다. 그러나 수소 결합 결정은 분자 중의 수소 원자의 배열 때문에 수소 결합이 특정한 방향으로만 향해지므로 이 결정은 어느 정도 공유 결합 결정의 양상을 갖기도 한다.

처음 세 가지 형태의 고체(금속, 이온 결정, van der Waals 결정)에서는 알맹이를 붙들어 주는 상호 작용 힘이 어느 한 특정 방향으로 미치지 않으나, 공유 결합 결정에서는 공유 결합의 방향성 때문에 특정한 방향으로만 결합을 이룬다. 공유 결합 결정에서 결합 형성의 방향을 지배하는 원리는 개개의 분자에서 공유 결합을 지배하는 원리와 같다.

27.3 밀집구조의 기하학적 필요 조건

원자나 분자가 규칙적으로 배열되어 결정을 이루는 방법의 수는 무제한인 것처럼 생각될 것이다. 이런 가능한 배열 방법수가 상당히 많기는 하지만 그중 비교적 소수의 방법들만이 되풀이 되어 나타난다. 가능한 배열을 제한하는 인자 중의 하나는 에너지면에서 가장 안정한 배열이 이루어져야 한다는 것이다. 이 원칙에서 다소 벗어나는 수가 있기는 하지만, 어느 한 물질이 여러 가지 모양의 결정을 만들 때는 그들의 에너지가 별로 큰 차이를 나타내지 않는다. 즉, 같은 물질로 된 여러 종류의 결정들을 보면 그들 사이의 전이 에너지가 1 kJ/mol 정도 밖에 안 된다.

우선 알맹이간의 상호 작용 에너지가 접근하는 방향에 무관한 결정을 생각해 보자. 두 알맹이 사이의 거리가 가까와짐에 따라서 계의 에너지는 감소하며, 마침내 어떤 거리에 이르면 에너지가 최소로 된다. 두 알맹이로 된 계는 이 점에서 가장 안정하다. 제 3의 알맹이를 가져가면 계의 에너지는 더 한층 감소한다. 그리하여 가능한 최대수의 알맹이로 둘러 쌓였을 때가 가장 안정하다. 간단히 말하면 알맹이는 가능한 한 촘촘히 쌓여야 한다. 따라서 이 문제는 만일 알맹이가 같은 크기의 구일 경우에는, 주어진 공간에다 어떻게 하면 가장 많은 구를 채워 넣을 수 있느냐라는 문제와 같게 된다.

분명히 공은 층으로 쌓을 수가 있으며 각 층은 촘촘히 채워져야 한다. 우선 그림 27-2와 같은 배열을 갖는 층을 생각해 보자. 이 층에서 각각의 구는 6개의 이웃을 갖는다. 3차원적인 고체를 이루려면 한 층을 다른 층 위에 규칙적으로 포개 쌓으면 된다. 둘째 층을 쌓은 다음에는 두 가지 방법이 생긴다. 즉, 구 A(그림 27-2)를 주목하고 둘째 층의 구는 점표시를 한 골 위에 포개 올렸다고 하자. 이중 3개가 A와 접하게 된다. 둘째 층에는 A 위에 골이 생기며 또 × 표를 한 위치 위에도 골이 생긴다. 따라서 세째 층은 첫째 층의 배열을 되풀이 할 수도 있고 또 하지 않을 수도 있다. 세째 층이 첫째 층을 되풀이한다면 두 가지 층만 있게되며, 이것을 x와 y로 나타내면 층의 무늬는 $xyxyxy\cdots$가 된다. 만일 세째 층(z로 나타냄)이 첫째 층을 되풀

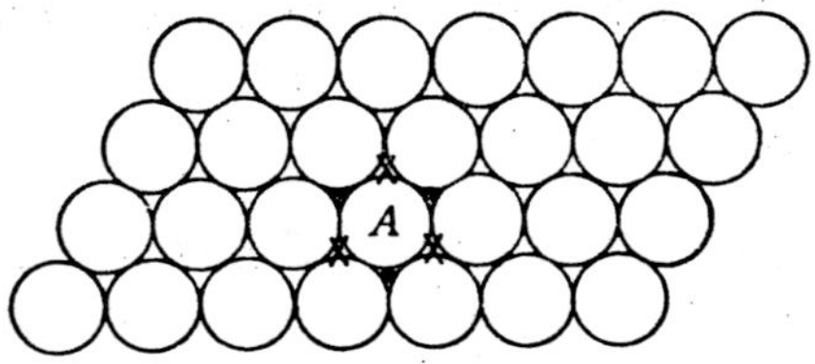

그림 27-2

ㅁ이하지 않는다면 층의 무늬는 *xyzxyzxyz*⋯가 된다.* 이러한 두 가지 배열은 금속이나 또는 CH_4, HCl, Ar 처럼 구형 분자로 이루어진 van der Waals 결정에서 보통 나타난다.

밀집층의 무늬가 *xyxy*⋯인 배열은 밀집 육각구조(hcp)이고, 무늬가 *xyzxyz*⋯인 것은 밀집 입방구조(ccp) 또는 면심 입방구조(fcc)이다. 이 구조에서는 각각의 구가 같은 층에 있는 6개의 구, 그리고 위층에 있는 3개의 구, 그리고 또 아래층에 있는 3개의 구와 접하고 있으므로 모두 12개의 이웃과 접하고 있다. 이 구조에서의 12개의 배위를 펼쳐서 나타낸 것이 그림 27-3 (a)와 (b)이며, 그대로 나타낸 것이 그림 27-3(c)와 (d)이다. hcp와 fcc의 두 구조는 금속의 전형적인 구조이다. 이와 같이 큰 배위 수(열둘)의 구조를 갖는 결정은 비교적 큰 밀도를 갖게 된다.

구조에 따라서는 밀집층의 반복 무늬가 훨씬 더 정교할 수도 있는데, 이러한 구조는 *CH* 기호를 써서 나타내는 것이 편리하다. 임의의 한 밀집층을 택할 경우 이 층의 양쪽에 있는 두 층이 동등할 때는 이 층을 *H*로 표시한다. 이러한 층들을 반복시키면 육각구조가 나타나는데 *H*는 hexagonal close-pack ed의 첫 글자를 딴 것이다. 따라서 *xyxyxy*⋯ 반복 구조는 *HHHH*⋯라고 표시할 수 있다. 만일 임의로 택한 밀집 층의 양쪽에 있는 두 층이 동등하지 않을 때는 이들 층의 반복에 의해서 입방(cubic) 밀집구조(fcc)가 나타나며 그리하여 이 층은 *C*로 표시한다. 따라서 *xyzxyz*⋯ 반복 구조는 *CCCC*⋯로 표시된다. 그러나 경우에 따라서는 교묘한 반복 무늬가 나타나기도 한다. 예로서 란탄은 *xyxzxyxz*⋯의 반복 무늬를 나타내며 따라서 *HCHCHC*⋯로 표시할 수 있다. 그리고 사마륨은 *xyxyzyzx*⋯의 반복 구조를 나타내는데, 이것은 *HHCHHC*⋯로 표시할 수가 있다. *CH* 기호를 이용하면 이와같이 복잡한 반복 구조를 비교적 간단하게 표시할 수가 있다.

몇 가지 금속에서 볼 수 있는 또 하나의 배열 방법은 체심 입방구조(bcc)이다. 이것은 그림 27-4와 같은 배열의 층으로 되어 있는 바, 첫째 층이 만든 골 위에 둘째 층이 와서 층의 무늬가 *xyxy*⋯의 반복이 된다. 이 층에서는 각 구의 이웃이 4개이며, 밀집층에서의 6개와 대조가 된다. 체심 입방구조에서는 전체적인 배위수가 여덟이다. 가장 촘촘히 쌓인 층에 4개, 그 위층에 2개, 그리고 아래층에 2개가 있는 셈이다. 이와같이 촘촘하지 않은 쌓임 때문에 bcc 구조는 본래 hcp나 fcc 구조보다 밀도가 낮다.

세 가지 구조에서 원자의 중심 위치를 그림 27-5에 서로 다르게 나타내었다. 이 구조를 완전히 표시하려면 면심이나 체심 입방 배열에서의 기본 입방체의 모서리 길이 *a*를 주어야 한다. 밀집 육각구조에는 밀집층에서의 이웃간의 거리 *a*와 두 반복 층간의 거리 *c*를 주어야 한다. 구가 정말로 강체라면 기하학적으로 $c = 1.633a$가 된다. 결정의 알맹이는 아주 강체 구가 아니기 때문에 이 관계는 정확히 성립하지 않으며, 따라서 *a*와 *c*를 따로 정해 주어야 한다. hcp

---

* 이삼십 개의 유리 구슬이나 동전을 가지고 이러한 배열을 하여 보면 도움이 된다.

그림 27-3 밀집구조. (a)와 ( )는 fcc. (b)와 (d)는 hcp.

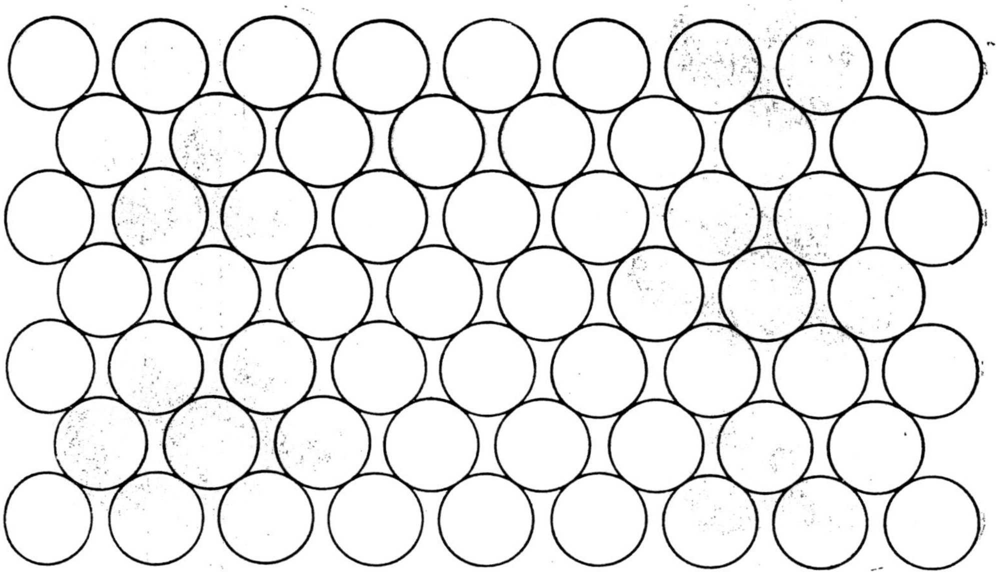

그림 27-4 bcc 구조에서 최밀집층.

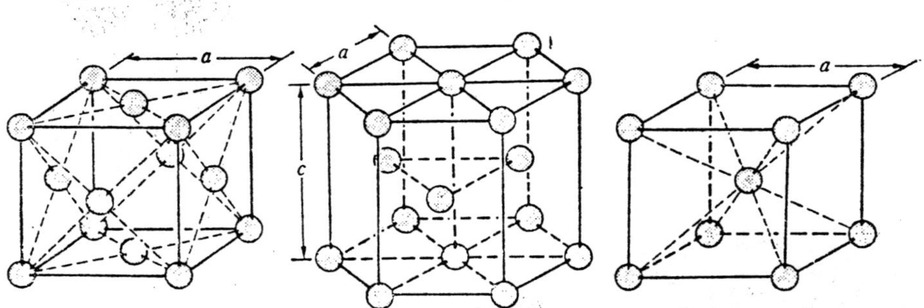

(a) fcc (b) hcp (c) bcc

그림 27-5 fcc, hcp, bcc 구조에서 원자 중심의 위치.

표 27-1 보통 금속의 결정 구조와 격자 상수.

면 심 입 방				밀 집 육 각			체 심 입 방	
금 속	a/pm	금 속	a/pm	금 속	a/pm	c/pm	금 속	a/pm
Co(β)	355	Ni	352	Co(α)	251	407	Cr	288
Cu	362	Pd	389	Mg	321	521	Fe	287
Au	408	Pt	392	Ti	295	468	W	316
Pb	495	Ag	409	Zn	266	495	Na	429

구조를 한 금속에서는 이 관계가 비교적 잘 맞는다. 표 27-1은 세 가지 구조 중의 어느 하나를 갖는 몇 가지 금속과 그 격자 파라미터를 나타낸 것이다.

코발트는 결정화 온도에 따라 fcc나 hcp로 된다는 것을 주의하기 바란다. 일부 금속은 또 이

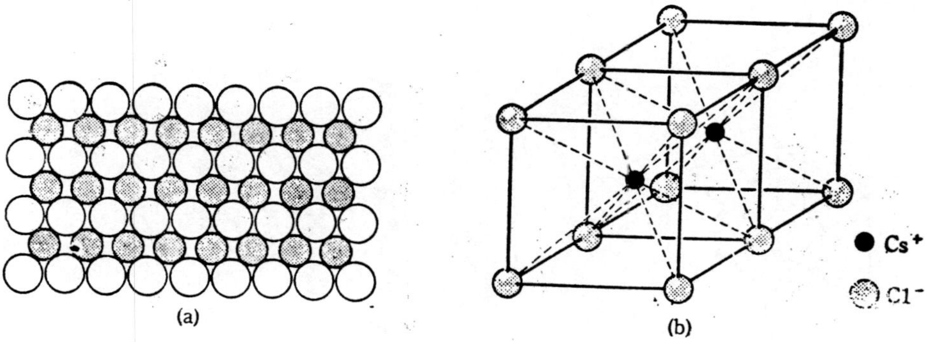

그림 27-6 (a) CsCl 구조의 층과 (b) CsCl 구조.

들 구조로부터 약간 일그러진 구조를 가지고 있다. 예로서 수은은 마름모 구조를 가지는데, 이 구조는 fcc 구조를 그의 한 대각선 방향으로 압축시킨 모양을 하고 있다.

27.3.1 이온 결정에서의 쌓임

이온은 양과 음으로 하전되어 있어서 이온 결정에서의 구의 쌓임은 복잡하다. 양이온과 음이온의 전하가 부호는 다르나 절대치가 같다고 하자. 전기적으로 중성인 구조를 이루려면 양이온 주위의 음이온 수와 음이온 주위의 양이온 수가 같아야 한다. 양이온과 음이온의 크기가 같다고 하더라도 각 음이온 주위에 6개의 양이온이 있는 층과 또 각 양이온 주위에 6개의 음이온이 있는 층들이 교대로 포개져서 결과적으로 한 이온 주위에 12개의 반대 이온이 오게 되는 그러한 구조는 생길 수가 없다. 전기적으로 중성인 구조가 되려면 가장 촘촘히 쌓인 층이 그림 27-6(a)처럼 되어야 가장 높은 배위수를 가지게 된다. 이 층에서는 각 양이온(빗금으로 표시한 원)은 4개의 음이온(흰 원)으로 둘러싸이고, 또 각 음이온은 4개의 양이온으로 둘러싸여 있다. 이러한 층을 *xyxy*… 순서로 쌓아가면, 중심에 한 종류의 전하를 가진 알맹이가 있고 귀퉁이에 이와 반대 전하인 8개의 알맹이가 있는 입방형인 구조가 된다. 이 구조는 2개의 단순 입방 격자가 상호 침투된 모양과 같다(그림 27-19에 단순 입방 격자를 나타내었다). 그리하여 한 격자 자리는 양이온이 차지하고 다른 하나의 격자 자리는 음이온이 차지한다. 염화세슘, CsCl의 구조가 이와 같다[그림 27-6(b)].

수많은 이온 결정에서는 기이한 일들이 많이 일어난다. 예를 들면, NaCl 결정에서는 두 개의 밀집(fcc) 격자가 서로 침투해 들어가 있다. 그리고 한 격자의 자리들은 양이온이 차지하고, 다른 한 격자의 자리들은 음이온이 차지하고 있다. 그림 27-7(a)에서 fcc 구조의 단위 입방체를 생각해 보자. 입방체의 중심에 8면체로 된 빈 공간, 즉 구멍이 하나 있고, 마찬가지 모양의 구멍이 단위 입방체의 모서리에도 있다[그림 27-7(b)]. 이들 각 구멍은 여섯 꼭지점에 원자가 있는 8면체의 중심에 있다. 8면체 구멍의 중심은 꼭지점 원자로 이루어진 격자에 침투한 fcc 격자의 격자점이 되고 있다. 이러한 구멍에는 H, B, C, N과 같은 작은 외부 원자가 들어갈 수 있다. 금속의 탄화물, 수소화물, 붕소화물, 질소화물의 대부분은 이와같이 된 틈새형 화합물이다.

이 구멍에 비교적 큰 알맹이가 들어갈 경우에는 원 격자의 알맹이가 모두 물러나서 구멍이 충분히 커지도록 구조가 팽창되어야 한다. 염화나트륨 구조를 보면 fcc 배열을 한 염화 이온이 팽창하여 큰 8면체 구멍을 이루고, 그 속에 나트륨 이온이 들어가 있다. 따라서 염화나트륨에서의

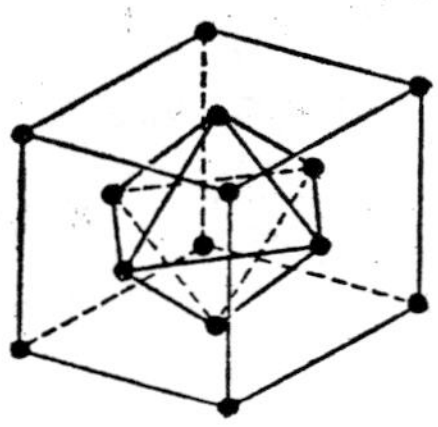

(a)

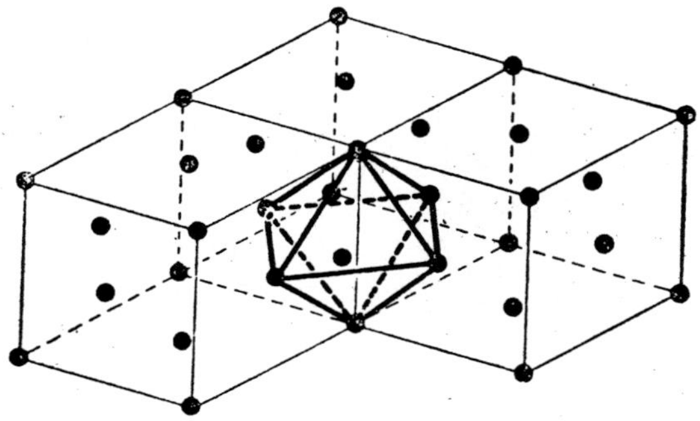

(b)

그림 27-7 fcc구조에서 8면체의 구멍 (a) 체심 구멍 (b) 능심 구멍.

상호 침투한 격자는 둘다 금속 결정에서와 같이 밀접된 촘촘한 쌓임을 이루지 못한다. 그러나 이 격자가 모두 밀집 fcc 격자의 대칭을 갖기는 한다. 각 나트륨 이온은 6개의 염화 이온과 접하며 또 각 염화 이온은 6개의 나트륨 이온과 접하여 6-6 배위를 하고 있다. 그림 27-8은 NaCl 구조이다. 여기서 보면 염화 이온의 fcc 배열이 분명하게 나타나고 있다. 나트륨 이온은 입방체 중심에도 하나 있다.

8-8 배위를 한 CsCl 구조와 6-6 배위를 한 NaCl 구조 이외에도 입방 ZnS(섬아연석)과 육각 ZnS(섬유아연석)와 같은 두 가지 4-4 배위 구조가 있다[그림 27-9(a)와 (b)]. 섬아연석에서는 황화 이온이 fcc 배열을 이루고 있다. 그리고 이 fcc의 각 귀에는 4면체 배위 구멍들이 있는데, 이 8개의 4면체 구멍 중 4개를 아연 이온이 차지하고 있다. 섬유아연석에서는 황화 이온이 hcp 배열을 하며, 아연 이온은 4면체 구멍의 반을 차지하고 있다[그림 27-9(c)].

CaF_2나 Na_2O처럼 원자가가 대칭이 아닌 것은 그 구조가 복잡하다. 그 이유는 CaF_2의 경우 결정이 전기적으로 중성이 되려면 큰 전하의 Ca^{2+} 이온은 작은 전하의 이온보다 배위수가 두 배

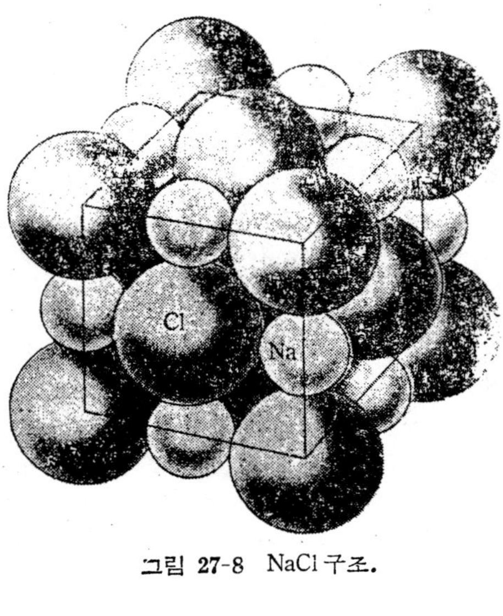

그림 27-8 NaCl 구조.

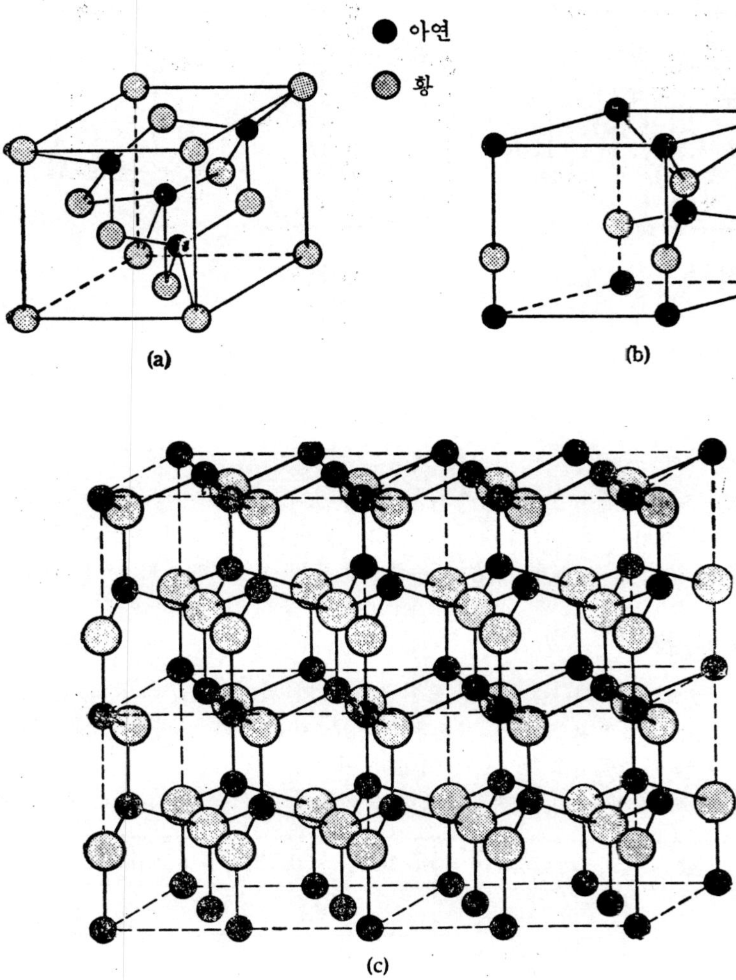

그림 27-9 (a) 입방 ZnS(섬아연석)의 단위 세포. (b) 육각 ZnS(섬유아연석)의 단위 세포. (c) 육각 대칭을 나타내는 섬유아연석 구조의 확장 그림.

로 되어야 하기 때문이다. 1-2원자가형의 화합물 중 대표적인 구조는 그림 27-10에 있는 형식(CaF_2) 구조와 금홍석(TiO_2) 구조이다.

형석에서 Ca^{2+} 이온은 면심 입방구조의 배열을 하고 있다. 이 격자는 앞서 말한 8면체 구멍 이외에 4면체로 배위된 구멍을 가지고 있다. 이 fcc 구조의 4면체 구멍을 형석의 F^- 이온이 차지하고 있다. 따라서 각 F^- 이온 주위에는 Ca^{2+} 이온이 4면체 배위를 하고 있다. 그림 27-10(a)에서 보면 윗면에 있는 Ca^{2+} 이온은 그 아래에 있는 4개의 F^- 이온과 그리고 그 위에 있는 4개의 F^- 이온(그림에는 나타내지 않았지만)과 연결되어 있다. Ca^{2+} 이온의 배위수는 8이며 따라서 형석의 구조는 8-4배위를 하고 있다. 형석은 Ca^{2+} 이온으로 된 면심 입방 격자가 F^- 이온의 단순 입방 격자에 침투한 것이라고 생각할 수 있다.

그림 27-10(b)에서 분명히 나타난 바와 같이 6-3배위를 한 금홍석에서는 Ti^{4+} 주위에 O^{2-} 가

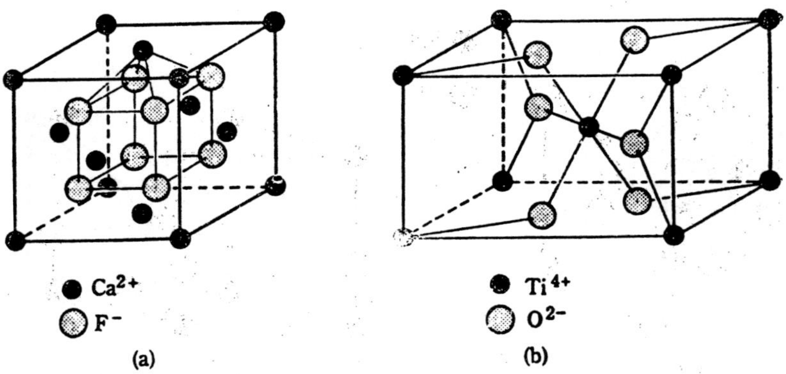

그림 27-10 형석(a)과 금홍석(b)의 단위 격자.

8면체 배위를 하고 O^{2-} 주위에 Ti^{4+}가 삼각형 배위를 하고 있다.

지금까지는 구의 밀집된 배열을 가지고 금속과 이온 결정의 구조를 설명해 왔다. 알맹이가 구형이 아닐 때는 알맹이의 모양에 맞추어서 촘촘히 쌓아져야 한다. 긴 막대 모양의 분자를 구슬을 쌓듯이 쌓을 수는 없을 것이다. 이러한 알맹이는 성냥갑 속의 성냥개피처럼 쌓인 결정을 이룬다.

27.3.2 반지름 비의 규칙

이온 결정에서 아주 중요한 인자는 양이온과 음이온의 크기 차이이다. Pauling은 크기가 다른 구가 촘촘히 쌓이기 위한 기하학적 조건을 단순히 반지름 비 $\rho = r_s/r_l$ 만을 가지고 나타내었다. 여기서 r_s는 작은 이온의 반지름이고 r_l은 큰 이온의 반지름이다.

대칭적인 원자가를 가진 간단한 이온 화합물에서는 반지름 비의 규칙이 다음과 같이 된다.

ρ 값	$\rho < 0.414$	$0.414 < \rho < 0.732$	$\rho > 0.732$
배 위	4-4	6-6	8-8
구 조	섬아연석이나 섬유아연석	NaCl	CsCl

이 법칙을 이용하면 두 이온의 상대적인 크기로부터 화합물의 구조를 예측할 수 있다. 원자가가 다른 여러 이온 결정에서도 이 법칙은 잘 맞고 있다. 반지름 비의 규칙에도 예외가 나타나는데, 그 이유로서는 적어도 두 가지 요인을 들 수 있다. 즉, (1) 이온은 강체 구가 아니며 (2) 반대 전하를 띤 이온은 서로 접촉되어 있지 않다는 점이다.

27.4 공유 결합 결정에서의 기하학적 필요 조건

공유 결합 결정에서는 촘촘히 쌓이는 규칙이 거의 적용되지 않으며, 될 수 있는 한 많은 분자가 이웃에 몰려오는 것이 아니라 일정한 방향으로 허용된 수의 공유 결합만이 이루어짐으로써 가장 안정하게 된다. 이 조건은 각 경우마다 다르기 때문에 공유 결합 결정에서는 반지름 비의 규칙과 같은 일반 규칙을 전혀 생각할 수 없다. 그리고 구를 한층씩 차곡차곡 쌓아올려 쉽게 전형적인 구조들을 얻는다는 것이 불가능하다. 수많은 개개의 문제를 가지고 애쓰는 대신에 이 문제에

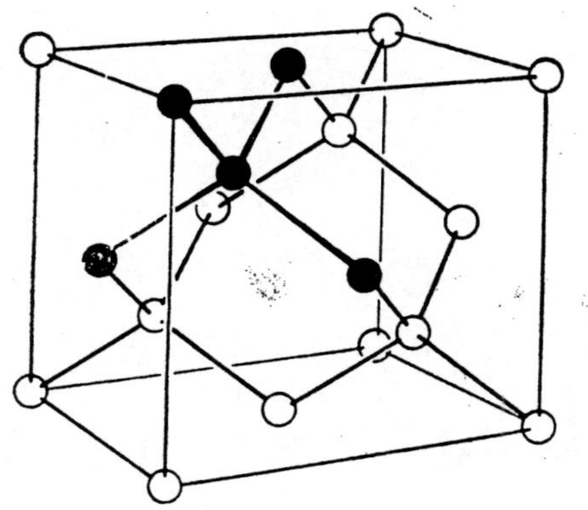

그림 27-11 다이아몬드 구조.

관한 몇 가지 근본적인 주의만을 해 두겠다.

무엇보다도, 전적으로 공유 결합에 의해서 이루어지는 고체는 비교적 드물다는 것이다. 공유 결합을 포함하고 있는 대부분의 고체는 이온 결합이나 van der Waals 결합에 의해서 묶여 있는 것이나. 가장 흔히 볼 수 있는 것은 공유 결합으로 이루어진 뚜렷한 분자들이 van der Waals 결합에 의해서 결정 속에 묶여 있는 경우이다. 경우에 따라서는 공유 결합으로 이루어진 착음이온과 착양이온이 이온 결합에 의해서 결정 속에 묶여 있을 수도 있다.

4개의 공유 결합을 이루는 원자만이 공유 결합에 의해서 3차원적으로 되풀이되는 구조를 만들 수 있다. 그림 27-11에 있는 다이아몬드 구조는 공유 결합만을 써서 고체를 이루는 구조 중의 하나이다. 다이아몬드 구조는 면심 입방 격자에서 8개의 4면체 구멍 중 4개가 탄소 원자로 점유되어 있는 구조이다. 이 구조에서는 각 원자가 다른 원자에 의해서 4면체로 둘러싸여 있다. 다이아몬드에서는 일정한 분자를 분간해낼 수 없으며 결정 전체가 거대한 분자로 된다.

일반적으로 공유 결합 고체는 배위수가 작아서 비교적 밀도가 낮다. 이 효과는 공유 결합 구조 단위가 van der Waals 힘에 의해서 묶인 결정에서 더 심해진다. van der Waals 힘에 의해서 묶인 두 단위 사이의 거리는 공유 결합이나 이온 결합이나 또는 금속 결합에 의해서 묶인 단위 사이의 거리보다 길다. 이 긴 거리 때문에 이 고체의 밀도가 비교적 낮게 된다.

27.5 결정의 대칭성

거시적 결정이 대칭인 것은 결정을 이루는 단위 구조가 대칭적으로 배열되기 때문이다. 단위 구조를 어떻게 선택하고 또 이 단위 구조로부터 반복적인 구조를 가진 결정이 어떻게 이루어지는가를 이해하기 위하여 우선 2차원적으로 다루어 보자. 평면이 반복되는 무늬로 채워지려면 그 무늬는 근본적으로 평행사변형이어야 한다(그림 27-12). 그리고 전체 무늬는 이 평행사변형(단위 무늬)을 변에 평행하게 일정한 거리씩 이동시켜서 얻을 수 있다. 단위 무늬는 평행사변형의 두 변을 이루는 길이가 a와 b인 두 벡터로 나타낼 수 있다. 한 점에서 시작하여 첫째 번 벡터 방향으로 a의 정수배 만큼씩 이동할 때마다 같은 점이 나타난다. 또 둘째 번 벡터 방향으로 b 만큼씩 이동해도 같은 점들이 나온다. 두 벡터는 무늬의 단순 이동이다.

2차원에서는 변에 평행한 방향으로 이동시킴으로써 반복 무늬가 나오게 할 수 있는 단위 무늬

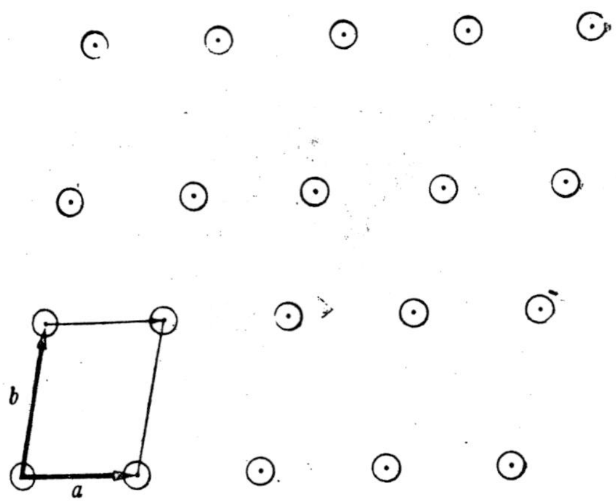

그림 27-12 2차원에서의 단위 무늬.

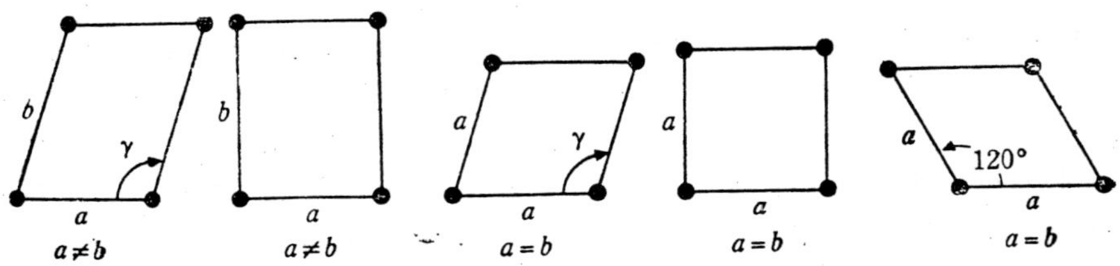

그림 27-13 2차원에서의 다섯 가지 단위 무늬.

(단위 세포)가 다섯 가지 가능하다(그림 27-13). 이 중에서 120°의 각을 가진 단위 세포는 무늬점에서 3중이나 6중의 대칭축을 갖기 때문에 흥미있다. 이것은 2차원 무늬가 나타낼 수 있는 한 대칭 종류이다.

3차원에서의 반복 무늬를 얻으려면 2개의 벡터 면에서 나오는 또하나의 반복 벡터가 있어야 한다. 이 세 벡터를 가지면 평행육면체가 정의된다. 3차원에서의 반복 무늬는 어느 것이나 단위 세포인 평행 6면체를 가지고 있다. 이러한 평행 6면체에는 그림 27-19에서 (P) 또는 (R)로 표시한 것과 같은 일곱 가지가 있다. 이들을 평행이동시키면 3차원에서 되풀이되는 무늬가 생길 수 있다. 결정은 단위 세포의 모양(벡터의 길이와 기울기)에 따라서 일곱 가지 결정계로 분류한다. 기본 병진 벡터의 길이, 즉 단위 세포의 축의 길이는 a, b, c로 나타낸다. a와 b 사이의

표 27-2 일곱 가지 결정계.

축	각	계
$a \neq b \neq c$	$\alpha \neq \beta \neq \gamma \neq 90°$	삼사비등축
$a \neq b \neq c$	$\beta \neq \alpha = \gamma = 90°$	일사비등축
$a \neq b \neq c$	$\alpha = \beta = \gamma = 90°$	직각비등축
$a = b \neq c$	$\alpha = \beta = 90°,\ \gamma = 120°$	육각
$a = b \neq c$	$\alpha = \beta = \gamma = 90°$	직각이등축
$a = b = c$	$\alpha = \beta = \gamma$	마름모(삼각)
$a = b = c$	$\alpha = \beta = \gamma = 90°$	입방

각을 γ, b와 c 사이의 각을 α, c와 a 사이의 각을 β로 표시한다. 표 27-2는 결정계에 대한 길이 사이의 관계와 각 사이의 관계를 나타낸 것이다. 어느 경우에나 단위 세포의 변은 결정의 변이나 또는 가능한 변에 평행하다.

27.6 결 정 족

결정을 가능한 단위 세포 모양에 따라서 계로 나눈 다음에는, 각 계를 그들 계에 허용되는 대칭 요소를 조합시켜 가지고 더 세분해 줄 수 있다. 대칭 요소는 결정을 본래의 모양과 일치하도록 하는 조작으로서 다음과 같은 것이 있다. 축에 관한 회전, 면에 대한 반사, 대칭 중심을 통한 반전 및 회전 반전이다. 예로서 그림 27-14(a)에 있는 단순 입방체를 생각해 보자. 수직축 주위로 90° 회전하면 입방체가 처음과 같게 된다. 이 축은 4중 대칭축이다(축 주위로 360°/p만큼 회전했을 때 처음 모양과 일치하면 그 축을 p중 대칭축이라고 한다). 이 입방체에는 3개의 4중 대칭축이 있으며, 이것을 나타내기 위하여 축 끝에다 작은 네모를 표시해 놓았다. 그림 27-14(b)에 나타낸 것처럼 180°를 회전하는 2중 대칭축도 있으며, 이것은 축 끝에다 타원을 표시해 놓았다. 이 입방체는 6개의 2중 대칭축을 갖고 있다. 이 입방체의 네 주대각선은 3중 대칭축이 되며, 그림 27-14(c)에서 삼각형으로 표시해 놓았다. 그림 27-14(c)에서 입방체의 한 귀를 자른 것은 3중 대칭축을 강조하기 위한 것이다. 대칭면은 어느 모양이거나 이것을

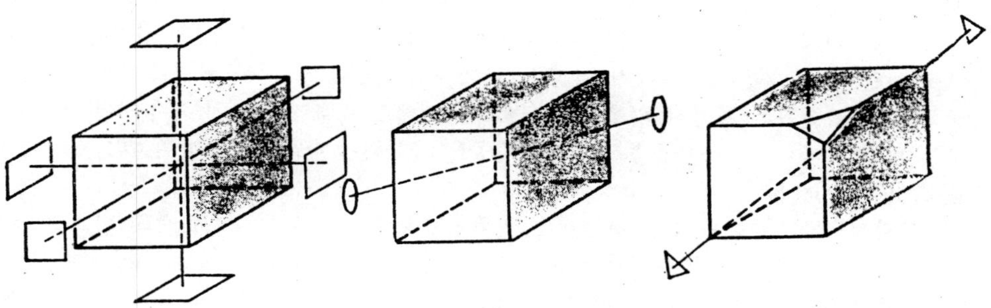

(a) (b) (c)

그림 27-14 입방체의 대칭축. (a) 4중. (b) 2중. (c) 3중.

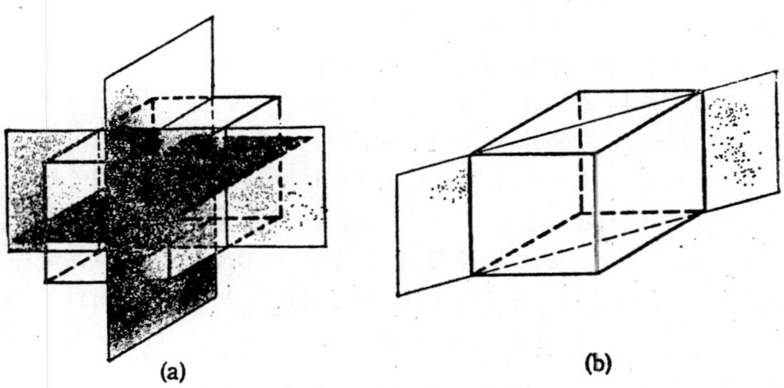

(a) (b)

그림 27-15 입방체의 대칭면. (a) 주대칭면(3). (b) 대각대칭(6).

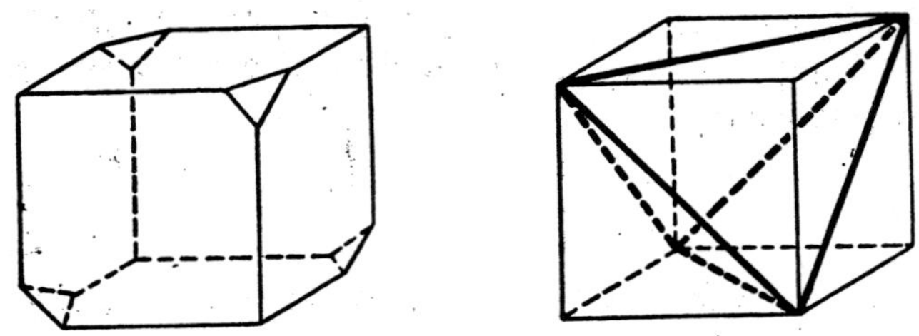

(a) (b)

그림 27-16 입방계의 4면체족. (a) 잘라진 입방체. (b) 입방체로부터 생긴 4면체.

2개의 거울상으로 나눈다. 그림 27-15에서 나타낸 것처럼 입방체는 아홉 개의 대칭면을 가지고 있다.

끝으로, 입방체는 대칭 중심을 가지고 있다. 대칭 중심, 즉 반전 중심을 가진다는 것은 입방체 위에 있는 임의의 점과 중심을 직선으로 연결하면 중심을 넘어서 이만한 거리 만큼 이 직선을 연장시켰을 때 입방체 위에 똑같은 점이 나타난다는 것을 뜻한다. 더 간단히 말하자면, 대칭 중심이 있을 때는 중심 선상의 마주보는 점들이 동등해야 하는 것이다. 이러한 대칭 요소들은 회전-반전*과 함께 결정의 대칭 요소가 되는 것이다. 결정이 가질 수 있는 대칭 요소는 (a) 대칭 중심, (b) 대칭면, (c) 2-, 3-, 4- 및 6-중 대칭축, (d) 2- 및 4-중 회전 반전축 등이다. 물론 결정마다 이 대칭 요소를 모두 다 갖는 것은 아니다. 이 대칭 요소의 조합 방식은 32가지 뿐이며, 이들 가능한 조합 방식에 의해서 결정은 32가지의 결정족으로 나누어진다. 결정이 이들 중의 어떤 계에 속하는가는 결정의 외부 대칭 요소에 의해서 정해진다. 각 결정계에 속하는 결정족의 수는 다음과 같다. 삼사비등축, 2; 일사비등축, 3; 직각비등축, 3; 육각, 7; 직각이등축 7; 마름모, 5; 입방 ; 5.

결정학적 축이 똑같은(같은 결정계에 속한) 결정들이 어떻게 해서 서로 다르게 조합된 대칭 요소를 가질 수 있는가를 설명하기 위하여 세 축이 90°를 이룬 입방계를 택해 보자. 암염은 입방계에 속하며 앞서 설명한 입방체의 대칭을 모두 가지고 있다. 즉, 3개의 4중 대칭축, 4개의 3중 대칭축, 6개의 2중 대칭축, 9개의 대칭면 및 대칭 중심을 가지고 있다. 그림 27-16(a)의 결정은 입방계에 속한다. 그러나 결정학적 축은 2중 대칭축뿐이며, 주대각선은 여전히 3중 대칭축이고, 거울면은 6개 뿐이다. 이러한 모양의 결정은 4면체[그림 27-16(b)]의 대칭을 가진다. 즉, 그림 27-16(a)의 결정은 입방계의 4면체족에 속하며 입방체의 모든 대칭 요소를 다 갖는 정상적인 족에는 속하지 않는다.

결정의 몇 가지 표본을 조사하면, 즉 면각을 잰다든가 하면 그 결정이 속하는 대칭족을 알아낼 수 있다. 또 굴절률같은 광학적 성질은 축에 따라서 다를 수가 있는데 이런 것을 측정하더라도 대칭족을 알아내는 데 도움이 되는 수가 있다. 서로 다른 조건하에서 특수하게 자란 여러 결정을 조사해 보는 것도 중요하다. 결정의 외모(대칭족은 아님)는 결정이 자라는 방식에 따라서 다르다. 그림 27-17에 NaCl의 여러 가지 가능한 외모를 나타내었다. 입방체와 8면체는 둘 다 대칭 요소의 조합이 같다. 따라서 NaCl같은 물질은 그중 어느 것에 맞는 면이라도 다 나타낼 수 있다. 외모가 달라지는 또 하나의 예는 염소산나트륨 $NaClO_3$이다. 이것은 입방체나 4면체로 자라며 또 면의 모양이 훨씬 복잡한 결정으로 자라기도 한다. 가장 대칭성이 작은 결정

* p중 회전-반전축 : 360°/p를 회전시킨 후 중심을 통하여 반전시킴.

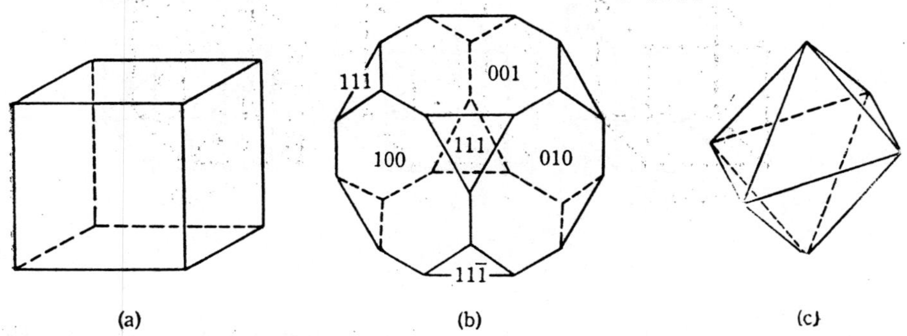

그림 27-17 결정 외모. (a) 입방체 NaCl 결정. (b) 약간의 8면체면이 생긴 NaCl 결정. (c) 10% 요소 용액에서 자란 NaCl 결정.

을 시험해 보면 대칭족을 정확하게 알 수가 있다. 입방체나 8면체 모양의 $NaClO_3$는 둘다 결정족에서 보다 더 높은 대칭을 보여준다. 진짜 대칭보다 더 높은 대칭을 나타내는 경우는 흔히 있다. 결정을 갑자기 자라게 하면 결정족에 알맞는 면이 전부 나타나지 않는다. 이와 같이 면이 빠지면 높은 대칭을 나타낸다.

27.7 원자 무늬에서의 대칭

결정을 결정계나 결정족으로 분류하는 데는 유한한 크기의 결정이 나타내는 대칭이나 또는 단위 세포의 대칭이 그 근거가 되었다. 단위 세포의 귀는 모두가 동등한 점들이다. 왜냐 하면 축에 따라서 평행이동시키면 전체 무늬가 나오기 때문이다. 그림 27-18을 보면 이것을 알 수 있다. 여기서 굵은 선으로 단위 세포를 표시해 놓았다. 단위 세포를 평행이동시키면 동등한 점들로 된 전체 무늬가 얻어지는데 이것을 점격자라고 한다. 그러나 일곱 가지 결정계의 단위 세포의 귀에

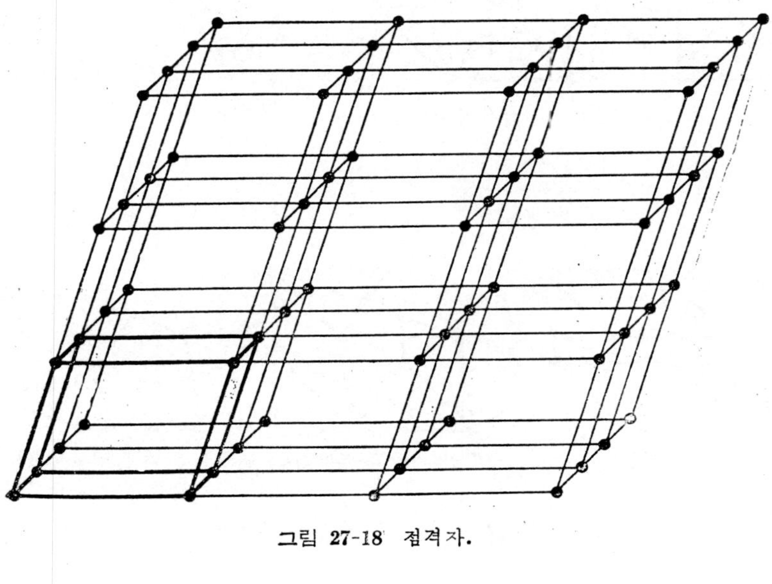

그림 27-18 점격자.

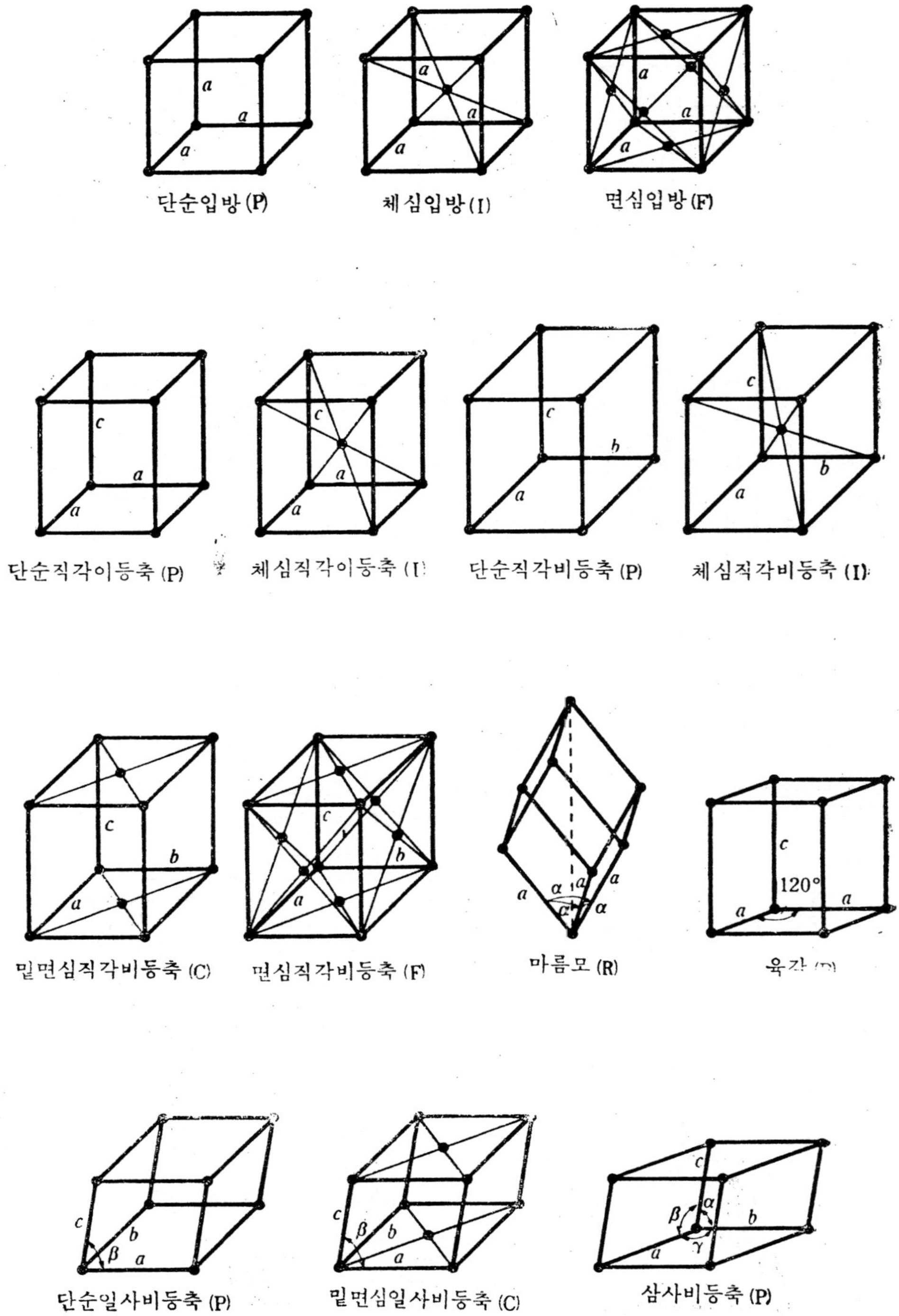

그림 27-19 열네 가지 Bravais 격자.

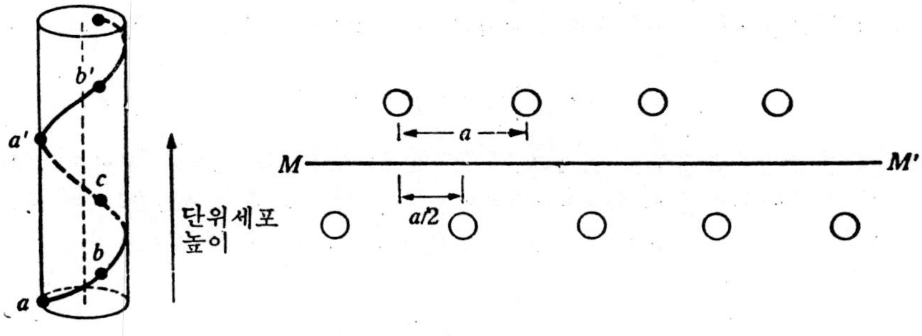

(a) (b)

그림 27-20 (a) 나사축. (b) 미끄럼면.

만 격자점을 배치시켜 가지고는 가능한 점격자 전부를 얻을 수가 없다. Bravais는 등동한 점들의 가능한 공간 배열, 즉 가능한 점격자를 모두 얻으려면 일곱 가지 단위 세포가 더 필요하다는 것을 증명하였다. 이들 14개의 단위 세포가 Bravais격자이다(그림 27-19).

어떤 특정한 세포에서의 대칭 이외에, 특정한 세포에 있는 점이 그 이웃 세포에 있는 점과 대칭 관계를 이루는 수도 있다. 따라서 평행이동 요소와 그리고 격자의 모양에 알맞는 다른 대칭 요소와를 함께 포함하는 대칭 조작도 추가로 생각해야 한다. 가능한 대칭 조작에다 평행이동을 합쳐 주면 대칭 요소의 가능한 조합의 수가 크게 증가한다. 전부해서 230가지의 조합(공간군)이 가능하다. 결정에서의 원자 배열은 어느 것이나 이 230가지의 대칭 조작의 조합 중의 어느 하나에 해당하는 대칭을 가져야 한다. 공간군을 결정하려면 x-선을 써서 결정을 면밀히 조사해야 한다.

새로 도입되는 대칭 요소는 나사축과 미끄럼면이다. 무늬의 나사축의 예로서는 3중 나사축을 가진 셀렌의 구조를 들 수 있다. 셀렌 원자의 사슬은 단위 세포의 변을 감아돌고 있다. 그림 27-20(a)에 나타난 바와 같이 단위 세포의 변에 중심을 둔 원통을 상상해 보자. 세포 높이의 $\frac{1}{3}$만큼 평행이동시키면서 120° 회전시키면, a에 있는 원자가 b점으로, b에 있는 원자가 c점으로, c에 있는 원자가 a'점으로 그리고 a'에 있는 원자가 다음 단위 세포에 있는 점 등등으로 이동한다. 이 조작을 세 번 되풀이하면 a가 a'으로 이동한다. 단위 세포는 그 자신으로 변환되었지만 위에 있는 다음 세포 자리로 이동하게 된다.

그림 27-20(b)는 미끄럼면의 조작을 나타낸 것이다. 위쪽의 원자층을 거리 $\frac{1}{2}a$ 만큼 이동시킨 다음 MM' 면에서 반사시키면 아래쪽 원자층이 생긴다. 이 조작을 반복하면 위쪽 층이 재생되지만 거리가 a만큼 이동하게 된다.

★ 27.8 결정면의 표시법

결정이 단위 세포의 반복으로 이루어진다는 것을 알았으므로 여러 종류의 면이 어떻게 형성되는가를 쉽게 설명할 수 있다. 그림 27-21(a)는 이것을 2차원적으로 설명한 것이다. 면 F_1과 F_2는 단위 세포의 밑과 측면으로 이루어져 있다. 나머지 면 F_3와 F_4는 단위 세포의 모서리에 의해서 이루어진다. 단위 세포는 원자 크기이기 때문에 결정에는 작은 층계가 나타나지 않으며 하나의 결정면으로 나타나게 된다. 결정은 이처럼 특별한 방법에 따라서 만들어지므로 한 면과 다른 면의 절편들 사이에는 중요한 관계가 성립하게 된다. 예로서 면 F_3의 절편과 면 F_4의 절편을 비교해 보자. 이 면에 대한 기하학적 관계가 그림 27-21(b)에 나와 있다. 여기서 직선 PL 은 x축을 a에서 교차하고 y축을 b에서 교차한다. 이러한 직선의 식은 다음과 같다.

$$\frac{x}{a} + \frac{y}{b} = 1 \tag{27.1}$$

단위 세포의 폭을 a', 높이를 b'이라고 하자. 면 F_3에서 MP를 pb', 그리고 ML을 la'이라고 놓고 p와 l을 정수라고 하면 $\tan\theta = pb'/la' = b/a$이므로 $b/a = pb'/la'$이며 따라서 $b = (p/l)(a/a')b'$이다. 이것을 (27.1)식에 넣고 a/a'을 곱하면 다음 식이 얻어진다.

$$\frac{x}{a'} + \frac{y}{(p/l)b'} = \frac{a}{a'} \tag{27.2}$$

그러나 F_3에는 $x = ma'$, $y = nb'$과 같은 점이 있다. 여기서 m과 n은 정수이다. 이 점에서도 (27.2)식은 성립되어야 한다. 따라서

$$m + \frac{nl}{p} = \frac{a}{a'} \tag{27.3}$$

이 식의 좌변은 정수만을 포함하고 있으므로 a/a'은 정수의 비로 표시되는 유리수이다. 또 앞에서 나온 바와 같이 $b/b' = (p/l)(a/a')$이므로 b/b'도 유리수가 된다. 면 F_3는 특정한 것이 아니므로 어느 면이나 그 절편을 단위 세포의 길이 단위로 재면 유리수가 나와야 한다. 이 관계는 3차원에서도 마찬가지로 성립하며, 다만 면이 3개의 축상의 절편을 가진다는 점만이 다르다. 어느 면이나 그의 절편은 단위 세포 길이의 유리수배이므로 두 면의 절편 값은 서로 유리수배가 된다. 즉, 두 면의 x축에 대한 절편들을 a_1과 a_2라고 하면 $a_1 = r_1 a'$, $a_2 = r_2 a'$이다. 여기서 r_1과 r_2는 유리수이다. 따라서 $a_2 = \frac{r_2}{r_1} a_1$이 얻어지고 r_1과 r_2가 유리수이므로 a_2는 a_1의 유리수배가 된다. y축과 z축의 절편에 대해서도 마찬가지이다.

그러므로 결정의 어느 한 면 F_3의 좌표축에 대한 절편을 a, b, c라고 하면 그 결정의 다른 임의의 면, 예로서 F_4와 같은 면의 절편 a_1, b_1, c_1은 a, b, c의 유리수배가 된다. 이것은 결정학

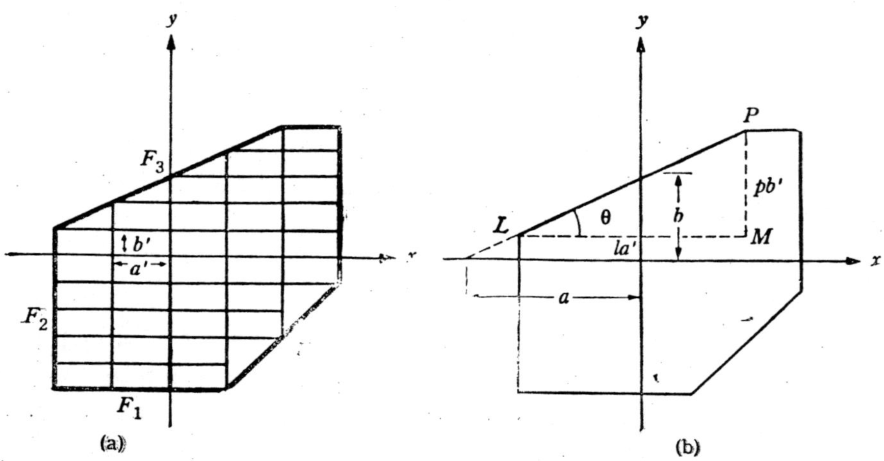

그림 27-21 유리 절편의 법칙.

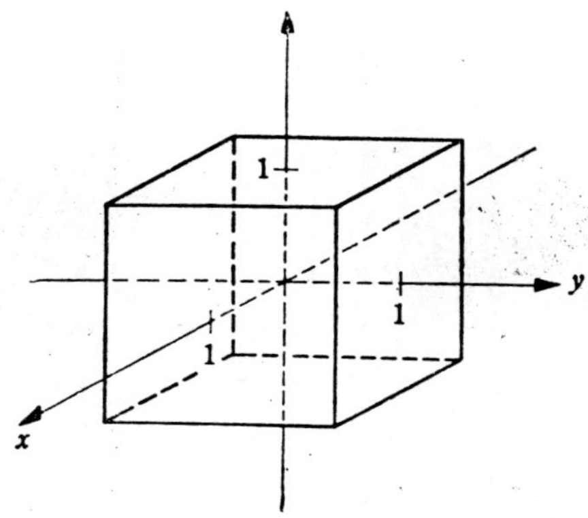

그림 27-22

의 기본 법칙이며 유리 절편의 법칙이라고 한다.

결정면은 표준 절편의 배수로 표시하는 대신에 일반적으로 이 배수의 역수를 써서 표시한다. 즉, 기준면의 절편을 a, b, c 라고 할 때 어떠한 면이든 그 절편은 다음과 같은 수들로 표시한다.

$$a_1 = a/h \qquad b_1 = b/k \qquad c_1 = c/l$$

여기서 h, k, l 은 유리수이거나 영이다. h, k, l 중 어느 하나가 분수일 때는 전체 집합에다 최소공배수를 곱하여 정수 h, k, l 의 집합을 얻는다. 이렇게 하여 나온 정수 h, k, l 을 그 면의 Miller 표수라고 한다. 이와 같이 역수를 취하고 분모를 없애고 하는 조작을 거치면 유리 절편의 법칙이 유리 표수의 법칙으로 바뀐다. 이들이 하나의 같은 법칙이라는 것은 분명하다. 한 면의 표수는 기준면에 대한 그 면의 상대적인 배향을 나타내지만 실제의 위치를 나타내는 것은 아니다. 면을 나타내는 데 표수를 사용하는 것이 편리하다는 것은 평면의 방정식을 절편의 꼴로 나타내 보면 알 수 있다. 즉,

$$\frac{x}{a_1} + \frac{y}{b_1} + \frac{z}{c_1} = 1$$

그런데 기준면의 절편을 쓰면 $a_1 = a/h$ 등이 된다. 따라서

$$\frac{hx}{a} + \frac{ky}{b} + \frac{lz}{c} = 1$$

만일 거리를 기준 절편의 값으로 나타내면, 즉 x 를 a 의 단위, y 를 b 의 단위 등으로 나타내면 이 식은 다음과 같이 된다.

$$hx' + ky' + lz' = 1 \tag{27.4}$$

여기서 $x' = x/a,\ y' = y/b,\ z' = z/c$ 이다.

그림 27-22 의 입방체를 생각해 보자. 이 입방체의 오른쪽 면의 절편은 ∞, 1, ∞ 이며, 그 역수(표수)는 010 이다. 또 앞면의 절편은 1, ∞, ∞ 이고 표수는 100 이다. 그리고 왼쪽면의 절편은 ∞, -1, ∞ 이고 표수는 $0\bar{1}0$ 이다(음의 부호는 숫자 위에다 쓴다). 뒤면의 표수는 $\bar{1}00$ 이다. 윗면과 아랫면의 표수는 각각 001, $00\bar{1}$ 이다. 축에 평행한 면은 어느 것이나 ∞ 의 절편을 가지며 그 축에 대한 표수가 0 이 된다.

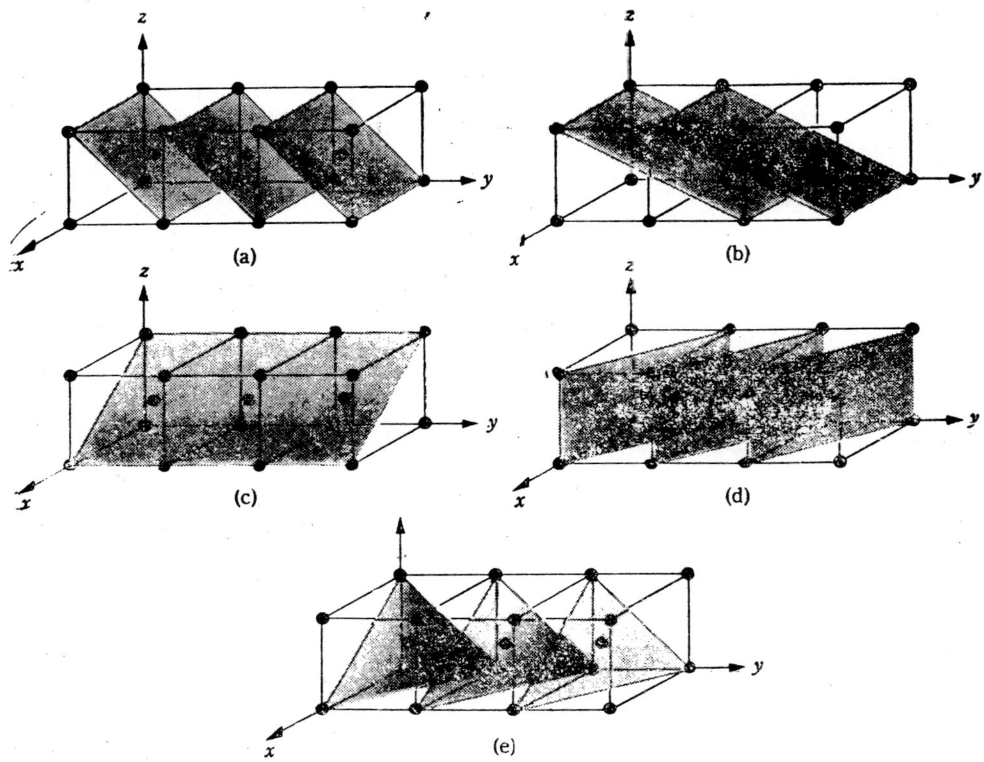

그림 27-23 bcc 격자에서의 면. (a) 011 면. (b) 012 면. (c) 101 면. (d) 110 면. (e) 111 면.

결정은 원자, 이온, 또는 분자로 되어 있으며, 결정의 면은 어느 것이나 원자, 이온, 또는 분자의 층으로 되어 있다. 결정면을 표시하는 데 사용한 방법은 결정 내부의 원자면을 표시하는 데도 사용할 수 있다. 그림 27-23(a)에 있는 체심 입방 세포를 생각해 보자. 빗금을 친 원자면의 절편은 ∞, 1, 1 이며 표수는 011 이다. 그림 27-23(b)에서는 빗금을 친 면의 절편이 ∞, 2, 1 이며 역수가 0, $\frac{1}{2}$, 1 이므로 분모를 없애면 표수가 012 가 된다. 그림 27-23(c), (d) 및 (e)에 나타낸 면은 각각 101, 110, 111 면이다.

그림 27-17(b)는 입방체 위에 8 면체면이 생기는 것을 나타낸 것이다. 이 면들은 입방체의 여덟 귀를 자르면 생긴다. 이 결정면은 보통 방법으로 얻어지는 Miller 표수로 표시된다. 100 면과 111 면 사이의 각은 항상 54° 44′ 8″ 이다.

면각이 일정하다는 것은 일찌기 17 세기부터 알려진 결정학의 한 법칙이다. 1669 년에 Nicolaus Steno 는 실제 결정이 이상적인 모양으로부터 어떻게 달라지든지 관계없이 두 종류의 면 사이의 각은 항상 일정하다는 것을 알아냈다. 예를 들면 석영 결정은 육각 대칭이며, 6 중 대칭축에 수직으로 자른 면은 그림 27-24(a)와 같이 내각이 120° 인 정육각형이다. 그러나 실제의 경우에는 이웃 결정과 접한다든가 또는 다른 어떤 요인 등에 의해서 결정의 어떤 면이 자라지 못하게 되고 그 때문에 실제 결정의 면들은 동등하게 자라지 못하고 그림 27-24(b)나 (c)와 같은 모양의 단면을 갖는 결정이 된다. 그러나 결정이 어떻게 일그러지든 그 면각은 120° 로 항상

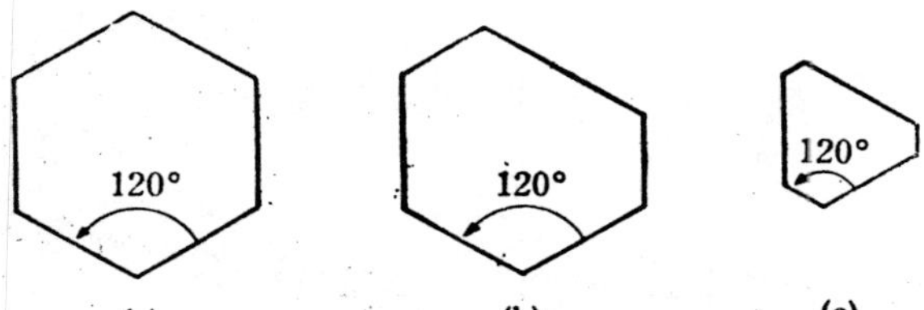

그림 27-24 면각의 일정성. (a); 이상적인 석영 결정의 단면. (b)와 (c); 실제로 있을 수 있는 결정 단면.

일정하다. 면각이 이와 같이 일정하다는 것은 결정학적으로 대단히 큰 도움이 되고 있다. 왜냐하면 불완전한 결정의 면각으로부터 기본적인 결정 대칭을 알아낼 수 있기 때문이다.

★ 27.9 결정에 대한 x-선 실험

X-선은 대단히 짧은 파장의 빛이라는 결론과 또 결정은 원자면이 규칙적으로 나열된 것이라는 사실을 이용하여 1912 년에 Max von Laue 는 결정은 그의 면 간격 정도의 파장을 가진 x-선에 대해서 회절발의 역할을 할 것이라고 암시하였다. 이 추측은 곧 Friedrich 와 Knipping 에 의해서 실험적으로 증명되었다. 그림 27-25 는 Laue 방법에 대한 전형적인 실험 장치를 나타낸 것이다. 사진 건판에 생기는 점들의 회절 무늬를 Laue 무늬라고 한다.

결정 속으로 진행하는 x-선살은 결정 속의 가능한 모든 원자면에 의해서 반사되는데 입사각과 반사각은 보통의 거울면 반사 법칙에 따라서 똑같게 된다. 들어가는 빛살에 대해서 여러 가지 각으로 배향되는 서로 다른 원자면이 많기 때문에 나오는 빛살은 여러 각도로 완전히 분산되리라고 예상된다. 그러나 사실은 나오는 빛살은 어떤 특정된 각에서만 나타나 Laue 무늬가 생긴다. 이것은 결정에 있는 원자 평면이 평면 하나만 가지고는 생기지 않으며 그에 평행한 수많은 평면이 있어야 하기 때문이다. 대개는 이 평행한 평면에서 반사되어 나오는 빛살은 서로 간섭되어 사라져서 거의 대부분의 방향으로는 빛살이 나오지 않기 때문이다.

한 세트의 서로 평행한 평면에서 반사되어 나오는 빛살이 서로 보강되어 반점을 나타낼 조건은 쉽게 유도할 수 있다. 그림 27-26 은 결정에서 평면 사이의 면간격이 d 인 한 세트의 평면을 나타낸다. 평면과 빛살의 진행 방향 사이의 각인 여입사각은 θ 이다 빛살 R_1 은 첫째 번 평면에 의하여 거울면에서처럼 반사되어 R_1' 이 된다. 마찬가지로 빛 R_2 는 둘째 번 평면에서 반사되어 R_2' 이 된다. 선 R_1' 과 R_2' 이 서로 보강되려면 그 위상이 같아야 한다. 이 조건은 R_2R_2' 이 통과한 여분의 거리가 x-선 파장의 정수배이면 된다. 가외의 거리는 $2x$ 이므로 $2x = n\lambda$ 이면 된다. n 은 정수이다. 그런데 이 경우에는 기하학적으로 $x = d\sin\theta$ 가 된다. 따라서 면간격 d 를 이용하면 보강되는 간섭 조건을 나타내면 다음과 같이 된다.

$$2d\sin\theta = n\lambda \qquad n = 1, 2, 3, \cdots\cdots \tag{27.5}$$

이것은 x-선 결정학의 기본 법칙으로서 Bragg 조건 또는 Bragg 법칙이라고 한다. 이 법칙은 결국 주어진 파장의 선을 사용할 경우, 반사되는 빛살은 이 조건을 만족하는 각도에서만 나온다는 것을 말하는 것이다. Laue 반점 무늬가 나오는 것은 이 때문이다. 그리고 각각의 반점은 이 조건을 만족시키는 한 세트의 면에 의해서 생긴다. 결정 내에서 결정면의 무리들은 결정의 대칭

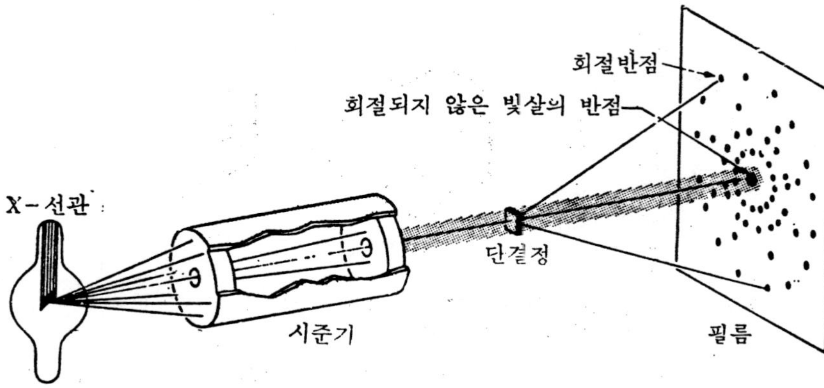

그림 27-25 Laue 방법.

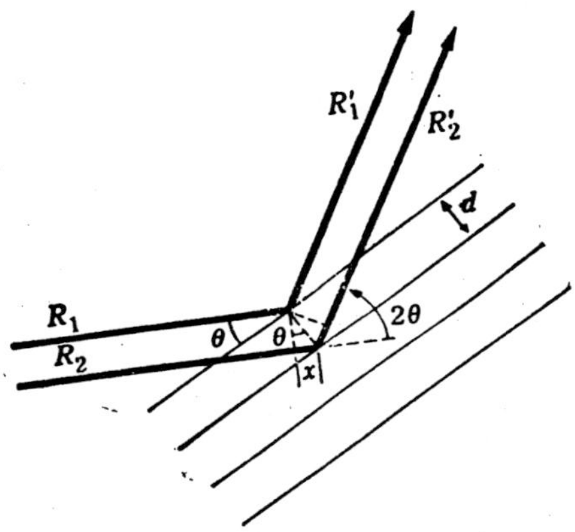

그림 27-26 한 세트의 원자면에서 반사되는 x-선.

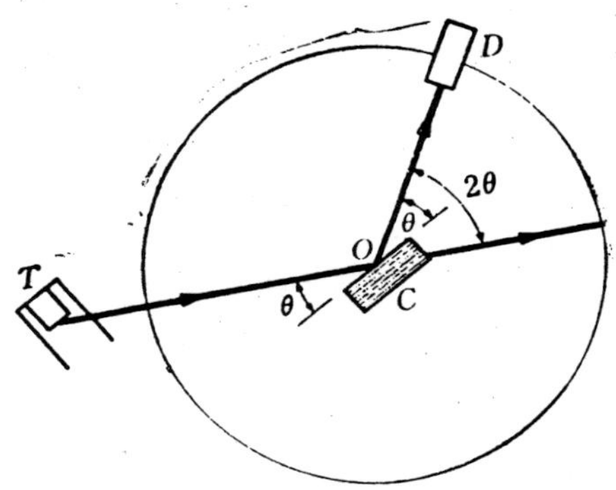

그림 27-27 X-선 회절계.

과 부합되게 배열되므로 Laue 무늬의 반점 배열은 어느 정도 결정의 대칭성을 반영하고 있다. 반사되는 빛살은 입사되는 빛살의 방향과 2θ의 각도를 이룬다. 그림 27-26은 이 관계를 간단하게 설명해 놓은 것이다. 실험 장치를 조작해서 h, k, l 및 θ들을 특정한 값으로 맞추어주면 몇 가지 파정들이 보강 간섭으로 Laue 무늬를 나타낼 수 있다. 원리상 각 세트의 면들마다 여러 반점을 만들 수 있다. 실제적으로는 입사 복사선의 파장 영역과 θ의 관측값 영역을 제한함으로써 반점의 수를 제한시킨다. 만일 Laue 방법에서 단색 광선을 사용하면 우연히 Bragg 식을 만족시키는 어떤 한 세트의 평면이 존재하지 않는 한 아무런 무늬도 생기지 않는다.

각 세트의 원자면마다 그 원자 밀도가 다르므로 이들 각 세트의 평면에서 회절되는 x-선의 세기가 다르다. 원자 밀도가 큰 면일수록 빛살을 잘 산란시키며 보다 센 빛살을 내어 놓는다. 만일 한 결정에 여러 종류의 원자가 있을 때는 전자수가 큰 화학종이 보다 큰 산란 능력을 가진다. 가벼운 원소에서는 산란 능력이 원자 주위의 전자수에 비례한다.

그림 27-27의 x-선 회절계에서는 x-선관 T에서 나온 x-선이 결정 C 위에 쪼여지는데, 이 결정은 회전할 수 있는 장치 위에 놓여 있어서 그 회전각을 이 장치의 눈금으로 읽어낼 수 있게 되어 있다. 결정을 회전시키면 각 세트의 원자면으로부터 산란되어 나오는 보강 빛살을 검

출함 D로 들어가게 할 수 있다. 이 검출함은 이온화 상자나 Geiger 계수기로 되어 있으며 여러 회전 각도에서의 응답을 기록하여 여러 θ값에서의 피이크 무늬를 기록할 수 있다. 이와같이 측정한 θ값으로부터 Bragg 식을 이용하여 원자면 사이의 간격을 계산할 수 있다.

★ 27.10 Debye-Scherrer(분말)법

Bragg 방법으로 면간격을 구하려면 결정을 정확하게 축에 맞추어 장치해야 하기 때문에 시간이 걸려서 불편하다. 결정을 회전시켜서 회절 무늬를 얻는 이 방법은 구조 결정을 하는 데 가장 좋은 방법이기는 하지만 결정을 정확하게 장치해야만 하는 것이다.

면간격을 얻는 가장 간단한 방법은 Debye-Scherrer 법이다. 이 방법에서는 결정 시료를 분말로 갈아서 얇은 벽으로 된 유리관에 넣은 다음 X-선의 통로에 장치해 놓는다. 분말 속에는 배향이 모두 상이한 많은 결정이 들어 있기 때문에 그 중에서 약간은 한 세트의 면이 Bragg 식을 만족하도록 배향될 것이다. 그리고 또 다른 한 무리의 결정은 다른 한 세트의 면이 Bragg 식을 만족하도록 배향될 것이며, 이러한 관계가 계속해서 성립될 것이다. 한 주어진 세트의 면들이 Bragg 조건을 만족시키면 반사된 빛이 반점을 나타낸다. 이 면 세트를 입사 빛살의 축 주위로 회전시키면 반사빛도 여기에 따라 회전하여 원뿔 모양을 이룬다. 분말 속에는 많은 알맹이가 있기 때문에 알맹이들이 빛살 축 주위의 모든 방향으로 배향되며 그리하여 원뿔 모양의 반사빛이 나타난다(그림 27-28). 그림 27-28은 원뿔형으로 반사된 복사선과 선무늬 때문에 나타난 필름상의 위치를 나타낸 것이다. 필름은 거의 완전한 원형이므로 큰 각도로 반사되는 광선도 그 위에 기록이 된다.

필름상에 나타난 선 사이의 거리는 정확하게 잴 수 있으며, 이 거리와 카메라의 크기로부터 각 세트의 면에 대한 회절각 2θ를 계산할 수 있다. 그러면 이 Bragg 각 θ로부터 Bragg 식을 사용하여 면간격 d를 계산할 수 있다.

덴시토미터를 사용하면 현상된 필름을 투과하는 광선의 세기를 잴 수 있다. 예로서 구조를 연구할 대상 물질이 금속이라면 모든 원자가 같은 종류이다. 따라서 가장 진한 선은 가장 촘촘히 쌓인 면으로부터 반사되어 나왔을 것이다. 이 선은 fcc 구조에서는 111 면이며 hcp 구조에서

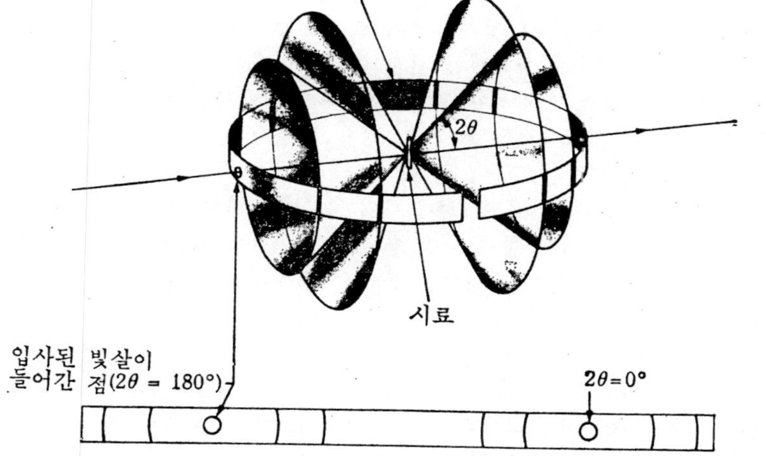

그림 27-28 Debye-Scherrer 분말법.

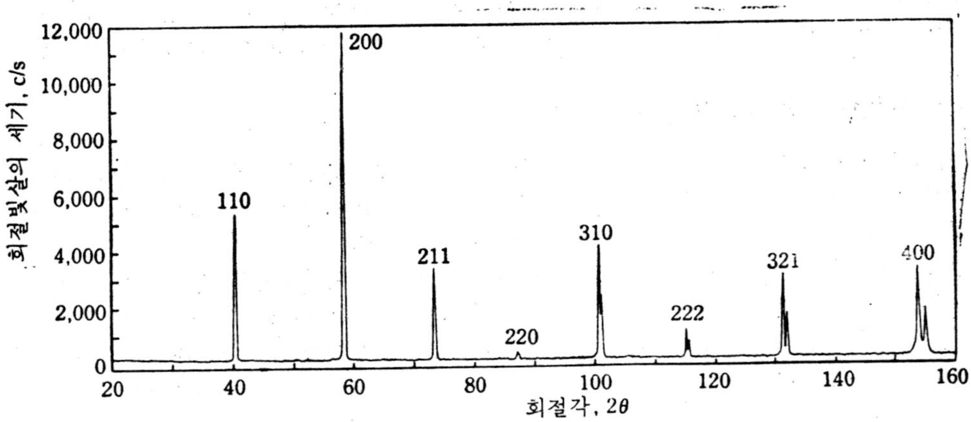

그림 27-29 전형적인 분말 회절 무늬. 텅스텐에 대한 여러 각도에서의 세기.

는 001 면이다. 가장 촘촘히 쌓인 면이 확인되고 Bragg 식으로부터 그 면간격이 계산되면 다른 간단한 무늬 모양을 짐작하여 기하학의 지식을 빌어서 그 구조와 모든 면간격을 알아낼 수 있는 경우가 있다.

그림 27-29는 고운 텅스텐 분말로 채워진 모세관을 회절계의 중심에 올려놓고 찍은 분말 회절 무늬이다. 피이크에 붙인 수자는 그 피이크를 내는 면의 표수이다. θ값을 측정해서 Bragg 식으로부터 원자면 사이의 간격을 계산할 수 있다.

★ 27.11 세기와 구조 결정

그림 27-30에 있는 면심 입방 격자를 생각해 보자. 100 면 사이의 한 중간에는 면심 원자만을 포함하는 200 면이 끼어들어 있다. 한 세트의 200 면에서 반사된 광선은 100 면들에서 나오는 광선과 180°의 위상 차이가 난다. 이러한 두 반사 광선은 간섭되어 소멸되므로 이 격자의 100 면으로부터 나오는 1차 반사광은 나타나지 않는다(두 세트의 면들이 모두 고차 반사 광선을 나타내지만 그 세기가 훨씬 약하다). 마찬가지 이유로 110 면으로부터 나오는 1차 반사 광선도 220 면에서 나오는 1차 반사 광선에 방해되어 나타나지 않는다. 111 면은 그 사이에 이와 같은 층이 끼어 있지 않으므로 1차 반사 광선이 밝고 깨끗하게 나온다. 특히 111 면은 촘촘히 쌓인 면이기 때문에 더 한층 깨끗하기도 하다. 몇 가지 선이 빠지는 것이 오히려 나타나는 선의 표수를 정하는 데, 즉 표수 지정에 큰 도움이 된다.

선 간격과 회절 무늬의 세기를 철저히 조사하면 단위 세포의 크기와 모양을 결정하고 단위 세포 내에 있는 여러 종류의 원자들의 배열을 알아낼 수 있다. 그러나 이것은 대칭이 크고 두 종류 이하의 원자만을 포함하는 경우에만 가능하다. 예컨대 금속이나 NaCl, ZnS 같은 결정은 쉽게 되는 것들이다. 위에서 설명한 바와 같이 같은 종류의 원자층이 대칭적으로 사이에 끼어 있을 때는 어떤 반사 광선이 완전히 소멸될 수 있다. 그러나 사이에 끼어 들어간 층이 꼭 중간에 있지 않아서 두 층의 위상이 완전히 맞지도 않고 완전히 안 맞지도 않는 경우를 생각해 보자. 더우기 끼어 들어간 층이 산란 능력이 다른 원자를 포함한다고 해 보자. 이렇게 되면 문제가 아주 복잡해진다. 그렇지만 작은 분자에 대해서는 일반적으로 직접적인 방법을 가지고 문제를 해결할 수가 있다. 선의 위치로부터 우리는 그 구조에서의 주된 면간격, 단위 세포의 모양과 크기,

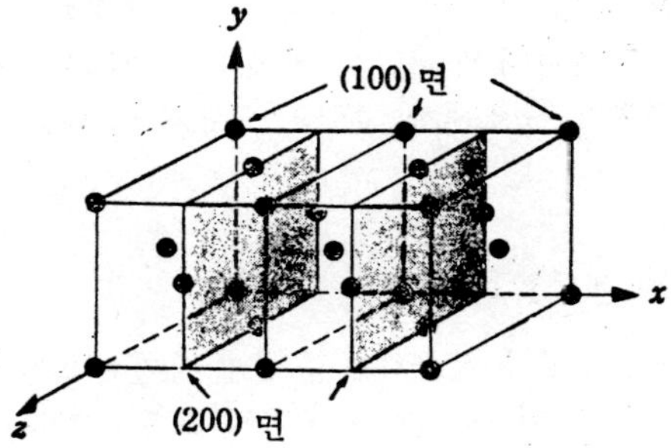

그림 27-30 fcc 구조에서 100 면과 그 사이에 끼어 있는 200 면.

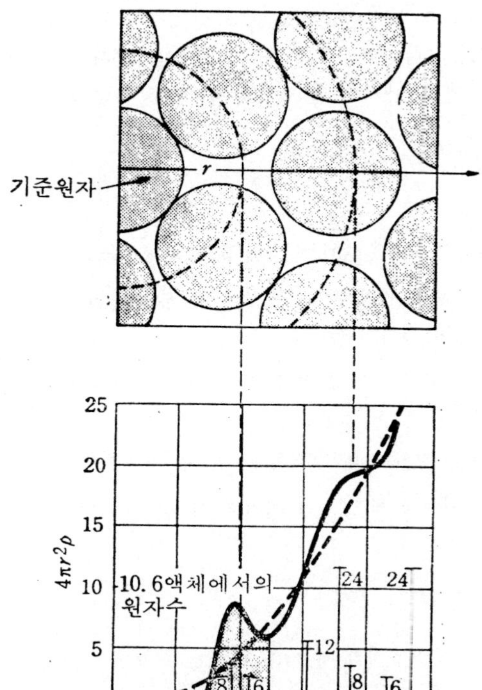

그림 27-31 액체 나트륨의 방사 방향 분포 곡선.

그리고 결정족을 알아낼 수 있다. 그리고 결정의 화학 조성과 밀도를 알면 단위 세포 속에 있는 각 종류의 원자수를 알 수 있다. 그 다음에는 단위 세포 속에서의 여러 가지 원자들의 위치를 정해주어야 하는데, 이것을 위해서는 각 반사선과 관계되는 위상을 가정해주어야 한다. 이어서 이와 같이 가정한 원자 배열, 즉 시험용 구조가 나타낼 회절 무늬의 선들의 세기를 계산한다. 이와 같이 계산한 선 세기를 측정된 선 세기와 비교한 다음 최소 자승법에 의해서 시험용 구조를 개선해준다. 이 과정은 합리적인 비교 결과가 나올 때까지 되풀이 한다.

이 계산은 지극히 지루한 일이다. 그러나 다행히도 콤퓨터를 이용해서 이 계산을 할 수 있어서 다행이다. 그러나 고속 콤퓨터가 나오기 전에 이미 수백 개의 결정의 구조가 손 계산으로 이루어졌다. 이 장의 앞 부분에서 소개한 고체의 구조들은 바로 이러한 x-선 연구 결과로부터 얻은 것들이다.

★ 27.12 액체에서의 x-선 회절

액체의 회절 무늬는 분말 사진과 비슷하지만 분말 사진에서는 아주 예민하게 나왔던 선이 액체에서는 넓은 띠를 이룬다. 이러한 넓은 띠의 세기 분포를 분석하면 액체의 한 중심 알맹이 주위에 몰려오는 알맹이의 방사 방향 분포 함수를 구할 수 있다. 이 분포 함수는 한 중심 원자 주위의 피이크에 맞먹는 거리에 오는 평균 원자수가 얼마나 되는가를 나타낸다.

그림 27-31은 액체 나트륨의 방사 방향 분포 함수 $4\pi r^2\rho$를 나타낸 것이다. 위에 있는 그림은 피이크로부터 구한 중심 원자 주위의 원자 "껍질"이다. 액체에서 중심 원자로부터 400 pm의 거리에 있는 평균 원자수는 10.6이다. 이 수는 곡선 아래의 빗금을 친 부분의 넓이로부터 구한다. 수선은 고체 나트륨에서 차례로 나오는 원자 "껍질"의 원자수를 나타낸 것이다.

≪질 문≫

27. 1 (a) 금속과 (b)이온 결정에서의 결합과 구조를 비교 설명하라.

27. 2 이온 결정은 두들기면 잘 부스러지거나 쪼개진다. 두 인접층이 변이되었을 때의 정전기적 상호작용을 가지고 이 현상을 설명하라.

27. 3 다이아몬드는 지금까지 알려진 가장 단단한 물질이다. 이것의 구조를 이용해서 그 이유를 설명하라.

27. 4 라디오파가 결정 구조를 정하는 데 부적합한 이유를 설명하라.

27. 5 그림 27-31은 고체와 액체에 대한 질서 차이를 어떻게 나타내고 있는가?

≪연습 문제≫

27. 1 표 27-1의 데이터를 써서 hcp계의 결정을 만드는 금속의 축의 비 c/a를 계산하라. 그리고 이 값을 이상적인 값 1.633과 비교하라.

27. 2 그림 27-5(a)와 (c)는 fcc와 bcc구조의 단위 세포이다. 각 경우 단위 세포에 포함된 원자수는 얼마인가? [면에 있는 원자는 두 세포에 공유되고 귀에 있는 원자는 여러 세포(몇 개?)에 공유됨을 주의하라.]

27. 3 그림 27-5(b)의 6각 세포는 3개의 단위 세포로 되어 있다. 6각 세포에는 몇 개의 원자가 있으며 단위 세포에는 몇 개가 있는가?

27. 4 그림 27-5는 fcc, hcp, bcc 구조에서 원자 중심의 위치를 나타낸 것이다. 이 그림을 참작하여 fcc, bcc구조에서 입방체의 모서리 길이가 a일 때 입방체의 부피를 구하고 또 입방체에 들어 있는 구가 실제로 차지하는 부피를 계산하라. 구는 서로 밀착되어 있다. 면이나 귀에 있는 구는 일부분만이 입방체 안에 속한다는 것을 주의하라. 입방체 내부의 빈 공간은 몇 %나 되겠는가?

27.5 그림 27-6(b)는 CsCl의 두 단위 세포를 나타낸 것이다. 이 단위 세포에는 Cs^+와 Cl^- 이온이 몇 개씩 들어 있는가?

27.6 그림 27-8은 NaCl의 단위 세포이다. 단위 세포에는 Na^+와 Cl^- 이온이 몇 개씩 들어 있는가(입방체 중심에 나트륨 이온이 하나 있다)?

27.7 그림 27-7을 써서 fcc 구조에는 한 원자당 몇 개의 8면체 구멍이 있는지 계산하라. bcc 구조를 그리고 한 원자당 몇 개의 8면체 구멍이 있는가를 구하라.

27.8 fcc 구조의 8면체 구멍 속에 들어갈 수 있는 구의 크기를 계산하라. 입방체 모서리는 a이고 원자 반지름은 r_a이다.

27.9 다음 단위 세포에는 몇 개의 원자(또는 이온쌍)가 들어 있는가?

a) 그림 27-11의 다이아몬드.

b) 그림 27-9(a)의 섬아연석.

c) 그림 27-9(b)의 섬유아연석.

d) 그림 27-10(a)의 형석.

e) 그림 27-10(b)의 금홍석.

27.10 입방체의 귀에 있는 반지름 $= r_s$인 8개의 구를 생각해 보자. 이 구들은 작아서 서로 접하지 않는다. 입방체의 중심에다 반지름 $= r_l$인 구를 놓는데, 이 구는 8개의 작은 구와 접하고 있다. 지금 이 큰 구의 반지름이 줄어드는데 작은 구의 반지름은 커져서 계속 두 종류의 구가 접한다고 하자. 귀에 있는 작은 구들이 서로 접할 때까지 커지면 r_s/r_l의 비가 얼마로 되겠는가? 여기서 계산한 결과를 27.3.2절의 수치와 비교하라.

27.11 반경이 r_l인 큰 구의 주위에 반경이 r_s인 4개의 작은 구가 적도에 따라서 대칭적(4각형의 귀에)으로 배열 되어 있다. 지금 이 큰 수를 줄어 들게 하고 동시에 작은 구를 커지게 하여 두 종류의 구가 계속해서 접하게 한다고 하자. 작은 구들이 서로 접하게 되었을 때 두 구의 반지름비 r_s/r_l을 구하라. 여기서 계산한 결과를 27.3.2절의 수치와 비교하라.

27.12 $a = b \neq c$, $\alpha = \beta = \gamma = 90°$인 직각 이등축의 대칭 요소는 어떤 것들인가?

27.13 a) 입방체를 그려서 각 면에다 Miller 표수를 나타내라.

b) 입방체의 변화 중심을 포함하는 평면에 수직한 평면이 생기도록 변을 잘라내려고 한다. 생기는 면을 적어도 2개 그리고, 이 면들의 Miller 표수를 나타내라.

27.14 그림 27-5를 써서 111면, 100면 및 011면에서의 원자 배열을 그려라. 어느 평면이 가장 촘촘한 배열을 갖는가?

27.15 파장 $\lambda = 179.0$ pm인 x-선을 쓸 경우 어떤 금속이 $2\theta = 47.2°$에서 반사 광선을 나타내었다. 만일 이것이 체심 입방 격자의 110면에서 나온 1차 반사라면 이 입방체의 한 변의 길이는 얼마가 되는가?

27.16 fcc 구조를 한 은의 격자 파라미터는 408.6 pm이다. 111면에서는 x-선살이 $2\theta = 38.2°$에서 센 반사광을 낸다. 이 x-선의 파장은 얼마인가?

27.17 $\lambda = 154.2$ pm인 x-선이 면심 입방 격자의 111면과 200면에서 반사광을 낸다. 만일 면심 입방 구조를 한 구리의 밀도가 8.935 g/cm³이라면 구리에서 나온 반사광은 어떤 각도에서 나타나겠는가?

28
전자 구조와 거시적 성질

28.1 서　론

기체 분자 운동론이나 분자간 힘을 설명하면서, 이미 물질의 거시적 성질은 개개 분자의 성질로부터 구해진다는 것을 말하였다. 이 장에서는 이온 결정의 응집 에너지를 결정에서의 이온들의 상호 작용 에너지를 가지고 설명하고, 또 금속과 공유 결합 결정의 몇 가지 성질을 Schrödinger 식으로부터 얻어지는 양자 역학적 관념에서 설명하고자 한다. 그리고 29장에서는 계 전체의 열역학적 성질을 구조에 관한 지식으로부터 계산하는 방법을 설명하고자 한다.

28.2 이온 결정의 응집 에너지

이온 결정의 응집 에너지를 만족스럽게 설명하려면 거의 전적으로 Coulomb 법칙을 이용해야 한다. 전하 z_i와 z_j를 띤 두 알맹이 i와 j가 진공에서 거리 r_{ij}만큼 떨어져 있다면 그들 사이의 작용 에너지는 다음과 같다.

$$E_{ij}=\frac{z_i z_j}{4\pi\epsilon_0 r_{ij}} \tag{28.1}$$

만일 z_i와 z_j의 부호가 같으면 E_{ij}는 양이 되고 알맹이들은 서로 반발하여 계의 안정성이 없어진다. z_i와 z_j의 부호가 다르면 에너지가 음이 되고 두 알맹이는 에너지 E_{ij}에 의하여 결합된다. 그리고 한 특정한 이온 주위에 반대 전하를 띤 이온이 많이 올수록 그 구조는 더 안정해 진다. 이 사실은 27.3.1절에서 이온 결정의 밀집구조를 논할 때도 암암리에 사용하였다.

두 이온의 전하가 같고 부호가 다른, 즉 $z_+=-z_-$인 NaCl 같은 결정을 생각해 보자. 각 부호의 이온수가 N, 즉 N개의 이온쌍을 포함한 결정의 응집 에너지를 계산하려면 각 이온과 다른 모든 이온과의 상호 작용을 모두 합해야 한다. 상호 작용 에너지는 이온간의 거리에 의존하므로 우선 그 구조에서 이온들이 어떤 기하학적 배열을 하고 있는가를 알아야 한다. 다행히 대칭적인 염(암염, CsCl, 섬아연석, 섬유아연석)은 가능한 구조가 모두 입방체이기 때문에 인접한 양이온과 음이온 사이의 거리 r을 알면 그 기하학적 구조로부터 임의의 두 이온 사이의 거리를 계산할 수 있다. i이온과 j이온의 거리를 $r_{ij}=\alpha_{ij}r$이라고 쓰자. 그러면 α_{ij}는 기하학적 구조로부터 얻을 수 있는 수치 인자가 된다. 그러면 (28.1)식이 다음과 같이 된다.

$$E_{ij}=\frac{z_i z_j}{4\pi\epsilon_0 r\alpha_{ij}}$$

표 28-1

구 조	배 위	A
CsCl	8-8	1.7627
NaCl	6-6	1.7476
섬 아 연 석	4-4	1.6381
섬유아연석	4-4	1.641

i이온과 나머지 다른 모든 j이온과의 상호 작용 에너지는 이것을 합셈하면 나온다. 즉,

$$E_i = \frac{z_i}{4\pi\epsilon_0 r}\sum_{j\neq i}\frac{z_j}{\alpha_{ij}}$$

이 합셈의 각 항에서 $z_j = \pm z_i$이다. 뿐만 아니라 합셈에 나오는 각 항은 기하학적 구조로 얻어지는 간단한 수치이므로 이 합셈을 $z_i S_i$와 같은 수로 나타낼 수 있다. 그러면

$$E_i = \frac{z_i^2 S_i}{4\pi\epsilon_0 r}$$

격자에 있는 모든 이온의 에너지 합을 취하면 전체 작용 에너지 U_M이 나온다.

$$U_M = \frac{1}{2}\sum_i E_i = \frac{z^2}{4\pi\epsilon_0 r}\sum_i \frac{1}{2}S_i$$

인자 $\frac{1}{2}$은 각 이온쌍 사이의 작용을 한 번만 셈해야 하기 때문에 넣은 것이다. 이 합은 수치의 합이며 음수이고 N에 비례하므로 $\frac{1}{2}\Sigma S_i = -NA$라고 쓸 수 있다. A는 수치 인자이며, 이와 같은 합을 처음으로 계산한 E. Madelung의 이름을 따서 Madelung 상수라고 한다. 따라서 전체 정전기적 에너지(Madelung 에너지)는 다음과 같이 된다.

$$U_M = -\frac{NAz^2}{4\pi\epsilon_0 r} \tag{28.2}$$

대칭적인 구조의 기하학으로부터 계산한 Madelung 상수값을 표 28-1에 실었다.

(28.2)식으로 주어지는 이온 결정의 응집 에너지는 10% 쯤 큰데, 이것은 근거리에서의 반발을 무시한 결과이다. 그림 28-1은 이 관계를 나타낸 것이다. (28.2)식으로 주어지는 에너지를 r

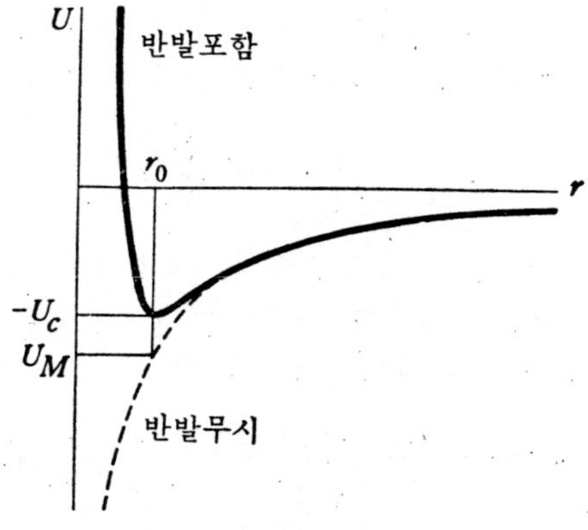

그림 28-1 이온 결정에서 이온간 거리의 함수로 나타낸 에너지.

의 함수로 나타낸 것이 이 그림의 점곡선이다. 평형 거리 r_0에서 이 점곡선의 깊이는 실제의 응집력을 나타내는 실곡선의 최소점보다 약간 낮다.

이온이 접촉됨에 따라서 생기는 반발은 중성 분자에서처럼 b/r^n으로 나타낸다(26.6절). 여기서 b와 n은 상수이며, n은 큰 지수로서 보통 6 내지 12이다. 이러한 꼴의 반발 에너지는 처음 M. Born이 도입하였으며 Born 반발이라고 한다. 따라서 응집 에너지는 다음과 같이 된다.

$$U = -\frac{NAz^2}{4\pi\epsilon_0 r} + \frac{b}{r^n} \tag{28.3}$$

두 실험 상수 b와 n은 두 조건에 의해서 결정된다. 우선 첫째 조건은 에너지가 결정의 평형 분리 거리 r_0에서 최소값을 갖는다는 것이다. 즉, $(dU/dr)_{r=r_0} = 0$이 된다. (28.3)식을 미분하면 다음을 얻는다.

$$\frac{dU}{dr} = \frac{NAz^2}{4\pi\epsilon_0 r^2} - \frac{nb}{r^{n+1}}$$

r_0에서 이 값을 영으로 놓고 b에 대해서 풀면 다음 결과가 나온다.

$$b = \frac{NAz^2 r_0^{n-1}}{4\pi\epsilon_0 n} \tag{28.4}$$

이것을 (28.3)식에 넣는다. 그러면

$$U = -\frac{NAz^2}{4\pi\epsilon_0 r_0}\left[\frac{r_0}{r} - \frac{1}{n}\left(\frac{r_0}{r}\right)^n\right] \tag{28.5}$$

$r = r_0$에서는 이것이 음의 응집 에너지 $-U_c$가 된다. 즉,

$$-U_c = -\frac{NAz^2}{r_0}\left(1 - \frac{1}{n}\right) \tag{28.6}$$

응집 에너지 U_c는 $r = r_0$에서의 Madelung 에너지에다 $(1 - 1/n)$을 곱한 것이 된다. 만일 n이 10이면 앞서 말한 10% 오차가 설명된다. (28.6)식을 (28.5)식에 넣으면 다음 결과가 나온다.

$$U = -\frac{nU_c}{n-1}\left[\frac{r_0}{r} - \frac{1}{n}\left(\frac{r_0}{r}\right)^n\right] \tag{28.7}$$

상수 n은 0 K에서의 결정의 압축률 $\beta = -(1/V_0)(\partial V/\partial p)_T$로부터 결정한다. $T = 0\,\text{K}$에서는 열역학적 상태 방정식인 (10.28)식이 $p = -(\partial U/\partial V)_T$가 되며, 미분하면 $(\partial p/\partial V)_T = -(\partial^2 U/\partial V^2)_T$가 된다. 이 관계를 β의 정의에다 넣으면 다음과 같이 된다.

$$\frac{1}{V_0\beta} = \left(\frac{\partial^2 U}{\partial V^2}\right)_T \tag{28.8}$$

에너지를 결정의 부피의 함수로 나타내기 위하여, 결정의 부피는 이온간 거리 r의 세제곱에 비례하므로 r은 부피의 세제곱근에 비례한다는 사실을 이용한다. 즉, $(r_0/r) = (V_0/V)^{1/3}$인 관계를 이용한다. 그러면 (28.7)식은 다음과 같이 된다.

$$U = -\frac{nU_c}{n-1}\left[\left(\frac{V_0}{V}\right)^{1/3} - \frac{1}{n}\left(\frac{V_0}{V}\right)^{n/3}\right]$$

이 식을 미분한다. 그러면

표 28-2

염	LiCl	NaCl	KCl	RbCl	CsCl
n	7.0	8.0	9.0	9.5	10.5
U_c/kJ mol^{-1}	808.8	754.8	687.8	664.8	623.0

$$\frac{dU}{dV} = \frac{nU_c}{3(n-1)}\left[\frac{V_0^{1/3}}{V^{4/3}} - \frac{V_0^{n/3}}{V^{1+n/3}}\right]$$

$$\frac{d^2 U}{dV^2} = -\frac{nU_c}{9(n-1)}\left[\frac{4V_0^{1/3}}{V^{7/3}} - \frac{(n+3)V_0^{n/3}}{V^{2+n/3}}\right]$$

$V=V_0$에서는 $(d^2U/dV^2)_r = nU_c/9V_0^2$이 된다. 이 값과 (28.6)식의 U_c값을 (28.8)식에 대입하고 n에 관해서 풀면 다음 결과가 나온다.

$$n = 1 + \frac{9(4\pi\epsilon_0)V_0 r_0}{NAz^2\beta} \tag{28.9}$$

(28.9)식에 의해서 압축률과 부피 V_0로부터 n값을 결정하면 (28.6)식으로부터 결정의 응집 에너지를 얻을 수 있다. 몇 가지 염의 U_c값을 표 28-2에 실었다.

이온 결정의 응집 에너지 U_c는 이온이 무한히 떨어졌을 때를 기준으로 한 결정의 에너지이다. 즉, 다음 반응에 소요되는 에너지이다.

$$MX(s) \longrightarrow M^+(g) + X^-(g)$$

이 반응의 에너지는 직접 잴 수는 없고, Born-Haber 순환을 이용해서 간접적으로 측정한다. 즉,

반 응	에너지
$M(s) \to M(g)$	$S=$ 승화 에너지
$M(g) \to M^+(g) + e^-(g)$	$I=$ 이온화 에너지
$\frac{1}{2}X_2(g) \to X(g)$	$\frac{1}{2}D=$ 해리 에너지의 $\frac{1}{2}$
$e^-(g) + X(g) \to X^-(g)$	$-E_A = -$ (전자 친화도)
$X^-(g) + M^+(g) \to MX(s)$	$-U_c = -$ (응집 에너지)

이들을 합하면 MX(s)의 생성 반응이 된다. 즉,

$$M(s) + \frac{1}{2}X_2(g) \to MX(s) \qquad \Delta U_f = \text{생성 에너지}$$

따라서,

$$\Delta U_f = S + I + \frac{1}{2}D - E_A - U_c$$

$$U_c = S + I + \frac{1}{2}D - E_A - \Delta U_f \tag{28.10}$$

할로겐화 알칼리에서는 (28.10)식의 우변에 있는 양을 실험적으로 구하여 계산한 U_c값이 (28.6)식으로부터 예측한 값과 약 4% 이내에서 일치한다.

이온의 전자 구름에 의한 van der Waals 인력을 포함시키면 이 이론을 어느 정도 다시 개량할 수 있다. 전자 구름이 작고 단단하게 붙어 있는 LiF 같은 물질에서보다 전자 구름이 크고 흐슨한

CsI 같은 물질에 대해서는 이러한 고려가 더 중요하다. van der Waals 상호 작용이 있으면 응집 에너지가 약간 증가한다. 이 문제에 대한 양자 역학의 유일한 기여는 결정의 영점 에너지들이 계산에다 포함시켜야 한다는 것이다. 이것은 응집 에너지의 계산값을 약 0.5 내지 1.0% 감소시킨다. 이러한 기여들이 추가되더라도 표 28-2의 값들은 2% 내지 3% 이상 변화하지 않는다.

1-1 원자가를 가진 이온 결정의 응집 에너지는 600 내지 800 kJ/mol이나 된다. 이것은 van der Waals 결정에서의 값보다 10 내지 20배나 더 큰 값이다. 뿐만 아니라 (28.6)식에 의하면 이온이 커질수록 그 응집 에너지는 감소한다. 극단적인 예로서 LiF의 U_c는 1004 kJ/mol이고 CsI의 U_c는 569.4 kJ/mol이다. 큰 이온들은 결정에서 단순히 조금씩 더 멀리 떨어져 있을 뿐이다. 마지막으로 CaO, BaO 등과 같이 2가의 이온들로 이루어진 결정을 생각해 보자. (28.6)식을 보면 응집 에너지가 전하의 제곱에 비례하므로 이 에너지는 1-1 염의 에너지의 약 4배나 되어야 한다. 이것은 근사적으로 들어 맞는다. CaO와 BaO의 값은 각각 3523 kJ와 3125 kJ이다.

2-2 원자가를 가진 염의 응집 에너지 증가는 일반적으로 이들 염의 용해도를 낮추어 준다. 예를 들면 황화물은 할로겐화 알칼리에 비하여 녹기 어렵다. 응집 에너지가 증가할수록 용매는 결정을 허물기가 보다 더 어렵게 된다.

28.3 고체의 전자 구조

양자 역학에 의하면 고립된 원자는 한 세트의 에너지 준위를 가지고 있으며 전부는 아니지만 그 중 일부에는 전자가 차 있다. 여러 원자가 촘촘히 쌓여서 고체가 되면 에너지 준위가 어떻게 될 것인가? 무한히 멀리 떨어져 있는 두 헬륨 원자를 생각해 보자. 이들은 각각 $1s$ 준위에 전자 두 개씩을 가지고 있다. 두 원자가 접근함에 따라서 그들 사이에는 약한 인력이 작용하며 일정한 거리에 이르면 상호 작용 에너지가 최소값이 된다. 각 원자는 다른 원자에 의해서 영향을 받기 때문에 각 원자의 에너지 준위가 약간 교란된다. 그리하여 $1s$ 준위가 2개의 준위로 나누어지는데, 이것은 $(He)_2$계에 대한 에너지 준위라고 생각할 수 있다. 이 준위에는 각각 전자 2개가 들어갈 수 있다. 즉, 이 계의 네 전자가 두 준위를 채운다. 두 준위의 평균 에너지는 고립된 원자의 $1s$ 준위보다 약간 낮다. 평균 에너지의 이러한 약간의 감소가 바로 $(He)_2$계의 응집 에너지, 즉 van der Waals 상호 작용 에너지이다. 3개의 헬륨 원자가 가까이 오면 이 계는 한 세트의 세 밀집된 $1s$ 준위를 가져야 한다. N개의 원자로 된 계에서는 $1s$ 준위가 N개의 밀집된 준위로 나누어지는데, 이들을 **에너지 띠**($1s$ 띠)라고 한다. N개의 헬륨 원자의 집단에서는 각 원자의 $1s$ 준위가 모두 차 있으므로 $1s$ 띠는 완전히 채워진다. 헬륨이나 또는 van der Waals 고체를 이루는 포화 분자는 어느 것이나 그 띠의 폭, 즉 띠의 가장 높은 준위와 가장 낮은 준위 사이의 에너지 차가 아주 작다. 이것은 포화 분자 사이의 작용이 약하기 때문이다. van der Waals 고체에서는 에너지 준위의 짜임새가 근사적으로 그 고체를 이루는 개개 분자의 것과 흡사하다. 그리고 채워진 준위는 고체의 응집 에너지 때문에 약간 낮아지게 된다.

한 종류의 원자만을 N개 포함하는 고체를 생각해 보자. 고립 상태에서 2개씩의 원자를 수용할 수 있는 에너지 준위마다 고체 상태에서 각각 2개씩의 전자를 수용할 수 있는 N개의 준위로 된 에너지 띠를 하나씩 만든다. 이 에너지 띠는 유한한 폭을 가지고 있는데 이것은 띠를 이루는 N개의 준위가 아주 밀집되어 있음을 의미한다. 이들은 아주 밀집되어 있기 때문에 띠는 마치 허용된 연속적인 에너지 범위처럼 생각된다. 그리하여 이것을 흔히 유사-연속 에너지 준위띠라고 한다. 그림 28-2는 고립된 원자에서의 에너지 준위계와 고체에서의 에너지 준위계들을 비교해 놓은 것이다. 이 그림에서 빗금을 친 부분은 고체 속의 전자에 허용되는 에너지 범위,

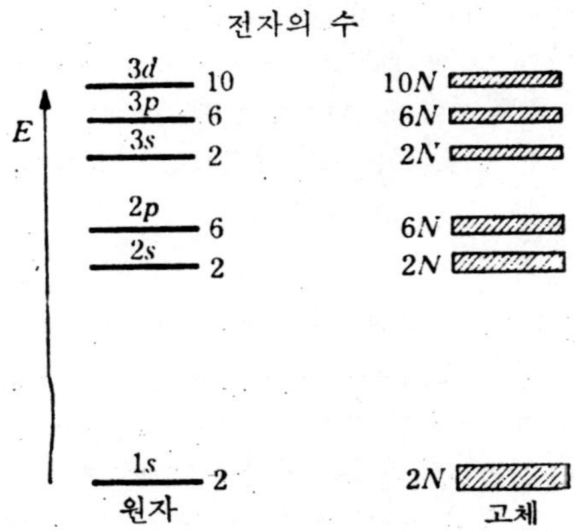

그림 28-2 원자에서의 에너지 준위와 고체에서의 에너지 띠 사이의 관계(약도).

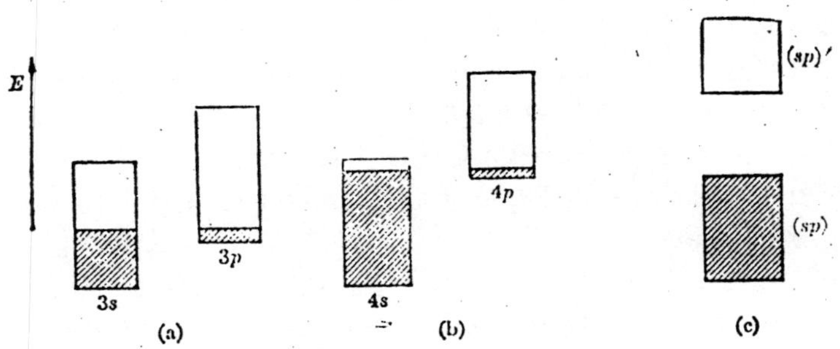

그림 28-3 고체에서는 띠 구조. (a) 나트륨. (b) 칼슘. (c) 다이아몬드.

즉 에너지 띠에 해당하며 띠와 띠 사이의 공간은 허용되지 않는 에너지 값의 범위를 나타낸 것이다. 그림 28-2에서는 띠들이 모두 겹치지 않도록 그렸으나, 보통은 높은 에너지 띠가 겹친다.

금속 나트륨을 생각해 보자. 나트륨 원자에는 $(1s)^2(2s)^2(2p)^6(3s)^1$ 배열을 한 11개의 전자가 있다. 결정에서 많은 나트륨 원자가 모여도 $1s$, $2s$, $2p$ 준위에 있는 전자는 원자가-전자에 의해서 이웃 원자의 영향으로부터 차단되기 때문에 거의 영향을 받지 않는다. 그리고 이에 해당하는 띠도 채워진다. 원자가-껍질에 있는 준위는 다른 원자 때문에 심하게 영향을 받으며 그림 28-3(a)에서 처럼 띠로 나누어진다. 이 그림에서는 $3s$와 $3p$ 띠의 겹치는 영향을 설명하기 위하여 이들을 수평 방향으로 옮겨 놓았다. N개의 원자가 전자는 허용되는 준위 중 가장 낮은 데서부터 채우므로 $3s$와 $3p$띠가 둘다 부분적으로 차게 된다. 띠의 채워진 부분은 빗금을 쳐 놓았다. s와 p의 띠가 겹치는 것은 금속의 전자 구조의 특징이며, 합해진 띠를 흔히 sp띠라고 표시한다.

s띠에는 $2N$개의 전자, 따라서 한 원자당 2개의 전자를 수용할 수 있다. s띠가 p띠와 겹치지 않는다면 칼슘과 같은 2가 금속에서는 s띠가 완전히 채워질 것이다. 곧 알게 되겠지만 만일 s띠가 채워지고 s띠의 위와 p띠의 아래가 벌어져서 중간에 허용되지 않는 에너지 영역이 존재한다고 하면 2가 금속은 부도체가 될 것이다. 그림 28-3(b)에 나타낸 바와 같이 칼슘에서의 p띠와 s띠는 약간 겹친다. 빗금 친 부분은 칼슘의 두 전자가 띠를 채우는 방식을 나타낸다.

다이아몬드는 채워진 띠를 가진 결정이다. 다이아몬드에서는 한 원자당 2개씩의 전자를 수용할 수 있는 s띠와 한 원자당 6개씩의 전자를 수용할 수 있는 p띠가 작용하여 2개의 분명한 띠를 만드는데, 이 띠는 각각 한 원자당 4개씩의 전자를 수용할 수 있다. 그림 28-3(c)에 sp와 $(sp)'$으로 나타낸 것이 이들 띠이다. 다이아몬드에서 한 원자당 4개씩의 전자는 낮은 띠를 꽉 채운다. 이와 같이 채워진 띠를 갖는 다이아몬드는 부도체이다.

28. 4 도체와 부도체

에너지 띠가 완전히 채워진 결정은 부도체이며, 부분적으로 채워진 것은 도체이다. 실제 결정의 띠는 결정에 있는 원자수 만큼의 많은 준위를 포함하고 있지만 편의상 띠가 8개의 준위만을 갖는다고 하자[그림 28-4(a)]. 이 준위 중 반은 $+x$방향으로 운동하는 전자로 채워지고 나머지 반은 $-x$방향으로 운동하는 전자로 채워지는 것이라고 생각할 수 있다. 이것을 준위 위에다 화살촉으로 표시해 놓았다. 띠가 어떻게 채워지든간에 전자의 반수는 $+x$방향의 운동에 해당하는 준위에 있게 되고 나머지 반수는 $-x$방향의 운동에 해당하는 준위에 있게 되므로 어떤 한 방향으로의 전자의 실효 이동은 없게 되며 따라서 전류의 흐름이 없게 된다. 만일 $+x$방향으로 전기장을 걸면 한 세트의 에너지 준위는 낮아지고 다른 한 세트는 높아진다[그림 28-4(b)]. 띠가 가득 차있으면 전기장은 걸기 전이나 건 후나 모든 준위가 차있으므로 어떤 방향으로도 전자의 실효 이동은 없게 되며 결정은 부도체가 된다. 그러나 띠가 부분적으로만 채워질 때는 낮은 준위들만이 채워진다. 그리고 전기장을 걸면 준위의 위치가 재배열되고 전자는 이 재배열된 준위 중의 보다 낮은 준위들을 차지하게 된다. 보다 낮은 한 세트의 준위에서는 $-x$방향으로 운동하는 것이 많아지므로 왼쪽으로 전자의 실효 이동이 일어난다. 결과적으로 실효 전류가 흐르며 이 결정은 도체가 된다.

전자의 흐름에 의해서 전기를 전도하는 금속은 불완전하게 채워진 띠들을 가지고 있으며, 다이아몬드 같은 부도체는 완전히 채워진 띠를 가지고 있다. 만일 부도체의 채워진 띠로부터 보다 높은 에너지의 빈 띠로 전자를 올릴 수 있으면 이들 들뜬 전자가 전류를 운반할 수 있다. 띠 사이의 에너지 간격은 비교적 넓기 때문에 온도를 증가시키는 것만으로는 충분한 에너지가 공급되지 않으므로 이러한 현상은 일반적으로는 잘 일어나지 않는다. 충분히 큰 진동수를 가진 빛을 사용하면 전자를 들뜨도록 할 수 있다. 이 현상을 광전도라고 한다. 셀렌의 경우에는 가시광선으로도 이것이 가능하다.

28. 5 이온 결정

1차 근사로서 두 종류의 원자를 포함하는 결정의 띠 계는 각 알맹이의 띠 계가 포개진 것이

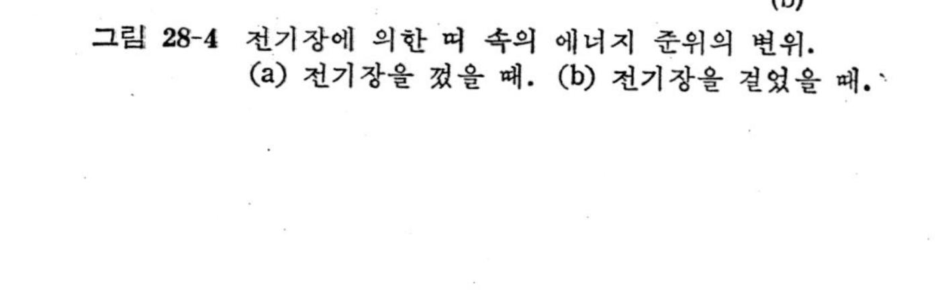

그림 28-4 전기장에 의한 띠 속의 에너지 준위의 변위.
(a) 전기장을 껐을 때. (b) 전기장을 걸었을 때.

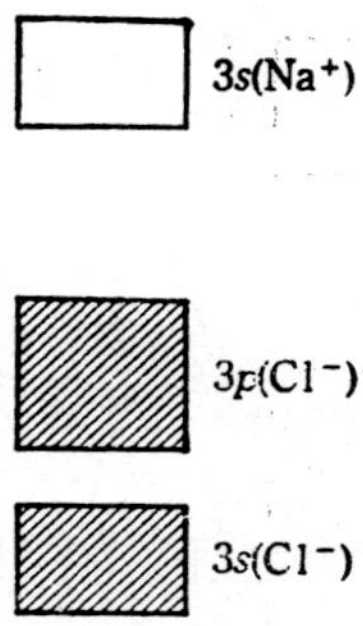

그림 28-5 NaCl의 에너지 띠.

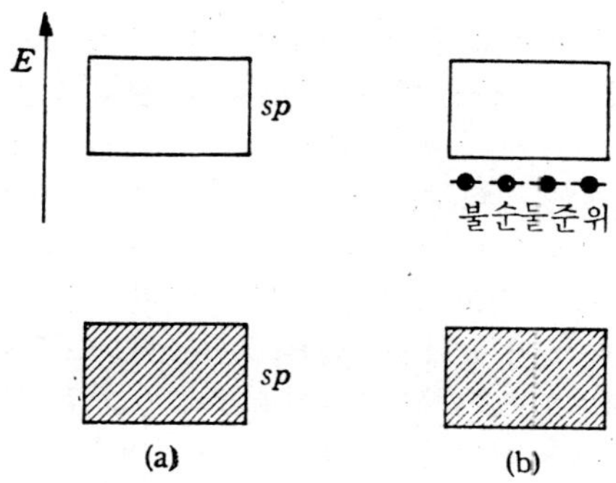

그림 28-6 (a) 순수한 규소. (b) 규소에서의 불순물 준위 ; *n*-형 반도체.

라고 볼 수 있다. 그림 28-5는 염화나트륨의 띠 계를 나타낸 것이다. 8개의 전자는 염화 이온의 3*s*와 3*p*띠를 차지하고 에너지가 보다 높은 나트륨 이온의 3*s*띠는 비어 있다. 이러한 생각은 이 결정이 나트륨 이온과 염화 이온으로 되어 있다는 것을 양자 역학적으로 표현하는 것이며, 이 결정이 나트륨 원자와 염소 원자로 되어 있다는 것은 아니다. 채워진 띠와 빈 띠 사이에는 에너지 간격이 있으므로 염화나트륨은 부도체이다.

28. 6 반 도 체

반도체는 전기 전도도가 미약하며, 그 전도도가 온도 증가와 더불어 증가하는 고체이다(금속의 전도도는 온도가 증가하면 감소한다). 반전도도는 불순물이 미량 포함된 부도체나 또는 금속과 비금속이 화학량론적으로 포함되지 않은 Cu_2O와 ZnO 같은 화합물이 나타낸다.

순수한 규소는 부도체이며, 그 결정 구조와 전자 구조가 다이아몬드와 비슷하다. 순수한 규소에서의 전자 구조는 그림 28-6(a)처럼 채워진 띠와 빈 띠로 나타낼 수 있다. 규소 원자 몇 개를 들어내고 그 대신 규소 원자보다 전자 1개씩을 더 가진 인 원자로 바꾸어 넣었다고 하자. 인 원자의 에너지 준위(불순물 준위)는 규소의 띠 계와 포개지지만 규소의 준위들과 정확히 일치하지는 않는다(인 원자 수는 작기 때문에 이 준위는 띠로 나누어지지 않는다). 인 원자에 의해서 여분으로 들어간 전자는 그림 28-6(b)에서와 같이 규소 격자의 빈 띠보다 약간 아래에 있는 불순물 준위를 차지한다는 것이 알려졌다. 이 준위에서는 전자가 인 원자에 결합되어 있기 때문

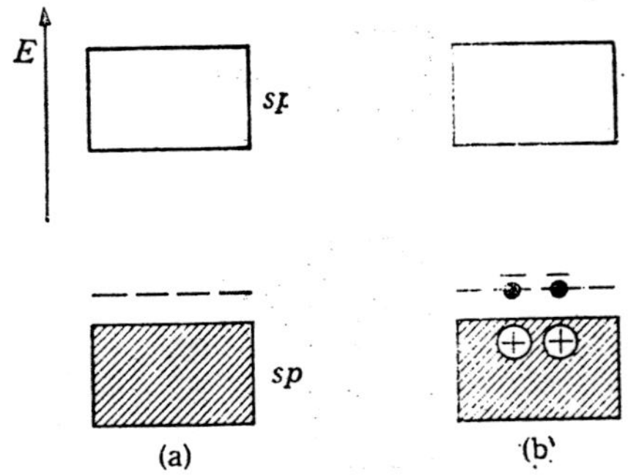

그림 28-7 p-형 반도체에서의 불순물 준위.

에 전류를 전도할 수 없다. 이 준위와 규소의 빈 띠(전도 띠) 사이의 에너지 간격은 열 에너지 kT와 비슷하기 때문에 이들 전자의 일부는 열적으로 들뜨게 되어 전도 띠로 올라간다. 전도 띠로 들어간 전자는 전기장 하에서 움직여 다닐 수 있다. 높은 온도에서는 더 많은 전자가 들뜨게 되어 전도 띠로 들어가며, 따라서 전도도가 커진다. 만일 아주 많은 인 원자를 격자에 넣으면 불순물의 준위 자신이 넓어져 띠가 되고, 이것이 규소의 전도 띠와 겹치게 된다. 그러면 전도도가 금속의 전도도와 비슷해진다. 이것은 n-형 반도체의 한 예이다. 이와 같이 부르는 이유는 전류의 운반체인 전자가 음으로 하전되어 있기 때문이다.

만일 알루미늄이나 붕소 원자가 규소 격자에 들어가면 그들도 또한 자신의 준위 계를 나타낸다. 알루미늄 원자는 규소보다 전자가 하나 적으므로 불순물의 준위가 비어 있게 된다. 그림 28-7(a)는 불순물 준위의 위치를 나타낸 것인데, 이 경우에는 이 준위가 규소 격자의 채워진 띠보다 약간 위로 온다. 전자는 열적으로 들뜨게 되어 채워진 띠로부터 불순물 준위로 들어가서 [그림 28-7(b)] 알루미늄 원자에 결합되며 그리하여 격자 속에는 Al^- 이온종이 생기게 된다. 띠에 남겨진 구멍은 결과적으로 양전하를 띠며 전기장 하에서 움직일 수 있어서 전류를 전도한다. 이 경우에는 전기 운반체가 양으로 하전되어 있기 때문에 이것을 p-형 반도체라고 한다.

ZnO와 Cu_2O 같은 비화학량론적 화합물의 반전도도도 비슷한 방법으로 설명할 수 있다. 만일 ZnO가 산소 몇 개를 잃으면 ZnO에 약간의 아연 원자가 불순물로서 들어간 것처럼 된다. 아연 원자는 아연 이온보다 전자 2개가 많으므로 반전도도는 n-형이 된다. Cu_2O 결정은 산소를 여분으로 포함할 수 있으므로 Cu_2O에 불순물로서 Cu^{2+} 이온이 들어간 것처럼 생각할 수 있다. Cu^{2+} 이온은 Cu^+ 이온보다 전자 하나가 적으므로 반전도도는 p-형이 된다. 염화나트륨을 높은 온도에서 나트륨 증기 속에 넣으면 나트륨 원자가 불순물로 들어가게 되는데 이 불순한 결정은 p-형 반전도도를 갖는다. 염화나트륨에 과량의 할로겐을 넣으면 n-형 반도체가 된다.

1940년대 말까지만 해도 반전도도의 연구는 아주 헛수고만 하는 분야였었다. 재현성있는 측정을 하기가 아주 힘들었다. 예로서 규소에서의 현상을 연구하려면 불순물이 10억분의 일 이내일 정도로 공상적인 순도를 가진 규소를 가지고 시작해야 한다. 다음에는 여기에다 일정한 형태의 불순물을 정확한 양만큼 가해야 한다. 만일 보통의 규소를 사용하면 우연히 들어있는 불순물과 그의 농도가 시료마다 다르기 때문에 실험적인 측정 결과가 거의 쓸모없게 된다. 1948년 이래로 필요한 순도의 물질을 만드는 구역 정제 기술이 발전되어서 재현성 있는 반전도체가 상품화되었다. 반전도성 물질의 제품인 트란지스터는 보편화된 상품이 되어버렸다.

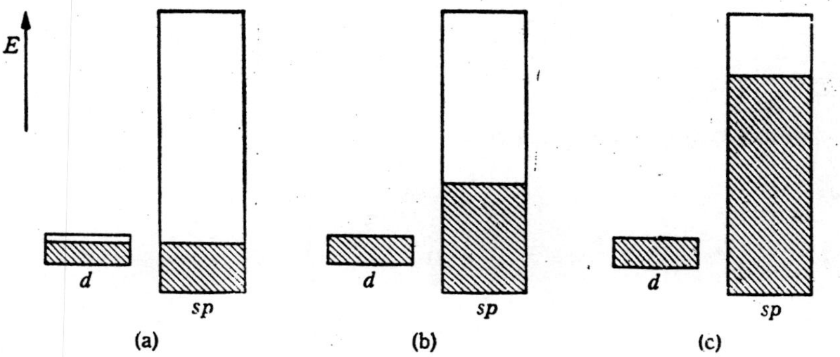

그림 28-8 전자의 에너지에 미치는 d띠의 영향. (a) 니켈. (b) 구리. (c) 아연.

28.7 금속의 응집 에너지

금속의 응집 에너지를 세밀하게 계산하려면 매우 복잡하다. 그러나 띠 계를 정상적으로 조사해 보면 이 문제에 관한 약간의 실마리를 얻을 수 있다. 전이 금속을 생각해 보기로 하는데, 이 금속의 고립된 원자는 부분적으로 채워진 d껍질을 갖고 있으며 고체에서는 부분적으로 채워진 d띠를 가지고 있다. d띠는 한 원자당 10개의 전자를 가질 수 있다. 이러한 원자의 d껍질은 바깥 전자에 의해서 어느 정도 가려막혀 있으므로 d띠는 sp띠에 비하면 아주 가늘다. 그림 28-8(b)는 구리의 d띠와 sp띠의 상대적인 폭과 차있는 정도를 나타낸 것이다. 이 d띠는 완전히 차있다. 한 원자당 전자 하나씩이 적은 니켈에서는 그림 28-8(a)에서와 같이 d띠가 부분적으로만 차있다. 니켈보다 구리가 낮은 응집 에너지를 갖는 것은 구리의 sp띠에 있는 전자의 평균 에너지가 높기 때문이다. 아연은 구리보다도 전자 하나를 더 가지며, 그림 28-8(c)에 보인 것처럼 이 전자는 sp띠의 보다 높은 준위에 들어가기 때문에 응집 에너지가 훨씬 낮아진다. 이들의 응집 에너지는 니켈이 425.1 kJ/mol, 구리가 341.1 kJ/mol, 그리고 아연이 130.5 kJ/mol이다. 금속에 있는 전자의 에너지가 낮을수록 그 계는 더 안정하며 응집 에너지가 더 커진다. 그림 28-8로부터 분명히 알 수 있는 바와 같이 금속 속에 부분적으로 빈 d띠가 있게 되면 전자의 평균 에너지가 낮아지기 때문에 그 응집 에너지가 크게 된다. 구리로부터 아연으로 갈 때처럼 sp띠에 전자 하나가 더 들어가면 전자의 평균 에너지가 급격하게 증가한다. 그 이유는 sp띠는 폭이 대단히 넓은데도 불구하고 한 원자당 4개의 전자만을 수용하는 데 반해서 아주 가는 d띠는 10개의 전자를 수용할 수 있기 때문이다.

《질 문》

28. 1 (a) Madelung 에너지 U_M이 음인 이유는 무엇인가? (b) 또 이 에너지가 이온쌍의 수에 비례하는 이유는 무엇인가?

28. 2 응집 에너지는 이온 전하의 크기에 대체적으로 어떻게 의존하는가?

28. 3 이온 결합 고체의 이온 결합 성질이 띠 모양에는 어떻게 나타나는가?

28. 4 n-형과 p-형 반도체에서의 전류 운반체를 말하라.

28. 5 반도체의 전도도가 온도에 어떻게 의존하는지 설명하라.

《연습 문제》

28. 1 다음과 같은 이온의 배열을 생각하자.

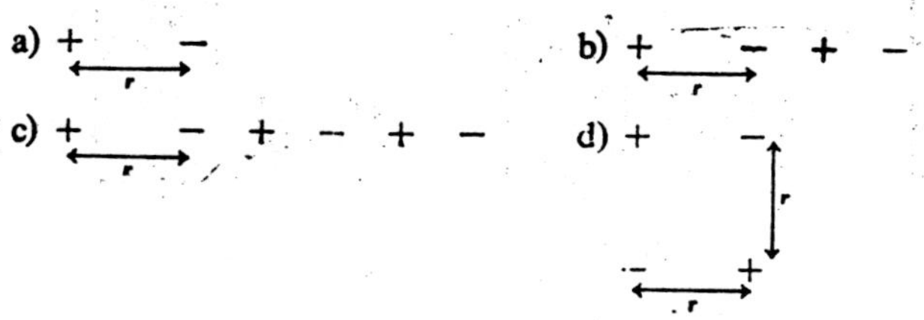

양이온과 음이온의 전하는 각각 $+e$와 $-e$이고, 선형 배열에서의 이웃 사이의 거리는 모두 r이라고 하자. 이러한 이온 배열에 대한 Madelung 상수를 계산하라.

28. 2 Na^+와 Cl^-의 이온 반지름은 각각 95 pm와 181 pm이다. 반발 에너지를 무시하고 응집 에너지를 계산하라. A는 1.7476이다. 또 $n = 8.0$인 경우의 응집 에너지를 계산하라.

28. 3 표 28-1에 있는 Madelung 상수를 써서 RbCl이 NaCl의 구조를 가질 때와 CsCl의 구조를 가질 때의 응집 에너지를 계산하라. 반지름은 어느 경우에서나 항상 $r_+ = 148$ pm, $r_- = 181$ pm라고 가정하라.

28. 4 (a) 알칼리 금속의 플루오르화물들을 응집 에너지가 증가하는 순으로 배열하라.
(b) 칼륨의 할로겐화물들을 응집 에너지가 증가하는 순으로 배열하라.

28. 5 NaF와 MgO의 응집 에너지의 비는 대략 얼마나 되겠는가?

28. 6 NaCl의 밀도는 2.165 g/cm³이다. Na^+와 Cl^-의 이온간 거리를 계산하라. $n = 8.0$인 경우 고체 NaCl의 압축률을 계산하라.

29
구조와 열역학적 성질

29.1 계의 에너지

원자나 분자 개개의 에너지는 양자 역학으로부터 계산할 수 있다. 분자가 수많이 모이면 에너지 분포가 있게 된다. 즉, 어떤 분자는 더 많은 에너지를 갖고 또 어떤 분자는 더 적은 에너지를 갖는다. 이러한 분자 집단의 평균 에너지가 바로 그 계의 열역학적 에너지이다. 이 장에서는 Schrödinger 식으로부터 얻어지는 개개 분자의 성질과 많은 분자를 포함하는 방대한 계의 열역학적 성질 사이의 관계를 찾아 보고자 한다.

N개의 아주 많은 분자가 일정한 부피 V속에 들어 있는 계를 생각해 보자. 개개의 분자는 불연속적인 에너지 값을 갖기 때문에 계가 가질 수 있는 에너지도 불연속적인 값 E_1, E_2, E_3, $\cdots$, E_i가 된다. 이 에너지 값은 Schrödinger 방정식의 해로부터 얻어진다. 이 계는 일정한 온도의 열원에 잠겨 있기 때문에 그 온도는 일정하게 유지되고 있다. 그러면 이 계는 열원과 에너지를 교환하기 때문에, 계를 여러 번 관측하면 그 때마다 계가 다른 E_i값을 나타낼 것이다. 즉, 계는 그 때마다 다른 양자 상태에 있게 될 것이다. 이 에너지를 여러 번 관측하여 평균한 것이 바로 이 계의 열역학적 에너지이다. 계를 하나만 가지고 여러 번 되풀이 측정하는 대신에 이것과 똑같은 계를 많이 준비하여 같은 온도에 있는 열원에 넣고 각 계를 한 번씩만 측정해도 상관없을 것이다. 각 계는 서로 다른 양자 상태에 있을 것이며, 그 에너지는 모든 계에 대한 평균을 취하여 얻을 수 있다.

동등한 계가 큰 수 N개 만큼 모인 집단을 생각해 보자. 이러한 집단을 앙상블이라고 부른다. 앙상블 중의 각 계는 어느 한 에너지 값을 가지므로 에너지 분포를 다음과 같이 나타낼 수 있다.

에 너 지 :	E_1	E_2	E_3	$\cdots$	E_i	$\cdots$
계의 수 :	$\mathbf{n}_1$	$\mathbf{n}_2$	$\mathbf{n}_3$	$\cdots$	$\mathbf{n}_i$	$\cdots$

에너지 E_i를 가진 계를 발견할 확률은 $P_i = \mathbf{n}_i/\mathbf{N}$이다. 이 확률은 에너지 E_i에 의존하므로 다음과 같이 쓸 수 있다.

$$P_i = f(E_i) \tag{29.1}$$

마찬가지로 에너지 E_j를 가진 계를 발견할 확률은 다음과 같이 된다.

$$P_j = f(E_j) \tag{29.2}$$

앙상블로부터 계 둘을 택한다고 하자. 하나는 E_i, 다른 하나는 E_j를 가질 확률 P_{ij}는 각 확률

의 곱과 같다. 즉,

$$P_{ij} = P_i P_j = f(E_i)f(E_j) \tag{29.3}$$

앙상블로부터 계 둘을 택하는 방법은 또 있다. 계를 임의로 둘씩 짝 지워서 N/2개의 짝을 만들었다고 하자. 그러면 한 쌍의 에너지가 $E_i + E_j$가 될 확률은 역시 P_{ij}이며 이것은 단일 계의 P_i가 에너지의 함수인 것과 같이 짝 지워진 계의 에너지도 같은 꼴의 함수이어야 한다. 앙상블을 이루는 계의 총수가 다르므로 이 P_{ij}는 기껏해야 상수 B가 곱해진다는 정도의 차를 나타낸다. 따라서

$$P_{ij} = Bf(E_i + E_j) \tag{29.4}$$

이것을 (29.3)식의 결과와 결합시키면 다음과 같은 함수식을 얻는다.

$$f(E_i)f(E_j) = Bf(E_i + E_j) \tag{29.5}$$

기체 분자 운동론에서도 이와 비슷한 (4.27)식을 얻었었다. (29.5)식은 $f(E_i)$가 다음과 같은 꼴이면 만족된다.

$$f(E_i) = Be^{-\beta E} \tag{29.6}$$

여기서 β는 양의 상수이며, 지수의 음부호를 택한 것은 에너지가 무한히 큰 계가 발견될 확률이 무한대로 되는 것을 막기 위해서이다. 상수 β는 모든 계에 대해서 같아야 한다. 그렇지 않으면 (29.5)식이 만족되지 않는다. 그런데 모든 계에 대한 공통적인 성질은 온도이다. 따라서 더 이상 설명을 하지 않고 그냥 다음과 같이 놓기로 한다.

$$\beta = 1/kT \tag{29.7}$$

여기서 k는 Boltzmann 상수이다. (29.7)의 관계식은 물론 엄밀하게 증명할 수도 있지만 많은 식을 또 쓰지 않도록 하기 위하여 여기서는 증명을 하지 않았다.

확률은 결국 다음과 같이 된다.

$$P_i = Be^{-E_i/kT} \tag{29.8}$$

상수 B는 가능한 모든 에너지 상태에 대한 확률의 합이 1이 되는 조건으로부터 구할 수 있다.

$$\sum_i P_i = 1 \tag{29.9}$$

따라서

$$B\sum_i e^{-E_i/kT} = 1 \tag{29.10}$$

(29.10)식 중의 합을 분해 함수라고 하며 부호 Q로 나타낸다. 즉,

$$Q = \sum_i e^{-E_i/kT} \tag{29.11}$$

따라서 $B = 1/Q$이며 다음을 얻는다.

$$P_i = \frac{e^{-E_i/kT}}{Q} \tag{29.12}$$

에너지가 E_i인 계를 발견할 확률을 알았으므로 앙상블에 대한 평균 에너지인 계의 열역학적 에너지 U를 계산할 수 있다. 즉,

$$U = \langle E \rangle = \frac{\sum_i \mathbf{n}_i E_i}{\mathbf{N}}$$

그런데 $\mathbf{n}_i/\mathbf{N} = P_i$ 이다. 따라서

$$U = \sum_i P_i E_i \tag{29.13}$$

마찬가지 이유로 임의의 에너지 함수 $Y(E_i)$에 대한 평균값 $\langle Y \rangle$는 다음과 같이 주어진다.

$$\langle Y \rangle = \sum_i P_i Y(E_i) \tag{29.14}$$

위의 논의에서는 에너지 E_i를 가진 한 계를 택할 확률과 E_j를 가진 다른 한 계를 택할 확률이 독립적이라는 것을 가정하였다. 그리하여 Maxwell-Boltzmann 형태의 분포 함수 P_i가 나왔다. 확률이 독립적이라는 것은 분포가 무질서하다는 것을 뜻한다.

29.2 엔트로피의 정의

앙상블을 이루는 계들은 여러 가지 양자 상태로 분포되어 있다. 계를 양자 상태에 배열하는 가능한 방법들의 하나 하나를 그 앙상블의 상황이라고 한다. 상황의 수를 Ω 로 표시하면 앙상블의 엔트로피는 9.12절에서처럼 다음과 같이 정의된다.

$$\mathbf{S} = k \ln \Omega \tag{29.15}$$

계의 엔트로피는 앙상블의 엔트로피를 계의 수 $\mathbf{N}$으로 나눈 것이다. 즉,

$$S = \frac{\mathbf{S}}{\mathbf{N}} = \frac{k \ln \Omega}{\mathbf{N}} \tag{29.16}$$

에너지가 E_i인 양자 상태를 상자라 하고 계를 이러한 상자들 안에 분포시킬 공이라고 하자. 공을 상자 안에(계를 양자 상태에) 배열하는 분간할 수 있는 총방법수는 앙상블의 상황수 Ω와 같다. 이 수는 (9.70)식에 의해서 다음과 같이 주어진다.

$$\Omega = \frac{\mathbf{N}!}{\mathbf{n}_1!\ \mathbf{n}_2!\ \mathbf{n}_3! \cdots} \tag{29.17}$$

S를 계산하려면 우선 $\ln \Omega$ 를 계산해야 한다.

$$\ln \Omega = \ln \mathbf{N}! - \sum_i \ln \mathbf{n}_i!$$

만일 $\mathbf{N}$이 크면 Stirling식을 써서 $\ln \mathbf{N}! = \mathbf{N} \ln \mathbf{N} - \mathbf{N}$을 얻는다. 그러면

$$\ln \Omega = \mathbf{N} \ln \mathbf{N} - \mathbf{N} - \sum_i \mathbf{n}_i \ln \mathbf{n}_i + \sum_i \mathbf{n}_i$$

한편 $\sum_i \mathbf{n}_i = \mathbf{N}$, $\mathbf{n}_i = P_i \mathbf{N}$이므로 이것은 다음과 같이 된다.

$$\ln \Omega = \mathbf{N} \ln \mathbf{N} - \mathbf{N} \sum_i P_i \ln (\mathbf{N} P_i)$$

$\ln (\mathbf{N}P_i)$를 전개하고 $\sum_i P_i = 1$인 사실을 이용하면 다음과 같이 된다.

$$\ln \Omega = -\mathbf{N} \sum_i P_i \ln P_i \tag{29.18}$$

이 결과를 (29.16)식에 대입하면 계의 엔트로피를 얻게 된다. 즉,

$$S = -k\sum_i P_i \ln P_i \tag{29.19}$$

(29.19)식은 엔트로피가 P_i에 의존된다는 것을 나타내고 있다. P_i는 에너지가 E_i인 상태에 있는 계의 분율이라는 것도 우리가 알아야 할 중요한 사실이다. (29.19)식 중 합의 꼴이 혼합 엔트로피의 모양을 나타내는 것은 이 때문이다. 앙상블 중의 계들은 "섞여 있다"고 말할 수도 있고 또 여러 가능한 에너지 상태에 퍼져 있다고 말할 수도 있다. 이와 같은 "혼합" 또는 퍼짐 때문에 엔트로피라고 하는 계의 성질이 나타나는 것이다.

29.3 분배 함수로 나타낸 열역학적 함수

(29.13)식과 (29.19)식은 에너지와 엔트로피를 P_i와 관계시켜 주는 식이다. 이들 식과, P_i와 Q 사이의 관계를 나타내는 (29.12)식과, 그리고 Q의 정의인 (29.11)식을 이용하면 모든 열역학적 함수를 분배 함수와 그의 도함수를 써서 나타낼 수 있다. 우선 (29.11)식을 온도에 관해서 미분해 보자.

$$\left(\frac{\partial Q}{\partial T}\right)_V = \frac{1}{kT^2}\sum_i E_i e^{-E_i/kT} \tag{29.20}$$

E_i는 궁극적으로 Schrödinger 방정식으로부터 얻어지므로 온도에는 무관하다. 그러나 이것은 부피에는 의존할 수 있으므로 이 도함수는 편도함수가 된다. (29.12)식을 이용하여 (29.20)식의 합 속에 들어있는 지수 함수를 QP_i로 바꾸면 다음 모양의 식이 나온다.

$$kT^2\left(\frac{\partial Q}{\partial T}\right)_V = Q\sum_i P_i E_i$$

이 합은 (29.13)식과 비교해 보면 에너지와 같다. 따라서 에너지와 분배 함수를 관련시켜 주는 다음과 같은 식을 얻게 된다.

$$U = \frac{kT^2}{Q}\left(\frac{\partial Q}{\partial T}\right)_V = kT^2\left(\frac{\partial \ln Q}{\partial T}\right)_V \tag{29.21}$$

엔트로피를 얻기 위하여 우선 (29.12)식을 써서 $\ln P_i$를 계산하자.

$$\ln P_i = -\frac{E_i}{kT} - \ln Q$$

이것을 엔트로피에 관한 (29.19)식에 넣으면 다음 식이 나온다.

$$S = -k\left[-\frac{1}{kT}\sum_i P_i E_i - \ln Q\sum_i P_i\right]$$

(29.9)식과 (29.13)식을 이용하면 이 식이 다음과 같이 된다.

$$S = \frac{U}{T} + k\ln Q$$

(29.21)식의 U를 여기에 넣어 주면 다음 식이 나온다.

$$S = k\ln Q + kT\left(\frac{\partial \ln Q}{\partial T}\right)_V \tag{29.22}$$

이 식은 엔트로피를 분배 함수로 나타낸 식이다. 나머지 다른 열역학적 함수는 모두 S, U, T, V

에 관계되므로 쉽게 계산할 수가 있다. 예를 들면 Helmholtz 함수는 $A=U-TS$이다. 따라서 Q로 나타낸 U와 S값을 쓰면 A는 다음과 같이 된다.

$$A=-kT\ln Q \tag{29.23}$$

기본식인 (10.21)식으로부터 $p=-(\partial A/\partial V)_T$를 얻는다. 따라서 (29.23)식을 미분하여 압력에 대한 식을 얻을 수 있다. 즉,

$$p=kT\left(\frac{\partial \ln Q}{\partial V}\right)_T \tag{29.24}$$

그러면 H와 G값은 정의로부터 곧바로 얻어진다. 즉,

$$H=kT\left[T\left(\frac{\partial \ln Q}{\partial T}\right)_V+V\left(\frac{\partial \ln Q}{\partial V}\right)_T\right] \tag{29.25}$$

$$G=-kT\left[\ln Q-V\left(\frac{\partial \ln Q}{\partial V}\right)_T\right] \tag{29.26}$$

끝으로 (29.21)식을 미분하면 열용량 C_v를 얻는다.

$$C_v=kT\left[2\left(\frac{\partial \ln Q}{\partial T}\right)_V+T\left(\frac{\partial^2 \ln Q}{\partial T^2}\right)_V\right] \tag{29.27}$$

어떤 면에서 보면 모든 열역학적 함수를 분자의 성질로부터 얻는 문제가 해결된 셈이다. 즉, 이들 함수는 Q에 관계되고, Q는 정의에 따라서 계의 에너지 준위에 관계되며, 또한 계의 에너지 준위는 계를 이루는 분자들의 에너지 준위에 관계된다. 따라서 분배 함수를 분자의 에너지를 써서 나타내면 더 편리할 것이다.

29.4 분자 분배 함수

에너지가 E_i인 계의 양자 상태를 생각해 보자. 이 에너지는 분자들의 에너지 ϵ_1, ϵ_2, … 등의 합과 분자간의 상호 작용 에너지 W를 합한 것이다.

$$E_i=\epsilon_1+\epsilon_2+\cdots+W \tag{29.28}$$

우선은 알맹이들이 상호 작용을 하지 않는다고 보고(이상 기체) $W=0$으로 놓자. 각 에너지 ϵ_i는 분자의 허용된 에너지 준위 중의 하나에 해당한다. 에너지 E_i는 (29.28)식의 꼴로 주어지기 때문에 계의 분배 함수는 개개 분자의 분배 함수 q의 곱으로 줄 수 있다. 결과적으로, 서로 분간할 수 없는 분자에 대해서는 다음과 같이 된다.

$$Q=\frac{1}{N!}q^N \tag{29.29}$$

여기서 N은 계에 있는 분자의 수이고 q는 다음과 같은 것이다.

$$q=\sum_i e^{-\epsilon_i/kT} \tag{29.30}$$

(29.30)식의 합셈은 분자의 모든 에너지 준위에 대하여 합한 것이다. 따라서 q는 분자 분배 함수이다. 만일 g_i개의 양자 상태가 동일한 에너지를 가지면 이 상태들이 퇴화되었다고 말한다. 또는 퇴화도가 g_i라고 말한다. 이러한 경우에는 분배 함수 속에 g_i개의 동일한 항들이 나타나며, 그리하여 (29.30)식을 다음과 같이 쓸 수 있다.

$$q = \sum_i g_i e^{-\epsilon_i/kT} \tag{29.30 a}$$

여기서 합셈은 계의 상이한 에너지 준위에 대하여 합해야 한다.

두 종류의 분자 A와 B가 각각 N_a개와 N_b개 있을 때는 다음과 같이 된다.

$$Q = \frac{q_a^{N_a} q_b^{N_b}}{N_a!\, N_b!} \tag{29.31}$$

이 식들을 더 이상 증명하지는 않겠다. 그러나 한 가지 말해둘 것은 Q를 q^N이라고만 놓으면 너무 많은 항들이 포함될 것이라는 사실이다. 올바른 결과를 얻으려면 $N!$로 나누어 주어야 한다.

열역학적 함수에 관한 식에는 $\ln Q$만이 나타나므로 (29.29)식에 Stirling 식을 적용시킨다. 즉,

$$\ln Q = N\ln q - N\ln N + N \tag{29.32}$$

(29.32)식을 쓰면 모든 열역학적 함수가 $\ln Q$ 대신에 $\ln q$로 표시될 수 있다.

29.5 화학 퍼텐셜

혼합물의 화학 퍼텐셜 값은 $\mu_a = (\partial A/\partial N_a)_{T,V,N_b}$ 식을 이용하여 계산할 수 있다. 그리고 (29.23)식을 미분하면 다음과 같이 된다.

$$\left(\frac{\partial A}{\partial N_a}\right)_{T,V,N_b} = -kT\left(\frac{\partial \ln Q}{\partial N_a}\right)_{T,V,N_b} = \mu_a$$

한편 (29.31)식으로부터 다음과 같은 관계를 얻을 수 있다.

$$\ln Q = N_a \ln q_a + N_b \ln q_b - N_a \ln N_a + N_a - N_b \ln N_b + N_b$$

이 식을 N_a에 관해서 미분한다. 그러면

$$\left(\frac{\partial \ln Q}{\partial N_a}\right)_{T,V,N_b} = \ln q_a - 1 - \ln N_a + 1 = \ln\left(\frac{q_a}{N_a}\right)$$

따라서 다음과 같은 결과가 나온다.

$$\mu_a = -kT\ln\left(\frac{q_a}{N_a}\right) \tag{29.33}$$

이 식은 기체(분간되지 않는 분자)의 화학 퍼텐셜을 분자 하나당의 분자 분배 함수 q_a/N_a로 나타낸 것이며, 화학 평형을 논할 때 유용하게 쓰인다. 분자들이 일정한 위치에 고정되어 서로 분간되는 고체에서는 (29.31)식에서 $N_a!$과 $N_b!$의 인자가 나타나지 않으며, 따라서 다음과 같은 간단한 결과를 얻는다.

$$\mu = -kT\ln\left(qe^{-W/NkT}\right) \tag{29.34}$$

고체에서는 W가 영이 아니므로 상호 작용 에너지 W가 나타나는 것이다.

29.6 병진 운동 자유도에 대한 적용

분자가 한 형태의 에너지만을 가지는 경우에는 위의 관계식들이 아주 간단하게 적용된다. 그리하여 병진 운동 에너지만을 가진 1원자 기체같은 계를 생각해 보자(이 원자의 내부 전자 에너지가 계의 성질에 기여하는 것은 무시하자. 엄밀한 계산에서는 이것을 포함시켜야 한다). 병진

운동 에너지 ϵ_t는 여러 운동 성분의 에너지로 이루어진다. 즉,

$$\epsilon_t = \epsilon_x + \epsilon_y + \epsilon_z$$

이와 같이 에너지는 합셈이 되기 때문에 병진 운동 분배 함수 q_t는 다음과 같이 인수분해된다.

$$q_t = q_x q_y q_z \tag{29.35}$$

병진 운동의 에너지 준위는 상자 속에 들어 있는 알맹이의 에너지 준위와 같다(21.3절). 상자의 폭이 x-방향으로 a이면 Schrödinger 방정식으로부터 운동 에너지의 허용값이 다음과 같이 나온다.

$$\epsilon_x = \frac{h^2 n^2}{8 ma^2} \qquad n = 1, 2, 3, \ldots \tag{29.36}$$

21.3.2절에서 설명한 바와 같이 거시적인 크기를 가진 상자에서는 준위간의 간격이 너무 작아서 준위들을 구분할 수가 없을 정도이다. 따라서 에너지가 $d\epsilon$ 만큼씩 떨어져 있는 한 세트의 에너지 준위 ϵ_i를 택한다. 그리고 ϵ_i와 ϵ_{i+1} 사이의 에너지 범위 $d\epsilon$ 속에는 g_i개의 준위가 있다고 하고, 이 준위들은 모두 한 에너지 값 ϵ_i로 표시한다. 그러면 분배 함수에 있는 항들은 한 세트씩으로 묶을 수 있으며, 그리하여 분배 함수는 다음과 같이 된다.

$$q_x = \sum_i g_i e^{-\epsilon_i/kT} \tag{29.37}$$

이것은 준위에 관해서 합셈을 할 때는 한 지수 함수 $e^{-\epsilon_i/kT}$를 갖는 항이 g_i개 만큼 나오기 때문이다.

g_i를 구하기 위하여 준위간의 간격을 계산해 보자.

$$\epsilon_{n+1} - \epsilon_n = (2n+1)\frac{h^2}{8 ma^2}$$

만일 n이 아주 크면 $2n+1 \approx 2n = (4a/h)(2m\epsilon)^{1/2}$가 되는데, 마지막 등식은 (29.36)식을 $2n$에 대해서 풀면 얻어진다(ϵ에 있는 첨자 x는 붙이지 않았다). 따라서 이 간격은 다음과 같이 된다.

$$\epsilon_{n+1} - \epsilon_n = (h/a)(\epsilon/2m)^{1/2}$$

$d\epsilon$의 범위에 있는 준위수 g는 이 범위를 준위간의 간격으로 나누면 나온다. 즉,

$$g = (a/h)(2m/\epsilon)^{1/2}\, d\epsilon$$

이 g값을 분배 함수에 대입하고 합을 $\epsilon = 0$으로부터 $\epsilon = \infty$까지의 적분으로 바꾸면 (29.37)식이 다음과 같이 된다.

$$q_x = \int_0^\infty \frac{a}{h}\left(\frac{2m}{\epsilon}\right)^{1/2} e^{-\epsilon/kT}\, d\epsilon \tag{29.38}$$

변수를 $y^2 = \epsilon/kT$로 변환시키면 $d\epsilon = 2kTy\, dy$가 되고 (29.38)의 적분식은 다음과 같이 된다.

$$q_x = \frac{2a}{h}(2mkT)^{1/2}\int_0^\infty e^{-y^2}\, dy$$

이 식에 나오는 적분값은 $\frac{1}{2}\pi^{1/2}$이다. 따라서

$$q_x = \frac{a}{h}(2\pi mkT)^{1/2}$$

마찬가지로 이 상자의 y- 및 z-방향 폭을 b와 c라고 하면 다음 관계가 나온다.

$$q_y = \frac{b}{h}(2\pi mkT)^{1/2} \qquad q_z = \frac{c}{h}(2\pi mkT)^{1/2}$$

(29.35)식에 의하면 병진 운동의 분배 함수 q_t는 이들의 곱이 된다. 따라서

$$q_t = \left(\frac{2\pi mkT}{h^2}\right)^{3/2} V \tag{29.39}$$

여기서는 상자 크기의 곱 abc를 부피 V로 바꾸어 놓았다. (29.32)식을 이용하면 다음과 같은 Q에 대한 식이 나온다.

$$\ln Q = N \ln q_t - N \ln N + N \tag{29.40}$$

이 $\ln Q$의 도함수는 다음과 같이 된다.

$$\left(\frac{\partial \ln Q}{\partial T}\right)_V = \frac{3N}{2T} \qquad \left(\frac{\partial \ln Q}{\partial V}\right)_T = \frac{N}{V}$$

여기서 학생들은 쉽게 계의 에너지는 $\frac{3}{2}NkT$가 되고 또 $p = NkT/V$가 된다는 것을 증명할 수 있을 것이다. 이것은 상호 작용 에너지가 영인 1원자 기체에서 예상되는 값이다. $\ln Q$와 그의 도함수 값을 사용하면 29.3절의 여러 식들을 써서 모든 열역학적 양들을 계산할 수 있다.

29.7 조화 진동자의 분배 함수

계를 구성한 알맹이가 진동 운동만을 한다면 허용된 에너지는 다음과 같이 주어진다.

$$\epsilon_s = \left(s + \frac{1}{2}\right)h\nu \qquad s = 0,\ 1,\ 2,\ \cdots$$

여기서 ν는 진동자의 진동수이다. 이 에너지 값을 사용하면 분자의 진동 분배 함수가 다음과 같이 된다.

$$q_v = \sum e^{-\epsilon_s/kT} = \sum_{s=0}^{\infty} e^{-(s+1/2)h\nu/kT}$$

여기서 합셈은 s값을 영으로부터 무한대까지의 모든 정수에 대해서 취한 것이다. 편의상 $y = e^{-h\nu/kT}$라 놓자. 그러면

$$q_v = y^{1/2}\sum_{s=0}^{\infty} y^s = y^{1/2}(1 + y + y^2 + \cdots)$$

$1/(1-y) = 1 + y + y^2 + y^3 + \cdots$이므로 q_v는 다음과 같이 된다.

$$q_v = \frac{y^{1/2}}{1-y} = \frac{e^{-h\nu/2kT}}{1-e^{-h\nu/kT}} \tag{29.41}$$

일반적으로 진동자에 대한 특성 온도를 $\theta = h\nu/k$로 정의한다. 그러면

$$q_v = \frac{e^{-\theta/2T}}{1-e^{-\theta/T}} \tag{29.42}$$

온도가 아주 높거나 아주 낮으면 이 식은 더 간단한 꼴로 된다.

경우 I. 온도가 아주 낮아서 $\theta/T \gg 1$이 되는 경우 : 이 때는 $e^{-\theta/T}$가 1에 비하여 무시된다. 따라서

$$q_v = e^{-\theta/2T} \quad (\text{낮은 온도에서}) \tag{29.43}$$

경우 Ⅱ. 온도가 아주 높아서 $\theta/T \ll 1$인 경우 : 이 경우에는 분모중의 지수 함수를 전개하여 $e^{-\theta/T} = 1 - \theta/T$로 놓을 수 있다. 따라서,

$$q_v = \frac{T}{\theta} e^{-\theta/2T} \quad (\text{높은 온도에서}) \tag{29.44}$$

29.8 1원자 고체

1원자 고체는 진동 운동만을 한다. 이러한 계의 분배 함수는 고체를 이루는 원자의 분배 함수와 고체 속에서의 원자간의 상호 작용 에너지 W가 포함된 지수 함수와의 곱이 된다. 즉,

$$Q = e^{-W/NkT} q_1 q_2 q_3 \cdots q_N \tag{29.45}$$

고체의 알맹이들은 각각 3개의 진동 자유도를 가지고 있으므로 한 원자의 분배 함수는 3개의 진동 분배 함수의 곱이 된다. 따라서 Q 속에는 $3N$개의 진동 분배 함수의 곱이 포함된다. 즉,

$$Q = e^{-W/NkT} q_{v1} q_{v2} q_{v3} \cdots q_{v3N} \tag{29.46}$$

각 분배 함수는 한 개의 진동수를 포함하므로 전부해서 $3N$개의 진동수가 있게 되고, 이에 대응해서 θ값도 $3N$개가 있게 된다. 낮은 온도에서는 이러한 진동수들을 모르고서는 더 이상 아무 것도 알 수가 없다.

높은 온도에서는 조금 더 알아볼 수가 있다. 우선 (29.46)식으로부터 Q의 대수를 취한다. 즉,

$$\ln Q = -\frac{W}{NkT} + \ln q_{v1} + \ln q_{v2} + \cdots + \ln q_{v3N} \tag{29.47}$$

그러나 높은 온도에서는 (29.44)식으로부터 다음 관계가 나온다.

$$\ln q_v = -\frac{\theta}{2T} - \ln \theta + \ln T$$

그리고 온도에 관한 도함수는 다음과 같이 된다.

$$\left(\frac{\partial \ln q_v}{\partial T}\right)_V = \frac{\theta}{2T^2} + \frac{1}{T} \tag{29.48}$$

따라서 개개의 진동 에너지는 다음과 같다.

$$\langle E_v \rangle = \frac{1}{2}k\theta + kT = \frac{1}{2}h\nu + kT \tag{29.49}$$

그런데 (29.47)식에 의하면 고체의 전체 에너지는 각 진동에 의한 기여 $\langle E_v \rangle$의 합과 $-W/NkT$에 의한 기여로 되어 있다. 이 마지막 항의 기여는 W이므로 고체의 에너지는 다음과 같이 된다.

$$U = W + \sum_{i=1}^{3N} \langle E_{vi} \rangle$$

이것은 (29.49)식에 의하여 다음과 같이 된다.

$$U = W + \sum_{i=1}^{3N} \frac{1}{2} h\nu_i + \sum_{i=1}^{3N} kT$$

우변의 둘째 번 항의 합은 진동자들의 영점 에너지의 합이다. 세째 번 항은 kT라는 똑같은 값

을 $3N$개 합한 것이므로 $3NkT$와 같다. 처음 두 항은 일정한 상수이므로 이들을 묶어서 하나의 항 U_0로 표시할 수 있다. 따라서 높은 온도에서의 식은 다음과 같이 된다.

$$U = U_0 + 3NkT \tag{29.50}$$

고체의 열용량은 이 식을 미분하면 나온다. 즉,

$$C_v = 3Nk \tag{29.51}$$

(29.51)식의 열용량 값은 고체의 진동수에 관해서 아무런 가정도 쓰지 않고 나온 것이다. 따라서 온도가 충분히 높기만 하면 어떠한 1원자 고체라도 그 열용량 값이 이와 같이 될 것이다. 1 mol의 고체에 대해서는 $N = N_A$이며, $N_A k = R$이다. 따라서 1 mol에 대해서는 $C_v = 3R \approx$ 25 J/K mol이다. 이 결과는 발견된지 거의 1세기 반이나 되는 Dulong과 Petit의 법칙이다.

높은 온도에서는 수많은 고체가 (29.51)식과 잘 맞는다는 것이 확인되었다. 보통 온도에서는 그 열용량이 이상치인 $3R$보다 작다. 다이아몬드는 실온에서의 열용량이 6.07 J/K mol 밖에 안되는데, 이것은 진동이 완전히 들뜨게 되지 않는다는 것을 뜻한다. 온도가 2000 K 내지 3000 K에 이르러야 다이아몬드는 고온에서의 열용량 값을 갖는다. NaCl 같은 결정은 몰당 $2N_A$개의 원자를 가지므로 $C_v = 6R = 49.89$ J/K mol이어야 한다. 25 °C에서 NaCl의 C_p값은 49.71 J/K mol이다. 몰당 $5N_A$개의 원자를 가진 산화철, Fe_2O_3은 $C_v = 15R = 125$ J/K mol이어야 할 것이나 25 °C에서의 C_p값은 겨우 105 J/K mol이다.

$NaNO_3$와 같은 염은 고체에서 Na^+와 NO_3^-의 진동이 열용량에다 $6R$의 기여를 하며, 또 질산 이온 내의 부분적으로 들뜨게 된 진동도 얼마간의 기여를 한다. 일부 금속, 특히 전이 금속은 높은 온도에서 $3R$보다 큰 C_v값을 나타낸다. 이 가외의 기여는 금속 중의 "전자"의 열용량으로부터 온 것이다.

중간 온도나 낮은 온도에서의 열용량을 생각하려면 $3N$개의 진동수에 대해서 가외로 어떤 가정을 해야 한다. 가장 간단한 방법은 모든 진동수가 ν_E라는 같은 값들을 갖는다고 가정한 Einstein의 생각이다. 그러면 상태합이 다음과 같은 꼴로 된다.

$$Q = e^{-W/NkT} q_v^{3N} \tag{29.52}$$

여기서 q_v는 (29.41)식의 꼴을 가지며 ν가 ν_E로 바뀐다. Einstein 모형은 중간 온도와 높은 온도에서 측정치와 잘 맞지만 낮은 온도에서는 너무 낮은 값을 나타낸다.

Debye 이론에서는 진동수가 $\nu = 0$로부터 어떤 최대치 $\nu = \nu_D$까지 연속적으로 분포된다고 가정한다. 최종적으로 나오는 열용량의 식은 복잡하지만 전체 온도 범위에 걸쳐서 여러 가지 많은 고체의 열용량을 Einstein 식보다 더 정밀하게 나타낸다. 낮은 온도에서는 Debye 이론이 다음과 같은 간단한 결과로 된다.

$$C_v = \frac{12\pi^4}{5} Nk \left(\frac{T}{\theta_D}\right)^3 \tag{29.53}$$

여기서 $\theta_D = h\nu_D/k$이다. 이것은 고체의 열용량에 관한 Debye의 유명한 "T-세제곱" 법칙이다. 절대 영도 근방의 온도에서는 대다수의 고체가 이 법칙을 아주 정확하게 만족시킨다.

29.9 회전 분배 함수

강체 선형 분자의 회전 에너지는 다음과 같이 주어진다.

$$E_J = \frac{J(J+1)\hbar^2}{2I} \tag{29.54}$$

각 운동량의 z-축 성분은 0, ± 1, ± 2, …, $\pm J$중의 어느 한 값을 가질 수 있으므로 각운동량 벡터는 $2J+1$ 가지의 배향을 할 수 있다. 따라서 퇴화도가 $g_J = 2J+1$이 된다. 그리하여 회전 분배 함수는 다음과 같이 주어진다.

$$q_r = \sum_{J=0} (2J+1)e^{-J(J+1)\hbar^2/2IkT} \tag{29.55}$$

여기서 다음과 같이 특성 회전 온도를 정의하자.

$$\theta_r = \frac{\hbar^2}{2Ik} \tag{29.56}$$

그러면 분배 함수가 다음과 같이 된다.

$$q_r = \sum_{J=0} (2J+1)e^{-J(J+1)\theta_r/T} \tag{29.57}$$

그러나 불행히도 우변의 합셈은 더 이상 이루어지지 않는다. 그런데 (29.27)식과 (29.32)식을 이용하면 분자 회전에 의한 열용량, $C_{v(\mathrm{rot})}$이 다음과 같이 된다.

$$C_{v(\mathrm{rot})} = NkT\left(2\frac{d\ln q_r}{dT} + T\frac{d^2\ln q_r}{dT^2}\right) \tag{29.58}$$

따라서 (29.57)식의 급수를 필요한대로 미분하고, 거기에다 수치들을 넣은 다음 한 항씩 원하는 정확도까지 합해서 위 식에 넣으면 열용량을 구할 수 있다. 그림 29-1에 $\overline{C}_{v(\mathrm{rot})}/R$을 온도의 함수로 나타내었다. 이 그림에 분명히 나타난 바와 같이 T/θ_r의 값이 1.2보다 크면 열용량이 고전적 값인 R에 도달한다. 지금 CO와 같은 분자의 θ_r을 생각해 보자. 그러면 $m = (0.028\ \mathrm{kg/mol})/(6\times 10^{23}\ \mathrm{mol}) \approx 5\times 10^{-26}\ \mathrm{kg}$이며, $I = mr^2 \approx 5\times 10^{-26}/\mathrm{mol}(10^{-10}\ \mathrm{kg\ m})^2 \approx 5\times 10^{-46}\ \mathrm{kg\ m^2}$이 되고, 따라서 θ_r이 다음과 같이 된다.

$$\theta_r = \frac{(1\times 10^{-34}\ \mathrm{J\ s})^2}{2(5\times 10^{-46}\ \mathrm{kg\ m^2})(1\times 10^{-23}\ \mathrm{J/K})} \approx 1\ \mathrm{K}$$

일부 2원자 분자들의 θ_r과 θ_v를 표 29-1에 수록해 놓았다. 수소가 들어있는 분자들을 제외하면 θ_r의 값이 약 1내지 2K이다. 따라서 이러한 분자들은 약 2.5K이상의 온도에서는 고전적인 열용량 값을 갖는다.

한편 $\theta_r/T \ll 1$일 때는 (29.55)식의 합셈을 적분으로 바꾸어주면 다음과 같은 결과를 얻을

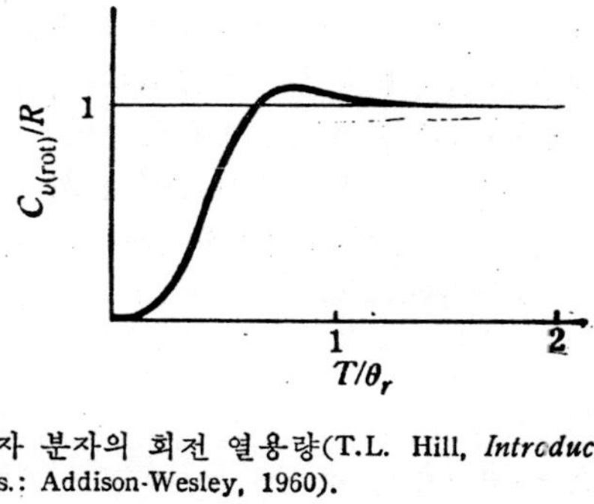

그림 29-1 비대칭 2원자 분자의 회전 열용량(T.L. Hill, *Introducioln to Statistical Mechanics*. Reading, Mass.: Addison-Wesley, 1960).

표 29-1 2원자 분자의 파라미터.

	θ_v/K	θ_r/K	r_e/pm	$D_0/10^{-19}$ J
H_2	6210	85.4	74.0	7.174
N_2	3340	2.86	109.5	15.637
O_2	2230	2.07	120.4	8.196
CO	3070	2.77	112.8	17.798
NO	2690	2.42	115.0	10.426
HCl	4140	15.2	127.5	7.109
HBr	3700	12.1	141.4	5.071
HI	3200	9.0	160.4	4.892
Cl_2	810	0.346	198.9	3.985
Br_2	470	0.116	228.4	3.158
I_2	310	0.054	266.7	2.474

T.L. Hill, *Introduction to Statistical Thermodynamics.* Reading, Mass.: Addison-Wesley, 1960.

수 있다.

$$q_r = \int_0^\infty e^{-y\theta_r/T}\, dy = \frac{T}{\theta_r} = \frac{2IkT}{\hbar^2} \tag{29.59}$$

이것은 비대칭 선형 분자(예로서 이종핵 2원자 분자)에 대한 회전 분배 함수의 값이다. 이 q_r 값을 이용하면 회전에 기인되는 열역학적 함수의 값들을 계산할 수 있다.

주 관성 모멘트가 I_α, I_β 및 I_γ 인 비선형 분자의 회전 분배 함수는 온도가 높을 경우 다음과 같은 값을 갖는다.

$$q_r = \frac{\pi^{1/2}}{\sigma}\left(\frac{2I_\alpha kT}{\hbar^2}\right)^{1/2}\left(\frac{2I_\beta kT}{\hbar^2}\right)^{1/2}\left(\frac{2I_\gamma kT}{\hbar^2}\right)^{1/2} \tag{29.60}$$

여기서 σ는 대칭수이다.

등핵 2원자 분자를 분자축에 수직한 축 주위로 180° 회전시키면 그 최종 배위 상태를 처음 배위 상태와 분간할 수 없게 된다. 따라서 등핵 분자의 경우 분간 불능한 상태들을 별개의 상태들처럼 셈하지 않으려면 (29.59)식으로 주어지는 분배 함수를 2로 나누어 주어야 한다. 따라서 2원자 분자에 대해서는 $\theta_r/T \ll 1$일 때 다음과 같은 일반식을 이용하면 된다.

$$q_r = \frac{2IkT}{\sigma\hbar^2} \tag{29.61}$$

이종핵 분자의 경우에는 $\sigma = 1$이고, 등핵 분자에 대해서는 $\sigma = 2$이다.

마찬가지 이유로 다원자 분자에 대한 (29.60)식 속에도 대칭 인자 σ가 들어있다. 예로서 12개의 분간 불능 배위 상태를 나타내는 메탄 CH_4 분자를 생각하여 보자. 우선 탄소 원자를 원점에 놓고 수소 원자 1을 수직축 위에 올려 놓아 보자. 그러면 수평면 상의 세 수소 원자는 3개의 분간 불능 배위를 이룰 수 있을 것이다. 그런데 4개의 수소 원자 중 어느 것이라도 수직축 상에 올라갈 수 있으며, 따라서 전체 분간 불능한 배위수는 $4 \times 3 = 12$이다. 그리하여 메탄의 경우에는 (29.60)식 속의 σ를 12로 놓아야 한다.

29.10 전자 분배 함수

전자 분배 함수는 (29.30 a)식을 이용해서 다음과 같은 꼴로 나타낼 수 있다.

$$q_e = \sum_i g_{ei} e^{-\epsilon_{ei}/kT} = g_{e1} e^{-\epsilon_{e1}/kT} + g_{e2} e^{-\epsilon_{e2}/kT} + \cdots \qquad (29.62)$$

또는 첫째 항을 합셈 밖으로 끌어내어서 다음과 같이 나타낼 수도 있다.

$$q_e = g_{e1} e^{-\epsilon_{e1}/kT}\left[1 + \left(\frac{g_{e2}}{g_{e1}}\right) e^{-(\epsilon_{e2}-\epsilon_{e1})/kT} + \cdots\right]$$

대부분의 원자나 분자의 경우 둘째 번 전자 상태의 에너지는 ϵ_{e1} 보다 대단히 크며 따라서 온도가 지나치게 높지 않은 한 $(\epsilon_{e1} - \epsilon_{e2})/kT$가 대단히 크다. 이 때문에 이 합셈에서 둘째 항과 그 이상의 고차 항은 무시할 수 있을 정도로 작으며 그리하여 q_e가 한 개의 항으로 줄어든다.

$$q_e = g_{e1} e^{-\epsilon_{e1}/kT} \qquad (29.63)$$

이러한 조건들이 만족되지 않을 때는 그때그때의 경우에 따라 필요한 만큼의 고차 항들을 더해 주기만 하면 된다. 그러나 대부분의 경우에는 (29.63)식으로 충분하다.

전자 상태는 다음과 같은 퇴화도를 갖는다.

$$\text{원자: } g_e = 2J + 1 \qquad \text{분자: } g_e = 2\,\Omega + 1 \qquad (29.64)$$

원자의 경우 J는 궤도와 스핀의 전체 각운동량에 대한 양자수이다. 즉, $J = L + S$이다. 이 J의 값은 24.7절에서 유도한 항 기호의 오른쪽 첨자이다. 예로서 할로겐 원자의 바닥 상태에 대한 항 기호는 $^2P_{3/2}$이다. 따라서 $J = \frac{3}{2}$이며, $g_{e1} = 2\left(\frac{3}{2}\right) + 1 = 4$이다. 마찬가지로 분자의 경우 Ω는 분자의 전체 각운동량에 대한 양자수이다. 즉, $\Omega = \Lambda + \Sigma$ 이다(25.9절). 대부분의 화학적으로 포화된 분자의 경우 바닥 상태에서는 $\Omega = 0$이며 따라서 $g_{e1} = 1$이다. 산소는 예외로서 $\Omega = 1$이며 $g_{e1} = 3$이다. 또 NO나 NO_2와 같이 홀수 개의 전자를 가진 분자도 예외이다. NO의 경우에는 $g_{e1} = 2$이다. 뿐만 아니라 NO에 대해서는 보통의 온도에서도 분배 함수에다 둘째 항을 넣어주지 않으면 안 된다.

후에 설명하겠지만 (29.63)식을 이용해서 화학 반응의 평형 상수를 계산하려면 반응에 관여하는 모든 화학종의 영점 에너지를 공통으로 취해야 한다. 일반적으로는 기체상에서 정지하고 있는(즉, $T = 0\,\mathrm{K}$에 있는) 유리 상태 원자의 에너지를 영으로 취하는 것이 가장 편리하다. 그림 29-2에 2원자 분자를 가지고 이 관계를 설명해 놓았다. 이 그림에서 극소점의 깊이가 ϵ_{e1}의 값이 된다. 따라서 $\epsilon_{e1} = -D_e$이다. 이 위치는 분자의 진동 에너지 원점이다. 따라서 해리 에너지를 D_0(양의 수)라고 하면 다음과 같은 관계가 성립한다.

$$-D_0 = -D_e + \frac{1}{2}h\nu \qquad (29.65)$$

만일 분자가 여러 진동 자유도를 가질 때는 다음과 같은 관계가 성립한다.

$$-D_0 = -D_e + \sum_i \frac{1}{2}h\nu_i \qquad (29.66)$$

여기서 $\epsilon_{e1} = -D_e$이며, 합셈은 모든 진동 방식에 관해서 해 주어야 한다. 그리고 D_0는 다음과 같은 반응을 일으키는 데 필요한 에너지이다.

분자 ⟶ 기체 상태 원자 (0 K에서)

일부 2원자 분자의 D_0 값을 표 29-1에 나타내었다. D_0와 ν_i는 측정 가능하지만 D_e는 (29.66)식으로 계산된다는 것을 주의하라. 여러 독립적인 진동을 가지고 있는 다원자 분자에 대해서는

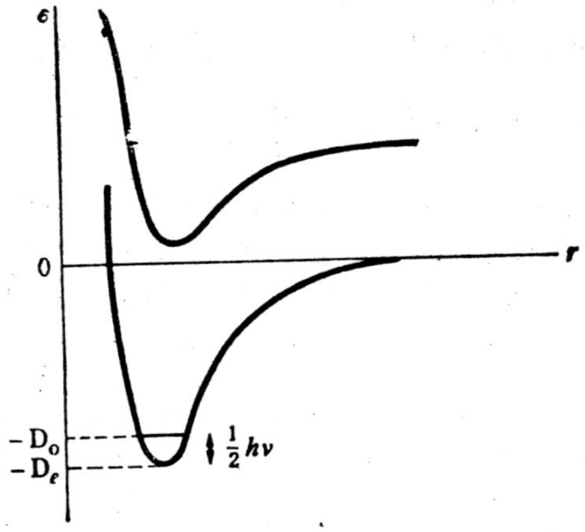

그림 29-2 바닥 상태와 첫째 번 들뜬 상태(점선) 전자 에너지를 핵간 거리의 함수로 나타낸 그림
(T.L. Hill, *Introduction to Statistical Mechanics*, Reading, Mass.: Addison-Wesley, 1960).

전자 분배 함수와 진동 분배 함수와의 곱을 결합시키는 것이 편리하다. 우선 $q_e q_v$ 는 다음과 같이 쓸 수 있다.

$$q_v q_e = \left(\prod_i \frac{e^{-\theta_i/2T}}{1-e^{-\theta_i/T}}\right) g_{e1} e^{-\epsilon_{e1}/kT}$$

여기서 $\theta_i = h\nu_i/k$ 이다. 이 식에다 다음 관계를 이용한다.

$$\prod_i e^{-\theta_i/2T} = e^{-\Sigma_i \theta i/2T}$$

그러면 $q_v q_e$ 가 다음과 다음과 같이 간소화된다.

$$q_v q_e = \frac{g_e e^{-(\epsilon_{e1}+\Sigma_i 1/2h\nu_i)/kT}}{\prod_i (1-e^{-\theta i/T})} = \frac{g_e e^{D_0/kT}}{\prod_i (1-e^{-\theta_i/T})} \tag{29.67}$$

여기서 오른쪽의 둘째 등식은 (29.66)식을 이용하면 얻을 수 있다. $T = 0\,\mathrm{K}$ 에서는 화학 반응에서의 에너지 변화가 ΔD_0 와 같다는 것을 주목하라.

29.11 오르토- 및 파라-수소

회전 분배 함수 속에 들어있는 대칭수는 분자의 전체 파동 함수의 대칭을 가지고 양자 역학적으로 해석할 수 있다. 수소 분자를 예로 들어서 생각하여 보기로 하자.

수소 분자의 전체 파동 함수 Ψ 는 이 분자의 여러 운동 방식들에 대한 파동 함수의 곱과 같다. 즉,

$$\Psi = \psi_{el}\, \psi_{rot}\, \psi_{vib}\, \psi_{ns} \tag{29.68}$$

여기서 ψ_{el} 은 전자 파동 함수, ψ_{rot} 은 회전 파동 함수, ψ_{vib} 은 진동 파동 함수, 그리고 ψ_{ns} 는 핵 스핀 파동 함수이다. Pauli의 배타 원리에 의하면 파동 함수는 임의의 두 동등한 기본 알맹이의 상호 교환에 관해서 반대칭이라야 한다. 따라서 두 양성자(핵)를 상호 교환하면 전체 파동 함수의 부호가 바뀌어야 한다. 그런데 ψ_{el} 과 ψ_{vib} 은 핵의 상호 교환에 관해서 대칭이므로 $\psi_{rot}\psi_{ns}$ 의 곱은 반대칭이 되어야 한다. 이 조건을 만족시키는 방법은 두 가지가 있는데, 이 방법들은 각각 상이한 종류의 수소와 맞먹는다. 우선 ψ_{ns} 가 대칭이면 ψ_{rot} 이 반대칭이라야 하고 그 역도 마찬가

지이다. 그런데 J가 홀수이면 ψ_{rot}는 반대칭이고 J가 짝수이면 ψ_{rot}이 대칭이다. 따라서 수소 분자에는 두 종류가 있을 수 있다.

	ψ_{ns}	ψ_{rot}
오르토-수소(o-H_2)	대 칭	반대칭 $J=1, 3, 5, \cdots$
파라-수소(p-H_2)	반 대 칭	대 칭 $J=0, 2, 4, \cdots$

양성자의 핵 스핀 양자수는 $\frac{1}{2}$이며, 수소 분자 속에는 2개의 양성자가 들어 있다. 따라서 이 스핀들은 서로 합쳐져서 전체 스핀 양자수가 1로 되거나 또는 서로 반대가 되어서 실효 스핀 양자수가 영으로 된다. 첫째 번 경우는 3중 상태(3개의 대칭 스핀 함수)에 해당하고, 둘째 번 경우는 단일 상태(1개의 반대칭 스핀 함수)에 해당한다. 이 스핀 함수들은 전자쌍에 대한 스핀 함수와 같다.

대 칭 함 수	$\alpha(1)\alpha(2)$	$\beta(1)\beta(2)$	$\alpha(1)\beta(2)+\beta(1)\alpha(2)$
반대칭 함수	$\alpha(1)\beta(2)-\beta(1)\alpha(2)$		

따라서 3개의 대칭 핵 스핀 파동 함수와 1개의 반대칭 핵 스핀 파동 함수가 존재하기 때문에 수소 원자가 분자로 될 때는 다른 영향을 받지 않는 한 o-H_2와 p-H_2가 3 : 1의 비율로 생길 것이다. 높은 온도에서는 분자들이 많은 여러 회전 상태들에 분포되며, 홀수와 짝수 회전 상태에 있는 분자수 사이의 에너지 차를 무시할 수 있다. 이 때문에 이러한 온도에서는 o-H_2와 p-H_2의 비가 실제로 3 : 1의 비율을 나타낸다.

파라-수소에 대한 회전 분배 함수는 다음과 같이 된다.

$$q_r(\text{para}) = \sum_{J=\text{even}} (2J+1)e^{-J(J+1)\theta_r/T} \tag{29.69}$$

그리고 오르토-수소에 대한 것은 다음과 같이 된다.

$$q_r(\text{ortho}) = 3\sum_{J=\text{odd}} (2J+1)e^{-J(J+1)\theta_r/T} \tag{29.70}$$

어떤 수소 분자이든 J의 허용치는 홀수나 짝수의 어느 한쪽 값들이지 양쪽이 모두 허용되지는 않는다는 것을 주의하라. 결국 가능한 상태들 중의 반만을 허용하는 이러한 제한 때문에 분배 함수를 2로 나누어야 한다. 그리고 이와같이 2로 나누는 것을 앞의 초보적 설명 과정에서는 대칭 인자를 도입함으로써 이루었던 것이다.

(29.70)식의 합셈 앞에다 3이라는 무게 인자를 붙인 것은 자각의 J의 값에 대해서 3개의 핵 스핀 상태가 허용되기 때문이다.

여러 가지 꼴의 수소에 대한 회전 열용량, $C_{v,\text{rot}}$을 그림 29-3에 온도의 함수로 나타내었다. 이른바 노르말-수소, n-H_2라고 하는 것은 o-H_2와 p-H_2와의 3 : 1 혼합물이다. 이 비율은 고온에서의 평형 비율이다. 두 수소 사이의 전환 촉매가 없을 때는 온도가 내려가더라도 이 비율이 그대로 유지된다. 따라서 이 그림에 나타낸 실험 열용량 곡선은 $\frac{3}{4}o$-H_2와 $\frac{1}{4}p$-H_2에 대해서 계산한 값과 맞 먹는다.

한편 고온에서 오르토와 파라의 3 : 1 혼합물을 촉매(활성탄) 존재 하에서 냉각시키면 o-$H_2 \rightleftharpoons p$-H_2 반응이 평형을 이루며 두 종의 상대적 양이 온도에 따라 변한다. 그리하여 절대 영도에서

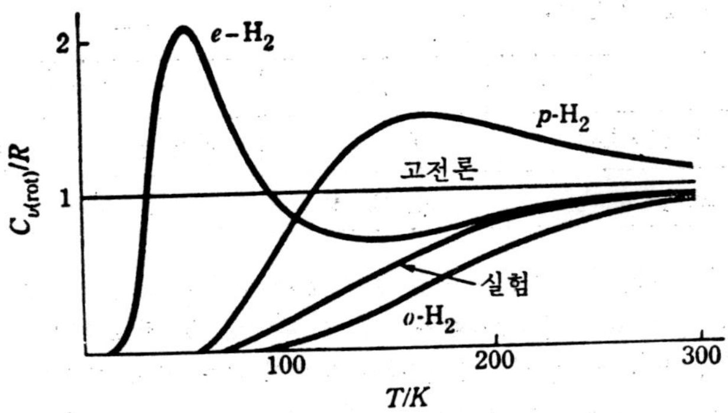

그림 29-3 o-H_2, p-H_2, e-H_2(각 온도에서의 평형 혼합물) 및 n-H_2(실험이라고 표시된)들의 핵 회전 열용량(T.L. Hill, *Introduction to Statistical Mechanics*. Reading, Mass.: Addison-Wesley, 1960).

는 모든 수소가 파라-수소로 변환된다. p-H_2는 0 K에서 $J=0$을 가지므로 이 수소는 가능한 최저 회전 상태가 $J=1$인 o-H_2보다 낮은 회전 에너지를 갖는다. 따라서 촉매가 존재할 때는 p-H_2의 이러한 낮은 회전 에너지 때문에 o-H_2가 p-H_2로 변환된다.

임의의 온도에서 촉매가 존재할 때는 오르토-수소와 파라-수소와의 평형 비율이 다음과 같이 된다.

$$\frac{N_o}{N_p}=\frac{q_r(\text{ortho})}{q_r(\text{para})}=\frac{3\sum_{J=\text{odd}}(2J+1)e^{-J(J+1)\theta_r/T}}{\sum_{J=\text{even}}(2J+1)e^{-J(J+1)\theta_r/T}} \tag{29.71}$$

두 짝의 평균 회전 에너지가 이와같이 약간 다르기 때문에 온도가 변하면 LeChatelier 원리에 따라 평형 위치가 이동하며 이 때문에 열용량이 증가한다. e-H_2라고 표시한 $C_{v,\text{rot}}$ 곡선에 이 효과가 잘 나타나고 있다. 평형-수소, e-H_2는 촉매 존재 하에서 o-H_2와 p-H_2가 모든 온도에서 평형을 이루고 있는 수소이다. e-H_2에 대한 곡선은 온도 변화에 따라 평형을 이루는 반응성 혼합물의 전형적인 열용량 곡선이다.

오르토-수소에 대해서는 0 K에서 $J=1$이며, 따라서 $2J+1=3$이다. 이들 세 회전 상태가 세 핵 스핀 상태와 결합되므로 0 K에서 o-H_2 분자가 차지할 수 있는 양자 상태의 수는 아홉이 된다. 한편 p-H_2의 경우에는 0 K에서 $J=0$이며 $2J+1=1$이다. 이 하나의 회전 상태가 하나의 핵 스핀 상태와 결합되므로 p-H_2 분자가 차지할 수 있는 양자 상태는 하나 뿐이다. n-H_2 중의 $\frac{1}{4}$ 몰분율의 p-H_2는 전부가 0 K에서 이 단일 양자 상태를 차지한다.

노르말-수소는 $\frac{3}{4}$ 몰분율의 o-H_2와 9개의 상이한 상태들을 점유하는 $\frac{1}{4}$ 몰분율의 p-H_2와의 혼합물이므로 0 K에서 혼합 엔트로피에 기인하는 잔류 엔트로피를 가지게 된다. 이 9개의 상태들은 각각 $\frac{1}{9}\left(\frac{3}{4}\right)=\frac{1}{12}$ 몰분율의 분자들로 점유된다. 혼합 엔트로피는 다음과 같이 된다.

$$\Delta S_{\text{mix}}=-R\left(\frac{1}{4}\ln\frac{1}{4}+\frac{3}{4}\ln\frac{1}{12}\right)=2.21\,R=18.38\text{ J/K mol}$$

핵 스핀이 배향되는 방법은 두 가지이다. 이 배향에 의한 엔트로피는 각 핵에 대해서 $R\ln 2$, 그리고 전체적으로는 $2R\ln 2$가 된다. 이 엔트로피의 기여는 모든 반응을 통해서 없어지지 않고 유지되므로 이것을 잔류 엔트로피에 포함시킬 수는 없으며 따라서 위의 혼합 엔트로피에서 빼

주어야 한다. 이렇게 하면 0 K에서 수소의 잔류 엔트로피가 $18.38 - 2R\ln 2 = 6.8$ J/K mol이 되는데, 이 값은 실험치인 6.2 J/K mol과 상당히 잘 맞는다.

29.12 분배 함수의 일반적 표현

일반적으로 계를 이루는 분자는 병진, 회전, 진동 운동 등 여러 가지 형태의 에너지를 갖는다. 예로서 2원자 기체는 3개의 병진 자유도, 2개의 회전 자유도 및 1개의 진동 자유도를 갖는다. 이 여러 가지 자유도에 해당하는 에너지는 합해지는 것이므로 분자 분배 함수는 각 자유도에 대한 분배 함수의 곱으로 인수분해된다. 즉, 2원자 분자의 분배 함수는 다음과 같이 된다.

$$q = q_t q_r q_v q_e \tag{29.72}$$

29.13 분배 함수와 평형 상수

다음과 같은 이상 기체 반응에서의 평형을 생각해 보자.

$$0 = \sum_i \nu_i \mathrm{A}_i(g)$$

평형 조건은 (11.33)식에 의해서 다음과 같다.

$$\sum_i \nu_i \mu_i = 0$$

이 식에다 (29.33)식의 μ_i를 넣어주고 합셈 속의 각 항들을 $-kT$로 나누어 주면 다음과 같은 식이 나온다.

$$\sum_i \nu_i \ln\left(\frac{q_i}{N_i}\right) = 0 \qquad \text{또는} \qquad \sum_i \ln\left(\frac{q_i}{N_i}\right)^{\nu_i} = 0$$

대수의 합셈은 곱셈의 대수와 같으므로 이 식은 또 다음과 같이 된다.

$$\sum_i \ln\left(\frac{q_i}{N_i}\right)^{\nu_i} = \ln \prod_i \left(\frac{q_i}{N_i}\right)^{\nu_i} = 0 \qquad \text{즉} \qquad \prod_i \left(\frac{q_i}{N_i}\right)^{\nu_i} = 1$$

(곱셈의 대수가 영이므로 이 곱셈은 1이 되어야 한다.) 이 결과는 농도, $\tilde{N}_i = N_i/V$를 이용해서 표시할 수도 있다. 즉, N_i를 $N_i = \tilde{N}_i V = (\tilde{N}_i/\tilde{N}^\circ)\tilde{N}^\circ V$로 바꾸어주는데 $\tilde{N}^\circ$는 표준 농도이다. 그러면 다음과 같은 식이 나온다.

$$\prod_i \left(\frac{q_i}{(\tilde{N}_i/\tilde{N}^\circ)\tilde{N}^\circ V}\right)^{\nu_i} = \frac{\prod_i (q_i/\tilde{N}^\circ V)^{\nu_i}}{\prod_i (\tilde{N}_i/\tilde{N}^\circ)^{\nu_i}} = 1$$

따라서,

$$\prod_i \left(\frac{\tilde{N}_i}{\tilde{N}^\circ}\right)^{\nu_i} = \prod_i \left(\frac{q_i}{\tilde{N}^\circ V}\right)^{\nu_i} \tag{29.73}$$

이 식의 좌변은 다음과 같은 농도 평형 상수이다.

$$K_c = \prod_i \left(\frac{\tilde{N}_i}{\tilde{N}^\circ}\right)^{\nu_i} = \prod_i \left(\frac{c_i}{c^\circ}\right)^{\nu_i} \tag{29.74}$$

$\tilde{N}^\circ$와 c°는 똑같은 표준 농도를 다른 단위로 나타내는 차이밖에 없으므로 $\tilde{N}_i/\tilde{N}^\circ = c_i/c^\circ$가 되

며 따라서 위 식의 둘째 등식이 나온 것이다. 만일 $c^\circ = 1\ \text{mol/L}$로 취하면 이 K_c는 11.11절에서 정의한 것과 똑같은 것이 된다. (29.73)식과 (29.74)식을 결합하면 다음과 같이 된다.

$$K_c = \frac{1}{(\tilde{N}^\circ)^{\Delta\nu}} \prod_i \left(\frac{q_i}{V}\right)^{\nu_i} \tag{29.75}$$

이 식에 의하면 K_c는 단위 부피당의 분배 함수의 곱비에 비례한다. 보통대로 평형 상수는 디멘션이 없는 비들의 곱으로 나타내었다.

만일 농도의 표준 상태를 $c^\circ = 1\ \text{mol/L}$라고 하면 이에 맞먹는 $\tilde{N}^\circ$의 값은 $\tilde{N}^\circ = c^\circ(1000\ \text{L/m}^3)\ N_A = 1000\ N_A\ \text{mol/m}^3$이다. 따라서 (29.75)식은 다음과 같이 된다.

$$K_c = \frac{1}{(1000\ N_A\ \text{mol/m}^3)^{\Delta\nu}} \prod_i \left(\frac{q_i}{V}\right)^{\nu_i} \tag{29.75 a}$$

(29.75)식은 양자 역학과 화학을 연결시켜주는 중요한 다리이다. 즉, 분자의 에너지 준위를 알면 분자 분배 함수를 계산할 수 있고, 그러면 (29.75)식에 의하여 화학 반응에 대한 평형 상수를 얻을 수 있다.

이상 기체 이외의 다른 물질들이 관여되는 계에 대해서도 비슷한 방법에 따라 분배 함수로부터 평형 상수를 구할 수 있다.

■ 보기 29.1 수소 스펙트럼으로부터 구한 수소 원자의 이온화 에너지는 $2.1782 \times 10^{-18}\ \text{J}$이다. 2000 K에서의 다음 반응에 대한 평형 상수를 계산하라.

$$\text{H(g)} \rightleftharpoons \text{H}^+\text{(g)} + \text{e}^-\text{(g)}$$

바다 상태의 수소 원자에 대한 항 기호는 $^2S_{1/2}$이다. 또 전자의 스핀 양자수는 $\frac{1}{2}$이며, 따라서 스핀 퇴화도는 $g_{\text{spin}} = 2\left(\frac{1}{2}\right) + 1 = 2$이다.

평형 상수는 $\Delta\nu = 1$이므로 다음과 같이 나타낼 수 있다.

$$K_c = \frac{1}{\tilde{N}^\circ} \frac{(q_{\text{H}^+}/V)(q_{\text{e}^-}/V)}{(q_{\text{H}}/V)}$$

모든 화학종들은 이상적 기체라고 가정한다. 그러면 분배 함수들이 $q_{\text{H}} = (q_t)_{\text{H}}(q_e)_{\text{H}}$, $q_{\text{H}^+} = (q_t)_{\text{H}^+}$, $q_{\text{e}^-} = (q_t)_{\text{e}^-}(q_e)_{\text{e}^-}$와 같이 표시된다. 평형 상수에는 다음과 같이 병진 분배 함수들을 함께 묶고, 또 전자 분배 함수를 함께 묶는 것이 편리하다.

$$K_c = \frac{1}{\tilde{N}^\circ}\left[\frac{(q_t/V)_{\text{H}^+}(q_t/V)_{\text{e}^-}}{(q_t/V)_{\text{H}}}\right]\left[\frac{(q_e)_{\text{e}^-}}{(q_e)_{\text{H}}}\right] = \frac{1}{\tilde{N}^\circ} F_{\text{trans}} \times F_{\text{el}}$$

한편 $m_{\text{H}^+} \approx m_{\text{H}}$이므로 (29.39)식에 의해서 $(q_t/V)_{\text{H}^+} = (q_t/V)_{\text{H}}$이다. 따라서 K_c의 첫부분은 다음과 같이 된다.

$$\begin{aligned}\frac{1}{\tilde{N}^\circ} F_{\text{trans}} &= \frac{1}{\tilde{N}^\circ}\left(\frac{q_t}{V}\right)_{\text{e}^-} = \frac{1}{\tilde{N}^\circ}\left(\frac{2\pi m_e kT}{h^2}\right)^{3/2} \\ &= \frac{1}{6.0220 \times 10^{26}\ \text{m}^{-3}}\left[\frac{2\pi(9.1095 \times 10^{-31}\ \text{kg})(1.3807 \times 10^{-23}\ \text{J/K})2000\ \text{K}}{(6.6262 \times 10^{-34}\ \text{J s})^2}\right]^{3/2} \\ &= 0.35863\end{aligned}$$

편의상 유리 상태의 이온을 에너지가 영인 상태로 취한다. 그러면 H원자에 대해서는

$\epsilon_{e1} = -2.1782 \times 10^{-18}$ J 이 된다. 그리고 수소 원자에 대해서는 $g_{e1} = 2\left(\frac{1}{2}\right) + 1 = 2$ 이며, 전자에 대해서는 $g_{\text{spin}} = 2$ 이므로 분배 함수들은 다음과 같이 된다.

$$(q_e)_{\text{H}} = g_{e1}e^{-\epsilon_{e1}/kT} = 2\,e^{-\epsilon_{e1}/kT} \qquad \text{및} \qquad (q_e)_{e^-} = g_{\text{spin}} = 2$$

한편

$$\frac{\epsilon_{e1}}{kT} = \frac{-2.1782 \times 10^{-18}\text{ J}}{(1.3807 \times 10^{-23}\text{ J/K})(2000\text{ K})} = -78.882$$

따라서 F_{e1} 은 다음과 같이 된다.

$$F_{e1} = \frac{2}{2\,e^{-(-78.882)}} = e^{-78.882} = 5.5206 \times 10^{-35}$$

그리하여 $K_c = 0.35863(5.5206 \times 10^{-35}) = 1.9798 \times 10^{-35}$ 가 된다.

■ **보기 29.2** 표 29-1 의 데이터를 써서 다음 반응에 대한 500 K 에서의 평형 상수를 계산하라.

$$\text{H(g)} + \text{I}_2\text{(g)} \rightleftharpoons \text{HI(g)} + \text{I(g)}$$

H 원자의 바닥 상태는 $^2S_{1/2}$ 이며, I 원자의 바닥 상태는 $^2P_{3/2}$ 이다. I_2 와 HI 는 모두 바닥 상태에서 $g_e = 1$ 이다. 유리 상태의 원자를 기준으로 한 에너지는 $D_0(\text{I}_2) = 2.4736 \times 10^{-19}$ J 과 $D_0(\text{HI}) = 4.8917 \times 10^{-19}$ J 이다.

분배 함수들은 다음과 같다.

$$q_{\text{I}} = (q_t)_{\text{I}}(q_e)_{\text{I}} \qquad q_{\text{H}} = (q_t)_{\text{H}}(q_e)_{\text{H}}$$

$$q_{\text{HI}} = (q_t)_{\text{HI}}(q_r)_{\text{HI}}(q_v)_{\text{HI}}(q_e)_{\text{HI}} \qquad q_{\text{I}_2} = (q_t)_{\text{I}_2}(q_r)_{\text{I}_2}(q_v)_{\text{I}_2}(q_e)_{\text{I}_2}$$

따라서,

$$K_c = \frac{(q_{\text{I}}/V)(q_{\text{HI}}/V)}{(q_{\text{H}}/V)(q_{\text{I}_2}/V)}$$

이 경우에도 다음과 같이 K_c 에서 병진 함수들을 함께 묶고, 회전 함수들을 함께 묶고, 또 진동과 전자 함수를 함께 묶는다.

$$K_c = \left[\frac{(q_t/V)_{\text{I}}(q_t/V)_{\text{HI}}}{(q_t/V)_{\text{H}}(q_t/V)_{\text{I}_2}}\right]\left[\frac{(q_r)_{\text{HI}}}{(q_r)_{\text{I}_2}}\right]\left[\frac{(q_e)_{\text{I}}}{(q_e)_{\text{H}}}\right]\left[\frac{(q_v\,q_e)_{\text{HI}}}{(q_v\,q_e)_{\text{I}_2}}\right]$$

$$K_c = F_{\text{trans}} \times F_{\text{rot}} \times F_{\text{el}} \times F_{\text{vib-el}}$$

(29.39)식에 의하면 각 q_t 는 질량값만이 다르다. 따라서 F_{trans} 중에서 상수와 T 가 떨어져 나간다.

$$F_{\text{trans}} = \left(\frac{m_{\text{I}}\,m_{\text{HI}}}{m_{\text{H}}\,m_{\text{I}_2}}\right)^{3/2} = \left(\frac{m_{\text{HI}}}{2\,m_{\text{H}}}\right)^{3/2} = \left(\frac{127.9124}{2(1.0079)}\right)^{3/2} = 505.47$$

또 $q_r = T/\sigma\theta_r$ 인데 표 29-1 에 의하면 HI 에 대해서는 $\theta_r = 9.0$ K, I_2 에 대해서는 $\theta_r = 0.054$ K 이다. 또 HI 에 대해서는 $\sigma = 1$, 그리고 I_2 에 대해서는 $\sigma = 2$ 이다. 따라서 F_{rot} 은 다음과 같이 된다.

$$F_{\text{rot}} = \frac{T/9.0\text{ K}}{T/2(0.054\text{ K})} = 0.012$$

또 I에 대해서는 $q_e = g_e = 2\left(\frac{3}{2}\right) + 1 = 4$이며, H에 대해서는 $q_e = g_e = 2\left(\frac{1}{2}\right) + 1 = 2$이다. 따라서 $F_{el} = \frac{4}{2} = 2$이다.

한편 표 29-1에 의하면 HI에 대해서는 $\theta_v = 3200\,\mathrm{K}$이며, I_2에 대해서는 $\theta_v = 310\,\mathrm{K}$이다. 또 HI와 I_2는 모두 $g_e = 1$이다. 따라서 (29.67)식에 의해서 다음과 같은 결과를 얻을 수 있다.

$$F_{\text{vib-el}} = \left[\frac{g_e e^{D_0/kT}}{1 - e^{-\theta/T}}\right]_{HI} \left[\frac{1 - e^{-\theta/T}}{g_e e^{D_0/kT}}\right]_{I_2}$$

HI에 대해서는

$$\frac{D_0}{kT} = \frac{4.8917 \times 10^{-19}\,\mathrm{J}}{(1.3807 \times 10^{-23}\,\mathrm{J/K})(500\,\mathrm{K})} = 70.860$$

I_2에 대해서는

$$\frac{D_0}{kT} = \frac{2.4736 \times 10^{-19}\,\mathrm{J}}{(1.3807 \times 10^{-23}\,\mathrm{J/K})(500\,\mathrm{K})} = 35.832$$

따라서

$$F_{\text{vib-el}} = \frac{1 \times e^{70.860}(1 - e^{-310/500})}{1 \times e^{35.832}(1 - e^{-3200/500})} = 0.4621\, e^{35.028} = 7.5373 \times 10^{14}$$

그리하여 최종적으로 K_c는 다음과 같이 된다.

$$K_c = 505.47(0.012)(2)(7.5373 \times 10^{14}) = 9.1 \times 10^{15}$$

29.14 결 론

아주 강력한 이론적 도구인 통계 열역학의 간단한 성질을 조사해 보았다. 계를 구성하는 분자의 에너지 준위를 Schrödinger 식의 해로부터 얻을 수 있으면 분배 함수를 계산할 수 있고, 그 다음에는 모든 열역학적 성질을 계산해 낼 수 있다. 통계 열역학의 큰 장점 중의 하나는 이것으로부터 일반적 법칙을 끌어낼 수 있다는 것이다. 예로서 모든 1원자 고체는 높은 온도에서 같은 열용량을 가진다는 결론이 나왔다. 또 이러한 법칙에 가해지는 제약도 분명하게 나타난다. 예를 들면, 1원자 고체의 열용량은 낮은 온도에서는 고체의 진동수를 어떻게 가정하느냐에 따라서 다르게 나타난다.

통계 열역학은 많은 난점도 지니고 있다. 즉, Schrödinger 방정식이 잘 풀리지 않는다든가 수식의 처리 과정에서 근사를 쓰지 않으면 안 된다는 등이 바로 그것이다. 이러한 것은 합리적인 장애이다. 그러나 여기서는 통계 열역학의 이론적인 면을 나타내는 데다 힘을 기울였다. 실제의 에너지 값들은 실험으로부터 얻는 것이다. 즉, 분자의 스펙트럼을 분석하면 필요한 모든 에너지 준위를 알아 낼 수 있으며, 이와같이 실험적으로 구한 에너지 값을 그저 분배 함수의 지수 함수에 넣기만 하는 것이다. 그리고 나서 지수 함수들을 합해 가지고 구하고자 하는 열역학적 성질을 곧바로 계산해 내면 된다. 이것이 다소 지루하지만 아주 실용적이다. 여기서 가장 어려운 부분은 스펙트럼 데이터를 분석하여 에너지 준위를 얻는 일이다. 예로서 2000 K에서의 수소의 열용량을 열계량법으로 측정하기는 매우 귀찮은 일이다. 그러나 스펙트럼을 연구하고 이 스펙트럼 데이터로부터 분배 함수를 써서 열용량을 구하면 훨씬 쉽기도 하려니와 훨씬 더 정확한 결과가 나오기도 한다. 이와 관련해서 말하지 않을 수 없는 것은 표에 나오는 대부분의 열역학적 데이터가 스펙트럼 데이터로부터 얻어진 것이라는 사실이다.

마지막으로 엔트로피에 관해서 언급하겠다. 계의 에너지는 개개 분자의 에너지를 합한 것이라고 생각할 수 있지만 계의 엔트로피는 개개 분자의 엔트로피를 합한 것이 아니다. 엔트로피는 앙상블을 이루는 아주 많은 수의 계가 나타내는 상황의 함수로 정의된다. 따라서 분자 하나의 엔트로피는 실제적인 의미가 없다. 계의 엔트로피를 분자수로 나누어서 분자당의 엔트로피를 논할 수는 있으나 최종적인 해석은 가공적인 것에 불과하게 된다. 엔트로피와 온도는 굉장히 많은 수의 분자가 모여서 이루어진 큰 물질에서만 뜻을 가진다. 몇 개의 분자만을 포함하는 계는 열역학 제 2 법칙을 만족시킬 필요가 없다. 확률이 실질적인 뜻을 갖고 또 편차를 발견할 기회가 무시될 정도로 되려면 분자수가 굉장히 많아야 하는 것이다.

《질 문》

29. 1 열원과 접하고 있는 계가 여러 에너지 값을 가질 수 있는 까닭은 무엇인가?

29. 2 앙상블이란 무엇인가? 앙상블의 구성원들은 어떻게 동등한가? 앙상블의 구성원들은 예로서 어떤 점들이 상이한가?

29. 3 저온, 중간 온도 및 고온에서 P_i를 E_i에 대해서 도시하면 어떤 모양이 곡선이 나오겠는가?

29. 4 질문 29.3에 대한 답과 (29.19)식을 이용해서 엔트로피가 온도에 따라 어떻게 변하는지 정성적으로 논하라.

29. 5 계의 분배 함수의 중요성은 무엇인가? 계의 분자들이 약한 상호 작용만을 하면 어떻게 간소화되는가?

29. 6 정성적으로 2원자 분자 이상 기체의 열용량을 온도의 함수로 도시하라. 여러 자유도들의 기여가 시작되는 특성 온도(진동수, 관성 모멘트 등으로)를 나타내라.

29. 7 보기 29.2의 화학 평형에서 생성물이 나타나는 데 유리한 특징을 말하라.

《연습 문제》

29. 1 분배 함수를 이용해서 1원자 기체는 $U=\frac{3}{2}NkT$, $p=NkT/V$임을 보여라.

29. 2 분배 함수를 이용해서 1원자 분자 기체의 S, A 및 G를 M, T 및 V의 함수로 나타내어라. 1 atm과 298.15 K에서, 그리고 1 atm과 1000 K에서 1 mol의 아르곤에 대한 이들 함수의 값을 구하라.

29. 3 1 atm과 298.15 K에서 N_2의 병진, 회전 및 진동이 열역학적 함수 U, H, S, A 및 G에 기여하는 크기를 계산하라. θ_r와 θ_v의 값은 표 29-1로부터 구하라. 이 결과를 1000 K에서의 값과 비교하라.

29. 4 a) 진동 분배 함수에 관한 완전한 식인 (29.42)식을 이용해서 C_v를 θ/T의 함수로 나타낸 식을 유도하라.

b) (29.44)식을 이용해서 무한히 높은 온도에서의 열용량 $C_v(\infty)$를 계산하라.

c) $\theta/T=0, 0.5, 1.0, 1.5, 2.0, 3.0, 4.0, 5.0, 6.0$일 때의 $C_v/C_v(\infty)$값을 계산하라. 이 값을 θ/T에 대하여 도시하라.

29. 5 CO_2의 굽힘 진동수는 2.00×10^{13} Hz이다.

a) 이 진동에 대한 특성 온도 θ를 계산하라.

b) 이 진동은 300 K에서 CO_2의 열용량에 얼마만큼의 기여를 하겠는가?

c) 이 진동은 2중으로 퇴화되어 있다. 즉, CO_2 분자에는 이 진동수를 가진 진동이 둘 있다. 이것은 열용량에 어떻게 기여하는가?

d) 신축 진동의 진동수는 이보다 훨씬 더 크다. 300 K에서 진동수가 7.0430×10^{13} Hz인 이 비대칭 신축 진동은 열용량에 얼마만큼의 기여를 하는가?

29. 6 1 atm과 298.15 K에서 CO_2의 병진, 회전 및 진동이 열역학적 함수 U, H, S, A 및 G에 기여하는 크기를 계산하라. θ_v의 값은 $\theta_1 = 3380.1$ K, $\theta_2 = 1997.5$ K, $\theta_3 = \theta_4 = 960.1$ K이다. 그리고 CO_2에서의 CO 거리는 116.2 pm이다.

29. 7 10 K, 50 K 및 100 K에서 p-H_2의 최저 세 회전 주위의 분자수를 계산하라. H_2의 경우 $\theta_r = 85.4$ K이다.

29. 8 수소의 경우 $\theta_r = 85.4$ K이다. (a) 100 K, 150 K 및 200 K에서 o-H_2의 회전에 기인하는 엔트로피와 열용량을 계산하라. (b) (a)에서의 계산을 p-H_2에 대해서 되풀이하라. (c) 100 K, 150 K 및 200 K에서 $p\text{-}H_2 \rightleftharpoons o\text{-}H_2$에 대한 평형 상수를 계산하라.

29. 9 25 °C에서 다음 반응을 생각하여 보자.

$$H_2(g) + Cl_2(g) \rightleftharpoons 2\,HCl(g)$$

표 29-1을 이용해서 다음 계산을 하라.

a) Cl_2와 HCl에 대한 회전 분배 함수. H_2의 $q_r = 1.9206$으로 취하라.

b) 이 반응의 평형 상수

29. 10 800 K, 1000 K 및 1200 K에서의 다음 반응의 평형 상수를 계산하라.

$$H_2(g) + CO_2(g) \rightleftharpoons H_2O(g) + CO(g)$$

CO_2에 대한 진동 온도는 $\theta_1 = 3380.1$ K, $\theta_2 = 1997.5$ K 및 $\theta_3 = \theta_4 = 960.1$ K이고, CO_2에서의 CO 거리는 116.1 pm이다. $D_0(CO_2) = 2.6534 \times 10^{-18}$ J이다. 또 H_2O의 진동수는 3650 cm^{-1}, 1590 cm^{-1} 및 3760 cm^{-1}이며, 관성 모멘트는 $I/10^{-47}\,kg\,m^2 = 1.024$, 1.921 및 2.947이다. 또 $D_0(H_2O) = 1.5239 \times 10^{-18}$ J이다. CO에 대해서는 $\theta_v = 3070$ K이고 $\theta_r = 2.77$ K이며, $D_0(CO) = 1.798 \times 10^{-18}$ J이다. 그리고 H_2에 대해서는 표 29-1을 참조하라.

29. 11 표 29-1과 문제 29.10의 데이터를 이용해서 다음 반응들에 대한 평형 상수를 계산하라. 단 O_2의 $g_{e1} = 3$이다.

a) $H_2(g) + I_2(g) \rightleftharpoons 2\,HI(g)$ 600 K에서

b) $2\,H_2(g) + O_2(g) \rightleftharpoons 2\,H_2O(g)$ 2000 K에서

c) $4\,HCl(g) + O_2(g) \rightleftharpoons 2\,H_2O(g) + 2\,Cl_2(g)$ 800 K에서

d) $2\,CO(g) + O_2(g) \rightleftharpoons 2\,CO_2(g)$ 900 K에서

29. 12 다음 반응에 대한 1000 K에서의 평형 상수를 계산하라.

$$N_2(g) + O_2(g) \rightleftharpoons 2\,NO(g)$$

표 29-1의 데이터를 이용하라. 또 O_2에 대해서는 $g_{e1} = 3$, NO에 대해서는 $g_{e1} = g_{e2} = 2$이며, $\epsilon_{e2} = \epsilon_{e1} + 2.46 \times 10^{-21}$ J이다.

29. 13 어떤 이상 기체에 대해서나 $\mu = -kT\ln(q/N)$의 관계가 성립한다. 병진 자유도 이외에 회전과 진동 자유도를 가지면 화학 퍼텐셜의 값에 어떠한 영향을 미치는가?

29.14 1원자 이상 기체의 화학 퍼텐셜은 다음과 같다.

$$\mu_{gas} = -kT\ln(q_t/N)$$

그리고 고체에서 진동수가 모두 다 같다고 가정하면 1원자 이상 고체의 화학 퍼텐셜은 다음과 같다.

$$\mu_{solid} = -kT\ln(q_v^3 e^{-W/NkT})$$

a) 1원자 이상 고체의 평형 증기 압력을 나타내는 식을 유도하라. 높은 온도에서의 q_v 값인 $q_v = (T/\theta)\exp(-\theta/2T)$를 사용하라.

b) 이것을 미분하고 Gibbs-Helmholtz 식과 비교하여 증발 엔탈피 값을 계산하라.

c) 다른 모든 것이 같다면(!) 일정한 주어진 온도에서 1원자 물질과 2원자 물질의 결정 중 어느 결정의 증기 압력이 더 높겠는가? 2원자 분자는 고체에서 회전하지 않는다고 가정하라.

30
운반 성질

30.1 서 론

이제부터는 계의 성질이 시간에 따라 어떻게 변하는가를 생각해 보자. 열역학은 계의 상태가 변화하면 그 성질이 어떻게 변하는가를 나타내는 것으로서, 이 변화가 일어나는 시간에 관해서는 아무런 지식을 주지 못한다. 실제의 경우에서는 어떤 특정한 상태 변화가 일어나는 데 소요되는 시간이 극히 중요하다. 어떤 반응이 자발적으로 일어날 수는 있지만 그 반응이 일어나는 데 소요되는 시간이 100만년쯤 걸린다고 하면 전혀 쓸모가 없을 것이다. 예로서 수소와 산소는 그들끼리만 놓아 두면 유한한 시간 내에 물을 형성하지 못한다. 그러나 이들이 들어 있는 용기에다 미량의 백금을 넣으면 몇 마이크로초 이내에 물로 완전히 변화한다.

열역학의 중요성은 그의 예측 결과가 상태의 변환 경로에 무관하다는 사실에 있는 것이다. 즉, 열역학의 예측은 계가 어떤 경로에 의해서 처음 상태로부터 최종 상태로 변하는가에 무관한 것이다. 그러나 변환에 소요되는 시간은 이러한 변환 과정에 크게 의존한다. 처음 상태인 $H_2+\frac{1}{2}O_2$와 최종 상태인 H_2O 사이에는 일정한 자유 에너지 차이가 있다. 이 자유 에너지 차이는 백금 조각의 존재 여부에는 전연 관계가 없다. 그러나 앞서 말한 바와 같이 백금 조각이 있으면 그 소요 시간이 몇 백만배나 달라진다. 변환 속도를 논하려면 어떤 경우에나 그 계의 구조 모형을 가정할 필요가 있지만, 열역학에서는 이러한 모형이 필요치 않다. 특정한 모형에서 예상되는 속도를 실험 데이터와 비교하여 보면 그 모형이 타당한가의 여부를 판가름할 수 있다.

우선 여러 가지 과정의 속도를 지배하는 순전한 실험 법칙을 먼저 살펴 보자. 그 다음에는 열역학과(주로) 구조로부터 얻은 지식을 적용하여 이들 법칙을 계의 성분과 그리고 계를 구성하는 원자나 분자의 기본 성질을 가지고 설명해 보기로 하겠다.

30.2 운반 성질

질량, 에너지, 운동량 또는 전하같은 물리적 양이 계의 한 영역으로부터 다른 영역으로 운반되는 한 무리의 과정들을 통틀어서 운반 과정이라고 한다. 온도가 다른 두 열원을 연결시키는 금속 막대를 생각해 보자. 열은 이 막대를 통하여 높은 온도의 열원으로부터 낮은 온도의 열원으로 흐른다. 열이 흐른다는 것은 막대를 통하여 에너지가 운반된다는 것을 나타낸다. 이 에너지 흐름은 쉽게 측정할 수 있다. 또 하나의 예는 도체의 양끝 사이에 전위차를 걸어서 이 도체를 통하여 전하가 운반되게 한 것이다. 파이프의 양끝 사이에 걸린 압력차로 인하여 파이프를 통해서 유체가 흐를 때는 질량이 운반된다. 확산은 혼합물에서 농도 기울기가 있을 때 일어나는 질량 운반이다. 점성의 현상, 즉 유체가 내타내는 흐름에 대한 저항은 유체의 흐르는 방향에 수직한 방향으로 운반되는 운동량 때문에 생긴다.

모든 경우에 흐름의 방향에 수직한 단위 면적을 통하여 단위 시간에 운반되는 물리적 양, 즉 흐름은 온도, 압력, 또는 전위 같은 물리적 성질의 기울기에 비례한다. 흐름의 방향을 z-축으로 잡을 경우에는 운반에 관한 일반 법칙이 다음과 같이 된다.

$$J_z = L\left(-\frac{\partial Y}{\partial z}\right) \tag{30.1}$$

여기서 J_z는 흐름, 즉 매초 매 m^2 당 운반되는 성질의 양이고, L은 비례 상수이며, 그리고 $(-\partial Y/\partial z)$는 흐름의 방향에 대한 Y의 음의 기울기이다. Y는 온도, 전위, 압력 등 어떠한 양이라도 된다. 흐름은 어느 한 특정한 방향으로 일어나므로 벡터량이며, (30.1)식은 이 벡터의 z-성분을 나타낸다. 보다 일반적인 3차원의 식은 필요치 않다. 위에서 든 예에서는 z-방향으로의 흐름에 관한 식들이 각각 다음과 같이 된다.

열 흐름 : $$J_z = -k_T\frac{\partial T}{\partial z} \quad \text{(Fourier의 법칙)} \tag{30.2}$$

전류 : $$J_z = -k\frac{\partial \phi}{\partial z} \quad \text{(Ohm의 법칙)} \tag{30.3}$$

유체 흐름 : $$J_z = -C\frac{\partial p}{\partial z} \quad \text{(Poiseuille의 법칙)} \tag{30.4}$$

확산 : $$J_z = -D\frac{\partial \tilde{N}}{\partial z} \quad \text{(Fick의 법칙)} \tag{30.5}$$

이들 식에서 k_T는 열전도도 계수, k는 전기 전도도, C는 점성도에 관련된 마찰 계수, 그리고 D는 확산 계수이다.

지금 금속 막대의 한 끝으로부터 다른 끝쪽으로 열이 흐른다고 하자. 뜨거운 끝이 $z=0$에 위치하고 찬 끝이 z에 위치한다고 하면 정류 상태에서는 온도가 그림 30-1에서와 같이 Z의 함수가 될 것이다. 그러면 $\partial T/\partial z$는 음이며 따라서 $(-\partial T/\partial z)$가 양이 된다. 그리고 열은 양의 방향으로 흐른다(뜨거운 끝으로부터 찬 끝으로). 지금 열을 흐르게 하는 추진력을 다음과 같이 정의하자.

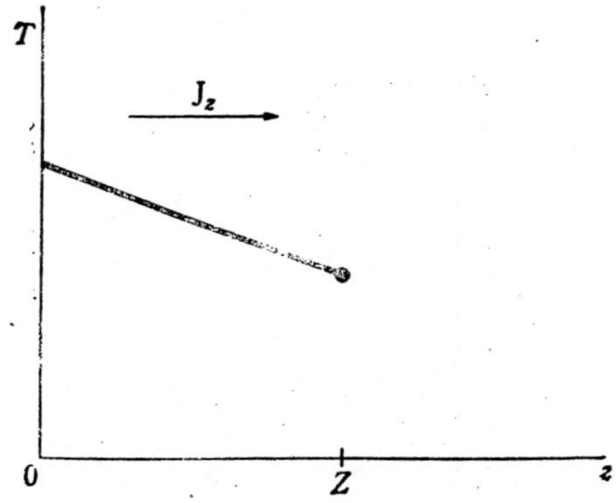

그림 30-1 z의 함수로 나타낸 온도.

$$(X_T)_z = -\frac{\partial T}{\partial z} \tag{30.6}$$

그러면 (30.2)식을 다음과 같이 쓸 수 있다.

$$J_z = k_T(X_T)_z \quad \text{(Fourier 의 법칙)} \tag{30.7}$$

그리하여 흐름과 힘이 같은 부호를 갖는다고 말할 수 있다. 일반적으로 (30.2)식, (30.3)식, (30.4)식 및 (30.5)식 등의 운반 법칙들은 모두 다음과 같은 일반식으로 표시할 수 있다.

$$J = LX \tag{30.8}$$

즉, 어떤 양이든 그 흐름은 흐름을 일으키는 추진력에 비례한다. 유량(흐름)과 힘 사이의 이러한 비례 관계를 선형 법칙이라고 부른다. 힘은 언제나 세기량의 음의 기울기와 같다.

이 식들은 실험적으로 잘 맞는다. 이들은 처음에 실험 법칙으로 제안되었으며 실험에 의하여 일반화되었다. 이러한 법칙들을 물질 구조와 관련시켜서 설명하려는 것이 이 장의 목적이다.

30.3 운반에 관한 일반식

어떤 물리적 양이 운반될 경우 단위 시간에 단위 면적을 통하여 운반되는 양은 단위 시간에 단위 면적을 통과하는 분자수에다 각 분자가 나르는 물리적 양을 곱한 것과 같다. 따라서 어떠한 운반에 대해서나 다음 관계가 성립한다.

$$j = N'q \tag{30.9}$$

여기서 j는 매 $m^2 \cdot sec$ 당의 흐름이고, N'은 1초 동안에 $1\ m^2$를 통과하는 운반체의 수, 그리고 q는 각 운반체가 나르는 물리적 양이다. N'과 q를 계산하면 j의 값이 얻어진다. 우선 N'부터 계산해 보자.

그림 30-2의 직육면체의 밑면은 그 넓이가 $1\ m^2$이다. 단위 시간에 이 밑면을 통과하는 분자수를 생각해 보자. 만일 모든 분자가 아래를 향하여 평균 속도 $\langle c\rangle$로 움직인다면 이들은 모두 dt 시간 동안에 거리 $\langle c\rangle dt$를 이동할 것이다. 따라서 높이가 $\langle c\rangle dt$인 직육면체 안의 분자는 모두 dt 동안에 밑면을 통과하게 된다. 직육면체의 부피는 $\langle c\rangle dt\ m^3$이다. $1\ m^3$당의 분자수를 $\tilde{N}$이라고 하면 dt 동안에 밑면을 통과하는 분자수는 $\tilde{N}\langle c\rangle dt$가 된다. 그리고 단위 시간에 $1\ m^2$의

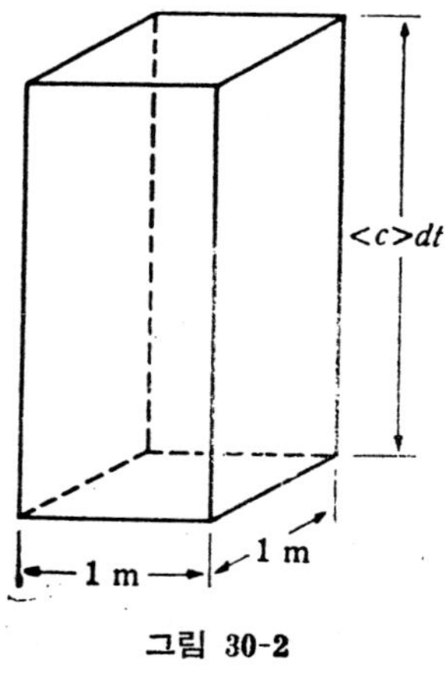

그림 30-2

면적을 통과하는 분자수는 다음과 같이 된다.

$$n' = \tilde{N}\langle c\rangle \tag{30.10}$$

따라서 흐름에 관한 (30.9)식은 다음과 같이 된다.

$$j = \tilde{N}\langle c\rangle q \tag{30.11}$$

이 식은 어떤 운반 과정에 대해서나 적용되는 식이다. 즉, 흐름은 단위 부피당의 운반체의 수와 흐름의 방향으로의 평균 속도와 그리고 각 운반체가 운반하는 물리적 양의 곱과 같다.

분자 전체가 아니고 그 중 α 분율만이 밑으로 움직일 경우에는 (30.11)식의 우변에다 이 분율을 곱해주어야 한다. 즉,

$$j = \alpha\tilde{N}\langle c\rangle q \tag{30.11 a}$$

30.4 기체에서의 열 전도도

xy-평면에 평행하고 온도가 각각 T_1과 T_2인 2개의 큰 금속판이 거리 Z만큼 떨어져 있다고 하자. 더 뜨거운 판(T_2)이 위에 있다. 얼마동안 시간이 지나면 열이 아래쪽을 향하여 일정한 속도로 흐르는 정류 상태에 도달하게 될 것이다. 이 열의 흐름은 위층에 있는 분자가 아래층에 있는 것보다 더 많은 열 에너지를 가지고 있기 때문에 일어나며, 아래로 움직이는 분자는 위로 움직이는 분자보다 많은 에너지를 운반한다.

단위 시간에 xy-평면에 평행한 1 m^2의 평면을 통하여 흐르는 실효 에너지를 계산하기 위하여 기체 속에 여러 개의 수평층을 가상하고 각 층들은 바로 밑의 층보다 약간 온도가 높다고 하자. 높이에 따르는 온도의 변화는 다음과 같다.

$$\frac{\partial T}{\partial z} = \frac{\Delta T}{\Delta z} = \frac{T_2 - T_1}{Z - 0} \tag{30.12}$$

여기서 낮은 판은 $z = 0$의 위치에 있고, 높은 것은 $z = Z$에 있다고 보았다. 기울기($\partial T/\partial z$)는 일정하며, 따라서 임의의 높이 z에서의 온도는 다음과 같이 된다.

$$T = T_1 + \left(\frac{\partial T}{\partial z}\right)z \tag{30.13}$$

만일 이 기체가 1원자 분자이고 따라서 평균 열 에너지가 $\langle\epsilon\rangle = \frac{3}{2}kT$이면 높이 z에서 분자의 평균 에너지는 다음과 같이 된다.

$$\langle\epsilon\rangle = \frac{3}{2}kT = \frac{3}{2}k\left[T_1 + \left(\frac{\partial T}{\partial z}\right)z\right] \tag{30.14}$$

열 흐름을 계산하기 위하여 높이 z인 곳에 있는 넓이 1 m^2의 수평면을 생각해 보자(그림 30-3). 한 분자가 이 평면을 통과할 때 운반하는 에너지는 이 분자가 그의 에너지를 최종적으로 조절할 수 있었던 기체층의 온도에 의존할 것이다. 즉, 이곳에서 다른 분자와 마지막 충돌을 하는 동안에 이 분자의 에너지가 최종적으로 조절되는 것이다. 분자가 마지막 충돌을 한 후에 평균적으로 거리 λ만큼을 비행한다고 하자. 그림 30-3에서와 같이 우리가 관심을 가진 면이 z인 곳에 있다고 하면, 아래로 가는 분자는 $z + \lambda$에서 마지막 충돌을 하고, 위로 가는 분자는 $z - \lambda$에서 마지막 충돌을 할 것이다. 분자가 운반하는 에너지의 양은 마지막 충돌을 하는 높이에서의 값이 될 것이다. 따라서 (30.11)식과 (30.14)식에 의해서 아래로 흐르는 에너지는 다음과 같이

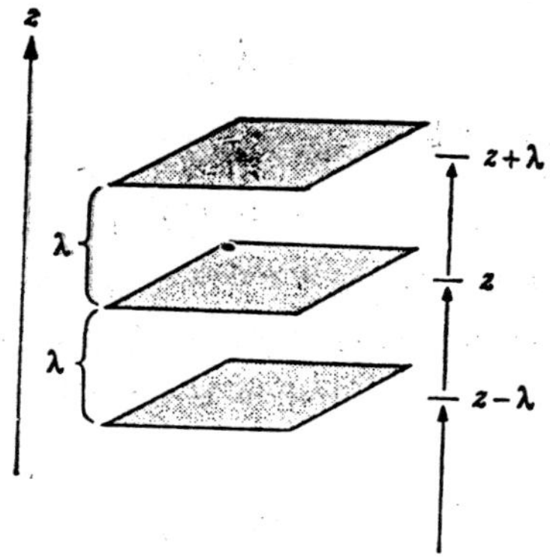

그림 30-3

된다.

$$\epsilon\downarrow = \frac{1}{6}(\tilde{N}\langle c\rangle)_{z+\lambda}\frac{3}{2}k\left[T_1 + \left(\frac{\partial T}{\partial z}\right)(z+\lambda)\right]$$

그리고 위로 흐르는 에너지는 다음과 같이 주어진다.

$$\epsilon\uparrow = \frac{1}{6}(\tilde{N}\langle c\rangle)_{z-\lambda}\frac{3}{2}k\left[T_1 + \left(\frac{\partial T}{\partial z}\right)(z-\lambda)\right]$$

인수 $\frac{1}{6}$은 평균적으로 $\frac{1}{6}$의 분자가 내려가고 $\frac{1}{6}$이 올라가기 때문이다. 따라서 위로 향하는 실효 흐름 J_ϵ은 다음과 같이 된다.

$$J_\epsilon = \epsilon\uparrow - \epsilon\downarrow \tag{30.15}$$

이 식을 더 상세히 쓰기 전에 우선 고려해야 할 것은 만일 기체가 이 면을 통하여 실효 이동을 하지 않으려면 단위 시간에 올라가는 분자수와 내려가는 분자수가 같아야 된다는 사실이다. 즉,

$$\frac{1}{6}(\tilde{N}\langle c\rangle)_{z+\lambda} = \frac{1}{6}(\tilde{N}\langle c\rangle)_{z-\lambda} \tag{30.16}$$

이것은 모든 높이에서 $\tilde{N}\langle c\rangle$의 값이 같다는 것을 뜻한다.* $\epsilon\uparrow$과 $\epsilon\downarrow$에 관한 식을 (30.15)식에 넣고 (30.16)식의 결과를 사용하면 다음과 같은 결과가 나온다.

$$J_\epsilon = \frac{1}{6}\tilde{N}\langle c\rangle\frac{3}{2}k\left(\frac{\partial T}{\partial z}\right)[z-\lambda-(z+\lambda)] = -\frac{1}{2}\tilde{N}\langle c\rangle k\lambda\left(\frac{\partial T}{\partial z}\right)$$

이 결과를 열 전도도에 관한 (30.2)식의 실험 법칙 $J_\epsilon = -k_T(\partial T/\partial z)$와 비교하면 다음 결과를 얻을 수 있다.

$$k_T = \frac{1}{2}\tilde{N}\langle c\rangle k\lambda = \frac{1}{3}\left(\frac{\tilde{N}}{N_A}\right)\overline{C}_v\langle c\rangle\lambda \tag{30.17}$$

여기서는 $\overline{C}_v = \frac{3}{2}kN_A$인 관계를 사용하였다. 인자 $\tilde{N}/N_A$는 입방 미터당 몰수로 표시한 농도이다. (4.58)식에 의하면 평균 속도는 다음과 같다.

* 이것은 실제로는 맞지 않는다. 그러나 이러한 과정을 하지 않으면 유도가 비교적 복잡해진다.

$$\langle c\rangle=\sqrt{\frac{8kT}{\pi m}} \tag{30.18}$$

따라서 마지막 충돌을 한 다음에 비행한 평균 거리 λ를 계산할 수 있으면 열 전도도 계수 k_T를 계산할 수 있다. 또는 낙관적으로 k_T값을 측정하면 λ를 계산할 수 있다고 볼 수도 있다.

불행히도 위에서 유도한 식은 몇 가지 모순점을 가지고 있다. 즉, $\langle c\rangle$와 $\tilde{N}$는 둘 다 온도의 함수인데 온도는 위치에 따라서 다르다. 열 전도에 관한 실험 법칙은 T_2-T_1의 차가 두 온도 중 어느 하나보다도 작은 경우에만 성립한다. 따라서 $\tilde{N}$와 $\langle c\rangle$를 계산하는 데 평균 온도를 사용해도 충분하다. 이보다도 가장 심각한 문제점은 평형 분포 함수로부터 유도한 $\tilde{N}$와 같은 양을 비평형인 경우에 사용해야 한다는 점이다. 사실을 말하자면 비평형 분포를 사용할 경우에는 수학적인 복잡성이 대단해진다. 다행히도 상호 인력이 작용하지 않는다고 가정하면 보다 더 엄밀하게 유도하더라도 그 결과는 실질적으로 달라지지 않으며, 다만 (30.17)식의 상수 $\frac{1}{3}$만이 달라진다. 거리 λ는 어느 정도 임의적으로 도입한 것이다. (30.17)식을 이해하려면 λ에 관한 보다 정확한 개념이 필요하다.

30.5 기체에서의 충돌 ; 평균 자유 행로

분자의 평균 자유 행로는 정의에 의하면 충돌하는 동안에 비행하는 평균 거리이다. 1초 동안에 분자는 $(\langle c\rangle\times 1\,\text{s})$m를 비행하면서 Z_1회의 충돌을 한다. 비행한 거리를 충돌수로 나누면 충돌하는 동안에 비행한 거리를 얻게 된다. 즉,

$$\lambda=\frac{\langle c\rangle}{Z_1} \tag{30.19}$$

λ를 계산하기 위하여 Z_1을 계산해 보자.

분자의 지름을 σ라 하고, 반지름이 σ이고 높이가 $\langle c\rangle$인 원통(그림 30-4)을 생각해 보자. 1초 동안에 이 분자는 $\langle c\rangle$만큼의 거리를 비행하며 이 원통만한 부피를 쓸고 간다. 그리하여 이 분자는 이 원통 안의 모든 분자와 충돌한다(분자의 행로가 충돌 결과로 삐뚤삐뚤해지는 것은 문제가 안 된다. 휩쓸고 간 부피는 마찬가지이다). 원통 안의 분자수는 $\pi\sigma^2\langle c\rangle\tilde{N}$이고 이것은 한 분자가 1초 동안에 충돌하는 회수와 같다. 즉, 충돌 수를 나타내는 식은 $Z_1=\pi\sigma^2\langle c\rangle\tilde{N}$인데 이 식에다 인수 $\sqrt{2}$를 곱해야 한다. 이것은 분자의 평균 속도가 문제되는 것이 아니고 두 분자의 중심을 잇는 선에 따른 평균 속도가 문제이기 때문이다. 즉, 속도 벡터가 그림 30-5에서처럼 배향된 두 분자를 생각해 보자. 같은 방향으로 같은 속도로 움직이는 분자는 상대 속도가

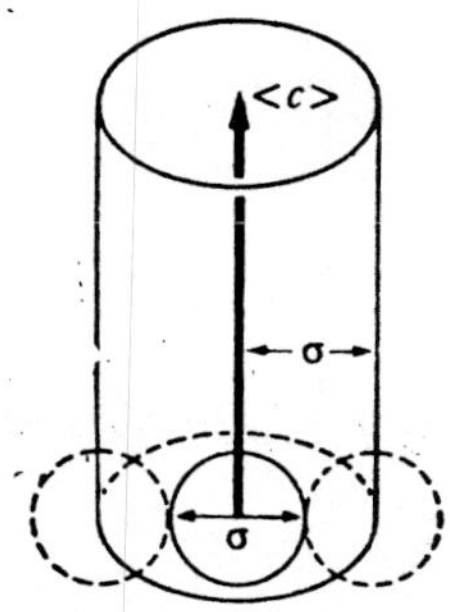

그림 30-4 한 분자가 1초에 휩쓸고 간 부피.

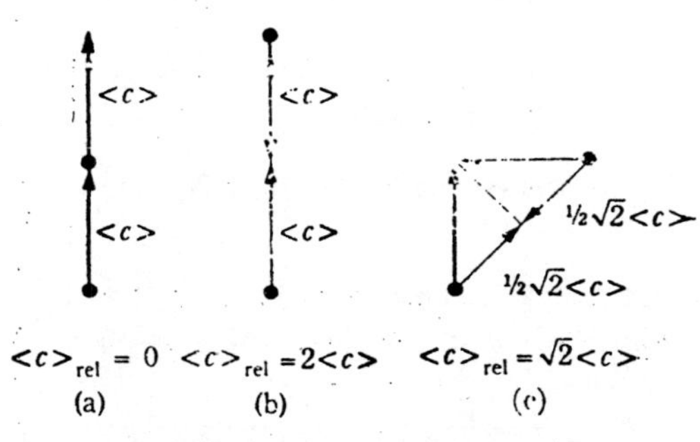

그림 30-5 중심선에 따른 상대 속도 c_{rel}.

영이 된다. 둘째 번 경우는 머리-꼬리의 접근이며 상대 속도는 $2\langle c\rangle$이다. 이들이 90° 의 각도로 접근하면 상대 접근 속도는 중심을 잇는 선에 따른 속도 성분의 합이 된다. 즉, $\frac{1}{2}\sqrt{2}\langle c\rangle + \frac{1}{2}\sqrt{2}\langle c\rangle = \sqrt{2}\langle c\rangle$이다. 이 세째 번 경우가 평균적인 것을 나타내므로 다음과 같이 좀더 정확하게 쓸 수 있다.

$$Z_1 = \sqrt{2}\pi\sigma^2\langle c\rangle\tilde{N} \tag{30.20}$$

(30.19)식과 (30.20)식을 결합하면 평균 자유 행로가 나온다.

$$\lambda = \frac{1}{\sqrt{2}\pi\sigma^2\tilde{N}} \tag{30.21}$$

평균 자유 행로는 $1/\tilde{N}$에 의존하며, 기체 법칙에 의해서 $1/\tilde{N} = RT/N_A p$이므로 $1/p$에 비례한다. 결국 압력이 낮아질수록 단위 시간당 충돌수가 작아지며 평균 자유 행로는 길어진다.

$1\,m^3$ 당 $\tilde{N}$개의 분자가 있고 각각이 매초당 Z_1번 충돌하면 1초 동안에 $1\,m^3$ 속에서 일어나는 총충돌수는 다음과 같이 된다.

$$Z_{11} = \frac{1}{2}Z_1\tilde{N} = \frac{1}{2}\sqrt{2}\pi\sigma^2\langle c\rangle\tilde{N}^2 \tag{30.22}$$

인수 $\frac{1}{2}$은 Z_1에 단순히 $\tilde{N}$만을 곱하면 한 번의 충돌이 두 번씩 셈해지기 때문이다. 자세한 증명은 하지 않겠지만 서로 다른 분자간의 충돌수는 다음과 같이 주어진다.

$$Z_{12} = \pi\sigma_{12}^2\sqrt{\frac{8kT}{\pi\mu}}\tilde{N}_1\tilde{N}_2 \tag{30.23}$$

여기서 $\tilde{N}_1$과 $\tilde{N}_2$는 각각 $1\,m^3$ 속에 들어 있는 1이라는 종류의 분자와 2라는 종류의 분자수이며, σ_{12}는 두 종류의 분자의 평균 지름, 그리고 μ는 환산 질량으로서 $1/\mu = 1/m_1 + 1/m_2$이다. 이 충돌수에 관한 식들은 나중에 화학 반응 속도를 계산하는 데 유용하게 쓰인다. 두 분자간의 화학 반응은 분자들이 충돌할 때에만 일어날 수 있다.

■ **보기 30.1** 1 atm 25 °C의 기체 속에서 한 분자가 충돌하는 회수를 계산하라. 25 °C와 1 atm $= 10^5$ Pa에서는 단위 부피당 분자수가 다음과 같다.

$$\tilde{N} = \frac{pN_A}{RT} = \frac{10^5\,\text{Pa}(6\times10^{23}\,\text{mol}^{-1})}{(8.3\,\text{J/Kmol})(298\,\text{K})} \approx 2.5\times10^{25}/\text{m}^3$$

한편 $\sigma \approx 3\times10^{-10}$ m, $\langle c\rangle \approx 400$ m/s이다. 따라서,

$$\begin{aligned}Z_1 &= \sqrt{2}\pi\sigma^2\langle c\rangle\tilde{N} = 1.41(3.14)(3\times10^{-10}\,\text{m})^2(400\,\text{m/s})(2.5\times10^{25}/\text{m}^3)\\ &\approx 4\times10^9/\text{s}\end{aligned}$$

즉, 한 분자는 매초 약 40억 번의 충돌을 한다.

■ **보기 30.2** 1 atm 25 °C의 기체 속에서의 λ를 계산하라. 앞의 보기에 의하면 $\tilde{N} = 2.5\times10^{25}/\text{m}^3$, $\sigma \approx 3\times10^{-10}$ m이다. 따라서

$$\lambda = \frac{1}{\sqrt{2}\pi\sigma^2\tilde{N}} = \frac{1}{(1.41)(3.14)(3\times10^{-10}\,\text{m})^2(2.5\times10^{25}/\text{m}^3)} \approx 10^{-7}\,\text{m} = 0.1\,\mu\text{m}$$

30.6 열 전도도에 관한 최종식

평균 자유 행로에 관한 식이 얻어졌으므로 (30.21)식과 (30.17)식을 결합하여 열 전도도 계수에 관한 식을 쓸 수 있다. 즉,

$$k_T = \frac{\langle c \rangle \overline{C}_v}{3\sqrt{2}\pi N_A \sigma^2} \tag{30.24}$$

이 식을 보면 열 전도도가 압력에 무관하다는 흥미있는 결론에 도달한다. 이와 같이 압력에 대한 의존성이 없어지는 것은 2개의 상반되는 효과 때문이다. (30.17)식에 의하면 k_T는 $\tilde{N}$와 λ에 비례하지만 λ가 $\tilde{N}$에 반비례하므로 $\tilde{N}\lambda$는 압력에 무관해진다. 낮은 압력에서는 단위 시간에 면을 통과하는 분자수가 작아지지만 이들 분자는 먼 거리로부터 오게 되므로(λ는 낮은 압력에서 길어진다) 이에 비례해서 더 큰 에너지를 운반해 온다. k_T가 압력에 무관하다는 것은 실험적으로도 확인되었다.

만일 $\overline{C}_v$가 온도에 무관하다면 (30.24)식의 우변의 양은 $\langle c \rangle$를 제외하고는 모두 상수가 된다. $\langle c \rangle$는 $T^{1/2}$에 비례한다. 따라서 k_T는 $T^{1/2}$에 따라서 증가하게 된다. 이것도 실험적으로 확인되었다. k_T에 관한 식을 유도하는 데는 압력이 충분히 커서 λ가 두 평면판 사이의 거리보다 훨씬 작다고 가정하였다. 아주 낮은 압력에서는 λ가 판 사이의 거리보다 훨씬 길어져서 분자들은 판 사이에서 튀겨 내려왔다 튀겨 올라갔다 하며 분자들끼리는 좀처럼 충돌하지 않을 것이다. 이 경우에는 평균 자유 행로가 계산에 들어가지 않으며, k_T의 값은 판 사이의 간격에 의존하게 된다. 이와같이 낮은 압력에서는 열 전도도가 압력에 비례한다. 그 이유는 $\tilde{N}$이 압력에 비례하고, $\tilde{N}$의 이러한 압력 의존 관계를 상쇄해 주는 λ가 식에 들어가지 않기 때문이다.

30.7 점 성 도

기체의 점성도 계수에 관한 식은 열 전도도를 유도할 때 사용했던 것과 똑같은 방법으로 유도할 수 있다. 아주 크고 평행한 두 평면판이 xy-면에 놓이고 그들 사이의 거리가 Z만큼 떨어져 있다고 하자. 아래 판을 고정시키고 위 판을 $+x$ 방향으로 속도 U로 끌어보자. 그러면 기체의 점성도가 움직이는 판에다 제동을 가할 것이다. 따라서 판을 일정한 속도로 움직이려면 이러한 점성 제동을 상쇄할 만큼의 힘을 가해야 한다. 이 현상은 관점을 달리하여 위쪽 판이 속도 U로 움직이면 점성력에 의해서 아래 판도 움직이게 된다고 볼 수도 있다. 그리고 아래 판을 일정한 자리에 있게 하려면 힘을 가해야 한다.

이 경우에도 판 사이의 기체는 여러 수평층을 이루고 있다고 하자. 그러면 아래 판 바로 위에 있는 층은 움직이지 않으며, 위로 갈수록 층의 x-방향 속도 성분은 약간씩 커져서 높이 Z에 있는 맨 위층은 속도 U를 가지게 된다. 이와 같이 한 층으로부터 다음 층으로 감에 따라서 속도 기울기가 일정한 값을 갖는 흐름을 유선상 흐름이라고 한다. 높이 z에 있는 층의 x-방향 속도 u_z는 다음과 같이 주어진다.

$$u_z = \frac{\partial u}{\partial z} z \tag{30.25}$$

$z = Z$에서는 $u = U$이다. 따라서,

$$\frac{\partial u}{\partial z} = \frac{U}{Z} \tag{30.26}$$

높이 z에 있는 층을 보면 분자가 이웃 층으로부터 이 층으로 들어온다. 위층으로부터 오는 분

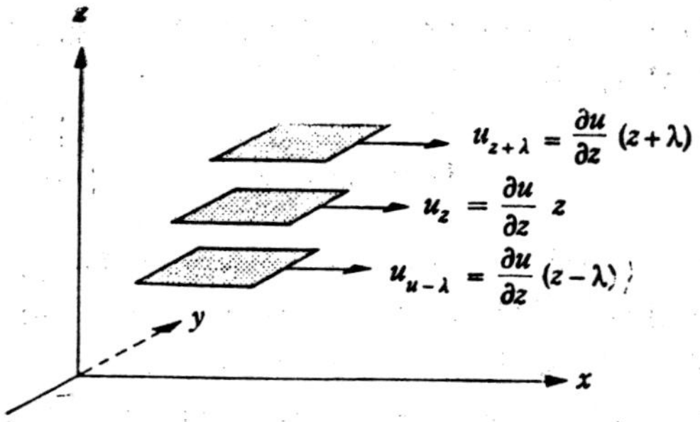

그림 30-6 흐르는 기체 층의 속도.

자는 이 층에다 여분의 x-운동량을 가져오며 아래층으로부터 오는 분자는 부족한 x-운동량을 가져온다. 따라서 이 층을 통하여 아래쪽으로 x-운동량의 실효 흐름이 생긴다. 그러면 이제 높이 z에서 $1\,m^2$의 층을 통한 이 흐름 속도가 얼마나 되는가를 계산해 보자(그림 30-6).

매초 단위 면적을 통하여 통과해 내려가는 분자수는 (30.10)식에 의해 $\frac{1}{6}\tilde{N}\langle c\rangle$이고, 또한 올라가는 분자수와 내려가는 분자수는 같다. z에 있는 층을 통과해 내려가는 분자는 마지막 충돌을 한 층 즉, 높이 $z+\lambda$에 있는 층에서의 x-운동량을 운반한다. 이 x-운동량은 다음과 같다.

$$mu_{z+\lambda} = m\left(\frac{\partial u}{\partial z}\right)(z+\lambda)$$

따라서 1초 동안에 $1\,m^2$를 통과해 내려오는 운동량은 다음과 같다.

$$(mu)\downarrow = \frac{1}{6}\tilde{N}\langle c\rangle m\left(\frac{\partial u}{\partial z}\right)(z+\lambda)$$

마찬가지로 올라오는 분자는 $z-\lambda$에 있는 층에서 그 운동량을 조절하기 때문에 올라오는 운동량은 다음과 같이 주어진다.

$$(mu)\uparrow = \frac{1}{6}\tilde{N}\langle c\rangle m\left(\frac{\partial u}{\partial z}\right)(z-\lambda)$$

따라서 x-운동량의 아래로의 실효 흐름은 다음과 같이 된다.

$$(mu)\downarrow - (mu)\uparrow = \frac{1}{3}\tilde{N}\langle c\rangle m\lambda\frac{\partial u}{\partial z}$$

이 양은 z에 무관하므로 더 아래에 있는 판으로 매초 $1\,m^2$당 운반되는 실효 x-운동량도 이것과 똑같아야 한다. 단위 시간 동안의 운동량 운반은 힘이므로 $1\,m^2$ 넓이의 아래 판에 x-방향으로 작용하는 힘은 다음과 같다.

$$f_x = \frac{1}{3}\tilde{N}\langle c\rangle m\lambda\frac{\partial u}{\partial z} \tag{30.27}$$

이 판을 머무르게 하려면 크기가 같고 방향이 반대인 힘, 즉 $f_x + f_{-x} = 0$이 되는 힘 f_{-x}를 가해야 한다. 한편 점성도 계수는 다음과 같이 정의된다.

$$f_{-x} = -\eta\frac{\partial u}{\partial z} \tag{30.28}$$

점성도 계수는 속도 기울기 $\partial u/\partial z$가 1이고 판의 넓이가 1 m^2인 경우에 아래 판을 머무르게 하는 데 필요한 힘이다. (30.27)식과 (30.28)식을 비교하면 다음 관계가 나온다.

$$\eta = \frac{1}{3}\tilde{N}\langle c\rangle m\lambda \tag{30.29}$$

기체의 밀도를 ρ라고 하면 $\rho = \tilde{N}m$이다. 따라서,

$$\eta = \frac{1}{3}\rho\langle c\rangle\lambda \tag{30.30}$$

여기서도 기체가 흐를 때는 비평형 상태가 되므로 상수인자 $\frac{1}{3}$은 정확한 것이 아니다. 탄성구인 경우에는 이 인자가 $\frac{1}{2}$이 되어야 한다. 점성도 계수의 단위는 1 Newton sec/m²(N s m^{-2}) = 1 Pascal sec(Pa s) = 1 kg m^{-1} s^{-1}이다(cgs 단위로는 1 poise = 1 g cm^{-1} s^{-1} = 10^{-1} kg m^{-1} s^{-1}).

점성도 계수는 (30.29)식에서와 같이 $\tilde{N}\lambda$에 의존하므로 압력에 무관하다. 이 놀라운 결과는 열 전도도에 관한 결과와 마찬가지로 기체 운동론의 커다란 초기 성과였다. 흐름에 대한 저항의 척도인 기체의 점성도는 낮은 압력에서 보다는 높은 압력에서 더 크리라고 예상된다. 분자 운동론으로부터 예측한 이 예상 밖의 결과는 실험으로 곧 증명이 되었으며, 그리하여 분자 운동론의 발전에 커다란 자극을 주었다.

(30.29)식과 (30.17)식을 비교해 보면 $M = N_A m$이므로 다음 관계가 나온다.

$$\frac{k_T}{\eta} = \frac{\overline{C}_v}{M} \tag{30.31}$$

이 비는 단위 질량당의 열용량이다. 보다 정확한 이론이나 실험 결과에 의하면 1원자 기체에 대해서는 다음과 같은 식이 더 잘 맞는다.

$$\frac{k_T}{\eta} = 2.5\frac{\overline{C}_v}{M} \tag{30.32}$$

30.8 분자 지름

$\langle c\rangle = \sqrt{8kT/\pi m}$의 관계와 (30.21)식의 λ값을 (30.29)식에 넣으면 다음 관계를 얻을 수 있다.

$$\eta = \frac{2}{3}\,\frac{\sqrt{mkT}}{\pi^{3/2}\sigma^2} = \frac{2}{3}\frac{\sqrt{MRT}}{\pi^{3/2}N_A\sigma^2} \tag{30.33}$$

이 식은 η를 M, T, 그리고 $N_A\sigma^2$이란 양으로 나타낸 것이다. 그리하여 N_A을 알고 η를 측정하면 분자 지름을 계산할 수 있다.

N_A와 σ를 포함하는 식이 또 하나 있을 때는 N_A와 σ값을 한꺼번에 구할 수 있다. 26.8절에서 (26.40)식으로 N_A와 σ를 van der Waals b와 관련지은 바 있다. 즉,

$$b = \frac{2}{3}\pi N_A\sigma^3 \tag{30.34}$$

(30.33)식과 (30.34)식에서 N_A를 소거하고 σ에 관해서 풀면 다음과 같이 된다.

$$\sigma = \frac{9}{4}\eta b\sqrt{\frac{\pi}{MRT}} \tag{30.35}$$

표 30-1

기체	t/°C	η/μ Pa s	σ/pm
NH_3	20	9.82	361
CO_2	20	14.80	373
Ar	20	22.17	297
C_2H_4	20	10.08	404
CH_4	20	10.87	338

이 결과를 (30.33)식에 넣는다. 그러면,

$$N_A = \left(\frac{32}{243\,\pi b^2}\right)\left(\frac{MRT}{\pi\eta^2}\right)^{3/2} \tag{30.36}$$

N_A와 σ의 값을 처음으로 확정시킨 것은 (30.35)식과 (30.36)식에 의해서이다. (30.33)식을 이용하여 η와 요즈음 받아들여진 N_A값으로부터 계산한 σ값을 표 30-1에 실었다.

■ **보기 30.3** CO_2의 점성도 계수는 20 °C에서 14.80 μPa s이다. 이 분자의 지름은 얼마인가? (30.33)식을 이용하면 다음과 같은 결과를 얻을 수 있다.

$$\sigma^2 = \frac{2\sqrt{MRT}}{3\pi^{3/2}N_A\eta} = \frac{2[(0.04401\text{ kg/mol})(8.314\text{ J/Kmol})(293.15\text{ K})]^{1/2}}{3(3.1416)^{3/2}(6.022\times10^{23}/\text{mol})(14.80\times10^{-6}\text{ Pa s})}$$
$$= 13.91\times10^{-20}\text{ m}^2$$
$$\sigma = 3.730\times10^{-10}\text{ m} = 373.0\text{ pm}$$

30.9 확 산

두 기체의 혼합물에서 농도가 균일하지 않으면 기체는 조성이 균일해질 때까지 서로 확산해 들어간다. 두 기체의 $\langle c\rangle$와 λ값이 다르기 때문에 이러한 경우의 확산 계수는 유도하기가 지루하고 다소 복잡하다. 문제를 간단하게 하기 위하여 한 가지 기체만이 있고 따라서 $\langle c\rangle$와 λ값도 하나씩만 있는 경우를 다루어 보자. 여기서 얻어지는 결과는 동위 원소가 서로 확산해 들어가는 경우에 상당히 잘 맞는다. 문제를 명확하게 하기 위해서 기체의 일부 분자들을 빨갛게 칠했다고 하자. 이 기체를 수직관에 넣는데, 그 한쪽 끝에서는 1 m³ 당의 빨간 분자수 $\tilde{N}_r$이 다른 한쪽 끝에서보다 더 많다고 하자. 관 전체를 통하여 전체 압력이 균일하다고 하면 1m³ 당 칠하지 않은 분자수 $\tilde{N}$도 한쪽 끝으로부터 다른쪽 끝으로 감에 따라서 달라져야 한다. 그러면 높이 z에서의 이 두 가지 종의 수는 각각 다음과 같이 된다.

$$\tilde{N} = \tilde{N}_o + \frac{\partial\tilde{N}}{\partial z}z \qquad \tilde{N}_r = \tilde{N}_{ro} + \frac{\partial\tilde{N}_r}{\partial z}z$$

여기서 $\tilde{N}_o$와 $\tilde{N}_{ro}$은 $z=0$에서 1 m³ 당의 각 분자수이다.

높이 z에 있는 1 m²의 수평면을 생각해 보자. 매초당 이 면을 통과해 내려가는 빨간 분자의 수는 다음과 같이 주어진다.

$$\tilde{N}_r\downarrow = \frac{1}{6}\langle c\rangle(\tilde{N}_r)_{z+\lambda} = \frac{1}{6}\langle c\rangle\left[\tilde{N}_{ro} + \frac{\partial\tilde{N}_r}{\partial z}(z+\lambda)\right]$$

이 분자들은 $z+\lambda$에 있는 층에서부터 나온 것이다. 마찬가지로 아래로부터 올라오는 수는 다음과 같이 된다.

$$\tilde{N}_r\uparrow = \frac{1}{6}\langle c\rangle(\tilde{N}_r)_{z-\lambda} = \frac{1}{6}\langle c\rangle\left[\tilde{N}_{r0} + \frac{\partial\tilde{N}_r}{\partial z}(z-\lambda)\right]$$

따라서 위로 향하는 실효 흐름은 다음과 같다.

$$\tilde{N}_r\uparrow - \tilde{N}_r\downarrow = -\frac{1}{3}\langle c\rangle\lambda\frac{\partial\tilde{N}_r}{\partial z}$$

확산에 관한 법칙인 (30.5)식에 의하면 위로 향하는 흐름은 $-D_r(\partial N_r/\partial z)$이다. 여기서 D_r은 빨간 분자의 확산 계수이다. 따라서 $D_r=\frac{1}{3}\langle c\rangle\lambda$이 된다. 그런데 빨간 분자는 다른 분자와 색칠한 것만이 다르다. 따라서

$$D = \frac{1}{3}\langle c\rangle\lambda \tag{30.37}$$

(상수 인자 $\frac{1}{3}$은 여전히 맞지 않는다!) $\langle c\rangle$는 $M^{1/2}$에 반비례하므로 기체의 확산 속도가 분자량의 제곱근에 반비례한다는 **Graham**의 법칙을 이해할 수 있다.

평균 자유 행로는 압력에 반비례하므로 확산 계수는 압력이 증가함에 따라서 감소한다. 분자들은 다른 분자와 많은 충돌을 하면서 이들을 헤치고 나가야 한다. 따라서 압력이 높아지면 더 많은 충돌을 하며 그의 진로는 어느 방향이건 관계없이 늦어진다. 이 결과는 분자 운동론에 대해서 제기되었던 초기의 부정을 반박하는 것이었다. 즉, 이러한 부정론에 의하면 분자 운동론이 예언하는 빠른 분자 속도는 분명히 터무니 없는 것이라는 것이다. 왜냐하면 분자가 그처럼 빨리 운동한다면 방 한구석에서 NH_3나 H_2S와 같은 기체의 냄새가 풍겨나면 그 방의 어느 구석에서나 곧 그 냄새를 맡을 수 있어야 하는데 실제로는 시간이 얼마간 흘러야 그 냄새를 맡을 수 있다는 것이다. 여기에 대한 해답으로서 보통의 압력에서는 기체 분자가 많은 충돌을 하여 형편없는 갈지자 걸음을 하며, 따라서 그처럼 빠른 속도에도 불구하고 어느 한 특정 방향으로의 실효 운동 속도는 거의 영에 가깝게 되기 때문이라고 그 이유를 지적해 주었던 것이다.

평균 자유 행로의 개념과 그리고 이 평균 자유 행로와 확산 사이의 관계를 긴요하게 응용한 것은 Irving Langmuir이다. 보통의 백열 전등에서는 전류가 흐르면서 텅스텐 필라멘트가 백열을 내게 가열된다. 필라멘트가 산화되어 곧 타버리는 것을 막으려면 전구 속을 진공으로 해주어야 한다. 그러나 압력이 너무 낮아지면 텅스텐 원자의 평균 자유 행로가 전구의 크기에 비해서 길어진다. 필라멘트에서 끓어나온 텅스텐 원자는 기체 분자와 충돌하지 않으므로 아무런 방해도 받지 않고 곧바로 유리 벽까지 갈 수 있다. 그리하여 이 원자들이 유리 벽에 응축되어 전구를 검게하고 필라멘트를 약화시켜서 곧 끊어지게 한다. Langmuir는 아르곤을 넣어서 전구 속의 압력을 수 센티미터로 만들어 주었다. 이렇게 하면 평균 자유 행로가 필라멘트의 지름보다도 약간 작게 된다. 그리고 끓어나온 텅스텐 원자는 불과 얼마 못 가서 기체 분자와 충돌한다. 이 충돌의 결과로 텅스텐 원자는 필라멘트로 되돌아갈 수도 있을 것이다. 어찌 되었던 텅스텐 원자는 아르곤 속으로 확산하여 필라멘트의 영역을 떠나기는 하지만 그 속도가 느리다. 전구 속에 아르곤을 넣으면 전구의 수명이 굉장히 길어진다.

30.10 기체에서의 운반 성질의 요약

운동론은 기체에서의 운반 현상에 관한 여러 법칙들을 단일 메카니즘에 의해서 설명해 주며,

k_T, η 및 D의 값을 분자의 평균 자유 행로, 밀도 및 평균 속도의 함수로 나타내 준다.

$$k_T = \frac{1}{3}\tilde{N}\langle c\rangle(\overline{C}_v/N_A)\lambda \qquad \eta = \frac{1}{3}\tilde{N}\langle c\rangle m\lambda \qquad D = \frac{1}{3}\langle c\rangle\lambda$$

이들은 모두 λ에 의존하기 때문에 때로는 **자유 행로** 현상이라고도 부른다.

★ 30.11 비정류 상태

앞절에서는 흐름이 정류 상태에 있다고 가정했다. 즉, 일정한 부피 요소로 흘러 들어가는 양은 같은 시간 동안에 이 부피 요소로부터 흘러나가는 양과 똑같게 되는 균형이 유지된다고 생각하였다. 확산의 경우에는 어떠한 부피 요소에서나 그 농도가 시간에 무관하다는 것을 뜻한다. 즉, $\partial\tilde{N}/\partial t = 0$임을 뜻한다. 열 전도도의 경우에는 에너지가 어떤 부피 요소에도 축적되지 않음을 뜻한다. 즉, $\partial T/\partial t = 0$임을 뜻한다.

비정류 상태에서의 확산을 다루기 위하여 그림 30-7에 보는 바와 같은 경우를 생각해 보자. x-축에 수직하게 x와 $x+\Delta x$의 위치에 놓인 $1\,\text{m}^2$의 두 면적 요소를 통하여 $+x$방향으로 분자가 확산한다. x에 있는 요소를 통한 흐름을 J_x, $x+\Delta x$에 있는 요소를 통한 흐름을 $J_{x+\Delta x}$라고 하자. 평행육면체에 의해서 둘러싸인 부피 요소는 $1\,\text{m}^2\cdot\Delta x\,\text{m} = \Delta x\text{m}^3$의 부피를 가진다.

dt시간 동안에 왼쪽으로부터 부피 요소로 들어오는 분자수는 $J_x\,dt$이고, $x+\Delta x$에서 나가는 분자는 $J_{x+\Delta x}\,dt$이다. 시간 dt동안에 부피 요소 중의 몰수 증가를 ΔN이라고 하면, 이것은 x에서 흘러 들어가는 것으로부터 $x+\Delta x$에서 흘러나간 것을 빼준 것과 같으므로 $\Delta N = J_x\,dt - J_{x+\Delta x}\,dt$이다. 그러나 한편 $J_{x+\Delta x} = J_x + (\partial J_x/\partial x)\Delta x$이다. 따라서,

$$\Delta N = -\frac{\partial J_x}{\partial x}\Delta x\,dt$$

이 부피 요소에서의 농도 증가는 $d\tilde{N} = \Delta N/\Delta x$이다. 따라서,

$$d\tilde{N} = -\frac{\partial J_x}{\partial x}dt \qquad \text{또는} \qquad \frac{\partial\tilde{N}}{\partial t} = -\frac{\partial J_x}{\partial x} \tag{30.38}$$

(30.5)식에 의하면 $J_x = -D(\partial\tilde{N}/\partial x)$이다. 이 결과를 (30.38)식에 넣으면 다음 결과가 나온다.

$$\frac{\partial\tilde{N}}{\partial t} = \frac{\partial}{\partial x}\left(D\frac{\partial\tilde{N}}{\partial x}\right)$$

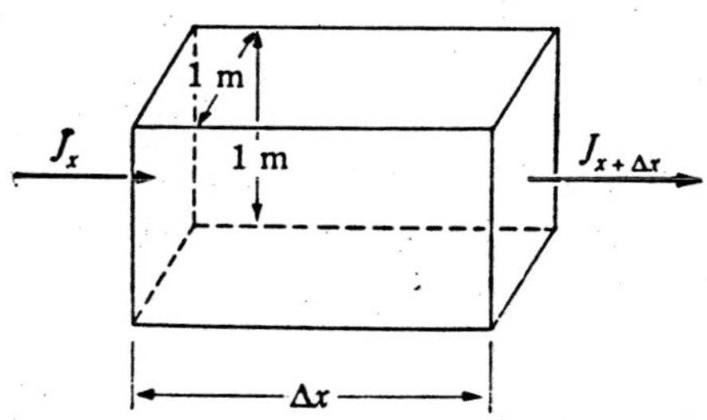

그림 30-7 비정류 상태 흐름.

그리고 만일 D가 x에 무관할 경우에는 다음과 같이 된다.

$$\frac{\partial c}{\partial t} = D\frac{\partial^2 c}{\partial x^2} \tag{30.39}$$

여기서는 $\tilde{N}$를 c로 치환해 놓았는데, 이것은 이 식이 어떤 농도 단위를 사용하든 무관하다는 것을 강조하기 위해서이다.

(30.39)식의 해가 Fick의 확산 제 2 법칙이며 특정한 조건 하에서는 농도가 x와 t의 함수로 주어진다. (30.39)식에 의하면 정류 상태에서는 $\partial c/\partial t = 0$이며, 따라서 $\partial^2 c/\partial x^2 = 0$, 즉 $\partial c/\partial x =$ 상수라는 조건이 나온다. 따라서 정류 상태에서는 농도가 좌표의 선형 함수이다.

마찬가지 생각을 열 전도도에 관한 식에다 해주면 다음 결과가 나온다.

$$\frac{\partial T}{\partial t} = \frac{k_T}{\rho c_v}\ \frac{\partial^2 T}{\partial x^2} \tag{30.40}$$

여기서 인자 ρc_v는 부피 요소의 에너지 증가가 온도 증가로 변할 때 나타난다. c_v는 단위 질량당의 열용량이며 ρ는 밀도이다. (30.39) 식과 (30.40)식은 같은 꼴이다. 따라서 확산에 관한 문제를 풀면 열 전도도에 관한 비슷한 문제도 풀어진다.

★ 30.12 Poiseuille 식

유체가 관을 통하여 흐르는 속도는 관의 크기(반지름과 길이), 유체의 점성도, 그리고 관의 양끝 사이의 압력차에 의존한다. 이 양들 사이의 관계를 알아내기 위해서 우선 단위 시간에 원통 내부의 임의의 한 점을 통과하는 부피를 계산해 보자.

가늘고 둥근 관에서의 흐름은 유선형 흐름이므로 관의 기벽에 붙은 원통형 유체층은 정지 상태에 있게 된다. 그리고 관 중심에 가까와질수록 원통형 유체층의 속도는 점차적으로 빨라진다. 이 관은 그 길이를 x-축과 평행이 되게 놓았다고 하자. 그림 30-8에 나타낸 바와 같은 내부 반지름이 r이고 외부 반지름이 $r+dr$인 유체층을 생각해 보자. 이 층의 x-방향 속도를 v m/s라고 하면 이 층은 1초 동안에 v m를 이동하며 그 속에 있는 유체는 모두 주어진 점을 통과한다. 따라서 단위 시간에 어떤 주어진 점을 통과하는 부피는 $2\pi rv\,dr$이다. 그리고 단위 시간에 어떤 주어진 점을 통과하는 전체 부피 $\dot{V}$는 관 속의 각 층이 기여하는 것의 합이 된다. 즉,

$$\dot{V} = \int_0^a 2\pi rv\,dr \tag{30.41}$$

여기서 a는 관의 반지름이다. 따라서 단위 시간에 유출되는 부피 $\dot{V}$를 얻으려면 v가 r의 어떤 함수인가를 알아야 한다.

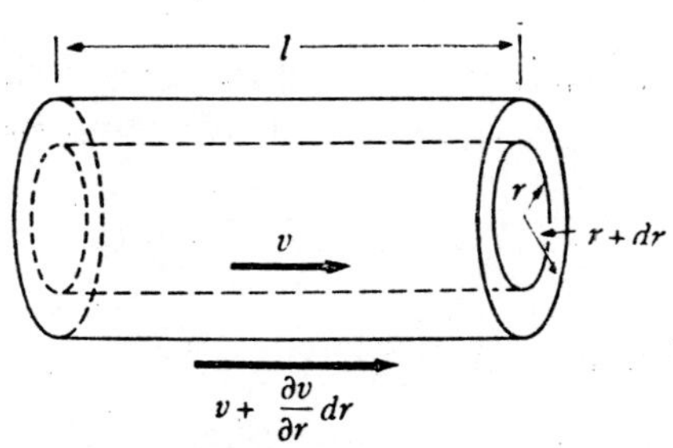

그림 30-8 원통형 층에서의 흐름.

v 와 r 사이의 관계는 압력차에 의한 힘과 점성도에 의한 힘이 맞먹도록 해서 구한다. 우선 관의 왼쪽 끝에서의 압력을 p_1, 오른쪽 끝에서의 압력을 p_2 라고 하자. 층의 왼쪽 끝에서 작용한 힘은 $p_1 2\pi r\, dr$ 이고 오른쪽 끝에서는 $p_2 2\pi r\, dr$ 이 된다. 따라서 이 압력차로 인한 $+x$-방향으로의 실효 힘 f_x 는 다음과 같이 된다.

$$f_x = (p_1 - p_2) 2\pi r\, dr \tag{30.42}$$

유체층의 안쪽 표면은 $1\,\mathrm{m}^2$ 마다 $+x$-방향으로 $-\eta(\partial v/dr)$만큼의 점성력을 받는다. 안쪽 표면의 넓이는 $S = 2\pi rl$ 이므로 안쪽 표면에 작용하는 전체 힘은 $-\eta S(\partial v/\partial r)$이 된다. 이 안쪽 표면은 그보다 빨리 움직이고 있는 내부의 원통형 액체층에 의해서 끌리게 된다. 그리고 이 층의 바깥쪽 표면은 그보다 천천히 움직이고 있는 바깥 유체층에 의해서 쐐기가 걸린다. 바깥쪽 표면에 작용하는 x-방향 힘은 다음과 같다.

$$\eta S \frac{\partial v}{\partial r} + d\left(\eta S \frac{\partial v}{\partial r}\right)$$

실효 점성력 f'_x 안쪽 면에 작용하는 힘과 바깥쪽 면에 작용하는 힘의 합과 같다. 따라서,

$$f'_x = d\left(\eta S \frac{\partial v}{\partial r}\right) \tag{30.43}$$

힘들이 맞먹으려면 압력차에 의해서 $+x$-방향으로 미치는 힘과 점성력과의 합이 영이 되어야 한다. 즉, $f_x + f'_x = 0$ 이 되어야 한다. (30.42)식과 (30.43)식을 쓰면 이 결과가 다음과 같이 된다.

$$d\left(\eta S \frac{\partial v}{\partial r}\right) = -2\pi r(p_1 - p_2) dr$$

이 식은 쉽게 적분이 되어 다음과 같이 된다.

$$\eta S \frac{\partial v}{\partial r} = -\pi(p_1 - p_2) r^2 + A$$

여기서 A 는 적분 상수이다. 그런데 $S = 2\pi rl$ 이다. 따라서,

$$\frac{\partial v}{\partial r} = -\frac{(p_1 - p_2) r}{2\eta l} + \frac{A}{2\pi\eta l r}$$

이 식을 다시 적분하면 다음과 같이 된다. 즉,

$$v = -\frac{(p_1 - p_2) r^2}{4\eta l} + \frac{A}{2\pi\eta l} \ln r + B \tag{30.44}$$

여기서 B 는 또하나의 적분 상수이다. $r = 0$ 에서는 속도가 유한해야 하는데 (30.44)식에는 대수항이 있으므로 그렇게 될 수가 없다. 따라서 $A = 0$ 이라야 한다. 따라서,

$$v = -\frac{(p_1 - p_2) r^2}{4\eta l} + B$$

관의 반지름 $r = a$ 에서는 유체의 속도가 영이다. 따라서,

$$0 = -\frac{(p_1 - p_2) a^2}{4\eta l} + B$$

이 B값을 이용하면 속도가 다음과 같이 주어진다.

$$v = \frac{(p_1 - p_2)(a^2 - r^2)}{4\eta l} \tag{30.45}$$

이 식은 속도를 r의 함수로 나타낸 것으로서, 단위 시간에 유출되는 부피를 계산하는 데 필요하다. 그리하여 (30.41)식에다 이 v의 값을 넣으면 다음 결과가 나온다.

$$\dot{V} = \frac{\pi(p_1 - p_2)}{2\eta l}\int_0^a (a^2 - r^2) r dr = \frac{\pi a^4 (p_1 - p_2)}{8\eta l} \tag{30.46}$$

이것은 Poiseuille의 식이며 $a \ll l$인 관을 통하여 유체가 흐르는 경우에 아주 정확하게 맞는다는 것이 증명되었다. 만일 관의 반지름, 길이 그리고 압력차를 알 경우에는 단위 시간에 유출되는 액체의 부피를 측정해서 η의 값을 계산할 수 있다. 반대로 η를 알면 유출되는 부피로부터 관의 반지름을 계산할 수 있다. 이것은 가는 모세관의 평균 단면적을 측정하는 데 유용하다.

압력 기울기는 $\partial p/\partial x = (p_2 - p_1)/l$이므로 (30.46)식은 다음과 같이 쓸 수도 있다.

$$\dot{V} = -\frac{\pi a^4}{8\eta}\frac{\partial p}{\partial x} \tag{30.47}$$

이것도 또한 Poiseuille 법칙인 바, (30.4)식과 비교해 보아라.

30.13 점성도계

점성도계란 일정한 부피의 액체가 모세관을 통하여 흐르는 시간, 즉 유출 시간을 재어서 점성도를 결정하는 기구이다. 간단한 점성도계를 그림 30-9에 나타내었다. 길다란 모세관으로 2개의 구가 연결되어 있다. 왼쪽 가지에다 액체를 밀어 넣어서 표식 a까지 채워 넣는다. 그 다음에는 낮은 쪽의 구로 액체가 흘러가도록 하는데, 액체의 높이가 a로부터 b에 이르기까지의 시

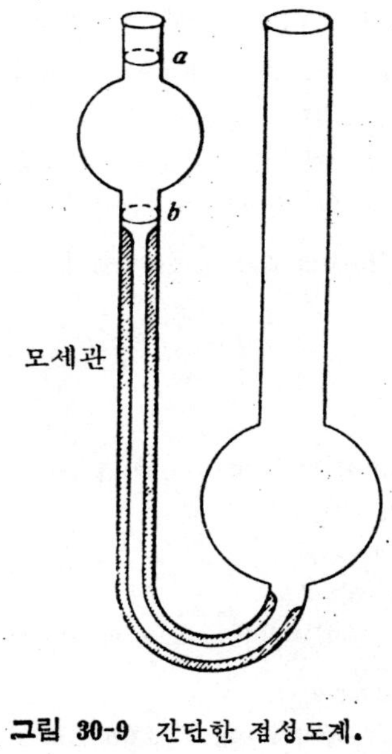

그림 30-9 간단한 점성도계.

간을 잰다. 이 시간은 일정한 부피의 액체가 모세관을 통하여 흐르는 데 걸리는 시간이다. 유출하는 동안에 압력차는 시간에 따라 달라지지만 액체의 밀도 ρ에 비례한다. 따라서 같은 점성도계를 써서 두 다른 액체의 점성도를 비교하는 경우에는 다음과 같은 관계가 성립하게 된다.

$$\frac{\eta_1}{\eta_2} = \frac{\rho_1 t_1}{\rho_2 t_2} \tag{30.48}$$

이것은 한 액체의 점성도를 다른 액체의 것과 비교하는 편리한 방법이다.

점성도의 온도 의존 관계를 보면 액체의 경우와 기체의 경우는 서로 완전히 다르다. 기체에 관해서 간단히 유도한 결과에 의하면 η가 $\sqrt{T}$에 비례하며, 이것은 실험적으로도 확인되었다. 이에 반해서 액체의 점성도는 온도가 증가하면 감소한다. 다음 식은 처음에 실험적으로 얻어졌고 나중에 이론적 근거가 밝혀진 것으로서 실험 데이터를 어느 정도 잘 설명해 준다.

$$\ln \eta = a + \frac{E}{RT}$$

여기서 a와 E는 상수이다. 이 식은 다음과 같이 바꿔 쓸 수도 있다.

$$\eta = Ae^{E/RT} \tag{30.49}$$

E는 흐름에 대한 활성화 에너지이다. (30.49)식의 뜻은 화학 반응 속도를 설명한 다음에 보다 더 완전하게 설명하겠다.

《질 문》

30. 1 (30.2)식부터 (30.5)식까지의 운반 법칙들에 대한 공통 특징을 설명하라.

30. 2 평균 자유 행로가 σ^2과 $\tilde{N}$에 역비례하는 이유를 말하라.

30. 3 λ와 용기의 크기 사이에는 어떤 차이가 있어야 운반 법칙들이 성립하는가? 그 이유는 무엇인가?

30. 4 기체 속에서 진동자의 감쇠 속도는 λ가 진동자 추의 반경보다 훨씬 작을 경우 점성도에 비례한다. 이 감쇠 속도는 밀도에 어떻게 의존하겠는가?

30. 5 액체에서 운동량이 이전되는 메카니즘은 기체에서와 같은 자유 도약이 아닌 분자간 힘의 연속적 작용에 의해서 일어난다. 이 근거에 따라 η의 온도 의존 관계를 정성적으로 설명하라.

30. 6 어떤 기체 운반 계수가 동위 원소 효과를 나타내는가, 즉 분자 질량에 의존하는가?

《연습 문제》

30. 1 H_2의 분자 지름이 0.292 nm인 경우 수소 분자 하나가 1초 동안에 충돌하는 회수를 계산하라.
a) $T = 300\,\text{K}$, $p = 1\,\text{atm}$인 경우.
b) $T = 500\,\text{K}$, $p = 1\,\text{atm}$인 경우.
c) $T = 300\,\text{K}$, $p = 10^{-4}\,\text{atm}$인 경우.
d) (a), (b), (c) 각 경우 1 cm^3 내에서 1초 동안에 일어나는 충돌수를 계산하라.

30. 2 N_2의 분자 지름은 약 0.368 nm이다.
a) 온도가 300 K이고 압력이 각각 1atm, 0.1 atm 및 0.01 atm인 N_2의 평균 자유 행로를 구하라.

b) 질소 분자로 된 계의 압력이 약 10^{-9} atm 까지 내려갈 수 있다. 이 압력에서의 평균 자유 행로는 얼마인가?

c) 진공관($p = 10^{-9}$ atm)의 지름이 5 cm 이면 질소 기체 분자가 다른 기체 분자와 연속 충돌을 하는 동안에 관벽을 몇 번이나 두들기겠는가?

30.3 수소와 질소의 충돌 지름은 각각 292 pm 와 368 pm 이다. 20 °C 와 1 atm 에서 다음을 계산하라.

a) 수소 분자의 평균 자유 행로

b) 수소 분자의 평균 자유 행로는 질소 분자의 평균 자유 행로에 비해서 얼마나 큰가?

30.4 일정한 온도의 기체가 있다. 압력을 2배로 하면 다음 경우에 어떤 영향을 주겠는가?

a) 임의의 한 분자가 매초 충돌하는 회수

b) 1 m^3 의 기체 속에서 매초 일어나는 총충돌수

c) 기체 분자의 평균 자유 행로

d) 기체의 점성도

30.5 50 ft × 50 ft 인 방에서 20 쌍이 춤을 춘다고 하자. 각 쌍의 지름이 2 ft 이고 속도가 2 ft/sec 인 경우 평균 자유 행로, 한 쌍이 1분간에 충돌하는 수, 그리고 1 분간의 총충돌수를 나타내는 식을 구하고 그 값을 계산하라(운동은 무질서하다고 가정하라).

30.6 O_2 와 H_2 의 열 전도도를 비교해 보아라. 단, 분자 지름의 차이는 무시하라. 그리고 둘 다 $\bar{C}_v = \frac{5}{2}R$ 이다.

30.7 298 K 와 301 K 인 두 평행판이 0.5 cm 떨어져 있다. 두 판 사이에는 $\sigma = 0.292$ nm 이고 $\bar{C}_v = \frac{5}{2}R$ 인 H_2 를 채웠다. 두 판 사이의 열흐름을 W/cm^2 단위로 계산하라.

30.8 에탄의 몰질량은 30 g/mol 이며, N_2 는 28 g/mol, 그리고 O_2 는 32 g/mol 이다. 에탄의 분자 지름은 산소나 질소의 분자 지름과 거의 같다. 그런데 에탄의 열 전도도는 O_2 나 N_2 보다 훨씬 크다. 이 이유를 설명하라.

30.9 아르곤과 네온은 모두 1원자 분자이므로 이들은 똑같은 열용량을 갖는다. 즉, 모두 $\bar{C}_v = \frac{3}{2}R$ 을 나타낸다. 20 °C 에서의 열 전도도는 네온의 경우 11.07 m W/m K 이고, 아르곤의 경우 5.236 m W/m K 이다. (a) 아르곤과 네온의 분자 지름의 비를 계산하라. (b) 네온의 분자 지름을 계산하라(정확한 인자 대신 1/3 을 사용하라).

30.10 메탄의 점성도 계수는 280 K 에서 10.53×10^{-6} Pa s 이다. 분자 지름을 계산하라.

30.11 은의 열전도도는 약 431 W/m K 이다. 두께가 0.1 cm 이고 넓이가 2 cm^2 인 은의 원판이 있다. 이 원판의 양쪽의 온도차가 10 K 인 경우에 이 원판을 통하여 초당 흐르는 열량을 계산하라.

30.12 섬유 유리로 만든 방석은 열 전도도가 4.6×10^{-2} W/m K 이다. 15 cm 두께의 방석 양편의 온도 차가 10 °C 일 경우 매 단위 평방미터를 통해서 흐르는 열량을 계산하라.

30.13 어떤 집의 한 벽의 넓이가 25 m^2 이다. 이 벽의 구조는 안으로부터 바깥쪽을 향하여 석회층이 $\frac{5}{8}$ in, 섬유 유리판 $\frac{1}{2}$ in. 그리고 벽돌층 4 in 로 되어있다. 이들의 열전도도는 섬유 유리판이 4.6×10^{-2} W/m K 이고, 벽돌과 석회층은 약 0.60 W/m K 이다. 실내 온도가 20 °C 이고 외부 온도가 0 °C 일 경우 다음을 계산하라.

a) 이 벽을 통한 전체 열 손실률을(watt 수로)구하라.

b) 석회-섬유 유리 계면과 섬유 유리-벽돌 계면에서의 온도.

(주의 : 여러 계면에 갇혀 있는 공기층, 나무 샛기둥, 외부 덧층 등의 기여는 고려 되지 않았다.)

30.14 길이가 10 cm 인 모세관의 한 끝을 병의 측면을 통해서 수평으로 연결하였다. 이 병에는 물(밀도

$= 1.00\ g/cm^3$, $\eta = 1.00 \times 10^{-3}$ Pa s)이 모세관으로부터 25 cm 위까지 채워져 있다. 이 물이 중력의 영향을 받고 모세관을 흘러 나간다. 만일 200 cm^3 의 물을 받는 데 40.8 s가 걸렸다면 이 모세관의 지름이 얼마이겠는가? 병 속의 물의 깊이는 변하지 않는다고 가정하라.

30.15 통 속에 올리브유($\eta = 0.0840$ Pa s; 밀도 = 0.918 g/cm^3)가 1m 깊이로 채워져 있다. 이 통의 바닥 측면에 파이프를 붙여서 이 기름을 중력에 의해 흐르게 하려고 한다. 파이프의 내부 지름은 13 mm 이고, 길이는 20 cm 이다. 이 기름 1 l 가 흘러 나오려면 얼마만한 시간이 걸리겠는가?

30.16 기름 저장 탱크로부터 내부 지름 1.3 cm 와 길이 15 m 의 파이프를 통해서 기름을 흘러나오게 하려고 한다. 이 파이프 양 끝의 압력차는 4 atm 이고, 기름의 점성도는 $\eta = 0.40$ Pa s 이다.
a) 이 파이프를 통한 흐름 속도는 얼마인가?
b) 파이프의 내부 지름이 1.6 cm 였다면 흐름 속도가 어떻게 되겠는가?
c) 또 내부 지름이 1.3 cm 이고 길이가 30 m 였다면 흐름 속도가 어떻게 되었겠는가?

30.17 길이가 다같이 3 m 이고, 내부 반지름이 각각 2.6 cm 와 1.3 cm 인 2개의 구리 파이프를 직렬로 연결해 놓았다. 넓은 파이프 끝에다 5 atm 의 압력을 그리고 좁은 파이프 끝에다 1 atm 의 압력을 작용시켜 이곳으로부터 기름을 흘러 나오게 하였다. 15 °C 에서 이 기름은 $\eta = 0.114$ Pa s 이다.
a) 두 파이프의 이음매에서의 압력을 계산하라.
b) 이 파이프로 매분 몇 l 의 기름을 공급할 수 있겠는가?

30.18 기체와 같은 압축성 유체에 대해서는 Poiseuille 의 법칙 대신에 $\dot{n} = \pi a^4(p_1^2 - p_2^2)/16\eta RTl$ 의 관계식이 성립한다. 여기서 $\dot{n}$ 는 모세관을 통과하는 기체의 초당 몰수이다. 길이가 10 cm, 지름이 0.3 mm, 그리고 출구의 압력이 1.00 atm 인 모세관을 통해서 200 m L 의 수소(20 °C 와 1.05 atm 의)가 통과해 나가려면 시간이 얼마나 걸리겠는가($\eta = 8.8 \times 10^{-6}$ Pa s 이다)?

30.19 내부 반지름이 a 이고 외부 반지름이 b 인 원통형 층을 통하여 흐름이 일어난다고 하자. 초당 흐름은 (30.41)식으로 주어지는데, 그 적분 한계는 a 와 b 가 된다. 유출 속도는 (30.44)식으로 주어지는데, 이 경우에는 $A \neq 0$ 이다. $r = a$ 에서는 $v = 0$ 이고, 또 $r = b$ 에서는 $v = 0$ 이라는 조건으로부터 상수 A 와 B 를 결정할 수 있다. 이 경우에 Poiseuille 식에 대응하는 식을 유도하라.

30.20 아세톤과 물의 밀도는 20 °C 에서 각각 0.792 g/cm^3 와 0.9982 g/cm^3 이다. 20 °C 에서 물의 점성도는 1.002×10^{-3} Pa s 이다. 점성도계의 두 표식 사이를 흐르는데, 물은 120.5 초 걸리고 아세톤은 49.5 초 걸린다면 점성도는 얼마인가?

30.21 아세톤의 점성도는 다음과 같다. η 를 $1/T$ 에 대하여 도시하여 (30.49)식의 E 값을 결정하라.

t/°C	−60	−30	0	30
$\eta/10^{-3}$ Pa s	0.932	0.575	0.399	0.295

30.22 반투막을 통한 요소의 확산 계수는 0.97 cm^2/day 이다. 이 막의 두께가 0.025 cm 이고, 요소 용액의 농도는 막의 한쪽에서는 0.040 mol/L 이고, 다른 한쪽에서는 0 이다. 이 막을 통과해 나가는 요소는 몇 mol/cm^2 day 가 되겠는가?

30.23 0.0050 cm 두께의 팔라듐 박막을 통해서 수소가 확산된다. 이 박막의 왼쪽은 25.0 °C 와 750 mm 압력의 수소가 채워져있고 오른쪽은 진공으로 되어 있다. 24 시간이 지난 후에 왼쪽에 있는 수소의 부피가 14.1 cm^3 만큼 감소하였다. 수소가 확산되어 나가는 박막의 넓이는 0.743 cm^2 이다. 이 팔라듐에서의 수소의 확산 계수를 계산하라.

31
전기 전도

31.1 전기 운반

전도체 속의 어떤 점을 단위 시간에 흐르는 전하량이 전류이며, 전류의 방향에 수직한 단위 단면적을 통과하는 전류는 전류 밀도 j이다. 운반에 관한 일반 법칙에 의하면 x-축 방향으로 전류가 흐를 때 그 전류 밀도는 (30.3)식에서와 같이 전위의 기울기에 비례한다.

$$j = -\kappa\frac{\partial\phi}{\partial x} \tag{31.1}$$

비례 상수 κ는 그 도체의 전도율이다. 전기장 E는 $E = -\partial\phi/\partial x$로 정의되며, 따라서 (31.1)식은 다음과 같이 나타낼 수 있다.

$$j = \kappa E \tag{31.2}$$

(31.1)식과 (31.2)식은 둘다 Ohm의 법칙을 나타내는 식이다.

Ohm의 법칙을 더 일반적인 꼴로 변환시키기 위하여 길이가 l이고 단면적이 A인 전도체를 생각해 보자. 이 전도체의 양단 사이의 전위차를 $\Delta\phi = \phi_2 - \phi_1$이라고 하면 $E = (\phi_2 - \phi_1)/l = \Delta\phi/l$로 된다. 이 전도체를 흐르는 전류 I와 전류 밀도 사이에는 $I = jA$의 관계가 있다. E와 j에 관한 이들 식을 (31.2)식에 넣으면 다음 식이 나온다.

$$I = \frac{\kappa A\Delta\phi}{l} \tag{31.3}$$

또한 전도도는 $L = \kappa A/l$로 정의된다. 따라서,

$$I = L\,\Delta\phi \tag{31.4}$$

전도체의 저항 R은 $R = 1/L = l/\kappa A = \rho l/A$로 정의된다. 여기서 $\rho = 1/\kappa$은 **저항도**이다. 이 정의를 사용하면 Ohm의 법칙인 (31.4)식이 다음과 같은 낯익은 꼴로 된다.

$$\Delta\phi = IR \tag{31.5}$$

저항도의 정의를 (31.2)식에 넣으면 (31.5)식과 맞먹는 식이 나온다. 즉,

$$E = j\rho \tag{31.6}$$

일반적으로 Ohm의 법칙은 (31.2)식이나 (31.6)식의 꼴로 나타난다. κ와 ρ는 전도체를 구성

표 31-1 전기적 양들에 대한 명칭, 기호 및 단위.

명칭	기호	SI 단위	SI 단위의 약자
전류	I	암페어	A
전류밀도	j	암페어/m²	A/m²
전위	ϕ	볼트	V
전위차	$\Delta\phi$	볼트	V
전기장	E	볼트/m	V/m
저항	$R=\Delta\phi/l$	오옴=볼트/암페어	$\Omega = V/A$
전도	$L=R^{-1}$	지이멘 = 1/오옴	$S=\Omega^{-1}$
저항도	$\rho = RA/l$	오옴·미터	Ωm
전도도	$\kappa=\rho^{-1}$	(오옴)$^{-1}$(미터)$^{-1}$ = 지이멘/m	S/m
몰전도도	$\Lambda=\kappa/\tilde{c}$	지이멘·m²/mol	S m²/mol
Faraday 상수	$F = 96484.56$ C/mol	쿨롱/mol	C/mol
속도	v	미터/초	m/s
이동도	$u=v/E$	(미터/초)/(볼트/m)	m²/s V
이동도(일반화)	$\tilde{u}$	(미터/초)/뉴튼	m/s N
자기유량밀도	B	볼트·초/m² = 테슬러	T = Vs/m²
점성도계수	η	kg/m s = 뉴튼·초/m² = 파스칼·초	Pa s = kg/m s = N s/m²

하는 물질의 성질이며 그 모양에 의존하지 않으므로 이러한 꼴로 나타내는 것이 더 편리하다. 그런데 저항은 다음 식에서와 같이 전도체의 기하학적 모양에 의존한다.

$$R=\frac{\rho l}{A} \tag{31.7}$$

즉, 전도체를 길게 하면 그 저항이 증가하고, 한편 굵게 하면 저항이 감소한다. 이들 전기적 양에 대한 기호와 단위를 표 31-1에 요약해 놓았다.

31.2 금속의 전기 전도

금속 속에서의 전류는 음전하 e를 운반하는 전자에 의해서 흐른다. 흐름에 관한 (30.11)식에 의하면 1 m³ 마다의 전자수와 흐름의 방향에 대한 그들의 평균 속도와 그리고 전하와의 곱은 다음과 같이 된다.

$$j=\tilde{N}ve \tag{31.8}$$

이 식을 (31.2)식에 넣으면 전도도에 관한 식이 나온다.

$$\kappa=\tilde{N}ve/E \tag{31.9}$$

Ohm의 법칙에 의하면 κ는 상수이며 전기장 E에 의존하지 않아야 한다. 그런데 (31.9)식에서는 분모가 E이므로 분자 속의 어느 한 양이 E에 비례하지 않으면 안 된다. 전자가 지니는 전하 e가 전기장에 의존하지 않는다는 것은 분명하다. 1m³ 마다의 전자수가 전기장에 의존한다고 생각할 수는 있지만 이러한 의존성이 단순한 비례 관계는 아니라는 것을 증명할 수 있다. 따라서 전하 운반체의 속도는 이 전기장에 비례하지 않으면 안 되고 이 운반체의 수는 전기장에 무관해야 한다. Ohm의 법칙을 만족시키는 도체는 어떤 것이나 이 조건을 만족시켜야 한다. 따라서 다음과 같은 식이 성립한다.

$$v = uE \tag{31.10}$$

여기서 비례 상수 u는 이동도라고 부르는데, 이것은 운반체가 단위 세기의 전기장 속에서 나타내는 속도이다 ; $u = v/E$.

전하 운반체의 속도가 전기장에 비례해야 한다는 조건으로부터 이 운반체의 운동을 억제하는 주된 힘은 마찰에 연유하는 것이라고 결론지을 수가 있다. 전하 운반체의 전하를 q라고 하면 전기장에 의한 힘은 qE이며, 이것은 관성력 $ma = m(dv/dt)$와 속도에 비례하는 마찰력 fv와의 합과 맞비겨야 한다. 즉,

$$qE = m\frac{dv}{dt} + fv$$

여기서 f는 상수이다. 이 식에 의하면 만일 속도가 E에 비례할 때는 첫째 항의 관성력이 둘째 항의 마찰력에 비해서 무시할 수 있을 정도로 작아야만 한다. 따라서,

$$qE = fv \tag{31.11}$$

금속 속에서의 마찰력은 전자가 격자 속의 금속 이온과 충돌해서 산란되기 때문에 생긴다.

전도도에 대한 (31.9)식을 이동도의 함수로 나타내면 다음과 같이 된다.

$$\kappa = \tilde{N}ue \tag{31.12}$$

금속의 저항을 측정하면 그의 저항도와 전도도를 정할 수 있다. 그리고 e의 값을 알고 있으므로 이 측정에 의해서 $\tilde{N}u$의 값이 나오게 된다. $\tilde{N}$와 u의 값을 따로따로 구하려면 이들에 의존하는 다른 물리적 양을 독립적으로 측정해야 한다.

★ 31.3 Hall 효과

다음과 같은 실험을 생각하자. 전류 밀도 j인 전류가 금속 조각을 통해서 x-방향으로 흐르게 하고 동시에 자기장 B를 z-방향으로 가한다. 그림 31-1에서와 같이 이 금속 조각의 양편에다 탐침 A와 A'을 붙여 놓는다. 점선 원으로 표시한 자기장은 금속 속의 전자 흐름을 굽혀 그 결과 금속 조각의 폭을 건너 질러 y-방향으로 전기장 E_y가 생겨서 두 탐침 A와 A' 사이에 전위차 ϕ_H, 즉 Hall 전위가 나타난다.

전자의 x-방향 속도를 v라고 하면 자기장에 의해서 y-방향으로 작용하는 힘은 Bev가 된다. 이 힘은 y-방향의 전기장에 의해서 생기는 힘 eE_y와 맞비긴다. 그리하여 다음 식이 성립한다.

$$eE_y = Bev \qquad \text{또는} \qquad E_y = Bv$$

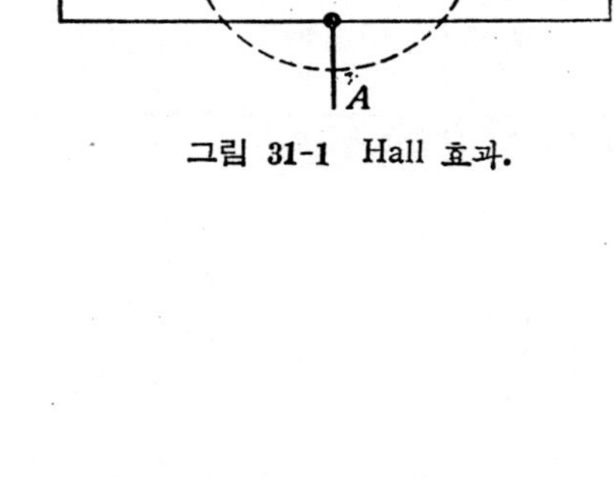

그림 31-1 Hall 효과.

(31.8)식의 v를 이 식에 넣으면 다음과 같이 된다.

$$E_y = Bj/\tilde{N}e$$

Hall 전위는 $\phi_H = E_y w$ 이며, w는 금속 조각의 폭이다. 따라서 ϕ_H는 다음과 같이 된다.

$$\phi_H = \frac{wBj}{\tilde{N}e} = R_H w Bj \tag{31.13}$$

여기서 $R_H = 1/\tilde{N}e$은 Hall 계수이다. w, j, B 및 ϕ_H를 측정하면 R_H를 구할 수 있다. 그러면 다음과 같은 정의로부터 $\tilde{N}$이 정해진다.

$$\tilde{N} = 1/eR_H \tag{31.14}$$

(31.14)식과 (31.12)식으로부터 전자의 이동도 u가 나온다. 즉,

$$u = \kappa R_H \tag{31.15}$$

전도도와 Hall 계수를 측정하면 전하 운반체의 이동도와 $1 m^3$ 마다의 운반체 수를 알아낼 수 있다. 표 31-2는 몇 가지 금속에 대한 u, $\tilde{N}$ 및 전도도에 이바지하는 1원자마다의 전자수를 수록한 것이다.

이동도가 이처럼 작다는 것은 흥미있는 일이다. 이것은 마찰 저항이 운동을 억제한다는 사실을 강조하는 것이다. 전자가 관성에 의해서만 지체되면서 자유 공간을 움직일 때는 그 이동도가 금속 속에서 보다 약 100만 배나 더 크다.

또 하나의 흥미로운 점은 1원자당 약 1개의 전자들만이 자유로이 전류를 운반할 수 있다는 것이다. 부분적으로 채워진 에너지 띠의 전자 중에서 가장 높은 준위의 전자만이 전기장을 걸어 주었을 때 자유로이 움직이게 된다. 28.4절에서 설명한 바와 같이 전류가 흐르려면 전자의 에너지 준위들이 이동하여 에너지 준위 세트가 바뀔 수 있어야 한다. 그리하여 에너지 차가 얼마 안 되는 이용 가능한 빈 준위가 있어야 한다. 이 빈 준위는 부분적으로 채워진 띠 속의 가장 높은 준위를 차지하고 있는 전자의 바로 위에 위치하며, 따라서 이러한 전자들만이 전도도에 기여를 하게 된다.

만일 전류를 운반하는 전자가 띠의 상부 근처에 있는 준위를 차지하고 있을 때는 장에 의해서 이 전자가 전혀 반대 방향으로 밀려가는 이상한 결과가 생긴다. 즉, 보통의 방향과는 역방향으로 전자가 가속되는 것이다. 이들 전자는 마치 양전하를 띤 것같이 행동한다. 이러한 현상은 Zn이나 Cd을 비롯한 여러 금속에서 볼 수 있다. 이 효과는 Hall의 실험에서 검출된다. 즉, 이들 Zn, Cd 금속의 Hall 전위는 그 부호가 구리와 같은 금속에서의 경우와 반대이다.

반도체에 대한 Hall 전위의 크기와 부호를 측정하면 실험적으로 p-형과 n-형 반도체를 구별할 수 있으며, 또한 κ를 알 경우에는 운반체의 수와 이동도를 구할 수 있다.

표 31-2

	Cu	Ag	Au	Li	Na	Zn*	Cd*
$\kappa/(10^7$ S/m)	6.33	6.70	4.13	1.12	1.92	1.76	1.32
$R_H/(10^{-11}$ m^3/C)	−5.5	−8.4	−7.2	−17.0	−25.0	3.3	6.0
$u/(10^{-4}$ m^2 V^{-1} s^{-1})	34.8	56.3	29.7	19.1	48.0	5.8	7.9
$\tilde{N}/(10^{28}$ m^{-3})	11.3	7.43	8.67	3.67	2.50	18.9	10.4
전자수/원자	1.3	1.3	1.5	0.79	0.98	2.9	2.2

* R_H의 부호는 전하 운반체가 양으로 하전되어 있음을 나타냄.

31.4 이온 용액 속에서의 전류

이온 용액 속을 전류가 통과할 때는 금속 속을 통과할 때보다 복잡한 현상이 일어난다. 금속에서는 질량이 거의 없는 전자가 모든 전류를 운반한다. 이온 수용액에서는 질량이 비교적 큰 양이온과 음이온의 이동으로 전류가 운반되는 것이다. 그 결과 전류의 통과는 물질의 운반을 동반하게 된다. 양이온과 음이온이 운반하는 전류는 그 양이 같지 않으며, 따라서 용액 속에는 농도 기울기가 생긴다. 뿐만 아니라 용액-전극 계면을 통해서 전하가 이동할 때는 각 전극에서 화학 반응(전기 분해)이 일어난다. 이것을 조금 더 분명하게 하려면 용액 내부에서의 현상을 전극에서의 현상과 분리시켜야 한다. 우선 전극에서 일어나는 현상(전기 분해)을 간단히 취급한 다음에 이 장에서 주로 취급할 용액 내부에서의 현상을 설명하겠다.

전해질 용액 속의 두 전극 사이에다 직류 전류를 통과시키면 전극에서 화학 반응, 즉 전기 분해가 일어난다. Faraday(1834)는 여러 가지 전류의 전극 반응을 연구한 결과 현재 Faraday의 전기 분해 법칙이라고 불리고 있는 간단한 기본적인 법칙 2개를 발견하였다. Faraday의 제 1 법칙에 의하면 어떤 임의의 전극에서 일어나는 화학 반응의 양은 통과한 전기량 Q에 비례한다. 전기량 Q는 전류와 시간과의 곱 $Q = It$와 같다. 또 제 2 법칙에 의하면 일정한 전기량을 통과시킬 때 생성되는 두 상이한 물질의 양은 그들의 화학 당량에 비례한다. Faraday의 실험 결과는 이들 법칙이 대단히 정밀하게 성립한다는 것을 나타내었다. 우리가 아는 한도 내에서는 이들 법칙은 엄밀하다.

전기 분해 반응은 어느 것이나 다음과 같이 나타낼 수 있다.

$$0 = \sum_i \nu_i A_i + (\pm 1)e^-$$

여기서 A_i는 반응에 참여하는 물질의 화학식이고, ν_i는 화학량적 계수이다. 이 ν_i는 생성물에 대해서는 양수이고 반응물에 대해서는 음수이다. 이 반응식은 1 mol의 전자가 음극에서 소모되거나($\nu_e = -1$) 또는 양극에서 생성되도록($\nu_e = +1$) 균형을 맞춘 것이다. 이 반응식에 의하면 1 mol의 전자가 통과할 때마다 $|\nu_i|$mol의 A_i가 생성되거나 소모된다. 만일 $Q = It$ 만큼의 전기량이 통과하면 생성되거나 소모되는 A_i의 몰수가 다음과 같이 될 것이다.

$$n_i = \frac{|\nu_i|Q}{F} = \frac{|\nu_i|\,It}{F}$$

여기서 $F = 96484.56$ C/mol이다. 생성되거나 소모되는 A_i의 질량을 m_i, 그리고 그 몰질량을 M_i라고 하면 다음과 같은 관계가 성립하게 된다.

$$m_i = \frac{|\nu_i| M_i It}{F} \tag{31.16}$$

여기서 $|\nu_i|M_i$를 A_i의 당량이라고 한다. 따라서 1 당량의 전기(96485 coulomb)를 통과시키면

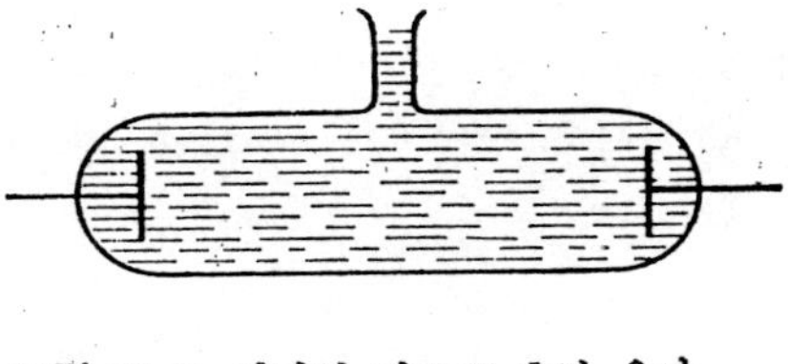

그림 31-2 간단한 전도도 측정 용기.

표 31-3 KCl 용액의 전도도.

g KCl/kg 용액	농도(mol/dm³)$_{0\,°C}$	κ/(S/m) 0 °C	κ/(S/m) 18 °C	κ/(S/m) 25 °C
71.1352	1	6.517_6	9.783_8	11.134_2
7.41913	0.1	0.7137_9	1.1166_7	1.2856_0
0.745263	0.01	0.07736_4	0.12205_2	0.14087_7

G. Jones and B.C. Bradshaw, *J. Amer. Chem. Soc.* **55**, 1780(1933).

이러한 물질의 1 당량이 생성되거나 소모된다. (31.16)식은 두 Faraday 법칙을 모두 나타낸다. "당량"이란 개념은 뒤진 것으로서, SI 단위에서는 이것을 사용하지 않는다. 이런 개념을 쓰지 않고 그저 (31.16)식과 같은 식을 쓰는 것이 좋다.

31.5 전해질 용액의 전도도 측정

간단한 전도도 측정 용기를 그림 31-2에 나타내었다. 이 용기의 두 끝에는 백금 전극이 봉입되어 있다. 이들 전극은 고운 백금 가루, 즉 백금 블랙으로 피복되어 있으며 전기 분해 효과를 제거하고 있다. 이 용기 속에 용액을 넣고 교류식 Wheatstone 브리지의 한쪽 가지에 연결한 다음 그 저항을 측정한다. 주파수는 약 1000 Hz 가 보통 사용된다.

(31.7)식에 의하면 저항 R은 다음과 같다.

$$R = \frac{\rho l}{A} = \frac{l}{\kappa A}$$

한편 $\rho = 1/\kappa$이다. 따라서 κ는 다음과 같이 된다.

$$\kappa = \frac{l}{RA} \tag{31.17}$$

$K = l/A$는 용기 상수이며 용기의 기하학적 모양에 따라 다르다. 간단한 모양의 용기에 대해서는 전극 사이의 거리 l과 전극의 면적 A를 측정하면 그 용기 상수를 결정할 수 있다. 그러나 상례적인 측정에서는 용기 속에다 전도도가 정확하게 알려진 용액을 넣고 그 저항을 측정함으로써 용기 상수를 간접적으로 구할 수 있다. 염화칼륨의 용액이 이러한 목적으로 흔히 쓰인다. KCl 용액에 대한 κ의 값을 표 31-3에 나타내었다.

전도도 κ_s가 알려진 용액이 들어 있는 용기의 저항을 R_s라고 하면 다음 관계가 성립한다.

$$K = l/A = \kappa_s R_s \tag{31.18}$$

따라서 (31.17)식으로부터 다음 식을 얻을 수 있다.

$$\kappa = \kappa_s\left(\frac{R_s}{R}\right) \tag{31.19}$$

높은 정밀도가 요구되는 실험에서는 전기 분해에 의한 영향이나 온도 변화에 의한 영향을 배제하도록 많은 주의를 해야 한다. 전류에 의해서 열이 생기기 때문에 온도 조절은 특히 어려운 문제이다. 물은 극히 순수한 것(전도도 물)을 써야 한다. 간혹 물 속에 불순물이 조금이라도 들어가면 용액의 전도도가 예민한 변화를 나타낸다. 또한 물 자체의 전도도 값을 용액에 대한 측정치로부터 빼어야 한다.

31.6 이온의 이동

Kohlrausch는 고주파 교류 전류를 사용하여 전기 분해를 일어나지 않게 하면 전해질 용액이 정확하게 Ohm의 법칙에 따른다는 사실을 확인하였다. 그는 또 실험 데이터로부터 용액의 전도도는 개개 이온의 독자적인 기여로 이루어진다는 사실을 증명하였다. 이것을 Kohlrausch의 이온의 독립 이동 법칙이라고 한다.

ν_+개의 양이온과 ν_-개의 음이온으로 완전히 해리되는 전해질 $A_{\nu_+}B_{\nu_-}$를 생각하여 보자.

$$A_{\nu_+}B_{\nu_-} \longrightarrow \nu_+ A^{z+} + \nu_- B^{z-}$$

1 m^3 속에 마다 들어 있는 양이온과 음이온의 수를 각각 $\tilde{N}_+$와 $\tilde{N}_-$라고 하고 그들의 속도를 v_+와 v_-, 전하를 z_+e와 z_-e라고 하자. 그러면 운반에 관한 기본 법칙인 (30.11)식에 의해서 전류 밀도는 다음과 같이 된다.

$$j = \tilde{N}_+v_+z_+e + \tilde{N}_-v_-z_-e \qquad (31.20)$$

(음이온의 속도와 전하는 둘 다 양이온의 그것들과 반대 부호라는 것을 주의하라. 그러나 이들의 곱인 v_-z_-e는 양이온에 대한 곱과 같은 부호를 가지며 따라서 (31.20)식의 각 항은 서로 더해진다. 편의상 모든 항은 양수로 취하기로 한다. 이렇게 하더라도 최종 결과에는 아무 영향도 미치지 않는다.) (31.20)식의 물리적 뜻은 어느 한 방향으로 이동하는 양이온과 이와 반대 방향으로 이동하는 음이온의 효과가 서로 합쳐져서 전하의 전체적인 흐름을 이룬다는 것이다.

1 m^3 속에 $\tilde{c}$ mol이 들어있을 때는 이 화합물의 조성에 의해서 다음 관계가 만족되어야 한다.

$$\tilde{N}_+ = \nu_+ \tilde{c} N_A \qquad \text{및} \qquad \tilde{N}_- = \nu_- \tilde{c} N_A$$

그런데 $N_A e = F$이다. 따라서 j에 관한 식은 다음과 같이 된다.

$$j = \tilde{c}F(\nu_+z_+v_+ + \nu_-z_-v_-) \qquad (31.21)$$

여기에다 (31.10)식으로 정의되는 이온의 이동도를 넣으면 다음과 같은 꼴로 된다.

$$j = \tilde{c}\, F(\nu_+z_+u_+ + \nu_-z_-u_-)\, E \qquad (31.22)$$

이 식을 (31.2)식의 Ohm의 법칙과 비교하면 다음 결과를 얻을 수 있다.

$$\kappa = \tilde{c}F(\nu_+z_+u_+ + \nu_-z_-u_-) \qquad (31.23)$$

이 식에 의하면 1차 근사로서 κ는 용액의 농도 $\tilde{c}$에 비례한다. 그 이외의 양들은 모두 상수인데, 이동도 u_+와 u_-는 예외이다. 이들은 농도에 약간 의존하며 농도가 영으로 됨에 따라 극한 값에 도달한다.

다음과 같은 양을 전해질의 몰 전도도라고 정의한다.

$$\Lambda \equiv \frac{\kappa}{\tilde{c}} \qquad (31.24)$$

몰 전도도는 1mol의 전해질이 용액 1 m^3 속에 존재할 때의 전도도이다. (31.23)식과 (31.24)식으로부터 다음 식을 얻을 수 있다.

$$\Lambda = \nu_+(z_+ Fu_+) + \nu_-(z_- Fu_-) \qquad (31.25)$$

또 개개 이온의 몰 전도도를 다음과 같이 정의한다.

$$\lambda_+ \equiv z_+ F u_+ \qquad \text{및} \qquad \lambda_- \equiv z_- F u_- \tag{31.26}$$

그러면 다음과 같이 된다.

$$\Lambda = \nu_+ \lambda_+ + \nu_- \lambda_- \tag{31.27}$$

(31.27)식은 몰 전도도는 존재하는 각 이온종의 전도도의 총합으로 주어진다는 것을 나타낸다. 이것이 곧 Kohlrausch의 법칙이다. 이 법칙은 전해질 용액이 무한히 묽을 때만, 즉 $\tilde{c}=0$일 때만 엄밀하게 성립한다. 하전된 이온은 특히 큰 농도에서는 서로가 상호 작용을 나타낼 것이므로 이것은 조금도 놀라운 사실이 아니다. 따라서 Λ^∞를 무한 묽힘에서의 몰 전도도라고 하면 Kohlrausch의 법칙은 다음과 같이 표시할 수 있다.

$$\Lambda^\infty = \nu_+ \lambda_+^\infty + \nu_- \lambda_-^\infty \tag{31.28}$$

몇 가지 전해질이 혼합되었을 때는 (31.23)식을 다음과 같이 나타낼 수 있다.

$$\kappa = \sum_i \tilde{c}_i \lambda_i \tag{31.29}$$

여기서 $\tilde{c}_i$는 i째 이온의 농도(mol/m³)이며, $\lambda_i = z_i F u_i$는 이 이온의 몰 전도도이다. 그리고 합셈은 존재하는 모든 이온에 대해서 합해야 한다. (31.29)식은 용매가 이온화되어 용액의 전도도가 증가되는 것을 설명하는 데 중요하게 이용되기도 한다. 예로서 염의 수용액의 경우 그 전도도는 다음과 같이 주어진다.

$$\kappa = \tilde{c}_{\mathrm{H^+}} \lambda_{\mathrm{H^+}} + \tilde{c}_{\mathrm{OH^-}} \lambda_{\mathrm{OH^-}} + \tilde{c}_{\mathrm{salt}}(\nu_+ \lambda_+ + \nu_- \lambda_-)$$

염의 농도가 물의 해리에 영향을 줄만큼 높지 않을 때는 처음 두 항을 순수한 물의 전도도와 같다고 생각할 수 있다.

$$\kappa_{\mathrm{w}} = \tilde{c}_{\mathrm{H^+}} \lambda_{\mathrm{H^+}} + \tilde{c}_{\mathrm{OH^-}} \lambda_{\mathrm{OH^-}} \tag{31.30}$$

따라서,

$$\kappa = \kappa_{\mathrm{w}} + \tilde{c}_{\mathrm{salt}}(\nu_+ \lambda_+ + \nu_- \lambda_-) \tag{31.31}$$

즉,

$$\Lambda_{\mathrm{salt}} = \frac{\kappa - \kappa_{\mathrm{w}}}{\tilde{c}_{\mathrm{salt}}} = \nu_+ \lambda_+ + \nu_- \lambda_- \tag{31.32}$$

31.7 Λ^∞의 결정법

Kohlrausch는 몰 전도도가 전해질의 농도에 의존하며 센 전해질의 묽은 용액에서는 다음과 같은 관계가 성립한다는 것을 알아내었다.

$$\Lambda = \Lambda^\infty - b\sqrt{c} \tag{31.33}$$

여기서 Λ^∞와 b는 상수이다. Λ의 값을 농도의 제곱근에 대하여 도시하면 낮은 농도에서는 직선이 얻어진다. 이 직선을 $c=0$으로 외삽하면 무한 묽힘에서의 Λ의 값 Λ^∞를 얻게 된다.

약 전해질의 몰 전도도는 농도가 증가할 경우에 (31.33)식으로 예상되는 것 보다도 훨씬 더 급격하게 감소한다. 그림 31-3에 KCl과 아세트산의 전도도를 나타내었다. Arrhenius는 전해질의 해리도가 몰 전도도와 다음과 같이 관계될 것이라고 말하였다.

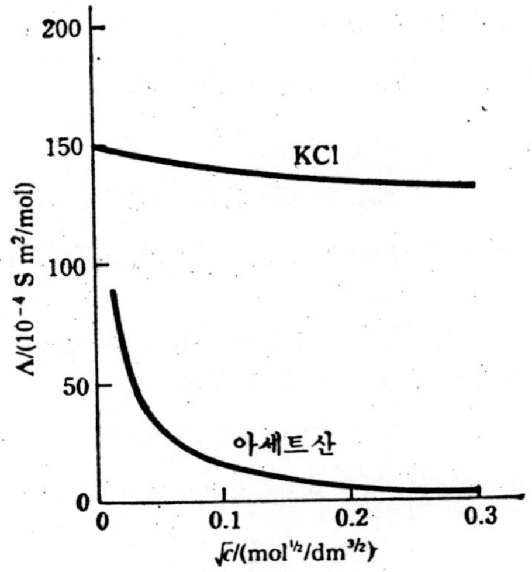

그림 31-3 센 전해질과 약 전해질의 몰 전도도(c의 단위는 mol/dm³).

$$\alpha = \Lambda/\Lambda^\infty \tag{31.34}$$

Ostwald는 이 관계와 화학 평형의 법칙을 이용하여 약 전해질의 몰 전도도가 농도에 따라 변화하는 사실을 설명하였다. 다음과 같은 아세트산의 해리를 생각해 보자.

$$HAc \rightleftharpoons H^+ + Ac^-$$

α를 해리도라고 하면 $c_{H^+} = c_{Ac^-} = \alpha c$이고 $c_{HAc} = (1-\alpha)c$이다. 또 평형 상수 K는 다음과 같이 된다.

$$K = \frac{\alpha^2 c}{1-\alpha}$$

$\alpha = \Lambda/\Lambda^\infty$를 위 식에 넣으면 c와 Λ 사이의 관계식을 얻을 수 있다. 즉,

$$K = \frac{c\Lambda^2}{\Lambda^\infty(\Lambda^\infty - \Lambda)} \tag{31.35}$$

이 식을 **Ostwald 묽힘 법칙**이라고 한다. 여러 농도에서의 Λ의 값과 Λ^∞의 값을 사용해서 (31.35)식의 우변을 계산하면 그 값이 거의 일정하게 된다는 것이 알려졌다. 사실상 이것은 약 전해질의 해리 상수를 구하는 합리적인 방법이기도 하다.

위에서 설명한 방법으로 (31.35)식을 사용하려면 Λ^∞의 값을 알아야 한다. 그런데 약 전해질의 경우에는 센 전해질의 경우와는 달리 외삽법을 쓸 수가 없다. 왜냐 하면 $c \to 0$ 부근에서는 곡선의 기울기가 급한 까닭에 외삽된 값에 큰 오차가 들어오기 때문이다. 약 전해질의 Λ^∞은 Kohlrausch 법칙을 써서 구한다. 예로서 아세트산의 경우 무한히 묽은 용액에서는 다음 관계가 성립한다.

$$\Lambda^\infty_{HAc} = \lambda^\infty_{H^+} + \lambda^\infty_{Ac^-}$$

이 식의 양변에 센 산과 센 염기로 된 염, 예로서 NaCl의 Λ^∞을 더해 보자. 즉,

$$\Lambda^{\infty}_{HAc} + \Lambda^{\infty}_{NaCl} = \lambda^{\infty}_{H^+} + \lambda^{\infty}_{Cl^-} + \lambda^{\infty}_{Na^+} + \lambda^{\infty}_{Ac^-}$$

이 식은 다음과 같은 꼴로 고쳐 쓸 수 있다.

$$\Lambda^{\infty}_{HAc}\Lambda^{\infty}_{NaCl} = \Lambda^{\infty}_{HCl} + \Lambda^{\infty}_{NaAc}$$

따라서,

$$\Lambda^{\infty}_{HAc} = \Lambda^{\infty}_{HCl} + {}^{\infty}_{NaAc} - \Lambda^{\infty}_{NaCl} \tag{31.36}$$

우변의 몰 전도도들은 모두 이들 물질이 센 전해질이므로 Λ 를 $\sqrt{c}$에 관해서 도시하여 외삽함으로써 구할 수 있다.

약 전해질의 K 와 Λ^{∞} 를 얻는 또 하나의 방법은 (31.35)식을 고쳐써서 이용하는 것이다. 즉, 분모를 이항하고 괄호를 풀어서 다음과 같이 만든다.

$$K\Lambda^{\infty 2} - K\Lambda\Lambda^{\infty} = c\Lambda^2$$

이어서 각 항을 $K\Lambda^{\infty 2}\Lambda$ 로 나누고 둘째 항을 오른쪽으로 보낸다.

$$\frac{1}{\Lambda} = \frac{1}{\Lambda^{\infty}} + \frac{c\Lambda}{K\Lambda^{\infty 2}} \tag{31.37}$$

따라서 $1/\Lambda$ 를 $c\Lambda$ 에 대해서 도시하면 절편이 $1/\Lambda^{\infty}$ 이고 기울기가 $1/K\Lambda^{\infty 2}$ 인 직선이 나온다. 그러면 이 기울기와 절편의 값들로부터 K와 Λ^{∞} 의 값을 구할 수 있다. 이 방법은 약 전해질 자체의 전도도만을 이용하는 것이다.

Arrhenius 의 이론이 처음에 제출되자 모든 전도도 데이터를 Ostwald 의 묽힘 법칙에 적용시키려고 시도하였다. 그러나 수많은 물질이 이 법칙에 따르지 않는다는 것이 곧 밝혀졌다. 이러한 물질들은 모두 센 전해질이며, 이온으로 완전히 해리한다. 센 전해질의 몰 전도도의 농도 의존 관계는 Debye-Hückel 이론의 개념을 이용해서 설명해야 한다.

31.8 운 반 율

전도도를 측정하면 양이온과 음이온의 전도도의 합이 나온다. 따라서 각 이온종의 독자적인 전도도를 구하려면 다른 또 하나의 독립적인 측정을 해야 한다. Kohlrausch 가 이온의 독립 이동 법칙을 증명하기 전에도 이미 전류의 흐름은 각 이온에 의한 기여로 이루어진다고 보통 생각했었다. 1853 년에 Hittorf 는 전도도에 대한 개개 이온의 기여를 측정하기 위한 방법을 고안하였다.

한 이온이 운반하는 전류의 분율을 그 이온의 운반율이라고 정의한다. (31.29)식에 의해서 임의의 여러 전해질이 녹아있는 용액의 전도도는 $\kappa = \sum_i \tilde{c}_i \lambda_i$ 이다. 따라서 k 째 이온의 운반율은 정의에 따라서 다음과 같이 표시된다.

$$t_k = \frac{\tilde{c}_k \lambda_k}{\kappa} = \frac{\tilde{c}_k \lambda_k}{\sum_i \tilde{c}_i \lambda_i} \tag{31.38}$$

한 이온의 운반율은 단순히 그 이온 자체의 성질이 아니며, 함께 존재하는 다른 이온과 그들의 농도에 의존한다. 한 가지 분명한 것은 모든 이온들의 운반율을 합하면 1이 되어야 한다는 것이다.

한 종류의 전해질만이 들어있는 용액의 경우에는 (31.38)식에 의해서 운반율 t_+ 와 t_- 가 다음과 같이 된다.

$$t_+ = \frac{\nu_+ \lambda_+}{\Lambda} = \frac{\nu_+ \lambda_+}{\nu_+ \lambda_+ + \nu_- \lambda_-} \qquad t_- = \frac{\nu_- \lambda}{\Lambda} = \frac{\nu_- \lambda_-}{\nu_+ \lambda_+ + \nu_- \lambda_-} \tag{31.39}$$

이 경우 $t_+ + t_- = 1$이다. (31.26)식의 λ_+와 λ_-를 넣어주면 이들이 다음과 같이 된다.

$$t_+ = \frac{\nu_+ z_+ u_+}{\nu_+ z_+ u_+ + \nu_- z_- u_-} \quad \text{및} \quad t_- = \frac{\nu_- z_- u_-}{\nu_+ z_+ u_+ + \nu_- z_- u_-}$$

한편 화합물은 전기적 중성을 유지하므로 $\nu_+ z_+ = \nu_- z_-$의 조건이 성립한다. 따라서 위의 식은 다음과 같이 된다.

$$t_+ = \frac{u_+}{u_+ + u_-} \quad \text{및} \quad t_- = \frac{u_-}{u_+ + u_-} \tag{31.40}$$

이동도는 또 속도에 비례한다. 즉, $u = v/E$이다. 따라서 운반율은 다음과 같이 된다.

$$t_+ = \frac{v_+}{v_+ + v_-} \quad \text{및} \quad t_- = \frac{v_-}{v_+ + v_-} \tag{31.41}$$

1 mol의 전기가 통과할 경우에는 전류의 통로에 수직한 용액 내의 어떤 임의의 표면을 통하여 양이온이 t_+ mol의 전하를 운반하고 음이온이 t_- mol의 전하를 운반한다. 1 mol의 양이온은 z_+mol의 전하를 운반하므로 t_+ mol의 전하가 통과하려면 t_+/z_+ mol의 양이온이 통과해야 한다. 마찬가지로 t_- mol의 전하가 통과하려면 t_-/z_- mol의 음이온이 통과해야 한다.

31.8.1 Hittorf 방법

그림 31-4와 같은 전해 용기를 가지고 Hittorf 방법을 이용하여 각 이온들의 전류에 대한 기여를 어떻게 측정하는지 설명하겠다. 용액 속에는 황산구리가 녹아 있으며 양극은 구리라고 생각하자. 1 mol의 전기가 통과할 때 각 구간 속에서 일어나는 변화를 생각하여 보자. 이들 변화를 표 31-4에 요약해 놓았다. 통과한 전기량이 Q이면 이것은 Q/Fmol에 해당하므로 모든 변화는 Q/F곱 만큼 해야 한다. 이 실험에서 음극 구간 속의 $CuSO_4$는 $(t_-/z_+)(Q/F)$ mol 만큼

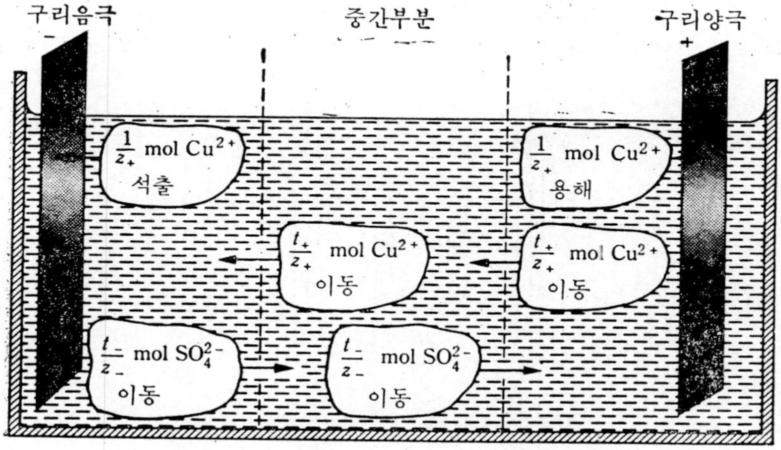

그림 31-4 구리 전극을 사용할 때의 $CuSO_4$ 용액에서의 운반.

표 31-4

음 극 구 간	중 간 구 간	양 극 구 간
$(1/z_+)$mol의 Cu^{2+}이 음극판 위에 석출된다. (t_+/z_+)mol의 Cu^{2+}이 이동해 나간다. (t_-/z_-) mol의 SO_4^{2-}이 이동해 나간다.	(t_+/z_+) mol의 Cu^{2+}이 A에서 이동해 나간다. (t_+/z_+) mol의 Cu^{2+}이 B에서 이동해 들어온다. (t_-/z_-) mol의 SO_4^{2-}이 A에서 이동해 들어온다. (t_-/z_-) mol의 SO_4^{2-}이 B에서 이동해 나간다.	$(1/z_+)$mol의 Cu^{2+}이 양극으로부터 녹아 들어온다. (t_+/z_+) mol의 Cu^{2+}이 이동해 나간다. (t_-/z_-) mol의 SO_4^{2-}이 이동해 들어 온다.
실효 변화	실효 변화	실효 변화
$(\Delta n_{Cu^{2+}})_c = (t_+/z_+) - (1/z_+)$mol $= -(t_-/z_+)$mol $(\Delta n_{SO_4^{2-}})_c = -(t_-/z_-)$mol	$\Delta n_{Cu^{2+}} = 0$ $\Delta n_{SO_4^{2-}} = 0$	$(\Delta n_{Cu^{2+}})_a = (1/z_+) - (t_+/z_+)$mol $= (t_-/z_+)$mol $(\Delta n_{SO_4^{2-}})_a = (t_-/z_-)$mol

감소하며, 한편 양극 구간 속에는 $(t_-/z_+)(Q/F)$ mol이 증가한다. 이 전해 용기의 중간 구간에서는 전류가 흐르더라도 농도가 변화하지 않는다. 그림 31-4의 경계면 A와 B를 콕크로 대치할 수 있도록 적당한 실험 장치를 그림 31-5의 것과 같이 마련한다. 이와 같이 하면 세 구간 속의 용액들을 실험이 끝난 후에 따로따로 뽑아낼 수가 있다. 실험이 끝난 후에 각 구간 속에 들어있는 전해질의 무게와 농도를 측정한다. 그러면 처음 용액의 농도는 알고 있으므로 각 구간 안에서 일어난 몰수의 변화를 계산할 수 있다. 중간 구간의 용액을 분석하는 이유는 혹시 어떤 방해 효과가 있었는가를 검정하기 위한 것이다. 각 구간에서의 몰수의 변화를 구하면 위의 예에서 썼던 것과 같은 방법에 의해서 이온의 운반율을 계산할 수 있다. 그러나 몰수 변화와 운반율을 관련시키는 일반식은 있을 수가 없다. 왜냐하면 각각의 경우에 일어나는 변화는 전극 반응에서 생기는 화학 변화에 따라 다르기 때문이다. 그리고 사용하는 전극이 달라지면 그때마다 일일이 몰수의 변화를 앞에서와 같은 방법으로 계산해 내야 한다.

Hittorf 방법은 현실적으로 많은 난점을 가지고 있다. 즉, 전류가 흘러서 농도 기울기가 생기면 높은 농도 쪽으로 전해질이 확산된다. 이것은 측정할 효과를 없애주는 것이다. 확산을 최소한도로 줄이려면 실험을 너무 길게 하지 않아야 한다. 또 한편 시간을 너무 짧게 하면 그 동안

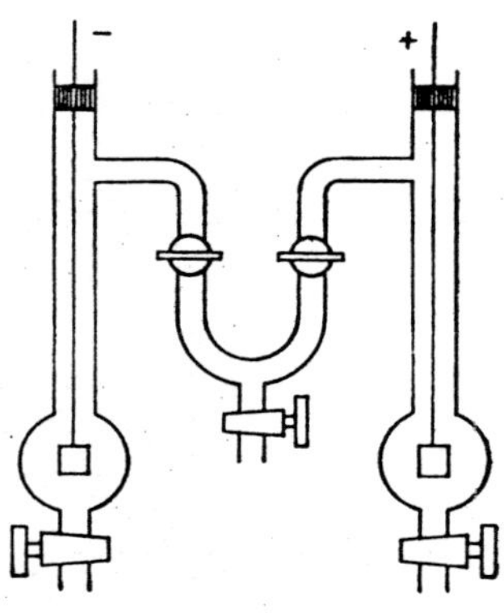

그림 31-5 Hittorf 용기.

에 전류가 조금밖에 흐르지 않으므로 농도 변화가 거의 없게 된다. 또 센 전류를 통과시키면 용액 속에 국부적으로 열 효과가 일어나서 대류가 일어나며 용액은 다시 뒤섞인다. 이 이외에도 용액의 각 부분에서 농도차가 생기면 밀도차가 나타나서 대류를 일으키는 수도 있다. 이와 같은 여러 난점에도 불구하고 Hittorf 방법에 의해서 운반율을 상당히 만족스럽게 측정할 수가 있다. 이온은 용매화되어 있고, 이들이 이동할 때는 한쪽 구간으로부터 다른쪽 구간으로 용매를 함께 운반해 가기 때문에 측정 결과를 해석하는 데도 난점이 있다. 이 문제에 관해서는 31.11 절에서 다시 설명하겠다.

31.8.2 이동 계면법

운반율을 측정하는 고도의 완전한 방법은 이동 계면법이다. 이 장치의 약도를 그림 31-6에 나타내었다. 관의 두 끝에는 두 전극이 고정되어 있으며, 공통 이온을 가지는 두 종류의 화합물 M′A 와 MA 의 용액이 들어 있다. 두 용액 사이에는 경계면이 비교적 예민하게 나타나도록 해 주어야 한다. 이 경계면의 위치는 두 용액의 굴절률 차나 경우에 따라서는 색상의 차로 알아볼 수가 있다. 두 용액이 화합되거나 경계면이 흐트러지는 것을 막기 위해서 밀도가 높은 용액을 밀도가 낮은 용액 아래쪽에 놓는다. 지금 두 용액 사이의 경계면이 처음에는 위치 b에 있으며, t 시간 동안 전류를 통과시켜서 Q/F mol 의 전기가 통과했다고 하자. 그러면 M^{z+} 이온은 평면 b를 통하여 $(t_+/z_+)(Q/F)$ mol 의 전기를 운반한다. 이 때 경계면은 멀리 b' 까지 올라가서 $(t_+/z_+)(Q/F)$ mol 이 b 와 b' 사이의 부피 속에 수용되어야 한다. l 을 bb' 사이의 거리라고 하고 a를 관의 단면적이라고 하면 이동한 부피는 la가 된다. $\tilde{c}$를 mol/m³ 로 나타낸 염 MA 의 농도라고 하면 부피 la 속에 포함되는 몰수는 $\tilde{c}la$가 된다. 그런데 이것은 평면 b를 통과하는 몰수에 지나지 않으며, 따라서 $\tilde{c}la = (t_+/z_+)(Q/F)$이다. 즉,

$$\frac{t_+}{z_+} = \frac{\tilde{c}\,laF}{Q} \tag{31.42}$$

여기서 이동한 부피 la는 MA 용액의 전체 부피에 비해서 작다고 가정한다. 정밀한 실험에서는 부피를 보정해야 한다.

이동 계면법을 이용하면 Hittorf 방법에서 보다 훨씬 더 정확하게 운반율을 구할 수 있다. 또 실험적으로도 취급하기가 더 간편하다. 다만 선명한 경계면을 만들어야 한다든가, 전류에 의한

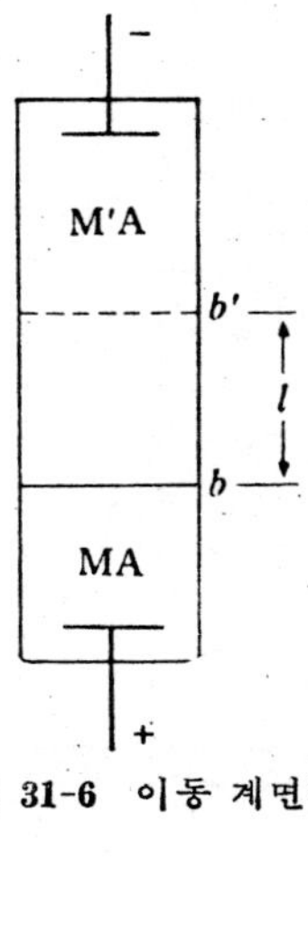

그림 31-6 이동 계면법.

과도의 가열을 피해야 한다든가, 또는 대류를 피해야 한다든가 하는 곤란성이 있기는 하지만 일단 경계면이 만들어지기만 하면 전류가 흐르면서 경계면을 예민하게 만들어 주므로 이러한 곤란성들이 별 문제가 안 된다. 경계면을 예민하게 유지시키는 데는 두 용질의 상대적 농도가 중요하다. 보다 빠르게 이동하는 이온(이 예에서는 M′)은 다른 이온(M)보다 불과 수 원자 지름 정도 밖에는 앞질러 이동하지 못한다. 왜냐 하면 이렇게 되면 전위차가 생겨서 빠른 이온의 속도를 감소시키기 때문이다. 정류 상태에서는 두 이온이 같은 속도로 이동하지만 언제나 M′ 이온이 M이온을 조금 앞질러 이동한다.

운반율은 전해질의 일정한 농도 범위에서 측정한다. 묽은 용액에서는 t를 $\sqrt{c}$에 관해서 도시하면 직선이 나오며, 이것을 $c=0$으로 외삽해서 무한 묽힘에서의 운반율 t^∞를 구할 수 있다.

31.9 이온의 몰 전도도

운반율을 일단 측정하면 (31.39)식을 이용해서 몰 이온 전도도를 계산할 수 있다.

$$\nu_+ \lambda_+^\infty = t_+^\infty \Lambda^\infty \qquad \text{및} \qquad \nu_- \lambda_-^\infty = (\ - t_+^\infty)\Lambda^\infty$$

여러 가지 이온에 대한 λ_+^∞ 및 λ_-^∞의 값을 표 31-5에 수록하였다.

표 31-5 25 °C에서 이온들의 극한 몰 전도도 : $\lambda^\infty/10^{-4}$ S m²/mol.

이온	λ^∞	$\frac{\lambda^\infty}{z^2}$	이온	λ^∞	$\frac{\lambda^\infty}{z^2}$
H^+	349.81	349.81	OH^-	198.3	198.3
Li^+	38.68	38.68	F^-	55.4	55.4
Na^+	50.10	50.10	Cl^-	76.35	76.35
K^+	73.50	73.50	Br^-	78.14	78.14
Rb^+	77.81	77.81	I^-	76.84	76.84
Cs^+	77.26	77.26	NO_3^-	71.46	71.46
Ag^+	61.90	61.90	ClO_3^-	64.6	64.6
NH_4^+	73.55	73.55	BrO_3^-	55.74	55.74
$(CH_3)_4N^+$	44.92	44.92	IO_3^-	40.54	40.54
$(C_2H_5)_4N^+$	32.66	32.66	ClO_4^-	67.36	67.36
$(C_3H_7)_4N^+$	23.42	23.42	IO_4^-	54.55	54.55
Be^{2+}	90	22.5	HCO_3^-	44.50	44.50
Mg^{2+}	106.10	26.52	$HCOO^-$	54.59	54.59
Ca^{2+}	119.00	29.75	CH_3COO^-	40.90	40.90
Sr^{2+}	118.90	29.72	CH_2BrCOO^-	39.22	39.22
Ba^{2+}	127.26	31.82	$(NO_2)_3C_6H_2O^-$	30.39	30.39
Cu^{2+}	107.2	26.80	SO_4^{2-}	160.04	40.01
Zn^{2+}	105.6	26.40	$C_2O_4^{2-}$	148.30	37.08
Co^{2+}	110	27.5	CO_3^{2-}	138.6	34.65
Pb^{2+}	139.0	34.75	$Fe(CN)_6^{3-}$	302.7	33.63
La^{3+}	209.1	23.23	$P_3O_9^{3-}$	250.8	27.87
Ce^{3+}	209.4	23.26	$Fe(CN)_6^{4-}$	442.0	27.63
$[Co(NH_3)_6]^{3+}$	305.7	33.97	$P_4O_{12}^{4-}$	374.8	23.43
$[Ni_2\mathit{tri\text{-}en}_3]^{4+}$	210.0	13.13	$P_2O_7^{4-}$	383.6	23.98
$[Co_2\mathit{tri\text{-}en}_3]^{6+}$	412.2	11.45	$P_3O_{10}^{5-}$	545	21.8

R.A. Robinson and R.H. Stokes, *Electrolyte Solutions*. 2d ed. (rev.) London: Butterworths, 1959.

31.10 전도 측정 결과의 이용

31.10.1 물의 이온적

물의 이온적은 $K_w = a_{H^+} a_{OH^-}$ 이다. 순수한 물 속에서는 이온의 농도가 극히 작으므로 활동도를 농도와 같다고 놓을 수 있다. 따라서 $K_w = (\tilde{c}_{H^+}/\tilde{c}^\circ)(\tilde{c}_{OH^-}/\tilde{c}^\circ)$로 된다. 순수한 물에서는 $\tilde{c}_{H^+} = \tilde{c}_{OH^-} = \tilde{c}^\circ K_w^{1/2}$ 이다.

순수한 물의 전도도 κ_w 와 몰농도 사이에는 다음과 같은 관계가 있다.

$$\kappa_w = \tilde{c}_{H^+} \lambda_{H^+} + \tilde{c}_{OH^-} \lambda_{OH^-}$$

이 식은 다음과 같이 된다.

$$\kappa_w = \tilde{c}^\circ K_w^{1/2}(\lambda_{H^+} + \lambda_{OH^-})$$

이 이온들의 농도는 매우 낮으므로 이온 전도도는 무한 묽힘 농도에서의 값(표 31-5)을 취할 수 있다. 따라서 $\lambda_{H^+}^\infty + \lambda_{OH^-}^\infty = 548.1 \times 10^{-4}\ \text{S m}^2/\text{mol}$ 이다. 그리고 Kohlrausch 및 Heydweiller (1894)는 25 °C 에서의 κ_w 를 측정하여 $5.5 \times 10^{-6}\ \text{S/m}$ 이라는 값을 얻었다. 이 값을 사용하면 K_w 가 다음과 같이 된다.

$$K_w = \left[\frac{\kappa_w}{\tilde{c}^\circ(\lambda_{H^+} + \lambda_{OH^-})}\right]^2 = \left[\frac{5.5 \times 10^{-6}\ \text{S m}}{(1000\ \text{mol/m}^3)(548.1 \times 10^{-4}\ \text{S m}^2/\text{mol})}\right]^2 = 1.01 \times 10^{-14}$$

가장 정확한 K_w 의 값은 전지 전위를 측정해서 구하는데, 전도도 측정법으로 구한 정확한 값과 잘 일치한다. 25 °C 에서의 가장 믿을만한 K_w 의 값은 1.008×10^{-14} 이다. 여러 온도에서의 K_w 의 값을 표 31-6에 수록하였다. 온도에 따라서 K_w 값이 변화한다는 것을 주목하라.

31.10.2 용해도적의 결정

전도도 측정은 난용성 염의 용해도를 구하는 데도 응용된다. 예를 들면 염화은의 포화 수용액의 전도도는 다음 식으로 주어진다.

$$\kappa = \tilde{c}_{Ag^+}\lambda_{Ag^+} + \tilde{c}_{Cl^-} \lambda_{Cl^-} + \tilde{c}_{H^+} \lambda_{H^+} + \tilde{c}_{OH^-} \lambda_{OH^-}$$

염화은이 극히 소량 녹더라도 물의 해리도는 영향을 받지 않으며, 따라서 위 식에서 우변의 마지막 두 항은 물의 전도도와 같게 된다. 따라서,

$$\kappa - \kappa_w = \tilde{c}_{Ag^+} \lambda_{Ag^+} + \tilde{c}_{Cl^-} \lambda_{Cl^-}$$

$\tilde{s}$ 를 mol/m³ 으로 나타낸 용해도라고 하면 $\tilde{s} = \tilde{c}_{Ag^+} = \tilde{c}_{Cl^-}$ 로 된다. 따라서,

$$\kappa - \kappa_w = 1000\, s(\lambda_{Ag^+} + \lambda_{Cl^-})$$

용액이 대단히 묽으면 표 31-5의 λ^∞ 값을 사용할 수 있다. 따라서,

표 31-6 물의 이온적

$t/°C$	0	10	20	25	30	40	50	60
$K_w/10^{14}$	0.1139	0.2920	0.6809	1.008	1.469	2.919	5.474	9.614

H.S. Harned, B.B. Owen, *The Physical Chemistry of Electrolyte Solutions.* 3rd ed, Reinhold Publishing Corp., New York, (1958).

$$\tilde{s} = \frac{\kappa - \kappa_w}{\Lambda^{\infty}_{AgCl}}$$

용해도적 상수는 $K_{sp} = a_{Ag^+} a_{Cl^-}$ 이다. 활동도 계수를 1로 볼 수 있을 정도로 용액이 충분히 묽으면 $K_{sp} = (\tilde{s}/\tilde{c}^{\circ})^2$ 이 된다. 염화은의 경우에는 $\kappa - \kappa_w = 1.802 \times 10^{-4}$ S/m 이다. 따라서,

$$K_{sp} = \left[\frac{1.802 \times 10^{-4}\ \mathrm{S/m}}{(1000\ \mathrm{mol/m^3})(138.27 \times 10^{-4}\ \mathrm{S\,m^2/mol})}\right]^2 = 1.698 \times 10^{-10}$$

이 값은 전지 전위를 측정하여 얻은 결과와 매우 잘 맞는다.

31.10.3 전기 전도도 적정

용액은 적정하는 동안에 그 전도도가 변화하므로 반응의 진행을 추적하는 데 이 성질을 이용할 수가 있다. 센 산 HA의 수용액 속에 센 염기 MOH를 가한다고 하자. 다음과 같은 반응이 일어난다.

$$H^+ + OH^- \longrightarrow H_2O$$

MOH를 1 mol 가할 때마다 1 mol의 H^+ 이온이 제거된다. 그 결과 이동 속도가 보다 빠른 H^+ 이온은 이동 속도가 보다 느린 M^+ 이온으로 치환되므로 용액의 전도도가 낮아진다. 이 현상은 당량점에 도달할 때까지 계속되며, 이 점에서는 염 MA의 용액으로 되어 버린다. 염기를 계속해서 더 가하면 여분으로 들어간 이온이 제거되지 않고 남게 되므로 용액의 전도도가 다시 증가한다. 그 결과 센 염기로 센 산을 적정할 때는 당량점에서 전도도가 최소로 된다. 따라서 지시약 대신에 이 최소점을 이용해서 적정의 종말점을 구할 수 있다. 첨가한 염기의 m*l* 수에 대해서 용액의 전도도를 도시하면 그림 31-7과 같이 된다. 이 방법은 당량점에서 전도도가 예민하게 변화하는 모든 적정에다 이용할 수 있다.

질산은 용액을 염화나트륨 용액으로 적정하는 경우를 생각해 보자. 침전 반응 $Ag^+ + Cl^- \rightarrow AgCl$ 에 의해서 용액 속의 Ag^+ 이온이 Na^+ 이온으로 치환된다. 이 반응에서는 전도도가 거의 변하지 않으므로 전도도를 적정액의 m*l* 수에 대해서 도시하면 거의 수평선이 나오게 된다. 그러나 종말점을 통과한 다음에는 여분의 이온 때문에 전도도가 급격하게 증가한다. 따라서 종말점을 쉽게 결정할 수 있다.

전도도에 대한 식은 간단하며 산-염기 적정의 경우에는 다음 식으로 주어진다.

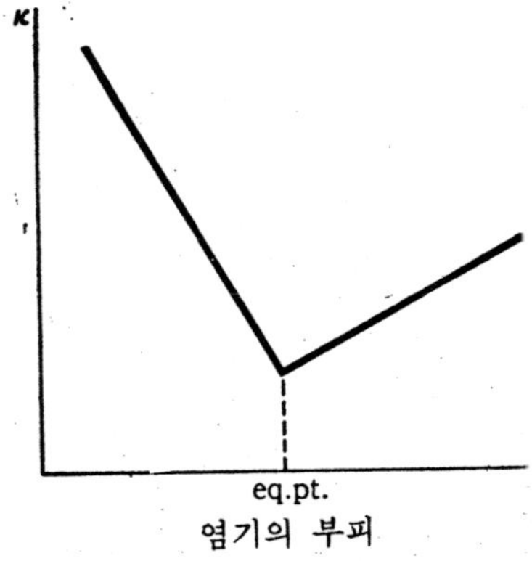

그림 31-7 센 염기에 의한 센 산의 전기 전도도 적정.

$$\kappa = \tilde{c}_{H^+}\lambda_{H^+} + \tilde{c}_{A^-}\lambda_{A^-} + \tilde{c}_{M^+}\lambda_{M^+} + \tilde{c}_{OH^-}\lambda_{OH^-}$$

여기서 농도의 단위는 mol/m^3이다. 산(HA)과 염기(MOH)의 농도를 알면 이 식을 써서 용액의 전도도를 가해진 염기의 부피의 함수로서 쉽게 계산할 수 있다.

31.11 Stokes의 법칙

단일 이온을 유체 속에 담그고 전기장을 걸어 준다고 생각하면 이온 전도도의 값을 가장 간단하게 해석할 수 있다. 이온이 받는 유일한 저항은 유체의 점성도에 기인하는 것뿐이다. 이 이온이 반지름 r인 구라고 하면 그 운동에 맞서는 마찰력은 Stokes 법칙으로 주어진다. 즉,

$$f = 6\pi\eta r_i v_i \tag{31.43}$$

여기서 η는 매질의 점성도 계수이며, v_i는 이온의 속도이다. 이 마찰력은 이온에 작용하는 전기적 힘 $z_i eE$와 서로 맞비긴다. 즉,

$$z_i eE = 6\pi\eta r_i v_i$$

이 식으로부터 이동도를 구할 수 있다.

$$u_i = \frac{v_i}{E} = \frac{z_i e}{6\pi\eta r_i} \tag{31.44}$$

이 결과를 이온 전도도에 관한 전의 $\lambda_i = z_i F u_i$와 결합시키면 다음과 같은 식을 얻을 수 있다.

$$\lambda_i = \frac{Fe z_i^2}{6\pi\eta r_i} \tag{31.45}$$

이것은 Stokes의 법칙으로부터 예상한 몰 이온 전도도이다. 전해질의 몰 전도도는 $\Lambda = \nu_+\lambda_+ + \nu_-\lambda_-$로 주어진다. 따라서

$$\Lambda = \frac{Fe}{6\pi\eta}\left(\frac{\nu_+ z_+^2}{r_+} + \frac{\nu_- z_-^2}{r_-}\right) \tag{31.46}$$

(31.45)식으로 예상되는 결과를 표 31-5의 λ_i의 값과 비교해 보는 것도 대우 유익할 것이다. 우선 λ_i는 z_i^2에 비례한다는 것을 주목하라. 다가 이온에 대한 λ_i의 값을 z_i^2으로 나누면 커다란 1가 이온에 대한 값과 대등한 값을 얻게 된다. 예로서 $\lambda^\infty(Mg^{++})/(2)^2 = 26.52 \times 10^{-4}$ $S\,m^2/mol$인데, 이 값은 $(C_2H_5)_4N^+$에 대한 $\lambda^\infty/(1)^2 = 32.66 \times 10^{-4}\,S\,m^2/mol$과 $(C_3H_7)_4N^+$에 대한 $\lambda^\infty/(1)^2 = 23.42 \times 10^{-4}\,S\,m^2/mol$ 사이에 들어간다. 이들 두 4차 암모늄 이온은 모두 대단히 크다. 물의 점성도는 모든 경우에 같으므로 유일한 나머지 인자는 이온의 반지름이다. 그리하여 마그네슘 이온의 반지름은 커다란 4차 암모늄 이온의 크기와 비슷하다고 결론을 내릴 수밖에 없다.

마찬가지로 알칼리 금속 이온들의 전도도(표 31-5)를 비교하여 보면 (31.45)식의 관점에서 볼 때 리튬 이온의 반지름이 보다 크다고 결론을 내릴 수밖에 없다. 결정학적 반경은 리튬 이온이 세슘 이온보다 훨씬 작으므로 이러한 사실은 Stokes의 법칙으로 λ_i를 해석하기가 어렵다는 것을 나타내는 것이다.

(31.46)식의 우변에서 매질에 의존하는 양은 η이며, 따라서 주어진 이온에 대해서는 용매에 무관하게 $\lambda_i\eta$ = "상수"가 되어야 한다. 이 관계를 Walden의 규칙이라고 한다. 특히 무한히 묽을 때는 순수한 용매의 점성도 계수를 η_0라고 할 경우 다음 관계가 성립한다.

$$\lambda_i^\infty \eta_0 = \text{상수} \tag{31.47}$$

몇 가지 상이한 용매 속에서 특정한 이온에 대한 $\lambda_i^\infty \eta_0$의 값을 비교하여 보면 테트라메틸암모늄 이온, $(CH_3)_4N^+$ 나 피크르산 이온, $C_6H_2(NO_2)_3O^-$ 와 같은 상당히 큰 이온에 대해서만 이 값이 상수가 된다. 이러한 이온들에 대해서는 $\lambda_i^\infty \eta_0$의 항구성이 상당히 좋다. 물을 제외하면 작은 이온에 대해서는 $\lambda_i^\infty \eta_0$의 항구성이 평균치의 20% 이내에서만 유지될 뿐이다.

작은 이온들의 이러한 비정상적인 성질은 이온이 용매화되기 때문이다. 즉, 이온에 용매가 부착되어 이온과 함께 이 용매 분자가 이동하는 것이다. 따라서 이온의 유효 반지름은 결정학적 반지름보다 크며, 용매에 따라서 그 값이 달라진다. 이온이 클수록 그 이온에 부착되는 용매의 양은 더 적어지며(이온 자체에 의한 전기장이 보다 작아지기 때문에) 따라서 유효 반지름은 어떤 용매 속에서나 대체로 거의 같게 된다. 결과적으로 Walden의 규칙은 큰 이온에 대해서는 보다 더 정확하다. 만일 용매로서 물까지 포함시켜 비교한다면 물에서의 $\lambda\eta$의 값은 다른 용매에서의 값보다 일반적으로 현저하게 다른데, 이것은 물 속에서 더 심하게 용매화된다는 사실을 나타낸다. 그러나 H_2O에서와 D_2O에서의 $\lambda\eta$의 값을 비교하면 거의 동일하다.

이온에 의한 물의 운반은 Washburn이 처음으로 측정하였다. 그는 Hittorf법을 사용하고 설탕이나 요소와 같은 기준 물질을 전해질 용액에 첨가하였다. 이 기준 물질은 전기장에서 이동하지 않는다고 생각되므로 세 구간의 용액을 분석하면 이동한 용매의 양을 계산할 수 있다. 그리고 어느 한 이온에 수화된 물 분자 수를 가정하면 다른 이온에 수화된 물 분자의 수를 계산할 수 있다. 요즈음에는 수화된 물 분자의 수를 다른 방법으로 구하고 있다. 즉, 예로서 용액 속에서의 염의 분몰 부피로부터 구하고 있다. 여러 가지 방법들이 본질적으로는 일치하는 것이지만 흔히 그 결과들은 서로 잘 일치하지 않는다. 음이온은 일반적으로 수화되지 않는다고 보고 있다. 그러면 양이온에 수화된 물 분자의 수는 근사적으로 Li^+이 6, Na^+이 4, K^+이 2, 그리고 Rb^+이 1이 된다.

31.12 수소 이온과 히드록실 이온의 전도도

표 31-5의 데이터에 의하면 수소 이온과 히드록실 이온의 몰 전도도가 다른 이온에 비해서 훨씬 더 크다. 이것은 H^+와 OH^-를 제외한 나머지 이온들이 점성 매질 속을 구처럼 밀어 제치고 나가는 데 비해서 H^+와 OH^- 이온의 경우에는 양성자가 한 물 분자로부터 다른 물 분자로 뛰어 넘어가기 때문이다. H^+ 이온에 의한 전도는 그림 31-8과 같은 그림으로 나타낼 수 있다. 즉, H_3O^+ 이온으로부터 인접 물 분자 쪽으로 양성자가 이동하며 그 결과 물 분자가 H_3O^+ 이온으로 바뀐다. 이 과정이 반복되어 새로 생긴 H_3O^+ 이온은 그 다음 물 분자로 양성자를 전해주고 한다.

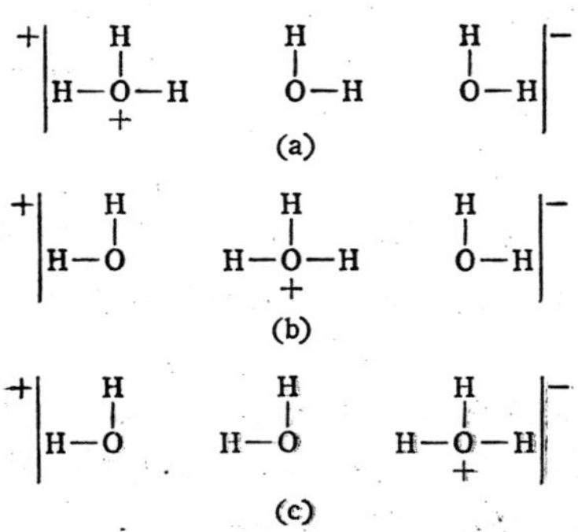

그림 31-8 수소 이온의 전도 메카니즘.

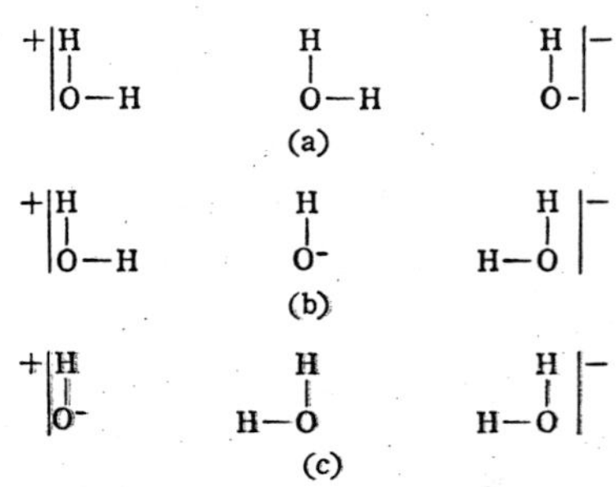

그림 31-9 히드록실 이온의 전도 메카니즘.

이 과정이 일어나면 물 분자의 배향이 바뀌므로 다시 한 번 이 과정이 진행되려면 물 분자가 90°를 회전해야 한다. 그림 31-8(a)는 이 과정의 최초 단계를, 그림 31-8(b)는 중간 단계를, 그리고 그림 31-8(c)는 최종 단계를 각각 나타낸 것이다. 히드록실 이온에서도 비슷한 현상이 일어나는데 이것을 그림 31-9에 나타내었다.

이러한 양성자의 이전 과정에 의해서 양전하는 용액의 한 영역으로부터 다른 영역으로 매우 빠르게 이동할 수가 있는 것이다. 만일 H_3O^+ 이온이 다른 이온들과 마찬가지로 용액 속을 헤치고 나가야 한다고 하면 양전자가 이처럼 빨리 이동하지 못할 것이다. 또한 이러한 이유 때문에 H^+ 이온이나 OH^- 이온의 전도도는 용액의 점성도에 관계하지 않는다.

★ 31.13 이온 전도도의 온도 의존

이온 전도도는 온도가 올라가면 현저하게 증가한다. H^+ 와 OH^- 이외의 이온의 경우에는 이 증가가 주로 매질의 점성도 감소에 기인되고 있다. 수용액에서는 0 °C 부터 100 °C 사이의 온도 영역에서 H^+ 와 OH^- 이외의 이온의 경우 온도가 1 도 올라갈 때마다 약 2%가 증가한다. H^+ 와 OH^- 의 전도도는 전도 메카니즘의 차이 때문에 그 온도 도함수가 대단히 큰 값을 나타낸다(각각 약 14%와 16%). 또 압력을 증가시키면 이온 전도도가 감소하는데, 이것은 압력이 높아지면 점성도가 증가하기 때문이다.

★ 31.14 Onsager 식

전해 용액이 무한히 묽지 않을 때는 반대 부호의 이온 사이에 작용하는 인력, 즉 비대칭 효과와 그리고 양이온과 음이온이 각각 반대 방향으로 용매를 지니고 움직이는 효과, 즉 전기 이동 효과 때문에 이온의 이동이 억제된다. 이 두 효과는 전해질의 농도가 증가할수록 두드러지며 따라서 억제력이 증가하고 전도율이 감소한다.

이온 용액에 대한 Debye-Hückel 의 이론에 의해서 우리는 각 이온 주위에 있는 이온 분위기의 개념을 얻었다. 외부 전기장이 없을 때는 이 이온 분위기를 반지름이 $r_a = 1/\kappa$(Debye 길이)인 반대 전하의 구라고 생각할 수 있다. 전기장이 없는 경우 이온 분위기는 이온 주위에 대칭으로 배치되어 있으므로 중심 이온에는 아무 힘도 미치지 않는다[그림 31.10(a)]. 그러나 전기장을 걸어준 경우에, 이온이 한 방향으로 움직일 때 그 이온 분위기는 미처 중심 이온을 따라가면서 구형 분포를 이룰만한 시간적 여유를 가지지 못하고 뒤로 처지게 된다[그림 31.10(b)]. 결과적으로 이렇게 보조를 맞추지 못하는 이온 분위기 때문에 이온의 이동이 늦추어지게 된다. $1/\kappa$ 가 커지면, 즉 이온 분위기가 중심 이온으로부터 멀어지면 이온 분위기에 의한 영향은 작아진다. 또한 이 영향은 유전 상수가 큰 용매 속에서도 작아지는데, 그 이유는 높은 유전 상수로 말미암아 이온 사이의 상호 작용이 감소되기 때문이다. 이 효과는 kT 가 클 때도 감소하는데 그 이유는 온도가 높아지면

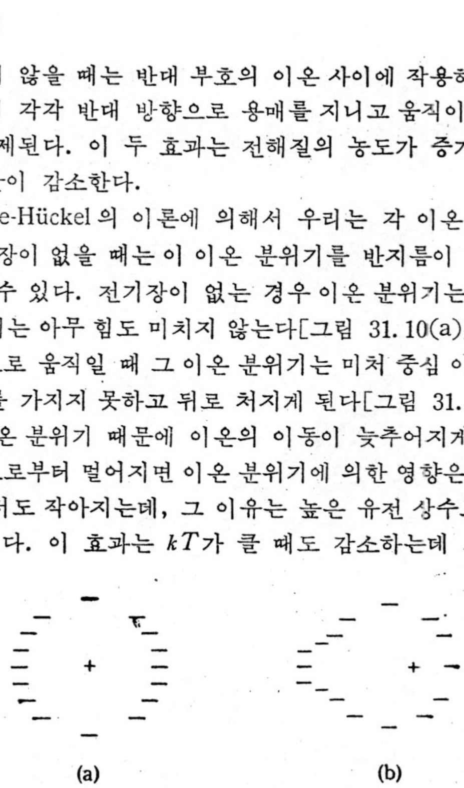

그림 31-10 비대칭 효과. (a) 전기장을 걸어 주지 않은 경우.
(b) 전기장을 걸어 준 경우.

이온 분위기가 덜 견고해지기 때문이다. 이러한 비대칭 효과에 의하여 Λ의 값은 (1-1 전해질의 경우) $B\Lambda^{\infty}\sqrt{c}$ 만큼 감소한다. 여기서 상수 B는 $8.20\times10^5/(\epsilon_r T)^{3/2}$이며, ϵ_r은 용매의 유전 상수이다.

전기 이동 효과는 이온의 이동 방향과 반대 방향으로 이온 분위기가 이동하기 때문에 생긴다. 이온 분위기와 중심 이온은 모두 각각의 방향으로 용매를 끌고 가며, 따라서 사실상 이온들은 반대 이온과 함께 끌려가는 용매 속을 거슬러 헤엄쳐 나가야 한다. 점성도가 아주 큰 용액 속에서는 이온 분위기와 중심 이온이 모두 감속되므로 전기 이동 효과가 작아진다. 전기 이동 효과는 1-1 전해질의 경우 $A\sqrt{c}$로 표시된다. 여기서 $A=8.249\times10^{-4}/(\epsilon_r T)^{1/2}\eta$이며, η는 용매의 점성도 계수이다. 전기 이동 효과에 대한 식은 (31.46)식과 비슷하며 다음과 같이 표시된다.

$$\frac{Fe}{6\pi\eta}\left(\frac{\nu_+ z_+^2}{r_a}+\frac{\nu_- z_-^2}{r_a}\right)=\frac{Fe(\nu_+ z_+^2+\nu_- z_-^2)\kappa}{6\pi\eta}$$

여기서 r_a는 이온 분위기의 반지름이며 $1/\kappa$과 같다. Λ^{∞}로부터 위 식의 이 값을 뺀 다음 (31.46)식의 Λ^{∞}을 넣으면 Λ가 나온다. 즉,

$$\Lambda=\frac{Fe}{6\pi\eta}\left(\frac{\nu_+ z_+^2}{r_+}-\frac{\nu_+ z_+^2}{r_a}+\frac{\nu_- z_-^2}{r_-}-\frac{\nu_- z_-^2}{r_a}\right)$$

이 식은 이온 분위기의 운동으로 말미암아 각 이온의 유효 반지름이 다음과 같이 증가한다는 것을 뜻한다.

$$(r_+)_{\text{eff}}=r_+\left(1+\frac{r_+}{r_a-r_+}\right) \qquad \text{및} \qquad (r_-)_{\text{eff}}=r_-\left(1+\frac{r_-}{r_a-r_-}\right)$$

이온 분위기의 반지름이 감소하면 이온의 유효 반지름은 증가하며 이온의 이동이 느려진다.

비대칭 효과와 전기 이동 효과의 둘을 다 포함하는 Λ에 대한 최종 관계식은 1-1 전해질의 경우 다음과 같이 된다.

$$\Lambda=\Lambda^{\infty}-\left[\frac{8.249\times10^{-4}}{(\epsilon_r T)^{1/2}\eta}+\frac{8.20\times10^5\,\Lambda^{\infty}}{(\epsilon_r T)^{3/2}}\right]\sqrt{c} \tag{31.48}$$

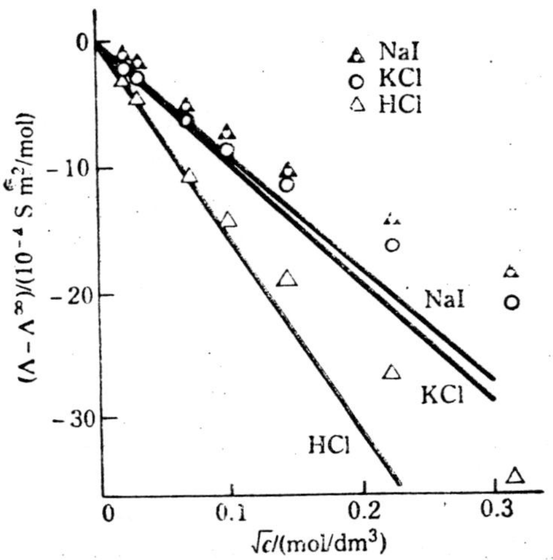

그림 31-11 Onsager 식에 대한 검토. 직선은 극한 기울기이다.

이 식은 Onsager 식으로서 보통 다음과 같이 간단한 꼴로 표시한다.

$$\Lambda = \Lambda^{\infty} - (A + B\Lambda^{\infty})\sqrt{c} \tag{31.49}$$

여기서 c는 mol/L로 나타낸 농도이다. (31.48)식을 검토하려면 Λ의 실험값을 $\sqrt{c}$에 대해서 도시하고 그 결과로 얻은 극한 기울기가 이 식으로부터 예상되는 값과 일치하는가를 보면 된다. 그림 31-11은 몇 가지 염의 수용액에 대한 Onsager 식으로부터의 이론치와 실험치를 비교해 놓은 것이다. 이 그림에 의하면 약 0.02 mol/L까지의 묽은 용액에서는 아주 잘 일치하고 있다. 이보다 진한 용액에서는 Onsager 식으로부터 예상되는 값보다 전도율이 더 높게 된다.

★ 31.15 고주파와 높은 전기장에서의 전도

이온 분위기에 대한 개념은 Wien 효과와 Debye-Falkenhagen 효과에 의해서 더 한층 실증되고 있다. $E > 10^7$ V/m 정도의 매우 높은 전기장에서는 전도도의 증가를 볼 수 있다(Wien 효과). 전도도가 이처럼 증가하는 이유는 한 이온 주위에 이온 분위기가 형성되려면 유한한 시간(완화 시간)이 필요하기 때문이다. 즉, 높은 전기장에서는 이온이 매우 빨리 이동하므로 실질적으로 이온 분위기가 없어진다. 즉, 이온 분위기가 형성될만한 시간적 여유가 없으며 그 결과 이온의 이동을 늦출 수 없게 된다. 결국 비대칭 효과가 사라지고 전도도가 증가하는 것이다.

마찬가지 이유로 3×10^6 Hz의 고주파를 걸어 주어도 전도도가 증가한다(Debye-Falkenhagen 효과). 이 경우에는 이온이 그의 이동 방향을 너무 빨리 바꾸므로 속도가 느린 이온 분위기는 중심 이온의 행동과 발을 맞추어 따라 다닐 수가 없게 된다. 따라서 이온은 마치 이온 분위기가 없을 때와 같이 움직이며 전도도가 증가한다. 고주파에서는 비대칭 효과와 전기 이동 효과가 둘 다 없어진다.

★ 31.16 비수용매 속에서의 전도도

비수용매 속에서의 전도도는 수용액에서의 경우와 그 원리가 물론 같다. 전도도가 용매의 점성도에 의존하는 관계는 이미 31.11절에서 고찰하였다. 그러나 유전 상수가 낮은 용매 속에서는 대다수의 물질의 이온화도가 줄어든다. 물 속에서 완전히 해리하는 전해질이라도 유전 상수가 낮은 용매 속에서는 그 일부분만이 해리한다. 염산은 물 속에서 완전히 해리하며 따라서 HCl은 센 산이다. 그러나 에틸알코올 속에서는 HCl이 중간 정도의 센 산으로서 그 해리 상수는 약 1.5×10^{-2}이다.

유전 상수가 ϵ_r인 매질 속에서 거리 r만큼 떨어져 있는 $+ze$와 $-ze$의 두 이온 사이의 상호 작용 에너지를 비교하여 보자. 이 에너지는 다음과 같이 주어진다.

$$V = -z^2 e^2/4\pi\epsilon_0\epsilon_r \tag{31.50}$$

유전 상수가 크면(물에서는 $\epsilon_r \approx 80$) 이온들이 충분히 서로 가까와질 때까지도 그 상호 작용 에너지가 그다지 크지 않다. 그러나 에틸알코올($\epsilon_r \approx 24$) 속에서는 물에서와 같은 거리에서도 상호 작용 에너지가 물에서보다 $\frac{80}{24} = 3.3$배나 크게 된다. 다시 말하면 에틸알코올 속에서는 이온 사이의 거리가 물에서보다 약 3.3배로 되어야 이들 사이의 상호 작용 에너지가 물 속에서의 값과 같은 정도로 된다. 결과적으로 대다수의 비수용매는 물보다 훨씬 낮은 유전 상수를 가지기 때문에 이온의 상호 작용에 의한 영향은 물 속에서 보다 훨씬 크다.

이온 사이의 상호 작용이 커지면 외삽법으로 Λ^{∞}을 구하는 데 Onsager 식을 쓸 수 없게 된다(아마 이것이 정당할 것이다). 즉, 이 경우에는 Onsager 식이 아주 묽은 용액에서만 성립하므로 용액의 전도도를 믿을만하게 측정하기가 불가능하다. 이 때는 특수한 방법을 써서 Λ^∞을 구해야 한다. 전해질이 약하게 해리하고 있을 때는 Ostwald의 묽힘 법칙을 써서 Λ^∞을 구할 수 있는데, 정확한 실험에서는 이온간 힘에 대한 보정을 해야 한다.

유전 상수가 작은 용액에서는 이온의 회합이 일어난다. 즉, A^+B^-와 같은 이온쌍 및 $A^+B^-A^+$, $B^-A^+B^-$와 같은 3합체가 나오게 되어 전도도는 농도와 더불어 급격하게 변화하게 된다.

★ 31.17 확산과 전하 운반

전기장 속에서의 이온의 이동도와 농도 기울기의 영향을 받는 이온 확산 사이에는 밀접한 관계가 있다. 일반적인 열역학적 견지에서 알맹이는 높은 화학 퍼텐셜의 영역으로부터 낮은 화학 퍼텐셜의 영역으로 자동적으로 이동한다. 이 이동을 일으키는 추진력은 화학 퍼텐셜의 음의 기울기이다. 즉, 알맹이의 속도는 이 추진력에 비례한다. x-축상에 따라서 농도 기울기가 나타나는 1차원의 경우를 생각하면 알맹이의 속도 v_i를 다음과 같이 나타낼 수 있다.

$$v_i = \tilde{u}_i\left(-\frac{\partial(\tilde{\mu}_i/N_A)}{\partial x}\right)_{T,p} \qquad (31.51)$$

이온은 전하를 가지고 있으므로 이 식에서는 전기 화학 퍼텐셜 $\tilde{\mu}_i$를 써야 하는 것이다. 이 식에서 N_A로 나눈 것은 단일 알맹이에 작용하는 힘을 얻기 위해서 이다. 비례 인자 $\tilde{u}_i$는 일반화 이동도인데, 이것은 단위값의 일반화 추진력 $-[\partial(\tilde{\mu}_i/N_A)/\partial x)_{T,p}$하에서 이온이 얻는 속도이다.

(17.7)식의 전기 화학 퍼텐셜을 이용하고 N_A로 나누면 다음과 같은 식을 얻을 수 있다.

$$\frac{\tilde{\mu}_i}{N_A} = \frac{\mu_i}{N_A} + z_i\left(\frac{F}{N_A}\right)\phi = \frac{\mu_i^\circ(T,p)}{N_A} + kT\ln a_i + z_i e\phi$$

둘째 등식은 $F/N_A = e$와 $\mu_i/N_A = \mu_i^\circ(T,p)/N_A + kT\ln a_i$를 이용해서 얻은 것이다. 일정한 T와 p에서 이 식을 x에 관해서 미분하고 부호를 바꾸면 다음과 같은 관계를 얻을 수 있다.

$$-\frac{\partial(\tilde{\mu}_i/N_A)}{\partial x} = -kT\frac{\partial \ln a_i}{\partial x} + z_i e\left(-\frac{\partial\phi}{\partial x}\right)$$

우선 여기서 $-\partial\phi/\partial x$는 x-축 방향의 전기장 E_x이다. 따라서 추진력에 대한 이 관계를 (31.51)식에 넣어주면 다음과 같은 결과가 나온다.

$$v_i = -\tilde{u}_i kT\frac{\partial \ln a_i}{\partial x} + \tilde{u}_i z_i e E_x \qquad (31.52)$$

여기서 활동도 기울기는 다음과 같은 관계를 이용해서 농도 기울기로 바꾸어 줄 수 있다.

$$\frac{\partial \ln a_i}{\partial x} = \frac{\partial \ln a_i}{\partial \ln c_i}\frac{\partial \ln c_i}{\partial x} \qquad (31.53)$$

그런데 c_i를 리터당 이온의 몰수로 나타낸 농도, 그리고 γ_i를 이에 해당하는 활동도 계수라고 하면 $a_i = \gamma_i c_i$이다. 따라서,

$$\frac{\partial \ln a_i}{\partial \ln c_i} = 1 + \frac{\partial \ln \gamma_i}{\partial \ln c_i}$$

또 $\tilde{N}_i$를 1 m^3당 이온 수로 나타낸 농도라고 하면 $\tilde{N}_i = (1000 L/m^3) N_A c_i$이다. 따라서,

$$d\ln c_i = d\ln \tilde{N}_i = \frac{d\tilde{N}_i}{\tilde{N}_i}$$

이들 두 관계식을 (31.53)식에 넣어주면 다음과 같은 식이 나온다.

$$\frac{\partial \ln a_i}{\partial x} = \left(1 + \frac{\partial \ln \gamma_i}{\partial \ln c_i}\right)\frac{1}{\tilde{N}_i}\frac{d\tilde{N}_i}{dx} \qquad (31.54)$$

잠정적으로 용액이 충분히 묽어서 $\gamma_i = 1$로 놓을 수 있다고 가정하자(여기서 얻는 결과는 무한히 묽을 때만 성립한다). 그러면 (31.54)식의 괄호 속에 있는 둘째 항이 영이 된다. $\partial \ln a_i/\partial x$에 대한 이 결과를 (31.52)식에 넣어주면 이온의 속도가 다음과 같이 된다.

$$v_i = -\frac{\tilde{u}_i kT}{\tilde{N}_i}\frac{\partial \tilde{N}_i}{\partial x} + \tilde{u}_i z_i eE_x \qquad (31.55)$$

그리하여 이온의 속도는 두 기여가 합해진 것임을 알 수 있다. 즉, 하나는 농도 기울기 $\partial\tilde{N}_i/\partial x$에 비례하는 화학적인 기여이며, 또 하나는 전기장의 세기 E_x에 비례하는 전기적인 기여이다. 이제 여러 가지 경우를 가지고 (31.55)식의 뜻을 생각해 보기로 하자.

만일 농도가 균일하여 $\partial\tilde{N}_i/\partial x = 0$이면 이온의 속도는 전기장의 영향만을 받는다. 즉, 이 때는 다음과 같은 관계가 성립된다.

$$v_i = \tilde{u}_i z_i eE_x \qquad (31.56)$$

이 식을 (31.10)식과 비교하면 단위 추진력 하에서의 속도 $\tilde{u}_i$와 단위 전기장 하에서의 속도 u_i 사이의 관계를 얻을 수 있다. 즉,

$$u_i = \tilde{u}_i z_i e \qquad \text{또는} \qquad \tilde{u}_i = \frac{u_i}{z_i e} \qquad (31.57)$$

이온의 흐름도 운반에 관한 일반 법칙 $j_i = \tilde{N}_i v_i$, 즉 (30.11)식에 따른다. 그리하여 (31.55)식으로 주어지는 v_i를 넣어주면 다음과 같은 관계를 얻을 수 있다.

$$j_i = -\tilde{u}_i kT\frac{\partial \tilde{N}_i}{\partial x} + \tilde{N}_i \tilde{u}_i z_i eE_x \qquad (31.58)$$

우변의 첫째 항은 확산 흐름을 나타낸다. 이 항을 Fick의 법칙인 (30.5)식과 비교하면 확산계수가 나온다.

$$D_i^\infty = \tilde{u}_i^\infty kT \qquad (31.59)$$

이것은 (31.57)식을 이용해서 다음과 같이 나타낼 수도 있다.

$$D_i^\infty = \frac{u_i^\infty kT}{z_i e} \qquad \text{또는} \qquad D_i^\infty = \frac{u_i^\infty RT}{z_i F} \qquad (31.60)$$

이 식은 단위 전기장 속에서의 이동도와 확산 계수 사이의 관계를 나타내는 것으로서 Einstein의 관계식이라고 한다. 또 이 식의 u_i를 Stokes의 법칙인 (31.44)식의 값으로 바꾸어 주면 확산 계수, 이온 반지름 및 매질의 점성도 사이의 관계식을 얻을 수 있다.

$$D_i^\infty = \frac{kT}{6\pi \eta_0 r_i} \qquad (31.61)$$

이 관계를 Stokes-Einstein 식이라고 한다. 이 식은 알맹이의 전하를 포함하고 있지 않으므로 중성 알맹이의 경우에도 적용시킬 수 있다. 실제로 Einstein의 식은 본래 이온이 아닌 중성 알맹이를 가지고 여기서 사용한 것과는 상이한 방법으로 유도되었다.

■ 보기 31.1 (31.61)식을 이용해서 D_i의 크기를 계산하여 보면 유익할 것이다. $T=300\,K$에서 물의 점성도가 $\eta_0 \approx 9\times10^{-4}\,kg/m\,s$이다. 따라서 $r_i \approx 10^{-10}\,m$를 취하면 다음과 같은 결과를 얻을 수 있다.

$$D_i^\infty = \frac{(1.38\times10^{-23}\,J/K)(300\,K)}{6(3.14)(9\times10^{-4}\,kg/m\,s)10^{-10}\,m} \approx 2\times10^{-9}\,m^2/s$$

이 값은 물 속에서 원자 크기의 알맹이가 갖는 확산 계수의 크기 정도와 일치한다.

Einstein식의 u_i에다 (31.26)식의 $u_i=\lambda_i/z_iF$를 넣어주면 몰 전도도와 확산 계수 사이의 관계를 얻을 수 있다.

$$D_i^\infty = \frac{RT\lambda_i^\infty}{F^2 z_i^2} \quad \text{또는} \quad \lambda_i^\infty = \frac{F^2 z_i^2 D_i^\infty}{RT} \tag{31.62}$$

이 식을 몰 전도도에 관한 (31.27)식과 결합하면 다음과 같은 결과를 얻을 수 있다.

$$\Lambda^\infty = \frac{F^2}{RT}(\nu_+ z_+^2 D_+^\infty + \nu_- z_-^2 D_-^\infty) \tag{31.63}$$

이 식은 이온의 확산 계수와 전도도 사이의 관계를 나타내는 것으로서 Nernst-Einstein식이라고 한다. 이 식을 보면 이온의 확산 계수가 어떻게 결합하여 전체 전해질의 확산 계수를 나타내게 되느냐 라는 의문을 낳게 한다. 이제부터 이 의문에 대해서 생각해 보기로 하겠다.

★ 31.17.1 전해질의 확산

전해질이 외부 전기장의 영향을 받지 않고 확산되는 간단한 경우를 생각하여 보자. 이 때는 농도 기울기에 의해서 확산이 일어난다. 이러한 경우를 나타낸 것이 그림 31-12(a)인데, 여기서는 전해질 용액 위에 순수한 물의 층이 있다. 처음에는 이 두 액체 층 사이에 예민한 경계면이 존재한다고 생각한다. 그리고 A^{z+}이온이 B^{z-}이온보다 빠르게 이동한다고 가정하자. 그러면 곧 그림 31-12(b)와 같은 상황이 나타날 것이다. 즉, 첫 순간에 양이온이 음이온을 앞지르게 되고 그리하여 전기적 2중층이 생겨서 전기장을 만들게 된다. 그리고 이 전기장 때문에 느린 이온의 속도는 느려진다. 이러한 조절은 매우 빠르게 이루어지며 따라서 두 이온은 같은 방향으로 같은 속도를 가지고 이동하게 된다. 만일 이러한 조절이 이루어지지 않는다면 양이온과

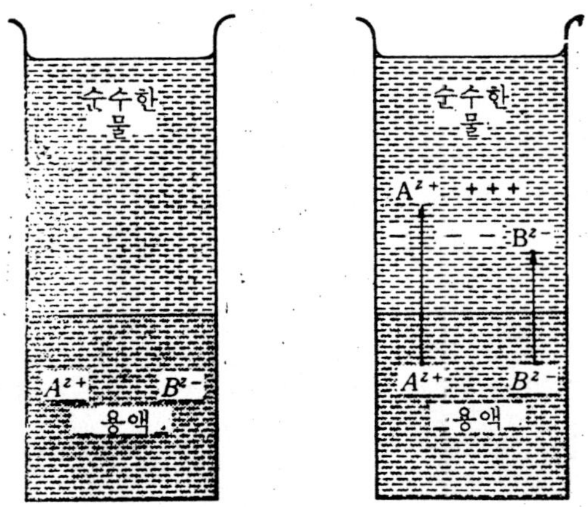

그림 31-12 전해질의 확산.

음이온 사이의 속도차 때문에 전기적 중성이 크게 깨질 것이다. 그리고 이에 맞먹는 큰 전위차가 확산 방향에 따라 생겨날 것이다. 실제에 있어서 이온의 속도를 같게 하여 주는 이 2중층 사이의 전위차는 대단히 작다($<\sim 100$ mV). 이것은 확산 퍼텐셜로서 17.18절에서 설명한 액간 접촉 전위의 원인이 되는 것이다.

이 상황을 대수적으로 취급할 수 있게 하기 위해서 (31.52)식을 $v_+ = v_- = v$인 각각의 이온에 대해서 쓰자.

$$v_+ = v = -\tilde{u}_+ kT \frac{\partial \ln a_+}{\partial x} + \tilde{u}_+ z_+ eE_x \tag{31.64}$$

$$v_- = v = -\tilde{u}_- kT \frac{\partial \ln a_-}{\partial x} + \tilde{u}_- z_- eE_x \tag{31.65}$$

여기서는 편도함수에다 T와 p를 첨자로 써주지 않았다. 그러나 T와 p는 상수이다. 이 두 식을 이용하면 v와 E_x를 구할 수 있다. 우선 E_x를 소거하고 v에 관해서 풀어보자. 전기적 중성 조건을 이용하면 이것을 가장 쉬게 풀 수 있다. 전해질의 화학식은 $A_{\nu_+}^{z_+}B_{\nu_-}^{z_-}$이므로 전기적 중성 조건은 다음과 같이 된다.

$$\nu_+ z_+ + \nu_- z_- = 0 \tag{31.66}$$

(31.64)식에 $\nu_+/\tilde{u}_+$를 곱하고 또 (31.65)식에 $\nu_-/\tilde{u}_-$를 곱하면 다음과 같은 식이 나온다.

$$\frac{\nu_+ v}{\tilde{u}_+} = -kT \frac{\nu_+ \partial \ln a_+}{\partial x} + \nu_+ z_+ eE_x$$

$$\frac{\nu_- v}{\tilde{u}_-} = -kT \frac{\nu_- \partial \ln a_-}{\partial x} + \nu_- z_- eE_x$$

다음에 이 두 식을 결합하면 다음과 같은 식이 나온다.

$$\left(\frac{\nu_+}{\tilde{u}_+} + \frac{\nu_-}{\tilde{u}_-}\right) v = -kT \frac{\partial \ln a_+^{\nu_+} a_-^{\nu_-}}{\partial x} = -\nu kT \frac{\partial \ln a_\pm}{\partial x}$$

eE_x의 항은 (31.66)식에 의해서 소멸되었다. 그리고 둘째 번 등식은 평균 이온 활동도의 정의와 $\nu = \nu_+ + \nu_-$를 이용해서 얻은 것이다. (31.54)식을 전개하는 데 사용한 것과 비슷한 논리를 이용하고 $\nu_\pm = 1$로 놓으면 $\partial \ln a_\pm$를 $\partial \ln \tilde{N} = \partial \tilde{N}/\tilde{N}$로 바꾸어 줄 수 있다. 그리고 v에 관해서 풀면 다음과 같은 결과를 얻을 수 있다.

$$v = -\frac{\nu kT}{\dfrac{\nu_+}{\tilde{u}_+^\infty} + \dfrac{\nu_-}{\tilde{u}_-^\infty}} \frac{1}{\tilde{N}} \frac{\partial \tilde{N}}{\partial x}$$

한편 $j = v\tilde{N}$이다. 따라서 무한히 묽은 용액에 대해서는 다음과 같이 된다.

$$j = -\frac{\nu kT}{\dfrac{\nu_+}{\tilde{u}_+^\infty} + \dfrac{\nu_-}{\tilde{u}_-^\infty}} \frac{\partial \tilde{N}}{\partial x} \tag{31.67}$$

이 식은 간단한 전해질의 확산에 관한 식으로서 Nernst가 처음으로 유도하였었다. 이 식을 Fick의 법칙과 비교하면 다음과 같은 관계를 얻을 수 있다.

$$D^\infty = \frac{\nu kT}{\dfrac{\nu_+}{\tilde{u}_+^\infty} + \dfrac{\nu_-}{\tilde{u}_-^\infty}} \quad \text{및} \quad \frac{\nu}{D^\infty} = \frac{\nu_+}{kT\tilde{u}_+^\infty} + \frac{\nu_-}{kT\tilde{u}_-^\infty} \tag{31.68}$$

표 31-7 25°C에서의 전해질의 극한 확산 계수, D^∞.

화 합 물	$D^\infty/(10^{-9}\ m^2/s)$	화 합 물	$D^\infty/(10^{-9}\ m^2/s)$
HCl	3.336	$CaCl_2$	1.335
LiCl	1.367	$SrCl_2$	1.335
NaCl	1.611	$BaCl_2$	1.386
KCl	1.994	Na_2SO_4	1.229
KNO_3	1.929	$LaCl_3$	1.293

여기서 D^∞는 전해질의 확산 계수이다. 한편 (31.59)식에 의하면 $D_i^\infty = u_i^\infty kT$이므로 (31.68) 식은 다음과 같이 간소화된다.

$$\frac{\nu}{D^\infty} = \frac{\nu_+}{D_+^\infty} + \frac{\nu_-}{D_-^\infty} \tag{31.69}$$

이 식은 개개 이온의 확산 계수로부터 전해질의 확산 계수를 구하는 식이다. 상첨자 ∞는 이 관계가 무한히 묽을 때에만 정확하다는 것을 강조하는 것이다.

(31.69)식에 의하면 전해질의 확산 계수는 보다 느리게 이동하는 이온의 확산 계수에 더 가깝다.

■ 보기 31.2 (31.62)식을 이용하여 H^+와 Cl^- 이온의 몰 전도도로부터 이들의 이온 확산 계수를 계산하여 보자.

$$D^\infty(H^+) = \frac{(8.314\ J/K\ mol)(298.15\ K)}{(96485\ C/mol)^2(+1)^2}(349.8\times10^{-4}\ S\ m^2/mol) = 9.315\times10^{-9}\ m^2/s$$

$$D^\infty(Cl^-) = \frac{(8.314\ J/K\ mol)(298.15\ K)(76.35\times10^{-4}\ S\ m^2/mol)}{(96485\ C/mol)^2(-1)^2} = 2.033\times10^{-9}\ m^2/s$$

따라서,

$$\frac{2}{D^\infty(HCl)} = \frac{1}{D^\infty(H^+)} + \frac{1}{D^\infty(Cl^-)} = \frac{1}{9.315\times10^{-9}} + \frac{1}{2.033\times10^{-9}}$$

$$D^\infty(HCl) = 3.338\times10^{-9}\ m^2/s$$

HCl의 확산 계수는 Cl^- 이온의 확산 계수보다 약간 크다. 이것은 보다 빠르게 이동하는 H^+ 이온이 보다 느린 Cl^- 이온을 끌고 가기 때문이다.

(31.69)식과 (31.63)식에서 D_+^∞와 D_-^∞의 결합 방식을 비교하여 보자. 전도도의 경우에는 음이온과 양이온이 서로 반대 방향으로 이동하고 확산의 경우에는 서로 같은 방향으로 이동하기 때문에 이 두 경우의 결합 방식이 다르게 나타나는 것이다.

(31.62)식의 D_+와 D_-를 이용하면 (31.69)식이 다음과 같이 된다.

$$\frac{\nu}{D^\infty} = \frac{F^2}{RT}\left(\frac{\nu_+ z_+^2}{\lambda_+^\infty} + \frac{\nu_- z_-^2}{\lambda_-^\infty}\right) \tag{31.70}$$

이 관계는 Nernst가 처음으로 유도한 것인데 확산 계수를 이온 전도도의 함수로 나타낸 것이다. 몇 가지 전해질의 확산 계수를 표 31-7에 수록해 놓았다.

★31.17.2 확산 전위

같은 전해질이 상이한 농도로 녹아 있는 두 용액을 액간 접촉을 이루도록 접촉시켰다고 하자.

(31.64)식과 (31.65)식 사이에서 v를 소거하면 이 때 나타나는 단순한 확산 계면 사이의 전위차를 계산할 수 있다. 우선 (31.64)식에다 $\nu_+ z_+$를 곱하고 또 (31.65)식에는 $\nu_- z_-$를 곱한 다음 이들을 합해 주면 다음과 같은 결과를 얻을 수 있다.

$$0 = -kT\left(\nu_+ z_+ \tilde{u}_+ \frac{\partial \ln a_+}{\partial x} + \nu_- z_- \tilde{u}_- \frac{\partial \ln a_-}{\partial x}\right) + (\nu_+ z_+^2 \tilde{u}_+ + \nu_- z_-^2 \tilde{u}_-)eE_x$$

여기서 좌변은 전기적 중성의 조건, 즉 (31.66)식 때문에 영이 된 것이다. 한편 (31.59)식과 (31.62)식으로부터 D_i를 소거하면 $\tilde{u}_i = \lambda_i / z_i^2 eF$가 나온다. 이 관계를 위의 식 중의 $\tilde{u}_i$에다 넣어 주고 정리를 하면 다음과 같은 식을 얻을 수 있다.

$$(\nu_+ \lambda_+ + \nu_- \lambda_-)E_x = \frac{RT}{F}\left(\frac{\nu_+ \lambda_+}{z^+} \frac{\partial \ln a_+}{\partial x} + \frac{\nu_- \lambda_-}{z_-} \frac{\partial \ln a_-}{\partial x}\right)$$

이어서 여기에다 $E_x = -\partial\phi/\partial x$, $\Lambda = \nu_+ \lambda_- + \nu_- \lambda_-$, $\nu_+ \lambda_+ = t_+ \Lambda$ 및 $\nu_- \lambda_- = t_- \Lambda$의 관계를 넣어 주면 다음과 같이 된다.

$$-\frac{\partial \phi}{\partial x} = \frac{RT}{F}\left(\frac{t_+}{z_+} \frac{\partial \ln a_+}{\partial x} + \frac{t_-}{z_-} \frac{\partial \ln a_-}{\partial x}\right)$$

또 $a_+ = a_- = a_\pm$라고 가정하면 이 식이 다음과 같이 된다.

$$-\frac{\partial \phi}{\partial x} = \frac{RT}{F}\left(\frac{t_+}{z_+} + \frac{t_-}{z_-}\right) \frac{\partial \ln a_\pm}{\partial x} \tag{31.71}$$

이 식은 확산 전위의 기울기와 평균 이온 활동도의 기울기와의 관계를 나타내는 식이다. 특히 AB와 같은 대칭형 전해질의 경우에는 $z_- = -z_+$이며 따라서 이 식이 다음과 같이 된다.

$$-\frac{\partial \phi}{\partial x} = \frac{RT}{z_+ F}(t_+ - t_-) \frac{\partial \ln a_\pm}{\partial x}$$

그리하여 이 식은 $t_+ \approx t_-$인 전해질(KCl과 같은)의 확산 전위가 대단히 작다는 것을 분명하게 나타내고 있다. 액간 접촉 전위를 낮추기 위한 염다리에다 KCl을 쓰는 것은 이러한 이유 때문이다. 이 식은 또 이온의 전하가 높을수록 확산 전위 기울기가 낮아진다는 사실을 나타내기도 한다.

확산 전위를 계산하려면 (31.71)식을 확산 영역에 관해서 적분해 주어야 한다.

$$\int_{x_1}^{x_2} -\frac{\partial \phi}{\partial x} dx = \frac{RT}{F} \int_{x_1}^{x_2} \left(\frac{t_+}{z_+} + \frac{t_-}{z_-}\right) \frac{\partial \ln a_\pm}{\partial x} dx$$

활동도가 $(a_\pm)_1$로부터 $(a_\pm)_2$로 변화하는 보통의 농도차 전지의 경우에는(만일 위 식의 우변의 괄호 속의 양이 농도에 무관하다고 가정하면) 이 식이 다음과 같이 된다.

$$\Delta\phi_{\text{diff}} = -\frac{RT}{F}\left(\frac{t_+}{z_+} + \frac{t_-}{z_-}\right) \ln \frac{(a_\pm)_2}{(a_\pm)_1} \tag{31.72}$$

이 식은 접촉 전위에 관한 (17.63)식과 동등한 것이다.

★31.17.3 정류 상태에서의 이온 분포

끝으로 (31.55)식에 관해서 조금 더 생각해 보자. 지금 외부에서 가하는 전기장의 크기와 방향을 알맞게 조절하여 이온의 농도 기울기가 그 이온의 이동도에 미치는 영향을 정확하게 상쇄시킬 수 있다고 하자. 그러면 $v_i = 0$이 되며 (31.55)식을 $\tilde{u}_i$로 나누면 다음과 같이 된다.

$$0 = \frac{kT}{\tilde{N}_i}\frac{\partial \tilde{N}_i}{\partial x} + z_i e\left(-\frac{\partial \phi}{\partial x}\right)$$

이 식을 dx로 나누고 정리를 하면 다음과 같이 된다.

$$\frac{d\tilde{N}_i}{\tilde{N}_i} = \frac{z_i e\, d\phi}{kT}$$

전위가 영이 되는 점과 전위가 ϕ인 점 사이에서 이 식을 적분하면 다음과 같이 된다.

$$\ln\frac{\tilde{N}_i}{\tilde{N}_{i0}} = -\frac{z_i e\phi}{kT} = -\frac{z_i F\phi}{RT}$$

또는

$$\tilde{N}_i = \tilde{N}_{i0}\, e^{-z_i F\phi/RT} \tag{31.73}$$

이 식은 Boltzmann 분포식이다. 이 식의 유도 과정을 생각하여 보면 비평형 영역이라도 선형 법칙이 만족될 때는 1차 근사로서 평형 분포식을 적용시킬 수 있다는 것을 알 수 있다. 이것은 참 다행스러운 일이다. 만일 그렇지 않았더라면 수학적으로 엄청나게 복잡해졌을 것이다.

《질 문》

31. 1 금속과 이온 용액에서의 전하 운반체를 말하라.

31. 2 전기 분해에 관한 Faraday의 법칙이 엄밀한 이유는 무엇인가?

31. 3 용액 속에서의 이온의 전도도를 측정하는 데 교류를 쓰는 이유는 무엇인가?

31. 4 센 전해질의 이온은 어째서 농도가 낮을 때 독립적으로 이동하는가?

31. 5 약한 전해질의 몰 전도도는 대체적으로 $c^{-1/2}$에 따라 변한다(그림 31-3). 해리도가 낮은 평형 상수를 가지고 이 사실을 설명하라.

31. 6 센 전해질의 Λ는 농도에 따라 감소하는데, 그 원인이 되는 두 가지 효과를 말하라.

31. 7 (31.71)식은 확산 전위가 평형 전위가 아니라 정류 상태라는 사실을 나타낸다. 이 식의 어떤 면이 이런 사실을 말해 주는가?

《연습 문제》

31. 1 길이가 2.0 m이고 지름이 0.05 cm인 도선에다 100 V의 전위차를 주었다. 전류가 25 A일 경우 다음을 계산하라.

a) 이 도선의 저항과 전도

b) 전기장의 세기

c) 전류 밀도

d) 이 도선의 저항도와 전도도

31. 2 금속 도선에 1A의 전류가 흐르고 있다. 1초 동안에 몇 개의 전자가 이 금속 도선의 한 점을 통과 하는가?

31. 3 구리의 저항도는 $1.72 \times 10^{-8}\ \Omega\,m$이다. 길이가 6.0 m이고 지름이 2.0×10^{-5} m인 구리 도선에 20.0 V의 전위차를 주면 얼마만한 전류가 흐르겠는가?

31. 4 두께가 0.00254 cm이고 폭이 0.50 mm인 은박으로 거리가 4.2 cm 만큼 떨어진 두 점을 연결해 주었다. 은박을 통해서 1.5 mA의 전류가 흐를 때 이 두 점 사이의 전압 강하를 구하라. 은의 전도도는 $\kappa = 6.30 \times 10^{7}$ S/m이다.

31. 5 지름이 0.1024 cm이고 길이가 58.4 cm인 철사의 양 끝에 10.0 mV의 전위차를 주었더니 145 mA의 전류가 흘렀다. 이 철사의 저항도를 계산하라.

31. 6 백금의 Hall 계수는 $-2.00 \times 10^{-11}\ m^3/C$, 저항도는 $10.6 \times 10^{-8}\ \Omega\,m$, 그리고 밀도는 $21.45 g/cm^3$이다. 다음을 계산하라.

a) 전자의 이동도

b) 원자당 전자 수

c) 두께가 0.00508 cm이고 폭이 2.12 cm인 백금 박에 122 mA의 전류가 흐르면 0.500 tesla의 자기장 속에서의 Hall 전위는 얼마가 되겠는가?

31. 7 Hall 효과를 측정하기 위해서 폭이 1.50 cm이고 두께가 0.0127 cm인 은조각에다 2.00 A의 전류를 통과시켰다. 0.750 tesla의 자기장을 이용해서 1.32 μV의 가로 전위차를 얻을 수 있었다. 은의 Hall 계수를 계산하라.

31. 8 0.10 A의 전류를 3시간 동안 통과시켜서 황산 수용액을 전기 분해하였다. 표준 상태로 환산해서 몇 cm^3의 수소와 산소가 발생하였겠는가?

31. 9 염기성 용액에서 KCl을 전기 분해하면 염소산칼륨이 생긴다.

$$6\,OH^- + Cl^- \rightarrow ClO_3^- + 3\,H_2O + 6e^-$$

흐른 전기량의 60%만이 반응에 사용된다면 10 g의 $KClO_3$를 만드는 데 2 A의 전류를 몇 시간이나 통과시켜야 하겠는가?

31. 10 HCl 용액 속의 Ag 양극을 통하여 0.50 A의 전류를 2.5시간 통과시키면 얼마만한 질량의 AgCl이 생성되겠는가?

31. 11 질산은 용액을 4시간 27분 35초 동안 전기 분해하였더니 0.4793 g의 은이 석출되었다. 통과한 평균 전류는 얼마인가?

31. 12 KI 용액에다 3시간 10분 18초 동안 전류를 통과시켰다. 유리된 요오드를 다음 반응에 따라 적정 하는데 0.1046 mol/L $Na_2S_2O_3$ 용액 34.62 mL가 들었다.

$$I_2 + 2\,S_2O_3^{2-} \longrightarrow 2\,I^- + S_4O_6^{2-}$$

통과한 평균 전류는 얼마인가?

31. 13 니트로벤젠, $C_6H_5NO_2$는 수은 음극에서 아닐린, $C_6H_5NH_2$로 환원된다. 전류 효율이 80%라면 1.0 kg의 아닐린을 얻는데 3.0 A의 전류를 얼마동안 통과시켜야 하겠는가?

31. 14 25 °C에서 KCl 수용액의 전도도는 0.14088 S/m이다. 그리고 이 수용액이 채워진 용기의 저항은 4.2156 Ω이었다.

a) 용기 상수는 얼마인가?

b) 같은 용기에 HCl 수용액을 채웠을 때의 저항은 1.0326 Ω이었다. 이 HCl 수용액의 전도도는 얼마인가?

32. 15 0 °C에서 수은의 전도도는 $\kappa = 1.062963 \times 10^{6}$ S/m이다.

a) 수은이 들어있는 용기의 저항이 0.243166Ω이었다면 이 용기의 용기 상수는 얼마겠는가?

b) 0 °C에서 이 용기에다 염화칼륨 용액을 채웠더니 저항이 3.966×10^4Ω이었다. 이 KCl 용액의 전도도는 얼마인가?

c) 이 용기의 평균 단면적이 $0.9643\,mm^2$이라면 전극사이의 유효 거리가 얼마이겠는가?

31.16 표 31-5에 나와있는 H^+, Na^+, Ca^{2+}, La^{3+}, OH^-, Br^-, SO_4^{2-} 및 $P_2O_7^{4-}$의 λ^∞ 값을 이용하여 다음을 계산하라.

a) 이들 이온의 이동도

b) 전극 사이의 거리가 5.00 cm인 용기 속에서 2.00 V의 전위차가 작용할 때 이들 이온의 속도는 얼마가 되겠는가?

31.17 NH_4^+ 이온의 이동도는 $7.623 \times 10^{-8}\,m^2/V\,s$이다. 다음을 계산하라.

a) NH_4^+ 이온의 몰 전도도.

b) 전극 사이의 간격이 25 cm이고, 여기에다 15.0 V를 작용시켰을 때의 이온의 속도.

c) $C_2H_3O_2^-$ 이온의 이동도가 $4.239 \times 10^{-8}\,m^2/V\,s$일 때 $NH_4C_2H_3O_2$ 용액 속의 이온들의 운반율.

31.18 표 31-5의 몰 전도도는 농도에 따라 변하지 않는다고 가정한다.

a) $AgNO_3$, HCl, $CaCl_2$, $MgSO_4$, $La_2(SO_4)_3$의 0.0100 mol/L 용액의 전도도를 구하라.

b) 전극 사이의 거리가 8.0 cm이고 전도 경로 상의 유효 단면적이 $1.6\,cm^2$인 용기 속에 (a)의 용액들이 들어 있을 때 나타나는 저항도를 구하라.

31.19 a) Hittorf 용기의 두 전극이 Ag-AgCl 전극이고 이 속에 염산이 채워져 있다. 농도 변화를 양이온의 운반율과 통과한 전기량의 함수로 나타내라.

b) 음극으로 백금 전극을 써서 H_2가 발생하게 하면 (a)에서 구한 관계식이 어떻게 변화하겠는가?

c) 산소를 발생하는 Pt 전극을 양극으로 썼을 때는 어떻게 되는가? [주 : 기체를 발생시키는 전극을 사용한다는 것은 Hittorf의 실험에서 아주 좋지 못하다. 그 이유는 무엇이겠는가?]

31.20 Ag-AgCl 전극을 가진 Hittorf 용기 속에 0.3856×10^{-3} g HCl/(g 물)의 HCl 용액을 넣었다. 2.00 mA를 정확하게 3시간 동안 통과시킨 다음 용액을 꺼내어 무게를 칭량하여 분석하였다. 음극 용액의 전체 무게는 51.7436 g이며, 0.0267 g의 HCl을 포함하고 있다. 또 양극 용액의 무게는 52.0461 g이며, 0.0133 g의 HCl을 포함하고 있다. 수소 이온의 운반율은 얼마인가?

31.21 KCl 용액에서의 운반율을 구하기 위해서 Hittorf 장치로 다음과 같은 데이터를 얻었다(D.A. MacInnes and M. Dole. *J.A.C.S.* **53**, 357[1931]). 양극 용액의 질량, 117.79g; 음극 용액의 질량, 120.99 g; 양극 부분의 KCl, 0.10336%; 음극 부분의 KCl, 0.19398%; 중간 부분의 KCl, 0.14948%; 양극 칸으로부터 이전해 나간 KCl 양으로부터 t_+를 계산하라. 그리고 또 음극 칸으로 이전해 들어간 KCl 양으로부터 t_+를 계산한 다음 t_+의 평균치를 구하라(이 장치와 직렬로 연결한 은 전기량계에 0.16034 g의 은이 석출되었으며, KCl의 농도는 0.2 mol/L이다). 여기서는 은-염화은 전극을 사용하였다.

31.22 0.01 mol/L의 LiCl를 써서 이동 계면법으로 Li^+의 운반율을 측정하는 실험을 하였다. 관의 단면적은 $0.125\,cm^2$이며, 1.80×10^{-3} A의 전류를 1490초 동안 통과시켰을 때, 경계면이 7.3 cm 이동하였다. 운반율 t_+를 계산하라.

31.23 0.010 mol/L의 염화나트륨 용액에서의 염화 이온의 운반율을 이동 계면법으로 측정하였다. 관의 단면적은 $0.427\,cm^2$이고 전류의 세기는 2.08×10^{-3} A였다. t_-를 계산하라.

31.24 표 31-5를 이용하여 HCl, NaCl, KCl, $CaCl_2$ 및 $LaCl_3$의 무한히 묽은 용액 속에서의 Cl^- 이온의 운반율을 계산하라.

31.25 어떤 용액이든 그 전도도는 (31.29)식으로 나타낼 수 있다. $CaCl_2$가 0.10 mol/L이고 HCl이 0.010 mol/L인 용액 속에서의 각 이온들의 운반율을 계산하라. 표 31-5의 λ^∞ 값을 이용하라.

31.26 HCl과 NaCl을 포함하는 용액에서 수소 이온의 운반율이 0.5라면 HCl과 NaCl 농도비는 얼마가 되어야 하는가(표 31-5의 데이터를 참조하라)?

31.27 LiCl의 몰 전도도는 무한 묽힘에서 115.03×10^{-4} S m²/mol이며, 양이온의 운반율은 0.336이다.
a) 양이온의 이동도를 계산하라.
b) 4.0 cm 간격의 전극 사이에다 6.0 V의 전위차를 주었을 때의 양이온의 속도를 계산하라.

31.28 18 °C에서 KNO_3 용액에 대하여 다음과 같은 데이터를 얻었다.

$c/(10^{-3}$mol/L)	0.20	0.50	1.0	2.0	5.0
$\Lambda/(10^{-4}$ S m²/mol)	125.2	124.5	123.7	122.6	120.5

이 데이터를 적절하게 도시하여 Λ^∞를 구하라.

31.29 25°C에서 HCl 용액을 가지고 다음과 같은 데이터를 얻었다.

$c/(10^{-3}$ mol/L)	2.8408	8.1181	17.743	31.863
$\Lambda/(10^{-4}$ S m²/mol)	425.13	424.87	423.94	423.55

적절한 도시를 하여 Λ^∞를 구하라.

31.30 25 °C에서 물은 $\eta = 8.949 \times 10^{-4}$ Pa s, 그리고 $\epsilon_r = 78.54$이다. Onsagar식과 표 31-5의 데이터를 이용하여 농도가 각각 c/(mol/L) = 0.0001, 0.001, 0.01인 HCl, KCl 및 LiCl 용액의 몰 전도도를 계산하라.

31.31 Na^+이온과 Cl^-이온의 결정학적 반지름은 각각 95 pm와 181 pm이다. Stokes의 법칙을 써서 이온 전도도를 계산하고 표 31-5의 값과 비교하라($\eta = 0.89 \times 10^{-3}$ Pa s이다).

31.32 25 °C에서 $\Lambda^\infty/10^{-4}$ S m²/mol의 값은 벤조산나트륨이 82.48, 염산이 426.16, 그리고 염화나트륨이 126.45이다. 벤조산의 Λ^∞를 구하라.

31.33 아세트산 몰 전도도는 다음과 같다.

$\Lambda/(10^{-4}$ S m²/mol)	49.50	35.67	25.60
c/(mol/L)	9.88×10^{-4}	19.76×10^{-4}	39.52×10^{-4}

적절한 도시를 하여 다음을 구하라.
a) Λ^∞
b) 해리 상수
c) 각 농도에서의 해리도

31.34 25 °C에서 전도도가 0.14088 S/m인 KCl 용액을 어떤 전도도 측정 용기에 넣고 저항을 측정하였더니 654Ω였다. 또 이 측정 용기에 0.10 mol/L의 NH_4OH 용액을 넣었더니 저항이 2524Ω였다. 표 31-5의 극한 몰 이온 전도도를 이용하여 다음을 계산하라.
a) 용기 상수
b) NH_4OH 용액의 몰 전도도
c) 0.10mol/L NH_4OH의 해리도

d) NH_4OH의 해리 상수

31.35 $BaSO_4$의 포화 용액은 그 전도도가 3.48×10^{-4} S/m 이며, 순수한 물의 전도도는 0.50×10^{-4} S/m 이다. $BaSO_4$의 용해도곱을 계산하라(표 31-5를 이용하라).

31.36 MgF_2의 포화 용액은 $\kappa = 0.02538$ S/m 이다. MgF_2의 용해도 곱을 계산하라(κ_w는 문제 31.35와 것을 사용하며 또 표 31-5의 데이터를 이용하라).

31.37 a) 농도가 $\tilde{c}_a$(mol/m³)인 센 산 HA를 농도 $\tilde{c}_b$(mol/m³)인 센 염기 MOH로 적정한다고 하자. 산의 부피는 v_0이다. 임의의 적정 단계에서 가해진 염기의 부피를 v라고 하면 당량점이 이루어지기 전의 전도도와 v 사이에 다음과 같은 관계가 성립한다는 것을 증명하라.

$$\kappa = \left(\frac{v_0}{v_0 + v}\right)\left[\kappa_a - \tilde{c}_b\left(\frac{v}{v_0}\right)(\lambda_{H^+} - \lambda_{M^+})\right]$$

여기서 κ_a는 염기를 가하기 전의 산의 전도도이며, λ의 값은 용액의 부피 변화에 관계없이 일정하다고 가정한다(당량점에 도달하기 전에는 OH^- 이온의 농도가 H^+ 이온의 농도에 비해서 무시할 수 있으며, 당량점이 지난 후에는 이것이 거꾸로 된다).

b) 당량점이 지난 후에는 다음 관계가 성립함을 증명하라.

$$\kappa = \left(\frac{v_0 + v_e}{v_0 + v}\right)\kappa_e + \left(\frac{v - v_e}{v_0 + v}\right)\kappa_b$$

여기서 κ_b는 염기 용액의 전도도 κ_e는 당량점에서의 전도도, 그리고 v_e는 당량점에 도달할 때까지 가해진 염기의 부피이다.

31.38 $K_a = 1.8 \times 10^{-5}$인 아세트산을 센 산으로 적정한다고 하자. 50 cm³의 0.10 mol/L 산에다 0, 10, 40, 45, 50, 55, 60, 90 및 100 cm³의 0.10 mol/L NaOH 용액을 가할 경우 용액의 전도도는 어떻게 되겠는가? 전도도를 v에 대해서 도시하라(표 31-5의 데이터를 이용하라).

31.39 표 31-5의 λ_i^∞ 값을 이용하여 H^+, OH^-, Na^+, Ag^+, Ca^{2+}, Cu^{2+}, NO_3^-, SO_4^{2-} 및 $Co(NH_3)_6^{3+}$의 확산 계수를 계산하라.

31.40 표 31-5의 데이터로부터 HI, $ZnCl_2$, $MgSO_4$ 및 $La_2(SO_4)_3$의 확산 계수를 계산하라.

31.41 표 31-5와 표 16-1의 데이터를 이용하여 다음 각 전해질의 0.010 몰랄 용액과 0.10 몰랄 용액이 접할 때의 접촉 전위를 계산하라 : $CuSO_4$, HCl, K_2SO_4, $La(NO_3)_3$.

32
화학 반응 속도론
Ⅰ. 실험 법칙과 메카니즘

32.1 서　　론

화학 반응의 속도는 화학 반응 속도론에서의 주된 문제이다. 실험적으로 밝혀진 바에 의하면 화학 반응의 속도는 온도, 압력 및 반응에 관여하는 화학종들의 농도에 의존한다. 촉매가 있으면 반응 속도가 10의 몇승 배로 증가할 수 있다. 반응의 속도와 이 반응 속도가 이들 여러 인자에 어떻게 의존하는가를 연구하면 반응물이 생성물로 변하는 자세한 단계를 어느 정도 알아낼 수 있다.

32.2 반응 속도의 측정

화학 반응이 일어날 때는 모든 화학종의 농도가 시간에 따라서 변하며, 그리하여 계의 성질도 변한다. 계의 조성을 시간의 함수로 나타낼 수 있는 성질로서 쉽게 측정이 되는 것은 어느 것이나 모두 반응 속도를 측정하는 데 이용할 수가 있다. 즉, 이러한 성질들은 비교적으로 측정하기가 쉬워야 한다. 이러한 성질들은 또한 반응이 진행하는 동안에 상당히 많이씩 변해야만 시시각각으로 변하는 계의 조성을 분명하게 나타낼 수 있다. 어떤 성질이 이 목적에 합당한가는 반응에 따라 다르다. Wilhelmy(1850)는 처음으로 반응 속도에 관한 정량적인 연구를 하였는데, 그는 설탕 용액을 통과한 평면 편광의 회전각이 시간에 따라서 변하는 것을 측정하여 설탕의 반전 속도를 측정 하였다.

시간에 따라서 반응을 추적하는 데는 여러 가지 방법이 있을 수 있다. 이 중의 몇 가지만을 들어보면 ; 압력의 변화, pH의 변화, 굴절률의 변화, 하나 또는 여러 파장의 흡광도 변화, 열전도도의 변화, 부피의 변화 및 전기 저항의 변화 등이다. 일반적으로 이와 같은 물리적 방법은 사용할 수만 있다면 화학적인 방법보다 편리하다.

대부분의 화학 반응의 속도는 온도에 매우 예민하므로 반응 용기를 항온기에 넣어서 온도를 정확하게 일정한 값으로 유지시켜야 한다. 경우에 따라서는 압력을 조절할 필요도 있다.

어떤 성질을 택하여 측정하든 간에 최종적으로는 그 데이터로부터 반응물이나 생성물의 시간에 따르는 농도 변화로 환산할 수 있어야 한다. 그림 32-1은 반응물과 생성물에 대해서 이와 같이 구한 농도 변화를 대략적으로 나타낸 것이다. 반응물의 농도는 어느 것이나 처음값으로부터 평형값까지 감소하며 생성물의 농도는 처음값(보통은 영임)으로부터 평형값까지 증가한다.

우리의 목표는 그림 32-1의 곡선을 좀 더 정확하게 얻자는 것이다. 그리하여 우선 실험적으

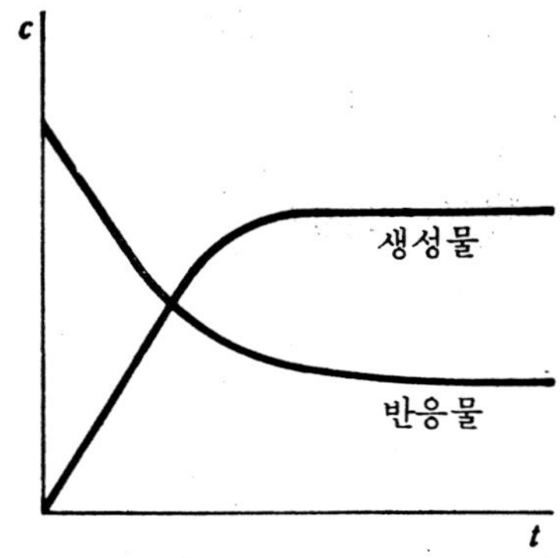

그림 32-1 시간에 따른 농도의 변화.

로 알아낸 여러 가지 속도 법칙을 설명하고, 이어서 이 법칙들을 분자론적 입장으로부터 해석해 보겠다.

다음과 같은 일반꼴로 나타낸 화학 반응식을 생각하여 보자.

$$0=\sum_i \nu_i \mathrm{A}_i \tag{32.1}$$

여기서 A_i는 이 화학 반응에 참여하는 화학종 i의 화학식이며 ν_i는 해당하는 화학량적 계수이다. 반응물에 대해서는 ν_i가 음이고, 생성물에 대해서는 ν_i가 양이다. 화학종 i의 몰수 n_i는 다음과 같이 주어진다.

$$n_i=n_i^0+\nu_i\,\xi \tag{32.2}$$

여기서 ξ는 반응의 진척도이며, 또 n_i^0는 반응 초기, 즉 $\xi=0$일 때의 i째 화학종의 몰수이다. 위의 식을 시간에 관해서 미분하면 다음과 같이 된다.

$$\frac{dn_i}{dt}=\nu_i\frac{d\xi}{dt} \tag{32.3}$$

진척도의 시간에 따르는 증가율을 반응 속도라고 정의한다. 즉,

$$\text{반응 속도}\equiv\frac{d\xi}{dt} \tag{32.4}$$

화학종 i의 몰수 변화율은 (32.3)식으로 주어지며, 이 식을 다음과 같이 고쳐 쓸 수 있다.

$$\frac{d\xi}{dt}=\frac{1}{\nu_i}\frac{dn_i}{dt} \tag{32.5}$$

다음과 같은 반응을 생각해 보자.

$$2\,\mathrm{N_2O_5}\longrightarrow 4\,\mathrm{NO_2}+\mathrm{O_2}$$

(32.5)식을 이용하면 반응 속도와 몰수 변화 사이의 관계를 얻을 수 있다. 즉,

$$\frac{d\xi}{dt}=-\frac{1}{2}\frac{dn_{\mathrm{N_2O_5}}}{dt}=\frac{1}{4}\frac{dn_{\mathrm{NO_2}}}{dt}=\frac{dn_{\mathrm{O_2}}}{dt} \tag{32.6}$$

여기서

$$-\frac{dn_{N_2O_5}}{dt} = N_2O_5 \text{ 의 감소 속도}$$

$$\frac{dn_{NO_2}}{dt} = NO_2 \text{ 의 생성 속도}$$

$$\frac{dn_{O_2}}{dt} = O_2 \text{ 의 생성 속도}$$

따라서 반응 속도는 N_2O_5의 감소 속도의 1/2과 같거나, NO_2의 생성 속도의 1/4 또는 O_2의 생성 속도와 같다고 말할 수 있다. 반응 속도와 몰수 변화율 사이의 관계는 균형 화학 반응식의 계수를 어떻게 취하느냐에 따라서 달라진다는 것을 주의하기 바란다. 화학량적 계수들을 자동적으로 정해줄 수 있는 보편적인 방법은 없으며, 따라서 처음에 한 번 편의에 따라 정하면 그것을 일관성 있게 써야 한다. 반응 속도 $d\xi/dt$는 균형 반응식을 써 놓아야 정의될 수 있다는 것을 명심하기 바란다.

끝으로 우리는 반응에 참여하는 여러 가지 물질들의 농도나 몰수에 의존하는 성질로서 쉽게 측정할 수 있는 것을 골라야 한다. 예로서 이 측정 가능 성질이 다음과 같은 함수 관계를 나타낸다고 하자.

$$Z = Z(n_1, n_2, n_3, \cdots)$$

그러면

$$\frac{dZ}{dt} = \frac{\partial Z}{\partial n_1}\frac{\partial n_1}{\partial t} + \frac{\partial Z}{\partial n_2}\frac{\partial n_2}{\partial t} + \cdots$$

(32.3)식의 dn_i/dt를 이용하면 이 식이 다음과 같이 된다.

$$\frac{dZ}{dt} = \left(\nu_1\frac{\partial Z}{\partial n_1} + \nu_2\frac{\partial Z}{\partial n_2} + \cdots\right)\frac{d\xi}{dt} \tag{32.7 a}$$

따라서

$$\frac{d\xi}{dt} = \frac{\dfrac{dZ}{dt}}{\nu_1\dfrac{\partial Z}{\partial n_1} + \nu_2\dfrac{\partial Z}{\partial n_2} + \cdots} \tag{32.7 b}$$

이것이 바로 우리가 원하는 반응 속도 $d\xi/dt$와 측정 가능 성질의 시간 변화율 dZ/dt 사이의 관계식이다. 계의 부피가 일정할 때는 $n_i = \tilde{c}_i V$이며, 따라서 단위 부피당 반응 속도에 관한 다음과 같은 식을 얻을 수 있다.

$$\frac{1}{V}\frac{d\xi}{dt} = \frac{\dfrac{dZ}{dt}}{\nu_1\dfrac{\partial Z}{\partial \tilde{c}_1} + \nu_2\dfrac{\partial Z}{\partial \tilde{c}_2} + \cdots} \tag{32.7 c}$$

(32.7 c)식에서는 부피를 입방미터로, 그리고 농도를 mol/m^3로 취할 수 있다. 그러나 부피를 리터로, 그리고 농도를 mol/L로 취해도 된다. 부피와 농도의 단위를 어떻게 취하든 이 둘의 곱이 물질량과 같아지기만 하면 된다. 이 책에서는 관습적으로 많이 쓰이고 있는 mol/L의 농도 단위를 쓰겠다.

■ **보기 32.1** 아세트알데히드의 분해 반응 속도는 일정한 부피와 온도에서 계의 압력을 측정하여 측정할 수 있다. 반응 속도를 압력 변화 속도로 나타내라.

전체적인 반응은 다음과 같이 나타낼 수 있다.

$$CH_3CHO(g) \longrightarrow CH_4(g) + CO(g)$$

그리고 몰수들은 다음과 같다.

$$n_1 = n^0 - \xi \qquad n_2 = 0 + \xi \qquad n_3 = 0 + \xi$$

따라서,

$$p = (n_1 + n_2 + n_3)\frac{RT}{V} = (n^0 - \xi + \xi + \xi)\frac{RT}{V} = (n^0 + \xi)\frac{RT}{V}$$

처음 압력은 $p^0 = n^0 RT/V$이며, 따라서 $p = p^0 + (RT/V)\xi$이다. 따라서 다음과 같은 관계를 얻을 수 있다.

$$\frac{dp}{dt} = \frac{RT}{V}\frac{d\xi}{dt} \qquad \text{또는} \qquad \frac{1}{V}\frac{d\xi}{dt} = \frac{1}{RT}\frac{dp}{dt}$$

이 대신에 (32.7 a)식을 쓸 수도 있다. 이 때는 모든 i에 대해서 $\partial p/\partial n_i = RT/V$가 되며 따라서 (32.7 a)식이 다음과 같이 된다.

$$\frac{dp}{dt} = \left(\nu_1\frac{RT}{V} + \nu_2\frac{RT}{V} + \nu_3\frac{RT}{V}\right)\frac{d\xi}{dt} = \frac{\Delta\nu RT}{V} = (-1+1+1)\frac{RT}{V}\frac{d\xi}{dt}$$
$$= \frac{RT}{V}\frac{d\xi}{dt}$$

32.3 속도식

반응 속도는 온도, 압력 및 여러 반응종들의 농도 c_i의 함수이다. 반응 속도는 또 전체적인 반응식 속에 나타나지 않는 촉매나 억제물 등의 농도 c_x에 의존할 수도 있다. 뿐만 아니라 반응이 균일하게 일어날 때는(즉, 완전히 단일 상 속에서 일어날 때) 반응 속도가 상의 부피 V에 비례한다. 반응이 활성 표면에서 일어날 때는 반응 속도가 활성 표면의 넓이 A에 비례한다. 그리하여 반응을 완전히 일반적으로 나타내려면 이것을 균일 반응 속도와 표면 반응 속도와의 합으로 나타내야 한다. 즉,

$$\frac{d\xi}{dt} = Vf(T,p,c_i,c_x) + AF(T,p,c_i,c_x) \tag{32.8}$$

여기서 $f(T, p, c_i, c_x)$와 $F(T, p, c_i, c_x)$는 실험 데이터로부터 결정해야 할 함수들이다. (32.8)식을 반응의 속도식이라고 한다.

반응 속도론상으로 모든 반응을 균일 반응과 불균일 반응으로 분류할 수 있다. 균일 반응은 완전히 한 상 속에서 일어나며, 불균일 반응은 적어도 부분적으로 둘 이상의 상 속에서 일어난다. 보통의 불균일 반응에서는 반응 속도가 반응 혼합물에 노출되는 표면 넓이에 의존한다. 이 표면은 반응 용기의 내벽일 수도 있고 고체 촉매의 표면일 수도 있다. 반응 속도론적 연구를 할 때는 용기의 기벽이 반응에 영향을 주는지의 여부를 확인할 필요가 있다. 만일 반응 용기가 유리일 때는 유리 솜이나 유리 구슬, 또는 가는 유리관을 채워서 노출 표면을 증가시킨 다음에 반응 속도에 대한 영향을 조사하면 된다. 완전한 균일 반응에서는 반응 용기에다 이러한 것들을

넣어주더라도 반응 속도가 아무런 영향도 받지 않는다. 이 장에서는 거의 전적으로 균일 반응에 대해서만 설명하겠다.

균일 반응의 경우에는 (32.8)식의 우변의 둘째 항을 무시할 수 있다. 따라서,

$$\frac{d\xi}{dt} = Vf(T, p, c_i, c_x) \tag{32.9 a}$$

이러한 경우에는 단위 부피당의 반응 속도 $(1/V)(d\xi/dt)$를 이용하는 것이 필요하다. (32.8)식에 의하면 단위 부피당 반응 속도는 다음과 같이 된다.

$$\frac{d(\xi/V)}{dt} = f(T, p, c_i, c_x) \tag{32.9 b}$$

이 식은 바로 균일 반응에 대한 속도식이다.

(32.5)식을 부피로 나누면 다음과 같은 식을 얻을 수 있다.

$$\frac{1}{V}\frac{d\xi}{dt} = \frac{1}{\nu_i V}\frac{dn_i}{dt}$$

만일 부피가 시간에 따라 변하지 않으면 이 식은 다음과 같이 된다.

$$\frac{d(\xi/V)}{dt} = \frac{1}{\nu_i}\frac{dc_i}{dt} \tag{32.10}$$

여기서 c_i는 i째 화학종의 농도로서 $c_i = n_i/V$이다.

많은 경우에 속도식은 다음과 같은 간단한 꼴로 표시된다.

$$\frac{d(\xi/V)}{dt} = kc_A^\alpha c_B^\beta c_C^\gamma\cdots \tag{32.11}$$

여기서 $c_A, c_B, c_C\cdots$는 반응에 참여하는 화학종들의 농도를 나타내며, k, α, β 및 γ는 상수들이다. 상수 k는 모든 농도들이 단위값을 가질 때의 반응 속도와 같으므로 이것을 반응의 속도 상수라고 한다. 일반적으로 속도 상수는 온도와 압력에 의존한다. 상수 α는 A에 관한 반응 차수, β는 B에 관한 반응 차수, 그리고 γ는 C에 관한 반응 차수이다. 또 $\alpha+\beta+\gamma$는 전체적인 반응 차수라고 한다.

각 화종들에 관한 반응 차수는 실험적으로 알아내지 않으면 안 된다. 속도 법칙을 나타내는 수식의 형태는 반응의 차수에 의해서 결정되며, 따라서 반응 차수는 모든 화학종의 농도의 시간에 따르는 변화를 지배한다. 반응에 관여하는 여러 가지 물질의 반응 차수를 결정하는 것은 속도론에서 연구해야 할 첫째 번 과제이다. 한 물질에 관한 반응 차수는 화학 반응식에 나오는 그 물질의 화학량론적 계수와 전혀 무관하다. 예로서 앞의 화학 반응식에서 N_2O_5의 화학량적 계수는 2이다. 그러나 이것이 N_2O_5에 관한 반응 차수가 2라는 것을 뜻하지는 않는다(그러나 단일 단계 반응, 즉 한 단계로 일어나는 반응에서는 화학량적 계수가 반응 차수를 나타낸다).

32.4 1차 반응

다음과 같은 형태의 반응을 생각하여 보자.

$$A \longrightarrow \text{생성물}$$

반응물은 A뿐이므로 균형 반응식은 A의 화학량적 계수가 1이 되게 쓸 수 있다. 이 반응이 A에 관해서 1차이고 생성물은 반응 속도에 영향을 주지 않는다고 하자. 그러면 (32.11)식의

속도식이 다음과 같이 된다.

$$\frac{d(\xi/V)}{dt}=kc \tag{32.12}$$

이 식을 적분하려면 c를 ξ/V의 함수로 나타내거나 또는 ξ/V를 c의 함수로 나타내야 한다. 어느 쪽이 되든 이 관계를 얻으려면 우선 (32.2)식을 V로 나누어야 한다.

$$c=c_0-\frac{\xi}{V} \tag{32.13}$$

다음에 이것을 시간에 관해서 미분한다.

$$\frac{dc}{dt}=-\frac{d(\xi/V)}{dt} \tag{32.14}$$

이 $d(\xi/V)/dt$의 값을 (32.12)식에 넣어주면 다음과 같은 식이 나온다.

$$-\frac{dc}{dt}=kc \tag{32.15}$$

이것을 고쳐 쓰면 다음과 같이 된다.

$$dc/c=-k\,dt$$

다음에는 이 식을 $c=c_0$일 때의 $t=0$으로부터 t까지 적분한다.

$$\int_{c_0}^{c}\frac{dc}{c}=-k\int_0^t dt$$

따라서,

$$\ln\frac{c}{c_0}=-kt \tag{32.16}$$

즉,

$$c=c_0e^{-kt} \tag{32.17}$$

따라서 1차의 분해 반응에서는 A의 농도가 시간에 따라서 지수 함수적으로 줄어든다. c를 시간의 함수로 측정한 다음 $\ln(c/c_0)$를 t에 대해서 도시하면 이 반응이 A에 관해서 1차인지의 여부를 알아볼 수 있다. 즉, 반응이 1차이면 (32.16)식에 의해서 이 도시 결과가 직선을 나타내야 한다. 실험 데이터를 이와 같은 방식으로 도시하였을 때 점들이 일직선상에 오면 이 반응은 1차 반응이며, 그 속도 상수는 직선의 기울기와 같게 된다.

반응의 반감기 τ는 A의 농도가 처음 농도의 반으로 줄어드는 데 걸리는 시간이다. 따라서 $t=\tau$이면 $c=\frac{1}{2}c_0$이다. 이 값을 (32.16)식에 넣으면 $\ln\frac{1}{2}=-k\tau$가 된다. 따라서,

$$\tau=\frac{\ln 2}{k}=\frac{0.693}{k} \tag{32.18}$$

반응의 속도 상수를 알아내는 한 방법은 반응물 A의 처음 농도를 여러 가지로 바꾸어 가면서 그 반감기를 측정해 보는 것이다. 만일 반감기가 처음 농도에 무관하면 그 반응은 1차이고, 따라서 (32.18)식을 이용하여 속도 상수를 계산할 수 있다. 반감기가 처음 농도에 무관한 것은 1차 반응뿐이다.

N_2O_5의 분해 반응은 1차 반응의 한 예이며 그 화학량론을 다음과 같이 나타낼 수 있다.

$$2N_2O_5 \rightarrow 4\,NO_2 + O_2$$

그리고 속도식은 다음과 같다.

$$-\frac{dc_{N_2O_5}}{dt} = kc_{N_2O_5}$$

25 °C에서 속도 상수는 $3.38 \times 10^{-5}\,\mathrm{sec^{-1}}$이다. 이 반응의 차수는 N_2O_5의 화학량적 계수와 아무런 관계도 없다는 것을 주목하라.

■ 보기 32.2 25 °C에서의 N_2O_5의 반감기와 8시간 후에 분해된 분율을 계산하라. $k = 3.38 \times 10^{-5}\,\mathrm{s^{-1}}$이다.

$$\tau = \frac{0.693}{k} = \frac{0.693}{3.38 \times 10^{-5}\,\mathrm{s^{-1}}} = 20500\,\mathrm{s}$$

8시간 후에 남아 있는 분율은 (32.17)식으로 주어진다. 8 hr = 8 hr(60 min/hr)(60 s/min) = 28800 s이다. 따라서,

$$\frac{c}{c_0} = e^{-kt} = e^{-3.38\times10^{-5}\mathrm{s}^{-1}(28800\mathrm{s})} = e^{-0.973} = 0.378$$

따라서 분해된 분율은 $1.000 - 0.378 = 0.622$이다.

32.4.1 방사선 붕괴

불안정한 핵의 방사성 붕괴는 1차 속도식을 따르는 과정의 중요한 예이다. 예로서 Cu^{64}를 생각해 보자.

$$Cu^{64} \rightarrow Zn^{64} + \beta^- \qquad \tau = 12.8\,\mathrm{hr}$$

여기서는 β-알맹이가 방출되고 안정한 아연의 동위 원소가 생긴다. 시간 간격 dt 사이에 이것이

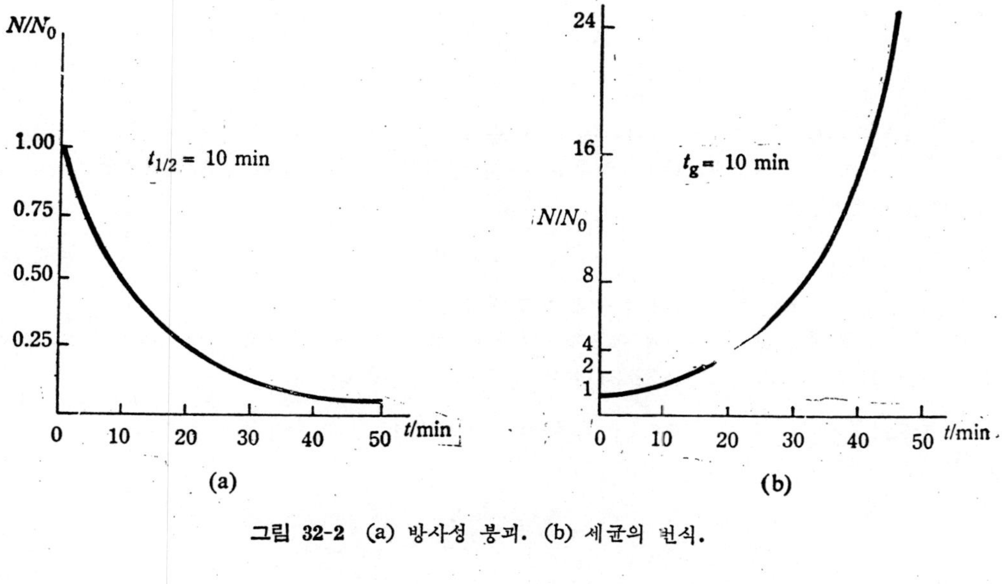

그림 32-2 (a) 방사성 붕괴. (b) 세균의 번식.

일어날 확률은 단순하게 dt에 비례한다. 즉,

$$-\frac{dN}{N}=\lambda\,dt \tag{32.19}$$

여기서 $-dN$은 dt 사이에 붕괴하는 구리핵의 수이다. (32.19)식은 1차 속도식이므로 적분하면 다음과 같은 꼴로 된다.

$$N=N_0\,e^{-\lambda t} \tag{32.20}$$

N_0는 $t=0$일 때 존재하는 Cu^{64}핵의 수이고 N은 임의의 시간 t에서의 수이다. 상수 λ는 붕괴 상수이며 반감기와는 다음과 같은 관계가 있다.

$$\lambda=\frac{\ln 2}{\tau} \tag{32.21}$$

화학 반응의 속도 상수와는 달리 붕괴 상수 λ는 온도나 압력과 같은 어떠한 외부적 영향에도 전혀 무관한 상수이다. (32.21)식의 λ값을 (32.20)식에 넣으면 $\exp(\ln 2)=2$이므로 다음 관계를 얻을 수 있다.

$$N=N_0\,e^{-(\ln 2)t/\tau}=N_0(2)^{-t/\tau}=N_0\left(\frac{1}{2}\right)^{t/\tau} \tag{32.22}$$

(32.22)식으로부터 분명한 바와 같이 반감기의 2배에 해당하는 시간이 지나면 물질이 $\left(\frac{1}{2}\right)^2=\frac{1}{4}$만큼 남게 된다. 3배의 반감기가 지나면 $\frac{1}{8}$이 남고, 4배가 지나면 $\frac{1}{16}$이 남고, 이하 마찬가지이다. 이 수식 관계는 2.9절에서 취급한 대기 분포의 경우와 같다. 그림 32-2(a)에 N을 t의 함수로 나타내었다.

32.4.2 세균의 번식

세균 군체는 세포 분열에 의해서 가장 보편적으로 자라난다. 이와같이 자라고 있는 군체에서 시간 간격 dt 사이에 세포 분열이 일어날 확률은 dt에 비례한다. 따라서 다음과 같은 관계가 성립한다.

$$\frac{dN}{N}=\lambda_g dt \tag{32.23}$$

여기서 dN은 dt시간 동안에 일어나는 세포 분열의 수이며, λ_g는 비례 상수이다. 이 식은 음의 부호가 빠져 있는 점을 제외하면 방사성 붕괴 법칙인 (32.19)식과 대단히 비슷하다. 이 식을 적분하면 다음과 같이 된다.

$$N=N_0\,e^{\lambda_g t} \tag{32.24}$$

그림 32-2(b)에 N/N_0를 시간의 함수로 나타내었다.

세균의 수가 배로 늘어나는 데 필요한 시간을 세대 시간(t_g)이라고 한다. 따라서 $t=t_g$이면 $N_0=2N_0$가 되며, 그리하여 (32.24)식이 다음과 같이 된다.

$$2N_0=N_0\,e^{\lambda_g t_g}$$

따라서,

$$\lambda_g=\frac{\ln 2}{t_g} \tag{32.25}$$

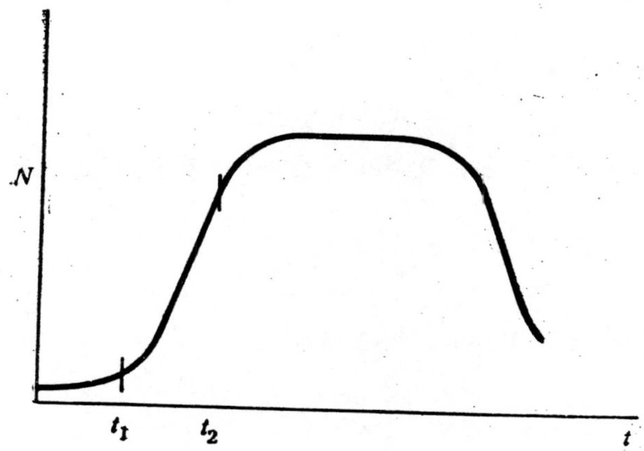

그림 32-3 세균 군체의 성장.

이 λ_e의 값을 (32.24)식에 넣어주면 다음과 같은 결과를 얻을 수 있다.

$$\frac{N}{N_0} = e^{(\ln 2)t/t_e} = 2^{t/t_e} \tag{32.26}$$

여기서는 $e^{\ln 2} = 2$의 관계를 이용하였다.

(32.26)식의 성장 법칙은 세균 군체의 전체 생존 기간에 걸쳐서 적용되지 않는다. 전형적인 세균 수 N 대 t 도시 곡선을 그림 32-3에 나타내었는데, 우선 처음에는 유발 기간이 필요하다. 여기에 이어지는 t_1과 t_2 사이의 기간에서는 세균이 (32.26)식에 따라 지수 함수적으로 늘어난다. 그리고는 세균 수의 증가가 둔해지고 마침내는 멈추게 된다. 마지막 단계에서는 세균 수가 감소하는데, 이것은 세균의 죽는 속도가 생겨나는 속도보다 훨씬 더 빠르기 때문이다. (32.26)식이 적용되는 구간은 세균이 지수 함수적으로 성장하는 t_1과 t_2 사이 뿐이다. 수평 부분은 영양분이 모두 소모되었을 때 나타난다. 끝으로 환경이 유해로와지면(영양분이 부족하게 되거나 유독 물질의 농도가 증가하여) 세균 군체가 죽게 된다.

32.4.3 복 리

투자에 대한 복리 법칙은 세균의 성장 법칙과 똑같다. 처음에 투자한 원금을 P_0, 복리 가산 기간을 t_1, 그리고 이 기간 중의 이자율을 r이라고 하자. 그러면 시간이 t만큼 지났을 때의 원금은 다음과 같이 된다.

$$P = P_0(1 + rt_1)^{t/t_1} \tag{32.27}$$

만일 복리 계산이 초기부터 적용되면 다음 관계를 이용할 수 있을 것이다.

$$\lim_{t_1=0}(1 + rt_1)^{1/t_1} = e^r \tag{32.28}$$

그러면 다음과 같은 관계가 성립한다.

$$P = P_0 e^{rt} \tag{32.29}$$

이것은 세균의 성장식과 같다.

32.5 2차 반응

다음 반응을 다시 생각해 보자.

$$\mathrm{A} \longrightarrow \text{생성물}$$

이번에는 이 반응이 2차라고 하자. 임의의 시간에서 A의 농도를 c라고 하면 속도식은 다음과 같이 된다.

$$\frac{d(\xi/V)}{dt} = kc^2 \qquad (32.30)$$

(32.14)식을 이용하면 이 식이 다음과 같이 된다.

$$-\frac{dc}{dt} = kc^2 \qquad (32.31)$$

여기서 변수를 분리한다. 그러면

$$-\frac{dc}{c^2} = kdt$$

이 식을 $(c_0, 0)$로부터 (c,t)까지 적분한다.

$$\int_{c_0}^{c} -\frac{dc}{c^2} = k\int_0^t dt \qquad \text{따라서} \qquad \frac{1}{c} = \frac{1}{c_0} + kt \qquad (32.32)$$

이것은 2차 반응에 대한 적분꼴의 속도식이다. 반응이 2차가 되려면 $1/c$를 t에 대해서 도시해 보면 된다. (32.32)식에 의하면 이 도시 결과가 직선을 나타내야 한다. 만일 실험 데이터들이 직선을 나타내면 이 반응이 2차라는 증거가 된다. 이 직선의 기울기는 속도 상수가 된다.

이 경우에도 반감기는 앞에서와 마찬가지로 정의된다. 즉, $t=\tau$이면 $c=\frac{1}{2}c_0$이다. 이 값을 (32.32)식에 넣으면 다음과 같은 관계를 얻을 수 있다.

$$\tau = \frac{1}{kc_0} \qquad (32.33)$$

2차 반응에서는 반감기가 반응물의 처음 농도에 의존한다. 처음 농도가 2배로 되면 A의 반이 반응하는 데 걸리는 시간이 반으로 준다. 처음 농도를 여러 가지로 바꾸어 가면서 구한 반감기를 $1/c_0$에 대해서 도시하면 이 때 나오는 직선의 기울기의 역수가 속도 상수와 같게 된다.

■ **보기 32.3** 아세트알데히드의 분해 반응이 2차 반응이라고 하자(보기 32.1 참조). 속도식을 계의 전체 압력의 함수로 구하고, 이것을 적분하여 압력을 시간의 함수로 표시하라.

보기 32.1에서 우리는 반응 속도가 다음과 같이 표시된다는 것을 알았다.

$$\frac{1}{V}\frac{d\xi}{dt} = \frac{1}{RT}\frac{dp}{dt}$$

그리고 $p=(n^0+\xi)(RT/V)=p^0+(RT/V)\xi$이며, p^0는 n^0RT/V라는 것도 알았다. 이 반응이 2차 반응이면 다음과 같은 식이 성립한다.

$$\frac{1}{V}\frac{d\xi}{dt} = kc_1^2 \qquad c_1 = n_1/V$$

한편, $\xi=(V/RT)(p-p^0)$이므로 $c_1=(n^0/V)-(\xi/V)=(p^0/RT)-(p-p^0)/RT=$

$(2p^0-p)/RT$이다. 따라서 속도식은 다음과 같이 된다.

$$\frac{1}{RT}\frac{dp}{dt}=k\left(\frac{2p^0-p}{RT}\right)^2 \qquad \text{또는} \qquad \frac{dp}{(2p^0-p)^2}=\frac{k}{RT}dt$$

이것을 적분하면 다음과 같이 된다.

$$\int_{p^0}^{p}\frac{dp}{(2p^0-p)^2}=\frac{k}{RT}\int_0^t dt$$

따라서

$$\frac{1}{2p^0-p}=\frac{1}{p^0}+\frac{kt}{RT}$$

이 결과는 최종 압력 p^∞를 가지고 나타낼 수 있다. 즉, $t=\infty$일 때 $p^\infty=2p^0$가 되는 사실을 이용하면 이 결과가 다음과 같이 된다.

$$\frac{1}{p^\infty-p}=\frac{2}{p^\infty}+\frac{kt}{RT}$$

이 식의 좌변을 t에 대해서 도시하면 속도 상수를 얻을 수 있다

32.5.1 반응물이 두 종류인 2차 반응

다음과 같은 종류의 반응을 생각하여 보자.

$$(-\nu_A)A+(-\nu_B)B \longrightarrow \text{생성물} \tag{32.34}$$

화학량적 계수 ν_A와 ν_B는 음이며, 따라서 $-\nu_A$와 $-\nu_B$가 양이라는 것을 주의하기 바란다. 어느 한 순간에서 A와 B의 농도가 c_A와 c_B이고, 이 반응은 A와 B에 관해서 모두 1차가 되어 전체적으로 2차 반응이 된다고 가정하자. 그러면 속도식을 다음과 같이 쓸 수 있다.

$$\frac{d(\xi/V)}{dt}=kc_Ac_B \tag{32.35}$$

한편 이 때는 반응 속도를 다음과 같이 나타낼 수도 있다.

$$\frac{d(\xi/V)}{dt}=\frac{1}{\nu_A}\frac{dc_A}{dt}=\frac{1}{\nu_B}\frac{dc_B}{dt} \tag{32.36}$$

따라서 (32.35)식의 반응 속도식은 A나 B의 감소율을 가지고 나타낼 수도 있다.

$$\frac{1}{\nu_A}\frac{dc_A}{dt}=kc_Ac_B \qquad \text{또는} \qquad \frac{1}{\nu_B}\frac{dc_B}{dt}=kc_Ac_B \tag{32.37}$$

이 식은 물리적으로는 분명하지만 적분하기에는 적합하지 않다.

이 식을 적분할 수 있는 꼴로 고치려면 (32.2)식을 V로 나누어서 c_A와 c_B를 ξ/V의 함수로 나타내야 한다. 즉,

$$c_A=c_A^0+\nu_A\frac{\xi}{V} \qquad \text{및} \qquad c_B=c_B^0+\nu_B\frac{\xi}{V} \tag{32.38}$$

여기서 c_A^0와 c_B^0는 각각 A와 B의 초기 농도이다. 이 c_A와 c_B의 값을 (32.35)식에 넣어주면 다음과 같은 식이 나온다.

$$\frac{d(\xi/V)}{dt}=k\left(c_A^0+\nu_A\frac{\xi}{V}\right)\left(c_B^0+\nu_B\frac{\xi}{V}\right)$$

다음에는 우변에서 $-\nu_A$와 $-\nu_B$를 괄호 밖으로 끌어낸다.

$$\frac{d(\xi/V)}{dt}=(-\nu_A)(-\nu_B)k\left(\frac{c_A^0}{-\nu_A}-\frac{\xi}{V}\right)\left(\frac{c_B^0}{-\nu_B}-\frac{\xi}{V}\right)$$

이 식을 간소화시키기 위해서 다음과 같은 양들을 정의한다.

$$y_A^0=\frac{c_A^0}{-\nu_A}\qquad y_B^0=\frac{c_B^0}{-\nu_B}\qquad y=\frac{\xi}{V}$$

그러면 속도식이 다음과 같이 된다.

$$\frac{dy}{dt}=\nu_A\nu_B k(y_A^0-y)(y_B^0-y)$$

변수를 분리하면 이 식이 다음과 같이 된다.

$$\frac{dy}{(y_A^0-y)(y_B^0-y)}=\nu_A\nu_B k\,dt \tag{32.39}$$

이 식을 다음과 같은 두 경우에 이용할 수 있다.

경우 1. $y_A^0=y_B^0$인 경우; 이 경우에는 A와 B가 화학량적으로 요구되는 비율로 존재한다. 그리고 (32.39)식이 다음과 같이 된다.

$$\frac{dy}{(y_A^0-y)^2}=\nu_A\nu_B k\,dt \tag{32.40}$$

이 식을 $(y=0,\ t=0)$부터 (y,t)까지 적분한다. 그러면,

$$\int_0^y\frac{dy}{(y_A^0-y)^2}=\nu_A\nu_B k\int_0^t dt$$

따라서,

$$\frac{1}{y_A^0-y}-\frac{1}{y_A^0}=\nu_A\nu_B kt \tag{32.41}$$

이 식은 A나 B의 농도를 이용해서 나타낼 수 있다.

$$\frac{1}{c_A}=\frac{1}{c_A^0}+(-\nu_B)kt\qquad \text{또는}\qquad \frac{1}{c_B}=\frac{1}{c_B^0}+(-\nu_A)kl \tag{32.42}$$

이 경우의 반응 속도식은 성분이 하나뿐일 때의 2차 반응 속도식과 대단히 비슷하다. 어느 한 농도의 역수를 t에 대해서 도시하면 속도 상수를 구할 수 있다.

경우 2. $y_A^0 \neq y_B^0$인 경우; 이 경우에는 두 반응물이 화학량적으로 요구되는 비율이 아닌 임의의 비율로 존재한다. 이 때는 부분 분수 방법*을 이용하여 (32.39)식을 다음과 같이 쓸 수 있다.

$$\left(\frac{1}{y_B^0-y_A^0}\right)\left(\frac{-dy}{y_A^0-y}\right)+\left(\frac{1}{y_A^0-y_B^0}\right)\left(\frac{-dy}{y_B^0-y}\right)=-\nu_A\nu_B k\,dt$$

* 부분 분수 방법은 초보 미적분학 교재에 설명되어 있다.

여기서는 편의상 모든 항에다 음의 부호를 붙였다. 이 식의 양변에다 $(y_B^0 - y_A^0)$를 곱한 다음, $(y=0,\ t=0)$부터 (y,t)까지 적분하면 다음과 같이 된다.

$$\int_0^y \frac{-dy}{y_A^0 - y} - \int_0^y \frac{-dy}{y_B^0 - y} = -\nu_A \nu_B k (y_B^0 - y_A^0)\int_0^t dt$$

따라서,

$$\ln \frac{y_A^0 - y}{y_A^0} - \ln \frac{y_B^0 - y}{y_B^0} = -\nu_A \nu_B k (y_B^0 - y_A^0)t \qquad (32.43)$$

여기서 y들을 해당하는 농도로 바꾸면 다음과 같은 식을 얻을 수 있다.

$$\ln \frac{c_A}{c_A^0} - \ln \frac{c_B}{c_B^0} = -k(\nu_B c_A^0 - \nu_A c_B^0)t \qquad (32.44)$$

이 식은 (32.16)식의 1차 반응 속도식과 대단히 비슷하며 극한적인 조건에서는 실제로 같게 된다. 예로서 B가 대단히 큰 과량으로 존재하며, 그 결과 전체 반응 과정을 통해서 $y_B^0 - y_A^0 \approx y_B^0$와 $c_B/c_B^0 \approx 1$이 성립한다고 하자. 그러면 (32.44)식이 다음과 같이 된다.

$$\ln \frac{c_A}{c_A^0} = -(-\nu_A k c_B^0)t \qquad (32.45)$$

이 식은 1차 반응 속도식인 (32.16)식과 같으며, $-\nu_A k c_B^0$는 유효 1차 반응 속도 상수가 된다. 마찬가지로 A가 대단히 큰 과량으로 존재할 때는 (32.44)식이 다음과 같이 된다.

$$\ln \frac{c_B}{c_B^0} = -(-\nu_B k c_A^0)t \qquad (32.46)$$

이 때는 유효 1차 반응 속도 상수가 $-\nu_B k c_A^0$와 같다. 반응이 (32.45)식이나 (32.46)식의 속도식을 따를 수 있도록 반응물의 농도를 조절해 주었을 경우 이 반응을 유사 1차 반응이라고 하며, $-\nu_A k c_B^0$와 $-\nu_B k c_A^0$를 유사 1차 반응 속도 상수라고 한다.

A와 B가 대등한 농도로 존재할 때는 (32.44)식의 좌변을 t에 대해서 도시하여 속도 상수를 구한다. 즉, 이 도시를 하면 기울기가 $-k(\nu_A c_A^0 - \nu_A c_B^0)$인 직선이 나와야 한다. 그러면 다른 양들은 모두 알고 있는 것들이므로 이 기울기로부터 k를 얻을 수 있다.

32.6 고차 반응

2차보다 고차인 반응은 때때로 중요하다. 3차 속도식은 다음 중 어느 한 꼴로 표시된다.

$$\frac{d(\xi/V)}{dt} = kc_A^3 \qquad \frac{d(\xi/V)}{dt} = kc_A^2 c_B \qquad \frac{d(\xi/V)}{dt} = kc_A c_B^2 \qquad \frac{d(\xi/V)}{dt} = kc_A c_B c_C$$

이들 식 중에는 앞의 예에서처럼 직접 적분되는 것도 있고 또 앞의 예에서와 같이 모든 농도를 하나의 변수로 나타낸 뒤에 적분할 수 있는 것도 있다. 이 적분은 기계적으로 쉽게 되지만, 그 결과는 상세히 소개할 만큼 흥미있는 것이 못된다. 가장 보편적인 3차 반응은 산화질소를 포함하는 몇 가지 반응뿐이다. 예를 들면,

$$2\,NO + O_2 \longrightarrow 2\,NO_2 \qquad \frac{d(\xi/V)}{dt} = kc_{NO}^2 c_{O_2}$$

$$2\,NO + Cl_2 \longrightarrow 2\,NOCl \qquad \frac{d(\xi/V)}{dt} = kc_{NO}^2 c_{Cl_2}$$

32.7 반응 차수의 결정 방법

반응 속도는 반응물들의 농도의 제곱승에 비례하므로 반응 속도가 이들 각각의 농도에 어떻게 의존하는가를 알아내야 한다. 예로서 반응 속도가 $kc_A^\alpha c_B^\beta c_C^\gamma$일 때를 생각하여 보자. 이 때는 B와 C를 과량으로 존재하게 하면(A의 농도는 대단히 작고) B와 C의 농도는 전체 반응을 통하여 실질적으로 일정할 것이다. 그러면 반응 속도가 c_A^α에만 의존할 것이다. A의 초기 농도를 다르게 취해 봄으로써 우리는 A에 관한 차수 α를 구할 수 있을 것이다. 다음에 A와 C를 과량으로 놓고 같은 조작을 되풀이하면 β를 구할 수 있고, γ도 이와 마찬가지로 구할 수 있을 것이다. 이 방법을 반응 차수의 분리식 결정법이라고 한다. (32.45)식과 (32.46)식을 유도하는 데도 이 개념을 이용하였다.

지금 한 반응이 A에 관해서 α차이고, 다른 반응물은 큰 과량으로 존재한다고 하자. 그러면 속도식이 다음과 같이 된다.

$$\frac{d(\xi/V)}{dt} = kc_A^\alpha c_B^\beta c_C^\gamma \dots$$

이 식을 이 때는 다음과 같이 쓸 수 있다.

$$\frac{d(\xi/V)}{dt} = k' c_A^\alpha$$

여기서 $k' = (kc_B^\beta c_C^\gamma \cdots)$는 유효 속도 상수이다. 이 식은 $d(\xi/V)/dt$를 $(1/\nu_A)(dc_A/dt)$로 바꾸어 주면 다음과 같이 된다.

$$-\frac{dc_A}{dt} = (-\nu_A)k'c_A^\alpha$$

이 식의 양변의 대수를 취하면 다음과 같이 된다.

$$\log_{10}\left(-\frac{dc_A}{dt}\right) = \log_{10}(-\nu_A k') + \alpha \log_{10} c_A \tag{32.47}$$

이 식은 다음과 같이 사용할 수 있다. 우선 실험 데이터를 써서 c_A를 t에 대하여 도시한 다음 여러 t값에서 이 곡선의 기울기 $\frac{dc_A}{dt}$를 재고, 이에 맞먹는 c_A의 값을 도시 결과로부터 읽는다. 다음에 $(-dc_A/dt)$의 대수를 취하여 이것을 $\log_{10} c_A$에 대해서 도시하면 그 직선의 기울기로부터 반응의 차수를 구할 수 있다.

(32.47)식은 다른 방법으로도 사용할 수 있다. 처음 농도를 여러 가지로 바꾸면서 c_A를 t에 대해서 도시하고 그 곡선의 처음 기울기를 잰다. 다음에 이들 처음 기울기의 음의 값의 대수를 처음 농도의 대수에 대하여 도시한다. 이 도시 결과로 얻는 직선의 기울기는 (32.47)식에 의해서 반응의 차수가 된다.

데이터의 불확실성 때문에 1차 반응인지 2차 반응인지를 결정하기가 대단히 어려울 때도 종종 있다는 것을 말해 두겠다.

32.8 반응 속도의 온도 의존성

몇 가지의 예외가 있기는 하지만 반응 속도는 온도 증가에 따라서 증가한다(보통 아주 예민하게). 속도 상수 k와 온도 사이의 관계는 Arrhenius가 처음으로 알아냈다. 즉,

$$k = Ae^{-E^*/RT} \tag{32.48}$$

상수 A는 잦음률이라고 하며 E^*는 **활성화 에너지**라고 한다. (32.48)식은 다음과 같이 대수꼴로 바꿀 수 있다. 즉,

$$\log_{10} k = \log_{10} A - \frac{E^*}{2.303\,RT} \tag{32.49}$$

몇몇 온도에서 k값을 측정하고 $\log_{10} k$를 $1/T$에 대해서 도시하면 그 곡선의 기울기로부터 활성화 에너지를 구할 수 있고 또 그 절편으로부터 잦음률을 구할 수 있다. 비록 잦음률이 온도에 약간 의존하기는 하지만 온도 범위가 크지 않으면 그 영향을 보통 무시할 수 있다. 활성화 에너지를 측정한다는 것은 어떠한 반응 속도 연구에서나 매우 중요한 일이다.

이론적인 면에서 Arrhenius식이 타당하다는 것은 다음 장에서 설명하겠다. 여기서는 다만 두 분자의 충돌로 일어나는 반응을 가지고 이 식의 뜻을 정성적으로 설명하는 데 그치겠다. 이 경우에는 반응 속도가 매초당의 충돌수 Z에 비례해야 한다. 뿐만 아니라 모든 충돌이 다 반응을 일으키는 것이 아니라 어떤 임계값 E^* 이상의 에너지를 가지는 충돌만이 반응을 일으킨다고 하면 그 반응 속도는 다음과 같은 꼴이 되어야 한다.

$$N_A \frac{d(\xi/V)}{dt} = Ze^{-E_*/RT} \tag{32.50}$$

이것은 E^* 보다 큰 에너지를 갖는 충돌의 분율은 $E^* \gg RT$인 한 $\exp(-E^*/RT)$가 되기 때문이다. (32.50)식을 보면 그 꼴로 보아서 이 반응의 속도 상수가 Arrhenius식으로 충분히 표시될 수 있을 것이다.

32.9 메카니즘

32.3절에서 지적한 바와 같이 반응 속도식에 나오는 농도의 지수는 일반적으로 균형 화학 반응식의 화학량적 계수와 아무 관계가 없다. 이것은 전체 화학 반응식이 반응 **메카니즘**에 대한 정보를 제공하는 것이 아니기 때문이다. 반응의 메카니즘이란 반응물이 생성물로 바뀌는 자세한 과정을 나타내는 것이다. 계가 평형에 도달하는 속도는 그 반응의 메카니즘에 의존하며 한편 평형 상태 그 자체는 메카니즘에는 무관하고 상대적 Gibbs에너지에만 의존한다. 평형의 위치를 조사하면 Gibbs에너지, 엔트로피 및 엔탈피의 변화량을 구할 수 있다. 반응 메카니즘을 알아내려면 여러 조건 하에서 그 반응 속도를 연구해야 한다. 반응 속도론은 일반적으로 연구하기가 복잡하고 때로는 데이터를 설명하는 데도 많은 슬기가 필요하다. 이것은 메카니즘이 복잡하기 때문만도 아니다. 즉, 속도론 데이터만 가지고서는 몇 개의 가능한 메카니즘 중 어느 것이 그 반응의 실제 메카니즘인지 결정할 수 없을 때가 흔히 있기 때문이다. 어떠한 근거를 이용하더라도 두 메카니즘(예를 들어서) 중 어느 것이 실제의 것인지 분간할 수 없는 경우가 너무나 자주 있다. 이러한 경우에는 그 중 하나가 다른 것보다 더 그럴듯한 것이라고 밖에는 말할 수 없다.

화학 반응의 메카니즘을 찾아내려면 우선 반응을 어떤 순서의 단일 단계 반응으로 분해시켜 보

아야 한다. 단일 단계 반응이란 단 한 번의 작용으로 일어나는 반응이다. 예로서 다음 반응을 생각해 보자.

$$H_2 + I_2 \longrightarrow HI + HI$$

수소 분자와 요오드 분자는 충돌할 때에 순간적으로 다음과 같은 배열을 한다고 가정할 수 있다.

$$\begin{array}{c} H\cdots I \\ | \quad\;\; | \\ H\cdots I \end{array}$$

그러면 이 착물이 두 HI 분자로 분해될 수 있다고 생각할 수 있다. 즉, 이것이 일어나는 순서를 다음과 같이 나타낼 수 있다.

$$\begin{array}{ccccc} \begin{array}{c} H \\ | \\ H \end{array} + \begin{array}{c} I \\ | \\ I \end{array} & \longrightarrow & \begin{array}{c} H\cdots I \\ | \quad\;\; | \\ H\cdots I \end{array} & \longrightarrow & \begin{array}{c} HI \\ + \\ HI \end{array} \\ \text{접근} & & \text{충돌} & & \text{분리} \end{array}$$

따라서 단 한 번의 충돌 작용으로 반응물이 없어지고 생성물이 생기는 것이다. 이 역반응도 또한 단일 단계 반응이며, HI 두 분자가 충돌하여 H_2와 I_2로 된다.

위에서와 같이 두 분자가 관여하는 단일 단계 반응을 2분자 반응이라고 한다. 1분자 반응은 한 분자만이 포함된 단일 단계 반응이며, 그 예로서는 HO_2 같은 분자의 해리 반응을 들 수 있다. 즉,

$$HO_2 \longrightarrow H + O_2$$

단 한 번의 작용으로 HO_2 분자는 두 조각으로 쪼개진다. 이 역반응도 물론 단일 단계 반응이다.

$$H + O_2 \longrightarrow HO_2$$

그런데 여기서는 두 분자가 관여하므로 2분자 반응이다. 반응 분자도를 가지고 반응의 특성을 나타낼 수 있는 것은 단일 단계 반응뿐이다. "1분자 반응", "2분자 반응" 등의 용어는 한 계열의 여러 단일 단계 반응이 포함된 복잡한 반응에서는 무의미하다.

단일 단계 반응에 대한 반응 속도식은 쉽게 써 내려갈 수 있다. 어떤 일정한 조건 하에서는 분자 A가 단위 시간 동안에 조각이 날 확률이 일정하다. 1분자의 단일 단계 반응을 생각해 보자.

$$A \longrightarrow \text{조각들}$$

그러면 이 경우의 반응 속도식은 다음과 같이 된다.

$$\frac{d(\xi/A)}{dt} = kc_A \tag{32.51}$$

단위 시간에 조각이 날 확률은 일정하므로 분자가 많을수록 없어지는 속도가 커질 것이며, 따라서 (32.51)식과 같은 속도식이 성립하는 것이다.

2분자 반응의 속도는 단위 시간당의 충돌수에 의존한다. 그리고 30.5절에서 설명한 바와 같이 동종 분자간의 충돌수는 농도의 제곱에 비례한다. 따라서 다음과 같은 2분자 단일 단계 반응을 생각해 보자.

$$2A \longrightarrow \text{생성물}$$

그러면 그 반응 속도식은 다음과 같이 된다.

$$\frac{d(\xi/V)}{dt} = k\,c_A^2 \qquad (32.52)$$

마찬가지로 상이한 분자간의 매초당 충돌수는 두 종류의 분자 농도의 곱에 비례한다. 그리하여 다음과 같은 2분자 단일 단계 반응을 생각해 보자.

$$A + B \longrightarrow \text{생성물들}$$

그러면 그 반응 속도식은 다음과 같이 된다.

$$\frac{d(\xi/V)}{dt} = k\,c_A\,c_B \qquad (32.53)$$

3분자 반응은 동시에 세 분자가 충돌하는 단일 단계 반응이다. 예를 들면,

$$A + B + C \longrightarrow \text{생성물들}$$

따라서 속도식은 다음과 같이 된다.

$$\frac{d(\xi/V)}{dt} = k\,c_A\,c_B\,c_C \qquad (32.54)$$

3체 충돌은 2체 충돌에 비해서 일어날 빈도가 훨씬 더 작다. 그러므로 만일 3분자 반응 단계가 반응 과정의 중요한 고비가 될 때는 반응이 아주 느리게 된다.

(32.51)식, (32.52)식 및 (32.53)식을 조사해 보면 단일 단계 반응에서는 그 반응의 차수가 화학량적 계수와 같다고 생각할 수 있다. 이것은 단일 단계 반응에 대해서만 성립하는 사실이다.

32.10 대립 반응 ; 수소-요오드 반응

수소와 요오드의 **기체상 반응은** 1890년대에 Bodenstein에 의해서 광범위하게 연구되었는 바, 이 반응은 속도론적으로 간단하며, 또한 대립 2차 반응의 좋은 고전적 예가 되고 있다. 300°C 내지 500°C 사이에서 이 반응은 측정하기 좋은 속도로 일어난다. 이 반응의 메카니즘은 다음과 같이 간단한 하나의 단일 단계 반응과 그 역반응으로 되어 있다.*

$$H_2 + I_2 \underset{k_{-1}}{\overset{k_1}{\rightleftharpoons}} 2\,HI$$

HI가 생성되는 실효 속도는 정반응 속도에서 역반응 속도를 뺀 것과 같다. 그리고 이 반응들은 둘다 단일 단계 반응이다. 따라서

$$\frac{d(\xi/V)}{dt} = k_1 c_{H_2} c_{I_2} - k_{-1} c_{HI}^2 \qquad (32.55)$$

평형에서는 $d(\xi/V)/dt = 0$ 이며, 따라서 (32.55)식은 다음과 같이 된다.

$$\frac{(c_{HI})_e^2}{(c_{H_2})_e (c_{I_2})_e} = \frac{k_1}{k_{-1}}$$

이 식의 왼쪽은 평형 농도 곱비, 즉 평형 상수이다. 따라서

$$K = \frac{k_1}{k_{-1}} \qquad (32.56)$$

* 정반응의 속도 상수는 화살표 위에 쓰고 역반응의 속도 상수는 화살표 아래에 쓰는 것이 습관이다.

단일 단계 반응의 평형 상수는 정반응 속도 상수와 역반응 속도 상수와의 비와 같다. 이 관계는 단일 단계 반응에 대해서만 성립한다.

시간 t에서의 반응의 진척도를 ξ라고 하면 다음과 같은 관계가 성립한다.

$$c_{H_2} = a - y \qquad c_{I_2} = b - y \qquad c_{HI} = 2y$$

여기서 a와 b는 각각 A와 B의 초기 농도이며, $y = \xi/V$이다(처음에는 HI가 존재하지 않았다고 가정한다). 이 관계들을 이용하면 속도식이 다음과 같이 된다.

$$\frac{dy}{dt} = k_1(a-y)(b-y) - k_{-1}(4y^2) \tag{32.57}$$

(32.56)식에 의하면 $k_{-1} = k_1/K$이다. 따라서 이 속도식은 괄호를 풀고 정리하면 다음과 같이 된다.

$$\frac{dy}{dt} = k_1\left(1 - \frac{4}{K}\right)\left[y^2 - \frac{(a+b)y}{1-4/K} + \frac{ab}{1-4/K}\right] \tag{32.57 a}$$

괄호안의 식은 $(y_1 - y)(y_2 - y)$와 같은 꼴로 쓸 수 있으며, y_1과 y_2는 이 식의 근이 된다. 그러면,

$$y_1 = \frac{a+b+m}{2(1-4/K)} \qquad y_2 = \frac{a+b-m}{2(1-4/K)} \qquad m = \sqrt{(a-b)^2 + 16ab/K}$$

여기서 m, y_1, 그리고 y_2는 a, b, K값으로부터 계산되는 알 수 있는 양들이라는 것을 주목하라. y_1과 y_2는 y의 가능한 평형값들이다. 즉, y_1은 무관한 값이며 y_2는 평형값이다.

그러면 반응 속도식이 다음과 같이 된다.

$$\frac{dy}{(y_1-y)(y_2-y)} = k_1\left(1 - \frac{4}{K}\right)dt$$

부분 분수법을 쓰면 이 식이 다음과 같이 된다.

$$\frac{-dy}{y_1 - y} - \frac{-dy}{y_2 - y} = -k_1\left(1 - \frac{4}{K}\right)(y_2 - y_1)dt$$

이 식을 $(y = 0,\ t = 0)$으로부터 (y, t)까지 적분하고, $y_2 - y_1 = -m/(1-4/K)$의 관계를 이용하면 다음과 같이 된다.

$$\int_0^y \frac{-dy}{y_1 - y} - \int_0^y \frac{-dy}{y_2 - y} = k_1 m \int_0^t dt$$

따라서,

$$\ln\frac{y_1 - y}{y_1} - \ln\frac{y_2 - y}{y_2} = k_1 mt \tag{32.58}$$

기지의 파라미터 K, a 및 b를 이용하고 또 y를 t의 함수로 측정하면 (32.58)식의 좌변을 t에 대해서 도시할 수 있으며, 그 기울기로부터 속도 상수 k_1의 값을 구할 수 있다. K의 값은 별도로 측정해야 한다. Bodenstein은 여러 온도에서 (32.58)식을 이용하여 만족할만한 속도 상수 값들을 구하였다.

(32.58)식을 역반응이 없는 2차 반응 속도식인 (32.43)식과 비교하여 보자. 이 식은 $\nu_A = \nu_B = -1$이며 다음과 같이 쓸 수 있다.

$$\ln\frac{a-y}{a} - \ln\frac{b-y}{b} = k(a-b)t \qquad (32.59)$$

두 식은 분명히 같은 꼴이다. 극한에서는 $K \to \infty$로 됨에 따라 (32.58)식이 (32.59)식으로 된다.

어려해 동안 수소-요오드 반응은 대립 2차 반응의 전형적인 예라고 생각되어 왔다. 그러나 J. H. Sullivan의 최근 연구에 의하면 그 메카니즘은 여기서 가정했던 것처럼 간단하지 않다. 이 메카니즘은 아직 분명하지 않다. 여기에 대해서는 R.M. Noyes, *J. Chem. phys.* **48**, 323(1968)을 보아라.

32.11 연속 반응

몇 개의 연속되는 단일 단계 반응을 거쳐서 생성물이 생길 때는 반응 속도가 모든 단계의 반응 속도에 의해서 결정된다. 그 중 한 단일 단계 반응이 나머지 다른 것들보다 훨씬 느릴 때는 전체 반응 속도가 이 가장 느린 단계에 의존된다. 이 느린 단계를 속도 결정 단계라고 한다. 이것은 마치 여러 가지 지름의 관을 연결해 놓고, 그 속으로 물을 흐르게 하는 경우와 비슷하다. 물의 배수 속도는 가장 가는 관을 통과하는 속도에 좌우될 것이다. 연속 반응의 이러한 성질을 적절하게 설명해 주는 예가 1분자 분해 반응에 관한 Lindemann의 활성화 메카니즘이다.

32.12 1분자 분해 반응 ; Lindemann 메카니즘

1922년까지만 해도 1분자 분해 반응을 어떻게 설명하는가가 문제였었다. 1분자 단일 단계 반응에서는 다음과 같이 분자가 몇 조각으로 깨져야 한다.

$$\text{A} \longrightarrow \text{조각들}$$

이 반응이 일어나려면 분자의 에너지 함량이 지나칠 정도로 커야만 한다. 즉, 지나치게 많은 에너지가 어떻게 해서든지 특정한 진동 자유도로 들어가야 한다. 그러면 이 진동에 의해서 분자가 여러 개의 조각으로 해리된다.

이와같은 과잉의 에너지를 가진 분자는 분해된다. 그리고 이러한 분해가 계속되려면 다른 분자들도 이러한 과잉량의 에너지를 얻어야 한다. 그러면 분자들이 어떻게 해서 이러한 과잉량의 에너지를 얻느냐가 문제인 것이다. 1919년에 Perrin은 이 에너지가 복사선에서 나올 것이라고 말하였다. 즉, 빛을 흡수하여 이 에너지를 얻는다고 생각하였었다. 이 복사선의 가정에 의하면 빛이 없을 때는 반응이 일어나지 않아야 한다. 곧 이어서 여기에 대한 실험을 해 본 결과 이 가정은 옳지 않다는 것을 알게 되었고 결국 이 수수께끼는 그대로 남게 되었다. 분자가 다른 분자와의 충돌에 의해서 필요한 에너지를 얻을 것 같지도 않다. 왜냐 하면 충돌 속도는 농도의 제곱에 의존하므로 이렇게 되면 반응이 2차가 되어야 하는데, 측정된 결과는 1차이기 때문이다.

1922년에 Lindemann은 분자가 충돌에 의해서 활성화되기는 하지만 반응만은 여전히 1차가 되는 메카니즘을 제안하였다. 충돌에 의한 분자의 활성화는 다음과 같이 나타낼 수 있다.

$$\text{A} + \text{A} \xrightarrow{k_1} \text{A}^* + \text{A}$$

여기서 A는 정상적 분자이고 A* 는 활성화 분자이다. 2개의 정상적 분자가 서로 충돌하면 활성화 분자 A* 가 생기는데, 이 분자의 여러 진동 자유도는 과잉량의 에너지를 가진다. 그 나머지 분자들은 에너지가 부족해진다.

일단 활성화 분자가 생기면 이것이 다른 분자와 또 충돌해서 탈활성화할 수도 있다. 즉,

$$\mathrm{A^* + A \xrightarrow{k_{-1}} A + A}$$

그러나 이것은 다음과 같이 생성물로 분해될 수도 있을 것이다.

$$\mathrm{A^*} \xrightarrow{k_2} \text{생성물들}$$

A가 없어지는 속도는 이 둘째 번 반응의 속도가 된다. 즉,

$$-\frac{dc_{\mathrm{A}}}{dt} = k_2 c_{\mathrm{A}^*} \tag{32.60}$$

이렇게 되면 이 식에서 활성화 화학종의 농도를 어떻게 해서 정상적 화학종의 농도로 나타내느냐가 문제로 된다. 이 문제를 해결하기 위하여 반응이 일단 시작되기만 하면 곧 정류 상태가 이루어진다고 가정하는 것이다. 정류 상태에서는 활성화 분자의 농도가 거의 변화하지 않으며, 따라서 $(dc_{\mathrm{A}^*}/dt)=0$이 된다. 이것을 정류 상태의 가정이라고 한다. A* 는 처음 반응에서만 생기고 다음 두 반응에서는 없어진다. 따라서

$$\frac{dc_{\mathrm{A}^*}}{dt} = 0 = k_1 c_{\mathrm{A}}^2 - k_{-1} c_{\mathrm{A}} c_{\mathrm{A}^*} - k_2 c_{\mathrm{A}^*}$$

이 식을 이용하면 c_{A^*}를 정상적 분자의 농도 c_{A}로 나타낼 수 있다. 즉,

$$c_{\mathrm{A}^*} = \frac{k_1 c_{\mathrm{A}}^2}{k_{-1} c_{\mathrm{A}} + k_2}$$

이 c_{A^*} 값을 이용하면 속도식인 (32.60)식이 다음과 같이 된다.

$$-\frac{dc_{\mathrm{A}}}{dt} = \frac{k_2 k_1 c_{\mathrm{A}}^2}{k_{-1} c_{\mathrm{A}} + k_2} \tag{32.61}$$

(32.61)식으로터 두 가지의 중요한 극한식을 얻을 수 있다.

경우 1. $k_{-1}c_{\mathrm{A}} \ll k_2$인 경우. 분해 속도 $k_2 c_{\mathrm{A}^*}$가 극히 빨라서 활성화 분자는 생기자마자 쪼개진다고 하자. 그러면 탈활성화 충돌을 일으킬 시간이 없게 되며 따라서 탈활성화 속도는 분해 속도에 비해서 아주 작게 된다. 따라서 $k_{-1}c_{\mathrm{A}}c_{\mathrm{A}^*} \ll k_2 c_{\mathrm{A}^*}$, 즉 $k_{-1}c_{\mathrm{A}} \ll k_2$가 된다. 그러면 (32.61)식의 분모가 $k_{-1}c_{\mathrm{A}} + k_2 \approx k_2$로 되며, 이 식은 다음과 같이 된다.

$$-\frac{dc_{\mathrm{A}}}{dt} = k_1 c_{\mathrm{A}}^2 \tag{32.62}$$

활성화 분자는 곧 분해되므로 반응 속도는 활성화 분자의 생성 속도와 같게 된다. 충돌이 2차 과정이므로 이 경우에는 2차 반응이 된다.

경우 2. $k_{-1}c_{\mathrm{A}} \gg k_2$인 경우. 활성화된 후에 오랫동안 있다가 분자가 쪼개지는 경우에는 그 사이에 활성화 분자가 충돌하여 탈활성화할 기회를 가지게 된다. 이와같은 시간 지체가 길면 탈

활성화 속도 $k_{-1}c_Ac_A*$가 분해 속도 k_2c_A*보다 훨씬 더 크게 된다. 이렇게 되면 $k_{-1}c_A \gg k_2$와 $k_{-1}c_A + k_2 \approx k_{-1}c_A$의 관계가 성립한다. 그리고 (32.61)식은 다음과 같이 된다.

$$-\frac{dc_A}{dt} = k_2\left(\frac{k_1}{k_{-1}}\right)c_A \qquad (32.63)$$

이것은 1차의 반응 속도식이다. 일반적으로는 활성화 분자가 충돌에 의해서 탈활성화되며 극히 일부만이 생성물로 된다.

기체상 반응에서는 압력을 높이면 충돌수가 증가하며, 따라서 $k_{-1}c_A$가 크게 되고 반응 속도는 1차로 된다. 활성화 분자가 충분히 공급되면 그것이 깨지는 속도에 의해서 반응 속도가 결정된다. 낮은 압력에서는 충돌수가 줄어들어 $k_{-1}c_A$가 작아지고 속도는 2차가 된다. 그러면 반응 속도는 충돌에 의한 활성화 분자의 생성 속도에 의존하게 된다.

낮은 압력에서는 겉보기 1차 반응 속도 "상수"가 감소한다. 물리적으로 볼 때 낮은 압력에서 이 반응 속도 상수값이 감소한다는 것은 활성화를 일으키는 충돌수가 감소하기 때문이다. 만일 비활성 기체를 넣어서 압력을 증가시키면 속도 상수값이 다시 증가한다. 이것은 분자들이 같은 종류끼리의 충돌에 의해서 뿐만 아니라 비활성 기체와의 충돌에 의해서도 활성화되기 때문이다. 충분히 넓은 압력 범위에서 여러 1차 반응을 연구해 본 결과 (32.61)식은 일반적으로 성립하는 식이라는 것이 확인되었다. 그리하여 Lindemann 메카니즘은 분자의 활성화 메카니즘으로서 인정을 받게 되었다.

32.13 복합 반응; 수소-브롬 반응

수소-브롬 반응에 관한 반응 속도식은 수소-요오드 반응에 관한 것보다 상당히 복잡하다. 이들은 화학량론적으로는 다음과 같이 똑같다.

$$H_2 + Br_2 \longrightarrow 2\,HBr$$

그러나 1906년에 M. Bodenstein과 S.C. Lind에 의해서 확립된 반응 속도식은 다음과 같다.

$$\frac{d[HBr]}{dt} = \frac{k[H_2][Br_2]^{1/2}}{1 + m[HBr]/[Br_2]} \qquad (32.64)$$

여기서 k와 m은 상수이며 괄호는 화학종의 농도를 나타내기 위한 것이다. 분모에 나오는 $[HBr]/[Br_2]$항은 생성물이 있으면 반응 속도가 줄어든다는 것을 뜻한다. 즉, 생성물은 억제물로서 작용한다. 그러나 브롬의 농도가 클 때는 억제 작용이 작아진다.

(32.64)식은 1919년까지만 해도 잘 설명이 안 되었지만 J.A. Christiansen, K.F. Herzfeld 그리고 M. Polanyi에 의해서 독립적으로 그 메카니즘이 밝혀졌다. 이 메카니즘은 다음과 같은 5개의 단일 단계 반응으로 되어 있다.

(1) $$Br_2 \xrightarrow{k_1} 2Br$$

(2) $$Br + H_2 \xrightarrow{k_2} HBr + H$$

(3) $$H + Br_2 \xrightarrow{k_3} HBr + Br$$

(4) $$H + HBr \xrightarrow{k_4} H_2 + Br$$

(5) $$2Br \xrightarrow{k_5} Br_2$$

HBr은 (2)와 (3)의 반응에서는 생기고 (4)의 반응에서는 없어지므로 그 생성 속도는 다음과 같이 주어진다.

$$\frac{d[\mathrm{HBr}]}{dt} = k_2[\mathrm{Br}][\mathrm{H_2}] + k_3[\mathrm{H}][\mathrm{Br_2}] - k_4[\mathrm{H}][\mathrm{HBr}] \tag{32.65}$$

이 식에는 H 원자와 Br 원자의 농도가 포함되어 있어서 곤란하다. 이들 원자의 농도는 H_2, Br_2, HBr 등의 분자 농도로 나타내지 않는 한 쉽게 측정할 수 없으며, 따라서 이 식은 쓸모가 없게 된다. 어느 경우에서나 원자 농도는 매우 작으므로 곧 정류 상태가 이루어져서 원자의 농도가 시간에 따라 변하지 않는다고 생각할 수 있다. 즉, 원자가 없어지는 속도는 생성되는 속도와 같아진다. 단일 단계 반응들로부터 브롬 원자와 수소 원자의 생성 속도는 다음과 같이 된다.

$$\frac{d[\mathrm{Br}]}{dt} = 2k_1[\mathrm{Br_2}] - k_2[\mathrm{Br}][\mathrm{H_2}] + k_3[\mathrm{H}][\mathrm{Br_2}] + k_4[\mathrm{H}][\mathrm{HBr}] - 2k_5[\mathrm{Br}]^2$$

$$\frac{d[\mathrm{H}]}{dt} = k_2[\mathrm{Br}][\mathrm{H_2}] - k_3[\mathrm{H}][\mathrm{Br_2}] - k_4[\mathrm{H}][\mathrm{HBr}]$$

정류 상태에서는 $d[\mathrm{Br}]/dt = 0$, $d[\mathrm{H}]/dt = 0$ 이므로 이 식들은 다음과 같이 된다.

$$0 = 2k_1[\mathrm{Br_2}] - k_2[\mathrm{Br}][\mathrm{H_2}] + k_3[\mathrm{H}][\mathrm{Br_2}] + k_4[\mathrm{H}][\mathrm{HBr}] - 2k_5[\mathrm{Br}]^2$$

$$0 = k_2[\mathrm{Br}][\mathrm{H_2}] - k_3[\mathrm{H}][\mathrm{Br_2}] - k_4[\mathrm{H}][\mathrm{HBr}]$$

이 두 식을 합하면 $0 = 2k_1[\mathrm{Br_2}] - 2k_5[\mathrm{Br}]^2$ 이 얻어진다. 즉,

$$[\mathrm{Br}] = \left(\frac{k_1}{k_5}\right)^{1/2}[\mathrm{Br_2}]^{1/2} \tag{32.66}$$

그리고 위의 둘째 번 식에 (32.66)식을 넣으면 다음 결과를 얻을 수 있다.

$$[\mathrm{H}] = \frac{k_2\left(\frac{k_1}{k_5}\right)^{1/2}[\mathrm{H_2}][\mathrm{Br_2}]^{1/2}}{k_3[\mathrm{Br_2}] + k_4[\mathrm{HBr}]} \tag{32.67}$$

(32.65)식에 [Br]과 [H]값을 넣고 하나의 항으로 묶은 다음 분자와 분모를 $k_3[\mathrm{Br_2}]$로 나누면 다음 결과가 얻어진다.

$$\frac{d[\mathrm{HBr}]}{dt} = \frac{2k_2(k_1/k_5)^{1/2}[\mathrm{H_2}][\mathrm{Br_2}]^{1/2}}{1 + (k_4/k_3)[\mathrm{HBr}]/[\mathrm{Br_2}]} \tag{32.68}$$

이 식은 Bodenstein과 Lind의 실험식인 (32.64)식과 같은 꼴이다(이 식의 적분꼴은 특별한 이용도가 없다).

이 메카니즘은 몇 가지 흥미있는 점을 가지고 있다. 우선 첫째로 이 반응에서는 브롬 분자가 원자로 해리하는 것으로서 반응이 시작된다. 일단 브롬 원자가 생기면 하나의 브롬 원자가 (2)와 (3)의 반응 순서에 따라서 많은 HBr 분자를 만들어낼 수 있다. 즉, 여기서는 Br나 H 원자와 같은 활성화 화학종이 소모되고 생성물이 나오며, 그리고 활성화 화학종이 다시 재생되는 연쇄 작용이 일어난다. 이들 반응을 연쇄 전파 반응이라고 한다. 반응 (4)는 활성화 화학종 H를 다른 활성화 화학종 Br로 대치시킨다는 점에서 반응을 전파시키는 것이라고도 볼 수 있기는 하지만 사실은 생성물 HBr을 소모하여 HBr의 실효 생성 속도를 감소시키는 것이다. 따라서 반응 (4)는 일종의 억제 반응이다. 마지막 반응 (5)는 활성화 화학종을 제거시키는 연쇄 종결 반응이다.

반응 (3)과 (4)를 비교해 보면 Br_2와 HBr은 H 원자를 놓고 서로 경쟁을 하고 있다. 이 경

쟁에서 HBr이 얼마큼 이기느냐에 따라서 억제 정도가 결정된다. 이 경쟁의 승률은 반응 (4)와 (3)의 상대적인 속도에 의해서 결정된다. 즉,

$$\frac{(\text{속도})_4}{(\text{속도})_3} = \frac{k_4[\text{H}][\text{HBr}]}{k_3[\text{H}][\text{Br}_2]} = \frac{k_4[\text{HBr}]}{k_3[\text{Br}_2]}$$

이것으로 인해서 (32.68)식 분모의 둘째 번 항이 나타나는 것이다.

$t=0$에서는 $[\text{HBr}]=0$이므로 HBr의 초기 생성 속도가 다음과 같이 주어진다.

$$\left[\frac{d[\text{HBr}]}{dt}\right]_0 = 2k_2\left(\frac{k_1}{k_5}\right)^{1/2}[\text{H}_2]_0[\text{Br}_2]_0^{1/2}$$

[HBr]을 t에 대해서 도시하면 $t=0$에서의 극한 기울기 $(d[\text{HBr}]/dt)_0$가 얻어진다. 초기 농도 $[\text{H}_2]_0$와 $[\text{Br}_2]_0$을 여러 가지로 바꾸어 취하면서 이 조작을 되풀이하면 상수 $k=2k_2(k_1/k_5)^{1/2}$을 얻을 수 있다.

32.14 자유 라디칼 메카니즘

1929년에 F. Paneth와 W. Hofeditz는 테트라메틸납이 열분해될 때 메틸 자유 라디칼이 생긴다는 것을 발견하였다. 그림 32-4는 여기에 사용된 장치를 나타낸 것이다. 테트라메틸납은 휘발성 액체이다. 이 장치를 진공으로 한 다음, 약 100 Pa 압력의 H_2 기체를 액체 위로 흘려보내면 $Pb(CH_3)_4$ 증기가 관속을 통하여 따라 나온다. 이 기체는 다른 쪽 끝에서 고성능 진공 펌프로 뽑아 낸다. 위치 M에는 로가 설치되어 있다. 그러면 잠시 후에 $Pb(CH_3)_4$가 분해되어서 M 근처에 납 거울이 석출된다. 이 로를 상류쪽인 위치 M'으로 옮기면 M'에 새로운 거울이 생기고 M에 생겼던 거울은 서서히 사라진다.

이 현상은 다음과 같이 $Pb(CH_3)_4$가 열에 의해서 분해되어 메틸 자유 라디칼로 되기 때문이라고 설명할 수 있다.

$$Pb(CH_3)_4 \longrightarrow Pb + 4\,CH_3$$

이 납이 관벽에 석출되어 거울을 이루는 것이다. 메틸 라디칼은 운반 기체에 섞여서 관을 흘러나간다. 만일 이 라디칼이 M에서 거울과 만나면 다음과 같은 반응에 의해서 이 거울을 없애버릴 수가 있다.

$$Pb + 4\,CH_3 \longrightarrow Pb(CH_3)_4$$

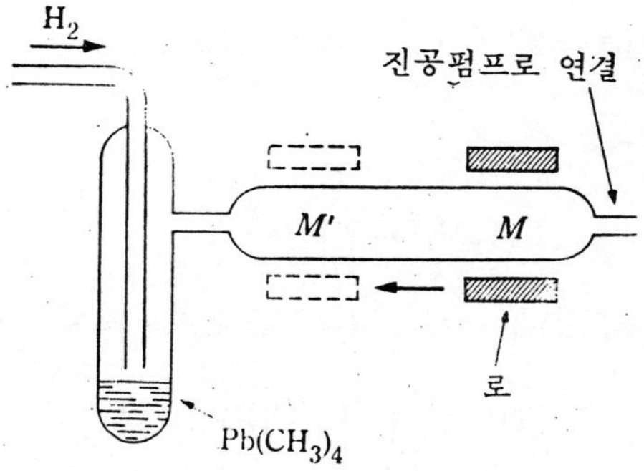

그림 32-4 자유 라디칼의 검출.

이 방법은 Paneth에 의해서 발견된 후 F.O. Rice와 그의 공동 연구자에 의해서 광범위하게 발전되었다.

1934년에 F.O. Rice와 K.F. Herzfeld는 여러 유기 반응에서 관찰된 반응 속도식이 자유 라디칼을 포함하는 메카니즘에 의해서 설명될 수 있다는 것을 알아내었다. 그들은 또한 이 메카니즘은 복잡할 수도 있으나 그 속도식은 아주 간단하게 되는 경우도 있다는 것을 알았다. 이러한 메카니즘은 반응에서 생기는 생성물을 잘 설명해 줄 수가 있었다.

32.14.1 에탄의 분해 반응

에탄의 분해 반응에 관한 Rice-Herzfeld 메카니즘은 다음과 같다.

(1) $$C_2H_6 \xrightarrow{k_1} 2\,CH_3$$

(2) $$CH_3 + C_2H_6 \xrightarrow{k_2} CH_4 + C_2H_5$$

(3) $$C_2H_5 \xrightarrow{k_3} C_2H_4 + H$$

(4) $$H + C_2H_6 \xrightarrow{k_4} H_2 + C_2H_5$$

(5) $$H + C_2H_5 \xrightarrow{k_5} C_2H_6$$

반응 (1)과 (2)는 개시 단계이며 (3)과 (4)는 연쇄 단계이고 (5)는 종결 단계이다. 주생성물은 연쇄 단계에서 생기는 것이며, 따라서 전체 반응은 다음과 같이 쓸 수 있다.

$$C_2H_6 \longrightarrow C_2H_4 + H_2$$

소량의 CH_4도 생긴다.

C_2H_6가 없어지는 속도는 다음과 같다.

$$-\frac{d[C_2H_6]}{dt} = k_1[C_2H_6] + k_2[CH_3][C_2H_6] + k_4[H][C_2H_6] - k_5[H][C_2H_5] \qquad (32.69)$$

CH_3, C_2H_5 및 H에 대한 정류 상태를 가정하면 다음 세 조건이 성립해야 한다.

$$0 = \frac{d[CH_3]}{dt} = 2\,k_1[C_2H_6] - k_2[CH_3][C_2H_6]$$

$$0 = \frac{d[C_2H_5]}{dt} = k_2[CH_3][C_2H_6] - k_3[C_2H_5] + k_4[H][C_2H_6] - k_5[H][C_2H_5]$$

$$0 = \frac{d[H]}{dt} = k_3[C_2H_5] - k_4[H][C_2H_6] - k_5[H][C_2H_5]$$

첫째 번 식의 해는 다음과 같다.

$$[CH_3] = \left(\frac{2k_1}{k_2}\right) \qquad (32.70)$$

또 이 세 식을 더하면 $0 = 2\,k_1[C_2H_6] - 2\,k_5[H][C_2H_5]$가 된다. 따라서,

$$[H] = \left(\frac{k_1}{k_5}\right)\frac{[C_2H_6]}{[C_2H_5]} \qquad (32.71)$$

이 결과를 마지막 정류 상태식에 넣으면 다음과 같은 결과가 나온다.

$$[C_2H_5]^2 - \left(\frac{k_1}{k_3}\right)[C_2H_6][C_2H_5] - \left(\frac{k_1k_4}{k_3k_5}\right)[C_2H_6]^2 = 0$$

이것을 $[C_2H_5]$에 대해서 푼다. 그러면

$$[C_2H_5] = [C_2H_6]\left[\frac{k_1}{2k_3} + \sqrt{\left(\frac{k_1}{2k_3}\right)^2 + \left(\frac{k_1k_4}{k_3k_5}\right)}\right]$$

개시 단계에 관한 속도 상수 k_1은 대단히 작으므로 이것의 고차 항은 무시할 수 있다. 따라서,

$$[C_2H_5] = \left(\frac{k_1k_4}{k_3k_5}\right)^{1/2}[C_2H_6] \tag{32.72}$$

그러면 [H]값은 다음과 같이 된다.

$$[H] = \left(\frac{k_1k_3}{k_4k_5}\right)^{1/2} \tag{32.73}$$

(32.71)식을 (32.69)식에 넣으면 다음과 같은 식을 얻을 수 있다.

$$-\frac{d[C_2H_6]}{dt} = \{k_2[CH_3] + k_4[H]\}[C_2H_6] \tag{32.74}$$

(32.70)식과 (32.73)식의 $[CH_3]$와 [H] 값을 (32.74)식에 넣으면 다음과 같은 간소화된 결과를 얻을 수 있다.

$$-\frac{d[C_2H_6]}{dt} = \left[2k_1 + \left(\frac{k_1k_3k_4}{k_5}\right)^{1/2}\right][C_2H_6]$$

여기서 k_1에 관한 고차 항을 무시하면 다음과 같이 된다.

$$-\frac{d[C_2H_6]}{dt} = \left(\frac{k_1k_3k_4}{k_5}\right)^{1/2}[C_2H_6] \tag{32.75}$$

(32.75)식은 반응 속도식이다. 이 메카니즘은 복잡하지만 반응은 1차 반응이다. 속도 상수는 개개의 단일 단계 반응의 속도 상수가 결합된 것이다.

Rice-Herzfeld 메카니즘을 사용하면 보통 간단한 속도식이 나오며, 여러 가지 반응에서 예측되는 반응 차수는 $\frac{1}{2}$, 1, $\frac{3}{2}$ 및 2이다.

$Pb(CH_3)_4$나 $Hg(CH_3)_2$와 같은 자유 라디칼을 공급하는 화합물을 가하면 유기 화합물의 분해 속도가 흔히 증가한다. 이러한 화합물은 유기 화합물의 분해를 증감시킨다고 한다. 이와는 반대로 산화질소 같은 화합물은 자유 라디칼과 결합하여 계의 자유 라디칼을 제거시킨다. 이것은 연쇄 반응의 사슬을 깨뜨려서 반응을 억제시킨다.

32.15 복합 반응에 대한 속도 상수의 온도 의존

어느 화학 반응이든 그 속도 상수는 Arrhenius식인 (32.48)식에 따라서 온도에 의존한다. 에탄의 열분해와 같은 복합 반응에서는 속도 상수가 (32.75)식에 의해서 다음과 같이 주어진다.

$$k = \left(\frac{k_1k_3k_4}{k_5}\right)^{1/2}$$

여기서 각 단일 단계 반응에 관한 속도 상수는 Arrhenius식에 의해서 $k_1 = A_1\exp(-E_1^*/RT)$ 등으로 주어진다. 따라서,

$$k=\left(\frac{A_1A_3A_4}{A_5}\right)^{1/2}e^{-(1/2)(E_1^*+E_3^*+E_4^*-E_5^*)/RT}$$

이것은 다음과 같은 복합 반응에 관한 Arrhenius식과 동일한 것이다.

$$k=Ae^{-E^*/RT}$$

따라서 이들을 비교하면 다음과 같은 관계를 얻을 수 있다.

$$A=\left(\frac{A_1A_3A_4}{A_5}\right)^{1/2} \qquad (32.76)$$

$$E^*=\frac{1}{2}(E_1^*+E_3^*+E_4^*-E_5^*) \qquad (32.77)$$

따라서 각 단일 단계 반응에 관한 A와 E^*의 값을 알면 복합 반응에 대한 A와 E^*를 계산할 수 있다. 에탄의 분해 반응에서는 $E_1^*=350\,\text{kJ/mol}$, $E_3^*=170\,\text{kJ/mol}$, $E_4^*=30\,\text{kJ/mol}$, $E_5^*=0$이다. 그리하여 이 반응에 관한 활성화 에너지는 다음과 같이 된다.

$$E^*=\frac{1}{2}(350+170+30)=275\,\text{kJ/mol}$$

측정된 활성화 에너지값은 약 290 kJ/mol 정도이다. 결국 이 메카니즘에 따라서 예상한 값은 측정치와 잘 맞는다.

★ 32.16 갈래 연쇄 반응 ; 폭발

본래는 보통 속도로 일어날 수 있는 심한 발열 반응이 폭발하는 수가 있다. 생성된 열이 발산되지 않으면 온도가 급격하게 올라가서 반응 속도가 아주 급격하게 증가하는 것이다. 그리하여, 결과적으로 열폭발이 일어나는 것이다.

다른 또 하나의 폭발 형태는 연쇄 운반체의 가지치기에 의한 것이다. 앞에서 취급한 연쇄 반응에서는 정류 상태를 가정했으며, 그리하여 활성화 화학종의 생성 속도는 그 소멸 속도와 같다고 보았다. 지금까지 취급한 예에서는 어떤 경우에서나 라디칼의 농도가 일정하고 또한 작다고 보았다. 정류 상태 가정에서 분명한 것은 첫째로 이 가정이 꼭 정확할 수는 없다는 것이며, 둘째로는 이것이 거의 정확한 것만은 사실이라는 것이다. 만일 이것이 거의 정확하지 않다면 활성화 화학종의 농도가 시간의 경과에 따라서 상당히 변할 것이다. 활성화 화학종의 농도가 크게 감소하면 반응이 느려져서 평형점에 달하기도 전에 정지될 것이다. 한편 활성화 화학종의 농도가 시간에 따라서 크게 증가하면 반응 속도는 매우 급격하게 증가할 것이다. 이렇게 되면 활성화 화학종의 농도는 더 한층 증가되고 마침내 반응이 폭발 속도에 이를 것이다. 실제로 원자나 라디칼과 같은 활성화 화학종이 그들이 없어지는 속도보다도 더 빠른 속도로 생성되는 경우에는 폭발이 일어난다.

어떤 한 단일 단계 반응에서 한 활성화 화학종이 반응해서 두 가지 이상의 활성화 화학종을 만들 때는 연쇄 반응의 사슬이 가지를 친다고 말한다. 다음 예를 생각해 보자.

$$H+O_2 \longrightarrow OH+O$$

이 반응에서 H원자는 없어지지만 연쇄 반응을 전파시킬 수 있는 두 활성화 화학종 OH와 O가 생긴다. 한 활성화 화학종이 두 활성화 화학종을 만듦으로 소멸 속도가 생성 속도를 따라갈 수 없는 상태가 생기게 된다. 결국 라디칼의 농도가 급증하여 폭발이 일어나는 것이다.

수소-산소 반응의 메카니즘은 오늘날까지도 완전하게 밝혀지지는 않고 있다. 여기에 관한 현대적인 연구의 대부분은 C.N. Hinschelwood와 그의 공동 연구자에 의해서 이루어졌으며, 그 연쇄 반응의 단계는 다음과 같다.

(1)	$H_2 \longrightarrow 2H$	개시
(2)	$H + O_2 \longrightarrow OH + O$	가지치기
(3)	$O + H_2 \longrightarrow OH + H$	
(4)	$OH + H_2 \longrightarrow H_2O + H$	전파

라디칼이나 원자를 번식시키는 반응은 이들을 소멸시키는 반응과 균형을 이루고 있어야 한다. 매우 낮은 압력에서는 라디칼이 용기의 벽쪽으로 빠르게 확산되며 그 표면에서 소멸된다. 이러한 소멸 반응은 다음과 같이 쓸 수 있다.

$$H \longrightarrow \text{표면에서 소멸}$$
$$OH \longrightarrow \text{표면에서 소멸}$$
$$O \longrightarrow \text{표면에서 소멸}$$

압력이 낮으면 라디칼이 표면에 빨리 도달하여 소멸된다. 이 때는 생성 속도와 소멸 속도가 균형을 이룰 수 있어서 반응이 원활하게 진행된다. 이 소멸 속도는 물론 반응 용기의 크기나 모양에 크게 의존한다.

압력이 증가하면 사슬이 가지를 치는 속도와 전파 속도는 증가하지만 압력이 높아지기 때문에 라디칼이 표면으로 확산되는 속도가 줄어서 소멸 속도가 떨어진다. 압력이 폭발 하한이라고 부르는 임계 압력보다도 더 높아지면 원자와 라디칼이 정류 농도를 유지할 수 없으며, 활성화 화학종의 농도가 시간에 따라서 급증하여 반응 속도가 엄청나게 증가한다. 그리하여 마침내 계는 폭발한다. 폭발 하한은 반응 용기의 크기와 모양에 따라 다르다.

압력이 더 높아지면 라디칼을 제거할 수 있는 다음과 같은 3체 충돌이 보다 더 활발하게 일어난다.

$$H + O_2 + M \longrightarrow HO_2$$

여기서 M은 O_2나 H_2 또는 사슬을 증가시키는 반응과 경쟁하는 다른 기체 분자이다. 화학종 HO_2는 반응에 기여하지 않으므로 라디칼이 결과적으로 제거되는 셈이며, 따라서 충분히 높은 압력에서는 라디칼의 생성과 소멸 사이에 균형이 이루어질 수 있다. 둘째 번 임계 압력인 폭발

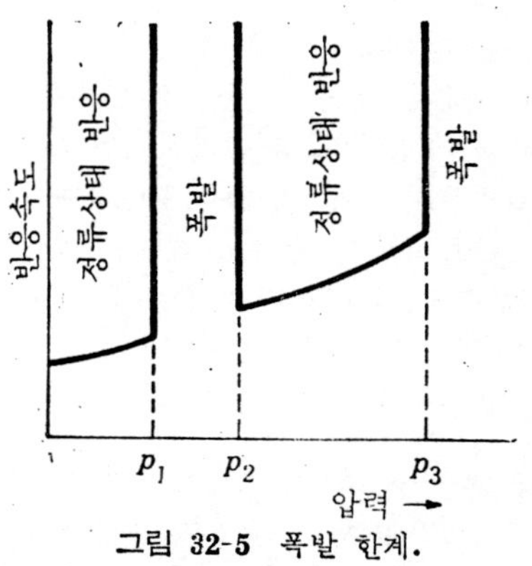

그림 32-5 폭발 한계.

상한 보다 높은 압력에서는 폭발이 일어나지 않고 원활하게 반응이 일어난다. 압력이 더 높아지면 세째 번 폭발 임계 압력이 나타나며, 그리하여 그 이상의 압력에서는 반응이 다시 폭발적으로 일어난다.

반응 속도를 압력의 함수로서 대략적으로 나타낸 것이 그림 32-5이다. 폭발 하한인 p_1 보다 낮은 압력에서는 반응 속도가 매우 느리다. p_1 과 p_2 사이에서는 반응 속도가 무한대로 된다. 즉, 폭발된다. 그러나 폭발 상한인 p_2 보다 위에서는 반응이 원활하게 진행하며 압력에 따라서 반응 속도가 증가한다. 세째 번 폭발 한계인 p_3 를 넘어서면 다시 폭발 반응이 일어난다.

폭발 한계는 온도에 의존한다. 약 460 °C 아래에서는 저압 영역에서 폭발이 일어나지 않는다.

★32.17 핵분열 ; 원자로와 원자 폭탄

"원자"폭탄의 폭발은 $H_2 + O_2$ 폭발과 같은 일반적인 속도론의 원리에 의해서 일어난다. 오히려 폭탄의 경우가 다소 간단하다.

만일 ^{235}U 핵이 열 중성자를 흡수하면 핵이 질량이 다른 두 조각으로 갈라지면서 몇 개의 중성자를 내놓는다. 생성물의 정지 질량을 합한 것과 원래의 ^{235}U 와 중성자의 정지 질량을 합한 것과를 비교해 보면 차이가 난다. 즉, 생성물은 반응물보다 그 질량이 작다. 이 질량 차이 Δm 은 Einstein 의 식 $E = (\Delta m)c^2$ 에 의해서 에너지와 동등하며, 이것이 바로 이 반응에서 나오는 에너지이다. 여기서 c 는 광속도이다. 전체 질량 중의 극히 일부($< 1\,\%$)만이 에너지로 바뀌지만 c^2 이 매우 크기 때문에 방출되는 에너지는 막대하다.

이 핵분열 반응은 다음과 같이 쓸 수 있다.

$$n + {}^{235}\mathrm{U} \longrightarrow \mathrm{X} + \mathrm{Y} + \alpha n$$

원자 X 와 Y 는 분열 생성물이며 α 는 방출되는 중성자수로서 평균해서 2내지 3이다. 이것은 수소-산소 반응에서 있었던 사슬이 가지를 치는 반응과 같은 꼴이다. 여기서는 1개의 중성자가 여러 개의 중성자를 만들어 낼 수 있다. 만일 우라늄의 크기와 모양을 적절히 조절하여 대부분의 중성자가 다른 우라늄핵을 때리지 못하고 빠져 나가 버리게 해주면 반응은 지속될 수 없다. 그러나 큰 ^{235}U 덩어리에서는 중성자가 도망가기 전에 다른 핵을 때릴 수 있으며 중성자수는 급증하여 폭발 반응이 일어난다. 이 폭탄의 가공할만한 폭발력은 막대한 양의 에너지가 방출되기 때문에 나오는 것이다. 1g 당 방출되는 에너지는 화학 반응에서 방출되는 에너지의 천만 내지 오천만 배나 된다.

핵분열 반응은 원자로 속에서 조절해서 일으킬 수 있다. 원자로에서는 ^{235}U 가 농축되어 있는 ^{238}U 의 막대를 흑연이나 D_2O 같은 감속제와 함께 쌓아 놓는다. ^{235}U 의 분열에 의해서 고속도로 방출되는 중성자는 감속제에 의해서 열 운동 속도로 감속된다. 이 열 중성자의 일부는 연쇄 반응을 계속해서 일어나게 하여 더 많은 ^{235}U 를 분열시키며 다른 일부는 ^{238}U 에 의해서 붙잡히고, 그리고 나머지 또 일부는 원자로의 조절 막대에 흡수된다. 원자로의 중성자 선속은 계속해서 모니터한다. 그리고 흡수용 조절 막대를 원자로 속으로 밀어넣든가 밖으로 뽑아내어서 중성자 선속을 감소시키거나 또는 증가시킨다. 이와같이 하면 원활한 속도로 연쇄 반응을 일으키고, 여분의 중성자를 흡수시켜서 폭발을 억제시킬 수 있다.

^{238}U 이 열 중성자를 흡수하면 넵투늄과 플루토늄으로 붕괴한다. 이 붕괴 과정은 다음과 같다.

$$^{238}_{92}\mathrm{U} + {}^{1}_{0}n \longrightarrow {}^{239}_{92}\mathrm{U} \xrightarrow[t_{1/2}=23\text{ 분}]{} {}^{239}_{93}\mathrm{Np} + \beta^-$$

$$^{239}_{93}\mathrm{Np} \xrightarrow[t_{1/2}=2.3\text{ 일}]{} {}^{239}_{94}\mathrm{Pu} + \beta^-$$

$$^{239}_{94}\mathrm{Pu} \xrightarrow[t_{1/2}=24,000\text{ 년}]{} {}^{235}_{92}\mathrm{U} + \alpha$$

생성된 플루토늄은 열 중성자에 의해서 분열될 수 있기 때문에 연쇄 반응에 참여할 수 있다.

32.18 용액 속에서의 반응

용액 속에서 일어나는 반응의 실험적인 속도식은 기체상에서의 반응에 관한 것과 같다. 용액 속에서도 일어날 수 있고 또는 기체상 속에서도 일어날 수 있는 반응을 연구해 보면, 두 경우의 메카니즘이 같은 경우가 대단히 많고 속도 상수도 또한 같은 값을 나타낸다. 이것은 이러한 반응에서는 용매가 반응물과 생성물을 갈라 놓는 매질 역할 밖에 하지 못한다는 것을 뜻한다. 용액 속에서는 기체상 속에서 보다 반응이 빨리 일어나는 수가 있는데, 이것은 비교적 진한 용액을 사용하기 때문이라는 것을 말해 두겠다. 1 atm 하에 있는 기체를 예로 들 경우 그 몰농도는 약 10^{-4} mol/L 이다. 그러나 용액을 만들 때는 우선 그 농도를 0.1 이나 0.01 mol/L 용액이 되게 하는 것이 예사이다. 용액 속에서의 반응이 빠른 것은 이처럼 농도가 크기 때문이지 속도 상수가 다르기 때문이 아니다. 용매가 속도 상수에 영향을 미치지 않는 경우에는 잦음률과 활성화 에너지가 용액에서나 기체상에서 같은 값들을 가진다.

★ 32.19 완화법

1953 년 이래 Manfred Eigen 과 그의 동료들은 불과 10 μsec 정도의 빠른 시간 내에 반응이 끝나는 아주 빠른 반응의 속도를 측정하는 몇 가지 뛰어난 방법을 발명하고 발전시켜 왔다. 이 방법은 완화법이라고 불리고 있다. 재래식 방법으로 아주 빠른 반응의 속도를 잴 경우에는 반응물들을 혼합하는 데 걸리는 시간이 분명히 결정적인 인자가 될 것이다. 그리하여 반응물을 빨리 혼합하는 방법들이 많이 고안되었다. 이중 가장 좋은 것이라 하더라도 두 용액을 몇 백 μsec 라는 짧은 시간 안에 섞을 수는 없다. 반응물을 혼합시켜야 하는 방법은 어떤 것이나 혼합 시간보다도 짧은 시간 안에 일어나는 빠른 반응에 대해서는 적용할 수가 없다. 완화법에서는 혼합의 문제가 완전히 제거된다.

어떤 한 화학 반응에서 반응 혼합물에다 적절한 진동수의 빛을 투과시키고 투과되어 나온 빛살의 세기를 측정함으로써 색을 띤 화학종의 농도를 모니터할 수 있다고 하자. 이 화학 반응이 평형에 있고, 모니터할 화학종의 농도를 c 라고 하자(그림 32-6). 시간 t_0 에서 그 반응의 평형을 지배하는 파라미터 중의 하나(예를 들면 온도)를 순간적으로 어떤 새 값으로 바꾸어 준다고 하자. 그러면 우리들이 지켜보고 있는 화학종의 농도가 어떤 새 평형값 $\bar{c}$ 에 도달해야 한다. 모든 화학 반응은 유한한 속도로 일어나므로 화학종들의 농도는 순간적으로 새 값으로 바뀌지 않으며 그림 32-6 의 점선으로 나타낸 과정을 따라서 변할 것이다. 본래의 평형점으로부터 섭동된 계는 새 평형 조건으로 완화된다. 아래에서 보이겠지만, 이 두 평형 상태에서의 농도 차이가 과히 크지 않을 때는 그림 32-6 의 곡선이 간단한 지수 함수가 되며, 이 지수 함수는 상수인 완화 시간 τ 를 포함하고 있다. 완화 시간이란 두 상태의 농도차가 처음 값의 $1/e$ 이 되는데 걸리는 시간이다.

"온도-급상승"법에서 사용하는 장치의 약도를 그림 32-7 에 나타내었다. 높은 전압의 동력원이 축전기 C 를 충전시킨다. 어떤 전압에서 전기 방전 틈 G 가 끊어지고 축전기가 방전되면서 평형 반응계의 수용액이 담긴 용기 속으로 센 전류가 흐르게 된다. 이와같은 전류가 흐르면 계의 온도가 몇 μsec 이내에 10 °C 가량 올라간다. 그러면 화학종의 농도는 고온에서의 평형값으

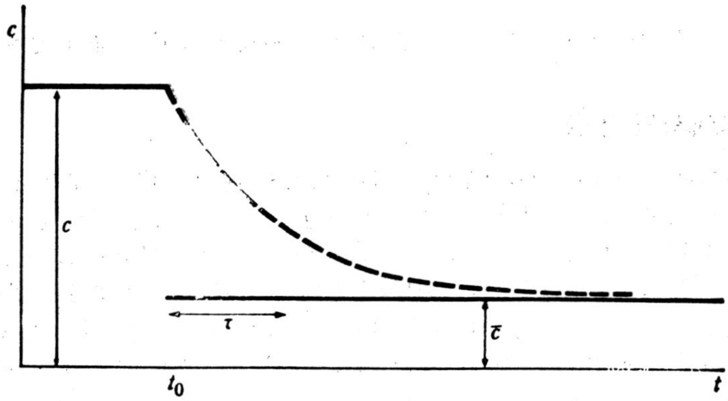

그림 32-6 충격 후의 농도 변화.

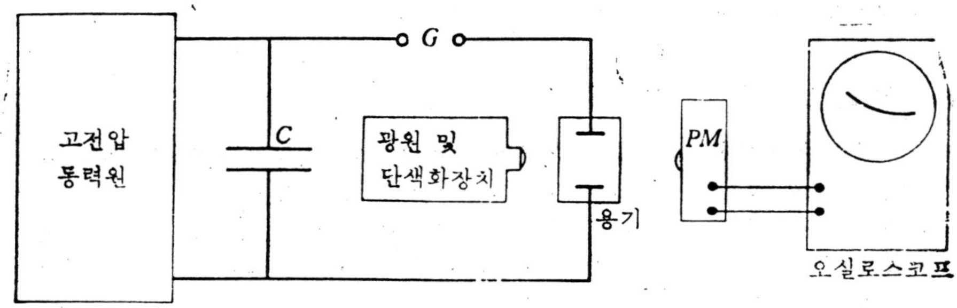

그림 32-7 온도-급상승법 장치.

로 변화해 간다. 그리고 반응 용기로부터 나와서 검출기인 광증배관 PM으로 들어가는 빛살의 세기도 변해갈 것이다. 광증배관의 출력은 오실로스코프의 세로 축에 나타난다. 오실로스코프는 스파아크가 튕기자마자 수평 흐름을 나타내기 시작한다. 이와같이 해서 시간에 대한 농도의 곡선이 오실로스코프의 스크린에 나타난다.

완화법은 수학적 해석이 특히 간단하다는 이점을 가지고 있다. 이와같이 간단하게 되는 이유는 평형점이 본래의 위치로부터 조금만 변위되도록 모든 것을 마련하였기 때문이다.

다음과 같은 단일 단계 반응을 생각해 보자.

$$\mathrm{A} + \mathrm{B} \rightleftharpoons \mathrm{C}$$

이 반응에 대한 속도식은 다음과 같다.

$$\frac{d(\xi/V)}{dt} = k_f c_\mathrm{A} c_\mathrm{B} + (-k_r c_\mathrm{C}) \tag{32.78}$$

여기서는 정반응 속도($k_f c_\mathrm{A} c_\mathrm{B}$)와 역반응 속도($-k_r c_\mathrm{C}$)의 합으로써 실효 반응 속도를 나타냈다. 그래프로 나타내는 데 편하도록 여기서는 역반응 속도에 음의 부호를 붙였다. 각 화학종의 몰수와 농도는 반응의 진척도 ξ를 써서 나타낼 수 있다. 즉,

$$n_\mathrm{A} = n_\mathrm{A}^0 - \xi \qquad n_\mathrm{B} = n_\mathrm{B}^0 - \xi \qquad n_\mathrm{C} = n_\mathrm{C}^0 + \xi$$

$$c_A = c_A^0 - \frac{\xi}{V} \quad c_B = c_B^0 - \frac{\xi}{V} \quad c_C = c_C^0 + \frac{\xi}{V}$$

몰수 n^0와 농도 c^0는 $\xi=0$에서의 값들이다. 이 농도값을 쓰면 (32.78)식이 다음과 같이 된다.

$$\frac{1}{V}\frac{d\xi}{dt} = k_f[c_A^0 - (\xi/V)][c_B^0 + (\xi/V)] + \{-k_r[c_C^0 + (\xi/V)]\}$$

이 식을 보면 정반응 속도는 ξ의 2차 함수이고 역반응 속도는 ξ의 1차 함수이다. 이 속도들을 그림 32-8에 ξ의 함수로 나타내었다. 이 두 값의 합이 실효 반응 속도이며, 이것을 그림 32-8에 점선으로 나타내었다.

진척도가 평형값 $\bar{\xi}$에 이르면 실효 반응 속도가 영이 된다. 따라서,

$$r = k_f\bar{c}_A\bar{c}_B = k_r\bar{c}_C \tag{32.79}$$

여기서 농도에 붙인 막대 표시는 평형값을 뜻한다. 교환 속도 r은 평형에서의 정반응 속도이거나 역반응 속도(음수 부호 없이)이다. (32.79)식은 다음과 같이 고쳐 쓸 수 있다.

$$K = \frac{k_f}{k_r} = \frac{\bar{c}_C}{\bar{c}_A\bar{c}_B} \tag{32.80}$$

이것은 이 단일 단계 반응에 대한 평형식이며 K는 평형 상수이다.

이 곡선의 자세한 꼴을 알려면 반응의 차수를 알아야 하지만 어떠한 단일 단계 반응에 대해서나 그 정반응 속도, 역반응 속도 및 실효 반응 속도들은 그림 32-8에 나타낸 일반적 방법으로 상호관련 시켜줄 수가 있다. 여기서 가장 중요한 것은 평형점 근처의 좁은 범위에서는 실효 반응 속도가 근사적으로 직선에 따라서 변한다는 사실이다. 실효 반응 속도를 $(1/V)(d\xi/dt) = v$라고 놓자. 이 v를 ξ의 평형값에서 Taylor 급수로 전개하여 보자. 즉,

$$v = v_{\bar{\xi}} + \left(\frac{dv}{d\xi}\right)_{\bar{\xi}}(\xi - \bar{\xi})$$

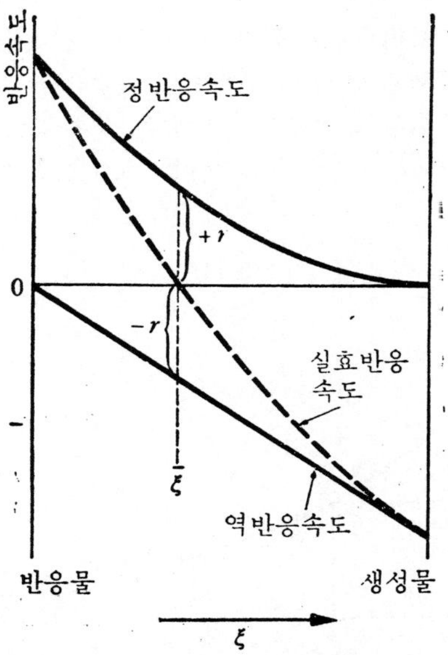

그림 32-8 정반응, 역반응 및 실효 반응 속도.

그런데 $\bar{v}_{\bar{\xi}}$는 평형에서의 실효 반응 속도이며 영이다. 이 급수에다 v의 정의를 넣은 다음, V를 곱하면 다음과 같은 결과가 나온다.

$$\frac{d\xi}{dt} = V\left(\frac{dv}{d\xi}\right)_{\bar{\xi}}(\xi - \bar{\xi}) \tag{32.81}$$

$V(dv/d\xi)_{\bar{\xi}}$는 시간의 역수의 디멘션을 가지며, $\bar{\xi}$에만 의존한다. 즉, 평형 농도에만 의존하고 ξ나 t에는 무관하다. 상수, 즉 완화 시간을 다음과 같이 정의하자.

$$\frac{1}{\tau} = -V\left(\frac{dv}{d\xi}\right)_{\bar{\xi}} \tag{32.82}$$

음의 부호는 도함수가 음수이기 때문에 도입된 것이다. 그림 32-8을 보아라.

이 τ를 넣으면 속도식인 (32.81)식이 다음과 같이 된다.

$$\frac{d\xi}{dt} = -\frac{1}{\tau}(\xi - \bar{\xi}) \tag{32.83}$$

여기서 τ는 ξ나 t에 무관하다. 이 식은 1차 속도식과 같은 꼴이며 따라서 쉽게 적분이 된다.

$$\xi - \bar{\xi} = (\xi - \bar{\xi})_0 e^{-t/\tau} \tag{32.84}$$

여기서 $(\xi - \bar{\xi})_0$는 평형으로부터의 초기 변위($t = 0$에서)이다. 임의의 화학종의 농도가 평형값으로부터 변위된 정도는 $\Delta c_i = c_i - \bar{c}_i$이고 또한 $c_i = c_i^0 + (\nu_i/V)\xi$(여기서 ν_i는 반응에서 그 화학종의 화학량적 계수이다)이므로 $\Delta c_i = (\nu_i/V)(\xi - \bar{\xi})$가 된다. 따라서 임의의 화학종의 농도가 평형값으로부터 변위한 정도는 진척도의 변위에 비례한다. 따라서 임의의 화학종의 농도에 관한 시간 의존 관계는 (32.84)식과 똑같은 꼴의 식으로 주어진다. 즉,

$$(c_i - \bar{c}_i) = (c_i - \bar{c}_i)_0 e^{-t/\tau} \tag{32.85}$$

온도-급상승법 실험에서 오실로스코프의 스크린에 나타나는 무늬는 한 가지 반응만이 일어날 경우 간단한 지수 함수 꼴이 된다. τ의 값은 그림 32-9에서 수직 변위가 처음값의 $1/e = 0.3679$배로 떨어지는 데 필요한 수평 거리(시간 축)를 측정해서 얻을 수 있다.

(32.81)식으로부터 (32.85)식까지는 아주 일반적인 식들이다. 즉, 이들은 반응의 차수에 무관하며, 특히 여기서 설명한 예하고도 무관하다는 것을 강조해 두겠다. (32.85)식은 완화 법칙의 전형적인 예이다. 이 식에 의하면 평형 상태의 화학계에다 작은 섭동을 가하면 이 섭동이 시

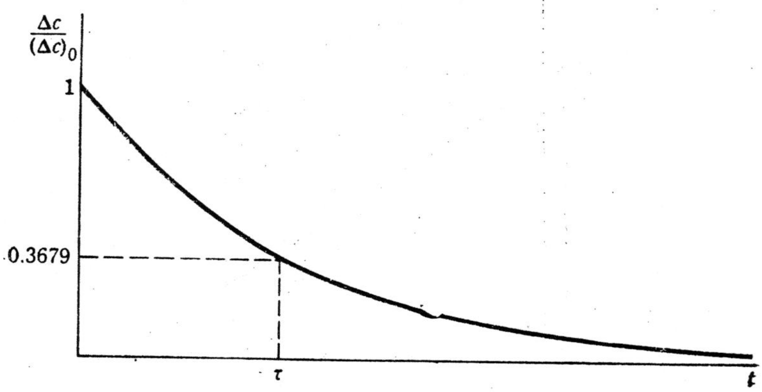

그림 32-9 완화 시간.

표 32-1 몇 가지 아주 빠른 반응의 속도 상수.

반 응	$k_f/(\text{Lmol}^{-1}\text{s}^{-1})$	k_r/s^{-1}
$H^+ + OH^- \rightleftharpoons H_2O$	1.4×10^{11}	2.5×10^{-5}
$H^+ + F^- \rightleftharpoons HF$	1.0×10^{11}	7×10^{7}
$H^+ + HCO_3^- \rightleftharpoons H_2CO_3$	4.7×10^{10}	$\sim8\times10^{6}$
$OH^- + NH_4^+ \rightleftharpoons NH_3 + H_2O$(22 °C)	3.4×10^{10}	6×10^{5}
$OH^- + HCO_3^- \rightleftharpoons CO_3^{2-} + H_2O$(20 °C)	$\sim6.0\times10^{9}$	—

M. Eigen and L. DeMaeyer in *Techniques of Organic Chemistry* S.L. Friess, E.S. Lewis and A. Weissburger, eds., Vol. VIII, Part II. Interscience Publishers, New York, 1963.

간에 따라서 지수 함수적으로 줄어든다는 것을 뜻한다. 만일 반응 메카니즘이 여러 단일 단계 반응으로 되어 있을 때는 여러 가지의 완화 시간이 있어야 한다. 이 경우에는 $c_i - \bar{c}_i$가 (32.85)식에서와 같은 지수 항들의 합으로 주어진다. 즉, 각 완화 시간 마다 이러한 항이 하나씩 있어야 한다. 이들 각 항의 계수와 완화 시간은 데이터와 맞도록 컴퓨터로 정해야 한다.

위에 들은 예에서는 $\xi = \bar{\xi}$에서의 도함수 $\dfrac{dv}{d\xi}$를 구하여 완화 시간을 계산할 수 있다. 우선 $v = k_f c_A c_B - k_r c_C$이므로 다음과 같은 도함수를 얻을 수 있다.

$$\frac{dv}{d\xi} = k_f c_A\left(\frac{dc_B}{d\xi}\right) + k_f c_B\left(\frac{dc_A}{d\xi}\right) - k_r\left(\frac{dc_C}{d\xi}\right)$$

그런데 $dc_A/d\xi = -1/V = dc_B/d\xi$이고, 또 $dc_C/d\xi = 1/V$이다. 따라서 $\xi = \bar{\xi}$에서 이 식은 다음과 같이 된다.

$$\left(\frac{dv}{d\xi}\right)_{\bar{\xi}} = -\frac{k_f(\bar{c}_A + \bar{c}_B) + k_r}{V}$$

그러면 τ의 정의인 (32.82)식에 의해서 다음 결과가 나온다.

$$\frac{1}{\tau} = k_f(\bar{c}_A + \bar{c}_B) + k_r \tag{32.86}$$

계의 평형 농도 값을 바꾸어 가지고 측정하면 k_f와 k_r을 함께 계산할 수 있다. (32.80)식을 보면 평형 상수의 값을 알 경우 k_f와 k_r에 관한 지식을 가외로 더 얻을 수 있다.

완화법은 아주 빠른 반응의 연구에만 적용되는 것이 아니다. 적당한 탐지 장치와 기록 장치만 있으면 어떤 반응의 연구에도 사용한 수가 있다. 아주 빠른 반응의 연구에 이용되는 이 완화법은 일반적으로 이런 반응을 연구하는 데 이용되는 유일한 방법이라는 점에서 그 가치가 더 큰 것이다.

완화법에 의해서 측정한 몇 가지 속도 상수를 표 32-1에 실었다. 부호가 다른 두 이온이 결합하는 반응은 그 속도 상수 k_f가 아주 크다는 것을 주목하기 바란다. 이러한 반응들은 항상 매우 빠른데, 그 이유는 이들 두 이온이 매질 속으로 확산해서 서로 결합할 수 있도록 가까워지는 속도에 의해서만 그 반응 속도가 좌우되기 때문이다. 지금까지 알려진 2차 반응의 속도 상수 중에서는 $H^+ + OH^- \longrightarrow H_2O$의 반응에 대한 것이 가장 크다는 것을 언급해 두겠다.

★ 32.20 촉매 작용

촉매란 반응의 속도를 증가시키고 자기 자신은 반응이 끝난 후 변화되지 않은 채로 회수될 수

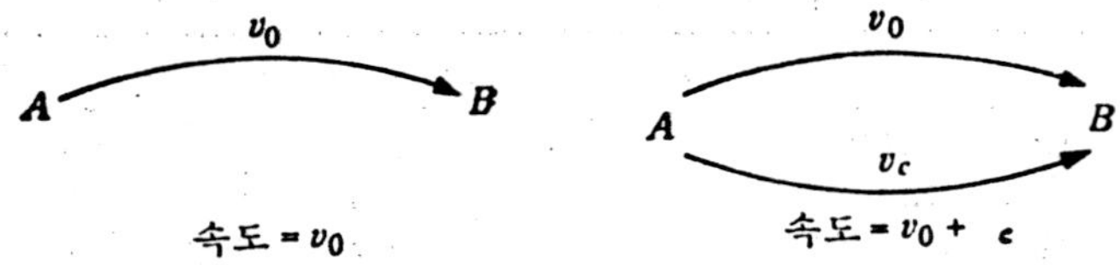

그림 32-10 (a) 촉매없는 반응. (b) 촉매 반응.

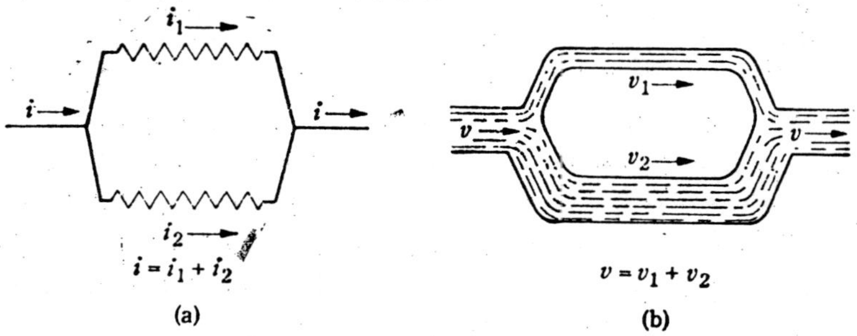

그림 32-11 촉매 반응과 비유되는 전류와 유체의 흐름.

있는 물질이다. 반응을 느리게 하는 물질은 억제물 또는 역촉매라고 한다.

앞에서 배운 바와 같이 반응 속도는 메카니즘에 포함된 여러 반응들의 속도에 의해서 결정 된다. 촉매의 일반적인 역할은 반응물이 생성물로 바뀌는 메카니즘을 새로운 것으로 바꿔주는 것 뿐이다. 이 새로운 메카니즘은 촉매가 없을 때의 메카니즘보다 활성화 에너지가 낮으며 따라서 촉매 반응은 빨라진다. 반응물 A가 촉매없는 메카니즘에 의해서 속도 v_0로서 생성물 B로 되는 경우를 생각해 보자[그림 32-10(a)]. 만일 촉매에 의해서 그림 32-10(b)에서와 같이 새로운 메카니즘이 마련되면 B가 촉매 메카니즘에 의해서 속도 v_c로 생성되므로 B의 총 생성 속도는 이 두 경로에 의한 생성 속도의 합이 된다.

따라서 촉매 반응에서는 다음 관계가 성립한다.

$$v = v_0 + v_c \tag{32.87}$$

촉매가 없을 때는 보통으로 반응이 측정할 수 없을 정도로 느리게 일어나서 $v_0 = 0$이 되며, 따라서 $v = v_c$가 된다. 속도 v_c는 보통으로 촉매의 농도에 비례한다. 그림 32-11(a)와 같은 병렬 저항의 회로망이나 그림 32-11(b)와 같은 병렬관을 흐르는 유체와 비유해서 생각하면 좀 더 분명할 것이다. 어느 경우에나 전체 흐름은 각 가지를 통과한 것의 합이 된다.

촉매가 이와같이 작용하려면 촉매가 한 가지 또는 그 이상의 반응물과 화학 결합을 하든지 또는 반응의 중간 생성물과 화학 결합을 해야 한다. 한 차례의 반응이 지나면 촉매는 재생되기 때문에 몇 번이고 되풀이하여 작용한다. 마치 연쇄 반응에서 불과 얼마 안 되는 농도의 라디칼로서 많은 생성물을 생성하는 것처럼 적은 촉매로서도 많은 반응을 일으킬 수 있는 것이다.

억제물은 여러 가지 다른 방법으로 작용하기 때문에 그의 작용을 간단히 설명할 수 없다. 예로서 억제물이 라디칼과 결합하여 라디칼 연쇄 반응을 느리게 하는 수도 있다. 산화질소가 이와 같은 작용을 한다. 또 어떤 경우에는 억제물이 반응물 중의 하나와 결합하여 소모되면서 그것이 다 없어질 때까지 반응을 지연시키기만 하는 수도 있다. 어떤 억제물은 우리가 미처 모르고 있는 미량의 촉매를 "중독"시키기만 하는 수도 있다.

다음 반응은 촉매가 작용하는 가장 간단한 메카니즘의 예를 나타내는 것이다.

$$S + C \underset{k_{-1}}{\overset{k_1}{\rightleftharpoons}} SC$$

$$SC \xrightarrow{k_2} P + C$$

반응물 S는 **기질**이라고 하며, C는 촉매, P는 생성물, 그리고 SC는 중간 생성물이다. 단위 부피당 반응 속도 v는 단위 부피당 생성물이 생기는 속도와 같다.

$$v = \frac{1}{V}\frac{d\xi_2}{dt} = \frac{d[P]}{dt}$$

생성물은 둘째 반응에서 생성되므로 반응 속도식은 다음과 같이 된다.

$$v = k_2[SC] \tag{32.88}$$

한편 중간 생성물에 관한 정류 상태 조건은 다음과 같다.

$$\frac{d[SC]}{dt} = 0 = k_1[S][C] - k_{-1}[SC] - k_2[SC] \tag{32.89}$$

이 식을 k_1으로 나눈 다음 [SC]에 관해서 풀면 다음과 같은 결과를 얻을 수 있다.

$$[SC] = \frac{[S][C]}{K_m} \tag{32.90}$$

여기서 복합 상수 K_m은 다음과 같은 것이다.

$$K_m = \frac{k_{-1} + k_2}{k_1} \tag{32.91}$$

이 [SC]의 정류 상태 값을 이용하면 속도식이 다음과 같이 된다.

$$v = \frac{k_2[S][C]}{K_m} \tag{32.92}$$

이 식은 반응 속도와 촉매 농도 사이의 일반적인 비례 관계를 나타내는 것이다.

만일 (32.92)식을 가지고 전체 반응 과정을 통한 반응 속도를 나타내려고 하면 매우 복잡할 것이다. 그러므로 초기 반응 단계에서의 속도식의 성질만을 고려해 보기로 한다. 우선 우리는 모든 화학종의 농도를 두 반응의 단위 부피당 진척도 $y_1 = \xi_1/V$와 $y_2 = \xi_2/V$를 가지고 나타낼 수 있다. 즉,

$$\begin{aligned}
[S] &= [S]_0 - y_1 \\
[C] &= [C]_0 - y_1 + y_2 \\
[SC] &= y_1 - y_2 \\
[P] &= y_2
\end{aligned}$$

여기서 $[S]_0$와 $[C]_0$는 각각 기질과 촉매의 초기 농도이다. 다음에 첫째, 세째 및 네째 식을 합해주면 다음과 같은 결과가 나온다.

$$[S] + [SC] + [P] = [S]_0$$

또 둘째와 세째 식을 합하면 다음과 같은 결과가 나온다.

$$[C] + [SC] = [C]_0$$

이들 두 식을 풀어서 [S]와 [C]를 구하면 다음과 같이 된다.

$$[S] = [S]_0 - [SC] - [P]$$
$$[C] = [C]_0 - [SC]$$

이 값들을 정류 상태에 관한 (32.89)식에 넣어주고 초기 단계에서는 [P] = 0가 된다는 사실을 이용하면 다음과 같은 식을 얻을 수 있다.

$$0 = \{[S]_0 - [SC]\}\{[C]_0 - [SC]\} - K_m[SC]$$

즉,

$$0 = [S]_0[C]_0 - \{[S]_0 + [C]_0 + K_m\}[SC] + [SC]^2$$

이 식은 [SC]에 관한 2차식이다. 그러나 SC의 농도는 S나 C의 어느 쪽이 작게 존재하느냐에 따라서 제약을 받게 된다. 우리는 [S]나 [C]중의 어느 하나를 다른 하나보다 훨씬 작아지게 해줄 수 있다. 이렇게 하면 $[SC]^2$이 항상 무시할 수 있을 정도로 작아진다. 이러한 조건에서는 위의 식이 [SC]에 관해서 선형이 되고 다음과 같은 해를 준다.

$$[SC] = \frac{[S]_0[C]_0}{[S]_0 + [C]_0 + K_m} \tag{32.93}$$

이 [SC]의 값을 속도식인 (32.88)식에 넣어주면 초기 반응 속도 v_0를 구할 수 있다.

$$v_0 = \frac{k_2[S]_0[C]_0}{[S]_0 + [C]_0 + K_m} \tag{32.94}$$

(32.94)식의 두 극한적인 경우가 대단히 중요하다.

경우 **1.** $[C]_0 \ll [S]$인 경우. 이 때는 $[C]_0$가 분모로부터 떨어져 나간다. 따라서,

$$v_0 = \frac{k_2[S]_0[C]_0}{[S]_0 + K_m} \tag{32.95}$$

초기의 속도는 촉매 농도에 비례한다는 것을 주목하라.

(32.95)식을 역으로 놓으면 다음과 같이 된다.

$$\frac{1}{v_0} = \frac{1}{k_2[C]_0} + \left(\frac{K_m}{k_2[C]_0}\right)\frac{1}{[S]_0} \tag{32.96}$$

따라서 $1/v_0$를 $1/[S]_0$에 대해서 도시하면 직선이 나오며, 그 기울기와 절편으로부터 $k_2[C]_0$와 K_m의 값을 계산할 수 있다.

초기 속도와 $[S]_0$ 사이의 관계는 매우 흥미 있다. 우선 만일 $[S]_0 \ll K_m$이면 다음과 같은 관계가 성립한다.

$$[S]_0 + K_m \approx K_m$$

따라서 반응 속도는 다음과 같이 $[S]_0$에 관해서 1차가 된다.

$$v_0 = \frac{k_2[S]_0[C]_0}{K_m} = k_{cat}[S]_0 \tag{32.97}$$

여기서,

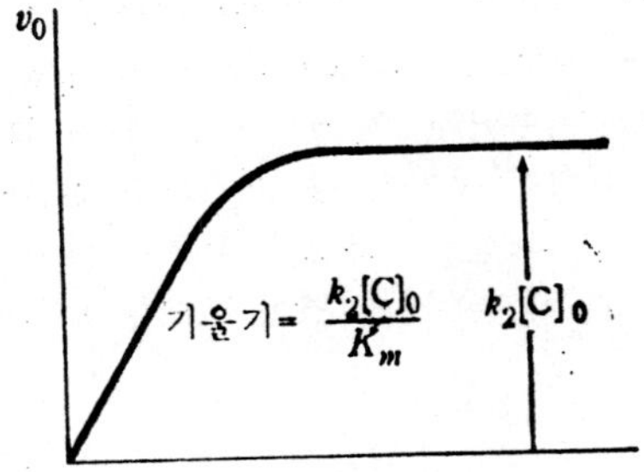

그림 32-12 기질의 처음 농도대 처음 속도.

$$k_{cat} = \frac{k_2[C]_0}{K_m} = k_C[C]_0$$

상수 k_C는 촉매 C에 대한 촉매 계수라고 부른다.

그러나 만일 $[S]_0$가 아주 크면 다음과 같이 된다.

$$[S]_0 + K_m \approx [S]_0$$

그러면 반응 속도는 $[S]_0$에 관해서 0차가 된다. 즉,

$$v_0 = k_2[C]_0 \tag{32.98}$$

처음 속도를 $[S]_0$의 함수로 나타낸 것이 그림 32-12이다. 반응 속도가 극한값을 나타내는 이유는 촉매의 양이 한정되어 있기 때문인 것이다. 촉매는 반응성 화합물 SC를 만드는 데 필요하다. 따라서 S의 농도가 충분히 커서 촉매 전부가 실질적으로 복합체 SC를 만들고 난 다음에는 [S]가 더 이상 증가하더라도 처음 속도가 변하지 않을 것이다.

경우 2. $[S]_0 \ll [C]_0$인 경우. 이 경우에는 (32.94)식이 다음과 같이 된다.

$$v_0 = \frac{k_2[S]_0[C]_0}{[C]_0 + K_m} \tag{32.99}$$

이 경우에는 반응이 $[S]_0$에 관해서 항상 1차이며, $[C]_0$에 관해서는 $[C]_0$의 값에 따라서 1차가 되기도 하고 또 0차가 되기도 한다. 이 경우는 보통으로 경우 1처럼 실험적으로 편리하지가 않다.

★ 32.21 효소 촉매 반응

효소는 단백질 분자로서, 생체 기관들의 기능을 발휘하는 데 필요한 무수한 화학 반응에서 촉매 작용을 한다. 효소 촉매 작용의 가장 두드러진 특징은 특정한 반응에 대해서만 선택적으로 작용한다는 것이다. 예로서 우레아 가수 분해 효소는 다음과 같은 반응에 대해서만 촉매 작용을 하며, 다른 반응에 대해서는 촉매 작용을 하지 않는다.

$$(NH_2)_2CO + H_2O \longrightarrow CO_2 + 2\,NH_3$$

따라서 효소의 종류는 생체 내에서 일어나는 반응의 종류만큼 존재한다. 그러나 모든 효소가 한 반응에 대해서만 작용하는 것은 아니다. 예로서 인산 가수 분해 효소는 많은 여러 상이한

인산에스테르를 가수 분해시키는 촉매 작용을 한다.

효소의 이러한 선택성을 설명하기 위해서 "자물쇠-열쇠"형 메카니즘이 도입되었다. 기질 분자는 효소의 활성화 자리에 특별한 방식으로 결합되며, 이로써 반응이 활성화된다. 활성화 자리는 단백질 분자 상의 여러 자리로 이루어질 수 있다. 그리하여 그중 한 자리가 기질 분자의 다른 부분과 결합하고, 다른 자리가 기질 분자의 다른 부분과 결합한다. 자물쇠-열쇠형 메카니즘이 일반적으로 잘 맞는 것 같기는 하지만 그 자세한 작용 방식은 효소에 따라 다르다.

가장 간단한 효소 메카니즘은 32.23절에서 설명한 간단한 촉매 작용 메카니즘과 같다. 즉, 다음과 같이 나타낼 수 있다.

$$\mathrm{E} + \mathrm{S} \underset{k_{-1}}{\overset{k_1}{\rightleftharpoons}} \mathrm{ES}$$

$$\mathrm{ES} \xrightarrow{k_2} \mathrm{P} + \mathrm{E}$$

여기서 E는 효소 촉매이다. 따라서 다음과 같이 (32.95)식의 결과를 가지고 반응 속도를 나타낼 수 있다.

$$v_0 = \frac{k_2[\mathrm{E}]_0[\mathrm{S}]_0}{[\mathrm{S}]_0 + K_m} \tag{32.100}$$

이 경우에는 복합 상수 K_m 을 Michaelis 상수라고 부르며 (32.100)식을 Michaelis-Menten 법칙이라고 부른다. 이 때도 $[\mathrm{S}]_0$가 대단히 크게 되면 반응 속도가 극한 값인 $v_{\max}$에 도달한다. 즉,

$$\lim_{[\mathrm{S}]_0 \to \infty} v_0 = k_2[\mathrm{E}]_0 = v_{\max} \tag{32.101}$$

이 $k_2[\mathrm{E}]_0$의 값을 이용하면 (32.100)식이 다음과 같이 된다.

$$v_0 = \frac{v_{\max}[\mathrm{S}]_0}{[\mathrm{S}]_0 + K_m} \tag{32.102}$$

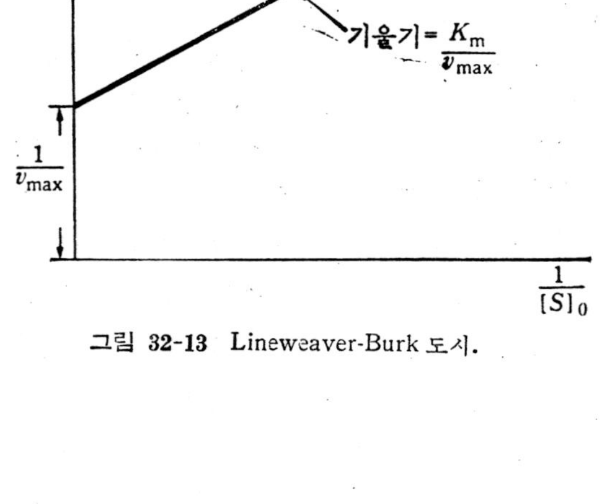

그림 32-13 Lineweaver-Burk 도시.

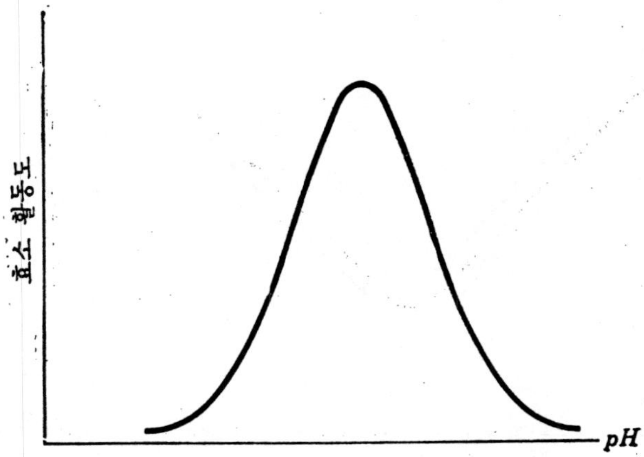

그림 32-14 효소 활성도의 pH 의존 관계.

이 식의 양변을 역으로 놓으면 다음과 같이 된다.

$$\frac{1}{v_0}=\frac{1}{v_{\max}}+\left(\frac{K_m}{v_{\max}}\right)\frac{1}{[S]_0} \tag{32.103}$$

이것을 Lineweaver-Burk 식이라고 한다. $1/v_0$를 $1/[S]_0$에 대해서 도시하면 절편이 $1/v_{\max}$이고 기울기가 $K_m/v_{\max}$인 직선이 나오는데(그림 32-13), 이것을 Lineweaver-Burk 도시라고 한다.

한편 $v_{\max}=k_2[E]_0$이므로 $[E]_0$의 값을 알면 $v_{\max}$로부터 k_2를 계산할 수 있다. 상수 k_2는 효소의 전환수라고 부른다. 전환수는 단위 시간에 효소 한 분자에 의해서 변환되는 분자수이다. k_2의 전형적인 값은 초당 100 내지 1000이지만 10^5 내지 10^6 정도의 큰 값을 나타내기도 한다.

효소의 활성도는 일반적으로 한 특정한 pH에서 최대값을 나타낸다. 이것은 효소가 다음과 같이 세 가지 꼴로 평형을 이루기 때문이라고 생각된다.

$$EH_2 \rightleftharpoons EH \rightleftharpoons E$$

그리고 이 중에서 EH만이 기질과 결합하여 중간체 EHS를 만들고, 더 나아가서 생성물로 된다고 생각된다. 다른 중간체 EH_2S와 ES는 생성물로 되지 않는다. EH의 농도는 한 특정한 pH에서 최대가 될 것이므로 효소의 활성도는 이 때 최대가 될 것이다(그림 32-14).

★ 32.22 산-염기 촉매 작용

여러 화학 반응들이 산이나 염기 또는 이 둘에 의해서 촉매 작용을 받는다. 수용액에서 가장 보편적인 산 촉매는 히드로늄 이온이고 가장 보편적인 염기는 수산화 이온이다. 그러나 반응에 따라서는 모든 산이나 염기가 촉매 작용을 하는 수도 있다. 만일 임의의 산이 반응에 대한 촉매 작용을 하면 그 반응은 일반적 산 촉매 작용을 받는다고 말한다. 마찬가지로 일반적 염기 촉매 작용은 임의의 염기에 의한 촉매 작용을 말한다. 만일 특정한 산이나 염기에 의해서만 촉매 작용이 나타날 때는 특정 산 촉매 작용 또는 특정 염기 촉매 작용이라고 한다.

특정 산-염기 촉매 작용의 대표적 예는 에스테르의 가수 분해이다. 이 가수 분해는 H_3O^+나 OH^-에 의해서는 촉진되지만 다른 산이나 염기에 의해서는 촉진되지 않는다. 산이나 염기가 없는

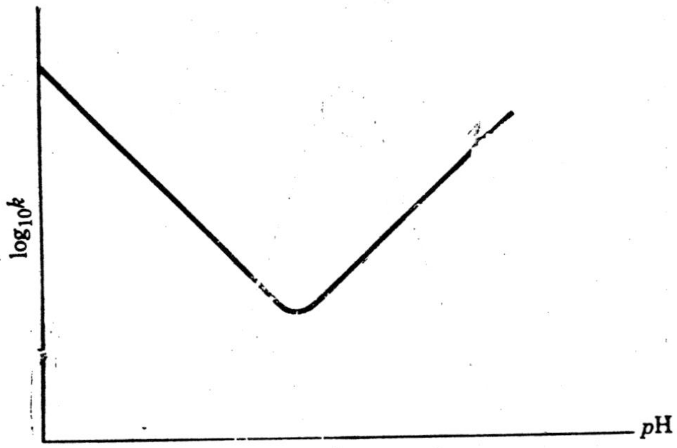

그림 32-15 H^+와 OH^-가 촉매 작용을 하는 반응에서의 pH와 속도 상수 사이의 관계.

경우에는 가수 분해 속도가 극히 느리다.

에스테르의 산 가수 분해 메카니즘은 다음과 같이 설명할 수 있다.

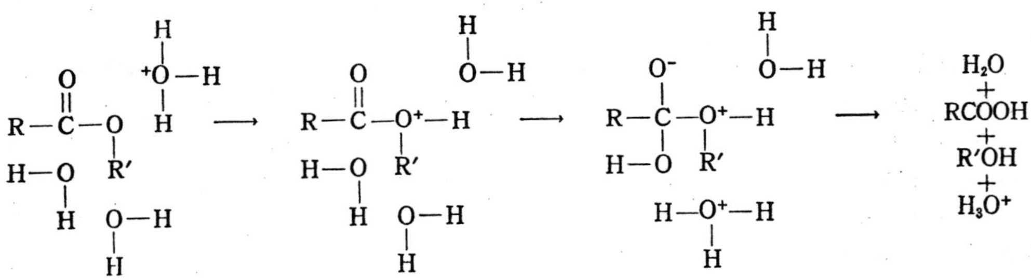

또 염기 촉매 반응은 다음과 같은 메카니즘을 가진다

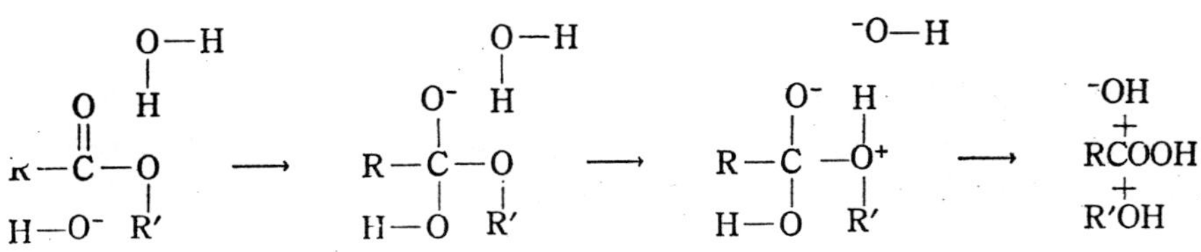

반응의 속도는 다음과 같이 주어진다.

$$v = \{k_{H^+}[H^+] + k_{OH^-}[OH^-]\}[RCOOR'] \tag{32.104}$$

여기서 k_{H^+}와 k_{OH^-}는 각각 H^+와 OH^-의 촉매 계수이다.

이 속도 법칙에는 물의 농도가 나타나지 않는데, 그 이유는 수용액 속에서 반응이 일어날 때는 물의 농도가 실질적으로 일정하게 유지되기 때문이다. 한편 $[H^+][OH^-] = K_w$의 관계 때문에 속도 상수 $k = k_{H^+}[H^+] + k_{OH^-}[OH^-]$는 어느 한 pH에서 최소치를 나타내는데, 이 최소치는 K_w, k_{H^+} 및 k_{OH^-}에 따라 다르다. $\log_{10}k$의 pH에 대한 의존 관계를 대략적으로 나타낸 것이 그림 32-15이다.

≪질 문≫

32. 1 분리식 방법을 이용해서 반응 속도식 (32.37)식을 결정하는 방법을 설명하라.

32. 2 유사 1차 반응 속도 상수란 무엇인가? 이것의 디멘션은 2차 반응 속도 상수의 디멘션과 어떻게 다른가?

32. 3 문제 32.21에 나오는 활성화 에너지를 구하려면 농도, 시간 및 온도 등을 측정해야 한다. 활성화 에너지를 어떻게 구하는지 설명하라.

32. 4 (a) 낮은 압력과 (b) 높은 압력 영역에서의 1분자 반응에다 속도 결정 단계의 개념을 어떻게 이용시킬 수 있는지 설명하라.

32. 5 반응의 차수와 분자도(1분자 반응, 2분자 반응 등) 사이의 차를 나타내는 예를 몇 가지만 들어 보아라.

32. 6 정류 상태 가정이란 어떤 것인가? Lindemann 메카니즘의 예를 들어서 A*의 생성과 소멸 메카니즘을 이용하여 이 가정의 타당성을 설명하라.

32. 7 개시 단계에서 짝을 이루지 않은 전자를 가진 종(H, Br, CH_3 등)이 생길 때는 연쇄 반응 메카니즘에 따라 반응이 일어나는 경우가 많은데, 그 이유를 설명하라.

32. 8 문제 32.38(a)의 $A \rightleftharpoons B$ 반응에다 완화 시간에 관한 식, 즉 (32.82)식을 적용시켜라. 이 완화 시간 속에 정방향 속도 상수와 역방향 속도 상수의 합이 들어가는 이유를 말하라.

32. 9 Lindemann의 속도식인 (32.61)식과 촉매 작용 속도식인 (32.95)식 사이의 유사점과 차이점에 대해서 말하라.

32. 10 에스테르의 산 가수 분해 반응의 경우 속도 상수의 대수가 pH에 따라 어떻게 변하는지를 그림으로 나타내고 설명하라.

≪연습 문제≫

32. 1 438 °C에서 시클로부탄의 분해 반응을 생각하여 보자.

$$C_4H_8 \longrightarrow 2\,C_2H_4$$

일정 부피 계에서의 압력 변화를 이용해서 이 반응 속도를 측정하였다. 기체 혼합물은 이상적이라고 가정하라.

a) 반응 속도 $d(\xi/V)dt$를 dp/dt로 나타내라.

b) C_4H_8가 완전히 분해되었을 때($t=\infty$에서)의 압력을 p^∞라고 하자. 이 반응이 C_4H_8의 농도에 관해서 1차라고 가정하고 압력과 시간 사이의 관계를 유도하라. 어떤 압력 함수를 시간에 대해서 도시하면 속도 상수를 구할 수 있겠는가?

c) 속도 상수가 $2.48\times10^{-4}s^{-1}$일 경우, 반감기와 C_4H_8의 98%가 분해되는 데 필요한 시간을 계산하라.

d) 2.0시간이 지났을 때의 p/p^∞ 값을 계산하라.

32. 2 브로모페놀 파랑(BPB)이 OH^- 이온에 의해서 표백되는 반응은 특정한 파장의 흡광도를 측정하여 추적할 수 있다. 몰 흡광 계수를 ϵ이라고 하면 $A=\epsilon l\tilde{c}$가 된다는 것을 주의하라. 여기서 l은 시

료 용기의 길이이고 c는 흡광종의 농도이다. 이 표백 반응은 다음과 같이 나타낼 수 있으며, 사용하는 파장의 빛을 흡수하지 않는 생성물이 생긴다.

$$BPB + OH^- \longrightarrow BPBOH^-$$

a) 단위 부피당 반응 속도를 흡광도의 시간 변화율, dA/dt로 나타내어라.

b) $t=0$에서의 용액의 흡광도를 A_0라고 할 경우, A와 t사이의 관계식을 유도하라. 속도 상수를 구하려면 어떤 양을 시간에 대해서 도시해야 하는가? 이 반응은 각 반응물에 대해서 1차 반응이며, 또한 반응물들은 화학량적 비율로 섞여 있다고 가정하라.

32. 3 a) A→생성물의 반응이 A에 관해서 1/2차라고 가정하라. 반응 속도식을 적분하고, 이어서 어떤 양을 시간에 대해서 도시하면 속도 상수를 구할 수 있는지 결정하라.

b) (a)의 문제를 3/2차와 n차의 경우에 대해서 되풀이하라.

c) 이 반응이 n차 반응일 경우, 반감기, 속도 상수, 그리고 A의 처음 농도 사이에 성립하는 관계식을 구하라.

32. 4 어떤 반응이 1차이고 540초가 지나면 반응물의 32.5%가 남는다.

a) 이 반응의 속도 상수를 계산하라.

b) 반응물의 25%가 분해하려면 시간이 얼마나 걸리겠는가?

32. 5 어떤 1차 반응의 반감기가 30분이다.

a) 이 반응의 속도 상수를 계산하라.

b) 70분 후에 남은 반응물의 분율은 얼마나 되는가?

32. 6 25°C에서 N_2O_5 분해 반응의 반감기는 2.05×10^4 s이며, N_2O_5의 처음 농도에 무관하다.

a) 반응 차수가 얼마이겠는가?

b) N_2O_5의 80%가 분해되는 데 소요되는 시간은 얼마가 되겠는가?

32. 7 기체상 반응, $A_2 \longrightarrow 2A$는 A_2에 관해서 1차이다. 751초 후에 A_2의 64.7%가 분해되지 않은 채로 남았다. 다음을 계산하라.

a) 반감기.

b) A_2의 90%가 분해되는 데 필요한 시간.

32. 8 구리-64는 β-알맹이를 방출하는데, 그 반감기는 12.8시간이다. 이 방사성 동위 원소 시료를 입수했을 때의 처음 방사능(disintegration/min)은 어떤 일정한 값을 가진다. 실험하는 동안에 방사능이 처음값의 2% 이하로 떨어지지 않게 하려면 실험을 얼마동안에 끝내야 하겠는가?

32. 9 아연-65의 반감기는 245일이다.

a) 100일이 지나면 처음 활동도의 몇 %가 남겠는가?

b) 활동도가 처음 활동도의 5%로 감소되려면 얼마 만큼의 시간이 필요하겠는가?

32. 10 ^{238}U의 반감기는 4.5×10^9 yr이다. 10 mg의 ^{238}U 시료 속에서는 1분 동안의 얼마만한 붕괴가 일어나겠는가?

32. 11 우라늄-238은 일련의 붕괴 과정들을 거쳐서 마침내 납-206으로 변한다. 어떤 암석 시료 속에 ^{238}U 1g당 0.228g의 ^{206}Pb가 들어 있었다. 이 납이 전부 ^{238}U로부터 나온 것이라면 이 암석이 생긴지 얼마나 되었겠는가? ^{238}U의 붕괴 상수는 $1.54\times10^{-10}yr^{-1}$인데, ^{206}Pb가 최종적으로 생길 때 까지의 각 단계의 방사성 원소 중에서 이 ^{238}U의 수명이 제일 길다.

32. 12 탄소-14는 방사선 붕괴를 하며, 그 반감기는 5760 yr이다. ^{14}C는 상층 대기권에서 우주 복사선이 합성해 주기 때문에 방사성 붕괴에 의해서 감소되지 않고 균형이 유지된다. 생물체 속에는 일

정한 수준의 ^{14}C가 들어 있으며, 탄소 1 g 당 매분 15.3개의 붕괴가 일어난다. 생물체가 죽으면 대기중의 CO_2와 탄소를 교환하지 못하며 따라서 죽은 물체 속의 ^{14}C의 양은 시간이 경과할수록 붕괴에 의해서 감소된다. 이집트에서 발굴한 밀로부터 얻은 0.402 g의 탄소 시료가 매분 3.0개의 붕괴를 일으킨다는 것이 발견되었다. 이 밀의 생명이 끊긴지 몇 년이나 되었겠는가?

32.13 37 °C에서 세균 배양 시료 1 mL를 10 L로 묽혔다. 이 묽혀진 배양 시료 1 mL를 배양판 위에 퍼뜨렸다. 10분 후에 세균 배양 시료 1 mL를 새로 취해서 같은 방법으로 묽힌 다음 새로운 배양판 위에 퍼뜨렸다. 이 두 배양판을 배양기 속에 24시간 넣어 두었더니 첫째 번 배양판에는 48개의 세균 군체가 생겼고 둘째 번 것에는 72개의 군체가 생겼다. 각 군체들이 동일한 세균으로부터 발생한 것이라고 가정하고 세대 시간을 계산하라.

32.14 37 °C의 우유 속에서 유산균의 세대 시간은 약 75분이다. 30, 60, 75, 90 및 150분 후에는 유산균 수가 처음에 비해서 얼마로 늘어나겠는가?

32.15 (a)부터 (c)까지의 조건에 따라서 투자액이 10년 후에 2배로 늘어나려면 복리 이자가 얼마로 되어야 하겠는가?

a) 해마다 계산한다.

b) 매 3개월 마다 계산한다.

c) 즉시 시작한다.

d) (32.27)식을 유도하라.

32.16 어떤 물질이 2차 속도 법칙에 따라서 분해한다. 속도 상수를 6.8×10^{-4} L/mol s라고 하고 다음과 같은 경우에 이 물질의 반감기를 계산하라.

a) 처음 농도가 0.05 mol/L인 경우.

b) 처음 농도가 0.01 mol/L인 경우.

32.17 $A + B \longrightarrow$ 생성물과 같은 종류의 2차 반응에서 A와 B의 처음 농도가 0.02 mol/L일 때 120분 후에 40%가 반응하였다. 다음을 계산하라.

a) 반응 속도 상수와 반감기.

b) A와 B의 농도가 각각 모두 0.1 mol/L일 때 40%가 반응하는 데 필요한 시간.

32.18 826 °C에서 $2NO + 2H_2 \longrightarrow N_2 + 2H_2O$의 반응 속도를 조사하여 다음과 같은 데이터를 얻었다.

실험 번호	H_2의 처음 압력 $(p_{H_2})_0$/k Pa	NO의 처음 압력 $(p_{NO})_0$/k Pa	처음 속도 $(-dp/dt)$(k Pa/s)
1	53.3	40.0	0.137
2	53.3	20.3	0.033
3	38.5	53.3	0.213
4	19.6	53.3	0.105

a) NO와 H_2에 관한 반응 차수는 각각 얼마인가?

b) 이 기체 혼합물을 이상적이라고 가정하고 단위 부피당 반응 속도와 dp/dt 사이의 관계를 유도하라. 여기서 p는 전체 압력이다. 부피는 일정하다고 가정하라.

c) (a)와 (b)의 결과를 결합하여 dp/dt와 압력 사이의 관계를 구하라. 처음에는 전체 압력이 p_0, NO의 몰분율이 x_0, 그리고 H_2의 몰분율이 $1-x_0$이다.

32.19 A와 B 사이의 반응에 대한 다음 데이터를 이용하여 A와 B의 각각에 관한 반응 차수를 구하고, 속도 상수를 계산하라.

[A]/(mol/L)	[B]/(mol/L)	처음 속도/(mol/L s)
2.3×10^{-4}	3.1×10^{-5}	5.2×10^{-4}
4.6×10^{-4}	6.2×10^{-5}	4.2×10^{-3}
9.2×10^{-4}	6.2×10^{-5}	1.7×10^{-2}

32.20 791 K 에서 아세트알데히드의 분해 반응을 조사하여 다음과 같은 두 측정 결과를 얻었다.

처음 농도/(mol/L)	$9.72(10^{-3})$	$4.56(10^{-3})$
반 감 기/s	328	572

a) 반응 차수는 얼마인가?

b) 이 반응의 속도 상수를 계산하라.

32.21 24.8 °C의 니트로벤젠 속에서 일어나는 다음 반응의 속도 상수는 $k = 8.39 \times 10^{-5}$ L/mol s 이다. 이 반응은 각각의 반응물에 관해서 1차이다.

$$C_6H_5N(CH_3)_2 + CH_3I \longrightarrow C_6H_5N^+(CH_3)_3 + I^-$$

a) 디메틸아닐린과 요오드화메틸의 0.12 mol/L 용액들을 같은 부피로 혼합하면 반응물의 70% 가 없어지는데 얼마만한 시간이 걸리겠는가?

32.22 HI 는 다음과 같은 단일 단계 반응으로 분해한다.

$$HI \underset{k_{-1}}{\overset{k_1}{\rightleftharpoons}} H_2 + I_2$$

이 반응의 속도식에는 역반응의 속도를 포함시켜야 한다. H_2 와 I_2 의 처음 농도는 영이고 HI 의 처음 농도는 a 인 조건에서 속도식을 적분하라.

32.23 다음과 같은 가역 반응을 생각해 보자.

$$A \underset{k_{-1}}{\overset{k_1}{\rightleftharpoons}} B$$

두 반응은 다같이 1차이다. A의 초기 농도는 a 이고, B의 초기 농도는 영이다. t 시간 동안에 A 가 y mol/L 만큼 반응할 경우의 속도식을 적분하라. k_{-1} 을 평형 상수 K 의 항으로 나타내고, 이 결과를 역반응이 일어나지 않는 1차 반응에 대한 식과 비슷한 꼴이 되도록 정리하라.

32.24 다음과 같은 단일 단계 가역 반응을 생각해 보자.

$$A_2 \underset{k_{-1}}{\overset{k_1}{\rightleftharpoons}} 2\,A$$

A_2 와 A의 처음 농도가 각각 a 와 0인 조건에서 속도식을 적분하라. $K = k_1/k_{-1}$ 이다. 이 결과를 문제 32.22 의 결과와 비교하라.

32.25 오랜 경험에 의하면 300 K 의 실온 근처에서는 온도를 10 K 올릴 때마다 반응 속도가 배로 증가한다. 이 경우에 배로 되는 것이 속도 상수라고 가정하면 활성화 에너지의 값이 얼마나 되어야 이 규칙이 엄밀하게 성립하겠는가?

32.26 수소와 요오드의 반응에서 그 속도 상수는 302 °C 에서 2.45×10^{-4} L/mol s 이고 508 °C 에서 0.950 L/mol s 이다.

a) 이 반응에 대한 활성화 에너지와 잦음률을 계산하라.

b) 400 °C 에서의 속도 상수 값은 얼마가 되겠는가?

32.27 552.3 K 에서 SO_2Cl_2 의 분해 반응 속도 상수는 $6.09 \times 10^{-5}\ min^{-1}$ 이다. 활성화 에너지가 210 kJ/mol 이라면 잦음률과 600 K 에서의 속도 상수는 얼마가 되겠는가?

32.28 어떤 화학 반응의 활성화 에너지는 80 kJ/mol 이다. 0°C 에서 보다 50°C 에서는 속도 상수가 몇 배로 되겠는가?

32.29 기체상에서 브롬화메틸은 1차 반응에 따라 분해하며, 그 데이터는 다음과 같다.

온 도	800 K	900 K
속도 상수	$0.0361\ s^{-1}$	$1.410\ s^{-1}$

이 반응의 활성화 에너지를 구하라.

32.30 Lindemann 메카니즘에서 "겉보기" 1차 반응 속도 상수는 $k_{app} = k_2 k_1 c/(k_{-1} c + k_2)$이다. 농도가 낮으면 k_{app} 값이 감소한다. 만일 농도가 10^{-5} mol/L 가 되면 k_{app} 값이 $c = \infty$ 에서의 극한치의 90% 에 달한다. k_2/k_{-1}의 비는 얼마인가?

32.31 정류 상태를 가정하고 다음과 같은 가상적인 메카니즘을 써서 HBr 의 생성 속도식을 구하라.

a)
$$Br_2 \xrightarrow{k_1} 2\,Br$$
$$Br + H_2 \xrightarrow{k_2} HBr + H$$

b)
$$Br_2 \xrightarrow{k_1} 2\,Br$$
$$Br + H_2 \xrightarrow{k_2} HBr + H$$
$$Br + HBr \xrightarrow{k_3} Br_2 + H$$

(이것은 연쇄 메카니즘이 아님을 주의하라.)

32.32 아세트알데히드의 열분해에 관한 Rice-Herzfeld 메카니즘은 다음과 같다.

1) $$CH_3CHO \xrightarrow{k_1} CH_3 + CHO$$
2) $$CH_3 + CH_3CHO \xrightarrow{k_2} CH_4 + CH_2CHO$$
3) $$CH_2CHO \xrightarrow{k_3} CO + CH_3$$
4) $$CH_3 + CH_3 \xrightarrow{k_4} C_2H_6$$

정류 상태를 가정하여 CH_4 의 생성 속도를 구하라.

32.33 문제 32.32의 각 단일 단계 반응에 대한 활성화 에너지는 $E_1^* = 320$ kJ/mol, $E_2^* = 40$ kJ/mol 및 $E_3^* = 75$ kJ/mol, $E_4^* = 0$ 이다. 메탄이 생성되는 전체 과정에 대한 활성화 에너지를 계산하라.

32.34 수소-브롬 반응의 처음 속도는 처음에 HBr 이 존재하지 않을 경우 다음과 같이 주어진다.

$$\left(\frac{d[HBr]}{dt}\right)_0 = 2k_2\left(\frac{k_1}{k_5}\right)^{1/2}[H_2]_0[Br]_0^{1/2}$$

각 단계에 대한 활성화 에너지는 다음과 같다.

반 응	속도 상수	E^*/(kJ/mol)
$Br_2 \longrightarrow Br + Br$	k_1	192
$Br + Br \longrightarrow Br_2$	k_5	0
$Br + H_2 \longrightarrow HBr + H$	k_2	74

a) 처음 반응 속도에 대한 전체적인 활성화 에너지를 계산하라.

b) 250 °C 때에 비해서 300 °C에서의 처음 반응 속도는 얼마가 되겠는가?

32.35 아세톤의 열분해 반응은 다음과 같은 가상적 메카니즘에 의해서 일어난다고 하자.

반 응	E^*/(kJ/mol)
$CH_3COCH_3 \xrightarrow{k_1} 2CH_3 + CO$	290
$CH_3 + CH_3COCH_3 \xrightarrow{k_2} CH_4 + CH_2COCH_3$	63
$CH_2COCH_3 \xrightarrow{k_3} CH_3 + CH_2CO$	200
$CH_3 + CH_2COCH_3 \xrightarrow{k_4} CH_3COC_2H_5$	33

a) 이 메카니즘에 의하면 어떤 물질들이 주생성물인가?

b) CH_4의 생성 속도는 아세톤에 관해서 1차이고 전체적인 속도 상수는 $(k_1k_2k_3/k_4)^{1/2}$ 임을 보여라. (k_1은 대단히 작다는 것을 명심하라.)

c) 이 반응에 대한 전체적인 활성화 에너지는 얼마인가?

32.36 오존은 다음과 같은 메카니즘에 따라서 산소로 분해된다.

$$O_3 \xrightarrow{k_1} O_2 + O$$

$$O + O_2 \xrightarrow{k_{-1}} O_3$$

$$O_3 + O \xrightarrow{k_2} 2O_2$$

a) $-d[O_3]/dt$ 를 유도하라.

b) 이 반응은 어떤 조건에서 오존에 관하여 1차 반응이 되겠는가? 반응 속도식이 이 경우에 어떻게 간소화되는지 보여라.

32.37 N_2O_5는 다음과 같은 메카니즘에 의해서 분해된다고 생각된다.

$$N_2O_5 \xrightarrow{k_1} NO_2 + NO_3$$

$$NO_2 + NO_3 \xrightarrow{k_{-1}} N_2O_5$$

$$NO_2 + NO_3 \xrightarrow{k_3} NO + O_2 + NO_2$$

$$NO + NO_3 \xrightarrow{k_4} 2NO_2$$

NO_3와 NO의 농도가 정류 상태를 이룬다고 가정하고 N_2O_5의 소멸 속도를 나타내는 식을 유도하라.

32.38 다음 각 반응의 완화 시간에 대한 식을 유도하라.

a) $$A \underset{k_r}{\overset{k_f}{\rightleftharpoons}} B$$

b) $$A_2 \underset{k_r}{\overset{k_f}{\rightleftharpoons}} 2A$$

32.39 다음과 같은 2개의 연속 1차 반응을 생각해 보자.

$$A \xrightarrow{k_1} B \qquad B \xrightarrow{k_2} C$$

속도식을 적분하여 [A], [B] 및 [C]를 시간의 함수로 나타내는 식을 구하여라. $k_1 = 1\ s^{-1}$일 경우, $k_2/k_1 = 0.1, 1$, 그리고 10일 때의 이들 함수를 스케치하라. 처음에는 A만이 농도 c_0로 존재한다고 가정하라.

32.40 요오드와 아세톤 사이의 반응에서는 수소 이온이 촉매 작용을 한다.

$$CH_3COCH_3 + I_2 \longrightarrow CH_3COCH_2I + HI$$

모노클로로아세트산이 존재할 때의 속도 상수는 다음과 같이 주어진다.

$$k = k_{H^+}[H^+] + k_{ClCH_2COOH}[ClCH_2COOH]$$

여기서 $[ClCH_2COOH]$는 해리되지 않은 $ClCH_2COOH$의 농도이다. 이 산의 해리 상수를 1.55×10^{-3}으로 놓고 다음 데이터를 이용하여 k_{H^+}와 k_{ClCH_2COOH}를 계산하라.

c_A/(mol/L)	0.05	0.10	0.20	0.50	1.00
$k/10^{-6}$ min^{-1}	4.6	7.6	11.9	23.8	40.1

이 경우에 c_A는 $ClCH_2COOH$의 전체 분석 농도이다(주의 : $k/[H^+]$를 $[ClCH_2COOH]/[H^+]$에 대해서 도시하고 기울기와 절편을 구하라).

32.41 카탈라아제라는 효소는 H_2O_2를 분해시키는 촉매 작용을 한다. 실험 데이터는 다음과 같다.

$[H_2O_2]$/(mol/L)	0.001	0.002	0.005
처음 속도/(mol/L s)	1.38×10^{-3}	2.67×10^{-3}	6.00×10^{-3}

카탈라아제의 농도가 4.0×10^{-9} mol/L일 때 이 데이터를 도시하여 v_{max}, 상수 K_m, 그리고 전환수 k_2를 결정하라.

32.42 억제물 I는 효소와 결합하여 $E + I \rightleftharpoons EI$의 평형을 이루고, EI의 해리 상수를 K_I라고 하면 $[EI] = [E][I]/K_I$가 된다. 만일 $[EI] \ll [I]$이면 $[I] \approx [I]_0$이고 $[E] = [E]_0 - [ES] - [EI]$이다. $[E]_0 \ll [S]_0$인 조건에서 정류 상태를 가정하면 Lineweaver-Burk 식이 다음과 같은 꼴로 됨을 보여라.

$$\frac{1}{v} = \frac{1}{v_{max}} + \frac{K_m(1 + [I]_0/K_I)}{v_{max}} \frac{1}{[S]_0}$$

32.43 효소 푸마라아제는 다음과 같은 반응에 대해서 촉매작용을 한다.

$$\text{푸마르산} + H_2O \longrightarrow \text{L-말산}$$

이 효소의 전환수는 $2.5 \times 10^3\ s^{-1}$이며 $K_m = 4.0 \times 10^{-6}$ mol/L이다. 푸마라아제의 농도가 2.04×10^{-4} mol/L일 때 푸마르산이 L-말산으로 변환되는 속도를 계산하라.

32.44 효소 촉매반응의 2단계 반응이 다음과 같이 가역적이라고 하자.

$$ES \underset{k_{-2}}{\overset{k_2}{\rightleftharpoons}} P + E$$

$[E]_0 \ll [S]_0$일 경우의 Michaelis-Menten 식을 유도하라.

33
화학 반응 속도론
Ⅱ. 이 론

33.1 서 론

이론적 화학 반응 속도론의 궁극 목표는 임의의 화학 반응의 속도를 반응하는 분자의 기본 성질, 즉 질량, 지름, 관성 모멘트, 진동수, 결합 에너지 등으로부터 계산하는 것이다. 현재에는 이 문제가 실질적으로 완전하게 해결되었다고 보기 어렵다. 여기서는 충돌론과 절대 반응 속도론의 두 가지 연구법에 관해서 설명하겠다. 충돌 이론은 직관적인 매력을 지니고 있으며, 아주 간단한 식으로 나타낼 수 있다. 또 절대 반응 속도론은 훨씬 우아하다. 그러나 어느 이론으로도 활성화 에너지의 크기는 납득하기 어려운 근사를 쓰지 않는 한 계산할 수가 없다. 이론적으로 활성화 에너지를 정확하게 계산한다는 것은 극히 복잡한 문제이며 다만 몇 가지 아주 간단한 계에 대해서만 가능하다.

만일 반응의 속도 상수 k를 계산하는 데 성공한다면 Arrhenius 식을 해석할 수 있게 될 것이다.

$$k = Ae^{-E^*/RT} \tag{33.1}$$

우선 반응의 활성화 에너지의 뜻을 좀더 자세하게 알아보자.

33.2 활성화 에너지

(33.1)식은 반응의 평형 상수에 관한 식을 생각나게 한다. 평형 상수에 대해서는 다음과 같은 관계가 성립한다.

$$\frac{d \ln K}{dT} = \frac{\Delta H^0}{RT^2}$$

따라서 이 식을 적분하면 다음 결과를 얻을 수 있다.

$$\ln K = -\frac{\Delta H^0}{RT} + \ln K^\infty \tag{33.2}$$

여기서 $\ln K^\infty$는 적분 상수이다. 단일 단계 반응에서는 $K = k_f/k_r$이고 $K^\infty = k_f^\infty/k_r^\infty$이다. 또한 생성물과 반응물의 엔탈피를 각각 H_P^0, H_R^0라고 하면 $\Delta H^0 = H_P^0 - H_R^0$이다. 이 값들을 (33.2)식에 넣으면 다음과 같은 결과를 얻게 된다.

$$\ln\frac{k_f}{k_f^\infty} - \frac{H_R^0}{RT} = \ln\frac{k_r}{k_r^\infty} - \frac{H_P^0}{RT} \tag{33.3}$$

정반응의 속도 상수는 반응물의 성질에만 의존할 것이며 역반응의 속도 상수는 생성물의 성질에만 의존할 것이다. (33.3)식 좌변은 분명히 반응물의 성질에만 의존하고, 우변은 생성물에만 의존한다. 따라서 양변은 모두 상수와 같아야 하며, 이것을 $-H^*/RT$라고 놓을 수 있다. 그러면,

$$\ln\frac{k_f}{k_f^\infty} = -\frac{H^* - H_R^0}{RT} \qquad \ln\frac{k_r}{k_r^\infty} = -\frac{H^* - H_P^0}{RT}$$

따라서

$$k_f = k_f^\infty e^{-(H^* - H_R^0)/RT} \qquad k_r = k_r^\infty e^{-(H^* - H_P^0)/RT}$$

이것으로서 임의의 단일 단계 반응에 대한 임의의 방향으로의 속도 상수가 Arrhenius 식의 꼴로 주어진다는 것을 합리화시킬 수가 있다. $H^* - H_R^0$는 Arrhenius 식에서 E_f^*로 표시한 에너지량이다. 실험 결과에 의하면 E_f^*는 양수이므로 $H^* - H_R^0$는 양수이며 $H^* > H_R^0$이다. 마찬가지로 H^*는 H_P^0보다도 크다는 것을 증명할 수 있다.

단일 단계 반응에서 반응물이 생성물로 바뀔 때의 엔탈피 변화 과정을 보면 그림 33-1과 같다. 이러한 관점에서 보면 반응물과 생성물은 에너지 장벽으로 분리되어 있다. 따라서 반응물이 충돌하여 생성물로 되려면 이 장벽을 넘기에 충분한 에너지를 가져야 한다. 이 장벽의 높이 $H^* - H_R^0$는 정반응에 대한 활성화 에너지* E_f^*이다. 이 장벽을 넘기에 충분한 에너지를 갖지 못하고 충돌하는 반응물은 반응을 일으키지 못하고 그대로 반응물로 남아 있게 된다.

생성물 쪽에서 보면 장벽의 높이가 $H^* - H_P^0$이다. 이것은 역반응에 관한 활성화 에너지 E_r^*이다. 두 활성화 에너지 사이의 관계는 아주 간단히 얻어진다. 즉,

$$H^* - H_P^0 = H^* - H_R^0 + H_R^0 - H_P^0 = H^* - H_R^0 - \Delta H^0$$

따라서

$$E_r^* = E_f^* - \Delta H^0 \tag{33.4}$$

이것은 반응의 활성화 에너지와 에너지 변화 사이의 일반적 관계식이다. 정반응에 관한 활성화

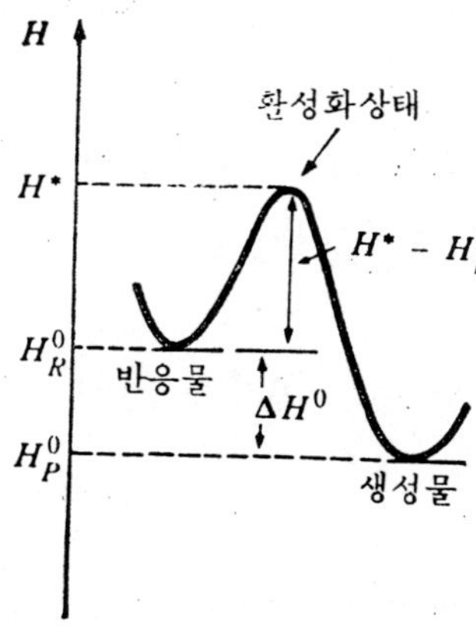

그림 33-1 반응에 따른 엔탈피 변화.

* 활성화 에너지와 활성화 엔탈피는 같지가 않다. 그러나 이들 사이의 관계는 문제 삼고 있는 반응의 종류에 따라서 다르다. 여기서는 어떤 반응에 대해서나 우선 "활성화 에너지"를 사용하겠다.

에너지와 ΔH^0를 알 경우에는 (33.4)식으로부터 역반응의 활성화 에너지를 곧바로 계산할 수 있다.

33.3 반응 속도에 관한 충돌 이론

충돌 이론은 꼴이 아주 간단하며 2분자 단일 단계 반응에만 적용할 수 있다. 새로운 가정을 더 도입하면 1차 반응에도 적용시킬 수 있으며, 잘 가다듬기만 하면 3분자 단일 단계 반응에도 적용시킬 수 있다. 다음과 같은 형태의 일단계 반응을 예로 들어 보자.

$$\mathrm{A + B \longrightarrow C + D}$$

이 반응은 분자 A와 B가 충돌하는 회수보다 더 빨리 일어날 수는 없다. 분자 A와 B가 $1\,\mathrm{m^3}$ 내에서 1초 동안에 충돌하는 수는 (30.23)식에 의해서 다음과 같이 주어진다.

$$Z_{\mathrm{AB}} = \pi\sigma_{\mathrm{AB}}^2\sqrt{\frac{8\mathbf{k}T}{\pi\mu}}\tilde{N}_{\mathrm{A}}\tilde{N}_{\mathrm{B}}$$

여기서 $\sigma_{\mathrm{AB}} = \frac{1}{2}(\sigma_{\mathrm{A}} + \sigma_{\mathrm{B}})$, $(1/\mu) = (1/m_{\mathrm{A}}) + (1/m_{\mathrm{B}})$, σ_{A}와 σ_{B}는 분자 지름, 그리고 m_{A}와 m_{B}는 분자 질량이다. 또 $\tilde{N}_{\mathrm{A}}$와 $\tilde{N}_{\mathrm{B}}$는 A와 B의 단위 부피당 분자수이며, $\mathbf{k}$는 Boltzmann 상수인데 속도 상수 k와 혼동되는 것을 피하기 위해서 고딕체로 나타내었다. 만일 매충돌마다 반응이 일어난다면 이 충돌수는 단위 부피당 A나 B의 소멸 속도와 같게 될 것이다.

$$-\frac{d\tilde{N}_{\mathrm{A}}}{dt} = -\frac{d\tilde{N}_{\mathrm{B}}}{dt} = \pi\sigma_{\mathrm{AB}}^2\sqrt{\frac{8\mathbf{k}T}{\pi\mu}}\tilde{N}_{\mathrm{A}}\tilde{N}_{\mathrm{B}}$$

그러나 실제로는 충돌할 때마다 A와 B가 반응하지는 못하며 에너지가 E^*이상인 분자들만이 충돌할 때 반응을 일으킨다. 에너지가 E^*이상인 충돌의 분율은 $\exp(-E^*/RT)$에 비례하므로 반응 속도는 다음과 같이 된다($\tilde{N} = \tilde{c}N_{\mathrm{A}}$로 고친 다음).

$$-\frac{d\tilde{c}_{\mathrm{A}}}{dt} = N_{\mathrm{A}}\pi\sigma_{\mathrm{AB}}^2\sqrt{\frac{8\mathbf{k}T}{\pi\mu}}e^{-E^*/RT}\tilde{c}_{\mathrm{A}}\tilde{c}_{\mathrm{B}} \tag{33.5}$$

단일 단계 반응의 속도에 관한 실험적 속도식은 $-d\tilde{c}_{\mathrm{A}}/dt = k\tilde{c}_{\mathrm{A}}\tilde{c}_{\mathrm{B}}$이므로 속도 상수는 다음과 같이 된다.

$$k = N_{\mathrm{A}}\pi\sigma_{\mathrm{AB}}^2\sqrt{\frac{8\mathbf{k}T}{\pi\mu}}e^{-E^*/RT} \tag{33.6}$$

$$k = N_{\mathrm{A}}z_{\mathrm{AB}}e^{-E^*/RT} \tag{33.7}$$

여기서 $z_{\mathrm{AB}} = Z_{\mathrm{AB}}/\tilde{N}_{\mathrm{A}}\tilde{N}_{\mathrm{B}}$이다.

Arrhenius식은 (33.6)식과 같은 꼴이며 따라서 충돌론에 의하면 잦음률이 다음과 같이 된다.

$$A = N_{\mathrm{A}}z_{\mathrm{AB}} = N_{\mathrm{A}}\pi\sigma_{\mathrm{AB}}^2\sqrt{\frac{8\mathbf{k}T}{\pi\mu}} \tag{33.8}$$

엄밀히 말하자면 A는 온도에 무관해야 한다. 그러나 (33.8)식을 보면 A는 온도의 평방근에 의존하는데, 이와같이 온도에 약간 의존하는 것은 실제로 별 문제가 안 된다. A의 크기 정도는 쉽게 계산할 수 있다. (33.8)식에서 평방근의 값은 분자 속도이며 상온에서 400 m/s 정도이다. 그리고 σ 값은 약 3×10^{-10} m 정도이다. 따라서,

$$A = (6 \times 10^{23}/\text{mol})(3.14)(3\times10^{-10}\ \text{m})^2(400\ \text{m/s}) \approx 7 \times 10^7\ \text{m}^3/\text{mol s}$$

농도를 mol/L 로 나타내려면 여기에다 1000을 곱해야 하며, 그러면 $A = 7 \times 10^{10}$ L/mol s가 된다. 300 K 정도에서 2분자 반응에 관한 잦음률은 10^9 내지 10^{10} L/mol 정도이다. H_2처럼 가벼운 분자가 반응할 때의 잦음률은 좀 더 커서 약 10^{11} L/mol s 정도이다.

비교적 간단한 분자가 반응할 경우에는 활성화 에너지를 알면 충돌론을 써서 속도 상수의 값을 만족스럽게 계산할 수 있다. 그러나 복잡한 분자가 반응할 경우에는 문제가 어려워진다. 즉, 반응 속도는 충돌론으로부터 예측한 값보다 작아지며, 대부분의 경우 10^5배나 그 이하가 된다. 이 때문에 **확률 인자** 또는 **입체 인자**라고 하는 새로운 인자 P를 k에 관한 식에 넣는다. 즉,

$$k = Pze^{-E^*/RT} \tag{33.9}$$

이러한 개념은 충분한 에너지를 가진 충돌일지라도 반응을 일으키지 못하는 수가 있기 때문에 나온 것이다. 분자는 일정한 배향을 하고 충돌해야만 반응한다고 생각할 수 있으며 이러한 가정 때문에 입체 인자라는 이름이 붙게 된 것이다. 이 개념은 어느 정도는 타당하다. 그 이유는 복잡한 분자인 경우에 반응 속도가 특히 낮은 값을 나타내기 때문이다. 두 복잡한 분자는 두 간단한 분자보다도 반응하기에 적당한 배향을 하고 충돌할 기회가 적을 것이다. 확률 인자에 대하서는 반응의 활성화 엔트로피를 써야 더 합리적인 설명을 할 수 있다는 것을 곧 알게 될 것이다. 특히 충돌론을 가지고서는 반응이 비정상적으로 빨라서 P를 1보다도 크게 놓아야 하는 경우에 대해서는 설명할 도리가 없다.

33.4 3분자 반응

3분자 반응의 문제도 또한 충돌 이론으로 다룰 수 있다. 많은 수의 이러한 반응이 알려졌는데, NO와 H_2, O_2 또는 Cl_2와의 반응은 그 좋은 예이다. 산소와의 반응을 택해서 생각해 보자.

$$2\,NO + O_2 \longrightarrow 2\,NO_2$$

이 반응의 속도는 다음과 같다.

$$\frac{d(\xi/N)}{dt} = k(NO)^2(O_2)$$

겉보기로는 이 반응이 쓰여진 그대로 단일 단계 반응이며 NO 두 분자와 O_2 한 분자가 동시에 충돌한다. 이 반응의 주목할만한 성질은 반응 속도가 온도의 상승에 따라서 감소한다는 사실이다. 이러한 행동을 하는 반응은 아주 드물다.

충돌 이론에 의해서 삼중 충돌을 정의하려면 어려운 문제가 생기게 된다. 분자를 단단한 구라고 하면 그 둘이 접촉하고 있는 시간은 영이다. 그러므로 충돌하고 있는 사이에 세째 번 분자가 또 충돌할 확률은 영이 된다. 충돌하고 있는 두 분자에 세째 번 분자가 충돌하려면 두 분자의 충돌 시간이 유한 한 간격을 가져야 한다. 그런데 이 시간 간격이 임의적인 것이다. 일반적으로는 분자간 거리가 분자 지름보다 짧게 되는 동안을 분자의 충돌 시간으로 잡는다. 이와같이 잡으면 대략 $Z_3/Z_2 = \sigma/\lambda$가 된다는 것을 증명할 수 있는데, 여기서 Z_3와 Z_2는 1초당 1 m^3 속에서 일어나는 삼중 충돌수와 이중 충돌수이며, σ는 분자 지름이고 λ는 평균 자유 행로이다. λ는 1 m^3 당의 분자수에 반비례하므로 삼중 충돌수는 1 m^3 당의 분자수의 세제곱에 비례해서 증가한다. 보통 압력에서는 $\lambda \approx 10^{-6}$ m이므로 $Z_3 \approx Z_2(10^{-10}/10^{-6}) = 10^{-4} Z_2$가 된다. 대략적으로 말하자면 보통의 충돌이 10,000번 일어나는 동안에 삼중 충돌이 한 번 일어나는 셈이다. 그러므로 다

른 조건이 같으면 삼중 충돌을 요하는 반응은 이중 충돌을 요하는 반응보다 느리게 일어난다. 삼중 충돌을 고려하여 계산한 속도 상수는 측정값보다 훨씬 큰데, 이는 확률 인자가 아주 작다는 것을 뜻한다.

이러한 반응에 관해서는 또 하나의 메카니즘이 제안되어 있다. 여기서는 우선 다음과 같은 평형이 아주 빨리 이루어진다고 가정한다.

$$NO + X_2 \rightleftharpoons NOX_2$$

그러면 다음과 같은 관계가 성립할 수 있다.

$$(NOX_2) = K(NO)(X_2)$$

여기서 K는 평형 상수이다. 이 반응에 이어서 다음과 같은 느린 반응이 일어난다고 본다.

$$NOX_2 + NO \longrightarrow 2\,NOX$$

이 반응의 속도는 다음과 같다.

$$\frac{d(\xi/V)}{dt} = K(NO)(NOX_2) = kK(NO)^2(X_2)$$

그리하여 이 메카니즘으로 속도식이 설명될 수 있다. 다음과 같은 메카니즘도 또 가능하다. 즉, 다음과 같은 평형이 우선 이루어진다.

$$2\,NO \rightleftharpoons N_2O_2$$

이어서 다음의 느린 반응이 일어난다.

$$N_2O_2 + X_2 \longrightarrow 2\,NOX$$

이 메카니즘도 물론 실험 속도식을 설명할 수 있다. 삼중 충돌 이론과 이 두 메카니즘 사이에는 별 차이가 없다. 즉, NOX_2나 N_2O_2와 같은 분자는 "끈끈한" 충돌을 하고 있는 2개의 분자라고 생각할 수 있다. 이러한 평형을 가정하면 음의 온도 계수를 설명할 수 있다. 왜냐 하면 온도가 높을수록 이중 분자 NOX_2나 N_2O_2가 해리되기 쉽기 때문이다. 이중 분자의 농도가 낮아지면 반응 속도가 작아진다. 이것은 활성화 에너지가 음임을 뜻한다. 이러한 설명에도 모순은 있다. 왜냐 하면 NO와 O_2의 반응에서는 활성화 에너지가 영이고, 온도에 따르는 속도 상수의 감소는 T^3에 반비례하는 잦음률에 의한 것이기 때문이다.

33.5 1분자 반응

충돌 이론으로 1분자 반응을 직접 설명할 수는 없지만 Lindemann 메카니즘을 통해서 이 문제를 생각할 수가 있다. 일단 분자가 충돌에 의해서 충돌한 에너지를 얻으면 그 다음에는 다음과 같은 1분자 분해 반응에 관한 속도 상수를 어떻게 계산하는 가이다.

$$A^* \longrightarrow \text{생성물}$$

이러한 종류의 분해에 관한 이론은 O.K. Rice, H.C. Ramsberger 그리고 L.S. Kassel에 의해서 발전되었고 최근에 와서는 N.B. Slater가 이 문제를 보다 정확하고 우아하게 취급하였다. 이 방법에서는 과잉량의 에너지가 특정한 진동 방식으로 들어가면 이 방식의 진동이 분자를 해리시키는 것이라고 가정하는 것이다.

Rice-Ramsberger-Kassel 이론에서는 활성화 분자의 진동 에너지가 분자의 여러 진동 자유도 사이에 퍼져 있다고 가정한다. 그러면 어느 한 특정한 진동 방식이 이 에너지의 상당량을 받아들여서 그 진동으로 분자를 해리시키게 되는데, 이 확률을 계산하는 것이다.

진동 자유도가 s개 있고 분자가 가진 j개의 양자가 s개의 자유도에 분포되어 있다고 가정하자. j개의 양자를 s개의 자유도에 분포시키는 방법수를 N_j라고 하자. 그리고 j개의 양자를 s개의 자유도에 분포시키되 특정한 한 자유도가 m개의 양자를 가지게 하는 방법수를 N_m이라고 하자. 그러면 이 특정한 자유도가 m개의 양자를 가질 확률은 N_m/N_j가 된다. 만일 j와 $j-m$이 s에 비해서 크면 근사적으로 다음 관계가 성립한다.*

$$\frac{N_m}{N_j} = \left(\frac{j-m}{j}\right)^{s-1} \tag{33.10}$$

j는 총양자수이므로 분자의 총 진동 에너지 E에 비례하고, m은 해리가 일어나기에 필요한 최소 임계 에너지 E_c에 비례한다. 그러므로 특정한 자유도가 임계 에너지를 가질 확률은 다음과 같이 나타낼 수 있다.

$$\frac{N_m}{N_j} = \left(\frac{E-E_c}{E}\right)^{s-1} \tag{33.11}$$

분자의 해리 속도는 이 확률에 비례하며, 따라서 반응 속도 상수는 다음과 같이 주어진다.

$$k = k'\left(\frac{E-E_c}{E}\right)^{s-1} \tag{33.12}$$

여기서 k'은 상수이다. E는 E_c로부터 무한대까지 사이의 임의의 값을 가질 수 있으므로 속도 상수는 Boltzmann 분포를 써서 E_c로부터 무한대까지의 모든 E값에 대한 평균을 취해야 한다. 이 때 나오는 적분은 특정한 s와 E_c값에 대해서 그래프식으로 구해야 한다. s의 값을 분자의 진동 자유도수와 맞먹게 택하면 측정치와 잘 맞는 결과가 나온다.

그리하여 1분자 반응에서도 다른 반응에서와 마찬가지로 분자가 적어도 최소 임계 에너지를 가져야 반응을 일으킬 수 있다는 것을 알 수 있다. 그러나 1분자 반응에서는 Arrhenius 식의 해석이 더 복잡하다. 즉, E_c와 T는 물론 잦음률 A는 진동 자유도수 s의 함수이다. (33.11)식을 보면 전체 진동 방식의 에너지 E가 높고 진동 방식의 수 s가 작을수록 임계 진동에 필요한 m개의 양자가 들어갈 확률이 커진다. 이러한 사실 때문에 활성화 속도는 Lindemann 메카니즘에 의해서 예상되는 충돌 속도보다 클 수 있다는 것이다. 즉 일부 분자에서는 여러 진동 방식에 퍼져 있는 진동 에너지의 양자가 임계 방식으로 흘러 들어가서 임계 에너지를 공급해 주는 "자체 활성화"가 일어날 수 있다. 이러한 과정은 활성화 속도를 높히는 것이다.

★ 33.6 비가역 열역학

열역학이나 통계 역학을 연장하여 반응 속도에 관한 일반적 이론을 발전시키려는 많은 노력이 이루어졌다. 그러나 이 두 분야만 가지고서는 반응 속도에 관한 지식을 얻을 수가 없으므로 새로운 가정이나 가설을 도입해야만 한다. 평형이 이루어져 있지 않은 계를 취급하는 한 가지 중요한 방법은 비가역 열역학이라고 하는 것이다. 이 비가역 열역학은 평형으로부터 "과히 멀어지지 않은"계에 적용시킬 수 있다. 이 이론에서는 모든 비가역 과정, 즉 유한한 속도로 진행하고 있는 모든 과정에서 엔트로피가 창조된다는 열역학적 원리가 기초를 이루고 있다. 이 열역학적 원리와 함께 고립된 평형계의 엔트로피가 최대라는 사실, 그리고 미시적 가역성의 원리

* 증명은 초보적이지만 여기서 설명하기에는 너무 지루하게 길다.

가* 이용된다. 또 한 가지 새로운 가정은 평형으로부터 약간 벗어난 계에 대해서는 평형계를 다루는 통계 역학적 방법을 거의 그대로 적용시킬 수 있다는 것이다.

운반 과정에서의 어떤 한 쌍의 속도 상수 사이의 관계를 나타내는 Onsager의 상관 관계식이 이 이론에 의해서 일반적으로 유도되는데, 이것은 이 이론의 특기할만한 성공이라고 할 수 있다. 이 관계들은 그전부터 알려져 있었지만 그 유도 과정들은 개개의 경우에 따라서 달랐으며 어떤 경우에는 유도 과정의 타당성이 의심스럽기도 하였다. 평형으로부터 멀리 떨어진 계에 대하여 화학 반응 속도론에서 보통 사용하는 방법으로 얻은 데이터에는 이 이론이 적용되지 않는다. 이 이론을 시험하기 위해서 특수하게 고안된 실험을 해본 결과 이 이론의 결론과 잘 맞았다. 이 이론의 흥미있는 한 면은 평형으로부터 "멀리 떨어지지 않은" 계에서의 짝진 반응의 속도 상수 사이에는 어떤 일정한 관계가 성립해야 한다는 것이다.

비가역 과정에 관한 열역학에서 중심이 되는 것은 엔트로피 생성의 개념이다. Clausius 부등식 $dS \geq đQ/T$를 생각해 보자. 이 식은 다음과 같이 정리할 수 있다.

$$dS - \frac{đQ}{T} \geq 0$$

좌변의 양은 영보다 크거나 같으므로 다음과 같이 쓸 수 있다.

$$dS - \frac{đQ}{T} = d\sigma \tag{33.13}$$

여기서 $d\sigma$는 영이거나 양이다.

계가 온도 T인 열원과 접촉하여 열량 $đQ$가 계로 흘러 들어간다고 하면 열원으로는 $-đQ$가 흘러 들어간다. 만일 열량 $-đQ$를 열원에다 가역적으로 들어가게 하면 열원은 $dS_{res} = -đQ/T$의 엔트로피 변화를 받으며, 따라서 (33.13)식이 다음과 같이 된다.

$$dS + dS_{res} = d\sigma$$

그러면 $d\sigma$는 계와 주위 열원의 총엔트로피 증가가 된다. 이 $d\sigma$를 이 과정의 엔트로피 생성이라고 한다. 어떠한 비가역 과정에서나 그 엔트로피 생성은 양의 값을 가지며, 가역 과정에서는 엔트로피 생성이 영이다.

(33.13)식은 다음과 같은 꼴로 쓸 수 있다.

$$T\,d\sigma = T\,dS - đQ \tag{32.14}$$

이 식을 일정한 T와 p에서의 변환에 적용하면 $đQ_p = dH$, $T\,dS = d(TS)$이므로 $T\,dS - đQ_p = d(TS) - dH = -d(H - TS)$가 된다. 따라서,

$$T\,d\sigma = -dG \tag{33.15}$$

일정한 T와 p에서의 화학 반응에 관해서는 $dG = (\partial G/\partial\xi)_{T,p}\,d\xi$이다. 따라서,

$$T\,d\sigma = -\left(\frac{\partial G}{\partial \xi}\right)_{T,p} d\xi \tag{33.16}$$

DeDonder는 $-(\partial G/\partial\xi)_{T,p}$를 반응의 친화도라고 부르고, 이것을 $\mathbf{A}$로 표시하였다. 즉,

$$\mathbf{A} \equiv -\left(\frac{\partial G}{\partial \xi}\right)_{T,p} \tag{33.17}$$

* 미시적 가역성의 원리 : 평형에서는 임의의 분자 운동은 그의 역과정과 똑같은 속도로 일어난다.

이 정의를 (33.16)식과 결합시키면 다음과 같이 된다.

$$T\,d\sigma = \mathbf{A}\,d\xi \tag{33.18}$$

반응이 자발적으로 일어나는 방향에 대해서는 $(\partial G/d\xi)_{T,p}$가 음이므로 친화도는 양이 된다. dt로 나누면 엔트로피 생성의 속도 $d\sigma/dt$가 얻어진다.

$$T\frac{d\sigma}{dt} = \mathbf{A}\frac{d\xi}{dt} \tag{33.19}$$

제 2 법칙에 의하면 엔트로피 생성의 속도는 항상 양이거나 영이어야 하므로, (33.19)식으로부터 친화도와 반응 속도 $d\xi/dt$와의 곱은 항상 양이거나 영이어야 함을 알 수 있다. 즉,

$$\mathbf{A}\frac{d\xi}{dt} \geq 0 \tag{33.20}$$

이것을 DeDonder의 부등식이라고 한다.

속도식과 열역학적 식을 결합시키면 비교적 쉽게 중요한 일반적 관계식을 얻을 수 있다. 다음 반응을 생각해 보자.

$$\mathrm{A} + \mathrm{B} \rightleftharpoons \mathrm{C}$$

이 반응의 속도식을 32.19절에서처럼 써 보자.

$$\frac{1}{V}\frac{d\xi}{dt} = k_f c_\mathrm{A} c_\mathrm{B} - k_r c_\mathrm{C}$$

$$\frac{1}{V}\frac{d\xi}{dt} = k_f c_\mathrm{A} c_\mathrm{B}\left[1 - \frac{k_r c_\mathrm{C}}{k_f c_\mathrm{A} c_\mathrm{B}}\right]$$

$c_\mathrm{C}/c_\mathrm{A} c_\mathrm{B} = Q$는 이 반응에 대한 농도 곱비이고 $k_f/k_r = K$는 이 반응의 평형 상수이다. 따라서 이 식은 다음과 같이 된다.

$$\frac{1}{V}\frac{d\xi}{dt} = k_f c_\mathrm{A} c_\mathrm{B}\left(1 - \frac{Q}{K}\right) \tag{33.21}$$

평형 근처에서 $k_f c_\mathrm{A} c_\mathrm{B}$는 이 반응의 교환 속도 $r = k_f \bar{c}_\mathrm{A} \bar{c}_\mathrm{B}$에 접근한다. 따라서,

$$\frac{1}{V}\frac{d\xi}{dt} = r\left(1 - \frac{Q}{K}\right)$$

한편, 반응에 대해서는 다음과 같은 관계식이 성립한다.

$$\left(\frac{\partial G}{\partial \xi}\right)_{T,p} = \Delta G^\circ + RT\ln Q \qquad \Delta G^\circ = -RT\ln K$$

이들을 결합시키면 다음과 같이 된다.

$$\left(\frac{\partial G}{\partial \xi}\right)_{T,p} = RT\ln\frac{Q}{K} = -\mathbf{A}$$

또는

$$\frac{Q}{K} = e^{-\mathbf{A}/RT}$$

평형 근처에서는 $\mathbf{A}$가 아주 작으므로 지수 함수를 급수로 전개할 수 있다. 즉, $Q/K = 1 -$

$\mathbf{A}/RT+\cdots$이 된다. 이것을 속도식에 넣는다. 그러면,

$$\frac{d\xi}{dt}=Vr\frac{\mathbf{A}}{RT} \tag{33.22}$$

(33.22)식은 평형 근처에서의 반응 속도가 반응의 친화도에 비례한다는 중요한 결과를 나타낸다.

(33.22)식은 30.2절에서 말한 것과 비슷한 선형 법칙의 화학적인 예이다. 이들 선형 법칙에 의하면 열 흐름, 전류, 유체 흐름, 확산 흐름 등의 모든 흐름은 각각 온도 기울기, 전위 기울기, 압력 기울기, 농도 기울기 등과 같은 추진력에 비례하였다. (33.22)식의 화학적인 경우에서는 "흐름"은 반응의 속도이고 한편 추진력은 반응의 친화도를 온도로 나눈 것이 된다.

(33.22)식을 엔트로피 생성에 관한 (33.19)식에 넣으면 다음과 같은 결과가 나온다.

$$\frac{d\sigma}{dt}=RVr\left(\frac{\mathbf{A}}{RT}\right)^2=\frac{R}{Vr}\left(\frac{\partial\xi}{\partial t}\right)^2 \tag{33.23}$$

결국 $d\sigma/dt$는 친화도의 제곱이나 반응 속도의 제곱에 비례하기 때문에 양이 되는 것이다.

(33.22)식과 (33.23)식의 두 식은 열역학을 비가역 과정에 적용시킨 전형적인 예이다. (33.22)식은 선형 반응 속도식을 나타내는 것으로서 이것은 흐름이 추진력에 비례한다는 관계와 일치하는 것이며, 또한 (33.23)식은 엔트로피 생성의 속도가 추진력의 제곱에 비례한다는 것으로서 엔트로피 생성에 관한 제곱 법칙이다.

33.7 절대 반응 속도 이론

일찌기 1915년에 분자 운동론을 이용해서 반응 속도를 구하려는 노력이 싹트기 시작하기는 했지만, 통계 역학에 기초를 둔 절대 반응 속도 이론이 H. Eyring에 의해서 아주 일반적으로 발전된 것은 1935년의 일이다. 여기서는 이 식을 간략한 방법으로 유도해 보겠다. 이 이론에서는 비가역 열역학에서 가정했던 것보다도 더 멀리 평형으로부터 떨어진 "평형"을 가정하고 있다.

절대 반응 속도 이론의 기본 가정은 반응물이 항상 활성화물과 평형에 있다는 것이다. 활성화물은 그림 33-2에서와 같이 반응물과 생성물을 갈라 놓는 에너지 장벽의 정점에 대응하는 원자 배열을 가지고 있다. 이 평형은 다음과 같이 나타낼 수 있다.

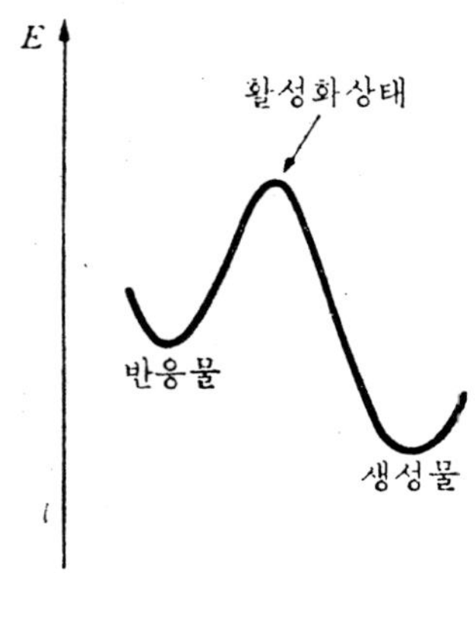

그림 33-2 반응물로부터 생성물로 변화할 때의 에너지 변화.

$$A + B \rightleftharpoons M^{*}$$

그리고 평형 상수는 다음과 같이 주어진다.

$$K_{\ddagger} = \frac{(\tilde{c}^{\ddagger}/\tilde{c}^{\circ})}{(\tilde{c}_{A}/\tilde{c}^{\circ})(\tilde{c}_{B}/\tilde{c}^{\circ})} \tag{33.24}$$

여기서 $\tilde{c}$ 들은 $1\ m^3$ 당 몰수로 나타낸 농도이며 표준 농도는 $\tilde{c}^{\circ} = 1000\ mol/m^3$ 이다. 따라서 활성화물의 농도는 다음과 같이 된다.

$$\tilde{c}^{\ddagger} = \left(\frac{K_{\ddagger}}{\tilde{c}^{\circ}}\right)\tilde{c}_{A}\,\tilde{c}_{B} \tag{33.25}$$

활성화물의 농도를 알 경우에는 이 활성화물이 생성물로 분해되는 속도를 계산하면 될 것이다. 즉, 다음 반응의 속도를 계산하면 될 것이다.

$$M^{*} \longrightarrow \text{생성물}$$

활성화물은 원자의 집합체라는 점에서는 보통의 분자와 비슷하나 불안정한 진동 방식을 하나 가지고 있다는 점이 다르다. 이 진동이 활성화물을 생성물로 해리시키는 것이다. 이 진동의 진동수를 ν 라고 하면 생성물이 생기는 속도는 다음과 같다.

$$\frac{d(\xi/V)}{dt} = \nu\tilde{c}^{\ddagger} \tag{33.26}$$

이 식에다 (33.25)식을 넣는다. 그러면,

$$\frac{d(\xi/V)}{dt} = \frac{\nu K_{\ddagger}}{\tilde{c}^{\circ}}\tilde{c}_{A}\,\tilde{c}_{B} \tag{33.27}$$

그러나 단일 단계 반응 A + B⟶"생성물"의 반응 속도는 다음과 같이 된다.

$$\frac{d(\xi/V)}{dt} = k\tilde{c}_{A}\,\tilde{c}_{B} \tag{33.28}$$

(33.27)식과 (33.28)식을 비교하면 속도 상수는 다음과 같이 된다.

$$k = \frac{\nu K_{\ddagger}}{\tilde{c}^{\circ}} \tag{33.29}$$

(33.29)식의 유도 과정을 재검토해 보면 이 식은 두 가지의 반응물이 작용하는 경우뿐만 아니라 다른 어떠한 단일 단계 반응에 대해서도 $\tilde{c}^{\circ}$ 대신에 $(\tilde{c}^{\circ})^{-\Delta\nu}$ 를 대입하면 성립한다는 것을 알 수 있다. 여기서 $\Delta\nu$ 는 단일 단계 반응에서의 화학량적 계수의 실효 증가량을 나타내며, 앞의 경우에는 $\Delta\nu = -1$ 이다.

평형 상수를 단위 부피당의 분자 분배 함수 q/v 로 나타내면 ν 와 $K_{\ddagger}$ 의 값을 다음과 같은 식으로 계산할 수 있다.

$$\frac{\tilde{N}^{\circ}(q_{\ddagger}/v)}{(q_{A}/v)(q_{B}/v)} \tag{33.30}$$

모든 분자 분배 함수는 $(q/v) = fe^{-\epsilon_0/kT}$ 의 꼴로 나타낼 수 있다. 함수 f 는 에너지를 분자의 영점 에너지 ϵ_0 에다 맞추었을 때의 분배 함수이다. 그러면 (33.30)식이 다음과 같이 된다.

$$K_{\ddagger} = \frac{\tilde{N}^{\circ} f_{\ddagger}}{f_{A} f_{B}} e^{-(\epsilon_{0\ddagger} - \epsilon_{0A} - \epsilon_{0B})/kT} = \frac{\tilde{N}^{\circ} f_{\ddagger}}{f_{A} f_{B}} e^{-\Delta E_0/RT} \tag{33.31}$$

활성화 에너지 $\Delta E_0^{\ddagger}$는 활성화물과 반응물의 영점 에너지 차이를 나타낸다. 즉, $\Delta E_0^{\ddagger} = N_A(\epsilon_{0\ddagger} - \epsilon_{0A} - \epsilon_{0B})$이다.

29.12절에서 설명한 바와 같이 분배 함수는 병진, 회전 및 진동에 관한 분배 함수들의 곱으로 나타낼 수 있다. 활성화물을 생성물로 해리시키는 진동에 주목하고, 이 진동 분배 함수를 $f_{\ddagger}$로부터 분리시켜 보자. 즉,

$$f_{\ddagger} = f_v f^{\ddagger} \tag{33.32}$$

그러면 $f^{\ddagger}$는 $f_{\ddagger}$ 중에서 f_v를 인수로 뽑아내고 남은 것이다. 이 진동의 진동수를 ν라고 하면 (29.44)식에 의해서 다음과 같은 관계가 성립한다.

$$f_v = \frac{\mathbf{k}T}{h\nu} e^{-h\nu/2\mathbf{k}T}$$

여기서 ν는 작으며 $h\nu/\mathbf{k}T \ll 1$이라고 가정하였다. 지수 함수는 대략 1과 같으므로 $f_v = \mathbf{k}T/h\nu$이며, 따라서 (33.32)식은 다음과 같이 된다.

$$f_{\ddagger} = \frac{\mathbf{k}T}{h\nu} f^{\ddagger} \tag{33.33}$$

이 $f_{\ddagger}$의 값을 (33.31)식에 넣는다. 그러면,

$$K_{\ddagger} = \frac{\mathbf{k}T}{h\nu} \frac{\tilde{N}^\circ f^{\ddagger}}{f_A f_B} e^{-\Delta E_0^{\ddagger}/RT} \tag{33.34}$$

다음과 같이 $K^{\ddagger}$를 정의하자.

$$K^{\ddagger} = \frac{\tilde{N}^\circ f^{\ddagger}}{f_A f_B} e^{-\Delta E_0^{\ddagger}/RT} \tag{33.35}$$

그러면 $K_{\ddagger} = (\mathbf{k}T/h\nu)K^{\ddagger}$가 된다. 이 값을 (33.29)식에 넣으면 속도 상수가 얻어진다.

$$k = \frac{\mathbf{k}T}{h} \frac{K^{\ddagger}}{\tilde{c}^\circ} \tag{33.36}$$

이것이 반응의 속도 상수에 관한 Eyring식이다. $K^{\ddagger}$ 값은 (33.35)식을 써서 반응물과 활성화물의 분배 함수로부터 계산할 수 있다. (33.35)식을 (33.36)식에 넣으면 다음 결과를 얻을 수 있다.

$$k = \frac{\mathbf{k}T}{h} \left(\frac{\tilde{N}^\circ}{\tilde{c}^\circ}\right) \frac{f^{\ddagger}}{f_A f_B} e^{-\Delta E_0^{\ddagger}/RT} \tag{33.37}$$

이 결과를 Arrhenius식과 비교해 보면 잦음률 A가 다음과 같이 주어진다.

$$A = \frac{\mathbf{k}T}{h} \left(\frac{\tilde{N}^\circ}{\tilde{c}^\circ}\right) \frac{f^{\ddagger}}{f_A f_B} \tag{33.38}$$

$\tilde{N}^\circ/\tilde{c}^\circ = N_A$이다.

(33.38)식은 분배 함수가 분자와 활성화물의 병진 자유도뿐만 아니라 내부 자유도에도 의존하기 때문에 흥미가 있게 된다. 충돌 이론에서는 매우 복잡한 수식 처리를 하지 않고서는 내부 자유도를 고려할 수가 없다. Eyring의 이론에는 내부 자유도가 아주 간단한 방식으로 들어가 있다.

(33.37)식을 써서 속도 상수를 계산하려면 두 가지 지식이 필요하다. 첫째로 활성화물이 어떤 것인가를 잘 알아야만 $f^{\ddagger}$가 계산된다는 것이다. 즉, 활성화물의 크기와 모양을 알아야 하며,

그래야 관성 모멘트를 계산할 수 있는 것이다. 진동수는 복잡하기는 하지만 양자 역학적으로 계산할 수 있다. 둘째로 $\Delta E_0^\ddagger$ 를 알아야 한다. 양자 역학을 써서 $\Delta E_0^\ddagger$ 를 계산하려면 대담한 근사를 쓰지 않는 한 대단히 복잡해진다. 수소 원자와 수소 분자가 포함되는 몇 가지 반응에 관해서는 상당히 자세한 계산이 되었는데, 사용한 근사를 감안하면 계산 결과들이 잘 맞는 셈이다.

(33.38)식을 쓰면 비교적 쉽게 잦음률의 대체적인 크기를 짐작할 수 있다. 다음 반응을 생각해 보자.

$$H_2 + I_2 \longrightarrow 2\,HI$$

이 경우의 잦음률은 다음과 같다.

$$A = \frac{\mathbf{k}T}{h}\frac{N_A f^\ddagger}{f_{H_2} f_{I_2}}$$

분배 함수 f_{H_2} 는 세 병진 자유도, 두 회전 자유도 및 한 진동 자유도에 관한 분배 함수의 곱으로 쓸 수 있다. 즉,

$$f_{I_2} = f_{H_2} = f_t^3 f_r^2 f_v$$

대체적인 크기만을 계산하는 것이므로 f_{I_2} 의 값도 같게 취했다. 활성화물 $(HI)_2$ 는 세 병진 자유도, 세 회전 자유도 및 다섯 진동 자유도(하나의 진동 자유도는 처음 유도 과정에서 빠져 나갔다.)를 가지므로 $f^\ddagger = f_t^3 f_r^3 f_v^5$ 와 같이 쓸 수 있다. 이 값들을 쓰면 A 가 다음과 같이 된다.

$$A = \frac{\mathbf{k}T}{h}\frac{N_A f_t^3 f_r^3 f_v^5}{f_t^3 f_r^2 f_v f_t^3 f_r^2 f_v} = \frac{\mathbf{k}T}{h}\left(\frac{N_A f_v^3}{f_t^3 f_r}\right)$$

상온에서는 대체로 $f_t \approx 10^{10}\,\mathrm{m}$, $f_r \approx 10$, $f_v \approx 1$, $(\mathbf{k}T/h) \approx 10^{13}$ 이다. 이 값을 이용하면 다음과 같이 된다.

$$A \approx \frac{(10^{13}\,\mathrm{s})}{(10^{10}\,\mathrm{m})^3\,10}(6\times 10^{23}/\mathrm{mol})\mathrm{s} \approx 10^6\,\mathrm{m^3/mol\,s}$$

이 값은 충돌 잦음률에 대한 (30.23)식을 써서 계산한 값과 대체적으로 맞는다. 이 값은 2분자 반응에 대한 A 의 값 10^6 내지 $10^8\,\mathrm{m^3/mol\,s}$ 와 대체적으로 일치한다. 분배 함수에다 근사치를 썼다는 사실을 감안할 때 이것은 잘 맞는 결과라고 말할 수 있다.

33.8 충돌 이론과 절대 반응 속도 이론의 비교

바로 앞절의 결과를 사용하면 2분자 반응에 관한 충돌 이론과 절대 반응 속도 이론을 쉽게 비교할 수 있다. 두 다원자 분자 A와 B가 반응하여 활성화물을 만드는 다음과 같은 2분자 반응을 생각해 보자.

$$A + B \longrightarrow (AB)^\ddagger$$

분자 A와 B는 각각 n_A 와 n_B 개의 원자로 되어 있으며 둘 다 비선형이라고 하자. 그러면,

$$f_A = f_t^3 f_r^3 f_v^{3n_A-6} \qquad f_B = f_t^3 f_r^3 f_v^{3n_B-6} \qquad f^\ddagger = f_t^3 f_r^3 f_v^{3(n_A+n_B)-7}$$

활성화물은 $n_A + n_B$ 개의 원자를 포함한다. 이들 값을 (33.37)식에 넣으면 다음 결과가 나온다.

$$k = \frac{\mathbf{k}T}{h}\frac{N_A f_t^3 f_r^3 f_v^{3(n_A+n_B)-7}}{f_t^3 f_r^3 f_v^{3n_A-6} f_t^3 f_r^3 f_v^{3n_B-6}} e^{-\Delta E_0^\ddagger/RT} = \frac{\mathbf{k}T}{h}\frac{N_A f_v^5}{f_t^3 f_r^3} e^{-\Delta E_0^\ddagger/RT} \qquad (33.39)$$

A와 B가 원자이고 $(AB)^{*}$를 2원자 분자라고 생각하면 Eyring식이 충돌 이론과 같은 결과가 된다. 즉, 이 경우에는 $f_A = f_B = f_t^3$, $f^{*} = f_t^3 f_r^2$이 된다. 그리고

$$k_{\text{collis}} = \frac{\mathbf{k}T}{h}\frac{N_A f_t^3 f_r^2}{f_t^3 f_t^3} e^{-E_0/RT} = \frac{\mathbf{k}T}{h}\frac{N_A f_r^2}{f_t^3} e^{-E_0^{*}/RT} \tag{33.40}$$

(33.39)식과 (33.40)식을 비교하면 다음과 같은 결과를 얻을 수 있다.

$$k = \left(\frac{f_v}{f_r}\right)^5 k_{\text{collis}} \tag{33.41}$$

충돌 이론에서는 확률 인자 P를 임의로 도입해야 하지만 (33.41)식에 의하면 다음과 같이 된다.

$$P = \left(\frac{f_v}{f_r}\right)^5 \tag{33.42}$$

만일 $f_v = 1$이고 $f_r = 10$이면 $P = 10^{-5}$이다. 이것은 흔히 볼 수 있는 P의 값이다. 이 식은 다원자 분자 사이의 반응이 간단한 분자 사이의 반응보다 느린 것은 내부 자유도의 영향 때문이라는 사실을 나타내는 것이다.

절대 반응 속도 이론의 큰 장점은 활성화물이 어떻게 생기느냐 하는 문제는 전혀 건드리지 않고, 다만 이 활성화물과 반응물 사이의 평형만을 가정했다는 점이다. 이 점에서는 이 이론이 열역학과 비슷하다. 이 때문에 이 이론에 대한 약간의 불만이 나오고 있다. 왜냐하면 반응 속도 이론의 목적은 반응이 진행하는 과정을 상세히 찾아내는 데 있기 때문이다. 그러나 평형을 가정함으로써 극히 간단하게 되기 때문에 이러한 불만스러운 기분을 어느 정도 덮어준다. 충돌 이론에서도 분자의 내부 자유도를 고려해 줄 수는 있다. 그러나 이와같이 하려면 수학적 처리 과정이 굉장히 복잡해 진다.

33.9 활성화 Gibbs 에너지와 엔트로피

다음과 같은 임의의 단일 단계 반응을 생각하여 보자.

$$A + B + C + \cdots \rightleftharpoons M^{*}$$

Eyring 식인 (33.36)식은 이러한 임의의 단일 단계 반응에 적용시킬 수 있도록 다음과 같이 일반화시킬 수 있다.

$$k = \frac{\mathbf{k}T}{h}(\tilde{c}^{\circ})^{\Delta\nu} K^{*}$$

여기서,

$$K^{*} = \frac{f^{*}}{(\tilde{N}^{\circ})^{\Delta\nu} f_A f_B f_C \cdots} e^{-\Delta E_0^{*}/RT}$$

평형 상수 K^{*}는 표준* 활성화 Gibbs 에너지 ΔG^{*}를 써서 나타낼 수 있다.

$$K^{*} = e^{-\Delta G^{*}/RT} \tag{33.43}$$

* ΔG^{*}에 표준 Gibbs 에너지를 나타내는 상첨자 0은 복잡해서 떼어버렸다.

그러면 속도 상수는 다음과 같이 주어진다.

$$k = \frac{\mathbf{k}T}{h}(\tilde{c}^{\circ})^{\Delta\nu}\, e^{-\Delta G^{*}/RT} \tag{33.44}$$

이것은 활성화 에너지 보다는 활성화 Gibbs 에너지가 더 기본적인 양이라는 것을 강조하고 있다. 활성화 Gibbs 에너지는 $\Delta G^{*} = \Delta H^{*} - T\Delta S^{*}$ 이다. 따라서,

$$k = \frac{\mathbf{k}T}{h}(\tilde{c}^{\circ})^{\Delta\nu}\, e^{\Delta S^{*}/R}\, e^{-\Delta H^{*}/RT} \tag{33.45}$$

E^{*} 대신 ΔH^{*} 가 들어 갔다는 점만을 제외하면 이 식은 Arrhenius 식과 비슷하다. ΔH^{*} 는 흔히 활성화열이라고 부른다. (33.45)식에 의하면 잦음률 A 가 다음과 같이 된다.

$$A = \frac{\mathbf{k}T}{h}(\tilde{c}^{\circ})^{\Delta\nu}\, e^{\Delta S^{*}/R} \tag{33.46}$$

활성화 엔트로피가 음이면 잦음률이 낮아지고, 한편 활성화 엔트로피가 양이면 잦음률이 크게 된다. 충돌 이론에서 도입한 확률 인자는 활성화 엔트로피를 써서 해석할 수가 있다. 우선 다음과 같이 써 보자.

$$N_{A}\, Pz = \frac{\mathbf{k}T}{h}\frac{e^{\Delta S^{*}/R}}{\tilde{c}^{\circ}} \tag{33.47}$$

충돌 빈도 z 는 쉽게 계산되므로 P 의 값으로부터 활성화 엔트로피 ΔS^{*} 값을 계산할 수 있다.

만일 활성화물이 반응물보다는 생성물과 비슷하다고 하면 활성화 엔트로피는 거의 전체 반응에 대한 ΔS° 와 같아질 수 있다. ΔS^{*} 와 ΔS° 의 값이 같은 경우는 드물지만 많은 경우에 비례관계가 성립한다.

★ 33.10 용액에서의 반응

32.18절에서 설명한 바와 같이 용액 속에서 일어나는 반응의 속도 상수는 그 반응이 기체상에서 일어날 때의 속도 상수와 거의 같은 경우가 자주 나타난다. 속도 상수가 용액 속에서와 기체에서 크게 다르다는 것은 용매가 반응물이나 활성화물과 비교적 강한 작용을 하기 때문이다.

기체에서의 반응 속도와 용액에서의 반응 속도가 같아지는 이유는 충돌 이론을 써서 비교적 쉽게 설명할 수 있다. 순수한 기체 A에서 반응이 일어나는데 두 분자가 충돌해야 하는 경우를 생각해 보자. 즉,

$$\text{A} + \text{A} \longrightarrow \text{생성물}$$

단위 부피당 단위 시간에 일어나는 충돌수는 다음과 같이 쓸 수 있다.

$$Z_{11} = Z\tilde{N}_{A}^{2} \tag{33.48}$$

다른 분자 B를 넣으면 A와 B 사이의 충돌과 B와 B 사이의 충돌이 일어날 것이다. 이러한 충돌은 A와 A 사이의 충돌수에 영향을 주지 않으며 (33.48)식이 그대로 성립한다. 따라서 기체에서의 공간 전부가 다른 분자 B로 채워지더라도 속도 상수는 변하지 않아야 한다. 이러한 생각을 확장해 보면 용액에서의 속도 상수가 기체에서의 값과 같아야 한다. 이러한 사실은 이상용액에서만 성립하며, 용액이 비이상적일 때는 앞 문장에서 암시한 것과 같은 형태의 용매 효과가 나타난다.

다음과 같은 용액에서의 반응을 생각해 보자.

$$\mathrm{A} + \mathrm{B} \rightleftharpoons \mathrm{M}^* \longrightarrow \text{생성물}$$

이 반응의 속도는 (33.26)식에 의하여 다음과 같이 주어진다.

$$\frac{d(\xi/V)}{dt} = \nu\tilde{c}^*$$

그러나 용액에서는 다음과 같은 관계가 성립한다.

$$K_* = \frac{a^*}{a_\mathrm{A}\, a_\mathrm{B}} = \left(\frac{\gamma^*}{\gamma_\mathrm{A}\,\gamma_\mathrm{B}}\right)\frac{(\tilde{c}^*/\tilde{c}^\circ)}{(\tilde{c}_\mathrm{A}/\tilde{c}^\circ)(\tilde{c}_\mathrm{B}/\tilde{c}^\circ)} \qquad (33.49)$$

여기서 K_*는 평형 상수, $\tilde{c}^\circ = 1000\,\mathrm{mol/m^3}$, a는 활동도, 그리고 γ는 활동도 계수이다. 그러면 반응 속도는 다음과 같이 된다.

$$\frac{d(\xi/V)}{dt} = \frac{\nu K_*}{\tilde{c}^\circ}\left(\frac{\gamma_\mathrm{A}\,\gamma_\mathrm{B}}{\gamma^*}\right)\tilde{c}_\mathrm{A}\tilde{c}_\mathrm{B}$$

그리고 속도 상수는 다음과 같다.

$$k = \frac{\nu K_*}{\tilde{c}^\circ}\left(\frac{\gamma_\mathrm{A}\,\gamma_\mathrm{B}}{\gamma^*}\right)$$

(33.29)식과 (33.36)식을 비교해 보면 νK_*를 $(\mathbf{k}T/h)K^*$로 바꿀 수 있다. 따라서,

$$k = \frac{\mathbf{k}T}{h}\frac{K^*}{\tilde{c}^\circ}\left(\frac{\gamma_\mathrm{A}\,\gamma_\mathrm{B}}{\gamma^*}\right) \qquad (33.50)$$

용액에서의 반응을 논의하려면 이 식을 써야 한다.

활동도 계수의 정의는 $\gamma = 1$이 되는 기준 상태의 선정에 달려 있다. 반응 속도를 기체상에서의 반응 속도와 비교하려면 단위 활동도 계수인 기준 상태로서 이상 기체를 택해야 한다. 그러면 (33.50)식으로부터 다음 관계가 나온다.

$$k_g = \frac{\mathbf{k}T}{h}\frac{K^*}{\tilde{c}^\circ} \qquad (33.51)$$

여기서 k_g는 기체상에서 일어나는 반응의 속도 상수이다. 그러면 용액 속에서는 다음과 같이 된다.

$$k = k_g\left(\frac{\gamma_\mathrm{A}\,\gamma_\mathrm{B}}{\gamma^*}\right)_g \qquad (33.52)$$

(33.52)식에서 활동도 계수비에 붙인 하첨자 g는 기준 상태의 선정을 나타낸다. 용액에서의 속도 상수값과 기체에서의 값과의 차이는 이 활동도 계수비에 의존한다. 만일 용매가 활성화물의 Gibbs 에너지보다는 반응물의 Gibbs 에너지를 더 많이 낮추어 주는 경우에는(즉, 반응물이 세게 용매화 되는 경우에는) γ_A와 γ_B는 작아지고 반면에 γ^*는 그렇게 작아지지 않는다. 이 경우에는 용액에서의 속도 상수가 기체에서보다 작아진다. 반대로 활성화물이 세게 용매화되고 반응물이 용매화되지 않을 때는 용액에서의 속도 상수가 기체에서보다 커진다.

만일 반응이 기체상에서는 일어나지 않는 것이라고 하면 단위 활동도 계수인 기준 상태를 무한히 묽은 용액으로 취하는 것이 편리하다. 무한히 묽은 용액에서의 속도 상수를 k_0라고 하면 γ가 1이므로 다음과 같은 관계가 얻어진다.

$$k_0 = \frac{\mathbf{k}T}{h}\frac{K^*}{c^\circ}$$

그리고

$$k = k_0\left(\frac{\gamma_A \gamma_B}{\gamma^*}\right)_0 \qquad (33.53)$$

여기서 활동도 계수비에 붙인 하첨자 0은 무한히 묽은 용액을 기준 상태로서 취했음을 뜻한다.

★ 33.11 이온 반응 ; 염 효과

용액 속에서 이온 사이에 일어나는 대부분의 반응은 특히 반대 전하를 가지는 단순한 이온 사이의 반응일 경우 극히 빠르게 일어나므로 아주 최근까지도 그 반응 속도를 측정할 수가 없었다. 지금에 와서는 32.19절에서 설명한 것과 같은 완화법을 써서 $H_3O^+ + OH^- \longrightarrow 2\,H_2O$와 같은 반응 속도까지도 측정을 하고 있다. 이 특별한 반응의 속도 상수는 1.4×10^{11} L/mol s이다.

이온과 중성 분자 사이에 일어나는 어떤 반응은 보통의 측정법을 사용할 수 있을 정도로 느리게 일어난다. 이러한 반응의 속도 상수는 용액의 이온 세기에 의존한다. (33.53)식은 절대 반응 속도 이론이 발전되기 전에 이미 Brønsted와 Bjerrum에 의해서 처음으로 유도되었으며, 이온 반응에 이 식을 적용할 때는 Brønsted-Bjerrum식이라고 부른다. (33.53)식에다 Debye-Hückel의 이온 활동도 계수에 관한 극한 법칙을 적용시키면 속도 상수가 이온 세기에 어떻게 의존하는가를 알 수 있다. (33.53)식의 대수를 취하면 다음과 같이 된다.

$$\log_{10} k = \log_{10} k_0 + \log_{10} \gamma_A + \log_{10} \gamma_B - \log_{10} \gamma^* \qquad (33.54)$$

$\ln \gamma$의 값은 (16.75)식으로 주어진다. 그리고 (16.75)식과 (16.77)식을 비교하면 한 이온에 관

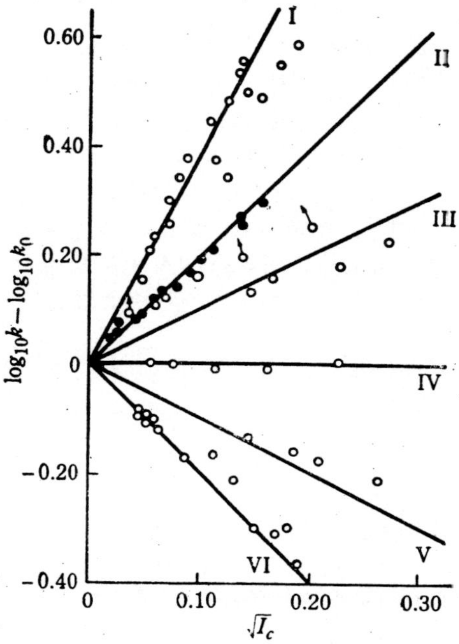

그림 33-3 1차적 염 효과(V.K. LeMer, *Chem. Revs.* **10**, 179(1932)를 복사한 것임).

한 Debye-Hückel의 극한 법칙을 얻게 된다. 즉,

$$\log_{10}\gamma_i = -Az_i^2 I_c^{1/2} \tag{33.55}$$

여기서 A는 상수이며, 25°C의 수용액에서는 $A = 0.50(\text{L/mol})^{1/2}$이다. 극한 법칙을 (33.54)식에 넣고 $z^* = z_A + z_B$인 관계를 이용하면 다음과 같이 된다.

$$\log_{10} k = \log_{10} k_0 - A[z_A^2 + z_B^2 - (z_A + z_B)^2]I_c^{1/2} = \log_{10} k_0 + 2Az_A z_B I_c^{1/2}$$

$A = 0.50(\text{L/mol})^{1/2}$을 쓰면 이 식이 다음과 같이 된다.

$$\log_{10} k = \log_{10} k_0 + z_A z_B (I_c \text{ L/mol})^{1/2} \tag{33.56}$$

묽은 용액의 경우 $\log_{10} k$를 이온 세기의 제곱근에 대해서 도시하면 기울기가 $z_A z_B$인 직선이 얻어진다.

이온의 부호가 같으면 $z_A z_B$가 양이 되며, 속도 상수는 이온 세기에 따라서 증가한다. 이온의 전하가 반대 부호이면 이온 세기가 증가함에 따라서 속도 상수가 감소한다. (33.56)식은 1차 운동론적 염 효과 또는 간단히 1차적 염 효과라고 하는 것을 나타내는 것이다. 그림 33-3은 La-Mer가 이 식을 확인하기 위해서 얻은 실험 결과이다. 이것은 대단히 만족스러운 일치를 보여주고 있다. 그림 33-3의 반응은 다음과 같은 것들이다.

I.	$Co(NH_3)_5Br^{2+} + Hg^{2+}$	$z_A z_B = 4$
II.	$S_2O_8^{2-} + I^-$	$z_A z_B = 2$
III.	$NO_2NCO_2C_2H_5^- + OH^-$	$z_A z_B = 1$
IV.	$C_{12}H_{22}O_{11} + OH^-$	$z_A z_B = 0$
V.	$H_2O_2 + H^+ + Br^-$	$z_A z_B = -1$
VI.	$Co(NH_3)_5Br^{2+} + OH^-$	$z_A z_B = -2$

이온의 전하가 서로 같거나 틀리는 경우에 이러한 행동을 하는 이유는 활성화물의 상대적인 실효 전하 때문이다. 활동도 계수의 값은 z^2에 따라서 지수 함수적으로 떨어진다. 만일 두 이온의 부호가 서로 같으면 활성화물은 그를 구성하는 어느 이온보다도 높은 실효 전하를 가진다. 이렇게 되면 γ^*가 매우 작아지고 $(\gamma_A \gamma_B/\gamma^*)_0$의 비가 매우 커진다. 만일 두 이온의 전하가 반대 부호이면 활성화물의 실효 전하는 그를 구성하는 어느 한 이온의 전하보다 작아지며, 그러면 γ^*가 γ_A와 γ_B보다 훨씬 커져서 결과적으로 $(\gamma_A \gamma_B/\gamma^*)_0$와 반응 속도가 작아진다. 만일 한 화학종(예를 들어 B)이 전하를 가지지 않는다면 A와 활성화물은 같은 크기의 전하를 가지며, γ_A/γ^*의 비는 $I_c^{1/2}$에 무관하게 단위값을 가진다. γ_B의 값은 B가 중성 분자이기 때문에 I_c가 변하더라도 별로 영향을 받지 않는다.

《질 문》

33. 1 흡열 반응의 경우 가능한 최소값의 활성화 에너지는 얼마인가?

33. 2 $2\,CH_3 \xrightarrow{k} C_2H_6$의 반응은 무시할 수 있을 정도의 낮은 활성화 에너지를 가지고 일어난다. 충돌 이론을 이용해서 k를 구하라.

33. 3 이온-극성 분자 반응에서는 반응물들 사이에 장거리 전기적 힘이 작용한다. 이 힘은 어떤 것인가?

(33.9)식이 이런 반응에 적용되겠는가?

33. 4 $CH_3I + Rb \longrightarrow RbI + CH_3$의 반응에 대해서도 입체 인자가 필요하겠는가? 이유를 설명하라.

33. 5 $I + I + M \longrightarrow I_2 + M$의 반응은 3분자 반응이며, M은 완충 기체 분자이다. 두 I원자의 고립 충돌에 의해서 에너지 면으로 안정한 I_2가 생길 수 있겠는가? 이 반응에서 M의 역할을 생각하여 보아라.

33. 6 1분자 속도 상수를 나타내는 (33.12)식에 의하면 에너지 E가 고정될 때는 진동 자유도의 수가 증가할수록 k가 감소한다. 이 이유를 설명하라.

33. 7 $H_2 + D_2 \longrightarrow 2HD$ 반응에서 (33.31)식의 활성화 에너지 E_0는 무엇을 나타내는가?

33. 8 두 이온이 대단히 약한 활성화 착물을 만든다. 중간 정도의 극성 용매를 높은 극성 용매로 바꾸면 속도 상수에 어떤 영향이 미치겠는가?

《연습 문제》

33. 1 700 K에서 $H_2 + I_2 \longrightarrow 2HI$ 반응의 속도 상수는 6.42×10^{-2} L/mol s이며, 그 활성화 에너지는 $E^* = 167$ kJ이다.

a) 점성도 측정 결과로부터 얻은 바에 의하면 $\sigma_{H_2} = 225$ pm이고 $\sigma_{I_2} = 559$ pm이다. 충돌 이론을 이용해서 속도 상수를 구하라. 이 결과를 실험값과 비교하라.

b) 충돌 이론으로 예상되는 결과가 실험값과 맞으려면 $\sigma_A + \sigma_B$의 값이 얼마라야 하겠는가?

33. 2 $H_2 + I_2 \longrightarrow 2HI$ 반응의 활성화 에너지가 167 kJ이고, 이 반응의 ΔE가 -8.2 kJ이라면 HI가 해리되는 반응의 활성화 에너지는 얼마가 되겠는가?

33. 3 HI의 분자 지름을 $\sigma_{HI} = 435$ pm라고 하자(점성도로부터 얻은 결과). 같은 종류의 분자들 사이의 충돌수를 나타내는 식과 문제 33.2에서 얻은 활성화 에너지의 값을 이용하여 700 K에서의 HI의 분해 반응 속도를 구하라.

33. 4 H_2, I_2 및 HI 분자의 핵간 거리는 각각 74.0 pm, 266.7 pm, 그리고 160.4 pm이다. 분자 지름 대신에 이들 값을 이용해서 문제 33.1과 33.3의 계산을 하고, 그 결과가 어떻게 달라지는가를 보아라.

33. 5 지름이 3×10^{-10} m인 기체 분자가 300 K에서 각각 0.1, 1, 10 및 100 atm의 압력을 나타내고 있다. 각각의 경우에 대해서 삼중 충돌수와 이중 충돌수와의 비를 구하라.

33. 6 1분자 분해 반응을 일으키는 분자가 4개의 진동 자유도를 가진다고 하자. 이들 자유도에 30개의 양자가 분포되어 있는 경우, 특정한 한 자유도에 10개의 양자가 분포될 확률은 얼마가 되겠는가? 또 이 특정한 자유도에 20개의 양자가 분포될 확률은 얼마인가?

33. 7 (33.23)식을 (32.83)식과 (32.84)식하고 결합하여 단위 부피당 엔트로피 생성 속도가 다음과 같이 됨을 보여라.

$$\frac{d(\sigma/V)}{dt} = R\left[\frac{(\xi - \xi)_0}{V}\right]^2 \frac{e^{-2t/\tau}}{r\tau^2}$$

이 식을 $t = 0$부터 $t = \infty$까지 적분하여 단위 부피당 생성되는 전체 엔트로피를 구하라. 32.19절에서 취급했던 $A + B \rightleftharpoons C$의 반응의 경우에는 생성되는 전체 엔트로피 σ/V가 다음과 같이 됨을 보여라.

$$\frac{\sigma}{V} = \frac{1}{2}R\left[\frac{(c_A - \bar{c}_A)_0^2}{\bar{c}_A} + \frac{(c_B - \bar{c}_B)_0^2}{\bar{c}_B} + \frac{(c_C - \bar{c}_C)_0^2}{\bar{c}_C}\right]$$

이 결과는 일반적인 것으로서, 어떤 반응에 대해서나 $\sigma/V = \frac{1}{2}R\sum_i(\Delta c_i)_e^2/\bar{c}_i$가 성립한다는 것을 명심하라. 평형 근처에서는 전체 엔트로피 생성이 반응 속도에는 의존하지 않고 평형으로부터의 변위와 평형 농도에만 의존한다.

33. 8 한 원자와 한 2원자 분자 사이에 A + BC ⟶ AB + C와 같은 반응이 일어난다. 33.7절의 분배 함수를 써서 이 반응에 대한 잦음률을 계산하라.

33. 9 요오드화에틸과 트리에틸아민 사이의 반응이 100 °C의 여러 상이한 용매 속에서 일어날 경우, 그 잦음률은 2×10^3 내지 1×10^5 L/mol s가 된다. 이 반응에 대한 $\Delta S^{\ddagger}$의 범위를 계산하라.

33. 10 다음과 같은 데이터를 이용할 수 있다고 하자.

반 응	A/(L/mol s)
$Cr(H_2O)_6^{3+} + CNS^-$	10^{19}
$Co(NH_3)_5Br^{2+} + OH^-$	5×10^{17}
$ClO^- + ClO_2^-$	9×10^8

$T \simeq 300$ K라고 가정하고, 각 반응에 대한 $\Delta S^{\ddagger}$를 계산한 다음 그 결과들을 비교하라(두 반대 전하 이온이 활성화 착물을 형성할 때는 두 이온 주위의 용매 껍질이 크게 감소한다는 사실을 가지고 이 효과를 설명하라).

33. 11 다음 각 반응에서 속도 상수가 이온 세기에 의해서 어떻게 영향을 받는가를 예측해 보아라.
a) $Pr(NH_3)_3Cl^+ + NO_2^-$ b) $PtCl_4^{2-} + OH^-$ c) $Pt(NH_3)_2Cl_2 + OH^-$

33. 12 두 원자가 반응하여 활성화물을 만드는 A + B ⇌ (AB) 반응을 생각하여 보자. 원자들과 2원자 착물의 분배 함수를 써라. 그리고 이 착물에서의 핵간 거리 r_{AB}가 σ_{AB}와 같을 때는 Eyring식으로부터 예상되는 잦음률 인자가 충돌 이론으로부터 예상되는 것과 같음을 보여라.

33. 13 $NO + Cl_2 \rightleftharpoons NOCl + Cl$의 반응을 생각해 보자. NO와 Cl_2의 θ_v, θ_r 및 r_e 값들은 표 29-1에 수록되어 있다. Eyring식을 써서 이 반응의 300 K에서의 잦음률을 구하라. 활성화물 Cl—Cl—N—O는 선형이고, N—Cl은 거리 200 pm, 그리고 Cl—Cl과 N—O 거리는 유리된 분자에서와 같다고 가정하라. 전자 상태의 퇴화도는 처음 상태와 활성화 상태에서 같다. 그리고 모든 진동 자유도에 대해서 $f_v = 1$이라고 가정하라.

34
화학 반응 속도론
Ⅲ. 불균일 반응, 전기 분해, 광화학

34.1 불균일 반응

화학이라는 학문이 발전하기 시작한 초창기부터 이미 여러 가지 종류의 고운 가루가 수많은 반응에 대해서 촉매 작용을 한다는 것이 알려졌었다. 그러나 표면에서의 반응 메카니즘을 상세히 설명할 수 있게 된 것은 비교적 최근에 와서의 일이다. 오랫동안 표면의 역할은 단순히 표면에서의 반응물의 농도를 증가시키는 것에 불과하다고 생각했었다. 그리고 반응 속도가 빨라지는 것도 이러한 "농도"증가 때문이라고 여겨 왔다. 그러나 대부분의 반응에서는 이러한 생각이 잘못이라는 것을 증명할 수 있다. 즉, 계산 결과에 의하면 이러한 종류의 농도 효과를 가지고 일반적으로 관측되는 정도의 반응 속도 증가를 나타내려면 촉매 1g의 표면적이 현실적으로 불가능한 큰 값을 가져야 하는 것이다.

대부분의 경우, 표면에서의 반응 속도 증가는 표면 반응이 균일 반응에서보다 낮은 활성화 에너지를 가지는 데 기인된다. 상온에서는 활성화 에너지가 1 kJ 만큼 달라지면 반응 속도가 약 1.5배 정도로 변한다. 따라서 표면에서의 작용 방식은 어느 촉매에서나 마찬가지며(32.20절), 해당하는 반응의 활성화 에너지를 낮추어 주는 것이다.

34.2 표면 반응의 메카니즘에서의 단계

표면에서 반응이 일어나려면 다음과 같은 순서의 단계가 필요하다.

1. 표면으로의 반응물의 확산.
2. 표면에서의 반응물의 흡착.
3. 표면에서의 반응.
4. 생성물의 탈착.
5. 표면으로부터의 생성물의 확산.

이들 중에 어느 한 단계나 또는 몇 가지의 결합된 단계가 느리게 진행해서 속도 결정 단계가 될 수 있다.

기체 반응에서는 확산 단계 (1)과 (5)는 아주 빨라서 거의 속도 결정 단계가 되지 않는다. 용액 속에서 대단히 빨리 일어나는 반응의 경우에는 그 반응 속도가 촉매 표면으로의 확산이나 표면으로부터의 확산에 의해서 제한을 받게 된다. 확산 과정이 느린 단계일 때는 확산하는 화학종의 표면에서의 농도 $\bar{c}'$이 용액의 농도 $\bar{c}$와 다를 것이다. 그림 34-1은 농도를 표면으로부터의 거리의 함수로 도시한 것이다. 이 곡선은 근사적으로 두 접선으로 된 것이라고 볼 수 있다. 거리 δ는 확산층의 두께이다. 이 근사법은 Nernst가 도입한 것인데, 용액의 농도에 비해서 상당히 큰 농도차를 나타내는 층을 Nernst 확산층이라고 한다. 확산층에서의 농도의 기울기는 $(\bar{c}-\bar{c}')/\delta$가 되며 따라서 1 m^2의 표면에 대한 운반 속도는 다음과 같이 된다.

$$\frac{-D(\bar{c}-\bar{c}')}{\delta}$$

여기서 D는 확산 계수이다. 확산이 너무 느리게 일어나서 문제가 될 경우에는 이 근사를 이용해서 반응 속도식을 간단히 수정해 줄 수 있다. 확산 속도를 증가시키려면 맹렬히 저어서 확산층을 얇게 해 주면 된다. 잘 저은 용액에서는 확산층의 두께 δ가 0.001 cm 정도이다. 그러나 잘 젓지 않은 용액에서는 이 두께가 0.005 cm 내지 0.010 cm가 된다.

반응의 속도가 단계 (2)나 또는 단계 (3)과 (4)의 결합에 의해서 결정되는 경우가 보다 더 많다. 이들 경우를 차례로 생각해 보자.

34.3 표면에서의 단순한 분해 반응

표면에서 분자가 단순한 분해를 일으키는 경우에는 반응물 A와 표면의 빈자리 S 사이의 화학 반응에 의해서 이 과정이 일어난다고 볼 수 있다. 분자 A는 흡착되었다가 변하지 않고 탈착될 수도 있으며 또 생성물로 분해될 수도 있다. 즉, 다음과 같은 단일 단계 반응들이 일어난다.

흡착 : $A + S \xrightarrow{k_1} AS$

탈착 : $AS \xrightarrow{k_{-1}} A + S$

분해 : $AS \xrightarrow{k_2}$ 생성물

1 m^2의 표면당 반응 속도를 v라고 하고 또 표면에서의 A의 농도(mol/m^2)를 c_{AS}라고 하면 다음 관계가 성립한다.

$$\frac{d(\xi/A)}{dt} = v = k_2 c_{AS} \tag{34.1}$$

1 m^2당의 표면 자리수, 즉 표면의 자리 농도를 c_s라고 하고 이중 θ분율이 A로 덮여 있다면 $c_{AS} = c_s\theta$이고, 표면의 빈자리 농도는 $c_s(1-\theta) = c_S$가 된다. 그러면 반응 속도는 다음과 같이

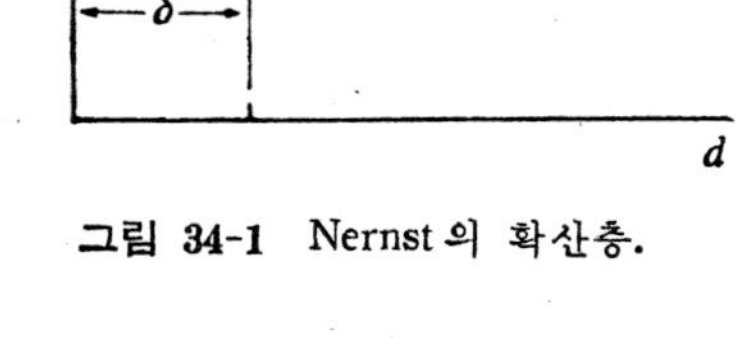

그림 34-1 Nernst의 확산층.

된다.

$$v = k_2 c_s \theta \tag{34.2}$$

θ의 값은 AS의 생성 속도에다 정류 상태의 조건을 적용시키면 구할 수 있다. 즉,

$$\frac{dc_{AS}}{dt} = 0 = k_1 c_a c_s(1-\theta) - k_{-1} c_s \theta - k_2 c_s \theta \tag{34.3}$$

여기서 c_a는 기체나 용액 속에 들어 있는 반응물 A의 농도이다. (34.3)식으로부터 다음과 같이 θ의 값을 얻을 수 있다.

$$\theta = \frac{k_1 c_a}{k_1 c_a + k_{-1} + k_2} \tag{34.4}$$

이 θ값을 (34.2)식에 넣으면 속도식이 나온다.

$$v = \frac{k_2 k_1 c_s c_a}{k_1 c_a + k_{-1} + k_2} \tag{34.5}$$

(34.5)식은 역수를 취해서 쓰는 것이 편리하다. 즉,

$$\frac{1}{v} = \frac{1}{k_2 c_s} + \frac{k_{-1} + k_2}{k_2 k_1 c_s c_a} \tag{34.6}$$

$1/v$를 $1/c_a$에 대하여 도시하면 절편이 $1/k_2 c_s$이고, 기울기가 $(k_{-1} + k_2)/k_2 k_1 c_s$인 직선이 생긴다. 보통으로는 (34.5)식의 두 극한 경우만을 생각하는 것이 더 편리하다.

경우 **1.** 분해 속도가 흡착이나 탈착 속도에 비해서 대단히 큰 경우에는 $k_2 \gg k_1 c_a + k_{-1}$이고, (34.5)식의 분모는 k_2와 같아진다. 따라서 반응 속도는 다음과 같이 된다.

$$v = k_1 c_s c_a \tag{34.7}$$

이것은 단순히 흡착 속도이다. 물리적으로 볼 때 k_2가 크다는 것은 흡착된 분자가 곧 바로 분해된다는 것을 뜻하며, 따라서 분해 속도는 분자가 얼마나 빨리 흡착되느냐에 따라서 달라진다는 것을 뜻한다. (34.4)식과 $k_2 \gg k_1 c_a$의 가정으로부터 $\theta \ll 1$로 된다. 즉, 반응물이 표면을 성글게 덮고 있다. 이 경우에는 반응물 A의 농도에 관한 1차 반응이 된다. 이러한 예로서는 금 표면에서의 N_2O의 분해와 백금 표면에서의 HI의 분해를 들 수 있다.

경우 **2.** 분해 속도가 흡착이나 탈착 속도에 비하여 아주 작을 때는 k_2가 아주 작으므로 (34.4)식과 (34.5)식의 분모는 $k_1 c_a + k_{-1}$이 된다. 따라서 흡착 평형 상수 $K = k_1/k_{-1}$을 도입하면 (34.4)식이 다음과 같이 된다.

$$\theta = \frac{K c_a}{K c_a + 1} \tag{34.8}$$

이것을 흡착 등온식이라고 한다. 분해가 일어나더라도 흡착 평형에는 전혀 영향이 미치지 않는다. 따라서 반응 속도는 다음과 같이 된다.

$$v = \frac{k_2 K c_s c_a}{K c_a + 1} \tag{34.9}$$

이 경우에는 표면의 덮임률 θ와 반응 속도가 모두 농도 c_a에 의존한다. 낮은 농도에서는 $K c_a \ll 1$이고, 따라서 $\theta \approx K c_a$이며, 덮임률이 작아진다. 그러면

$$v = k_2 K c_s c_a \tag{34.10}$$

그리고 반응은 반응물의 농도에 관해서 1차가 된다. 높은 농도에서는 $Kc_a \gg 1$, $\theta \approx 1$이고 표면이 거의 완전히 A로 덮인다. 그러면

$$v = k_2 c_s \tag{34.11}$$

이 때는 반응이 0차이다. A의 농도가 클 때는 표면의 덮임률이 A의 농도에 거의 무관하게 되므로 반응 속도는 A의 농도에 무관하게 된다. 금 표면에서 HI가 분해할 때와 몰리브덴 표면에서 NH_3가 분해할 때는 HI와 NH_3의 압력이 클 때 0차 반응이 된다.

반응 속도를 반응물의 농도의 함수로서 나타낸 전형적인 그림을 그림 34-2에 나타내었다. 그림 32-12와 비교해 보면 이 그림은 마치 균일 촉매에서와 같은 행동을 나타내고 있다. 또한 (34.5)식은 균일 촉매에 관한 (32.95)식이나 효소 반응에 관한 Michaelis-Menten 식과 비슷하다는 것을 주목해야 한다. 뿐만 아니라, (34.6)식은 효소 반응에 관한 Lineweaver-Burk 식과 같은 꼴이다.

34.4 표면에서의 2분자 반응

두 분자 A와 B가 표면에서 이웃 자리를 차지하면 이들 사이에 반응이 일어날 수 있다. θ_a와 θ_b를 각각 A와 B가 차지하고 있는 표면 자리의 분율이라고 하자. 그러면 빈 자리의 분율은 $\theta_v = 1 - \theta_a - \theta_b$가 된다. 이 반응을 다음과 같이 나타내자.

$$\mathrm{AS} + \mathrm{BS} \xrightarrow{k} \text{생성물}$$

그러면 단위 넓이당 반응 속도 v가 다음과 같이 된다.

$$v = kc_s^2 \theta_a \theta_b \tag{34.12}$$

θ_a와 θ_b를 계산하기 위하여 두 흡착 반응을 생각해 보자.

$$\mathrm{A} + \mathrm{S} \underset{k_{-1}}{\overset{k_1}{\rightleftharpoons}} \mathrm{AS} \qquad \text{및} \qquad \mathrm{B} + \mathrm{S} \underset{k_{-2}}{\overset{k_2}{\rightleftharpoons}} \mathrm{BS}$$

이 두 반응에 대한 정류 상태식은 다음과 같다.

$$\frac{dc_{\mathrm{AS}}}{dt} = 0 = k_1 c_s c_a \theta_v - k_{-1} c_s \theta_a - kc_s^2 \theta_a \theta_b$$

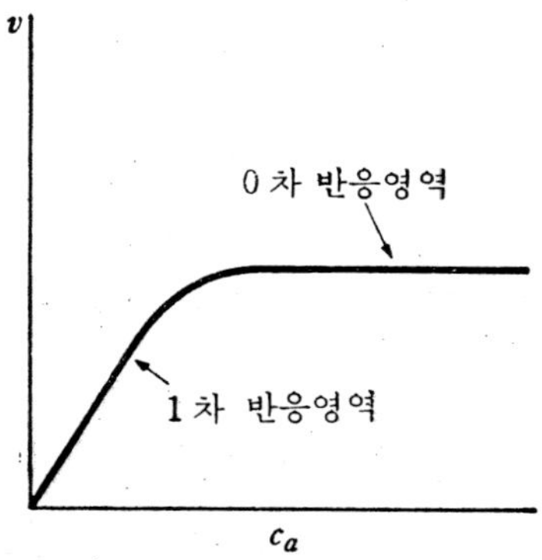

그림 34-2 반응물의 농도의 함수로 나타낸 표면 반응의 속도.

$$\frac{dc_{\text{BS}}}{dt} = 0 = k_2 c_s c_b \theta_v - k_{-2} c_s \theta_b - k c_s^2 \theta_a \theta_b$$

$\theta_v = 1 - \theta_a - \theta_b$이므로 이 두 식을 θ_a와 θ_b에 관해서 풀 수 있다. k가 아주 작은 경우만을 생각해 보자. $k = 0$으로 놓으면 이 식들은 다음과 같이 된다.

$$\theta_a = K_1 c_a \theta_v \qquad \theta_b = K_2 c_b \theta_v \tag{34.13}$$

여기서 $K_1 = k_1/k_{-1}$, $K_2 = k_2/k_{-2}$이다. 이 θ_a와 θ_b값을 $\theta_v = 1 - \theta_a - \theta_b$에 넣으면 다음과 같은 결과를 얻을 수 있다.

$$\theta_v = 1 - K_1 c_a \theta_v - K_2 c_b \theta_v$$

따라서

$$\theta_v = \frac{1}{1 + K_1 c_a + K_2 c_b} \tag{34.14}$$

이 θ_v값을 (34.13)식에 넣는다. 그러면,

$$\theta_a = \frac{K_1 c_a}{1 + K_1 c_a + K_2 c_b} \qquad \theta_b = \frac{K_2 c_b}{1 + K_1 c_a + K_2 c_b} \tag{34.15}$$

이 값을 (34.12)식에 넣으면 속도식이 나온다.

$$v = \frac{k K_1 K_2 c_s^2 c_a c_b}{(1 + K_1 c_a + K_2 c_b)^2} \tag{34.16}$$

이 식은 약간의 비정상적인 특성을 가지고 있다. 각 경우를 따로따로 분리해서 생각해 보겠다.

경우 1. A와 B가 모두 약하게 흡착되며 표면이 성글게 덮여 있다. 이 경우에는 $K_1 c_a \ll 1$, $K_2 c_b \ll 1$이므로 (34.16)식의 분모는 대략 1이 되며 속도식은 다음과 같이 된다.

$$v = k K_1 K_2 c_s^2 c_a c_b \tag{34.17}$$

반응은 전체로서는 2차이며 A와 B에 관해서는 각각 1차가 된다.

경우 2. 한 반응물 A가 B보다 세게 흡착된다. 이 경우에는 $K_1 c_a \gg K_2 c_b$이며, 분모는 대략 $1 + K_1 c_a$가 되고 (34.16)식은 다음과 같이 된다.

$$v = \frac{k K_1 K_2 c_s^2 c_a c_b}{(1 + K_1 c_a)^2} \tag{34.18}$$

반응 속도는 약하게 흡착되는 반응물에 관해서는 1차이며, 세게 흡착되는 반응물의 농도에 대해서는 약간 복잡하게 의존한다. c_{A}의 값이 낮을 때는 c_a가 증가할수록 반응 속도가 증가하며 $c_a = 1/K_1$에서 최대값을 나타낸다. 그 다음에는 c_a가 증가함에 따라 반응 속도가 감소한다. c_a의 값이 대단히 크게 되면 반응 속도가 c_a에 반비례한다(경우 3을 보아라).

경우 3. 한 반응물이 매우 세게 흡착된다. 만일 A가 대단히 세게 흡착되면 $K_1 c_a \gg 1$이라는 조건이 가외로 성립해야 한다는 점을 제외하면 경우 2와 마찬가지가 된다. 따라서 (34.18)식의 분모는 $(K_1 c_a)^2$이 되고, 반응 속도는 다음과 같이 된다.

$$v = \frac{k K_2 c_s^2 c_b}{K_1 c_a} \tag{34.19}$$

반응의 속도는 세게 흡착되는 화학종의 농도에 반비례한다. 이것은 억제 작용, 즉 중독 작용의 예이다. 이 경우에는 반응물 중의 하나가 반응을 억제한다. 구리 표면에서 일어나는 에틸렌과 수소사이의 반응이 이러한 예이다. 낮은 온도에서 이 반응의 속도는 다음과 같이 주어진다.

$$v = k\frac{p_{H_2}}{p_{C_2H_4}}$$

즉, 이 때는 에틸렌이 세게 흡착된다. 높은 온도에서는 에틸렌이 약하게 흡착되며, 표면이 성글게 덮여서 속도식이 (34.17)식과 같이 된다. 즉,

$$v = k' p_{H_2} p_{C_2H_4}$$

일반적으로 반응물이나 생성물이나 또는 다른 어떤 물질을 막론하고 그것이 표면에 세게 흡착될 경우에는 반응 속도가 세게 흡착되는 물질의 농도에 반비례한다. 즉, 이 물질이 중독 작용을 하는 것이다.

34.5 촉매 작용에서의 표면의 역할

균일 촉매 작용에서는 촉매가 반응물 중의 어느 하나와 화학적으로 결합하여 화합물을 만들고 이것이 또 곧 반응하여 생성물을 만든다. 표면이 촉매로서 작용하는 경우에도 마찬가지이다. 즉, 반응물 중의 하나나 또는 그 이상이 우선 표면에 화학 흡착된다. 이것은 균일 촉매 작용에서 중간 화합물이 생성되는 것과 같은 결과이다. 이 두 경우에 모두 촉매는 활성화 에너지가 낮은 새로운 반응 경로를 마련해 주는 역할을 한다. 이 낮은 활성화 에너지가 반응 속도를 증가시키는 주요인이 되는 것이다. 그림 34-3은 반응물이 생성물로 변하는 과정에서의 에너지 변화를 나타낸 것이다. 그림에서 보는 바와 같이 정반응에 대한 활성화 에너지가 낮아지면 역반응에 대한 활성화 에너지도 똑같은 양만큼 낮아진다. 따라서 촉매는 정반응 속도와 역반응 속도를 다같은 정도로 증가시킨다. 표 34-1에는 여러 가지 반응이 표면에서 일어나는 경우의 활성화 에너지값과 촉매가 없이 일어나는 균일 반응에 대한 값을 수록한 것이다.

표면 반응에서 한 가지 중요한 사실은 촉매의 표면 자리가 저마다 반응물을 흡착하는 능력이 다르다는 점이다. 촉매 중독 작용은 이러한 사실을 설명하는 것이다. 앞 절에서 한 반응물이 세게 흡착되면 반응이 억제되거나 촉매가 중독된다고 설명하였다. 반응에 참여하지 않는 물질이라도 세게 흡착되면 표면을 중독시킬 수가 있다. 속도식은 일반적으로 중독 물질의 농도에 선형으로(경우에 따라서는 선형이 아니다) 반비례한다.

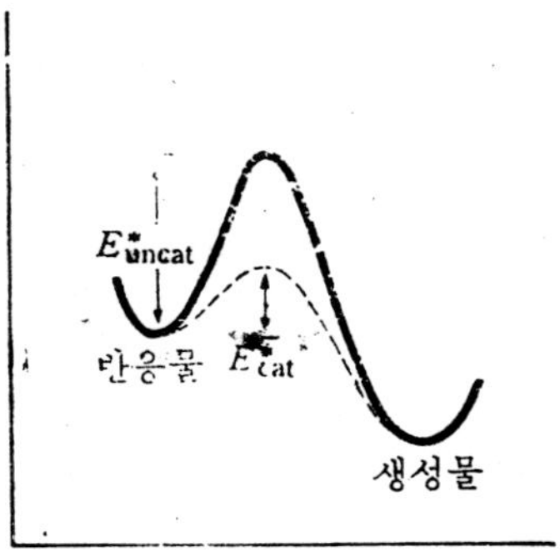

그림 34-3 균일 반응과 불균일 반응에 대한 에너지 표면.

표 34-1* 불균일 반응 및 균일 반응에 관한 활성화 에너지.

분 해 물 질	표 면	E^*_{cat}/(kJ/mol)	E^*_{uncat}/(kJ/mol)
HI	Au	105	184
	Pt	59	
N_2O	Au	121	245
	Pt	136	
NH_3	W	163	330
	Os	197	
	Mo	130-180	
CH_4	Pt	230-250	330

* K. J. Laidler, *Chemical Kinetics*. McGraw-Hill Book Co., Inc., New York, 1950 에서 전재.

반응을 정지시키기에 필요한 중독 물질의 양은 보통 표면에 단분자층을 형성하는 데 소요되는 양보다 훨씬 작다. 이 관찰 사실로부터 H.S. Taylor 는 흡착과 그에 뒤따르는 반응이 "활성 중심"이라고 부르는 특정한 표면 부분에서 선택적으로 일어난다고 가정하였다. 활성 중심은 표면의 총자리수에 비하면 불과 얼마 안 된다. 이 활성 중심을 중독 물질의 분자가 차지하면 반응이 극히 느린 속도로 밖에는 진행되지 않는다.

표면의 모양을 원자 크기의 견지에서 보자. 이 표면에는 틈새, 언덕과 골짜기, 결정 알맹이들 사이의 경계, 여러 종류의 노출된 결정면, 모서리, 첨단 등이 있을 것이다. 따라서 특정한 자리가 다른 자리에 비해서 쉽게 흡착을 일으킨다는 것은 놀라운 일이 아니다. 그리고 이러한 표면의 불균일성이 화학 반응 속도론에 주는 결과에 대해서도 최근 수년 동안에 이론적으로나 실험적으로 많은 면밀한 연구가 이루어졌다.

촉매가 어떠한 종류의 화학 반응에서 그 기능을 나타내는가는 촉매 표면의 화학적 성질에 의해서 결정된다. 예로서 알코올의 두 가지 반응을 생각해 보자. Ni, Pd, Pt 와 같은 백금족 금속의 표면에서는 알코올이 탈수소화한다.

$$CH_3CH_2OH \longrightarrow CH_3CHO + H_2$$

그러나 알루미나 같은 표면에서는 탈수가 일어난다.

$$CH_3CH_2OH \longrightarrow CH_2CH_2 + H_2O$$

이 두 경우에는 부착 방식이 서로 다르다.

니켈은 수소에 대해서 센 친화성을 가지고 있으며, 따라서 니켈 표면에서는 수소 원자가 부착 될 것이다. 즉,

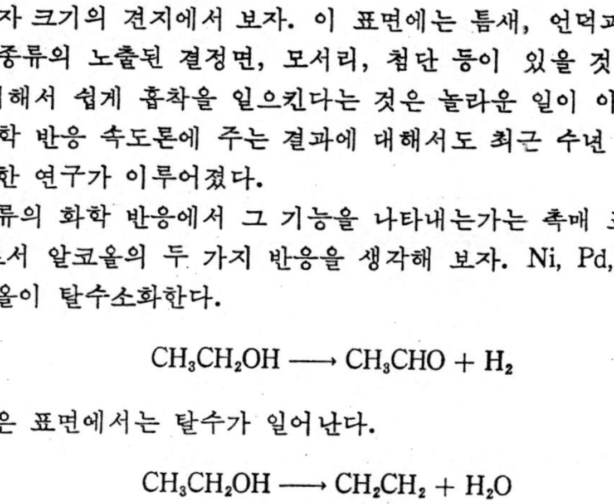

알루미나의 표면에는 히드록실기와 산화기가 있으며 다음과 같은 배열을 하고 있으리라 생각된다.

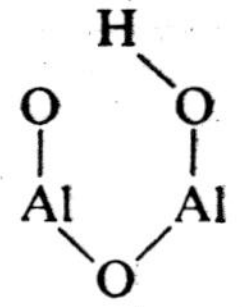

그러면 알코올은 다음과 같이 부착될 것이다.

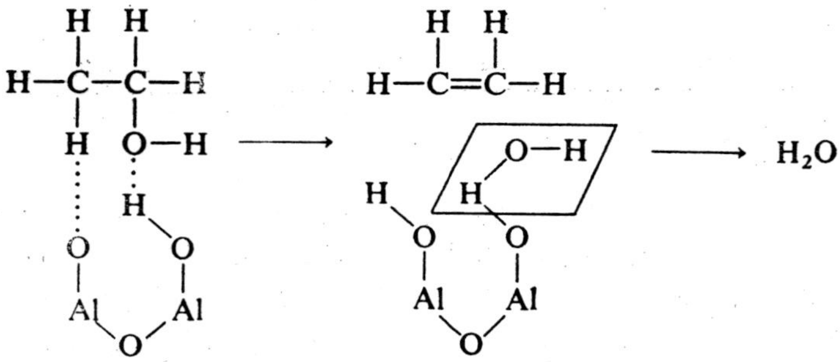

물 분자가 탈착된 뒤에는 표면은 변하지 않은 채로 남게 된다. 이 그림은 표면의 구조와 분자의 부착 방식을 그럴듯하게 설명하기 위한 것에 불과하다는 것을 주의하기 바란다.

34.6 전기 분해와 편극

전기 분해란 전해질 용액 속으로 전류가 흐를 때 일어나는 화학 반응이나 기타 반응을 말하는 것이다. 전류가 통하고 있는 화학 전지는 편극되었다고 말한다. 일반적으로 말해서 전류가 전지를 통할 때 수반되는 모든 현상을 편극이라고 말한다.

임의의 전기 분해 반반응은 다음과 같은 일반식으로 나타낼 수 있다.

$$0 = \sum_i \nu_i \mathrm{A}_i + \nu_e \mathrm{e}^-$$

이 반응이 $d\xi$ 만큼 진척될 때 전극을 통과하는 전하량 dQ 는 다음과 같이 된다.

$$dQ = \nu_e F\, d\xi \tag{34.20}$$

전류는 $I = dQ/dt$ 로 주어진다. 따라서,

$$I = \nu_e F \frac{d\xi}{dt} \tag{34.21}$$

전류는 반응 속도, 즉 $d\xi/dt$ 에 비례하며, 따라서 일반적으로 반응 속도는 암페어로 나타낸다. 만일 전극의 넓이를 A 라고 하면 전류 밀도 i 가 다음과 같이 된다.

$$i = \frac{I}{A} = \nu_e F\left(\frac{1}{A}\,\frac{d\xi}{dt}\right)$$

$$i = \nu_e F v_A \tag{34.22}$$

여기서 v_A 는 단위 넓이당 반응 속도이다. 즉,

$$v_A = \frac{1}{A}\frac{d\xi}{dt} \tag{34.23}$$

중요한 양은 단위 넓이당 반응 속도이다. 따라서 반응 속도를 나타내기 위해서 앞으로는 전류 밀도를 이용하겠다. 전류 밀도의 일반적 단위는 A/cm², 또는 mA/cm²이다.

전류 밀도의 부호는 화학량적 계수 ν_e의 부호에 따른다. 만일 ν_e가 양이면 전자가 생성물 쪽에 나타나고 반응은 산화 반응이다. 이 때의 전류는 양극 전류이며 양의 부호를 갖는다. 양극 전류 밀도의 기호는 i_+ 또는 i_a이다. 만일 ν_e가 음이면 전자가 반응물 쪽에 나타나고, 이 반응은 환원 반응이 된다. 이 때의 전류는 음극 전류이며 음의 부호를 갖는다. 음극 전류 밀도의 기호는 i_- 또는 i_c이다.

한 전극에서의 전체 전류 밀도는 그 전극에서 일어나는 반응에 대한 양극 전류 밀도와 음극 전류 밀도와의 합이 된다. 즉,

$$i = i_a + i_c \tag{34.24}$$

만일 전극에서 한 가지 이상의 전기 분해 반응이 일어나면 전극에서 일어나는 모든 양극 반응과 음극 반응에 대한 전류 밀도의 대수적 합이 전체 전류 밀도가 된다.

전극 반응에서의 한 가지 공통점은 단순히 전지로 흐르는 전류의 세기만을 높이거나 낮춤으로써 반응의 속도를 조절할 수 있다는 점이다. 전기 분해 반응에서는 보통의 화학 반응에서와는 달리 반응의 "반"이 한 전극에서 일어나고 나머지 "반"은 처음 전극과 공간적으로 떨어져 있는 다른 전극에서 일어나고 있다. 예로서 물의 전기 분해를 생각해 보자.

$$H_2O \longrightarrow H_2 + \frac{1}{2}O_2$$

이 반응은 두 "반" 반응으로 쪼갤 수 있다. 즉,

음극에서 : $2\,H^+ + 2\,e^- \longrightarrow H_2$

양극에서 : $H_2O \longrightarrow \frac{1}{2}O_2 + 2\,H^+ + 2\,e^-$

이들 반응의 속도는 다같이 통과된 전류 I와 같게 된다. 음극 표면적을 A_c, 양극 표면적을 A_a라고 하면, 음극 반응의 속도는 음극 단위 넓이당 $i_c = I/A_c$이고 양극 반응의 속도는 양극 단위 넓이당 $i_a = I/A_a$이다. 전극의 전류 밀도는 그 전극 주위에 있는 반응물과 생성물의 농도에 따라 다르다. 이것은 마치 반응 속도가 농도에 의존하는 것과 비유된다. 전류 밀도는 전극 물질에 의존하며 또한 전극의 전위에도 의존한다. 전기 분해에서 일어나는 현상은 바로 표면에서 일어나는 반응의 반응 속도론과 연관시킬 수 있다. 액체 용액에서는 불순물을 제거해 주는 것과 같은 실험상의 애로가 많기 때문에 비교적 최근에 와서야 전극 반응에 관한 속도론을 과학적으로 연구 할 수 있게 되었다. 그 전에 이루어졌던 일들은 우수한 것도 있기는 하지만 그 대부분이 잘못된 것들이다.

34.7 전극에서의 편극

두 전극을 썼을 때 일어나는 용액의 분기 전해를 설명하기 전에 우선 평형에 있는 한 가역 전극을 생각하고 이 전극에 전류를 통하면 어떤 현상이 일어나는가를 알아 보자.

농도가 c인 H^+이온과 압력이 p인 수소 기체가 평형을 이루고 있는 수소 전극을 생각해 보자. 이 전극의 평형 전위를 ϕ_0로 나타내자. 평형은 $H_2 \rightleftharpoons 2\,H^+ + 2\,e^-$이다. 전극의 전류를

높여서 더 큰 양의 값을 가지게 하면 이 평형이 교란된다. 즉, 오른쪽으로부터 왼쪽으로 반응이 진행되고 H_2가 산화되어 양전류가 용액 속으로 흘러 들어간다. 전극의 전위를 낮추어도 평형은 교란된다. 이 때는 왼쪽으로부터 반응이 진행되고 H_2가 발생되면서 양전류가 전극으로 흘러 들어간다. 즉, 음전류가 용액 속으로 흘러 들어간다. 따라서 전극으로 흐르는 전류는 전위의 평형값으로부터의 편차 $\phi-\phi_0$에 의존한다. 걸어준 전위 ϕ와 평형 전위 ϕ_0 사이의 차이를 전극의 과전위 또는 과전압이라고 하며 η로 표시한다. 즉,

$$\eta \equiv \phi - \phi_0 \tag{34.25}$$

전류는 전압에 따라서, 그리하여 과전압에 따라서 계속해서 변하므로 우리는 전류를 Taylor 급수로 전개할 수 있다. $\eta=0$일 때는 $i=0$이므로 이 급수는 다음과 같이 된다.

$$i = \left(\frac{di}{d\eta}\right)_{\eta=0}\eta + \frac{1}{2}\left(\frac{d^2 i}{d\eta^2}\right)_{\eta=0}\eta^2 + \cdots \tag{34.26}$$

이 식은 첫째 항만을 써서 다음과 같이 약간 다르게 나타낼 수도 있다.

$$i = \left(\frac{i_0 F}{RT}\right)\eta \tag{34.27}$$

η의 값이 작을 때는 i가 η에 비례한다. 여기서 i의 부호는 η의 부호에 의존한다는 것을 주의하라. (34.27)식으로 정의되는 i_0는 전극 반응의 교환 전류 밀도라고 하는데, 이것은 양극 전류 밀도나 음극 전류 밀도의 평형값이다. i_0의 값은 전기 활성 물질(이 경우에는 H^+와 H_2)의 농도와 전극 표면의 조성에 의존한다. 백금 표면에서 수소가 발생하는 반응에서는 $i_0 \approx 10^{-2}$ A/cm²이고 한편 수은 표면에서는 $i_0 \approx 10^{-14}$ A/cm²이다. 이 i_0값 때문에 실제로 가역 수소 전극에서는 백금을 전자 수집체로서 사용할 수 있지만 수은을 사용할 수는 없다.

반응 속도론의 관점에서 보면 가역 전극과 비가역 전극간에 점차적인 차이가 나타난다. 가역 전극 전위는 전위차계 회로에서 전지를 균형 상태에 놓고 측정한다. 여기서는 전극에 흐르는 전류가 영이 되는 점을 찾는 것이다. 전류가 i'과 $-i'$ 사이의 값을 가질 때 검류계가 "영점"을 가리킨다고 하자. 이 i'의 크기는 검류계의 감도에 따라 다르다. "매우 가역적인" 전극과 "매우 비가역적인" 전극의 특성을 그림 34-4에 나타내었다. 가역 전극은 ϕ_2와 ϕ_1 사이의 영역 어디서나 균형이 이루어질 수 있으며, ϕ_0의 측정치가 대단히 작은 불확정도를 나타낸다.

그림 34-4(b)에서와 같이 비가역 전극에서는 영점이 ϕ_1'와 ϕ_2' 사이의 넓은 전위 영역에서 나타난다. 곡선의 기울기는 대단히 작다. 즉, i_0가 대단히 작다. 따라서 i_0가 큰 전극은 i_0가 작은

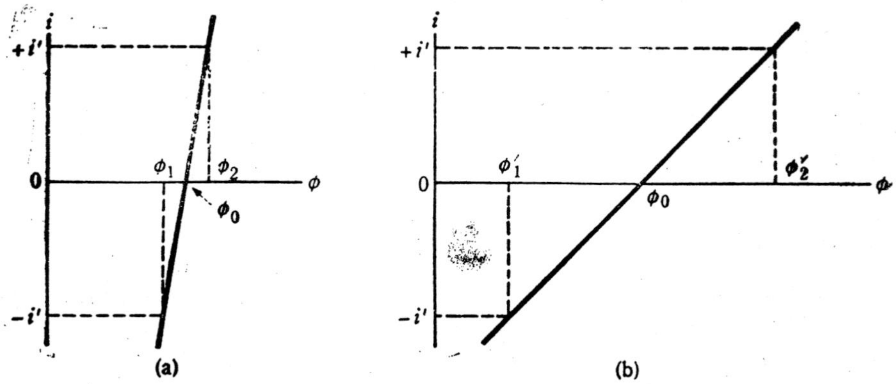

그림 34-4 (a) 가역 전극과 (b) 비가역 전극에서의 전류-전위 관계.

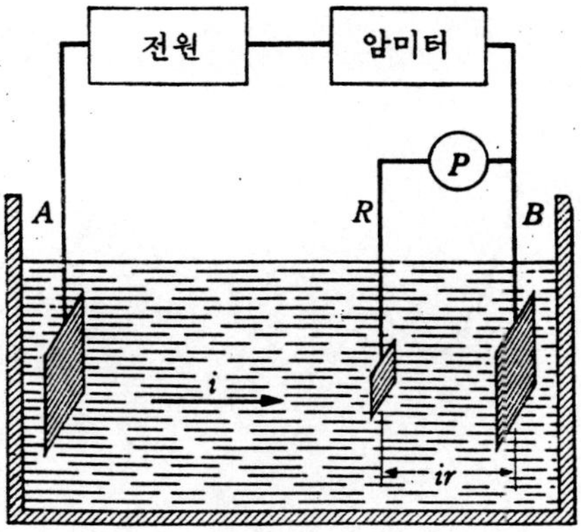

그림 34-5 과전압 측정용 전지.

것보다 "더 가역적"이다.

34.8 과전압의 측정

전류와 과전압을 관련지워 주는 이론적 개념을 생각하기 전에 과전압의 측정 원리부터 알아보자. 그림 34-5는 전지를 개략적으로 나타낸 것이다. 측정된 전류를 두 전극 A와 B 사이로 통과시킨다. 기준 전극 R은 B와 같은 종류의 것이다. B와 R의 두 전극에서 모두 똑같은 전극 평형이 이루어지도록 한다. $i=0$일 때는 B와 R이 똑같은 전위를 가진다. 전류를 B로 통과 시키면서 이 전극의 전위를 전위차계 P로 측정하는데, 이 값은 전류가 흐르지 않는 R의 전위와 다르다. 이 전위차가 측정된 과전압 $\eta_m = \phi_B - \phi_R$이다. η_m 값은 전류 밀도의 값을 여러 가지로 바꾸면서 측정한다.

이 실험에서 측정되는 과전압 속에는 R과 B 사이의 ir 저하에 기인하는 ohm의 성분, 전극 주위의 농도 변화에 기인하는 농도 성분, 그리고 반응의 속도 상수와 관계되는 성분(η로 표시함)들이 포함되어 있다. 즉,

$$\eta_m = \eta_{ohmic} + \eta_{conc} + \eta \qquad (34.28)$$

η_{ohmic}은 독립적으로 측정할 수가 있으며, η_{conc}의 값은 맹렬히 저어서 무시될 정도로 작게 해 줄 수 있다. 따라서 η_m으로부터 η의 값을 전류 밀도의 함수로 얻을 수 있다. 이 η는 그 전극 반응의 속도 상수와 관계되며 흔히 **활성화 과전압**이라고 한다.

★ 34.9 전류-전위 관계

전류와 과전위 사이의 관계식을 유도하기 위해서 다음과 같은 금속의 용해 반응을 생각해 보자.

$$\mathrm{M(metal)} \longrightarrow \mathrm{M^{z+}(aq)} + ze^-\mathrm{(metal)}$$

이 역반응은 **금속의 석출 반응**이다. 금속 내부에서는 대단히 신속하게 다음과 같은 평형이 이루어진다.

$$\mathrm{M^{z+}(metal)} + ze^-\mathrm{(metal)} \rightleftharpoons \mathrm{M(metal)}$$

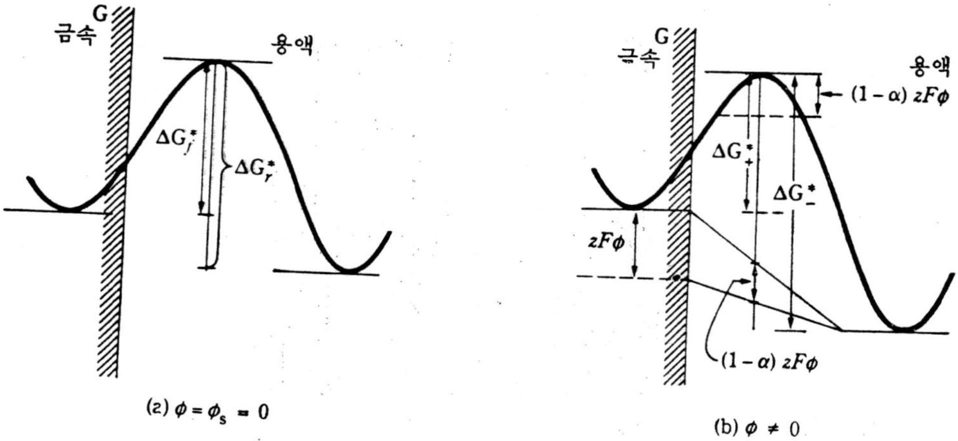

그림 34-6 활성화 Gibbs 에너지의 전위에 대한 의존.

이 두 식을 합하면 다음과 같은 유효 전하 이전 반응을 얻게 된다.

$$M^{z+}(\text{metal}) \longrightarrow M^{z+}(\text{aq})$$

따라서 금속의 용해 반응은 금속 속의 금속 이온이 활성화 전위 장벽을 넘어 가서 수용액 속의 금속 이온으로 되는 반응이라고 생각할 수 있다. 이와 마찬가지로 전해 석출 반응은 금속 이온이 수용액 상으로부터 활성화 장벽을 넘어서 금속으로 이전하는 반응이다. 전류가 전위에 의존하는 것은 이 장벽의 높이가 전위에 의존하기 때문이다. 이 관계를 나타낸 것이 그림 34-6(a)와 (b)이다.

우선 금속과 용액 사이에 전위차가 존재하지 않는 가상적 경우를 생각해 보자. 이 경우의 활성화 에너지는 양극 반응에 대해서는 $\Delta G^{\ddagger}_{f}$로, 그리고 음극 반응에 대해서는 $\Delta G^{\ddagger}_{r}$로 주어진다 [그림 34-6(a)]. 다음에는 용액의 전위 ϕ_s를 본래의 규약대로 영으로 유지시키면서 금속에다 전위 ϕ를 걸어준다. 그러면 금속 속의 금속 이온의 Gibbs 에너지는 $zF\phi$만큼 올라간다[그림 34-6(b)]. 그리고 활성화 상태에 있는 금속 이온의 Gibbs 에너지도 또한 $(1-\alpha)zF\phi$만큼 올라간다. 여기서는 $0 \leq \alpha \leq 1$이다. 따라서 전위 ϕ가 존재할 때는 양극 반응에 대한 활성화 Gibbs 에너지 $\Delta G^{\ddagger}_{+}$가 다음과 같이 주어진다.

$$\Delta G^{\ddagger}_{+} = \Delta G^{\ddagger}_{f} + (1-\alpha)zF\phi - zF\phi = \Delta G^{\ddagger}_{f} - \alpha zF\phi \tag{34.29}$$

한편 음극 반응에 대한 활성화 Gibbs 에너지는 다음과 같이 된다.

$$\Delta G^{\ddagger}_{-} = \Delta G^{\ddagger}_{r} + (1-\alpha)zF\phi \tag{34.30}$$

양극 전류 밀도와 음극 전류 밀도는 다음과 같이 주어진다.

$$i_{+} = zFk_f c_{\text{red}} \qquad i_{-} = -zFk_r c_{\text{ox}} \tag{34.31}$$

여기서 k_f와 k_r은 각각 정반응(양극 반응)과 역반응(음극 반응)의 단위 넓이당 속도 상수이다. 그리고, c_{red}는 환원 종들의 농도이고, c_{ox}는 산화 종들의 농도이다. 여기서의 보기의 경우, c_{red}는 금속 속에 있는 금속 이온의 농도이고, c_{ox}는 수용액 속에 있는 금속 이온의 농도이다.

(33.44)식에 의하면 속도 상수들은 다음과 같이 된다.

$$k_f = \left(\frac{\mathbf{k}T}{h}\right)e^{-\Delta G_f^{\ddagger}/RT} \qquad k_r = \left(\frac{\mathbf{k}T}{h}\right)e^{-\Delta G_r^{\ddagger}/RT} \tag{34.32}$$

이 k_f와 k_r의 값들을 전류 밀도에 넣어주는 동시에 (34.29)식과 (34.30)식의 ΔG_+와 ΔG_-를 이용하면 다음과 같은 식들을 얻을 수 있다.

$$i_+ = zFc_{\text{red}}\left(\frac{\mathbf{k}T}{h}\right)e^{-(\Delta G_f^{\ddagger} - \alpha zF\phi)/RT} \tag{34.33}$$

$$i_- = -zFc_{\text{ox}}\left(\frac{\mathbf{k}T}{h}\right)e^{-[\Delta G_r^{\ddagger} + (1-\alpha)zF\phi]/RT} \tag{34.34}$$

이 식들을 다음과 같이 쓰기도 한다.

$$i_+ = k_+ c_{\text{red}}\, e^{\alpha zF\phi/RT} \qquad i_- = -k_- c_{\text{ox}}\, e^{-(1-\alpha)zF\phi/RT} \tag{34.35}$$

여기서 k_+와 k_-는 전위 ϕ에 의존하지 않는 속도 상수의 일부이다. 즉,

$$k_+ = zF\left(\frac{\mathbf{k}T}{h}\right)e^{-\Delta G_f^{\ddagger}/RT} \qquad k_- = zF\left(\frac{\mathbf{k}T}{h}\right)e^{-\Delta G_r^{\ddagger}/RT} \tag{34.36}$$

따라서 실효 전류 밀도는 다음과 같이 주어진다.

$$i = i_+ + i_-$$
$$i = k_+ c_{\text{red}}\, e^{\alpha zF\phi/RT} - k_- c_{\text{ox}}\, e^{-(1-\alpha)zF\phi/RT} \tag{34.37}$$

따라서 용해 속도는 보통의 반응 속도에서와 같이 정반응 속도와 역반응 속도와의 차와 같다. 전기 화학 반응이 평형을 이루고 있을 때는 $i = 0$이며, 따라서 다음 관계가 성립한다.

$$(i_+)_0 = -(i_-)_0 = i_0 \tag{34.38}$$

여기서 $(i_+)_0$와 $(i_-)_0$는 평형에서의 양극 반응 속도와 음극 반응 속도이다(두 값이 같다). 이 둘은 모두 전기 화학 반응의 교환 전류 i_0와 같다.

이 교환 전류는 다음과 같이 된다.

$$i_0 = k_+(c_{\text{red}})_0\, e^{\alpha zF\phi_0/RT} = k_-(c_{\text{ox}})_0\, e^{-(1-\alpha)zF\phi_0/RT} \tag{34.39}$$

여기서 $(c_{\text{red}})_0$와 $(c_{\text{ox}})_0$는 평형 농도이며 ϕ_0는 평형 전위값이다. (34.37)식을 이 i_0로 나누어주면 다음과 같은 식이 나온다.

$$\frac{i}{i_0} = \frac{c_{\text{red}}}{(c_{\text{red}})_0}e^{\alpha zF(\phi-\phi_0)/RT} - \frac{c_{\text{ox}}}{(c_{\text{ox}})_0}e^{-(1-\alpha)zF(\phi-\phi_0)/RT} \tag{34.40}$$

여기서 (34.39)식의 i_0를 사용하였기 때문에 개개의 속도 상수 k_+와 k_-가 우변으로부터 상쇄되었다. (34.25)식의 정의에 의하면 $\phi - \phi_0 = \eta$이므로 전류 밀도는 다음과 같이 과전위와 교환 전류를 가지고 나타낼 수 있다.

$$i = i_0\left[\frac{c_{\text{red}}}{(c_{\text{red}})_0}e^{\alpha zF\eta/RT} - \frac{c_{\text{ox}}}{(c_{\text{ox}})_0}e^{-(1-\alpha)zF\eta/RT}\right] \tag{34.41}$$

이 식은 전극에서 일어나는 전기 화학 반응에 대한 전형적인 속도식의 하나이다.

금속이 용해되는 특별한 경우에는 금속 속에서의 금속 이온의 농도가 일정한 상수값을 나타내며, 따라서 어떤 경우에나 $c_{\text{red}} = (c_{\text{red}})_0$이다. 뿐만 아니라 용액을 잘 저어 주면 2중층 바로 바깥에 있는 금속 이온의 농도가 전류 흐름의 영향을 받지 않는다. 그리하여 $c_{\text{ox}} = (c_{\text{ox}})_0$가 된

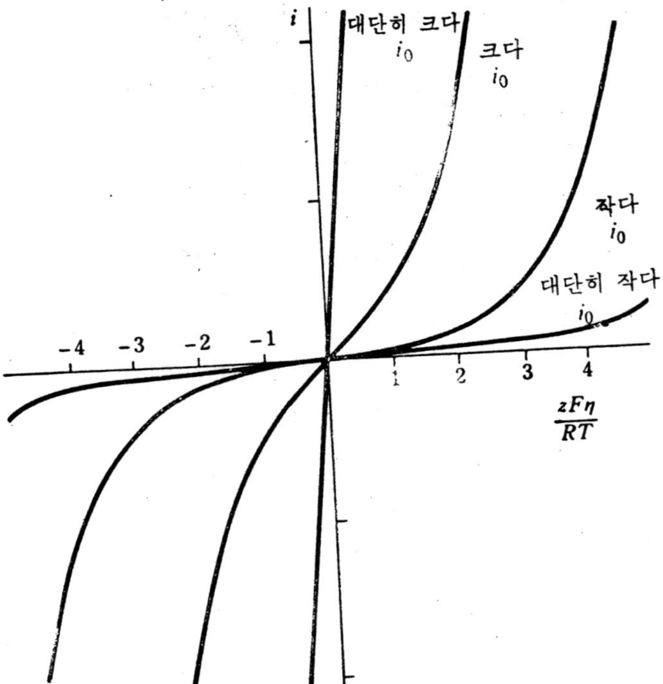

그림 34-7 i_0 대 $zF\eta/RT$ 곡선.

다. 따라서 위의 식은 다음과 같이 된다.

$$i = i_0[e^{\alpha zF\eta/RT} - e^{-(1-\alpha)zF\eta/RT}] \tag{34.42}$$

이 (34.42)식은 항상 다음과 같은 꼴로 쓴다.

$$i = 2\,i_0\,e^{(\alpha-1/2)zF\eta/RT}\sinh\left(\frac{zF\eta}{2\,RT}\right) \tag{34.43}$$

많은 반응에서는 $\alpha = \frac{1}{2}$이며, 그 이외의 상당수의 반응에서는 α가 $\frac{1}{2}$에 몹시 가깝다. $\alpha = \frac{1}{2}$인 경우에는 위의 식이 다음과 같은 단순한 대칭꼴로 된다.

$$i = 2\,i_0\sinh\left(\frac{zF\eta}{2\,RT}\right) \tag{34.44}$$

$z = 1$인 경우 여러 i_0값에 대한 곡선을 그림 34-7에 나타내었다. i_0가 작을 때는 작은 전류를 얻는 데도 큰 값의 η가 필요하다는 것을 볼 수 있다. 이 식은 $Cd \longrightarrow Cd^{2+} + 2\,e^-$ 반응의 경우에 잘 맞는다. 이 때는 $[Cd^{2+}] = 0.01$ mol/L에서 $\alpha = 0.5$와 $i_0 = 1.5$ A/cm² 이다.

이와 반면에 $Ag \longrightarrow Ag^+ + e^-$의 경우에는 $[Ag^+] = 0.1$ mol/L에서 $\alpha = 0.74$와 $i_0 = 4.5$ A/cm³ 이다. 따라서 은의 경우에는 (34.43)식이 맞지 않는다.

★ 34.9.1 Tafel 식

과전위가 클 때는(양이거나 음이거나 관계없이) 즉, $|\eta| > \sim 75$ mV 일 때는 속도식 중의 한 항을 다른 항에 비해서 무시할 수 있다. 따라서 (34.42)식이 다음과 같이 된다.

$$i = i_a = i_0\, e^{\alpha z F\eta/RT} \qquad (\eta > \sim 75\,\mathrm{mV}) \tag{34.45}$$

또는

$$-i = -i_c = i_0\, e^{-(1-\alpha)zF\eta/RT} \qquad (\eta < \sim -75\,\mathrm{mV}) \tag{34.46}$$

이 식의 양변의 대수를 취하면 다음과 같은 꼴의 식을 얻을 수 있다.

$$|\eta| = -b\log_{10} i_0 + b\log_{10}|i| \tag{34.47}$$

이 식을 Tafel 식이라고 한다. 양극 쪽에서는 $b = 2.303\,RT/\alpha z F$이고, 음극 쪽에서는 $b = 2.303\,RT/(1-\alpha)zF$이다. 따라서 Tafel 도시를 하면, 즉 $|\eta|$를 $\log_{10}|i|$에 대해서 도시하면 α와 i_0의 두 중요한 파라미터를 구할 수 있다. 즉, 기울기로부터 α를 얻을 수 있고 수평축 상의 절편으로부터 i_0를 얻을 수 있다(그림 34-8).

34.9.2 수소 전극

수소 전극에서의 반응은 2단계 메카니즘이 관여하는 전극 반응의 간단한 예이다. H_2의 양극 산화 반응을 나타내면 되는데, 정반응과 역반응을 다 나타내게 써서 H^+이온이 H_2로 되는 음극 환원 반응도 나타낼 수 있게 하자. 가능한 전극 반응 메카니즘으로서는 몇 가지가 있지만 여기서는 설명하기에 가장 적합한 것을 택한다. 이 메카니즘은 다음과 같은 두 단일 단계 반응으로 이루어진다.

(1) $$H_2(aq) + 2\,V = 2\,H(ads)$$

(2) $$H(ads) = H^+ + V + e^-$$

여기서 V는 표면의 빈 자리이다.

첫째 반응이 계면 너머로 전하를 직접 통과시키지 않지만 이 반응이 일어날 때마다 둘째 반응이 계면 너머로 2개의 전자를 통과시키지 않으면 안 된다. 따라서 반응 (1)의 속도는 맞먹는 전류 밀도 i_1을 가지고 나타낼 수 있다.

$$i_1 = 2\,F k_1\, c_{H_2}\, c_V^2 - 2\,F k_{-1}\, c_H^2 \tag{34.48}$$

평형에서는 $i_1 = 0$이며, 교환 전류는 다음과 같이 주어진다.

$$i = 2\,F k_1 (c_{H_2})_0 (c_V)_0^2 = 2\,F k_{-1} (c_H)_0^2$$

이 식들은 (34.48)식에 넣어준 다음에, $c_H = \theta c_s$ 그리고 $c_V = (1-\theta)c_s$라고 쓰면(여기서 θ는 수소 원자가 점유하고 있는 표면 자리수의 분율이고, c_s는 단위 넓이당 전체 표면 자리수이다), (34.48)식이 다음과 같은 꼴로 된다.

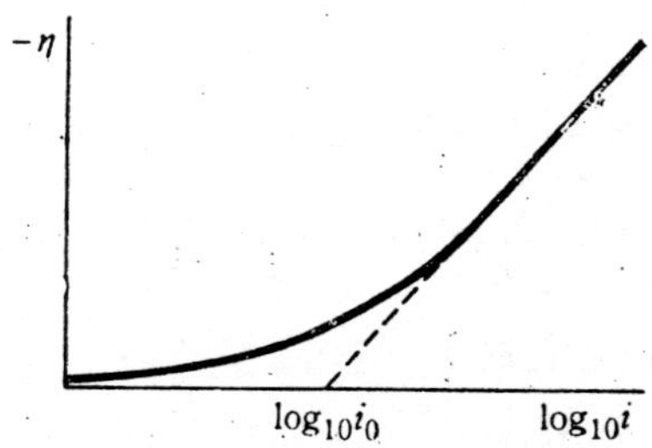

그림 34-8 음극 전압에 대한 Tafel 도시.

$$i_1 = i_{10}\left[\frac{c_{H_2}}{(c_{H_2})_0}\left(\frac{1-\theta}{1-\theta_0}\right)^2 - \left(\frac{\theta}{\theta_0}\right)^2\right] \tag{34.49}$$

여기서 θ_0와 $(c_{H_2})_0$는 θ와 c_{H_2}의 평형값($i_1 = 0$)이다.

(34.41)식을 본따서 둘째 반응의 속도는 다음과 같이 쓸 수 있다.

$$i_2 = i_{20}\left[\frac{c_H}{(c_H)_0}e^{\alpha F\eta/RT} - \frac{c_{H^+}}{(c_{H^+})_0}\;\frac{c_V}{(c_V)_0}e^{-(1-\alpha)F\eta/RT}\right]$$

용액은 충분히 잘 저어서 전극 근처에서의 H^+ 이온의 농도가 평형값을 유지한다고, 즉 $c_{H^+}/(c_{H^+})_0 = 1$이 된다고 가정한다. 그러면 표면 덮임률값을 도입하여 이 식을 다음과 같이 쓸 수 있다.

$$i_2 = i_{20}\left[\frac{\theta}{\theta_0}e^{\alpha F\eta/RT} - \frac{1-\theta}{1-\theta_0}e^{-(1-\alpha)F\eta/RT}\right] \tag{34.50}$$

전극으로 전하를 통과시키는 것은 둘째 반응뿐이므로 전류 i는 다음과 같이 된다.

$$i = i_2 \tag{34.51}$$

전극 반응이 정류 상태를 이룰 때는 η와 i의 값이 일정하게 유지된다. 정류 상태 조건은 $dc_H/dt = 0$이며, 전류를 이용하면 이 조건이 다음과 같이 된다.

$$i_1 = i_2 \tag{34.52}$$

여기에다 (34.49)식과 (34.50)식의 i_1과 i_2 값을 이용하고, 또 수소를 충분히 공급해 주거나 용액을 잘 저어주어서 $c_{H_2}/(c_{H_2})_0 = 1$이 되게 한다고 가정하면 다음과 같은 관계를 얻게 된다.

$$i_{10}\left[\left(\frac{1-\theta}{1-\theta_0}\right)^2 - \left(\frac{\theta}{\theta_0}\right)^2\right] = i_{20}\left[\frac{\theta}{\theta_0}e^{\alpha F\eta/RT} - \frac{1-\theta}{1-\theta_0}e^{-(1-\alpha)F\eta/RT}\right]$$

이 식을 풀어서 θ를 η의 함수로 구하고, 이 결과를 (34.50)식에 넣어주면 i와 η 사이의 관계식을 얻을 수 있다. 실제에 있어서 이것은 2차식의 일반해를 구하는 문제가 되어 결과가 복잡하게 된다. 그러나 다음과 같은 두 극단적인 경우에는 쉽게 이 관계식을 얻을 수 있다.

경우 1. $i_{10} \gg i_{20}$. 이 경우에는 반응 (1)이 거의 평형에 있으며, 다음과 같이 놓아도 된다.

$$\frac{i_1}{i_{10}} \approx 0 = \left(\frac{1-\theta}{1-\theta_0}\right)^2 - \left(\frac{\theta}{\theta_0}\right)^2$$

이렇게 되면 $\theta = \theta_0$가 된다. 이 값을 (34.50)식에 넣어주면 다음과 같은 결과를 얻을 수 있다.

$$i = i_{20}[e^{\alpha F\eta/RT} - e^{-(1-\alpha)F\eta/RT}] \tag{34.53}$$

이것은 단순한 전하 이전 반응의 속도식이다.

경우 2. $i_{20} \gg i_{10}$. 이 경우에는 전하 이전 반응이 본질적으로 평형에 있으며 다음 관계가 성립한다.

$$\frac{i_2}{i_{20}} \approx 0 = \frac{\theta}{\theta_0}e^{\alpha F\eta/RT} - \frac{1-\theta}{1-\theta_0}e^{-(1-\alpha)F\eta/RT}$$

이것을 θ에 관해서 풀면 다음과 같이 된다.

$$\frac{\theta}{\theta_0} = \frac{e^{-F\eta/RT}}{1-\theta_0+\theta_0 e^{-F\eta/RT}}$$

이 값을 $i=i_1$의 식에 넣어주면 다음과 같이 된다.

$$i=i_{1\,0}\frac{1-e^{-2F\eta/RT}}{(1-\theta_0+\theta_0 e^{-F\eta/RT})^2} \tag{34.54}$$

대단히 낮은 덮임률에서는, 즉 $\theta_0 \ll 1$에서는 이 식이 다음과 같이 된다.

$$i=i_{1\,0}(1-e^{-2F\eta/RT}) \tag{34.55}$$

음극 쪽에서는 $\eta < -75$ mV일 때 (34.53)식과 (34.55)식의 첫째 항을 무시할 수 있다. 따라서,

$$-i=i_{2\,0}e^{-(1-\alpha)F\eta/RT} \quad (\text{H}^+ \text{ 이온의 느린 방전})$$
$$-i=i_{1\,0}e^{-2F\eta/RT} \quad (\text{H 원자의 느린 결합})$$

만일 $\alpha=\frac{1}{2}$이면, 25 °C에서 이들 경우에 대한 Tafel 도시의 기울기가 다음과 같이 된다.

$$b=\frac{2(2.303)RT}{F}=0.118\text{V} \quad (\text{느린 방전})$$

$$b=\frac{2.303\,RT}{F}=0.030\text{V} \quad (\text{느린 결합})$$

이들 Tafel 기울기는 이 메카니즘의 두 극한적인 경우를 나타내는 것이다. Pb, Hg, Ag, Cu, Pt 및 Pd를 포함한 많은 금속이 0.118 V의 Tafel 기울기를 나타낸다.

34.10 전류-전위 관계의 일반적 결론

전극 반응의 메카니즘을 더 상세히 설명하는 대신에 전류-전위 사이의 관계가 나타내는 일반적 결과를 설명하겠다.

우선 백금 전극 위에다 아연을 도금할 수 있는가를 살펴 보자. HCl과 $ZnCl_2$를 포함하는 용액이 $a_{H^+}=1$, $a_{Zn^{2+}}=1$이라고 하자. 이 용액을 백금 음극을 써서 전기 분해시킨다고 가정하자. 음극에서 수소가 발생하기 시작하면 이것이 곧 수소 전극으로서 작용하게 될 것이다. 이 음극 근처에서는 H_2의 기압이 거의 1 atm에 가깝고 또한 $a_{H^+}=1$이므로 이 전극의 전위는 규약된 척도에 따라서 전류가 흐르지 않을 때는 영이고 전류가 흐를 때는 영보다 약간 작아진다. 이 전극 전위와 전류 밀도 사이의 관계를 나타낸 것이 그림 34-9(a)이다. 백금 표면에서는 수소의

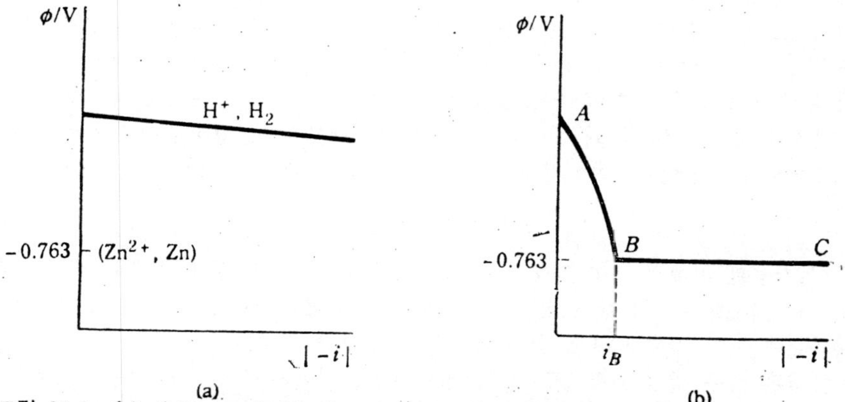

그림 34-9 (a) 백금 전극과 (b) 납 전극에 아연을 석출시키는 경우의 전류-전위 곡선.

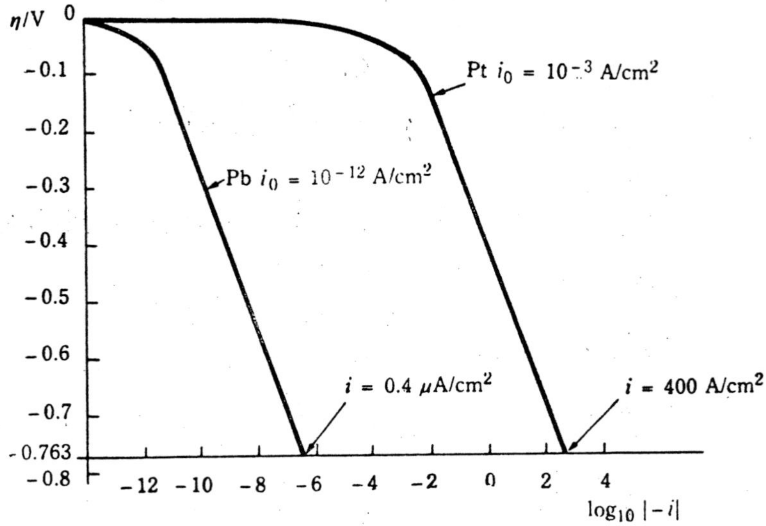

그림 34-10 백금과 납 위에 아연을 석출시키는 경우의 전류-전위 곡선.

과전압이 매우 작으므로 전위는 전류 밀도가 증가함에 따라서 대단히 서서히 감소한다. 만일 이 전극에 아연이 석출되려면 전위가 Zn^{2+}, Zn 쌍의 가역 전위값인 -0.763 V 보다도 더 작아져야 한다. 그림에서 보면 전위를 -0.763 V 보다 더 낮은 값으로 가져가서 아연을 석출시키려면 전류 밀도를 대단히 높게(~ 400 A/cm²) 해주어야 한다. 이와같이 엄청나게 높은 전류 밀도는 실질적으로는 생각할 수 없으므로 백금 표면에 아연을 도금할 수 없는 것이다.

그러나 납을 음극으로 써서 이 용액을 전기 분해하면 반응이 전혀 다르게 일어난다. 전류 밀도가 어떻든 간에 납에서의 수소의 과전위는 백금에서 보다 훨씬 크다. 납전극을 쓴 계에 대해서는 전류-전위 관계가 그림 34-9(b)와 같이 된다. 여기서는 아주 작은 전류 밀도 (~ 0.4 μA/cm²)로도 아연을 석출시킬 수 있을 정도로 전위를 충분히 낮추어 줄 수가 있다. 일단 전위가 이렇게 내려간 다음에는 이 납(또는 아연) 표면에 아연이 석출되는 과전압이 아주 작기 때문에 전류 밀도가 증가하더라도 전위가 그렇게 떨어지지 않는다(즉, 납이 아연으로 입혀지므로 이 전극은 아연 전극이 된 것이다. 아연 표면에서의 수소의 과전압도 상당히 높으므로 곡선의 모양은 납의 경우와 실질적으로 같게 된다). 그림 34-9(b)는 다음과 같이 해석할 수 있다. A로부터 B까지의 영역에서는 모든 전류가 수소 발생에 소모되며 B에서 아연이 석출되기 시작한다. B를 지나면 어디서나 수소 발생과 금속 석출이 동시에 일어난다. 수소 발생 속도는 i_B이고 이 속도는 B로부터 C까지의 영역에서는 거의 일정하게 유지된다. 이것은 이 범위내에서 전위가 실질적으로 일정하게 유지되기 때문이다. 따라서 금속 석출 속도 i_M은 다음과 같이 i가 증가하면 증가한다.

$$i_M = i - i_B \tag{34.56}$$

금속 석출에 사용된 전류의 분율은 $i_M/i = 1 - i_B/i$이다. i_M/i는 금속 석출에 대한 전류 효율이다. i_B는 매우 작으므로 i가 클 때는 전류 효율이 거의 1이 된다. 그림 34-10은 전류를 대수 척도로 나타내어서 이 상황을 조금 더 현실적으로 설명한 것이다.

나트륨과 같은 매우 활성이 큰 금속은 특별한 조건 하에서가 아니면 수용액으로부터 도금될 수 없다. Na^+의 가역 환원 전위는 -2.714 V이다. 납 음극을 쓰더라도 음극의 전위를 이와같이 낮게 해주려면 막대한 전류 밀도가 필요하며, 따라서 나트륨 석출에 대한 전류 효율은 극히 작다. 수은은 수소에 대한 과전압이 높으며 센 알칼리성 용액을 사용하면 나트륨이 수은에 도금된다. 이 과정에서는 세 가지 인자가 영향을 미친다.

1. 용액의 알칼리성 때문에 수소 발생의 전위가 나트륨 석출의 전위에 가까와진다.
2. 수은이 높은 수소 과전압을 갖는다.
3. 금속 나트륨이 수은에 녹는다. 이것 때문에 나트륨이 석출되는 전위가 수소의 값에 가까와지며 또한 석출된 나트륨이 물과 반응하지 않고 붙들려 있게 된다.

납 축전지의 음극판은 높은 수소 과전압을 가지며 따라서 다음 반응이 큰 효율로 일어난다. 납 축전지의 충전이 가능한 것은 이 때문이라는 것을 알아두기 바란다.

$$PbSO_4 + 2e^- \longrightarrow Pb + SO_4^{2-}$$

양극판 PbO_2 도 높은 산소 과전압을 가져야 다음 반응이 큰 효율로 일어날 수 있다.

$$PbSO_4 + 2H_2O \longrightarrow PbO_2 + SO_4^{2-} + 4H^+ + 2e^-$$

만일 이들 과전압이 크지 않았더라면 전극판을 충전 반응이 일어나기에 필요한 전위로 편극시킬 수가 없을 것이며, 충전 전류를 보내면 물이 수소와 산소로 분해되고 말 것이다.

부식 반응은 표면에서 뚜렷한 수소 과전압이 있느냐 없느냐에 따라서 결정적으로 좌우되는 또한 무리의 반응들이다.

★ 34.11 부 식

34.11.1 산 속에서의 금속의 부식

산 용액 속에서의 금속의 부식을 논하기 위해서 그림 34-11(a)에 나타낸 것과 같은 전지를 생각하여 보자. 이 전지는 아연 전극과 수소 전극을 $ZnSO_4$ 용액에 담근 것인데, 이 용액 속에서는 충분한 양의 황산을 가해서 $Zn(OH)_2$ 의 침전이 생기지 않게 한다. 이 전지를 단락시키면 다음과 같은 반응이 일어난다.

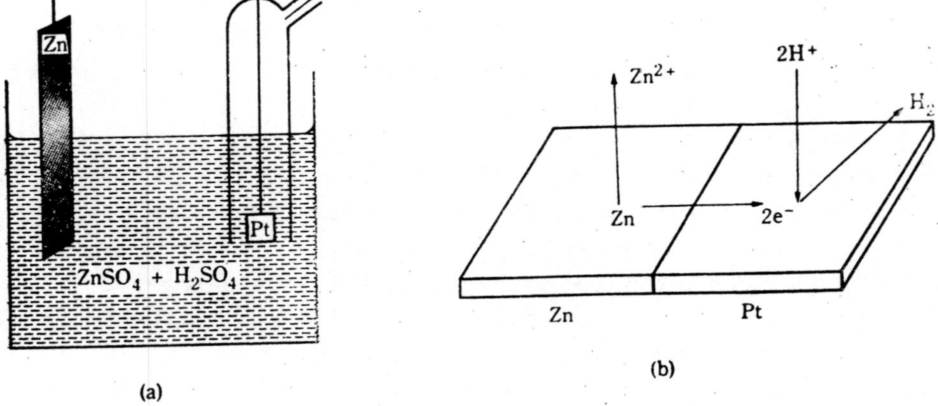

그림 34-11 (a) 단락된 Zn-H_2 전지. (b) 산 용액 속에 담긴 Zn-Pt 쌍.

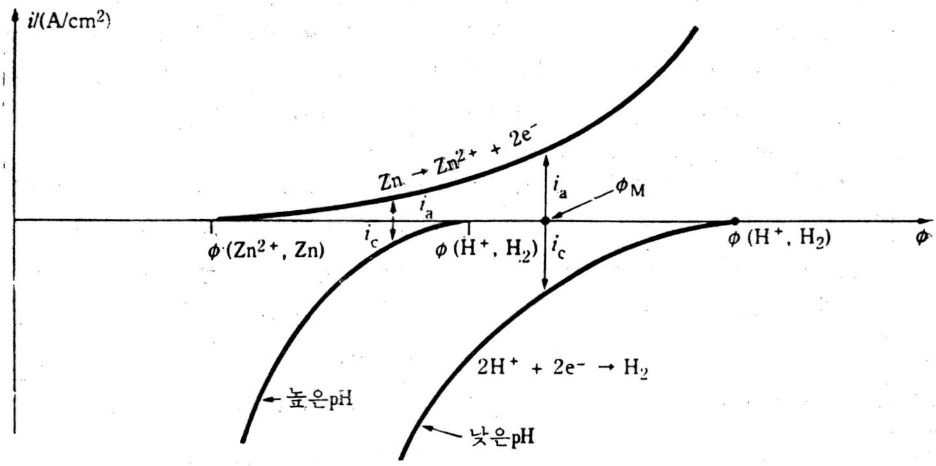

그림 34-12 산 용액 속에서의 아연의 부식 전류.

$$Zn + 2\,H^+ \longrightarrow Zn^{2+} + H_2$$

즉, 아연이 녹아 들어가고 백금 전극에서 수소가 발생한다. 이번에는 전지를 만드는 대신에 그림 34-11(b)에서와 같이 부착시켜 가지고 이것을 용액에 담근다고 생각해 보자. 그러면 똑같은 결과가 나타날 것이다. 즉 아연이 녹아 들어가고 백금 위에서 수소가 발생하게 된다. 이 때는 아연으로부터의 양극 전류와 백금 쪽으로의 음극 전류가 다음과 같이 균형을 이루게 된다.

$$I_a(Zn) + I_c(Pt) = 0$$

따라서,

$$i_a(Zn)A_{Zn} + i_c(Pt)A_{Pt} = 0$$

만일 아연과 백금의 넓이를 같게 하여 주면, 즉 $A_{Zn} = A_{Pt}$ 가 되게 하면 전류 밀도가 균형을 이루게 된다.

$$i_a(Zn) + i_c(Pt) = 0$$

그림 34-12는 이 요구 조건을 나타낸 것인데, 여기서는 아연의 용해 반응과 수소 발생 반응에 대한 i 대 η 곡선을 나타내었다. 전위가 ϕ_M 일 때 전류 밀도의 합이 영이 된다. 이 점에서는 $i_a = i_{corr}$ 이 되는데, i_{corr} 은 부식 전류 밀도이다. Zn-Pt 결합체의 전위는 혼합 전위이며, 이것을 ϕ_M 으로 표시한다. 이 ϕ_M 은 두 전극의 상대적 넓이와 두 전극에서의 반응 과정에 의해서 결정되므로 표면의 특성에 매우 민감하며 아무런 열역학적 의의도 갖지 않는다. pH가 높아지면 Zn^{2+}, Zn 전극과 H^+, H_2 전극의 평형 전위들이 보다 더 가까와지므로 부식 전류가 보다 더 작아진다. 이것은 금속의 전위를 조절함으로써 부식을 조절할 수 있다는 것을 의미한다. 실제에 있어서 산업에서 이 사실이 이용되고 있다. 즉, 외부 동력원으로부터 금속에다 ϕ_M 보다 더 큰 음의 전위를 걸어주면 그림 34-12에 의해서 i_a 가 감소되고 i_c 는 증가할 것이다. 그리하여 충분한 음전위를 걸어주면 부식 전류를 무시할 수 있을 정도로 감소시킬 수 있다.

만일 백금을 제쳐 놓고 아연 조각 만을 산에 담그면 부식 메카니즘이 어떻게 될까 생각해 보자. 단일 아연 금속 조각이라도 이것의 어떤 부위는 다른 부위보다 결정 구조 상으로 더 큰 스트레인을 받고 있을 수 있다. 이 스트레인을 받는 아연 원자들은 더 높은 평균 Gibbs 에너지를 가지게 된다. 그리고 이러한 원자들은 스트레인을 덜 받는 부위의 원자들 보다 더 쉽게 용해되어 아연 이온으로 된다. 따라서 어떤 아연 금속 조각이든 그 표면에는 다음과 같은 양극 반응을 일으키는 양극 영역이 있게 마련이다.

$$Zn \longrightarrow Zn^{2+} + 2\,e^-$$

그리고 보다 어렵게 용해되는 부분은 음극 영역이 되며, 이 영역에서는 H_2 발생 반응이 일어난다. 아연 표면은 백금 표면보다 수소 발생에 대한 i_0 값이 훨씬 작으므로 순수한 아연의 부식 속도는 아연이 백금 표면과 같은 수소 과전압이 낮은 표면과 접하고 있을 때의 부식 속도에 비해서 훨씬 더 느리다.

34.11.2 산소에 의한 부식

산소에 의해서 부식이 일어나려면 금속의 음극 부분에서 다음과 같은 반응들이 일어나야 한다.

$$O_2 + 4\,H^+ + 4\,e^- \longrightarrow 2\,H_2O \qquad \phi° = 1.23\ V \quad (\text{산성 용액})$$

$$O_2 + 2\,H_2O + 4\,e^- \longrightarrow 4\,OH^- \qquad \phi° = 0.401\ V \quad (\text{염기성 용액})$$

산성 용액 속에서 몇 가지 금속들이 산소로 부식되는 경우의 i 대 η 곡선을 그림 34-13에 나타내었다. 이 그림에 의하면 아연에 대한 부식 전류가 철에 대한 것보다 크고, 또 철에 대한 것은 구리에 대한 것보다 크다. 그림 34-13을 척도에 맞추어서 그렸더라면 부식 전류의 이러한 차이들이 이 그림에서 보다 더 크게 나타났을 것이다. 과전위가 높으면 산소가 표면에 공급되는 속도에 의해서 음극 전류의 한계가 결정된다. 그림 34-13에서 산소 편극화 곡선 상의 플래토우가 바로 이 관계를 나타내고 있다. 이 한계 전류는 용액 속의 산소 농도에 비례한다.

산소 농도의 차가 있을 때는 충분히 부식 전류가 생길 수 있다. 지금 철 조각을 그 염의 수용액속에 부분적으로 담궜다고 하자(그림 34-14). 공기와의 계면 근처에서는 산소가 풍부하게 있으며, 이 때문에 이 부근은 깊게 잠긴 부분에 비해서 더 양의 전위를 갖게 된다. 그리하여 이 금속에서는 깊게 잠긴 영역으로부터 공기 계면 근처의 영역 쪽으로 전자가 흐르게 된다. 이

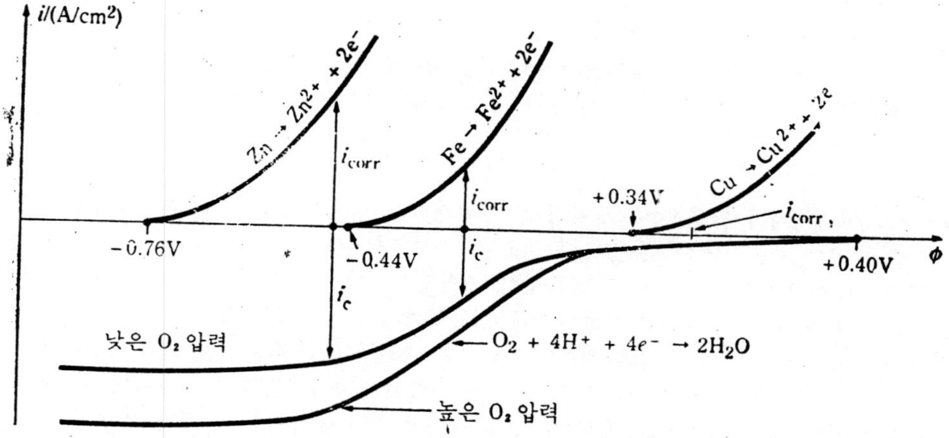

그림 34-13 산성 용액에서의 산소 부식.

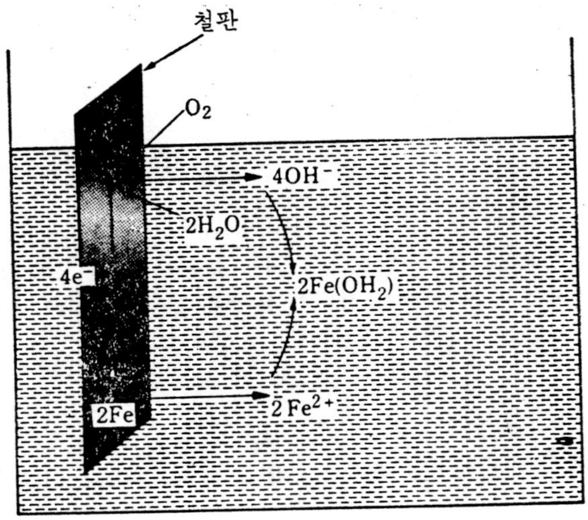

그림 34-14 차등 통기.

결과로 깊은 용액 속에서는 철 조각으로부터 Fe^{2+}가 떨어져 나온다. 따라서 깊게 잠긴 부분은 $Fe \longrightarrow Fe^{2+} + 2e^-$ 반응에 의해서 부식되고 용액 표면에서는 산소가 OH^-로 환원된다. 그리하여 이 과정이 진행되면 pH가 증가한다. Fe^{2+}와 OH^-는 서로 확산되어 들어가서 중간 깊이 부근에서 $Fe(OH)_2$의 침전을 형성한다. 이것을 "산소 결핍 부식"이라고 부른다. 즉, 산소가 없는 곳에서 일어나는 부식이다. 이 산소 결핍 부식에 의해서 일어나는 이례적인 효과의 예가 바로 볼트나사 머리 밑에서 일어나는 부식이다. 즉 산소로부터 보호되고 있는 볼트나사 머리 밑에서 금속이 용해되는 것이다. 먼지 알맹이 밑이나 또는 페인트나 보호 금속으로 불완전하게 덮인 금속에 구멍이 패이는 것도 이 차등 통기 효과 때문에 일어나는 현상이다.

34.11.3 금속 접촉에 의한 부식 ; 부식 억제

종류가 다른 금속을 접촉시켜 놓으면 일반적으로 부식이 일어난다. 예로서 구리 조각과 접촉시킨 철 조각을 Fe^{2+}나 Cu^{2+}가 얼마 들어 있지 않은 전도 용액에 담그면 철의 전위가 구리에 비해서 음(양극)이 될 것이다. 그리하여 다음과 같은 철의 산화 반응에 의해서 생긴 전자가 구리로 이동하고, 여기서 수소 발생 반응이나 산소 환원 반응에 소모된다.

$$Fe \longrightarrow Fe^{2+} + 2e^-$$

결과적으로 귀금속성이 약한 철이 급속하게 부식된다. 이 두 금속이 접촉되지 않았더라면 두 금속이 모두 용액 속에 녹아있는 산소에 의해서 부식되었을 것이다. 그러나 두 금속을 전기적으로 접촉시키면 활성이 보다 더 큰 금속만이 부식된다. 이것은 희생 양극을 이용하는 부식 방지법의 기본 원리이다. 그리하여 보호시키려는 강철에다 아연이나 마그네슘 막대를 전기적으로 접촉시키면 되는 것이다. 예로서 가정용 온수 난로 같은 데는 강철 물 탱크 내부에 마그네슘 막대를 부착시켜 준다. 그러면 마그네슘 막대만 부식되고 강철 탱크가 보호된다. 마찬가지 원리로 밧줄에 매단 아연 막대를 강철로 만든 배의 선체에다 늘어뜨려서 배가 염수에 의해서 부식되는 것을 막아 주기도 한다. 경우에 따라서는 보호할 금속을 외부 전원에 연결시켜서 충분한 음극 전위를 걸어주어 가지고 부식 전류를 영으로 떨어뜨리는 수도 있다.

여러 가지 종류의 피복을 이용해서 부식을 방지할 수도 있다. 피복 물질은 투과성이 없거나 또는 상처가 생겼을 경우에 다시 피복시키는 작용을 할 수 있어야 한다. 알루미늄의 보호 산화 피막은 공기 중에서 파손되었을 때 다시 재생이 된다. 일부 양극 억제물, 알칼리, 그리고 산화제들은 금속 표면에다 견고한 산화물 피막을 만들어 주고 피막의 상처를 고쳐 주어서 부식을 억제시킨다. 이와 반면에 일부 음극 억제제는 음극 표면에서의 수소 발생 반응을 중독시킴으로써 수소 과전압을 증가시키고 그리하여 부식 전류를 감소시킨다. 또 Cu^{2+} 와 같은 음극 억제물은 표면에 피막을 만들어줌으로써 산소가 음극 표면에 접근하는 것을 막아주고 그리하여 부식 전류를 끊어 버린다.

34. 12 광 화 학

광화학에서는 복사선을 흡수하거나 방출하면서 일어나는 모든 현상을 연구하게 된다. 즉, 이 분야에서는 형광이나 인광과 같은 분광학적 현상 불꽃이나 반딧불과 같은 발광성 화학 반응 그리고 사진 반응, 광합성 반응 및 여러 가지 종류의 광분해 반응과 같은 광자 자극 반응 등을 연구하게 된다. 화학적 계에 대한 빛의 영향은 가벼울 수도 있고 클 수도 있다. 만일 빛의 양자가 분자를 해리시킨다든가 할 정도로 충분히 큰 에너지를 갖지 않을 때는 그 에너지가 단순히 열 에너지로 소실되고 만다. 이 영향은 광화학에서 별 문제거리가 안 된다. 그 이유는 다른 적절한 방법, 예컨대 온도를 올려준다든가 하더라도 마찬가지 효과가 나타나기 때문이다.

빛의 영향은 그것이 사소한 것이든 큰 것이든 간에 문제삼고 있는 계가 흡수한 빛에 의해서만 일어날 수 있다. 이 사실은 오늘날에는 당연한 것으로서 19세기 초에 Grotthuss와 Draper에 의해서 처음으로 알려졌으며 Grotthuss와 Draper의 법칙이라고 한다.

34. 13 광화학적 당량에 관한 Stark-Einstein 법칙

광화학적 당량에 관한 Stark-Einstein 법칙은 어느 점에서는 단순히 Grotthuss-Draper의 법칙을 양자 역학적으로 나타낸 것에 불과하다. Stark-Einstein 법칙(1905)은 고전 물리학을 깨뜨리는 또 하나의 예이다. Stark-Einstein 법칙에 의하면 광화학 반응에 참여하는 각 분자는 반응을 유발시키는 빛의 양자 하나를 흡수한다. 즉, 하나의 분자는 양자 전체를 흡수하며, 빛살의 에너지가 여러 분자에 연속적으로 확산되지는 않는다.

광화학 반응의 첫째 번 단계를 양자의 흡수라고 정의하면 첫째 번 단계에 대한 양자 효율은 Stark-Einstein의 법칙에 의해서 1이 된다. 즉, 흡수된 양자 하나마다 하나의 첫째 번 단계를 일으킨다. 광화학 반응에 참여하는 물질 X는 어떤 것이나 모두 그의 생성(또는 분해)에 대한 양자 효율, 즉 양자 수득률 ϕ_X가 다음과 같이 정의된다.

$$\phi_X = \frac{\text{생성된(또는 분해된) X분자의 수}}{\text{흡수된 양자의 수}} \tag{34.57}$$

X의 생성 속도를 매초당 분자수로 측정하면 양자 수득률이 다음과 같이 보다 더 간편하게 정의된다.

$$\phi_X = \frac{dN_X/dt}{\text{흡수된 양자의 수/sec}}$$

초당 흡수된 양자의 수는 흡수 세기이다. 따라서,

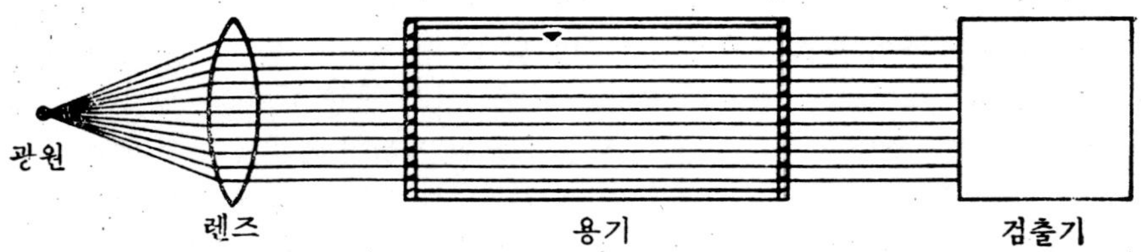

그림 34-15 빛의 세기를 측정하는 장치의 약도.

$$\phi_X = \frac{dN_X/dt}{I_a} \tag{34.58}$$

반응의 양자 수득률을 결정하려면 반응의 속도와 흡수된 복사선의 양을 측정해야 한다. 반응의 속도는 어떤 방법이든 편리한 것으로 측정할 수 있다. 그림 34-15는 흡수 세기를 재는 전형적인 장치이다. 반응계는 용기 속에 넣는다. 반응 용기가 비어 있을 때와 반응 혼합물로 채워져 있을 때의 투과된 빛살의 세기를 잰다. 검출기는 일반적으로 서로 다른 두 금속이 접한 열전기 파일을 검게 칠한 금속박으로 싸놓은 것이다. 투과된 복사선은 모두 이 검은 금속박에 흡수된다. 흡수된 복사선의 에너지는 온도를 올리는 데 쓰이며, 이 경우 온도 증가는 열전기 파일의 기전력차로 나타난다. 이 장치는 표준 광원에 대해서 검정해야 한다. 이 검출기는 임의의 진동수의 빛에 대해서 사용할 수 있는 이점이 있다. 광전지가 편리한 검출기이기는 하지만 진동수에 따라서 반응이 다르게 나타나므로 각 진동수에 대해서 마다 검정을 해야 한다.

화학적 복사량계를 검출기로 사용할 수도 있다. 화학적 복사량계는 광화학적 행동이 잘 규명된 화학 반응을 이용한다. 예로서 황산 용액 속에 녹아 있는 $K_3Fe(C_2O_4)_3$ 는 빛을 쪼여주면 분해된다. 즉, $C_2O_4^{2-}$ 는 CO_2 로 산화되고 Fe^{3+} 는 Fe^{2+} 로 환원된다. 509 nm 와 254 nm 사이의 파장에 대해서는 Fe^{2+} 생성의 양자 수득률이 파장의 함수로 밝혀져 있으며, 0.86과 1.25사이의 값을 갖는다. 생성된 Fe^{2+} 의 양은 1,10-페난트롤린을 가해서 대단히 정확하게 결정할 수 있다. 이 물질은 Fe^{2+} 와 착물을 형성하는데, 이 착물의 흡광도를 비색 계량법으로 측정하게 된다. 즉, 용기를 이 반응 혼합물로 채웠을 때와 비웠을 때 흡광도를 측정하는데, 둘째 번 측정 결과로부터는 I_0 를 얻고, 첫째 번 것으로부터는 투과된 세기 I 를 얻는다. 이 두 양의 차이, 즉 $I_0 - I = I_a$ 가 흡수 세기를 나타낸다.

★ 34.14 광물리 과정 ; 형광과 인광

이른바 대부분의 광화학 반응은 계가 나타내는 형광이나 인광 현상을 말하며 일반적으로 화학 반응을 일으키는 과정이 아니다. 여기서는 우선 이러한 광물리 현상에 관해서 설명하고, 광화학적 과정은 후에 설명하겠다. 바닥 상태에 있는 분자들은 대부분의 경우 그 전자들이 쌍을 이루고 있다. 이러한 분자들이 복사선 양자를 흡수하면 쌍을 이루고 있는 두 전자의 짝이 풀리면서 단일항이나 3중항의 전자 상태로 들뜨게 된다. 이렇게 되면 분자의 에너지 준위는 알칼리 금속 원자의 에너지 준위와 아주 흡사하게 단일 에너지 준위와 3중 에너지 준위의 계로 갈라진다. 이들 들뜬 상태의 최소한 일부는 진동 및 회전 전위가 함께 관여된 상태라는 것을 염두에 두어야 할 것이다. 전형적인 이러한 분자 준위들을 도해식으로 나타낸 것이 Jablonski 도표(그림 34-16)이다. 이 도표에서 세로축은 계의 에너지를 나타내며, 가로축은 그림을 보기 편하게 옆으로 벌려 놓을 뿐이다.

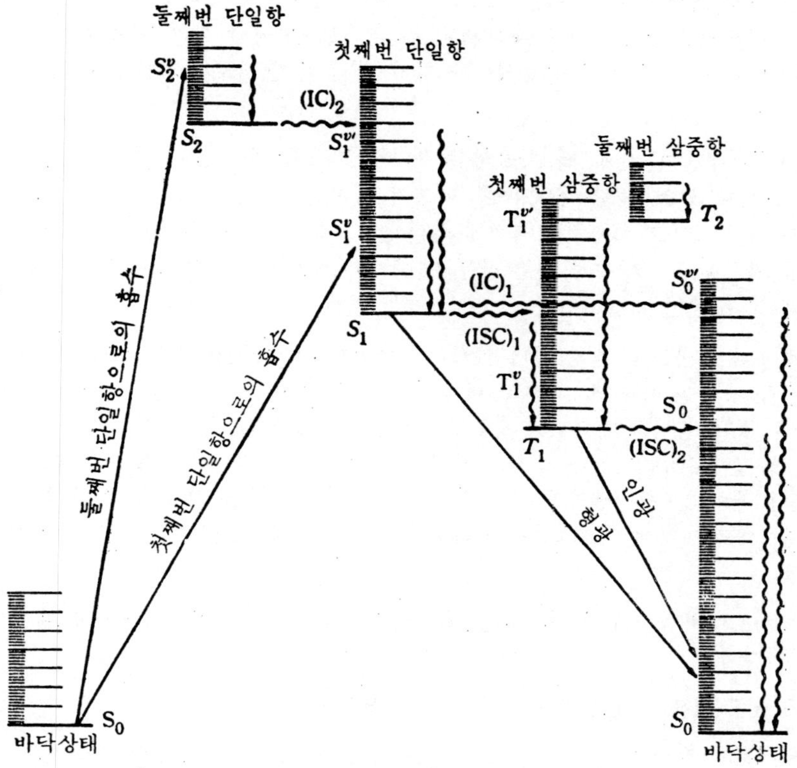

그림 34-16 전형적 유기 분자의 들뜬 상태와 이 상태들 사이의 전이. 상태들 사이의 복사성 전이는 실선으로, 그리고 비복사성 과정은 파선으로 나타내었다. *IC* = 내부 변환, *ISC* = 계간 건너뜀. 수직 파선은 진동 이완 과정을 나타낸다. 진동 및 회전 준위들은 설명의 편의상 대체적으로 등간격이 되게 그렸다(J.G. Calvert and James N. Pitts, Jr. *Photochemistry*, New York: John Wiley, 1966).

단일 에너지 준위와 3중 에너지 준위는 각각 S와 T로 표시해 놓았다. 첨자는 에너지의 증가 순서를 나타낸다. 상첨자 v는 분자가 과량의 진동 에너지를 가졌다는 것을 표시하며, 상첨자가 없는 것은 분자의 진동 에너지가 열적 평형에 있다는 것을 표시한다. 또 영을 첨자로 붙인 것은 분자가 최저의 진동 준위에 있다는 것을 나타낸다. 편의상 이 그림에서는 진동 준위와 회전 준위들의 간격을 같은 크기로 나타내었다.

계가 처음 바닥 상태 S_0에 있을 때는 Jablonski 도표에서 다른 단일 상태, 즉 S_1이나 S_2의 준위로 올려 놓는 양자만을 흡수한다(복사성 전이는 실선으로 표시하고 비복사성 전이는 파선으로 표시하였다). Franck-Condon 조건 때문에 이 분자는 S_1^v나 S_2^v와 같은 들뜬 진동 상태로 올라가게 된다. 여기서는 이 분자가 S_2^v 상태로 올라갔다고 가정하고 그 다음의 여러 가능성을 생각해 보기로 하자.

전자 준위 S_2 안에서는 진동 에너지의 열평형이 급속하게 일어난다. 이 과정을 나타낸 것이 S_2에서 끝나는 파선이다. S_2로부터 $S_1^{v'}$으로의 비복사성 전이도 또한 급속하게 일어나는데, 이 과정은 수평 파선으로 표시되며 내부 변환(*IC*)이라고 한다. 이 과정에서는 에너지 변화가 없지만, 진동 에너지가 평형에 도달할 때는 에너지 손실이 뒤따라야 하므로 이 과잉의 에너지를 넘겨 받을 수 있는 충돌이 일어나야 한다. $S_1^{v'}$ 준위로부터는 또 다시 충돌을 통해서 급속하게 진동 에너지가 열적 평형을 이룬다. 그런데 이 진동 준위들의 간격이 비교적 크므로 계가 평형에 도달하면 실제적으로 극소수를 제외한 대부분의 분자들이 바닥 진동 상태 S_1에 있게 된다.

이와같이 해서 계가 S_1의 최저 준위에 도달하면 세 가지 경로에 따라서 바닥 상태 S_0로 돌아갈 수 있다.

경로 1: 형광 복사선 양자 $h\nu'$을 방출하는 복사성 전이를 일으킨다. 이 형광 복사선의 진동수는 계가 S_0로부터 S_2^v로 들뜰 때 흡수한 복사선의 진동수보다 낮다. $S_1 \to S_0$ 전이는 선택 규칙의 제한을 받지 않으므로 대단히 급속하게 일어난다. 그리하여 들뜬 준위의 분자가 급속하게 고갈되며 들뜸 복사선을 끊어주면 높은 준위의 분자가 생겨나지 않으므로 형광 복사선 방출은 들뜸 복사선을 끊는 순간 멈추어진다.

경로 2: T_1^v로의 비복사성 계간 건너뜀(*ISC*, intersystem crossing)이 일어나고 이어서 T_1으로 급속하게 진동 평형을 이룬다. 그리고 다음에는 $T_1 \to S_0$의 복사성 전이가 뒤따른다. 이 때 방출되는 복사선을 인광이라고 한다. 비복사성 계간 건너뜀은 진동 평형 도달 속도에 비해서 훨씬 더 느리게 일어나지만, 인광 방출 분자의 형광 방출과 경쟁을 할 정도의 속도를 갖는다. 3중 상태-단일 상태 전이는 선택 규칙상 스핀-금지 전이에 해당되므로 $T_1 \to S_0$의 복사성 전이는 일반적으로 대단히 느리게 일어난다. 따라서 들뜸 복사선을 끊은 후에도 한동안 인광이 계속해서 방출된다.

경로 3a: $S_0^{v'}$으로 비복사성 내부 변환을 일으키고, 이어서 에너지가 급속하게 열적 평형을 이루어 S_0로 돌아간다.

경로 3b: 충돌에 의해서 S_1 상태의 비복사성 소광이 일어난다.

일정한 세기의 조명을 받고 있는 계에서 일어나는 이들 각 과정들의 속도식은 다음과 같이 나타낼 수 있다.

과 정	반 응	속 도	
들 뜸	$S_0 + h\nu \to S_1$	I_a	(34.59)
형 광	$S_1 \to S_0 + h\nu'$	$A_{10}[S_1]$	(34.60)
형광 소광	$S_1 + M \to S_0 + M$	$k_q^F[S_1][M]$	(34.61)
내부 변환	$S_1 \to S_0$	$k_{IC}^S[S_1]$	(34.62)
계간 건너뜀	$S_1 \to T_1$	$k_{ISC}^S[S_1]$	(34.63)
인 광	$T_1 \to S_0 + h\nu''$	$A_{TS}[T_1]$	(34.64)
인광 소광	$T_1 + M \to S_0 + M$	$k_q^P[T_1][M]$	(34.65)
계간 건너뜀	$T_1 \to S_0$	$k_{ISC}^T[T_1]$	(34.66)

여러 k값들은 각 과정들의 속도 상수이며, A_{10}와 A_{TS}는 자발적 방출에 대한 Einstein 계수들이다. 또 M은 이 메카니즘에서 존재할 수 있는 임의의 원자나 분자를 나타낸다. 따라서 M의 농도 [M]은 용액 속에 존재하는 모든 화학종들의 전체 농도에 비례한다. 기체상의 경우에는 [M]이 전체 압력에 비례한다.

방출되는 형광 세기 I_{em}^F는 다음과 같이 주어진다.

$$I_{em}^F = A_{10}[S_1] \quad (34.67)$$

계가 일정한 세기의 조명을 받고 있을 때는 $[S_1]$과 $[T_1]$이 시간에 따라 변하지 않는 정류 상태가 이루어질 것이다. 따라서 다음과 같은 조건이 성립할 것이다.

$$\frac{d[S_1]}{dt} = 0 = I_a - A_{10}[S_1] - k_q^F[S_1][M] - k_{IC}^S[S_1] - k_{ISC}^S[S_1] \tag{34.68}$$

$$\frac{d[T_1]}{dt} = 0 = k_{ISC}^S[S_1] - A_{TS}[T_1] - k_q^P[T_1][M] - k_{ISC}^T[T_1] \tag{34.69}$$

여기서 형광 수명 τ_F와 인광 수명 τ_P는 다음과 같이 정의한다.

$$\frac{1}{\tau_F} = A_{10} + k_{IC}^S + k_{ISC}^S + k_q^F[M] \tag{34.70}$$

$$\frac{1}{\tau_P} = A_{TS} + k_{ISC}^T + k_q^P[M] \tag{34.71}$$

이 정의들을 이용하면 (34.68)식과 (34.69)식이 다음과 같이 간단해진다.

$$\frac{d[S_1]}{dt} = 0 = I_a - \frac{[S_1]}{\tau_F} \tag{34.72}$$

$$\frac{d[T_1]}{dt} = 0 = k_{ISC}^S[S_1] - \frac{[T_1]}{\tau_P} \tag{34.73}$$

이 두 식을 풀면 $[S_1]$과 $[T_1]$을 구할 수 있다.

$$[S_1] = \tau_F I_a \qquad [T_1] = k_{ISC}^S \tau_F \tau_P I_a \tag{34.74}$$

이 $[S_1]$의 값을 (34.67)식에 넣어주면 형광 세기에 관한 식을 얻을 수 있다.

$$I_{em}^F = A_{10}\tau_F I_a \tag{34.75}$$

그리고 양자 수득률에 관한 식도 얻을 수 있다.

$$\phi_F = \frac{I_{em}^F}{I_a} = A_{10}\tau_F \tag{34.76}$$

한편 (34.75)식을 전치한 다음 τ_F에 관한 (34.70)식에 넣어주면 다음과 같은 결과를 얻을 수 있다.

$$\frac{1}{I_{em}^F} = \frac{1}{I_a}\left(1 + \frac{k_{IC}^S + k_{ISC}^S}{A_{10}}\right) + \frac{k_q^F[M]}{A_{10}I_a} \tag{34.77}$$

이 $1/I_{em}^F$를 [M]에 대해서 도시하면 직선이 나와야 하는데, 이 도시를 Stern-Volmer 도시라고 부른다. I_a의 측정치와 A_{10}의 값으로부터 소광 상수 k_q^F를 구할 수 있다. 상수 A_{10}는 흡수 띠의 몰흡수 계수를 측정하면 계산할 수 있다.

충돌이 모두 형광을 소광시킨다고 가정하면 소광 속도는 들뜬 종 S_1과 모든 다른 종 M 사이의 충돌수와 같게 된다. 이 충돌수는 (30.23)식으로 주어진다.

$$Z_{12} = \pi\sigma_{12}^2\sqrt{\frac{8\,\mathbf{k}T}{\pi\mu}}\,\tilde{N}_1\tilde{N}_2 \tag{34.78}$$

따라서 k_q^F의 값은 다음과 같이 될 것이다.

$$k_q^F = \pi\sigma_{12}^2\sqrt{\frac{8\,\mathbf{k}T}{\pi\mu}} \tag{34.79}$$

표 34-2 NO_2 형광을 소광시키는 여러 상이한 기체들의 단면적 (들뜸 파장 = 435.8 nm).

소 광 기 체	$\pi\sigma_q^2/10^{-20}\,m^2$	$\pi\sigma_{12}^2/10^{-20}\,m^2$	$\frac{\pi\sigma_q^2}{\pi\sigma_{12}^2}$
He	1.6	34.2	0.04
Ar	3.8	44.0	0.08
H_2	2.5	38.3	0.06
N_2	5.0	48.7	0.10
O_2	6.0	46.2	0.13
NO	9.7	47.4	0.20
CH_4	7.9	50.2	0.16
N_2O	11.9	50.2	0.24
NO_2	13.5	55.3	0.24
CO_2	13.8	51.5	0.27
SF_6	25.7	72.5	0.35
CF_4	24.5	61.9	0.39
H_2O	28.3	59.3	0.48

G.H. Myers, D.M. Silver, and F. Kaufman, *J.Chem. Phys.* **44**, 718 (1966).

여기서 σ_{12}는 두 분자 지름의 평균치이며, $\pi\sigma_{12}^2$은 충돌 단면적이다. 실제에 있어서 (34.79)식으로 계산한 k_q^F의 값은 실험치보다 일반적으로 크다. 한편 다음과 같은 관계를 만족시키는 $\pi\sigma_q^2$을 소광 단면적이라고 정의한다.

$$(k_q^F)_{\text{meas}} = \pi\sigma_q^2\sqrt{\frac{8\mathbf{k}T}{\pi\mu}} \tag{34.80}$$

그러면 $(k_q^F)_{\text{meas}}/(k_q^F)_{\text{coll}}$의 비가 소광 단면적과 충돌 단면적과의 비하고 같게 된다. 즉,

$$\frac{(k_q^F)_{\text{meas}}}{(k_q^F)_{\text{coll}}} = \frac{\pi\sigma_q^2}{\pi\sigma_{12}^2}$$

NO_2형광의 소광에 대한 $(\pi\sigma_q^2)/(\pi\sigma_{12}^2)$의 값을 표 34-2에 나타냈었다. 이 값들에 의하면 분자의 내부 운동 방식의 수가 증가할수록 그 분자의 형광 소광 효과가 증가한다. 예로서 헬륨이나 아르곤 원자가 활성화된 분자와 충돌하면 활성화된 분자가 가지고 있는 과량의 에너지는 충돌 원자의 병진 운동 에너지로만 빠져 나간다. 따라서 이 과정은 들뜸 에너지를 소산시키는 데 그다지 효과적이 못되며, 결과적으로 He과 Ar의 상대적 단면적은 대단히 작다. 2원자 분자의 경우를 보면 H_2는 비교적 효과가 없으며, O_2와 N_2는 이보다 약간 더 효과적일 뿐이다. 이 분자들이 진동 자유도를 가지고 있기는 하지만 진동 양자가 너무 크기 때문에 소광 작용을 나타내지 못한다. 진동과 회전 에너지 준위들 사이의 간격이 작은 분자들은 이 간격이 큰 분자들보다 더 효과적이다. 따라서 운동 자유도가 더 많고 또 더 무거운 원자가 들어있는 분자가 현저하게 효과적이다. 무거운 원자는 진동과 회전 에너지 양자의 크기를 작게 하여 준다. 마찬가지로 복잡한 분자는 에너지 양자가 작은 굽힘 진동 방식을 가지고 있다. 물과 같은 극성 분자는 특히 효과적이다.

계가 인광을 나타내지 않으면 $k_{ISC}^S = 0$이 된다는 것을 뜻하게 된다. 따라서 A_{10}를 알 경우에는 Stern-Volmer 도시를 하여 그 절편으로부터 k_{IC}^S의 값을 결정할 수 있다.

만일 인광이 나타나면 다음 관계가 성립한다.

$$I^P_{em} = A_{TS}[T_1] \tag{34.81}$$

$[T_1]$의 값은 (34.74)식으로 주어진다. 따라서

$$I^P_{em} = A_{TS}\, k^S_{ISC}\, \tau_F\, \tau_P\, I_a \tag{34.82}$$

또 인광에 대한 양자 수득률은 다음과 같이 된다.

$$\phi_P = \frac{I^P_{em}}{I_a} = A_{TS}\, k^S_{ISC}\, \tau_F\, \tau_P \tag{34.83}$$

(34.76)식을 이용하면 이것을 다음과 같이 나타낼 수 있다.

$$\phi_P = \phi_F\left(\frac{A_{TS}}{A_{10}}\right) k^S_{ISC}\, \tau_P \tag{34.84}$$

이 식을 역으로 놓고 (34.71)식의 τ_P를 넣어주면 다음과 같이 된다.

$$\frac{1}{\phi_P} = \frac{1}{\phi_F}\left(\frac{A_{10}}{A_{TS}}\right)\frac{\{A_{TS} + k^T_{ISC} + k^P_q[\mathrm{M}]\}}{k^S_{ISC}} \tag{34.85}$$

따라서 ϕ_F와 ϕ_P를 전체 농도 [M]의 함수로 측정한 다음, $1/\phi_P$를 [M]에 대해서 도시하면, 즉 Stern-Volmer 도시를 하면 Einstein 계수를 알 경우 인광에 대한 소광 단면적과 k^T_{ISC}/k^S_{ISC}의 비를 구할 수 있다.

★ 34.15 섬광 분해

연속적으로 조명을 하면서 정류 상태를 측정하면 속도 상수들의 비를 구할 수 있지만, 입사 복사선을 중단한 후에 나타나는 과도 현상(형광이나 인광의 감쇠와 같은)을 연구하면 속도 상수의 절대값을 구할 수 있다. 섬광 분해법은 광화학적 계에서의 과도 현상을 연구하는 대단히 중요한 방법이다.

섬광 분해 실험 장치를 그림 34-17에 나타내었다. 반응성 물질을 센 백색 섬광으로 조사해 준다. 이 백색광은 적외선으로부터 진공 자외선까지의 모든 연속적 파장의 빛으로 되어 있다. 섬광 에너지는 약 10 kV로 하전시킨 큰 축전기($\sim 10\,\mu$F)에 축전된 에너지이다. 약 100 mm 압력의 비활성 기체(크립톤과 같은)가 들어 있는 관 속에서 이 축전기를 방전시키면 밝은 빛의 섬광이 생긴다. 이 강한 빛이 계에 도달하면 그 물질을 여러 들뜬 상태로 올려놓고 여러 활성

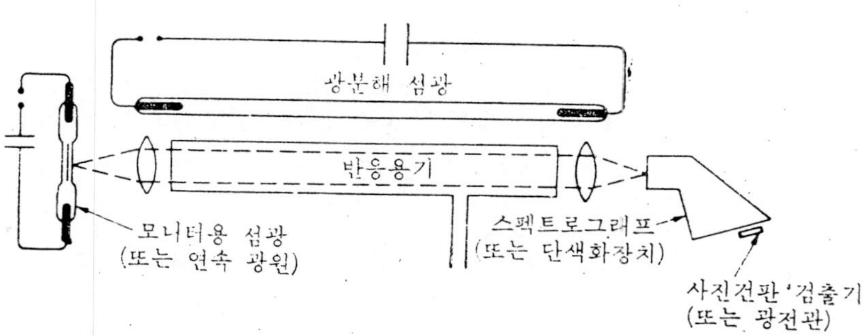

그림 34-17 섬광 분해 방법의 원리를 설명하는 약도(G. Porter, Flash photolysis, *Technique of Organic Chemistry*, vol. VIII part II. S.L. Friess, E.S. Lewis, and A. Weissburger, eds. New York: Interscience, Div. of John Wiley, 1963.).

중간체를 만든다. 이 섬광의 지속 시간은 1내지 100 μs 이다. 에너지는 용량에 의해서 결정되며 평균값은 $U = \frac{1}{2}CV^2$ 이다. 섬광 시간은 전기 저항(섬광 관의 길이에 비례한다), 따라서 회로의 커패시턴스 및 인덕턴스에 의존한다. 일반적으로 섬광 에너지는 매번 약 1000 J 정도의 크기가 보통이다.

계를 섬광에 노출시킨 다음에는 시간-지연 회로에 의해서 모니터용 섬광 발생관으로부터 저-에너지 섬광을 방출시킨다. 이 빛살은 첫째 번 섬광에 의해서 생긴 들뜬 종들을 통과하며 그 흡수 스펙트럼이 사진으로 기록된다. 지연 시간을 변화시켜 가면서 이 조작을 되풀이 하면 여러 종들의 붕괴 속도를 알아낼 수 있다. 또는 이 대신에, 첫째 번 사진 연구로 어떤 종들이 존재하는가를 결정하고 이어서 특정한 파장을 택하고 이 파장의 흡수를 시간의 함수로 측정할 수도 있다. 이렇게 하려면 모니터용 섬광 발생관 대신에 텅스텐 필라멘트 전구와 같은 연속 광원을 사용해야 한다. 빛의 경로에 단색화 장치를 부착시켰을 때는 투과된 복사선을 광전관에 집속시켜 가지고 그 출력을 오실로스코프로 모니터할 수 있다. 이렇게 하면 특정한 종의 농도를 시간의 함수로 측정할 수 있다.

우리는 S_1의 과도 상태 성질을 위의 메카니즘을 이용해서 해석할 수 있는데, 다만 이 경우에는 광원을 끄는 것이므로 $I_a = 0$ 으로 놓고 수정을 해야 한다. 즉, (34.72)식의 정류 상태 조건 대신에 다음과 같은 관계를 이용해야 한다.

$$\frac{d[S_1]}{dt} = -\frac{[S_1]}{\tau_F} \qquad (34.86)$$

이것은 1차 속도식이며 적분을 하면 다음과 같이 된다.

$$[S_1] = [S_1]_0\, e^{-t/\tau_F} \qquad (34.87)$$

이 결과를 (34.67)식에 넣어주면 방출되는 형광 세기를 시간의 함수로 나타내는 식을 얻을 수 있다.

$$I^F_{em} = A_{10}[S_1]_0\, e^{-t/\tau_F} = (I^F_{em})_0\, e^{-t/\tau_F} \qquad (34.88)$$

여기서 $(I^F_{em})_0$는 입사 복사선을 끈 직후에 방출되는 형광 세기이다. τ_F를 농도의 함수로 측정하여 $1/\tau_F$를 [M]에 대해서 도시하면 k^F_q 값이 나오고, 또 절편으로부터 $A_{10} + k^S_{IC} + k^S_{ISC}$를 구할 수 있다. (34.70)식을 참고로 보아라.

인광의 감쇠도 비슷한 방법으로 다룰 수 있다. 즉, 이 때는 (34.73)식에서와 같이 $d[T_1]/dt = 0$ 으로 놓는 대신에 다음과 같이 놓는다.

$$\frac{d[T_1]}{dt} = k^S_{ISC}[S_1] - \frac{[T_1]}{\tau_P} \qquad (34.89)$$

여기에다 (34.87)식의 $[S_1]$값을 놓고 약간 정리를 하면 다음과 같은 식을 얻을 수 있다.

$$\frac{d[T_1]}{dt} + \frac{[T_1]}{\tau_P} = k^S_{ISC}[S_1]_0\, e^{-t/\tau_F}$$

한편 S_1의 초기 농도는 조명 하에서의 정류 상태 농도이다. 따라서 (34.73)식을 쓰고 $k^S_{ISC}[S_1]_0 = [T_1]_0/\tau_P$ 라고 놓을 수 있으며, 그리하여 위의 식은 다음과 같이 된다.

$$\frac{d[T_1]}{dt} + \frac{[T_1]}{\tau_P} = \frac{[T_1]_0\, e^{-t/\tau_F}}{\tau_P} \qquad (34.90)$$

이 식을 적분하기 위해서 $[T_1]$을 다음과 같이 놓는다.

$$[T_1] = F(t)e^{-t/\tau_P} \qquad (34.91)$$

그러면 다음과 같은 식이 나온다.

$$\frac{dF}{dt} = \frac{[T_1]_0\, e^{-t/\tau}}{\tau_P} \qquad \text{여기서} \qquad \frac{1}{\tau} = \frac{1}{\tau_F} - \frac{1}{\tau_P}$$

이 식은 직접 적분이 되며, $F(0) = [T_1]_0$ 인 관계를 이용하면 다음과 같이 된다.

$$F = [T_1]_0\left(1 + \frac{\tau}{\tau_P} - \frac{\tau e^{-t/\tau}}{\tau_P}\right) = [T_1]_0\left(\frac{\tau_P - \tau_F e^{-t/\tau}}{\tau_P - \tau_F}\right)$$

따라서 (34.91)식이 다음과 같이 된다.

$$[T_1] = [T_1]_0\left(\frac{\tau_P e^{-t/\tau_P} - \tau_F e^{-t/\tau_F}}{\tau_P - \tau_F}\right) \qquad (34.92)$$

이어서 이 식을 (34.81)식에 넣으면 다음과 같은 결과를 얻을 수 있다.

$$I^P_{em} = (I^P_{em})_0\left(\frac{\tau_P e^{-t/\tau_P} - \tau_F e^{-t/\tau_F}}{\tau_P - \tau_F}\right) \qquad (34.93)$$

이 식에서는 $A_{TS}[T_1]_0 = (I^P_{em})_0$ 로 놓았는데, 이 $(I^P_{em})_0$ 는 인광 세기의 초기값이다.

보통으로 τ_F는 τ_P보다 그 크기가 여러 자리수 만큼 작다. 전형적으로 $\tau_F < 10^{-7}$ s 이고 $\tau_P \approx 1$ 내지 10 s 이다. 따라서 $\tau_P - \tau_F \approx \tau_P$ 가 된다. 그리고 또 시간이 τ_F의 수배 정도의 미크로초가 경과한 후에는 $\exp(-t/\tau_F)$의 항이 무시할 수 있을 정도의 값으로 감쇠되며, 인광은 다음과 같이 지수 함수적으로 감쇠하게 된다.

$$I^P_{em} = (I^P_{em})_0\, e^{-t/\tau_P} \qquad (t \gg \tau_F) \qquad (34.94)$$

형광의 수명 τ_F 는 영이 아니므로 시간이 짧을 때는 이 수명이 I^P_{em} 대 t의 곡선을 대단히 조금 변형시키지만 시간이 길어지면 감쇠 속도에 아무런 영향도 주지 않는다.

섬광은 들뜬 상태의 분자수를 상당히 크게 증가시키므로 들뜬 종의 흡수 스펙트럼을 관찰할 수 있다. 예로서 한 들뜬 단일항 상태로부터 더 높은 단일항 상태로의 전이라든가 또는 3중항 상태로부터 보다 더 높은 3중항 상태로의 전이를 관찰할 수 있다. 이 방법을 통하여 지금까지 우리는 분자들의 에너지 준위에 관한 풍부한 지식을 얻었다.

34.16 유기 분자의 흡수 및 방출 스펙트럼

한 주어진 전자 상태에 있는 분자들이 열적 평형을 이루고 있을 때는 그 대부분이 그 전자 상태에서의 최저 진동 준위를 차지한다. 따라서 흡수 스펙트럼은 바닥 전자 상태의 최저 진동 준위로부터 비롯되는 띠로 이루어진다. 반대로 들뜬 후의 내부 변환은 대단히 빠르므로 모든 들뜬 종들은 급속히 S_1의 최저 진동 준위로 떨어진다. 그리하여 방출되는 형광은 S_1의 최저 진동 준위로부터 S_0의 여러 진동 준위로 떨어지는 전이에 말미암은 것이다. 이러한 전이들에 대한 에너지 준위를 그림 34-18에 나타내었다. 이 그림에 의하면 흡수되는 에너지 양자가 방출되는 에너지 양자보다 크다는 것을 분명하게 알 수 있다. 그리하여 흡수 띠는 방출 띠보다 짧은 파장 영역에 나타난다. 바닥 상태로부터 바닥 상태로의 전이는 두 경우에 모두 같다. 만일 이 두 상태에서의 진동 준위 간격이 모두 같으면 방출 스펙트럼은 흡수 스펙트럼의 거울 상이

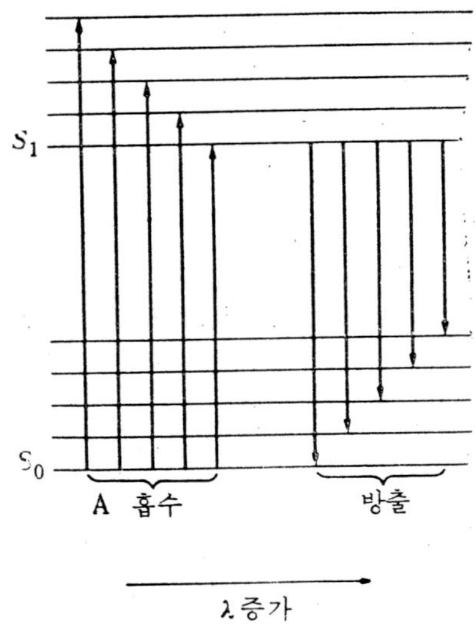

그림 34-18 흡수와 방출에서의 전이.

될 것이다(적어도 진동수 척도 상에서의 선들의 위치가 이렇게 나타날 것이다). 그러나 세기들이 대응하는가의 여부는 파동 함수가 이 두 상태에서 어떻게 중첩되는가에 의존한다. 그림 34-19는 세 가지 상이한 물리적 상태에 있는 안트라센에 대한 효과를 나타낸 것이다. 증기상에 대한 그림의 수자는 높은 상태(프라임 표시)와 낮은 상태(2중 프라임 표시)에서의 진동 양자

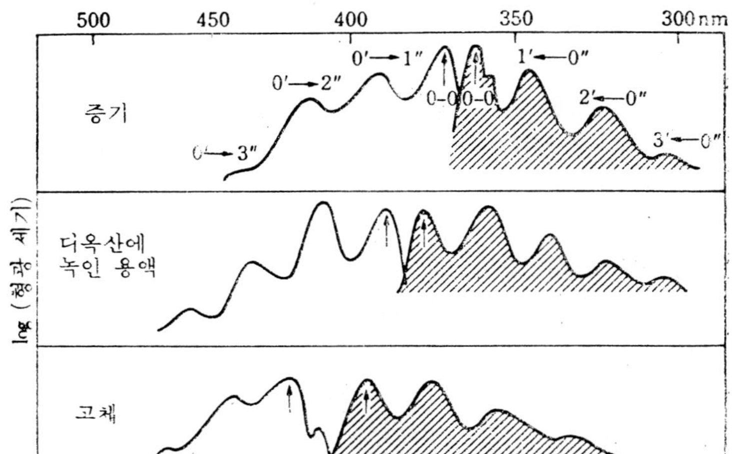

그림 34-19 증기, 용액 및 고체 상에서의 안트라센의 흡수 스펙트럼(빗금)과 형광 스펙트럼. 화살표들은 0—0 띠들을 나타낸다. 고체 상 쪽으로 갈수록 0—0 띠가 적색 이동을 하고 또 띠 사이의 간격이 넓어짐에 주목하라. 기체 상에 대해서는 다른 진동-전자 띠도 나타내었다 (J.S. Calvert and J.N. Pitts, Jr. *Photochemistry*. New York: John Wiley, 1966.).

수이다. 들뜬 상태의 분자들은 그 이웃 분자들과 평형을 이룰 수 있을 정도의 긴 수명을 가지므로 형광을 일으키기 전에 그의 에너지가 약간 낮아지며, 이 때문에 흡수와 형광에 대한 0—0 띠들이 분리된다. 이 에너지 조절이 에너지 흡수 과정에서 일어날만한 시간적 여유는 없다. 용액 상과 고체 상에서는 진동수가 낮은 쪽으로 이동하는 것(적색 이동)이 전형적이다. 이것은 분자들이 그 이웃들과 상호 작용을 하기 때문에 나타나는 현상이다.

34.17 해리 반응을 수반하는 흡수

보편적인 유형의 광화학 반응은 그의 1차적 광화학 작용에서 분자가 양자를 흡수하고 이어서 다음과 같이 해리하는 것들이다.

$$M + h\nu \longrightarrow \text{조각}$$

생성된 조각은 흔히 원자나 자유 라디칼이므로 이 1차적 단계가 흔히 연쇄 메카니즘을 시발시킨다. 이 경우에는 비록 연쇄 반응이 아주 작은 양자 수득률로서 일어나지만 결과적으로 매우 큰 양자 수득률을 나타낸다.

흡수된 광양자가 분자를 해리시키는 데 필요한 에너지는 그 분자의 열역학적 해리 에너지보다 현저하게 큰 것이 통상적이다. 그 이유는 간단히 복사선이 흡수되려면 흡수된 양자에 의해서

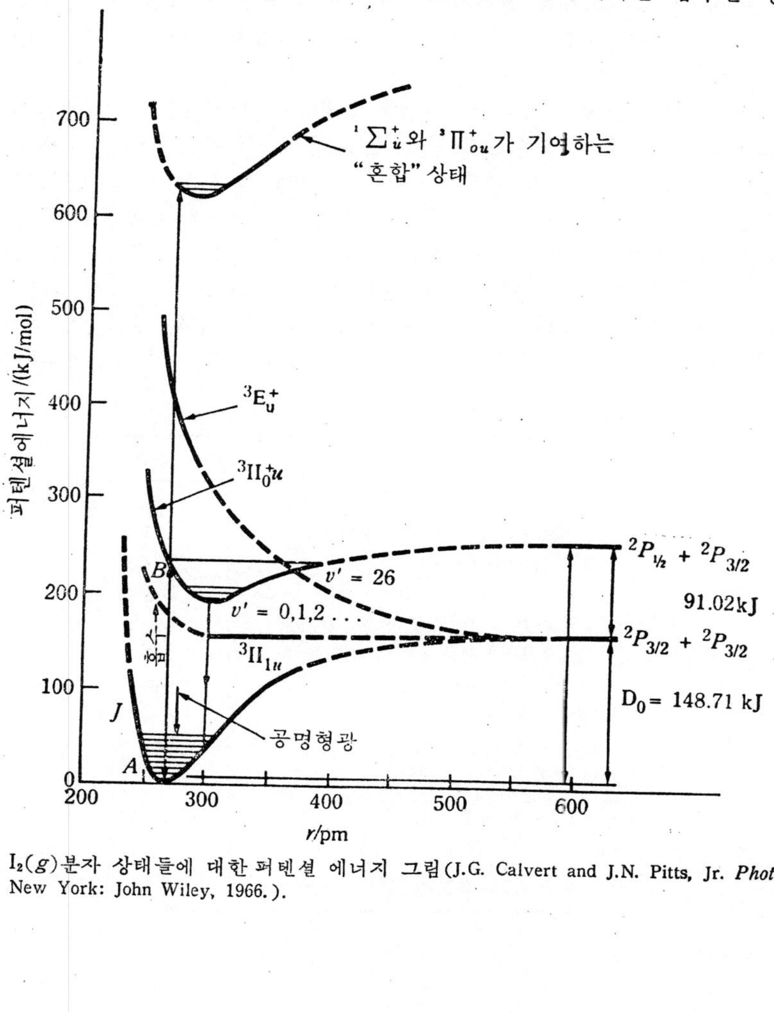

그림 34-20 $I_2(g)$분자 상태들에 대한 퍼텐셜 에너지 그림(J.G. Calvert and J.N. Pitts, Jr. *Photochemistry*, New York: John Wiley, 1966.).

계가 들떠 올라갈 수 있는 높은 전자 상태가 존재해야 하기 때문이다. 그림 34-20에 I_2에 대한 퍼텐셜 에너지 그림을 나타내었는데, I_2의 흡수 띠는 $^1\Sigma_g^+$의 최저 진동 준위로부터 $^3\Pi_{0u}^+$ 상태의 준위들로의 전이 때문에 나타나는 것이다. 이 띠는 499.0 nm에서 연속적 준위로 수렴된다. 이 파장에서의 전이 에너지는 요오드 분자를 두 요오드 원자(그중 하나는 들뜬 $^2P_{1/2}$ 상태에 있다)로 해리시키기에 충분한 것이다. 엄밀하게 말하면 $^1\Sigma_g^+$로부터 $^3\Pi_{0u}^+$로의 전이는 스핀-금지이지만 I_2분자 속의 많은 전자들 때문에 이 금지가 완화된다. 바닥 상태로부터 $^3\Pi_{1u}$와 $^3\Sigma_u^+$로의 전이는 대단히 약하다. 그림 34-20에 의하면 열역학적 해리 에너지는 불과 148.71 kJ/mol이고 또 한편 499 nm 양자의 에너지는 239.73 kJ/mol이다. 따라서 요오드 원자를 $^2P_{3/2}$로부터 $^2P_{1/2}$로 들뜨게 하는 에너지는 91.02 kJ/mol이 된다. 이 해리 과정은 다음과 같이 나타낼 수 있다.

$$I_2 + h\nu \longrightarrow I(^2P_{3/2}) + I(^2P_{1/2}) \qquad \lambda < 499\text{ nm}$$

이것을 흔히 다음과 같이 간단히 나타내기도 한다.

$$I_2 + h\nu \longrightarrow I + I^* \qquad \lambda < 499\text{ nm}$$

여기서 별표는 요오드 원자가 들뜬 상태에 있다는 것을 표시한다. 표 34-3에 몇 가지 반응과 이 반응을 일어나게 하는 파장의 상한을 표시하였다.

산소의 경우에는 175.9 nm에서 연속적 흡수가 일어나는데, 이것은 $^3\Sigma_g^-$ 상태로부터 $^3\Sigma_u^-$ 상태로의 전이에 맞먹는 것이다. 표에서와 같이 이 해리에 의해서 1개의 정상적 산소 원자와 1개의 들뜬 산소 원자가 생긴다.

HI의 경우는 HI의 모든 높은 상태들이 반발 상태라는 점에서 조금 비정상적이다. 파장에 따라서 요오드 원자는 들뜬 상태에 있을 수도 있고 들뜬 상태에 있지 않을 수도 있다. 그러나 어떤 경우에나 생성되는 원자는 큰 과잉의 운동 에너지를 갖게 된다. 그런데 H원자와 I원자는 큰 질량차를 가지고 있으므로 수소 원자가 이 과잉의 에너지의 대부분을 가지게 된다. 이러한 수소 원자를 "hot"원자라고 한다. 그림 34-21은 결합 상태로부터 두 상이한 반발 들뜬 상태로의 전이를 나타낸 것이다. 이 분자가 바닥 진동 상태로부터 점 B에 있는 상태로 들뜰 때는 정상적인 H원자와 I원자로 해리되는 데 필요한 것보다 ΔE만큼의 에너지가 과잉으로 더 흡수된다. 이 과잉의 에너지는 바닥 상태에 있는 수소 원자의 운동 에너지로 이용되는 것이다. 어

표 34-3 단순 분자를 해리시키는 데 필요한 파장.

반 응	λ/nm
$H_2 + h\nu \rightarrow H(1s) + H^*(2s \text{ or } 2p)$	< 84.5
$O_2 + h\nu \rightarrow O(^3P) + O^*(^1D)$	< 175.9
$Cl_2 + h\nu \rightarrow Cl + Cl^*$	< 478.5
$Br_2 + h\nu \rightarrow Br + Br^*$	< 511.0
$I_2 + h\nu \rightarrow I(^2P_{3/2}) + I^*(^2P_{1/2})$	< 499.0
$HI + h\nu \rightarrow H + I$	< 327
$NO_2 + h\nu \rightarrow NO + O$	< 366
$NH_3 + h\nu \rightarrow NH_2 + H$	< ~ 220
$H_2O + h\nu \rightarrow H + OH$	< 242
$R-C(=O)-H + h\nu \rightarrow R + CHO$	< ~ 330
$R-C(=O)-R + h\nu \rightarrow R + RCO$	< ~ 330

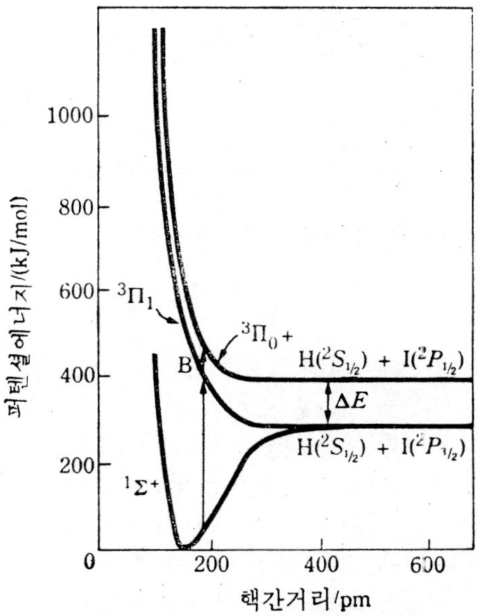

그림 34-21 HI의 최저 전자 상태들에 대한 퍼텐셜 에너지 곡선(J.G. Calvert and J.N. Pitts, Jr. *Photochemistry*. New York: John Wiley, 1966.).

떤 상태들이 관여되었느냐에 따라서 이 과잉의 운동 에너지는 대단히 클 수 있다.

34.18 광화학 반응의 예

34.18.1 HI의 광분해

두 광화학 반응의 반응 속도론을 열 반응의 반응 속도론과 비교해 보자. 빛이 없을 때는 요오드화수소가 다음과 같은 단일 단계 반응에 의해서 분해한다.

$$2\,HI \longrightarrow H_2 + I_2$$

또는 이 단일 단계 반응이 다음과 같이 될 수도 있다.

$$2\,HI \longrightarrow H_2 + 2\,I$$

초기에는 역반응의 속도를 무시할 수 있으며 따라서 어느 경우이건 반응 속도는 다음과 같이 주어진다.

$$\frac{1}{V}\frac{d\xi}{dt} = -\frac{1}{2}\frac{d[HI]}{dt} = k[HI]^2$$

한편 약 327 nm 이하의 파장에서 일어나는 이 광화학 반응의 메카니즘은 다음과 같다.

$$HI + h\nu \longrightarrow H + I \qquad 속도 = I_a$$
$$H + HI \longrightarrow H_2 + I \qquad 속도 = k_2[H][HI]$$
$$2\,I \longrightarrow I_2 \qquad 속도 = k_3[I]^2$$

다른 단일 단계 반응들도 가능한데, 이 때는 보다 더 높은 활성화 에너지를 필요로 하거나 3체 충돌을 일으켜야 한다. 결국 HI가 분해되는 반응의 속도는 다음과 같이 된다.

$$\frac{-d[\mathrm{HI}]}{dt} = I_a + k_2[\mathrm{H}][\mathrm{HI}]$$

정류 상태 조건은 다음과 같다.

$$\frac{d[\mathrm{H}]}{dt} = 0 = I_a - k_2[\mathrm{H}][\mathrm{HI}]$$

이 두 식을 결합하면 다음과 같은 결과를 얻을 수 있다.

$$\frac{-d[\mathrm{HI}]}{dt} = 2I_a \tag{34.95}$$

정의에 의해서 양자 수득률은 $\phi = (-d[\mathrm{HI}]/dt)/I_a$이므로 (34.95)식으로부터 $\phi = 2$를 얻는다. 여러 가지 실험조건 하에서 측정한 ϕ값은 2이다.

이 광화학 반응에 관한 흥미있는 점은 반응 속도가 (34.95)식에 의해서 단순히 흡수 세기의 2배이고 HI의 농도에는 직접 의존하지 않는다는 점이다. 아주 센 광원이라도 초당 내놓는 양자의 수는 그다지 많지 않으므로 위의 사실은 반응이 매우 느리다는 것을 의미한다. 반응 속도가 빛살의 세기에 의존한다는 것은 계와 광원 사이의 거리를 변화시켜 보면 쉽게 알 수 있다. 계로 들어가는 빛살의 세기는 광원으로부터의 거리의 제곱에 반비례하므로 주어진 용기와 주어진 HI의 농도에서는 흡수 세기가 거리의 제곱에 반비례해야 한다. 흡수 세기는 Beer의 법칙에 따라서 농도에 의존하므로 반응 속도는 HI의 농도에 간접적으로 의존된다.

34.18.2 H_2와 Br_2 사이의 광화학 반응

HI의 분해 반응에서는 광화학 반응과 열분해 반응의 두 메카니즘이 전혀 달랐지만 H_2와 Br_2 사이의 광화학 반응은 열 반응과 비슷한 반응 속도식에 따라서 일어난다. 파장이 511 nm 이하인 빛을 사용하면 H_2와 Br_2 사이의 광화학 반응이 다음과 같은 메카니즘에 따라서 일어난다.

$$\begin{aligned}
\mathrm{Br_2} + h\nu &\longrightarrow 2\,\mathrm{Br} \\
\mathrm{Br} + \mathrm{H_2} &\xrightarrow{k_2} \mathrm{HBr} + \mathrm{H} \\
\mathrm{H} + \mathrm{Br_2} &\xrightarrow{k_3} \mathrm{HBr} + \mathrm{Br} \\
\mathrm{H} + \mathrm{HBr} &\xrightarrow{k_4} \mathrm{H_2} + \mathrm{Br} \\
2\,\mathrm{Br} &\xrightarrow{k_5} \mathrm{Br_2}
\end{aligned}$$

HBr의 생성 속도는 열 반응의 경우에 대한 (32.65)식과 같다.

$$\frac{d[\mathrm{HBr}]}{dt} = k_2[\mathrm{Br}][\mathrm{H_2}] + k_3[\mathrm{H}][\mathrm{Br_2}] - k_4[\mathrm{H}][\mathrm{HBr}] \tag{34.96}$$

그런데 H원자와 Br원자에 관한 정류 상태 조건은 다음과 같다.

$$\frac{d[\mathrm{H}]}{dt} = 0 = k_2[\mathrm{Br}][\mathrm{H_2}] - k_3[\mathrm{H}][\mathrm{Br_2}] - k_4[\mathrm{H}][\mathrm{HBr}]$$

$$\frac{d[\mathrm{Br}]}{dt} = 0 = 2\,I_a - k_2[\mathrm{Br}][\mathrm{H_2}] + k_3[\mathrm{H}][\mathrm{Br_2}] + k_4[\mathrm{H}][\mathrm{HBr}] - 2\,k_5[\mathrm{Br}]^2$$

이 두 식을 더하면 $2\,k_5[\mathrm{Br}]^2 = 2\,I_a$가 얻어진다. 따라서

$$[\mathrm{Br}] = \left(\frac{I_a}{k_5}\right)^{1/2}$$

이 결과를 정류 상태식 중의 어느 하나에 넣으면 최종적으로 다음과 같은 결과가 나온다.

$$[\mathrm{H}] = \frac{\left(\frac{k_2}{k_5^{1/2}}\right)I_a^{1/2}}{k_3[\mathrm{Br_2}] + k_4[\mathrm{HBr}]}$$

이 값들을 (34.96)식에 넣는다. 그러면,

$$\frac{d[\mathrm{HBr}]}{dt} = \frac{\left(\frac{2\,k_2}{k_5^{1/2}}\right)I_a^{1/2}[\mathrm{H_2}]}{1 + \frac{k_4[\mathrm{HBr}]}{k_3[\mathrm{Br_2}]}} \tag{34.97}$$

(34.97)식은 열 반응에 관한 식과 대단히 비슷하며, $I_a^{1/2}$ 가 $k_1^{1/2}(\mathrm{Br_2})^{1/2}$ 로 바꾸어졌을 뿐이다. 이것은 브롬 원자의 농도가 열 해리에 의해서가 아니라 광화학적 해리에 의해서 일정하게 유지된다는 것을 뜻한다. 이 경우 반응 속도가 빛살의 세기의 제곱근에 의존한다는 사실은 주의할 만하다. 왜냐 하면 이것은 양자 수득률이 빛살의 세기의 제곱근에 반비례하는 결과를 초래하기 때문이다. 즉,

$$\phi = \frac{\frac{d[\mathrm{HBr}]}{dt}}{I_a} = \frac{\left(\frac{2\,k_2}{k_5^{1/2}}\right)[\mathrm{H_2}]}{I_a^{1/2}\left\{1 + \frac{k_4[\mathrm{HBr}]}{k_2[\mathrm{Br_2}]}\right\}}$$

빛살의 세기가 증가하면 생성된 브롬 원자가 모두 연쇄 반응에 참여하지 않고 대부분이 $\mathrm{Br_2}$ 로 바뀐다. 그러므로 여분의 양자는 낭비가 되고 따라서 이 과정은 그만큼 효율이 떨어진다. k_2 가 대단히 작으므로 양자 수득률은 비록 HBr 이 연쇄 반응에 의해서 생기기는 하지만 상온에서 1 보다 작다. 온도가 올라감에 따라 k_2 가 증가하면 양자 수득률이 증가한다(k_5 는 온도에 거의 무관하다).

34.19 광감 반응

광감 반응 역시 광화학 반응의 중요한 한 부분이다. 이 반응에서는 반응물을 수은이나 카드뮴 증기와 같은 제 3의 기체와 섞는다. 그리고 이 제 3의 원자나 분자가 양자를 흡수하는 것이 1차적 광화학 작용이 되고 있다.

수소, 산소 및 수은 증기의 혼합물에다 자외선을 쪼이면 수은 증기는 253.7 nm 의 빛을 세게 흡수하여 들뜬 수은 원자 Hg* 로 된다.

$$\mathrm{Hg} + h\nu \longrightarrow \mathrm{Hg^*}$$

이 파장에 맞먹는 에너지는 471.5 kJ/mol 이다. 바닥 상태에 있는 수소 분자가 해리하여 바닥 상태에 있는 두 수소 원자로 되려면 432.0 kJ/mol 의 에너지가 필요하다. 산소가 해리하려면 490.2 kJ/mol 이 필요하다. 들뜬 수은 원자가 가진 에너지는 $\mathrm{H_2}$ 를 해리시키기에 충분하지만 $\mathrm{O_2}$ 를 해리시키기에는 부족하다. 그리하여 다음과 같은 소광 반응에 의해서 혼합물 속에 H원자가 생기게 된다.

$$\mathrm{Hg^*} + \mathrm{H_2} \longrightarrow \mathrm{Hg} + \mathrm{H} + \mathrm{H}$$

이 H원자는 H_2O가 생성되는 보통 메카니즘의 연쇄 반응을 시발시킬 수 있다. 이와같이 빛에 의해서 시발되는 반응을 광감 반응이라고 하며, 수은을 증감제라고 한다.

광감 반응이 중요한 이유는 직접적으로는 일어나지 않는 광화학 분해 반응이 소량의 증감제의 존재로 말미암아 일어날 수 있기 때문이다. 바로 위에서 든 예가 여기에 해당하는 것이다. 즉, 파장이 253.7 nm인 복사선이 우선 수은 원자에 흡수되었으며, 이 들뜬 수은 원자는 충돌 과정에서 그 들뜬 에너지로 수소 분자를 해리시켰었다. 수은 원자는 471.5 kJ를 가졌었으며, 해리를 시키는 데 432.0 kJ/mol이 들었고 나머지 39.5 kJ은 두 수소 원자와 수은 원자의 병진 운동 에너지로 이용되었다. 다음과 같은 반응에 의해서 H_2를 직접 해리시킨다고 생각해 보자.

$$H_2 + h\nu \longrightarrow H + H$$

이 과정을 열역학적 과정만을 생각하면 471.5 kJ로서도 충분히 해리시킬 수가 있지만 $\lambda = 253.7$ nm인 빛으로는 해리가 되지 않는다는 사실이 밝혀졌다. 복사선의 직접적인 흡수에 의해서 해리가 일어나려면 연속 스펙트럼 영역에 있는 파장의 빛이 흡수되어야 한다. H_2에서는 연속 스펙트럼이 84.9 nm에서 시작된다. 수소 분자가 이 연속 스펙트럼 영역의 빛을 흡수하면 적어도 한 원자는 들뜬 상태에 있게 된다. 즉,

$$H_2 + h\nu \longrightarrow H + H^* \qquad \lambda \leq 84.9 \text{ nm}$$

그런데 이미 설명한 바와 같이 복사선의 흡수를 지배하는 선택률에 의하면 H_2가 양자 하나를 직접 흡수하여 바닥 상태에 있는 H원자 2개로 될 수는 없다. 따라서 빛의 양자는 비록 충분한 에너지를 가지고 있기는 하지만 해리를 시킬 수 없다. 양자는 선택률에 저촉되지 않는 특별한 방법으로 해리시킬 수 있는 충분한 에너지를 가져야 한다. 충돌 과정에서 에너지가 이전될 때는 이러한 선택률의 구속을 받지 않으며, 따라서 증감 작용에 의하여 해리가 가능해지는 것이다.

염소가 증감 작용을 하는 오존의 분해 반응도 또한 광증감 반응의 한 예이다. 오존은 가시 광선을 조사시켜도 안정하며, 흡수 연속 스펙트럼은 약 290 nm에서 시작한다. 염소가 약간 있으면 오존이 빠르게 분해되는데, 염소는 478.5 nm 아래에서 연속 흡수를 나타낸다.

$$Cl_2 + h\nu \longrightarrow 2\,Cl \qquad \lambda \leq 478.5 \text{ nm}$$

염소 원자와 오존의 반응은 복잡한 연쇄 메카니즘에 의해서 일어난다. 브롬도 이 분해 반응의 증감제로 작용할 수 있다.

우라닐 이온에 의해서 광감되는 옥살산의 분해 반응은 보편적인 복사 계량 반응이다. 이 반응에서는 250 내지 450 nm 사이의 파장을 가진 빛이 이용된다. 빛양자를 흡수하면 우라닐 이온이 활성화되었다가 그의 에너지를 옥살산 분자에 전달하고 그리하여 옥살산이 분해한다. 즉, 이 반응은 다음과 같이 쓸 수 있다.

$$UO_2^{2+} + h\nu \longrightarrow (UO_2^{2+})^*$$
$$(UO_2^{2+})^* + H_2C_2O_4 \longrightarrow UO_2^{2+} + H_2O + CO_2 + CO$$

양자 수득률은 빛의 진동수에 의존하는데, 약 0.5로부터 0.6 사이의 값을 가진다. 일정한 시간이 지난 후 빛을 끄고 남은 옥살산을 $KMnO_4$로 적정하여 결정한다. 이 데이터를 이용하고 옥살산의 처음 양만 알 것 같으면 사용한 빛의 진동수에 해당하는 양자 수득률의 값을 써서 투과된 빛살의 세기를 계산할 수 있다.

광증감 반응의 실제 응용 예는 사진 필름인데, 여기서는 에멀젼에 섞여 있는 염료 때문에 보

통으로는 감광을 시키지 못하는 긴 파장으로도 예민하게 감광을 시킬 수가 있다. 예로서 적외선 사진은 가시광선이 없어도 대상 물질을 사진 찍을 수 있다.

34.20 광 합 성

식물의 구조와 기능에 필요한 화합물은 녹색 식물 색소의 주성분인 엽록소에 의해서 증감된다. 엽록소는 가시 영역에서 두개의 센 흡수 띠를 나타내는데, 하나는 약 600 부터 680 nm 사이의 띠이고 또 하나는 380 부터 480 nm 사이의 띠이다. 광합성에서 가장 효과적인 것은 긴 파장 영역이다. 뿐만 아니라 700 nm 에서 흡수를 일으키는 분자가 있는데 이것은 엽록소-*a* 의 특별한 꼴이다. 이 꼴의 엽록소는 광합성 메카니즘에서 결정적인 역할을 한다. 카로틴이나 피코빌린과 같은 기타 식물 색소들은 빛을 흡수한 다음 그 들뜸 에너지를 엽록소-*a* 에 넘겨줌으로써 광합성에 기여를 한다.

광합성 반응을 옛날에는 다음과 같은 전체 반응으로 나타내었다.

$$n\mathrm{CO_2} + n\mathrm{H_2O} + xh\nu \longrightarrow (\mathrm{CH_2O})_n + n\mathrm{O_2}$$

여기서 $(CH_2O)_n$ 은 탄수화물의 일반식이다. 이 탄수화물 속에 저장된 에너지는 다른 식물 물질(단백질, 지질, 지방 등)을 합성하는 화학 반응에 이용된다. 지금에 와서는 아미노산과 같은 화합물이 이산화탄소의 광합성 환원 반응에 의해서 곧바로 생성되며, 탄수화물이 1차적으로 합성될 필요가 없다는 것이 명백해졌다. 이 사실이 탄수화물의 광합성 반응의 중요성을 감소시키는 것은 물론 아니며, 다만 다른 여러 종류의 화합물이 광합성에 의해서 생성된다는 것을 나타낼 뿐이다. CO_2 로부터 탄수화물로 되는 탄소 환원 순환의 총체적 메카니즘과 그 많은 부분의 자세한 내용은 Melvin Calvin 과 그의 동료들에 의해서 규명되었으며, 그 공로로 그는 Novel 상을 받았다.

에너지는 식물 색소를 통해서 축적된다. 이 에너지는 엽록소-*a* 로 이전되고, 이것의 한 형태는 그 에너지를 이용하여 물 분자를 산소로 산화시키며 다른 형태는 궁극적으로 니코틴아미드아데닌디뉴클레오티드인산, NADP 을 NADPH 로 환원시킨다. 이 NADPH 의 환원 작용에 의해서 궁극적으로 CO_2 가 $(CH_2O)_n$ 으로 환원된다.

34.21 광정류 상태

화학 평형에 있는 계가 빛을 흡수하면 흥미 있는 효과를 나타낸다. 즉, 반응물이 빛을 흡수하던 역반응 속도에는 직접적인 영향을 주지 않고 정반응 속도만을 증가시킬 수 있으며, 그리하여 평형을 교란시킨다. 생성물의 농도가 약간 증가하면 역반응 속도가 증가한다. 이와같이 하여 정반응 속도와 역반응 속도가 같아지면 계의 생성물의 농도는 평형 상태에서 보다 커지게 된다. 이 새로운 상태는 평형 상태가 아니며 **광정류** 상태라고 하는 하나의 정류 상태이다.

안트라센의 2합체화 반응은 그 좋은 예이다. 안트라센의 용액에다 자외선을 쬐이면 다음과 같은 반응이 일어난다.

$$2\,\mathrm{A} \longrightarrow \mathrm{A_2}$$

이 반응에 대한 메카니즘은 다음과 같은 것이라고 생각된다.

$$\mathrm{A} + h\nu \longrightarrow \mathrm{A}^* \qquad 속도 = I_a$$

$$\mathrm{A}^* + \mathrm{A} \longrightarrow \mathrm{A_2} \qquad 속도 = k_2[\mathrm{A}^*][\mathrm{A}]$$

$$A^* \longrightarrow A + h\nu' \qquad 속도 = k_3[A^*] \qquad (형광)$$

$$A_2 \longrightarrow 2A \qquad 속도 = k_4[A_2]$$

A_2의 실효 생성 속도는 다음과 같다.

$$\frac{d[A_2]}{dt} = k_2[A^*][A] - k_4[A_2] \tag{34.98}$$

정류 상태에서는 $d[A^*]/dt = 0$이다. 따라서,

$$0 = I_a - k_2[A^*][A] - k_3[A^*] \qquad [A^*] = \frac{I_a}{k_2[A] + k_3} \tag{34.99}$$

광정류 상태에서는 또한 $d[A_2]/dt = 0$이어야 한다. 따라서 (34.98)식으로부터 A_2의 농도가 나온다. 즉,

$$[A_2] = \frac{k_2[A^*][A]}{k_4}$$

(34.99)식의 $[A^*]$값을 넣으면 위 식은 다음 같이 된다.

$$[A_2] = \frac{k_2[A]I_a}{k_4(k_2[A] + k_3)} = \frac{I_a}{k_4\{1 + (k_3/k_2[A])\}}$$

또 단위체의 농도 [A]가 대단히 크면 다음과 같이 된다.

$$[A_2] = I_a/k_4 \tag{34.100}$$

(34.100)식은 보통의 평형식 $[A_2] = K[A]^2$와 다르다는 것을 주목하라. (34.100)식이 적용되는 광정류 상태에서는 2합체의 농도가 단위체의 농도에 무관하게 된다.

이 이외에도 광정류 상태에 관한 예가 많이 알려져 있다. NO_2의 광분해 반응은 ~400 nm 이하에서 일어난다.

$$NO_2 + h\nu \longrightarrow NO + \frac{1}{2}O_2$$

한편 이 역반응은 어둠 반응이다.

얼마간의 오존이 대기층 위에 머물러 있는 것은 확실히 복잡한 광정류 상태의 결과일 것이다. 오존은 태양광선을 걸러주기 때문에 약 290 nm 이하의 파장이 짧은 복사선이 지구 표면에 도달하지 못한다. 오존은 이보다 짧은 파장의 복사선을 세게 흡수한다. 이 다행스러운 오존층의 환경으로 말미암아 지구상에 생명이 있게 되는 것이다. 이보다 짧은 파장의 복사선은 생체 세포에 심한 손상을 주며 대부분의 경우에는 치사적인 영향을 준다. 오존층의 유효 두께는 표준 압력과 온도로 환산해서 대략 3 mm가 될 것으로 추산된다. 할로겐 원자는 오존을 분해시키는 촉매 작용을 하므로, 광분해 반응에 의해서 대기 상층에 할로겐 원자를 축적시키는 플루오르화탄소가 산업에서 대량으로 이용되는 것이 큰 관심사가 되었다. 오존 층이 크게 감소하면 지구상의 생명 형태에 심한 역효과가 초래될 수 있을 것이다.

34.22 화학 발광

전자 상태가 들뜬 중간 생성물이나 생성물을 만드는 보통 형태의 열반응들은 화학 발광을 나

타낸다. 들뜬 분자는 일반적으로 가시 스펙트럼에 있는 빛의 양자를 방출한다. 이러한 반응은 상온에서 진행될 수 있기 때문에 여기서 나오는 빛을 때에 따라 "찬 빛"이라고 한다. 이것은 아마 불꽃이나 백열체에서 방출되는 "뜨거운 빛"과 대조적일 것이다. 유명한 예는 알칼리성 용액에서 루미놀이라고 부르는 3-아미노프탈산히드라지드가 과산화수소에 의해서 산화되는 반응이다. 이 때는 밝은 초록색 빛이 나온다.

인을 서서히 산화시키면 초록색의 빛이 나오는데 이것은 들뜬 상태에 있는 산화물이 생성되기 때문이다. 반딧불이라든가 어떤 미생물이 그 대사 과정에서 방출하는 빛과 같은 생체 발광 역시 화학 발광의 한 예이다. 늪지대에 나타나는 인광인 도깨비불은 분명히 썩고 있는 유기물질의 느린 산화 때문이다.

《질 문》

34. 1 표면 분해 반응 속도식인 (34.5)식과 Lindemann 속도식인 (32.61)식 사이의 유사점과 차이점을 말하라.

34. 2 세째 번 경우의 표면 분해 반응 속도식인 (34.19)식을 반응물 A와 B가 표면 자리를 놓고 경쟁한다는 관점에서 설명하라.

34. 3 300 K 에서 반응 속도를 3배로 해주는 촉매는 활성화 에너지를 얼마나 감소시키겠는가?

34. 4 (34.37)식을 평형에 적용시키면 Nernst식과 일치하는 이유를 설명하라.

34. 5 교환 전류 i_0가 평형에서 영으로 되지 않는 이유를 말하라.

34. 6 (34.29)식과 (34.30)식에서 α는 어떤 뜻을 나타내는 것인가? 만일 퍼텐셜 ϕ가 근사적으로 금속으로부터 2중층을 통해서 금속 이온까지의 거리에 선형이라면 $\alpha=\frac{1}{2}$의 전형적인 값을 가질 경우, 이 거리의 함수인 화학 Gibbs에너지($\Delta G^{\ddagger}$)의 대칭성이 어떻게 되겠는가?

34. 7 형광과 인광을 (a) 관여되는 전자 상태가 얻어지는 경로를 가지고, (b) 관련되는 파장을 가지고, (c) 복사 수명을 가지고 비교하여 보아라.

34. 8 형광 방출 스펙트럼은 그 내부 변환 과정이 급속하지 않을 경우 시간에 의존하겠는가? 이유를 설명하라.

34. 9 2원자 분자가 해리할 때 흡수하는 에너지와 분해 생성물의 에너지 측정 결과를 이용하면 해리 에너지를 구할 수 있다. 그 방법을 말하라.

34. 10 단일항 S_1 상태와 3중항 T_1 상태의 유기물은 흔히 상이한 반응을 일으킨다. 흔히 T_1상태는 이른바 3중항 증감제에 의해서 S_0로부터 직접 생성될 수 있다. T_1으로부터의 생성물만을 원할 경우, 이 증감제를 쓰는 것이 S_0를 쪼여주는 것보다 어떤 장점을 갖는가?

《연습 문제》

34. 1 수용액에서는 대부분 화학종의 확산 계수가 $10^{-9}\ m^2/s$ 정도이다. 잘 저어준 용액에서는 $\delta=0.001$ cm이다. 반응물이 표면으로 확산되는 과정이 느린 단계인 경우, 반응 분자의 농도가 0.01 mole/L 이면 반응 속도는 얼마나 되겠는가? 반응물은 표면에 도달하면 대단히 빠르게 반응하므로 표면에서의 반응물의 농도는 영으로 놓을 수 있다.

34. 2 a) 표 34-1의 데이터를 써서 400 K와 500 K에서의 HI의 균일 분해 반응에 대한 상대 속도를 비교하라.
b) 400 K와 500 K의 백금 표면에서 일어나는 HI의 불균일 반응에 대한 상대 속도를 비교하라.

34. 3 다음 사실들로부터 표면에서의 흡수에 관해서 어떤 결론을 내릴 수 있겠는가?
a) 백금 표면에서 HI의 분해 속도가 HI의 농도에 비례한다.
b) 금 표면에서 HI의 분해 속도가 HI의 압력에 무관하다.
c) 백금 표면에서 $SO_2 + \frac{1}{2}O_2 \longrightarrow SO_3$ 반응의 속도는 SO_3의 압력에 무관하다.
d) 백금 표면에서 $CO_2 + H_2 \longrightarrow H_2O + CO$ 반응의 속도는 CO_2의 압력이 낮으면 그 압력에 비례하고 CO_2의 압력이 높으면 그 압력에 반비례한다.

34. 4 전위차계 회로에 붙인 검류계는 $\pm 10^{-6}$ A를 알아낸다. 수소 발생에 관한 i_0는 수은 표면에서는 10^{-14} A/cm² 이고 백금 표면에서는 10^{-2} A/cm² 이다. (a) 전극 표면적을 1 cm²로 하고, 수소 전극으로서 백금을 사용하면 얼마만한 전위차 영역에서 전위차계가 균형을 이루겠는가? (b) 또 수소 전극으로서 수은을 사용하면 이 값이 얼마가 되겠는가? (i와 η는 선형 관계에 있다고 가정하라. $t = 20$ °C이다.)

34. 5 황산제 2철 용액에다 전류를 통과시켜 양극에서 O_2를 STP로 15 cm³를 발생시키고, 음극에서 당량의 제 2철 이온을 제 1철 이온으로 환원시켰다. 양극의 넓이가 3.0 cm²이고 음극의 넓이를 1.2 cm²이라면 양극 반응과 음극 반응의 속도들은 A/cm²로 얼마가 되겠는가?

34. 6 교환 전류를 이용하면 평행에서 일어나고 있는 정반응과 역반응의 속도를 측정할 수 있다. 백금 표면에서의 $\frac{1}{2}H_2 \rightleftharpoons H^+ + e^-$ 반응에 관한 교환 전류는 10^{-2} A/cm²이다.
(a) 1 cm²의 백금 표면에서 매초마다 생성되는 수소 이온은 얼마나 되는가?
(b) H원자의 흡착 자리가 1 cm² 당 10^{15}개 있다면 1초 동안에 몇 번이나 표면 자리를 차지했다 떨어졌다 하겠는가?

34. 7 산화 반응 $Fe \longrightarrow Fe^{2+} + 2e^-$를 생각해 보자.
a) 양극에다 +0.100 V의 과전위를 걸어주면 활성화 Gibbs에너지가 평형값으로부터 얼마나 변하겠는가?
b) 이 때 i_+는 i_0보다 몇 배로 증가하는가?

34. 8 0.10 mol/L Ag^+ 용액으로부터 은을 석출시켰다. 20 °C에서 $[Ag^+] = 0.10$ mol/L일 때는 $Ag^+ + e^- \longrightarrow Ag$ 반응에 대해서 $\alpha = 0.74$, 그리고 $i_0 = 4.5$ A/cm²이다. 전류 밀도가 10^{-3}, 10^{-2}, 10^{-1}, 1A/cm²일 때의 과전위를 계산하라.

34. 9 Cd^{2+}가 0.01 mol/L, 그리고 H^+가 0.10 mol/L로 들어 있는 용액이 있다. (34.42)식에서 $i_0 = 10^{-12}$ A/cm², $z = +1$, 그리고 $\alpha = \frac{1}{2}$로 놓으면 이 식이 카드뮴 상에 수소가 석출되는 경우를 나타내고, 또 한편 $\alpha = \frac{1}{2}$, 그리고 $i_0 = 1.5$ mA/cm²로 하면 이 식은 카드뮴이 석출되는 전류 전압 곡선을 나타내게 된다. 25 °C에서 $Cd^{2+} + 2e^- \rightleftharpoons Cd$ 반응의 평형 전위는 0.01 mol/L Cd^{2+} 용액의 경우 −0.462 V이며, $2H^+ + 2e^- \rightleftharpoons H_2$ 반응의 평형 전위는 0.10 mol/L H^+ 용액의 경우 −0.060 V이다.
a) 전류 밀도가 얼마가 되면 카드뮴이 석출되기 시작하겠는가?
b) 전류 밀도가 -1.0×10^{-3} A/cm²일 때는 이 전류의 얼마만한 분율이 수소 발생에 이용되겠는가?

34.10 카드뮴 조각을 백금 조각과 접촉시켜 가지고 0.1 mol/L의 산 용액에 담궜다. 넓이 비율이 A_{Pt}/A_{Cd} = 0.01, 0.10, 1.0, 10 그리고 100일 때 카드뮴의 부식 전류와 용해 속도를 계산하라. 백금 상에서 수소가 발생되는 경우에는 (34.42)식을 쓸 때 $i_0 = 0.10$ mA/cm², $z = +1$, 그리고

$\alpha = \frac{1}{2}$로 놓고, 카드뮴이 용해되는 경우에는 $i_0 = 1.5\,mA/cm^2$, 그리고 $\alpha = \frac{1}{2}$로 놓으면 된다. 평형전위는 $\phi_{0(H^+, H_2)} = -0.060\,V$, $\phi_{0(Cd^{2+}, Cd)} = -0.462\,V$이다.

34.11 문제 34.9와 34.10의 데이터를 이용하고 카드뮴 조각을 산성 용액 속에 담궜다고 생각하자. 넓이 비율이 $A_c/A_a = 10^3$, 10^6 10^9 및 1.0일 때의 카드뮴의 부식 전위와 용해 속도를 구하라.

34.12 어떤 화합물의 0.01몰랄용액이 있다. 나트륨 D선을 이 용액 1.50 cm에 투과시키면 그 중 20%가 투과해 나온다. 이 물질의 몰 흡광 계수는 얼마인가? 용매는 완전히 투명하다고 가정하라.

34.13 100-W 백열 전구의 에너지의 10%가 평균 파장 600 nm인 가시광선이 된다면 매초당 몇 개의 빛 양자가 방출되겠는가?

34.14 태양의 표면 온도는 6000 K이다. 태양의 복사에너지의 몇 %가 $0 \leq \lambda \leq 300\,nm$의 파장 영역 스펙트럼에 들어 있는가(문제 19.3을 보아라)?

34.15 오존 층의 두께는 1 atm, 0 °C의 상태로 환산했을 때 3 mm이다. 흡수 계수 $\alpha(I = I_0 10^{-\alpha p l}$로 정의되는데, p는 atm 단위의 압력이고 l은 cm 단위의 길이이다)가 다음과 같이 주어졌을 경우, 각 파장의 빛에 대한 지표면으로의 투광도를 계산하라.

λ/nm	340	320	310	300	290	280	260	240	220
α/cm^{-1} atm^{-1}	0.02	0.3	1.2	4.4	12	48	130	92	20

34.16 0.05 mol/L 황산 용액 속에서 $K_3Fe(C_2O_4)_3$가 480 nm의 빛으로 광분해되어 Fe^{2+}로 되는 양자 수득률은 0.94이다. 57.4 cm^{3}의 용액이 들어있는 시료 용기에다 이 빛을 20분간 쪼여준 다음, 용액을 잘 섞어서 피펫으로 10.00 mL를 뽑아서 25.0 mL 용량 플라스크에 옮겨 넣었다. 여기에다 1,10-페난트롤린을 가하고 눈금까지 완충 용액을 채웠다. 이 용액 시료를 1.00 cm 비색계 용기에 넣고 철이 들어 있지 않은 용액을 바탕으로 한 상대적 투광도를 측정하여 $I/I_0 = 0.543$의 결과를 얻었다. 이 착물 용액의 몰 흡수 계수가 $1.11 \times 10^3\,m^2/mol$이면 이 용액에 얼마 만큼의 양자가 흡수 되었겠는가? 흡수된 세기는 얼마가 되겠는가?

34.17 250~320 nm 파장에서 기체상 아세톤 ($p < 6\,k\,Pa$)이 광분해될 때의 CO의 양자 수득률은 1이다. 313 nm 파장의 빛을 20분간 쪼였더니 18.4 cm^3(22 °C와 1008 Pa에서)의 CO가 생성되었다. 흡수된 양자의 수와 J s^{-1} 단위로 나타낸 흡수된 세기를 계산하라.

34.18 $A_{10} = 2 \times 10^6\,s^{-1}$과 $k^S_{ISC} = 4.0 \times 10^6\,s^{-1}$인 물질이 있다. $k^S_{IC} = 0$이고 소광이 없다고 가정하고 ϕ_F와 τ_F를 계산하라.

34.19 $\tau_F = 2.5 \times 10^{-7}\,s$이고 $A_{10} = 1 \times 10^6\,s^{-1}$인 경우의 k^S_{ISC}와 ϕ_F를 계산하라. 소광은 일어나지 않고 $k^S_{IC} = 0$이라고 가정하라.

34.20 에테르, 이소펜탄 및 에탄올의 혼합물(EPA) 속에서 나프탈렌의 τ_P는 2.5 s이다. $\phi_F = 0.55$와 $\phi_P = 0.05$일 경우 A_{TS}, k^T_{ISC} 및 k^S_{ISC}/A_{10}을 계산하라. 소광은 일어나지 않으며 $k^S_{IC} = 0$이라고 가정하라.

34.21 77 K에서 알코올-에테르 유리 그릇 속의 페난트렌은 $\tau_P = 3.3\,s$, $\phi_F = 0.12$, $\phi_P = 0.13$이다. 소광이나 내부 변환이 일어나지 않고, $k^S_{IC} = 0$이라고 가정하고 A_{TS}, k^T_{ISC}와 k^S_{ISC}/A_{10}을 계산하라.

34.22 77 K에서 알코올-에테르 유리 그릇 속의 나프탈렌은 315 nm 이하의 빛을 흡수하며 형광과 인광을 내놓는다. 양자 수득률은 $\phi_F = 0.29$와 $\phi_P = 0.026$이다. 또 수명은 $\tau_F = 2.9 \times 10^{-7}\,s$와 $\tau_P = 2.3\,s$이다. 소광이 일어나지 않으며, $k^S_{IC} = 0$이라고 가정하고 A_{10}, A_{TS}, k^T_{ISC} 및 k^S_{ISC}를 계산하라.

34.23 a) 34.21절에서 설명한 디안트라센의 생성 메카니즘을 써서 $[A_2]=0$인 반응 초기 단계에서의 양자 수득률을 나타내는 식을 구하라.

b) 측정된 값은 $\phi \simeq 1$이다. A*의 형광에 관하여 어떠한 결론을 얻게 되는가?

34.24 아세트알데히드의 광분해 메카니즘은 다음과 같다고 생각된다.

$$CH_3CHO + h\nu \longrightarrow CH_3 + CHO$$

$$CH_3 + CH_3CHO \xrightarrow{k_2} CH_4 + CH_3CO$$

$$CH_3CO \xrightarrow{k_3} CO + CH_3$$

$$CH_3 + CH_3 \xrightarrow{k_4} C_2H_6$$

CO의 생성 속도와 CO의 양자 수득률에 관한 식을 유도하라.

34.25 저-에너지 빛(붉은 빛)에 의한 오존의 광분해 반응 메카니즘은 다음과 같다고 생각된다.

1) $$O_3 + h\nu \longrightarrow O_2 + O$$

2) $$O + O_3 \xrightarrow{k_2} 2O_2$$

3) $$O + O_2 + M \xrightarrow{k_3} O_3 + M$$

반응 (1)에 대한 양자 수득률은 ϕ_1이다.

a) 오존의 총체적 소멸 속도식을 구하라.

b) 오존이 없어지는 총체적 양자 수득률 ϕ_0를 구하라.

c) 낮은 압력에서는 $\phi_0 = 2$이다. ϕ_1의 값을 얼마가 되겠는가?

34.26 313 nm의 빛에 의한 CH_2O 증기의 광분해 반응 메카니즘은 다음과 같은 단계들로 되어 있다.

1) $$CH_2O + h\nu \longrightarrow CO + H_2$$

2) $$CH_2O + h\nu \longrightarrow H + CHO$$

3) $$H + CH_2O \xrightarrow{k_3} H_2 + CHO$$

4) $$CHO + M \xrightarrow{k_4} CO + H + M$$

5) $$CHO + \text{wall} \xrightarrow{k_5} \frac{1}{2}CO + \frac{1}{2}CH_2O$$

마지막 반응의 속도는 $k_5[CHO]$로 나타낼 수 있다. 그리고 반응 (1)과 (2)에 대한 양자 수득률은 각각 ϕ_1과 ϕ_2이다. $d[H_2]/dt$에 관한 식과 H_2의 양자 수득률에 관한 식을 유도하라.

35
중 합 체

35.1 서　　론

우리가 살고 있는 시대를 경멸적으로 비꼬아서 "플라스틱 시대"라고 흔히 부른다. 모든 종류의 고분자 물질의 용도가 우후죽순처럼 늘어남으로써 분명히 많은 찬사도 받았지만 더러는 저주도 받았다. 이러한 물질들의 광범한 용도는 거대 분자의 존재가 일반적으로 받아들여진 지 불과 반세기밖에 안되었다는 점에서 생각할 때 경이적인 것이다. Staudinger가 1920년에 중합체 물질을 개척적으로 연구하기 전까지는 중합체 물질들을 콜로이드로 분류하였으며, 안개 속의 물방울과 같은 작은 분자들의 물리적 회합체라고 생각하였었다. 거대 분자 개념의 타당성에 대한 Staudinger의 주장과 논증이 마침내 받아들여지고 이 과학 분야와 그 응용은 급속도로 발전하였다.

35.2 거대 분자의 종류

천연적인 유기 거대 분자에는 각종 고무, 수지, 셀룰로오스, 녹말, 단백질, 효소 및 핵산 등이 있다. 그리고 무기 중합체 물질에는 규산염, 다중인산염, 붉은 인, $PNCl_2$ 중합체 및 가소성 황 등이 있다.

모든 거대 분자들을 중합체라고 말하기는 하지만 그 중에는 단순한 한 단위체의 중합물이 아닌 것도 많이 있다. 예로서 폴리에틸렌은 $—CH_2—$의 반복 단위로 된 선형 구조, 즉 $(—CH_2—)_n$의 구조를 갖는 중합체이다. 그러나 여기에 반해서 단백질은 다음과 같은 일반 구조를 가지며, R기가 사슬 상의 위치에 따라 달라진다.

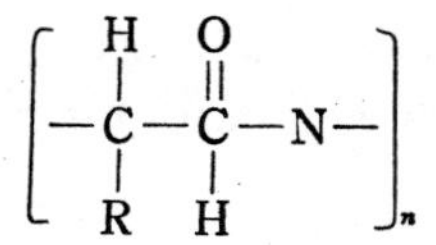

이 중합체 사슬의 각 토막(단위체)은 자연계에 존재하는 20가지의 보통 아미노산 중의 어느 하나의 잔기이다. 이 아미노산 잔기들의 정확한 서열은 단백질의 생화학적 기능과 밀접한 관계가 있다. 이와 비슷하게 DNA 분자도 인산과 데옥시리보오스와의 에스테르 중합체이다. 그러나 이 중합체에서는 그 뼈대에 따라 각 중합체 단위에 염기가 하나씩 붙어있다. 이 염기는 아데닌, 구아닌, 시토신, 그리고 티민 중의 어느 하나이다. 이 경우에도 염기가 붙어있는 순서는 생체와 절대적으로 중요한 관계를 갖는다. DNA 분자의 구조 일부를 다음과 같이 나타낼 수 있다.

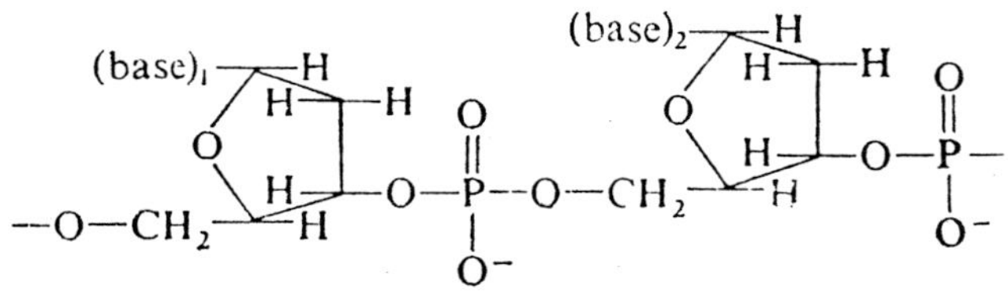

중합체의 중합 과정은 간편하게 두 가지 방식으로 나눈다. 우선 중합체의 반복 단위가 단위체와 똑같은 화학적 조성을 가질 때는 그 중합 과정을 첨가 과정이라고 부르며, 그 중합체를 첨가 중합체라고 부른다. 폴리에틸렌을 예로서 들 수 있다.

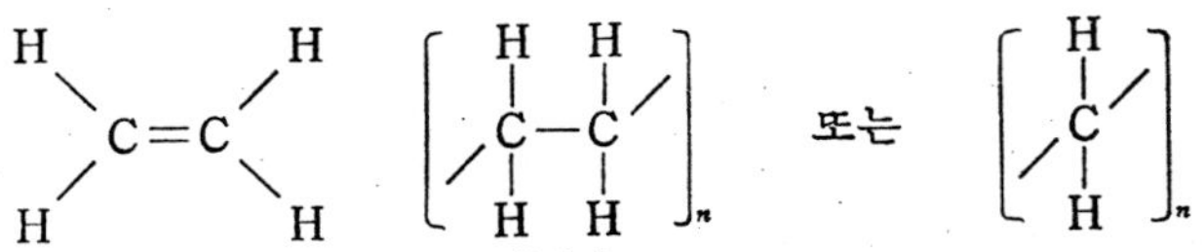

단위체　　　중합체

또 하나의 방식은 반복 단위의 조성이 단위체와 틀리는 것으로서 축합 과정이라고 부르고, 그 중합체를 축합 중합체라고 부른다. 축합 반응에서 물 분자가 제거된 폴리에스테르와 폴리아미드를 그 전형적인 예로서 들 수 있다.

방 식	단 위 체	중 합 체
폴리에스테르	$HO-(CH_2)_x-C(=O)OH$	$[-O-(CH_2)_x-C(=O)-]_n$
폴리아미드	$H_2N-(CH_2)_x-C(=O)OH$	$[-N(H)-(CH_2)_x-C(=O)-]_n$

위의 특수한 예들은 선형 중합체들이다. 즉, 이 물질이나 이 중합체가 만들어지는 반응을 보면 곁반응이 일어나지 않는 한 선형으로부터 벗어나지를 않는다. 예로서 낮은 온도에서는 에틸렌이 자유 라디칼 사슬의 전파에 의해서 선형 중합체를 만든다.

$$R\cdot + H_2C{=}CH_2 \longrightarrow R-CH_2-CH_2\cdot$$

이와같이 생성된 라디칼은 또다른 에틸렌 분자를 첨가시킨다.

$$R-CH_2-CH_2\cdot + H_2C{=}CH_2 \longrightarrow R-CH_2-CH_2-CH_2-CH_2\cdot$$

이와 같은 반응이 연속되어 엄밀하게 선형인 분자가 형성된다. 그러나 이 라디칼에서는 사슬 내부에 있는 수소 원자가 다음과 같이 말단 탄소 원자로 이동할 수도 있다.

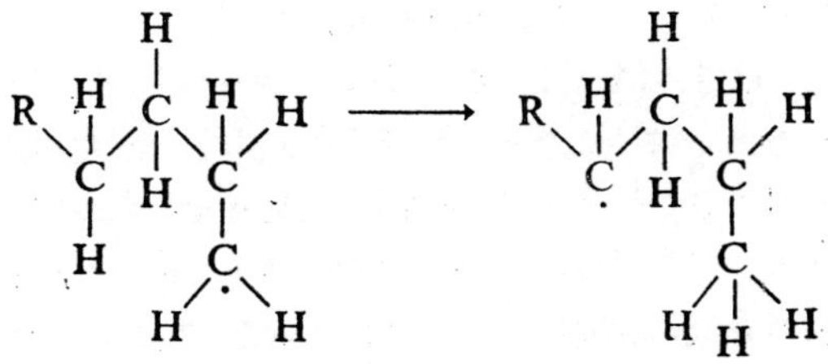

이 때는 이 라디칼이 R기에 인접한 탄소 원자에 단위체를 첨가시킬 수 있으며 그리하여 짧은 곁사슬을 갖는 중합체가 생긴다(사출기에 쓰이는 보통의 폴리에틸렌은 이러한 곁사슬 구조를 갖는 것의 전형적 예이다). 낮은 온도에서 생성되는 선형 폴리에틸렌은 그 구조가 보다 더 간단하다. 일반적으로 보다 더 규칙적인 구조를 갖는 분자가 보다 더 간단한 물질을 만든다.

단위체가 이소프렌에서와 같이 2개의 2중 결합을 가질 때도 있다.

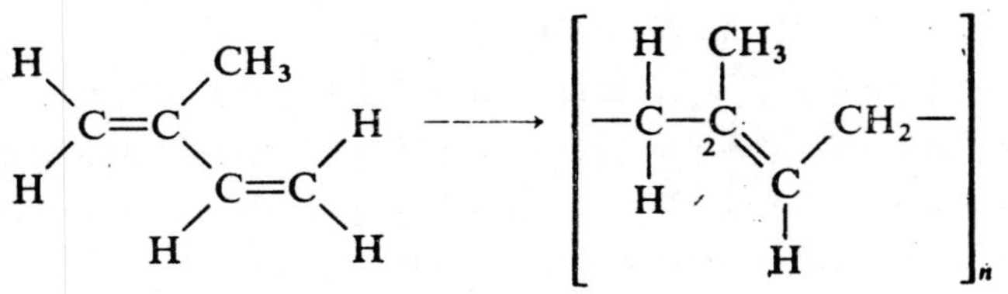

이 때는 그의 위치에 단위체가 첨가되어 곁사슬이 자라날 수가 있으며 그리하여 사슬이 갈라진 분자가 생길 수 있다. 이러한 중합 방식에 따라 두 중합체 사이에 다리 결합이 이루어질 수도 있다. 천연 고무는 머리가 꼬리를 문 이소프렌의 중합체로서 H원자와 CH_3 기가 *cis* 배열을 이루고 있다. 여기에 반해서 종류가 다른 고무 나무의 수액인 구타-페르카는 H 와 CH_3 가 *trans* 위치에 있는 머리가 꼬리를 문 중합체이다.

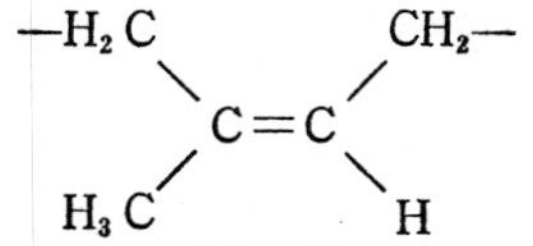

천연 고무

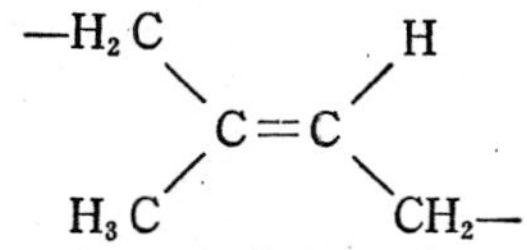

구타-페르카

합성 폴리이소프렌은 순수한 *cis* 나 *trans* 가 아니며 갈라진 가지 구조를 가지고 있다. 만일 한 디엔 중합체 상의 곁사슬이 다른 디엔 중합체 상의 곁사슬과 결합하면 두 분자 사이에 다리 결합이 이루어진다. 중합체 분자들 사이에 이러한 다리 결합이 광범위하게 이루어지면 고도로 불

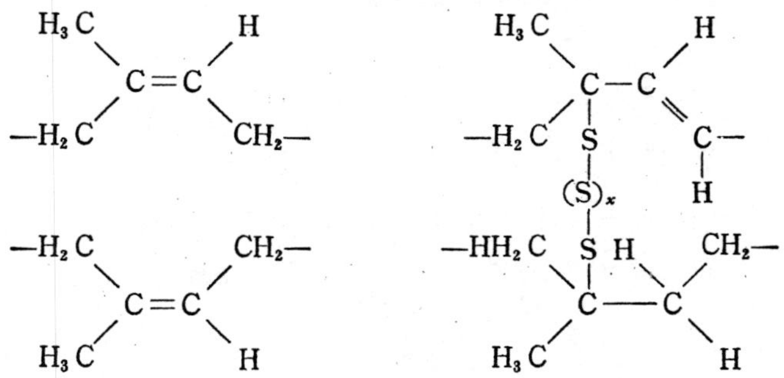

용성이고 용융되지 않는 망상 조직 중합체가 생긴다. 예로서 고무를 가황시키면 인접한 두 폴리이소프렌의 사슬사이에 황 사슬의 다리 결합이 형성된다.

H_2C=CRR′와 같은 치환된 비닐 단위체로 중합시킬 때는 다른 또 하나의 복잡한 문제가 나타난다. 즉, 하나씩 걸러서 탄소 원자에 붙어 있는 두 R기가 두 가지 방식의 배열을 나타낼 수 있다. 만일 탄소 사슬을 책의 지면에 수직한 면에 그린다면 탄소 원자에 결합된 원자들이 이 면의 위와 아래에 위치하게 될 것이다. 만일 R기가 전부 이 면의 위쪽에 있고 R′기가 모두 아래쪽에 있게 되면 그 중합체를 동일 배열이라고 한다(그림 35-1). 만일 R기가 하나씩 걸러 이 면의 위에 있고, 그 나머지가 아래에 위치 할 때는 그 중합체를 교대 배열이라고 한다. 또 R기의 배열이 무작정일 때는 그 고분자를 혼성 배열이라고 한다. 특별한 촉매를 사용하면 동일 배열 중합체와 교대 배열 중합체를 합성할 수가 있는데, 이러한 기술은 G. Natta와 K. Ziegler가 처음으로 이룩한 것이다.

중합체는 그 1차 구조를 가지고 분자 내에서 원자들이 어떤 방법으로 공유 결합이 되어있는가를 나타낸다. 그리고 2차 구조를 가지고 전체 분자의 형태를 나타낸다. 예로서 결정 고체 상태의 선형 폴리에틸렌은 갈지자 모양의 납작한 탄소 골격으로 이루어져 있으며, 이 갈지자 모양 사슬이 쌓여서 결정을 이루게 된다. 그러나 폴리에틸렌의 탄소 원자가 하나 걸러씩 메틸기를 가지고 있는 폴리프로필렌의 경우에는 메틸기의 입체 효과 때문에 분자 형태가 갈지자 사슬을 이루지 못하고 나사선형을 이루게 된다. 이 나사선이 한 회전을 하려면 3개의 단위체가 있어야한다. 이러한 나사선형 2차 구조의 고전적인 예는 그림 35-2에 나타낸 단백질의 α-나사

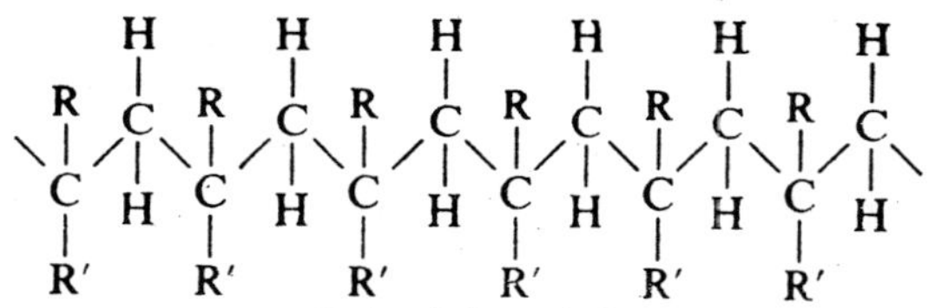

동일 배열 중합체

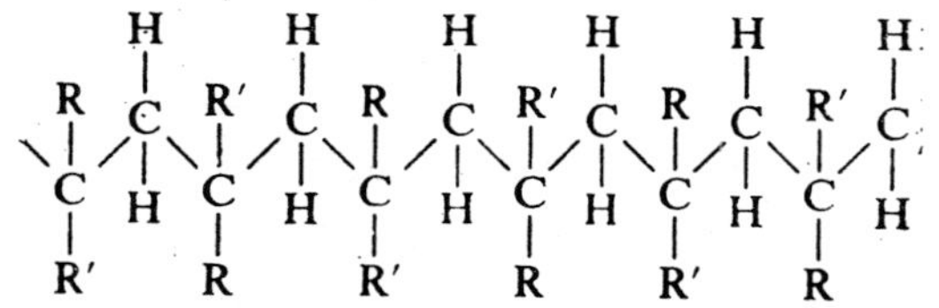

교대 배열 중합체

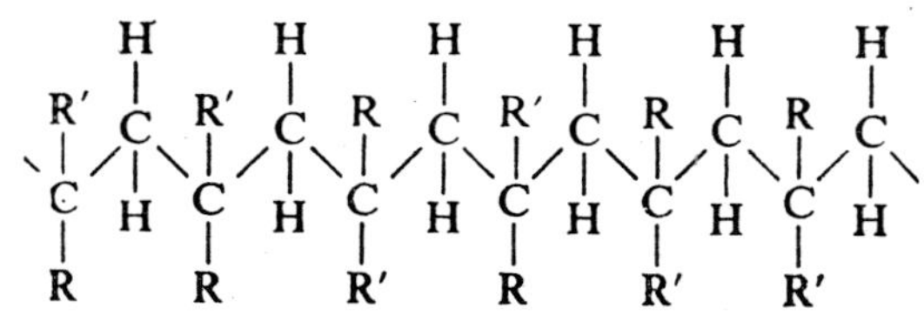

혼성 배열 중합체

그림 35-1

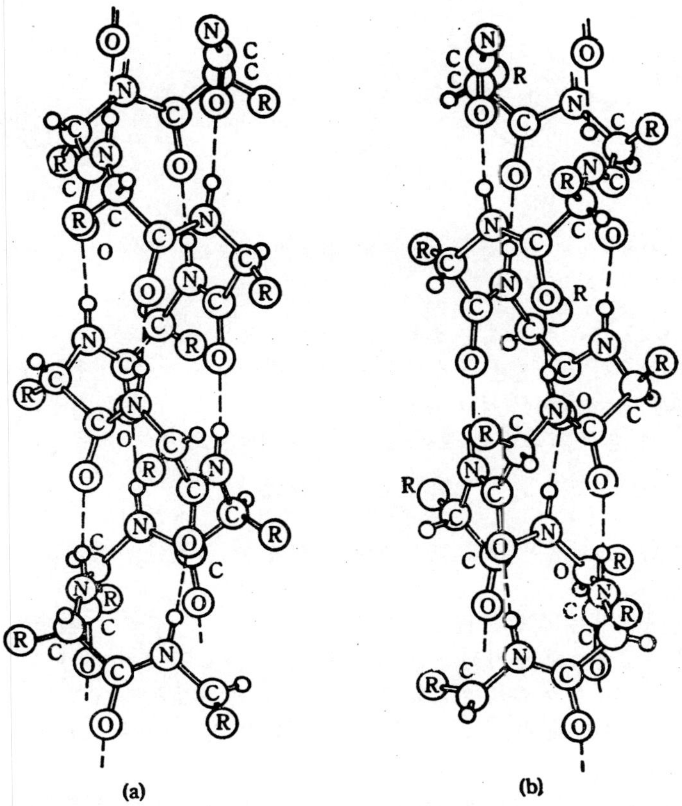

그림 35-2 α-나사선의 두 가지 가능한 모양. 왼쪽에 있는 것은 좌선형 나사선이고 오른쪽 것은 우선형 나사선이다. 단백질 속의 아미노산 잔기는 어느 경우에나 L-형태이다(L. Pauling, *The Nature of the Chemical Bond*, 3rd ed. Ithaca, N.Y., Cornell University Press, 1960.).

선이다. 단백질 속의 펩티드 단위는 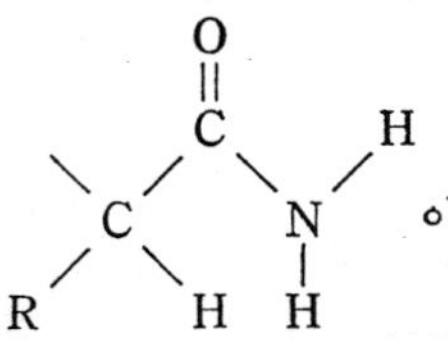 이며, 여기서 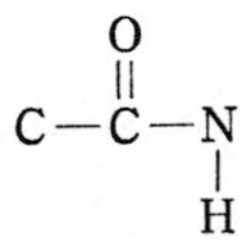 원자들이 한 면 상에 있게 된다. 이 분자를 나사선형으로 비틀면 N—H기의 수소 원자가 그 단백질 사슬에서 앞쪽으로 네째 번 자리에 있는 단백질 잔기의 산소 원자와 수소 결합을 할 수 있는 위치에 오게 된다.

중합체 분자는 이러한 2차 구조 이외에 3차 구조를 가지고 있다. 단백질의 경우 이 3차 구조는 나사선 자체의 얽힌 방식을 나타낸다.

35.3 중합체 용액

중합체는 일반적으로 느리게 용해된다. 특히 고도의 다리 결합을 갖는 망상 조직 중합체의 경우에는 용매를 가하면 이것이 중합체 조직 속으로 침투해 들어가서 중합체를 부풀게 하는데 그

그림 35-3 용매 속에서의 중합체의 형태. (a) 우량 용매 속에서 풀어져 있는 형태. (b) 불량 용매 속에서 말려있는 형태.

칠 뿐이다. 그렇지 않은 중합체의 경우에는 우선 부풀은 다음 오랜 시간에 걸쳐 서서히 용해된다. 이 성질을 이용하면 중합체를 상이한 평균 몰질량에 따라 분리시킬 수 있다.

중합체 용질과 용매 사이의 상호 작용은 작은 분자들 사이의 상호 작용에 비해서 비교적 크다. 이 때문에 중합체 용액은 대단히 묽을 경우에도 이상성으로부터 크게 벗어나는 행동을 한다.

용액 속에서의 중합체의 형태는 용매의 성질에 크게 의존한다. 즉, 우량 용매 속에서는 용매와 중합체 사이에 작용하는 상호 작용이 용매와 용매 사이나 중합체의 여러 분절들 사이의 상호 작용보다 더 크다. 그리하여 그림 35-3(a)에 나타낸 바와 같이 중합체 분자는 이러한 용액 속에서 풀어져 있다.

불량한 용매 속에서는 중합체 분절들이 그 중합체의 다른 분절에 계속해서 들러붙어 있으려고 한다. 그리하여 중합체 분자는 고체 상태의 다른 중합체 분자로부터 떨어져 나오면서 자체적으로 말려있는 상태를 이루게 된다[그림 35-3(b)]. 이와같은 형태의 차이는 점성도와 같은 성질에 큰 영향을 미치게 된다. 즉, 긴 사슬이 말려있지 않은 용액의 점성도는 말려있는 분자가 들어있는 용액보다 훨씬 더 큰 점성도를 나타낸다.

선형 중합체나 너무 길지 않은 곁사슬을 가진 중합체는 결정성 고체를 만들 수 있다. 예로서 선형 폴리에틸렌의 고체는 주로 결정이며, 그림 35-4(a)에서와 같이 선형 분자들이 정연하게 개켜져 있다. 그러나 이와같이 긴 분자는 조금만 잘못 되면 그림 35-4(b)나 (c)에 보인 것과 같은 무질서한 영역을 나타낼 수 있다. 이러한 잘못된 배열은 완전한 질서적인 배열에 비해서 별로 더 큰 에너지를 갖는 것이 아니므로 쉽게 나타날 수 있다. 그러나 이러한 고체 속에는 질서

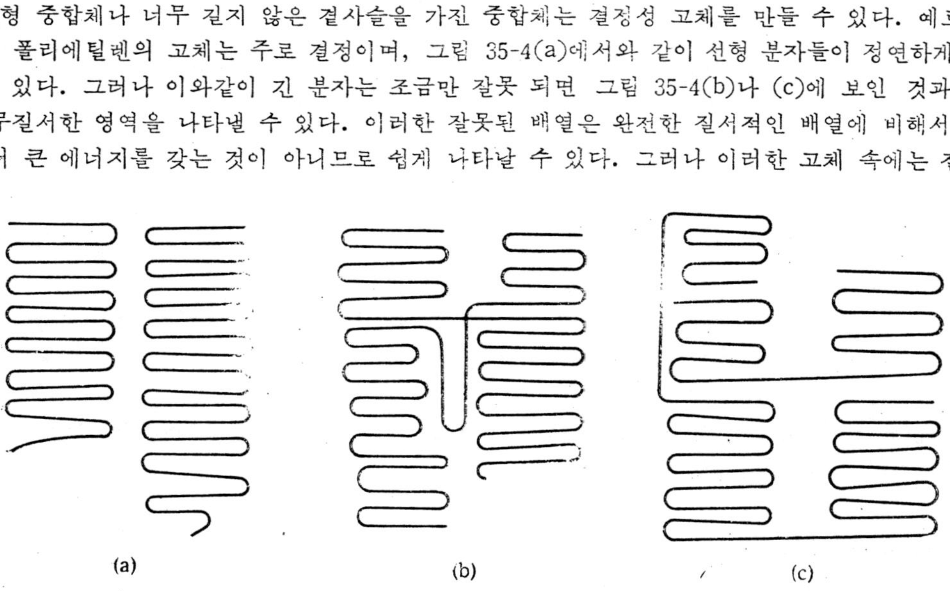

그림 35-4 (a) 선형 고분자의 결정성 영역. (b) 및 (c) 잘못된 영역.

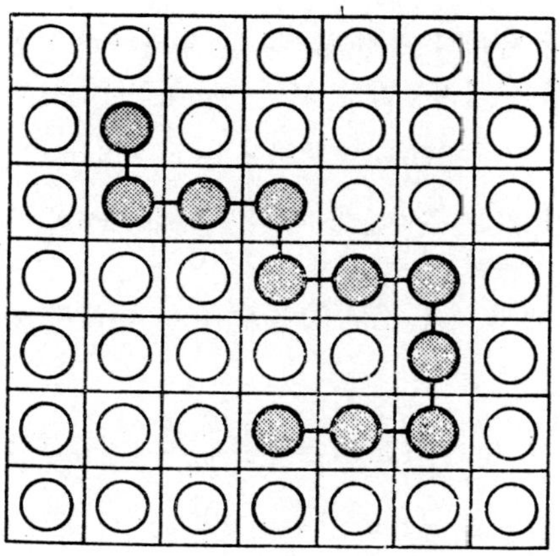

그림 35-5 용액 속에 있는 중합체 분자의 격자 모형(2차원의 도해식 그림). 중합체 분절이 차지 않은 자리는 용매 분자가 차지한다(한자리에 용매는 한 분자씩). (T.L. Hill, *Introduction to Statistical Mechanics*. Reading, Mass.: Addison-Wesley, 1960.)

적인 영역이 존재하므로 이러한 고체는 최소한 부분적인 결정성 물질이라고 말할 수 있다.

35.4 중합체 용액의 열역학

어떤 용액이든 그 혼합 Gibbs 에너지는 다음과 같은 식으로 나타낼 수 있다.

$$\Delta G_{\text{mix}} = \sum_i n_i(\mu_i - \mu_i^\circ)$$

여기서 μ_i°는 순수한 성분 i의 화학 퍼텐셜이다. 이 식을 T, p, 및 n_k를 제외한 모든 n_i를 일정하게 놓고 n_k에 관해서 미분하면 다음과 같이 된다.

$$\left(\frac{\partial \Delta G_{\text{mix}}}{\partial n_k}\right)_{T,p,n_{i\neq k}} = \mu_k - \mu_k^\circ + \sum_i n_i \frac{\partial(\mu_i - \mu_i^\circ)}{\partial n_k}$$

Gibbs-Duhem 식에 의하면 $\sum n_i \, d\mu_i = 0$이 성립해야 하므로 위의 식 중의 합셈 항은 영이 된다. 따라서 다음과 같은 결과를 얻을 수 있다.

$$\left(\frac{\partial \Delta G_{\text{mix}}}{\partial n_k}\right)_{T,p,n_{i\neq k}} = \mu_k - \mu_k^\circ = RT \ln a_k \qquad (35.1)$$

오랫동안 혼합열이 영인 혼합물은 이상적 행동을 할 것이라고 생각하였었다. 그러나 혼합열이 영이더라도 두 성분의 몰부피가 크게 다를 때는 이상적 혼합물이 되지 않을 것이다.

중합체 분자와 용매 분자들이 격자상에서 나타낼 수 있는 여러 가지 배열 방식을 생각해 봄으로써 우리는 혼합 엔트로피를 계산할 수 있고 이것으로부터 또한 Gibbs 에너지를 계산할 수 있다(혼합열의 값을 적당히 가정하면). 2차원 격자상에 배열된 중합체 분자의 간단한 모형을 그림 35-5에 나타내었다. 여기서 용매 분자는 한 자리를 차지하지만 중합체 분자는 r개의 자리를 차지한다고 가정하였다. N_1개의 용매 분자와 r(1보다 큰)개의 분절로 된 중합체 N개 분자가 배열되는 방법의 수를 계산하면 혼합 Gibbs 에너지에 관한 다음과 같은 간단한 식이 나온다.

$$\Delta G_{\text{mix}} = RT(n_1 \ln \phi_1 + n \ln \phi) \tag{35.2}$$

이 식에서 ϕ_1과 ϕ는 각각 용매와 중합체의 부피 분율이며, 또 n_1과 n은 용매와 중합체의 분자수이다. 만일 이 용질이 이상적이라면 ΔG_{mix}에 관한 식이 다음과 같이 되었어야 한다.

$$\Delta G_{\text{mix}} = RT[n_1 \ln x_1 + n \ln x]$$

결국 대수 인자 속에 들어 있는 몰분율을 부피분율로 바꾸어 주기만 하면 중합체 용액의 행동을 나타내는 식이 된다는 것을 알 수 있다.

$\ln a_1$에 관한 식을 얻으려면 우선 (35.2)식을 n_1에 관해서 미분하고 이것을 (35.1)식에 넣은 다음 RT로 나누어준다.

$$\ln a_1 = \ln \phi_1 + n_1 \frac{\partial \ln \phi_1}{\partial n_1} + n \frac{\partial \ln \phi}{\partial n_1} \tag{35.3}$$

순수한 용매와 순수한 중합체의 몰부피를 각각 $\overline{V}_1^\circ$와 $\overline{V}^\circ$라고 할 경우, 부피 분율은 다음과 같이 표시된다.

$$\phi_1 = \frac{n_1 \overline{V}_1^\circ}{n_1 \overline{V}_1^\circ + n\overline{V}^\circ} \qquad \text{및} \qquad \phi = \frac{n \overline{V}^\circ}{n_1 \overline{V}_1^\circ + n \overline{V}^\circ} \tag{35.4}$$

여기서 몰부피의 비, $\rho \equiv \overline{V}^\circ / \overline{V}_1^\circ$를 정의하면 매우 편리하다. 이 정의를 이용하면 (35.4)식이 다음과 같이 간소화 된다.

$$\phi_1 = \frac{n_1}{n_1 + n\rho} \qquad \text{및} \qquad \phi = \frac{n\rho}{n_1 + n\rho} \tag{35.5}$$

한편 중합체의 몰분율을 x, 그리고 전체 몰수를 n_t라고 하면 $n_1 = n_t(1-x)$ 및 $n = n_t x$의 관계들이 성립하므로 (35.5)식은 다음과 같이 쓸 수 있다.

$$\phi_1 = \frac{1-x}{1+(\rho-1)x} \qquad \text{및} \qquad \phi = \frac{x\rho}{1+(\rho-1)x} \tag{35.6}$$

(35.3)식 중의 도함수를 구하기 위해서 (35.5)식을 사용하고, 또 $\phi_1 = 1 - \phi$라는 관계를 생각하면 (35.3)식이 다음과 같이 된다.

$$\ln a_1 = \ln(1-\phi) + \left(1 - \frac{1}{\rho}\right)\phi \tag{35.7}$$

또 $\rho \gg 1$이며, 따라서 $1/\rho \ll 1$이므로 위의 식은 다음과 같이 쓸 수 있다.

$$\ln a_1 = \ln(1-\phi) + \phi \qquad a_1 = (1-\phi)e^{\phi} \tag{35.8}$$

용액 상의 용매 증기 압력 p_1을 순수한 용매 상의 증기 압력 p_1°와 비교하면 $a_1 = p_1/p_1^\circ$이므로 다음과 같은 식을 얻을 수 있다.

$$\frac{p_1}{p_1^\circ} = (1-\phi)e^{\phi} \tag{35.9}$$

이 식을 Flory의 증기 압력 식이라 한다. 또 용질의 몰분율을 x라고 하면 증기 압력에 관한 Raoult의 법칙이 다음과 같이 표시된다.

$$\frac{p_1}{p_1^\circ} = (1-x) \tag{35.10}$$

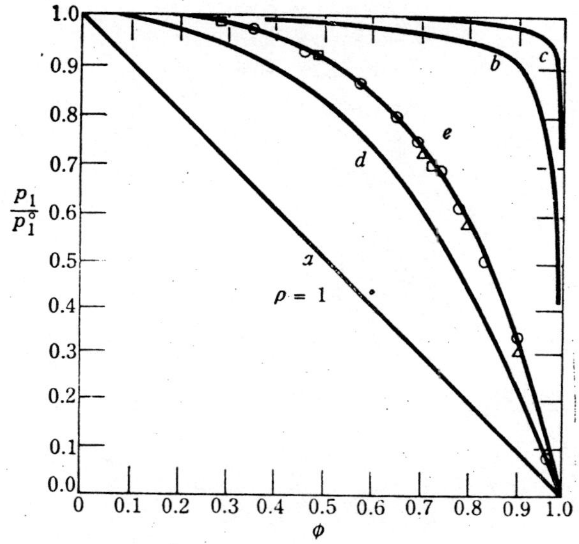

그림 35-6 p_1/p_1°가 중합체의 몰분율에 의존하는 관계. 곡선 a, b 및 c는 각각 $\rho = 1$, 100 및 1000일 때의 Raoult의 법칙, 즉 (35.11)식을 나타낸 것이다. 곡선 d는 Flory식, 즉 (35.9)식이다. 그리고 곡선 e는 $w/kT = 0.38$일 때의 (35.11)식이다. 실험 데이터는 폴리스티렌/톨루엔 계에 대한 것으로서, ○, 0.25°C; △, 60°C; □, 80°C이다(E.A. Guggenheim, *Mixture*, London: Oxford University Press, 1959. 데이터는 Bawn, Freeman, and Kamaliddin, *Trans, Faraday Soc.* **46** : 677, 1950에서 취한 것임).

(35.6)식을 이용하면 $1 - x = (1 - \phi)/[1 - (1 - 1/\rho)\phi]$의 관계를 얻을 수 있으므로 (35.10)식은 다음과 같이 ϕ의 함수로 나타낼 수 있다.

$$\frac{p_1}{p_1^\circ} = \frac{1 - \phi}{1 - (1 - 1/\rho)\phi} \tag{35.11}$$

그림 35-6에서 a, b 및 c로 표시한 곡선들은 ρ의 값을 다르게 취하면서 이 함수를 도시한 것이다. ρ의 값이 대단히 크면(즉, $\rho \to \infty$이면) Raoult의 법칙으로부터 다음과 같은 결과가 나온다.

$$\frac{p_1}{p_1^\circ} = 1 \quad (0 \le \phi < 1) \quad \text{및} \quad \frac{p_1}{p_1^\circ} = 0 \quad (\phi = 1) \tag{35.12}$$

그림 35-6은 폴리스티렌-톨루엔 계에 대한 세 온도에서의 실험 데이터를 나타낸 것이다. 이들 결과는 Raoult의 법칙으로 예상되는 결과와 조금도 맞지 않는다는 것을 볼 수 있다. 즉, 합리적이 아닌 $\rho = 1$인 경우에도 물론 맞지 않으며, 또 여전히 합리적이라고 볼 수는 없지만 그래도 실제에 보다 더 가까운 $\rho = 100$인 경우에도 맞지 않는다. Flory의 식이 실질적으로 더 잘 맞기는 하지만 결코 완전하지는 않다. 조절 파라미터 w를 식 속에 도입하면 실험 결과와 대단히 잘 맞게 할 수가 있다. 즉, 이 파라미터를 다음과 같이 (35.8)식에다 넣어주는 것이다.

$$\ln a_1 = \ln(1 - \phi) + \phi + \frac{w}{kT}\phi^2 \tag{35.13}$$

이 파라미터는 두 순수한 액체의 응집 에너지와 혼합물의 응집 에너지와의 차를 나타내는 것이다. 그러면 다음과 같은 결과를 얻을 수 있다.

$$\frac{p_1}{p_1^\circ} = (1-\phi)e^{(\phi+w\phi^2/kT)} \tag{35.14}$$

그림 35-6의 곡선 e는 이 식($w/kT=0.38$)을 나타낸 것이다.

삼투압에 관한 식을 얻으려면 (16.14)식을 이용해야 하는데, 이 장에서 사용하는 부호와 맞추기 위해서 a를 a_1으로, 그리고 $\overline{V}^\circ$를 $\overline{V}_1^\circ$로 고친다. 즉, $\pi\overline{V}_1^\circ=-RT\ln a_1$으로 고쳐서 쓴다. 이어서 (35.7)식의 우변에 들어있는 대수항을 ϕ에 관해서 전개하고 $(w/RT)\phi^2$을 더해 주면 다음과 같은 결과를 얻을 수 있다.

$$\ln a_1 = -\phi - \frac{1}{2}\phi^2 - \frac{1}{3}\phi^3 - \cdots + \left(1-\frac{1}{\rho}\right)\phi + \frac{w}{RT}\phi^2$$

$$\ln a_1 = -\frac{\phi}{\rho}\left[1+\left(\frac{1}{2}-\frac{w}{RT}\right)\rho^2\left(\frac{\phi}{\rho}\right)+\frac{\rho^3}{3}\left(\frac{\phi}{\rho}\right)^2+\cdots\right] \tag{35.15}$$

이 결과를 삼투압에 관한 식 속의 $\ln a_1$에 넣어주면 다음과 같은 결과를 얻을 수 있다.

$$\pi = \frac{RT}{\overline{V}_1^\circ}\left(\frac{\phi}{\rho}\right)\left[1+\left(\frac{1}{2}-\frac{w}{RT}\right)\rho^2\left(\frac{\phi}{\rho}\right)+\frac{\rho^3}{3}\left(\frac{\phi}{\rho}\right)^2+\cdots\right] \tag{35.16}$$

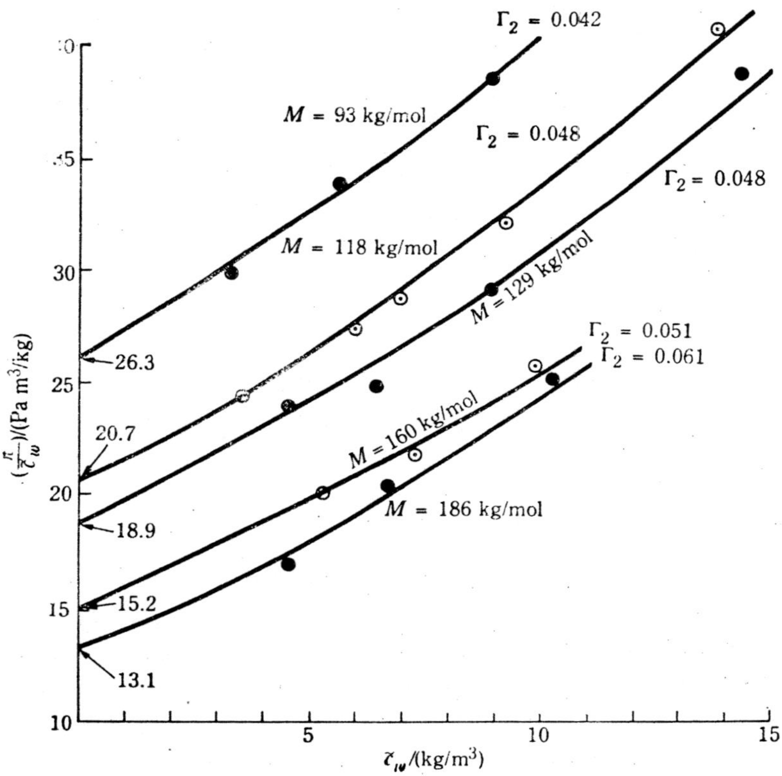

그림 35-7 20 °C에서 아세트산 폴리비닐의 벤젠 용액에 대한 $\pi/\tilde{c}_w$ 대 $\tilde{c}_w$ 도시 결과. 이 데이터는 C.R. Masson and H.W. Melville, *J. Poly. Sci.*, **4**, 337(1949)에서 취한 것이다. 이 곡선은 (35.20)식에서 $\Gamma_3=\frac{5}{3}\Gamma_2^2$으로 취하고 도시한 것이다. 그리고 $(\pi/\tilde{c}_w)_0$와 Γ_2의 값은 T.G. Fox, Jr., P.J. Flory, and A.M. Bueche, *J.A.C.S.* **73**, 285(1951)에 나타난 파라미터로부터 구하였다. Γ_2의 단위는 m^3/kg이다).

일반적으로 중합체의 농도는 단위 부피당의 질량수, $\tilde{c}_w$로 나타낸다. 이 농도는 중합체의 몰질량을 M이라고 할 경우 다음과 같이 주어진다.

$$\tilde{c}_w = \frac{nM}{V} \tag{35.17}$$

한편 (35·5)식에 의하면 $\phi = n\bar{V}^\circ/V = n\rho\bar{V}_1^\circ/V$이다. 따라서 $n/V = \phi/\rho\bar{V}_1^\circ$가 되므로 이 농도는 다음과 같이 주어지게 된다.

$$\tilde{c}_w = \frac{M\phi}{\bar{V}_1^\circ \rho} \quad \text{즉} \quad \frac{\phi}{\rho} = \frac{\bar{V}_1^\circ \tilde{c}_w}{M} \tag{35.18}$$

이 결과를 (35.16)식의 ϕ/ρ에 넣어주면 다음과 같은 결과를 얻게 된다.

$$\pi = \frac{\tilde{c}_w RT}{M}\left[1 + \left(\frac{1}{2} - \frac{w}{kT}\right)\frac{\rho^2 \bar{V}_1^\circ}{M}\tilde{c}_w + \frac{\rho^3 \bar{V}_1^{\circ 2}}{3M^2}\tilde{c}_w^2 + \cdots\right] \tag{35.19}$$

이 식은 일반적으로 다음과 같이 나타낸다.

$$\frac{\pi}{\tilde{c}_w} = \frac{RT}{M}(1 + \Gamma_2 \tilde{c}_w + \Gamma_3 \tilde{c}_w^2 + \cdots) \tag{35.20}$$

그리하여 Γ_2와 Γ_3는 온도의 함수이다. (35.20)식은 비이상 기체의 상태 방정식과 비슷하다. 실제에 있어서는 흔히 제곱항이 무시될 수 있다. 따라서 $(\pi/\tilde{c}_w)$를 $\tilde{c}_w$에 대해서 도시하여 $\tilde{c}_w = 0$ 부근에서 직선이 나오게 하고 RT/M의 값을 절편으로부터 구한다(그림 35-7). 그리고 이 절편으로부터 M의 값을 구한다.

$$\left(\frac{\pi}{\tilde{c}_w}\right)_0 = \frac{RT}{M} \tag{35.21}$$

용질의 몰질량을 측정하는 전형적인 한 방법은 그 총괄성을 측정하는 것이다. 중합체의 몰질량을 측정하는 데도 한때 이들 성질이 모두 이용되기도 하였지만 일반적으로 삼투 효과만이 효과적인 결과를 나타낸다.

■ **보기 35.1** 1 L 마다 5 g 의 중합체가 녹아 있는 용액을 만들면 $\tilde{c}_w = 5\ \text{kg/m}^3$이다. 그리고 25 °C 에서는 $RT \approx 2500$ J/mol 이다. 만일 $M = 25$ kg/mol 일 때는 (35.21)식에 의해서 삼투압이 다음과 같이 된다.

$$\pi = \frac{(2500\ \text{J/mol})(5\ \text{kg/m}^3)}{25\ \text{kg/mol}} \approx 500\ \text{Pa} = 0.005\ \text{atm}$$

이것은 4 mm Hg, 즉 50 mm 의 물 기둥이 나타내는 압력에 해당한다. 만일 물보다 밀도가 낮은 용매를 이용하면 용매 기둥이 더 높아질 것이다.

그림 35-8 은 넓은 실린더의 한쪽 끝에 반투막(일반적으로 셀룰로오스 막이 사용된다)이 부착되어 있고 다른 한쪽 끝에 모세관이 연결되어 있는 것이다. 여기에다 용액을 채운 다음 이것의 밑부분을 용매가 담긴 용기에 담그고 이들 전체를 항온 장치에 넣어준다. 그리고 용액이 들어있는 모세관 속의 액체면과 용매에 잠긴 모세관 속의 액면 높이를 비교해 보면 삼투압의 값이 나온다.

이 측정 과정에서는 몰질량이 낮은 물질종이 반투막을 통해서 확산되기 때문에 복잡해지는 경우가 많다. 이 때문에 삼투압 계량법으로 구한 M의 값은 다른 방법으로 측정한 값보다 대체적으로 크게 나온다.

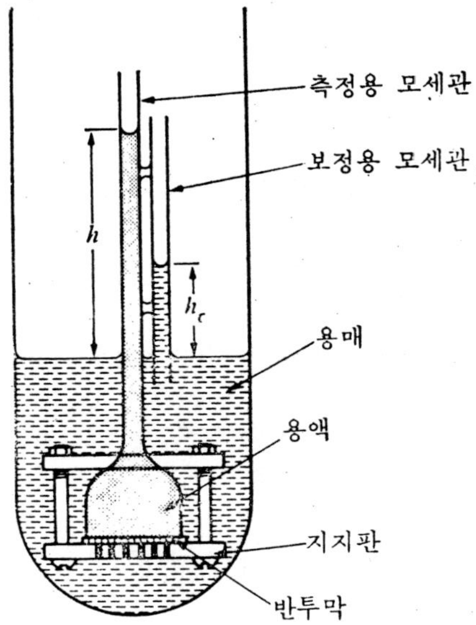

그림 35-8 간단한 삼투압계 ; $\Delta h = h - h_c$가 보정된 모세관 상승을 나타낸다(D.P. Shoemaker, C.W. Garland, J.I. Steinfeld, J.W. Nibler, *Experiments in Physical Chemistry*, 4th ed. New York: McGraw-Hill, 1981).

이 방법으로 구한 M의 값은 수-평균 몰질량$\langle M\rangle_N$이라는 것을 보일 수 있다(35.5절과 문제 35.6을 보아라).

끓는점 오름이나 어는점 내림에 대해서는 다음과 같은 식이 성립한다.

$$\ln a_1 = \frac{\Delta H^\circ \theta}{RT_0^2} \tag{35.22}$$

한편 (35.18)식의 ϕ를 이용하면 (35.15)식을 다음과 같이 나타낼 수 있다.

$$\ln a_1 = -\frac{\overline{V}_1^\circ}{M}\tilde{c}_w(1 + \Gamma_2\tilde{c}_w + \Gamma_3\tilde{c}_w^2 + \cdots)$$

이 식을 (35.22)식과 비교하면 다음과 같은 관계를 얻을 수 있다.

$$\frac{\theta}{\tilde{c}_w} = \frac{V_1^\circ RT_0^2}{M\Delta H^\circ}(1 + \Gamma_2\tilde{c}_w + \Gamma_3\tilde{c}_w^2 + \cdots) \tag{35.23}$$

온도 측정상의 정확도 때문에 괄호 속의 보정 인자를 사용하는 것은 무의미하다. 그럼에도 불구하고 $\theta/\tilde{c}_w$를 $\tilde{c}_w$에 대해서 도시하면 외삽한 결과로부터 $(V_1^\circ RT_0^2/M\Delta H^\circ)$의 값을 얻을 수 있고, 또 이 결과로부터 M을 계산할 수 있다. 그러나 어는점 내림이나 끓는점 오름의 효과는 대단히 작기 때문에 몰질량을 결정하는 데는 이들 효과를 잘 쓰지 않는다. 그리고 M이 10 kg/mol 일 때는 어떤 경우를 막론하고 이 방법들을 쓸 수가 없다. 예로서 벤젠의 경우 $M = 10$ kg/mol 이라면 농도가 1 g/100 mL=10 kg/m³ 일 때 θ=0.0031 k가 된다. 온도 측정의 정확도는 기껏해야 약 ±0.001 K밖에 안 된다.

35.5 몰질량과 몰질량 분포

어떤 중합체 분자이든 그 중요한 성질의 하나는 몰질량이다. 더 나아가서 중합체 물질은 똑같은 길이의 분자들로 이루어지지 않으므로 몰질량 분포를 알아야 한다. 이 분포를 계산하는 전형적인 예로서 히드록시산을 축합시켜서 만든 폴리에스테르의 선형 중합체를 생각해 보자. 이 중합체의 단위체를 다음과 같이 나타낼 수 있다고 하자.

$$HO-(CH_2)_n-COOH$$

양쪽 끝의 작용기를 상징하기 위해서 이것을 간단히 AB로 표시하고 이 단위체로부터 생긴 중합체를 다음과 같이 나타내자.

$$AB\underset{1}{-}AB\underset{2}{-}AB-\cdots A-B$$

여기서 결합 (—)는 말단 작용기 B(즉, COOH)와 다른 분자의 말단 작용기 A(즉, OH)와의 사이에 이루어진 에스테르 결합을 나타낸다. 그러면 이 중합체가 k개의 단위체로 이루어질 확률을 생각해 보자. 우선 말단 작용기 B가 에스테르화될 결합 확률을 p라고 하고, 이 결합 확률은 고려 대상인 AB 단위에 몇 개의 AB단위들이 붙어 있든 관계 없다고 가정한다. 그러면 위치 1에서 에스테르 결합이 생길 확률은 p이며 위치 2에서 또 에스테르 결합이 생길 확률도 또한 p이다. 그리고 이 두 결합이 모두 나타날 확률은 개개의 확률의 곱, p^2과 같다. 그리하여 중합체가 k개의 단위로 이루어질 때는 $k-1$개의 에스테르 결합이 생기며 이것이 나타날 확률은 p^{k-1}이 된다. 한편 말단기 B가 결합되지 않을 확률은 $1-p$이다. 따라서 이 분자가 $k-1$개의 결합으로서 끝날 확률은 $p^{k-1}(1-p)$가 되어야 한다. 그리고 이 확률은 k단위의 길이를 갖는 분자수를 N_k, 그리고 전체 분자수를 N이라고 할 경우 N_k/N와 같아야 한다. 그러면 k합체의 몰분율 x_k가 다음과 같이 된다.

$$x_k=\frac{N_k}{N}=p^{k-1}(1-p)=\frac{(1-p)p^k}{p} \tag{35.24}$$

또 k의 평균치는 다음과 같이 주어진다.

$$\langle k\rangle=\frac{\sum_{k=1}^{\infty}kN_k}{N}$$

그리고 (35.24)식의 N_k를 이용하면 이 식이 다음과 같이 된다.

$$\langle k\rangle=(1-p)\sum_{k=1}^{\infty}kp^{k-1} \tag{35.25}$$

한편 급수 $\sum_{k=0}^{\infty}p^k=1+p+p^2+\cdots$는 $1/(1-p)$를 급수 전개한 것이다. 즉,

$$\sum_{k=0}^{\infty}p^k=\frac{1}{1-p} \tag{35.26}$$

이 식의 양변을 미분하면 다음과 같은 결과가 나온다.

$$\sum_{k=1}kp^{k-1}=(1-p)^{-2} \tag{35.27}$$

이 결과를 (35.25)식에 넣어주면 다음과 같은 결과를 얻게 된다.

$$\langle k\rangle=\frac{1}{1-p} \tag{35.28}$$

p의 값, 따라서 결합의 확률이 높을수록 $1-p$의 값은 작아지고 따라서 $\langle k\rangle$의 값이 커진다. 만일 $\langle k\rangle=50$이 되려면 $p=1-1/50=0.98$이라야 한다. 또 만일 $\langle k\rangle=100$이 되려면 $p=$

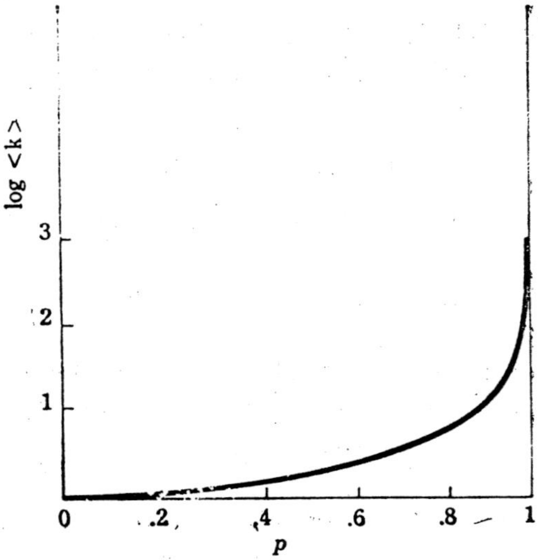

그림 35-9 log⟨k⟩대 p 도시.

0.99라야 한다. 이와같이 결합 확률이 거의 1에 가까울 때에만 고도의 중합도가 가능해진다(그림 35-9). 예로서 $p = 0.90$이 되더라도 $\langle k \rangle$는 불과 10밖에 안 된다.

모든 물질종 속에 들어있는 단위체의 총수 N_k를 구하려면 N_k에다 k를 곱해준 다음 다음과 같이 합셈을 해주면 된다.

$$N_1 = \sum_{k=1}^{\infty} kN_k = N\langle k \rangle = \frac{N}{1-p}$$

한편 $N_k = Np^{k-1}(1-p)$는 단위체의 수를 이용하여 다음과 같이 나타낼 수 있다.

$$N^k = N_1 p^{k-1}(1-p)^2 \qquad (35.29)$$

반복 단위의 몰질량을 M_1, 그리고 말단기 때문에 생기는 과잉 질량을 M_e라고 하면 k합체의 몰질량이 다음과 같이 주어진다.

$$M_k = kM_1 + M_e \qquad (35.30)$$

k가 클 때는 M_e를 무시할 수 있다. 우리는 수-평균 몰질량 $\langle M \rangle_N$을 다음과 같이 정의한다.

$$\langle M \rangle_N = \frac{\sum N_k M_k}{N} = \frac{\sum N_k kM_1 + M_e \sum N_k}{N} \qquad (35.31)$$

그런데 $\sum N_k = N$이고 $\sum kN_k = \langle k \rangle N$이므로 위의 식은 다음과 같이 된다.

$$\langle M \rangle_N = \langle k \rangle M_1 + M_e = \frac{M_1}{1-p} + M_e \qquad (35.32)$$

또 이 계의 전체 질량은 다음과 같이 주어진다.

$$\sum_{k=1}^{\infty} \frac{N_k M_k}{N_A} = \frac{N\langle M \rangle_N}{N_A} = \frac{N_1(1-p)\langle M \rangle_N}{N_A}$$

따라서 k개의 단위체로 된 분자의 질량 분율은 다음과 같이 주어진다.

$$w_k = \frac{N_k M_k}{\sum N_k M_k} = \frac{N_1 p^{k-1}(1-p)^2(kM_1 + M_e)}{N_1(1-p)\langle M \rangle_N}$$
$$= \frac{p^{k-1}(1-p)^2(kM_1 + M_e)}{M_1 + (1-p)M_e}$$

여기서 M_e는 $\langle k \rangle$가 대단히 작을 때가 아니면 무시해도 된다. 따라서 이것을 무시하면 질량 분율이 다음과 같이 된다.

$$w_k = kp^{k-1}(1-p)^2 \tag{35.33}$$

여러 p값에 대해서 k의 함수로 나타낸 질량 분율을 그림 35-10에 나타내었다. 한편 질량-평균 몰질량은 다음과 같이 된다.

$$\langle M \rangle_w = \sum_{k=1}^{\infty} w_k M_k \tag{35.34}$$

(35.33)식의 w_k와 (35.30)식의 M_k 값을 이용하고 M_e를 무시하면 이 질량-평균 몰질량이 다음과 같이 된다.

$$\langle M \rangle_w = M_1(1-p)^2 \sum_{k=1}^{\infty} k^2 p^{k-1}$$

(35.27)식은 $\sum kp^k = p/(1-p)^2$과 같이 나타낼 수 있으며, 이 식의 양변을 k에 관해서 미분하면 다음과 같은 관계를 얻을 수 있다.

$$\sum_{k=1}^{\infty} k^2 p^{k-1} = \frac{1+p}{(1-p)^3} \tag{35.35}$$

이 결과를 $\langle M \rangle_w$에 관한 식에 넣어주면 다음과 같은 결과가 나온다.

$$\langle M \rangle_w = \frac{(1+p)M_1}{(1-p)} \tag{35.36}$$

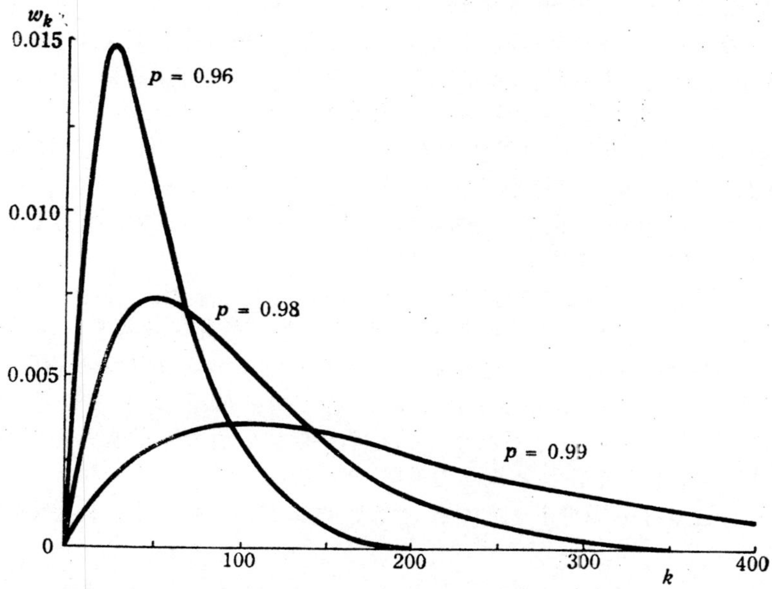

그림 35-10 여러 p값을 이용해서 (35.33)식으로부터 계산한 질량 분율 분포.

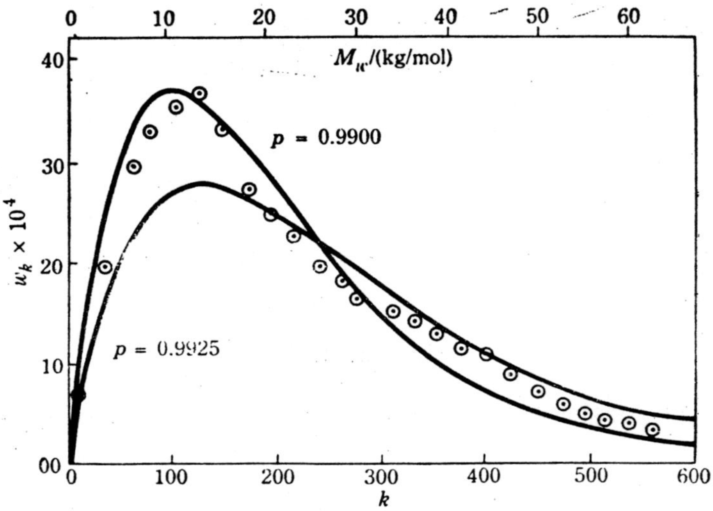

그림 35-11 Nylon의 몰질량 분포. 곡선들은 (35.33)식으로부터 계산한 결과이며, 실험 데이터는 G.B. Taylor, *J.A.C.S.* **69**, 639(1947)로부터 취한 것이다.

따라서 다음과 같은 평균 몰질량 사이의 관계를 얻을 수 있다.

$$\frac{\langle M\rangle_w}{\langle M\rangle_N}=1+p \tag{35.37}$$

p의 값은 거의 1에 가깝다. 따라서 질량-평균 몰질량은 수-평균 몰질량의 약 2배가 된다.

전에는 중합체 시료의 몰질량 분포를 결정하는 일이 매우 지루한 것이었다. 예로서 중합체가 한 용매 속에 녹아있는 용액을 생각해 보자. 이 용액에다 중합체의 용해도를 감소시켜주는 침전제를 가해주면 중합체의 일부가 침전되어 나온다. 이 때 몰질량이 제일 큰 중합체가 처음에 침전되어 나올 것이다. 이 가정에 의하면 에스테르 결합을 형성하는 확률은 이미 얼마나 많은 결합이 형성되었는가에는 무관하다. 침전된 중합체를 제거하고 침전제를 더 가해주면 침전이 새로 또 나올 것이다. 이와같이 하여 용해된 중합체를 여러 부분으로 나눈 다음, 각 부분의 몰질량을 결정한다. 이 방법으로 결정한 질량 분율 대 크기 비교 결과는 (35.33)식을 유도하는 데 사용한 가정, 즉 에스테르 결합을 형성하는 확률은 이미 얼마나 많은 결합이 형성되었는가에는 무관하다는 가정과 비교적 잘 일치한다. 그림 35-11은 이와같이 결정한 몰질량 분포를 (35.33)식으로 계산한 결과와 비교해서 나타낸 것이다.

몰질량 분포는 또한 겔 투과 크로마토그래피를 이용해서 결정할 수도 있다. 이 방법에서는 여러 가지 크기의 동공이 망상 조직을 이루고 있는 겔 속으로 중합체 용액을 강제로 통과시킨다. 그러면 작은 분자는 큰 분자보다 이 망상 조직 속으로 쉽게 확산해 들어간다. 따라서 큰 분자일수록 겔이 채워진 관을 더 빨리 통과하게 된다. 작은 분자는 망상 조직 속에 갇히게 되며 그리하여 이곳을 빠져 나가는 데 많은 시간이 소모된다. 이 방법을 이용하면 앞에서 설명한 재래식 방법보다 상당히 더 쉽게 몰질량 분포를 결정할 수 있다.

몰질량 분포는 초원심 분리법을 이용해서 결정할 수도 있는 데, 여기에 관해서는 후에 설명하겠다.

35.6 몰질량 측정법

35.6.1 말단기 분석법

중합체의 몰질량을 결정하는 데는 35.4절에서 설명한 바와 같이 총괄성을 측정해서 구하지만, 몰질량이 작은 중합체에 대해서는 고전적 방법인 말단기 분석법을 이용할 수도 있다. 즉, 몰질량이 과히 크지 않고(<~25000) 또 말단기가 다른 시약과 화학적으로 결합할 수 있을 때는 화학적 방법으로 평균 몰질량을 결정할 수 있다 예로서 말단기가 카르복실기이고 NaOH로 적정할 수 있을 정도의 산성을 나타낸다고 하자. k합체를 적정하는 데 n_k mol의 NaOH가 필요하였다고 하면 이 중합체 혼합물을 적정하는 데 필요한 NaOH의 전체 몰수 n_b는 다음과 같이 될 것이다.

$$n_b = \sum_{k=1}^{\infty} \frac{N_k}{N_A} = \frac{N}{N_A}$$

이 식은 중합체 1 mol을 중화시키는 데 1 mol의 NaOH가 필요하다고 가정한 것이다. 따라서 시료 속의 중합체의 전체 질량은 다음과 같이 된다.

$$w = \sum_{k=1}^{\infty} \frac{N_k M_k}{N_A} = \frac{N}{N_A}\langle M \rangle_N$$

그리고 수-평균 몰질량은 다음과 같이 주어진다.

$$\langle M \rangle_N = \frac{w}{n_b} \tag{35.38}$$

여기서 w와 n_b는 둘다 측정치이다.

★ 35.6.2 광산란법

알맹이들로 현탁된 용액에 빛살을 통과시키면 빛이 산란되는데, 이 현상을 Rayleigh 산란이라고 한다. 산란 이론을 이용하면 이 알맹이들의 몰질량을 계산할 수 있고 또 그 모양도 어느 정도 짐작할 수 있다. 우선 산란되는 빛의 세기를 산란 각도의 함수로서, 그리고 또 파장의 함수로서 측정한다. 단색 빛은 필터를 이용해서 선택하며, 탐지기는 90° 각의 위치를 중심으로 이동할 수 있게 하여 알맹이의 비대칭을 측정할 수 있게 되어 있다. 큰 알맹이에 의한 산란은 90° 각에서 대칭을 나타내지 않는다.

하전체가 가속될 때는 언제나 에너지를 방출한다. 만일 빛살의 진동 전기장이 전하에 작용하

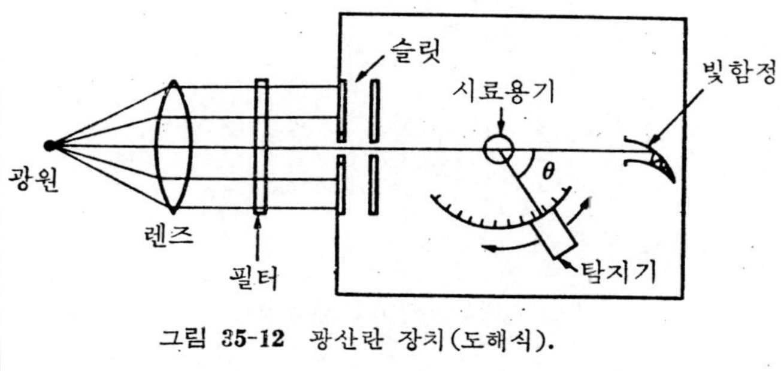

그림 35-12 광산란 장치(도해식).

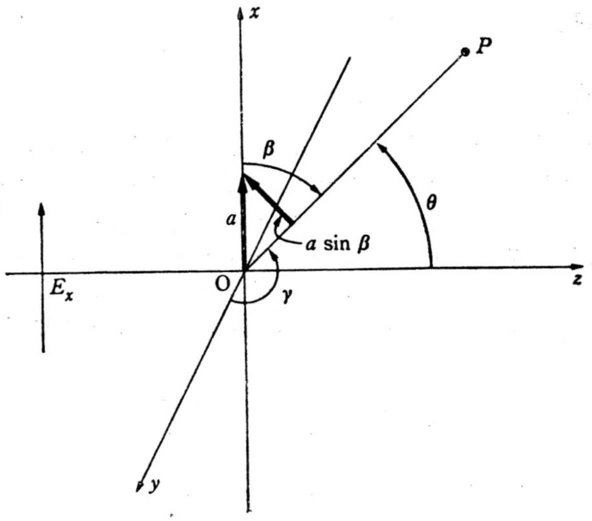

그림 35-13 광산란이 일어나는 과정.

면 이 전하가 진동하며, 가속되고 이어서 같은 진동수의 빛살을 방출한다. 이 진동 전하는 전하 q가 거리 x만큼 변위되는 진동 쌍극자 모멘트와 맞먹는다.

그림 35-13에서와 같이 좌표계의 원점에 있는 전하 q를 생각해 보자. 입사되는 빛살은 z축에 따라 왼쪽으로부터 오른쪽을 향해서 진행한다. 이 빛살은 편광 되어 있으며 그 전기장 벡터는 x방향으로 진동한다고 가정한다. 점 P로부터 원점 O를 잇는 관측선에 따라 보면서 점 P를 주목하자. 이 관측선에 수직한 면 상에서의 진동 쌍극자 모멘트 성분이 점 P에 진동 전기장을 생기게 하는데, 이 전기장 E_s는 다음과 같이 주어진다.

$$E_s = -\frac{qa\sin\beta}{4\pi\epsilon_0 c^2 r} \tag{35.39}$$

여기서 q는 가속되는 전하, a는 가속 벡터의 크기, $\sin\beta$는 관측선에 수직한 면 상의 a성분, c는 빛의 속도, r은 원점으로부터 P까지의 거리, 그리고 β는 x-축과 OP사이의 각도이다. 산란 빛살의 전기장 벡터는 x-축과 관측선 OP를 포함하는 면에서 진동한다. 입사 전기장에 의해서 전하 q가 거리 x만큼 변위되면 다음과 같은 유발 쌍극자 모멘트가 생긴다.

$$\mu = qx = \alpha E_x \tag{35.40}$$

여기서 α는 분자의 편극도이다. 이 식은 다음과 같이 쓸 수 있다.

$$x = \frac{\alpha}{q}E_x \tag{35.41}$$

한편 각진동수를 ω라고 하면 E_x를 다음과 같이 나타낼 수 있다.

$$E_x = E_x^0\cos\omega t \tag{35.42}$$

그러면 (35.41)식을 다음과 같이 쓸 수 있다.

$$x = \frac{\alpha}{q}E_x^0 \cos \omega t \tag{35.43}$$

따라서 전하의 가속도는 다음과 같이 된다.

$$a = \frac{d^2 x}{dt^2} = \frac{d^2}{dt^2}\left(\frac{\alpha}{q} E_x^0 \cos \omega t\right) = -\frac{\alpha}{q} \omega^2 E_x^0 \cos \omega t$$

즉,

$$a = -\frac{\alpha \omega^2 E_x}{q} \tag{35.44}$$

이 a의 값을 (35.39)식에 넣어준다.

$$E_s = \frac{\alpha \omega^2 E_x \sin \beta}{4 \pi \epsilon_0 c^2 r} = \frac{\pi \alpha E_x \sin \beta}{\epsilon_0 r \lambda^2} \tag{35.45}$$

둘째 번 등식은 $\omega/c = 2\pi\nu/c = 2\pi/\lambda$를 이용하면 나온다.

전파 방향에 수직한 단위 넓이 면을 통하여 단위 시간에 통과하는 에너지의 양을 단위 넓이당의 공률(watts/m²)이라고 한다. 이것은 바로 빛의 세기이다. 이 세기는 다음 식과 같이 진동 전기장 벡터의 세기의 제곱을 평균한 값에 비례한다.

$$I_x = \epsilon_0 c \langle E_x^2 \rangle \tag{34.46}$$

및

$$I_\beta = \epsilon_0 c \langle E_s^2 \rangle = \epsilon_0 c \left(\frac{\pi \alpha \sin \beta}{\epsilon_0 r \lambda^2}\right)^2 \langle E_x^2 \rangle \tag{35.47}$$

여기서 I_x는 입사광의 세기이고, I_β는 OP 선상에 따라 산란되는 세기이다. $\langle E_x^2 \rangle$는 전기장 벡터의 제곱의 평균치이다. (35.47)식의 둘째 등식에서는 E_s를 (35.45)식의 값으로 치환하였다. (35.47)식의 우변에서 평균을 취해야 할 양은 E_x뿐이다. 위의 두 식을 결합해 주면 다음과 같은 결과를 얻을 수 있다.

$$I_\beta = I_x \left(\frac{\pi \alpha}{\epsilon_0 r \lambda^2}\right)^2 \sin^2 \beta \tag{35.48}$$

만일 입사되는 빛살이 편광되지 않고 y 방향의 성분 E_y를 가질 때는 OP 선상에 따라 다음과 같은 산란 세기가 또한 나타날 것이다.

$$I_\gamma = I_y \left(\frac{\pi \alpha}{\epsilon_0 r \lambda^2}\right) \sin^2 \gamma \tag{35.49}$$

여기서 γ는 y-축과 관측선 OP 사이의 각도이다. 그리하여 전체 산란 세기 I_θ는 다음과 같은 합이 된다.

$$I_\theta = I_\beta + I_\gamma \tag{35.50}$$

따라서

$$I_\theta = \left(\frac{\pi \alpha}{\epsilon_0 r \lambda^2}\right)^2 (I_x \sin^2 \beta + I_y \sin^2 \gamma) \tag{35.51}$$

입사광의 세기는 $I_0 = I_x + I_y$이다. 따라서 만일 $I_x = I_y$이면 $I_0 = 2 I_x$가 된다. 이 관계를 이용하면 I_θ에 관한 식이 다음과 같이 간소화 된다.

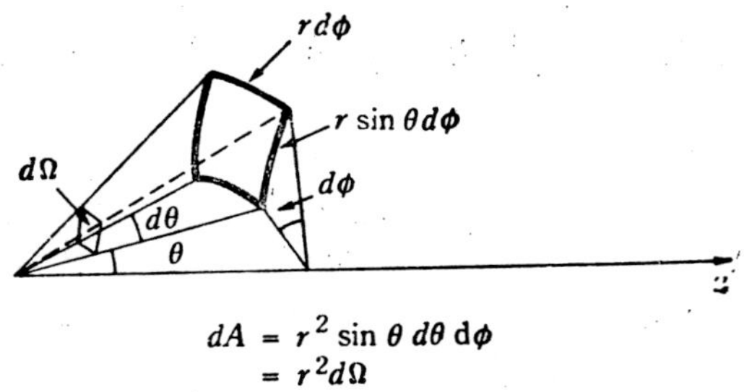

그림 35-14 구형 표면에서의 기하학적 관계.

$$I_\theta = \frac{1}{2} I_0 \left(\frac{\pi\alpha}{\epsilon_0 r \lambda^2} \right)^2 (\sin^2\beta + \sin^2\gamma) \tag{35.52}$$

각도 β, γ 및 θ는 각각 관측선 OP가 x-축, y-축 및 z-축과 이루는 각도들이다. 따라서 이들 각도의 cosine 들은 관측선 OP의 방향 cosine이 되므로 다음과 같은 관계를 만족시킨다.

$$\cos^2\beta + \cos^2\gamma + \cos^2\theta = 1$$

이 식에다 삼각 함수의 관계식 $\cos^2\beta = 1 - \sin^2\beta$, $\cos^2\gamma = 1 - \sin^2\gamma$의 관계를 넣어준 다음 정리하면 다음과 같은 결과가 나온다.

$$\sin^2\beta + \sin^2\gamma = 1 + \cos^2\theta$$

그리고 이 관계를 (35.52)식에 넣어준다.

$$I_\theta = \frac{1}{2} I_0 \left(\frac{\pi\alpha}{\epsilon_0 r \lambda^2} \right)^2 (1 + \cos^2\theta) \tag{35.53}$$

이것은 곧 z-축과 각도 θ를 이루고 있는 관측선 OP의 끝에서 단위 표면을 통과하는 유량이다. 미분 입체각을 $d\Omega$ 라고 하면 넓이 요소는 $dA = r^2\, d\Omega$가 되며(그림 35-14), 따라서 dA를 통과하는 빛의 전체 유량은

$$I_\theta\, dA = r^2\, I_\theta\, d\Omega$$

이것을 $d\Omega$로 나누면 단위 입체각을 통과하는 전체 유량 $r^2 I_\theta$를 얻을 수 있다.

$$r^2 I_\theta = \frac{1}{2} I_0 \left(\frac{\pi\alpha}{\epsilon_0 \lambda^2} \right)^2 (1 + \cos^2\theta) \tag{35.54}$$

이 유량은 산란원으로부터 P까지의 거리에 의존하지 않는다는 것을 특히 주의하기 바란다. 이 식은 한 분자에 의한 산란에 적용되는 식이다. 따라서 단위 부피 속의 분자수 $N/V = \tilde{N}$를 곱해주면 단위 부피로부터의 산란을 얻을 수 있다. 다음과 같은 비를 Rayleigh 비라고 정의한다.

$$R_\theta = \frac{r^2 I_\theta \tilde{N}}{I_0} \tag{35.55}$$

여기에다 (35.54)식을 넣어주면 Rayleigh 비가 다음과 같이 주어진다.

$$R_\theta = \frac{1}{2} \left(\frac{\pi\alpha}{\epsilon_0} \right)^2 \frac{\tilde{N}}{\lambda^4} (1 + \cos^2\theta) \tag{35.56}$$

이 Rayleigh 비는 전파 방향에 대하여 θ인 각도의 단위 입체각당 단위 부피의 용액으로부터 산란되는 입사 에너지의 분율이다.

이 산란되는 분율은 파장의 4 제곱에 역비례한다는 것을 주목하라. 이것은 산란된 푸른 빛(짧은 파장)의 세기가 산란된 붉은 빛(긴 파장)의 세기보다 훨씬 더 크다는 것을 의미한다. 낮에는 하늘이 푸르고 해질녘에는 붉은 노을이 나타나는 것은 이 때문이다(공기 속에 고운 먼지가 너무 많지 않을 정도로 약간 있을 때 특히 더 잘 나타난다). 해질녘에는 대기층을 옆으로 길게 통해서 태양을 바라볼 수 있다. 따라서 산란에 의한 빛의 세기 감소는 푸른 빛의 경우가 붉은 빛의 경우 보다 훨씬 더 크다(약 16 배). 그리하여 붉은 빛이 통과되므로 태양이 붉게 보이는 것이다. 태양으로부터 각도가 멀리 떨어진 하늘을 쳐다볼 때는 푸른 색이 붉은 색보다 강한 산란 빛을 보게 된다.

광산란 실험에서는 입사광의 세기 I_0와 산란광의 세기 I_θ를 측정함으로써 Rayleigh 비를 얻게 된다. 이 식을 이용해서 몰질량을 결정하려면 우선 α와 몰질량 사이의 관계를 알아야 한다. 이 관계는 (26.14)식을 이용해서 얻을 수 있는데, 그러기 위해서는 ϵ_r을 굴절률의 제곱인 n^2으로 바꾸고 또 편극도는 용매로부터의 기여 $\tilde{N}_0\alpha_0$와 용질로부터의 기여 $\tilde{N}\alpha$를 합한 것과 같다는 사실을 이용해야 한다. 즉, (26.14)식을 다음과 같은 꼴로 써가지고 이용해야 한다.

$$\frac{n^2-1}{n^2+2}=\frac{\tilde{N}_0\alpha_0+\tilde{N}\alpha}{3\epsilon_0} \tag{35.57}$$

일반적으로 $n^2 \approx 1$이므로 $n^2+2\approx 3$이라고 놓을 수 있으며, 그리하여 위의 식을 다음과 같이 고쳐 쓸 수 있다.

$$n^2=1+\frac{\tilde{N}_0\alpha_0+\tilde{N}\alpha}{\epsilon_0} \tag{35.58}$$

$\tilde{N}=N_A\tilde{c}_w/M$이라는 사실을 이용하여 이 식을 $\tilde{c}_w$에 관해서 미분하면 다음과 같은 관계가 나온다.

$$2n\frac{dn}{d\tilde{c}_w}=\frac{\alpha}{\epsilon_0}\frac{d\tilde{N}}{d\tilde{c}_w}=\frac{\alpha N_A}{\epsilon_0 M}$$

$\tilde{c}_w=0$이 되는 극한에서는 n이 용매의 굴절률 n_0와 같게 되며 따라서 위의 식이 다음과 같이 된다.

$$\frac{\alpha}{\epsilon_0}=2n_0\left(\frac{dn}{d\tilde{c}_w}\right)_0\frac{M}{N_A} \tag{35.59}$$

$\tilde{c}_w$는 대단히 작기 때문에 이 식에서는 n 대 $\tilde{c}_w$의 극한 기울기를 취하였다. 이 결과를 Rayleigh 비, (35.56)식에 넣어준다.

$$R_\theta=2\pi^2n_0^2\left(\frac{dn}{d\tilde{c}_w}\right)_0^2\frac{M\tilde{c}_w}{N_A\lambda^4}(1+\cos^2\theta) \tag{35.60}$$

그리고 다음과 같은 산란 상수 K를 정의한다.

$$K\equiv\frac{2\pi^2n_0^2}{N_A\lambda^4}\left(\frac{dn}{d\tilde{c}_w}\right)_0^2 \tag{35.61}$$

그러면 (35.60)식이 다음과 같이 된다.

$$R_\theta=KM\tilde{c}_w(1+\cos^2\theta) \tag{35.62}$$

일반적으로 몰질량은 균일하지 않으며 따라서 $M\tilde{c}_w$ 는 $\sum M_k\tilde{c}_k$ 로 바꾸어야 한다. 그러나 $\tilde{c}_k = w_k\tilde{c}_w$ 이므로 $\sum M_k\tilde{c}_k = \sum M_k w_k\tilde{c}_w$ 가 된다. 그리고 $\langle M\rangle_w = \sum w_k M_k$ 이므로 $\sum M_k\tilde{c}_k = \langle M\rangle\tilde{c}_w$ 가 된다. 결국 이 방법을 이용하면 질량-평균 몰질량이 나온다는 것을 알 수 있다. 산란 상수 K 는 잘 알려져 있거나 또는 측정 가능한 n_0, λ 및 $(dn/d\tilde{c}_w)_0$ 등의 인자들로 이루어진 상수이다.

중합체 분자가 빛의 파장과 대등할 정도로 클 때는 $\theta = 90°$ 주위에 대칭인 산란을 일으키지 않으며 그리하여 $P(\theta)$라는 인자를 도입해야 한다. 이 인자는 큰 분자의 여러 상이한 부분으로부터 산란되는 빛의 간섭을 고려해주는 인자로서 분자의 모양에 의존한다. 편광을 가지고 측정을 하고 산란 빛살이 나타내는 편극이 얼마나 변하는가를 측정하면 분자 모양에 관한 어느 정도의 결론을 얻을 수 있다.

산란 공식은 용액의 현탁도를 계산하는 데도 이용되는데, 이 방법은 용액의 흡광도를 측정하는 것과 비슷하다. 즉, 중합체 물질의 묽은 용액에다 빛을 통과시킨 다음 그 빛의 세기를 측정하는 것이다. 이 때 사용한 파장의 빛이 이 용액의 다른 부분에 의해서 흡수되면 안 된다. 즉, 통과한 빛의 세기 감소는 전적으로 산란되어 버린 빛 때문이라야 한다(그림 35-15).

혼탁도, τ 는 다음과 같이 정의한다.

$$\tau = \lim_{\Delta x = 0} \frac{-\Delta I}{I\Delta x} = -\frac{dI}{I dx} \tag{35.63}$$

이 식을 적분하면 다음과 같이 된다.

$$I = I_0 e^{-\tau x} \tag{35.64}$$

이 식은 용액의 흡광도를 나타내는 식과 비슷하다. 산란 효과는 대단히 작기 때문에 실제적으로는 투과된 빛살의 세기 감소를 측정할 수 없다. 그러나 혼탁도를 Rayleigh 비와 관련시킬 수 있으며 그리하여 90° 와 같은 각도에서의 산란 빛의 세기를 측정해서 혼탁도를 구할 수가 있다.

한 변의 길이가 Δx 이고 부피가 $(\Delta x)^3$ 인 입방형 부피 요소(그림 35-15 속의 실선으로 둘러싸인)를 생각해 보자. 이 부피 요소의 왼쪽 면을 통해 들어가는 빛살과 오른쪽 면을 통해나가는 빛살의 세기를 각각 I 와 $I + \Delta I$ 라고 하자. 이 세기는 매초, 매평방미터당 흐르는 에너지(watts/metre²)이므로 이 입방형 부피 요소를 흘러 들어가고 나가는 전체 에너지 유량은 빛살의 세기에다 면의 넓이를 곱해준 것과 같다.

$$\text{에너지 유입량} = I(\Delta x)^2 \tag{35.65}$$

$$\text{에너지 유출량} = (I + \Delta I)(\Delta x)^2 \tag{35.66}$$

또 단위 입체각당 이 부피 요소에 의해서 산란되는 에너지는 IR_0 에다 부피를 곱한 것과 같다.

$$\text{산란 에너지/steradian} = IR_\theta(\Delta x)^3 \tag{35.67}$$

(35.62)식의 R_θ 를 이용하면 이것이 다음과 같이 된다

$$\text{산란 에너지/steradian} = IKM\tilde{c}_w(1 + \cos^2\theta)(\Delta x)^3$$

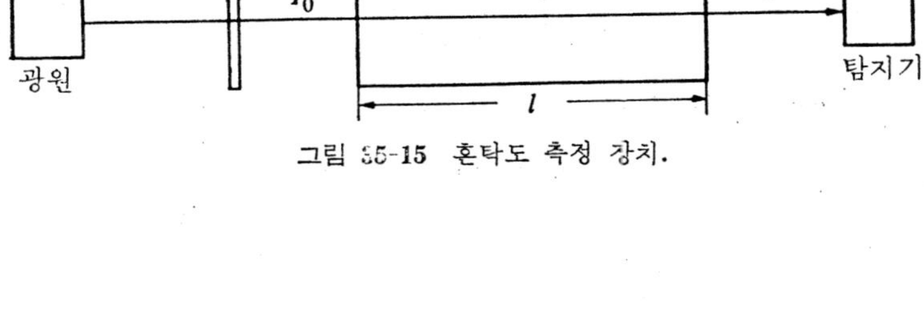

그림 35-15 혼탁도 측정 장치.

이 양에다 입체각 요소 $d\Omega = \sin\theta\, d\theta\, d\phi$를 곱한 다음 전체 θ와 ϕ값에 대해서 적분하면 전체 산란 에너지를 얻을 수 있다. 그리고 이 산란 에너지는 에너지 유입량과 유출량 사이의 차와 같아야 한다. 즉,

$$I(\Delta x)^2 - (I + \Delta I)(\Delta x)^2 = IKM\tilde{c}_w(\Delta x)^3 \int_0^{\pi}(1 + \cos^2\theta)\sin\theta\, d\theta \int_0^{2\pi} d\phi \qquad (35.68)$$

이 식에서 θ에 관한 적분은 $\frac{8}{3}$과 같고 또 ϕ에 관한 적분은 2π와 같다. 따라서 $I(\Delta x)^3$으로 나누면 다음과 같은 관계를 얻을 수 있다.

$$-\frac{\Delta I}{I\Delta x} = \frac{16}{3}\pi KM\tilde{c}_w \qquad (35.69)$$

이 식을 (35.63)식과 비교하면 다음과 같은 관계가 나온다.

$$\tau = \frac{16}{3}\pi KM\tilde{c}_w \qquad (35.70)$$

이 식은 (35.62)식과 (35.56)식을 이용하여 다음과 같이 쓸 수도 있다.

$$\tau = \frac{8\pi^3}{3}\left(\frac{\alpha}{\epsilon_0}\right)^2 \frac{\tilde{N}}{\lambda^4} \qquad (35.71)$$

또는

$$\tau = \frac{16\,\pi R_\theta}{3(1 + \cos^2\theta)} \qquad (35.72)$$

R_θ를 측정하여 τ를 계산할 수 있거나 또는 τ를 측정하여 $R_\theta/(1 - \cos^2\theta)$를 얻을 수 있다는 것을 명심하라. 알맹이의 크기가 빛의 파장과 비슷하기 때문에 우리는 다음과 같은 비이상적 식을 쓰지 않으면 안 된다.

$$\frac{\tilde{c}_w}{\tau} = \left(\frac{\tilde{c}_w}{\tau}\right)_0 (1 + 2\,\Gamma_2\,\tilde{c}_w + \frac{3}{4}\Gamma_2^2\,\tilde{c}_w^2 - \cdots)$$

중합체 분자들 사이에는 비이상 기체 분자들 사이의 상호 작용과 비슷한 여러 상호 작용이 있다는 것을 고려해주면 이런 식을 얻을 수 있다. 이 식을 이용하려면 우선 τ를 $\tilde{c}_w$의 함수로 측정한 다음, $\tilde{c}_w/\tau$를 $\tilde{c}_w$의 함수로 도시한다. 그러면 $\tilde{c}_w = 0$에서의 절편으로부터 다음 식을 이용하여 질량-평균 몰질량의 값을 구할 수 있다.

$$\left(\frac{\tilde{c}_w}{\tau}\right)_0 = \frac{3}{16\,\pi K\langle M\rangle_w} \qquad (35.73)$$

★ 35.6.3 침강 ; 초원심 분리

중력장 속에서 점성 매질을 통하여 낙하하는 질량이 m인 알맹이를 생각해 보자. 중력은 관성힘 $ma = m(dv/dt)$와 알맹이의 속도에 비례하는 마찰력의 두 억제력을 받게 된다. 그리고 이들 힘이 균형을 이룰 때는 다음 관계가 성립하게 된다.

$$m\frac{dv}{dt} + fv = mg \qquad (35.74)$$

즉,

$$\frac{dv}{dt} = g - \frac{f}{m}v \tag{35.75}$$

만일 마찰이 없다면 $dv/dt = g$이고, 따라서 속도 v는 시간에 따라 선형적으로 증가할 것이다. 그러나 fv가 들어갈 때는 속도가 증가됨에 따라 이 항이 증가하는데, 그렇게 되면 dv/dt가 감소하게 된다. 그리하여 마침내 v가 충분히 큰 값에 도달하면 속도가 시간에 따라 더 이상 변하지 않게 된다. 이것이 바로 이 알맹이의 종속도 v_e인데, 이것은 $dv/dt = 0$으로 놓은 식으로부터 구할 수 있다. 이러한 관계를 나타낸 것이 그림 35-16이며, 이 종속도를 다음과 같이 나타낼 수 있다.

$$v_e = \frac{mg}{f} \tag{35.76}$$

따라서 v_e와 f를 측정할 수만 있다면 m을 결정할 수가 있을 것이다. 보통의 중력장에서는 고분자라도 그 v_e가 너무 작기 때문에 측정이 불가능하다. 그러나 초원심 분리법을 이용하면 거대 분자의 침강 속도를 측정할 수 있다.

초원심 분리기에는 초당 회전수가 수천이 되는 고속 회전자가 달려있다. 고분자의 용액이 담긴 시험관을 이 회전자에 넣었을 때는 이 분자에 다음과 같은 원심력 F가 작용하게 된다.

$$F = \frac{mv^2}{r} \tag{35.77}$$

여기서 m은 질량, 그리고 r은 회전축으로부터 이 분자까지의 거리이다. 초당 회전수를 ν라고 하면 각속도는 $\omega = 2\pi\nu$이고, 따라서 선형 속도는 $v = \omega r$이 된다. 그러면 원심력이 다음과 같이 된다.

$$F = m\omega^2 r$$

이 분자의 비부피(단위 질량당 부피)를 $\bar{v}$라고 하면 이 분자에 의해서 치환되는 부피는 $m\bar{v}$이며, 용매의 밀도를 ρ라고 할 경우 치환되는 용매의 질량은 $m\bar{v}\rho$이다. 따라서 용매 속에 현탁된 알맹이의 유효 질량은 $m - m\bar{v}\rho = m(1 - \bar{v}\rho)$가 된다. 그리고 이 알맹이에 작용하는 원심력은 $F = m(1 - \bar{v}\rho)\omega^2 r$이다. 이것을 마찰력과 같다고 놓으면 다음과 같은 식을 얻을 수 있다.

$$m(1 - \bar{v}\rho)\omega^2 r = f\frac{dr}{dt} \tag{35.78}$$

알맹이는 방사 방향으로 운동하므로 그 속도는 dr/dt이다. 만일 f가 r에 무관하다면 위의 식을 다음과 같이 고쳐쓴다.

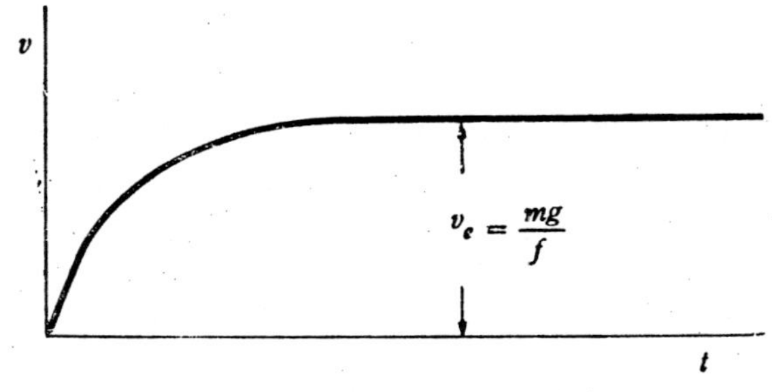

그림 35-16 마찰 저항을 받는 알맹이의 속도.

$$\frac{1}{\omega^2 r}\frac{dr}{dt} = \frac{m(1-\bar{v}\rho)}{f} = s \tag{35.79}$$

1차 근사로서 f가 농도에 의존하지 않는다고 가정하면 s를 상수로 볼 수 있으며 이것을 침강 상수라고 부른다. s의 값은 (35.79)식을 (r_1, t_1)과 (r_2, t_2)사이에서 적분하면 구할 수 있다.

$$\ln\frac{r_2}{r_1} = \omega^2 s(t_2 - t_1)$$

즉,

$$s = \frac{\ln(r_2/r_1)}{\omega^2(t_2 - t_1)} \tag{35.80}$$

회전자 속의 시료 용기는 부채꼴이다(그림 35-17). 회전자가 자전을 하면 고분자들은 바깥 쪽으로 향해서 움직이고 순수한 용매는 뒤에 처진다. 그리하여 용액과 용매 사이에 이동 계면이 형성된다. 이 계면의 위치는 시료 용기의 두 부분에서 나타나는 굴절률의 차를 가지고 알아낼 수 있다. 그리하여 시간 t_1과 t_2에서 측정한 계면의 위치를 r_1과 r_2라고 하면 (35.80)식을 이용하여 s의 값을 계산할 수 있다. 또는 $\ln r$을 t에 대해서 도시한 다음 그 기울기로부터 s의 값을 구할 수도 있다.

(35.79)식을 이용하면 s로부터 몰질량을 구할 수 있다. 즉,

$$M = \frac{N_A f s}{(1-\bar{v}\rho)} \tag{35.81}$$

여기서 문제가 되는 것은 마찰 계수 f의 값이다. 만일 이 고분자 알맹이가 구형일 경우에는 Stokes의 법칙, $f = 6\pi\eta a$를 이용해서 이것을 구할 수 있을 것이다. 여기서 η는 용매의 점성도 계수이고, a는 고분자의 반경이다. 그리하여 마찰 계수의 문제는 고분자의 반경을 구하는 문제로 되는 셈이다.

우리는 고분자의 마찰 계수 f와 확산 계수 사이의 관계를 유도할 수 있다. 지금 음의 z-방향으로 작용하는 중력장 속에서 평형을 이루고 있는 고분자 용액을 생각해 보자. 이 고분자는 종속도 $v_e = mg/f$를 가지고 아래 방향으로 움직일 것이다. 운반에 관한 일반식, 즉 (30.11)식에

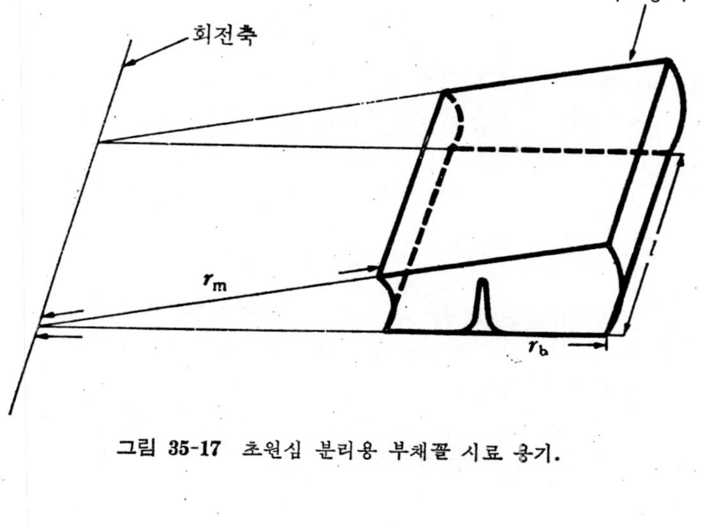

그림 35-17 초원심 분리용 부채꼴 시료 용기.

의 하면 단위 시간에 단위 넓이를 통과하는 분자수는 단위 부피당 분자수 $\tilde{N}$에다 속도를 곱한 것과 같다. 즉,

$$j_{\mathrm{down}} = \tilde{N}v_e = \frac{mg\tilde{N}}{f}$$

이 계가 침강 평형을 이루고 있을 때는 중력장에 기인하는 아래 방향으로의 흐름과 Fick의 법칙, 즉 다음과 같은 (30.5)식으로 주어지는 위 방향으로의 확산 흐름이 비겨야 한다.

$$j_{\mathrm{up}} = -D\frac{\partial \tilde{N}}{\partial z}$$

여기서 D는 고분자의 확산 계수이다. 이 두 흐름 속도를 같게 놓으면 다음과 같은 관계를 얻을 수 있다.

$$\frac{mg\tilde{N}}{f} = -D\frac{\partial \tilde{N}}{\partial z} \tag{35.82}$$

이 식은 쉽게 적분이 되며 다음과 같이 된다.

$$\tilde{N} = \tilde{N}_0 e^{-mgz/Df}$$

한편 중력장 속에서는 (2.44)식의 Boltzmann 분포가 성립해야 한다.

$$\tilde{N} = \tilde{N}_0 e^{-mgz/kT}$$

이를 두 식을 비교하면 다음 관계가 성립해야 한다.

$$D = \frac{kT}{f} \tag{35.83}$$

이 식은 확산 계수와 마찰 계수 사이의 관계를 나타내는 것으로서 Stokes-Einstein 식이라고 한다. 이 식은 중력장을 이용해서 얻은 것이기는 하지만 어떠한 보존장에 대해서나 성립한다. 조금 다른 방법을 이용하였지만 이 식은 31장에서도 유도하였었다. (31.61)식을 보아라.

알맹이를 구형이라고 가정하면 Stokes의 법칙에 의해서 $f = 6\pi\eta a$이며 따라서 다음과 같은 결과가 나오게 된다.

$$D = \frac{kT}{6\pi\eta a}$$

알맹이의 반경 a는 확산 계수로부터 구할 수 있다. 알맹이가 구형이 아닐 경우에는 마찰 계수가 Stokes의 법칙으로부터 계산한 값보다 크다. 즉, 구형이 아닌 알맹이는 동등한 구형 알맹이보다 더 큰 마찰 효과를 나타낸다.

앞의 (35.81)식의 f에다 Stokes-Einstein의 식을 넣어 주면 다음과 같은 식을 얻을 수 있다.

$$M = \frac{RTs}{D(1-\bar{v}\rho)} \tag{35.84}$$

이 몰질량을 구하는 식을 Svedberg 식이라고 한다. 만일 D의 값을 독립적으로 얻을 수 있으면 s를 추정하여 M을 결정할 수 있을 것이다. 후에 배우게 되겠지만, 초원심 분리 실험 결과를 이용하면 D/s의 값을 결정할 수 있다.

r와 $r+dr$ 사이의 시료 용기 요소를 통하여 중심력장 속의 알맹이가 운동한다고 하자. 그러면 위치 r에서 방사 방향으로 단위 시간에 단위 넓이를 통해나가는 흐름은 다음과 같이 주어

진다.

$$j = v_r \tilde{N} - D\frac{\partial \tilde{N}}{\partial r}$$

여기서 속도 v_r은 원심력장에 기인하는 알맹이의 방사 방향 속도이다(그림 35-17). 그리하여 운반에 관한 일반 법칙인 (30.11)식에 의해서 유량이 $v_r\tilde{N}$가 된다. 그런데 (35.79)식에 의하면 $v_r = dr/dt = \omega^2 sr$이므로 j에 관한 식은 다음과 같이 된다.

$$j = \omega^2 sr\tilde{N} - D\frac{\partial \tilde{N}}{\partial r} \tag{35.85}$$

여기서 둘째 항 $-D(\partial N/\partial r)$은 방사 방향에서의 확산 흐름이다. 이 식은 용액의 꼭대기(즉, 메니스커스)와 바닥에서의 흐름이 모두 영이 되어야 한다는 경계 조건을 만족시켜야 한다. (35.85)식에서 $j=0$으로 놓으면 다음과 같은 관계가 성립하게 된다.

$$\omega^2 sr_m\tilde{N}_m = D\left(\frac{\partial \tilde{N}}{\partial r}\right)_m \quad 및 \quad \omega^2 sr_b\tilde{N}_b = D\left(\frac{\partial \tilde{N}}{\partial r}\right)_b$$

여기서 첨자 m과 b는 각각 시료 용기의 메니스커스와 밑바닥에서의 값을 나타낸다. 우리가 원하는 것은 s/D이므로 이 두 식은 다음과 같이 쓰는 것이 편리하다.

$$\frac{\omega^2 s}{D} = \frac{1}{r_m\tilde{N}_m}\left(\frac{\partial \tilde{N}}{\partial r}\right)_m = \frac{1}{r_b\tilde{N}_b}\left(\frac{\partial \tilde{N}}{\partial r}\right)_b \tag{35.86}$$

$\tilde{N}$와 $\partial\tilde{N}/\partial r$은 모두 생겨난 보통의 광학적 무늬로부터 구할 수 있다. 또 r_m과 r_b는 쉽게 측정이 되므로 (35.86)식을 이용하면 s/D를 계산할 수 있다. 그러면 Svedberg 식을 이용해서 M을 구할 수 있다. (35.86)식은 항상 알맞는 조건에서 사용해야 한다. 그러나 침강계가 정류 상태에 도달하면, 즉 침강 평형을 이룰 때는 어느 곳에서나 흐름이 영이 되어 모든 r값에 대해서 다음과 같은 조건이 만족된다.

$$\omega^2\frac{s}{D} = \frac{1}{r\tilde{N}}\ \frac{\partial \tilde{N}}{\partial r} \tag{35.87}$$

이 실험은 침강 평형을 얻기 위해서 2~3일이 걸린다. 평형에서의 s/D값을 이와같이 구하면 (35.87)식을 적분하여 M을 구할 수 있다. 즉, 위의 식에서 우선 $d\tilde{N}/\tilde{N}$을 dc/c로 바꾸어 주고 그 결과를 다음과 같이 나타낸다.

$$\int_{c_1}^{c_2}\frac{dc}{c} = \frac{\omega^2 s}{D}\int_{r_1}^{r_2} r\,dr$$

따라서

$$\ln\frac{c_2}{c_1} = \frac{\omega^2 s}{2D}(r_2^2 - r_1^2) \tag{35.88}$$

또 Svedberg 식을 이용해서 s/D를 소거하면 다음과 같이 된다.

$$M = \frac{2RT}{\omega^2(1-\bar{v}\rho)}\ \frac{\ln(c_2/c_1)}{(r_2^2 - r_1^2)} \tag{35.89}$$

이 식을 이용하면 질량-평균 몰질량을 구할 수 있다. 이 식은 원심력장에서의 Boltzmann 분포를 이용하여 순전히 열역학적으로 유도할 수도 있다. D/s의 비는 용액의 비이상성 때문에 (35.20)식과 같은 관계를 이용하면 다음과 같이 농도에 의존한다는 것을 보일 수 있다.

$$\frac{D}{s} = \frac{RT}{M(1-\bar{v}\rho)}\left(1 + 2\Gamma_2 \tilde{c}_w + \frac{3}{4}\Gamma_2^2 \tilde{c}_w^2\right) \qquad (35.90)$$

따라서 D/s 대 $\tilde{N}$의 도시 결과를 $\tilde{N}=0$으로 외삽하면 다음과 같은 몰질량에 관한 식을 얻게 된다.

$$M = \frac{RT}{\left(\frac{D}{s}\right)_0 (1-\bar{v}\rho)} \qquad (35.91)$$

35.6.4 점성도 측정

용매 속에 중합체 분자가 들어가면 일반적으로 그 농도가 낮더라도 용액의 점성도를 비교적 크게 증가시킨다. 이 효과는 농도와 용매에 크게 의존한다. 불량 용매 속에서는 긴 사슬의 분자들이 대부분의 경우 그 자신만으로 돌돌 말려있지만 우량 용매 속에서는 사슬이 크게 풀려서 늘어나 있다. 용액의 점성도는 이러한 두 배위 상태에 따라 크게 달라진다. 분자 질량이 커져도 용액의 점성도가 증가한다. 점성도 측정은 아마도 고분자의 몰질량 값을 구하는 가장 간단한 방법일 것이다.

용액과 순수한 용매의 점성도는 정밀 모세관 점성도계를 가지고 측정한다. 이 측정에서는 용액의 점성도와 순수한 용매의 점성도의 비인 상대적 점성도 η_{sp}이외에 다음 식으로 정의되는 비 점성도가 이용된다.

$$\eta_{sp} = \frac{\eta_{solution} - \eta_{solvent}}{\eta_{solvent}} = \eta_r - 1 \qquad (35.92)$$

이 비점성도는 용액의 점성도에 대한 중합체의 상대적 기여를 나타내는 것이다.

이 η_{sp}를 중합체의 농도 $\tilde{c}_w$로 나누어 주면 중합체의 농도에 따라서 증가하는 양이 나온다. 그리하여 η를 농도의 함수로 측정하고 $\eta_{sp}/\tilde{c}_w$를 농도에 대해서 도시한다. 이 도시 결과는 거의 직선을 나타내며 이것을 $\tilde{c}_w=0$으로 외삽하였을 때 나오는 값을 고유 점성도 $[\eta]$라고 한다.

$$[\eta] = \lim_{\tilde{c}_w=0}\left(\frac{\eta_{sp}}{\tilde{c}_w}\right) \qquad (35.93)$$

따라서

$$\left(\frac{\eta_{sp}}{\tilde{c}_w}\right) = [\eta] + b\tilde{c}_w \qquad (35.94)$$

여기서 b는 상수이다. 지금까지의 경험에 의하면 이 고유 점성도는 다음 식에 따라 몰질량에 의존한다.

$$[\eta] = KM^a \qquad (35.95)$$

한 주어진 중합체-용매 쌍에 대해서 M의 값을 알고 있는 부분들을 가지고 고유 점성도를 측정하여 $\log_{10}[\eta]$를 $\log_{10} M$에 대해서 도시하면 그 중합체-용매 쌍에 대한 실험 상수 K와 a의 값을 결정할 수 있다. 이 상수 값들을 이용하면 고유 점성도의 측정 결과로부터 임의의 고분자 시료의 몰질량을 구할 수 있다. 위의 여러 식 중의 $\bar{c}_w$는 보통으로 g/100 mL = g/dL의 단위를 이용한다.

《질 문》

35. 1 중합체의 1차, 2차 및 3차 구조란 무엇을 말하는 것인가?

35. 2 (35.14)식 중의 응집 에너지가 ϕ의 제곱에 의존해야 하는 이유는 무엇인가?

35. 3 고도의 중합이 일어나려면 어째서 높은 결합 확률이 필요한지를 (35.24)식을 써서 설명하라.

35. 4 (a)산란 세기가 산란장에 의존하고 또 (b)산란장은 입사 전기장에 의해서 유발된 전하의 가속에 의존한다는 사실을 염두에 두고 Rayleigh 산란이 λ^{-4}에 의존하는 이유를 정성적으로 설명하라.

35. 5 확산은 농도 기울기 때문에 나타나고 또 침강은 원심력장 때문에 나타난다. 운반 계수들의 비 s/D가 어째서 비 운반 성질에만 의존해야 하는지를 설명하라.

35. 6 불량 용매로부터 우량 용매로 변화함에 따라 중합체의 확산 상수가 어떤 영향을 받는지 설명하라.

《연습 문제》

35. 1 만일 폴리스티렌 시료의 수-평균 몰질량이 45 kg/mol이라면 한 주어진 단위체가 말단기로 될 확률은 얼마가 되겠는가?

35. 2 어떤 중합체 혼합물이 몰질량 1 kg/mol인 분자 5개, 몰질량 2 kg/mol인 분자 5개, 몰질량 3 kg/mol인 분자 5개, 그리고 몰질량 4 kg/mol인 분자 5개로 되어 있다.
a) 수-평균 몰질량을 계산하라.
b) 질량-평균 몰질량을 계산하라.

35. 3 몰질량이 50 kg/mol인 폴리스티렌의 밀도는 0.903 g/cm³이고 톨루엔의 밀도는 0.867 g/cm³이다. $\phi = 0$, 0.2, 0.4, 0.6, 0.8 및 1.0일 경우의 혼합 엔트로피를 (35.2)식으로 계산하라. 또 ΔS_{mix}를 ϕ에 대해서 스케치하라. 이 ϕ의 값들은 얼마 만한 값의 몰분율과 맞먹겠는가?

35. 4 소의 혈청 알부민 1.5 g을 25 °C에서 500 mL의 물에 녹여서 용액을 만들었다. 이 용액의 삼투압을 계산하라. 단 $M = 66.5$ kg/mol이다.

35. 5 폴리스티렌을 톨루엔에 녹인 용액이 25 °C에서 다음과 같은 삼투압을 나타내었다.

c_w/(g/100 cm³)	0.155	0.256	0.293	0.380	0.538
π/Pa	16	28	32	46	76

$\pi/\bar{c}_w$를 $\bar{c}_w$에 대해서 도시하고, $\bar{c}_w = 0$으로 외삽해서 얻은 $\pi/\bar{c}_w$값으로부터 평균 몰질량을 구하라. 문제 35.3의 데이터를 이용하여 w를 계산하라.

35. 6 묽은 용액의 삼투압은 $\pi = (\sum N_k/N_A)(RT/V)$로 주어진다. 여기서 $\sum N_k$는 전체 분자수이다. 전체 질량을 w, 그리고 수-평균 몰질량을 $\langle M \rangle_N$이라고 할 경우, $\langle M \rangle_N$의 정의인 (35.31)식을 고려하여 $\pi = (wRT/V)/\langle M \rangle_N$라고 쓸 수 있음을 보여라.

35. 7 2 g의 폴리스티렌($M = 50$ kg/mol)과 100 g의 톨루엔으로 된 용액의 상대 증기 압력을 계산하라.

폴리스티렌의 밀도는 0.903 g/cm^3이고 톨루엔의 밀도는 0.867 g/cm^3이다. Raoult의 법칙, Flory의 식, 그리고 에너지 파라미터를 가해서 수정한 Flory식(35.14식)으로 계산한 값들을 비교하라. $w/kT = 0.38$로 놓아라. 이 계산을 $\phi = 0.50$인 용액에 대해서 반복하라. 2 g을 100 g의 톨루엔에 녹였을 때 $\phi = 0.50$이라면 그 중합체의 몰질량이 얼마가 되어야 하겠는가?

35. 8 어떤 폴리에스테르 시료 1.105 g의 말단기를 적정하는 데 0.01015 mol/L NaOH 용액 10.80 mL가 필요하였다. 이 폴리에스테르의 평균 몰질량을 구하라.

35. 9 어떤 폴리무수물(디카르복실산의 축합 중합체)의 말단기를 적정하는 데 0.008964 mol/L NaOH 용액 36.72 mL가 소모되었다. 이 중합체의 평균 몰질량을 구하라.

35. 10 [illegible]°C에서 폴리스티렌이 녹아있는 벤젠 용액은 다음과 같은 점성을 나타낸다.

$\tilde{c}_w$/(kg/m^3)	21.4	10.7	5.35
η/m Pa s	1.35	0.932	0.757

이 중합체의 고유 점성도와 몰질량을 계산하라. 벤젠의 점성도는 $\eta = 0.606$ m Pa s이다. 이 계에 대한 $[\eta] = KM^a$ 식 중의 상수값들은 $K = 1.71 \times 10^{-3}\ m^3/kg$이고 $a = 0.74$이다.

35. 11 폴리이소부틸렌이 녹아있는 시클로헥산 용액의 고유 점성도는 0.0248 m^3/kg이다. $K = 3.3 \times 10^{-3}\ m^3/kg$, 그리고 $a = 0.70$으로 놓고 이 중합체의 몰질량을 계산하라.

35. 12 몰질량을 알고 있는 이소부틸렌이 녹아있는 디이소부틸렌 용액들의 고유 점성도를 측정하였더니 다음과 같은 결과가 나왔다.

M/(kg/mol)	6.2	10.4	124	856
$[\eta]$/(m^3/kg)	0.00963	0.0134	0.0655	0.225

이 중합체의 K와 a를 계산하라.

35. 13 중합체 용액으로부터 산란되는 빛의 분율을 θ의 함수로 스케치하라.

35. 14 $\lambda = 540$ nm의 빛살과 $\lambda = 750$ nm의 빛살이 똑같은 중합체-용매 계에서 산란될 경우 그 산란 세기를 비교하라. $dn/d\tilde{c}_w$는 λ에 의존하지 않는다고 가정하라.

35. 15 폴리스티렌의 메틸에틸케톤의 경우 25 °C와 546 nm의 파장에서 $(dn/dc_w)_0 = 0.220$ mL/g이다. 메틸에틸케톤의 굴절률은 1.377이다. 100 mL의 용액 속에 3.5 g의 폴리스티렌이 녹아있는 용액의 Rayleigh 비는 90°에서 0.0942 m^{-1}이다. 이 용액의 산란 상수와 이 폴리에스테르의 몰질량을 계산하라.

35. 16 25 °C에서 벤젠의 굴절률은 1.498이다. 폴리메틸메타아크릴레이트의 벤젠 용액은 25 °C와 546 nm의 파장에서 $(dn/dc_w)_0 = 0.0110$ mL/g의 결과를 나타내었다. 이 중합체의 몰질량이 2050 kg/mol이고 12.47 g의 중합체가 100 mL의 용액 속에 녹아있다면 그 산란 상수와 90°에서의 Rayleigh 비가 얼마가 되겠는가?

35. 17 25 °C에서 1.22 g의 폴리스티렌 시료를 100 mL의 메틸에틸케톤에 용해시켰다. 이 용액을 1.00 cm 길이의 시료 용기에 넣고 560 nm의 빛살을 이용하여 그 혼탁도를 측정하였는데, 입사된 빛살 세기가 0.9907배로 감소하였다. 혼탁도 τ와 이 중합체의 몰질량을 계산하라. 산란 상수는 $3.73 \times 10^{-5}\ m^2\ mol/kg^2$이다.

35. 18 25 °C에서 메틸에틸케톤 속의 폴리스티렌이 $\lambda = 436$ nm에서 $(dn/dc_w)_0 = 0.231$ mL/g을 나타내

었다. 메틸에틸케톤의 굴절률은 1.377이다.

a) 이 용액의 산란 상수를 계산하고, 이것을 문제 35.17에서 구한 값과 비교하라.

b) 문제 35.17에서 사용한 파장이 546 nm가 아니라 436 nm였다면 용액의 혼탁도가 얼마이겠는가?

35.19 25 °C에서 폴리스티렌을 메틸에틸케톤에 녹인 용액의 Rayleigh 비는 546 nm의 파장을 쓸 경우 45°에서 0.141 m^{-1}이었다.

a) 1.00 cm 시료용기 속에서 546 nm 빛살의 세기가 얼마나 감소하는지 계산하라.

b) 100 mL 용액 속에 2.14 g의 폴리스티렌이 녹아 있다면 이 고분자의 몰질량은 얼마가 되겠는가(문제 35.18의 데이터를 이용하라)?

35.20 20 °C의 물 속에서 단백질의 일종인 γ-글로불린의 침강 상수는 7.75×10^{-13} s, 확산 계수는 4.80×10^{-11} m^2 s^{-1}, 그리고 비부피는 0.739 cm^3/g이다. 물의 밀도는 이 온도에서 0.998 g/cm^3이다.

a) γ-글로불린의 몰질량을 계산하라.

b) γ-글로불린이 구형이라고 가정하고 그 반경을 구하라. 20 °C의 물의 경우 $\eta = 1.002 \times 10^{-3}$ Pa s이다.

35.21 20 °C에서 어떤 구형 단백질의 침강 상수가 3.50×10^{-13} s였다.

a) 이 단백질을 원심 분리기에 넣고 50000 rpm으로 회전시켰다. 회전축으로부터 6 cm 떨어진 곳에서 이 알맹이는 얼마만한 방사 방향 속도를 가지겠는가?

b) 이 알맹이가 $r = 6.0$ cm로부터 $r = 7.0$ cm로 이동하는 데 얼마만한 시간이 걸리겠는가?

c) 이 단백질의 비부피는 0.731 cm^3/g이고 물의 밀도는 0.998 g/cm^3이다. $M = 42.62$ kg/mol이라면 마찰 계수가 얼마이겠는가?

d) 확산 계수를 계산하라.

35.22 매초 975회전을 하는 초원심 분리기 속에서 경계면이 150분 사이에 6.187 cm로부터로 6.297 cm 이동하였다. 침강 상수를 계산하라.

35.23 20 °C에서 개의 혈청 알부민을 가지고 초원심 분리 실험을 하여 $D/s = 128$ m^2/s^2이라는 결과를 얻었다. 이 단백질의 비부피를 0.729 cm^3/g, 그리고 물의 밀도를 0.998 g/cm^3으로 놓고 이 단백질의 몰질량을 계산하라.

35.24 20 °C에서 몰질량이 170 kg/mol이고 비부피가 0.773 cm^3/g인 중합체를 $\rho = 0.998$ g/cm^3인 물 속에서 원심 분리 시키려고 한다. 이 원심 분리기가 매분당 60000회전을 한다면 $r = 6$ cm에 비해서 $r = 7$ cm에서의 상대적 농도가 어떻게 되겠는가?

35.25 문제 35.24에서와 똑같은 중합체를 $g = 9.80$ m/s^2($t = 20$ °C)인 중력장 속에 놓았을 때 7 cm와 6 cm 높이에서 나타낼 상대적 농도를 구하여 문제 35.24의 결과와 비교하라.

부록 I
필요한 수학 지식

AI.1 함수와 도함수

기호 $f(x)$는 f가 x의 함수라는 뜻이다. f가 x의 함수라는 말은 x의 값을 택하면 그에 대응하는 함수의 값이 결정된다는 뜻이다. x를 독립 변수, f를 종속 변수라고 한다.

주어진 질량의 액체의 부피는 온도에 의존한다. 이 말을 수학으로는 부피가 온도의 함수라고 말하거나 또는 단순히 기호 $V(t)$라고 쓴다.

f의 값이 x의 값에 의존할 때는 x의 값이 바뀔 때마다 f의 값도 바뀐다. 그러므로 f가 x의 변화에 따라서 얼마나 심하게 변하는가를 알아볼 필요가 있다. 함수에 관한 이러한 지식은 이 함수의 x에 관한 도함수로부터 얻어진다.

도함수는 x값의 변화에 따른 함수값의 변화율이다. 일반적으로 도함수도 x의 함수임을 알아두어야 한다. 이러한 면을 강조하기 위해서 도함수를 흔히 $f'(x)$라는 기호를 써서 표시한다.

$$df/dx = f'(x)$$

도함수가 양수이면 함수값은 x값에 따라서 증가하고, 도함수가 음수이면 함수값은 x가 증가함에 따라서 감소한다. 도함수가 영이면 함수의 곡선은 수평 접선을 가진다. 즉, 함수는 극대값이나 극소값을 가진다. 도함수의 기본 정의는 다음과 같은 것이다.

$$\frac{df}{dx} = \lim_{\Delta x \to 0} \frac{\Delta f}{\Delta x}$$

이 정의에 의하면 도함수는 곡선상의 임의의 점에서의 접선 기울기가 된다는 기하학적 해석을 얻을 수 있다.

x가 x_1으로부터 x_2로 변하는 동안에 f가 어떻게 달라지는가를 알아보려면 그 도함수를 이용해야 한다. 즉, 우선 다음과 같은 등식을 생각하자.

$$df/dx = df/dx$$

이것을 다음과 같이 쓸 수 있다.

$$df = (df/dx)dx$$

이 식에 의하면 f값의 변화, 즉 df는 x에 관한 변화율 df/dx에다 x의 변화 dx를 곱한 것과 같다. 만일 x가 x_1으로부터 x_2로 유한한 변화를 하면 f의 전체 변화는 다음과 같은 적분에 의해서 얻어진다. 즉,

$$\int_{f_1}^{f_2} df = \int_{x_1}^{x_2} \frac{df}{dx} dx \qquad f_2 - f_1 = \int_{x_1}^{x_2} f'(x)\, dx$$

여기서 f_2와 f_1은 x_2와 x_1에 대응하는 f의 값이다.

AI.2 적 분

a. 적분은 합의 극한이다. 앞 절에서 f의 전체 변화를 x_1과 x_2 간의 구간에서의 작은 변화들을 모두 합하여(즉, 적분하여) 얻었다.

b. 부정적분 $\int g(x)\, dx$에는 항상 적분 상수가 따른다. 예로서 적분 $\int (1/x) dx$를 계산해 보자. 적분표에서 보면 이 적분값은 $\ln x$인데, 여기에다 적분 상수 C를 더해야 한다. 즉,

$$\int \frac{1}{x} dx = \ln x + C$$

c. 정적분 $\int_a^b g(x)\, dx$에는 적분 상수가 붙지 않는다. 만일 적분표로부터 다음과 같은 결과를 얻었다고 하자.

$$\int g(x)\, dx = G(x) + C$$

그러면 그 정적분은 다음과 같이 된다.

$$\int_a^b g(x)\, dx = G(b) - G(a)$$

정적분은 적분 한계 a, b와 그리고 피적분 함수에 포함된 파라미터 중에서 적분 변수를 제외한 나머지 파라미터들만의 함수이다. 예를 들면 $\int_a^b g(x, \alpha) dx$는 a, b 및 α만의 함수이고 x의 함수는 아니다.

d. 함수의 적분은 그래프 방법으로 넓이를 가지고 나타낼 수 있다. 적분 $\int_a^b g(x) dx$는 함수 $g(x)$의 곡선, x-축, $x = a$ 선, 그리고 $x = b$ 선들로 둘러싸인 넓이와 같다.

AI.3 평균치 정리

x의 임의의 함수에 대한 구간, (a, b)에서의 평균치는 다음과 같이 주어진다.

$$\langle f \rangle = \frac{1}{b-a} \int_a^b f(x)\, dx$$

AI.4 Taylor의 정리

함수의 해석적인 꼴을 모르고 어떤 점, 예를 들어 $x = 0$에서의 도함수값만을 알 때는 흔히 이 함수를 무한 급수로서 나타낼 수 있다. 지금, 함수 $f(x)$를 다음과 같은 급수로 나타낼 수 있다고 가정하자.

$$f(x) = a_0 + a_1 x + \frac{a_2}{2!} x^2 + \frac{a_3}{3!} x^3 + \cdots$$

이것을 미분하면 다음과 같은 결과들을 얻을 수 있다.

$$f'(x) = a_1 + a_2 x + \frac{a_3}{2!}x^2 + \cdots$$
$$f''(x) = a_2 + a_3 x + \cdots$$
$$f'''(x) = a_3 + \cdots$$

$x = 0$ 에서 이 식들은 다음과 같이 된다.

$$f(0) = a_0 \qquad f'(0) = a_1 \qquad f''(0) = a_2 \qquad f'''(0) = a_3 \cdots$$

이와같이 하여 급수의 미지 계수를 $x = 0$ 에서의 도함수 값으로 나타낼 수 있다. 그러면 급수가 다음과 같이 된다.

$$f(x) = f(0) + f'(0)x + \frac{f''(0)}{2!}x^2 + \frac{f'''(0)}{3!}x^3 + \cdots \qquad \text{(AI. 1)}$$

이것이 Taylor 정리이다. 모든 함수를 이와같은 급수로 나타낼 수 있는 것은 아니지만 적절하게 행동하는 함수에 대해서는 이 전개를 쓸 수가 있다. 대개는 무한 급수의 처음 두 항만이 필요하며 나머지는 무시된다. 몇 가지 자주 쓰이는 편리한 급수들을 부록 Ⅳ에 실었다.

AI.5 변수가 둘 이상인 함수

변수가 둘인 함수가 흔히 쓰이게 된다. 예를 들면 기체의 몰부피는 온도와 압력에 의존한다. 즉, $\bar{V} = \bar{V}(T, p)$이다. 이와 같이 쓰면 T와 p는 독립 변수이고 $\bar{V}$는 종속 변수가 된다. 만일 압력을 어떤 일정한 값으로 고정시키면 이 부피는 온도만의 함수가 된다. 이 함수의 도함수 역시 임의의 일변수 함수의 도함수를 구하는 것과 똑같은 방법으로 구할 수 있는데, 이 경우에는 ∂라는 기호를 가지고 도함수를 나타낸다. 마찬가지로 온도가 고정될 경우에는 부피는 압력만의 함수가 되며, 이 때에도 일변수 함수에 대한 통상적인 규칙에 따라 도함수를 구할 수 있다. 결국 함수 $\bar{V}(T, p)$는 2개의 1차 도함수를 만드는데, 이들을 다음과 같이 표시하고 편도함수라고 부른다.

$$\left(\frac{\partial \bar{V}}{\partial T}\right)_p \qquad \text{및} \qquad \left(\frac{\partial \bar{V}}{\partial p}\right)_T$$

여기서 괄호밖의 하첨자는 미분 과정에서 그 변수를 일정하게 유지한다는 것을 뜻한다. 일정한 압력에서 온도가 약간 변할 때 몰부피가 어떻게 변하는가를 알아보려면 다음 계산을 해야 한다.

$$d\bar{V} = \left(\frac{\partial \bar{V}}{\partial T}\right)_p dT$$

또 일정한 온도에서 압력의 변화에 따르는 부피의 변화는 다음과 같다.

$$d\bar{V} = \left(\frac{\partial \bar{V}}{\partial p}\right)_T dp$$

만일 온도와 압력이 둘 다 변하면 부피의 전체 변화는 온도에 따르는 변화와 압력에 따르는 변화의 합이 된다. 즉,

$$d\bar{V} = \left(\frac{\partial \bar{V}}{\partial T}\right)_p dT + \left(\frac{\partial \bar{V}}{\partial p}\right)_T dp$$

이것을 이 함수의 전미분이라고 한다. 2변수 함수, $f(x, y)$의 어느 것이든 전미분 df는 다음

과 같이 쓸 수 있다.

$$df = \left(\frac{\partial f}{\partial x}\right)_y dx + \left(\frac{\partial f}{\partial y}\right)_x dy \qquad \text{(AI. 2)}$$

AI.6 (4. 27)식의 해

(4. 27)식은 다음과 같은 꼴로 쓸 수 있다.

$$Af(z) = f(x)f(y)$$

여기서 $z = x + y$이다. 이 식을 x에 관해서 미분하면,

$$A\frac{df(z)}{dz}\left(\frac{\partial z}{\partial x}\right) = f'(x)f(y)$$

그리고 y에 관해서 미분하면,

$$A\frac{df(z)}{dz}\left(\frac{\partial z}{\partial y}\right) = f(x)f'(y)$$

그런데 $\partial z/\partial x = \partial(x+y)/\partial x = 1$이며, 또한 $\partial z/\partial y = 1$이다. 따라서 위의 두 식은 다음과 같이 된다.

$$Af'(z) = f'(x)f(y) \qquad Af'(z) = f(x)f'(y)$$

이 두 식의 좌변은 똑같으므로 $f'(x)f(y) = f'(y)f(x)$이다. 이것을 $f(x)f(y)$로 나누면 다음과 같이 된다.

$$\frac{f'(x)}{f(x)} = \frac{f'(y)}{f(y)}$$

이 식의 좌변은 분명히 x만의 함수이고 우변은 x에는 무관하고 y에만 의존한다. 이것은 이 식의 양변이 상수 β일 경우에만 가능하다. 즉,

$$\frac{f'(x)}{f(x)} = \beta \qquad \text{따라서} \qquad \frac{df(x)}{f(x)} = \beta\, dx$$

적분하면 $\ln f(x) = \beta x + \ln A$가 얻어지며 따라서 $f(x) = A\exp(\beta x)$가 나오는데, 이것은 바로 (4. 27)식의 해이다.

AI.7 최소 자승법

한 세트의 데이터 점들이나 또는 실험 데이터로부터 계산한 한 세트의 유도량을 파라미터가 포함된 수학적 함수에 잘 맞게 해주기 위해서 이 파라미터를 조절해 주어야 할 때가 많이 있다. 최소 자승법은 이 데이터를 가장 잘 맞게 하여 줄 수 있는 파라미터값의 체계적 결정 방법인 것이다.

원리상 이 방법은 어떤 종류의 함수에 대해서나 사용할 수 있다. 그러나 실제에 있어서는 다항 함수가 아닐 경우에는 수치 계산의 양이 너무 과중해서 사용하기가 어렵다. 그리하여 여기에서는 다항 함수에 대해서만 생각하기로 한다.

지금 N개의 데이터 점들(x_i, y_i)이 근사적으로 다음과 같은 꼴의 곡선으로 표시될 수 있다고

생각해 보자.

$$y = a + bx + cx^2 + \cdots \tag{AI. 3}$$

지금 y의 실험치가 계산치로부터 벗어나는 편차를 d_i라고 하자. 즉,

$$d_i = y_i - (y_i)_{\text{calc}} \tag{AI. 4}$$

y의 계산치는 (AI. 3)식으로부터 얻는 것이므로 이 편차는 다음과 같이 된다.

$$d_i = y_i - (a + bx_i + cx_i^2 + \cdots) \tag{AI. 5}$$

만일 이 함수가 데이터를 잘 나타내고 또 오차들이 무작정일 때는 d_i가 음이 되는 경우와 양이 되는 경우가 비슷하게 나타날 것이며 그리하여 d_i를 모든 데이터 점들에 걸쳐서 합해주면 거의 영이 될 것이다.

$$\sum_i d_i \approx 0$$

얼마나 가깝게 맞는가를 평가하는 데는 d_i를 제곱한 다음, d_i^2을 합해 보는 것이 더 좋다. 이렇게 하면 양의 편차와 음의 편차가 서로 상쇄되지 않을 것이다. 이 d_i^2의 합셈은 이 곡선이 데이터를 얼마나 잘 맞게 나타내는지를 표시하는 양이다. 지금 다음과 같은 σ^2을 분산이라고 정의하자.

$$\sigma^2 = \frac{1}{N}\sum_{i=1}^{N} d_i^2 \tag{AI. 6}$$

이 σ^2의 값이 작을수록 이 곡선은 데이터와 더 잘 맞을 것이다. 이 σ^2은 상수 $a, b, c, \cdots$에 의존하므로 σ^2이 최소가 되도록 이 상수들을 택해야 하는 것이다. 이와같이 하면 제곱의 합이 최소치를 나타낼 것이며 이 때문에 최소 자승법이라는 명칭이 나온 것이다.

(AI. 5)식을 (AI. 6)식에 넣어주면 다음과 같은 결과가 나온다.

$$\sigma^2 = \frac{1}{N}\sum_{i=1}^{N}(y_i - a - bx_i - cx_i^2)^2 \tag{AI. 7}$$

이 식을 최소화하기 위해서 σ^2을 a, b 등에 관해서 미분하여 보자(앞으로 나오는 합셈은 모두 $i = 1$부터 $i = N$까지라는 것을 주의하라).

$$\frac{\partial\sigma^2}{\partial a} = \frac{1}{N}\Sigma\, 2(y_i - a - bx_i - cx_i^2)(-1)$$
$$\frac{\partial\sigma^2}{\partial b} = \frac{1}{N}\Sigma\, 2(y_i - a - bx_i - cx_i^2)(-x_i)$$
$$\frac{\partial\sigma^2}{\partial c} = \frac{1}{N}\Sigma\, 2(y_i - a - bx_i - cx_i^2)(-x_i^2)$$

이들 각 도함수를 영으로 놓고 이어서 $(-2/N)$으로 나누어 주면 다음과 같은 최소화 조건들을 얻을 수 있다.

$$\begin{aligned} &\Sigma(y_i - a - bx_i - cx_i^2) = 0 \\ &\Sigma(y_i - a - bx_i - cx_i^2)x_i = 0 \\ &\Sigma(y_i - a - bx_i - cx_i^2)x_i^2 = 0 \end{aligned} \tag{AI. 8}$$

이 식들을 풀면 a, b, c 등을 구할 수 있다. 여기서는 직선이 되는 경우를 생각하여 보자.

직선인 경우에는 $c=0$으로 놓고 처음 두 식만을 사용하면 된다. 이 두 식은 다음과 같이 나타낼 수 있다.

$$\sum y_i - a\sum 1 - b\sum x_i = 0$$
$$\sum x_i y_i - a\sum x_i - b\sum x_i^2 = 0$$

$\sum_{i=1}^{N} 1 = N$이라는 사실을 주의하고 이 두 식을 a와 b에 관해서 풀면 다음과 같은 결과를 얻을 수 있다.

$$a = \frac{(\sum x_i^2)(\sum y_i) - (\sum x_i)(\sum x_i y_i)}{N\sum x_i^2 - (\sum x_i)^2} \tag{AI. 9}$$

$$b = \frac{N\sum x_i y_i - (\sum x_i)(\sum y_i)}{N\sum x_i^2 - (\sum x_i)^2} \tag{AI. 10}$$

이 식들을 이용하려면 $\sum x_i$, $\sum y_i$, $\sum x_i y_i$ 및 $\sum x_i^2$ 등을 계산해야 한다. 다행히도 근래에는 선형-회기 프로그램이 들어있는 많은 새로운 전자 계산기가 나왔으며, 데이터를 적절히 눌러주기만 하면 a와 b에 대한 (AI. 9)식과 (AI. 10)식의 계산 결과를 얻을 수 있게 되었다. 선형-회기 프로그램 대신에 이 합셈들을 계산하고 저장하는 통계 함수가 들어있는 계산기도 있다. 이 계산기를 쓸 때는 저장된 이 합셈들을 불러내어서 (AI. 9)식과 (AI. 10)식에 따라 a와 b를 계산해야 한다(계산기의 안내서를 잘 읽으면 많은 시간을 절약할 수 있을 것이다!).

이 식들은 다음과 같이 $\sum x_i = N\langle x\rangle$, $\sum x_i^2 = N\langle x^2\rangle$ 등과 같은 여러 가지 양들의 평균치를 가지고 나타낼 수도 있다.

$$a = \frac{\langle x^2\rangle\langle y\rangle - \langle x\rangle\langle xy\rangle}{\langle x^2\rangle - \langle x\rangle^2} \tag{AI. 11}$$

$$b = \frac{\langle xy\rangle - \langle x\rangle\langle y\rangle}{\langle x^2\rangle - \langle x\rangle^2} \tag{AI. 12}$$

또 a와 b의 확률 오차 X_a와 X_b는 다음과 같이 나타낸다.

$$X_a = r\sqrt{\frac{\langle x^2\rangle}{N[\langle x^2\rangle - \langle x\rangle^2]}} \qquad X_b = r\sqrt{\frac{1}{N[\langle x^2\rangle - \langle x\rangle^2]}}$$

여기서 $r = 0.6745\cdots\sqrt{N\sigma^2/(N-2)}$이다. σ^2의 값은 (AI. 5)식을 이용해서 d_i를 계산하고 이것을 제곱한 다음 합해주거나 또는 다음 관계식으로부터 구할 수 있다.

$$\sigma^2 = \langle y^2\rangle - \langle y\rangle^2 - b^2(\langle x^2\rangle - \langle x\rangle^2) \tag{AI. 13}$$

AI.8 벡터와 행렬

AI. 8. 1 벡 터

3차원 공간에서 크기와 방향을 갖는 양을 벡터라고 한다. 벡터는 세 항의 합으로 나타낼 수 있으며, 이들 각 항은 3개의 서로 직교하는 축 방향을 향하는 각 단위 벡터에다 스칼라 양을 곱한 것이다. 예로서 카아티이젼 좌표에서는 벡터 $\mathbf{a}$를 다음과 같이 나타낸다.

$$\mathbf{a} = a_x\mathbf{i} + a_y\mathbf{j} + a_z\mathbf{k}$$

여기서 $\mathbf{i}$, $\mathbf{j}$ 및 $\mathbf{k}$는 각각 x, y 및 z 방향의 단위 벡터이며, a_x a_y 및 a_z는 스칼라 양으로서

벡터의 성분이라고 한다.

두 벡터 **a**와 **b**의 스칼라 곱을 **a·b**로 나타내는데, 이것은 다음과 같이 정의되는 양이다.

$$\mathbf{a}\cdot\mathbf{b} = a_x b_x + a_y b_y + a_z b_z \qquad \text{(AI. 15)}$$

이 양은 물론 스칼라 양이다. 이 정의에 따르면 직교하는 두 벡터의 스칼라 곱은 영이 된다. 예로서 $\mathbf{a} = a_x \mathbf{i} + (0)\mathbf{j} + (0)\mathbf{k}$, 그리고 $\mathbf{b} = (0)\mathbf{i} + b_y \mathbf{j} + (0)\mathbf{k}$라고 하자. 그러면 **a**는 x-축에 평행하고 **b**는 y-축에 평행하며, **a**와 **b**는 서로 직교한다. 이들의 스칼라 곱은 (AI. 15)식에 의해서 다음과 같이 된다.

$$\mathbf{a}\cdot\mathbf{b} = a_x(0) + (0)b_y + (0)(0) = 0$$

한 벡터와 그 자신과의 스칼라 곱은 그 벡터의 길이를 제곱한 것과 같다.

$$\mathbf{a}\cdot\mathbf{a} = a_x^2 + a_y^2 + a_z^2 = |a|^2 \qquad \text{(AI. 16)}$$

따라서 벡터의 길이는 다음과 같이 된다.

$$|a| = (a_x^2 + a_y^2 + a_z^2)^{1/2} \qquad \text{(AI. 17)}$$

이 관계식들은 3차원 벡터에 대해서만 적용되는 것이 아니며, 이것을 일반화시켜서 n차원 벡터에도 적용시킬 수 있다.

$$\mathbf{a}\cdot\mathbf{b} = \sum_{i=1}^{n} a_i b_i$$
$$|a| = \left(\sum_{i=1}^{n} a_i^2\right)^{1/2} \qquad \text{(AI. 18)}$$

AI. 8. 2 행 렬

행렬이란 양들의 나열인데, 구형이나 정방형 나열이 가장 보편적이다. 예로서 다음과 같은 것을 들 수 있다.

$$[a_x \quad a_y \quad a_z]$$

이것은 한 행과 세 열로 된 1×3 행렬이다. 이 행렬의 원소들은 3차원 벡터의 성분과 같이 생각할 수 있으므로 행 벡터라고도 부른다. 벡터의 성분을 다음과 같이 열로 나타낼 수도 있다.

$$\begin{bmatrix} b_x \\ b_y \\ b_z \end{bmatrix}$$

이것은 세 행과 한 열로 된 3×1 행렬이며, 열 벡터라고도 부른다.

행 벡터와 열 벡터와의 행렬 곱은 두 벡터의 스칼라 곱과 같은 꼴이 된다.

$$[a_x \; a_y \; a_z]\begin{bmatrix} b_x \\ b_y \\ b_z \end{bmatrix} = [a_x b_x + a_y b_y + a_z b_z]$$

이 행렬 곱은 단일 양(스칼라), 즉 1×1 행렬의 원소와 같게 된다.

행렬은 어떤 것이나 모두 한 세트의 행 벡터 및(또는) 한 세트의 열 벡터로 이루어진 것이라고 생각할 수 있다. 예로서 다음과 같은 행렬 A와 B를 생각해 보자.

$$\mathbf{A}=\begin{bmatrix}a_{11} & a_{12} & a_{13}\\ a_{21} & a_{22} & a_{23}\end{bmatrix}\qquad \mathbf{B}=\begin{bmatrix}b_{11} & b_{12}\\ b_{21} & b_{22}\\ b_{31} & b_{32}\end{bmatrix}$$

행렬 원소의 위치는 두 첨자를 가지고 나타낸다. 즉, 첫째 번 첨자는 행의 번호를, 그리고 둘째 첨자는 열의 번호를 나타낸다.

행렬 A는 두 행 벡터나 또는 세 열 벡터로 이루어진 것이고, 행렬 B는 세 행 벡터나 또는 두 열 벡터로 이루어진 것이라고 볼 수 있다. A와 B의 행렬 곱은 역시 행렬이 되는데, 그 원소들은 A와 B를 이루는 벡터들 사이의 스칼라 곱과 같다. 즉, 다음과 같이 된다.

$$\mathbf{AB}=\begin{bmatrix}a_{11} & a_{12} & a_{13}\\ a_{21} & a_{22} & a_{23}\end{bmatrix}\begin{bmatrix}b_{11} & b_{12}\\ b_{21} & b_{22}\\ b_{31} & b_{32}\end{bmatrix}=\begin{bmatrix}c_{11} & c_{12}\\ c_{21} & c_{22}\end{bmatrix}$$

A의 첫째 번 행 벡터와 B의 첫째 번 열 벡터와의 스칼라 곱이 곱 행렬 C의 첫째 행과 첫째 열의 원소가 된다. 즉,

$$c_{11}=a_{11}b_{11}+a_{12}b_{21}+a_{13}b_{31}$$

마찬가지로 A의 첫째 번 행과 B의 둘째 열을 곱하면 곱 행렬의 첫째 행과 둘째 열의 원소가 나온다.

$$c_{12}=a_{11}b_{12}+a_{12}b_{22}+a_{13}b_{32}$$

일반적으로 곱 행렬의 i째 행과 k째 열의 원소는 다음과 같이 된다.

$$c_{ik}=\sum_{j=1}^{3}a_{ij}b_{jk} \qquad \text{(AI. 19)}$$

확실히 이 연산이 가능하려면 A의 열의 수와 B의 행의 수가 같아야 한다. 이 조건이 만족되지 않으면 AB라는 곱을 정의할 수 없다. 따라서 A가 $m\times n$ 행렬(m개의 행과 n개의 열)이고 B가 $p\times q$ 행렬(p개의 행과 q개의 열)일 경우, $n=p$일 때만 AB라는 곱이 정의된다. 그리고 곱 행렬은 $p\times n$ 행렬이 된다.

정방형 행렬에서 주 대각선 상에 있는 원소들의 합은 지표라고 하며 $\chi(\mathbf{A})$로 표시한다.

$$\chi(\mathbf{A})=\sum_{i=1}^{n}a_{ii} \qquad \text{(AI. 20)}$$

구형 행렬의 지표는 정의할 수 없다.

AI. 8. 3 행렬과 대칭 조작

상호 교환

우리는 이미 23. 15. 2절에서 행렬을 이용해서 군의 대칭 조작을 나타내었다. 이러한 행렬들을 만들기는 매우 간단하다. C_{2v} 군에서의 조작을 생각해 보자. 한 점의 좌표에 미치는 이 조작들의 효과를 (23. 34)식에 요약해 놓았다. 예로서 연산자 $\mathbf{C}_2$는 다음과 같은 효과를 나타낸다.

$$\mathbf{C}_2(x,\ y,\ z)=(-x,\ -y,\ z)$$

우리는 이것을 다음과 같은 행렬 곱으로 나타낼 수 있다.

$$\begin{bmatrix} a_{11} & a_{12} & a_{13} \\ a_{21} & a_{22} & a_{23} \\ a_{31} & a_{32} & a_{33} \end{bmatrix}\begin{bmatrix} x \\ y \\ z \end{bmatrix} = \begin{bmatrix} -x \\ -y \\ z \end{bmatrix}$$

x를 $-x$로 바꾸어 주려면 첫째 번 행에 어떤 원소들이 나와야 하는 것일까? 첫째 번 행 벡터와 열 벡터를 곱하면 다음과 같이 된다.

$$a_{11}x + a_{12}y + a_{13}z = -x$$

따라서 $a_{11} = -1$, $a_{12} = 0$, $a_{13} = 0$이다. 이러한 방법으로 한번 내지 두 번쯤 곱셈을 하여 보면 다음부터는 곧바로 결과를 알 수 있을 것이다. 그리하여 완전한 행렬은 다음과 같이 된다는 것을 알 수 있다.

$$\begin{bmatrix} -1 & 0 & 0 \\ 0 & -1 & 0 \\ 0 & 0 & 1 \end{bmatrix}\begin{bmatrix} x \\ y \\ z \end{bmatrix} = \begin{bmatrix} -x \\ -y \\ z \end{bmatrix}$$

따라서 $\mathbf{C}_2$ 조작은 다음과 같은 행렬로 나타낼 수 있다.

$$\mathbf{C}_2 = \begin{bmatrix} -1 & 0 & 0 \\ 0 & -1 & 0 \\ 0 & 0 & 1 \end{bmatrix}$$

마찬가지 방법으로 다음과 같은 결과를 또한 얻을 수 있다.

$$\sigma_v\begin{bmatrix} x \\ y \\ z \end{bmatrix} = \begin{bmatrix} x \\ -y \\ z \end{bmatrix} \quad \text{따라서} \quad \sigma_v = \begin{bmatrix} 1 & 0 & 0 \\ 0 & -1 & 0 \\ 0 & 0 & 1 \end{bmatrix}$$

한편 군 곱셈 표에 의하면 $\mathbf{C}_2\sigma_v = \sigma_v'$가 되어야 하므로 다음 관계도 성립한다.

$$\sigma_v' = \begin{bmatrix} -1 & 0 & 0 \\ 0 & -1 & 0 \\ 0 & 0 & 1 \end{bmatrix} \times \begin{bmatrix} 1 & 0 & 0 \\ 0 & -1 & 0 \\ 0 & 0 & 1 \end{bmatrix} = \begin{bmatrix} -1 & 0 & 0 \\ 0 & 1 & 0 \\ 0 & 0 & 1 \end{bmatrix}$$

회 전

2차원 벡터를 각도 ϕ만큼 회전시키는 변환을 나타내는 행렬은 Argand 좌표(그림 AI-1)를

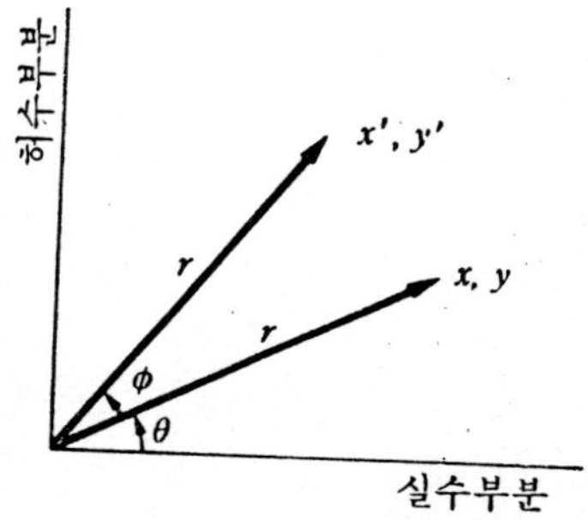

그림 AI-1

이용해서 구할 수 있다. 이 그림에서 점 (x, y)는 반시계 방향으로 각도 ϕ만큼 회전시켰을 때 점 (x', y')으로 변환된다. 그러면 좌표 (x', y')과 (x, y)사이에 어떤 관계가 성립할까? 이 벡터의 원점으로부터의 거리는 두 경우에 모두 같으므로 다음과 같이 나타낼 수 있다.

$$x + iy = re^{i\theta} \quad \text{및} \quad x' + iy' = re^{i(\theta+\phi)}$$

이 두 식으로부터 $re^{i\theta}$를 소거하면 다음과 같은 결과가 나온다.

$$x' + iy' = (x + iy)e^{i\phi} = (x + iy)(\cos\phi + i\sin\phi)$$
$$x' + iy' = x\cos\phi + y(-\sin\phi) + i(x\sin\phi + y\cos\phi)$$

이 식의 양변에 있는 실수 부분을 같게 놓고 또 허수 부분도 같게 놓으면 다음과 같은 2개의 관계식을 얻을 수 있다.

$$x' = x\cos\phi + y(-\sin\phi)$$
$$y' = x\sin\phi + y\cos\phi$$

이 관계들은 다음과 같이 행렬 기호로 나타낼 수 있다.

$$\begin{bmatrix} x' \\ y' \end{bmatrix} = \begin{bmatrix} \cos\phi & -\sin\phi \\ \sin\phi & \cos\phi \end{bmatrix} \begin{bmatrix} x \\ y \end{bmatrix} = \mathbf{C}_\phi \begin{bmatrix} x \\ y \end{bmatrix}$$

따라서 각도 ϕ만큼 반시계 방향으로 회전시키는 조작 $\mathbf{C}_\phi$는 다음과 같은 행렬이 된다.

$$\mathbf{C}_\phi = \begin{bmatrix} \cos\phi & -\sin\phi \\ \sin\phi & \cos\phi \end{bmatrix}$$

우리는 23.15.2절에서 $\phi = \frac{2}{3}\pi$로 놓은 이 행렬로 $\mathbf{C}_3$를 나타내었었다.

부록 Ⅱ

정전기학에 관한 몇 가지 기본 지식

AII.1 Coulomb의 법칙

좌표계의 원점에 전하 q가 있고, 또 이 원점으로부터 거리 r인 점 P에 전하 q'이 있다고 하자. 진공 속에서 이 두 전하 사이에 작용하는 힘은 Coulomb의 법칙에 의해서 다음과 같이 주어진다.

$$F = \frac{qq'}{4\pi\epsilon_0 r^2} \tag{AII. 1}$$

즉, 두 전하 사이에 작용하는 힘은 두 전하의 곱에 비례하고 거리의 제곱에 반비례한다. SI 단위를 사용할 경우, 이 비례 상수는 $1/4\pi\epsilon_0$이며, ϵ_0는 진공의 유전율이다. 정의에 의하면 이 비례 상수가 다음과 같이 된다.

$$\frac{1}{4\pi\epsilon_0} = c^2(10^{-7}\,\mathrm{N\,s^2\,C^{-2}}) \qquad (\text{정확하게}) \tag{AII. 2}$$

여기서 c는 진공 속에서의 빛의 속도이며, $c = 2.99792458 \times 10^8$ m/s이다. 이 c의 값을 넣어주면 비례 상수가 다음과 같이 된다.

$$\begin{aligned}\frac{1}{4\pi\epsilon_0} &= 8.98755179 \times 10^9 \text{ newton metre}^2 \text{ coulomb}^{-2}\\ &\approx 9 \times 10^9\,\mathrm{N\,m^2\,C^{-2}}\end{aligned}$$

AII.2 전 기 장

임의의 한 점에서 단위 양전하에 작용하는 힘을 그 점에서의 전기장이라고 정의하며, E로 표시한다. AII.1절에서 설명한 전하의 경우에는 $E = F/q'$이 된다. 즉, 다음과 같이 된다.

$$E = \frac{q}{4\pi\epsilon_0 r^2} \tag{AII. 3}$$

한 전하에 의한 전기장은 방사 방향을 이룬다. q가 양일 때는 전기장이 양이며 반지름에 따라서 바깥쪽을 향한다. 또 q가 음일 때는 전기장이 안쪽으로 전하를 향하게 된다.

여러 개의 전하 q_j가 있을 때의 P에서의 전기장은 각 전하가 이 점에 만들어내는 전기장을 벡터 합셈한 것과 같다. 그리하여 점 P와 전하 q_j 사이의 거리를 r_j, 그리고 전하 q_j로부터 점

P를 향하는 단위 벡터를 $\mathbf{e}_j$라고 하면 전기장이 다음과 같이 된다.

$$\mathbf{E}=\frac{1}{4\pi\epsilon_0}\sum_j \frac{q_j\mathbf{e}_j}{r_j^2} \tag{AII. 4}$$

이 관계를 중첩 원리라고 한다(여기서는 전기장이 벡터라는 것을 강조하기 위해서 고딕체로 $\mathbf{E}$를 나타내었다).

AII.3 전 위

단위 양전하를 무한히 먼 곳으로부터 어느 한 점까지 가져오는 데 필요한 일을 그 점의 전위라고 하며, ϕ로 표시한다. 단위 양전하에 작용하는 힘이 E이므로 전위는 다음과 같이 나타낼 수 있다.

$$\phi=\int_\infty^r E(-dr)=\int_\infty^r(-E)dr \tag{AII. 5}$$

예로서 E가 (AII. 3)식으로 주어질 때는 이 전위가 다음과 같이 된다.

$$\phi=-\int_\infty^r \frac{q\,dr}{4\pi\epsilon_0 r^2}=\frac{q}{4\pi\epsilon_0 r} \tag{AII. 6}$$

(AII. 5)식에 의하면 $E=-\partial\phi/\partial r$이다. 따라서 전위를 알 때는 이것을 r에 관해서 미분하여 전기장의 방사 방향 성분을 구할 수 있다. 더 일반적으로 이것을 다음과 같이 나타낼 수도 있다.

$$E_x=-\frac{\partial\phi}{\partial x}\qquad E_y=-\frac{\partial\phi}{\partial y}\qquad E_z=-\frac{\partial\phi}{\partial z} \tag{AII. 7}$$

즉, 전위를 좌표축에 관해서 미분하면 전기장의 좌표축 성분이 나온다.

중첩 원리에 의해서 임의의 한 점에서의 전위는 모든 전하에 의해서 생기는 전위의 합과 같다. 즉,

$$\phi=\sum_j \frac{q_j}{4\pi\epsilon_0 r_j} \tag{AII. 8}$$

이 식 속에는 스칼라 양의 합만이 들어 있으므로 (AII. 4)식의 합셈보다 구하기가 쉽다. 이 식을 써서 전위를 계산한 다음 좌표에 관해서 미분하면 (AII. 7)식에 의해서 원하는 방향의 전기장 성분을 계산할 수 있다.

AII.4 유 량

잠시 눈을 돌려서 비압축성 유체가 표면 S를 통해서 속도 v로 흐른다고 생각해 보자[그림 AII-1(a)]. 우선 속도 벡터는 표면에 수직하다고 가정한다. 그러면 Δt 시간 동안에 길이가 $v\,\Delta t$인 원통 속의 유체가 표면 요소 da를 통과할 것이다. 따라서 표면 요소 da를 통과하는 흐름은 $v\,\Delta t\,da$가 된다. 단위 시간당의 흐름을 유량이라고 정의한다. 따라서 이 경우의 유량은 $v\,da$이다. 흐름이 표면에 접선 방향으로 일어날 때는 유체가 표면을 통과하지 못할 것이다. 일반적으로 속도 벡터가 표면에 대해서 수직하지 않을 때는 속도의 수직 성분 v_n에 의해서 표면을 통과하는 유량이 결정된다. 그리고 $v_n\,da$를 전체 표면에 걸쳐서 적분하면 전체 유량이 나온다(전체 표면에 걸친 적분은 적분 기호 옆에 S를 써서 표시한다). 따라서 유량을 다음과 같이 나타낼 수

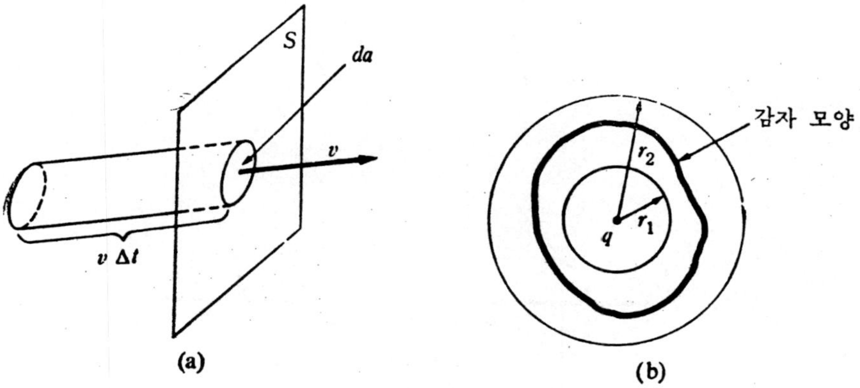

그림 **AII-1**

있다.

$$유량 = \int_s v_n \, da \qquad (AII. 9)$$

똑같은 방법에 따라서 우리는 임의의 벡터 장에서의 유량을 정의할 수 있다. 전기장 벡터에 대해서는 E의 유량을 다음과 같이 나타낼 수 있다.

$$유량 = \int_s E_n \, da \qquad (AII. 10)$$

지금 전하 q가 반경 r인 구의 중심에 있을 경우, 이 구 표면을 통과하는 유량을 계산한다고 하자. 이 구 표면의 전기장은 (AII. 3)식으로 주어진다. 이 전기장은 방사 방향이 되므로 $E_n = E$이다. 그리고 이 구 표면에서의 전기장은 일정한 상수값이 된다. 그리하여 이것을 적분 기호 밖으로 내보내고 다음과 같은 결과를 얻을 수 있다.

$$유량 = E_n \int_s da = E_n(\text{area}) = E_n \, 4\pi r^2 = \frac{q}{4\pi\epsilon_0 r^2}(4\pi r^2)$$

$$유량 = \frac{q}{\epsilon_0} \qquad (AII. 11)$$

이것을 Gauss의 법칙이라고 한다.

(AII. 11)식이 나타내는 한 가지 중요한 성질은 구 표면을 통하는 유량이 구의 크기에 무관하다는 것이다. 지금 반경이 r_1과 r_2인 두 동심 구의 중심에 전하 q가 있다고 하자[그림 AII-(b)]. (AII. 11)식에 의하면 구 1을 통해 나오는 유량과 구 2를 통해 나오는 유량은 다같이 q/ϵ_0이다. 이것은 유량이 보존된다는 것을 의미한다. 즉, 작은 구로부터 흘러 나오는 것이 또한 큰 구로부터도 흘러 나온다. 이것은 유량이 표면 모양에 의존하지 않는다는 것을 의미한다. 두 구 사이의 공간에 완전히 들어가는 쭈글쭈글한 감자 모양의 표면을 생각해 보자. 이 표면을 통한 유량도 또한 q/ϵ_0와 같아야 할 것이다. 이렇게 되면 전하 q가 반드시 중심에 있지 않아도 될 것이다(감자의 중심은 정의하기가 어렵다). 따라서 전하가 표면 안쪽의 어디에 있건 관계없이 (AII. 11)식은 성립한다. 뿐만 아니라 표면 안쪽에 여러 개의 전하가 있어도 된다. 이 때는 (AII. 4)식의 중첩 원리를 이용하여 Gauss의 법칙을 다음과 같은 꼴로 나타낼 수 있다.

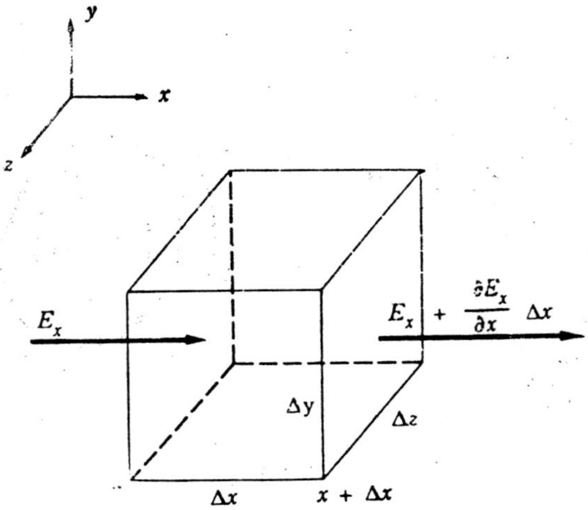

그림 AII-2

$$\text{유량} = \frac{Q}{\epsilon_0} \tag{AII. 12}$$

여기서 Q는 표면 안쪽에 있는 전하들을 위치에 관계없이 대수적으로 합한 것이다. 경우에 따라서는 전하가 연속적으로 분포되어 있을 수도 있다. 이 때는 단위 부피당 전하, 즉 전하 밀도를 ρ라고 하면 Q를 다음과 같이 구한다.

$$Q = \int_V \rho\, dV \tag{AII. 13}$$

이 적분은 표면으로 둘러싸인 부피 전체에 걸쳐서 해주어야 한다. 따라서 Gauss의 법칙은 최종적으로 다음과 같이 표시한다.

$$\int_S E_n\, da = \frac{Q}{\epsilon_0} \tag{AII. 14}$$

여기서 S는 임의의 폐표면을 나타낸다.

두 구로 둘러싸인 구각으로부터의 실효 유량은 영이 된다는 것을 주목하기 바란다. r_1에서 흘러 들어가는 것은 다시 r_2에서 흘러 나간다. 이것은 Gauss의 법칙을 구각에다 직접 적용시키는 것과 마찬가지이다. 구각 내부에는 전하가 없으므로 $q=0$이고 따라서 유량이 영이 된다.

AII.5 Poisson 식

이번에는 작은 입방체 표면을 통한 유량을 계산하여 보자. 우선 $x+\Delta x$와 x에 위치한 면들을 통해서 x-축 방향으로 흐르는 유량을 생각해 보자(그림 AII-2). 장-벡터의 x-축 성분은 x에서 E_x이고 $x+\Delta x$에서 $E_x + (\partial E_x/\partial x)\Delta x$이다. 그렇면 이 입방체로부터 흘러 나가는 유량은 E의 x-축 성분에다 면의 넓이 $\Delta y\,\Delta z$를 곱한 것과 같다. 그리하여 x와 $x+\Delta x$에서의 표면을 통한 유량을 합하면 다음과 같이 된다.

$$(\text{유량})_x = -E_x\,\Delta y\,\Delta z + \left(E_x + \frac{\partial E_x}{\partial x}\Delta x\right)\Delta y\,\Delta z = \frac{\partial E_x}{\partial x}\Delta x\,\Delta y\,\Delta z$$

마찬가지 생각으로 y-축과 z-축 방향으로의 유량도 다음과 같이 나타낼 수 있다.

$$(\text{유량})_y = \frac{\partial E_y}{\partial y}\Delta x\,\Delta y\,\Delta z \qquad \text{및} \qquad (\text{유량})_z = \frac{\partial E_z}{\partial z}\Delta x\,\Delta y\,\Delta z$$

이 작은 입방체로부터 나오는 전체 유량은 위의 세 성분을 합한 것과 같다.

$$\left(\frac{\partial E_x}{\partial x} + \frac{\partial E_y}{\partial y} + \frac{\partial E_z}{\partial z}\right)\Delta V$$

여기서 ΔV는 입방체의 부피로서, $\Delta V = \Delta x\,\Delta y\,\Delta z$이다. 이 식을 전체 부피에 걸쳐서 적분하면 전체 유량을 얻게 된다.

$$\text{유량} = \int_V \left(\frac{\partial E_x}{\partial x} + \frac{\partial E_y}{\partial y} + \frac{\partial E_z}{\partial z}\right) dV \tag{AII. 15}$$

이 식에다 (AII. 12)식과 (AII. 13)식을 넣으면 다음과 같이 된다.

$$\int_V \left(\frac{\partial E_x}{\partial x} + \frac{\partial E_y}{\partial y} + \frac{\partial E_z}{\partial z}\right) dV = \int_V \frac{\rho}{\epsilon_0} dV \tag{AII. 16}$$

(AII. 16)식이 성립하려면 양쪽의 피적분 함수가 같아야 한다. 즉,

$$\frac{\partial E_x}{\partial x} + \frac{\partial E_y}{\partial y} + \frac{\partial E_z}{\partial z} = \frac{\rho}{\epsilon_0} \tag{AII. 17}$$

(AII. 7)식의 E_x, E_y 및 E_z를 넣어주면 다음과 같이 된다.

$$\frac{\partial^2 \phi}{\partial x^2} + \frac{\partial^2 \phi}{\partial y^2} + \frac{\partial^2 \phi}{\partial z^2} = -\frac{\rho}{\epsilon_0} \tag{AII. 18}$$

이것을 Poisson 식이라고 하는데, 이 식은 공간에서의 전위와 전하 밀도 사이의 관계를 나타낸다. 이 식은 또 다음과 같이 나타내기도 한다.

$$\nabla^2 \phi = -\frac{\rho}{\epsilon_0} \tag{AII. 19}$$

여기서 ∇^2은 Laplace 연산자로서 다음과 같이 정의된다.

$$\nabla^2 = \frac{\partial^2}{\partial x^2} + \frac{\partial^2}{\partial y^2} + \frac{\partial^2}{\partial z^2}$$

(AII. 19)식은 정전기학의 두 법칙을 결합한 것이다. 즉, Gauss의 법칙과 그리고 E가 (AII. 7)식에 의해서 스칼라 전위로부터 유도된다는 사실이 결합된 것이다.

16. 7절에서 설명한 Debye-Hückel 모형에서와 같이 구 대칭인 경우에는 전위가 r만의 함수이며 그리하여 Poisson 식인 (AII. 19)식이 다음과 같이 된다.

$$\frac{1}{r^2}\frac{\partial}{\partial r}\left(r^2 \frac{\partial \phi}{\partial r}\right) = -\frac{\rho}{\epsilon_0} \tag{AII. 20}$$

26. 2절에서 설명한 바와 같이 유전체 속에서는 진공 속에서 성립하는 식에다 장을 만드는 전하 q 대신에 q/ϵ_r를 넣어주면 된다. 이것은 ϵ_0를 $\epsilon = \epsilon_r \epsilon_0$로 바꾸어 주는 것과 같다. ϵ은 매질

의 유전율이며, ϵ_r은 매질의 상대 유전율, 즉 유전 상수이다. 이 결과는 액체나 기체와 같이 전기적으로 등방성인 매질에 대해서만 성립하며, 비등방성 물체(대부분의 고체)에 대해서는 대체적으로만 맞을 뿐이다.

이 분야에 관해서 더 자세히 공부하고자 하는 학생은 R.P. Feynman, R.B. Leighton, and M. Sands, *The Feynman Lectures on Physics*. Reading, Mass.: Addison-Wesley, 1964. Volume Ⅱ, Chapters 4, 5, 10, and 11을 참고하기 바란다.

부록 Ⅲ*

국제 단위 제도; SI

AIII.1 SI 기본 물리적 양

물리적 양은 수치(순수한 수)에다 단위를 곱한 것이다.

일곱 가지의 독립적인 기본 SI 단위를 표 AIII-1에 나타내었다.
이 책에서는 발광도를 사용할 기회가 없었다.

AIII.2 기본 SI 단위의 정의

미터 : 미터는 크립톤-86 원자가 진공 속에서 $2p_{10}$ 준위로부터 $5d_5$ 준위로 전이될 때 방출하는 파장의 1650763.73배와 같은 길이이다.

킬로그램 : 킬로그램은 질량의 단위이며, 킬로그램 국제 원기의 질량과 같다.

초 : 초는 세슘-133원자가 바닥 상태의 두 초미세 준위 사이에서 전이될 때 내놓는 복사파의 주기의 9192631770배와 같다.

암페어 : 무시할 수 있을 정도로 작은 단면적을 갖는 무한히 긴 두 도체를 진공 속에서 1 m 간격으로 평행하게 놓고 일정한 전류를 흐르게 하였을 때, 이 두 도체 사이에 2×10^{-7} newton metre^{-1}의 힘이 작용하게

표 AIII-1 기본 물리적 양과 단위.

물리적 양	물리적 양의 기호	SI 단위의 명칭	SI 단위에 대한 기호
길 이	l	미터(metre)	m
질 량	m	킬로그램(kilogram)	kg
시 간	t	초(second)	s
전 류	I	암페어(ampere)	A
열역학적 온도	T	켈빈(kelvin)	K
물질량	n	몰(mole)	mol
발광도	I_v	칸델라(candela)	cd

* 이 부록 Ⅲ은 *Pure and Applied Chemistry*, **51** : 1—41 1979를 인용한 것이다. 나머지 부분들도 이 책의 내용을 충실하게 따랐다. IUPAC가 기호, 단위 및 술어에 관한 추천을 주기적으로 journal *Pure and Applied Chemistry*에 발표하고 있으며, 이 잡지는 Pergamon Press, Oxford로부터 구입할 수 있다.

되면 도체를 흐르는 전류의 세기가 1 암페어가 된다.

켈빈 : 켈빈은 열역학적 온도 단위이며, 이 단위에 의하면 물의 3 중점이 1/273.16 켈빈이 된다.

칸델라 : 101325 newton metre^{-2}의 압력에서 백금을 얼리는 온도로 흑체의 온도를 유지했을 때 1/600000 metre^{2}의 흑체 표면이 수직 방향으로 나타내는 광도를 칸델라라고 한다.

몰 : 0.012 kg 의 탄소-12 속에 들어있는 탄소 원자의 수와 같은 수의 기본 알맹이로 된 계의 물질량을 몰이라고 한다. 이 기본 알맹이는 원자, 분자, 이온, 전자 등으로서 몰을 쓸 때는 기본 알맹이를 분명하게 명시해 주어야 한다.

AIII.3 유도 물리적 양

그 외의 모든 물리적 양들은 일곱 가지의 독립적 기본 물리적 양들을 곱하거나, 나누거나, 미분하거나, 또는 적분하거나 해서 유도한 유도 디멘션을 갖는 것들이다.

예로서 알맹이의 속도는 $v = ds/dt$ 로 정의한다. 그리하여 속도는 길이／시간(l/t)의 디멘션을 갖는다. SI 단위는 m/s 이다.

표 AIII-2 에 흔히 쓰이는 유도 물리적 양과 그 단위를 나타내었는데, 이들은 모두 고유한 명칭을 갖지 않는다. 표 AIII-3 에 나타낸 흔히 쓰이는 유도 양들은 그 단위들이 고유한 명칭을 갖는 것들이다.

표 AIII-2 특별한 명칭을 갖지 않는 유도 SI 단위.

물리적 양	기 호	SI 단위의 명칭	SI 단위의 기호
넓 이	A	평방 미터	m^2
부 피	V	입방 미터	m^3
밀 도	ρ	입방 미터당 킬로그램	kg m^{-3}
속 도	u, v, w, c	초당 미터	m s^{-1}
농 도*	$\tilde{c}$	입방 미터당 몰	mol m^{-3}
전기장 세기	E	미터당 볼트	V m^{-1}

*mol/L=mol/dm^{3}의 농도를 c로 나타낸다. 따라서 $\tilde{c}$=1000 c 이다.

표 AIII-3 일부 유도 SI 단위의 명칭과 기호.

물리적 양	SI 단위의 명칭	SI 단위의 기호	SI 단위의 정의
힘	뉴우턴(newton)	N	kg m s^{-2}
압력 = 힘／넓이	파스칼(pascal)	Pa	N m^{-2} = kg m^{-1} s^{-2}
에너지	주울(joule)	J	N m = kg m^2 s^{-2}
공률 = 에너지／시간	와트(watt)	W	J s^{-1} = kg m^2 s^{-3}
전 하	쿨롱(coulomb)	C	A s
전위차	볼트(volt)	V	J C^{-1} = kg m^2 s^{-3} A^{-1}
전기 저항	오옴(chm)	Ω	V A^{-1} = kg m^2 s^{-3} A^{-2}
전기 전도	지이멘스(siemens)	S	A V^{-1} = kg^{-1} m^{-2} s^3 A^2
전기 용량	화러드(farad)	F	C V^{-1} = kg^{-1} m^{-2} s^4 A^2
자기 유량	웨버(weber)	Wb	V s = kg m^2 s^{-2} A^{-1}
자기 유량 밀도	테슬라(tesla)	T	Wb m^{-2} = kg s^{-2} A^{-1}
진동수	헤르츠(hertz)	Hz	s^{-1}

표 AIII-4 SI 단위 접두사.

약 수	접 두 사	기 호	배 수	접 두 사	기 호
10^{-1}	데시(deci)	d	10	데카(deca)	da
10^{-2}	센티(centi)	c	10^{2}	헥토(hecto)	h
10^{-3}	밀리(milli)	m	10^{3}	킬로(kilo)	k
10^{-6}	미크로(micro)	μ	10^{6}	메가(mega)	M
10^{-9}	나노(nano)	n	10^{9}	기가(giga)	G
10^{-12}	피코(pico)	p	10^{12}	테라(tera)	T
10^{-15}	펨토(femto)	f	10^{15}	피타(peta)	P
10^{-18}	아토(atto)	a	10^{18}	엑사(exa)	E

AIII.4 SI 접두사

기본 단위의 배수와 약수를 표시하기 위해서 단위에 대한 기호에다 표준 접두사를 붙인다. 이러한 접두사들을 표 AIII-4에 나타내었다.

보기 : $1\ \text{km} = 10^{3}\ \text{m}$ $\qquad 1\ \text{ns} = 10^{-9}\ \text{s}$

질량의 기본 단위에는 이미 접두사가 붙어있다는 것을 주의하라. 따라서 ng, mg, Mg 이라고 써야지 pkg, μkg, kkg 이라고는 쓰지 않는다.

보기 : $1\ \text{dm}^3$ 은 $1(\text{dm})^3$ 이며 $1\ \text{d}(\text{m}^3)$이 아니다
$1\ \text{km}^2$ 은 $1(\text{km})^2$ 이며 $1\ \text{k}(\text{m}^2)$이 아니다.

AIII.5 몇 가지 문법적 규칙

AIII. 5. 1 단위와 접두사에 대한 기호의 인쇄

단위와 접두사에 대한 기호는 로마체(명조체)로 쓰고, 이들 사이에 공간을 남겨두지 않는다. 단위에 대한 기호에는 이것이 문장 끝에 오는 경우 이외에는 종지부를 붙이지 않으며, 복수로 표시하지 않는다. 그리하여 10 kg 이라고 써야지 10 kg.이나 10 kgs 라고 쓰지 않는다.

고유 명사로부터 나온 단위의 기호는 대문자로 시작되지만 단위의 명칭은 대문자로 시작하지 않는다. 예로서 10 volt 는 10 V 라고 쓰며, 또 100 joule 은 100 J 이라고 쓴다.

AIII. 5. 2 유도 물리적 양에 대한 기호

두 상이한 단위의 곱은 예로서 N m, N × m, 또는 N·m 중의 어느 하나로 나타낼 수 있다. 이 교과서에서는 기호들 사이를 떼어 놓는 첫째 방법을 사용하였다.

두 단위의 나누기는 kJ/mol, 또는 kJ mol^{-1} 등 애매하지 않게 나타내야 한다. 빗금(/)은 한 표시 속에 한 번 밖에 쓰지 않아야 하며, 두 번 이상 써야 할 때는 괄호를 이용해서 애매한 점을 없애 주어야 한다. 예로서 (m/s)/(V/m)은 좋지만 m/s/V/m 는 안 된다.

AIII. 5. 3 표제와 그래프 표시

이 교과서에서는 표의 내용을 모두 순수한 수로 나타내었으며, 표제 속에 물리적 양을 그 단

위로 나눈 것을 넣어 놓았다. 예로서 표 AIV-1에서 둘째 열의 표제는 ΔH_f°/kJ mol^{-1}로 되어 있다. 그리하여 표제를 이 표의 순수한 수와 같게 놓음으로써 ΔH_f°의 값을 구하는 것이다. 예로써 $O_3(g)$의 경우, ΔH_f°/kJ mol^{-1} = 142.7이며, 따라서 ΔH_f° = 142.7 kJ mol^{-1} = 142.7 kJ/mol이 된다.

표 7-1에는 $C_p/R = a + bT + cT^2 + \cdots$ 속에 포함된 상수값들을 나타내었는데, 예로서 셋째 열의 표제는 $b/10^{-3}\,K^{-1}$이다. 따라서 산소에 대한 b의 값을 구하려면 이 표에 실린 수를 열의 표제와 같게 놓아야 한다. 그러면 $b/10^{-3}\,K^{-1} = 1.6371$이 되며, 따라서 $b = 1.6371 \times 10^{-3}\,K^{-1}$이 된다, 이 표제는 또 $1000\,b/K^{-1}$나 $1000\,bK$로 나타낼 수도 있고 심지어는(하느님 맙소사!) bkK로 나타낼 수도 있다. 표제를 적절하게 택하면 표의 내용을 간편하게 나타낼 수 있다.

그래프의 축을 표시하는 데도 같은 방법을 사용할 수 있다. 예로서 압력을 온도에 관해서 도시할 때, 수직축은 p/MPa로, 그리고 수평축은 T/K로 표시할 수 있다.

AIII.6 디멘션을 갖는 식의 취급

물리적 양에 관한 계산 예로서 섭씨 온도 t와 열역학적 온도 T 사이의 관계를 생각해 보자. 이제까지는 이들 사이의 관계를 일반적으로 다음과 같이 나타내었다.

$$T = t + T_0$$

여기서 $T_0 = 273.15\,K$이다. 그러나 이렇게 쓰면 디멘션이 문제가 된다. 즉, t의 단위는 °C이고, 한편 T의 단위는 K이다. 따라서 이 관계는 다음과 같이 쓰는 것이 엄밀하다.

$$T/K = t/°C + T_0/K = t/°C + 273.15$$

이 식 속의 각 항들은 순수한 수가 되므로 문제될 것이 없다. 이 식은 다음과 같이 t에 관한 식으로 바꾸어 나타낼 수도 있다.

$$t = (T/K - 273.15)°C$$

1°C는 정확하게 1K와 같으므로 이 문제는 가상적인 것과 다름 없지만, 그 요점만은 명심해 두기 바란다.

(11.50)식도 디멘션이 문제가 되는 또하나의 예이다. 이전에는 압력 평형 상수와 농도 평형 사이의 관계를 관습적으로 다음과 같이 나타내었다.

$$K_p = K_c(RT)^{\Delta\nu}$$

이 식은 디멘션의 면에서 볼 때 터무니 없는 식이다. 이 책에서 쓴 (11.50)식은 둘이 모두 정확한 것이다.

$$K_p = K_c\left(\frac{RT}{101.325\,J/mol}\right)^{\Delta\nu} = K_c(0.08206\,T/K)^{\Delta\nu}$$

이 두 표현 방법은 디멘션 면에서 합리적이다. 이 두 식 속에 수치가 들어가서 불편하게 되었는데, 이것은 기압과 농도의 단위로 mol/L를 쓰는 데서 오는 부득이한 댓가이다.

AIII.7 하나의 기호—하나의 양

일반적 규칙으로서 물리적 양에 대한 기호는 그 양의 단위가 달라지더라도 변하지 않아야 한다. 그리하여 m은 질량이 되어야지 킬로그램 수나 그램 수가 되면 안 된다. 그리고 또 l은 길이가 되어야지 미터 수나 피트 수가 되면 안 된다.

이러한 규약에도 불구하고 이 교과서에서는 부득이 부피 농도에 대해서 두 상이한 기호를 사용하였다. 리터당 몰수의 단위로 나타낸 부피 농도는 관습적으로 기호 c로 나타내었다. 이 단위는 기본 SI 단위로부터 직접 유도되지 않으며 수치 인자를 곱해 주어야 한다. 이런 면에서 볼 때 이것을 SI 단위라고 볼 수 없다. 그러나 이 단위는 적절한 SI 단위의 몰질량(mol)과 부피(dm^3)로부터 유도된 것이며, 이런 면에서 보면 SI 단위이다. 실험실에서 c의 농도 단위로서는 앞으로도 계속해서 c가 사용될 것이다. 그리하여 기본 단위로부터 간단히 유도된 농도 단위인 mol/m^3에다 이 기호를 사용하지 않고, 여기서는 기호 $\tilde{c}$를 가지고 기본 SI 농도 단위를 나타내었다. 수식에 $\tilde{c}$를 사용하면 mol/L를 사용할 때와는 달리 귀찮은 수치 인자가 들어가지 않는다. 이 교과서에는 또 입방미터당 분자수를 같은 이유에서 $\tilde{N}$로 나타내었다.

부록 IV

표 AIV-1 기본 상수.

양	기 호	값
기체 상수	R	$8.31441(26)\,\mathrm{J\,K^{-1}\,mol^{-1}}$
섭씨 눈금 영도	T_0	$273.15\,\mathrm{K}$ 정확하게
표준 기압	p_0	$1.01325 \times 10^5\,\mathrm{Pa}$ 정확하게
이상 기체의 표준 몰부피	$V_0 = RT_0/p_0$	$22.41383(70) \times 10^{-3}\,\mathrm{m^3\,mol^{-1}}$
Avogadro 상수	N_A	$6.022045(31) \times 10^{23}\,\mathrm{mol^{-1}}$
Boltzmann 상수	$k = R/N_A$	$1.380662(44) \times 10^{-23}\,\mathrm{J\,K^{-1}}$
표준 중력 가속도	g	$9.80665\,\mathrm{m\,s^{-2}}$ 정확하게
기본 전하	e	$1.6021892(46) \times 10^{-19}\,\mathrm{C}$
Faraday 상수	$F = N_A e$	$96484.56(27)\,\mathrm{C\,mol^{-1}}$
진공속에서의 빛의 속도	c	$2.99792458(1) \times 10^8\,\mathrm{m\,s^{-1}}$
Planck 상수	h	$6.626176(36) \times 10^{-34}\,\mathrm{Js}$
	$\hbar = h/2\pi$	$1.0545887(57) \times 10^{-34}\,\mathrm{Js}$
전자의 정지 질량	m	$9.109534(47) \times 10^{-31}\,\mathrm{kg}$
양성자의 정지 질량	m_p	$1.66726485(8) \times 10^{-27}\,\mathrm{kg}$
중성자의 정지 질량	m_n	$1.6749543(86) \times 10^{-27}\,\mathrm{kg}$
원자 질량 단위	$1\mathrm{u} = 10^{-3}\,\mathrm{kg\,mol^{-1}}/N_A$	$1.6605655(86) \times 10^{-27}\,\mathrm{kg}$

표 AIV-1(계속) 조금 덜 쓰이는 상수와 복합 양.

양	기 호	값
진공의 투과도	μ_0	$4\pi \times 10^{-7}$ Vs² C⁻¹ m⁻¹ 정확하게
진공의 유전율	$\epsilon_0 = 1/\mu_0 c^2$	$8.85418782(5) \times 10^{-12}\,\mathrm{CV^{-1}m^{-1}}$
	$4\pi\epsilon_0$	$1.11265006(6) \times 10^{-10}\,\mathrm{C^2N^{-1}m^{-2}}$
	$1/4\pi\epsilon_0$	$8.9875518(5) \times 10^{9}\,\mathrm{N\,m^2\,C^{-2}}$
중력 상수	G	$6.6720(27) \times 10^{-11}\,\mathrm{m^3\,kg^{-1}\,s^{-2}}$
Rydberg 상수	$R_\infty = me^4/8c_2^0 h^3 c$	$1.097373177(83) \times 10^{7}\mathrm{m^{-1}}$
Bohr 반경	$a_0 = 4\pi\epsilon_0 \hbar^2/me^2$	$5.2917706(44) \times 10^{-11}\,\mathrm{m}$
Hartree 에너지	$E_h = 2hc R_\infty = e^2/4\pi\epsilon_0 a_0$	$4.359814(24) \times 10^{-18}\,\mathrm{J}$
Bohr 마그네톤	$\mu_B = e\hbar/2m$	$9.274078(36) \times 10^{-24}\,\mathrm{JT^{-1}}$
핵 마그네톤	$\mu_N = e\hbar/2m_p$	$5.050824(20) \times 10^{-27}\,\mathrm{JT^{-1}}$
전자 자기모멘트	μ_e	$9.284832(36) \times 10^{-24}\,\mathrm{JT^{-1}}$
자유 전자에 대한 Lande g 인자	$g_e = 2\mu_e/\mu_B$	2.0023193134(70)
양성자 자기 회전 비율	γ_p	$2.6751987(75) \times 10^{8}\,\mathrm{s^{-1}\,T^{-1}}$

Pure and Applied Chemistry **51**:1, 1979 로부터 괄호 속의 수치는 마지막 수자들의 불확정도 추정값이다. 이 추정값은 표준 편차의 3 배이다.

표 AIV-2 수학적 상수와 급수.

$\pi = 3.14159265\cdots$

$e = 2.7182818\cdots$

$\ln x = 2.302585\cdots \log_{10} x$

$\sin x = x - \frac{x^3}{3!} + \frac{x^5}{5!} - \frac{x^7}{7!} + \cdots$ (모든 x)

$\cos x = 1 - \frac{x^2}{2!} + \frac{x^4}{4!} - \frac{x^6}{6!} + \cdots$ (모든 x)

$e^x = 1 + x + \frac{x^2}{2!} + \frac{x^3}{3!} + \frac{x^4}{4!} + \cdots$ (모든 x)

$\ln(1+x) = x - \frac{1}{2}x^2 + \frac{1}{3}x^3 - \frac{1}{4}x^4 + \cdots$ $x^2 < 1$

$(1+x)^{-1} = 1 - x + x^2 - x^3 + \cdots$ $x^2 < 1$

$(1-x)^{-1} = 1 + x + x^2 + x^3 + \cdots$ $x^2 < 1$

$(1-x)^{-2} = 1 + 2x + 3x^2 + 4x^3 + \cdots$ $x^2 < 1$

부록 V

298.15 K 에서의 화학 열역학적 성질

표 AV-1

물 질	ΔH_f°/kJ mol^{-1}	ΔG_f°/kJ mol^{-1}	S°/J K^{-1} mol^{-1}	C_p°/J K^{-1} mol^{-1}
O(g)	249.17	231.75	160.946	21.91
O_2(g)	0	0	205.037	29.35
O_3(g)	142.7	163.2	238.82	39.20
H(g)	217.997	203.26	114.604	20.786
H_2(g)	0	0	130.570	28.82
OH(g)	38.95	34.23	183.64	29.89
H_2O(l)	− 285.830	− 237.178	69.950	75.291
H_2O(g)	− 241.814	− 228.589	188.724	33.577
H_2O_2(l)	− 187.78	− 120.42	109.6	89.1
F(g)	79.39	61.92	158.640	22.74
F_2(g)	0	0	202.685	31.30
HF(g)	− 273.30	− 275.40	173.665	29.13
Cl(g)	121.302	105.70	165.076	21.84
Cl_2(g)	0	0	222.965	33.91
HCl(g)	− 92.31	− 95.299	186.786	29.1
Br(g)	111.86	82.429	174.904	20.79
Br_2(l)	0	0	152.210	75.69
Br_2(g)	30.91	3.14	245.350	36.02
HBr(g)	− 36.38	− 53.43	198.585	29.14
I(g)	106.762	70.28	180.673	20.79
I_2(c)	0	0	116.139	54.44
I_2(g)	62.421	19.36	260.567	36.9
HI(g)	26.36	1.72	206.480	29.16
S(c, rhombic)	0	0	32.054	22.6
S(c, monoclinic)	0.33			
S(g)	276.98	238.27	167.715	23.67

표 AV-1(계속)

물 질	ΔH_f°/kJ mol^{-1}	ΔG_f°/kJ mol^{-1}	S°/J K^{-1} mol^{-1}	C_p°/J K^{-1} mol^{-1}
SO_2(g)	− 296.81	− 300.19	248.11	39.9
SO_3(g)	− 395.7	− 371.1	256.6	50.7
H_2S(g)	− 20.6	− 33.6	205.7	34.2
H_2SO_4(l)	− 813.99	− 690.10	156.90	138.9
N(g)	472.68	455.57	153.189	20.79
N_2(g)	0	0	191.502	29.12
NO(g)	90.25	86.57	210.65	29.84
NO_2(g)	33.18	51.30	240.0	37.2
N_2O(g)	82.0	104.2	219.7	38.45
N_2O_3(g)	83.7	139.4	312.2	65.6
N_2O_4(g)	9.16	97.8	304.2	77.3
N_2O_5(g)	11	115	356	85
NH_3(g)	− 45.94	− 16.5	192.67	35.1
HNO_3(l)	− 174.1	− 80.8	155.6	109.9
NOCl(g)	51.7	66.1	261.6	44.69
NH_4Cl(c)	− 314.4	− 203.0	94.6	84.1
P(g)	316.5	278.3	163.085	20.79
P_2(g)	144.0	104	218.01	32.0
P_4(c, α, white)	0	0	164.4	95.36
P_4(g)	58.9	24.5	279.9	67.15
PCl_3(g)	− 287	− 268	311.7	71.8
PCl_5(g)	− 375	− 305	364.5	112.8
C(c, graphite)	0	0	5.74	8.53
C(c, diamond)	1.897	2.900	2.38	6.12
C(g)	716.67	671.29	157.988	20.84
CO(g)	− 110.53	− 137.15	197.556	29.12
CO_2(g)	− 393.51	− 394.36	213.677	37.11
CH_4(g)	− 74.8	− 50.8	186.15	35.31
HCHO(g)	− 117	− 113	218.7	35.4
CH_3OH(l)	− 238.7	− 166.4	127	82
C_2H_2(g)	226.7	209.2	200.8	43.9
C_2H_4(g)	52.3	68.1	219.5	43.6
C_2H_6(g)	− 84.7	− 32.9	229.5	52.6
CH_3COOH(l)	− 485	− 390	160	124
C_2H_5OH(l)	− 277.7	− 174.9	161	111.5
C_6H_6(g)	82.93	129.66	26.92	85.29
Si(c)	0	0	18.81	20
Si(g)	450	411	167.870	22.25
SiO_2(c, α-quartz)	− 910.7	− 856.7	41.46	44.4
SiH_4(g)	34	57	204.5	42.8

표 AV-1(계속)

물 질	ΔH°_f/kJ mol^{-1}	ΔG°_f/kJ mol^{-1}	S°/J K^{-1} mol^{-1}	C°_p/J K^{-1} mol^{-1}
SiF_4(g)	− 1614.95	− 1572.7	282.65	73.6
Pb(c)	0	0	64.80	26.4
PbO(c, red)	− 219.0	− 188.9	66.5	45.8
PbO_2(c)	− 277	− 217.4	68.6	64.6
PbS(c)	− 100	− 99	91	49.5
$PbSO_4$(c)	− 919.94	− 813.2	148.49	103.21
Al(c)	0	0	28.35	24.4
Al_2O_3(c, α-corundum)	− 1675.7	− 1582	50.92	79.0
Zn(c)	0	0	41.63	25.4
Zn(g)	130.42	95.18	160.875	20.79
ZnO(c)	− 350.46	− 318.3	43.64	40.3
Hg(l)	0	0	75.90	27.98
Hg(g)	61.38	31.85	174.860	20.79
HgO(c, red)	− 90.8	− 58.56	70.3	44.1
Cu(c)	0	0	33.15	24.43
CuO(c)	− 157	− 130	42.6	42.3
Cu_2O(c)	− 169	− 146	93.1	63.6
Ag(c)	0	0	42.55	25.35
Ag_2O(c)	− 31.0	− 11.2	121	65.9
AgCl(c)	− 127.070	− 109.80	96.23	50.8
Ag_2S(c, α)	− 32.6	− 40.7	144.0	76.5
Fe(c, α)	0	0	27.3	25.1
$Fe_{0.947}O$(c, wustite)	− 266.3	− 245.1	57.5	48.1
Fe_2O_3(c, hematite)	− 824.2	− 742.2	87.4	103.8
Fe_3O_4(c, magnetite)	− 1118	− 1015	146	143.4
FeS(c, α)	− 100	− 100.4	60.3	50.5
FeS_2(c, pyrite)	− 178	− 167	52.9	62.2
Ti(c)	0	0	30.6	25.0
TiO_2(c, rutile)	− 945	− 890	50.3	55.0
$TiCl_4$(l)	− 803	− 737	252.3	145.2
Mg(c)	0	0	32.68	24.9
MgO(c)	− 601.5	− 569.4	26.95	37.2
$MgCO_3$(c)	− 1096	− 1012	66	75.5
Ca(c)	0	0	41.6	25.3
CaO(c)	− 635.09	− 604.0	38.1	42.8
$Ca(OH)_2$(c)	− 986.1	− 898.6	83.4	87.5
CaC_2(c)	− 60	− 65	70.0	62.7
$CaCO_3$(c, calcite)	− 1206.9	− 1128.8	93	81.9
SrO(c)	− 592	− 562	54	45.0
$SrCO_3$(c)	− 1220	− 1140	97	81.4

표 AV-1(계속)

물 질	ΔH_f°/kJ mol^{-1}	ΔG_f°/kJ mol^{-1}	S°/J K^{-1} mol^{-1}	C_p°/J K^{-1} mol^{-1}
BaO(c)	− 554	− 525	70.4	47.8
$BaCO_3$(c)	− 1216	− 1138	112	85.4
Na_2O(c)	− 414.2	− 375.5	75.1	69.1
NaOH(c)	− 425.61	− 379.53	64.45	59.5
NaF(c)	− 573.65	− 543.51	51.5	46.9
NaCl(c)	− 411.15	− 384.15	72.1	50.5
NaBr(c)	− 361.06	− 348.98	86.8	51.4
NaI(c)	− 287.8	− 286.1	98.5	52.1
Na_2SO_4(c)	− 1387.1	− 1270.2	149.6	128.2
$Na_2SO_4 \cdot 10H_2O$	− 4327.3	− 3647.4	592	
$NaNO_3$(c)	− 467.9	− 367.1	116.5	92.9
KF(c)	− 567.3	− 537.8	66.6	49.0
KCl(c)	− 436.75	− 409.2	82.6	51.3
$KClO_3$(c)	− 397.7	− 296.3	143	100.2
$KClO_4$(c)	− 432.8	− 303.2	151	112.4
KBr(c)	− 393.80	− 380.7	95.9	52.3
KI(c)	− 327.90	− 324.89	106.3	52.9

g: 기체; l: 액체; c: 결정.

표 AV-1의 값들은 D. D. Wagman, W. H. Evans, V. B. Parker, I. Halow, S. M. Bailey, and R. H. Schumm, *Selected Values of Chemical Thermodynamic Properties*, NBS Technical Notes 270-3, 4, 5, 6, 7 및 8의 데이터로부터 계산한 것이다.

이 데이터의 calory 단위값을 joule 단위로 바꾸기 위해서 4.184를 곱하였다. 그리고 이 계산값들은 반올림을 하여 본래보다 더 높은 정확도의 값으로 보이지 않게 하였다. 예로서 NBS의 데이터에 의하면 HgO(red)의 엔트로피는 16.80 cal/K mol로 되어 있으며, 따라서 16.80 × 4.184 = 70.291 J/K mol이 된다. 이 값을 반올림하여 70.29로 놓지 않고 70.3 J/K mol로 놓았다. 따라서 본래의 데이터는 여기에 소개한 값보다 정확도가 더 높다고 볼 수 있다.

일부 값은 또 CODATA Bulletin No. 28, *Recommended Key Values of Thermodynamics*, 1977. 로부터 취하였다.

부록 Ⅵ

군의 지표 표

C_{2v}	E	C_2	$\sigma_v(xz)$	$\sigma'_v(yz)$		
a_1	1	1	1	1	z	$x^2,\ y^2,\ z^2$
a_2	1	1	-1	-1	R_z	xy
b_1	1	-1	1	-1	$x,\ R_y$	xz
b_2	1	-1	-1	1	$y,\ R_x$	yz

C_{3v}	E	$2C_3$	$3\sigma_v$		
a_1	1	1	1	z	$x^2+y^2,\ z^2$
a_2	1	1	-1	R_z	
e	2	-1	0	$(x,\ y)(R_x,\ R_y)$	$(x^2-y^2,\ xy)(xz,\ yz)$

C_{2h}	E	C_2	i	σ_h		
a_g	1	1	1	1	R_z	$x^2,\ y^2,\ z^2,\ xy$
b_g	1	-1	1	-1	$R_x,\ R_y$	$xz,\ yz$
a_u	1	1	-1	-1	z	
b_u	1	-1	-1	1	$x,\ y$	

D_{2h}	E	$C_2(z)$	$C_2(y)$	$C_2(x)$	i	$\sigma(xy)$	$\sigma(xz)$	$\sigma(yz)$		
a_g	1	1	1	1	1	1	1	1		x^2, y^2, z^2
b_{1g}	1	1	−1	−1	1	1	−1	−1	R_z	xy
b_{2g}	1	−1	1	−1	1	−1	1	−1	R_y	xz
b_{3g}	1	−1	−1	1	1	−1	−1	1	R_x	yz
a_u	1	1	1	1	−1	−1	−1	−1		
b_{1u}	1	1	−1	−1	−1	−1	1	1	z	
b_{2u}	1	−1	1	−1	−1	1	−1	1	y	
b_{3u}	1	−1	−1	1	−1	1	1	−1	x	

D_{3h}	E	$2C_3$	$3C_2$	σ_h	$2S_3$	$3\sigma_v$		
a'_1	1	1	1	1	1	1		x^2+y^2, z^2
a'_2	1	1	−1	1	1	−1	R_z	
e'	2	−1	0	2	−1	0	(x, y)	(x^2-y^2, xy)
a''_1	1	1	1	−1	−1	−1		
a''_2	1	1	−1	−1	−1	1	z	
e''	2	−1	0	−2	1	0	(R_x, R_y)	(xz, yz)

부록 Ⅶ

해　답

주의 1. 유효 수치. 변수의 공칭값이 주어진 계산 문제에서는 특별한 경우를 제외하고는 답의 유효 수치를 세 자리까지만 취하였다. 예로서 "2 atm의 압력과 20 °C에서 1 mol의 이상 기체의 부피는 얼마가 되겠는가?"라는 문제의 해답을 12.0 L로 나타내었다. 여기서 "1 mol", "2 atm" 및 "20 °C"는 이상 기체 법칙의 이용 방법을 연습시키기 위한 공칭값들이다. 이 값들은 계산 과정에서 엄밀한 것으로 취급할 수 있다. 이러한 계산을 하라고 할 때마다 1.00 mol, 2.00 atm 및 20.0 °C라고 나타낼 필요는 없다고 생각한다. 그러나 문제의 내용이 측정 결과를 나타낼 때는 유효 수치에 관한 규칙을 엄밀하게 좇아야 한다. 예로서 "745 mmHg의 압력과 22.0 °C의 온도에서 175 mL의 용기 속에 메탄 시료가 들어 있다. 이상적 행동을 가정하고 이 기체의 질량을 계산하여라"라는 문제를 생각하자. 이 문제의 답은 0.113 g이지만, 이 경우에는 세 수가 175 mL의 세 유효 수 때문에 나온다. 빼기 계산을 할 때는 흔히 유효 수치의 자리수가 감소한다는 것을 주의하라. 계산 과정에서 애매한 점이 생기지 않도록 하기 위해서 데이터들을 주의깊게 나타내느라고 노력하였다.

주의 2. 모든 계산 문제를 푸는 데 연속-기억식, 프로그램식 계산기를 사용하였다. 모든 기본 상수는 완전한 정확도로 계산기에 기억시켜 놓고 썼다. 그리하여 R의 값은 항상 8.31441 J/K mol, N_A의 값은 항상 6.022045×10^{23}/mol을, 그리고 T는 항상 $T = 273.15 + t$를 사용하였다. 이 때문에 이 책의 답들은 $R = 8.31$ J/K mol, $T_0 = 273$ K, 그리고 $N_A = 6.02 \times 10^{23}$/mol로 놓고 계산한 값과 끝자리 수가 조금 다를 수 있을 것이다. 이러한 문제 때문에 밥잠을 설치지 않기 바란다.

주의 3. 도시한 직선의 기울기와 절편을 이용하는 계산 문제에서는 최소 자승법으로 기울기와 절편을 계산하였다.

2장

2.1 449 °C　**2.2** 300 mol; 9.6 kg　**2.3** 892.1 μg　**2.4** (a) 818.3 μg (b) 142.2 cm³

2.5 "R" = 10.1325 J/K mol; "N_A" = 7.339×10^{23}/"mol"; "M_H" = 1.228 g/"mol"; "M_O" = 19.50 g/"mol"

2.6 $\alpha = 1/T$　**2.7** $\kappa = 1/p$　**2.8** $(\partial p/\partial T)_V = \alpha/\kappa$

2.9 (p/atm, mol%) (a) H_2: 6.15, 94.2%; O_2: 0.38, 5.8%; p_t/atm = 6.53

(b) N_2: 0.440, 53.3%; O_2: 0.385, 46.7%; p_t/atm = 0.825
(c) CH_4: 0.769, 51.5%; NH_3: 0.724, 48.5%; p_t/atm = 1.493
(d) H_2: 6.15, 97.3%; Cl_2: 0.17, 2.7%; p_t/atm = 6.32

2.10 (p/atm: N_2, O_2, Ar) 0.762, 0.205, 0.0098; (x_i: N_2, O_2, Ar, H_2O) 0.762, 0.205, 0.0098, 0.023 **2.11** (a) 69% N_2, 18% O_2, 0.88% Ar, 12% H_2O (b) 12.2 L (c) 0.993

2.12 30 L **2.13** 20% O_2, 80% H_2 **2.14** (a) 98.0% N_2, 2.0% H_2O (b) 10.2 L

2.15 10.3 mol% H_2 **2.16** 0.747 N_2, 0.101 O_2, 0.086 H_2O, 0.058 CO_2, 0.010 Ar

2.17 59.9% butane **2.18** 154.7 g/mol

2.19 (a) 5.64 g/mol (b) 56.4 g/mol (c) 56.4 kg/mol (d) polymers

2.20 633 Torr; 462 Torr

2.21 (a) 5.8×10^{-20} m (b) Yes. The potatoes try to get as close to the bottom as possible.

2.22 + 0.024 atm

2.23 (p_i/atm) N_2: 2.44×10^{-3}; CO_2: 0.0701×10^{-3}; $p_t/\text{atm} = 2.51 \times 10^{-3}$; $x_{N_2} = 0.972$
(b) 1.10×10^6 mol

2.24 (p/atm: 50 km, 100 km; mol%: 50 km, 100 km)
N_2: (3.06×10^{-3}, 1.20×10^{-5}; 89.0%, 87.7%)
O_2: (3.73×10^{-4}, 6.66×10^{-7}; 10.8%, 4.86%)
Ar: (3.44×10^{-6}, 1.27×10^{-9}; 0.100%, 0.00930%)
CO_2: (5.0×10^{-8}, 8.2×10^{-12}; 0.0014%, 6.0×10^{-5}%)
Ne: (3.3×10^{-7}, 6.1×10^{-9}; 0.0097%, 0.045%)
He: (2.3×10^{-6}, 1.0×10^{-6}; 0.066%, 7.5%)
p_{total}/atm: 50 km: 3.44×10^{-3}; 100 km: 1.37×10^{-5}

2.25 0.924 c_0 **2.26** (a) 38 cm (b) 9.71×10^{-4} mol/L (c) 1.94×10^{-4} mol

2.27 $c_{\text{top}} = 0.098$ mol/m^3, $c_0 = 0.102$ mol/m^3

2.28 (a) 65.2k g/mol (b) 6.36 g (c) 0.244 mol/m^3 **2.29** 1.41 km **2.30** 53

2.32 (a) $p_i = \tilde{c}_i RT$ (b) If $r_i = n_i/n_1$, then $p_1 = p/(1 + \sum r_i)$; $p_i = r_i p/(1 + \sum r_i)$

2.34 10 km, 0.81; 15 km, 0.73

2.35 (a) $N = N_0 ART/Mg$, 여기서 A = 지구표면 넓이, N_0 = number of molecules/m^3 at ground level (c) 5.27×10^{18} kg

2.36 (a) $\langle x_i \rangle = (x_i^0/M_i)/\sum x_i^0/M_i$ (b) N_2: 0.804; O_2: 0.189; Ar: 0.007

2.37 $Z = (RT/Mg)\ln 2$

2.38 [(V/n)/(L/mol): $\alpha_e, \alpha = 0$] 2 atm: 13.7, 12.2; 1 atm: 28.6, 24.5; $\frac{1}{2}$atm: 60.3, 48.9

2.39 $Z = 1 + \alpha$; as $p \to 0$, $\alpha \to 1$ and $Z \to 2$; N_2O_4는 $2NO_2$로 된다.

3장

3.1 12.1 cm^3/mol **3.2** $a = 0.018$ Pa m^6/mol^2, $b = 2.0 \times 10^{-5}$ m^3/mol

3.3 $a = 0.212$ Pa m^6/mol^2, $b = 1.89 \times 10^{-5}$ m^3/mol, $R = 5.15$ J/K mol;
$a = 0.553$ Pa m^6/mol^2, $b = 3.04 \times 10^{-5}$ m^3/mol, $\bar{V}_c = 9.13 \times 10^{-5}$ m^3/mol

3.4 $a = 3p_c\bar{V}_c^2T_c$; $b = \frac{1}{3}\bar{V}_c$; $R = 8p_c\bar{V}_c/T_c$ **3.5** $a = e^2p_c\bar{V}_c^2$; $b = \frac{1}{2}\bar{V}_c$; $R = \frac{1}{2}e^2p_c\bar{V}_c/T_c$

3.6 (a) 0.520 L/mol (b) 0.195 L/mol (c) 0.146 L/mol

3.7 100 °C로부터 25 °C로, p는 30배 감소, $1/T$는 불과 1.2배로 증가

3.8 (p/atm, Z); 200 K; (100, 0.513); (200, 0.270); (400, 0.954); (600, 3.91); (800, 10.01); (1000, 20.12); 1000K: (100, 1.0218); (200, 1.0500); (400, 1.1288); (600, 1.244); (800, 1.401);

(1000, 1.608). **3.9** 0.1942 L/mol **3.10** B-B: 0.2673 L/mol; vdW: 0.3818 L/mol

3.11 (B-B; vdW); O_2: (399.5 K, 522 K); CO_2: (867.8 K, 1026 K)

3.12 (a) 7.914×10^{-5} m^3/mol (b) 182.6 atm

3.13 $\alpha = (1/T)[1 + (2a/RT^2)(p/RT)]/[1 + (b - a/RT^2)(p/RT)]$; $T_B = (a/Rb)^{1/2}$

3.15 $(-dp/p) = (Mg/ZRT)dz$; $\ln(p/p_0) + B(p - p_0) = -Mgz/RT$

3.18 $T = 2a/Rb$; $(\partial Z/\partial p)_{max} = b^2/4a$

4장

4. 1 (m/s; 300 K, 500 K); c_{rms}: 484, 624; $\langle c \rangle$: 446, 575; c_{mp}: 395, 510; H_2의 속력은 4배나 더 크다.

4. 2 (a) $\langle c_{O_2} \rangle = 440$ m/s; $\langle c_{O_2} \rangle / \langle c_{CCl_4} \rangle = 2.19$ (b) 6.07×10^{-21} J: same K.E.

4. 3 (a) 3.74 kJ/mol, 6.24 kJ/mol (b) 6.21×10^{-21} J **4.4** 3.24×10^{-10} m/s;98 yr

4. 5 10 km; 12 km **4.6** 96.6 K; 0.00925 **4.7** $(3 - 8/\pi)^{1/2}(kT/m)^{1/2}$ **4.8** $\left(\frac{3}{2}\right)^{1/2} kT$

4. 9 (a) $\langle t \rangle = (2m/\pi kT)^{1/2}$ (b) $(1 - 2/\pi)^{1/2}(m/kT)^{1/2}$ (c) 0.333 **4.10** 0.310 **4.11** $\frac{1}{2}kT$

4.12 kT: 0.572; $2kT$: 0.262; $5kT$: 0.018; $10kT$: 1.62×10^{-4} **4.13** 0.766 **4.14** 0.676

4.15 (a) 9.53×10^{-22} (b) 3.0×10^{-303} (c) 0.196 (d) 4.4×10^{-14}

4.16 0.0661; 0.198; 0.314 **4.17** $(\bar{C}_v/R)_{total} = 3.059$; 3.307; 3.396

4.18 $[\theta_v, (\bar{C}_v/R)_{vib}]$: (3.360 kK, 0.001618); (1.890 kK, 0.07114); (954.1 K, 0.4536); (954.1 K, 0.4536)

4.19 2.58×10^{13} Hz **4.20** 0.04540; 0.1707; 0.7241; 0.9207; 0.9638

4.21 $\bar{C}_v/R$: 3.0274; 3.2256; 3.9363; 5.0399 **4.22** (a) 0.2292 (b) 1.024×10^{-9}

4.23 0.0831 **4.24** 0.6931; 447 K

5장

5. 1 46 atm **5.3** 32.2 kJ/mol **5.4** $p_\infty = 1.450 \times 10^6$ atm; $p_{298} = 0.02819$ atm

5. 5 $1/T = (1/T_0) + (M_{air}gz/Q_{vap}T_a)$; 94 °C **5.9** 118.1 kJ/mol; 1177 K

5.10 $a = \alpha_0$; $b = \frac{1}{2}(\alpha' + \alpha_0^2)$; $c = \frac{1}{6}(\alpha'' + 3\alpha'\alpha_0 + \alpha_0^3)$

6장

6. 1 400 kJ **6.2** 0.098 J **6.3** 12 kJ **6.4** (a) 31% (b) None

6. 5 (a) (t, t'): (0, 0); (25, 2.52); (50, 11.7); (75, 37.6); (100, 100)
(b) (p/mmHg, t'): (40, 0.40); (100, 2.6); (400, 19.7); (760, 46.5)

6. 6 $t' = t[1 + b(t - 100)/(a + 100b)]$ **6.7** 409.83

7장

7. 1 (a) −30.3 K (b) 0 K (c) 10.1 K **7.2** 12.6 J/K **7.3** $Q = W = 4$ kJ; $\Delta U = \Delta H = 0$

7. 4 (a) $Q = W = 8.22$ kJ; $\Delta U = \Delta H = 0$ (b) $Q = W = -8.22$ kJ; $\Delta U = \Delta H = 0$

7. 5 $Q = W = -20.3$ kJ; $\Delta U = \Delta H = 0$

7. 6 $W_{rev} = nRT\ln(V_2/V_1) + n^2(RTb - a)[(1/V_1) - (1/V_2)]$

7. 7 $Q = 2746$ J/mol; $W = 2727$ J/mol; $\Delta U = 18.5$ J/mol; $\Delta H = 31.7$ J/mol

7. 8 $Q_p = \Delta H = -1559$ J/mol; $W = -624$ J/mol; $\Delta U = -935$ J/mol

7. 9 $Q_V = \Delta U = 1560$ J/mol; $W = 0$; $\Delta H = 2180$ J/mol

7.10 $\Delta U = 9.4$ kJ/mol; $\Delta H = 11.9$ kJ/mol

7.11 (a) $W = 830$ J/mol (b) $Q = -1250$ J/mol; $\Delta U = -2080$ J/mol; $\Delta H = -2910$ J/mol

7.12 (a) $W = 105$ mJ (b) $Q_p = \Delta H = 20.90$ kJ; $\Delta U = 20.90$ kJ

7.13 *Case 1*: $T_2 = 1380$ K; $Q = 0$; $\Delta U = -W = 13.5$ kJ/mol; $\Delta H = 22.4$ kJ/mol;
Case 2: $T_2 = 1071$ K; $Q = 0$; $\Delta U = -W = 16.0$ kJ/mol; $\Delta H = 22.4$ kJ/mol.
$n$mol에 대해서 T_2는 같다; W, ΔU 및 ΔH는 n배가 크다.

7.14 *Case 1*: $T_2 = 754$ K; $Q = 0$; $\Delta U = -W = 5.66$ kJ/mol; $\Delta H = 9.44$ kJ/mol.
Case 2: $T_2 = 579$ K; $Q = 0$; $\Delta U = -W = 5.80$ kJ/mol; $\Delta H = 8.12$ kJ/mol.

7.15 *Case 1*: $T_2 = 192$ K; $Q = 0$; $\Delta U = -W = -1.35$ kJ/mol; $\Delta H = -2.24$ kJ/mol.
Case 2: $T_2 = 223$ K; $Q = 0$; $\Delta U = -W = -1.60$ kJ/mol; $\Delta H = -2.24$ kJ/mol.

7.16 *Case 1*: $T_2 = 119$ K; $Q = 0$; $\Delta U = -W = -2.26$ kJ/mol; $\Delta H = -3.76$ kJ/mol.
Case 2: $T_2 = 155$ K; $Q = 0$; $\Delta U = -W = -3.01$ kJ/mol; $\Delta H = -4.22$ kJ/mol.

7.17 $T_2 = 202$ K; $Q = 0$; $\Delta U = -W = -1.20$ kJ/mol; $\Delta H = -2.00$ kJ/mol

7.18 $Q = 0$; $\Delta U = -W = -208$ J/mol; $\Delta H = -291$ J/mol

7.19 $T_2 = 235$ K; $Q = 0$; $\Delta U = -W = -1.21$ kJ/mol; $\Delta H = -1.69$J/mol

7.20 (a) 828 mmHg (b) 809 mmHg **7.21** 1.66

7.22 $Q = 0$; $\Delta U = -W = 624$ J/mol; $\Delta H = 873$ J/mol

7.23 $p_2 = 452$ k Pa; $Q = 0$; $\Delta U = -W = 6.24$ kJ/mol; $\Delta H = 8.73$ kJ/mol

7.24 (a) $\Delta U = \Delta H = 0$; $Q = W = 1.69$ kJ/mol
(b) $W = 0$; $Q_V = \Delta U = 1.00$ kJ/mol; $\Delta H = 1.66$ kJ/mol
(a) + (b): $Q = 2.69$ kJ/mol; $W = 1.69$ kJ/mol; $\Delta U = 1.00$ kJ/mol; $\Delta H = 1.66$ kJ/mol

7.25 (a) $\Delta U = \Delta H = 0$; $Q = W = 0.50$ kJ/mol
(b) $W = 0$; $Q_V = \Delta U = -1.04$ kJ/mol; $\Delta H = -1.46$ kJ/mol
(a) + (b): $Q_V = -0.54$ kJ/mol; $W = 0.50$ kJ/mol; $\Delta U = -1.04$ kJ/mol; $\Delta H = -1.46$ kJ/mo

7.26 (a) $M = (nRT/gh)(1 - p_2/p_1)$ (b) $M' = (nRT/gh)[(p_1/p_2) - 1]$
(c) $M' - M = (nRT/gh)(p_1 - p_2)^2/p_1 p_2$
(d) $M = 1.27$ Mg; $M' = 2.54$ Mg; $M' - M = 1.27$ Mg

7.27 (a) $W = RT[2 - (P'/p_1) - (p_2/P')]$ (b) $P' = (p_1 p_2)^{1/2}$ (c) $W_{max} = 2RT[1 - (p_2/p_1)^{1/2}]$

7.28 -9004 J/mol **7.29** (a) $Q_p = \Delta H = 6195.3$ J/mol; $W = 1662.9$ J/mol; $\Delta U = 4532.4$ J/mol
(b) $Q_V = \Delta U = 4532.4$ J/mol; $W = 0$; $\Delta H = 6195.3$ J/mol

7.30 -3.54 kJ/mol **7.31** 490 atm **7.32** 60 atm

7.33 $Q = 0$; $W = 2400$ J/mol; $\Delta U = -2400$ J/mol; $\Delta H = -2900$ J/mol

7.34 3.49 kJ/mol

7.35 (a) -285.4 kJ/mol (b) -562.0 kJ/mol (c) 142 kJ/mol (d) 172.45 kJ/mol
(e) -128.2 kJ/mol (f) -851.5 kJ/mol (g) -179.06 kJ/mol (h) -128 kJ/mol
(i) 178.3 kJ/mol

7.36 (a) -287.9 kJ/mol (b) -558.3 kJ/mol (c) 144 kJ/mol (d) 169.97 kJ/mol
(e) -120.8 kJ/mol (f) -851.5 kJ/mol (g) -176.58 kJ/mol (h) -130 kJ/mol
(i) 175.8 kJ/mol

7.37 (a) 49.07 kJ/mol (b) -631.12 kJ/mol **7.38** -59.8 kJ/mol

7.39 (a) -5635 kJ/mol (b) -2232 kJ/mol (c) 1195 J/K

7.40 (a) -1366.9 kJ/mol (b) -277.6 kJ/mol

7.41 FeO: -266.3 kJ/mol; Fe_2O_3: -824.2 kJ/mol

7.42 (a) -937 kJ/mol (b) -933 kJ/mol **7.43** H_2S: -20.6 kJ/mol; FeS_2: -178 kJ/mol

7.44 -180 kJ/mol

7.45 (a) 44.016 kJ/mol (b) 2.479 kJ/mol (c) 41.537 kJ/mol (d) 40.887 kJ/mol

7.46 -45.98 kJ/mol **7.47** 132.86 kJ/mol **7.48** -223.91 kJ/mol **7.49** -53.87 kJ/mol

7.50 298 K: -1255.5 kJ/mol; 1000 K: -1259.8 kJ/mol **7.51** -812.2 kJ/mol

7.52 (a) -73 kJ/mol (b) -804 kJ/mol **7.53** -57.18 kJ/mol

7.54 -61.9 kJ/mol; -68.3 kJ/mol

7.55 [nAq; $\Delta H_s/(\text{kJ/mol})$]: (1; -27.80); (2; -41.45); (4; -53.89); (10; -66.54); (20; -70.93); (100; -73.65); (∞; -95.28)

7.56 [$\Delta H/(\text{kJ/mol})$; $\Delta U/(\text{kJ/mol})$] (a) (428.22; 425.74) (b) (926.98; 922.02) (c) (498.76; 496.28)

7.57 SiF: 596 kJ/mol; SiCl: 398 kJ/mol; CF: 490 kJ/mol; NF: 279 kJ/mol; OF: 215 kJ/mol; HF: 568 kJ/mol

7.58 (a) 415.9 kJ/mol (b) 330.6 kJ/mol (c) 589.3 kJ/mol (d) 810.8 kJ/mol

7.59 302.4 kJ/mol **7.60** (a) 7500 K (b) 2900 K (c) 5100 K **7.61** 27 units

7.62 6.9 min **7.63** For $\Delta p = 10$ atm, $\Delta H = 18.2$ J/mol; For $\Delta T = 10$ K, $\Delta H = 753$ J/mol

7.64 3.78 °C

7.65 (a) 1.667 (b) 1.286 (c) 1.167 (d) $\gamma_{Ar} = 1.667$; $\gamma_{N_2} = 1.400$; $\gamma_{I_2} = 1.292$; $\gamma_{H_2O} = 1.$ [illegible] (e) $\gamma = 1$

8 장

8. 1 (a) 역방향 Carnot 기관; $W_{comp} = 0$ 으로 만든다.
(b) 정방향 Carnot 기관; $Q_{2,comp} = 0$ 으로 만든다.

8. 2 0.251

8. 3 (a) 62.7% (b) 41.9%빼기 다른 손실 5% = 37% (c) 119 Mg/hr (d) 36200 MJ/min (e) 9.2 °C

8. 4 (a) 80% (b) 1500 K **8. 5** 6.2 m² **8. 6** 640 W **8. 7** 0.24 hp **8. 8** 457 g/min

8. 9 0.52 hp **8. 10** 255 K **8. 11** 2.9 m²

8. 12 (a) 9.9 (b) 0.69
(c) Case (a): 소모되는 단위량의 화석 연료당 열펌프에 의해 공급되는 에너지의 0.081 을 난로가 공급한다. Case (b): 열펌프에 의해서 공급되는 에너지의 1.16 을 난로가 공급한다. 난로가 더 경제적이다.

8. 13 (a) 2.2 (b) 7.5% **8. 14** 고온: 23.0; 저온: 10.0

8. 15 $\eta = 36.0$; EER = 128

8. 16 (a) $t = 373.15(1 - T/273.15)$ (b) $t = T - 273.15$

8. 17 (a) $-R \ln 2 = -5.76$ J/K mol (b) $-R \ln 2$ (c) $+R \ln 2$
(d) $R \ln 2 \neq 0$; $\Delta S_1 > Q_1/T$ 를 염두에 두어라.

9 장

9. 1 (a) 13.7 J/Kmol (b) 22.8 J/Kmol (c) 각 경우에 3배가 된다.

9. 2 (a) 47.948 J/K mol (b) 178.540 J/K mol **9. 3** 13.2 J/K mol

9. 4 (a) 11.71 J/K mol (b) 40.06 J/K mol **9. 5** 25.00 J/K mol **9. 6** 81.5 J/K mol

9. 7 (a) 1.03 J/K mol S (b) 3.14 J/K mol S (c) 8.2 J/K mol S_8; 25.1 J/K mol S_8

9. 8 (a) 23.488 J/K mol (b) 134.639 J/K mol **9. 9** 216.127 J/K mol

9.10 (a) 99.89 J/K mol (b) 18.47 kJ/mol **9.11** 33.77 J/K mol

9.12 $\Delta H = 2849.5$ J/mol; $\Delta S = 8.8934$ J/K mol

9.13 (a) 5.763 J/K mol (b) 28.82 J/K mol

9.14 16.021 J/K mol **9.15** 10.0 J/K mol

9.16 $Q = 487$ J/mol; $\Delta U = 187$ J/mol; $\Delta H = 312$ J/mol; $\Delta S = 6.73$ J/K mol

9.17 $Q = 2747$ J/mol; $W = 2728$ J/mol; $\Delta U = 18.5$ J/mol; $\Delta H = 31.7$ J/mol; $\Delta S = 9.152$ J/K mol

9.18

	Q/(J/mol)	W/(J/mol)	ΔU/(J/mol)	ΔH/(J/mol)	ΔS/(J/K mol)	(Q/T)(J/K mol)
(a)	1250	0	1250	2080	2.39	—
(b)	2080	830	1250	2080	5.98	—
(c)	1730	1730	0	0	5.77	5.77
(d)	1250	1250	0	0	5.77	4.17
(e)	0	0	0	0	5.77	0
(f)	0	748	− 748	− 1250	1.12	0
(g)	0	910	− 910	− 1520	0	0

9.19 16.49 J/Kmol **9.20** $\gamma = 0.00063276$ J/K^2 mol; $a = 0.00007222$ J/K^4 mol

9.21 26.80 J/Kmol **9.22** (a) − 0.377 J/Kmol (b) − 0.369 J/K mol

9.23 − 0.0355 J/Kmol; − 0.0355 J/Kmol **9.24** $(\partial S/\partial p)_T = -V\alpha$ **9.25** $\Delta T = -1.49$ K

9.27 최종상태: 0 °C에서 11.2 g의 얼음과 38.8 g의 물; $\Delta H = 0$; $\Delta S = 0.50$ J/K

9.28 (a) 0.28g; 0.01 J/Kmol (b) 0.77g; 0.02 J/K (c) 34g; 0.6 J/K (d) 123 g; 1.6J/K

9.29 (a) All liquid at 66.7 °C (b) 24 J/K **9.30** (a) 108 g (b) 144 J/K

9.31 (a) 15 (q) 15 (c) $\frac{3}{5}$ **9.32** (a) 10 (b) 1 (c) 2; $\Delta S = k \ln 2$

9.33 (a) N_c^N (b) $N_c(N_c-1)(N_c-2)\cdots[N_c-(N-1)] = N_c!/(N_c-N)!$ (c) 0.4927

9.34 18.27 J/K mol

9.35 [x_a, S_{mix}/(J/K mol)]: (0, 0); (0.2, 4.16); (0.4, 5.60); (0.5, 5.76); (0.6, 5.60); (0.8, 4.16); (1.0, 0)

10 장

10.1 $a/\bar{V}^2$ **10.3** 5.29 J/mol; 120 J/mol

10.4 (a) $(\partial S/\partial V)_T = R/(\bar{V}-b)$ (b) $\Delta S = R\ln[(\bar{V}_2-b)/(\bar{V}_1-b)]$ (c) $\Delta S_{vdW} > \Delta S_{id}$

10.5 $(\partial U/\partial V)_T = 2a/T\bar{V}^2$; $(\partial U/\partial V)_T = [a/\bar{V}(\bar{V}-b)]e^{-a/RTV}$

10.6 $p = T(\partial p/\partial T)_V$; $p = Tf(V)$

10.9 (a) $\Delta H = -2.48$ kJ/mol; $\Delta S = -37.7$ J/K mol

(b) $\Delta H = -1.75$ kJ/mol; $\Delta S = -38.0$ J/Kmol

(c) For both cases: $\Delta H_{id} = 0$; $\Delta S_{id} = -38.3$ J/Kmol

10.10 $\Delta H = -4.839$ kJ/mol; $\Delta S = -55.94$ J/Kmol **10.12** $\bar{C}_p\mu_{JT} = (2a/RT) - b$

10.14 − 3.44 kJ/mol

10.15 (a) $\bar{A} = \bar{A}^\circ(T) - RT\ln(V/V^\circ)$

(b) $A = \bar{A}^\circ - RT\ln[(\bar{V}-b)/(\bar{V}^\circ-b)] - [(a/\bar{V}) - (a/\bar{V}^\circ)]$

10.16 − 8.03 kJ/mol

10.17 $\Delta G = RT\ln(p/p^\circ) + (b - a/RT)(p - p^\circ)$ where $p^\circ = 1$ atm **10.18** − 1.92 kJ/mol

10.19 (a) 5.74 kJ/mol (b) 16 J/mol (c) 6.4 J/mol (d) 24 J/mol

10.20 $\ln f = \ln p + (b - a/RT)(p/RT)$ **10.23** 교차 도함수를 같게 놓는다.

10.26 $p\kappa \ll T\alpha$; − 3.55 J/atm

10.29 (a) $\bar{S} = \bar{S}°(T) - R\ln p$; $\bar{V} = RT/p$; $\bar{H} = \mu°(T) + T\bar{S}°(T) = \bar{H}°(T)$;
$U(T) = \bar{H}°(T) - RT = U°(T)$
(b) $\bar{S} = \bar{S}°(T) - R(\ln p) - ap/RT^2$; $\bar{V} = (RT/p) + b - (a/RT)$; $\bar{H} = \bar{H}°(T) + [b - (2a/RT)]p$ 여기서 $\bar{H}°(T) = \mu°(T) + T\bar{S}°(T)$; $\bar{U} = \bar{H}° - RT - (ap/RT) = \bar{U}°(T) - ap/RT$

제11장

11. 2 [p/atm, μ/(kJ/mol)]: $\left(\frac{1}{2}, -18.2\right)$; (2, − 14.8); (10, − 10.8); (100, − 5.1)

11. 3 (a) − 34.4 kJ (b) − 47.3 kJ (c) − 12.9 kJ

11. 4 (a) 18.7 J/K (b) − 5.58 kJ
(c) and (d) (ξ/mol, ΔG_{mix}/kJ, G/kJ); (0, − 5.58, − 5.58); (0.2, − 7.57, − 14.17); (0.4, − 7.81, − 21.0); (0.6, − 6.97, − 26.8); (0.8, − 4.90, − 31.3); (1.0, 0, − 33.0)
(e) $\xi_e = 0.939$ mol; $G = -33.2$ kJ

11. 5 (a) $\Delta G_{mix} = 12RT\left\{\frac{1}{3}\ln\frac{1}{3} + [(8-n)/12]\ln[(8-n)/12] + (n/12)\ln(n/12)\right\}$ (b) $n = 4$ mol
(c) − 2.74 kJ/mol

11. 7 (a) $G = \mu°_{H_2(g)} + \mu°_{I_2(g)} + \xi\Delta G° + 2RT[\ln p + (1-\xi)\ln\frac{1}{2}(1-\xi) + \xi\ln\xi]$
(b) $G = \mu°_{H_2(g)} + \mu°_{I_2(s)} + \xi\Delta G° + RT[(1-\xi)\ln(1-\xi) + 2\xi\ln 2\xi - (1+\xi)\ln(1+\xi) + (1+\xi)\ln p]$

11. 8 $K_p = 112.9$; $x_{HI} = 0.842$; 10 atm에서 같다.

11. 9 (a) 1.6×10^{-5}; 1.6×10^{-4} (b) 1 atm: 0.999969; 10 atm: 0.99969
(c) $K_x = 6.2 \times 10^{-4}$; $K_c = 1.5 \times 10^{-3}$

11.10 (a) 6.6×10^{-58} (c) $K_x = 3.3 \times 10^{-57}$; $K_c = 1.6 \times 10^{-56}$

11.11 5.09×10^{-3}; 2.36×10^{-3} **11.12** (a) 0.186 (b) 0.378 (c) 0.186 **11.13** 1.3×10^{-6}

11.14 (a) $\Delta G° = 37$ kJ/mol; $\Delta H° = 88$ kJ/mol (b) 19 (c) 1 atm: 0.975; 5atm: 0.890

11.15 (a) 1.906×10^{-25} (b) 0.06667 (c) 1300 K **11.16** (a) 6.89×10^{-15} (b) 1350 K

11.17 − 11.1 kJ/mol

11.18 (a) 0.982 (b) $\Delta H° = 88.9$ kJ/mol; $\Delta G° = -2.49$ kJ/mol; $\Delta S° = 175.8$ J/Kmol

11.19 (a) 0.64 (b) 3.0 kJ/mol **11.20** (a) 0.14 (b) 2.0×10^{-18} (c) 101 kJ/mol

11.21 (a) 0.379; 1.28 (b) $\Delta G°_{700} = 5.65$ kJ/mol; $\Delta G°_{800} = -1.64$ kJ/mol; $\Delta H° = 56.7$ kJ/mol

11.22 (a) 1.40, − 2.80 kJ/mol (b) − 29.72 kJ/mol **11.23** 5.7 kJ/mol

11.24 (a) 6.2×10^{-5} (b) 1.2×10^{-4} (c)(b)의 K_p를 써서, $(K_x)_{5atm} = 6.0 \times 10^{-4}$

11.25 40.888 kJ/mol **11.26** 3.23 kJ/mol

11.27 (a) − 19.0 kJ/mol; − 22.6 kJ/mol; 0.765 kJ/mol (b) 0.474

11.28 (a) 0.6841; 0.5198 (b) − 12.78 kJ/mol; − 21.42 J/Kmol (c) − 6.40 kJ/mol

11.29 $MgCO_3$: 570 K; $CaCO_3$: 1110 K; $SrCO_3$: 1400 K; $BaCO_3$: 1600 K

11.30 (a) 52.20 kJ/mol (b) 555 K (c) 0.160 Torr (d) 0.0421 Torr (e) 24.29 kJ/mol

11.31 (298.15 K − 548 K): $\Delta G°/(kJ/mol) = -369.43 + 0.1530(T/K - 298.15)$
(548K − 693K): $\Delta G°/(kJ/mol) = -331.2 + 0.111(T/K - 548)$
(693 K − 1029 K): $\Delta G°/(kJ/mol) = -315.1 + 0.122(T/K - 693)$
(1029 K − 1180 K): $\Delta G°/(kJ/mol) = -274.1 - 0.0039(T/K - 1029)$
(1180 K − T): $\Delta G°/(kJ/mol) = -74.7 + 0.00934(T/K - 1180)$

11.32 (a) 2.30×10^{-5} atm

(b) $\ln K_p = 10950.1/T - 0.185 \ln T + 1.242 \times 10^{-3} T + 0.051 \times 10^5/T^2 - 12.486$;
$\Delta H°/(\text{J/mol}) = -91044 - 1.54 \ln T + 10.33 \times 10^{-3} T^2 - 0.84 \times 10^5/T$;
$\Delta S°/(\text{J/K mol}) = -105.3 - 1.54 \ln T + 20.66 \times 10^{-3} T - 0.42 \times 10^5/T^2$

11.33 (a) 460.3 K
(b) $\log_{10} K_p = -1691.5/T - 0.9047 \log_{10} T + 6.084$;
$\Delta H°/(\text{J/mol}) = 32384 - 7.522 T$;
$\Delta S°/(\text{J/K mol}) = 108.96 - 17.32 \log_{10} T$

11.34 O_2/CO_2의 비가 일정하다 ; 높은 압력에서는 CO가 비교적으로 적게 존재한다.

		O_2	CO	CO_2
(a)	600 K	3.92×10^{-33}	0.121	99.88
	1000 K	6.25×10^{-20}	68.4	31.6
(b)	600 K	3.99×10^{-33}	0.130	99.87
	1000 K	6.16×10^{-20}	71.2	28.8
(c)	1000 K	1.04×10^{-19}	51.6	48.4

11.35

	A/G	B/G	C/G	D/G	E/G	F/G
(a)	9.86×10^{-8}	1.50×10^{-6}	4.12×10^{-6}	2.49×10^{-5}	4.60×10^{-7}	2.03×10^{-4}

(b) No.

	A	B	C	D	E	F	G
(c) mol%:	9.86×10^{-6}	1.50×10^{-4}	4.12×10^{-4}	2.49×10^{-3}	4.60×10^{-5}	0.0203	99.98
(d) mol%:	0.0870	0.414	0.623	1.79	0.110	5.28	91.70

11.36 (a) (T/K; p/atm): (900; 1.26×10^{-9}); (1200; 3.89×10^{-5})
(b) (T/K; p/atm): (900; 2.70×10^{-12}); (1200; 2.15×10^{-7})
(c) 이렇게 되는 온도는 없다.

11.37 (a) 201.2 kJ/mol; 489.0 kJ/mol
(b) 900 K: 2.27×10^{-13}; 0.00271; 0.9973; 1200 K: 5.25×10^{-9}; 0.117; 0.883

11.38 (c) 엔트로피는 z에 무관하다: $H_i = \bar{H}_i^\circ(T) + M_i gz$

11.40 (c) (T/K; $\bar{C}_p/R$): (200; 9.68); (2.40; 14.08); (280; 21.56); (320; 85.23); (330; 90.75); (360; 59.68); (400; 19.13); (440; 10.87); (480; 9.39); (500; 9.17)

11.41 (a) 1.0×10^{-16}; 1.6×10^{-7} (b) 1.9×10^{25}; 7.8×10^{13}
(c) For (a): 2.0×10^{-8}; 8.0×10^{-4}; For (b): $1 - 1.1 \times 10^{-13}$; $1 - 5.6 \times 10^{-8}$

11.42 ΔG_{mix}는 반응 2에 대한 것이 더 크다. **11.43** 300

12장

12.1 76 kJ/mol **12.2** 60.8 °C

12.3 (a) 29.8 kJ/mol (b) 34 °C; 29 °C (c) 97.4 J/Kmol (d) 851 J/mol

12.4 (a) 94.3 °C (b) 134.1 °C **12.5** 0.03128 atm = 6169 Pa

12.6 1162 K; 101.4 kJ/mol; 87.3 J/Kmol

12.7 (a) 48.5 kJ/mol; 489 K; 99.2 J/Kmol (b) 7.65 mmHg = 1020 Pa
(c) $\Delta H_{\text{sub}} = 71.0$ kJ/mol; $\Delta H_{\text{fus}} = 22.5$ kJ/mol (d) $T < 226.3$ K

12.8 (a) 384 K; 10.8 kPa (b) 45.1 kJ/mol; 98.9 J/K mol (c) 15.6 kJ/mol

12.9 22.8 kJ/mol; 239 K

12.10 (a) $1/T = (1/T_0) + M_{\text{air}} gh/T_a \Delta H_{\text{vap}}$, where T_0 is b.p. at 1atm (b) 86 °C (c) 25 °C

12.11 (a) $\ln p = 10.8(1 - T_b/T)$ (b) 72 kPa **12.12** S_8: 117 J/K mol; P_4: 90.0 J/K mol

12.14 $d \ln \tilde{c}/dT = (\Delta H_{\text{vap}} - RT)/RT^2 = \Delta U_{\text{vap}}/RT^2$

12.15 (a) p_0/RT_b, $p_0 = 1$ atm (b) $\ln(T_H/T_0) = (\Delta H_{vap}/R)[(1/T_b) - (1/T_H)]$
(c) (T_H/K; T_b/K); (50; 59.0); (100; 109.9); (200; 205.8); (300; 297.5); (400; 386.7)
(d) 물질: T_H/K; ΔS_H/(J/K mol); ΔS_T/(J/K mol)]; (Ar: 77.4; 84.2, 74.7);
(O_2: 80.3; 85.0; 75.6); (CH_4: 101.8; 80.4; 73.3); (Kr: 110.1; 82.0; 75.3);
(Xe: 156.9; 80.6; 76.6); (CS_2: 324.3; 82.6; 83.8) Note: $\langle \Delta S_H \rangle = 82.5 \pm 1.9$ J/K mol;
$\langle \Delta S_T \rangle = 76.6 \pm 3.7$ J/K mol

12.16 1.50 GPa = 14800 atm **12.17** (a) 0.36 °C (b) 3400 atm (c) −24 °C

12.18 115 °C; 가능한 영역은 83 °C 부터 250 °C 까지 **12.19** 13 °C **12.20** Rhombic

12.21 0.017 mmHg = 2.3 Pa

13 장

13. 1 (a) 60 g/mol (b) 333 g **13.2** 428 g **13.3** 0.0099; 0.0050; 0.00010 **13.4** (d) M

13. 5 9.986 kPa **13.6** 242 g/mol; about twice the expected value **13.7** 3.577 Kkg/mol

13. 8 (x, T/K); (1.0, 273); (0.8, 252); (0.6, 229); (0.4, 203); (0.2, 170)

13. 9 (vol %; T/K); (0; 273); (20; 265); (40; 254); (60; 238); (80; 208)

13.10 $m > 0.59$ mol/kg **13.11** $a = K_f$; $b = -\frac{1}{2}MK_f[1 + 2(K_f/MT_0) - (\Delta C_p/R)(K_f/MT_0)^2]$

13.12 3.8 K; 0.018; 470 kPa; 250g/mol **13.13** K_b/(K kg/mol); 1.730; 2.631; 3.77; 0.188; 2.391

13.14 At 1 atm let $K_b = K_b^\circ$; $T_b = T_0$; Then, $K_b(p) = K_b^\circ/[1 - (RT_0/\Delta H_{vap})\ln p]^2$;
[p/mmHg; K_b/(K kg/mol]: (760; 0.5130); (750; 0.5120); (740; 0.5109)

13.15 (a) 0.250 (b) 0.534 **13.16** (a) 0.236 (b) 90.8 g I_2/100 g hexane

13.17 19.1 kJ/mol; 80.0 °C **13.18** 250 kPa **13.19** 3.75 m; 36.7 kPa **13.20** 62.0 kg/mol

13.21 (a) $x = (1 - \tilde{c}\overline{V}_2^\circ)/(1 + \tilde{c}\overline{V}^\circ - \tilde{c}\overline{V}_2^\circ)$

14 장

14. 1 (a) 60.44 mmHg (b) $y_b = 0.6817$ (c) 44.25 mmHg (d) $x_b = 0.1718$
(e) 56.42 mmHg; $x_b = 0.3433$; $y_b = 0.6268$

14. 2 27.3 mol% **14. 3** (a) 0.560 (b) 0.884

14. 4 (a) 25 mmHg; $x_{EtCl} = 0.50$ (b) $x_{EtCl} = 0.61$ **14.5** $p_A^\circ = 2$ atm; $p_B^\circ = 0.5$ atm

14. 6 $x_1 = [(p_1^\circ p_2^\circ)^{1/2} - p_2^\circ]/(p_1^\circ - p_2^\circ)$; $p = (p_1^\circ p_2^\circ)^{1/2}$

14. 9 X_1을 1의 몰분율이라고 하면, $p_{upper} = X_1 p_1^\circ + (1 - X_1)p_2^\circ$; $1/p_{lower} = (X_1/p_1^\circ) + (1 - X_1)/p_2^\circ$

14.10 b = 벤젠; t = 톨루엔
(a) $\exp(-\Delta S_{vap}^\circ/R) = x_b \exp(-T_{0b}\Delta S_{vap}^\circ/RT) + (1 - x_b)\exp(-T_{0t}\Delta S_{vap}^\circ/RT)$
(b) $x_b = 0.401$

14.12 (a) $p = (1 - x_2)p_1^\circ + K_h x_2$ (b) $1/p = (y_1/p_1^\circ) + (1 - y_1)/K_h$

14.13 1.71 cm³; 17.1 cm³; $N_2/O_2 = 2.02$ **14.14** −13.9 kJ/mol **14.15** 380 cm³

14.16 (a) m/(mol/kg): 0.0346; 0.0265 (b) 0.776; 0.594

14.17 (gas; α); (He; 0.0097); (Ne; 0.0097); (Ar; 0.0313); (Kr; 0.0507); (Xe; 0.101)

14.18 (a) 0.036 (b) (1 atm; 0.0373); (4 atm; 0.0776) **14.19** 0.33

14.20 (a) 10.6 cm³ (b) 5.09 cm³ (c) As $n \to \infty$, 2.71 cm³ **14.21** −608.44 kJ/mol

14.22 −9.957 kJ/mol **14.23** −17.124 kJ/mol

15 장

15. 1 (a) 730 mmHg (b) ~92 °C (c) 4.13 g; 4.14 g

15. 2 (a) 129.7 g; 50.3 g (b) 3.99 mol; 2.41 mol **15. 3** 0.858; 249 °C

15. 4 (b) [mass% Cu; t/°C(ideal)]; (0; 660); (20; 597); (40; 517); (60; 474); (80; 696); (100; 1083) **15. 5** ~ − 13 °C **15. 6** 15% **15. 7** 62%

15. 8 $x_{Ni} = 0.90$; $x'_{Cu} = 0.079$; $x'_{Ni} = 0.921$ $T = 1694\ K$

15. 9 In Liq, or α, or β: $F = 2$. In (Liq + α), or (Liq + β), or ($\alpha + \beta$): $F = 1$. On abc: $F = 0$.

15.10 In $aCBe$: $F = 2$; in Aab, or bcd, or Ade: $F = 1$; in Abd: $F = 0$.

15.11 (a) de 상에서 K_2CO_3(s) + soln; 이어서 K_2CO_3(s) + soln d + soln b; 이어서 soln bc + soln dc; 다음에는 한 용액

(b) ab 상에서 K_2CO_3(s) + soln; 이어서 K_2CO_3(s) + soln b + soln d; de 상에서 K_2CO_3(s) + soln; e와 B 사이의 영역에서 한 용액.

15.12 (a) 용액 속에서 $F = 2$; 용액 + Na_2SO_4, 용액 + 수화물, Na_2SO_4 + 수화물, 또는 얼음 + 수화물 속에서 $F = 1$; e나 bc 상에서 $F = 0$.

(b) 25 °C에서 : 고체 수화물이 침전되고, 용액이 없어질 때 Na_2SO_4가 나타나며, 수화물이 서서히 분해된다 ; 마지막으로 Na_2SO_4만이 남게 된다. 35 °C에서 : 무수염이 침전되며, 액체가 증발되고, 끝으로 Na_2SO_4만이 남게 된다.

15.13 b에서 $Fe_2Cl_6 \cdot 12H_2O$가 침전된다; c에서 계가 건조해 보인다. c와 d 사이에서 액체 끝이 $Fe_2Cl_6 \cdot 12H_2O$와 평형을 이룬다; d와 e 사이에서 계는 완전히 액체이다. e에서 $Fe_2Cl_6 \cdot 7H_2O$가 침전된다; f에서 계는 건조해 보인다; f와 g 사이에서 액체가 나타난다. g와 h 사이에서 계는 완전히 액체이다; h에서 $Fe_2Cl_6 \cdot 5H_2O$가 침전된다. i에서 계는 건조하게 된다; 수직선까지는 $Fe_2Cl_6 \cdot 5H_2O$와 $Fe_2Cl_6 \cdot 4H_2O$가 존재하며, 이어서 Fe_2Cl_6의 무수물이 나타난다; j에서 $Fe_2Cl_6 \cdot 4H_2O$와 Fe_2Cl_6의 혼합물이 나타난다.

16 장

16. 1 (a) 0.99818; 0.99633; 0.99055; 0.9802; 0.9690; 0.9564

(b) 0.99998; 0.99992; 0.99947; 0.9979; 0.9951; 0.9909

(d) 1.24

16. 2 (a; γ); (0.061; 1.03); (0.135; 1.10); (0.211; 1.14)

16. 3 (a; γ); (0.9382; 0.997); (0.8688; 0.991); (0.7994; 0.981)

16. 4 (a) 1.000; 0.959; 0.898 (b) 1.000; 1.038; 1.074 (3) 177 J/mol

16. 5 (a) μ_i°는 순수한 i의 μ (b) $RT \ln \gamma_i = w(1 - x_i)^2$ (c) 1.140; 1.0763; 1.0332; 1.00820; 1.000

16. 6 0.986; 0.981 **16. 7** 0.0149; 0.0209; 0.0322; 0.0437; 0.0583; 0.0832; 0.1077

16. 8 ($a_\pm$; a): (a) 0.0769; 0.00591 (b) 0.0421; 7.44×10^{-5} (c) 0.016; 2.6×10^{-4}

(d) 0.075; 3.2×10^{-5} (e) 0.0089; 5.7×10^{-11}

16. 9 (a) [m/(mol/kg)]: 0.0794; 0.05; 0.05; 0.114 (b) [I_c/(mol/kg)]: 0.15; 0.05; 0.20; 0.30

16.10 HCl: 0.988; 0.964; $CaCl_2$: 0.960; 0.879; $ZnSO_4$: 0.910, 0.773 **16.11** 3.0 nm; 0.30 nm

16.12 (a) 0.736 (b) $1.68/\kappa$

16.13 (m/mol/kg); 100α; 100α_0); (0.01; 4.18; 4.09); (0.10; 1.37; 1.31); (1.0; 4.51; 4.18)

16.14 0.0202; 0.0346; 0.149 **16.15** 10^5 s: 1.29; 1.38; 1.56; 1.84

16.16 (a) 2.5×10^{-5} (b) 1.6×10^{-5}

17 장

17. 1 (a) − 1.473 V; 비자발적 (b) 0.265 V; 자발적 (c) 1.344 V; 자발적

17. 2 (a) 1.56×10^{-53} (b) 3.0 (c) 2.64×10^{44}

17. 3 (a) 1.54×10^{37} (b) 8.0×10^{16} (c) 1×10^{-3} (d) 8.7×10^{40} (e) 5×10^{46} (f) 1.7×10^{-8}

17. 4 (a) $Ni_2O_3(s) + Fe(s) \rightarrow 2\,NiO(s) + FeO(s)$ (b) a_{KOH}에 무관 (c) 1100 kJ/kg

17. 5 (a) 0.38 (b) $PbO_2(s) + Pb(s) + 4\,H^+ + 2\,SO_4^{2-} \rightarrow 2\,PbSO_4(s) + 2\,H_2O(l)$; yes (c) 415 kJ/mol PbO_2 (d) $E = 2.041 + 0.05916 \log_{10} a$ (e) 605.4 kJ/kg

17. 6 (a) $Fe^{2+} + 2\,Hg(l) + SO_4^{2-} \rightarrow Fe(s) + Hg_2SO_4(s)$ (b) -1.114V; 2.1×10^{-36}; 2.036 kJ/mol

17. 7 (a) 1.8×10^{-4} (b) 0.029

17. 8 (a) 100 (b) 0.010 (c) 8.1×10^{-5}; 4.0×10^{-3}; 0.16; 0.50; 0.91; 0.998; 0.99996

17. 9 (a) $K = 2.8 \times 10^6$ (b) -37 kJ/mol

17.10 (a) 0.799 V; 0.740 V; 0.681 V; 0.622 V (b) 0.324 V (c) -0.151 V

17.11 ϕ/V: 0.298; 0.339; 0.399; 0.458; 0.510; 0.562; 0.621; 0.681; 0.722

17.12 (a) $\phi^\circ < 0$ (b) $\phi^\circ < -0.414$ V (c) 염기성 용액

17.13 (a) $\phi^\circ > 0.401$ V (b) $\phi^\circ > 1.229$ V (c) $\phi^\circ > 0.815$ (d) 산성 용액

17.14 Na^+: -261.9 kJ/mol; Pb^{2+}: -24.3 kJ/mol; Ag^+: 77.10 kJ/mol **17.15** -10.5 kJ/mol

17.16 -131.1 kJ/mol

17.17 $\mathscr{E}^\circ = 0.22238$ V; [m/(mol/kg); $\gamma_\pm$]: (0.001; 0.965); (0.01; 0.905); (0.1; 0.796); (1.0; 0.809); (3; 1.316)

17.18 0.075 V; 0.156 V; 0.190 V

17.19 (a) [t/°C; ΔG/(kJ/mol); ΔS/(J/K mol); ΔH/(kJ/mol)]: (0; -369.993; 10.83; -367.036); (25; -370.394; 21.25; -364.060) (b) 0.131

17.20 0.171 **17.21** 0.78

17.22 $2AgCl(s) + H_2(f = 1) \rightarrow 2\,Ag(s) + 2\,HCl(aq,\ m = 0.1)$; $\Delta G = -66.875$ kJ/mol; $\Delta S = -59.886$ J/K mol; $\Delta H = -86.137$ kJ/mol

17.23 (a) $H_2(p = 1\text{ atm}) \rightarrow H_2(p = 0.5\text{ atm})$; $\mathscr{E} = 8.90$ mV (b) $Zn^{2+}(a = 0.1) \rightarrow Zn^{2+}(a = 0.01)$; $\mathscr{E} = 29.6$ mV

17.24 0.8261; 11.1 mV **17.25** $\approx 2 \times 10^{-12}$

17.26 (a) and (c) [ξ/0.1 mol; $\mathscr{E}$/V; $\Delta G/\Delta G_{total}$]; (0; 1.100;0); (0.5; 1.086; 0.505); (0.9; 1.062; 0.903); (0.99; 1.032; 0.9906); (0.999; 1.002; 0.9991); (0.9999; 0.973; 0.9999)

17.27 (a) (f; $\mathscr{E}$/V): (0.01; 0.653); (0.1; 0.714); (0.3; 0.749); (0.5; 0.771); (0.7; 0.793); (0.9; 0.827); (0.99; 0.889)
(b) (v/mL; $\mathscr{E}$/V); (40; 0.735); (49.0; 0.671); (49.9; 0.611); (49.99; 0.552); (50.00; 0.36); (50.01; 0.26); (50.1; 0.23); (51.0; 0.20); (60; 0.17)

18장

18. 1 2.18 J **18. 2** 2.11 J; -315 J **18. 3** (a) $r_0 = 3\gamma/\Delta H_{vap}(1 - T/T_0)$; same (b) 0.44 nm

18. 4 0.108 N/m **8.5** 1.46 cm **18.6** 1.49 mm **18.7** 5×10^{-5} cm

18. 8 55.50 mN/m; 48.90 mN/m; 41.10 mN/m **18. 9** 288 Pa **18.10** 0.0273 N/m

18.11 r_1; $\Delta p = 12$ Pa; r_2; $\Delta p = 6$ Pa; film radius = 2 cm; centered in smaller bubble

18.12 Smaller bubble gets smaller, larger gets larger, until smaller bubble has radius equal to that of the larger bubble.

18.13 (a) 67 mJ/m² (b) 57.70 mJ/m² for benzene; 145.50 mJ/m² for water (c) 9 mN/m

18.14 (a) -23.9 mN/m (b) 77.6 mJ/m²

18.15 [δ/μm; $(T_0 - T)$/K]: (10;0.013); (1; 0.13); (0.1; 1.3); (0.01; 13); (0.001; 130)

18.16 (δ/μm; x/x_0); (1; 1.066); (0.1; 1.9); (0.01; 590) **18.17** p/kPa; 11.75; 14.24; 97.5

18.18 [t/°C; g^σ/(mJ/mol); s^σ/(μJ/K mol); u^σ/(mJ/mol): (0; 75.5; 246; 143); (30; 68.2; 242; 142); (60; 61.0; 238; 140); (90; 53.9; 233; 138); (120; 47.0; 228; 136); (150; 40.3; 222; 134); (180; 33.7; 215; 131); (210; 27.4; 208; 128); (240; 21.3; 199; 124); (270; 15.4; 189; 118); (300; 9.95; 176; 111); (330; 4.95; 156; 99); (360; 0.763; 114; 73.2); (374; 0; 0; 0)

18.19 2.7 mm **18.20** 81 g

18.21 (a) $k = 0.717$ cm^3; $1/n = 0.567$ (b) 0.292; 0.453; 0.554; 0.623; 81 m^2/g

18.22 (a) (p/mmHg; θ); (20; 0.604); (50; 0.792); (100; 0.884); (200; 0.938); (300; 0.958)
(b) 12,000 m^2

18.23 (a) 27.66 cm^3/g (b) 331 m^2/g
(c) 10 kPa; 0.562; 0.054; 0.0053; 0.378; 20 kPa; 0.634; 0.123; 0.024; 0.213
(d) 0.436; 0.607; 530 m^2/g

18.25 (a) 2.75 μmol/m^2 (b) 3.65 μmol/m^2 **18.26** 물 : 변화없음 ; Hg: 구를 형성

19 장

19. 1 u/(J/m^3): 7.57×10^{-8}; 6.13×10^{-6}; 7.57×10^{-4}

19. 2 (a) 5.29×10^{-6} (b) 7.54×10^{-3} **19.3** (a) 1.64×10^{-5} (b) 0.107 (c) 0.458

19. 4 (a) 9.660×10^{-6} m (b) 5.796×10^{-6} m **19.5** 4830 K

19. 6 (a) 4.59 J/s (b) 219 K **19.7** 4.52×10^{26} J/s; 5.03×10^6 Mg

19. 9 (a) 1.21×10^{15} s^{-1} (b) 650 km/s

19.10 (a) 656.11 nm (b) 1.05×10^{-34} kg m^2/s (c) 2188 km/s

19.11 (a) 150 V (b) 7.27×10^6 m/s **19.12** 0.0819 V **19.13** 6.63×10^{-31} m

19.15 2.41×10^{-21} J

20 장

20. 4 $x^2(d^2/dx^2) - (d^2/dx^2)(x^2) = -2 - 4x(d/dx)$

20. 5 $\mathbf{M}_z\mathbf{M}_x - \mathbf{M}_x\mathbf{M}_z = i\hbar\mathbf{M}_y$; $\mathbf{M}_y\mathbf{M}_z - \mathbf{M}_z\mathbf{M}_y = i\hbar\mathbf{M}_x$; $\mathbf{M}^2\mathbf{M}_x = \mathbf{M}_x\mathbf{M}^2$; $\mathbf{M}^2\mathbf{M}_y = \mathbf{M}_y\mathbf{M}^2$

20. 6 6 **20.7** 9 **20.8** $-\frac{1}{9}$

20. 9 $P_0(x) = \sqrt{\frac{1}{2}}$; $P_1(x) = \sqrt{\frac{3}{2}}x$; $P_2(x) = \sqrt{\frac{5}{2}}\left(\frac{1}{2} - \frac{3}{2}x^2\right)$

21 장

21. 1 n이 짝수이면 $\frac{1}{2}$; n이 홀수이면 $\frac{1}{2} + (-1)^{(n-1)/2}/n\pi$
6.0×10^{-32} J; 골프 공; $n = 1.6 \times 10^7$

21. 3 54.8 μm **21.4** $\approx 2.0 \times 10^{-30}$ m

21. 5 $\langle x^2 \rangle = \beta^2\left(n + \frac{1}{2}\right)$: $\Delta x = \beta\left(n + \frac{1}{2}\right)^{1/2}$; $\beta^2 = h\nu/k$

21. 6 $\langle p_x^2 \rangle = \left(n + \frac{1}{2}\right)(\hbar^2/\beta^2)$; $\langle p_x \rangle = 0$; $\Delta p_x = \left(n + \frac{1}{2}\right)^{1/2}(\hbar/\beta)$ **21.7** $\Delta p_x \Delta x = (2n+1)(h/4\pi)$

21. 8 $\langle E_{\text{kin}} \rangle = \frac{1}{2}\left(n + \frac{1}{2}\right)h\nu$; $\langle V \rangle = \frac{1}{2}\left(n + \frac{1}{2}\right)h\nu$; ($n$; $\langle E_{\text{kin}} \rangle$; $\langle V_{\text{kin}} \rangle$)$\left(0; \frac{1}{4}h\nu; \frac{1}{4}h\nu\right)$; $\left(1; \frac{3}{4}h\nu; \frac{3}{4}h\nu\right)$

21. 9 $\Delta E_{\text{kin}} = \frac{1}{2}h\nu\left[\frac{1}{2}(n^2 + n + 1)\right]^{1/2}$; $n = 0$; $\Delta E_{\text{kin}} = \frac{1}{2}\left(\frac{1}{2}\right)^{1/2}h\nu$; $n = 1$, $\Delta E_{\text{kin}} = \frac{1}{2}h\nu\left(\frac{3}{2}\right)^{1/2}$

21.12 (에너지, 퇴화도): (3,1); (6, 3); (9, 3); (11, 3); (12, 1); (14, 6); (17, 3); (19, 3)

21.13 (a) 4.657×10^{-48} kg m^2; 1.491×10^{-34} kg m^2/s; 2.388×10^{-21} J
(b) 1.938×10^{-46} kg m^2; 1.491×10^{-34} kg m^2/s; 5.739×10^{-23} J

22 장

22. 1 (a) (k; λ/nm); Lyman: (2; 121.502); (3; 102.518); (4; 97.202); Balmer: (3; 656.112); (4; 486.009); (5; 433.937); Paschen: (4; 1874.61); (5; 1281.47); (6; 1093.52)
(b) (∞; 91.127); (∞; 364.507); (∞; 820.140)

22. 3 (a) $2.66\,a_0$ (b) $9.13\,a_0$ (c) $7.99\,a_0$ (d) $19.44\,a_0$

22. 5

	1 s	2 s	2 p	3 s
(a) $\langle r\rangle$	$\frac{3}{2}a_0$	$6\,a_0$	$5\,a_0$	$\frac{27}{2}a_0$
(b) $\langle(r-\langle r\rangle)^2\rangle$	$\frac{3}{4}a_0^2$	$6\,a_0^2$	$5\,a_0^2$	$\frac{99}{4}a_0^2$

22. 6 (a) ($\langle p_r\rangle$; $\langle p_r^2\rangle$; Δp_r): 1 s: (0; $\hbar^2/a_0^2$; $\hbar/a_0$); 2 s: (0; $\hbar^2/4\,a_0^2$; $\hbar/2\,a_0$); 2 p: (0; $\hbar^2/12\,a_0^2$; $\hbar/2\sqrt{3}\,a_0$); 3s: (0; $\hbar^2/9\,a_0^2$; $\hbar/3\,a_0$)
(b) (state; $\Delta p_r\cdot\Delta r$): [1 s; $\sqrt{3}(h/4\pi)$]; [2 s; $\sqrt{6}(h/4\pi)$]; [2 p; $\sqrt{5/3}\,(h/4\pi)$]; [3 s; $\sqrt{11}(h/4\pi)$]

22. 7 (state; $\langle V\rangle/E_h$; $\langle E_{kin}\rangle/E_h$): $\left(1\,s;\ -1; \frac{1}{2}\right)$; $\left(2\,s;\ -\frac{1}{4};\ \frac{1}{8}\right)$; $\left(2\,p;\ -\frac{1}{4};\ \frac{1}{8}\right)$; $\left(3\,s;\ -\frac{1}{9};\ \frac{1}{18}\right)$ **22. 8** [state; $\langle F\rangle/(E_h/a_0)$]; (1 s; -2); $\left(2\,s;\ -\frac{1}{4}\right)$; $\left(2\,p;\ -\frac{1}{12}\right)$; $\left(3\,s;\ -\frac{2}{27}\right)$

22. 9 (a) (state; $\langle E_{rot}\rangle/E_h$; $\langle E_{kin}/E_h\rangle$; $\langle E_{rot}\rangle/\langle E_{kin}\rangle$): $\left(2\,p;\ \frac{1}{12};\ \frac{1}{8};\ \frac{2}{3}\right)$; $\left(3\,p;\ \frac{2}{81};\ \frac{1}{18};\ \frac{4}{9}\right)$; $\left(3\,d;\ \frac{2}{45};\ \frac{1}{18};\ \frac{4}{5}\right)$
(b) (state; m; fraction): (p; 0; 0); $\left(p;\ 1;\ \frac{1}{2}\right)$; ($d$; 0; 0); $\left(d;\ 1;\ \frac{1}{6}\right)$; $\left(d;\ 2; \frac{2}{3}\right)$

22. 10 [state; $\langle I\rangle/\mu a_0^2$]; (1 s; 3); (2 s; 42); (2 p; 30); (3; 207); (3 p; 180); (3 d; 126)

22. 11 (electron: μ_z/μ_B): (s: ± 1); (p: 0, ± 1, ± 2); (d: 0, ± 1, ± 2, ± 3); (f: 0, ± 1, ± 2, ± 3, ± 4)

23 장

23. 2 σ_1, σ_4 및 $\sigma_2+\sigma_3$는 대칭; $\sigma_2-\sigma_3$은 반대칭 **23. 3** (b); (c) **23. 4** 사면체

23. 8

	E	C_3	$\bar{C}_3$	$\sigma_v^{(1)}$	$\sigma_v^{(2)}$	$\sigma_v^{(3)}$
E	E	C_3	$\bar{C}_3$	$\sigma_v^{(1)}$	$\sigma_v^{(2)}$	$\sigma_v^{(3)}$
C_3	C_3	$\bar{C}_3$	E	$\sigma_v^{(2)}$	$\sigma_v^{(3)}$	$\sigma_v^{(1)}$
$\bar{C}_3$	$\bar{C}_3$	E	C_3	$\sigma_v^{(3)}$	$\sigma_v^{(1)}$	$\sigma_v^{(2)}$
$\sigma_v^{(1)}$	$\sigma_v^{(1)}$	$\sigma_v^{(2)}$	$\sigma_v^{(3)}$	E	$\bar{C}_3$	C_3
$\sigma_v^{(2)}$	$\sigma_v^{(2)}$	$\sigma_v^{(3)}$	$\sigma_v^{(1)}$	C_3	E	$\bar{C}_3$
$\sigma_v^{(3)}$	$\sigma_v^{(3)}$	$\sigma_v^{(1)}$	$\sigma_v^{(2)}$	$\bar{C}_3$	C_3	E

23. 9 a_1: χ_1; $\chi_2+\chi_3$;
b_2: $\chi_2-\chi_3$

23. 10 a_1: $\chi_1+\chi_2$; χ_3; χ_6; χ_7; χ_{10} b_1: χ_4; χ_8;
b_2: $\chi_1-\chi_2$; χ_5; χ_9

23. 11 a_1: χ_1; χ_4; $\chi_5+\chi_6$; $\chi_9-\chi_{10}$; $\chi_{11}+\chi_{12}$
a_2: $\chi_7-\chi_8$ b_1: χ_2; $\chi_7+\chi_8$ b_2: χ_3; $\chi_5-\chi^9$; $\chi_9+\chi_{10}$; $\chi_{11}-\chi_{12}$

23. 12 a_g: $\chi_1+\chi_2+\chi_3+\chi_4$; $\chi_5+\chi_6$; $\chi_{11}-\chi_{12}$ b_{2g}: $\chi_7-\chi_8$

b_{3g}: $\chi_1-\chi_2-\chi_3+\chi_4$; $\chi_9-\chi_{10}$　　b_{1u}: $\chi_1+\chi_2-\chi_3-\chi_4$; $\chi_5-\chi_6$; $\chi_{11}+\chi_{12}$

b_{2u}: $\chi_1-\chi_2+\chi_3-\chi_4$; $\chi_9+\chi_{10}$　　b_{3u}: $\chi_7+\chi_8$

23.13 a_g: $\chi_1+\chi_2+\chi_3+\chi_4$; $\chi_5+\chi_6$; $\chi_7+\chi_8$; $\chi_{13}-\chi_{14}$　　b_{2g}: $\chi_9-\chi_{10}$

b_{3g}: $\chi_1-\chi_2-\chi_3+\chi_4$; $\chi_{11}-\chi_{12}$　　b_{1u}: $\chi_1+\chi_2-\chi_3-\chi_4$; $\chi_7-\chi_8$; $\chi_{13}+\chi_{14}$

b_{2u}: $\chi_1-\chi_2+\chi_3-\chi_4$; $\chi_{11}+\chi_{12}$　　b_{3u}: $\chi_5-\chi_6$; $\chi_9+\chi_{10}$

23.14 a_g: $\chi_1+\chi_2$; $\chi_3+\chi_4$; $\chi_5-\chi_6$; $\chi_7-\chi_8$　　b_g: $\chi_9-\chi_{10}$

a_u: $\chi_9+\chi_{10}$　　b_u: $\chi_1-\chi_2$; $\chi_3-\chi_4$; $\chi_5+\chi_6$; $\chi_7+\chi_8$

23.15 산소 궤도 함수가 탄소 궤도 함수로 바뀐 것을 제외하면 처음 10개의 파동 함수가 문제 23.14에서와 같다. 그리고 나머지 8개의 파동 함수는 다음과 같다.

a_g: $\chi_{11}+\chi_{12}$; $\chi_{13}-\chi_{14}$; $\chi_{15}-\chi_{16}$　　b_g: $\chi_{17}-\chi_{18}$

a_u: $\chi_{17}+\chi_{18}$　　b_u: $\chi_{11}-\chi_{12}$; $\chi_{13}+\chi_{14}$; $\chi_{15}+\chi_{16}$

23.16 $\Gamma=5a_1+a_2+5e$　　**23.17** $\Gamma=5a_1+a_2+2b_1+4b_2$

24장

24.1 (a) 0.531 (b) 105 m^{-1} (c) 0.0915　**24.2** 76.2%　**24.3** 6350 m^2/mol　**24.4** 4.36

24.5 0.0269 mm　**24.6** 9.47 μmol/L　**24.7** 4.82×10^4 m^2/mol

24.8 (a) s^2: $^3S_1$, $^1S_0$; sp: $^3P_{2,1,0}$; $^1P_1$; sd; $^3D_{3,2,1}$; $^1D_2$; pd: $^3F_{4,3,2}$; $^1F_3$; $^3D_{3,2,1}$; $^1D_2$; $^3P_{2,1,0}$; $^1P_1$; d^2: $^3G_{5,4,3}$; $^1G_4$; $^3F_{4,3,2}$; $^1F_3$; $^3D_{3,2,1}$; $^1D_2$; $^3P_{2,1,0}$; $^1P_1$; $^3S_1$; $^1S_0$

(b) s^2: $^1S_0$; sp: (a)와 같다; sd: (a)와 같다; pd: (a)와 같다; d^2: $^1G_4$; $^3F_{4,3,2}$; $^1D_2$; $^3P_{2,1,0}$; $^1S_0$

24.9 (b); (c); (e); (j)

24.10 [항; $\mu_z/(-\mu_B)$]: ($^1D_2$; 0, ±1; ±2); $\left(^3P_2;\ 0;\ \pm\frac{3}{2};\ \pm3\right)$; $\left(^3P_1;\ 0;\ \pm\frac{3}{2}\right)$; ($^3P_0$; 0); ($^1S_0$; 0)

24.11 [항; $\mu_z/(-\mu_B)$]: $\left(^3D_3;\ 0;\ \pm\frac{4}{3};\ \pm\frac{8}{3};\ \pm4\right)$; $\left(^3D_2;\ 0;\ \pm\frac{7}{6};\ \pm\frac{7}{3}\right)$; $\left(^3D_1;\ 0;\ \pm\frac{1}{2}\right)$; ($^1D_2$; 0, ±1; ±2); $\left(^3P_2;\ 0;\ \pm\frac{3}{2};\ \pm3\right)$; $\left(^3P_1;\ 0;\ \pm\frac{3}{2}\right)$; ($^3P_0$; 0); ($^1P_1$; 0, ±1); ($^3S_1$; 0; ±2); ($^1S_0$; 0)

24.12 $\nu=\nu_0+k\nu_L$에서 k가 주어진다.

(a) $^3S_1\leftrightarrow{}^3P_2$: 0; $\pm\frac{1}{2}$; ±1; $\pm\frac{3}{2}$; ±2.　$^3S_1\leftrightarrow{}^3P_1$: $\pm\frac{1}{2}$; $\pm\frac{3}{2}$; ±2.　$^3S_1\leftrightarrow{}^3P_0$; 0; ±2

(b) $^3P_2\leftrightarrow{}^3D_3$: 0; $\pm\frac{1}{6}$; $\pm\frac{1}{3}$; ±1; $\pm\frac{7}{6}$; $\pm\frac{4}{3}$; $\pm\frac{3}{2}$; $\pm\frac{5}{3}$.

$^3P_2\leftrightarrow{}^3D_2$: $\pm\frac{1}{3}$; $\pm\frac{2}{3}$; $\pm\frac{5}{6}$; $\pm\frac{7}{6}$; $\pm\frac{3}{2}$; $\pm\frac{11}{6}$.

$^3P_2\leftrightarrow{}^3D_1$: 0; $\pm\frac{1}{2}$; ±1; $\pm\frac{3}{2}$.　$^3P_1\leftrightarrow{}^3D_2$: 0; $\pm\frac{1}{3}$; $\pm\frac{5}{6}$; $\pm\frac{7}{6}$; $\pm\frac{3}{2}$.

$^3P_1\leftrightarrow{}^3D_1$: $\pm\frac{1}{2}$; ±1; $\pm\frac{3}{2}$.　$^3P_0\leftrightarrow{}^3D_1$: 0; $\pm\frac{1}{2}$.

(c) $^2P_{3/2}\leftrightarrow{}^2D_{5/2}$: $\pm\frac{1}{15}$; $\pm\frac{1}{5}$; ±1; $\pm\frac{17}{15}$; $\pm\frac{19}{15}$; $\pm\frac{7}{5}$.

$^2P_{3/2}\leftrightarrow{}^2D_{3/2}$: $\pm\frac{4}{15}$; $\pm\frac{8}{15}$; $\pm\frac{4}{5}$; $\pm\frac{16}{15}$; $\pm\frac{8}{5}$.

24.13 (원소; ν_L/MHz): (^{11}B; 13.660); (^{13}C; 10.704); (^{19}F; 40.053); (^{31}P; 17.234)

24.14 7.4501 MHz　**24.16** 41.3284 pm

24.17 기울기 $=0.49748\times10^8\ s^{-1/2}$; 절편 $=-0.49673\times10^8\ s^{-1/2}$

24.18 0.675; 0.647; 1.76×10^{-4}; 9.90×10^{-7}; 2.56×10^{-40}; 8.98×10^{-25}

24.19 0.0832 cm; 0.533 cm; 11.70 cm　**24.20** 5.9326 kV　**24.21** 52.40 MJ/mol

24.22 1.76 MJ/mol; 1.40 MJ/mol; 1.22 MJ/mol

25장

25. 1 $I = 8.4585 \times 10^{-47}$ kg m^2; $r = 228.03$ pm; $\nu_0 = 3310$ cm^{-1}

25. 2 $I = 4.272 \times 10^{-47}$ kg m^2; $2B = 13.11$ cm^{-1}

25. 3 (X; I/kg m^2; $2B$/cm^{-1})

(a) 말단 N원자로부터 121.1 pm; 6.675×10^{-46}, 0.8387

(b) C원자 당; 7.173×10^{-46}; 0.7806

(c) H원자로부터 295.4 pm; 1.845×10^{-45}; 0.3035

25. 4 5.5594×10^{-21} J; 1.6678×10^{-20} J; 2.7797×10^{-20} J; $k = 322.74$ N/m

25. 5 [ν_0/cm^{-1}; E_0/(J/mol)]: $^{79}Br_2$: 325.321; 1945.85; $^{79}Br^{81}Br$: 323.306; 1933.80; $^{81}Br_2$: 321.379; 1921.68

25. 6 $\nu_0 = 2989.14$ cm^{-1}; $x_e = 0.0017288$; $\mu = 0.979593$ g/mol; $k = 515.70$ N/m

25. 7 ν_1: λ/nm = 424.6, 573.7; ν_2: λ/nm = 465.5, 512.8

25. 8 (a) 금지: 모든 $g \leftrightarrow g$; 모든 $u \leftrightarrow u$; $B_{ig} \leftrightarrow B_{iu}$ ($i = 1, 2, 3$)

허용: $A_g \leftrightarrow B_{1u}$ $B_{1g} \leftrightarrow A_u$ $B_{2g} \leftrightarrow B_{1u}$ $B_{3g} \leftrightarrow B_{1u}$

$A_g \leftrightarrow B_{2u}$ $B_{1g} \leftrightarrow B_{2u}$ $B_{2g} \leftrightarrow A_u$ $B_{3g} \leftrightarrow B_{2u}$

$A_g \leftrightarrow B_{3u}$ $B_{1g} \leftrightarrow B_{3u}$ $B_{2g} \leftrightarrow B_{3u}$ $B_{3g} \leftrightarrow A_u$

(b) 금지: $A_1 \leftrightarrow A_2$. 허용: $A_1 \leftrightarrow A_1$; $A_1 \leftrightarrow E$; $A_2 \leftrightarrow A_2$; $A_2 \leftrightarrow E$; $E \leftrightarrow E$

(c) 허용: $A_1' \leftrightarrow A_2$ $A_2' \leftrightarrow A_1''$ $E' \leftrightarrow E'$ $A_1'' \leftrightarrow E''$ $E'' \leftrightarrow E''$

$A_1' \leftrightarrow E'$ $A_2' \leftrightarrow E'$ $E' \leftrightarrow E''$ $A_2'' \leftrightarrow E''$

25. 9 (a) [μ/(g/mol); $\tilde{\nu}$/cm^{-1}]: ($H^{35}Cl$: 0.979593; 2990.946) ($H^{37}Cl$: 0.981077; 2988.682) ($D^{35}Cl$: 1.90441; 2145.12) ($D^{37}Cl$: 1.91003; 2141.96)

(b) ($I/10^{-47}$ kg m^2; $2B$/cm^{-1}): ($H^{35}Cl$: 2.6923; 20.795) ($H^{37}Cl$: 2.6964; 20.764); ($D^{35}Cl$: 5.2340; 10.697) ($D^{37}Cl$: 5.2495; 10.665)

25. 10 (a) Let $(\mu_x)_{mn} = \int_0^L \sin(m\pi x/L)(qx)\sin(n\pi x/L)\,dx$ and $\mu = qL$. If $n + m$ = even, $(\mu_x)_{mn} = 0$; if $n + m$ = odd, $(\mu_x)_{mn} = -8mn\mu/\pi^2(m^2 - n^2)$

(b) 짝수로부터 홀수는 허용되며 ; 짝수로부터 짝수와, 홀수로부터 홀수는 금지된다.

26장

26. 1 $\Delta U = a[(1/b) - (p/RT)] = a/b$ **26. 2** 1.46×10^{-40} C m^2/V; 13.21×10^{-30} C m

26. 3 R/(cm^3/mol): 20.6; 15.56; 16.04 **26. 4** 1.66×10^{-40} C m^2/V

26. 5 $\langle U_i \rangle_{liq}/\langle U_i \rangle_{gas} = 1000$

26. 6 $A = n\epsilon_m r_0^6/(6-n)$; $B = 6\epsilon_m r_0^n/(6-n)$; $\epsilon/\epsilon_m = [nr_0^6/(n-6)r^6] - [6r_0^n/(n-6)r^n]$; $(\sigma/r_0)^6 = 6/n$

26. 7 $\epsilon/\epsilon_m = 2(r_0/r)^6 - (r_0/r)^{12}$; $\epsilon/4\epsilon_m = (\sigma/r)^6 - (\sigma/r)^{12}$

26. 8 (kJ/mol): (a) − 15.3 (b) − 193 (c) − 393 (d) − 902

26. 9 쌍극자-유도 쌍극자: -2.46×10^{-21} J; 쌍극자-쌍극자: -43.6×10^{-21} J; 분산 -8.67×10^{-21} J

26. 10 (Ion; r/pm): (O^{2-}; 140); (F^-; 100); (Ne; 73); (Na^+; 58); (Mg^{2+}; 49); (Al^{3+}; 41); (Si^{4+}; 34)

27장

27. 1 Co: 1.622; Mg: 1.623; Ti: 1.586; Zn: 1.861 **27. 3** fcc: 4원자 bcc: 2원자

27. 3 6원자 **27. 4** fcc: 26.0%비었음; bcc: 32.0%비었음 **27. 5** 1 Cs^+; 1 Cl^-

27. 6 4 Na^+; 4 Cl^- **27. 7** fcc: 1 hole/atom; bcc: 1.5 hole/atom **27. 8** $r_h/r_a = 2^{1/2} - 1 = 0.414$

27. 9 (a) 8 (b) 4쌍 (c) 2쌍 (d) 4 CaF_2 단위 (e) 2 TiO_2 단위

27. 10 $\sqrt{3}-1=0.732$ 27. 11 $\sqrt{2}-1=0.414$

27. 12 1개의 4중축; 4개의 2중축; 5개의 대칭면; 대칭 중심

27. 13 (a) 100; 010; 001; $\bar{1}00$; $0\bar{1}0$; $00\bar{1}$ (b) 110; $1\bar{1}0$; 101; … 27. 14 111이 밀집 구조

27. 15 316.2 pm 27. 16 154.4 pm 27. 17 $\theta_{111}=21.68°$; $\theta_{200}=25.25°$

28장

28. 1 (a) 1 (b) 1.1667 (c) 1.233 (d) 1.293 28. 2 880 kJ/mol; 770 kJ/mol

28. 3 $U_c(\text{NaCl})=738$ kJ/mol; $U_c(\text{CsCl})=744$ kJ/mol

28. 4 (a) CsF; RbF; KF; NaF; LiF (b) KI; KBr; KCl; KF 28. 5 ~1: 4

28. 6 281.9 pm; $k=4.0\times10^{-11}\,\text{Pa}^{-1}=4.1\times10^{-6}\,\text{atm}^{-1}$

29장

29. 2 $S/Nk=73.3597+\ln(V/N\text{m}^3)+\frac{3}{2}\ln(M\,\text{mol/kg})+\frac{3}{2}\ln(T/\text{K})$; $A/NkT=1.5-S/Nk$; $G=A+NkT$; for Ar: [S/(J/K mol); A/(kJ/mol); G/(kJ/mol)]: 1 atm, 298.15 K: (154.735; −42.416; −39.937); 1 atm, 1000 K: (179.890; −167.418; −159.104)

29. 3

	U/(kJ/mol) 298.15	1000	H/(kJ/mol) 298.15	1000	S/(J/K mol) 298.15	1000	A/(kJ/mol) 298.15	1000	G/(kJ/mol) 298.15	1000
병진	3.718	12.472	6.197	14.951	150.309	175.464	−41.096	−162.992	−38.617	−160.513
회전	2.479	8.314	2.479	8.314	41.186	51.248	−9.801	−42.934	−9.801	−42.934
진동	13.885	14.905	13.885	14.905	0.001	1.320	13.885	13.585	13.885	13.585
전체	20.082	35.691	22.561	38.170	191.496	228.032	−37.012	−192.341	−34.533	−189.862

주의: $U_0=H_0=N_A\frac{1}{2}h\nu=13.885$ kJ/mol이 포함되어 있다.

29. 4 (a) $C_v/Nk=(\theta/T)^2\exp(-\theta/T)[1-\exp(-\theta/T)]^2$; $C_p(\infty)=R$;
(c) [θ/T; $C_v/C_v(\infty)$]: (0; 1); (0.5; 0.9794); (1.0; 0.9207); (1.5; 0.8318); (2; 0.7241); (3; 0.4963); (4; 0.3041); (5; 0.1707); (6; 0.0897)

29. 5 (a) 960.3 K (b) 3.770 J/K mol (c) Doubled; 7.540 J/K mol (d) 13.5 mJ/K mol

29. 6

	U/(kJ/mol)	H/(kJ/mol)	S/(J/K mol)	A/(kJ/mol)	G/(kJ/mol)
병진	3.718	6.197	135.157	−36.579	−34.100
회전	2.479	2.479	54.724	−13.837	−13.837
진동 θ_1	8.324	8.324	0.079	8.301	8.301
$2\theta_2$	8.647	8.647	2.906	7.781	7.781
θ_3	14.052	14.052	0.001	14.052	14.052
전체	37.220	39.699	192.867	−20.282	−17.803

주의: $U_0=H_0=N_A\frac{1}{2}h(\nu_1+2\nu_2+\nu_3)=30.339$ kJ/mol이 포함되어 있다.

29. 7 (T/K; $N_J/N, J=0, 2, 4$): (10, 1.00; 2.8×10^{-22}; 5.6×10^{-74}); (50; 0.9998; 1.77×10^{-4}; 1.3×10^{-14}); (100; 0.9711; 2.89×10^{-2}; 3.3×10^{-7})

29. 8 (T/K; S/Nk; C_v/Nk):
(a) o-H_2: (100; 2.2016; 0.0332); (150; 2.2495; 0.2509); (200; 2.3645; 0.5610)
(b) p-H_2: (100; 0.1774; 0.7370); (150; 0.6349; 1.4241); (200; 1.0506; 1.3945)
(c) (T/K; K): (100; 1.586); (150; 2.494); (200; 2.852)

29. 9 (a) 861.7; 19.62 (b) 2.65×10^{33}

29. 10 (T/K; K_c): (800; 0.245); (1000; 0.720); (1200; 1.76)

29. 11 (a) 87 (b) 2.10×10^9 (c) 263 (d) 5.15×10^{23} **29. 12** 7.62×10^{-9}

29. 13 μ의 값을 낮춘다.

29. 14 (a) $p = \nu^3(2\pi m)^{3/2}(kT)^{-1/2} \exp\left(W + \frac{3}{2}Nh\nu\right)/NkT$

(b) $\Delta H_{vap} = -\left(W + \frac{3}{2}N_A h\nu + \frac{3}{2}RT\right)$

(c) 2원자 분자

30 장

30. 1 (a) 1.64×10^{10}/s (b) 1.27×10^{10}/s

(c) 1.64×10^6/s (d) 2.01×10^{29}/cm³ s; 9.35×10^{28}/cm³ s; 2.01×10^{21}/cm³ s

30. 2 (a) (p/atm; λ/cm): (1; 6.79×10^{-6}); (0.1; 6.79×10^{-5}); (0.01; 6.79×10^{-4})

(b) 67.9 m (c) 1360

30. 3 (a) 1.05×10^5 cm (b) 1.59

30. 4 (a) 2배 (b) 4배 (c) 1/2 (d) 무

30. 5 ($\tilde{N}$ = number/area; A = area). $\lambda = 1/2\sqrt{2}\sigma\tilde{N}$; $Z_1 = 2\sqrt{2}\sigma\langle c\rangle\tilde{N}$;

$Z_{total} = \frac{1}{2}Z_1\tilde{N}A = \sqrt{2}\sigma\langle c\rangle\tilde{N}^2 A$; $\lambda = 22$ ft; $Z_1 = 5.4$/min; $Z_{total} = 54$/min

30. 6 $k_{H_2}/k_{O_2} = 4$ **30. 7** 3.23×10^{-3} W/cm²

30. 8 C_2H_6는 더 많은 내부 자유도를 가지고 있다; 따라서 $\bar{C}_v$는 훨씬 더 크다.

30. 9 (a) 1.226 (b) 279 pm **30. 10** 340 pm **30. 11** 862 W **30. 12** 3.1 W/m²

30. 13 (a) 235 W (b) 19.75 °C; 1.59 °C **30. 14** 1.7 mm **30. 15** 2.7 s

30. 16 (a) 2.8 L/min (b) 6.5 L/min (c) 1.4 L/min **30. 17** (a) 4.76 atm (b) 47 L/min

30. 18 3.0 min

30. 19 $\dot{V} = (\pi/8\eta l)(p_1 - p_2)(b^2 - a^2)[b^2 + a^2 - (b^2 - a^2)/\ln(b/a)]$;

Note: If $b = a(1 + \Delta)$ where $\Delta \ll 1$, then $\dot{V} = (\pi/6\eta l)(p_1 - p_2)a^4\Delta^3$

30. 20 0.3266 m Pa s **30. 21** 6.855 kJ/mol **30. 22** 1.55×10^{-3} mol/cm² day

30. 23 1.10×10^{-10} m²/s

31 장

31. 1 (a) 4.0 Ω; 0.25 S (b) 50 V/m (c) 1.27×10^8 A/m² (d) 3.93×10^{-7} Ω m; 2.55×10^6 S/m

31. 2 6.24×10^{18}/s **31. 3** 61 mA **31. 4** 79 μV **31. 5** 9.73×10^{-8} Ω m

31. 6 (a) 1.89×10^{-4}(m/s)/(V/m) (b) 4.71 (c) 24.0 nV **31. 7** 1.12×10^{-10} m³/C

31. 8 188 cm³ **31. 9** 10.9 hr **31. 10** 6.68 g **31. 11** 26.70 mA **31. 12** 30.60 mA

31. 13 720 hr **31. 14** (a) 0.59389/m (b) 0.57514 S/m

31. 15 (a) 2.58476×10^5 S/m (b) 6.517 S/m (c) 0.2492 m

31. 16 (a)(b) [Ion: $u_i/(10^{-8}$ m²/V s); v_i/(μm/s)]: (H^+: 36.256; 14.5); (Na^+: 5.193; 2.08); (Ca^{2+}: 6.167; 2.47); (La^{3+}: 7.224; 2.89); (OH^-: 20.55; 8.22); (Br^-: 8.099; 3.24); (SO_4^{2-}: 8.294; 3.32); ($P_2O_7^{4-}$: 9.94; 3.98)

31. 17 (a) 73.55×10^{-4} S m²/mol (b) 4.574 μm/s (c) $t_+ = 0.6426$

31. 18 (salt: k/(S/m); R/kΩ): ($AgNO_3$: 0.133; 3.75); (HCl: 0.426; 1.17); ($CaCl_2$: 0.272; 1.84); ($MgSO_4$: 0.266; 1.88); [$La_2(SO_4)_3$: 0.898; 0.557]

31. 19 (a) $\Delta n_c = -\Delta n_a = t_+ Q/F$ (b) $\Delta n_c = -t_- Q/F$; $\Delta n_a = -t_+ Q/F$

(c) $\Delta n_c = t_+ Q/F$; $\Delta n_a = t_- Q/F$

31.20 0.83　**31.21** $(t_+)_{ave} = 0.4888$　**31.22** 0.33　**31.23** 0.61

31.24 0.1792; 0.6037; 0.5095; 0.5620; 0.5228

31.25 $t(H^+) = 0.111$; $t(Ca^{2+}) = 0.379$; $t(Cl^-) = 0.510$　**31.26** (HCl/NaCl) = 0.462

31.27 (a) 4.01×10^{-8} m²/V s (b) 6.0 μm/s　**31.28** 126.3×10^{-4} S m²/mol

31.29 425.92×10^{-4} S m²/mol

31.30 (Soln: $\Lambda/10^{-4}$ S m²/mol): (HCl: 424.58; 421.17; 410.38); (KCl: 148.90; 146.86; 140.40); (LiCl: 114.16; 112.29; 106.37)

31.31 Na^+: 97×10^{-4} S m²/mol; Cl^-: 50.9×10^{-4} S m²/mol　**31.32** 382.19×10^{-4} S m²/mol

31.33 (a) 388.1×10^{-4} S m²/mol (b) 1.840×10^{-5} (c) 0.128; 0.0919; 0.0660

31.34 (a) 92.1/m (b) 3.65×10^{-4} S m²/mol (c) 0.0134 (d) 1.83×10^5

31.35 1.08×10^{-10}　**31.36** 6.371×10^{-9}

31.37 (c) [v/cm³; k/(S/m)]: (0; 4.26); (10; 3.05); (25; 1.84); (40; 1.04); (45; 0.823); (50; 0.632); (55; 0.720); (60; 8.01); (75; 1.00); (90; 1.16); (100; 1.25)

31.38 [v/cm³; k/(S/m)]: (0; 0.0052); (10; 0.154); (40; 0.405); (45; 0.431); (50; 0.455); (55; 0.552); (60; 0.639); (90; 1.03); (100; 1.13)

31.39 (a) [Ion: $D_i^\infty/(10^{-9}$ m²/s)]: (H^+: 9.315); (OH^-: 5.280); (Na^+: 1.334); (Ag^+: 1.648); (Ca^{2+}: 0.7922); (Cu^{2+}: 0.7137); (NO_3^-: 1.903); (SO_4^{2-}: 1.0654); [$Co(NH_3)_6^{3+}$: 0.9036]
(b) [Ion: u_i/(m/sN); u_i/(m²/s V): [Ag^+: $4.004(10^{11})$; $6.416(10^{-8})$]; [Cu^{2+}: $1.734(10^{11})$; $5.555(10^{-8})$]

31.40 $D^\infty/(10^{-9}$ m²/s): 3.355; 1.247; 0.8495; 0.8266

31.41 (Cpd: $\Delta\phi$/mV): ($CuSO_4$: 3.46); (HCl: −35.9); (K_2SO_4: −10.1); [$La(NO_3)_3$: 15.4]

32장

32. 1 (a) $d(\xi/V)/dt = (1/RT)dp/dt$ (b) $p = p^\infty\left(1 - \frac{1}{2}e^{-kt}\right)$; Plot ln $(p^\infty - p)$ vs. t
(c) 2790 s; 15800 s (d) 0.916

32. 2 (a) $d(\xi/V)/dt = -(1/\epsilon l)dA/dt$ (b) $(1/A) = (1/A_0) + (k/\epsilon l)t$; Plot $1/A$ vs. t.

32. 3 (a) $c^{1/2} = c_0^{1/2} - \frac{1}{2}kt$; Plot $c^{1/2}$ vs. t.
(b) $c^{-1/2} = c_0^{-1/2} + \frac{1}{2}kt$; Plot $c^{-1/2}$ vs. t. $c^{1-n} = c_0^{1-n} + (n-1)kt$; Plot c^{1-n} vs. t.
(c) $\tau = (2^{n-1} - 1)/(n-1)kc_0^{n-1}$

32. 4 (a) 2.08×10^{-3}/s (b) 138s　**32.5** (a) 0.0231/min (b) 0.198

32. 6 (a) 1차 (b) 47600 s　**32.7** (a) 1200 s (b) 3970 s　**32.8** 72.2 hr

32. 9 (a) 75.4% (b) 1060 days　**32.10** 7400/min　**32.11** 1.5×10^9 yr　**32.12** 6000 yr

32.13 17 min

32.14 (t/min; N/N_0): (30; 1.32); (60; 1.74); (75; 2.00); (90; 2.30); (150; 4.00)

32.15 (a) 7.18% (b) 6.99% (c) 6.93%　**32.16** (a) 29000 s (b) 150000 s

32.17 (a) $k = 0.278$ L/mol-min; $\tau = 180$ min (b) 24 min

32.18 (a) NO: 둘째; H_2: 첫째 (b) $d(\xi/V)/dt = -(RT)^{-1}(dp/dt)$
(c) $-dp/dt = [k/(RT)^2][2p - (2 - x_0)p_0]^2[2p - (1 + x_0)p_0]$

32.19 A: 둘째; B: 첫째; $k = 3.2 \times 10^8$ L²/mol² s

32.20 (a) 1.735 (b) $0.0830(L/mol)^{0.735}$/s

32.21 (a) 464000 s (b) 232000 s

32.22 $\ln[(y_1 - y)/y_1] - \ln[(y_2 - y)/y_2] = 2k_1K^{-1/2}at$, 여기서 $y = \xi/V$; $k_{-1} = k_1/K$;
$y_1 = aK^{1/2}/(2K^{1/2} - 1)$; $y_2 = aK^{1/2}/(2K^{1/2} + 1)$

32. 23 $\ln[(y_e - y)/y_e] = -k_1(1 + 1/K)t$; $y_e = aK/(1+K)$

32. 24 $\ln[(y_1 - y)/y_1] - \ln[(y_2 - y)/y_2] = -k_1(1 + 16a/K)^{1/2}t$;
$y_1 = (K/8)[-1 + (1 + 16a/K)^{1/2}]$; $y_2 = (K/8)[-1 - (1 + 16a/K)^{1/2}]$

32. 25 53. 6 kJ/mol **32. 26** (a) 150 kJ/mol; 9.93×10^9 L/mol s (b) 0. 0235 L/mol s

32. 27 $A = 4.42 \times 10^{15}$/min; $k = 0.00231$/min **32. 28** 233 **32. 29** 219 kJ/mol

32. 30 1.11×10^{-6} mol/L

32. 31 (a) $d[HBr]/dt = 2k_1[Br_2]$
(b) $d[HBr]/dt = 2k_1[Br_2]\{k_2[H_2] - k_3[HBr]\}/\{k_2[H_2] + k_3[HBr]\}$

32. 32 $d[CH_4]/dt = k_2(k_1/k_4)^{1/2}[CH_3CHO]^{3/2}$ **32. 33** 200 kJ/mol **32. 34** 30 배 더 크다.

32. 35 (a) CH_4 and CH_2CO (c) 260 kJ/mol

32. 36 (a) $-d[O_3]/dt = 2k_1k_2[O_3]^2/\{k_{-1}[O_2] + k_2[O_3]\}$
(b) When $k_{-1}[O_2] \ll k_2[O_3]$, then $-d[O_3]/dt = 2k_1[O_3]$

32. 37 $-d[N_2O_5]/dt = [2k_1k_3/(k_{-1} + 2k_3)][N_2O_5]$

32. 38 (a) $\tau = 1/(k_f + k_r)$ (b) $\tau = 1/(k_f + 4k_r\bar{c}_A)$

32. 39 $c_A/c_0 = \exp(-k_1t)$; $c_B/c_0 = [k_1/(k_2 - k_1)]\ [\exp(-k_1t) - \exp(-k_2t)]$;
$c_C/c_0 = 1 - [k_1k_2/(k_2 - k_1)]\ [(1/k_1)\exp(-k_1t) - (1/k_2)\exp(-k_2t)]$

32. 40 $k_{H^+} = 4.58 \times 10^{-4}$ L/mol min; $k_{ClCH_2COOH} = 2.35 \times 10^{-5}$ L/mol min

32. 41 $v_{max} = 0.0377$ mol/L s; $K_m = 0.0263$mol/L; $k_2 = 9.41 \times 10^6$/s **32. 43** 2.5×10^{-3} mol/L s

32. 44 $v = k_2[E]_0\{[S]_0 - [E]_0[P]/K_2 - [P]/K_1K_2\}/\{[S]_0 + K_m + (k_{-2}/k_1)[P]\}$

33 장

33. 1 (a) 0. 273 L/mol s (b) 380 pm **33. 2** 175 kJ/mol **33. 3** 0. 00753 L/mol s

33. 4 $H_2 + I_2$; $k = 0.0517$ L/mol s; HI + HI: $k = 3.26 \times 10^{-4}$ L/mol s

33. 5 300 K: (p/atm; Z_3/Z_2): (0. 1; 2.93×10^{-4}); (1; 2.93×10^{-3}); (10; 0. 0293); (100; 0. 293).
600 K, 값들은 $\frac{1}{2}$배이다.

33. 6 0. 296; 0. 0370

33. 8 (ABC)는 선형, $A \approx 4 \times 10^9$ L/mol s; (ABC)는 비선형, $A \approx 4 \times 10^{10}$ L/mol s

33. 9 $\Delta S^{\ddagger}$/(J/K mol) = − 180; − 150 **33. 10** $\Delta S^{\ddagger}$/(J/K mol): 120; 94; − 74

33. 11 (a) 감소 (b) 증가 (c) 영향 없음 **33. 12** $A = N_A\pi r_{AB}^2(8kT/\pi\mu)^{1/2}$

33. 13 7×10^5 m³/mol s; 측정 : 4×10^6 m³/mol s

34 장

34. 1 10^{-3} mol/m² s **34. 2** k_{500}/k_{400}: (a) 64000 (b) 35

34. 3 (a) HI가 약하게 흡착된다. (b) HI가 세게 흡착된다. (c) SO_3가 대단히 세게 흡착된다.
(d) CO_2는 보다 세게 흡착된다.

34. 4 (a) Pt: $\pm 2.5\ \mu V$ (b) ± 2.5 MV **34. 5** $i_a = 0.41$ A/cm²; $i_c = 1.02$ A/cm²

34. 6 (a) 6.2×10^{16}/cm² s (b) 62/s **34. 7** (a) Decreases by 9. 65 kJ/mol (b) $i_+/i_0 = 49$

34. 8 [$-i$/(A/cm²); η]: (10^{-3}; $-5.61\ \mu V$); (10^{-2}; $-56.1\ \mu V$); (10^{-1}; $-564\ \mu V$);
(1; − 5. 93 mV)

34. 9 (a) -2.5×10^{-9} A/cm² (b) 2.9×10^{-6}

34. 10 [A_{Pt}/A_{Cd}; ϕ_{corr}/V; i_{corr}/(mA/cm²)]: (0. 01; − 0. 447; 1. 86); (0. 1 ; − 0. 413; 9. 71);
(1; − 0. 374; 45. 4); (10; − 0. 335; 211); (100; − 0. 296; 978)

34. 11 [A_c/A_a; ϕ_{corr}/V; i_{corr}/(mA/cm²)]: (1; − 0. 462; 2.5×10^{-6}); (10^3; − 0. 462; 2.50×10^{-3});

(10^6; -0.447; 1.86); (10^9; -0.335; 211)

34.12 4.66 m²/mol **34.13** 3.0×10^{19}/s **34.14** 0.0393

34.15 (λ/nm; T): (340; 0.986); (320; 0.812); (310; 0.436); (300; 0.0479); (290; 2.5×10^{-4}); (280; 4.0×10^{-15}); (260; 1.0×10^{-39}); (240; 2.5×10^{-28}); (220; 1.0×10^{-6})

34.16 4.47×10^{18}; $I_a = 3.72 \times 10^{15}$ **34.17** 4.55×10^{18}; 2.41 mJ/s

34.18 $\phi_F = 0.33$; $\tau_F = 1.7 \times 10^{-7}$ s **34.19** $k_{ISC}^S = 3 \times 10^6$/s; $\phi_F = 0.25$

34.20 0.044/s; 0.36/s; 0.82 **34.21** 0.045/s; 0.26/s; 7.3

34.22 10^6/s; 0.016/s; 0.42/s; 2.4×10^6/s

34.23 (a) $\phi = k_2[\mathrm{A}]/\{k_2[\mathrm{A}] + k_3\}$

(b) 형광이 약하다 ; 형광이 일어나기 전에 대부분의 A*가 충돌에 의해서 진정된다.

34.24 $d[\mathrm{CO}]/dt = k_2(I_a/2k_4)^{1/2}[\mathrm{CH_3CHO}]$; $\phi_{\mathrm{CO}} = [k_2/(2k_4 I_a)^{1/2}][\mathrm{CH_3CHO}]$

34.25 (a) $-d[\mathrm{O_3}]/dt = 2\phi_1 I_a/\{1 + (k_3/k_2)[\mathrm{O_2}][\mathrm{M}]/[\mathrm{O_3}]\}$

(b) $\phi_0 = 2\phi_1/\{1 + (k_3/k_2)[\mathrm{O_2}][\mathrm{M}]/[\mathrm{O_3}]\}$

(c) $\phi_1 = 1$

34.26 $d[\mathrm{H_2}]/dt = \phi_1 I_a + \phi_2 I_a + (2\phi_2 I_a k_4/k_5)[\mathrm{M}]$; $\phi_{\mathrm{H_2}} = \phi_1 + \phi_2 + (2\phi_2 k_4/k_5)[\mathrm{M}]$

35 장

35.1 4.1×10^{-3} **35.2** (a) 2.5 kg/mol (b) 3.0 kg/mol

35.3 [ϕ; x; ΔS_{mix}/(J/K mol)]: (0; 0; 0); (0.2, 0.00048; 1.86); (0.4; 0.0013; 4.26); (0.6; 0.0029; 7.63); (0.8; 0.0076; 13.4); (1; 1; 0)

35.4 112 Pa **35.5** $\langle M \rangle_N = 300$ kg/mol; $w = 1.91 \times 10^{-23}$ J $= 1.15$ kJ/mol

35.7 (Raoult; Flory; 수정한 Flory): (0.9999631; 0.999820; 0.999685); (0.99808; 0.824; 0.750); $M = 0.960$ kg/mol

35.8 10.08 kg/mol **35.9** 9.874 kg/mol **35.10** 78 kg/mol **35.11** 18 kg/mol

35.12 $K = 3.00 \times 10^{-3}$ m³/kg; $a = 0.640$

35.13 [θ; $(I_\theta/I_0)/(I_\theta/I_0)_{\mathrm{max}}$]: (0; 1); $\left(\frac{1}{8}\pi;\ 0.927\right)$; $\left(\frac{1}{4}\pi;\ 0.75\right)$; $\left(\frac{3}{8}\pi;\ 0.573\right)$; $\left(\frac{1}{2}\pi;\ 0.5\right)$

35.14 $I_\theta(540\ \mathrm{nm})/I_\theta(750\ \mathrm{nm}) = 3.72$ **35.15** $K = 3.38 \times 10^{-5}$ m² mol/kg²; $M = 78.2$ kg/mol

35.16 $K = 1.00 \times 10^{-7}$ m² mol/kg²; $R_{90} = 0.02$/m **35.17** 0.934/m; 123 kg/mol

35.18 (a) $K = 9.18 \times 10^{-5}$ m² mol/kg²; 2.46 배 크다. (b) 2.30/m

35.19 (a) $-\Delta I = 0.0156$ W/m²; (b) 47.8 kg/mol **35.20** (a) 150 kg/mol (b) 4.46 nm

35.21 (a) 576 nm/s (b) 268 min (c) 5.47×10^{-11} kg/s (d) 7.40×10^{-11} m²/s

35.22 5.22×10^{-14} s **35.23** 69.9 kg/mol **35.24** $c_7/c_6 = e^{409}$ **35.25** $c_7/c_6 = e^{-0.00684}$

찾 아 보 기

ㅂ

ㅇ

ㅎ

物理化學 값 27,000원

2015年 2月 10日 印刷
2015年 2月 15日 發行

著 者 G. W. Castellan
譯 者 安 雲 善
發行者 洪 錫 禹
發行處 探 求 堂

서울特別市 龍山區 漢江路 1街 158番地
電 話 (02) 3785-2211~2
FAX (02) 3785-2272
登錄 1950. 11. 1 서울 第 03-00993號